建筑给水排水设计手册

（第三版）

上 册

中国建筑设计研究院有限公司　主编

中国建筑工业出版社

图书在版编目（CIP）数据

建筑给水排水设计手册：全2册/中国建筑设计研究院有限公司主编. —3版. —北京：中国建筑工业出版社，2018.11
ISBN 978-7-112-22768-6

Ⅰ.①建… Ⅱ.①中… Ⅲ.①建筑工程-给水工程-技术手册②建筑工程-排水工程-技术手册 Ⅳ.①TU82-62

中国版本图书馆CIP数据核字（2018）第223745号

　　《建筑给水排水设计手册》自2008年出版第二版以来，在建筑给水排水工程设计、施工、科研等各个方面发挥了重要作用，成为行业内最具指导性和权威性的设计手册。作为建筑给水排水专业人员必备的设计用书，手册第二版出版已十年，期间与建筑给水排水相关的标准规范基本上全部修订，同时还新颁布一批标准规范。本次修订体现了十年间国家标准规范的制修订内容、新技术、新设备、新材料的发展与应用，满足广大给水排水工程设计与研究人员的需求。本手册分上、下册，内容包括：建筑给水，建筑排水，建筑雨水及控制利用，建筑热水，建筑饮水，建筑消防，建筑中水，特殊建筑给水排水，特殊地区给水排水，建筑给水局部处理，建筑排水局部处理，循环冷却水与冷却塔，常用资料，管材及阀门，常用水泵，常用给水设备及装置，常用排水器材及装置，消防设备、器材及装置，管道水力计算，蒸汽、凝结水、压缩空气管道压力损失计算。

　　本手册可供建筑给水排水专业的决策、规划、设计、施工安装、教学、科研、维护管理人员使用，也可供给水排水专业、环境工程专业大专院校师生参考。

责任编辑：俞辉群　田启铭　于　莉
责任校对：党　蕾

建筑给水排水设计手册
（第三版）
中国建筑设计研究院有限公司　主编

＊

中国建筑工业出版社出版、发行（北京海淀三里河路9号）
各地新华书店、建筑书店经销
霸州市顺浩图文科技发展有限公司制版
天津翔远印刷有限公司印刷

＊

开本：787×1092毫米　1/16　印张：187½　字数：4671千字
2018年11月第三版　　2019年8月第三十次印刷
定价：**568.00**元（上、下册）
ISBN 978-7-112-22768-6
（32907）

建筑给水排水设计手册（第三版）

主编单位：中国建筑设计研究院有限公司
协编单位：青岛三利中德美水设备有限公司

编委会

编委会主任：赵　锂
编委会副主任：宋　波　王耀堂
编委会委员：刘振印　赵世明　郭汝艳　杨　澎　周　蔚
　　　　　　关兴旺　钱　梅　崔继红
主　　　编：赵　锂　刘振印　赵世明　王　峰　徐　扬
主　　　审：傅文华　刘文镔　姜文源
编　　　委（按姓氏笔画排序）：

马信国　王红玉　王学成　王冠军　王　峰
王　锋　王　睿　王耀堂　贝德光　方玉妹
匡　杰　师前进　朱　青　朱跃云　刘　志
刘振印　刘福光　刘巍荣　孙发彬　杨世兴
杨丙杰　杨　澎　李天如　李建业　岑洪金
沈　晨　张之立　张文华　张　彬　张　磊
张燕平　陈怀德　金　鹏　郑克白　赵力军
赵世明　赵　昕　赵　锂　赵整社　夏树威
钱江锋　徐　扬　郭汝艳　唐祝华　崔长起
符培勇　程宏伟　薛学斌

主要编撰人员分工

主审：傅文华、刘文镔、姜文源

主编：赵　锂（中国建筑设计研究院有限公司）

　　　刘振印（中国建筑设计研究院有限公司）

　　　赵世明（中国建筑设计研究院有限公司）

　　　王　峰（华南理工大学建筑设计研究院有限公司）

　　　徐　扬（华东建筑设计研究总院）

前言：赵　锂（中国建筑设计研究院有限公司）

第1章　建筑给水

1.1　用水定额　　　　　　　赵锂、钱江锋、李建业、王睿（中国建筑设计研究院有限公司）

1.2　水质标准和防水质污染

　　　　　　　　　　　　　　赵锂、钱江锋、李建业、王睿（中国建筑设计研究院有限公司）

1.3　给水系统和给水方式

　　　　　　　　　　　　　　赵锂、钱江锋、李建业、王睿（中国建筑设计研究院有限公司）

1.4　管材、附件和仪表

　　　　　　　　　　　　　　赵锂、钱江锋、李建业、王睿（中国建筑设计研究院有限公司）

1.5　管道布置、敷设和防护

　　　　　　　　　　　　　　赵锂、钱江锋、李建业、王睿（中国建筑设计研究院有限公司）

1.6　设计流量及管道水力计算

　　　　　　　　　　　　　　赵锂、钱江锋、李建业、王睿（中国建筑设计研究院有限公司）

1.7　水泵和水泵房　　　　　赵锂、钱江锋、李建业、王睿（中国建筑设计研究院有限公司）

1.8　贮水池、高位水箱及水塔

　　　　　　　　　　　　　　赵锂、钱江锋、李建业、王睿（中国建筑设计研究院有限公司）

1.9　变频调速给水系统　　　　　　　　　　　　　　　　　　　　　　　　　　　水浩然

1.10　气压给水设备　　　　　　　　　　　　　　　　　　　　　　　　　　　　　水浩然

1.11　无负压给水设备　　　水浩然、王学成、崔继红（青岛三利中德美水设备有限公司）

1.12　小区给水　　　　　　　赵锂、钱江锋、李建业、王睿（中国建筑设计研究院有限公司）

1.13　节水设计　　　　　　　赵锂、钱江锋、李建业、王睿（中国建筑设计研究院有限公司）

第2章　建筑排水

2.1　建筑排水系统　　　　　　　　　　　　　　尹艳（上海联创建筑设计有限公司）

2.2　卫生器具和卫生间　　　　　　　　　　　　陈秀兰（上海联创建筑设计有限公司）

2.3　建筑排水系统水力计算　　　　　　　　　　徐扬 、唐国丞（华东建筑设计研究总院）

岑洪金（华南理工大学建筑设计研究院有限公司）、
赵昕（中国建筑设计研究院有限公司）、
衣兰凯（中国民航机场建设集团公司）

6.3　自动喷水灭火系统
　　　　刘巍荣、李冶婷、蒋旭东、耿俊杰（中国五洲工程设计集团有限公司）、
　　　　宋波、杨丙杰（应急管理部天津消防研究所）、
　　　　张文华、冯小军（应急管理部四川消防研究所）、
　　　　龚飞雪（江苏筑森建筑设计有限公司）

6.4　大空间智能型主动喷水灭火系统　　　　　　　　赵力军（广州市设计院）
6.5　水喷雾及细水雾灭火系统　　　　　　　刘志（中国中建设计集团有限公司）
6.6　固定消防炮灭火系统　　　　闵永林、杨志军（应急管理部上海消防研究所）
6.7　泡沫灭火系统　　　　　　方玉妹、郭飞（江苏省建筑设计研究院有限公司）、
　　　　　　　　　　　　　　　刘俊（东南大学建筑设计研究院有限公司）
6.8　气体灭火系统　　　　　郭汝艳、陈静（中国建筑设计研究院有限公司）
6.9　建筑灭火器配置　　　　张之立（中煤科工集团北京华宇工程有限公司）
6.10　厨房设备自动灭火装置　　　王家良、方汝清（四川省建筑设计研究院）
6.11　自动跟踪定位射流灭火系统　闵永林　杨志军（应急管理部上海消防研究所）

第7章　建筑中水　　　　　　　王冠军、倪中华（军事科学院国防工程研究院）
　　　　　　　　　　　　　　　赵锂、钱江锋（中国建筑设计研究院有限公司）

第8章　特殊建筑给水排水
8.1　游泳池　　　　杨世兴、李建业、李茂林、郝洁（中国建筑设计研究院有限公司）
8.2　公共浴池　　　杨世兴、李建业、李茂林、郝洁（中国建筑设计研究院有限公司）
8.3　公共浴室　　　杨世兴、李建业、李茂林、郝洁（中国建筑设计研究院有限公司）
8.4　水景工程　　　　　　　　　　　　孙发彬（北京鸿文泉业科技有限公司）
8.5　洗衣房　　　　　　　　黎松、吴以仁（中国建筑设计研究院有限公司）
8.6　厨房设备设计　　　　　杨东辉、吴以仁（中国建筑设计研究院有限公司）
8.7　医疗用高压蒸汽　　　萧正辉、郑克白、李芳（北京市建筑设计研究院有限公司）
8.8　医疗用气系统及设备　　萧正辉、郑克白、李芳（北京市建筑设计研究院有限公司）

第9章　特殊地区给水排水
9.1　地震区给水排水　　　　　　　金鹏（中国建筑东北设计研究院有限公司）
9.2　湿陷性黄土地区给水排水　陈怀德、赵整社（中国建筑西北设计研究院有限公司）

第10章　建筑给水局部处理
10.1　概述　　　　　　　王锋、吴晓莉（中国航空规划设计研究总院有限公司）
10.2　工艺流程及处理设备的选择

王锋、吴晓莉（中国航空规划设计研究总院有限公司）

10.3　锅炉房给水处理　　　　　　夏树威、朱琳（中国建筑设计研究院有限公司）

10.4　采暖水系统、空调冷热水系统处理

夏树威、朱琳（中国建筑设计研究院有限公司）

第 11 章　建筑排水局部处理

11.1　隔油设施　　　　　　夏树威、刘海（中国建筑设计研究院有限公司）

11.2　排污降温池　　　　　　李天如（中航长沙设计研究院有限公司）

11.3　化粪池设置　　　　　　李天如（中航长沙设计研究院有限公司）

11.4　建筑生活污水处理设施　　夏树威、刘海（中国建筑设计研究院有限公司）

11.5　酸碱废水（液）回收与中和处理　　李天如（中航长沙设计研究院有限公司）

11.6　医院污水处理　　萧正辉、郑克白、李芳（北京市建筑设计研究院有限公司）

第 12 章　循环冷却水与冷却塔　　杨澎、夏树威（中国建筑设计研究院有限公司）

第 13 章　常用资料　　薛学斌、周玮、詹新建（中衡设计集团股份有限公司）、

刘鹏（中国建筑设计研究院有限公司）

第 14 章　管材及阀门

师前进、王岩、葛瑞玲、李晓峰、曾涌涛、王官胜（中国建筑标准设计研究院有限公司）

第 15 章　常用水泵　　薛学斌、周玮、程磊（中衡设计集团股份有限公司）、

刘鹏（中国建筑设计研究院有限公司）

第 16 章　常用给水设备及装置　　关兴旺、张彬（给水排水杂志社）

16.4　热水设备及装置

王耀堂、刘振印、张燕平、王睿、李建业、李宏宇（中国建筑设计研究院有限公司）

第 17 章　常用排水器材及装置　　符培勇、刘福光（广东省建筑设计研究院）

第 18 章　消防设备、器材及装置　　程宏伟（福建省建筑设计研究院有限公司）、

刘德明、王立东（福州大学土木工程学院）

第 19 章　管道水力计算　　赵锂、王睿（中国建筑设计研究院有限公司）、 陈耀宗

第 20 章　蒸汽、凝结水、压缩空气管道压力损失计算

赵锂、李建业（中国建筑设计研究院有限公司）、 陈耀宗

第三版前言

由中国建筑设计研究院主编、中国建筑工业出版社于 2008 年出版的《建筑给水排水设计手册》第二版（上、下册），自 2008 年 10 月于中国建筑学会建筑给水排水研究分会成立大会上首发，10 年中，共印刷 9 次，发行 40000 册，《建筑给水排水设计手册》第一版印刷 18 次，发行 72000 册，两版累计印刷 27 次，发行超过 11 万册，影响力在建筑给水排水专业工具书中首屈一指，是从事建筑给水排水设计工程师和注册公用设备工程师必备的经典工具书和设计资料，被广大建筑给水排水设计师亲切地称为"白皮书"。《建筑给水排水设计手册》第二版（上、下册），荣获 2010 年度住房和城乡建设部科技进步奖"华夏建设科学技术"一等奖。

国家建筑方针在这 10 年中由"实用、经济、可能条件下注意美观"变为"适用、经济、绿色、美观"。特别是 2017 年 10 月党的十九大提出"加快生态文明体制改革、推进绿色发展、建设美丽中国"的战略部署，我国社会主要矛盾已经转化为人民日益增长的美好生活需求和不平衡不充分的发展之间的矛盾。建筑给水排水技术在这 10 年中也快速发展，为满足人民日益增长的美好生活需求提供着技术上的支撑。建筑给水排水更加强调用水点的水质保障、排水更加注重环保、卫生，消防将安全放在第一位的，并需要终身负责。国家科技重大专项"水体污染控制与治理"（简称"水专项"）中第一个建筑给水排水研究方向上的课题"建筑水系统微循环重构技术研究与示范"也在 2018 年 6 月完成。本手册的基础性规范《建筑给水排水设计规范》GB 50015—2013（2009 年版）的全面修订工作也已完成；消防领域中重要的国家标准《建筑设计防火规范》GB 50016—2014、《消防给水及消火栓系统技术规范》GB 50974—2014 及《自动喷水灭火系统设计规范》GB 50084—2017 均已发布实施。国务院关于"深化标准化工作改革方案"提出以构建强制性标准体系，加快制定全文强制性标准取代现行标准中分散的强制性条文，优化完善推荐性标准、培训发展团体标准。在这 10 年期间，与建筑给水排水相关的标准规范基本上全部修订，同时还新颁布一批标准规范。

推进绿色发展、建设美丽中国应是我国经济建设的核心，城市建设应按海绵城市建设的理念进行，建设资源节约型、环境友好型社会应大力发展节能省地型住宅、公共建筑，在工程建设中推行节能、节水、节材、节地的新技术、新设备、新材料，是设计人员都必须应对的。围绕国家新的建筑方针，建筑给水排水科研与技术在以下几方面得到了提升与发展、并于工程中得到应用。

1. 建筑水系统微循环重构技术研究与示范

课题通过开展建筑水质（生活给水、生活热水）安全保障、节水技术、设备材料、供水管理、排水卫生以及系统优化等建筑内用水系统的系列化研究，实现建筑水系统微循环的优化与重构，并结合重点流域和典型城市进行技术集成与示范工程建设的研究，形成水质保障、节约用水、系统优化、适于管理的关键技术，研发出关键设备，编制完成一批技术标准规范，构建建筑水系统技术创新与测试研发平台，形成技术集成应用，着力提升建筑水质安全与节约用水的技术创新能力，实现节水、节能，解决"最后一公里"的水质安全保障问题，并通过雨水、灰水的收集、处理和利用，构建健康微循环系统。为建设资源节约型、环境友好型社会，以及生态文明建设提供技术支撑。本课题分为四个任务：(1) 建筑给水水质安全保障。包含：1) 建筑水系统现状调研与评估研究；2) 建筑给水和生活热水系统二次污染控制技术研究；3) 建筑给水与生活热水安全消毒技术研究；4) 建筑供水水质标准和技术规程研究。(2) 建筑水系统节能节水关键技术研究。包含：1) 建筑用水定额研究与编制；2) 二次供水系统节能特性比选研究；3) 用水器具与供水系统的节水特性评价技术研究；4) 基于终端用水舒适度的节水技术研究；5) 适用于住宅户内的节水成套技术研究；6) 研发以过滤为核心的建筑与小区雨水回用处理技术与系统；7) 排水系统性能检测平台研发与建设；8) 高层建筑高安全性能排水系统研发；9) 超高层建筑排水系统排水能力预测技术研发；10) 厨余垃圾排放系统成套技术研发。(3) 二次供水主要设备及材料评价与选用技术研究。包含：1) 二次供水常用管材和设备对水质影响及变化规律研究；2) 二次供水常用管材和主要设备的性能评价；3) 二次供水常用管材和主要设备的综合评价方法研究。(4) 建筑生活用水系统保障技术集成与应用示范。包含：1) 二次供水管理模式研究；2) 二次供水管理信息系统；3) 二次供水管理信息技术与水质保障等单项示范；4) 建筑水系统微循环重构技术综合示范。本课题的部分研究成果已在相关的标准规范及本手册中体现。

2. 《建筑给水排水设计规范》GB 50015—2003 (2009 年版) 的全面修订

(1) 补充了住宅和公共建筑的平均日生活用水定额；(2) 调整宿舍分类和最高日小时变化系数；(3) 调整小区室外给水总管管径计算方法；(4) 增加综合建筑或同一建筑不同功能部分给水干管的设计秒流量计算规定；(5) 增加游泳池和水上游乐池臭氧消毒安全规定；(6) 增加游泳池和水上游乐池进水口、池底回水口和泄水口格栅孔隙的大小应不大于8mm、格栅孔隙的水流速度规定；(7) 补充地漏的泄水能力；(8) 调整生活排水立管最大设计排水能力；(9) 修改了无通气单独排出的排水管道的负荷；(10) 增加公共建筑排水立管不伸顶通气设置吸气阀的条件；(11) 补充了屋面天沟 (集水槽) 宽度、深度最小尺寸的规定；(12) 屋面雨水按单斗系统、重力流多斗系统、满管压力流多斗系统分别规定了雨水斗最大设计泄流量、管道设计计算；(13) 增加了海绵城市对建筑小区雨水设计的要求；(14) 补充了小区设置雨水调节池的相关要求；(15) 增加了集中热水供应系统设消毒灭菌设施的规定；(16) 增加集中热水供应系统的保证循环系统效果技术措施；(17) 淘汰效率低的传统的容积式水加热器，推荐性能优越的半容积式水加热器；(18) 增加太阳能热泵热水供应系统内容；(19) 补充了计算太阳能集热器总面积的各项参数规定；(20) 增加了不同类型建筑在不同条件下选用太阳能热水系统的规定；(21) 修订了配水管的热损失取值范围；(22) 修订了循环泵的流量计算公式；(23) 增加了贮热水箱供泵兼循环流量计算规定。

3. 海绵城市建设

在这 10 年间，我国城镇化建设快速发展，目前全国城镇建设用地不足国土面积的1%，却承载了 54% 的人口，产出了 84% 的 GDP。城市开发强度过高，而大量采用的硬质铺装，改变了原有的自然生态本底和水文特征。城市开发建设前，在自然地势地貌的下垫面条件下，70%左右的降雨是通过自然滞渗进入地下，涵养了本地的水源和生态，只有20%左右的雨水形成径流外排。而城市开发建设后，由于屋面、道路、地面等设施建设导致的下垫面硬化，70%左右的降雨形成径流，仅有20%左右的雨水能够入渗地下，破坏了自然生态本底，破坏了自然"海绵体"，导致"逢雨必涝、雨后即旱"的问题。同时也带来了水生态恶化、水资源紧缺、水环境污染、水安全缺乏保障等一系列问题。海绵城市建设本质是通过降低雨水的产汇流，恢复城市原始的水文生态特征，使其地表径流尽可能达到开发前自然状，即建设"海绵体"。海绵城市建设的技术路线为"源头减排、过程控制、系统治理"，源头减少雨水径流形成，加大入渗；过程控制是延缓径流峰值出现时间，降低排水强度；系统治理是指将"山水林田湖"作为生命共同体和完整的生态系统，保护和修复城市"海绵体"；采取的技术措施为：渗、滞、蓄、净、用、排。建筑给水排水在源头减排起着关键的作用，国家规范《建筑与小区雨水利用技术规范》GB 50400—2006的修订并改为《建筑与小区雨水控制及利用工程技术规范》GB 50400—2016就充分体现了海绵城市的技术措施。《建筑给水排水设计规范》GB 50015—2003（2009年版）的修编中也增加了海绵城市对建筑小区雨水设计的要求。

4. 终端用户水质保障

为实现终端用户打开龙头就能用上符合《生活饮用水卫生标准》GB 5749要求的饮用水，提出从源头（水厂）到龙头（用户）的供水安全保障技术，在建筑给水方面，二次供水设施在满足水量、水压的基本保障上，增加了水质的在线监测。国家鼓励供水企业将供水设施的管理延伸至居民家庭水表，对二次供水设施实施专业化运行维护。《二次供水工程技术规程》CJJ 140—2010也已完成修订工作。除生活给水外，生活热水的水质及安全保障也得到重视并开展相关研究与应用，国家行业标准《生活热水水质标准》CJ/T 521—2018、协会标准《集中生活热水水质安全技术规程》T/CECS 510—2018也已颁布实施。为满足人民群众打开龙头就能直接饮用的需求，管道直饮水系统已在工程中使用近20年，为更好地与国际上发达国家饮用水标准接轨，新修订的行业标准《建筑与小区管道直饮水系统技术规程》CJJ 110—2017已颁布实施，新增加了医院、体育场馆等几种类型建筑最高日直饮水定额，根据实际工程需要，在保证水质的前提下将不循环支管长度修订为不宜大于6m，增加水质在线监测系统的相关条款等。

5. 建筑排水系统通水能力及卫生保障

建筑排水系统的卫生安全关系所有建筑的使用者切身利益，2002年我国香港地区爆发的SARS事件被认证最初就是通过排水系统传播的。地漏是每栋建筑都不可缺少的排水设施，在高层建筑排水系统普遍存在地漏返臭气污染室内环境、排水能力差，危害居民健康的问题。为解决上述问题，我国企业作为创新研发主体，建设了不同规模的排水系统测试实验塔，如万科塔（高度122.9m）、山西泫氏塔（60.3m）等，开展高层建筑排水系统排水能力测试技术、高层建筑排水系统反臭气控制技术、高层建筑排水系统排水能力提升技术、高水封保持能力的地漏、存水弯构造改进、预测超高层建筑排水系统排水能力的数值模拟技术、特殊单立管排水系统等的研发工作。国家行业标准《住宅生活排水系统立管排水能力测试标准》CJJ/T 245—2016、《地漏》CJ/T 186—2018已颁布实施。

6. 新型给排水管材在工程中的全面应用

为保证给水的水质，提高工程质量，满足居民健康用水的需求，降低输水过程中的能耗损失，各种新型管材在近几年的工程中得到了全面的应用。不同接口形式的薄壁不锈钢管、铜管、新型塑料管、钢塑复合管、金属复合管等，为工程师及业主提供了广泛的选择。经过 10 年的工程实践，在新型管材的使用方面既有成功的经验也有深刻的教训。为更好地指导各类管材的使用，国家制定了系列的管材在设计、施工及维护方面的规范，如：《建筑给水金属管道工程技术规程》CJJ/T 154—2011、《建筑排水金属管道工程技术规程》CJJ 127—2009、《建筑给水复合管道工程技术规程》CJJ/T 155—2011、《建筑排水复合管道工程技术规程》CJJ/T 165—2011、《建筑给水塑料管道工程技术规程》CJJ/T 98—2014、《建筑排水塑料管道工程技术规程》CJJ/T 29—2010。

7. 绿色、可再生能源的推广应用

为建设资源节约型、环境友好型社会，绿色、可再生能源的推广应用成为近几年政府行政主管部门的重要工作，太阳能、热泵（水源热泵、空气源热泵、地源热泵）在工程中得到了越来越多的应用，各地政府纷纷出台在居住建筑中使用太阳能及热泵的政府文件，强制性推广太阳能热水系统与热泵热水系统。传统太阳能热水系统通常采用常规热源系统，以对流换热为主的集热模式，通过循环泵，换热器或贮热水箱来集贮太阳能，再通过辅热换热器（箱）供给用户热水。为解决传统太阳能热水器存在的不足与问题，中国建筑设计研究院研发了无动力集热循环太阳能热水系统，将太阳集热系统与供热系统进行耦合，集集热、贮热、换热于一体，集热管集取太阳能光热经自然循环加热外箱内热媒水、外箱热媒水又通过传导、换热将热量传递到被加热水，不需要集热系统循环水泵。每个集热器均能独立集贮热，不会因循环管路的短路、气堵等而影响其集热效率，基本上实现了系统的集热效率等同单体集热器的集热效率，降低了维护运行成本。辅以辅助能源，能实现稳定、舒适的供给生活，并能最大化利用太阳能。为太阳能热水系统的应用提供了不同的技术解决路线。《建筑给水排水设计规范》GB 50015—2003（2009 年版）的修订中也增加了太阳能热泵热水供应系统内容，补充了计算太阳能集热器总面积的各项参数规定，增加了不同类型建筑在不同条件下选用太阳能热水系统的规定。

8. 游泳池水处理技术

国家城镇建设行业标准《游泳池水质标准》CJ 244—2007、《游泳池给水排水工程技术规程》CJJ 122—2008 均已实施 10 年，对我国游泳场所的卫生管理，防止传播疾病和保障游泳池者的健康和安全发挥了重要的作用，同时为在我国举行的各项国际游泳比赛提供了技术保证，使得我国的游泳池水质标准与技术规范与发达国家接轨，为我国游泳行业的发展起到了保驾护航的作用。在总结泳池行业 10 年技术发展与创新的基础上，上述两本标准均进行了全面修订，并颁布实施。《游泳池水质标准》CJ/T 244—2016 对浑浊度、pH 值、菌落总数、总大肠菌群等项目的限值作了修改，增加了按池水使用消毒剂品种的常规检验项目及限值和检验方法等；《游泳池给水排水工程技术规程》CJJ 122—2017 扩大了适用范围、增加了太阳能，热泵等节能技术专章、增加了负压颗粒过滤器的技术、增加了现场制备消毒剂的内容、增加了有关消毒设备机房的安全要求、补充了水质监测远程监测和控制的内容、修改和补充了游泳池、游乐池的池水循环周期和水温等技术参数、增加了文艺演出池设计相关技术参数、增加拆装游泳池和池盖的内容。在此期间，还发布了行业标准《游泳池用压力式过滤器》CJ/T 405—2012、《游泳池除湿热回收热泵》CJ/T 528—2018，补充完善了游泳池行业的相关技术标准，为游泳池行业的健康发展打下了坚实的基础。

9. 消防灭火规范全面制、修订并发布

《自动喷水灭火系统设计规范》GB 50084—2001（2005 年版）实施已有 13 年，在此期间，中国建筑行业快速发展，超超高层建筑、大型体育场、馆，会展中心，大剧院等公共建筑是世界上建设最多的国家，功能复杂，在防火分区、疏散及防火设施等方面存在超过规范规定的一些问题，需要采用特殊消防设计并采取加强技术措施。特别是高度大于250m 以上的超高层建筑，火灾危险性高、扑救难度大等特点，公安部消防局印发了《建筑高度大于 250 米民用建筑防火设计加强技术要求（试行）》。《建筑防火设计规范》GB 50016—2014将《建筑防火设计规范》GB 50016—2006、《高层民用建筑防火设计规范》GB 50045—95（2005 年版）合二为一。对消防设施的设置做出明确的规定并完善了有个内容，有关消防给水系统、消火栓系统及自动喷水灭火系统由相应的国家规范《消防给水及消火栓系统技术规范》GB 50974—2014 及《自动喷水灭火系统设计规范》GB 50084—2017做出规定。水喷雾是一种在锅炉房、柴油发电机房等取代气体消防而用水灭火的设施，《水喷雾灭火系统技术规范》GB 50219—2014 主要修改了变压器水喷雾喷头的布置、水喷雾灭火系统供水控制阀的选用设计要求，增加了水喷雾灭火系统施工、验收和维护管理的相关内容。细水雾灭火系统是一种灭火效能较高、环保、适用范围较广的灭火系统，广泛应用在变电站、电信设备、图书馆、档案馆、银行及实验室等场所的灭火，相应的国家标准《细水雾灭火系统技术规范》GB 50898—2013 也已颁布实施。消火栓是消防队员和建筑物管理人员在发生火灾时进行灭火的重要消防设施，消防给水是水灭火系统的心脏，必须安全可靠，相应的国家标准《消防给水及消火栓系统技术规范》GB 50974—2014已颁布实施。

10. 国家标准体系改革

我国现行的工程建设标准体制是由《标准化法》规定的强制性标准与推荐性标准相结合的体制，世界上大多数国家采取的是技术法规与技术标准相结合的管理体制。技术法规数量少、重点突出。为向技术法规过渡而编制的《工程建设标准强制性条文》，标志着我国启动了工程建设标准体制的改革，而且迈出了关键性的一步。但强制性条文的确定存在原则和方式、审查规则等方面不够完善的问题，造成强制性条文之间重复、交叉、矛盾，以及强制性条文与非强制性条文界限不清等现象。为此，国务院《关于印发深化标准化工作改革方案的通知》（国发〔2015〕13 号），提出改革强制性标准、构建强制性标准体系、优化完善推荐性标准、培训发展团体标准、全面提升标准水平、强化标准质量管理和信息公开、推进标准国际化。住房和城乡建设部为落实标准化的改革工作，已开展制定工程建设行业的全文强制性标准体系及标准的研编工作，逐步用全文强制性标准（技术法规）取代现行标准中分散的强制性条文，新制定标准原则上不再设置强制性条文。全文强制的《建筑给水排水与节水通用规范》已完成研编工作，并通过住房和城乡建设部的验收，2019 年正式启动编制工作。

为体现 10 年间国家标准规范的制修订内容、新技术、新设备、新材料的发展与应用，满足广大给水排水工程设计与研究人员的需求，由中国建筑设计研究院有限公司组织，组成编委会，赵锂（中国建筑设计研究院有限公司副院长/总工程师、教授级高级工程师）担任编委会主任，宋波（公安部天津消防研究所党委书记）、王耀堂（中国建筑设计研究院有限公司总工程师、教授级高级工程师）担任编委会副主任，赵世明（教授级高级工程师）、郭汝艳（中国建筑设计研究院有限公司总工程师、教授级高级工程师）、杨澎（中国建筑设计研究院有限公司副总工程师、教授级高级工程师）、周蔚（中国建筑设计研究院有限公司高级工程师）、关兴旺（给水排水杂志主编）、钱梅（建筑给水排水杂志主编）担任编委会委员。在全国范围内组织行业内的知名专家，对本手册进行全面的修编，修编后的手册仍然分为上、下二册，但内容更加翔实、全面，反映了最新的国家标准规范、技术、设备及材料的发展。本手册第三次再版，是全体编写人员积极参与、勤奋工作、同心协力的成果。

　　由于编著者水平有限，手册中一定存在错误和不足之处，敬请读者给予批评指正。

　　谨以此手册作为中国建筑学会建筑给水排水研究分会成立 10 周年的献礼。

Preface

Design Manual for Building Water Supply and Drainage 2nd Edition (Volume 1 and 2), compiled by China Architecture Design & Research Group and published by China Architecture & Building Press in 2008, was first issued in October 2008 at the inauguration ceremony of Research Branch on Building Water Supply and Drainage, Architectural Society of China. Over the past decade, it has been reissued nine times, with a total of 40, 000 copies. *Design Manual for Building Water Supply and Drainage* 1st Edition was reissued 18 times, with a total of 72, 000 copies. The two editions were reprinted 27 times in total, exceeding 110, 000 copies. Its influence is second to none among the reference books on building water supply and drainage engineering. It is a must-have reference book and design document for building water supply and drainage design engineers and registered public equipment engineers. It is called "white paper" by the majority of building water supply and drainage design engineers. *Design Manual for Building Water Supply and Drainage* 2nd Edition (Volume 1 and 2) won the first prize of Huaxia Construction Science and Technology Award issued by the Ministry of Housing and Urban-Rural Development in 2010.

Over the past decade, the national architectural design policy has changed from "practicability, economy and attention to beauty under possible conditions" to "applicability, economy, green and beauty" . In particular, the 19th National Congress of the Communist Party of China put forward the strategic plan of "accelerating the reform of ecological civilization system, promoting green development and building a beautiful China" in October 2017. The principal contradiction in the society is between the people's growing need for a better life and the unbalanced and inadequate development. To meet the increasing demands for a better life, the water supply and drainage technology has developed rapidly in the past 10 years. Building water supply and drainage design emphasizes on the quality control of water at the supply point, environmental protection and sanitation of water drainage system, prioritizes fire safety and lifelong accountability. As the first subject of research on building water supply and drainage under the "Water Pollution Control and Treatment", a major national science and technology project, "Research and Demonstration of Microcirculation Reconstruction Technology for Building Water System" was completed in June 2018. The comprehensive revision of the basic specification of this manual, *Code of Design for Building Water Supply and Drainage* GB 50015—2013 (2009 Edition), has also been completed. Important national standards in the field of fire protection, such as *Code for Fire Protection Design of Building* GB 50016—2014, *Technical Code for Fire Protection Water Supply and Hydrant Systems* GB 50974—2014 and *Code for Design of Sprinkler*

Systems GB 50084—2017, have been issued for implementation. The Scheme for Deepening Reform of the Work of Standardization issued by the State Council proposes to build a mandatory standard system, accelerate the formulation of full-text mandatory standards to replace scattered mandatory provisions in the existing standards, optimize and improve the recommended standards, cultivate and develop group standards. Over the past decade, almost all the standards and codes related to building water supply and drainage have been revised, and a number of new standards and codes have been issued.

Promoting green development and building a beautiful China should be the core of China's economic development. Urban construction should be carried out based on the concept of sponge city construction. To build a resource-saving and environment-friendly society, we should vigorously develop energy- and land-saving houses and public buildings. All designers should promote new technologies, new equipment and new materials that save energy, water, materials and land in the construction projects. Under the new national architectural design policy, building water supply and drainage research and technology have been upgraded and applied in engineering in the following aspects:

1. Research and Demonstration of Microcirculation Reconstruction Technology for Building Water System

The research group realized the optimization and reconstruction of microcirculation for the building water system by carrying out a series of studies on water systems in buildings, covering safety guarantee of building water quality (domestic water supply and domestic hot water), water-saving technology, equipment materials, water supply management, drainage sanitation and system optimization. The group also undertook the study on technology integration and demonstration project construction in key river basins and typical cities, developed key technologies that guarantee water quality, save water, optimize the system and facilate management, developed key equipment, compiled a batch of technical standards and codes, established the technical innovation and tested R&D platform for the building water system, realized the integrated application of technologies, strived to improve the technical innovation in building water quality safety and water conservation, realized water and energy conservation, solved the problem of water quality safety guarantee for the "last mile", built a healthy microcirculation system through the collection, treatment and utilization of rainwater and grey water, and provided technical support for building a resource-saving and environment-friendly society as well as ecological civilization construction.

This research subject was composed of four tasks: (1) safety guarantee of building water quality, including survey and evaluation of the current building water system, research on secondary pollution control technology of building water supply and domestic hot water system, research on safe disinfection technology of building water supply and domestic hot water, and research on water quality standards and technical specificiations for building water supply; (2) study on key energy and water-saving technologies for building water systems, including research and preparation of building water quota, comparison and selection of energy-saving characteristics for secondary water supply system, evaluation on water-saving characteristics of water use appliances and water supply system, research on water-saving technology based on the comfort of terminal water use, study on complete sets of water-saving technologies applicable to residential houses, research and development of filtration-centered rainwater recycling and treatment technology and system for buildings and sub-districts, R&D and construction of drainage system performance testing platform, R&D of high safety performance drainage system for high-rise buildings, R&D of drainage capacity prediction technology for drainage system of super high-rise buildings, and R&D of complete sets of technologies for kitchen waste discharge system; (3) evaluation and selection of main equipment and materials for secondary water supply, including the study on the influence of commonly used secondary water supply pipes and equipment on water quality and its change rule, performance evaluation of commonly used pipes and main equipment for secondary water supply, and comprehensive evaluation of commonly used pipes and main equipment for secondary water supply; (4) technology integration and application demonstration of building domestic water system, including study on secondary water supply management model, demonstration of single items such as secondary water supply management information system, secondary water supply management information technology and water quality assurance, and comprehensive demonstration of microcirculation reconstruction technology for building water system. Some of the research results of this research subject have been embodied in the relevant standards and this manual.

2. Comprehensive revision of *Code of Design for Building Water Supply and Drainage* GB 50015—2013 (2009 Edition)

(1) The average daily domestic water quota for residential and public buildings has been supplemented. (2) The dormitory classification and hourly variation coefficient for maximum daily water cosumption have been adjusted. (3) The calculation method for outdoor water supply main pipe diameter in the sub-district has been adjusted. (4) The calculation method for design second flow rate in the main water pipe of complex buildings or different functional parts of the same building has been added. (5) The safety regulations on ozone disinfection of swimming pools and recreational pools have been added. (6) It has been stipulated that the grille pore size of inlets, bottom water inlets and outlets in swimming pools and recreational pools should not be more than 8mm, and the flow velocity through grille pores has also been specified. (7) The discharging capacity of floor drain has been supplemented. (8) The maximum design drainage capacity of domestic water drainage stack has been adjusted. (9) The load of separate drainage pipe without ventilation has been modified. (10) The conditions for installing air suction valve for the public building drainage stack without stack vent have been added. (11) The specified minimum width and depth of roof gutter (catchwater channel) have been supplemented. (12) The

calculation of maximum design discharge flow of rainwater bucket and pipeline design have been specified according to the single bucket system, gravity flow multi-bucket system and full-bore flow multi-bucket system, respectively. (13) The requirements of sponge city construction for rainwater design in building and sub-district have been added. (14) Relevant requirements for setting up rainwater regulation pool in the sub-district have been supplemented. (15) The regulations on sterilization facilities of centralized hot water supply system have been added. (16) The technical measures for ensuring the circulation effect of the centralized hot water supply system have been added. (17) The traditional volumetric water heater with low efficiency has been eliminated, and semi-volumetric water heater with superior performance has been recommended. (18) The contents of solar water heating systems and heat pump hot water systems have been added. (19) Various parameters for calculating the total area of solar collectors has been supplemented. (20) The provisions on selecting solar water heating systems under different conditions for different types of buildings have been added. (21) The range of heat loss for water distribution pipes have been revised. (22) The flow calculation formula of the circulating pump has been revised. (23) The calculation methods for pump and circulation flow of the hot water storage tank have been added.

3. Construction of sponge city

Over the past decade, urbanization in China has developed rapidly. At present, the urban construction land in China accounts for less than 1% of the national land area, but supports 54% of the population and produces 84% of GDP. The high intensity of urban development and extensive use of hard pavement has changed the original natural ecological background and hydrological characteristics. Under the underlying surface condition of natural topography before urban development, about 70% of the rainfall seeps into the ground through natural infiltration, conserving the local water source and ecology, and only about 20% of the rainwater forms runoff. After urban development, due to the hardening of the underlying surface caused by the construction of roof, road and ground facilities, about 70% of the rainfall forms runoff, and only about 20% of the rainwater can seep into the ground, which destroys the natural ecological background, damages the natural "sponge", and causes the problem of "waterlogging during rain and drought after rain". Meanwhile, it also creates a series of problems such as deterioration of water ecology, shortage of water resources, pollution of water environment, and lack of water security. The essence of sponge city construction is to restore the original hydrological and ecological characteristics of the city by reducing rainwater runoff, and to enable the surface runoff to reach the natural state before development as much as possible, i. e. building a "sponge". The technical route of sponge city construction is "source reduction, process control and system management". Source reduction refers to reducing the rainwater runoff from the source and increasing surface infiltration; process control refers to delaying the occurrence of peak runoff and reducing drainage intensity; system management refers to regarding mountains, waters, forests, fields and lakes as a life community and a complete ecosystem, protecting and restoring the urban "sponge". The technical measures adopted include seepage, perching, storage, purification, utilization and drainage. Building water supply and drainage plays a key role in source reduction. The national standard *Engineering Technical Code of Rainwater Utilization in Building and Sub-district* GB 50400—2006 has been revised and changed to *Technical Code for Rainwater Management and Utilization of Building and Sub-district* GB 50400—2016, which fully demonstrated the technical measures for sponge city construction. The revised edition of *Code of Design for Building Water Supply and Drainage* GB 50015—2013 (2009 Edition) has also added the requirements of sponge city construction for rainwater design in building and sub-district.

4. Water quality assurance for terminal users

In order to ensure that terminal users can use the drinking water that meets the requirements of the *Standards for Drinking Water Quality* GB 5749, the water quality safeguard technology from the source (water plant) to the tap (user) has been proposed. In terms of building water supply, the secondary water supply facilities have added the online monitoring of water quality while meeting the basic requirements for water volume and water pressure. It is encouraged by the national government that water supply enterprises extend the management of water supply facilities to household water meters and implement specialized operation maintenance of secondary water supply facilities. The revision of *Technical Specification for Secondary Water Supply Engineering* CJJ 140—2010 has also been completed. In addition to domestic water supply, great attention has also been paid to the quality and safety of domestic hot water, and related research and application have been carried out. The national industry standard *Water Quality Standards for Domestic Hot Water* CJ/T 521—2018 and associational standard *Technical Specificataion for Water Quality Safety of Centralized Domestic Hot Water Supply System* T/CECS 510—2018 have also been issued and implemented. In order to meet the needs of the people for turning on the tap and drinking directly, the dedicated drinking water system has been used in engineering for nearly two decades. To catch up with the drinking water standards of developed countries in the world, the newly revised industry standard *Technical Specification of Pipe System for Fine Drinking Water in Building and Sub-district* CJJ 110—2017 has been issued and implemented. The maximum daily fine drinking water quotas for several types of buildings such as hospitals and stadiums have been newly added. Based on the actual project needs and on the premise of ensuring water quality, the length of non-circulating branch pipe has been revised to no more than 6m. The relevant provisions on water quality online monitoring system have been added.

5. Throughput capacity and sanitary guarantee of building drainage system

The sanitary safety of the building drainage system is of vital importance to the interests of all building users. The SARS outbreak in Hong Kong in 2002 initially spread through the drainage system. The floor drain is an indispensable drainage facility for each building. It is a common problem in the high-rise building drainage system that the floor drain lets off a foul smell that pollutes the indoor environment, shows poor drainage capacity and poses a hazard to the health of residents. In order to solve the above problems, Chinese enterprises, as the main body of innovation and R&D, have built different sizes of experimental towers for drainage system test, such as Vanke Tower (122.9m high) and Shanxi Xuanshi Tower (60.3m high). A lot of technical studies have been carried out in these towers, including drainage capacity test of high-rise building drainage system, odor control of high-rise building drainage system, drainage capacity improvement of high-rise building drainage system, high water sealed floor drain, trap structure improvement, numerical simulation technology for predicting drainage capacity of super high-rise building drainage system, and special single stack drainage system, etc. The national industry standard *Standard for Test on Stack Drainage Capacity of Domestic Drainage System* CJJ/T 245—2016 and *Floor Drain* CJ/T 186—2018 have been issued and implemented.

6. Full application of new water supply and drainage pipes in engineering

In order to ensure the quality of water supply, improve the engineering quality, meet residents' needs for healthy water and reduce the energy loss in the process of water delivery, various new types of pipes have been used in engineering in recent years. Light gauge stainless steel pipes, copper pipes, new plastic pipes, steel-plastic composite pipes and metal composite pipes of different interface forms provide a wide range of choices for engineers and owners. After 10 years of engineering practice, there are both successful experiences and profound lessons in the use of new pipes. In order to better guide the use of various types of pipes, the national government has formulated a series of specifications for pipe design, construction and maintenance, such as *Technical Specification for Metallic Pipeline Engineering of Building Water Supply* CJJ/T 154—2011, *Technical Specification for Metallic Pipeline Engineering of Building Drainage* CJJ 127—2009, *Technical Specification for Composite Pipeline Engineering of Building Water Supply* CJJ/T 155—2011, *Technical Specification for Composite Pipeline Engineering of Building Drainage* CJJ/T 165—2011, *Technical Specification for Plastic Pipeline Engineering of Building Water Supply* CJJ/T 98—2014 and *Technical Specification for Plastic Pipeline Engineering of Building Drainage* CJJ/T 29—2010.

7. Promotion and application of green and renewable energy sources

In order to build a resource-conserving and environment-friendly society, the promotion and application of green and renewable energy sources has become an important task of the government administrative department in recent years. Solar energy and heat pumps (water source heat pumps, air source heat pumps and ground source heat pumps) have been more and more widely used in engineering. Local governments have successively introduced policies for using solar energy and heat pumps in residential buildings, mandatorily promoting solar water heating systems and heat pump hot water systems. The traditional solar water heating system usually adopts a conventional heat source system and heat collection mode based on convection heat transfer, collects and stores solar energy through a circulating pump, a heat exchanger or a hot water storage tank, and then supplies hot water through an auxiliary heat exchanger. In order to solve the shortcomings and problems of traditional solar water heaters, China Architecture Design & Research Group has developed the unpowered circulation solar water heating system, which couples the solar heat collecting system with heat supply system, and integrates heat collection, heat storage and heat exchange as a whole. The solar collector tube collects the solar heat, and then heats the heat medium water in the outer box through natural circulation. The heat medium water in the outer box transfers the heat to the water to be heated through conduction and heat exchange, without requiring circulating pump in the solar collecting system. Each solar collector can accumulate and store heat independently, and its heat-collecting efficiency will not be affected by short circuit and air blockage of the circulating pipeline. It has been basically realized that the heat-collecting efficiency of the system is equivalent to that of individual collector, which has reduced the operation and maintenance cost. Supplemented by auxiliary energy sources, the system can realize stable and comfortable hot water supply, and maximize the use of solar energy. Different technical solutions have been provided for the application of solar water heating systems. During the revision of *Code of Design for Building Water Supply and Drainage* GB 50015—2013 (2009 Edition), the contents of solar water heating systems and heat pump hot water systems have been added; various parameters for calculating the total area of solar collectors has been supplemented; and the provisions on selecting solar water heating systems under different conditions for different types of buildings have been added.

8. Water treatment technology for swimming pools

The national industry standards for urban construction *Water Quality Standards for Swimming Pools* CJ 244—2007 and *Technical Specification for Water Supply and Drainage Engineering of Swimming Pool* CJJ 122—2008 have been implemented for 10 years. These standards have played an important role in enhancing sanitation management of swimming places in China, preventing the spread of diseases and protecting the health and safety of swimmers, and provided technical guarantee for various international swimming competitions held in China. Thus, China's swimming pool water quality standards and technical specifications can catch up with those of developed countries, playing a role of guide in the development of China's swimming industry. On the basis of summarizing the 10 years of experience in technology development and innovation in the swimming pool industry, the above two standards have been comprehensively revised and promulgated. *Water Quality Standards for Swimming Pools* CJ/T 244—2016 has revised the limits of turbidity, pH value, total number of bacterial colonies and total coliform groups, etc. , and added the routine inspection items, limits and inspection methods for using disinfectants according to swimming pool water. *Technical Specification for Water Supply and Drainage Engineering of Swimming Pool* CJJ 122—2017 has expanded the scope of application, added special chapters for energy-saving technologies such as solar energy and heat pump, added the technology of negative pressure particulate filter, added the content of disinfectant prepared on site, added the safety requirements for disinfection equipment room, supplemented the remote water quality monitoring and control, modified and supplemented the technical parameters of swimming pools and recreational pools such as circulating cycle of pool water and water temperature, added the technical parameters related to the design of the performance pool, and added the contents of assembled swimming pool and pool cover. In the meantime, the industry standards *Pressure Filters for Swimming Pools* CJ/T 405—2012 and *Swimming Pool Dehumidification and Heat Recovery Heat Pump* CJ/T 528—2018 have also been released, which enhanced the relevant technical standards in the swimming pool industry and laid a solid foundation for the sound development of the swimming pool industry.

9. Formulation, revision and release of fire extinguishing specifications

Code for Design of Sprinkler Systems GB 50084—2001 (2005 Edition) has been implemented for 13 years. During this period, China's building industry has developed rapidly. China is a country that builds the largest number of super high-rise buildings, large stadiums, convention and exhibition centers, grand theatres and other public buildings in the world. With complex functions, these buildings have exceeded the limits set in some specifications in terms of fire compartment, evacuation and fireproofing facilities. Special fire protection design should be adopted and enhanced technical measures should be taken. For super high-rise buildings with a height of more than 250m that face a high risk of fire hazard and great difficulty in fire fighting, the Fire Department of the Ministry of Public Security has issued the *Technical Requirements for Strengthening the Fire Protection Design of Civil Buildings with a Building Height of More Than 250 Meters (Trial)*. *Code for Fire Protection Design of Building* GB 50016—2014 has combined *Code for Fire Protection Design of Building* GB 50016—2006 and *Code for Fire Protection Design of Tall Buildings* GB 50045—95 (2005 Edition) into one. The Code has made explicit provisions for the setting of fire-fighting facilities and improved relevant contents. The fire water supply system, fire hydrant system and sprinkler systems have been stipulated in the corresponding national standards *Technical Code for Fire Protection Water Supply and Hydrant Systems* GB 50974—2014 and *Code for Design of Sprinkler Systems* GB 50084—2017. Water spray extinguishing system is a kind of facility that uses water instead of gas to put out fire in boiler room, diesel generator room, etc. *Code of Design for Water Spray Fire Extinguishing Systems* GB 50219—2014 has mainly modified the arrangement of transformer water spray nozzle and requirements for the selection of water supply control valve for water spray fire-extinguishing system, and added the contents related to the construction, acceptance and maintenance management of water spray fire-extinguishing systems. The water mist fire-extinguishing system is a fire-extinguishing system with high fire-extinguishing efficiency, environmental protection and wide range of application. It is widely used for fire extinguishing of substations, telecommunication equipment, libraries, archives center, banks and laboratories, and the corresponding national standard Technical *Code for Water Mist Fire Extinguishing System* GB 50898—2013 has also been promulgated and implemented. Fire hydrants are important fire-fighting facilities for firefighters and building management personnel to extinguish fires. Fire-fighting water supply is the heart of water fire-extinguishing systems, and must be safe and reliable. The corresponding national standard *Technical Code for Fire Protection Water Supply and Hydrant Systems* GB 50974—2014 has been promulgated and implemented.

10. Reform of the national standard system

China's current engineering construction standard system is a system combining mandatory standards and recommended standards stipulated in the *Standardization Law*. Most countries in the world adopt the management system that combines technical regulations with technical standards. The technical regulations are in small quantity but have clear focus. *Compulsory Provisions of Engineering Construction Standards* prepared for the transition to technical regulations marks that China has started the reform of the engineering construction standard system and has taken a crucial step. However, there are imcomplete principles, methods and inspection rules for determining compulsory provisions, resulting in repetition, overlaps and contradictions among compulsory provisions, as well as unclear boundaries between compulsory provisions and non-compulsory provisions. For this reason, *Notice of the State Council on Issuing the Scheme for Deepening Reform of the Work of Standardization* (GF [2015] No. 13) proposes to reform mandatory standards, build mandatory standards system, optimize and improve recommended standards, cultivate and develop group standards, improve the overall standard level, enhance standard quality management and information disclosure, and promote internationalization of stand ards. In order to implement the reform of standardization, the Ministry of Housing and Urban-Rural Development has carried out formulation of the full-text mandatory standard system and compiling research of standards for the engineering construction industry, and gradually replaced the scattered mandatory provisions in the existing standards with the full-text mandatory standards (technical regulations). In principle, mandatory provisions will no longer be included in the new standards. The full-text mandatory standard *General Specification for Building Water Supply, Drainage and Water Conservation* has completed compiling research and passed the acceptance of the Ministry of Housing and Urban-Rural Development. Its compilation will officially start in 2019.

In order to reveal the formulated and revised content of national standards, and development and application of new technologies, new equipment and new materials over the past 10 years, and to meet the needs of water supply and drainage engineering designers and researchers, China Architecture Design & Research Group (CADG) has set up an editorial board. Zhao Li, vice-president/chief engineer and professor-level senior engineer of CADG, serves as the director of the editorial board; Song Bo, Party secretary of Tianjin

Fire Research Institute of the Ministry of Public Security, and Wang Yaotang, chief engineer and professor-level senior engineer of CADG, serve as deputy directors of the editorial board; Zhao Shiming, professor-level senior engineer, Guo Ruyan, chief engineer and professor-level senior engineer of CADG, Yang Peng, deputy chief engineer and professor-level senior engineer of CADG, Zhou Wei, senior engineer of CADG, Guan Xingwang, editor-in-chief of Water Supply and Drainage Journal, and Qian Mei, editor-in-chief of Building Water Supply and Drainage Journal, serve as members of the editorial board. Nationwide well-known experts in the industry have been invited to comprehensively revise this manual. The revised manual is still composed of Volume 1 and 2, but contains more detailed and comprehensive content that reflects the latest development of national standards, technologies, equipment and materials. The third reprint of this manual is the result of active participation, hard work and concerted efforts of all authors.

Although every care has been taken to minimize the errors, there may be some mistakes in the manual, and readers are urged to share their suggestions.

This manual will be presented as a gift at the 10th anniversary of Research Branch on Building Water Supply and Drainage, Architectural Society of China.

第二版前言

中国建筑工业出版社于1992年出版的《建筑给水排水设计手册》自发行以来，17年中，共再版18次，发行72000册，是从事建筑给水排水设计工程师和注册公用设备工程师的必备工具书和设计资料，被广大建筑给水排水设计师亲切地称为"白皮书"。

建筑给水排水技术在这17年中得到了蓬勃发展，本手册的基础规范《建筑给水排水设计规范》GBJ 15—88也于2003年进行了全面修订。补充了居住小区建筑给水排水的设计内容；调整和补充了住宅、公共建筑用水定额；增加了管道连接防污染措施和新型管材应用技术；住宅给水秒流量计算采用概率修正公式；统一各种材质管道水力计算公式；新增了水上游乐池水循环处理和冷却塔及水循环设计内容；补充了屋面雨水压力流计算参数；调整了集中热水供应设计小时耗热量计算公式的适用范围；补充了新型热水机组、加热器的有关应用技术要点和参数以及饮用净水管道系统的有关内容。

建设资源节约型、环境友好型社会是我国经济建设的重心，大力发展节能省地型住宅、公共建筑，在工程建设中推行节能、节水、节材、节地的新技术、新设备、新材料，是设计人员都必须应对的。围绕国家的建设原则，建筑给水排水技术在以下几方面得到了发展、并于工程中得到应用。

1. 在变频调速泵的基础上，无负压供水技术的应用

在建筑给水系统中，采用水池、变频调速泵组供水的方式是目前的主流，它解决了水池、水泵、屋顶水箱联合供水存在的弊病：屋顶水箱在建筑立面上不好处理、建筑物最高层的供水压力不足、屋顶水箱水质二次污染等。但水池水质的二次污染仍然存在，有压的市政水进入水池后，原有的压力得不到利用，在能量利用上是浪费；水池的占地面积大，建筑用地得不到充分的利用。为从根本上解决水池的污染问题、节省能源，在市政供水条件良好的地方，采用从市政管网上直接吸水的供水方式，即无负压供水技术，在北京、青岛、福州、广州、深圳等城市得到了应用。无负压供水设备由管道倒流防止器、稳流补偿罐、真空抑制器、变频加压泵组等组成。可避免对市政管网的倒流污染及过度抽吸，影响周边的其他用户正常用水。

2. 管道直饮水技术的应用

目前国内传统净化工艺处理的自来水，可降低水源水中悬浮物、胶体、微生物等，但不能有效去除原水中微量有机污染物。出厂水经管道输送和水池、高位水箱后，均存在二次污染，居民饮用此水将会对健康造成一定影响，而这部分饮水量又只占供水量的2%～5%。因此在目前不可能对现有的全部市政自来水进行深度处理和对市政供水管网进行大规模改造的前提下，将饮水和生活用水分质供应，既避免了高质低用的浪费现象，又保证了饮水卫生安全。近几年来我国管道直饮水行业有了较快发展，管道直饮水系统已在许多建筑中投入运行。相应的国家城镇行业标准《管道直饮水系统技术规程》CJJ 110—2005、《饮用净水水质标准》CJ 94—2005也已颁布实施。

3. 新型给水排水管材在工程中的全面应用

为保证给水的水质，提高工程质量，满足居民健康用水的需求，降低输水过程中的能耗损失，各种新型管材在近几年的工程中得到了全面的应用。不同接口形式的薄壁不锈钢管、铜管、新型塑料管、钢塑复合管、金属复合管等，为工程师及业主提供了广泛的选择。

4. 绿色、可再生能源的推广应用

加快建设资源节约型、环境友好型社会，大力发展循环经济、保护生态环境绿色、可再生能源的推广应用成为近几年政府行政主管部门的重要工作，太阳能、热泵（水源热泵、空气源热泵、地源热泵）在工程中得到了越来越多的应用。太阳能集热器与建筑一体化的技术得到发展，为太阳能在建筑物尤其是住宅建筑的应用提供了技术支持。热泵技术的发展与完善，使得利用地下水的水源热泵在采暖与生活热水供应，利用空调冷凝水的水源热泵在生活热水的制备，空气源热泵在游泳池池水加热与除湿等方面应用实例不断增多。国家标准《民用建筑太阳能热水系统应用技术规范》GB 50364—2005 也已颁布实施。

5. 住宅生活热水水温的保证

住宅中采用集中热水供应系统或户内自成系统热水供应者越来越普遍，为保证供水温度，不浪费水资源，集中热水供应系统采取干、立管循环的方式，采用电子远传水表（或IC卡水表），将水表设置在户内的卫生间，减小支管的长度，在规定的时间内得到热水。户内自成系统热水供应采用在循环管道上设小热水循环泵，循环泵集成温度控制器、时间继电器等功能，自动控制水泵的运行。为解决小区室外热水干管难以用同程布置保证循环效果的问题，采取在单体建筑连接至小区热水回水总干管的回水管上设置分循环泵的措施。相应的中国工程建设标准化协会标准《小区集中生活热水供应设计规程》CECS 222：2007也已颁布实施。

6. 虹吸式屋面雨水排水系统

体育场、馆，会展中心，大剧院等公共功能的建筑，屋面的集水面积均很大，采用重力式屋面雨水排水系统，需要的雨水斗多，水平悬吊管道敷设的坡度占用建筑物空间多，管径大。采用虹吸式屋面雨水排水系统，系统设计计算精度较高、能充分利用雨水的动能、具有用料省、水平悬吊管道不需要坡度、所需要安装空间小等优点，在大型公共建筑中得到了普遍的应用。相应的中国工程建设标准化协会标准《虹吸式屋面雨水排水系统技术规程》CECS 183：2005 也已颁布实施。

7. 雨水利用工程

雨水利用包括雨水入渗系统、收集回用系统、调蓄排放系统之一或其组合。建筑区雨水利用是建筑水综合利用中的一种新系统工程，具有良好的节水效能和环境生态效益。目前我国城市缺水日益严重，与此同时，健康住宅、生态住区正迅猛发展，建筑区雨水利用系统，以其良好的节水效益和环境生态效益适应了城市的现状与需求，在具体工程中得到了应用。相应的国家标准《建筑与小区雨水利用工程技术规范》GB 50400—2006 已颁布实施。

8. 游泳池水处理技术

随着我国经济的发展与提高，大型国际游泳比赛越来越多地在我国举办，对游泳池水质标准的要求也在提高。为满足出水的水质要求、在运行中节约反冲洗用水、减少过滤设备的占地面积，硅藻土过滤器在实际工程中得到了应用。同时，为解决我国《游泳场所卫生标准》GB 9667—1996 中"人工游泳池池水水质卫生标准"指标过低，不能满足大型游泳比赛的水质要求，与国外游泳池水质标准规定项目相差较大，无法与国际接轨的矛盾，新的城镇建设行业标准《游泳池水质标准》CJ 244—2007 颁布实施。《游泳池给水排水工程技术规程》CJJ 122—2008 也已颁布实施。

9. 消防水炮、大空间智能型主动喷水及水喷雾等灭火技术

体育场、馆，会展中心，大剧院等公共功能的建筑中存在超过《自动喷水灭火系统设计规范》规定的自动喷水灭火系统能扑救地面火灾的高度，根据高度的不同、采用自动控制消防水炮、大空间智能型主动喷水灭火系统替代自动喷水系统的功能，满足超大空间的消防要求，保证人身和财产的安全。水喷雾是一种在锅炉房、柴油发电机房等取代气体消防而用水灭火的设施，目前在工程中普遍应用。相应的国家标准《固定消防炮灭火系统设计规范》GB 50338—2003、《水喷雾灭火系统设计规范》GB 50219—95 已颁布实施。

为体现上述新技术、新设备、新材料的发展与应用，满足广大给水排水工程设计人员的需求，由中国建筑设计研究院组织，成立编委会，赵锂（机电设计研究院院长、教授级高级工程师）担任编委会主任，王耀堂（机电设计研究院副总工程师、教授级高级工程师）担任编委会副主任，刘振印（顾问总工程师、教授级高级工程师）、赵世明（副总工程师、教授级高级工程师）、傅文华（顾问总工程师、高级工程师）、陈耀宗（教授级高级工程师）、陈光辉（总经理）、关兴旺（主编）、周蔚（高级工程师）、钱梅（总经理）担任编委会委员。在全国范围内组织行业内知名专家，对本手册进行全面的修编，修编后的手册分为上、下 2 册，内容更加翔实、全面。本手册得以再版，是时代的使命，是全体编写人员积极参与、勤奋工作、同心协力的成果。

由于编著者水平有限，手册中一定存在错误和不足之处，敬请读者给予批评指正。

谨以此手册作为中国建筑学会建筑给水排水研究分会成立的献礼。

第一版前言

本手册是在本专业技术由"室内给水排水"阶段进入"建筑给水排水"阶段后，首次编辑出版的专业设计手册。为满足新发展阶段的需要，在编写过程中力图做到内容全面系统、查阅简单方便、资料准确新颖、叙述简明扼要。

本手册除常见建筑给水、消防、热水与饮水供应、公共浴室、游泳池、水景、建筑排水及局部污水处理内容外，还增编了洗衣房、建筑中水、水质软化脱盐、水的循环冷却和稳定处理以及设计中常用的数据、设备、器材和水力计算表格。力求做到一册在手即可满足工程设计的基本需求，同时遵照最新颁布的有关设计规范进行了全面调整。因此本手册更加适合广大从事工业与民用建筑给水排水设计工程师们的要求。

本手册在编辑过程中承蒙北京市建筑设计研究院刘文镔高级工程师对全稿作了全面认真校审，并提供了宝贵意见，在此诚心表示感谢。

谨以此书献给我国建筑给水排水专业的老前辈：清华大学环境工程系王继明教授和洛阳市建筑设计研究院顾问孙培高级工程师，以表彰二位在建筑给水排水专业中做出的卓著贡献。

目录

上　册

下　　册

第1章 建筑给水

1.1 用水定额

1.1.1 小区生活用水定额

1. 小区给水设计用水量，应根据下列用水量确定：
(1) 居民生活用水量；
(2) 公共建筑用水量；
(3) 绿化用水量；
(4) 水景、娱乐设施用水量；
(5) 道路、广场用水量；
(6) 公共设施用水量；
(7) 未预见用水量及管网漏失水量；
(8) 消防用水量。
注：消防用水量仅用于校核管网计算，不计入正常用水量。
2. 小区设计用水量的计算
(1) 小区的居民生活用水量，应按小区人口和"住宅最高日生活用水定额及小时变化系数表"的参数经计算确定。
(2) 小区内的公共建筑用水量，应按其使用性质、规模，采用"集体宿舍、旅馆和公共建筑生活用水定额及小时变化系数表"的参数经计算确定。
(3) 小区绿化浇洒用水定额应根据气候条件、植物种类、土壤理化性状、浇灌方式和管理制度等因素综合确定。当无相关资料时，小区绿化浇洒最高日用水定额可按浇洒面积 $1.0 \sim 3.0 L/(m^2 \cdot d)$ 计算，绿化浇洒的年用水量可按"浇洒草坪、绿化年均灌水定额"的参数经计算确定；干旱地区可酌情增加。
(4) 公用游泳池、水上游泳池和水景用水量应按游泳池、水上游乐池和水景章节经计算确定。
(5) 小区道路、广场的浇洒用水定额可按浇洒面积 $2.0 \sim 3.0 L/(m^2 \cdot d)$ 计算。
(6) 小区消防用水量和水压及火灾延续时间，应按现行国家标准《建筑设计防火规范》GB 50016、《消防给水及消火栓系统技术规范》GB 50974 确定。
(7) 小区管网漏失水量和未预见水量之和可按最高日用水量的 8%～12% 计。
(8) 小区内的公共设施用水量，应按该设施的管理部门提供用水量，当无重大公共设施时，不另计用水量。

1.1.2 住宅生活用水定额

住宅的最高日、平均日生活用水定额及小时变化系数，根据住宅类别、建筑标准、卫生器具完善程度和区域条件等因素，可按表 1.1-1 确定。

住宅生活用水定额及小时变化系数　　　　　　　　　　　表 1.1-1

住宅类型	卫生器具设置标准	最高日用水定额 (L/(人·d))	平均日用水定额 (L/(人·d))	小时变化系数	使用时间 (h)
普通住宅	有大便器、洗脸盆、洗涤盆和洗衣机、热水器和沐浴设备	130～300	50～200	2.8～2.3	24
	有大便器、洗脸盆、洗涤盆、洗衣机、家用热水机组或集中热水供应和沐浴设备	180～320	60～230	2.5～2.0	24
别墅	有大便器、洗脸盆、洗涤盆、洗衣机及其他设备(净身器等)、家用热水机组或集中热水供应和沐浴设备、洒水栓	200～350	70～250	2.3～1.8	24

注：1. 直辖市、经济特区、省会、首府及下列各省、自治区：广东、福建、浙江、江苏、湖南、湖北、四川、广西、安徽、江西、海南、云南、贵州的特大城市（市区和近郊区非农业人口 100 万人及以上的城市）可取上限；其他地区可取中、下限。

2. 当地主管部门对住宅生活用水标准有规定的，按当地规定执行。

3. 别墅用水定额中含庭院绿化用水、汽车抹车水，不含游泳池补充水。

4. 表中用水量为全部用水量，当采用分质供水时，有直饮水系统的，应扣除直饮水用水定额；有杂用水系统的，应扣除杂用水定额。

1.1.3 集体宿舍、旅馆等公共建筑的生活用水定额及小时变化系数

其生活用水定额及小时变化系数根据卫生器具完善程度和区域条件、使用要求，按表 1.1-2确定。

集体宿舍、旅馆和其他公共建筑的生活用水定额及小时变化系数　　　　表 1.1-2

序号	建筑物名称及卫生器具设置标准	单位	生活用水量标准(最高日)(L)	生活用水量标准(平均日)(L)	最高日小时变化系数	每日使用时间(h)	备注
1	宿舍 居室内设有卫生间 设公用盥洗卫生间	每人每日 每人每日	150～200 100～150	130～160 90～120	3.0～2.5 6.0～3.0	24 24	
2	招待所、培训中心、普通旅馆 设公用厕所、盥洗室 设公用厕所、盥洗室和淋浴室 设公用厕所、盥洗室、淋浴室、洗衣室 设单独卫生间、公用洗衣室	每人每日 每人每日 每人每日 每人每日	50～100 80～130 80～150 120～200	40～80 70～100 90～120 110～160	3.0～2.5 3.0～2.5 3.0～2.5 3.0～2.5	24 24 24 24	
3	宾馆客房 旅客 员工	每一床位每日 每人每日	250～400 80～100	220～320 70～80	2.5～2.0 2.5～2.0	24 24	
4	酒店式公寓	每人每日	200～300	180～240	2.5～2.0	24	
5	医院住院部 设公用厕所、盥洗室 设公用厕所、盥洗室和淋浴室 病房设单独卫生间及淋浴室 医务人员 门诊部、诊疗所 病人 医务人员 疗养院、休养所住院部	每一病床每日 每一病床每日 每一病床每日 每人每班 每病人每次 每人每班 每一床位每日	100～200 150～250 250～400 150～250 10～15 80～100 200～300	90～160 130～200 220～320 130～200 6～12 60～80 180～240	2.5～2.0 2.5～2.0 2.5～2.0 2.0～1.5 1.5～1.2 2.0～1.5 2.0～1.5	24 24 24 8 8～12 8 24	

续表

序号	建筑物名称及卫生器具设置标准	单位	生活用水量标准（最高日）(L)	生活用水量标准（平均日）(L)	最高日小时变化系数	每日使用时间(h)	备注
6	养老院托老所 　全托 　日托	每人每日 每人每日	100～150 50～80	90～120 40～60	2.5～2.0 2.0	24 10	
7	幼儿园、托儿所 　有住宿 　无住宿	每一儿童每日 每一儿童每日	50～100 30～50	40～80 25～40	3.0～2.5 2.0	24 10	
8	教学实验楼 　中小学校 　高等学校	每学生每日 每学生每日	20～40 40～50	15～35 35～40	1.5～1.2 1.5～1.2	8～9 8～9	
9	办公楼 　坐班制办公楼 　公寓式办公楼 　酒店式办公楼	每人每班 每人每天 每人每天	30～50 130～300 250～400	25～40 120～250 220～320	1.5～1.2 2.5～1.8 2.0	8～10 10～24 24	
10	图书馆 　阅读者 　工作人员	每一阅览者 每人每天	5～10 50	5～8 40	1.2～1.5 1.2～1.5	8～10 8～10	
11	科研楼 　化学 　生物 　物理 　药剂调制	每一工作人员每班 每一工作人员每班 每一工作人员每班 每一工作人员每班	460 310 125 310	370 250 100 250	2.0～1.5 2.0～1.5 2.0～1.5 2.0～1.5	8～10 8～10 8～10 8～10	
12	商场 　员工及顾客	每平方米营业厅面积每日	5～8	4～6	1.5～1.2	12	
13	公共浴室 　淋浴 　淋浴、浴盆 　桑拿浴(淋浴、按摩池)	每一顾客每次 每一顾客每次 每一顾客每次	100 120～150 150～200	70～90 100～120 130～160	2.0～1.5 2.0～1.5 2.0～1.5	12 12 12	
14	理发室、美容院	每一顾客每次	40～100	35～80	2.0～1.5	12	
15	洗衣房	每千克干衣	40～80	30～70	1.5～1.2	8	
16	餐饮业 　中餐酒楼 　快餐店、职工及学生食堂 　酒吧、咖啡厅、茶座、卡拉OK房	每一顾客每次 每一顾客每次 每一顾客每次	40～60 20～25 5～15	35～50 15～20 5～10	1.5～1.2 1.5～1.2 1.5～1.2	10～12 12～16 18	
17	电影院、剧院、俱乐部、礼堂 　观众 　演职员	每一观众每场 每人每场	3～5 40	3～5 35	1.5～1.2 2.5～2.0	3 4～6	
18	会议厅	每一座位每次	6～8	6～8	1.2	4	
19	体育场、体育馆 　运动员淋浴 　观众 　工作人员	每人每次 每一观众每场 每人每日	30～40(50) 3(3～5) 100	25～40 3 80	3.0～2.0 (2.0) 1.2(2.0) (2.0)	4 4 4	每日使用3次(每日3场)

序号	建筑物名称及卫生器具设置标准	单位	生活用水量标准（最高日）（L）	生活用水量标准（平均日）（L）	最高日小时变化系数	每日使用时间（h）	备注
20	健身中心	每人每次	30～50	25～40	1.5～1.2	8～12	
21	停车库地面冲洗用水	每平方米每次	2～3	2～3	1.0	6～8	
22	航站楼、客运站旅客	每人次	3～6	3～6	1.5～1.2	8～16	
23	展览中心（博物馆、展览馆）观众	每平方米展厅面积每日	3～6	3～6	1.5～1.2	8～16	
24	菜市场冲洗地面及保鲜用水	每平方米每日	10～20	8～10	2.5～2.0	8～10	

使用表 1.1-2 应注意下列几点：

1. 除养老院、托儿所、幼儿园的用水定额中含食堂用水，其他均不含食堂用水。

2. 除注明外均不含员工用水，员工用水定额每人每班 40～60L。

3. 医疗建筑用水中不含医疗用水。

4. 表中用水量包括热水用量在内，空调用水应另计。

5. 表中带括号的数据供参考。

6. 办公室的人数应由甲方或建筑专业提供，当无法获得确切人数时可按 5～7m²（有效面积）/人计算（有效面积可按图纸算得，若资料不全，可按 60% 的建筑面积估算）。

7. 餐饮业的顾客人数，一般应由甲方或建筑专业提供，当无法获得确切人数时，可按 0.85～1.3m²（餐厅有效面积）/位计算（餐厅有效面积可按图纸算得，若资料不全，可按 80% 的餐厅建筑面积估算）。用餐次数可按 2.5～4.0 次计。餐饮业服务人员按 20% 席位数计（其用水量应另计）。海鲜酒楼还应另加海鲜养殖水量。

8. 门诊部和诊疗所的就诊人数一般应由甲方或建筑专业提供，当无法获得确切人数时可按公式（1.1-1）计算：

$$n_m = (n_g \cdot m_g)/300 \qquad\qquad (1.1\text{-}1)$$

式中　n_m——每日门诊人数；

　　　n_g——门诊部、诊疗所服务居民数；

　　　m_g——每一位居民一年平均门诊次数，城镇按 7～10 次计，农村按 3～5 次计；

　　　300——每年工作日数。

9. 洗衣房的每日洗衣量可按公式（1.1-2）计算：

$$G = (\sum m_i \cdot G_i)/D \qquad\qquad (1.1\text{-}2)$$

式中　G——每日洗衣总量（kg/d）；

　　　m_i——各种建筑的计算单位数（人·床·席等）；

　　　G_i——每一计算单位每月水洗衣服的数量（kg/(人·月)或 kg/(床·月)等）（当使用单位不提供时可参见本手册表 8.5-2）；

　　　D——洗衣房每月的工作日数，一般按 25d 计算。

10. 旅馆和医院进行初步设计时，可按表 1.1-3 综合用水量标准选定。

旅馆和医院生活综合用水量及小时变化系数   表 1.1-3

建筑物名称		单　位	生活用水量标准（最高日）(L)	小时变化系数	备　注
旅馆	中等标准	每一床位每日	300～400	2.0	1. 包括除消防用水及空调设备补充水外的其他部分综合用水量； 2. 医院不包括水疗、泥疗等设备用水
	高标准（有热水供应）	每一床位每日	1000～1200	2.0～1.5	
医院、疗养院、休养所	100 病床以上	每一床位每日	500～800	2.0	
	101～500 病床	每一床位每日	1000～1500	2.0～1.5	
	500 病床以上	每一床位每日	1500～2000	1.8～1.5	

1.1.4　浇洒草坪、绿化年均灌水定额

浇洒草坪、绿化年均灌水定额可按表 1.1-4 的规定确定。

浇洒草坪、绿化年均灌水定额（$m^3/(m^2 \cdot 年)$）   表 1.1-4

草坪种类	灌水定额		
	特级养护	一级养护	二级养护
冷季型	0.66	0.50	0.28
暖季型	—	0.28	0.12

1.1.5　工业企业建筑生活用水定额

工业企业建筑生活用水定额应根据车间性质（生活类别、劳动强度、环境条件等）、卫生器具完善程度等情况，按表 1.1-5 的规定采用。

工业企业建筑生活用水定额   表 1.1-5

级别	车间卫生特征			生活用水（除淋浴用水外）			淋浴用水		
	有毒物质	粉尘	其他	用水定额(L/(人·班))	时变化系数	使用时间(h)	用水定额(L/(人·班))	时变化系数	使用时间(h)
1 级	极易经皮肤吸收引起中毒的剧毒物质（如有机磷、三硝基甲苯、四乙基铅等）		处理传染性材料、动物原料（如皮毛等）	40～50	(2.5～2.0) 2.5～1.5	8	60	1	1
2 级	易经皮肤吸收或有恶臭的物质（如丙烯腈、吡啶丙酚等）	严重污染全身或对皮肤有刺激的粉尘（如炭黑、玻璃棉等）	高温作业、井下作业	40～50	(2.5～2.0) 2.5～1.5	8	60	1	1
3 级	其他毒物	一般粉尘（如棉尘）	重作业	30～35	(3.0～2.5) 2.5～1.5	8	40	1	1

续表

级别	车间卫生特征			生活用水（除淋浴用水外）			淋浴用水		
	有毒物质	粉尘	其他	用水定额（L/(人·班))	时变化系数	使用时间(h)	用水定额（L/(人·班))	时变化系数	使用时间(h)
4级	不接触有毒物质或粉尘，不污染或轻度污染身体（如仪表、金属冷加工、机械加工等）			30～50	(3.0～2.5)2.5～1.5	8	40	1	1

注：虽易经皮肤吸收，但易挥发的有毒物质（如苯等）可按3级确定。

工业企业建筑卫生器具设置数量和使用人数按表1.1-6的规定采用。

工业企业建筑卫生器具设置数量和使用人数　　　　　　　　表1.1-6

车间卫生特征级别	每个卫生器具使用人数				
	淋浴器	盥洗水龙头	大便器蹲位	小便器	净身器
1	3～4	20～30	男厕所100人以下，每25人设一蹲位；100人以上每增50人，增设一个蹲位。女厕所100人以下，每20人设一蹲位；100人以上每增35人，增设一个蹲位	男厕所每一个大便器，同时设小便器一个（或0.4m长小便槽）	女工人数100～200人设一具，200人以上每增200人增设一具
2	5～8	20～30			
3	9～12	31～40			
4	13～24	31～40			

1.1.6　生产用水定额

生产用水定额、水压及用水条件应按工艺所提要求确定。

1.1.7　汽车冲洗用水定额

汽车冲洗用水定额，应根据车辆用途、道路路面等级和污染程度以及采用的冲洗方式等因素确定；表1.1-7供洗车场设计选用，附设在民用建筑中的停车库可按10%～15%轿车车位计抹车用水。

汽车冲洗用水定额（L/(辆·次)）　　　　　　　　表1.1-7

冲洗方式	轿车	公共汽车载重汽车	冲洗方式	轿车	公共汽车载重汽车
软管冲洗	200～300	400～500	抹车	10～15	15～30
高压水枪冲洗	40～60	80～120			
循环用水冲洗	20～30	40～60			

注：1. 同时冲洗汽车数量按洗车台数量确定。
2. 在水泥和沥青路面行驶的汽车，宜选用下限值；路面等级较低时，宜选用上限值。
3. 冲洗一辆车可按10min考虑。
4. 当汽车冲洗设备用水定额有特殊要求时，其值应按产品要求确定。

1.1.8 空调冷冻设备循环冷却水系统的补充水量

其补充水量应根据气象条件、冷却塔形式确定。具体可参见循环冷却水章节。一般可按循环水量的 1.0%～2.0%计算。

1.1.9 锅炉房、热力站的补充水量

其补充水量应由相关专业提供。

1.1.10 浇洒道路和绿化用水量

其用水量应根据路面种类、气象条件、绿化情况和土壤性质等因素确定。一般绿化用水可按 1.0～3.0L/(m² · d) 计；干旱地区可酌情增加。道路浇洒用水可按 2.0～3.0L/(m² · d) 计；也可参照表 1.1-8。

浇洒道路用水定额　　　　　　　　表 1.1-8

路面性质	用水量标准(L/(m² · 次))
碎石路面	0.40～0.70
土路面	1.00～1.50
水泥或沥青路面	0.20～0.50
绿化及草地	1.50～2.00

注：浇洒次数一般按每日上午、下午各一次计算。

1.1.11 水景、游泳池等用水量

其用水量应根据水景、游泳池设计形式、规模及服务对象等实际情况确定。可参照水景和游泳池章节要求确定。

1.1.12 消防用水量标准

消防用水量标准应按现行的《建筑设计防火规范》GB 50016、《消防给水及消火栓系统技术规范》GB 50974 等消防设计规范的要求确定。也可参照本手册的消防章节。

1.1.13 居住区的管网漏失水量和未预见水量之和

可按最高日用水量的 8%～12%计算。

1.1.14 卫生器具的一次和 1h 用水量

卫生器具的一次和 1h 用水量与器具种类、型号、设置场所、使用对象有关，可参照表 1.1-9 规定采用。

1.1.15 卫生器具给水的额定流量、当量、连接管管径和最低工作压力

卫生器具给水的额定流量、当量、连接管管径和最低工作压力应按表 1.1-10 确定。

卫生器具的一次和 1h 用水量   表 1.1-9

序号	卫生器具名称	一次用水量(L)	1h用水量(L) 住宅	1h用水量(L) 公用和公共建筑	序号	卫生器具名称	一次用水量(L)	1h用水量(L) 住宅	1h用水量(L) 公用和公共建筑

1	污水盆(池)	15～25		45～360	9	小便器
						  手动冲洗阀
						  自闭式冲洗阀
						  自动冲洗水箱
							2～6
							2～6
							15～30
									20～120
									20～120
									150～600

2	洗涤盆(池)		180	60～300	10	小便槽(每米长)
						  多孔冲洗管
						  自动冲洗水箱
							—
							3.8
									180
									180

3	洗脸盆、盥洗槽
	  水龙头
		3～5	30	50～150	11	化验盆
						  单联化验龙头
						  双联化验龙头
						  三联化验龙头
									40～60
									60～80
									80～120

4	洗水盆			15～25	12	净身器	10～15		120～180

5	浴盆
	  带淋浴器
	  无淋浴器
		150
		125
			300
			250
				300
				250
					13	洒水拴
						  Φ15
						  Φ20
						  Φ25
							60～720
							120～1440
							210～2520
									60～720
									120～1440
									210～2520

6	淋浴器	70～150	140～200	210～540					

7	大便器
	  高水箱
	  低水箱
	  自闭式冲洗阀
		9～14
		9～16
		6～12
			27～42
			27～48
			18～36
				27～168
				27～256
				18～144					

8	大便槽(每蹲位)	9～12							

卫生器具给水的额定流量、当量、连接管公称管径和最低工作压力   表 1.1-10

序号	给水配件名称	额定流量(L/s)	当量	公称管径(mm)	最低工作压力(MPa)

1	洗涤盆、拖布盆、盥洗槽
	  单阀水嘴
	  单阀水嘴
	  混合水嘴
		0.15～0.20
		0.30～0.40
		0.15～0.20(0.14)
			0.75～1.00
			1.50～2.00
			0.75～1.00(0.70)
				15
				20
				15
					0.050
					0.050
					0.050

2	洗脸盆
	  单阀水嘴
	  混合水嘴
		0.15
		0.15(0.10)
			0.75
			0.75(0.50)
				15
				15
					0.050
					0.050

3	洗手盆
	  单阀水嘴
	  混合水嘴
		0.10
		0.15(0.10)
			0.75
			0.75(0.50)
				15
				15
					0.050
					0.050

4	浴盆
	  单阀水嘴
	  混合水嘴(含带淋浴转换器)
		0.20
		0.24(0.20)
			1.00
			1.20(1.00)
				15
				15
					0.050
					0.050～0.070

5	淋浴器 混合阀	0.15(0.10)	0.75(0.50)	15	0.050～0.100

6	大便器
	  冲洗水箱浮球阀
	  延时自闭式冲洗阀
		0.10
		1.20
			0.50
			6.00
				15
				25
					0.020
					0.100～0.150

序号	给水配件名称	额定流量 （L/s）	当量	公称管径 （mm）	最低工作压力 （MPa）
7	小便器 　手动或自动自闭式冲洗阀 　自动冲洗水箱进水阀	 0.10 0.10	 0.50 0.50	 15 15	 0.050 0.020
8	小便槽穿孔冲洗管（每米长）	0.05	0.25	15～20	0.015
9	净身盆冲洗水嘴	0.10(0.07)	0.50(0.35)	15	0.050
10	医院倒便器	0.20	1.00	15	0.050
11	实验室化验水嘴（鹅颈） 　单联 　双联 　三联	 0.07 0.15 0.20	 0.35 0.75 1.00	 15 15 15	 0.020 0.020 0.020
12	饮水器喷嘴	0.05	0.25	15	0.050
13	洒水栓	0.40 0.70	2.00 3.50	20 25	0.050～0.100 0.050～0.100
14	室内地面冲洗水嘴	0.20	1.00	15	0.050
15	家用洗衣机水嘴	0.20	1.00	15	0.050
16	器皿洗涤机	0.20	1.00	注7	注7
17	土豆剥皮机	0.20	1.00	15	注7
18	土豆清洗机	0.20	1.00	15	注7
19	蒸锅及煮锅	0.20	1.00	注7	注7

注：1. 表中括号内的数值系在有热水供应时，单独计算冷水或热水时使用。

　　2. 当浴盆上附设淋浴器时，或混合水嘴有淋浴转换开关时，其额定流量和当量只计水嘴，不计淋浴器，但水压应按淋浴器计。

　　3. 家用燃气热水器，所需水压按产品要求和热水供应系统最不利配水点所需工作压力确定。

　　4. 绿地的自动喷灌应按产品要求设计。

　　5. 如为充气龙头，其额定流量为表中同类配件额定流量的0.7倍。

　　6. 卫生器具给水配件所需流出水头，如有特殊要求时，其数值按产品要求确定。

　　7. 所需的最低工作压力及所配管径均按产品要求确定。

1.2　水质标准和防水质污染

1.2.1　水质标准

1. 生活给水系统的水质应符合现行国家标准《生活饮用水卫生标准》GB 5749 的要求。其常规指标见表 1.2-1。

需软化处理的生活用水，其处理后的硬度宜为 140～170mg/L（以碳酸钙计）。

2. 直饮水供水的水质标准，见直饮水章节。

3. 工业用水水质标准

（1）生产用水水质标准

生产用水水质应按生产过程、工艺设备的要求确定。

（2）循环冷却水水质标准

应符合现行国家标准《采暖空调系统水质》GB/T 29044 的要求。

《生活饮用水卫生标准》GB 5749—2006（常规水质指标）   表 1.2-1

项　　目		标准（限值）
感官性状和一般化学指标	色度（铂钴色度单位）	15
	浑浊度（NTU-散射浊度单位）	1,水源与净水技术条件限制时为 3
	臭和味	无异臭、异味
	肉眼可见物	无
	pH	不小于 6.5 且不大于 8.5
	铝（mg/L）	0.2
	铁（mg/L）	0.3
	锰（mg/L）	0.1
	铜（mg/L）	1.0
	锌（mg/L）	1.0
	挥发酚类（以苯酚计,mg/L）	0.002
	阴离子合成洗涤剂（mg/L）	0.3
	硫酸盐（mg/L）	250
	氯化物（mg/L）	250
	总硬度（以 $CaCO_3$ 计,mg/L）	450
	溶解性总固体（mg/L）	1000
毒理指标	氟化物（mg/L）	1.0
	氰化物（mg/L）	0.05
	砷（mg/L）	0.01
	硒（mg/L）	0.01
	汞（mg/L）	0.001
	镉（mg/L）	0.005
	铬（六价,mg/L）	0.05
	铅（mg/L）	0.01
	硝酸盐（以 N 计,mg/L）	10,地下水源限制时为 20
	四氯化碳（mg/L）	0.002
	三氯甲烷（mg/L）	0.06
	溴酸盐（使用臭氧时,mg/L）	0.01
	甲醛（使用臭氧时,mg/L）	0.9
	亚氯酸盐（使用二氧化氯消毒时,mg/L）	0.7
	氯酸盐（使用复合二氧化氯消毒时,mg/L）	0.7
微生物指标	菌落总数（CFU/mL）	100
	总大肠菌群（MPN/100mL 或 CFU/100mL）	不得检出
	耐热大肠菌群（MPN/100mL 或 CFU/100mL）	不得检出
	大肠埃希氏菌（MPN/100mL 或 CFU/100mL）	不得检出

续表

项　目		标准(限值)
消毒剂常规指标	氯气及游离氯制剂(游离氯)	在与水接触 30min 后出厂水中限值为 4mg/L,出厂水中余量不应低于 0.3mg/L,管网末梢水中余量不应低于 0.05mg/L
	一氯胺(总氯)	在与水接触 120min 后出厂水中限值为 3mg/L,管网末梢水中余量不应低于 0.05mg/L
	臭氧	在与水接触 12min 后出厂水中限值为 0.3mg/L,出厂水中余量不应低于 0.02mg/L,如加氯,总氯不应低于 0.05mg/L
	二氧化氯	在与水接触 30min 后出厂水中限值 0.8mg/L,出厂水中余量不应低于 0.1mg/L,管网末梢水中余量不应低于 0.02mg/L
放射性指标	总 α 放射性(Bq/L)	0.5
	总 β 放射性(Bq/L)	1

1)敞开式系统冷却水的水质标准,应根据换热设备的结构形式、工艺条件、用水方式、对污垢热阻和腐蚀率的要求及水质污染等情况综合考虑确定。其异养菌总数宜小于 5×10^5 个/mL,每立方米冷却水的黏泥量(生物过滤网测定)宜小于 4mL。

当采用碳钢换热设备时,其冷却水的主要水质标准可采用表 1.2-2 规定的允许值。

敞开式系统碳钢换热设备冷却水主要水质标准　　　　表 1.2-2

项　目	类别	要求和使用条件	允许值
浊度(mg/L)	I	1. 污垢热阻值<4×10^{-4}m²·h·℃/(kcal·年); 2. 腐蚀率<0.125mm/年; 3. 换热设备结构形式、工况条件和冷却水处理方法对浊度有严格要求; 4. 当运行中存在油类等黏附性污染物时,污垢热阻值<6×10^{-4}m²·h·℃/(kcal·年)	<20
	II	1. 污垢热阻值<6×10^{-4}m²·h·℃/(kcal·年); 2. 腐蚀率<0.2mm/年; 3. 换热设备结构形式、工况条件和冷却水处理方法对浊度有严格要求	<50
	III	1. 污垢热阻值<6×10^{-4}m²·h·℃/(kcal·年); 2. 腐蚀率<0.2mm/年; 3. 换热设备结构形式、工况条件和冷却水处理方法对浊度有严格要求	<100
电导率(μΩ/cm)		当采用缓腐剂处理时	<300
甲基橙碱度(meq/L)		当采用阻垢剂处理时	<7
pH			>6.5 <9.0

注:1. 电导率和甲基橙碱度应根据药剂的功效定其值。
　　2. pH 应根据冷却水处理方法或药剂配方确定。

当敞开式系统换热设备的材质为碳钢,且采用磷系复合药剂进行阻垢和缓蚀处理时,冷却水的主要水质标准除按表 1.2-2 的规定外，尚应满足下列要求：

① 浊度一般宜小于 10meq/L。

② 甲基橙碱度宜大于 1meq/L。

③ 钙硬度宜大于 1.5meq/L，但不宜超过 8meq/L。

④ 正磷酸盐含量（以 PO_4^{3-} 计）宜小于或等于磷酸盐总含量（以 PO_4^{3-} 计）的 50%。

2）密闭式系统冷却水的水质标准应根据换热设备产品标准的水质要求确定。

（3）直流冷却水水质标准

直流冷却水主要用于蒸汽冷凝、工业液体和气体冷却、工业设备和产品的降温等。其水质要求为：

1）悬浮物含量一般为 100~200mg/L，在原水浊度很高时，可以高达 1000~2000mg/L（为减少设备磨损和堵塞，悬浮物颗粒粒径宜小于 0.15mm），但对于箱式冷凝器、板式热交换器等，应为 30~60mg/L；

2）碳酸盐硬度，当冷却水温度为 20~50℃、游离二氧化碳为 10~100mg/L 时，应为 2~7meq/L，即应使碳酸盐、重碳酸盐和二氧化碳在冷却过程中处于平衡状态。

（4）锅炉用水水质标准

为避免锅炉和汽、水系统结垢、结盐和腐蚀，并保证热水与蒸汽的品质，不同用途、工作压力、结构形式的锅炉，其给水和炉水有不同的水质要求。

1）立式水管锅炉、立式火管锅炉、卧式内燃锅炉等燃煤锅炉的水质标准见表 1.2-3。

立式水管锅炉、立式火管锅炉、卧式内燃锅炉等燃煤锅炉的水质标准　　　　表 1.2-3

项　目	给　水		炉　水	
	炉内加药处理	炉外化学处理	炉内加药处理	炉外化学处理
悬浮物(mg/L)	≤20	≤5		
总硬度(meq/L)	≤3.5①	≤0.04		
总碱度(meq/L)			8~12	≤20
pH(25℃)	>7	>7	10~12	10~12
溶解固形物(mg/L)			<5000②	<5000②
相对碱度(游离 NaOH/溶解固形物)			<0.2③	<0.2③

① 当超过此值时，报上级主管单位批准及当地劳动部门同意后，可以适当放宽。
② 兰开夏锅炉的溶解固形物可<10000mg/L。
③ 当相对碱度≥0.2 时，应采取防止苛性脆化的措施。

2）热水锅炉水质标准见表 1.2-4。

热水锅炉水质标准　　　　表 1.2-4

项　目	热水温度			
	≤95℃或采用炉内加药处理①		>95℃或采用炉外化学处理	
	补给水	循环水	补给水	循环水
悬浮物(mg/L)	≤20		≤5	
总硬度(meq/L)	≤6		≤0.7	
pH(25℃)	>7	10~12	>7	8.5~10
溶解氧(mg/L)			≤0.1	≤0.1

① 如果采用炉外化学处理时，应符合热水温度>95℃的水质要求。

3) 水管锅炉、水火管组合锅炉、燃油锅炉、燃气锅炉的水质标准见表1.2-5。

水管锅炉、水火管组合锅炉、燃油锅炉、燃气锅炉的水质标准　　　　表1.2-5

项　目		给　水			炉　水		
工作压力(MPa)		≤1	>1 ≤1.6	>1.6 ≤2.5	≤1	>1 ≤1.6	>1.6 ≤2.5
悬浮物(mg/L)		≤5	≤5	≤5			
总硬度(meq/L)		≤0.04	≤0.04	≤0.04			
总碱度 (meq/L)	无过热器				≤20	≤18	≤14
	有过热器					≤14	≤12
pH(25℃)		>7	>7	>7	10~12	10~12	10~12
含油量(mg/L)		≤2	≤2	≤2			
溶解氧①(mg/L)		≤0.1	≤0.1	≤0.05			
溶解固形物② (mg/L)	无过热器				<4000	<3500	<3000
	有过热器					<3000	<2500
PO_4^{3-} (mg/L)					10~30③	10~30	
相对碱度④(游离 NaOH/溶解固形物)					<0.2	<0.2	<0.2

① 当锅炉蒸发量≥10t/h时，必须除氧；当锅炉蒸发量<10t/h，≥6t/h时，应尽量除氧；供汽轮机用汽的锅炉，给水含氧量均应≤0.05mg/L。

② 当锅炉蒸发量≤2t/h，且采用炉内加药处理时，其给水和炉水应符合表1.2-3的规定，但炉水溶解固形物应<4000mg/L。

③ 仅用于供汽轮机用汽的锅炉。

④ 当相对碱度≥0.2时，应采取防止苛性脆化的措施。

1.2.2　防水质污染

虽然市政自来水厂输送到小区和建筑物的给水水质符合《生活饮用水卫生标准》GB 5749，但当小区和建筑物内的给水系统设计、施工和维护管理不当时，仍有造成水质被污染的可能。被污染的原因有：与水接触的材料选择不当；水在贮存设备、容器中停留时间过长；贮水池的人孔、通气管、溢流管、泄空管等构造不合理及溢流管、排污管与市政排水管道连接不妥造成倒灌；饮用水管道与非饮用水管道及用水设备的连接不合理等。

1. 贮水池（箱）的防水质污染

（1）贮水池（箱）设置位置条件的要求

1) 设在室外的埋地式生活饮用水贮水池（箱）周围 10m 以内，不得有化粪池、污水处理构筑物、渗水井、垃圾堆放点等污染源；周围 2m 以内不得有污水管和污染物。当达不到此要求时，应采取防污染的措施。

2) 建筑物内的生活饮用水水池（箱）宜设在专用房间内，其上方的房间不应有厕所、浴室、盥洗室、厨房、污水处理间等。住宅建筑的泵房应单独设置。

3) 建筑物内的生活饮用水水池（箱）体，应采用独立结构形式，不得利用建筑物的主体结构作为水池（箱）的壁板、底板及顶盖。

4) 生活饮用水水池（箱）与其他用水水池（箱）并列设置时，应有各自独立的分隔墙，隔墙与隔墙之间应有排水措施。

5）生活饮用水水池（箱）的衬砌材料和内壁涂料，不得影响水质。

（2）贮水池（箱）的人孔、通气管及进、出管的要求

1）贮水池（箱）必须有盖并密封；人孔必须有盖密封并加锁；通气管不得进入其他房间，较大水池通气管最好设两根，一高一低相差≥400mm。通气管管口应装防虫网罩。

2）溢流管出口应装防虫网罩，溢流管不得与排水管道直接连接，当排入排水明沟或设有排水喇叭口的排水管道时，溢流管出口宜高于沟上沿或喇叭口顶 0.2m。

3）泄水管不得与排水系统直接相连，与排水沟、排水喇叭口的间距同溢流管。

4）进水管口底应在溢流水位之上，进水管口的最低点应高出溢流缘的高度等于进水管管径，但最小不应小于 25mm，最大可不大于 150mm。

当进水采用淹没出流方式时，管顶应钻孔，孔径不宜小于管径的 1/5，孔上宜装设同径的吸气阀或其他能破坏管内产生真空的装置（不存在虹吸倒流的低位水池除外，但进水管仍宜从最高水位以上进入水池）。

5）进、出水管布置不得使水池（箱）内的水流产生短路，一般应设置在水池（箱）的不同侧，必要时应设导流装置。

6）生活饮用水水池（箱）应设置消毒装置。消毒处理可采用紫外线消毒器、次氯酸钠消毒器、臭氧消毒器、二氧化氯消毒器及外置式水箱自洁消毒器。二次供水消毒设备选用与安装可参见全国通用图集或有关设备生产厂家。

7）由室外管网直接进水的高位水箱（塔）其进、出水管一般不应共用一根。当室内采用低区由市政直接供水、高区由高位水箱供水时，高、低区的供水管网不得相连。

8）为了防止消防贮水成为不流动的死水，可将由市政自来水供给的空调循环水补水、浇洒绿化等非饮用生活用水与消防用水合贮一池（该部分用水要单设系统）。该水池（箱）的非饮用生活用水出水管应深入消防水位以下（据池、箱底不小于 150mm），但该出水管在消防高水位处需开一≥25mm 的孔以防消防水被动用。见图 1.2-1。

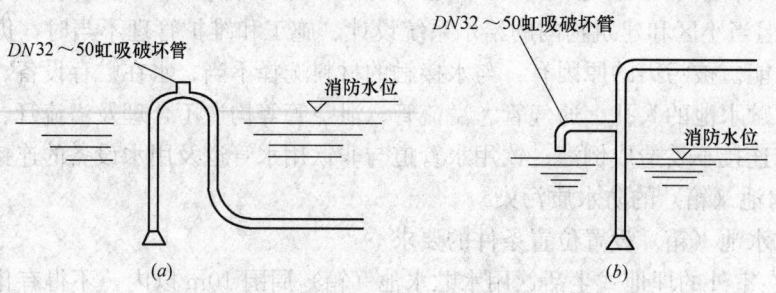

图 1.2-1　虹吸破坏管示意图

9）供单体建筑的二次供水设施的生活饮用水水池（箱）应独立设置（无论建在楼内还是楼外），不得与消防用水或其他非生活用水共贮；其贮水设计更新周期不宜超过 48h。做好卫生防护，不允许其他用水进入。生活用高位水箱的溢流管也不许进入。

2. 生活给水管道连接的防水质污染

（1）自备水源的供水管道严禁与城市给水管道直接连接（不论自备水源的水质是否符合《生活饮用水卫生标准》GB 5749）。

（2）各给水系统（生活给水、直饮水、生活杂用水等）应自成系统，不得串接。当因故必须以生活饮用水作为其他水源的备用水源时，应采取有效的防污染措施。如间接供水应设置空气间隙及倒流防止器（止回阀不能作为防止回流污染的有效装置）。

（3）生活饮用水不得因管道产生虹吸、背压回流而受污染，卫生器具和用水设备、构筑物等的生活饮用水管道的配水件出水口应符合下列规定：

1）出水口不得被任何液体或杂质所淹没。

2）出水口高出承接用水容器溢流边缘的最小空气间隙，不得小于出水口直径的 2.5 倍（出水口按其最低处计；卫生器具有溢流孔时溢流水位按溢流孔的最高点计，卫生器具无溢流孔时，溢流水位按容器的上缘面计）。

3）特殊器具不能设置最小空气间隙时应设置管道倒流防止器或采用其他有效的隔断措施。

（4）从生活饮用水管网向下列水池（箱）补水时应符合下列规定：

1）向消防等其他非供生活饮用的贮水池（箱）补水时，其进水管口最低点高出溢流边缘的空气间隙不应小于 150mm；

2）向中水、雨水等回用水系统的清水池（箱）补水时，其进水管口最低点高出溢流边缘的空气间隙不应小于进水管管径的 2.5 倍，且不应小于 150mm。

（5）从生活饮用水管道上直接接出下列用水管道时，应在这些用水管道的下列部位设置倒流防止器：

1）从城镇给水管网的不同管段接出两路及两路以上至小区或建筑物，且与城镇给水管形成连通管网的引入管上；

2）从城镇给水管网直接抽水的生活供水加压设备的进水管上；

3）与城镇给水管网直接连接且小区引入管无防回流设施时，向气压水罐、热水锅炉、热水机组、水加热器等有压容器或密闭容器注水的进水管上。

（6）从小区或建筑物内的生活饮用水管道上接下列用水管道或设备时，应设置倒流防止器：

1）单独接出消防用水管道时，在消防用水管道的起端；

2）从生活用水与消防用水合用贮水池中抽水的消防水泵出水管上。

（7）生活饮用水管道上接下列含有对健康有危害物质的有害有毒场所或设备时，必须设置倒流防止设施：

1）贮存池（罐）、装置、设备的连接管上；

2）化工剂罐区、化工车间、三级及三级以上的生物安全实验室除按本条第 1 款设置外，还应在其引入管上设置有空气间隙的水箱，设置位置应在防护区外。

（8）从小区或建筑物内的生活饮用水管道上直接接出下列用水管道时，应在用水管道上设置真空破坏器等防回流污染设施：

1）当游泳池、水上游乐池、按摩池、水景池、循环冷却水集水池等的充水或补水管道出口与溢流水位之间设有空气间隙，且空气间隙小于出口管径的 2.5 倍时，在其充（补）水管道上；

2）不含有化学药剂的绿地喷灌系统，当喷头为地下式或自动升降式时，在其管道起端；

3）消防（软管）卷盘、轻便消防水龙；

4）出口接软管的冲洗水嘴（阀）、补水水嘴与给水管道连接处。

（9）空气间隙、倒流防止器和真空破坏的选择，应根据回流污染的危害程度按表 1.2-6、表 1.2-7 确定。

生活饮用水回流污染危害程度划分   表 1.2-6

生活饮用水与之连接场所、管道、设备		回流危害程度		
		低	中	高
贮存有害有毒液体的罐区		—	—	√
化学液槽生产流水线		—	—	√
含放射性材料加工及核反应堆		—	—	√
加工或制造毒性化学物的车间		—	—	√
化学、病理、动物实验室		—	—	√
医疗机构医疗器械清洗间		—	—	√
尸体解剖、屠宰车间		—	—	√
其他有毒有害污染场所和设备		—	—	√
消防	消火栓系统	—	√	—
	湿式喷淋系统、水喷雾灭火系统	—	√	—
	简易喷淋系统	√	—	—
	泡沫灭火系统	—	—	√
	软管卷盘	—	√	—
	消防水箱（池）补水	—	√	—
	消防水泵直接吸水	—	√	—
中水、雨水等再生水水箱（池）补水		—	√	—
生活饮用水水箱（池）补水		√	—	—
小区生活饮用水引入管		√	—	—
生活饮用水有温、有压容器		√	—	—
叠压供水		√	—	—
卫生器具、洗涤设备给水		—	√	—
游泳池补水、水上游乐池等		—	√	—
循环冷却水集水池等		—	—	√
水景补水		—	√	—
注入杀虫剂等药剂的喷灌系统		—	—	√
未注入任何药剂的喷灌系统		√	—	—
畜禽饮水系统		—	√	—
冲洗道路、汽车冲洗软管		√	—	—
垃圾中转站冲洗给水栓		—	—	√

（10）在给水管道防回流设施的同一设置点处，不应重复设置防回流设施。

（11）严禁生活饮用水管道与大便器（槽）直接连接；严禁以普通阀门控制冲洗；但经技术鉴定后合格的带有真空破坏的延时自闭式冲洗阀可直接连接使用。

防回流设施选择　　　　　　　　　　　　表 1.2-7

倒流防止设施	回流危害程度					
	低		中		高	
	虹吸回流	背压回流	虹吸回流	背压回流	虹吸回流	背压回流
空气间隙	√	—	√	—	√	—
减压型倒流防止器	√	√	√	√	√	√
低阻力倒流防止器	√	√	√	√	√	—
双止回阀倒流防器	—	√	—	√	—	—
压力型真空破坏器	√	—	√	—	√	—
大气型真空破坏器	√	—	—	—	—	—

（12）生活饮用水管道应避开毒物污染区（如有毒物质堆放场等）；当条件限制不能避开时，应采取防护措施。生活饮用水管道不得穿越大、小便槽和贮存各种液体的池体。

（13）在非饮用水管道上不应接出水龙头，当必须接时，应有明显的"非饮用水"的标志。

1.3　给水系统和给水方式

1.3.1　给水系统

1. 给水系统设计应综合利用各种水资源，宜实行分质供水，充分利用再生水、雨水等非传统水源；优先采用循环和重复利用给水系统。

2. 生活给水系统的水源，一般应以城市自来水为首选。当采用自备水源供水时，生活给水系统的水源须符合《生活饮用水卫生标准》GB 5749（见表 1.2-1）并报请当地卫生部门检测、批准。

3. 给水系统的划分

（1）根据城镇、居住小区、工业企业对水质、水压、水量、水温等的要求，并结合外部给水管网的实际情况进行给水系统的划分。常用的三种基本给水系统是：生活给水系统、生产给水系统和消防给水系统。

（2）根据具体情况，有时将上述三种基本给水系统或其中两种基本给水系统合并成：生活—生产—消防给水系统、生活—消防给水系统、生产—消防给水系统等。

（3）根据不同需要，有时将上述三种基本给水系统再划分，例如：

生活给水系统：饮用水系统、中水系统等。

生产给水系统：直流给水系统、循环给水系统、复用水给水系统、软化水给水系统、纯水给水系统等。

消防给水系统：消火栓给水系统、自动喷水灭火系统（包括湿式系统、干式系统、预作用系统、雨淋系统、水幕系统、水喷雾灭火给水系统）等。

4. 给水系统的划分确定原则

（1）应充分利用城市市政给水管网的水压直接供水。当市政给水管网的水量、水压不足，不能满足整个建筑或建筑小区用水要求时，应根据卫生安全、经济节能的原则选用贮水调节和加压供水方式。建筑物的下层或地势较低的建筑，应充分利用外部市政给水管网水压直接供水，上层或地势较高的建筑，应集中设置贮水调节设施和加压装置，供水采用叠压供水系统时，应经当地供水行政主管部门及供水部门批准认可。

（2）居住小区的室外给水系统宜为生活用水和消防用水合用系统，即生活—消防给水系统，当可利用其他水资源作为消防水源时，应分设给水系统。

（3）工业企业的室外给水系统宜为生产用水和消防用水合用系统，即生产—消防给水系统。对消防要求较高的大型公共建筑、高层建筑和生产性建筑，可以单独设置消防给水系统。

（4）建筑物内的生活给水系统一般应和消防给水系统分设。对于低层或多层建筑物，当室外给水管网能满足压力、流量要求时，可合用一个系统，但必须做到不污染生活用水。

（5）居住小区的加压给水系统，应根据小区的规模、建筑物的高度和分布等因素确定加压站的数量、规模和水压。

（6）建筑物内不同使用性质或计费的给水系统，应在引入管后分成各自独立的给水管网，并分表计量。

（7）建筑物内的给水系统在条件许可时宜采用分质供水，分质供水可根据技术经济条件组成不同的给水系统，如生活给水系统、直饮水系统、中水系统、软化水系统等。

注：1. 直饮水为经深度处理后的优质饮用水，对于习惯直接饮用冷水的人员或甲方有这种要求者而设，见直饮水章节。

2. 软化水：因该地区水质偏硬，将自来水经软化处理后供给。一般在涉外饭店、公寓中采用。

1.3.2 给水方式

1. 给水系统的分区应根据建筑物的用途、层数、使用要求、材料设备性能、维护管理、节约供水、能耗等因素综合确定。竖向分区应符合下列要求：

（1）供水压力首先应满足不损坏给水配件的要求，故卫生器具配水点的最大工作压力不得大于 0.6MPa。

（2）各分区最低卫生器具配水点处的静水压力不宜大于 0.45MPa，当设有集中热水系统时，分区静水压力不宜大于 0.55MPa。

（3）生活给水系统用水点处动压压力不应大于 0.20MPa，并应满足卫生器具工作压力要求。

（4）住宅类入户管供水压力不应大于 0.35MPa，非住宅类居住建筑入户管供水压力不宜大于 0.35MPa。

（5）各分区最不利配水点的水压应满足用水水压要求。入户管或公共建筑的配水横管的水表进口端水压，一般不宜小于 0.1MPa（当卫生器具对供水压力有特殊要求时应按产品样本确定）。

（6）当采用气压供水方式时，应按气压供水设备在最高工作压力时最低配水点处水压不大于规定值、在最低工作压力时最不利用水点处水压满足使用要求进行设计。

2. 建筑高度不超过 100m 的建筑物，生活给水系统宜采用垂直分区并联给水或分区减压的供水方式。建筑高度超过 100m 的建筑物，宜采用垂直串联供水方式。

3. 给水系统中应尽量减少中间贮水设施，当压力不足需升压供水时，在条件允许的情况下，升压泵宜从室外管网中直接抽水，若当地有关部门不允许时，宜优先考虑设吸水井方式；当室外管网不能满足室内的设计秒流量时或引入管只有一条而室内又不允许停水时，应设调节水池或调节水箱。

4. 由于建筑物（建筑群）情况各异、条件不同，供水可采用一种方式，也可采用几种方式组合（如下区直接供水，上区用泵升压供水；局部水泵、水箱供水；局部变频泵、气压水罐供水；局部并联供水；局部串联供水等）。管网可以是上行下给式，也可以是下行上给式等。所以工程中设计人员应根据实际情况，在符合有关规范规定的前提下确定供水方案，力求以最简便的管路、经济、合理、安全地满足供水要求。常用的给水图示见表 1.3-1。

常用给水图示　　　　　　　　　　　　　　　　　表 1.3-1

名称	图　示	供水方式说明	优　缺　点	适用范围	备　注
直接供水方式	接市政管网来水	与外部给水管网直连，利用外网水压供水	供水较可靠，系统简单，投资省，安装、维护简单，可充分利用外网水压，节约能源；水压变动较大；内部无储备水量，外网停水时内部立即断水	下列情况下的单层和多层建筑：外网水压、水量能经常满足用水要求，室内给水无特殊要求	在外网压力超过允许值时，应设减压装置
单设水箱供水方式	接市政管网来水	与外网直连并利用外网水压供水，同时设高位水箱调节流量和压力	供水较可靠，水压稳定，系统较简单，投资较省，安装、维护较简单，可充分利用外网水压，节省能源和水泵设备；需设高位水箱，增加结构荷载，若水箱容量不足，可能造成上、下层同时停水	下列情况下的多层建筑：外网水压周期性不足，室内要求水压稳定，允许设置高位水箱的建筑。还可用于外网压力过高而需要减压的用户	在外网压力超过允许值时，应设减压装置
下层直接供水、上层设水箱供水方式	接市政管网来水	与外网直连并利用外网水压供水，上层设水箱调节水量和水压	供水较可靠，系统较简单，投资较省，安装、维护简单，可充分利用外网水压，节省能源；需设高位水箱，增加结构荷载，顶层和底层都要设横干管	下列情况下的多层建筑：外网水压周期性不足，允许设置高位水箱的建筑，高位水箱进水管上应尽量安装水位控制阀代替旧式浮球阀	水箱仅为上层服务，容积可较小一些

续表

名称	图示	供水方式说明	优缺点	适用范围	备注
设水泵和水箱直接供水方式	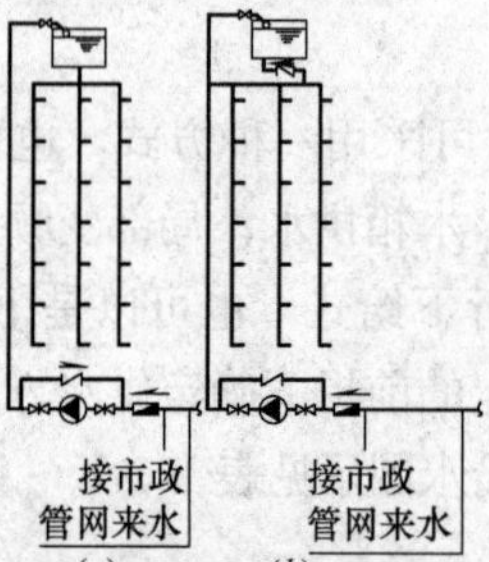 （a）（b）接市政管网来水　接市政管网来水	水泵自外网直接抽水加压并利用高位水箱调节流量，在外网水压高时也可直接供水	水箱储备一定水量，停水停电时尚可延时供水，供水较可靠，能利用外网水压，节省能源；安装、维护较麻烦，投资较大；有水泵振动和噪声干扰；需设高位水箱，增加结构荷载	下列情况下的多层建筑：外网水压经常或间断不足，外网允许直接抽水，允许设置高位水箱的建筑。用于室内要求水压稳定的用户	在外网水压有可能将水送至水箱时，水泵应设旁通管，旁通管上设止回阀
设水池、水泵和水箱的供水方式	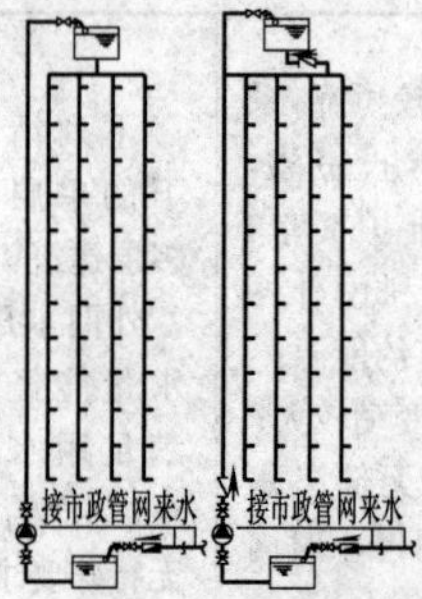 （a）（b）接市政管网来水　接市政管网来水	外网供水至水池，利用水泵提升和水箱调节流量供水	水池、水箱储备一定水量，停水停电时可延时供水，供水可靠且水压稳定	下列情况下的多层或高层建筑：外网水压经常不足且不允许直接抽水，允许设置高位水箱的建筑	不能利用外网水压、能源消耗较大，安装、维护较麻烦，投资较大且有水泵振动和噪声干扰
下层由外网直接供水，上层设水池、水泵和水箱部分加压的供水方式	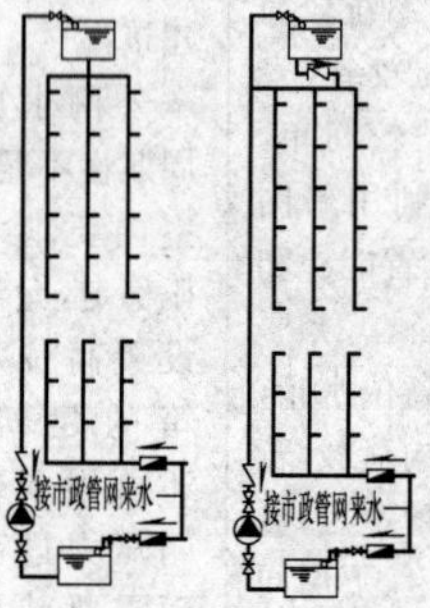 （a）（b）接市政管网来水　接市政管网来水	下层与外网直连，利用外网水压直接供水，上层利用水泵提升和水箱调节水量供水	水池、水箱储备一定水量，停水停电时上层可延时供水，供水较可靠，可利用部分外网水压，能源消耗较少；安装、维护较麻烦，投资较大，有水泵振动和噪声干扰	下列情况下的多层或高层建筑：外网水压经常不足且不允许直接抽水，允许设置高位水箱的建筑	
分区减压阀减压的供水方式	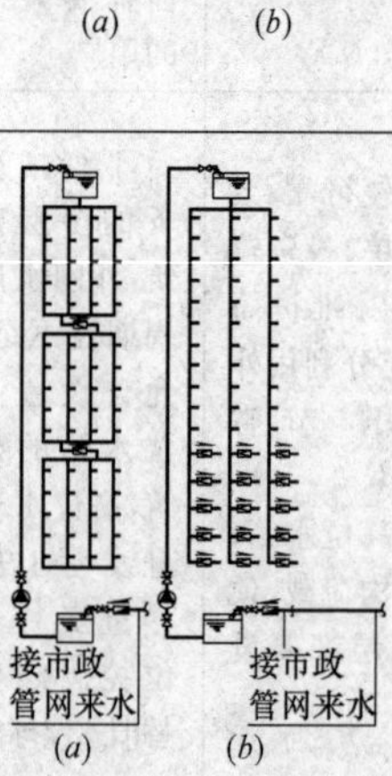 （a）（b）接市政管网来水　接市政管网来水	水泵统一加压，仅在顶层设置水箱，下区供水利用减压阀或减压孔板供水	供水可靠，设备与管材较少，投资省，设备布置集中，便于维护管理，不占用建筑上层使用面积；下区供水压力损失较大，稍浪费电力能源	电力供应充足、电价较低的各类工业与民用高层建筑	根据建筑物形式，减压阀可有各种设置方式，如输水管减压、配水立管减压、配水干管减压及配水支管减压等方式

续表

名称	图　示	供水方式说明	优缺点	适用范围	备　注
分区无水箱并联供水方式	接市政管网来水	分区设置变速水泵或多台并联水泵，根据水泵出水量或水压，调节水泵转速或运行台数	供水较可靠，设备布置集中，便于维护与管理，不占用建筑上层使用面积，能源消耗较少；水泵型号、数量比较多，投资较费，水泵控制调节较麻烦，水泵切换过程供水有波动	各种类型的高层工业与民用建筑	水泵宜用出水流量或压力控制和调节，最好设流量瞬间调节设施
分区并联单管供水方式	接市政管网来水	分区设置高位水箱，集中统一加压，单管输水至各区水箱，低区水箱进水管上装设减压阀	供水可靠，管道、设备数量较少，投资较节省，维护管理较简单；未利用外网水压，低区压力损耗过大，能源消耗量大，水箱占用建筑上层使用面积	下列情况下的高层建筑：允许分区设置高位水箱且分区不多的建筑，外网不允许直接抽水，电价较低的地区	低区水箱进水管上宜设置减压阀，以防控制阀损坏并可减缓水锤作用。在可能条件下，下层应利用外网水压直接供水
分区串联供水方式	接市政管网来水	分区设置水箱和水泵，水泵分散布置，自下区水箱抽水供上区用水	供水较可靠，设备与管道较简单，投资较节省，能源消耗较小；水泵设在上层，振动和噪声干扰较大，设备分散，维护管理不便，上区供水受下区限制	允许分区设置水箱和水泵的高层工业与民用建筑，贮水池进水管应以液压水位控制阀代替传统的浮球阀	水泵设计应有消声减振措施，可选用隔振垫、可曲挠接头、弯头与弹性吊架等，下层应尽量利用外网水压直接供水

续表

名称	图　示	供水方式说明	优缺点	适用范围	备　注
分区设水箱并联供水方式		分区设置水箱和水泵，水泵集中布置在地下室内	各区独立运行互不干扰，供水可靠，水泵集中布置便于维护管理，能源消耗较小；管材耗用较多，投资较大，水箱占用建筑上层使用面积	允许分区设置水箱的各类高层建筑广泛采用，贮水池进水管上应设置液压水位控制阀代替传统的浮球阀	水泵宜采用相同型号、不同级数的多级水泵，在可能的条件下，下层应利用外网水压直接供水
分区水箱减压供水方式		分区设置水箱，水泵统一加压，利用水箱减压，上区供下区用水	供水较可靠，设备与管道较简单，投资较节省，设备布置较集中，维护管理较方便；下区供水受上区的限制，能源消耗较大	允许分区设置高位水箱，电力供应比较充足，电价较低的各类高层建筑	在可能的条件下，下层应利用外网水压直接供水，中间水箱进水管上最好安装减压阀，以防浮球阀损坏并可减缓水锤作用
低置无水池		利用水泵自外网直接吸水加压供水，并利用气压水罐调节供水流量和控制水泵运行	供水可靠且卫生，不需设高位水箱，可利用外网水压；给水压力波动较大，要注意最低处的给水配件不被损坏，能源消耗较大，一般不宜用于供水规模大的系统	一般适用于多层建筑和不宜设置高位水箱的建筑	气压给水系统可设计成恒压式，水泵也可设计成间接抽水式；采用变频调速给水系统克服压力波动大及能耗较大的缺点

名称	图　　示	供水方式说明	优　缺　点	适用范围	备　注
低置有水池	接市政管网来水	水泵通过调节水池(或吸水井)抽水供水,平时由气压水罐维持管网压力供用水点用水,并利用气压水罐的压力变化控制水泵启停	供水可靠且卫生,不需设高位水箱; 给水压力波动较大,要注意最低处的给水配件不被损坏,能耗消耗较大,一般不宜用于供水规模大的系统	一般适用于多层建筑和不宜设置高位水箱的建筑	为了克服气压给水系统压力波动大及能耗大的缺点,可以采用变频调速给水系统,由微机控制供水
高置无水池	气压罐接市政管网来水	利用水泵自外网直接吸水加压供水,并利用高置的气压水罐调节供水流量和控制水泵运行	供水可靠且卫生,不需设高位水箱,可利用外网水压;高置比低置气压水罐利用容积系数大,内压力也小; 给水压力波动较大,能源消耗略大	一般适用于多层建筑和一般高层建筑及不宜设高位水箱的建筑	为了克服气压给水系统压力波动大和能耗大的缺点,可以采用变频调速给水系统,由微机控制供水
高置有水池	气压罐接市政管网来水	水泵通过调节水池(或吸水井)抽水加压供水,平时由气压水罐维持管网压力供用水点用水,并利用气压水罐的压力变化控制水泵启停	供水可靠且卫生,不需设高位水箱,高置比低置气压水罐利用容积系数大,内压力也小; 给水压力波动较大,能源消耗略大; 不允许水泵直接从市政给水管网抽水	一般适用于多层建筑和一般高层建筑及不宜设高位水箱的建筑	为了克服气压给水系统压力波动大和能耗大的缺点,可以采用变频调速给水系统,由微机控制供水

名称	图　　　示	供水方式说明	优　缺　点	适用范围	备　注
罐式无负压变频给水方式		与市政给水管网经供水管（引入管）直接串接、不与外界空气连通、全封闭运行的变频给水方式	供水较可靠,水质安全卫生,无二次污染,可利用市政供水管网的水压,运行费用低,自动化程度高,安装、维护方便; 需一台泵配一台变频器,无储备水量; 如设一台变频器通过微机控制多台水泵变频运行,需增设一台气压水罐调节瞬间流量、压力的波动	允许直接串接市政供水管网的新建、扩建或改建的各类生活、生产加压给水系统	
罐式无负压变频给水方式进行变压变量给水		与市政给水管网经供水管（引入管）直接串接的加压给水方式:在给水系统的最不利用水点处设一台气压水罐调节用水量的瞬间不足进行变压变量供水	供水较可靠,水质安全卫生,无二次污染,可利用市政供水管网的水压,占地小,运行费用低,自动化程度高,安装、维护方便; 一台变频器通过微机控制多台水泵变频运行; 无储备水量	允许直接串接市政供水管网的新建、扩建或改建的各类生活、生产加压给水系统	
箱式无负压变频给水方式		与市政给水管网经供水管（引入管）直接串接、不与外界空气连通、全封闭运行的变频给水方式	供水较可靠,水质安全卫生,无二次污染,可利用市政供水管网的水压,运行费用低,自动化程度高,安装、维护方便; 需一台泵配一台变频器,具有一定的储备水量在密闭水箱中; 如设一台变频器通过微机控制多台水泵变频运行,需增设一台气压水罐调节瞬间流量、压力的波动	允许直接串接市政供水管网且需要有一定存水量用水相对较大的新建、扩建或改建的各类生活、生产加压给水系统	

续表

名称	图 示	供水方式说明	优 缺 点	适用范围	备 注
高位调蓄式无负压供水	 压力控制器 高位调蓄罐 微机控制柜 变频泵组　稳流罐　接市政管网来水	与市政给水管网经供水管（引入管）直接串接、不与外界空气连通、全封闭运行的变频给水方式	供水较可靠，水质安全卫生，无二次污染，可利用市政供水管网的水压，运行费用低，自动化程度高，安装、维护方便； 在供水顶部设置一台高位调蓄罐，起到稳定用水管网压力的作用，供水管网不产生大的压力波动； 需一台泵配一台变频器，具有一定的储备水量在密闭水箱中； 如设一台变频器通过微机控制多台水泵变频运行，需增设一台气压水罐调节瞬间流量、压力的波动	允许直接串接市政供水管网且供水压力稳定性要求较高的新建、扩建或改建的各类生活、生产加压给水系统	
图例	倒流防止器 　止回阀 　减压阀 　水表井 　浮球阀 　水泵				

注：表列各种图示只是给水系统的主要组成示意图，实际系统中的引入管、水池、水泵、水箱、气压水罐等可能由多个方式组成，管网可能为上行式、下行式、中分式或环状式，可能与其他给水系统有共用或备用关系。

5. 管网布置方式

各种给水系统，按照水平配水干管的敷设位置，可以布置成下行上给式、上行下给式、中分式和环状式 4 种管网方式，其特征、使用范围和优缺点见表 1.3-2。

各种管网布置方式的特征、使用范围和优缺点   表 1.3-2

名 称	特征及使用范围	优 缺 点
下行上给式	水平配水干管敷设在底层（明装、埋设或沟敷）或地下室顶棚下； 居住建筑、公共建筑和工业建筑，在利用外网水压直接供水时多采用这种方式	图示简单，明装时便于安装维修； 与上行下给式布置相比较为最高层配水点流出水头低，埋地管道检修不便，立管设计应注意适当放大立管管径
上行下给式	水平配水干管敷设在顶层顶棚下或吊顶之内，对于非冰冻地区，也有敷设在屋顶上的，对于高层建筑也可设在技术夹层内； 设有高位水箱的居住建筑、公共建筑、机械设备或地下管线较多的工业厂房多采用这种方式	与下行上给式布置相比较为最高层配水点流出水头稍高； 安装在吊顶内的配水干管可能因漏水或结露损坏吊顶和墙面，设计时注意防露，要求外网水压稍高一些，管材消耗也比较多些

续表

名　称	特征及使用范围	优　缺　点
中分式	水平配水干管敷设在中间技术层的吊顶内,向上下两个方式供水; 屋顶用作露天茶座、舞厅或设有中间技术层的高层建筑多采用这种方式	管道安装在技术层内便于安装维修,有利于管道排气,不影响屋顶多功能使用; 需要设置技术层或增加某中间层的层高
环状式	水平配水干管或配水立管互相连接成环,组成水平配水干管环状或配水立管环状,当有两个引入管时,也可将两个引入管通过配水立管与水平配水干管相连通,组成贯穿环状; 高层建筑、大型公共建筑和工艺要求不间断供水的工业建筑常采用这种方式,消防管网均采用环状式	任何管段发生事故时,可用阀门关闭事故管段而不中断供水,水流通畅,水头损失小,水质不易因滞留而变质; 管网造价较高

1.4　管材、附件和仪表

1.4.1　给水系统采用的管材、管件

给水系统采用的管材、管件,应符合国家现行有关产品标准要求:生活饮用水给水系统所涉及的材料必须符合《生活饮用水输配水设备及防护材料的安全性评价标准》GB/T 17219的要求。管道及管件的工作压力不得大于产品标准公称压力或标称的允许工作压力。当生活给水与消防共用管道时,管材、管件等还须满足消防的相关要求。在符合使用要求的前提下,应选用节能、节水型产品。

1. 给水管道的管材应根据管内水质、压力、敷设场所的条件及敷设方式等因素综合考虑确定。

(1) 埋地管道的管材,应具有耐腐蚀和能承受相应地面荷载的能力,可采用塑料给水管、有衬里的铸铁给水管、经可靠防腐处理的钢管等管材。当 $DN>75mm$ 时,可采用有内衬的给水球墨铸铁管、给水塑料管和复合管;当 $DN\leqslant75mm$ 时,可采用给水塑料管、复合管或经可靠防腐处理的钢管。管内壁的防腐材料,应符合国家现行有关卫生标准的要求。小区室外埋地敷设的塑料管当采用硬聚氯乙烯（PVC-U）管材时,可按《埋地硬聚氯乙烯给水管道工程技术规程》CECS 17的有关规定执行;当采用聚乙烯（PE）管材时,可按《埋地塑料给水管道工程技术规程》CJJ 101的有关规定执行;当采用给水钢塑复合压力管时,可按《给水钢塑复合压力管管道工程技术规程》CECS 237的有关规定执行。

(2) 室内给水管道应选用耐腐蚀和安装、连接方便可靠的管材。明敷或嵌墙敷设时,一般可采用不锈钢管、铜管、塑料给水管、金属塑料复合管及经可靠防腐处理的钢管。敷设在地面找平层内时,宜采用 PEX管、PP-R管、PVC-C管、铝塑复合管、耐腐蚀的金属管材,但不能留有活动接口在地面内以利检修,还应考虑管道膨胀的余量;当采用薄壁不锈钢管时应有防止管材与水泥直接接触的措施,如采用外壁覆塑薄壁不锈钢管或在管外壁缠绕防腐胶带等。敷设在地面找平层内的管道直径均不得大于 $DN25$。

(3) 根据工程实践经验,塑料给水管由于线胀系数大,又无消除线胀的伸缩节,如用

作高层建筑给水立管，在支管连接处累计变形大，容易断裂漏水。故高层建筑的给水立管不宜采用塑料管。

(4) 室外明敷管道一般不宜采用给水塑料管、铝塑复合管。

(5) 在环境温度大于 60℃ 或因热源辐射使管壁温度高于 60℃ 的环境中，不应采用塑料给水管，如 PVC-U 管等。

(6) 采用塑料管材时，应根据管道系统工作压力和工作水温等，合理选用管材材质及 S 或 SDR 系列。冷水管道长期工作温度不应大于 40℃、最大工作压力不应大于 1.00MPa；热水管道长期工作温度不应大于 70℃、最大工作压力不应大于 0.60MPa，水温不应超过该管材的规定。可按《建筑给水塑料管道工程技术规程》CJJ/T 98 的规定执行。

(7) 建筑给水塑料管道除氯化聚氯乙烯（PVC-C）可用于水喷淋消防系统外，其他给水塑料管材不得用于室内消防给水系统。

(8) 给水泵房内的管道宜采用法兰连接的建筑给水不锈钢管、钢塑复合管和给水钢塑复合压力管。

(9) 水池（箱）内管道、配件的选择

1) 水池（箱）内浸水部分的管道，宜采用耐腐蚀金属管材或内外镀塑焊接钢管及管件（包括法兰、水泵吸水管、溢流管、吸水喇叭、溢水漏斗等）。

2) 进水管、出水管、泄水管宜采用管内、外壁及管口端涂塑钢管或球墨铸铁管（一般用于水塔）或塑料管（一般用于水池、水箱）；当采用塑料进水管时，其安装杠杆式进水浮球阀端部的管段应采用耐腐蚀金属管及管件，并应有可靠的固定措施，浮球阀等进水设备的重量不得作用在管道上。一般进、出水管为塑料管时宜将从水池（箱）至第一个阀门的管段改为耐腐蚀的金属管。

3) 管道的支承件、紧固件及池内爬梯等均应经耐腐蚀处理。

注：热镀锌钢管的使用应符合当地有关部门的规定，使用热镀锌钢管应采用热镀锌管件，采用丝扣连接或沟槽接口。

2. 给水管道的管材材质和连接方法

(1) PVC-U 管：建筑物内的管材、管件当公称外径 $dn \leqslant 40mm$ 时，宜选用公称压力 1.6MPa 的管材；当 $dn \geqslant 50mm$ 时，宜选用公称压力 1.0MPa 的管材。管道连接宜采用承插粘接，也可采用橡胶密封圈连接，应采用注射成型的外螺纹管件。管道与金属管材管道和附件为法兰连接时，宜采用注射成型带承口法兰外套金属法兰片连接。管道与给水栓连接部位应采用塑料增强管件、镶嵌金属或耐腐蚀金属管件。

(2) PVC-C 管：多层建筑可采用 S6.3 系列，高层建筑可采用 S5 系列（但高层建筑的主干管和泵房内不宜采用）；当室外管道压力不大于 1.0MPa 时，可采用 S6.3 系列，当室外管道压力大于 1.0MPa 时，应采用 S5 系列（不同 S 系列管道的规格见附表 D 的表 D-6）。管道采用承插粘接。与其他种类的管材、金属阀门、设备装置的连接，应采用专用嵌螺纹的或带法兰的过渡连接配件。螺纹连接专用过渡件的管径不宜大于 63mm；严禁在管子上套丝扣。

(3) PP-R 管：采用公称压力不低于 1.0MPa 等级的管材和管件。明敷和非直埋管道宜采用热熔连接，与金属或用水器连接，应采用丝扣或法兰连接（需采用专用的过渡管件或过渡接头）。直埋、暗敷在墙体及地坪层内的管道应采用热熔连接，不得采用丝扣、法兰连接。当管道外径≥75mm时可采用热熔、电熔、法兰连接。

（4）PEX管：管道外径＜25mm时，管道与管件宜采用卡箍式连接；当管外径≥32mm时，宜采用卡套式连接。管道与其他管道附件，应采用耐腐蚀金属材料制作的内螺纹配件，且应与墙体固定。交联聚乙烯（PEX）使用温度与允许工作压力及使用寿命见本手册表14.2-21、表14.2-22。

（5）钢骨架聚乙烯塑料复合管：适用于建筑物内外、架空与埋地的给水输送。长期使用时输送介质温度不超过70℃，非长期使用时输送介质温度不超过80℃。连接方式为电热熔连接或法兰连接。

（6）铝塑复合管：宜采用卡压式连接。

（7）钢塑复合管：管径不大于100mm时宜采用螺纹连接；管径大于100mm时宜采用法兰或沟槽式连接；泵房内的管道宜采用法兰连接。当管道系统工作压力不大于1.0MPa时，宜采用涂（衬）塑焊接钢管和可锻铸铁衬塑管件，螺纹连接；当管道系统工作压力大于1.0MPa但不大于1.6MPa时，宜采用涂（衬）塑无缝钢管和无缝钢管件或球墨铸铁涂（衬）塑管件，法兰或沟槽式连接；当管道系统工作压力大于1.6MPa而小于2.5MPa时，宜采用涂（衬）塑无缝钢管和无缝钢管件或铸钢涂（衬）塑管件，法兰或沟槽式连接。钢塑复合管与铜管、塑料管连接及与阀门、给水栓连接时都应采用相匹配的专用过渡接头。

（8）薄壁不锈钢管：应采用卡压、环压、卡凸式或卡箍式等连接方式。一般不宜和其他材料的管材、管件、附件相接；若相接应采取防电化学腐蚀的措施（如转换接头等）。对于允许偏差不同的薄壁不锈钢管材、管件不应互换使用。在引入管、折角进户管件、支管接出处，与阀门、水表、水嘴等连接，应采用螺纹转换接头或法兰连接，严禁在薄壁不锈钢水管上套丝。嵌墙敷设的管道宜采用覆塑薄壁不锈钢管，管道不得采用卡套式等螺纹连接方式。

（9）不锈钢塑料复合管：连接方式分为热熔承插连接和机械式连接两种方式。其中预应力复合结构的不锈钢衬塑复合管宜采用热熔承插，粘接复合结构的不锈钢衬塑复合管宜采用机械式连接，$DN50$及以下者采用卡压式连接，$DN65$及以上者采用卡箍式连接。

（10）DN＞150mm的钢塑复合管，采用法兰连接；65mm＜DN≤150mm的钢塑复合管采用螺纹连接；DN≤65mm的小管径钢塑复合管采用沟槽式连接。

（11）铜管：宜采用硬铜管（管径小于等于25mm时可采用半硬铜管）。嵌墙敷设宜采用覆塑铜管。一般采用硬钎焊接。引入管、折角进户管件、支管接出及仪表接口处应采用卡套式或法兰连接。管径小于25mm的明装支管可采用软钎焊接、卡套式连接、封压连接。管道与供水设备连接时宜采用卡套式或法兰连接。铜管的下游不宜使用钢管等金属管。与钢制设备连接，应采用铜合金配件（如黄铜制品）。

（12）铸铁管：当管内压力不超过0.75MPa时，宜采用普压给水铸铁管；当管内压力超过0.75MPa时，应采用高压给水铸铁管。铸铁管一般应做水泥砂浆衬里。管道宜采用橡胶圈柔性接口（DN≤300mm宜采用推入式梯形胶圈接口、DN＞300mm宜采用推入式楔形胶圈接口）。

管道的管件、配件应采用与管道材质相应的材料，管件、配件等管道附件的工作压力应与该管道系统的供水压力相一致。除铸铁管、热镀锌钢管的内螺纹连接件外，其余管道的管件均须与管道配套供应。

1.4.2　给水系统采用的阀门

1. 给水管道上使用的各类阀门的材质，应耐腐蚀和耐压。根据管径大小和所承受压力的等级及使用温度等要求确定，一般可采用全铜、全不锈钢、铁壳铜芯和全塑阀门。不应使用镀铜的铁杆、铁芯阀门。阀门的公称压力不得小于管材和管件的公称压力。

（1）给水管道上使用的阀门，一般按下列原则选择：

1）管径不大于50mm时，宜采用截止阀；管径大于50mm时，宜采用闸阀、蝶阀。

2）需调节流量、水压时，宜采用调节阀、截止阀。

3）要求水流阻力小的部位（如水泵吸水管上），宜采用闸板阀、球阀、半球阀。

4）水流需双向流动的管段上，应采用闸阀、蝶阀，不得使用截止阀。

5）安装空间小的部位，宜采用蝶阀、球阀。

6）在经常启闭的管道上，宜采用截止阀。

7）口径较大（大于等于DN150）的水泵出水管上，宜采用多功能阀。

（2）室内给水管道上的下列部位应设置阀门：

1）从给水干管上接出的支管起端。

2）入户管、水表前和各分支立管（立管底部及垂直环状管网立管的上、下端部）。

3）室内给水管道向住户、公用卫生间等接出的配水管起端，配水支管上配水点在3个及3个以上时应设置。

4）水泵的出水管，自灌式水泵的吸水管。

5）水箱的进水管、出水管、泄水管。

6）设备（如加热器、冷却塔等）的进水补水管。

7）公共卫生间的多个卫生器具（如大便器、小便器、洗脸盆、淋浴器等）的配水管起端。

8）某些附件，如自动排气阀、泄压阀、水锤消除器、压力表、洒水栓等前及减压阀与倒流防止器的前后等，根据安装及使用要求设置。

9）给水管网的最低处宜设置泄水阀。

（3）给水管道上的阀门设置应满足使用要求，并应设置在易操作和方便检修的场所。暗设管道的阀门处应留检修门，并保证检修方便和安全；墙槽内支管上的阀门一般不宜设在墙内。泵房内的阀门设置要求见1.7节。

（4）室外给水管道上的阀门，宜设置在阀门井或阀门套筒内。

2. 止回阀

（1）一般应按其安装部位、阀前水压、关闭后的密闭性能要求和关闭时引发的水锤大小等因素选择。

1）阀前水压小时，宜选用阻力低的球式和梭式止回阀。

2）关闭后的密闭性能要求严密时，宜选用有关闭弹簧的软密封止回阀。

3）要求削弱关闭水锤时，宜选用弹簧复位的速闭止回阀或后阶段有缓闭功能的止回阀。

4）止回阀安装方向和位置，应能保证阀瓣在重力或弹簧力作用下自行关闭。

5）管网最小压力或水箱最低水位应满足开启止回阀压力，可选用旋启式止回阀等开启压力低的止回阀。

(2) 给水管道的下列部位应设置止回阀:

1) 直接从城镇给水管网接入小区或建筑物的引入管上。

2) 密闭的水加热器或用水设备的进水管上。

3) 每台水泵的出水管上。当直接从管网上吸水时,若有旁通管,该管上应安装。

4) 管网有反压时,水表后面与阀门之间的管道上。

5) 双管淋浴器的冷热水干管或支管上。

注:装有倒流防止器的管段,不需要再安装止回阀。

(3) 给水管上的止回阀设置应符合下列要求:

1) 管网最小压力或水箱最低水位时,应能开启。

2) 止回阀的阀瓣或阀芯在重力或弹簧力作用下应能自行关闭。

3) 卧式升降式止回阀和阻尼缓闭止回阀及多功能阀只能安装在水平管上,立式升降式止回阀不能安装在水平管上。

4) 水流方向自上而下的立管上,不能安装止回阀。

5) 止回阀的安装详见《常用小型仪表及特种阀门选用安装》01SS105。

3. 减压阀

(1) 给水管网的压力高于配水点允许的最高使用压力时应设置减压阀;减压阀的配置应符合下列要求:

1) 减压阀的减压比不宜大于 3:1,并应避开气蚀区;可调式减压阀阀前与阀后的最大压差不应大于 0.4MPa(要求环境安静的场所不应大于 0.3MPa);可调式减压阀,当公称直径小于等于 50mm 时,宜采用直接式;当公称直径大于 50mm 时,宜采用先导式。

2) 当减压阀的气蚀校核不合格时,可采用串联减压方式或双级减压阀等减压方式。

3) 阀后配水件处的最大压力应按减压阀失效情况下进行校核,其压力不应大于配水件产品标准规定的公称压力的 1.5 倍。

注:当减压阀串联使用时,按其中一个失效情况下,计算阀后最高压力。

4) 当减压阀阀前压力大于等于阀后配水件试验压力时,减压阀宜串联设置。当减压阀串联设置时,串联减压的减压级数不宜大于 2 级,相邻的 2 级串联设置的减压阀应采用不同类型的减压阀。

5) 当减压阀失效时的压力超过配水件产品标准规定的水压试验压力时,应设置自动泄压装置。当减压阀失效可能造成重大损失时,应设置自动泄压装置和超压报警装置。

6) 当有不间断供水要求时,应采用两个减压阀并联设置,宜采用同类型的减压阀。

7) 减压阀阀前的水压宜保持稳定,阀前的管道不宜兼作配水管。

8) 当阀后压力允许波动时,可采用比例式减压阀;当阀后压力要求稳定时,宜采用可调式减压阀中的稳压减压阀。

9) 当减压差小于 0.15MPa 时,宜采用可调式减压阀中的差压减压阀。

10) 减压阀出口动静压升应根据产品制造商提供的数据确定,当无资料时可按 0.10MPa 确定。

11) 减压阀应根据阀前及阀后所需压力和管道所需输送的流量按照制造厂家提供的特性曲线选定阀门直径。比例式减压阀,应按设计秒流量在减压阀流量-压力特性曲线的有效段内选用。

12）用于给水分区的减压阀组或供水保证率要求高，停水会引起重大经济损失的给水管道上设置减压阀时宜由两个减压阀并联安装组成，两个减压阀交替使用，互为备用，但不得设置旁通管。为在减压阀失效后能及时切换备用阀组和检修，阀组宜设置报警装置。

13）减压阀不应设置旁通管。

（2）减压阀的设置安装应符合以下规定：

1）减压阀组应设置在不结冻场所，否则应采取保温措施。减压阀的公称直径宜与其相连接的管道直径相一致。减压阀出口连接的管道其管径不应缩小，且管线长度不小于5倍公称直径。在设计图纸上标明减压阀的规格、型号和减压比（或阀前、后的压力）。

2）减压阀应设置在单向流动的管道上，安装时注意并标明减压阀的水流方向，不得装反。

3）减压阀前应设置阀门和过滤器（过滤器宜采用20～60目格网。网孔口水流总面积应为管道断面积的1.5～2倍）；检修时阀后水会倒流时，阀后应设阀门。

4）干管减压阀节点处的前、后应装设压力表；支管减压阀节点后应装设压力表。用于给水分区的减压阀后压力表可为电接点压力表，并配报警装置。

5）比例式减压阀、立式可调式减压阀宜垂直安装，其他可调式减压阀应水平安装，水平安装时其阀体上的呼吸孔朝下或朝向侧面，不允许朝上，垂直安装时孔口应置于易观察、检查之方向。

6）设置减压阀的地方，应便于管道过滤器的排污和减压阀的拆修，地面宜有排水设施。

7）减压阀的管段不应有气堵、气阻等现象，减压阀出口端管道以上升坡度敷设时，在其最高点应设置自动排气阀。设有减压阀的给水系统的立管顶端应设置自动排气阀。

8）需拆卸阀体才能检修的减压阀，应设管道伸缩器或软接头，支管减压阀可设置管道活接头。

（3）因减压阀样本中所示的 P_1、P_2 一般均为静压；当阀门启动后，其阀后动压应按公式（1.4-1）计算：

$$P_2' = P_2 - \Delta P \tag{1.4-1}$$

式中　P_2'——阀后出口的动压力（MPa）；

　　　P_2——阀后出口的静压力（MPa）；

　　　ΔP——水流通过减压阀的水头损失（MPa），厂家提供。

比例式减压阀可按公式（1.4-2）计算：

$$P_2' = \beta P_2 = (\beta/\alpha) P_1 \tag{1.4-2}$$

式中　P_1——阀前进口压力（MPa）；

　　　β——阀体动压损失系数，由厂家提供；

　　　α——减压比。

当采用二级串联时，第二级减压阀前的进口压力，应按公式（1.4-3）计算：

$$P_3 = P_2' + 0.01H_1 - 0.001H_2 \tag{1.4-3}$$

式中　P_3——第二级减压阀前的进口压力（MPa）；

H_1——两个减压阀的高差（m）；

H_2——两个减压阀间管段的水头损失（kPa）。

第二级阀后的动压力再按公式（1.4-1）或公式（1.4-2）计算。

4. 调压孔板和节流塞

（1）调压孔板

调压孔板可用于消除给水龙头和消火栓前的剩余水头，以保证给水系统均衡供水，达到节水、节能的目的。

调压孔板孔径的计算

水流通过孔板时的水头损失，可按公式（1.4-4）计算：

$$H = 10 \cdot \xi \frac{v^2}{2g} \tag{1.4-4}$$

式中　H——水流通过孔板的水头损失值（kPa）；

　　　10——单位换算值（kPa/mH$_2$O）；

　　　v——水流通过孔板后的流速（m/s）；

　　　g——重力加速度（m/s^2）；

ξ 值可从公式（1.4-5）求得：

$$\xi = [1.75(D^2/d^2)(1.1-d^2/D^2)/(1.175-d^2/D^2)-1]^2 \tag{1.4-5}$$

式中　D——给水管直径（mm）；

　　　d——孔板的孔径（mm）。

为简化计算，将各种不同管径及孔径代入公式（1.4-4）及公式（1.4-5）中，求得相应的值，所得结果列于表1.4-1中。使用时，只要已知剩余水头 H 及给水管直径 D，就可从表中查得所需孔板孔径 d。

表1.4-1中的数据是假定水流通过孔板后的流速为1m/s时计算得出的，如实际流速与此不符，则应按公式（1.4-6）进行修正，并按修正后的剩余水头查表。

$$H' = H/v^2 \times 1\text{m/s} \tag{1.4-6}$$

式中　H'——流速1m/s时的剩余水头（kPa）；

　　　v——水流通过孔板后的实际流速（m/s）（如孔板前后管径无变化，则 v 值等于管内流速）；

　　　H——设计剩余水头（kPa）。

调压孔板的水头损失（kPa）　　　　　　　　　　表1.4-1

D (mm)	d(mm)									
	4	5	6	7	8	9	10	11	12	13
15	245.4	94.9	42.5	20.9	11.0	5.9	3.3	1.8	0.9	0.4
20	810.3	321.6	149.1	76.8	42.5	24.8	15.1	9.4	5.9	3.8
25		810.3	381.3	199.8	113.1	67.9	42.5	27.5	18.3	12.4
32			560.0	321.6	196.1	125.3	83.0	56.7	39.6
40				810.3	498.4	321.6	215.6	149.1	105.8
50							810.3	547.0	381.3	273.0

D (mm)	d(mm)										
	14	15	16	17	18	19	20	21	22	23	24
20	2.4	1.5	0.9	0.5							
25	8.6	5.9	4.2	2.9	2.0	1.4	0.9	0.6	0.4		
32	28.3	20.5	15.1	11.2	8.4	6.3	4.7	3.6	2.7	2.0	1.5
40	76.8	56.7	42.5	32.3	24.8	19.2	15.1	11.8	9.4	7.5	5.9
50	199.8	149.1	113.1	87.1	67.9	53.4	42.5	34.1	27.5	22.4	18.3
70	810.3	609.8	466.9	363.0	285.9	227.8	183.5	149.1	122.2	101.0	84.0
80			810.3	631.3	498.4	398.3	321.6	262.2	215.6	178.7	149.1
100							810.3	662.8	547.0	455.0	381.3

D (mm)	d(mm)								
	25	26	27	28	29	30	31	32	33
32	1.1	0.8	0.6						
40	4.7	3.8	3.0	2.4	1.9	1.5	1.2	0.9	0.7
50	15.1	12.4	10.3	8.5	7.1	5.9	5.0	4.2	3.5
70	70.3	59.1	50.0	42.5	36.3	31.1	26.7	23.1	19.9
80	125.3	105.8	89.9	76.0	65.8	56.7	49.0	42.5	37.0
100	321.6	273.0	232.9	199.8	172.3	149.1	129.7	113.1	99.1
125	810.4	689.9	590.7	507.4	438.9	381.4	332.8	291.0	255.9
150						810.3	708.0	621.1	547.0

D (mm)	d(mm)								
	34	35	36	37	38	39	40	41	42
40	0.5	0.4	0.3						
50	2.9	2.4	2.0	1.7	1.4	1.1	0.9	0.8	0.6
70	17.3	15.1	13.1	11.5	10.0	8.8	7.7	6.8	5.9
80	32.3	28.3	24.8	21.8	19.2	17.0	15.1	13.3	11.8
100	87.1	76.8	67.9	60.1	53.4	47.6	42.5	38.0	34.1
125	225.9	200.0	177.2	157.9	141.0	126.0	113.1	101.8	91.6
150	483.4	428.7	381.3	340.2	304.3	273.0	245.4	221.2	199.0

D (mm)	d(mm)								
	43	44	45	46	47	48	49	50	51
50	0.5	0.4							
70	5.2	4.6	4.0	3.6	3.1	2.8	2.4	2.1	1.9
80	10.5	9.4	8.4	7.5	6.7	5.8	5.3	4.7	4.2
100	30.6	27.5	24.8	22.4	20.2	18.3	16.6	15.1	13.7
125	82.8	74.9	67.8	61.5	55.9	51.0	46.6	42.5	39.0
150	180.9	164.1	149.1	135.8	123.8	113.1	103.5	94.9	87.1

续表

D (mm)	d(mm)								
	52	53	54	55	56	57	58	59	60
70	1.6	1.4	1.2	1.1	0.9	0.8	0.7	0.6	0.5
80	3.8	3.4	3.0	2.7	2.4	2.2	1.9	1.7	1.5
100	12.4	11.3	10.3	9.4	8.6	7.8	7.1	6.5	5.9
125	35.6	32.7	30.0	27.6	25.3	23.4	21.5	19.8	18.3
150	80.0	73.6	67.9	62.6	57.8	53.4	49.5	45.8	42.5

D (mm)	d(mm)								
	61	62	63	64	65	66	67	68	69
70	0.4	0.3	0.3	0.2					
80	1.4	1.2	1.1	0.9	0.8	0.7	0.6	0.5	0.5
100	5.4	5.0	4.5	4.2	3.8	3.5	3.2	2.9	2.7
125	16.9	15.6	14.5	13.4	12.4	11.5	10.7	9.9	9.2
150	39.5	36.7	34.1	31.7	29.5	27.5	25.7	24.0	22.4

D (mm)	d(mm)								
	70	71	72	73	74	75	76	77	78
80	0.4	0.3	0.3	0.2					
100	2.4	2.2	2.0	1.8	1.7	1.5	1.4	1.3	1.1
125	8.5	7.9	7.4	6.9	6.4	5.9	5.5	5.1	4.8
150	20.9	19.6	18.3	17.1	16.1	15.1	14.1	13.2	12.4

D (mm)	d(mm)								
	79	80	81	82	83	84	85	86	87
100	1.0	0.9	0.8	0.8	0.7	0.6	0.5	0.5	0.4
125	4.5	4.1	3.9	3.6	3.3	3.1	2.9	2.7	2.5
150	11.7	11.0	10.3	9.7	9.1	8.6	8.0	7.6	7.1

D (mm)	d(mm)								
	88	89	90	91	92	93	94	95	96
100	0.4	03	0.3	0.2					
125	2.3	2.2	2.0	1.9	1.7	1.6	1.5	1.4	1.3
150	6.7	6.3	5.9	5.6	5.3	5.0	4.7	4.4	4.2

D (mm)	d(mm)								
	97	98	99	100	101	102	103	104	105
125	1.2	1.1	1.0	0.9	0.9	0.8	0.7	0.7	0.6
150	3.9	3.7	3.5	3.3	3.1	2.9	2.7	2.6	2.4

D (mm)	d(mm)								
	106	107	108	109	110	111	112	113	114
125	0.5	0.5	0.4	0.4	0.4	0.3	0.3	0.2	
150	2.3	2.1	2.0	1.9	1.8	1.7	1.6	1.5	1.4

D (mm)	d(mm)								
	115	116	117	118	119	120	121	122	123
150	1.3	1.2	1.1	1.1	1.0	0.9	0.9	0.8	0.8

注：表中给水管计算管径均采用公称直径。

（2）节流塞

节流塞的作用与调压孔板相同，可用来消除给水龙头前的剩余水头。

节流塞的孔径可按公式（1.4-7）进行近似计算：

$$\phi = 18.41(10q^2/h)^{1/4} \tag{1.4-7}$$

式中　ϕ——节流塞孔径（mm）；

　　　q——通过流量（L/s）；

　　　h——剩余水头（kPa）。

表 1.4-2 给出了部分计算结果，以便设计时直接查用。实际使用时，节流塞孔径可近似取至小数点后一位或取作 0.5 的整数倍。

节流塞的孔径不宜小于 3.0mm，以免堵塞和产生噪声。当计算值小于 3.0mm 时，可用两个节流塞串联或将节流塞安装在流量较大的管段上。

公式（1.4-7）是在压力小于 200kPa 的情况下试验得到的，当 $h>200$kPa 时，其计算准确性需进一步验证。

节流塞孔径（mm）　　　　　　　　　　　　　　表 1.4-2

h (kPa)	q(L/s)											
	0.05	0.07	0.10	0.14	0.15	0.16	0.20	0.24	0.30	0.32	0.44	0.70
10	4.12	4.87	5.82	6.89	7.13	7.36	8.23	9.02	10.08	10.41	12.21	15.40
20	3.46	4.09	4.89	5.79	5.99	6.18	6.92	7.58	8.47	8.75	10.26	12.94
30	3.12	3.69	4.41	5.22	5.40	5.58	6.23	6.83	7.64	7.89	9.25	11.67
40	2.92	3.45	4.13	4.89	5.06	5.22	5.84	6.40	7.15	7.38	8.66	10.92
50	2.75	3.25	3.88	4.59	4.75	4.91	5.49	6.01	6.72	6.94	8.14	10.27
60	2.62	3.10	3.71	4.39	4.54	4.69	5.24	5.75	6.42	6.63	7.78	9.81
70	2.53	2.99	3.57	4.23	4.37	4.52	5.05	5.53	6.18	6.39	7.49	9.45
80	2.45	2.90	3.46	4.10	4.24	4.38	4.90	5.37	6.00	6.20	7.27	9.17
90	2.38	2.82	3.36	3.98	4.12	4.25	4.76	5.21	5.83	6.02	7.06	8.90
100	2.31	2.74	3.27	3.87	4.01	4.13	4.62	5.07	5.66	5.85	6.86	8.65
110	2.26	2.68	3.20	3.77	3.92	4.04	4.52	4.96	5.54	5.72	6.71	8.46
120	2.22	2.62	3.13	3.70	3.83	3.96	4.42	4.85	5.42	5.60	6.56	8.28
130	2.17	2.56	3.06	3.63	3.75	3.87	4.33	4.75	5.31	5.48	6.43	8.11
140	2.13	2.52	3.02	3.57	3.69	3.81	4.26	4.67	5.22	5.39	6.33	7.98
150	2.09	2.47	2.95	3.50	3.61	3.74	4.18	4.58	5.12	5.28	6.20	7.82
160	2.06	2.44	2.91	3.45	3.57	3.68	4.12	4.51	5.04	5.21	6.11	7.70
170	2.03	2.40	2.87	3.39	3.51	3.63	4.05	4.44	4.97	5.13	6.01	7.59
180	2.00	2.36	2.82	3.34	3.46	3.57	4.00	4.38	4.89	5.05	5.93	7.48
190	1.97	2.33	2.78	3.30	3.41	3.52	3.94	4.32	4.82	4.98	5.84	7.37
200	1.95	2.31	2.76	3.27	3.38	3.49	3.90	4.27	4.78	4.93	5.79	7.30

5. 安全阀

安全阀的设置，系用于有压容器的保护，阀前、阀后不得设置阀门，泄压口应连接管道，将泄水（汽）引至安全地点排放。

（1）安全阀的类型和特点

安全阀的类型、特点及适用场所见表 1.4-3

安全阀的类型、特点及适用场所 表 1.4-3

分类原则	类型	特　点	适用场所
按构造分	杠杆重锤式安全阀	重锤通过杠杆加载于阀瓣上，载荷不随开启高度而变化，对振动较敏感	适用于固定的、无振动的设备和容器，多用于温度、压力较高的系统
	弹簧式安全阀	弹簧力加载于阀瓣，载荷随开启高度而变化，对振动不敏感	可用于运动的、有轻微振动的设备容器和管道上，宜用于温度和压力较低的系统
	脉冲式安全阀	由主阀和副阀组成、副阀首先动作，从而驱动主阀动作	主要用于大口径和高压系统
按开启高度分	微启式安全阀	开启高度为阀座喉径的 1/40～1/20，通常为渐开式	主要用于液体
	全启式安全阀	开启高度等于或大于阀座喉径的 1/4，通常为急开式	主要用于气体和蒸汽
按介质排放方式分	全封闭式安全阀	气体全部通过排气管排放，介质不向外泄漏	主要用于有毒及易燃气体
	半封闭式安全阀	气体的一部分通过排气管排出，一部分从阀盖与阀杆之间的间隙中漏出	主要用于不污染环境的气体（如水蒸气）
	敞开式安全阀	介质不能引向室外，直接由阀瓣上方排入周围大气	主要用于压缩空气

（2）安全阀的选择

确定安全阀的形式和数量时，应综合考虑下列规定：

1）安全阀的形式，应根据介质性质、工作温度、工作压力和承压设备、容器的特点按表 1.4-3 选定。一般情况下，在热水和开水供应系统中，宜采用微启式弹簧安全阀；对于工作压力 $<1.0\times10^2$ kPa 的锅炉和密闭式水加热器，宜安装安全水封和静重式安全阀。

2）对于蒸发量 >500kg/h 的锅炉，应至少装设两个安全阀，其中一个为控制安全阀；蒸发量 ≤500kg/h 的锅炉，至少应装设一个安全阀。

3）安全阀的总排气能力，必须大于锅炉的最大连续蒸发量，并保证在锅炉和过热器上所有的安全阀开启后，锅炉内的蒸汽压力上升幅度不超过工作安全阀开启压力的 3%。

（3）安全阀的计算

1）安全阀阀座面积的计算

① 热媒为饱和蒸汽时

微启式弹簧安全阀　　　　　$A=1200G/P$　　　　　　　　　　（1.4-8）

微启式重锤安全阀　　　　　$A=1000G/P$　　　　　　　　　　（1.4-9）

全启式安全阀　　　　　　　$A=370G/P$　　　　　　　　　　（1.4-10）

② 热媒为过热蒸汽时，应按下式进行修正：

$$A' = A(v'/v)^{1/2} \qquad\qquad (1.4\text{-}11)$$

③ 热媒为水时

微启式弹簧安全阀 $\qquad\qquad A = 38G/P \qquad\qquad (1.4\text{-}12)$

微启式重锤安全阀 $\qquad\qquad A = 35G/P \qquad\qquad (1.4\text{-}13)$

式中　A、A'——热媒通过安全阀阀座的面积（mm²）；

　　　　G——通过阀座面积的流量（kg/h）；

　　　　P——工作压力（kPa）；

　　　　v'——过热蒸汽的比容（m³/kg）；

　　　　v——饱和蒸汽的比容（m³/kg）。

公式（1.4-12）、公式（1.4-13）适用于水温为 20℃，若水温为 100℃，则阀座面积应增大 4%；若水温为 150℃，则阀座面积应增大 8.4%。

2）安全阀的开启压力和排汽管面积。当安全阀的工作压力 $P \leqslant 1300$kPa 时，其开启压力应等于工作压力加 30kPa。安全阀的排汽管面积应大于阀座面积的 2 倍。

3）弹簧式安全阀选择计算表，见表 1.4-4。

弹簧式安全阀通过的热量（W）　　　　　　表 1.4-4

安全阀直径 DN (mm)	工作压力（kPa）					通路面积 (m²)
	200	300	400	500	600	
15	20400	29000	37400	45200	53500	177
20	36000	51600	66300	81000	94700	314
25	54000	80000	103000	125000	148000	490
32	97300	137000	176000	217000	225000	805
40	144000	205000	264000	318000	379000	1255
50	226000	321000	409000	501000	600000	1960
70	324000	459000	593000	724000	851000	2820
80	580000	878000	1054000	1290000	1510000	5020
100	781000	1280000	1328000	2030000	2380000	7850

4）重锤式安全阀选择计算表，见表 1.4-5。

重锤式安全阀通过的热量（W）　　　　　　表 1.4-5

安全阀直径 DN (mm)	工作压力（kPa）					通路面积 (m²)
	200	300	400	500	600	
15	24500	34900	44900	54200	64000	177
20	43200	61900	79500	97700	113000	314
25	64900	96300	123000	150000	178000	490
32	117000	165000	212000	260000	307000	805
40	173000	245000	316000	382000	450000	1255
50	271000	385000	491000	600000	725000	1960
70	389000	551000	712000	869000	1020000	2820
80	696000	1050000	1265000	1500000	1810000	5020
100	937000	1530000	1590000	2400000	2860000	7850

$DN100$ 的阀座内径为 80mm；双弹簧或双杠杆安全阀的阀座内径，则为较其公称通径小 2 号的直径的 2 倍，例如 $DN100$ 的阀座内径为 $2×65mm＝130mm$。

(4) 安全阀选用注意事项

1) 各种安全阀的进口与出口公称通径均相同。

2) 法兰连接的单弹簧或单杠杆安全阀的阀座内径，一般较其公称通径小 1 号。

3) 设计中应注明使用压力范围。

4) 安全阀的蒸汽进口接管直径不应小于其内径。

5) 安全阀通入室外的排气管直径不应小于安全阀的内径，且不得小于 40mm。

6) 系统工作压力为 P 时，安全阀的开启压力应为 $P＋30kPa$。

6. 给水加压系统，应根据水泵扬程、管道走向、环境噪声要求等因素，采取水锤消除措施。

7. 当给水管网存在短时超压工况，且短时超压会引起系统不能安全使用时，应设置持压泄压阀。持压泄压阀的设置应符合下列要求：

(1) 持压泄压阀前应设置阀门；

(2) 持压泄压阀的泄水口应连接管道间接排水，其出流口应保证空气间隙不小于 300mm。

8. 给水管道的下列部位应设排气装置：

(1) 间歇式使用的给水管网，其管网末端和最高点应设置自动排气阀。

(2) 给水管网有明显起伏，积聚空气的管段，宜在该段的峰点设自动排气阀或手动阀门排气。

(3) 给水加压装置直接供水时，其配水管网的最高点应设置自动排气阀。

(4) 减压阀后管网最高处宜设置自动排气阀。

9. 给水系统的调节水池（箱），除能自动控制切断进水者外，其进水管上应装设自动水位控制阀，自动水位控制阀的公称直径应与进水管管径相一致。具体要求见水池、水箱章节。

10. 当给水管网存在因回流而污染生活用水的可能时，应设置倒流防止器。它必须水平安装，安装地点要环境清洁、有足够的维护空间，它的自动泄水阀不得被水和杂物淹没，一般高出地面 300mm。安装处应设排水设施。自动泄水的排水应通过漏水斗排至排水管道，不得与排水管道直接连接。倒流防止器前应设闸阀（蝶阀）、过滤器及可曲挠橡胶接头，其后应设闸阀（蝶阀）。

11. 给水管道的下列部位应设置管道过滤器，并符合下列要求：

(1) 减压阀、持压泄压阀、倒流防止器、自动水位控制阀、温度调节阀等阀件前应设置管道过滤器。

(2) 水加热器的进水管上、换热装置的循环冷却水进水管上宜设置管道过滤器。

(3) 住户进户水表前、水泵吸水管上宜设置管道过滤器，进水总表前应设置管道过滤器。

(4) 过滤器的滤网应采用耐腐蚀材料，滤网网孔尺寸应按使用要求确定。

12. 水泵的出水管、压力容器及减压阀的前后应设压力表；压力表的选型应根据其服务对象与范围而定。

1.4.3　给水系统的仪表

1. 民用建筑给水系统使用的水表

（1）室内下列给水管段应装设水表：

1）住宅入户管上应设计量水表；

2）公共建筑物内按用途（如饭店、商场、餐饮等）和管理要求（如不同用户）需计量水量的管段上应设计量水表；

3）住宅小区及单体建筑引入管上应设计量水表；

4）加压分区供水的贮水池或水箱前的补水管上宜设计量水表；

5）采用高位水箱供水系统的水箱出水管上宜设计量水表；

6）冷却塔、游泳池、水景、公共建筑中的厨房、洗衣房、游乐设施、公共浴池、中水贮水池或水箱等的补水管上应设计量水表；

7）机动车清洗用水管上应安装水表计量；

8）采用地下水水源热泵为热源时，抽、回灌管道应分别设计量水表；

9）满足水量平衡测试及合理用水分析要求的管段上应设计量水表。

（2）水表的选型

1）接管直径不超过 50mm 时应选用旋翼式水表，接管直径超过 50mm 时应选用螺翼式水表；

2）通过水表的流量变化幅度很大时应选用复式水表；

3）推荐采用干式水表。

（3）水表直径的确定

1）用水量均匀的生活给水系统，如公共浴室、洗衣房、公共食堂等用水密集型的建筑，可按设计秒流量不超过但接近水表的常用流量确定水表公称直径；

2）用水量不均匀的生活给水系统，如住宅和公寓及旅馆等公共建筑，可按设计秒流量不超过但接近水表的过载流量确定水表公称直径；

3）小区引入管的水表，按引入管的设计秒流量不超过但接近水表的常用流量确定水表公称直径；

4）小区引入管的水表，当消防时，除生活用水量外尚需通过消防水量，应以生活用水的设计秒流量叠加消防流量进行校核，校核流量不应大于水表的过载流量；

5）新建住宅的分户水表，其直径一般宜采用 20mm；当一户有多个卫生间时，应按计算的秒流量选择；

6）水表规格尚应符合当地供水主管部门的规定（由城镇管线接入建筑红线的引入管的水表直径，有些地区由当地有关部门确定；有的需根据交纳接管直径费用的多少确定）。

（4）水表安装

1）旋翼式水表和垂直螺翼式水表应水平安装；水平螺翼式水表和容积式水表可根据实际情况确定水平、倾斜或垂直安装，当垂直安装时水流方向必须自下而上。

2）水表前后直线管段的最小长度，应符合水表产品技术样本的规定；一般可按螺翼式水表的前端应有 8～10 倍水表直径的直管段；其他类型水表前后宜有不小于 300mm 的直管段。

3）装设水表的地点应符合下列要求：

① 便于读数和检修。

② 不被曝晒、不致冻结、不被任何液体及杂质所淹没和不易受碰撞的地方。

③ 室外的水表应设在水表井内，安装详见《室外给水管道附属构筑物》05S502。

④ 住宅的分户水表宜设在户外并相对集中的地方，设在户内的水表，宜采用远传水表或 IC 卡水表等智能化水表。一般可采取以下几种方式：

a. 分层集中设在专用的水表间（箱）；

b. 集中设置在设备层、避难层或屋顶水箱间；

c. 非冰冻地区的多层住宅建筑，可集中设在底层建筑的外墙面，但应采取相关保护措施；

d. 采用远传水表等智能水表时，控制箱宜设在一层管理室；

e. 户内水表的安装参见《常用小型仪表及特种阀门选用安装》01SS105。

4）对于生活、生产、消防合用的给水系统，如只有一条引入管时，应绕水表设旁通管，旁通管管径应与引入管管径相同，但需经当地主管部门批准。

5）引入管的水表前后和旁通管上均应设检修闸阀；水表与表后阀门之间应设泄水装置；但住宅中的分户水表，其表后允许不设阀门和泄水装置（其前宜设橡胶隔振器）。

6）当水表可能发生反转影响计量和损坏水表时，应在水表后设止回阀。

（5）当无法采用水表但又必须进行计量时，应采用其他流量测量仪表，各种有累计水量功能的流量计均可使用。

2. 流量计

（1）常用流量计的技术特性和适用范围见表 1.4-6。

常用流量计的技术特性　　　　　　　　　　表 1.4-6

	流量计名称	差压流量计	玻璃转子流量计	金属管转子流量计	涡轮流量计	电磁流量计
适用条件	清洁液体	√	√	√	√	√
	黏液	△	△	√	△	√
	泥浆	×	×	△	×	√
	气体	√	√	√	√	×
	蒸汽	√		√	×	×
	温度(℃)		$-20\sim+120$	$-40\sim+150$	$-20\sim+120$	$-50\sim+100$
	压力(kPa)	$\leqslant 40000$	400,600,1000,1600	1600,6400	2500,6400,16000	250~4000
	流量范围	相应的压差值为 $5.884\times10^2\sim2.452\times10^5$ Pa	气体:$1.8\sim3\times10^3$ m³/h 液体:$1.5\times10^{-4}\sim10^2$ m³/h	气体:$2\sim3\times10^3$ m³/h 液体:$6\times10^{-2}\sim10^2$ m³/h	气体:$2.5\sim350$ m³/h 液体:$0.04\sim6000$ m³/h	与流量计口径及管内液体流速有关。流速范围:0~0.5m/s 0~12m/s
仪表特点	精度	1	2.5	1.2 2.5	0.5~1	1
	量程比	3:1	10:1	10:1 5:1	6:1 10:1	10:1

续表

	流量计名称	差压流量计	玻璃转子流量计	金属管转子流量计	涡轮流量计	电磁流量计
仪表特点	其他	1. 使用面广； 2. 结构简单，显示仪表系列化、通用化程度高； 3. 其中标准节流装置不经标定即可使用	1. 结构简单、维修方便、量程比大、压力损失小； 2. 精度低，受介质参数（密度、黏度）影响较大	1. 具有玻璃转子流量计的主要优点； 2. 可远传； 3. 可用于腐蚀性介质及易凝、易结晶的流体	1. 精度较高，适用于计量； 2. 耐温、耐压范围较大； 3. 变送器体积小、维护简单； 4. 轴承易磨损，连续使用周期短	1. 测量精度不受介质温度、密度、黏度及电导率的影响； 2. 可以认为无压力损失； 3. 可得到从零开始的、正比于流量的输出信号； 4. 要求的直管段短； 5. 无可动部件，响应快，可测量脉动流量； 6. 衬里易磨损，清洗时电极易损坏，使用时要注意排除干扰信号
安装要求	直管段长度	详见表1.4-8	垂直安装，仪表进出口前直管段均为5D	垂直安装，仪表进出口前直管段均为5D	水平安装，前10D，后5D	垂直安装（自下而上），水平安装时需使两电极在同一水平面上
	管径(mm)	50~1000	3~150	15~150	液体:4~500 气体:15~50	3~1600
	适用场所	除下列情况以外，原则上应选用差压式流量计： 1. 差压仪表达不到所需精度； 2. 流量变化幅度大； 3. 允许压力损失小； 4. 高黏性液体； 5. 非单相流，强腐蚀性流体； 6. 使用其他流量计具有更多优点时	空气、氮气、水及其他透明状的无毒害流体的小流量测量	1. 流量大幅度变化的场所； 2. 腐蚀性液体，高黏性、易凝性液体； 3. 微小流量； 4. 差压式导压管内易产生气化的场所	适用于清洁流体在宽测量域内的高精度测量，介质黏度范围一般要求小于5°E	只适用于导电液体（包括含有混杂物的导电液体）的测量，但不适于测量铁磁性物质

注：1. 表中符号"√"表示适用，"△"表示可用，"×"表示不可用。
　　2. "量程比"系指仪表测量范围的上限值与下限值之比。
　　3. "精度"系指仪表测量精度的等级数，如"1"表示该仪表的精度为1级，其含义是：测量的最大误差不超过该仪表满量程读数的百分之一，其余类推。

（2）差压流量计

差压流量计由节流装置和差压计组成，其中节流装置是在管道中产生流量测量的信息——"差压"的元件，差压计则是流量计的显示装置。节流装置包括节流件、取压装置和前后导压管三部分。

1）节流件的类型和特点

节流件的类型、特点和适用场所见表 1.4-7。

表 1.4-7

节流件的技术特性

类型	名　称	型号	特点	使用条件	管径(mm)	介质的压力、温度	适用范围
标准节流件	标准孔板	10 BB-25 64 100	1. 结构简单，加工、安装方便，有一定测量精度； 2. 使用前不必标定； 3. 压力损失较大，为压差的 50%～90%	$0.05 \leqslant m \leqslant 0.7$ $Re = 2.3 \times 10^4 \sim 3 \times 10^5$	环室：$\phi38\sim412$ 无环室：$\phi414\sim1000$	$P_g \leqslant 1 \times 10^4$ kPa $t \leqslant 450℃$	广泛用于液体、气体和蒸汽管道
	标准喷嘴	BZ-10 25	1. 结构较复杂、成本较高； 2. 使用前不必标定； 3. 精度较高，压力损失较小，为压差的 30%～90%	$0.05 \leqslant m \leqslant 0.65$ $Re = 6 \times 10^4 \sim 2 \times 10^5$	$\phi50\sim350$	$P_g \leqslant 2.45 \times 10^3$ kPa $t \leqslant 450℃$	用于要求压力损失小的高速高压流体
	标准文丘里管	GZ-25	1. 体积大、结构复杂、安装麻烦，造价高； 2. 使用前不必标定； 3. 精度高、压力损失小，仅为压差的 10%～20%	$0.2 \leqslant m \leqslant 0.5$	$\phi200\sim800$	$P_g \leqslant 2.45 \times 10^3$ kPa $t \leqslant 200℃$	用于要求测量精度高和压力损失小的场合
非标准节流件	双重孔板	SB-10 25	1. 构造较标准孔板复杂； 2. 使用前必须进行标定； 3. 水头损失介于标准孔板与标准喷嘴之间	$Re = 3 \times 10^3 \sim 3 \times 10^5$	$\phi150\sim300$	$P_g \leqslant 2.45 \times 10^3$ kPa $t \leqslant 200℃$	适用于较小流量的液体、气体和蒸汽
	圆缺孔板	2.5 6 QB-10 16 25	1. 结构简单、安装较易，成本低； 2. 使用前必须进行标定； 3. 精度低，水头损失大	$Re = 1 \times 10^4 \sim 3.6 \times 10^5$	$\phi100\sim1000$	$P_g \leqslant 2.45 \times 10^3$ kPa $t \leqslant 450℃$	适用于测量精度要求不高，介质中含有沉淀物、悬浮物的流量测量，如雨水、污水、污泥等

注：m——节流装置孔眼截面积 f_0 与管道截面积 F 之比，

即：$m = f_0/F = d^2/D^2$

式中　d——节流件的孔径；

　　　D——安装节流装置的管道直径（mm）；

　　　Re——雷诺数。

2）节流装置的安装

① 节流装置应安装在被测介质完全充满的管段上。

② 节流装置应安装在管径不变的水平管段上；垂直安装时，管内介质流向应保持自下而上。

③ 节流装置的几何圆心应与工艺管道的几何圆心相重合，其最大允许偏差为 $0.01D$（D 为管道内径，下同）。节流装置的端面应和管道轴线垂直。

④ 节流装置安装处前后 $2D$ 范围内，管道内表面应光滑、无明显凹凸现象，其内径偏差不应超过下列规定：

当 $(d/D)^2 > 0.55$ 时，为 $\pm 0.005D$；

当 $(d/D)^2 \leq 0.55$ 时，为 $\pm 0.02D$（d 为节流件镗孔内径）。

⑤ 安装前应正确找准安装方向：孔板锐边部分小口应迎着流速方向，喷嘴曲面部分大口应迎着流速方向。

⑥ 节流装置上、下游均要求具有一定长度的直管段，在这一管段上不得安装任何其他部件；节流装置上、下游所必须的直管段长度，见表 1.4-8。

节流装置上、下游所需直管段长度　　　　　　　　表 1.4-8

ρ	上游直管段						下游直管段
	90°弯头或三通（由同一支路流入）	两个以上90°弯头（在同一平面上）	两个以上90°弯头（在不同平面上）	大小头（由 $2D$ 缩至 D，长度超过 $3D$；由 $0.5D$ 扩至 D，长度超过 $1.5D$）	球阀全开	闸阀全开	本表所列任一管件
0.20	10(6)	14(7)	34(17)	16(8)	18(9)	12(6)	4(2)
0.25	10(6)	14(7)	34(17)	16(8)	18(9)	12(6)	4(2)
0.30	10(6)	16(8)	34(17)	16(8)	18(9)	12(6)	5(2.5)
0.35	12(6)	16(8)	36(18)	16(8)	18(9)	12(6)	5(2.5)
0.40	14(7)	18(9)	36(18)	16(8)	20(10)	12(6)	6(3)
0.45	14(7)	18(9)	38(19)	18(9)	20(10)	12(6)	6(3)
0.50	14(7)	20(10)	40(20)	20(10)	22(11)	12(6)	6(3)
0.55	16(8)	22(11)	44(22)	20(10)	24(12)	14(7)	6(3)
0.60	18(9)	26(13)	48(24)	22(11)	26(13)	14(7)	7(3.5)
0.65	22(11)	32(16)	54(27)	24(12)	28(14)	16(8)	7(3.5)
0.70	28(14)	36(18)	62(31)	26(13)	32(16)	20(10)	7(3.5)
0.75	36(18)	42(21)	70(35)	28(14)	36(18)	24(12)	8(4)
0.80	46(23)	50(25)	80(40)	30(15)	44(22)	30(15)	8(4)
管件				上游直管段所需最小直管段长度			
突变，对称小大头，直径比 ≥ 0.5				30(15)			
温度计套管，直径 $\leq 0.03D$				5(3)			
温度计套管，直径在 $0.03D$ 至 $0.13D$ 之间				20(10)			

注：1. 此表适用于锐孔板和喷嘴。

2. 括号外数值为附加误差为零的数值，括号内数值为附加误差为 $\pm 0.5\%$ 的数值（即采用括号内数值时，节流装置测得的流量应考虑 $\pm 0.5\%$ 的附加误差）。

3. 表中 ρ 为 d/D（d、D 意义同前），直管段长度均指管道直径之倍数。

4. 表中直管段长度是最小值，实际使用时，如情况允许应大于表中数值。

（3）转子流量计

1）不同介质的流量换算

转子流量计出厂时，是用水和空气在标准状态下（温度为20℃，压力为101.325kPa）进行标定的。仪表实际使用时，如所测介质的密度及物理状态（温度、压力）和标定时不同，则应对仪表读数进行修正。如被测液体的密度与水的密度不同，则应按公式（1.4-14）进行修正：

$$Q = Q_k \sqrt{\frac{\gamma_s(\gamma_z - \gamma)}{\gamma(\gamma_z - \gamma_s)}}$$ (1.4-14)

式中　Q——修正后的流量值（L/h）；

Q_k——刻度显示的流量值（L/h）；

γ_s——水的密度（20℃时）；

γ——被测液体的密度；

γ_z——转子的密度。

当 $\gamma_z \geqslant \gamma_s$ 及 γ 时，公式（1.4-14）可简化为：

$$Q = Q_k \sqrt{\gamma_s / \gamma}$$ (1.4-15)

2）更换转子材料时的流量换算

更换转子材料，可改变转子流量计的测量范围，但更换后的转子必须与原配转子在几何形状上完全一致。转子材料更换后，应对仪表读数按公式（1.4-16）进行修正：

$$Q_2 = Q_1 \sqrt{G_2 / G_1}$$ (1.4-16)

式中　Q_1——更换转子材料前的流量值（L/h）；

Q_2——更换转子材料后相应高度处的流量值（L/h）；

G_1——原配转子的质量（g）；

G_2——更换后转子的质量（g）。

3. 压力表、真空表、温度计和液位计

（1）压力表和真空表

1）常用压力表和真空表的技术特性和适用范围见表1.4-9。

2）压力测量仪表的选用

选用压力测量仪表时、要考虑其量程、精度、介质性质和使用条件等因素，选用原则如下：

测量范围 $\begin{cases} 稳定的压力——量程上限的 1/3～3/4； \\ 交变的压力——不大于量程上限值的 2/3； \\ 真空——全部量程。 \end{cases}$

精度 $\begin{cases} 工业用——1.5 级或 2.5 级； \\ 实验室或校验用——0.4 级或 0.25 级以上。 \end{cases}$

介质性质及使用条件 $\begin{cases} 腐蚀性介质 \begin{cases} 防腐型压力表； \\ 普通压力表加隔离装置。 \end{cases} \\ 黏性、结晶及易堵介质 \begin{cases} 膜片式压力表； \\ 普通压力表加隔离装置。 \end{cases} \\ 高温蒸汽——普通压力表加隔热装置； \\ 有爆炸可能——防爆式压力表。 \end{cases}$

显示及其他要求 $\left\{\begin{array}{l}\text{指示式；}\\ \text{记录式；}\\ \text{报警式；}\\ \text{远传式。}\end{array}\right.$

（2）温度计和液位计

1）各类温度计的比较

① 测温范围

各类温度计的测温范围见图1.4-1。

② 性能和特点

各类温度计的性能和特点见表1.4-10。

③ 测量精度

水银温度计：±(0.5～5)℃。

双金属温度计：±(1%～2.5%)t。

压力式温度计：±(1.5%～2.5%)t。

热电阻温度计的测量精度见表1.4-11。

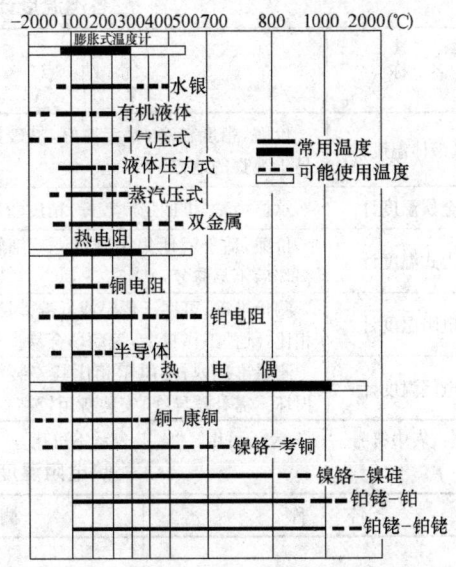

图1.4-1　各类温度计的测温范围

常用压力测量仪表的技术特性　　　　　　　　表1.4-9

名称	型号	功能	测量范围	精度	特点及适用场所
弹簧管式压力表、真空表、压力真空表	$Y\left\{\begin{array}{l}40\\80\\100\\150\end{array}\right.$	指示	压力表：$1\times10^2\sim6\times10^4$ kPa 真空表：$-1\times10^2\sim0$ kPa 压力真空表：$-1\times10^2\sim2.5\times10^3$ kPa	1.0、1.5、2.5级	
电接点压力表	YX ZX-150 YZX	指示及发讯	压力表：$1\times10^2\sim6\times10^4$ kPa 真空表：$-1\times10^2\sim0$ kPa 压力真空表：$-1\times10^2\sim2.5\times10^3$ kPa	1.5、2.5级	结构简单，成本低廉，使用维护方便，产品品种多用于测量对铜和钢不起腐蚀作用的液体、气体和蒸汽的压力
膜片式压力表	YP-100,150 YPF-100,150 YPF-108,158	指示	压力表：$1\times10^2\sim2.5\times10^3$ kPa 真空表：$-1\times10^2\sim0$ kPa 压力真空表：$-1\times10^2\sim2.5\times10^3$ kPa	1.5、2.5级	
标准压力表	YB-150	指示	压力表：$1\times10^2\sim6\times10^4$ kPa 真空表：$-1\times10^2\sim0$ kPa	0.2、0.25、0.35、0.4级	结构较复杂，成本较高，用于检验普通压力表或精确测量对铜合金不起腐蚀作用的气体、液体的压力

各类温度计的性能和特点   表 1.4-10

名　称	优 缺 点	用　途				
		指示	报警	遥测	记录	遥控
玻璃液体温度计	价廉,精度较高,稳定性好,易破损,只能安装在易于观察的地方	√	√	×	×	×
双金属温度计	示值清楚,机械强度较好,精度较低	√	√	×	×	√
压力式温度计	价廉,适于就地集中测量。毛细管机械强度差,损坏后不易修复	√	√	×	×	√
热电阻温度计	测量准确,可用于低温或低温差测量。与热电偶相比,维护工作量大,振动场合易损坏	√	√	√	√	√
热电偶温度计	测量准确,与热电阻相比其安装维护方便,不易损坏。需补偿导线,安装费用较高	√	√	√	√	√

注：表中符号"√"表示可用,"×"表示不可用。

热电阻温度计的测量精度   表 1.4-11

名　称	测量范围(℃)	精　度
铂电阻	−200～0	±1℃
	0～100	±5℃
	100～650	±0.5%t
铜电阻	−50～50	±0.5℃
	50～150	±1%t

注：t—被测温度(℃)。

2) 玻璃液体温度计的选择和应用

① 分类

玻璃液体温度计的分类见表 1.4-12。

玻璃液体温度计的分类   表 1.4-12

分 类 原 则	类　别	
按用途分类	校验用标准温度计	
	科研试验用温度计	
	工业用温度计	
按性能分类	指 示 型	
	电接点型	固定式
		可调式
按感温液体分类	水　银	
	有机液体(酒精、煤油、甲苯、乙烷、戊烷等)	
按结构形式分类	棒 式	直 形
		90°角形
		135°角形
	内标式 (可附金属保护套)	直 形
		90°角形
		135°角形

② 技术特性及应用范围

常用玻璃液体温度计的技术特性及应用范围见表 1.4-13。

常用玻璃液体温度计的技术特性及应用范围　　　　表 1.4-13

类　型	测温范围(℃)	精度(℃)	应用范围
水银玻璃温度计	−30～+500	±(0.5～5)	1. 用于就地测量气体及液体的温度,其中棒式温度计常用于实验室等无振动和无机械损伤的场合;内标式温度计则多用于管道或设备上;
有机液体玻璃温度计	−100～+100	±(0.5～2)	2. 有机液体玻璃温度计主要用于测量低温
电接点水银温度计	−30～+300	±(0.5～5)	1. 适用于温度控制及报警,特别是恒温控制; 2. 不适于防爆场所; 3. 接点容量小,使用寿命短

③ 玻璃液体温度计的选择

a. 类型的选择：应根据安装温度计的目的、被测介质的性质、温度变幅、所要求的测量精度及测温点的具体条件（如安装部位、有无振动及机械损伤之可能），按表 1.4-12 及表 1.4-13 各项进行选择。

b. 尾长的确定

（a）安装在设备、容器上的温度计，应根据安装部位的具体情况确定所选温度计的尾长，以能准确测出所需温度值为准。

（b）一般情况下，安装在管道上的温度计，应使其感温部分位于管道中心线上，其尾长（L）可按公式（1.4-17）～公式（1.4-19）进行计算：

$$直形\ L=0.5D+60 \tag{1.4-17}$$
$$90°角形\ L=0.5D+80 \tag{1.4-18}$$
$$135°角形\ L=0.7D+70 \tag{1.4-19}$$

式中　L——所选温度计之尾长（mm）；

　　　D——安装温度计的管段之直径（mm）。

3）液位计

常用液位计的技术特性和适用范围见表 1.4-14。

常用液位计的技术特性和适用范围　　　　表 1.4-14

名称	测量范围(mm)	介质温度(℃)	工作压力(kPa)	特　点	功　能				适用范围
					指示	远传	报警	控制	
玻璃管液位计	0～1.4	≤100	≤1.6×10³	结构简单,工作可靠,无可动部件,价廉,其中玻璃管液位计易损坏	√				多用于敞口或密闭容器内液位的直接指示,但不宜用于黏稠及深色介质的液位测量
玻璃板液位计	0～1.7	−40～250	≤4.0×10³		√				
翻板液位计	0～3.0	≤200	≤1.0×10³	结构牢固,工作可靠,指标醒目	√		√	√	可用于敞口或密闭容器内液位的直接指示、位式控制和报警
干簧管式液位控制器	0～5.0	≤55		结构简单,工作可靠,但需外界电源			√	√	适用于水池的水位报警和位式控制

1.5　管道布置、敷设和防护

1.5.1　管道布置和敷设要求

管道布置和敷设应满足以下 4 点要求：

1. 满足最佳水力条件：管道布置应靠近大用水户使供水干管短而直，配水管网干管及二次供水干管应布置成环状供水。

2. 满足维修及美观要求：室外管道应尽量敷设在人行道下或绿地下从建筑物向道路由浅至深顺序安排，室内管道尽量沿墙、梁、柱直线敷设，对美观要求高的建筑物管道可在管槽、管井、管沟及吊顶内暗设。

3. 保证使用及生产安全：管道布置不得妨碍生产操作、交通运输，避开有燃烧、爆炸或腐蚀性的物品，不允许断水的用水点应考虑从环状管网的两个不同方向引入两个进水口。

4. 保护管道不受破坏：埋地管应避开易受重物压坏处，管道必须穿越墙基础、设备基础或其他构筑物时，应与有关专业协商处理。

1.5.2　建筑物的引入管及室内管道的布置

1. 室内生活给水管道可布置成枝状管网，对不允许断水的建筑物和生产车间，给水引入管应设置两条，在室内连成环状或贯通枝状双向供水；对设置两条引入管的建筑物应从室外给水环状管网的不同侧引入，如图 1.5-1 所示。如不可能且又不允许间断供水时，应采取下列保证安全供水的措施：

（1）设贮水池或贮水箱。

（2）由环状管网的同侧引入两个引入管，两个引入管的间距不得小于 15m，并在两个接点间的室外给水管道上设置分隔闸门，如图 1.5-2 所示。

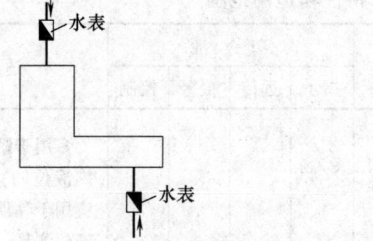
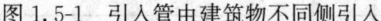

图 1.5-1　引入管由建筑物不同侧引入

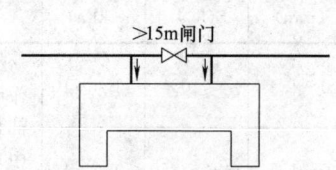

图 1.5-2　引入管由建筑物同侧引入

（3）给水引入管应有不小于 0.003 的坡度坡向室外给水管网或坡向阀门井、水表井，以便维修时排放存水。泄水阀门井一般做法参见图 1.5-3。

给水引入管穿越承重墙或基础时，应预留洞口，洞口高度（或套管内顶）应保证管顶上部净空高度不得小于建筑物的沉降量，一般不小于 0.1m，并填充不透水的弹性材料

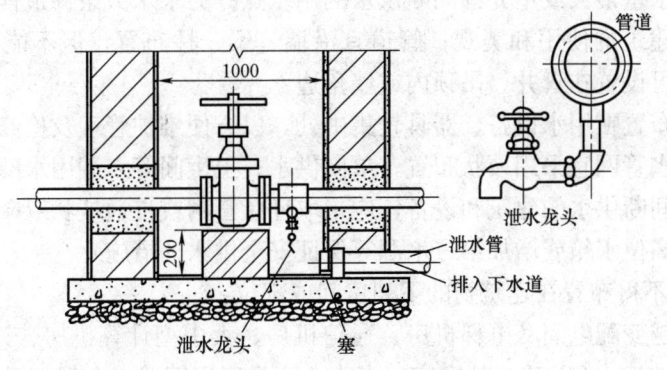

图 1.5-3　泄水阀门井

（建筑给水薄壁不锈钢管的引入管不宜穿越建筑物基础）；穿越地下室外墙处应预埋柔性或刚性防水套管，套管与管壁之间应做可靠的防渗填堵，详见《防水套管》02S404。当建筑物沉降量较大或抗震要求较高而又采用刚性防水套管时，在外墙两侧的管道上应设柔性接头。当引入管为塑料管时，可在室外采取折角转弯敷设，折边长由进户管管径和建筑物沉降量确定，但不宜小于 700mm。当室外为金属管时，两管的连接点应在室内。建筑给水铜管的进户管敷设宜采用折弯进户方式。

　给水管道不宜穿越伸缩缝、沉降缝和抗震缝，必须穿越时应采取有效措施。常用措施如下：

　1）螺纹弯头法。又称丝扣弯头法，见图 1.5-4。建筑物的沉降可由螺纹弯头的旋转补偿。适用于小管径的管道。

　2）软性接头法。用橡胶软管或金属波纹管连接沉降缝、伸缩缝两边的管道。

　3）活动支架法。将沉降缝两侧的支架做成使管道能垂直位移而不能水平横向位移，以适应沉降伸缩之应力。见图 1.5-5。

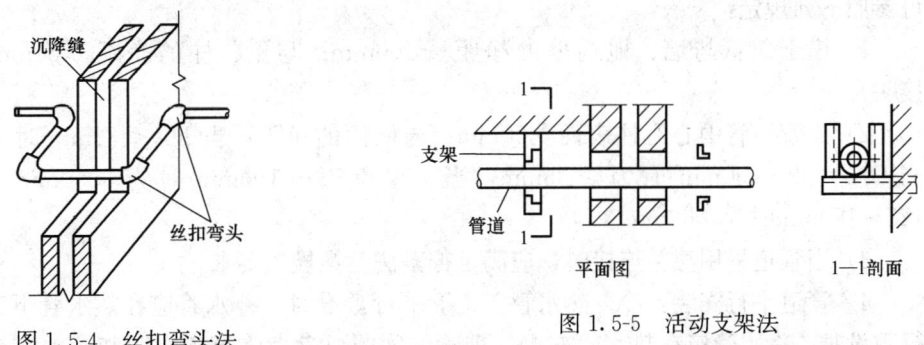

图 1.5-4　丝扣弯头法　　　　　　　　　　图 1.5-5　活动支架法

　2. 建筑物内给水管网的布置，应根据建筑物性质、使用要求和用水设备等因素确定，一般应符合下列要求：

　（1）充分利用外网压力；在保证供水安全的前提下，以最短的距离输水；引入管和给水干管宜靠近用水量最大或不允许间断供水的用水点；力求水力条件最佳。

（2）不影响建筑的使用和美观；管道宜沿墙、梁、柱布置，但不能有碍于生活、工作、通行；一般可设置在管井、吊顶内或墙角边。

（3）管道宜布置在用水设备、器具较集中处，以方便维护管理及检修。

（4）室内给水管网宜采用枝状布置，单向供水；卫生间等末端用水部位的管道宜布置成环状。不允许间断供水的建筑和设备，应采取环状管网或贯通枝状双向供水（若不可能时，应采取设置高位水箱或增加第二水源等保证安全供水的措施）。

3. 给水管道不得布置在建筑物的下列房间或部位：

（1）不得穿越变配电间、电梯机房、通信机房、大中型计算机房、计算机网络中心、有屏蔽要求的X光室、CT室、档案室、书库、音像库房等遇水会损坏设备和引发事故的房间；一般不宜穿越卧室、书房及储藏间。

（2）不得布置在遇水能引起爆炸、燃烧或损坏的原料、产品和设备上面，并不得从生产设备、配电柜的上方通过。

（3）不得妨碍生产操作、交通运输和建筑物的使用，如不得敷设在烟道、风道、电梯井、排水沟内；不得穿过大、小便槽，且给水立管距大、小便槽端部不得小于0.5m。

（4）不宜穿越橱窗、壁柜，如不可避免时，应采取隔离和防护措施。

（5）不宜穿越伸缩缝、防震缝和沉降缝，当必须穿越时，应设置补偿管道伸缩和剪切变形的装置，一般可采取下列措施：

1）在墙体两侧采取柔性连接；

2）在管道或保温层外皮上、下留有不小于150mm的净空；

3）在穿墙处做成方形补偿器，水平安装。

4. 室内给水管道可明敷、暗敷，一般应根据建筑或室内工艺设备的要求及管道材质的不同来确定。塑料给水管道在室内宜暗敷。塑料管、复合管的安装参见《建筑给水塑料管道安装》11S405-1～4；铜管、薄壁不锈钢管的安装参见《建筑给水铜管道安装》09S407-1、《建筑给水薄壁不锈钢管道安装》ISO 407-2。

（1）室内明敷的给水管道与墙、梁、柱的间距应满足施工、维护、检修的要求，一般可参照下列规定：

1）横干管：与墙、地沟壁的净距≥100mm；与梁、柱的净距≥50mm（此处无接头）。

2）立管：管中心距柱表面≥50mm；与墙面的净距：当$DN<32mm$时为≥25mm，当$DN=32～50mm$时为≥35mm，当$DN=75～100mm$时为≥50mm，当$DN=125～150mm$时为≥60mm。

3）当管道采用法兰连接时，应满足拧紧法兰螺栓的要求。

4）管道平行安装：冷、热水管上、下平行敷设时，冷水管应在热水管下方；垂直平行敷设时，冷水管应在热水管右侧。钢管的间距可参考管道中心距和管中心至墙面距离（钢管），见表1.5-1。

5）不同材质的管材还应满足不同的要求：

① 明设的塑料管道应布置在不易受撞击处（若不能避免，应在管外加保护措施），与其他管道之间的净距不宜小于0.3m。并不得布置在灶台上边缘。

管道中心距和管中心至墙面距离（钢管）（mm）　　表 1.5-1

管径	25	32	40	50	70	80	100	125	150	200	250	300	管中心至墙面
(1)非保温管道与非保温管道													
25	135												110
32	165	165											120
40	165	175	175										130
50	180	180	190	190									130
70	195	195	205	205	215								140
80	210	210	210	220	230	240							150
100	220	220	230	230	240	250	260						160
125	235	245	245	255	255	265	275	295					180
150	255	255	265	265	275	285	295	305	325				190
200	270	270	270	280	290	300	310	320	330	360			220
250	305	305	315	315	325	335	345	355	375	395	425		250
300	340	340	360	360	360	370	380	390	400	430	460	480	280

保温层厚度	管径	25	32	40	50	70	80	100	125	150	200	250	300	管中心至墙面
(2)保温管道与非保温管道														
35 50	25	170 185												145 160
35 55	32	200 220	200 220											155 175
35 55	40	200 220	210 230	210 230										165 185
35 60	50	215 240	215 240	225 250	225 250									165 190
35 65	70	230 260	230 260	240 270	240 270	250 280								175 205
35 70	80	245 280	245 280	245 280	255 290	265 300	275 310							185 220
40 75	100	260 295	260 295	270 305	270 305	280 315	290 325	300 335						200 235
45 80	125	280 315	290 325	290 325	300 335	300 335	310 345	320 355	340 375					225 260
45 85	150	300 340	300 340	310 350	310 350	320 360	330 370	340 380	350 390	370 410				235 275
50 90	200	320 360	320 360	320 360	330 370	340 380	350 390	360 400	370 410	380 420	410 450			270 310
55 100	250	360 405	360 405	370 415	370 415	380 425	390 435	400 445	410 455	430 475	450 495	480 525		305 350
60 105	300	400 445	400 445	420 465	420 465	420 465	430 475	440 485	450 495	460 505	490 535	520 565	540 585	340 385

续表

保温层厚度	管径	25	32	40	50	70	80	100	125	150	200	250	300	管中心至墙面
(3)保温管道与保温管道														
35 / 50	25	205/225												145/160
35 / 55	32	235/275	235/275											155/175
35 / 55	40	235/275	245/285	245/285										165/185
35 / 60	50	250/300	250/300	260/310	260/310									165/190
35 / 65	70	265/325	265/325	275/335	275/335	285/345								175/205
35 / 70	80	280/350	280/350	280/350	290/360	300/370	310/380							185/220
40 / 75	100	300/370	300/370	310/380	310/380	320/390	330/400	340/410						200/235
45 / 80	125	325/395	335/405	335/405	345/415	345/415	355/425	365/435	385/455					225/260
45 / 85	150	345/425	345/425	355/435	355/435	365/445	375/465	385/465	395/475	415/495				235/275
50 / 90	200	370/450	370/450	370/450	380/460	390/470	400/480	410/490	420/500	430/510	460/540			270/310
55 / 100	250	415/505	415/505	425/515	425/515	435/525	445/535	455/545	465/555	485/575	505/595	535/635		305/350
60 / 105	300	460/550	460/550	480/570	480/570	480/580	490/580	500/590	510/600	520/610	550/640	580/670	600/690	340/385

注：1. 保温材料为泡沫混凝土。当采用其他保温材料时，应按相应产品的要求确定。

2. 表内上面数字适用于管道中介质温度＜100℃；下面数字适用于100～200℃。

3. 管道安装方式：室内或通行及半通行地沟内架空安装。

② 明设的塑料管、铝塑复合管、建筑给水用薄壁不锈钢塑料复合管、给水钢塑复合压力管等应远离热源。上述材质的给水立管距灶台边的净距不得小于0.4m，距燃气热水器的净距不得小于0.2m，当条件不许可时应加隔热防护措施，但一般最小净距不得小于0.2m。不得与水加热器或热水炉直接连接，应有长度不小于0.40m的耐腐蚀金属管段过渡。连接各类容积式水加热器除应采用一定长度的金属管连接外，管路系统还应采用折角转弯管段，并应有防止热水回流倒灌到冷水管道系统的技术措施。塑料管与供暖管道的净距不得小于0.2m，且不得因热源辐射使管外壁温度高于45℃。PP-R管与其他管道的净距不宜小于0.1m，且宜在金属管道的内侧。PEX管与热源的距离不宜小于1.0m，管道

与燃油、燃气等明火加热设备连接部位，应配置耐腐蚀金属材料管件，加热器进出口应有长度不小 200mm 的耐腐蚀金属管道。PVC-C 管不得沿灶台边明设，不得与燃气水加热器直接连接，应用长度不小于 150mm 的耐腐蚀金属管道连接。

③ 薄壁不锈钢管外壁距装饰墙面的距离：$DN=10\sim25mm$ 时为 40mm，$DN=32\sim65mm$ 时为 50mm；与其他管道的净距不宜小于 100mm；架空管顶上部净空不宜小于 100mm。

④ 薄壁铜管外壁或其保温层外表面与装饰墙面的净距宜为 $10\sim15mm$。

6) 给水管与其他管道共架敷设时，给水管应在冷冻水管、排水管的上面；在热水管、蒸汽管的下面。当金属管道共用一个支架敷设时（冷水管、热水管、蒸汽管均须有符合要求的保温措施），管外壁（或保温层外壁）距墙面宜不小于 0.1m，距梁、柱可减少至 0.05m。而管道外壁（或保温层外壁）之间的最小距离宜按下列规定确定：当 $DN\leqslant32mm$ 时，不小于 0.1m；当 $DN>32mm$ 时，不小于 0.15m。管道上阀门不宜并列安装，应尽量错开位置，若必须并列安装时，管道外壁最小净距为：当 $DN<50mm$ 时，不宜小于 0.25m；当 $DN=50\sim150mm$ 时，不宜小于 0.30m。

(2) 室内给水管道暗敷时，应符合下列要求：

1) 室内给水管道暗敷有直埋式和非直埋式两种形式。

① 直埋式——嵌墙敷设、埋地或楼地面的垫层内敷设（敷设在垫层或墙体管槽内的管材不得用卡套式或卡环式等接口）；

② 非直埋式——管道井、管窿、吊顶内、地坪架空层内敷设。

2) 不得直接敷设在建筑物结构层内。

3) 横干管应敷设在吊顶、管井、管窿、管沟内或直埋在土中。

4) 埋地敷设的给水管道应避免布置在可能受重物压坏处或受振动而损坏处。管道不得穿越生产设备基础，在特殊情况下必须穿越时，应设套管并与有关专业协商处理。埋地管道的覆土厚度：金属管不得小于 0.3m；塑料管管径≤50mm 时，不宜小于 0.5m，管径>50mm 时，不宜小于 0.7m；钢塑复合压力管不宜小于 0.7m。

5) 立管宜敷设在管道竖井或竖向墙槽内，也可设在墙角、柱边，再由土建装饰处理。

6) 支管宜敷设在吊顶、楼（地）面的找平层内或沿墙敷设在管槽内，也可直埋在土中。

7) 采用卡套式或卡环式接口连接的管道（如铝塑复合管等），当需敷设在找平层或管槽内时，宜采用分水器向各用水点配管，中途不得有连接配件，两端接口应明露。分水器的材质应采用耐腐蚀材料，并配置分水器盒（箱）。

8) 嵌墙敷设的塑料管管径不宜大于 25mm，橡胶密封圈连接的 PVC-U 管不得嵌墙敷设。当敷设在找平层内存在被损坏的可能时，应加套管。塑料管不宜敷设在热力管沟内；敷设在吊顶内的 PEX 横管，管壁距楼板及吊顶构造面不宜小于 50mm。

9) 嵌墙敷设的铝塑复合管管径不宜大于 25mm（嵌墙横管距地面宜不大于 0.45m）。

10) 嵌墙敷设的铜管宜采用覆塑铜管，嵌墙敷设的薄壁不锈钢管宜采用覆塑薄壁不锈钢管，并不得采用卡套式连接，管径均不宜大于 20mm。

11) 管道外侧表面的砂浆保护层不得小于 10mm，必要时可加套管。

暗装铜管距墙面、柱面的距离应根据支架安装要求和管道固定要求等条件确定。暗装铜管中心线至墙面、柱面的最大距离见表 1.5-2。

暗装铜管中心线至墙面、柱面的最大距离（mm）　　　　表 1.5-2

公称直径 DN	不保温管	保温管
15	90	130
20	95	135
25	100	140
32	110	150
40	115	155
50	120	160
65	130	175
80	145	185
100	155	195
125	170	210
150	180	225
200	210	260

12) 敷设在垫层或墙体管槽内的管道，不得采用可拆卸的连接方式。柔性塑料管、复合管敷设在垫层或管槽内时，宜采用分水器向各卫生器具配管，配管为中间无连接件的整支管道，并尽量以最短长度进行连接，两端接口应明露。

13) 给水引入管与排水出户管的净距不得小于 1m。室内埋地敷设的生活给水管与排水管平行敷设时，两管间的最小净距不得小于 0.5m；交叉敷设时，垂直净距不得小于 0.15m，且给水管应在排水管上面。当给水管必须在排水管下面时，该段排水管应为铸铁管，且给水管宜加套管。两管壁之间的最小垂直距离不得小于 0.25m。

14) 管道井的尺寸，应根据管道数量、管径大小、排列方式、维修条件，结合建筑平面和结构形式等合理确定。需要进人维修管道的管道井，其维修人员的工作通道净宽不宜小于 0.6m。管道井内各种管道的间距可参照本条第 4 款（1）中 6）的规定确定。管道井的井壁、隔断和检修门的耐火极限应符合现行国家标准《建筑设计防火规范》GB 50016 的相关规定。管道井每层宜设隔断，并应设外开的通向走廊的检修门。

15) 需要泄空的给水管道，其横管宜设有 0.002～0.005 的坡度坡向泄水装置。

16) 明设的给水立管穿越楼板时，应采取防水措施。在室外明设的给水管道，应避免受阳光直接照射，塑料给水管还应采取有效保护措施；在结冻地区应做绝热层，绝热层的外壳应密封防渗。

(3) 室内给水管道穿越承重墙或基础时，其要求详见本条第 1 款（3）的规定；穿越地下室或地下构筑物外墙、屋面（当有可靠的防水措施时，可不设套管）、钢筋混凝土水池（箱）的壁板或底板时，应设置防水套管；穿越墙、梁时，可预埋套管或留洞；穿越楼板时，一般应预留套管，穿越管应设固定支承，并应采取防水措施，以免泄漏；当管道采用嵌墙敷设时，应预留管槽或宜用开槽机开槽，管槽必须平整，墙体横向连续开槽长度不宜大于 1m，槽的深度不宜超过墙厚的 1/3，并应征得结构专业同意。

管道穿越楼板、屋面、内墙所需留洞（或套管）的尺寸参见表 1.5-3。

（4）给水管道应避免穿越人防地下室，当必须穿越时，必须按照现行国家标准《人民防空地下室设计规范》GB 50038 的要求采取防护密闭措施。

（5）管道施工应按照《建筑给水排水及采暖工程施工质量验收规范》GB 50242 的要求进行（新型管材的管道施工可同时按照其技术规程实施）。

留洞（或套管）尺寸　　　　　　　　　　　　　　　　表 1.5-3

管道名称	穿楼板	穿屋面	穿（内）墙	备 注
PVC-U 管	孔洞大于管外径 50～100mm		孔洞大于管外径 50～100mm	
PVC-C 管	套管内径比管外径大 50mm		套管内径比管外径大 50mm	为热水管
PP-R 管			孔洞比管外径大 50mm	
PEX 管	孔洞宜大于管外径 70mm，套管内径不宜大于管外径 50mm	孔洞宜大于管外径 70mm，套管内径不宜大于管外径 50mm	孔洞宜大于管外径 70mm，套管内径不宜大于管外径 50mm	
PAP 管	孔洞或套管的内径比管外径大 30～40mm	孔洞或套管的内径比管外径大 30～40mm	孔洞或套管的内径比管外径大 30～40mm	
铜管	孔洞比管外径大 50～100mm		孔洞比管外径大 50～100mm	
薄壁不锈钢管	（可用塑料套管）	（须用金属套管）	孔洞比管外径大 50～100mm	
钢塑复合管	孔洞尺寸为管道外径加 40mm	孔洞尺寸为管道外径加 40mm		

1.5.3 室内给水管道的支、吊架间距要求

室内给水管道的支、吊架间距应符合下列要求：

1. 室内给水管道（钢管）的支、吊架间距

（1）普通钢管（包括热镀锌钢管）水平安装支架最大间距见表 1.5-4。

钢管水平安装支架最大间距（m）　　　　　　　　表 1.5-4

公称直径 DN(mm)	15	20	25	32	40	50	70	80	100	125	150	200	250	300
保温管	2	2.5	2.5	2.5	3	3	4	4	4.5	6	7	7	8	8.5
不保温管	2.5	3	3.25	4	4.5	5	6	6	6.5	7	8	9.5	11	12

其立管管卡安装应符合下列规定：

1）当楼层高度≤5m 时，每层必须安装 1 个；

2）当楼层高度＞5m 时，每层不得少于 2 个；

3）管卡安装高度，距地面应为 1.5～1.8m，2 个以上管卡应匀称安装，同一房间的管卡应安装在同一高度。

（2）薄壁不锈钢管的支、吊架间距不得大于表 1.5-5 的规定。

薄壁不锈钢管支、吊架最大间距（m）　　　　表 1.5-5

公称直径 DN(mm)	10～15	20～25	32～40	50～65
水平管	1.0	1.5	2.0	2.5
立管	1.5	2.0	2.5	3.0

注：1. 当 DN≤25mm 时可采用塑料管卡；当采用金属管卡或吊架时，金属管卡与管道之间应采用塑料带或橡胶等软物隔垫。

2. 在给水栓及配水点处必须采用金属管卡或吊架固定，管卡或吊架宜设置在距配件 40～80mm 处。

（3）钢塑复合管采用沟槽连接时，管道支、吊架间距不得大于表 1.5-6 的规定。

钢塑复合管（沟槽连接）支、吊架最大间距（m）　　　　表 1.5-6

公称直径 DN(mm)	65～100	125～200	250～315
最大支承间距(m)	3.5	4.2	5.0

注：1. 横管的任何两个接头之间应有支承。

2. 不得支承在接头上。

3. 沟槽式连接管道，无须考虑管道因热胀冷缩的补偿。

其他连接方式的钢塑复合管的支、吊架间距可参照表 1.5-4。

2. 室内给水管道（塑料管、复合管）的支、吊架间距

（1）塑料管、复合管的支、吊架间距一般不得大于表 1.5-7 的规定。

塑料管及复合管支、吊架的最大间距（m）　　　　表 1.5-7

公称外径 dn(mm)	12	14	16	18	20	25	32	40	50	63	75	90	110
立　管	0.5	0.6	0.7	0.8	0.9	1.0	1.1	1.3	1.6	1.8	2.0	2.2	2.4
水平管	0.4	0.4	0.5	0.5	0.6	0.7	0.8	0.9	1.0	1.1	1.2	1.35	1.55

注：1. 采用金属制作的管道支架，应在管道与支架间衬非金属垫或套管。

2. 立管管径小于 40mm，离地高度 1.0～1.2m 处；管径大于等于 40mm，离地高度 1.6～1.8m 处应设滑动支架。

（2）建筑给水硬聚氯乙烯管（PVC-U）的支架间距可按表 1.5-8 实施。

PVC-U 管支架最大间距（m）　　　　表 1.5-8

公称外径 dn(mm)	20	25	32	40	50	63	75	90	110	125	140	160
立管	1.0	1.1	1.2	1.4	1.6	1.8	2.1	2.4	2.7	3.0	3.4	3.8
横管	0.8	0.8	0.85	1.0	1.2	1.4	1.5	1.6	1.7	1.8	2.0	2.0

注：楼板之间管段离地 1.0～1.2m 处应设支架。

（3）聚丙烯管（PP-R）的支、吊架间距可按表 1.5-9 实施。

PP-R 管支、吊架最大间距（m）　　　　表 1.5-9

公称外径 dn(mm)	20	25	32	40	50	63	75	90	110
立管	0.90	1.00	1.10	1.30	1.60	1.80	2.00	2.20	2.40
横管	0.60	0.70	0.80	0.90	1.00	1.10	1.20	1.35	1.55

注：1. 当不能利用自然补偿或补偿器时，管道支、吊架均应为固定支架。当采用金属托板时应为固定支架，其间距可增大 35%，且金属托板与管道之间每隔 300～350mm 应有卡箍捆扎。

2. 采用金属管卡或吊架时，金属管卡与管道之间应采用塑料带或软物隔垫，在金属管配件与给水聚丙烯管道连接部位，管卡应设在金属管配件一端。

3. 冷、热水管共用支、吊架时，其间距应按照热水管要求确定。直埋暗敷管道的支架间距可采用表中数值放大 1 倍的方法确定。

4. 支、吊架管卡的最小尺寸应按管径确定，当公称外径 dn≤50mm 时，管卡最小宽度为 24mm，dn63、dn75 的管卡最小宽度为 28mm；dn90、dn110 的管卡最小宽度为 32mm。

(4) 建筑给水氯化聚氯乙烯管（PVC-C）

1) 管道支、吊架的间距可按表 1.5-10 实施。

PVC-C管支、吊架的最大间距（m）   表 1.5-10

公称外径 dn(mm)	20	25	32	40	50	63	75	90	110	125	140	160
立管	0.90	1.00	1.10	1.30	1.60	1.80	2.00	2.20	2.40	3.00	3.40	3.80
横管	0.60	0.70	0.80	0.90	1.00	1.10	1.20	1.35	1.55	1.80	2.00	2.00

注：1. 活动支、吊架不得支承在管道配件上，支承点距配件不宜小于 80mm。

2. 伸缩接头的两侧应设置活动支架，支架距接头承口边不宜小于 80mm。

3. 阀门和给水栓处应设支承点。

4. 固定支架应采用金属件，紧固件应衬橡胶垫，不得损伤管材表面。

2) 设计管道固定支架时，应考虑承受管道因温度变化而引起的胀缩力。管道轴向产生的胀缩力可按公式（1.5-1）、公式（1.5-2）计算：

$$\sigma = \alpha \cdot \Delta t \cdot E \qquad (1.5\text{-}1)$$
$$F = \sigma \cdot A \qquad (1.5\text{-}2)$$

式中　F——胀缩力（N）；

　　　σ——胀缩应力（N/mm^2）；

　　　α——胀缩系数（m/(m·℃)），可取 7×10^{-5}；

　　　Δt——最高使用温度与安装时环境温度之差（℃）；

　　　E——管材纵向弹性模量（N/mm^2），可取 3400；

　　　A——管道截面积（mm^2）。

(5) 建筑给水聚乙烯管（PE、PEX、PE-RT）的支、吊架间距可按表 1.5-11 实施。

聚乙烯管支、吊架最大间距（m）   表 1.5-11

公称外径 dn(mm)	20	25	32	40	50	63	75	90	110	125	160
立管	0.85	0.98	1.10	1.30	1.60	1.80	2.00	2.20	2.40	2.60	2.80
横管	0.60	0.70	0.80	0.90	1.00	1.10	1.20	1.35	1.55	1.70	1.90

注：1. 管道应采用表面经过耐腐蚀处理的金属支承件，支承件应设在管道附件 50～100mm 处。

2. 管卡与管道表面应为面接触，且宜采用橡胶垫隔离。管道的卡箍、卡件与管道紧固部位不得损伤管壁。

(6) 建筑给水铝塑复合管支、吊架间距可按表 1.5-12 实施。

铝塑复合管支、吊架最大间距（m）   表 1.5-12

公称外径 dn(mm)	12	14	16	18	20	25	32	40	50	63	75
立管	0.5	0.6	0.7	0.8	0.9	1.0	1.1	1.3	1.6	1.8	2.0
横管	0.4	0.4	0.5	0.5	0.6	0.7	0.8	1.0	1.2	1.4	1.6

(7) 给水钢塑复合压力管的支、吊架间距可参照表 1.5-13 实施。

钢塑复合压力管支、吊架最大间距（m）   表 1.5-13

公称外径 dn(mm)	16	20	25	32	40	50	63	75	90	110	160	200
立管	0.6	0.8	1.0	1.2	1.4	1.6	1.8	2.0	2.2	2.4	2.2	2.4
横管	1.0	1.2	1.4	1.8	2.2	2.5	2.8	3.2	3.8	4.0	2.8	3.0

注：1. 管道采用金属管卡或支、吊架时，金属管卡与管道之间应采用塑料带或橡胶等软物隔垫，厚度不小于 2mm。

2. 管道与金属管配件连接部位在钢塑复合压力管一端设管卡，管卡宽度应符合下列要求：当 $dn \leqslant 63mm$ 时，管卡宽度 $\geqslant 16mm$；当 $63mm < dn \leqslant 90mm$ 时，管卡宽度 $\geqslant 20mm$；当 $90mm < dn \leqslant 110mm$ 时，管卡宽度 $\geqslant 26mm$；当 $110mm < dn \leqslant 200mm$ 时，管卡宽度 $\geqslant 30mm$。

（8）建筑给水薄壁不锈钢塑料复合管的支、吊架间距可按表1.5-14实施。

薄壁不锈钢塑料复合管支、吊架最大间距（m）   表 1.5-14

公称外径 dn(mm)	20	25	32	40	50	63	75	90	110
立管	2.0	2.3	2.6	3.0	3.5	4.2	4.8	4.8	5.0
横管	1.5	1.8	2.0	2.2	2.5	2.8	3.2	3.8	4.0

注：1. 配水点两端应设支承固定，支承件离配水点中心间距不得大于150mm。

　　2. 管道折角拐弯时，在折转部位不大于500mm的位置应设支承固定。

　　3. 立管应在距地（楼）面1.6～1.8m处设支承。穿越楼板处应作为固定支承点。

（9）铜管的支、吊架间距不得大于表1.5-15的规定。

铜管支、吊架最大间距（m）   表 1.5-15

公称直径 DN(mm)	15	20	25	32	40	50	65	80	100	125	150	200	250	300
立管	1.8	2.4	2.4	3.0	3.0	3.0	3.5	3.5	3.5	3.5	4.0	4.0	4.5	4.5
横管	1.2	1.8	1.8	2.4	2.4	2.4	3.0	3.0	3.0	3.0	3.5	3.5	4.0	4.0

注：管道支承件宜采用铜合金制品，当采用钢件支架时，管道与支架间应设软隔垫。隔垫不能对管道产生腐蚀。

1.5.4　给水管道的伸缩补偿装置

给水管道的伸缩补偿装置，应按直线长度、管材的线胀系数、环境温度和管内水温的变化、管道节点的允许位移量等因素经计算确定。应优先利用管道自身的折角补偿温度变形。因水温和环境温度变化而引起的管道伸缩量按公式（1.5-3）、公式（1.5-4）计算。

干管与支管、立管与横支管、支管与干管或设备等连接，应尽量利用管道转弯，以悬臂端进行伸缩补偿。其最小自由臂长度（见图1.5-6）按公式（1.5-3）计算。

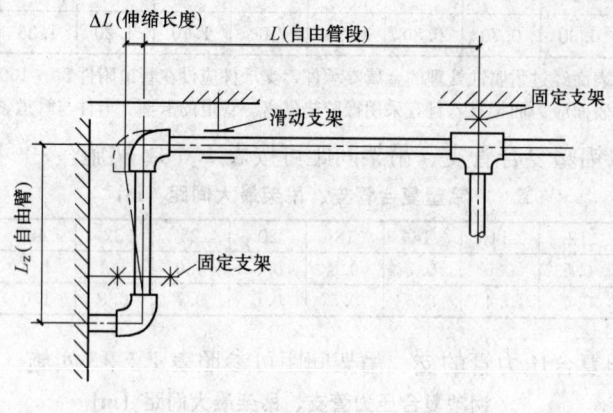

图 1.5-6　确定自由臂 L_z 长度的示意图

最小自由臂长度可按下列公式计算：

$$L_z = K \sqrt{\Delta L D_e} \qquad (1.5\text{-}3)$$

$$\Delta L = \Delta T L \alpha \qquad (1.5\text{-}4)$$

$$\Delta T = \Delta t_s \qquad (1.5\text{-}5)$$

式中　L_z——最小自由臂长度（m）；

　　　K——材料比例系数，见表 1.5-16；

　　　D_e——计算管段的公称外径（mm）；

　　　ΔL——自固定支承点起管道的伸缩长度（m）；

　　　ΔT——计算温差（℃）；

　　　Δt_s——管内水的最大温差（℃）；

　　　L——自由管段长度（m）；

　　　α——线膨胀系数（mm/(m·K)），见表 1.5-17。

管材比例系数 K 值　　　　　　　　　　　　　　　　表 1.5-16

管材	PP-R	PEX	PB	PAP
K 值	20	20	10	20

几种不同管材的 α 值（mm/(m·K)）　　　　　　　　表 1.5-17

管材	PP-R	PEX	PB	ABS	PVC-U	PAP	薄壁铜管	钢管	无缝铝合金衬塑管	PVC-C	薄壁不锈钢管
α 值	0.16 (0.14~0.18)	0.15(0.2)	0.13	0.1	0.07	0.025	0.02 (0.017~0.018)	0.012	0.025	0.08	0.0166

管道纵向温度变形补偿，应优先利用管路走向变化或环绕建筑结构的梁柱采用自由臂形式。对于全塑料管和铝塑复合管，当 $dn < 50$mm 时，宜采用配套供应的环形补偿器；当 $dn \geqslant 50$mm 时，应采用由管件连接成的 Π 形补偿器。当采用机械伸缩节补偿器时，其性能应符合管道系统的工作温度、压力等要求，并根据规定的补偿量合理确定固定支架间距。机械伸缩节应有防止管道拉脱的措施。由干管引出的管段，应有适量的自由管段。横支管在与主管的连接部位，应设置固定支架。

1. 当塑料管、铝塑复合管的管道系统采取以下技术措施时，可不设补偿设施：

（1）管路系统全部支架为固定支架。

（2）管道外壁设半圆形金属管托，管托与塑料管道间采用金属夹具牢固固定。

（3）$dn < 32$mm 嵌墙或埋设的管道。

（4）$dn > 50$mm 的管道，当采用弹性密封圈或承插式柔性连接形式时可不设补偿措施，但管材的承口部位应利用其外形构造形式必须设置固定支架。管道系统折角转向时，在靠折角转向部位的上下端，应设置防推托的固定支架。

2. 管道的固定支架设置，应符合下列要求：

（1）PVC-U 管：当直线管段长度大于 18m 时，应采取补偿管道伸缩的措施。采用弹性橡胶圈接口的给水管可不装设伸缩节。下列场合也应设固定支架：立管每层设一个固定支架（立管穿越楼板和屋面处视为固定支承点）；在管道安装阀门或其他附件处、两个伸缩节之间、管道接出支管和连接用水配件处均应设固定支架；弹性橡胶圈密封柔性连接的管道，必须在承口部位设固定支架；干管水流改变方向的位置也应设固定支架。

（2）建筑给水聚乙烯管（PE、PEX、PE-RT）：当管段按表 1.5-11 规定的间距全部为固定支承点时，管段可不设伸缩补偿。承插式柔性连接的管道，承口部位必须设固定支承，转弯管段的转弯部位双向设挡墩时，系统可不设伸缩补偿。管道穿越楼板时穿越部位宜设固定支承。立管距地 1.2～1.4m 处应设固定支承。管道与水表、阀门等金属管道附件连接时附件两端应设固定支承件。管道系统分流处应在干管部位一侧增设固定支承件。固定支撑件应采用专用管件或利用管件固定。在计算管道伸缩量时，其计算管段长度宜取 8～12m（计算管段两端应设固定支承）。

（3）建筑给水聚丙烯管（PP-R、PP-B）：利用自由臂补偿管道变形时，不设固定支架的直线管道最大长度不宜超过 3m，单位长度的最小自由臂长度可按表 1.5-18 采用。

冷水管最小自由臂长度 L_z 表 1.5-18

公称外径 dn(mm)	20	25	32	40	50	63	75	90	110
冷水管 L_z(mm/m)	155	173	196	219	245	275	300	329	363

注：表中自由臂长度计算温差为 20℃，膨胀系数取 0.15mm/(m·℃)。

当条件允许时，横管或立管应充分利用建筑空间，以 Ω 形管道作变形补偿；当条件不具备时，可采用补偿器，并在补偿器两侧管道适当位置设固定支架。安装阀门、水表、浮球阀等给水附件时应设固定支架。当固定支架设在管道上时，与给水附件的净距不宜大于 100mm。

（4）PVC-C 管：立管接出的横支管、横干管接出的立管和横支管接出的分支管均应偏置，其自由臂长度应按公式（1.5-3）计算。偏置的自由臂与接出的立管、横干管、支管的轴线间距不得小于 0.2m。

当直线管段较长时，可设置Ⅱ形等专用伸缩器，伸缩器的压力等级应与管道设计压力匹配，且管段的最大伸缩量应小于伸缩器的最大补偿量。

（5）铝塑复合管（PAP 管）：无伸缩补偿装置的直线管段，固定支承件的最大间距不宜大于 6m，采用管道伸缩补偿器的直线管段，固定支承件的间距应经计算确定，管道伸缩补偿器应设在两个固定支承件的中间部位。公称外径不大于 32mm 的管道，不计算温度变化引起的管道轴向伸缩补偿。公称外径不小于 40mm 的管道，当按间距不大于 6.0m 设置固定支承时，可不设置管道伸缩补偿器。公称外径不小于 40mm 的管道系统，应尽量利用管道转弯，以悬臂端进行伸缩补偿；其最小自由臂长度应经计算确定。当采用管道折角进行伸缩补偿时，悬臂端长度不应大于 3.0m，自由臂长度不应小于 300mm。

（6）给水钢塑复合压力管：管道穿越楼板时，管道立管下端的水平转角部位应设固定支架。管道配水点两端应设固定支架，支承件离配水点中心间距不得大于 150mm，管道折角转弯时，应在折转部位不大于 500mm 的位置设固定支架。

（7）建筑给水薄壁不锈钢管：固定支架间距不宜大于 15m。

（8）建筑给水铜管：铜管的固定支架应采用铜套管式固定支架，固定支架的间距应根据管道伸缩量、伸缩接头允许伸缩量等因素确定。固定支架宜设置在变径、分支、接口处及所穿越的承重墙与楼板的两侧，垂直安装的配水干管应在其底部设置固定支架。

1.5.5 卫生器具给水配件的安装高度

应按表 1.5-19 确定。卫生器具的安装参见《卫生设备安装》09S304。

卫生器具给水配件安装高度   表 1.5-19

序号	卫生器具给水配件名称	给水配件中心离地面高度 (mm)	冷、热水龙头的间距 (mm)
1	架空式污水池水龙头	1000	—
2	落地式污水池水龙头	800	—

3	洗涤盆(池)
	  冷(或热)水龙头
	  回转水龙头、混合水回转龙头
	  肘式开关水龙头(单把)
	  肘式开关水龙头(双把)
		
		1000
		1000
		1000
		1075
			
			—
			成品
			—
			成品

4	洗脸盆、洗手盆
	  冷(或热)水龙头(下配水)
	  混合式水龙头(下配水)
	  下配水进水角阀
	  普通水龙头(上配水)
		
		800~820
		800~820
		450
		900~1000
			
			—
			新产品
			—
			—

5	盥洗槽
	  冷(或热)水龙头
	  混合式水龙头
		
		1000
		1000
			
			—
			150

6	浴盆
	  混合水龙头(带软管莲蓬头)
	  混合式水龙头(带固定莲蓬头)
	  冷、热水龙头
		
		500~700
		550~700
		650~700
			
			按产品
			按产品
			150

7	淋浴器
	  进水调节阀(明装)
	  进水调节阀(暗装)
	  莲蓬头下沿
		
		1150
		1100~1150
		2100
			
			按产品
			200
			—

8	蹲式大便器(从台阶面起算)
	  高水箱进水角阀或截止阀
	  低水箱进水角阀
	  自闭式冲洗阀
		
		2048
		600
		800~850	

9	坐便式大便器
	  低水箱进水角阀(下配水)
	  低水箱进水角阀(侧配水)
	  低水箱进水角阀(侧配水,儿童用)
	  连体水箱进水角阀(下配水)
	  自闭式冲洗阀
		
		150~200
		500~750
		520
		60~100
		775~785	

10	大便槽冲洗水箱进水角阀(从台阶面起算)	不低于2400	

11	立式小便器
	  冲洗水箱角阀
	  自闭式冲洗阀
	  光电式感应冲洗阀
		
		2300
		1100~1200
		950~1200
			
			—
			—
			按产品

12	墙挂式小便器
	  冲洗水箱进水角阀
	  自闭式冲洗阀
	  光电式感应冲洗阀
		
		2300
		1150~1200
		950~1200
			
			—
			—
			按产品

续表

序号	卫生器具给水配件名称	给水配件中心离地面高度 （mm）	冷、热水龙头的间距 （mm）
13	小便槽（从台阶面起算） 　冲洗水箱进水角阀或截止阀 　多孔冲洗管	 不低于2400 1100	 — —
14	实验室化验龙头 　单联鹅颈龙头（龙头、开关阀） 　双联鹅颈龙头（龙头、开关阀） 　三联鹅颈龙头（龙头、开关阀） 　皮带龙头	 900～1000 900～1000 900～1000 1000～1060	 — — — —
15	理发盆 　软管喷头调节阀 　进水角阀	 760～800 450～470	 按产品 200
16	软水器 　立柱式饮水器上沿 　普通式饮水器上沿	 760～800 1000～1100	 成品 —
17	净身器 　进水角阀（下配水） 　进水角阀（上配水，带电加热）	 150 670～830	 100,160 按产品
18	住宅集中给水龙头	1000	—
19	室内洒水龙头	1000	—
20	儿童蹲式大便器进水角阀（从台阶面起算）	不低于2400	—
21	儿童坐式大便器进水角阀（从上侧面进水）	520	—
22	儿童洗脸盆、洗手盆水龙头	700	—
23	儿童洗手槽水龙头	700	—

注：1. 儿童如采用小便器，宜选用光电式立式小便器。

　　2. 如选用国外卫生器具，还应参照"产品样本"要求确定。

1.5.6　给水管道的防冻、防结露保温及防腐

1. 给水管道的防冻保温

敷设在有可能结冻的房间、地下室、管井及管沟等地方的生活给水管道应有防冻保温措施。为了防止环境温度低于 0℃ 的时段管内结冻，金属管可按公式（1.5-6）计算保温层厚度（当计算厚度小于 25mm 时仍采用 25mm）。保温层外壳应密封防渗。

$$\ln \frac{d+2\delta}{d} = 2\pi\lambda \left\{ \frac{3.6KZ}{(G_1C_1 + G_2C_2)\ln\dfrac{t_1-t_0}{t_4-t_0}} - R_1 \right\} \qquad (1.5-6)$$

式中　d——管道外径（m）；

　　　δ——保温层厚度（m）；

　　　λ——选用的保温材料的导热系数（W/(m·℃)），超细玻璃棉为 0.041；玻璃棉
为 0.051；矿渣棉为 0.060；水泥珍珠岩为 0.069；水泥蛭石为 0.105；聚乙
烯泡沫塑料为 0.047～0.042；聚氨酯硬泡沫塑料为 0.037～0.033；

K——支、吊架影响修正系数，一般室内管道 $K=1.2$，室外管道 $K=1.25$；

Z——保持不结冻的时间（h）；

G_1——单位长度内水的质量（kg/m）；

C_1——水的比热（kJ/(kg·℃)），按 4.186 计；

G_2——单位长度管道的质量（kg/m）；

C_2——管道材料的比热（kJ/(kg·℃)），钢材、铸铁按 0.480 计；

t_1——管内水温（℃）；

t_0——周围环境温度（℃）；

t_4——水的终温，按 0℃ 计；

R_1——管道保温层外表面到周围空气的放热阻力（m·℃/W），见表 1.5-20。

管道保温层外表面到周围空气的放热阻力 　　　　　　　　　　　　　表 1.5-20

公称直径 DN(mm)	25	32	40	50	100	125	150	200	250	300	350	400	500
放热阻力 R_1(m·℃/W)	0.30	0.27	0.26	0.20	0.15	0.13	0.10	0.09	0.08	0.07	0.06	0.05	0.04

当处于寒冷地区或算得厚度过厚时则应采用蒸汽伴管或电伴热等措施。

2. 给水管道的防结露保温

当给水管道结露会影响环境，引起装饰、物品等受损害时，给水管道应做防结露绝热层。当管道内水温低于空气露点温度时（$(t_2-t_1)>0$），空气中的水蒸气将在管道外表面产生凝结水，给水管道应采取防结露保温措施，保温层外壳应密封防渗。防结露绝热层（保冷层）的计算和构造，按现行国家标准《设备及管道绝热技术通则》GB/T 4272 执行。在采用金属给水管会出现结露的地区，塑料管也会出现结露，故也需要做防结露保冷层。

目前防结露保冷层的选择与施工，一般也可按照《管道和设备保温、防结露及电伴热》16S401 实施。防结露保冷层外壳应密封防渗。防结露保冷层的厚度一般根据所选用的保冷材料按公式（1.5-7）计算。

$$(d+2\delta)\ln\frac{d+2\delta}{\alpha}=\frac{2\lambda}{\alpha}\cdot\frac{t_s-t}{t_a-t_s} \qquad (1.5\text{-}7)$$

式中　d——管道外径（m）；

δ——防结露保冷层厚度（m）；

λ——保冷材料制品在使用温度下的导热系数（W/(m·℃)）；

α——防结露保冷层外表面对周围空气的换热系数（W/(m·℃)），《管道和设备保温、防结露及电伴热》16S401 中取 8.141 W/(m·℃)；

t_s——防结露保冷层外表面温度，一般可按略高于周围空气的露点温度（t_d）计（t_d 为最热月空气露点温度（℃））；无空调时取夏季空调相应的露点温度，有空调时取空调设计房间的露点温度（℃）；

t_a——环境温度（℃），无空调的房间取夏季空调温度，有空调的房间按空调设计房间温度计；

t——管道外表面温度（℃）（金属管外表面温度按管内介质温度（t_1）计，塑料管按公式（1.5-8）计算）。

$$t_{塑} = \frac{t_1 - t_a}{\alpha \left(\dfrac{d}{2\lambda_1} \ln \dfrac{d}{d_1} + \dfrac{1}{\alpha} \right)} + t_a \qquad (1.5\text{-}8)$$

式中 $t_{塑}$——塑料管外表面温度（℃）；

   t_1——管内介质温度（℃）；

   d_1——管道内径（m）；

   λ_1——塑料管道导热系数（W/(m·℃)）。

其他符号意义同前。

建筑给水薄壁不锈钢管道明敷时，应采取防结露措施，其防结露保温层厚度应经计算确定。常用的保温材料有发泡聚四氟乙烯、酚醛泡沫等。

当给水管道外设保温（冷）层时，应根据所采用的保温材料及管材确定管道支、吊架的设置。

铜管的防结露保温层厚度可按表1.5-21选用。

铜管防结露保温层厚度选用表（mm）　　　　　　　　　　　表1.5-21

公称直径 DN	15	20	25	32	40	50	65	80	100	125	150	200
防结露保温层厚度	≥15	≥15	≥19	≥19	≥19	≥19	≥19	≥19	≥20	≥20	≥20	≥25

注：1. 本表适用于闭孔弹性橡塑、玻璃棉、发泡聚乙烯、酚醛泡沫等保温材料。

   2. 应采用对铜管不产生腐蚀的保温材料。

3. 管道防腐

金属管材一般应采取适当的防腐措施。铸铁管及大口径钢管可采用水泥砂浆衬里；球墨铸铁管外壁采用喷涂沥青和喷锌防腐，内壁衬水泥砂浆防腐；钢塑复合管就是钢管加强防腐性能的一种形式。

埋地铸铁管宜在管外壁刷冷底子油一道、石油沥青两道；埋地钢管（包括热镀锌钢管）宜在外壁刷冷底子油一道、石油沥青两道外加保护层（当土壤腐蚀性能较强时可采用加强级或特加强级防腐）；钢塑复合管埋地敷设，其外壁防腐同普通钢管；薄壁不锈钢管埋地敷设，应对管沟或管外壁采取防腐措施；当管外壁为薄壁不锈钢材质时，应有防止管材与水泥直接接触的措施（管外加防腐套管或外缚防腐胶带），管材牌号宜采用0cr17Ni12Mo2；埋地铜管宜采用覆塑铜管。

明装铜管应刷防护漆。明装热镀锌钢管应刷银粉两道（卫生间）或调合漆两道。

当管道敷设在有腐蚀性的环境中时，管外壁应刷防腐漆或缠绕防腐材料及采取其他有效的防腐措施。

1.5.7 给水管道的安装尺寸

1. 当给水管道上的阀门并列安装时管道的中心距尺寸见表1.5-22。

阀门并列安装时管道的中心距（mm）　　　　　　　　表1.5-22

DN	≤25	40	50	80	100	150	200	250
≤25	250							
40	270	280						
50	280	290	300					

续表

DN	≤25	40	50	80	100	150	200	250
80	300	320	330	350				
100	320	330	340	360	375			
150	350	370	380	400	410	450		
200	400	420	430	450	460	500	550	
250	430	440	450	480	490	530	580	600

注：管道未考虑保温。

2. 当给水管道平行安装时管道的中心距尺寸可按表 1.5-1。

3. 敷设在管沟中的管道中心距尺寸可按表 1.12-3。

1.6 设计流量及管道水力计算

1.6.1 小区或建筑物的用水量组成

小区或建筑物的用水量一般包括下列各项：

1. 居民生活用水量；

2. 公共建筑用水量；

3. 绿化用水量；

4. 水景、娱乐设施用水量；

5. 浇洒道路、广场用水量；

6. 公用设施用水量；

7. 未预见用水量及管网漏失水量；

8. 消防用水量；

9. 其他用水量。

注：1. 消防用水量是非正常用水量，一般应单列。

    2. 当小区内有市政公用设施时，其用水量应由管理部门提供，当无重大市政公用设施时不另计用水量。

    3. 设计范围内有工厂时，还应包括生产用水和管理、生产人员的用水。

1.6.2 小区最高日生活用水量

小区最高日生活用水量按公式（1.6-1）计算：

$$Q_d = (1+b)\sum Q_{di} \tag{1.6-1}$$

式中　Q_d——小区最高日用水量（m^3/d）；

    b——考虑管网未预见用水量及管网漏失水量的系数，其和可按最高日用水量的 8%～12% 计算；

    Q_{di}——各类用水项目的最高日用水量（m^3/d），详见 1.6.3 条。

1.6.3 小区内各类用水的最高日用水量

小区内各类用水的最高日用水量可按下列方法计算：

1. 住宅居民最高日用水量按公式 (1.6-2) 计算：

$$Q_{d1} = \sum q_{1i} N_i / 1000 \tag{1.6-2}$$

式中　Q_{d1}——小区内各类住宅最高日用水量（m^3/d）；

　　　q_{1i}——住宅最高日生活用水定额（L/(人·d)），见表 1.1-1；

　　　N_i——各类住宅居住人数（人）。

2. 公共建筑最高日用水量按公式 (1.6-3) 计算：

$$Q_{d2} = \sum q_{2i} m_i / 1000 \tag{1.6-3}$$

式中　Q_{d2}——小区内各公共建筑最高日用水量（m^3/d）；

　　　m_i——计算单位（人·床·m^2 等）；

　　　q_{2i}——单位最高日用水定额（L/(人·d)、L/(床·d)、L/(m^2·d) 等），见表 1.1-2。

3. 绿化和浇洒道路、广场用水量按公式 (1.6-4) 计算：

$$Q_{d3} = \sum q_{3i} F_i \cdot n_{3i} / 1000 \tag{1.6-4}$$

式中　Q_{d3}——绿化和浇洒道路、广场的用水量（m^3/d）；

　　　q_{3i}——绿化和浇洒道路、广场的用水量标准（L/(m^2·次）），一般绿化用水按 1~3L/(m^2·d) 计；道路、广场用水按 2~3L/(m^2·d) 计；

　　　F_i——绿化和浇洒道路、广场的面积（m^2）；

　　　n_{3i}——每日绿化和浇洒道路、广场的次数（次/d），一般按上午、下午各一次计。

4. 汽车冲洗用水量按公式 (1.6-5) 计算：

$$Q_{d4} = \sum q_{4i} \cdot m_{4i} \cdot n_4 / 1000 \tag{1.6-5}$$

式中　Q_{d4}——汽车冲洗用水量（m^3/d）；

　　　q_{4i}——各种汽车冲洗用水定额（L/(辆·次)）；

　　　m_{4i}——各种汽车每日冲洗的数量（辆/d）；

　　　n_4——冲洗次数，一般按一天一次计。

5. 冷却塔补充水最高日用水量，详见第 12 章循环水冷却，一般可按公式 (1.6-6) 计算：

$$Q_{d5} = (1\% \sim 2\%) Q_{xu} \cdot T_5 \tag{1.6-6}$$

式中　Q_{d5}——冷却塔补充水用水量（m^3/d）；

　　　Q_{xu}——冷却塔循环流量（m^3/d）；

　　　T_5——冷却塔运行时间（h/d）。

6. 游泳池用水量 Q_{d6} 详见第 8.1 节游泳池设计。

7. 水景用水量 Q_{d7} 详见第 8.4 节水景工程设计。

8. 锅炉房日用水量 Q_{d8} 由相关专业提供。

9. 用上述公式计算最高日用水量时，应注意下列几点：

（1）只有同时用水的项目才能叠加。对于不是每日都用水的项目，若不可能同时用水的则不应叠加，如大会堂（办公、会场、宴会厅等组合在一起）等，应分别按不同建筑的用水量标准，计算各自的最高日生活用水量，然后将一天内可能同时用水者叠加，取最大一组用水量作为整个建筑的最高日生活用水量。

（2）在计算建筑物（住宅、公共建筑）最高日用水量时，若建筑物中还包括绿化、冷却塔、游泳池、水景、锅炉房、道路、汽车冲洗等用水，则应加上这部分用水量。

（3）一幢建筑兼有多种功能时，如食堂兼作礼堂、剧院兼作电影院等，应按用水量最大的计算。

（4）一幢建筑有多种卫生器具设置标准时，如部分住宅有热水供应、集体宿舍、旅馆中部分设公共厕所、部分设小卫生间，则应分别按不同标准的用水定额和服务人数，计算各部分的最高日生活用水量，然后叠加求得整个建筑的最高日生活用水量。

（5）一幢建筑的某部分兼为其他人员服务时，如在集体宿舍内设有公共浴室，而浴室还供外来人员使用，则其用水量应按全部服务对象计算。

（6）在选用用水定额时，应注意其用水范围。当实际用水超出或少于该范围时则应作调整，如中小学内设食堂时，应增加食堂用水量；医院、旅馆设洗衣房时，应增加洗衣房用水量。

1.6.4　各类用水项目的平均小时用水量

各类用水项目的平均小时用水量按公式（1.6-7）计算：

$$Q_{cp} = Q_{di}/T_i \qquad\qquad (1.6-7)$$

式中　Q_{cp}——平均小时用水量（m^3/h）；

　　　Q_{di}——各类用水项目的最高日用水量（m^3/d），详见 1.6.3 条；

　　　T_i——使用时间（h）。

使用公式（1.6-7）时应注意下列几点：

1. 因不同的用水项目使用时间不同，故不同的用水项目应采用对应的使用时间。

2. 小区未预见用水量和管网漏失水量之和可按最高日用水量的 8%～12%计。

1.6.5　小区平均小时用水量

将计算得出的各项平均小时用水量叠加（并包括 Q_{Lw}），即可得出小区的平均小时用水量，但对于非 24h 用水的项目，若用水时段完全错开，可只计入其中最大的一项用水量。

1.6.6　各类用水项目的最大小时用水量

各类用水项目的最大小时用水量按公式（1.6-8）计算：

$$Q_{max} = Q_{di}/T_i \cdot K_{ni} \qquad\qquad (1.6-8)$$

式中　Q_{max}——最大小时用水量（m^3/h）；

　　　K_{ni}——小时变化系数。

使用公式（1.6-8）时应注意下列几点：

1. 因不同的用水项目使用时间不同，故不同的用水项目应采用对应的使用时间。

2. 未预见用水量和管网漏失水量之和按最高日用水量的 8%～12%计。

3. 因不同的用水项目其 K_{ni} 值不同，故应按不同的用水项目其对应的 K_{ni}

4. 最大时的平均秒流量按公式（1.6-9）计算：

$$Q_{cs} = Q_{max} \cdot 1000/3600 \qquad (1.6\text{-}9)$$

式中 Q_{cs}——最大时平均秒流量（L/s）。

1.6.7 小区的最大小时用水量

计算出各项用水的最大小时用水量后，一般可叠加计算出小区的最大小时用水量，但应考虑各用水项目的最大用水时段是否一致。小区的最大小时用水量一般可按下列要求算得：

1. 小区内的住宅、公共建筑按最大小时用水量计入；

2. 浇洒道路、广场、绿化、汽车冲洗、冷却塔补水均按平均小时流量计入；游泳池、水景用水详见游泳池、水景节的要求；未预见用水量和管网漏失水量按最高日用水量的 8%～12% 计；对于非 24h 用水的项目，若用水时段完全错开，可只计入其中最大的一项用水量。

1.6.8 住宅的生活给水管道的设计秒流量

住宅的生活给水管道的设计秒流量应按下列步骤和方法计算：

1. 根据住宅配置的卫生器具给水当量、使用人数、用水定额、使用时数及小时变化系数，按公式（1.6-10）计算出最大用水时卫生器具给水当量平均出流概率：

$$U_0 = \frac{100 q_0 \cdot m \cdot K_h}{0.2 \cdot N_g \cdot T \cdot 3600} \qquad (1.6\text{-}10)$$

式中 U_0——生活给水配水管道的最大用水时卫生器具给水当量平均出流概率（%）；

q_0——最高用水日的用水定额（L/(人·d)），按表 1.1-1 取用；

m——用水人数（人）；

K_h——小时变化系数，按表 1.1-1 取用；

N_g——每户设置的卫生器具给水当量数；

T——用水小时数（h）；

0.2——一个卫生器具给水当量的额定流量（L/s）。

使用公式（1.6-10）时应注意下列几点：

（1）q_0 应按当地实际使用情况正确选用；

（2）各建筑物的卫生器具给水当量最大用水时的平均出流概率参考值见表 1.6-1。

平均出流概率参考值   表 1.6-1

住宅类型	U_0 参考值(%)
普通住宅 Ⅰ 型	3.4～4.5
普通住宅 Ⅱ 型	2.0～3.5
普通住宅 Ⅲ 型	1.5～2.5
别墅	1.5～2.0

2. 根据计算管段上的卫生器具的给水当量总数，按公式（1.6-11）计算，得出该管段的卫生器具给水当量的同时出流概率：

$$U = 1 + \alpha_c (N_g - 1)^{0.49} / \sqrt{N_g} \qquad (1.6\text{-}11)$$

式中 U——计算管段的卫生器具给水当量同时出流概率（%）；

α_c——对应于不同 U_0 值的系数，查附表 A 的表 A-2；

N_g——计算管段的卫生器具给水当量总数。

3. 根据算得的 U，按公式（1.6-12）计算，得出计算管段的设计秒流量：

$$q_g = 0.2 \cdot U \cdot N_g \qquad (1.6-12)$$

式中 q_g——计算管段的设计秒流量（L/s）。

在设计时可按计算所得的 U_0 及管段的 N_g 查附表 A 的表 A-1，即可得该管段的设计秒流量（可用内插法）。但应注意下列几点：

（1）当计算管段的卫生器具给水当量总数超过表中的最大值时，其流量应为最大时用水量。

（2）当大便器采用延时自闭冲洗阀时，其当量以 0.5 计，但要在计算得到的 q_g 值上再附加 1.10L/s 为管段的设计秒流量。

4. 当管段接有 2 条及以上 U_0 值不同（即 q_0、m、k 等参数不同）的支管时，该管段的最大用水时卫生器具给水当量平均出流概率按公式（1.6-13）计算：

$$U_0 = \sum U_{0i} \times N_{gi} / \sum N_{gi} \times 100\% \qquad (1.6-13)$$

式中 U_0——计算管段的卫生器具给水当量平均出流概率（%）；

U_{0i}——所接支管的最大用水时卫生器具给水当量平均出流概率（%）；

N_{gi}——相应支管的卫生器具给水当量总数。

1.6.9 宿舍（居室内设卫生间）、旅馆、宾馆、酒店式公寓、门诊部、诊疗所、医院、疗养院、幼儿园、养老院、办公楼、商场、图书馆、书店、客运站、航站楼、会展中心、教学楼、公共厕所等建筑的生活给水设计秒流量

宿舍（居室内设卫生间）、旅馆、宾馆、酒店式公寓、门诊部、诊疗所、医院、疗养院、幼儿园、养老院、办公楼、商场、图书馆、书店、客运站、航站楼、会展中心、教学楼、公共厕所等建筑的生活给水设计秒流量，应按公式（1.6-14）计算：

$$q_g = 0.2\alpha \sqrt{N_g} \qquad (1.6-14)$$

式中 q_g——计算管段的给水设计秒流量（L/s）；

N_g——计算管段的卫生器具给水当量总数；

α——根据建筑物用途而定的系数，应按表 1.6-2 选用。

根据建筑物用途而定的系数值 表 1.6-2

建筑物名称	α 值	建筑物名称	α 值
幼儿园、托儿所、养老院	1.2	医院、疗养院、休养所	2.0
门诊部、诊疗所	1.4	宿舍（居室内设卫生间）、旅馆、招待所、宾馆	2.5
办公楼、商场	1.5	客运站、航站楼、会展中心、公共厕所	3.0
教学楼	1.8	部队营房	3.0
图书馆	1.6	书店	1.7
酒店式公寓	2.2		

使用公式 (1.6-14) 时应注意下列几点:

1. 当计算值小于该管段上一个最大卫生器具给水额定流量时,应采用一个最大的卫生器具给水额定流量作为设计秒流量。

2. 当计算值大于该管段上按卫生器具给水额定流量累加所得流量值时,应按卫生器具给水额定流量累加所得流量值采用。

3. 有大便器延时自闭冲洗阀的给水管段,大便器延时自闭冲洗阀的给水当量均以 0.5 计,计算得到的 q_g 附加 1.20L/s 的流量后,为该管段的给水设计秒流量。

4. 综合性建筑的 α_z 值应按公式 (1.6-15) 计算:

$$\alpha_z = (\alpha_1 N_{g1} + \alpha_2 N_{g2} + \alpha_3 N_{g3} + \cdots)/(N_{g1} + N_{g2} + N_{g3} + \cdots) \tag{1.6-15}$$

式中 α_z——综合性建筑总的秒流量系数;

$N_{g1} + N_{g2} + N_{g3} + \cdots$——综合性建筑内各类建筑物的卫生器具的给水当量数;

α_1、$\alpha_2 \cdots$——相当于 N_{g1}、$N_{g2} \cdots$ 的设计秒流量系数。

1.6.10 宿舍(设公用盥洗卫生间)、工业企业的生活间、公共浴室、职工(学生)食堂或营业餐馆的厨房、体育场馆、剧院、普通理化实验室等建筑的生活给水管道的设计秒流量

宿舍(设公用盥洗卫生间)、工业企业的生活间、公共浴室、职工(学生)食堂或营业餐馆的厨房、体育场馆、剧院、普通理化实验室等建筑的生活给水管道的设计秒流量,应按公式 (1.6-16) 计算:

$$q_g = \sum q_o \cdot n_o \cdot b \tag{1.6-16}$$

式中 q_g——计算管段的给水设计秒流量 (L/s);

q_o——同类型的一个卫生器具给水额定流量 (L/s);

n_o——同类型卫生器具数;

b——卫生器具的同时给水百分数,应按表 1.6-3~表 1.6-5 采用。

注:1. 如计算值小于管段上一个最大卫生器具给水额定流量时,应采用一个最大的卫生器具给水额定流量作为设计秒流量。

2. 仅对有同时使用可能的设备进行叠加。

3. 大便器自闭式冲洗阀应单列计算,当单列计算值小于 1.2L/s 时,以 1.2L/s 计;大于 1.2L/s 时,以计算值计。

宿舍(设公用盥洗卫生间)、工业企业的生活间、公共浴室、
影剧院、体育场馆等卫生器具同时给水百分数 (%)   表 1.6-3

卫生器具名称	宿舍(设公用盥洗卫生间)	工业企业生活间	公共浴室	影剧院	体育场馆
洗涤盆(池)	—	33	15	15	15
洗手盆	—	50	50	50	70(50)
洗脸盆、盥洗槽水嘴	5~100	60~100	60~100	50	80
浴盆	—	—	50	—	—
无间隔淋浴器	20~100	100	100	—	100

续表

卫生器具名称	宿舍 （设公用盥洗 室卫生间）	工业企业 生活间	公共浴室	影剧院	体育场馆
有间隔淋浴器	5～80	80	60～80	(60～80)	(60～100)
大便器冲洗水箱	5～70	30	20	50(20)	70(20)
大便槽自动冲洗水箱	100	100	—	100	100
大便器自闭式冲洗阀	1～2	2	2	10(2)	5(2)
小便器自闭式冲洗阀	2～10	10	10	50(10)	70(10)
小便器（槽）自动冲洗水箱	—	100	100	100	100
净身盆	—	33	—	—	—
饮水器	—	30～60	30	30	30
小卖部洗涤盆	—	—	50	50	50

注：1. 表中括号内的数值系电影院、剧院的化妆间、体育场馆的运动员休息室使用。

2. 健身中心的卫生间，可采用本表体育场馆运动员休息室的同时给水百分率。

职工食堂、营业餐馆厨房设备同时给水百分数（%）　　表 1.6-4

厨房设备名称	同时给水百分数	厨房设备名称	同时给水百分数
污水盆(池)	50	器皿洗涤机	90
洗涤盆(池)	70	开水器	50
煮锅	60	蒸汽发生器	100
生产性洗涤机	40	灶台水嘴	30

注：职工或学生食堂的洗碗台水嘴，按 100% 同时给水，但不与厨房用水叠加。

实验室化验水嘴同时给水百分数（%）　　表 1.6-5

水嘴名称	同时给水百分数	
	科学研究实验室	生产实验室
单联化验水嘴	20	30
双联或三联化验水嘴	30	50

1.6.11　年节水用水量计算

生活用水年节水用水量的计算应符合下列规定：

1. 住宅生活用水年节水用水量应按公式（1.6-17）计算：

$$Q_{za} = \frac{q_z n_z D_z}{1000} \tag{1.6-17}$$

式中　Q_{za}——住宅生活用水年节水用水量（m³/年）；

　　　q_z——节水用水定额（L/(人·d)），按表 1.1-1 的规定选用；

　　　n_z——居住人数，按 3～5 人/户，入住率 60%～80% 计算；

　　　D_z——年用水天数（d/年），可取 D_z=365d/年。

2. 宿舍、旅馆等公共建筑生活用水年节水用水量应按公式（1.6-18）计算：

$$Q_{ga} = \sum \frac{q_g n_g D_g}{1000} \tag{1.6-18}$$

式中　Q_{ga}——宿舍、旅馆等公共建筑生活用水年节水用水量（$m^3/$年）；

　　　q_g——节水用水定额，（L/人·d）或 L（单位数·d）按表 1.1-2 的规定选用，表中未直接给出定额者，可通过人、次/d 等进行换算；

　　　n_g——使用人数或单位数，以年平均值计算；

　　　D_g——年用水天数（d/年），根据使用情况确定。

3. 浇洒草坪、绿化用水、空调循环冷却水系统补水等的年节水用水量应按照《民用建筑节水设计标准》GB 50555 的规定确定。

1.6.12　小区的室外管网设计

1. 小区的室外给水系统，其水量应满足小区内全部用水要求。小区的环状管网与市政管网的连接一般不少于 2 条，当其中一条发生故障时，其余的连接管应通过不小于 70% 的生活给水流量。当负有消防职能时应符合消防规范的要求。

2. 管道的设计流量按《建筑给水排水设计规范》GB 50015 相应条款确定。

3. 当住宅用水由市政管网直供（见 1.6.14 条第 1 款），室外管道采用按卫生器具给水当量数计算秒流量的方法时，应按该管段所供各楼的当量数之和，根据公式（1.6-10）～公式（1.6-14）计算，不得用每幢楼算得的设计秒流量直接叠加计算。

4. 环状管网需进行管网平差计算，当闭合差大环≤15kPa、小环≤5kPa 时，管段的流量和管径确定可按下文 5、6 两条进行。

5. 当只考虑外网与小区管网的连接管计入未预见水量时，该水量按管网起始端的节点出流计；当小区管网需考虑未预见水量时，若无法确定出流点，可按管网末端节点出流计。

6. 按计算所得外网需供的流量确定连接管管径。计算所得的干管管径不得小于支管管径或建筑引入管的管径。

7. 管道内水流速度一般可为 1～1.5m/s，消防时可为 1.5～2.5m/s。

8. 当负有消防职能时，应按消防工况校核：按小区内一次火灾所需的最大消防流量与生活用水流量叠加为管网设计流量，进行管网计算。此时管道流速不得大于消防时所允许的最大流速，室外任何一个消火栓从地面算起的水压，不得低于 0.1MPa，并应符合消防规范的要求。负有消防职能的给水管管径不得小于 100mm。

1.6.13　提升泵站、水塔等设施的要求

若因市政管网条件有限，致使小区须设提升泵站、水塔等设施时，应满足下列条件：

1. 市政管网所供流量满足小区用水需求，但压力过低，须小区集中升压时，可直接从市政管网抽水（需经有关部门同意）或设吸水井供水泵抽水。

(1) 提升泵的流量可按小区管网计算求得需由外网提供的流量确定（见 1.6.12 条）。

(2) 提升泵的扬程按公式（1.6-19）计算：

$$H \geqslant 0.01H_1 + 0.001H_2 + H_3 \tag{1.6-19}$$

式中　H——泵的扬程（MPa）；

H_1——最不利点与贮水池最低水位的高程差（m）；

H_2——管路的全部水头损失（kPa）；

H_3——最不利点所需的最低工作压力（MPa）（一般是指距泵最远、地势最高的用水点所需的压力，当有多处条件相近时，则需经计算、比较方可确定）。

注：本公式按 $1MPa \approx 100m\ H_2O$ 计（若精确计算，应按 $102m\ H_2O$ 计）。下同。

（3）当负有消防职能时，还应满足消防要求。

（4）小区引入管及管网设计见 1.6.12 条。提升泵出水管应有不少于 2 条管道与小区管网相接。

2. 市政管网所提供的流量不能满足小区用水要求，小区需设置有调节功能的贮水池和提升泵。

（1）提升泵的流量、压力要求同本条第 1 款的（1）、（2）。

（2）小区的引入管可按贮水池的补水量计（不得小于小区的平均时用水量），并不宜少于 2 条。

（3）提升泵出水管应有不少于 2 条管道与小区管网相接。管网设计见 1.6.12 条。

3. 当小区内设水塔（或高位水池）时，应满足下列要求：

（1）水塔的最低水位应满足最不利配水点所需的水压。

（2）向水塔供水的水泵，其流量可按 1.6.7 条确定；扬程可参照 1.6.21 条确定。

（3）应根据市政管网的供水能力确定水泵前是否要设置有调节功能的贮水池。小区引入管不宜少于 2 条，管网设计见 1.6.12 条。

1.6.14　单幢建筑物引入管设计流量

单幢建筑物引入管设计流量应符合下列要求：

1. 当建筑物内采用市政管网直供的供水方式或虽采用二次提升方式，但不设水箱、贮水池，只设吸水井，以及部分直供、部分用泵提升直供（不设水箱、贮水池）的方式供水时，应按其负担的卫生器具的给水当量数算得的设计秒流量为引入管的设计流量（计算公式见 1.6.8、1.6.9、1.6.10 条）。

2. 当采用单设水箱（夜间进水）供水方案时，其引入管的设计流量应按公式（1.6-20）计算：

$$Q_L = Q_{di}/T \tag{1.6-20}$$

式中　Q_L——引入管的设计流量（m^3/h）；

T——晚间水箱进水时间（h）。

3. 当建筑物内的全部用水均经贮水池调节后用泵升压供给时，引入管的设计流量应为贮水池的设计补水量（不宜大于最大时用水量，且不得小于平均时用水量）。

4. 当建筑物内的生活用水既有室外管网直供，又有二次加压供水，二次加压部分的供水是经贮水池调节时，则需分别计算。直供部分为所担负的卫生器具的设计秒流量；提升部分为贮水池的补水量，二者之和为引入管的设计流量。

5. 引入管管径不宜小于 20mm。

6. 当建筑物内设有消防设施时，引入管还应满足消防要求。

1.6.15   供水管道设计流量

室内卫生器具的供水管按设计秒流量计；用泵提升直供时，其泵流量及输水管均按设计秒流量定，扬程应满足最不利点供水要求；当采用水泵串联供水时各区宜自成系统，串联泵需连锁，并应先启动下一级泵才能启动上一级泵。

1.6.16   泵—水箱联合供水设计流量

当采用泵—水箱联合供水时：

1. 全楼均由水箱供水时，其泵和由泵至水箱的输水管按不小于全楼的最大小时用水量计。

2. 建筑物内部分直供、部分由水箱供水时，其泵和由泵至水箱的输水管按需由水箱供水的那部分的最大小时用水量计。

3. 由水箱至生活用水点的给水管按设计秒流量计。

4. 当采用水箱串联供水时，各区按本区所负担供水的最大小时用水量，确定本区提升泵流量；下区还应设与上区提升泵相匹配的转输泵（流量相同，扬程按各区要求确定），提升泵与下面的转输泵应自成控制系统。

1.6.17   给水管道流速

建筑物内的给水管道流速一般可按表 1.6-6 取定，也可采用表 1.6-7 的数值。

生活给水管道的水流速度   表 1.6-6

公称直径(mm)	15~20	25~40	50~70	≥80
水流速度(m/s)	≤1.0	≤1.2	≤1.5	≤1.8

不同管道功能、管材、管径时的水流速度   表 1.6-7

管道功能类型、管材	水流速度
卫生器具的配水支管	0.6~1.0m/s
卫生器具横向配水管	$DN \geqslant 25mm$ 时,0.8~1.2m/s
环形管、干管和立管	1.0~1.8m/s,且≤2m/s
铜管	$DN \geqslant 25mm$ 时,0.8~1.5m/s;$DN < 25mm$ 时,0.6~0.8m/s;不宜大于 2.0m/s
薄壁不锈钢管	$DN \geqslant 25mm$ 时,1.0~1.5m/s;$DN < 25mm$ 时,0.8~1.0m/s;不宜大于 2.0m/s
PP-R 管	1.0~1.5m/s,不宜大于 2.0m/s
PVC-C 管	外径 ≤32mm 时,<1.2m/s;外径=40~75mm 时,<1.5m/s;外径≥90mm 时,<2.0m/s

注：1. 复合管可参照内衬材料的管道流速选用。
　　2. 与消防合用的给水管网，消防时其管内流速应满足消防要求。

1.6.18   给水管道水头损失计算

给水管道水头损失计算应按下列要求进行：

1. 给水管道的沿程水头损失应按公式（1.6-21）计算：

$$h_i = i \cdot L \tag{1.6-21}$$

式中　h_i——沿程水头损失（kPa）；

　　　L——管道计算长度（m）；

　　　i——管道单位长度水头损失（kPa/m），按公式（1.6-22）计算。

$$i = 105c_h^{-1.85}d_j^{-4.87}q_g^{1.85} \tag{1.6-22}$$

式中　i——管道单位长度水头损失（kPa/m）；

　　　d_j——管道计算内径（m）；

　　　q_g——给水设计流量（m³/s）；

　　　c_h——海澄—威廉系数。

各种塑料管、内衬（涂）塑管 $c_h=140$；铜管、不锈钢管 $c_h=130$；衬水泥、树脂的铸铁管 $c_h=130$；普通钢管、铸铁管 $c_h=100$。

2. 生活给水管道的配水管的局部水头损失，宜按管道的连接方式，采用管（配）件当量长度法计算。表 1.6-8 为螺纹接口的阀门及管配件的摩阻损失当量长度表。当管道的管（配）件当量资料不足时，可按下列管（配）件的连接状况，按管网的沿程水头损失的百分数取值：

（1）管（配）件内径与管道内径一致，采用三通分水时，取 25%～30%；采用分水器分水时，取 15%～20%；

（2）管（配）件内径略大于管道内径，采用三通分水时，取 50%～60%；采用分水器分水时，取 30%～35%；

（3）管（配）件内径略小于管道内径，管（配）件的插口插入管口内连接，采用三通分水时，取 70%～80%；采用分水器分水时，取 35%～40%。

阀门和螺纹管件的摩阻损失的折算补偿长度　　　表 1.6-8

管件内径 (mm)	各种管件的折算管道长度(m)						
	90°标准弯头	45°标准弯头	标准三通90°转角流	三通直向流	闸板阀	球阀	角阀
9.5	0.3	0.2	0.5	0.1	0.1	2.4	1.2
12.7	0.6	0.4	0.9	0.2	0.1	4.6	2.4
19.1	0.8	0.5	1.2	0.2	0.2	6.1	3.6
25.4	0.9	0.6	1.5	0.3	0.2	7.6	4.6
31.8	1.2	0.7	1.8	0.4	0.2	10.6	5.5
38.1	1.5	0.9	2.1	0.5	0.3	13.7	6.7
50.8	2.1	1.2	3.0	0.6	0.4	16.7	8.5
63.5	2.4	1.5	3.6	0.8	0.5	19.8	10.3
76.2	3.0	1.8	4.6	0.9	0.6	24.3	12.2
101.6	4.3	2.4	6.4	1.2	0.8	38.0	16.7
127.0	5.2	3.0	7.6	1.5	1.0	42.6	21.3
152.4	6.1	3.6	9.1	1.8	1.2	50.2	24.3

注：本表的螺纹接口是指管件无凹口的螺纹，即管件与管道在连接点内径有突变，管件内径大于管道内径。当管件为凹口螺纹，或管件与管道为等径焊接时，其折算补偿长度取本表值的 1/2。

1.6.19　给水管道水头损失计算

计算给水管道沿程水头损失时，也可查阅不同管材的相关图表，查得不同流量的 i 值；但应注意下述使用条件，当工程的使用条件与下述条件不相符时，应根据各自规定作相应修改。

1. 建筑给水硬聚氯乙烯管（PVC-U）。其单位长度水头损失可查阅本手册附表 B 的图 B，其局部水头损失可按沿程水头损失的 25%～30% 计算。

2. 建筑给水聚丙烯管（PP-R）。其单位长度水头损失可查阅本手册附表 C 的表 C-1。

该表是按公称压力 1.25MPa，工作水温 20℃，$v=0.101\text{cm}^2/\text{s}$ 编制的，因不同的工作水温水的运动黏滞系数 v 不同，不同公称压力等级，管道的计算内径不同，所以应按设计采用的工作水温和管道公称压力进行修正（将查得的 $1000i$ 值乘以水温修正系数 k_1 和阻力修正系数 k_2，将查得的 v 值乘以流速修正系数 k_3），k_1、k_2、k_3 值查阅本手册附表 C 的表 C-3、表 C-4。

其局部水头损失可按沿程水头损失的 25%～30% 计算。

3. 建筑给水氯化聚氯乙烯管（PVC-C）。其单位长度水头损失可查阅本手册附表 D 的表 D-1、表 D-2；管道配件和附件的局部阻力可按表 D-5 折算为管长计算。建筑内管道局部水头损失可按沿程水头损失的 25%～30% 计算。

4. 建筑给水交联聚乙烯管（PEX）。其单位长度水头损失可查阅本手册附表 E 的图 E，当管道系统水温低于 60℃时，应乘以温度修正系数，见表 E-1；其局部水头损失宜按沿程水头损失的 25%～45% 计算。

5. 建筑给水铝塑复合管（PAP）。其单位长度水头损失可查阅本手册附表 F 的图 F-1，其局部水头损失：当采用三通配水时可按沿程水头损失的 50%～60% 计算；当采用分水器配水时可按沿程水头损失的 30% 计算。

6. 建筑给水钢塑复合管。其单位长度水头损失可查阅本手册附表 G（衬塑钢管查表 G-1；内涂塑钢管查表 G-2）。

上述两表是水温为 10℃时的数据，当设计水温高于 10℃时，其单位长度水头损失应乘以温度修正系数，见附表 G 的表 G-3。

对螺纹连接内衬塑可锻铸铁管件的给水系统，配水管段的局部水头损失可按沿程水头损失乘以百分数确定：生活给水管网为 30%～40%（生活、生产合用系统为 25%～30%）；对法兰或沟槽式连接内涂（衬）塑钢管件的给水系统，局部水头损失可按沿程水头损失的 10%～20% 计算。

7. 建筑给水薄壁不锈钢管。其单位长度水头损失可查阅本手册附表 H 的表 H-1；当水温高于 10℃时，其沿程水头损失乘以温度修正系数（见表 H-1）。

其局部水头损失宜按沿程水头损失的 25%～30% 计算。

8. 建筑给水铜管。其单位长度水头损失可查阅本手册附表 J。其局部水头损失可按沿程水头损失的 25%～30% 计算。

9. 热镀锌钢管和铸铁管。其单位长度水头损失可查阅本手册附表 19.1-6。其局部水头损失可按沿程水头损失的 25%～30% 计算。

10. 建筑户内卫生间等用水终端配水管环状连接阻力损失计算

户内给水管道环状布置水头损失计算引用了城市环状供水管网计算时常用的哈代—克罗斯管网平差法，环状配管阻力损失值理论计算步骤如下：

(1) 初步分配环管各管段流量

首先选取环管中额定流量最大的两个卫生器具同时使用时的额定流量叠加值作为环管计算的初始总流量，按顺、逆时针方向均分流量，其中顺时针流量为正，逆时针流量为负，根据初始流量、经济流速暂定环管管径。

(2) 沿程水头损失计算

1) 依公式 (1.6-21) 计算单位长度管道水头损失 (m/m)，也可查阅本手册附表 B~附表 J 不同管材的相关图表；

2) 量取顺、逆时针管道实际长度；

3) 依公式 (1.6-21) 分别计算顺、逆时针管道的沿程水头损失。

(3) 局部水头损失计算

顺、逆时针管道的局部水头损失，宜按管道的连接方式，采用管 (配) 件当量长度法计算。当管道的管 (配) 件当量长度资料不足时，可按本条第 1~9 款管网的沿程水头损失百分数取值。

(4) 摩阻系数 S 计算

大型输配水环管平差计算中沿程水头损失比局部水头损失大得多，摩阻系数计算公式仅与沿程水头损失有关，建筑户内配水管道系统较小，其摩阻系数应该与沿程水头损失和局部水头损失同时有关，通过查阅国外相关资料确定户内环状配水管摩阻系数计算采用公式 (1.6-23)：

$$S = \frac{\Delta h_1 + \Delta h_E}{q^2} \qquad (1.6\text{-}23)$$

式中 S——水管摩阻 ($m \cdot s^2/L^2$)；

Δh_1——管道沿程水头损失 (m)；

Δh_E——管道局部水头损失 (m)；

q——管道流量 (L/s)。

(5) 校正流量计算

校正流量按公式 (1.6-24) 计算：

$$\Delta q = -\sum \Delta h_i \Big/ \Big(1.852 \cdot \sum_{i=1}^{n} S_i \cdot q_i^{0.852} \Big) \qquad (1.6\text{-}24)$$

式中 Δq——校正流量 (L/s)；

Δh_i——水头损失 (m) (管段的水头损失代数和，顺时针为正，逆时针为负)；

其他符号意义同前。

(6) 采用公式进行迭代计算，直至 $\Delta q = 0$ 停止迭代，此时顺、逆时针水头损失代数和为 0 且该水头损失值即为管道的水头损失。

(7) 若迭代计算 $\Delta q \neq 0$ 且陷入无限循环，则将初始设定管径放大一号再按步骤 (2) ~ (6) 进行计算。

(8) 计算例题

【例 1.6-1】 已知某办公楼男卫生间设有 2 个小便器，2 个洗手盆，1 个蹲便器（冲洗水箱浮球阀），布置示意图及管道长度如图 1.6-1 所示，当卫生间内配水管为环状布置时，求解管道的水头损失值。

【解】

1）拖布盆和蹲便器同时使用时的计算额定流量分别是 0.3L/s 和 0.1L/s，环管的总流量以 0.4L/s 计，确定 L_1 和 L_4 的总流量 $q_{总}=0.3+0.1=0.4L/s$，定义管路 L_1 为正，L_4 为逆，以负数计，即 $q_1=0.2L/s$，$q_4=-0.2L/s$，$q_2=q_1-0.3=-0.1L/s$，$q_3=q_4=-0.2L/s$，预选择 $DN25$ 的薄壁不锈钢管，具体计算选值见表 1.6-9。

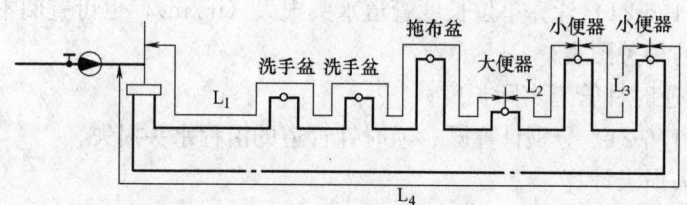

图 1.6-1　男卫生间配水管环状连接示意图

2）根据初步分配流量及管径确定管道单位长度水头损失，并根据实际管道长度计算各管道沿程水头损失，详见表 1.6-10 中第 6、9 列；通过当量长度法计算（见表 1.6-9）局部水头损失，详见表 1.6-10 中第 8、10 列。

男卫生间局部阻力损失计算表　　　　　　　　　　表 1.6-9

项目	单个阀件的当量长度	个数	L_1	个数	L_2	个数	L_3	个数	L_4
90°标准弯头	0.9	15	13.5	4	3.6	4	3.6	3	2.7
器具接口	0.3	3	0.9	1	0.3	1	0.3	1	0.3
总和			14.4		3.9		3.9		3.0

① 根据公式（1.6-23）计算水管摩阻，及其与流量 q 的乘积；

② 根据公式（1.6-24）计算校正流量，针对第一个迭代项计算可得：

$$\Delta q=-\sum \Delta h_i/\left(1.852 \cdot \sum_{i=1}^{n} S_i \cdot q_i^{0.852}\right)=-\frac{0.1984}{1.852 \times 1.306}=-0.0820L/s$$

③ 在下一个迭代计算中各管道流量等于初次分配的估算流量与校正流量的代数和，例如管段 L_1 第二个迭代计算的流量 $q_{1,2}=q_{1,1}+(-0.0820)=0.118L/s$。

3）如表 1.6-10 所示，迭代计算 12 次之后，$\Delta q=0.000L/s$，流量分配均匀，停止迭代，即最不利点拖布盆出流，顺时针、逆时针水头损失数值均为 0.1122m。

1.6.20　市政管网直供水力计算

对于采用市政管网直供或用提升泵直供的系统，以及在判定能否采用市政管网直供时，可按下列要求进行水力计算：

1. 确定最不利的配水管路，一般按距泵（或引入管）最远，所需水量最大的配水点为最不利配水点，该输水管段为最不利管路。但当管路多、条件又相似时，需对几种不同管路通过计算比较，取其所需压力最大的为最不利管路。

DN25 环管水力计算表　　　表 1.6-10

序号	L编号	管道直径 DN(m)	流量 q (L/s)	流速 v (m/s)	坡降 i	管道长度 L (m)	局部折算补偿长度	沿程水头损失 h_L (m)	摩阻系数 S (m·s²/L²)	S·$q^{0.852}$ (m·s)/L	校正流量 Δq (L/s)
1	1	0.026	0.200	0.389	0.0105	5.400	14.400	0.2069	5.173	1.313	
	2	0.026	−0.100	−0.194	0.0029	−1.800	3.900	0.0061	0.609	0.086	
	3	0.026	−0.200	−0.389	0.0105	−1.800	3.900	0.0219	0.549	0.139	
	4	0.026	−0.200	−0.389	0.0105	−6.500	3.000	−0.0366	−0.914	−0.232	
								0.1984		1.306	−0.0820
2	1	0.026	0.118	0.229	0.0039	5.400	14.400	0.0779	5.600	0.906	
	2	0.026	−0.182	−0.354	0.0088	−1.800	3.900	0.0184	0.556	0.130	
	3	0.026	−0.282	−0.548	0.0197	−1.800	3.900	0.0415	0.521	0.177	
	4	0.026	−0.282	−0.548	0.0197	−6.500	3.000	−0.0691	−0.869	−0.295	
								0.0687		0.919	−0.0404
3	1	0.026	0.078	0.151	0.0018	5.400	14.400	0.0359	5.963	0.675	
	2	0.026	−0.222	−0.432	0.0127	−1.800	3.900	0.0267	0.540	0.150	
	3	0.026	−0.322	−0.627	0.0253	−1.800	3.900	0.0531	0.511	0.195	
	4	0.026	−0.322	−0.627	0.0253	−6.500	3.000	−0.0885	−0.851	−0.325	
								0.0272		0.695	−0.0211
4	1	0.026	0.056	0.110	0.0010	5.400	14.400	0.0199	6.254	0.540	
	2	0.026	−0.244	−0.473	0.0150	−1.800	3.900	0.0316	0.533	0.160	
	3	0.026	−0.344	−0.668	0.0284	−1.800	3.900	0.0597	0.506	0.204	
	4	0.026	−0.344	−0.668	0.0284	−6.500	3.000	−0.0995	−0.843	−0.339	
								0.0117		0.564	−0.0112
5	1	0.026	0.045	0.088	0.0007	5.400	14.400	0.0132	6.466	0.462	
	2	0.026	−0.255	−0.495	0.0164	−1.800	3.900	0.0343	0.529	0.165	
	3	0.026	−0.355	−0.690	0.0302	−1.800	3.900	0.0634	0.503	0.208	
	4	0.026	−0.355	−0.690	0.0302	−6.500	3.000	−0.1056	−0.839	−0.347	
								0.0053		0.489	−0.0059
6	1	0.026	0.039	0.076	0.0005	5.400	14.400	0.0102	6.602	0.419	
	2	0.026	−0.261	−0.507	0.0171	−1.800	3.900	0.0358	0.527	0.168	
	3	0.026	−0.361	−0.701	0.0311	−1.800	3.900	0.0653	0.502	0.211	
	4	0.026	−0.361	−0.701	0.0311	−6.500	3.000	−0.1089	−0.837	−0.351	
								0.0025		0.447	−0.0030
7	1	0.026	0.036	0.071	0.0004	5.400	14.400	0.0088	6.682	0.397	
	2	0.026	−0.264	−0.513	0.0174	−1.800	3.900	0.0366	0.526	0.169	
	3	0.026	−0.364	−0.707	0.0316	−1.800	3.900	0.0663	0.502	0.212	
	4	0.026	−0.364	−0.707	0.0316	−6.500	3.000	−0.1106	−0.836	−0.353	
								0.0012		0.424	−0.0015

续表

序号	L编号	管道直径 DN(m)	流量 q (L/s)	流速 v (m/s)	坡降 i	管道长度 L (m)	局部折算补偿长度	沿程水头损失 h_L (m)	摩阻系数 S (m·s²/L²)	$S·q^{0.852}$ (m·s)/L	校正流量 Δq (L/s)
8	1	0.026	0.035	0.068	0.0004	5.400	14.400	0.0082	6.724	0.385	
	2	0.026	−0.265	−0.515	0.0176	−1.800	3.900	0.0370	0.526	0.170	
	3	0.026	−0.365	−0.710	0.0318	−1.800	3.900	0.0669	0.501	0.213	
	4	0.026	−0.365	−0.710	0.0318	−6.500	3.000	−0.1114	−0.836	−0.354	
								0.0006		0.413	−0.0007
9	1	0.026	0.034	0.066	0.0004	5.400	14.400	0.0078	6.746	0.379	
	2	0.026	−0.266	−0.517	0.0177	−1.800	3.900	0.0372	0.526	0.170	
	3	0.026	−0.366	−0.711	0.0320	−1.800	3.900	0.0671	0.501	0.213	
	4	0.026	−0.366	−0.711	0.0320	−6.500	3.000	−0.1118	−0.835	−0.355	
								0.0003		0.407	−0.0004
10	1	0.026	0.034	0.066	0.0004	5.400	14.400	0.0077	6.757	0.376	
	2	0.026	−0.266	−0.518	0.0177	−1.800	3.900	0.0373	0.526	0.170	
	3	0.026	−0.366	−0.712	0.0320	−1.800	3.900	0.0672	0.501	0.213	
	4	0.026	−0.366	−0.712	0.0320	−6.500	3.000	−0.1120	−0.835	−0.355	
								0.0001		0.404	−0.0002
11	1	0.026	0.034	0.065	0.0004	5.400	14.400	0.0076	6.762	0.375	
	2	0.026	−0.266	−0.518	0.0178	−1.800	3.900	0.0373	0.526	0.170	
	3	0.026	−0.366	−0.712	0.0320	−1.800	3.900	0.0673	0.501	0.213	
	4	0.026	−0.366	−0.712	0.0320	−6.500	3.000	−0.1121	−0.835	−0.355	
								0.0001		0.403	−0.0001
12	1	0.026	0.033	0.065	0.0004	5.400	14.400	0.0076	6.765	0.374	
	2	0.026	−0.267	−0.518	0.0178	−1.800	3.900	0.0373	0.526	0.170	
	3	0.026	−0.367	−0.712	0.0321	−1.800	3.900	0.0673	0.501	0.213	
	4	0.026	−0.367	−0.712	0.0321	−6.500	3.000	−0.1122	−0.835	−0.355	
								0.0000		0.402	−0.0000

2. 所需水压可根据公式（1.6-19）计算，但式中：

H——泵的扬程或引入管前的水压（MPa）；

H_1——最不利点与引入管或贮水池最低水位的高程差（m）；

H_2——管路的全部水头损失（kPa）；

H_3——建筑物内最不利用水点的最低工作压力（MPa）。

3. 当室外管网能保证的水压 $H_0 \geqslant H$ 时，则表示直供方案成立，若两者相差过大时，还可在允许流速范围内，缩小某些管段管径（一般为原较大的管径）；当 $H_0 < H$ 时，若相差不大，可放大某些管段的管径（一般为原较小的管径），使其满足要求，若相差较大时应采用泵提升直供（或设立高位水箱供水）。

4. 计算所得的 H 是选定泵扬程的主要依据，但它不作为确定水箱设置高度的依据。

5. 对于居住建筑的生活给水管网，在进行方案设计时可按表 1.6-11 估算自室外地面算起的最小水压值，供确定方案参考。

住宅所需最小水压（自室外地面算起）　　　　表 1.6-11

建筑层数	1	2	3	4	5	6	7	8	9	10
最小水压（MPa）	0.10	0.12	0.16	0.20	0.24	0.28	0.32	0.36	0.40	0.44

1.6.21　水箱供水管路水力计算

当采用水箱供水时，其管路水力计算应注意下列几点：

1. 距水箱最远立管的最高一层最远一处用水点，一般可作为最不利点，如图 1.6-2 中的④和图 1.6-3 中的⑩（当与水箱距离相差不多的立管有多根，而用水量却不相同时，应分别计算，取其最不利的为最不利点）；若有的卫生器具配水压力要求过高时，应对此进行复核。

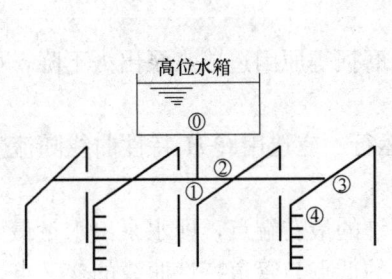

图 1.6-2　上行下给式

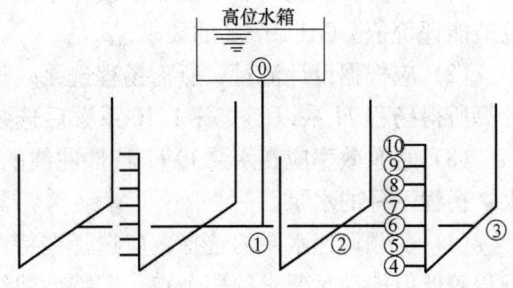

图 1.6-3　下行上给式

经过管路⓪—①…④（或⓪—①…⑩）的水力计算，按公式（1.6-25）算得高位水箱的设置高度。

$$Z_x \geqslant Z_b + 0.1H_x + 100H_3 \tag{1.6-25}$$

式中　Z_x——水箱最低水位的标高（m）；

Z_b——最不利配水点的标高（m）；

H_x——由水箱出口至最不利配水点的管道全部水头损失（kPa）；

H_3——最不利配水点所需的最低工作压力（MPa）。

2. 按公式（1.6-26）确定向水箱供水的提升泵扬程：

$$H \geqslant 0.01H_1 + 0.001H_2 + \frac{0.01v^2}{2g} \tag{1.6-26}$$

式中　H——水泵扬程（MPa）；

H_1——贮水池最低水位与高位水箱入口处的高程差（m）；

H_2——管路（吸水管口至高位水箱入口处）的全部水头损失（kPa）；

v——水箱入口流速（m/s）。

1.6.22　水表、比例式减压阀、管道过滤器、倒流防止器的局部水头损失

1. 水表的局部水头损失，应按选用产品所给定的压力损失值计算。在未确定具体产品时，可按下列情况取用：

（1）住宅入户管上的水表，宜取 0.01MPa。

（2）建筑物或小区引入管上的水表，在生活用水工况时，宜取 0.03MPa；在校核消

防工况时，宜取 0.05MPa。

2. 比例式减压阀的局部水头损失，阀后动水压宜按阀后静水压的 80%～90% 采用。

3. 管道过滤器的局部水头损失，宜取 0.01MPa。

4. 倒流防止器、真空破坏器的局部水头损失，应按相应产品测试参数确定。

1.7　水泵和水泵房

1.7.1　水泵选择

1. 水泵选择应注意下列规定：

（1）应选择低噪声、节能型水泵，水泵应符合现行国家标准《清水离心泵能效限定值及节能评价值》GB 19762 的要求。

（2）应根据设计流量、所需扬程选泵；但考虑因磨损等原因造成水泵出力下降，可按计算所得扬程 H 乘以 1.05～1.10 系数后选泵。

（3）水泵效率应在水泵 $Q \cdot H$ 特性曲线的高效区运行。应选用 $Q \cdot H$ 特性曲线随流量增大，扬程下降的水泵。

（4）变频调速水泵的选择，应选择在特性曲线允许的最右端点，即水泵出水量最大而扬程较低但能满足要求的那个点，即特性曲线高效区的低点与管道特性曲线的交叉点。变频调速泵组宜配置气压罐；生活给水系统供水压力要求稳定的场合，且工作水泵大于等于 2 台时，配置变频器的水泵数量不宜少于 2 台，变频调速泵组电源应可靠，满足连续、安全运行的要求。

（5）水箱、水塔的提升泵应尽量减少水泵的台数，一般以 1 用 1 备为宜；若必须采用多台水泵并联运行或大、小水泵搭配方式时，其台数不宜过多，型号一般不宜超过两种，水泵的扬程范围应相近。

（6）应设备用泵，备用泵的供水能力不应小于最大一台工作水泵的供水能力，水泵宜自动切换交替运行。

（7）水泵所配电机的电压宜相同。

2. 水泵的流量应满足以下要求：

（1）当水泵向贮水设施供水时，水泵的供水能力不应小于最大时用水量。

（2）当采用水泵（泵组）直接向用水点供水时，水泵（泵组）的供水能力应满足系统的设计秒流量。

3. 水泵宜采用自灌式充水，为此，泵的安装高度应满足下列要求：

（1）卧式泵：自灌启泵水位应高过水泵壳顶放气孔。

（2）立式泵：非机械密封型：自灌启泵水位应高过出水口法兰上的放气孔。机械密封型：自灌启泵水位应高过机械密封压盖端部放气孔（设计时应向厂家要求提供具体资料）。

（3）自灌启泵水位：对于生活、消防合用的水池，生活泵启泵水位可按消防贮水的最高水位计，但应有消防贮水量不被动用的措施（可参见图 1.2-1）。对于单独设置的生活水池，当按最低水位计有困难时，可根据运行、补水及用水安全要求等因素确定一个自灌启泵水位，但应满足下列条件：

1）泵的设置高度应保证在最低水位时不会发生气蚀。

2）由于当水位低于确定的自灌启泵水位时，除已运行的泵外，其他泵不能启动，因此自灌启泵水位不能定得过高，并应设置保护设施，防止低于启泵水位时启动泵。

3）当采用水泵提升直接供水而又不允许停水时，则应将最低水位作为自灌启泵的控制水位。

4. 当因条件所限不能采用自灌式启泵而采用吸上式启泵时，应有抽气或灌水装置（如真空泵、底阀、水射器等）。引水时间不应超过下列规定：4kW 以下的为 3min，≥4kW 的为 5min。其水泵的允许安装高度应以最低水位为基准，根据当地的大气压力、最高水温的饱和蒸汽压、水泵的汽蚀余量和吸水管路的水头损失按公式（1.7-1）计算确定，并应有不小于 0.4m 的安全余量（一般采用 0.4～0.6m）。

$$Z_s = 1/10H_g - 1/10H_z - 1/10H_s - \Delta h - (0.4 \sim 0.6) \qquad (1.7\text{-}1)$$

式中　H_g——水泵安装处的大气压力（kPa），见表 1.7-1；

　　　　H_z——设计最高水温的饱和蒸汽压力（kPa），见表 1.7-2；

　　　　H_s——吸水管的沿程与局部水头损失之和（kPa）；

　　　　Z_s——卧式泵为轴中心与最低水位的高差（m）；立式泵为基准面与最低吸水位的高差（m）；现样本中均无泵基准面的描述，实际需要时应向生产厂家索取；

　　　　Δh——水泵样本中给出的水泵汽蚀余量（MPSH）（m）（一般应按样本给出的最大值计）。

不同海拔高程的大气压力　　　　　　　　　表 1.7-1

海拔高程(m)	−600	0	100	200	300	400	500	600	700	800	900	1000	1500	2000	3000	4000	5000
大气压力(kPa)	113	103	102	101	100	98	97	96	95	94	93	92	86	81	73	63	55

不同水温时的饱和蒸汽压力　　　　　　　　　表 1.7-2

水温(℃)	0	5	10	15	20	30	40	50	60	70	80	90	100
饱和蒸汽压力(kPa)	0.6	0.9	1.2	1.7	2.4	4.3	7.5	12.5	20.2	31.7	48.2	71.4	103.3

5. 自吸式水泵的允许安装高度要求同第 3 款。使用自吸式水泵不需要真空泵抽气，但抽水时间稍长（在制造厂规定时间内），若在泵的进口管路上设置特制的止回阀，则泵再次吸水时，开泵即可出水，但要求止回阀不漏水。

6. 每台水泵宜用独立的吸水管；非自灌式水泵启动时，每台水泵必须设置独立的吸水管。吸水管口应设置喇叭口，喇叭口直径一般为吸水管直径的 1.3～1.5 倍；喇叭口宜低于水池最低水位不小于 0.3m，喇叭口至池底的净距不应小于 0.8 倍的吸水管管径，且不得小于 0.1m，并应满足喇叭口支座安装的要求；当吸水管端有底阀时，则底阀网眼至池底的距离不宜小于 0.5m；吸水喇叭口边缘与池壁的净距不宜小于 1.5 倍的吸水管管径；吸水管之间的净距不宜小于 3.5 倍的吸水管管径（管径以相邻两者的平均值计）；吸水管流速宜采用 1～1.2m/s；应尽量缩小吸水管长度，与水泵相接时宜有不小于 0.005 的上升坡度；水平管段上有异径管时应采用偏心异径管（上平）；自灌式吸水的吸水管上应装设闸阀。

7. 生活水泵采用自灌式吸水但又无法每台水泵单独从水池吸水时，可采用设吸水总管的方式，并应符合下列规定：

（1）吸水总管伸入水池的引水管不应少于两条，每条引水管上均应设闸阀，当一条引水管发生故障时，另一条引水管应满足全部设计流量。

（2）引水管宜设置向下的喇叭口，喇叭口应符合下列规定：

1）低于水池最低水位不宜小于 0.3m，达不到此要求时，应采取在喇叭口边缘加设水平防涡板措施，防涡板的直径为喇叭口缘直径的 2 倍。

2）喇叭口至池底的净距不应小于 0.8 倍的吸水管管径，且不应小于 0.1m，喇叭口边缘与池壁的净距不宜小于 1.5 倍的吸水管管径。

（3）吸水总管的流速不应大于 1.2m/s。

（4）每台水泵应有单独的吸水管和吸水总管连接，并应采用管顶平接或从吸水总管顶部接出。

8. 每台水泵的出水管：出水管上应装设压力表、可曲挠橡胶接头、止回阀和阀门。必要时应设置水锤消除装置。水泵出水管流速宜采用 1.5～2.0m/s（管径大于 250mm 时可采用 2.0～2.5m/s）。

9. 水泵从室外给水管网直接吸水时应符合下列要求：

（1）水泵吸水处的管网压力不得低于 0.12MPa。

（2）以管网的最低水压计算水泵的扬程。

1）不设高位水箱：

$$H \geqslant 0.01H_1 + 0.001H_2 + H_3 - H_0 \tag{1.7-2}$$

2）设高位水箱：

$$H \geqslant 0.01H_1 + 0.001H_2 + \frac{0.01v^2}{2g} - H_0 \tag{1.7-3}$$

式中　H——水泵扬程（MPa）；

H_0——室外给水管网最低保证水压（MPa）；

H_1——室外给水管道中心与最不利配水点或高位水箱进水口的高差（m）；

H_2——管路（吸水管口至高位水箱进水口处）的总水头损失（kPa）；

H_3——最不利配水点所需最低工作压力（MPa）；

v——水箱进水口流速（m/s）。

（3）应以室外给水管网最高水压校核水泵效率和超压情况；当给水管网压力波动较大时宜采用调速水泵。

（4）水泵的吸水管上必须设倒流防止器。

（5）室外给水管网水量、水压周期性在某一时段能满足生活用水要求时，可设绕泵旁通管，此时切断水泵由室外给水管网直接供水，但旁通管须设倒流防止器。

（6）采用从室外市政给水管网直接吸水方案，应征得当地有关主管部门的同意。

1.7.2　泵房

1. 泵房应根据规模、服务范围、使用要求、现场环境等确定单独设置还是与动力站等设备用房合建，是建地上式还是地下式、半地下式。居住建筑的泵房应独立设置；独立设置的泵房应将泵室、配电间和辅助用房（如检修间、值班室、卫生间等）建在一栋建筑内；当和水加热间、冷水机房等设备用房合建时，辅助用房可共用。

小区独立设置的泵房宜靠近用水大户；附建在建筑物内的泵房，宜设在贮水池的侧面或下方，不得毗邻需要安静的房间（如播音室、精密仪器间、科研室、办公室、教室、病房、卧室、起居室等）或设在其上方或下方。一般宜设在地面层，若设在地下层时，应有通往室外的安全通道，并有可靠的消声降噪措施，其运行噪声应符合现行国家标准《民用建筑隔声设计规范》GB 50118 的规定。

居住建筑的泵房应独立设置，泵房出入口应从公共通道直接进入并应有可贸易结算的独立用电计量装置。

2. 泵房一般应满足下列条件：

（1）应为一、二级耐火等级的建筑，并应符合《建筑设计防火规范》GB 500016 的规定。

（2）泵房应有充足的光线和良好的通风。供暖温度一般不低于 16℃，如有加氯设备应为 18～20℃；无专人值班的房间温度不低于 5℃，并保证不发生冰冻，地下式或半地下式泵房应有排出热空气的有效通风设施，泵房内换气次数不小于 $4h^{-1}$。

（3）泵房应安装防火防盗门且至少设置一个能进出最大设备（或部件）的大门或安装口，其尺寸根据设备大小、运输方式（机械搬运还是人工搬运）等条件决定；泵房楼梯坡度和宽度应考虑方便搬运小型配件，楼梯踏步应考虑防滑措施。

（4）泵房内应设排水沟（沟宽一般不小于 200mm）和集水坑，地面应有 0.01 的坡度坡向排水沟（排水沟纵向坡度不小于 0.01），集水坑不能自流排出时可采用潜水排污泵提升排出。

（5）泵房高度按下列规定确定：

1）无起重设备的地上式泵房，净高不低于 3.0m；

2）有起重设备时，应按搬运机件底和吊运所通过水泵机组顶部 0.5m 以上的净空确定。

（6）不允许间断供水的泵房，应有两个独立的外部电源。如不可能时，必须考虑在泵房内装自备发电机组供电或以柴油机为动力的水泵机组，其能力应满足发生事故时的供水需求。泵房应有良好的照明和供检修用的插座。配电盘前面的通道宽度，不得小于下列数值，以保证操作和安装的需要：低压 1.5m；高压 2.0m。

（7）泵房内起重设备的设置，应符合下列要求：

1）起重量不超过 0.5t 时，设置固定吊钩或移动吊架；

2）起重量在 0.5～2.0t 时，设置手动或电动单轨吊车；

3）起重量在 2.0～2.5t 时，设置手动或电动桥式吊车。

（8）泵房内应设与有关部门联系的通信设施。

3. 水泵机组的布置应遵守下列规定：

（1）水泵基础的平面尺寸，应每边比水泵机组底座宽 100～150mm。

（2）独立基础的厚度按计算决定，且不小于 0.5m，基础高出地面的高度应便于水泵安装，至少高出地面 100mm（一般在 100～300mm 之间，不宜过高）。

（3）水泵机组布置应符合下列要求：

1）水泵机组之间及与墙的间距见表 1.7-3。

水泵机组外轮廓面与墙和相邻机组之间的间距　　　　　表 1.7-3

电机额定功率 （kW）	水泵机组外轮廓面与墙面之间的 最小间距（m）	相邻水泵机组外轮廓面之间的 最小间距（m）
＜22	0.8	0.4
≥22～＜55	1.0	0.8
≥55～≤160	1.2	1.2

注：1. 水泵侧面有管道时，外轮廓面计至管道外壁面。
　　2. 水泵机组是指水泵与电机的联合体，或已安装在金属座架上的多台水泵组合体。

2）当电机额定功率小于 11kW 或水泵吸水口直径小于 65mm 时，多台水泵可设在同一基础上，基础周围应有宽度大于 0.8m 的通道；不留通道的机组的凸出部分与墙壁间的净距或相邻两台机组凸出部分的净距应大于 0.4m。

3）水泵机组的基础端边之间或至墙面的净距应保证泵轴和电机转子的拆卸，一般不小于 1.0m。

4）泵房内宜有检修水泵的场地，检修场地尺寸宜按水泵或电机外形尺寸四周有不小于 0.7m 的通道确定。泵房内单排布置的电控柜前面通道宽度不应小于 1.5m。泵房内宜设置手动起重设备。

（4）泵房的主要通道宽度不得小于 1.2m。

4. 泵房内的管道布置：一般应为明设；沿地面敷设的管道，在人行通道处应设跨越阶梯；架空管道，应不影响人行交通，并不得架在机组上面；暗敷管道不应直埋，应设管沟。泵房内的管道均应考虑维修条件，管道外底距地面或管沟底的距离，当管径 ≤150mm 时，不应小于 0.2m；当管径 ≥200mm 时，不应小于 0.25m。当管段中有法兰时，应满足拧紧法兰螺栓的要求。

5. 泵房内的阀门设置应符合下列要求：

（1）阀门的布置应满足使用要求，并方便操作、检修。

（2）所选阀门、止回阀的工作压力要与水泵的工作压力相匹配。

（3）一般宜采用明杆闸阀或蝶阀，以便观察阀门开启程度，避免误操作而引发事故。

（4）止回阀应采用密闭性能好，具有缓闭、消声功能的止回阀（详见 1.4.2 条）。

1.7.3　水泵房的隔振和减振

1. 水泵隔振、减振

（1）应尽量选用低噪声水泵。

（2）水泵基础下宜安装橡胶隔振垫、橡胶隔振器、橡胶减振器、弹簧减振器等隔振、减振装置。可参照有关水泵隔振、减振安装图集。

（3）在水泵进出水管上应设置减振装置。

（4）管道支架宜采用弹性支架、吊架、托架。基础隔振、管道隔振和支架隔振三者必须配齐，其中隔振垫的面积、层数、个数以及可曲挠橡胶接头的数量必须经过计算确定。水泵隔振安装结构见图 1.7-1。

（5）管道穿墙或楼板处，应有防振措施，其孔口与管道间宜用玻璃纤维填充。

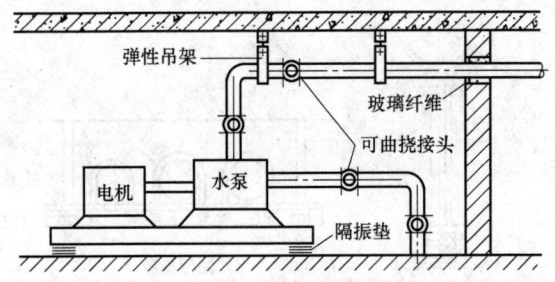

图 1.7-1　水泵隔振安装结构示意图

（6）建在建筑物内的泵房以隔振为主、吸声为辅是水泵隔振的原则，但在有条件和必要时，特别是高级饭店、医院病房等对安静要求较高的建筑，在建筑上应采取隔振、隔声及吸声措施。

（7）橡胶减振器和弹簧减振器的设置见图 1.7-2 和图 1.7-3。

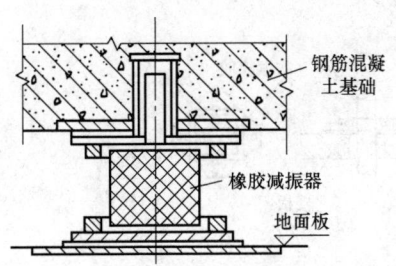

图 1.7-2　支在橡胶减振器上的基础

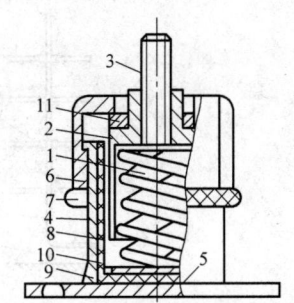

图 1.7-3　弹簧减振器示意图

1—阀柱形弹簧；2—支座罩；3—固定螺栓；4—外壳；
5—垫板；6—预紧螺帽；7—回紧螺母；8—橡胶套垫；
9—软木或橡胶弹性垫；10—金属的圆形垫板；
11—金属的和橡胶的垫圈

（8）室内管道的减振措施有如下几点：

1）减小水在管道中的流速和压力。当管径小于 50mm 时，一般控制流速在 0.6～1.2m/s；当管径大于等于 50mm 时，应控制流速在 1.0～1.5m/s。采用调压器调整给水压力在 0.4MPa 以下。

2）为了防止阀门的快速关闭与水泵的启停所产生的水锤噪声，可设置小型水锤消除器，小型水锤消除器的形式有橡皮球式、风箱式、空气室式等。安装在水平支管最远端的两个卫生器具之间，当水平支管长度超过 6m 时增加一个。水锤消除器的容量按卫生器具当量来选择。也可以采取在水泵出水管上安装空气室，以吸收并排放压水波的能量。

3）为防止立管辐射噪声的影响，每隔一定距离加挠性橡胶接头，将立管敷设在隔声性能好的管井中，管井位置应尽量离开要求严格的房间，更不允许把管道敷设在这种房间的隔墙上。防止管道振动产生噪声的措施有：

① 在管道支架、托架、吊架上垫以防振橡胶或减振器，防止管道振动噪声通过楼板或墙传出去。其示意图参见图 1.7-4。

② 管道穿过楼板及高层建筑中未采用伸缩接头时，在最底层用金属弹簧减振器做防

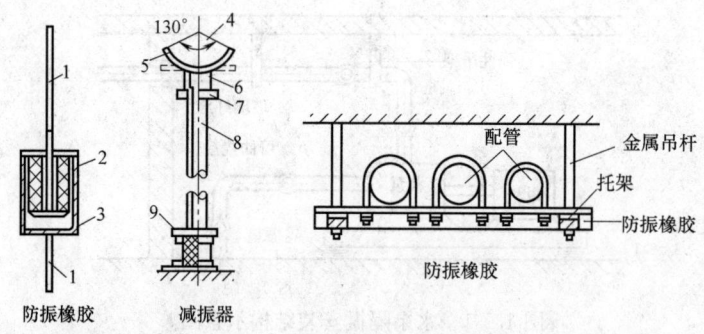

图 1.7-4 管道支架及吊架的隔振

1—吊杆；2—圆柱形橡胶；3—圆形钢套管；4—管外壁的半径；5—5mm厚的钢托板；
6—直径25mm的管箍；7—直径25mm的螺母；8—直径25mm的管子；9—减振器（按荷重选择）

振支持件或防振材料支持。其示意图参见图 1.7-5。

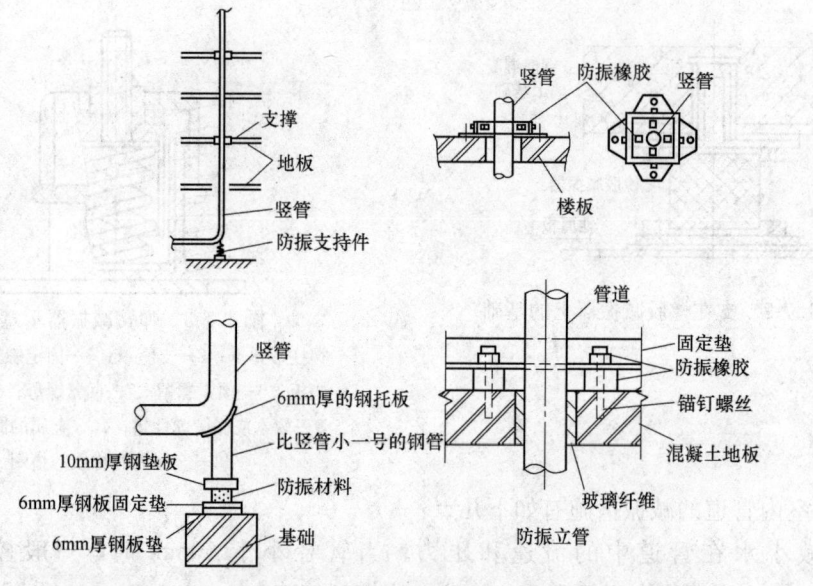

图 1.7-5 高层建筑立管防振

2. 水泵机组的隔振、减振计算

（1）水泵机组的隔振、减振计算一般按允许振动传递率 β（即减振基础传递到地面的振动与非减振基础传递到地面的振动之允许比值），（见表 1.7-4）进行计算。

允许振动传递率   表 1.7-4

类别	机组安装的位置	允许振动传递率 $\beta(\%)$
Ⅰ	机组的下一层为办公室、图书馆、病房等要求减振严格的房间	<10
Ⅱ	机组附近设有广播室、办公室、图书馆、病房等要求安静的房间	10～20
Ⅲ	机组装在地下室，周围为上述以外的一般房间	20～40

注：1. 对允许振动的振幅、速度或加速度有具体数值要求者，应由结构工种计算设计。

2. 如采用减振器，第Ⅱ类的允许振动传递率可以小于10%，第Ⅲ类可以小于20%。

（2）当机组的转速 $n>1200r/min$，经计算能够达到表 1.7-4 的要求时，可采用橡皮、软木衬垫和减振器减振；当 $n\leqslant1200r/min$ 时，除第Ⅲ类外，应尽量采用弹簧减振器。

1）橡皮、软木衬垫或减振器的高度可按公式（1.7-4）计算：

$$h=\delta E/\sigma \qquad\qquad (1.7\text{-}4)$$

式中　E——弹性材料的动态弹性系数（MPa），可参照表 1.7-5 采用；

　　　σ——弹性材料的允许荷载（MPa），可参照表 1.7-5 采用；

　　　δ——弹性体的静态变形值（cm），可按下式计算，也可由图 1.7-6 查出；$\delta=\dfrac{9\times10^6}{\beta n^2}$，其中

　　　β——允许振动传递率（%），见表 1.7-4；

　　　n——机组的转速（r/min）。

橡皮、软木的允许荷载和动态弹性系数　　　　　　　　表 1.7-5

弹性材料名称	允许荷载 σ(MPa)	动态弹性系数 E（MPa）	E/σ
软橡皮	0.08	5	63
中等硬度橡皮	0.3～0.4	20～25	75
天然软木	0.15～0.2	3～4	20
软木屑板	0.06～0.1	6	60～100

2）每个弹性体的面积可用公式（1.7-5）计算：

$$f=\frac{P}{\sigma n''} \qquad\qquad (1.7\text{-}5)$$

式中　f——每个弹性体的面积（cm^2）；

　　　P——机组、基座和基础的总质量（kg）；

　　　σ——弹性材料的允许荷载（MPa）；

　　　n''——弹性体的数目。

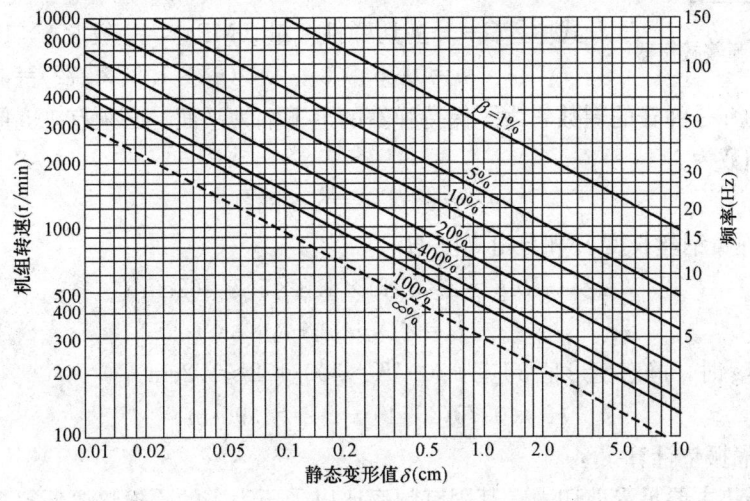

图 1.7-6　静态变形值 δ 算图

（3）水泵机组常用的减振器有弹簧类、橡胶类、软木类、毡板类等。减振器的计算，列举如下：

1）弹簧减振器计算

【例 1.7-1】 已知水泵机组的转速为 970r/min，机组与台座总重为 690kg。要求将机组振动用弹簧减振器减弱到干扰力的 10%（$\beta=10\%$）。求弹簧减振器的直径、长度及自由高度。

【解】

① 由 $n=970$r/min，$\beta=10\%$，查图 1.7-6 确定静态变形值 $\delta\approx1.0$cm。

② 确定弹簧的静刚度（静弹性系数 K）；

$$K=W/\delta$$

式中　W——每支弹簧承受的荷载（kg）；

　　　δ——静态变形值（cm）。

由于机座由 4 支弹簧均匀地承受重量，所以每支弹簧承受的荷载为 690/4 = 172kg，则：

$$K=W/\delta=172/1.0=172\text{kg/cm}$$

③ 确定弹簧的钢丝直径 d。螺旋弹簧受压后，钢丝受到扭力，钢丝直径 d 要足够大才能防止扭断，所以应根据钢丝材料的容许抗扭应力 T_c 来计算。

$$d=\sqrt[3]{\frac{16WR}{\pi T_c}}$$

式中　T_c——对弹簧钢常取 4.3×10^3MPa。

设 $R=1.8$cm（见图 1.7-7），为安全起见，设 $W=200$kg，则：

$$d=\sqrt[3]{16\times200\times1.8/(3.14\times4.3\times10^3)}=0.75\text{cm}$$

④ 确定弹簧的圈数 n：

$$n=\frac{d^4G}{64R^3K}$$

图 1.7-7　弹簧减振器

式中　G——剪切弹性模量（MPa），一般取 8×10^5MPa。

$$n=0.75^4\times8\times10^5/(64\times1.8^3\times172)=4\text{ 圈}$$

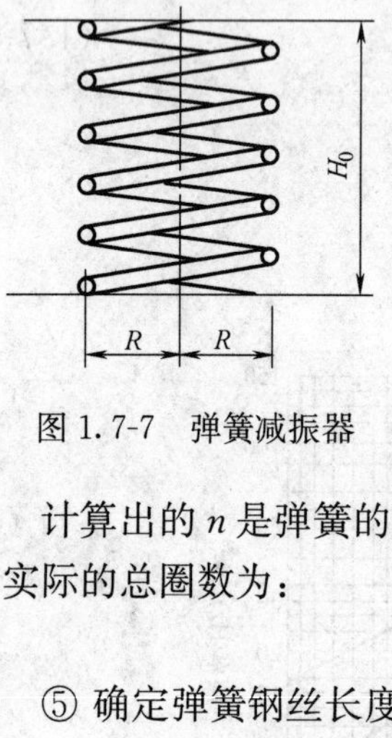

计算出的 n 是弹簧的圈数，为了保持弹簧的上下端为平面，必须有 1.5 圈的死圈，所以实际的总圈数为：

$$n_\text{总}=n+1.5=5.5\text{ 圈}$$

⑤ 确定弹簧钢丝长度 L 和自由高度 H_0：

$$L=2\pi Rn_\text{总}=2\times3.14\times1.8\times5.5=62\text{cm}$$

$$H_0=d(n+1)+\delta$$

$W=200$kg 时，静态变形值 δ 应为 $200/K=200/172\approx1.2$cm

故　　　　　　　$H_0=0.75(4+1)+1.2=4.95\text{cm}$

2）橡胶隔振垫计算

橡胶隔振垫主要承受剪切力，其固有频率比以受压为主的隔振垫要低得多，从而提高隔振效果，扩大适用范围。

国内现有橡胶隔振垫型号较多，有 XD 型、WJ 型、SD 型，结构示意图见图 1.7-8～图 1.7-10。

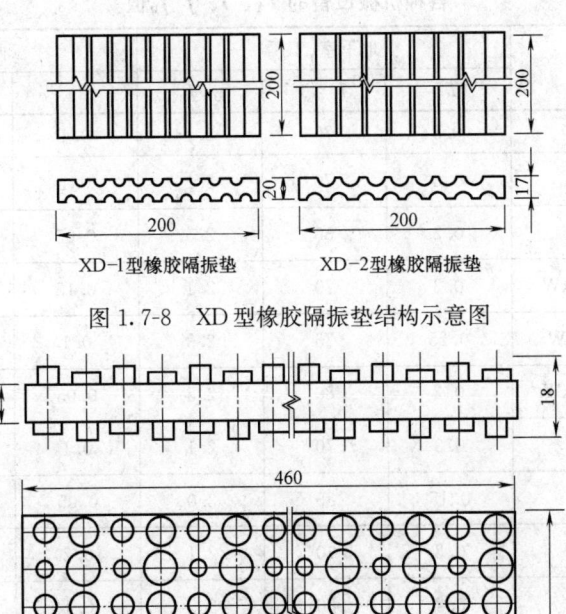

图 1.7-8　XD 型橡胶隔振垫结构示意图

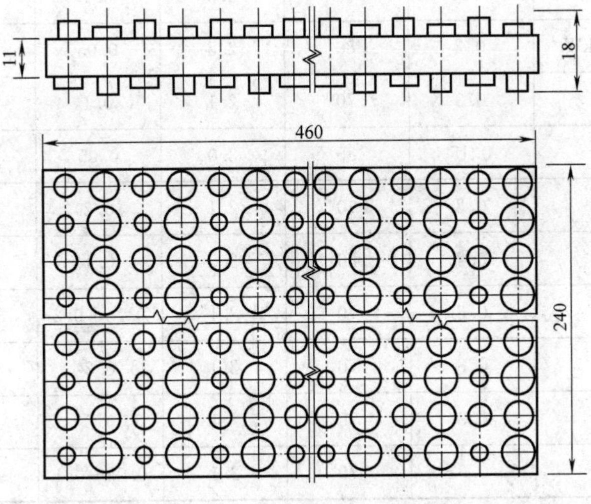

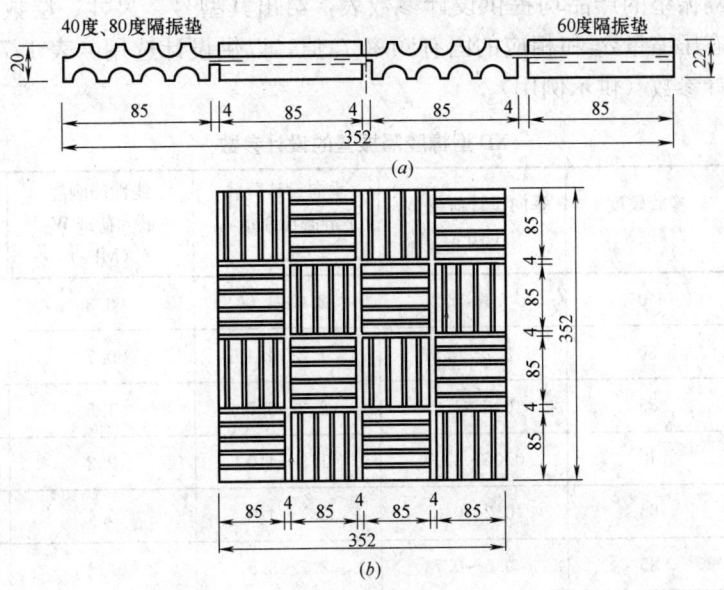

图 1.7-9　WJ 型橡胶隔振垫结构示意图

图 1.7-10　SD 型橡胶隔振垫结构示意图

（*a*）剖面图；（*b*）俯视图

各种机械设备安装在不同位置的 T_A、I、f/f_n 值，见表 1.7-6。

各种机械设备的 T_A、I、f/f_n 值　　　　　　　　　　表 1.7-6

机器类型		地下室、工厂			两层以上建筑		
		T_A	$I(\%)$	f/f_n	T_A	$I(\%)$	f/f_n
风机		0.3	70	2.1	0.1	90	3.5
泵	≤2.2kW	0.3	70	2.1	0.1	90	3.5
	≥3.7kW	0.2	80	2.5	0.05	95	5.0
	往复式<7.5kW	0.3	70	2.1	0.15	85	3.0
冷水机组	11.2~37.3kW	0.25	75	2.3	0.1	90	3.5
	44.8~111.9kW	0.2	80	2.5	0.05	95	5.0
密闭式冷水设备		0.3	70	2.1	0.1	90	3.5
离心式冷水机组		0.15	85	3.0	0.05	95	5.0
空气调节设备		0.3	70	2.1	0.2	80	2.5
引擎发电机		0.2	80	2.5	0.1	90	3.5
冷却塔		0.3	70	2.1	0.15~0.2	85~80	3.0~2.5
冷凝器		0.3	70	2.1	0.2	80	2.5
换气装置		0.3	70	2.1	0.2	80	2.5
管路系统		0.3	70	2.1	0.05~0.1	95~90	5.0~3.5

各种橡胶隔振垫的产品均提供设计参数表，给出其型号、尺寸、层数、垂向设计荷载、相应的静态压缩量 δ_{st} 和相应的固有频率 f_n 值，以供设计选用。表 1.7-7 为 XD 型橡胶隔振垫的设计参数（供示例用）。

XD 型橡胶隔振垫的设计参数　　　　　　　　　　表 1.7-7

隔振垫型号	橡胶硬度（度）	垂向设计荷载 W_1（MPa）	垂向设计荷载下静态压缩量 δ_{st}（mm）	线性静刚度最大荷载 W_2（MPa）	极限荷载 W_s（MPa）
XD-1	40	0.1~0.2	2.0~4.0	0.3	>1.5
	60	0.2~0.5	1.8~4.4	0.7	>3.0
	85	0.6~1.0	2.2~3.7	1.5	>6.0
XD-2	40	0.05~0.15	1.5~4.0	0.2	>1.0
	60	0.2~0.3	2.7~4.0	0.4	>2.0
	85	0.5~0.7	2.7~3.8	1.0	>4.5

XD 型橡胶隔振垫的计算图见图 1.7-11～图 1.7-14。

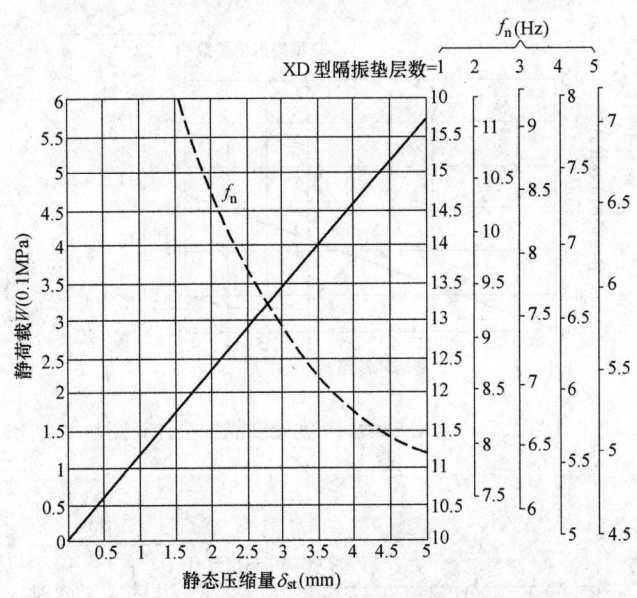

图 1.7-11　XD-1 型 60 度硬度隔振垫计算图

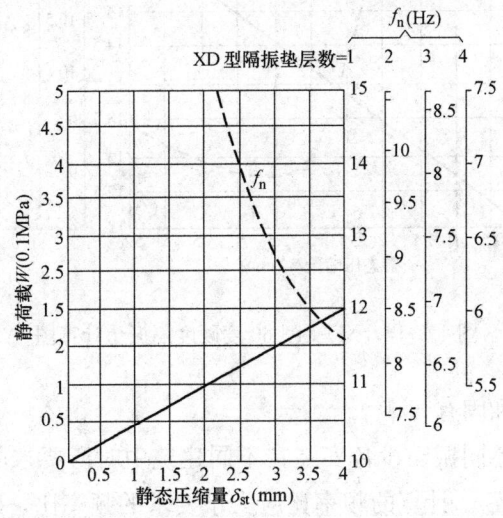

图 1.7-12　XD-1 型 40 度硬度隔振垫计算图

3）以 XD 型橡胶隔振垫为示例的计算方法

① 计算步骤：

a. 将隔振垫所承受的静荷载（包括机器设备和机座等质量）乘以动力系数。对水泵而言，动力系数一般可取 1.0。

b. 根据支点数，确定各支承点需要承受的设计荷载。

c. 参照隔振垫产品所提供的设计参数表初步选择各支承点的隔振垫面积，并计算单位静荷载 W。

d. 根据选用的橡胶硬度，由各隔振垫计算图查知隔振垫的单层静态压缩量 δ_{st}（多层

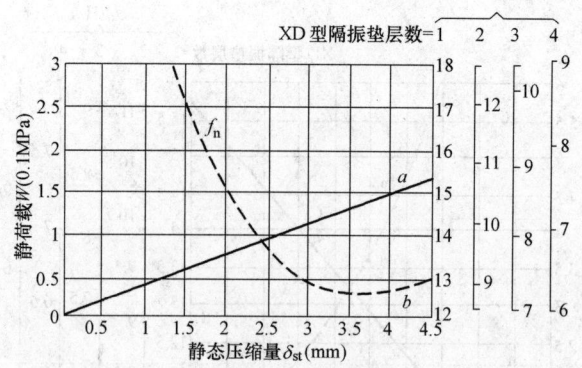

图 1.7-13　XD-2 型 40 度硬度隔振垫计算图

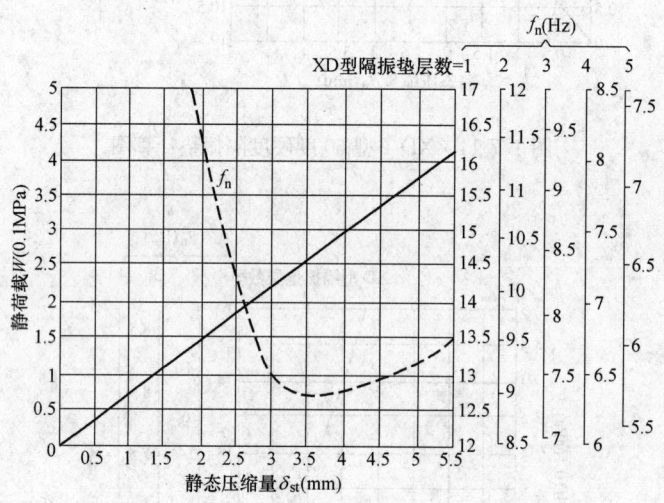

图 1.7-14　XD-1 型 60 度硬度隔振垫计算图

时应乘以隔振垫层数）和固有频率 f/f_n。

e. 由表 1.7-6 查得不同振动设备安装在不同建筑中时所要求的振动绝对传递率 T_A、隔振效率 I 和频率比 f/f_n。计算的频率比应大于要求的频率比，即实际隔振效率应大于要求隔振效率。

② 计算注意事项：

a. 积极隔振是消除振源。静态压缩量的选用要考虑到机器的稳定性和管道连接等要求。对稳定性要求较高的机器（如空气压缩机等），宜选用较小的静态压缩量；当机器下面无混凝土惰性块时，更应选得小一些。

b. 消极隔振是隔绝外界传导来的振动。通常可选用较大的静态压缩量，以降低系统固有频率和提高隔振效率。

c. 机器的扰动频率与系统的固有频率之比为频率比 f/f_n，通常为 2～4（不宜小于 2），条件许可时，宜采用较大的频率比，以提高隔振效率。

③ 设计示例：

【例 1.7-2】 已知一台转速为 2900r/min 的设备，功率为 20kW，垂向总荷载（包括设备、混凝土惰性块）为 2400kg。求选用 XD 型橡胶隔振垫的型号、尺寸、数量，并求其静态压缩量 δ_{st}、固有频率 f_0、频率比 f/f_n。

【解】

a. 扰动频率 $f=2900/60=48.3Hz$。

b. 采用 4 支点支承，对称布置，每支点垂向荷载为 2400/4＝600kg。

c. 由表 1.7-7 查知，初步选用 XD-2 型 40 度橡胶垫。

d. 每块面积为 20cm×20cm。

e. 单位静荷载 $W=600/400=1.5MPa$。

f. 由图 1.7-13 用 $W=0.15MPa$ 作起查点，引水平线与实线相交于 a 点，由 a 点引垂线至横坐标并与虚线相交于 b 点，查得横坐标所指 $\delta_{st}=4.2mm$。

g. 由 b 点向右引水平线与相应的纵坐标相交，查得一层 XD 型隔振垫的 $f_n=12.6Hz$。

h. 频率比 $f/f_n=48.3/12.6\approx3.8$。

i. 由表 1.7-6 查得功率大于 3.7kW 的泵，安装在工厂内时，要求 $T_A=0.2$，即隔振效率 $I=80\%$。其频率比 $f/f_n=2.5<3.8$。所以选用 XD-2 型 40 度橡胶隔振垫能满足要求。

j. 若将上述设备安装在楼层时，则应根据表 1.7-6 的要求，重新选型，依计算方法复算至满足要求为止。

3. 减振器安装

（1）为提高系统的稳定性，机组应尽可能装在厚重的混凝土基础或型钢基座上。一般基础或基座的质量应大于或等于 4 倍机组的质量。

（2）布置减振器基础时，应使机组重心与基础重心在平面上重合，并使减振器的位置对称此重心布置。

（3）为便于现场进行平衡调整，减振器应有可调整的校平螺栓或其他调整装置。

（4）为隔绝沿金属弹簧传播高频噪声，应在弹簧减振器的弹簧底部垫以橡皮衬垫。

（5）因橡皮具有不可压缩性，当其受压时要向四周膨胀，所以周围应留有伸缩的余地。

（6）弹性体的高度 h，建议在 0.5～1.0 倍断面边长或直径范围内选用，不应大于直径的 2 倍；面积大的衬垫应在接触面上开沟槽或垂直开孔洞，以减少两端面因摩擦力影响横向膨胀。

（7）减振器的布置，应便于施工安装、运行观察和检修更换。

1.8　贮水池、高位水箱及水塔

1.8.1　设置条件

1. 当水源不可靠或只能定时供水，或只有一根供水管而小区或建筑物又不能停水，或外部给水管网所提供的给水流量小于居住小区或建筑物所需的设计流量时，应设贮水池（箱）。

2. 当外部给水管网压力低需用水泵加压供水而又不允许直接从给水管网中抽水时应设贮水池（箱）；当外部给水管网虽然压力低但供水流量较大，可以供给居住小区或建筑物的设计秒流量时，可只设吸水井。

3. 在出现下列情况时应设高位水箱（或水塔）：

（1）外部给水管网压力周期性不足（白天压力不足，夜间水压恢复有保证）；

（2）外部给水管网压力经常不足，需要加压供水，而居住小区或建筑物内又不允许停水或某些用水点要求供水压力平稳的；

（3）高层建筑采用高位水箱分区供水。

4. 建筑物内的贮水池（箱）应设置在专用房间内，该房间应无污染、不结冻、通风良好、维修方便。室外设置的贮水池（箱）及管道应有防冻、隔热措施。

5. 建筑物内的贮水池（箱）不应毗邻变配电所或在其上方，不宜毗邻居住用房或在其下方。

6. 贮水池（箱）的有效容积大于 50m³ 时，宜分成容积基本相等、能独立运行的两格。

7. 贮水池（箱）外壁与建筑本体结构墙面或其他池壁之间的净距，应满足施工或装配的要求，无管道的侧面，净距不宜小于 0.7m；有管道的侧面，净距不宜小于 1.0m，且管道外壁与建筑本体墙面之间的通道宽度不宜小于 0.6m；设有人孔的池顶，顶板面与上面建筑本体底的净空不应小于 0.8m；水箱底与房间底面板的净距，当有管道敷设时不宜小于 0.8m。

8. 供水泵吸水的贮水池（箱）内宜设有水泵吸水坑，吸水坑的大小和深度应满足水泵或水泵吸水管的安装要求。

1.8.2 贮水池、高位水箱（水塔）的容积确定

1. 贮水池（箱）的容积确定

（1）小区或建筑物生活贮水池的有效容积应按外部给水管网供给水量和给水泵供水量的变化曲线经计算确定，一般根据调节水量和事故备用水量确定，应满足公式（1.8-1）的要求：

$$\begin{cases} V_r \geqslant (Q_b - Q_g)T_b + V_s \\ Q_g T_t \geqslant (Q_b Q_g)T_b \end{cases} \tag{1.8-1}$$

式中 V_r——贮水池（箱）的有效容积（m³）；

Q_b——给水泵的供出水量（m³/h）；

Q_g——给水管网的供出水量（m³/h）；

T_b——给水泵的运行时间（h）；

V_s——事故备用水量（m³）；

T_t——水泵运行间隔时间（h）。

（2）当资料不足时，贮水池的调节容积可按最高日用水量的 15%～20% 确定。

（3）水泵—水塔（高位水池）联合供水时，其有效容积可根据小区内的用水规律和小区泵房的运行规律进行计算确定；资料不全时可参考表 1.8-1 选定。

水塔（高位水池）生活调节贮水量　表 1.8-1

居住小区最高日用水量(m^3)	<100	101~300	301~500	501~1000	1001~2000	2001~4000
调节贮水量占最高日用水量的百分数	30%~20%	20%~15%	15%~12%	12%~8%	8%~6%	6%~4%

（4）建筑物的生活用水贮水池（箱）的有效容积应按进水量与用水量变化曲线经计算确定，当资料不足时，宜按最高日用水量的 20%~25% 确定。当建筑物内采用部分直供、部分加压供水方案时，上述最高日用水量应按需加压供水的那部分用水量计算。

2. 吸水井、高位水箱的容积确定

（1）吸水井的有效容积一般不得小于最大 1 台水泵或多台同时工作水泵 3min 的出水量，小型泵可按 5~15min 的出水量来确定；吸水井的长、宽、深尺寸应满足吸水管的布置、安装、检修和水泵正常工作的要求。并应参考贮水池做好防止水质污染、变质和保证安全运行的有关措施。

（2）建筑物内的生活供水高位水箱的有效容积应按进水量和用水量的变化曲线经计算确定。当资料不足时可按下列要求确定：

1）由市政管网夜间直接进水的高位水箱，应按供水的用水人数和最高日用水定额确定。该水箱的有效容积按白天全部由水箱供水量确定。

2）由水泵联动提升进水的高位水箱的有效容积理论上应根据用水量和进水量变化曲线确定，但实际上常按经验确定：

① 当水泵采用自动控制运行时，可按公式（1.8-2）确定：

$$V_t \geqslant \frac{1.25Q_b}{4n_{max}} \tag{1.8-2}$$

式中　V_t——水箱的有效调节容积（m^3）；

　　　Q_b——水泵的出水量（m^3/h）；

　　n_{max}——水泵 1h 内最大启动次数，根据水泵电机容量及其启动方式、供电系统大小和负荷性质等确定。一般选用 4~8 次/h。在水泵可以直接启动，且对供电系统无不利影响时，可选用较大值（6~8 次/h）。

也可按公式（1.8-3）估算：

$$V_t = (Q - Q_b)T + Q_b T_b \tag{1.8-3}$$

式中　Q——设计秒流量（m^3/h）；

　　　Q_b——水泵的出水量（m^3/h）；

　　　T——设计秒流量的持续时间（h），在无资料时可按 0.5h 计算；

　　　T_b——水泵最短运行时间（h），在无资料时要按 0.25h 计算。

按以上方法确定的水箱有效容积往往相差很大，尤其是按公式（1.8-2）计算的结果要小得多；如用公式（1.8-3）计算，水泵出水量选的等于或大于设计秒流量时，其计算的结果将小得更多。

对于生活用水水箱容积，当水泵采用自动控制时，宜按水箱供水区域内的最大小时用水量的 50% 取用。

② 当水泵采用人工手动操作时，可按公式（1.8-4）计算：

$$V_t = Q_d/n - T_b Q_m \tag{1.8-4}$$

式中　Q_d——最高日用水量（m³）；

　　　n——水泵每天启动次数，由设计确定；

　　　T_b——水泵启动一次的运行时间（h），由设计确定；

　　　Q_m——水泵运行时段内，平均小时用水量（m³/h）。

对于生活用水水箱容积，当水泵采用手动控制时，宜按水箱供水区域的最高日用水量的12%取用。

③ 单设水箱时，可按公式（1.8-5）计算：

$$V_t = Q_m T \tag{1.8-5}$$

式中　Q_m——由于给水管网压力不足，需要由水箱供水的最大连续平均小时用水量（m³/h）；

　　　T——需要由水箱供水的最大连续时间（h）。

由于外部给水管网的供水能力相差很大，水箱的有效容积应根据具体情况经分析后确定。当按公式（1.8-5）计算确定水箱有效容积有困难时，可按最大高峰时段用水量或全天用水量的1/2确定，也可按夜间进水白天全部由水箱供水确定。

④ 当水箱需要储备事故用水时，水箱的有效容积除包括上述容积外，还应根据使用要求增加事故贮水量。

⑤ 当采用串接供水方案时，生活用水中间水箱应按照水箱供水部分和转输部分水量之和确定。供水水量的调节容积，不宜小于供水服务区域楼层最大时用水量的50%。转输水量的调节容积，应按提升水泵3~5min的流量确定；若中间水箱无供水部分生活调节容积时，转输水量的调节容积宜按提升水泵5~10min的流量确定。

⑥ 当水箱兼作消防高位水箱时，则水箱的有效容积除包括上述生活用水或生产用水的调节水量外，还需储备消防专用水量，这部分消防专用水量平时是不准动用的。为此，水箱配水管的设计应有消防专用水量不被动用的措施。消防专用水量的计算，可参见消防章节。

1.8.3 水池、水箱（水塔）配管

水池、水箱及水塔一般应设进水管、出水管、溢流管、泄水管、通气管、水位信号装置、人孔等。当因容积过大需分成两个或两格时，应按每个（格）可单独使用来配置上述管道和设施。两个水池或水箱之间应设连通管，使其成为一个整体，连通管上应设闸阀隔断，以利水池、水箱单个可独立使用。

1. 进水管和出水管应分别设置，管道上均应设置阀门，且应布置在相对的位置，以便池内贮水经常流动，防止滞留和死角，较大的贮水池设置导流隔墙更好。

2. 水池的进水管和利用外网压力直接进水的水箱进水管上应装设与进水管直径相同的自动水位控制阀，当采用直接作用式浮球阀时不宜少于两个，且进水管标高应一致。当水箱采用水泵加压进水时，应设置水箱水位自动控制水泵开、停的装置。当一组水泵供给多个水箱时，在各个水箱进水管上宜装设电信号控制阀，由水位监控设备实现自动控制。

3. 水箱的出水管其管口应低于最低水位0.1~0.15m，对于用水量大且用水时间较集中的用水点（如冷却塔补水、间接加热设备供水、洗衣房等）宜设单独的出水管。

4. 溢流管的管径应按排泄最大入流量确定，一般比进水管大一级；溢流管宜采用水平喇叭口集水，喇叭口下的垂直管段长度不宜小于 4 倍的溢流管管径；溢流口应高出最高水位 0.05m，报警水位应高出最高水位 0.02m，溢流管上不得装阀门。

5. 水池泄水管的管径应按水池（箱）泄空时间和泄水受体的排泄能力确定，一般可按 2h 内将池内存水全部泄空进行计算，但管径最小或不宜小于 50～80mm。水箱的泄水管，当无特殊要求时，其管径可比进水管小 1～2 级，但不得小于 50mm。泄水管上应设阀门，阀门后可与溢流管相连，并应采用间接排水方式排出。

泄水管一般宜从池（箱）底接出，若因条件不许可必须从侧壁接出时，其管内底应和池（箱）底最低处齐平。当贮水池的泄水管无法自流泄空存水时，应设置移动提升装置，并应考虑提升装置进出水池及供电设施。

6. 水池（箱）的通气管：应按最大进水量或出水量求得最大通气量，按通气量确定通气管的直径和数量，通气管内的空气流速可采用 5m/s；根据水池（箱）的水质确定通气管材质，一般不少于 2 条，并应有高差，管道上不得设阀门，水箱的通气管管径一般宜为 100～150mm；水池的通气管管径一般宜为 150～200mm。

通气管可伸至室内或室外，但不得伸到有害气体的地方，管口应有防止灰尘、昆虫和蚊蝇进入的滤网，一般应将管口朝下设置。

7. 液位计：一般应在水箱侧壁上安装玻璃液位计就地指示水位。当一个液位计长度不够时，可上下安装两个或多个。相邻两个液位计的重叠部分不宜小于 70mm。

若水箱液位采用与水泵连锁自动控制时，则应在水箱侧壁或顶盖上安装液位继电器或信号器。常用液位继电器或信号器有浮子式、杆式、电容式与浮球式等。

采用水泵加压进水的水箱高、低电控水位，均应考虑保持一定的安全容积，停泵瞬时的最高电控水位应低于溢水位≮100mm，而启泵瞬时的最低电控水位应高于设计最低水位≮200mm，以免稍有误差时造成水流满溢或贮水放空的不良后果。

8. 水池（箱）顶部应设人孔，人孔的大小应按水池（箱）内各种设备、管件的尺寸确定，并应确保维修人员能顺利进出，一般宜为 $\phi800$～$\phi1000$，最小不得小于 $\phi600$。

人孔应靠近进水管装设浮球阀处，圆形人孔宜与水池（箱）内壁相切，方形人孔的一侧宜与水池（箱）内壁平；人孔处的内、外壁宜设爬梯，人孔附近应有电源插座以便检修时接临时照明。池顶人孔口顶：室外覆土的水池应高出覆土层 200mm，高出水箱顶（或室内水池顶）100mm。人孔盖应为密封型并加锁。当受条件限制无法在池顶设置人孔而必须设置在侧壁时，应按人孔最低处高于最高水位不小于 200mm 的要求设置。

1.9　变频调速给水系统

1.9.1　概述

我国的给水加压系统大致经历了"贮水池＋水泵＋高位水箱"、"贮水池＋变频调速水泵"和无负压给水设备三个阶段。"贮水池＋变频调速水泵"是在 20 世纪 80 年代末、90 年代初随着电力控制器材变频器在工业上的运用而传入我国的。与"贮水池＋水泵＋高位水箱"相比，它的主要特点是设备更简单，省去了高位水箱及高位水箱水位对水泵启停的控制系统；供水泵根据设定压力变频运行，供水压差很小（大致在 0.01MPa 范围内）且基本恒定，故供水质量较好；供水泵运行过程中减小了扬程，即节省了从水泵工频运行 Q-H 特性曲线至恒定运行之间多余耗能区，见图 1.9-1 中的面积 I 。

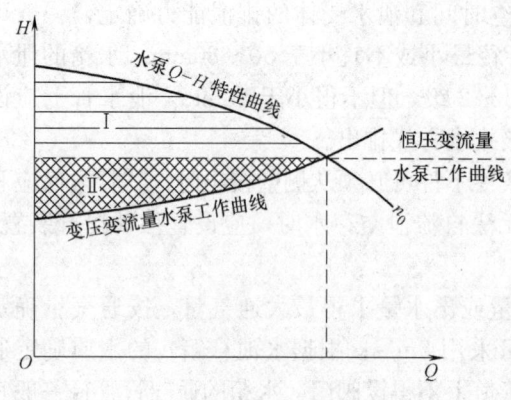

图 1.9-1　水泵的特性曲线和工作曲线

"贮水池＋变频调速水泵"供水的缺点：一是由于保留敞开水面的贮水池，不能充分利用市政给水的余压；二是贮水池不密封，与空气连通，贮水池附件设置不合理和管理不善导致存在水质二次污染的可能；三是采用一台变频器带几台水泵，实行 1 号水泵变频运行→1 号水泵工频运行→1 号水泵工频运行＋2 号水泵变频运行→1 号、2 号水泵工频运行→1 号、2 号水泵工频运行＋3 号水泵变频运行……，这样的运行模式存在 1 号水泵在零流量和小流量运行和 1 号水泵已到工频运行 2 号水泵开始变频运行，以及 1 号、2 号水泵已到工频运行 3 号水泵开始变频运行时，开始变频运行阶段存在水泵在高效区以外工作的工况。这种工况下工作不节能，应采取相应措施加以改进。

近年来，无负压给水设备在国内已日趋成熟，编制有不少相关的产品标准和工程技术标准，已在不少城市供水中使用。但是，该供水方式有一定的适用范围和局限性，不是哪种场合都能使用。受市政给水管网供水能力所限，自来水公司会对城市的每一个供水区域给出能否安装无负压给水设备和供水规模的意见。因此，变频调速给水设备在城市供水系统中仍然得到很多使用机会。

变频调速给水设备从 20 世纪 90 年代开始在我国推广使用，主要由泵组、管路和电气控制系统三部分组成。伴随着电气设备控制元器件的更新换代，变频调速给水设备先后经历了继电器电路变频调速控制技术（早期单变频控制技术）、局部数字化电气电路变频调速控制技术（中期单变频、多变频控制技术）和数字集成全变频控制技术（近期全变频控制技术）三个主要发展阶段。中期单变频、多变频控制技术及近期全变频控制技术的控制原理如下所述：

1. 单变频控制技术

仅配置 1 台控制器和 1 台变频器，控制多台水泵的变频、工频切换，平时 1 台泵变频供水，当 1 台泵供水不足时，先开的泵倒为工频运行，变频柜再软启动第 2 台泵，若流量还不够，第 2 台泵倒为工频运行，变频柜再软启动第 3 台泵。若用水量减少，按启泵顺序依次停止工频泵，直到最后 1 台泵变频恒压供水。另外，系统具有定时换泵功能，若某台泵连续运行超过 24h，变频柜可自动停止该泵切换到下一台泵继续变频运行。换泵时间由程序设定，可按要求随时调整。这样可均衡各泵的运行时间，延长整体泵组的寿命。此变频控制技术的弊端在于在进行水泵的投入或切除操作时，需要先停止运行的变频泵，然后延时切换工频，再投入另一台泵变频软启动运行。在加压过程中，由于泵组切换延时和软启动延时，会造成系统压力波动，甚至可能出现全部停泵，造成短时失压的情况。

2. 多变频控制技术

配置 1 台控制器和多台变频器，控制多台水泵的变频切换，小流量时 1 台泵变频供水，当 1 台泵流量不足时，由程序算法设定，由两台或多台泵同时变频供水，但是各水泵的流量不均等。

结合变频调速给水设备的特点，该设备适用于小区或建筑物每日用水时间较长、用水量经常变化的生活和生产给水系统，凡需要增压的给水系统及热水系统均可选用。同时，在使用变频调速给水设备时，要注意其周围环境及用电条件应符合如下条件：

(1) 环境参数：温度 5～40℃，湿度≤90%。

(2) 海拔高度：不应超过 1000m。

(3) 环境要求：不应有腐蚀性气体和多粉尘。室内环境应干燥、无结露、通风，并不能安装在露天。

(4) 电路可靠，应为双电源或双回路供电。

3. 全变频控制技术

泵组中每台水泵独立配置数字集成水泵专用变频控制器，并通过现场控制网络 CAN 总线方式相互通信、联动控制，无需二次编程，通过显示屏实现泵组运行参数设定与调整，使两台及两台以上工作泵同时、同步、同频率变频运行的控制方式。

数字集成全变频控制恒压供水设备中的每台泵均独立配置一个智能化水泵专用变频控制器，根据系统流量变化自动调节泵组转速，并实现多工作泵情况下的效率均衡，无论泵组运行工况如何变化及设备使用场合有何不同，泵组始终在高效区运行，不会出现能耗浪费现象，达到更理想的节能效果。

智能化水泵专用变频控制器不仅具有变频功能，而且具有独特的控制功能和其他诸多扩展功能，可直接通过显示屏进行人机对话实现泵组运行参数的设定与调整，各泵组控制器之间还可实现相互通信，使一套设备拥有多套相互独立又相互联系的控制系统，因而具有更加高效、更加节能及智能化程度更高、扩展功能更强、安全可靠性能更好、操作维护更加便捷等显著特点，是变频调速给水设备控制技术研发进程中的最新成果。

1.9.2 分类介绍

1. 按供水方式分

按供水方式，变频调速给水系统可分为恒压变流量供水方式和变压变流量供水方式两种。它们主要由贮水池、供水主泵、变频控制柜、给水管水压监测仪表等组成，两种供水方式见图 1.9-2 和图 1.9-3。两种供水方式的区别在于使变频控制柜产生水泵变频运行的压力信号发出地点是不同的。恒压变流量供水方式是将返压力信号的电接点压力表设置在紧靠供水主泵的出水管上，使供水主泵出口压力总停留在按设计要求的设定压力值上，即所谓的水泵出口是恒压，但水泵流量总随着用户用水量不断变化的工况，此时随着距离水泵出口的增加，管网内的水压会有所降低。变压变流量供水方式是将返压力信号的压力变送器设置在最远处或最不利点用户用水点附近，压力变送器的返回信号压力值设定为用户的水压要求值。当管道内流量变化时，最不利点用户处的水压是不变的，而供水主泵出口水压是不断变化的，故称为变压变流量供水方式。与恒压变流量供水方式相比，变压变流量供水方式存在以下问题：一是由于压力变送器距离供水主泵较远，运行管理不方便，故障几率大；二是在供水范围大、距离远时，水流输送水头损失较大，远近用户之间的水压差大、变化也大。

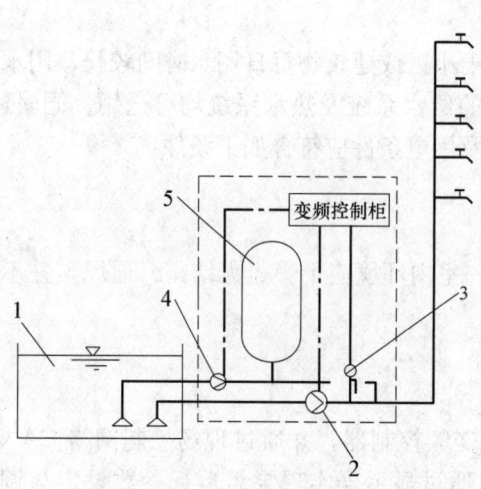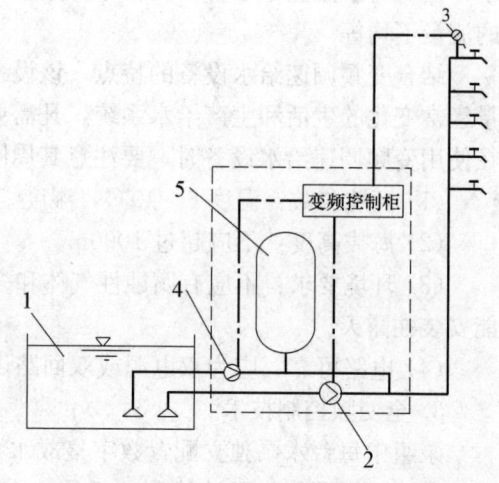

图1.9-2　恒压变流量供水方式变频
调速供水系统示意图
1—水池；2—主泵；3—电接点压力表；4—辅
助小泵；5—气压水罐

图1.9-3　变压变流量供水方式变频
调速供水系统示意图
1—水池；2—主泵；3—压力变送器；
4—辅助小泵；5—气压水罐

2. 按供水主泵是否设辅助设备分

按供水主泵是否设辅助设备，变频调速给水系统可分为设辅助设备和不设辅助设备两种。不设辅助设备的变频调速给水系统，在第1台供水主泵小流量或零流量工况时，供水主泵即使在变频工况下工作，一般也在水泵高效工作区以外，故工作时间长时，会呈现系统不节能现象。不设辅助设备的方法宜在系统或单台供水泵的流量小，不方便选用更小规格辅助小泵的情况下采用。

3. 按对供水主泵的控制方法分

变频调速给水系统按对系统供水主泵的控制方法不同可分为传统的一台变频器带几台供水主泵工作和每台供水主泵都由一台变频器控制运行两种工作模式。传统的一台变频器带几台供水主泵工作，其工作程序是系统工作开始先由1号供水主泵开始变频运行，随着系统流量的增加，1号供水主泵转速加快，直至工频运行。流量再增加时，变频器切换到2号供水主泵开始变频运行，流量再增加，2号供水主泵转速加快，直至工频运行……。在这种传统运行模式下，两台供水主泵切换过程中，当后一台供水主泵开始变频运行时，总存在在小流量变频运行时，运行在高效工作区以外的工况，见图1.9-4。另一种供水切换方式是每一台供水主泵都带独立变频器，即称全变频控制变频调速给水系统。在这种系统运行时，当1号供水主泵尚处在变频运行未进入工频工况时，2号供水主泵即开始变频运行，这时1号、2号供水主泵都处于变频运行，合理选择切换点，使1号、2号并联变频运行都处于水泵的高效工作区，同时也避开了传统方法中2号供水主泵小流量阶段的低效工作工况。当有3台供水主泵时，同样当1号、2号供水主泵尚未达到工频工况点时，3号供水主泵即开始变频运行，使3台泵的并联变频运行替代了传统工作模式1号、2号供水主泵达到工频运行，3号供水主泵才开始变频运行的工况，从而避开了3号供水主泵小流量时的低效工作工况。目前，这种控制方式已有中国工程建设标准化协会编制的工程技术标准《数字集成全变频控制恒压供水设备应用技术规程》CECS 393，并也有相关供水产品面世，可供专业技术人员选用时参考。

1.9.3 工作原理

1. 恒压变流量供水方式和变压变流量供水方式

在恒压变流量供水方式中，反馈系统水压的电接点压力表安装在供水主泵的出口附近，其压力设定值依据用户需求经计算确定。在运行过程中，为了使水泵出口保持此压力设定值，供水主泵会在变频器的控制下，随着用户用水量的变化自动调节水泵转速。"恒压"指的是泵出口的压力保持恒定，"变流量"指的是系统的流量（即用户用水量）在不断变化。恒压变流量供水方式节省的能量可用图 1.9-1 中水泵 Q-H 特性曲线和管道恒压工作曲线之间所围成的面积Ⅰ表示。图 1.9-4 显示了水泵性能曲线中的高效工作区段和变频恒压工作曲线的关系。

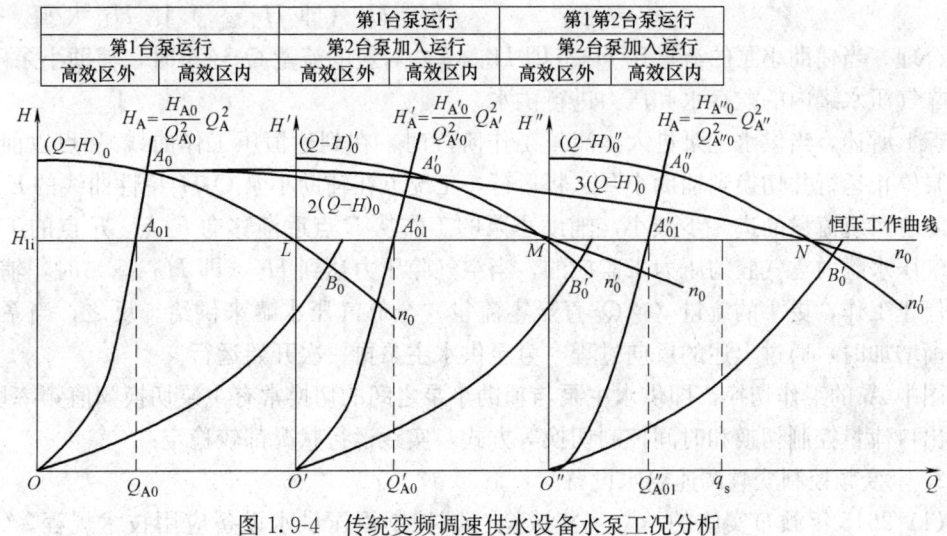

图 1.9-4 传统变频调速供水设备水泵工况分析

变压变流量供水方式的电接点压力表安装在最远用户或最不利用户的用水点附近。电接点压力表的压力设定值根据最远或最不利用户用水点对水压的要求而定，该压力设定信号用导线或无线传输远距离返回泵房变频控制柜，由于该压力设定值是恒定的，当系统流量（用户用水量）变化时，变频器会控制供水主泵不断改变转速。"变压"指的是供水主泵出口的压力是变化的，"变流量"指的是系统流量（用户用水量）在不断变化。从理论上讲，变压变流量供水方式节省的能量应比恒压变流量供水方式的大，见图 1.9-1。它除了恒压变流量供水方式节省的面积Ⅰ外，还增加了由恒压工作曲线与变压变流量水泵工作曲线之间围成的面积Ⅱ。

从以上分析可以看出，对于同一套恒压变流量供水方式运行的变频调速给水设备，设定的压力值越高，所选用的水泵 Q-H 特性曲线越平缓，其节能率就越低。

2. 带辅助小泵和气压水罐的恒压变流量变频调速给水方式

辅助小泵和气压水罐是恒压变流量变频调速给水系统为改善供水主泵在小流量、零流量时产生高效工作区以外工况而设置的。它的工作原理见图 1.9-5。

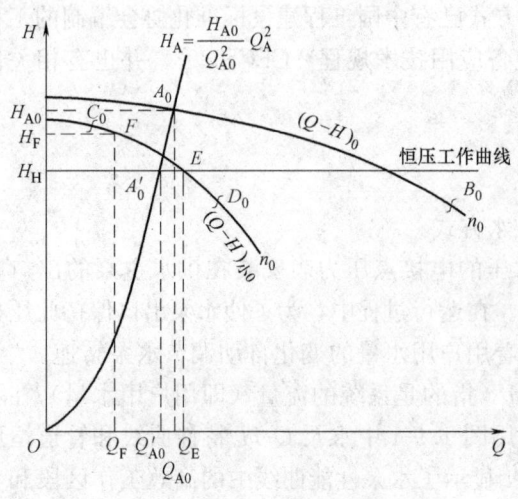

图中 $(Q\text{-}H)_0$ 是供水主泵在工频运行时的 $Q\text{-}H$ 特性曲线。A_0 点为供水主泵工频运行高效工作区左侧端点，$H_A = \dfrac{H_{A0}}{Q_{A0}^2} Q_A^2$ 是过 A_0 点的等效曲线方程，等效曲线与水泵恒压工作曲线的交点是 A_0'。则供水主泵在变频恒压工作时，应在 A_0' 点右侧进入高效工作区工作。$(Q\text{-}H)_{小0}$ 是选用的辅助小泵工频工况下的 $Q\text{-}H$ 特性曲线。它与恒压工作曲线的交点 E 应靠近 A_0' 点的右侧。且在 $(Q\text{-}H)_{小0}$ 曲线的高效工作区 $C_0 \sim D_0$ 范围内。F 点是辅助小泵压力升高停泵时的工况点，根据气压罐的供水原理，H_F（即 $H_{小泵高}$）比 H_H 大 $18 \sim 20$m

图 1.9-5　辅助小泵＋气压水罐工作原理示意图

比较合理。当辅助小泵的流量比 H_F（即 $H_{小泵高}$）对应的流量 Q_F 还小时，辅助小泵停泵，完全靠气压水罐内的贮存水和压力进行供水。

综上所述，当供水主泵进入小流量工作阶段时，在到达恒压工作曲线 A_0' 点以前，供水主泵停止运行并切换到辅助小泵工频运行，工况点在辅助小泵 $Q\text{-}H$ 特性曲线的 E 点附近。随着系统流量的进一步减小，辅助小泵的工作从 E 点逐渐移向 F 点，F 点的工况是通过气压水罐内空气腔的压力来监控的，当空气腔压力达到 H_F（即 $H_{小泵高}$）时，辅助小泵也停止工作，更小的流量（$<Q_F$ 直至零流量）全靠气压水罐来供给。反之，当系统流量逐渐增加时，通过上述的反向过程，直至供水主泵再一次开始运行。

图中 A_0' 的工作切换，即供水主泵与辅助小泵之间的切换常有主泵切换阈值频率切换，主泵出口流量控制切换和时间控制切换等方式，实践运行状况都较稳定。

3. 全变频控制变频调速给水设备

(1) 2015 年颁布实施的《数字集成全变频控制恒压供水设备应用技术规程》CECS 393：2015 中做了如下定义：设备中的每台水泵均独立配置数字集成水泵专用变频控制器，各变频控制器通过 CAN 总线技术相互通信、联动控制、协调工作，可直接通过显示屏进行人机对话实现泵组运行参数的设定与调整，使泵组实现全变频控制运行的成套变频调速恒压供水设备。

(2) 技术特征

数字集成全变频控制恒压供水设备，是给水技术领域从控制和全变频控制角度着手的最新技术创新成果，由其组成的供水设备中每台水泵一对一配置有一台独立的水泵专用变频控制器，各台水泵上的变频控制器通过 CAN 总线技术实现相互通信，能够根据用水需求的变化自动调节变频运行比率，实现多台水泵同时、同步均衡分摊运行，实现了水泵机组始终处于变频状态运行，避免水泵不在高效区运行，供水压力稳定，相比传统变频调速给水设备节约运行能耗。同时，由于数字集成全变频控制泵组中，水泵与变频控制实现 100% 有备用，数字集成变频控制器被封装在 IP55 防护等级的壳体内，支持多传感器信号输入，提升了供水设备的安全可靠性。

CAN 总线技术控制多台水泵全变频运行工艺过程见图 1.9-6。

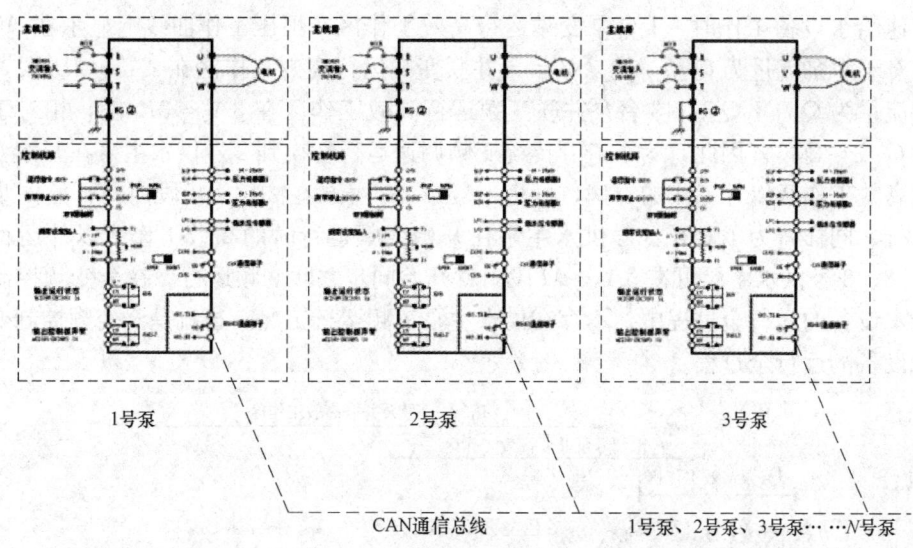

1号泵　　　　　2号泵　　　　　3号泵

CAN通信总线　　　1号泵、2号泵、3号泵……N号泵

图 1.9-6　CAN 总线技术控制多台水泵全变频运行工艺图

　　第 1 台水泵变频启动，1 台水泵变频运行不能建立稳定的供水压力时，第 1 台水泵运行频率逐渐上升，直到工频运行状态。此时供水压力仍未能建立，则变频启动第 2 台水泵。第 2 台水泵由低的运行频率逐渐上升，第 1 台工频运行水泵则降频，直到两台水泵运行频率一致，此时仍未建立稳定的供水压力时，则两台水泵同时、同步提升运行频率，直到两台水泵均达到工频状态。此时两台工频运行的水泵仍未建立稳定的压力时，则变频启动第 3 台水泵。第 3 台水泵由低的运行频率逐步上升，第 1、2 台水泵则逐渐降低运行频率，直到 3 台水泵运行频率一致，此时 3 台水泵仍未能建立稳定的压力时，则 3 台水泵同时、同步提升运行频率，以此类推。反之，当用水需求减少时，则同时、同步降低运行频率，当运行频率低于 30Hz 时，系统会自动停止一台运行的水泵，直到所有水泵停机休眠，周而复始。

　　与单变频、多变频相比，全变频控制方式使泵的投入、切除过程避免了工频变频切换带来的问题，投入、切除过程是平稳进行的。其投入时系统压力变化曲线如图 1.9-7 所示。由图可见，全变频控制方式水泵投入过程系统的压力变化平稳，没有造成明显水压波动。

　　传统的变频调速给水设备的供水主泵 Q-H 特性曲线、恒压工作曲线及高效工作区两侧端点的等效曲线如图 1.9-4 所示。从图中可以看出，若有 3 台供水主泵，则在 1 号与 2 号及 2 号与 3 号供水主泵切换过程中均存在后一台切换泵在高效工作区外工作的状况。如图中流量

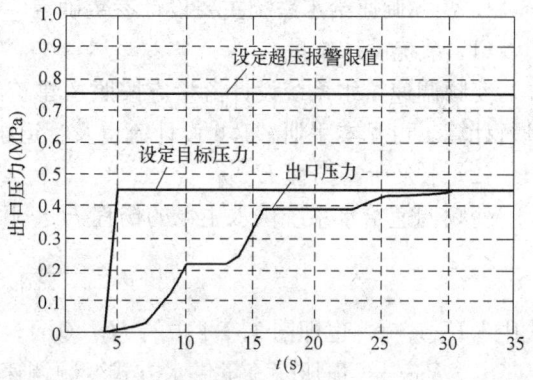

图 1.9-7　全变频控制方式水泵投入过程系统压力变化

$0' \sim Q''_{A01}$ 和 $Q'' \sim Q''_{A01}$ 区域。

全变频控制变频调速给水设备的水泵工况分析见图 1.9-8。从图中可以看出，在传统变频调速给水设备工作时，1 台泵变频运行高效工作区在恒压工作曲线上显示在 $A'_0 \sim B'_0$ 段，相对于水泵流量为 $Q'_{A0} \sim Q'_{B0}$；2 台泵并联变频运行高效工作区在 $2A'_0 \sim 2B'_0$ 段，相对于水泵流量为 $Q'_{2A0} \sim Q'_{2B0}$；3 台泵并联变频运行高效工作区在 $3A'_0 \sim 3B'_0$ 段，相对于水泵流量为 $Q'_{3A0} \sim Q'_{3B0}$。因此，为了避开传统变频调速运行切换到 2 号供水主泵在开始变频运行时的高效工作区以外工作的弊病，可将 1 号泵、2 号泵在 $2A'_0 \sim L$ 段内即开始同步并联变频运行。同样，为了避开 3 号供水主泵在开始变频运行时的高效工作区以外运行的弊病，1、2、3 号供水主泵可在 $3A'_0 \sim M$ 段内就开始同步并联变频运行。在全变频控制变频调速给水设备的运行全过程中，不存在供水主泵工频运行工况。这就是全变频控制变频调速给水设备的运行全过程。

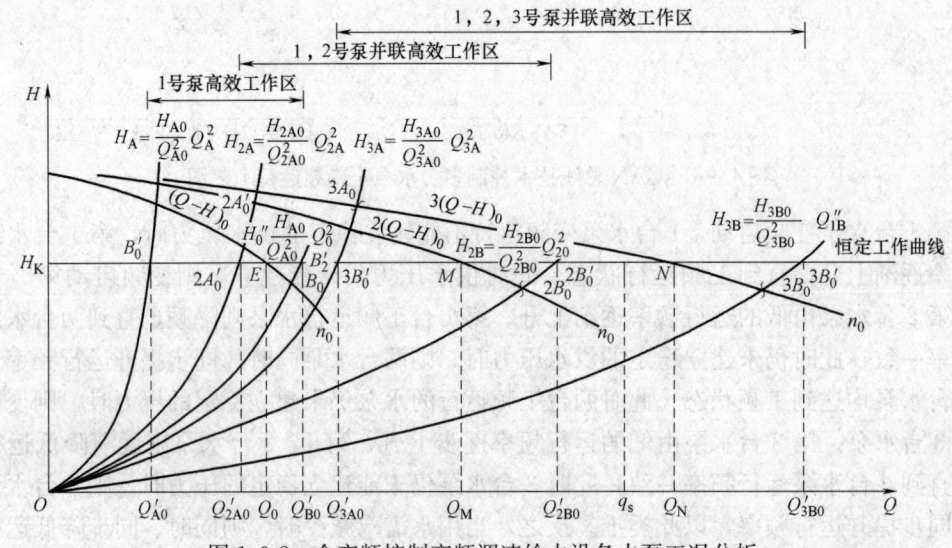

图 1.9-8　全变频控制变频调速给水设备水泵工况分析

1.9.4　设备选用与计算

1. 变频调速给水系统主要设计参数确定

（1）系统设计流量 q_s

变频调速给水系统设计流量应按照《建筑给水排水设计规范》GB 50015 的有关规定进行计算。可见本手册"1.6 设计流量及管道水力计算"介绍。

（2）水泵所需扬程 $H_{泵扬}$

变频调速给水系统供水主泵的扬程 $H_{泵扬}$ 用公式（1.9-1）计算：

$$H_{泵扬} = \frac{P_{出}}{0.0098} - H_{xD} + h_{吸} \tag{1.9-1}$$

式中　$H_{泵扬}$——也即图 1.9-4 中的 H_H（m）；

　　　$P_{出}$——恒压变流量供水方式变频调速给水系统供水主泵的出口压力值（MPa）；

　　　H_{xD}——贮水池最低水位与水泵进口中心之间的几何高差（m）；

　　　$h_{吸}$——变频调速给水系统从贮水池出口至供水主泵进口管段的沿程水头损失和

局部水头损失之和（m）。

$P_{出}$的计算应从两个工况分析：

工况 1：向最不利用水户供水。此时供水主泵出口水压用公式（1.9-2）计算：

$$P_{出1}=0.0098(H_1+H_2+H_3) \tag{1.9-2}$$

式中　$P_{出1}$——供水主泵向最不利用水户供水所需设定的出口水压（MPa）；

　　　H_1——供水主泵中心至最不利用水户用水点的几何高差（m），见图 1.9-9，对于普通住宅用户，最不利用水点宜选在淋浴器喷头出口处，一般距地面 2.1m；

　　　H_2——供水主泵出水管从泵出口至最不利用水户用水点间水流的沿程水头损失和局部水头损失之和，一般不精确计算，距离较近时取 3～5m，距离较远时取 5～8m；

　　　H_3——最不利用水户用水点卫生器具的流出水头（即工作压力），取值如下：

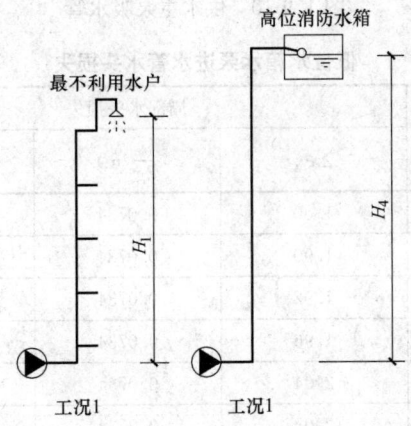

图 1.9-9　水泵供热的工况

洗脸盆龙头：5m；

淋浴器喷头：5～10m；

拖布池龙头：5m；

厨房龙头：5m；

大便器水箱：2m；

延时自闭式冲洗阀：10～15m。

工况 2：向最远高位消防水箱供水。此时供水主泵出口水压用公式（1.9-3）计算：

$$P_{出2}=0.0098(H_4+H_5+H_6) \tag{1.9-3}$$

式中　$P_{出2}$——供水主泵向最远高位消防水箱供水所需设定的出口水压（MPa）；

　　　H_4——供水主泵中心至高位消防水箱最高水位间的几何高差（m）；

　　　H_5——供水主泵出水管从泵出口至高位消防水箱间水流的沿程水头损失和局部水头损失之和，取值参考 H_2（m）；

　　　H_6——高位消防水箱进口浮球阀的工作水头，取 1.5m。

为安全计，$P_{出}$ 应取 $P_{出1}$ 和 $P_{出2}$ 中较大者。

$h_{吸}$ 的计算可参见图 1.9-10。假设从贮水箱出口至供水主泵进口的吸水管长度为 5m，且其上只安装 1 个闸阀和 2 个 90°钢制弯头，表 1.9-1 列出了当吸水管内流速为 1.2m/s 时，不同管径的 $h_{吸}$ 的计算值，从表中看出 $h_{进}$ 值比较小，在水泵的提升高差 H_2、H_4 比较大时，可考虑不计入 $h_{吸}$ 内。

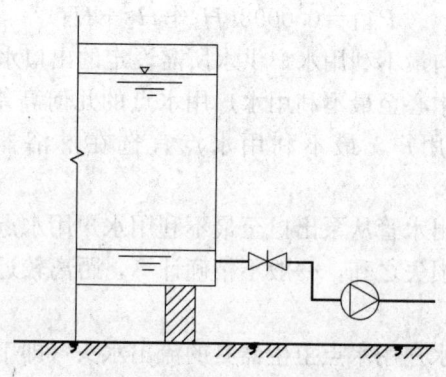

图 1.9-10　供水主泵吸水管

低位水箱水泵进水管水头损失　　　　　　　　　　表 1.9-1

管径 (mm)	沿程水头损失 $h_{进i}$(m)	局部水头损失			$h_{吸}$ (m)
		$\sum\xi_{吸}$	$\frac{v^2}{2g}$(m)	$h_{吸j}$(m)	
50	0.36	1.80	0.0734	0.13	0.49
65	0.26	1.90	0.0734	0.14	0.40
80	0.21	1.92	0.0734	0.14	0.35
100	0.15	1.96	0.0734	0.14	0.29
150	0.09	2.04	0.0734	0.15	0.24
200	0.06	2.02	0.0734	0.15	0.21

2. 辅助小泵＋气压水罐的选用计算

辅助小泵＋气压水罐是变频调速给水系统为改善 1 号供水主泵在小流量、零流量工况时处于高效工作区之外的状况而设。其选用计算可参考图 1.9-5。

（1）供水主泵切换到辅助小泵启泵点的确定

图 1.9-5 中，A_0 点是 1 号供水主泵工频运行时特性曲线 $(Q-H)_0$ 高效工作区左侧端点，通过 A_0 点的等效曲线 $H_A = \frac{H_{A0}}{Q_{A0}^2}Q_A^2$ 与恒压工作曲线的交点为 A_0'。A_0' 对应的流量用公式（1.9-4）计算：

$$Q_{A0}' = Q_{A0}\sqrt{\frac{H_H}{H_{A0}}} \qquad (1.9-4)$$

选用辅助小泵后，其工频运行的特性曲线 $(Q-H)_0$ 的工况点 E 必须在 A_0' 的右侧，即 $Q_E > Q_{A0}'$。E 点（参数 Q_E、H_H）应落在辅助小泵特性曲线 $Q-H$ 上面。

E 点是 1 号供水主泵运行到辅助小泵运行的切换点，即当系统流量小于 Q_E 时，1 号供水主泵切换到辅助小泵开泵。

（2）辅助小泵停泵点的确定

根据气压水罐的供水原理，辅助小泵停泵时气压水罐内的压力宜高出辅助小泵开泵时

的压力 $0.18 \sim 0.20 MPa$，折合扬程约 $18 \sim 20m$。此时，辅助小泵的扬程和气压水罐内的压力概念上是不同的，数值上也不相等，但它们的变化是同步的。这时，辅助小泵停泵时的扬程可取下值：

$$H_F = H_E + (18 \sim 20) = H_H + (18 \sim 20)$$

式中　H_F——辅助小泵停泵时的扬程（m）。

（3）辅助小泵选用

从以上计算得到了辅助小泵的启泵点 E（Q_E、H_H）和停泵点 F 的扬程 H_F，据此再查拟选水泵的性能表或（Q-H）特性曲线，就能选择辅助小泵的规格型号，并确定出水泵扬程为 H_F 时的流量 Q_F。

辅助小泵的启泵点 E 和停泵点 F 均应处于水泵特性曲线（Q-H）$_{小0}$ 的高效工作区 $C_0 \sim D_0$ 范围内。

（4）气压水罐的计算与选用

气压水罐的计算与选用宜符合《建筑给水排水设计规范》GB 50015 的有关规定。采用的计算公式如下：

$$q_z = \frac{1}{2}(Q_E + Q_F) \tag{1.9-5}$$

$$V_x = \frac{\alpha_a q_z}{4n} \tag{1.9-6}$$

$$V_G = \frac{\beta V_x}{1 - \alpha_b} \tag{1.9-7}$$

式中　q_z——辅助小泵的平均流量（m^3/h）；

　　　V_x——气压水罐的有效调节容积（m^3）；

　　　α_a——安全系数，宜取 $1.0 \sim 1.3$；

　　　n——水泵在 1h 内的启动次数，宜取 $6 \sim 8$ 次；

　　　V_G——气压水罐总容积（m^3）；气压水罐两端常采用椭圆形封头，其外形尺寸和封头容积见表 1.9-2 和图 1.9-11，供计算选用时参考；

　　　β——气压水罐的容积系数，取值可查表 1.9-3；

　　　α_b——气压水罐的工作压力比，一般取值范围为 $0.65 \sim 0.85$。α_b 取值小，辅助小泵启泵与停泵压力差小，但气压水罐容积增大；α_b 取值大，气压水罐容积可减小，但辅助小泵启泵与停泵压力差增大，增加了选泵的难度。故应合理选用。

椭圆形封头的有关参数　　　　　　　　　　　　　　　　　　　表 1.9-2

公称直径 DN (mm)	曲面高度 H_1' (mm)	直边高度 H_2' (mm)	厚度 S (mm)	内表面积 F (m^2)	容积 $V_封$ (m^3)	质量 G (kg)
400	100	25	6 8	0.204	0.0115	99 133
		40	10	0.223	0.0134	183
500	125	25	6 8	0.309	0.0213	151 201
		40	10	0.333	0.0242	385

续表

公称直径 DN (mm)	曲面高度 H_1' (mm)	直边高度 H_2' (mm)	厚度 S (mm)	内表面积 F (m²)	容积 $V_{封}$ (m³)	质量 G (kg)
600	150	25	6 8	0.436	0.0352	212 283
		40	10	0.464	0.0396	377
700	175	25	6 8	0.584	0.0545	282 377
		40	10	0.617	0.0603	503
800	200	25	6 8	0.754	0.0796	360 484
		40	10	0.792	0.0871	636
1000	250	25	6 8	1.16	0.151	555 741
		40	10	1.21	0.162	974
1200	300	25	6 8	1.65	0.255	786 106
		40	10 12	1.71	0.272	137 165
1400	300	25	6 8	2.23	0.398	106 142
		40	10 12	2.29	0.421	184 221
1500	3.75	25	6 8	2.55	0.487	121 162
		40	10 12	2.62	0.513	209 252
1600	400	25	6 8	2.89	0.587	137 185
		40	10 12	2.97	0.617	237 285

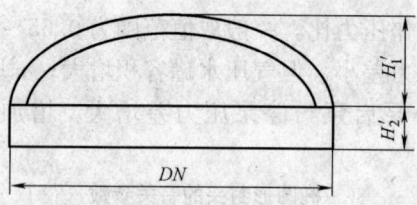

图 1.9-11　椭圆形封头

气压水罐的容积系数 β　　　　　　　　　　　表 1.9-3

隔膜式	立式	1.05	补气式	立式	1.10
	卧式	1.10		卧式	1.25

气压水罐除去封头后圆柱部分的长度采用公式（1.9-8）计算：

$$l_{直}=\frac{4(V_G-2V_f)}{\pi D_{气}^2}$$

（1.9-8）

式中　$l_直$——气压水罐除去封头后圆柱部分的长度（m）；

　　　V_f——椭圆形封头的容积（m³），可查表 1.9-2 得到；

　　　$D_气$——气压水罐直径（m）。

气压水罐罐体总高度用公式（1.9-9）计算：

$$l_{罐总}=l_直+2(h_g+h_z) \tag{1.9-9}$$

式中　$l_{罐总}$——气压水罐罐体总高度（m）；

　　　h_g——椭圆形封头的曲面高度（m）；

　　　h_z——椭圆形封头的直边高度（m）。

h_g、h_z 值可查表 1.9-2 取得。

3. 全变频控制变频调速给水系统切换点的确定

全变频控制变频调速给水系统切换点的确定与计算，可参考图 1.9-8。

（1）1 号供水主泵变频运行切换到 1、2 号泵并联变频运行切换点的确定

该切换点要满足 3 个条件：

1）1 号供水主泵未达到工频运行工况，即 1 号供水主泵流量 $Q_1<Q_L$。

2）1 号、2 号供水主泵并联变频运行应处于高效工作区内，在图 1.9-8 中为 $2A'\sim M$ 区间内，相对应的系统流量在 $Q'_{2A0}\sim Q_M$ 范围内。

3）取两个流量范围的公共区间，故有 $Q'_{2A0}<Q_{1,2}<Q_L$。而且在切换时，1 号供水主泵变频运行的流量，也是 1、2 号供水主泵切换后并联变频运行的流量。

若用 X 表示 $2A'_0\sim L$ 区间内的切换点，Q_X 表示切换时 1 号泵的流量，Q_{X0} 表示过 X 点的等效曲线与 1 号泵工频运行特性曲线 $(Q-H)_0$ 的交点的流量，则此时 1 号供水主泵变频调速运行时的变频率为：

$$\frac{n_1}{n_0}=\frac{Q_X}{Q_{X0}} \tag{1.9-10}$$

过 X 点的等效曲线与 1、2 号供水主泵并联工频运行特性曲线 $2(Q-H)_0$ 的交点的流量为 Q_{2X0}，则切换点时 1、2 号供水主泵并联变频调速运行的变频率为：

$$\frac{n_{1,2}}{n_0}=\frac{Q_X}{Q_{2X0}} \tag{1.9-11}$$

（2）1、2 号泵并联变频运行切换到 1、2、3 号泵并联变频运行切换点的确定

该切换点要满足 3 个条件：

1）1、2 号供水主泵并联运行未达到工频运行工况，即 1、2 号供水主泵并联供水流量 $Q_{1,2}<Q_M$。

2）1、2、3 号供水主泵并联变频运行应处于高效工作区内，在图 1.9-8 中为 $3A'_0\sim N$ 区间内，相对应的系统流量在 $Q'_{3A0}\sim Q_N$ 范围内。

3）取两个流量范围的公共区间，故有 $Q'_{3A0}<Q_{1,2,3}<Q_M$。而且在切换时，1、2 号供水主泵变频运行的流量，也是 1、2、3 号供水主泵切换后并联变频运行的流量。

若用 Y 表示 $3A'_0\sim M$ 区间内的切换点，Q_Y 表示切换时 1、2 号供水主泵并联变频运行时的流量，Q_{2Y0} 表示过 Y 点的等效曲线与 1、2 号供水主泵并联工频运行特性曲线 $2(Q-H)_0$ 的交点的流量，则此时 1、2 号供水主泵并联变频调速运行时的共有变频率为：

$$\frac{n_{1,2}}{n_0}=\frac{Q_Y}{Q_{2Y0}} \tag{1.9-12}$$

过 Y 点的等效曲线与 1、2、3 号供水主泵并联工频运行特性曲线 $3(Q\text{-}H)_0$ 的交点的流量为 Q_{3Y0}，则切换到 1、2、3 号供水主泵并联变频调速运行时的共有变频率为：

$$\frac{n_{1,2,3}}{n_0}=\frac{Q_Y}{Q_{3Y0}} \qquad (1.9\text{-}13)$$

计算例题：

【例 1.9-1】 某城市有一处居住小区。该小区内共有高层居民住宅楼 10 栋，居民中需要提供加压供水的有 1242 户，其用水参数见表 1.9-4。

居民用水参数　　　　　　　　表 1.9-4

户型	户数 n_i	每户人数 m_i	用水量标准 (L/(人·d))	小时变化系数 K_h	卫生器具配量						每户当量数 N_g
					洗涤盆	洗脸盆	坐便器	淋浴器	浴盆	洗衣机龙头	
一厨一卫	986	3.5	180	2.8	1	1	1	1	—	1	4.0
一厨两卫	256	4.0	210	2.5	1	2	2	1	1	1	6.45

小区内另有为小区服务的幼儿园（无住宿）一处，入园幼儿 160 人，老师及服务人员 25 人；社区管理设施一处，管理人员 22 人。

小区给水加压泵房建成地面式泵房。居住小区内地势平坦，各住宅楼内地坪±0.00 大致为标高 210.5m。生活用水最不利点在小区最远的 18 层住宅楼，楼内层高 2.9m，且楼内设有高位消防水箱，消防水箱箱底高于最高层消火栓栓口 7.2m。整个居住小区内不设集中热水供应系统。

加压泵房的地面标高为 209.7m。加压泵房计划采用带辅助小泵和气压水罐的全变频控制变频调速给水系统。

试计算和确定如下内容：

(1) 选用供水主泵。

(2) 计算选用辅助小泵和气压水罐。

(3) 确定全变频控制变频调速给水设备的切换点参数。

【解】

(1) 确定居住小区给水管道设计流量的计算服务人数 M

对于一厨一卫住户，查表 1.9-4 有：

$$q_L=180\text{L/(人·d)}、K_h=2.8、N_{g1}=4.0$$

$$q_L\cdot K_h=180\times2.8=504$$

再查《建筑给水排水设计规范》GB 50015 有关设计流量的相关内容，可得 $M_1=7160$，$n_1=986$ 户。

对于一厨两卫住户，查表 1.9-4 有：

$$q_L=210\text{L/(人·d)}、K_h=2.5、N_{g1}=6.45$$

$$q_L\cdot K_h=210\times2.5=525$$

查规范得 $M_2=6950$，$n_2=256$ 户。

采用加权平均值法：

$$M=\frac{7160\times4\times986+6950\times6.45\times256}{4\times986+6.45\times256}=7098 \text{ 人}$$

（2）求居住小区实际居住人数 M'

根据题意，$m_1=3.5$，$m_2=4.0$

$$M'=986\times3.5+256\times4.0=4475\ \text{人}$$

（3）确定求算居住小区生活给水设计流量的计算公式

由于 $M'<M$，依据《建筑给水排水设计规范》GB 50015 有关设计流量的规定，该小区生活给水设计流量采用如下公式计算：

$$q_s=q_{JS}+q_{\overline{wh}}+q_{bs}+q_{ss}$$

式中　q_s——居住小区生活用水设计秒流量（L/s）；

　　　q_{JS}——居住小区内居民生活用水设计秒流量（L/s）；

　　　$q_{\overline{wh}}$——居住小区内配套及有关的幼儿园、中小学教学楼、医院、疗养院以及社区管理等建筑及设施的平均时用水量（L/s）；

　　　q_{bs}——居住小区内配套及有关的宿舍、旅馆、宾馆、公寓、办公楼、商场、图书馆、公共厕所等建筑的生活给水设计秒流量（L/s）；

　　　q_{ss}——居住小区内配套的宿舍、工业企业生活间、公共浴室、职工食堂、体育场馆、剧院等建筑的生活给水设计秒流量（L/s）。

据题意，$q_{bs}=0$，$q_{ss}=0$。故有：

$$q_s=q_{JS}+q_{\overline{wh}}$$

（4）求算居民生活用水设计秒流量 q_{JS}

由题意，查《建筑给水排水设计规范》GB 50015 附录 E 得：对于一厨一卫住户 U_0 取 2.5%，对于一厨两卫住户 U_0 取 2%。此时，卫生器具给水当量平均出流概率由下式计算：

$$U_{0z}=\frac{U_{01}\cdot N_{g1}\cdot n_1+U_{02}\cdot N_{g2}\cdot n_2}{N_{g1}\cdot n_1+N_{g2}\cdot n_2}=\frac{0.025\times4\times986+0.02\times6.45\times256}{4\times986+6.45\times256}=0.0235$$

全小区所有住户的卫生器具当量总数为：

$$\Sigma N_g=4\times986+6.45\times256=5595.2$$

再查《建筑给水排水设计规范》GB 50015 附录 E，用内插法，当 $U_0=2.35\%$，$\Sigma N_g=5595.2$ 时，设计秒流量 $q_{JS}=29.19\text{L/s}=105.08\text{m}^3/\text{h}$。

（5）求幼儿园的平均时用水量 $q_{\overline{wh}_1}$

幼儿园（无住宿）儿童、老师及服务人员的用水量标准均为 50L/（人·d），用水时间为 10h。

则幼儿园的平均时用水量为：

$$q_{\overline{wh1}}=\frac{1}{3600}\times\frac{50\times160+50\times25}{10}=0.257\text{L/s}$$

（6）求社区管理人员用水量 $q_{\overline{wh2}}$

社区管理人员用水量标准为 50L/（人·d），用水时间为 10h。则有：

$$q_{\overline{wh2}}=\frac{1}{3600}\times\frac{50\times22}{10}=0.031\text{L/s}$$

（7）求居住小区生活用水设计秒流量 q_s

$$q_s=29.19+0.257+0.031=29.478\text{L/s}=106.12\text{m}^3/\text{h}$$

（8）确定供水主泵所需的扬程 H_H

先计算工况1，向最不利用水户供水时，供水主泵的出口水压 $P_{出1}$：

采用公式（1.9-2）计算 $P_{出1}$：

$$P_{出1}=0.0098(H_1+H_2+H_3)$$

式中　$H_1=[210.5+(18-1)\times2.9+2.1]-(209.7+0.45)=51.75\text{m}$

0.45m 为供水主泵中心距泵房地面高度。

考虑到小区较大，H_2 可取 6m。最不利用水户用水点以淋浴器考虑，故 H_3 取 8m。代入后得：

$$P_{出1}=0.0098(51.75+6+8)=0.644\text{MPa}$$

再计算工况2，向最远处18层楼上消防水箱输水时，供水主泵的出口水压 $P_{出2}$：

采用公式（1.9-3）计算 $P_{出2}$：

$$P_{出2}=0.0098(H_4+H_5+H_6)$$

式中　$H_4=[210.5+(18-1)\times2.9+1.1+7.2+1.8]-(209.7+0.45)=59.75\text{m}$

1.8m 为高位消防水箱满水时的水深。

H_5 取 6m，H_6 取 1.5m。代入后得：

$$P_{出2}=0.0098(59.75+6+1.5)=0.659\text{MPa}$$

比较后取 $P_{出}=0.659\text{MPa}$。

供水主泵的扬程计算采用公式（1.9-1）：

$$H_{泵扬}=\frac{P_{出}}{0.0098}-H_{XD}+h_{吸}$$

若贮水池支墩高取 0.6m，最低水位时水深 0.25m。则有：

$$H_{XD}=(0.6+0.25)-0.45=0.4\text{m}$$

查表 1.9-1，水泵吸水管水头损失 $h_{吸}$ 拟取 0.3m。代入后有：

$$H_H=H_{泵扬}=\frac{0.659}{0.0098}-0.4+0.3=67.14\text{m}$$

（9）供水主泵的选用

加压给水系统采用3用1备供水主泵模式，则每台供水主泵的性能参数为：

$$Q_{泵}=\frac{1}{3}q_s=\frac{1}{3}\times106.12=35.37\text{m}^3/\text{h}$$

$$H_H=67.14\text{m}$$

拟选用格兰富 CR 系列立式多级离心泵。查 CR32-6-2 型泵 $Q\text{-}H$ 特性曲线，当 $Q=35.4\text{m}^3/\text{h}$ 时，$H=67.5\text{m}$，且工况点靠近高效工作区的右侧端点，选择合理。

格兰富 CR32-6-2 型立式多级离心泵的性能参数如下：

$$Q=15\sim40\text{m}^3/\text{h}、H=108\sim55\text{m}、P=11\text{kW}$$

选 4 台泵，3 用 1 备。

辅助小泵与气压水罐的计算：

如图 1.9-12 所示，在 $Q\text{-}H$ 坐标系中，首先画出单台 CR32-6-2 型立式多级离心泵工频运行时的特性曲线 $(Q\text{-}H)_0$。$A_0(15、108)$ 和 $B_0(40、55)$ 两点分别是该泵高效工作区左、右两侧的端点。$H_A=\frac{108}{15^2}Q_A^2=0.48Q_A^2$ 和 $H_B=\frac{55}{40^2}Q_B^2=0.0344Q_B^2$ 分别是过 A_0、B_0 两点的等效曲线方程。

A_0' 是等效曲线 $H_A = 0.48Q_A^2$ 与恒压工作曲线 $H_H = 67.14$ 的交点，其流量坐标 Q_{A0}' 计算如下：$Q_{A0}' = \sqrt{\dfrac{67.14}{0.48}} = 11.83\text{m}^3/\text{h}$。

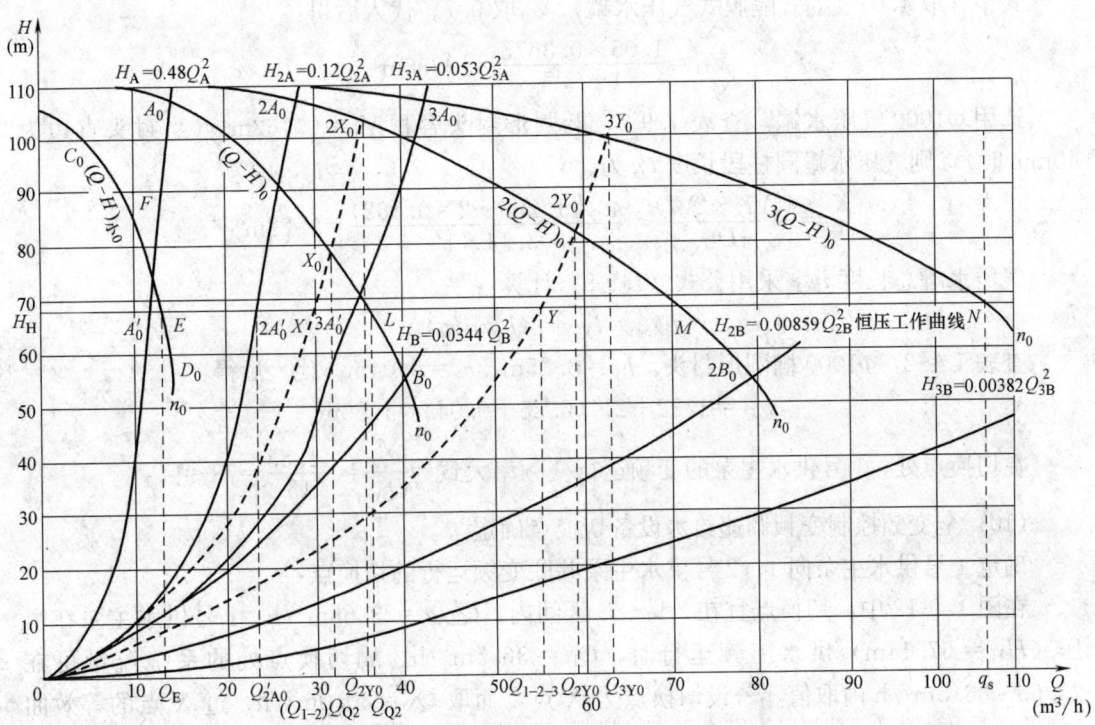

图 1.9-12　变频调速给水装置运行工况 Q-H 坐标系图

故所选辅助小泵的 $(Q\text{-}H)_{小0}$ 特性曲线与 $H_H = 67.14$ 的交点 E 应在 A_0' 的右侧。

查格兰富 CR 系列立式多级离心泵的性能参数。选用 CR10-10 型水泵，其性能参数为：$Q = 5 \sim 13\text{m}^3/\text{h}$、$H = 101.5 \sim 59\text{m}$、$P = 4.0\text{kW}$。其工频运行的 $(Q\text{-}H)_{小0}$ 特性曲线与恒压工作曲线 $H_H = 67.14$ 的交点 E 在 A_0' 的右侧，且 E 点又在辅助小泵特性曲线 $(Q\text{-}H)_{小0}$ 的高效工作区 $C_0 \sim D_0$ 范围内，故选泵是合理的。

查 $(Q\text{-}H)_{小0}$ 特性曲线，E 点的参数为：$Q_E = 13.2\text{m}^3/\text{h}$、$H_E = 67.14\text{m}$。依据气压水罐的工作原理，辅助小泵停泵时的扬程可选 $H_F = H_E + 20 = 67.14 + 20 = 87.14\text{m}$，此时，辅助小泵流量 $Q_F = 9.2\text{m}^3/\text{h}$。$F$ 点也在辅助小泵高效工作区 $C_0 \sim D_0$ 范围内。

此时，平均流量 q_z 为：

$$q_z = \frac{1}{2}(Q_E + Q_F) = \frac{1}{2}(13.2 + 9.2) = 11.2\text{m}^3/\text{h}$$

气压水罐的计算如下：

气压水罐的有效容积 V_x：

$$V_x = \frac{\alpha_a q_z}{4n}$$

上式中 α_a 取 1.05、n 取 8 次。代入后得：

$$V_x = \frac{1.05 \times 11.2}{4 \times 8} = 0.3675\text{m}^3$$

气压水罐的总容积 V_G：

$$V_G = \frac{\beta V_x}{1-\alpha_b}$$

式中 β 取 1.05（立式隔膜式气压水罐）、α_b 取 0.7。代入后得：

$$V_G = \frac{1.05 \times 0.3675}{1-0.7} = 1.286 m^3$$

选用 $\Phi 1000$ 气压水罐。查表 1.9-2，椭圆形封头容积 $V_f = 0.162 m^3$（当封头直边为 40mm 时），则气压水罐圆柱段长度 $l_直$ 为：

$$l_直 = \frac{4(V_G - 2V_f)}{\pi D_气} = \frac{4 \times (1.286 - 2 \times 0.162)}{3.14 \times 1^2} = 1.22 m$$

气压水罐总长度 $l_{罐总}$ 采用公式（1.9-9）计算：

$$l_{罐总} = l_直 + 2(h_g + h_z)$$

查表 1.9-2，$\Phi 1000$ 椭圆形封头，$h_g = 0.25 m$、$h_z = 0.04 m$。代入后得：

$$l_{罐总} = 1.22 + 2 \times (0.25 + 0.04) = 1.80 m$$

在切换点处，1 号供水主泵的变频运行变频率大致为 $\frac{Q'_{A0}}{Q_{A0}} = \frac{11.83}{15} = 78.9\%$。

（10）全变频控制变频调速给水设备切换点确定

确定 1 号供水主泵向 1、2 号供水主泵并联变频运行的切换点：

在图 1.9-12 中，切换点宜在 $2A'_0 \sim L$ 区间内。$Q'_{2A0} = 23.66 m^3/h$，1 号供水主泵在恒压（$H_H = 67.14 m$）供水工频运行时，$Q_L = 36.5 m^3/h$。故切换点处的系统流量可在 $23.66 \sim 36.5 m^3/h$ 内取值。若设切换点为 X 点，而取 $Q_X = 30.0 m^3/h$。过 X 点的等效曲线与 1 号供水主泵工频运行时的特性曲线 $(Q\text{-}H)_0$ 的交点为 X_0，从 $Q\text{-}X$ 坐标系上查得 $Q_{X0} = 31.9 m^3/h$。则切换时 1 号供水主泵变频调速运行时的变频率为：

$$\frac{n_1}{n_0} = \frac{Q_X}{Q_{X0}} = \frac{30.0}{31.9} = 94.0\%$$

过 X 点的等效曲线与 1、2 号供水主泵并联工频运行时的特性曲线 2 $(Q\text{-}H)_0$ 的交点为 $2X_0$，从 $Q\text{-}X$ 坐标系上查得 $Q_{2X0} = 35.5 m^3/h$。则切换到 1、2 号供水主泵并联变频运行时，两泵的共同变频率为：

$$\frac{n_{1,2}}{n_0} = \frac{Q_X}{Q_{2X0}} = \frac{30.0}{35.5} = 84.5\%$$

再确定 1、2 号供水主泵并联变频运行向 1、2、3 号供水主泵并联变频运行切换时的变频率：

在图 1.9-12 中，切换点宜在 $3A'_0 \sim M$ 区间内，但又不应在 L 点的左侧，满足此条件的区间是 $L \sim M$ 区间。$Q_L = 36.5 m^3/h$，$Q_M = 73 m^3/h$。若设切换点为 Y 点，取 $Q_r = 55 m^3/h$ 而曲线 2 $(Q\text{-}H)_0$ 的交点为 $2Y_0$，从 $Q\text{-}H$ 坐标系上查得 $Q_{2Y0} = 58.9 m^3/h$。则切换时 1、2 号供水主泵变频运行时的共同变频率为：

$$\frac{n_{1,2}}{n_0} = \frac{Q_Y}{Q_{2Y0}} = \frac{55}{58.9} = 93.4\%$$

过 Y 点的等效曲线与 1、2、3 号供水主泵并联工频运行时的特性曲线 3 $(Q\text{-}H)_0$ 的交点为 $3Y_0$，从 $Q\text{-}H$ 坐标系上查得 $Q_{3Y0} = 63.4 m^3/h$。则切换到 1、2、3 号供水主泵并联变频运行时，三泵的共同变频率为：

$$\frac{n_{1,2,3}}{n_0}=\frac{Q_Y}{Q_{3Y0}}=\frac{55}{63.4}=86.8\%$$

1.10　气压给水设备

1.10.1　概述

气压给水设备是一种利用密闭带压贮罐内空气的可压缩性进行水的贮存、调节和压送水量的给水增压设备。它所起的作用相当于高位水箱或水塔。气压给水技术应用于给水加压领域在我国已有数十年历史。早在新中国成立前，在我国东北和上海等地就已有用于当时稀罕的高层建筑和居民生活用水的增压上。新中国成立后，随着我国国民经济的恢复，气压给水设备也有了相应发展。自 20 世纪 80 年代以来，更是得到大量的推广和应用，其相应的专用技术也得到了迅速提高。得到开发和实际运用的气压给水新技术有：全自动自平衡限量补气和水力自动定量补气技术、各种形状和材质的气压水罐隔膜，尤其是符合食品级卫生要求的隔膜、气压水罐防水质污染措施、专门用于消防领域的氮气顶压和增压稳压给水设备等。

气压给水设备的优点：

1. 灵活、机动性好，便于搬迁和隐蔽，便于改建和扩建；

2. 可设置在任何位置和高度；

3. 适用于特殊场合，如地震区、有隐蔽要求的场合、施工临时用水处以及有特殊要求的建筑；

4. 补气式设备进排气口设有过滤器，隔膜式设备密闭水与空气不直接接触，水质不易被污染；

5. 建设速度快，施工安装便捷，管理方便；

6. 有消除水锤功能。

缺点：

1. 水罐调节水量小，只占水罐总容积的 15%～35%；

2. 常用的变压式气压给水设备给水压力变化较大，影响卫生器具给水配件的使用寿命，供水水压不稳定给使用者带来不便；

3. 水罐调节容积小、水泵启停频繁，启动电流大、经常性费用较大；

4. 水泵一般不可能全在高效工作区运行，平均效率较低；

5. 钢材耗量大，加工要求高。

鉴于气压给水设备特定的优缺点，近年来即使在变频调速给水设备已普遍使用和无负压给水设备已兴起的情况下，气压给水设备仍有特定的适用场合，主要适用场合如下：

1. 可作为施工工况的临时供水设施使用，施工完毕，小区或建筑物建立齐了完整的供水设施后，工地临时供水的气压给水设备可拆除，搬运到新的工地重复使用；

2. 对于已建成的多层建筑或旧房加层改造的上层用户水压不足，再设置屋顶水箱在结构上已无可能时，选用气压给水设备较为合适；

3. 地震区建筑从抗震要求考虑，不适合设置水塔或屋顶水箱时，在建筑物顶层或地下室设置气压给水设备比较合理；

4. 当高层建筑高位消防水箱设置高度不能满足最高几层消防设施（消火栓或自动喷洒喷头）水压时，宜采用气压给水设备作为消防水箱的增压稳压装置；

5. 气压给水设备可作为新型农村分散、小型化给水站的主体供水设备，并已得到广泛运用。

1.10.2 分类与工作原理

1. 分类（见图 1.10-1）

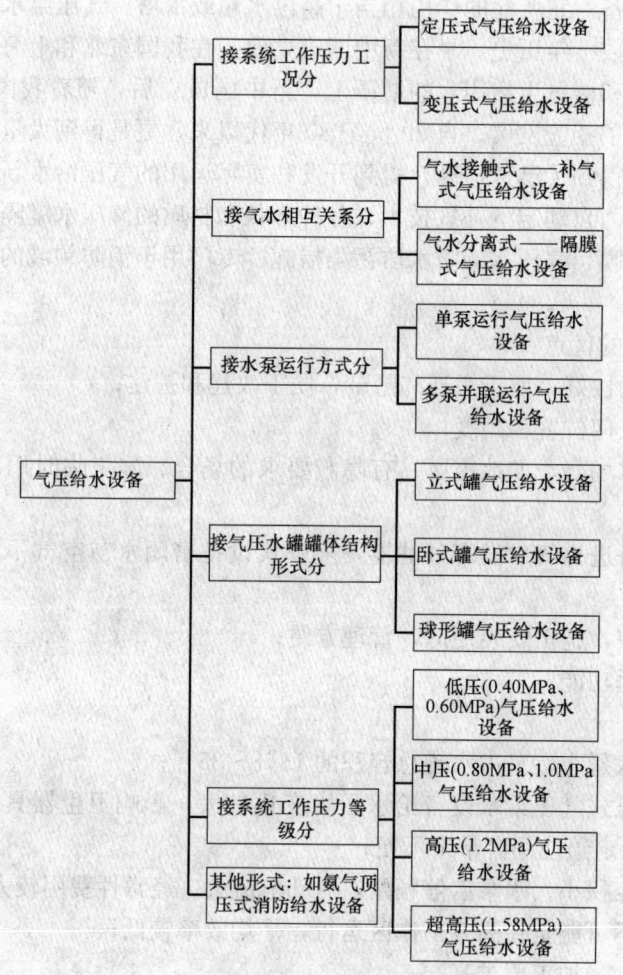

图 1.10-1 气压给水设备分类

2. 几种常用气压给水设备的工作原理

（1）变压式气压给水设备

变压式气压给水设备如图 1.10-2 所示。常用在用户对水压没有特殊要求的场合。此时，气压水罐内的空气腔压力随供水工况而变，给水系统处于压力变化的状态下工作，故称变压式气压给水设备。若设气压给水系统最低工作压力为 P_1（以绝对压力计），则在工作过程中，气压水罐内的最高工作压力 $P_2 = \dfrac{P_1}{\alpha_b}$（以绝对压力计），式中 α_b 称气压水罐工作压力比，取值范围为 $0.45 \sim 0.85$，故 P_2 约为 P_1 的 $2.22 \sim 1.18$ 倍，可见在该系统中工作压力的波动是比较大的。

变压式气压给水设备在开始运行前，应在起始压力 P_0 下存入保护容积 V_0，使罐内压力达到系统最低工作压力 P_1。然后，开泵运行，水泵出水除供用户外，多余部分的水量自动进入气压水罐，此时罐内空气被压缩，压力上升。当罐内压力上升至事先设定

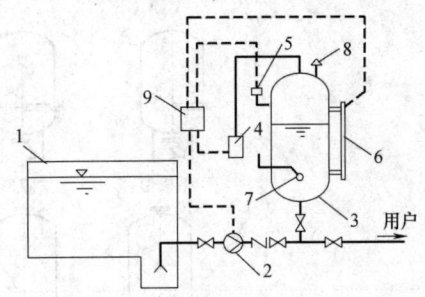

图 1.10-2　变压式气压给水设备示意图
1—水池；2—水泵；3—气压水罐；4—补气装置；
5—压力传感器；6—液位信号器；7—排气阀；
8—安全阀；9—控制柜

好的最高工作压力 P_2 时，压力传感器传出信号至控制柜，控制柜发出指令会使水泵关闭。停泵期间气压水罐内的贮存水靠压缩空气的压力被输送至给水管网供用户使用。随着气压水罐内存水的减少，空气体积膨胀，压力下降。当罐内压力降至事先设定的最低工作压力 P_1 时，压力传感器将信号传至控制柜，控制柜又发出指令使水泵启动，重新开始供水。如此反复循环完成供水全过程。

变压式气压给水设备的气压水罐可以采用补气式气压水罐，也可以采用隔膜式气压水罐，不同品种的气压水罐不影响变压式气压给水设备的工作过程。

（2）隔膜式气压给水设备

隔膜式气压给水设备由水池、水泵、隔膜式气压水罐、泄水阀、压力传感器、控制柜以及管路、附件等组成，如图 1.10-3 所示。制作隔膜的材料有合成橡胶、塑料和金属，但常用的是合成橡胶隔膜。用于生活用水气压给水设备的合成橡胶及其卫生性能应符合《生活饮用水输配水设备及防护材料的安全评价标准》GB/T 17219 规定的要求。隔膜的形式如图 1.10-4 所示，其中囊形隔膜安装时省去了固

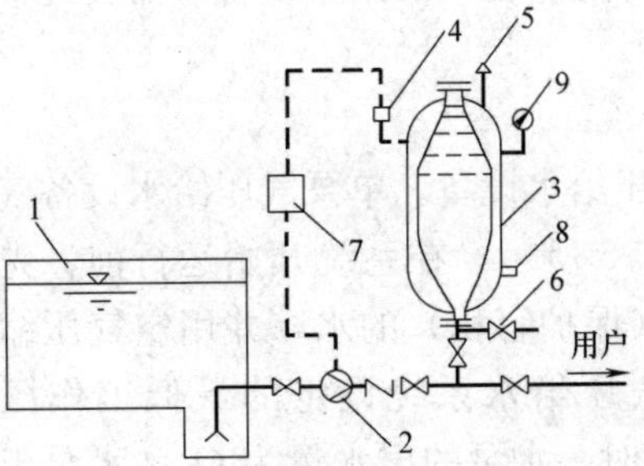

图 1.10-3　隔膜式气压给水设备示意图
1—水池；2—水泵；3—隔膜式气压水罐；
4—压力传感器；5—安全阀；6—泄水阀；
7—控制柜；8—充气嘴；9—压力表

定隔膜的大法兰，减少了气体渗漏，延长了补气周期，故使用较多。

隔膜式气压给水设备的工作原理与变压式气压给水设备的工作过程大致相同。隔膜式气压水罐的罐体上设有充气嘴，运行开始前，先通过充气嘴向气压水罐的隔膜囊外的气室充气，并将隔膜囊内（水室）的空气尽量挤出。待充气至压力传感器显示气室内的压力达到最低工作压力 P_1 时，停止充气，关上阀门封闭充气嘴。然后，启动水泵，气压水罐隔膜内部的水室开始进水。随着水泵运行，进水量增加，水室体积不断增大，而其外侧的气室被不断压缩，压力也不断上升，当压力传感器测到气室的压力达到设定的最高工作压力 P_2 时，压力传感器将信号输送至控制柜，控制柜会发出指令使水泵停止运行。在水泵停止运行期间，靠气压水罐水室内带压的水向用户供水。随着供水的进行，水室容积减小，隔膜外的气室容积不断扩大，压力也随之减小，当压力传感器测到气室的压力下降至最低

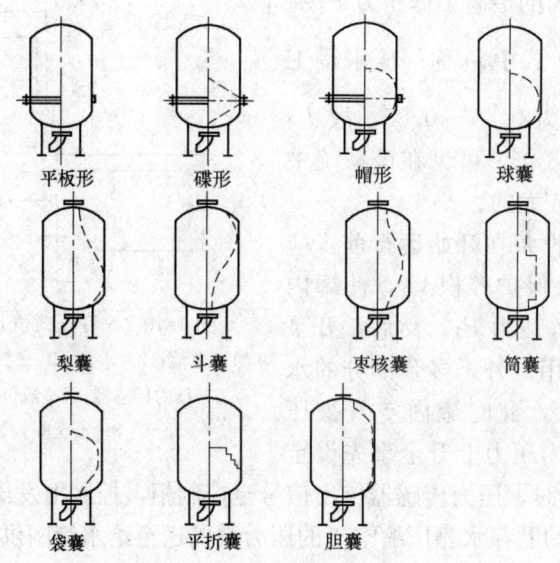

平板形　　碟形　　帽形　　球囊

梨囊　　斗囊　　枣核囊　　筒囊

袋囊　　平折囊　　胆囊

图 1.10-4　隔膜形式

工作压力 P_1 时，信号传至控制柜。控制柜发出指令再次启动水泵供水。如此周而复始完成供水的全过程。要使隔膜式气压给水设备长期正常运行，做到气压水罐气室的密闭不漏气和选用质量好、寿命长的隔膜囊很重要，只有这样才能保证气压给水设备不需要经常向气室充气。

(3) 单泵和多泵并联气压给水设备

在用水量不大的生活给水系统中，常采用单泵气压给水设备。单泵气压给水设备气压

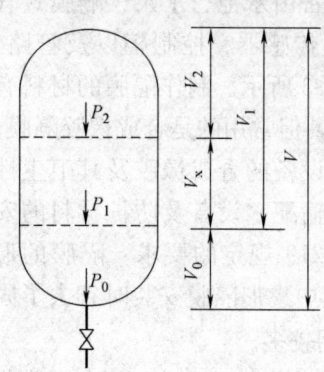

图 1.10-5　气压水罐工
况示意图

水罐内的工况如图 1.10-5 所示。在系统开始运行前，先存入气压水罐内容积 V_0（保护容积）的水，并用空气压缩机增压使罐内压力达到气压给水系统设定的最低工作压力 P_1，随即开启水泵，此时，水泵的出水量为 Q_1。水泵工作时，一边向用户管网供水，同时多余的水向气压水罐充水。由于罐内进水，使罐内空气腔气压升高。当空气腔气压达到最大工作压力 P_2 时，水泵停止工作。此时，水泵瞬间出水量为 Q_2，气压水罐内达到最大调节水容量 V_x。这段时间水泵的工作时间为 t_1。停泵后，用户用水由气压水罐内带压贮存水供给，直至贮存的调节容积 V_x 的水泄空，罐内压力也降至系统最低工作压力 P_1。此段供水时间为 t_2。其工作周期 $t_s = t_1 + t_2$。接着水泵又开始启动工作，完成一个工作循环。气压水罐的调节容积 V_x 取决于水泵的开泵时间 t_1、水泵出水量 Q（可取 $1/2$ $(Q_1 + Q_2)$）和管网用水量 q_s，或水泵停泵时间 t_2 与管网用水量 q_s，即：

$$V_x = (Q - q_s)t_1 = q_s t_2 \qquad (1.10-1)$$

当生活给水系统用水量大，且用水量的变化幅度较大，一台水泵单独工作不能满足供水要求时，需采用两台或两台以上水泵并联与气压水罐共同工作。图 1.10-6 为两台水泵

并联气压给水设备气压水罐的工况图。图中 P_1、P_2 为 1 号泵的最低工作压力和最高工作压力，P_3、P_4 为 2 号泵的最低工作压力和最高工作压力。水泵的总出水量为 q_b、用户的用水量为 Q。气压水罐运行前的保护容积为 V_0、气压水罐的调节容积为 V_x，总容积为 V。1 号泵和 2 号泵启泵压力 P_1、P_3 和停泵压力 P_2、P_4 之间均存在一个压力差 ΔP，尽管 ΔP 值很小，但由于 ΔP 的存在，会产生无调节功能的容积 ΔV_1 和 ΔV_2，$\Delta V_1 + \Delta V_2$ 可占到调节容积的几分之一甚至一半的量。

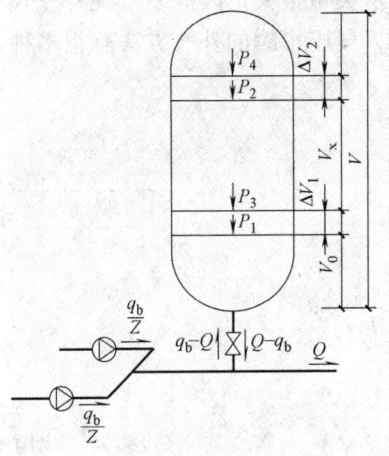

图 1.10-6　两台水泵并联气压水罐工况示意图

在由两台相同型号规格水泵并联的气压给水系统中，在气压水罐逐渐向给水用户输水时，气压水罐内的压力逐渐降低，当压力降到 P_3 时，1 号泵启动运行，若其出水量 $q_b/2$ 不能满足用户用水量 Q（即 $q_b/2 < Q$）时，压力将继续下降，当压力降到 P_1 时，2 号泵启动运行。这时 1、2 号泵开始并联运行，两台水泵的出水量为 q_b，而且产生 $q_b > Q$ 的工况，此时就有多余的水流进气压水罐，使罐内压力逐渐上升，当压力上升到 P_2 时，2 号泵停止运行，1 号泵继续运行，如果此时 $q_b/2 > Q$ 则气压水罐内水量继续增加，压力上升，直至上升到 P_4 时，1 号泵停止运行。1 号泵停止运行时，气压水罐内的水位已到最高值，压力也到了最大值 P_4（此时 $P_4 = P_3 + \Delta P$）。随着用水量的继续，罐内水位和压力同时下降，当气压水罐内压力降到 P_3 时，1 号泵再次启动运行。至此完成了气压给水设备的一个循环运行。

两台水泵并联运行的工况见表 1.10-1。

两台水泵并联运行工况汇总　　　　　　　　　表 1.10-1

给水系统用水量 Q 的变化	1 号泵运行情况	2 号泵运行情况	气压水罐的调节水容积
$Q = 0$	停	停	不起作用
$Q < q_b/2$	在 $P_3 \sim P_4$ 压力区间启、停运行	停	调节水容积起调节作用
$Q = q_b/2$	连续运行	停	不起作用
$Q > q_b/2$	连续运行	在 $P_1 \sim P_2$ 压力区间启、停运行	调节水容积起调节作用
$Q = q_b$	连续运行	连续运行	不起作用

（4）补气式气压给水设备和专用补气装置

补气式气压给水设备的工作原理类同变压式气压给水设备。气压给水设备的主体部件是气压水罐，在补气式气压给水设备中，气压水罐没有隔膜，始终保持一定数量的水和一定容积的空气，且空气和水具有共同的界面。由于空气能溶于水，在运行过程中，罐内的空气会逐步被输出的水溶解并带走。另外，气压水罐很难做到绝对气密而无丝毫渗漏，而气压水罐又是在正压下运行，存在空气向外渗漏的倾向。所以在运行中气压水罐内的空气会逐渐减少，水的体积则相对增大，水位升高。其结果是减小了气压水罐的调节水量容积，导致水泵频繁启动，加剧了水泵的磨损。补气式气压给水设备的运行好坏与它的补气方法关系很大，因此要重视补气式气压给水设备补气方法的选用。

气压水罐的补气方法有很多种，见图 1.10-7。

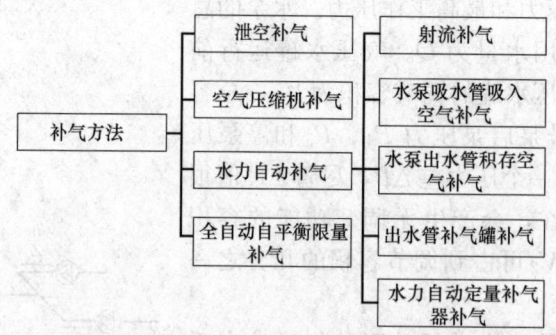

图 1.10-7　气压水罐的补气方法

泄空补气常用于允许短时停水、用水压力不大和对水压稳定要求不严的小型气压给水系统的气压水罐。此时，气压水罐采用定期停水后泄空罐内存水的方法进行补气。在泄水的同时打开设在气压水罐罐顶的进气阀，使空气补入。放尽水后待进气阀和泄水阀均关闭后再启动水泵投入运行。

空气压缩机补气是较早采用也是较简单的一种补气方法。即在设置水泵的同时，在气压水罐旁另设一台小型空气压缩机。在单泵气压给水设备中，当发生失气后，罐内最高工作压力 P_2 时的罐内水位超过了设计最高水位时，在最高水位以上 20～30mm 处设置一个水位电极，罐内水位达到水位电极的高度时，水位电极接通电源开启空气压缩机向罐内补气，当水位又恢复到原设计最高水位时，水位电极断开，空气压缩机关闭，停止补气。每一个时间间隔后，空气压缩机的反复循环启闭，完成了不断补气。为了保证供水水质的安全，生活用水气压给水设备采用的空气压缩机应为无油润滑型。

射流补气又称水射器补气。采用水射器补气时，需要在水泵出水管上接出一个旁通管，旁通管上装一个水射器，水射器的出口接入气压水罐的空气腔。而在气压水罐的空气腔罐壁上装一个自动排气阀。当水泵开启时，水泵出水从旁通管流过，水射器能产生负压吸入空气补入气压水罐内。调节水射器前阀门的开启度，即可控制进入水射器的空气量。若补入罐内的空气过量时，会通过自动排气阀排出罐外，以维持罐内的正常水位。

利用水泵运行时吸水管内是负压的条件，吸入空气补气的方式适用于水泵吸入式安装时。具体有两种方法。一种方法是在水泵吸水管上直接装补气阀门，水泵工作时手动或采用电动阀打开水泵吸水管上的补气阀门，利用吸入式安装时水泵吸水管内处于负压的条件自动吸入空气补入气压水罐，使气压水罐内的空气量达到正常的需要值。这种补气方法构造简单、操作方便，但补气量有限，且不易控制补气量。控制不好会造成水泵气蚀，甚至会使水泵吸不上水来，现在已很少采用。另一种方法是用补气罐和止回阀来替代吸水管上的补气阀门，如图 1.10-8 所示。补气罐的使用能增加补气量。当水泵开启时，吸水管内形成的负压能吸走补气罐内的水，空气通过装在补气罐顶上的止回阀进入补气罐，当补气管内的水位降至一定高度时，补气罐下出口的浮球下降堵在补气罐的吸水口上，阻止空气继续进入水泵吸水管，而是停留在补气罐内，停泵后，利用气压水罐与补气罐的水位差，把补气罐内的空气压入气压水罐，完成补气过程。

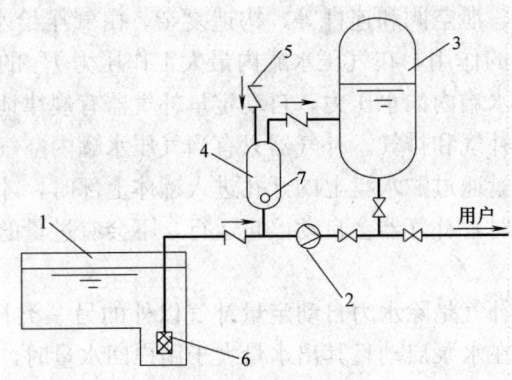

图 1.10-8　水泵吸水管吸入空气补气（补气罐法）
1—水池；2—水泵；3—气压水罐；4—补气罐；5—进气止回阀；6—底阀；7—浮球

　　也可以利用水泵出水管积存空气的方法对气压水罐补气。当仅仅利用水泵出水管内积存的空气来补气时，水泵出水管的一段应高出气压水罐内的最高水位，见图 1.10-9。在图中，水泵运行时，止回阀 6 打开，止回阀 7 关闭。停泵时，止回阀 6 关闭，止回阀 7 打开。停泵时出水管内有一部分高出水池水面的水会经泵和吸水管回流到水池，此时应有空气流过止回阀 7 充满水泵至止回阀 6 的管段。水泵再次启动时，此部分空气就会通过止回阀 6 进入气压水罐起到补气的作用。水泵每停止、开启一次就补一定量的气，补气量的大小可通过进气控制阀 8 调节。

　　利用水泵出水管内积存的空气来补气，有时往往遇到积存空气不够的现象，此时就需要在出水管上加设一个补气罐以增大补气量，补气罐的容积为气压水罐容积的 2%。其工作原理与利用水泵出水管积存空气补气的方法类同，不再赘述。

　　水力自动定量补气法是另一种靠水力作用自动补气的方法。其主要部件是气压水罐外单设的自动定量补气器，如图 1.10-10 所示。自动定量补气器是一个筒形结构，内设浮

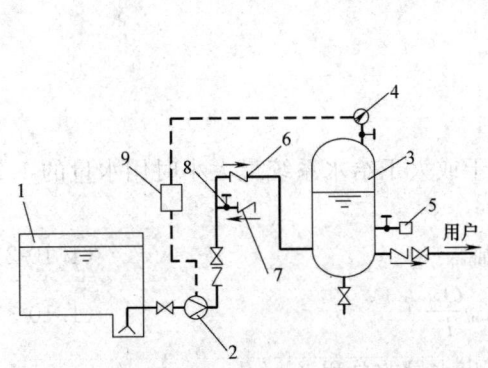

图 1.10-9　水泵出水管积存空气补气
1—水池；2—水泵；3—气压水罐；4—电接点
压力表；5—排气器；6—止回阀；7—止回阀；
8—进气控制阀；9—控制器

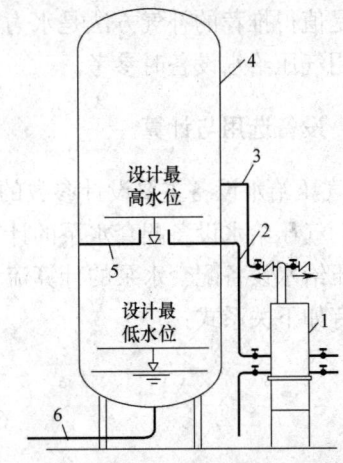

图 1.10-10　水力自动定量补气器补气
1—自动定量补气器；2—补气器进水管；3—补气管；
4—气压水罐；5—贮水盘；6—气压水罐进、出水管

子、进排水阀、止回阀、泄空阀和连杆等，构造复杂。由气压给水设备制造厂配套提供。为配合自动定量补气器的作用，在气压水罐内最大工作压力 P_2 的水位处应设一个中间带孔的贮水盘。借助气压水罐内的水压力，自动定量补气器有规律地驱动进、排水阀和进气止回阀，使其有规律地补气和排气。补气器只有当气压水罐内空气量不够使水位上升超过最高设计水位，即有水量通过贮水盘上的开孔进入罐体上部时，才会动态补气。一旦水位下降，贮水盘上部无水时，补气器会自动停止运行，不会有过量的空气排入气压水罐，故称自动定量补气器。

全自动自平衡限量补气是除水力自动定量补气以外的另一类补气形式，如图 1.10-11 所示。它的工作原理是在水泵启动且其出水量大于用户回水量时，除供用户用水外，还有部分出水进入气压水罐及自动平衡补气装置。当气压水罐内的压力达到最高工作压力 P_2

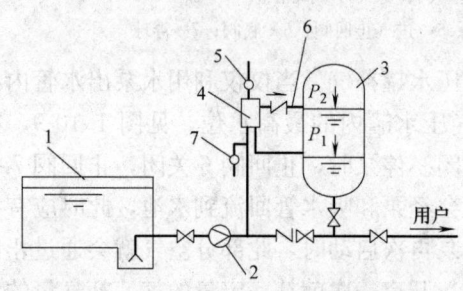

图 1.10-11　全自动自平衡限量补气

1—水池；2—水泵；3—气压水罐；4—自动平衡补气装置；5—吸气阀；6—进气管；7—自动排水阀

时，水泵自动停止运行。在水泵停泵靠气压水罐内的压力水供用户用水的时段，气压水罐内的水位在下降，而自动平衡补气装置内的水位也在下降，使得自动平衡补气装置顶端的吸气阀打开吸入空气。当气压水罐内的水压降至最低工作压力 P_1，使水泵重新启动时，气压水罐和自动平衡补气装置内的水位开始上升，此时，自动平衡补气装置顶端的吸气阀会自动关闭，同时将自动平衡补气装置内已吸入的空气压入气压水罐完成补气过程。该装置与 P_2 相对的水位可以在很小范围（±0.02m）内波动。整个运行工况稳定可靠。

纵观补气式气压给水设备的各种补气方法，随着人们对给水系统供水可靠性、供水质量和水质要求的提高，有些补气时需要停水、补气后气压水罐内水位不稳定、给水设备需要人值守的补气方法已不适合采用。目前，在补气式气压给水设备中采用较多、可靠性好，也是值得推荐的补气方法是水力自动定量补气和全自动自平衡限量补气两种方法，供设计选用气压给水设备时参考。

1.10.3　设备选用与计算

1. 气压给水设备主要设计参数的确定

（1）气压给水设备配套水泵的计算流量 q_b

气压给水设备配套水泵的计算流量 q_b 应等于或大于给水系统最大小时用水量的 1.2 倍。即有如下关系式：

$$q_b \geqslant 1.2Q_{hmax} \tag{1.10-2}$$

$$Q_{hmax} = \sum K_{hi}\frac{Q_{di}}{T_i} \tag{1.10-3}$$

式中　q_b——气压给水设备配套一台或多台水泵出水量的总和（m^3/h）；

　　Q_{hmax}——给水系统（用户）最大小时用水量（m^3/h）；

　　Q_{di}——给水系统不同用户的最高日用水量（m^3h）；

　　K_{hi}——不同用户用水时变化系数；

T_i——给水系统内不同用户每日的供水时间（h）。

（2）气压水罐的最低工作压力 P_1

气压水罐的最低工作压力 P_1，可采用"1.9 变频调速给水系统"中的公式（1.9-2）计算：

$$P_1 = 0.0098(H_1 + H_2 + H_3)$$

（3）气压水罐的最高工作压力 P_2

气压水罐的最高工作压力 P_2 与工作压力比 α_b 有关。可用公式（1.10-4）计算：

$$P_2 = \frac{P_2 + 0.098}{\alpha_b} - 0.098 \qquad (1.10\text{-}4)$$

式中　P_2——气压水罐的最高工作压力（MPa 表压）；

α_b——气压水罐的工作压力比，气压水罐高置时 α_b 值可取 0.45～0.65；低置时 α_b 值可取 0.65～0.85。一般（$P_2 - P_1$）值在 0.1～0.2MPa 之间为宜，差值太大虽可减小气压水罐的容积，但水泵的扬程增加，从而增加了电耗，水泵工作效率也要降低。

气压水罐的另一个性能系数是容积系数 β，其计算如下：

$$\beta = \frac{P_1}{P_2}$$

β 值与气压水罐的形式种类有关，取值可查表 1.9-3。

2. 水泵选用

气压给水设备配套水泵的扬程 $P_{泵扬}$ 可采用"1.9 变频调速给水系统"中的公式（1.9-1）计算：

$$H_{泵扬} = \frac{P_{出}}{0.0098} - H_{XD} + h_{吸}$$

应该指出，气压给水设备中，水泵出口压力 $P_{出}$ 与气压水罐内的工作压力是两个概念，不能代用。在图 1.10-12 中，若设 P_c 为气压水罐内的工作压力 P_1 与 P_2 的平均值，即有 $P_c = \frac{P_1 + P_2}{2}$，而 $P_2 = \frac{P_1 + 0.098}{\alpha_b} - 0.098$，代入后得：

$$P_c = \frac{(1 + a_b)P_1 + (1 - a_b) \times 0.098}{2\alpha_b} \qquad (1.10\text{-}5)$$

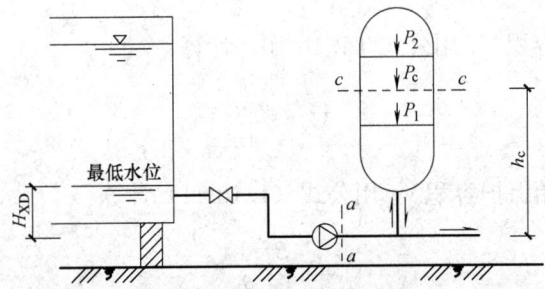

图 1.10-12　气压给水设备水泵选用计算示意图

若对水泵出口和气压水罐的平均压力 P_c 处分别作基准面 a-a 和 c-c，并对其写伯努利方程，则有：

$$\frac{P_a}{\gamma} + \frac{av_a^2}{2g} = h_c + \frac{P_c}{\gamma} + \frac{av_c^2}{2g} + h_f \tag{1.10-6}$$

式中 $\dfrac{P_a}{\gamma}$——水泵出口静压水头（m），$\dfrac{P_a}{\gamma} = \dfrac{P_{出}}{0.0098}$；

v_a——水泵出口流速（m/s）；

h_c——气压水罐内平均工作压力 P_c 水面与水泵出口中心的高差（m）；

$\dfrac{P_c}{\gamma}$——气压水罐内 $c\text{-}c$ 基准面处的静压水头（m），$\dfrac{P_c}{\gamma} = \dfrac{P_c}{0.0098}$；

v_c——气压水罐内 $c\text{-}c$ 基准面下降的速度，由于水位下降缓慢，近似取 $v_c = 0$；

h_f——水流从泵出口至气压水罐进口的水头损失，因距离短、局部阻力少，固可取 $h_f = 0$。

代入后得：

$$\frac{P_{出}}{0.0098} = \frac{P_c}{0.0098} + h_c - \frac{av_a^2}{2g} \tag{1.10-7}$$

将公式（1.10-7）代入公式（1.9-1）得：

$$H_{泵扬} = \frac{P_c}{0.0098} + \left(h_c + h_{吸} - H_{XD} - \frac{av_a^2}{2g} \right) \tag{1.10-8}$$

分析公式（1.10-8），水泵扬程 $H_{泵扬}$ 与水泵出口压力 P_c 之间的差值为 $\left(h_c + h_{吸} - H_{XD} - \dfrac{av_a^2}{2g} \right)$。对于设于泵房同一地面上的水泵和气压水罐而言，经过测算，$\left(h_c + h_{吸} - H_{XD} - \dfrac{av_a^2}{2g} \right)$ 值一般在 1m 以下。对于有几十米扬程的水泵，忽略掉该值是允许的。故为简化计算，在选泵时可考虑取 $H_{泵扬} = \dfrac{P_c}{0.0098}$。

依据参数 q_b、$H_{泵扬}$ 的数值，查水泵样本及 $Q\text{-}H$ 特性曲线，选用水泵。q_b、$H_{泵扬}$ 的工况点应在水泵 $Q\text{-}H$ 特性曲线高效区范围内。

3. 气压水罐的选用

气压水罐的总容积 V 用公式（1.10-9）计算：

$$V = \frac{\beta V_x}{1 - \alpha_b} \tag{1.10-9}$$

气压水罐的调节容积 V_x 用公式（1.10-10）计算：

$$V_x = \frac{\alpha_a q_b}{4n} \tag{1.10-10}$$

气压水罐内的初始保护容积 V_0 用公式（1.10-11）计算：

$$V_0 = \frac{\beta - 1}{1 - \alpha_b} V_x \tag{1.10-11}$$

气压水罐内最低工作压力 P_1 时罐内空气腔的体积 V_1 用公式（1.10-12）计算：

$$V_1 = \frac{V_x}{1 - \alpha_b} = \frac{P_2}{P_2 - P_1} V_x \tag{1.10-12}$$

气压水罐内最高工作压力 P_2 时罐内空气腔的体积 V_2 用公式（1.10-13）计算：

$$V_2 = \frac{\alpha_b}{1-\alpha_b} = \frac{P_2}{P_2-P_1}V_x \qquad (1.10\text{-}13)$$

气压水罐的起始压力 P_0 用公式（1.10-14）计算：

$$P_0 = \frac{P_1-0.098}{\beta} - 0.098 \qquad (1.10\text{-}14)$$

式中　V——气压水罐的总容积（m^3）；

　　　V_x——气压水罐的调节容积（m^3）；

　　　V_0——气压水罐内的初始保护容积（m^3）；

　　　V_1——气压水罐内最低工作压力 P_1 时罐内空气腔的体积（m^3）；

　　　V_2——气压水罐内最高工作压力 P_2 时罐内空气腔的体积（m^3）；

　　　P_0——气压水罐的起始压力（MPa）；

　　　α_a——安全系数，宜取 1.1～1.3；

　　　β——气压水罐的容积系数，取值可查表 1.9-3；

　　　n——水泵在 1h 内的启动次数，宜采用 6～8 次；对于功率小、直接启动的水泵可取较高值，对于功率较大、降压启动的水泵应取较低值。

计算得到气压水罐的总容积 V 后，有关气压水罐两端椭圆形封头的选用和罐体尺寸的计算可查"1.9 变频调速给水系统"表 1.9-2 和公式（1.9-8）和公式（1.9-9）。

为方便计算，现列出气压水罐的外形尺寸图（见图 1.10-13）和气压水罐技术参数表（见表 1.10-2），供参考。

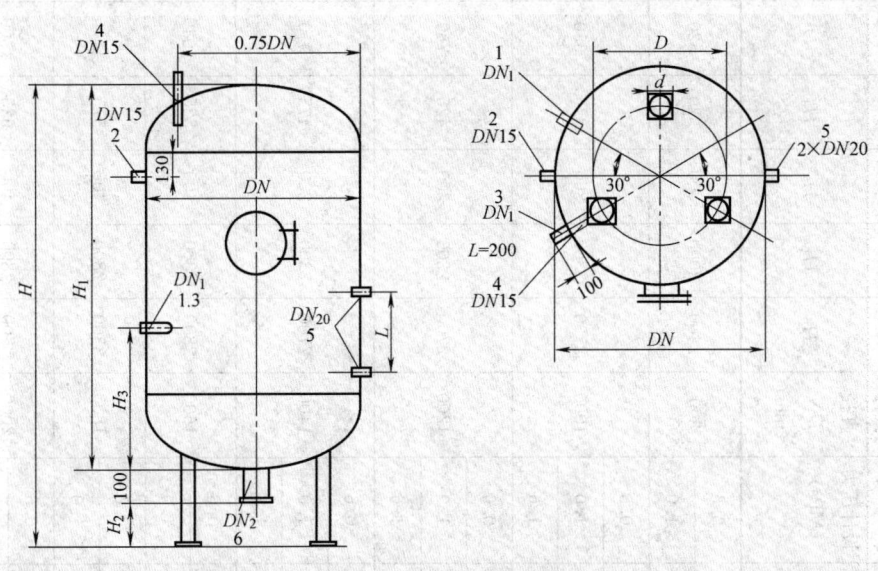

图 1.10-13　气压水罐外形尺寸及接管图

1—进水管备用位置；2—压力表接口；3—进水管接口（二头二丝口）；
4—平衡控制管；5—玻璃管液位计（管箍）；6—出水管

表 1.10-2

气压水罐技术参数

规格	设计压力 (MPa)	公称直径 DN (mm)	尺寸 (mm) H	H₁	H₂	H₃	D	d	总容积 V(m³)	β=1.1 调节容积 Vₓ(m³) αb=0.65	0.7	0.75	0.8	0.85	尺寸 (mm) 人孔直径	进水管管径 DN₁	出水管管径 DN₂	设备重(kg)
800 -0.6	0.6	800	2400	2000	300	320	520	114	0.93	0.296	0.254	0.211	0.17	0.127	426	40	50	481
800 -1	1.0																	614
1000 -0.6	0.6	1000	2700	2300	300	375	650	114	1.66	0.528	0.450	0.377	0.30	0.226	426	40	50	698
1000 -1	1.0																	853
1000 -1.6	1.6																	1130
1200 -0.6	0.6	1200	2700	2300	300	425	780	114	2.38	0.757	0.650	0.539	0.43	0.324	426	40	50	1000
1200 -1	1.0																	1200
1200 -1.6	1.6																	1450
1400 -0.6	0.6	1400	2700	2300	300	475	910	159	3.18	1.012	0.870	0.722	0.58	0.434	426	40	65	1250
1400 -1	1.0																	1666
1400 -1.6	1.6																	2100
1600 -0.6	0.6	1600	2800	2300	400	525	1040	159	4.05	1.289	1.110	0.920	0.74	0.522	426	50	80	1666
1600 -1	1.0																	1910
1800 -0.6	0.6	1800	3300	2800	400	575	1170	219	6.58	2.094	1.790	1.495	1.20	0.897	426	65	80	2112
1800 -1	1.0																	2780
2000 -0.6	0.6	2000	3300	2800	400	625	1300	219	7.69	2.447	2.100	1.748	1.40	1.049	426	80	100	2221
2000 -1	1.0																	3044

4. 双泵和多泵气压给水系统中气压水罐的容积计算

单泵气压给水系统中，气压水罐的总容积采用公式（1.10-9）计算：

$$V=\frac{\beta V_x}{1-\alpha_b}$$

其中调节容积 V_x 用公式（1.10-10）计算：

$$V_x=\frac{\alpha_a q_b}{4n}$$

当气压给水系统采用两台水泵并联运行时，则每台水泵在气压水罐平均工作压力 P_c 下的出水量 q_{2b} 为：

$$q_{2b}=\frac{1}{2}q_b$$

此时，气压水罐的调节容积 V_{2x} 为：

$$V_{2x}=\frac{\alpha_\alpha\dfrac{1}{2}q_b}{4n}=\frac{1}{2}\frac{\alpha_\alpha q_b}{4n}=\frac{1}{2}V_x$$

气压水罐的总容积 V_{2b} 为：

$$V_{2b}=\frac{\beta V_{2x}}{1-\alpha_b}=\frac{1}{2}\frac{\beta V_x}{1-\alpha_b}$$

故当气压给水系统采用两台水泵并联运行时，气压水罐的总容积 V_{2b} 与采用单台水泵时的总容积 V 之比为：

$$\frac{V_{2b}}{V}=\frac{\dfrac{1}{2}\dfrac{\beta V_x}{1-\alpha_b}}{\dfrac{\beta V_x}{1-\alpha_b}}=\frac{1}{2} \tag{1.10-15}$$

从公式（1.10-15）可以看出，两台水泵并联运行时，所要求的气压水罐的总容积 V_{2b} 是单台大水泵运行时气压水罐总容积的一半。

应该指出两点：

（1）两台水泵各自出水量理论上为 $\dfrac{q_b}{2}$，实际上两台小水泵并联运行时，出水量之和约低于理论值 5%，故在选配水泵时应使两台小水泵的出水量各附加 5%，出水量应为 $\dfrac{1.05q_b}{2}$。

（2）从图 1.10-6 可以看出，在两台泵的最低工作压力 P_1 和 P_3、最高工作压力 P_2 和 P_4 之间，1 号泵和 2 号泵的启泵压力、停泵压力均存在一个压力差 ΔP，尽管 ΔP 很小，也反映出两台水泵存在着并非并联运行区。这就会使气压水罐的总容积减少量不足一半。

从以上分析可以推论，当气压给水设备采用 3 台或 4 台小水泵并联运行代替一台大水泵供水时，会更加有效地减小气压水罐的总容积。但是，也不是采用替代水泵的台数越多越好，在实际设计中，还应该根据用水量 Q_{hmax} 的大小、选用小泵并联的可能性、水泵机组的价格、泵站建筑面积造价、耗电量及维护费用、多台水泵电控技术的可靠性等多项因素进行综合比较后确定。

1.10.4　例题

【**例 1.10-1**】　某乡镇水改项目需新建一座生活给水泵房。已知：给水系统的用水人口为 3650 人，最高日生活用水定额 115L/(人·d)，用水时变化系数取 1.5。在供水区域内另有养鸡场一座，养鸡规模 2.5 万只，用水定额 1L/(只·d)，用水时变化系数取 2.2。

新建给水泵房采用气压给水设备，布置见图 1.10-14。

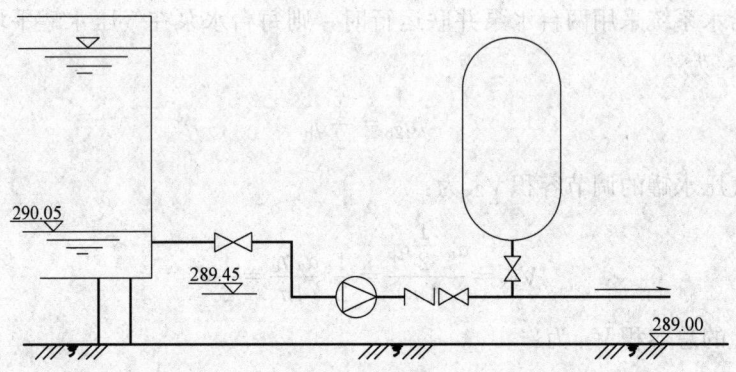

图 1.10-14　气压给水设备布置示意图

供水的最不利用户在最远端的 4 层住宅楼，楼内 ±0.00 标高为 316.50m，层高 2.9m。试确定该气压给水设备的设计参数。

【**解**】

（1）确定气压给水系统的设计流量 q_b

乡镇居民生活用水 Q_{hmax1}：

$$Q_{hmax1} = K_{h1} \frac{Q_{d1}}{T_1}$$

据题意，$K_{h1} = 1.5$、$Q_{d1} = 0.115 \times 3650 = 419.75 m^3/d$、$T_1 = 24h$。代入上式得：

$$Q_{hmax1} = 1.5 \times \frac{415.75}{24} = 26.23 m^3/h$$

养鸡场用水 Q_{hmax2}：

$$Q_{hmax2} = K_{h2} \frac{Q_{d2}}{T_2}$$

据题意：$K_{h2} = 2.2$、$Q_{d2} = 0.001 \times 25000 = 25 m^3/d$、$T_2 = 24h$。代入上式得：

$$Q_{hmax2} = 2.2 \times \frac{25}{24} = 2.29 m^3/h$$

系统的最大小时用水量 Q_{hmax} 为：

$$\begin{aligned} Q_{hmax} &= Q_{hmax1} + Q_{hmax2} \\ &= 26.23 + 2.29 \\ &= 28.52 m^3/h \end{aligned}$$

气压给水系统的设计流量 q_b：

$$q_b = 1.2 Q_{hmax} = 1.2 \times 28.52 = 34.22 m^3/h$$

(2) 确定气压水罐的最低工作压力 P_1

采用公式（1.9-2）计算：

$$P_1 = 0.0098(H_1 + H_2 + H_3)$$

据题意：$H_1 = 316.50 + 3 \times 2.9 + 2.1 - 289.45 = 37.85\text{m}$

式中 2.1m 是用户淋浴器出口距地面高度。

H_2 取 5m。淋浴器流出水头 H_3 取 5m。代入后有：

$$P_1 = 0.0098(37.85 + 5 + 5) = 0.469\text{MPa}$$

(3) 确定气压水罐的最高工作压力 P_2

采用公式（1.10-4）计算：

$$P_2 = \frac{P_1 + 0.098}{\alpha_b} - 0.098$$

α_b 取 0.70，代入后有：

$$P_2 = \frac{0.469 + 0.098}{0.70} - 0.098 = 0.712\text{MPa}$$

(4) 计算气压水罐内的平均工作压力 P_c

$$P_c = \frac{P_1 + P_2}{2} = \frac{0.469 + 0.712}{2} = 0.590\text{MPa}$$

(5) 计算水泵扬程 $H_{泵扬}$

为简化计算，取：

$$H_{泵扬} = \frac{P_c}{0.0098} = \frac{0.590}{0.0098} = 60.2\text{m}$$

(6) 选泵

$$q_b = 34.22\text{m}^3/\text{h}、\quad H_{泵扬} = 60.2\text{m}$$

选泵 2 台，1 用 1 备，交替使用。

查格兰富 CR 系列立式多级泵特性曲线，选用 CR32-5-2 型泵，其性能参数为：

当 $Q = 34\text{m}^3/\text{h}$ 时，$H = 60\text{m}$，$P = 11\text{kW}$。

查该泵 $Q\text{-}H$ 特性曲线：

当 $H = 47.8\text{m}$（$P_1 = 0.469\text{MPa}$）时，$Q = 38.8\text{m}^3/\text{h}$；

当 $H = 72.6\text{m}$（$P_2 = 0.712\text{MPa}$）时，$Q = 29\text{m}^3/\text{h}$。

这两个工况点均在 CR32-5-2 型泵的高效工作区内。故选泵合理。

(7) 气压水罐规格尺寸的确定

计算气压水罐的调节容积 V_x

采用公式（1.10-10）计算 V_x：

$$V_x = \frac{\alpha_a q_b}{4n}$$

式中 α_a 取 1.2，n 取 8 次/h，$q_b = 34.22\text{m}^3/\text{h}$。代入后得：

$$V_x = \frac{1.2 \times 34.22}{4 \times 8} = 1.28\text{m}^3$$

再确定气压水罐的总容积 V：

计算 V 采用公式（1.10-9）：

$$V = \frac{\beta V_x}{15 - \alpha_b}$$

式中 $\beta = 1.05$（立式隔膜罐）、α_b 取 0.7。代入后得：

$$V = \frac{1.05 \times 1.28}{1 - 0.7} = 4.48 m^3$$

选用 $\phi 1600$ 的气压水罐。查表 1.9-2，每个椭圆形封头容积为 $0.617 m^3$，封头总高度 $l_0 = 440 mm$。则采用公式（1.9-8）来计算气压水罐圆柱形筒体部分的长度：

$$l_{直} = \frac{4(V_G - 2V_f)}{\pi D_气^2}$$

$$= \frac{4 \times (4.48 - 2 \times 0.617)}{3.14 \times 1.6^2} = 1.62 m$$

气压水罐的总长：

$$l_{总} = l_{直} + 2l_0 = 1.62 + 2 \times 0.44 = 2.50 m$$

（8）计算气压水罐的起始压力 P_0。

$$P_0 = \frac{P_1 + 0.098}{\beta} - 0.098 = \frac{0.469 + 0.098}{1.05} - 0.098 = 0.442 MPa$$

1.11 无负压给水设备

1.11.1 概述

无负压给水设备是 20 世纪 80 年代中期在国内继水泵＋高位水箱、气压给水设备、变频调速给水设备之后发展起来的一种给水增压设备。它直接连接到市政给水管网或其他有压管网上，有效利用管网原有压力，对管网不产生负压，且能稳定供水，具有全封闭、无污染、不对周围用户产生影响、节能、占地少、安装便捷、运行可靠、维护方便等优点，已被推广运用于新建、扩建或改建的居住区、民用建筑、公共建筑、工矿企业及城镇区域的二次加压给水设备上。与传统给水加压方式相比，无负压给水设备具有以下特点：

1. 优点

（1）直接连接到市政给水管网或其他有压管网上加压，可有效利用原有管网压力，运行节能。

（2）系统全密闭设计，不与外界空气连通，杜绝水质污染。

（3）设置稳流补偿罐可缓冲进水压力波动和流量调节，设备运行稳定、可靠。

（4）无需设置水池，可节省占地和投资。

（5）设备布置紧凑，安装方便、简捷，便于扩建、改建和搬迁。

（6）采用微机控制变频调速运行，调整速度快，控制精度高。

（7）由于利用了市政给水管网或有压管道的可利用水压，设备扬程低、功率小，运行噪声低。

2. 缺点

（1）调节容积小，对进水量要求比较高，储备水量较小，当出现长时间停水时，将会出现断水现象。

（2）设备结构及控制较复杂，成本较高。

无负压给水设备所具备的特点加快了它的推广和使用，但它也不是万能的，同样具有它使用的约束条件。比如，对于存在供水压力过低、不稳定，经常或间歇性停水的市政供水管网；对于用水集中、瞬间用水量过大或对水保证率高且不允许停水的用户；对于有毒物质、药品等危险化学品进行加工、生产、制造、贮存的工厂、科研单位、仓库等不应使用。对于具体工程项目，在设计使用前必须征得当地自来水公司的同意。产品除选用正规资质、取得地方卫生行政部门颁发的卫生许可证外，作为设计单位还应该核算无负压给水设备进水管的直径和能通过的水流量，以避免用户安装使用后因进水管通过水量经常小于用户用水量而造成设备故障。这些问题在无负压给水设备的设计、选用及运行过程中，必须引起足够重视。

1.11.2　工作原理与设备分类

1. 工作原理与组成

传统的无负压给水设备主要由供水主泵、稳流补偿罐、真空抑制器、压力传感器、微机变频控制柜以及各种管件、阀门、附件等组成。对于夜间小流量和零流量时间段较长的用户，还可加设辅助小泵和小气压水罐。另外，设备还预留有水消毒设备的接口，供用户需要加强水消毒时使用。设备的组成如图 1.11-1 所示。

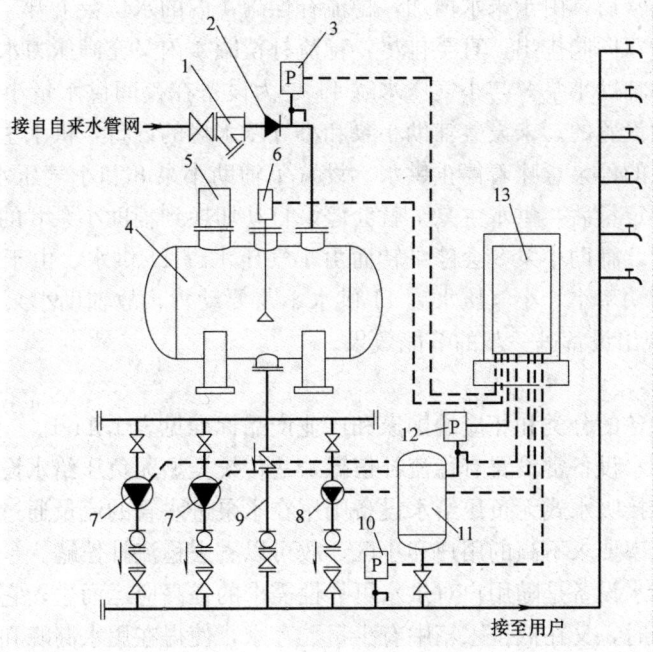

图 1.11-1　无负压给水设备组成示意图

1—过滤器；2—倒流防止器；3—压力传感器；4—稳流补偿罐；5—真空抑制器；6—水位计；7—供水主泵；
8—辅助小泵；9—进水跨越管；10—压力传感器；11—小气压水罐；12—压力传感器；13—微机变频控制柜

市政供水从设备进水管进入，分别经过阀门、过滤器 1 和倒流防止器 2 进入稳流补偿罐 4。进入稳流补偿罐 4 前，在进水管上装有压力传感器 3。为安装方便，压力传感器 3 多装于泵房内离稳流补偿罐 4 较近的地方。在稳流补偿罐 4 上装有真空抑制器 5 和水位计

6。正常运行时，稳流补偿罐 4 充满带压的水，供水主泵 7 从稳流补偿罐 4 吸水增压后供给用户。供水主泵 7 后的出水管上装有压力传感器 10，它依据用户对用水水压的需求设定压力值。设定压力值是一个恒定值，允许有 0.01~0.02MPa 的波动。由于市政供水管网压力的波动和进水管内流量的变化，使得市政供水到达供水主泵 7 进口处尚存可资利用的压力，但不是一个定值，供水主泵 7 运行的增压值正是出口设定压力值与进口尚存压力的差值。因此供水主泵 7 不是恒速运行，而是在变频调速运行，它的运行情况通过微机变频控制柜 13 进行监控。为了使无负压给水设备从市政供水管网直接抽水时不对市政供水和周围用户产生影响，传统无负压给水设备设有双重保护措施：一重措施是在进稳流补偿罐 4 前装压力传感器 3，给它设定一个最低压力值，在此压力值以上，进水管内不会产生负压。压力传感器 3 的信号传入微机变频控制柜 13，当压力值在最低压力值以下时，微机变频控制柜 13 发出指令使供水主泵 7 减速减少供水，直至停泵。另一重措施就是在稳流补偿罐 4 上设置真空抑制器 5 和水位计 6。它们的联合作用起到了在压力传感器 3 发生故障，在市政供水量不足而用户用水量不减的情况下，供水主泵 7 仍在正常供水时，稳流补偿罐 4 内水位就会下降，此时真空抑制器 5 的作用是进排气双向阀打开，罐外空气通过过滤洁净后进入稳流补偿罐 4，如果市政供水状况没有好转，罐内水位会持续下降，当下降到设定的允许最低水位时，水位计 6 将信号传至微机变频控制柜 13，发出指令使供水主泵 7 停止运行，阻止了稳流补偿罐 4 内水被抽空，从而也抑制了进水管内"负压"的产生。当市政供水正常后，由于来水增加，稳流补偿罐 4 内的水位会上升。罐内的空气开始从真空抑制器 5 的双向阀排出，直至排尽，稳流补偿罐 4 内又充满压力水，至此，设备开始恢复正常运行。辅助小泵 8 与小气压水罐 11 是为设备在夜间供水量小和零供水量时产生节能运行效果而设置的。未设置辅助小泵和小气压水罐的设备，供水主泵一天 24h 都是开启的，供水主泵的停泵意味着停止供水。设置了辅助小泵 8 和小气压水罐 11 后，当夜间供水量减小到一定量后，供水主泵 7 就会停泵自动切换到辅助小泵 8 的运行，当供水量继续减小到某值时，辅助小泵 8 会停泵转而由小气压水罐 11 供水。由于辅助小泵 8 的功率比供水主泵 7 的功率小，小气压水罐 11 供水不需要动力，故辅助小泵 8 和小气压水罐 11 的设置，能体现出设备进一步的节能效果。

2. 分类介绍

无负压给水设备的分类和相应的国家和产业产品标准见表 1.11-1。

罐式无负压给水设备常设置有稳流补偿罐，是传统类型无负压给水设备，也是最早开发的一类设备。直接吸水式无负压给水设备则用在水泵进水管的流量通过能力恒大于用水量，且对供水保证率要求不高的用户和小区，故可以省去稳流补偿罐。

箱式无负压给水设备是随用户对供水可靠性需求的提高应运而生，它能从市政供水管道直接抽取水的同时，又在低位水箱中有少量贮存水，使得在用水高峰和瞬间或短时间市政供水通过进水管供水不足的情况下，水泵又能从贮水箱中抽水的功能，故提高了设备供水可靠性，也在一定程度上减小了从市政供水管取水的压力。高位调蓄无负压给水设备是较晚开发的一类无负压给水设备。它的最大特点，一是在前几类已提到的无负压给水设备中，较节电节能的一类设备；二是它的供水主泵可以在工频状态下运行，不一定要使用变频器，因此它的控制系统比较简单；三是它在高位水箱中有一定的调节贮存水量，供水安全有保证。这类无负压给水设备比较适用于对供水保证率有要求或原来设有高位生活水箱的老旧生活给水系统的改造等场合。

无负压给水设备的分类和产品标准　　　　　表 1.11-1

序号	分类	产品标准
1	罐式叠压供水设备 → 带传统稳流补偿罐	《罐式叠压给水设备》GB/T 24912 《无负压管网增压稳流给水设备》GB/T 26003 《无负压给水设备》CJ/T 265 《管网叠压供水设备》CJ/T 254 《无负压一体化智能给水设备》CJ/T 303
	带分腔式稳流补偿器	《稳压补偿式无负压供水设备》CJ/T 303 《气体保压式叠压供水设备》CJ/T 456
2	直接吸水（无稳流补偿罐）式叠压供水设备 → 不锈钢潜水泵供水 管中泵供水	《静音管网叠压给水设备》CJ/T 444 《无负压静音管中泵给水设备》CJ/T 440
3	箱式叠压供水设备 → 带增加补偿水泵 带水射器	《箱式叠压给水设备》GB/T 24603 《箱式无负压供水设备》CJ/T 302

续表

序号	分类	产品标准
4	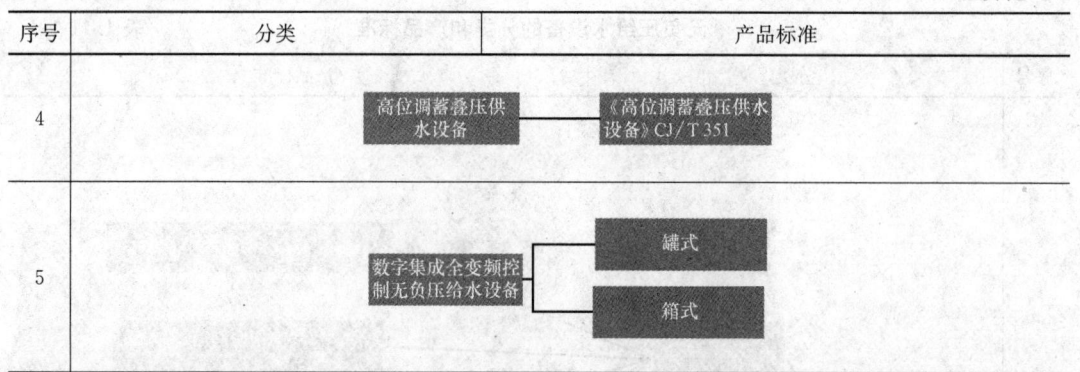	
5		

数字集成全变频控制无负压给水设备是一类近年开发的给水设备。中国工程建设标准化协会发布了工程技术标准《数字集成全变频控制恒压供水设备应用技术规程》CECS 393。所谓数字集成全变频控制是指设备中每台水泵均独立配置数字集成水泵专用变频控制器，各变频控制器通过 CAN 总线技术相互通信、联系控制、协调工作，可直接通过显示屏进行人机对话实现泵组运行参数的设定与调整，使泵组实现全变频控制运行。传统的无负压给水设备几台主泵在运行时共用 1 台变频器，只有 1 台主泵工作时，它在变频器控制下运行，当有 2 台或几台主泵工作时，也只有 1 台主泵在变频控制下变频运行，其他主泵都在工频下运行。在 1 台主泵由变频运行转化为工频运行后，后 1 台主泵会以停泵开始变频运行，后 1 台主泵开始运行阶段往往会处于水泵低效工作区工作，如果这一工作区时间较长，则不节能（耗电）的状态也越明显。每 2 台主泵的运行衔接都会有这一状况发生。数字集成全变频控制无负压给水设备由于每台主泵都由 1 台专用变频器控制，改变了传统无负压给水设备的运行程序和模式，随着用水量的增加，在前 1 台主泵尚在变频运行未达到工频工况时，后 1 台主泵就投入了变频运行，避开了水泵低效工作区的工作工况。因此，所有主泵的运行与转换都是各台泵专用变频器在 CAN 总线技术相互通信、联系控制、协调下全程高效工作区工况下工作，非常节能。主泵运行也非常安全、可靠。数字集成全变频控制无负压给水设备目前有罐式和箱式两种形式可供选用。

1.11.3　设计计算基础工作

设计计算的基础工作是指在无负压给水设备设计选用前应完成的工作。

1. 确定无负压给水系统的设计流量和供水水压

无负压给水系统的设计流量和供水水压的计算方法与变频调速给水系统类同，可参考"1.9.4 设备选用与计算"的相关内容。

2. 核算无负压给水设备进水管的过水能力和所接市政供水管的直径

无负压给水设备进水管的过水能力核算可以从两个层次进行。

（1）进水管的控制流量 $Q_{进con}$

《叠压供水技术规程》CECS 221 推荐供水主泵进水管的流速不宜大于 1.2m/s。以该流速作为水泵进水管控制流量 $Q_{进con}$ 的计算流速，则不同品种与管径的进水管控制流量 $Q_{进con}$ 如表 1.11-2 所示。

不同管径进水管的 $Q_{进con}$ 表 1.11-2

管径（mm）	给水铸铁管（$v=1.2$m/s）	钢管（$v=1.2$m/s）
50		9.18
65		15.24
75	18.54	
80		21.42
100	33.30	37.50
125		57.60
150	75.60	81.60
200	134.10	133.20
250	210.60	216.00

（2）进水管理论最大过水流量 $Q_{进max}$

进水管的控制流量 $Q_{进con}$ 不是绝对的，在许多情况下再加大取值也是合理的，这与进水管的长度和规格、泵房的形式（地面式还是地下式）、管道材质等因素有关，这一流量值称为理论最大过水流量 $Q_{进max}$，其推算过程如下。

设有一座采用无负压给水设备的泵房，如图 1.11-2 所示。

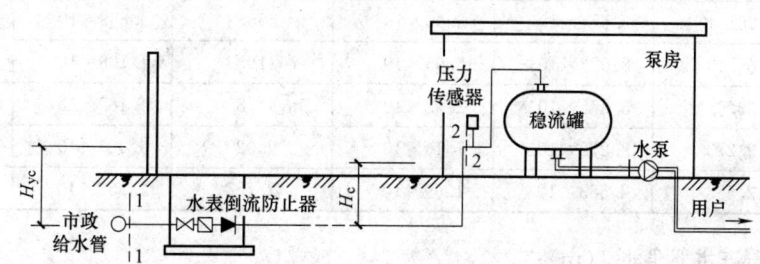

图 1.11-2　无负压给水设备计算原理图

在市政供水接管点和设备进口装压力传感器处分别作两个截面 1-1 和 2-2，根据水力学伯努利方程，可列出如下公式：

$$Z_1 + \frac{P_1}{\gamma} + \frac{\alpha_1 v_1^2}{2g} = Z_2 + \frac{P_2}{\gamma} + \frac{\alpha_2 v_2^2}{2g} + h_f$$

式中　Z_1、Z_2——两截面高程值（m）；

$\dfrac{P_1}{\gamma}$——市政供水接管点处的静压水头（m），$\dfrac{P_1}{\gamma} = \dfrac{P_{市政}}{0.0098}$；

$P_{市政}$——市政供水接管点处的水压（MPa）；

$\dfrac{P_2}{\gamma}$——设备进口装压力传感器处的静压水头（m），$\dfrac{P_2}{\gamma} = \dfrac{P_{yc}}{0.0098}$；

P_{yc}——设备进口装压力传感器处的水压（MPa）；

v_1、v_2——两截面处的水流速度（m/s），若进水管直径不变则有 $v_1 = v_2$；

g——重力加速度（m/s²）；

h_f——设备进水管从市政接管点至设备进口段的水头损失（m）。

$$h_f = h_{\text{进}i} + h_{\text{进}j} \tag{1.11-1}$$

式中　$h_{\text{进}i}$——进水管的沿程水头损失（m），$h_{\text{进}i} = A_{\text{进}} L_{\text{进}} Q_{\text{进}}^2$；

　　　　$h_{\text{进}j}$——进水管的局部水头损失（m）；其中，水表和倒流防止器的局部水头损失比较大，需单独计算，其他项目的局部水头损失可取沿程水头损失的 20%，即 $0.2 A_{\text{进}} L_{\text{进}} Q_{\text{进}}^2$。

代入公式（1.11-1）有：

$$h_f = h_{\text{表}} + h_{\text{倒}} + 1.2 A_{\text{进}} L_{\text{进}} Q_{\text{进}}^2 \tag{1.11-2}$$

式中　$h_{\text{表}}$——水流通过水表的局部水头损失（m）；

　　　　$h_{\text{倒}}$——水流通过倒流防止器的局部水头损失（m），双止回阀型倒流防止器不超过 7m，减压型倒流防止器为 7~10m，低阻力倒流防止器可取 3m；

　　　　$A_{\text{进}}$——进水管的比阻值，取值可查表 1.11-3；

管道比阻 A 值　　　　　　　　　　　表 1.11-3

公称直径 DN(mm)	钢管			铸铁管		
	$Q(\text{m}^3/\text{s})$	$Q(\text{L/s})$	$Q(\text{m}^3/\text{h})$	$Q(\text{m}^3/\text{s})$	$Q(\text{L/s})$	$Q(\text{m}^3/\text{h})$
50	11080	1.108×10^{-2}	8.55×10^{-4}			
65	2893	2.893×10^{-3}	2.23×10^{-4}			
80(75)	1168	1.168×10^{-3}	9.01×10^{-5}	1709	1.709×10^{-3}	1.32×10^{-4}
100	267.4	2.674×10^{-4}	2.06×10^{-5}	365.3	3.653×10^{-4}	2.82×10^{-5}
125	86.23	8.623×10^{-5}	6.65×10^{-6}	110.8	1.108×10^{-4}	8.55×10^{-6}
150	33.95	3.395×10^{-5}	2.62×10^{-6}	41.85	4.185×10^{-5}	3.23×10^{-6}
200	9.273	9.273×10^{-6}	7.16×10^{-7}	9.029	9.029×10^{-6}	6.97×10^{-7}
250	2.583	2.583×10^{-6}	1.99×10^{-7}	2.752	2.852×10^{-6}	2.12×10^{-7}

　　　　$L_{\text{进}}$——进水管管长（m）；

　　　　$Q_{\text{进}}$——进水管内的流量（m^3/s）。

将各参数都代入伯努利方程，经整理变换得到 $Q_{\text{进}}$ 的计算式为：

$$Q_{\text{进}} = \sqrt{\dfrac{\dfrac{P_{\text{市政}} - P_{\text{yc}}}{0.0098} - (H_{\text{yc}} + h_{\text{表}} + h_{\text{倒}})}{1.2 A_{\text{进}} L_{\text{进}}}} \tag{1.11-3}$$

其中 $H_{\text{yc}} = Z_2 - Z_1$。

若将市政供水正常压力的下限 $P_{\text{市政低}}$、压力传感器的最小允许设定值 $P_{\text{yc}} = 0$（即不产生负压）代入公式（1.11-3），即得到使水泵进水管不产生负压的进水管允许的最大过水流量 $Q_{\text{进max}}$ 的计算公式（1.11-4）：

$$Q_{\text{进max}} = \sqrt{\dfrac{\dfrac{P_{\text{市政低}}}{0.0098} - (H_{\text{yc}} + h_{\text{表}} + h_{\text{倒}})}{1.2 A_{\text{进}} L_{\text{进}}}} \tag{1.11-4}$$

表 1.11-4 列出了当 $P_{\text{市政低}} = 0.18\text{MPa}$，$H_{\text{yc}} = 2.05\text{m}$，$h_{\text{表}} = 3\text{m}$，$h_{\text{倒}} = 3\text{m}$ 时，$Q_{\text{进max}}$ 的计算值，供在设计中核算进水管过水能力时参考。若工程现场的 $P_{\text{市政低}}$、H_{yc}、$h_{\text{表}}$、$h_{\text{倒}}$ 取值与以上取值不同时，需依据公式（1.11-4）重新计算 $Q_{\text{进max}}$。

在市政供水管道上接无负压给水设备的首要条件是市政供水管网供水要充足，为此就应该对无负压给水设备的取水量与所接市政供水管网的输水量之间的比例关系有限制，具体反映到对市政供水管与无负压给水设备进水管直径的限制上。一般无负压给水设备进水管直径宜比市政供水管直径小 2 级或 2 级以上，也可按表 1.11-5 选用。

水泵进水管不产生负压的进水管允许的最大过水流量（m³/h）　表 1.11-4

$L_{进}$(m)	钢管 DN(mm)						铸铁管 DN(mm)			
	50	65	80	100	125	150	75	100	150	200
50	14.0	27.4	43.4	91.0	160	256	36.0	77.5	230.0	496
100	10.0	19.2	30.5	64.2	113	181	25.0	55.0	162.5	351
150	8.0	15.8	25.0	52.5	92	147	20.0	44.5	132.5	286
200	7.0	13.4	21.5	45.2	80	128	17.5	38.5	115.0	248
250	6.1	12.1	19.2	40.2	71	114	15.5	34.5	102.5	222
300	5.5	11.0	17.5	37.0	65	104	14.0	31.5	93.5	202
350	5.1	10.2	16.2	34.1	60	96	13.2	29.0	86.5	187
400	4.8	9.6	15.2	32.0	56	90	12.3	27.0	81.0	175
450	4.6	9.0	14.3	20.0	53	85	11.5	25.5	76.5	165
500	4.2	8.5	13.5	28.5	50	80.5	11.0	24.2	72.5	157

无负压给水设备进水管管径　表 1.11-5

市政供水管网管径(mm)	无负压给水设备进水管管径(mm)
100	≤65
150	≤80
200	≤100
300	≤150
350	≤200
400	≤250

3. 建立管道系统特性曲线方程

根据水力学理论，水泵装置的管道系统特性曲线，即水泵提升单位质量液体所需消耗的能量（即扬程）与流体提升高度和水头损失之和之间的关系，可用公式（1.11-5）表示：

$$H_{泵扬} = H_{ST} + \sum h \qquad (1.11-5)$$

式中　$H_{泵扬}$——水泵扬程（m），也即水泵提升单位质量液体所需消耗的能量；

H_{ST}——水泵输水提升的几何高度（m）；

$\sum h$——水泵输水时进水管和出水管水头损失之和（m），也即从市政供水接管点至用水户管道内水流沿程和局部水头损失之和。

管道系统特性曲线各参数的关系如图 1.11-3 所示。

其中 H_{ST} 可用公式（1.11-6）表达：

$$H_{ST} = \frac{P_{出}}{0.0098} - \frac{P_{市政}}{0.0098} + H_c \qquad (1.11-6)$$

式中 $P_出$——水泵出口处设定的压力
            （MPa）；

  $P_{市政}$——市政供水接管点处的压力
            （MPa）；

  H_c——水泵中心与市政供水接管
          点之间的几何高差（m），
          见图1.11-2，当水泵中心
          比市政供水接管点高时为
          正值，反之为负值。

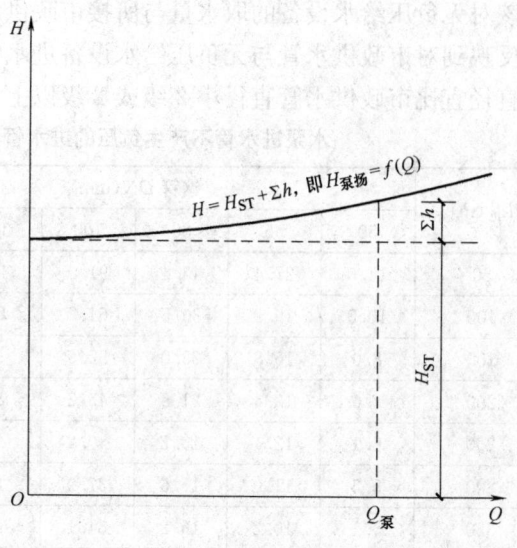

图1.11-3 管道系统特性曲线

由于在水泵出口设定了供水水压，水泵出水管的水头损失不必再计算，再结合公式（1.11-2），故有：

$$\sum h = h_进 = h_表 + h_倒 + 1.2 A_进 L_进 Q_进^2$$

均代入公式（1.11-5）后，经整理有：

$$H_{泵扬} = \frac{P_出 - P_{市政}}{0.0098} + H_c + h_表 + h_倒 + 1.2 A_进 L_进 Q_进^2 \qquad (1.11-7)$$

公式（1.11-7）即为水泵装置的管道系统特性曲线方程。若设 $M = \frac{P_出 - P_{市政}}{0.0098} + H_c + h_表 + h_倒$，$N = 1.2 A_进 L_进$，则有：

$$H_{泵扬} = M + N Q_进^2 \qquad (1.11-8)$$

该管道系统特性曲线方程反映了水泵供水流量和所需扬程之间的二次函数关系。它将在无负压给水设备的选用和计算中用到。

1.11.4 各种类型无负压给水设备设计计算

1. 传统无负压给水设备

无负压给水设备的主件是供水主泵，故设备的设计计算就是确定供水主泵的性能参数。供水主泵的设计流量计算方法可参见"1.9.4 设备选用与计算"的相关内容，供水主泵的扬程可采用公式（1.11-9）计算：

$$H_{泵扬} = \frac{P_出 - P_{市政}}{0.0098} + H_c + h_表 + h_倒 + 1.2 A_进 L_进 Q_进^2 + (2 \sim 3) \qquad (1.11-9)$$

公式中各参数的含义同公式（1.11-7）的符号解释，$2 \sim 3$m是计算的富余水头。

市政供水系统常在高压力 $P_{市政高}$ 和低压力 $P_{市政低}$ 范围内工作，将 $P_{市政高}$ 和 $P_{市政低}$ 分别代入公式（1.11-8）得到 $H_{泵扬高} = M_高 + N Q_泵^2$ 和 $H_{泵扬低} = M_低 + N Q_泵^2$。两条曲线相夹部分就是供水主泵在市政供水压力 $P_{市政低} \sim P_{市政高}$ 之间变化时的工作区，如图1.11-4所示。

2. 低位水箱式无负压给水设备

低位水箱式无负压给水设备水泵运行有两种工况。

工况1：供水主泵直接从市政供水管道通过进水管抽取水，此时的情况同带稳流补偿罐的传统无负压给水设备一样，供水主泵的扬程计算公式同公式（1.11-8），在此不再赘述。

工况 2：供水主泵从低位水箱抽水。此时的供水主泵情况如图 1.11-5 所示。

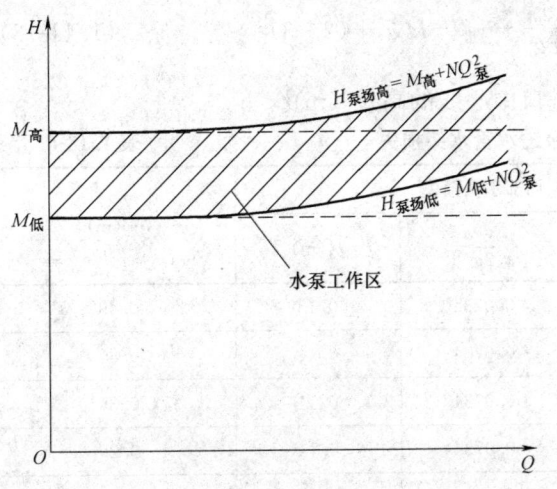

图 1.11-4　运行水泵 Q-H 关系曲线

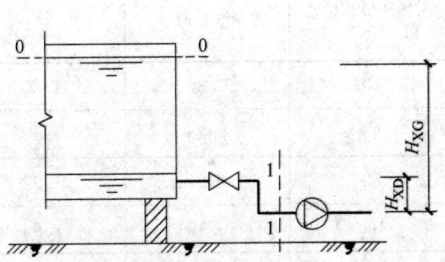

图 1.11-5　低位水箱式无负压
给水设备 $P_{进}$ 计算图

供水主泵的扬程采用公式（1.11-10）计算：

$$H_{泵扬} = \frac{P_{出} - P_{进}}{0.0098} + (2\sim3) \tag{1.11-10}$$

式中　$P_{出}$——水泵出口设定的压力（MPa）；

$P_{进}$——水泵进口处的压力（MPa）。

$P_{进}$ 可通过对水箱高（低）水位水面 0-0 和水泵进口处 1-1 截面取水力学伯努利方程，并经过整理后得到：

$$\frac{P_{进}}{0.0098} = H_{XG} - \frac{\alpha v_{进}^2}{2g} - h_{进} \tag{1.11-11}$$

代入公式（1.11-10）后得：

$$H_{泵扬高} = \frac{P_{出}}{0.0098} + \frac{\alpha v_{进}^2}{2g} + h_{进} - H_{XG} + (2\sim3) \tag{1.11-12}$$

式中　$v_{进}$——水泵进水管中水流速度（m/s），$v_{进} = \dfrac{4Q_{进}}{\pi D_{进}^2}$；

$Q_{进}$——水泵进水管中流量（m³/s），$Q_{进} = Q_{泵}$；

$D_{进}$——进水管直径（m）；

$h_{进}$——水流从 0-0 截面至 1-1 截面间的水头损失（m）；若假设从低位水箱出口至水泵进口进水管长为 5m，且其上只有 1 个闸阀和 2 个钢制 90°弯头，表 1.11-6 列出了当进水管内流速为 1.2m/s 时，不同管径的 $h_{进}$ 计算值，从表中可以看出 $h_{进}$ 值比较小，为简化计算，计算中可不计入；

H_{XG}——低位水箱最高水位与水泵进口中心线的高差（m）。

公式（1.11-12）是当低位水箱内水位为最高水位时，供水主泵所需扬程的计算式，当低位水箱内水位为最低水位时，供水主泵所需扬程用公式（1.11-13）计算：

$$H_{泵扬低} = \frac{P_{出}}{0.0098} + \frac{\alpha v_{进}^2}{2g} + h_{进} - H_{XD} + (2 \sim 3) \tag{1.11-13}$$

式中 H_{XD}——低位水箱最低水位与水泵进口中心线的高差（m）。

低位水箱水泵进水管水头损失

表 1.11-6

管径（mm）	沿程水头损失 $h_{进}$（m）	局部水头损失			$h_{进}$（m）
		$\sum \xi$	$\frac{v^2}{2g}$	h_j（m）	
50	0.36	1.80	0.0734	0.13	0.49
65	0.26	1.90	0.0734	0.14	0.40
80	0.21	1.92	0.0734	0.14	0.35
100	0.15	1.96	0.0734	0.14	0.29
150	0.09	2.04	0.0734	0.15	0.24
200	0.06	2.02	0.0734	0.15	0.21

考虑到水泵从低位水箱取水时，未能利用市政供水管网的剩余压力，此时水泵所需扬程要比从市政供水管网直接抽水时为大，故有的低位水箱式无负压给水设备专门设置了增压补偿泵。增压补偿泵设置与否要视具体情况而定。如果供水主泵无论从市政供水管网直接抽水，还是从低位水箱吸水，水泵的运行始终都处于水泵 $Q \cdot H$ 特性曲线的高效工作区内，可不设增压补偿泵；如果供水主泵在从市政供水管网直接抽水时，水泵处于高效工作区工作，而从低位水箱吸水时，水泵处于高效工作区以外工作且偏离较大，就应该考虑设置增压补偿泵。正确的做法是，供水主泵应该选择水泵高效工作区的流量、扬程范围都比较宽泛的水泵，且其从市政供水管网抽水时的工况点落在水泵 $Q \cdot H$ 特性曲线的右下侧部位，这样，当水泵转为从低位水箱取水时，随着水泵扬程的增加，其工况点在 $Q \cdot H$ 特性曲线上向左侧偏上方向转移，但仍处于高效工作区范围内。这种情况下，就可以不考虑设置增压补偿泵，减少了设备，简化了控制方法。

低位水箱的有效容积可依据《叠压供水技术规程》CECS 211 的规定，取 $1 \sim 2h$ 用户最大小时用水量。用公式（1.11-14）表示：

$$V_D = \frac{W}{24} \cdot K_h \cdot T_D \tag{1.11-14}$$

式中 V_D——低位水箱的有效容积（m^3）；

W——用户最高日用水量（m^3/d）；

K_h——小时变化系数；

T_D——取 $1 \sim 2h$。

V_D 值与按《建筑给水排水设计规范》GB 50015 计算的小区生活用水贮水池调节量相比偏小。这是由于考虑到低位水箱无负压给水设备的供水主泵大部分时间段是直接抽取市政供水来供用户使用，这与纯粹作为调节水量不同，故这样的取值是合理的。

3. 高位调蓄式无负压给水设备

高位调蓄式无负压给水设备区别于其他类型无负压给水设备，其最大的特点是用户水压是由高位调蓄水箱来保证的，它省去了水泵出口的压力传感器，故供水主泵可以不用变频器控制运行，采用工频运行工况。

依据《建筑给水排水设计规范》GB 50015 的有关规定，建筑物内采用高位水箱调节的生活给水系统，其供水主泵的最大出水量不应小于最大小时用水量。故供水主泵流量可采用公式（1.11-15）来计算：

$$q_{Jh}=\frac{Q_d}{T}K_h=\frac{nmq_L}{3600T} \cdot K_h \qquad (1.11\text{-}15)$$

式中　q_{Jh}——居民最高日最大时生活用水量（L/s）；

　　　Q_d——居民最高日生活用水量（m³/d）；

　　　K_h——居民用水小时变化系数；

　　　T——每日用水时间（h）；

　　　n——居民户数；

　　　m——每户居民平均用水人数；

　　　q_L——居民用水定额（L/(人·d)）。

高位调蓄式无负压给水设备供水主泵扬程的计算采用公式（1.11-10）：

$$H_{泵扬}=\frac{P_出-P_进}{0.0098}+(2\sim3)$$

也可采用传统无负压给水设备供水主泵扬程的计算公式（1.11-9）：

$$H_{泵扬}=\frac{P_出-P_{市政}}{0.0098}+H_c+h_表+h_倒+1.2A_进\,L_进\,Q_进^2+(2\sim3)$$

对于高位调蓄式无负压给水设备有：

$$P_出=H_T+1.2A_出\,L_出\,Q_出^2$$

式中　H_T——高位调蓄水箱最高水位与供水主泵出口中心的高差（m）；

　　　$A_出$——水泵出水管的比阻值，取值可查表 1.11-3；

　　　$L_出$——出水管长度（m）；

　　　$Q_出$——水泵出水管流量（m³/s），$Q_泵=Q_进=Q_出$。

代入公式（1.11-9）后得：

$$H_{泵扬}=(H_T+H_c)+h_表+h_倒+1.2(A_进\,L_进+A_出\,L_出)Q_泵^2-\frac{P_{市政}}{0.0098}+(2\sim3)$$

$$(1.11\text{-}16)$$

4. 带水射器箱式无负压给水设备

带水射器箱式无负压给水设备是继传统无负压给水设备、低水位箱式无负压给水设备、高位调蓄式无负压给水设备后，又一种应市场需求开发的管网无负压给水设备。它的组成见图 1.11-6。其特点是在从市政供水管网抽水的进水管靠近供水主泵的位置增设水射器，供水主泵在从市政供水管网直接抽水的同时，通过水射器引射管从低位水箱中吸取了一定的水量，由于低位水箱内的水是用户用水量少和市政供水充足时贮存的，因此能缓解用水高峰时对市政供水的压力，减小对市政供水管网周围用户的冲击和影响。

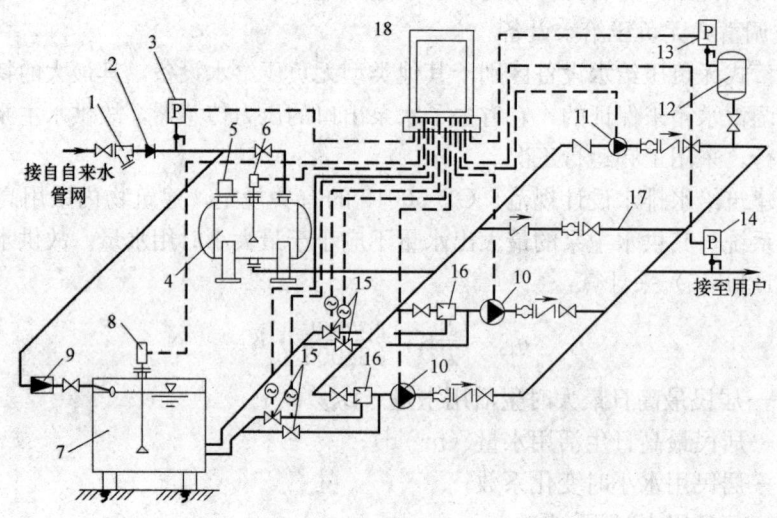

图 1.11-6   带水射器箱式无负压给水设备

1—过滤器；2—倒流防止器；3—压力传感器1；4—稳流补偿罐；5—真空抑制器；6—水位计1；7—低位水箱；
8—水位计2；9—减压稳压阀；10—供水泵；11—辅助小泵；12—小气压水罐；13—压力传感器2；
14—压力传感器3；15—电动阀；16—水射器；17—进水跨越管；18—微机变频控制柜

带水射器箱式无负压给水设备的设计计算要解决 3 个问题：

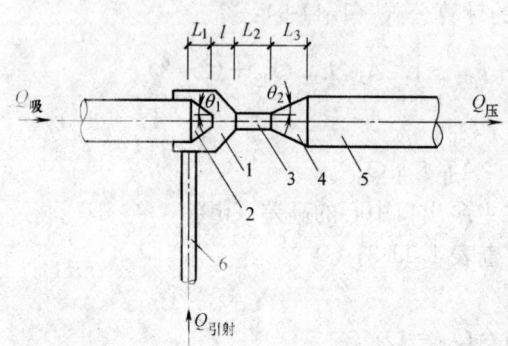

图 1.11-7   一种效率较高的水射器结构示意图

1—吸入室；2—喷嘴；3—混合室；
4—扩散室；5—压出室；6—引射室

（1）水射器的性能、选型和尺寸计算

水射器又称射流泵，它是以液体来引射液体的器械。水射器在制造和运行上都不复杂，但是，由于两股水流在混合管中混合时，运动很快的高水压工作侧，通过喷嘴运动后运动速度很大的水分子与运动很慢的被引射侧的水分子进行碰撞，造成很大的能量损失，致使水射器的效率都比较低（一般低于30%），出水压力有一定的下降。图 1.11-7 所示为一种效率较高（能达到30%）的水射器结构示意图。

衡量水射器性能有 3 个参数：

$$流量比\ \alpha = \frac{被引射流体流量}{工作流体流量} = \frac{Q_{引射}}{Q_{吸}}$$

$$压头比\ \beta = \frac{出口液体比能}{工作液体能差} = \frac{E_{出口}}{E_{进口} - E_{出口}}$$

$$喷射断面比\ m = \frac{喷口断面积}{混合管断面积} = \frac{F_{喷}}{F_{混}}$$

图 1.11-7 所示水射器性能参数 α、β、m 之间的关系见表 1.11-7。

水射器性能参数 α、β、m 之间的关系   表 1.11-7

m	α	β	m	α	β
0.186	1.500	0.2	0.700	0.240	1.2
0.250	0.950	0.3	0.740	0.224	1.3
0.310	0.795	0.4	0.780	0.208	1.4
0.355	0.655	0.5	0.820	0.194	1.5
0.400	0.550	0.6	0.860	0.182	1.6
0.450	0.465	0.7	0.900	0.170	1.7
0.500	0.380	0.8	0.933	0.163	1.8
0.550	0.340	0.9	0.967	0.157	1.9
0.600	0.300	1.0	1.000	0.150	2.0
0.650	0.270	1.1			

该型水射器性能参数 α、β、m 之间的关系曲线如图 1.11-8 所示。从图中可以看出，随着喷射断面比 m 的增大（最大为 1），流量比 α 较快减少，而压头比 β 逐渐增大。这就是说，在混合管面积不变的情况下，随着喷嘴面积的增大，从低位水箱吸入的引射流量 $Q_{引射}$ 在不断下降，且下降的速度较快，而通过水射器后的水压力却在增加，即通过水射器的压力损失在减少。这就使得从低位水箱取水量和减少通过水射器压力损失之间形成了一对矛盾，要正确选用水射器也就是合理选取断面比 m 值，使得在此断面比下，

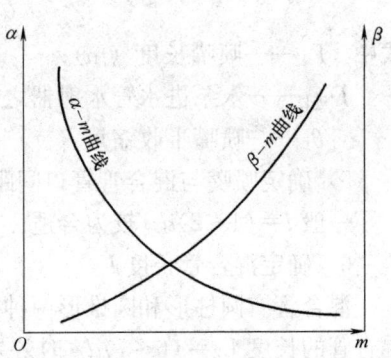

图 1.11-8 水射器性能参数关系曲线

既使水射器从低位水箱吸取的引射水量 $Q_{引射}$ 保持在一定的范围内，又使水流通过水射器的压力损失不致太大，以满足用户的要求。通过多次测算，推荐该型水射器的断面比 m 取值范围为 0.24～0.68 比较合理。

确定图 1.11-7 所示水射器的参数和尺寸采用如下计算公式：

1）求通过水射器的流量 $Q_{射进}$

先确定 m 值，再查表 1.11-7 得到相应的 α 值，用公式（1.11-17）求 $Q_{射进}$：

$$Q_{射进}=\frac{1}{1+\alpha}Q_{射出} \tag{1.11-17}$$

式中 $Q_{射进}$——水射器进口流量（m^3/s），即通过喷咀的流量；

　　　　$Q_{射出}$——水射器出口流量（m^3/s），即后面连接供水主泵的流量 $Q_泵$。

2）求喷嘴的断面积 $F_喷$ 和直径 $d_喷$

$$F_喷=\frac{Q_{射进}}{\phi\sqrt{2g\dfrac{P_{射进}}{0.0098}}}=\frac{0.0497Q_{射进}}{\sqrt{P_{射进}}} \tag{1.11-18}$$

$$d_喷=2\sqrt{\frac{F_喷}{\pi}}=1.128\sqrt{F_喷} \tag{1.11-19}$$

式中 $F_喷$——喷嘴的断面积（m^3）；

ϕ——喷嘴的流量系数，可取 0.45；

$P_{射进}$——水射器前的水压（MPa），与前述的 $P_进$ 意义相同；

$d_喷$——喷嘴直径（m）。

3) 求混合管的断面积 $F_混$ 和直径 $d_混$

$$F_混 = \frac{F_喷}{m} \qquad\qquad (1.11\text{-}20)$$

$$d_混 = 2\sqrt{\frac{F_混}{\pi}} = 1.128\sqrt{F_混} \qquad\qquad (1.11\text{-}21)$$

式中　$F_混$——混合管的断面积（m²）；

$d_混$——混合管直径（m）。

4) 确定喷嘴长度 L_1

喷嘴的收缩圆锥角一般不大于 40°，即 $\theta_1 = 20°$，则有：

$$L_1 = \frac{D_{进1} - d_喷}{2\sin\theta_1} \qquad\qquad (1.11\text{-}22)$$

式中　L_1——喷嘴长度（m）；

$D_{进1}$——水泵进水管水射器之前管段的直径（m）；

θ_1——喷嘴半收缩角（°），一般取 20°。

5) 确定喷嘴与混合管管口间距 l

一般 $l = (1\sim2)d_喷$ 较为合适。

6) 确定混合管长度 L_2

混合管有圆柱形和圆锥形两种，圆柱形混合管水射器的效能普遍优于圆锥形混合管，混合管的长度 $L_2 = (6\sim7)d_混$ 时效果较佳。

7) 确定扩散管长度 L_3

扩散管圆锥角以不超过 8°～10° 为佳，即半圆锥角 $\theta_2 \leqslant 4°\sim5°$，$L_3$ 计算采用公式 (1.11-23)：

$$L_3 = \frac{D_{进2} - d_混}{2\tan\theta_2} \qquad\qquad (1.11\text{-}23)$$

式中　L_3——扩散管长度（m）

$D_{进2}$——供水主泵进水管水射器之后管段的直径（m）；

θ_2——扩散管半圆锥角（°）。

8) 求水射器引射管直径 $d_{引射}$

$$Q_{引射} = \alpha Q_{射进} = \frac{\alpha}{1+\alpha} Q_{射出} \qquad\qquad (1.11\text{-}24)$$

$$d_{引射} = 2\sqrt{\frac{Q_{引射}}{\pi \upsilon_{引射}}} = 1.128\sqrt{\frac{Q_{引射}}{\upsilon_{引射}}} \qquad\qquad (1.11\text{-}25)$$

式中　$Q_{引射}$——引射管内流量（m³/s）；

$d_{引射}$——引射管直径（m）；

$\upsilon_{引射}$——引射管内流速（m/s），一般可在 1～1.5m/s 范围内取值。

9) 水射器效率 $\eta_{水射}$

$$\eta_{水射} = \alpha \cdot \beta \qquad\qquad (1.11\text{-}26)$$

10）确定喷嘴进出口的比能 $E_{进口}$ 和 $E_{出口}$

液体的比能即单位质量液体的总机械能。喷嘴进出口的比能与进出口的静压水头及流速水头有关。即：

$$E_{进口}=\frac{P_{射进}}{\gamma}+\frac{v_{射进}^2}{2g} \tag{1.11-27}$$

$$E_{出口}=\frac{P_{射出}}{\gamma}+\frac{v_{射出}^2}{2g} \tag{1.11-28}$$

式中 $\frac{P_{射进}}{\gamma}$、$\frac{P_{射出}}{\gamma}$——水射器进出口的静压水头（m）；

$v_{射进}$、$v_{射出}$——水射器进出口水流速度（m/s）；

γ——水的密度（kg/m³）。

（2）使用水射器后的静水压力损失估算

1）求水射器进水流量 $Q_{射进}$

$$\alpha=\frac{Q_{引射}}{Q_{射进}}=\frac{Q_{射出}-Q_{射进}}{Q_{射进}}$$

可得：

$$Q_{射进}=\frac{1}{1+\alpha}Q_{射出}=\frac{1}{1+\alpha}Q_{泵} \tag{1.11-29}$$

2）计算水射器进口处静水压力 $P_{射进}$

计算 $P_{射进}$ 可以通过对市政供水接管点和水射管进口两处截面列伯努利方程的方法得到，该伯努利方程经整理后得公式（1.11-30）：

$$P_{射进}=P_{市政}-0.0098(H_1+h_表+h_倒+1.2A_{进1}L_进 Q_{射进}^2) \tag{1.11-30}$$

式中 $P_{射进}$——水射器进口处的静水压力（MPa）；

H_1——水射器中心与市政供水接管点之间的几何高差（m）。

其他符号意义同前。

3）计算水射器进口处水的比能 $E_{进口}$

$$E_{进口}=\frac{P_{射进}}{0.0098}+\frac{v_{射进}^2}{2g} \tag{1.11-31}$$

$$=\frac{P_{射进}}{0.0098}+\frac{8Q_{射进}^2}{g\pi^2 D_{进1}^4}$$

4）计算水射器出口处的比能 $E_{出口}$ 和出口处静水压力 $P_{射出}$

$$E_{出口}=\frac{P_{射出}}{0.0098}+\frac{v_{射出}^2}{2g}=\frac{P_{射出}}{0.0098}+\frac{8Q_{射出}^2}{g\pi^2 D_{出2}^4}$$

$$\beta=\frac{E_{出口}}{E_{进口}-E_{出口}} \tag{1.11-32}$$

将公式（1.11-31）与 β 表达式代入公式（1.11-32）并经过整理，得出：

$$P_{射出}=\frac{\beta}{1+\beta}P_{射进}+\frac{8\times 0.0098}{g\pi^2}\left(\frac{\beta}{1+\beta}\cdot\frac{Q_{射进}^2}{D_{进1}^4}-\frac{Q_{射出}^2}{D_{进2}^4}\right) \tag{1.11-33}$$

5）计算水射器前后的静水压差 $P_{射进}-P_{射出}$

$$P_{射进} - P_{射出}$$

$$= P_{射进} - \frac{\beta}{1+\beta} P_{射进} + \frac{8 \times 0.0098}{g\pi^2}\left(\frac{Q_{射出}^2}{D_{进2}^4} - \frac{\beta}{1+\beta} \cdot \frac{Q_{射进}^2}{D_{进1}^4}\right) \quad (1.11\text{-}34)$$

$$= \frac{1}{1+\beta} P_{射进} + \frac{8 \times 0.0098}{g\pi^2}\left(\frac{Q_{射出}^2}{D_{进2}^4} - \frac{\beta}{1+\beta} \cdot \frac{Q_{射进}^2}{D_{进1}^4}\right)$$

在（$P_{射进} - P_{射出}$）的表达式（1.11-34）中，后两项与速度水头 $\frac{v^2}{2g}$ 有关，数值很小。故水射器前后的静水压差（$P_{射进} - P_{射出}$）主要和 $\frac{\beta}{1+\beta} P_{射进}$ 有关，对于水射器常用的断面比 m（0.24~0.68），相应的压头比 β 值范围为 0.29~1.16。此时，$P_{射进} - P_{射出} = \frac{1}{1+\beta} P_{射进} =$（0.775~0.463）$P_{射进}$，说明通过水射器后，水流的静水压力损失是很大的，相当于水射器进口处进水压力的 46.3%~77.5%。

（3）确定水射器正常工作的工况条件

水射器不是在任何条件下都能正常工作的，要使水泵通过水射器能从低位水箱中吸水，就必须满足引射管出口处（也即引射管在水射器的进口）的水压 $P_{引射}$ 要大于水射器喷嘴出口的水压 $P_{喷嘴}$。即水射器正常工作的条件是：$P_{引射} > P_{喷嘴}$。

1）求喷嘴出口压力 $P_{喷嘴}$

在带水射器的无负压给水系统中，对市政供水接管点及水射器出口两断面处列伯努利方程，并忽略喷嘴出口水流的断面收缩，将伯努利方程变换后有：

$$P_{喷嘴} = P_{市政} - 0.0098\left(H_1 - \frac{v_{射进}^2}{2g} + \frac{v_{喷嘴}^2}{2g} + h_{f1}\right) \quad (1.11\text{-}35)$$

式中　$P_{喷嘴}$——喷嘴出口压力（MPa）；

　　　$v_{喷嘴}$——水射器喷嘴出口处水的流速（m/s）；

　　　h_{f1}——从市政供水接管点至水射器喷嘴出口间的沿程水头损失和局部水头损失之和（m）。

h_{f1} 可用公式（1.11-36）计算：

$$h_{f1} = h_{表} + h_{倒} + h_{喷} + 1.2A_{进1}L_{进}Q_{进}^2 \quad (1.11\text{-}36)$$

式中　$h_{喷}$——水流过喷嘴时的局部水头损失（m）。

$h_{喷}$ 可用公式（1.11-37）计算，喷嘴的出口如图 1.11-9 所示。

$$h_{喷} = \xi_{收缩}\frac{v_c^2}{2g} + \xi_{渐缩}\frac{v_b^2}{2g} \quad (1.11\text{-}37)$$

式中　$\xi_{收缩}$——喷嘴收缩断面的局部阻力系数；

$\xi_{收缩} = \left(\dfrac{w_a}{w_c} - 1\right)^2$，$w_a$、$w_c$ 分别为

水流在 a、c 断面处的断面积；断面

收缩系数 $\varepsilon = \dfrac{w_c}{w_a}$，可取 0.95，则

$\xi_{收缩} = \left(\dfrac{1}{\varepsilon} - 1\right)^2 = 2.77 \times 10^{-3}$；

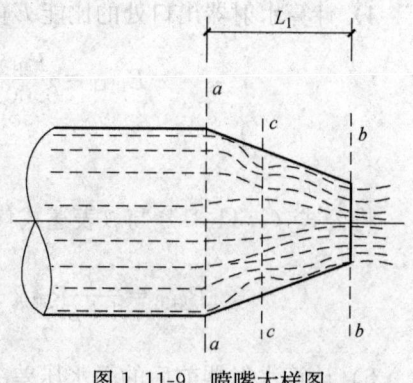

图 1.11-9　喷嘴大样图

$\xi_{渐缩}$——喷嘴渐缩段的局部阻力系数，当喷嘴收缩圆锥角为 20°时，$\xi_{渐缩}$取值 0.20；

v_c——喷嘴内圆锥段收缩断面处的流速（m/s），$v_c = \dfrac{1}{\varepsilon}v_a = 1.053v_{射进}$；

v_a——水流进入水射器喷嘴的流速（m/s），$v_a = v_{射进}$；

v_b——喷嘴出口处的流速（m/s），$v_b = v_{喷} = \dfrac{4Q_{射进}}{\pi d_{喷}^2}$；

其他符号意义同前。

2）求水射器引射管出口处水压 $P_{引射}$

对低位水箱液面和水射器引射管出口处两截面列伯努利方程，整理后可得：

$$P_{引射} = 0.0098\left(H_2 - \dfrac{v_{引射}^2}{2g} - h_{f2}\right) \tag{1.11-38}$$

式中　$P_{引射}$——水射器引射管出口处水压（MPa）；

H_2——低位水箱液面与引射管出口间的几何高差（m）；

$v_{引射}$——引射管的水流速度（m/s），$v_{引射} = \dfrac{4Q_{引射}}{\pi d_{引射}^2}$，$Q_{引射} = \alpha Q_{射进}$；

h_{f2}——水从低位水箱流至水射器引射管出口处之间的沿程水头损失和局部水头损失之和（m）。

h_{f2} 可用公式（1.11-39）计算：

$$h_{f2} = A_{引射}L_{引射}Q_{引射}^2 + (\xi_1 + \xi_2 + \xi_3 + n\xi_4)\dfrac{v_{引射}^2}{2g} \tag{1.11-39}$$

式中　$A_{引射}$——引射管的比阻力值，依据引射管的种类和管径，查表 1.11-3 取得；

$L_{引射}$——引射管从低位水箱出口至水射管的长度（m）；

ξ_1——低位水箱出水口局部阻力系数，可取 0.5；

ξ_2——引射管进入水射器时的局部阻力系数，可取 1.0；

ξ_3——引射管上设置阀门时，阀门的局部阻力系数；

ξ_4——引射管上设有弯头时，弯头的局部阻力系数；

n——弯头个数。

3）判断水射器的工作状态

$P_{引射} > P_{喷嘴}$，水射器正常工作。

$P_{引射} < P_{喷嘴}$，水箱内的水进不了水射器，水射器起不到引射作用。

1.11.5　设备选型

1. 供水主泵的选用

供水主泵的流量和扬程可按表 1.11-8 所列公式计算。

在计算出水泵总流量 $Q_{泵}$ 和所需扬程 $H_{泵扬}$ 后，选用供水主泵，首先要确定供水主泵的工作台数。

当供水主泵为 1 台工作时，单泵流量 $Q_{泵单} = Q_{泵}$，扬程为 $H_{泵扬}$；

当供水主泵为 2 台工作时，单泵流量 $Q_{泵单} = 1/2Q_{泵}$，扬程为 $H_{泵扬}$；

当供水主泵为 3 台工作时，单泵流量 $Q_{泵单} = 1/3Q_{泵}$，扬程为 $H_{泵扬}$。

无负压给水设备供水主泵参数计算公式   表1.11-8

设备类型	流量 $Q_泵$ 计算公式	公式编号	扬程 $H_泵扬$ 计算公式	公式编号
传统无负压给水设备	1)当 $M' < M$ 时 $q_s = q_{js} + q_{bs} + q_{wh}$	参考"1.9.4 设备选用与计算"的相关内容	$H_泵扬 = \dfrac{P_出 - P_{市政}}{0.0098} + H_c + h_表 + h_倒 + 1.2 A_进 L_进 Q_进^2 + (2\sim3)$	(1.11-9)
低位水箱式无负压给水设备	2)当 $M' \geqslant M$ 时 $q_s = q_{jh} + q_{bsh} + q_{wh}$		$H_泵扬 = \dfrac{P_出}{0.0098} + \dfrac{\alpha v_进^2}{2g} + h_进 - H_{XG} + (2\sim3)$	(1.11-12)
高位调蓄式无负压给水设备	$q_{Jh} = \dfrac{Q_d}{T} K_h = \dfrac{nmq_L}{3600T} K_h$	(1.11-15)	$H_泵扬 = (H_T + H_c) + h_表 + h_倒 + 1.2(A_进 L_进 + A_出 L_出) Q_泵^2 - \dfrac{P_{市政}}{0.0098} + (2\sim3)$	(1.11-16)

依据 $Q_{泵单}$、$H_泵扬$ 选择供水主泵的规格和型号,并检查该型泵的 $Q\text{-}H$ 特性曲线,使工况点($Q_{泵单}$、$H_泵扬$)处于 $Q\text{-}H$ 特性曲线高效工作区的右下侧。

2. 辅助小泵与小气压水罐的选用

(1)选用辅助小泵

在图 1.11-10 中,$(Q\text{-}H)_0$ 和 $(Q\text{-}H)_1$ 是供水主泵在工频运行 n_0 时和变频运行 $n_1 = 75\% n_0$ 时的水泵特性曲线。$H_{泵扬高} = NQ_泵^2 + M_高$ 和 $H_{泵扬低} = NQ_泵^2 + M_低$ 分别是当市政供

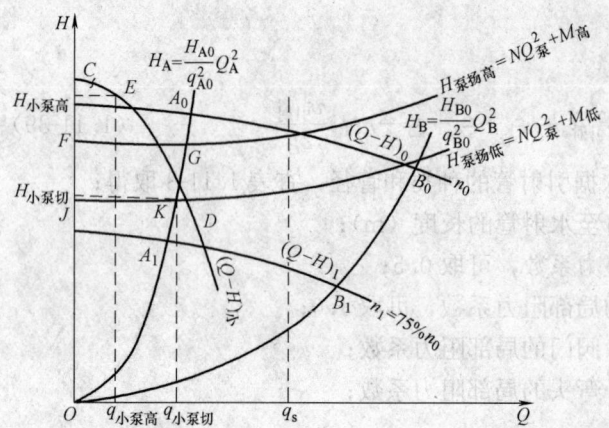

图 1.11-10 辅助小泵计算原理示意图

水压力为 $P_{市政高}$ 和 $P_{市政低}$ 时,供水管线的管路系统特性曲线。$H_A = \dfrac{H_{A0}}{q_{A0}^2} Q_A^2$ 和 $H_B = \dfrac{H_{B0}}{q_{B0}^2} Q_B^2$ 表示通过高效工作区左右两侧端点 A 点和 B 点的等效曲线。

辅助小泵启动的切换点(即供水主泵停泵,切换到辅助小泵开始运行的切换点)宜采用等效曲线 $H_A = \dfrac{H_{A0}}{q_{A0}^2} Q_A^2$ 与管道系统特性曲线 $H_{泵扬低} = NQ_泵^2 + M_低$ 的交点 K。K 的坐标参数可通过解方程(1.11-40)求得:

$$\begin{cases} H_{泵扬低} = NQ_泵^2 + M_低 \\ H_A = \dfrac{H_{A0}}{q_{A0}^2} Q_A^2 \end{cases} \qquad (1.11\text{-}40)$$

解得:

$$Q_K = q_{小泵tp} = \sqrt{\dfrac{M_低}{\dfrac{H_{A0}}{q_{A0}^2} - N}} \qquad (1.11\text{-}41)$$

$$H_K = H_{小泵切} = \dfrac{H_{A0} \cdot M_低}{H_{A0} - N \cdot q_{A0}^2} \qquad (1.11\text{-}42)$$

式中 Q_K——切换点 K 的流量坐标值(m³/s),即供水主泵切换到辅助小泵运行时,辅

助小泵的流量 $q_{小泵切}$；

H_K——切换点 K 的扬程坐标值（m），即供水主泵切换到辅助小泵运行时，辅助小泵要达到的扬程 $H_{小泵切}$。

依据气压供水原理，辅助小泵停泵时，小气压水罐内的压力比启泵时的压力一般高出 18~20m。为了减小小气压水罐的容积，经过测算，辅助小泵停泵工况点 E 的扬程 H_E 高出 H_K18~22m 比较合理。即取：

$$H_E = H_{小泵高} = H_{小泵切} + (18 \sim 22)$$

由 $q_{小泵切}$、$H_{小泵切}$、$H_{小泵高}$ 来选择辅助小泵的型号和规格。由选定水泵的 $Q\text{-}H$ 特性曲线查得对应 $H_{小泵高}$ 的水泵流量 $q_{小泵高}$（即 q_E）。而工况点 E 和 K 应处于所选水泵的高效工作范围内。

（2）选用小气压水罐

在无负压给水设备中，小气压水罐的计算方法参考"1.10 气压给水设备"中气压水罐的计算，区别在于此处：

$$q_z = \frac{1}{2}(q_{小泵切} + q_{小泵高}) \tag{1.11-43}$$

其他内容，此处不再赘述。

3. 稳流补偿罐容积核算

稳流补偿罐的容积与市政供水管网可利用水压、设备进水管的管径、长度、管材、用户用水量、用水高峰持续时间以及稳流补偿罐的安装位置等多个因素有关。

（1）当无负压给水系统的设计流量 $q_s \leqslant Q_{进con}$ 时

此时对稳流补偿罐的容积没有具体要求，可以按不小于 1min 系统设计流量取值。而对于市政供水管网供水充足，水压保持稳定，水泵进水管的过水能力恒大于用户设计流量的场合，可考虑采用无稳流补偿罐的直接吸水式无负压给水设备，如管中泵供水形式。

（2）当无负压给水系统的设计流量 $q_s \geqslant Q_{进con}$ 时

稳流补偿罐的有效容积采用公式（1.11-44）进行校核：

$$V_s \geqslant (q_s - Q_{进max}) \cdot \Delta T \tag{1.11-44}$$

式中 V_s——稳流补偿罐的有效容积（m³）；

       q_s——无负压给水系统的设计流量（m³/h）；

    $Q_{进max}$——水泵进水管理论最大过水流量（m³/h），$Q_{进max}$ 采用公式（1.11-4）计算；

       ΔT——用水高峰持续时间（h），其大小与相关给水设计规范、当地居民用水习惯、用户性质和季节因素有关，一般可取 3~5min，特殊情况不大于 30min。

1.11.6 例题

【例 1.11-1】 北方某城市有一处综合居住小区。该小区内共有 16 层高层居民住宅楼 9 栋，每栋楼 5 层及 5 层以上住户 120 户需由小区内自来水加压后供给，其用水参数见表 1.11-9；另有某单位的 10 层招待所一栋，楼内 5 层及 5 层以上房间共 72 间，住客 144 人，用水需自来水加压后供给，其用水参数见表 1.11-10。

居民住宅楼用水参数   表 1.11-9

户型	户数 n	每户人数 m	用水量标准 q_L (L/(人·d))	小时变化系数 K_h	卫生器具配置					每户当量数 N_g
					洗涤盆	洗脸盆	坐便器	淋浴器	洗衣机龙头	
一厨一卫	1080	3.5	180	2.8	1	1	1	1	1	4.0

招待所用水参数

表 1.11-10

用水房间（间）	用水人数（人）	卫生器具配置				每个房间卫生器具当量数 N_g
		洗脸盆	坐便器	淋浴器	浴盆	
72	144	1	1	1	1	2.5

加压泵房建成地面式泵房，泵房地面标高 234.90m。综合居住小区内地势平坦，高差很小。各住宅楼的室内地坪±0.00 大致为 235.50m，居民楼每层层高 2.9m，在每栋居民楼楼顶设有高位消防水箱，消防水箱箱底比最高层消火栓栓口高 7.2m，水箱内水深 2.8m。

招待所大楼室内地坪±0.00 标高为 235.20m，层高 3.2m。室内消火栓系统管道与住宅楼高位消防水箱相连，不另设消防水箱。

市政供水接管点处的标高为 232.45m，用 145m $DN200$ 给水铸铁管将自来水送至小区内加压泵房。加压泵房供水主泵中心标高为 235.16m。市政供水管网的正常供水压力为 0.20～0.35MPa。

整个综合居住小区内不设集中热水供应系统，招待所内热水采用卫生间局部加热设备解决。

加压泵房内拟采用传统无负压给水设备，并设置辅助小泵和小气压水罐。试计算和选用无负压给水设备。

【解】

（1）确定综合居住小区给水管道设计流量和计算服务人口数 M

据题意：

$$q_L = 180L/(人·d)、K_h = 2.8、N_g = 4.0$$

$$q_L · K_h = 180 \times 2.8 = 504$$

查《建筑给水排水设计规范》GB 50015 相关计算表格，得 M=7300 人。

（2）求综合居住小区实际居住人数 M'

据题意：

$$m = 3.5、n = 1080 户$$

$$M' = 1080 \times 3.5 = 3780 人$$

（3）确定求算综合居住小区生活给水设计流量的计算公式

由于 $M' < M$，故采用下式计算该小区生活给水设计流量：

$$q_s = q_{js} + q_{\overline{wh}} + q_{bs} + q_{ss}$$

其中 $q_{\overline{wh}} = 0$（小区内无幼儿园、中小学、医院等建筑），$q_{ss} = 0$（小区内无配套的宿舍、工业企业生活间、食堂等建筑）。故有：

$$q_s = q_{js} + q_{bs}$$

（4）求算居民生活用水设计秒流量 q_{js}

由题意，$q_L = 180L/(人·d)$、$m = 3.5$、$K_h = 2.8$、$N_g = 4.0$、$T = 24h$。代入最大用水时卫生器具给水当量平均出流概率计算公式：

$$U_0 = \frac{100q_L \cdot m \cdot K_h}{0.2 \cdot N_{gi} \cdot T \cdot 3600}$$

$$= \frac{100 \times 180 \times 3.5 \times 2.8}{0.2 \times 4.0 \times 24 \times 3600}$$

$$= 0.0255$$

取 $U_0 = 2.5\%$。

全小区居民用户的卫生器具总数：

$$\sum N_{g1} = 1080 \times 4.0 = 4320$$

查《建筑给水排水设计规范》GB 50015 附录 E，并采用内插法得：当 $U_0 = 2.5\%$、$\sum N_{g1} = 4320$ 时，$q_{js} = 25.16L/s = 90.58m^3/h$。

（5）求招待所的生活用水设计秒流量 q_{bs}

据题意：

$\sum N_{g2} = 2.5 \times 72 = 180$、建筑物用途系数 $\alpha = 2.5$。代入下式：

$$q_{bs} = 0.2\alpha \sqrt{\sum N_{g2}}$$

$$= 0.2 \times 2.5 \times \sqrt{180}$$

$$= 6.71L/s = 24.15m^3/h$$

（6）求得综合居住小区生活用水设计秒流量 q_s

$$q_s = q_{js} + q_{bs}$$

$$= 25.16 + 6.71$$

$$= 31.87L/s = 114.73m^3/h$$

（7）核算泵房进水管的过水能力

据题意，泵房进水管采用 $DN200$ 给水铸铁管，查水力计算表，当 $q_s = 114.73m^3/h$ 时，管内流速 $v_{进} = 1.02m/s$，水力坡降 $i = 0.00937$。由于进水管内流速在 1.2m/s 以内，故 q_s 在控制流量 $Q_{进con}$ 范围内。因此，认为 $DN200$ 给水铸铁管作为泵房进水管是合理的。

（8）确定供水主泵出水管供水水压设定值 $P_{出}$

工况 1：水泵向最远处 16 层住宅楼顶层用户供水

$P_{出1}$ 的计算采用公式（1.9-2）：

$$P_{出1} = 0.0098(H_1 + H_2 + H_3)$$

式中 $H_1 = 235.50 - 235.16 + 2.9 \times (16-1) + 2.10$

$$= 45.94m$$

上式中 1.1m 为最高层消火栓栓口距离地面高度，7.2m 为消防水箱箱底距最高层消火栓的高度；2.8m 为消防水箱内最大水深。同样，H_5 取 8m；消防水箱进口浮球阀局部阻力损失 H_6 取 1.5m。参数代入后得：

$$P_{出2} = 0.0098 \times (54.94 + 8 + 1.5)$$

$$= 0.632MPa$$

$$= 64.44m$$

供水主泵的出口压力设定值取 $P_{出}$、$P_{出2}$ 中的最大值，即 $P_{出} = 0.632MPa$。

（9）供水主泵的选用

采用公式（1.11-9）来计算供水主泵所需扬程：

$$H_{泵扬} = \frac{P_{出} - P_{市政}}{0.0098} + H_c + h_{表} + h_{倒} + 1.2A_{进} L_{进} Q_{进}^2 + (2 \sim 3)$$

式中 $P_{出} = 0.632\text{MPa}$、$P_{市政} = 0.20\text{MPa}$、$h_{表} = 3\text{m}$、$h_{倒} = 3\text{m}$、$H_c = 235.16 - 232.45 = 2.71\text{m}$。

查表 1.11-3，$A_{进} = 6.97 \times 10^{-7}$（当 Q 的单位为 m^3/h 时）。据题意 $L_{进} = 145\text{m}$，$Q_{进} = q_s = 114.73\text{m}^3/\text{h}$。代入后得：

$$H_{泵扬} = \frac{0.632 - 0.20}{0.0098} + 2.71 + 3 + 3 + 1.2 \times 6.97 \times 10^{-7} \times 145 \times 114.73^2 + 2$$
$$= 56.39\text{m}$$

若供水主泵选择 3 用 1 备配置，则有：

$$Q_{泵单} = \frac{1}{3} q_s = \frac{114.73}{3} = 38.24\text{m}^3/\text{h}$$

得供水主泵参数：

$$Q_{泵单} = 38.24\text{m}^3/\text{h}、H_{泵扬} = 56.39\text{m}$$

查水泵 Q-H 特性曲线，选用格兰富 CR32-5-2 型立式多级离心泵，3 用 1 备配置比较合理。其性能参数见表 1.11-11。

CR32-5-2 型立式多级离心泵性能参数表　　　　　表 1.11-11

泵型号	流量(m³/h)	扬程(m)	电机功率(kW)
CR32-5-2	15	89	11
	32	67	
	40	45	

（10）选用辅助小泵

辅助小泵切换点 K 处的流量采用公式（1.11-41）计算：

$$Q_K = q_{小泵切} = \sqrt{\frac{M_{低}}{\dfrac{H_{AO}}{q_{AO}^2} - N}}$$

式中

$$M_{低} = \frac{P_{出} - P_{市政高}}{0.0068} + H_c + h_{表} + h_{倒}$$
$$= \frac{0.632 - 0.35}{0.0098} + 2.71 + 3 + 3$$
$$= 37.49\text{m}$$

$$N = 1.2A_{进} L_{进}$$
$$= 1.2 \times 6.97 \times 10^{-7} \times 145 = 1.21 \times 10^{-4}$$

依据 CR32-5-2 型泵的性能参数有：

$$H_{AO} = 89\text{m}、q_{AO} = 15\text{m}^3/\text{h}$$

各参数代入后得：

$$Q_K = q_{小泵切} = \sqrt{\frac{37.49}{\dfrac{89}{15^2} - 1.21 \times 10^{-4}}} = 9.74\text{m}^3/\text{h}$$

辅助小泵切换点 K 处的扬程采用公式（1.11-42）计算：

$$H_K = H_{小泵切} = \frac{H_{AO}M_{低}}{H_{AO} - Nq_{AO}^2}$$

$$= \frac{89 \times 37.49}{89 - 1.21 \times 10^{-4} \times 15^2} = 37.50 \text{m}$$

辅助小泵停泵时的扬程：

$$H_{小泵高} = H_K + 20$$
$$= 37.50 + 20 = 57.50 \text{m}$$

查水泵特性参数和 Q-H 特性曲线，辅助小泵选用 CR5-11 型立式多级离心泵，其特性参数见表 1.11-12。

CR5-11 型立式多级离心泵性能参数   表 1.11-12

泵型号	流量（m³/h）	扬程（m）	电机功率（kW）
CR5-11	2.5	71.0	2.2
	6.0	54.5	
	8.5	32.5	

查该泵的 Q-H 特性曲线，当 $H_{小泵高} = 57.50$m 时，$q_{小泵高} = 5.4$m³/h。且辅助小泵的切换点 K（9.74，37.50）和停泵点 E（5.4，57.50）都在 CR5-11 型泵的高效工作区内，故选泵是合理的。

（11）计算小气压水罐的尺寸

小气压水罐的平均流量 q_z 采用公式（1.11-43）计算：

$$q_z = \frac{1}{2}(q_{小泵切} + q_{小泵高})$$

$$= \frac{1}{2}(9.74 + 5.4) = 7.57 \text{m}^3/\text{h}$$

小气压水罐的有效容积 V_x 采用公式（1.9-6）计算：

$$V_x = \frac{\alpha_a q_z}{4n}$$

式中 α_a 取 1.05、n 取 8 次/h。代入后得：

$$V_x = \frac{1.05 \times 7.57}{4 \times 8} = 0.248 \text{m}^3$$

小气压水罐的总容积 V_G 采用公式（1.9-7）计算：

$$V_G = \frac{\beta V_x}{1 - \alpha_b}$$

式中 $\beta = 1.05$、α_b 取 0.78。代入后得：

$$V_G = \frac{1.05 \times 0.248}{1 - 0.78} = 1.18 \text{m}^3$$

小气压水罐选用 ϕ1000，查表 1.9-2，当椭圆形封头直边高度 h_z 取 40mm 时，封头容积 $V_f = 0.162$m³。计算小气压水罐圆柱段长度 $l_直$，采用公式（1.9-8）：

$$l_直 = \frac{4(V_G - 2V_f)}{\pi D_垂^2}$$

$$= \frac{4 \times (1.18 - 2 \times 0.162)}{3.14 \times 1^2} = 1.09 \text{m}$$

小气压水罐的罐体总高 $l_{罐总}$：

$$l_{罐总} = l_直 + 2(h_q + h_z)$$
$$= 1.09 + 2 \times (0.25 + 0.04)$$
$$= 1.67m$$

（12）稳流补偿罐容积的核算

从计算得知，由于 q_s 小于 $Q_{进com}$，故对稳流补偿罐的容积不作具体规定，其总容积大于 1min 的设计流量（即 $\frac{114.73}{60} = 1.91m^3$）或设备生产厂家根据供水量配套提供的稳流补偿罐即可。

（13）绘制无负压给水设备运行工况 $Q\text{-}H$ 坐标系图

将下列计算结果表述在 $Q\text{-}H$ 坐标系图中，见图 1.11-11。

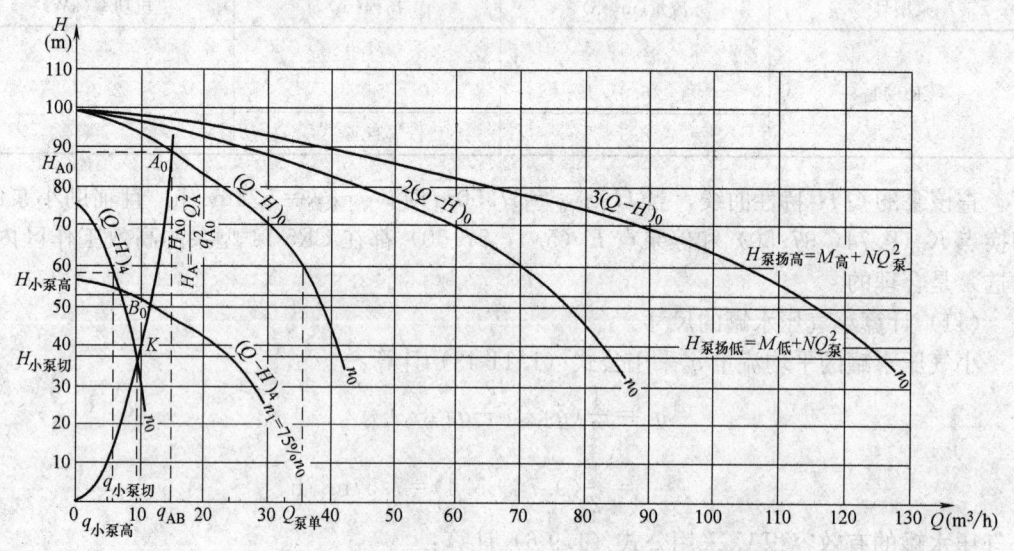

图 1.11-11　无负压给水设备运行工况 $Q\text{-}H$ 坐标系图

1）给水管道系统特性曲线 $H_{泵扬高} = M_高 + NQ_泵^2$ 和 $H_{泵扬低} = M_低 + NQ_泵^2$。

2）供水主泵的单泵及二泵、三泵并联工频（n_0）$Q\text{-}H$ 特性曲线和单泵变频（$n_1 = 75\% n_0$）时的 $Q\text{-}H$ 特性曲线。

3）通过供水主泵单泵 $Q\text{-}H$ 特性曲线高效工作区左侧端点 A_0 的等效曲线 $H_A = \frac{H_{AO}}{q_{AO}^2} Q_A^2$。

4）辅助小泵 $Q\text{-}H$ 特性曲线 $(Q\text{-}H)_小$。

【例 1.11-2】 某小区需建生活用水给水加压泵房，采用低位水箱式无负压给水设备加压供水。为了缓解高峰时用水紧张状况，拟在供水主泵吸水管上设置水射器。已知：居民生活用水设计流量（设计秒流量）为 56m³/h，泵房进水管从市政供水接管点至泵房内的供水主泵的距离为 148m。室外进水管采用 DN150 给水铸铁管，泵房内采用 DN150 钢塑复合管。进水管上装有水表和倒流防止器。市政供水接管点比水射器中心低 2.45m，泵房内低位水箱水面比水射器中心高 1.7m，从水射器至低位水箱的引射管长 2.5m，其上装有闸阀 1 个，90°弯头 2 个。市政供水管网正常工作压力在 0.18～0.30MPa。

试选择水射器、估算通过水射器时的静压损失，并判断水射器的运行工况。

【解】

水射器选用如图 1.11-7 所示的结构。

（1）确定水射器基本参数

为了能较多利用市政供水管网的剩余压力，并保持水射器的一定引射流量（从低位水箱取水量），水射器的流量比 α 取 0.33。查表 1.11-7，此时 $\beta = 0.925$、$m = 0.563$。

（2）流量计算

据题意 $Q_{设} = 56\text{m}^3/\text{h} = 0.01556\text{m}^3/\text{s}$。则有：

$$Q_{射进} = \frac{1}{1+\alpha}Q_{射出} = \frac{1}{1+\alpha}Q_{设}$$

$$= \frac{1}{1+0.33} \times 0.01556 = 0.0117\text{m}^3/\text{s}$$

$$Q_{引射} = \alpha Q_{射进} = 0.33 \times 0.0117 = 0.00386\text{m}^3/\text{s}$$

（3）计算水射器进口水压 $P_{射进}$

采用公式（1.11-30）计算 $P_{射进}$：

$$P_{射进} = P_{市政} - 0.0098(H_1 + h_{表} + h_{倒} + 1.2A_{进1}L_{进1}Q_{射进}^2)$$

据题意 $H_1 = 2.45\text{m}$，$P_{市政} = 0.18\text{MPa}$、$A_{进1} = 41.85$（当 Q 的单位为 m^3/h 时）、$h_{表} = 3\text{m}$、$h_{倒} = 3\text{m}$、$L_{进1} = 148\text{m}$。代入后得：

$$P_{射进} = 0.18 - 0.0098 \times (2.45 + 3 + 3 + 1.2 \times 41.85 \times 148 \times 0.0117^2) = 0.0872\text{MPa}$$

（4）确定水射器各部位尺寸

1）计算喷嘴断面积 $F_{喷}$ 和直径 $d_{喷}$

计算 $F_{喷}$ 采用公式（1.11-18）：

$$F_{喷} = \frac{0.0497Q_{射进}}{\sqrt{P_{射进}}}$$

$$= \frac{0.0497 \times 0.0117}{\sqrt{0.0872}} = 0.00197\text{m}^2$$

计算 $d_{喷}$ 采用公式（1.11-19）：

$$d_{喷} = 1.128\sqrt{F_{喷}}$$

$$= 1.128 \times \sqrt{0.00197}$$

$$= 0.05\text{m} = 50\text{mm}$$

2）计算喷嘴长度 L_1

采用公式（1.11-22）：

$$L_1 = \frac{D_{进1} - d_{喷}}{2\sin\theta_1}$$

式中 $D_{进1} = 0.15\text{m}$、θ_1 取 20°。代入后得：

$$L_1 = \frac{0.15 - 0.05}{2\sin 20°}$$

$$= 0.146\text{m}$$

L_1 取 0.146m（146mm）。

3）确定喷嘴与混合管的间距 l

取 $l=2d_\text{喷}=2\times0.05=0.10\text{m}=100\text{mm}$

4）计算混合管的断面积 $F_\text{混}$ 和直径 $d_\text{混}$

取 $m=0.563$ 代入公式（1.11-20）和公式（1.11-21）得：

$$F_\text{混}=\frac{F_\text{喷}}{m}$$

$$=\frac{0.00197}{0.563}=0.0035\text{m}^2$$

$$d_\text{混}=2\sqrt{\frac{F_\text{混}}{\pi}}$$

$$=2\sqrt{\frac{0.0035}{3.14}}=0.066\text{m}=66\text{mm}$$

5）确定混合管的长度 L_2

取 $L_2=6d_\text{混}=6\times0.066=0.396\text{m}=396\text{mm}$

6）确定扩散管的长度 L_3

计算 L_3 采用公式（1.11-23）：

$$L_3=\frac{D_\text{进2}-d_\text{混}}{2\tan\theta_2}$$

式中 $D_\text{进2}=0.15\text{m}$，θ_2 采用 $5°$，代入后得：

$$L_3=\frac{0.15-0.066}{2\tan5°}=0.48\text{m}=480\text{mm}$$

7）确定引射管的管径 $d_\text{引射}$

计算 $d_\text{引射}$ 采用公式（1.11-25）：

$$d_\text{引射}=1.128\sqrt{\frac{Q_\text{引射}}{v_\text{引射}}}$$

式中 $v_\text{引射}$ 先试用 1m/s，代入后有：

$$d_\text{引射}=1.128\sqrt{\frac{0.00386}{1.0}}=0.070\text{m}=70\text{mm}$$

引射管选用 $2\frac{1}{2}$in 钢塑复合管，其实际内径为 67mm，此时实际流速为 1.10m/s。

8）求水射器的效率

$$\eta=\alpha\cdot\beta=0.33\times0.925=30.5\%$$

（5）估算水射器前后静水压的损失（$P_\text{射进}-P_\text{射出}$）

（$P_\text{射进}-P_\text{射出}$）的计算采用近似公式：

$$P_\text{射进}-P_\text{射出}=\frac{1}{1+\beta}P_\text{射进}$$

$$=\frac{1}{1+0.925}\times0.0872$$

$$=0.0453\text{MPa}=4.62\text{m}$$

从以上计算看出：

$$\frac{P_{射进}-P_{射出}}{P_{射进}}=\frac{0.0453}{0.0872}=0.52$$

（6）核算水射器工况

1）求喷嘴出口压力 $P_{喷嘴}$

计算 $P_{喷嘴}$ 采用公式（1.11-35）：

$$P_{喷嘴}=P_{市政}-0.0098\left(H_1-\frac{v^2_{射进}}{2g}+\frac{v^2_{喷嘴}}{2g}+h_{f1}\right)$$

式中

$$v_{射进}=\frac{4Q_{射进}}{\pi D^2_{进1}}=\frac{4\times0.0117}{3.14\times0.15^2}=0.662\text{m/s}$$

$$v_{喷嘴}=\frac{4Q_{射进}}{\pi d^2_{喷}}=\frac{4\times0.0117}{3.14\times0.05^2}=5.96\text{m/s}$$

h_{f1} 的计算采用公式（1.11-36）：

$$h_{f1}=h_{表}+h_{倒}+h_{喷}+1.2A_{进1}L_{进}\,Q^2_{进}$$

式中 $h_{喷}$ 采用公式（1.11-37）计算：

$$h_{喷}=\xi_{收缩}\frac{v^2_c}{2g}+\xi_{渐缩}\frac{v^2_b}{2g}$$

上式中 $\xi_{收缩}=0.053$，$\xi_{渐缩}=0.20$。

$$v_c=1.053v_{射进}=1.053\times0.662=0.697\text{m/s}$$

$$v_b=v_{喷嘴}=5.96\text{m/s}$$

代入公式后有：

$$h_{喷}=0.053\times\frac{0.697^2}{2\times9.81}+0.20\times\frac{5.96^2}{2\times9.81}$$

$$=0.36\text{m}$$

$$h_{f1}=3+3+0.36+1.2\times41.85\times148\times0.0117^2$$

$$=7.37\text{m}$$

$$P_{喷嘴}=0.18-0.0098\times\left(2.45-\frac{0.662^2}{2\times9.81}+\frac{5.96^2}{2\times9.81}+7.37\right)$$

$$=0.066\text{MPa}$$

此时，水射器喷嘴的出口尚处于正压状态。

当 $P_{市政}=0.30\text{MPa}$ 时，$P_{喷射}=0.30-0.1865=0.1135\text{MPa}$。

2）求引射管在水射器内出口压力 $P_{引射}$

$P_{引射}$ 的计算采用公式（1.11-38）

$$P_{引射}=0.0098\left(H_2-\frac{v^2_{引射}}{2g}-h_{f2}\right)$$

式中 $H_2=1.7\text{m}$。另：

$$v_{引射}=\frac{4Q_{引射}}{\pi d^2_{引射}}$$

$$=\frac{4\times0.00386}{3.14\times0.070^2}=1.00\text{m/s}$$

h_{f2} 的计算采用公式（1.11-39）：

$$h_{f2} = A_{引射} L_{引射} Q_{引射}^2 + (\xi_1 + \xi_2 + \xi_3 + n\xi_4) \frac{v_{引射}^2}{2g}$$

据题意，$A_{引射}=1168$（$DN80$ 钢管，当 Q 为 m^3/s 时）、$L_{引射}=2.5m$、$\xi_1=0.5$、$\xi_2=1.0$、$\xi_3=0.4$（$DN80$ 闸阀、全开）、$\xi_4=0.51$（钢制弯头、$90°$）。代入公式得：

$$h_{f2} = 1168 \times 2.5 \times 0.00386^2 + (0.5+1.0+0.4+2\times0.51) \times \frac{1.00^2}{2\times9.81}$$

$$= 0.192m$$

$$P_{引射} = 0.0098 \times \left(1.7 - \frac{1.00^2}{2\times9.81} - 0.192\right)$$

$$= 0.0143MPa$$

3）水射器工况分析

由于当 $P_{市政}=0.18MPa$ 时，$P_{引射}$（$0.0143MPa$）$<P_{喷嘴}$（$0.066MPa$），故水射器不能将 $Q_{设}$（$56m^3/h$）的流量从低位水箱吸上来。吸上来的水量必然会降低。要满足吸上来 $Q_{设}$，应将低位水箱的放置高度提高。

1.12　小区给水

1.12.1　小区给水的设计原则

1. 小区给水应满足水力条件最优原则，管道布置应靠近大用水户使供水干管短而直；二次供水泵房尽量设置在供水范围的中部且尽量减少与最不利用水点之间的高程差，且供水半径不宜大于 500m，且不应穿越市政道路。

2. 由城镇给水管网直接供水的小区给水系统，应充分利用城镇给水管网的水压直接供水，当城镇给水管网的水压、水量不足时，应设置贮水调节装置和二次供水加压设施，除满足第 1 款的要求外，二次供水加压设施的服务半径应满足工程所在地供水主管部门的相关要求。

3. 小区的室外给水系统宜为生活用水和消防用水合用系统，即生活消防给水系统，室外消火栓从环管上接出的支管不宜过长，尽量减少死水区的存在对水质的污染。当可利用其他水资源作为消防水源时，应分设给水系统。

1.12.2　小区给水管网计算

1. 小区的室外给水系统，其供水量应满足小区内全部用水的要求。给水设计用水量，见 1.1.1 条。

2. 给水设计用水量各分项用水量的计算见 1.1.2 条。

3. 小区室外给水管网的设计流量应根据管段服务人数、用水定额及卫生器具设置标准等因素综合确定，具体按照下列要求执行：

（1）小区的住宅部分按照《建筑给水排水设计规范》GB 50015 中规定的概率公式计算设计秒流量作为管段流量。

（2）小区配套设施如文体、餐饮娱乐商铺及市场等按照《建筑给水排水设计规范》

GB 50015 中规定的平方根法公式和同时用水百分数公式计算设计秒流量作为节点流量。

（3）小区内配套的文教、医疗保健、社区管理等设施，以及绿化和景观用水、道路及广场洒水、公共设施用水等，均以平均时用水量计算节点流量。但凡不属于居住小区配套的公共建筑应另行计算。主要原因为上述配套设施的用水时间和时段与住宅的最大用水时间和时段并不重合。当绿化和景观用水、道路及广场洒水采用再生水时，应分别计算流量。

（4）当建筑设有水箱（池）时，应以建筑引入管设计流量作为室外给水管段的节点流量。

4. 小区给水引入管的设计流量，应按下列要求执行：

（1）小区给水引入管的设计流量应按照本条第 3 款的要求计算，并应考虑未预见水量和管网漏失水量等因素，其中未预见水量和管网漏失水量在引入管计算流量的基础上乘 1.08～1.12 的系数。

（2）当小区引入管的数量不少于 2 条时，其中一条发生故障时，其余的引入管应能够保证不小于 70% 的流量。

（3）小区引入管的管径不宜小于室外给水干管的管径。

（4）小区管网为环状管网时，为了简化计算并保证供水安全，环管的管径应相同。

5. 对于室外生活、消防合用的给水管网，除按照上述要求进行计算外，还应叠加小区火灾的最大消防设计流量后对管网进行水力计算校核，校核结果应符合现行国家标准《消防给水及消火栓系统技术规范》GB 50974 的相关要求。

（1）当小区内未设置消防贮水池，消防用水直接从室外合用给水管上抽取时，在最大用水时生活用水设计流量基础上叠加最大消防设计流量进行复核。

（2）绿化、道路及广场浇洒用水可不计算在内，小区如有集中浴室，则淋浴用水量可按 15% 计算。

（3）当小区内设有消防贮水池时，消防用水全部从消防贮水池抽取时，叠加的最大消防设计流量应为消防贮水池的补给流量。

（4）当部分消防水量从室外管网抽取，部分消防水量从消防贮水池抽取时，叠加的最大消防设计流量应为从室外给水管网抽取的消防设计流量再加上消防贮水池的补给流量。

（5）最终水力计算复核结果应满足管网末梢的室外消火栓从地面算起的流出水头不低于 0.10MPa。

6. 设置有室外消火栓的室外给水管道，管径不得小于 100mm。

1.12.3 小区生活贮水池（箱）的设计

1. 小区生活贮水池的有效容积应根据生活用水调节量和安全贮水量等因素确定，并应符合下列要求：

（1）生活用水调节量应按流入量和供出量的变化曲线经计算确定，资料不足时可按小区加压供水系统的最高日生活用水量的 15%～20% 确定；

（2）安全贮水量应根据城镇供水制度、供水可靠程度及小区供水的保证要求等因素确定；

（3）当生活贮水池贮存消防用水时，消防贮水量还应符合现行国家标准《消防给水及消火栓系统技术规范》GB 50974 的规定；

（4）当小区的生活贮水量大于消防贮水量时，小区的生活贮水池与消防贮水池可合并设置，合并贮水池有效容积的贮水设计更新周期不得大于 48h。

2. 贮水池构造要求

（1）当贮水池有效贮水容积大于 50m³ 时，宜分成容积基本相同的两格，并能独立工作。

（2）水池高度不宜超过 3.5m，水箱高度不宜超过 3m；当水池（箱）高度大于 1.5m时，水池（箱）内外应设置爬梯。

（3）水箱选用不锈钢材料时，焊接材料应与水箱材质相匹配，焊缝应进行抗氧化处理。水池（箱）宜独立设置，且结构合理、内壁光洁、内拉筋无毛刺、不渗漏。

3. 贮水池（箱）的防水质污染

参见本章第 1.2.2 条第 1 款内容。

1.12.4　小区给水管道的布置与敷设

1. 小区的给水管网应布置成环状或与城镇给水管道连成环状管网，环状给水管网与城镇给水管的连接管不宜少于 2 条；小区支管和接户管可布置成枝状。小区干管宜沿用水量较大的地段布置，以最短距离向大用水户供水。当管网负有消防职能时，应符合消防规范的相关规定。

小区的室外给水管道应沿区域内道路敷设，宜平行于建筑物敷设在人行道、慢车道或草地下，但不宜布置在底层住户的庭院内，以便于检修时减少对道路交通及住户的影响，架空管道不得影响运输、人行、交通及建筑物的自然采光。

室外给水管道施工应按《建筑给水排水及采暖工程施工质量验收规范》GB 50242（适用于建筑及住宅小区及厂区）及《给水排水管道工程施工及验收规范》GB 50268 的要求进行。

2. 管道布置时应根据其用途、性能等合理安排，避免产生不良影响（如污水管应尽量远离生活用水管，减少生活用水被污染的可能性；金属管不宜靠近直流电力电缆，以免增加金属管的腐蚀）。

3. 居住区管道平面排列时，应按从建筑物向道路和由浅至深的顺序安排，常用的管道顺序如下：

（1）通信电缆或电力电缆；

（2）煤气、天然气管道；

（3）污水管道；

（4）给水管道；

（5）热力管沟；

（6）雨水管道。

注：以上所指管道均为公用管道非进出户管。

图 1.12-1 可供设计者参考，图（a）为管道在建筑物的单侧排列；图（b）、（c）、（d）为管道在建筑物的两侧排列。

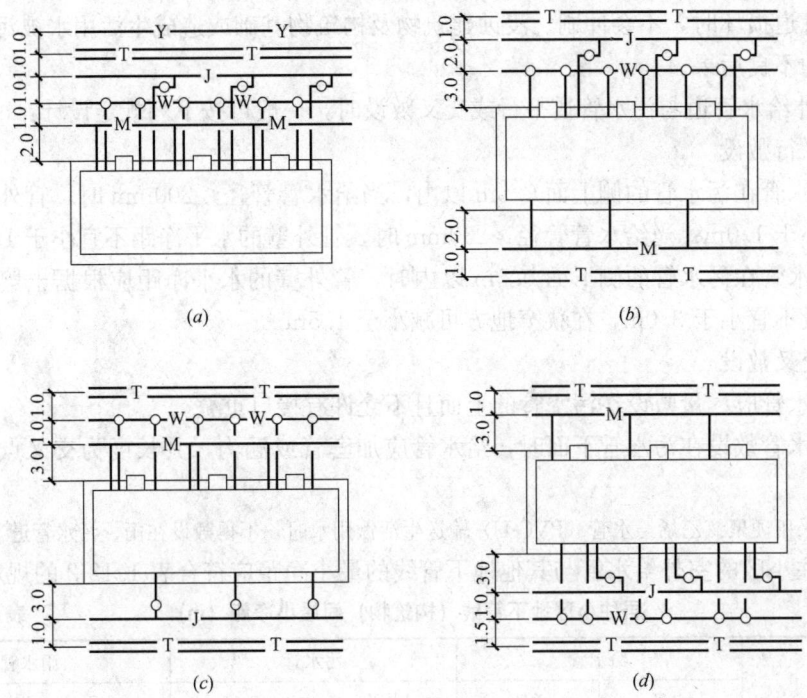

图 1.12-1　居住小区管道排列（m）

Y—雨水管；T—热力管沟；J—给水管；W—污水管；M—煤气管

4. 管道与建筑物、构筑物的平面最小净距一般可按表 1.12-1 确定；给水管道外壁与建筑基础的水平净距一般不宜小于 3m，因条件限制需缩小间距时，应根据建筑基础埋深情况与建筑师、结构工程师商议，确定布置间距或采取相应的措施以避免管道开挖对建筑基础扰动（埋地 PVC-U 和 PE 管要求不得在受压的扩散角范围内，扩散角一般取 45°）。

给水管和排水管离建筑物及构筑物的平面最小净距（m）　　表 1.12-1

名　　　称	给水管		污水管	雨水管	排水明沟
	$d>200mm$	$d\leqslant200mm$			
建筑物	3.0~5.0	3.0~5.0	3.0	3.0	1.0
铁路中心线	5.0	5.0	5.0	5.0	5.0
城市型道路边缘	1.5	1.0	1.5	1.5	1.0
郊区型道路边沟边缘	1.0	1.0	1.0	1.0	1.0
围墙	2.5	1.5	1.5	1.5	1.0
照明及通信电杆	1.0	1.0	1.0	1.0	1.5
高压电线杆支座	3.0	3.0	3.0	3.0	3.0

5. 各种埋地管道的平面位置，不得上下重叠，并尽量减少和避免互相交叉。给水管严禁从雨、污水检查井及排水管渠内穿越，管道之间的平面净距应符合下列要求：

（1）满足管道敷设、砌筑阀门井、检查井等所需的距离。

（2）满足使用后维护管理及更换管道时，不损坏相邻地下管道、建筑物和构筑物的基础。

（3）管道损坏时，不会冲刷、浸蚀建筑物及构筑物基础或造成生活用水被污染，不会造成其他的不良后果。

6. 室外给水管道与污水管道平行或交叉敷设时，一般可按下列规定设计：

（1）平行敷设

1）给水管在污水管的侧上面 0.5m 以内，当给水管管径≤200mm 时，管外壁的水平净距不得小于 1.0m；当给水管管径＞200mm 时，管外壁的水平净距不宜小于 1.5m。

2）给水管在污水管的侧下面 0.5m 以内时，管外壁的水平净距应根据土壤的渗水性确定，一般不宜小于 3.0m，在狭窄地方可减小至 1.5m。

（2）交叉敷设

1）给水管应尽量敷设在污水管的上面且不允许有接口重叠。

2）给水管敷设在污水管下面时，给水管应加套管或涵沟，其长度为交叉点每边不得小于 3.0m。

注：当采用硬聚氯乙烯给水管（PVC-U）输送生活饮用水时，不得敷设在雨、污水管道下面。

7. 居住小区的室外给水管与其他地下管线的最小净距应符合表 1.12-2 的规定。

居住小区地下管线（构筑物）间最小净距（m）　　　　　　表 1.12-2

种类	给水管		污水管		雨水管	
	水平	垂直	水平	垂直	水平	垂直
给水管	0.5～1.0	0.1～0.15	0.8～1.5	0.1～0.15	0.8～1.5	0.1～0.15
污水管	0.8～1.5	0.1～0.15	0.8～1.5	0.1～0.15	0.8～1.5	0.1～0.15
雨水管	0.8～1.5	0.1～0.15	0.8～1.5	0.1～0.15	0.8～1.5	0.1～0.15
低压煤气管	0.5～1.0	0.1～0.15	1.0	0.1～0.15	1.0	0.1～0.15
直埋式热水管	1.0	0.1～0.15	1.0	0.1～0.15	1.0	0.1～0.15
热力管沟	0.5～1.0		1.0		1.0	
电力电缆	1.0	直埋 0.5 穿管 0.25	1.0	直埋 0.5 穿管 0.25	1.0	直埋 0.5 穿管 0.25
通信电缆	1.0	直埋 0.5 穿管 0.15	1.0	直埋 0.5 穿管 0.15	1.0	直埋 0.5 穿管 0.15
通信及照明电缆	0.5		1.0		1.0	
乔木中心	1.0		1.5		1.5	

注：1. 净距指管外壁距离，管道交叉设套时指套管外壁距离，直埋式热力管道指保温管壳外壁距离。

2. 电力电缆在道路的东侧（南北方向的路）或南侧（东西方向的路）；通信电缆在道路的西侧或北侧。一般均在人行道下。

3. PE 管与热力管道间的距离应在保证 PE 管表面温度不超过 40℃ 的条件下计算确定，最小不得小于 1.5m。PE 管与乔木灌木的水平间距为 1.5m；与雨、污水管水平间距，管道公称外径小于 200mm 时为 0.5～1.0m，管道公称外径大于 200mm 时为 1.0～1.5m；与其他管道交叉时，净距不应小于 0.15m。

4. PVC-U 管与热力管、燃气管之间的水平净距不宜小于 1.5m；从其他管线上部跨越时，净距不得小于 0.2m。

8. 各种道路的平面排列及标高设计相互发生冲突时，应按下列原则处理：

（1）小管径管道让大管径管道。

(2) 可弯管道让不能弯的管道。

(3) 新设管道让已建管道。

(4) 压力管道让自流管道。

(5) 临时性管道让永久性管道。

9. 给水管道与铁路交叉时，其设计应按铁路工程技术规范的规定执行，并取得铁路管理部门的同意。

10. 给水管道穿过河流时，尽量利用已有或新建桥梁进行架设。穿越河底的管道应尽量避开锚地，一般宜设两条管道，并按一条停止工作另一条仍能通过设计流量确定管径。管顶距河底埋深应根据水流冲刷条件确定，一般不得小于 0.5m，但在航运范围内不得小于 1.0m，并均应有检修和防止冲刷的设施。当通过有航运的河流时，过河管的设计应取得当地航运管理部门的同意，并应在两岸设立标志。

11. 室外给水管道的覆土厚度，应根据土壤冰冻深度、地面荷载、管材强度及管道交叉等因素确定，一般应满足下列要求：

(1) 管道不被震动或压坏。

(2) 管内水流不被冰冻或增高温度。

当埋设在非冰冻地区时：若在机动车道路下，一般情况金属管道覆土厚度不小于 0.7m；非金属管道覆土厚度不小于 1.2m。若在非机动车道路下或道路边缘地下，金属管道覆土厚度不宜小于 0.3m，塑料管道覆土厚度不宜小于 1.0m（在人行道下，PVC-U 管 $dn>63mm$ 时，覆土厚度不宜小于 0.75m；$dn\leqslant63mm$ 时，覆土厚度不宜小于 0.5m。PE 管覆土厚度不宜小于 0.6m）。非金属管道及给水钢塑复合压力管穿越高级路面、高速公路、铁路和主要市政管线设施时，应采用钢筋混凝土管、钢管或球墨铸铁管等套管。套管内径：PE 管不得小于穿越管外径加 100mm，PVC-U 管不得小于穿越管外径加 300mm，且应与相关单位协调。套管结构设计应按有关主管部门的规定执行。建筑给水超薄壁不锈钢塑料复合管，管顶覆土厚度不应小于 0.15m，穿越道路时，当管顶埋深小于等于 0.65m 时要加金属或钢筋混凝土套管。

当埋设在冰冻地区时：在满足上述要求的前提下，管顶最小覆土厚度不得小于土壤冰冻线以下 0.15m，一般管道底埋深可在冰冻线以下 $D+200mm$（管径大于 300mm 但小于等于 600mm 的金属管道，在条件不允许深埋，而该管内的水流不可能较长期的不流动时，可按不小于 0.75D 考虑）。

12. 小区给水管道一般宜直接敷设在未经扰动的原状土层上；若小区地基土质较差或地基为岩石地区，管道可采用砂垫层，金属管道砂垫层厚度不小于 100mm，塑料管道砂垫层厚度不小于 150mm，并应铺平、夯实；若小区的地基土质松软，则应做混凝土基础，如果有流砂或淤泥地区，则应采取相应的施工措施和基础土壤的加固措施后再做混凝土基础。

13. 室外埋地管道在垂直或水平方向转弯处是否设置支墩，应根据管径、转弯角度、试压标准及接口摩擦力等因素通过计算确定。对于管径≤300mm 的承插管，且试压压力不大于 1.0MPa 时，在一般土壤地区的弯头，三通处可不设支墩，在松软土壤中需计算确定。支墩不应修筑在松土上，利用土体被动土压力承受推力的水平支墩后背土壤的最小厚度应大于墩底在设计地面以下深度的 3 倍，支墩材料一般为 C10 混凝土，刚性接口给水承插铸铁管道支墩参见 02S504，柔性接口给水承插铸铁管道支墩参见 03SS505。

14. 室外露天敷设的管道应有调节管道伸缩和防止接口脱开、被撞坏等设施，应避免受阳光直接照射。塑料管、铝塑复合管等一般不宜在室外明敷，因特殊情况在室外明敷时，应布置在不受阳光直接照射处或有遮光措施（在最冷月平均温度 5℃ 以上的非冰冻地区，建筑给水薄壁不锈钢塑料复合管可在室外明敷）。在冰冻地区，应采取防冻保温措施，保温层外壳应密封防渗。在非冰冻地区也宜做保温层以防止管道受阳光照射后水温升高导致细菌繁殖。

15. 敷设在管沟内的给水管道与其他各种管道之间的净距，应满足安装、操作的需要且不宜小于 0.3m。给水管应在热水管、热力管的下方以及冷冻管、排水管的上方，且平面位置应错开；与其他管道交叉时，应采取保护措施（管沟内的冷冻管和热水管、蒸汽管等热力管必须保温）。

生活给水管不宜与输送易燃、可燃或有害液体或气体的管道同管廊（沟）敷设。塑料管与其他金属管同沟敷设时，应靠沟边敷设（建筑给水薄壁不锈钢塑料复合管宜靠沟边布置，与其他管道的净距不应小于 120mm）。

管沟应有检修人孔，做防水并有坡度和排水措施。

管沟内管道的安装尺寸可参考管沟中管道的中心距控制表，见表 1.12-3。

管沟中管道的中心距（mm）控制　　　　　　　　表 1.12-3

	D_g	25~40	50~70	80	100~125	150	200	250	300
保温	B	400	500	500	600	600	700	800	850
保温	H	400	450	500	550	650	700	800	800
非保温	B	300	300	300	400	400	500	500	600
非保温	H	300	300	350	350	400	450	500	550

D_1	25~40	50	70	80	100~125	150	200	250	300
D_2	25~40	32~50	40~70	50~80	70~125	100~150	125~200	125~200	150~250
B	600	600	700	700	800	900	1000	1100	1200
H	400	450	450	500	550	650	700	750	800
a	140	140	150	150	160	180	220	220	250
b	250	250	310	310	360	420	430	500	550
c	210	210	240	240	270	300	350	380	400

D_1	25~40	50	70	80	100	125	150	200	250	300
D_2、D_3	25~40	32~50	40~70	50~80	80~100	80~125	80~150	100~150	125~200	150~200
B	900	900	1000	1000	1100	1200	1300	1400	1700	1700
H	400	450	450	500	550	550	650	700	750	800
a	140	140	140	140	160	170	180	180	220	220
b	245	245	245	270	305	340	365	365	455	455
c	305	305	305	350	385	420	455	505	625	625
d	210	210	210	240	250	270	300	350	400	400

续表

D_g	25～40	50	70	80	100	125	150	200	250
B	800	900				1000		1100	1200
H	1200	1200				1200		1200	1300
a	150	180				200		240	270
b	70	90				120		130	130
c	580	630				680		730	800
d	710	520				470		380	410
e	180	290				330		390	450
f	310	390				400		430	440

1.12.5 小区给水管网管材、阀门与附件

1. 管材及管件

（1）埋地的给水管道，既要承受管内的水压力，又要承受地面荷载的压力。管内壁要耐水的腐蚀，管外壁要耐地下水及土壤的腐蚀。目前使用较多的有塑料给水管、球墨铸铁给水管、有衬里的铸铁给水管。

（2）当必须使用钢管时，要特别注意钢管的内外防腐处理，防腐处理常见的有衬塑、涂塑或涂防腐涂料。需要注意：镀锌层不是防腐层，而是防锈层，所以镀锌钢管也必须做防腐处理。

（3）用于小区的给水管网材质尚需符合本手册 1.4.1 条的有关规定。

2. 阀门与附件

（1）小区给水管道上的下列部位应设置阀门：

1）小区给水管道从市政给水管道的引入管段上。

2）小区室外环状管网的节点处，应按分隔要求设置。环状管段过长时，宜设置分段阀门。

3）从小区给水管上接出的支管起端或接户管起端。

4）环状管网的分干管、贯通枝状管网的连接管。

5）应符合工程所在区域供水管理部门的有关要求。

6）除满足上述规定外，还应满足现行国家标准《室外给水设计规范》GB 50013、《消防给水及消火栓系统技术规范》GB 50974 的有关规定，并按照实际工程情况、检修维护能力和投资等因素综合考虑。

（2）室外给水管道的阀门宜采用暗杆型的阀门，并宜设置阀门井或阀门套筒，阀门井详见《室外给水管道附属构筑物》05S502。

（3）下列给水管段应装设水表：

1）小区的引入管、建筑物的引入管；

2）住宅和公寓的入户管。

（4）室外给水管道上的阀门及附件除满足本条的要求外，尚需满足本手册第 1.4.2、1.4.3 条的相关规定。

1.13 节水设计

1.13.1 节水设计计算

1. 节水用水定额

（1）住宅平均日生活用水的节水用水定额，可根据住宅类型、卫生器具设置标准和区域条件因素按表1.1-1的规定确定。

（2）集体宿舍、旅馆和其他公共建筑的平均日生活用水的节水用水定额，可根据建筑物类型和卫生器具设置标准按表1.1-2的规定确定。

（3）浇洒草坪、绿化年均灌水定额可按表1.1-4的规定确定。

2. 年节水用水量计算

生活用水年节水用水量的计算见1.6.11条。

1.13.2 节水系统设计

1. 建筑物在初步设计阶段应编制"节水设计专篇"，编写格式可按附录A的规定执行，其中节水用水量的计算中缺水城市的平均日用水定额应采用本标准中的较低值。

2. 建筑节水系统应根据节能、卫生、安全及当地政府规定等要求，并结合非传统水源综合利用的内容进行设计。

3. 绿化浇洒系统应依据水量平衡和技术经济比较，优化配置、合理利用各种水资源。

4. 供水系统

（1）设有市政或小区给水、中水供水管网的建筑，生活给水系统应充分利用城镇供水管网的水压直接供水。

（2）给水调节水池或水箱、消防水池或水箱应设溢流信号管和溢流报警装置，设有中水、雨水回用给水系统的建筑，给水调节水池或水箱清洗时排出的废水、溢水宜排至中水、雨水调节池回收利用。

（3）市政管网供水压力不能满足供水要求的多层、高层建筑的给水、中水、热水系统应竖向分区，各分区最低卫生器具配水点处的静水压不宜大于0.45MPa，且分区内低层部分应设减压设施保证各用水点处供水压力不大于0.2MPa。

（4）景观用水水源不得采用市政自来水和地下井水。

（5）采用蒸汽制备开水时，应采用间接加热的方式，凝结水应回收利用。

（6）热水系统的节水设计要求见×××。

5. 循环水系统

（1）冷却塔循环水系统设计

1）循环冷却水的水源应满足系统的水质和水量要求，宜优先使用雨水等非传统水源；

2）冷却水应循环使用；

3) 多台冷却塔同时使用时宜设置集水盘连通管等水量平衡设施；

4) 建筑空调系统的循环冷却水的水质稳定处理应结合水质情况，合理选择处理方法及设备，并应保证冷却水循环率不低于 98%；

5) 旁流处理水量可根据去除悬浮物或溶解固体分别计算，当采用过滤处理去除悬浮物时，过滤水量宜为冷却水循环水量的 1%～5%；

6) 冷却塔补充水总管上应设阀门及计量等装置；

7) 集水池、集水盘或补水池宜设溢流信号管，并将信号送入机房。

(2) 游泳池、水上娱乐池等循环水系统设计

1) 游泳池、水上娱乐池等应采用循环给水系统；

2) 游泳池、水上娱乐池等循环水系统的排水宜重复利用。

(3) 蒸汽凝结水应回收再利用或循环使用，不得直接排放。

(4) 洗车场宜采用无水洗车、微水洗车技术，当采用微水洗车时，洗车水系统设计应满足下列要求：

1) 营业性洗车场或洗车点宜使用雨水、中水等非传统水源；

2) 当以自来水洗车时，洗车水应循环使用；

3) 机动车清洗设备应符合国家有关标准的规定。

(5) 空调冷凝水的收集及回用

1) 设有中水、雨水回用供水系统的建筑，其集中空调部分的冷凝水宜回收汇集至中水、雨水清水池，作为杂用水；

2) 设有集中空调系统的建筑，当无中水、雨水回用供水系统时，可设置单独的空调冷凝水回收系统，将其用于水景、绿化等用水。

(6) 水源热泵用水应循环使用，并应符合下列要求：

1) 当采用地下水、地表水作为水源热泵的热源时，应进行建设项目水资源论证；

2) 采用地下水作为热源的水源热泵换热后的地下水应全部回灌至同一含水层，抽、灌井的水量应能在线监测。

(7) 浇洒系统

1) 浇洒系统水源应满足下列要求：

① 应优先选择雨水、中水等非传统水源；

② 水质应符合现行国家标准《城市污水再生利用 景观环境用水水质》GB/T 18921 和《城市污水再生利用 城市杂用水水质》GB/T 18920 的规定。

2) 绿化浇洒应采用喷灌、微灌等高效节水灌溉方式。应根据喷灌区域的浇洒管理形式、地形地貌、当地气象条件、水源条件、绿地面积大小、土壤渗透率、植物类型和水压等因素，选择不同类型的喷灌系统，并应符合下列要求：

① 绿化浇洒采用中水时，宜采用以微灌为主的浇洒方式；

② 人员活动频繁的绿地，宜采用以微喷灌为主的浇洒方式；

③ 土壤易板结的绿地，不宜采用地下渗灌的浇洒方式；

④ 乔、灌木和花卉宜采用以滴灌、微喷灌等为主的浇洒方式；

⑤ 带有绿化的停车场，其灌水方式宜按表 1.13-1 的规定选用；

⑥ 平台绿化的灌水方式宜按表 1.13-2 的规定选用。

停车场绿化灌水方式   表 1.13-1

绿化部位	种植品种及布置	灌水方式
周界绿化	较密集	滴灌
车位间绿化	不宜种植花卉,绿化带宽度一般为 1.5～2m,乔木沿绿化带排列,间距应不小于 2.5m	滴灌或微喷灌
地面绿化	种植耐碾压草种	微喷灌

平台绿化灌水方式   表 1.13-2

植物类别	种植土最小厚度(mm)			灌水方式
	南方地区	中部地区	北方地区	
花卉草坪地	200	400	500	微喷灌
灌木	500	600	800	滴灌或微喷灌
乔木、藤本植物	600	800	1000	滴灌或微喷灌
中高乔木	800	1000	1500	滴灌

3）浇洒系统宜采用湿度传感器等自动控制其启停。

4）浇洒系统的支管上任意两个喷头处的压力差不应超过喷头设计工作压力的 20%。

6. 非传统水源利用

（1）节水设计应因地制宜采取措施综合利用雨水、中水、海水等非传统水源，合理确定供水水质指标，并应符合国家现行有关标准的规定。

（2）民用建筑采用非传统水源时，处理出水必须保障用水终端的日常供水水质安全可靠，严禁对人体健康和室内卫生环境产生负面影响。

（3）非传统水源的水质处理工艺应根据原水特征、污染物和出水水质要求确定。

（4）雨水和中水利用工程应根据现行国家标准《建筑与小区雨水控制及利用工程技术规范》GB 50400 和《建筑中水设计规范》GB 50336 的有关规定进行设计。

（5）雨水和中水等非传统水源可用于景观用水、绿化用水、汽车冲洗用水、路面地面冲洗用水、冲厕用水、消防用水等非与人身接触的生活用水，雨水还可用于建筑空调循环冷却系统的补水。

（6）中水、雨水不得用于生活饮用水及游泳池等用水。与人身接触的景观娱乐用水不宜使用中水或城市污水再生水。

7. 节水设备、计量仪表、器材及管材、管件

（1）卫生器具、器材

1）建筑给水排水系统中采用的卫生器具、水嘴、淋浴器等应根据使用对象、设置场所、建筑标准等因素确定，且均应符合国家现行产品标准《节水型生活用水器具》CJ/T 164 的规定。

2）坐式大便器宜采用设有大、小便分档的冲洗水箱。

3）居住建筑中不得使用一次冲洗水量大于 6L 的坐便器。

4）小便器、蹲式大便器应配套采用延时自闭式冲洗阀、感应式冲洗阀、脚踏冲洗阀。

5）公共场所的卫生间洗手盆应采用感应式或延时自闭式水嘴。

6）洗脸盆等卫生器具应采用陶瓷片等密封性能良好、耐用的水嘴。

　　7）水嘴、淋浴喷头内部宜设置限流配件。

　　8）采用双管供水的公共浴室宜采用带恒温控制与温度显示功能的冷热水混合淋浴器。

　　(2) 民用建筑的给水、热水、中水以及直饮水等给水管道设置计量水表的规定：

　　1）住宅入户管上应设计量水表；

　　2）公共建筑应根据不同使用性质及计费标准分类分别设计量水表；

　　3）住宅小区及单体建筑引入管上应设计量水表；

　　4）加压分区供水的贮水池或水箱前的补水管上宜设计量水表；

　　5）采用高位水箱供水系统的水箱出水管上宜设计量水表；

　　6）冷却塔、游泳池、水景、公共建筑中的厨房、洗衣房、游乐设施、公共浴池、中水贮水池或水箱等的补水管上应设计量水表；

　　7）机动车清洗用水管上应安装水表计量；

　　8）采用地下水作为水源热泵的热源时，抽、回灌管道上应分别设计量水表；

　　9）满足水量平衡测试及合理用水分析要求的管段上应设计量水表。

　　(3) 民用建筑所采用的计量水表应符合下列规定：

　　1）产品应符合国家现行标准《封闭满管道中水流量的测量 饮用冷水水表和热水水表》GB/T 778.1～3、《IC 卡冷水水表》CJ/T 133、《电子远传水表》CJ/T 224、《冷水水表检定规程》JJG 162 和《饮用水冷水水表安全规则》CJ 266 的规定；

　　2）口径 $DN15\sim25$ 的水表，使用期限不得超过 6 年；口径$>DN25$ 的水表，使用期限不得超过 4 年。

　　(4) 学校、学生公寓、集体宿舍公共浴室等集中用水部位宜采用智能流量控制装置。

　　8. 节水设备

　　(1) 加压水泵的 Q-H 特性曲线应为随流量的增大扬程逐渐下降的曲线。

　　(2) 市政条件许可的地区，宜采用无负压（叠压）供水设备，但需取得当地供水行政主管部门的批准。

　　(3) 中水、雨水、循环水以及给水深度处理的水处理宜采用自用水量较少的处理设备。

　　(4) 冷却塔的选用和设置应符合下列规定：

　　1）成品冷却塔应选用冷效高、飘水少、噪声低的产品。

　　2）成品冷却塔应按生产厂家提供的热力特性曲线选定。设计循环水量不宜超过冷却塔的额定水量；当循环水量达不到额定水量的 80% 时，应对冷却塔的配水系统进行校核。

　　3）冷却塔数量宜与冷却水用水设备的数量、控制运行相匹配。

　　4）冷却塔设计计算所选用的空气干球温度和湿球温度，应与所服务的空调等系统的设计空气干球温度和湿球温度相吻合，应采用历年平均不保证 50h 的干球温度和湿球温度。

　　5）冷却塔宜设置在气流通畅、湿热空气回流影响小的场所，且宜布置在建筑物的最小频率风向的上风侧。

　　(5) 洗衣房、厨房应选用高效、节水的设备。

　　9. 管材、管件

　　给水、热水、再生水、管道直饮水、循环水等供水系统管材、管件的选用要求见各相关章节的内容。

附录 A　"节水设计专篇"编写格式

A.1　工程概况和用水水源（包括市政供水管线、引入管及其管径、供水压力等）

A.1.1　本项目功能和用途。

A.1.2　面积。

A.1.3　用水户数和人数详见表 A-1。

A.1.4　用水水源为城市自来水或自备井水。

A.2　节水用水量

根据表 1.1-1 和表 1.1-2 有关节水用水定额的规定，各类节水用水量计算明细见表 A-1，中水原水量计算明细见表 A-2，中水回用系统用水量计算明细见表 A-3。

生活用水节水用水量计算表　　　　表 A-1

序号	用水部位	使用数量	用水定额	用水天数(d/年)	用水量(m³)		备　注
					平均日	全年	

中水原水量计算表　　　　表 A-2

序号	排水部位	使用数量	原水排水量标准	排水量系数	用水天数(d/年)	原水量(m³)		备　注
						平均日	全年	

中水回用系统用水量计算表　　　　表 A-3

序号	用水部位	使用数量	中水用水定额	用水天数(d/年)	用水量(m³)		备　注
					平均日	全年	

A.3　节水系统

A.3.1　地面_____层及其以下各层给水、中水均由市政供水管网直接供水，充分利用市政管网供水压力。

A.3.2　给水、热水、中水供水系统中配水支管处供水压力>0.2MPa 者均设支管减压阀，控制各用水点处水压≤0.2MPa。

A.3.3　给水、热水采用相同供水分区，保证冷、热水供水压力的平衡。

A.3.4　集中热水供应系统设干、立管循环系统，循环管道同程布置，不循环配水支管长度均≤_____ m。

A.3.5　管道直饮水系统设供、回水管道同程布置的循环系统，不循环配水支管长度均≤3m。

A.3.6　空调冷却水设冷却塔循环使用，冷却塔集水盘设连通管保证水量平衡。

A.3.7　游泳池和水上游乐设施水循环使用，并采取下列节水措施：

1. 游泳池表面加设覆盖膜减少蒸发量；

2. 滤罐反冲洗水经_____处理后回用于补水；

3. 采用上述措施后，控制游泳池（水上游乐设施）补水量为循环水量的____%。

A.3.8　绿地浇洒与景观用水：

1. 庭院绿化、草地采用微喷灌或滴灌等节水灌溉方式；

2. 景观水池兼作雨水收集贮存水池，由满足《城市污水再生利用 景观环境用水水质》GB/T 18921 规定的中水补水。

A.4　中水利用

A.4.1　卫生间、公共浴室的盆浴、淋浴排水、盥洗排水、空调循环冷却系统排污水、冷凝水、游泳池及水上游乐设施排污水等废水均作为中水原水回收，处理后用于冲厕、车库地面及车辆冲洗、绿化用水或景观用水。

A.4.2　中水原水平均日收集水量_____ m³/d，中水设备日处理时间取_____ h/d，平均时处理水量_____ m³/h，取设备处理规模为_____ m³/h。

A.4.3　中水处理采用下列生物处理和物化处理相结合的工艺流程：

消毒剂

原水→格栅→调节池→生物处理→沉淀→过滤→消毒→中水

注：处理流程应根据原水的水质、水量和中水的水质、水量及使用要求等因素，经技术经济比较后确定。

处理后的中水水质应符合《城市污水再生利用 城市杂用水水质》GB/T 18920 或《城市污水再生利用 景观环境用水水质》GB/T 18921 的规定。

A.4.4　水量平衡见图 A-1

A.4.5　中水调节池设自来水开始补水兼缺水报警水位和停止补水水位。

A.5　雨水利用

A.5.1　间接利用Ⅰ：采用透水路面；室外绿地低于道路 100mm，屋面雨水排至散水地面后流入绿地渗透到地下补充地下水源。

A.5.2　间接利用Ⅱ：屋面雨水排至室外雨水检查井，再经室外渗管渗入地下补充地下水源。

A.5.3　直接利用：屋面雨水经弃流初期雨水后，收集到雨水蓄水池，经机械过滤等处理达到中水水质标准后，进入中水贮水池，用于中水系统供水或用于水景补水。

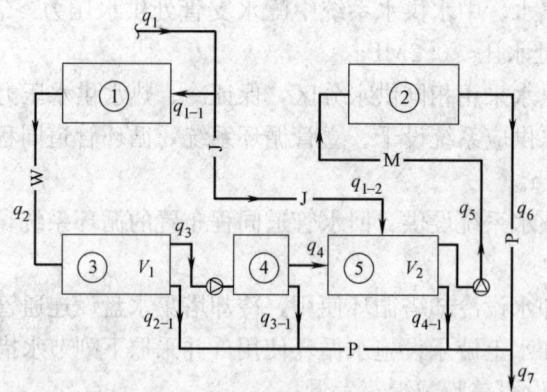

图 A-1 水量平衡示意图

J—自来水；W—中水原水；M—中水供水；P—排污水

① 提供中水原水的用水设备；② 中水用水设备；③ 原水调节池；④ 水处理设备；⑤ 中水贮水池

q_1—自来水总用水量＿＿＿ m³/d；q_{1-1}—自来水供水的用水设备＿＿＿ m³/d；

q_{1-2}—中水贮水池的自来水补水量＿＿＿ m³/d；q_2—中水原水水量＿＿＿ m³/d；

q_3—处理设备日处理量＿＿＿ m³/d；q_{2-1}—调节池溢水排污量＿＿＿ m³/d；q_{3-1}—处理设备自用水量＿＿＿ m³/d；

q_4—中水产水量＿＿＿ m³/d；q_{4-1}—中水贮水池溢水排污量＿＿＿ m³/d；q_5—中水用水设备用水量＿＿＿ m³/d；

q_6—中水供水设备排污水量＿＿＿ m³/d；q_7—总排污水量＿＿＿ m³/d

A.6 节水设施

A.6.1   卫生器具及配件：

1. 住宅采用带两档式冲水的 6L 水箱坐便器排水系统；

2. 公共建筑卫生间的大便器、小便器均采用自闭式（公共卫生间宜采用脚踏自闭式）、感应式冲洗阀；

3. 洗脸盆、洗手盆、洗涤池（盆）采用陶瓷片等密封耐用、性能优良的水嘴，公共卫生间的水龙头采用自动感应式控制；

4. 营业性公共浴室淋浴器采用恒温混合阀，脚踏开关；学校、旅馆职工、工矿企业等公共浴室及大学生公寓、学生宿舍公用卫生间等淋浴器采用刷卡用水。

A.6.2   住宅给水、热水、中水、管道直饮水入户管上均设专用水表。

A.6.3   冷却塔及配套节水设施：

1. 选用散热性能、收水性能优良的冷却塔，冷却塔布置在通风良好、无湿热空气回流的地方；

2. 循环水系统设水质稳定处理设施，投加环保型缓蚀阻垢药剂，药剂采用自动投加，设自动排污装置或在靠近冷凝器的冷却水回水管上设电子（或静电、永磁）水处理仪及机械过滤器；

3. 冷却塔补水控制为循环水量的 2% 以内。

A.6.4   游泳池及水上游乐设施水循环。采用高效混凝剂和过滤滤料的过滤罐，滤速为＿＿＿＿ m/h，提高过滤效率，减少排污量。

A.6.5   消防水池（箱）与空调冷却塔补水池（箱）合一，夏季形成活水，控制水质变化。消防水池（箱）设＿＿＿＿消毒器，延长换水周期，减少补水量。

第2章 建筑排水

2.1 建筑排水系统

2.1.1 建筑排水系统的分类

1. 按建筑排水来源（见表 2.1-1）

表 2.1-1

建筑排水分类（一）

序号	排水系统		排水来源		特 点
1	生活排水系统	污水排水系统	卫生间排水	排泄大小便污水	污染严重，民用建筑内主要的污染源
2		废水排水系统		淋浴、洗涤排水	建筑物内日常生活中排放的淋浴、洗涤排水
3			厨房排水		含油脂，来源于公共厨房和住宅内厨房排水
4			设备机房排水		水泵房、空调机房、锅炉房、冷冻机房、冷却循环水机房、热交换机房等设备用房的排水
5			水处理排水		游泳池、水景、给水深度处理排水，包括泄空排水、设备反冲洗排水，因设备反冲洗水量大造成瞬间排水量大
6			车库排水		需区分有专门洗车台与一般地面车库排水
7			绿化排水		较清洁，可排入雨水系统
8	雨水排水系统		雨水排水		包括屋顶、阳台、门厅、雨篷等排水（另见第3章）
9	消防排水系统		消防排水		包括消防电梯井坑底排水、喷淋系统试验排水、消火栓试验排水、消防泵试验排水、车库消防排水等，属清洁废水
10	工业排水系统		工业排水		工业建筑排出生产污水和生产废水的排水系统
11	医疗排水系统		医疗污废水		医疗建筑排出的含有致病菌、放射性元素等医疗科研污废水，应按排水性质分类处理，达到排放标准后排放

注：工业建筑卫生间排水属于生活排水系统。

2. 按排水方式（见表 2.1-2）

有重力排水、压力排水和真空排水三种方式。

表 2.1-2

建筑排水分类（二）

序号	排水方式	特 点
1	重力排水	地面以上的绝大部分建筑利用重力，靠管道坡度自流的排水方式
2	压力排水	不能自流或发生倒灌的区域靠排水泵提升的排水方式
3	真空排水	一种靠真空泵抽吸形成管道负压来输送污水的压力排水方式

3. 按污废水在排放过程中的关系分（见表 2.1-3）

建筑排水分类（三）   表 2.1-3

序号	排水方式	特 点
1	污废合流	建筑物内的生活污水与生活废水合流后排至处理构筑物或建筑物外，但在住宅中，厨房排水应单独设管道排出
2	污废分流	建筑物内的生活污水与生活废水分别排至处理构筑物或建筑物外

4. 按通气方式分（见表 2.1-4）

建筑排水分类（四）   表 2.1-4

序号	排水系统	通气形式
1	设通气管系的排水系统	伸顶通气的排水系统
		设专用通气立管的排水系统
		环形通气排水系统
		器具通气排水系统
2	特殊单立管排水系统	特殊管件的单立管排水系统
		特殊管材的单立管排水系统
		管件管材均特殊的单立管排水系统
3	不通气的排水系统	

2.1.2 建筑排水系统的组成

建筑排水系统通常由卫生器具或受水器、排水管道（排水横支管、排水立管、排出管）、清通设备（检查口、清扫口、检查井）和通气管系 4 部分组成。

在不能靠重力自流或发生倒灌的区域，排水系统还需要排水泵和集水井等局部提升设备。

2.1.3 建筑排水设计的资料收集

资料收集是建筑排水系统设计的一项基础性工作，是确定排水方案或系统必不可少的步骤。建筑排水方案或系统除了与建筑物本身排水内容有关外，还受最终排水出路——市政排放条件和排放标准制约。

收集资料需了解清楚以下内容：

1. 市政管线资料——建设基地周围现有或规划管线资料，允许接管的排水接口方位、管径、绝对标高等。

2. 接管条件——包括排放标准、排水体系和当地市政管理要求。

比如有的地方规定污水接市政管道前需要设置格栅检查井；有的地方要求生活污水与生活废水分流，生活污水进化粪池处理；有的地方无市政管线，要求自行设污水处理站；有的地方阳台排水要排到污水管网，且需设水封井。排放标准除符合国家标准外，还需要执行当地规定，不少地方标准高于国家污水排放标准，在一些水源保护区，环保部门甚至要求"零排放"。

3. 排水出路为天然水体，如河道、江湖时，还应收集河道的水文资料。如最高水位、最低水位、常水位、关闸水位、洪水位、河床底标高等。

　　4. 室外地坪、道路设计标高（绝对标高）。对于一个规模较大的区域性项目，还需了解分期建设的次序和时间，以便合理规划、布置室外总体排水管线，控制好单体建筑出户管标高。

　　5. 对于改造项目，原有排水点及管线走向更需一一摸清楚，不要轻易改动原有的排出口位置，除非原使用中存在问题。

　　在收集资料过程中，还需注意资料的时效性，复核其可靠程度，如有疑问可用竣工图、技术核定单对照。必要时应到现场测量核实。

　　6. 污水排入市政排水管网的一般要求

　　污水排放需满足《污水排入城镇下水道水质标准》GB/T 31962 的要求（见表 2.1-5）。

污水排入城镇下水道水质控制项目限值　　　　　　表 2.1-5

序号	控制项目名称	单位	A 级	B 级	C 级
1	水温	℃	40	40	40
2	色度	倍	64	64	64
3	易沉固体	mg/(L·15min)	10	10	10
4	悬浮体	mg/L	400	400	250
5	溶解性总固体	mg/L	1500	2000	2000
6	动植物油	mg/L	100	100	100
7	石油类	mg/L	15	15	10
8	pH		6.5～9.5	6.5～9.5	6.5～9.5
9	五日生化需氧量（BOD_5）	mg/L	350	350	150
10	化学需氧量（COD）	mg/L	500	500	300
11	氨氮（以 N 计）	mg/L	45	45	25
12	总氮（以 N 计）	mg/L	70	70	45
13	总磷（以 P 计）	mg/L	8	8	5
14	阴离子表面活性剂（LAS）	mg/L	20	20	10

　　注：1. 根据城镇下水道末端污水处理厂的处理程度，将控制项目限值分为 A、B、C 三个等级：
　　　　　(1) 采用再生处理时，排入城镇下水道的污水水质应符合 A 级的规定。
　　　　　(2) 采用二级处理时，排入城镇下水道的污水水质应符合 B 级的规定。
　　　　　(3) 采用一级处理时，排入城镇下水道的污水水质应符合 C 级的规定。
　　　　2. 下水道末端无城镇污水处理设施时，排入城镇下水道的污水水质，应根据污水的最终去向符合国家和地方现行污染物排放标准，且应符合 C 级的规定。
　　　　3. 《污水排入城镇下水道水质标准》GB/T 31962 共列出 46 项控制指标，本表只摘录了前 14 项。

　　另外，污水排入城镇下水道还需满足：

　　(1) 不含有毒有害物质；

　　(2) 工业污废水排放还应符合《工业企业设计卫生标准》GBZ 1 的相关规定。

2.1.4　建筑排水设计的基本原则

　　建筑排水设计应根据排水性质及污染程度，结合室外排水条件和有利于综合利用与处理的要求，并从节约能源、保护环境的角度进行综合设计。

　　其基本原则是：

1. 维护室内卫生，防止污染；
2. 排水管道系统内气压稳定，保护水封不被破坏；
3. 分质排水，使污废水能迅速畅通地排至室外；
4. 维修方便，工程造价低；
5. 尽量采用重力自流方式。

2.1.5　建筑排水系统的选择和性能要求

1. 生活排水系统采用分流制或合流制排水方式，需根据污水性质、建筑标准与特征、是否有中水或污水处理，并结合总体条件和市政接管要求确定。

（1）当城市有污水处理厂时，生活废水与粪便污水宜采用合流制排出。但厨房废水应单独排出。

（2）当城市无污水处理厂时，粪便污水与生活废水一般宜采用分流制排出，生活排水应经污水处理，达标后排放。

（3）当建筑物采用中水系统或标准较高时，选用的排水系统宜按排水水质分流排出。

（4）当冷却废水量较大而需循环或重复使用时，宜将其设置成单独的管道系统。

（5）生活污水和工业废水，如按污水净化标准或按处理构筑物的污水净化要求允许或需要混合排出时，可合流排出。

（6）密闭的雨水系统内不允许排入生产废水及其他污水。

（7）在居住建筑物和公共建筑物内，生活污水管道和消防排水、机房排水、厨房排水以及雨水管道一般均单独设置。生活污水不得和雨水合流排出，其他非生活排水除消防排水等清洁废水外，宜排入室外生活排水管道。

（8）当市政排水管道为雨水和污水合流时，室内生活污水必须经局部处理（化粪池）后才能排入市政合流制下水道，在红线范围内应尽量将生活污水与雨水系统分别设置管道。公共食堂的污水应经隔油处理后，方能排入生活污水管道。

（9）在市政无生活污水排水管道时，洗浴水能否排入室外雨水管道，需获得当地环保部门审核批准，通常只允许清洁废水排入雨水管道。

（10）较洁净的废水如空调凝结水和消防试验排水可排入室外雨水管道。但必须是间接排水，并采取防止雨水倒流至室内的有效措施。

（11）重力管道与压力管道应分开设置。

（12）真空排水应单独设置系统。

2. 下列情况下的建筑排水应单独排水至水处理设施或排至构筑物：

（1）公共餐饮业厨房排水及含有大量油脂的生活废水。

（2）汽车冲洗台及汽车修理间排出的含有泥沙、矿物质及大量机油类的废水。

（3）超标的含有大量致病菌、放射性元素的医院污水。

（4）燃油锅炉房、柴油发电机房的油箱间的地面排水。

（5）排水温度超过 40℃ 的锅炉、水加热器等设备的排污水。

（6）可重复利用的冷却水。

（7）中水系统需要回用的生活废水。

（8）工业废水中含酸碱、有毒有害物质的工业排水。

3. 排水系统通气方式的选择，可按本章第 2.6 节确定。

4. 建筑物内排水一般采用重力排水。当无条件重力排出时，可利用水泵提升压力排水。

2.2　卫生器具和卫生间

2.2.1　卫生器具的选择与设置

1. 卫生器具产品标准

常用卫生设备标准见表 2.2-1

常用卫生设备标准

表 2.2-1

卫生器具	国　家　标　准
坐便器、蹲便器、小便器、净身盆、洗手盆、淋浴盆、洗涤盆	《卫生陶瓷》GB 6952、《节水型卫生洁具》GB/T 31436、《节水型生活用水器具》CJ/T 164
浴缸	《整体浴室》GB/T 13095、《搪瓷浴缸》QB/T 2664

2. 卫生器具必须具备的性能特点

（1）外观：不允许出现开裂、坯裂、釉裂、棕眼、大釉泡、色斑、坑包等缺陷，同一件产品或配套产品之间应无明显色差。

（2）厚度：卫生陶瓷产品任何部位的坯体厚度不应小于 6mm。

（3）吸水率：瓷质卫生陶瓷产品的吸水率 $E \leqslant 0.5\%$。

（4）耐荷重：经耐荷重性测试后，应无变形、无任何可见结构破损。

1）坐便器和净身器应能承受 3.0kN 的荷重；

2）壁挂式洗面器、洗涤槽、洗手盆应能承受 1.1kN 的荷重；

3）壁挂式小便器应能承受 0.22kN 的荷重；

4）淋浴盆应能承受 1.47kN 的荷重。

（5）排污口：

1）坐便器排污口安装距：下排式坐便器排污口安装距墙面应为 305mm，有需要时可为 200mm 或 400mm；后排落地式坐便器排污口安装距墙面应为 180mm 或 100mm。

2）下排式坐便器排污口外径应不大于 100mm，后排落地式坐便器排污口外径应为 102mm；蹲便器排污口外径应不大于 107mm。

（6）水封深度：

1）所有带整体存水弯便器的水封深度不应小于 50mm；

2）坐便器水封表面尺寸不应小于 100mm×85mm。

（7）存水弯最小通径：

1）坐便器存水弯、带整体存水弯的蹲便器水道应能通过直径为 41mm 的固体球。

2）带整体存水弯的喷射虹吸式小便器和冲落式小便器的水道应能通过直径为 23mm 的固体球，或水道截面积应大于 4.2cm^2；其他类型小便器的水道应能通过直径为 19mm 的固体球，或水道截面积应大于 2.8cm^2。

（8）便器用水量：便器名义用水量应符合表 2.2-2 的规定，实际用水量应不大于名义用水量。

便器名义用水量（L）　　　　　　　　　表 2. 2-2

产品名称	普通型	节水型	高效节水型
坐便器	≤6.4	≤5.0	≤4.0
蹲便器	单冲式：≤8.0；双冲式：≤6.4	≤6.0	≤5.0
小便器	≤4.0	≤3.0	≤1.9

幼儿型便器用水量应符合节水型产品的规定。

（9）坐便器冲洗噪声：冲洗噪声的累计百分数声级 L_{50}≤55dB（A），累计百分数声级 L_{10} 应不超过 65dB（A）。

（10）污水置换功能：单冲式坐（蹲）便器、小便器稀释率应不低于 100 倍；双冲式坐（蹲）便器，只进行半冲水的污水置换实验，稀释率应不低于 25 倍。

（11）水封回复功能：水封回复不得小于 50mm，若为虹吸式坐（小）便器每次均应有虹吸产生。

（12）承压能力：卫生器具给水配件承受的最大工作压力不大于 0.6MPa。

3. 各类场所卫生器具配置要求及选用原则

不同类型建筑卫生洁具设置的数量见相关建筑设计规范。

（1）居住类建筑卫生器具配置见表 2.2-3。

居住类建筑卫生器具配置　　　　　　　　　表 2. 2-3

卫生器具	住宅			宾馆客房		宿舍	养老建筑
设置数量、规定等参考规范	《住宅设计规范》GB 50096			《旅馆建筑设计规范》JGJ 62、《旅游饭店星级的划分与评定》GB/T 14308		《宿舍建筑设计规范》JGJ 36	《养老设施建筑设计规范》GB 50867
	普通住宅	高级住宅	别墅	一、二级旅馆	三、四、五级旅馆		宜采用同层排水，排水立管应采取降低噪声的措施
大便器	√	√	√	√	√	√	宜采用坐便器
净身盆或智能坐便器		√	√		√		
洗脸盆	√	√	√	√	√	√	居住空间应采用杠杆式或掀压式单把龙头；宜采用恒温阀；公共场所宜采用感应式水嘴
淋浴/浴缸	√	√	√	√	√	√	宜采用软管淋浴器，应有防烫伤措施，宜采用恒温阀
洗涤盆	√	√	√				
洗衣机	√	√	√				

注："√" 指此卫生器具需设置。

（2）公共建筑卫生器具设置要求见表2.2-4。

公共建筑卫生器具设置要求 表 2.2-4

卫生器具	公共厕所	中小学校	托儿所、幼儿园	医院
设置数量、规定等参考规范	《城市公共厕所设计标准》CJJ 14	《中小学校设计规范》GB 50099	《托儿所、幼儿园建筑设计规范》JGJ 39	《综合医院建筑设计规范》GB 51039
	应采用节水防臭、性能可靠、故障率低、维修方便的器具	应采用节水性能良好、坚固耐用、便于维修的产品	所有设施的配置、形式、尺寸均应符合幼儿人体尺度和卫生防疫的要求	
大便器	应以蹲便器为主，宜采用具有水封功能的前冲式蹲便器，每次冲水量≤4L 的冲水系统	每层均应设男、女学生卫生间及男、女教师卫生间，且卫生间应设前室，男、女卫生间不得共用一个前室。可采用成品大、小便器或者大、小便槽	宜采用蹲便器，采用儿童型坐便器，感应式冲洗装置；乳儿班至少有保育员厕位1个	坐式大便器坐圈宜采用不易被污染、易消毒的类型，进入蹲式大便器隔间不应有高差
小便器	宜采用半挂式便斗和每次冲水量≤1.5L 的冲水系统		采用儿童型小便器，宜设感应式冲洗装置	蹲式大便器宜采用脚踏式自闭冲洗阀或感应冲洗阀
大、小便池	一、二类公共厕所大、小便池应采用自动感应或人工冲便装置		宜设置感应冲洗装置	
洗手龙头	应采用非接触式器具，所有龙头应采用节水龙头		配置形式、尺寸应符合幼儿人体尺度和卫生防疫要求，宜设感应式冲洗装置	护士站、治疗室、洁净室和消毒供应中心、监护病房和烧伤病房等房间的洗手盆，应采用感应自动、膝动或肘动开关水龙头；其他各处应采用感应式水龙头
淋浴/浴缸			夏热冬冷和夏热冬暖地区，托儿所、幼儿园建筑的幼儿生活单元内宜设淋浴室；寄宿制幼儿生活单元内应设置淋浴室，并应独立设置	浴缸宜采取防虹吸措施
实验室化验盆		排水口应敷设耐腐蚀的挡水箅，排水管道应采用耐腐蚀材料		
饮水处		每层设饮水处，每处应按每 40～45 人设置一个饮水水嘴计算水嘴的数量	应设置饮用水开水炉，宜采用电开水炉。开水炉应设置在专用房间内，并应设置防止幼儿接触的保护措施	
拖布池（清洁池）	应设置在独立的清洁间内，应坚固易清洗	卫生间内或卫生间附近应设置	乳儿班至少应设洗涤池 2 个、污水池1个	

（3）工厂、教堂卫生器具配置请参见有关设计标准规定。

2.2.2　卫生器具构造和功能要求（常用）

常见卫生器具构造及功能、特点见表2.2-5。

常见卫生器具构造及功能、特点　　　　　　表 2.2-5

卫生器具类型			构造图	功能、特点
坐便器	虹吸式			排水通道呈"∽"形，在排水通道充满水后会产生一定的水位差，借冲洗水在便器排污管内产生的吸力将污物排走，池内存水面较大，冲水噪声较小。管道较小，弧度大
		旋涡式虹吸		冲水管道设计在便池下方，出水口位于便池底部的对角边缘，冲水时形成"旋涡"或"涡流"，水面高出排污口达到一定数值时，产生虹吸现象完成排污
		喷射式虹吸		在池壁底部存水平面下增加一个喷射附道，通过喷射孔的喷射作用，加大对水和污物的冲力，减少产生虹吸结构的等待时间，提高排污能力，用水量小、相对静音、排污彻底
		冲落式		利用水流的冲力排出脏物，一般池壁较陡，存水面积较小，水力集中，冲水速度快，冲力大，用水少，冲污效率高，声音较大；管道较大，弧度小
蹲便器	自带存水弯			安全、防臭、清洁方便，本体安装高度需要高出地坪 340～360mm
	不带存水弯			排出口须单独配置存水弯，本体安装高度需要高出地坪 220～240mm

续表

卫生器具类型	构造图	功能、特点
小便器	自带存水弯	小便器有立式和挂式两种,挂式小便器有下排式和后排式,立式小便器一般采用下排式; 本体不带存水弯,小便器排出口须配置管道存水弯
	不带存水弯	

2.2.3　节水型卫生器具

1. 节水型卫生器具流量、效率等级见表 2.2-6。

节水型卫生器具流量、效率等级　　　　　　　　　　表 2.2-6

卫生器具	流量均匀性 Q(L/s) 在(0.1±0.01)MPa、(0.2±0.01)MPa、(0.3±0.01)MPa 下	用水效率等级 Q(L/s)			
			Ⅰ级	Ⅱ级	Ⅲ级
水嘴	$Q \leqslant 0.1$	(0.10±0.01)MPa 动压下	0.100	0.125	0.150
大便器		—	4.0	5.0	6.0
小便器			2.0	3.0	4.0
淋浴器	$Q \leqslant 0.1$	(0.10±0.01)MPa 动压下	0.08	0.12	0.15

延时自闭水嘴开启一次给水量不大于 1.0L,给水时间为 4~6s。

波轮式和全自动搅拌式洗衣机单位洗涤容量用水量 $Q \leqslant 24$L/kg;滚筒式洗衣机单位洗涤容量用水量 $Q \leqslant 14$L/kg。

注:1. 根据《淋浴器用水效率限定值及用水效率等级》GB 28378—2012、《便器冲洗阀用水效率限定值及用水效率等级》GB 28379—2012、《水嘴用水效率限定值及用水效率等级》GB 25501—2010 规定:大便器用水效率等级分为 5 级,1 级表示用水效率最高,5 级表示用水效率限定值;小便器、淋浴器、水嘴用水效率等级分为 3 级,1 级表示用水效率最高,3 级表示用水效率限定值。生器具节水评价值为用水效率等级的 2 级。

2.《绿色建筑评价标准》GB/T 50378 对冲洗水量的规定:用水效率等级达到 3 级,得 5 分;达到 2级,得 10 分;绿色建筑具体要求及得分计算见《绿色建筑评价标准》GB/T 50378 的相关规定。

2. Leed 认证对冲洗水量的规定见表 2.2-7。

卫生器具和配件的用水量基线　　　　　　　　　表 2.2-7

卫生器具或配件	基线总用水量	减少 20% 基线总用水量
坐便器	6L/次	4.8L/次
小便器	3.8L/次	3.04L/次
公用洗手台(盥洗室)水龙头	415kPa 压力下 1.9L/min	415kPa 压力下 1.52L/min
私人使用卫生间水龙头	415kPa 压力下 8.3L/min	415kPa 压力下 6.64L/min
厨房水龙头	415kPa 压力下 8.3L/min	415kPa 压力下 6.64L/min
淋浴喷头	550kPa 压力下 9.5L/min	550kPa 压力下 7.6L/min

2.2.4　大、小便槽设置与安装

1. 大、小便槽需设置的场所

（1）大便槽：为一般低档的公共建筑（如学校、集体宿舍、火车站）及其他公共厕所中常使用的卫生器具。大便槽较其他形式的大便器造价低，而且由于使用集中冲洗水箱，用水量及漏水量均较少。

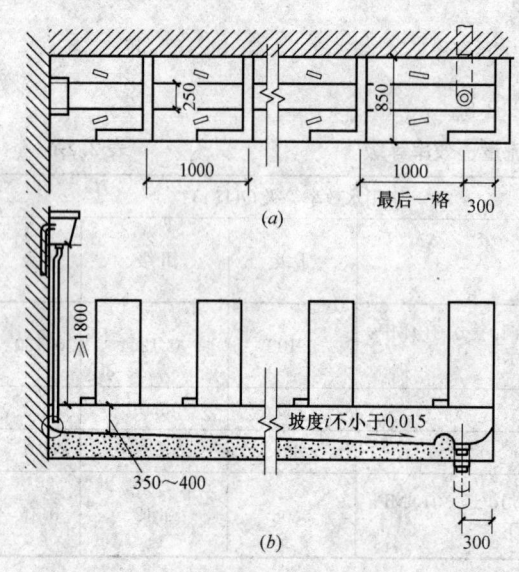

图 2.2-1　大便槽
(a) 平面图；(b) 立面图

（2）小便槽：公共建筑和工业企业男厕所内，应设置小便器或小便槽。因小便槽具有造价低、好管理的优点，故一般低档厕所采用较多。

2. 大便槽设置的技术要求

大便槽平、立面见图 2.2-1，一般槽宽为 200～250mm，起端槽深为 350～400mm，槽底坡度应不小于 0.015；大便槽的末端应设高出槽底 15mm 的挡水坎，在排水口处设有水封装置，水封高度不应小于 50mm。

3. 小便槽设置的技术要求

小便槽的起点深度不得小于 100mm，宽度不得小于 300mm，槽底坡度不得小于 0.01，按每 0.5m 长度相当于一个小便器计算。小便槽排水口下应设有水封装置，排水管管径不小于 75mm。在离地面 1.10m 的高度处沿墙敷设管径不小于 20mm 的多孔冲洗管。孔径为 2mm，孔的间距应为 100～120mm，孔的方向应与墙面成 45°角。

4. 冲洗水箱容积和冲洗方式

大、小便槽宜设置自动冲洗水箱定时冲洗。详图见《卫生设备安装》09S304。

2.2.5　改造类卫生间的设计要求

随着社会的发展，旧房改造的需求越来越多，同时也带来了很多卫生间改造问题。

1. 卫生间改造类型及布置要求见表2.2-8。

卫生间改造类型及布置要求　　　　　表 2.2-8

改造类型	特点	布置要求	改造要点与注意事项
沉箱式卫生间改造（A型）	原本采用同层排水，卫生器具重新布置	相对比较容易，只需要对沉箱内的管道进行重新敷设，卫生器具可灵活布置	1. 排水横管须固定，不得破坏防水层； 2. 排水横管须确保坡度，严禁采用建筑垃圾回填，接口至面层应严密，设降板层、面层两道防水
原采用下排水卫生间改造（B型）	在原有卫生间区域内卫生器具重新排布	卫生器具尽可能原位设置，若因功能或装修等原因确需卫生器具移位时，坐便器尽可能采用后排式坐便器	1. 管道敷设部位可借用部分卫生间建筑面层以及与户内其他房间的高差进行敷管； 2. 采用下排式坐便器时，可采用马桶移位器或者排水扁管，参见图 2.2-2，减少对敷设高度的要求； 3. 地漏排水也可采用扁平地漏或者条形地漏，减少对空间高度的需求； 4. 坐便器排水与其他污废水起始端尽可能分流设置，接近排水立管处合流排至立管，避免粪便污水倒灌从地漏溢出； 5. 排水管线尽可能沿墙边敷设，便于装修处理
新增卫生间改造（C型）	原本此区域无卫生间，现根据功能、装修的需要新增卫生间	此类卫生间的改造比较复杂，首先考虑排水出路，争取重力排放； 卫生器具布置需合理，充分考虑排水管敷设坡度要求	1. 可直接利用原有排水立管时，需将卫生间地面垫高，为减少垫高高度尽可能采用后排式坐便器，采用下排水大便器时可采用扁管排水； 2. 地漏、坐便器、排水管敷设要求参见 B 型； 3. 无污水立管可直接接入，对于仅设置坐便器和洗手盆的卫生间（不考虑设置地漏）也可采用小型污水提升器对污废水进行提升排放

注：1. 排水扁管、专用马桶或地漏移位器等管材及配件选型时，需注意选择正规厂家有检测报告的产品。
　　2. 施工期对排水管做好封口处理，避免异物进入管内。
　　3. 施工完成后需对排水管道进行灌水测试，待合格后方可进行下一步工序。
　　4. 排水管材选用及接口参照本章第 2.4 节。

2. 排水系统及超长的排水横干管处理措施

(1) 管线顺直，尽可能污废分流，尤其是起始段，避免粪便污水倒流；

(2) 地漏尽可能靠近排水立管敷设，选用防干涸密闭地漏；

(3) 起端部位尽可能抬高，保证管道最小敷设坡度；

(4) 起端及中间转弯部位设置清扫口便于清通；

(5) 采用末端环形通气或者设置器具通气管加大排水能力。

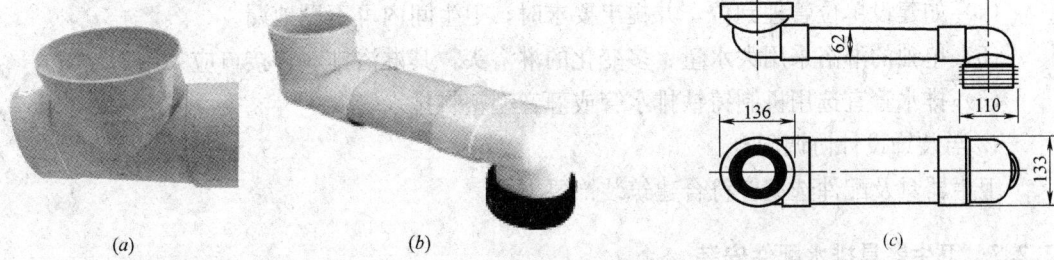

(a)　　　　　　　　(b)　　　　　　　　(c)

图 2.2-2　排水扁管和马桶移位器

(a) 排水扁管；(b) 马桶移位器；(c) 马桶移位器构造图

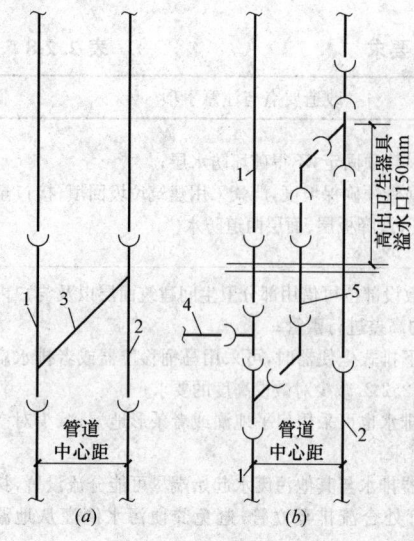

图 2.2-3　排水立管与通气立管连接形式

（a）H 管连接；（b）共轭管连接

1—排水立管；2—通气立管；3—H 管；
4—排水横支管；5—结合通气管

2.2.6　高档卫生间的设计要求

1. 概念和特点

指建筑装饰标准高，布置较宽畅，卫生器具及配件档次高，房间尺寸相对宽广，装饰精致，一般在星级宾馆、总统套房、高级公寓、办公楼中总经理办公室等场所设置。

建筑布置有专门的管道井；一般洗脸与用厕分开，也有的用厕与淋浴分开。

2. 设备配置标准

高档卫生间除配置豪华型大便器、洗脸盆、淋浴设备（浴缸与单独淋浴）外，有的还设按摩浴缸、带冲洗功能的坐便器、卫洗丽等。

3. 排水管道设置

（1）排水和通气管道的立管应设置专用的管道井。管道井内排水立管与通气立管采用结合管连接，连接形式见图 2.2-3。

（2）管道井中立管中心距最小值见表 2.2-9。

管道井中立管中心距最小值　　　　　　表 2.2-9

连接方式	立管管径（排水立管/通气立管）						HDPE/PVC-U（排水立管/通气立管）		
	75/50	75/75	100/75	100/100	150/100	150/150	75/75	100/100	100/150
H 管连接	160	190	230	260	320	350	190	260	320
共轭连接	210	275	305	375	460	505	250	350	430
管井深度	220	220	270	270	350	350	180	220	270

注：1. 表中数据为最小值，设计时根据厂家产品尺寸可适当放大。

　　2. 管井深度为单排立管中最大管径立管安装维修所需要的操作宽度。

（3）卫生间通气管道系统应尽量采用器具通气连接，如受条件限制，也应是环形通气连接。

（4）如建设单位管理到位，并提出要求时，卫生间内可不设地漏。

（5）单独的淋浴采用大水量、多变化的淋浴头，其淋浴排水管接口应采用 DN75。

（6）排水管宜选用机制铸铁排水管或静音型塑料排水管。

4. 与装饰设计协调配合

卫生器具及配件选型应符合建筑装饰要求。

2.2.7　卫生器具排水配件安装

常用卫生器具排水配件安装见表 2.2-10。

常用卫生器具排水配件安装 表 2.2-10

名称	图 例	备 注
下排式大便器排水	 排水口　排水口　法兰连接 PVC-U管顶端伸出完成地面10mm　PVC-U管顶端与完成地面齐平	可以采用法兰连接和无法兰连接,对位须准确,密封、避免臭气逸出
后排式大便器排水		不可将排出弯管直接横向与排水立管连接,一个或多个后排式坐便器排水管道连接时,排水横支管起始点与壁挂式坐便器排出口中心及排水横支管中心必须有100mm以上的落差
蹲便器排水	 存水弯　自带水封	蹲便器可选用自带水封坐便器和外置水封坐便器,无水封蹲便器安装于底层时采用S形存水弯
小便器排水		小便器可选用自带水封小便器和外置水封小便器,自带水封小便器卫生条件相对更好
浴盆排水		溢水口接管需从浴缸排水存水弯上方接入

续表

名称	图 例	备 注
洗脸盆、 洗涤盆、 化验盆 排水	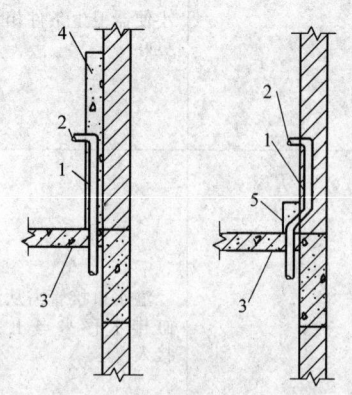	多采用外置存水弯、内置提拉栓排水，存水弯采用S形、P形、瓶形，溢水口需应在存水弯上方接入

2.2.8　卫生器具排水管留孔位置及尺寸

1. 常用卫生器具排水配件穿越楼板留孔位置及尺寸见表2.2-11。

卫生器具排水配件穿越楼板留孔位置及尺寸（mm）　　　　表 2.2-11

卫生器具	留孔中心距离墙面尺寸	留孔中心离地高度	留洞尺寸	存水弯设置情况
洗脸盆	170	450	Φ100	外置存水弯
坐便器	305	—	Φ200	自带存水弯
低水箱蹲便器	680	—	Φ200	自带/外置存水弯
高水箱蹲便器	640	—	Φ200	自带/外置存水弯
挂式小便器	100	480	Φ100	自带/外置存水弯
落地式小便器	150	—	Φ100	自带/外置存水弯
浴盆(不带溢流)	50～250	—	Φ100	外置存水弯
浴盆(带溢流)	～250	—	250×300	外置存水弯

注：1. 留孔中心距离墙面尺寸指存水弯S弯排水管距离墙面尺寸；留孔中心离地高度指存水弯P弯排水管穿墙或在墙内设置排水立管接口尺寸。

　　2. 实际留洞尺寸应以选用产品的实际尺寸为准。设计时也可参照《卫生设备安装》09S304。

2. 排水支管避梁安装

（1）当排水支管在墙内敷设，而墙下有梁时，在空间允许范围内可加设假墙以躲避墙下部梁。

（2）若空间不允许加设假墙，可在排水立管接近楼面时向外弯转，露出的管道进行建筑装饰，见图2.2-4。

2.2.9　地漏、水封装置及选用要求

1. 地漏的设置及选用要求

（1）卫生间、盥洗室、淋浴间、公共厨房等需经常从地面排水的房间应设置地漏；不设洗衣机的住宅卫生间、公共建筑卫生间（因有专门清洁人员打扫）

图2.2-4　排水支管避梁安装示意图
1—排水管；2—卫生器具接口；3—楼板；
4—假墙；5—装饰块

等不经常从地面排水的卫生间可不设地漏。

（2）地漏应设置在易溅水的卫生器具如洗脸盆、拖布池、小便器（槽）附近的地面上。

（3）地漏选用

1）卫生标准要求高、管道技术夹层、洁净车间、手术室及地面不经常排水的场所，应设密闭地漏。

2）公共厨房、淋浴间、理发室等杂质、毛发较多的场所，排水中挟有大块杂物时，应设置网框式地漏。

3）管道井等地面不需要经常排水的场所，应设置防干涸地漏。

4）卫生间采用同层排水时，应采用同层排水专用地漏。

5）水封容易干枯的场所，宜采用多通道地漏，以利用其他卫生器具如浴盆、洗脸盆等排水来进行补水；对于有安静要求和设置器具通气的场所，不宜采用多通道地漏。

6）对地漏水封稳定性有严格要求的场所，应采用注水地漏。

7）当排水管道不允许穿越下层楼板时，可设置侧墙式地漏、直埋式地漏。

8）设备机房明沟、广场或下沉式庭院等地面允许积水深度较大、排水流量大的场所，应采用大流量专用地漏。

9）用于洗衣机排水的地漏应采用箅面具有专供洗衣机排水管插口的地漏。

（4）地漏设置的位置，要求地面坡度坡向地漏，地漏箅子面应低于该处地面5～10mm。地漏水封高度不得小于50mm。

（5）地漏规格应根据所处场所的排水量和水质情况来确定。一般卫生间为$DN50$；空调机房、厨房、车库冲洗排水不小于$DN75$。淋浴室当采用排水沟排水时，8个淋浴器可设置一个$DN100$的地漏；当不设排水沟排水时，淋浴室的地漏可按表2.2-12设置。

（6）地漏产品应符合《地漏》CJ/T 186城镇行业建设标准，在该标准中对地漏的排水流量、密封性能、自清能力、水封稳定性等做出了规定；地漏排水量可按表2.2-13选用，其他参数选用时参考该行业标准。

淋浴室的地漏直径   表 2.2-12

淋浴器数量（个）	地漏直径（mm）
1～2	50
3	75
4～5	100

地漏最小排水流量   表 2.2-13

公称尺寸 DN (mm)	用于地面排水（L/s）	大流量专用地漏（L/s）	
	淹没深度 15mm	淹没深度 15mm	淹没深度 50mm
50	0.8	—	—
75	1.0	1.2	2.4
100	1.9	2.1	5.0
150	4.0	4.3	10.0

注：1. 防返溢地漏、侧墙式地漏的流量数据宜为上表中同规格地漏的80%。
2. $DN75$多通道地漏流量不宜小于1.25L/s。
3. 住宅淋浴间的地漏（$DN50$）最小排水流量不小于0.6L/s。

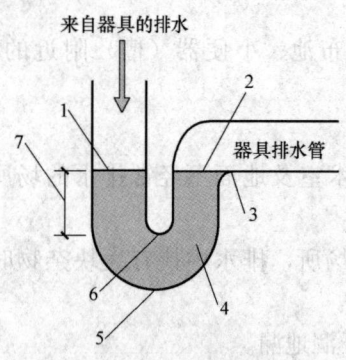

图 2.2-5 存水弯各部分名称
1—流入面；2—流出面；3—溢水口；
4—水封；5—水底面；6—弯管内顶部；
7—水封深度（50～100mm）

无水封地漏排出管需配外置存水弯，其水封深度不应小于 50mm。

2. 水封装置的设置

（1）为了防止排水管道中的有害气体通过排水管系窜入室内，在直接和排水系统连接的各卫生器具上或者室内排水沟与室外管道连接处要设水封装置，从器具排出口到器具存水弯的最大长度一般限制在 600mm。常用的水封装置有存水弯、水封盒与水封井。存水弯见图 2.2-5。

美国等发达国家的规范不允许采用 S 形存水弯和钟罩式存水弯，仅允许采用 P 形存水弯；中国规范不允许采用钟罩式存水弯，但允许采用 S 形存水弯。S 形存水弯易产生诱导虹吸破坏水封，而钟罩式存水弯易堵使水封破坏。存水弯种类见图 2.2-6。

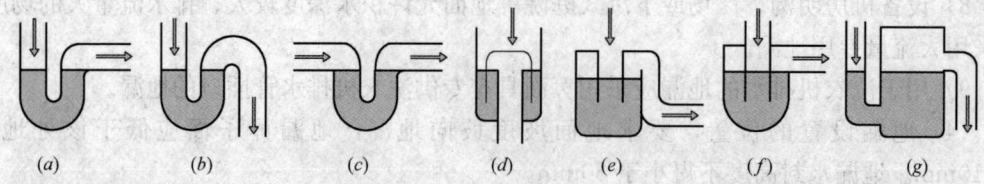

图 2.2-6 存水弯种类
（a）P 形存水弯；（b）S 形存水弯；（c）U 形存水弯；（d）钟罩式存水弯；
（e）倒钟罩型存水弯；（f）瓶式存水弯；（g）圆管式存水弯

（2）水封设置位置

1）无内置水封的卫生器具或工业废水受水器与生活排水管道或其他可能产生有害气体的排水管道连接时，应在排水口以下设存水弯；

2）有可能接入洗衣机废水的阳台雨水按规定需接入室外污水管网时，管道出口处应设水封井；

3）室内排水沟与室内外排水管道连接处，应设水封装置，如水封井；

4）医疗卫生机构的门诊、病房、化验室、试验室等处不在同一房间内的卫生器具不得共用存水弯，化学实验室和有净化要求的场所的卫生器具也不得共用存水弯；

5）卫生器具、有工艺要求的受水器等排水口下部不便于安装存水弯时，水封装置应设在排水支管上，不得设置在排水干管和排水立管上；

6）当卫生器具构造中已有存水弯时，如坐便器、内置存水弯的挂式小便器等，不应在排水口以下设存水弯。

（3）存水弯的水封深度不得小于 50mm，水封井的水封深度不得小于 100mm，水封盒的水封深度不得小于 50mm；对卫生要求较高的场所，宜采用水封较深的存水弯，如洗脸盆采用 70mm 水封或采用防虹吸存水弯。

3. 建筑物内排水在某些场合采用排水沟更为合理，其适用场合见表 2.2-14。

排水沟适用场合 表 2.2-14

适用场合	示 例	备 注
排出废水中含有大量悬浮物或沉淀物,需经常冲洗	食堂、餐厅的厨房	1. 所接纳的污废水不允许散发有害气体或大量蒸汽;
生产设备的排水支管较多,不宜用管道连接	车间、公共浴室、洗衣房	2. 可设置各种材料的有孔或密闭盖板;
设备排水点位置经常变化	车间、泵房、设备机房	3. 若直接与室外排水管连接,连接处应有水封装置,且水封深度 ≥150mm
需经常冲洗地面	菜市场、餐饮厨房	

排水沟断面尺寸,应根据水力计算确定,但宽度不宜小于 150mm。排水沟宜加盖,设活动箅子。

4. 排水沟断面计算例题

【例 2.2-1】 某职工淋浴间,有 32 个淋浴器和 8 个洗脸盆,建筑布置成两列,求每排淋浴器排水沟尺寸。

【解】

每条排水沟流量:

$$Q_p = \sum q_0 n_0 b = (0.15 \times 16 + 0.25 \times 4) \times 100\% = 3.4 \text{L/s}$$

设排水沟的断面尺寸为 200mm×150mm（$B \times H$）,沟内坡度 $i = 0.005$

则水力半径 $R = \dfrac{A}{P} = \dfrac{0.20 \times 0.10}{0.20 + 0.1 \times 2} = \dfrac{0.02}{0.4} = 0.05$

式中 A——水流有效断面积（m^2）,其中 $h = 0.10\text{m}$;

P——湿周（m）;

R——水力半径（m）。

$$V = C\sqrt{Ri}$$

$$C = \frac{1}{n}R^y$$

式中 n——明沟的粗糙系数（0.025）。

$$y = 2.5\sqrt{n} - 0.13 - 0.75\sqrt{R}(\sqrt{n} - 0.10)$$

$$= 2.5\sqrt{0.025} - 0.13 - 0.75\sqrt{0.05}(\sqrt{0.025} - 0.10)$$

$$= 0.2555$$

$$C = \frac{1}{n}R^y = \frac{1}{0.025} \times 0.05^{0.2555} = 18.61$$

$$v = 18.61 \times \sqrt{0.05 \times 0.005} = 0.3\text{m/s}$$

$$Q = Av = 0.02 \times 0.3 = 0.006\text{m}^3/\text{s} = 6\text{L/s}(>3.4\text{L/s})$$

符合要求

所以取断面尺寸为 200mm×150mm,$i = 5‰$。

2.3 建筑排水系统水力计算

2.3.1 最高日和最大时生活排水量计算

1. 居住小区生活排水系统最高日排水量是其相应的生活给水系统用水定额的

85％～90％。居住小区生活排水系统小时变化系数与其相应的生活给水系统小时变化系数相同。

2. 公共建筑生活排水系统最高日排水量和最大时排水量是根据该建筑内排入生活排水系统的水量确定的，其排水定额和小时变化系数与公共建筑生活给水用水定额和小时变化系数相同。

3. 当居住小区内有公共建筑时，其总体生活排水的设计流量应按住宅生活排水最大小时流量与公共建筑生活排水最大小时流量之和确定。

4. 工业废水排水定额及小时变化系数应按工艺要求确定。

2.3.2　卫生器具的排水流量、当量和排水接管管径

卫生器具的排水流量、当量和排水接管管径见表 2.3-1。

卫生器具的排水流量、当量和排水接管管径   表 2.3-1

序号	卫生器具名称	排水流量 （L/s）	当量	排水接管	
				管径（mm）	最小坡度
1	洗涤盆、污水盆（池）	0.33	1.00	50	0.025
2	餐厅、厨房洗菜盆（池） 单格洗涤盆（池）	0.67	2.00	50	0.025
	双格洗涤盆（池）	1.00	3.00	50	0.025
3	盥洗槽（每个水嘴）	0.33	1.00	50～75	0.020
4	洗手盆	0.10	0.30	32～50	0.020
5	洗脸盆	0.025	0.75	32～50	0.020
6	浴盆	1.00	3.00	50	0.020
7	淋浴器 大流量淋浴头	0.15 0.50	0.45 1.50	50 50～75	0.012 0.020
8	大便器 冲洗水箱 自闭式冲洗阀	1.50 1.20	4.50 3.60	100 100	0.012 0.025
9	医用倒便器	1.50	4.50	100	
10	小便器 自闭式冲洗阀 感应式冲洗阀	0.10 0.10	0.30 0.30	40～50 40～50	0.020 0.01～0.020
11	大便槽 ≤4 个蹲位 ＞4 个蹲位	2.50 3.00	7.50 9.00	100 150	
12	小便槽（每米长） 自动冲洗水箱	0.17	0.50	—	
13	化验盆（无塞）	0.20	0.60	40～50	
14	净身器	0.10	0.30	40～50	
15	饮水器	0.05	0.15	25～50	
16	家用洗衣机	0.50	1.50	50	

注：1. 家用洗衣机排水软管，直径为 30mm。上排水软管内径为 19mm。
　　2. 设计时有确定的卫生器具排水流量，则应按实际计算。

2.3.3 卫生器具同时排水百分数

宿舍（设公用盥洗卫生间）、工业企业生活间、公共浴室、洗衣房、职工食堂或营业餐厅的厨房、实验室、影剧院、体育场（馆）等建筑的卫生器具同时排水百分数，参见《建筑给水排水设计规范》GB 50015—2003（2009年版）表3.6.6-1。

职工食堂、营业餐馆厨房设备同时给水百分数参见《建筑给水排水设计规范》GB 50015—2003（2009年版）表3.6.6-2。

注：1. 职工或学生食堂的洗碗台水龙头，按100%同时排水，但不与厨房用水叠加。

2. 本条系指厨房工作人员使用的卫生间，顾客用的卫生间按商场卫生间计算。

实验室化验水嘴同时给水百分数参见《建筑给水排水设计规范》GB 50015—2003（2009年版）表3.6.6-3。

2.3.4 大便槽、小便槽冲洗水量、冲洗管管径和排水管管径

大便槽冲洗水量、冲洗管管径和排水管管径见表2.3-2。

大便槽冲洗水量、冲洗管管径和排水管管径 表2.3-2

蹲位数	每蹲位每次冲洗水量（L）	冲洗管管径（mm）	排水管管径（mm）
≤4	15	40	100
5～8	12	50	150
9～12	11	70	150

注：1. 若采用水泥或陶土排水管，则其管径一律不得小于150mm。

2. 每个大便槽的蹲位数不宜大于12个，否则管径过大，冲洗困难。

小便槽自动冲洗水箱容量见表2.3-3。

小便槽自动冲洗水箱容量 表2.3-3

小便槽长度(m)	≤4	≤6	≤10
容量(L)	15	20	30

2.3.5 设计秒流量

1. 住宅、宿舍（居室内设卫生间）、旅馆、宾馆、酒店式公寓、医院、疗养院、幼儿园、养老院、办公楼、商场、图书馆、书店、客运中心、航站楼、会展中心、中小学教学楼、食堂或营业餐厅等建筑生活排水管道设计秒流量，应按公式（2.3-1）计算：

$$q_p = 0.12\alpha\sqrt{N_p} + q_{max} \tag{2.3-1}$$

式中　q_p——计算管段排水设计秒流量（L/s）；

N_p——计算管段的卫生器具排水当量总数；

α——根据建筑物用途而定的系数，见表2.3-4；

q_{max}——计算管段上最大一个卫生器具的排水流量（L/s），表2.3-5系按$q_{max}=1.2$ L/s制定的，供计算时查用。

根据建筑物用途而定的系数 α 值   表 2.3-4

建筑物名称	α 值
住宅、宿舍(居室内设卫生间)、宾馆、酒店式公寓、医院、疗养院、幼儿园、养老院的卫生间	1.5
旅馆和其他公共建筑的盥洗室和厕所间	2.0~2.5

注：如计算所得流量值大于该管段上卫生器具排水流量累加值时，应按卫生器具排水流量累加值计。

$$q_p = 0.12\alpha\sqrt{N_p} + q_{max} \text{ 计算}(q_{max} = 1.2\text{L/s})$$

表 2.3-5

排水当量总数	相当于下列 a 值时的排水设计秒流量						
	1.5	2.0	2.1	2.2	2.3	2.4	2.5
5	1.60	1.74	1.76	1.79	1.82	1.84	1.87
6	1.64	1.79	1.82	1.85	1.88	1.91	1.93
7	1.68	1.83	1.87	1.90	1.93	1.96	1.99
8	1.71	1.88	1.91	1.95	1.98	2.01	2.05
9	1.74	1.92	1.96	1.99	2.03	2.06	2.10
10	1.77	1.96	2.00	2.03	2.07	2.11	2.15
12	1.82	2.03	2.07	2.11	2.16	2.20	2.24
14	1.87	2.10	2.14	2.19	2.23	2.28	2.32
16	1.92	2.16	2.21	2.26	2.30	2.35	2.40
18	1.96	2.22	2.27	2.32	2.37	2.42	2.47
20	2.00	2.27	2.33	2.38	2.43	2.49	2.54
22	2.04	2.33	2.38	2.44	2.49	2.55	2.61
24	2.08	2.38	2.43	2.49	2.55	2.61	2.67
26	2.12	2.42	2.48	2.55	2.61	2.67	2.73
28	2.15	2.47	2.53	2.60	2.66	2.72	2.79
30	2.19	2.51	2.58	2.65	2.71	2.78	2.84
35	2.26	2.62	2.69	2.76	2.83	2.90	2.97
40	2.34	2.72	2.79	2.87	2.95	3.02	3.10
45	2.41	2.81	2.89	2.97	3.05	3.13	3.21
50	2.47	2.90	2.98	3.07	3.15	3.24	3.32
55	2.53	2.98	3.07	3.16	3.25	3.34	3.42
60	2.59	3.06	3.15	3.24	3.34	3.43	3.52
70	2.71	3.21	3.31	3.41	3.51	3.61	3.71
80	2.81	3.35	3.45	3.56	3.67	3.78	3.88
90	2.91	3.48	3.59	3.70	3.82	3.93	4.05
100	3.00	3.60	3.72	3.84	3.96	4.08	4.20
120	3.17	3.83	3.96	4.09	4.22	4.35	4.49
140	3.33	4.04	4.18	4.32	4.47	4.61	4.75

续表

排水当量总数	相当于下列 a 值时的排水设计秒流量						
	1.5	2.0	2.1	2.2	2.3	2.4	2.5
160	3.48	4.24	4.39	4.54	4.69	4.84	4.99
180	3.61	4.42	4.58	4.74	4.90	5.06	5.22
200	3.75	4.59	4.76	4.93	5.10	5.27	5.44
250	4.05	4.99	5.18	5.37	5.56	5.75	5.94
300	4.32	5.36	5.56	5.77	5.98	6.19	6.40
350	4.57	5.69	5.91	6.14	6.36	6.59	6.81
400	4.80	6.00	6.24	6.48	6.72	6.96	7.20
450	5.02	6.29	6.55	6.80	7.05	7.31	7.56
500	5.22	6.57	6.83	7.10	7.37	7.64	7.91
550	5.42	6.83	7.11	7.39	7.67	7.95	8.24
600	5.61	7.08	7.37*	7.67	7.96	8.25	8.55
650	5.79	7.32	7.62	7.93	8.24	8.54	8.85
700	5.96	7.55	7.87	8.18	8.50	8.82	9.14
750	6.13	7.77	8.10	8.43	8.76	9.09	9.42
800	6.29	7.99	8.33	8.67	9.01	9.35	9.69
850	6.45	8.20	8.55	8.90	9.25	9.60	9.95
900	6.60	8.40	8.76	9.12	9.48	9.84	10.20
950	6.75	8.60	8.97	9.34	9.71	10.08	10.45
1000	6.89	8.79	9.17	9.55	9.93	10.31	10.69
1100	7.17	9.16	9.56	9.96	10.35	10.75	11.15
1200	7.44	9.51	9.93	10.35	10.76	11.18	11.59
1300	7.69	9.85	10.29	10.72	11.15	11.58	12.02
1400	7.93	10.18	10.63	11.08	11.53	11.98	12.42
1500	8.17	10.50	10.96	11.42	11.89	12.35	12.82

注：q_{max}＝1.5L/s、2.0L/s，则可将表中查得的数值加上 0.3、0.7 即可。

2. 宿舍（设公用盥洗卫生间）、工业企业生活间、公共浴室、洗衣房、职工食堂或营业餐厅的厨房、实验室、影剧院、体育场（馆）等建筑的生活排水管道设计秒流量，应按公式（2.3-2）计算：

$$q_p = \sum q_{p0} n_0 b_p \qquad (2.3\text{-}2)$$

式中　q_p——计算管段排水设计秒流量（L/s）；

　　　q_{p0}——同类型的一个卫生器具排水流量（L/s）；

　　　n_0——同类型卫生器具数；

　　　b_p——卫生器具的同时排水百分数，见 2.3.3 条。冲洗水箱式大便器的同时排水百分数，应按 12% 计算。当设计排水量小于一个大便器排水量时，应按一个大便器的排水量计算。

2.3.6　建筑排水系统水力计算要素

1. 建筑物内生活排水铸铁管道的最小坡度和最大设计充满度宜按表 2.3-6 确定。节水型大便器的排水横支管应按表 2.3-6 中通用坡度确定。

建筑物内生活排水铸铁管道的最小坡度和最大设计充满度　　　表 2.3-6

管径(mm)	通用坡度	最小坡度	最大设计充满度
50	0.035	0.025	0.5
75	0.025	0.015	
100	0.020	0.012	
125	0.015	0.010	
150	0.010	0.007	0.6
200	0.008	0.005	

2. 建筑排水塑料横管的坡度、设计充满度应符合下列要求：

(1) 排水横支管的标准坡度应为 0.026，最大设计充满度应为 0.5；

(2) 排水横干管的最小坡度、通用坡度和最大设计充满度应按表 2.3-7 确定。

建筑排水塑料横干管的最小坡度、通用坡度和最大设计充满度　　　表 2.3-7

外径(mm)	通用坡度	最小坡度	最大设计充满度
110	0.012	0.0040	0.5
125	0.010	0.0035	
160	0.007	0.0030	
200	0.005	0.0030	0.6
250	0.005	0.0030	
315	0.005	0.0030	

注：胶圈密封接口的塑料排水横支管可调整为通用坡度。

2.3.7　建筑排水横管允许卫生器具总当量估算

生活排水横管的水力计算，按坡度、充满度和粗糙系数确定，其基本公式为：

$$Q_p = A \cdot v \tag{2.3-3}$$

$$v = \frac{1}{n} R^{\frac{2}{3}} i^{\frac{1}{2}} \tag{2.3-4}$$

式中　Q_p——排水流量（m³/s）；

　　　A——排水横管过水断面积（m²）；

　　　v——流速（m/s）；

　　　R——水力半径（m）；

　　　i——排水坡度；

　　　n——粗糙系数，铸铁管 $n=0.013$；钢管 $n=0.012$；塑料管 $n=0.009$。

为方便确定排水横管管径，按排水管道最小坡度和最大设计充满度，根据公式 (2.3-1)，推算不同管径允许最大卫生器具当量值，见表 2.3-8。

最小坡度下排水横管允许流量或卫生器具总当量估算　　表 2.3-8

管材	管径(mm)	Q_p(L/s)	住宅、旅馆、医院、幼儿园等	集体宿舍、旅馆及其他公共建筑盥洗室等
铸铁管	DN50	0.65	≤3.16	≤1.13
	DN75	1.48	≤7.10	≤2.56
	DN100	2.90	≤60.5	≤21.7
	DN150	8.46	≤1288	≤463
	DN200	15.35	≤5500	≤1980
塑料管	De50	0.58	≤1.93	≤0.69
	De75	1.46	≤6.53	≤2.35
	De110	2.90	≤6.05	≤21.7
	De160	8.39	≤1260	≤454

注：允许当量按 $N_p = \left(\dfrac{q_p - q_{max}}{0.12a}\right)^2$ 计算。其中 $q_p \approx Q_p$，q_{max} 取 DN50 为 0.33L/s，DN75 为 1.0L/s，DN100 为 1.5L/s，DN150 为 2.0L/s。

2.3.8　建筑排水立管的管径计算

排水立管管径的确定除与排水流量、通气方式、通气量有关外，还与排水入口形式、入口在排水立管上的高度位置、排出管坡度、出水状态（自由出流、淹没出流）等因素有关，在同等条件下排水流量和通气状况是影响排水能力的主要因素。

1. 伸顶通气立管允许的气压波动值

建筑排水系统内的气压波动是不可避免的，它通常是由卫生器具的排水所引起的，伸出屋顶的通气管还受到刮风的影响，即使不排水时，排水管内也会引起气压波动。卫生间内大功率风机排风也会引起室内外风压差，从而引发排水管内气压变化。排水管内的气压波动必然会引起卫生器具存水弯水封的损失，降低水封功能。为了保护室内排水系统中的水封，有必要对排水管内气压最大允许波动值作出明确规定。参照欧美、日本等国家的规定，结合通常的水封 50mm 深度，建议取 ±40mm。

2. 生活排水系统立管的最大设计排水能力

生活排水系统立管当采用建筑排水光壁管管材和管件时，其最大设计排水能力应按表 2.3-9 确定。

生活排水系统立管最大设计排水能力（L/s）　　表 2.3-9

排水立管系统类型			排水立管管径(mm)		
			75	100(110)	150(160)
伸顶通气		厨房	1.00	4.00	6.40
		卫生间	2.00		
专用通气	专用通气管 75mm	结合通气管每层连接	—	6.30	—
		结合通气管隔层连接	—	5.20	—
	专用通气管 100mm	结合通气管每层连接		10.00	
		结合通气管隔层连接		8.00	
	主通气立管＋环形通气管			8.00	
自循环通气	专用通气形式			4.20	
	环形通气形式			3.50	

注：住宅生活排水系统立管排水能力测试方法见附录 B。

2.3.9　建筑排水横管的水力计算

排水横干管的水力计算根据排水流量、设计充满度、设计坡度或自清流速及安装空间等因素确定。

1. 排水横管的水力计算（$n=0.009$）见表 2.3-10。

排水横管水力计算（$n=0.009$）
　　　　　　　　　　　　　　　　　　　　　　　　表 2.3-10

坡度 i	充满度 0.5										充满度 0.6	
	DN50		DN75		DN90		DN110		DN125		DN160	
	Q	V	Q	V	Q	V	Q	V	Q	V	Q	V
0.0010	—	—									4.84	0.43
0.0015	—										5.93	0.52
0.0020	—								2.63	0.48	6.85	0.60
0.0025	—						2.05	0.49	2.94	0.53	7.65	0.67
0.0030					1.27	0.46	2.25	0.53	3.22	0.58	8.39	0.74
0.0035	—				1.37	0.50	2.43	0.58	3.48	0.63	9.06	0.80
0.0040					1.46	0.53	2.59	0.61	3.72	0.67	9.68	0.85
0.0045	—				1.55	0.56	2.75	0.65	3.94	0.71	10.27	0.90
0.005	—		1.03	0.53	1.64	0.60	2.90	0.69	4.16	0.75	10.82	0.95
0.006	—		1.13	0.58	1.79	0.65	3.18	0.75	4.55	0.82	11.86	1.04
0.007	0.39	0.47	1.22	0.63	1.94	0.71	3.43	0.81	4.92	0.89	12.81	1.13
0.008	0.42	0.51	1.31	0.67	2.07	0.75	3.67	0.87	5.26	0.95	13.69	1.20
0.009	0.45	0.54	1.39	0.71	2.19	0.80	3.89	0.92	5.58	1.01	14.52	1.28
0.010	0.47	0.57	1.46	0.75	2.31	0.84	4.10	0.97	5.88	1.06	15.31	1.35
0.012	0.52	0.63	1.60	0.82	2.53	0.92	4.49	1.07	6.44	1.17	16.77	1.48
0.015	0.58	0.70	1.79	0.92	2.83	1.03	5.02	1.19	7.20	1.30	18.75	1.65
0.020	0.67	0.81	2.07	1.06	3.27	1.19	5.80	1.38	8.31	1.50	21.65	1.90
0.025	0.74	0.89	2.31	1.19	3.66	1.33	6.48	1.54	9.30	1.68	24.24	2.13
0.030	0.81	0.97	2.53	1.30	4.01	1.46	7.10	1.68	10.18	1.84	26.52	2.33
0.035	0.88	1.06	2.74	1.41	4.33	1.58	7.67	1.82	11.00	1.99	28.64	2.52
0.040	0.94	1.13	2.93	1.51	4.63	1.69	8.20	1.95	11.76	2.13	30.62	2.69
0.045	1.00	1.20	3.10	1.59	4.91	1.79	8.70	2.06	12.47	2.26	32.47	2.86
0.050	1.05	1.26	3.27	1.68	5.17	1.88	9.17	2.18	13.15	2.38	34.23	3.01
0.060	1.15	1.38	3.58	1.84	5.67	2.07	10.04	2.38	14.40	2.61	37.50	3.30

注：Q 的单位为 L/s，V 的单位为 m/s。

2. 排水横管的排水当量负荷 N_p

为使用方便，将常用管径 DN100 与 DN150 以及 $q_{max}=1.5$L/s 与 2.0L/s，分别列于表 2.3-11～表 2.3-14，根据计算排水当量负荷值，可直接从表 2.3-11～表 2.3-14 查出需用的管径及坡度。

排水横管排水当量负荷 N_p （*DN*100、充满度 0.5、$q_{max}=1.5$L/s）   表 2.3-11

坡度 i	流量 Q (L/s)	流速 v (m/s)	$\left(\dfrac{q_p-q_{max}}{0.12a}\right)^2$		$Q/0.33$
			集体宿舍、旅馆等公共建筑的公共卫生间	住宅、旅馆、医院、疗养院、休养所的卫生间	工业企业生活间等公共建筑
			$a=1.5$	$a=2.0\sim2.5$	
0.0025	2.05	0.49	9.3	6.2~6.2①	6.2
0.0030	2.25	0.53	17.4	9.8~6.8①	6.8
0.0035	2.43	0.58	26.7	15.0~9.6	7.4
0.0040	2.59	0.61	36.7	20.6~13.2	7.8
0.0045	2.75	0.65	48.2	27.1~17.4	8.3
0.005	2.90	0.69	60.5	34.0~21.8	8.8
0.006	3.18	0.75	87.1	49.0~31.4	9.6
0.007	3.43	0.81	115	64.7~41.4	10.4
0.008	3.67	0.87	145	81.8~52.3	11.1
0.009	3.89	0.92	176	99.2~63.5	11.8
0.010	4.10	0.97	209	117~75.1	12.4
0.012	4.49	1.07	276	155~99.3	13.6
0.015	5.02	1.19	382	215~138	15.2
0.020	5.80	1.38	571	321~205	17.6
0.025	6.48	1.54	765	431~276	19.6
0.030	7.10	1.68	968	544~348	21.5
0.035	7.67	1.82	1175	661~423	23.2
0.040	8.20	1.95	1385	779~499	24.8
0.045	8.70	2.06	1600	900~576	26.4
0.050	9.17	2.18	1816	1021~654	27.8
0.060	10.04	2.38	2251	1266~810	30.4

① 由于 $\left(\dfrac{q_p-q_{max}}{0.12a}\right)^2<Q/0.33$，而取 $Q/0.33$。

排水横管排水当量负荷 N_p （*DN*100、充满度 0.5、$q_{max}=2.0$L/s）   表 2.3-12

坡度 i	流量 Q (L/s)	流速 v (m/s)	$\left(\dfrac{q_p-q_{max}}{0.12a}\right)^2$		$Q/0.33$
			集体宿舍、旅馆等公共建筑的公共卫生间	住宅、旅馆、医院、疗养院、休养所的卫生间	工业企业生活间等公共建筑
			$a=1.5$	$a=2.0\sim2.5$	
0.0025	2.05	0.49	6.2①	6.2①~6.2①	6.2
0.0030	2.25	0.53	6.8①	6.8①~6.8①	6.8
0.0035	2.43	0.58	7.4①	7.4①~7.4①	7.4
0.0040	2.59	0.61	10.7	7.8①~7.8①	7.8

续表

坡度 i	流量 Q (L/s)	流速 v (m/s)	$\left(\dfrac{q_p-q_{max}}{0.12a}\right)^2$		$Q/0.33$
			集体宿舍、旅馆等公共建筑的公共卫生间	住宅、旅馆、医院、疗养院、休养所的卫生间	工业企业生活间等公共建筑
			$a=1.5$	$a=2.0\sim2.5$	
0.0045	2.75	0.65	17.4	9.8[①]～8.3[①]	8.3
0.005	2.90	0.69	25.0	14.1～9.0	8.8
0.006	3.18	0.75	43.0	24.2～15.5	9.6
0.007	3.43	0.81	63.1	35.5～22.7	10.4
0.008	3.67	0.87	86.1	48.4～31.0	11.1
0.009	3.89	0.92	110	62.0～39.7	11.8
0.010	4.10	0.97	136	76.6～49.0	12.4
0.012	4.49	1.07	191	108～68.9	13.6
0.015	5.02	1.19	281	158～101	15.2
0.020	5.80	1.38	446	251～160	17.6
0.025	6.48	1.54	619	348～223	19.6
0.030	7.10	1.68	803	452～289	21.5
0.035	7.67	1.82	992	558～357	23.2
0.040	8.20	1.95	1186	667～427	24.8
0.045	8.70	2.06	1385	779～499	26.4
0.050	9.17	2.18	1587	893～571	27.8
0.060	10.04	2.38	1995	1122～718	30.4

① 由于 $\left(\dfrac{q_p-q_{max}}{0.12a}\right)^2 < Q/0.33$，而取 $Q/0.33$。

排水横管排水当量负荷 N_p （$DN150$、充满度 0.6、$q_{max}=1.5$L/s）   表 2.3-13

坡度 i	流量 Q (L/s)	流速 v (m/s)	$\left(\dfrac{q_p-q_{max}}{0.12a}\right)^2$		$Q/0.33$
			集体宿舍、旅馆等公共建筑的公共卫生间	住宅、旅馆、医院、疗养院、休养所的卫生间	工业企业生活间等公共建筑
			$a=1.5$	$a=2.0\sim2.5$	
0.0010	4.84	0.43	344	194～124	14.7
0.0015	5.93	0.52	606	341～218	18.0
0.0020	6.85	0.60	883	487～318	20.8
0.0025	7.65	0.67	1167	657～420	23.2
0.0030	8.39	0.74	1465	824～527	25.4
0.0035	9.06	0.80	1764	992～635	27.5
0.0040	9.68	0.85	2065	1153～743	28.3
0.0045	10.27	0.90	2374	1335～855	31.3

续表

坡度 i	流量 Q (L/s)	流速 v (m/s)	$\left(\dfrac{q_p-q_{max}}{0.12a}\right)^2$		$Q/0.33$
			集体宿舍、旅馆等公共建筑的公共卫生间	住宅、旅馆、医院、疗养院、休养所的卫生间	工业企业生活间等公共建筑
			$a=1.5$	$a=2.0\sim2.5$	
0.005	10.82	0.95	2681	1058~965	32.8
0.006	11.86	1.04	3313	1863~1193	35.9
0.007	12.81	1.13	3948	2221~1421	38.8
0.008	13.69	1.20	4586	2580~1651	41.5
0.009	14.52	1.28	5232	2943~1884	44.0
0.010	15.31	1.35	5886	3311~2119	46.4
0.012	16.77	1.48	7197	4048~2591	50.8
0.015	18.75	1.65	9184	5166~3300	56.8
0.020	21.65	1.90	12532	7049~4511	65.6
0.025	24.21	2.13	15918	8954~5730	73.4
0.030	26.25	2.33	19321	10868~6956	80.4
0.035	28.64	2.52	22734	13788~8184	86.8
0.040	30.62	2.69	26172	14722~9422	92.8

排水横管排水当量负荷 N_p（$DN150$、充满度 0.6、$q_{max}=2.0$L/s）　　表 2.3-14

坡度 i	流量 Q (L/s)	流速 v (m/s)	$\left(\dfrac{q_p-q_{max}}{0.12a}\right)^2$		$Q/0.33$
			集体宿舍、旅馆等公共建筑的公共卫生间	住宅、旅馆、医院、疗养院、休养所的卫生间	工业企业生活间等公共建筑
			$a=1.5$	$a=2.0\sim2.5$	
0.0010	4.84	0.43	249	140~89.6	14.7
0.0015	5.93	0.52	477	268~172	18.0
0.0020	6.85	0.60	726	408~261	20.8
0.0025	7.65	0.67	985	554~355	23.2
0.0030	8.39	0.74	1260	709~454	25.4
0.0035	9.06	0.80	1538	865~554	27.5
0.0040	9.68	0.85	1820	1024~655	28.3
0.0045	10.27	0.90	2111	1187~760	31.3
0.005	10.82	0.95	2401	1351~864	32.8
0.006	11.86	1.04	3001	1688~1080	35.9
0.007	12.81	1.13	3607	2029~1298	38.8
0.008	13.69	1.20	4218	2373~1518	41.5
0.009	14.52	1.28	4838	2721~1742	44.0

续表

坡度 i	流量 Q (L/s)	流速 v (m/s)	$\left(\dfrac{q_p - q_{max}}{0.12a}\right)^2$		$Q/0.33$
			集体宿舍、旅馆等公共建筑的公共卫生间	住宅、旅馆、医院、疗养院、休养所的卫生间	工业企业生活间等公共建筑
			$a = 1.5$	$a = 2.0 \sim 2.5$	
0.010	15.31	1.35	5468	3076~1968	46.4
0.012	16.77	1.48	6733	3787~2424	50.8
0.015	18.75	1.65	8659	4871~3117	56.8
0.020	21.65	1.90	11917	6704~4290	65.6
0.025	24.21	2.13	15225	8564~5481	73.4
0.030	26.25	2.33	18556	10438~6680	80.4
0.035	28.64	2.52	21904	12321~7885	86.8
0.040	30.62	2.69	25281	14221~9101	92.8

2.3.10　建筑排水系统排水设计秒流量计算例题

【例 2.3-1】　某办公楼有 3 根污水立管，排水系统及参数见图 2.3-1。计算排水横管 1~2、2~3、3~4 排水设计秒流量。

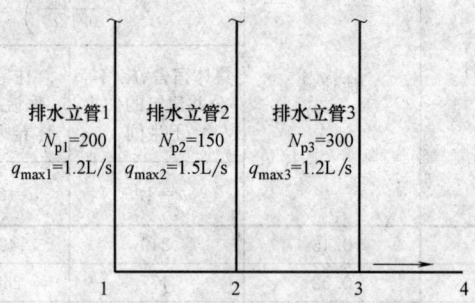

排水立管1
$N_{p1} = 200$
$q_{max1} = 1.2\text{L/s}$

排水立管2
$N_{p2} = 150$
$q_{max2} = 1.5\text{L/s}$

排水立管3
$N_{p3} = 300$
$q_{max3} = 1.2\text{L/s}$

图 2.3-1　某办公楼排水系统及参数

【解】

$$q_{p1\sim2} = 0.12\alpha \sqrt{N_{p1}} + q_{max1} = 0.12 \times 2.0 \times \sqrt{200} + 1.2 = 4.59\text{L/s}$$

$$q_{p2\sim3} = 0.12\alpha \sqrt{N_{p1} + N_{p2}} + \max(q_{max1}, q_{max2}) = 0.12 \times 2.0 \times \sqrt{350} + 1.5 = 5.99\text{L/s}$$

$$q_{p3\sim4} = 0.12\alpha \sqrt{N_{p1} + N_{p2} + N_{p3}} + \max(q_{max1}, q_{max2}, q_{max3})$$
$$= 0.12 \times 2.0 \times \sqrt{650} + 1.5 = 7.62\text{L/s}$$

【例 2.3-2】　某工业企业生活间排水系统如图 2.3-2 所示，计算排水横管 1~2、2~3、3~4 最大排水设计秒流量。

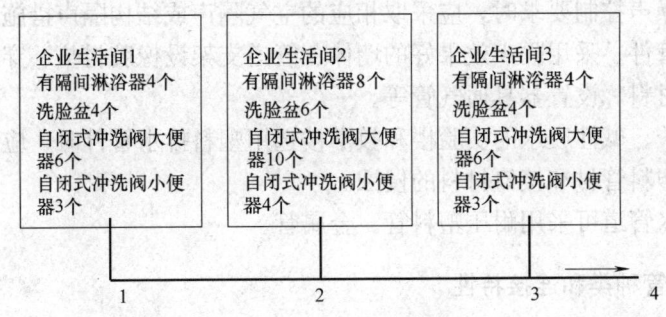

图 2.3-2　某工业企业生活间排水系统

【解】

$q_{p1\sim2}=0.15\times4\times80\%+0.25\times4\times100\%+1.2\times6\times20\%+0.1\times3\times30\%$
$=3.01\text{L/s}$

$q_{p2\sim3}=0.15\times(4+8)\times80\%+0.25\times(4+6)\times100\%+1.2\times(6+10)\times20\%+$
$0.1\times(3+4)\times30\%=7.99\text{L/s}$

$q_{p3\sim4}=0.15\times(4+8+4)\times80\%+0.25\times(4+6+4)\times100\%+1.2\times(6+10+6)\times20\%+$
$0.1\times(3+4+3)\times30\%=11.00\text{L/s}$

2.4　建筑排水管道的材料与接口

2.4.1　建筑排水管道种类与选用要素

1. 建筑排水管道分类

室内生活排水管道分为建筑排水塑料管、柔性接口机制排水铸铁管、钢塑复合管及相应管件。

2. 建筑排水管道选用要素

建筑排水管道管材选用应根据建筑物高度、使用性质、抗震与防火要求、施工安装、技术经济等方面综合考虑；同时还要参考当地的管材供应条件，因地制宜选用。

建筑内排水管道应采用建筑排水塑料管、柔性接口机制排水铸铁管、钢塑复合管及相应管件，选用要素如下：

（1）高度超过 100m 的高层建筑内排水管应采用柔性接口机制排水铸铁管及其管件，抗震设防烈度 9 度地区的建筑宜采用柔性接口机制排水铸铁管及其管件。

（2）对防火等级要求较高的建筑物、要求环境安静的场所，不宜采用普通塑料排水管。

（3）环境温度可能出现 0℃以下的场所应采用金属排水管。

（4）连续或经常排水温度大于 40℃或瞬间排水温度大于 80℃的排水管道，应采用金属排水管或耐热塑料排水管。如公共浴室、旅馆等有热水供应系统的卫生间生活排水管道系统、高温排水设备的排水管道系统、公共建筑厨房及灶台等有热水排出的排水横支管及横干管等。

（5）对建筑标准要求较高的建筑物、要求环境安静的场所，当普通塑料排水管道的水流噪声不能满足噪声控制要求时，应采取相应的空气隔声或结构隔声措施，如选用特制的消声排水管材及管件、采用隔声效果好的墙体、管道支架设橡胶衬垫、穿越楼板处管道外壁包缠消声绝缘材料、设置器具通气管等。

（6）排放带酸、碱性废水的实验楼和教学楼选用塑料排水管件时，应注意废水的酸碱性、化学成分对塑料管材和接口材料的侵蚀。

（7）压力排水管道可采用耐压塑料管、金属管。

2.4.2 铸铁排水管种类和连接特性

1. 铸铁排水管种类

柔性接口排水铸铁管，直管及管件为灰口铸铁。直管应为离心浇注成型，不得采用砂型立模或横模浇注生产工艺。管件应为机压砂型浇注成型。

柔性接口机制排水铸铁管分为卡箍式接口和承插式接口两大类。

柔性接口排水铸铁管管材、管件和连接件的材质、规格、尺寸和技术要求，应符合现行标准《排水用柔性接口铸铁管、管件及附件》GB/T 12772、《建筑排水用柔性接口承插式铸铁管及管件》CJ/T 178 的规定，管材、配件应配套使用。详见表 2.4-1。

柔性接口排水铸铁管类别、接口形式、采用标准   表 2.4-1

管材类别	接口形式	采用标准
柔性接口卡箍式排水铸铁管	W 型接口	《排水用柔性接口铸铁管、管件及附件》GB/T 12772
	W1 型接口	《排水用柔性接口铸铁管、管件及附件》GB/T 12772
柔性接口承插式排水铸铁管	A 型接口	《排水用柔性接口铸铁管、管件及附件》GB/T 12772
	RC/RC1 型接口	《建筑排水用柔性接口承插式铸铁管及管件》CJ/T 178
	B 型接口	《排水用柔性接口铸铁管、管件及附件》GB/T 12772

2. 铸铁排水管连接特性

柔性接口排水铸铁管及管件具有抗震、防火、耐温、噪声低、接口牢固、承压值高、密封性能好、施工简便的特性。

柔性接口排水铸铁管适用于管径为 50～300mm 的建筑排水用废水、污水、雨水、通气管道。

明装和有观感要求的场所宜采用卡箍式接口，暗装或相对隐蔽的场所宜采用法兰承插式接口。埋地敷设和同程排水敷设的排水铸铁管宜优先选用法兰承插式柔性接口。

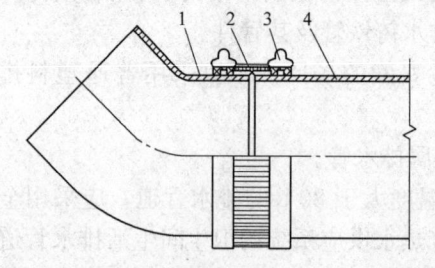

图 2.4-1　W、W1 型卡箍式柔性接口连接
1—管件；2—橡胶密封套；
3—不锈钢卡箍；4—直管

柔性接口排水铸铁管的接口不得设置在楼板、屋面板或池壁、墙体等结构层内。管道接口与墙、梁、板的净距不宜小于 150mm。

柔性接口排水铸铁管连接形式如下：

（1）卡箍式连接

采用不锈钢卡箍连接固定，橡胶圈密封。具有良好的噪声抑制功能和防渗漏功能。此种连接方式已逐渐替代承插式连接方式。其卡箍材料和紧固件材料均应为不锈钢，如图 2.4-1 所示。

不同管径的排水管之间，应采用变径接头或偏心变径接头连接，当采用偏心变径接头连接时应为管顶平接。

（2）承插式连接

采用承口法兰管与压盖法兰片，通过压盖法兰片挤压橡胶圈将插口管道柔性固定密封在插口管道里的连接方式。紧固件材料可为热镀锌碳素钢，当铸铁排水管埋地敷设时，其紧固件应采取防腐蚀措施或用不锈钢材料制作，如图 2.4-2 所示。

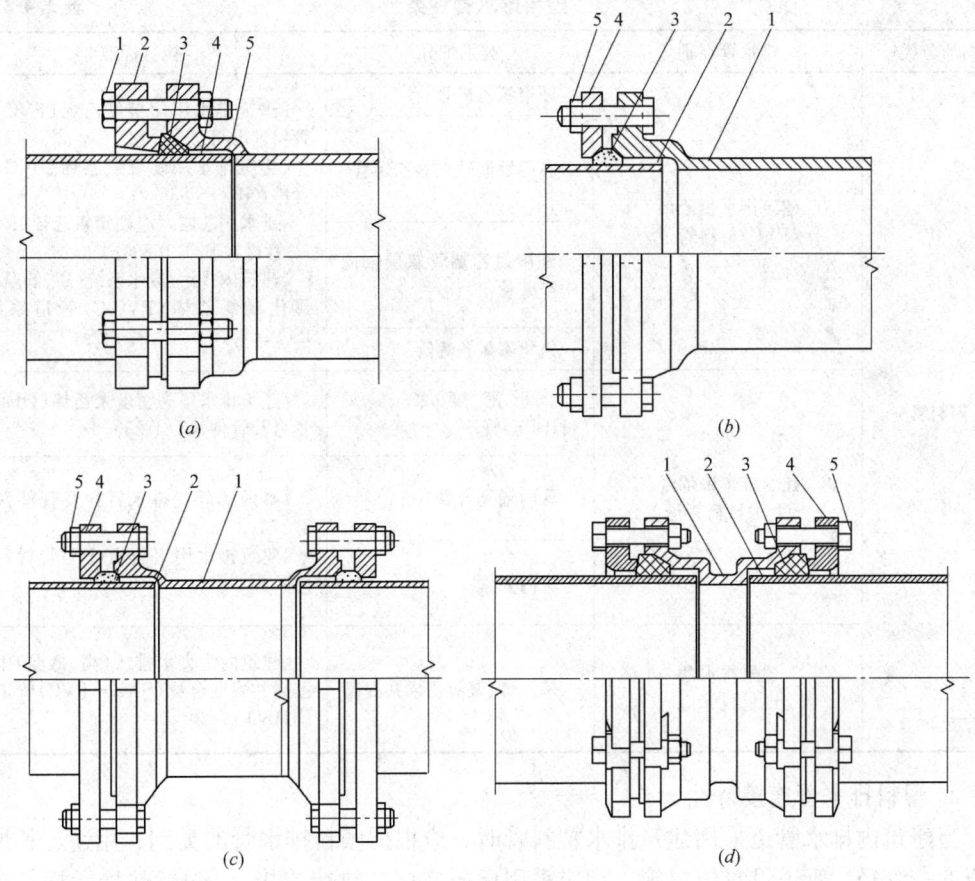

图 2.4-2　承插式柔性接口连接

（a）A 型法兰承插式接口形式；1—紧固螺栓；2—法兰压盖；3—橡胶密封圈；4—插口端；5—承口端

（b）RC 型法兰承插式接口形式；1—承口；2—插口；3—密封胶圈；4—法兰压盖；5—螺栓螺母

（c）RC1 型全承式接口形式；1—RC1 型管件；2—管材；3—橡胶密封圈；4—法兰压盖；5—螺栓螺母

（d）B 型机械式柔性接口形式 1—B 型管件；2—插口端；3—橡胶密封圈；4—法兰压盖；5—紧固螺栓

不同管径的排水管之间，应采用各类接口形式对应的变径接头连接。

2.4.3　塑料排水管种类和连接特性

1. 塑料排水管种类

建筑排水塑料管主要分为氯乙烯（PVC）材料管道、聚烯烃（PO）材料管道和共混材料管道（苯乙烯、聚氯乙烯共混管），见表 2.4-2。

具体种类如下：

（1）建筑排水聚乙烯（PVC）材料管道。包括硬聚氯乙烯管、芯层发泡硬聚氯乙烯管、硬聚氯乙烯管双层轴向中空壁管、氯化聚氯乙烯管等。

（2）建筑排水聚烯烃（PO）材料管道。包括高密度聚乙烯管（HDPE）、聚丙烯复合管、聚丙烯管等。

（3）建筑排水共混材料管道。包括苯乙烯、聚氯乙烯共混管。

塑料排水管种类

表 2.4-2

材质分类	排水管类别	类别细分	执行标准
塑料管	建筑排水氯乙烯（PVC）材料管道	硬聚氯乙烯管	《建筑排水用硬聚氯乙烯（PVC-U）管材》GB/T 5836.1；《建筑排水用硬聚氯乙烯（PVC-U）管件》GB/T 5836.2；《排水用芯层发泡硬聚氯乙烯（PVC-U）管材》GB/T 16800；《建筑内排污、废水系统(高、低温)用氯化聚氯乙烯（PVC-C）管道系统》ISO 7675
		芯层发泡硬聚氯乙烯管	
		硬聚氯乙烯管双层轴向中空壁管	
		氯化聚氯乙烯管	
	建筑排水聚烯烃（PO）材料管道	高密度聚乙烯（HDPE）管	《建筑排水用高密度聚乙烯（HDPE）管材及管件》CJ/T 250
		聚丙烯复合管	《聚丙烯静音排水管材及管件》CJ/T 273；《建筑排水用聚丙烯（PP）管材和管件》CJ/T 278
		聚丙烯管	
	建筑排水共混材料管道	苯乙烯、聚氯乙烯共混管	《建筑内污废水排放(高、低温)用苯乙烯共聚混合物（SAN＋PVC）管道系统》ISO 19220

2. 塑料排水管连接特性

当建筑内排水管道采用建筑排水塑料管时，应根据塑料排水管的类别、用途、长期工作温度、管径、管道设置位置等，相应采用承插连接、热熔连接、（包括热熔承插、热熔对接及电熔连接）、橡胶密封圈连接或法兰连接等。

为克服 PVC-U 管耐热性能差和排水噪声较铸铁管大的缺点，近来市场上推出耐高温塑料排水管——氯化聚氯乙烯（PVC-C）和静音型塑料排水管。

氯化聚氯乙烯管（PVC-C）、高密度聚乙烯管（HDPE）、聚丙烯管（PP）、苯乙烯与聚氯乙烯共混管（SAN＋PVC-U），适用于连续温度不高于 70℃、短时温度不高于 90℃的排水。

耐压塑料管一般指按现行国家标准《给水用硬聚氯乙烯（PVC-U）管材》GB/T 10002.1 和《给水用硬聚氯乙烯（PVC-U）管件》GB/T 10002.2 生产的给水管、加厚排水管。

（1）硬聚氯乙烯（PVC-U）、氯化聚氯乙烯（PVC-C）、苯乙烯与聚氯乙烯共混（SNA＋PVC）管材与管件的连接，宜采用配套的胶粘剂承插粘接，排水立管也可采用弹性密封圈连接。

（2）高密度聚乙烯（HDPE）管道可根据不同使用性质和管径分别选用热熔连接或橡胶密封圈连接。

1）当管道需预制安装或操作空间允许时，宜采用对焊连接。

2）当管道需现场焊接、改装、加补安装、修补或安装空间狭窄时，宜采用电熔连接。

3）当用于非刚性连接或可拆装场所时，应采用橡胶密封圈连接。

4）当用于埋地敷设或同层排水暗敷时，应采用对焊连接或电熔管箍连接。

5）当与其他塑料排水管连接时，应采用橡胶密封圈承插连接。

（3）聚丙烯（PP）管道及聚丙烯静音排水管应采用产品承口带橡胶圈密封连接。

（4）弹性密封圈连接的橡胶件应为模压成型，橡胶密封材料应采用三元乙丙（EP-DM）、氯丁、丁腈、丁苯等耐油合成橡胶制成，不得含有再生胶及对管材和密封圈（套）性能有害的杂质，其性能、外观和物理化学性能应符合现行国家标准《橡胶密封件　给、排水管及污水管道用接口密封圈　材料规范》GB/T 21873 的规定。

2.4.4　不同管材排水管的连接

塑料排水管与铸铁排水管连接宜采用专用配件，塑料排水管与钢管排水栓连接应采用专用配件，如图 2.4-3 所示。

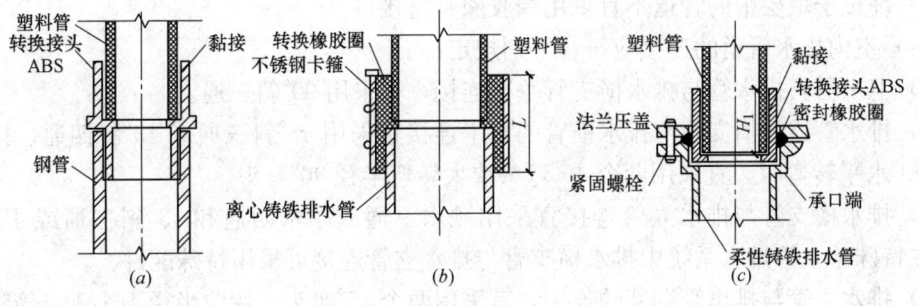

图 2.4-3　不同管材排水管连接

(a) 塑料管与钢管连接；(b) 塑料管与离心铸铁排水管卡箍连接；(c) 塑料管与柔性铸铁排水管连接

2.5　建筑排水管道的布置和敷设

2.5.1　建筑排水管道敷设的原则和严禁设置的场所

1. 建筑排水管道敷设的原则

（1）建筑物内排水管的布置应符合下列要求：

1）自卫生器具至排出管的距离应最短，管道转弯应最少。

2）排水立管宜设在排水量最大或水质最差的排水点。

3）排水管道应避免布置在易受机械撞击处；当不能避免时，应采取保护措施。

4）塑料排水管应避免布置在热源附近；当不能避免，并导致管道表面受热温度大于60℃时，应采取隔热措施；塑料排水立管与家用灶具边净距不得小于0.4m。

5）当排水管道外表面可能结露时，应根据建筑物性质和使用要求，采取防结露措施。

（2）生活排水管道敷设应符合下列要求：

1）管道宜在地下或楼板填层中埋设或在地面上、楼板下明设。

2）当建筑有要求时，可在管槽、管道井、管窿、管沟或吊顶、架空层内暗设，但应便于安装和检修。

3）在气温较高、全年不结冻的地区，管道可沿建筑物外墙敷设。

4）管道不应敷设在楼层结构层或结构柱内。当在地下室必须埋设时，不得穿越沉降缝，宜采用耐腐蚀的金属排水管，坡度不应小于通用坡度，最小管径不应小于75mm，并应在适当位置加设清扫口。

（3）卫生间的排水支管要求不穿越楼板进入下层用户时应设置成同层排水。同层排水形式应根据卫生间空间、卫生器具布置、室外环境气温等因素，经技术经济比较后确定。住宅卫生间宜采用不降板同层排水。

同层排水设计应符合下列要求：

1）地漏设置应符合本手册有关地漏的要求；

2）排水管道的管径、坡度和最大设计充满度应符合本手册的有关要求；

3）卫生器具排水横支管布置和设置标高不得造成排水滞留、地漏冒溢；

4）埋设于填层中的管道不宜采用橡胶圈密封接口。

（4）室内排水管道的连接应符合下列规定：

1）卫生器具排水管与排水横支管垂直连接，宜采用90°斜三通。

2）排水管道的横支管与排水横管的水平连接宜采用45°斜三通或45°斜四通。排水横管作90°水平转弯时，宜采用两个45°弯头或大转弯半径90°弯头。

3）排水横支管与排水立管连接宜采用顺水三通或顺水四通和45°斜三通或45°斜四通；在特殊单立管排水系统中排水横支管与排水立管连接可采用特殊配件。

4）排水立管与排出管端部的连接，宜采用两个45°弯头、弯曲半径不小于4倍管径的90°弯头或90°变径弯头。

5）当排水支管、排水立管接入排水横干管时，应在排水横干管管顶或其两侧45°范围内采用45°斜三通接入。

6）排水横支管、排水横干管的管道变径处宜采用偏心异径管，管顶平接。

7）排水管应避免轴线偏置，当受条件限制时，宜用乙字管或两个45弯头连接。

8）当出户管需放大管径时，宜在排水立管底部用异径管放大后接弯头，且异径管宜采用偏心异径管。偏心侧宜在转弯的内圆一侧。

（5）粘接或热熔连接的塑料排水立管应根据其管道的伸缩量设置伸缩节，伸缩节宜设置在汇合配件处。排水横管应设置专用伸缩节。如无特殊要求，伸缩节间距不得大于4m。埋地或埋设于墙体内的塑料排水管可不设伸缩节。

（6）靠近生活排水立管底部的排水支管连接，应符合下列要求：

1）最低排水横支管与排水立管连接处距排水立管管底垂直距离不得小于表2.5-1的规定，做法如图2.5-1所示。

最低排水横支管与排水立管连接处距排水立管管底的最小垂直距离　　**表 2.5-1**

排水立管连接卫生器具的层数	垂直距离（m）	
	仅设伸顶通气	设通气立管
≤4	0.45	按配件最小安装尺寸确定
5～6	0.75	
7～12	1.20	
13～19	底层单独排出	0.75
≥20		1.20

2）当排水支管连接在排出管或排水横干管上时，连接点距排水立管底部下游水平距离（L）不得小于 1.5m，如图 2.5-2 所示。

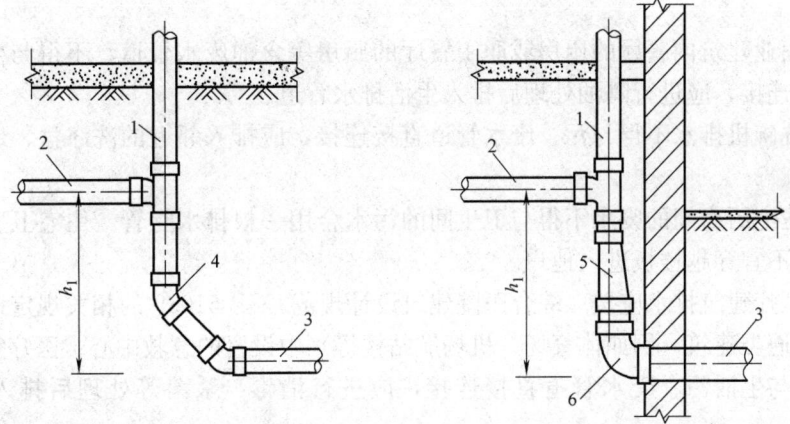

图 2.5-1　最低排水横支管与排水立管连接处距排水立管管底垂直距离
1—立管；2—横支管；3—排出管；
4—弯头（45°）；5—偏心异径管；6—大转弯半径弯头（＞2 倍半径）

3）排水支管接入排水横干管竖直转向管段时，连接点距转向处以下距离 h_2 不得小于 0.6m，如图 2.5-2 所示。

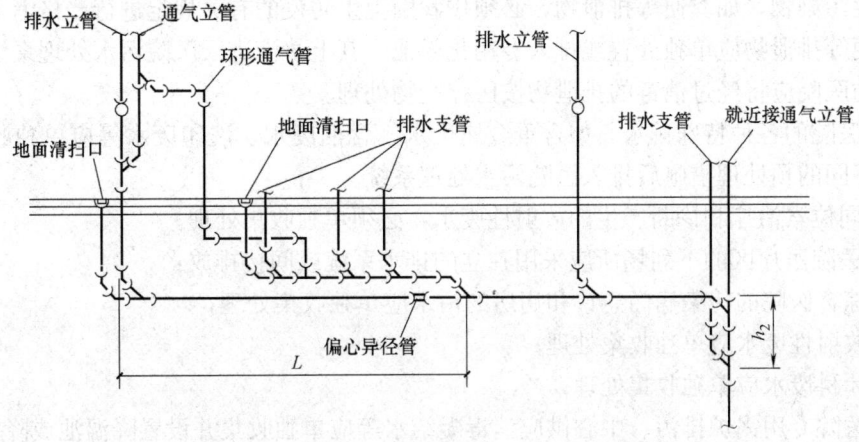

图 2.5-2　排水支管、排水立管与排水横支管连接

4）下列情况下底层排水横支管应单独排至室外检查井或采取有效的防反压措施：

① 当靠近排水立管底部的排水横支管的连接不能满足 1）、2）的要求时；

② 在距排水立管底部 1.5m 距离之内的排出管、排水横支管有 90°水平转弯管段时。

5）排水横干管转成垂直管时，转向处宜采用 45°斜三通或 90°斜三通，其顶部接出通气管应接入就近的通气立管，通气管管径宜比排水横干管管径小 1～2 档，如图 2.5-2 所示。

（7）机房（空调机房、给水水泵房）、开水间的地漏排水应与污、废水管道分开设置，可排入室外分流制的雨水窨井。

（8）避难层（设备层）设备及管道宜集中设置，并应尽量避开避难区，且尽量避免管道交叉。

（9）商业建筑内排水管道尽量布置在公共走道内，避免维护、检修时影响商铺等正常营业。

（10）商业建筑内餐厅的厨房或职工餐厅的厨房等含油废水管道，不得与生活污、废水管道直接连接，应进行隔油处理后排入生活排水管道。

（11）洗碗机排水不得与污、废水管道直接连接，应排入邻近的洗涤盆、地漏或排水明沟。

（12）住宅厨房间的废水不得与卫生间的污水合用一根排水立管。住宅卫生间的卫生器具排水管不宜穿越楼板进入他户。

（13）医疗建筑排水应按《综合医院建筑设计规范》GB 51039 的相关规定设计。大型公共类、交通类建筑（例如体育场、机场航站楼等）中设置的急救中心、医疗室等的排水管道，不得与生活污、废水管道直接连接，应进行消毒、杀菌等处理后排入生活排水管道。

1）医院病区与非病区的污水应分流，严格建立医院内部卫生安全管理体系，严格控制和分离医院污水和污物，不得将医院产生的污物随意弃置排入污水系统。新建、改建和扩建的医院，在设计时应将可能受传染病病原体污染的污水与其他污水分开，现有医院应尽可能将受传染病病原体污染的污水与其他污水分别收集。

2）传染病医院（含带传染病房的综合医院）应设专用化粪池。被传染病病原体污染的传染性污染物，如粪便等排泄物，必须按我国卫生防疫的有关规定进行严格消毒。消毒后的粪便等排泄物应单独处置或排入专用化粪池，其上清液进入医院污水处理系统。不设化粪池的医院应将经过消毒的排泄物按医疗废物处理。

3）医院的各种特殊排水，如含重金属废水、含油废水、洗印废水等应单独收集，分别采取不同的预处理措施后排入医院污水处理系统。

4）同位素治疗和诊断产生的放射性废水，必须单独收集处理。

5）医院医疗区的下列场所应采用独立的排水系统或间接排放：

① 综合医院的传染病门急诊和病房的污水应单独收集处理；

② 放射性废水应单独收集处理；

③ 牙科废水应单独收集处理；

④ 医院专用锅炉排污、中心供应消毒凝结水等应单独收集并设置降温池或降温井；

⑤ 医院检验科等处分析化验采用的有腐蚀性的化学试剂应单独收集综合处理后再排

入院区污水管道或回收利用；

⑥ 其他医疗设备或设施的排水管道为防止污染而采用间接排水。

6）低放射性废水应经衰变池处理。

7）洗相室废液应回收银，并对废液进行处理。

8）口腔科含汞废水应进行除汞处理。

9）检验室废水应根据使用化学品的性质单独收集、单独处理。

10）含油废水应设置隔油池处理。

（14）实验室污、废水应和生活污水分质排放。腐蚀性污水的排水系统应采取防腐蚀措施。产生废液的实验室应对废液分类收集并加以处理。对于较纯的溶剂废液或贵重试剂，宜经技术经济比较后回收利用。放射性核素实验室排水应将长寿命和短寿命的核素废水分流，应符合现行国家标准《电离辐射防护与辐射源安全基本标准》GB 18871 的规定。

（15）室内生活废水在下列情况下，宜采用有盖的排水沟排除：

1）废水中含有大量悬浮物或沉淀物需经常冲洗；

2）设备排水支管很多，用管道连接有困难；

3）设备排水点的位置不固定；

4）地面需要经常冲洗。

（16）排水沟的设计，应符合下列要求：

1）内表面应光滑，且便于清掏。

2）排水沟宜通过沟底排水地漏和水封装置与排水管道连接。

3）废水中如夹带纤维或大块物体，应在与排水管道连接处设置格网、格栅或采用带网筐地漏。

（17）汽车库地面排水不宜采用明沟。如必须设置时，地沟不应贯通防火分区。

（18）室内生活废水排水沟与室外生活污水管道连接处，应设水封装置。

（19）室内设置卫生器具处地面标高或地漏面标高低于室外检查井地面标高时，该卫生器具的排水管不得直接接入室外检查井。

（20）排水管穿越地下室外墙或地下构筑物的墙壁处，应采取防水措施。

（21）当建筑物沉降可能导致排出管倒坡时，应采取防倒坡措施。

（22）排出管与室外排水管连接时，排出管管顶标高不得低于室外排水管管顶标高。其连接处的水流偏转角不得大于 90°。当有大于 0.3m 的跌落差时，可不受角度的限制。

（23）当排水管道穿越楼层设套管且排水立管底部架空时，应在排水立管底部设支墩或采取其他固定措施。地下室排水立管与排水横管转弯处也应设置支墩或采取其他固定措施。

（24）改造项目应避免设置超长排水横管，当排水点距离排水立管或排水出户管距离过长时，宜分层分段设置排水横管，每层的排水横管不宜大于 25m。

（25）改造项目卫生器具排水存水弯距离排水立管水平距离不宜小于 0.6m，当不能避免时，应在存水弯后设置不小于 1.5m 的独立立管后，再与排水立管连接。

2. 建筑物内严禁设置排水管道的场所

（1）排水管道不得穿越下列场所：

1）卧室、客房、病房和宿舍等人员居住的房间；

2）生活饮用水池（箱）上方；

3）遇水会引起燃烧、爆炸的原料、产品和设备的上面；

4）食堂厨房和饮食业厨房的主副食操作、烹调和备餐的上方。

（2）排水管道不得敷设在食品和贵重商品仓库、通风小室、电气机房和电梯机房内。

（3）排水管道不得布置在浴池、游泳池的上方。当受条件限制不能避免时，应采取防护措施。如：可在排水管下方设托板，托板横向应有翘起的边缘（即横断面呈槽形），纵向应与排水管有一致的坡度，末端有管道引至地漏或排水沟。

（4）排水管道不得穿过变形缝、烟道和风道；当排水管道必须穿过变形缝时，应采取相应技术措施。对于不得穿越沉降缝处，应预留沉降量、设置不锈钢软管柔性连接，并在主要结构沉降已基本完成后再进行安装；对于不得不穿越伸缩缝处，应安装伸缩器。软管和伸缩器均应为低波不锈钢制品。

（5）排水埋地管道，不得布置在可能受重物压坏处或穿越生产设备基础；在特殊情况下，应与有关专业协商处理。如：保证一定的埋深和做金属防护套管，并应采用柔性接口。

（6）排水管、通气管不得穿越下层住户客厅、餐厅，并不宜靠近与卧室相邻的内墙。

（7）排水管道不宜穿越橱窗、壁柜，不得穿越储藏室。

（8）楼层排水管道不应埋设在结构层内。当在地下室必须埋设时，不得穿越沉降缝，宜采用耐腐蚀的金属排水管道，坡度不应小于通用坡度，最小管径不应小于 75mm，并应在适当位置加设清扫口。

（9）排水管道不得穿越图书馆书库、档案馆库区。生活污水立管不应安装在与书库相邻的内墙上。

2.5.2 清扫口、检查口的设置

1. 清扫口装设在排水横管上，是用于单向清通排水管道的维修口。应根据卫生器具数量、排水管道长度和清通方式等，按下列规定设置清扫口：

（1）在连接 2 个及以上的大便器或 3 个及以上的卫生器具的铸铁排水横管上，宜设置清扫口。

（2）采用塑料排水管道时，在连接 4 个及以上的大便器的污水横管上宜设置清扫口。

（3）在水流转角小于 135°的排水横管上，应设置清扫口（可采用带清扫口的转角配件替代）。

（4）生活污、废水排水横管的直线管段上清扫口之间的最大距离应符合表 2.5-2 的规定。

排水横管的直线管段上清扫口之间的最大距离（m）   表 2.5-2

管道直径(mm)	生活废水	生活污水
50~70	10	8
100~150	15	10
200	25	20

（5）排水立管或排出管上的清扫口至室外检查井中心的最大长度，应按表 2.5-3 确定。

管径(mm)	50	75	100	100 以上
最大长度(m)	10	12	15	20

2. 排水管上设置清扫口应符合下列规定：

(1) 在排水横管上设置清扫口，宜将清扫口设置在楼板或地坪上，且与地面相平，清扫口中心与其端部相垂直的墙面的净距离不得小于 0.2m；楼板下排水横管起点的清扫口与其端部相垂直的墙面的距离不得小于 0.4m。当排水横管悬吊在转换层或地下室顶板下设置清扫口有困难时，可用检查口替代清扫口。

(2) 排水横管起点设置堵头代替清扫口时，堵头与墙面应有不小于 0.4m 的距离；可利用带清扫口的弯头配件代替清扫口。

(3) 管径小于 100mm 的排水管道上设置清扫口，其尺寸应与管道同径；管径大于等于 100mm 的排水管道上应设置直径 100mm 的清扫口。

(4) 排水横管连接清扫口的连接管及管件应与清扫口同径，并采用 45°斜三通和 45°弯头或由两个 45°弯头组合的管件。

(5) 铸铁排水管道上设置的清扫口一般采用铜制品，塑料排水管道上设置的清扫口一般采用与管道同质的产品。

3. 检查口为带有可开启检查盖的配件，装设在排水立管及较长水平管段上，可作检查和双向清通管道之用。

检查口应根据建筑物层高等因素按下列规定合理设置。

(1) 排水立管上连接排水横支管的楼层应设检查口，但在建筑物底层必须设置。

(2) 当排水立管水平拐弯或有乙字管时，在该层排水立管拐弯处和乙字管的上部应设检查口。

(3) 检查口中心高度距操作地面宜为 1.0m，并应高于该层卫生器具上边缘 0.15m；如排水立管设有 H 管时，检查口应设置在 H 管的上边。

(4) 地下室排水立管上设置检查口时，检查口应设置在排水立管底部之上。

(5) 排水立管上检查口的检查盖应面向便于检查清扫的方位；排水横干管上检查口的检查盖应垂直向上。

(6) 铸铁排水立管上检查口之间的距离不宜大于 10m。塑料排水立管宜每 6 层设置检查口。特殊情况采用机械清通时，距离为 15m。

(7) 在最低层和设有卫生器具的二层以上建筑物的最高层必须设置检查口；通气立管汇合时，必须在该层设置检查口。

(8) 生活污、废水排水横管的直线管段上检查口之间的最大距离应符合表 2.5-4 的规定。

排水横管的直线管段上检查口之间的最大距离（m）　　表 2.5-4

管道管径(mm)	生活废水	生活污水
50~75	15	12
100~150	20	15
200	25	20

（9）在最冷月平均气温低于−13℃的地区，排水立管尚应在最高层离室内顶棚0.5m处设置检查口。

4. 生活排水管道不宜在建筑物内设检查井。

2.5.3　间接排水与防污染措施

1. 间接排水为设备或容器的排水管道与排水系统非直接连接，其间留有空气间隙的排水方式。

2. 下列构筑物和设备不得与污、废水管道直接连接，应采用间接排水的方式，并不得直接接入室外检查井。

（1）生活饮用水贮水箱（池）的泄水管和溢流管。

（2）开水器、热水器的排水。

（3）医疗灭菌消毒设备的排水。

（4）蒸发式冷却器、空调设备冷凝水的排水。

（5）储存食品或饮料的冷藏库房的地面排水和冷风机溶霜水盘的排水。

3. 设备间接排水宜排入邻近的洗涤盆、地漏。当无条件时，可设置排水明沟、排水漏斗或容器。间接排水的漏斗或容器不得产生溅水、溢流，并应布置在容易检查、清洁的位置。

4. 间接排水口最小空气间隙，宜按表2.5-5确定。

间接排水口最小空气间隙（mm）　　　　　表 2.5-5

间接排水管管径	排水口最小空气间隙
≤25	50
32～50	100
＞50	150

注：饮用水贮水箱的间接排水口最小空气间隙不得小于150mm。

2.5.4　管道支、吊架

1. 塑料排水管道支、吊架间距应符合表2.5-6的规定。

塑料排水管道支、吊架最大间距（m）　　　　　表 2.5-6

管径(mm)	40	50	75	90	110	125	160	200
立管	1.2	1.2	1.5	2.0	2.0	2.0	2.0	2.0
横管	0.50	0.50	0.75	0.90	1.10	1.25	1.60	1.70

2. 建筑排水塑料管道支、吊架设置还应符合下列要求：

（1）排水立管穿越楼板部位应结合防渗漏水技术措施，设置固定支承，在管道井或管窿内楼层贯通位置的排水立管，应设置固定支承，其间距不应大于4m。

（2）采用热熔连接的聚丙烯管道应全部设置固定支架。

（3）排水横管采用弹性密封圈连接时，在承插口的部位（承口下游）必须设置固定支架，固定支架之间应按表2.5-6的支、吊架间距规定设置滑动支架。

3. 承插接口建筑排水铸铁管的支、吊架应符合下列要求：

（1）上段管道质量不应由下段承受，立管管道质量应由管卡承受，横管管道质量应由支（吊）架承受。

（2）排水立管应每层设支架固定在建筑物可承重的柱、墙体、楼板上，固定支架间距不应超过 3m。两个固定支架之间应设滑动支架。

（3）排水立管支架应靠近接口处，卡箍式柔性接口的支架应位于接口处卡箍下方，承插式柔性接口的支架应位于承口下方，且与接口间的净距不宜大于 300mm。

（4）排水立管底部弯头和三通处应设支墩或支架等固定措施，排水立管底部转弯处也可采用鸭脚支承弯头并设支墩或固定支架。

（5）排水横管支（吊）架应靠近接口处，卡箍式柔性接口不得将关卡套在卡箍上，承插式柔性接口应位于承口一侧，且与接口间的净距不宜大于 300mm。

（6）排水横管支（吊）架与接入排水立管或水平管中心线的距离宜为 400～500mm。

（7）排水横干管支（吊）架间距不宜大于 1.2m，不得大于 2m。排水横管起端和终端应设防晃支（吊）架固定。排水横干管较长时，直线管段防晃支（吊）架距离不应大于 12m。排水横管在平面转弯时，弯头处应增设支（吊）架。

4. 管卡应根据不同的管材相应选定，柔性接口建筑排水铸铁管应采用金属管卡，塑料排水管可采用金属管卡或增强塑料管卡，金属管卡表面应经防腐处理。当塑料排水管使用金属管卡时，应在金属管卡与管材或管件的接触部位衬垫软质材料。

2.5.5　阻火、防渗漏、防沉降、防结露、防返溢

1. 金属排水管道穿楼板和防火墙的洞口间隙、套管间隙应采用防火材料封堵。

2. 塑料排水管道穿越楼层防火墙或管道井时，应根据建筑物性质、管径和设置条件以及穿越部位防火等级等要求设置阻火装置。

（1）高层建筑内公称外径大于或等于 110mm 的塑料排水管道，应在下列部位采取设置阻火圈、防火套管或阻火胶带等防止火势蔓延的措施：

1）不设管道井或管窿的排水立管在穿越楼层的贯穿部位。

2）排水横管穿越防火分区隔墙和防火墙的两侧。

3）排水横管与管道井或管窿内排水立管连接时穿越管道井或管窿的贯穿部位。

（2）公共建筑的排水立管宜设在管道井内，当管道井的面积大于 1m² 时，应每隔 2～3 层结合管道井的封堵采取设置阻火圈或防火套管等防延燃措施。

（3）阻火装置的耐火极限不应小于贯穿部位的建筑构件的耐火极限。

3. 排水管道穿过地下室外墙或地下构筑物墙壁处，应采取防水措施。一般可按《防水套管》02S404 设置防水套管。对有严格防水要求的建筑物，必须采用柔性防水套管。

4. 排水管道穿越楼层设套管且排水立管底部架空时，应在排水立管底部设支墩或采取牢固的固定措施。地下室立管与排水管转弯处也应支墩或其他固定设施。

5. 排水管道穿过有沉降可能的承重墙或基础时，应预留洞口，且管顶上部净空不得小于建筑物的沉降量，一般不小于 0.15m。

6. 排水管道不得不穿越沉降缝处，应预留沉降量、设置不锈钢软管柔性连接，并在主要结构沉降已基本完成后再进行安装；对于不得不穿越伸缩缝处，应安装伸缩器。软管和伸缩器均应为低波不锈钢制品。

7. 高层建筑物的排水管，可采取下列防沉降措施：

（1）从外墙开始沿排出管设置钢筋混凝土套管或简易管沟，其管底至套管（沟）内底面空间不小于建筑物的沉降量，一般不小于 0.20m。套管（沟）内填轻软质材料。

（2）排出管穿地下室外墙时，预埋柔性防水套管。

（3）当建筑物沉降量较大，排出管有可能产生平坡或倒坡时，应在排出管的外墙一侧设置柔性接口，接入室外排水检查井的标高应考虑建筑物的沉降量。

（4）排水管道施工应待结构沉降稳定后进行。

8. 在一般的厂房内，为防止排水管道受机械损坏，排水管的最小埋设深度，应按表 2.5-7确定。

排水管的最小埋设深度   表 2.5-7

管材	地面至管顶的距离（m）	
	素土夯实、缸砖、木砖地面	水泥、混凝土、沥青混凝土、菱苦土地面
排水铸铁管	0.7	0.4
混凝土管	0.7	0.5
排水塑料管	1.0	0.6

注：1. 在铁路下应敷设钢管或给水铸铁管，管道的埋设深度从轨底至管顶距离不得小于 1.0m。
2. 在管道有防止机械损坏措施或不可能受机械损坏的情况下，其埋设深度可小于本表及注 1 的规定值。

9. 排水管道外表面如可能结露，应根据建筑物性质和使用要求，采取防结露措施。所采用的隔热材料宜与该建筑物的热水管道保温材料一致。

防结露层厚度需经计算确定，也可根据隔热材料种类、设计准数 A、管径，按《管道和设备保温、防结露及电伴热》16S401 相应计算表格确定。

设计准数 A 按公式（2.5-1）计算：

$$A = \frac{T_d - T_0}{T_a - T_d} \qquad (2.5\text{-}1)$$

式中　T_d——最热月空气露点温度（℃）；

　　　T_0——介质温度（℃）；

　　　T_a——环境温度（℃）。

10. 为避免排水管道因堵塞或通气不畅造成返溢，排水管道敷设除应满足本手册2.5.1 条的相关要求外，宜同时采取下列措施：

（1）卫生器具的排水短立管与排水横管宜有不小于 0.6m 的高差。

（2）排水横管的坡度在敷设高度允许的情况下，尽量采用标准坡度或大于标准坡度。

（3）排水出户管应充分预留建筑沉降量造成的横管倒坡。

2.6　通气管布置

2.6.1　通气管分类和设置条件

1. 通气管设置目的

通气管是建筑排水系统的重要组成部分，重力排水管不工作时，管道内有气体存在，排水时，废水、杂物裹着空气一起向下流动，使管内气压发生波动，或为正压或为负压。若正压过大，则对卫生器具存水弯形成反压，造成喷射、冒溢；若负压过大，则形成虹吸，造成存水弯水封破坏，这两种情况都会造成污浊气体侵入室内。

为平衡室内排水管内的气压变化，在布置排水管道时，应同时设置通气管，其目的有四大作用：

(1) 保护排水管中的水封，防止排水管内的有害气体进入室内，维护室内的环境卫生；

(2) 排除排水管内的腐气，延长管道使用寿命；

(3) 降低排水时产生的噪声；

(4) 增大排水立管的通水能力。

2. 各种通气管定义

常用的通气管系统见图 2.6-1。

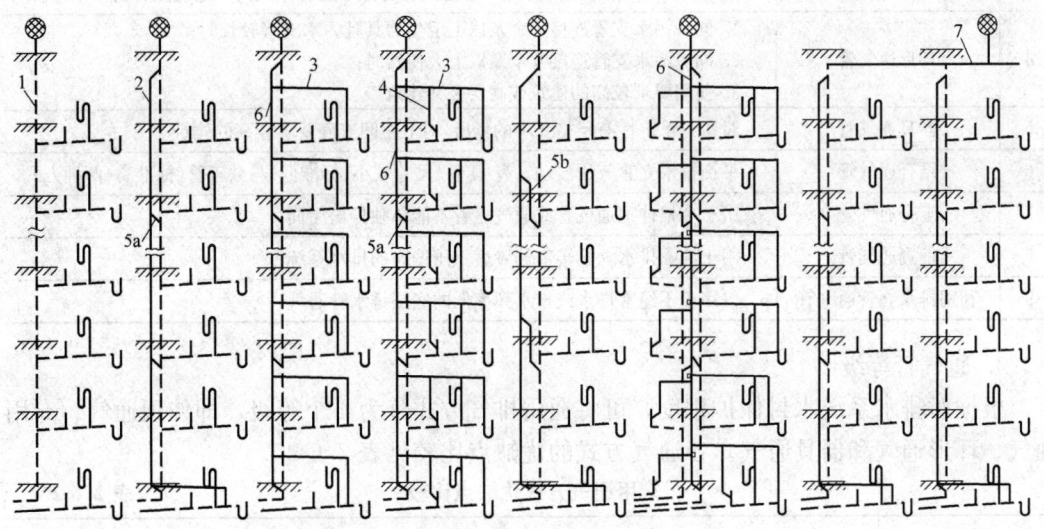

图 2.6-1　常用的通气管系统

1—伸顶通气管；2—专用通气管；3—环形通气管；4—器具通气管；5a—结合通气管（H 管）；

5b—结合通气管（共轭管）；6—主通气立管；7—汇合通气管

(1) 伸顶通气管：排水立管与最上层排水横支管连接处向上垂直延伸至室外通气用的管段。美国规范称为"立管通气管"。

(2) 专用通气管：与排水立管连接，或同时与环形通气管连接，为排水立管内或包括排水横支管内空气流通而设置的垂直通气管道。美国规范称为"通气立管"。

(3) 环形通气管：在多个卫生器具的排水横支管上，从最始端卫生器具的下游端接至专用通气管的通气管段。

(4) 器具通气管：从卫生器具存水弯出口端接至专用通气管或环形通气管的管段。

(5) 结合通气管：排水立管与通气立管的连接管段。普通 H 管有返流现象，有条件时采用共轭管，管道井较小时采用防返流 H 管。

(6) 主通气立管：连接环形通气管和排水立管，为排水横支管和排水立管内空气流通而设置的垂直管道。

（7）汇合通气管：连接数根通气立管或排水立管顶端通气部分，并延伸至室外接通大气的通气管段。

（8）偏置通气管：排水立管转弯后向下端接出的通气管段，并接至专用通气管或伸顶通气管。

（9）利用排水立管通气管：从最下层单独排水支管接出的环形通气管连接至排水立管的管段。

3. 各种通气管适用场所（见表 2.6-1）

通气管形式与适用条件　　　　　　　　　　表 2.6-1

序号	形式	适 用 条 件
1	伸顶通气管	用于排水横支管较短，连接卫生器具较少的多层居住类等排水系统
2	专用通气管	用于减缓高层建筑排水系统的气压波动，一般设在 10 层及以上卫生间排水系统
3	主通气立管	用于设有环形通气管，并且环形通气管与排水立管接入同一通气立管的排水系统
4	环形通气管	1. 同一污水支管连接 4 个及以上卫生器具且污水支管较长时； 2. 同一污水支管连接 6 个及以上大便器时； 3. 使用要求较高的建筑或高层公共建筑
5	器具通气管	对水封稳定性有严格要求的场所，对卫生间安静要求较高的建筑
6	结合通气管	平衡排水立管气压波动。有 H 管（尺寸较小，标准低）与共轭管（标准高）两种方式
7	汇合通气管	用于多根伸顶通气管或通气立管不能单独伸出屋面
8	偏置通气管	用于消除排水立管转弯偏置后正压偏高的排水系统
9	利用排水立管通气管	仅用于不经常排水或排水频率低的底层排水管通气

4. 通气管等级

根据对排水系统水封保护程度，可将通用排气方式分为 4 个等级，即伸顶通气、专用通气、环形通气和器具通气。各通气方式的优缺点比较见表 2.6-2。

常用通气方式优缺点比较　　　　　　　　　表 2.6-2

形式	1—伸顶通气	2—专用通气	3—环形通气	4—器具通气
系统图示				

续表

形式	1—伸顶通气	2—专用通气	3—环形通气	4—器具通气
优点	通气管材少,造价低,有一定通气效果	可减缓排水立管气压波动,增大通水能力	提高排水支管通畅性,缓减排水系统压力波动	通气效果最佳,能平衡排水系统气压变化
缺点	平衡排水系统气压波动效果差	需专门设一根通气立管占用管道井面积	通气管材用量多,占用空间较多	造价较高,施工安装复杂,通气管道耗量大
稳定性	水封易破坏	水封较不易破坏	水封不易破坏	水封难破坏
卫生性	卫生间空气质量差	卫生间空气质量较好	卫生间空气质量好	卫生间空气质量最好

2.6.2 通气管管材和管径选定

1. 通气管的管材,宜与排水管道相一致,可采用塑料排水管,如 PVC-U 管、HDPE 管和柔性接口机制排水铸铁管,≤DN40 可采用塑钢管。

2. 通气理论和通气管管径

卫生器具排水时,排水立管内的空气由于受到水流的压缩或抽吸,会产生正压或负压变化,如果压力变化幅度超过了存水弯水封深度,就会破坏水封。当污水沿排水立管流下时,携带管道中的空气一起向下流动,当空气受到阻挡时,例如水流从排水横支管进入排水立管瞬间,就会对随水流下来的空气有个反压,此时空气受到压缩,只要压缩到 1/400,就会产生约 25mm H_2O 压差,危及排水系统的水封安全。因此控制排水系统中立管、横支管、出户管的压力波动在安全范围内,是设置各种通气管的基本原则。

通气管管径的计算,先要设定通气管的压力损失不超过 25mm H_2O,根据空气流量、通气管径、摩阻系数,可近似求出通气管的最大容许长度,见公式 (2.6-1),该公式摘自《美国建筑给水排水设计》。

$$L_1 = 13575 \frac{d^{4.75}}{q^{1.75}} \tag{2.6-1}$$

式中　L_1——通气管的最大容许长度 (m);

　　　d——通气管管径 (m);

　　　q——空气流量 (m^3/s)。

【例 2.6-1】　某项目 DN100 专用通气管中空气流量为 22L/s,按最大压力损失不大于 25mm H_2O,求通气管的最大容许长度。

【解】

根据公式 (2.6-1),$d = 100/1000 = 0.1m$,$q = 22/1000 = 0.022m^3/s$,则通气管的最大容许长度为:$L_1 = 13575 \times \dfrac{0.1^{4.75}}{0.022^{1.75}} = 192m$。

这里的 192m 最大容许长度,是从最低最远的排水管接入处至通气管出口的展开长度。

3. 空气流量

美国规范规定,高峰流量时排水立管中水流占 7/24 管道横截面积,空气占 17/24 管道横截面积;而水平管道中污水和空气各占一半,即管道上半部为空气,下半部为水,见

表 2.6-3。

排水立管与横管中空气流量

表 2.6-3

管径 DN(mm)		立管		横管	
立管	横管	空气流量(L/s)	污水流量(L/s)	空气流量(L/s)	坡度(%)
	40			0.3	2.08
50	50	3.5	1.43	0.5	2.08
75	75	10	4.21	1.5	2.08
100	100	22	9.07	2.3	1.04
150	150	65	26.7	4.3	1.04
200	200	140	57.6	15.1	1.04

4. 横支管环形通气管计算

通气横支管计算公式中，日本规定压力损失不宜超过 10mm H₂O，见公式 (2.6-2)：

$$L_支=13575\frac{10}{25}\times\frac{d^{4.75}}{q^{1.75}}$$ (2.6-2)

式中　$\frac{10}{25}$——允许压力波动的转换系数，即 0.4；

　　　d——通气管管径 (m)；

　　　q——空气流量 (m³/s)。

【例 2.6-2】　某工程改造项目需增加一个卫生间，距原有排水系统的伸顶通气管位置约 60m。卫生间排水流量为 2.3L/s，排水管管径为 DN100，设 DN50 环形通气管接至原有排水系统通气管，展开长度为 113m，考虑局部阻力，折合当量长度为 50％展开长度，试校验通气管管径 DN50 是否合适。

【解】

按公式 (2.6-2)，d=0.05m，q=0.0023m³/s，则 $L_支=13575\times\frac{10}{25}\times\frac{0.05^{4.75}}{0.0023^{1.75}}=148$m。

此值＜113×(1＋50％)=170m，说明通气管管径 DN50 偏小，需放大通气管管径至 DN75。

则 $L_支=13575\times\frac{10}{25}\times\frac{0.075^{4.75}}{0.0023^{1.75}}=1019$m＞170m

说明通气管管径放大至 DN75 合适。

5. 各种通气方式的管径

(1) 伸顶通气管管径

1) 单独伸顶通气管管径，应同排水立管管径，例如多层住宅建筑排水立管为 DN100，则伸顶通气管出屋面也是 DN100，包括顶端通气帽，其有效开孔面积不得小于 DN100 断面面积。

2) 多根立管排水系统

同一个排水系统，通气管出口总面积不应小于排出管出口总面积，美国规范规定：所有通气管出口的总面积应不小于服务的建筑物排水管出口的面积。

【例 2.6-3】　某公寓楼有 4 根 DN100 的排水立管，出户管管径均为 DN100，汇合通

气出屋面为 $DN200$，复核通气管出口面积是否满足要求？

【解】

排出管总面积 $F_{排}=\dfrac{\pi}{4}D_{\mathrm{P}}^2\times4=0.785\times(100)^2\times4=31400\mathrm{mm}^2$

通气管出口面积 $F_{气}=\dfrac{\pi}{4}D_{\mathrm{q}}^2=0.785\times(200)^2=31400\mathrm{mm}^2$

通气管出口面积满足要求。

（2）专用通气管和结合通气管管径

1）当通气立管高度<50m 时，其管径一般可比排水立管小一号，当同时连接环形通气管时，应同排水立管管径。当通气立管高度≥50m 时，其管径应同排水立管管径。

2）结合通气管是连接排水立管与通气立管的管段，其管径应不小于两者中较小者。

（3）通气管最小管径

通气管管径除了应根据排水管流量或通气流量、通气管长度计算外，还应满足表2.6-4 所示的最小管径。

通气管最小管径（mm）   表 2.6-4

通气管名称		排水管管径(mm)						
		32	40	50	75(90)	100(110)	125	150(160)
器具通气管		32	32	32	—	50	50	—
环形通气管		—	—	32	40	50	75	—
通气主管	<50m	—	—	40	40	75	100	100
	≥50m	—	—	50	75(90)	100(110)	125	150(160)
伸顶通气管		—		≥50	≥75(90)	≥100(110)	≥125	≥150(160)

注：1. 有（ ）数字为塑料管。

2. 两根污、废水立管共用通气立管时，应以最大1根排水立管管径确定通气立管管径。

3. 伸顶通气管在严寒地区（最冷月平均气温低于−13℃），应在室内平顶或吊顶以下0.3m 处将管径放大一级。

（4）污水集水井通气管管径

污水集水井设通气管，在排水泵不工作时，利用通气管自然通风排除集水坑臭气；在排水泵运行时，通气管被吸入空气，补充污水集水井内空气。从理论上分析，补充的空气量不应小于排水泵的排水流量。由于排水泵在工作时，通气管内产生负压，因此不宜与其他通气管接通。污水集水井通气管应单独成系统接至室外。污水集水井通气管管径与排水泵流量有关，流量越大，需求通气管管径也大些，而通气管的最大容许长度与排水泵流量和管径有关。同样流量，管径增大，通气管的最大容许长度也增大；同一管径，流量增大，通气管的最大容许长度反而缩小。

表2.6-5 摘自美国规范，可供参考。

6. 通气管屋顶出口要求

通气管终端出口相当于一个总开关，承担着空气的吸入与排出，为确保通气管畅通，发挥其作用，应注意以下几点：

（1）防止通气口堵塞

污水集水井通气管管径计算表   表 2.6-5

排水泵流量 (L/s)	通气管管径 DN(mm)				
	40	50	65	75	100
	通气管的最大容许长度(m)				
2.5	49				
3.8	23	82			
5.0	12	46	116		
6.3	8	30	76		
9.5	3	13	34	113	
13		6	18	64	
16		3	11	40	
19		3	7	27	116
25			3	13	64
32				7	40

注：1. 表中第2~6列左边空格表示其相应的通气管管径小于规范允许值，右边的空格意味着"不受限制"。

2. 排水泵流量不在范围内，可用内插法估算相应管径的允许长度。

3. 表格使用方法：第一步根据排水泵流量，选择通气管管径；第二步复核工程项目污水集水井通气管展开长度；第三步，将展开长度×1.5，比较选定的通气管管径最大容许长度，如果小于表中数值，则选型合适。

通气管穿出屋面，在端口上须设通气帽，且与管道固定，通气帽开孔面积不宜低于同管径断面积的1.5倍。在日常维护上，要经常清理树叶杂物以防遮盖通气帽，防止做鸟巢。

（2）防止结霜封闭

在寒冷地区，伸顶通气管因受天寒影响而部分结霜，严重时会全部结霜封闭，导致通气管通气量不足，甚至丧失作用。预防措施有：

1）尽量缩短通气管暴露在屋面的长度，如无法做到，对高出屋面的管道进行保温防冻工作；

2）增大通气管管径，在伸出屋面之前放大1~2档；

3）在向阳面或有遮挡北风设施处设置通气管。

（3）防止雷电破坏

尤其是伸出屋面2m及以上的金属通气管，要采取防雷击设施，如设避雷带或避雷针。

（4）卫生防护措施

医院通气管，经上海市疾病控制中心测试证明：

1）通气管口的细菌总数在3000~4000CFU/m³，且存在致病菌；

2）传染病医院通气管口金黄色球菌呈阳性，因此医院，尤其是传染病医院排水管通气口应进行灭菌消毒，使细菌总数、真菌总数均≤500CFU/m³。

（5）与建筑景观协调配合

当屋顶为屋顶花园时，将高出屋面的通气管做成景观柱、照明柱小品。

（6）远离风口，防大风倒灌通气管

美国、英国、日本等国家均要求通气管距风口水平距离 3m 以上，垂直距离不小于 600mm。

2.6.3　通气管连接方式

1. 通气立管与排水立管连接，见图 2.6-2。
2. 环形通气管与通气立管连接，见图 2.6-3。

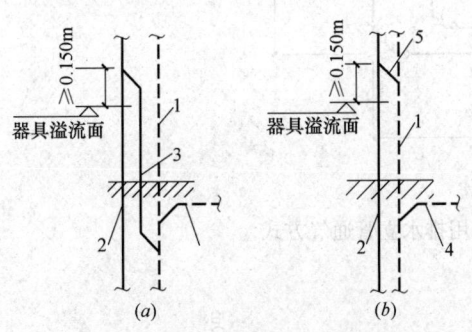
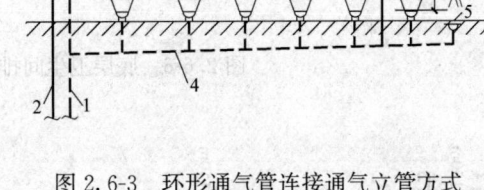

图 2.6-2　通气立管连接排水立管方式

（a）标准方式；（b）可采用的方式

1—排水立管；2—通气立管；3—共轭管；

4—排水支管；5—H 管

图 2.6-3　环形通气管连接通气立管方式

1—排水立管；2—通气立管；3—环形通气管；

4—排水横支管；5—清扫口

3. 器具通气管连接方式，见图 2.6-4。
4. 排水偏置管通气方式，见图 2.6-5。

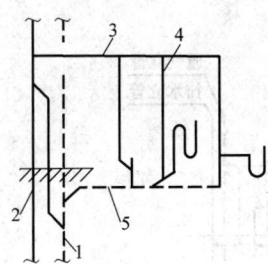
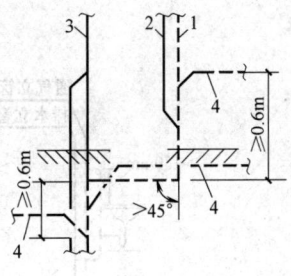

图 2.6-4　器具通气管连接方式

1—排水立管；2—通气立管；3—环形通气管；

4—器具通气管；5—排水横支管

图 2.6-5　偏位管上部和下部单独通气方式

1—排水立管；2—通气立管；

3—偏置通气管；4—排水横支管

5. 利用排水立管通气方式，见图 2.6-6。

此种模式只限于底层居住类建筑。

6. 环形通气管的正确布置与错误布置，见图 2.6-7。
7. 器具通气管的正确设置与错误设置，见图 2.6-8。

2.6.4　不能伸顶通气的措施

受建筑体形所限，生活排水管道的立管无法伸出屋面时，可选择采取如下措施：

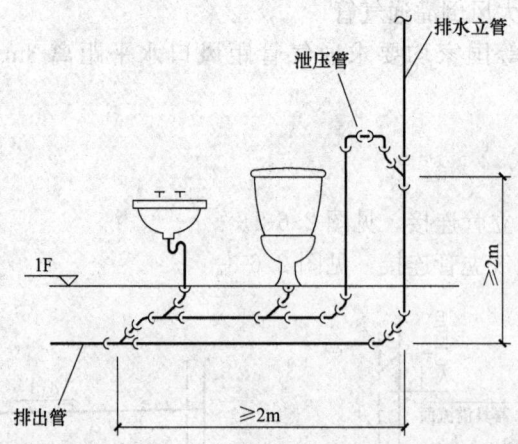

图 2.6-6　底层卫生间排水利用排水立管通气方式

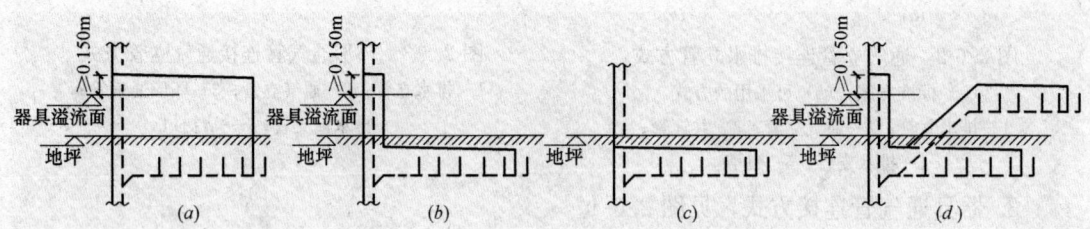

图 2.6-7　环状通气管的正确布置与错误布置

(*a*) 正确布置；(*b*) 条件不允许时可采用的布置；(*c*)、(*d*) 错误布置

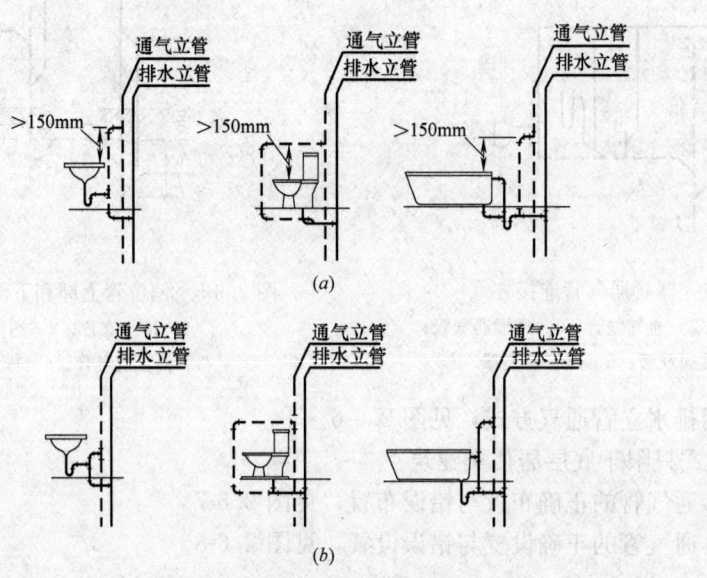

图 2.6-8　器具通气管的正确设置与错误设置

(*a*) 正确设置；(*b*) 错误设置

1. 侧墙式通气

当仅底层有排水管道或受建筑物条件限制，可采用侧墙式通气，见图2.6-9。

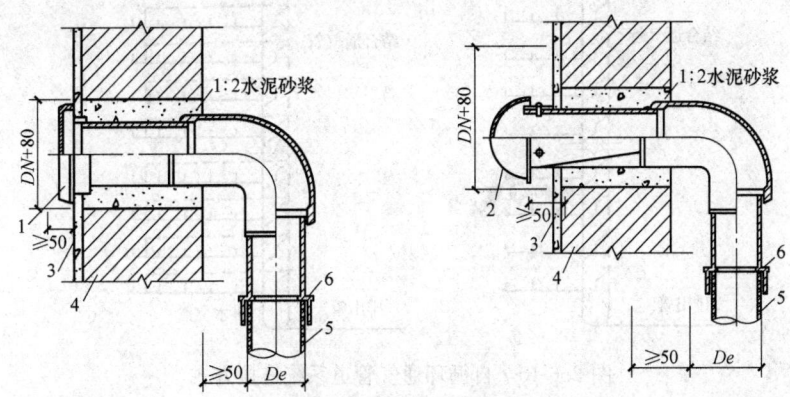

图 2.6-9　侧墙式通气

1—通气盖板；2—通气盖帽；3—外墙面层；4—墙身；5—塑料管；6—转换接头

应注意的是侧墙式通气口一要远离进风口、窗、门，避免设在阳台板等挑檐下面，防止污浊气体回流和积聚；二要和建筑协商，尽量不影响建筑立面美观。

侧墙式通气装置宜采用不锈钢等永久性材料制作，其出口处通气净面积应不小于通气管断面积的1.5倍。排出口应有防止侧墙雨水进入的挡水措施。

2. 设置自循环通气管道系统

（1）采用通气立管与排水立管连接时，应符合下列要求：

1）顶端应在最高卫生器具上边缘≥0.15m或检查口以上采用两个90°弯头相连。

2）结合通气管应每层与通气立管、排水立管连接，结合通气管下端宜在排水横支管以下与排水立管以斜三通连接。

3）通气立管管径应与排水立管管径相同。

（2）采用环形通气管与排水横支管连接时，应符合下列要求：

1）环形通气管应从其最始端两个卫生器具之间接出，并在排水支管中心线以上与排水支管呈垂直或45°连接。

2）环形通气管应在最高层卫生器具上边缘0.15m或检查口以上按不小于0.01的上升坡度敷设，与通气立管连接，见图2.6-10。

2.6.5　吸气阀和正压缓减器

侧墙式通气易受刮风下雨的侵入，当建筑结构无法升出屋顶通气时，可选择建筑排水系统用的吸气阀。

1. 吸气阀的构造与工作原理：重力压差原理（见图2.6-11）。

当排水系统中产生负压时，吸气阀吸入空气，正压时密封不逸出。

其作用是：保护排水系统的水封不被负压破坏。

2. 对吸气阀的基本要求

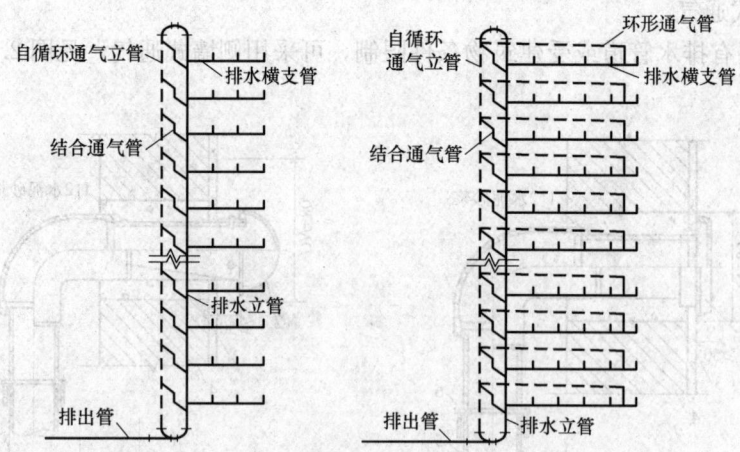

图 2.6-10   自循环通气管道系统连接方式

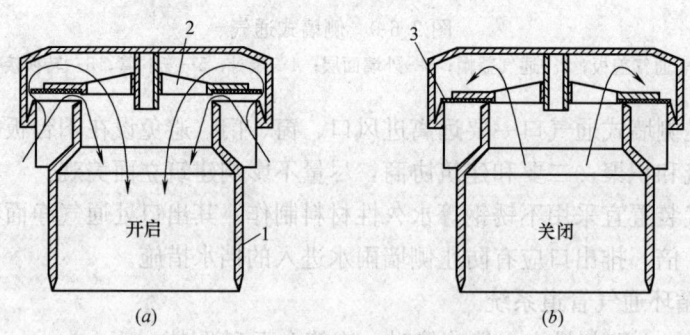

图 2.6-11   吸气阀工作原理

(a) 负压时阀瓣上升开启（吸气）；(b) 正压时阀瓣下落关闭（密封）

1—阀体，由上阀体、下阀体和导杆组成；2—阀瓣，由圆盘和密封环组成；3—密封环

产品应经国家认证的检验机构检测，符合现行行业标准《建筑排水系统吸气阀》CJ 202的要求。

其主要性能指标如下：

（1）开启压力

0～−150Pa。

（2）在（−250±10）Pa压力下，最小吸气量见表2.6-6。

最小吸气量（L/s）   表 2.6-6

排水管公称直径 DN(mm)	立管用吸气阀	支管用吸气阀	排水管公称直径 DN(mm)	立管用吸气阀	支管用吸气阀
32		1.2	75	16	6.0
40		1.5	90	22	6.8
50	4	1.5	110	32	7.5

（3）气密性

在 30～500Pa 和 10000Pa 正压下，保压 5min 后的压力应分别不小于 5min 前压力的 90%。

(4) 抗疲劳、耐损性和耐温性

(20±5)℃、15 次/min 通过 16h 连续的实验共 14400 次;

(60±2)℃、15 次/min 通过 8h 连续的实验共 7200 次。

(5) 抗冲击性

距地面 1m 高处吸气阀自由坠落,产品不变形或破裂。

3. 吸气阀的设计选用

(1) 仅适用于排水系统产生负压处,不适用于正压处。

(2) 根据系统排水量选择吸气阀的口径:

1) 用于排水立管上的吸气阀口径,应按吸气量不小于 8 倍立管排水量选用。当某个吸气阀吸气量不足时,可将两个吸气阀并联设置。

2) 用于排水横支管上的吸气阀口径,可按吸气量不小于 2 倍横支管排水量选用。

(3) 吸气阀的设置位置

1) 应设在排水立管的顶部,但不得用于专用通气立管顶部。

2) 在一栋建筑物的多立管排水系统中,至少应设一根伸顶通气立管且应设在最靠近排水出户处。

3) 排水横支管上的吸气阀,设在最始端两个卫生器具之间或设在易产生自虹吸的存水弯出水管处。

4) 高层建筑排水立管从第 8 层起,每隔 8~12 层应设一个吸气阀。

5) 当排水立管是某个化粪池或污水池的唯一通气口时,不能安装吸气阀。

4. 吸气阀的安装

应按照生产厂家说明书安装。

(1) 吸气阀必须竖直向上安装,其安装的垂直误差应<5°。

(2) 嵌墙安装时应提供通气孔。

(3) 安装环境温度为 -20~60℃,无腐蚀性气体。

(4) 应安装在远离居室的机房层、阁楼、设备层、避难层或管道井内便于检查的位置。

(5) 安装在不低于卫生器具溢流水位 1000mm 的部位。

5. 吸气阀的维护管理

(1) 防杂质异物堵塞进气孔。

(2) 应防止吸气阀被机械损坏。如有损坏可整体更换。

(3) 检查阀瓣是否老化。

6. 正压缓减器

在单立管排水系统的立管底部和立管转弯处,有时会产生瞬时正压。安装正压缓减器可缓解瞬时正压。

正压缓减器通常用图 2.6-12 形象地表示。其内部设有气囊。气囊膨胀吸收管道中的正压气体,缓解管道中的气压。该产品目前尚无国内标准,国际上可参考的标准有 TS 5200.463—2005 和 AS/NZ 3500.2.2003/Amdt 1/2005—11—10。

正压缓减器的设置部位和数量见表 2.6-7。

正压缓减器的设置部位和数量	表 2.6-7
高于立管底部或水平位移段的楼层	正压缓减器位置及数量
3～10	1 个在底部
11～15	1 个在底部,1 个在中部,1 个在顶部
16～25	1 个在底部,每隔 5 层安 1 个

图 2.6-12 正压缓减器的通用设计符号

7. 工程案例

（1）问题：西安某 24 层高档楼盘，分为 A、B 两座，每层 8 个单元，4～24 层排水立管为 DN150A 型柔性铸铁管，未设专用通气立管，3 层及以下为商业大厅，采用独立排水系统。投入运营两年多，很多住户反映用水高峰时很多 4 层住宅坐便器发生喷水现象，5 层也有翻水，卫生间有臭味产生，6 层住户反映洗衣水返溢到地上。

（2）原因：1）底部持续正压过大；2）4 层排水支管接至排水立管不满足 3m 高差；3）多根排水立管接排水横干管瞬间流量大；4）采用浅水封地漏；5）排水主干管坡度不够。

（3）改造：1）在 4 层排水支管上加排水止回阀；2）加分流支管，借助双方立管串联的伸顶通气，互为补充通气；3）加正压缓减器，处理瞬间正压；4）加吸气阀，消除加装排水止回阀产生的正负压交替问题。

（4）整改前状况和整改后方案，见图 2.6-13 和图 2.6-14。

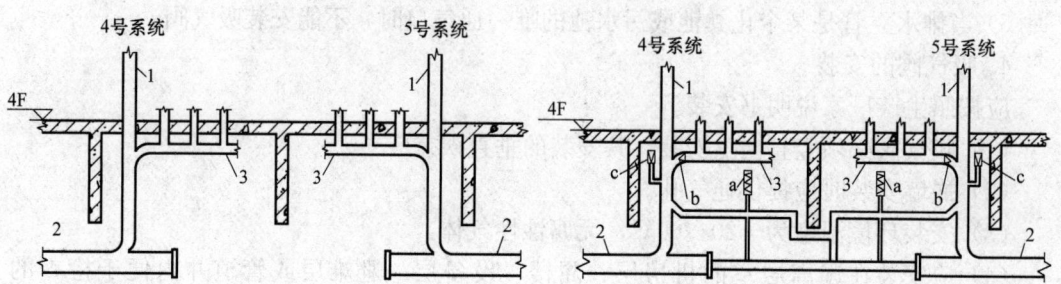

图 2.6-13 改造前 4 层下部管道状况
1—排水立管；2—排水横干管；3—4 层排水支管

图 2.6-14 改造后 4 层下部管道布置
1—排水立管；2—排水横干管；3—4 层排水支管；
a—正压缓减器；b—排水止回阀；c—吸气阀

2.7 特殊单立管排水系统

所谓特殊单立管排水系统是指一根立管既排水又通气的排水系统。

普通排水立管容易形成水舌、水跃和水塞等现象，造成排水立管内气流通道堵塞（见图 2.7-1），当排水管内气压的正压值或负压值增大时，容易破坏水封，使臭气外逸污染室内环境。

增设专用通气立管，即双立管排水系统，可以增加排水系统的通气能力和排水能力，避免水舌、水跃和水塞等现象产生。但多了一根立管，增加管材也占用建筑面积。

因此特殊单立管排水系统应运而生。与普通单立管排水系统相比，它提高了系统的排水能力；与双立管排水系统相比，它省掉了通气立管，节省了管材，也节约了通气立管所占用的建筑空间。

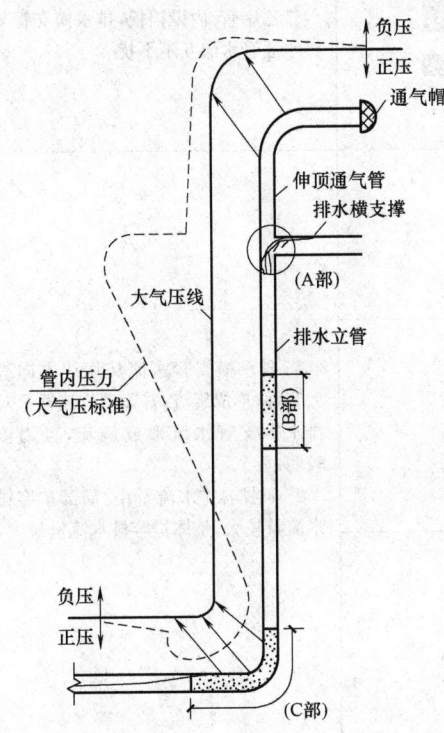

1. A 部

来自排水横支管的水进入排水立管时会遮断排水立管断面，并且在一段时间内排水管内部的水流处于相当混乱的状态。

2. B 部

该处排水立管内的水流状态几乎可看作是固定的，由排水引起的空气吸引导致在该部位呈现负压趋势。

3. C 部

从排水立管内急速落下的水，流入排水横干管，伴随着水流方向的突然变化，水流速度减小，在该处的空气移动不畅，呈现正压趋势。

图 2.7-1 排水立管内压力分布图
A 部—水舌现象；B 部—水塞现象；C 部—水跃现象

2.7.1 特殊单立管排水系统的分类与组成形式

1. 特殊单立管排水系统的分类

特殊单立管排水系统通常分为：管件特殊单立管排水系统、管材特殊单立管排水系统、管件与管材均特殊的单立管排水系统，见表 2.7-1。

（1）管件特殊单立管排水系统

特殊管件是指具有改善排水系统水力工况和气压波动的连接用管配件。由上部特殊管件和下部特殊管件组成。

上部特殊管件按照构造分为苏维托和旋流器。下部特殊管件按功能和设置位置分为底部弯头和整流接头。底部弯头按结构分为变径弯头、大曲率半径弯头和变断面弯头。

1）苏维托特殊单立管排水系统

排水横支管与排水立管采用苏维托相连接的特殊单立管排水系统，简称苏维托排水系统。它设在排水立管上，用于排水横支管与排水立管相连接，是具有能消除水舌现象和减缓排水立管中水流速度等功能要求的特殊管件。苏维托特殊单立管底部应设置泄压管。苏维托特殊单立管排水系统组成见图 2.7-2，苏维托的构造见图 2.7-3。

特殊单立管排水系统的分类与特点   表 2.7-1

分 类				构 造	特 点
特殊管件	上部特殊管件	旋流器	苏维托		带乙字管,内设挡板,排水横支管与排水立管水流互不干扰
			普通型旋流器 不扩容		1. 排水横支管水流从切线方向进入管件,形成旋流;普通型旋流器只对排水横支管水流形成旋流,且力度较弱; 2. 不扩容排水流量小,局部扩容排水流量较大,整体扩容排水流量最大
			普通型旋流器 局部扩容		
			普通型旋流器 整体扩容		
		加强型旋流器	导流叶片型旋流器 并列设置导流叶片型旋流器		导流叶片在平面位置并列设置的加强型旋流器
			导流叶片型旋流器 上下设置导流叶片型旋流器		导流叶片上下设置,可少占过水断面,使旋流得到二次加强
			螺旋肋旋流器		管件内部设置螺旋肋的加强型旋流器

加强型旋流器不仅对排水横支管水流形成旋流,对排水立管水流也形成旋流

续表

分　类			构　造	特　　点
特殊管件	下部特殊管件	底部弯头	变径弯头		出水口管径比进水口管径大1～3级
			大曲率半径弯头		曲率半径与进水口管径之比大于1的弯头
			变断面弯头		弯头的过流断面从圆形转化为蛋形或椭圆形，再回复到圆形的弯头
		整流接头（导流接头）			内有竖直或与加强型旋流器导流叶片方向相反的导流叶片，起整流作用，可与大曲率半径变径弯头配套设置的专用接头
特殊管材	内螺旋管	普通型内螺旋管	硬聚氯乙烯（PVC-U）内螺旋管		以硬聚氯乙烯树脂为主要材料挤压成型，内壁有数条凸出三角形螺旋肋，圆形断面
			中空壁硬聚氯乙烯（PVC-U）内螺旋管		由内壁和外壁双层组成，内外壁之间为空气层，内壁有数条凸出三角形螺旋肋，能降低排水噪声、提高通水能力，圆形断面
		加强型内螺旋管	硬聚氯乙烯（PVC-U）加强型内螺旋管	螺旋管内面	螺旋肋的数量、螺距做了强化处理，排水工况得到进一步改善。按照材质分为硬聚氯乙烯（PVC-U）加强型内螺旋管和加强型钢塑复合内螺旋管
			加强型钢塑复合内螺旋管		
管件管材均特殊			AD型特殊单立管排水系统		排水立管采用加强型螺旋管，管件采用AD型接头，能在排水立管内形成连续螺旋水流和空气芯，具有良好的水力工况

续表

分　类	构　造	特　点
GH-Ⅱ型漩流降噪特殊 单立管排水系统		由上部特殊管件漩流降噪管件、下部特殊管件导流接头或大曲率底部异径弯头、加强型内螺旋管组成。水力工况好、排水能力强、水流噪声低
旋流加强（CHT）型 特殊单立管排水系统		排水横支管和排水立管均形成旋流，具有良好的排水性能

（左侧纵排）管件管材均特殊

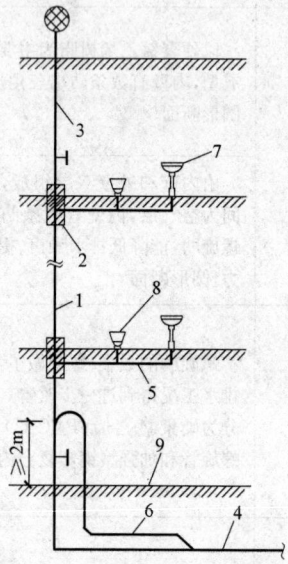

图 2.7-2　苏维托特殊单立管排水系统组成

1—排水立管；2—苏维托；3—伸顶通气管；

4—排水横干管；5—排水横支管；6—泄压管；

7—洗脸盆；8—大便器；9—楼板

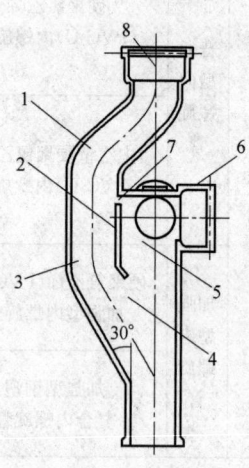

图 2.7-3　苏维托的构造

1—乙字管；2—挡板；3—排水立管水流腔；

4—混合区；5—排水横支管水流腔；6—排水横

支管预留接口；7—缝隙；8—排水立管中心线

① 苏维托的构造具有下列主要特征：

a. 带乙字管，其内径不应小于排水立管内径；

b. 内设挡板，挡板上部应有空气通道；

c. 内部空间应分为排水立管水流腔和排水横支管水流腔两部分，排水立管水流腔过水断面尺寸不得小于排水立管内径；

d. 上下连接排水立管接口的轴线应为同一垂直线，排水立管与排水横支管接口亦应在同一垂直线上；

e. 苏维托下部斜坡与水平线夹角应为60°；

f. 苏维托可带也可不带乙字管，苏维托不带乙字管时，乙字管应另配（见图2.7-4）。

g. 铸铁材质的苏维托乙字管可带也可不带旋流装置。

② 苏维托配件的分类

a. HDPE苏维托配件

HDPE苏维托（见图2.7-5、图2.7-6）应有上下两排三个方向的预留接口，上排管径为$DN100$（$De110$），下排管径为$DN75$（$De75$）。

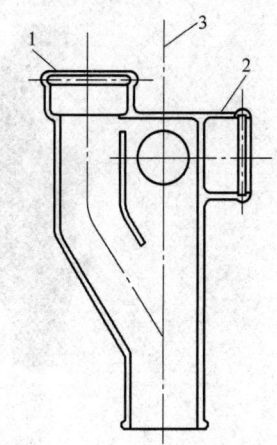

图 2.7-4　不带乙字管的苏维托
1—排水立管接口；2—排水横支
管接口；3—排水立管中心线

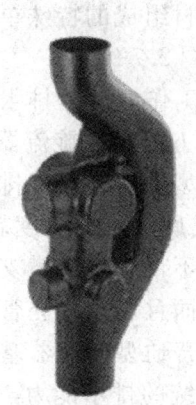

图 2.7-5　HDPE苏维托外形

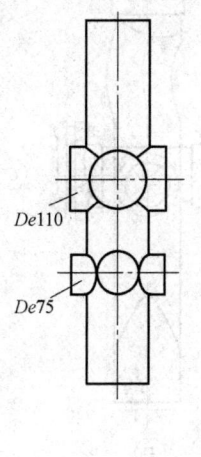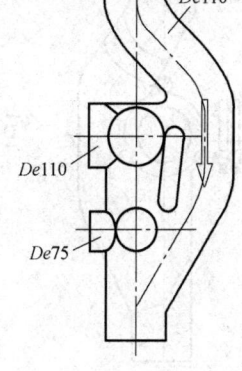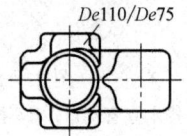

图 2.7-6　HDPE苏维托的构造

b. GY型旋流式铸铁苏维托配件

GY型旋流式铸铁苏维托（见图2.7-7、图2.7-8）应有单排单一方向、双向或三个方向的预留接口，管径为$DN100$（$De110$）或$DN75$（$De75$）。

③ 苏维托具有下列主要功能：

a. 降低排水立管的压力波动；

b. 有效限制排水立管水流速度，起消能作用；

c. 使排水立管水流和排水横支管水流在水流方变改变之前不改变流向，不产生水舌现象；

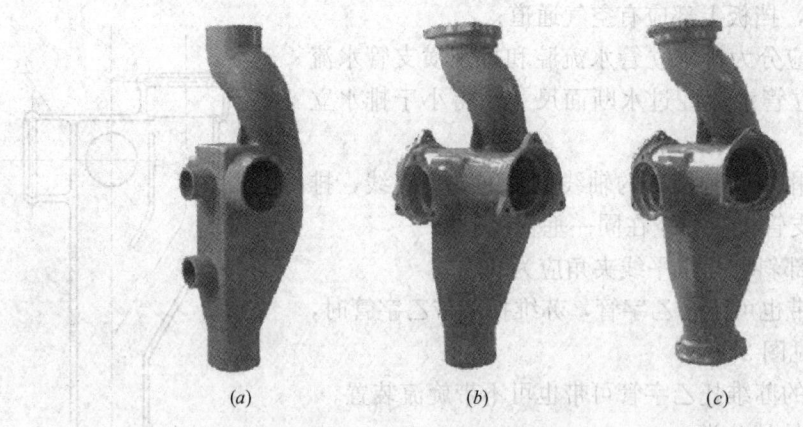

图 2.7-7   GY 型旋流式铸铁苏维托外形

(*a*) W 型接口；(*b*) A 型接口；(*c*) B 型接口

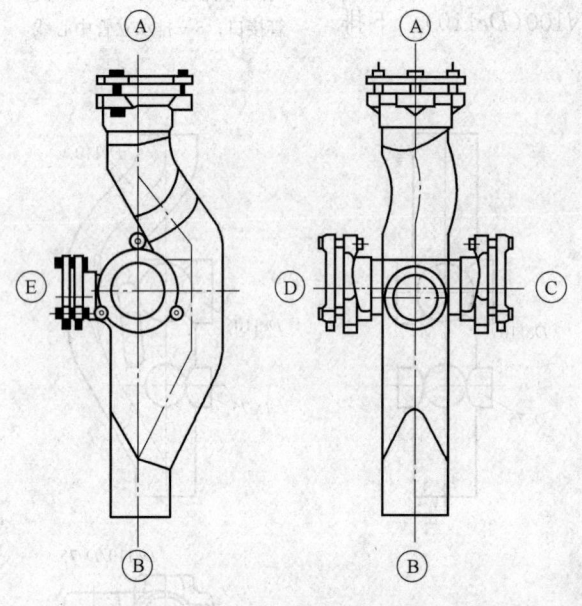

图 2.7-8   铸铁苏维托构造

A—排水立管接口；B—排水立管插口；C、D、E—排水横支管

d. 内挡板上部应有足够缝隙，缝隙宽度应与腔体净宽等长；

e. 可同时连接 1～3 个方向的多个排水横支管或连接通气管。

2）加强型旋流器特殊单立管排水系统

由加强型旋流器特殊管件和普通光壁排水管材组成的特殊单立管排水系统（见图 2.7-9）。

旋流器的工作原理是排水横支管水流从切线方向进入旋流器，形成旋流。普通型旋流器只对排水横支管水流形成旋流，且力度较弱。加强型旋流器不仅对排水横支管水流形成旋流，而且对排水立管水流也形成旋流。普通型旋流器基本不能有效提升系统的排水能力，只有加强型旋流器的特殊单立管排水系统才具有良好的排水性能。

旋流器的材料有铸铁、硬聚氯乙烯（PVC-U）、聚丙烯（PP）、高密度聚乙烯（HDPE）等。

加强型旋流器包括：GY 型、XTN 型、WAB 型、SUNS 型等。

① GY 型加强旋流器特殊单立管排水系统

GY 型和 XIN 型下部特殊管件包括底部整流器和大曲平底部异径弯头，WAB 和 SUNS 型下部特殊管件仅有大曲率底部异径弯头。

GY 型旋流器具有螺旋形偏置立管接口、内部横支管切向水流定向叶片及扩容段大截面导流叶片。

GY 型特殊单立管排水系统不仅具有超强的排水能力及特殊单立管排水系统所共有的特点，还具有以下优势：

a. 具有消能作用，压力波动较小，更适合在高层、超高层建筑中使用。

b. 内壁光滑不易挂污物，耐冲蚀，不易生锈，不易结垢。

c. 专用于无降板卫生间同层排水安装的 GY 加强型旋流器对称设置有 2 个 $DN50$ 的排水横支管接口。

d. GY 型特殊单立管排水系统的柔性丝扣管箍具有连接密封性能好、耐腐蚀、外形尺寸紧凑等优点，可用于沿墙敷设的同层排水安装和降板回填层内的排水横支管连接。

② WAB 型加强旋流器特殊单立管排水系统

WAB 型特殊单立管排水系统由 WAB 加强型旋流器、WAB 底部异径弯头、排水立管、排水横支管及普通排水管件等组成。

WAB 加强型旋流器的排水横支管接口为切向进水形式。排水横支管敷设可采用沿墙敷设同层排水、降板式同层排水或异层排水。

③ XTN 型加强旋流器特殊单立管排水系统

XTN 加强型旋流器采用便于安装的汇流扩容段较短的局部扩容方式，内置上下各 1 片大面积导流叶片，排水横支管水流切向接入，强化带状螺旋水流，缓解排水立管水流下落速度，增强消能降噪效果，气流通道畅通。

④ SUNS 型加强旋流器特殊单立管排水系统

SUNS 型特殊单立管排水系统具有以下基本特点：

a. SUNS 加强型旋流器的排水横支管接口为切向进水形式，同时排水横支管与排水立管相贯处向下扩径，这一结构特点最大程度地减小了对排水横支管水流和污杂物的阻滞，有利于排水通畅和污物清除。

b. SUNS 加强型旋流器的导流叶片在起到良好的上部水流承接及旋流加强作用的同时，还可避免附壁水流二次干扰。

c. 底部异径弯头可消除水跃和壅水现象，同时防止淤塞隐患。

上述 4 家排水系统特殊管件配置见表 2.7-2。

特殊管件配置选用　　　　　　　　　　　　表 2.7-2

系统类型	排水立管上部特殊管件					排水立管下部特殊管件	
	直通	三通	四通	降板同层排水专用四通	五通	底部整流器	底部异径弯头
WAB		√		√			√
SUNS		√			√		√
GY		√		√		√	√
XTN	√					√	√

注：1. 代号代表各厂家产品：GY—徐水县兴华铸造有限公司，WAB—昆明群之英科技有限公司，XTN—禹州市新光铸造有限公司，SUNS—山西省高平市泫氏铸业有限公司。

2. 国内各企业生产的铸铁加强型旋流器基本统一为 GB 型，规格尺寸详见《排水用柔性接口铸铁管、管件及附件》GB/T 12772。

3）集合管型特殊单立管排水系统

排水立管采用集合管型接头的伸顶通气管单立管排水系统（见图 2.7-10）。该系统利用排水横支管接头和直通接头内部的旋转或偏转叶片使排水立管内的水流旋转，消除排水

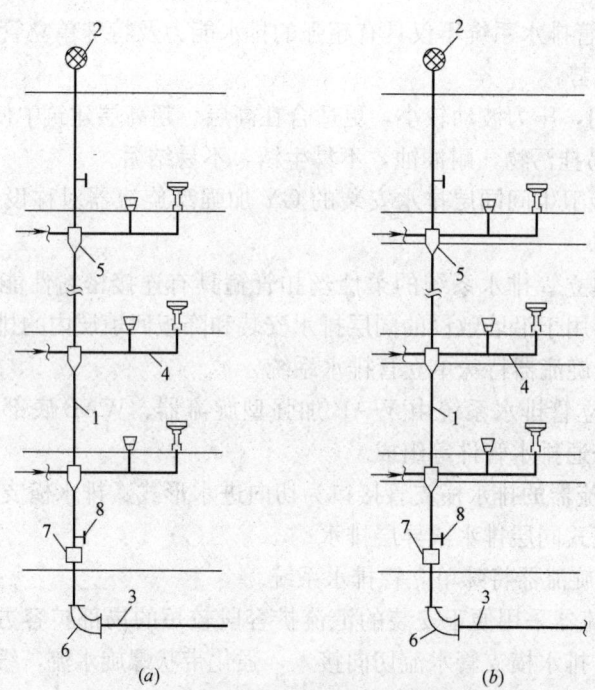

图 2.7-9　加强型旋流器特殊单立管排水系统

(a) 异层安装；(b) 同层安装

1—排水立管；2—通气帽；3—排水横干管（或排出管）；4—排水横支管；5—加强型旋流器；
6—底部异径弯头；7—底部整流器（仅 GY、XTN 型设置）；8—排水立管检查口

横支管接入产生的水舌，控制管内气压变动；利用底端接头或长型底端接头使排水横干管（或排出管）气水分离，降低排水立管底部正压波动。

集合管型接头包括：排水横支管接头、直通接头和底端接头。

① 集合管型接头应满足下列要求：

a. 排水横支管接头应由上、下端排水立管接口及侧面排水横支管接口的合流部分组成，接头内部应设置凸出的倾斜叶片。

b. 接头的上端和排水横支管接入端均为承插式连接。接头的下端为承插式连接或柔性机械式连接。

c. 排水横支管接头在水平方向最多设有 3 个接口，其公称尺寸为 DN110、DN75 和 DN50。

d. 接头的内部应能够通过直径 75mm 的球体。

e. 接头的材质应为灰口铸铁，其抗拉强度不应小于 150N/mm²。

② 集合管型特殊单立管排水系统宜在下列建筑的居住用房采用：

a. 10 层及以上的住宅、公寓、医院病房楼、养老院、宾馆等建筑。

b. 建筑标准要求较高的多层住宅、公寓、医院病房楼、养老院、宾馆等建筑。

c. 要求降低排水立管水流噪声和改善排水系统水力工况的建筑。

d. 抗震需要其排水管为柔性接口且适宜采用特殊单立管排水系统的建筑。

③ 集合管型特殊单立管排水系统设置场所应满足下列要求：

a. 重力式排水。

b. 从卫生器具排放的温度在 40℃ 以下、瞬间温度在 80℃ 以下的生活排水。

c. 不应用于公共厨房含油污水、较强腐蚀性污废水等排水，不宜用于含有大量洗涤剂、泡沫的排水。

d. 不应用于多厕位公共卫生间的排水系统。

④ 集合管型特殊单立管排水系统水力计算

集合管型特殊单立管排水系统的立管最大排水能力和立管最大设计排水能力可按表 2.7-3 确定。

立管最大排水能力　　　　　　　　　　　表 2.7-3

接头型号	公称(mm)		立管最大排水能力(L/s)				立管最大设计排水能力(L/s)			
			建筑层数(层)							
	塑料管	铸铁管	15	20	25	30	15	20	25	30
4SL	dn110	DN100	6.0	5.8	5.6	5.4	3.8	3.6	3.5	3.4
4HF	dn110	DN100	10.0	9.7	9.4	9.2	6.3	6.1	5.9	5.8

注：1. 本表参数摘自《集合管型特殊单立管排水系统技术规程》CECS 327：2012 表 4.2.2 和表 4.2.3。

2. 4SL—内部有一片旋转叶片的集合管型接头；4HF—内部有一片偏转叶片和一片旋转叶片的集合管型接头。

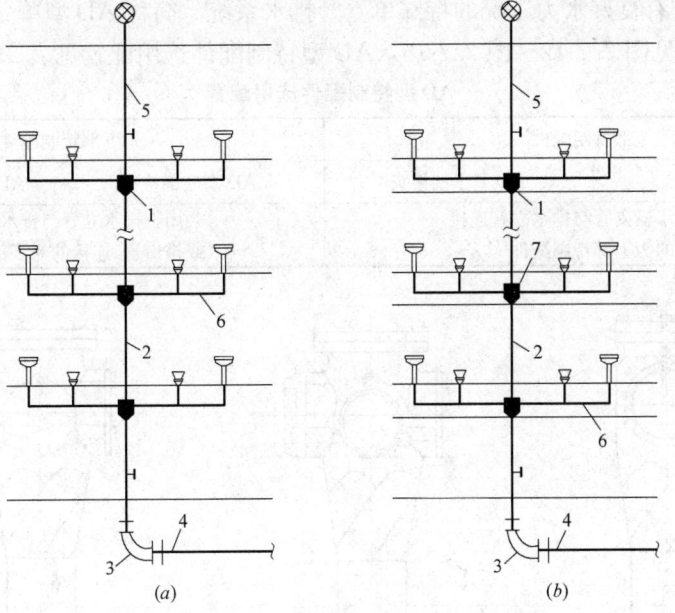

图 2.7-10　集合管型特殊单立管排水系统

(a) 异层安装；(b) 同层安装

1—排水横支管接头；2—排水立管；3—底端接头；4—排水横干管（或排出管）；

5—伸顶通气管；6—排水横支管；7—直通接头

(2) 管材特殊单立管排水系统

排水立管管材特殊、管件普通的排水系统统称为特殊管材单立管排水系统。特殊单立管排水系统中立管采用特殊管材时，应采用内螺旋管。

内螺旋管是指管内壁有若干条凸出三角形螺旋肋，能使排水立管内水流形成旋流的排水管材（见图 2.7-11）。按螺旋肋数量和螺距分为普通型内螺旋管和加强型内螺旋管。螺

旋肋数量多、螺距短的内螺旋管排水性能优于螺旋肋数量少、螺距长的内螺旋管。受地球

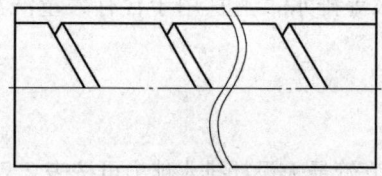

图 2.7-11　普通内螺旋管

自转影响，北半球逆时针方向旋流，南半球顺时针方向旋流。

普通型内螺旋管按管壁结构形式分为：硬聚氯乙烯（PVC-U）内螺旋管和中空壁硬聚氯乙烯（PVC-U）内螺旋管。

加强型内螺旋管按材质分为：加强型塑料内螺旋管和加强型钢塑复合内螺旋管。内衬层宜采用硬聚氯乙烯（PVC-U）、高密度聚乙烯（HDPE）和聚丙烯（PP）等不同材质。

（3）管件与管材均特殊的单立管排水系统

采用特殊管件和特殊管材的单立管排水系统称为管件管材均特殊的单立管排水系统。常用的有 AD 型特殊单立管排水系统、（GH-Ⅱ型）漩流降噪特殊单立管排水系统和旋流加强（CHT）型特殊单立管排水系统。

1）AD 型特殊单立管排水系统

排水立管采用加强型螺旋管，管件采用 AD 型接头，能在排水立管内形成连续螺旋水流和空气芯，具有良好水力工况的特殊单立管排水系统。简称 AD 型单立管系统。

AD 型接头见图 2.7-12～图 2.7-15，AD 型特制配件选用配置见表 2.7-4。

AD 型特制配件选用配置　　　　　　　　　　　　　　表 2.7-4

上部特制配件		下部特制配件	
AD 型细长接头	AD 型小型接头	AD 型底部接头	AD 型加长型底部接头
用于排水横支管与排水立管连接的为上部特制配件		用于排水立管与排水横干管（或排出管）连接的为下部特制配件	

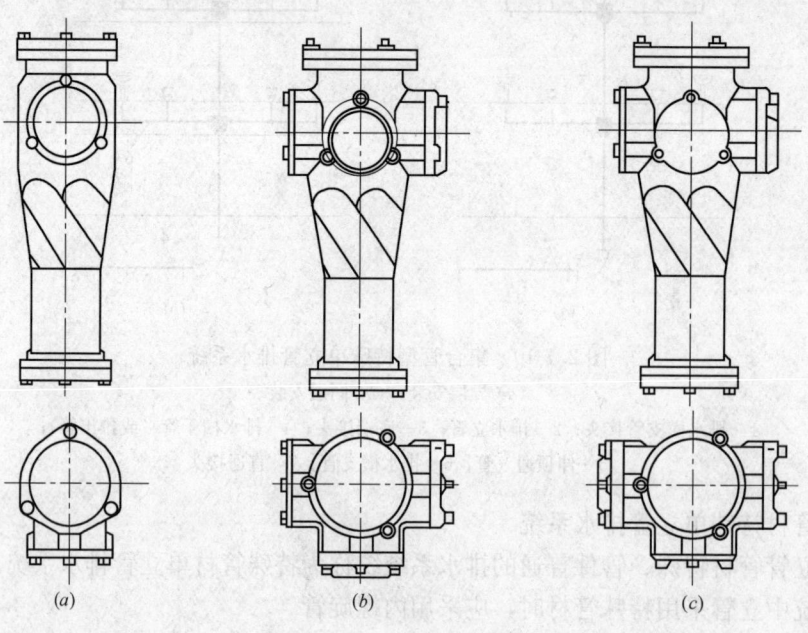

图 2.7-12　AD 型细长接头
(a) 单向；(b) 90°双向（带备用口）；(c) 180°双向（带备用口）

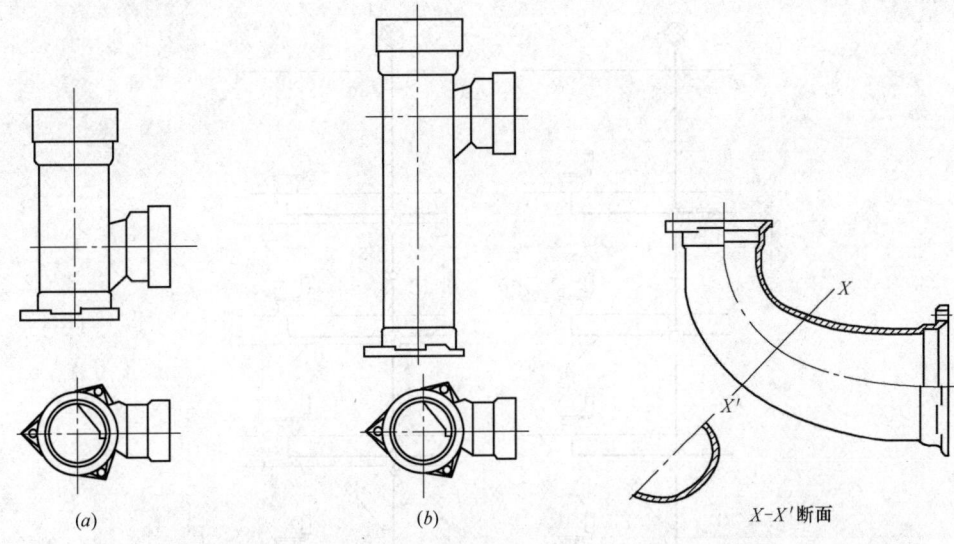

图 2.7-13　AD 型小型接头

(a) 普通型；(b) 加长型

图 2.7-14　AD 型底部接头

2）漩流降噪特殊单立管排水系统

漩流降噪特殊单立管排水系统是指采用漩流降噪型特殊管件的特殊单立管排水系统。见图 2.7-16。分为 GH-Ⅰ型和 GH-Ⅱ型（由浙江光华塑业有限公司研发）。

GH-Ⅰ型由上部漩流降噪管件、下部导流接头和大曲率底部异径弯头及塑料排水光壁管组成，属于特殊管件单立管排水系统。

GH-Ⅱ型由上部漩流降噪管件、下部大曲率底部异径弯头及加强型内螺旋管组成，属于管件与管材均特殊的单立管排水系统。

GH-Ⅱ型漩流降噪特殊单立管排水系统立管管材为加强型内螺旋管，上部特殊管件为漩流降噪加强型旋流器，下部管件为大曲率底部异径弯头。上部特殊管件通过上部设置的导流套、中部整体扩容段设置的横支管使排水横支

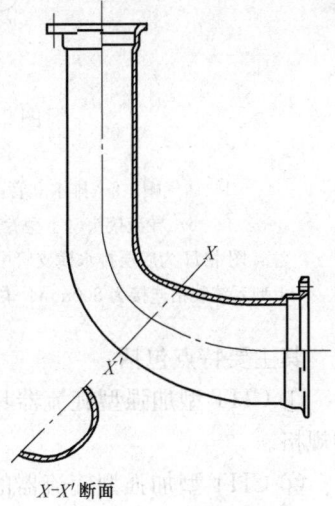

图 2.7-15　AD 型加长型底部接头

管的水流切线进入导流槽，下部漏斗状导流套内设有 6 条加强型导流螺旋肋，能使排水立管水流和排水横支管汇入的水流快速形成附壁旋流，保持管内空气畅通，消除水舌现象，减缓排水立管水流速度，大幅度增加排水立管排水能力，降低排水立管水流噪声。下部大曲率底部异径弯头能进一步改善系统水力工况，有效缓解或消除排水横干管或排出管起端出现的壅水现象，避免排水立管底部产生水塞。

3）旋流加强（CHT）型特殊单立管排水系统

排水立管中的特制配件采用 CHT 型加强型旋流器，排水立管管材采用机制柔性接口排水铸铁管、硬聚氯乙烯（PVC-U）短螺距内螺旋排水管、硬聚氯乙烯（PVC-U）或高密度聚乙烯（HDPE）排水管等排水管材的特殊单立管排水系统。

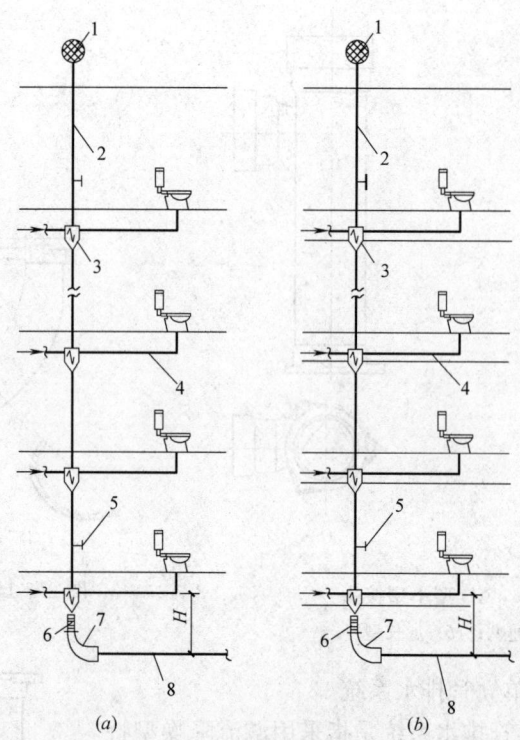

图 2.7-16　漩流降噪特殊单立管排水系统

(a) 异层安装；(b) 同层安装

1—通气帽；2—排水立管；3—漩流三通、四通或五通；4—排水横支管；5—内塞检查口；

6—导流接头（Ⅰ型专用）；7—大曲率底部异径弯头；8—排水横干管（或排出管）

注：图中 H 为底层排水横支管中心至排水横干管（或排出管）中心的最小垂直距离：

Ⅰ型系统胶粘连接为 800mm、柔性连接为 980mm；Ⅱ型系统胶粘连接为 540mm、柔性连接为 690mm。

其主要特点包括：

① CHT 型加强型旋流器具有汇流段为局部扩容的 N 型和汇流段为整体扩容的 S 型两种规格。

② CHT 型加强型旋流器的排水横支管为正向进水形式。

③ 下部配件包括：S4S 型稳流接头、LLS 型立管底部 90°大曲率异径弯头（曲率半径为 4 倍排水立管直径）和 LL 型立管底部异径弯头。其中前两种与整体扩容的 S 型加强型旋流器配套。CHT 型特制配件选用配置见表 2.7-5。

CHT 型特制配件选用配置　　　　　　　　　　　　　　　表 2.7-5

立管上部特制配件	立管下部特制配件		
CHT 旋流接头	S4S 型稳流接头	LL 型底部异径弯头	LLS 型底部 90°大曲率异径弯头
CA4N、CB4N		LL-100×150	LLS-100×150
CA4S、CB4S	S4S-100		LLS-100×150

注：CA4N、CB4N—内置上、下两片逆向导流叶片；CA4S、CB4S—内置上、中、下三片逆向导流叶片。

2. 特殊单立管排水系统的组成

特殊单立管排水系统的组成见表 2.7-6。

特殊单立管排水系统组成　表 2.7-6

分组说明：立管管件分为"特殊管件和特殊设施"（含上部特殊管件：普通型旋流器、加强型旋流器〈导流叶片型旋流器、螺旋助旋流器〉；下部特殊设施：变径弯头、整流接头；泄压管）和"普通管件"；立管管材分为"特殊管材（内螺旋管）"（普通型内螺旋管：PVC-U内螺旋管；中空壁内螺旋管；加强型内螺旋管：PVC-U加强型内螺旋管、加强型钢塑复合内螺旋管）和"普通管材"（塑料管、铸铁管）。

系统名称	普通型旋流器	导流叶片型旋流器	螺旋助旋流器	变径弯头	整流接头	泄压管	普通管件	PVC-U内螺旋管	中空壁内螺旋管	PVC-U加强型内螺旋管	加强型钢塑复合内螺旋管	塑料管	铸铁管	相关标准
苏维托系统	苏维托 √					√							√	《苏维托单立管排水系统技术规程》CECS 275:2010
内螺旋管系统	旋转进水型管件			√				√		√	√	√		《建筑排水用硬聚氯乙烯管道工程技术规程》CECS 94:2002；《建筑排水钢塑复合短距螺旋管材》CJ/T 488—2016
中空壁内螺旋管系统							√		√					《建筑排水中空壁消音硬聚氯乙烯管道工程技术规程》CECS 185:2005
AD系统				AD型底部接头	AD型接头					√	√			《AD型特殊单立管排水系统技术规程》CECS 232:2007
CHT系统		CA4N CB4N CA4S CB4S		LL型 LLS型	S4S型							√	√	《旋流加强（CHT）型单立管排水系统技术规程》CECS 271:2013

续表

系统名称	特殊管件和特殊设施（立管管件）									立管管材					普通管材		相关标准
	上部特殊管件				下部特殊管件			泄压管	普通管件	特殊管材（内螺旋管）					塑料管	铸铁管	
	苏维托	加强型旋流器			变径弯头	整流接头	人字形导流接头			普通型内螺旋管	中空壁内螺旋管	加强型内螺旋管					
		普通旋流型旋流器	导流叶片型旋流器	螺旋助旋流器						PVC-U内螺旋管		PVC-U加强型内螺旋管	加强型钢塑复合内螺旋管				
漩流降噪系统GH-Ⅰ型、GH-Ⅱ型			漩流降噪接头		漩流降噪弯头					√	√						《漩流降噪特殊单立管排水系统技术规程》CECS 287：2011
WAB系统			WAB接头		WAB弯头											√	
SUNS系统			SUNS接头		SUNS弯头										√		
GY系统			GY接头		GY弯头		√								√		《加强型旋流器特殊单立管排水系统技术规程》CECS 307：2012
XTN系统			XTN旋流接头		XTN底部异径弯头	XTN稳流接头										√	

注：1. √表示有此产品。

2. 表中代号代表各厂家产品：WAB—昆明群之英科技有限公司；SUNS—山西高平泫氏铸业有限公司；GY—河北徐水兴华铸造有限公司；XTN—河南禹州新光铸造有限公司；AD—日本积水国际贸易公司；CHT—青岛嘉鸿建材有限公司；GH Ⅰ型和 GH Ⅱ型—浙江光华塑业有限公司。

2.7.2 特殊单立管排水系统的适用范围

特殊单立管排水系统用在生活排水系统，适用于粪便污水与洗涤废水为合流制的排水系统。

在设计特殊单立管排水系统时，应按排水立管的排水能力、管材类别、管道井布置、防火要求、接入排水横支管条件、消能及降噪要求、接口方式、工程造价等因素，选用相应的特殊单立管排水系统。

特殊单立管排水系统宜在下列情况下采用：

1. 排水立管设计排水流量大于仅设伸顶通气管的普通单立管排水系统的最大排水能力时；

2. 建筑标准较高、要求降低排水水流噪声和改善排水水力工况的居住建筑小卫生间项目（10层以上100m以下的高层住宅、公寓、宾馆、养老院、病房楼等建筑）；

3. 同层接入排水立管的排水横支管数较多（≥3根）的排水系统（普通旋流器除外）；

4. 卫生间或管道井面积较小，难以设置通气立管（专用通气立管、主通气立管或副通气立管）的建筑。

2.7.3 特殊单立管排水系统的排水能力

1. 卫生器具排水流量、当量、排水管管径、生活排水设计秒流量计算、排水横管水力计算、排水管道的最小管径、设计坡度、设计充满度等应符合现行国家标准《建筑给水排水设计规范》GB 50015 的规定。

2. 生活排水立管的最大排水能力，当排水立管管径为 $DN100$ 或 $dn110$ 时，可按表 2.7-7 确定。

生活排水立管的最大排水能力（L/s）   表 2.7-7

系统名称		铸铁管	塑料管	
			内螺旋管	光壁管
苏维托系统	HDPE 苏维托	7.5	—	7.5
	铸铁苏维托			
加强型旋流器系统	导流叶片旋流器 AD 系统	—	7.5	5.5
	CHT 系统、HPS 系统	7.5(9.0)	—	6.5(7.5)
	WAB 系统	8.0	—	—
	SUNS 系统	7.5	—	—
	GY 系统	9.0	—	—
	XTN 系统	8.0	—	—
	CJW 系统	7.5	—	—
	螺旋肋旋流器 旋流降噪系统	—	8.5	6.0

注：1. 表中数据由实测数据经综合归纳得到（测试方法见《特殊单立管排水系统设计规范》CECS 79：2011 附录 A），工程设计时应根据情况合理确定排水立管设计排水能力。

2. 排水立管管径目前均为 $DN100$（$dn110$）。

3. 苏维托系统排水立管下部配置泄压管，加强型旋流器系统排水立管底部配置大曲率半径变径弯头。

4. 排水层数大于 15 层的建筑，排水立管最大排水能力宜乘 0.9 系数；当建筑高度大于 35 层时，应乘 0.8 系数。苏维托系统不乘系数。

5. 相同的特殊管件由于材质、加工工艺、细部尺寸的不同会直接影响其最大排水能力，设计排水流量应根据实测认证数值确定实际排水能力。

6. HPS—辽宁金禾实业有限公司；CJW—重庆长江管道泵阀有限公司。

7. 本表参数摘自《特殊单立管排水系统设计规范》CECS 79：2011 表 4.3.2。

2.7.4　特殊单立管排水系统的管道布置

1. 加强型旋流器系统中的底层排水横支管宜单独排出。在保证技术安全的前提下，即无淹没出流或倒灌返流的情况下，底层排水横支管也可接入排水立管合并排出或接入排水横干管排出。

当接入排水立管时，底层排水横支管的管中心距排水横干管（或排出管）中心的距离应大于或等于 0.6m。

当底层排水横支管不接入排水立管，而直接接至排水横干管时，其接入点与排水立管底部的水平距离应大于 1.5m。

辅助通气管上端可接入上部特殊管件。该上部特殊管件与排水立管底部的距离应大于 1.5m。

2. 特殊单立管排水系统的排水立管顶端应设伸顶通气管，其管径不得小于排水立管管径。

3. 当特殊单立管排水系统按规定需设置器具通气管时，器具通气管可在上部特殊管件处与排水立管连接。器具通气管与上部特殊管件连接处，应有防止水流流入器具通气管的措施。

4. 排水横支管的长度不宜大于 8m，并应减少转弯。

5. 排水立管不宜偏置，当必须设置偏置管时宜采用 45°弯头连接，并宜设置辅助通气管。

6. 当偏置管位于中间楼层时，辅助通气管应从偏置横管下层的上部特殊管件接至偏置管上层的上部特殊管件（见图 2.7-17）。

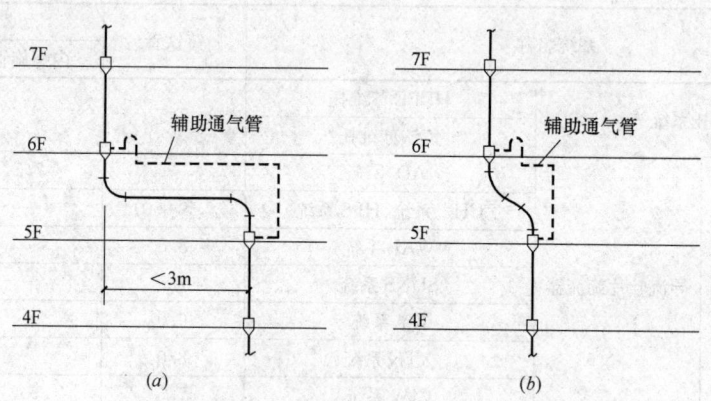

图 2.7-17　中间楼层的偏置管设置

(a) 90°偏置管设置；(b) 45°偏置管设置

当偏置管位于底层时，辅助通气管应从排水横干管接至偏置管上层的上部特殊管件或加大偏置管管径（见图 2.7-18）。

7. 偏置管的斜向（非垂直方向）连接管道不得采用螺旋管或加强螺旋管。

8. 辅助通气管接至上部特殊管件的管段，应采取防止排水立管水流流入辅助通气管的措施。

9. 管道布置和敷设的其他要求和附件的设置应符合现行国家标准《建筑给水排水设

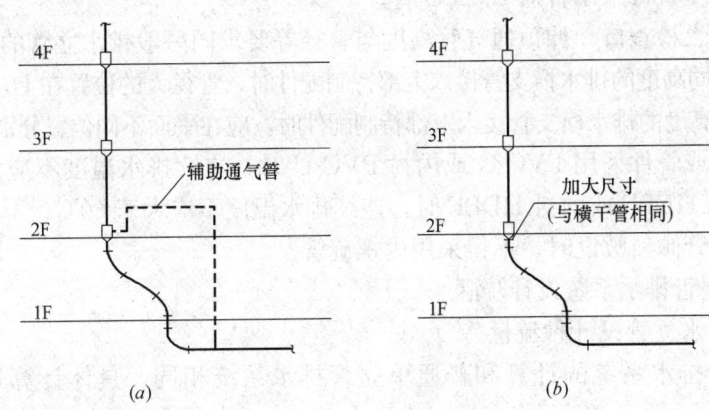

图 2.7-18   最底层的偏置管设置

(*a*) 45°偏置管设置方式一；(*b*) 45°偏置管设置方式二

计规范》GB 50015 的规定。

2.7.5   特殊单立管排水系统设计选用及注意事项

1. 特殊单立管排水系统设计选用

(1) 当排水立管为塑料管时，应采用塑料管材的特殊单立管排水系统；当排水立管为铸铁管时，应采用铸铁管材的特殊单立管排水系统。

(2) 当排水立管为光壁管时，应采用光壁管材的特殊单立管排水系统；当排水立管为螺旋管时，应采用螺旋管特殊单立管排水系统。

(3) 每层要求预留接口数量为小于或等于 6 个时，宜采用苏维托系统；每层要求预留接口数量为小于或等于 4 个时，宜采用加强型旋流器系统；每层要求预留接口数量为小于或等于 2 个时，宜采用普通型旋流器系统。

(4) 排水横支管同层需上下两排接入排水立管时，应选用 HDPE 苏维托系统。

(5) 对阻火要求较高时，宜选用管材为铸铁管或加强型钢塑复合螺旋管的特殊单立管排水系统。

(6) 当排水立管有消能要求时，宜选用苏维托系统。

(7) 对排水系统消声有较高要求时，宜选用管材为铸铁管、钢塑复合管、中空壁螺旋管的特殊单立管排水系统。

(8) 当排水系统要求接口为柔性连接时，应选用管材为柔性接口排水铸铁管的特殊单立管排水系统或接口方式为压盖法兰柔性接口的 CHT 系统或 AD 系统。

(9) 多厕位卫生间不宜采用特殊单立管排水系统。

2. 特殊单立管排水系统设计注意事项

(1) 接入上部特殊配件的排水横支管管径不得大于排水立管管径。与下部特殊配件连接的排水横干管或排出管，其管径不得小于排水立管管径，一般可比排水立管管径大一级。

(2) 排水立管的顶端应设伸顶通气管，其管径同排水立管管径。

(3) 特殊接头的单立管排水系统排水立管管径不宜小于 100mm。

（4）排水横支管可采用普通 PVC-U 管。

（5）清扫口、检查口、伸顶通气管高度与管径等要求同一般排水立管的规定。

（6）同层不同高度的排水横支管接入上部特制配件时，管径大的位置在上，管径小的位置在下；同层同一高度的排水横支管接入上部特制配件时，应在平面不同位置分别接入。

（7）当管材或管件采用 PVC-U 或内衬 PVC-U 时，连续排水温度不应大于 40℃；当管材或管件采用 HDPE 或内衬 HDPE 时，连续排水温度不应大于 60℃。

（8）排水立管倾斜敷设时，不得采用内螺旋管。

3. 特殊单立管排水系统设计步骤

（1）计算排水立管设计秒流量

特殊单立管排水系统的计算和普通单立管排水系统相同。具体计算过程参照本章 2.3 节。

（2）系统选型

1）排水横支管接入排水立管的数量

当排水横支管接入排水立管的数量大于等于 3 个时，建议选用苏维托系统，苏维托特殊管件最多可以接 6 个排水横支管。

2）排水立管设计流量

管径为 DN100 的普通单立管排水流量一般不大于 4.0L/s，而管径为 DN100 的特殊单立管排水流量一般能达到 6.0～10L/s。若单立管排水系统流量大于 4.0L/s，则可选用特殊单立管排水系统。几种特殊单立管排水系统的排水流量也各不相同，需根据排水立管设计流量选择相应的特殊单立管排水系统。

3）管材

特殊单立管排水系统的管材有柔性接口排水铸铁管、高密度聚乙烯管（HDPE）、硬聚氯乙烯管（PVC-U）、聚丙烯管（PP）、普通型内螺旋管和加强型内螺旋管。

当采用金属管时，宜采用柔性接口排水铸铁管。

当有消声要求时，宜采用管材为铸铁管、钢塑复合管、中空壁螺旋管等特殊单立管排水系统。

4）管道布置

当管道井空间受限，无法设专用通气立管时，可采用特殊单立管排水系统。

无降板同层排水可采用 GY 型加强型旋流器排水系统。

特殊管件尺寸较大，设计管道井时需预留足够的空间以便安装。

5）降噪抗震要求

当建筑物要求降低排水立管水流噪声、改善排水系统水力工况且有抗震要求时，宜采用旋流降噪特殊单立管排水系统。

（3）初步选型

初步选定适合的某种或几种特殊单立管排水系统。

由于特殊单立管排水系统配件相对较大，比普通单立管排水系统配件占用更大的建筑空间，因此需要和建筑结构专业协商后确定。

布置系统和节点详图，提供设计参数，供招标使用。

如建设方已选定系统和供应商，则按业主选定的特殊单立管排水系统资料复核本项目是否合适，如不合适，应与建设方沟通调整产品技术条件。

2.8 同层排水系统

2.8.1 同层排水的分类及组成形式

同层排水系统是指在建筑排水工程中，卫生器具排水管和排水横支管不穿越本层结构楼板到下层空间、与卫生器具同层敷设（沿墙体敷设或敷设在本层结构楼板和最终装饰地面之间）并接入排水立管的排水系统。

同层排水系统具有建筑美观、排水管道暗敷、卫生用房布置灵活、除管道井外楼板无预留孔洞、便于维修、排水噪声小、不干扰下层用户、安全可靠、无排水管冷凝水下滴等优点。同层排水是目前欧洲广泛采用的一种排水方式，近年来，随着我国城市建设的发展，建筑理念更加体现以人为本的精神，建筑同层排水技术在全国各地得到了广泛的应用。

在进行同层排水设计时，应根据使用对象及功能、建筑标准、生活排水系统形式、排水立管管道井（或管窿）位置、卫生用房面积、卫生器具布置、接入排水横支管方式、结构梁板条件、装修效果要求等因素，选择同层排水敷设方式。

根据排水支管的敷设方式，同层排水分为沿墙敷设同层排水和地面敷设同层排水两大类，并可以衍生出外墙敷设同层排水和不降板同层排水等多种形式。

1. 沿墙敷设同层排水

沿墙敷设即卫生器具排水管和排水横支管暗敷在本层结构楼板上方非承重墙（或装饰墙）内或明装在墙体外，与排水立管相连的同层排水沿墙敷设方式如图 2.8-1 所示。在沿墙敷设形式中，楼板降低宜在 100mm 以内。

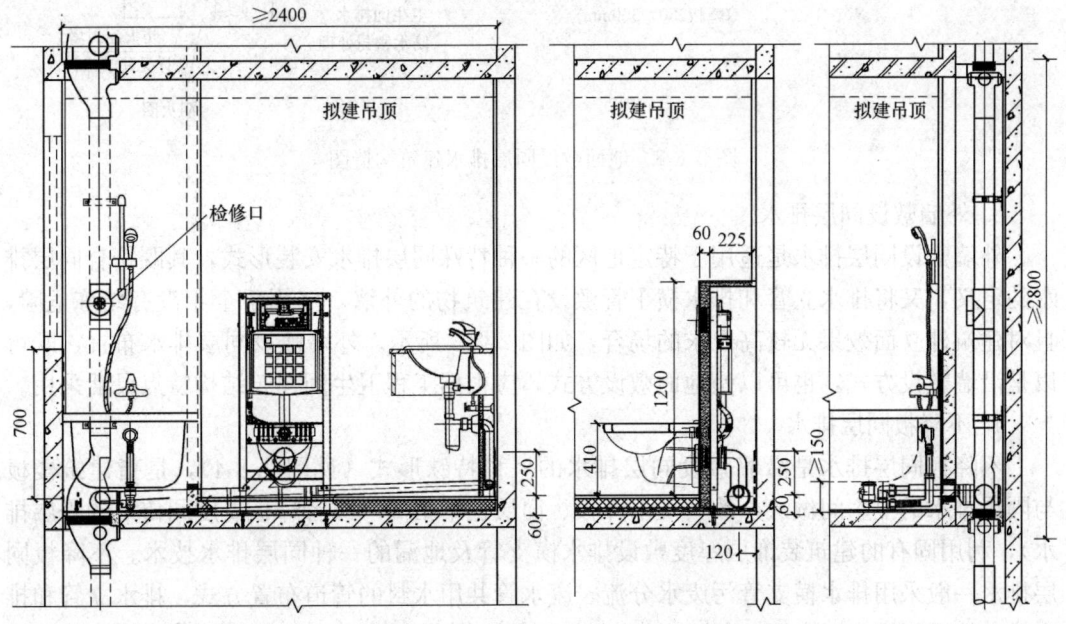

图 2.8-1 沿墙敷设同层排水

2. 地面敷设同层排水

地面敷设即卫生器具排水管和排水横支管敷设在本层的结构楼板和最终装饰地面之间，与排水立管相连的同层排水敷设方式。

地面敷设方式又包括降低或抬高楼板的方式。在新建项目中多采用结构降板方式，楼板降低 150～300mm，待排水管道安装后，再用轻质材料如陶粒混凝土填实，再做找平防水层，如图 2.8-2 所示。在旧房改造需新加卫生间的场所多采用结构抬板方式，在原卫生间地面上敷设排水横支管，待安装完成后，再做一防水面层，由于卫生间填高后与其他房间形成高差，故采用踏步过渡。

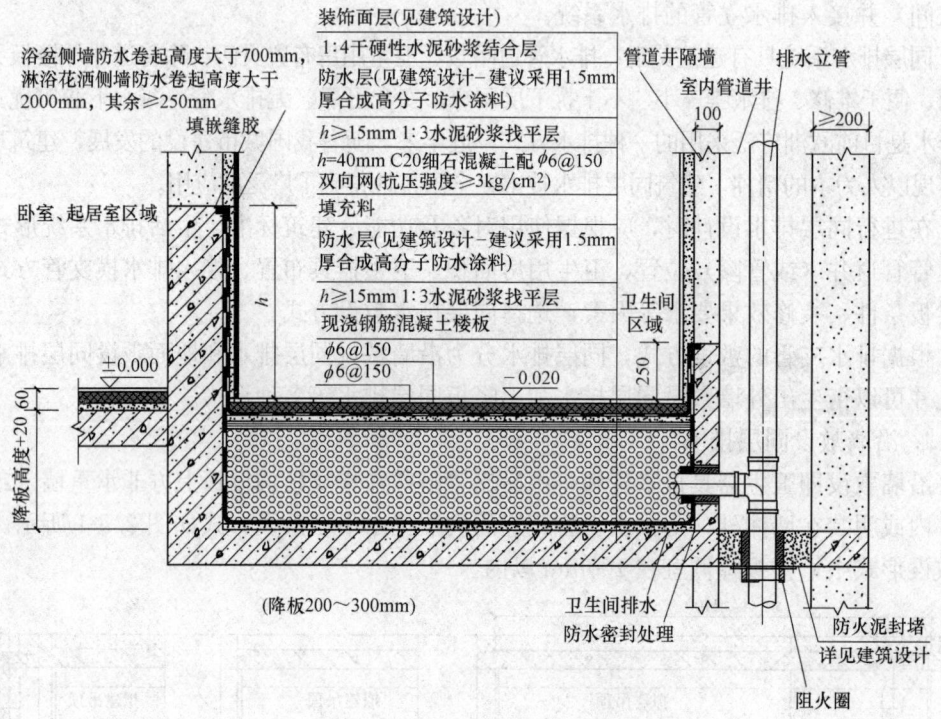

图 2.8-2   地面敷设同层排水建筑构造图

3. 外墙敷设同层排水

外墙敷设同层排水是适用于特定地区的一种特殊同层排水安装形式，其既符合同层排水的定义，又将排水立管和排水横干管敷设在建筑物的外墙，多用于全年没有结冻危险，且对建筑外立面效果无较高要求的场合，如图 2.8-3 所示。外墙敷设同层排水布置，既可以是沿墙敷设方式，也可以是地面敷设方式，应根据工程卫生间建筑结构特点灵活采用。

4. 不降板同层排水

不降板同层排水是沿墙敷设同层排水的一种特殊形式（见图 2.8-4），是指建筑楼板与隔层排水的卫生间做法一致，既不降板、面层也不抬高（或者降板高度同传统的隔层排水），利用固有的建筑装饰层厚度敷设排水横支管及地漏的一种同层排水技术。不降板同层排水一般采用排水横支管污废水分流、废水管共用水封的管道布置方式，排水立管和排水横支管采用排水汇集器连接，地漏采用 L 形侧排水地漏，坐便器采用后排式。具有系统水封不易干涸、排水通畅、共用水封、可清通检修的性能特点。

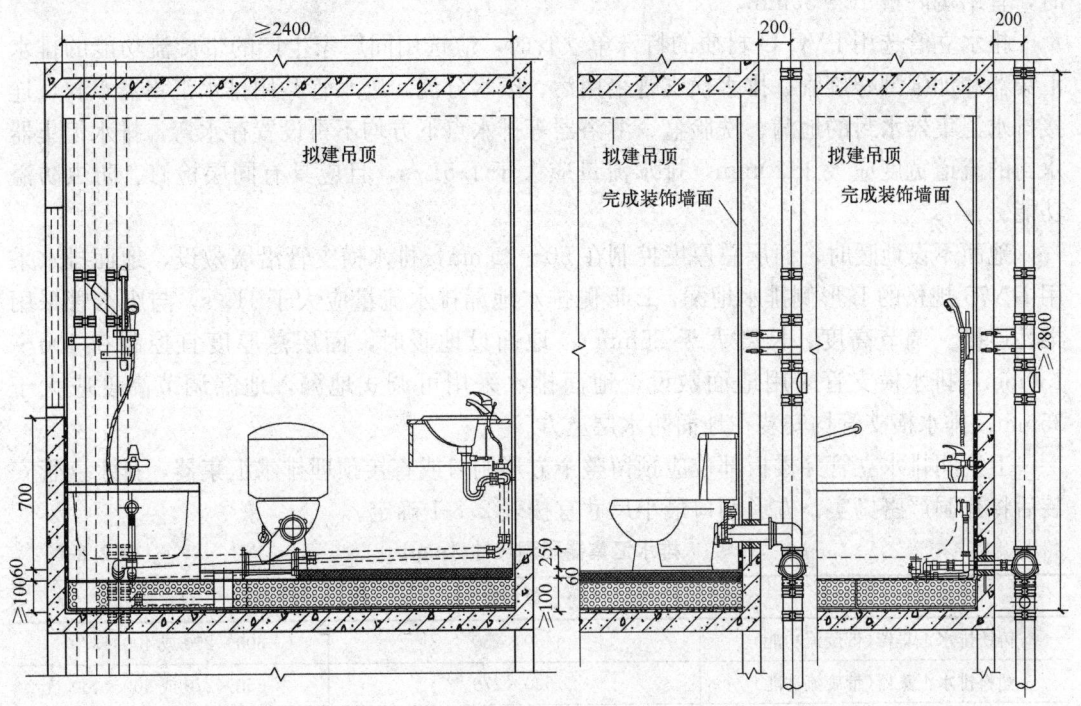

图 2.8-3　外墙敷设同层排水构造图

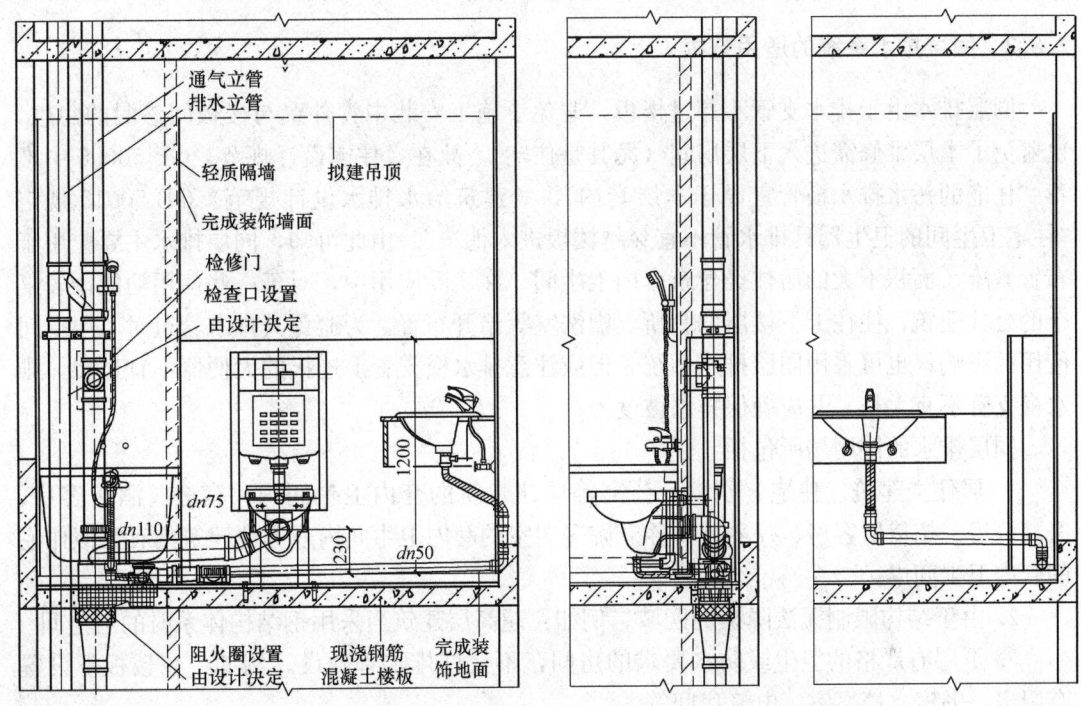

图 2.8-4　不降板同层排水构造图

坐便器应选用后排式，坐便器原则上应靠近排水立管并布置在排水立管两侧；L形侧排水地漏出水管管径采用 $DN75$，地漏应可连续调节高度；卫生间建筑完成面有高差要求时，宜结构降板 $10 \sim 30\text{mm}$。

排水立管选用 PVC-U 材质的特殊单立管时，应选用同厂家生产的带旋流功能的排水汇集器和加强型螺旋管；排水横支管采用污、废水分流，废水管共用排水汇集器水封，连接排水汇集器水封的地漏、洗脸盆、淋浴器等排水点下方均不再设置存水弯，排水汇集器水封的流道宽度应大于 20mm，排水流量应大于 1.5L/s，且应具有同层检修、防虫防溢功能。

地面不设地暖时，面层总厚度控制在 $50 \sim 70\text{mm}$，排水横支管沿墙敷设，地面排水采用 $DN75$ 规格的 L 形侧排水地漏，L 形侧排水地漏排水流量应大于 1L/s，与废水管采用柔性连接（调节高度、长度大于 25mm）；地面设地暖时，面层总厚度宜控制在 $100 \sim 130\text{mm}$，排水横支管采用地面敷设，地面排水采用可调式地漏，地漏调节高度应大于 35mm，排水横支管均安装在地面防水层上方。

卫生间排水立管穿楼板部位应预留整个方形洞口或直接预埋排水汇集器，排水立管安装后将孔洞严密捣实，方形洞口最小尺寸宜按表 2.8-1 确定。

排水汇集器留洞尺寸（mm）

表 2.8-1

排水汇集器种类	单立管	双立管
铸铁排水汇集器(带旋流功能)	450×250	600×250 或 400×370
塑料排水汇集器(带旋流功能)	500×270	650×270 或 500×400
塑料排水汇集器(不带旋流功能)	450×250	620×250 或 400×370

2.8.2 同层排水系统的适用范围

同层排水由于排水支管不穿过楼板，避免了施工安装中管外壁与楼板间渗漏的隐患，也避免了本层维修需进入下层房间（尤其是住宅）。故在《住宅设计规范》GB 50096 中推荐"住宅的污水排水横管宜设于本层套内"。《建筑给水排水设计规范》GB 50015 规定"住宅卫生间的卫生器具排水管不宜穿越楼板进入他户"。由此可知，同层排水主要应用于布置紧凑、面积不大的居住类建筑套内卫生间。在实际应用中，对于一些使用功能比较复杂的公共建筑，往往上下楼层的厕所、盥洗室等错开布置，为避免其排水管道对下层空间使用的影响，也可采用同层排水系统。但应注意排水横支管上连接的大便器不宜过多，排水横支管不宜太长，并应确保排水坡度。

同层排水的使用场所包括：

1. 居住类建筑。住宅、别墅、公寓等居住建筑的套内卫生间内，宿舍、酒店客房、医院病房、招待所客房、疗养院和养老院等居室的套内卫生间内或其他建筑具有类似住宅的套内卫生间内。

2. 由于结构限制无法降板的区域。例如：超高层建筑当采用钢结构体系时的卫生间。

3. 下层有严格的卫生或防水要求的房间，不允许排水管敷设。例如：在楼板下设置有厨房、书房、档案室、电气房间等。

4. 在楼板下，无法检修排水横管或检修困难的场所。例如：卫生间下层是室外挑空部位或高大空间。

5 翻新改建，需灵活布置卫生器具的场所。

2.8.3 设计选用、管道布置及敷设

1. 设计选用

(1) 采用沿墙敷设方式的同层排水系统，其卫生器具及配件应符合下列规定：

1) 坐便器、净身盆、小便器等应采用后排式，宜选用壁挂式。壁挂式坐便器宜配设隐蔽式冲洗水箱。

2) 淋浴房排水宜采用内置水封的专用直埋地漏或接入专用排水汇集器，浴盆的排水附件宜内置水封或接入专用排水汇集器。水封深度不得小于50mm。

3) 壁挂式卫生器具应采用配套的隐蔽式支架，支架应有足够的强度、刚度，并应采取防腐措施。

4) 壁挂式卫生器具应固定在其支架上，支架应固定在楼地面或墙体等承重结构上。隐蔽式支架应安装在非承重墙或装饰墙内。

(2) 同层排水采用沿墙敷设时，卫生器具的布置应便于卫生器具排水管连接和敷设，并应符合下列规定：

1) 坐便器应靠近排水立管；

2) 卫生器具排水管接入同一排水立管时，卫生器具宜沿同一墙面或相邻墙面布置；

3) 设置卫生间地面排水地漏时，地漏宜靠近排水立管，并单独接入排水立管。

(3) 同层排水采用地面敷设时，地漏接入排水横支管的位置宜在大便器、浴盆排水支管接入点的上游。地面敷设排水横支管采用污、废水合流时，地漏宜直接接入排水立管。

(4) 同层排水系统采用的专用排水汇集器应符合下列规定：

1) 用于地面排水的地漏宜采用易汇集洗脸盆、浴盆排水的多通道地漏，并易于清扫和疏通；

2) 断面设计应确保不回流、不返溢；

3) 排出管管径应经计算确定，且不应小于接入排水汇集器的最大排水横支管管径；

4) 设有专用清扫口；

5) 在生产工厂内组装成型，并通过产品标准规定的密封试验。

(5) 采用沿墙敷设方式的同层排水系统，当设有地漏时，其地面建筑面层厚度应满足地漏的设置要求。

(6) 采用地面敷设方式的同层排水系统，其降板高度应根据卫生器具形式及其布置、降板区域、排水管道及其敷设要求、接管及接口配件等因素确定。采用专用立管汇集器时，降板高度还应根据产品的要求确定。

(7) 采用同层排水系统的场所应采取有效的防水措施，并应符合下列规定：

1) 同层排水所在区域的地面和墙面应有防水构造，并应符合现行行业标准《住宅室内防水工程技术规范》JGJ 298 的规定；

2) 卫生器具的安装应采用不破坏防水层的方式；

3) 管道穿越外墙处应采取防渗漏措施；

4) 采用轻质材料填充的降板区域不应有漏水或积水现象。

(8) 卫生间四周墙根防水层泛水高度不应小于250mm，其他墙面防水以可能溅到水的范围为基准向外延伸不应小于250mm。浴室花洒喷淋的邻墙面防水高度不得低于2m。

（9）装配式卫生间采用同层排水时应注意：

1）装配式卫生间同层排水系统的选择应根据装配式建筑的类型、部品构件化的特点等因素选用，并应符合系统设计要求。

2）装配式卫生间应根据建筑（精装）布局进行深化设计，并准确定型定位，不应在预制构件安装后凿剔沟、槽、孔、洞等。

3）装配式卫生间同层排水设计宜采用建筑信息模型（BIM）技术，应与给水及其他机电设备与管线系统进行一体化设计。BIM深化设计深度应达到用于管道及配件材料统计、管道预留预埋的要求。

4）同层排水系统应与装配式卫生间部品构件协调一致，便于管线检修更换，不应影响结构的安全性和耐久性。同层排水系统应选用标准化、系列化参数的管配件，以少规格多组合的原则进行设计，应具有通用性和互换性，满足易维护的要求。

2. 管道布置及敷设

（1）同层排水工程应采用塑料排水管或柔性接口机制排水铸铁管等及相应管件。

（2）塑料排水管在外墙外敷设时，管材应具有抗紫外线、防老化性能。

（3）同层排水工程的排水管材及其配套管件、连接件等应满足连接要求。安装和固定管道用的支架（管卡）、托架和吊架宜由管道供货商配套供应。

（4）同层排水工程采用特殊单立管时，特殊单立管的管材、管件、附件及辅助材料等应符合现行产品标准的规定，管道的连接应符合相关特殊单立管排水系统的要求。

（5）卫生器具的排水栓、地漏、排水汇集器与排水管道之间的连接涉及不同材质时，应采用专用配件或采取保证可靠连接的技术措施。

（6）为消除苏维托等异形不规则特殊单立管管件穿越楼板处易渗水的隐患，当采用特殊单立管时，均需布置管道井。如卫生间不设置管道井，则排水立管的定位应满足其距墙净尺寸及与管道之间净距安装施工的要求，同时做好防水措施。

（7）为便于进行灌水试验，排水立管宜每层设检查口。

（8）降板同层排水的敷设顺序为：现浇钢筋混凝土降板→水泥砂浆找平→排水立管安装→管道井砌筑→第一道防水隔离层保护→24h蓄水试验→排水横支管安装→闭水试验→填充层→现浇钢筋网细石混凝土→水泥砂浆找平→第二道防水隔离层保护→盛水试验→装饰面层→安装卫生器具。

（9）同层排水防水涂料

1）防水涂料施工，应至少涂刷2～3遍，厚度不小于1.5mm。涂刷时，应待前一遍涂料干燥成膜后，再涂刷后一遍，且前后两遍涂料的涂刷方向应相互垂直。

2）防水涂料性能：

拉伸强度≥1.0MPa；

断裂延伸率≥300%；

不透水性：0.3MPa、30min不透水；

固体容量≥65%；

低温弯折性：-1℃无裂纹。

（10）铺设防水隔离层时，在管道穿过外墙或楼板面四周用防水材料向上铺涂，并超过套管的上口；阴阳角和管道穿过楼板面的根部应增加铺涂附加防水层。

2.8.4 同层排水降板区渗水原因及对策

1. 渗水原因与排除

(1) 渗水原因

1) 防水层破坏造成地面水渗入。包括人为野蛮施工造成管道破裂；回填层材料不达标、施工不规范、强度不够造成防水层破坏；墙角、地漏及管道处的防水加强措施不够造成防水层破坏。

2) 防水层高度不够。如淋浴房浴盆等处未达到规定高度。

3) 管道接口在极端温差条件下膨胀变形导致接口漏水等。

(2) 积水排除

1) 地面应向地漏找坡，保证排水通畅不积水。

2) 降板区域（或建筑面层抬高区域）不应有漏水或积水现象。降板区域除采取积水排除措施外，积水排除装置接入排水立管前还应设置水封，且应具有防干涸和防返溢功能。或者单独设置积水排除装置立管，明排排放。

2. 卫生器具与管道

(1) 同层排水工程采用的卫生器具应符合现行国家标准《节水型产品通用技术条件》GB/T 18870 和现行行业标准《节水型生活用水器具》CJ/T 164 的有关规定。

(2) 地面敷设方式对卫生器具造型无特殊要求。沿墙敷设方式的卫生器具应符合下列要求：

1) 大便器应采用壁挂式或后排式，壁挂式坐便器宜采用隐蔽式冲洗水箱；

2) 净身盆和小便器应采用后排式，宜为壁挂式；

3) 浴盆及淋浴房宜采用内置水封的排水附件，地漏宜采用内置水封的直埋式地漏。

(3) 住宅类同层排水多数采用合流制，以减少排水管道交叉。敷设排水横管至排水立管时，须确保排水坡度，地漏宜单独接排水立管或接口靠近排水立管处，以防止其他卫生器具排水时造成地漏自溢。当排水条件不理想时，应考虑接通气管。暗敷的排水管材、配件选用应质优、免维修、做到"一劳永逸"。沿墙敷设排水管道的选择与传统排水一致。地面敷设宜采用热熔连接的建筑排水用高密度聚乙烯（HDPE）管和法兰承插式连接的排水用柔性接口铸铁管。

3. 地漏的选择

同层排水采用的地漏宜自带水封（内置存水弯），并应符合现行国家标准《建筑给水排水设计规范》GB 50015 和现行行业标准《地漏》CJ/T 186 的规定。地漏宜采取防止水封干涸和防返溢措施。

4. 隐蔽工程验收

(1) 对敷设在填充层或暗敷在隔墙内的排水管应进行灌水 24h 隐蔽工程检查，无渗漏和排水通畅为合格。灌水高度不应低于本层卫生器具的上边缘。

(2) 在灌水之前，应对前期管材接口的选用、管道安装坡度、管道及卫生器具的固定等进行全面查验。

(3) 进行楼地面盛水试验（此项最好在敷管之前进行），检查卫生间楼地面的防水性能。

2.8.5 改造工程同层排水设计

老旧小区或公共建筑,近年来开始逐步进入改造高峰,原有的卫生间格局及排水系统翻新是改造是否成功的重要标志。一般来讲,原有的排水形式多为异层排水,采用砂模铸造铸铁管的较多。目前比较通行的做法是将砂模铸造铸铁管更换为 HDPE 或 PVC-U 等绿色环保建材,并根据实际情况采用地面敷设方式中的升板同层排水或沿墙敷设方式。

1. 改造步骤

(1) 基层、墙面防水处理

首先铲除原有的墙、地面垫层及防水。当采用升板同层排水方式时,分别按照 1) 1:3 水泥砂浆找平;2) 防水层(1.5mm 合成高分子防水涂料);3) 管道安装固定;4) 轻骨料混凝土;5) 抗压强度大于 $3kg/cm^2$ 垫层;6) 1:3 水泥砂浆找平;7) 防水层;8) 结合层;9) 装饰面层的顺序进行施工。当采用沿墙敷设方式时,对于利用面层敷设的地漏位置分别按照 1) 1:3 水泥砂浆找平;2) 防水层(1.5mm 合成高分子防水涂料);3) 地漏及其管道安装固定;4) 轻骨料混凝土;5) 1:3 水泥砂浆找平;6) 防水层;7) 结合层;8) 装饰面层的顺序进行施工。

最上层防水层的高度对于卫生间的墙面宜为 1.2m,当卫生间设有非封闭洗浴设施时,花洒所在墙面及其邻近墙面,防水层的高度不应小于 1.8m。地漏本体与防水层连接处应采取附加防水加强措施。

(2) 排水立管接口处理

排水立管与立管或与排水横管宜采取相同的材料;当采取不同材料时,应采用专用配件保证可靠的连接。当管道敷设在回填层内时,塑料管道应优先采用防水性能优异的热熔连接方式;铸铁管道应采用法兰承插式连接方式。

(3) 卫生间合理布置

大便器靠近排水立管设置。采用地面敷设方式时,地漏接入排水支管时,接入位置沿水流方向宜在大便器、浴盆排水管接入口的上游。

(4) 接管防水与垫层材料的合理选择

接管穿越防水层时应采取防水环等避免因管道与混凝土膨胀系数不一致在较大温差变形下出现防水层破坏的措施。回填层内严禁采用建筑垃圾和炉渣、焦渣等材料,应采用 LC7.5 级别的轻骨料混凝土分层夯实或憎水性发泡剂填充。回填层上应采用 C20 细石混凝土配 $\phi6@150$ 双向网作为垫层,以保证足够的强度防止不均匀沉降引起的墙角等薄弱部位防水破坏。

2. 通水通球隐蔽工程试验

有填充层的土建防水工程需进行两次验收,第一次为降板层,第二次为地面装饰层。在防水材料铺设后进行蓄水检验,蓄水深度为 20~30mm,24h 无渗漏为合格。

对同层排水管道应进行灌水和通球试验,灌水 24h 无渗漏和排水通畅为合格。

每次相应的试验合格后方可进行下一道工序。

2.9 几种特殊排水

2.9.1 公共厨房排水

公共建筑内的餐厅厨房排水,应当经隔油、残渣过滤等处理,达到当地有关标准规定后,才能排放。在当地市政污水管网和污水处理系统服务范围内时,隔油处理应达到地方纳管标准;在当地市政污水管网和污水处理系统服务范围外时,隔油处理应达到国家和地方规定的排放标准。

1. 餐饮类排水水质(见表 2.9-1)

餐饮类排水水质(mg/L) 表 2.9-1

类别	动植物油	SS	COD_{Cr}	BOD_5
职工食堂	21.5~89.6	277~487	312~4170	101~1340
餐饮业	200~400	300~500	800~1500	400~800

注:1. 上述数据中职工食堂为某单位实测值,餐饮业为资料收集整理所得,仅作为参考。实际工程中如有实测数据,应以实测数据为准。餐饮废水排放水质差别较大,一般而言,职工食堂污染物较少,营业类餐饮污染较重,而西式厨房和快餐污染物相对少,中餐及快餐店污染较重。具体设计时,应当考虑厨房的不同性质和规模大小合理选用。

    2. 排放标准:按《污水排入城镇下水道水质标准》GB/T 31962 动植物油最高允许值为 100mg/L。按照上海市地方标准《污水排入城镇下水道水质标准》DB 31/445—2009 动植物油最高允许值≤100mg/L,化学需氧量(COD_{Cr})≤500mg/L,生化需氧量(BOD_5)≤300mg/L,悬浮物(SS)≤400mg/L。

2. 厨房排水量估算

(1) 按就餐人次用水量,可参照现行国家标准《建筑给水排水设计规范》GB 50015 中用水量的 90% 计算确定。中餐酒楼 40~60L/(人·次),快餐、职工食堂 20~25L/(人·次),西餐酒吧 5~15L/(人·次)。

(2) 按餐饮净面积折算人数,一般可按 0.85~1.3m²/人折算就餐人数,一天就餐次数为 2~4 次。也可按餐饮面积估算最大时排水量。中餐可按 35L/(h·m²) 计。

1) 按排水设计秒流量。前提是厨房工艺设计完成,用水设备已确定。隔油器选型也可参照用餐人数确定:

50 人次/d=1L/s;

200 人次/d=2L/s;

400 人次/d=4L/s;

700 人次/d=7L/s;

1000 人次/d=10L/s;

1500 人次/d=15L/s;

2000 人次/d=20L/s;

2500 人次/d=25L/s。

如果是中餐厨房,上述流量数值需放大 50%~100%。

2) 当用餐人数无法确定时,也可按照设计小时用水量进行估算,据有关资料介绍,厨房排水设计秒流量约为小时给水量的 3 倍。

3. 厨房排水方式

通常有管排、沟排与池排 3 种。池排用于设备较多处。

一个正规的厨房布置，需根据建筑性质、风格和厨房洗、切、配、烧、煮等加工流程，进行厨房工艺设计。在初步设计阶段，一般厨房工艺尚未确定，即使到了施工图阶段也往往跟不上设计要求。排水设计可预留排水设施，建议采取如下措施：

（1）厨房需排水范围，作降板处理，一般为 300mm，以便以后在 300mm 垫层内预埋排水支管和作排水沟。

（2）预埋 DN100～200 排水管道至隔油设施。中小型排水接管可预留 DN150，大型厨房预留 DN200，其管道材质为离心铸铁管或耐高温的塑料排水管，接口标高应适当低一些，考虑厨房重力排水要求。

4. 隔油处理设备位置

（1）靠近排水点。公共厨房排水是含油量高、有机物含量大的污水，要达到排放标准，通常需要经过两级隔油，初级隔油器应尽量靠近排水点，在洗碗池、灶台排水处，应当就近设地上式隔油器，作为初步隔油、隔渣设施。第二级隔油器，宜设在下层设备间。特别是高层建筑顶部厨房，应考虑设在厨房下一层。如无合适位置，可设在下部设备层或避难层。一层厨房排水，隔油池宜设在室外总体上。

（2）地下室厨房排水，应先通过隔油器处理后，再进集水井，用排水泵排出。避免厨房排水先排至集水井，再进入隔油器处理。其原因是：含油废水至集水井，油脂会积聚在集水井，集水井变成了隔油池。排水泵无法正常工作。再者，用潜水泵提升后进隔油器处理，隔油效果差。

当受建筑条件限制，特别是改造项目，可采用同层隔油方式，具体见图 2.9-1。

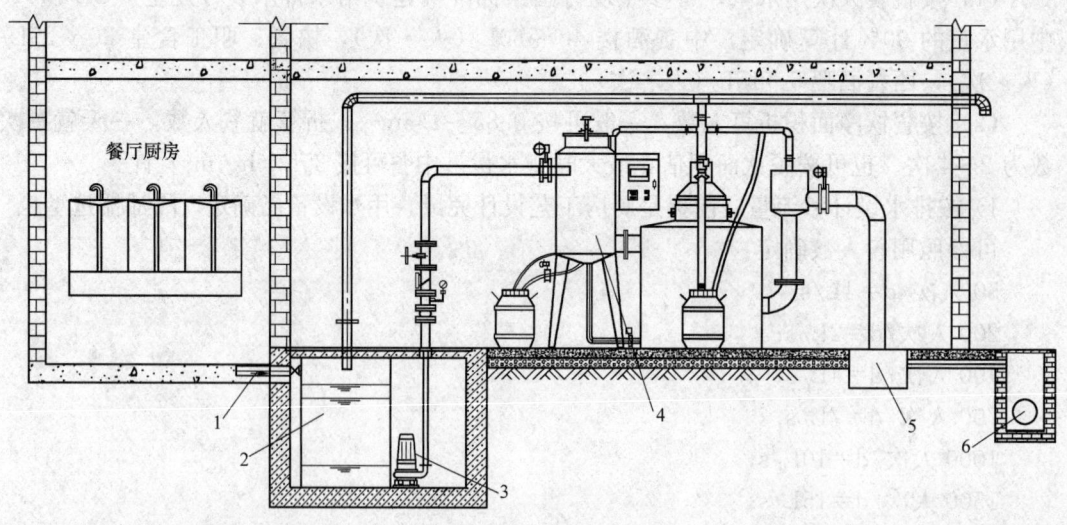

图 2.9-1　同层隔油示意图

1—含油排水管；2—集水箱；3—专用排水泵；4—隔油处理设备；5—排水沟；6—室外污水管

大型商业建筑，在建筑设计阶段，只预留餐饮给水排水管道。隔油器位置应考虑服务半径，即预留厨房隔油机房位置。距餐饮专门排水立管距离不宜超过 25m。如过长，动植物油在冬季易凝固，如果达不到此要求，应考虑采取保温措施，使含油排水温度控制在15℃以上。

5. 专门隔油器设备间设计

隔油设备集中布置在专门房间内，需满足日常运行和管理要求。

（1）建筑：宜设置在厨房的下层且靠近楼梯间，而且便于清渣的专用机房内。设备四周需留出安装，维护保养距离，并配上人钢梯和检修操作走道，净宽不小于 600mm，钢梯倾角不宜大于 60°；地面需考虑清洗和防滑措施，房间净高不小于 3.5m。

（2）结构：需考虑隔油装置运行质量，根据设备处理工艺的高度确定，初步设计可按2.0～2.5t/m² 估算。

（3）暖通：考虑通风排气，换气次数不宜小于 20 次/h，并考虑除臭。

（4）电气：灯具、开关、插座需考虑防爆措施，预留 220V 用电功率 1～2kW，防护等级 IP68。

（5）给水排水：选型、布置隔油设备以及隔油器进、出管道位置和标高。配置洗手盆和冲洗龙头。

（6）日常清理要求

初次运行时，需在使用前注满清洁水。

清理周期：清除网筐或除渣筒上杂物宜每天一次，人工除油脂每天一次；隔油器本体底部沉积物清除周期，平均每周一次。如果用智能隔油设备，可自动放油除渣。

6. 隔油设备容量计算

通常有两种方法：一种按用餐人数计算，另一种按餐厅面积计算。当用餐人数无法确定时，可按餐厅面积计算，见公式（2.9-1）。

$$Q_{h2} = \frac{S q_0 K_h K_s \gamma}{S_S 1000 t} \tag{2.9-1}$$

式中　　Q_{h2}——小时处理水量（m³/h）；

　　　　S——餐厅使用面积（m²）；

　　　　q_0——最高日用水定额 L/（人·餐）；

　　　　K_h——小时变化系数；

　　　　K_s——秒时变化系数；

　　　　γ——用水量南北地区差异系数；

　　　　S_S——每个座位最小使用面积（m²）；

　　　　t——用餐历时（h）。

【例 2.9-1】　南方某地区新开一家中餐店，餐厅面积约 500m²，试计算隔油器容量。

【解】

取中餐用水定额 60L/（人·餐），小时变化系数 1.25，南北地区差异系数 1.2，秒时变化系数 1.5，按每人 1.0m² 使用面积，用餐历时 4h，代入公式（2.9-1）得：

$$Q_{h2} = \frac{60 \times 500 \times 1.25 \times 1.5 \times 1.2}{1 \times 1000 \times 4} = 16.875 \text{m}^3/\text{h}$$

选处理能力为 17m³/h 的厨房隔油设备。

2.9.2　厨余垃圾排放系统

厨余垃圾排放系统指居住类建筑中采用家庭厨余垃圾处理器粉碎厨余垃圾，并通过厨房排水管道系统排放至小区集中处理装置的排水设备系统。经粉碎处理后的厨余垃圾混合液，未经处理不得直接排放到市政排水管道、河道、公厕、生活垃圾收集设施等。

厨余垃圾排放系统适用于市政污水系统采用雨污分流制，且经污染物负荷核算，下游污水处理厂的实际处理能力可接纳厨余垃圾混合液的地区。

厨余垃圾源头减量方案见图 2.9-2。

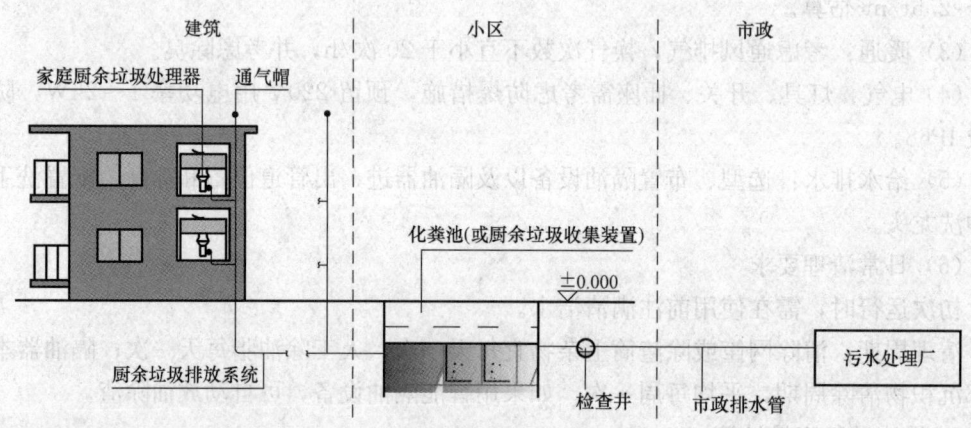

图 2.9-2　厨余垃圾源头减量方案

1. 家庭厨余垃圾处理器

家庭厨余垃圾处理器，是指安装在洗涤盆排水口下，用于将厨余垃圾粉碎处理成细小颗粒并随水一起排入到排水管的设备。

（1）家庭厨余垃圾处理器的研磨性能，应满足表 2.9-2 的要求。

家庭厨余垃圾处理器的研磨性能　　　　　　　　　　　　表 2.9-2

试验负载类型	研磨率(%)	研磨速度(g/s)
猪肋骨	≥60	≥0.8
混合负载	100	≥8

（2）经家庭厨余垃圾处理器处理后，80%残渣的细度应小于 3.4mm。

（3）家庭厨余垃圾处理器在空载运行时的噪声值应小于 72dB（A 计权）。处理不同物料时的噪音强度难免波动，建议在设备安装过程中增加安装区域的降噪及减震措施，减少噪音对居民生活的影响，提高居民使用积极性。

（4）家庭厨余垃圾处理器在空载运行时机身表面的振动加速度应小于 $4m/s^2$。

（5）家庭厨余垃圾处理器应设置开停和运行工况时防止电弧产生的技术措施。

（6）家庭厨余垃圾处理器的使用寿命应不小于 10 年。

（7）家庭厨余垃圾处理器的悬挂系统尺寸应与《家用不锈钢水槽》QB/T 4013 相匹配，对于非国标的洗涤盆下水口应配有转换配件。

（8）家庭厨余垃圾处理器的配管，不得采用波纹软管。

2. 厨余垃圾排放系统室内管道设计

（1）粉碎后的厨余垃圾混合液应接入厨房洗涤盆排水系统。

（2）住宅厨余垃圾排放系统主要由家庭厨余垃圾处理器、排水横支管、排水立管、排出管、小区集中处理装置等组成。

（3）排水立管管径应根据最大设计通水能力选取，不宜选择特殊单立管排水系统。

（4）厨余垃圾排放系统的排水立管和卫生间的排水立管应分别设置。

（5）应采用带检查口的S形存水弯连接家庭厨余垃圾处理器与排水配管系统，存水弯的水封深度不得小于50mm。如图2.9-3所示。

（6）家庭厨余垃圾处理器排水管与排水横支管垂直连接，宜采用90°弯头。

（7）家庭厨余垃圾处理器连接的排水横支管宜优先选用直线敷设、就近排入排水立管；当需要转弯时，排水横支管的最小坡度应按照表2.9-3的要求确定。

厨余垃圾排放系统排水横支管的最小坡度　　　　表2.9-3

排水管材	转弯次数		
	0	1	2
塑料管	0.015	0.020	0.026
铸铁管	0.025	0.035	0.035

（8）厨余垃圾排放系统排水横支管与排水立管连接，宜采用45°斜三通，见图2.9-3。

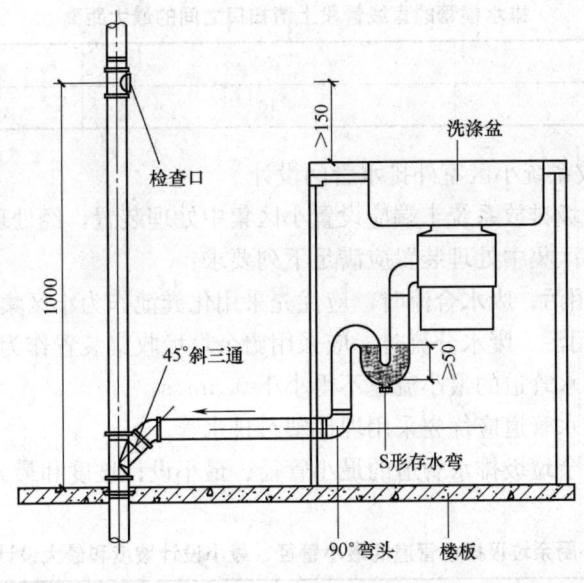

图2.9-3　家庭厨余垃圾处理器与排水横支管、排水立管的连接

（9）排水立管与排出管端部的连接，应选用90°大曲率变径弯头。

（10）排出管管径应比排水立管管径大1～2级。

（11）排出管的坡度不应小于0.015。

（12）厨余垃圾排放系统应按下列规定设置检查口：

1）排水立管上连接排水横支管的楼层每层应设检查口，建筑物底层也必须设置检查口；

2）当排水立管水平拐弯或设有乙字管时，在该层排水立管拐弯处和乙字管的上部应设检查口；

3）检查口中心距操作地面的高度宜为 1.0m，并应高于该层洗涤盆上边缘 0.15m；排水立管设有 H 管时，H 管件应设置在检查口的上方；

4）排水立管上检查口的检查盖应面向便于检查清通的方向。

（13）排水管道上应按规定设置清扫口：

1）排出管上应设置清扫口，第一个清扫口的设置位置应不大于表 2.9-4 的要求。

排出管上第一个清扫口距排水立管的长度　　表 2.9-4

管径(mm)	100	100 以上
距排水立管的最大长度(m)	2	3

2）当排水立管底部或排出管上的清扫口至室外检查井中心的长度大于表 2.9-5 的规定时，应在排出管上加设清扫口。

排水立管底部或排出管上的清扫口至室外检查井中心的长度　　表 2.9-5

管径(mm)	100	100 以上
长度(m)	10	15

3）排水横管的直线管段上清扫口之间的最大距离，应符合表 2.9-6 的规定。

排水横管的直线管段上清扫口之间的最大距离　　表 2.9-6

管径(mm)	100	100 以上
距离(m)	10	15

3. 厨余垃圾排放系统小区室外排水管网设计

（1）住宅厨余垃圾排放系统末端应设置小区集中处理装置，经处理后的水可直接排放至市政排水管道。小区集中处理装置应满足下列要求：

1）当小区内采用污、废水合流时，应优先采用化粪池作为小区集中处理装置；

2）当小区内采用污、废水分流时，应采用厨余垃圾收集装置作为小区集中处理装置。

（2）小区室外排水管道的最小流速不得小于 0.6m/s。

（3）小区室外排水管道应优先采用埋地塑料排水管。

（4）小区室外厨余垃圾排水管道的最小管径、最小设计坡度和最大设计充满度宜按表 2.9-7 确定。

小区室外厨余垃圾排水管道的最小管径、最小设计坡度和最大设计充满度　表 2.9-7

管别	管材	最小管径(mm)	最小设计坡度	最大设计充满度
接户管	塑料管	$dn160$	0.005	0.5
	铸铁管	$dn150$	0.010	0.5
支管	塑料管	$dn160$	0.005	0.5
	铸铁管	$dn150$	0.010	0.5
干管	埋地塑料管	$dn300$	0.003	0.5
	铸铁管	$dn300$	0.005	0.5

（5）室外排水管的连接应符合下列要求：

1）排水管与排水管之间的连接，应设检查井连接；

2）室外排水管除有水流跌落差以外，宜管顶平接；

3）排出管管顶标高不得低于室外接户管管顶标高；

4）检查井应优先选用塑料检查井，塑料检查井应符合《室外排水设计规范》GB 50014、《建筑小区排水用塑料检查井》CJ/T 233 和《塑料排水检查井应用技术规程》CJJ/T 209 的相关规定；当特殊要求需设置混凝土检查井时，应保证流槽抹面表面光滑。

（6）住宅厨房的厨余垃圾混合液，必须经过小区集中处理装置处理后，方可排放至市政污水管道。

（7）厨余垃圾收集装置应具有固液分离、隔离油脂的功能，厨余垃圾混合液中固体物质可在装置内过滤、沉淀、分解。

（8）小区集中处理装置的有效容积应为污水部分和污泥部分容积之和，并应符合下列要求：

1）小区集中处理装置的有效容积应按公式（2.9-2）计算。

$$V = V_w + V_n \tag{2.9-2}$$

式中　V——小区集中处理装置的有效容积（m^3）；

　　　V_w——小区集中处理装置污水部分容积（m^3）；

　　　V_n——小区集中处理装置污泥部分容积（m^3）。

2）污水部分的容积应按公式（2.9-3）计算。

$$V_w = \frac{m \times b_f \times q_w \times t_w}{24 \times 1000} \tag{2.9-3}$$

式中　m——小区集中处理装置服务总人数；

　　　b_f——小区集中处理装置实际使用人数占总人数的比例，可取 $b_f = 70\%$；

　　　q_w——每人每日计算污水量（L/(人・d)），按表 2.9-8 选取；

　　　t_w——液体部分在小区集中处理装置内的停留时间，按 24h 计算。

小区集中处理装置每人每日计算污水量　　　　　表 2.9-8

分　类	化粪池	厨余垃圾收集装置
每人每日污水量(L/(人・d))	(0.85~0.95)生活用水量	(0.25~0.30)生活用水量

小区集中处理装置每人每日计算污泥量　　　　　表 2.9-9

分类	化粪池	厨余垃圾收集装置
每人每日污泥量(L/(人・d))	1.15	0.75

3）污泥部分的容积应按公式（2.9-4）计算。

$$V_n = 1.2 \times \frac{m \times b_f \times q_n \times t_n \times (1 - b_x) \times M_s}{(1 - b_n) \times 1000} \tag{2.9-4}$$

式中　q_n——每人每日计算污泥量（L/(人・d)），按表 2.9-9 选取；

　　　t_n——小区集中处理装置清掏周期，按 90d、180d 计；

b_x——新鲜污泥含水率，$b_x = 95\%$；

b_n——发酵浓缩后的污泥含水率，$b_n = 90\%$；

M_s——腐化期间固液部分缩减系数，$M_s = 0.8$；

1.2——清掏后考虑留 20％固体物质的容积系数。

（9）化粪池、厨余垃圾收集装置、小区排水管网内，宜设置气体监测系统，系统构成和管理方法应符合《下水道及化粪池气体监测技术要求》GB/T 28888 的相关要求。

4. 维护管理

（1）应定期采用高压清洗机以高压水射流的方式对厨余垃圾排放系统的管道系统进行清洗，清洗周期宜为一年一次。

（2）高压清洗机应满足现行国家标准《高压清洗机》GB/T 26135 的相关要求。

（3）开展厨余垃圾排放系统高压清洗作业应由具有专业资质的机构进行，同时应满足现行国家标准《高压水射流清洗作业安全规范》GB 26148 的相关要求。

（4）喷头应满足如下要求：

1）喷头出水孔的直径不宜大于 1mm。

2）喷头的最小喷射流量不得小于 0.35L/s。

3）喷头能承受的最大压力应不小于 35MPa，最高温度不小于 150℃。

3 种喷头的选用见表 2.9-10。

高压水射流喷头   表 2.9-10

名 称	图 例	特 点
自进喷头（Ⅰ型）	立面图　　　侧面图 平面图	有 4 个出水孔，其中喷头顶部 1 个，侧面均匀布置 3 个

名　称	图　例	特　点
自进喷头（Ⅱ型）	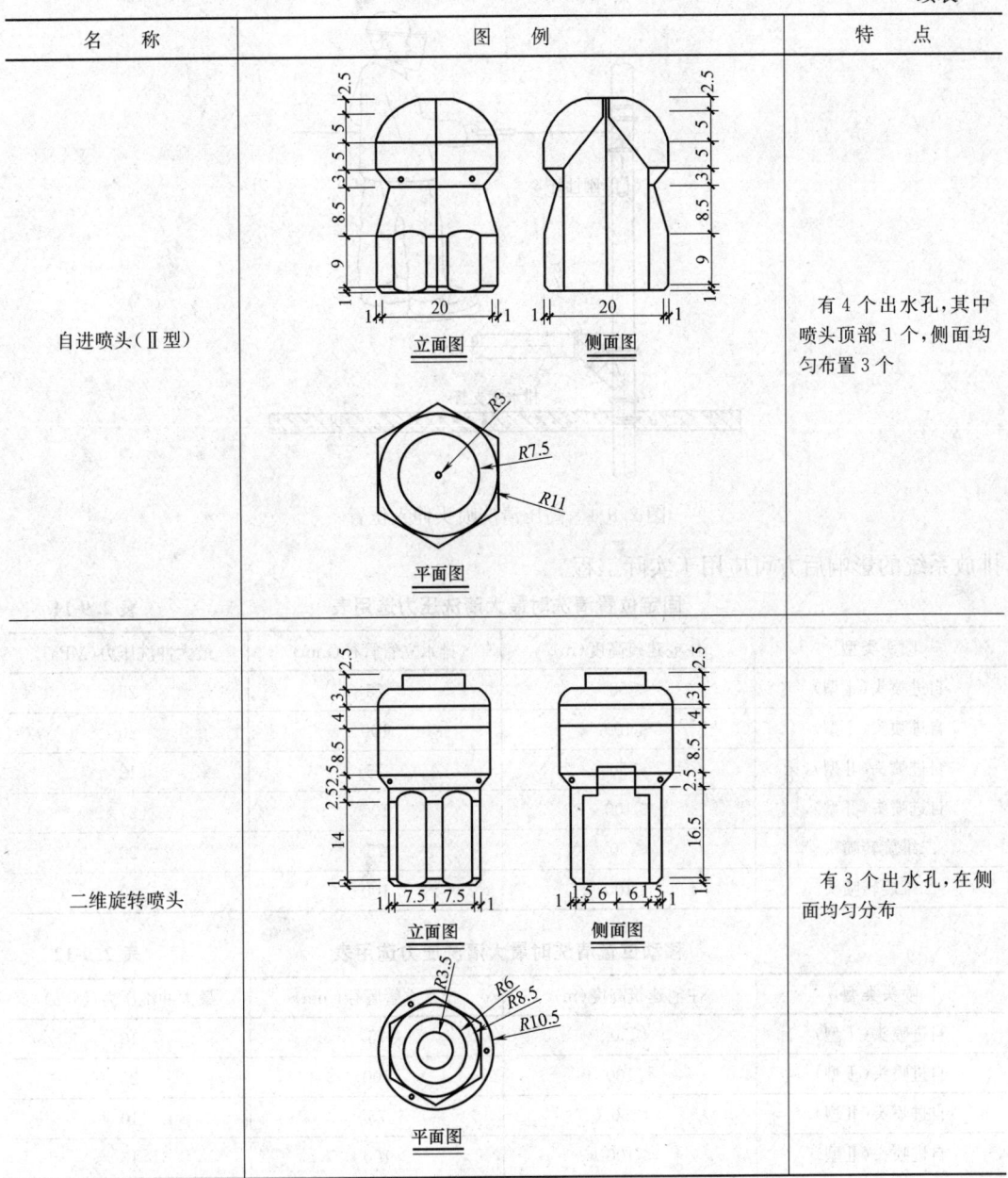	有 4 个出水孔，其中喷头顶部 1 个，侧面均匀布置 3 个
二维旋转喷头		有 3 个出水孔，在侧面均匀分布

（5）高压清洗时应满足下列要求：

1）高压清洗方式分固定位置清洗和移动位置清洗。

2）当采用固定位置清洗时，喷头放置位置与排水横支管之间的垂直距离应大于 0.5m，如图 2.9-4 所示；每个固定位置的清洗时间为 1min；固定清洗时的最大清洗压力不应大于表 2.9-11 中的规定值。

3）当采用移动位置清洗时，最大清洗压力不应大于表 2.9-12 中的规定值。

4）高压清洗时应结合建筑高度、高压软管的长度和实际情况分段进行。

5）当采用其他类型的喷头或清洗装置时，应先通过足尺试验研究确定其对厨余垃圾

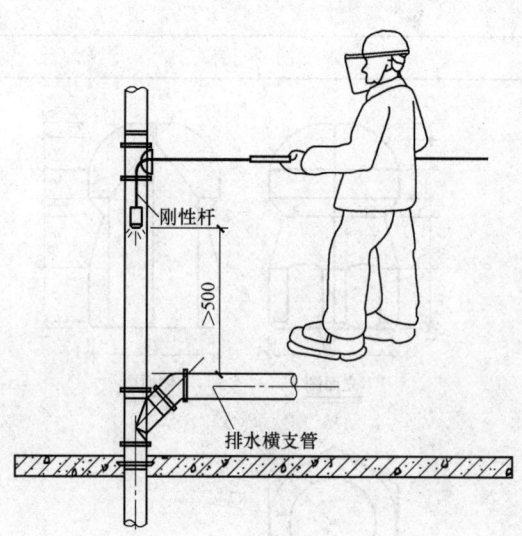

图 2.9-4　高压清洗喷头伸入位置

排放系统的影响后方可应用于实际工程。

固定位置清洗时最大清洗压力选用表　　　　　　　　　　　表 2.9-11

喷头类型	住宅建筑高度(m)	排水立管管径(mm)	最大冲洗压力(MPa)
自进喷头（Ⅰ型）	≤50	75	25
自进喷头（Ⅰ型）	≤100	100	30
自进喷头（Ⅱ型）	≤50	75	13
自进喷头（Ⅱ型）	≤100	100	21
二维旋转喷头	≤50	75	20
二维旋转喷头	≤100	100	20

移动位置清洗时最大清洗压力选用表　　　　　　　　　　　表 2.9-12

喷头类型	住宅建筑高度(m)	排水立管管径(mm)	最大冲洗压力(MPa)
自进喷头（Ⅰ型）	≤50	75	10
自进喷头（Ⅰ型）	≤100	100	25
自进喷头（Ⅱ型）	≤50	75	10
自进喷头（Ⅱ型）	≤100	100	15
二维旋转喷头	≤50	75	20
二维旋转喷头	≤100	100	20

2.9.3　设备机房排水

设在建筑内的设备机房有水泵房、消防泵房、空调机房、冷水机房、柴油发电机房、锅炉房、水处理机房、水景机房等。

1. 设备机房排水特点

（1）排水量差异大。如水处理机房中设备反冲洗水量很大，而空调机房平时排水量很少。

（2）排水随机性大，无一定规律。如水箱因控制失灵造成事故溢水，机房内设备检修时需排水，水箱清洗时需排污水。

（3）排水方式视机房位置确定。机房布置在地面层以上时，可采用重力排水方式；机房布置在地下室，无法自流排出时，可设集水井、潜水泵压力排放。

收集废水通常采用两种方式：地漏和明沟。

排水量小，设排水横管不会影响到下层房间时，可采用设地漏排水方式；

瞬间排水量大的机房，例如游泳池机房，可采用明沟排水方式。

2. 设备机房排水注意事项

（1）重视排水设施的通水能力。排水沟的断面尺寸、排水管管径（包括预埋管尺寸）、集水坑的容积、排水泵都要进行计算。

（2）对于地下排水泵，需有可靠电源，设双回路供电方式。

（3）地上机房，如设在高层建筑中技术层的设备机房，需注意机房地面的防水，排水沟最好由建筑填层做出。如由结构做明沟，在穿梁或剪力墙部位，排水断面不能随意缩小；排水横管的管径、坡度、充满度和排水立管、排出管均应满足机房最大排水量要求。

（4）大型机房，例如冷冻机房，需配合建筑，多设几条排水沟，以方便排水。地下设有蓄水池、水处理机房、消防生活泵房时，宜设两个集水井和排水泵。

【例 2.9-2】 某工程项目在四层设了一座游泳池，三层为游泳池机房，布置水处理设备，其中有两个直径 1.2m 的砂滤器，请设计排水设施。

【解】

游泳池机房排水主要有均衡池溢水与砂滤器反冲洗排水。

取反冲洗强度为 $12L/(s \cdot m^2)$，冲洗持续时间 10min，则：

反冲洗流量 $Q = 12 \times 0.785 \times 1.2^2 = 13.56L/s$；

10min 总排水量 $= 13.56 \times 600 = 8136L$；

排水设施：大流量地漏 $DN150$ 一个，按淹没深度 50mm 计，允许排水量 10L/s，排水管 $DN150$；

排水沟需贮存废水量 $= (13.56 - 10) \times 600 = 2136L = 2.136m^3$；

排水沟断面尺寸为 $300mm \times 300mm$，坡度 0.002，有效水深 200mm，

则排水沟长 $= 2.136/(0.3 \times 0.2) = 35.6m$。

由此可见，排水沟不仅要考虑排水能力，还需储存砂滤器反冲洗时的排水量。

2.9.4 洗衣房排水

洗衣房内主要排水设备是全自动洗脱机、固定式洗脱机和全封闭干洗机以及抽湿机、空压机等。其中湿洗机排水量大，排水流量应按设计秒流量考虑。洗衣房的排水设计，应符合下列要求：

1. 宜采用带格栅的排水沟排除废水。排水沟的有效断面尺寸，应满足洗衣机泄水不溢出地面。大型洗衣房的排水沟，应按同时 2 台洗湿机秒流量设计，其尺寸不宜小于 $300mm \times 300mm$，排水沟坡度不小于 0.005。

2. 设备有蒸汽凝结水排除要求时，应在设备附近设排水沟或采用耐热型地漏用管道

表 2.9-13

某酒店附属洗衣房冷水、热水、排水等相关资料

名称	数量	冷水			热水			排水		电源			蒸汽		回水	排气		压缩空气	
		接驳口径(mm)	耗量(L/h)	工作压力(kg/m²)	接驳口径(mm)	耗量(L/h)	工作压力(kg/m²)	接驳口径(mm)	耗量(L/h)	功率(kW)	接驳方式	接驳口径(mm)	耗量(L/h)	工作压力(kg/m²)	接驳口径(mm)	接驳口径(mm)	排气量(m³/h)	接驳口径(mm)	耗量(L/h)
全自动脱水机	3	40	1469	2.5~6	40	367	2.5~6	140	1836	7.5	380V/3N	25	94	4~6	40			8	12
全自动脱水机	2	40	1046	2.5~6	40	262	2.5~6	140	1308	5.5	380V/3N	25	50	4~6	25			8	12
固定式洗脱机	1	20	150	2.5~6	20	37	2.5~6	76	187	1.1	380V/3N	15	8.7	4~6	25				
快速烘干机	1									5.2	380V/3N	40	196	4~10	40	310	6300	8	1
快速烘干机	2									2.6	380V/3N	25	98	4~10	25	300	3000	8	1
快速烘干机	1									1.85	380V/3N	25	59	4~10	25	250	2200	8	1
槽式烫平机	1									17	380V/3N	40	345	5~13	40	200	900	10	80
折叠机	1									3.5	380V/3N	15						20	22000
全封闭干洗机	1	15	336	2~4				15	336	6	380V/3N	15	12.5	4~5	15	50		8	55
气动干洗机	1											15	14	4~6	15			8	25
万用水洗夹机	1											15	20	4~6	15			8	32
菌型水洗夹机	1											15	10	4~6	15			8	12
领袖水洗夹机	1											15	15.4	4~6	15			8	30
人像机	1									0.55	380V/3N	15	32	4~6	15	40		15	15
去渍台	1												16	4~6	15				
烫台	2									0.37	220V/1N	10	4						
自动打码机	1									1	220V/1N								
抽湿机	1								50	0.75	380V/3N					65		15	
空压机	2								50	7.5	380V/3N								
耗量总计			6985								91.4			1315						22313

接至排水沟。

3. 设在地下室的宾馆附属洗衣房，当洗衣房工艺布置尚未确定时，宜采用 300mm 厚垫层，以便根据洗衣设备排水要求，布置排水沟。排水沟应直接通至附近的集水坑。

4. 排水温度超过 40℃ 或排水中含有有毒、有害物质时，应按有关规范要求进行。降温或无害化处理后，再排入室外排水管道。

5. 洗衣房排水流量和排水管径，应根据选定的洗衣机型号资料确定。在洗衣机型号未定时，可以按洗衣机容量确定排水流量。

【例 2.9-3】　某洗衣房有 3 台 1800L 全自动洗脱机，试确定排水量。

【解】

按 2 台洗衣机排水考虑。洗衣时，其贮水量约 1/3，即 600L，排水时间一般不超过 2min，取 1min，则总排水量为 $Q_p = 2 \times 1800 \times 1/3 \div 60 = 20$L/s，可以此确定排水沟尺寸为 300mm×300mm，有效水深 200mm，沟底坡度 0.002，排水管径为 $DN150$，管坡 0.02。如果管坡做不出，则需放大管径至 $DN200$。

表 2.9-13 为某酒店附属洗衣房冷水、热水、排水等相关资料，供参考。

2.9.5　凝结水排水

由空调机或空气处理设备产生的冷凝水应采用有组织收集和排放。

1. 住宅、公寓空调机或公共建筑空调系统凝结水排放可采用以下方式之一：

(1) 利用敞开阳台的雨水排放管，每层空调机凝结水用塑料软管排入阳台地漏。

(2) 在阳台中另设一根专用凝结水排水立管，每层预留接口，接纳室内空调机凝结水，排水立管下口宜排至室外明沟，排水立管顶部应设通气帽。

(3) 如有地下室明沟、集水井，凝结水可通过专门凝结水管排放。公共建筑空调系统凝结水宜采用专管排放。其水平管应按重力流设计，最小坡度不宜小于 0.003。

2. 冷凝水管道

(1) 冷凝水管不得与屋面雨水立管直接相接，也不得与生活污水管连接，如受条件限制，需与废水管连接时，应有空气隔断和水封措施；

(2) 冷凝水管宜采取防结露保温措施，其防结露层厚度，如采用柔性泡沫橡塑管壳，一般采用 9~13mm；

(3) 冷凝水管道，可采用塑料排水管或衬塑涂塑钢管；

(4) 冷凝水的流量可根据冷负荷估算，1kW 冷负荷每小时约产生 0.4~0.8kg 的冷凝水，当管道坡度为 0.003 时，其管径可按表 2.9-14 估算。

按冷负荷估算冷凝水管管径　　　　　　　表 2.9-14

冷负荷 (kW)	≤42	43~230	231~400	401~1100	1101~2000	2001~3500	3501~15000	>15000
管径 DN (mm)	25	32	40	50	80	100	125	150

3. 凝结水的利用

空调系统中产生的凝结水，随着空调负荷的增大，其凝结水量也是很大的。例如：10000kW 的空调系统大致会产生 4~8t/h 冷凝水，如果能全部收集起来，按一天 10h 计，将会有 40～80t 凝结水量，如果直接排放掉是很可惜的。由于冷凝水无污染，水质较好，有条件时可重复利用。它是一种优质的中水水源。

【例 2.9-4】 某建筑小区有 18～30 层住宅 20 栋，总建筑面积约 36 万 m²，共有 3800 户。拟回收住户空调凝结水用于绿化和道路冲洗，试估算可收集的凝结水量。

【解】 按住户室内面积 25 万 m²，空调平均负荷 130W/m²，空调季节平均每天运行 8h，使用率 90% 计算，则空调总负荷 $W=130×250000×0.9/1000=29250$kW。

按 1kW 冷负荷每小时能回收 0.4kg 的凝结水计，则一天可收集的凝结水总量 $Q_p=0.4×29250×8=93600$kg$=93.6$m³。

2.10　压力排水与真空排水

建筑物中各类污废水，靠重力无法自流排至室外总排水管道时，可采用压力排水方式或真空排水方式。

2.10.1　污水泵和集水池

1. 集水池最小有效容积

（1）建筑物内不能自流排出的情形，通常有两类：

第一类，地下室排水；第二类，公共建筑物底层面积大，出户管长，坡降深，多幢建筑地下室连成一大片，地下室顶板上做景观绿化。建筑物上部排水管若从地下室顶板上出户，覆土深度不够，若从地下室顶板梁底下出户，标高又太深。遇到这两类情形的排水问题，有效途径是设集水池、排水泵，采用压力排放方式。

（2）地下室排水集水池的最小有效容积，应视排水内容确定。粪便污水宜单独设置。

1）卫生间集水坑有效容积应不小于 5min 最大一台排水泵流量。有效高度不低于 1m，集水坑超高不少于 0.5m。如图 2.10-1 所示。

2）机房集水坑

① 水泵房：集水坑最小容积可取 3min 蓄水池（箱）溢流量，即生活水池（箱）进水流量。有消防泵时，应比较其试车排水流量大小，取两者之中排水流量较大的一种，作为集水坑容积计算依据。

② 水处理机房：游泳池机房可取游泳池 8h 排放的平均流量，或取过滤设备的反冲洗流量，当过滤器反冲洗水无条件排至室外时，取两者中较大的 3min 排水量，作为集水坑容积计算依据。大多数情况下水处理机房以反冲洗流量为较大排水流量。

③ 冷冻机房等其他地下机房，其排水主要用于设备管道的检修，集水池有效容积可取平面面积 2～3m²，深度为 1.5m。

3）地上排水系统集水池

由于出户管太长，坡降太深，而无法接至室外排水管道或市政排水检查井所设置的集水池，其容积宜取地上部分排水系统 5～15min 的设计秒流量。

4）地下室排水集水坑参考尺寸

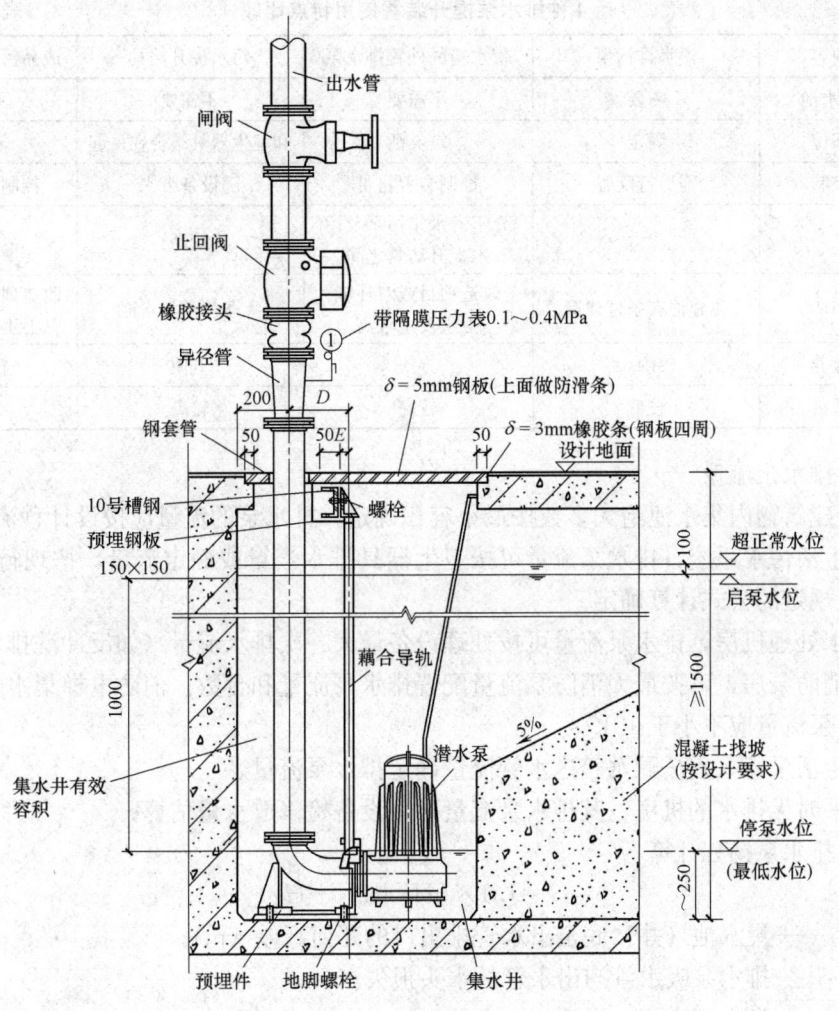

图 2.10-1 集水井潜水泵安装图

一般无特殊排水要求时,地下室集水坑平面尺寸可取 1.5m×2.0m,深度为 1.5m;有大流量排水时,如一类高层建筑消防泵试车集水坑可取 2.0m×2.5m,深度为 2m。

5) 集水池设计要求

① 满足有效容积尺寸;

② 满足构造要求,不渗漏,耐腐蚀;

③ 有自动高、低水位启停泵控制,超高、超低水位报警;

④ 污水池盖板应密闭并设通气管,清洁排水废水池宜采用格栅盖板;

⑤ 池底应有不小于 5‰的坡度,坡向潜水泵位置。

2. 排水泵选型设计

(1) 排水泵的选择

建筑内使用的排水泵,根据设置的部位要求、排水性质和流量,可选择潜水排污泵、带水箱的外置排水泵、污水提升洁具和成品污水提升装置 4 种形式。其使用特点见表 2.10-1。

4 种排水泵提升装置使用特点比较　　　　　　表 2. 10-1

比较内容	潜水排污泵	带水箱的外置排水泵	污水提升洁具	成品污水提升装置
土建集水池	需要	不需要	不需要	不需要
设置部位	固定	较灵活	和卫生器具结合在一起	较灵活
电气控制	需另行配置	控制装置自带	随设备带来	控制装置自带
噪声	较低	介于潜水排污泵及污水提升洁具之间	较高	较低
适用场所	土建池有条件建造	改造项目或对环境卫生要求较高	无条件设集水池	改造项目或对环境卫生要求较高
维护保养	较困难	方便	方便	较方便
设备造价	较低	较高	较高	较高

（2）排水泵流量

由于建筑物内集水池绝大多数按最小容积确定，排水泵的流量应按设计秒流量计算。

1）生活污水系统，排水泵流量可按卫生器具排水当量或额定流量，按现行给水排水设计规范规定的公式计算确定。

2）水处理机房，排水泵流量可按处理设备最大一次排水流量（如反冲洗排水）确定。

3）消防泵房，可按最大消防泵流量配置排水泵流量和台数。消防电梯集水井

排水泵流量应不小于 10L/s。

4）生活泵房，宜按贮水箱进水管流量确定排水泵流量。

5）平时无排水的机房，其排水泵流量可按设备检修放水量估算。

（3）排水泵扬程计算

$$H = 1.1 \times (H_1 + H_2 + H_3)$$
　　　　　　　　　　　　　　　　　　　　　　（2.10-1）

式中　H_1——集水池（井）底至出水管排出口的几何高差（m）；

　　　　H_2——排水泵吸水管与出水管的水头损失（m）；

　　　　H_3——自由水头（m），2～3m。

排水泵吸水管和出水管流速不应小于 0.7m/s，且不宜大于 2m/s。

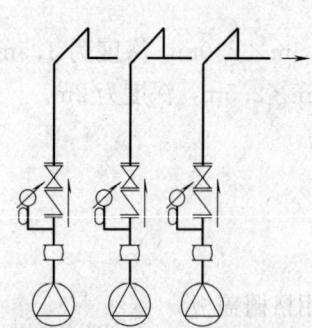

图 2.10-2　排水泵合用出水管

（4）排水泵的台数

生活污水、消防排水泵、机房排水通常按每一个排水集水池（井）为单元，设置 2 台，1 台工作，1 台备用，平时交互运行。水泵房或排水流量较大的重要部位，为避免设大容积集水池，宜选用 3 台泵，2 用 1 备。一般设备机房、车库地面排水，当排水沟相互连通集水井时，也可不设备用泵。

（5）排水泵出水管管径

大型地下室，排水泵数量很多，少则 20～30 台，多则 50～60 台。为减少排出管数量，可把相同排水性质和扬程相近的排水泵出水管合并设置，合并排出管流量可按其中最大一台排水泵加上 0.4 倍其余排水泵的流量之和确定。须注意的是，每台排水泵出口应设质量可靠的止回阀和阀门，或采用排水横干管上部接入的方式，如图 2.10-2 所示。排水横干管应按重力

流设计。

【例2.10-1】 某地下室集水坑排水泵出水管合并，各集水坑排水泵参数见图2.10-3，计算排水横干管设计流量。

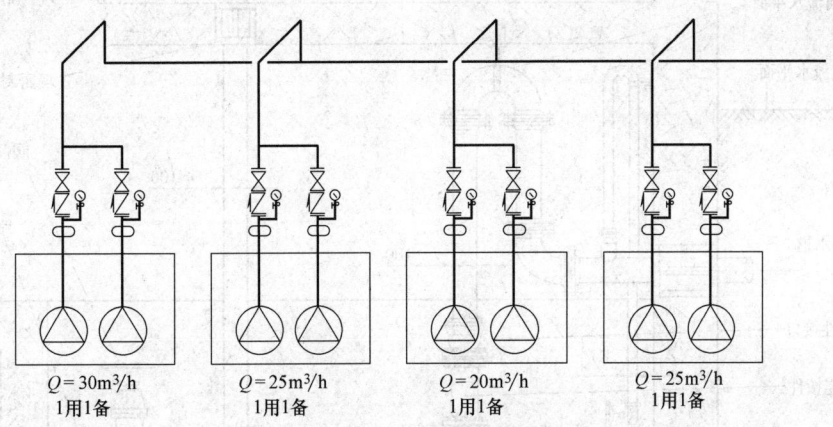

$Q=30\text{m}^3/\text{h}$
1用1备

$Q=25\text{m}^3/\text{h}$
1用1备

$Q=20\text{m}^3/\text{h}$
1用1备

$Q=25\text{m}^3/\text{h}$
1用1备

图2.10-3　各集水坑排水泵参数

【解】

$$q_p = q_{max} + 0.4 \times \sum_{i=1}^{3} q_i = 30 + 0.4 \times (25 + 20 + 25) = 58\text{m}^3/\text{h}$$

（6）每台排水泵提升生活污水时，宜采用自动搅匀排污泵，含有大块杂物时，宜带有粉碎装置；当提升含较多纤维物的污水时，宜采用大通道潜污泵。

【例2.10-2】 某宾馆地下一层设有职工淋浴卫生间，其中淋浴器40只，坐便器10只，小便器4只，洗脸盆10只，试计算集水池尺寸和选用排水泵（地下一层层高为5m，地下二层层高为3.6m，室内外高差为0.3m）。

【解】

该宾馆为地下三层，为减少水泵扬程，采用带水箱的外置排水泵形式。查设计规范排水流量：淋浴器0.15L/s，大便器1.5L/s，小便器0.10L/s，洗面盆0.25L/s。

$$q_p = 0.15 \times 40 \times 100\% + 1.5 \times 10 \times 12\% + 0.10 \times 4 \times 10\% + 0.25 \times 10 \times 100\%$$
$$= 6 + 1.8 + 0.04 + 2.5$$
$$= 10.34\text{L/s}$$

选泵：2台排水泵，每台流量 $Q_b = 1.1q_p = 11.4\text{L/s}$，1用1备，互为备用。扬程取15m，功率为4kW。

集水箱：$t = 5\text{min}$，$Q_b = 11.4 \times 5 \times 60 = 3420\text{L}$，取3.5m³。

取箱高为2m，有效水深为1.5m，则平面尺寸为2m×1.2m。

3. 潜水泵的安装和控制

（1）安装方式：根据潜水泵出水管连接方式可分3种形式。

软管连接—移动式安装（适用单泵、管径<DN100）。

硬管连接—固定式安装（适用单泵、双泵）。

自动耦合装置—推荐使用。

按潜水泵是否放置在集水坑内，可分为湿式和干式安装。详见《小型潜水排污泵选用及安装》08S305（见图 2.10-4）。

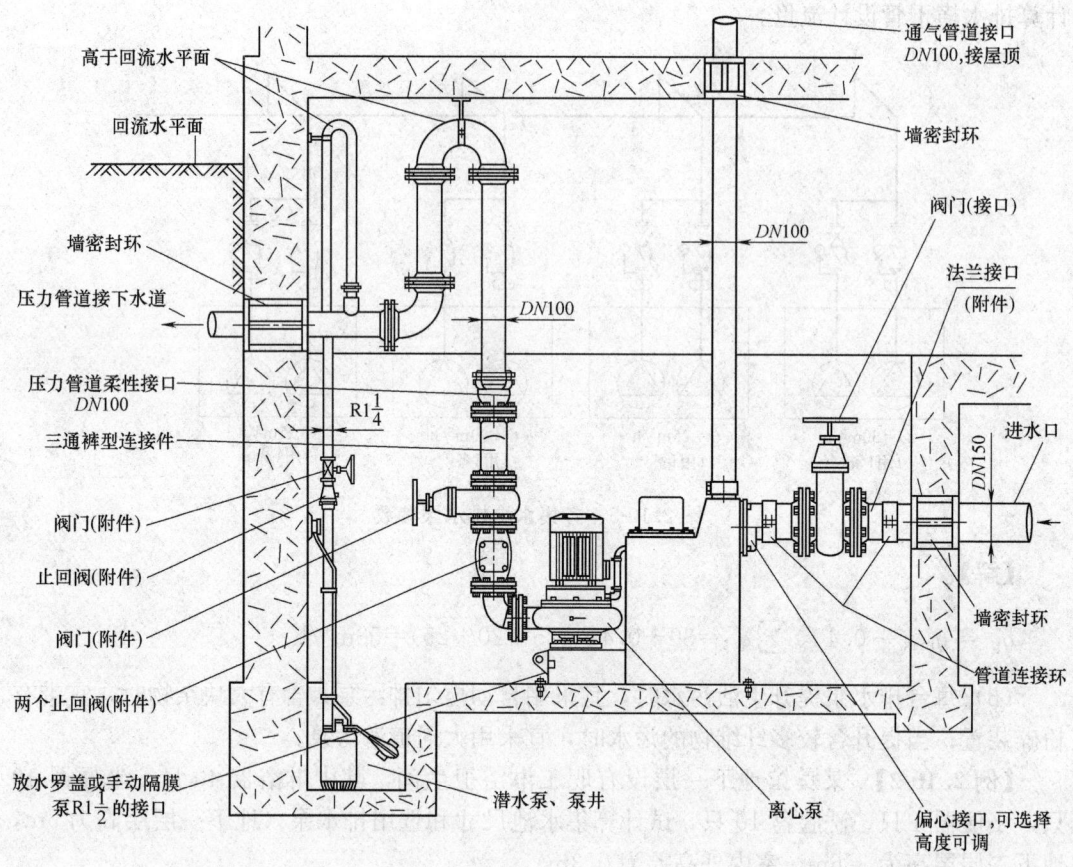

图 2.10-4　干式排水泵安装示意图

（2）设在集水坑内的潜水泵，其最低水位应满足水泵吸水要求：连续运行时，停泵水位应保证电动机被水淹没 1/2；间歇运行时，为高于水泵叶轮中心线 50mm 处；最高水位（启泵水位）和最低水位差不宜小于 0.5m。

（3）集水坑应设浮球开关，自动启闭潜水泵，并设超高水位的报警水位。潜水泵的运行状态和故障（超水位报警）应引至大楼管理中心。

（4）污水坑检修孔或污水箱人孔盖板应密闭，并设 DN100 通气管通至室外或接至大楼排水通气系统。

2.10.2　污水提升装置技术要点

1. 功能与分类

污水提升装置是由污水泵、贮水箱（腔）、管道、阀门、液位计和电气控制集成一体的污水提升专用设备。按污水贮存调节和控制方式分为贮存型和即排型，按污水泵的工作条件分为干式和湿式。贮存型污水提升装置具有一定的污水贮存调节容积，污水泵有一定的启停次数限制（15 次/h 以内）。即排型污水提升装置无污水调节容积或调节容积很小（数秒至十几秒污水流量），污水泵不受启停次数限制或允许启停次数较多（40～60 次/h）。

2. 适用条件

建筑物室内地面低于室外地面时，应设置污水集水池、污水泵或成品污水提升装置。成品污水提升装置选型的主要参数是污水泵流量、扬程，别墅地下室卫生间的成品污水提升装置流量满足便器排水流量即可，别墅地下室即使有卫生间，如无地面排水也不需要设置地漏或明沟之类的地面排水设施。公共建筑地下室卫生间的污水提升装置依据排水设计秒流量选型。

污水提升装置运行噪声低、振动小、结构封闭、尺寸紧凑、操作简便、运行安全可靠、安装方便、易于维护。

3. 设计选型

贮存型污水提升装置适用于用户排水不均匀、有贮存调节要求，且现场有安装空间的场合；即排型污水提升装置适用于用户排水较均匀、污水随进随排，且现场安装空间较狭小的场合。

（1）污水提升装置的排水流量 q_t 应依据生活排水设计秒流量确定。当污水提升装置设置 2 台及以上污水泵同时运行时，每台污水泵的流量 q_b 应按公式（2.10-2）计算：

$$q_b = \frac{q_t}{n} \tag{2.10-2}$$

式中　q_b——每台污水泵流量（m^3/h）；

　　　q_t——污水提升装置排水流量（m^3/h）；

　　　n——同时开启污水泵台数。

（2）污水泵的扬程应满足公式（2.10-3）的要求，并将出水管的最高点到污水提升装置的最低液位的垂直高度作为静扬程进行校核：

$$H_b \geqslant 10(H_1 + H_2 + H_3) \tag{2.10-3}$$

式中　H_b——污水泵的扬程（kPa）；

　　　H_1——污水提升的高度差（m），即污水出水管室外排出口中心与贮存箱（腔）最低水位间的高度差值；

　　　H_2——污水泵吸水管、出水管沿程和局部水头损失之和（m），无固液分离器和进水端过滤器时，局部水头损失取沿程水头损失的 20%；当有固液分离器和进水端过滤器时，局部水头损失取值除 20% 的沿程水头损失外，另加 0.5～1.0m；

　　　H_3——污水泵出水管附加的流出水头（m），当全扬程小于或等于 20m 时，宜取 1～2m；当全扬程大于 20m 时，宜取 2～3m。

选择污水泵应查污水泵的 $Q\text{-}H$ 特性曲线，H_b 值对应的流量应大于或等于计算所得的排水流量值 q_b。

（3）贮水箱（腔）的选用应符合下列规定：

贮存型污水提升装置的贮水箱（腔）容积应按公式（2.10-4）进行计算：

$$V = V_1 + V_2 + V_3 \tag{2.10-4}$$

式中　V——贮水箱（腔）的总容积（m^3）；

　　　V_1——贮水箱（腔）的有效容积（m^3），宜取 2.0～2.5min 装置排水流量，此容积应大于或等于出水管止回阀与鹅颈管之间的出水管容积；

V_2——污水泵停泵时，贮水箱（腔）内所剩污水的容积；

V_3——贮水箱（腔）内启泵最高液位以上空间的容积；最高液位以上空间高度可取 0.1~0.15m。

即排型污水提升装置贮水箱（腔）的有效容积宜取污水泵流量与最小运行时间的乘积。

（4）污水提升装置出水管最小管径应符合表 2.10-2 的规定。

污水提升装置出水管最小管径　　　　　　　　　　　表 2.10-2

污水性质	管内流速(m/s)	最小管径 DN(mm)	
生活污水	1.5~2.0	采用不带切割功能的污水泵	80
		采用带切割功能的污水泵	40
生活废水	0.7~1.5	—	40

注：2 台污水泵出水管合并排出，管内流速宜取 1.0~1.2m/s，3 台污水泵出水管合并排出，管内流速宜取 1.5~2.0m/s，且不应小于 0.7m/s。

4. 管道、供配电及控制、施工安装、验收及维护保养应符合《污水提升装置应用技术规程》T/CECS 463 相关章节的要求。

2.10.3　真空排水系统

建筑内用真空排水系统与飞机上所用真空便器相似，但规模要大些，设备和控制较复杂些。其系统工作原理如图 2.10-5 所示。

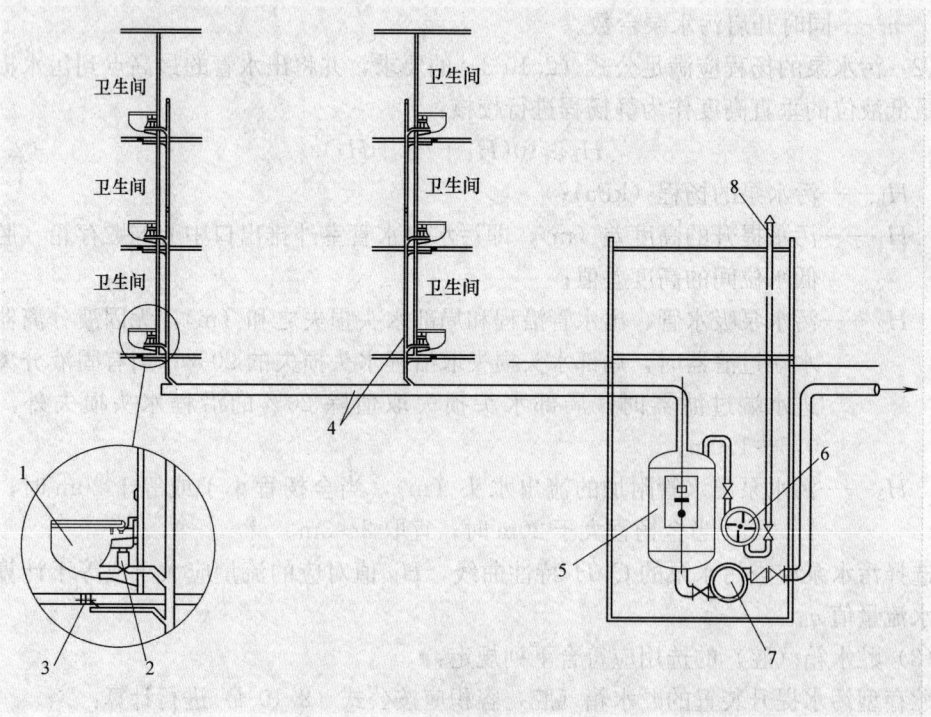

图 2.10-5　真空排水系统原理图

1—真空便器；2—真空切断阀；3—真空地漏；4—真空管道；5—真空罐；

6—真空泵；7—排水泵；8—排气管

该系统由真空便器、真空切断阀、真空管、真空罐、真空泵、排水泵、排水管、冲洗管、冲洗水控制阀等组成。用真空泵抽吸，使系统中保持$-0.035\sim-0.07$MPa负压，当真空切断阀打开时，在外界大气压力与管内负压共同作用下，污废水和同时冲下的冲洗水被迅速排走（气水比例约$20:1\sim30:1$），冲走的污水沿真空管送到真空罐，当罐内水位达到一定高度时，排水泵的自动开启将污水排走，到预定低水位时自动停泵，真空泵则根据真空度大小自动启停。

1. 系统的优缺点及选用

（1）优点

1）安装灵活，节省空间。该系统不依赖于重力，所以排水管无需重力坡度，节省了排水管由于坡度占用的层高空间。而且排水主管管径相对较小，真空系统输水管一般只需$DN70$。卫生间平面布置不强求上下对齐。如果碰到卫生间下层不允许附设排水管，真空排水系统甚至可以上行输送（最高达5m）。

2）节水。对重力系统坐便器而言，目前一次冲洗水量为6L，而真空坐便器靠空气和水冲洗，一次冲洗水量为1L。

3）卫生。由于真空排水系统是一个全密闭的排水系统，无透气管，排水管系统为真空状态，正常工作时，管道无渗漏、无返溢和臭气外泄。

（2）缺点

1）设备系统造价高。据有关资料介绍，真空排水系统投资比常规排水系统投资高40%（不含关税）。投资高的原因，一是关键设备部件，如真空坐便器、真空切断阀、水位传感器和控制器等需进口；其次，真空排水的计算软件和控制系统，还依赖国外供应商随整套设备装置带来。

2）噪声大。由于污水、污物在真空排水管道中的输送速度达4m/s，高速的传输能力也使瞬间排水时噪声较重力排水大。

3）安装维护要求高。安装设备控制部件管道时，须严格按真空排水系统标准要求才能保持调试顺利、运行正常。另外，系统维护管理也很重要，真空泵站、真空控制装置需由懂得该系统且熟悉本工程项目安装的专人负责。

（3）系统的选用及设计要求

① 以下场所宜采用室内真空排水系统：

② 采用重力排水有困难或无法采用重力排水的场所；

③ 需要设置独立密闭、隔离防护的排水系统，集中处理低辐射污水的医疗、科研机构等场所；

④ 商业改造频繁，管道布置变化大，无法满足重力流坡度，或对管道布置走向有严格限定的场所；

⑤ 有节水要求的场所。

（4）系统设计要求

① 室内真空排水系统的终端压力排出管可直接与室外重力、压力和真空排水系统相连接。

② 当采用提升管排放污、废水时，设计提升高度不应大于6m。

③ 排放厨房含油废水的真空排水管道和排放生活污、废水的真空排水管道，在真空

隔油器前应分开设置，其控制系统可集成设置。

④ 真空排水系统的真空泵和排水泵应设置备用泵。

⑤ 室内真空排水系统真空泵站的供电设计应采用双电源或双回路供电，并符合现行国家标准《供配电系统设计规范》GB 50052 的规定。

⑥ 室内真空排水系统应配备设备监测系统和远程监视系统的接入端口。

⑦ 控制系统宜设置于真空泵站内，应具备自动控制真空泵站正常运行及监视真空排水系统内各电气设备运行状态的功能，确保真空排水系统正常运行。

⑧ 真空排水系统设计宜采取下列技术措施：

a. 调整储罐、真空泵和排水泵的规格，使真空泵和排水泵不在同一时间开启；

b. 采用总流量最大的一段主管道管径作为所有主管道管径。

2. 设计选型

(1) 设计计算应按系统卫生器具数量、使用频率、设备排气量等参数确定。当资料不足时，管径设计宜按最不利情况设定，并应符合下列要求：

1) 整条管道充满了气液的混合流体；

2) 气液流数值选取在峰值阶段；

3) 没有输送集水弯或是下降管道。

(2) 液体流量应按公式 (2.10-5) 计算：

$$Q_{ww} = \max\left[K\sqrt{\sum q_{w_i}}, \max(q_{w_i})\right](i=1,2,3,\cdots) \tag{2.10-5}$$

式中 Q_{ww}——污、废水流量 (L/s)；

K——适用于某种建筑类型的修正系数 ($\sqrt{L/s}$)，可按表 2.10-3 采用；

q_w——末端排水设备水流量 (L/s)，可按表 2.10-4 采用。

注：Q_{ww} 的最终值分别取由公式计算得出的末端排水设备水流量 (L/s) 或连接到管路中的单个最大排水量末端设备的水流量 (L/s) 两个值的较大值。

K 系数参照表   表 2.10-3

使用频率	建筑类型	$K(\sqrt{L/s})$
间歇性	住宅、办公室、图书馆	0.5
频繁	非寄宿制学校、宾馆、监狱	0.7
高负载	公共淋浴间、洗衣房	1.0
特殊	餐厅、医院、运动场/体育馆、寄宿制学校、集中洗漱的培训中心、会展中心、演唱会场馆、机场和火车站等公共厕所	1.2~1.5

q_w 系数参照表   表 2.10-4

序 号	卫生器具名称		室内真空排水系统排水流量 (L/s)
1	洗涤盆、污水盆(池)		0.30
2	餐厅、厨房洗菜盆(池)	单格洗涤盆(池)	0.30
		双格洗涤盆(池)	0.60
3	盥洗槽(每个水嘴)		0.30

序　号	卫生器具名称		室内真空排水系统 排水流量（L/s）
4	洗手盆		0.30
5	洗脸盆		0.30
6	浴盆		0.50
7	淋浴器		0.30
8	大便器	冲洗水箱	不适用
		自闭式冲洗阀	不适用
		无水箱	0.60
9	医用倒便器	无水箱医用倒便器	0.30
10	小便器	自闭式冲洗阀	0.30
		感应式冲洗阀	0.30
11	大便槽	≤4 个蹲位	不适用
		>4 个蹲位	不适用
12	小便槽（每米长）	自动冲洗水箱	0.50
13	化验盆（无塞）		0.30
14	净身器		0.30
15	饮水器		0.30
16	家用洗衣机		0.50
17	洗碟机		0.50
18	洗碗机		0.50
19	地漏		0.50

（3）气体（空气）流量按公式（2.10-6）计算：

$$Q_{wa} = \max\left[K\sqrt{\sum q_{a_i}}, AWR \cdot \max(q_{w_i})\right] (i=1,2,3\cdots\cdots) \qquad (2.10\text{-}6)$$

式中　Q_{wa}——实际压力下气体流量（L/s），实际压力通常为 50kPa；

　　　K——适用于某种建筑类型的修正系数（$\sqrt{L/s}$），可按表 2.10-3 采用；

　　AWR——气水比，根据经验值，真空管道系统可采用 8；

　　　q_a——实际压力下单个真空界面单元动作产生的瞬时气流单位量（异于峰值流
　　　　　　量）（L/s），应由真空界面单元制造商提供，当没有制造商相关数据时，
　　　　　　q_a 标准数值可按表 2.10-5 采用。

注：Q_{wa} 的最终值分别取公式计算得出的末端排水设备动作产生的气流量（L/s）或连接到管路中的
单个最大气流量末端设备所能产生的气流量（L/s）两个值的较大值。

（4）系统总流量按公式（2.10-7）计算：

$$Q_w = Q_{ww} + Q_{wa} \qquad (2.10\text{-}7)$$

式中　Q_w——实际压力下的系统总流量（L/s）。

q_a 参数表

表 2.10-5

序号	卫生器具名称	q_a(L/s)
1	真空地漏(6L)、浴盆、淋浴器	38
2	洗涤盆、污水盆、洗菜盆、盥洗盆、小便器、小便槽、化验盆、净身器、饮水机、洗衣机、洗碟机、洗碗机	44
3	真空大便器、医用倒便器、大便槽	50

（5）真空负荷应按公式（2.10-8）计算：

$$Q_{VP} = 3.6 \times a \times Q_w \qquad (2.10\text{-}8)$$

式中　Q_{VP}——实际压力下真空泵额定抽气量（m³/h）；

　　　a——泄漏和安全系数，取 1.0～1.5。

（6）真空泵数量应按公式（2.10-9）计算：

$$n \geqslant Q_{VP}/Q_{v0} + 1 \qquad (2.10\text{-}9)$$

式中　n——真空泵数量；

　　　Q_{v0}——实际压力下单台真空泵额定抽气量（m³/h）。

（7）真空罐有效容积应按公式（2.10-10）计算：

$$V_t = \frac{2 \times \alpha \times Q_{ph}}{N_{dp}} \qquad (2.10\text{-}10)$$

式中　V_t——真空罐的有效容积（m³）；

　　　N_{dp}——制造商提供的排水泵每小时启动次数（次/h）；

　　　Q_{ph}——高峰时段污、废水流量计算值（m³/h），可按流量峰值的 80% 作为计算依据；

　　　α——泄漏和安全系数，取 1.0～1.5。

（8）排水泵选型应符合下列规定：

1）计算水头损失时应考虑真空负压因素，增加真空引起的压头损失。

2）排水泵应采用负压抽吸型泵，并应适合污水的类型。

3）排水泵的流量应按公式（2.10-11）计算：

$$Q_{dp} = \frac{Q_{ph}}{N_{dp}} \times \frac{1}{T_d} \qquad (2.10\text{-}11)$$

式中　Q_{dp}——排水泵的流量（m³/h）；

　　　N_{dp}——制造商提供的排水泵每小时启动次数（次/h）；

　　　Q_{ph}——高峰时段污、废水流量计算值（m³/h），可按流量峰值的 80% 作为计算依据；

　　　T_d——收集罐的排水时间，可根据制造商的技术参数设置（每小时开启次数）。

4）排水泵的扬程应按公式（2.10-12）计算：

$$H_p = H_f + H_l + H_v + H_e \qquad (2.10\text{-}12)$$

$$H_l = h_d - h_{te}$$

$$H_v = \frac{P_a - P_v}{pg}$$

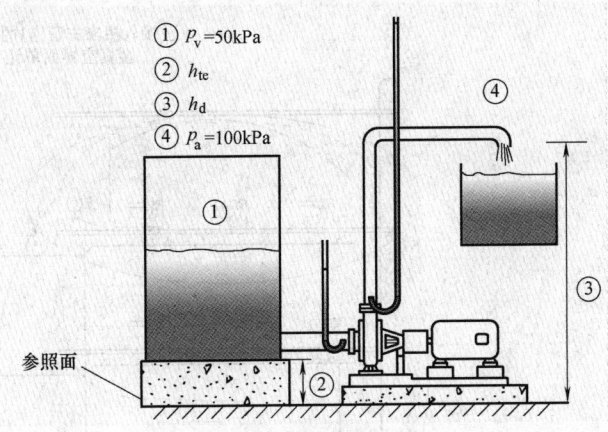

图 2.10-6　扬程计算示意图

$$H_f = \sum \frac{rv^2}{2g} + \sum \frac{fLv^2}{2gD}$$

式中　H_p——排水泵的扬程（m）；

　　　H_f——排水泵后管道内的摩擦阻力损失（m）；

　　　H_l——排水泵后离地提升水头（m）；

　　　H_v——由真空产生的压差（kPa），是排水时系统内设置的真空压力值，宜为 50kPa；

　　　H_e——排出口富余水头（m），宜可为 2m；

　　　f——达西函数中雷诺数和管道粗糙度的摩擦因子（随管段变化而相应变化）；

　　　r——由管配件制造商定义的配件损失系数；

　　　v——管道内水流速度（m/s）；

　　　h_d——排出口离参照面的高度（m），见图 2.10-6；

　　　h_{te}——真空罐内地面离参照面的高度（m），见图 2.10-6；

　　　P_v——从收集罐里测量的管道系统内的真空值（Pa）；

　　　P_a——标准大气压力（Pa）。

（9）主管道计算

主管道管径的计算应分段进行（见图 2.10-7），对于每段主管道，按照以下步骤计算确定：

1）每段主管道的水流量和气流量应按公式（2.10-13）、公式（2.10-14）计算：

$$Q_{wp} = \max\left[K\sqrt{\sum q_{w_i}}, \max(q_{w_i})\right] (i=1,2,3\cdots\cdots) \tag{2.10-13}$$

$$Q_{ap} = \max\left[K\sqrt{\sum q_{a_i}}, \max(q_{a_i})\right] (i=1,2,3\cdots\cdots) \tag{2.10-14}$$

式中　Q_{wp}——相应管道内的污、废水流量（L/s）；

　　　Q_{ap}——实际压力下相应管道的气体流量（L/s）；

　　　K——适用于某种建筑类型的修正系数（$\sqrt{L/s}$），可按表 2.10-3 采用；

　　　q_w——末端排水设备水流量（L/s），可按表 2.10-4 采用；

　　　q_a——实际压力下单个真空界面单元动作产生的瞬时气流单位量（异于峰值流

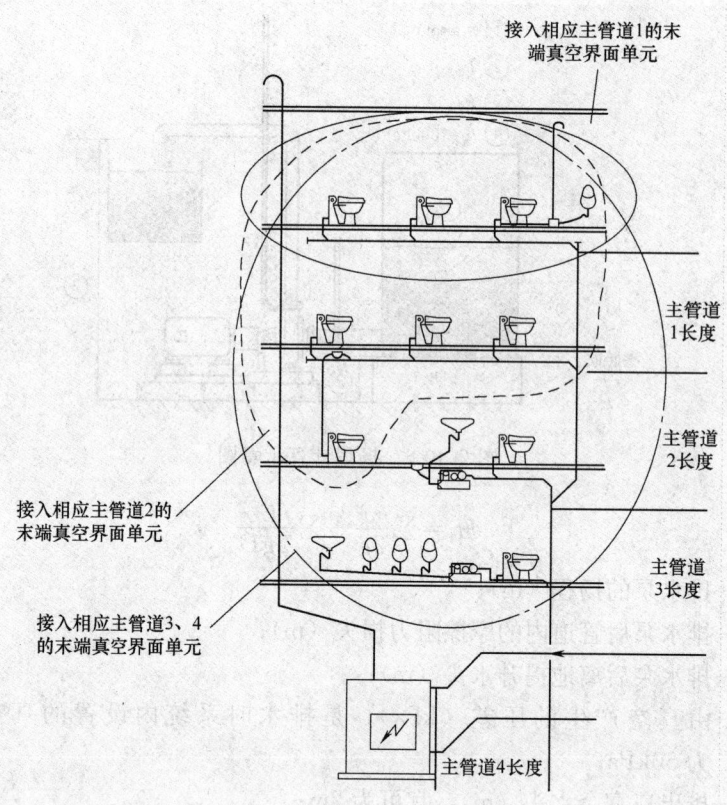

图 2.10-7　管道分段模型示意图

量）（L/s），应由真空界面单元制造商提供，当没有制造商相关数据时，q_a 标准数值可按表 2.10-5 采用。

2）摩擦系数应按哈兰德公式计算，见公式（2.10-15）：

$$\frac{1}{\sqrt{f}}=-1.8\times\lg\left[\left(\frac{\varepsilon}{3.7\times D}\right)^{1.11}+\frac{6.9}{Re}\right]\qquad(2.10\text{-}15)$$

$$Re=\frac{\rho\times v\times D}{\mu}$$

式中　ε——粗糙度值（mm）；

　Re——雷诺数；

　v——液体或气体的平均流速（m/s）；

　D——管道直径（m），按满管计算；

　ρ——密度（kg/m³）；

　μ——动态黏滞度（Pa·s）。

3）每段主管道的气体和液体的压力损失梯度应按公式（2.10-16）、公式（2.10-17）计算：

$$G_a=\frac{8\times f_a\times(Q_{ap}/3600)^2\times\rho_a}{\pi^2\times D^5}\qquad(2.10\text{-}16)$$

$$G_w = \frac{8 \times f_w \times (Q_{wp}/3600)^2 \times \rho_w}{\pi^2 \times D^5} \tag{2.10-17}$$

式中　G_a——由管道内气体摩擦力导致的单位管道长度的压力损失（Pa/m）；

　　　G_w——由管道内水流摩擦力导致的单位管道长度的压力损失（Pa/m）；

　　　f_a——公式（2.10-15）中得出的气体摩擦系数；

　　　f_w——公式（2.10-15）中得出的水流摩擦系数；

　　　Q_{ap}——实际压力下相应管道的气体流量（m³/h）；

　　　Q_{wp}——相应管道内的污、废水流量（m³/h）；

　　　D——管道直径（m）；

　　　ρ_a——气体密度（kg/m³），在实际压力下（50kPa），$\rho_g = 0.6$kg/m³；

　　　ρ_w——水密度（kg/m³），一般情况下为 1000～1050kg/m³。

4）"洛克哈特—马蒂内利"参数应按公式（2.10-18）计算：

$$x = \sqrt{\frac{c_w}{c_a}} \tag{2.10-18}$$

式中　x——Lockhart-Martinelli 参数，某个单相流方式的压力下降比值。

5）总压力下降乘数应按 Chisholm（1967）关系式计算，见公式（2.10-19）、公式（2.10-20）：

$$\Phi_w^2 = 1 + C\chi^{-1} + \chi^{-2} \tag{2.10-19}$$

$$\Phi_a^2 = 1 + C\chi + \chi^2 \tag{2.10-20}$$

式中　Φ_w^2——液相压力下降的乘数；

　　　Φ_a^2——气相压力下降的乘数；

　　　χ——Lockhart-Martinelli 参数，某个单相流方式的压力下降比值；

　　　C——无量纲常数，取决于自然流和单相流的结合，一般为 $C = 18$。

6）每段主管道内实际单位压降应按公式（2.10-21）计算：

$$\Delta P = G_a \times \phi_a^2 = G_w \times \phi_w^2 \tag{2.10-21}$$

式中　ΔP——该段主管道内的实际单位压力损失（Pa/m）。

7）计算总压力损失，确定主管道管径应采用试演算方式，以不断增加 D 的数值进行重复推算，直到压降值满足真空系统的要求，并应按公式（2.10-22）计算：

$$(\Delta P \times L)_{主管道1} + (\Delta P \times L)_{主管道2} + \cdots + (\Delta P \times L)_{主管道n} \leqslant |P_v| \tag{2.10-22}$$

式中　ΔP——单位压力损失（Pa/m）；

　　　P_v——管道系统内的真空值（Pa）；

　　　L——每段主管道的长度（m）。

（10）与真空界面单元直接连接的支管管径，应由真空界面单元制造商提供，当没有制造商相关数据时，其支管的管径可按表 2.10-6 选用。

支管管径选择表 表 2.10-6

序号	管道类型	管径(mm)
1	从真空界面单元连接出的提升管（仅限于缓冲装置）	25
2	从真空界面单元和大便器连接出的提升管	40

序号	管道类型	管径(mm)
3	服务于最多 3 个流动单元的支管	40
4	服务于最多 25 个流动单元的支管	50
5	服务于最多 100 个流动单元的支管	65

（11）真空排水系统排污管的选型可按照《压力管道规范 工业管道》GB/T 20801 的相关规定进行。

（12）真空排水系统通气管的管径应根据真空泵的通气量确定，并按表 2.10-7 选取。

通气管的管径

表 2.10-7

序号	通气量 Q（m^3/h）	主管管径 DN（mm）	支管管径 DN（mm）
1	$Q \leqslant 450$	125	80
2	$450 < Q \leqslant 700$	150	100
3	$700 < Q \leqslant 1000$	200	100
4	$1000 < Q \leqslant 2000$	300	$100 \sim 150$

（13）无真空罐的真空泵站计算应符合下列规定：

1）两次真空和排水要求之间最可能的时间应按公式（2.10-23）计算：

$$t_{vd} = s \times \frac{3600}{\sum (N_{dh} \times N_{va})} \tag{2.10-23}$$

式中 t_{vd}——两次真空/排水要求之间最可能的时间（s）；

　　　s——时间系数，$\leqslant 1$（s·次/h）；

　　　N_{dh}——每只真空界面阀每小时排放次数（次/(h·只)）；

　　　N_{va}——真空界面阀的数量（只）。

2）泵的选型应按公式（2.10-24）计算：

$$Q_p > \frac{V_p}{t_{vd}} \times \ln \left(\frac{P_b}{P_e} \right) \times \frac{1}{N_p} \times \beta \tag{2.10-24}$$

式中 Q_p——真空泵需求负荷量（m^3/s）；

　　　V_p——真空排水管道体积（m^3）；

　　　t_{vd}——两次真空/排水要求之间最可能的时间（s）；

　　　P_b——启动时的真空度（Pa）；

　　　P_e——结束时的真空度（Pa）；

　　　N_p——真空泵的数量（台）；

　　　β——安全系数，取 $1 \sim 2$。

3）管道系统的计算以及排出管的计算应与带真空罐的真空排水系统计算方法一致。

3. 室内真空排水系统管道

（1）室内真空排水系统的真空主管管径、支管管径以及真空末端设备排出管管径应根据使用场所实际排水量计算确定。

（2）室内真空排水管道内气体与污水、废水的混合物流速不应小于 1m/s，且不应大于 7m/s。

（3）室内真空排水系统管道敷设形式宜采用输送集水弯形式，相邻输送集水弯间距不宜超过 25m，且集水弯间的坡度不应小于 0.2％。

（4）无真空罐的真空排水主管各管段累计坡升高度不宜大于 2.5m；有真空罐的真空排水主管各管段累计坡升不宜大于 5m。

（5）真空排水管道应在水平主横管的最低点设置检查口或清扫口，相邻检查口或清扫口的间距宜为 25～35m。

（6）配备真空罐的真空排水系统应设置通气管，通气横管应有不小于 0.5％的坡度，坡向真空泵站。通气管管径不宜小于 100mm，管口应设置防虫防雨措施。

（7）室内真空排水系统采用的管材和管件应符合国家现行标准或国际标准，应选用压力等级不小于 1.0MPa 的承压管材和管件，不得采用非承压排水管材和管件，并应有耐负压的能力不小于－0.09MPa，材质应耐腐蚀、耐磨，如可采用 PVC-U 管、HDPE 管、不锈钢管等。室内真空排水系统不应采用复合管材。

（8）室内真空排水系统管材的连接方式应确保真空排水系统的密闭性，并宜采用以下连接方式：

PVC-U 管，采用粘接、法兰连接；

HDPE 管，采用电熔连接、法兰连接；

不锈钢管，采用焊接、法兰连接。

（9）PVC-U、HDPE 排水管不得与排放热水的设备直接连接，应有不小于 0.4m 的金属管段过渡。

（10）室内真空排水系统管道设计除应满足真空排水系统的特有要求外，还应符合各种材质管道相应现行的技术规范要求，并应符合现行国家标准《建筑给水排水设计规范》GB 50015 的相关要求。

2.11 高层建筑排水

随着高层住宅、高层办公楼、高层酒店，尤其是高层综合楼、超高层建筑的兴起，对建筑内排水系统的设计提出了更高要求。

2.11.1 高层建筑排水特点

1. 排水主管长，配件多、接口多，排水管道发生渗漏、堵塞几率高。一幢高层或超高层综合楼，少则 20～30 层，多则 40～50 层，甚至 70～80 层。由于建筑功能的变化，排水立管很少一下子排出墙外，多数需通过技术层和地下层转换后排出，接头多；如果安装不到位，出现渗漏几率高。高层建筑或超高层建筑用户多，如果使用不当，发生堵塞机会也多。

2. 卫生器具多，使用人员多，排水秒流量大。如果是一幢高层酒店或住宅，几百套卫生器具，高峰时段用水时，瞬间排水流量相当大，如果通气系统不到位，会使管道内气压波动很大。

3. 包含各类排水，系统复杂。除生活污、废水外，还有厨房含油废水、技术层设备机房排水、空调机房排水、消防喷淋试验排水、雨水排水等，多种排水自成系统，如因疏忽而混接，就会埋下事故隐患。

4. 布管困难，防水防噪要求高。高层建筑结构剪力墙、暗柱多，有的建筑还有转换层、转换大梁、斜梁等，由于排水横管重力坡度要求，对建筑层高影响较大。超高层建筑中，避难层兼作设备技术层，遇到变电所，而上部是客房卫生间，往往需要做硬吊顶夹层。技术层的上、下层如果是客房，排水管还应考虑隔声、减噪措施。

5. 维护管理麻烦。高层办公楼、高层公寓出租或出售给用户，客户装修改造时，涉及接排水管。如果事先设计考虑不周全，二次装修后，会造成排水不畅，严重时会堵塞。给使用和维护管理造成麻烦。一幢高层高级办公楼建筑，有几十家甚至上百家单位租用，而各类排水立管上、下又不能断开，它只能按排水系统设置，而不能按用户来设定，一旦某一层发生排水故障，就会影响上、下一大片。

6. 超高层建筑需进行抗震设计。部分采用钢结构，层间位移较大，排水管道需采用柔性接口。在高层及超高层建筑中，由于地震或风压引起的层间位移往往可达 20～40mm。据日本一些资料介绍，传统承插式铸铁排水管为刚性连接，在建筑的层间位移达到 10mm 左右时，就会出现漏水现象。

综上所述，高层建筑内排水对安全、可靠要求更高。对防水、降噪、抗震等要求比多层更严。

2.11.2　高层建筑排水立管的选用、设计及安装

高层建筑排水立管很长，排水情况复杂，排水立管中时有水塞现象出现，管内气压变化大，安全性要求高，对承压要求相对大，一般选用柔性接口铸铁排水管。

1. 高层建筑中常用的铸铁排水管常用接口及标准包括 A 型、B 型、W 型、W1 型、RC 型和 RC1 型。

(1) A 型系列铸铁排水管及管件属于厚重型管材，按管材壁厚分为 A 级（厚型）和 B 级（重型），管材管件均为法兰单承口结构。A 级设计承压≥0.35MPa，B 级设计承压≥0.8MPa，测试最大承压能力 2.0MPa。A 级适用于高层、超高层建筑排水和雨水排水。结构特点：单承口，结构尺寸较大。

(2) B 型系列铸铁排水管及管件属于厚重型管材，按管件壁厚分为 BⅠ型（厚型）和 BⅡ型（重型），管材采用 W 型，管件为法兰双承口结构。设计承压≥0.35MPa，测试最大承压能力 2.0MPa。适用于高层、超高层建筑排水和雨水排水。结构特点：双承口，结构尺寸紧凑。

(3) W 型系列铸铁排水管及管件属于厚型管材，管材管件均为无承口卡箍连接结构。设计承压≥0.35MPa，测试最大承压能力 1.2MPa。适用于超高层建筑排水和中低层雨水排水。结构特点：无承口，结构尺寸较大。

(4) W1 型系列铸铁排水管及管件属于轻薄型管材，管材管件均为无承口卡箍连接结构。设计承压≥0.35MPa，测试最大承压能力 0.8MPa。适用于高层建筑排水和中低层雨水排水。通常采用环氧树脂涂层，以提高管材预期使用寿命。结构特点：无承口，结构尺寸紧凑。

(5) RC 型和 RC1 型系列铸铁排水管及管件属于厚重型管材，RC 型为法兰连接单承口结构，RC1 型为法兰连接全承口结构。耐水压试验≥0.35MPa，具有耐弯曲、耐振动

性能，曲挠值±30mm，适用于高层、超高层建筑室内抗震接口排水和高层雨水排水。通常表面采用石油沥青、环氧树脂涂层，以提高管材预期使用寿命。结构特点：承插式法兰连接，配双面45°胶圈，结构曲挠值大。

2. 高层建筑中常用的铸铁排水管的设计与安装应注意以下事项：

（1）高层建筑排水立管底部应选用大半径弯头或大半径异径弯头，如图2.11-1所示。试验证明，排水立管底部采用曲率半径大于等于 $3D$ 的大半径弯头或大半径异径弯头，可有效防止底部排水横干管"水跃"现象发生，避免底层住宅卫生器具产生正压喷溅。底部采用双45°弯头，容易产生"水跃"，造成排水横干管堵塞。

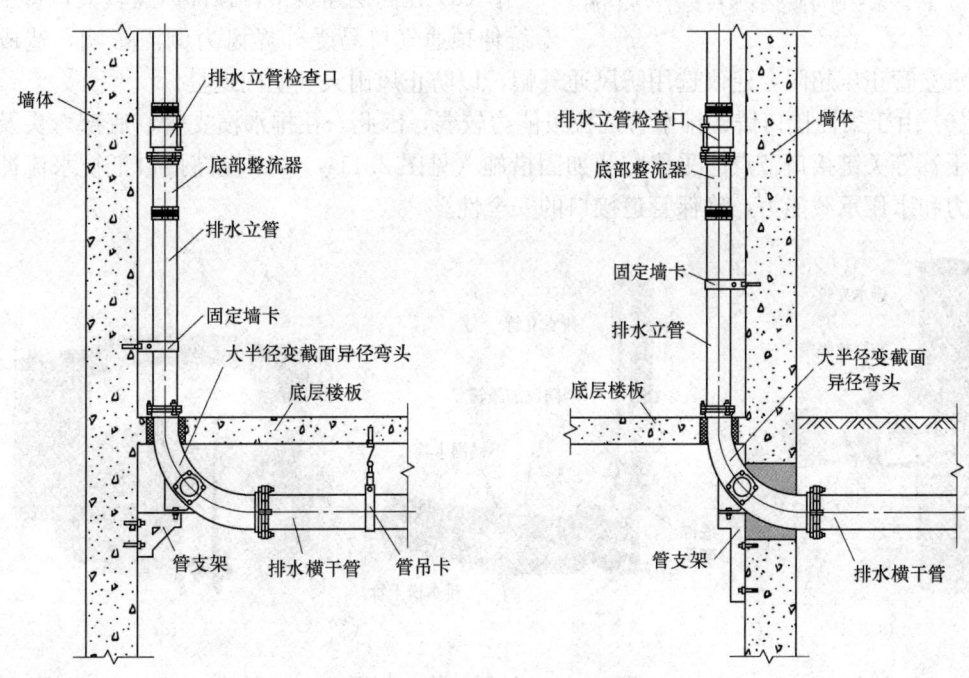

图 2.11-1 高层建筑排水立管底部采用大半径弯头安装示意图

（2）合理选用连接密封用的卡箍、橡胶圈及螺栓等附件。管材连接附件是确保安装质量及使用寿命的关键，应予以足够的重视。卡箍严禁采用200系列铁素体不锈钢材料，要求采用300系列不锈钢材质卡箍。密封圈选用耐腐蚀性能优良的三元乙丙橡胶材质密封圈。当管道在底层埋地时，必须采用不锈钢螺栓。

（3）合理选用三通分支管件。当排水立管采用三通设计时，应优先选用立管三通（90°顺水三通）。该型号尺寸紧凑，更适用于排水立管安装，节约排水横支管吊顶空间，如图2.11-2所示；当用于排水横支管分支接管时，优先采用TY三通（45°顺水三通）有

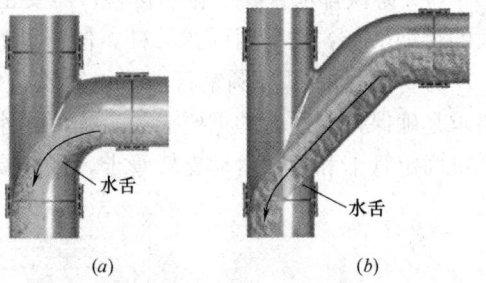

图 2.11-2 顺水三通连接排水立管示意图
（a）90°顺水三通；（b）45°顺水三通

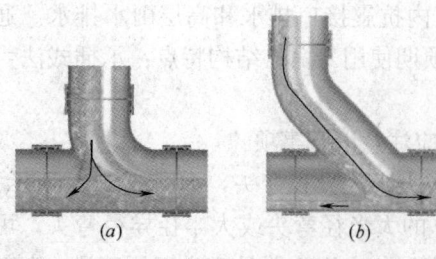

图 2.11-3　顺水三通连接排水横支管示意图

(*a*) 90°顺水三通易产生支管污水倒流；

(*b*) 45°顺水三通可减少排水横支管污水倒流

利于横支管排水的导流，避免污水倒流，如图 2.11-3 所示。

（4）合理设置存水弯，避免水封破坏。在高层、超高层建筑易发生水封破坏的顶层（倒风正压区）、中区（负压区）及底层（正压区）部分楼层（当无实测数据时，每区可按 5 层考虑）区段排水横支管上，推荐采用水封深度 80mm 和 100mm 的深水封存水弯。

（5）在高层建筑中，顶部风速较大，排水系统伸顶通气口易受外界风力倒灌影响，造成顶层排水立管正压超限，建议选用防风通气帽，以防止风雨天气室内返臭。

（6）由于柔性接口铸铁排水管抗拉拔能力较弱，因此，在排水横支管、底部弯头及排水横干管等关键接口节点应采取防脱加固措施（见图 2.11-4），以提高接口抵抗水流冲击的能力和水压承载能力，确保管道接口的安全性。

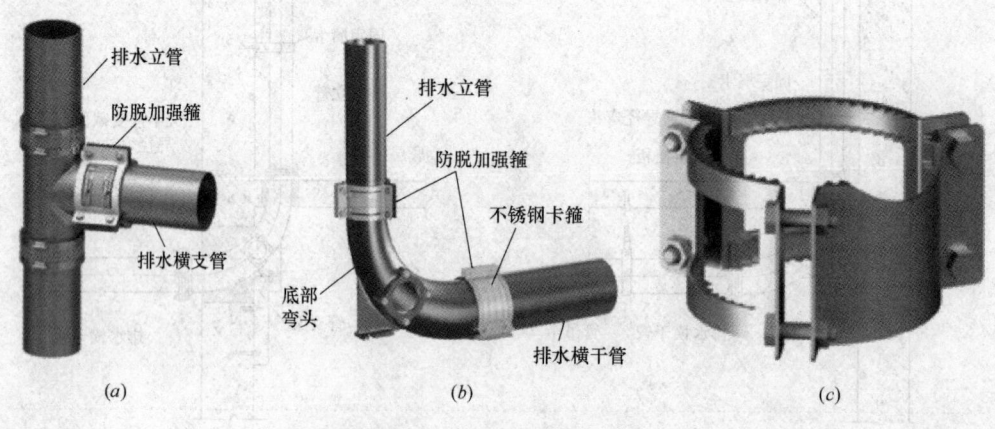

图 2.11-4　防脱加固示意图

(*a*) 排水横支管接口防脱加固；(*b*) 底部弯头接口防脱加固；(*c*) 防脱加强箍

（7）铸铁排水管属于脆性材料，需要正确选用和安装管道支、吊架，应选用接触面较大的带钢吊卡，且采用可调吊杆，便于调整管道坡度，如图 2.11-5 所示。禁止采用开口小于管材外径的 U 型圆钢管卡，以防挤裂管材。超高层建筑中排水立管安装符合垂直度要求是确保排水性能的重要措施，确保排水立管支架固定面在一个垂线上，每层采用一个承重固定管卡和一个滑动支架管卡，以防受力变形造成管材破裂。

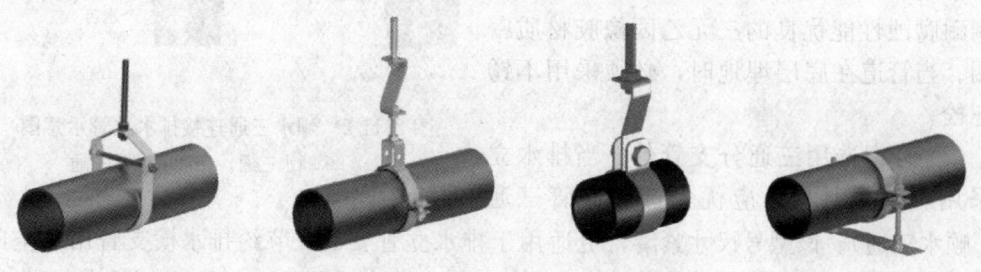

图 2.11-5　铸铁排水管支、吊架示意图

（8）确保排水立管接口补偿间隙，防止排水立管膨胀时受压破裂，安装时法兰承插式排水立管接口应留有 3～5mm 补偿间隙。当排水立管采用 A 型或 B 型法兰承插柔性接口铸铁排水管时，由于管材自身重量，插口端与承口底部间隙不容易保障，在温差大的环境下易造成管道因膨胀挤压而破裂。采用减震补偿密封胶圈（见图 2.11-6），可确保管材膨胀变形得到均匀补偿。

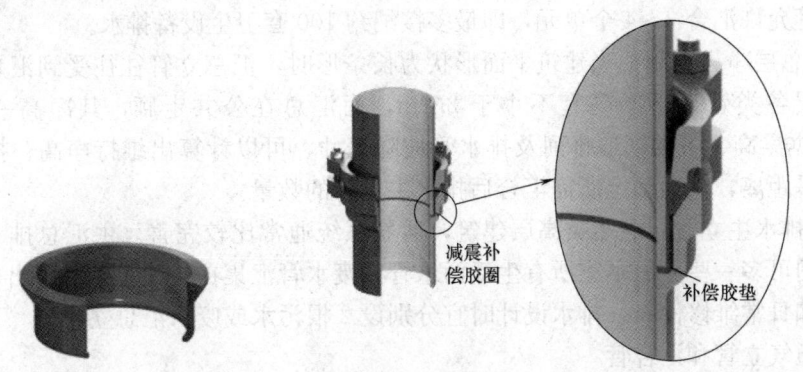

减震补偿胶圈

补偿胶垫

图 2.11-6　法兰承插接口专用减震补偿密封胶圈

2.11.3　系统划分与分区排水

1. 按排水性质划分系统

一幢高层民用建筑，随着建筑类别的不同，其排水内容是不完全一样的。例如高层医技楼，其医院排水内容就很复杂；而高层宾馆，各类排水管道很多；超高层建筑中设置的避难层，往往用作技术层，布置机电设备用房，也需考虑技术层的排水问题。高层建筑排水设计，首先应摸清其排水内容，根据排水性质，通常可分成以下若干系统：

（1）生活污水系统：排除大便器、小便器污水。

（2）生活废水系统：排除浴缸、淋浴、洗脸盆、洗手盆废水。

（3）厨房废水系统：排除餐饮类含油洗涤废水。

（4）设备机房排水系统：设备机房主要有空调机房、热交换机房、水泵房、消防泵房、水处理机房等。其中水处理机房还可分为游泳池机房、景观机房、给水处理机房。不同的机房排水量差别很大，如空调机房平时排水量很少，而水处理机房，反冲洗设备排水量很大。另外，排水水质也有差别：空调机房排水、水泵房排水属于清洁废水，出户后，可以排至室外雨水系统；对于通过添加药剂进行软化、净化等处理的设备排水，要求排至室外污水系统。

（5）消防喷淋排水系统：接纳喷淋系统每层试验排水，因喷淋排水压力高不应接入地漏、面盆。

2. 排水立管和通气立管设置

排水系统划分后，采用不同的排水立管，接纳不同性质排水还需考虑：

（1）排水主立管的位置和数量

排水主立管的管径可根据现行设计规范计算确定。排水主立管的位置，既要考虑就近接纳卫生器具或汇合若干立管排水，还要兼顾出户管接至室外总体的条件。当建筑平面面积较大时，特别是汇总生活排水立管的位置，更需要认真比较后确定。否则，设计总体排水时就会发生困难。排水主立管的数量，应根据建筑物具体的性质，按以下原则确定：

1）卫生器具数量控制。接纳高层住宅、公寓类的生活污、废水时，各卫生间排水立管在技术层汇合转换成主立管排水，其数量应根据汇总前的排水层数、卫生器具的数量、通气系统的完善程度综合考虑。通气系统较完善，例如设器具通气时，其汇合的卫生间排水立管可适当多一些；只设通气立管，H管与污、废水管相连时，根据工程经验，每根排水主立管允许汇合 3～4 个单元，即最多接纳约 100 套卫生设备排水。

2）汇总层净高限制。当建筑平面形状为长条形时，汇总立管往往受到汇总层净高限制。技术层各类管道下净高宜不小于 2.2m，而汇总在公共走廊，其净高一般不小于 2.4m。根据梁高、各类管道排列及排水管坡降尺寸，可以计算出维持净高、排水主立管的最大水平距离，从而确定所需汇合后排水主立管的数量。

3）双排水主立管。酒店类高层建筑，通气系统通常比较完善。主汇总排水立管，接纳的卫生间可多一些。但不宜所有生活污水管或废水管汇集在 1 根总排水管出户。考虑到排水安全和日常维修保养，排水设计时宜分别设 2 根污水或废水汇总立管。

（2）通气立管和汇合管

1）高层建筑生活污、废水排水系统，通常需设通气立管。不宜采用放大排水立管管径而不设通气立管的设计（有可靠的测试数据支撑的特殊单立管排水系统，可不设专用通气立管）。生活污、废水汇合后的排水主立管系统宜考虑设主通气立管。

2）不经常排水或排水量较少的机房排水，可不设专用通气立管。但须设伸顶通气，其排水立管和排水横管管径应考虑瞬间最大排水量，如游泳池排空时排水量、水箱溢水时排水量。

3）各通气立管汇总管。超过 50m 的通气立管管径同排水立管下部管径相同。接纳地下室污水集水池和卫生间通气的通气立管汇合至通气立管时，其管径应经过计算确定。分区通气管汇合横干管管径也应按现行规范确定。整幢大楼通气汇总管排出屋面数量至少应有 2～3 个，且通气口净面积不得小于计算的通气面积。

3. 分区排水

高层建筑通常设有地下室，多数为地下 1～3 层，也有的为地下 4～5 层。地上建筑部分各类排水采用重力排水系统，无法自流的地下室排水采用压力排水系统。

（1）分区排水的概念（见图 2.11-7）。指地上建筑部分排水采取按系统分段汇总的排水方式。按照终限流速定义，排水立管中的排水流速，流经一定长度后，流速不再增加。从理论上分析，似乎高层建筑无须在竖向上分段排水。但从安全排水角度出发，尤其是超高层建筑，建议结合建筑竖向功能划分，进行合理分区排水。

（2）高层综合楼分区排水。例如一幢超高层综合楼，在竖向上通常分成 3 段，最上部建筑是公寓，中部是酒店，下部是餐饮娱乐。在公寓和酒店之间与酒店和餐饮娱乐之间，排水分区可分成 3 段，公寓区、酒店区、餐饮娱乐区。公寓卫生间排水在上技术层汇总，酒店卫生间排水在下技术层汇总后排下，餐饮娱乐部分排水系统在底层下分别汇总排出。

（3）分区的最下层也需单独排水。当排水立管需转弯成排水横管时，转换层的上层排水须单独设排水横管。所谓四管制排水是指高层建筑分区排水的汇总横管的上一层和上部立管排水的污、废水分别接管设 4 根排水横干管，而后分别排入两根污、废水总立管。四管制排水，污废分流，上下分开，排水相互干扰少，可靠性好，有条件时应优先采用。

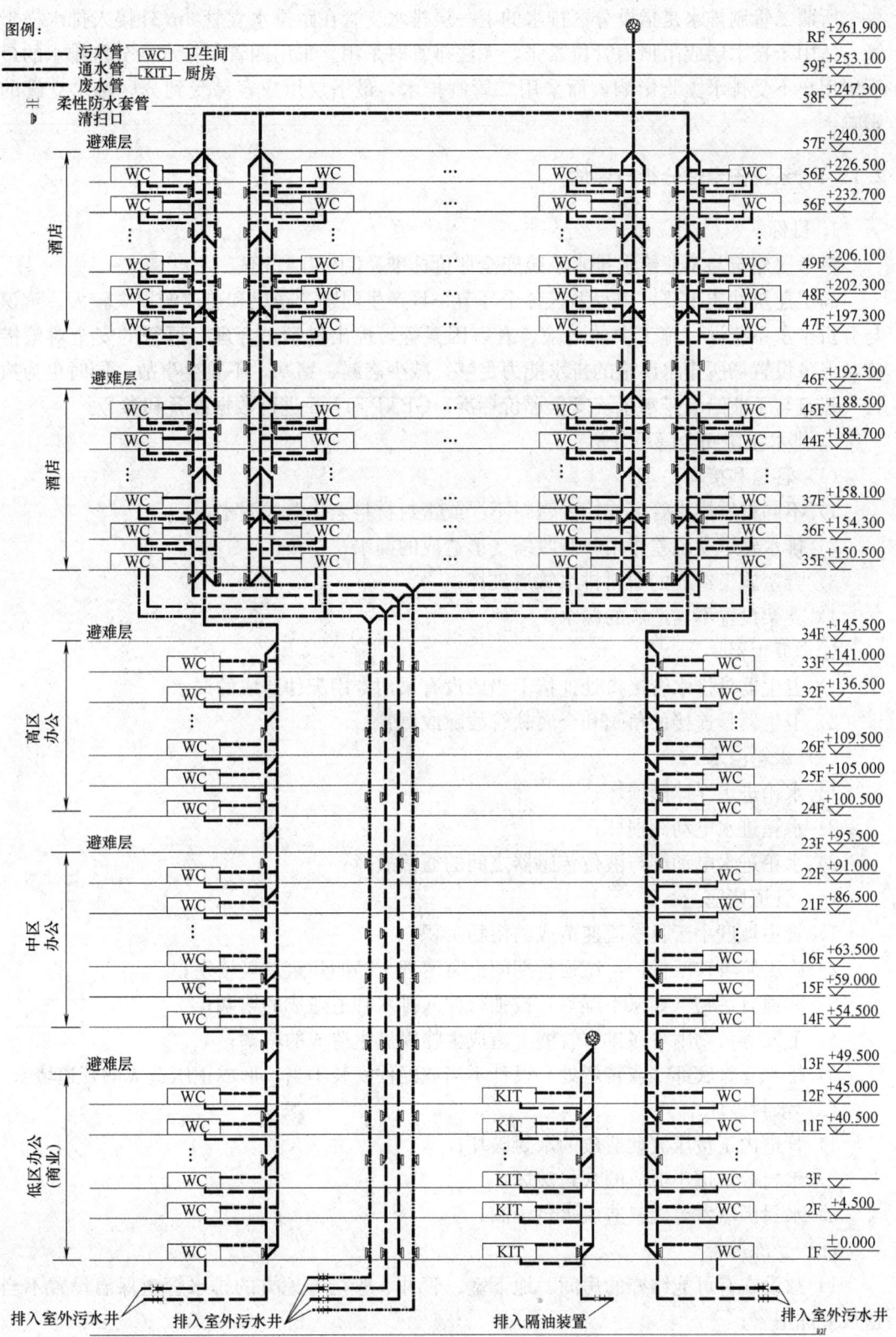

图 2.11-7　高层建筑分区排水

所谓二管制排水是指设分区排水的上一层排水支管在距排水立管 3m 外接入排水横干管。适用于技术层或吊顶内管位紧张，无法排管时采用。采用四管制排水，分区排水的最下层用户不受排水立管影响，而采用二管制排水，最下层用户容易受到分区排水立管的影响。

2.11.4　系统安全性分析与评估

1. 目标

参考《建筑与工业给水排水系统安全评价标准》GB/T 51188。

高层建筑性质重要，排水系统各个环节一旦产生问题，隐患和造成的损失较大，辨识与分析排水系统设计施工中的危险、有害因素等，提出科学、合理、可行的安全对策措施，保障设置场所排水设施的排水能力足够，减少渗漏、堵塞，不发生事故。同时也为执行《建筑与工业给水排水系统安全评价标准》GB/T 51188 进行数据准备和参考。

2. 排水系统安全隐患分析

（1）管道和接口

1）不同材质排水管道连接处密封不严或密封材料老化造成漏水；

2）排水管道受温差作用膨胀收缩变形造成的漏水；

3）野蛮施工造成的塑料排水管道破坏；

4）支架设置不当造成的漏水。

（2）卫生器具

1）卫生器具排水管接口处连接不当或没有采用专用配件造成的漏水；

2）卫生器具连接的角阀和金属软管故障或爆管。

（3）水箱溢水

1）水箱进水浮球阀损坏；

2）水箱进水电动阀损坏；

3）水箱进水电动阀与液位传感器之间的通信故障。

（4）管道堵塞

1）管道坡度小于自净流速造成的污物沉积；

2）施工阶段缺乏保护，试运行期间没有清理干净的建筑垃圾堵塞；

3）非适宜污物（如尿不湿等）被强行冲入排水管道造成的堵塞；

4）毛发等污物附着在排水管壁上造成生物膜滋生造成的堵塞；

5）排水立管底部（或转弯处）设计不当或配件安装不当，形成正压造成的管道堵塞。

（5）水封破坏

1）管道内正负压波动造成的水封破坏；

2）水封容量过小造成的水封破坏；

3）水封因蒸发等因素造成水封干涸。

（6）受冻爆管

1）敷设在有可能结冻的房间、地下室、管井、管沟等地方的排水管道保温设置不当造成受冻爆管；

2）设置在室外的排水管道存水弯受冻爆管。

3. 消除潜在危险的对策

（1）高层建筑排水应设置一定的冗余度，宜按建筑功能分区设置排水系统；

（2）高层建筑中易产生隐患的各环节应加强核对检查；

（3）生活排水系统应具有满足系统正常排水和事故排水的排水能力；

（4）生活排水系统应最大可能减少系统的堵塞，并提供合理维修和清扫的措施。

2.12　事故排水对策

事故排水，是一种非正常排水。建筑物中一旦发生事故排水，造成的影响和损失是很严重的，轻者影响人们正常工作和生活秩序，重者使某些系统瘫痪。产生事故排水的原因很多，防范应从各方面规范。从设计的角度，排水设计时，应事先预计到可能发生的事故排水，采取一些防范措施，把损失减少到最小程度。

2.12.1　地下室防积水、倒灌措施

地下室常常因为外墙、顶板渗漏以及室内外温差较大等原因使得部分管道和设备表面出现凝结水现象，造成地面湿滑甚至积水，影响业主及用户使用。常见的地下室渗漏、积水原因及应对措施，见表2.12-1。

地下室渗漏、积水原因及应对措施　　　　　　　表2.12-1

地下室渗漏、积水原因	应　对　措　施
地下室排水重力出户管，遇到室外管网堵塞，水位升高倒流	地下室排水原则上应采用压力排水方式，若采用重力排水系统，应慎之又慎，要确保在任何情况下室外排水管网都不会倒流时方能使用。正常条件下重力排出还是不够安全的，因为室外排水管网堵塞时，水位突然升高，会导致回流，而采用压力排出是较为可靠的
地下室排水泵出水管上止回阀失灵或关不严，室外管网水回流	排水泵出水管采用上弯管出户。弯管顶部标高应高于室外地坪（如右图）。这样即使室外地坪积水、止回阀失灵或者关不严也不会通过排水泵出水管倒流至室内
排水泵流量偏小，遇到特大暴雨时，来不及排水	雨水排水泵的排水能力，应按50年重现期设计。下沉式广场、地下车库入口低于室外地坪，往往无条件设溢流孔排水，此时排水泵的流量须按重要建筑物标准设计。潜水泵应设备用泵，紧急时可多台泵同时启用，并采用自动控制
地下室无排水设施，当地下室外墙防水性能差时，通过墙体渗入地下室	地下水位超过地下室底板时，给水排水专业需配合建筑、结构专业认真设计好地下室外墙的防渗防水节点；同时在外墙的内侧设排水沟和专门集水坑，用潜水泵压力排出。如果地下室面积很大，几个集水坑通过排水沟连通起来，以提高排水泵工作的可靠性
地下室底板、外墙和顶板结构混凝土产生裂纹和渗漏	施工回填等未按设计要求进行，后期使用过程中堆坡、种植未按要求选用、施工，导致土建结构出现裂纹、渗漏。应严格按照设计及规范要求进行施工、堆坡、种植，避免违规操作

续表

地下室渗漏、积水原因	应 对 措 施
预埋管道套管、施工缝、穿墙对拉螺栓等部位渗漏,导致地面积水	地下室外墙和顶板穿墙(顶板)管道套管预留洞的位置不准确,或预留的数量不够,甚至未预留,在混凝土浇筑完毕后出现二次开孔现象,或者预留套管多余,造成管道周围孔洞填塞不密实而存在渗漏隐患;混凝土施工前应事先和相关施工单位和安装部门紧密配合,确定好所需预留洞的数量和大小,不要多留也不要少留,尽可能避免二次凿孔;确需二次凿孔和对多余孔洞的封堵应严格按照施工规范的有关要求进行封堵密实,并进行防水处理
设备管道表面出现凝结水现象;排水设施不畅,室内积水未能及时排出	地下室做好通风设施,改善地下室潮湿环境;要保证地下室集水井(或截水沟)的排水通畅,对下雨时进入地下室排水沟和集水井内的雨水要及时抽排出地下室

2.12.2 消除堵塞、溢流爆管隐患

1. 确保自清流速和最小坡度,避免因流速太小而造成污水滞留、污物沉积管底,从而造成管道堵塞;避免排水管道直角转弯,避免出户管埋设太深,保证排水管道水力条件良好。

2. 注意施工时避免杂物进入排水管道、文明使用、禁止把马桶当垃圾桶:施工时有些人为图方便随意倾倒清洗的砂浆、污物、垃圾等,造成污物淤积、管道堵塞,清理十分困难。

3. 管道支、吊架,特别是卡箍连接排水铸铁管立管转弯处应采用加强型。

4. 排除屋面雨水的管道,其承压能力应满足屋面至排出管的最大静水压力。

5. 高层建筑内排水系统的管道承压能力,需考虑管道万一堵塞造成管内积水,使压力升高的因素。

6. 设备层管道要设置事故排水措施。

7. 设置水箱溢流报警、紧急关闭装置。水箱发生溢流的原因,多数是水位控制或控制阀失灵。在水箱进水管上加电动阀,平时常开,当水位达到溢流时,控制电动阀关闭。另外,接纳溢流管的明沟断面尺寸及排水管管径,应通过水力计算确定。

8. 坐便器、洗脸盆进水软管的耐压性能和接口强度应满足 0.6MPa 工作压力。

2.12.3 水封保护措施

室内环境受到污染,也是一种事故,为保证室内环境良好,排水系统的核心是保护水封不被破坏。

水封高度受管内气压变化、水蒸发率、水量损失、水中固体杂质含量及密度的影响,当存水弯内水封深度不足以抵抗管道内允许的压力变化时,会造成水封破坏,管道内气体会窜入室内,污染空气、污染环境。

1. 造成水封损失、破坏的主要原因有:

(1) 管道系统内压力波动

由于卫生器具排水的间断性和多个卫生器具同时排水的多变性,排水管道系统因水的流动性,会引起管道内的压力波动,当压力超过某一限定值时,某些管段瞬时出现正压或

者负压，会造成存水弯内水的喷溅或抽吸，水封水量损失，从而破坏水封。

（2）自虹吸作用

卫生器具在瞬时大量排水的情况下，存水弯自身会迅速充满而形成虹吸，致使排水结束后存水弯中水量损失，水面下降，引起自虹吸现象，导致存水弯水封破坏。

（3）蒸发作用

卫生器具较长时间不使用，存水弯内水量得不到补充，由于蒸发造成水量损失，导致水封破坏。

（4）毛细管作用

由于污水中残存杂物（如纤维、毛发等），在存水弯出流端延至出口外，从而形成毛细管作用，使存水弯中的水被吸出。

（5）水封设置不合格

重复设置水封会形成气塞，造成气阻现象，排水不畅且产生排水噪声。

各种类型的卫生器具水封破坏的原因各不相同，负压抽吸是大多数卫生器具水封破坏的主要原因，而对于建筑物底层卫生器具来讲正压喷溅则是水封破坏的主要原因，洗脸盆水封破坏主要是自虹吸作用，而地漏水封破坏主要是由于负压抽吸和蒸发作用。

2. 水封保护措施

在工程设计中为防止水封破坏，凡设置水封装置的场所均应有水封保护措施，水封保护主要是减小管道内压力波动，提高存水弯防水封破坏能力。针对不同的水封破坏原因应采用多项措施防止水封破坏：

（1）完善并优化通气系统，控制排水系统内最大气压波动值≤40mm H_2O，高层建筑生活排水系统和多层建筑使用标准较高的排水系统，应设置专用通气立管，每层与污、废水管连接；连接卫生器具较多的排水支管设环形通气管；有条件的场所应采用器具通气方式。

（2）避免采用不通气的排水立管。当卫生器具设置在二层以上时，应有伸顶通气管，无条件时，可采取设吸气阀等其他有效措施。

（3）加大排水立管或者排水横干管（出水管）管径，减小系统内压力波动。

（4）避免在连接偏置管的水平管段上接入排水支管，减小负压抽吸；排水横支管应在排水立管底部以上一定高度范围之外接入，尽量避免正压喷溅。

（5）洗脸盆采用S形存水弯排水时，易产生自虹吸作用，设计时应采用防虹吸存水弯，或设置器具通气管，也可设吸气阀；无条件设置时，在存水弯终端加大排水管管径。

（6）不经常使用具的卫生器具，采取自动补水装置，使水封存水及时得到补充。

（7）地面不经常排水的房间尽量不设置地漏，如厨房、住宅卫生间等。

（8）地漏应优先选用具有防干涸、防虹吸功能的自密封产品，或采用多通道地漏，利用洗脸盆的经常排水补充地漏水封。

（9）不重复设置水封，以免造成水封破坏，尤其注意选用自带存水弯卫生器具又另设存水弯的情况。

（10）室外生活排水管道系统的始端排水检查井和化粪池，应设通气管，该通气管应引至附近建筑物敷设，并宜伸出屋顶。

2.12.4 消防排水

1. 消防相关规范的规定

(1)《消防给水及消火栓系统技术规范》GB 50974—2014 第 9 章有以下规定：

1) 消防排水设有消防给水系统的建设工程宜采取消防排水措施。

2) 排水措施应满足财产和消防设施安全，以及系统调试和日常维护管理等安全和功能的需要。

3) 下列建筑物和场所应采取消防排水措施：

① 消防水泵房；

② 设有消防给水系统的地下室；

③ 消防电梯的井底；

④ 仓库。

4) 室内消防排水应符合下列规定：

① 室内消防排水宜排入室外雨水管道；

② 当存有少量可燃液体时，排水管道应设置水封，并宜间接排入室外污水管道；

③ 地下室的消防排水设施宜与地下室其他地面废水排水设施共用。

5) 消防电梯的井底排水设施应符合下列规定：

① 排水泵集水井的有效容量不应小于 $2.00m^3$；

② 排水泵的排水量不应小于 10L/s。

6) 室内消防排水设施应采取防止倒灌的技术措施。

7) 消防给水系统试验装置处应设置专用排水设施，排水管管径应符合下列规定：

① 自动喷水灭火系统等自动水灭火系统末端试水装置处的排水立管管径，应根据末端试水装置的泄流量确定，并不宜小于 DN75；

② 报警阀处的排水立管管径宜为 DN100。

8) 减压阀处的压力试验排水管道直径应根据减压阀流量确定，但不应小于 DN100。

9) 试验排水可回收部分宜排入专用消防水池循环再利用。

(2)《人民防空工程设计防火规范》GB 50098—2009 第 7.8 节规定：

1) 设置有消防给水的人防工程，必须设置消防排水设施（强制性条文）。

2) 消防排水设施宜与生活排水设施合并设置，兼作消防排水的生活污水泵（含备用泵），总排水量应满足消防排水量的要求。

2. 排水量计算

(1) 消防泵房排水量需要综合考虑：

1) 当设有消防水池时，消防泵房排水量按消防水池进水管的流量确定。进入消防水池的市政进水管因水位控制阀的浮球阀失灵而造成大量水通过溢流管进入消防泵房，此时消防水池溢流水量为进水管进水量。消防水池进水管的进水量可按 $v=1.5m/s$ 流速及管径大小确定。

2) 当无消防水池时，按消防系统最大试验排水流量确定消防泵房排水量。

(2) 地下室消防排水量

消防排水设施的排水量宜按保护场所内同时作用的所有消防给水量的 80％计算参考

《人民防空工程设计防火规范》GB 50098—2009 第 7.8.1 条的条文解释：因为人防工程与一般地面建筑不同，除少数坑道工程外，均不能自流排水，需设置机械排水设施，否则会造成二次灾害。一般消防排水量可按消防设计流量的 80% 计算，采用生活排水泵排放消防水时，可按双泵同时运行的排水方式设计，且应确保消防积水不致影响该场所人身及财产安全和正常使用功能的需要。

(3) 消防电梯排水量

消防电梯集水井的有效容量不应小于 2.00m³；排水泵的排水量不应小于 10L/s。

3. 排水设备选择

集水坑的有效容积不应小于最大 1 台排水泵 5min 最大时排水量，排水泵的总排水量应不小于消防水泵房消防排水量。排水泵应按最大流量排水泵设置 1 台备用泵。

消防泵房排水泵和消防电梯集水井排水泵应采用消防电源供电；服务于报警阀组排水的专设或兼作集水坑排水的排水泵应采用消防电源供电；人防区内兼作消防排水的集水坑排水泵应采用消防电源供电；非人防区内兼作消防排水的集水坑排水泵应采用消防电源供电，当无计算资料时，每个防火分区内保证不少于 2 座集水坑排水泵采用消防电源供电。

4. 排水集水池的位置

(1) 消防泵房集水池宜设置在泵房内，泵房内的设备基础不应位于集水池上方，集水池内应设水泵固定自耦装置。

(2) 消防电梯集水池应设在电梯邻近处，但不应直接设置在电梯井内，池底低于电梯井底不应小于 0.7m。几组消防电梯可共用一个集水池。消防电梯集水池应独立设置，不应接纳其他无关的排水。集水池内应设水泵固定自耦装置。

2.13 建筑小区排水

2.13.1 设计范围

1. 用地红线范围内室外排水系统

建筑总体排水设计系指建筑红线范围内，连接各单体建筑排水，经汇总、处理后至市政排水管道或水体的设计。

总体排水设计既要满足各单体的排水要求，又要符合最终市政排水接口的要求，这些要求包括排水量转输、排放水质和标高的衔接。总体排水设计采用的标高为绝对标高。建筑红线范围内的市政道路下的排水管线通常不包括在建筑排水设计范围内，而由市政道路及管道专业单位负责设计。

2. 合作分工划分范围内室外排水

当室内、室外排水由不同工种或者单位进行设计时，一般以单体建筑物外墙或者单体建筑物外墙外 1.5m 为界进行设计，当地有地方规定或者通用做法的以当地规定为准。

2.13.2 建筑排水管道设计要点

1. 排水体制

室外排水主要分为分流制和合流制。确定和选择排水系统的排水体制，必须注意小区与市政的排水体制是否适应；还应根据小区建筑排放的污（废）水性质、市政的排水体制、污（废）水处理设施的完善程度、污（废）水是否再生回用、国家和当地对环境保护的要求及主管部门的要求等确定。

小区污、废水经汇集后，主要通过以下几种方式接入市政管网：

（1）直接自流排入市政排水系统，集中到城市污水处理厂进行处理；有的地方要求在接市政污水管道前应设格栅检测井；

（2）室外污、废水合流，生活污、废水经化粪池处理后排入市政污水管道；

（3）室外污、废水分流，粪便污水经化粪池处理后排入废水管，最终进市政污水管道；

（4）餐饮厨房废水经隔油池处理后排入废水管，最终进市政污水管道；

（5）医疗废水、实验室化学废水等经消毒处理后排入废水管，最终进市政污水管道；

（6）温度高于40℃的排水，应优先考虑将所含热量回收利用，如不可能回收或者回收不合理时，在排入室外管网前应设降温池降温处理；

（7）住宅楼阳台雨水排水管凡接纳洗衣机排水的，应作为生活排水管，接入总体废水管或污、废水合流管；当地有规定阳台雨水管不管是否接洗衣机废水都应接入污水管网时，按当地规定执行；

（8）小区内生活污水和生活废水作为中水原水，处理后作为杂用水供小区使用；

（9）市政无生活污水管道，根据环保部门要求或接纳水体的地面水环境要求，设置污水处理站，处理达标后排入水体或雨水系统。

2. 室外污水量计算

（1）最高日生活污水量为生活用水量的85%～95%。生活用水量不包含绿化浇灌、道路冲洗和冷却补水量。

（2）最大时污水量

室外污水管道的设计流量，应按最大时污水量进行计算，见公式（2.13-1）：

$$Q = Q_1 + Q_2 \qquad\qquad (2.13\text{-}1)$$

式中　Q——最大时污水量（m^3/h）；

　　Q_1——居民生活污水设计流量（m^3/h）；

　　Q_2——公共建筑生活污水设计流量（m^3/h）。

当室外生活污水为污、废水合用一根排水管时，上述公式中的最大时污水量与生活污水最大小时流量相同。

当室外生活污水分为粪便污水管与生活废水管时，其每人每日生活污水和废水量应分别计算。

居民使用时间为24h，小时变化系数同给水系统，公共建筑使用时间小时变化系数按公共建筑性质确定，参见给水章节。

3. 排水管道的水力计算，参见2.3节。

4. 排水管道的最小流速，在设计充满度下为0.6m/s；最大流速，金属管道不超过10m/s，非金属管道不超过5m/s。

5. 排水管道的管径经水力计算小于表2.13-1最小管径时，应选用最小管径。

室外排水管道最小管径、最小设计坡度和最大设计充满度　　　表 2.13-1

类别	管道位置	管道	最小管径(mm)	最小设计坡度	最大设计充满度
污水管	建筑物周围	埋地塑料管	160	0.005	0.5
		混凝土管	150	0.007	
	组团内道路下	埋地塑料管	160	0.005	
		混凝土管	200	0.004	
	小区主路、市政道路下	埋地塑料管	200	0.004	0.55
		混凝土管	300	0.003	
合流管	建筑物周围		200	0.004	1.0
	组团内道路下		300	0.003	
	小区道路、市政管道下		300	0.003	

注：1. 排水管最大坡度不应大于 0.15。

2. 接户管管径不应小于建筑物的排出管管径。

3. 化粪池出口与其连接的第一个检查井的污水管最小设计坡度适宜取值：管径 150mm 为 0.010～0.012；管径 200mm 为 0.010。

4. 居住小区最小管径服务人口：DN150 不超过 250 人；＞250 人，最小管径为 DN200。

5. 排水管道下游管段管径不得小于上游管段管径。

2.13.3　建筑排水管道敷设注意事项

1. 排水管道敷设应满足室外最小埋设深度的要求，绿化及人行道下最小覆土深度 0.3m，车行道下最小覆土深度 0.6m；寒冷地区埋管须防止管道内污水冰冻和因土壤冻胀而损坏管道。

2. 室外排水管道一般采用管顶平接，室外排水管道起点埋深需满足单体出户管接管要求，并应适当考虑建筑物沉降等的余量。

3. 因场地覆土厚度限制，场地重力雨、污水管道交叉无法避让时，可采用交叉井的方式，应让污水管直接通过。如图 2.13-1 所示。

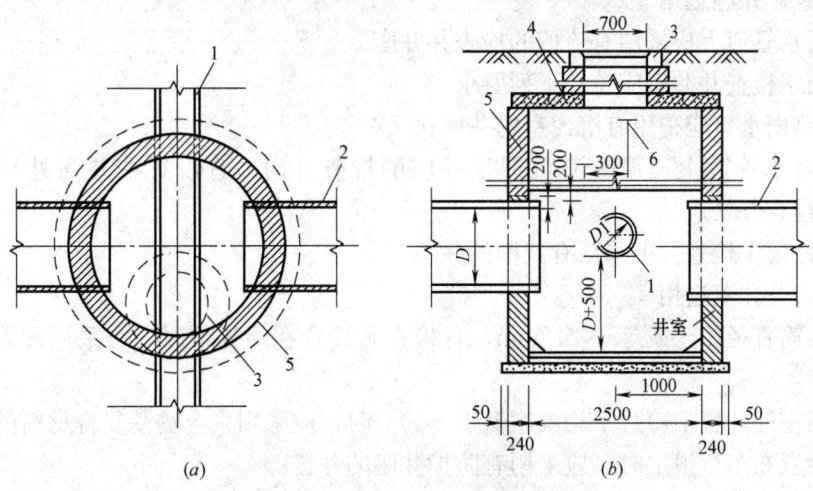

(a)　　　　　　　　　　　　　(b)

图 2.13-1　穿越井

(a) 平面图；(b) 剖面图

1—污水管；2—雨水管；3—井盖；4—混凝土盖板；5—井筒；6—爬梯

4. 排水管道遇到水体、小河障碍物，不能按原有坡度敷设时，可采用倒虹管方式穿越障碍物（见图2.13-2），穿过河道的倒虹管不宜少于两条，穿过谷地、旱沟或小河的倒虹管可采用一条，倒虹管管顶与规划河道底的距离不宜小于1.0m，管内设计流速应大于0.9m/s，最小管径宜为DN200。

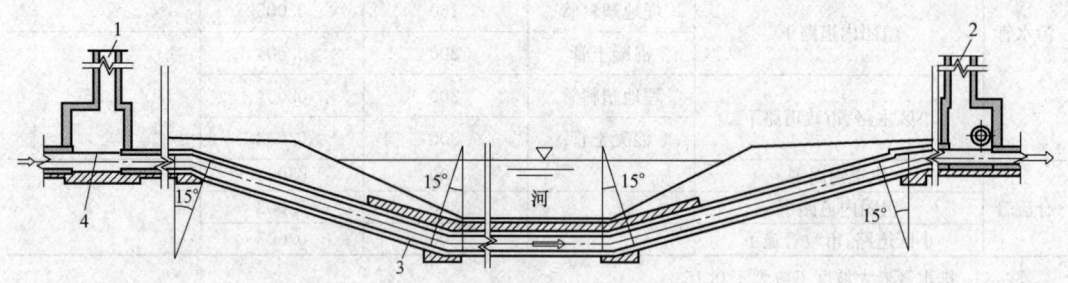

图2.13-2　倒虹管

1—进水井；2—出水井；3—管道；4—溢流堰

5. 当室内压力排水管接至室外重力管系，出口压力大于0.02MPa时，压力出水管上需设消能设施。

6. 当地势起伏较大的场地排水时，应合理规划排水管网，避免倒坡现象。

7. 当受场地条件限制化粪池敷设困难时，应与土建专业协商处理，可采用土建地下局部避让等方式解决化粪池位置问题，此时因化粪池离建筑物较近需做好防渗漏措施。

2.13.4　塑料检查井选用及安装

当塑料排水管道外径不大于DN800、埋深不大于6m时，小区排水检查井应优先采用塑料检查井。

1. 检查井井座选用

（1）污水管道上应采用有流槽的检查井井座。

（2）雨水检查井井座应符合下列要求：

1）道路雨水口应采用有沉泥室的井座；

2）在雨水管道上需设置有沉泥室井座的检查井时，宜设置在井筒外径大于等于450mm的检查井处；

3）其他雨水检查井可采用有流槽的井座。

2. 检查井井盖选用

（1）井筒直径小于或等于315mm，且检查井设置在绿化带时，宜采用硬聚氯乙烯材质的井盖。

（2）当室外环境最冷月平均温度低于−10℃时，应采用聚合物基复合材料的井盖。

（3）设置在车行道上时，应采用有防护井座的井盖。

（4）绿化带需设置大于等于450mm的井筒时，可采用车行道上的井盖，但不作混凝土基础。

（5）除有特殊要求外，有防护盖座的污水检查井的井筒上口还应设置内盖。

2.13.5　建筑排水管道敷设困难的处理措施及对策

1. 排水管道与其他地下管线（或构筑物）水平和垂直的最小净距，应根据两者的类型、高程、施工先后和管线损坏的后果等因素，按当地城镇管道综合规划确定，亦可按表 2.13-2 采用。

排水管与其他管道最小净距　　　　　　　表 2.13-2

名称		水平净距(m)	垂直净距(m)
建筑物	管道埋深浅于建筑物基础时	不宜小于 2.5	
	管道埋深深于建筑物基础时	按计算确定,但不应小于 3.0	
给水管	$d \leqslant 200\text{mm}$	1.0	0.4
	$d > 200\text{mm}$	1.5	
排水管			0.15
再生水管		0.5	0.4
燃气管	低压　$P \leqslant 0.05\text{MPa}$	1.0	0.15
	中压　$0.05\text{MPa} < P \leqslant 0.4\text{MPa}$	1.2	0.15
	高压　$0.4\text{MPa} < P \leqslant 0.8\text{MPa}$	1.5	0.15
	$0.8\text{MPa} < P \leqslant 1.6\text{MPa}$	2.0	0.15
热力管线		1.5	0.15
电力管线		0.5	0.5
电信管线		1.0	直埋 0.5
			管块 0.15
乔木		1.5	
明渠渠底			0.15

注：1. 表列数字除注明者外，水平净距均指外壁净距，垂直净距系指下面管道的外顶与上面管道基础底间净距。
　　2. 采取充分措施（如结构措施）后，表列数字可以减小，但敷设和检修管道时，不应互相影响，排水管道损坏时，不应影响附近建筑物、构筑物的基础，不应污染生活饮用水。

2. 当地下室顶板覆土不足时，可以采取下列措施进行管道敷设：
(1) 尽量减小起点管道埋深，从而减小整个管道埋深；
(2) 可以采用局部降板的方式进行管道敷设；
(3) 场地雨水排放可以采用明沟或者暗沟排放。
3. 地下室外墙距离红线较近时，可以采取下列措施：
(1) 雨、污水重力管线在室外敷设，其余管线尽可能在地下室敷设；
(2) 室外管线特别复杂时可以采用综合管沟的方式，减少对室外空间的要求；
(3) 化粪池、隔油池、降温池等构筑物敷设处，地下室顶板进行局部降板处理。

2.14　建筑排水管道验收

为保证排水工程质量，排水管道检验批、分项工程、子分项工程质量验收记录表应符合现行国家标准《建筑给水排水及采暖工程施工质量验收规范》GB 50242 的规定。

2. 14. 1　建筑室内排水系统管道验收

1. 灌水检查。隐蔽或埋地的排水管道在隐蔽前，必须做灌水试验，其灌水高度应不低于底层卫生器具的上边缘或底层地面高度。如设计对灌水高度有要求，则应符合设计规定。检验方法：灌水 15min 水面下降后，再灌满观察 5min，液面不降，管道及接口无渗漏为合格。

2. 通球检查。排水立管及排水横干管均应做通球试验，通球球径不小于排水管道管径的 2/3，通球率必须达到 100%。

3. 高层建筑中明设塑料排水管道阻火装置的设置应符合设计要求。当设计无要求时，管道公称直径大于等于 110mm 且穿越楼层、管道井壁时，应设置阻火装置。当塑料排水管道穿越防火墙时，应设置阻火装置。

4. 塑料排水管伸缩节的设置应符合设计要求。当设计无要求时，伸缩节间距不得大于 4m。排水横管应设置专用伸缩节，2 个伸缩节间应设置固定支架。

5. 排水管坡度和通气管坡度检查。排水管坡度应满足设计要求，当设计无要求时，应满足《建筑给水排水设计规范》GB 50015 的相关规定。器具通气管、环形通气管应在最高层卫生器具上边缘 0.15m 或检查口以上，按不小于 0.01 的上升坡度敷设，与通气立管连接。

6. 同层排水防水性能检查。如做降板敷设，应在排水管道敷设前做灌水 24h 检查，敷设后做好地坪后，再次检查地面层防水性能。

7. 医院病房、门急诊等对排水系统的卫生性有严格要求的场合，应做气密性试验，检查排水管道是否密封或渗漏。

8. 压力排水系统应按压力管道试压要求进行试验，试验压力不低于 1.5 倍工作压力，且不低于 0.6MPa。

9. 真空排水系统应按真空密封性能和生产厂家要求，进行密封性负压试验。

10. 卫生器具的满水和通水试验，满水后各连接处不渗不漏、排水畅通为合格。

2. 14. 2　建筑室外排水系统管道验收

1. 排水管道坡度检查
排水管道必须符合设计要求，严禁无坡或倒坡。
检验方法：用水准仪、拉线和尺量检查。
2. 灌水和通水试验
管道埋设前，必须做灌水和通水试验，排水应畅通，无堵塞，管道接口无渗漏。
检验方法：按检查井分段试验，抽样选取，带井试验。
（1）试验段上游设计水头不超过管顶内壁时，试验水头应以试验段上游管顶内壁加 2m 计；
（2）试验段上游设计水头超过管顶内壁时，试验水头应以试验段上游设计水头加 2m 计；

（3）计算出的试验水头小于 10m，但已超过上游检查井井口时，试验水头应以上游检查井井口高度为准；

（4）管道闭水试验应按闭水法试验进行。

3. 管道的标高和标识

管道安装标高应符合设计要求，检查井盖应有永久排水管种类标识，隐藏在装饰广场和景观处的检查井，要有标识，便于日常维护保养。

附录 B　住宅生活排水系统立管排水能力测试方法

B.1　瞬间流量法

瞬间流量法是住宅生活排水系统立管排水能力的一种测试方法。测试时，模拟卫生器具的瞬间流排水特性向排水系统放水，排水流量随时间变化。

被测试排水系统立管应根据被测试排水系统的类型和高度布置。测试时，应先测排水系统压力值，后测排水系统汇合流量。

排水系统压力值的测定应按下列步骤进行：

1. 排水楼层安装瞬间流发生器，测试楼层安装压力传感器，如图 B-1 所示。

2. 测试时从安装瞬间流发生器的最高楼层开始排水，并同时记录压力值；

3. 当需增加排水流量时，逐层向下增加排水的瞬间流发生器数量，层间排水时间间隔为 1s；

4. 当排水系统内压力超过最大压力判定值时，记录排水的瞬间流发生器个数。

排水系统汇合流量的测定应按下列步骤进行：

1. 测试时按 1s 的排水时间间隔，从最高层的瞬间流发生器开始排水，逐层向下增加排水的瞬间流发生器数量，直至达到排水系统内压力超过最大压力判定值时，记录瞬间流发生器个数。

2. 最小汇合流量的测试：在排水系统最底层放置测量筒，并将排水立管底部截断接入测量筒，如图 B-2 所示。

3. 最大汇合流量的测试：在最低排水层的下一层放置测量筒，并将该层排水立管底部截断接入测量筒，如图 B-3 所示。

B.2　定流量法

定流量法是住宅生活排水系统立管排水能力的一种测试方法。测试时，由供水装置按设定的流量向排水系统持续放水。

被测试排水系统立管根据被测试排水系统的类型和高度布置，排水楼层安装电磁流量计、电动阀、隔断水箱及管道连接件，模拟支管排水；测试楼层安装压力传感器，如图 B-4所示。采用调节阀和流量计控制排水量，总排水时间不应大于 140s。控制排水流量在测试开始后 40s 内达到设定要求，采取 40～120s 周期内的数值进行分析。

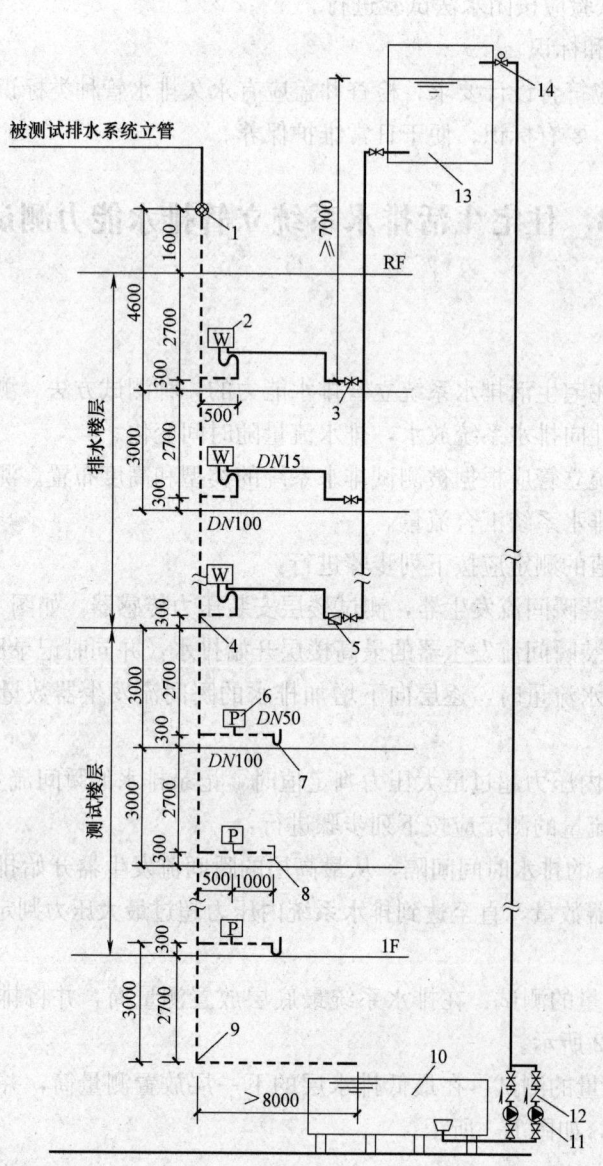

图 B-1　排水系统压力值的测试示意图

1—通气帽；2—瞬间流发生器；3—闸阀；4—排水立管横支管接头；5—减压阀；6—压力传感器；7—存水弯；

8—管堵；9—排水立管底部弯头；10—循环集水池；11—水泵；12—止回阀；13—高位水箱；14—电动阀

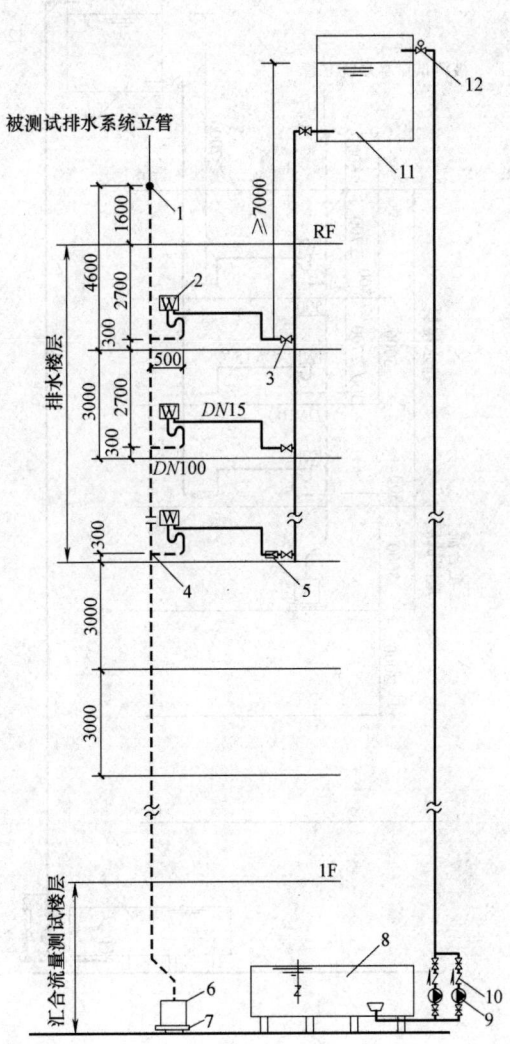

图 B-2 最小汇合流量（q_{smin}）的测试示意图

1—通气帽；2—瞬间流发生器；3—闸阀；4—排水立管横支管接头；5—减压阀；6—测量筒；
7—推车；8—循环水池；9—水泵；10—止回阀；11—高位水箱；12—电动阀

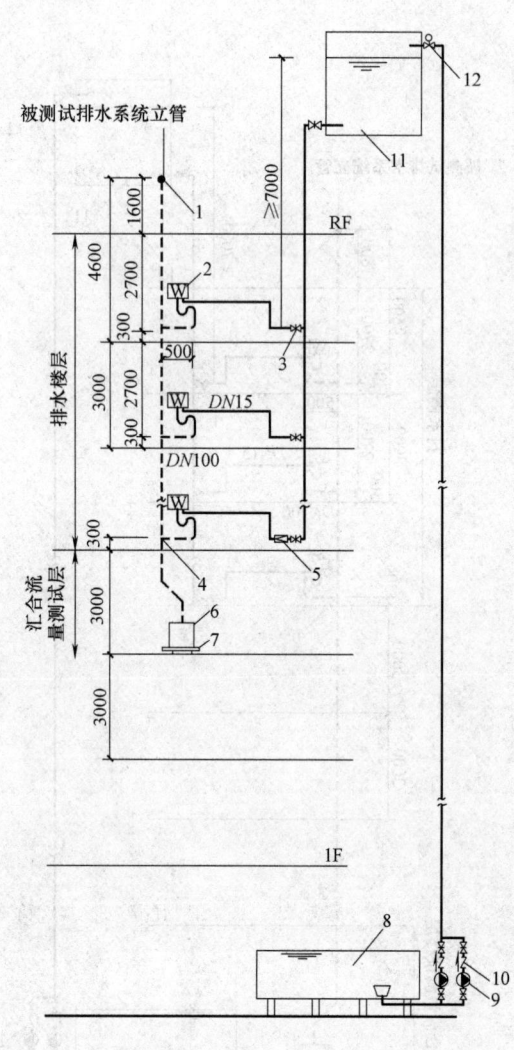

图 B-3　最大汇合流量（q_{smax}）的测试示意图

1—通气帽；2—瞬间流发生器；3—闸阀；4—排水立管横支管接头；5—减压阀；6—测量筒；

7—推车；8—循环水池；9—水泵；10—止回阀；11—高位水箱；12—电动阀

定流量法测试时应按以下步骤进行：

1. 从最高排水楼层开始排水，逐层向下增加排水楼层；每层的排水流量均应由 0.5L/s 开始，按 0.5L/s 的幅度增至 2.5L/s。

2. 系统流量为各排水层的累加排水流量，并记录每一个流量值时的系统压力。当排水系统内压力逼近系统内最大压力判定值时，按 0.1L/s 的幅度增加最低排水楼层的排水流量；当排水系统内压力达到系统内最大压力判定值时，停止试验并记录该流量下的系统压力。

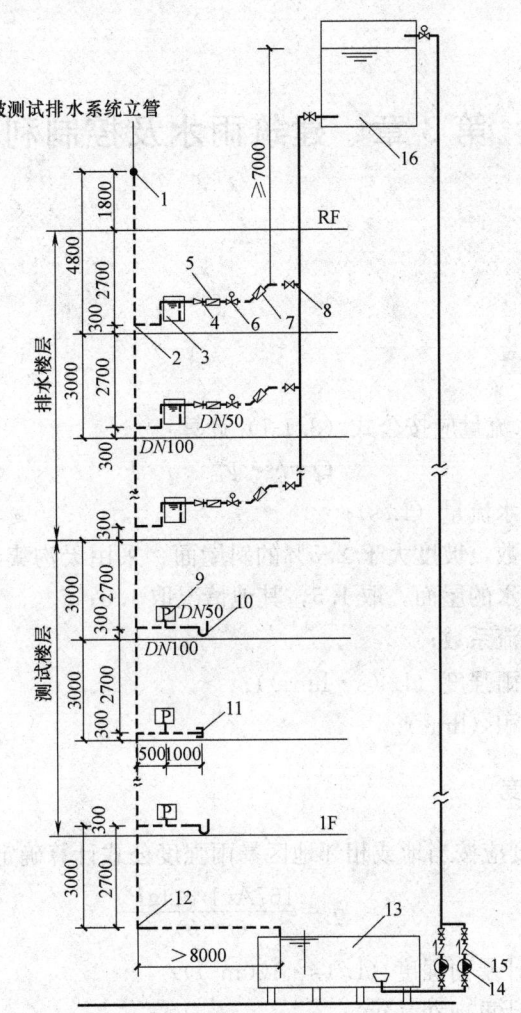

图 B-4　定流量法的测试示意图

1—通气帽；2—排水立管横支管接头；3—隔断水箱；4—异径管；5—电磁流量计；6—电动阀；
7—减压阀；8—闸阀；9—压力传感器；10—存水弯；11—管堵；12—排水立管底部弯头；
13—循环集水池；14—水泵；15—止回阀；16—高位水箱

第3章 建筑雨水及控制利用

3.1 雨水量

3.1.1 设计雨水流量

汇水面设计雨水流量应按公式（3.1-1）计算：

$$Q = k \cdot \Psi_m \cdot q \cdot F \tag{3.1-1}$$

式中 Q——设计雨水流量（L/s）；

k——汇水系数，坡度大于 2.5% 的斜屋面、采用天沟集水且沟沿在满水时会向室内渗漏水的屋面，取 1.5，其他情况取 1.0；

Ψ_m——流量径流系数；

q——设计暴雨强度（L/(s·hm²)）；

F——汇水面积（hm²）。

3.1.2 设计暴雨强度

1. 设计暴雨强度应按当地或相邻地区暴雨强度公式计算确定，见公式（3.1-2）：

$$q = \frac{167A(1+c\lg P)}{(t+b)^n} \tag{3.1-2}$$

式中 q——设计暴雨强度（L/(s·100m²)）；

P——设计重现期（年）；

t——设计降雨历时（min）；

A、b、c、n——当地降雨参数。

2. 设计重现期应根据建筑物的重要程度、汇水区域性质、地形特点、气象特征等因素确定，并宜按表 3.1-1 取值。

各种汇水区域的设计重现期 P   表 3.1-1

汇水区域名称		设计重现期(年)
屋面	一般性建筑、厂房	3～5
	重要公共建筑、厂房	10
室外场地	小区	3～5
	车站、码头、机场的基地	5～10
	窗井、地下车库坡道	50
	连接建筑出入口下沉地面、广场、庭院	10～50

注：1. 工业厂房屋面设计重现期应根据重要程度、生产工艺等因素确定。

2. 下沉式广场设计重现期应由广场的构造、重要程度、短期积水即能引起较严重后果等因素确定。

3. 设计降雨历时按公式 (3.1-3) 计算：

$$t = t_1 + t_2 \tag{3.1-3}$$

式中　t——设计降雨历时 (min)；

t_1——地（屋）面集水时间 (min)，视距离长短、地形坡度和地面铺盖情况而定，室外管线设计一般取 5～10min；建筑屋面取 5min；当屋面坡度较大且短时积水会造成危害时，可按实际计算集水时间取值；

t_2——管渠内雨水流行时间，室内管道可取 0。

为了便于计算降雨强度，收集了国内部分城市的降雨强度公式，并计算出重现期 2～10年、5min 降雨历时的降雨强度 q_5，列于表 3.1-2 中（此表纳入 13.4.2 条暴雨强度方式表）。

3.1.3　汇水面积

汇水面积的计算见表 3.1-3。

汇水面积的计算　　　　　表 3.1-3

序号	部位	面积计算
1	屋面	按水平投影面积计算。按分水线坡度划分为不同排水区时,应分区计算
2	球形、抛物线形或斜坡较大屋面(竖向投影面积达水平投影面积的 10%以上)	竖向投影面积的 50%折算成汇水面积,见图 3.1-1
3	高出屋面的毗邻侧墙	1. 一面侧墙,按侧墙面积的 50%折算成汇水面积; 2. 同一排水分区内的两面相邻侧墙,按两面侧墙面积平方和的平方根 $\sqrt{a^2+b^2}$ 的 50%(即下图中 a、c 面的 50%)折算成汇水面积; 3. 同一排水分区内的两面相对等高侧墙,不计面积; 4. 同一排水分区内的四面侧墙,最低墙顶以下的侧墙面积不计入,最低墙顶以上的侧墙面积按上述 1～3 款计算
4	窗井、贴近建筑外墙的地下车库出入口坡道	附加其高出部分侧墙面积的 1/2
5	室外地面	按水平投影面积计算,不附加建筑侧墙面积

3.1.4　流量径流系数

各种汇水面的雨水流量径流系数可按表 3.1-4 采用。

各种汇水面的综合径流系数应加权平均计算。如资料不足，小区综合径流系数根据建筑稠密程度在 0.5～0.6 内选用。北方干旱地区的小区综合径流系数一般可取 0.3～0.5。建筑密度大取高值，建筑密度小取低值。

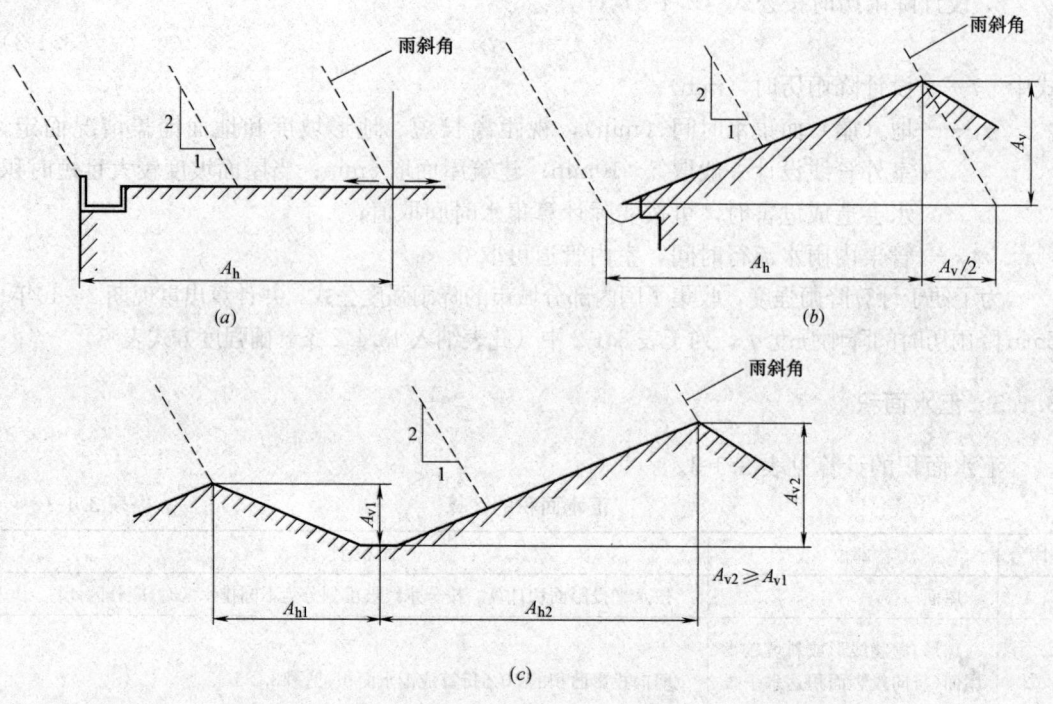

图 3.1-1　屋面有效集水面积计算

(a) 平屋面：$A_e = A_h$；(b) 坡屋面：$A_e = A_h + A_v/2$；

(c) 坡谷天沟：$A_e = (A_{v2} - A_{v1})/2 + A_{h1} + A_{h2}$

A_e—计算汇水面积；A_h—汇水面水平投影面积；A_v—汇水面竖向投影面积

各种汇水面的雨水流量径流系数　　　　　　　　　　表 3.1-4

汇水面种类	流量径流系数 ψ_m
硬屋面、未铺石子的平屋面、沥青屋面	1.0
水面	1.0
混凝土和沥青地面	0.9
铺石子的平屋面	0.8
块石等铺砌地面	0.7
干砌砖、石及碎石地面	0.5
非铺砌的土地面	0.4
地下建筑覆土绿地(覆土厚度＜500mm)	0.4
绿地	0.25
地下建筑覆土绿地(覆土厚度≥500mm)	0.25
透水铺装路面	0.36

3.2 屋面雨水系统设置与选用

3.2.1 雨水系统分类与选用

1. 按雨水管道位置分类

按雨水管道位置分类及适用场所见表 3.2-1。

按雨水管道位置分类及适用场所   表 3.2-1

排水分类	特点	适用场所举例
外排水	管道均设于室外（连接管有时在室内），参见图 3.2-1、图 3.2-2	1. 檐沟排水及承雨斗排水的建筑； 2. 50m 高度以内的住宅
内排水	仅悬吊管在室内	1. 室内无立管设置位置； 2. 立管在外墙能实现维修； 3. 外墙立管不影响建筑美观
	全部管道在室内，参见图 3.2-3 中高跨部分	1. 玻璃幕墙建筑； 2. 超高层建筑； 3. 室外不方便维修立管或不方便设立管的建筑

2. 按雨水汇水方式分类

按雨水汇水方式分类及适用场所见表 3.2-2。

3. 按雨水斗或流态分类

按雨水斗分类及适用场所见表 3.2-3。

3.2.2 屋面雨水系统的性能要求

1. 功能性要求

（1）设计重现期以内的屋面雨水应有组织地排至室外非下沉地面或雨水控制及利用系统，且应利用重力排水至室外。

（2）对于设计重现期范围内的降雨，屋面不得出现积水或冒水。

（3）屋面超标（超设计流量）雨水应有泄流通道。

2. 安全性要求

（1）雨水管道系统的设计应考虑运行期间最不利工况时的运行安全，不得按最有利的工况或流态进行设计。

（2）当出现超标雨水或特大暴雨或洪涝灾害程度的暴雨时，屋面雨水系统应仍能正常运行，不得出现管道吸瘪、管接口拉脱、天沟满溢漏水、埋地管冒水等灾害。

（3）建筑屋面雨水积水深度应控制在允许的负荷水深之内，50 年重现期降雨时屋面积水深度不得超过建筑结构允许的负荷水深。

（4）应采取如下措施排除屋面超标雨水或超设计重现期雨水：

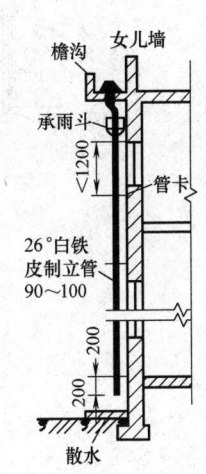

图 3.2-1 檐沟外排水

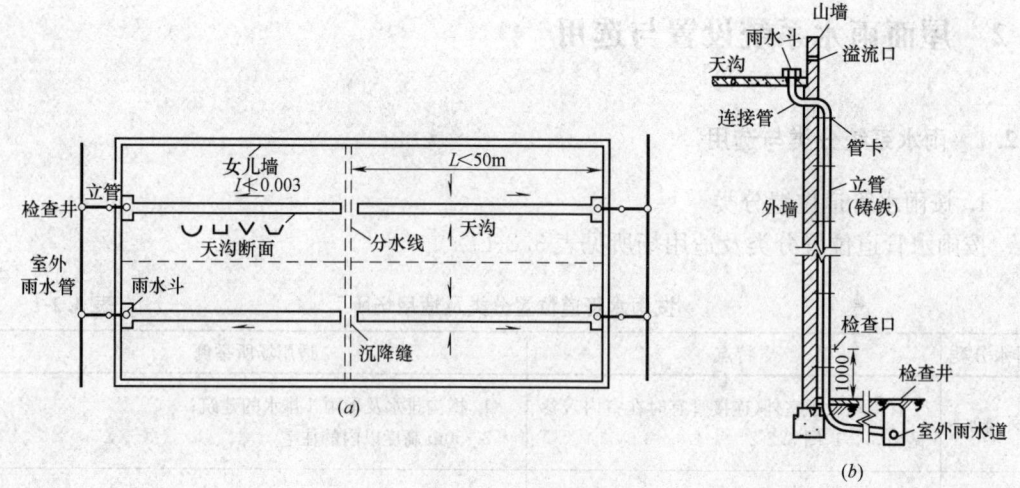

图 3.2-2　天沟外排水

(a) 平面图；(b) 剖面图

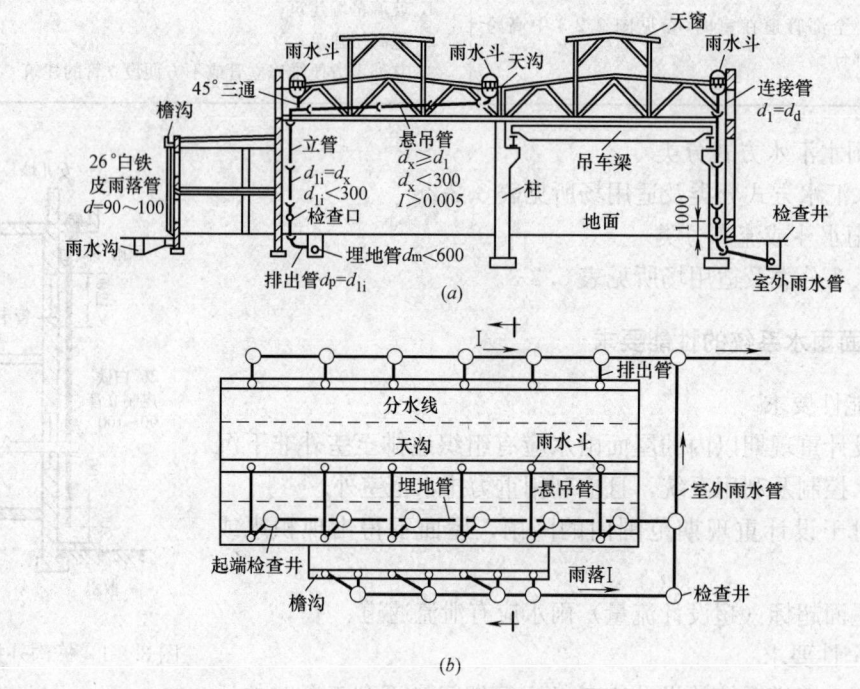

图 3.2-3　屋面内排水

(a) 剖面图；(b) 平面图

1) 屋面雨水排水系统采用虹吸雨水斗按满管压力流设计时，必须设置溢流设施排除超标雨水；

2) 屋面雨水排水系统采用 87 型雨水斗时，应考虑超标雨水无法流向高于雨水斗的溢流口而是流入雨水斗，雨水斗及其排水系统应预留充足余量排除超标雨水，且系统设计应采取应对流体压力的措施，按半有压流设计，不得按重力无压流设计；

按雨水汇水方式分类及适用场所　　表 3.2-2

排水分类	特点	适用场所举例
檐沟外排水	雨水斗设于檐沟内,参见图 3.2-1;	1. 屋面面积较小的单层、多层住宅或体量与之相似的一般民用建筑; 2. 瓦屋面建筑或坡屋面建筑; 3. 雨水管不允许进入室内的建筑
	成品檐沟,无雨水斗	
天沟排水	雨水斗设于天沟内,参见图 3.2-2、图 3.2-3	1. 大型厂房; 2. 轻质屋面; 3. 大型复杂屋面; 4. 绿化屋面
屋面雨水斗排水	雨水斗设于屋面,无天沟	住宅、常规公共建筑
承雨斗外排水	承雨斗设于侧墙,参见图 3.2-1	1. 屋面设有女儿墙的多层住宅或7~9层住宅; 2. 屋面设有女儿墙且雨水管不允许进入室内的建筑
阳台排水	排立面雨水	敞开式阳台

按雨水斗分类及适用场所　　表 3.2-3

排水系统分类	87型雨水斗排水系统	虹吸式雨水斗排水系统	重力流排水系统
雨水斗	65型、87型雨水斗或性能相似的雨水斗	虹吸式雨水斗或性能相似的雨水斗	承雨斗、成品檐沟、阳台地漏
雨水斗水力特性	在较大的斗前水深时(近10cm)达到满流不进气。满流前经历无压流、两相流	在较小的斗前水深时(几厘米)达到满流不进气。满流前经历无压流、两相流	在溢流水位之内不形成两相流或满流
设计工况	半有压流(气水混合流)	有压流(满管)	无压流(明渠流、水膜流)
设计理念	系统可以在各种流态排水。尽量减少系统的进气,增大暴雨时的排水能力。按非满管流设计,预留排超标雨水余量,并保障最不利工况——满流状态排水安全	尽量在有压流状态排水,但发生重力流、两相流时仍正常排水。按满管有压流设计,排水能力用足,不预留余量。超设计重现期雨水应设置溢流设施排除	系统在重力流态排水,应使系统尽量多进气,避免两相流状态排水。超设计重现期降雨应溢流排除,不进入系统,以免发生流态转变
系统运行中经历工况	随着降雨量及斗前水深的变化,运行工况在无压流、气水混合流其至有压流态之间转化	随着降雨量及斗前水深的变化,运行工况在无压流、气水混合流、有压流态之间转化。有压流时管道内存在负压	随着降雨量及斗前水深的变化,运行工况维持在重力流态
适用场所	1. 多层建筑; 2. 高层及超高层建筑; 3. 无法设溢流的建筑	1. 大型、复杂屋面建筑; 2. 屋面板下悬吊管难以设置坡度的建筑	1. 多层建筑; 2. 高层建筑外排水; 3. 能实现超标雨水不进入系统的建筑
设计排水能力	居中	大	小
超标雨水	自排	溢流	溢流

3) 屋面雨水采用外檐成品檐沟按重力无压流设计时，超标雨水应从檐沟溢流散排；

4) 屋面雨水采用承雨斗按重力无压流设计时，超标雨水应从承雨斗溢流散排；

5）屋面雨水采用重力流雨水斗按重力无压流设计时，超标雨水应从溢流口排除，重力流雨水斗应具备在溢流水位时仍保持重力流态、避免系统转入两相流的性能。

（5）溢流排水不得危及建筑设施和人员安全。

（6）建筑屋面雨水系统的横管或悬吊管应具有自净能力，设有排空坡度。

（7）屋面雨水系统应独立设置，严禁与建筑生活污、废水排水管连接。

（8）阳台雨水应单独排放，不得与屋面雨水排水管道相连。

（9）高层建筑屋面雨水的虹吸排水系统、87 型雨水斗排水系统的排出管接入检查井时，检查井井盖应采用格栅井盖，能向地面溢流雨水。井体材料宜采用混凝土。

3．卫生与环境要求

（1）屋顶供水箱溢水、泄水、冷却塔排水、消防系统检测排水以及绿化屋面的渗滤排水等较洁净的废水可从屋面排入雨水排水系统，并宜排至室外雨水检查井或雨水控制利用设施，不可排至室外路面上，影响行人活动。

（2）当阳台雨水和洗衣机排水共用排水立管时，不得排入室外雨水管道。

（3）当排水管道外表面可能结露时，应根据建筑物性质和使用要求，采取防结露措施。

3.2.3　屋面雨水系统设置一般要求

（1）民用建筑屋面雨水系统应密闭，不得在室内设置敞开（重力无压流）式检查口或检查井。

（2）高层建筑的裙房屋面雨水应自成系统排放。

（3）高跨雨水流至低跨屋面，当高差在一层及以上时，宜采用管道引流，并防止对屋面形成冲刷。

（4）严寒地区宜采用内排水系统。当寒冷结冰地区采用外排水系统时，雨水管道不宜设置在建筑北侧，若无法避免设置在建筑北侧时，不应设置横管，且立管不应中途转弯。

（5）严寒地区的雨水斗和天沟宜考虑电热丝融雪化冰措施，电热丝的具体设置可与供应商共同商定。

（6）雨水管道在工业厂房中一般为明装；在民用建筑中可敷设在楼梯间、阁楼或吊顶内，并应采取防结露措施。

（7）下列部位不得设置雨水管道：

1）住宅套内；

2）对生产工艺或卫生有特殊要求的生产厂房内，食品和贵重商品仓库、通风小室、电气机房和电梯机房内；

3）结构板或结构柱内；

4）工业厂房的高温作业区不得布置塑料雨水管道。

（8）雨水管道不宜穿过沉降缝、伸缩缝、变形缝、烟道和风道，当必须穿过沉降缝、伸缩缝和变形缝时，应采取相应技术措施。

（9）塑料雨水管道穿墙、楼板或有防火要求的部位时，应按国家现行有关标准的规定设置防火措施。

（10）雨水横管和立管（金属或塑料）当其直线长度较长或伸缩量超过 25mm 时，应设伸缩器或管接口可伸缩。伸缩器的设置参考给水部分。

3.2.4 雨水斗和连接管及其安装

1. 雨水斗及其安装应符合下列要求：

（1）屋面内排水系统应设置雨水斗，雨水斗应有权威机构测试的水力设计参数，比如排水能力（流量）、对应的斗前水深等。

（2）布置雨水斗的原则是雨水斗的服务面积应与雨水斗的排水能力相适应。雨水斗间距的确定还应能使建筑专业实现屋面的设计坡度。

（3）雨水斗位置应根据屋面汇水结构承载、管道敷设等因素确定。应设于汇水面的最低处，且应水平安装。

（4）寒冷地区雨水斗应设在冬季易受室内温度影响的屋顶范围内。

（5）当不能以伸缩缝或沉降缝为屋面雨水分水线时，应在缝的两侧各设一个雨水斗。

（6）种植屋面上设置雨水斗时，雨水斗宜设置在屋面结构板上，雨水斗上方设置带雨水箅子的雨水口，并应有防止种植土进入雨水斗的措施。

（7）雨水斗与屋面连接处必须做好防水处理，详见《雨水斗选用及安装》09S302。

2. 连接管安装应符合下列要求：

（1）雨水斗连接管应牢固地固定在梁、桁架等承重结构上。

（2）变形缝两侧雨水斗的连接管，如合并接入一根立管或悬吊管上时，应设置伸缩器或金属软管。

3.2.5 管道及其安装

1. 悬吊管、横干管及其安装

（1）内排水系统应设悬吊管，悬吊管应沿墙、梁或柱间悬吊并与之固定。

（2）管道不得设置在精密机械、设备、遇水会产生危害的产品及原料的上方，否则应采取预防措施。

（3）管道不得敷设在遇水会引起燃烧、爆炸的原料、产品和设备的上方。

2. 立管及其安装

（1）立管宜沿墙、柱明装，有隐蔽要求时，可暗装于墙槽或管井内，并应留有检查口或门。

（2）在民用建筑中，立管宜设在楼梯间、管井、走廊或辅助房间内。

（3）在立管的底部弯管处应设支墩或采取牢固的固定措施。

3. 排出管和埋地管

（1）排出管穿越基础墙应预留墙洞，可参照排水管道的处理方法。有地下水时应做防水套管，具体做法可参照《防水套管》02S404。

（2）地下室横管转弯处应设置支墩或采取固定措施。

（3）埋地雨水管道不得布置在可能受重物压坏处或穿越生产设备基础。

（4）埋地管的埋设深度，在民用建筑中不得小于 0.15m。

3.2.6 屋面集水沟（包括边沟）设置

屋面集水沟含天沟和边沟，主要设计内容包括设置场所、集水沟技术要求和防渗透措施，见表 3.2-4。

屋面集水沟（包括边沟）设置　　　　　　　表 3.2-4

项目	设计要求
应设置场所	1. 当坡度大于 5‰ 的建筑屋面采用雨水斗排水时，应设集水沟收集雨水； 2. 下列情况宜设置集水沟： (1) 需要屋面雨水径流长度和径流时间较短时； (2) 需要减少屋面的坡向距离时； (3) 需要降低屋面积水深度时； (4) 需要在坡屋面雨水流动的中途截留雨水时
集水沟设计	1. 多跨厂房宜采用集水沟内排水或集水沟两端外排水；当集水沟较长时，宜采用两端外排水及中间内排水； 2. 当瓦屋面有组织排水时，集水沟宜采用成品檐沟； 3. 集水沟不应跨越伸缩缝、沉降缝、变形缝和防火墙； 4. 天沟、边沟的结构应根据建筑、结构设计要求确定，可采用钢筋混凝土、金属结构； 5. 天沟应设坡度，且不宜小于 0.003；金属屋面水平天沟可无坡度； 6. 当天沟坡度小于 0.003 时，雨水出口应为自由出流； 7. 天沟的深度应在设计水深上方留有保护高度； 8. 天沟长度一般不超过 50m，经水力计算确能排除设计流量时，可超过 50m； 9. 天沟敷设、断面、长度及最小坡度等要求参考图 3.2-2(a)； 10. 天沟宜设置溢流设施，溢流口与天沟雨水斗及立管的连接方式见图 3.2-4
防水措施	1. 当天沟、边沟为混凝土构造时，应设置雨水斗与防水卷材或涂料衔接的止水配件，雨水斗空气挡罩、底盘与结构层之间应采取防水措施； 2. 当天沟、边沟为金属材质构造，且雨水斗底座与集水沟材质相同时，可采用焊接或密封圈连接方式；当雨水斗底座与集水沟材质不同时，可采用密封圈连接，不应采用焊接； 3. 密封圈应采用三元乙丙橡胶(EPDM)、氯丁橡胶等密封材料，不宜采用天然橡胶； 4. 金属沟与屋面板连接处应采取可靠的防水措施

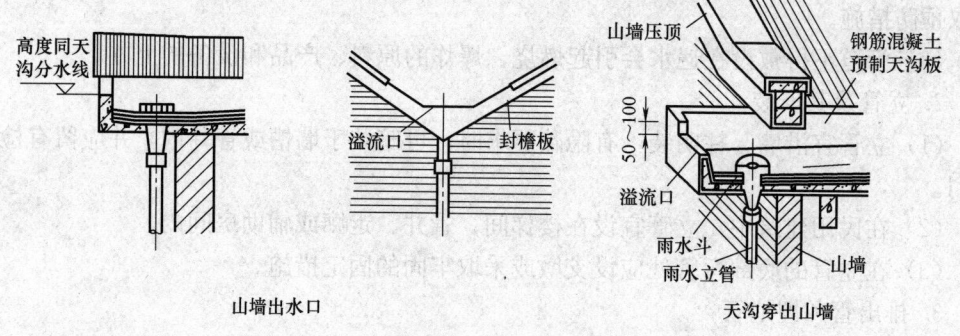

图 3.2-4　溢流口与天沟雨水斗及立管连接

3.2.7　天沟计算

1. 有坡度天沟计算

天沟内水流速度采用曼宁公式计算，见公式 (3.2-1)：

$$v=\frac{1}{n}R^{2/3}I^{1/2} \tag{3.2-1}$$

式中　v——天沟内水流速度（m/s）；

n——天沟的粗糙度，各种材料的 n 值见表3.2-5；

R——水力半径（m）；

I——天沟坡度。

各种材料的 n 值　　　　　表 3.2-5

壁面材料的种类	n 值
钢管、石棉水泥管、水泥砂浆光滑水槽	0.012
铸铁管、陶土管、水泥砂浆抹面混凝土槽	0.012～0.013
混凝土及钢筋混凝土槽	0.013～0.014
无抹面的混凝土槽	0.014～0.017
喷浆护面的混凝土槽	0.016～0.021
表面不整齐的混凝土槽	0.020
豆砂沥青玛蹄脂护面的混凝土槽	0.025

天沟过水断面积按公式（3.2-2）计算：

$$\omega = \frac{Q}{1000v} \tag{3.2-2}$$

式中　ω——天沟过水断面积（m²）；

Q——设计雨水流量（L/s）；

v——天沟内水流速度（m/s）。

可采用的断面形式有矩形、梯形、三角形、半圆形。天沟实际断面应另加保护高度 50～100mm，天沟起端深度不宜小于 80mm。

2. 水平短天沟计算

水平短天沟的排水流量可按公式（3.2-3）计算，集水长度不大于50倍设计水深的屋面集水沟为短天沟。

$$q_{dg} = k_{dg} k_{df} A_z^{1.25} S_x X_x \tag{3.2-3}$$

式中　q_{dg}——水平短天沟的排水流量（L/s）；

k_{dg}——安全系数，取 0.9；

k_{df}——断面系数，取值见表3.2-6；

A_z——沟的有效断面积（mm²），当屋面天沟或边沟中有阻挡物时，有效断面积应按沟的断面积减去阻挡物的断面积进行计算；

S_x——深度系数（见图3.2-5），半圆形或相似形状的短檐沟 $S_x=1.0$；

X_x——形状系数（见图3.2-6），半圆形或相似形状的短檐沟 $X_x=1.0$。

各种沟形的断面系数　　　　表 3.2-6

沟形	k_{df}
半圆形或相似形状的檐沟	2.78×10^{-5}
矩形、梯形或相似形状的檐沟	3.48×10^{-5}
矩形、梯形或相似形状的天沟和边沟	3.89×10^{-5}

3. 水平长天沟计算

水平长天沟的排水量可按公式（3.2-4）计算，集水长度大于50倍设计水深的屋面集水沟为长天沟。

$$q_{cg} = q_{dg} L_x \qquad (3.2\text{-}4)$$

式中　q_{cg}——水平长天沟的排水量（L/s）；

　　　　L_x——长天沟容量系数，见表 3.2-7。

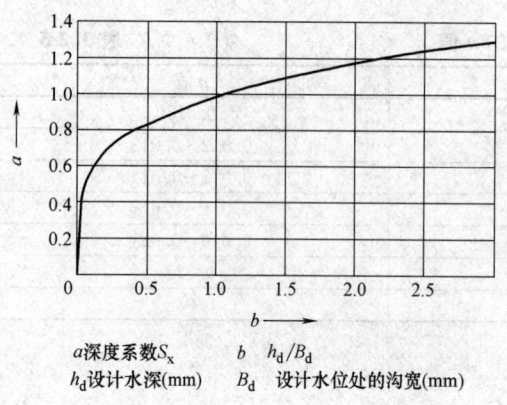

a 深度系数 S_x　　　b h_d/B_d
h_d 设计水深(mm)　　B_d　设计水位处的沟宽(mm)

图 3.2-5　深度系数

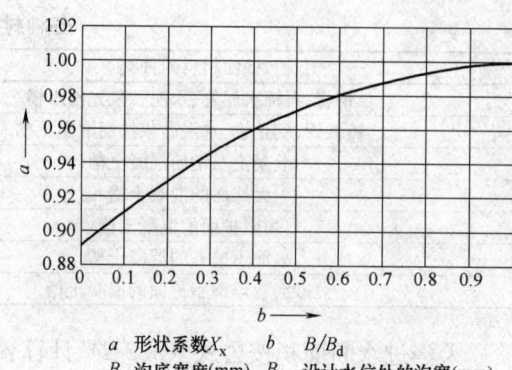

a　形状系数 X_x　　　b　B/B_d
B　沟底宽度(mm)　　B_d　设计水位处的沟宽(mm)

图 3.2-6　形状系数

平底或有坡度坡向出水口的长天沟容量系数　　　　表 3.2-7

$\dfrac{L}{h_d}$	容量系数 L_x				
	平底 0～3‰	坡度 4‰	坡度 6‰	坡度 8‰	坡度 10‰
50	1.00	1.00	1.00	1.00	1.00
75	0.97	1.02	1.04	1.07	1.09
100	0.93	1.03	1.08	1.13	1.18
125	0.90	1.05	1.12	1.20	1.27
150	0.86	1.07	1.17	1.27	1.37
175	0.83	1.08	1.21	1.33	1.46
200	0.80	1.10	1.25	1.40	1.55
225	0.78	1.10	1.25	1.40	1.55
250	0.77	1.10	1.25	1.40	1.55
275	0.75	1.10	1.25	1.40	1.55
300	0.73	1.10	1.25	1.40	1.55
325	0.72	1.10	1.25	1.40	1.55
350	0.70	1.10	1.25	1.40	1.55
375	0.68	1.10	1.25	1.40	1.55
400	0.67	1.10	1.25	1.40	1.55
425	0.65	1.10	1.25	1.40	1.55
450	0.63	1.10	1.25	1.40	1.55
475	0.62	1.10	1.25	1.40	1.55
500	0.60	1.10	1.25	1.40	1.55

注：L—排水长度（mm）；h_d—设计水深（mm）。

4. 其他

（1）当集水沟有大于 10°的转角时，计算的排水能力应乘以折减系数 0.85。

(2) 天沟和边沟的坡度小于或等于 0.003 时，按平沟设计。

(3) 天沟和边沟的最小保护高度不得小于表 3.2-8 中的尺寸。

天沟和边沟的最小保护高度（mm）　　　　　　　　表 3.2-8

含保护高度在内的沟深 h_z	最小保护高度
<85	25
85～250	$0.3h_z$
>250	75

5. 计算例题

【例 3.2-1】　已知天津某厂金工车间的全长为 144m，跨度为 18m，利用拱形屋架及大型屋面板所形成的矩形凹槽作为天沟，天沟的宽度为 0.65m，天沟的深度为 0.30m；坡度为 0.006；天沟表面铺以绿豆砂，粗糙度为 0.025。天沟边壁与屋面板的搭接缝做防水密封。天沟的布置见图 3.2-7。采用天沟外排水，计算天沟的排水量是否满足要求。

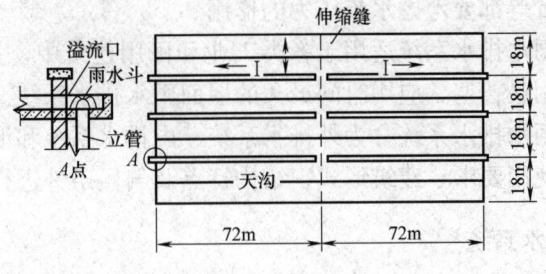

图 3.2-7　雨水天沟

【解】

(1) 雨量计算

取 $P=3$ 年，查表 3.1-2 求得 q_5 为 $3.89L/(s \cdot 100m^2)=389L/(s \cdot hm^2)$。

由于天沟较长，须向两面排水，每面排水长度为 72m。

天沟的汇水面积为：

$$F=72 \times 18=1296m^2=0.1296hm^2$$

$$Q=k\Psi_m qF=1 \times 1 \times 389 \times 0.1296=50.4L/s$$

(2) 天沟计算

1) 天沟的断面积

天沟预留保护高度 0.1m，允许积水深度 0.20m，断面积为：

$$\omega=0.65 \times 0.15=0.0975m^2$$

2) 天沟的水流速度

$$v=\frac{1}{n}R^{2/3}I^{1/2}$$

$$R=\omega/C=0.0975/(0.65+2 \times 0.15)=0.103$$

以 $I=0.006$，$n=0.025$，代入上式得：

$$v=\frac{1}{0.025} \times 0.103^{2/3} \times 0.006^{1/2}$$

$$=0.68 \text{m/s}$$

3）天沟的排水能力

$$Q_1 = \omega v = 0.0975 \times 0.68 = 0.0663 \text{m}^3/\text{s}$$
$$= 66.3 \text{L/s}$$

天沟排水能力为 66.3L/s＞天沟所负担的雨水量 50.4L/s，因此天沟断面可以满足要求。

3.3　半有压屋面雨水排水系统

半有压屋面雨水排水系统指我国传统的屋面雨水排水系统，雨水斗采用 65 型、87 型或水力特性相近的雨水斗。在使用中，随着降雨量及斗前水深的变化，其运行工况将经历重力（无压）流、气水混合（两相）流甚至有压流状态。系统按非满管流设计，当雨量超过设计流量时，超量的雨水进入雨水斗及管道，而不是进入较高位的溢流口。系统的流量负荷、管材、管道布置等都要考虑水流压力的作用。

我国传统的屋面雨水排水系统适用于各类工业和民用建筑中，从 20 世纪六七十年代开始应用，是我国应用最普遍、应用时间最久的屋面雨水排水系统。

我国传统的屋面雨水排水系统分为外排水系统、内排水系统和混合式排水系统，选用时应根据生产性质、使用要求、建筑形式、结构特点及气候条件进行选择。

3.3.1　屋面雨水外排水系统

屋面雨水外排水系统的特点、选用及敷设情况列于表 3.3-1 中。

屋面雨水外排水系统的特点、选用及敷设　　　　　　　　　　　　　表 3.3-1

技术情况	檐沟外排水	天沟外排水
特点	充分利用建筑屋面坡度，将雨水汇集于屋面四周的沟、檐，再用管道引至地面或雨水管渠。雨水系统各部分均设于室外（连接管有时在室内），室内不会由于雨水系统的设置而产生水患	
组成	檐沟、雨水斗及立管	天沟、雨水斗、立管及排出管，参见图 3.2-2
选择条件	适用于多层的住宅或建筑体量与之相似的一般民用建筑，其屋面面积较小，建筑四周雨水控制利用设施多	室内不允许进雨水、不允许设置雨水管道的大面积厂房、库房等的屋面排水。当需要控制雨水时，立管宜排水至建筑散水，形成断接；或者立管接入室外雨水管道，输水至埋地入渗设施或雨水蓄水设施
	1. 年降雨量较多、较大的南方地区，在建筑散水上设置集水明沟，汇集雨水至雨水口或雨水控制利用设施； 2. 北方地区在建筑散水外设置下凹绿地或雨水花园等控制利用设施	
敷设技术要求	1. 立管敷设参见图 3.2-2(b)，当立管断接直接排水到地面时，地面应采取防冲刷措施（一般做混凝土块），或者设卵石冲； 2. 冰冻地区立管须采取防冻措施； 3. 在湿陷性土壤地区，不准直接排水	
管道材料	塑料排水管、铸铁排水管等	高层建筑采用铸铁雨水管、涂塑钢管、镀锌钢管，多层建筑可采用铸铁排水管、塑料排水管

3.3.2 屋面雨水内排水系统

屋面雨水内排水系统的特点、选用及敷设情况列于表 3.3-2 中。

屋面雨水内排水系统的特点、选用及敷设　　　　　　　　表 3.3-2

技术情况	密闭系统		敞开系统	
	直接外排式	内埋地管式	内埋地式	内明渠式
特点	1. 室内雨水管系统无开口，不会引起水患； 2. 管道系压排水，不允许接入生产废水； 3. 排水能力较大		1. 埋地管道明渠流排水，可排入生产废水，省去生产废水系统； 2. 遇大雨时有可能造成水患	1. 结合厂房内明渠排水； 2. 可减小管渠出口埋深； 3. 遇大雨时有可能造成水患
组成	设有天沟、雨水斗、连接管、悬吊管、立管及排出管。一般民用建筑不设天沟			
	室内不设置埋地管	室内设有埋地管和密闭检查口，见图3.3-1	室内设有埋地管和敞开式检查井	室内设置排水明渠
适用条件	不允许地下管道冒水的建筑		允许埋地管道冒水的工业建筑	
	地下管道或设备较多，设置雨水管困难的厂房	1. 无直接外排水的条件； 2. 室内有设置雨水管道的位置	1. 无特殊要求的大面积工业厂房； 2. 除埋地管起端的1～2个检查井外，可以排入生产废水	结合工艺明渠排水要求，设置雨水明渠
管材及防腐	1. 连接管、悬吊管、立管需采用铸铁雨水管、涂塑钢管、镀锌钢管、不锈钢管和承压塑料管，多层建筑外排水系统可采用铸铁排水管、非承压塑料排水管； 2. 金属管道均需有防腐措施			
	无埋地雨水管	埋地管或排出管内水压大，采用金属管	埋地管或排出管可采用普通排水管	明渠采用砖砌槽、混凝土槽等

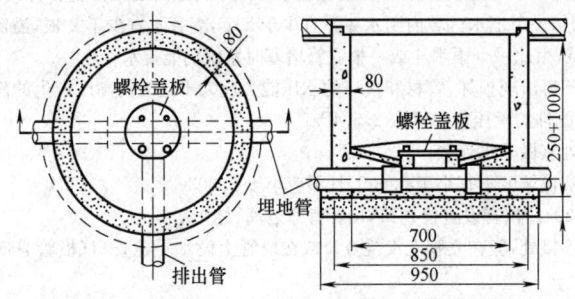

图 3.3-1　水平检查口

3.3.3 屋面雨水混合式排水系统

当大型工业厂房的屋面形式复杂，各部分工艺要求不同时，屋面雨水排水系统就不一定能用表 3.3-1 及表 3.3-2 所提供的某一种形式来较好地完成雨水排除任务，必须采用几种不同形式的混合排水系统。屋面雨水混合式排水系统参考因素见表 3.3-3。

屋面雨水混合式排水系统参考因素　　　　　　表 3.3-3

项目		内　容　说　明
厂房情况	屋面情况	屋面面积大
	工艺要求	对水患的敏感性、地下构筑物情况等
	各种管道	各种工艺管道情况、电气设备情况等
雨水系统情况	管道布置原则	根据实际情况,因地制宜,水流适当集中或分散排除,以满足生产要求,求得经济合理排水方案
	可能采用的排水系统	内外排水结合、87 型雨水斗系统和虹吸斗系统排水结合,在大型屋面排水工程中,多采用混合式排水系统
	基本技术要求	应满足工艺要求,做到管路简短、排水通畅、合理解决各种管线间及地下建筑间的矛盾,方便施工和将来使用与维护工作,力求节省原材料、降低工程造价
	优缺点	本系统形式多样、使用灵活,容易满足排水和生产要求,实际上大型屋面排水多采用此系统。但各式系统的性能不同,水流往往不宜统一排放,因此可能要求有较长的室外排水管线

3.3.4　65 型、87 型雨水斗屋面雨水排水系统的要求

　　65 型、87 型雨水斗屋面雨水排水系统的显著特色是超设计重现期雨水或者超设计流量雨水会进入系统本身。即使屋面女儿墙上设置了溢流口,这些超标雨水也会首先进入雨水管道系统,而不是溢流口。此外,屋面往往会积累树叶、塑料袋、尘土等固体物,有堵塞雨水斗或堵塞管道的潜在危险。因此,该系统的设计要采取措施应对超标雨水或系统堵塞,见表 3.3-4。

65 型、87 型雨水斗屋面雨水排水系统应对堵塞或超标雨水措施　　　表 3.3-4

项目	内　容
设计理念	在服役期间,系统的运行工况将随着降雨量及斗前水深的变化经历重力(无压)流、气水混合(两相)流甚至有压流状态,其中重力流为最有利工况,因此,系统设计不得按重力流态设计,应考虑流体压力的作用,同时,系统设计工况还应预留能力排除超设计重现期暴雨或超设计流量雨水,不按满流管道设计
防堵塞及堵塞应对措施	1. 屋面宜设置溢流口,以便在系统堵塞时排水,溢流水位标高的积水重量应计入结构荷载;不设溢流口时,应按雨水斗淹没水深不小于 200mm 计入结构荷载;溢流水排放不得危及建筑设施和行人安全; 2. 屋面无溢流措施时,一个汇水区域内雨水斗不宜少于 2 个,立管不宜少于 2 根;溢流水位时雨水可连通的区域可视为一个汇水区域,由此一个雨水斗或一根立管堵塞时系统仍能排水; 3. 雨水管道堵塞时不得出现损坏,管材和接口的承压能力应大于建筑物高度产生的静水压,高度超过 250m 的雨水立管,雨水管材及配件的承压能力可取 2.5MPa; 4. 雨水管道的转向处宜做顺水连接; 5. 悬吊管及横管的敷设坡度不宜小于 0.005,且不应小于 0.003; 6. 悬吊管长度超过 20m 时,宜设置检查口,位置宜靠近墙、柱; 7. 立管下端与横管连接处,应在立管上设检查口或在横管上设水平检查口(横管有向大气的出口且横管长度小于 2m 的除外)
排超标雨水及压力应对措施	1. 接入同一悬吊管的各雨水斗应设在同一屋面上; 2. 雨水斗宜对雨水立管做对称布置; 3. 多个雨水斗的立管顶端不得设置雨水斗; 4. 当一根立管连接不同层高的多个雨水斗时,最低雨水斗距立管底端的高度,应大于最高雨水斗距立管底端高度的 2/3,参见图 3.3-2;具有 1 根以上立管的系统承接不同高度屋面上的雨水斗时,最低雨水斗的几何高度应不小于最高雨水斗几何高度的 2/3,几何高度以系统的排出横管在建筑外墙处的标高为基准,接入同一排出管的管网按一个系统计;

续表

项目	内容
排超标雨水及压力应对措施	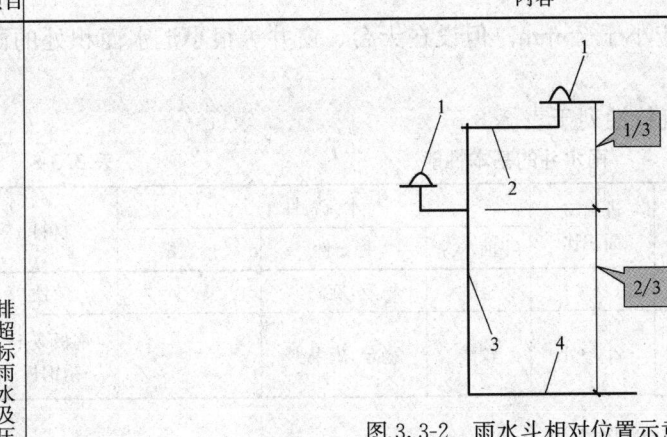 图 3.3-2　雨水斗相对位置示意图 1—雨水斗；2—悬吊管；3—立管；4—排出管 5. 塑料雨水管道管材和接口应能承受 0.08MPa 的负压； 6. 当大于 100m 的高层建筑的排水管排水至室外时，应将水排至室外检查井，检查井应耐冲刷，采用格栅井盖，能溢流雨水； 7. 一根悬吊管连接的雨水斗数量，不宜超过 4 个；当管道近似同程或同阻布置时，雨水斗数量可不受此限制； 8. 一根悬吊管上连接的几个雨水斗的汇水面积相等时，靠近主管处的雨水斗出水管可适当缩小，以均衡各雨水斗的泄水流量； 9. 建筑高低跨的悬吊管，宜单独设置各自的立管； 10. 密闭系统不得有其他排水管道接入

3.3.5　87 型雨水斗及其设置

1. 应选用稳流性能好、泄水流量大、掺气量少、拦污能力强的雨水斗。65 型及 87 型雨水斗构造与性能详见《建筑屋面雨水排水系统技术规程》CJJ 142，图 3.3-3 为 87 型雨水斗构造示意图。

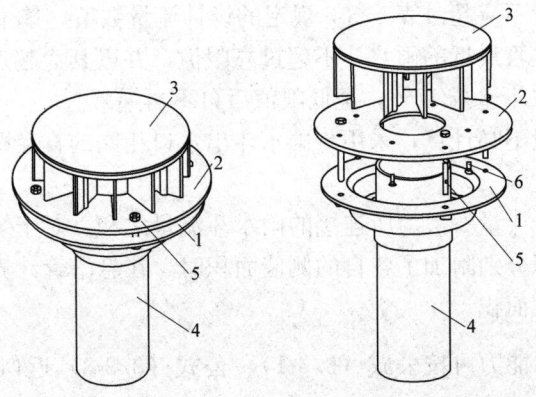

图 3.3-3　87 型雨水斗构造示意图
1—斗身；2—压板；3—导流罩；4—排出管；5—紧固螺杆及螺母；6—连接螺钉

2. 雨水斗可设于天沟内或屋面坡底面上，应水平安装。大坡度屋面中途设置雨水斗时，应设置在天沟内。

3. 雨水斗的出水管管径不应小于 75mm。但设在天台、窗井等很小汇水面积处的雨水斗，出水管管径可采用 50mm。

4. 雨水斗的基本构造及水流特性列于表 3.3-5。

雨水斗的基本性能

表 3.3-5

斗型	出水管管径 (mm)	进出口 面积比	水流特性			材料
			斗前水深	稳定性	掺气量	
65	100	1.5∶1	浅	稳定,旋涡少	较少	铸铁
87	75、100、150、200	2.0∶1	较浅	稳定,旋涡少	少	钢板或不锈钢板

5. 87 型雨水斗的水力特性参数见表 3.3-6。

87 型雨水斗水力特性参数

表 3.3-6

雨水斗规格(mm)	满流时流量(L/s)	满流时斗前水深(mm)	设计流量(L/s)
50	—	—	—
75	21.8	68	8
100	39.1	93	12～16
150	72		26～36
200			40～56

3.3.6　屋面雨水排水系统的水力计算

屋面雨水排水系统的水力计算包括雨水斗、连接管、悬吊管、立管、排出管及天沟等。

1. 雨水斗

雨水斗的设计流量根据公式（3.1-1）计算，其中汇水面积取该雨水斗服务的面积。当两面相对的等高侧墙分别划分在不同的雨水斗时，则应附加竖墙汇水面积。

2. 雨水斗口径选择

雨水斗的设计流量不应超过表 3.3-6 规定的设计流量数值。单个雨水斗系统不超过高限值；多斗悬吊管距立管最近的雨水斗不超过高限值，并以其为起点，其他下游各雨水斗的限值依次比上个雨水斗递减 10%，至低限值后可不再递减。

雨水斗连接管一般不必计算，采用与雨水斗出水口相同的直径即可。

3. 悬吊管

（1）悬吊管的设计流量一般为所连接的雨水斗流量之和。对于多斗悬吊管，当 2 个及以上的雨水斗汇水面积分别附加了各自的侧墙面积时，在悬吊管计算时应综合考虑、核减侧墙面互相遮挡的汇水面积。

（2）悬吊管的排水能力可按公式（3.3-1）～公式（3.3-3）近似计算，其中充满度 $\dfrac{h}{D}$ 不大于 0.8。

$$Q = vA \tag{3.3-1}$$

$$v = \frac{1}{n} R^{2/3} I^{1/2} \qquad (3.3\text{-}2)$$

$$I = (h + \Delta h)/L \qquad (3.3\text{-}3)$$

式中　Q——排水流量（m^3/s）；

　　　v——流速（m/s），应大于 0.75m/s，且小于 3.0m/s；

　　　A——水流断面积（m^2）；

　　　n——粗糙系数；

　　　R——水力半径（m）；

　　　I——水力坡度；

　　　h——悬吊管末端的最大负压（mH_2O），取 0.5m H_2O；

　　　Δh——雨水斗和悬吊管末端的几何高差（m）；

　　　L——悬吊管的长度（m）。

为方便计算，根据公式（3.3-1）～公式（3.3-3）计算出钢管和铸铁管的最大排水能力，见表 3.3-7。表中 $n=0.014$，$\dfrac{h}{D}=0.8$。悬吊管的管径可根据设计流量、水力坡度在表 3.3-7 中选取。单斗系统的悬吊管，宜采用与雨水斗口径相同的管径。

多斗悬吊管（铸铁管、钢管）的最大排水能力（L/s）　　　　　表 3.3-7

水力坡度 I	公称直径(mm)					
	75	100	150	200	250	300
0.02	3.1	6.6	19.6	42.1	76.3	124.1
0.03	3.8	8.1	23.9	51.6	93.5	152.0
0.04	4.4	9.4	27.7	59.5	108.0	175.5
0.05	4.9	10.5	30.9	66.6	120.2	196.3
0.06	5.3	11.5	33.9	72.9	132.2	215.0
0.07	5.7	12.4	36.6	78.6	142.8	215.0
0.08	6.1	13.3	39.1	84.2	142.8	215.0
0.09	6.5	14.1	41.5	84.2	142.8	215.0
≥0.10	6.9	14.8	41.5	84.2	142.8	215.0

（3）悬吊管的管径根据各雨水斗流量之和确定，并宜保持始端到末端的管径不变。

4. 立管

（1）立管的设计流量一般为连接的各悬吊管设计流量之和。当有一面以上的侧墙时，应综合考虑、核减其互相遮挡的汇水面积。

（2）连接 1 根悬吊管的立管一般不必计算，采用与悬吊管相同的直径即可。连接多根悬吊管的立管管径根据表 3.3-8 选择，立管的设计流量不应超过表中的数据。

立管的最大设计排水流量（L/s）　　　　　表 3.3-8

公称直径(mm)	建筑高度≤12m	建筑高度>12m	公称直径(mm)	建筑高度≤12m	建筑高度>12m
75	10	12	200	75	90
100	19	25	250	135	155
150	42	55	300	220	240

5. 排出管与横干管

（1）排出管的设计流量为所连接的各立管设计流量之和。

（2）排出管的设计流速不应大于 1.8m/s。

（3）排出管（又称出户管）和其他横管（如管道层的汇合管等）可近似按悬吊管的方法计算，但 Δh 取横管起点和末点的高差，h 为横管起点压力，可取 1。排出管的管径根据系统的总流量确定，宜按满流计算。排出管在出建筑外墙时流速若大于 1.8m/s，管径应放大。

3.3.7   计算例题

【例 3.3-1】 已知某厂房室内雨水排水系统的设置如图 3.3-4 所示，降雨重现期取 3年，5min 历时的降雨强度为 6.49L/(s·100m²) 或 649 L/(s·hm²)，要求计算雨水排水系统。

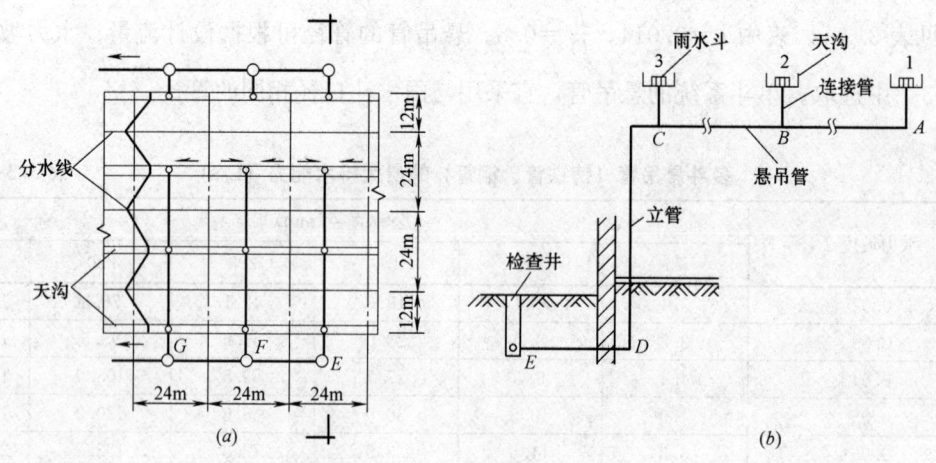

图 3.3-4   雨水管系统布置图
(a) 平面图；(b) 剖面图

【解】

1. 雨水斗

设天沟水深为 0.8m，且天沟与屋面连接有防水密封。

1、2 号雨水斗的汇水面积均为 $24 \times 24 = 576m^2 = 0.0576hm^2$

3 号雨水斗的汇水面积为 $12 \times 24 = 288m^2 = 0.0288hm^2$

根据公式（3.1-1），各雨水斗的设计流量为：

$$Q_{1,2} = 1 \times 1 \times 649 \times 0.0576 = 37.4 \text{L/s}$$
$$Q_3 = 1 \times 1 \times 649 \times 0.0288 = 18.7 \text{L/s}$$

采用 87 型雨水斗。查表 3.3-6，87 型雨水斗口径为 200mm 时，最大排水能力在 40～56L/s 之间，大于 1、2 号雨水斗的设计流量 37.4 L/s，满足要求，所以 1、2 号雨水斗选用口径 200mm 的 87 型雨水斗；3 号雨水斗则选用口径 150mm 的 87 型雨水斗，其最大排水能力在 26～36 L/s 之间，大于 18.7 L/s，能满足排水需要。

2. 连接管

连接管选用与雨水斗口径相同的管径，即 1、2 号雨水斗的连接管 d_{1-A}、d_{2-B} 均采用 200m，3 号雨水斗的连接管 d_{3-C} 采用 150mm。

3. 悬吊管

悬吊管的长度为 48m，设雨水斗和悬吊管末端的几何高差为 1.0m，根据公式（3.3-3），水力坡度为：

$$I=(1.0+0.5)/48=0.031$$

悬吊管的设计流量为 3 个雨水斗的设计流量之和，即 $37.4 \times 2+18.7=93.5$L/s。根据表 3.3-7，选出悬吊管的管径为 250mm。该管径在水力坡度 $I=0.031$ 时，最大排水能力为 95.0L/s，大于设计流量，满足要求。

选择悬吊管管径为 250mm，并且从末端到始端 A 点不变径。

悬吊管敷设坡度取最小坡度 0.005。

4. 立管

根据设计流量 93.5L/s，查表 3.3-8，选出立管管径 250mm。

5. 排出管

排出管比悬吊管短，不再计算，管径选用 250mm。

6. E 点下游的室外埋地管道按室外雨水管道计算。

【例 3.3-2】 某厂房的屋面天沟每段汇水面积为 $18 \times 24=432$m²，采用单斗内排水系统，管道系统如图 3.3-5 所示，其中悬吊管长度为 24m。当地的暴雨强度公式为 $q=767(1+1.04\lg P)/t^{0.522}$。要求计算雨水管道系统。

【解】

1. 降雨强度计算

根据表 3.1-1 重现期取 3 年，$t=5$min，则：

$$q_5=767(1+1.04\lg3)/5^{0.522}=495\text{L}/(\text{s} \cdot \text{hm}^2)$$

2. 雨水斗

根据公式（3.1-1），雨水斗的设计流量为：

$$Q=495 \times 0.0432=21.4\text{L/s}$$

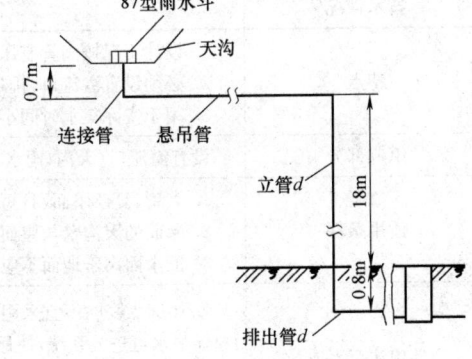

图 3.3-5　雨水管系统

采用 87 型雨水斗。查表 3.3-6，单斗系统雨水斗口径为 150mm 时，最大排水能力可达 36L/s，大于设计水量 21.4L/s，满足要求，所以选用口径 150mm 的 87 型雨水斗。

3. 连接管

连接管采用与雨水斗同径即 $DN150$。

4. 悬吊管和立管

由于是单斗系统，悬吊管和立管的管径采用雨水斗的口径，为 $DN150$。

5. 排出管很短，只有 3m，不再计算，采用与立管同径即 $DN150$。

【例 3.3-3】 对于图 3.2-7 所示的例题，要求选用适宜的雨水斗、确定立管的直径。

【解】

由该图例题题解可知雨水量为 50.4L/s。

1. 雨水斗的选用

雨水系统为单斗系统，查表 3.3-6，采用口径 200mm 的 87 型雨水斗，其最大泄流能力为 56L/s，可满足 50.4L/s 设计雨量要求。

2. 雨水立管选用直径 200mm，与雨水斗口径相同，不再计算。

3.4　虹吸式屋面雨水系统

虹吸式屋面雨水系统按满管有压流设计，系统的排水能力用足，不预留排超量雨水的余量。超设计重现期的雨水无法进入系统，由溢流设施排除。在两相流及有压流工况时，系统中存在负压区段。各个管段节点都需要做压力平差计算。系统的流量负荷、管材、管道布置等都应考虑水流压力的作用。雨水斗采用虹吸式雨水斗。

3.4.1　系统的选用和敷设

虹吸式屋面雨水系统的特点、选用及敷设情况见表 3.4-1。

虹吸式屋面雨水系统的特点、选用及敷设　　　　　　表 3.4-1

技术情况	内 容 说 明
特点	1. 设计工况按满管有压流设计，用足系统的排水能力，不留安全余量； 2. 必须设置溢流口，排超设计重现期雨水； 3. 用于实际集水时间小于 5min 的屋面时会产生短时间屋面积水
组成部分	设有溢流口、天沟、雨水斗、连接管、悬吊管、立管、过渡段及排出管
适用条件	1. 大型、复杂屋面，且短时间积水不会产生危害； 2. 屋面的天沟壁与屋面板之间的搭接缝无防水功能时不适用； 3. 汇水面高于地面不小于 3m，立管管径为 DN90 及以上时，高度不应小于 5m
选用注意事项	1. 屋面太高时不宜采用，因为设计工况屋面雨水势能无法消耗完，剩余较大压力，致使超标雨水可进入系统，使最大负压超出设计值，损害系统； 2. 悬吊管和雨水斗的几何高差太小时（比如悬吊管只能敷设在屋面板上方的保温层内）不宜采用
管材及防腐	选用承压金属管材和接口，采用承压塑料管时应能承受 0.09MPa 以上的负压，钢管需有防腐措施
系统设置要求	1. 对汇水面积大于 5000m² 的大型屋面，宜设 2 组及以上独立的系统单独排出； 2. 不同高度的屋面、不同形式的屋面，宜采用独立的系统单独排出；塔楼侧墙雨水和裙房雨水应各自独立排出
优点	1. 管道敷设坡度小或无坡度，在大型屋面建筑中节省建筑空间； 2. 管径小，节省管材
缺点	1. 水力计算复杂，设计人员难以掌握计算手段，需借助二次深化设计计算； 2. 用于普通屋面经济性差，系统特有的精确计算和管材节省反而造成了系统的高造价，使工程投资显著增加； 3. 对溢流的依赖性极高，屋面易溢水

3.4.2　雨水斗及其安装

1. 虹吸式屋面雨水系统必须设置雨水斗，雨水斗应符合现行行业标准《虹吸雨水斗》CJ/T 245 的相关规定。

2. 虹吸式屋面雨水系统的雨水斗应设于集水沟内，但 DN50 的雨水斗可直接埋设于屋面。

3. 应选用泄水量大、斗前水深小、拦污能力强的雨水斗。平屋面上应采用带集水斗型雨水斗，天沟内优先采用带集水斗型雨水斗，也可采用无集水斗型雨水斗。虹吸雨水斗构造见图 3.4-1。

4. 每个汇水区域的雨水斗数量不宜少于 2 个。

5. 雨水斗的间距不宜大于 20m。设置在裙房屋面上的雨水斗距塔楼墙面的距离不应小于 1m，且不应大于 10m。

6. 雨水斗宜对雨水立管做对称布置。

7. 连接有多个雨水斗的系统，立管顶端不得设置雨水斗。

8. 雨水斗的进水口应水平设置与安装。

9. 雨水斗的进水口高度，应能保证天沟或屋面的雨水通过雨水斗排净。

10. 安装在金属板天沟内的雨水斗，可采用焊接或其他能确保防水要求的连接方式。

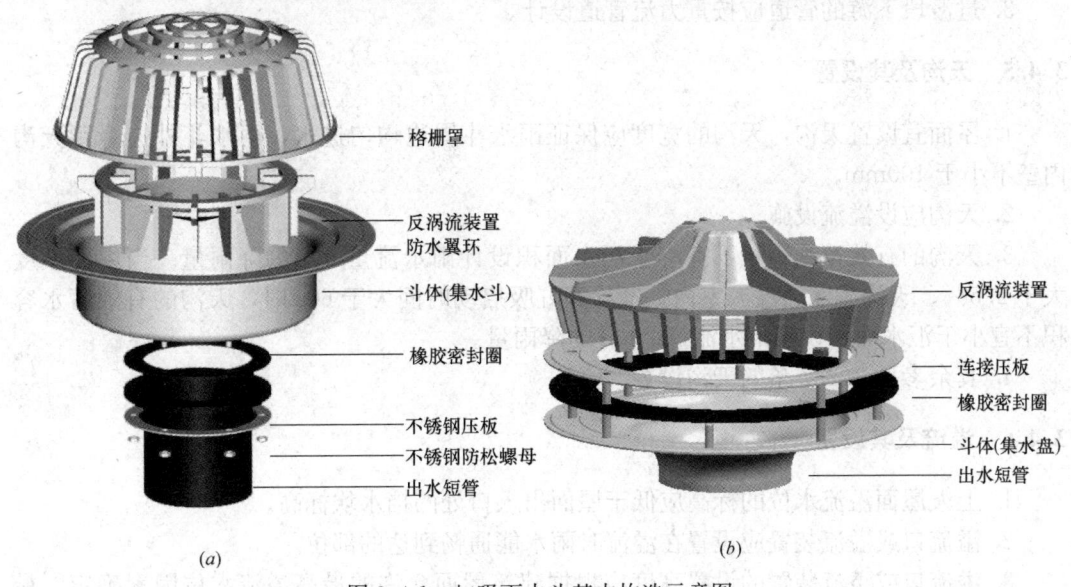

图 3.4-1　虹吸雨水斗基本构造示意图

(a) 带集水斗型雨水斗；(b) 无集水斗型雨水斗

3.4.3　管道及其安置

1. 悬吊管宜有排空坡度，并不得产生倒坡；环境中灰尘较大时应设有坡度。

2. 悬吊管上连接多个雨水斗时，应采取水压及泄水量平衡措施。

3. 系统的最小管径不应小于 DN50。

4. 悬吊管变径应采用偏心变径接头，管顶平接；立管变径应采用同心变径接头。

5. 连接管应垂直或水平设置，不宜倾斜设置。其垂直管段直径不宜大于雨水斗出水短管的管径。

6. 立管应垂直安装。当受条件限制需倾斜安装时，其设计参数应通过试验验证。

7. 立管管径应经计算确定，可小于上游悬吊管管径。除过渡段外，立管下游管径不应大于上游管径。

8. 管道位置应方便安装、维修，不应设置在结构柱等承重结构内。

9. 管道不宜穿越对安静有较高要求的房间。当受条件限制必须穿越时，应采取隔声措施。

10. 管道安装时应设置固定件。固定件必须能承受满流管道的重量和高速水流所产生的作用力。

11. 立管采用高密度聚乙烯管时，应设置检查口，其最大间距不宜大于 30m。采用金属管材时，检查口的设置同半有压屋面雨水排水系统。

12. 在立管的底部弯管处应设支墩或采取牢固的固定措施。

13. 管道穿沉降缝或收缩缝的处理、管道防结露的处理同半有压屋面雨水排水系统。

3.4.4　过渡段与下游管道的设置

1. 系统应设过渡段，且应设在系统的末端。其设置位置应经计算确定。

2. 过渡段的长度不应小于 3m，否则应设消能井。

3. 过渡段下游的管道应按重力流管道设计。

3.4.5　天沟及其设置

1. 屋面宜设置天沟，天沟的宽度应保证雨水斗周边均匀进水，雨水斗外边缘距天沟内壁不小于 100mm。

2. 天沟应设溢流设施。

3. 天沟的有效蓄水容积不宜小于汇水面积设计雨水流量 60s 的降雨量。当屋面坡度大于 2.5%、天沟满水会溢入室内，经计算虹吸启动时间大于 60s 时，天沟的有效蓄水容积不宜小于汇水面积设计雨水流量 2min 的降雨量。

4. 其余参见 3.2.7 条的天沟设置。

3.4.6　溢流及其设置

1. 上人屋面溢流水位的标高应低于屋面出入口处的挡水坎标高。

2. 溢流口或溢流装置应设置在溢流时雨水能通畅到达的部位。

3. 溢流口或溢流装置的设置高度应根据建筑屋面允许的最高溢流水位因素确定。最高溢流水位应低于建筑屋面结构专业允许的最大积水深度。

4. 长天沟除应在天沟两端设溢流口外，还宜在天沟中间设溢流管道系统。

3.4.7　系统的水力计算

1. 计算目的

(1) 确定雨水斗口径和管网各管段的管径；

(2) 求得设计流量通过管段时造成的水头损失；

(3) 复核建筑高度提供的位能能否满足系统所需要的位能；

（4）复核管道中的最大负压是否符合要求；

（5）确定溢流口的尺寸。

2. 计算要求

（1）根据各雨水斗的汇水面积，利用雨水径流公式计算各雨水斗的设计流量。

（2）根据不小于 50 年重现期 5min 降雨历时的设计雨水流量确定溢流口尺寸，设计雨水流量中可扣除雨水排水系统的排水量。

（3）系统的排水高度应和雨水具备的势能相匹配。

1）雨水斗至过渡段的总水头损失与过渡段速度水头之和不得大于雨水斗顶面至过渡段上游的几何高差，也不得大于雨水斗顶面至室外地面的几何高差；

2）令雨水斗至过渡段的总水头损失等于雨水斗顶面至过渡段的几何高差，变化系统的流量或流速，重新做水力计算，复核系统的最大负压，该负压值不得低于 -90kPa，且不得低于管材及管件允许的最大负压值。

（4）雨水斗至室外地面的几何高差与立管管径的关系应满足表 3.4-2 的要求。

几何高差与立管管径的关系   表 3.4-2

立管管径（mm）	系统最小几何高差（m）
≤75	3
≥90	5

（5）悬吊管与雨水斗出口的高差不宜小于 0.8m，否则，应对设计流量进行校核，校核方法参见《虹吸式屋面雨水排水系统技术规程》CECS 183。

（6）各悬吊管末端的负压绝对值，应小于 0.09MPa（9m H_2O）。

（7）悬吊管及横管应具有自净能力。应按 1 年重现期 5min 降雨历时的设计雨水流量，校核管道的对应设计流速不小于自净流速。

（8）根据设计流量、立管高度确定雨水斗口径和雨水管管径。

（9）确定雨水斗口径时，设计流量不应大于雨水斗的额定流量。额定流量依产品而异，必须经权威机构的检测确定。

（10）确定管径时，应使设计流量通过计算管段时的水流速度符合下列规定：

1）连接管的设计流速不应小于 1.0m/s，悬吊管内的设计流速不宜小于 1.0m/s；

2）立管内的设计流速不宜小于 2.2m/s，且不宜大于 10m/s；

3）过渡段下游管道内的流速不宜大于 1.8m/s；

4）当对噪声有严格要求时，应采用较低流速。

（11）对各计算节点进行压力平差，节点压差 ΔP_i 应符合下列规定：

1）管径≤75mm 时，ΔP_i≤10kPa；

2）管径≥100mm 时，ΔP_i≤5kPa；

3）各个雨水斗至过渡段的总水头损失，相互之间的差值≤10kPa。

（12）根据已确定的管径，标出相应的水头损失，复核雨水系统的压力值能否符合要求，对管径作适当的调整。

（13）高层建筑中系统末端（过渡段处）的正压与系统中的最大负压绝对值之和大于 0.1MPa 时，应缩小立管管径增大水头损失，并重新复核末端正压。

3. 管道水头损失计算

（1）雨水管道的沿程水头损失可按公式（3.4-1）计算：

$$h_f = \lambda \frac{l}{d} \frac{v^2}{2g} \qquad (3.4\text{-}1)$$

或

$$h_f = i \cdot l$$

式中　h_f——管道沿程水头损失（kPa/9.81），或（m）；

λ——管道沿程阻力损失系数，按公式（3.4-2）计算；

l——管道长度（m）；

d——管道内径（m）；

v——管内流速（m/s）；

g——重力加速度（m/s²）；

i——水力坡度（单位管长的水头损失）。

$$\frac{1}{\sqrt{\lambda}} = -2\lg\left(\frac{\Delta}{3.7d} + \frac{2.51}{Re\sqrt{\lambda}}\right) \qquad (3.4\text{-}2)$$

式中　Δ——管壁绝对粗糙度（mm），由管材生产厂提供；

Re——雷诺数。

为了简化计算，单位管长的水头损失可通过查阅图表获得，图 3.4-2 是 HDPE 管的水头损失图。

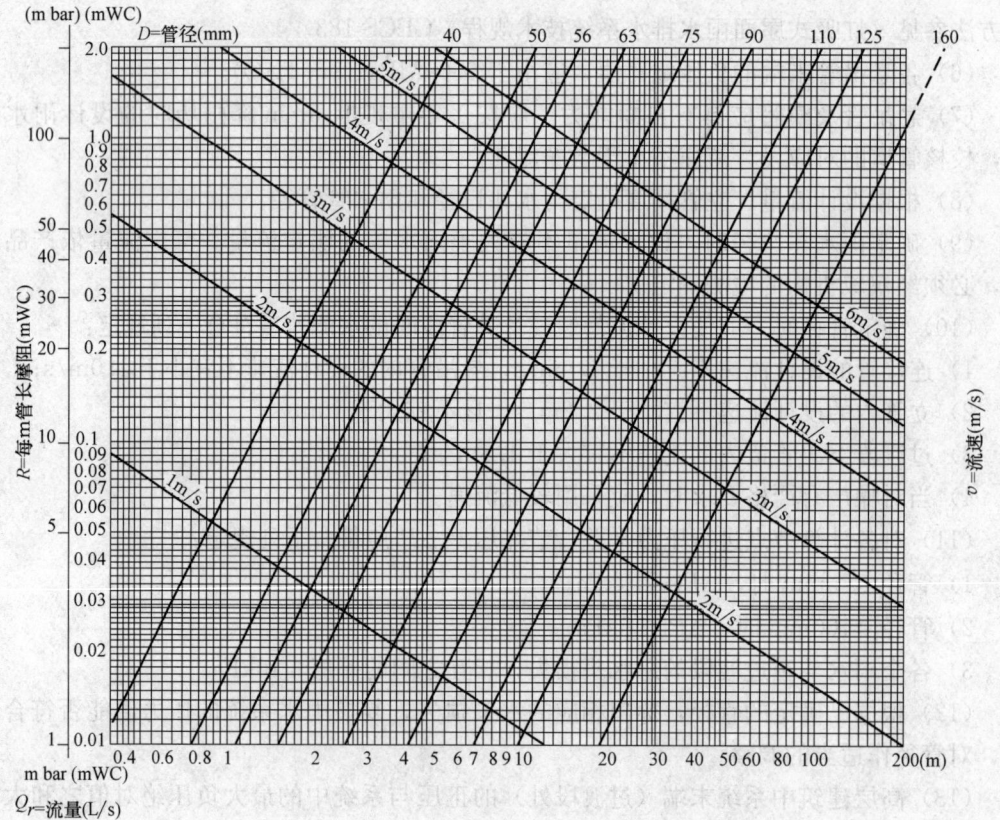

图 3.4-2　HDPE 管的水头损失图

注：图中 mWC 为 m H₂O

当管内流速不大于 3m/s 时，管道水头损失也可采用 Hazen-Williams 公式计算。

（2）管道的局部水头损失，宜采用管（配）件当量长度法计算。当量长度参见给水章节，雨水斗和过渡段的当量长度由厂商提供。

4. 溢流口计算

溢流口流量可按公式（3.4-3）计算：

$$Q_b = mb\sqrt{2g}H^{3/2} \tag{3.4-3}$$

式中　Q_b——溢流口的排水量（L/s）；

　　　m——流量系数，安全起见，可采用宽顶堰流量系数，可取 320～385；

　　　b——溢流口宽度（m）；

　　　H——溢流口堰前水头，或溢流口净空高度。

5. 计算步骤

（1）根据公式（3.1-1）计算雨水斗的设计流量。

（2）计算系统总高度和管道直线长度。高度指雨水斗到过渡段的几何高差，过渡段低于室外地面时，按室外地面算几何高度。

（3）估算总当量管长，不应小于管道长度的 1.6 倍。

（4）计算水力坡度，为几何高差除以总当量管长。

（5）根据设计流量、水力坡度在计算图表上选出管径和对应的水力坡度，并注意满足流速不应小于 1m/s。

（6）根据表 3.4-2 检查系统高度和管径是否满足要求。如不满足，需调整系统布置，增加立管，减小管径。

（7）计算系统的实际当量管长。

（8）计算管道压力降（水头损失）。

（9）检查：各管道交汇节点的压差值是否满足要求。若不满足，则调整管径。

（10）检查：总水头（压力）损失与过渡段速度水头之和应小于系统高度。计算中为简化起见，可控制系统出口处剩余 1m H_2O 以上的水压即可。

（11）检查最大负压值是否满足要求，若不满足，则调整管径。

（12）复核计算系统运行中可能出现的最大负压值。当系统出口处的剩余水压超过 5m H_2O 时，逐步增加各雨水斗的入流量，重新计算总水头损失与过渡段速度水头之后，并与系统高度比较，直至系统出口处的剩余水压为 2m H_2O 以内。检查系统的最大负压值，不得低于 -90kPa。

（13）复核计算自净流速。用 1 年重现期降雨流量计算悬吊管中的满管流速，应符合自净流速要求。

3.4.8　计算例题

【例 3.4-1】　某厂房的屋面设计雨水流量为 18L/s，采用虹吸式屋面雨水系统，各雨水斗设计流量均匀分配，管道系统如图 3.4-3 所示。要求计算雨水管道系统。

选用产品的当量长度见表 3.4-3。

配件当量长度（m）   表 3.4-3

管径 DN(mm)	管径 φ(mm)	DN50 雨水斗	45°弯头、90°弯头＝2×45°、Y三通直流	Y三通侧流
32	40	2.8	0.4	1.0
40	50	3.5	0.5	1.3
50	56	4.2	0.5	1.6
60	63	5.6	0.6	1.9
70	75	5.6	0.8	2.4
80	90	7.6	1.0	3.0
100	110		1.3	3.9
125	125		1.6	4.7

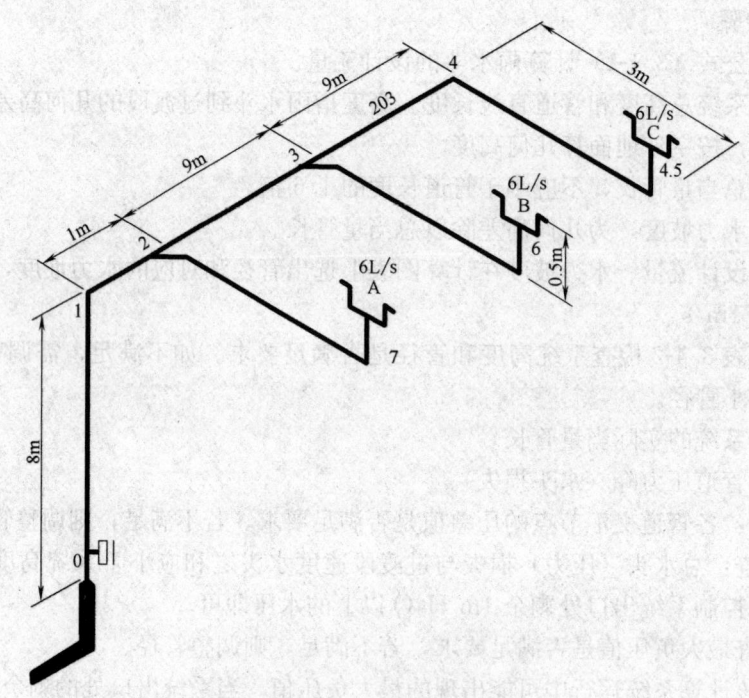

图 3.4-3   雨水系统图

【解】

1. 屋面各雨水斗设计流量

$$18 \div 3 = 6 \text{L/s}$$

2. 计算系统的总高度和管道长度

系统的总高度（雨水斗至过渡段 0 点的高度）：

$$H_T = 0.5 + 8 = 8.5 \text{m}$$

管道长度：

$$L = 8 + 1 + 9 + 9 + 3 + 0.5 = 30.5 \text{m}$$

3. 估算管道总当量长度

$$L_E = 30.5 \times 1.6 = 48.8m$$

4．估算水力坡度

$$i = H_T/L_E = 8.5 / 48.8 = 0.174$$

5．选择管径、水力坡度、流速

根据设计流量和估算的水力坡度在水力计算图表上（见图 3.4-2）选择管径，查出与管径对应的水力坡度和流速，并确保流速不小于 1m/s。

例如管段 1-0：设计流量 18L/s，估算水力坡度 0.174m H_2O/m 管长，在图 3.4-2 中选择管径 110mm，与管径对应的实际水力坡度 i 为 0.065，流速 2.3m/s。把以上数据填入表 3.4-4 中。其他各管段的管径、水力坡度、流速以此类推。

6．检查：立管管径 $DN110$，系统高度 8.5m，符合表 3.4-2 的要求。

7．根据所选管径确定管道配件的当量长度和管段计算长度，填入表 3.4-4 中 7～10 栏。

8．根据水力坡度和管段计算长度计算管道水头损失和末端水头，填入表 3.4-4 中 11、13 栏。

例如管段 4-3，水力坡度为 0.055，管段计算长度为 9.8m，管段水头损失为 $0.055 \times 9.8 = 0.54m$ H_2O。

9．检查节点压差：支管交汇点 2 处的水压分别为 $-5.81m$ H_2O 和 $-5.98m$ H_2O，压差值小于 1m H_2O 或 10kPa，满足要求。另外，节点 3 的压差值也满足要求。

10．检查系统出口水压：3 个雨水斗至系统（末端）出口的剩余水压分别为 1.35m H_2O、1.24m H_2O、1.18m H_2O，均大于 1m H_2O，满足要求。

11．检查最大负压：最大负压为 $-6.13m$ H_2O，满足真空度要求。

12．复核运行中可能出现的最大负压：系统出口处的剩余水压均小于 2m H_2O，无需再计算复核。

13．复核计算自净流速（略）。

14．溢流计算（略）。

计算中，若管段 2-1-0 管径缩小 1 号，选用 $DN90$，则系统总的水头损失为 8.04m H_2O，系统出口处的剩余水压只有 0.45m H_2O，不足 1m H_2O，不符合要求。

雨水系统水力计算表　　　　　　　　　　表 3.4-4

管段	雨水流量 Q (L/s)	管径 (mm)	水力坡度	流速 v (m/s)	管长 L (m)	配件当量长度(m)			计算管长 (m)	管段水头损失 (m H_2O)	管段高差 (m)	末端水头 (m H_2O)	系统剩余水头 (m H_2O)	管内最大负压 (m H_2O)
						DN50 雨水斗	45°弯头 90°弯头 =2×45° Y三通直流	Y三通侧流						
1	2	3	4	5	6	7	8	9	10	11	12	13	14	15
5-4	6	56	0.310	3.1	3.5	4.2	4×0.5		9.7	3.01	0.5	−2.51		−5.96
4-3	6	75	0.055	1.7	9	—	1×0.8		9.8	0.54		−3.05		
3-2	12	75	0.260	3.6	9	—	2×0.8	—	10.6	2.76	0	−5.81		
2-1	18	110	0.065	2.3	1		1×1.3		2.3	0.15		−5.96		
1-0	18	110	0.065	2.3	8	—	2×1.3	—	10.6	0.69	8.0	1.35	1.35	
6-3	6	56	0.310	3.1	3.5	4.2	5×0.5	1.6	11.8	3.66		−3.16	1.24	−6.07
7-2	6	50	0.600	4.0	3.5	3.5	5×0.5	1.3	10.8	6.48	0.5	−5.98	1.18	−6.13

3.5   重力流屋面雨水系统

3.5.1   系统的选用与敷设

根据《建筑给水排水设计规范》GB 50015（以下简称《建水规》），重力流屋面雨水系统是把系统流态控制在重力流的一种系统，超设计重现期的雨水不进入系统，由溢流设施排放。如何实现超设计重现期雨水不进入系统，从而避免系统转变为两相流、甚至有压流，是控制重力流的关键。

重力流屋面雨水系统一般为外排水。其选用与敷设见表 3.5-1。

重力流屋面雨水系统的选用与敷设   表 3.5-1

技术情况	成品檐沟外排水	承雨斗外排水	阳台雨水排除
特点	1. 充分利用建筑屋面坡度，将雨水汇集于屋面四周的沟、檐，再用管道引至地面，雨水系统各部分均设于室外，室内不会由于雨水系统的设置而产生水患； 2. 不做灌水试验		1. 排除非封闭阳台雨水，雨水立管沿外墙敷设排至散水面； 2. 按层做灌水试验
组成	成品檐沟、立管	承雨斗、立管	平算雨水口或无水封地漏、立管
适用条件	适用于多层住宅或建筑体量与之相似的一般民用建筑，其屋面面积较小，建筑四周排水出路多。年降雨量较多、较大的南方地区，在建筑散水上设置集水明沟，汇集雨水至雨水口或雨水管渠		敞开式阳台。不承接阳台洗衣机排水。当阳台设有洗衣机排水地漏和生活排水管道时，可不再设置阳台排水系统
管道材料	白铁皮制成的圆形或方形管（接口用锡焊）、塑料排水管或塑料方形管、铸铁排水管等		排水铸铁管、排水塑料管
敷设技术要求	一般由建筑师设计，表示在建筑专业图纸上。沿建筑长度方向的两侧，每隔 15～20m 设 90～100mm 的雨落管 1 根，其汇水面积不超过 250m²		可用 50mm 的雨水立管，设于阳台上或附近建筑外墙

3.5.2   重力流态的控制方法

对于既定的雨水斗或雨水口及其重力流系统，若超设计重现期雨水进入系统则会改变雨水系统的重力流态，向两相流转化。因此，重力流系统需要阻止超设计重现期雨水进入。阻止超设计重现期雨水流入系统的措施有多种，其原理可归纳为两类：第一，控制系统雨水入口的水深，使之恒定保持浅水位，入流量得以不增加；第二，设置通气管强制雨水管道系统进气，使管道内无法形成水的满流，同时保持水流压力与大气压力接近。

各类重力流排水系统的流态控制原理及措施见表 3.5-2。

重力流态的控制原理及措施

表 3.5-2

系统类型	控制原理	控制措施	应用场所
成品檐沟外排水	控制进水口水位	超设计重现期雨水由檐沟边缘溢流散落至地面。雨水立管顶端管口与檐沟相接,管道进水口的最大水深为成品檐沟的深度,由于檐沟的深度较浅,限制了雨水口的水深,进气量大,保持重力流态	多层建筑
承雨斗外排水	控制进水口水位	超设计重现期雨水由承雨斗边缘溢流散落至地面。承雨斗深度即为雨水口的淹没深度,通过雨水斗的构造深度实现浅水位排水,保障系统进气和重力流态	多层建筑
阳台雨水排除	仅排侧向雨水	阳台只承接本层侧壁雨水,即使暴雨时其汇雨量相对于排水管径(最小 DN50)也很小,流态不会转化	各类建筑
通气雨水系统	强制进气	采用屋面雨水斗,雨水立管伸顶到屋面,管顶端开口形成进气管,即使雨水斗被屋顶溢流水位积水淹没,但雨水立管大量进气,使系统无法形成满流并接近大气压力。俄罗斯目前采用此方法。我国 20 世纪清华大学实验室也试验过此方法	高层建筑

3.5.3 《建水规》重力流雨水斗排水系统

《建水规》推荐了一种重力流雨水斗排水系统。该雨水斗明显不同于 87 型雨水斗和虹吸雨水斗,系统设置特点明显。

1. 系统设置要点及特点(见表 3.5-3)

重力流雨水斗排水系统的设置要点及特点

表 3.5-3

系统构成	设置要点及特点
屋面	应设溢流口排超设计重现期雨水;不宜设天沟或边沟
雨水斗	构造见图 3.5-1。设置在屋面上,不宜设在天沟或边沟内
连接管	管径不应小于雨水斗出水口口径
悬吊管	1. 长度大于 15m 的雨水悬吊管,应设检查口,其间距不宜大于 20m,且应布置在便于维修操作处; 2. 一根悬吊管连接的雨水斗数量不做限制,通过水力计算确定; 3. 一根悬吊管连接的雨水斗标高差不做限制
立管	1. 建筑屋面各汇水范围内,立管不宜少于 2 根; 2. 多斗系统的立管顶部,不限制设雨水斗; 3. 同一个立管或同一个系统接入的雨水斗标高不做限制(裙房层雨水斗除外)
管材	1. 外排水时可选用建筑排水塑料管; 2. 内排水时采用承压塑料管、金属管或涂塑钢管等管材

2. 重力流雨水斗

《建水规》2009 年版中引入的重力流雨水斗构造如图 3.5-1(a)所示,由规范组开发、江苏南通一家铸管厂生产并测试数据,称之为控制屋面排水系统重力流态的重要设备。目前修编的《建水规》报批稿中引入的重力流雨水斗构造如图 3.5-1(b)所示,由徐水县兴华铸造有限公司开发生产并测试。

这两种雨水斗至今尚没有试验数据支持其能够控制屋面雨水系统的流态。相反,其试

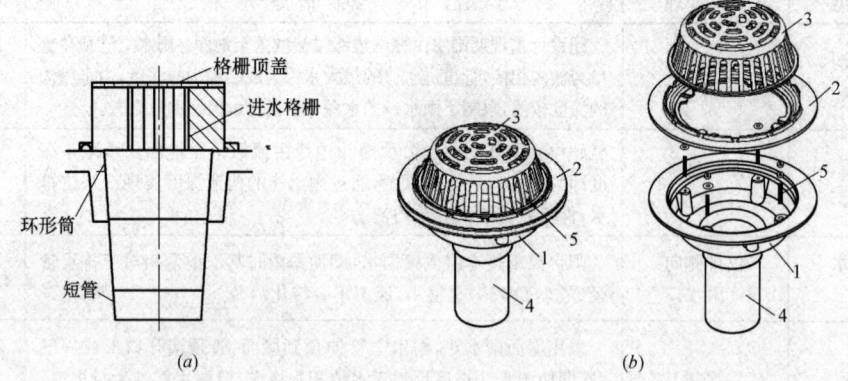

图 3.5-1 《建水规》中的重力流雨水斗
1—斗身；2—压盘；3—球形格栅斗帽；4—排出管；5—紧固螺杆及螺母

验的斗前水深-泄流量特性曲线表明，随着斗前水深的升高，泄流量迅速增加，雨水管道内的流态转变为两相流，甚至在斗前水位升至屋面溢流口高度时形成满管流。也就是说，图 3.5-1 中的"重力流雨水斗"不能控制屋面雨水系统为重力流态，不能避免系统向两相流态转变，超设计重现期雨水会进入系统，无法实现"超设计重现期的雨水应由溢流设施排放"的规范要求。采用图 3.5-1 所示雨水斗的系统，在设计流量以内的降雨时，系统为重力流，当超出该降雨时，系统转变为两相流甚至有压流。设计工况重力流态不是这类系统的最不利工况，而是最有利工况。这类系统按重力流工况设计是不安全的，是违反本手册 3.2.2 条的安全性能要求的。

屋面雨水系统若采用图 3.5-1 所示的雨水斗，不可按重力无压流系统设计，应采取措施应对两相流态甚至有压流态。

3.5.4   重力流屋面雨水系统的计算

1. 雨水斗

对于符合性能要求（雨水斗的通用技术条件正在编制）的重力流雨水斗，多斗系统的雨水斗规格应按表 3.5-4 确定，单斗系统的雨水斗规格与立管管径相同。连接管管径与雨水斗出水口口径相同。

重力流雨水斗设计最大排水流量   表 3.5-4

口径(mm)	泄流量(L/s)	斗前水深(mm)
75	7.1	48
100	7.4	50
150	13.7	68

2. 悬吊管和排出管

悬吊管、排出管的水力计算与生活排水横管的计算相同，其中悬吊管充满度取 0.8，排出管充满度可取 1.0。

3. 立管

立管的通水能力按附壁膜流充满立管断面的 1/3 计算，流速采用终限流速。立管的泄流能力见表 3.5-5。

重力流屋面雨水系统立管的泄流量　　　　　　　表 3.5-5

铸 铁 管		塑 料 管		钢 管	
公称直径 （mm）	最大泄流量 （L/s）	公称外径×壁厚 （mm）	最大泄流量 （L/s）	公称外径×壁厚 （mm）	最大泄流量 （L/s）
75	4.30	75×2.3	4.50	89×4	5.10
100	9.50	90×3.2	7.40	114×4	9.40
		110×3.2	12.80		
125	17.00	125×3.2	18.30	140×4	17.10
		125×3.7	18.00		
150	27.80	160×4.0	35.50	168×4.5	30.80
		160×4.7	34.70		
200	60.00	200×4.9	64.60	219×6	65.50
		200×5.9	62.80		
250	108.00	250×6.2	117.00	273×7	119.10
		250×7.3	114.10		
300	176.00	315×7.7	217.00	324×7	194.00
		315×9.2	211.00		

3.6　建筑小区雨水排水系统

3.6.1　小区雨水排水系统的设置

建筑小区雨水排水包括建筑项目红线范围内的低影响开发雨水系统的溢流雨水、透水地面上的雨水、下沉式广场及庭院雨水、地下车库敞开出入口坡道和建筑敞开窗井雨水等。雨水一般排入市政路面或市政雨水管渠，有时排入水体。

当小区的室外地面高于市政道路且建筑内没有雨水提升排水时，可采用小区道路漫流或排水明沟的方式向市政道路排水。当采用雨水管道系统排水时，小区雨水排水系统应由雨水口、连接管、检查井（跌水井）、管道等组成，设置要求见表 3.6-1。

3.6.2　室外雨水排水系统的水力计算

1. 基本参数和公式

（1）基本参数

管道按满管重力（明渠）流计算，管内流速不应小于或大于表 3.6-2 中的值。

小区雨水排水设施技术要求   表 3.6-1

项目	技 术 要 求
溢流排水雨水口	1. 排除低影响开发雨水系统的溢流雨水。 2. 形式、泄水量见下表(详见《雨水口》16S518)。 （下表） 3. 设置在透水地面上,位置如下: (1)透水道路的交汇处和侧向支路上,能截流雨水径流处,当路侧为下凹绿地时,宜设在挨道路的绿地内; (2)需要就地溢流的入渗浅沟、生物滞留设施处; (3)建筑物单元出入口与透水道路交界处; (4)透水空地与非下凹绿地的低洼处; (5)透水的广场及停车场的适当位置及低洼处; (6)无分水点的透水人行横道的上游处; (7)地下车道入口处(结合带格栅的排水沟一并处理); (8)其他低洼和易积水的地段处; (9)双向坡透水路面应在路两边设置,单向坡透水路面应在路面低的一边设置; (10)不宜设在建筑物门口。 4. 选型与设置 (1)无道牙的路面和广场、停车场,用平箅式雨水口;有道牙的路面,用边沟式雨水口;有道牙路面的低洼处且箅隙易被树叶堵塞时用联合式雨水口; (2)道路上的雨水口宜每隔 25～40m 设置一个;当道路纵坡大于 0.02 时,雨水口的间距可大于 50m; (3)雨水口深度不宜大于 1.0m;泥沙量大的地区,可根据需要设置沉泥(沙)槽;有冻胀影响的地区,可根据当地经验确定; (4)平箅式雨水口长边应与道路平行,箅面宜低于路面 30～40mm; (5)雨水口不得修建在其他管道的顶上; (6)雨水口一般采用砖砌或预制钢筋混凝土装配,雨水口箅盖一般采用铸铁箅子,也可采用钢筋混凝土箅子; (7)透水的广场、步行街、地下车道入口处宜采用线性排水箅及排水沟。 5. 与检查井的连接详见《雨水口》16S518,安装要求如下: (1)连接管的长度不宜超过 25m,连接管上串联的雨水口不宜超过 2 个; (2)连接管最小管径为 200mm,坡度为 0.01,管顶覆土深度不宜小于 0.7m
低影响开发收集雨水口	1. 为埋地入渗系统、收集回用系统、调蓄排放系统,收集不透水硬化面雨水。 2. 埋地入渗系统的雨水收集口宜采用带有渗功能的环保雨水口,泄水量为 10L/s,出水管管径为 DN150;收集回用系统、调蓄排放系统的雨水收集口宜采用滤水袋雨水口或滤水桶雨水口,泄水量参数由厂商提供。雨水收集口详见《海绵型建筑与小区雨水控制及利用》17S705。 3. 应设置在不透水硬化地面上,位置如下: (1)不透水道路的交汇处和侧向支路上,能截流雨水径流处; (2)建筑物单元出入口与不透水道路交界处; (3)建筑雨落管地面附近;

表（嵌入溢流排水雨水口第2条）:

雨水口形式 (箅子尺寸为 750mm×450mm)	泄水流量(L/s)
平箅式雨水口单箅	15～20
平箅式雨水口双箅	35
平箅式雨水口三箅	50
边沟式雨水口单箅	20
边沟式雨水口双箅	35
联合式雨水口单箅	30
联合式雨水口双箅	50
线性雨水箅	

项目	技术要求
低影响开发收集雨水口	(4)不透水空地低洼点等处； (5)不透水的广场及停车场的适当位置及低洼处； (6)无分水点的不透水人行横道的上游处； (7)双向坡不透水路面应在路两边设置，单向坡不透水路面应在路面低的一边设置。 4. 选型与设置要点 (1)应选用具有拦污截污功能的雨水口； (2)雨水口一般采用成品塑料雨水口； (3)埋地入渗系统宜采用入渗雨水口； (4)广场、步行街宜采用线性集水算及管沟。
检查井、跌水井	1. 设置位置 (1)在管道转弯(≥45°)和连接处，包括排出管和接户管的连接； (2)在管道的管径和坡度改变处； (3)检查井位置应避开建筑出入口。 2. 检查井设置 (1)直线管段上检查井的最大间距见下表(括号内数据为塑料管外径)；

管径(mm)	150(160)	200~300(200~315)	400(400)	≥500(500)
最大间距(m)	30	40	40	70

项目	技术要求
检查井、跌水井	(2)检查井内同一高度上接入的管道数量不宜多于3条； (3)雨水检查井的井径和选用见图3.6-1； (4)室外地下或半地下式给水水池的排水口、溢流口，游泳池的排水口，庭院的雨水口，下沉的绿地、地面、建筑物门口的雨水口，当标高低于雨水检查井处的地面标高且不允许积水时，不得接入该检查井，以防溢水、倒灌； (5)检查井的形状、构造和尺寸可按国家标准图集选用，详见排水章节。选用时注意： 1)检查井在车行道上时应采用重型铸铁井盖； 2)排水接户管埋深小于1.0m时，采用小井径检查井，尺寸一般为φ700； 3)检查井可采用塑料、混凝土模块、混凝土预制、混凝土现浇、砖砌，应优先采用塑料检查井； (6)超高层建筑的雨水排出管检查井应采用混凝土现浇，井盖与井体紧固，且宜采用格栅井盖。 3. 跌水井的设置技术要求同生活排水管道跌水井
管道敷设	室外雨水管道布置除满足下列要求外，其管材、管道布置、连接、埋设等均参照室外生活排水管道执行： 1. 雨水管道宜沿道路和建筑物的周边呈平行布置；宜路线短、转弯少，并尽量减少管线交叉；检查井间的管段应为直线。 2. 应尽量远离生活饮用水管道，管中心距离宜≥1.5m； 3. 当雨水管和污水管、给水管并列布置时，雨水管宜布置在给水管和污水管之间；与给水管或污水管垂直交叉时，应设在给水管的下方，污水管的上方； 4. 管道在检查井内宜采用管顶平接法，井内出水管管径不宜小于进水管管径； 5. 硬聚氯乙烯材质的管道应埋于冰冻线以下； 6. 雨水管道的基础做法，参照污废水管道的执行
管材与接口	1. 管道宜采用双波纹塑料管、加筋塑料管、钢筋混凝土管等，南方树木较多的小区不宜采用塑料管； 2. 穿越管沟等特殊地段采用钢管或铸铁管； 3. 非金属承插口管采用水泥砂浆接口或水泥砂浆抹带接口，铸铁管采用橡胶圈接口； 4. 钢管一律采用焊接接口
明沟(渠)	1. 明沟底宽一般不小于0.3m，超高不得小于0.2m； 2. 明沟与管道互相连接时，连接处必须采取措施，防止冲刷管道基础； 3. 明沟下游与管道连接处，应设格栅和挡土墙；明沟应加铺砌，铺砌高度不低于设计超高，长度自格栅算起3~5m；如明沟与管道衔接处有跌水，且落差在0.3~2.0m时，应在跌水前5~10m处开始铺砌； 4. 明沟支线与干线的交汇角应大于90°并做成弧形；交汇处应加铺砌，铺砌高度不低于设计超高

项目	技 术 要 求
下沉广场	1. 与建筑物的门、窗相连通的下沉广场宜设带格栅的排水沟或雨水口收集雨水至集水池,用泵提升排至室外雨水检查井;广场上方周围地面的雨水应通过土建设施(如做倒坡或设挡水坎)进行拦截,不得进入下沉广场; 2. 下沉广场设有建筑入口时,广场地面应比室内地面低 15~30cm 以上; 3. 与建筑物隔开的下沉地面或广场短时积水不会造成危害时,可采用重力排水; 4. 应设雨水沟线性排水或设雨水管道及雨水口
车库入口坡道	车库入口敞开坡道应设下列排水设施: 1. 车库室内入口处设带格栅的排水沟拦截、汇集雨水; 2. 适当抬高入口处室外地面标高,并做反坡阻拦室外地面雨水灌入; 3. 高层建筑在车库入口处的侧墙面雨水宜做土建拦截汇集、重力排到室外地面; 4. 坡道中途设排水沟时,雨水应排到集水坑由水泵提升排除;当排水沟格栅面标高不低于室外排水检查井盖标高时,可重力排除
敞开窗井	1. 井底面应设排水口,排水口可采用无水封地漏或平算雨水斗; 2. 埋地排水横管应设在地下室底板上的覆土层内; 3. 排水管应排入地下雨水集水池或废水集水池,不应排入污水集水池; 4. 当排水口算面标高不低于室外雨水检查井盖标高时,方可重力排入室外雨水管道

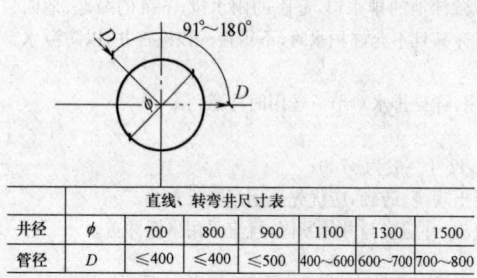

	直线、转弯井尺寸表					
井径	ϕ	700	800	900	1100	1300	1500
管径	D	≤400	≤400	≤500	400~600	600~700	700~800

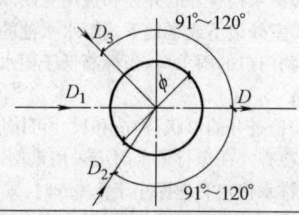

井径ϕ	700、800、900		1100		1300		1500	
管径	D_1	D_2,D_3 D	D_1	D_2,D_3 D	D_1	D_2,D_3 D	D_1	D_2,D_3 D
组合一	≤400	≤200 ≤400	≤600	≤200 ≤600	≤700	≤200 ≤700	≤800	≤200 ≤800
组合二	≤300	≤300 ≤400	≤500	≤300 ≤600	≤600	≤300 ≤700	≤700	≤300 ≤800
组合三			≤500	≤400 ≤700	≤600	≤400 ≤800

<small>91°~120°三通、四通井尺寸表</small>

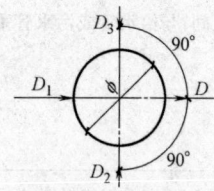

井径ϕ	700、800、900		1100		1300		1500	
管径	D_1	D_2,D_3 D	D_1	D_2,D_3 D	D_1	D_2,D_3 D	D_1	D_2,D_3 D
组合	≤400	≤400 ≤400	≤600	≤500 ≤600	≤700	≤600 ≤700	≤800	≤700 ≤800

<small>90°三通、四通井尺寸表</small>

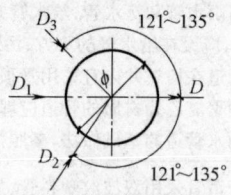

井径ϕ	700、800、900		1100		1300		1500	
管径	D_1	D_2,D_3 D	D_1	D_2,D_3 D	D_1	D_2,D_3 D	D_1	D_2,D_3 D
组合一	≤300	≤200 ≤400	≤600	≤200 ≤600	≤700	≤200 ≤700	≤800	≤200 ≤800
组合二			≤500	≤300 ≤600	≤600	≤300 ≤700	≤700	≤300 ≤800
组合三			≤500	≤400 ≤700	≤600	≤400 ≤800

<small>121°~135°三通、四通井尺寸表</small>

图 3.6-1　雨水检查井的井径和选用

雨水管道流速限值（m/s）　　　　　　　表 3.6-2

管道种类	最大流速	最小流速
金属管	10	0.75
非金属管	5	0.75
明渠（混凝土）	4	0.4

管道敷设坡度应不小于最小坡度，见表 3.6-3，并不应大于 15%。雨水口连接管的坡度应不小于 1%。

雨水管道最小坡度　　　　　　　　表 3.6-3

管径(mm)	最小坡度(%)		管径(mm)	最小坡度(%)	
	混凝土管	塑料管		混凝土管	塑料管
200(225)	0.5	0.003	450	0.18	
250	0.4		500	0.15	
300(315)	0.3	0.0015	600	0.12	
350	0.25		≥700	0.1	
400	0.2				

注：括号内数据为塑料管外径。

管道直径不得小于表 3.6-4 中的数值。

雨水管道最小管径　　　　　　　　表 3.6-4

管道名称	接户管(出户管的汇集管)	支管及干管	雨水口连接管
最小管径(mm)	200	300	200

（2）基本公式

室外雨水管道的排水能力可按公式（3.6-1）、公式（3.6-2）近似计算。

$$Q = vA \qquad\qquad (3.6\text{-}1)$$

$$v = \frac{1}{n} R^{2/3} I^{1/2} \qquad\qquad (3.6\text{-}2)$$

式中　Q——排水流量（m³/s）；

v——流速（m/s）；

A——水流断面积（m²），按满流计算；

n——粗糙系数；

R——水力半径（m），按满流计算；

I——管道敷设坡度。

2. 雨水口

雨水口的设计流量根据公式（3.1-1）计算，其中降雨强度按 5～10min 降雨历时计算，汇水面积一般不考虑附加建筑侧墙的汇水面积。

确定雨水口的形式时，其设计流量不应超过表 3.6-1 中的数值。

3. 连接管

连接管的设计流量与雨水口的设计流量相等。管径根据公式（3.6-1）、公式（3.6-2）计算。最小坡度和管径见表 3.6-3 和表 3.6-4。

4. 汇合管段计算

（1）设计流量

当两路及以上的雨水管道（包括屋面雨水出户管）汇合时，汇合流量按公式（3.6-3）计算：

$$Q = \Psi_m \cdot q \cdot (F_1 + F_2 + F_3 + \cdots) \tag{3.6-3}$$

式中　F_i——各管路负担的汇水面积；

q——降雨强度，其中降雨历时取各汇合管段降雨历时中的最大值；

Ψ_m——综合径流系数。

工程中有时接进来一个雨水口或一个支管后，汇合流量反而比上游主管路的流量降低，这是由于随降雨历时的延长降雨强度降低，而加入进来的汇水面积相对较小，致使流量减小，选管径时可按上游管段流量计算。

（2）径流系数

雨水管道排除的是低影响开发雨水设施的溢流雨水，汇水面上的径流系数应反映该设施截留雨水的作用。透水铺装路面按表3.1-4的值计。小区综合外排径流系数可按3.12.3条给出的方法确定。

（3）管径根据公式（3.6-1）、公式（3.6-2）计算。

3.7　雨水提升系统

3.7.1　雨水提示系统的设置

雨水提升系统包括雨水的收集、雨水集水池、水泵装置和排出管道等。设置技术要求见表3.7-1。

雨水提升系统设置技术要求　　　　　　　　　　表3.7-1

项目	技 术 要 求
设置场所	1. 与建筑物有门、窗相连通的室外下沉广场、下沉庭院； 2. 室外地面整体下沉的小区； 3. 地下车库敞开坡道的底端或中途拦截的雨水； 4. 敞开式窗井； 5. 首层室内地面低于室外地面，其出入口处的局部下沉区； 6. 室外局部下沉广场不与建筑相连、积水时不损害建筑时，可经水力计算采用重力排水
防客水措施	采用提升排水的场所，必须要求土建专业采取如下措施： 　1. 下沉广场上沿周边地面（含广场入口）的雨水应通过土建设施（如做倒坡或设挡水坎）进行拦截，客水不得进入下沉广场；注意雨水拦截沟不可替代土建挡水。 　2. 小区整体下沉时，下沉壁面的上沿应设土建挡水坎，防止客水流入下沉区；小区道路与市政道路连接时，应设置反坡，反坡高度应比市政道路人行道高0.3m及以上，并不得低于排涝水位； 　3. 地下车库入口处的室外地面应高于室外地面0.3m； 　4. 建筑首层地面下沉导致门口处的室外地面局部下沉时，下沉区域的周边，应设土建挡水坎或反坡，防止客水流入。 　5. 注意事项：当土建不采取防客水措施时，下沉区的雨水量将增大，失去控制

续表

项目	技术要求
雨水集水池	1. 有效容积 (1)地下车库出入口坡道的明沟排水集水池,不应小于最大一台泵 5min 的出水量; (2)下沉广场地面排水集水池,不应小于最大一台泵 30s 的出水量;当建筑和下沉广场的室内外高差小于 15cm 时,雨水集水池容积应加大。 2. 设置位置 (1)雨水集水池宜靠近雨水收集口; (2)地下室汽车坡道和地下室窗井的雨水集水池应设在室内; (3)收集室外雨水的集水池应设在室外; (4)雨水集水池设置可参照污废水集水池
水泵装置	1. 排水泵的设计流量应按排入集水池的设计雨水量确定,大型广场的雨水集水池设置调节容积时,水泵设计流量可相应减小; 2. 排水泵不应少于 2 台(1用 1备),不宜大于 8 台,紧急情况下可同时使用,如流入的雨水超设计重现期时及池水达超高水位时,备用泵自动投入,并同时向值班室或控制中心发出声、光报警信号; 3. 排水泵宜采用自动耦合式潜污泵; 4. 水泵应由雨水集水池中的水位自动控制运行,控制水位应有:停泵、启泵水位和报警兼备用泵投入运行水位;当有多台工作泵时,则启泵水位设置多个,各泵相继投入运行; 5. 其余均同污水排水泵

3.7.2 雨水提升系统的计算

1. 雨水量

(1) 设计重现期

1) 地下室坡道、窗井雨水设计重现期不宜小于 50 年,当室内积水产生的危害很小时,可采用 10 年。

2) 下沉广场、下沉庭院等室外下沉地面的雨水设计重现期不宜小于 10 年。当下沉地面与室内地面相通且与室内地面的高差小于 0.15m 时,设计重现期不宜小于 50 年。

(2) 汇水面积

1) 车道、窗井与其上方的侧墙相通时,汇水面积应附加 1/2 侧墙面积。

2) 下沉庭院和下沉广场周围的侧墙面积,应根据屋面侧墙的折算方法计入汇水面积。

(3) 雨水流量根据 3.1 节的方法计算。

(4) 径流总雨量按公式 (3.7-1) 计算:

$$W = 0.06 \Psi_m q F t \tag{3.7-1}$$

式中　W——径流总雨量 (m³);

　　Ψ_m——流量径流系数;

　　q——设计暴雨强度 (L/(s·hm²));

　　F——汇水面积 (hm²);

　　t——设计降雨历时 (min);

　　0.06——单位换算系数。

2. 雨水集水池和水泵

雨水集水池的有效容积和水泵的设计流量互相关联,可按下列方法之一确定:

(1) 水泵设计流量取 5min 降雨历时的流量,雨水集水池有效容积不小于 5min 水泵出水量。

（2）雨水集水池有效容积取 120min 降雨历时的径流总雨量，水泵设计流量取 120min 降雨历时的流量。

（3）雨水集水池有效容积取降雨历时为 t 的径流总雨量，水泵设计流量取降雨历时为 t 的流量。

3. 雨水集水池的有效贮水容积是指最低停泵水位和最高启泵水位之间的容积。当室外下沉汇水面允许短时间（设计降雨历时内）积水且雨水集水池设在室外时，下沉汇水面上的积水容积也可计入贮水容积。

3.8 雨水控制及利用的总体要求

3.8.1 雨水利用的目标与系统分类

雨水利用的目标与系统分类见表 3.8-1。

雨水利用的目标与系统分类   表 3.8-1

项目	内　容		
系统种类	收集回用	入渗	调蓄排放
目标	将发展区内的雨水径流量控制在开发前的水平，即拦截利用硬化面上的雨水径流增量，并减少污染排放		
技术原理	蓄存并资源化硬化面上的雨水		贮存缓排硬化面上的雨水
雨水出路	替代部分自来水	补充土壤含水量	雨后排入市政管网
作用	1. 减小外排雨峰流量； 2. 减少外排雨水总量； 3. 资源化直接利用	1. 减小外排雨峰流量； 2. 减少外排雨水总量； 3. 资源化间接利用	减小外排雨峰流量，比如常年最高日降雨径流
适用的雨水	较洁净雨水	非严重污染雨水	各种雨水
雨水来源	屋面、水面、洁净地面	地面、屋面	地面、屋面、水面
技术适用条件	常年降雨量大于 400mm 的地区	1. 土壤渗透系数宜为 $10^{-6} \sim 10^{-3}$ m/s； 2. 地下水位低于渗透面 1.0m 及以上	渗透和雨水回用受限的小区且常年降雨量大于 400mm 的地区

3.8.2 建筑雨水控制及利用在海绵城市建设中的作用

1. 我国的海绵城市建设中，雨水系统由以下 3 个层次构成：

层次一：低影响开发雨水系统，处置常年（约 2 年一遇）降雨以内的雨水。其建设空间集中在建筑与小区、城市广场、公园及绿地等。此标准范围内的降雨应控制住绝大部分不流失，逼近于建设开发前的水平。

层次二：传统（灰色）雨水系统，处置重现期 3 年或 5 年以内的雨水。其建设空间涵盖建筑与小区、市政道路等。在建筑与小区中，此标准范围内的降雨不应形成路面积水、不应妨碍人员活动。

层次三：溢流雨水系统或超标雨水排放系统，处置约 50 年重现期以内的雨水。其建设空间涵盖全部城市。在建筑与小区中，此标准范围内的降雨不得倒灌进入建筑室内、屋面及建筑不得受到损害、屋面雨水管道系统不得受到损害及破坏等。

2. 建筑与小区是海绵城市建设中雨水系统的源头，是低影响开发雨水系统的重点控制部位。低影响开发雨水控制有以下 4 个目标：

目标一：对年径流总量进行控制，控制量约为 65%～85%，因所处地区的降雨条件而异。

目标二：对全年最大日降雨径流进行控制，也可称为径流峰值控制，外排雨水径流系数应控制在上位规划值或城市要求的数值范围内。

目标三：对外排雨水径流的污染物进行控制，减少外排量。其主要控制途径是通过减少外排雨水量和不外排初期雨水来实现。

目标四：雨水资源化利用，用雨水替代自来水（直接利用）和雨水渗入土壤（间接利用）。雨水资源化利用既是目标，又可作为实现前三个目标的手段，因此非常受重视。

3. 给水排水专业在海绵城市建设中的作用

海绵城市建设中的雨水系统，需要多个专业密切配合、分工合作，才能建设完成。比如：室外传统的雨水排水，雨水口、排水沟的布置需要给水排水和总图两个专业密切配合；屋面超标雨水排除，需要给水排水和建筑两个专业密切配合。雨水控制及利用或称低影响开发雨水系统，需要给水排水、总图、建筑、景观园林等专业密切配合、分工合作，其中有些设施由给水排水专业完成，有些设施由其他专业完成。本手册仅涉及给水排水专业的设计内容。

3.8.3　雨水控制及利用径流量

1. 雨水控制及利用径流总量可根据公式（3.8-1）简化计算：

$$W = 10(\Psi_c - \Psi_0)h_y F \tag{3.8-1}$$

式中　W——需控制及利用的雨水径流总量（m³）；

　　　Ψ_c——硬化面雨量径流系数；

　　　Ψ_0——控制径流峰值所对应的径流系数，应符合当地规划控制要求；

　　　h_y——设计降雨厚度或设计日降雨量（mm）；

　　　F——硬化面和水面汇水面积（hm²），应按水平投影面积计算。

2. 径流系数

各类硬化面对应的雨量径流系数见表 3.8-2。当硬化面的类型多于一种时，雨量径流系数 Ψ_c 应按综合径流系数计，按面积加权平均计算。注意计算综合径流系数时不应计入非硬化面的径流系数。

雨量径流系数　　　　　　　　　　　　　　　　　　　　表 3.8-2

下垫面种类	雨量径流系数 Ψ_c
硬屋面、未铺石子的平屋面、沥青屋面	0.8～0.9
铺石子的平屋面	0.6～0.7
绿化屋面	0.3～0.4
混凝土和沥青路面	0.8～0.9
块石等铺砌路面	0.5～0.6

续表

下垫面种类	雨量径流系数 Ψ_c
水面	1.0
干砌砖、石及碎石路面	0.40
非铺砌的土路面	0.30
绿地	0.15
地下建筑覆土绿地(覆土厚度≥500mm)	0.15
地下建筑覆土绿地(覆土厚度<500mm)	0.30~0.40
透水铺装地面	0.29~0.36

　　控制径流峰值所对应的径流系数 Ψ_0 应按建设开发前的原自然地面计,一般为 0.2~0.4。当上位规划或当地政府有具体要求时,应执上位行规划和政府要求。此处径流峰值指全年最大日(24h)降雨的径流值,与小区管径计算的流量峰值有区别。

　　3. 设计降雨厚度

　　降雨厚度 h_y 以日为单位计算。降雨厚度资料应根据当地近 10 年以上降雨量统计确定。各地常年(2年一遇)最大 24h 降雨厚度参见表 3.8-3。

　　4. 硬化面汇水面积

　　硬化面汇水面积为小区内的所有非透水硬化面面积,包括屋面、路面、广场、停车场等,透水铺装地面、绿化屋面不计。水面面积可按景观水体的设计水位面计。

全国各大城市降雨量资料　　　　　　　　表 3.8-3

序号	站名	年均降雨量 (mm)	年均最大月降雨量 (mm)	1年一遇日降雨量 (mm)	2年一遇日降雨量 (mm)
1	北京	571.9	185.2(7月)	45.0	70.9
2	天津	544.3	170.6(7月)	45.7	76.6
3	哈尔滨	524.3	142.7(7月)	32.6	50.6
4	呼玛	471.2	114.0(7月)	26.2	39.2
5	嫩江	491.9	143.6(7月)	31.1	45.6
6	孙吴	522.8	144.0(7月)	31.5	46.0
7	克山	491.4	156.9(7月)	26.8	50.2
8	齐齐哈尔	415.3	128.8(7月)	28.6	46.6
9	海伦	534.9	141.4(7月)	30.2	47.3
10	富锦	517.8	116.9(8月)	30.6	46.6
11	安达	421.1	135.5(7月)	29.2	42.8
12	通河	585.0	160.3(7月)	31.2	47.5
13	尚志	648.5	178.3(7月)	32.0	55.3
14	鸡西	515.9	121.2(7月)	27.5	42.3
15	牡丹江	537.0	121.4(7月)	26.4	44.1
16	绥芬河	541.4	120.6(8月)	24.2	46.4
17	长春	570.4	161.1(7月)	31.5	61.8

序号	站名	年均降雨量 （mm）	年均最大月降雨量 （mm）	1年一遇日降雨量 （mm）	2年一遇日降雨量 （mm）
18	前郭尔罗斯	422.3	126.5(7月)	27.8	46.4
19	四平	632.7	176.9(7月)	34.0	57.6
20	延吉	528.2	121.9(8月)	30.4	45.6
21	临江	784.8	204.0(7月)	41.6	58.9
22	沈阳	690.3	165.5(7月)	34.9	74.0
23	营口	646.5	173.2(7月)	43.0	78.0
24	丹东	925.6	251.6(7月)	63.1	104.6
25	彰武	499.1	148.9(7月)	37.7	56.5
26	朝阳	476.5	153.9(7月)	27.5	56.8
27	锦州	567.7	165.3(7月)	38.5	66.6
28	本溪	763.1	210.2(7月)	42.7	72.2
29	大连	601.9	140.1(7月)	34.3	81.8
30	呼和浩特	397.9	109.1(8月)	22.2	48.4
31	阿尔山	418.7	120.9(7月)	22.9	36.2
32	图里河	426.5	125.1(7月)	22.4	36.3
33	海拉尔	367.2	101.8(7月)	20.6	32.5
34	博克图	489.4	153.4(7月)	31.6	39.2
35	朱日和	210.7	62.0(7月)	—	—
36	锡林浩特	286.6	89.0(7月)	—	—
37	化德	312.5	93.1(7月)	18.7	31.7
38	西乌珠穆沁旗	329.5	104.1(7月)	18.2	34.7
39	扎鲁特旗	377.4	129.6(7月)	27.1	52.8
40	巴林左旗	378.8	137.2(7月)	26.5	52.5
41	多伦	369.5	104.8(7月)	26.0	37.4
42	赤峰	371.0	109.3(7月)	24.2	41.5
43	林西	374.8	128.5(7月)	22.9	44.1
44	通辽	373.6	103.9(7月)	26.5	50.0
45	西宁	373.6	88.2(7月)	16.8	29.2
46	刚察	356.8	86.7(8月)	15.5	24.1
47	同德	401.3	94.2(7月)	19.3	25.4
48	托托河	253.0	80.9(7月)	13.2	19.4
49	曲麻莱	351.8	91.0(7月)	14.5	21.6
50	玉树	453.6	99.6(6月)	16.1	22.2
51	大柴旦	82.7	21.8(7月)	—	—
52	格尔木	42.1	13.5(7月)	—	—

序号	站名	年均降雨量 (mm)	年均最大月降雨量 (mm)	1年一遇日降雨量 (mm)	2年一遇日降雨量 (mm)
53	玛多	275.5	68.7(7月)	13.6	18.2
54	达日	495.4	110.4(7月)	18.9	24.8
55	乌鲁木齐	286.3	38.9(5月)	15.2	24.2
56	哈密	39.1	7.3(7月)	—	—
57	伊宁	268.9	28.5(6月)	—	—
58	库车	74.5	18.1(6月)	—	—
59	和田	36.4	8.2(6月)	—	—
60	喀什	64.0	9.1(7月)	—	—
61	阿勒泰	191.3	25.8(7月)	—	—
62	拉萨	426.4	120.6(8月)	18.0	27.3
63	兰州	311.7	73.8(8月)	20.6	30.2
64	乌鞘岭	368.6	91.5(8月)	17.3	25.7
65	平凉	482.1	109.2(7月)	34.1	43.9
66	合作	531.6	104.7(8月)	22.0	29.2
67	武都	471.9	86.7(7月)	23.3	35.9
68	敦煌	42.2	15.2(7月)	—	—
69	酒泉	87.7	20.5(7月)	—	—
70	天水	491.6	84.6(7月)	27.2	40.2
71	银川	186.3	51.5(8月)	—	—
72	石家庄	517.0	148.3(8月)	33.8	59.7
73	怀来	384.3	110.3(7月)	21.9	41.5
74	承德	512.0	144.7(7月)	31.7	52.0
75	乐亭	581.6	194.7(7月)	42.6	74.7
76	泊头	461.9	153.1(7月)	15.4	66.7
77	济南	672.7	201.3(7月)	43.6	72.1
78	惠民县	563.4	184.3(7月)	37.8	70.4
79	成山头	664.4	147.3(8月)	70.8	81.2
80	潍坊	588.3	155.2(7月)	34.9	71.9
81	定陶	564.4	157.0(7月)	44.9	69.3
82	兖州	675.2	202.3(7月)	51.2	78.9
83	太原	431.2	107.0(8月)	26.4	50.7
84	大同	371.4	100.6(7月)	24.0	40.0
85	原平	423.4	117.7(8月)	25.5	47.5
86	运城	530.1	109.9(7月)	32.2	52.7
87	介休	452.1	112.3(7月)	27.8	49.6

序号	站名	年均降雨量 (mm)	年均最大月降雨量 (mm)	1年一遇日降雨量 (mm)	2年一遇日降雨量 (mm)
88	郑州	632.4	155.5(7月)	44.7	71.2
89	卢氏	622.1	133.3(7月)	33.9	49.5
90	驻马店	979.2	194.4(7月)	64.0	78.3
91	信阳	1083.6	199.7(7月)	45.7	105.0
92	安阳	567.1	175.6(7月)	42.9	74.0
93	西安	553.3	98.6(7月)	29.2	45.5
94	汉中	852.6	175.2(7月)	39.1	63.4
95	榆林	365.6	91.2(8月)	25.6	45.2
96	延安	510.7	117.5(8月)	34.9	51.4
97	重庆市	1118.5	178.1(7月)	—	—
98	酉阳	1352.2	229.4(6月)	52.2	82.6
99	重庆沙坪坝	1092.8	174.3(6月)	52.6	79.7
100	成都	870.1	224.5(7月)	54.5	87.6
101	甘孜	643.5	132.8(6月)	21.1	26.3
102	马尔康	786.4	155.0(6月)	23.0	32.2
103	松潘	718.0	115.2(6月)	22.1	28.4
104	理塘	717.3	178.0(7月)	25.9	33.3
105	九龙	904.5	200.0(6月)	27.5	35.8
106	宜宾	1063.1	228.7(7月)	57.7	95.5
107	西昌	1013.5	240.0(7月)	43.1	64.4
108	会理	1152.8	275.1(7月)	55.2	77.0
109	万源	1193.2	244.5(7月)	67.1	101.9
110	南充	987.2	188.3(7月)	51.8	85.4
111	昆明	1011.3	204.0(8月)	53.6	66.3
112	德钦	592.0	132.8(7月)	22.9	31.5
113	丽江	968.0	242.2(7月)	34.9	50.8
114	腾冲	1527.1	300.5(7月)	45.2	63.5
115	楚雄	847.9	184.0(7月)	42.2	56.1
116	临沧	1163.0	235.3(7月)	40.6	54.5
117	澜沧	1596.1	343.2(7月)	51.5	75.7
118	思茅	1497.1	324.3(7月)	51.2	80.1
119	蒙自	857.7	175.0(7月)	33.9	55.5
120	贵阳	1117.7	225.2(6月)	44.8	74.1
121	毕节	899.4	160.8(7月)	41.8	58.7
122	遵义	1074.2	199.4(6月)	46.7	74.9

续表

序号	站名	年均降雨量 (mm)	年均最大月降雨量 (mm)	1年一遇日降雨量 (mm)	2年一遇日降雨量 (mm)
123	兴义	1321.3	257.2(6月)	52.4	81.4
124	长沙	1331.3	207.2(4月)	78.5	81.9
125	常德	1323.3	208.9(6月)	47.8	90.3
126	芷江	1230.1	209.0(6月)	48.7	84.1
127	零陵	1425.7	229.2(5月)	51.7	79.6
128	武汉	1269.0	225.0(6月)	61.3	102.6
129	老河口	813.9	135.9(8月)	44.9	65.6
130	鄂西	1438.5	241.7(7月)	55.3	98.4
131	恩施	1470.2	257.5(7月)	—	—
132	宜昌	1138.0	216.3(7月)	49.8	81.6
133	合肥	995.3	161.8(7月)	45.3	82.1
134	安庆	1474.9	280.3(6月)	63.7	104.2
135	亳州	785.8	213.3(7月)	50.6	83.3
136	蚌埠	919.6	198.7(7月)	57.2	85.4
137	霍山	1350.7	197.2(7月)	52.6	82.8
138	上海市	1164.5	169.6(6月)	—	—
139	上海龙华	1134.6	225.3(8月)	55.7	86.8
140	南京	1062.4	193.4(6月)	45.6	85.6
141	东台	1062.5	210.0(7月)	67.7	89.6
142	徐州	831.7	241.0(7月)	65.8	87.1
143	赣榆	910.3	247.4(7月)	57.0	106.1
144	杭州	1454.6	231.1(6月)	57.5	83.2
145	定海	1442.5	197.2(8月)	53.7	84.8
146	衢州	1705.0	316.3(6月)	58.9	93.7
147	温州	1742.4	250.1(8月)	77.4	107.8
148	南昌	1624.4	306.7(6月)	65.6	101.0
149	景德镇	1826.6	325.1(6月)	67.6	109.8
150	赣州	1461.2	233.3(5月)	57.3	78.1
151	吉安	1518.8	234.0(6月)	57.9	86.5
152	南城	1691.3	297.2(6月)	56.8	95.5
153	福州	1393.6	208.9(6月)	52.1	97.8
154	南平	1652.4	277.6(5月)	58.8	87.2
155	永安	1484.6	246.8(5月)	60.3	75.3
156	厦门	1349.0	209.0(8月)	49.1	109.3
157	广州	1736.1	283.7(5月)	51.8	106.8

续表

序号	站名	年均降雨量 (mm)	年均最大月降雨量 (mm)	1年一遇日降雨量 (mm)	2年一遇日降雨量 (mm)
158	河源	1954.9	372.7(6月)	88.2	117.1
159	汕头	1631.1	286.9(6月)	72.8	137.5
160	韶关	1583.5	253.2(5月)	58.2	85.9
161	阳江	2442.7	464.3(5月)	92.6	189.2
162	深圳	1966.5	368.0(8月)	—	—
163	汕尾	1947.4	350.1(6月)	76.0	144.2
164	南宁	1309.7	218.8(7月)	62.6	90.3
165	百色	1070.5	204.5(7月)	58.3	87.3
166	桂平	1739.8	287.9(5月)	74.7	103.8
167	梧州	1450.9	279.5(5月)	57.2	101.1
168	河池	1509.8	293.7(6月)	63.8	91.9
169	钦州	2141.3	426.4(7月)	98.7	164.2
170	桂林	1921.2	351.7(5月)	66.7	121.2
171	龙州	1331.3	228.9(8月)	68.7	91.6
172	海口	1651.9	244.1(9月)	79.1	144.8
173	东方	961.2	176.2(8月)	44.1	128.9
174	琼海	2055.1	374.1(9月)	102.6	155.6

注：1. 表中给出的"1年一遇日降雨量"和"2年一遇日降雨量"是根据实测降雨资料系列，经拟合而成的"年最大值法降雨量与重现期公式"计算而得，与实测统计数据稍有出入，供使用过程中参考。

2. 表中"上海龙华"，由于实测数据仅为8年，故本表给出的一系列统计数据，仅供使用过程中参考。

3.9 雨水收集回用

3.9.1 雨水收集回用系统的构成与选用

雨水收集回用系统能把雨水直接转化为水资源，同时又起控制雨水径流总量、径流峰值和径流污染的作用，对于有资源化利用目标的工程应首选此系统。系统的构成与应用见表 3.9-1。

雨水收集回用系统的构成与应用　　表 3.9-1

系统的组成	应用条件	雨水回用用途	雨水收集场所
汇水面、收集系统、雨水弃流、泥沙初沉、雨水贮存、雨水处理、清水池、雨水供水系统、雨水用户	1. 年降雨量大于 400mm； 2. 年回用雨水量替代自来水用量的比例大于3%时经济性较佳	优先作为景观水体的补充水源，其次为绿化用水、循环冷却水、汽车冲洗用水、路面及地面冲洗用水、冲厕用水、消防用水等，不可用于生活饮水、游泳池补水等	优先截留收集水面上的落雨和屋面雨水，不宜收集机动车道等污染严重的路面上的雨水。当景观水体以雨水为主要水源之一时，地面雨水可排入景观水体

1. 湿塘或景观水体蓄存雨水

以湿塘或景观水体为蓄存雨水设施的系统构成见图 3.9-1。其中图 3.9-1（a）中的湿塘或景观水体既是蓄存设施，又是雨水的用户，蓄存的雨水用于补充蒸发耗水和边壁渗水，替代水体的补水。图 3.9-1（b）的系统构成要复杂些，当景观水体还蓄存绿地浇灌和路面浇洒用水时采用。植草沟和卵石沟可净化或渗透初期雨水，替代弃流设施，应优先采用。当无条件设置植草沟或卵石沟等生态预处理设施时，应设弃流装置。蓄存设施的前端设有前置塘时，可不设初级过滤单元。

湿塘或景观水体的水质保持应优先选用生态净化，种植水生植物。其次采用机械净化处理设备。雨水的水质净化应主要由水质维持或水质处理设施完成，不推荐在水体上游另建蓄存池单独设置水质净化机械处理。

湿塘或景观水体的有效蓄存容积为设计水位和溢流水位之间的容积。

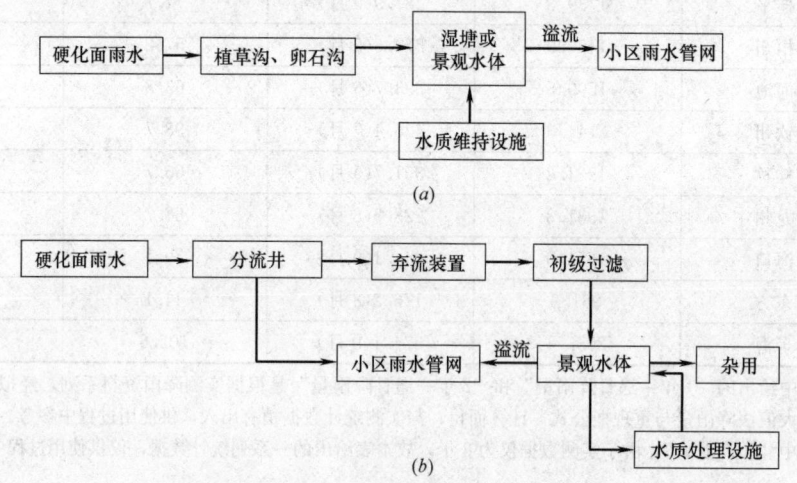

图 3.9-1　湿塘或景观水体蓄存雨水

2. 雨水用于绿地和路面浇洒时的系统构成

较多的小区雨水只回用于浇洒绿地和路面，且雨水原水较洁净，这时可采用较简单的系统流程，如图 3.9-2 所示。这种系统不设雨水清水池（箱），雨水随时取用随时净化处理。其中图 3.9-2（a）采用管道过滤器处理，过滤器为筛网结构，过滤快；图 3.9-2（b）使用硅砂砌块过滤处理。流程中也往往不设消毒工艺。需要注意的是，图 3.9-2（a）中雨水蓄存池（罐）中的取水口应尽量随水位浮动，吸取上清液。

图 3.9-2（a）中的雨水蓄存池（罐）可采用埋地的钢筋混凝土水池、塑料模块组合水池、玻璃钢水罐等。当收集屋面雨水时，雨水蓄存设施可摆放在地面上，采用雨水罐（箱）。

当对埋地雨水蓄水池（罐）设置自来水补水时，补水口应高于地面，避免地面积水时被雨水浸泡。

3. 回用雨水有可能与人体接触时的系统构成

当雨水回用于空调冷却塔补水、汽车冲洗、冲厕等用水时，雨水存在与人体接触的可能，水质要求较严，系统构成见图 3.9-3。系统中应设置雨水消毒，并应在水质净化处理

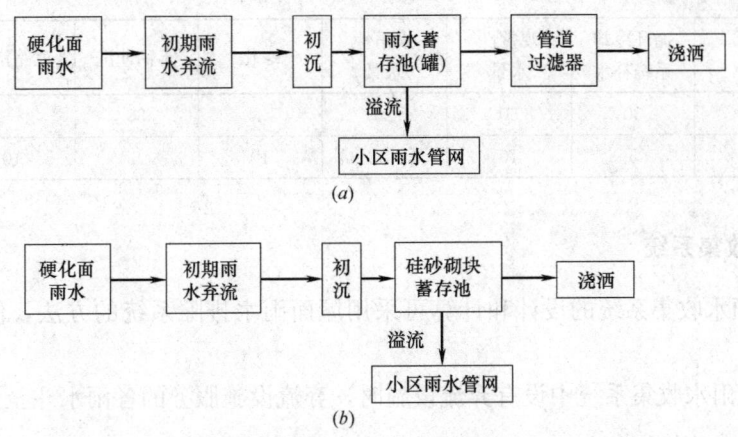

图 3.9-2　雨水用于浇洒

上游投加絮凝剂，提高 COD 的去除率。水质净化处理一般采用石英砂过滤或气浮。对于水质要求特别高的用户，可再增设深度处理装置。

图 3.9-3 (a) 中的雨水蓄存池（罐）可采用埋地的钢筋混凝土水池、塑料模块组合水池、玻璃钢水罐等。若蓄存雨水的停留时间较长时，需采取水质保持措施。

图中省略了收集雨水的拦污雨水口（设置详见 3.6 节）。拦污雨水口与传统雨水口相比，具有拦截污物的功能。雨水口内设筐篮或网兜，拦截雨水中的固体物质。筐篮或网兜能够取出清理。屋面雨水斗也是拦污雨水口的一种。

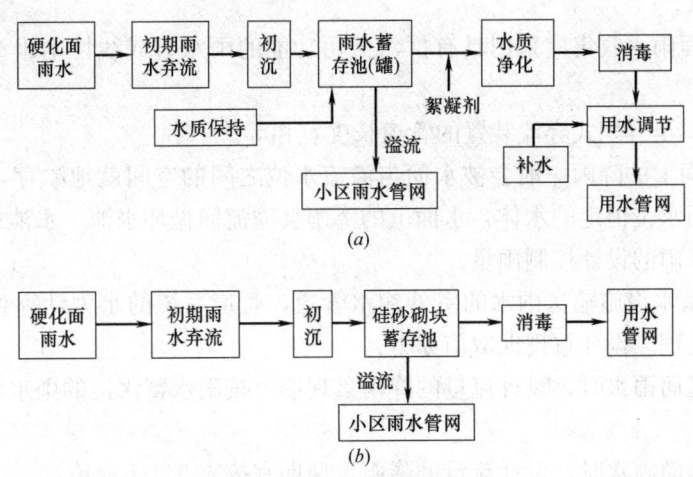

图 3.9-3　雨水用于杂用水

3.9.2　回用雨水的水质标准

回用雨水的 COD_{Cr} 和 SS 指标应满足表 3.9-2 的规定，其余指标应符合相关现行国家标准的规定，包括：《地表水环境质量标准》GB 3838、《城市污水再生利用 城市杂用水水质》GB/T 18920、《城市污水再生利用 景观环境用水水质》GB/T 18921、《城市污水再生利用 工业用水水质》GB/T 19923、《采暖空调系统水质》GB/T 29044 等。

雨水处理后 COD$_{Cr}$和 SS 指标　　　　　　　　表 3.9-2

项目指标	循环冷却系统补水	观赏性水景	娱乐性水景	绿化	车辆冲洗	道路浇洒	冲厕
COD$_{Cr}$(mg/L)≤	30	30	20	—	30	—	30
SS(mg/L)≤	5	10	5	10	5	10	10

3.9.3　雨水收集系统

1. 屋面雨水收集系统的设计和计算可采用屋面雨水排除系统的方法，但需注意以下不同点：

（1）屋面雨水收集系统中设有弃流设施时，弃流设施服务的各雨水斗至该设施的管道长度宜相近。

（2）屋面雨水收集管道汇入地下室内的雨水蓄水池、蓄水罐或弃流池时，应设置紧急关闭阀门和超越管向室外重力排水，紧急关闭阀门应由蓄水池水位控制，并能手动关闭。

（3）雨水进入蓄水设施之前有条件利用植草沟、卵石沟、绿地等生态净化设施进行预处理时，屋面雨水宜采用断接方式排至地面并导流进入生态净化设施。

2. 向室外蓄水设施输送屋面雨水的室外输水管道，可用检查口替代检查井，间距宜为 25～40m。

3. 屋面雨水收集系统和雨水蓄存设施之间的室外输水管道的连接点，应设检查井。当室外输水管道的雨水设计重现期比屋面雨水管道的雨水设计重现期小时，该检查井的井盖应能溢流雨水。

4. 室外地面雨水收集应采用具有拦污截污功能的雨水口或线性雨水沟，且污物应便于清理。

5. 各雨水口至容积式弃流装置的管道长度宜相等。

6. 景观水面上的降雨一般会被水面与溢流水位之间的空间就地贮存，但对于通过溢流循环保持水面水位恒定的水体，水面上的降雨会溢流回循环水池，水池中应设有贮存空间贮存水面上降雨的设计控制雨量。

7. 向室外蓄水设施输送雨水的室外输水管道，管道系统的水力计算可按室外传统排水系统的方法处理。设计重现期取值如下：

（1）输送屋面雨水时，设计流量的降雨重现期可按雨水蓄水池的雨水设计重现期（一般 2 年）取值。

（2）输送地面雨水时，设计流量的降雨重现期宜按表 3.1-1 取值。

3.9.4　初期径流雨水弃流

1. 弃流设施的技术特性见表 3.9-3。

2. 屋面雨水在北方应进行初期径流弃流，在多雨的南方宜做弃流。当屋面雨水用作景观水体补水时，若水体设有完善的水质保持措施，可不做弃流。

3. 当生态净化设施满足下列要求时，雨水收集回用系统可不设初期径流弃流设施：

（1）雨水在植草沟或绿地的停留时间内，入渗的雨水量不小于初期径流弃流量；

弃流设施技术特性　　　　　　　　　　表 3.9-3

项目	技术要求		
功能	把初期径流雨水隔离出来,一般可使后续雨水的主要污染物平均浓度不超过:COD_{Cr} 70～100mg/L; SS 20～40mg/L;色度 10～40 度		
类型	容积式(优先采用)	雨量计式	流量式
原理	水箱(池)贮存弃流雨水,用水位判别并控制弃流量	用雨量计判别并控制弃流量	用流量计判别并控制弃流量
特点	1. 成品装置或现场建造; 2. 技术简单,维护方便; 3. 便于集中设置	技术较复杂 1. 成品装置,便于分散设置; 2. 可以不设弃流池	技术复杂
设置位置	1. 蓄水池前端; 2. 建筑雨水管道的末端	可设在室外雨水立管上	
	1. 宜设于室外,当设在室内时,应为密闭形式; 2. 当雨水蓄水池设在室外时,弃流池不应设在室内; 3. 渗透弃流装置应埋于室外地下		
应用场所	1. 屋面雨水收集系统; 2. 地面雨水收集系统	屋面雨水收集系统	
	地面雨水收集系统宜采用渗透弃流井或弃流池		
弃流间隔	雨季开始时的降雨,时间相隔 3～7d 以上的降雨		

(2) 卵石沟贮存雨水的有效贮水容积不小于初期径流弃流量。

4. 初期径流弃流量应按照下垫面实测收集雨水的 COD_{Cr}、SS、色度等污染物浓度确定。当无实测资料时,屋面弃流可采用 2～3mm 径流厚度,地面弃流可采用 3～5mm 径流厚度。当采用雨量计式弃流装置时,屋面弃流降雨厚度可取 3～4mm。

5. 初期径流弃流量按公式 (3.9-1) 计算:

$$W_i = 10 \times \delta \times F \tag{3.9-1}$$

式中　W_i——设计初期径流弃流量 (m³);

　　　δ——初期径流厚度 (mm);

　　　F——汇水面积 (hm²)。

6. 截流的初期径流宜排入绿地等地表生态入渗设施,也可就地入渗。当弃流雨水排入污水管道时,应确保污水不倒灌至弃流装置内和后续雨水不进入污水管道。

7. 渗透弃流井应符合下列规定:

(1) 井体和填料层有效容积之和不应小于初期径流弃流量;

(2) 井外壁距建筑物基础净距不宜小于 3m;

(3) 渗透排空时间不宜超过 24h。

3.9.5　初沉或初级过滤

初沉及初级过滤装置见图 3.9-4。初级过滤措施一般采用滤网、中心筒出水、水流离心旋流等方法。可去除漂浮物、油脂、体积大的杂物及泥沙等。此装置设置在蓄水池进水口的位置,可使流入蓄水池中的雨水较为干净,避免泥沙进入池中淤积。

清洗时只需将过滤壁上提取出,然后将沉淀物清除。

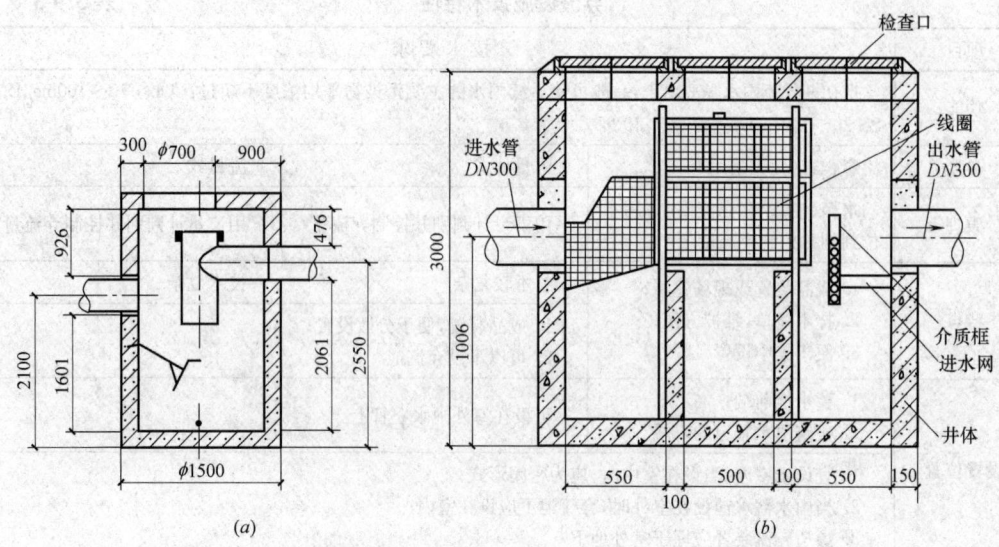

图 3.9-4　初沉及初级过滤装置

3.9.6　雨水蓄存

1. 雨水收集回用系统的雨水贮存设施应采用景观水体、旱塘、湿塘、蓄水池、蓄水罐等。景观水体、湿塘应优先用作雨水贮存设施。蓄水池有塑料模块或硅砂砌块等型材拼装组合水池、钢筋混凝土水池。蓄水罐形状各异，其材料有塑料、玻璃钢、金属等，有的埋在地下，有的摆在地面上。图 3.9-5 为成品蓄水罐。

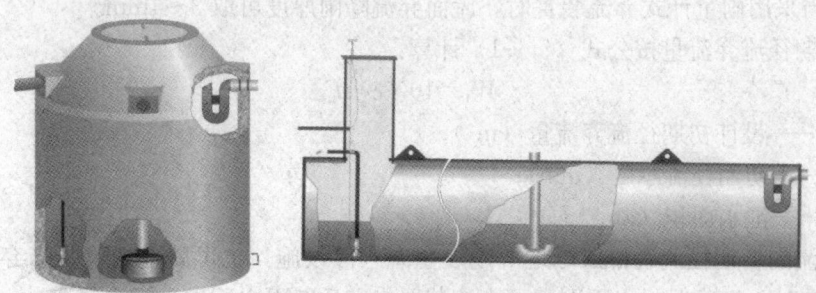

图 3.9-5　成品蓄水罐

2. 景观水体应优先用作雨水贮存设施，水面和水体溢流水位之间的空间作为蓄存容积。

3. 雨水蓄水池、蓄水罐应设置在室外。埋地拼装蓄水池外壁与建筑物外墙的净距不应小于 3m。

4. 蓄水池应设检查口或人孔。室外地下蓄水池（罐）的人孔、检查口应设置防止人员落入水中的双层井盖或带有防坠网的井盖。

5. 蓄水池设于机动车道下方时，宜采用钢筋混凝土池。设于非机动车道下方时，可采用塑料模块或硅砂砌块等型材拼装组合，且应采取防止机动车误入池上行驶的措施，比如覆土高出周围地面。

6. 当蓄水池因室外空间条件限制必须设在室内且溢流口低于室外地面时，应采取如下措施：

(1) 设置自动提升设备排除溢流雨水，自动提升设备的排水标准应按 50 年降雨重现期 5min 降雨强度设计，且不得小于集雨屋面设计重现期降雨强度；

(2) 自动提升设备应采用双路电源；

(3) 进蓄水池的雨水管应设超越管重力排水；

(4) 雨水蓄水池应设溢流水位报警装置，报警信号引至物业管理中心。

7. 蓄水池宜兼具沉淀功能。兼具沉淀作用时，其构造和进、出水管等的设置应采取如下措施：

(1) 防止进、出水流短路；

(2) 避免扰动沉积物，设计沉淀区高度不宜小于 0.5m，缓冲区高度不宜小于 0.3m；

(3) 进水端宜均匀布水；

(4) 应具有排除池底沉淀物的条件或设施；

(5) 出水宜提取上清液。

8. 塑料模块和硅砂砌块组合蓄水池应符合下列规定：

(1) 应进行力学计算校验池体强度满足地面荷载及土壤承载力的要求；

(2) 蓄水池外层应采用不透水土工膜或性能相同的材料包覆；

(3) 池内构造应便于清除沉积泥沙；

(4) 池内兼具过滤功能时应能进行过滤沉积物的清除；

(5) 水池应设混凝土底板。当底板低于地下水位时，水池应满足抗浮要求。

9. 贮存设施的贮水量应按公式 (3.9-2) 计算。

$$V_h = W - W_i \qquad\qquad (3.9\text{-}2)$$

式中　V_h——雨水收集回用系统贮存设施的贮水量 (m^3)；

　　　W——需控制及利用的雨水径流总量 (m^3)，根据公式 (3.8-1) 计算；

　　　W_i——设计初期径流弃流量 (m^3)，根据公式 (3.9-1) 计算。

当具有逐日用水量变化曲线资料时 (在设计阶段得到此资料一直难以实现)，也可根据逐日降雨量和逐日用水量经模拟计算确定。需注意的是，建筑小区的空间尺度小，用计算机模拟计算的误差较大，往往超出工程允许的范围。

10. 当蓄水池的贮水量大于雨水回用系统平均日用水量的 3 倍时，应在池中加设雨水排空装置，且能 12h 排空水池，管理人员根据天气预报在降雨到来之前将蓄水池排空。

3.9.7　雨水处理及计算

1. 雨水水质处理工艺应根据原水水质及雨水用途在图 3.9-1～图 3.9-3 中选取。

2. 雨水用于景观水体时，宜优先采用生态处理方式净化水质。

3. 雨水过滤处理一般采用石英砂、无烟煤、重质矿石、硅藻土等滤料，当采用其他新型滤料和新工艺时，应根据出水水质要求和技术经济比较确定。

4. 雨水蓄水池兼作沉淀池和清水池时，水泵从水池吸水应吸上清液。设置独立的水泵吸水井时，应使上清液流入吸水井，吸水井的有效容积不应低于设计小时流量的 20%，且不应小于 $5m^3$。

5. 回用雨水的水质应根据雨水回用用途确定，当有细菌学指标要求时，应进行消毒，其设置可参考中水系统。

6. 水量、主要水位、pH、浊度等常用控制指标应实现现场监测，有条件的可实现在线监测。

7. 雨水处理站设计应满足主要处理环节运行观察、水量计量、水质取样化验监（检）测的条件。

8. 处理构筑物及处理设备应布置合理、紧凑，满足构筑物的施工、设备安装检修、运行调试、管道敷设及维护管理的要求，并应留有发展及设备更换余地，并应考虑最大设备的进出要求。

9. 雨水处理站内应设给水、排水等设施；通风良好，不得结冻；应有良好的采光及照明。

10. 雨水处理站设计中，对采用药剂所产生的污染危害应采取有效的防护措施。

11. 雨水处理设备的处理水量按公式（3.9-3）确定：

$$Q_y = \frac{W_y}{T} \qquad\qquad (3.9\text{-}3)$$

式中 Q_y——雨水处理设备的处理水量（m^3/h）；

W_y——雨水供应系统的最高日雨水用量（m^3）；

T——雨水处理设备的日运行时间（h），可取 20～24h。

当无雨水清水池和高位水箱时，Q_y按回用雨水管网的设计秒流量计。

3.9.8 雨水供应系统

1. 管网的最高日雨水用量可参照中水章节的数据计算。

2. 雨水供应系统必须设置补水，且应符合下列要求：

（1）应设自动补水，补水来源可采用中水，也可采用生活饮用水（景观用水系统除外）。中水补水的水质应满足雨水供应系统的水质要求。

（2）补水流量应满足雨水中断时系统的用水量要求。

（3）补水应在雨水供不应求时进行，控制方法参照中水系统补水的控制。

3. 雨水管网的供应用户范围应尽量大，以便尽快降低雨水蓄水池的水位。

4. 补水管道和雨水供水管道上均应设水表计量。

5. 卫生安全措施

（1）雨水供水管道应与生活饮用水管道完全分开设置。

（2）采用生活饮用水补水时，清水池（箱）内的自来水补水管出水口应高于清水池（箱）内溢流水位，其间距不得小于 2.5 倍的补水管管径，严禁采用淹没式出水口补水；若向蓄水池（箱）补水，补水管出水口应设在池外，用喇叭口管把补水导入池中。

（3）雨水供水管道上不得装设取水龙头，当设有取水口时，应设锁具或专门开启工具。

（4）水池（箱）、阀门、水表、给水栓、取水口均应有明显的"雨水"标识。

（5）雨水供水管道外壁应按设计规定涂色或标识。

3.9.9 计算例题

【**例 3.9-1**】 某小区有屋面面积 2.45 万 m²，其中 30％的屋面为绿化屋面，70％的屋面未绿化做雨水控制及利用，并优先考虑雨水资源化直接利用，用于小区的杂用水。杂用水管网系统平均日用水量为 186.6m³，其中冲厕 106.6m³，绿化浇洒 80m³。最高日用水量 224m³。补水采用小市政中水。当地常年最大 24h 降雨量为 71mm，外排径流系数控制在 0.4 以内。要求确定工程规模。

【**解**】

1. 日雨水径流量

根据表 3.8-2，屋面雨量径流系数 Ψ_c 取 0.9，则屋面雨水 24h 径流总量为：

$$W = 10(\Psi_c - \Psi_0)h_y F$$
$$= 10 \times (0.9 - 0.4) \times 71 \times 2.45 \times 70\% = 608.8 m^3$$

2. 弃流雨水量

考虑 2mm 初期径流雨水弃流，则弃流雨水量为：

$$W_i = 10 \times \delta \times F = 10 \times 2 \times 2.45 \times 70\% = 34.3 m^3$$

3. 蓄水池容积

蓄水池有效容积为：

$$608.8 - 34.3 = 574.5 m^3$$

设蓄水池贮水容积为 580m³。

4. 复核

平均日用水量为 186.6m³，占蓄水池有效容积的比例为：

$$186.6 / 580 = 32.2\%$$

平均日用水量稍大于蓄水池雨水量的 30％，配置合适，无需再添设调蓄排放设备或入渗设施。

5. 雨水处理设备

雨水用途有冲厕和洗车，需要过滤处理。过滤设备规模根据最高日用水量确定，为：

$$Q_y = \frac{W_y}{T} = 224/22 = 10.2 m^3/h$$

取整数 10m³/h 选择过滤设备。

3.10 雨水入渗

3.10.1 雨水入渗系统的组成与技术特点

雨水入渗系统可分为表面入渗和埋地入渗两大类，其组成见表 3.10-1 和表 3.10-2。埋地入渗由给水排水专业设计。

雨水入渗适用于屋面、硬化地面及小区机动车道上的雨水。

表面入渗系统   表 3.10-1

常用系统	下凹绿地	浅沟与洼地、生物滞留池	渗透池塘	透水铺装地面
特点	1. 地面渗透，蓄水空间敞开； 2. 建造费少，维护简单； 3. 接纳客地硬化面上雨水入渗			1. 在面层渗透和土壤渗透面之间蓄水； 2. 雨水就地入渗
组成	汇水面、雨水收集、沉沙、渗透设施			渗透设施
渗透设施的技术要求	1. 低于周边地面5~10cm的绿地； 2. 绿地种植耐浸泡植物	1. 积水深度不超过300mm的沟或洼地； 2. 底面尽量无坡度； 3. 沟或洼地内种植耐浸泡植物	1. 栽种耐浸泡植物的开阔池塘； 2. 边坡坡度不大于1:3； 3. 池面宽度与池深比大于6:1	1. 由透水面层、找平层、透（蓄）水垫层组成； 2. 面层渗透系数大于1×10^{-4}m/s； 3. 蓄水量不小于常年60min降雨厚度
技术优势	1. 投资费用最省、维护方便； 2. 适用范围广		占地面积小、维护方便	1. 增加硬化面透水性； 2. 利于人行
选用	优先采用	绿地入渗面积不足或土壤入渗性较小时采用	1. 不透水面积大于15倍的透水面积时可采用； 2. 土壤渗透系数$K\geqslant1\times10^{-5}$m/s	需硬化的地面可采用

埋地入渗系统   表 3.10-2

常用系统	埋地渗透管沟	埋地渗透渠	埋地渗透池
特点	土壤渗透面和蓄水空间均在地下，承担客地雨水入渗		
组成	汇水面、雨水管道收集系统、固体分离、渗透设施，见图3.10-1和表3.10-3		
渗透设施构成	1. 渗排一体塑料模块，外包透水土工布； 2. 穿孔管道，外敷砾石层蓄水，砾石层外包渗透土工布	镂空塑料模块拼接而成，外壁包透水土工布	
选用	1. 绿地入渗面积不足以承担硬化面上的雨水时采用； 2. 可设于绿地或硬化地面下，不宜设于行车路面下		
	需兼作排水管道时采用	需要较多的渗透面积时采用	无足够面积建管沟、渠时可采用；土壤渗透系数$K\geqslant1\times10^{-5}$m/s
优缺点	造价较低，砾石层施工复杂，有排水功能，贮水量小	造价高，施工方便、快捷	造价高，施工方便、快捷，占用面积小，贮水量大
距离建筑物、构筑物	≥3m	≥3m	≥5m

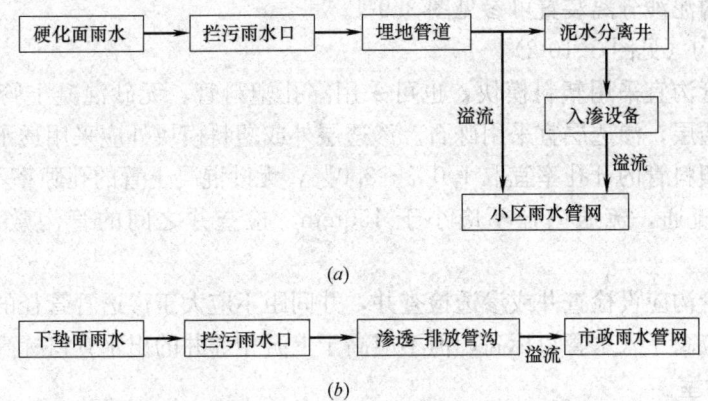

图 3.10-1　埋地入渗系统的构成

埋地入渗设施或设备一览表　　　　　　　　　　表 3.10-3

入渗设施	水蓄存空间	渗透面
渗透管沟	卵石缝隙和管道容积	沟底面和侧面
塑料模块渗透沟	模块内容积	
地下室顶板渗透沟	模块内容积	
渗透管-排放	溢流排水位之下的卵石缝隙和管道容积	
渗透排水沟	无	
渗透井	溢流水位下的井容积	井底和井壁
塑料模块渗透池	溢流水位下的池容积	池底和侧壁

3.10.2　地面雨水收集

1. 屋面雨水管道应采用室外散水断接方式向地面排水，且宜设置卵石缓冲层。当屋面雨水管道埋地出户时，应排入埋地入渗设施。出户管检查井宜采用格栅井盖，能溢流雨水。

2. 雨水口应采用具有拦污截污功能的成品雨水口。

3. 雨水收集与输送管道系统的设计降雨重现期宜与入渗设施的取值一致。

4. 室外地面雨水收集应采用具有拦污截污功能的雨水口或线性雨水沟，且污物应便于清理。

5. 向室外埋地入渗设施输送雨水的室外输水管道，管道系统的水力计算可按室外传统排水系统的方法处理。设计重现期取值如下：

（1）输送屋面雨水时，设计流量的降雨重现期可按雨水入渗设施的雨水设计重现期（一般 2 年）取值。

（2）输送地面雨水时，设计流量的降雨重现期宜按表 3.1-1 取值。

3.10.3　雨水入渗设施

地面或屋面雨水在进入埋地入渗设施之前，需要进行沉沙处理，去除树叶、泥沙等固体杂质。常用的泥沙分离装置可参见图 3.9-4。

1. 渗透管沟（见图 3.10-2）

（1）渗透管沟宜采用塑料模块，也可采用穿孔塑料管、无砂混凝土管或排水管等材料，并外敷渗透层，渗透层宜采用砾石。渗透层外或塑料模块外应采用透水土工布包覆。

（2）穿孔塑料管的开孔率宜取 1.0%～3.0%，无砂混凝土管的孔隙率不应小于 20%。渗透管沟应能疏通，疏通内径不应小于 150mm，检查井之间的管沟敷设坡度宜采用 0.01～0.02。

（3）渗透管沟应设检查井或渗透检查井，井间距不应大于渗透管管径的 150 倍。井的出水管口标高应高于入水管口标高，但不应高于上游相邻井的出水管口标高。渗透检查井应设 0.3m 沉沙室。

（4）渗透管沟不应设在行车路面下。

（5）地面雨水进入渗透管沟前宜设泥沙分离井、渗透检查井或集水渗透检查井。

（6）地面雨水集水宜采用渗透雨水口。

（7）在适当的位置设置测试段，长度宜为 2～3m，两端设置止水壁，测试段应设注水孔和水位观察孔。

（8）渗透管沟的贮水空间应按积水深度内土工布包覆的容积计，有效贮水容积应为贮水空间容积与孔隙率的乘积。

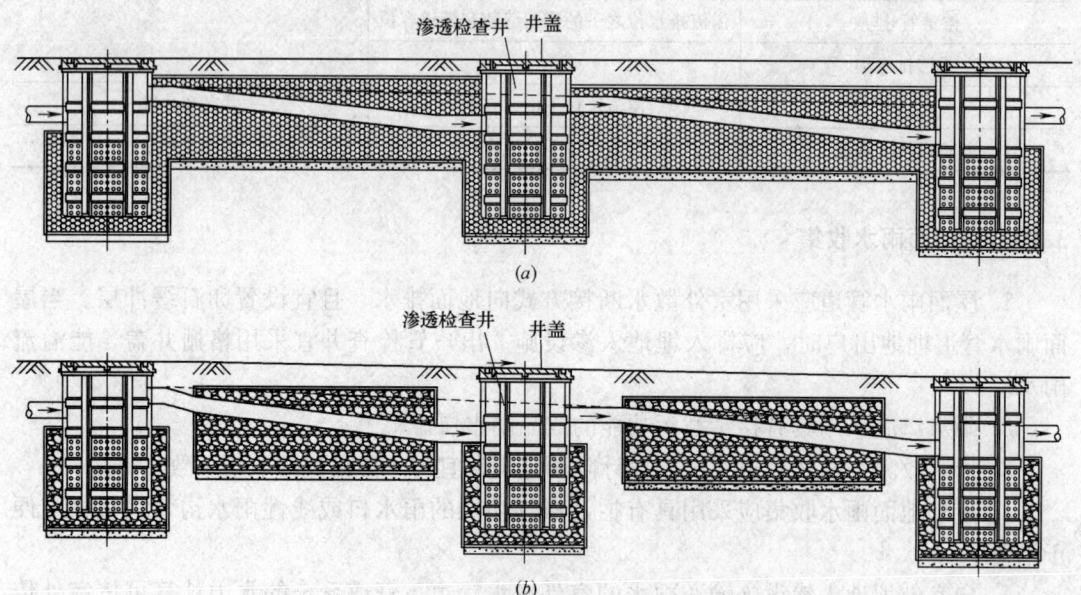

图 3.10-2　渗透管沟纵断面示意图

2. 渗透管-排放系统

渗透管-排放系统采用渗透检查井、渗透管将雨水有组织地渗入地下，超过渗透设计标准的雨水由渗透管沟排放。其设置在渗透管沟的基础上，还附加如下要点：

（1）设施的末端必须设置检查井和排水管，排水管连接到雨水排水管网；

（2）渗透管的管径和敷设坡度应满足地面雨水排放流量的要求，且渗透管管径不应小于 200mm；

（3）检查井出水管口的标高应高于进水管口标高，并应确保上游管沟的有效蓄水。

3. 渗透渠（见图 3.10-3）

（1）一般采用镂空塑料模块拼装，空隙率高达 95%。

（2）形状布置灵活，布置方法需在有品牌的供货商指导下进行。

（3）设在行车地面下时（承压 $10t/m^2$），顶面覆土深度不应小于 0.8m。

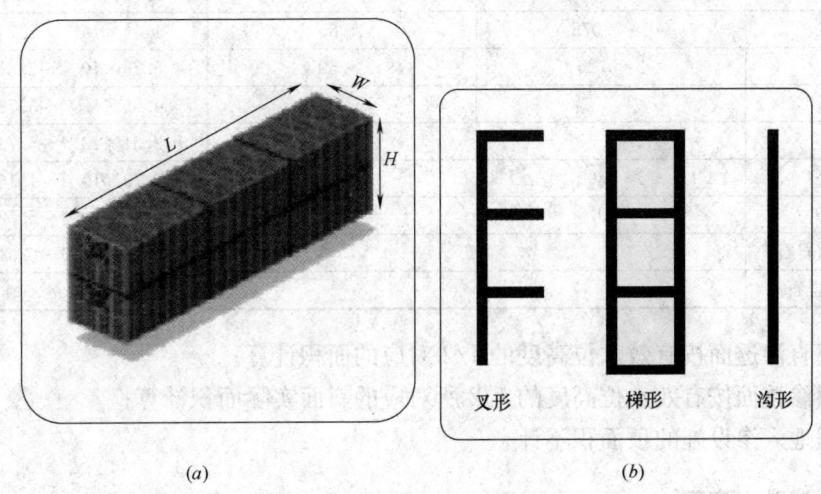

(a)　　　　　　　　　　　(b)

图 3.10-3　渗透渠

(a) 镂空塑料模块拼装；(b) 各种形状布置的渗透渠

3.10.4　入渗面积计算

1. 入渗设施的有效渗透面积

入渗设施的有效渗透面积应满足公式（3.10-1）的要求：

$$A_s \geqslant W/(\alpha KJt_s) \tag{3.10-1}$$

式中　A_s——有效渗透面积（m^2）；

　　　α——综合安全系数，一般可取 0.5～0.8；

　　　K——土壤渗透系数（m/s）；

　　　J——水力坡降，一般可取 $J=1.0$；

　　　t_s——渗透时间（s）。

W 根据公式（3.8-1）计算。

2. 土壤渗透系数

土壤渗透系数可根据建筑区的地质勘探资料或现场实测确定，现场测定应取稳定渗透系数。当资料不具备时，可参照表 3.10-4 采用。

3. 渗透时间

入渗池、入渗井可按 3d 计。其他埋地入渗设施按 24h 计。

4. 入渗设施的有效渗透面积应为下列各部分有效渗透面积之和：

（1）水平渗透面按实际面积计算；

土壤渗透系数 表 3.10-4

地层	地层粒径		渗透系数 K(m/s)
	粒径(mm)	所占质量(%)	
黏土			$< 5.70 \times 10^{-8}$
粉质黏土			$5.70 \times 10^{-8} \sim 1.16 \times 10^{-6}$
粉土			$1.16 \times 10^{-6} \sim 5.79 \times 10^{-6}$
粉砂	> 0.075	> 50	$5.79 \times 10^{-6} \sim 1.16 \times 10^{-5}$
细砂	> 0.075	> 85	$1.16 \times 10^{-5} \sim 5.79 \times 10^{-5}$
中砂	> 0.25	> 50	$5.79 \times 10^{-5} \sim 2.31 \times 10^{-4}$
均质中砂			$4.05 \times 10^{-4} \sim 5.79 \times 10^{-4}$
粗砂	> 0.50	> 50	$2.31 \times 10^{-4} \sim 5.79 \times 10^{-4}$
圆砾	> 2.00	> 50	$5.79 \times 10^{-4} \sim 1.16 \times 10^{-3}$
卵石	> 20.0	> 50	$1.16 \times 10^{-3} \sim 5.79 \times 10^{-3}$
稍有裂隙的岩石			$2.31 \times 10^{-4} \sim 6.94 \times 10^{-4}$
裂隙多的岩石			$> 6.94 \times 10^{-4}$

（2）竖直渗透面按有效水位高度的 1/2 对应的面积计算；

（3）斜渗透面按有效水位高度的 1/2 所对应的斜面实际面积计算；

（4）埋地入渗设施的顶面积不计。

3.10.5　入渗贮水容积

1. 入渗池、入渗井的贮水容积应不小于设计入渗雨水量，设计入渗雨水量根据公式（3.8-1）计算。

2. 其他埋地渗透设施的贮水容积应满足公式（3.10-2）的要求：

$$V_s \geqslant \max(W_c - 60\alpha A_s K J t_c) \tag{3.10-2}$$

式中　V_s——渗透设施的有效容积（m³）；

t_c——降雨历时（min）；

W_c——渗透设施进水量（m³），按公式（3.10-3）计算。

$$W_c = 1.25\left[60 \times \frac{q_c}{1000} \times (F_y \psi_m + F_0)\right] t_c \tag{3.10-3}$$

式中　F_y——渗透设施受纳的集水面积（hm²），或客地雨水汇水面积；

F_0——渗透设施的直接受水面积（hm²），对于埋地入渗设施取 0；

q_c——暴雨强度（L/(s·hm²)），用公式（3.1-2）计算。

3. 降雨历时 t_c

以上两式和 q_c 中包含的降雨历时是同一参数，又可视为渗透设施内的产流历时，按公式（3.1-3）计算，计算值不宜超过 120min。

4. 地面渗透设施的简化计算

（1）硬化面上的雨水采用下凹绿地入渗时，可按硬化面积 1:1 配置下凹绿地，渗透面积和贮水容积可不再计算，视为满足入渗要求。地下建筑顶面与覆土之间设有渗排设施时，地下建筑顶面的下凹绿地也可按上述比例入渗硬化面雨水。

（2）透水铺装地面上的降雨视为能够就地入渗，可不进行计算。

（3）渗透池塘可按连续 3d、7d 或月降雨量平衡、计算雨水的贮存和渗透。

3.10.6 计算例题

【例 3.10-1】 北京某小区有 2000m² （0.2hm²） 的屋面雨水需要采用埋地入渗，渗透设施为镂空塑料模块渗透渠，孔隙率 95％，土壤为粉土。外排径流系数控制在 0.4 以内。试计算所需的渗透面积和设施总容积。

【解】

1. 日雨水径流量

查表 3.8-3，北京市常年最大日降雨厚度为 70.9mm。

查表 3.8-2，屋面雨量径流系数 Ψ_m 取 0.9。

根据公式 （3.8-1），需控制的屋面雨水径流总量为：

$$W = 10(\Psi_c - \Psi_0)h_y F$$
$$= 10 \times (0.9 - 0.4) \times 70.9 \times 0.2 = 70.9\text{m}^3$$

2. 渗透面积

设计雨水入渗量取日雨水径流量，渗透时间取 24h （24×3600s）。查表 3.10-4，渗透系数取 5×10^{-6} m/s。需控制的雨水径流总量全部渗透，即渗透量 W_s 为 70.9m³。

根据公式 （3.10-1），需配置的有效渗透面积为：

$$A_s \geqslant W_s/(\alpha K J t_s) = 70.9/(0.6 \times 5 \times 10^{-6} \times 1 \times 24 \times 3600)$$
$$= 273.5\text{m}^2$$

渗透面积 A_s 按 280m² 设置。

3. 渗透渠进水量

根据公式 （3.10-3），渗透设施进水量为：

$$W_c = 1.25\left[60 \times \frac{q_c}{1000} \times (F_y \psi_m + F_0)\right]t_c$$
$$= 0.075 q_c \times (0.2 \times 0.9 + 0)t_c$$
$$= 0.0135 q_c t_c$$

北京地区降雨强度公式为：

$$q_T = \frac{2001(1 + 0.811\lg T)}{(t+8)^{0.711}}$$

设降雨历时和渗透渠的进水时间相等，当为 30min 时，有：

降雨强度

$$q_c = 187.45\text{L}/(\text{s} \cdot \text{hm}^2)$$

渗透渠在最高峰 30min 的进水量

$$W_c = 0.0135 \times 187.45 \times 30 = 75.92\text{m}^3$$

分别计算各个历时的进水量，填入表 3.10-5 第 3 栏。

4. 渗透渠入渗量

表 3.10-5 中第 4 栏是渗透设施中的雨水入渗量，随时间线性增长。当 t_c 为 30min 时，公式 （3.10-2）中的入渗量为：

$$60\alpha A_s K J t_c = 60 \times 0.6 \times 280 \times 5 \times 10^{-6} \times 1 \times 30 = 1.51\text{m}^3$$

5. 贮水容积

表 3.10-5 中第 5 栏是渗透设施中累积起来的待渗雨水量，为进水量与入渗量之差。随着降雨历时的增加，埋地渗透渠内累积水量不断增加，在 30min 时已经超过需要控制的径流总量 $W=70.9m^3$。此时可不再计算，取有效贮水容积 70.9m^3。

塑料模块总体积为：

$$V_s=70.9/0.95=74.6m^3$$

取整 75m^3。

渗透渠贮水量计算表 表 3.10-5

降雨历时 t_c(min)	降雨强度 q_c(L/(s·hm²))	渗透渠进水量 W_c(m³)	渗透渠渗水量 $60\alpha A_s K J t_c$(m³)	渠中积水量 (m³)
1	2	3	4	5
30	187.45	75.92	1.51	74.41
60	123.94	100.39	3.02	97.37

3.11   雨水调蓄排放

3.11.1   雨水调蓄排放系统的构成与选用

雨水调蓄排放系统适用于控制建筑与小区内各种不透水下垫面和水面的雨水，主要用于控制小区外排雨水的径流峰值（年最大日降雨）和径流污染。此系统可以和雨水收集回用系统共用，当共用时不可收集机动车道等污染较重汇水面上的雨水。

1. 水体、坑塘调蓄

建筑与小区中的雨水调蓄排放设施应首先利用自然水体、坑塘、洼地等，并对其进行保护。并尽量利用植草沟、卵石沟等生态设施净化、转输雨水，减少外排雨水中的污染物。系统构成见图 3.11-1。

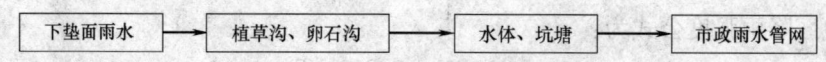

图 3.11-1   水体、坑塘调蓄排放系统

2. 埋地蓄水池调蓄

建筑与小区中往往没有设置水体、坑塘的条件，这时需要建造埋地蓄水池，蓄存雨水。系统构成如图 3.11-2。当有条件设置植草沟、卵石沟等转输、净化雨水时，应替代图中的拦污雨水口和初期雨水弃流单元。

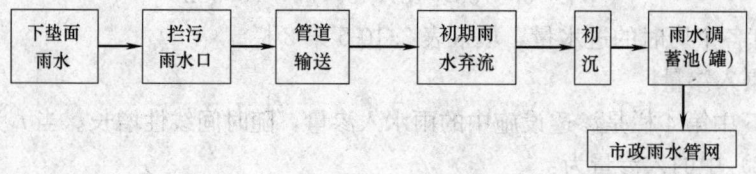

图 3.11-2   埋地蓄水池调蓄排放系统

雨水调蓄池（罐）埋于地下，可采用钢筋混凝土、塑料模块拼装、玻璃钢雨水罐等。

3. 雨水管线与雨水蓄存设施的连接可采用串联方式或并联方式，如图 3.11-3 所示。

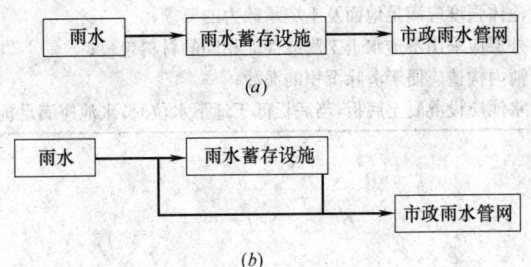

图 3.11-3　雨水管线与雨水蓄存设施的连接方式
(a) 串联连接；(b) 并联连接

3.11.2　雨水收集及污染控制

雨水调蓄排放系统的雨水收集和污染控制技术要求见表 3.11-1。

雨水调蓄排放系统的雨水收集和污染控制技术要求　　　　表 3.11-1

设施	技术要求与设置
雨水收集	与埋地入渗系统的雨水收集相同，参见 3.10.2 条
初期雨水弃流	与收集回用系统的初期雨水弃流相同，参见 3.9.4 条
植草沟、卵石沟	1. 雨水在植草沟或绿地的停留时间内，入渗的雨水量不小于初期径流弃流量； 2. 卵石沟贮存雨水的有效贮水容积不小于初期径流弃流量
初沉	与收集回用系统的初沉或初级过滤相同，参见 3.9.5 条

3.11.3　调蓄设施

景观水体、池（湿）塘、洼地，宜作为雨水调蓄设施，当条件不满足时，可设置调蓄池（罐）。调蓄池（罐）一般埋于地下，其设置要求见表 3.11-2。

埋地调蓄池（罐）设置要求　　　　表 3.11-2

项目	技术要求
设置位置	汇水区下游，且设置在室外
材料及应用场所	1. 成品罐，用于绿地、道路下； 2. 模块拼装组合池，用于绿地、非机动车道下； 3. 钢筋混凝土池，用于机动车道下
构造要求	1. 调蓄池(罐)应有进水口和出水口，且应设检修维护人孔，附近宜设给水栓； 2. 池内构造应保证具备泥沙清洗条件； 3. 宜设溢流设施，且宜重力排除
雨水排除	1. 应优先采用重力排空，且应控制出水管渠流量，可采用设置流量控制井或利用出水管管径控制； 2. 采用机械排空时，宜在雨后启泵排空，设于埋地调蓄池内的潜水泵应采用自动耦合式，排空时间不大于 12h； 3. 与收集回用蓄水池合用时，应根据天气预报在降雨到来前 6h 内排空

项目	技术要求
模块拼装组合池	1. 池体强度应满足地面及土壤承载力的要求； 2. 外层应采用不透水土工膜或性能相同的材料包覆； 3. 池内构造应便于清除沉积的泥沙； 4. 水池应设混凝土底板，当底板低于地下水位时，水池应满足抗浮要求

3.11.4　系统计算

1. 容积计算

当雨后排空时，调蓄池（罐）的有效容积或贮水量按公式（3.8-1）和公式（3.9-2）计算。

当降雨过程中有重力排水时，调蓄池容积宜根据设计降雨过程变化曲线和设计出流量变化曲线经模拟计算确定，资料不足时可采用公式（3.11-1）计算：

$$V_t = \max\left[\frac{60}{1000}(Q-Q')t_m\right] \tag{3.11-1}$$

式中　V_t——调蓄池容积（m³）；

t_m——调蓄池蓄水历时（min），不大于 120min；

Q——设计雨水流量（L/s），按公式（3.1-1）计算；

Q'——设计排水流量（L/s），按公式（3.1-1）计算，径流系数取 0.2。

2. 排水设施计算

当雨后排空时，排水泵及管道的设计流量按公式（3.11-2）计算：

$$q = W/t' \tag{3.11-2}$$

式中　t'——排空时间（s），宜按 6～12h 计。

W 根据公式（3.8-1）和公式（3.9-2）计算。

当降雨过程中排水时，流量控制装置的排水量应不大于公式（3.11-1）中的 Q'。

3.12　组合系统计算及降雨控制效果计算

3.12.1　组合系统计算

建筑与小区中的雨水控制及利用工程往往采用两三个系统组合在一起。

1. 入渗和收集回用系统组合

（1）当雨水控制及利用工程采用入渗系统和收集回用系统组合时，入渗量和雨水用量应符合下列平衡式：

$$\alpha KJA_s t_s + \Sigma q_i n_i t_y = W \tag{3.12-1}$$

$$\alpha KJA_s t_s = W_1 \tag{3.12-2}$$

$$\Sigma q_i n_i t_y = W_2 \tag{3.12-3}$$

式中　t_s——渗透时间（s），按 24h 计；对于渗透池和渗透井，宜按 3d 计；

q_i——第 i 种雨水用户的日均用水定额（m³/d），根据《民用建筑节水设计标准》

GB 50555 和《建筑中水设计规范》GB 50336 计算；

n_i——第 i 种雨水用户的用户数量；

t_y——用水时间，宜取 3d；当雨水主要用于小区景观水体，并且作为该水体主要水源时，可取 7d 甚至更长时间，但需同时加大蓄水容积；

W_1——入渗设施汇水面上的雨水设计径流量（m³），按公式（3.8-1）计算；

W_2——收集回用系统汇水面上的雨水设计径流量（m³），按公式（3.8-1）计算；

其他符号意义同前，W 按公式（3.8-1）计算。

（2）入渗系统和收集回用系统的贮水容积应符合下列平衡式：

$$(V_s+W_{x1})+V_h=W \qquad (3.12-4)$$

式中　V_s——入渗设施的有效容积（m³），按公式（3.10-2）计算；

W_{x1}——入渗设施内累积的雨水量达到最大值过程中渗透的雨水量（m³），按公式（3.10-2）括号中的第二项计算；

V_h——收集回用系统雨水贮存设施的贮水量（m³），按公式（3.9-2）计算，计算时用 W_2 替代 W。

2. 入渗、收集回用、调蓄排放三系统组合

此种情况公式（3.12-1）是不满足的，故增设调蓄排放系统。三系统组合时，贮水容积应符合下列要求：

$$(V_s+W_{x1})+V_h+V_t=W \qquad (3.12-5)$$

式中 V_t 见公式（3.11-1）。

3.12.2　雨水控制及利用系统的截留雨量

雨水控制及利用系统对最高日降雨的有效截留量应通过水量平衡计算确定。水量平衡采取的参数主要有：硬化面汇水量、贮水容积、日渗水能力、回用雨水 3d 用量等。

1. 硬化面汇水量

$$W_i=10\Psi_c h_y F_i \qquad (3.12-6)$$

式中　W_i——某系统的硬化面雨水汇集日径流量（m³）；

Ψ_c——硬化面雨量径流系数；

h_y——设计日降雨量（mm）；

F_i——某系统的硬化面汇水面积（hm²），应按硬化面水平投影面积计算。

2. 渗透系统的有效截留雨量 V_{L1}

渗透系统或设施截留的雨量主要受以下三个因素影响：硬化面汇集的日径流量、渗透设施的有效贮水容积、渗透面的日渗透雨量，其有效截留的雨量应通过三个参数间的水量平衡计算确定。

（1）渗透系统硬化面汇集的日径流量 W_1 按公式（3.12-6）计算。

（2）渗透设施的有效贮水容积 V_s 应根据土建生物滞留设施、浅沟、洼地等表面渗透设施（透水铺装不算）和给水排水埋地渗透设施的有效容积之和计算。注意有坡度的设施其有效贮水空间由最低点决定，如图 3.12-1 所示的渗透管沟。此外，贮存空间中如果有卵石、塑料构件等，应扣除其所占据的空间。

（3）渗透面的日渗透雨量按公式（3.12-7）计算：

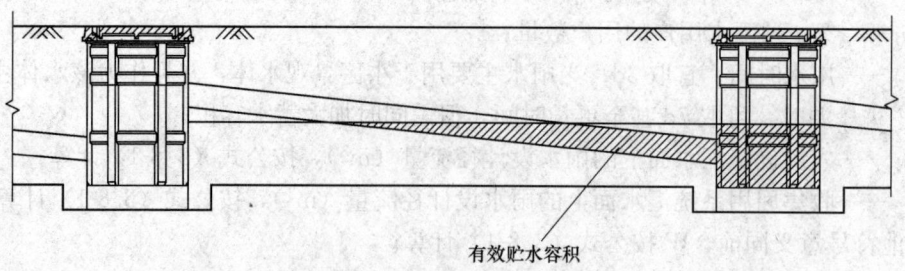

图 3.12-1 有效贮存容积

$$W_s = \alpha K J A_s t_s \tag{3.12-7}$$

式中 W_s——日渗透雨量（m³）；

其他参数意义同前。

（4）工程建设中，如果三个参数 W_1、V_s、W_s 配置相等，则水量达到平衡，入渗系统的有效截留雨量为三个值中的任意一个，效果达到最佳。当三个参数不相等即水量不平衡时，则有效截留雨量由其中最小的一个值决定。

3. 收集回用系统的有效截留雨量 V_{L2}

收集回用系统截留的雨量主要受以下三个因素影响：硬化面汇集的日径流量、雨水蓄水设施的有效贮水容积、雨水供水系统的 3d（72h）用水量，其有效截留的雨量应通过三个参数间的水量平衡计算确定。

（1）收集回用系统硬化面汇集的日径流量 W_2 按公式（3.12-6）计算。

（2）收集回用系统的有效贮水容积 V_2 应根据贮水设施的贮水净容积计算。当利用景观水体或湿塘贮水时，应按从常水位上方到溢流水位之间的容积计算。

（3）雨水 3d 用水量可按公式（3.12-8）计算：

$$Q = \Sigma q_i n_i t_y \tag{3.12-8}$$

式中 q_i——第 i 种雨水用户的日均用水定额（m³/d），根据《民用建筑节水设计标准》
GB 50555 和《建筑中水设计规范》GB 50336 计算；

n_i——第 i 种雨水用户的用户数量，雨水用户种类包括景观、绿化、循环冷却、路面和地面冲洗、冲厕、汽车冲洗、消防等用水；

t_y——用水时间，3d。

（4）工程建设中，如果三个参数 W_2、V_2、Q 配置相等，则水量达到平衡，收集回用系统的有效截留雨量为三个值中的任意一个，效果达到最佳。当三个参数不相等即水量不平衡时，则有效截留雨量由其中最小的一个值决定。

4. 调蓄排放系统的有效截留雨量 V_{L3}

调蓄排放系统截留的雨量主要受以下两个因素影响：硬化面汇集的日径流量、雨水调蓄设施的有效贮水容积，其有效截留的雨量应通过两个参数间的水量平衡计算确定。

（1）调蓄排放系统硬化面汇集的日径流量 W_3 按公式（3.12-6）计算。

（2）调蓄排放系统的有效贮水容积 V_3 应根据调蓄设施的贮水净容积计算。当利用景观水体或湿塘贮水时，应按从常水位上方到溢流水位之间的容积计算。

（3）工程建设中，如果两个参数 W_3、V_3 配置相等，则水量达到平衡，调蓄排放系统的有效截留雨量为两个值中的任意一个，效果达到最佳。当两个参数不相等即水量不平衡时，则有效截留雨量由其中最小的一个值决定。

5. 共用蓄水设施的收集回用系统和调蓄排放系统的有效截留雨量

此种情况由于雨水用水系统用不完的雨水可在下一场降雨到来前排放掉，所以用水量的大小不再是制约因素，水量平衡可依据硬化面汇集的日径流量、雨水蓄水设施的有效贮水容积两个参数进行，二者中最小的值为收集回用系统和调蓄排放系统的有效截留雨量。

6. 小区雨水控制及利用设施的截留雨量

针对常年最高日降雨，雨水控制及利用设施的有效截留雨量为渗透系统、收集回用系统、调蓄排放系统的有效截留雨量之和，按公式（3.12-9）计算：

$$V_L = V_{L1} + V_{L2} + V_{L3} \tag{3.12-9}$$

式中　V_L——雨水控制及利用设施的截留雨量（m^3）；

　　　V_{L1}——渗透系统的有效截留雨量（m^3），当没有渗透系统时取 0；

　　　V_{L2}——收集回用系统的有效截留雨量（m^3），当没有收集回用系统时取 0；

　　　V_{L3}——调蓄排放系统的有效截留雨量（m^3），当没有调蓄排放系统时取 0。

3.12.3　小区雨水控制及利用效率

1. 外排雨水总量

小区设置了雨水控制及利用系统后，最高日降雨外排雨水总量为总占地下垫面上的径流总量扣除截留雨量，按公式（3.12-10）计算：

$$W_p = 10\Psi_z h_p F_z - V_L \tag{3.12-10}$$

式中　W_p——小区外排雨水总量（m^3）；

　　　Ψ_z——小区综合雨量径流系数，应按面积加权平均计算，各类下垫面径流系数按表 3.8-2 选取；

　　　h_p——最高日降雨量（mm），因重现期而异；

　　　F_z——小区场地总面积（m^2）。

2. 外排雨水径流系数

小区外排雨水总量与小区占地下垫面的总降雨量之比，为小区外排雨水径流系数 Ψ，按公式（3.12-11）计算：

$$\Psi = W_p / (10 h_p F_z) \tag{3.12-11}$$

把常年（2 年重现期）最大日降雨量、3 年重现期最大日降雨量、5 年重现期最大日降雨量代入公式（3.12-10）、公式（3.12-11），就可近似得到对应各重现期最大日降雨的外排雨水径流系数。注意更大重现期的最高日降雨外排雨水径流系数用该两式计算误会差增大，因为赖以计算的汇水面径流系数（表 3.8-2）不适合于高重现期降雨。

小区雨水控制及利用设施的溢流雨水、透水面上的雨水径流，都可通过小区的路面排至市政路面。设置雨水排水管道时，径流系数可采用公式（3.12-11）估算。

3. 最高日降雨控制及利用量

小区内最高日降雨总量扣除外排的雨水量，即为控制在小区内的雨水量 W_k（m^3），可按公式（3.12-12）计算：

$$W_k = 10h_p F_z - W_p \qquad (3.12-12)$$

或

$$W_k = 10h_p F_z (1 - \Psi)$$

用雨水厚度 h（mm）表示则为：

$$h = W_k / (10F_z) \qquad (3.12-13)$$

h 即为有效控制的降雨厚度。

4. 年径流总量控制率

有效控制降雨厚度 h 和表 3.12-1 中的设计降雨量（mm）相比照，就可查到对应的年径流总量控制率——海绵城市建设中的基本指标。

调蓄排放雨量由于施行了初期雨水弃流、泥水分离等初步处理，虽然控制的雨量在雨后又排入到市政管网，但控制了水质污染，故可计入控制雨量，同入渗雨量、回用雨量一起计入雨水控制量，h 的计算中包括调蓄排放雨量。

部分城市年径流总量控制率对应的设计降雨量值   表 3.12-1

城市	不同年径流总量控制率对应的设计降雨量(mm)				
	60%	70%	75%	80%	85%
酒泉	4.1	5.4	6.3	7.4	8.9
拉萨	6.2	8.1	9.2	10.6	12.3
西宁	6.1	8.0	9.2	10.7	12.7
乌鲁木齐	5.8	7.8	9.1	10.8	13.0
银川	7.5	10.3	12.1	14.4	17.7
呼和浩特	9.5	13.0	15.2	18.2	22.0
哈尔滨	9.1	12.7	15.1	18.2	22.2
太原	9.7	13.5	16.1	19.4	23.6
长春	10.6	14.9	17.8	21.4	26.6
昆明	11.5	15.7	18.5	22.0	26.8
汉中	11.7	16.0	18.8	22.3	27.0
石家庄	12.3	17.1	20.3	24.1	28.9
沈阳	12.8	17.5	20.8	25.0	30.3
杭州	13.1	17.8	21.0	24.9	30.3
合肥	13.1	18.0	21.3	25.6	31.3
长沙	13.7	18.5	21.8	26.0	31.6
重庆	12.2	17.4	20.9	25.5	31.9
贵阳	13.2	18.4	21.9	26.3	32.0
上海	13.4	18.7	22.2	26.7	33.0
北京	14.0	19.4	22.8	27.0	33.6
郑州	14.0	19.5	23.1	27.8	34.3
福州	14.8	20.4	24.1	28.9	35.7
南京	14.7	20.5	24.6	29.7	36.6

城市	不同年径流总量控制率对应的设计降雨量(mm)				
	60%	70%	75%	80%	85%
宜宾	12.9	19.0	23.4	29.1	36.7
天津	14.9	20.9	25.0	30.4	37.8
南昌	16.7	22.8	26.8	32.0	38.9
南宁	17.0	23.5	27.9	33.4	40.4
济南	16.7	23.2	27.7	33.5	41.3
武汉	17.6	24.5	29.2	35.2	43.3
广州	18.4	25.2	29.7	35.5	43.4
海口	23.5	33.1	40.0	49.5	63.4

第4章 建筑热水

4.1 热水用水量、用水定额

4.1.1 热水用水量、用水定额

热水用水定额应根据卫生器具完善程度、热水供应方式、热水供应时间、供水水温、生活习惯和地区条件等确定。

各类建筑的热水用水定额可按表 4.1-1 采用。

热水用水定额   表 4.1-1

序号	建筑物名称		单位	最高日用水定额(L)／平均日用水定额(L)				使用时间(h)
				50℃	55℃	60℃	65℃	
1	普通住宅	有热水器和沐浴设备	每人每日	$\frac{50\sim100}{25\sim50}$	$\frac{44\sim88}{22\sim66}$	$\frac{40\sim80}{20\sim60}$	$\frac{37\sim75}{19\sim55}$	24
		有集中热水供应(或家用热水机组)和沐浴设备	每人每日	$\frac{73\sim122}{31\sim86}$	$\frac{66\sim110}{28\sim77}$	$\frac{60\sim100}{25\sim70}$	$\frac{55\sim92}{23\sim64}$	24
2	别墅		每人每日	$\frac{86\sim134}{37\sim98}$	$\frac{77\sim121}{33\sim88}$	$\frac{70\sim110}{30\sim80}$	$\frac{64\sim101}{28\sim73}$	24
3	酒店式公寓		每人每日	$\frac{98\sim122}{79\sim98}$	$\frac{88\sim110}{72\sim88}$	$\frac{80\sim100}{65\sim80}$	$\frac{73\sim92}{60\sim73}$	24
4	宿舍	居室内设卫生间	每人每日	$\frac{86\sim122}{49\sim67}$	$\frac{77\sim110}{44\sim61}$	$\frac{70\sim100}{40\sim55}$	$\frac{64\sim92}{37\sim50}$	24 或定时供应
		设公用盥洗卫生间	每人每日	$\frac{49\sim98}{43\sim55}$	$\frac{44\sim88}{39\sim50}$	$\frac{40\sim80}{35\sim45}$	$\frac{37\sim73}{32\sim41}$	
5	招待所、培训中心、普通旅馆	设公用盥洗室	每人每日	$\frac{31\sim49}{24\sim37}$	$\frac{28\sim44}{22\sim33}$	$\frac{25\sim40}{20\sim30}$	$\frac{23\sim37}{18\sim28}$	24 或定时供应
		设公用盥洗室、淋浴室	每人每日	$\frac{49\sim73}{43\sim55}$	$\frac{44\sim66}{39\sim50}$	$\frac{40\sim60}{35\sim45}$	$\frac{37\sim55}{32\sim41}$	
		设公用盥洗室、淋浴室、洗衣室	每人每日	$\frac{61\sim98}{55\sim67}$	$\frac{55\sim88}{50\sim61}$	$\frac{50\sim80}{45\sim55}$	$\frac{46\sim73}{41\sim50}$	
		设单独卫生间、公用洗衣室	每人每日	$\frac{73\sim122}{61\sim86}$	$\frac{66\sim110}{55\sim77}$	$\frac{60\sim100}{50\sim70}$	$\frac{55\sim92}{46\sim64}$	
6	宾馆	旅客	每床位每日	$\frac{147\sim196}{134\sim171}$	$\frac{132\sim176}{121\sim154}$	$\frac{120\sim160}{110\sim140}$	$\frac{110\sim147}{101\sim128}$	24
		员工	每人每日	$\frac{49\sim61}{43\sim49}$	$\frac{44\sim55}{39\sim44}$	$\frac{40\sim50}{35\sim40}$	$\frac{37\sim46}{32\sim37}$	8～10

续表

序号	建筑物名称		单位	最高日用水定额(L) 平均日用水定额(L)				使用时间 (h)
				50℃	55℃	60℃	65℃	
7	医院住院部	设公用盥洗室	每床位每日	$\frac{73\sim122}{49\sim86}$	$\frac{66\sim110}{44\sim77}$	$\frac{60\sim100}{40\sim70}$	$\frac{55\sim92}{37\sim64}$	24
		设公用盥洗室、淋浴室	每床位每日	$\frac{86\sim159}{79\sim110}$	$\frac{77\sim143}{72\sim99}$	$\frac{70\sim130}{65\sim90}$	$\frac{64\sim119}{60\sim83}$	
		设单独卫生间	每床位每日	$\frac{134\sim244}{134\sim171}$	$\frac{121\sim220}{121\sim154}$	$\frac{110\sim200}{110\sim140}$	$\frac{101\sim183}{101\sim128}$	
		医务人员	每人每班	$\frac{86\sim159}{79\sim110}$	$\frac{77\sim143}{72\sim99}$	$\frac{70\sim130}{65\sim90}$	$\frac{64\sim119}{60\sim83}$	8
	门诊部、诊疗所	病人	每病人每次	$\frac{9\sim16}{4\sim6}$	$\frac{8\sim14}{3\sim6}$	$\frac{7\sim13}{3\sim5}$	$\frac{6\sim12}{3\sim5}$	8~12
		医务人员	每人每班	$\frac{49\sim73}{37\sim61}$	$\frac{44\sim66}{33\sim55}$	$\frac{40\sim60}{30\sim50}$	$\frac{37\sim55}{28\sim46}$	8
		疗养院、休养所住房部	每床位每日	$\frac{122\sim196}{110\sim134}$	$\frac{110\sim176}{99\sim121}$	$\frac{100\sim160}{90\sim110}$	$\frac{92\sim147}{83\sim101}$	24
8	养老院、托老所	全托	每床位每日	$\frac{61\sim86}{55\sim67}$	$\frac{55\sim77}{50\sim61}$	$\frac{50\sim70}{45\sim55}$	$\frac{46\sim64}{41\sim50}$	24
		日托	每床位每日	$\frac{31\sim49}{18\sim24}$	$\frac{28\sim44}{17\sim22}$	$\frac{25\sim40}{15\sim20}$	$\frac{23\sim37}{14\sim18}$	10
9	幼儿园、托儿所	有住宿	每儿童每日	$\frac{31\sim61}{24\sim49}$	$\frac{28\sim55}{22\sim44}$	$\frac{25\sim50}{20\sim40}$	$\frac{23\sim46}{18\sim37}$	24
		无住宿	每儿童每日	$\frac{24\sim37}{18\sim24}$	$\frac{22\sim33}{17\sim22}$	$\frac{20\sim30}{15\sim20}$	$\frac{18\sim28}{14\sim18}$	10
10	公共浴室	淋浴	每顾客每次	$\frac{49\sim73}{43\sim49}$	$\frac{44\sim66}{39\sim44}$	$\frac{40\sim60}{35\sim40}$	$\frac{37\sim55}{32\sim37}$	12
		淋浴、浴盆	每顾客每次	$\frac{73\sim98}{67\sim86}$	$\frac{66\sim88}{61\sim77}$	$\frac{60\sim80}{55\sim70}$	$\frac{55\sim73}{50\sim64}$	
		桑拿浴(淋浴、按摩池)	每顾客每次	$\frac{86\sim122}{73\sim86}$	$\frac{77\sim110}{66\sim77}$	$\frac{70\sim100}{60\sim70}$	$\frac{64\sim92}{55\sim64}$	
11	理发室、美容院		每顾客每次	$\frac{24\sim55}{24\sim43}$	$\frac{22\sim50}{22\sim39}$	$\frac{20\sim45}{20\sim35}$	$\frac{18\sim41}{18\sim32}$	12
12	洗衣房		每千克干衣	$\frac{18\sim37}{18\sim37}$	$\frac{17\sim33}{17\sim33}$	$\frac{15\sim30}{15\sim30}$	$\frac{14\sim28}{14\sim28}$	8
13	餐饮业	中餐酒楼	每顾客每次	$\frac{18\sim24}{10\sim15}$	$\frac{17\sim22}{9\sim13}$	$\frac{15\sim20}{8\sim12}$	$\frac{14\sim18}{7\sim11}$	10~12
		快餐店、职工及学生食堂	每顾客每次	$\frac{12\sim15}{9\sim12}$	$\frac{11\sim13}{8\sim11}$	$\frac{10\sim12}{7\sim10}$	$\frac{9\sim11}{6\sim9}$	12~16
		酒吧、咖啡厅、茶座、卡拉OK房	每顾客每次	$\frac{4\sim10}{4\sim6}$	$\frac{3\sim9}{3\sim6}$	$\frac{3\sim8}{3\sim5}$	$\frac{3\sim7}{3\sim5}$	8~18

续表

序号	建筑物名称		单位	最高日用水定额(L) 平均日用水定额(L)				使用时间 (h)
				50℃	55℃	60℃	65℃	
14	办公楼	坐班制办公	每人每班	$\frac{6\sim12}{5\sim10}$	$\frac{6\sim11}{4\sim9}$	$\frac{5\sim10}{4\sim8}$	$\frac{5\sim9}{4\sim7}$	8~10
		公寓式办公	每人每日	$\frac{73\sim122}{31\sim86}$	$\frac{66\sim110}{28\sim77}$	$\frac{60\sim100}{25\sim70}$	$\frac{55\sim92}{23\sim64}$	10~24
		酒店式办公	每人每日	$\frac{150\sim196}{67\sim171}$	$\frac{130\sim176}{61\sim154}$	$\frac{120\sim160}{55\sim140}$	$\frac{110\sim147}{50\sim128}$	24
15	健身中心		每人每次	$\frac{18\sim31}{12\sim24}$	$\frac{17\sim28}{11\sim22}$	$\frac{15\sim25}{10\sim20}$	$\frac{14\sim23}{9\sim18}$	8~12
16	体育场(馆) 运动员淋浴		每人每次	$\frac{21\sim32}{18\sim24}$	$\frac{19\sim29}{17\sim22}$	$\frac{17\sim26}{15\sim20}$	$\frac{16\sim24}{14\sim18}$	4
17	会议厅		每座位每次	$\frac{2\sim4}{2}$	$\frac{2\sim3}{2}$	$\frac{2\sim3}{2}$	$\frac{2\sim3}{2}$	4

注：1. 表中所列用水定额均已包括在冷水用水量中。

2. 冷水温度以5℃计。

3. 若医院允许陪住，则每一陪住者应按一个病床计算。一般康复医院、儿童医院、外科医院、急诊病房等可考虑陪住，陪住人员比例与医院院方商定。

4. 学生宿舍使用IC卡计费用热水时，可按每人每日最高日用水定额25~30L、平均日用水定额20~25L。

5. 表中平均日用水定额仅用于计算太阳能热水系统集热器面积和计算节水用水量。

4.1.2　卫生器具的用水定额及水温

1. 卫生器具的一次和1h热水用水定额及水温可按表4.1-2采用。

卫生器具的一次和1h热水用水定额及水温　　　　表4.1-2

序号	卫生器具名称	一次用水量 (L)	1h用水量 (L)	使用水温 (℃)
1	住宅、旅馆、别墅、宾馆、酒店式公寓			
	带有淋浴器的浴盆	150	300	40
	无淋浴器的浴盆	125	250	40
	淋浴器	70~100	140~200	37~40
	洗脸盆、盥洗槽水嘴	3	30	30
	洗涤盆(池)	—	180	50
2	宿舍、招待所、培训中心			
	淋浴器：有淋浴小间	70~100	210~300	37~40
	无淋浴小间	—	450	37~40
	盥洗槽水嘴	3~5	50~80	30
3	餐饮业			
	洗涤盆(池)	—	250	50
	洗脸盆　工作人员用	3	60	30
	顾客用	—	120	30
	淋浴器	40	400	37~40

序号	卫生器具名称	一次用水量 (L)	1h用水量 (L)	使用水温 (℃)
4	幼儿园、托儿所			
	浴盆： 幼儿园	100	400	35
	托儿所	30	120	35
	淋浴器:幼儿园	30	180	35
	托儿所	15	90	35
	盥洗槽水嘴	15	25	30
	洗涤盆(池)	—	180	50
5	医院、疗养院、休养所			
	洗手盆	—	15~25	35
	洗涤盆(池)	—	300	50
	淋浴器	—	200~300	37~40
	浴盆	125~150	250~300	40
6	公共浴室			
	浴盆	125	250	40
	淋浴器:有淋浴小间	100~150	200~300	37~40
	无淋浴小间	—	450~540	37~40
	洗脸盆	5	50~80	35
7	办公楼 洗手盆	—	50~100	35
8	理发室、美容院 洗脸盆	—	35	35
9	实验室			
	洗脸盆	—	60	50
	洗手盆	—	15~25	30
10	剧场			
	淋浴器	60	200~400	37~40
	演员用洗脸盆	5	80	35
11	体育场馆 淋浴器	30	300	35
12	工业企业生活间			
	淋浴器:一般车间	40	360~540	37~40
	脏车间	60	180~480	40
	洗脸盆或盥洗槽水嘴:一般车间	3	90~120	30
	脏车间	5	100~150	35
13	净身器	10~15	120~180	30

注：1. 一般车间指《工业企业设计卫生标准》GBZ 1中规定的3、4级卫生特征的车间，脏车间指该标准中规定的1、2级卫生特征的车间。

2. 表中的用水量均为使用水温时的水量。

3. 一次用水量是指使用一次的用水量，并非卫生器具开关一次的用水量，有些卫生器具使用一次可能要开关几次。

4. 各种卫生器具的冷热水额定流量、当量、支管管径和最低工作压力，见表1.1-10。

2. 我国港澳地区以及内地的一些国外机构、外资企业等的热水用水定额、卫生器具的小时热水定额亦可参照美国管道工程设计手册"ASPE DATEBOOK"中的定额采用，见表 4.1-3、表 4.1-4。

各种类型建筑物热水用量   表 4.1-3

建筑物名称	最大小时热水量 (gal/h)(L/h)	最高日热水量 (gal/d)(L/d)	平均日热水量 (gal/d)(L/d)
大学学生、研究生宿舍			
男生/人	3.8(14.4)	22.0(83.3)	13.1(49.6)
女生/人	5.0(18.9)	26.5(100.3)	12.3(46.6)
汽车旅馆(每车位)①			
少于 20 车位	6.0(22.7)	35.0(132.5)	20.0(75.7)
60 车位	5.0(18.9)	25.0(94.6)	14.0(53.0)
多于 100 车位	4.0(15.1)	15.0(56.8)	10.0(37.9)
护理院(每床)	4.5(17.0)	30.0(113.6)	18.4(69.7)
餐饮业			
专营餐厅或咖啡座	1.5(5.7)/餐位	11.0(41.6)/餐	2.4(9.1)/餐②
烧烤店、小餐馆、快餐店	0.7(2.6)/餐位	6.0(22.7)/餐	0.7(2.6)/餐②
公寓(每单元)			
少于 20 单元	12.0(45.4)	80.0(302.8)	42.0(159.0)
50 单元	10.0(37.9)	73.0(276.3)	40.0(151.4)
75 单元	8.5(32.2)	66.0(249.8)	38.0(143.8)
100 单元	7.0(26.5)	60.0(227.1)	37.0(140.1)
多于 200 单元	5.0(18.9)	50.0(189.3)	35.0(132.5)
初中(每人)	0.6(2.3)	1.5(5.7)	0.6(2.3)
幼儿园和养老院(每人)	1.0(3.8)	3.6(13.6)	1.6(6.1)

① 中间值可用内插法求得。

② 每营业日（每工作天）。

注：括号外数值的单位为 gal/h 或 gal/d，括号内数值的单位为 L/h 或 L/d。

各种建筑物卫生器具热水用水量（gal/h）(L/h)   表 4.1-4

卫生器具名称	公寓	俱乐部	体育馆	医院	旅馆	工厂	办公楼	住宅	学校
洗脸盆									
私人卫生间	2(7.6)	2(7.6)	2(7.6)	2(7.6)	2(7.6)	2(7.6)	2(7.6)	2(7.6)	2(7.6)
公共卫生间	4(15.1)	6(22.7)	8(30.3)	6(22.7)	8(30.3)	12(45.4)	6(22.7)	—	15(56.8)
浴盆	20(75.7)	20(75.7)	30(113.6)	20(75.7)	20(75.7)	—	—	20(75.7)	—
洗碗机①	15(56.8)	50~150 (189.3~ 567.8)	—	50~150 (189.3~ 567.8)	50~200 (189.3~ 757.1)	20~100 (75.7~ 378.5)		15(56.8)	20~100 (75.7~ 378.5)
洗脚盆	3(11.4)	3(11.4)	12(45.4)	3(11.4)	3(11.4)	12(45.4)	—	3(11.4)	3(11.4)
厨房洗涤盆	10(37.9)	30(113.6)	—	20(75.7)	30(113.6)	20(75.7)	20(75.7)	10(37.9)	20(75.7)
洗衣房 洗涤槽	20(75.7)	28(106.0)	—	28(106.0)	28(106.0)	—	—	20(75.7)	—
配餐用洗涤盆	5(18.9)	10(37.9)	—	10(37.9)	10(37.9)	—	10(37.9)	5(18.9)	10(37.9)

续表

卫生器具名称	公寓	俱乐部	体育馆	医院	旅馆	工厂	办公楼	住宅	学校
淋浴器	30 (113.6)	150 (567.8)	225 (851.7)	75 (283.9)	75 (283.9)	225 (851.7)	30 (113.6)	30 (113.6)	225 (851.7)
污水盆	20(75.7)	20(75.7)	—	20(75.7)	30(113.6)	20(75.7)	20(75.7)	15(56.8)	20(75.7)
水疗淋浴器	—	—	—	400 (1514.2)	—	—	—	—	—
循环冲洗 洗涤盆	—	—	—	20(75.7)	20(75.7)	30(113.6)	20(75.7)	—	30(113.6)
半循环冲洗 洗涤盆	—	—	—	10(37.9)	10(37.9)	15(56.8)	10(37.9)	—	15(56.8)
同时作用系数	0.30	0.30	0.40	0.25	0.25	0.40	0.30	0.30	0.40
贮存容积 系数②	1.25	0.90	1.00	0.60	0.80	1.00	2.00	0.70	1.00

① 洗碗机的热水用量可查本表或由制造厂提供。

② "贮存容积系数"即为贮热水箱（罐）贮热水容积与设定的最大小时用热水量之比值，表中参数值均高于本手册表4.5-5中的贮热时间，原因是英、美等国设计小时用水量系按器具流量乘以同时使用系数叠加计算，其值小于按《建筑给水排水设计规范》GB 50015当量计算的值，经试算比较，两者算出的贮热容积值相似。

注：1. 表中所列相应建筑物卫生器具热水用水量来源于美、英、日等国外的技术资料，仅供涉外工程或有管理公司要求的工程计算单项热水量使用。

　　2. 器具供水温度为60℃。

　　3. 括号外数值的单位为gal/h，括号内数值的单位为L/h。

4.1.3　冷水的计算温度

1. 常规热源（不含太阳能等不稳定的热源）供热时，冷水计算温度应以当地最冷月平均水温资料确定。当无水温资料时，可按表4.1-5采用。

2. 计算太阳能热水系统时，冷水计算温度参照本手册4.7.5条中 t_L^{rc} 选用。

4.1.4　水加热设备的出水温度

1. 生活热水系统适宜出水温度的相关因素

热水系统出水水温可以直接影响使用的舒适性、安全性，间接控制水质的优良性，同时热水水温也与系统是否节能息息相关，温度过高，热损耗大，增加烫伤风险并加速加热设备和管道的结垢、腐蚀；温度过低，舒适性降低同时滋生适温菌，如军团菌等。有研究显示，在水温≤40℃的管段内，细菌生长繁殖速率加快，微生物污染风险增大。因此，生活热水系统出水温度的舒适性、安全性以及节能性都是在热水系统设计过程中必须要考虑的问题，其中出水温度的影响因素包括水质、结垢腐蚀、能耗、防烫伤、运行管理等。

（1）与水质的关系

国内有关科研设计单位对14个包含住宅小区、高级宾馆、医院及高校的采样点进行样品采集检测的结果显示用水点热水的平均水温为37.15℃，85.71％的热水系统末端出水水温低，出水 TOC（总有机碳）、DOC（溶解性有机碳）、COD_{Mn}（化学需氧量）、UV_{254}（有机物在 254nm 波长紫外光下的吸光度）的平均检测值均高于生活给水系统，表明生活热水中有机物含量升高，为微生物大量繁殖提供了条件，危及热水系统水质安全。

冷水计算温度 表 4.1-5

区域	省、市、自治区		地面水（℃）	地下水（℃）	区域	省、市、自治区		地面水（℃）	地下水（℃）
东北	黑龙江		4	6～10	东南	江苏	偏北	4	10～15
	吉林		4	6～10			大部	5	15～20
	辽宁	大部	4	6～10		江西	大部	5	15～20
		南部	4	10～15		安徽	大部	5	15～20
华北	北京		4	10～15		福建	北部	5	15～20
	天津		4	10～15			南部	10～15	20
	河北	北部	4	6～10		台湾		10～15	20
		大部	4	10～15	中南	河南	北部	4	10～15
	山西	北部	4	6～10			南部	4	15～20
		大部	4	10～15		湖北	东部	5	15～20
	内蒙古		4	6～10			西部	7	15～20
西北	陕西	偏北	4	6～10		湖南	东部	5	15～20
		大部	4	10～15			西部	7	15～20
		秦岭以南	4	15～20	华南	广东		10～15	20
	甘肃	南部	4	10～15	西南	重庆		7	15～20
		秦岭以南	7	15～20		贵州		7	15～20
	青海	偏东	4	10～15		四川大部		7	15～20
	宁夏	偏东	4	6～10		云南	大部	7	15～20
		南部	4	10～15			南部	10～15	20
东南	山东		4	10～15		广西	大部	10～15	20
	上海		5	15～20			偏北	7	15～20
	浙江		5	15～20					

国外相关文献指出，含有大量细菌和有机物的生活给水进入生活热水系统后，在水温 ≤40℃的管段内，细菌生长繁殖速率加快，微生物污染风险增大。图 4.1-1 为国外文献刊载的军团菌滋生死亡与热水水温关系图示，从图中可以看出：水温在 70℃时军团菌立即死亡，水温在 60℃以上时 90% 的军团菌在 2min 内死亡，水温在 50℃以上时 90% 的军团菌在 2h 内死亡，水温为 30～40℃是军团菌最理想的繁殖环境。

据美、英等国外有关调查表明：12%～70% 的医院水系统中有军团菌繁殖，在伦敦高达 70% 的大型建筑水系统中藏有军团菌。美国通过模拟管道系统的玻璃管试验进一步证实了适宜的温度对军团菌生存与繁殖的重要性，其结果为军团菌能够在 20℃、40℃、50℃的环境中存活和生长繁殖，温度超过 60℃的水中就找不到军团菌了。

可见，生活热水系统供水温度过低会间接影响供水系统的出水水质。

（2）与结垢、腐蚀的关系

管道的腐蚀和结垢是热水供应系统中两个重要的问题，腐蚀和结垢的关系是同时出现、相互依存。水质和水温是管道腐蚀和结垢的主要影响因素。根据供水水质和水温的不同，有时以腐蚀为主，有时以结垢为主。我国北方地区大多采用地下水源，水质硬度往往在 400mg/L 左右，因此在北方地区热水供应系统中的主要问题是管道的结垢。

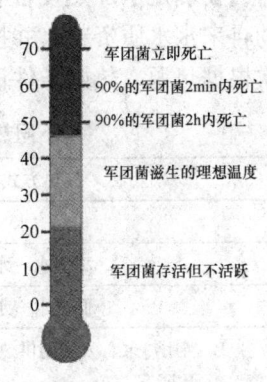

图 4.1-1 军团菌滋生死亡与
热水水温关系图示

加热设备和管道的结垢、腐蚀与热水系统的水质硬度和水温均有关，据国内相关研究表明，供水温度升高会增加设备、管道的结垢量；原水硬度越高，随温度的升高结垢量越大。管道结垢，轻者增大能量消耗、增加清通费用，重者堵塞管道、系统不能正常运行，因此，热水供应系统水加热设备出口水温不应高于 70℃。

（3）与能耗的关系

据资料统计，集中热水供应系统的能耗约占建筑总能耗的 20%～30%，随着热水使用需求的增加，能耗比例还在逐渐增大。建筑生活热水系统的能耗涉及整个系统的各个环节，而水加热设备的出水温度是影响能耗的第一个因素，如水加热设备出水温度 t_r 由 70℃降至 60℃则配水管网热损耗降低 25%。

（4）与用水安全的关系

在热水系统中，由于使用不当或系统故障导致使用水温过高造成人员烫伤事故时有发生，英国对热水烫伤事故有详细的调查，在连续调查的 5 年间，有 574 起严重的沐浴烫伤事故，另有 21 起致命的事故。而在这些烫伤者中，幼儿（5 岁以下）人数为最多，约占总数的 76%，而老年人因沐浴烫伤的死亡人数最多。国内也有一些研究显示儿童和老年人是被热水烫伤的高危人群，使用水温为 45℃时就能对这两类群体造成烫伤，而当温度高于 54℃后儿童被烫伤的接触时间只为成年人的 1/4，因此控制水加热设备出水温度是防止烫伤事故发生的第一个关口。

2. 合理的出水温度

（1）集中热水供应系统水加热设备合理出水温度的相关规定

集中热水供应系统的水加热设备出水温度应根据原水水质、使用要求、系统大小及消毒设施灭菌效果等确定。

1）进入水加热设备的冷水总硬度（以 $CaCO_3$ 计）小于 120mg/L 时，水加热设备最高出水温度 T_{max} 应小于等于 70℃；冷水总硬度（以 $CaCO_3$ 计）大于等于 120mg/L 时，T_{max} 应小于等于 60℃。

2）系统不设灭菌消毒设施时，医院、疗养所等建筑的水加热设备出水温度应为 60～65℃，其他建筑的水加热设备出水温度应为 55～60℃。系统设灭菌消毒设施时，水加热设备出水温度均宜相应降低 5℃。

3）配水点水温不应低于 45℃。

（2）不同热源、热媒条件换热时水加热设备合理的出水温度当要确定水加热设备合理的出水温度时，首先收集当地包含总硬度（以 $CaCO_3$ 计）值的自来水水质资料。并按其指标根据上述规定设定水加热设备的最高出水温度 T_{max} 值；其次根据热源、热媒条件设定水加热设备的合理出水温度，如表 4.1-6 所示。

不同热源、热媒条件换热时水加热设备合理的出水温度   表 4.1-6

换热方式	水加热设备合理的出水温度（℃）
汽—水	55～60
高温水—水	55～60
低温水—水	50～55

注：1. 当用热泵、太阳能供热水或城市热网夏季供低温热媒水换热供热水时，水加热设备出水温度应控制不低于50℃。
　　2. 根据系统大小判断水加热设备的出水温度，当集中热水供应系统较大时，水加热设备的出水温度取高值。
　　3. 做好水加热设备及管道保温，保证系统循环效果方可满足"配水点水温不应低于45℃"的要求。

（3）局部系统水温

对于建筑内局部热水系统的水加热设备出水温度设置按本手册表 4.1-2 中卫生器具的使用水温设定即可。

4.1.5 热水使用温度

各种卫生器具的热水使用温度，见表 4.1-2。其中淋浴器的使用水温，应根据气象条件、使用对象确定，在计算热水用水量和耗热量时，一般按40℃计算。

洗衣机、厨房等热水使用温度与用水对象有关，一般可按表 4.1-7 采用。

在寒冷地区，冲洗汽车用水的温度宜为20～25℃。

洗衣机、厨房器具热水使用温度   表 4.1-7

用水对象		热水使用温度（℃）
洗衣机	棉麻织物	50～60
	丝绸织物	35～45
	毛料织物	35～40
	人造纤维织物	30～35
厨房餐厅	一般洗涤	45
	洗碗机	60
	餐具过清	70～80
	餐具消毒	100

4.2 水质及水质处理

4.2.1 热水水质及其现状分析

1. 热水水质结垢腐蚀分析与判断

集中生活热水供应系统的原水如取自城镇自来水，其水质指标应符合国家有关部门制定的生活饮用水水质标准。由于热水系统水温高的特点，还应重视热水对管道和设备的结垢和腐蚀问题。一般情况下，当城镇自来水水源为地表水时，由于地表水硬度较低，热水系统的主要问题是管道和设备的腐蚀；当城镇自来水水源为地下水时，由于地下水硬度较高，热水系统的主要问题是管道和设备的结垢。热水的腐蚀性会使热水出现水色（红色或蓝色），产生臭和味，管道内会产生沉积物，形成管瘤。这些沉积物和管瘤能促进细菌和微生物的生长，同时抑制消毒剂对细菌和微生物的杀灭作用。热水管道和设备内表面结垢会减小管道断面和过流量，严重时甚至堵塞管道。换热器上结垢还会影响传热效率，造成热源和燃料浪费。

热水系统发生腐蚀和结垢的主要原因是热水水质的不稳定性。腐蚀和结垢在热水系统中常常是同时存在、相互依存的、水质和水温是导致管道腐蚀和结垢的主要原因。有时以腐蚀为主，有时以结垢为主。热水水质的 pH、温度、钙硬度、碱度、溶解性总固体等指标可用来判断热水系统腐蚀和结垢的程度。判断水的腐蚀、结垢倾向通常采用饱和指数（LSI）和稳定指数（RSI）。

饱和指数（LSI）：

$$LSI = pH - pH_S \tag{4.2-1}$$

当 LSI>0 时　　　结垢

　　　=0 时　　　不腐蚀不结垢

　　　<0 时　　　腐蚀

饱和指数只能说明水质的稳定倾向，并不能指出不稳定的程度，因此，又引入了稳定指数。

稳定指数（RSI）是判别水质稳定性的指标。是由雷兹纳（Ryznar）在大量实验基础上提出的半经验性指数。计算公式如下：

$$RSI = 2pH_S - pH_0 \tag{4.2-2}$$

式中　pH_0——水在使用温度下的实测 pH 值（实测值）；

　　　pH_s——水在使用温度下碳酸钙达到饱和平衡时的 pH 值（计算值）；当已知水的温度、钙硬度、总碱度和溶解性总固体时，可用公式（4.2-3）并查表4.2-1来进行计算。

$$pH_s = (9.3 + N_s + N_t) - (N_H + N_A) \tag{4.2-3}$$

式中　N_s——溶解性总固体系数；

　　　N_t——温度系数；

　　　N_H——钙硬度（以 $CaCO_3$ 计，mg/L）系数；

　　　N_A——总碱度（以 $CaCO_3$ 计，mg/L）系数。

用稳定指数对水质稳定性进行判断分析如下。

当 RSI≤5.0 时　　　　严重结垢

5.0<RSI≤6.0 时　　　轻度结垢

6.0<RSI≤7.0 时　　　基本稳定

7.0<RSI≤7.5 时　　　轻微腐蚀

RSI>7.5 时　　　　　严重腐蚀

计算 pH 的常数表

表 4.2-1

溶解性总固体 (mg/L)	N_s	温度(℃)	N_t	钙硬度(以 $CaCO_3$ 计) (mg/L)	N_H	总碱度(以 $CaCO_3$ 计) (mg/L)	N_A
50	0.07	0～2	2.6	10～11	0.6	10～11	1.0
75	0.08	2～6	2.5	12～13	0.7	12～13	1.1
100	0.1	6～9	2.4	14～17	0.8	14～17	1.2
200	0.13	9～14	2.3	18～22	0.9	18～22	1.3
300	0.14	14～17	2.2	23～27	1.0	23～27	1.4
400	0.16	17～22	2.1	28～34	1.1	28～34	1.5
600	0.19	22～27	2.0	35～43	1.2	35～43	1.6
800	0.19	72～32	1.9	44～55	1.3	44～55	1.7
1000	0.2	32～37	1.8	56～69	1.4	56～69	1.8
1250	0.21	37～44	1.7	70～87	1.5	70～87	1.9
1650	0.22	44～51	1.6	88～110	1.6	88～110	2.0
2200	0.23	51～55	1.5	111～138	1.7	111～138	2.1
3100	0.24	55～64	1.4	139～174	1.8	139～174	2.2
≥4000	0.25	64～72	1.3	175～229	1.9	175～229	2.3
≤13000	0.25	72～82	1.2	230～279	2.0	230～279	2.4
				280～349	2.1	280～349	2.5
				350～439	2.2	350～439	2.6
				440～559	2.3	440～559	2.7
				560～699	2.4	560～699	2.8
				700～879	2.5	700～879	2.9
				880～1000	2.6	880～1000	3.0

2. 实例

【例 4.2-1】　某地一处高档别墅区，拟用城镇温泉水作为别墅区专用于沐浴热水的原水。已知别墅区 60℃热水用量 120m³/d。温泉属重碳酸盐型，其水质分析资料见表4.2-2。试依据水质资料选择水处理流程。

【解】

根据《建筑给水排水设计规范》GB 50015—2003（2009 年版）第 5.1.3 条规定："其他生活日用热水量（按 60℃计）大于或等于 10m³ 且原水总硬度（以碳酸钙计）大于 300mg/L 时，宜进行水质软化或阻垢缓蚀处理。"

该例题中生活热水用水量120m³/d（60℃），但总硬度为 201.2mg/L（以 $CaCO_3$ 计），故可不考虑对水质进行软化处理，但由于热水输配水管采用的是金属管，宜考虑水质的防腐（稳定）问题。

水质分析报告

表 4.2-2

分析项目		浓度(mg/L)	浓度(mol/L)	比例(%)	分析项目	浓度(mg/L)
阳离子	K⁺	6.08	0.16	2.3	总硬度(以 $CaCO_3$ 计)	201.2
	Na⁺	66.35	2.88	40.8	暂时硬度(以 $CaCO_3$ 计)	201.2

续表

分析项目		浓度(mg/L)	浓度(mol/L)	比例(%)	分析项目	浓度(mg/L)
阳离子	Ca^{2+}	42.08	2.10	29.7	永久硬度	0.00
	Mg^{2+}	23.35	1.92	27.2	负硬度	29.0
	总 Fe	0.96			总碱度	230.2
	NH_4^+	0.08			游离二氧化碳	6.6
	Mn	0.022			固定二氧化碳	101.2
	Al	0.007			溶解性总固体	518.4
	Cu	0.0001			偏硅酸	32.19
	Pb	0.0047			H_2S	0.09
	Cd	0.00243			Si	1.1
	Ag	0.000			N_2O_5	0.00
					Se	0.0001
					Ba	0.049
	总计	138.9	7.06	100.0		
阴离子	HCO_3^-	280.70	4.60	66.3		
	CO_2	0.00				
	Cl^-	19.72	0.56	8.1	其他:	
	SO_4^{2-}	77.40	1.61	23.2	水温　35℃	
	NO_3^-	0.00			pH　7.46(35℃)	
	NO_2^-	0.00			7.79(20℃)	
	F	3.30	0.17	2.4	总 α　0.065Bq/L	
	Br	0.10			总 β　0.20Bq/L	
	I	0.00			Ra　0.085Bq/L	
					Rn　6.75Bq/L	
	总计	381.2	6.94	100.0		

下面对原水水质进行稳定性判别。

从水质分析资料得:

在使用温度 35℃时, pH=7.46;

$$pH_{20}=7.79;$$

pH_s求算如下:

溶解性总固体 518.4mg/L, 查表 4.2-1, 得 $N_s=0.17$;

水温 35℃, 得 $N_t=1.8$;

钙(镁)硬度 202.7mg/L, 得 $N_H=1.9$;

总碱度 230.2mg/L, 得 $N_A=2.4$。

注: 钙(镁)硬度计算如下:

$$(Ca^{2+}+Mg^{2+})硬度=\left(\frac{42.08}{20}+\frac{23.35}{12}\right)\times 50.05=202.7mg/L$$

则: $pH_s=(9.3+N_s+N_t)-(N_H+N_A)=(9.3+0.17+1.8)-(1.9+2.4)=6.97$

$$饱和指数(LSI)=pH-pH_s$$
$$=7.46-6.97$$
$$=0.49>0$$

温泉作热水原水时有结垢倾向。

$$稳定指数(RSI)=2pH_s-pH_{20}$$
$$=2\times6.97-7.79$$
$$=6.15>6$$

温泉作热水原水时还存在腐蚀倾向，故水质在热水系统中可能存在结垢和腐蚀。宜考虑对温泉水作水质处理。

3. 热水水质微生物指标现状

中国疾病预防控制中心于 2008 年 9 月和 2009 年 7 月对我国南方三城市的公共场所淋浴水和淋浴喷头涂抹样中的嗜肺军团菌进行了监测，检测结果见表 4.2-3。

苏州、常州、上海公共场所淋浴水和淋浴喷头涂抹样中嗜肺军团菌检出情况　表 4.2-3

采样地点	淋浴水 *					淋浴喷头涂抹样				
	场所数(户)	样本数(件)	阳性数(件)	阳性率(%)	LP1(%)	场所数(户)	样本数(件)	阳性数(件)	阳性率(%)	嗜肺军团菌(%)
苏州	9	43	19	44	84	9	45	0	0	0
常州	9	45	8	18	18	9	45	0	0	0
上海	11	55	22	40	40	11	55	4	7	25
合计	29	143	49	34	59	29	145	4	3	25

* 苏州、常州、上海淋浴水样品合格率差异有统计学意义，$P<0.05$。

北京市疾病预防控制中心在 2006 年 1 月至 2010 年 9 月对北京市 297 家宾馆饭店的 621 件生活热水水样进行了嗜肺军团菌的培养鉴定，各年间生活热水中嗜肺军团菌阳性率分别为 9.9%、9.8%、9.6%、16.7%、15.6%，整体呈增长趋势，各季度中以第三季度（夏季）阳性率最高、第四季度（冬季）阳性率最低。在 621 件生活热水水样中有 67 件检出嗜肺军团菌，且嗜肺军团菌阳性率随时间呈上升趋势。

北京市海淀区疾病预防控制中心对海淀区公共场所军团菌污染状况调查中发现，淋浴水军团菌的阳性率为 4.59%、淋浴喷头涂抹军团菌的阳性率为 2.86%，淋浴水中写字楼阳性率最高，为 8.33%，淋浴喷头涂抹中医院阳性率最高，为 12.5%。深圳市疾病预防控制中心于 2010 年 10 月至 2011 年 12 月对深圳 6 家宾馆酒店进行嗜肺军团菌检测，86 件淋浴热水水样中，20 件呈阳性，阳性率为 23.3%，LP1、LP3、LP6 血清型分别占 65%、10%、25%。北京市西城区疾病预防控制中心对各种水体嗜肺军团菌污染状况和分布规律研究中发现，342 件水样中检出嗜肺军团菌阳性的有 96 件，总体阳性率为 28.1%。淋浴热水、冷却塔水、喷泉水和河湖水阳性率分别为 60.2%、35.8%、16.7% 和 6.7%，其余 3 种水体未检出嗜肺军团菌，淋浴热水阳性率最高。

上海市 8 所医院 2009 年的供水系统中分别检出军团菌和阿米巴菌，其中 7 所医院存在军团菌污染，且污染军团菌浓度高（10^3 CFU/L）。据文献记载，意大利酒店的热水系统被军团菌定植的情况严重，对总共 40 个酒店的检测中有 30 个呈阳性，阳性率为

75％，检测的 119 个水样中有 72 个呈阳性，阳性率为 60.5％。对至少被一种军团菌污染的建筑物进行的进一步检查表明，其中 60％的水样已被军团菌污染，浓度水平都超过 10^3CFU/L。

以上检测数据说明，相比自来水，非结核分枝杆菌和军团菌在生活热水中的阳性率更高，存在生长繁殖条件，易引起大量的致病微生物在管道系统中繁殖，导致水体污染，使生活热水成为引起疾病暴发的潜在感染源。

2014 年热水水质研究课题组对包括大型酒店、医院、居民小区、高校和工厂等在内的 14 个采样点的二次供水生活给水及生活热水用水末端进行了采样分析。14 个采样点中仅有 2 个热水系统末端出水水温高于 45℃，且低于 50℃；平均生活给水 TOC 为 1.56mg/L，平均生活热水 TOC 为 1.808mg/L；平均生活给水 DOC 为 1.48mg/L，平均生活热水 DOC 为 1.618mg/L；平均生活给水 COD_{Mn} 为 1.829mg/L，平均生活热水 COD_{Mn} 为 1.925mg/L；平均生活给水 UV_{254} 为 0.017mg/L，平均生活热水 UV_{254} 为 0.019mg/L。随着水温的升高，热水系统中 TOC、DOC、COD_{Mn}、UV_{254} 这些表征有机物的指标含量都有所增加。

2016 年热水水质研究课题组又对全国多个城市的宾馆酒店、高校、医院、住宅等集中热水供应系统的生活热水水质进行了调查研究，主要调研指标为：水温、浊度、余氯、pH、溶解氧、钙硬度、总碱度、溶解性总固体等，其中 56.5％的生活热水出水温度达不到 45℃，73.9％的生活热水出水余氯达不到 0.05mg/L。钙硬度检测结果显示，我国黄河以南生活热水中钙硬度平均低于 100mg/L，而北京地区钙硬度明显偏高，40％检测点的钙硬度超过 450mg/L。我们对北京市住宅、酒店、高校、医院等 21 家建筑集中生活热水供应系统军团菌污染情况进行调研，发现酒店的阳性率为 55.56％（5/9），住宅的阳性率为 25％（1/4），一家医院及办公楼军团菌快检呈阳性反应。采用英国百灵达的军团菌快速检测结果显示，12 个采样点中有 3 个采样点检测为 LPI 型阳性。

影响热水水质发生变化的因素有很多，如水温、有机物、余氯、电导率等。随着水温的升高，热水系统中 TOC、DOC、COD_{Mn}、UV_{254} 这些表征有机物的指标含量都有所增加。水中的有机物含量是管网细菌再生长的首要限制因子，通过有机物含量可以推测水中微生物再生长的能力。生活热水有机物含量明显比生活给水高，说明生活给水经过热水系统加热成生活热水后，生活热水中有机物含量升高，为生活热水系统微生物大量繁殖提供了条件。同时对于热水系统中的死水区域或长时间不使用的管段易形成生物膜，危及热水系统水质安全。也就是说含有大量细菌和有机物的生活给水经热水系统加热后进入生活热水系统，在水温为 30～40℃的管段内，细菌生长繁殖速率加快，微生物污染风险增大。同时，随着温度的升高，三卤甲烷含量增加，电导率增加，余氯降低，从而也降低了热水系统本身对微生物污染的抵御能力。由上述可知，热水系统中的水质达不到生活饮用水的水质标准。

4. 热水水质标准

生活热水原水采用城镇自来水时，原水水质应符合现行国家标准《生活饮用水卫生标准》GB 5749 的要求。

生活热水水质应符合《生活热水水质标准》CJ/T 521 规定的各项指标。《生活热水水质标准》CJ/T 521—2018 规定的水质指标如表 4.2-4 和表 4.2-5 所示。

常规指标及限值　　　　　　　　　　　　　　　　表 4.2-4

项　目		限值	备　注
常规指标	水温(℃)	≥46	
	总硬度(以 CaCO₃计)(mg/L)	≤300	
	浑浊度(NTU)	≤2	
	耗氧量(COD_{Mn})(mg/L)	≤3	
	溶解氧*(DO)(mg/L)	≤8	
	总有机碳*(TOC)(mg/L)	≤4	
	氯化物*(mg/L)	≤200	
	稳定指数*(Ryznar Stability Index,RSI)	6.0<RSI≤7.0	需检测:水温、溶解性总固体、钙硬度、总碱度、pH
微生物指标	菌落总数(CFU/mL)	≤100	
	异养菌数*(HPC)(CFU/mL)	≤500	
	总大肠菌群(MPN/100mL 或 CFU/100mL)	不得检出	
	嗜肺军团菌	不得检出	采样量 500mL

* 指标为试行。试行指标于 2019 年 1 月 1 日起正式实施。
注:稳定指数计算方法参见公式 (4.2-2)。

消毒剂余量及要求　　　　　　　　　　　　　　　　表 4.2-5

消毒剂指标	管网末梢水中余量
游离余氯(采用氯消毒时测定)(mg/L)	≥0.05
二氧化氯(采用二氧化氯消毒时测定)(mg/L)	≥0.02
银离子(采用银离子消毒时测定)(mg/L)	≤0.05

4.2.2　热水水质物化处理方法综述

1. 软化处理

对于结垢性水,防止结垢常用的方法是对热水原水进行软化处理,常用的设备是钠离子交换器。结垢性水经软化后,重碳酸钙(镁)变为稳定性较好的重碳酸钠。由于去掉了成垢的钙(镁)离子,故大大减轻了热水系统的结垢现象。但是,水中硬度的减少,带来的负面影响是水的腐蚀性增加。其原因是:热水原水中硬度和碱度是同时存在的,经过钠离子交换器软化后,硬度大大降低而碱度基本不变,即 HCO_3^- 含量未变。含 HCO_3^- 碱度的软水,在热水系统较高水温和较高压力状态下,其中的 $NaHCO_3$ 会被浓缩并发生分解和水解反应而使水中 OH^- 大大增加。而管道中的铁原子又可以溶解在水中产生 Fe^{2+},Fe^{2+} 与 OH^- 发生反应生成 $Fe(OH)_2$,在水中有溶解氧的情况下,继续氧化生成铁锈 $Fe(OH)_3$。这样在软化水中就完成了从铁原子变成铁锈的过程。当系统中不断输送软化水时,腐蚀过程也在不断地进行。因此,单纯采取软化处理热水原水来防止热水系统结垢并不是理想的方法,宜同时配合使用其他水质稳定措施。

2. 化学药剂处理

考虑到软化法的缺点,我们也可采用另一种化学性质的处理方法——药剂法来处理热水原水。它是将聚磷酸盐和硅酸盐作为水质稳定剂加入热水后达到缓蚀和阻垢的目的。这类典型的水质稳定剂就是硅磷晶（又称归丽晶）。硅磷晶是由聚磷酸盐和硅酸盐经高温熔炼工艺制成的类似晶体玻璃球的难溶性复合聚磷酸盐。热水原水经过一个填装有球状硅磷晶的特殊加药器，使硅磷晶控制在卫生允许浓度范围内缓慢溶入热水原水中。鉴于生活热水的特点，硅磷晶必须达到食品级复合聚磷酸盐的要求，对作为热水原水的城镇自来水水质无污染，加入后热水水质各项指标必须符合国家有关部门制定的生活热水水质标准。硅磷晶对热水的防垢除垢作用是由于聚磷酸盐与 Ca^{2+}、Mg^{2+} 等成垢离子形成单环或双环螯合物，同时还可以借助于布朗运动和水流，把管壁上已生成的垢重新分散到水中，从而起到防垢的作用，而聚磷酸盐螯合 Fe^{2+} 并将其分散在水中，又抑制了 $Fe(OH)_3$ 的形成和沉淀，避免了"红水"的形成，也就起到了防腐蚀作用。药剂法处理热水原水也有其弱点，药剂成分之一的聚磷酸盐在高水温下（80℃以上）及碱性或酸性环境中，容易水解成正磷酸盐。正磷酸根（PO_4^{3-}）在 Ca^{2+} 含量高的情况下，生成 $Ca_3(PO_4)_2$ 垢，它比 $CaCO_3$ 更难去除。因此，在热水原水中使用硅磷晶时应注意它的适用条件。

硅磷晶适用于生活饮用水系统，主要是生活一次用水及民用热水设备、小型热水锅炉的金属管道及设备的防腐、阻垢。不适用于使用纯水的系统。适宜的水质条件：硬度在 50～360mg/L（以 $CaCO_3$ 计），水温在 80℃以下。

3. 物理处理

热水原水处理除软化法和药剂法外，还有一类是物理处理法。物理处理法不同于软化法和药剂法，软化法通过离子交换手段除去成垢离子 Ca^{2+} 或 Mg^{2+}，是彻底的防垢除垢法；药剂法加入的水质稳定剂是螯合物，通过螯合 Ca^{2+}、Mg^{2+} 或 Fe^{2+} 来达到防垢和防腐蚀的目的。物理处理法只是使成垢物质暂时失去附壁结垢的能力，是有条件的。物理处理法主要有磁水处理器、电子水处理器、静电水处理器（又称静电除垢仪）、高频电子水处理器、碳铝式水处理器以及近年来市场上见到的电气石防垢技术。目前，世界上对水的物理处理法防垢除垢的理论解释有多种，但尚未形成统一和完整的认知。热水原水经过物理处理再将其加热，往往能看到水中的成垢成分形成的不是硬质晶体，而是强度很低的松散堆积物，这种雪花状的松散物质不能聚成大块，只能在管壁上形成一层薄薄的膜，由于结合力弱，它们不再增厚，当水流流过时，就从管壁上脱落下来，随水流带走，起到了防止结硬垢的作用。由于成垢物质的不断堆积和脱落，故采用物理处理法的热水系统要重视排污，否则将会影响防垢除垢的效果。近几年来，由于工艺和稀土强磁材料的发展，管外捆绑式外磁水处理器也得到了运用。这种外磁水处理器的表面磁场强度能达到 1200～2100mT（毫特斯拉），虽然经过金属管壁的屏蔽，但其管中心的磁场感应强度仍能达到产生处理效果所需的数值，故国内也已有使用实例。电子水处理器和静电水处理器都是利用直流电场对水分子的作用而产生防垢的效果，区别在于静电水处理器利用的是高压直流电场（小型静电水处理器电压为 2.5～3.0kV，大型则达 18～20kV），电子水处理器利用的是低压直流电场。因此，静电水处理器要重视设备本身与外接管路的绝缘及壳体与大地的绝缘，以免发生危险；而电子水处理器与外接管路则为非绝缘连接，其壳体必须有良好的接地。高频电子水处理器依靠的是高频率变化的电磁场，当水流过高频率变化的电磁场时，也可起到防垢除垢和缓蚀的作用。值得指出的是，无论是静电水处理器、电子水处理器还是高频电子水处理器，有些厂家都混称为"电子水处理器"，究竟是指哪一种，还需区分开。碳铝式水处理器是另一种物理处理设备，它在圆柱状筒体内设有电极，筒体内部及电极表面涂衬有防腐层和绝缘层，构造类似于电子水处理器，不同的是筒体和电极之间流过的水起到电解质的作用，从而形成伏特电池，产生微电流使水离子化。据报导，它除了能阻止硬垢的形成和积累外，还具有去除氯、铅、镉、铁以及降低水中氟化物等作用。碳铝式水处理器无须电力，不需药剂、无毒性，是一种新型安全的热水水质处理设备。电气石是日本于 1990 年以后推出的水质防垢除垢技术。目前，在国内也已有使用的例子。电气石是用一种赤红色结晶状矿石粉碎后加入赋形剂拌和，做成直径 3.4mm 的小圆球，每个这样的球粒表面有 5 万～6 万对正负电气石电极，具有防止水受热结垢和使水活化的作用。将电气石装入带孔眼的不锈钢扁圆盒放入水箱或密封容器，水通过水箱或容器后，受电气石的作用就会使水活化并产生防垢除垢作用。热水原水经过物理法处理后，除了具有防垢除垢作用外，还具有一定的抑制微生物的作用。热水原水的物理处理效果受水质和设备的使用状况等因素影响明显，其中总硬度与永久硬度的比值、pH、杂质成分及含量、水在处理设备内的流动速度和停留时间等，对处理效果影响较大。一般认为，只要磁场、电场防垢除垢装置是合格的产品，总会有一定的防垢能力。但是，对于物理防垢法的期望值不可过高，防垢率达 70% 应属正常的，超过 80% 是相当好的。防垢率不足 100% 的部分，正是物理法与软化法或药剂法的差距。而且，物理处理法的防垢率不能在使用前做出准确预测，需要通过试验或实际使用来确定防垢率的有效范围和合适的工艺条件。

超声波处理法是国外近年来兴起的一种水的物理处理方法，国内有少量运用实例。它能同时起到防垢除垢和抑藻除藻作用。超声波水处理装置主要由超声发生器和换能器组成。超声发生器发射的 20～30kHz 的超声波信号通过传输电缆加到换能器上，换能器安装在管道内，向外辐射超声波能量，当水在管道内流过换能器时，实现对水的作用。超声波水处理装置对水的防垢除垢作用主要表现为"空化"、"活化"和"剪切"三种作用。"空化"作用是超声辐射对被处理水直接产生大量的空穴和气泡，当这些空穴和气泡破裂或互相挤压时，产生一定范围的强大压力峰，使成垢物质粉碎悬浮于水中，并使已生成的垢层破碎、脱落。"活化"作用是超声波能提高水和成垢物质的活性，增大被水分子包裹着的成垢物质微晶核的释放，破坏垢类生成和在管壁沉积的条件，使成垢物质在水中形成分散沉积体而不在管壁上形成硬垢。"剪切"作用是由于超声波辐射在垢层和管壁上的吸收和传播速度不同，产生速度差，形成垢层与管壁界面上的剪切力，从而导致垢层产生疲劳而松脱。超声波水处理装置对水的抑藻除藻作用则是由于在"空穴"作用下，水进入空化泡变成水蒸气，水蒸气在高温高压下发生分裂，产生 ·OH，·OH 是氧化能力很强的广谱氧化剂，可与藻类细胞中的大分子、蛋白质或核酸等发生反应，使细胞死亡。同时还能利用藻类细胞内的气囊作为空化泡的空化核，在空化泡破裂时打破气囊导致藻类细胞失去控制浮动能力而使藻类死亡。从而起到抑藻除藻的效果。

4. 其他处理

除了以上方法，热水原水的处理方法还有机械过滤和除气处理。当热水系统的室外配水管和建筑物进水管采用金属管时，安装操作可能会留下微小的金属屑、铁锈、焊料、麻丝以及其他粒状固体物质，它们会附着在管底或管壁，形成电化学腐蚀。当系统采用磁水处理器时，这些顺磁性颗粒将会吸附在磁极上，既增加了水流阻力，又可能使磁力线短路而影响处理效果。故应考虑在磁水处理器前设置过滤器。过滤器建议采用反冲洗时不停水的滤网状过滤器，滤网孔眼的大小应能阻止 $80\sim160\mu m$ 粒径的物质通过。

除气是热水水质有时要考虑的另一种处理手段。有多种气体能在水中溶解，在热水系统中以氧和二氧化碳的腐蚀性最强。二氧化碳在水中能生成碳酸，其酸性侵袭金属造成腐蚀。水中二氧化碳含量越多腐蚀越厉害，并且温度升高腐蚀加快。溶解氧对金属管道的腐蚀主要是化学腐蚀和电化学腐蚀。一般规定当热水系统的平时小时热水用量$\geqslant50m^3$时，若水中溶解氧浓度超过 5mg/L，游离二氧化碳含量超过 20mg/L，应考虑对热水原水进行除气处理；当热水系统的平均小时热水用量$<50m^3$时，可不进行除氧处理。除氧的方法有很多种，在锅炉水处理中常采用热力除氧、真空除氧、解吸除氧、化学药剂除氧等方法；除二氧化碳采用的是鼓风式脱气塔，塔内填充有瓷环填料。由于生活热水系统与锅炉水系统的工况与对水质的要求不同，因此若采用锅炉水处理的除氧、除二氧化碳方法时一定要慎重，不能照搬。

此外，温泉水根据产地与种类不同，含铁量差异很大。原水含铁量高的水质能产生"铁味"和增加色度，在白色织物和卫生洁具上遗留黄斑。含锰对水质的危害主要是产生色度，据资料介绍，锰所造成的色度比同量铁所造成的色度约大 10 倍。另外，由于铁或锰的沉淀物在管壁上的积累会使热水变成"黑水"或"黄汤"，因此，当以地下水或温泉水作为热水原水时，当其含铁含锰量超过生活饮用水水质标准时，除了可采用软化法、药剂法、物理处理法、机械过滤或除气等处理工艺外，还应重视除铁除锰处理。水的除铁除锰有接触氧化、曝气氧化或药剂氧化等方法。对于 Cl^- 和 SO_4^{2-} 含量过高的温泉水，有时还需考虑去除或降低 Cl^- 和 SO_4^{2-} 的含量。去除或降低 Cl^- 和 SO_4^{2-} 属水的除盐范畴，可采用阴离子交换树脂法或膜分离设备去除。由于国家水质标准规定的 Cl^- 和 SO_4^{2-} 的允许含量指标较高（$Cl^-\leqslant250mg/L$，$SO_4^{2-}\leqslant250mg/L$），因此水质超标的情况不多，故热水原水去除或降低 Cl^- 和 SO_4^{2-} 的工艺很少采用。

4.2.3　热水水质物化处理方法

1. 处理要求

（1）集中生活热水供应系统的水质软化处理应符合下列规定：

1）洗衣房日用热水量（按 60℃计）$\geqslant10m^3$且原水总硬度$>300mg/L$ 时，应进行水质软化处理；原水总硬度为 $150\sim300mg/L$ 时，宜进行水质软化处理。

2）其他生活日用热水量（按 60℃计）$\geqslant10m^3$且原水总硬度$>300mg/L$ 时，宜进行水质软化或缓蚀阻垢处理。

3）经软化处理后的水质总硬度宜为：

① 洗衣房用水：$50\sim100mg/L$；

② 其他用水：$75\sim120mg/L$。

（2）集中生活热水供应系统水质稳定的物理处理方法宜符合以下要求：

1）当水温不大于 80℃，硬度不大于 700mg/L 时，可采用静电除垢仪，最高工作压力 1.0MPa。

2）当水温不大于 95℃，硬度不大于 550mg/L 时，可采用电子水处理器，最高工作压力 1.6MPa。

3）当水温不大于 130℃，硬度不大于 500mg/L，含盐量小于 3000mg/L 时，可采用磁水处理器，最高工作压力 2.0MPa。

2. 适用条件

热水原水根据其水质不同及热水用途的不同，可有不同的处理方法，选用原则见表 4.2-6、表 4.2-7。

（1）软化法、药剂法适用条件见表 4.2-6。

软化法、药剂法适用条件   表 4.2-6

处理方法		热水水质处理			
		防垢、除垢			防腐蚀
		热水用水量(60℃) <10m³/d 时	热水用水量(60℃) ≥10m³/d 时	出水硬度(以 CaCO₃计) 要求(mg/L)	
软化法	洗衣房用热水	可不考虑软化处理	总硬度(以 CaCO₃计）在 150～300 mg/L时，宜采用软化处理； 总硬度(以 CaCO₃计）＞300mg/L 时，应采用软化处理	50～100	硬度较低的水有一定腐蚀性，故软化后宜配合其他水质稳定措施
	其他生活用热水		总硬度(以 CaCO₃计）＞300mg/L 时，宜进行软化处理	75～150	
	处理方法		钠离子交换		
硅磷晶法		适用范围: 碳酸盐硬度(以 CaCO₃计)≤360mg/L; 暂时硬度(以 CaCO₃计)≥2mg/L; 水温≤80℃			能螯合 Fe²⁺，生成 Fe(OH)₃，避免了"红水"生成
除气法					当热水用量≥50m³/h，且水中溶解氧≥5mg/L 和二氧化碳≥20mg/L 时采用

（2）物理处理法适用条件见表 4.2-7。

物理处理法适用条件   表 4.2-7

处理方法	热水水质处理及适用条件			
	总硬度(以 CaCO₃计) (mg/L)	暂时硬度 永久硬度	$\dfrac{Mg^{2+}}{Ca^{2+}}$	效果
磁水处理法	≤500	永久硬度/暂时硬度≤0.3		原水有负硬度时效果显著，对硅酸盐、硫酸盐引起的水垢效果差
电子水处理法	≤250	<1.5		抑垢率约为50%
	≤350	≤1		
	≤300	=1	≥1.5	效果显著

注: 上表资料引自产品样本和太原工业大学试验研究资料。

3. 软化法

自来水中含有大量的阳离子 Ca^{2+}、Mg^{2+}、Na^+ 及阴离子 HCO_3^-、SO_4^{2-}、Cl^- 等。其中 Ca^{2+} 和 Mg^{2+} 是成垢离子，Ca^{2+} 和 Mg^{2+} 的总含量称为水的总硬度。$Ca(HCO_3)_2$ 和 $Mg(HCO_3)_2$ 的含量为暂时硬度。而 $CaSO_4$、$MgSO_4$、$MgCl_2$ 等是永久硬度。暂时硬度和永久硬度之和即总硬度。

软化法的目的是去除水中的 Ca^{2+} 和 Mg^{2+}，即去掉水中的成垢成分。最常用的方法是钠离子交换法，就是利用离子交换剂中的 Na^+ 交换水中的 Ca^{2+} 和 Mg^{2+}，从而降低水的总硬度。水经过钠离子交换后水的含盐量略有增加，而碱度保持不变。

热水原水采用普通的软水器处理后，其出水的残余硬度（以 $CaCO_3$ 计）达到 1.5 mg/L（合 0.03mmol/L），这样软的水是不适合在热水系统中使用的，全部使用是种浪费，并且易造成管道和设备的腐蚀。故一般需将软水器制出的软水与自来水混合成一定硬度的水（洗衣房用热水硬度（以 $CaCO_3$ 计）宜为 50～100mg/L，其他用途热水硬度（以 $CaCO_3$ 计）宜为 75～150mg/L）供用户使用。通常的混合方法为水池混合法，即将软水与自来水在水池中按一定比例混合。在水池出水管上装取样口，通过定期分析池水的硬度，用分配水表控制软水和自来水的进水量，进而调节混合水的硬度；采用的另一种混合方法是调节阀混合法。两种混合方法的流程简图见图 4.2-1、图 4.2-2。

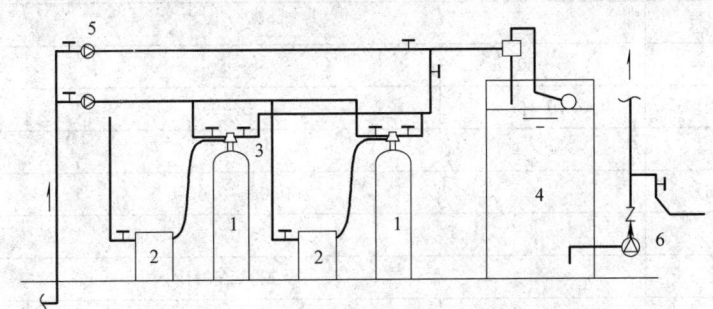

图 4.2-1　原水软化流程（水池混合法）

1—热水器；2—量箱；3—控制阀（多路阀）；4—贮水池；

5—水表；6—供水泵

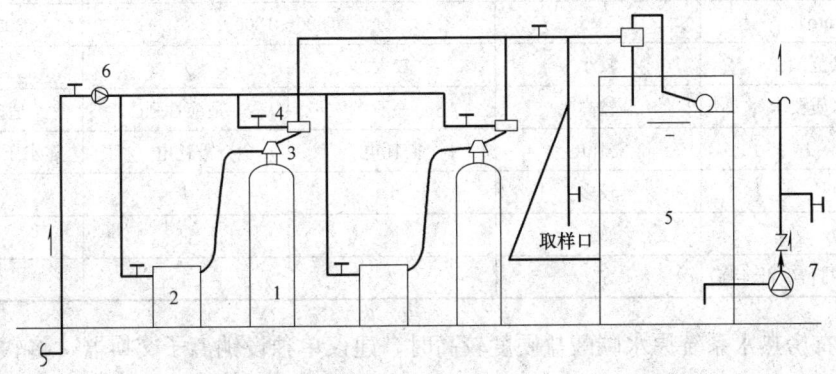

图 4.2-2　原水软化流程（调节阀混合法）

1—软水器；2—量箱；3—控制阀（多路阀）；4—调节混水器（全自动软水器）；

5—贮水池；6—水表；7—供水泵

常用的全自动软水器主要由树脂罐、控制阀（多路阀）、盐箱和盐阀以及连接管等组成。控制阀（多路阀）是其关键部件，市场上有机械旋转式、柱塞式、板式和水力驱动式四种，它们的性能参数见表 4.2-8。软水器的工作周期有时间型和流量型两种控制方法，时间控制型软水器的价格要低于流量控制型软水器的价格。软水器的再生有逆流和顺流两种形式。在降低盐耗和保证出水水质上，逆流再生要优于顺流再生。目前，各种全自动软水器采用逆流再生居多。

全自动软水器主要性能参数   表 4.2-8

性能参数		机械旋转式多路阀	柱塞式多路阀	板式多路阀	水力驱动式多路阀
处理水量（m³/h）		1～23	1～38	0.5～60	0.2～20
原水硬度（mmol/L）		<11时，选标准型	≤3时，可选时间控制型，按出水量上限选； ≤6时，可按出水量上限选； ≤8时，可按出水量中间量选		≤13时，按出水量上限选
		<28时，选高硬度型	8～10时，按出水量下限选，或采用两级处理； ≥10时，需许选用两级或多级处理		≥15时，按出水量下限选
出水残余硬度（mmol/L）		0.03			
原水浊度要求（NTU）		≤5			
工作温度（℃）		0～50	5～50		5～50
工作压力（MPa）		0.15～0.3	0.2～0.6		0.2～0.5
自身水耗（%）		≤2			
单罐水头损失（MPa）		0.03～0.06			
盐耗（g/mol）		<100			
电源		～220V、50Hz			
功率（W）		10	10～40		不需要
采用树脂型号		001×7强酸型钠离子交换树脂			
控制阀口径（mm）		3/4～2in	DN20～75		DN20～32
树脂罐直径（mm）		—	Φ200～1500		Φ150～400
盐箱直径（mm）		—	Φ300～1800		Φ300～1000
经济分析	处理水量范围	较小	较大	大	较小
	对原水水质要求	较高	一般	适应性强	适应性强
	能耗	需耗电	需耗电	需耗电	靠水压，不需耗电
	故障次数	较多	少	少	少
	使用寿命	短	长	长	长
	大致价格排位（1低、4高）	1	2	4	3

当洗衣房热水系统原水碳酸盐硬度较高时，建议单独设钠离子交换器，将软水与原水混合成碳酸盐硬度（以 $CaCO_3$ 计）为 50～100mg/L 的水，以保证洗衣质量。

软化设备应满足以下要求：

（1）成套软化设备应选用能自动运行、自动再生且填充食品级树脂的处理设备。

（2）软化设备应根据处理水量和热水原水总硬度选用。

（3）经软化处理的热水原水，宜与未经软化处理的原水混合后使用，混合后的半软化水硬度应符合《集中生活热水水质安全技术规程》T/CECS 510—2018 第 4.0.4 条的规定。

（4）软化设备运行时应定期清洗盐箱，每三个月清洗不应少于一次。

（5）软化设备应符合相关产品标准，并通过国家有关检测机构认证。

4. 物理处理法

对热水原水进行物理处理属于水质阻垢缓垢处理范畴。常用处理装置有磁水处理器、电子水处理器、静电水处理器、高频电子水处理器、碳铝式水处理器以及电气石装置等。它们的应用都与水温、水的总硬度以及使用工况有关，各自的适用条件见表 4.2-9。

物理法各种处理装置的适用条件   表 4.2-9

处理方法	处理装置	适 用 条 件
物 理 法	外磁式水处理器	1. 处理器表面磁场强度应达 1200~2100T（特斯拉，合 12000~21000 高斯）； 2. 根据不同管径和壁厚选用不同规格的处理器； 3. 适宜处理小流量场合，不宜安装在处理流量 1000m³/h 以上的管道上； 4. 管内流速不低于 1m/s，最佳流速 2.5~3.0m/s； 5. 安装时直接贴在管道外壁，最适宜老旧工程改造
	电子水处理器	1. 水的总硬度（以 $CaCO_3$ 计）≯600mg/L； 2. 水温低于 105℃； 3. 有效作用时间约 30min； 4. 工作电压为低压
	静电水处理器	1. 水的总硬度（以 $CaCO_3$ 计）≯700mg/L； 2. 水温低于 80℃； 3. "活化时间"内水流经的长度约 2000m； 4. 工作电压为高压
	高频电子水处理器	1. 水的总硬度（以 $CaCO_3$ 计）≯700mg/L； 2. 水温低于 95℃； 3. 流速＜2.5m/s
	碳铝式水处理器	1. 水的总硬度（以 $CaCO_3$ 计）≯800mg/L； 2. 水温 0~100℃； 3. 作用时间 48~72h； 4. 不考虑水流速度
	电气石装置	1. 国内使用不久，尚未对水的硬度、温度提出要求； 2. 电气石放在不锈钢容器内，容器应放置在水流动的地方； 3. 装置有效期较长，有使用数年无结垢的记载； 4. 每隔 3 个月至半年取出容器进行冲洗
	超声波水处理装置	1. 目前暂为国外引进产品，使用时间短，尚须积累经验，须对抑藻除藻技术存在的问题进行深入研究与探讨； 2. 设备利用效率高，一台超声发生器最多可带动 6 个换能器同时工作； 3. 控制发生器与换能器之间传输电缆的长度不超过 10m，以减少超声波功率在传输过程中的损耗； 4. 超声发生器的工作环境温度为−5~40℃

磁水处理器、电子水处理器、静电除垢仪在集中生活热水供应系统中的安装使用要求如下：

(1) 磁水处理器

1) 磁水处理器可与管道串联连接，无安装角度要求，可不设旁通管路。

2) 通过磁水处理器的水流速度不得小于 1.5m/s。当水泵或水加热器超过一台时，应分别设置磁水处理器，不得共用。

3) 安装磁水处理器的热水系统应在系统最低点设置排污口。

(2) 电子水处理器

1) 电子水处理器应与管路串联安装，并宜垂直安装，进水口在下，出水口在上，应设旁通管路和切换阀门，四周应留有巡视和检修空间。

2) 电子水处理器距离大容量电器（大于 20kW）应不小于 5m。

3) 电子水处理器应定期保养和清洗电极，一般一年清洗 2~4 次阳极，阳极使用期限不得超过 5 年。

4) 安装电子水处理器的热水系统应在系统最低点设置排污口。

5) 不同水质的最佳缓蚀阻垢效果的高频频率范围应通过试验确定。

6) 电子水处理器应符合产品标准《电子式水处理器技术条件》HG/T 3133。

(3) 静电除垢仪

1) 静电除垢仪应与管路串联安装，并宜垂直安装，进水口在下，出水口在上，应设旁通管路和切换阀门，四周应留有巡视和检修空间。

2) 静电除垢仪距离大容量电器（大于 20kW）应不小于 5m。

3) 静电除垢仪应定期保养和清洗电极，一般一年清洗 1~2 次阳极。

4) 安装静电除垢仪的热水系统应在系统最低点设置排污口。

5. 药剂法

药剂法处理热水水质采用的药剂是硅磷晶。硅磷晶法的使用条件如下：

(1) 中碳酸盐硬度（即由 HCO_3^- 引起的硬度）<360mg/L（以 $CaCO_3$ 计）；

(2) 水温≤80℃；

(3) 腐蚀导致色度大于 5 度；

(4) 水中含铁量超过 0.3mg/L；

(5) 有效作用时间 10h。

硅磷晶的投加方式有两种，一种是采用烧结成球状体的聚磷酸盐/聚硅酸盐微溶性小球，将小球装于加药器内，原水流过加药器时实现了投加的目的。可根据热水系统的平均日用水量来选择加药器的规格，其规格尺寸见图 4.2-3和表 4.2-10。这种投加方式适用于热水原水是自来水的处理。另一种是采用粉末状硅磷晶，将它倒入溶液桶中溶于水中，再通过计量泵提升注入热水管中，该法适用于向热水（温泉）管中投加，见图 4.2-4。

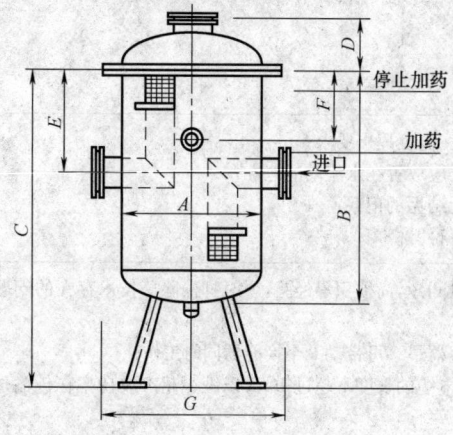

图 4.2-3　硅磷晶加药器示意图

<table>
<tr><th colspan="13">硅磷晶加药器选用规格尺寸   表 4.2-10</th></tr>
<tr>
<td rowspan="2">序号</td>
<td rowspan="2">日用水量
(m³)</td>
<td rowspan="2">加药器容积
(L)</td>
<td rowspan="2">加药量
(kg)</td>
<td colspan="7">尺寸(mm)</td>
<td rowspan="2">进口
口径(mm)</td>
</tr>
<tr>
<td>A</td><td>B</td><td>C</td><td>D</td><td>E</td><td>F</td><td>G</td>
</tr>
<tr><td>1</td><td>37～60</td><td>20</td><td>25</td><td>250</td><td>430</td><td>600</td><td>80</td><td>175</td><td>145</td><td>400</td><td>50</td></tr>
<tr><td>2</td><td>61～84</td><td>30</td><td>37.5</td><td>300</td><td>440</td><td>600</td><td>90</td><td>175</td><td>150</td><td>460</td><td>80</td></tr>
<tr><td>3</td><td>85～108</td><td>40</td><td>50</td><td>300</td><td>590</td><td>750</td><td>90</td><td>220</td><td>180</td><td>460</td><td>80</td></tr>
<tr><td>4</td><td>109～169</td><td>50</td><td>75</td><td>350</td><td>530</td><td>750</td><td>90</td><td>250</td><td>200</td><td>500</td><td>100</td></tr>
<tr><td>5</td><td>170～219</td><td>80</td><td>100</td><td>400</td><td>640</td><td>850</td><td>100</td><td>270</td><td>215</td><td>560</td><td>100</td></tr>
<tr><td>6</td><td>220～289</td><td>100</td><td>125</td><td>450</td><td>630</td><td>850</td><td>110</td><td>260</td><td>210</td><td>600</td><td>150</td></tr>
<tr><td>7</td><td>290～439</td><td>150</td><td>175</td><td>500</td><td>770</td><td>1000</td><td>130</td><td>320</td><td>260</td><td>700</td><td>150</td></tr>
<tr><td>8</td><td>440～720</td><td>200</td><td>250</td><td>550</td><td>995</td><td>1250</td><td>130</td><td>420</td><td>330</td><td>700</td><td>150</td></tr>
</table>

硅磷晶应选用食品级产品，且应有国家相关部门颁发的涉及饮用水卫生安全产品的卫生许可批件。硅磷晶加药器应安装在热水系统冷水补水管上，并宜设置旁通管。加药量根据平均日用水量确定，加药器应定期补充药剂。硅磷晶投加量应控制在 3mg/L 以下，宜为 1～3mg/L（以 P_2O_5 计）。

4.2.4 灭菌、消毒处理

1. 灭菌方法

集中生活热水供应系统可采用紫外光催化二氧化钛（AOT）、银离子、高温或二氧化氯等灭菌措施。当热水系统发生军团菌等致病菌污染事故时，应进行应急灭菌处理，并宜采用投加氯、二氧化氯或热冲击灭菌等措施。

高温灭菌需有高温热源及设控制阀件等一系列保证措施，目前国内尚无热水系统专用二氧化氯消毒设备，因此，本手册推荐采用"AOT"灭菌器和银离子消毒器。

2. 紫外光催化二氧化钛（AOT）灭菌器

（1）基本规定

1）灭菌装置应能产生羟基自由基；

2）灭菌装置应设置在水加热设备出水管或循环回水干管上；

3）灭菌装置应根据安装位置选择相应设计流量。

（2）"AOT"灭菌器灭菌原理、构造及技术参数参见本手册第 4.8.6 条。

（3）"AOT"灭菌器设置参考图示

1）"AOT"灭菌器安装在水加热器供水管上见图 4.2-5。

2）"AOT"灭菌器安装在系统回水管上见图 4.2-6。

（4）"AOT"灭菌器设计选型示例

【例 4.2-2】 某高级酒店共有客房标准间 200 间（400 床位），热水用水定额 160L/

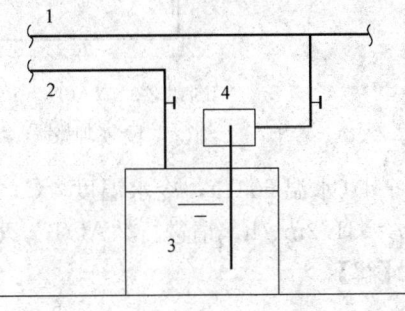

图 4.2-4 粉末状硅磷晶投加方式示意图
1—热（温泉）水；2—自来水；
3—溶药桶；4—计量泵

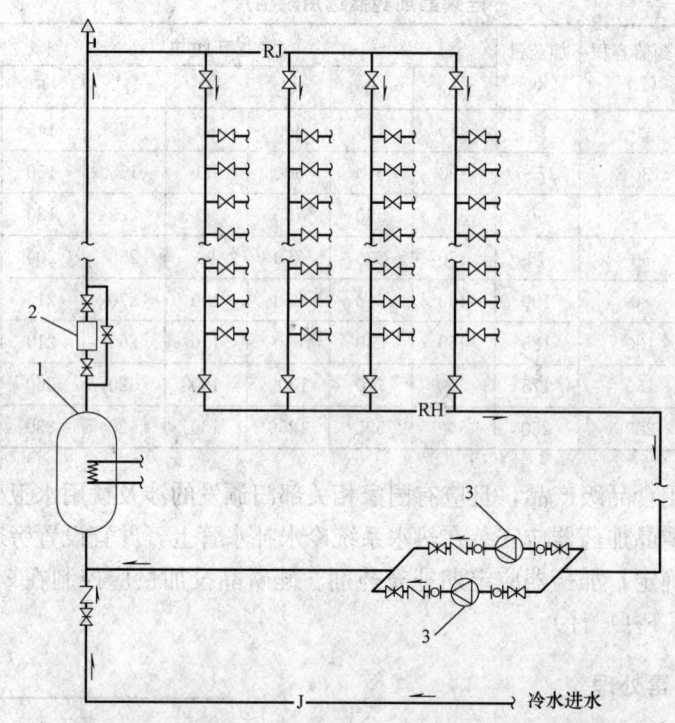

图 4.2-5 "AOT" 灭菌器安装在水加热器供水管上示意图

1—水加热器；2—"AOT" 灭菌器；3—系统循环泵

（床·d）（水温 60℃），冷水温度 4℃，设计小时耗热量 Q_h＝2170779kJ/h，管段设计秒流量 q_g＝31.2m³/h。请进行 "AOT" 灭菌器选型。

【解】

设计小时热水量 $Q_{rh}=\dfrac{Q_h}{(t_r-t_L)\ \rho_r C}=9418.3$ L/h

循环流量 $q_x=0.25Q_{rh}=2454.6$ L/h（取 2.5m³/h）

1）"AOT" 灭菌器设置在循环管道上，按 $q_x=2.5$m³/h，查表 4.8-54 选 "SFLAOT-H-5" 处理水量 5 m³/h 的设备。

2）"AOT" 灭菌器设置在供水干管上，按 $q_g=31.2$m³/h，查表 4.8-54 选 "SFLAOT-H-50" 处理水量 50m³/h 的设备。

3. 银离子消毒器

（1）基本规定

1）银离子消毒器应安装在热水系统循环回水干管上，并位于水加热设备和循环泵之间，见图 4.2-6。

2）应根据现场实测水质确定银离子投加量。无实测资料时，投加量可按不大于 0.08mg/L 计，出水点浓度不应高于 0.05mg/L。

3）银离子消毒器一般设定每日 0：00 至 6：00 运行，按系统容积（包括水加热设备、管道等全容积）确定投加量。

4）宜采用银离子消毒器向系统定量投加银离子。

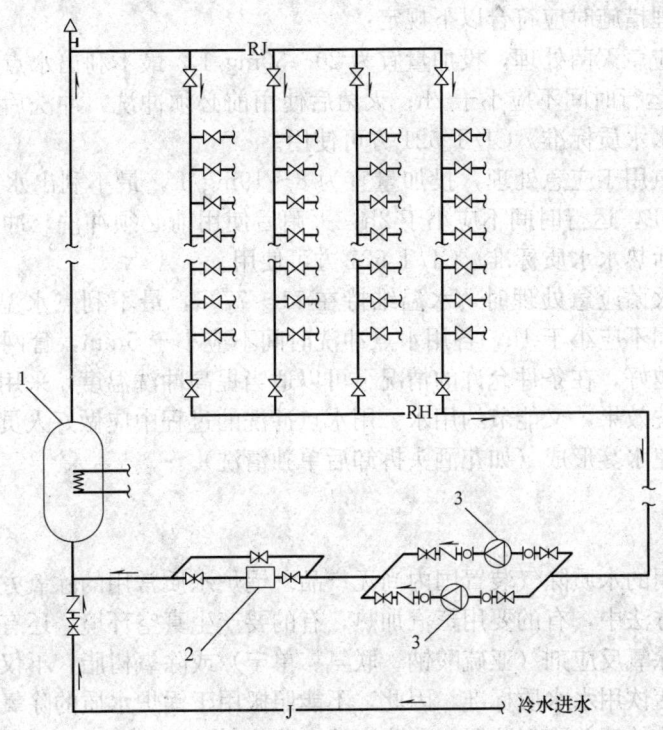

图 4.2-6 "AOT"灭菌器或银离子消毒器安装在系统回水管上示意图
1—水加热器；2—"AOT"灭菌器或银离子消毒器；3—系统循环泵

5）现场应设置银离子快速检测仪或在线监测设备。

（2）银离子消毒器灭菌原理、构造及技术参数见本手册第 4.8.6 条。

（3）银离子消毒器按系统容量选型，参见表 4.8-57，设备选型示例如下：

【例 4.2-3】　工程基础资料同例 4.2-2，热水系统容积为 6560L，银离子最大投加量 0.08mg/L。请进行银离子消毒器选型。

【解】

1）按系统容积 6500L，查表 4.8-57，选择 SID-10 型银离子消毒器；

2）按每日运行 6h 计算，银离子投加设备的设计小时投加量为 $6500 \div 6 \times 0.08 = 87.5mg/h$。

4. 高温灭菌措施

采用系统或阀件对热水系统中的热水定期升温至约 60~70℃，可在 2~30min 内杀死系统内的致病菌。据资料介绍，欧洲一些国家采用的集中热水供应系统升温消毒灭菌有如下三种措施：（1）热水正常供水温度为 50℃时，采用夜间升温至 60℃，持续 30min 灭菌；（2）热水正常供水温度为 55℃时，采用升温至 65℃，持续 8h 灭菌，一般在系统刚运行或维修后进行；（3）热水正常供水温度为 50~55℃时，采用一周一次升温至 70℃持续 2min 灭菌。目前国内集中热水供应系统采用高温消毒的实例尚少。当系统需采取高温消毒方法时应满足热源到位、阀件到位、控制到位、管理到位的使用条件。

5. 应急灭菌处理

当集中生活热水供应系统中爆发军团菌等致病菌污染事故时，应进行应急灭菌处理，采用应急灭菌处理措施时应符合以下规定：

（1）氯用于应急灭菌处理，投加量宜为 20～50mg/L，最不利出水点游离余氯浓度不应低于 2mg/L，运行时间不应小于 2h；灭菌后使用前必须冲洗，冲洗后出水符合现行行业标准《生活热水水质标准》CJ/T 521 方可使用。

（2）二氧化氯用于应急处理，投加量宜为 8～19mg/L，最不利出水点游离余氯浓度不应低于 0.8mg/L，运行时间不应小于 2h；灭菌后使用前必须冲洗，冲洗后出水符合现行行业标准《生活热水水质标准》CJ/T 521 方可使用。

（3）热冲击灭菌应急处理时，水温维持在 71～77℃，最不利点水温不应低于 60℃，系统持续运行时间不应小于 1h，各用水点冲洗时间不应小于 5min，管网全部冲洗。温度越高，灭菌效果越好，在条件允许的情况下可以适当提高冲洗温度，采用高温、低流量冲洗，既能保证冲洗效果，又能节约用水。用水点冲洗的过程中应做好人员防护，淋浴花洒等应采取措施避免水雾形成（如花洒头拆卸后单独清洗）。

4.2.5 除气装置

热水系统专用的水质除气装置国内尚无产品。锅炉水质常用的除氧方法见图 4.2-7。

在这些除氧方法中，有的要用蒸汽加热，有的要产生真空环境，还有的在处理过程中要使用脱氧剂、除氧反应剂（亚硫酸钠、联氨、单宁）或除氧树脂，不仅耗能，而且处理后水质达不到生活饮用水水质标准，因此，不能照搬用于锅炉水质的除氧方法。国外曾有过适合于生活热水的简单除氧装置（称防腐消声器），但国内尚未见有类似产品面市。

在锅炉水处理中，去除水中游离二氧化碳使用的是除二氧化碳器。除二氧化碳器也称鼓风脱气塔。塔顶有配水洒水系统和排气系统，塔内装有瓷环填料，塔底有进风口和出水口。塔底进入的空气与塔顶洒下的原水，在填料表面进行气水交换，水中的二氧化碳扩散到空气中由塔顶排出，除去二氧化碳的水由塔底流出。图 4.2-8 为锅炉给水处理中采用的鼓风脱气塔简图。它能将进水二氧化碳含量从 330mg/L 降至出水时的 5mg/L。由于与热水系统原水水质工况不同，故采用需慎重。

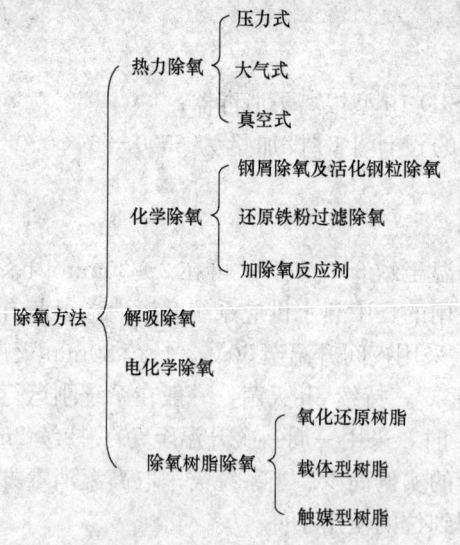

图 4.2-7 锅炉水质常用除氧方法

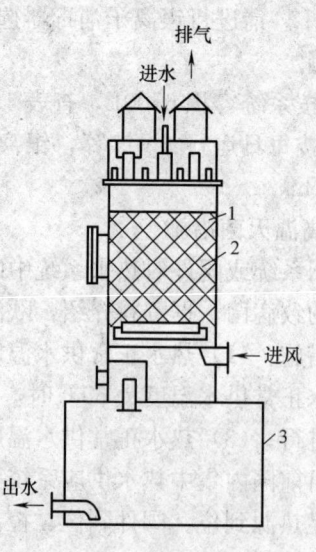

图 4.2-8 鼓风脱气塔简图

1—除碳器；2—填料；3—中进水箱

4.3 系统选择与设计

4.3.1 系统选择

1. 热水供应系统的分类

热水供应系统，可根据热水供应范围、是否通大气、循环方式、循环动力、用水时间要求、管网布置、热源情况等分成多种类型，见表 4.3-1。

热水供应系统分类　表 4.3-1

分　类	系统形式	术语或注释
按热水供应系统范围分类	局部热水供应系统	供给单个或数个配水点所需热水的供应系统
	集中热水供应系统	设置在建筑物内、供给一幢(不含单幢别墅)或数幢建筑物所需热水的系统
	小区集中热水供应系统	冷水在小区供热锅炉房或热交换站集中加热,供给一栋或多栋建筑所需热水的系统
按热水供应系统是否通大气分类	开式热水供应系统	热水管系与大气相通的热水供应系统
	闭式热水供应系统	热水管系不与大气相通的热水供应系统
集中热水供应系统,按热水管网循环方式分类	干管循环热水供应系统	仅配置回水干管,保证热水干管供水温度的供应系统
	干、立管循环热水供应系统	设置回水干、立管,保证热水干、立管供水温度的供应系统
	干、立、支管循环热水供应系统	设置回水干、立、支管,保证热水干、立、支管供水温度的供应系统
按热水管网循环动力分类	自然循环热水供应系统	管道中的热水依靠自身冷热水密度差流动,进行循环的热水供应系统
	机械循环热水供应系统	设置循环泵,强制保证回水管内热水流动的供应系统
按热水管网循环水泵运行方式分类	全日循环热水供应系统	在全日、工作班或营业时间内不间断供应热水的系统
	定时循环热水供应系统	在全日、工作班或营业时间内某一时段供应热水的系统
按热水管网布置分类	上行下给式热水供应系统	给水横干管位于配水管网的上部,通过立管向下给水的方式
	下行上给式热水供应系统	给水横干管位于配水管网的下部,通过立管向上给水的方式
	上行下给返程式热水供应系统	给水横干管位于配水管网的上部,通过立管向下给水,回水管又回到上部的方式
	下行上给返程式热水供应系统	给水横干管位于配水管网的下部,通过立管向上给水,回水管又回到下部的方式

续表

分　类	系统形式	术语或注释
按热源分类	常规热源热水系统	使用煤、气、电等常规能源作为热源的热水系统
	太阳能热水系统	利用太阳能集热器采集太阳热量转化为热能，制备热水的热水系统
	热泵热水系统	以空气、地下水、地表水为低温热源，以水为传热介质，采用热泵技术加热生活热水的热水供应系统

2. 热水供应系统选择原则

热水供应系统应根据使用对象、建筑物的特点、热水用水量、用水规律、用水点分布、热源类型、水加热设备及操作管理条件等因素，经技术经济比较后选择合适的系统形式。

（1）按热水供应系统范围选择系统

1）集中热水供应系统：就是在锅炉房、热交换间将水集中加热，通过热水管网输送至整栋或几栋建筑的热水供应系统。

一般适用于使用要求高、耗热量大、用水点分布较密集或较连续、热源条件充分的场合或建筑，如较高级的居住建筑、旅馆、公共浴室、医院、疗养院、体育馆、游泳馆（池）、大型饭店等公共建筑以及布置较集中的工业企业建筑等，此类建筑对舒适、安全使用热水有要求，且一般有管理公司负责管理，管理维护条件到位。故推荐使用全日集中热水供应系统。

在全日集中热水供应系统中的公共浴室、洗衣房、厨房等用热量较大且用水时段固定的用水部位宜设与系统循环管道分开的单独热水管网，定时循环供热水。另外，洗衣房要求热水硬度较低，厨房要求热水温度高，这些用水部位也可另设局部热水供应系统。这样可以大大减少系统的能耗，并有利于系统供水的稳定。全日集中热水供应系统中的较大型公共浴室、洗衣房、厨房等耗热量较大且用水时段固定的用水部位宜设单独的热水管网定时供应热水或另设局部热水供应系统。

普通住宅、宿舍、普通旅馆、招待所等组成的小区或单栋建筑如设集中热水供应时宜采用定时集中热水供应系统。

2）局部热水供应系统：采用各种小型加热器在用水场所就地加热，供局部范围内的一个或几个用水点使用的热水系统。适用于热水用水量较小且较分散的建筑，如一般单元式居住建筑，小型饮食店、理发馆、医院、诊疗所、办公楼等公共建筑和布置较分散的车间卫生间等工业建筑。

局部热水供应系统一般用于使用要求不高、用水范围小、用水点数量少且分散、热源条件不够理想的场合。

① 对于普通住宅，一般只在晚上洗浴时使用热水，厨房可采用小型快速电热水器供给热水，如设集中热水供应系统，则一次投资大、能耗大、维修管理工作量大。

② 对于无集中沐浴设施的办公楼，一般只有洗手用热水，其用量少、时间短，如用干、立管循环的集中热水供应系统，用水时很可能洗完手热水还未到位，或放掉部分冷水

才出热水，这样既耗能又费水，使用也不舒适。对于这种建筑如需供热水时可采用就地安装小型快速电热水器通过很短的供水管供热水。

③ 对于日用热水量（按60℃计）小于5m³且用水点分散的建筑，因设集中热水供应系统，相应热损失占的比例更大，因此也宜采用局部热水供应系统。

（2）按热水管网循环方式选择系统

1）干、立、支管循环热水供应系统：所有配水干管、立管、支管都设有相应的回水管道，保证配水干管、立管、支管中水温的热水供应系统。适用于要求随时获得设计温度热水的公共建筑，如旅馆、医院、疗养院、托儿所等。当住宅配水支管长度<10m，医院、旅馆等配水支管长度<6m时，其支管也可不设回水管道。设有集中热水供应系统的居住建筑不宜采用支管循环系统，其理由，一是支管前后两端水表计量误差易产生纠纷，二是循环效果难保证，三是能耗大，安装维修困难，当支管长度大于10m时，为保证用水点出热水<15s，可采取自调控电伴热措施，其要求详见本手册4.8节。

2）干、立管循环热水供应系统：所有配水干管、立管都设有相应的回水管道，保证配水干管、立管中水温的热水供应系统。适用于各类设有集中热水供应系统的建筑。

3）干管循环热水供应系统：仅配水干管设有回水管道，只保证配水干管中水温的热水供应系统。适用于对水温要求不严格，立管、支管较短，用水较集中或一次用水量较大的建筑，如某些工业企业的淋浴间、餐饮业厨房等。

（3）按热水管网循环水泵运行方式选择系统

1）全日循环热水供应系统：全天任何时刻，都维持循环管网中的水温不低于设计温度的热水供应系统。适用于全日都须保证热水供应的建筑，如宾馆、医院等。

2）定时循环热水供应系统：在系统集中使用前，利用循环水泵和回水管道将配水管网中已经冷却的水强制循环加热，在使用前将配水管网中水的温度提升到规定的温度的热水供应系统。适用于定时使用热水的建筑，如学校、宿舍、住宅、普通旅馆等。

（4）热水系统供水水压、水温稳定方式

热水系统供水压力应稳定，且与冷水系统压力差值宜不大于0.01MPa，以免造成混合出水温度忽高忽低，发生烫伤事故。

1）热水系统应与给水系统的分区一致，对于闭式热水供应系统，系统内各区水加热器、贮热水罐的进水均应由同区的给水系统专管供应；由热水箱和热水供水泵联合供水的热水供应系统，热水供水泵扬程应与相应供水范围的给水泵压力协调保证系统冷热水压力平衡；若不满足热水系统与冷水系统同源的条件时，应采取增设减压阀等保证系统冷、热水压力平衡的措施。

2）由城镇给水管网直接补水的闭式热水供应系统，其水加热器、贮热水罐补水的冷水补水管上装有倒流防止器时，其相应供水范围内的给水管也宜从该倒流防止器后引出，冷水系统与热水系统保证同源。

3）给水管道的水压变化较大，但用水点要求水压稳定时，宜采用设高位热水箱重力供水的开式热水供应系统，或采取稳压措施。

4）对于配水点的卫生设备，设有冷热水混合器或混合龙头时，冷、热水供应系统在配水点处应有相近的水压。

5）公共浴室淋浴器出水水温应稳定，并宜采取相关措施：采用开式热水供应系统；

给水额定流量较大的用水设备的管道应与淋浴配水管道分开；多于 3 个淋浴器的配水管道宜布置成环形；成组淋浴器的配水管的沿程水头损失，当淋浴器少于或等于 6 个时，可采用每米不大于 300Pa；当淋浴器多于 6 个时，可采用每米不大于 350Pa；配水管不宜变径，且其最小管径不得小于 25mm；公共浴室宜采用单管热水供应系统或带定温混合阀的双管热水供应系统，单管热水供应系统应采取保证热水水温稳定的技术措施。

（5）热水机房位置

根据节能要求，且保证供水水压稳定，对热水机房的位置宜按下列要求布置：

1）热水机房宜与给水加压泵房相近设置；

2）热水机房宜靠近耗热量最大或设有集中热水供应的最高建筑或最大用水的位置；

3）热水机房宜位于整个热水供应系统的中部，便于减少干管的长度；

4）集中热水供应系统当设有专用热源站时，水加热设备机房与热源站宜相邻设置。

（6）热水系统防烫伤措施的设置

养老院、医院、幼儿园、监狱等建筑的淋浴和浴盆器具的热水系统应采取防烫伤措施。这是针对弱势群体和特殊使用场所防烫伤要求而作的规定。近年来，在系统或用水终端设恒温混合阀，恒定出水温度是解决防烫伤问题的一项较好措施。可以根据养老院、医院、幼儿园、监狱等建筑和部门的专项要求调节用水温度。对恒温混合阀的具体设计选用等要求详见本手册 4.8 节。除此之外，还应采取如下保证措施：一是采用质量可靠、调控灵敏的温度控制阀控制半容积式或导流型容积式水加热器的出水温度，使其供水水温稳定；二是采取前述的稳定水压及冷热水压差的措施，保证配水点冷热水出水压力稳定。

4.3.2　常用热水供应系统的图示及设计要点

1. 常用热水供应系统图示及评价见表 4.3-2。

常用热水供应系统图示及评价　　　　　　　　　　　表 4.3-2

名　称	图　示	优　缺　点	适用条件
局部热水供应系统	采用小型加热器在用水场所就地加热，供局部范围内一个或几个用水点使用 电热水器 洗浴 洗面 洗涤 热水供水管　冷水供水管 图 1	1. 各户按需加热水，避免集中式热水供应盲目贮备热水； 2. 系统简单，造价低，维护管理容易； 3. 热水管道短，热损失小； 4. 不需建造锅炉房、加热设备、管道系统和聘用专职司炉工人； 5. 热媒系统设施投资增大； 6. 小型加热器效率低，热水成本增高	1. 热水用水量小且分散的建筑，如餐饮店、理发店、门诊所、办公楼等； 2. 住宅建筑； 3. 旧建筑增设热水供应

名　称	图　示	优 缺 点	适用条件
集中热水供应系统	在锅炉房或热交换站将水集中加热;通过热水管道将热水输送到一栋或几栋建筑。分为: 1. 多栋建筑共用系统,或小区集中系统; 2. 单栋建筑供应系统	1. 加热设备集中,管理方便; 2. 考虑热水用水设备的同时使用率,加热设备的总热负荷可减小; 3. 大型锅炉热效率高,可使用煤等廉价的燃料; 4. 使用热水方便舒适; 5. 设备系统复杂,建设投资较高; 6. 管道热损失大; 7. 需要专门的管理操作维修工人; 8. 改建、扩建困难,大修复杂; 9. 服务半径不应大于500m	热水用水量大、用水点多且较集中的建筑,如旅馆、医院、住宅、公寓、养老院等
开式热水供应系统	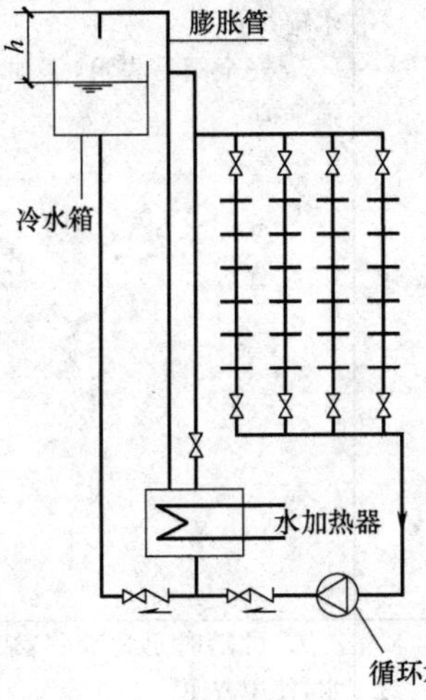 图 2 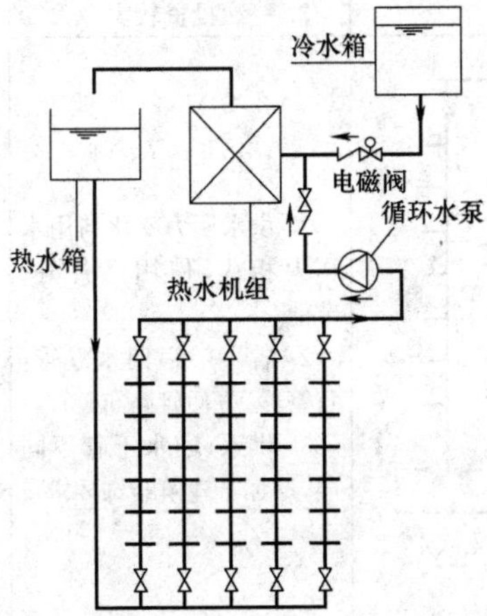 图 3	(一)设膨胀管的系统(见图2) 1. 不需设安全阀或膨胀罐,运行较安全; 2. 供水压力较平稳; 3. 须设高位冷水箱和膨胀管或高位开式加热水箱,且膨胀管高出水箱面 h 较高,当高位水箱位于室内时布置较困难; 4. 一个加热器一根膨胀管,当加热器多时,膨胀管多; 5. 水质易受污染 (二)设高位热水箱的系统(见图3) 1. 不需设安全阀或膨胀罐,运行较安全; 2. 供水压力较平稳; 3. 屋顶须有设置冷热水箱,热水机组等全套设备的地方(含面积与高度)	1. 屋顶设露天高位冷水箱的系统; 2. 采用间接式水加热器的系统; 3. 采用直接供应热水的热水机组的系统

续表

名 称	图 示	优 缺 点	适用条件
闭 式 热水供 应系统	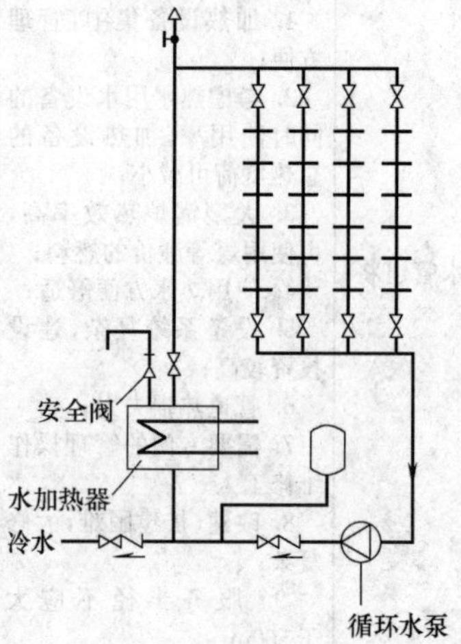 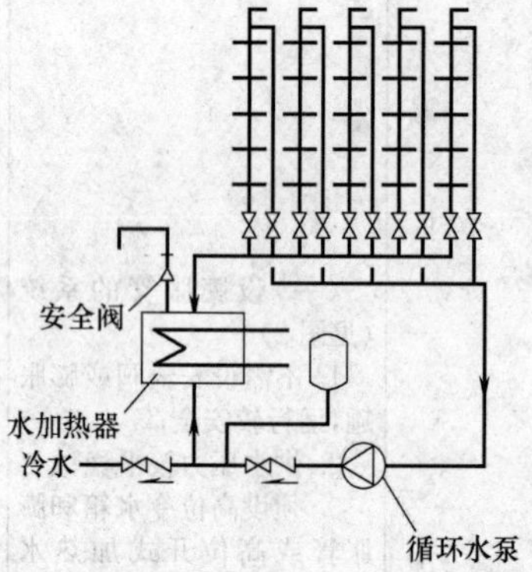 安全阀 水加热器 冷水 循环水泵 图 4 安全阀 水加热器 冷水 循环水泵 图 5	1. 冷水可接自高位水箱 也可由水加压装置直供; 2. 管路相对开式系统 简单; 3. 水质不易受污染; 4. 需设安全阀或膨胀 水罐; 5. 安全阀易失灵,需加 强维护	变频调速或气压 供水系统
干、立 管 循 环 热 水 供 水系统	见图 2～图 5	1. 可随时迅速获得热 水,使用方便; 2. 节约用水、节约能源; 3. 一次投资较大	1. 中型以上集中 热水供应系统; 2. 要求较高的小 型热水供应系统
干、立 管循环, 上 行 下 给式(同 程)循环 热水供 应系统	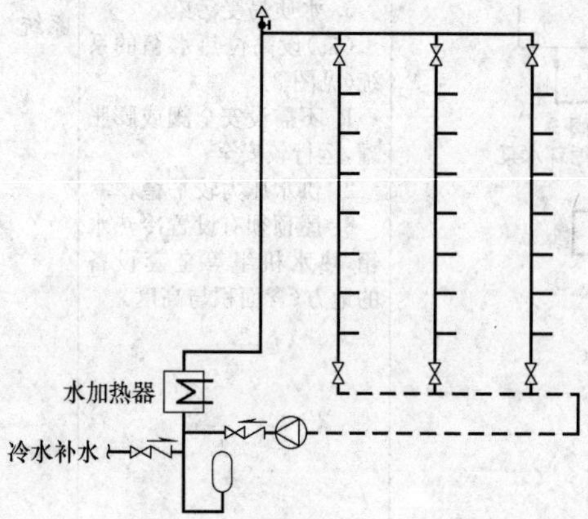 水加热器 冷水补水 图 6	1. 供水压力变化与用水 压力相应,使用条件好、 节能; 2. 省了一根回水立管, 省管井,方便管路布置; 3. 供水、回水干管不同 层,增加了建筑装饰要求	顶层有条件敷设 干管的建筑

续表

名 称	图 示	优 缺 点	适用条件
干、立管循环,下行上给式(同程)循环热水供应系统	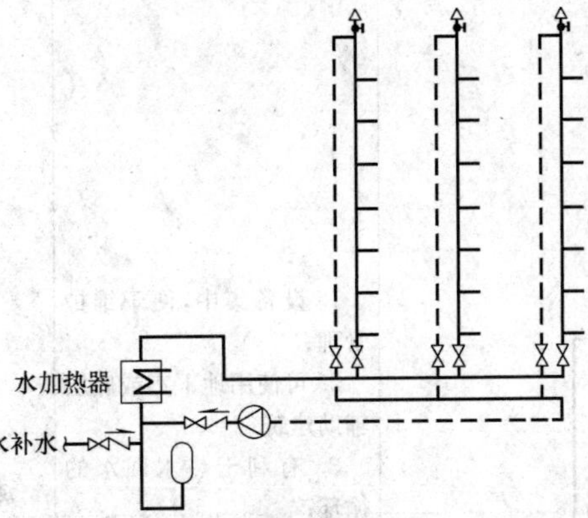 图7 水加热器 冷水补水	1. 供水、回水干管集中,节省顶层空间; 2. 可利用最高配水龙头放气; 3. 供水压力变化与用水压力相逆,使用条件较差; 4. 多了一根回水立管,相应增大管井,管路布置较复杂	顶层无条件敷设干管的建筑
干、立、支管循环,上行下给式(同程)循环热水供应系统	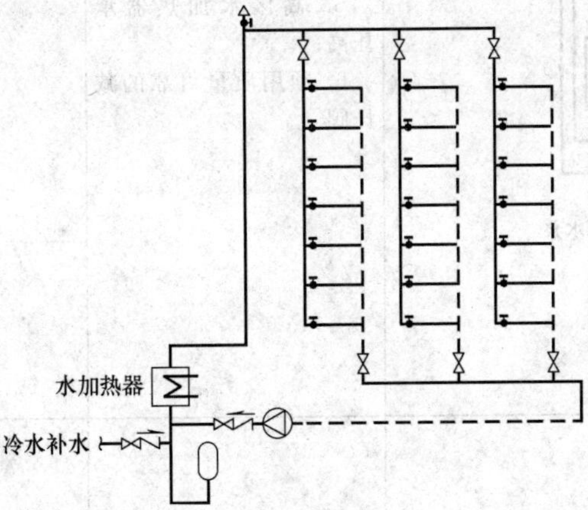 图8 水加热器 冷水补水	1. 供水压力变化与用水压力相应,使用条件好、节能; 2. 热水出水时间短,节能、节水; 3. 循环效果不易保证; 4. 热损耗大、耗材、安装难; 5. 用水需计量时,供回水支管均需设水表,易产生计量误差	顶层有条件敷设干管的建筑,且对热水出水时间敏感、不需设分户水表的公共建筑
干、立管循环,上行下给式(异程)循环热水供应系统	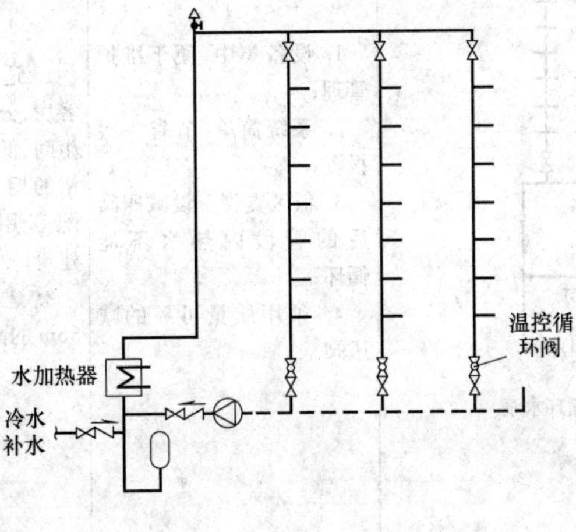 图9 水加热器 冷水补水 温控循环阀	1. 供水压力变化与用水压力相应,使用条件好、节能; 2. 省了一根回水立管,省管井,方便管路布置; 3. 供水、回水干管不同层,增加了建筑装饰要求	顶层有条件敷设干管的建筑,且对回水管设置有要求的建筑

名　称	图　示	优缺点	适用条件
用减压阀分区每区分设水加热器的系统	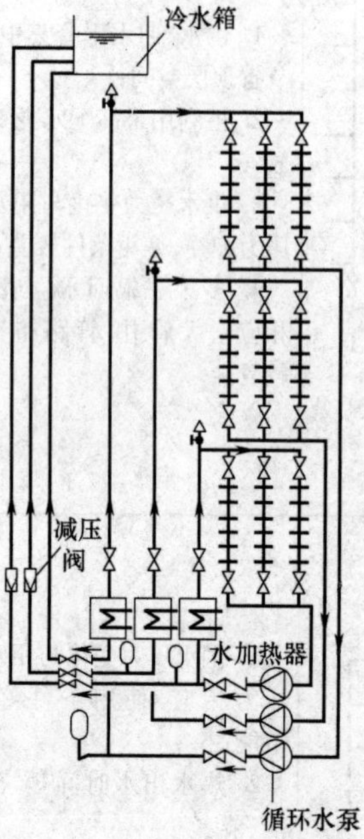 图 10	1. 设备集中,便于维护管理; 2. 可使用地下室或底层辅助建筑; 3. 有利于热水回水的循环; 4. 各区分设水加热器,设备数量多,管路较复杂; 5. 高区水加热器承压高; 6. 须用质量可靠的减压阀	适用于高区的水加热器承压小于1.6MPa的高层建筑
支管设减压阀的分区供水系统	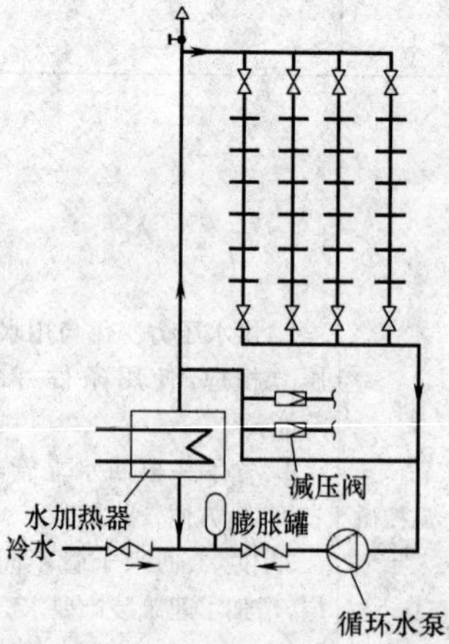 图 11	1. 设备集中,便于维护管理; 2. 系统简单,节省一次投资; 3. 低区支管上设减压阀后的管段内热水不能循环; 4. 须用质量可靠的减压阀	1. 适用于高区为客房、公寓等带小卫生间、低区为不带淋浴的厨房等服务性配套用房的高层建筑; 2. 建筑高度小于55m 的高层建筑

续表

名　称	图　示	优　缺　点	适用条件
用分区高位水箱分区供水的热水供应系统	 低区水加热器 高区水加热器 高区冷水进水 低区冷水进水 图 12	1. 系统安全可靠； 2. 有利于冷热水压力平衡及热水回水的循环； 3. 中间水箱占地方； 4. 管路较复杂	适用于要求供水安全可靠的高层建筑
倒循环热水供应系统	 排入中水箱或消防水箱或接膨胀罐　冷水箱 循环水泵 水加热器 图 13	1. 水加热器承受的水压力小； 2. 水加热器的冷水进水管道短，水头损失小，可降低冷水箱设置高度； 3. 膨胀排气管短，高出冷水箱水面的高度小； 4. 必须设置循环水泵； 5. 减震消声处理要求高	一般用于高层建筑

太阳能、热泵等热水系统图示详见本手册 4.7 节。

2. 系统设计要点

（1）冷、热水系统的管道布置均宜采用上行下给的供水方式。配水立管自上而下管径由大到小的变化与水压由小到大的变化相应，有利于减少上、下层配水的压差，有利于保证同区最高层的供水压力。同时，不需专设回水立管，既节省投资，又节省管井的空间。

（2）工业企业生活间、公共浴室、学校、剧院、体育馆（场）等设集中热水供应系统时，宜采用定时供应热水。普通旅馆、住宅、医院等设置的集中热水供应系统，也可采用定时热水供应热水。对于定时热水供应系统，个别用水点对热水供应有特殊要求者（如供水时间、水温等），宜对个别用水点设局部热水供应系统。

（3）在设有集中热水供应系统的建筑内，对用水量大的公共浴室、洗衣房、厨房等用户，宜设单独的热水管网，以避免对其他用水点造成大的水量、水压波动。

（4）高层、多层高级旅馆建筑的顶层如为高标准套间客房、总统套房，为保证其供水水压的稳定，宜设置单独的热水供水管，即不与其下层共用热水供水立管。

（5）热水供应系统最不利点的供水压力应考虑卫生器具的水压要求，当采用高档卫生器具时，其水压应按产品要求设计，如缺乏资料，一般最不利点的供水压力可按不小于0.1MPa设计。

（6）给水管道水压变化较大而用水点要求水压稳定（如公共浴室的淋浴器等）时，宜采用开式热水供应系统。

（7）卫生器具带有冷、热水混合器或冷、热水混合龙头时，应考虑冷、热水供应系统在配水点处有相同水压的措施，或设置恒温调节阀以保证安全、舒适供水。

4.3.3 热水循环系统

1. 热水循环系统基础理论

（1）热水循环系统的基本概念

生活热水系统，尤其是集中热水供应系统应设置循环系统，其作用是热水通过循环管道弥补管道热损失引起的温降，保证用户用水时能及时得到符合要求的热水。

热水循环系统运行效果的好坏直接影响热水水质、节水、节能、使用舒适度和使用安全，因此设计和安装施工好热水循环系统是保证建筑热水系统运行效果的重要环节。

对于生活热水循环系统的作用以往存在如下两个误区：

1）与供暖循环系统混淆，循环管道的布置及循环泵的选择均按供暖循环系统设计。

供暖循环系统是热水或蒸汽通过循环管道均匀提供散热器的散热量，以保证供暖的要求。因此其循环热能绝大部分是有效利用的，循环供回水流量是一致的，而生活热水循环系统的作用与之不同，它主要是弥补一天中绝大部分不用水时段内供水管道的热损失，这部分能耗是无效的，其相应的循环流量是按弥补供水管道热损失来设计的，远小于设计供水流量。如生活热水循环系统按供暖循环系统设计来设置，带来的后果一是循环管道、循环泵按设计供水流量选择，增大能耗，增加运行费用，增大一次投资；二是将破坏系统供水时的冷热水压力平衡，影响使用安全性与舒适度。

2）与生活给水系统的环状供水混淆。

生活给水设环状管网是通过采用环管双向供水，以保证使用不停水，用水安全。生活热水循环系统的环管与此完全不同，它的唯一功能如前所述，是弥补供水管道热损失，不应也不可能有通过回水管达到双向供水的作用，否则，亦会出现上述与采暖循环系统等同设计带来的后果。

（2）保证循环效果的基础理论

1）阻力平衡流量分配法

阻力平衡流量分配法的原理，是通过供、回水管道的合理布置，或管道上设置阀件、管件等调节平衡系统阻力，使循环流量均匀分配，实现回水管内热水的有效循环。

2）温控调节平衡法

温控调节平衡法的原理，是通过设在回水干、立管上的温度控制循环阀或小循环泵等，由温度控制其开、关或启、停，以实现各回水干、立管内热水的顺序有效循环。

2. 热水循环系统设置原则

(1) 热水配水点保证出水温度不低于 45℃ 的时间：居住建筑不应大于 15s，公共建筑不应大于 10s；

(2) 合理布置循环管道，减少能耗；

(3) 对使用水温要求不高且不多于 3 个的非淋浴用水点，当其热水供水管长度大于15m 时，可不设热水回水管。

3. 保证循环效果的有效措施

(1) 根据阻力平衡流量分配法采取的措施

1) 循环管道同程布置

循环管道同程布置就是相对于每个用水点，供、回水管道基本等长即供、回水流程基本相同的管道布置，如表 4.3-3 中的图 1、图 4 所示。

2) 循环管道异程布置，在回水立管末端设导流三通、大阻力短管平衡调整阻力，使循环流量均匀分配，如表 4.3-3 中的图 5、图 6 所示。

3) 循环管道异程布置，在回水立管末端设流量平衡阀平衡调整阻力，限定分配流量，达到全系统的有效循环，如表 4.3-3 中的图 8 所示。

4) 增大循环泵流量

关于循环泵流量的计算，1997 年版及其以前版本的《建筑给水排水设计规范》规定："水泵的出水量，应为设计循环流量与附加流量之和"，附加流量为设计小时热水量的15%，对此条文的条文解释为增加附加流量是为保证大量用水时，配水点的水温不低于规定温度。规范热水课题组通过循环模拟系统的实测分析，认为原规范的条文解释与设置热水循环系统的目的是不相符的。如前所述，热水循环系统只起弥补供水管道不用水时热损失的作用，不起供水的作用。但在以往没有任何保证循环效果措施的工况下，适当增大循环泵流量，可增大管程短的回水管段的阻力，从而达到循环流量再分配，保证各回水管段均有循环流量通过。但增大泵的流量将增大运行能耗和成本，因此它一般只适用于已有系统的改造，新设计工程不应采用这种方法。

(2) 根据温控调节平衡法采取的措施

1) 循环管道异程布置，在回水立、干管末端设温控循环阀，其工作原理及构造、性能等详见本手册 4.8 节，阀瓣可在设定温度下自动开关，各回水管段可因此而顺序循环，保证循环效果。

温控循环阀制造质量要求较高，目前尚无国内企业制造的产品，设计可按本手册 4.8节选用。

温控循环阀在系统的设置，见表 4.3-2 中图 7。

2) 循环管道异程布置，在回水立、干管末端设温度传感器与电磁阀，通过二次仪表控制阀瓣启、闭，与上述温控循环阀比较，缺点是需设二次仪表二次控制，优点是节省一次投资，采用此措施时应选质量好的电磁阀。其系统设置同温控循环阀。

3) 循环管道异程布置，在回水分干管上设温度传感器及小循环泵（分循环泵），各泵选型一致，其流量和扬程按设计小时耗热量最大的子系统设计。

　　各泵均由相应的温度传感器控制启、停，可保证各子系统回水顺序循环。如表 4.3-2 中图 2 所示。

　　4. 集中热水供应系统的循环系统参考图示见表 4.3-3。

集中热水供应系统的循环系统参考图示

表 4.3-3

名称	图　示	适用条件及主要参数
小区集中热水供应系统	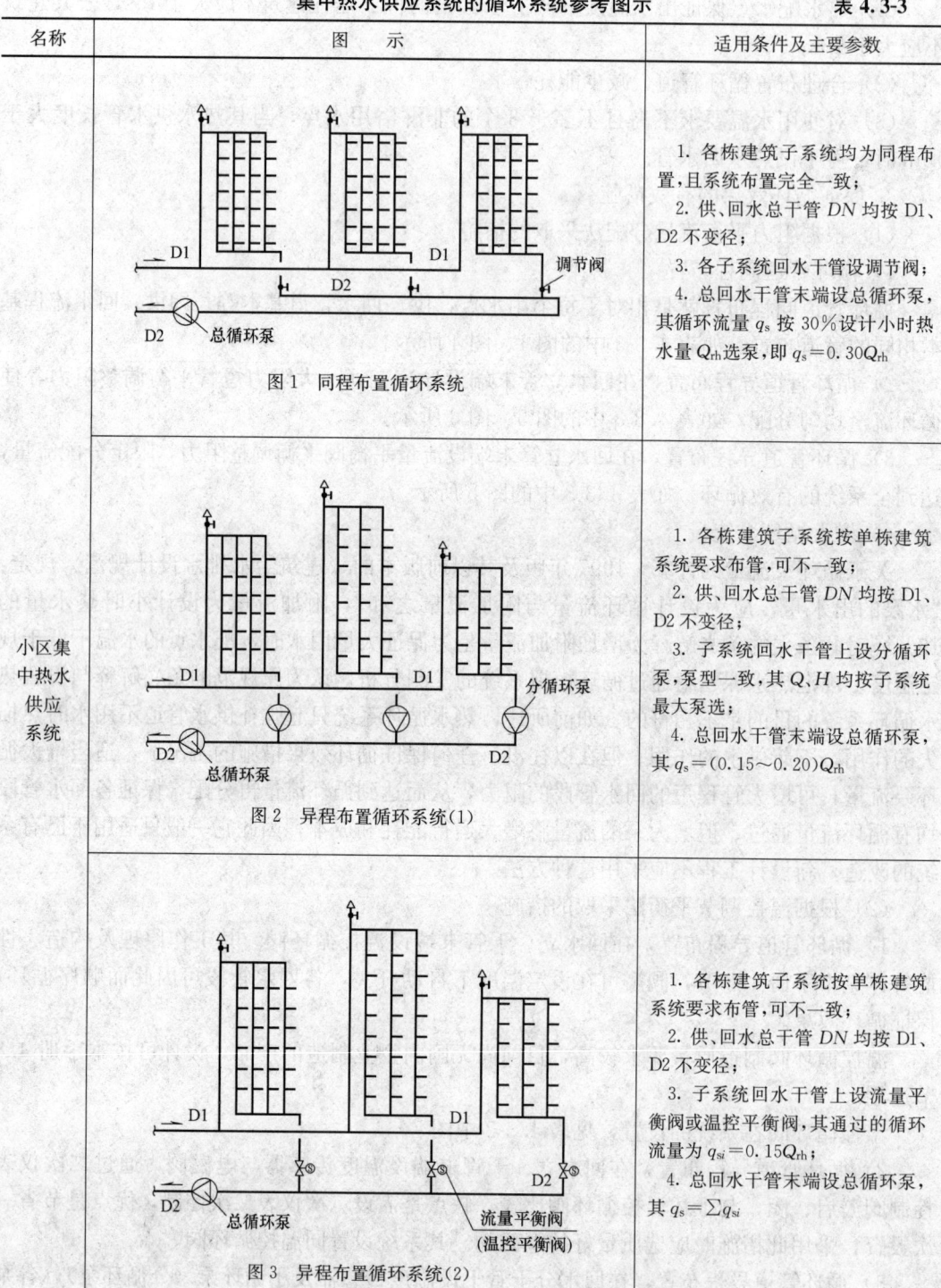 图 1　同程布置循环系统 图 2　异程布置循环系统(1) 图 3　异程布置循环系统(2)	1. 各栋建筑子系统均为同程布置，且系统布置完全一致； 2. 供、回水总干管 DN 均按 D1、D2 不变径； 3. 各子系统回水干管设调节阀； 4. 总回水干管末端设总循环泵，其循环流量 q_s 按 30% 设计小时热水量 Q_{rh} 选泵，即 $q_s = 0.30Q_{rh}$ 1. 各栋建筑子系统按单栋建筑系统要求布管，可不一致； 2. 供、回水总干管 DN 均按 D1、D2 不变径； 3. 子系统回水干管上设分循环泵，泵型一致，其 Q、H 均按子系统最大泵选； 4. 总回水干管末端设总循环泵，其 $q_s = (0.15 \sim 0.20)Q_{rh}$ 1. 各栋建筑子系统按单栋建筑系统要求布管，可不一致； 2. 供、回水总干管 DN 均按 D1、D2 不变径； 3. 子系统回水干管上设流量平衡阀或温控平衡阀，其通过的循环流量为 $q_{si} = 0.15Q_{rh}$； 4. 总回水干管末端设总循环泵，其 $q_s = \sum q_{si}$

续表

名称	图　示	适用条件及主要参数
单栋建筑集中热水供应系统　上行下给布管	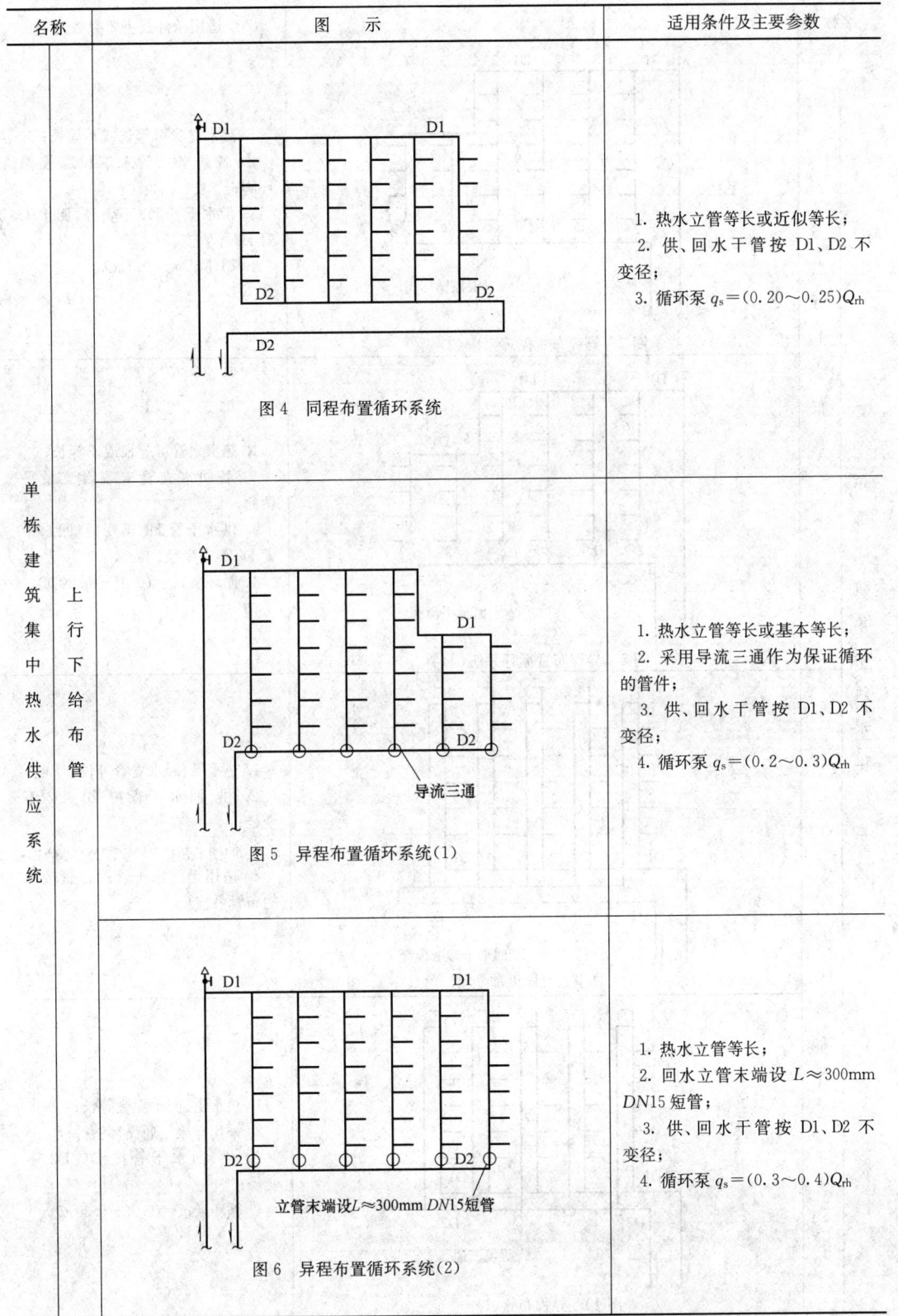 图 4　同程布置循环系统 图 5　异程布置循环系统(1) 导流三通 图 6　异程布置循环系统(2) 立管末端设L≈300mm DN15短管	1. 热水立管等长或近似等长; 2. 供、回水干管按 D1、D2 不变径; 3. 循环泵 $q_s=(0.20\sim0.25)Q_{rh}$ 1. 热水立管等长或基本等长; 2. 采用导流三通作为保证循环的管件; 3. 供、回水干管按 D1、D2 不变径; 4. 循环泵 $q_s=(0.2\sim0.3)Q_{rh}$ 1. 热水立管等长; 2. 回水立管末端设 $L\approx300mm$ $DN15$ 短管; 3. 供、回水干管按 D1、D2 不变径; 4. 循环泵 $q_s=(0.3\sim0.4)Q_{rh}$

名称	图　示	适用条件及主要参数
单栋建筑集中热水供应系统 上行下给布管	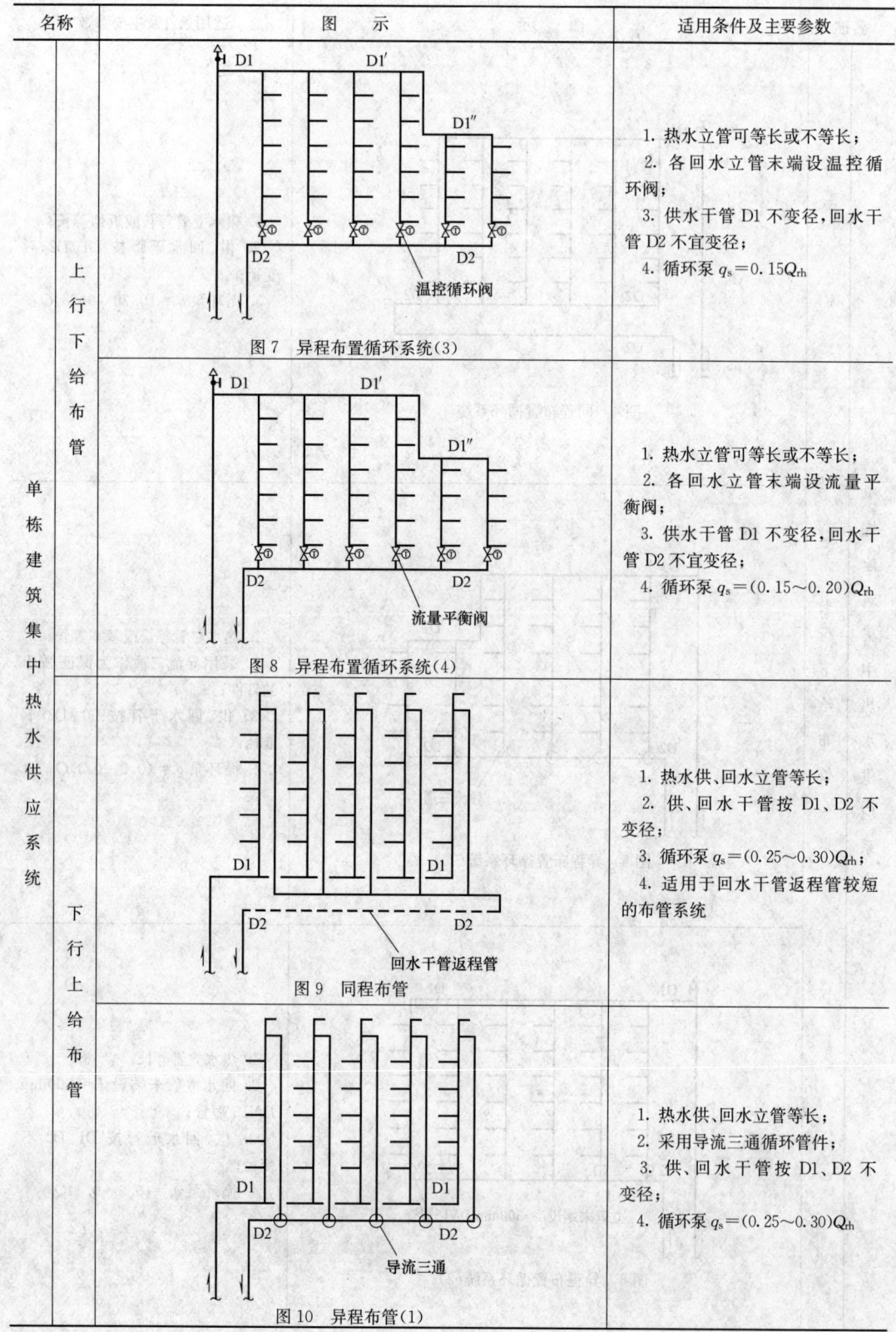 图 7　异程布置循环系统(3)	1. 热水立管可等长或不等长； 2. 各回水立管末端设温控循环阀； 3. 供水干管 D1 不变径,回水干管 D2 不宜变径； 4. 循环泵 $q_s=0.15Q_{rh}$
	图 8　异程布置循环系统(4)	1. 热水立管可等长或不等长； 2. 各回水立管末端设流量平衡阀； 3. 供水干管 D1 不变径,回水干管 D2 不宜变径； 4. 循环泵 $q_s=(0.15\sim0.20)Q_{rh}$
下行上给布管	图 9　同程布管	1. 热水供、回水立管等长； 2. 供、回水干管按 D1、D2 不变径； 3. 循环泵 $q_s=(0.25\sim0.30)Q_{rh}$； 4. 适用于回水干管返程管较短的布管系统
	图 10　异程布管(1)	1. 热水供、回水立管等长； 2. 采用导流三通循环管件； 3. 供、回水干管按 D1、D2 不变径； 4. 循环泵 $q_s=(0.25\sim0.30)Q_{rh}$

续表

名称	图　　示	适用条件及主要参数
单栋建筑集中热水供应系统 下行上给布管	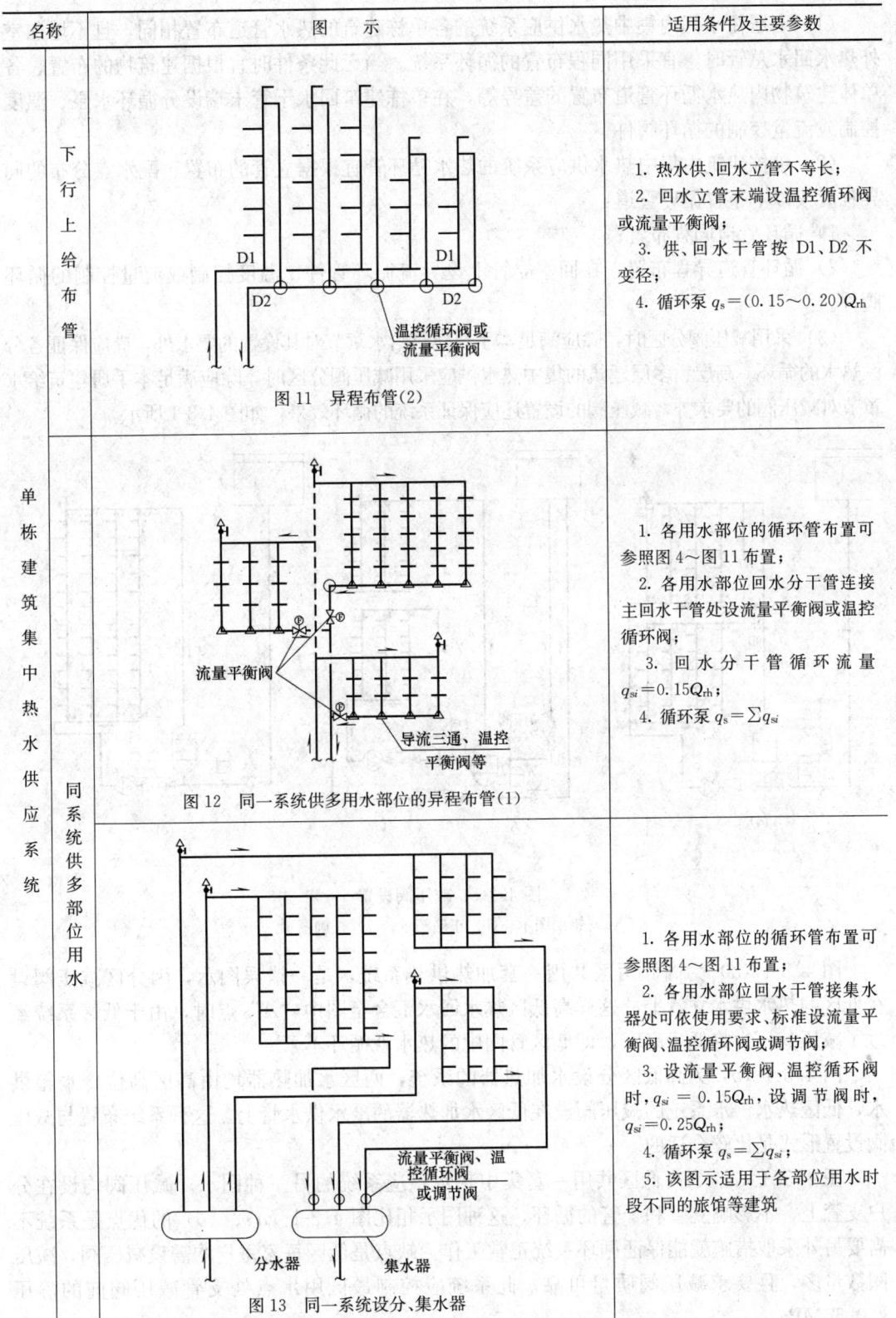 温控循环阀或流量平衡阀 图 11　异程布管(2)	1. 热水供、回水立管不等长; 2. 回水立管末端设温控循环阀或流量平衡阀; 3. 供、回水干管按 D1、D2 不变径; 4. 循环泵 $q_s=(0.15\sim0.20)Q_{rh}$
同系统供多部位用水	流量平衡阀 导流三通、温控平衡阀等 图 12　同一系统供多用水部位的异程布管(1)	1. 各用水部位的循环管布置可参照图 4～图 11 布置; 2. 各用水部位回水分干管连接主回水干管处设流量平衡阀或温控循环阀; 3. 回水分干管循环流量 $q_{si}=0.15Q_{rh}$; 4. 循环泵 $q_s=\sum q_{si}$
	流量平衡阀、温控循环阀或调节阀 分水器　　集水器 图 13　同一系统设分、集水器	1. 各用水部位的循环管布置可参照图 4～图 11 布置; 2. 各用水部位回水干管接集水器处可依使用要求、标准设流量平衡阀、温控循环阀或调节阀; 3. 设流量平衡阀、温控循环阀时,$q_{si}=0.15Q_{rh}$,设调节阀时,$q_{si}=0.25Q_{rh}$; 4. 循环泵 $q_s=\sum q_{si}$; 5. 该图示适用于各部位用水时段不同的旅馆等建筑

5. **热水循环系统设置要点**

(1) 当居住小区内集中热水供应系统的各单栋建筑的热水管道布置相同，且不增加室外热水回水总管时，宜采用同程布置的循环系统。当无此条件时宜根据建筑物的布置、各单体建筑物内热水循环管道布置的差异等，在单栋建筑回水干管末端设分循环水泵、温度控制或流量控制的循环阀件。

(2) 单栋建筑内集中热水供应系统的热水循环管宜根据立管的布置、配水点分布的同异程度按以下布置循环管道：

1) 循环管道同程布置；

2) 循环管道异程布置，在回水立管上设导流循环管件、温度控制或流量控制的循环阀件。

(3) 采用减压阀分区时，除应满足本手册建筑给水章节对其设置的要求外，尚应保证各分区热水的循环。高层、多层建筑的集中热水供应采用减压阀分区时，除应满足本手册建筑给水章节对减压阀的要求外，减压阀的设置还应保证系统的循环效果，如图4.3-1所示。

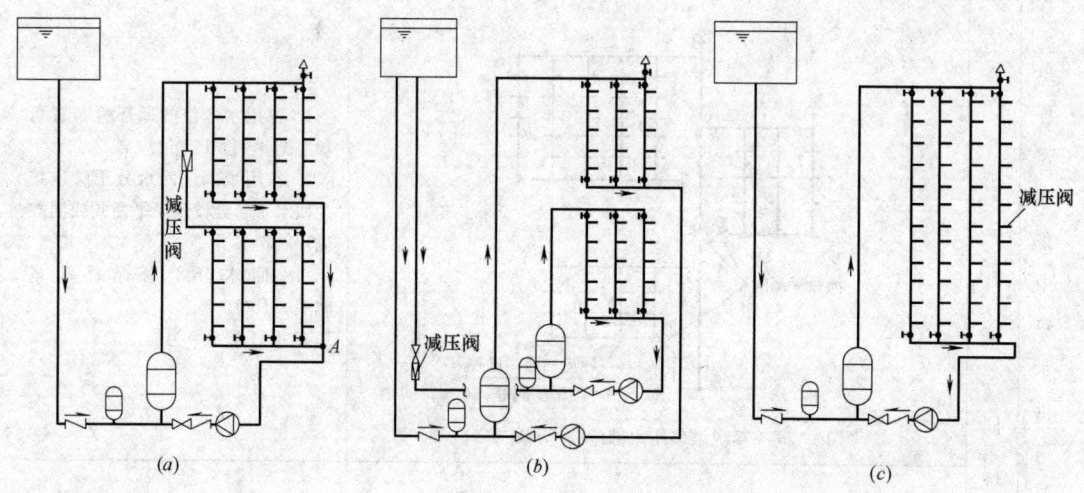

图 4.3-1　减压阀设置

(a) 错误图示；(b) 正确图示；(c) 正确图示

图 4.3-1 (a) 为高低两区共用一套加热供热系统，是一错误图示，因分区减压阀设在低区的热水供水立管上，这样高低区热水回水汇合至图中"A"点时，由于低区系统经过了减压其压力将低于高区，即低区管网中的热水就循环不了。

图 4.3-1 (b) 为高低区分设水加热器的系统，两区水加热器均由高区高位冷水箱供水，低区热水供水系统的减压阀设在低区水加热器的冷水供水管上。这种系统布置与减压阀设置形式是比较合适的。

图 4.3.1 (c) 为高低区共用一套集中热水供应系统的另一种图示。减压阀均设在分户支管上，不影响立管和干管的循环。这种图示相比图 4.3-1 (a)、(b) 的优点是系统不需要另外采取措施就能保证循环系统正常工作。缺点是低区每家每户均需设减压阀，减压阀数量多，且要求减压阀质量可靠。此系统应控制最低用水点处支管减压阀前的静压＜0.55MPa。

(4) 太阳能热水系统的循环管道设置还应满足本手册 4.7.1 条的有关要求。

(5) 设有 3 个及以上卫生间的住宅、酒店式公寓、别墅等共用热水器的局部热水供应系统，宜采取下列措施：

1) 设小循环泵机械循环；

2) 卫生间竖向布置，热水供、回水水平管段很短时，可通过计算采用自然循环，或设回水配件自然循环；

3) 热水管设自调控电伴热保温。

4.4 耗热量及热水量计算

4.4.1 设计日耗热量计算

民用建筑及工业建筑中生活用热水的最高日耗热量按公式（4.4-1）计算：

$$Q_d = q_r \cdot c\rho_r(t_r - t_L) \cdot m \tag{4.4-1}$$

式中　Q_d——日耗热量（kJ/d）；

q_r——热水用水定额（L/(人·d) 或 L/(用水单位·d)，见表 4.1-1；

c——水的比热，$c = 4187J/(kg \cdot ℃)$；

ρ_r——热水密度（kg/L）；

t_r——热水温度，$t_r = 60℃$；

t_L——冷水温度，见表 4.1-5；

m——用水计算单位数（人数或用水单位数）。

4.4.2 设计小时耗热量计算

1. 小区全日集中热水供应系统

(1) 居住小区内为单一住宅建筑时的设计小时耗热量按公式（4.4-2）计算：

$$Q_h = \sum K_h \frac{mq_r c(t_r - t_L)\rho_r}{T} C_r \tag{4.4-2}$$

式中　Q_h——设计小时耗热量（kJ/h）；

T——每日使用时间（h），按本手册表 4.1-1 采用；

C_r——热水供应系统的热损失系数，$C_r = 1.10 \sim 1.15$；

K_h——小时变化系数，可按表 4.4-1 采用。

K_h 计算示例：

【例 4.4-1】　某医院设公用盥洗室、淋浴室，采用全日集中热水供应系统，设有病床 800 张，60℃ 热水用水定额取 $110L/(床 \cdot d)$，试计算热水系统的 K_h 值。

【解】

1) 查表 4.4-1，医院的 $K_h = 3.63 \sim 2.56$；

2) 按 800 床位和 110L/(床·d) 的乘积作为变量采用内插法计算系统的 K_h 值：

热水小时变化系数 K_h 值

表 4.4-1

类别	热水用水定额(L/(人·d)) 或(L/(床·d))	使用人(床)数	K_h
住宅	60~100	100~6000	4.80~2.75
别墅	70~110	100~6000	4.21~2.47
酒店式公寓	80~100	150~1200	4.00~2.58
宿舍(居室内设卫生间)	70~100	150~1200	4.80~3.20
招待所、培训中心、普通旅馆	25~40 40~60 50~80 60~100	150~1200	3.84~3.00
宾馆	120~160	150~1200	3.33~2.60
医院、疗养院	60~100 70~130 110~200 100~160	50~1000	3.63~2.56
幼儿园、托儿所	20~50	50~1000	4.80~3.20
养老院	50~70	50~1000	3.20~2.74

注: 1. 表中热水用水定额与表 4.1-1 中最高日用水定额对应。

2. K_h 应根据热水用水定额高低、使用人(床)数多少取值,当热水用水定额高、使用人(床)数多时取低值,反之取高值。使用人(床)数小于等于下限值及大于等于上限值时,K_h 就取上限值及下限值,中间值可用定额与人(床)数的乘积作为变量采用内插法求得。

3. 设有全日集中热水供应系统的办公楼、公共浴室等表中未列入的其他类建筑的 K_h 值可按本手册中建筑给水的小时变化系数选值。

$$K_h = K_{hmax} - \frac{m \cdot q_r - m_{min} \cdot q_{rmin}}{m_{max} q_{rmax} - m_{min} \cdot q_{rmin}} \times (K_{hmax} - K_{hmin})$$

$$= 3.63 - \frac{800 \times 110 - 50 \times 70}{1000 \times 130 - 50 \times 70} \times (3.63 - 2.56) = 2.92$$

或

$$K_h = K_{hmin} + \left(1 - \frac{m \cdot q_r - m_{min} \cdot q_{rmin}}{m_{max} q_{rmax} - m_{min} q_{rmin}}\right) \times (K_{hmax} - K_{hmin})$$

$$= 2.56 + \left(1 - \frac{800 \times 110 - 50 \times 70}{1000 \times 130 - 50 \times 70}\right) \times (3.36 - 2.56) = 2.92$$

(2) 居住小区内有住宅及餐饮业、办公楼等多种类型建筑时的设计小时耗热量按公式 (4.4-3) 计算:

$$Q_h = Q_{h1} + Q_{h2} = \sum K_h \frac{m q_r c \rho_r (t_r - t_L)}{T} + \sum \frac{m q_r c \rho_r (t_r - t_L)}{T} \tag{4.4-3}$$

式中 Q_{h1} ——住宅及最大用水时段与住宅一致的其他建筑的设计小时耗热量 (kJ/h);

Q_{h2} ——最大用水时段与住宅错开的建筑的设计小时耗热量 (kJ/h);

T ——每日使用时间 (h),按本手册表 4.1-1 采用。

(3) 小区定时集中热水供应系统的设计小时耗热量按公式 (4.4-4) 计算:

$$Q_h = \sum q_h c(t_{r1} - t_L) \rho_r n_0 b_g C_r \tag{4.4-4}$$

式中 Q_h ——设计小时耗热量 (kJ/h);

q_h——卫生器具的小时热水用水定额（L/h），按本手册表 4.1-2 采用；

t_{r1}——使用温度（℃），按本手册表 4.1-2 中"使用水温"采用；

n_0——同类型卫生器具数；

b_g——同类型卫生器具的同时使用百分数：住宅、旅馆、医院、疗养院病房卫生间内的浴盆或淋浴器可按 70%～100% 计，其他器具不计，但定时连续供水时间应大于等于 2h；工业企业生活间、公共浴室、宿舍（设公用盥洗卫生间）、剧院、体育场（馆）等的浴室内的淋浴器和洗脸盆均按本手册表 1.6-3 的上限取值；住宅一户设有多个卫生间时，可按一个卫生间计算。

2. 住宅、旅馆、医院等单体建筑的全日集中热水供应系统的设计小时耗热量应按公式（4.4-2）计算。

3. 住宅、旅馆、医院及工业企业卫生间、公共浴室、学校、剧院、体育馆（场）等单体建筑的定时热水供应系统及局部热水供应系统的设计小时耗热量应按公式（4.4-4）计算。

4. 具有多个不同使用热水部门的单体建筑或具有多种使用功能的综合性建筑，当其共用一套全日集中热水供应系统时，设计小时耗热量可按同一时间内出现用水高峰的主要用水部门的设计小时耗热量加其他用水部门的平均小时耗热量参照公式（4.4-3）计算。

4.4.3　日热水用水量计算

1. 当热水供应温度为 50℃、55℃、60℃、65℃ 时，日热水用水量按公式（4.4-5）计算：

$$q_{rd} = mq_r \tag{4.4-5}$$

式中　q_{rd}——日热水用水量（L/d）；

q_r——热水用水定额（L/(人·d)）或（L/(床·d)），详见表 4.1-1。

2. 当热水供应温度为其他温度时，日热水用水量按公式（4.4-6）计算：

$$q_{rd} = \frac{864000Q_d}{c\rho_r(t_r' - t_L)} \tag{4.4-6}$$

式中　t_r'——设计热水温度（℃）。

4.4.4　设计小时热水量计算

设计小时热水量可按公式（4.4-7）计算：

$$q_{rh} = \frac{Q_h}{(t_{r2} - t_L)c\rho_r c_r} \tag{4.4-7}$$

式中　q_{rh}——设计小时热水量（L/h）；

t_{r2}——设计热水温度（℃）。

4.4.5　水加热设备供热量计算

集中热水供应系统中，热源设备、水加热设备的设计小时供热量宜按下列原则确定：

1. 导流型容积式水加热器或贮热容积与其相当的水加热器、燃油（气）热水机组的设计小时供热量应按公式（4.4-8）计算：

$$Q_g = Q_h - \frac{\eta V_r}{T_1}(t_{r2} - t_L)c\rho_r \tag{4.4-8}$$

式中　Q_g——导流型容积式水加热器的设计小时供热量（kJ/h）；

　　　η——有效贮热容积系数，导流型容积式水加热器 $\eta = 0.8 \sim 0.9$；第一循环系统为自然循环时，卧式贮热水罐 $\eta = 0.80 \sim 0.85$，立式贮热水罐 $\eta = 0.85 \sim 0.90$；第一循环系统为机械循环时，卧、立式贮热水罐 $\eta = 1.0$；

　　　V_r——总贮热容积（L）；

　　　T_1——设计小时耗热量持续时间（h），全日集中热水供应系统 $T_1 = 2 \sim 4h$；定时集中热水供应系统 T_1 等于定时供水的时间。

　　注：当 Q_g 计算值小于平均小时耗热量时，Q_g 应取平均小时耗热量。

　　2. 半容积式水加热器或贮热容积与其相当的水加热器、燃油（气）热水机组的设计小时供热量应按设计小时耗热量计算。

　　3. 半即热式、快速式水加热器的设计小时供热量应按公式（4.4-9）计算：

$$Q_g = 3600 \cdot q_g(t_r - t_L)c\rho_r \tag{4.4-9}$$

式中　Q_g——半即热式、快速式水加热器的设计小时供热量（kJ/h）；

　　　q_g——集中热水供应系统供水总干管的设计秒流量（L/s）。

4.5　集中热水供应系统的加热、贮热设备

4.5.1　热源选择

集中热水供应系统的热源应通过技术经济比较按下列顺序选择：

1. 当条件许可时，应首先利用稳定、可靠的余热、废热、地热。

《建筑给水排水设计规范》GB 50015 规定利用余热、废热、地热作为集中热水供应系统的热源要有"稳定、可靠"的前提条件。因生活热水要求每天稳定供应，如余热、废热热源时有时无不稳定、不可靠，势必需要做两套水加热系统，不经济。系统控制、运行管理复杂，很难达到应有的节能效果。地热在我国分布较广，是一项极有价值的资源，有条件时，应优先考虑。但地热水按其生成条件不同，其水温、水质、水量和水压有很大差别，应采取相应的技术措施进行处理，如：

（1）当地热水的水质不符合生活热水水质要求时应进行水质处理；

（2）当水质对供水系统设备材料有腐蚀时，水泵、管道和贮水装置等应采用耐腐蚀材料或采取防腐蚀措施；

（3）当水量不能满足设计秒流量相应的耗热量要求时，应采用贮存调节设施；

（4）当地热水不能满足用水点水压要求时，应采用水泵将地热水抽吸提升或加压输送至各用水点。

地热水的热、质应充分利用，有条件时应考虑梯级利用和综合利用，如先将地热水用于发电，再用于采暖空调；或先用于理疗和生活用水，再用于养殖业和农业灌溉等。

2. 日照时数大于1400h/年且年太阳辐射量大于4200MJ/m² 及年极端最低气温不低于−45℃的地区，采用太阳能。

由于太阳能的利用与天气条件密切相关，考虑到太阳能热水系统的经济性、合理性，参照现行国家标准《民用建筑太阳能热水系统应用技术规范》GB 50364 中第三级的"资源一般区"，对太阳能的资源条件提出了太阳能日照时数大于1400h/年且年太阳辐射量大于4200MJ/m² 及年极端最低气温不低于−45℃的地区，可优先采用太阳能作为热源。太阳能供热不稳定，以太阳能为热源的集中热水供应系统不能全天候工作，采用太阳能热水系统应设置辅助热源以满足稳定的热水供应需求。

3. 在夏热冬暖、夏热冬冷地区采用空气源热泵。

空气源热泵制备热水，是吸收空气中的低温热量，经过压缩机压缩后转化为高温热能来加热水温。相比太阳能受天气的影响较小，但是在室外温度较低的情况下，机组制热能力大大降低，会影响机组运行的换热效率，无法保证热水需求。本款所指夏热冬暖地区为冬季月平均温度不低于10℃的地区，夏热冬冷地区指冬季平均气温不低于0℃的地区。为保证持续的热水供应，夏热冬冷地区如采用空气源热泵制热，应设辅助热源。因此，采用空气源热泵的地域性较强，应根据环境条件和使用需求选用适配的、质量可靠的热泵机组及合理匹配辅助热源。

4. 具有下列条件且经技术经济比较后可采用水源作为热源：

(1) 在地下水源充沛、水文地质条件适宜，并能保证回灌的地区，采用地下水源热泵。

(2) 在沿江、沿海、沿湖、地表水源充足，水文地质条件适宜，以及有条件利用城市污水、再生水的地区，采用地表水源热泵。

当采用地下水源和地表水源为热源时，应注意其适用条件，配备质量可靠的热泵机组。同时应经当地水务、交通航运等部门审批，必要时应进行生态环境、水质卫生方面的评估。

5. 采用能保证全年供热的热力管网热水。

6. 采用区域性锅炉房或附近的锅炉房供给蒸汽或高温水。

热力管网和区域性锅炉房适宜新规划区供热。

7. 采用燃油、燃气热水机组、低谷电蓄热设备制备的热水。

(1) 燃油、燃气常压热水锅炉（又称燃油、燃气热水机组）替代燃煤锅炉，能降低烟尘对大气的污染，改善司炉工的操作环境，提高设备效率。

(2) 用电能制备生活热水，除个别电力供应充沛的地方用于集中生活热水系统的热水制备外，一般用作分散集热、分散供热、太阳能等热水供应系统的辅助能源。

4.5.2 常规热源的水加热、贮热方式

1. 常用热水机组、热水锅炉制备生活热水的加热、贮热方式见表4.5-1。

2. 地热水、谷电制备生活热水的加热、贮热方式见表4.5-2。

3. 以蒸汽、热媒水为热媒的城市热网及其他热源采用间接换热制备生活热水的加热、贮热方式见表4.5-3。

常用热水机组、热水锅炉制备生活热水的系统图示   表 4.5-1

名称		图　示	系统特点	适用范围	优缺点
热水机组	直接供水（一）	 1—冷水；2—冷水箱；3—热水机组； 4—贮热水箱	1. 加热、贮热、供热设备均设在顶层； 2. 开式热水供应系统	1. 顶层有条件设置热水机组及冷热水箱； 2. 冷水硬度≤150mg/L； 3. 冷、热水箱高度满足系统水压要求	1. 系统较简单、经济； 2. 水压稳定，冷热水压力平衡； 3. 设备放屋顶受限制； 4. 要求冷水硬度低
	直接供水（二）	 1—冷水；2—冷水箱；3—热水机组； 4—贮热水罐	与直接供水（一）图示比较用贮热水罐代替贮热水箱	1. 顶层有条件设置热水机组及冷水箱和贮热水罐； 2. 冷水硬度≤150mg/L； 3. 冷水箱、贮热水罐高度满足系统水压要求	与直接供水（一）图示比较： 1. 省去了控制水位的电磁阀； 2. 贮热水罐比贮热水箱价高
	直接供水（三）	 1—冷水；2—冷水箱；3—热水机组 4—贮热水箱；5—补热循环泵	1. 加热、贮热、供热设备均设在下部设备间； 2. 闭式热水供应系统	1. 冷水硬度≤150mg/L； 2. 日用热水量较大	与直接供水（一）图示比较： 1. 设备设置位置较灵活； 2. 热水另设泵供水，不利于冷热水压力平衡
	间接供水（一）	 1—冷水；2—软水装置；3—冷水箱； 4—热水机组；5—水加热器；6—循环泵	1. 加热、贮热、供热设备均设在下部设备间； 2. 闭式热水供应系统	1. 顶层无条件设置设备间； 2. 系统冷热水压力平衡要求较高； 3. 日用热水量较大	1. 热水机组只供热媒，有利于保持高效，延长寿命； 2. 利用冷水压力，有利于系统冷热水压力平衡； 3. 造价较高

续表

名称		图　示	系统特点	适用范围	优缺点
热水机组	间接供水（二）	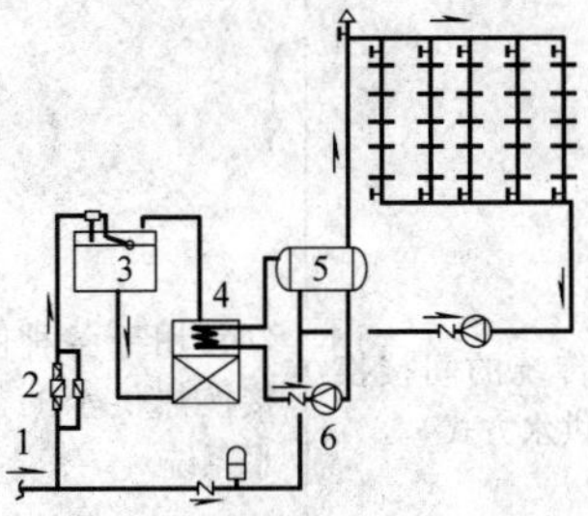 　1—冷水；2—软水装置；3—冷水罐；4—热水机组（自带水加热器）；5—贮热水罐；6—加热循环泵	热水机组自配换热器	冷水硬度≤150mg/L	与间接供水（一）图示比较：　1. 设备紧凑；　2. 壳管式间接加热机组，管内走热水要求水质高
热水锅炉	直接供水（一）	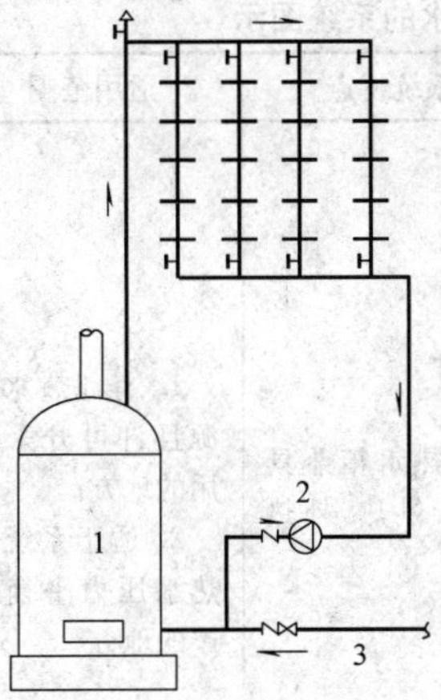 　1—热水锅炉；2—循环泵；3—冷水	立式热水锅炉（承压）直接供热水	1. 冷水硬度≤150mg/L；　2. 用热水量较均匀且日用热水量较小；　3. 供淋浴水时宜设冷热水混合水箱	1. 设备简单，造价低；　2. 水温波动大，安全供水条件较差
	直接供水（二）	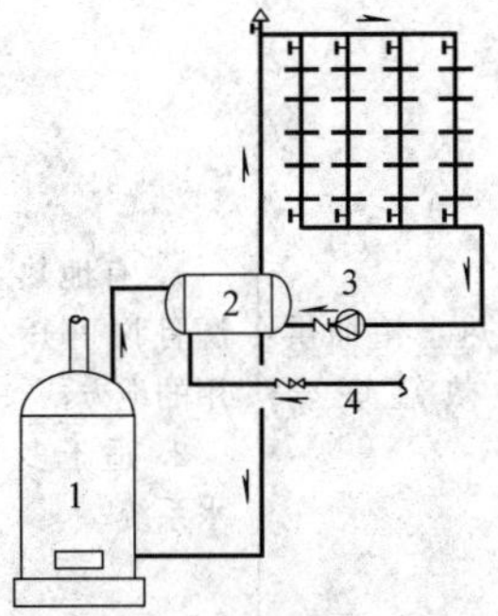 　1—热水锅炉；2—贮热水罐；3—循环泵；4—冷水	贮热水罐底位于立式热水锅炉顶之上	1. 冷水硬度≤150mg/L；　2. 当贮热水罐不能位于热水锅炉之上时，可在两者之连接管上加小循环泵	1. 水温较稳定；　2. 适用范围较直接供水（一）大

续表

名称		图　示	系统特点	适用范围	优缺点
热水锅炉	间接供水	 1—热水锅炉；2—水加热器；3—循环泵； 4—冷水；5—热媒水循环泵	传统的间接换热供水方式	常用于各种间接换热供水的热水系统	1. 水温较稳定； 2. 系统冷热水压力平衡； 3. 加热效率稍低

地热水、谷电制备生活热水的系统图示　　　　　表 4.5-2

名称		图示	系统特点	适用范围	优缺点
地热水	（一）	 1—地热水井；2—水处理设备； 3—补热热源；4—贮热水箱	贮热水箱兼具贮热、供热、补热作用	1. 有地热水资源且许可开采利用的地方； 2. 适于系统冷热水压力平衡不严的地方	1. 系统较简单； 2. 控制回水量的电磁阀质量可靠； 3. 补热效率低
	（二）	 1—地热水井；2—水处理设备； 3—贮热水箱；4—补热热源； 5—水加热器	贮热水箱加供水补热罐联合供水	1. 有地热水资源且许可开采利用的地方； 2. 适于多个供水系统	1. 系统比图示（一）复杂，造价稍高； 2. 便于分系统灵活补热，效率较高、节能

名称	图示	系统特点	适用范围	优缺点
谷电制备热水 （一）	1—冷水；2—电热机组；3—高温贮热水箱；4—混合器；5—低温供热水箱	高温贮热水箱贮 1d 用水，低温供热水箱贮 45min 热水	有奖励谷电低价政策的地区并得到当地供电部门批准	1. 环保、卫生、简单；2. 耗电量大
谷电制备热水 （二）	1—冷水；2—电热机组；3—温度传感器；4—低温热水箱；5—加压兼循环泵组；6—电磁阀	只设贮热供热合一的低温热水箱，贮 1d 用水	1. 有奖励谷电低价政策的地区并得到当地供电部门批准；2. 小型系统	1. 环保、卫生、简单；2. 耗电量大；3. 水箱容积大，但系统简单

间接换热设备（水加热器）制备生活热水的系统图示　　　　表 4.5-3

名称	图示	系统特点	适用范围	优缺点
导流型容积式水加热器（U形换热管束） 立式	1—冷水；2—膨胀罐；3—立式导流型容积式水加热器；4—自动温控阀；5—冷凝水回水管（汽—水换热）；6—热媒水回水管（水—水换热）	1. 导流型容积式水加热器比容积式水加热器传热系数 K 高、冷水区小；2. 波节 U 形管的 K 值为光面 U 形管的 2~3 倍；3. 贮热容积较大；4. 闭式热水供应系统	1. 热源供应不能满足设计小时耗热量的要求；2. 用水量变化大；3. 要求用水水温、水压平稳的系统	1. 要求热源负荷较低；2. 调节容积较大，有利于供水水温、水压的平稳；3. 占地较大，换热设备造价较高

续表

名称		图示	系统特点	适用范围	优缺点
导流型容积式水加热器（U形换热管束）	卧式	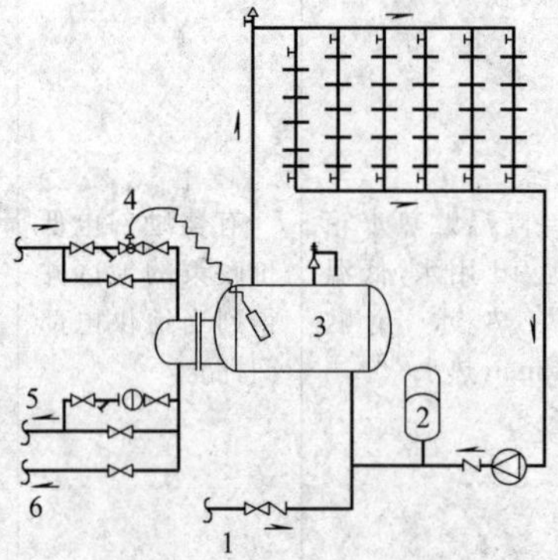 1—冷水；2—膨胀罐；3—卧式导流型容积式水加热器；4—自动温控阀；5—冷凝水回水管（汽—水换热）；6—热媒水回水管（水—水换热）	1. 导流型容积式水加热器比容积式水加热器传热系数 K 高、冷水区小； 2. 波节 U 形管的 K 值为光面 U 形管的 2～3 倍； 3. 贮热容积较大； 4. 闭式热水供应系统	1. 热源供应不能满足设计小时耗热量的要求； 2. 用水量变化大； 3. 要求用水水温、水压平稳的系统	与立式图示比较：要求机房面积大，但机房高度可低
半容积式水加热器（U形管）	立式	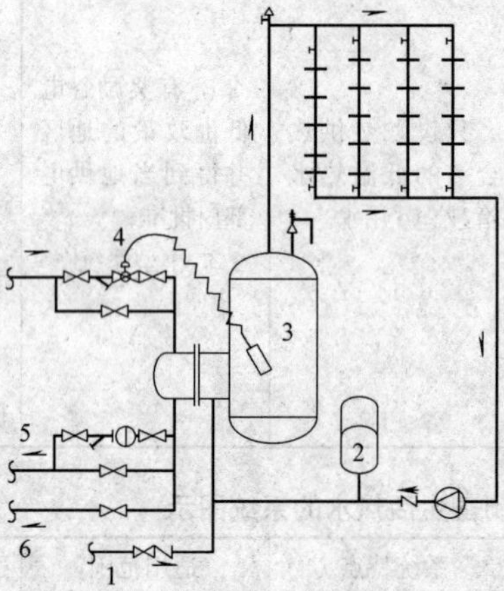 1—冷水；2—膨胀罐；3—立式半容积式水加热器；4—自动温控阀；5—冷凝水回水管（汽—水换热）；6—热媒水回水管（水—水换热）	1. 有 15～20 min 的贮热容积； 2. 闭式热水供应系统； 3. 波节 U 形管的 K 值为光面 U 形管的 1.5～2 倍	1. 热源供应满足设计小时耗热量要求； 2. 供水水温、水压要求较平稳； 3. 设有机械循环的热水系统	与上图示比较： 1. 罐内冷温水区小，约为 0～5%； 2. 换热效果好； 3. 体型小，占地省； 4. 热源负荷要求较高
	卧式	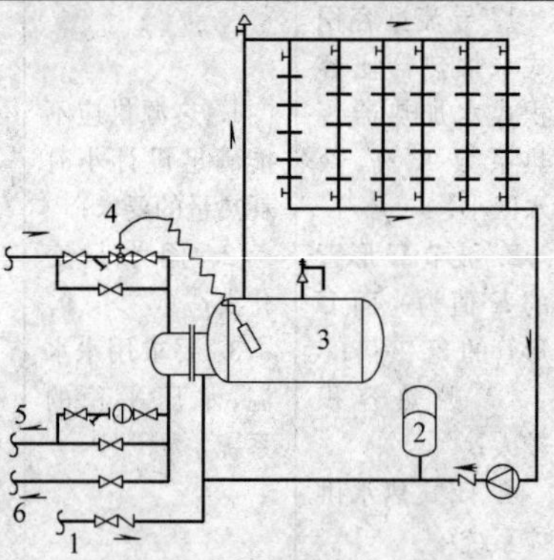 1—冷水；2—膨胀罐；3—卧式半容积式水加热器；4—自动温控阀；5—冷凝水回水管（汽—水换热）；6—热媒水回水管（水—水换热）	1. 有 15～20 min 的贮热容积； 2. 闭式热水供应系统； 3. 波节 U 形管的 K 值为光面 U 形管的 1.5～2 倍	1. 热源供应满足设计小时耗热量要求； 2. 供水水温、水压要求较平稳； 3. 设有机械循环的热水系统	1. 罐内冷温水区小，约为 0～5%； 2. 要求机房面积相对较大，高度较低

名称		图示	系统特点	适用范围	优缺点
导流型容积式、半容积式（浮动盘管型）水加热器	立式	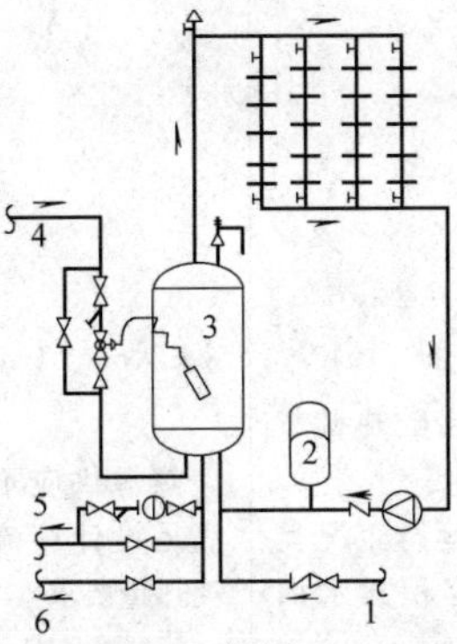 1—冷水；2—膨胀罐；3—立式容积式（浮动盘管、弹性管束）水加热器；4—热媒；5—疏水器（汽—水换热用）；6—热媒水回水管（水—水换热用）	1. 分别同导流型容积式水加热器和半容积式水加热器； 2. 浮动盘管的 K 值约为光面 U 形管的 1.2 倍	分别同导流型容积式水加热器和半容积式水加热器	1. 浮动盘管弹性管束的换热性能高于光面 U 形管，低于波节 U 形管； 2. 检修盘管所需机房面积较小
	卧式	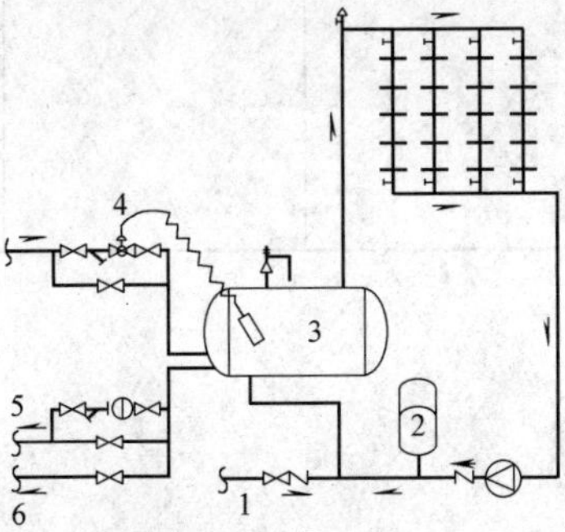 1—冷水；2—膨胀罐；3—卧式容积式（浮动盘管、弹性管束）水加热器；4—热媒；5—疏水器（汽—水换热用）；6—热媒水回水管（水—水换热用）	1. 分别同导流型容积式水加热器和半容积式水加热器； 2. 浮动盘管的 K 值约为光面 U 形管的 1.2 倍	1. 分别同导流型容积式水加热器和半容积式水加热器； 2. 汽—水换热时卧式设备内盘管的布置不得滞汽和滞水	1. 浮动盘管弹性管束的换热性能高于光面 U 形管，低于波节 U 形管； 2. 卧式设备换热性能不如立式设备好
半即热式水加热器	立式（一）	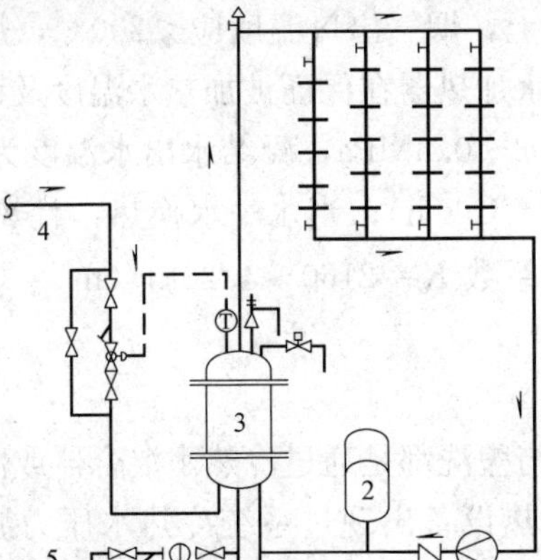 1—冷水；2—膨胀罐；3—半即热式水加热器；4—热媒；5—疏水器（汽—水换热用）；6—热媒水回水管（水—水换热用）	1. 无贮热容积； 2. 带安全可靠自动调控温度的调节阀； 3. 带超温超压泄水阀； 4. 闭式热水供应系统	1. 热源供应满足设计秒流量耗热量要求； 2. 汽—水换热时，蒸汽压力 ≥ 0.15MPa 且稳定	1. 设备小，占地省，造价低； 2. 要求热媒供热量大且稳定

续表

名称	图示		系统特点	适用范围	优缺点
半即热式水加热器	立式(二)	1—冷水；2—膨胀罐；3—半即热式水加热器； 4—贮热水罐；5—热媒；6—疏水器(汽—水换热用)；7—热媒水回水管(水—水换热用)	1. 带贮热调节容积； 2. 运行工况类同半容积式水加热器	热源供应不能满足设计秒流量耗热量要求	与立式(一)图示比较： 1. 增加了贮热水罐； 2. 对热媒供热量及稳定性要求相对低； 3. 供水安全度提高

4.5.3　水加热设备的设计选型及计算

1. 水加热设备设计选型要点

（1）根据设备性能选型

1）水加热设备应具备热效率高、换热效果好、节能、节省设备用房的性能。

作为一个水加热设备，其首要条件当然应该是热效率高、换热效果好、节能。具体来说，对于热水机组其燃烧效率一般应在 85％以上，烟气出口温度应<200℃，烟气黑度等应满足消烟除尘的有关要求。对于间接加热的水加热器在保证被加热水温度及设计流量的工况下，当汽—水换热，在饱和蒸汽压力为 0.2～0.6MPa，凝结水出水温度为 50～70℃的条件下，传热系数 $K=5400\sim10800\text{kJ}/(\text{m}^2 \cdot \text{℃} \cdot \text{h})$；当水—水换热，且热媒为 80～95℃的热水时，热媒温降约为 20～30℃，传热系数 $K=2160\sim4320\text{kJ}/(\text{m}^2 \cdot \text{℃} \cdot \text{h})$。另外，水加热设备还宜体型小，以节省设备用房。

2）生活热水侧阻力损失小。

生活热水大部分用于沐浴与盥洗，而沐浴与盥洗都是通过冷热水混合器或混合龙头来实施的。以往有不少工程因采用不合适的水加热设备出现过系统冷热水压力波动大的问题，耗水、耗能且使用不舒适。个别工程出现了顶层热水上不去的问题。因此，水加热设备被加热水侧的阻力损失宜小于等于 0.01MPa。

3）水加热设备应构造简单、方便维护，还应配套设置安全附件及检修人孔。

水加热设备的安全可靠性能包括两方面的内容，一是设备本身的安全，如不能承压的热水机组，承压后就成了锅炉；间接加热设备应按压力容器设计和加工，并有相应的安全装置。二是应在热媒管上设置灵敏可靠的自动控制温度的阀件，使被加热水的温度得到有效可靠的控制，否则容易发生烫伤事故。

构造简单、操作维修方便、生活热水侧阻力损失小是生活用热水加热设备区别其他形式的换热设备的主要特点。

由于生活热水的原水一般取自城镇自来水，具有一定的硬度，而且热水系统水温高，因此存在热水对管道和设备的结垢和腐蚀问题。体量大的水加热设备安装就位后，很难有检修的余地，更有甚者，有的水加热设备的换热盘管根本无法拆卸更换，还有的水加热设备不留检修人孔，这些都将给使用者带来极大的麻烦。

（2）根据使用要求选型

1）《建筑给水排水设计规范》GB 50015 规定医院集中热水供应系统的热源机组及水加热设备不得少于两台，其他建筑集中热水供应系统的水加热设备不宜少于两台，一台检修时，其余各台的总供热能力不得小于设计小时供热量的 60%。

由于医院手术室、产房、器械洗涤等部门要求经常有热水供应，不能有意外的中断，否则有可能造成医疗事故，因此，医院集中热水供应系统的热源机组及水加热设备不得少于两台，以保证一台设备检修或故障时，还有一台继续运行，不中断热水供应。其他建筑的集中热水供应系统，在无特殊困难条件时，也应按规范要求设置两台或多台水加热设备。

2）《建筑给水排水设计规范》GB 50015 还规定医院建筑应采用无冷温水滞水区的水加热设备。

由于医院是各种致病细菌滋生繁殖最适宜的地方，带有冷温水滞水区的水加热器，其滞水区的水温一般在 20～30℃之间，是细菌繁殖生长最适宜的环境，国外早已有从这种带滞水区的容积式水加热器中发现过致人生命危险的军团菌的报导。因此，医院等病菌滋生繁殖较严重的地方，不得采用带冷温水滞水区的水加热器。国内近十多年来研发成功的 HRV 系列半容积式水加热器，运行时无冷温水滞水区，是医院等建筑集中热水供应系统的合理选用设备。

3）局部加热设备应综合考虑热源条件、安装位置、使用要求及设备性能特点等因素选用。

① 当供给 2 个及以上用水器具同时使用时，宜采用带有贮热调节容积的热水器。

选用电热水器时应带贮热调节容积，以减少热源的瞬时负荷。如果完全按即热即用没有贮热调节容积选用设备时，则供一个 $q=0.15$L/s 的标准淋浴器当冷水温度为 10℃时电热水器连续使用时其功率约为 18kW，显然作为局部加热设备供多个器具同时使用，没有贮热调节容积是很不合适的。

② 当以太阳能作为热源时，应设辅助热源。

③ 热水器不应安装在下列地方：

a. 易燃物堆放处；

b. 对燃气管、表或电气设备有安全隐患处；

c. 腐蚀性气体和灰尘污染处。

上述条款为选择局部加热设备的总原则。此外还应因地制宜按太阳能、燃气、电能空气源等热源顺序选择局部加热设备。

④ 燃气热水器、电热水器必须带有保证使用安全的装置。严禁在浴室内安装燃气热水器。

本条为强制性条文，特别强调采用燃气热水器和电热水器的安全问题。国内发生过多起燃气热水器漏气中毒致人身亡的事故，因此，选用这些局部加热设备时一定要按其产品标准、相关的安全技术通则、安装及验收规程等中的有关要求进行设计。住宅的燃气热水器应设置在厨房或与厨房相连的阳台内。

（3）根据热源条件、原水水质条件选型

《建筑给水排水设计规范》GB 50015 规定选用水加热设备还应遵循下列原则：

1）采用自备热源时，应根据冷水水质总硬度条件、供水温度等采用直接供应热水或间接供应热水的燃油（气）热水机组；

2）采用蒸汽、高温水作为热媒时，应结合用水的均匀性、水质要求、热媒的供应能力、系统对冷热水压力平衡稳定的要求及设备所带温控安全装置的灵敏度、可靠性等，经综合技术经济比较后选择间接水加热设备；

3）采用电能作为热源时，其水加热设备应采取保护电热元件的措施。

燃油（气）热水机组除应具备良好的热工性能外，还应具备燃料燃烧完全、消烟除尘、机组水套通大气、自动控制水温、火焰传感、自动报警等功能；机组还应设防爆装置。

冷水水质总硬度（以 $CaCO_3$ 计）≤100mg/L 且供水温度<55℃时，可采用直接供水机组；冷水水质总硬度（以 $CaCO_3$ 计）>100mg/L 或供水温度≥55℃时，应采用间接供水机组。

以电能作为热源的水加热设备，应该设阴极保护等防止结垢的措施保护电热元件。理由是电热元件工作时温度很高，极易将水中的钙、镁离子吸附环绕，既降低了电热效率，又易烧坏。采取阴极保护措施后能大大延长电热元件的使用寿命。

以蒸汽、高温水作为热媒时，可按下列原则选择水加热器：

① 热媒供应能力<设计小时耗热量时，选用导流型容积式水加热器或加大贮热容积的半容积式水加热器；

② 热媒供应能力≥设计小时供热量时，选用半容积式水加热器；

③ 热媒供应能力≥设计秒流量所需耗热量且系统对冷热水压力平衡稳定要求不高时，选用半即热式水加热器。

2. 间接水加热设备的设计计算

（1）水加热器

1）水加热器的主要设计参数见表 4.5-4。

2）设计选择要点

以蒸汽或高、低温热媒水作为热源的间接水加热器宜根据下列条件选择：

① 热源供应不能满足设计小时耗热量的要求、用水量变化大且要求供水水温、水压平稳时，宜选用导流型容积式水加热器或加大贮热容积的半容积式水加热器。

② 热源供应能满足设计小时耗热量但不能满足设计秒流量的要求、用水量变化大且要求供水水温、水压较平稳、设有机械循环的集中热水供应系统宜选用半容积式水加热器。

各种水加热器的主要设计参数　　　　　　　　　　　表 4.5-4

类型	热媒为 0.1~0.6MPa 饱和蒸汽					热媒为 70~150℃热媒水				
	传热系数 K(W/ (m²·h))	热媒出口温度 t_{mE}(℃)	被加热水温升 Δt(℃)	热媒阻力损失 Δh_z(MPa)	被加热水水头损失 Δh_c(MPa)	传热系数 K(W/ (m²·k))	热媒出口温度 t_{mE}(℃)	被加热水温升 Δt(℃)	热媒阻力损失 Δh_z(MPa)	被加热水水头损失 Δh_c(MPa)
导流型容积式水加热器	800~1100	40~70	≥40	0.1~0.2	≤0.005	500~900	50~90	≥35	0.01~0.03	≤0.005
	2100~2560				≤0.01	1150~1560			0.05~0.1	≤0.01
	1750~2890				≤0.01	1450~2260			0.1	≤0.01
半容积式水加热器	1150~1500	70~80	≥40	0.1~0.2	≤0.01	750~950	50~85	≥35	0.02~0.04	≤0.01
	2900~3500	30~50				1500~1860			0.03~0.1	
半即热式水加热器	2000~4500	≈50	≥40	≈0.02		1250~3000	50~90	≥35	≈0.04	≈0.02

注：1. 表中所列参数是根据国内应用最广的 RV、HRV、DBRV、SV、S1、SW、WW、SS、DFHRV、DBHRV 等系列水加热器经热力性能实测整理数据编制的。当选用其他产品时，应以厂家提供的经热工性能测试的数据为设计参数。

2. 表中传热系数 K 均是铜盘管为换热元件时的值，当采用钢盘管为换热元件时，K 值应减 15%。

3. 表中导流型容积式水加热器的 K、Δh_z、Δh_c 的三行数字自上而下分别表示换热元件为 U 形管、浮动盘管和波节 U 形管三种水加热器的对应参数。

4. 表中半容积式水加热器的 K、Δh_z、Δh_c 的两行数字上行表示 U 形管为换热元件、下行表示波节 U 形管为换热元件的水加热器的对应参数。

③ 热源供应能满足设计秒流量的要求、用水较均匀、热媒为蒸汽，其工作压力≥0.15MPa 且供汽压力稳定时，可采用半即热式水加热器。

④ 换热元件为二行程 U 形管的传统容积式水加热器，换热性能差，传热系数 K 值低，换热不充分且耗能，冷温水区无效容积大，已被《建筑给水排水设计规范》GB 50015 及国家标准图集淘汰，不得选用。

⑤ 被加热水侧阻力损失大且出水压力变化大的板式换热器等快速水加热器不宜用于冷水总硬度（以 $CaCO_3$ 计）>150mg/L 的热水系统，也不宜用于经水加热器直接供给且冷热水压力平衡要求较高的热水系统。

3）设计计算步骤

① 基础条件

设计计算水加热器需要下列经核对的基础条件：

a. 设计小时耗热量 Q_h；

b. 热媒条件：当热媒为蒸汽时的饱和蒸汽压力 p_t 和可供给蒸汽量 G；

当热媒为高、低温热媒水时的供水温度 t_{mc}、工作压力 p_t 和可供给的热媒水流量 q（或热量）；

c. 冷水温度 t_L；

d. 要求供水温度 t_r；

e. 冷水总硬度；

f. 集中热水供应系统的工作压力 p_s。

② 根据基础条件及上述设计选择要点选择合适的水加热器。

③ 导流型容积式、半容积式水加热器的计算

a. 贮水容积 V_e 按公式（4.5-1）计算：

$$V_e = \frac{SQ_h}{(t_r - t_L)c\rho_r} \tag{4.5-1}$$

式中 V_e——贮水容积（L）；

S——贮热时间（h），见表 4.5-5；

Q_h——设计小时耗热量（kJ/h）。

水加热器的贮热时间 S 值（min）   表 4.5-5

加热设备	以蒸汽或95℃以上的高温水作为热媒时		以≤95℃的低温水作为热媒时	
	工业企业淋浴室	其他建筑物	工业企业淋浴室	其他建筑物
加热水箱	≥30	≥45	≥60	≥90
导流型容积式水加热器	≥20	≥30	≥30	≥40
半容积式水加热器	≥15	≥15	≥15	≥20

注：1. 表中导流型容积式水加热器、半容积式水加热器是指近年来以 RV 系列导流型容积式水加热器、HRV 系列半容积式水加热器及一些热力性能良好的浮动盘管水加热器、波节 U 形管水加热器为代表的国内研制成功的新产品，其特点是：热媒流动为多流程、壳体内设有导流装置、被加热水有组织流动。具有换热充分、节能、传热系数 K 值高、冷水区容积较小或无冷水区的优点。

2. 半即热式水加热器与快速式水加热器另配贮热设施的贮热容积应根据热媒的供给条件与安全、温控装置的完善程度等因素确定。当热媒可按设计秒流量供应且有完善可靠的温度自动调节装置和安全装置时，可不考虑贮热容积；当热媒不能保证按设计秒流量供应或无完善可靠的温度自动调节装置时，则应考虑贮热容积，贮热容积可参照导流型容积式水加热器计算。

初步设计或方案设计阶段，各种建筑水加热器或贮热容器的贮水容积（60℃热水）可按表 4.5-6 估算。

贮水容积估算值   表 4.5-6

建筑类别	以蒸汽或95℃以上的高温水作为热媒时		以≤95℃的低温水作为热媒时	
	导流型容积式水加热器	半容积式水加热器	导流型容积式水加热器	半容积式水加热器
有集中热水供应的住宅（L/（人·d））	5~8	3~4	6~10	3~5
设单独卫生间的集体宿舍、培训中心、旅馆（L/（床·d））	5~8	3~4	6~10	3~5
宾馆、客房（L/（床·d））	9~13	4~6	12~16	6~8
医院住院部（L/（床·d）） 设公用盥洗室 设单独卫生间 门诊部	4~8 8~15 0.5~1.0	2~4 4~8 0.3~0.6	5~10 11~20 0.8~1.5	3~5 6~10 0.4~0.8
有住宿的幼儿园、托儿所（L/（人·d））	2~4	1~2	2~5	1.5~2.5
办公楼（L/（人·d））	0.5~1.0	0.3~0.6	0.8~1.5	0.4~0.8

b. 计算总容积按公式（4.5-2）计算：

$$V = bV_e \tag{4.5-2}$$

式中 V——计算总容积（L）；

b——水加热器内存在冷、温水区的容积附加系数，见表 4.5-7。

水加热器的容积附加系数 b 值 表 4.5-7

类型	导流型容积式水加热器	半容积式水加热器
b 值	1.25～1.11	1.05～1.00

c. 按计算总容积初选水加热器的个数 n（宜 $n \geqslant 2$）及单个水加热器的容积。

d. 计算水加热器供热量

（a）导流型容积式水加热器的供热量按公式（4.4-8）计算。

（b）半容积式水加热器的供热量按公式（4.5-3）计算：

$$Q_g = Q_h \qquad (4.5-3)$$

（c）半即热式水加热器的供热量按公式（4.4-9）计算。

e. 总传热面积按公式（4.5-4）计算：

$$F_{rj} = \frac{Q_g}{\varepsilon K \Delta t_j} \qquad (4.5-4)$$

式中 F_{rj}——总传热面积（m^2）；

Q_g——设计小时供热量（kJ/h）；

ε——由于水垢和热媒分布不均匀影响热效率的系数，一般取 0.6～0.8；

K——传热系数（W/($m^2 \cdot \text{℃}$)）；可参照表 4.5-4 选值；

Δt_j——热媒与被加热水的计算温度差（℃），按公式（4.5-5）或公式（4.5-6）计算。

导流型容积式、半容积式水加热器按公式（4.5-5）取算术平均差计算：

$$\Delta t_j = \frac{T_{mc} + T_{mz}}{2} - \frac{t_L + t_r}{2} \qquad (4.5-5)$$

式中 T_{mc}——热媒初温（℃）；

T_{mz}——热媒终温（℃）。

半即热式、快速式水加热器按公式（4.5-6）取对数平均差计算：

$$\Delta t_j = \frac{\Delta t_{max} - \Delta t_{min}}{\ln \frac{\Delta t_{max}}{\Delta t_{min}}} \qquad (4.5-6)$$

式中 Δt_{max}——热媒与被加热水一端的最大温度差（℃）；

Δt_{min}——热媒与被加热水另一端的最小温度差（℃）。

f. 单个水加热器的传热面积按公式（4.5-7）计算：

$$F_i = \frac{F}{n} \qquad (4.5-7)$$

式中 F_i——单个水加热器的传热面积（m^2）；

n——水加热器个数，宜 $n \geqslant 2$。

g. 根据单个水加热器的容积、传热面积 F_i 及热媒水的工作压力 p_t、集中热水供应系统的工作压力 p_s 选定水加热器的具体型号。

（2）燃油、燃气热水机组

1）机组应具有下列功能：

① 以油、气为燃料的热水机组应采用高效燃油、燃气燃烧器，燃烧完全、热效率≥85％，无需消烟除尘，节能环保。

② 机组水套与大气相通（真空热水机组除外），使用安全可靠，机组应有防爆装置。

③ 燃烧器可根据设定的温度自动工作，出水温度稳定。

④ 机组应采用程序控制，实现全自动或半自动运行（设运行仪表，显示本体的工作状况），并应具有超压、超温、缺水、水温、水流、火焰等自动报警功能。

⑤ 机组本体工作压力＜0.1MPa，可直接或间接制备生活热水。当机组本体内自带间接换热器时，换热部分应能承受热水供应系统的工作压力。

⑥ 机组应满足国家现行有关标准的要求，燃烧器应具有质量合格证书。

2) 机组选择原则

① 安装位置：当其安装在屋顶或顶层且有高位水箱时，一般可采用机组直接制备热水，经贮热水箱（罐）供水，如表 4.5-1 中"直接供水"（一）、（二）图示；当其安装在建筑的地下室或底层时，一般宜采用机组制备热媒水经水加热器换热后供水，如表 4.5-1 中"间接供水"（一）、（二）图示。

② 冷水供水水质：当冷水的硬度（以 $CaCO_3$ 计）≤100mg/L 时，可采用机组直接制备生活热水的方式；当其硬度＞100mg/L 时，宜采用机组间接制备生活热水的方式。

③ 系统水压稳定要求：当热水供应系统的用水点主要是需控制冷热水混合温度的淋浴、盥洗用水时，因其要求冷热水压力平衡、稳定，因此宜采用表 4.5-1 中"直接供水"（一）、（二）和"间接供水"（一）、（二）图示的加热系统。

④ 机组的台数应根据建筑物用水工况、用水要求、负荷大小等综合考虑。一般不宜少于两台（当只作辅助热源或城市热网检修时的备用热源时亦可只设一台）。每台机组的负荷可按 50％～75％满负荷时选用。

⑤ 机组的产热量应根据当地冷水温度、燃料品种的热值、压力及供热水温度等进行复核（一般由设计提供冷水、热水或热媒水温度，由设备厂家依所用燃料复核）。

⑥ 机组的燃料品种应根据当地燃烧供应及工程本身条件选择。

3) 机组直接供水的设计计算

① 机组及配套设施的布置要求如表 4.5-1 中"直接供水"（一）、（二）图示。

② 热水机组的产热量计算

a. 热水机组设计计算所需基础条件同水加热器设计计算所需基础条件中的 a～e 项。

b. 热水机组的产热量与其所配贮热水箱（罐）或水加热器的贮热容积、形式有关。

（a）当其所配贮热水箱（罐）或水加热器的贮热时间 $t \geqslant 0.5h\ Q_h$（设计小时耗热量）时，机组产热量可按公式（4.4-8）中的 Q_g 计算。

（b）当其所配热水箱（罐）或水加热器的贮热时间 $t < 0.5h\ Q_h$ 时，机组产热量按 Q_h 计算。

③ 贮热水箱（罐）容积计算

贮热水箱（罐）容积适当加大，可以减少热水机组的负荷，即可选择产热量较小型号的热水机组，不仅可节省一次投资还可使机组均匀运行，提高热效率，节能。

因此，贮热水箱（罐）容积宜根据工程具体条件按 $V = (1.0 \sim 1.5) q_{rh}$（设计小时热水量）选择。

④ 表 4.5-1 中,"直接供水"(三)图示中的补热循环泵按下列公式设计计算:

a. 补热循环泵流量按公式 (4.5-8) 计算:

$$q_x = 1.2 \frac{Q_x}{\Delta t_x \cdot c\rho_r} \tag{4.5-8}$$

式中 q_x——补热循环泵流量 (L/s);

    Q_x——系统及贮热水箱热损失,可按 $Q_x = 5\% Q_h$ 计算;

    Δt_x——按 $5 \sim 10℃$ 计算。

b. 补热循环泵扬程按公式 (4.5-9) 计算:

$$H_b = h_p + h_g + (20 \sim 40) \tag{4.5-9}$$

式中 H_b——补热循环泵扬程 (kPa);

    h_p——补热循环泵前后与热水机组贮热水箱之连接管的水头损失 (kPa);

    h_g——热水机组的水头损失 (kPa),其值查所选设备的样本,一般 $h_g \leqslant 10kPa$。

c. 补热循环泵由设在贮热水箱下部的温度传感器控制,其启、停温度可分别为热水供水温度 $t_r - 10℃$、$t_r - 5℃$。

4) 机组间接加热时配套水加热器的设计计算

① 间接加热的水加热器可根据前述"设计选择要点"选择。

② 推荐选用换热效果好、无冷温水区的半容积式水加热器。为了达到上述适当加大贮热量、选用小型号热水机组的目的,可以选用加大贮热容积的半容积式水加热器。

③ 水加热器的传热面积计算参见公式 (4.5-4)。

④ 表 4.5-1 中,"间接供水"(一)图示中的循环泵按下列公式设计计算:

a. 循环泵流量按公式 (4.5-10) 计算:

$$q_x = \frac{Q_g}{(t_{mc} - t_{mz})c\rho_r} \tag{4.5-10}$$

式中 q_x——循环泵流量 (L/h);

    Q_g——热水机组供热量 (W);

  t_{mc}、t_{mz}——热媒水初温、终温 (℃),可按 $t_{mc} - t_{mz} = 20 \sim 30℃$ 计算;

    ρ_r——热水密度 (kg/L)。

b. 循环泵扬程按公式 (4.5-11) 计算:

$$H_b = h_p + h_g + (20 \sim 40) \tag{4.5-11}$$

式中 h_p——循环泵前后与热水机组、水加热器之连接管的水头损失 (kPa);

    h_g——热水机组及水加热器热媒部分的阻力损失 (kPa),热水机组的阻力损失可查产品样本(一般 $\leqslant 10kPa$),水加热器的阻力损失见表 4.5-4。

c. 循环泵的启、停可由设在水加热器上的温度传感器控制,其启、停温度可分别为设定供水温度 $t_r - 5℃$、$t_r - 10℃$。

⑤ 表 4.5-1 中,"间接供水"(二)图示中的加热循环泵按下列公式设计计算:

a. 加热循环泵流量按公式 (4.5-12) 计算:

$$q_x = 1.2 \frac{Q_g}{(t_r - t_L)c\rho_r} \tag{4.5-12}$$

式中 t_r、t_L——分别为被加热水的热水温度、冷水温度 (℃)。

b. 加热循环泵扬程按公式 (4.5-13) 计算:

$$H_b = h_p + h_g + (20 \sim 40) \tag{4.5-13}$$

式中　h_g——热水机组加热盘管内的被加热水阻力损失（kPa）。

c. 加热循环泵的启、停由设在贮热水罐下部（离底约1/4罐体直径处）的温度传感器控制，其启、停温度可分别为：设定供水温度 $t_r - 5℃$、$t_r - 10℃$。

⑥ 当以一台热水机组配多台水加热器间接加热供应热水时，可采用各水加热器分设循环泵控制供水温度的方式，如图4.5-1所示。

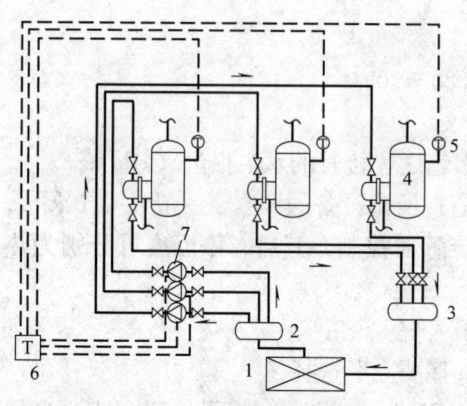

图 4.5-1　一台热水机组配多台
水加热器的控制原理图

1—热水机组；2—分水器；3—集水器；4—水加热器；

5—温度传感器；6—控制箱；7—热媒水循环泵

采用图4.5-1所示的水加热器配循环泵1对1的控制后，水加热器的热媒进水管不必设自动温度控制阀。

（3）地热水（温泉水）贮热、补热系统

1）设计基础条件

地热（温泉）在我国分布较广，但地热水（温泉水）按其生成条件不同，其水温、水质、水量和水压有很大区别，因此设计以地热水（温泉水）为热源或直接供给生活热水时，应首先落实下列基础条件：

① 水量。即通过水文地质勘探和深井扬水试验，取得可靠的水量资料。

② 水温。地热水井取水的稳定水温。

③ 水质。地热水井取水水质应经国家认可的水质化验部门进行水质化验。一般地热水（温泉水）含有多种对人体有益的微量元素，也含有一些对人体有害或不符合《生活饮用水卫生标准》GB 5749 相关指标的元素或物质。如不少地区的地热水（温泉水）含氟量均超过《生活饮用水卫生标准》GB 5749 中关于氟化物应≤1.0mg/L的标准，而除氟处理较复杂，要处理达标难度大、造价高。这些都是涉及采用地热水（温泉水）方案是否可行的大问题。

2）常用地热水（温泉水）贮热、补热系统的设计计算

① 单一贮热水箱方式。其贮热、补热及供水图示见表4.5-2中"地热水"（一）。

a. 贮热水箱容积按公式（4.5-14）计算：

$$V = b_3 q_{rh} \tag{4.5-14}$$

式中　V——贮热水箱容积（L）；

b_3——贮热时间（h），$b_3 = 1 \sim 2h$；b_3 值可按地热水井供水量、用水量、用水均匀性、系统大小等综合考虑；

q_{rh}——60℃热水设计小时用热水量（L/h）。

b. 贮热水箱不宜少于2个，使用时，根据系统运行时用水量情况开启1个或2个，这样可减少热水在箱内的停留时间，保证供水温度，减少热耗，同时方便运行管理，不间断热水供应。

c. 补热装置

地热水（温泉水）供热水系统在下列两种情况下需加补热装置：

（a）地热水（温泉水）温度不够，需要升温补热。

（b）热水供、回水管道及贮热水箱箱体散热的热损耗需补热。

d. 补热量计算

（a）升温补热时补热量按公式（4.5-15）计算：

$$Q_b = q_{rh}(t_r - t_{mr})c\rho_r \tag{4.5-15}$$

式中　Q_b——补热量（kJ/h）；

　　　t_r——设定供水温度（℃）；

　　　t_{mr}——地热水温度（℃）。

（b）热水供、回水管道及贮热水箱的热损失（即需补热量）应根据选用材质、保温情况、管道敷设及当地气温等条件设计确定，在初步设计时亦可按公式（4.5-16）估算：

$$Q_b = b_4 Q_h \tag{4.5-16}$$

式中　Q_b——补热量（kJ/h）；

　　　b_4——热损失系数，$b_4 = 0.03 \sim 0.1$；

　　　Q_h——设计小时耗热量（kJ/h）。

e. 补热热源可因地制宜采用电、蒸汽、热媒水等。其具体设计计算参见水加热器谷电制备热水设计计算内容。

② 采用贮热水箱＋水加热器联合供水的方式。其系统原理如表 4.5-2 中"地热水"（二）图示。

a. 贮热水箱容积亦按公式（4.5-14）计算。

b. 贮热水罐可按热水供水系统分区设置，其容积可按公式（4.5-17）计算：

$$V = b_5 q_{rh} \tag{4.5-17}$$

式中　V——贮热水罐容积（L）；

　　　b_5——贮热水时间（h），$b_5 = 0.25 \sim 0.33h$；

　　　q_{rh}——贮热水罐所服务供水分区的设计小时热水量（L/h）。

c. 加热、贮热系统所需补热装置应分别设在各分区的贮热水罐内。

各贮热水罐的补热量参照公式（4.5-15）、公式（4.5-16）分区计算。

d. 当以蒸汽、热媒水作为热媒通过贮热水罐补热时，贮热水罐即为水加热器，其设计计算参见水加热器部分内容。

（4）利用谷电制备生活热水的贮热、加热系统

1）加热、贮热方式

① 高温贮热水箱＋低温供热水箱联合贮热、供热的方式，如表 4.5-2 中"谷电制备热水"（一）图示。

高温贮热水箱可贮存≤90℃的 1d 用热量，提高贮水水温可减少贮热水箱容积，但水箱的保温要求比低温水箱高，否则其散热损失大、耗能亦增大。

② 贮热、供热合一的低温热水箱的方式，如表 4.5-2 中"谷电制备热水"（二）图示。

此方式比上一方式更为简单，只需将电热机组制备的 60℃左右的热水贮存在一个低温热水箱内即可。但因贮水水温低，水箱容积比上一方案中的高温贮热水箱约大 40%～70%。

2）设计计算

　　集中生活热水供应系统利用谷电制备生活热水时，其贮热水箱总容积、电热机组功率应符合下列要求：

　　① 采用高温贮热水箱贮热、低温供热水箱供热的直接供应热水系统时，其贮热水箱总容积应分别按公式（4.5-18）、公式（4.5-19）计算：

$$V_1 = \frac{1.1 T_2 m q_r (t_r - t_L) C_r}{1000 (t_h - t_L)} \tag{4.5-18}$$

式中　V_1——高温贮热水箱总容积（m³）；

　　　1.1——总容积与有效贮水容积之比值；

　　　T_2——贮热水时间，$T_2 = 1$d；

　　　C_r——集中热水供应系统的热损失系数，$C_r = 1.10 \sim 1.15$；

　　　t_r——热水用水定额对应的热水温度（℃）；

　　　t_L——冷水温度（℃）；

　　　t_h——贮水温度（℃），$t_h = 80 \sim 90$℃。

$$V_2 = \frac{T_3 Q_{rh}}{1000} \tag{4.5-19}$$

式中　V_2——低温（供水温度 $t_r = 60$℃）供热水箱总容积（m³）；

　　　T_3——贮热水时间（h），$T_3 = 0.25 \sim 0.30$h；

　　　Q_{rh}——设计小时热水量（L/h）。

　　② 采用贮热、供热合一的低温热水箱的直接供应热水系统时，低温热水箱总容积应按公式（4.5-20）计算：

$$V_3 = \frac{1.1 T_2 m q_r \cdot C_r}{1000} \tag{4.5-20}$$

式中　V_3——贮热、供热合一的低温热水箱（供水温度 $t_r = 60$℃）总容积（m³）。

　　③ 采用贮热水箱贮存热媒水的间接供应热水系统时，贮热水箱总容积应按公式（4.5-21）计算：

$$V_4 = \frac{1.1 T_2 m q_r (t_r - t_L) C_r}{1000 \Delta t_{mm}} \tag{4.5-21}$$

式中　V_4——热媒水贮热水箱总容积（m³）；

　　　Δt_{mm}——热媒水间接换热加热水时，热媒水供、回水平均温度差，一般可取热媒供水温度 $t_{mc} = 80 \sim 90$℃；$\Delta t_{mm} = 25$℃。

　　④ 电热机组的功率应按公式（4.5-22）计算：

$$N = k_4 \frac{m q_r c (t_r - t_L) \rho_r C_r}{3600 T_4 M} \tag{4.5-22}$$

式中　N——电热机组的功率（kW）；

　　　k_4——考虑系统热损失的附加系数，$k_4 = 1.10 \sim 1.15$；

　　　T_4——每天谷电加热的时间（h），$T_4 = 6 \sim 8$h；

　　　M——电能转为热能的效率，$M = 0.98$。

　　3. 热源、热媒耗量计算

　　（1）燃料耗量计算

　　1）日燃料耗量按公式（4.5-23）计算：

$$G_d = K \frac{Q_d}{\eta Q} \qquad (4.5\text{-}23)$$

式中　G_d——日燃料耗量（kg/d、Nm³/d）；

　　　Q_d——日耗热量（kJ/d）；

　　　η——水加热设备的热效率，按表4.5-8采用；

　　　Q——燃料发热量（kJ/kg，kJ/Nm³），按表4.5-8采用；

　　　K——热媒管道热损失附加系数，$K=1.05\sim1.10$。

燃料发热量及水加热设备的热效率　　　　　　　表 4.5-8

燃料名称	消耗量单位	燃料发热量 Q	水加热设备 η（%）	备注
煤	kg/h	16747～25121(kJ/kg)	35～65	
轻柴油	kg/h	41800～44000(kJ/kg)	≈85	指热水机组的 η
重油	kg/h	38520～46050(kJ/kg)		
天然气	Nm³/h	34400～35600(kJ/Nm³)	65～75(85)	
城市煤气	Nm³/h	14653(kJ/Nm³)	65～75(85)	η 栏中括号内为热水机组的 η，括号外为局部热水器的 η
液化石油气	Nm³/h	46055(kJ/Nm³)	65～75(85)	

注：表中燃料发热量及水加热设备的热效率均系参考值，计算中应以当地热源与选用的水加热设备的实际参数为准。

2）设计小时燃料耗量按公式（4.5-24）计算：

$$G_h = K \frac{Q_g}{\eta Q} \qquad (4.5\text{-}24)$$

式中　G_h——设计小时燃料耗量（kg/h）。

（2）电热水器耗热量计算

1）日耗电量按公式（4.5-25）计算：

$$W_d = \frac{Q_d}{3600 \eta} \qquad (4.5\text{-}25)$$

式中　W_d——日耗电量（kW·h/d，即度电/d）；

　　　η——水加热设备的热效率，95%～97%。

2）设计小时耗电量按公式（4.5-26）计算：

$$W_h = \frac{Q_g}{3600 \eta} \qquad (4.5\text{-}26)$$

式中　W_h——设计小时耗电量（kW）。

（3）以蒸汽作为热源时蒸汽耗量的计算

1）蒸汽直接加热水时，蒸汽耗量按公式（4.5-27）计算：

$$G_m = K \frac{Q_g}{i'' - i_r} \qquad (4.5\text{-}27)$$

式中　G_m——蒸汽耗量（kg/h）；

　　　K——热媒管道热损失附加系数，$K=1.05\sim1.10$；

　　　Q_g——设计小时供热量（kJ/kg），当采用蒸汽直接通入热水箱中加热水时，Q_g 可按公式（4.4-8）或导流型容积式水加热器的 Q_g 计算；当采用汽—水混合设备直接供水而无贮热水容积时，Q_g 应按设计秒流量相应的耗热量计算；

i''——饱和蒸汽的热焓（kJ/kg），见表4.5-9；

i_r——蒸汽与冷水混合后热水的热焓（kJ/kg），$i_r = 4.187t_r$，t_r 为热水温度（℃）。

2）蒸汽间接加热水时，蒸汽耗量按公式（4.5-28）计算：

$$G_m = K\frac{Q_g}{i'' - i'}$$ (4.5-28)

式中 i'——凝结水的焓（kJ/kg），按公式（4.5-29）计算。

$$i' = 4.187t_{mE}$$ (4.5-29)

式中 t_{mE}——凝结水出水温度，应由经过热工性能测定的产品样本提供，也可参见表4.5-4。

饱和蒸汽的热焓　　　　　表4.5-9

蒸汽压力(MPa)	温度(℃)	热焓 i''(kJ/kg)	蒸汽压力(MPa)	温度(℃)	热焓 i''(kJ/kg)
0.1	120.2	2706.9	0.5	158.8	2756.4
0.2	133.5	2725.5	0.6	164.5	2762.9
0.3	143.6	2738.5	0.7	169.6	2766.8
0.4	151.9	2748.5	0.8	174.5	2771.8

注：蒸汽压力为相对压力。

4. 以热水作为热媒的水加热设备，热媒耗量按公式（4.5-30）计算：

$$G_m = \frac{KQ_g}{(t_{mc} - t_{mE})\rho_r c}$$ (4.5-30)

式中 G_m——热媒耗量（L/h）；

t_{mc}、t_{mE}——热媒的初温、终温（℃），由经过热工性能测定的产品样本提供，也可参见表4.5-4。

4.5.4 水加热、贮热设备的布置、主要配套设备的设置及设备间设计

1. 水加热、贮热设备间的位置选择

（1）单体建筑内的水加热、贮热设备间的位置应根据下列因素综合确定：

1）水加热设备间应靠近热水用水量大的用户或位于建筑物的中心部位，以利于缩短供、回水大管的长度，减少热损失，节能、节材，且方便管道布置。

2）高层、多层建筑设有给水加压供水设施时，水加热设备间宜靠近给水加压泵房，以缩短两者之间的连接管段，减少其水头损失，有利于冷、热水输、配水管道的相似布置，从而达到用水点处冷、热水压力平衡的目的。

3）燃煤锅炉和燃油、燃气热水机组等设备间的位置则应重点考虑燃料的运输、贮存、堆放及防爆防火等特殊因素。

（2）居住小区、高等院校、培训中心等建筑物设置集中热水供应系统时，其水加热站的位置应按下列因素综合确定：

1）当小区等建筑物布置集中，自水加热站至最远建筑物的热水干管长度≤500m时，宜设一个站室；当热水干管长度＞500m时，宜根据建筑物的布置、使用要求、热源条件等设2个或多个站室。

2）当小区等建筑物布置分散时，宜根据热源供应条件、给水系统供水方式等采用水加热站相对集中或分栋建筑单设的方式。

3）水加热站的布置与热源站的布置宜一致。当小区内只设一个热源站而有多个水加热站时，热源站宜居中布置。

4）水加热站宜与给水加压泵房设置一致，且两者宜靠近布置。

2. 燃煤热水锅炉的布置及锅炉房

（1）燃煤热水锅炉的布置

1）锅炉之间的距离：卧式锅炉不少于1.0m，立式锅炉不少于0.8m；

2）锅炉最高点与建筑结构最低点的垂直距离：卧式锅炉不少于1.5m，立式锅炉不少于0.7m；

3）锅炉炉门面至墙的距离：卧式锅炉不少于1.5倍炉膛深度加1.0m；立式锅炉不少于1.5倍炉膛深度，且不得小于2.5m；

4）锅炉侧、后面至墙的距离：卧式锅炉不少于1.0m，立式锅炉不少于0.8m；

5）锅炉顶部工作平台至建筑结构最低点的垂直距离不小于2.0m；

6）锅炉炉算至灰渣坑底面的高度不得小于0.5m。

（2）锅炉房

1）锅炉房宜为独立的建筑物，如单体设置困难时，可与一般民用建筑贴近，但不宜设在其服务的建筑物内；如只能设在建筑物内时应符合有关消防规范的要求，并设置灭火设施。

2）锅炉房位置应便于运送燃料和排除灰渣，锅炉本体应有消烟除尘和消除有害气体对环境污染的措施。

3）锅炉辅助设备（如水泵、水处理设备、分水器、集水器等）应有一定的操作和检修更换附配件的空间。

4）锅炉房应有良好的自然通风、采光和照明。当需采用机械通风时，其通风量应满足不小于每小时6次换气的要求，事故排风量不应小于每小时12次换气的要求。

5）锅炉房应便于泄水并具有防止污水倒灌的措施。

3. 热水机组的布置、机房设备间及主要配套设施

（1）热水机组的布置

1）机组前方宜留出不少于机组长度2/3的空间。

2）机组后方宜留有0.8～1.5m的空间。

3）机组两侧通道宽度宜为机组宽度，且不得小于1.00m。

4）机组最上部部件（烟窗可拆部分除外）至安装房间最低净距不得小于0.80m。

5）机组安装位置宜有高出地面50～100mm的安装基座。

（2）真空热水机组机房平面图见图4.5-2。

（3）机组设备间

1）机组不宜露天布置。

2）机组设备间宜与其他建筑物分离独立设置。

3）机组设备间设在高层和裙房内时不应直接设置在人员密集的场所内或在其上、下和毗邻。

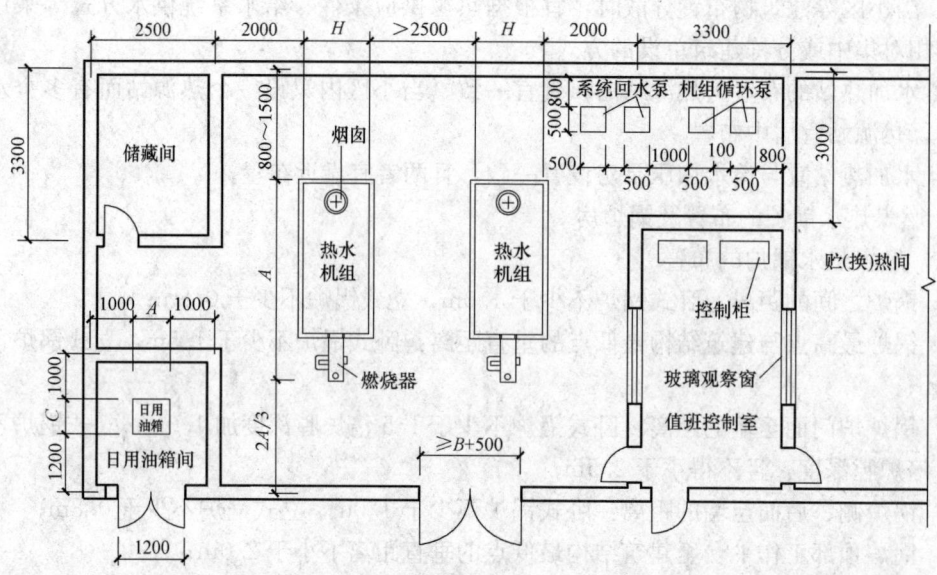

图 4.5-2 真空热水机组机房平面图

注：1. 本图为燃油机组平面布置示意图，当为燃气机组时，可将日用油箱间改为供气表间。

2. 本图引自《热水机组选用与安装》05SS121。

4）机组设备间设在高层或多层建筑内时，应布置在靠外墙部位，并应设置对外的安全出口。

5）机组设备间应设在热水负荷较集中的地点，以利减少供、回水管路的压力损失。

6）当为燃油机组时，设备间应方便燃油供应，并有适当的贮油地点。

（4）机组的烟囱设置要求

1）机组布置在建筑物内部时，烟囱口应高出屋面 1.0m 以上；机组布置在地下室时，烟囱口应高出室外地面 2.5m 以上；烟气排放的卫生标准应符合现行国家标准《锅炉大气污染物排放标准》GB 13271 的要求。

2）单台机组的烟囱流通截面积不应小于机组排烟接口的截面积。烟囱截面宜为圆形。

3）每台机组宜单独设置烟道，多台机组共用一个烟道时，总烟道截面应满足多台机组同时使用时的排烟要求。

4）烟囱高度除满足 1）的要求外，尚应保证烟囱产生的抽力大于烟气通过机组本体及烟道系统的阻力（经计算确定）。一般工程设计中可按机组产品要求的高度确定。

5）烟囱应平直、附件少、阻力小，烟道在敷设时应保持 20% 以上的向上坡度。

6）金属烟囱应根据最高排烟温度选用保温材料保温。

7）烟囱周围 0.5m 范围内不应有可燃物，烟道不应从贮油库房和易燃气体房间内穿过。

8）烟囱口应设置防雨罩，烟道或烟囱穿外墙或屋顶处应作防水和隔热处理。

（5）燃油热水机组的燃油系统设置要点

1）燃油热水机组宜选用轻柴油作为燃料，由于重油在常温时黏度大，用管道输送困难，不能满足雾化燃烧要求，因此机组在冷启动点火时，必须把重油加热到满足输送及雾化燃烧所需的温度，由于重油加温系统复杂，故不推荐其作为机组燃料。

2）燃油管道宜采用铜管或无缝钢管，管道应采用焊接连接，焊接后应清除管内杂物等。管道应做气密性试验。

3）地上或在管沟内敷设的输油管道应设防静电接地装置，其接地电阻不宜大于 10Ω。

4）输油管道宜采用顺坡敷设，轻柴油管道坡度不应<0.3%，管道最低点应设排污阀。

5）机房内应设闭式日用油箱，油箱上方应设通向室外的通气管，通气管上装带阻火器的呼吸阀。日用油箱容积≤1m³，且在箱底应设紧急自动排空阀，此阀应有就地启动和防火控制中心自动启动的功能，将油排泄至地下油罐或其他安全处，同时，在发生事故时关闭燃烧器及油泵。日用油箱配管示意图见图 4.5-3。

6）日用油箱至燃烧器的管道上应设二级过滤器，以防油中渣物流入燃烧器损坏油泵造成事故。

7）燃油热水机组设置贮油罐的大小取决于建筑物的用油量、运输方式、供油周期和环境条件等因素。一般贮油罐的容积宜为贮存 5～7d 的用油量，自备油料运输工具时，贮油罐的容积不小于 5d 的用油量。贮油罐的布置应符合《建筑设计防火规范》GB 50016 的相关规定。

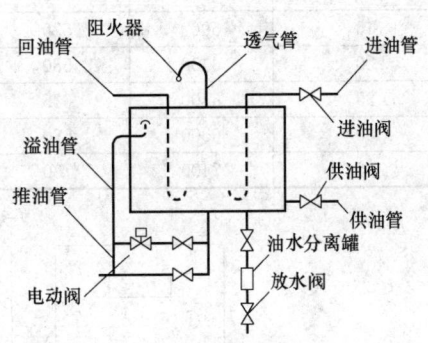

图 4.5-3　日用油箱配管示意图
注：本图引自《热水机组选用与安装》05SS121。

8）当贮油罐不能利用重力向日用油箱输油时，应设输油泵，输油泵不宜少于 2 台，其中 1 台备用。泵的流量可按 110% 最大小时计算耗油量选择。几种常用油泵见表 4.5-10。

9）贮油罐及供油系统示意图见图 4.5-4、图 4.5-5 及表 4.5-11。

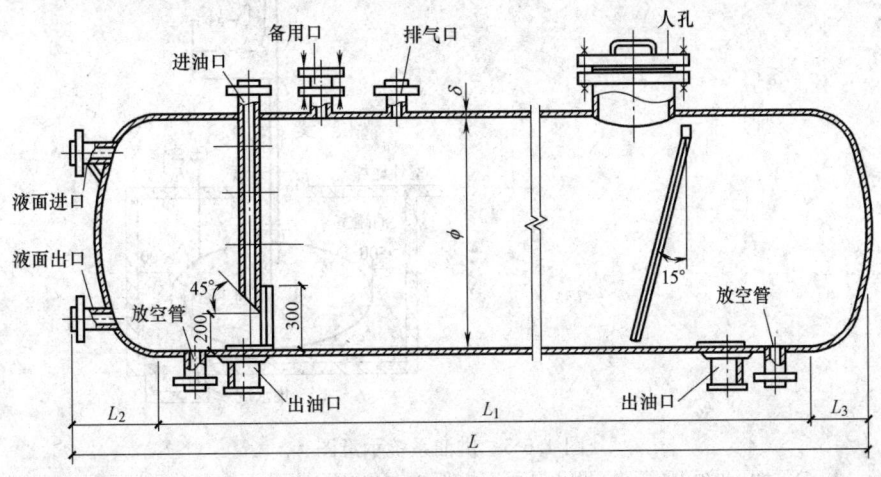

图 4.5-4　5～15m³ 贮油罐示意图
注：本图引自《热水机组选用与安装》05SS121。

几种常用油泵

表 4.5-10

型号	流量（m³/h）	压力（MPa）	功率（kW）
2CY-1.08/10	1.08	1.0	0.75
2CY-1.08/25	1.08	2.5	1.50
2CY-2.10/10	2.10	1.0	1.50
2CY-2.10/25	2.10	2.5	3.00
2CY-3.00/10	3.00	1.0	2.20
2CY-3.00/25	3.00	2.5	4.00

贮油罐尺寸

表 4.5-11

规格（m³）	尺寸（mm）					
	L_1	L_2	L_3	L	δ	ϕ
5	4500	400	331	5231	6	1200
10	4900	470	431	5801	6	1600
15	5900	520	481	6901	6	1800
20	6400	580	531	7511	6	2000
25	6400	635	583	7618	8	2200
30	6500	670	633	7803	8	2400
40	7400	730	683	8813	8	2600

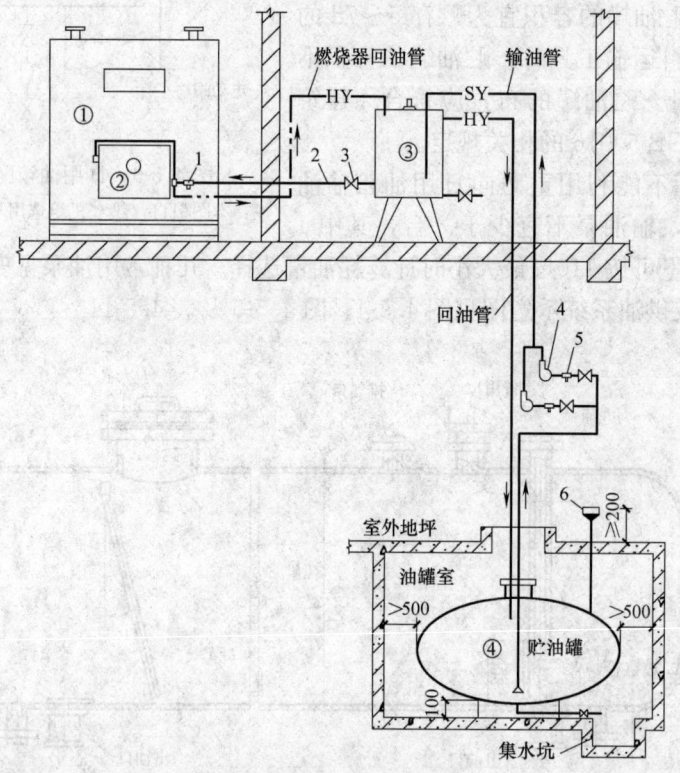

图 4.5-5　供油系统示意图

①—热水机组 1 台；②—燃烧器 1 台；③—闭式日用油箱 1 台；④—贮油罐 1 台；

1—细滤油器 1 个，120 目，$d=0.14$；2—中滤油器 1 个，80 目，$d=0.25$；3—闸阀 3 个；

4—油泵 2 台，1 用 1 备；5—滤油器 1 个；6— 防火阻火器 1 个，带防火透气帽

注：本图引自《热水机组选用与安装》05SS121。

（6）燃气热水机组的供气系统设置要点

1）常用的燃气有天然气、城市煤气和液化石油气三种。燃气热水机组的燃烧设备应根据燃气热值、压力等参数进行选择。燃气品种可根据当地情况确定，并需得到当地主管部门的批准。

2）燃气系统供气干管的压力（最大和最小）和供气量应满足机组用气要求。

3）进入燃气热水机组的供气管上应设放散器（通至室外）、气压表、球阀开关、气体过滤器、流量计、燃气上下限压力传感器、稳压阀、电磁主气阀、检漏器、电磁安全阀、低风压保险阀、波形伸缩器等，并应在管路最低处设放空装置。燃气热水机组供气系统示意图见图 4.5-6。

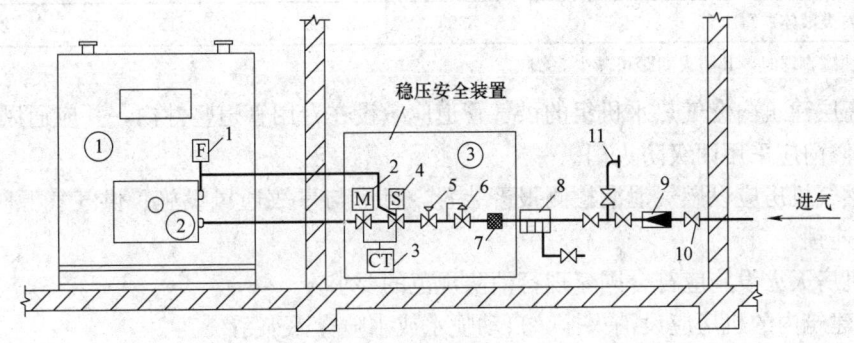

图 4.5-6 燃气热水机组供气系统示意图

①—热水机组 1 台；②—燃烧器 1 台；③—稳压安全装置 1 套；1—低风压保险器 1 个；
2—主气阀 1 个；3—检漏器 1 个；4—安全阀 1 个；5—低压保险气阀 1 个；6—稳压阀 1 个；
7—过滤器 1 个；8—疏水器 1 个；9—流量计 1 个；10—气阀 5 个；11—放散管 1 个
注：本图引自《热水机组选用与安装》05SS121。

4）燃气热水机组的燃气系统宜采用低压和中压 B 系统，不宜采用高压供气。适宜的供气压力为 2.5～10kPa。

燃烧器前燃气压力不稳定时会影响燃烧器的正常安全工作，造成燃烧不完全，甚至引起脱火、回火、烧坏机组等事故。因此，在供气管上应设调压、稳压装置。

5）在引入机房的燃气总管上，应装自动总关闭阀，阀门应装在安全和便于操作的地方。

6）燃气管道上应装设放散管、取样口和吹扫口，其位置应满足管道燃气和空气吹净的要求。

7）燃气管道的设计、安装、试验和验收应符合现行国家有关规范和标准的规定。

8）燃气管路宜采用无缝钢管、焊接连接，焊接前彻底除锈，使用前将管道内渣物清洗干净，并以 0.8MPa 的水压进行水压试验。

（7）机房对消防的要求

1）燃油、燃气热水机组可设在建筑物内的地下一层、二层，当机组距安全出口的距离>6.0m 时，可设置在屋顶上。

采用相对密度（与空气密度比值）≥0.75 的可燃气体作为燃料时，机组不得布置在建筑物的地下室或半地下室。

2）日用油箱间应采用防火墙与机房隔开，当必须在防火墙上开门时，应设置甲级防火门。

3）贮油罐总贮量不应超过 15m³，当直埋于高层建筑或裙房附近，面向油罐一面 4.00m 范围内的建筑物外墙为防火墙时，其防火间距可不限。

当不能满足上述要求时，贮油罐与建筑物的间距应满足表 4.5-12 的要求。

贮油罐与建筑物的间距   表 4.5-12

名称	防火间距（m）				
	高层建筑	裙房	多层建筑（耐火等级）		
			一、二级	三级	四级
小型丙类液体贮罐	35	30	12	15	20

注：贮油罐直埋时，其防火间距可减少 50%。

4）高层建筑内燃气热水机组的供气管道应敷设在专用管道竖井内，并应通风、防冻，井壁上检修门应采用丙级防火门。

5）燃气机房应设燃气泄漏检测报警装置，且应与事故通风设施、供气气源阀门和燃气放散阀连锁。

6）机房灭火设施应符合国家现行消防规范的要求。

高层建筑内的机房应设消火栓、自动喷水或水喷雾灭火系统。

（8）机房对电气、通风、给水排水的要求

1）机房机组的供电负荷等级和供电方式，应根据机组容量、热水供应的重要性及使用要求等因素确定。

2）机组宜配备相应电气控制柜，控制柜应有自动、手动控制功能。

3）在燃气放散器管的顶端或其附近应设置避雷设施。

4）设在地下室、半地下室的机房当其靠自然通风不能满足要求时，应设机械通风。其通风量为：

① 燃气机组机房的通风换气次数不应小于 $6h^{-1}$，事故排风换气次数不应小于 $12h^{-1}$。

② 燃油机组机房、油箱间的通风换气次数不应小于 $3h^{-1}$，地下油泵房的通风换气次数不应小于 $10h^{-1}$。

5）机组燃烧器燃烧所需空气量应根据燃料的热值确定，当无资料时，可按 10MW 产热量需要 15～20m³（标准）空气量估算。

6）机组应按其直接供热水或间接换热供热水的不同方式分别计算给水管管径。

机组直接供热水时，其冷水给水管按机组所服务的热水供水系统的设计秒流量选管径。

机组间接换热供热水时，机组部分的冷水给水管按机组热媒水循环水量的 5% 选管径。

自带间接换热器的机组，换热器部分的冷水给水管按其服务的热水供水系统的设计秒流量选管径。

7）机组内宜设清洗、检修用的洗手池、地漏等给水、排水设施。

8）机组排污水应经降温处理至≤40℃后方可排入下水管。

设在地下室的机房，应设集水坑，并配置潜污排水泵等排除积水的设备。

4. 水加热器、热水贮水器的布置

(1) 水加热器的布置

1) 导流型容积式、半容积式水加热器的一侧或竖向应有满足检修时抽出换热盘管所需的空间。

2) 水加热器侧面离墙、柱的净距及水加热器之间的净距≥0.7m，后端离墙、柱的净距≥0.5m。

3) 各类阀门、仪表的安装高度应便于操作和观察。

4) 水加热器上部附件（一般指安全阀）的最高点至建筑梁板最低处的垂直净距应满足安装检修的要求，并不得小于0.2m。

5) 热水管、蒸汽管等应尽量利用自然补偿。

(2) 水加热器间的设计

1) 水加热器间可与锅炉房、热水机组等合建在一个建筑物内，当水加热器间与燃煤锅炉间合建时，宜与燃煤锅炉间分隔开。

2) 水加热器间设在地下室时，应考虑有良好的通风条件，并应设置安装检修用的运输孔和通道。

3) 水加热器间的高度除满足上款4) 的要求外，还应满足设备、管道的安装和运行要求，对于需要从下部抽出换热盘管检修的水加热设备，还应保证起吊设备抽出换热盘管所需的空间。

4) 辅助设备（水泵、分水器、集水器、水软化设备等）可单设用房与水加热器间毗邻或设在水加热器间内。

5) 水加热器间应有良好的通风照明条件。

6) 水加热器间应设排水明沟或地漏，排除地面积水及设备管道的泄水。

(3) 水加热器间布置示意图见图4.5-7、图4.5-8。

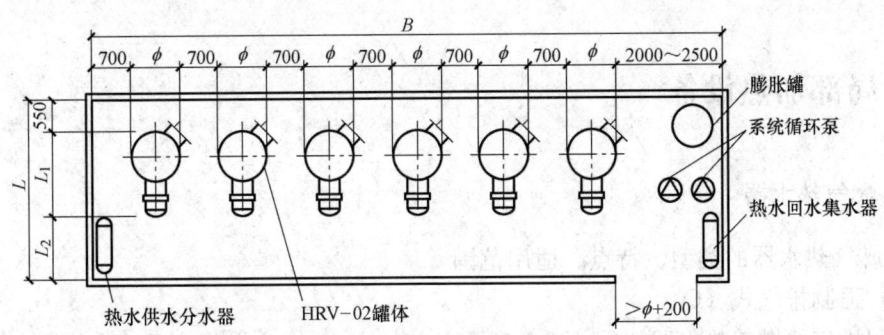

图 4.5-7 "HRV-02、BHRV-02"半容积式水加热器单列平面布置示意图

5. 贮热水罐与水加热设备的连接

当采用半即热式、快速式水加热器与贮热水罐联合供水时其管道连接如图4.5-9所示。

(1) 贮热水罐底应高于水加热器顶，当不能满足此要求时，可在第一循环管上设小循

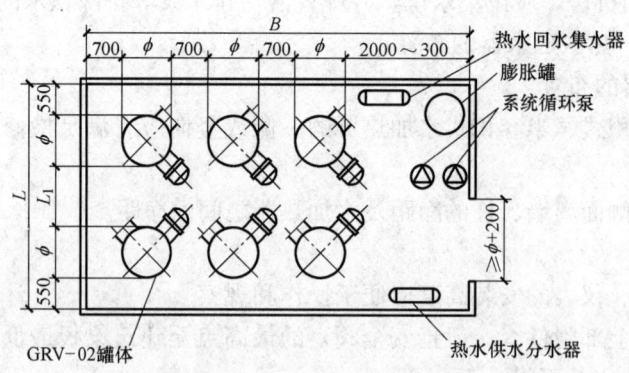

图 4.5-8　"HRV-02、BHRV-02"半容积式水加热器双列斜置平面布置示意图

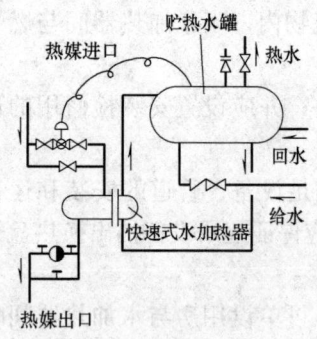

图 4.5-9　快速式水加热器与
贮热水罐管道连接示意图

环泵，小循环泵的流量 q_x 为 2～4 倍的贮热水罐容积 V，扬程 H_x 可取 2～5m。

小循环泵的启、停由设在贮热水罐下部的温度传感器控制。

（2）第二循环供水管（即热水出水管）应从贮热水罐顶接出。

（3）第二循环回水管宜从贮热水罐顶部以下 3/4 罐体高度处接入。

（4）第一循环供水管宜从贮热水罐顶部以下 1/4 罐体高度处接入。

（5）第一循环回水管应从贮热水罐底部且与其供水管成对角的位置接入。

（6）为增强第一循环的动力和避免锅炉受较大温差冲击，给水管宜接至贮热水罐底部。

4.6　局部加热设备

4.6.1　燃气热水器

1. 燃气热水器的类型、特点、适用范围

（1）强制排气式（Q）

强制排气式燃气热水器如图 4.6-1 所示，其特点有：1）燃烧所需空气取自室内，排气管在风机作用下强制将烟气排至室外。2）抗风能力较强，设有风压过大安全装置和烟道堵塞安全装置；排气道安装难度较小，要求可直通室外，产品适应能力较强。

强制排气式燃气热水器适用于现有多种建筑；在有冰冻可能的地区，宜选择带电加热防冻功能的产品。

（2）强制给排气式（G）

强制给排气式燃气热水器如图 4.6-2 所示，其特点有：1）将给排气管接至室外，利

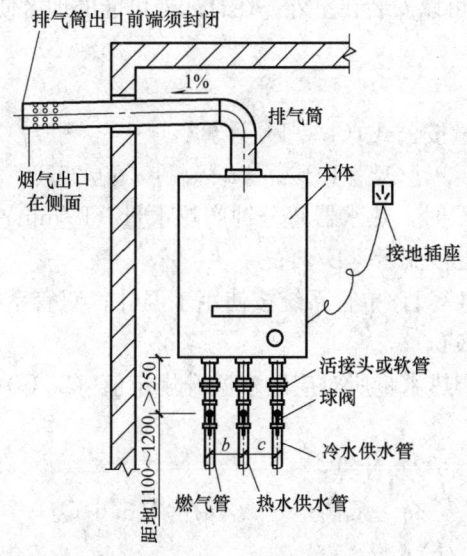

图 4.6-1 强制排气式燃气热水器安装示意图

用风机强制进行给排气。抗风能力更强，安全性高。2）给排气筒有多种构造，分别设在本体背部或上部（通过延长给排气筒穿墙到室外），适应不同安装部位。

强制给排气式燃气热水器适用于现有多种建筑。当热水器给排气管的末端、给气口与排气口在同一位置时，应具备较强的防冻能力，以适应寒冷地区使用。

（3）室外型（W）

室外型燃气热水器如图 4.6-3 所示，其特点有：1）只可以安装在室外，燃烧用空气取自室外，烟气也排至室外。2）不需要特别的给排气设备，室内空气无污染，安全性高。3）一般产品额定产热水能力较大，自动化程度高。

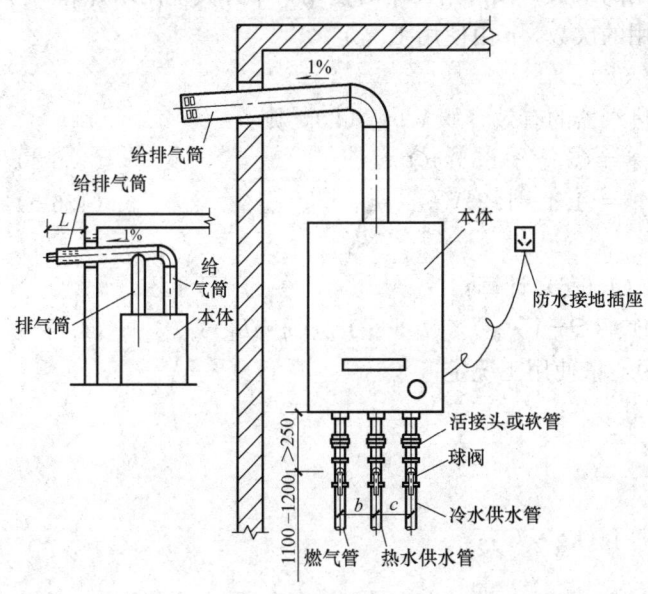

图 4.6-2 强制给排气式燃气热水器安装示意图

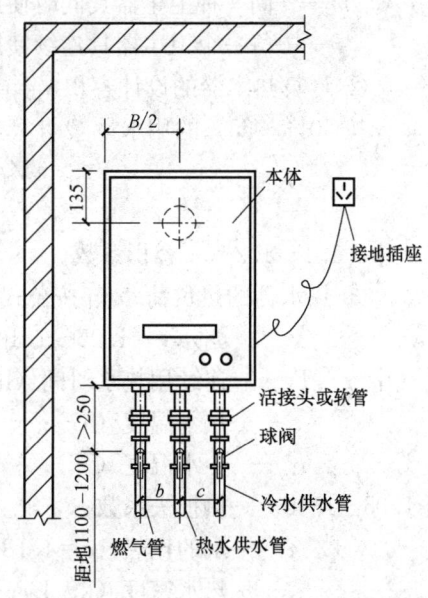

图 4.6-3 室外型燃气热水器安装示意图

室外型燃气热水器只可以安装在室外。在有冰冻可能的地区使用时，必须有防冻装置。

2. 选型计算

(1) 燃气快速热水器

1) 热水器的产热水量按公式 (4.6-1) 计算：

$$Q_m = 1.1 \sum q_s (t_r - t_L) \times 60/25 \qquad (4.6-1)$$

式中　Q_m——水温升 25℃时，热水器每分钟产热水量 (L/min)；

　　　　q_s——器具的额定秒流量 (L/s)；

　　　　t_r——热水温度 (℃)，单管系统按使用水温计；双管系统按 60℃计；

　　　　t_L——冷水温度 (℃)；

　　　　25——产品额定产热水量所对应的水温升规定值 (25℃)；

　　　　1.1——系数。

2) 耗气量按公式 (4.6-2) 计算：

$$q_v = Q_m \cdot c \cdot (t_r - t_L) \times 3.6/Q_d \qquad (4.6-2)$$

式中　q_v——耗气量 (m³/h)；

　　　　c——水的比热 $c = 4.187$kJ/(kg·℃)；

　　　　Q_d——燃气干燥基的低发热值 (MJ/Nm³)，根据当地燃气品种确定，参见表 4.5-8。

(2) 燃气容积式热水器

1) 热水器的使用工况是除在使用前预热贮热外，在使用过程中还继续加热。

① 根据卫生器具的一次热水定额、水温及一次使用时间，确定全天中最大连续使用时段 T_1 的用水量 Q(L)。住宅宜按沐浴设备计算，见公式 (4.6-3)

$$Q = \sum qmn \qquad (4.6-3)$$

式中　q——设定贮水温度下，卫生器具的一次热水用量 (L/次)；按表 4.1-2 选择；

　　　　m——同一种卫生器具同时使用的个数，按淋浴器同时使用，不计其他用水计算；

　　　　n——每一个卫生器具连续使用的次数，n 由使用工况定。

② 计算热水器的设计容积 $V_{设计}$ (L)

按 50%～65%的用水量 Q 计算热水器的有效容积 $V_{有效}$ (L)，则：

$$V_{有效} = (50\% \sim 65\%)Q \qquad (4.6-4)$$

$$V_{设计} = (1.1 \sim 1.2)V_{有效} \qquad (4.6-5)$$

式中　1.1～1.2——容积系数。

③ 热水器的热负荷 $\Phi_{设计}$按公式 (4.6-6) 计算：

$$\Phi_{设计} = (1.05 \sim 1.10) \times (Q - V_{有效}) \times (t_r - t_L)c\rho/(\eta \cdot T_1) \qquad (4.6-6)$$

式中　　T_1——连续用热水时间 (h)，依使用工况定；

　　　　t_r——热水温度 (℃)；

　　　　t_L——冷水温度 (℃)；

1.05～1.10——热损失系数；

　　　　c——水的比热，$c = 4.187$kJ/(kg·℃)；

　　　　ρ——热水密度 (kg/L)；

　　　　η——热水器的效率。

④ 根据 $V_{设计}$ 和 $\Phi_{设计}$ 值选产品型号。

⑤ 校核预热时间 T_2 按公式 (4.6-7) 计算：

$$T_2 = (1.05 \sim 1.10) V_{实际}(t_r - t_L) c\rho / (\eta \cdot \Phi_{实际}) \tag{4.6-7}$$

2）耗气量按公式 (4.6-8) 计算：

$$q_v = \Phi_{实际} / Q_d \tag{4.6-8}$$

式中　q_v——耗气量（m^3/h）；

　　　$\Phi_{实际}$——产品的热负荷（kJ/Nm^3）；

　　　Q_d——燃气干燥基的低发热值（kJ/Nm^3），根据当地燃气品种确定。

（3）普通住宅用燃气热水器的选用

1）燃气快速热水器，应按照住宅卫生器具的数量，根据当地燃气供给状况和卫生器具同时使用几率及供水温度为40℃，合理确定热水器额定产热水能力（水温升25℃）。

① 供应单个淋浴器时，产热水能力宜为8～10L/min。

② 供应单个浴盆时，产热水能力宜大于12L/min。

2）燃气容积式热水器，应按住宅常住人口数量及卫生器具使用情况，参照燃气供给状况，确定热水器容量（供水温度60℃）。

① 按住宅家庭人员数量，热水器容量宜按30～60L/人，参照表4.6-1中燃气容积式热水器选用。

② 使用浴盆时，热水器容量应大于100L。

3. 常用燃气快速热水器产品主要技术参数

（1）强制排气式燃气快速热水器技术参数见表4.6-1。

强制排气式燃气快速热水器技术参数　　表 4.6-1

企业	型号	热负荷(kW)	额定产热水量(L/min)	启动水压(MPa)	适用水压(MPa)	电源(W)	热效率(%)
广东万和新电气股份有限公司	JSQ12-6A	12	6	0.015～0.03	0.02～1.0	30	≥88
	JSQ14-7B	14	7				
	JSQ16-8B	16	8				
	JSQ20-10B	20	10				
	JSQ18-10E*	18	10			48	≥96
	JSQ21-12E*	21	12				
	JSQ32-16A	32	16			55	≥88
	JSQ48-24A	48	24			85	≥88
	JSQ40-24B*	40	24			80	≥105
	JSQ64-32A	64	32			105	≥88
广东万家乐燃气具有限公司	JSQ16-8L5	16	8	0.02	0.02～0.8	25(带主动防冻80)	≥88
	JSQ20-10E3	20	10	0.015		45(带主动防冻54)	
	JSQ20-10D3/JSQ24-12	20/24	10/12			35(带主动防冻80/96)	
	JSQ24-12D2	24	12			70(带主动防冻96)	
	JSQ20-12D3*	20	12	0.02		45	≥96

续表

企业	型号	热负荷 (kW)	额定产热水量 (L/min)	启动水压 (MPa)	适用水压 (MPa)	电源(W)	热效率 (%)
广东万家乐燃气具有限公司	JSQ32-16E3/JSQ36-18E	32/36	16/18	0.015	0.02~0.8	50(带主动防冻75)	≥88
	JSQ20-12U6＊	20	12	0.02		58	≥96
	JSQ34-20U1＊	34	20			50	
默洛尼卫生洁具（中国)有限公司（阿里斯顿)	JSQ16	16	8	0.02	0.04~0.8	65	≥84
	JSQ20	20	10				
	JSQ22	22	11			42	
	JSQ26	26	13			48	≥88
	JSQ32	32	16				
	JSQ40	40	20			63	
	JSQ48	48	24				
青岛经济技术开发区海尔热水器有限公司	JSQ14-TFSA	14	7	≥3L/min (启动水量)	0.02~1.0	34	≥88
	JSQ16-TFEA	16	8			28	
	JSQ20-TFEA	20	10			34	
	JSQ22-TFSB	22	11			39	
	JSQ24-TFSA	24	12			39	
	JSQ26-TFLA	26	13			45	
	JSQ32-TFLA	32	16			45	
	JSQ18-10TCSA＊	18	10			40	≥96
	JSQ20-12TCSA＊	20	12			40	
	JSQ28-16TCSA＊	28	16			55	≥103

注：1. 表中"＊"表示冷凝式强制排气式燃气快速热水器。

2. 本表引自《热水器选用及安装》08S126。

（2）强制给排气式燃气快速热水器技术参数见表 4.6-2。

强制给排气式燃气快速热水器技术参数　　　　　　　表 4.6-2

企业	型号	热负荷 (kW)	额定产热水量 (L/min)	启动水压 (MPa)	适用水压 (MPa)	电源(W)	热效率 (%)
广东万和新电气股份有限公司	JSG13-6.5B	13	6.5	0.015~0.03	0.02~1.0	30	≥88
	JSAG14-7B	14	7				
	JSG16-8B	16	8				
	JSG21-10C	21	10				
	JSG25-12C	25	12			48	
	JSG18-10A＊	18	10				≥96
	JSG32-16A	32	16			55	≥88
	JSG40-20A	40	20			85	

续表

企业	型号	热负荷(kW)	额定产热水量(L/min)	启动水压(MPa)	适用水压(MPa)	电源(W)	热效率(%)
广东万家乐燃气具有限公司	JSG24-12Q1(嵌入式)	24	12	0.015	0.02~0.8	35(带主动防冻96)	≥88
	JSG16-8A8	16	8			25	
	JSG20-10E1	20	10			45	
	JSG20-10D8/JSG24-12D8	20/24	10/12			35	
	JSG32-16E1	32	16			50	
	JSG36-18E1	36	18				
	JSG40-20E1	40	20			80	
	JSG48-24E1	48	24				
默洛尼卫生洁具(中国)有限公司(阿里斯顿)	JSG22-Bi7S	22	11	0.02	0.04~0.8	42	≥88
	JSG32-Bi7S	32	16			48	
青岛经济技术开发区海尔热水器有限公司	JSG16-BW3	16	8	≥3L/min(启动水量)	0.02~1.0	38	≥86
	JSG20-BW3	20	10				
	JSG16-FFEA/TFSB/TFSC	16	8				≥88
	JSG20-FFEA/TFSB/TFSC	20	10				

注：1. 表中"﹡"表示冷凝式强制给排气式燃气快速热水器。
2. 本表引自《热水器选用及安装》08S126。

(3) 室外型燃气快速热水器技术参数见表4.6-3。

室外型燃气快速热水器技术参数　　　表4.6-3

企业	型号	热负荷(kW)	额定产热水量(L/min)	启动水压(MPa)	适用水压(MPa)	电源(W)	热效率(%)
广东万和新电气股份有限公司	JSW32-16A	32	16	0.015~0.03	0.02~1.0	55	≥88
	JSW40-20A	40	20			85	
	JSW48-24A	48	24				
	JSW64-32A	64	32			105	
广东万家乐燃气具有限公司	JSW24-12E5	24	12	0.015	0.02~0.8	35(带主动防冻128)	≥88
	JSW32-16E5	32	16			40(带主动防冻100)	
	JSW36-18E6	36	18				
	JSW34-20U8﹡	34	20			50(带主动防冻200)	≥96
	JSW40-20E5	40	20			80(带主动防冻100)	≥88
	JSW48-24E5	48	24				

续表

企业	型号	热负荷 (kW)	额定产 热水量 (L/min)	启动水压 (MPa)	适用水压 (MPa)	电源(W)	热效率 (%)
默洛尼卫 生洁具（中 国)有限公司 （阿里斯顿)	JSW22-E17	22	11	0.02	0.04～ 0.8	42	≥88
	JSW32-E17	32	16			48	
	JSW40-H17	40	20			63	
	JSW48-H18	48	24				
青岛经济 技术开发区 海尔热水器 有限公司	JSW22-TFLRA	22	11	≥3L/min （启动 水量)	0.02～ 1.0	39	≥88
	JSW26-TFLRA	26	13			50	
	JSW32-TFLRA	32	16			50	

注：1. 表中"＊"表示冷凝式室外型燃气快速热水器。

2. 本表引自《热水器选用及安装》08S126。

（4）燃气容积式热水器技术参数见表4.6-4。

4.6.2 贮水式电热水器

1. 贮水式电热水器类型、性能特征及设置条件

（1）密闭式热水器

密闭式热水器性能特征：可承受一定的给水压力，并依靠此压力供热水。

（2）出口敞开式热水器

出口敞开式热水器性能特征：非承压，出口通大气，只能连接生产企业规定的混合阀和淋浴喷头。

（3）贮水式电热水器的设置条件为：

1）安装部位条件：

① 安装部位应根据用户的环境状况并综合考虑下列因素选定：

a. 避开易燃气体发生泄漏的地方或有强烈腐蚀气体的环境；

b. 避开强电、强磁场直接作用的地方；

c. 尽量避开产生振动的地方；

d. 除适用于室外安装的电热水器外，安装位置应避免阳光直射、雨淋、风吹等自然环境因素的影响；

e. 尽量缩短电热水器与用水点之间的距离。

② 电热水器的安装形式有内藏式、壁挂式（卧挂、竖挂）和落地式三种，容量大的产品，配管需占用较大空间，应正确选择安装位置。容量小的产品可放置在洗涤池柜或洗面台柜内，用于洗碗和洗面等。

③ 卧挂式、竖挂式电热水器通过支架悬挂在墙上，墙体的材料和构造必须保证足够的连接强度。支架应安装在承重墙上；对非承重砌体墙应预埋混凝土块，非承重轻质隔墙板应采取穿墙螺栓固定挂钩（挂钩板、挂架）等加强措施，以满足强度要求。

④ 电热水器设置处地面宜做防水处理，并设置排水措施。

燃气容积式热水器技术参数

表 4.6-4

默洛尼卫生洁具(中国)有限公司(阿里斯顿)

型号	室内型 RST(Y,R)D□（自然排气式）			室外型 RST(Y,R)P□-W（自然排气式）			室内型 RST(Y,R)DQ□（强制排气式）			室内型 RST(Y,R)PQ□（强制排气式）			室外型 RST(Y,R)PQ□-W（强制给排气式）		
额定容量(L)	120	150	200	120	150	200	150	200	300	120	150	200	150	200	300
额定热负荷(MJ/h) T	8.5	9.5	11	8.5	9.5	11	10.5	12	20	9.5	10.5	12	10.5	12	20
额定热负荷(MJ/h) R	7.5	8.5	10	7.5	8.5	10	8.5	10	—	7.5	8.5	10	8.5	10	—
额定热负荷(MJ/h) Y	8.5	9.5	11	8.5	9.5	11	10.5	12	20	9.5	10.5	12	10.5	12	20
额定供气压力(Pa)	2000(T),1000(R)														
水温调节范围(℃)	35~72														
最大给水压力(MPa)	0.8														
安全阀设定压力(MPa)	0.85														
电源	AC 220V/50Hz 16W						AC 220V/50Hz 44W						AC 220V/50Hz 42W		
热效率（%）	>75														

毫特容积热水器(成都)有限责任公司(恒热)

型号	室内型 RST(R,Y)D⑤（自然排气式）					室外型 RST(R,Y)P⑤-W（自然排气式）					室内型 RST(R,Y)DQ⑤（强制排气式）					室外型 RST(R,Y)PQ⑤（强制给排气式）				
额定容量(L)	115	150	200	230	300	115	150	200	230	300	115	150	200	230	300	115	150	200	230	300
额定热负荷(MJ/h) T	30	34	38	38	50	30	34	38	45	50	50	50	55	60	60	50	55	55	60	60
额定热负荷(MJ/h) R	30	34	38	38	43	30	34	38	43	40	35	45	50	50	50	35	45	45	50	50
额定热负荷(MJ/h) Y	25	30	40	40	40	25	30	40	40	40	40	40	45	50	50	40	40	45	50	50
额定供气压力(Pa)	2000(T),1000(R),2800(Y)																			
水温调节范围(℃)	30~70(压电点火型)，50~70(全自动点火型)					30~70(线控型)，50~70(标准型)					50/60					30~70				
最大给水压力(MPa)	0.68																			
安全阀设定压力(MPa)	0.85																			
电源	AC 220V/50Hz(全自动点火型)					AC 220V/50Hz					AC 220V/50Hz					AC 220V/50Hz				
热效率（%）	80										85									

注：1. Y 表示液化石油煤气；R 表示人工煤气；T 表示天然气。
2. 型号中□、⑤表示额定容量数字 120、150、200、300 等，单位 L。
3. 本表引自《热水器选用及安装》08S126。

⑤ 必须预留一定的维修空间，以便于日后进行维修、保养、更换、移机、拆卸等工作。经常操作、维修的部位前方应预留有不小于 500mm 的净空。

⑥ 适用于室外安装的电热水器，接线盒等部位应设防雨罩。

2）供水条件：

① 给水管道上应设止回阀；当给水压力超过电热水器铭牌上规定的额定压力值时，应在止回阀前设减压阀；

② 封闭式电热水器必须设置安全阀，其排水管应保持与大气相通；

③ 水管材质应符合卫生要求和水压、水温要求。

3）供电条件：

① 给水管应采用频率为 50Hz、电压额定值为 85%～110% 范围内的单项 220V 或三项 380V 交流电源；

② 额定功率随电热水器产品而定，当额定电压为 220V 时，常用功率为 1～6kW；当额定电压为 380V 时，常用功率为 10～72kW；

③ 电气线路应按安全和防火要求敷设配线；

④ 电源插座应设置于不产生触电危险的安全位置，必须使用单独的固定插座；

⑤ 应采用防溅水型、带开关的接地插座；在浴室安装时，插座应与淋浴喷头分设在电热水器本体两侧。

2. 选型计算

电热水器的使用工况：除在使用前预热外，在使用过程中还继续加热。

（1）根据卫生器具的一次热水用水定额、水温及一次使用时间，确定全天中最大连续使用时段 T_1 的用水量 Q(L)。住宅宜按沐浴设备计算，见公式（4.6-9）：

$$Q = \sum qmn \tag{4.6-9}$$

式中　q——设定贮水温度下，卫生器具的一次热水用量（L/次），参见表 4.1-2；

　　　m——同一种卫生器具同时使用的个数，一般可按淋浴器同时使用，不计其他用水计算；

　　　n——每一个卫生器具连续使用的次数（由设计定）。

（2）计算电热水器的设计容积 $V_{设计}$ （L）

按 70%～85% 的用水量 Q 计算热水器的有效容积 $V_{有效}$ （L），则：

$$V_{有效} = (70\% \sim 85\%)Q \tag{4.6-10}$$

$$V_{设计} = (1.2 \sim 1.3)V_{有效} \tag{4.6-11}$$

（3）电热水器的功率 $N_{设计}$ 按公式（4.6-12）计算：

$$N_{设计} = (1.05 \sim 1.10)(Q - V_{有效}) \cdot (t_r - t_L) \cdot c \cdot \rho / (3600 \cdot \eta \cdot T_1) \tag{4.6-12}$$

$$T_1 = q_1 \cdot n / q_h \tag{4.6-13}$$

式中　　t_r——热水温度（℃）；

　　　　t_L——冷水温度（℃）；

　　　　T_1——连续用热水时间（h）；

q_h——卫生器具小时用水量（L/h）；

q_1——使用温度下，卫生器具的一次用水量（L/次）；

1.05～1.10——热损失系数，系统热损失较小时，可选低值；

ρ——热水密度（kg/L）；

c——水的比热，$c=4.187$kJ/(kg·℃)；

η——电热水器的效率。

$V_{实际}\leqslant50$L 时，$\eta\geqslant85\%$；$V_{实际}>50$L 时，$\eta\geqslant90\%$。

（4）根据 $V_{设计}$ 和 $N_{设计}$ 值选产品型号。

（5）校核预热时间 T_2 按公式（4.6-14）计算：

$$T_2=(1.05\sim1.10)V_{实际}\cdot(t_r-t_L)\cdot c\cdot\rho/(3600\cdot\eta\cdot N_{实际}) \qquad (4.6\text{-}14)$$

3. 普通住宅用电热水器的选用

应根据住宅家庭人员数量及是否使用浴盆等因素，参照电力供应状况，确定电热水器容量（贮热水温度 60℃）。

（1）采用卧式安装的电热水器，其容量宜根据住宅家庭人员数量，按照 30～50L/人选用；电热水器容量不宜低于 50L。

（2）采用卧式安装的电热水器，使用浴盆时，其容量应大于 120L。

（3）采用立式安装的电热水器，其容量可在上述卧式安装的电热水器数据基础上，适当降低 10%～15%。

4. 贮水式电热水器技术参数见表 4.6-5。

4.6.3 太阳能热水器

1. 太阳能热水器由集热器、贮热水箱、管道、控制器、支架及其他部件组成。

2. 太阳能热水器按集热器类型分类及特征等见表 4.7-1。

3. 太阳能热水器按其他方式分类如下：

（1）按集热方式分类

家用太阳能热水器供水图示见图 4.6-4。

太阳能热水器按集热方式可分为自然循环（见图 4.6-4（a）、（b））与机械循环（见图 4.6-4（c）、（d））两类。前者水箱与集热器之间依靠热流密度的变化形成热循环，后者水箱与集热器之间依靠循环泵形成热循环。

（2）按制备热水方式分类

分为直接式（见图 4.6-4（a）、（b）、（c））与间接式（见图 4.6-4（d））两类。前者耗用的热水流经集热器，直接加热水；后者之中非耗用的传热工质流经集热器，利用换热器加热水。

（3）按集热器与贮热水箱的放置关系分类

分为紧凑式（见图 4.6-4（a）、（b））与分离式（见图 4.6-4（c）、（d））两类。前者集热器与贮热水箱直接相连或相邻，后者集热器与贮热水箱分开放置。

（4）按取水方法分类

分为落水法（见图 4.6-4（a））与顶水法（见图 4.6-4（b））两类。前者水箱通大气，利用重力落差供水；后者水箱密闭，利用冷水供水压力供水。

贮水式电热水器技术参数

表 4.6-5

厂家	参数																
青岛经济技术开发区海尔热水器有限公司	额定容量(L)	5	40	45	50	55	60	70	75	80	95	100	100	120	150	200	245
	额定功率(kW)	1.2	1.5/2.0	2.0	1.5/2.0/3.0	2.0	1.5/2.0/3.0	1.5	2.0	1.5/2.0/3.0	2.0	1.5/2.0	2.0	2.0	2.0	2.5	2.5
	调温范围(℃)						—75								70±5		60±5
	给水压力范围(MPa)						0.05~0.75										
	安装方式	竖	卧	卧	竖、卧	卧	竖、卧	竖	卧	卧、竖、落	卧	卧、落	卧、落	落	落		
	加热功能	②	②③	②③	②③	②③	②③	②	②③	②③	②③	②③	②③		②③		
豪特容积(成都)热水器有限责任公司(恒热)	额定容量(L)	8	28	40	45	50	55	65	80	90	100	120	150	195	245		320
	额定功率(kW)	1.5	1.5				0.8~2.0		1.2~4.8	0.8~2.0		1.2~4.8					
	调温范围(℃)	30~80	50~70	35~75		10~70,30~75			0.02~0.6		30~75,50~70						
	给水压力范围(MPa)					0.02~0.6			0.68	0.02~0.02~0.6		0.02~0.68					
	安装方式	竖	落		卧				卧、竖、落	竖、落		卧、竖、落					
	控制方式	机械式	机械式						机械式、智能型								
默洛尼卫生洁具(中国)有限公司(阿里斯顿)	额定容量(L)	6	10	30	40	50	50	60	65	80	100	150	200	250		300	
	额定功率(kW)	1.5	1.5	1.5	1.5/2.0	1.5/2.0	1.5/2.0	1.5	2.0	2.0	2.0/2.5	2.4/6.0	2.0/2.5	3.0/6.0		3.0/6.0	
	调温范围(℃)	40~75	35~75		30~75				40~75								
	给水压力范围(MPa)				0.02~0.6												
	安装方式	内	②	卧、竖②③	卧、竖②③	壁挂式	②③	竖③									
广东万家乐燃气具有限公司	额定容量(L)	5.5	30	40	42	45	50	55	52	60	62	65	60	65		80	
	额定功率(kW)	0.8	1.5/2.0	1.5/2.0	1.5	1.5/2.0	1.5/2.0	1.5/2.0	1.5	1.5	1.5	1.5/3.0	1.5	1.5/3.0		1.5/3.0	
	调温范围(℃)	75		30~75					30~75								
	给水压力范围(MPa)	0.65							0.6								
	安装方式	②						壁挂式									
	加热功能							①①②	②								
广东万和新电气股份有限公司	额定容量(L)	6	8	40	42	45	60	55	60	65	80	100	80	100	150	200	
	额定功率(kW)	1.5	1.5	1.5	1.5	1.5/2.0	1.5/2.0	1.5/2.0	1.5	1.5/2.0	1.5/2.0	1.5/2.0	1.5/2.0	1.5/2.0	2.0/3.5	2.0/3.5	
	调温范围(℃)	35~75							0.6	30~75				35~65			
	给水压力范围(MPa)								0.05~0.7					35~65			
	安装方式	竖、内						壁、卧								落	
	加热功能	①						①①②	②							①②	

注:1. 安装方式:分为内(内藏式)、卧(卧挂式)、落(落地式)。
2. 加热功能:①出水自动断电;②定时加热;③出水继续加热。
3. 电源:AC220V,50Hz。
4. 本表引自《热水器选用及安装》08S126。

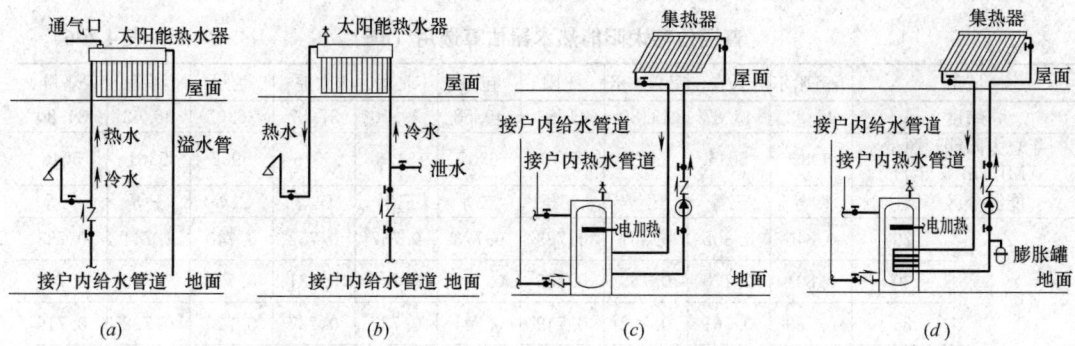

图 4.6-4　家用太阳能热水器供水图示

4. 选型计算

（1）贮热水箱容积

1）根据热水用水定额确定每户每日的热水用量 Q，见公式（4.6-15）：

$$Q = m \cdot q_d \qquad (4.6\text{-}15)$$

式中　Q——每户每日的热水用量（L/(户·d)）；

q_d——每人每日热水用水定额（L/(人·d)），按表 4.1-1 中平均日用水定额取值；

m——每户人数（人/户）。

2）热水器的设计容量 $V_{设计}$ 按公式（4.5-16）、公式（4.5-17）计算：

$$V_{有效} = (0.5 \sim 0.8)Q \qquad (4.6\text{-}16)$$

$$V_{设计} = 1.05 V_{有效} \qquad (4.6\text{-}17)$$

式中　1.05——容量系数。

（2）集热器面积按公式（4.7-8）计算。

（3）辅助热源设备选型计算

1）辅助热源及其加热设施供热量宜按无太阳能时正常供应热水耗热量配置；在农村或市政基础设施配套不全、热水用水要求不高的地区，可根据当地的实际情况，适当降低辅助热源的供热量标准。

2）当采用电作为辅助热源时，其加热功率 $N_{设计}$ 应按贮水式电热水器功率的计算方法设计。

3）当采用燃气作为辅助热源时，宜采用燃气快速热水器或燃气采暖热水炉作为辅助热源设备，其允许的进水温度应能满足集热系统出水温度的要求，并具有根据进水温度自动调节燃气量、保证恒温出水的功能。选型计算参照燃气快速热水器及燃气采暖热水炉的计算方法。

4）强制循环太阳能热水器的循环泵设计应由厂家配套提供，常用的功率＜1kW；泵的噪声应符合相应部位建筑要求。

5. 普通住宅太阳能热水器估算选用见表 4.6-6。

普通住宅太阳能热水器估算选用（m²）　　　　　　　表 4.6-6

城市		齐齐哈尔	长春	乌鲁木齐	沈阳	包头	北京	太原	兰州	济南	郑州
纬度		47.32	43.87	43.80	41.83	40.58	39.90	37.87	36.05	36.63	34.80
年总太阳能辐照量(MJ/(m²·年))		4983	5046	5676	5046	6307	5456	5676	5992	5361	5046
能源分区等级		四等	三等	三等	三等	二等	三等	三等	二等	三等	三等
安装倾角(°)	20	0.840	0.802	0.801	0.783	0.773	0.767	0.752	0.740	0.744	0.733
	30	0.801	0.770	0.769	0.755	0.746	0.742	0.731	0.722	0.725	0.717
	35	0.789	0.761	0.762	0.748	0.741	0.737	0.727	0.720	0.722	0.716
	40	0.783	0.758	0.759	0.746	0.740	0.737	0.729	0.723	0.725	0.719
	45	0.783	0.760	0.761	0.750	0.744	0.742	0.735	0.730	0.731	0.728
	50	0.787	0.767	0.767	0.758	0.754	0.751	0.746	0.742	0.743	0.741
	55	0.797	0.779	0.779	0.771	0.768	0.765	0.762	0.759	0.759	0.759
	60	0.812	0.796	0.796	0.790	0.788	0.785	0.784	0.783	0.782	0.784
	70	0.861	0.849	0.849	0.847	0.846	0.845	0.847	0.851	0.849	0.854
	80	0.939	0.934	0.935	0.936	0.939	0.939	0.947	0.955	0.951	0.963
	90	1.061	1.065	1.066	1.073	1.080	1.083	1.099	1.115	1.109	1.129
纬度接近城市		哈尔滨、佳木斯	吉林、四平	哈密、伊宁、石河子	锦州、鞍山	呼和浩特	天津、唐山、秦皇岛、大连	石家庄、烟台	延安、西宁、格尔木	青岛、莱阳、潍坊、淄博	开封、洛阳
城市		西安	上海	长沙	昆明	广州	海口	拉萨	日喀则	格尔木	西宁
纬度		34.27	31.23	28.18	25.00	23.13	20.03	29.65	29.27	36.41	36.62
年总太阳能辐照量(MJ/(m²·年))		4730	4730	4257	5992	4730	5361	7316	7505	6906	6118
能源分区等级		四等	四等	四等	二等	四等	三等	一等	一等	一等	二等
安装倾角(°)	20	0.730	0.714	0.702	0.693	0.688	0.682	0.660	0.659	0.693	0.694
	30	0.715	0.704	0.697	0.692	0.690	0.689	0.653	0.653	0.676	0.676
	35	0.714	0.706	0.701	0.699	0.698	0.700	0.656	0.656	0.673	0.674
	40	0.718	0.712	0.710	0.710	0.711	0.716	0.663	0.663	0.676	0.676
	45	0.727	0.723	0.723	0.726	0.729	0.736	0.675	0.675	0.683	0.682
	50	0.741	0.740	0.742	0.748	0.753	0.763	0.691	0.691	0.694	0.694
	55	0.760	0.761	0.767	0.776	0.783	0.797	0.712	0.713	0.710	0.709
	60	0.785	0.789	0.798	0.811	0.820	0.839	0.740	0.742	0.732	0.730
	70	0.856	0.868	0.885	0.909	0.925	0.955	0.818	0.820	0.794	0.793
	80	0.967	0.989	1.019	1.058	1.083	1.132	0.936	0.941	0.891	0.888
	90	1.136	1.174	1.223	1.283	1.320	1.384	1.118	1.125	1.039	1.035
纬度接近城市		宝鸡、咸阳	无锡、苏州、合肥、芜湖	南昌	台北、桂林	汕头、个旧	—	—	—	—	—

注：1. 本表是根据集热器在集热效率为 50% 时计算而得到的数据。在集热效率低于 50% 的情况下，应适当增大集热器面积；反之，则适当减小集热器面积。
　　2. 贮热水箱可按 50L/m² 集热器估算。
　　3. 本表引自《热水器选用及安装》08S126。

4.6.4 空气源热泵热水器

1. 空气源热泵热水器的工作原理见本手册 4.7 节。

2. 全年运行时一般用于长江流域以南地区。

3. 空气源热泵热水器按照制热方式分为以下两类:

(1) 一次加热式

一次加热式空气源热泵热水器如图 4.6-5 所示,其特点为:1) 出水温度在 50℃内可设定;2) 冷水只流过热泵热水器内的冷凝器一次就达到用户设定温度。但机组效率低,冷热水压力难平衡。适用范围:较少采用。

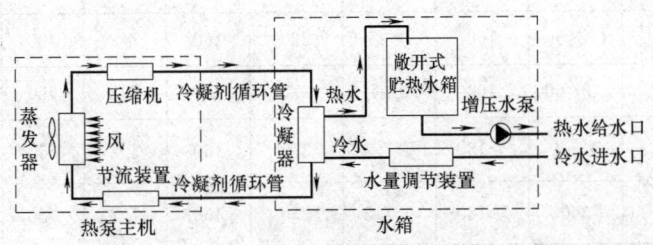

图 4.6-5　一次加热式空气源热泵热水器原理图

(2) 循环加热式

循环加热式空气源热泵热水器如图 4.6-6 所示,其特点为:1) 出水温度在 40~55℃内可设定;2) 冷水通过循环水泵,多次流过热泵热水器内的冷凝器逐渐达到用户设定温度。适用范围:适用于全年温度较高的南方地区。

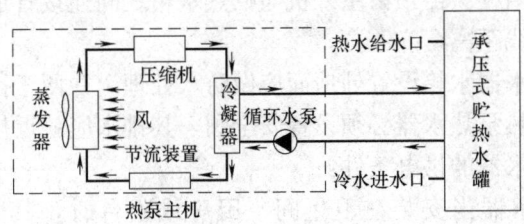

图 4.6-6　循环加热式空气源热泵热水器原理图

4. 普通住宅用空气源热泵热水器估算选用见表 4.6-7。

普通住宅用空气源热泵热水器估算选用　　　　　　　　　表 4.6-7

每户人口(人)	浴盆个数(个)	是否使用峰谷电	循环加热式空气源热泵热水器			一次加热式空气源热泵热水器				备注
			贮热水箱(罐)容量(L)	额定制热水能力(L/h)	额定制热量(kW)	贮热水箱(罐)容量(L)	额定制热水能力(L/h)	额定制热量(kW)	一次供热水量(L)	
2	0	否	100	70	3.2	—	—	—	—	最冷月平均气温低,用水要求高的情况下,选大的推荐值
	0	是	100	70	3.2	—	—	—	—	
3	0	否	100、150	80	3.2~3.7	—	—	—	—	
	0	是	150~250	80	3.2~3.7	—	—	—	—	

每户人口（人）	浴盆个数（个）	是否使用峰谷电	循环加热式空气源热泵热水器			一次加热式空气源热泵热水器				备注
			贮热水箱（罐）容量（L）	额定制热水能力（L/h）	额定制热量（kW）	贮热水箱（罐）容量（L）	额定制热水能力（L/h）	额定制热量（kW）	一次供热水量（L）	
3	1	否	200～250	80～120	3.2～5.5	—	—	—	—	
	1	是	250～300	80～120	3.2～5.5	—	—	—	—	
4	1	否	250～300	120	3.5～5.5	220	160	7.2	400	最冷月平均气温低、用水要求高的情况下，选大的推荐值
	1	是	350～400	120～160	5.0～7.5	220	160	7.2	400	
3～6	2	否	400～500	160	5.0～7.5	220	160	7.2	400	
	2	是	450～600	160	7.2～7.5	375	160	7.2	750	
>5	≥2或有冲浪浴缸	否	≥500	≥160	≥7.2	375	160	7.2	750	
		是	≥600	≥160	≥7.2	375	160	7.2	750	

注：1. 如用水要求更高，需根据使用情况，另行设计。
  2. 本表引自《热水器选用及安装》08S126。

5. 空气源热泵热水器设计要点

（1）应考虑机组运行气流和噪声对周围环境的影响，安装位置宜远离卧室。

（2）整体式空气源热泵热水器一般安装在院落、阳台、屋顶等地。

（3）分体式空气源热泵热水器的室外机与贮热水箱分开设置，根据贮热水箱的安装形式分为壁挂式和落地式两种。需预留室外机与贮热水箱之间连接管道的安装位置，使室外机与贮热水箱之间的管线距离≤6m。

（4）空气源热泵热水器水箱设置处地面应做防水处理，并便于排水。

（5）承压式空气源热泵热水器必须设置安全阀，其排水应就近排入附近的排水设施。

（6）空气源热泵热水器的供电条件：

1）空气源热泵热水器当安装在卫生间、厨房或阳台时，其电源插座宜设置独立回路。

2）电气线路应按安全和防火要求敷设配线。

3）应采用防溅水型、带开关的接地插座。在浴室安装时，插座应与淋浴喷头分设在空气源热泵热水器本体两侧。

4.6.5　模块式智能化换热机组

1. 系统组成

模块式智能化换热机组由中央控制单元、板式换热器、变频循环泵、一、二次侧管路、控制阀门、温度传感器、流量传感器组成。模块式智能化换热机组系统图如图4.6-7所示。

2. 产品组成

热媒侧组件见图4.6-8；供水侧组件见图4.6-9。

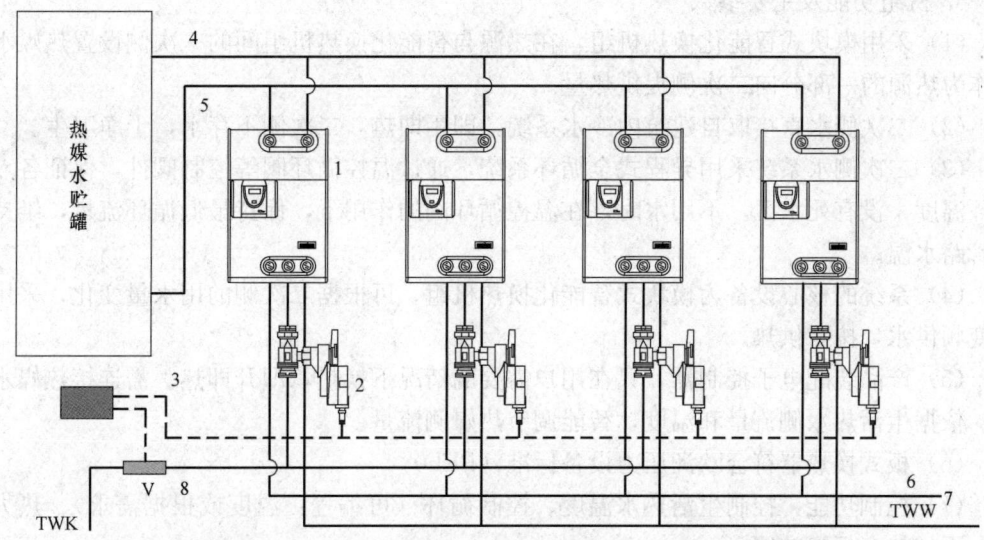

图 4.6-7 模块式智能化换热机组系统图

1—模块式智能化换热机组；2—级联控制器；3—流量传感器；4—热媒供水管；5—热媒回水管；
6—生活热水供水管；7—生活热水回水管；8—冷水管

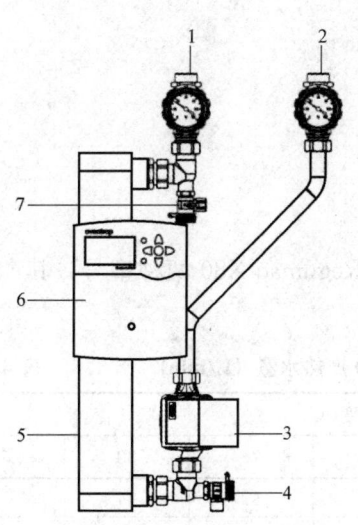

图 4.6-8 热媒侧组件

1—带有温度传感器接口的球阀，并在手轮内部
设置了温度传感器及仪表；2—带有止回功能的
球阀，并在手轮内部设置了温度传感器及仪表；
3——次泵；4—冲洗、注排水装置；5—板式换热器
6—电子控制器；7—冲洗、注排水装置

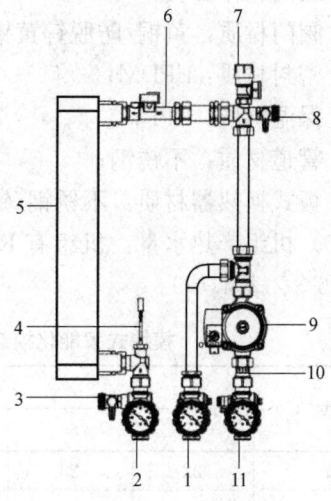

图 4.6-9 供水侧组件

1—带有温度传感器接口的球阀，并在手轮内部设置
了温度传感器及仪表；2—带有温度传感器接口的球
阀，并在手轮内部设置了温度传感器及仪表；3—冲
洗、注排水装置；4—温度传感器；5—板式换热器；
6—流量传感器；7—生活热水安全阀；8—冲洗、注
排水装置；9—循环泵；10—止回阀；11—带有温
度传感器接口的球阀，并在手轮内部设置
了温度传感器及仪表，集成了排水阀

3. 机组功能及主要参数

（1）采用模块式智能化换热机组，在热源与智能化换热机组间的一次侧设置热媒水贮罐作为热源的一部分向二次侧提供热量。

（2）二次侧水直接取自建筑内冷水系统，即用即热，二次侧不存水，干净卫生。

（3）二次侧水系统采用异程式全循环系统，通过温控循环阀等控制阀件，保证各点的循环温度，没有死水区。不用水时，在温控循环阀的作用下，保持最低循环流量，维持供水管路水温。

（4）系统的核心设备为模块式智能化换热机组，可根据二次侧的用水量变化，采用水泵变频供水，按需供热。

（5）产品装配电子控制器，只在用户需要的情况下换热，即开即热。需连接热媒水贮罐。依据生活热水侧流量和温度，智能调节热媒侧流量。

（6）板式换热器符合欧洲压力设备标准（PED）。

（7）控制功能：控制生活热水温度、控制循环（可编程：温度或根据需求）、热力杀菌、再加热、报警功能。

（8）控制器"Regtronic RQ-B"通过内部电气组件和数据总线连接到数据记录器"CS-BS"。

（9）主要参数：

1）最大工作压力：0.1MPa；

2）最高工作温度：95℃；

3）阀门材质：黄铜/防脱锌黄铜/青铜；

4）密封材质：EPDM；

5）保温材质：EPP；

6）管道材质：不锈钢；

7）板式换热器材质：不锈钢/钎焊铜。

（10）机组产热水量：机组有 Regumaq X30 和 Regumaq X80 两种型号，其产热水量见表 4.6-8、表 4.6-9。

模块式智能化换热机组 Regumaq X30 产热水量（L/min） 表 4.6-8

热水温度(℃)	热媒温度(℃)						
	55	60	65	70	75	80	85
50	22	28	33	38	42	44	56
55		22	28	30	33	38	42
60			23	28	32	34	36

模块式智能化换热机组 Regumaq X80 产热水量（L/min） 表 4.6-9

热水温度(℃)	热媒温度(℃)						
	55	60	65	70	75	80	85	90
45	66	82	92	104	116	124	142	148
55		46	59	70	80	88	98	108
60			45	55	66	75	84	94

4. 外形尺寸

（1）模块式智能化换热机组 Regumaq X30 外形尺寸见图 4.6-10。

（2）模块式智能化换热机组 Regumaq X80 外形尺寸见图 4.6-11。

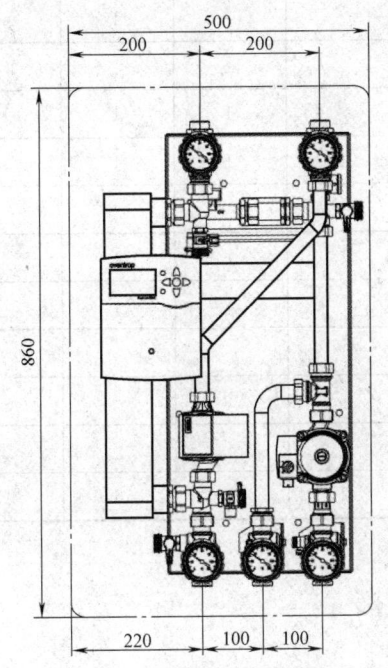

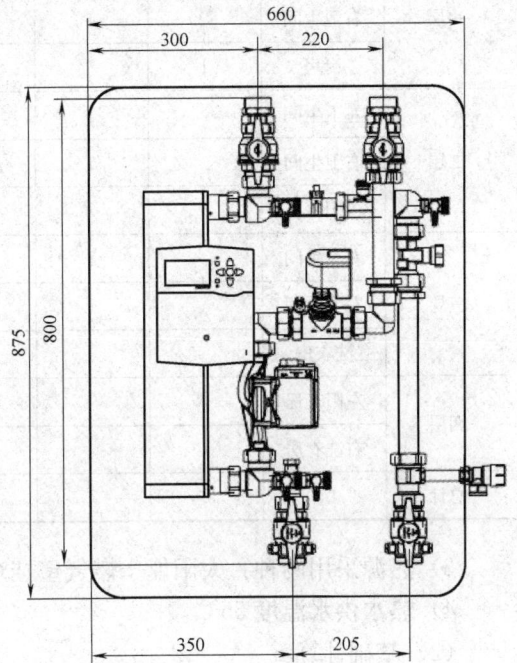

图 4.6-10　模块式智能化换热机组　　　　图 4.6-11　模块式智能化换热机组

Regumaq X30 外形尺寸　　　　　　　　Regumaq X80 外形尺寸

5. 适用范围：高端别墅、公寓等建筑的局部热水供应。

6. 用水终端热水循环管道布置见图 4.6-12。

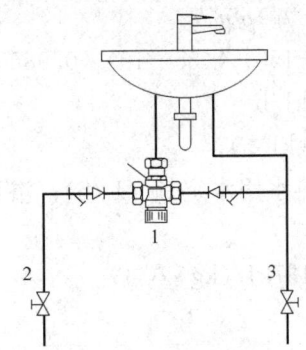

图 4.6-12　用水点接管图

1—生活热水恒温混水阀；2—生活热水供水管；3—冷水管

7. 设计应用示例

（1）工程概况与基础条件

1）某别墅建筑面积 $600m^2$，地上 4 层，地下 2 层。卫生间 6 个，总用水点 30 个，其中热水点 17 个。具体用水点如表 4.6-10 所示。

2）该别墅设全日热水供应系统，常用水人数 8 人。

某别墅用水点分布   表 4.6-10

位置		洗涤盆	洗脸盆	洗手盆	浴缸	淋浴	马桶	洗衣机
一层	左卫生间		1			1	1	
	右卫生间		1			1	1	
	厨房	1						
二层	左卫生间		1			1	1	
	右卫生间		1		1	1	1	
	阳台			2				
三层	左卫生间		2		1	1	1	
	右卫生间		1			1	1	
	洗衣房							1
四层	左阳光房			1				
	右洗衣房	1		1				2
总计		2	7	4	2	6	6	3

3）热源采用两种：太阳能＋燃气壁挂炉。

4）热水供水温度 55℃。

（2）基础计算

1）设计秒流量 q_s

通过内插法算得秒流量 $q_s＝0.74L/s$

2）设计小时耗热量计算

按局部热水供应计算公式计算：

$$Q_h＝\sum q_h(t_r－t_L)\rho_r n_o bc$$
$$＝(250＋150)\times(55－10)\times0.985\times100\%\times4.187$$
$$＝74236kJ/h$$

式中　Q_h——设计小时耗热量（kJ/h）；

　　　q_h——卫生器具的小时热水用水定额（L/h）；浴盆 250L/h，淋浴器 150L/h，洗脸盆 30L/h；

　　　　c——水的比热，$c＝4.187kJ/(kg\cdot℃)$；

　　　t_r——热水温度，55℃；

　　　t_L——冷水温度，10℃；

　　　ρ_r——热水密度，取 0.985kg/L；

　　　n_o——按 1 个卫生间浴盆 1 个、淋浴器 1 个，同时用水计算；

　　　　b——卫生器具同时使用百分数，取 100%。

（3）产品选型

1）热媒水贮热罐选型

贮热罐的容积依据《建筑给水排水设计规范》GB 50015—2003（2009 年版）中

表 5.4.10 水加热器的贮热量，取≥20minQ_h。

$$V_e = \frac{SQ_h}{1.163(t_r - t_L)} = \frac{0.33 \times 20.62}{1.163 \times (55 - 10)} = 0.13 \text{m}^3$$

式中　V_e——贮水容积（m^3）；

　　　Q_h——设计小时耗热量（kJ/h）；换算后为 20.62kW；

　　　S——贮热时间（h），取 20min；

　　　t_r——热水温度，55℃；

　　　t_L——冷水温度，10℃。

$$V = bV_e = 1.05 \times 0.13 = 0.137 \text{m}^3$$

式中　V——总容积（m^3）；

　　　b——容积附加系数，取 1.05。

故可选用一台 150L 贮热罐。

2）机组选型

模块式智能化换热机组根据设计秒流量进行选型。本项目热水温度 55℃，冷水温度 10℃，热媒侧温度 70℃。项目的热水秒流量为 0.74L/s＝44.4L/min，查表 4.6-8 及表 4.6-9 得出 Regumaq X30 热水侧出水量为 30L/min、Regumaq X80 热水侧出水量为 70L/min。所以本项目选用 2 台模块式智能化换热机组 Regumaq X30 或 1 台模块式智能化换热机组 Regumaq X80。

4.7　太阳能热水、热泵热水系统

4.7.1　太阳能热水系统的选型原则

1. 公共建筑如旅馆、医院等对热水使用要求较高、管理水平较好、维修条件较完善、无收费矛盾等难题。因此，这类建筑宜采用集中集热、集中供热太阳能热水系统。

2. 住宅类建筑一般物业管理水平不及公共建筑，且当采用集中集热、集中供热太阳能热水系统时不能适应住宅入住率即使用人数的变化。当入住率很低时，整个热水制备成本分摊到少数使用者，热水价格极高。如北京某公租住宅，开始入住率只有 10% 时太阳能热水价格为 310.46 元/t，使住户无法承受这样的系统，用不了多久即被迫停用。另外，住宅使用设支管循环的集中集热、集中供热太阳能热水系统还存在水表计量误差，会引起收费矛盾。因此，住宅类建筑宜采用集中集热、分散供热太阳能热水系统或分散集热、分散供热太阳能热水系统。

3. 小区设集中集热、集中供热太阳能热水系统或集中集热、分散供热太阳能热水系统时，太阳能集热系统宜按分栋建筑设置。其优点是系统较小，无室外埋地管道，便于物业维护管理，并可大大减少系统的事故维修工作量，减少能耗。多栋建筑合建系统虽有共用集热、供热设备的优点，但存在连接管道多而复杂，尤其是埋地的热水管故障多、维修工作量大，且管路热损失大、使用率低等缺点。据工程测算，有的大型合建系统室外埋地管道的热损耗等于一天的太阳能集热量。因此，合建系统宜控制集热器阵列出口至集热水箱的距离不大于 300m。

4. 太阳能热水系统应根据集热器构造、冷水水质硬度及冷热水压力平衡要求等经分析比较，确定采用直接太阳能热水系统或间接太阳能热水系统。

（1）首要因素是集热器构造，目前国内生产的集热器主要有平板型和真空管型。前者集热排管管径较大，后者集热内管管径一般为 $\phi 6 \sim 8$，管径小。由于集热管内温度可达 100℃以上，热水通过集热管时水中碳酸钙均将形成水垢沉积，尽管玻璃管壁很光滑，也可能产生水垢沉积。因此，真空管型集热器较适用于间接太阳能热水系统，直接太阳能热水系统宜采用平板型集热器。

（2）冷水水质硬度大小即代表水中碳酸钙含量的多少，也即水垢的多少。一般来说，以地表水为水源的冷水硬度较低，以地下水为水源的冷水硬度较高。

（3）直接或间接太阳能热水系统与系统的冷热水压力平衡有直接关系。

如表 4.7-9 中图 7、图 8、图 11、图 12 所示。图 7 所示为设高位集热贮热水箱的直接供水方式，当供热水箱高度满足最不利点供水压力时，系统可为重力供水不需设加压泵，为使系统冷热水压力平衡，宜在相同高度处设冷水水箱供冷水，当无条件时，冷水系统可设减压阀控制阀后压力与热水供水系统一致来供水。图 8 所示为设低位集热贮热水箱的直接供水方式。供热水箱需设变频供水泵组供水。图 12 所示为板式换热器配集热水罐和辅热水加热器的间接供水方式。此系统冷水集热水罐经预热、辅热后供热水，可直接利用冷水系统压力保证系统冷热水压力平衡，且集热系统中的热媒水可采用软化水，有利于缓减集热系统的结垢，提高集热效率并延长集热器使用寿命。此图示适用于集热器总面积≤500m² 的系统。图 11 所示为板式换热器配集热贮热水箱和辅热水加热器的间接供水方式，即用集贮热水箱替代图 12 的集热水罐，可节约一次投资和减少占地面积。但它需设系统加压泵，将带来增加能耗及冷热水压力不平衡问题。

5. 太阳能热水系统应根据集热器类型及其承压能力、集热系统布置方式、运行管理条件等经比较，选择采用闭式太阳能集热系统或开式太阳能集热系统。

（1）集热器的承压能力

常见的集热器类型见表 4.7-1，从表中得知，全玻璃真空管型集热器承压能力较差。闭式系统宜选金属玻璃真空管型和平板型。

（2）集热系统形式

直接供水系统均为开式太阳能热水系统，如表 4.7-9 中图 2～图 5 所示；大多数间接供水系统为闭式太阳能热水系统，如表 4.7-9 中图 10～图 14 所示。

（3）运行管理条件

闭式承压系统：集热系统内介质温度最高可达 200℃以上，优点是集热效率较高，但它相应的管材、管件、阀件均要求耐此高温，还应设置防管系高温差伸缩附件，维护、管理必须到位。否则将严重影响系统的正常运行。

开式系统：不承压，介质温度小于 100℃，相应的系统运行管理要求较低。

4.7.2　太阳能热水器及系统形式分类

太阳能热水器及系统形式分类见表 4.7-1～表 4.7-8。

按集热器类型分类   表 4.7-1

分类	主要特征	图 示
平板型	接收太阳辐射并向其传热工质传递热量的非聚光型部件,吸热体结构基本为平板形状。结构简单,抗冻能力较弱,耐压和耐冷热冲击能力强,价格较低	 1—透明盖层; 2—隔热材料; 3—吸热板; 4—排管; 5—外壳; 6—散射太阳辐射; 7—直射太阳辐射
全玻璃真空管型	采用透明管(通常为玻璃管)且在管壁与吸热体之间有真空空间的太阳集热器,水流经全玻璃管直接加热。结构简单,价格适中,具有一定的抗冻、耐压和耐冷热冲击能力	 1—内玻璃管; 2—外玻璃管; 3—真空; 4—有支架的消气剂; 5—选择性吸收表面
金属-玻璃真空管型	采用玻璃管外罩,将热管直接插入管内或应用 U 形金属管吸热板插入管内的集热管。抗冻、耐压和耐冷热冲击能力强,价格较高	 1—保温堵墙　1—保温堵墙 2—热管吸热板　2—U形管吸热板 3—全玻璃真空管　3—全玻璃真空管

按集热、供热形式分类   表 4.7-2

分类	主要特征
集中集热、集中供热太阳能热水系统	集中集热、集中配置辅助热源,集中供应热水
集中集热、分散供热太阳能热水系统	集中集热、分散配置辅助热源,分散供应热水
分散集热、分散供热太阳能热水系统	分散集热、分散配置辅助热源,分散供应热水

按集热系统运行方式分类   表 4.7-3

分类	主要特征
直流式系统	传热工质一次流过集热系统加热后,进入贮热水箱(罐)或用热水点的非循环系统
自然循环系统	太阳集热系统仅利用传热工质内部的温度梯度产生的密度差进行循环的系统
强制循环系统	利用水泵等外部动力迫使传热工质通过集热器进行循环的系统

按集热器直接、间接加热生活热水分类   表 4.7-4

分类	主要特征
直接式	生活热水流经集热器直接加热的系统
间接式(热交换)	利用集热器加热的流体作为热媒经换热器加热生活热水的系统

按集热器与贮热水箱（罐）的放置关系分类   表 4.7-5

分类	主要特征
分离式	集热器与贮热水箱(罐)分开放置的系统
紧凑式	集热器与贮热水箱(罐)直接相连或相邻的系统
闷晒式	集热器与贮热水箱(罐)结合为一体的系统

按集热器的安装位置分类   表 4.7-6

分类	主要特征	图 示
坡屋面	形式多样,热效率受安装方法的影响	
平屋面	热效率高,安装维修方便,须相应增加支架	
平台、檐口	热效率高,安装维修方便,须相应增加支架	
阳台	配置灵活、安装方便、热效率低、维修不便	

续表

分类	主要特征	图　示
外墙	配置灵活、安装方便、热效率低、维修不便	

按集热器的安装方式分类　　　　表 4.7-7

分类	主要特征	图　示
一体型	集热器作为建筑构件,一体安装。整体感好,美观,热效率受安装部位建筑物角度的制约	
叠合型	集热器紧贴建筑表面安装,较美观,热效率受安装部位建筑物角度的制约	
支架型	利用支架固定在建筑物上,热效率高,维修方便	

按辅助热源设备安装位置分类　　　　表 4.7-8

分类	主要特征
内置加热系统	辅助热源设备安装在太阳能热水系统的贮热水箱(罐)内
外置加热系统	辅助热源设备安装在太阳能热水系统的贮热水箱(罐)附近或安装在供热水管路上

4.7.3　常用太阳能热水系统图示

常用太阳能热水系统图示见表 4.7-9。

常用太阳能热水系统图示   表 4.7-9

名称	图 示	系统特点	适用范围	优缺点
无动力循环贮筒式太阳能热水装置	 1—热水出水;2—开式集热外箱; 3—闭式集热内箱; 4—冷水进水管;5—玻璃真空管 图 1	1. 最大化贮存全日集热量:集热元器件与贮水装置紧凑连接,每平方米集热轮廓采光面积按65L贮存量配置; 2. 充分利用现有玻璃真空管和平板集热元器件的长处:利用水的温差实现自然循环,不需要集热循环泵,元器件成熟可靠;北方地区适宜真空管型集热器、南方地区适宜平板型集热器; 3. 可利用系统冷水供水压力直接供水; 4. 生活热水为闭式系统,水质不受污染; 5. 不需要集中水箱和水箱间,大幅度减少对建筑、结构的影响,最大化实现建筑一体化的统一性、完整性; 6. 集热系统不超过100℃,不需要专门的过热保护措施	各种太阳能热水系统	1. 系统简化,合理适用; 2. 集热效率明显提高,且无运行能耗; 3. 有利于建筑的一体化,降低建筑成本; 4. 传统系统运行中的难题得到妥善解决:(1)集热系统为开式系统,解决了传统系统的爆管和集热管失效的难题;(2)无需循环泵、无集热自动控制系统的运行故障;(3)缓解了防冻问题;(4)运行管理费用低廉,适应用热负荷的变化
直接供水 自然循环(一)	 1—集热器;2—集热贮热水箱; 3—冷水;4—辅助热源; 5—辅热水加热器;6—膨胀罐 图 2	1. 集热贮热水箱与辅热水加热器上、下分设; 2. 集热贮热水箱箱底高于集热器上集管; 3. 闭式供水系统	1. 屋顶允许设置集热贮热水箱,但无条件设辅热水加热器; 2. 无水冻地区; 3. 冷水硬度≤150mg/L; 4. 宜有高于集热贮热水箱且≥1m³的冷水箱补给冷水; 5. 冷、热水箱高度满足系统水压要求; 6. 日用热水量较小	1. 自然循环集热节能; 2. 系统较简单经济; 3. 水压稳定、冷热水压力平衡; 4. 集热贮热水箱大而高,与建筑立面难协调; 5. 受使用范围控制条件多

续表

名称	图　示	系统特点	适用范围	优缺点
直接供水 自然循环(二)	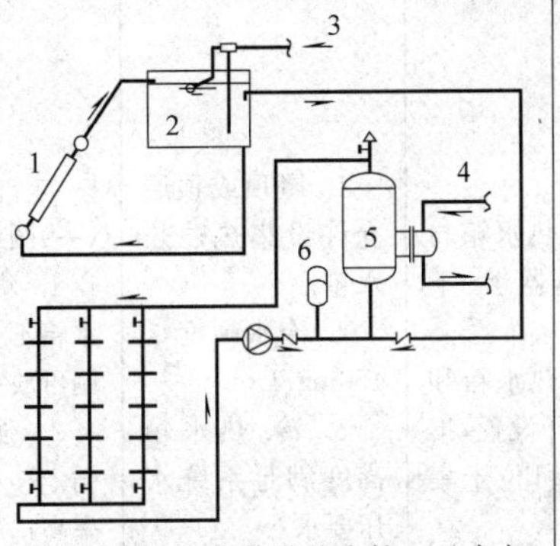 1—集热器;2—集热贮热水箱;3—冷水; 4—辅助热源;5—辅热水加热器;6—膨胀罐 图 3	1. 集热贮热水箱与辅热水加热器均设在屋顶; 2. 集热贮热水箱箱底高于集热器上集管; 3. 闭式供水系统	1. 屋顶允许并有条件设置集热贮热水箱和辅热水加热器; 2. 无水冻地区; 3. 冷水硬度≤150mg/L; 4. 宜有高于集热贮热水箱且≥1m³的冷水箱补给冷水; 5. 冷、热水箱高度满足系统水压要求; 6. 日用热水量较小	与自然循环(一)图示比较,设备集中,便于管理。其他优缺点同自然循环(一)
	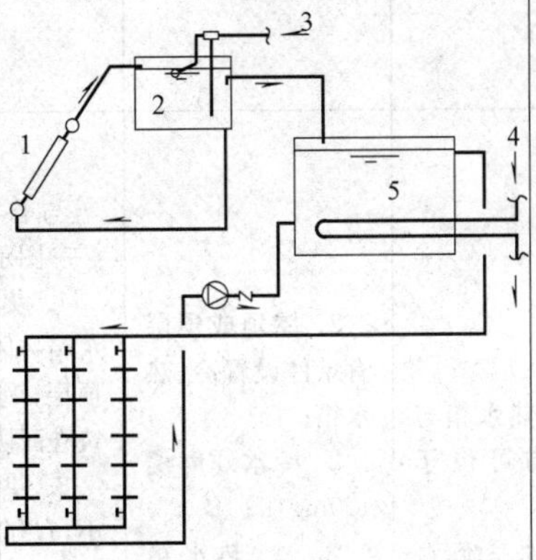 1—集热器;2—集热水箱;3—冷水; 4—辅助热源;5—供热水箱 图 4	1. 集热水箱与供热水箱均设在屋顶; 2. 集热水箱箱底高于集热器上集管; 3. 开式供水系统	1. 屋顶允许并有条件设置集热水箱和供热水箱; 2. 无水冻地区; 3. 冷水硬度≤150mg/L; 4. 宜有高于集热水箱且≥1m³的冷水箱补给冷水; 5. 冷、热水箱高度满足系统水压要求; 6. 日用热水量较小	与自然循环(二)图示比较: 1. 集热水箱只集热、不贮热,体型缩小,便于与建筑立面协调; 2. 供热水箱比辅热水加热器便宜; 3. 辅热效果差
自然循环(四)	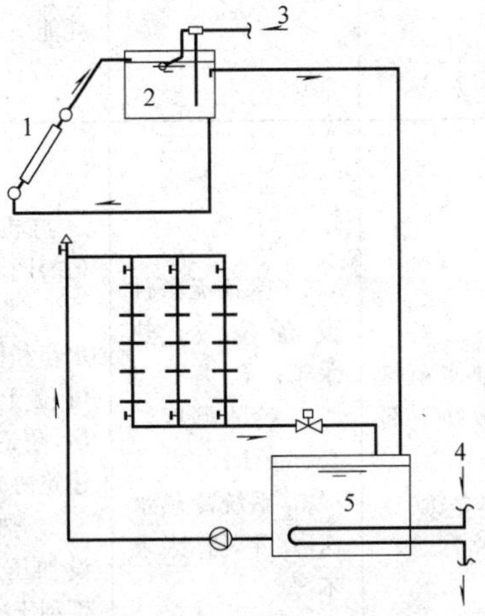 1—集热器;2—集热水箱;3—冷水; 4—辅助热源;5—供热水箱 图 5	1. 集热水箱与供热水箱上、下分设; 2. 集热水箱箱底高于集热器上集管; 3. 闭式供水系统	1. 屋顶允许设集热水箱,但无条件设供热水箱; 2. 无水冻地区; 3. 冷水硬度≤150mg/L; 4. 系统冷热水压力平衡要求不严; 5. 日用热水量较小	1. 集热水箱只集热、不贮热,体型缩小,便于与建筑立面协调; 2. 供热水箱比辅热水加热器便宜; 3. 辅热效果差; 4. 热水另加泵供水,不利于冷热水压力平衡

续表

名称		图 示	系统特点	适用范围	优缺点
直接供水	机械循环(一)	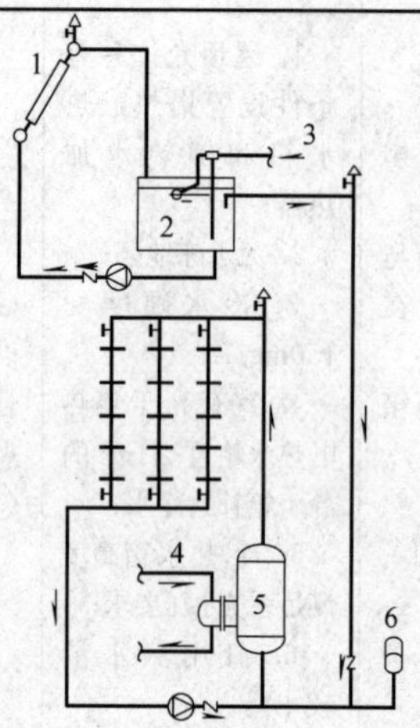 1—集热器;2—集热贮热水箱;3—冷水; 4—辅助热源;5—辅热水加热器;6—膨胀罐 图6	1. 集热贮热水箱与辅热水加热器上、下分设; 2. 集热贮热水箱和集热器可分开设置,集热贮热水箱可位于集热器之下; 3. 闭式供水系统	1. 屋顶或顶层允许设集热贮热水箱; 2. 冷水硬度≤150mg/L; 3. 冷、热水箱高度满足系统水压要求; 4. 日用热水量较小	与自然循环(一)图示比较: 1. 集热贮热水箱不受高度限制可放室内; 2. 强制集热循环,集热效率高; 3. 加循环泵耗能
	机械循环(二)	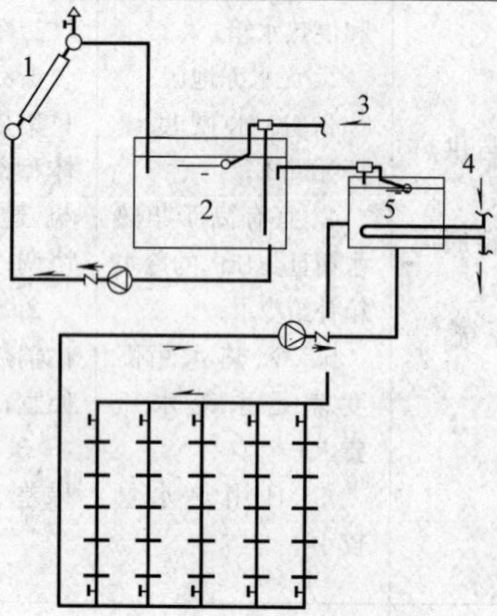 1—集热器;2—集热贮热水箱;3—冷水; 4—辅助热源;5—供热水箱 图7	1. 集热贮热水箱与供热水箱均可位于室内; 2. 开式供水系统	1. 屋顶或顶层有条件设置冷、热水箱; 2. 冷水硬度≤150mg/L; 3. 冷、热水箱高度满足系统水压要求	与自然循环(三)图示比较: 1. 集集贮热水箱一体可位于顶层,利于与建筑立面协调; 2. 供热水箱小,有利节能、快速供热水; 3. 集热效率高; 4. 加循环泵耗能
	机械循环(三)	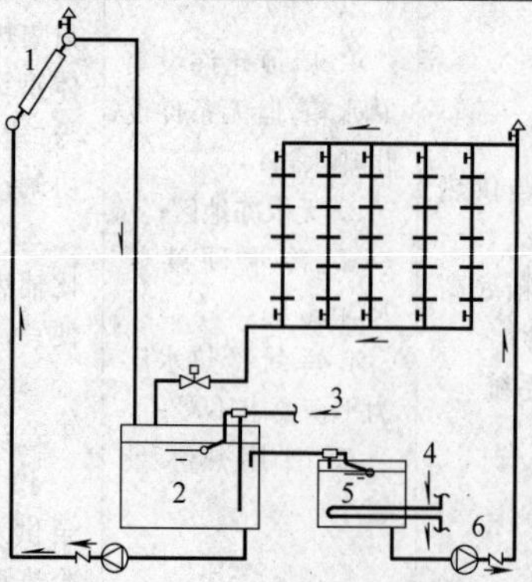 1—集热器;2—集热贮热水箱;3—冷水; 4—辅助热源;5—供热水箱;6—供水泵 图8	1. 集热贮热水箱与供热水箱可放在下部机房内; 2. 开式供水系统	1. 屋顶无条件设高位冷、热水箱; 2. 冷水硬度≤150mg/L; 3. 系统冷热水压力平衡要求不严	与机械循环(二)图示比较: 1. 集热贮热水箱和供水箱可位于下部机房,更有利于与建筑协调; 2. 热水需单设加压泵供水,不利于冷热水压力平衡

名称		图 示	系统特点	适用范围	优缺点
直接供水	机械循环（四）	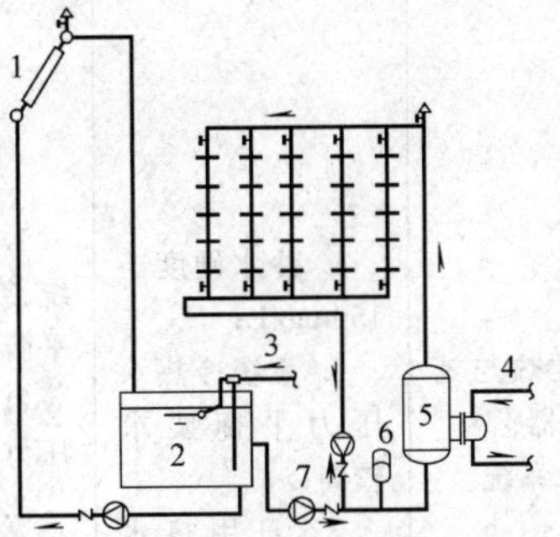 1—集热器；2—集热贮热水箱；3—冷水； 4—辅助热源；5—水加热器； 6—膨胀罐；7—供水泵 图 9	1. 集热、贮热、辅热集于一水箱，水箱位于下层设备机房； 2. 闭式供水系统	1. 屋顶无条件设高位冷、热水箱； 2. 冷水硬度≤150mg/L； 3. 系统冷热水压力平衡要求不严	与自然循环（四）图示比较： 1. 不设屋顶集热水箱； 2. 集热效率高； 3. 加循环泵耗能
间接换热供水	（一）	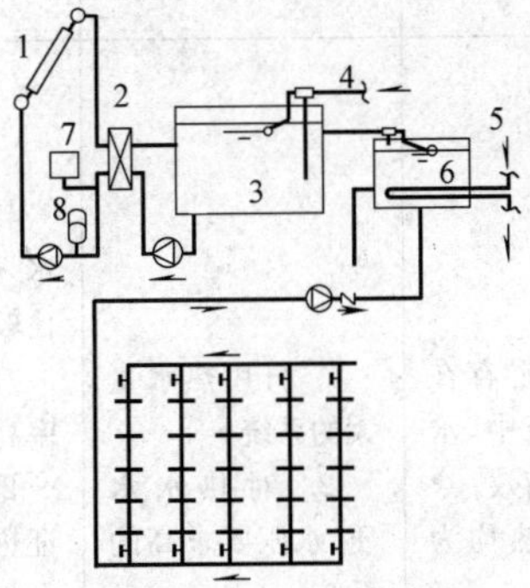 1—集热器；2—板式换热器； 3—集热贮热水箱；4—冷水；5—辅助热源； 6—供热水箱；7—补水系统；8—膨胀罐 图 10	1. 集热贮热水箱与供热水箱均可位于室内； 2. 开式供水系统	1. 屋顶或顶层有条件设置冷、热水箱； 2. 冷、热水箱高度满足系统水压要求	与直接供水的机械循环（二）图示比较： 1. 集热泵系统中的工质仅作热媒用，有利于设备防冻及水垢的危害，集热效率高； 2. 增加板换循环泵等
	（二）	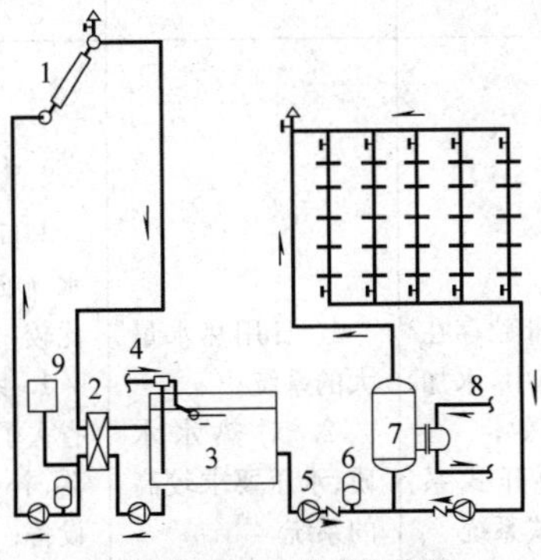 1—集热器；2—板式换热器； 3—集热贮热水箱；4—冷水；5—供水泵； 6—膨胀罐；7—辅热水加热器； 8—辅助热源；9—补水系统 图 11	1. 集热贮热水箱与辅热水加热器可放在下部机房内； 2. 开式供水系统	1. 屋顶或顶层无条件设置冷、热水箱； 2. 系统冷热水压力平衡要求不严	与间接换热供水（一）图示比较： 1. 集热贮热水箱与辅热水加热器可位于地下室等处，布置灵活； 2. 热水另加泵供水，不利系统冷热水压力平衡

续表

名称	图　示	系统特点	适用范围	优缺点
（三）	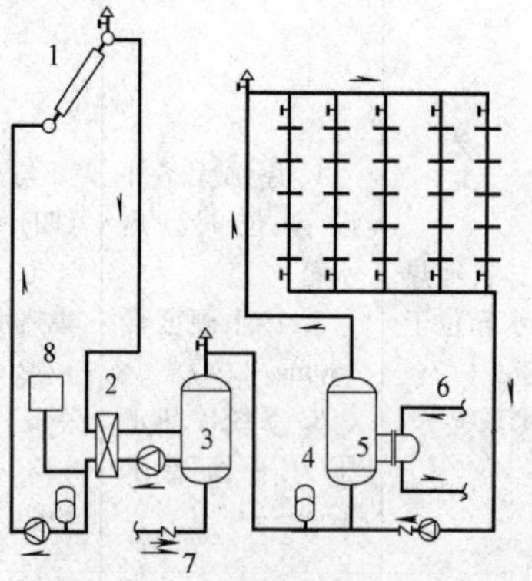 1—集热器；2—板式换热器；3—水加热器； 4—膨胀罐；5—辅热水加热器； 6—辅助热源；7—冷水；8—补水系统 图 12	1. 集热、贮热与辅热分设水加热器； 2. 闭式供水系统	1. 冷水硬度＞150mg/L； 2. 系统冷热水压力平衡要求较高； 3. 日用热水不大	1. 有利于系统冷热水压力平衡； 2. 利用冷水压力，节能； 3. 集热、贮热、辅热设备造价较高
间接换热供水（四）	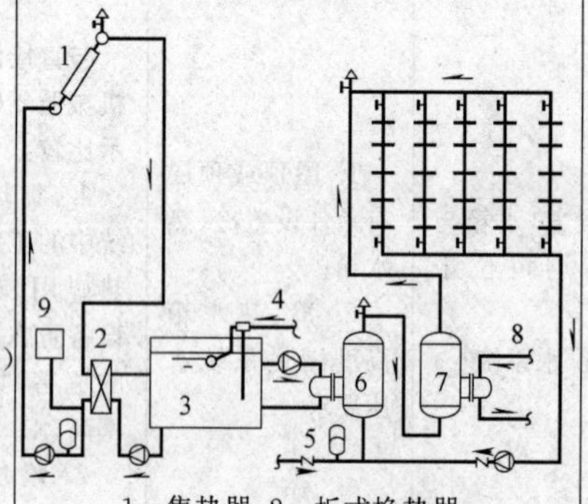 1—集热器；2—板式换热器； 3—集热贮热水箱；4—冷水；5—膨胀罐； 6—水加热器；7—辅热水加热器； 8—辅助热源；9—补水系统 图 13	1. 日集热量贮存在集热、贮热水箱中，水加热器可小型高效； 2. 集热、供热均为闭式系统	1. 日用热水量大的系统； 2. 对热水水质、水压要求高的系统	与间接换热供水（三）图示比较： 1. 集热效率高； 2. 有利于保证热水水质； 3. 贮热部分造价较便宜； 4. 循环泵多耗电
（五）	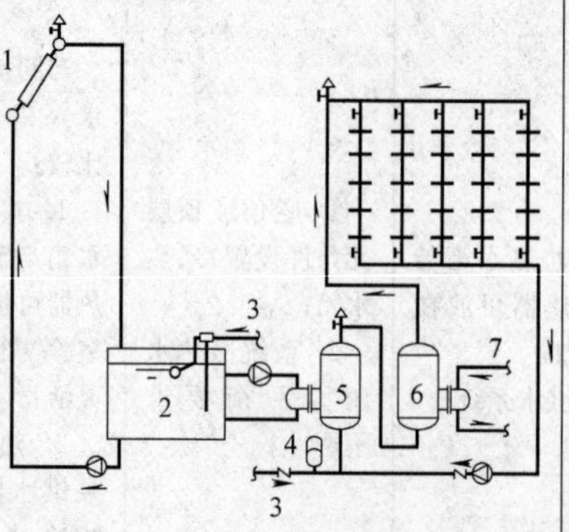 1—集热器；2—集热贮热水箱；3—冷水； 4—膨胀罐；5—水加热器； 6—辅热水加热器；7—辅助热源 图 14	1. 日集热量贮存在集热贮热水箱中，水加热器可小型高效； 2. 集热为开式系统，供热为闭式系统	1. 日用热水量大的系统； 2. 对热水水质、水压要求较高的系统	与间接换热供水（四）图示比较： 1. 系统简单，省去了板式换热器、补水系统等设备； 2. 集热效率相对较低

4.7.4 太阳能集热器选型及集热系统设计要点

1. 太阳能集热器选型要点

(1) 太阳能集热器的类型应根据热水供应系统形式、供水水质、工作压力、经济因素等合理选择。

(2) 太阳能集热器的热性能、光学性能、力学性能、耐久性等应经国家质量监督检验机构检测，且各项性能均应符合国家标准的要求。

(3) 太阳能集热器的结构形式及模块的规格、尺寸应与建筑模数协调。

(4) 作为屋面板的太阳能集热器所构成的建筑坡屋面，其刚度、强度、热工、防护功能应按建筑围护结构设计。

(5) 构成建筑墙面的太阳能集热器，其刚度、强度、热工、锚固、防护功能应满足建筑围护结构的要求。

(6) 构成阳台板的太阳能集热器，其刚度、强度、高度、锚固和防护功能应满足建筑设计要求。

(7) 嵌入建筑屋面、阳台、墙面或其他围护结构的太阳能集热器，应满足建筑围护结构的承载、保温、隔热、隔声、防水、防护等要求。

(8) 架空在建筑屋面和附着在阳台或墙面上的太阳能集热器应有足够的承载能力、刚度、稳定性和相对于主体结构的位移能力。

(9) 太阳能集热器应方便安装、维护检修。

2. 自然循环系统设计要点

(1) 一般家用热水器、集热面积小于 $30m^2$ 的供热水系统采用自然循环系统。

(2) 为保证一定的热虹吸压头和防止夜间反循环，贮热水箱底需高于集热器顶部 $0.2\sim0.5m$，且贮热水箱应尽量靠近集热器。

(3) 贮热水箱应设置给水管、循环水管、热水管、泄水管、通气管。给水管应从水箱底部引入，或采用给水箱及漏斗配水方式。见图 4.7-6。热水管应从水箱上部接出，接管高度一般比上循环管低 $50\sim100mm$。上循环管自水箱上部引出，一般比水箱顶低 200mm，但要保证正常循环时淹没在水面以下。下循环管自水箱底部接出，宜高出水箱底部 50mm 以上。

(4) 集热器与贮热水箱连接的上、下循环水平管段应有沿水流方向大于 0.01 的向上坡度，严禁反坡。

(5) 多台集热器连接在一起时，循环管应对称布置，以防循环短路和滞留。

(6) 上循环管在贮热水箱的入口位置应低于水箱水面。

(7) 集热器宜并联，不宜串联。

(8) 应尽量减少管长和弯头数量，采用大曲率光滑弯头和顺流三通，管路上不宜设阀门以减少循环水头损失。

3. 集中太阳能热水系统推荐采用无动力循环贮筒式太阳能热水系统。

(1) 无动力循环贮筒式太阳能热水系统，即为利用双贮筒将集、贮、换热为一体，间接预热、承压冷水供应热水的组合系统，其构造如图 4.7-1、图 4.7-2 所示。

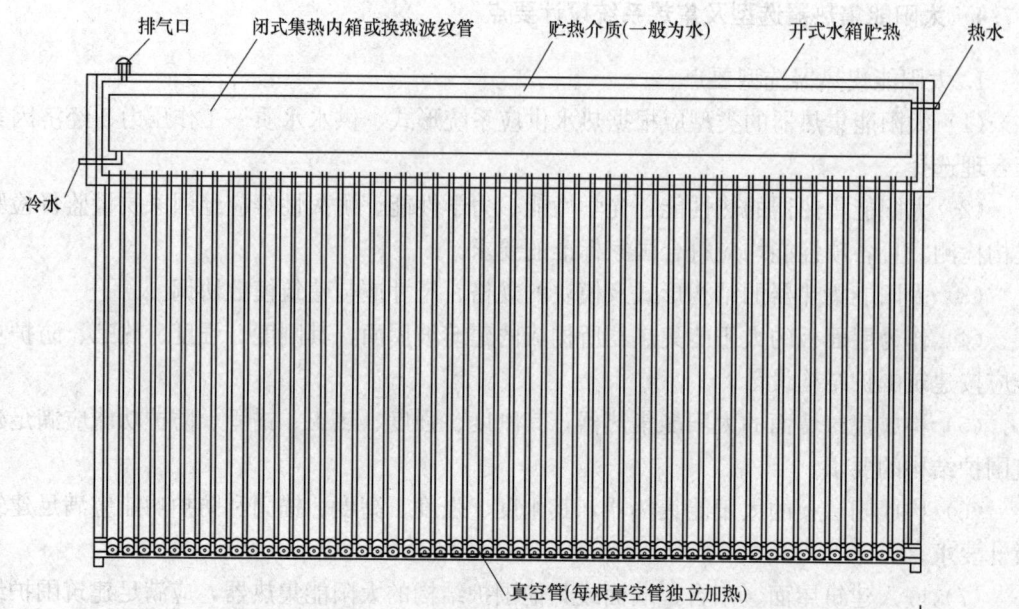

图 4.7-1　无动力循环贮筒式太阳能热水系统原理图

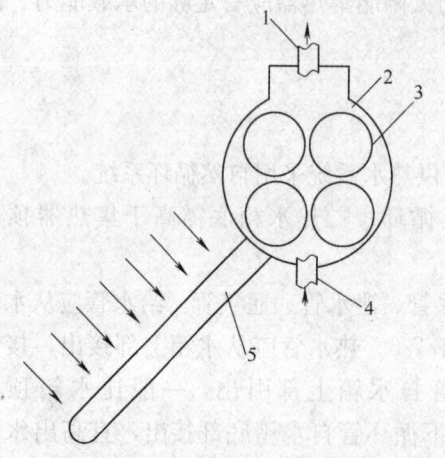

图 4.7-2　集热系统原理图

1—热水出水；2—开式集热外箱；3—闭式集热内箱；
4—冷水进水管；5—U 形玻璃真空管

（2）常用闭式承压太阳能热水系统存在的问题

北京奥运村、广州亚运城设置的集中集热、集中供热太阳能热水系统是至今国内最大型的太阳能热水系统。下面通过这两个典型工程及其他一些工程的应用情况来剖析其存在的问题。

1）集热系统复杂，耗资大、适用性差

图 4.7-3 是北京奥运村太阳能热水系统的设计原理图，工程基本按此实施。该系统的设计要点是：通过第一级集热循环系统换热集热提高集热系统承压能力，借以提高集热介质温度，充分集取太阳能光热，第二级集热换热是为了避免第一级集热水罐（箱）体积太大，其下部易滋生军团菌等细菌。冷水经二级集贮热水罐通过板式换热器将其预热再进入常规热源的水加热器辅热后供水。

从图 4.7-3 可以看出：辅热水加热器前的 1～10 共计 10 种设备设施均为集热系统的组件，可称是最复杂的生活热水系统。它带来的问题一是设备多、投资大、占地大、控制复杂、运行维护成本高；二是适用性差。虽然北京奥运村、广州亚运城这两个大型太阳能热水系统会期运行效果好，满足了运动会期间的集中用热水要求，但会后转为公寓住宅时，尤其是初期，使用人数骤减，而大型集热系统却满负荷运行，集热量过大需采用空气散热器散热，不仅耗能，且全系统运行的成本分摊到使用者身上，即出现了类似某公租房 1t 太阳能热水需 300 多元奇价的工况，致使系统无法运行，只能停用。

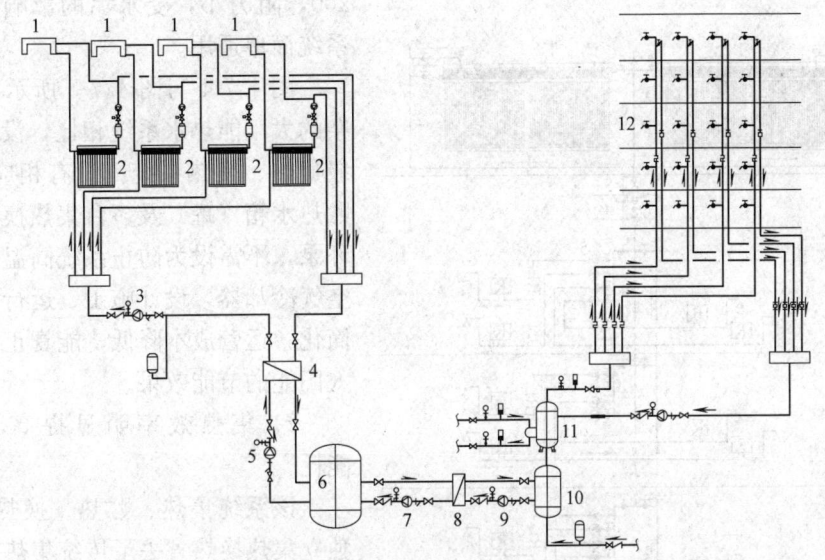

图 4.7-3　北京奥运村大型太阳能集中热水系统方案设计图

1—空气散热器；2—太阳能集热器组；3——级集热循环泵 A；4——级集热板换；
5——级集热循环泵 B；6——级集贮热水罐（箱）；7—二级集热循环泵 C；8—二级集贮热板换；
9—二级集热循环泵 D；10—二级集热水罐；11—辅热水加热器；12—热水用户

2）集热效率低

大型集热器均采用小组集热器串联成大组，大组并联成循环系统的布置方式，循环系统复杂。其间短路循环现象严重，相当多的集热器集取的热量无法传递到集热水箱，这些集热器等于白设。另外，这两个系统的集热器大多采用 U 形金属-玻璃真空管集热器，系统为闭式承压系统，运行时集热水温接近 200℃，管内易形成气堵，并产生水垢沉积，因此这些集热系统的集热效率均较低，长时间运行后，集热效率更低，约只有 20％～40％。

3）能耗大

太阳能热水系统的能耗包括集热系统能耗与供热系统能耗。集热系统能耗包含集热循环泵的集热循环及防冻循环能耗、防过热用空气散热器能耗、集热管路热损失能耗。集热系统总能耗约占有效得热量的 20％～40％。

供热系统能耗：指有的太阳能热水系统采用集、供热水箱配热水加压泵组供水的方式。该系统不能直接利用冷水系统压力，不利于系统热水压力平衡，且增加了供水泵组运行能耗。

4）运行事故多、维护管理困难

由于太阳能集热系统尤其是闭式承压系统介质达 200℃左右高温，相应的管道、管件、阀件、附件的密封部分均易出问题（如冒气漏水），集热器本身因循环短路、水垢堵塞及产品质量问题等引起玻璃管爆管，寒冷地区集热系统防冻措施不妥或故障时易使集热管冻裂，这些问题在运行中频发，给维护管理带来极大困难。

（3）无动力循环贮筒式太阳能热水系统的优点

1）系统简化、合理适用。

如图 4.7-4 所示，它与传统系统相比其优点一是集热系统无集热水箱、集热循环泵，系统大大简化；二是供水直接利用同系统冷水压力且闭式承压，集热水管为 $DN100\sim$

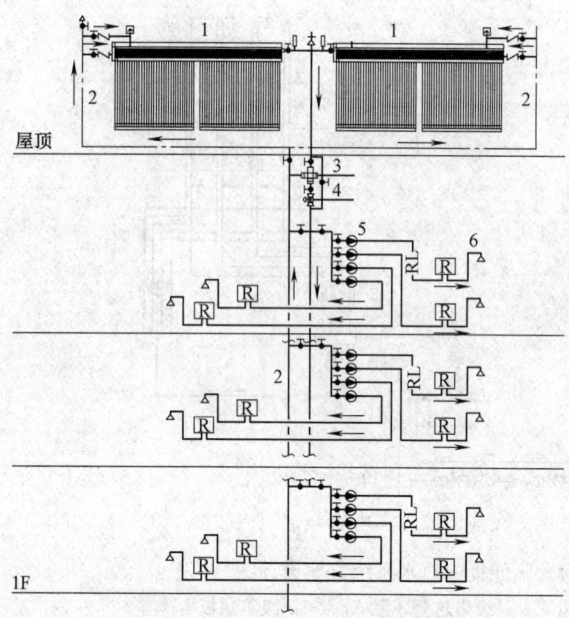

图 4.7-4　住宅集中集热、分散供热无动力
循环贮筒式太阳能热水系统原理图

1—集热器；2—冷水管；3—恒温混合阀；

4—温控阀；5—水表；6—淋浴器

200，阻力小，受水垢的影响小，整个系统简单适用。

图 4.7-4 与图 4.7-5 所示系统与复杂的太阳能热水系统相比，没有一、二级集热、换热系统，没有相应的集热、贮热水箱（罐）及多台集热换热器和循环泵，不需设为防止系统高温爆管用的空气冷却器，设计施工、运行管理大为简化，运营成本降低，能真正体现利用太阳能的节能效果。

2）集热效率明显提高，无运行能耗。

该系统集热、贮热、换热为一体，独立集热换热省去了传统集热系统所需的循环管道、循环泵，消除了因此而产生的集热系统短路循环、气堵等严重影响集热效率的因素，集热器总面积的集热效率等同单组集热器的效率，远高于传统系统，另外该系统减少了循环管路及水箱等的热损失，因此，集热效率可比传统系统提高 1 倍以上。同时，该系统无需循环泵，省投资省地，无运行能耗。

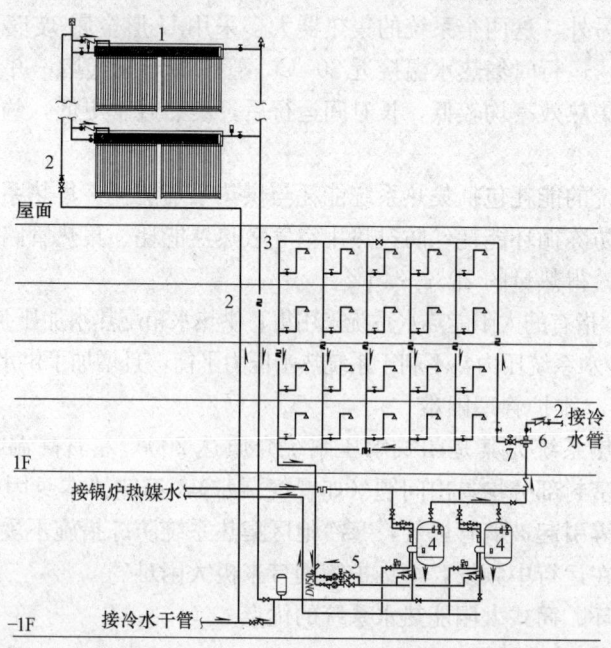

图 4.7-5　旅馆等公共建筑集中集热、集中供热无动力循环贮筒式太阳能热水系统原理图

1—集热器；2—冷水管；3—热水管；4—辅热水加热器；5—生活热水循环泵；

6—恒温混合阀；7—辅助热媒供水管

3）有利于与建筑一体化，降低建筑成本。

该系统无集热贮热水箱（罐）、水泵等设备设施，无需在屋顶或室内设设备间，无碍建筑立面的布置，节省了建筑使用面积，降低了建筑成本。

4）传统系统运行中的难题得以较妥善解决。

该系统集热部分为开式构造，热媒水温度最高小于 100℃。相比闭式承压系统的 200℃高温，集热用管道、阀件等均易选用，可消除集热管积气爆管和失效等运行事故。另外，该装置采用 ϕ400 大管箱集贮热媒水，热容量大，有利于缓解集热器本体的冬季防冻。

5）运行费用低廉，适用于用热负荷的变化。

该系统无集热循环系统，不需设空气散热器等需耗能的运行设备，供热系统亦不需另设加压泵组，因此运行费用低廉，对因用水人数的变化引起换热负荷变化而增加热水单价的影响很小。

4.7.5 太阳能热水系统设计参数及基础资料

1. 太阳辐照量和日照时数，地理、气象参数

（1）我国的太阳能资源可分为 4 个区，其具体划分指标见表 4.7-10。

我国的太阳能资源分区及分区特征　　表 4.7-10

分区	太阳辐照量 $(MJ/(m^2 \cdot 年))$	主 要 地 区	月平均气温 ≥10℃、日照时数 ≥6h 的天数
资源丰富区	≥6700	新疆南部、甘肃西北一角	275 左右
		新疆南部、西藏北部、青海西部	275～325
		甘肃西部、内蒙古巴彦淖尔盟西部、青海一部分	275～325
		青海南部	250～300
		青海西南部	250～275
		西藏大部分	250～300
		内蒙古乌兰察布盟、巴彦淖尔盟及鄂尔多斯市一部分	>300
资源较丰富区	5400～6700	新疆北部	275 左右
		内蒙古呼伦贝尔市	225～275
		内蒙古锡林郭勒盟、乌兰察布盟、河北北部一隅	>275
		山西北部、河北北部、辽宁部分	250～275
		北京、天津、山东西北部	250～275
		内蒙古鄂尔多斯市大部分	275～300
		陕北及甘肃东部一部分	225～275
		青海东部、甘肃南部、四川西部	200～300
		四川南部、云南北部一部分	200～250
		西藏东部、四川西部和云南北部一部分	<250
		福建、广东沿海一带	175～200
		海南	225 左右

续表

分区	太阳辐照量 （MJ/(m²·年)）	主 要 地 区	月平均气温 ≥10℃、日照时数 ≥6h 的天数
资源一般区	4200～5400	山西南部、河南大部分及安徽、山东、江苏部分	200～250
		黑龙江、吉林大部分	225～275
		吉林、辽宁、长白山地区	＜225
		湖南、安徽、江苏南部、浙江、江西、福建、广东北部、湖南东部 和广西大部分	150～200
		湖南西部、广西北部一部分	125～150
		陕西南部	125～175
		湖北、河南西部	150～175
		四川西部	125～175
资源贫乏区	＜4200	云南西南一部分	175～200
		云南东南一部分	175 左右
		贵州西部、云南东南一隅	150～175
		广西东部	150～175
		四川、贵州大部分	＜125
		成都平原	＜100

注：1. 本表摘自《民用建筑太阳能热水系统工程技术手册》。
　　2. 本表所列资源丰富区、资源较丰富区和资源一般区所属地方均宜利用太阳能热源。

（2）我国一些主要城市的气象参数见表 4.7-11。

我国 72 个城市的典型年设计用气象参数　　　　　　表 4.7-11

城市名称	纬度	H_{ha}	H_{ht}	H_{La}	H_{Lt}	T_a	S_y	S_t	f	N
北京	39°56′	14.180	5178.754	16.014	5844.400	12.9	7.5	2755.5	40%～50%	10
哈尔滨	45°45′	12.923	4722.185	15.394	5619.748	4.2	7.3	2672.9	40%～50%	10
长春	43°54′	13.663	4990.875	16.127	5885.278	5.8	7.4	2709.2	40%～50%	10
伊宁	43°57′	15.125	5530.671	17.733	6479.176	9.0	8.1	2955.1	50%～60%	8
沈阳	41°46′	13.091	4781.456	14.980	5466.630	8.6	7.0	2555.0	40%～50%	10
天津	39°06′	14.106	5152.363	15.804	5768.782	13.0	7.2	2612.7	40%～50%	10
二连浩特	43°39′	17.280	6312.236	21.012	7667.933	4.1	9.1	3316.1	50%～60%	8
大同	40°06′	15.202	5554.111	17.346	6332.744	7.2	7.6	2772.5	50%～60%	8
西安	34°18′	11.878	4342.079	12.317	4495.737	13.5	4.7	1711.1	40%～50%	10
济南	36°41′	13.167	4809.780	14.455	5277.709	14.9	7.1	2597.3	40%～50%	10
郑州	34°43′	13.482	4925.519	14.301	5222.523	14.3	6.2	2255.7	40%～50%	10
合肥	31°52′	11.272	4122.817	11.873	4341.379	15.4	5.4	1971.3	≤40%	15
武汉	30°37′	11.466	4192.960	11.869	4339.349	16.5	5.5	1900.2	≤40%	15
宜昌	30°42′	10.628	3887.618	10.852	3968.500	16.6	4.4	1616.5	≤40%	15
长沙	18°14′	10.882	3984.009	11.061	4048.902	17.1	4.5	1636.0	≤40%	15
南昌	28°36′	11.792	4316.409	12.158	4449.184	17.5	5.2	1885.2	40%～50%	10

续表

城市名称	纬度	H_{ha}	H_{ht}	H_{La}	H_{Lt}	T_a	S_y	S_t	f	N
南京	32°00′	12.156	4444.666	12.898	4714.471	15.4	5.6	2049.3	40%～50%	10
上海	31°10′	12.300	4497.261	12.904	4716.445	16.0	5.5	1997.5	40%～50%	10
杭州	30°14′	11.117	4068.653	11.621	4252.141	16.5	5.0	1819.9	≤40%	15
福州	26°05′	11.772	4307.124	12.128	4436.527	19.6	4.6	1665.5	40%～50%	10
广州	23°08′	11.216	4102.517	11.512	4210.564	22.2	4.6	1687.4	≤40%	15
韶关	24°48′	11.677	4274.501	11.981	4384.906	20.3	4.6	1665.8	40%～50%	10
南宁	22°49′	12.690	4642.457	12.788	4677.737	22.1	4.5	1640.1	40%～50%	10
桂林	25°20′	10.756	3936.810	10.999	4025.320	19.0	4.2	1535.0	≤40%	15
昆明	25°01′	14.633	5337.074	15.551	5669.130	15.1	6.2	2272.3	40%～50%	10
贵阳	26°35′	9.548	3493.043	9.654	3530.934	15.4	3.3	1189.9	≤40%	15
成都	30°40′	9.402	3438.352	9.305	3402.674	16.1	3.0	1109.1	≤40%	15
重庆	29°33′	8.669	3174.724	8.552	3131.848	18.3	3.0	1101.6	≤40%	15
拉萨	29°40′	19.843	7246.092	22.022	8038.284	8.2	8.6	3130.4	≥60%	5
西宁	36°37′	15.636	5712.065	17.336	6329.704	6.5	7.6	2776.0	50%～60%	8
格尔木	26°25′	19.238	7029.169	21.785	7955.565	5.5	8.7	3190.1	≥60%	5
兰州	36°03′	14.322	5232.783	15.135	5526.917	9.8	6.9	2509.3	40%～50%	10
银川	28°29′	16.507	6030.888	18.465	6742.000	8.9	8.3	3011.4	50%～60%	8
乌鲁木齐	43°47′	13.884	5078.441	15.726	5748.627	6.9	7.3	2662.1	40%～50%	10
喀什	39°29′	15.522	5673.439	16.911	6178.789	11.9	7.7	2825.7	50%～60%	8
哈密	42°49′	17.229	6296.969	20.238	7390.591	10.1	9.0	3300.1	50%～60%	8
漠河	52°58′	12.935	4727.574	17.147	6254.374	−4.3	6.7	2434.7	40%～50%	10
黑河	50°15′	12.732	4651.737	16.253	5929.060	0.4	7.6	2761.8	40%～50%	10
佳木斯	46°49′	12.019	4391.131	14.689	5360.745	3.6	6.9	2526.4	40%～50%	10
阿勒泰	47°44′	14.943	5462.996	18.157	6631.225	4.5	8.5	3092.6	50%～60%	8
奇台	44°01′	14.927	5456.112	17.489	6387.316	5.2	8.5	3087.1	50%～60%	8
吐鲁番	42°56′	15.244	5573.030	17.114	6251.978	14.4	8.3	3014.9	50%～60%	8
库车	41°48′	15.770	5763.318	17.639	6443.517	11.3	7.7	2804.0	50%～60%	8
若羌	39°02′	16.674	6093.686	18.260	6670.228	11.7	8.8	3202.6	50%～60%	8
和田	37°08′	15.707	5739.433	17.032	6221.590	12.5	7.3	2674.1	50%～60%	8
额济纳旗	41°57′	17.884	6535.737	21.501	7850.923	8.9	9.6	3516.2	50%～60%	8
敦煌	40°09′	17.480	6388.071	19.922	7276.161	9.5	9.2	3373.1	50%～60%	8
民勤	38°38′	15.928	5818.724	17.991	6568.829	8.3	8.7	3172.6	50%～60%	8
伊金霍洛旗	39°34′	15.438	5639.461	17.973	6561.603	6.3	8.7	3161.5	50%～60%	8
太原	37°47′	14.394	5259.107	15.815	5774.411	10.0	7.1	2587.7	40%～50%	10
侯马	35°39′	13.791	5039.715	14.816	5411.905	12.9	6.7	2455.6	40%～50%	10
烟台	37°32′	13.428	4905.477	14.792	5400.072	12.6	7.6	2756.4	40%～50%	10

续表

城市名称	纬度	H_{ha}	H_{ht}	H_{La}	H_{Lt}	T_a	S_y	S_t	f	N
噶尔	32°30′	19.013	6943.190	21.717	7926.455	0.4	10.0	3656.2	≥60%	5
那曲	31°29′	15.423	5633.032	17.013	6211.557	−1.2	8.0	2911.8	50%～60%	8
玉树	33°01′	15.797	5771.158	17.439	6368.517	3.2	7.1	2590.6	50%～60%	8
昌都	31°09′	16.415	5995.896	18.082	6602.136	7.6	6.9	2502.0	50%～60%	8
绵阳	31°28′	10.049	3675.079	10.051	3675.106	16.2	3.2	1182.2	≤40%	15
峨眉山	29°31′	11.757	4290.836	12.621	4604.691	3.1	3.9	1437.6	40%～50%	10
乐山	29°30′	9.448	3455.720	9.372	3426.930	17.2	3.0	1080.5	≤40%	15
威宁	26°51′	12.793	4671.782	13.492	4924.531	10.4	5.0	1837.9	40%～50%	10
腾冲	25°01′	14.960	5457.679	16.148	5889.004	15.1	5.8	2107.2	50%～60%	8
景洪	22°00′	15.170	5532.070	15.768	5747.762	22.3	6.0	2197.2	50%～60%	8
蒙自	23°23′	14.621	5334.100	15.247	5559.737	18.6	6.1	2227.6	40%～50%	10
南充	30°48′	9.946	3639.914	9.939	3636.549	17.3	3.2	1177.2	≤40%	15
万县	30°46′	9.653	3533.956	9.655	3534.288	18.0	3.6	1302.3	≤40%	15
泸州	28°53′	8.807	3225.726	8.770	3211.848	17.7	3.2	1183.1	≤40%	15
遵义	27°41′	8.797	3221.330	8.685	3179.993	15.3	3.0	1093.1	≤40%	15
赣州	25°51′	12.168	4453.617	12.481	4567.442	19.4	5.0	1826.9	40%～50%	10
慈溪	30°16′	12.202	4463.771	12.804	4682.430	16.2	5.5	2003.5	40%～50%	10
汕头	23°24′	12.921	4725.103	13.293	4860.517	21.5	5.6	2044.1	40%～50%	10
海口	20°02′	12.912	4721.413	13.018	4759.480	24.1	5.9	2139.0	40%～50%	10
三亚	18°14′	16.627	6074.573	16.956	6193.388	25.8	7.0	2546.8	50%～60%	8

注：1. H_{ha}为水平面年平均日辐照量，MJ/(m²·d)；H_{ht}为水平面年总辐照量，MJ/(m²·年)；H_{La}为当地纬度倾角平面年平均日辐照量，MJ/(m²·d)；H_{Lt}为当地纬度倾角平面年总辐照量，MJ/(m²·年)；T_a为年平均环境温度，℃；S_y为年平均每日的日照小时数，h；S_t为年总日照小时数，h；f为年太阳能保证率推荐范围；N为回收年限允许值，年。

2. 本表摘自《民用建筑太阳能热水系统工程技术手册》。

（3）天文、地理参数

与太阳能热水系统设计相关的天文、地理参数有：

φ——地理纬度；

α——太阳高度角；

ω——太阳时角；

v_o——太阳方位角；

δ——太阳赤纬。

（4）集热器的安装方位、布置距离

1）集热器的最佳布置方位是朝向正南，其允许偏差在±15°以内，否则影响集热器表面上的太阳能辐射强度。

2）集热器的安装倾角

集热器的最佳安装倾角，应根据热水的使用季节和当地的地理纬度按公式（4.7-1）、公式（4.7-2）确定：

全年使用时：

$$\partial = \varphi + (5° \sim 10°) \qquad (4.7\text{-}1)$$

只在春、夏、秋季使用时：

$$\partial = \varphi - (5° \sim 10°) \qquad (4.7\text{-}2)$$

式中 ∂——集热器安装倾角（°）；

φ——当地地理纬度（°）。

3）集热器前后排间距及不被遮阳的最小距离按下列公式计算：

① 太阳高度角 ∂_s 按公式（4.7-3）计算：

$$\sin\partial_s = \sin\varphi \cdot \sin\delta + \cos\varphi \cdot \cos\delta \cdot \cos\omega \qquad (4.7\text{-}3)$$

② 方位角 ∂ 按公式（4.7-4）计算：

$$\sin\partial = \frac{\cos\delta \cdot \cos\omega}{\cos\partial_s} \qquad (4.7\text{-}4)$$

③ 不被遮阳的最小距离 S 按公式（4.7-5）计算：

$$S = H \cdot \cot\partial_s \cdot \cos\nu_o \qquad (4.7\text{-}5)$$

式中 δ——太阳赤纬（太阳光线与赤道平面的夹角，$\delta = 23.45\sin\left(\dfrac{2\pi d}{365}\right)°$，$d$ 为春分日算

起的第 d 天）；

ω——太阳时角，以太阳时的正午起算，上午为负，下午为正，其数值为离正午的时间（以 h 计）乘 15°；

H——障碍物高度（m）；

ν_o——太阳方位角，计算时刻太阳光线在水平面上的投影线与集热器表面法线在水平面上投影线之间的夹角。

2. 平均日耗热量 Q_{md} 的计算

（1）太阳能热水系统的设计热水用水定额按本手册表 4.1-1 平均日热水用水定额选取。

（2）平均日耗热量按公式（4.7-6）计算：

$$Q_{md} = q_{mr} m b_1 c \rho_r (t_r - t_{mL}) \qquad (4.7\text{-}6)$$

式中 q_{mr}——平均日热水用水定额（L/（人・d）或 L/（床・d）），见本手册表 4.1-1；

m——用水计算单位数（人数或床位数）；

b_1——同日使用率（住宅建筑为入住率）的平均值，应按实际使用工况确定，当无条件时可按表 4.7-12 取值；

不同类型建筑的 b_1 值 表 4.7-12

建筑物名称	b_1 值
住宅	0.5~0.9
宾馆、旅馆	0.3~0.7
宿舍	0.7~1.0
医院、疗养院	0.8~1.0
幼儿园、托儿所、养老院	0.8~1.0

注：分散集热、分散供热太阳能热水系统的 $b_1 = 1$。

t_{mL}——年平均冷水温度（℃），可参照当地自来水厂年平均水温值计算。

3. 太阳能保证率 f

太阳能保证率 f 应根据当地的太阳能辐照量、系统耗热量的稳定性、经济性及用户要求等因素综合确定。太阳能保证率 f 按表 4.7-13 取值。

太阳能保证率 f 取值

表 4.7-13

太阳能辐照量(MJ/(m²·年))	f (%)
≥6700	60~80
5400~6700	50~60
4200~5400	40~50
<4200	30~40

注：1. 宿舍、医院、疗养院、幼儿园、托儿所、养老院等系统负荷较稳定的建筑取表中上限值，其他类建筑取下限值。

2. 分散集热、分散供热太阳能热水系统可按表中上限取值。

4. 集热器总面积的补偿系数 b_j、平均集热效率 η_j

集热器总面积的补偿系数 b_j 应根据集热器的布置方位及安装倾角确定。当集热器朝南布置的偏离角小于等于 $15°$，安装倾角为当地地理纬度 $\varphi \pm 10°$ 时，$b_j = 1$；当集热器布置不满足上列要求时，应按照现行国家标准《民用建筑太阳能热水系统应用技术规范》GB 50364 的规定进行集热器面积的补偿计算。

集热器总面积的平均集热效率 η_j 应根据经过测定的基于集热器总面积的瞬时效率方程在归一化温差为 0.03 时的效率值确定。分散集热、分散供热系统的 η_j 经验值为 40%~70%；集中集热系统的 η_j 还应考虑系统形式、集热器类型等因素的影响，经验值为 30%~45%。

5. 集热系统的热损失 η_1

集热系统的热损失 η_1 应根据集热器类型、集热管路长短、集热水箱（罐）大小及当地气候条件、集热系统保温性能等因素综合确定，经验值为：集热器或集热器组紧靠集热水箱（罐）者 $\eta_1 = 15\% \sim 20\%$，集热器或集热器组与集热水箱（罐）分别布置在两处者 $\eta_1 = 20\% \sim 30\%$。

6. 冷水计算温度 t_L

冷水温度值对于计算集热器总面积亦有较大影响。在以地下水为水源的地方，一年中冷水温度变化不大，即对计算集热器总面积影响较小，设计可以按本手册冷水计算温度（℃）中"地下水"栏中的高值选用；在以地表水为水源的地方，则不能按表中"地下水"栏选 t_L 值，因为这些地方一年中冷水温度变化很大，例如上海市水源最低水温 3℃，月平均最低水温 6.4℃，月平均最高水温 31.7℃，按此计算太阳能集热器总面积 A 时，若以 t_L 按月平均最高水温时 $A = 100 \text{m}^2$ 计，则当 t_L 按月平均最低水温时 $A = 187 \text{m}^2$，当按 t_{mL} 即取最低、最高水温的平均值计算时为 $A = 144 \text{m}^2$。按 t_{mL} 比按表中的 t_L 计算出的 A 可减少约 30%。

t_{mL} 值可向当地自来水公司查询，也可按相关设计手册中提供的月平均最高水温与最低水温的平均值计算，亦可参照邻近城市的参数选值。

7. 冷水以碳酸钙计的总硬度与所选集热系统有关，见表 4.7-9。

8. 集中热水供应系统的工作压力 p_s 与所选设备材料的 p_s 有关。

4.7.6　太阳能热水系统设计计算

1. 集热器面积的计算

（1）局部热水供应系统的集热器面积

局部热水供应系统的太阳能集热器面积可按其产热量直接计算，见公式（4.7-7）：

$$A_s = \frac{q_{rd}}{q_s} \qquad (4.7-7)$$

式中　A_s——太阳能集热器面积（m²）；

　　　q_{rd}——日用60℃热水量（L/d），可按表4.1-1用水定额中低限值选用；

　　　q_s——集热器日产热水量（L/(m²·d)）。

q_s由通过检测的产品样本提供，亦可参考表4.7-14取值。

太阳能集热器日产热水量　　　　　　　　　　　　　　　表4.7-14

类型	日产热水量(L/(d·m²))
平板型（普通）	110(40℃)～80(60℃)
玻璃真空管型	100(40℃)～70(60℃)

（2）集中热水供应系统的集热器面积

1）直接太阳能热水系统的集热器总面积按公式（4.7-8）计算：

$$A_{jz} = \frac{Q_{md}f}{b_j J_t \eta_j (1-\eta_1)} \qquad (4.7-8)$$

式中　A_{jz}——直接太阳能热水系统集热器总面积（m²）；

　　　Q_{md}——平均日耗热量（kJ/d），按公式（4.7-6）计算；

　　　f——太阳能保证率，按表4.7-13选取；

　　　b_j——集热器面积补偿系数，按4.7.5条第4款选取；

　　　J_t——集热器总面积的平均日太阳辐照量（kJ/(m²·d)），可按表4.7-10确定。

　　　η_j——集热器总面积的平均集热效率，按4.7.5条第4款选取；

　　　η_1——集热系统的热损失，按4.7.5条第5款选取。

2）间接太阳能热水系统的集热器总面积按公式（4.7-9）计算：

$$A_{jj} = A_{jz}\left(1 + \frac{U_L \cdot A_{jz}}{KF_{ir}}\right) \qquad (4.7-9)$$

式中　A_{jj}——间接太阳能热水系统集热器总面积（m²）

　　　U_L——集热器热损失系数（kJ/(m²·℃·h)），应根据集热器产品的实测值确定，亦可按下列取值：平板型可取14.4～21.6kJ/(m²·℃·h)，真空管型可取3.6～7.2kJ/(m²·℃·h)；

　　　K——水加热器传热系数（kJ/(m²·℃·h)）；

　　　F_{jr}——水加热器加热面积（m²）。

方案设计或初步设计时可按公式（4.7-10）估算：

$$A_{IN} = b_1 A_c \qquad (4.7-10)$$

式中　b_1——间接式系统附加系数，平板型集热器$b_1 = 1.08～1.12$；真空管型集热器$b_1 = 1.05～1.10$。

2. 集热系统附属设施的设计计算

(1) 集热水箱的设计计算

1) 集中集热、集中供热太阳能热水系统的集热水加热器或集热水箱（罐）宜与供热水加热器或供热水箱（罐）分开设置，串联连接，辅助热源设在供热设施内，其有效容积应按下列计算：

① 集热水加热器或集热水箱（罐）的有效容积按公式（4.7-11）计算：

$$V_{rx} = q_{rjd} \cdot A_j \qquad\qquad (4.7\text{-}11)$$

式中　V_{rx}——集热水加热器或集热水箱（罐）的有效容积（L）；

　　　A_j——集热器总面积（m^2）；$A_j = A_{jz}$ 或 $A_j = A_{jj}$；

　　　q_{rjd}——集热器单位轮廓面积平均日产 60℃ 热水量（$L/(m^2 \cdot d)$），根据集热器产品的实测结果确定；无条件时，根据当地太阳能辐照量、集热面积大小等选用下列参数：直接太阳能热水系统 $q_{rjd} = 40 \sim 80 L/(m^2 \cdot d)$。间接太阳能热水系统 $q_{rjd} = 30 \sim 55 L/(m^2 \cdot d)$。

② 供热水加热器或供热水箱（罐）的有效容积按本手册 4.5.3 条确定。

2) 分散集热、分散供热太阳能热水系统采用集热、供热共用热水箱（罐）时，其有效容积应按公式（4.7-11）计算，其控制应保证有利于太阳能热源的充分利用。

3) 集中集热、分散供热太阳能热水系统，当分散供热用户采用容积式热水器间接换热冷水时，其集热水箱的有效容积宜按公式（4.7-12）计算：

$$V_{rx1} = V_{rx} - b_1 m_1 v_{rx2} \qquad\qquad (4.7\text{-}12)$$

式中　V_{rx1}——集热水箱的有效容积（L）；

　　　m_1——分散供热用户的个数（户数）；

　　　V_{rx2}——分散供热用户设置的分户容积式热水器的有效容积（L）；应按每户实际用水人数确定，一般 $V_{rx2} = 60 \sim 120 L$。

4) 集中集热、分散供热太阳能热水系统，当分散供热用户采用热水器辅热直接供水时，其集热水箱的有效容积应按公式（4.7-11）计算。

5) 集热水箱材质宜采用不锈钢，其外表应作保温处理，其要求见 4.9 节。

6) 集热水箱的配管、排气

① 集热水箱应按图 4.7-6 所示接管，其中辅热部分一般设在供热水箱或水加热器内，只有局部供热水或小系统集中供热水时可设在集热水箱内。

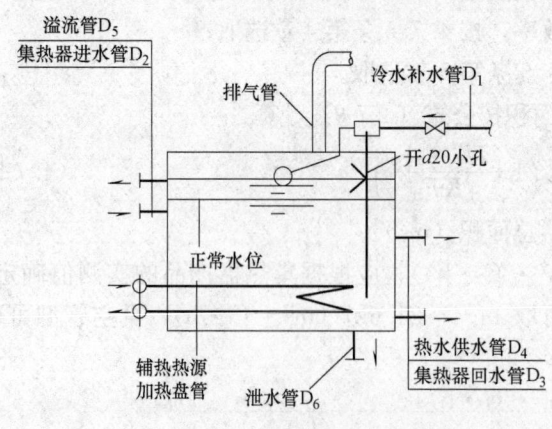

图 4.7-6　集热水箱配管原理图

② 集热水箱配管管径按表 4.7-15 确定。

③ 集热水箱应设排气管，并满足下列要求：

a. 排气管管径宜比同容积冷水箱的通气管管径大 1～2 号。

集热水箱配管管径选择　　　　　　　　　表 **4.7-15**

管口名称	管径 DN
冷水补水管 D_1	按 Q_h（设计小时流量）选
集热器供水管 D_2	按 q_x（集热器循环泵流量）选
集热器回水管 D_3	$D_3 = D_2$
热水供水管 D_4	$D_4 = D_1$ 或按 q_s（系统设计秒流量）选
溢流管 D_5	D_5 比 D_1 大 1～2 号
泄水管 D_6	D_6 比 D_1 小 1～2 号

注：1. 热水供水管直接与热水系统连接时，D_4 应按系统设计秒流量 q_s 配管，当其通过供热水箱直接供水时则可按 D_1 配管。

2. 当在集热水箱内设辅助热源加热盘管时，其配管应经计算确定，详见本节辅热部分设计计算条款。

3. 溢流管出口处应加不锈钢或铜制防虫网罩。

b. 排气管管材宜采用不锈钢管，其出口应加不锈钢或铜制防虫网罩。

c. 排气管出口宜接至合适位置以尽量减少其对环境的热气污染。

d. 设有集热水箱的设备间应加强排气措施。

(2) 机械循环的太阳能集热系统应设循环水泵，其流量和扬程的计算应符合下列要求：

1) 循环水泵的流量等同集热系统循环流量，可按公式（4.7-13）计算：

$$q_x = q_{gz} \cdot A_j \tag{4.7-13}$$

式中　q_x——集热系统循环流量（L/s）；

q_{gz}——单位轮廓面积集热器对应的工质流量（L/(s·m²)），按集热器产品实测数据确定；无条件时，可取 $0.015 \sim 0.020$L/(s·m²)。

2) 开式太阳能集热系统循环水泵的扬程应按公式（4.7-14）计算：

$$H_x = h_{jx} + h_j + h_z + h_f \tag{4.7-14}$$

式中　H_x——循环水泵扬程（kPa）；

h_{jx}——集热系统循环流量通过循环管道的沿程与局部水头损失（kPa）；

h_j——集热系统循环流量通过集热器的阻力损失（kPa）；

h_z——集热器顶与集热水箱最低水位之间的几何高差（kPa）；

h_f——附加压力（kPa），取 20～50kPa。

3) 闭式太阳能集热系统循环水泵的扬程应按公式（4.7-15）计算：

$$H_x = h_{jx} + h_e + h_j + h_f \tag{4.7-15}$$

式中　h_e——集热系统循环流量通过集热水加热器的阻力损失（kPa）。

4) 循环水泵应选用热水泵，水泵壳体承受的工作压力不得小于其所承受的静水压力加水泵扬程。

5) 循环水泵由设在集热器出水干管与循环水泵吸水管上的温度传感器的温差控制，当其温差≥5～10℃时启泵，<5℃时停泵，为避免水泵频繁停启，可调试其启停温差。

6) 循环水泵宜设备用泵交替运行。

7) 循环水泵宜靠近集热循环水箱设置。

8) 循环水泵及其管道应设减振防噪装置。

(3) 间接太阳能热水集热系统附属设备、设施的设计计算

1) 以集热水箱作为集贮热设备制备生活热水时，其集热系统原理如图 4.7-7 所示。

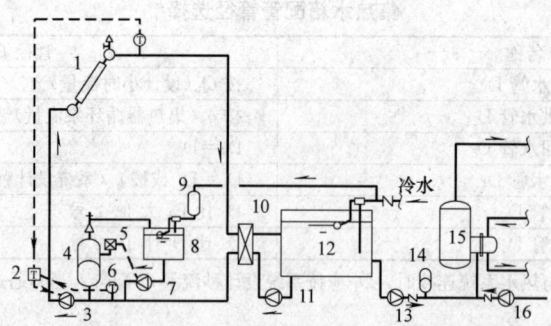

图 4.7-7　以集热水箱作为集贮热设备的间接换热供热水原理图

1—集热器；2—控制箱；3—集热循环泵；4—定压膨胀罐；5—压力传感器；

6—温度传感器；7—定压补水泵；8—补水箱；9—软水器；10—板式换热器；11—加热循环泵；

12—集热水箱；13—供水泵；14—膨胀罐；15—辅热水加热器；16—系统循环泵

① 板式换热器的设计计算

a. 板式换热器换热面积按公式（4.7-16）计算

$$F_{jr} = \frac{Q_z}{\varepsilon K \Delta t_j} \qquad (4.7-16)$$

式中　F_{jr}——板式换热器换热面积（m^2）；

　　　Q_z——集热器集热量最大季节的采热时段内平均小时产热量（kJ），按公式（4.7-17）计算；

　　　ε——由于水垢和热媒分布不均影响传热效果的系数；

　　　K——板式换热器传热系数（$W/(cm^2 \cdot {}^\circ\!C)$），应由设备厂家提供；初算时可按 $K = 2000 \sim 3000 W/(m^2 \cdot {}^\circ\!C)$ 选值；

　　　Δt_j——热媒与被加热水的计算温度差（${}^\circ\!C$），$\Delta t_j = 5 \sim 10 {}^\circ\!C$。

$$Q_z = \frac{A_{jz} \cdot J_t \cdot \eta_j (1 - \eta_1)}{T_h} \qquad (4.7-17)$$

式中　T_h——每日采热时间（h），$T_h = 6 \sim 8h$。

b. 板式换热器的数量不宜少于两台，一台检修时，其余各台的总换热能力不得小于集热器产热量的 75%。

② 集热循环泵的设计计算

a. 流量按公式（4.7-13）计算。

b. 扬程按公式（4.7-18）计算：

$$H_x = h_{jx} + h_e + h_j + h_f \qquad (4.7-18)$$

式中　h_e——板式换热器水头损失，按产品选或取 $h_e = 30 \sim 50 kPa$。

c. 集热循环泵其他要求同本条第 2 款（2）中 3）～7）项。

③ 加热循环泵的设计计算

a. 流量按公式（4.7-13）计算。

b. 扬程按公式（4.7-19）计算：

$$H_x = h_e + h_f + h'_p \qquad (4.7-19)$$

式中　h'_p——循环水经循环管的水头损失（kPa）。

c. 加热循环泵其他要求同本条第 2 款项。

d. 加热循环泵应与集热循环泵统一控制启停。

④ 定压膨胀补水装置的设计计算

间接换热的集热系统宜设定压补水装置，应设定压膨胀罐，其目的一是保持集热系统压力，防止其降压引起热媒水汽化；二是吸收集热系统因温升及超温产生的热水膨胀量。

a. 定压膨胀罐的设计计算

（a）定压膨胀罐总容积按公式（4.7-20）计算：

$$V_E \geqslant (V_t + V_p)\frac{p_2 + 100}{p_2 - p_0} \tag{4.7-20}$$

式中　V_E——定压膨胀罐总容积（L）；

V_t——调节容积（L），应不小于 3min 补水泵流量，且应保证水箱调节水位高差不小于 200mm；

V_p——集热系统的最大膨胀水量（L），按公式（4.7-21）计算：

$$V_p = \frac{\rho_L - \rho_r}{\rho_r}1000V_c \tag{4.7-21}$$

ρ_L——热媒水（即集热系统内充装的冷水或防冻液）在初始温度下的密度（kg/L），当充装自来水时，ρ_L 即为自来水相应温度的密度，可按表 4.7-16 取值；

不同冷水温度下的冷水密度　　　　　　　　表 4.7-16

冷水温度(℃)	4	6	8	10	12	14	16	18	20
密度(kg/m³)	1000	999.97	999.88	999.73	999.52	999.27	998.97	998.62	998.23

ρ_r——热媒水在高温度下的密度（kg/L）；一般集热系统的最高温度约为 100℃；当为提高集热效果，适当提高集热系统的压力，借以提高系统内的饱和温度时，ρ_r 则为集热系统内相应工作压力饱和温度下的密度，可按表 4.7-17 取值；

不同工作压力（相对压力）对应的饱和温度和密度　　　　　表 4.7-17

工作压力(MPa)	1.0	2.0	3.0	4.0	5.0	6.0
饱和温度(℃)	119.6	132.9	142.9	151.1	158.1	164.2
密度(kg/m³)	934.4	932.3	923.4	915.9	909.3	903.3

V_c——集热系统内水容量（m³）；

p_2——定压膨胀罐正常运行的最高压力（补水泵停泵压力），即集热器内介质达最高温度时的压力（表压 kPa），其值为 $p = 1.2 \sim 1.5p$；

p_1——定压膨胀罐处管内介质充装压力（表压 kPa）-（补水泵启泵压力）；

p_0——定压膨胀罐起始充气压力（表压 kPa），其值应使系统最高点的压力≥大气压力+10kPa。

（b）定压膨胀罐宜设置在换热器与集热循环水泵的吸入口端，以使定压膨胀罐内的胶囊处于较低温度的工作状态。

（c）定压膨胀罐罐体及胶囊应按系统的工作压力和介质最高温度选择。

（d）定压膨胀罐上应设安全阀，安全阀开启压力 $p_3 \leqslant 1.1p_2$，且不得使系统内管网和设备承受的压力超过其允许的工作压力。

b. 定压补水泵的设计计算

（a）定压补水泵小时流量宜为集热系统水容量的 5％，且不得超过 10％；

（b）定压补水泵扬程按补水点压力＋补水管的阻力损失＋30～50kPa；

（c）定压补水泵宜设 2 台，1 用 1 备，轮换工作；

（d）定压补水泵启、停压力分别为集热系统的介质充装压力 p_1 和正常运行最高压力 p_2。

c. 补水箱的设计计算

（a）补水箱容积按 30～60min 的补水泵流量计算；

（b）补水箱箱体材质宜采用不锈钢；

（c）补水箱上部应留有一定排泄集热系统膨胀量的容积；

（d）集热器面积小于 $500m^2$ 的系统，可采用供水压力高于集热系统压力的补水管补水补压；由设在集热循环管上的压力传感器控制；设在补水管上的电磁阀补压，补水管管径可为 $DN15～20$。间接太阳能热水系统直接补水示意图见图 4.7-8。

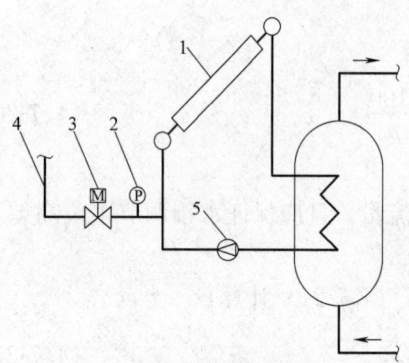

图 4.7-8　间接太阳能热水系统
直接补水示意图

1—集热器；2—压力传感器；3—电磁阀；
4—高区给水管；5—集热循环泵

2）以带贮热容积的水加热器作为集热设备制备生活热水时，其集热系统如图 4.7-9 所示。

① 集热水加热器的设计计算

a. 集热水加热器宜选用传热系数 K 高、换热充分（即在热媒与被加热水温差小的条件下仍能有好的换热效果）、容积率大（即无冷温水区或冷温水区很小）、被加热水侧压力损失小的导流型容积式水加热器、半容积式水加热器。

b. 由于集热水加热器的换热部分约占整个设备造价的 $1/2～2/3$，且占地较大。因此，该系统适用于集热器面积小于 $500m^2$ 的太阳能热水系统。

c. 集热水加热器的集、贮热容积按公式（4.7-11）中间接供水系统计算。

d. 集热水加热器的传热面积按公式（4.7-22）计算：

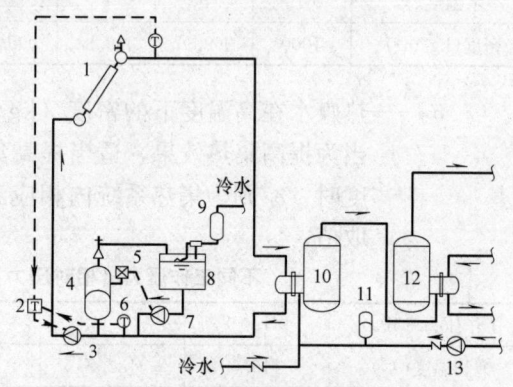

图 4.7-9　以水加热器作为集热设备的
间接换热供热水原理图

1—集热器；2—控制箱；3—集热循环泵；
4—定压膨胀罐；5—压力传感器；6—温度传感器；
7—定压补水泵；8—补水箱；9—软水器；
10—集热水加热器；11—膨胀罐；
12—辅热水加热器；13—系统循环泵

$$F_{jr} = \frac{Q_g}{\varepsilon K \Delta t_j} \qquad (4.7\text{-}22)$$

式中　Q_g、ε、K、Δt_j 同公式（4.7-16）。

导流型容积式、半容积式水加热器的传热系数 K 参见表 4.5-4 中"热媒为 70～150℃

热媒水"部分。

$$\Delta t_j \approx 10℃$$

② 集热循环泵的设计计算

除水泵扬程计算公式 $H_x = h_{jx} + h_e + h_j + h_f$ 中 h_e（水加热器的热媒侧压力损失）可参照表 4.5-4 中 Δh_z 选择外，其他设计计算内容均同本条第 2 款（3）中的要求。

（4）辅助加热设备的设计计算

太阳能属于不稳定、低密度热源，因此无论是局部热水供应系统还是集中热水供应系统均应设置辅助加热设备。

1）热源选择

辅助热源宜因地制宜选择：分散集热、分散供热太阳能热水系统和集中集热、分散供热太阳能热水系统宜采用燃气、电；集中集热、集中供热太阳能热水系统宜采用城市热力管网、燃气、燃油、热泵等。

2）负荷计算

辅助加热设备的供热量应按无太阳能时正常供热水计算。

3）辅助加热方式

① 直接加热式

直接加热式一般用于分散太阳能热水系统、小型集中集热太阳能热水系统及冷水碳酸盐硬度低的集中热水供应系统。在有鼓励使用谷电政策的地区，可采用如图 4.7-10 所示的太阳能与低谷电联供的双贮热水罐供水

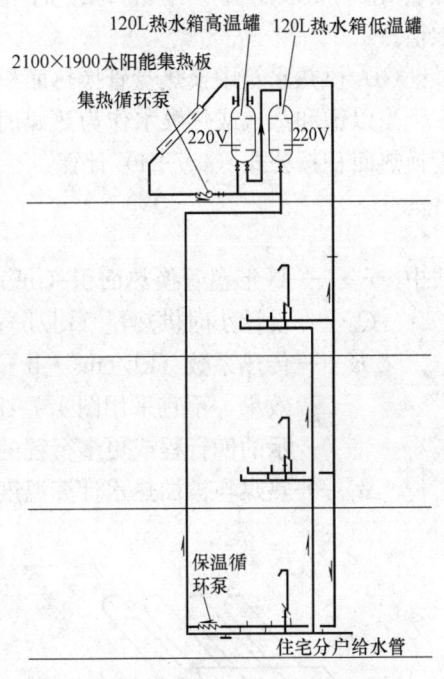

图 4.7-10　太阳能＋低谷电联供的
双贮热水罐图示

方式，以及图 4.7-11 所示的采用电锅炉作为辅热直接制备生活热水的集中热水供应系统。

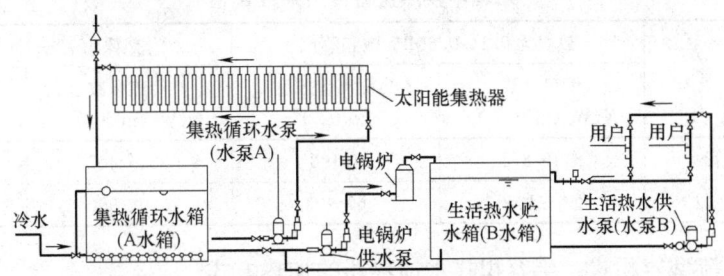

图 4.7-11　采用电锅炉辅热直接制备生活热水的集中热水供应系统

注：当采用管状电热元件作为太阳能热水器的辅助热源时，电热元件应符合《日用管状电热元件》JB/T 4088 的要求。工作电压为 220V 或 380V；且热水器宜设阴极保护除垢装置，以延长电热元件的使用寿命。

② 间接加热式

a. 供热水箱中设置换热盘管的加热方式

（a）供热水箱的贮水容积按公式（4.7-23）计算：

$$V_C = b_4 A_s \qquad (4.7\text{-}23)$$

式中　V_C——供热水箱的贮水容积（L）；

　　　b_4——每平方米集热器所需供热水箱贮水容积（L/m²），$b_4 = 5 \sim 10$L/m²。

b_4 值的选取，主要依据辅助热源供热情况而定，当辅助热源供热量 $Q_g >$ 设计小时耗热量 Q_h 时可取小值，当 $Q_g = Q_h$ 时可取大值，当 $Q_g < Q_h$ 时可参照公式（4.4-8）计算取值。

（b）供热水箱中换热盘管换热面积的设计计算

当以饱和蒸汽或热媒水作为热媒时，通常以 U 形盘管方式置于水箱中换热，U 形盘管换热面积按公式（4.7-24）计算：

$$F_{jr} = \frac{Q_c}{\varepsilon K \Delta t_j} \qquad (4.7\text{-}24)$$

式中　F_{jr}——U 形盘管换热面积（m²）；

　　　Q_c——设计小时供热量（kJ/h）；

　　　K——传热系数（kJ/(m²·h·℃)），K 值与 U 形管行程布置有关，为提高换热效果，不宜采用图 4.7-12 所示的二行程 U 形管布置，而应采用图 4.7-13 所示的四行程或更多行程的 U 形管布置，K 值见表 4.7-18；

　　　Δt_j——热媒与被加热水计算温度差（℃），按公式（4.5-5）计算。

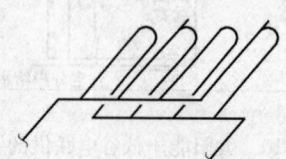

图 4.7-12　二行程 U 形管布置图

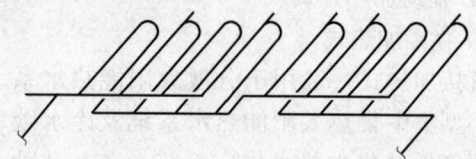

图 4.7-13　四行程 U 形管布置图

水箱中换热盘管传热系数 K 值　　　　　　表 4.7-18

类型	热媒为 0.1～0.6MPa 饱和蒸汽		热媒为 70～150℃热媒水	
	传热系数 K(W/(m²·℃))	热媒出口温度 t_{mE}(℃)	传热系数 K(W/(m²·℃))	热媒出口温度 $t_{mE}=$(℃)
二行程 U 形管	814～872	≥100	384～407	60～120
四行程 U 形管	850～1050	60～95	550～950	55～110

b. 采用导流型容积式、半容积式水加热器的加热方式

（a）当采用间接式太阳能集热系统制备生活热水配置带贮热容积的水加热器供水时，宜根据热媒负荷供应条件、冷水水质碳酸钙硬度情况等选择传热系数 K 高、换热充分、被加热水侧阻力小的导流型容积式、半容积式水加热器，其具体设计计算可参照本条第 1 款执行。

（b）当采用间接式太阳能集热系统制备生活热媒水（如表 4.7-9 中间接换热供水的图 4、图 5 所示）配置预热、供热水加热器＋辅热水加热器联合供水时（见图 4.17-14）水加热器的设计计算如下：

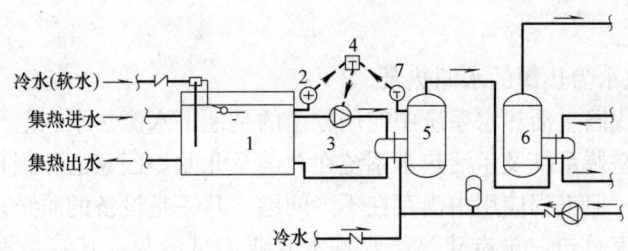

图 4.7-14　以半容积式水加热器作为预热、辅热设备的供热水原理

1—集热水箱；2、7—温度传感器；3—供热循环泵；

4—控制箱；5—半容积式水加热器；6—辅热半容积式水加热器

图中 6—辅热半容积式水加热器的设计计算可按本条第 1 款执行。

图中 5—半容积式水加热器的贮热水容积 V_t、热媒进出水温度与被加热水进出水温度的算术平均温差 Δt_j 可按下列确定：

$$V_t = 0.5 q_{rh} \tag{4.7-25}$$

式中　q_{rh}——设计小时热水量。

$\Delta t_j = 10 \sim 15℃$

图中 3—供热循环泵的循环流量按公式（4.7-26）计算：

$$q_x = \frac{Q_h}{(t_{mc} - t_{mz}) c \rho_r} \tag{4.7-26}$$

式中　q_x——供热循环泵流量（L/h）；

Q_h——设计小时耗热量（kJ/h）；

$t_{mc} - t_{mz}$——热媒水初、终温度差（℃），可按 15～20℃ 取值；

ρ_r——热水密度（kg/L），可取 $\rho_r = 0.985$kg/L。

供热循环泵由设在集热水箱和预热水加热器上的温度传感器控制，在预热水加热器工作时段内，水泵的运行控制可为（见图 4.7-14）：温度传感器 2、7 达到设定温差启泵；温度传感器 7 达到设定温度或 2、7 之温差小于设定温度时停泵。

4）辅助热源及水加热设备设施应按太阳能供热的不稳定状态匹配，因随天气、气温的变化，太阳能集热供热水的状态变化幅度很大，因此，辅助热源宜根据太阳能集热系统的不同供热工况投入工作，以达到合理使用能源和设备的目的。

5）辅助热源应在保证太阳能集热量充分利用的条件下根据不同的热水供应方式采用全日自动控制、定时控制或手动控制。

4.7.7　水源热泵的设计计算

1. 概述

（1）热泵的分类

1）地源热泵。地源热泵按其热源可分为下列三种类型：

① 地埋管地源热泵，又称土壤热交换地源热泵；

② 地下水源热泵；

③ 地表水源热泵。

2）空气源热泵。

3）污水源热泵。

4）以空调冷冻水为热源的水源热泵。

（2）近年来在我国生活热水系统中应用较多的是地下水源热泵和空气源热泵。

水源热泵用于空调系统及生活热水系统在北美及北欧等国家已相当普遍与成熟，我国推广应用已有多年，但工程应用中尚存在不少问题，其一是设备的质量；其二是生活热水系统大多由设备厂家总包，未有建筑给水排水专业人员参与；其三是水文地质资料不准确，尤其是随着我国城市化的高速发展，一些以地下水为供水水源的地方，地下水位下降快，深井产水量逐年下降加上深井的堵塞使热泵机组运行时的水源得不到保证，运行效率逐年下降。

空气源热泵受空气温度变化的影响较大，适用于最冷月平均气温≥10℃的地区（如广东、广西、海南三省的部分地区及港、澳、台地区）。当最冷月平均气温 t 为 10℃＞t≥0℃地区应用时，应设辅助热源。空气源热泵机组的耗电量大，价格也高，选型时应优选机组性能系数较高的产品，以降低投资和运行成本。另外，机组大多安装在屋顶或室外，应考虑机组噪声对周边建筑环境的影响。

地埋管地源热泵因为对建筑环境热污染和噪声污染小，且避免了地下水、地表水系统所必需的水质处理及回灌等系列装置，所以在欧美国家已作为研究重点。国内已有试点工程应用。其设计方法为先根据周边土壤确定布置方案，地下埋管换热器的管束布置可为立式或卧式，其埋设深度一般为 50～150m。

地埋管地源热泵系统的设计和计算均较复杂，土壤的热物性（密度、含水率、空隙比、饱和度、比热容、导热系数等）是设计的基本参数，土壤的传热特性、温度及其变化、冻结与解冻规律等是计算的重要依据。我国对这一新技术还处于开发研究阶段，当前还缺乏可靠的土壤热物性有关数据和正确的计算方法。因此工程实施中宜从小系统开始，逐步积累经验。

2. 热泵的工作原理

"热泵"一词系借鉴"水泵"一词而来，其意为将低温位的热提升到高温位加以利用。如空调系统中的空气源热泵是将室外 5～15℃空气的热量通过"热泵"提升到 40～50℃供室内采暖用。生活热水系统中用的热泵，则是利用水源、空气源或土壤中的低温热量通过"热泵"提升到 50～55℃供给生活热水。

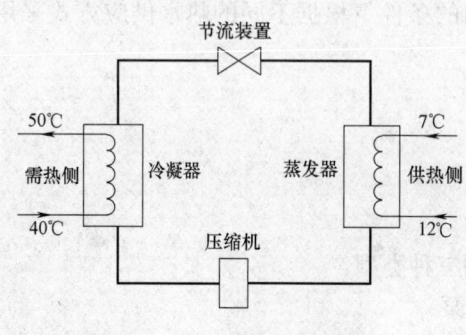

图 4.7-15　热泵工作原理

我国《供暖通风与空气调节术语标准》GB/T 50155 中对"热泵"的解释是"能实现蒸发器和冷凝器功能转换的制冷机"。即"热泵"就是制热的制冷机。只是运行工况不同，如图 4.7-15 所示，在空调制冷工况时图中的供热侧为制冷侧向系统供给 7～12℃的冷水，而冷凝器为弃热通过冷却塔将热量排走。而在"热泵"的工况下，则与上述工况相反，"热泵"从水、空气或地源中吸取温度为 10℃左右

（图中为 12℃）的热量通过蒸发器换热将热泵中的液态介质变成气态，气态介质通过压缩机（输入电能）压缩成高压高温气态，进入冷凝器冷凝放热将热量传给生活热水，经放热后的介质变成高压液态再经节流装置（一般为膨胀阀）膨胀减压成低压液体进入蒸发器，重复往返上述过程。

图 4.7-16 为空气源热泵的工作原理图。

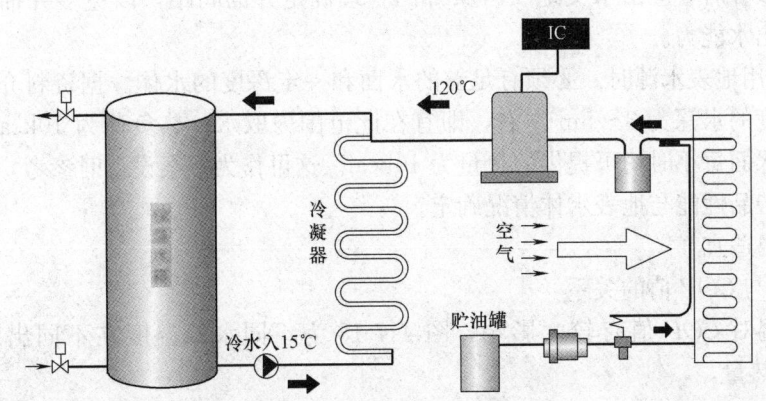

图 4.7-16　空气源热泵的工作原理

3. 热泵的性能参数 COP 值

热泵的能量转换关系如图 4.7-17 所示。

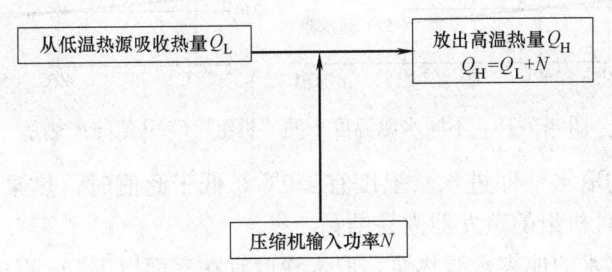

图 4.7-17　热泵能量转换

$$COP = \frac{Q_L + N}{N} = \frac{Q_H}{N} \tag{4.7-27}$$

热泵的 COP 值即热泵放出高温热量 Q_H 与压缩机输入功率 N 之比值。

COP 值是衡量热泵机组性能好坏的主要参数，它由设备厂家根据实测提供，一般为 $COP = 3 \sim 5$，即输入 1kW 的电能产出 3~5kW 的热量。

4. 水源热泵设计要点

（1）水量充足

当采用水源热泵制备生活热水时，水源的选择、水文地质勘察检测等均应由设备厂家负责实施。系统设计者应予配合和校核。

1）地下水源热泵大多采用管井取水，这也是我国北方地区不少城市取水作为自来水的方式。但长期以来，许多地方盲目扩大地下水的开采，引起地下水位持续下降，含水层贮水量逐渐枯竭，并引起水质恶化、地面下沉、取水井构筑物阻塞等后果。因此，采用地下水源热泵系统时，其深井的布置首先应取得有关主管部门的批准认可。作为热泵水源的深井数量应≥2个，对地下水应采取可靠的回灌措施，回灌水不得对地下水资源造成污染。根据该要求，一般工程均采用一个取水井对应一个回灌井，并可在运行过程中互换。回灌井的回灌量大多只有其供水量的 2/3 左右，即取水井可利用的水量亦应按次计算。同时必须考察设备厂家的所采用的回灌技术及其效果。

当采用多井时，应由水文地质考察部门合理确定井的间距，以免多井抽水时互相干扰，达不到出水能力。

2）当采用地表水源时，必须有足够的水面和一定深度的水体。据资料介绍：不形成明显温度梯度的水深为 3～5m 左右，即宜在此范围内取水；热负荷为 10kcal/(m² • h)，即每平方米水面每小时约可提供的热量为 10kcal。这可作为方案设计时参考，具体设计由设备商根据产品性能与地表水体情况确定。

（2）水温适宜

1）水温与 *COP* 值的关系

水源水温对 *COP* 值有较大影响，图 4.7-18 为不同水源温度在不同出水温度下的 *COP* 值及产热量。

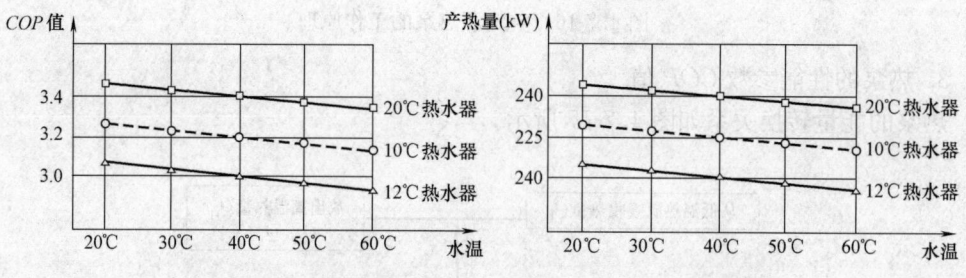

图 4.7-18 不同水源温度下的"机组" *COP* 值与产热量

2）水源热泵的取水（即进水）温度宜≥9℃，低于此值时，热泵机组的 *COP* 值低，即相对耗电量大，且机组的蒸发器内易结霜。

3）专供生活热水的地表水源热泵，取水深度宜在水面以下 5m 以内。

（3）水质

水源的水质与热泵机组设备选型、配置有密切关系，因此在确定选用水源热泵制备生活热水时除了应掌握上述的水量、水温资料外，还应掌握水源的水质分析资料。地下水中通常含有 7 种具有腐蚀性的成分，表 4.7-19 列入了 7 种成分及其对管道设备构筑物的影响。

地下水中含有的腐蚀性成分及主要影响   表 4.7-19

腐蚀性成分	主 要 影 响
氧气	对碳钢和低合金钢具有极大的腐蚀作用：30μg/L 的含量可以使钢的腐蚀速度增加 4 倍；当含量超过 50μg/L 时将对管路产生严重的危害
氢离子(pH)	1. 在没有空气的循环水中，腐蚀铁的阴极反应主要是氢离子造成的，当 pH 值大于 8 时腐蚀速度会明显降低； 2. 较低的 pH 值(≤5)会使高强度低合金钢中硫加速裂化，并且使其他合金元素与铁发生耦合； 3. 低 pH 值会使不锈钢失去钝性； 4. 酸还会腐蚀水泥

续表

腐蚀性成分	主 要 影 响
碳氧化物(被溶解的二氧化碳、碳酸氢根离子、碳酸根离子)	1. 被溶解的碳酸根能降低 pH 值,加速氧化及对高强度低合金钢的腐蚀; 2. 溶解的碳酸离子使质子选择了较近的路径,从而加剧了碳化程度和高强度低合金钢的腐蚀; 3. 使硫的裂化加剧; 4. 与碱度和钢铁腐蚀密切相关
氢的硫化物(硫化氢、二氧化硫、硫酸根离子)	1. 能够有效地抑制阴极反应,但使高强度低合金钢中的硫加速裂化,并使其他合金元素和铁发生耦合; 2. 会对镍铜合金发生较严重的腐蚀
氨(氨气和氨离子)	影响一些铜合金中的硫的裂化反应
氯离子	1. 在很大程度上促进了碳的腐蚀,比如高强度低合金钢、不锈钢和其他金属; 2. 氯化物对硫的裂化反应影响会小些,但对于每一种金属的影响也是不同的
硫酸根离子	主要对水泥起腐蚀作用

另外,深井水中含有一些砂粒,当除砂不彻底时,砂粒易磨损换热设备。

为了防止水源中的腐蚀性成分和砂粒等损坏热泵机组,宜在"机组"前设预换热器与"机组"间接换热。

5. 常用热泵制备生活热水的系统图示见表 4.7-20。

常用热泵制备生活热水的系统图示　　　　　　表 4.7-20

名称	图 示	系统特点	适用范围	优缺点
水源热泵 (一)	 1—水源井;2—水源泵;3—板式换热器; 4—热泵机组;5—贮热水箱;6—冷水	1. 采用贮热、供热水箱作为集热、贮热及供热的主要设备; 2. 热泵机组直接制备热水	1. 冷水硬度≤150mg/L; 2. 系统冷热水压力平衡要求不严; 3. 供水系统集中、管路短的单体建筑; 4. 热水供水温度≈50℃	1. 系统较简单,设备造价较低; 2. 热水另加泵,不利于系统冷热水压力平衡; 3. 冷水进热泵机组,加大机组维修量
水源热泵 (二)	 1—水源井;2—水源泵;3—板式换热器; 4—热泵机组;5—板式换热器; 6—贮热水罐;7—冷水	1. 采用板式换热器加贮热水罐作为换热、贮热、供热的主要设备; 2. 热泵机组间接换热制备热水	1. 冷水硬度≥150mg/L; 2. 系统冷热水压力平衡要求较高; 3. 供水系统集中、管路短的单体建筑	与(一)图示比较: 1. 热泵机组不直接接触冷水; 2. 利于系统冷热水压力平衡,且利用冷水压力,节能; 3. 造价稍高

续表

名称	图　示	系统特点	适用范围	优缺点
水源热泵（三）	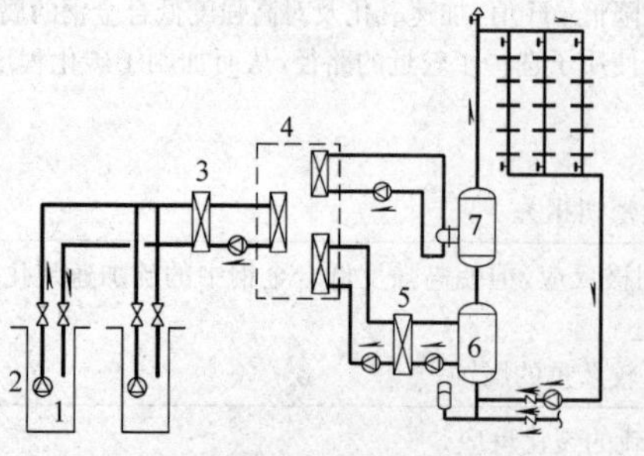 1—水源井；2—水源泵；3—板式换热器；4—热泵机组；5—板式换热器；6—贮热水罐；7—水加热器	1. 采用Ⅰ级（快速换热器）、Ⅱ级（导流型容积式、半容积式换热器）串联换热、贮热、供热； 2. 热泵机组间接换热制备热水	1. 日用热水量较大； 2. 系统冷热水压力平衡要求较高	1. 两级换热可提供较高的水温（$t_r \approx 55℃$）； 2. 利于系统冷热水压力平衡，且利用冷水压力，节能； 3. 热泵机组二级换热 cop 值较低； 4. 换热系统较复杂，造价较高
水源热泵（四）	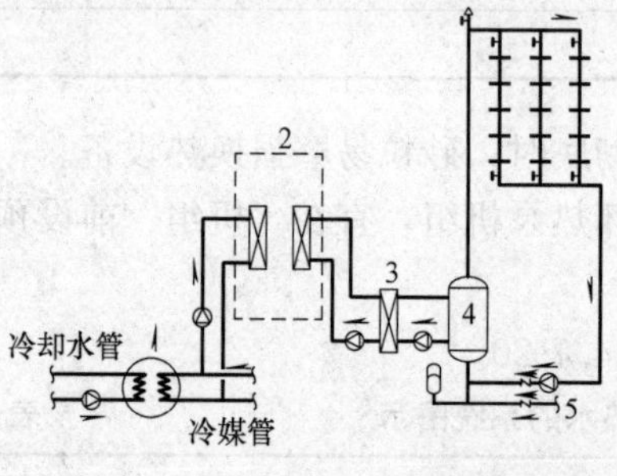 1—冷凝器；2—热泵机组；3—板式换热器；4—贮热水罐；5—冷水	1. 利用冷冻机组冷凝器的工质冷凝液的余热经热泵机组换热后供热水； 2. 换热、贮热、供热设备的形式同（二）图示	空调机组全年运行时间长的场所	1. 利用空调机组余热，节能； 2. 当空调机组不全年运行时，需设辅助热源
水源热泵（五）	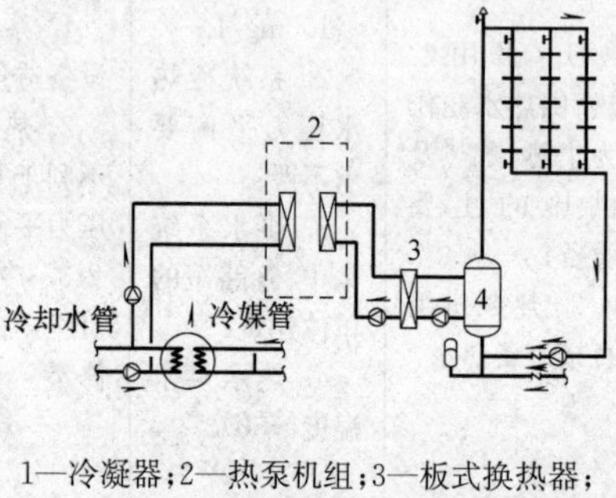 1—冷凝器；2—热泵机组；3—板式换热器；4—贮热水罐；5—冷水	1. 利用冷冻机组冷却水余热作热源； 2. 换热、贮热、供热设备的形式同（二）图示	空调机组全年运行时间长的场所	1. 利用空调机组余热，节能； 2. 当空调机组不全年运行时，需设辅助热源
空气源热泵　泳池湿热气为热源	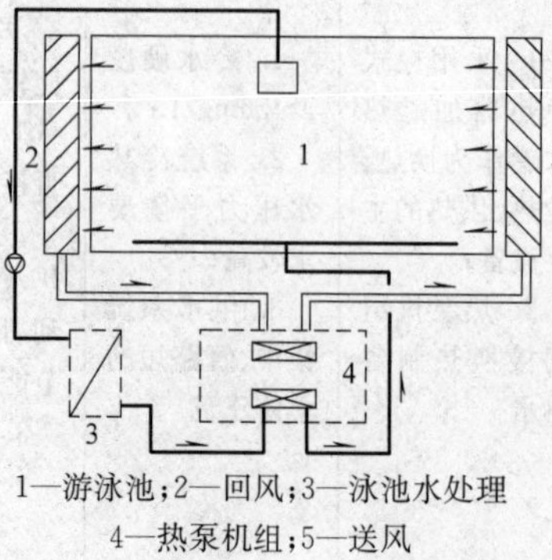 1—游泳池；2—回风；3—泳池水处理；4—热泵机组；5—送风	收集游泳馆室内热空气中的余热，经热泵机组换热后供泳池循环水加热并供降温除湿的新风	游泳馆、室内水上游乐设施	池水加热、空气降温一举两得，但增加一次投资

续表

名称		图　　示	系统特点	适用范围	优缺点
空气源热泵	室外空气源直接式	1—进风；2—热泵机组；3—冷水； 4—贮热水泵；5—辅助热源	以热水箱作为贮热、供热设备	适于最冷日平均气温≥10℃的地区采用	1. 空气源热泵一般比水源热泵价高，耗电较大，技术更复杂些； 2. 需另设热水加压泵，不能利用冷水压力，且不利于冷热水压力平衡
	室外空气源间接式	1—进风；2—热泵机组；3—板式换热器； 4—贮热水罐；5—冷水	1. 收集热空气中的余热经热泵机组换热后供热水； 2. 换热、贮热供热设备的形式同水源热泵（二）、（三）图示	适于最冷日平均气温≥10℃的地区采用	空气源热泵一般比水源热泵价高，耗电较大，技术更复杂些

6. 设计计算

水源热泵部分的水源、预换热器、热泵机组的设计计算及设备和配套设施的选型等均由设备商负责，设计者一般只负责热泵机组之后的水加热、贮热及供热系统的设计计算。下面结合图 4.7-19 所示系统进行设计计算，其中水源、预换热器、热泵机组部分仅供设计者方案设计时估算用。

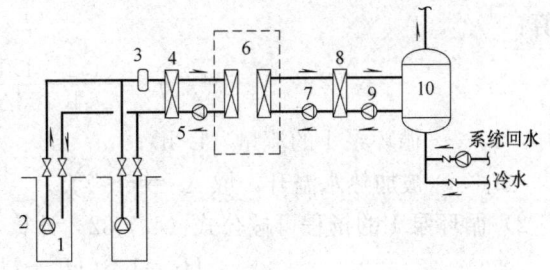

图 4.7-19　地下水源热泵机组供热水流程图
1—深井；2—深井泵；3—除砂器；4—板式换热器；
5—循环泵 1；6—热泵机组；7—循环泵 2；8—板式换热器；
9—循环泵 3；10—贮热水罐

（1）深井出水量

深井出水量由设备商依照"机组"性能及系统耗热量、贮热设备容积及每日工作时间综合确定。

方案设计时，设计者可按公式（4.7-28）估算深井出水量：

$$q_{j} = \frac{\left(1 - \dfrac{1}{COP}\right)Q_{g}}{\Delta t_{ju} C \rho_{v}}$$　　　　（4.7-28）

式中　q_{j}——深井小时出水量（L/h）；

Q_{g}——热泵小时供热量，按公式（4.7-29）计算；

$$Q_g = \frac{1.05Q_d}{T_h} \tag{4.7-29}$$

　　Q_d——系统日耗热量（kJ/d）；

　　T_h——热泵每天工作时数（h/d），$T_h = 8 \sim 16\text{h/d}$；

　　Δt_{ju}——深井水进、出预换热器时的温差，$\Delta t_{ju} \approx 6 \sim 8℃$；

　　ρ_v——井水的平均密度（kg/m³）。

　　COP 值由设备商提供（方案设计时可按 $COP \approx 3$）。

　　（2）预换热器换热面积计算

　　预换热器一般采用板式快速换热器，方案设计时设计者可按公式（4.7-30）核算换热面积：

$$F = \frac{(1.1 \sim 1.15)Q_j}{\varepsilon K \Delta t_j} \tag{4.7-30}$$

式中　F——预换热器换热面积（m²）；

　　　Q_j——深井水源小时供热量（kJ/h）；

$$Q_j = \left(1 - \frac{1}{COP}\right)Q_g$$

　　　ε——传热效率影响系数，$\varepsilon = 0.85$；

　　　K——传热系数（W/(m²·℃)），$K = 3000 \sim 4000\text{W/(m}^2 \cdot ℃)$ 或由厂家提供；

　　　Δt_j——热媒与被加热水的计算温度差（℃），可按公式（4.5-6）计算，方案设计时可取 $\Delta t_j = 5 \sim 6℃$。

　　（3）循环泵 1 的流量与扬程的计算

　　1）循环泵 1 的流量应由"热泵机组"样本查得，方案设计时也可按公式（4.7-31）计算：

$$q_1 = \frac{(1.1 \sim 1.15)Q_j}{1.163\Delta t_1} \tag{4.7-31}$$

式中　q_1——循环泵 1 的流量（L/h）；

　　　Δt_1——被加热水温升，取 $\Delta t_1 = 5 \sim 7℃$。

　　2）循环泵 1 的扬程可按公式（4.7-32）计算：

$$H_1 = 1.3(H_b + H_E + H_p) \tag{4.7-32}$$

式中　H_1——循环泵 1 的扬程（MPa）；

　　　H_b——板式换热器阻力损失，一般取 $H_b \approx 0.05\text{MPa}$；

　　　H_E——热泵机组内蒸发器阻力损失，由设备商提供；

　　　H_p——连接管道阻力损失。

　　（4）热泵机组的选型计算

　　1）依据 Q_g 的大小、使用要求选择热泵机组。

　　医院、高级民用建筑、居住小区等应选用 2 台及以上设备，每台设备的小时供热量可按 $\geqslant 60\% Q_g$ 计算。高负荷时适当延长本机组工作时间，即可不考虑备用设备。一般建筑宜设 2 台设备。

　　2）依据 Q_g 及台数选择热泵机组，并查得电源、输入电功率及水侧压降、进出水温度等参数。

（5）换热器的设计计算

热泵机组中的冷凝器一般提供的被加热水（热媒）一次温升为 10℃左右，属低密度热源，当采用间接加热生活热水时，难以像蒸汽或高温水作为热媒时一次将被加热水升温至所需温度，而是通过板式换热器循环换热将贮热水罐内的水循环加热至所需的温度（50~55℃）。

板式换热器的换热面积 F 按公式（4.7-33）计算：

$$F=\frac{(1.1\sim 1.15)Q_g}{K\Delta t_j}\qquad(4.7\text{-}33)$$

式中　Δt_j——由设备商依产品性能提供，也可按 $\Delta t_j=10℃$ 初算。

（6）循环泵 2 的流量与扬程的计算

1）循环泵 2 的流量应由"机组"样本提供，方案设计时可按公式（4.7-34）计算：

$$q_2=\frac{(1.1\sim 1.15)Q_g}{(c\rho_r\Delta t_2)}\qquad(4.7\text{-}34)$$

式中　q_2——循环泵 2 的流量（L/s）；

　　　Q_g——"机组"小时供热量（kJ/h）；

　　　Δt_2——热媒水温差，可按 $\Delta t_2=5\sim 10℃$。

2）循环泵 2 的扬程按公式（4.7-32）计算，其中 H_E 为热泵机组冷凝器的阻力损失，由设备商提供。

（7）循环泵 3 的流量与扬程的计算

循环泵 3 的流量 q_3 同循环泵 2 的 q_2，扬程按公式（4.7-35），计算：

$$H_3=1.3(H_b+H_p)\qquad(4.7\text{-}35)$$

式中　H_3——循环泵 3 的扬程（MPa）；

H_b、H_p 取值同公式（4.7-32）。

（8）贮热水罐贮热水容积的计算

1）全日集中热水供应系统的贮热水容积按公式（4.7-36）计算：

$$V_v=\frac{(1.25\sim 1.50)T_1(Q_h-Q_g)}{c\rho_r(t_r-t_L)}\qquad(4.7\text{-}36)$$

式中　V_v——贮热水罐贮热水容积（L）；

　　　T_1——设计小时耗热量持续时间（h），$T_1=2\sim 4h$；

　　　t_r——热水贮水、供水温度（℃），$t_r=50\sim 55℃$；

　　　t_L——冷水温度（℃）；

　　　ρ_r——热水密度（kg/L）。

2）定时集中热水供应系统的贮热水容积宜为定时供应热水时的全部热水量。

4.8　热水供应系统附件

4.8.1　自动温控装置

自动温控装置是水加热器必不可少的关键附件。

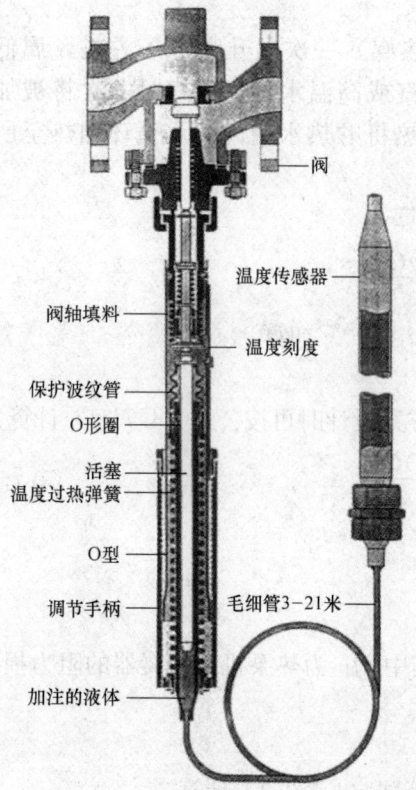

图 4.8-1 自力式温度控制阀
（单阀座）构造简图

图中标注（从上到下）：
阀
温度传感器
阀轴填料
温度刻度
保护波纹管
O形圈
活塞
温度过热弹簧
O型
调节手柄
毛细管3~21米
加注的液体

1. 类型

（1）直接式（自力式）自动温度控制阀，它由温度感温元件执行机构及调节或控制阀组成，不需外加动力。

（2）电动式自动温度控制阀，它由温度传感器、控制盘及电磁阀或电动阀组成，需电力传动。

（3）压力式自动温度控制阀，它是利用管网的压力变化通过差压式薄膜阀瞬时调节热媒流量，自动控制出水温度。

2. 自力式温度控制阀

（1）构造：自力式温度控制阀由阀体、恒温器（执行器）组成，恒温器则由一个传感器、一个注满液体的毛细管和一个调节气缸组成，其构造如图 4.8-1 所示。

（2）工作原理：浸没在被加热水体内的传感器，将水中的温度传给传感器内的液体，根据液体热胀冷缩的原理，液体体积产生膨胀或收缩，毛细管内的液体将此膨胀或收缩及时传递到活塞，使活塞动作，从而推动阀体动作。调节气缸主要是根据用户要求设定所需的供水温度，使恒温器按设定的温度工作，推动阀杆调节热媒流量，达到控制被加热水温度的要求。

3. 性能

下面以丹麦科罗里斯公司生产的自力式温度控制阀为例阐述其主要性能：

（1）适用范围：如表 4.8-1 所示。

适用热媒、被加热介质的温度与工作压力　　　　　　　　　表 4.8-1

介质名称		工作温度(℃)	工作压力(MPa)	备注
热媒	饱和蒸汽	350	4	
	热水	350	4	
	热油	350	4	
被加热介质	水	0~160	4	根据客户要求可提供温度范围 30~280℃
	空气	0~160	4	
	油	0~160	4	

（2）恒温器毛细管长度如表 4.8-2 所示。

（3）恒温器型号及性能参数见表 4.8-3。

恒温器型号说明：

恒温器型号中的 V2、V4、V8 表示恒温器最大关闭力量，即 V2 = 200N、V4＝400N、V8＝800N。

恒温器型号中的 .05、.03、.05、.10、.09、.18 表示每1℃范围（放大）内恒温器的行程为 0.5mm、0.3mm、0.5mm、1.0mm、0.9mm、1.8mm。

恒温器毛细管长度　　　　　　　　　　　表 4.8-2

长度(m)	铜	外涂 PVC 的铜	不锈钢
3.0	●	●	●
4.5			●
6.0	●	●	●
7.5			●
9.0	●	●	●
10.5			●
12.0	●	●	●
13.5			●
15.0			●
16.5			●
18.0	●	●	●
19.5			●
21.0	●	●	●

可根据表 4.8-2 来选择毛细管及其长度和材料,与恒温器种类的选择无关。

(4) 灵敏度:即表 4.8-3 中的中心区温度(℃)。

恒温器型号及性能参数　　　　　　　　　　表 4.8-3

技术数据	恒温器型号					
	V2.05	V4.03	V4.05	V4.10	V8.09	V8.18
最大关闭力量(N)	200	400	400	400	800	800
标准恒温器的设定 温度范围(℃)[①]	0~60	0~160	0~120	0~160	0~120	0~60
	30~90		40~160	30~90	40~160	30~90
	60~120			60~120		60~120
中心区温度(℃)	2.5	2	2	2	1.5	1.5
配套阀额定行程(mm)	10	21	21	21	21	21
温度范围(放大) −30~160[②]	0.5	0.3	0.5	1.0	0.9	1.8
内行程(mm) 140~280[③]	0.7	0.33	0.7	1.33	1.2	2.4

① 设定温度范围−30~280,可根据要求而定,过热温度安全范围:40。

② 甘油。

③ 石蜡油。

(5) 压力损失(进出口压差):见表 4.8-4。

自力式温度控制阀压力损失值　　　　　　　　表 4.8-4

热媒	压力损失值 ΔP
饱和蒸汽	最大值 $0.42P_N$,最小值 $0.01P_N$
热水	0.01MPa

(6) 耐久性:自力式温度控制阀的耐久性,主要取决于阀杆与阀体的密封构件,密封损坏将造成泄漏而使自控失灵。

该公司使用一个固定的活塞结构,活塞直接作用于轴承,且带有超温安全保护装置,能延长恒温器的使用寿命。

（7）泄漏率：泄漏率是评定自力式温度控制阀质量好坏的重要参数。其值以 K_{VS} 表示，K_{VS} 的定义为：当阀进出口压差 $\Delta P = 0.1MPa$ 时，通过全开阀的水流量（m^3/h）。

自力式温度控制阀的泄漏率为：

国家产品标准：　　　　　3% K_{VS}

该公司产品：

单阀座阀　　　　　　　0.05% K_{VS}

双阀座阀　　　　　　　0.5% K_{VS}

4. 安装要求

（1）温包（感温器）安装部位

容积式、导流型容积式及半容积式水加热器的温包宜安装在换热盘管的上部。

快速式、半即热式水加热器的温包宜安装在出热水口处。

（2）温控阀前应安装 100 目/寸 Y 型过滤器。

（3）当温控阀前管内介质温度≤170℃时，恒温器可以放在管路的上方即热媒进口管上（倒装）或下方即热媒出口管上（正装），如管内介质温度＞170℃，则恒温器只能放在管路下方，并需安装专用冷却器。

5. 维修

（1）每隔 3 个月左右清理一次 Y 型过滤器。

（2）校正恒温器，以确保刻度值与传感器值一致。

6. 选型（以科罗里斯公司产品为例）

自力式温度控制阀可采用下列图表选型。

（1）热媒为饱和蒸汽时的选型

选型所需参数：蒸汽的工作压力、流量及被加热介质的设定温度。

具体选型可依据图 4.8-2 "蒸汽自力式温度控制阀选型图" 并按下列步骤进行：

首先，按图中上部的图，根据蒸汽的工作压力（需用绝对压力），暂定一蒸汽通过阀的进出口的阻力降与工作压力的比值，一般取 $\delta = 0.42$。在图中，先从进口压力 P_1 处找出表示实际工作压力值所在的位置，引一条垂直线，并与 $\delta = 0.42$ 的斜线相交，然后从相交点作一水平线。同时根据蒸汽的实际流量，在流量 G 中找出蒸汽的实际流量的位置，并引一条垂直线，两线相交于一点，看其交点在哪个区域内，即选用该区域所对应的通径即可。

其次，按图中下部的表，先找到对应的口径，在口径的下方已列出一组数据，该数据是各型号恒温器所能关闭该口径的各型号温控阀的最大压力值，即进出口的最大压差。此值必须大于蒸汽的工作压力，才能保证工作时阀在被加热介质加热到设定温度时，恒温器能将阀关闭。

最后，将阀的口径、阀及恒温器的型号列出，再根据被加热介质所需设定的温度选择恒温器合适的设定范围（见表 4.8-3）及要求的毛细管的长度（见表 4.8-2）并列出。

【例 4.8-1】

确定温度调节阀的尺寸及型号所必需的值：

蒸汽的最大流量：$G = 1.5t/h$

饱和蒸汽的进口压力：$P_1 = 10bar$（1MPa）

饱和蒸汽温度：$T = 179℃$

按图 4.8-2 中上部的图，从进口压力 $P_1 = 10bar$（1MPa）的垂直线与 $\delta = 0.42$ 的垂线

交叉点画水平线和蒸汽流量 $G=1.5\mathrm{t/h}$ 的垂线相交点找到阀的最佳尺寸范围，为 $DN40$。再按图中下部的表，查出在不同的恒温器及阀的型号下，其所能关闭的最大压力 ΔP，其值须大于实际进口压力 P_1，即选 $DN40$ 单座平衡阀 M1FB 阀＋V8.09 恒温器，它的最大关闭压力 ΔP 为 11bar（1.1MPa）。

泄漏量计算：

从图 4.8-2 可知，上述选型交点位于 $K_{VS}=12.5\sim20$ 之间。

用内插法得 $K_{VS}=12.5+(20-12.5)\times(5.3-4.8)\div(7.6-4.8)=13.84\mathrm{m^3/h}$

当 $P_N=10\mathrm{MPa}$ 时，蒸汽密度 $r''=5.53\mathrm{kg/m^3}$，即 $K_{VS}=13.84\times5.53=76.5\mathrm{kg/h}$

泄漏量 $q_c=0.05K_{VS}=0.05\times76.5=3.83\mathrm{kg/h}$

（注：用 q_c 值可计算出水加热贮热设备不供水时段内由于自力式温度控制阀泄漏量引起的温升情况。）

（2）热媒为热水时的选型

选型所需参数：热水的工作压力、流量及被加热介质需设定的温度。

具体选型可依据图 4.8-3 "热水自力式温度控制阀选型图" 并按下列步骤进行：

首先，按图中上部的图，根据水的工作压力，暂定一水通过阀的进出口的阻力降，一般的阻力降定为 0.1bar（0.01MPa），如工作压力高，则选上限，如工作压力低，则选下限。在图中，先从进出口压降处找出暂定的进出口压力降值所在的位置，并作一条水平线。同时根据水的实际流量，在流量 G 中找出水的实际流量的位置，并引一条垂直线，两线相交于一点，看其交点在哪个区域内，即选用该区域所对应的通径即可。

其次，按图中下部的表，先找到对应的口径，在口径的下方已列出一组数据，该数据是各型号恒温器所能关闭该口径的各型号温控阀的最大压力值，即进出口的最大压差。此值必须大于水的工作压力，才能保证工作时阀在被加热介质加热到设定温度时，恒温器能将阀关闭。

最后，将阀的口径、阀及恒温器的型号列出，再根据被加热介质所需设定的温度选择恒温器合适的设定范围（见表 4.8-3）及要求的毛细管的长度（见表 4.8-2）并列出。

【例 4.8-2】

确定温度调节阀的尺寸及型号所必需的值：

最大流量 $G=3\mathrm{m^3/h}$

水流量为 $G=3\mathrm{m^3/h}$ 时，通过阀的压力降 $\Delta P_v=0.1\mathrm{bar}$（0.01MPa）

水的工作压力：$P_1=5\mathrm{bar}$（0.5MPa）

系统的温度：$T=90\,^\circ\!\mathrm{C}$

按图 4.8-3 中上部的图，通过阀的压力降 ΔP_v 画出的水平线与水流量线的交点位于阀的最佳尺寸范围，为 $DN32$。再按图中下部的表，查出在不同恒温器及阀的型号下，其所能关闭的最大压力 ΔP，其值须大于实际工作压力 P_1，即选 $DN32$ 单座阀 M1F 阀＋V8.09 恒温器，它的最大关闭压力 ΔP 为 6.8bar（0.68MPa）。

泄漏量计算：

从图 4.8-3 可知，上述选型交点位于 $K_{VS}=7.5\sim12.5$ 之间。

用内插法得：$K_{VS}=7.5+(12.5-7.5)\times(30-23)\div(28-23)=14.5\mathrm{m^3/h}$

泄漏量 $q_c=0.05K_{VS}=0.73\mathrm{m^3/h}$

（注：用 q_c 值可计算出水加热贮热设备不供水时段内由于自力式温度控制阀泄漏量引起的温升情况。）

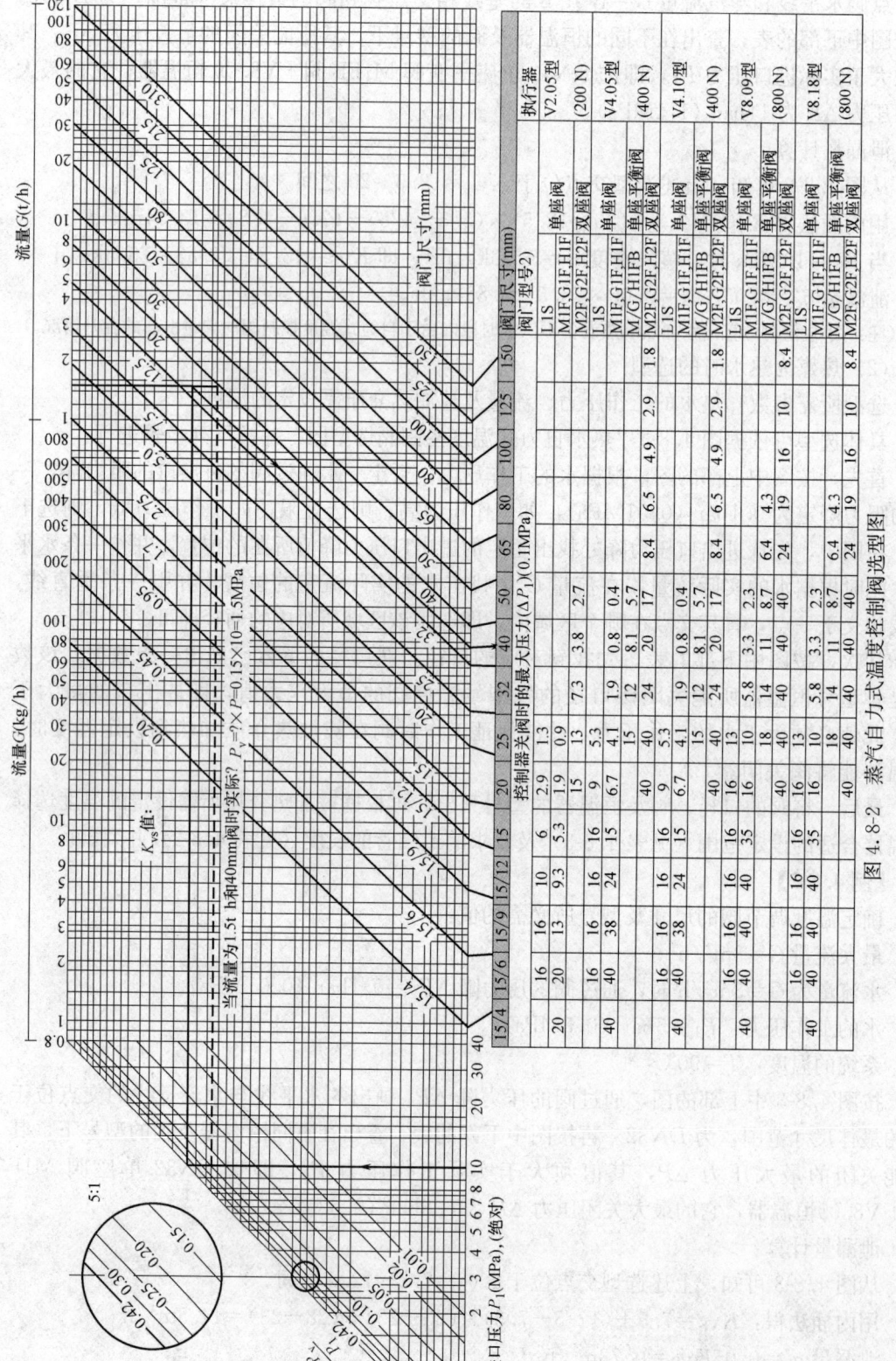

图 4.8-2　蒸汽自力式温度控制阀选型图

注：1bar=0.1MPa。

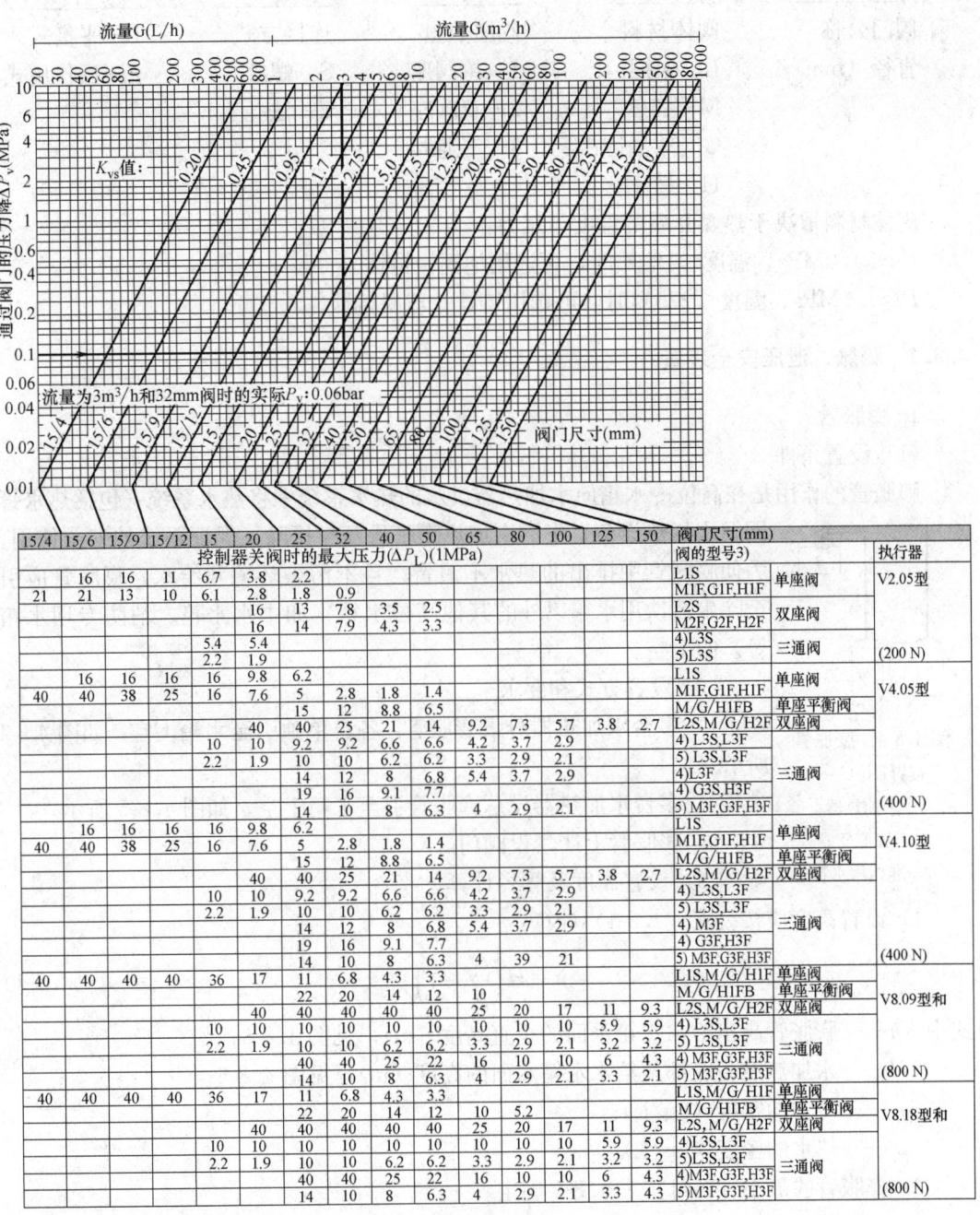

图 4.8-3 热水自力式温度控制阀选型图

注：1. 1bar=0.1MPa。

2. 图中阀门型号说明

如 25M1FB：

25	M	1	F	B
阀门公称	阀体材料	阀座数量	连接方式	B—平衡式
直径（mm）	L—炮铜	1—单阀座	S—螺纹	F—反作用式
	M—铸铁	2—双阀座	F—法兰	
	G—球墨铸铁	3—三通阀		
	H—铸钢			

阀体材料取决于热媒介质的温度与压力：

$P_N \leqslant 1.0$MPa、温度$\leqslant 120$℃时，可选用炮铜、铸铁。

$P > 1.0$MPa、温度$\leqslant 225$℃时，可选用铸铁、球墨铸铁。

4.8.2 膨胀、泄压安全装置

1. 膨胀管

（1）设置条件

膨胀管的作用是在高位冷水箱向水加热器供水的热水系统中将热水系统（包括热水管网及水加热设备）中的水加热膨胀量及时排除，保证系统的安全使用。为使膨胀管中排出的热水不浪费，且不污染环境和给水，膨胀管应引至除生活饮用水箱以外的其他高位水箱（如中水水箱、消防专用水箱等）的上空。

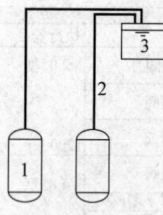

图 4.8-4 膨胀管布置图（一）

1—水加热器；

2—膨胀管；

3—非饮用水箱

（2）设置方式和要求

1）多台水加热器分设膨胀管，各自单独引至水箱上空，如图 4.8-4 所示。

2）多台水加热器设总膨胀管引至水箱上空，如图 4.8-5 所示。

3）膨胀管上严禁设阀门。

（3）设置高度及管径计算

1）设置高度应按公式（4.8-1）计算：

$$h = H\left(\frac{\rho_L}{\rho_r} - 1\right) \tag{4.8-1}$$

式中　h——膨胀管高出给水水箱水面的垂直高度（m），见图 4.8-6；

H——水加热设备底部至给水水箱水面的高度（m），见图 4.8-6；

ρ_L——冷水的密度（kg/L）；

ρ_r——热水的密度（kg/L）。

2）膨胀管的最小管径可按表 4.8-5 确定。

2. 膨胀水罐

（1）设置条件

膨胀水罐的作用是借助罐内贮气部分的伸缩吸收热水系统（包括热水管网与水加热设备）内水升温时的膨胀量，防止系统超压，保证系统安全使用，同时节能、节水。

根据《建筑给水排水设计规范》GB 50015 相关条款的要求，闭式热水系统其日用热水量大于 10m³ 时应设压力式膨胀罐。

（2）形式

膨胀水罐的构造同气压水罐，其构造如图 4.8-7 所示。

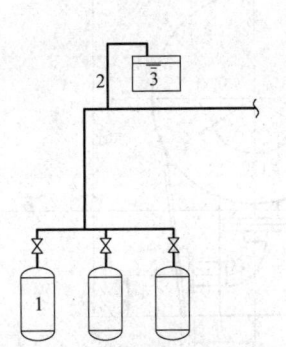

图 4.8-5 膨胀管布置图（二）

1—水加热器；2—膨胀管；

3—非饮用水箱

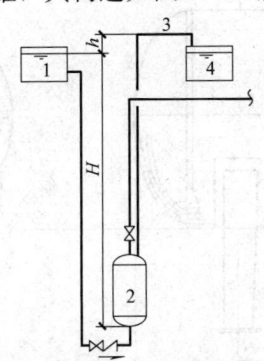

图 4.8-6 膨胀管高度

1—冷水箱；2—水加热器；

3—膨胀管；4—非饮用水箱

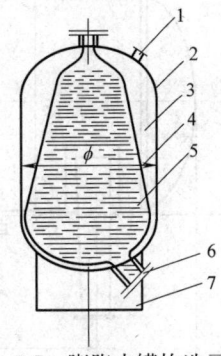

图 4.8-7 膨胀水罐构造示意图

1—充气嘴；2—外壳；3—气室；4—隔膜；

5—水室；6—接管口；7—罐座

膨胀管管径   表 4.8-5

水加热器的传热面积（m²）	≤10	10～15	15～20	＞20
膨胀管的最小管径（mm）	25	32	40	50

1）按气、水分隔的构造分，其形式有：

① 隔膜式压力膨胀水罐；

② 胶囊式压力膨胀水罐；

2）按放置的形式分有：

① 立式压力式膨胀水罐；

② 卧式压力式膨胀水罐。

立、卧式压力式膨胀水罐的外形尺寸参数见图 4.8-8、图 4.8-9、表 4.8-6、表 4.8-7。

（3）设置方式及要求

1）为延长膨胀水罐内胶膜或胶囊的使用寿命尽量使其靠近系统的低温处，膨胀水罐宜安装在水加热设备的冷水回水入口端，如图 4.8-10 所示。

2）膨胀水罐与系统连接管（如图 4.8-10 中的 5）上不宜装设阀门，当装设阀门时，阀门应有明显的启闭标志。

（4）总容积计算

膨胀水罐的总容积按公式（4.8-2）计算：

$$V = \frac{(\rho_1 - \rho_2)P_2}{(P_2 - P_1)\rho_2}V_e \qquad (4.8-2)$$

式中 V——膨胀水罐总容积（m³）；

ρ_1——加热前水加热器内水的密度（kg/L），对应 ρ_1 时的水温可按下列工况计算：

1）全日集中热水供应系统宜按热水回水温度计算；

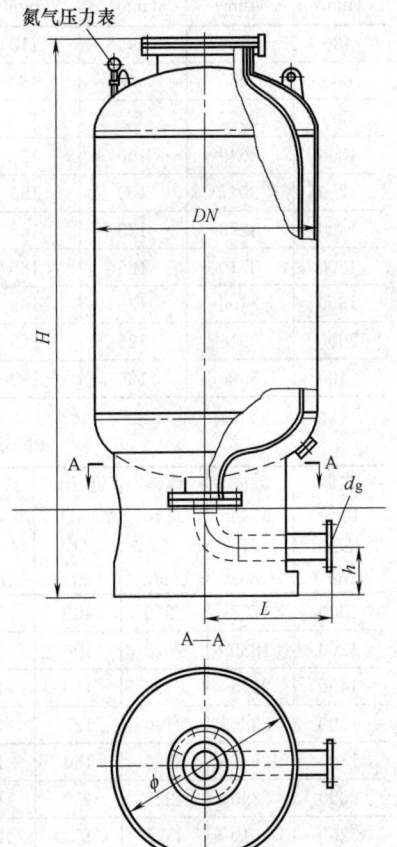

图 4.8-8 立式压力式膨胀水罐

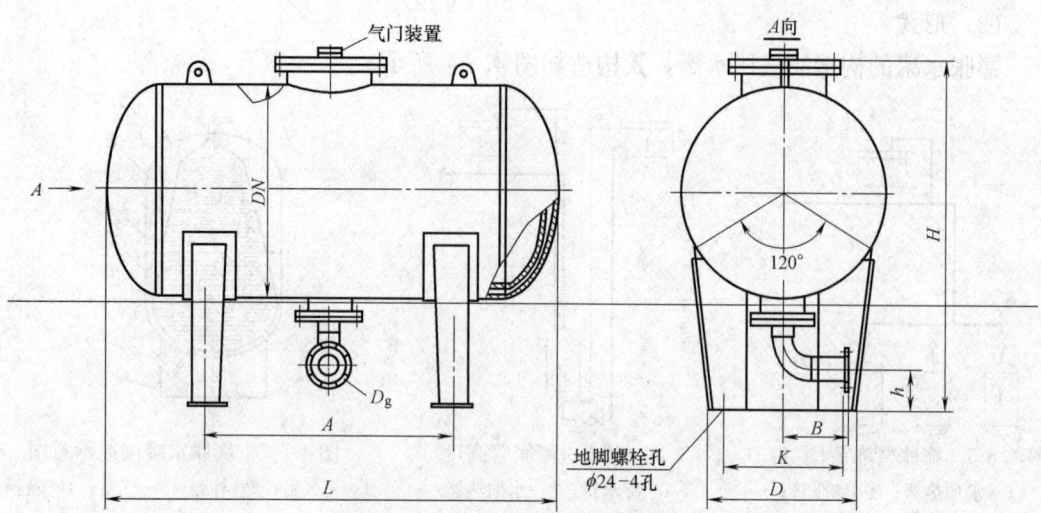

图 4.8-9　卧式压力式膨胀水罐

立式压力式膨胀水罐外形尺寸及参数 表 4.8-6

罐体公称直径 DN (mm)	罐体总高 H (mm)	进(出)水口直径 d_g (mm)	进(出)水口高度 h (mm)	进(出)水口长度 L (mm)	罐体底座直径 d 或 Φ (mm)	不同工作压力 P_N 时的罐体净重 G(kg)			罐体总容积 (m³)
						0.6MPa	1.0MPa	1.6MPa	
400	1456	50	110	200	374	135	143	171	0.113
600	1955	65	160	300	575	244	257	321	0.36
800	2235	65	130	380	796	356	443	461	0.8
1000	2649	100	150	480	998	564	703	933	1.44
1200	3047	100	150	580	1198	743	1099	989	2.5
1400	3276	125	165	690	1170	985	1355	1410	3.6
1600	3710	125	165	800	1330	1460	1492	1825	5.5
1800	3400	125	165	900	1400	1851	2467	2263	6.1
2000	3916	125	165	1000	1600	2315	2005	3138	9
2400	5320	125	180	1320	2340	4935	—	—	21.25

卧式压力式膨胀水罐外形尺寸及参数 表 4.8-7

罐体内径 DN (mm)	罐体总高 H (mm)	罐体总长 L (mm)	进(出)水口直径 D_g (mm)	进(出)水口高度 H (mm)	进(出)水口长度 B (mm)	罐体总容积 (m³)	不同工作压力 P_N 时的罐体净重 G(kg)			罐体鞍式支座尺寸 (mm)		
							0.6MPa	1.0MPa	1.6MPa	A	D	K
1000	1735	2270	100	160	395	1.64	607	763	911	1300	760	600
1200	1880	2570	100	180	550	2.6	855	1102	1401	1350	880	720
1400	2145	3100	100	180	550	4.4	1160	1409	1689	1800	1000	840
1600	2380	3190	125	160	700	5.84	1657	1812	2086	1600	1120	960
1800	2627	3986	150	170	800	9.34	2088	2337	3209	2200	1280	1120
2000	2890	4928	150	190	900	14.3	2656	2962	3348	2850	1420	1260
2200	3010	4940	150	190	900	17.2	3384	4060	4738	2700	1580	1380
2400	3210	5200	150	180	1100	21.6	4430	5175	5850	3300	1720	1520

资料来源：浙江杭特容器有限公司、上海通华不锈钢容器有限公司。

2）定时供应热水系统宜按冷水温度计算；

ρ_2——加热后的热水密度（kg/L）；

P_1——膨胀水罐处的管内水压力（MPa 绝对压力），

P_1=管内工作压力+0.1（MPa）；

P_2——膨胀水罐处管内最大允许压力（MPa 绝对压力），其数值为 $P_2=1.10P_1$；

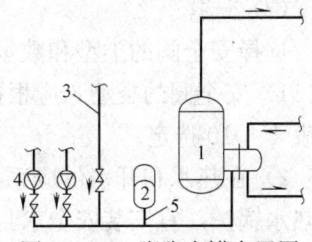

图 4.8-10　膨胀水罐布置图
1—水加热器；2—膨胀水罐；
3—给水管；4—循环泵；
5—罐前短管

V_e——系统内（含水加热设备、热水管网）的热水总容积（L）。

将 $P_2=1.10P_1$ 代入公式（4.8-2）后，可简化为：

$$V=\frac{11(\rho_1-\rho_2)}{\rho_2}V_e \qquad (4.8\text{-}3)$$

当热水温度为 $t_r=60℃$，不同冷水、回水温度下 $V_e=1000L$ 时的 V 值如表 4.8-8、表 4.8-9 所示。

$t_r=60℃$、不同冷水温度下 $V_e=1000L$ 时的 V 值　　　　表 4.8-8

冷水温度（℃）	5	10	12	15	18	20
V（L）	184	181	179	175	169	165

$t_r=60℃$、不同回水温度下 $V_e=1000L$ 时的 V 值　　　　表 4.8-9

回水温度（℃）	55	53	50	48	45
V（L）	28	39	54	64	67

3. 安全阀

（1）类型、特点及适用场所

安全阀的类型、特点及适用场所见表 4.8-10。

安全阀的类型、特点及适用场所　　　　表 4.8-10

分类原则	类型	特　点	适用场所
按构造分	杠杆重锤式安全阀	重锤通过杠杆加载于阀瓣上，荷载不随开启高度而变化，对振动较敏感	适用于固定的、无振动的设备和容器，多用于温度、压力较高的系统
	弹簧式安全阀	弹簧力加载于阀瓣上，荷载随开启高度而变化，对振动不敏感	可用于运动的、有轻微振动的设备容器和管道上，宜用于温度和压力较低的系统
	脉冲式安全阀	由主阀和副阀组成，副阀首先动作，从而驱动主阀动作	主要用于大口径和高压系统
按开启高度分	微启式安全阀	开启高度为阀座喉径 1/40～1/20，通常为渐开式	主要用于液体
	全启式安全阀	开启高度等于或大于阀座喉径的 1/4，通常为急开式	主要用于气体和蒸汽
按介质排放方式分	全封闭式安全阀	气体全部通过排气管排放，介质不向外泄漏	主要用于有毒及易燃气体
	半封闭式安全阀	气体的一部分通过排气管排出，一部分从阀盖与阀杆之间的间隙中漏出	主要用于不污染环境的气体（如水蒸气）
	敞开式安全阀	介质不能引向室外，直接由阀瓣上方排入周围大气	主要用于压缩空气

（2）选择

选择安全阀的类型和数量时，应综合考虑下列规定：

1）安全阀的类型，应根据介质性质、工作温度、工作压力和承压设备、容器的特点按表4.8-10选定。

2）在热水和开水供应系统中，宜选用微启式弹簧安全阀，对于工作压力＜0.1MPa的热水锅炉，宜安装安全水封和静重式安全阀。

3）对于蒸发量＞500kg/h的锅炉，至少应安装2个安全阀，其中一个为控制安全阀；蒸发量≤500kg/h的锅炉，至少应安装1个安全阀。

4）蒸汽锅炉上的安全阀的总排汽能力，应大于锅炉的最大连续蒸汽量；并保证在锅筒和过热器上所有的安全阀开启后，锅炉内的蒸汽压力上升幅度不超过工作安全阀开启压力的3%。

5）水加热器上的安全阀的排水量，应大于水加热器热媒引入管上的自动控制装置失灵引起容器内水温突升产生的膨胀量。

（3）计算

1）安全阀阀座面积的计算

① 热媒为饱和蒸汽时：

微启式弹簧安全阀

$$A = 1200 \frac{G}{P} \qquad (4.8\text{-}4)$$

微启式重锤安全阀

$$A = 1000 \frac{G}{P} \qquad (4.8\text{-}5)$$

全启式安全阀

$$A = 370 \frac{G}{P} \qquad (4.8\text{-}6)$$

② 热媒为过热蒸汽时，应按公式（4.8-7）进行修正：

$$A' = A \sqrt{\frac{v'}{v}} \qquad (4.8\text{-}7)$$

③ 热媒为水时：

微启式弹簧安全阀

$$A = 38 \frac{G}{P} \qquad (4.8\text{-}8)$$

微启式重锤安全阀

$$A = 35 \frac{G}{P} \qquad (4.8\text{-}9)$$

式中 A、A'——热媒通过安全阀阀座的面积（mm²）；

$\qquad\quad G$——通过阀座面积的流量（kg/h）；

$\qquad\quad P$——工作压力（kPa）；

$\qquad\quad v'$——过热蒸汽的比容（m³/kg）；

$\qquad\quad v$——饱和蒸汽的比容（m³/kg）。

公式（4.8-8）、公式（4.8-9）适用于水温20℃，若水温为100℃，则阀座面积应增大4%；若水温为150℃，则阀座面积应增大8.4%。

2）安全阀的开启压力和排汽管面积。当安全阀的工作压力 $P \le 1300$kPa 时，其开启压力应等于工作压力加30kPa。安全阀的排汽管面积应大于阀座面积的2倍。

3）弹簧式安全阀亦可按其通过的热量选择，如表4.8-11所示。

弹簧式安全阀通过的热量（W）　　表 4.8-11

安全阀直径 DN(mm)	工作压力(kPa)					通路面积 (mm²)
	200	300	400	500	600	
15	20400	29000	37400	45200	53500	177
20	36000	51600	66300	81000	94700	314
25	54000	80000	103000	125000	148000	490
32	97300	137000	176000	217000	225000	805
40	144000	205000	264000	318000	379000	1255
50	226000	321000	409000	501000	600000	1960
70	324000	459000	593000	724000	851000	2820
80	580000	878000	1054000	1290000	1510000	5020
100	781000	1280000	1328000	2030000	2380000	7850

4）重锤式安全阀亦可按其通过的热量选择，如表 4.8-12 所示。

重锤式安全阀通过的热量（W）　　表 4.8-12

安全阀直径 DN(mm)	工作压力(kPa)					通路面积 (mm²)
	200	300	400	500	600	
15	24500	34900	44900	54200	64000	177
20	43200	61900	79500	97700	113000	314
25	64900	96300	123000	150000	178000	490
32	117000	165000	212000	260000	307000	805
40	173000	245000	316000	382000	450000	1255
50	271000	385000	491000	600000	725000	1960
70	389000	551000	712000	869000	1020000	2820
80	696000	1050000	1265000	1500000	1810000	5020
100	937000	1530000	1590000	2400000	2860000	7850

5）安全阀选用注意事项

① 安全阀的进口与出口公称直径均应相同。

② 法兰连接的单弹簧或单杠杆安全阀的阀座内径，一般较其公称直径小 1 号，例如 DN100 的阀座内径为 Φ80；双弹簧或双杠杆安全阀的阀座内径，则为较其公称通径小 2 号的直径的 2 倍，例如 DN100 的阀座内径为 $2×65=130mm$。

③ 设计中应注明使用压力范围。

④ 安全阀的蒸汽进口接管直径不应小于其内径。

⑤ 安全阀通入室外的排气管直径不应小于安全阀的内径，且不得小于 40mm。

⑥系统工作压力为 P 时，安全阀的开启压力应为$P+30kPa$。

6）几种常用的安全阀规格及参数

① A21H-16C 弹簧封闭微启式安全阀

A21H-16C 弹簧封闭微启式安全阀构造、主要尺寸参数等见图 4.8-11、表 4.8-13。

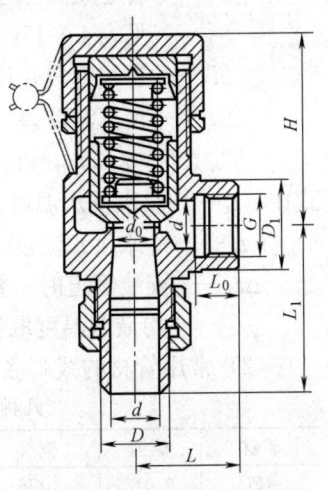

图 4.8-11　A21H-16C 弹簧封闭微启式安全阀

A21H-16C 弹簧封闭微启式安全阀规格　　　　表 4.8-13

公称直径 DN(mm)	外形尺寸(mm)							G(in)	质量 (kg)	适用 介质
	L	L₁	D	D₁	d	d₀	H			
15	35	60	20	30	15	12	64	5/8	1	≤200℃ 空气、氨气、 水、液氨
20	40	68	25	34	20	16	68	3/4	1.25	
25	50	78	31	40	25	20	105	1	2.5	

（第二行表头应为 L、L_1、D、D_1、d、d_0、H）

② A41H-16C 弹簧封闭式安全阀

A41H-16C 弹簧封闭式安全阀构造、主要尺寸参数等见图 4.8-12、表 4.8-14。

A41H-16C 弹簧封闭式安全阀规格　　　　表 4.8-14

公称直径 DN (mm)	外形尺寸(mm)																		质量 (kg)	适用介质
	L	L₁	D	D₁	D₂	b	f	Z	d	D′ₙ	D′	D′₁	D′₂	b′	f′	Z′	d′	H	d₀		
50	130	120	160	125	100	16	3	4	18	50	160	125	100	16	3	4	18	296	40	25.2	≤300℃空气、 氨气、水、 氨液、油类
80	170	135	195	160	135	20	3	8	18	80	195	160	135	20	3	8	18	409	65	34.9	

4.8.3　管道伸缩器

　　热水管道随热水温度的升降而产生伸、缩。如果这个伸缩量得不到补偿，将会使管道承受很大的应力，从而使管路弯曲、位移，使接头开裂漏水。因此直线管段长度较长的热水管道，每隔一定的距离需设管道伸缩器。

　　1. 管道热伸长量

　　（1）管道热伸长量按公式（4.8-10）计算：

$$\Delta L = \partial \cdot L \Delta T \qquad (4.8\text{-}10)$$

式中　ΔL——管道热伸长量（m）；

　　　∂——管道线膨胀系数（mm/(m·℃)），见表 4.8-15；

　　　L——直线管段长度（m）；

　　　ΔT——计算温度差（℃）。

$$\Delta T = 0.65(t_r - t_L) + 0.1\Delta t_g \qquad (4.8\text{-}11)$$

式中　t_r——热水供水温度（℃）；

　　　t_L——冷水供水温度（℃）；

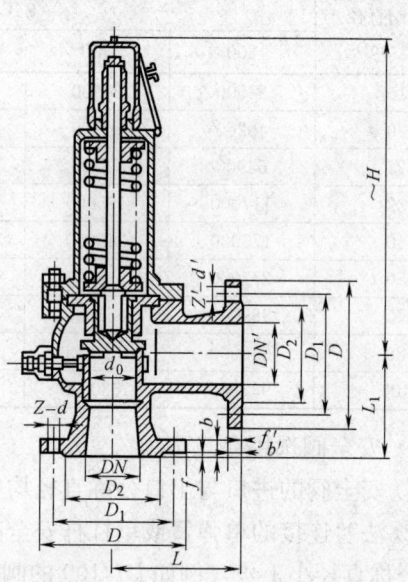

图 4.8-12　A41H-16C 弹簧封闭式安全阀

　　　Δt_g——安装管道时，管道周围的最大空气温差，可按当地夏季空调温度——极端平均最低温度取值，其参数详见表 4.9-10。

　　（2）常用管材的线膨胀系数 ∂ 值见表 4.8-15。

几种常用管材的线膨胀系数 ∂ 值（mm/(m·℃)）　　　　表 4.8-15

管材	碳钢	铜	不锈钢	钢塑	PVC-C	PP-R	PEX	PB	PAP
∂值	0.012	0.0176	0.0173	0.025	0.07	0.15	0.16	0.13	0.025

　　（3）1m 长不同管材的热伸长量 ΔL 见表 4.8-16。

1m 长不同管材的热伸长量 ΔL（mm/m）   表 4.8-16

温差(℃)		管材								
Δt_g	$t_r - t_L$	铜	不锈钢	钢塑	碳钢	PVC-C	PP-R	PEX	PAP	PB
30	40	0.51	0.50	0.72	0.35	2.03	4.35	4.64	0.72	3.77
	45	0.57	0.56	0.81	0.39	2.26	4.84	5.16	0.81	4.19
	50	0.62	0.61	0.89	0.43	2.49	5.33	5.68	0.89	4.62
	55	0.68	0.67	0.97	0.47	2.71	5.81	6.20	0.97	5.04
35	40	0.52	0.51	0.74	0.36	2.07	4.43	4.72	0.74	3.84
	45	0.58	0.57	0.82	0.40	2.29	4.91	5.24	0.82	4.26
	50	0.63	0.62	0.90	0.44	2.53	5.40	5.76	0.90	4.68
	55	0.69	0.68	0.98	0.475	2.75	5.89	6.28	0.98	5.10
40	40	0.53	0.52	0.76	0.365	2.11	4.51	4.80	0.76	3.91
	45	0.59	0.58	0.83	0.395	2.32	4.89	5.32	0.83	4.33
	50	0.64	0.63	0.91	0.435	2.57	5.47	5.84	0.91	4.74
	55	0.70	0.69	0.99	0.48	2.79	5.97	6.36	0.99	5.16
45	40	0.54	0.53	0.78	0.37	2.15	4.59	4.88	0.78	3.98
	45	0.60	0.59	0.84	0.40	2.35	5.05	5.40	0.84	4.40
	50	0.65	0.64	0.92	0.44	2.61	5.54	5.92	0.92	4.80
	55	0.71	0.70	1.00	0.485	2.83	6.05	6.44	1.00	5.22
50	40	0.55	0.54	0.79	0.375	2.19	4.67	4.96	0.79	4.05
	45	0.61	0.60	0.85	0.405	2.38	5.12	5.48	0.85	4.47
	50	0.66	0.65	0.93	0.445	2.65	5.61	6.00	0.93	4.86
	55	0.72	0.71	1.01	0.49	2.87	6.13	6.52	1.01	5.28
55	40	0.56	0.55	0.80	0.38	2.23	4.75	5.04	0.80	4.12
	45	0.62	0.61	0.86	0.41	2.41	5.19	5.56	0.86	4.54
	50	0.67	0.66	0.94	0.45	2.69	5.68	6.08	0.94	4.92
	55	0.73	0.72	1.02	0.495	2.91	6.21	6.60	1.02	5.34
60	40	0.57	0.56	0.81	0.385	2.27	4.83	5.12	0.81	4.19
	45	0.63	0.62	0.87	0.415	2.44	5.26	5.64	0.87	4.61
	50	0.68	0.67	0.95	0.455	2.73	5.75	6.16	0.95	4.98
	55	0.74	0.73	1.03	0.50	2.95	6.29	6.68	1.03	5.41
65	40	0.58	0.57	0.82	0.39	2.31	4.90	5.20	0.82	4.26
	45	0.64	0.63	0.88	0.42	2.47	5.33	5.72	0.88	4.68
	50	0.69	0.68	0.96	0.46	2.77	5.62	6.24	0.96	5.04
	55	0.75	0.74	1.05	0.505	2.98	6.36	6.76	1.04	5.48
70	40	0.59	0.58	0.83	0.395	2.35	4.98	5.28	0.83	4.33
	45	0.65	0.64	0.89	0.425	2.50	5.40	5.60	0.89	4.75
	50	0.70	0.69	0.98	0.465	2.81	5.69	6.32	0.98	5.10
	55	0.76	0.75	1.07	0.51	3.00	6.43	6.48	1.07	5.55

2. 管道伸缩器

用于热水管道的管道伸缩器有自然补偿、Ω形伸缩器、套管伸缩器、波纹管伸缩器和橡胶管接头，其优缺点及适用条件见表 4.8-17。

管道伸缩器简介　　　　　　　　　　表 4.8-17

管道伸缩器类型	优点	缺点	适用条件
自然补偿	利用管路布置时形成的 L 形、Z 形转向，可不装管道伸缩器	补偿能力小，伸缩时管道产生横向位移，使管道产生较大的应力	直线距离短、转向多的室内管道
Ω形伸缩器	用整条管道弯制，工作可靠，制造简单，严密性好，维修方便	安装占地大	如有足够的装置空间，各种热力管道均可适用，装在横管上要保持水平
套管伸缩器	伸缩量大，占地小，安装简单，流体阻力小	容易漏水，需经常检修更换填料，如果管道变形有横向位移时，易造成"卡住"现象	空间小的地方
波纹管伸缩器	重量轻，占地小，安装简单，流体阻力小	用不锈钢制造，价贵，单波补偿量小，有一定的伸缩寿命次数，产生伸缩疲劳断裂	空间小的地方
橡胶管接头	占地小，安装简单，允许少量的横向位移和偏弯角度	伸缩量小	空间小的地方

注：工程设计中一般可采用自然补偿与伸缩器相结合的方式。

（1）自然补偿

1）热水管道应尽量利用自然补偿，即利用管道敷设时的自然弯曲、折转等吸收管道的温差变形，弯曲两侧管段的长度即从管道固定支座至自由端的最大允许长度（见图 4.8-13）不应大于表 4.8-18 允许长度值。

弯曲两侧管段允许长度　　　　　　　　表 4.8-18

管材	碳钢	铜	不锈钢	钢塑	PP-R	PEX	PB	PAP
允许长度（m）	20.0	10.0	10.0	8.0	1.5	1.5	2.0	1.5

2）塑料热水管利用弯曲进行自然补偿时，管道最大支撑间距不宜大于最小自由臂长度，见图 4.8-14。

最小自由臂长度可按公式（4.8-12）计算：

$$L_z = K\sqrt{\Delta L \cdot D_e} \qquad (4.8-12)$$

式中　L_z——最小自由臂长度（mm）；

　　　K——材料比例系数，见表 4.8-19；

　　　D_e——计算管段的公称外径（mm）；

　　　ΔL——自固定支承点起管道的伸缩长度（mm），按公式（4.8-10）式计算。

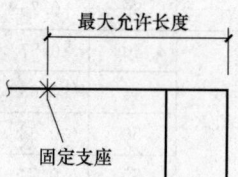

图 4.8-13　固定支座自由端最大允许长度

管材比例系数 K 值　　　　　　　　表 4.8-19

管材	PP-R	PEX	PB	PAP
K 值	30	20	10	20

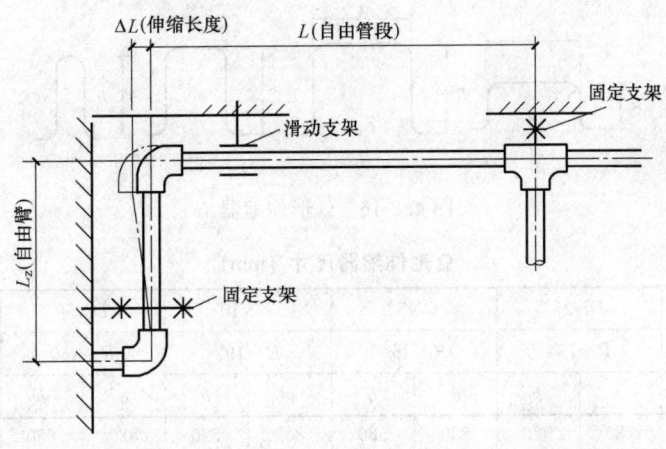

图 4.8-14　确定最小自由臂长度 L_z 的示意图

3）卫生间垫层内敷设的小管径塑料热水管可不另考虑伸缩的措施。

4）当塑料热水管直线管段不能利用自然补偿或补偿器时，可通过固定支承利用管材本身允许的变形量解决温度引起的伸缩量，直线管段最大固定支承（固定支架）间距见表4.8-20。

塑料热水管直线管段最大固定支架间距　　表 4.8-20

管材	PP-R	PEX	PB	PAP
间距(m)	3.0	3.0	6.0	3.0

5）塑料热水管的直线管段长度大于表 4.8-20，铜管、不锈钢管的直线管段长度大于20m、钢塑管的直线管段长度大于 16m、碳钢管的直线管段长度大于 40m 时，应分别设不同的伸缩器解决管道的伸缩量。

6）热水干管与立管的连接处，立管应加弯头以补偿立管的伸缩应力，其接管方法见图 4.8-15。

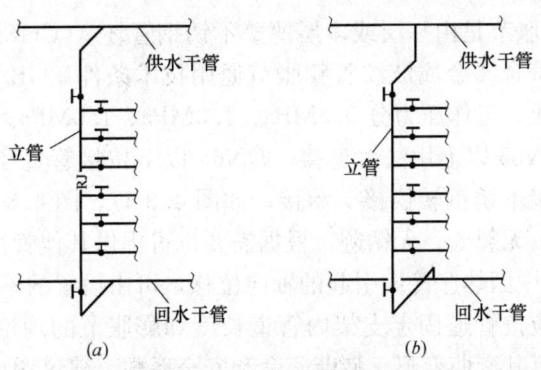

图 4.8-15　立、干管连接示意图
(a) L形连接；(b) Z形连接

（2）Ω 形伸缩器

Ω 形伸缩器简图及尺寸见图 4.8-16、表 4.8-21。

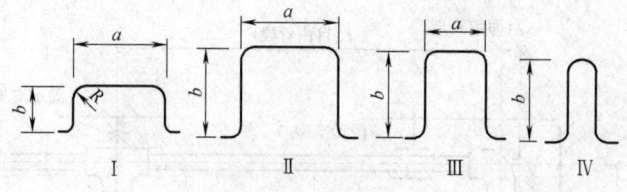

图 4.8-16　Ω 形伸缩器

Ω 形伸缩器尺寸（mm）   表 4.8-21

管径		DN25		DN32		DN40		DN50		DN70	
弯曲半径		$R=134$		$R=169$		$R=192$		$R=240$		$R=304$	
ΔL	型号	a	b	a	b	a	b	a	b	a	b
25	Ⅰ	780	520	830	580	860	620	820	650	—	—
	Ⅱ	600	600	650	650	680	680	700	700	—	—
	Ⅲ	470	660	530	720	570	740	620	750	—	—
	Ⅳ	—	800	—	820	—	830	—	840	—	—
50	Ⅰ	1200	720	1300	800	1280	830	1280	880	1250	930
	Ⅱ	840	840	920	920	970	970	980	980	1000	1000
	Ⅲ	650	980	700	1000	720	1050	780	1080	860	1100
	Ⅳ	—	1250	—	1250	—	1280	—	1300	—	1120
75	Ⅰ	1500	880	1600	950	1660	1020	1720	1100	1700	1150
	Ⅱ	1050	1050	1150	1150	1200	1200	1300	1300	1300	1300
	Ⅲ	750	1250	830	1320	890	1380	970	1450	1030	1450
	Ⅳ	—	1550	—	1650	—	1700	—	1750	—	1500
100	Ⅰ	1750	1000	1900	1100	1920	1150	2020	1250	2000	1300
	Ⅱ	1200	1200	1320	1320	1400	1400	1500	1500	1500	1500
	Ⅲ	860	1400	950	1550	1010	1630	1070	1650	1180	1700
	Ⅳ	—	—	—	1950	—	2000	—	2050	—	1850

（3）不锈钢波形膨胀节

1）不锈钢波形膨胀节是由一层或多层薄壁不锈钢管坯（0Cr18Ni9-304 型）制成环形波纹管为基本条件（符合《金属波纹管膨胀节通用技术条件》GB/T 12777 的规定），装配短接管或法兰后组成。工作压力分 0.6MPa、1.0MPa、1.6MPa。

2）连接形式：DN65 以上用法兰连接，DN65 以下按接管直径与被接管直径采用直接连接或用氩弧焊焊接不锈钢转换接头承接。如图 4.8-17、图 4.8-18 所示。连接处应光滑、无杂质、无气孔、无裂缝、无锈迹，根据需要也可提供其他管径的产品。

3）管路输水系统中因热胀冷缩引起的轴向位移，可由设置的不锈钢波形膨胀节补偿，故波形膨胀节的波数应按管道固定支架内管道长度和膨胀节的理论特性经计算伸缩量确定，选择波数时要计算其弯曲变形、疲劳寿命和安全系数，建议增加 30% 波数选规格。

4）表 4.8-22 中提供的轴向补偿量 ΔX 值是指 ΔY 为 0 时的补偿量，ΔY 值是指 ΔX 为 0 时的补偿量，膨胀节允许预拉伸和预压缩，但预拉伸值或预压缩值不可大于表中一半的补偿量。

5）波纹管表面不允许有划痕、夹杂和氧化，但允许有成型模的痕迹。

6）波形膨胀节的定位螺杆是运输或安装过程中的保护装置，工程安装验收后，应及时彻底拧松螺母，拆除定位螺杆，使之发挥和恢复补偿功能。

7）固定支架、导向用活动支架可按图 4.8-19 尺寸布置，固定支架应有足够的强度，两个固定支架之间管道只需设一个膨胀节，其安装位置应靠近固定支架处。

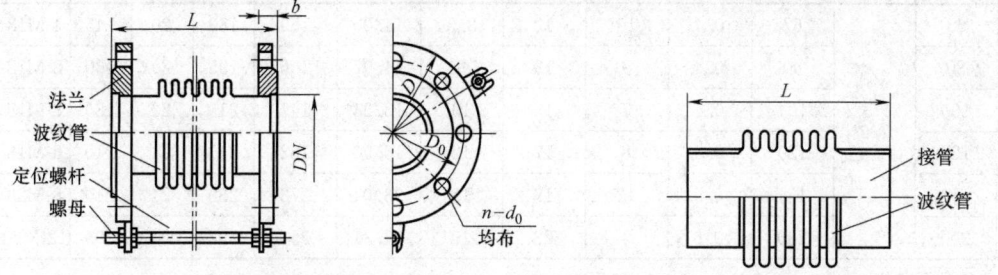

图 4.8-17　法兰式不锈钢波形膨胀节（F 型）　　图 4.8-18　接管式不锈钢波形膨胀节（J 型）

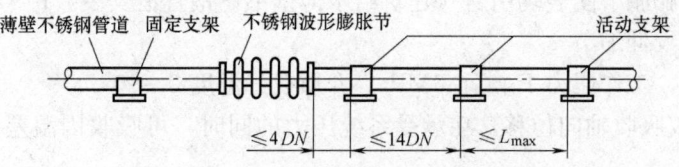

图 4.8-19　不锈钢波形膨胀节安装示意图

注：L_{max} 可按动力手册求得。

不锈钢波形膨胀节　　　　　　　　　　　表 4.8-22

序号	公称直径 DN (mm)	工作压力 (MPa)	波纹管尺寸(mm)					轴向补偿量 (mm)	膨胀节长度 (mm)	法兰连接尺寸(mm)			
			计算内径	壁厚	波数	波距	波高			外径	厚度	螺栓孔中心直径	个数-直径
1	25	0.6	24	0.3	21	6	4.5	12.04	155	100	14	85	4-M12
2	32		32	0.3	20	7	5	14.43	172	120	16	100	4-M14
3	40		39	0.3	16	9	6	16.28	176	130	16	110	4-M14
4	50		52	0.4	15	9	8.5	19.71	167	140	16	125	4-M14
5	65		67	0.4	15	12	8.5	22.98	211	140	16	145	4-M14
6	80		80	0.4	14	13	9.5	26.07	217	185	18	160	4-M18
7	100		104	0.4	13	15	10	27.81	229	205	18	180	4-M18
8	125		129	0.5	14	17	12	33.21	276	235	20	210	8-M18
9	150		154	0.5	13	19	13	36.69	284	260	20	240	8-M18
10	200		200	0.5	10	23	19	43.74	270	315	20	295	8-M18
5	65	1.0	67	0.4	12	12	8.5	17.75	183	145	20	145	4-M18
6	80		80	0.4	11	13	9.5	19.59	182	195	20	160	4-M18
7	100		104	0.4	10	15	10.5	21.65	192	215	22	180	8-M18
8	125		129	0.5	11	17	12	24.95	233	245	24	210	8-M18
9	150		154	0.5	10	19	13	26.79	235	280	24	240	8-M23
10	200		200	0.6	8	23	19	32.16	228	335	24	295	8-M23

续表

序号	公称直径 DN (mm)	工作压力 (MPa)	波纹管尺寸（mm）					轴向补偿量 (mm)	膨胀节长度 (mm)	法兰连接尺寸（mm）			
			计算内径	壁厚	波数	波距	波高			外径	厚度	螺栓孔	
												中心直径	个数-直径
5	65		67	0.4	10	12	8.5	14.00	159	180	20	145	4-M18
6	80		80	0.4	9	13	9	14.07	156	195	20	160	8-M18
7	100	1.6	104	0.4	7	15	10	13.24	147	215	22	180	8-M18
8	125		129	0.5	8	17	12	16.90	182	245	24	210	8-M18
9	150		154	0.5	12	19	13	33.04	273	280	24	240	8-M23
10	200		200	0.6	9	23	19	37.81	251	335	24	295	12-M23

注：波数无单位。

不锈钢波形膨胀节图表均引自《建筑给水薄壁不锈钢管道安装》10S407-2。

（4）铜质波纹伸缩节

1）材质 T2，工作压力 $P_N \leqslant 1.6MPa$。介质设计温度 0～90℃。

2）伸缩节仅吸收轴向位移，在承受系统压力的同时，可吸收因温差引起的热胀冷缩余量。

3）波纹伸缩节的安装位置应靠近固定支架处。其后的导向用活动支架可按安装图要求的尺寸布置，铜管固定支架每隔 10～20m 设置。立管的固定支架应设置在楼面或有钢筋混凝土梁、板处。横管的固定支架应设置在钢筋混凝土柱、梁、板处。

4）计算时波纹伸缩节允许伸缩量可按 60% 选用，安装时是否要预压缩、预拉伸由设计、施工协调决定。

5）L_{max} 为活动支架之间最大间距，可查表或计算决定。

铜质波纹伸缩节构造、安装及尺寸信息见图 4.8-20～图 4.8-22 及表 4.8-23、表 4.8-24。

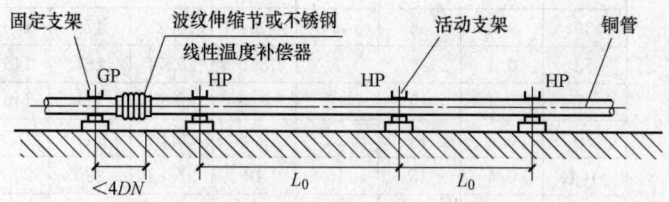

图 4.8-20　横干管波纹伸缩节安装示意图

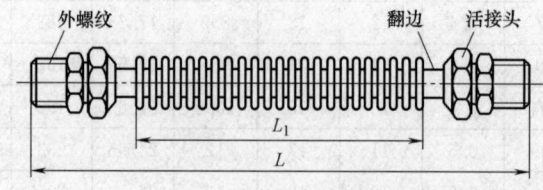

图 4.8-21　翻边波纹软管接头

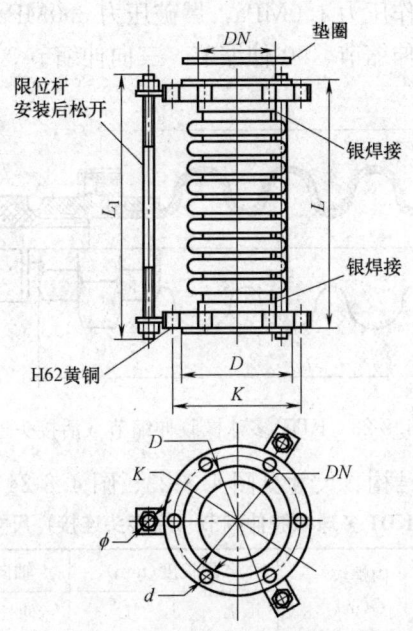

图 4.8-22　铜质波纹伸缩节

铜质波纹伸缩节（mm）　　　　　　　　　表 4.8-23

序号	公称直径 DN	波数 n	波纹允许伸缩量	伸缩器长度 L	限位杆		法兰连接尺寸			
					长度 L₁	直径 φ	密封面 D	螺栓孔中心直径 K	螺栓孔数（个）	螺栓孔直径 d
1	50	12	28	195	210	10	94	125	4	18
2	65	12	28	200	220	10	115	145	4	18
3	80	10	24	206	220	10	130	160	8	18
4	100	9	24	230	250	140	142	180	8	18
5	125	8	28	240	260	14	185	210	8	18
6	150	8	30	265	285	16	209	240	8	22
7	200	6	28	250	275	20	265	295	12	22

注：波数无单位。

翻边波纹软管接头　　　　　　　　　　表 4.8-24

序号	公称直径 DN(mm)	波数 n	软管长度 L(mm)	波纹长度 L₁(mm)	波纹允许伸缩量(mm)	外螺纹尺寸 R₁(in)
1	15	25	250	125	28	1/2
2	20	25	250	125	28	3/4

　　铜质波纹伸缩节图表均引《建筑给水铜管道安装》09S407-1。

　　（5）塑料管伸缩节

　　1）室内塑料管伸缩节有多球橡胶伸缩节和塑料伸缩节，前者宜用于横管，后者宜用于立管。

2）多球橡胶伸缩节工作压力 1.0MPa，爆破压力 3.0MPa，适用温度－10～105℃。

3）塑料伸缩节分双向伸缩节、90°伸缩节、三向伸缩节 3 种。

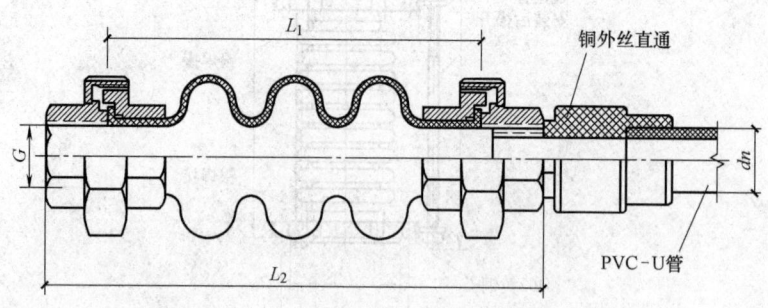

图 4.8-23　KDT 多球橡胶伸缩节（活接头连接）

KDT 多球橡胶伸缩节结构、尺寸见图 4.8-23、图 4.8-24 及表 4.8-25、表 4.8-26。

KDT 多球橡胶伸缩节（活接头连接）尺寸　表 4.8-25

外径 dn(mm)	公称直径 DN(mm)	内螺纹 G(in)	产品长度(mm)		轴向位移(mm)		横向位移 (mm)
			L_1	L_2	伸长	压缩	
20	15	1/2	133	180	25	30	30
25	20	3/4	133	184	25	30	30
32	25	1	135	185	25	30	30
40	32	$1\frac{1}{4}$	146	206	28	35	35
50	40	$1\frac{1}{2}$	160	224	32	40	35
63	50	2	175	240	35	45	40

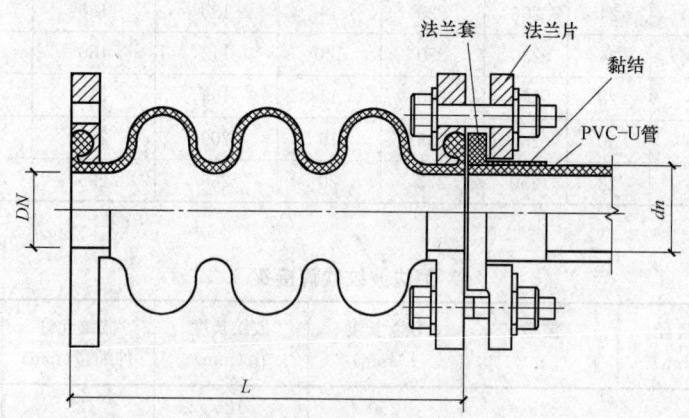

图 4.8-24　KDT 多球橡胶伸缩节（法兰连接）

塑料管伸缩节图表均引自《建筑给水塑料管道安装》11S405-1～4。

4.8.4　疏水器，分、集水器，阀门、水表

1. 疏水器

KDT 多球橡胶伸缩节（法兰连接）尺寸（mm） 表 4.8-26

外径 dn	公称直径 DN	产品长度 L	轴向位移		横向位移
			伸长	压缩	
63	50	175	40	55	40
75	65	200	45	65	40
90	80	252	55	85	45
110	100	285	60	95	50
160	150	303	60	100	50

（1）下列情况下设置疏水器：

1）用蒸汽作为热媒间接加热的水加热器、开水器的凝结水回水管上应每台单独设疏水器。但能确保凝结水出水温度不大于 80℃ 的设备，可以不设疏水器。

2）蒸汽管向下凹处的下部、蒸汽立管底部应设疏水器，以及时排掉管中积存的凝结水。

（2）疏水器前应设过滤器以确保其正常工作。

（3）疏水器处一般不装旁通阀，但在下列情况下应在疏水器后装止回阀：

1）疏水器后有背压或凝结水管有抬高时。

2）不同压力的凝结水接在一根母管上时。

（4）疏水器宜靠近用汽设备并便于维修的地方装设。

（5）疏水器后的少量凝结水直接排放时，应将泄水管引至排水沟等有排水设施的地方。

（6）疏水器一般可选用浮动式或热动力式疏水器。

（7）疏水器管径不可按凝结水管径来确定，应按其最大排水量、进出口最大压差、附加系数 3 个因素选择计算。

1）最大排水量 Q，见公式（4.8-13）：

$$QQ = k_0 \cdot G \qquad (4.8-13)$$

式中　Q——疏水器最大排水量（kg/h）；

　　k_0——附加系数（见表 4.8-27）；

　　G——换热设备的最大凝结水量（kg/h）。

附加系数 k_0 值 表 4.8-27

名称	k_0 值	
	压差 $\Delta P \leqslant 0.2$MPa	压差 $\Delta P > 0.2$MPa
上开口浮筒式疏水器	3.0	4.0
下开口浮筒式疏水器	2.0	2.5
恒温式疏水器	3.5	4.0
浮球式疏水器	2.5	3.0
喷嘴式疏水器	3.0	3.2
热动力式疏水器	3.0	4.0

2) 疏水器进出口压差，见公式（4.8-14）：

$$\Delta P = P_1 - P_2 \qquad (4.8\text{-}14)$$

式中　ΔP——疏水器进出口压差（MPa）；

　　　P_2——疏水器前压力（MPa），对于水加热设备等换热设备，$P_1 = 0.7 P_Z$（P_Z为入设备的蒸汽压力）；

　　　P_2——疏水器后压力（MPa），当疏水器后凝结水管不抬高自流坡向开式凝结水箱时 $P_2 = 0$；当疏水器后凝结水管道较长，又需抬高接入闭式凝结凝结水箱时 P_2 按公式（4.8-15）计算。

$$P_2 = \Delta h + 0.01H + P_3 \qquad (4.8\text{-}15)$$

式中　Δh——疏水器后至闭式凝结水箱之间的管道压力损失（MPa）；

　　　H——疏水器后回水管的抬高高度（m）；

　　　P_3——闭式凝结水箱压力（MPa）。

（8）仅作排除管中冷凝积水用的疏水器可选用 $DN15$、$DN20$ 的疏水器。

2. 分水器、集水器、分汽缸

（1）多个热水、蒸汽管道系统或多个较大热水、蒸汽用户均宜设置分水器、分汽缸，凡设分水器、分汽缸的热水、蒸汽系统的回水管上宜设集水器。

（2）分水器、分汽缸、集水器宜设置在热交换间、锅炉房等设备用房内，以方便维修、操作。

（3）分水器等的筒体直径应大于 2 倍最大接入管直径。其长度及总体设计应符合"压力容器"设计的有关规定。

3. 阀门

热水供应系统的管道，应根据使用要求及维修条件，在下列管段上装设阀门：

（1）配水立管和回水立管上。

（2）居住建筑和公共建筑中从立管接出的支管上。

（3）配水点超过 5 个的支管上。

（4）加热设备、贮水器、自动温度调节器和疏水器等的进、出水管上。

（5）配水干管上根据运行管理和检修要求应设置适当数量的阀门。

4. 止回阀

热水供应系统的管道在下列管段上应设止回阀：

（1）水加热器、贮水器的冷水供水管上。

（2）机械循环系统的第二循环回水管上。

（3）加热水箱与冷水补充水箱的连接管上。

（4）混合器的冷、热水供水管上。

（5）有背压的疏水器后面的管道上。

（6）循环水泵的出水管上。

5. 水表

为计量热水总用水量，应在水加热设备的冷水供水管上装设冷水水表；对成组和个别用水点，可在其热水供水支管上装设热水水表。支管循环系统，当供水支管设热水水表时，相应回水支管上也应设热水水表，水表应安装在便于观察及维修的地方。

4.8.5　恒温混合阀、循环专用阀

1. 恒温混合阀

（1）功能

恒温混合阀的主要功能是恒定出水温度，其辅助功能是当系统带有热力灭菌功能时，该阀亦与之相配，具有恒温混合和热力灭菌两种功能。

（2）类别及适用范围

根据系统设置及使用要求，恒温混合阀有下列类型：

1）用于系统的恒温混合阀

① 只有恒温混合功能的恒温混合阀，适用于水加热器供水温度≥55℃的系统供水或成组器具的供水。如图 4.8-25、图 4.8-26 所示。

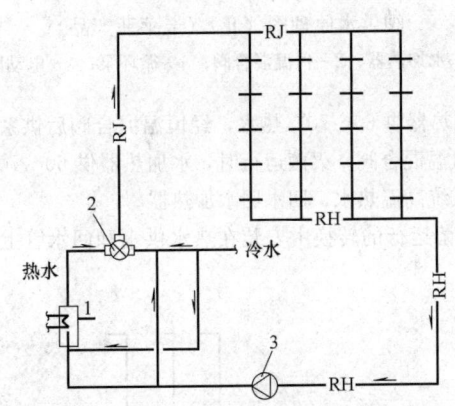

图 4.8-25　恒温混合阀用于系统供水原理图　　　图 4.8-26　恒温混合阀用于成组器具供水原理图
1—水加热器；2—恒温混合阀；3—循环泵

② 具有恒温混合和热力灭菌两种功能的恒温混合阀，适用于设热力灭菌的集中热水供应系统的供水。如图 4.8-27、图 4.8-28 所示。

③ 系统用恒温混合阀控制出水温度为50℃左右，供至各用水点，用水点处还需设冷、热水支管通过混合龙头手动调控用水温度。

2）用于末端的恒温混合阀

恒温混合阀设在用水末端的热水供水支管上，控制出水温度为 35～40℃，供给单个用水点或成组器具直接用水。适用于需要采取防烫伤措施的热水系统的供水。如图 4.8-29、图 4.8-30 所示。

（3）系统用恒温混合阀（按卡莱菲产品编写）

1）构造见图 4.8-31。

2）工作原理：阀内热敏元件根据热水温度的变化膨胀或收缩进而通过弹簧推动圆柱形活塞上下轴向运动，从而调节进入阀内冷、热水量的比例，借以达到控制和保持稳定的出水水温。当出现冷、热水故障时，热敏元件动作推动弹簧与圆柱形活塞关闭出水口。

3）技术参数见表 4.8-28。

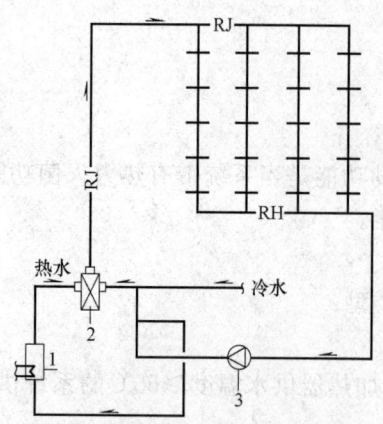

图 4.8-27　带灭菌功能的恒温混合
阀供水原理图（阿姆斯壮产品）

1—水加热器；2—恒温混合阀；3—循环泵

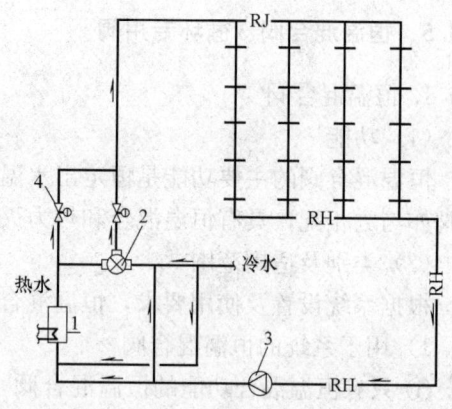

图 4.8-28　带灭菌功能的恒温混合
阀供水原理图（Ⅱ）（卡莱菲产品）

1—水加热器；2—恒温混合阀；3—循环泵；4—电动阀

注：1. 图 4.8-27 系统工作原理：正常运行时，水加热器供 60～70℃ 热水，经恒温混合阀后供系统 50℃ 左右热水。系统回水一部分回水加热器，一部分回恒温混合阀。灭菌运行时，水加热器供 60～70℃ 热水，经恒温混合阀时，关闭冷水、回水进口，直接供系统高温热水，回水回水加热器。

2. 图 4.8-28 系统工作原理。同上，但正常运行与灭菌运行的转换由安装在热水供水和回水管上的电动阀完成。

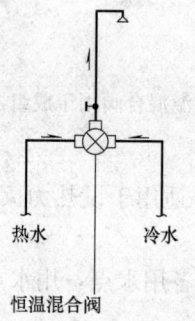

图 4.8-29　恒温混合阀用于
末端单个用水点供水原理图

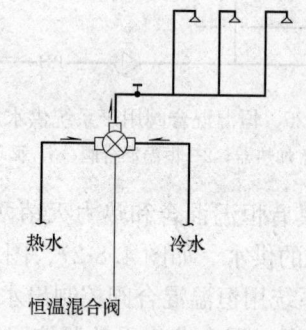

图 4.8-30　恒温混合阀用于
末端成组器具供水原理图

系统用恒温混合阀技术参数　　　　　　　　　　　表 4.8-28

技术性能指标	技 术 要 求
阀体材质	EN1982 CB752S 铜合金；EN12165 CW724R 铜合金（DN20）
介质	水
调节温度	35～65℃
精准度	±2℃
最大工作压力（静态）	14bar（1.4MPa）
最大工作压力（动态）	5bar（0.5MPa）
最小工作压力（动态）	0.2bar（0.02MPa）
最大工作压力比（冷/热或热/冷）	2：1

技术性能指标	技 术 要 求
最高热水进水温度	90℃
最低热水进水温度	50℃
最高冷水进水温度	25℃
最低冷水进水温度	5℃
保证最佳性能的热水与混合水最低温差	15℃
认证	WRAS；ACS

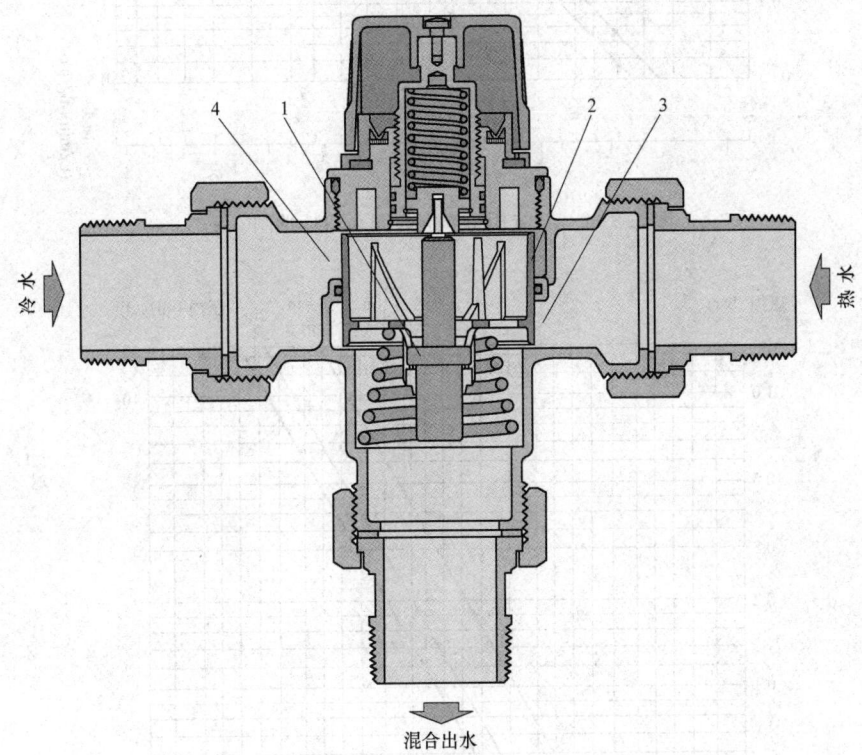

图 4.8-31 系统用恒温混合阀构造
1—热敏元件；2—活塞；3—热水端；4—冷水端

4）水力特性图见图 4.8-32、图 4.8-33。

5）选型参数见表 4.8-29。

系统用恒温混合阀选型参数   表 4.8-29

DN(mm)	公称混合出流量 Kv(m³/h)	混合出流量(m³/h)	水头损失 h(MPa)
15	1.5	0.24~1.8	0.005~0.15
20	1.7	0.24~2.0	0.005~0.15
25	3.0	0.36~3.6	0.005~0.15
32	7.6	1.0~9.3	0.005~0.15
40	11.0	1.5~13.5	0.005~0.15
50	13.3	2.0~16.3	0.005~0.15

注：选型时宜控制水头损失≤0.02MPa 选择混合出流量。

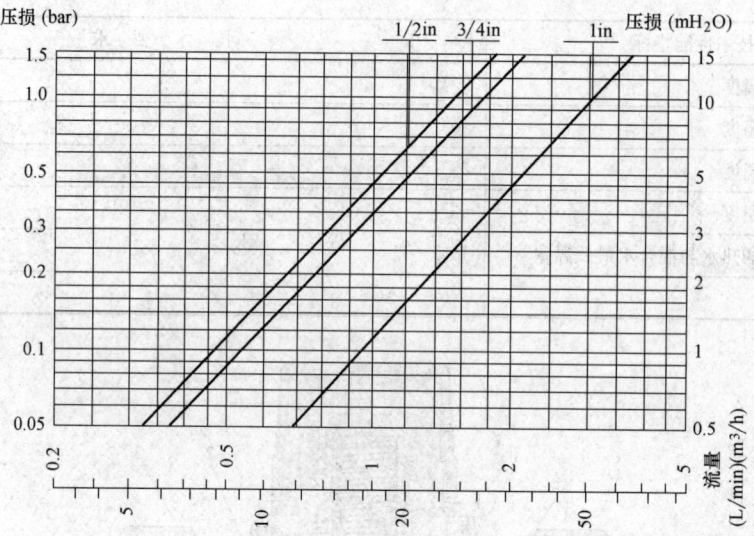

图 4.8-32   系统用恒温混合阀水力特性图（一）

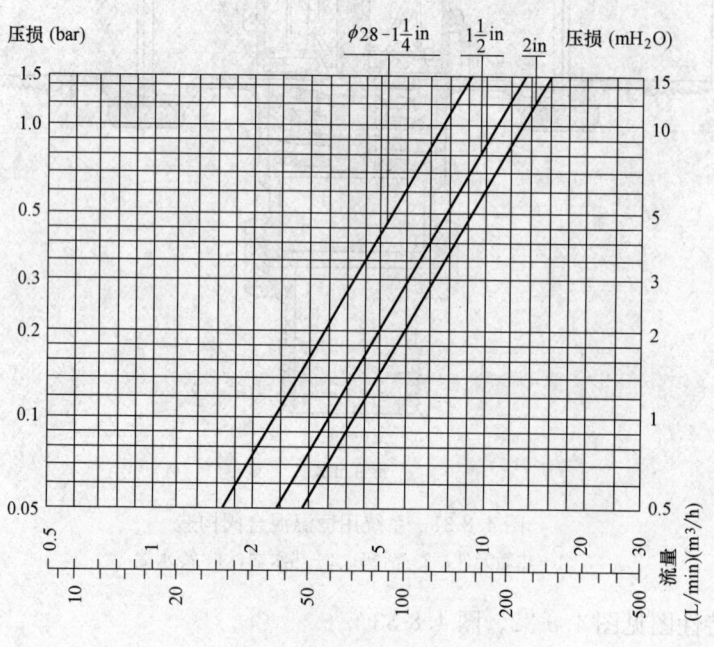

图 4.8-33   系统用恒温混合阀水力特性图（二）

6）外形尺寸见图 4.8-34、表 4.8-30。

系统用恒温混合阀外形尺寸 表 4.8-30

DN	外形尺寸（mm）						质量
（mm）	A	B	C	D	E	F	（kg）
15	15	62.5	125	136.5	82	54	0.64
20	20	67	134	137	82	55	0.81

续表

DN (mm)	外形尺寸(mm)						质量 (kg)
	A	B	C	D	E	F	
25	25	83.5	167	173	100.5	72	1.20
32	32	104.5	209	195.5	109	86.5	2.47
40	40	121	242	219.5	129	90.5	3.81
50	50	131	262	234.5	139	95.5	5.58

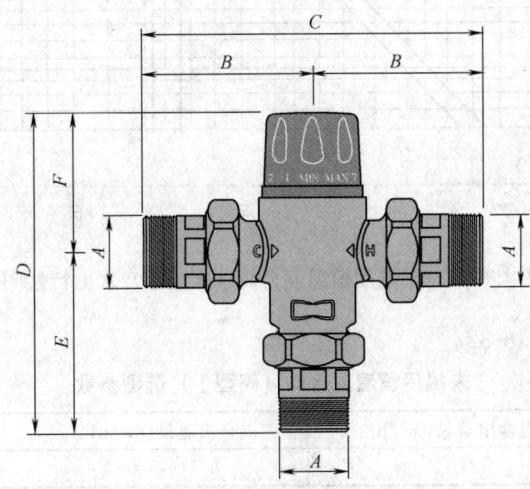

图 4.8-34 系统用恒温混合阀外形尺寸

（4）末端用恒温混合阀

1）阀型Ⅰ（按卡莱菲产品编写）

① 构造及工作原理同"（3）系统用恒温混合阀"。

② 技术参数见表 4.8-31。

末端用恒温混合阀（阀型Ⅰ）技术参数   表 4.8-31

技术性能指标	技术要求
阀体材质	防脱锌处理的黄铜合金 EN2165 CW602N 黄铜,表面镀铬
介质	水
调节温度	30~50℃
精准度	±2℃
最大工作压力（静态）	10bar(1MPa)
最大工作压力（动态）	5bar(0.5MPa)
最小工作压力（动态）	0.2bar(0.02MPa)
最大工作压力比（冷/热或热/冷）	6:1
最高热水进水温度	85℃
保证防烫功能的热水与混合水最低温度	10℃
认证	WRAS;TMV3;TMV2;ACS

③ 水力特性图见图 4.8-35。

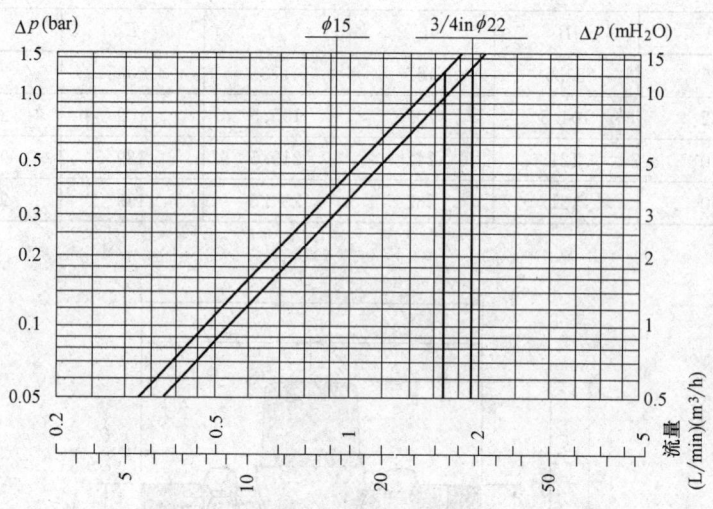

图 4.8-35　末端用恒温混合阀（阀型Ⅰ）水力特性图

④ 选型参数见表 4.8-32。

末端用恒温混合阀（阀型Ⅰ）选型参数　　　　表 4.8-32

DN(mm)	公称混合出流量(m³/h)	混合出流量(m³/h)	水头损失 h(MPa)
20	1.7	0.24～2.0	0.005～0.15

⑤ 外形尺寸见图 4.8-36。

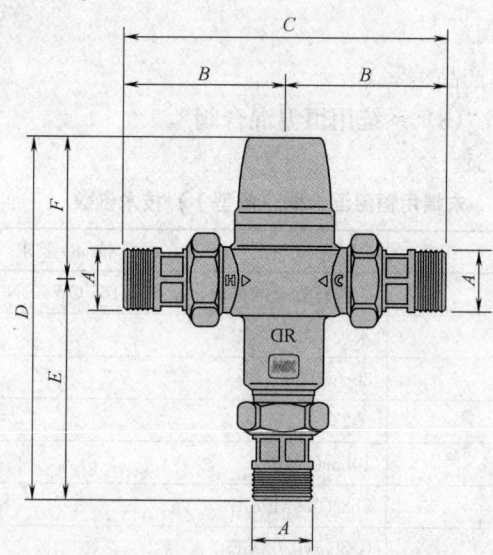

A	B	C	D	E	F
3/4in	66.5	133	130	81.5	48.5

图 4.8-36　末端用恒温混合阀（阀型Ⅰ）外形尺寸

2）阀型Ⅱ（按阿姆斯壮产品编写）

① 工作原理与阀型Ⅰ相似。

② 技术参数

材质：控制面板壳体：表面镀铬 ABS 工程塑料；

混合阀壳体：PC（聚氯乙烯工程塑料）或 ABS 工程塑料；

整体部件：黄铜、不锈钢和工程塑料；

符合无铅规定；

温度：控制出水温度 30～41℃；

温差精度：±1℃；

混合水与热水最低温差：2℃；

工作压力：1.0MPa；

允许冷热水压差：≤3∶1；

认证：ASSE 1016；CSA；UL；

功能：开关水流、温度调节、高温灭菌。

③ 选型参数见表 4.8-33。

末端用恒温混合阀（阀型Ⅱ）选型参数　　表 4.8-33

型号	管径(mm)	流量 q(L/s)	水头损失 h(MPa)
DMV2	15	0.15～0.32	0.02～0.10
DMV3	15	0.30～0.63	0.02～0.10
DMV23	20	0.30～0.63	0.02～0.10
RADA320	25	0.45～0.82	0.02～0.10
RADA450	32	0.90～1.70	0.02～0.10

④ 外形及外形尺寸见图 4.8-37。

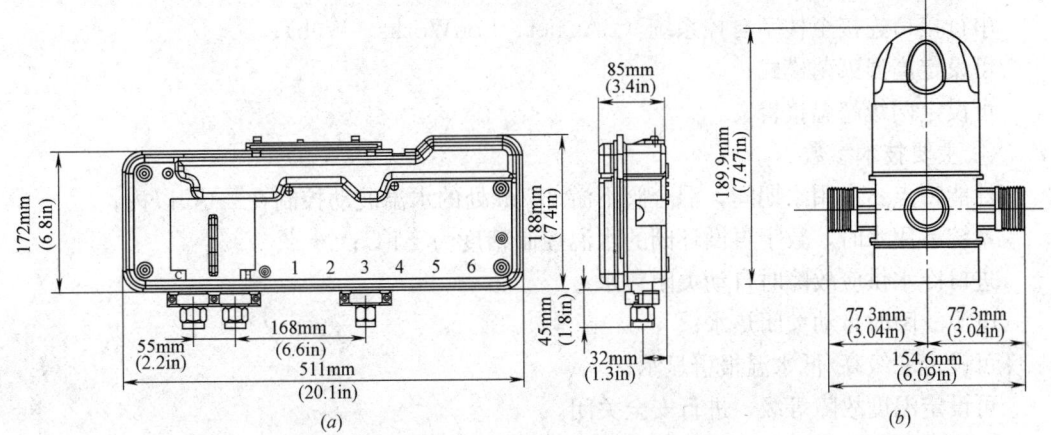

图 4.8-37　末端用恒温混合阀（阀型Ⅱ）外形及外形尺寸

(a) 供淋浴用；(b) 供洗手盆用

（5）带热力灭菌功能的恒温混合阀

1）阀型Ⅰ（按阿姆斯壮产品编写）

① 构造见图 4.8-38。

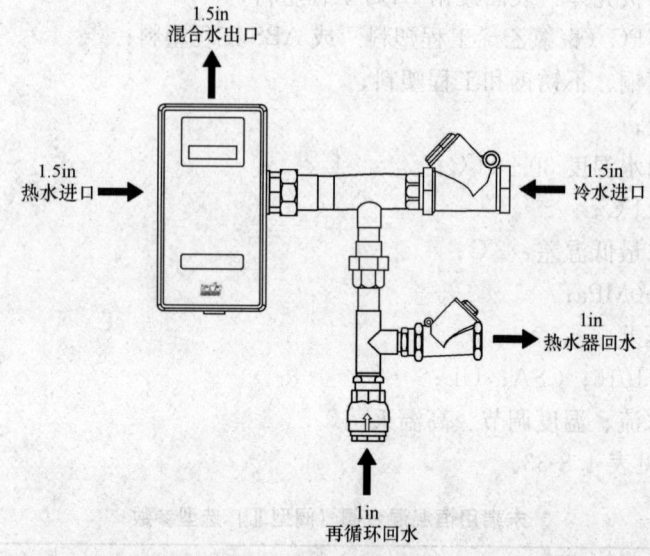

图 4.8-38 带热力灭菌功能的恒温混合阀（阀型Ⅰ）构造

② 工作原理：由 DRV 数控主阀根据系统设置控制系统按正常工况和灭菌工况运行，详见图 4.8-27 及其注释。

③ DRV 数控主阀功能

水温波动控制在±1℃；

阀门进口与出口最小温度差要求为 1℃；

自我诊断故障信息显示；

内置楼宇自控系统（BAS）Modbus 接口；

串行接口连接至楼宇自控系统（BACnet、LonWorks、Web）；

可设定高温灭菌模式；

可设定两级超温报警。

④ 主要技术参数

性能特点：在用水期间，混合阀下游 7.7m 处的水温波动控制在±1℃以内；

系统不用水时，数字再循环阀的水温控制精度为±1℃；

进口冷水供应故障时自动关闭热水；

电源故障时自动关闭热水；

可设定一级高/低水温报警显示；

可设定温度故障等级，进行安全关闭。

技术规格：100～240V 交流电；

聚合物电子箱体；

不锈钢阀结构；

最高热水进水温度：85℃；

最小循环流量：1.14m³/h；

认证：ASSE 1017、CSA B125、CE；

工作水压：0.07～1.0MPa；

运输质量：14.5kg。

⑤ DRV 数控主阀外形尺寸见图 4.8-39，阀组外形尺寸见图 4.8-40。

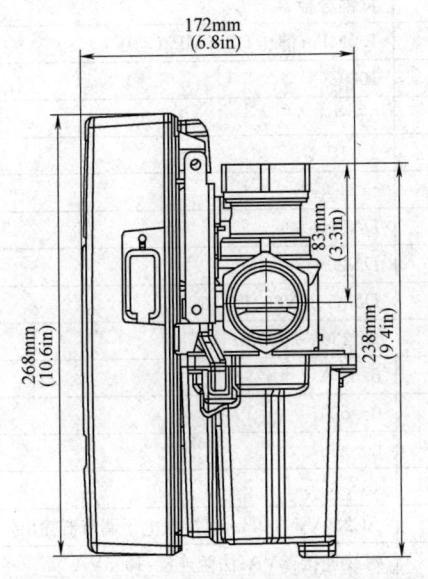

图 4.8-39　DRV 数控主阀外形尺寸　　　　　图 4.8-40　阀组外形尺寸

⑥ 选型参数见表 4.8-34。

带热力灭菌功能的恒温混合阀（阀型Ⅰ）选型参数　　　　表 4.8-34

型号	流量 q(m³/h)	水头损失 h(MPa)	型号	流量 q(m³/h)	水头损失 h(MPa)
DRV40/R	10.90	≤0.03	DMC80	21.35	≤0.03
DMC40	10.90	≤0.03	DMC80-80	42.70	≤0.03
DMC40-40	21.80	≤0.03	DMC80-80-80	64.05	≤0.03
DRV80/R	21.35	≤0.03			

注：型号标记：

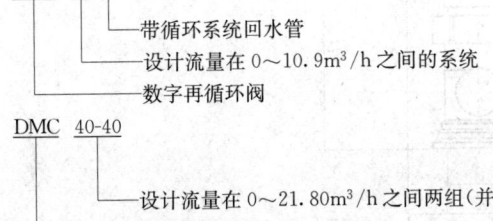

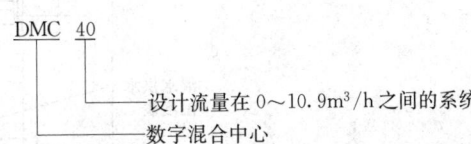

2）阀型Ⅱ（按卡莱菲产品编写）

① 工作原理：由电动执行器根据系统设置控制系统按正常工况和灭菌工况运行，详

见图 4.8-28 及其注释。

电子调节器上的数字计时器，可设置高温杀灭军团菌的时间段。通过回水温度传感器反馈数据，可以核实杀菌温度。

② 技术参数见表 4.8-35。

表 4.8-35

带热力灭菌功能的恒温混合阀（阀型 Ⅱ）技术参数

技术性能指标		技术要求
恒温混合阀	阀体材质	黄铜合金
	最大工作压力	1.0MPa（静压）；0.5MPa（动压）
	最高进水温度	100℃
	温度表范围	0～80℃
	最大冷热水进水压力比（冷/热或热/冷）	2∶1
	精确度	±2℃
	冷热水进水口径（内螺）	DN20～50
	混合出水口径	DN20～50
	法兰连接口径	DN65、DN80、PN16
电子调节器	电源	AC230V-5/60Hz
	功率	6.5VA
	环境温度	0～50℃
	用水温度调节范围	20～65℃
	杀菌温度调节范围	40～85℃
电动执行器	电源	AC230V-5/60Hz，直接由电子调节器输出
	运行功率	螺纹连接：8VA；法兰连接：10.5VA
	环境温度	−10～55℃

③ 外形尺寸见图 4.8-41、表 4.8-36。

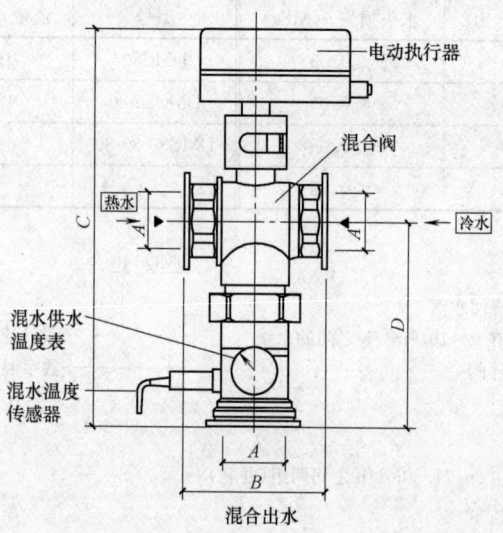

图 4.8-41　带热力灭菌功能的恒温混合阀（阀型 Ⅱ）外形尺寸

带热力灭菌功能的恒温混合阀（阀型Ⅱ）外形尺寸　　表 4.8-36

DN (mm)	外形尺寸(mm)				质量(kg)
	A	B	C	D	
20	20	74	200	85	1.3
25	25	75	212	95	1.7
32	32	85	226	140	2.3
40	40	100	248	150	2.9
50	50	110	266	170	5.0
65	65	235	600	275	28.0
80	80	235	600	275	30.4

④ 水力特性图见图 4.8-42、图 4.8-43。

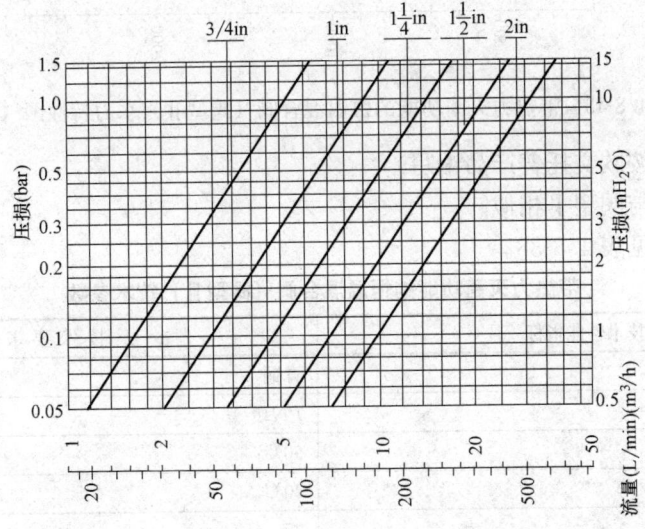

图 4.8-42　带热力灭菌功能的恒温混合阀（阀型Ⅱ）水力特性图（一）

⑤ 选型参数见表 4.8-37。

带热力灭菌功能的恒温混合阀（阀型Ⅱ）选型参数　　表 4.8-37

DN(mm)	公称混合出流量 Kv(m³/h)	混合出流量(m³/h)	水头损失 h(MPa)
20	5.2	0.5~6.4	0.005~0.01
25	9.0	0.7~11.0	0.005~0.01
32	14.5	1.0~17.8	0.005~0.01
40	23.0	1.5~28.0	0.005~0.01
50	32.0	2.0~39.0	0.005~0.01
60	90.0	4.0~110.0	0.005~0.01
80	120.0	5.0~146.0	0.005~0.01

注：选型时宜控制水头损失≤0.02MPa 选择混合出流量。

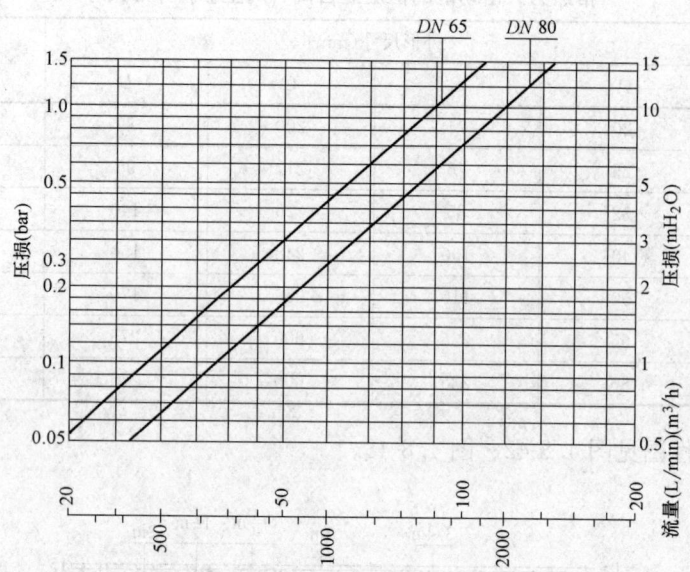

图 4.8-43 带热力灭菌功能的恒温混合阀（阀型Ⅱ）水力特性图（二）

3）阀型Ⅲ（按欧文托普产品编写）

① 工作原理与阀型Ⅰ相似。

② 技术参数见表 4.8-38。

带热力灭菌功能的恒温混合阀（阀型Ⅲ）技术参数   表 4.8-38

技术性能指标	技术要求
阀体、阀杆材质	青铜
公称压力	PN10
最高工作温度	90℃
最高环境温度	30℃
温度设定范围	35～65℃
热水与混合水最小温差	10℃
冷热水工作压差	2.5bar(0.25MPa)
最大工作压力比（冷/热或热/冷）	6:1
公称混合出流量	DN20：2.3m³/h
	DN25：4.5m³/h
	DN32：4.8m³/h

③ 水力特性图见图 4.8-44。

④ 选型参数见表 4.8-39。

带热力灭菌功能的恒温混合阀（阀型Ⅲ）选型参数   表 4.8-39

DN(mm)	公称混合出流量（m³/h）	混合出流量（m³/h）	水头损失 h（MPa）
20	2.3	0.2～2.0	0.001～0.1
25	4.5	0.4～4.5	0.001～0.1
32	4.8	0.5～5.0	0.001～0.1

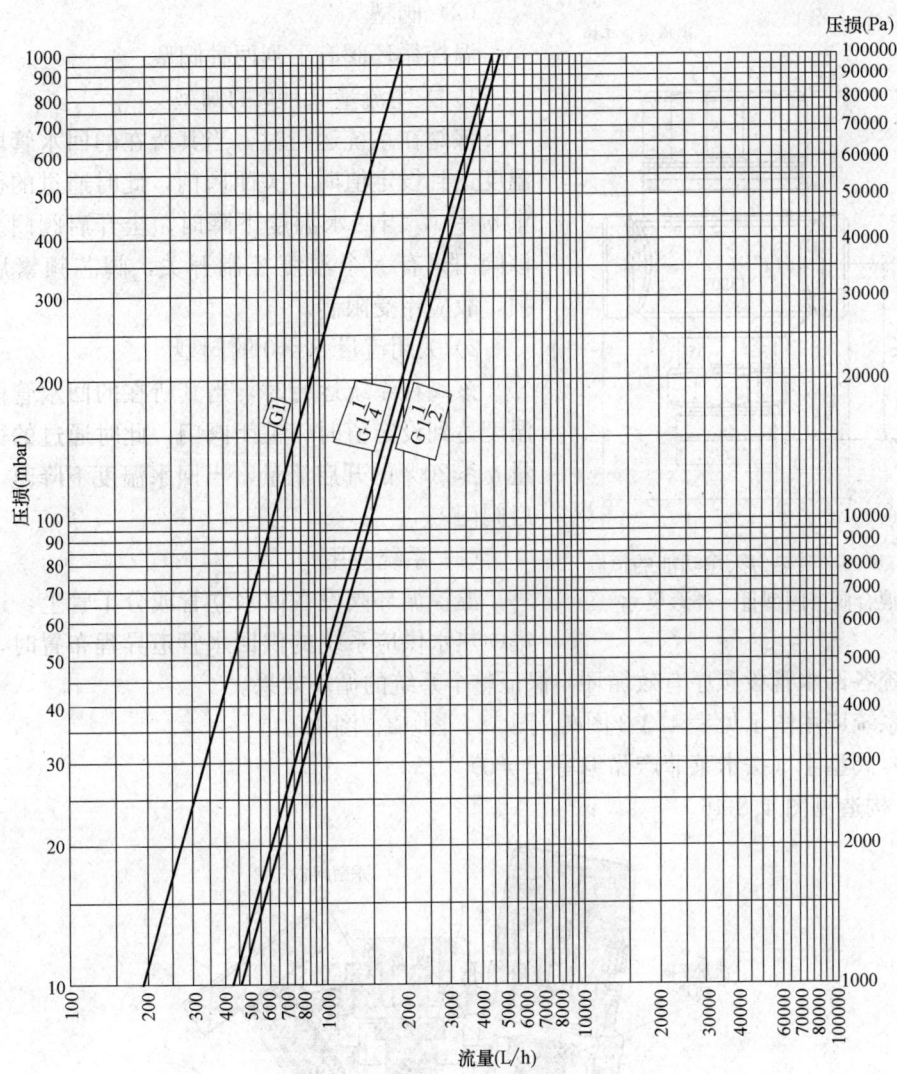

图 4.8-44 带热力灭菌功能的恒温混合阀（阀型Ⅲ）水力特性图

⑤ 外形尺寸见图 4.8-45、表 4.8-40。

带热力灭菌功能的恒温混合阀（阀型Ⅲ）外形尺寸（mm）　　　　表 4.8-40

DN	G	B	H_1	H_2
20	20	80	117	62
25	25	114	124	62
32	32	114	124	62

2. 温控循环阀

（1）功能

温控循环阀的主要功能是控制循环管段循环流量的通过，使整个热水循环系统有序循环，保证系统循环效果。该阀的辅助功能是当系统带有热力灭菌功能时，能与之相配。

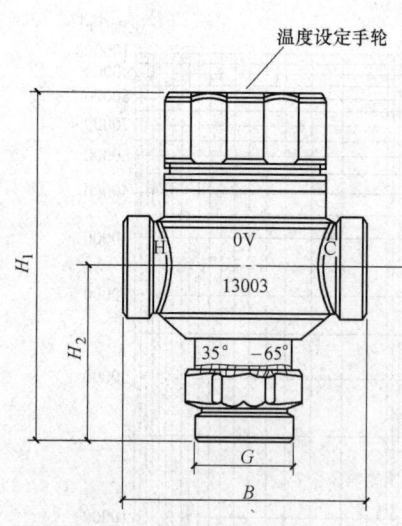

图 4.8-45 带热力灭菌功能的恒温
混合阀（阀型Ⅲ）外形尺寸

（2）阀型

温控循环阀有下列两种阀型：

1）关闭流量 $q_s=0$ 的阀型

该阀在系统运行时，当其所在的回水管段回水温度达到设定值时，关闭阀门，此时通过的循环流量 $q_s=0$，当回水温度下降时，全开启阀门。由于该阀门只有一个温度控制开关，阀芯频繁启停易损，故应用受限制。

2）关闭流量 $q_s\neq0$ 的阀型

该阀在系统运行时，当其所在的回水管段回水温度达到设定值时，关闭阀门，此时通过的循环流量 $q_s\approx20\%$ 的开启流量，当回水温度下降时，全开启阀门。

（3）系统应用

温控循环阀设在回水立管或分干管上，适用于集中热水供应系统的供回水管道异程布置时，控制循环系统各回水管段顺序有效循环，保证整个系统的循环效果。

其系统应用图示见表 4.3-3 图 7、图 11、图 12、图 13。

（4）阀型Ⅰ（按卡莱菲产品编写 $q_s\neq0$）

1）构造见图 4.8-46。

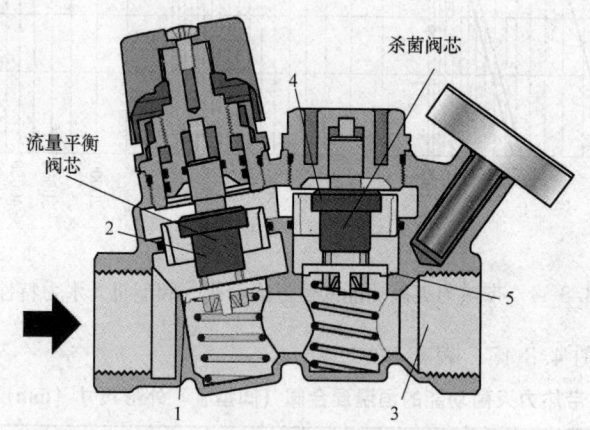

图 4.8-46 温控循环阀（阀型Ⅰ）构造
1—活塞；2—恒温传感器；3—热水出口；4—恒温传感器；5—旁通阀

2）工作原理

① 循环平衡功能：达到设定温度时，由恒温传感器 2 控制的活塞 1 调节热水出口 3 闭合，使循环水流向其他管路。温度降低时，执行相反操作，热水出口重新打开，这样使系统的所有支路都能够达到要求温度。

② 辅助杀菌功能：当进入阀体的水温达到灭菌水温（$\approx70℃$）时，阀芯半闭，通过约 1/2 的循环流量，灭菌运行结束时阀体恢复正常运行。

3）技术参数见表4.8-41。

表 4.8-41

温控循环阀（阀型Ⅰ）技术参数

技术性能指标	技术要求
阀体材质	防脱锌铜合金 UNI EN12165 CW724R
活塞	PSU
恒温传感器	石蜡
介质	饮用水
最大工作压力	16bar(1.6MPa)
温度调节范围	35～60℃
出厂设置温度	52℃
最大压差	1bar(0.1MPa)
杀菌温度	70℃
关闭温度	75℃
认证	DVGW；WRAS；ACS

4）水力特性图见图4.8-47。

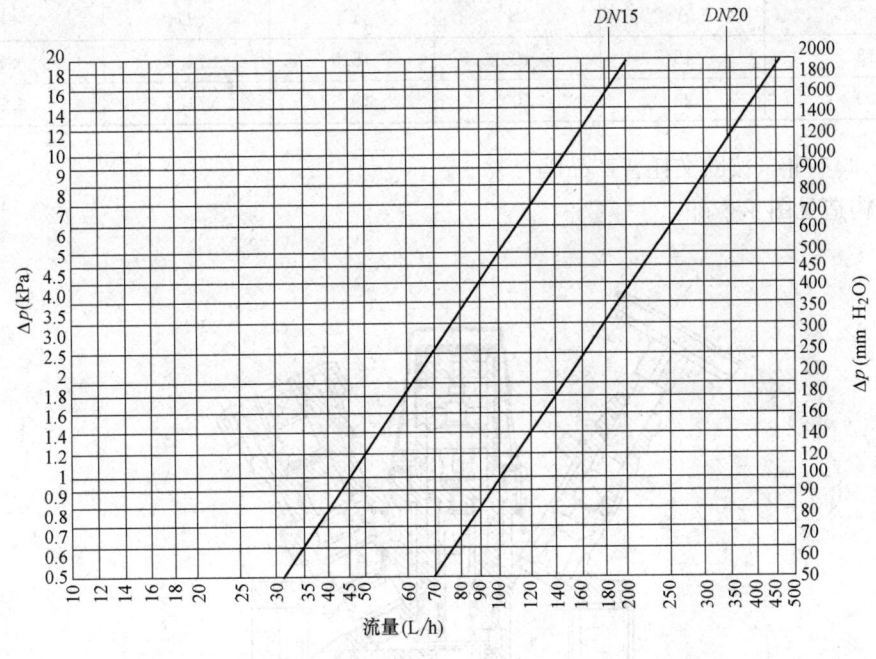

图 4.8-47 温控循环阀（阀型Ⅰ）水力特性图

5）选型参数见表4.8-42。

表 4.8-42

温控循环阀（阀型Ⅰ）选型参数

DN(mm)	$K_v(\Delta t = 5K)$ (m³/h)	恒温调节流量 (m³/h)	平衡循环阀参数		旁通杀菌流量 (m³/h)
			流量(m³/h)	阻损(MPa)	
15	0.45	0.03～0.2	0.03～0.2	0.005～0.2	0.07～0.45
20	0.45	0.03～0.2	0.03～0.2	0～0.04	0.07～0.45

6）外形尺寸见图 4.8-48、表 4.8-43。

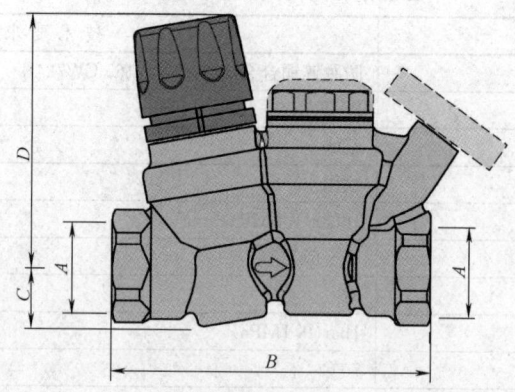

图 4.8-48   温控循环阀（阀型 I）外形尺寸

温控循环阀（阀型 I）外形尺寸   表 **4.8-43**

DN(mm)	外形尺寸(mm)				质量 (kg)
	A	B	C	D	
15	15	100	18.5	74.5	0.75
20	20	100	18.5	74.5	0.70

（5）阀型 II （按欧文托普产品编号）

1）构造见图 4.8-49。

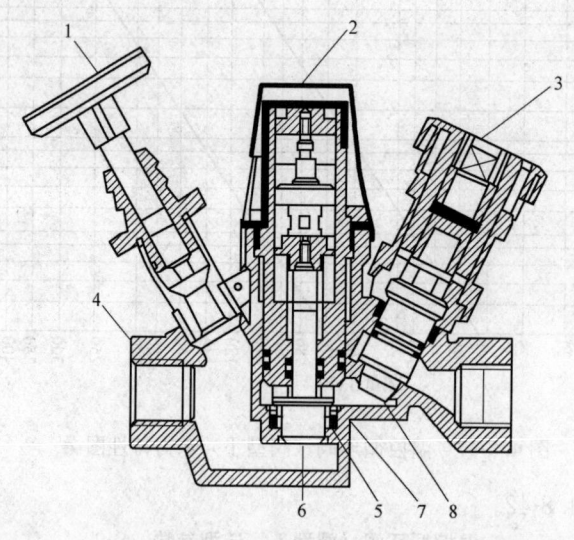

图 4.8-49   温控循环阀（阀型 II）构造

1—温度计；2—温度设定手轮；3—流量设定手轮；4—阀体；

5—温度传感器；6—温控阀杆；7—阀座；8—水力平衡阀杆

2）工作原理

① 通过温度设定手轮 2 设定循环管道温度，在生活热水恒温平衡阀的内部设有高敏

温度传感器 5，它根据设定温度使热敏元件膨胀或收缩调节温控阀杆 6 的位置改变阀门开度，从而自力式调节所控环路循环流量。

② 通过流量设定手轮 3 进行系统预调节流量设定，特殊设计的阀座 7 与水力平衡阀杆 8 结构保证线性的流量特性曲线。

③ 生活热水恒温平衡阀具有热力杀菌功能，配合系统高温热水进行相关流量调节。

④ 通过温度计 1 可监控管道温度。温度计移除后可通过传感器连接楼控系统或通过配件进行系统排水排气。

3）技术参数见表 4.8-44。

温控循环阀（阀型Ⅱ）技术参数　　　　　　表 4.8-44

技术性能指标	技术要求	技术性能指标	技术要求
阀体、阀杆材质	青铜	冷热水工作压差	2.5bar
公称压力	PN10	K_{vs}	DN20：2.3
最高工作温度	90℃		DN25：4.5
温度设定范围	35～65℃		DN32：4.8
热水及混水最小温差	10℃		

4）温控/灭菌运行工况见图 4.8-50；流量选用见表 4.8-45。

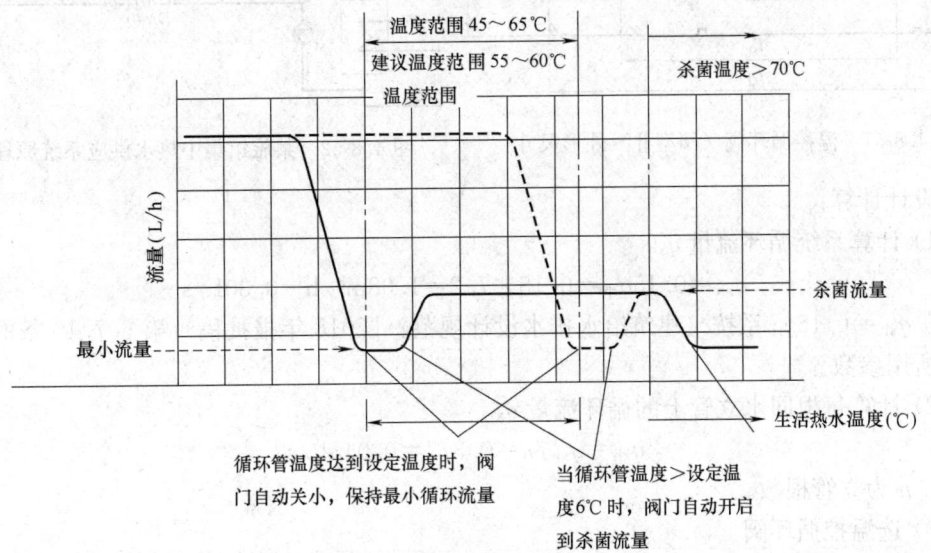

图 4.8-50　温控循环阀（阀型Ⅱ）温控/灭菌运行工况

温控循环阀（阀型Ⅱ）流量选用表　　　　　表 4.8-45

DN(mm)	K_v(Δt=5K) (m³/h)	恒温调节流量 (m³/h)	旁通杀菌流量 (m³/h)	阻损(MPa)
15	0.31	0.03～0.11	0.06～0.23	0.001～0.1
20	0.44	0.06～0.31	0.11～0.50	0.001～0.1
25	0.6	0.086～0.42	0.14～1.10	0.001～0.1

5）外形尺寸见图 4.8-51、表 4.8-46。

温控循环阀（阀型Ⅱ）外形尺寸   表 4.8-46

DN(mm)	外形尺寸(mm)								质量 (kg)
	D	L_1	L_2	H_1	H_2	H_3	H_4	SW	
15	Rp½	110	188	83	96	100	142	27	1.00
20	Rp¾	123	188	83	96	100	142	32	1.06
25	Rp1	133	188	83	98	100	142	41	1.18

（6）设计选型示例

【例 4.8-3】 某旅馆集中热水供应系统如图 4.8-52 所示，循环管道异程布置，在每根立管的回水管上设温控循环阀，设计小时热水量 $q_{rh}=7.2m^3/h$，试选择温控循环阀。

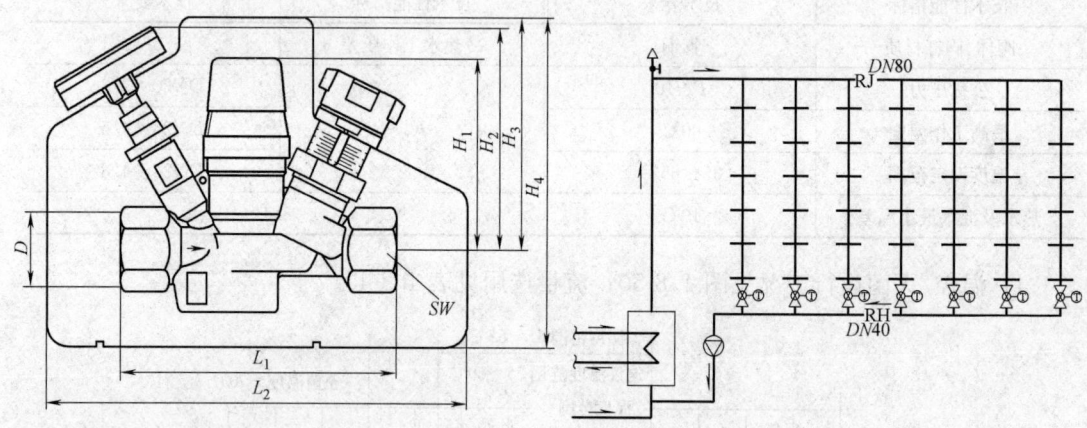

图 4.8-51 温控循环阀（阀型Ⅱ）外形尺寸   图 4.8-52 某旅馆集中热水供应系统原理图

设计计算：

1）计算系统循环流量 q_{xh}

$$q_{xh}=0.15q_{rh}=0.15\times7.2=1.08m^3/h=0.30L/s$$

式中 $q_{xh}=0.15q_{rh}$ 系按《建筑给水排水设计规范》（2018 年报批稿）第 6.7.10 条的条文说明所用参数。

2）计算每根回水立管上的循环流量 q_x

$$q_{xh}=q_{xh}/n=0.3/7=0.043L/s$$

式中 n 为立管根数。

3）选温控循环阀

依表 4.8-42 可选 $DN15$ 阀型。

该阀回水温度低于设定温度 5℃时，$q_s=0.2m^3/h=0.05L/s$，达设定温度时：

$$q_{smin}=0.03m^3/h=0.008L/s(<0.043L/s)$$

注：计算 q_{xhi} 应大于 q_{smin}，否则温控循环阀不起作用。

3. 流量平衡阀

（1）功能

用于集中热水供应系统的流量平衡阀的功能是通过手动调节限定所在管段的循环流量，使整个循环系统的循环流量均匀分配，以达到保证循环效果的目的。

（2）阀型

流量平衡阀有动态、静态两种阀型。

1) 动态流量平衡阀

该阀一般由带弹簧的活塞、阀芯与阀体组成,其简要工作原理是流体的通道有固定通径和可变通径两部分,当阀门上、下游流体压差小于最小工作压差时,流体流经固定、可变两个通径,当阀门上、下游流体压差大于最小工作压差时,可变通径变小或全关闭,流体流量逐渐减到最小。达到动态限流的目的。

阀体最小工作压差为 0.015~0.2MPa,在集中热水供应系统的循环管网中,循环流量小,一般阀前后压差很小,达不到该阀最小工作压差的要求,因此该阀型不宜用于生活热水系统。

2) 静态流量平衡阀

该阀是一种显示运行流量的限流阀,其构造有多种形式,其中带流量计的静态流量平衡阀及其运行原理见图 4.8-53。循环系统运行时,各回水管段均经静态流量平衡阀限定通过流量,从而达到全系统循环流量的均匀分配,保证循环效果。

(3) 系统应用

流量平衡阀设在回水立管或分干管上,适用于集中热水供应的供回水管异程布置时该阀根据各回水管段所需的循环流量设定通过流量值,消除系统短路循环的现象。

其系统应用图示见表 4.3-3 图 8、图 11、图 12、图 13。

(4) 流量计型流量平衡阀

1) 构造见图 4.8-53。

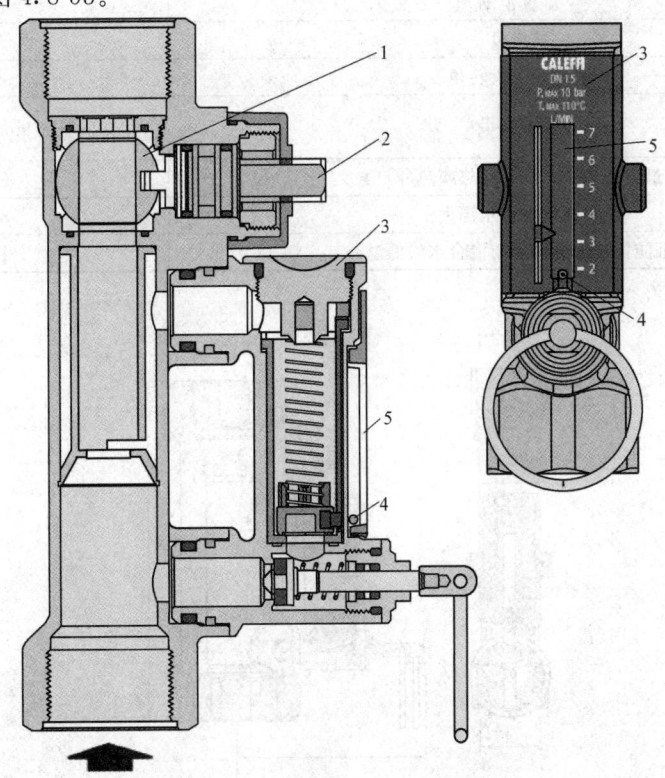

图 4.8-53 流量计型流量平衡阀构造

1—控制球阀;2—阀杆;3—流量计;4—磁性浮球;5—刻度显示器

2）工作原理

流量的调节通过阀杆 2 控制球阀 1 的开关度完成，其调节的流量则通过流量计 3 显示。流量计与平衡阀体旁通连接，当需要调试流量时，拉开流量计活塞杆，旁通流量则通过透明的刻度显示器 5 内部的磁性浮球 4 显示出来。

3）技术参数见表 4.8-47。

4）外形尺寸见图 4.8-54、表 4.8-48。

5）水力特性图见图 4.8-55。

6）选型参数见表 4.8-49。

流量计型流量平衡阀技术参数   表 4.8-47

技术性能指标				技术要求
阀体	编号	名称	材　质	UNI BN12165 CW617N 黄铜合金
	1	控制球阀	UNI BN 12164 CW614N	
	2	阀杆	UNI BN 12164 CW614N	
	3	流量计主体	UNI BN 12165 CW617N 黄铜合金	
	4	磁性浮球	PSU	
	5	刻度显示器	PSU	
介质				水
最大工作压力				10bar(1MPa)
温度范围				−10～110℃
精准度				±10%
调节阀开关旋转角度				90°
调节扳手				$1/2 \sim 1\frac{1}{4}$ in：9mm；$1\frac{1}{2} \sim 2$in：12mm
最大工作压力比(冷/热或热/冷)				6：1
最高热水进水温度				85℃
保证防烫功能的热水与混合水最低温差				10℃

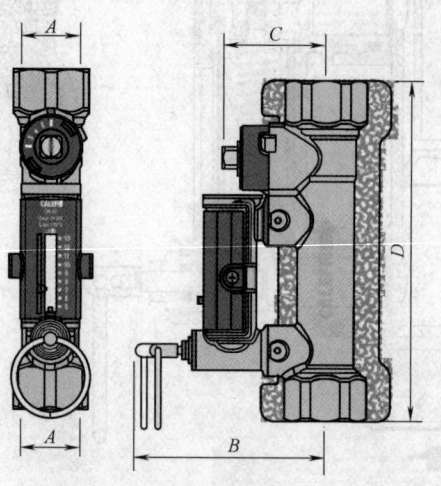

图 4.8-54　流量计型流量平衡阀外形尺寸

流量计型流量平衡阀外形尺寸　　　　　　　表 4.8-48

外形尺寸(mm)				质量(kg)
A	B	C	D	
20	83.5	45.5	145	0.74
20	83.5	45.5	145	0.74
25	85	47	158	0.96
32	88	50	163.5	1.19
40	91	56.5	171	1.47
50	96.5	62	177	2.00

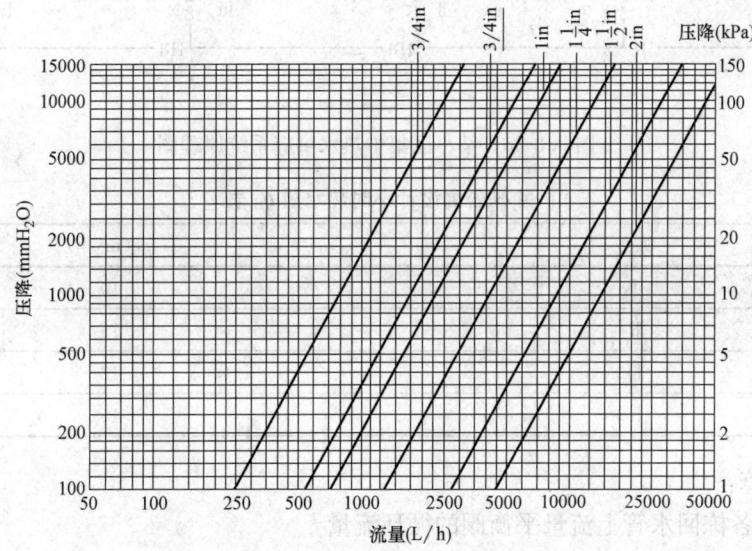

图 4.8-55　流量计型流量平衡阀水力特性图

流量计型流量平衡阀选型参数　　　　　　　表 4.8-49

编号	口径 in	流量(L/min)	阀门全开时通过的流量(m³/h)	编号	口径 in	流量(L/min)	阀门全开时通过的流量(m³/h)
132402	1/2	2～7	0.9	132702	$1\frac{1}{4}$	20～70	13.1
132512	3/4	5～13	2.5	132802	$1\frac{1}{2}$	30～120	27.8
132522	3/4	7～28	5.4	132902	2	50～200	46.4
132602	1	10～40	7.2				

注：1. 此表为保证精确度±2℃的流量范围。

　　2. 水头损失可按设定流量查图 4.8-55 求得。

（5）设计选型示例

【例 4.8-4】　某小区集中热水供应系统供给 4 栋公寓热水，其系统如图 4.8-56 所示，小区总系统循环管道采用异程布置，每栋分系统的回水分干管上设静态流量平衡阀，各栋的设计小时热水量 q_{rh} 如表 4.8-50 所示，试选择各栋回水流量平衡阀及总系统回水循环泵。

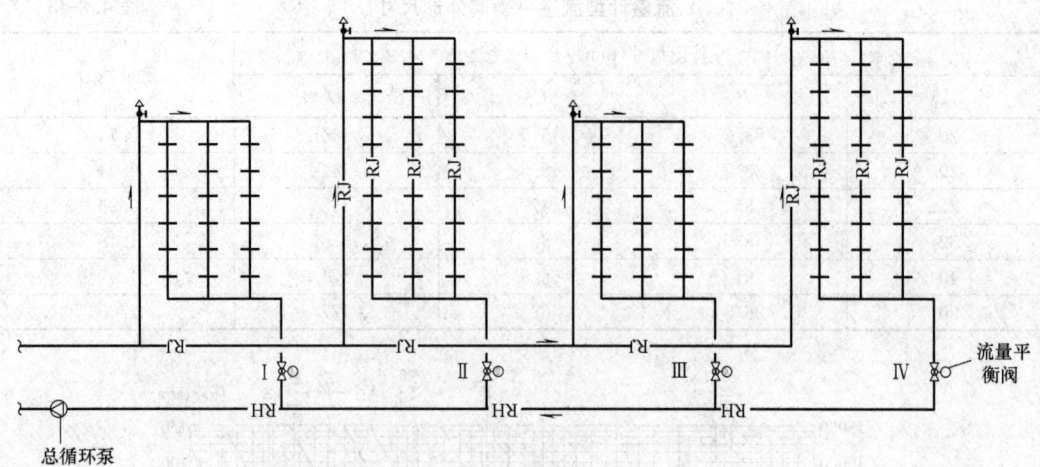

图 4.8-56　某小区集中热水供应系统原理图

4 栋公寓设计小时热水量 q_{rh} 表　　　　　　　　　　　表 4. 8-50

栋号	$q_{rh}(\text{m}^3/\text{h})$
Ⅰ	10
Ⅱ	15
Ⅲ	12
Ⅳ	15

设计计算：

1）计算各栋回水管上流量平衡阀的循环流量

① 按《建筑给水排水设计规范》（2018 年报批稿）第 6.7.10 条条文说明规定采用流量平衡阀时，循环流量 $q_{xhi}=0.15q_{rh}$，4 栋的 q_{xhi} 计算为：

$$q_{xh\text{Ⅰ}}=0.15\times10=1.5\text{m}^3/\text{h}(25\text{L/min})$$

$$q_{xh\text{Ⅱ}}=0.15\times15=2.25\text{m}^3/\text{h}(37.5\text{L/min})$$

$$q_{xh\text{Ⅲ}}=0.15\times12=1.8\text{m}^3/\text{h}(30\text{L/min})$$

$$q_{xh\text{Ⅳ}}=0.15\times15=2.25\text{m}^3/\text{h}(37.5\text{L/min})$$

② 按表 4.8-49 选择流量平衡阀

4 个阀的计算循环流量均位于表 4.8-49 中 $DN25$ 阀的流量范围（10～40L/min），可均选 $DN25$（$1''$）的流量平衡阀。

③ 系统运行调试时手动调试阀杆将各栋循环流量调至 $q_{xh\text{Ⅰ}}$、$q_{xh\text{Ⅱ}}$、$q_{xh\text{Ⅲ}}$、$q_{xh\text{Ⅳ}}$ 值。

2）计算系统回水干管上的总循环泵

① 按《建筑给水排水设计规范》（2018 年报批稿）第 6.7.10 条条文说明规定，各分系统采用流量平衡阀时，总循环泵流量 $q_{xh}=\sum_{i=1}^{n}q_{xhi}$ 的规定，则有：

$$q_{xh}=q_{xh\text{Ⅰ}}+q_{xh\text{Ⅱ}}+q_{xh\text{Ⅲ}}+q_{xh\text{Ⅳ}}=1.5+2.25+1.8+2.25=7.80\text{m}^3/\text{h}$$

② 由 $q_{xh\text{Ⅰ}}\sim q_{xh\text{Ⅲ}}$ 查图 4.8-55，$DN25$ 口径的流量平衡阀阻力约为 0.005～0.008MPa，对计算循环泵扬程影响很小，因此循环泵扬程可按循环管网通过 Q_{xh} 时计算阻力损失。

4.8.6 消毒灭菌装置

1. 紫外线催化二氧化钛（AOT）装置
(1) 结构示意图见图 4.8-57。

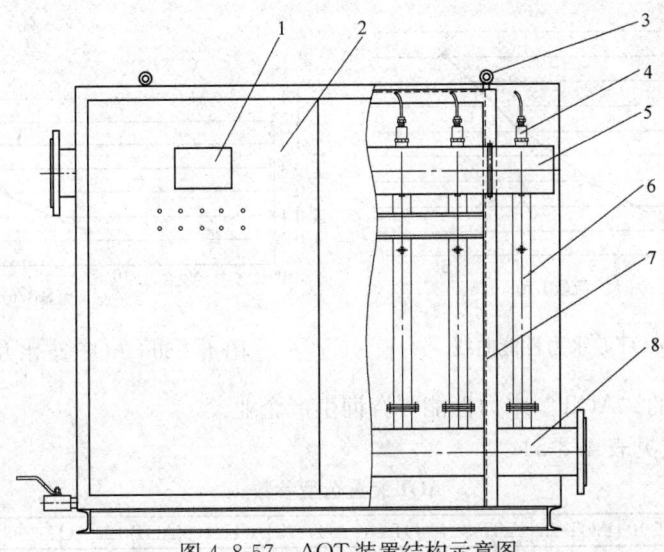

图 4.8-57　AOT 装置结构示意图

1—控制面板；2—外壳；3—吊环；4—灯罩及灯连接器；5—出水汇管；
6—反应器（含腔体、UV 灯、石英套管）；7—支架；8—进水汇管

(2) 工作原理

AOT 灭菌设备采用光催化高级氧化技术，利用特定光源激发光催化剂，产生具有强氧化特性的羟基自由基（·OH）。

羟基自由基直接破坏细胞膜，快速摧毁细胞组织。将水中的细菌、病毒、微生物、有机物等迅速分解成 CO_2 和 H_2O，使微生物失去复活、繁殖的物质基础，从而达到彻底分解水中细菌、病毒、微生物、有机物等的目的。

(3) 技术参数见表 4.8-51。

AOT 装置技术参数　　　　　　　　　　　　　　表 4.8-51

型号	进口口径 DN(mm)	出口口径 DN(mm)	功率 (W)	净重 (kg)	型号	进口口径 DN(mm)	出口口径 DN(mm)	功率 (W)	净重 (kg)
AOT-5	32	32	45	65	AOT-100	150	150	720	375
AOT-10	40	40	90	65	AOT-125	150	2×100	900	380
AOT-25	50	50	180	80	AOT-150	200	2×125	1080	490
AOT-35	80	80	270	183	AOT-200	200	2×150	1440	585
AOT-50	100	100	360	200	AOT-250	250	2×200	1800	850
AOT-75	125	125	540	290					

(4) 水力性能

1) AOT-5 水力性能见表 4.8-52、图 4.8-58。

AOT-5 水力性能　　　　　　　　　　　　　　表 4.8-52

流量(m³/h)	1	2	3	4	5
阻力(mH₂O)	0.017	0.067	0.146	0.259	0.402

2) AOT-25 水力性能见表 4.8-53、图 4.8-59。

AOT-25 水力性能   表 4.8-53

流量(m³/h)	12	16	20	22	25
阻力(mH₂O)	0.281	0.493	0.757	0.905	1.169

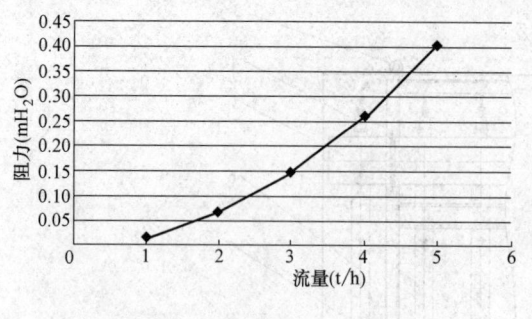

图 4.8-58   AOT-5 水力性能曲线

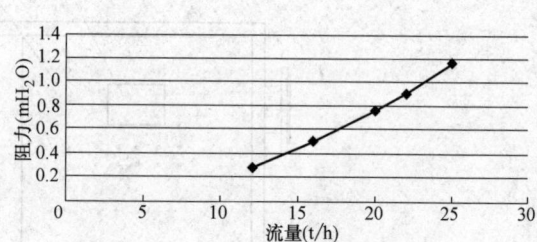

图 4.8-59   AOT-25 水力性能曲线

3) 其他型号的"AOT"水力性能可咨询生产企业。

（5）选型参数见表 4.8-54。

AOT 装置选型参数   表 4.8-54

型号	AOT-5	AOT-10	AOT-25	AOT-30	AOT-50	AOT-75	AOT-100	AOT-125	AOT-150	AOT-200	AOT-250
最大小时流量 (m³/h)	5	10	25	30	50	75	100	125	150	200	250

注：产品标识 AOT-××

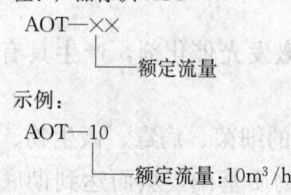

示例：

AOT—10

└──额定流量：10m³/h

（6）外形尺寸见表 4.8-55。

AOT 装置外形尺寸   表 4.8-55

型号	AOT-5	AOT-10	AOT-25	AOT-30	AOT-50	AOT-75	AOT-100	AOT-125	AOT-150	AOT-200	AOT-250
外形尺寸 长×宽× 高(mm)	400× 400× 1300	400× 400× 1300	450× 400× 1300	710× 500× 1450	890× 500× 1450	1270× 550× 1500	1650× 600× 1500	1080× 970× 1500	1270× 1050× 1500	1650× 1060× 1510	2030× 1230× 1570

（7）系统应用图示见图 4.2-5、图 4.2-6。

（8）注意事项

1) 设备安装前对系统进行彻底清理；

2) 设备进出口两边留有不小于 0.8m 的操作空间，且上方应留有不大于 1.2m 的检修空间，以方便设备的维修和保养；

3) 设备的进出水口应安装阀门，以便在维修和保养时切断水流；

4) 触摸石英套管、紫外灯时应佩戴干净的手套；

5) 如果水系统长时间不使用，应关闭设备电源，以避免系统过热；

6）设备禁止在系统没有水的情况下运行；

7）电控柜的正面有运行时间显示器，当设备连续工作一年之后（大约9000h），应当更换紫外线灯；

8）设备反应器内壁、石英套管定期检查清洗，清洗时先用棉布蘸弱酸擦拭，然后用柔软干布擦净，勿用手直接接触已擦净的石英套管表面，具体周期按照实际处理的水质确定；

9）紫外灯灯管伤害眼睛和皮肤，工作人员通过紫外灯观察孔观看光源时，应保持一定距离，不可长时间观看；

10）AOT后的管网安装完毕验收前应进行消毒处理，运行时应防止污染。

2. 银离子消毒器

银离子消毒器设有两种形式：不带系统循环泵为SID型；带系统循环泵为JC-SID型。

（1）SID型银离子消毒器构造示意图见图4.8-60。

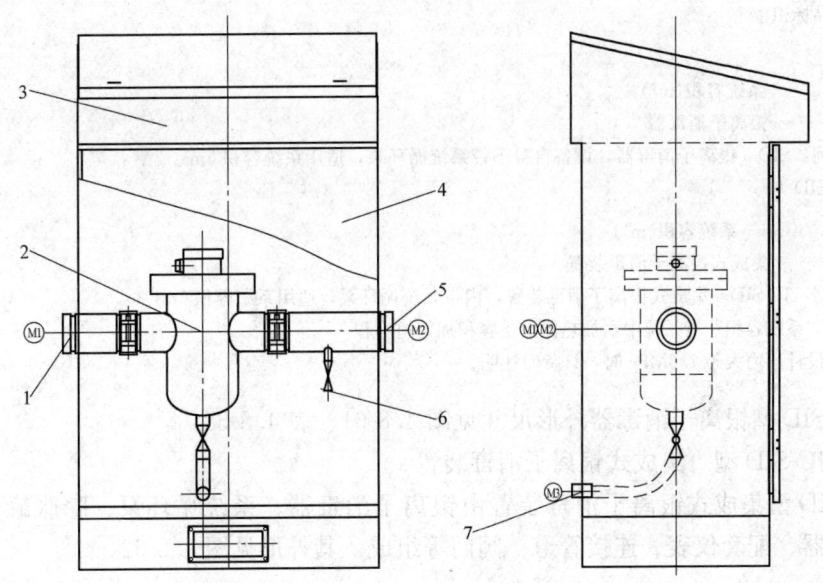

图4.8-60　SID型银离子消毒器构造示意图

1—进水口；2—银离子发生器本体；3—控制模块；4—箱体；5—出水口；6—取样口；7—排污口

（2）工作原理

银离子消毒器主要由银离子发生器本体、智能控制器、管道接口及箱体等组成；银离子发生器加满水，设备通电，智能控制器精准控制产生可调恒电流，恒电流作用在银离子发生器内的银电极上，使银电极释放一定浓度的银离子，来消灭水及管道、容器、附件等内壁繁殖的细菌，尤其军团菌，达到给二次生活热水及热水系统消毒的目的。

（3）技术参数见表4.8-56。

银离子消毒器技术参数　　　　　　　　　　　　表 4.8-56

技术参数		SID 型	JC-SID 型
智能控制器	输入电压	AC220V(50Hz)	AC380V(50Hz)
	输出电压	DC24V(可变)	DC24V(可变)
	输出电流	0～350MA	0～350mA
	消耗功率	≤30W	≤30W

续表

技术参数		SID 型	JC-SID 型
银离子 发生器 本体	设计压力	1.6/2.5MPa	1.6/2.5MPa
	设计温度	80℃	80℃
	材质	S31603(SUS316L)	S31603(SUS316L)
	压头损失	≤5kPa	≤5kPa

（4）选型参数见表 4.8-57。

银离子消毒器选型参数   表 4.8-57

型号	系统容积（m³）	设计压力（MPa）
SID-5	≤5	1.6
SID-10	5～10	1.6
SID-15	10～15	1.6
SID-20	15～20	1.6

注：产品标识

① SID-*

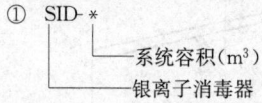

系统容积（m³）

银离子消毒器

标记示例：SID-5 银离子消毒器，设备自身不带系统循环泵，适用系统容积 5m³

② JC-SID-*

系统容积（m³）

集成式银离子消毒装置

标记示例：JC-SID-5 集成式银离子消毒装置，内带系统循环泵，适用系统容积 5m³

③ 表中"系统容积"指系统中水加热器设备容积加管道容积。

④ 系统设计压力大于 1.6MPa 时，订货时注明。

（5）SID 型银离子消毒器外形尺寸见图 4.8-61、表 4.8-58。

（6）JC-SID 型   集成式银离子消毒装置

JC-SID 型集成式银离子消毒装置由银离子消毒器、系统循环泵、膨胀罐、控制箱、温度传感器、配套仪表、连接管道、阀门等组成，其外形见图 4.8-62。

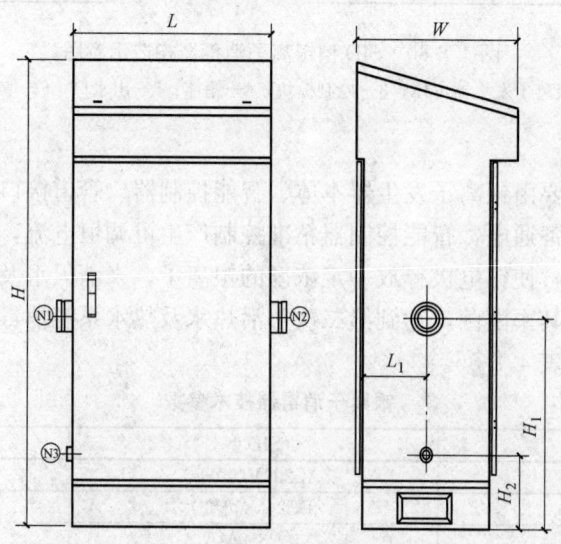

图 4.8-61   SID 型银离子消毒器外形尺寸

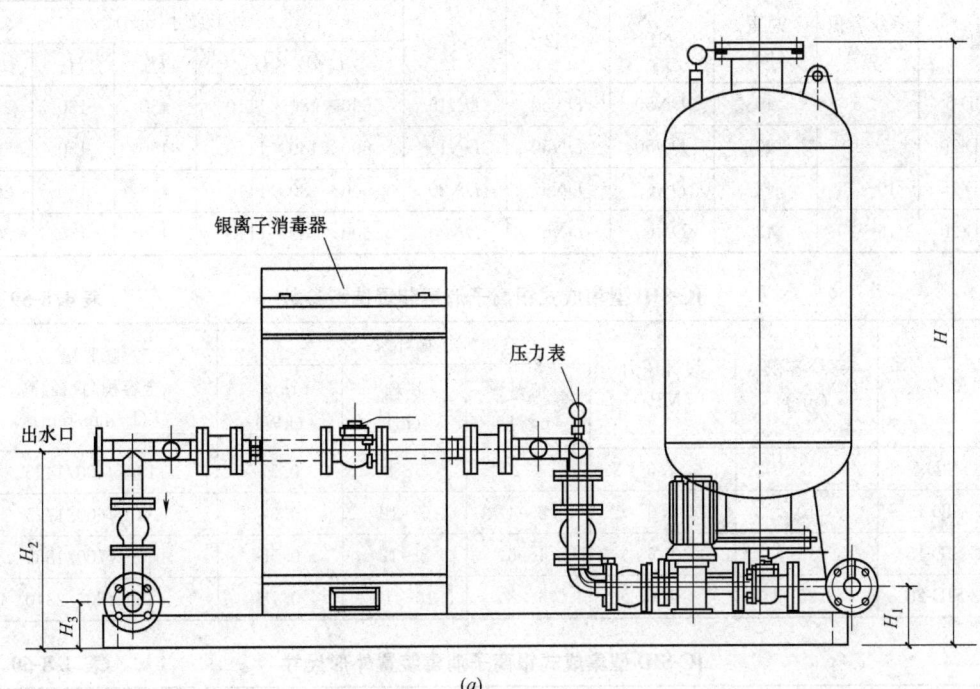

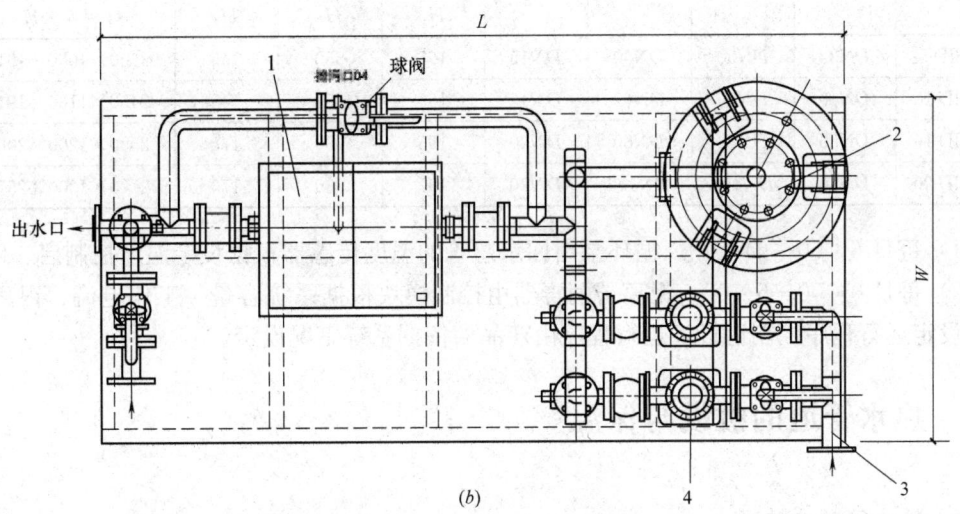

图 4.8-62 JC-SID 型集成式银离子消毒装置外形

(a) 立面图；(b) 平面图

1—银离子消毒器；2—膨胀罐；3—温度传感器；4—循环泵

(7) JC-SID 型集成式银离子消毒装置选型参数见表 4.8-59。

(8) JC-SID 型集成式银离子消毒装置外形尺寸见表 4.8-60。

(9) 系统应用图示见图 4.2-6。

(10) 设有银离子消毒器的循环系统，循环泵运行应符合下列要求：

SID 型银离子消毒器外形尺寸   表 4.8-58

型号	系统容积 (m³)	总重 (kg)	N1	N2	N3	外形尺寸(mm)			
						L×W×H	H_1	H_2	L_1
SID-5	≤5	40	DN50	DN50	DN15	600×480×1110	450	150	200
SID-10	5~10	40	DN50	DN50	DN15	600×480×1110	450	150	200
SID-15	10~15	42	DN65	DN65	DN20	600×480×1110	470	150	200
SID-20	15~20	42	DN65	DN65	DN20	600×480×1110	470	150	200

JC-SID 型集成式银离子消毒装置选型参数   表 4.8-59

型号	系统容积 (m³)	设计压力 (MPa)	循环泵			膨胀罐 全容积/直径/高 (L/mm/mm)
			流量 (m³/h)	扬程 (m)	功率 (kW)	
JC-SID-5	5	1.6	≤2	5~8	0.37	130/φ400/1495
JC-SID-10	10	1.6	2~4	5~10	0.37	340/φ600/1795
JC-SID-15	15	1.6	4~6	8~12	0.55	500/φ700/1885
JC-SID-20	20	1.6	6~8	10~15	0.75	800/φ800/2340

JC-SID 型集成式银离子消毒装置外形尺寸   表 4.8-60

型号	D1	D2	D3	D4	外形尺寸(mm)			
					H_1	H_2	H_3	L×W×H
JC-SID-5	DN32	DN50	DN50	DN15	165	550	145	2200×1000×1615
JC-SID-10	DN40	DN65	DN65	DN15	165	550	145	2450×1100×1915
JC-SID-15	DN50	DN80	DN80	DN20	195	630	175	2550×1200×2085
JC-SID-20	DN60	DN100	DN100	DN20	195	630	175	2700×1300×2570

1）每日 6：00—24：00，循环泵由回水总管的温度传感器根据设定温度控制启、停。

2）每日 0：00—6：00，银离子消毒器由控制模块根据系统容量、工作电流、银离子浓度设定运行程序控制运行，运行程序由产品商依据系统工况设定。

4.9 热水管道的敷设与保温

4.9.1 热水管道的敷设

1. 室外热水管道敷设

（1）管沟内敷设：这是室外热水管道传统的敷设方式，其优点是安装简单、方便维修和更换保温材料。缺点是占地方大，一次费用高。

（2）直埋敷设：这是近年来发展的一种新技术，其优点是方便安装、省地、节材、经济，缺点是不便维修和更换保温材料。保温层宜采用工厂定制的成型保温制品。

热水管道直埋敷设应由具有热力管道安装资质的安装单位施工。

（3）架空敷设：热水管道架空敷设因其占地、占空间、影响美观且露在大气中的管道及保温层等寿命短、能耗大，因此，一般工程设计中很少采用，当局部采用时，架空管离地面净高：人行地区≥2.5m；通行车辆地区：≥4.5m；跨越铁路：距轨顶≥6m。

2. 室内热水管道敷设

（1）铜管、薄壁不锈钢管、衬塑钢管等可根据建筑、工艺要求暗设或明设。暗设在墙体或垫层内的铜管、薄壁不锈钢管应采用塑覆管。

（2）塑料热水管宜暗设，明设时立管宜布置在不受撞击处，如不可避免时，应在管外加防紫外线照射、防撞击的保护措施。

（3）塑料热水管暗设应符合下列要求：

1）不得直接敷设在建筑物结构层内。

2）干管、立管应敷设在吊顶、管井、管窿内，支管宜敷设在地面的找平层、垫层槽内。

3）敷设在找平层或墙槽内的支管外径不宜大于 25mm，管外壁的复层厚度应≥20mm。

4）敷设在找平层、垫层槽内的支管宜采用热熔连接，宜采用分水器向卫生器具配水，中途不得有连接配件，两端接口应明露，地面宜有管道位置的临时标识。

（4）热水管道穿过建筑物的楼板、墙壁和基础时应加套管，以防管道胀缩时损坏建筑结构和管道设备。

1）在吊顶内穿墙时，可留孔洞。

2）地面有积水可能时，套管应高出地面 50～100mm。

3）套管内填充松软防火材料。

（5）下行上给式系统设有循环管道时，回水立管应在最高配水点以下约 0.5m 处与配水立管连接；上行下给式系统只需将立管与上、下水平干管连接。其连接方式见图4.8-15所示。

3. 热水管道防伸缩措施

（1）室内热水管道防伸缩措施详见本手册 4.8.3条"管道伸缩器"部分。

（2）室外热水管道防伸缩措施

1）管沟内敷设与架空敷设时，热水管道防伸缩措施同室内热水管道。

2）直埋敷设时，热水管道防伸缩措施有安装补偿器和无补偿两种做法。

① 安装补偿器法：宜安装 Ω 形补偿器，且补偿器外的保温、防水防潮及防护层做法均应与直管段一致。

当采用不锈钢波纹管等作补偿时，应专设保护检修波纹管用的检查井。

② 无补偿法：无补偿法有管道预热和不预热两种做法。前者一般用于热水温度较高的热水管道。当热水温度≤60℃时可采用后者。但采用后者做法时，必须在管道上下填埋一定厚度的砂层，用砂层与管外壁保护层的摩擦力克服温度变化引起的管道伸缩应力，车行道下要保证一定的埋深，并位于冰冻线以下，由于无补偿直埋管道安装施工的技术及质量要求高，因此应由具有热力管道安装资质的专业施工单位安装。

4. 排气与泄水

（1）为避免管道中积聚气体，影响过水能力和加剧管道腐蚀，室外热水供、回水管及室内热水上行下给式配水干管的最高点应设自动排气装置；下行上给式管网的回水立管可在最高配水点以下（约 0.5m）与配水立管连接，并宜在各供水立管顶设自动排气装置，以防立管内积气影响水表的正常计量。

（2）热水水平干管的局部上凸处应设自动排气装置，局部下凹处及热水系统的最低处应设泄水阀。

（3）热水横管应有≮0.003 的敷设坡度，坡向应考虑便于泄水和排出管道内的积气。

5. 管道支架

（1）各种热水管的支架间距如下：

1）薄壁不锈钢管、铜管、衬塑钢管的支架间距详见本手册给水章节相关条款。

2）聚丙烯（PP-R）管的支架间距见表 4.9-1。

聚丙烯（PP-R）管的支架间距（m）   表 4.9-1

公称直径(mm)	20	25	32	40	50	63	75	90	110
立管	0.5	0.6	0.7	0.8	0.9	1.0	1.1	1.2	1.5
水平管	0.9	1.0	1.2	1.4	1.6	1.7	1.7	1.8	2.0

注：暗敷管道的支架间距可采用 1.0～1.5m。

3）聚丁烯（PB）管的支架间距见表 4.9-2。

聚丁烯（PB）管的支架间距（m）   表 4.9-2

公称直径(mm)	20	25	32	40	50	63	75	90	110
立管	0.6	0.7	0.8	1.0	1.2	1.4	1.6	1.8	2.0
水平管	0.8	0.9	1.0	1.3	1.6	1.8	2.1	2.3	2.6

4）交联聚乙烯（PEX）管的支架间距见表 4.9-3。

交联聚乙烯（PEX）管的支架间距（m）   表 4.9-3

公称直径(mm)		20	25	32	40	50	63
立管		0.8	0.9	1.0	1.3	1.6	1.8
横管	热水管	0.3	0.35	0.4	0.5	0.6	0.7

5）PVC-C 管、铝塑（PAP）管的支架间距见表 4.9-4。

PVC-C 管、PAP 管的支架间距（m）   表 4.9-4

公称直径(mm)	20	25	32	40	50	63	75	90	110	125	140	160
立管	1.0	1.1	1.2	1.4	1.6	1.8	2.1	2.4	2.7	3.0	3.4	3.8
水平管	0.6	0.65	0.7	0.8	0.9	1.0	1.1	1.2	1.2	1.3	1.4	1.5

（2）固定支架

1）热水管道应设固定支架。固定支架的间距应满足管段的热伸长量所允许的补偿量（管段的热伸长量计算见本手册 4.8.3 条）。

2）固定支架的布置如图 4.9-1 所示。

① 固定支座宜靠近伸缩器布置，以减小伸缩器承受的弯矩。

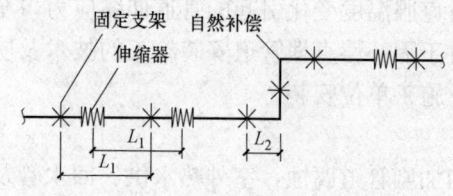

图 4.9-1 固定支架布置示意图

② 图 4.9-1 中 L_1、L_2 值详见本手册 4.8.3 条"管道伸缩器"的"自然补偿"部分。

3）固定支架应支承在承重结构上，并具有足够的强度，与管道相接处应采用焊接或其他固定管道的有效措施。

4）固定支架所用材质应与管道材质一致或相适应，不得因此造成管道局部腐蚀。

4.9.2 管道及设备保温

1. 范围及要求

（1）热水供、回水干管、立管及明设支管均应做保温处理。

（2）水加热设备热水箱及热水供、回水保温管段上的阀件管件等处均应做保温处理。

（3）保温绝热层厚度应满足《工业设备及管道绝热工程设计规范》GB 50264 的要求，管道及设备的最大允许热损失量应满足表 4.9-5 的要求。

管道及设备的最大热损失量 　　　　　　　　　　表 4.9-5

设备、管道表面温度(℃)	50	55	60	100	150
最大允许热损失量(W/m²)	58	61.5	65	93	116

（4）暗装在垫层、墙槽内的热水支管可不做保温层，但其管材宜采用导热系数低、壁厚较厚的热水型塑料管，当采用金属管时应采用外表塑覆的管道。

（5）干、立管循环不满足 4.3.3 条规定的配水点出热水时间的要求及要求随时取得热水的集中热水供应系统，当其不能作支管循环时，可采用自控电伴热措施维持支管热水的供水温度，不需设分户计量热水量的系统可采用支管循环。

2. 保温层结构

保温层由绝热层、防潮层及保护层组成。

管道的保温层结构如图 4.9-2 所示。

阀门及管件的保温层结构如图 4.9-3所示。

设备的保温层结构如图 4.9-4 所示。

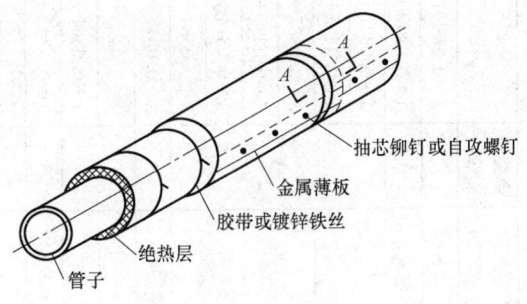

图 4.9-2　管道保温层示意图

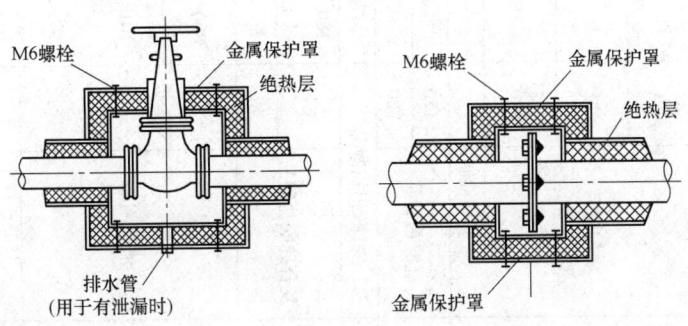

图 4.9-3　阀门及管件保温层示意图

常用绝热材料性能

表 4.9-6

序号	绝热材料名称		使用密度(kg/m³)	推荐使用温度(℃)	燃烧性能等级	导热系数参考方程(W/(m·℃))	适用材质	适用绝热类型	保温厚度表页码
1	柔性泡沫橡塑制品		40~60	-35~85	B_1	$\lambda=0.36+0.0001T_m$	金属、塑料	保温、防结露	13,23,29
2	硬质聚氨酯泡沫塑料制品		45~55	-65~80	B_1	$\lambda=0.020+0.000122T_m$	金属	保温	14,29
3	岩棉制品	毡	60~100	≤400	A	$\lambda=0.0337+0.000151T_m\,(-20℃≤T_m<100℃)$ $\lambda=0.0395+4.71\times10^{-5}T_m+5.03\times10^{-7}T_m^2\,(100℃≤T_m)$	金属、塑料	保温	15,24,29
		板	60~100			$\lambda=0.0337+0.000128T_m\,(-20℃≤T_m<100℃)$ $\lambda=0.0395+4.71\times10^{-5}T_a+5.03\times10^{-7}T_m^2\,(100℃≤T_m)$			
		管壳	100~150	≤350		$\lambda=0.0314+0.000174T_m\,(-20℃≤T_m<100℃)$ $\lambda=0.0384+7.13\times10^{-5}T_m+3.51\times10^{-7}T_m^2\,(100℃≤T_m)$			
4	玻璃棉制品		24~120	≤300	A	$\lambda=0.0351+0.00017T_m$	金属、塑料	保温	16,25,29
5	硅酸钙制品	170	≤550		A	$\lambda=0.0479+0.00010185T_m+9.65015\times10^{-11}T_m^3$	金属	保温	17,29
		220	≤550			$\lambda=0.0564+0.0007786T_m+7.8571\times10^{-8}T_m^2$			
6	硅酸铝棉制品		≤220	≤800	A	$\lambda=0.030+0.0002T_m$	金属	保温	18,29
7	复合硅酸盐制品	涂料	180~200(干态)	≤500	A	$\lambda=0.0531+0.00017T_m$	金属、塑料	保温	19,26,29
8	矿渣棉制品	毡·板	60~130	≤450		$\lambda=0.0337+0.000151T_m\,(-20℃≤T_m<100℃)$ $\lambda=0.0395+4.71\times10^{-5}T_m+5.03\times10^{-7}T_m^2\,(100℃≤T_m)$	金属、塑料	保温	20,27,29
			800~100	≤350	A	$\lambda=0.0337+0.000128T_m\,(-20℃≤T_m<100℃)$ $\lambda=0.0407+2.52\times10^{-5}T_m+3.34\times10^{-7}T_m^2\,(100℃≤T_m)$			
		管壳	≥100	≤300		$\lambda=0.0314+0.000174T_m\,(-20℃≤T_m<100℃)$ $\lambda=0.0384+7.13\times10^{-5}T_m\times3.51\times10^{-7}T_m^2\,(100℃≤T_m)$			
9	硅酸镁纤维毯		100±10、130±10	≤700	A	$\lambda=0.0397-2.741\times10^{-6}T_m+4.526\times10^{-7}T_m^2$ $\lambda=0.041+0.00015T_m$	金属、塑料	保温	21,28,29
10	泡沫玻璃制品		I类 120±8 II类 160±10	I类 -196~400 II类 -196~400	A	$\lambda=0.060+0.000155T_m$	金属、塑料	防结露	—

注: 1. 本表摘自《工业设备及管道绝热工程设计规范》GB 50264—2013。表内部分参数、导热系数参考方程进行了归纳合并。

2. 绝热材料性能应满足国家相关现行规范、产品标准的要求。

3. 绝热层

(1) 材质性能要求

1) 绝热材料要有允许使用温度、导热系数、密度、机械强度和燃烧性能的检测证明；对硬质绝热材料应有线膨胀系数的数据。

2) 用于金属管材的绝热材料应有对其管材是否产生腐蚀的测试证明。

3) 绝热材料的燃烧等级应符合下列要求：

① 管道及设备外表面温度＞100℃时，绝热材料应符合不燃烧类 A 级材料的性能要求。

② 管道及设备外表面温度≤100℃时，绝热材料应符合不低于难燃类 B_1 级材料的性能要求。

4) 塑料管的绝热层不应采用硬质绝热材料。

(2) 常用绝热材料性能见表 4.9-6。

(3) 热水供、回水管道的保温好坏直接关系

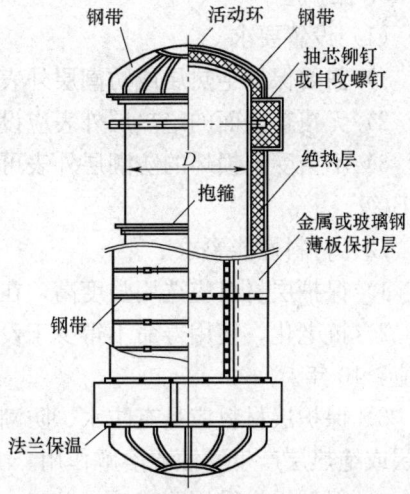

图 4.9-4　设备保温层示意图

热水水质、节能、节水及维护管理，因此设计应在综合考虑上述材质性能要求的条件下优先选用导热系数低、保温性能良好的绝热材料。

4. 防潮层

(1) 防潮层位于绝热层与保护层之间。

(2) 敷设在地沟内和潮湿场合的管道绝热层外表面均应设防潮层。

(3) 材料性能要求

1) 防潮层应选用不透气即抗蒸汽渗透性能好（水蒸气渗透阻$\nless 1 \times 10^5 \sim 4 \times 10^4$ m·s·Pa/g）、防水防潮性能好、吸水率$\ngtr 1\%$的材料。

2) 防潮层的燃烧性能应与绝热层的燃烧性相一致。

3) 防潮层材料应选用化学性能稳定、无毒且耐腐蚀性的材料，并不得对绝热层和保护层材料产生腐蚀和溶解作用，夏季不软化、不超泡、不流淌，低温时不脆化、不开裂、不脱落。

4) 涂抹型防潮层材料，其软化温度不应低于 65℃，黏结强度不应低于 0.15MPa，挥发物不得多于 30%。

(4) 常用防潮层材料主要性能见表 4.9-7 所示。

常用防潮层材料主要性能　　　　　　　　　　　　表 4.9-7

防潮层名称	燃烧等级	使用绝热材料	适用场合
不燃性玻璃布复合铝箔	A	软质及半软质绝热材料	干燥区
难燃性夹筋双层铝箔	B_1	软质及半软质绝热材料	干燥区
阻燃性夹筋单层铝箔	B_2	软质及半软质绝热材料	干燥区
阻燃性塑料布	B_2	硬质及闭孔型绝热材料	干燥区
三元乙丙橡胶防水卷材($\delta=1.0 \sim 1.2mm$)	易燃	软质、半软质及硬级绝热材料	潮湿区及地沟内
沥青胶、防水冷胶料玻璃布防潮层($\delta > 5mm$)	易燃	软质、半软质及硬级绝热材料	干燥区

5. 保护层

（1）设置要求

1）需要保护绝热层或防潮层外表面使其免受损坏或需要美观整齐的地方应设保护层。

2）无覆盖表面的绝热层外表应设保护层（泡沫橡塑除外）。

3）不会受到损坏的防潮层外表可不设保护层，但防潮层材质的燃烧性能必须是 A 级或 B_1 级。

（2）材料性能要求

1）保护层材料应选用强度高，在使用环境温度下不软化、不脆裂的材料。

2）抗老化，使用寿命不得少于设计年限，国家重点工程的保温保护层的设计使用年限应 $\geqslant 10$ 年。

3）保护层材料应具有防水、防潮、抗大气腐蚀、化学稳定性好等性能，并不得对防潮层或绝热层产生腐蚀或溶解作用。

4）保护层应采用不燃性（A 级）或难燃性（B_1 级）材料，但与贮存或输送易燃、易爆物料的设备及管道邻近时，其保护层必须采用不燃性（A 级）材料。

（3）常用保护层材料主要性能见表 4.9-8。

常用保护层材料主要性能   表 4.9-8

保护层名称	燃烧等级	厚度（mm）			使用年限（年）
		$DN\leqslant100$	$DN>100$	设备	
不锈钢薄板保护层	A	0.3～0.35	0.35～0.5	0.5～0.7	＞12
铝合金薄板保护层	A	0.4～0.5	0.5～0.6	0.8～1.0	＞12
镀锌薄钢板保护层	A	0.3～0.35	0.35～0.5	0.5～0.7	3～6
玻璃钢薄板保护层	B_1	0.4～0.5	0.5～0.6	0.8～1.0	$\leqslant12$
玻璃布＋防火漆	A	0.1～0.2	0.1～0.2	0.1～0.2	$\leqslant12$

6. 绝热层厚度计算

（1）热水管允许的最大热损失及温降见表 4.9-9。

热水管允许的最大热损失及温降   表 4.9-9

公称直径 DN(mm)	热损失及温降	热水温度（℃）		
		55	60	65
15	[q]	9.8	10.4	11.0
	Δt	13.2	14.0	14.8
20	[q]	13.1	13.9	14.7
	Δt	10.0	10.6	11.2
25	[q]	16.5	17.5	18.5
	Δt	8.0	8.5	9.0
32	[q]	20.8	22.1	23.4
	Δt	6.2	6.6	7.0
40	[q]	26.2	27.9	29.4
	Δt	5.0	5.3	5.6

续表

公称直径 DN(mm)	热损失及温降	热水温度(℃)		
		55	60	65
50	[q]	32.7	34.7	36.7
	Δt	4.0	4.2	4.5
65	[q]	41.6	44.2	46.7
	Δt	3.0	3.2	3.4
80	[q]	52.0	55.3	58.7
	Δt	2.5	2.7	2.9
100	[q]	65.3	69.4	73.5
	Δt	2.0	2.1	2.3
150	[q]	98	104	110
	Δt	1.7	1.8	1.9
200	[q]	131	139	147
	Δt	1.0	1.1	1.2
300	[q]	196	208	220
	Δt	0.7	0.8	0.9

注：[q]——热损失（kJ/(h·m)），Δt——1h管道的降温（℃/h）。

（2）金属管道绝热层厚度计算

1）绝热层厚度按公式（4.9-1）、公式（4.9-2）计算：

$$\delta = \frac{1}{2}(D_2 - D_1) \tag{4.9-1}$$

$$D_2 \ln \frac{D_2}{D_1} = 2\lambda \left[\frac{T_o - T_a}{0.8[Q]} - \frac{1}{\partial_s} \right] \tag{4.9-2}$$

式中　δ——绝热层厚度（m）；

　　D_2——绝热层外径（m）；

　　D_1——管道外径（m）；

　　λ——绝热材料导热系数（W/(m·℃)），见表4.9-6；

　　T_o——介质温度（℃），即管道或设备的外表面温度；

　　T_a——环境温度（℃），按下列方法取值，具体数值参见表4.9-10；

无采暖空调房间：T_a取年平均温度；

有采暖无空调房间：T_a取供暖设计温度；

有采暖有空调房间：T_a取供暖设计温度；

地沟内温度：T_a取20℃；

　　$[Q]$——最大允许热损失量（W/m²），见表4.9-5；

　　∂_s——绝热层外表面向周围环境的放热系数，$\partial_s = 11.6$ W/(m²·℃)。

各地主要气象参数

表 4.9-10

序号	地名	年平均温度 T_a (℃)	夏季空调温度 T_a (℃)	相应的露点温度 T_d (℃)	极端平均最低温度 T_a (℃)	序号	地名	年平均温度 T_a (℃)	夏季空调温度 T_a (℃)	相应的露点温度 T_d (℃)	极端平均最低温度 T_a (℃)
01	北京	11.4	33.2	29.00	−17.1	11.1	杭州	16.2	35.7	31.91	−6.0
02	天津	12.2	33.4	29.19	−11.7	11.2	衢州	17.3	35.8	31.09	−5.5
03			河北省				11.3	温州	17.9	32.8	29.91	−2.4
03.1	承德	8.9	32.3	26.73	−11.3	12			安徽省		
03.2	唐山	11.1	32.7	29.73	−17.8	12.1	合肥	15.7	35.0	31.44	−9.4
03.3	石家庄	12.9	35.1	30.17	−16.6	12.2	芜湖	16.0	35.0	31.22	−7.8
04			山西省				13			福建省		
04.1	大同	6.5	30.3	23.32	−25.1	13.1	福州	19.6	35.2	30.96	0.9
04.2	太原	9.5	31.2	25.66	−21.4	13.2	厦门	20.9	33.4	29.86	4.1
04.3	运城	13.6	35.5	29.09	−14.7	14			江西省		
05			内蒙古自治区				14.1	九江	17.0	36.4	31.68	−5.6
05.1	海拉尔	−2.1	28.1	22.41	−41.2	14.2	南昌	17.5	35.6	30.66	−5.0
05.2	二连浩特	3.4	32.6	20.55	−33.7	14.3	赣州	19.4	35.4	29.25	−2.5
05.3	呼和浩特	5.8	29.9	22.42	−27.0	15			山东省		
06			辽宁省				15.1	烟台	12.4	30.7	26.98	−10.4
06.1	开原	6.5	30.9	27.17	−30.3	15.2	济南	14.2	34.8	29.40	−13.7
06.2	沈阳	7.8	31.4	27.23	−26.8	15.3	青岛	12.2	29.0	26.34	−10.2
06.3	锦州	9.0	31.0	27.27	−21.4	16			河南省		
06.4	鞍山	8.8	31.2	26.58	−25.5	16.1	新乡	14.0	35.1	30.87	−12.4
06.5	大连	10.2	28.4	25.33	−16.2	16.2	郑州	14.2	35.6	30.89	−12.5
07			吉林省				16.3	南阳	14.9	35.2	31.41	−10.4
07.1	吉林	4.4	30.3	26.37	−35.0	17			湖北省		
07.2	长春	4.9	30.5	26.34	−30.2	17.1	宜昌	16.8	35.8	32.01	−4.3
07.3	通化	4.9	29.4	25.69	32.8	17.2	武汉	16.3	35.2	31.19	−9.1
08			黑龙江省				17.3	黄石	17.0	35.7	31.46	−6.4
08.1	齐齐哈尔	3.2	30.6	25.31	−32.6	18			湖南省		
08.2	哈尔滨	3.6	30.3	25.93	−33.4	18.1	岳阳	17.0	34.1	29.19	−6.0
08.3	牡丹江	3.5	30.3	25.70	−33.1	18.2	长沙	17.2	35.8	30.85	−5.4
09	上海	15.7	34.0	30.88	−6.7	18.3	衡阳	17.9	36.0	30.08	−3.8
10			江苏省				19			广东省		
10.1	连云港	14.0	33.5	29.96	−12.3	19.1	韶关	20.3	35.4	30.46	−1.2
10.2	南通	15.0	33.0	30.52	−7.5	19.2	广州	21.8	33.5	30.39	1.9
10.3	南京	15.3	35.0	31.44	−8.6	19.3	海口	23.8	34.5	31.38	7.0
11			浙江省				20			广西壮族自治区		

续表

序号	地名	年平均温度 T_a (℃)	夏季空调温度 T_a (℃)	相应的露点温度 T_d (℃)	极端平均最低温度 T_a (℃)	序号	地名	年平均温度 T_a (℃)	夏季空调温度 T_a (℃)	相应的露点温度 T_d (℃)	极端平均最低温度 T_a (℃)
20.1	桂林	18.8	33.9	29.69	−1.8	26	甘肃省				
20.2	梧州	21.1	34.7	30.92	0.6	26.1	敦煌	9.3	34.1	19.79	−22.9
20.3	北海	22.6	32.4	29.30	4.3	26.2	兰州	9.1	30.5	22.19	−18.0
21	四川省					26.3	天水	10.7	30.3	24.78	−13.4
21.1	广元	16.1	33.3	28.64	−5.0	27	青海省				
21.2	成都	16.2	31.6	28.92	−3.1	27.1	西宁	5.7	25.9	18.85	−20.5
21.3	重庆	18.3	36.5	31.54	0.2	27.2	格尔木	4.2	26.6	10.35	−25.7
21.4	西昌	17.0	30.2	25.38	−2.0	27.3	玉树	2.9	21.5	15.59	−23.4
22	贵州省					28	宁夏回族自治区				
22.1	遵义	15.2	31.7	27.30	−4.3	28.1	银川	8.5	30.6	23.09	−22.5
22.2	贵阳	15.3	30.0	25.63	−4.6	28.2	盐池	7.7	31.1	21.64	−25.5
22.3	兴仁	15.2	28.6	25.33	−3.7	28.3	固原	6.2	27.2	21.54	−23.1
23	云南省					29	新疆维吾尔自治区				
23.1	腾冲	14.8	25.4	23.72	−2.8	29.1	克拉玛依	8.0	34.9	15.78	−30.0
23.2	昆明	14.7	25.8	22.76	−2.9	29.2	乌鲁木齐	5.7	34.1	20.16	−29.7
24	西藏自治区					29.3	吐鲁番	13.9	40.7	20.31	−20.1
24.1	拉萨	7.5	22.8	13.03	−14.8	29.4	哈密	9.8	35.8	17.53	−24.7
24.2	日喀则	6.3	22.2	12.19	−19.0	29.5	和田	12.2	34.3	18.80	−16.3
25	陕西省					30	台湾				
25.1	榆林	8.1	31.6	23.51	−25.0	30.1	台北	22.1	33.6	29.16	4.8
25.2	西安	13.3	35.2	29.53	−11.8	31	香港				
25.3	汉中	14.3	32.4	28.87	−6.7	31.1	香港	22.8	32.4	28.87	5.6

2）绝热层实际热量损失的计算

按公式（4.9-1）、公式（4.9-2）计算所得的 δ 值为计算值，实际保温层厚度为定值，δ 取为定值后实际热量损失值按公式（4.9-3）、公式（4.9-4）计算：

$$Q = \frac{T_o - T_a}{\frac{D_2'}{Z\lambda}\ln\frac{D_2'}{D_1} + \frac{1}{\partial_s}} \tag{4.9-3}$$

$$q = \pi D_2' Q \tag{4.9-4}$$

式中　Q——绝热层热量损失（W/m²）；

　　　q——绝热层热量损失（W/m）；

　　　D_2'——实际绝热层外径（m）。

3）绝热层外表面温度按公式（4.9-5）计算：

$$T_s = \frac{Q}{\partial_s} + T_a \tag{4.9-5}$$

（3）塑料管绝热层厚度计算

1）绝热层厚度按公式（4.9-6）、公式（4.9-7）计算：

$$\delta = \frac{1}{2}(D_2 - D_1) \tag{4.9-6}$$

$$D_2 \ln \frac{D_2}{D_1} = 2\lambda \left[\frac{T_1 - T_a}{0.8[Q]} - \frac{1}{\partial_s} \right] \tag{4.9-7}$$

式中　T_1——塑料管外表面温度（℃），按公式（4.9-8）计算。

$$T_1 = \frac{T_1 - T_a}{\partial_s \left(\frac{D_1}{Z\lambda_1} \ln \frac{D_1}{D_O} + \frac{1}{\partial_s} \right)} + T_a \tag{4.9-8}$$

2）绝热层实际热量损失按公式（4.9-9）、公式（4.9-10）计算：

$$Q = \frac{T_1 - T_a}{\frac{D_2'}{Z\lambda} \ln \frac{D_2'}{D_1} + \frac{1}{\partial_s}} \tag{4.9-9}$$

$$q = \pi D_2' Q \tag{4.9-10}$$

3）绝热层外表面温度 T_s 计算同公式
（4.9-5）。

4.9.3　自限温电伴热保温

1. 适用范围

为了保证有效的即时热水供应，各配
水点保证出水温度不低于 45℃ 的时间应
满足居住建筑不宜大于 15s，公共建筑不
宜大于 10s 的要求。当集中热水供应系统
的循环系统无法满足以上要求时，可考虑
采用热水支管或部分热水管道自限温电伴
热措施。

相对于支管循环系统，设分户水表计
量集中热水系统的居住建筑，包括住宅、
别墅及酒店式公寓宜采取热水支管自限温
电伴热措施。其理由见本手册 4.3.1 条。

集中热水供应系统中部分难以实现
干、立管循环的管段，可采用电伴热带结
合保温措施。

对卫生有特殊要求的场所，为避免军
团菌的产生，可采用电伴热进行高温冲击
灭菌。

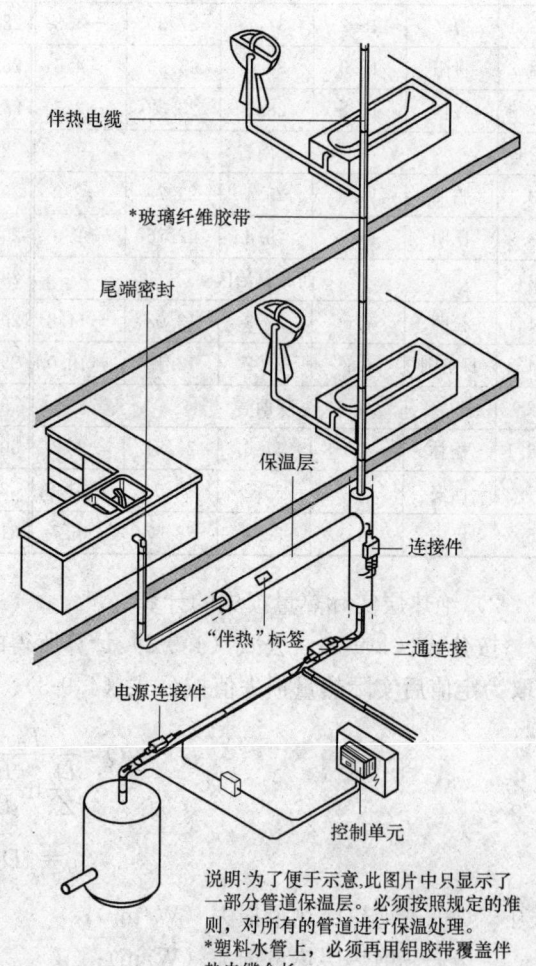

伴热电缆

*玻璃纤维胶带

尾端密封

保温层

连接件

"伴热"标签

三通连接

电源连接件

控制单元

说明：为了便于示意，此图片中只显示了
一部分管道保温层。必须按照规定的准
则，对所有的管道进行保温处理。
*塑料水管上，必须再用铝胶带覆盖伴
热电缆全长。

图 4.9-5　自限温电伴热在热水系统上的布置

2. 热水管道自限温电伴热系统组成如图
4.9-5 所示。

3. 自限温电伴热带定义

自限温电伴热带须具有两根平行导线，
其典型构造为中间有高分子材料发热体，内
绝缘层，高分子涂层的铝箔防护薄膜，覆盖
率不低于 80% 的金属屏蔽网及外护套。如图
4.9-6 所示。铝箔防护薄膜的作用是保证在
使用期限内高分子材料发热体不受侵蚀而加
速衰老。

4. 自限温电伴热带主要参数见表 4.9-11。

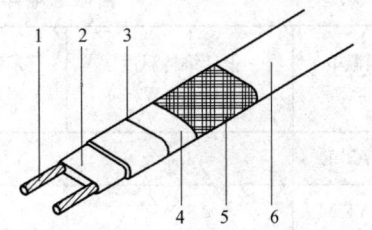

图 4.9-6　自限温电伴热带构造
1—铜母线（1.2mm²）；2—自调控发热
芯体；3—改性聚烯烃绝缘层；4—铝薄膜；
5—镀锡铜编织层；6—改性聚烯烃外护套

自限温电伴热带主要参数　　　　　　　　　　　　　表 4.9-11

参　　数	自限温电伴热带型号		
	HWAT-L	HWAT-M	HWAT-R
内/外护套	改性聚烯烃	改性聚烯烃	改性聚烯烃
外护套颜色	黄色	橙色	红色
编织层	镀锡铜	镀锡铜	镀锡铜
铝箔层	有	有	有
母线	16 AWG 镀镍铜	16 AWG 镀镍铜	16 AWG 镀镍铜
最大尺寸(mm)	13.8×6.8	13.7×7.6	16.1×6.7
质量	0.12kg/m	0.12kg/m	0.14kg/m
标称电压	AC 220V	AC 220V	AC 220V
标称功率输出	45℃下 6.4W/m	55℃下 8.2W/m	70℃下 11W/m
温度调节范围	40~45℃	50~55℃	50~70℃
最大电路长度	180m	100m	100m
断路器类型/断路电流	C 型/最大 20A	C 型/最大 20A	C 型/最大 20A
编织层覆盖率	80%	80%	80%
最小弯曲半径	10mm	10mm	10mm
最高暴露温度	65℃	65℃	85℃
最高暴露温度(通电)	85℃	85℃	90℃

注：本表依据瑞侃（Raychem）品牌电伴热产品参数的技术资料编制。相关检测标准请参照《自限温电伴热带》
　　GB/T 19835。

5. 设计方法

（1）自限温电伴热带选择

根据配水点出水温度要求，选择合适型号的自限温电伴热带，见表 4.9-12。维持温
度时的功率为系统正常工作时的运行功率，启动功率为启动瞬间的冲击功率，最多持
续 300s。

自限温电伴热带选型以及电量预留参照表　　　　　　　　表 4.9-12

自限温电伴热带型号	设计维持温度时的功率(W/m)	最高维持温度(℃)	温度调节范围(℃)	最高承受温度(℃)	工作电压(V)	在+12℃时的启动功率(W)
HWAT-L	6.4	45	40～45	65	220	22
HWAT-M	8.2	55	50～55	65	220	32
HWAT-R	11.0	70	50～70	85	220	39

注：本表依据瑞侃（Raychem）品牌电伴热产品参数的技术资料编制。相关检测标准请参照《自限温电伴热带》GB/T 19835。

（2）由于自限温电伴热带结构及材料的特点，为了满足长期使用效果及实际配电的情况，避免由于衰减引起的功率降低无法达到设计要求，应充分考虑合理回路长度，参见表4.9-13。同时系统要求使用30mA的漏电电流保护开关（RCD）和C型断路器。

自限温电伴热带回路长度以及电源线最大长度参照表　　　　　　表 4.9-13

最大断路电流		发热线缆回路长度（m）	伴热线缆电源线最大长度（m）		
			3×1.5mm²	3×2.5mm²	3×4.0mm²
10A	HWAT-L	80	120	205	325
	HWAT-M	50	185	310	490
	HWAT-R	50	135	220	355
13A	HWAT-L	110	95	155	250
	HWAT-M	65	120	200	325
	HWAT-R	65	115	190	300
16A	HWAT-L	140	70	115	185
	HWAT-M	80	105	175	280
	HWAT-R	80	90	150	245
20A	HWAT-L	180	—	90	145
	HWAT-M	100	—	145	230
	HWAT-R	100	—	120	195

注：本表依据瑞侃（Raychem）品牌电伴热产品参数的技术资料编制。相关检测标准请参照《自限温电伴热带》GB/T 19835。

解释：发热线缆回路长度可参照单回路内需做伴热维温的管路长度以及伴热比（即管道长度：伴热线缆的长度，一般设计考虑伴热比为1:1，也就是1m管道需要1m的伴热线缆）进行综合考虑，确定长度后再确定所需的最大断路电流。伴热线缆电源线最大长度为断路器到伴热系统电源接线盒位置的最大长度。

（3）自限温电伴热系统配件选择

综合考虑使用环境，系统须采用满足IP68防水、防尘等级的连接附件，以确保安全运行。不同类型连接组件可连接的自限温电伴热带数量及附加长度见表4.9-14。

6. 自限温电伴热系统保温层厚度要求

设自限温电伴热带的热水管道仍需设绝热层和保护层。绝热层厚度仍按前述计算。当用电功率过大时，可适当增加绝热层的厚度。热水管道必须在安装自限温电伴热带后，正确完整地安装保温层，以实现设计维持温度。保温层厚度见表4.9-15。

自限温电伴热带连接数量及附加长度参照表　　表 4.9-14

连接组件名称	图例	可连接伴热带数量	伴热带的附加长度(m)
RayClic-CE		1	0.3
RayClic-S		2	0.6
RayClic-T		3	1.0
RayClic-X		4	1.2
RayClic-PS		2	0.6
RayClic-PT		3	1.0
RayClic-E		1	无

注：1. 本表依据瑞侃（Raychem）品牌电伴热产品参数的技术资料编制。相关检测标准请参照《自限温电伴热带》GB/T 19835。
　　2. 发热线缆平行安装在管路之上。
　　3. 发热线缆可以一直安装到管道末端。

自限温电伴热带保温层厚度　　　　　　　　　　表 4.9-15

管径（mm）	15	20	25	32	40	50	65	80	100
保温层厚度（mm）	20	20	25	30	40	50	65	80	100

注：1. 环境温度为20℃，以橡塑保温层为例，热传导系数 λ=0.035W/(m·K)。

2. 本表依据瑞侃（Raychem）品牌电伴热产品参数的技术资料编制。相关检测标准请参照《自限温电伴热带》GB/T 19835。

设计人员也可以通过工作环境温度、保温材料及管径来计算单位长度热损失，根据补偿热损所需功率来选择适合的自限温电伴热带，可参照表 4.9-16、表 4.9-17 计算。

热损失计算（管道温度 55℃）（W/m）　　　　　　表 4.9-16

保温层厚度（mm）	DN15	DN20	DN25	DN32	DN40	DN50
15	7.7	8.9	10.4	15.0	16.6	15.7
20	6.8	7.8	9.0	10.4	11.4	13.3
30	5.7	6.4	7.3	8.4	9.1	10.6
40	5.0	5.7	6.4	7.3	7.8	9.0
50	4.6	5.1	5.7	6.5	7.0	8.0
60	4.3	4.8	5.3	5.9	6.4	7.2

注：1. 环境温度为20℃，以橡塑保温层为例，热传导系数 λ=0.035W/(m·K)。

2. 本表依据瑞侃（Raychem）品牌电伴热产品参数的技术资料编制。相关检测标准请参照《自限温电伴热带》GB/T 19835。超出上述表格范围的设计方案，应与专业厂家联系进行相应调整。

热损失计算（管道温度 45℃）（W/m）　　　　　　表 4.9-17

保温层厚度（mm）	DN15	DN20	DN25	DN32	DN40	DN50
15	5.3	6.2	7.1	8.3	9.2	10.8
20	4.7	5.4	6.2	7.2	7.8	9.2
30	3.9	4.5	5.1	5.8	6.3	7.3
40	3.5	3.9	4.4	5.0	5.4	6.2
50	3.2	3.6	4.0	4.5	4.8	5.5
60	3.0	3.3	3.7	4.1	4.4	5.0

注：1. 环境温度为20℃，以橡塑保温层为例，热传导系数 λ=0.035W/(m·K)。

2. 本表依据瑞侃（Raychem）品牌电伴热产品参数的技术资料编制。相关检测标准请参照《自限温电伴热带》GB/T 19835。超出上述表格范围的设计方案，应与专业厂家联系进行相应调整。

7. 安装示意图

自限温电伴热线的安装示意图见图 4.9-7～图 4.9-11。

8. 温度控制器

温度控制器的作用是控制被伴热介质在设定温度范围内波动。自限温电伴热带本身有一定的自动调控功能，但为了满足舒适使用及节能要求，支管自限温电伴热系统宜设置管道温度传感器或环境温度传感器与其相结合，并设具有定温定时功能的温度控制器。另外，经设支管自限温电伴热带的工程测算：住宅支管自限温电伴热带采用定时调控比不采用定时调控（即全日伴热）要节省能耗 60%～70%。

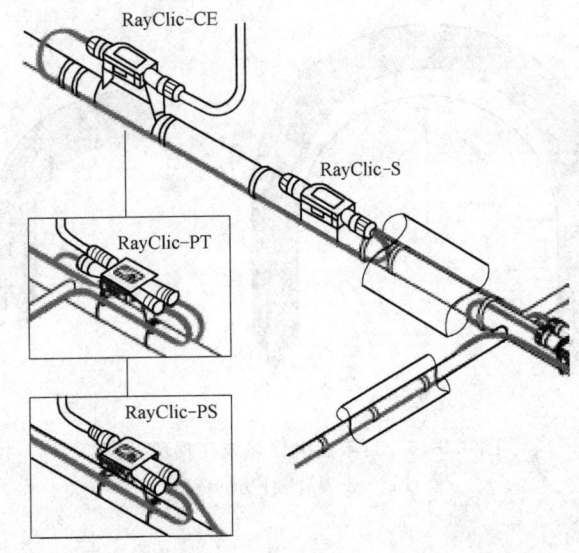

图 4.9-7 自限温电伴热线连接的安装敷设

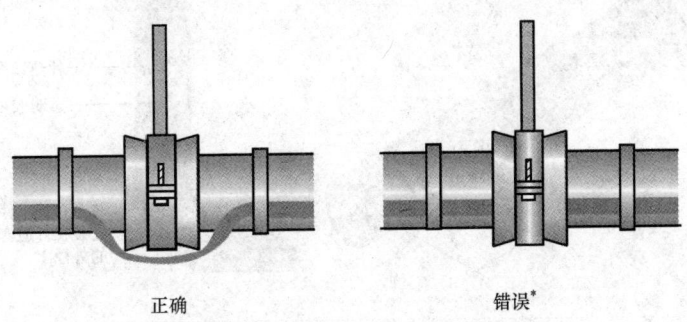

正确 错误*

图 4.9-8 自限温电伴热线在吊卡的安装

注：* 不可压紧伴热线缆。

9. 热水支管电伴热工程实例

（1）工程概况

南京某超高层项目为集购物中心、写字楼、酒店、公寓等业态的城市综合体项目。地上 67 层，地下 5 层，总建筑面积27.08 万 m^2。其中购物中心的建筑面积约为 1.5 万 m^2，写字楼约为 6.653 万 m^2，五星级酒店约为 2.22 万 m^2，公寓约为 4.97 万 m^2。地下建筑面积为 7.35 万 m^2。建筑规划限高 285m。

（2）设计应用

1）项目基础条件

本工程酒店客房、酒店配套以及公寓设置了集中生活热水系统，热水系统均采用干立管循环方式，设

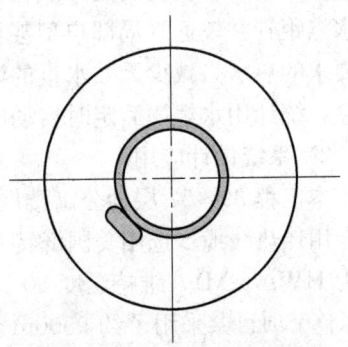

图 4.9-9 管道截面上自限温电伴热线的位置

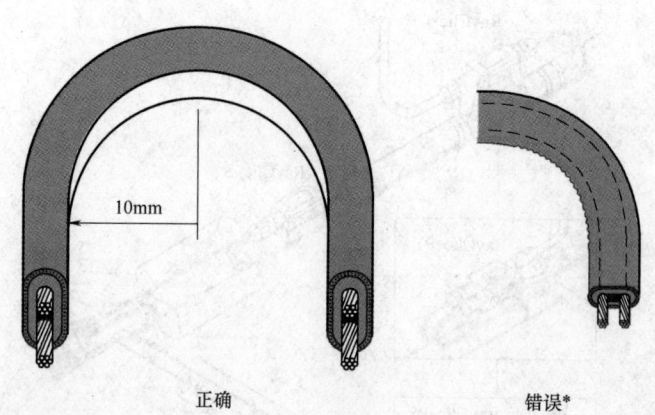

正确   错误*

图 4.9-10 自限温电伴热线在拐弯处安装

注：* 不得沿扁平方向弯转。

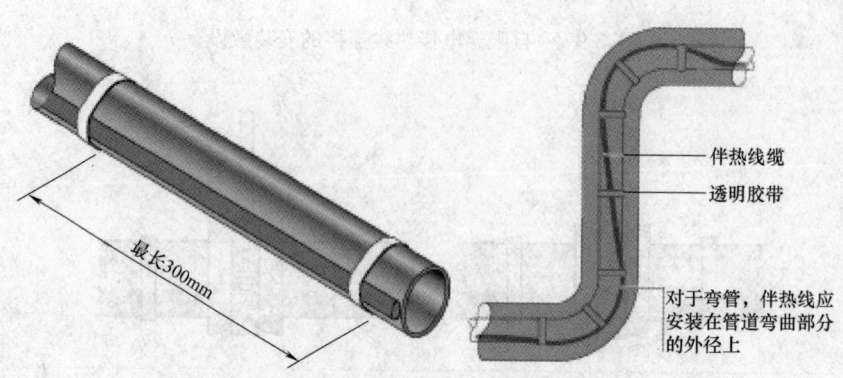

最长300mm

伴热线缆

透明胶带

对于弯管，伴热线应安装在管道弯曲部分的外径上

图 4.9-11 自限温电伴热线在直管和弯头处的固定

置了机械循环措施，保证供水主立管中水温满足使用要求。酒店部分由于管井设置位置紧邻卫生间，支管长度满足在酒管公司要求的时间内出热水。但是，公寓由于卫生间、厨房用水点距管井较远（局部户型甚至有 30 余米），为了保证用户在短时间内能够取用满足设计要求的热水，减少无效水量的浪费，故在公寓楼层设置了支管电伴热，每户设置节能控制盒，统计用水规律后定时启动电伴热加热，最大化节能。

2）系统设计应用

本工程 39～57 层为公寓楼层，每层 24 户，共计 456 户。在公寓户内的热水支管上设置专用伴热线缆（选用美国滨特尔公司瑞侃（Raychem）品牌的热水保温电伴热线缆，型号为 HWAT-M），维持温度 50℃，额定电压 220V。维持设计温度下，发热功率为 8W/m，整个项目共采用了约 9500m 伴热线缆。考虑到公寓住户用水时段的规律性，同时为达到最大化的节约能源，本工程所采用的伴热线缆采用每户设置 P50 节能控制盒，统计用水规律后定时启动电伴热加热，最大化节能。局部平面设计图参见图 4.9-12、图 4.9-13。

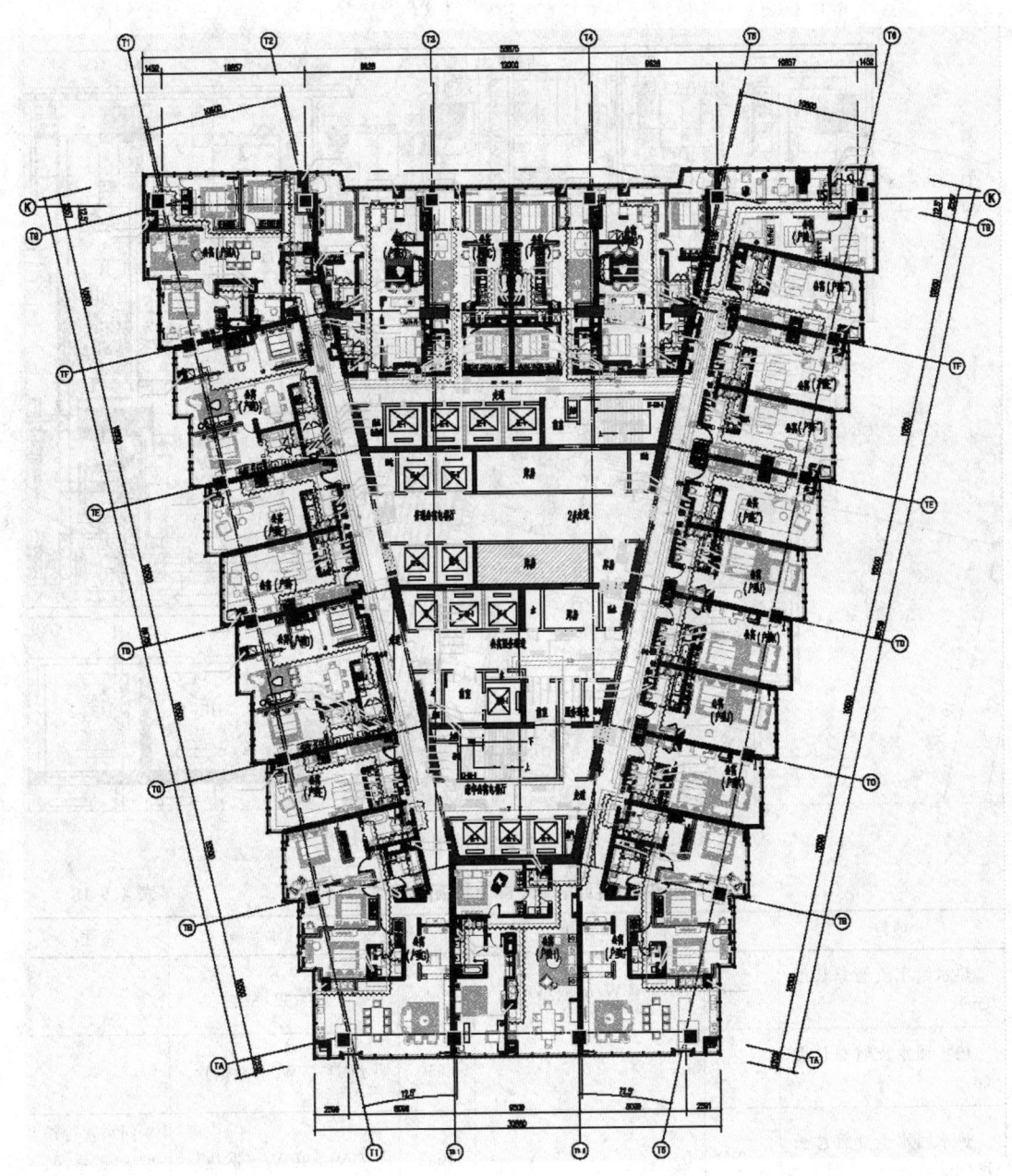

图 4.9-12　公寓给水排水平面图

（3）技术经济比较

本工程采用的热水支管电伴热与常规热水支管循环方式就系统投资、运行能耗等方面进行了技术经济比较，详见表 4.9-18、表 4.9-19。

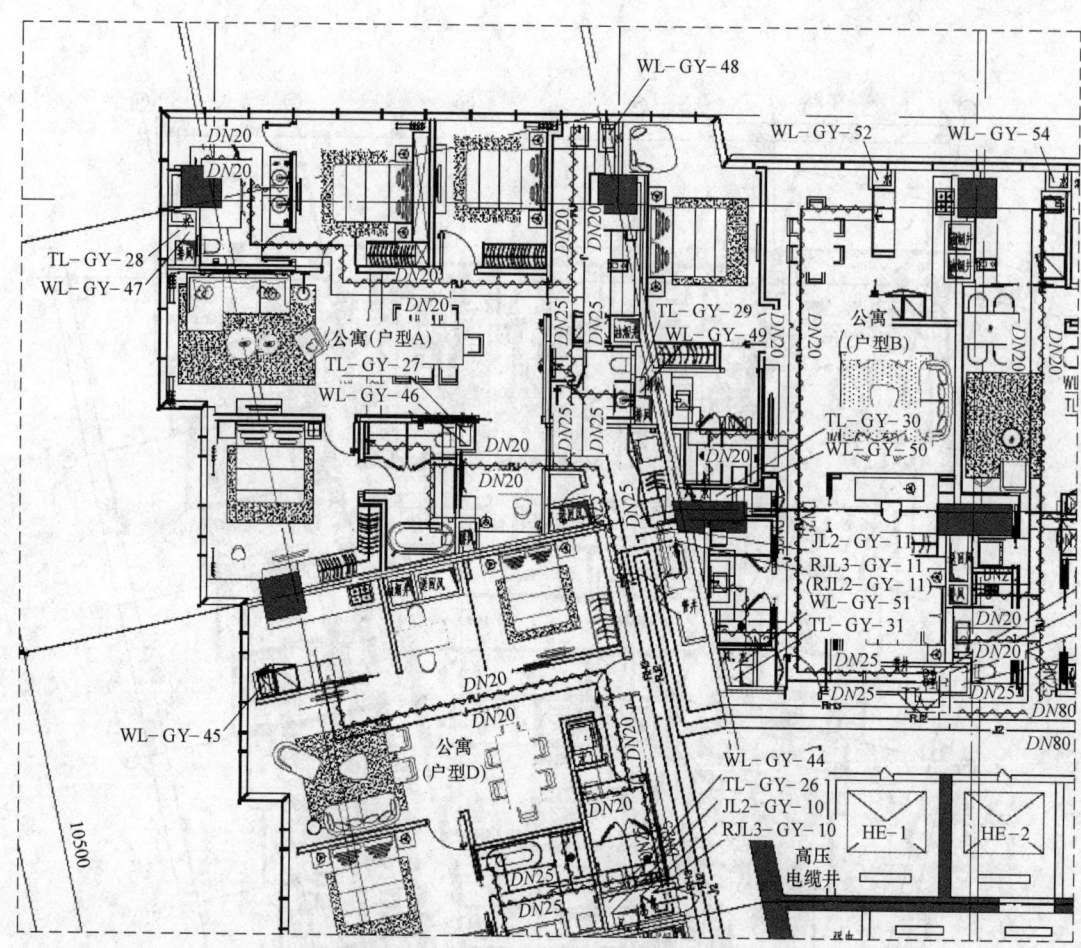

图 4.9-13 局部户型给水排水平面放大图

热水支管电伴热与传统支管循环方式技术经济比较   表 4.9-18

项目	热水支管电伴热		传统支管循环热水系统		备注
热水给水支管总长度 (m)	9500	DN25(8W/m 散热)	9500	DN25(8W/m 散热)	
热水回水支管总长度 (m)	0	0	6650	DN15(7W/m 散热)	
热水回水干立管总长度(m)	0	0	1632	DN40(10W/m 散热)	回水立管长度 68m/根,共 24 根
散热量(W)	76000		138870		热水温度按照 50℃计
支管循环增加循环泵能耗(kWh)	0		12		水泵运行综合能耗按支管循环水泵增加 1kW 功耗,每天运行 12h 计算

续表

项目	热水支管电伴热		传统支管循环热水系统		备注
管道热损耗时间(h/d)	6	定时制保温加热,用水时间每天统计为:7:00—9:00、20:00—24:00	24		
系统用水前加热消耗量(kWh)	324.89	每个支管按照每天启用2次计算。即每天需要用电伴热线缆加热无效水量9.33m³所需的热量(温升按30℃计)	0		
每天能耗(kWh)	780.89		3332.88		
每天能源(电能 kWh/天然气 m³)	780.89kWh		480m³	锅炉热效率90%/板换综合热效率80%/8500cal/m³(天然气热值)×天然气纯度95%×24h(m³ 天然气)	管道热损失靠电伴热/天然气锅炉补充
每天总能耗(kWh)	780.89		3344.88		
能源单价(元/kWh 或元/m³)	0.87		4.18		
循环水泵能耗收费(元/d)	0		10.44		
每天费用小计(元/d)	679.37	热水电伴热保温能耗费用	2016.84	天然气消耗量＋循环水泵能耗费用(循环水泵按照每天运行12h计算)	
每月运行费用(元/月)	20381.23		60505.20		
综合造价单价(元/m)	180	支管电伴热保温	DN15(27元/m)DN40(89元/m)	未计入管道保温综合造价	两者系统相同部位不再计入经济比较
系统投资综合造价(万元)	171.00		32.48	所增加的回水支管和回水干立管,造价计算为6650×27+1632×89=32.48	
每天浪费的无效水量(m³/d)	0		9.33	支管 DN25 管道容积0.000491m³/m,总共9500m长	此处为支管伴热与支管不伴热系统相比较。每个支管按照每天启用次数2次计算
每年浪费水资源量(m³/年)	0		3405.45		
自来水单价(元/m³)			3.40		
每天浪费水资源收费(元/d)	0		31.72		
每年浪费水资源收费(元/年)	0		11577.29		

热水支管电伴热节能率和经济指标　　　　　　　表 4. 9-19

项　　　目	数　　　值
电伴热节能比例	76.57%
电伴热节省运行费用比例	66.32%
每月电伴热节省运行费用(元)	40123.97
每年电伴热节省运行费用(元)	481487.64
支管电伴热系统建设初期投资增加费用(万元)	138.52
投资增加费用回收期(年,未考虑设备磨损和折旧)	2.87

（4）优点及适用范围

1）优点

① 节约能源，减少支管循环系统中增加的回水立管的热损耗；

② 减少管道长度，节约管材，节省吊顶空间；

③ 避免无效水量的浪费，最大化节约水资源；

④ 缩短热水出水时间，提高了用水舒适性；

⑤ 可定时对热水供水支管加热，防止军团菌繁殖，保证热水系统供水安全。

2）适用范围

① 在干、立、支管循环系统中，代替回水支管，但当伴热支管暗设在垫层、墙槽内时，应向建筑或结构专业提出带保温层的电伴热所需保护层的厚度。

② 当别墅或高档公共建筑中的局部热水供应系统，或小型集中热水供应系统，采用干立管循环回水管道布置困难或不合理时，可采用自限温电伴热带代替回水立管或回水干立管，保证循环要求的效果。

4.10　热水管网计算

4.10.1　水加热、贮热设备的配管设计计算

1. 热媒管道计算

（1）热媒流量的计算见本手册第 4.5.3 条。

（2）热媒管道水力计算

1）蒸汽管

蒸汽管内的流速及管径初算时可参考表 4.10-1 选用，详细计算时，可查管渠水力计算表。

蒸汽管的管径和常用流速　　　　　　　表 4.10-1

管径 DN(mm)	15	20	25	32	40	50	65	80	100	150	200
流速 v(m/s)	10~15	10~15	15~20	15~20	20~25	25~35	25~35	25~35	30~40	30~40	40~60
蒸汽量 G(kg/h)	11~28	21~51	51~108	88~190	154~311	287~650	542~1240	773~1978	1377~2980	3100~6080	7800~19060

注：表中蒸汽量 G 前后两参数为压力 $P_N=0.196/0.392$MPa（即 2/4kg/cm^2）时的对应值。选择管径时，P_N 小者，宜选 G 的下限值（低值），P_N 大者，宜选 G 的上限值。

2）凝结水管

凝结水管可按自流凝结水管和余压凝结水管分别计算管径，设计时可参照表 4.10-2 和表 4.10-3 选用。

自流凝结水管管径   表 4.10-2

管径 DN(mm)	流速 v(m/s)	流量 q(kg/h)	阻力损失(mm/m)
15		70～200	2～16
20		150～370	2～12
25	0.1～0.3	300～600	2～8
32		600～1000	2～6
40		900～1360	2～4
50		1500～3400	2～8
65		3000～6000	2～7
80	0.2～0.3	5340～9200	2～6
100		8000～13500	2～4
150		27000～45200	2～3

余压凝结水管管径   表 4.10-3

管径 DN(mm)	流速 v(m/s)	流量 q(kg/h)	阻力损失(mm/m)
15	≤0.5	≤0.3	35
20	≤0.5	≤0.6	25
25	≤0.7	≤1.4	35
32	≤0.7	≤2.0	30
40	≤1.0	≤4.1	50
50	≤1.0	≤6.9	40
65	≤1.4	≤18	50
80	≤1.4	≤25	40
100	≤1.8	≤53	50
150	≤2.0	≤123	40

2. 冷水供水管、热水出水管计算

水加热、贮热设备的冷水供水管、热水出水管均按热水供水设计秒流量选择管径。

4.10.2 热水配水管道计算

1. 热水配水管道计算要点

（1）热水系统的设计小时热水量按公式（4.4-7）计算。

（2）热水管道的设计秒流量按冷水管道的设计秒流量公式计算。

（3）卫生器具的额定流量和当量值按表 1.1-10 中一个阀开的数据。

（4）管道水力计算按"热水管道水力计算表"计算。

（5）热水管道中的流速，根据所供给的水压大小而定，一般采用 0.8～1.5m/s。对防止噪声有严格要求的建筑或管径小于等于 25mm 的管道，宜采用 0.6~0.8m/s。

（6）如需要精确计算热水管道的局部水头损失时，可按公式（4.10-1）计算或直接按表 4.10-4 乘局部阻力系数之和计算。

$$h=\zeta\frac{\gamma\nu^2}{2g} \tag{4.10-1}$$

式中　h——局部水头损失（mmH_2O）

　　　　ζ——局部阻力系数，见表 4.10-4；

　　　　γ——60℃热水的密度，$\gamma=983.24kg/m^3$；

　　　　ν——流速（m/s）；

　　　　g——重力加速度（m/s^2）。

（7）不需要精确计算时，热水管道的局部水头损失按计算管路沿程水头损失的 25%~30% 估算。

（8）热水管道的单位长度水头损失，可按公式（4.10-2）计算：

$$i=105C_h^{-1.85}d_j^{-4.87}q_g^{1.85} \tag{4.10-2}$$

式中　i——单位长度水头损失（kPa/m）；

　　　　d_j——管道计算内径（m）；

　　　　q_g——热水设计流量（m^3/s）；

　　　　C_h——海澄-威廉系数。

各种塑料管、内衬（涂）塑管 $C_h=140$；铜管、不锈钢管 $C_h=130$；衬水泥、树脂的铸铁管 $C_h=130$；普通钢管、铸铁管 $C_h=100$。

局部阻力系数 ζ 值　　　　　　　　　　　表 4.10-4

局部阻力形式	ζ值	局部阻力形式	ζ值					
热水锅炉	2.5	直流四通	2.0					
突然扩大	1.0	旁流四通	3.0					
突然缩小	0.5	汇流四通	3.0					
逐渐扩大	0.6	止回阀	7.5					
逐渐收缩	0.3		在下列管径时的 ζ 值					
Ω 形伸缩器	2.0		DN15	DN20	DN25	DN32	DN40	DN50 以上
套管伸缩器	0.6	直杆截止阀	16	10	9	9	8	7
让弯管	0.5	斜杆截止阀	3	3	3	2.5	2.5	2
直流三通	1.0	旋塞阀	4	2	2	2	—	—
旁流三通	1.5	闸门	1.5	0.5	0.5	0.5	0.5	0.5
汇流三通	3.0	90 弯头	2.0	2.0	1.5	1.5	1.0	1.0

2. 机械循环热水管网计算

（1）全日集中热水供应系统的循环管网按下列步骤进行计算：

1）确定回水管管径

由于热水循环流量的计算较繁杂，一般热水系统可参照下列原则选用回水管管径：

① 回水干管管径参见表 4.10-5。

热水回水干管管径   表 4.10-5

热水供水管管径(mm)	25~32	40	50	65	80	100	125	150	200
热水回水干管管径(mm)	20	25	32	40	40~50	50~65	65~80	80~100	100~125

注：表中热水供水管管径为 80~200mm 时，相应回水干管管径有两个值，当循环水泵流量 $q_{xh} \leqslant 0.25q_{rh}$（设计小时热水量）时，可选小值，当 $q_{xh} > 0.25q_{rh}$ 时，应选大值。

② 回水立管管径

上行下给式系统供水立管下部的回水管段及下行上给式系统的回水立管的管径，当水质总硬度（以 $CaCO_3$ 计）$< 120mg/L$ 且供水温度小于 $55℃$ 时，可为 $DN15$，当水质总硬度（以 $CaCO_3$ 计）$\geqslant 120mg/L$ 时，宜为 $DN20$。

③ 分户回水支管管径可为 $DN15$。

2）计算各管段终点水温

从加热器出水口至热水管网最不利计算点的温度降，根据热水系统的大小，一般选用 $5~10℃$。

各管段终点水温按公式（4.10-3）~公式（4.10-5）计算：

$$\Delta t = M \frac{\Delta T}{\sum M} \tag{4.10-3}$$

$$M = \frac{t(1-\eta)}{D} \tag{4.10-4}$$

$$t_z = t_a - \Delta t \tag{4.10-5}$$

式中　Δt——管段温度降（℃）；

　　　ΔT——配水管网最大计算温度降（℃）；

　　　M——计算管段的温降因素；

　　　$\sum M$——计算管段的温降因素之和；

　　　t——管段长度（m）；

　　　η—保温系数；不保温时 $\eta=0$；简单的保温 $\eta=0.6$；较好的保温 $\eta=0.7~0.8$；

　　　D——管径（mm）；

　　　t_z——计算管段终点水温（℃）；

　　　t_a——计算管段起点水温（℃）。

3）按公式（4.10-6）计算各管段热损失：

$$W = \pi D \, lK(1-\eta)(t_m - t_k) = l(1-\eta)\Delta W \tag{4.10-6}$$

式中　W——管段热损失（W）；

　　　D——管道计算外径（m）；

　　　l——计算管段长度（m）；

　　　K——无保温管道的传热系数，约为 $11.63~12.21W/(m^2 \cdot ℃)$；

　　　t_m——计算管段的平均水温（℃）；

　　　t_k——计算管段周围的空气温度（℃），无资料时可按表 4.10-6 采用；

　　　ΔW——不保温时单位长度管道的热损失（W/m），在已知温差 $\Delta t = t_m - t_k$ 和管道管径时，可按表 4.10-7 直接查得。

管道周围的空气温度   表 4.10-6

管道敷设情况	t_k (℃)	管道敷设情况	t_k (℃)
采暖房间内明管敷设	18～20	敷设在不采暖房间的地下室	5～10
采暖房间内暗管敷设	30	敷设在室内地下管沟内	35
敷设在不采暖房间的顶棚内	采用 1 月份室外平均气温		

不保温热水管道的单位长度热损失（W/m）   表 4.10-7

温差 Δt (℃)	水煤气钢管直径(mm)（上行公称管径，下行外径）										
	15	20	25	32	40	50	70	80	100	125	150
	21.25	26.75	33.50	42.25	48.00	60.00	75.50	88.50	114.00	140.00	165.00
30	23.89	30.00	37.78	47.50	54.17	67.51	85.01	99.73	128.34	157.51	185.85
32	25.56	32.22	40.28	50.84	57.78	71.95	90.56	106.40	136.96	168.07	198.07
34	27.22	34.17	42.78	53.89	61.39	76.40	96.40	113.06	145.57	178.63	210.57
36	28.61	36.11	45.28	57.23	65.01	81.12	101.95	119.45	153.90	189.18	222.80
38	30.28	38.06	47.78	60.28	68.62	85.56	107.79	126.12	162.51	199.74	235.30
40	31.95	40.28	50.28	63.62	72.23	90.01	113.34	132.79	171.12	209.18	247.80
42	33.61	42.23	52.78	66.67	75.84	94.45	118.90	139.46	179.74	220.57	260.02
44	35.00	44.17	55.28	70.01	79.45	99.17	124.73	146.12	188.35	231.13	272.52
46	36.67	46.11	57.78	73.06	83.06	103.62	130.29	152.79	196.68	241.69	284.75
48	38.34	48.34	60.28	76.12	86.67	108.06	136.12	159.46	205.29	252.24	297.25
50	40.00	50.28	62.78	79.45	90.29	112.51	141.68	166.12	213.91	262.80	309.75
52	41.39	52.23	65.28	82.51	93.90	117.23	147.23	172.79	222.52	273.08	321.97
54	43.06	54.17	67.78	85.84	97.51	121.68	153.07	179.46	231.13	283.63	334.47
56	44.73	56.39	70.28	88.90	101.12	126.12	158.62	186.13	239.46	294.19	346.69
58	46.39	58.34	72.78	91.95	104.73	130.57	164.46	192.52	248.08	304.75	359.20
60	47.78	60.28	75.56	95.29	108.34	135.01	170.01	199.18	256.69	315.30	371.42
62	49.45	62.23	78.06	98.34	111.95	139.73	175.57	205.85	265.30	325.86	383.92
64	51.12	64.17	80.56	101.67	115.56	144.18	181.40	212.52	273.91	336.14	396.42
66	52.50	66.39	83.06	104.73	119.18	148.62	186.96	219.18	282.24	346.69	408.64
68	54.17	68.34	85.56	107.79	122.79	153.07	192.79	225.85	290.86	357.25	421.14
70	55.84	70.28	88.06	111.12	126.12	157.51	198.35	232.52	299.47	367.81	433.37
72	57.50	72.23	90.56	114.18	129.73	162.24	203.91	239.19	308.08	378.36	445.87
74	59.17	74.17	93.06	117.51	133.34	166.68	209.74	245.85	316.69	388.92	458.09
76	60.56	76.40	95.56	120.57	136.96	171.12	215.30	252.52	325.03	399.20	470.59
78	62.23	78.34	98.06	123.90	140.57	175.57	221.13	259.19	333.64	409.76	483.09
80	63.89	80.28	100.56	126.95	144.18	180.01	226.68	265.58	342.25	420.31	495.32
82	65.56	82.23	103.06	130.01	147.79	184.74	232.24	272.24	350.86	430.87	507.82
84	66.95	84.45	105.56	133.34	151.40	189.18	238.07	278.91	359.47	441.42	520.04
86	68.62	86.40	108.06	136.40	155.01	193.63	243.63	285.58	367.81	451.70	532.54
88	70.28	88.34	110.56	139.73	158.62	198.07	249.46	292.25	376.42	462.26	545.04
90	71.67	90.29	113.06	142.79	162.24	202.79	255.02	298.91	385.03	472.82	557.27

4）计算循环流量

① 管网总循环流量按公式（4.10-7）计算：

$$q_x = \frac{\sum W}{1.163 \Delta t \rho}$$ (4.10-7)

式中　q_x——管网总循环流量（L/h）；

$\sum W$——循环配水管网的总热损失（W），一般采用设计小时耗热量的 2%～4%，对于小区集中热水供应系统，也可采用设计小时耗热量的 3%～5%；

Δt——配水管道的热水温度差（℃），按系统大小确定，一般取 5～10℃，对于小区集中热水供应系统，也可取 6～12℃；

ρ——热水密度（kg/L）。

② 各管段的循环流量

a. 从水加热器后的第一个节点开始，依次进行循环流量分配。

b. 对任一节点，流向该节点的各循环流量之和等于流离该节点的各循环流量之和。

c. 对任一节点，各分支管段的循环流量与其以后全部循环配水管道的热损失之和成正比，即：

$$q_{n+1} = q_n \frac{\sum W_{n+1}}{\sum W_{n+1} + \sum W'_n}$$ (4.10-8)

式中　q_n——流向节点 n 的循环流量（L/h）；

q_{n+1}——流离节点 n 的正向分支管段的循环流量（L/h）；

$\sum W_{n+1}$——正向分支管段及其以后各循环配水管段热损失之和（W）；

$\sum W'_n$——侧向分支管段及其以后各循环配水管段热损失之和（W）。

5）复核各管段的终点水温

$$t'_z = t_a - \frac{W}{1.163 q \rho}$$ (4.10-9)

式中　t'_z——各管段终点水温（℃）；

t_a——各管段起点水温（℃）；

W——各管段的热损失（W）；

q——各管段的循环流量（L/h）；

ρ——热水密度（kg/L）。

如果与原估算各管段终点水温相差较大，应重复进行上述运算，重复运算时，可假定各管段终点水温为：

$$t''_z = \frac{t_a + t'_z}{2}$$ (4.10-10)

6）计算循环管路水头损失

管路中通过循环流量时所产生的水头损失按公式（4.10-11）计算：

$$H = h_p + h_x = \sum Rl + \sum \xi \frac{v^2 \gamma}{2g}$$ (4.10-11)

式中　H——最不利计算环路的总水头损失（mmH$_2$O）；

h_p——循环流量通过配水环路的水头损失（mmH$_2$O）；

h_x——循环流量通过回水环路的水头损失（mmH$_2$O）；

R——单位长度沿程水头损失（mmH$_2$O）；

    l——管段长度（m）；

    ξ——局部阻力系数；

    υ——管中流速（m/s）；

    γ——60℃时的热水密度（kg/m³）；

    g——重力加速度（m/s²）。

  7）循环泵设计计算

  ① 循环泵的流量按公式（4.10-12）计算：

$$q_{xh} = K_x q_x \tag{4.10-12}$$

式中　q_{xh}——循环泵的流量（L/h）；

    K_x——相应循环措施的附加系数，其值为 $K_x = 1.5 \sim 2.5$。

  注：热水循环系统循环泵的流量与系统所采取的保证循环效果的措施有密切关系。根据工程循环流量的实算，循环流量 $q_x = (0.1 \sim 0.15) q_{rh}$，即 $q_{xh} = (0.15 \sim 0.38) q_{rh}$，因此，设计中可参考下列参数选择 q_{xh} 值：

  1. 采用温控循环阀、流量平衡阀等具有自控和调节功能的阀件作循环元件时，$q_{xh} = 0.15 q_{rh}$。

  2. 采用同程布管系统、设导流三通的异程布管系统时，$q_{xh} = (0.20 \sim 0.25) q_{rh}$。

  3. 采用大阻力短管的异程布管系统时，$q_{xh} \geqslant 0.3 q_{rh}$。

  4. 供给两个或多个使用部门的单栋建筑集中热水供应系统、小区集中热水供应系统 q_{xh} 的选值：

  （1）各部门或单栋建筑热水子系统的回水分干管上设温控平衡阀、流量平衡阀时，相应子系统的 $q_{xhi} = 0.15 q_{rhi}$，母系统总回水干管上的总循环泵 $q_{xh} = \sum q_{rhi}$。

  （2）子系统的回水分干管上设小循环泵时，其水泵流量均按子系统的 q_{rhi} 的最大值选用，各小泵采用同一型号。总循环泵的 q_{xh} 按母系统的 q_{rh} 选择，即 $q_{xh} = 0.15 q_{rh}$。

  ② 循环泵的扬程应按公式（4.10-13）计算：

$$H_b = h_p + h_x \tag{4.10-13}$$

式中　H_b——循环泵的扬程（kPa）；

    h_p——循环流量通过配水管网的水头损失（kPa）；

    h_x——循环流量通过回水管网的水头损失（kPa）。

  注：1. 当采用半即热式水加热器或快速水加热器时，循环泵扬程尚应计算水加热器的水头损失。

  2. 当计算 H_b 值较小时，可选 $H_b = 0.05 \sim 0.10$MPa。

  3. 循环泵应选用热水泵，水泵壳体承受的工作压力不得小于其所承受的静水压力加水泵扬程。

  4. 循环泵宜设备用泵，交替运行。

  （2）定时集中热水供应系统的循环管网计算

  定时集中热水供应系统的循环是在使用热水前，采用将管网中已冷了的存水抽回，并补充热水的循环方式。

  因此，定时循环热水管网只按上述计算步骤 1）确定回水管管径。

  其循环泵流量和扬程按下列公式计算：

  1）循环泵流量按公式（4.10-14）计算：

$$Q_b \geqslant (2 \sim 4) V \tag{4.10-14}$$

  2）循环泵扬程按公式（4.10-15）计算：

$$H_b \geqslant h_p + h_x + h_j \tag{4.10-15}$$

式中　V——具有循环作用的管网容积（L），应包括配水管网和回水管网的容积，但不包括贮水器、加热设备和无回水管道的各管段的容积；

2～4——每小时循环次数；

h_j——加热设备的水头损失（mmH$_2$O）；

其他符号意义同前。

（3）全日集中热水供应系统的循环泵在泵前回水总管上设温度传感器，由温度控制开停，定时热水供应系统的循环泵宜手动控制或定时自动控制。

3. 自然循环热水管网计算

（1）适用条件

《建筑给水排水设计规范》GB 50015 规定集中热水供应系统均应设循环泵采用机械循环系统，因此自然循环只适用于下列工况：

1）卫生间上下对应或邻近布置的多层别墅，其热水水平干管短、立管长且经管网计算满足自然循环要求的局部热水供应系统。如图 4.10-1、图 4.10-2 所示。

2）水加热设备配热水罐的制备热水系统如图 4.10-3 所示。

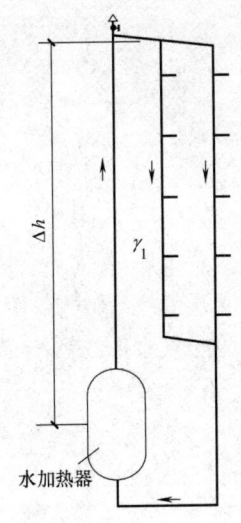

图 4.10-1 上行下给式热水管网自然循环示意图

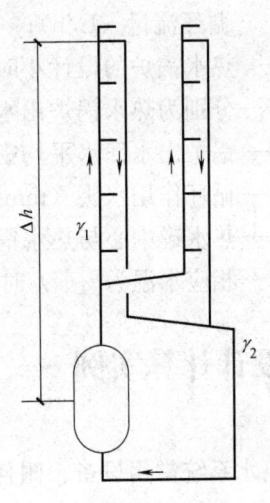

图 4.10-2 下行上给式热水管网自然循环示意图

（2）设计计算

1）自然循环管网计算步骤同上述机械循环系统的 1）～6）。

2）自然循环作用水头按公式（4.10-16）计算：

$$H_x = \Delta h(\gamma_2 - \gamma_1) \qquad (4.10\text{-}16)$$

式中　H_x——自然循环作用水头（mmH$_2$O）；

　　　Δh——上行横干管中点至加热器或热水罐中心的标高差（m）；

　　　γ_1、γ_2——分别为配水立管和回水主立管中水的平均密度（kg/m^3）。

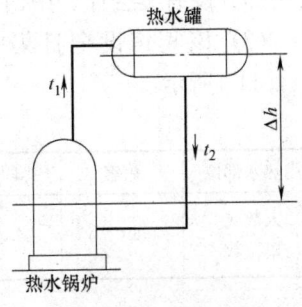

图 4.10-3 热水锅炉与热水罐间的循环

3）形成自然循环的条件

$$H_x \geqslant 1.40(H + h_e) \tag{4.10-17}$$

式中 H_x——自然循环作用水头（mmH_2O）；

　　　　H——最不利计算环路通过循环流量的总水头损失（mmH_2O）；

　　　　h_e——加热设备的水头损失（mmH_2O）。

当计算结果不能满足上述条件时，可将管径适当放大，以减少水头损失，也可采取回水干管不保温，降低回水温度增大 $\gamma_2 - \gamma_1$ 的措施。但是当这些措施明显不合理时，应设置循环泵机械循环。

4）水加热设备配热水罐采用自然循环的循环流量和循环作用水头的计算

如图 4.10-3 所示连接热水锅炉与热水罐的热水管道，一般都采用自然循环，其循环流量和循环作用水头按公式（4.10-18）、公式（4.10-19）计算：

$$q_x = \frac{Q_g}{(t_1 - t_2)c\rho_r} \tag{4.10-18}$$

$$H_x = \Delta h(\gamma_2 - \gamma_1) \tag{4.10-19}$$

式中 q_x——循环流量（L/h）；

　　　　Q_g——热水锅炉的设计小时供热量（kJ/h）；

　　t_1、t_2——分别为热水锅炉出水和热水罐回水的温度（℃）；

　　　　ρ_r——锅炉出水回水平均密度（kg/L）；

　　　　H_x——循环作用水头（mmH_2O）；

　　　　Δh——热水罐中心与热水锅炉中心的标高差（m）；

　　γ_1、γ_2——相应水温为 t_1、t_2 时，水的密度（kg/m³）。

4.11   设计计算实例

4.11.1   热水系统常用设备、附件的设计计算实例

1. 工程概况与基础条件

（1）北京某高级宾馆总建筑面积 35000m²，地上 9 层，地下 2 层，标准客房 400 套，共用部分设有宴会厅、中西餐厅、商业服务中心、洗衣房及室内游泳池、健身房等。

（2）该宾馆设全日集中热水供应系统，供应热水的部位及使用人数、单位数如表 4.11-1 所示。

用热水部位及人数（单位数）　　　　　　　　　　　　　表 4.11-1

用热水部位	旅客	职工	中西餐厅	职工餐厅	游泳池淋浴	洗衣房
人数或单位数	800（人）	520（人）	720（人）	520（人）	50（人）	按 800 客人每人每天平均 3kg 干衣量计

（3）水源

水源为城市自来水，冷水温度为 13℃，冷水总硬度（以 $CaCO_3$ 计）为 400mg/L。

（4）热源：拟采用下列 3 种热源：

1) 城市热力管网供热,热力管网检修期由自备蒸汽锅炉(因该旅馆设有洗衣房需设蒸汽锅炉)供热。

2) 太阳能加电辅热或加热水机组辅热。

3) 采用地下水源热泵机组供热。

(5) 热水供水温度为55℃。

2. 设计计算

(1) 耗热量、热水用水量计算

1) 耗热量、热水用水量见表 4.11-2。

耗热量、热水用水量   表 4.11-2

序号	用热水部位	使用人数	用水量标准(60℃)	翻台次数	单位	小时变化系数 K_h	使用时间(h)	耗热量(kJ/h)		55℃热水用水量(m³)		
								平均时	设计小时	平均时	设计小时	最高日
1	旅客	800	150		L/(人·d)	2.902	24	1063939.7	3087553.1	6.14	17.81	147.26
2	职工	520	50		L/(人·d)	2.902	24	230520.3	668969.8	1.33	3.86	31.91
3	中西餐厅	720	15	2	L/人次	1.5	12	383018.3	574527.5	2.21	3.31	26.51
4	职工餐厅	520	7	3	L/人次	1.5	12	193637.0	290455.5	1.12	1.68	13.40
5	游泳池淋浴	50	40		L/人次	1.8	12	35464.7	63836.4	0.20	0.37	2.45
6	洗衣房	800	20	3	L/kg干衣	1.2	16	638363.8	766036.6	3.68	4.42	58.91

注:1. 计算旅客使用人数时,入住率是否按100%计算,应与建设单位商定。

2. 用水量标准应根据不同地区水资源情况、节水要求等选取。

3. 中西餐厅、职工餐厅分别按每天每人用2餐、3餐计算。

4. 游泳池补水加热另算。

5. 洗衣房洗衣量按3kg干衣/(人·d)计算。

6. K_h 值依表 4.4-1 采用内插法计算而得:

例:旅客:$K_h = 3.33 - \dfrac{800 \times 150 - 150 \times 120}{160 \times 1200 - 120 \times 150} \times (3.33 - 2.60) = 2.902$

7. 中西餐厅、职工餐厅、洗衣房的 K_h 参照本手册给水部分的相应 K_h 取值。

8. 热水在 55℃、60℃ 时 $\rho_r = 0.986\text{kg/L}$、$0.983\text{kg/L}$。

9. 小时耗热量计算 $Q_h = K_h \dfrac{m q_r c (t_r - t_L) \rho_r}{T} C_r$,其中 C_r 取 1.10。

2) 日热水用水量 Q_{rd}、日耗热量 Q_d、设计小时耗热量 Q_h 与设计小时热水用水量 Q_{rh}:

① 日热水用水量、日耗热量:

$$Q_{rd} = 147.26 + 31.91 + 26.51 + 13.40 + 2.45 + 58.91 = 280.44\text{m}^3/\text{d}$$

$Q_d = Q_{rd}(t_r - t_L)c\rho_r = 280.44 \times 1000 \times (55-13) \times 4.187 \times 0.986 = 48626064.82$ (kJ/d) (562.8kW)

② 经分析:职工、职工餐厅、游泳馆淋浴、洗衣房一天中高峰用热水时段与旅客(热水用水量最大的部门)高峰用热水时段错开,因此,设计小时耗热量 Q_h 和设计小时热水用水量 Q_{rh} 为:旅客及中西餐厅的设计小时耗热量与其他部位平均时耗热量之和,即为:

$$Q_h = (3087553.1 + 574527.5) + (230520.3 + 193637.0 + 35464.7 + 638363.8)$$
$$= 4760066.4\text{kJ/h}(1322.2\text{kW})$$

$$Q_{rh} = (17.81 + 3.31) + (1.33 + 1.12 + 0.20 + 3.68) = 27.45\text{m}^3/\text{h}$$

3) 经管网水力计算:热水供水系统的设计秒流量为 $q_s = 20\text{L/s}$。

（2）水质软化或水质缓垢处理

1）旅馆全部生活用水即给水量 $q_d = 450\mathrm{m}^3/\mathrm{d}$ 均经软化，采用一部分水通过软化设备与另一部分不经软化的水混合，混合后的总硬度（以 $CaCO_3$ 计）为 100mg/L。此方案的缺点是需软化的水量大，即冷热水全经软化。优点是系统简单，如果只是热水部分软化，则旅馆的冷热水供水系统压力难以平衡，满足不了本旅馆为高级宾馆的要求。

2）旅馆洗衣房的热水供水采用软化处理，其他部位的热水供水采用硅磷晶或物理处理，此方案的优点是软化水量减少到上方案的 1/9，且只需将洗衣房的热水单供，而不影响整个旅馆冷热水供水系统的压力平衡。缺点是其他部位热水水质的处理不如软化处理稳定。

3）软化处理方案的设计计算

处理水量 $Q_d = 450\mathrm{m}^3/\mathrm{d}$；

原水硬度 400mg/L（以 $CaCO_3$ 计）；

软化后硬度 100mg/L（以 $CaCO_3$ 计）。

① 水量分配

原水经软水器软化后的残余硬度为 1.5mg/L（以 $CaCO_3$ 计），折合 0.03mmol/L。

此时的水量分配：

原水量 Q_{Y1}（硬度 400mg/L，以 $CaCO_3$ 计）$= \dfrac{100-1.5}{400-1.5} \times 450 = 111.2\mathrm{m}^3/\mathrm{d}$

软水量 Q_{R1}（硬度 1.5mg/L，以 $CaCO_3$ 计）$= \dfrac{400-100}{400-1.5} \times 450 = 338.8\mathrm{m}^3/\mathrm{d}$

② 软水器选用

软水器处理水量按其一天工作 2 班（16h/d）计算，其小时处理量 Q_{Rh1} 为：

$$Q_{Rh1} = \frac{338.8}{16} = 21.175\mathrm{m}^3/\mathrm{h}$$

软水器选用柱塞式或板式多路阀全自动软水器，双阀双罐 1 用 1 备配置，软水罐 $\phi 1200 \times 2000\mathrm{mm}$ 2 台，盐罐 $\phi 800 \times 1200\mathrm{mm}$ 2 台，处理水量 20.4～28.0m^3/h。

③ 软水器软化再生耗盐量计算：

软水器为 $\phi 1200 \times 2000\mathrm{mm}$ 的钠离子交换罐，其树脂交换层面积 $S_1 = 1.13\mathrm{m}^2$，树脂层高 $h_1 = 2\mathrm{m}$，则罐内的交换流速 v_1 为：

$$v_1 = \frac{Q_{Rh1}}{S_1} = \frac{21.175}{1.13} = 18.74\mathrm{m}/\mathrm{h}$$

离子交换柱的实际工作周期 T_{N1} 为：

$$T_{N1} = \frac{h_1 E_{Na}}{v_1 H_t}(\mathrm{h})$$

式中 E_{Na}——软水器树脂交换容量，对于固定床逆流再生钠离子交换器，取 850eq/m^3；

  H_t——原水总硬度，以 meq/L 计，本例中 $H_t = \dfrac{400}{50.045} = 7.993\mathrm{meq/L}$。

代入后得：

$$T_{N1} = \frac{2 \times 850}{18.74 \times 7.993} = 11.35\mathrm{h}$$

软水器每个制软水周期吸收硬度总量 C_{O1}：

$$C_{O1} = Q_{Rh1} \cdot T_{N1} \cdot H_t$$
$$= 21.175 \times 11.35 \times 7.993$$
$$= 1921eq$$

软水器每个制软水周期的耗盐量 G_{r1}：

$$G_{r1} = \frac{m \cdot C_{O1}}{1000}(\text{kg})$$

式中　m——软水器每再生单位硬度树脂的耗盐量，取 90g/eq。

$$G_{r1} = \frac{90 \times 1921}{1000}$$
$$= 172.9\text{kg}$$

软水器每个工作日的耗盐量 G_{rd1}：

$$G_{rd1} = \frac{Q_{R1} \cdot H_t \cdot m}{1000} = \frac{338.8 \times 7.993 \times 90}{1000} = 243.8\text{kg/d}$$

④ 半软化水贮水箱的选用

半软化水贮水箱的有效容积应按进水量与用水量变化曲线经计算确定。当资料不足时，宜按最高日用水量的 20%～25%确定。即半软化水贮水箱的有效容积取 100m³。考虑到水箱清扫与供水安全，选取 2 座组合式不锈钢板给水箱，每座水箱 $V = 50\text{m}^3$，$L \times B \times H = 5000\text{mm} \times 5000\text{mm} \times 2000\text{mm}$。

4）全部生活用水经软化处理流程见图 4.11-1。

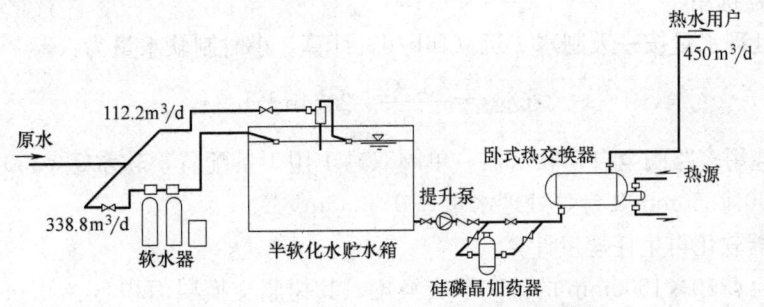

图 4.11-1　全部生活用水经软化处理流程图

5）仅洗衣房用水软化其他部位热水采用硅磷晶处理方案的设计计算

① 软化处理部分：

热水用水量 $Q_{d2} = 50\text{m}^3/\text{d}$（60℃）；

原水硬度 400mg/L（以 CaCO₃ 计）；

软化后硬度 50mg/L（以 CaCO₃ 计）。

方案 1：软水器采用带混合调节器的全自动软水器，此时的水处理流程见图 4.11-2。

该方案很简单，省去了半软化水贮水箱，若原水压力够时也不用设提升泵。此时的软水制水量为：

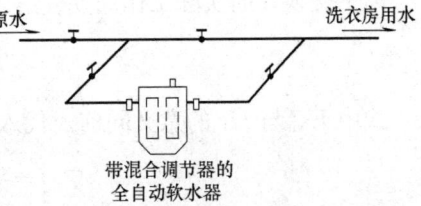

图 4.11-2　洗衣房热水软化处理流程图（一）

$$Q_{R2}(\text{硬度 1.5mg/L，以 CaCO}_3 \text{ 计}) = \frac{400-50}{400-1.5} \times 50 = 43.91\text{m}^3/\text{d}$$

洗衣房的日工作时间为 8h，小时变化系数取 1.5，则洗衣房软水的最大小时用水量为：

$$Q_{Rh}=\frac{43.91}{8}\times1.5=8.23m^3/h$$

软水器可选用德国 JUDO 公司生产的带混合调节器的全自动软水器（见表 4.2-8），该软水器的处理水量为 5~20m³/h。在现场可根据原水的实测硬度，通过调节混合调节器的螺丝，使其出口混合水硬度达到要求的数值。

方案 2：采用传统的全自动软水器加半软化水贮水箱的流程，见图 4.11-3。

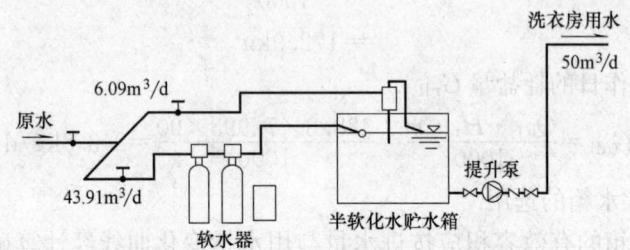

图 4.11-3　洗衣房热水软化处理流程图（二）

a. 水量分配

原水量 Q_{r2}（硬度 400mg/L，以 $CaCO_3$ 计）=50−43.91=6.09m³/d

b. 软水器选用

软水器处理水量按一天制水 2 班（16h/d）计算，小时制软水量为：

$$Q_{Rh2}=\frac{43.91}{16}=2.74m^3/h$$

软水器选用多路阀全自动软水器，单阀双罐 1 用 1 备配置，软水罐 $\phi350\times1600mm$ 2 台，盐罐 $\phi430\times850mm$ 2 台，处理水量 2.0~3.5m³/h。

c. 软水器软化再生耗盐量计算

软水器为 $\phi350\times1600mm$ 的钠离子交换罐，其树脂交换层面积 $S_2=0.0962m^2$，树脂层高 $h_2=1.6m$，则罐内的交换流速 v_2 为：

$$v_2=\frac{Q_{Rh2}}{S_2}=\frac{2.74}{0.0962}=28.48m/h$$

离子交换柱的实际工作周期 T_{N2} 为：

$$T_{N2}=\frac{h_2 E_{Na}}{v_2 H_t}(h)$$

式中 E_{Na} 与 H_t 的意义同前。代入后得：

$$T_{N2}=\frac{1.6\times850}{28.48\times7.993}=5.97h$$

软水器每个制软水周期吸收硬度总量 C_{O2}：

$$C_{O2}=Q_{Rh2}\cdot T_{N2}\cdot H_t=2.74\times5.97\times7.9993=130.7eq$$

软水器每个制软水周期的耗盐量 G_{r2}：

$$G_{r2}=\frac{m\cdot C_{O2}}{1000}=\frac{90\times130.7}{1000}=11.76kg$$

软水器每个工作日的耗盐量 G_{rd2}：

$$G_{rd2}=\frac{Q_{R2}\cdot H_t\cdot m}{1000}=\frac{43.91\times 7.993\times 90}{1000}=31.59\text{kg/d}$$

d. 半软化水贮水箱的选用

按最高日用水量的 20%～25%确定，半软化水贮水箱的有效容积取 12m³。选用国家标准设计图集 12S101 的组合式不锈钢板给水箱，水箱 $V=12\text{m}^3$，$L\times B\times H=3000\text{mm}\times 2000\text{mm}\times 2000\text{mm}$。

② 硅磷晶处理部分

其他部位热水选用硅磷晶水质稳定装置一套。硅磷晶加药器的规格 $\phi550$、容积 220L、加药量 250kg，适合日用水量 440～720m³/d 的系统。硅磷晶加药器的外形尺寸见图 4.11-4。

硅磷晶的加药标准为 3mg/L，每日加药量为 1.35kg。加药器加满一次药大致可供 185d 使用。

(3) 以城市热力管网中的热水为热媒，热网检修期以蒸汽锅炉 0.6MPa 饱和蒸汽为热媒时的水加热设备的设计计算：

城市热力管网中热媒水进出水加热器的条件为：夏季：$t_{mc}=70℃$，$t_{mE}=40℃$；其他季：$t_{mc}=110℃$，$t_{mE}=70℃$，热力管网工作压力 $P_N=1.2\text{MPa}$。

1) 当采用导流型容积式水加热器时的设计计算

拟按国家标准设计图集《水加热器选用及安装》16S122 中"RV-04"设计计算。

① 贮水容积 V_e

$$V_e=\frac{SQ_h}{c\rho_r(t_r-t_L)}=\frac{0.67\times 4760066.4}{4.187\times 0.986\times(55-13)\times 1000}$$
$$=18.39\text{m}^3$$

式中　S——贮热时间，按表 4.5-5 中≤95℃的低温水作为热媒取值。

② 总容积 V

$$V=bV_e=1.15\times 18.39=21.15\text{m}^3（取 22.0\text{m}^3）$$

式中　b——容积附加系数，按表 4.5-7 取值。

③ 初选 RV-04-7.5，即总容积 $V=7.5\text{m}^3$ 的立式导流型容积式水加热器 3 台。

④ 水加热器设计小时供热量 Q_g

$$Q_g=Q_h-\frac{V_e}{T_1}(t_r-t_L)c\rho_r$$

$$=4760066.4-\frac{18.39\times 1000}{3}\times(55-13)\times 4.187\times 0.986$$

$$=3697173.17\text{kJ/h}（1026.99\text{kW}）$$

式中　T_1——设计持续时间，取 $T_1=3\text{h}$。

⑤ 总换热面积 F_{rj}

图 4.11-4　硅磷晶加药器外形尺寸

$$F_{rj}=\frac{Q_g}{\varepsilon K\Delta t_j}=\frac{1026.99\times1000}{0.8\times650\times\dfrac{(70+40)-(55+13)}{2}}=94.05m^2$$

式中 ε——结垢系数，水—水换热时换热管表面温度较低，且水质经处理，故取 $\varepsilon=0.8$；
　　　K——依表 4.5-4 中导流型容积式水加热器的铜质光面 U 形管 $K=500\sim900$ 选取，因热力管网要求夏季供水时 $t_{mc}=70℃$，$t_{mE}=40℃$，换热条件苛刻，故 K 取低值，$K=650(W/m^2\cdot℃)$。

⑥ 依 F_{rj} 选 "RV-04-7.5" 时单台产品的最大换热面积 $F_{rj}=19.7m^2$。3 台为 $3\times19.7=59.1m^2$，远小于 $F_{rj}=94.05m^2$ 之要求，可采取以下解决方案：

仍采用 "RV-04" 产品，选用 5 台，每台总容积 $V=4.5m^3$，将原 "RV-04-7" 的筒节高度缩短 600mm，使其只减容积，不减换热面积（注：产品缩高应与厂家商定）。重算如下：

$$V_a=4.5\times5=22.5m^3$$

式中 V_a——修改后的总容积（m^3）。

$$V_{ae}=\frac{V_a}{b}=\frac{22.5}{1.25}=18m^3$$

式中 V_{ae}——修改后的贮水容积（m^3）。

b 由 1.15 改为 1.25 是因为设备缩短后有效贮水容积减小，则附加容积应增大。

$$Q_{ag}=Q_h-\frac{V_{ae}}{T_1}(t_r-t_L)c\rho_r$$
$$=4760066.4-\frac{18\times1000}{3}\times(55-13)\times4.187\times0.986$$
$$=3719714kJ/h(1033.2kW)$$

式中 Q_{ag}——修改后的设计小时供热量。

$$F_{arj}=\frac{Q_{ag}}{\varepsilon K\Delta t_j}=\frac{1033.2\times1000}{0.8\times650\times\dfrac{(70+40)-(55+13)}{2}}=94.61m^2$$

式中 F_{arj}——修改后的总换热面积。

经上述设计计算，确定采用 RV-04-4.5 (1.6/0.6) 立式导流型容积式水加热器 5 台（设备型号中 (1.6/0.6) 指热媒工作压力（MPa）/被加热水工作压力（MPa））。每台设备的换热面积 $F_{rj}=19.7m^2$。$5\times F_{rj}=5\times19.7=98.5m^2>94.61m^2$。

⑦ 热媒流量 G_m

$$G_m=\frac{Q_{ag}}{c(t_{mc}-t_{mE})\rho_r}=\frac{3719714}{4.187\times(70-40)\times0.986}$$
$$=30034L/h=30.03m^3/h$$

注：t_{mc}、t_{mE} 按夏季最不利供水工况水温取值。

⑧ 管径配置见表 4.11-3。

RV-4-4.5 立式导流型容积式水加热器管径配置　　　　表 4.11-3

名称	热媒		被加热水	
	$v(m/s)$	$DN(mm)$	$v(m/s)$	$DN(mm)$
进出水总管	0.97	100	1.50	125
单台水加热器进出水管	0.62	65	1.42	65

注：1. 热媒管按热媒流量 G_m 取值；被加热水管按系统热水供水总管的设计秒流量 q_s 取值（$q_s=20L/s$）。
2. 表中热媒流速取值较低是为适应热网温差变化较大需调节热媒流量的工况。

⑨ 热网检修时汽—水换热校核计算：

a. 贮热水量 V_{be} 及总贮水容积 V_b

$$V_{be}=\frac{SQ_h}{c\rho_r(t_E-t_c)}=\frac{0.5\times4760066.4}{4.187\times0.986\times(55-13)\times1000}=13.73m^3$$

式中 $S=0.5h$ 为汽—水换热的贮热时间，仍用 5 个水加热器，总有效容积为 18m³。

b. 换热面积 F_{brj}

$$F_{brj}=\frac{Q_g}{\varepsilon K\Delta t_j}=\frac{Q_g}{0.8K\frac{(t_{mc}+t_{mE})-(t_c+t_E)}{2}}=\frac{1033.2\times1000}{0.8\times1000\times\frac{(164.5+60)-(55+13)}{2}}=16.50m^2$$

式中　$K=1000W/(m^2\cdot℃)$ 查表 4.5-4 得；

t_{mc}——0.6MPa 饱和蒸汽的温度；

t_{mE}——凝结水出水温度（见表 4.5-4）；

t_E——被加热水出水温度，$t_E=t_r=55℃$。

c. 依上计算：汽—水换热时，换热面积只需水—水换热时的约 1/5，但为满足贮热量要求还需用 5 台设备工作即可满足整个系统热水供水要求。

d. 蒸汽量 G_m

$$G_m=K\frac{Q_{ag}}{i''-i'}=1.1\times\frac{3719714}{26762.9-4.187\times60}=1629kg/h$$

e. 复核热媒管径

表 4.11-4 是按蒸汽压力 $P_N=0.6MPa$ 查蒸汽管管径计算表得到的。

蒸汽管管径　　　　表 4.11-4

名称	$G_m(kg/h)$	$v(m/s)$	$DN(mm)$
总管	1629	32	65
单台水加热器进出水管	1629/5=326	30	40

由表 4.11-4 可知，原按水—水换热时所选管径均满足要求。

设备阻力：

查表 4.5-4 得热媒阻力损失 Δh_z 与被加热水水头损失 Δh_c 分别为：$\Delta h_z=0.05MPa$，$\Delta h_c\leqslant0.01MPa$。

RV-04 导流型容积式水加热器构造原理图见图 4.11-5。

2）当采用半容积式水加热器时的设计计算

拟按"BHRV-01"大波节管卧式半容积式水加热器设计计算。

① 贮水容积 V_e

$$V_e = \frac{SQ_h}{c\rho_r(t_r - t_L)} = \frac{0.35 \times 4760066.4}{4.187 \times 0.986 \times (55-13) \times 1000} = 9.61 \mathrm{m}^3$$

式中　$S = 0.35h$ 系按表 4.5-5 取值。

② 总容积 V

$$V = bV_e = 1.0 \times 9.61 = 9.61 \mathrm{m}^3$$

③ 初选 BHRV-01-3.5，即总容积 $V = 3.5 \mathrm{m}^3$ 的大波节管卧式半容积式水加热器 3 台。

④ 水加热器设计小时供热量 Q_g

$$Q_g = Q_h = 4760066.4 \mathrm{kJ/h} (1322.2 \mathrm{kW})$$

⑤ 总传热面积 F_{rj}

$$F_{rj} = \frac{Q_g}{\varepsilon K \Delta t_j} = \frac{1322.2 \times 1000}{0.8 \times 1500 \times \frac{(70+40)-(13+55)}{2}} = 52.5 \mathrm{m}^2$$

⑥ 查《水加热器选用及安装》16S122 中"HRV (BHRV)-01 半容积式水加热器选用表"得单台设备的换热面积 $F_{rj} = 20.4 \mathrm{m}^3$，则 $3F_{rj} = 3 \times 20.4 = 61.2 \mathrm{m}^2 > F_{rj} = 52.5 \mathrm{m}^2$，最后确定选型为 3 台"BHRV-01-3.5 (1.6/0.6)"大波节管卧式半容积式水加热器，单台换热面积为 $F_{rj} = 20.4 \mathrm{m}^2$。

⑦ 热媒流量 G_m

$$G_m = \frac{Q_g}{c(t_{mc} - t_{mE})\rho_r} = \frac{4760066.4}{4.187 \times (70-40) \times 0.986}$$

$$= 38434 \mathrm{L/h} \ (38.43 \mathrm{m}^3/\mathrm{h})$$

⑧ 管径配置见表 4.11-5。

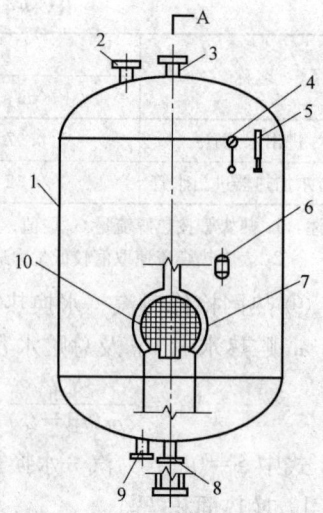

图 4.11-5　RV-04 导流型容积式水加热器构造原理图

1—罐体；2—安全阀接管口；3—热水出水管管口；4—压力表；5—温度计；6—温包管管口；7—导流装置；8—冷水进水管口；9—排污口；10—U 形换热管

BHRV-01-3.5 大波节管卧式半容积式水加热器管径配置　　表 4.11-5

名称	热媒		被加热水	
	v(m/s)	DN(mm)	v(m/s)	DN(mm)
进出水总管	1.18	100	1.50	125
单台水加热器进出水管	1.07	80	1.15	100

⑨ 设备阻力

查表 4.5-4 得热媒阻力损失 $\Delta h_2 \approx 0.03 \mathrm{MPa}$，被加热水水头损失 $\Delta h_c \approx 0.01 \mathrm{MPa}$。

BHRV-01 半容积式水加热器构造原理图见图 4.11-6。

3）当采用半即热式水加热器的设计计算

拟按国家标准设计图集《水加热器选用及安装》16S122 中 SW2B 型浮动盘管型半即热式水加热器设计计算（注：由于该宾馆主热源为热力管网中热水，夏季供水温度 70℃，回水温度 40℃，热媒条件差，采用无调贮容积的半即热式水加热器水—水换热很难满足供水要求，因此，实例按汽—水换热设计计算）。

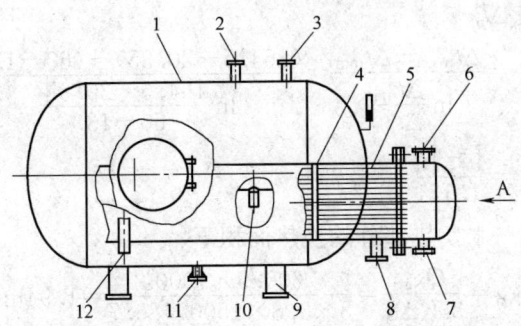

图 4.11-6　BHRV-01 大波节管卧式半容积式水加热器构造原理图

1—罐体；2—安全阀接管管口；3—热水出水管管口；4—内置换热器；5—U 形换热器；6—热媒入口管管口；

7—热媒出口管管口；8—冷水进水管口；9—支座；10—温包管管口；11—排污管管口；12—热水下降管

① 水加热器的设计小时供热量

$$Q_g = q_s \cdot c(t_r - t_L)\rho_r = 20 \times 4.187 \times (55-13) \times 0.986$$
$$= 12484227.17 \text{kJ/h}(3467.84 \text{kW})$$

② 换热工况如图 4.11-7 所示。

蒸汽凝结放热量（即汽化热量）$Q_Q = 2068 \text{kJ/kg}$；

凝结水放热量 $Q_N = c(t_{mc} - t_{mE}) = 4.187 \times (164.5-60) = 438 \text{kJ/kg}$；

凝结水过冷放热占换热量的比例为：$\dfrac{438}{2068+438} \times 100\% = 17.5\%$；

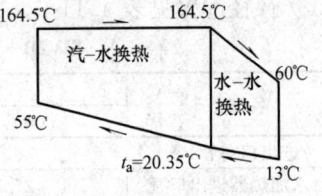

图 4.11-7　汽—水换热工况示意图

凝结水过冷放热将被加热水提升的温度（即图 4.11-7 中 t_a 点的温度）为 $t_a = 13 + 0.175(55-13) = 13 + 7.35 = 20.35 \text{℃}$。

③ 汽—水换热部分的换热面积

a. 供热量 Q_{Qg}

$$Q_{Qg} = (1-0.175)Q_g = 0.825 \times 12484227.17 = 10299487.42 \text{kJ/h}(2861 \text{kW})$$

b. 平均对数温差 Δt_j

$$\Delta t_j = \frac{\Delta t_{max} - \Delta t_{min}}{\ln \dfrac{\Delta t_{max}}{\Delta t_{min}}} = \frac{(164.5-20.35)-(164.5-55)}{\ln \dfrac{164.5-20.35}{164.5-55}}$$
$$= \frac{34.65}{0.275} = 126 \text{℃}$$

c. 初选 3 台 SW2B 型设备，计算单台设备的换热面积 F_{Qrj}

$$F_{Qrj} = \frac{Q_{Qg}}{3\varepsilon K \Delta t_j} = \frac{2861 \times 1000}{3 \times 0.8 \times 3400 \times 126} = 2.78 \text{m}^2$$

式中　$K = 3400 \text{W/(m}^2 \cdot \text{℃)}$，系查《水加热器选用及安装》16S122 中 QK 曲线表而得。

④ 水—水换热部分的换热面积

a. 供热量 Q_{Ng}

$$Q_{Ng} = 0.175 Q_g = 0.175 \times 12484227.17 = 2184739.76 \text{kJ/h}(606.9 \text{kW})$$

b. 平均对数温度差 Δt_{j}

$$\Delta t_{\mathrm{j}} = \frac{\Delta t_{\max} - \Delta t_{\min}}{\ln \dfrac{\Delta t_{\max}}{\Delta t_{\min}}} = \frac{(164.5 - 20.35) - (60 - 13)}{\ln \dfrac{164.5 - 20.35}{60 - 13}}$$

$$= \frac{97.15}{1.121} = 86.7℃$$

c. 计算单台设备水—水换热部分的换热面积 F_{Nrj}

$$F_{\mathrm{Nrj}} = \frac{Q_{\mathrm{Ng}}}{3\varepsilon K \Delta t_{\mathrm{j}}} = \frac{606.9 \times 1000}{3 \times 0.8 \times 1500 \times 86.7} = 1.94 \mathrm{m}^2$$

式中　$K = 1500\mathrm{W/(m^2 \cdot ℃)}$ 由《水加热器选用及安装》16S122 中计算实例提供。

⑤ 每台设备的换热面积 F_{rj}

$$F_{\mathrm{rj}} = F_{\mathrm{Qrj}} + F_{\mathrm{Nrj}} = 2.78 + 1.94 = 4.72 \mathrm{m}^2$$

⑥ 最后确定选型为 3 台 SW2B＋13 型汽—水半即热式水加热器。每台设备的实际换热面积为 6.11m²＞4.72m²。

⑦ 热媒流量 G_{m}

$$G_{\mathrm{m}} = C_{\mathrm{r}} \frac{Q_{\mathrm{g}}}{i'' - i'} = 1.1 \times \frac{12484227.17}{2762.9 - 4.187 \times 60} = 5467 \mathrm{kg/h}$$

⑧ 管径配置见表 4.11-6。

SW2B＋B 型汽—水半即热式水加热器管径配置　　　表 4.11-6

名称	热媒		被加热水	
	v(m/s)	DN(mm)	v(m/s)	DN(mm)
进出口总管	36	125	1.50	125
单台水加热器进出口管	27	80	1.37	80

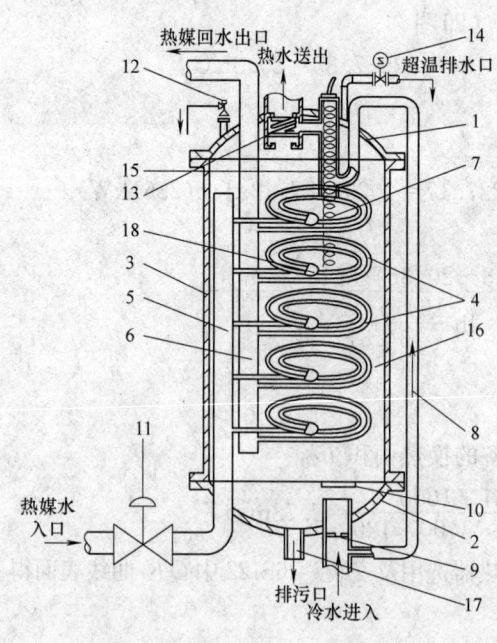

图 4.11-8　SW2B 半即热式水加热器原理图

⑨ 设备阻力

依《水加热器选用及安装》16S122 查得：

被加热水阻力：≤0.02MPa；

凝结水无压力，由重力回收。

SW2B 半即热式水加热器原理图见图 4.11-8。

4）以太阳能为热源加辅热时的换热供热设备设计计算

该宾馆屋面为平屋面，其面积为 $80.0 \times 30.0 = 2400 \mathrm{m}^2$，拟利用其布置太阳能集热器，将集取的热量作为该宾馆的热源，热源不够的部分及无太阳的时候由宾馆自备热源补热供热。

以集热、贮热、换热一体的无动力循环太阳能集热系统制备热媒水间接换热供应热水的组合系统设计计算，系统示意图如图 4.11-9 所示。

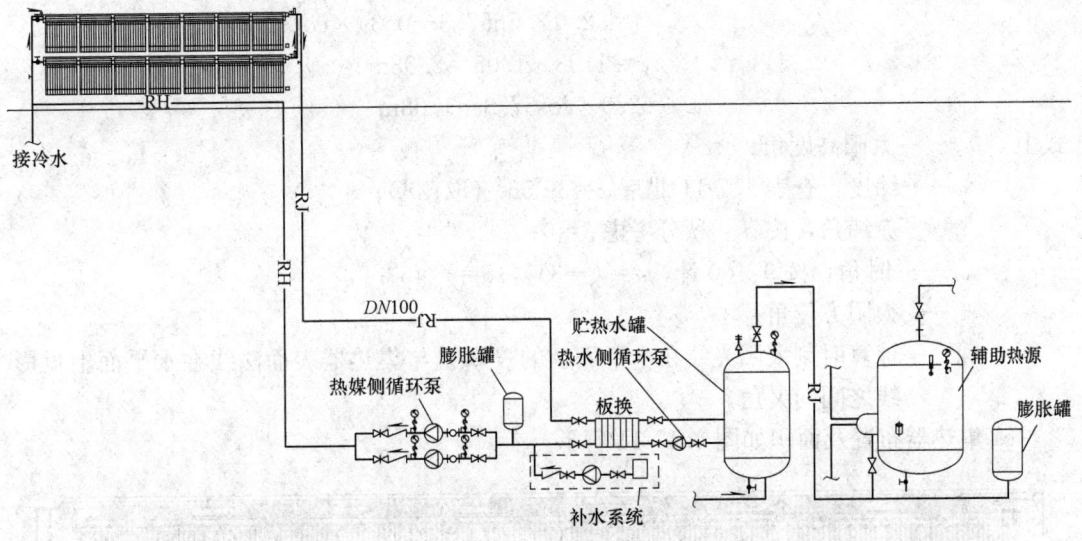

图 4.11-9　太阳能热水系统示意图

① 屋面布置集热器面积及产热水量计算

a. 拟选用 $L \times B = 2.0\text{m} \times 1.765\text{m} = 3.6\text{m}^2$ 的平板型集热器。

b. 集热器前后排最小不遮光间距 S 及集热器水平投影长度 L_B 如图 4.11-10 所示。

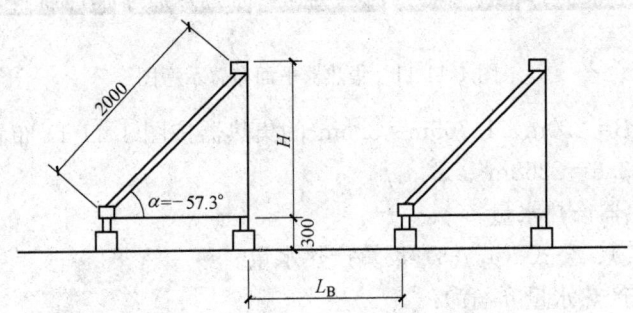

图 4.11-10　集热器前后布置示意图

$$\sin\partial_s = \sin\varphi \cdot \sin\delta + ws\varphi \cdot \cos\sigma \cdot \cos\omega$$
$$= \sin40 \times \sin0 + \cos40 \times \cos0 \times \cos(-45)$$
$$= 0.547$$

得 $\partial_s = 32.8°$

$$\sin\partial_s = \cos\delta \cdot \sin\omega/\omega\partial_s$$
$$= \cos0 \times \sin(-45)/\cos32.8$$
$$= -0.8412$$

则太阳方位角 $\partial = -57.3°$

$$\nu_o = \partial - r$$
$$= -57.3 - (-10) = -47.3°$$

$$S = H \cdot \omega t \partial_s \cdot \cos\nu_o$$
$$= (2.0 \times \sin 57.3 + 0.3) \times \cot 32.8 \times \cos(-47.3)$$
$$= 1.98 \times 1.05 = 2.08\text{m}$$
$$L_B = 2.0 \times \cos 57.3 = 1.08\text{m}$$

式中 ∂_s——太阳高度角；

φ——纬度，查表 4.7-11 北京 $\varphi = 39°56''$（取 40°）；

δ——赤纬角，按春、秋分考虑 $\delta = 0$；

ω——时角，按 9：00 计，$\omega = (-3) \times 15 = -45°$；

∂——太阳方位角。

ν_o——计算时刻太阳光线在水平面上的投影线与集热器表面法线在水平面上投影线之间的夹角。

c. 集热器布置及面积如图 4.11-11 所示。

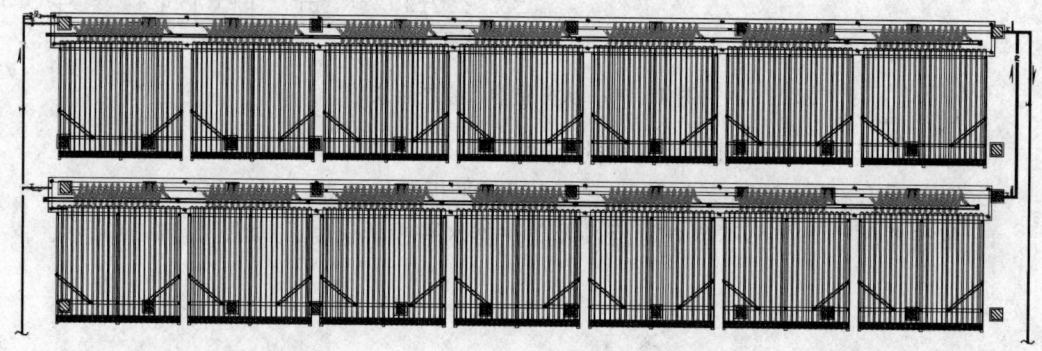

图 4.11-11 集热器平面布置示意图

屋顶采用 $L \times B = 2.0\text{m} \times 1.765\text{m} = 3.6\text{m}^2$ 的集热器按图 4.11-11 布置，总计集热面积为 $F = (70 \times 9) \times 3.6 = 2268\text{m}^2$。

d. 太阳能集热器产热水量

依公式（4.7-7）、公式（4.7-8）反算产热水量。

直接加热时的产热水量 q_{mrd} 为：

$$q_{mrd} = \frac{A_{jz}bjJ_t\eta_j(1-\eta_l)}{c\rho_r(t_r-t_L)}$$
$$= \frac{2268 \times 1 \times 17.22 \times 10^6 \times 0.4 \times (1-0.2)}{4.187 \times 0.986 \times (55-13) \times 10^3} = 72077\text{L/d}(72.08\text{m}^3/\text{d})$$

注：$J_t = 17.22 \times 10^6$ J/d 为北京地区倾角等于当地纬度时集热采光面平均日太阳总辐射量。

间接换热时，所需集热器面积为：

$$A_{jj} = A_{jz}\left(1 + \frac{U_L \cdot A_{jz}}{KF_{jr}}\right) = A_{jz}\left(1 + \frac{U_L \cdot A_{jz}}{K \cdot \dfrac{Q_z}{\varepsilon K \Delta t_j}}\right)$$
$$= 2268 \times \left[1 + \frac{6 \times 2268}{\dfrac{(72077 \times (55-13) \times 4.187 \times 0.986)/8}{0.8 \times 10}}\right]$$
$$= 2426\text{m}^2$$

式中 Q_z——设计小时换热量，按一天工作 8h 计，$Q_z = \dfrac{Q_d}{8}$。

间接换热的小时产热水量 q'_{rh}：

$$q'_{rh} = q_{mrd} \times \frac{A_c}{T_1 \times A_{jj}} = 72.08 \times \frac{2268}{8 \times 2426} = 8.42 \text{m}^3/\text{h}$$

式中 T_1——换热设备一天工作时间（h）。

注：有关太阳能集热器部分的详细计算见国家标准图集《太阳能集中热水系统选用与安装》15S128。

② 换热用板换计算

a. 换热面积计算

$$F_{rj} = b \frac{C_r Q_g}{\varepsilon K \Delta t_j} = 1.5 \times \frac{1.1 \times (8430 \times (55-13) \times 4.187 \times 0.986)}{0.8 \times 4000 \times 10} = 75.4 \text{m}^3$$

b. 贮热水罐计算

$$V_e = \frac{S Q_h}{c \rho_r (t_r - t_L)} = \frac{0.67 \times 2268 \times 17220 \times 0.4 \times (1-0.2)}{4.187 \times 0.986 \times (55-13) \times 1000 \times 8} = 6.04 \text{m}^3$$

取总容积 $V = 6.04 \text{m}^3$，选 2 个 $V = 3\text{m}^3$ 的贮热水罐。

注：该系统的太阳能集热量均贮存在无动力循环集热器本体内，此处贮热水罐起调节和保证充分利用太阳能的作用，其贮热容积按表 4.5-5 中热媒≤95℃取值。换热器按一天工作 8h 计算。

c. 热媒水侧循环泵计算

（a）流量

$$q_{mx} = b q_{rh} = 1.5 \times 8.42 = 12.6 \text{m}^3/\text{h}$$

（b）扬程

$$h_{mx} = h_p + h_e + h_5$$
$$h_{mx} = 0.05 + 0.05 + 0.03 = 0.13 \text{MPa}$$

d. 热水循环泵的流量和扬程均同热媒水循环泵。

③ 辅热系统设计计算

辅热设备采用燃油（气）热水机组配大波节管立式半容积式水加热器（BHRV-02）。见表 4.5-1 中，热水机组间接供水（一）图示。

a. 热水机组选型设计计算

（a）根据本手册 4.5.3 条第 2 款中关于产热量计算原则，热水机组供热量按设计小时耗热量计算，即：

$$Q_g = Q_h = 4760066.4 \text{kJ/h} = 1322.2 \text{kW}$$

（b）拟选用国家标准图集《热水机组选用与安装》05SS121 中的 STER0.70 型真空机组 2 台，其主要设计参数为：

产热量：$Q_1 = 698 \text{kW}$（$2 \times 698 = 1396 \text{kW} > 1322.2 \text{kW}$）

燃料耗量：轻柴油 64.1kg/h

天然气　　77.2Nm³/h

排烟温度　160℃

热效率　　91.5%

（c）热水机组需配套的燃料油贮油、供油系统和供气系统均由设备商配套提供，设计者可按国家标准图集《热水机组选用与安装》65SS121 中的图示检验。

（d）热水机组的烟囱直径单台 $\phi=346$mm。

两台共用烟囱时，烟囱直径为：

$$\phi=\sqrt{2\times\phi_i^2}=\sqrt{2\times346^2}=498\text{mm}$$

b. 热水机组充水、补水设施的设计计算

（a）间接换热用热水机组的供水温度为 80～90℃，远高于直接供水时的温度，因此为保证热水机组的使用效果和使用寿命，热水机组的充水、补水均应采用经软化处理的自来水。其充水、补水设施包括软水器及软水箱。

（b）软水器的产水量可按下式计算：

$$q_s=(0.3\sim0.5)V_w$$

式中 q_s——产软水量（L/h）；

V_w——热水机组充水容积（L）。

本工程所选 STER0.70 型真空机组的充水容积为：

$$V_w=2900-2168-732\text{L}$$

则 $$q_s=0.5V_w=0.5\times732=366\text{L/h}$$

注：系数 0.3～0.5 可依热水机组充水容积定，对于 $V_w\leqslant1000$L 者可取 0.5；$V_w=1000\sim3000$L 者可取 0.5～0.4；$V_w>3000$L 者可取 0.3。

（c）软水箱的容积可按表 4.11-7 选择。

软水箱容积   表 4.11-7

热水机组充水容积 V_w(L)	300～1000	1000～3000	3000～6000	>6000
软水箱容积(L)	500	1000	1500	2000

本工程选用软水箱容积为 $V=500$L。

c. 大波节管立式半容积式水加热器的选型计算

换热面积 F_{rj}

$$F_{rj}=\frac{Q_g}{\varepsilon K\Delta t_j}=\frac{1322.2\times1000}{0.8\times1600\times\dfrac{(85+60)-(13+55)}{2}}=26.8\text{m}^2$$

贮水容积 V_e 及总容积 V 同前 BHRV-01 的计算。

$$V_e=9.47\text{m}^3$$

$$V=10.9\text{m}^3$$

依据上述计算选择 "BHRV-02-5（1.6/0.6）" 大波节管立式半容积式水加热器（见国家标准图集《水加热器选用及安装》16S122）2 台。

其选型参数为每台设备 $V=5\text{m}^3$，$F_{rj}=14.9\text{m}^2$。

④ 利用太阳能热源节能估算

a. 年总用热水量 q_{ry}、耗热量 Q_y

$$q_{ry}=365\times0.5\times Q_{rd}=365\times0.5\times280.44=51180.3\text{m}^3/\text{年}$$

式中   0.5——考虑宾馆出租率及平均日用水量对最大日 Q_{rd} 的折减系数。

$$Q_y=q_{ry}\cdot c(t_r-t_L)\cdot\rho_r=51180.3\times1000\times4.187\times(55-13)\times0.986$$
$$=88.74\times10^8\text{kJ/年}$$

b. 年太阳能制备热水量 Q_{sry}、供热量 Q_{sy}：

$$Q_{sry} = n \cdot q'_{rh} = 260 \times 8.42 \times 8 = 17513.6 \, \text{m}^3/\text{年}$$

$$Q_{sy} = Q_{sry} \cdot c(t_r - t_L) \cdot \rho_r = 17513.6 \times 1000 \times 4.187 \times (55-13) \times 0.986$$
$$= 30.4 \times 10^8 \, \text{kJ}/\text{年}$$

式中　n——一年中可利用太阳能天数，查表 4.7-10 北京地区为 $n=250 \sim 275\text{d}/\text{年}$，取 $n=260$。

c. 年节约能源及运行费用

节约能源比例 C：

$$C = \frac{Q_{sy}}{Q_y} = \frac{30.4 \times 10^8}{88.74 \times 10^8} = 0.34$$

折合节电量 $E_1 = 30.4 \times 10^8 \times 2.78 \times 10^{-4} = 84.5 \times 10^4 \, \text{kWh}$

以 1kWh 电 0.5 元计，则一年省电费 $85.4 \times 10^4 \times 0.5 = 422500$ 元

注：$1\text{kJ} = 2.78 \times 10^{-4} \, \text{kWh}$（度）

折合节约燃气量（以天然气计）E_2：

$$E_2 = \frac{Q_{sy}}{Q_N \cdot \eta} = \frac{30.4 \times 10^8}{35000 \times 0.85} = 102.2 \times 10^3 \, \text{Nm}^3$$

以 1Nm³ 天然气 2.10 元计，则一年可省 $102.2 \times 10^3 \times 2.1 = 214620$ 元。

式中　Q_N——天然气燃烧发热量，查表 4.5-8，$Q_N = 34400 \sim 35600 \, \text{kJ}/\text{Nm}^3$；

η——水加热设备换热效率，查表 4.5-8，$\eta = 0.85$。

（4）以水源热泵为热源时换热、供热设备的设计计算

1）本工程拟采用深井水作为水源热泵水源。

① 水源热泵小时供热量 Q_g：

$$Q_g = 1.05 \frac{Q_d}{T_h} = \frac{1.05 \times Q_d}{20} = \frac{1.05 \times 48626064.82}{20} = 2552868 \, \text{kJ}/\text{h}$$

式中　T_h——设定水源热泵每天工作 20h。

② 深井小时出水量 q_j：

$$q_j = \frac{\left(1 - \dfrac{1}{\text{cop}}\right) Q_g}{c \Delta t_{ju} \rho_r}$$

$$= \frac{\left(1 - \dfrac{1}{3}\right) \times 2552868}{4.187 \times (15-9) \times 0.986} = 68707.79 \, \text{L}/\text{h} = 68.71 \, \text{m}^3/\text{h}$$

式中　$\text{cop} = 3$；

Δt_{ju}——井水供、回水温度为 15℃、9℃ 的差值。

2）拟采用表 4.7-20 中水源热泵（二）图示的换热、供热系统。

① 预换热器（板式换热器）的换热面积 F_{rj}

$$F_{rj} = b \frac{Q_j}{\varepsilon K \Delta t_j} = 1.5 \times \frac{1.15 \times \left(1 - \dfrac{1}{3}\right) \times 2552868}{0.85 \times 2500 \times 3.6 \times 6} = 64.8 \, \text{m}^2$$

选 2 台换热器，每台换热面积 $F_{nrj} = \dfrac{64.3}{2} = 32.2 \, \text{m}^2$，取 33m²。

② 循环泵 1（预换热器与热泵机组间的循环泵）

选 2 台循环泵，每台泵的流量 q_1、扬程 H_1 为：

q_1 由产品样本提供，见 SM-80Q（R）型水源热泵机组参数：$q_1 = 56\text{m}^3/\text{h}$。

$$H_1 = 1.3(H_b + H_E + H_p)$$
$$= 1.3(0.05 + 0.046 + 0.03)$$
$$= 0.164\text{MPa}$$

式中　H_b、H_E、H_p 的准确数据应由设备商提供。

③ 热泵机组的选型

依据热泵机组的小时供热量 Q_g 拟选用国家标准图集《热泵热水系统选用与安装》06SS127 中 SM-80Q（R）型水源热泵机组 2 台，具体参数为：

制热量：406kW/台（实际设计小时供热量 Q_g' 为 $Q_g' = 2 \times 406 = 812\text{kW} = 2923200\text{kJ/h} > Q_g = 2552868\text{kJ/h}$）

输入功率：	81.37kW
水源侧循环流量：	$56\text{m}^3/\text{h}$
用户侧水源循环量：	$70\text{m}^3/\text{h}$
冷凝器水侧压降：	46kPa
蒸发器冷水侧压降：	46kPa

④ 热泵机组一天实际工作小时：

$$T_h' = \frac{1.05Q_d}{Q_g'} = \frac{1.05 \times 48626064.82}{406 \times 3600 \times 2} = 17.5\text{h}$$

⑤ 贮热水罐容积 V_r 计算：

$$V_r = k_2 \frac{(Q_h - Q_g)T_1}{(t_r - t_L)c\rho_r} = 1.25 \times \frac{(1322.2 - 406 \times 2) \times 3 \times 1000}{4.187 \times (52 - 13) \times 0.986} = 11034.24\text{L}$$

（取 12m³）

⑥ 加热用板式换热器的换热面积 F_{rj}：

$$F_{rj} = \frac{1.15Q_g'}{\varepsilon K \Delta t_j} = \frac{1.15 \times 406 \times 2 \times 1000}{0.85 \times 2500 \times 10} = 43.9\text{m}^2$$

设 2 台，每台 $F_{nrj} = \dfrac{F_{rj}}{2} = 22.0\text{m}^2$。

⑦ 循环泵 2（热泵机组与加热用板式换热器间循环泵）

选 2 台循环泵，每台泵的流量 q_2 及扬程 H_2 为：

q_2 由产品样本提供，见 SM-80Q（R）型水源热泵机组参数：$q_2 = 70\text{m}^3/\text{h}$。

$$H_2 = 1.3(H_b + H_E + H_p) = 1.3 \times (0.05 + 0.046 + 0.03) = 0.164\text{MPa}$$

⑧ 循环泵 3（加热用板式换热器与贮热水罐间的循环泵）

选 2 台循环泵，每台泵的流量 q_3 及扬程 H_3 为：

$$q_3 = \frac{1.15Q_g'}{1.63\Delta t_j} = \frac{1.15 \times 406 \times 1000}{1.63 \times 10}$$
$$= 40146\text{L/h} = 40.1\text{m}^3/\text{h}$$
$$H_3 = 1.3(H_b + H_p) = 1.3 \times (0.05 + 0.03) = 0.014\text{MPa}$$

3. 附属设备、器材的设计计算

（1）膨胀罐

膨胀罐的容积 V

$$V=\frac{11(\rho_1-\rho_2)}{\rho_2}V_e=\frac{11\times(0.999-0.990)}{0.990}\times18000=1800\text{L}$$

式中 $V_e=18\text{m}^3$ 按热网水为热媒时，采用 4 台"DBRV-04-4"大波节管导流型容积式水加热器加管网内总热水容积计算；

ρ_2——按热水回水温度 45℃时的热水密度计算。

选表 4.8-6 中 $DN1200$ 立式压力式膨胀水罐。

该罐总容积为 2500L，总高 $H=3047\text{mm}$。

可要求设备按 $V=1800\text{L}$ 制造，即：将罐体高度减掉 700mm，总高改为 2347mm，最后确定：立式压力式膨胀罐一个，外形尺寸为 $DN1200\times2347\text{mm}$，工作压力 $P_N=1.0\text{MPa}$。

（2）水加热器上的安全阀

1）选用微启式弹簧安全阀。

2）按热网检修时汽—水换热工况下单台 DBRV-04-4 大波节管立式容积式水加热器配置安全阀计算：水加热器上热媒入口管上温控阀失灵时，罐内热水升温时的温升 Δt 及膨胀量 q_E：

$$\Delta t=\frac{G_m(i''-i')/2}{4.187V_i\rho_r}=\frac{1521\times(2762.9-4.187\times60)}{2\times4.187\times4000\times0.986}=115.7℃$$

式中　Δt——每小时水温升高的量（℃）；

$\dfrac{1521}{2}$——每台设备的进汽量；

V_i——设备总容积（L）。

$$q_E=V_i\Delta\rho_r=4000\times\left(\frac{0.95981-0.95838}{2}\times115.7\right)=330.9\text{L}$$

注：Δp_t 系按 $t=98℃$、100℃时的热水密度差除 2 乘以 Δt 计算。

阀座面积 A：

$$A=1200\frac{G}{P}=1200\frac{q_E}{P}=1200\times\frac{330.9}{580}=684.6\text{mm}^2$$

当水温为 100℃时，A 增大 4%，实际面积为：

$$A'=(1+4\%)A=1.04\times684.6=711.98\text{mm}^2$$

阀座直径 ϕ 为：

$$\phi=\sqrt{\frac{4A}{\pi}}=\sqrt{\frac{4\times711.98}{3.1416}}=30.10\text{mm}$$

可选择 $DN40$ 的微启式弹簧安全阀。

（3）管道伸缩器

图 4.11-12 中 $DN100$ 者为热水供水干管，采用铜管；$De25$ 者为支管采用 PP-R 管；$De32$ 者为支管，采用 PB 管。各管段上用于补偿伸缩的伸缩节及固定支架的定位尺寸如图 4.11-12 所示。管道上用于补偿伸缩的伸缩节及固定支架均按表 4.8-18 规定的长度布置。

铜管伸缩节要求的补偿量 ΔL：

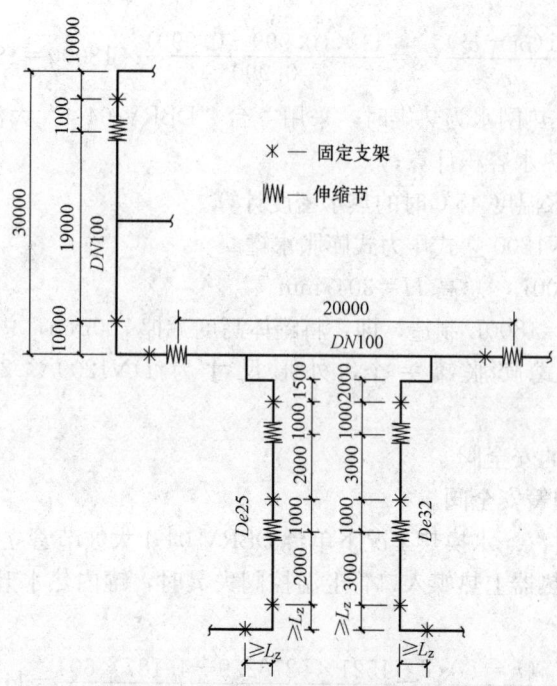

图4.11-12   伸缩节、固定支架布置示意图

$$\Delta L = \partial L \Delta T = 0.0176 \times 20 \times 32.33 = 11.38 \text{mm}$$

式中 $$\Delta T = 0.65(t_r - t_L) + 0.1 \Delta t_g$$

$$= 0.65 \times (55 - 13) + 0.1 \times (33.2 + 17.1)$$

$$= 27.3 + 5.03 = 32.33 ℃$$

PP-R管的最小自由臂长度 L_z：

$$L_z = K \sqrt{\Delta L \cdot De} = 30 \sqrt{14.55 \times 25} = 572.2 \text{mm}$$

式中 $\Delta L = \partial L \Delta T = 0.15 \times 3 \times 32.33 = 14.55 \text{mm}$

PEX管的最小自由臂长度 L_z：

$$L_z = K \sqrt{\Delta L \cdot De} = 10 \sqrt{16.88 \times 32} = 232 \text{mm}$$

式中 $\Delta L = \partial L \Delta T = 0.13 \times 4.0 \times 32.33 = 16.81 \text{mm}$

4.11.2   无动力集热循环太阳能供热燃气容积式热水集成机组辅助集中热水供应系统设计计算实例

1. 工程概况与基础条件

北京某6层宾馆，设有120间客房，总床位200个，全日供应热水，热水用水（60℃）定额110L/（人·d）；给水采用水箱和变频水泵供水方式，冷水温度5℃，冷水进水总硬度（以 $CaCO_3$ 计）220mg/L，选择无动力集热循环太阳能装置直接供水+辅助热源热水系统，如图4.11-13所示。

2. 设计计算

（1）无动力集热循环太阳能集热面积计算

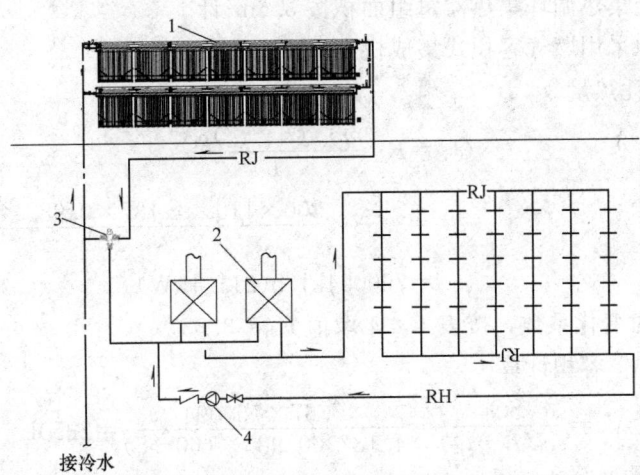

图 4.11-13 无动力集热循环太阳能集热器＋燃气容积式热水集成机组热水供应系统示意图
1—无动力集热循环太阳能集热器；2—燃气容积式热水集成机组；3—恒温混合阀；4—循环泵

1）平均日耗热量

$$Q_{md}=q_{mr}mb_1c\rho_r(t_r-t_{mL})=110\times200\times0.5\times4.187\times0.983\times(60-7.5)$$
$$=2376886.6kJ/d$$

式中　q_{mr}——平均日热水用水定额（L/（人·d）、L/（床·d）），见表 4.1-1；

　　　b_1——同日使用率（住宅建筑为入住率）的平均值，应按实际使用工况确定，当无条件时可按表 4.7-12 取值，$b_1=0.5$；

　　　t_{mL}——年平均冷水温度（℃），可参照城市当地自来水厂年平均水温值计算，也可按相关设计手册中提供的月平均最高值与最低值的平均值计算，此处 $t_{mL}=\frac{10+5}{2}=7.5℃$。

2）直接系统的集热器总面积：

$$A_{jz}=\frac{Q_{md}f}{b_jJ_t\eta_j(1-\eta_l)}=\frac{2376886.6\times0.5}{1\times15252\times0.50\times(1-0.15)}=183.3m^2$$

式中　f——太阳能保证率，按表 4.7-13 选取，$f=50\%$；

　　　J_t——集热器总面积的平均日太阳辐照量（kJ/（m²·d）），按附录 4.7.5-1 选取；

　　　η_j——集热器总面积的平均集热效率，对于无动力太阳能集热循环热水系统，$\eta_j\approx50\%$；

　　　η_l——集热系统的热损失，无动力太阳能集热循环热水系统因连接管路短，取 0.15。

3）无动力太阳能集热循环热水系统集热装置面积：

$$A=1.05A_{jz}=1.05\times183.3=192.5m^2$$

（2）无动力太阳能集热循环集热器台数：

$$N=\frac{A}{360}=\frac{192.5}{3.6}=53.5(取 55 组)$$

无动力太阳能集热循环集热器每组面积按 $3.6m^2$ 计。

（3）辅助热源采用燃气容积式集成机组

1）设计小时耗热量

$$Q_h = K_h \frac{mq_r c(t_r - t_L)\rho_r}{T} c_r$$

$$= 3.33 \times \frac{200 \times 110 \times 4.187 \times 0.983 \times (60-5)}{24} \times 1.1$$

$$= 760094 kJ/h(211.1kW)$$

式中　K_h——小时变化系数，按表 4.4-1 取值 $K_h = 3.33$。

2）贮热水罐 V_e 容积计算

$$V_e = \frac{SQ_h}{c\rho_r(t_r - t_L)} = \frac{0.67 \times 760094}{4.187 \times 0.983 \times (60-5)} = 2250L$$

式中　S——贮热时间按表 4.5-5 中导流型容积式水加热器≤95℃热媒水换热选值。

3）燃气热水器供热量 Q_g 计算

$$Q_g = Q_h - \frac{V_e}{T_1}(t_r - t_L)c\rho_r$$

$$= 760094 - \frac{2250}{3}(60-5) \times 4.187 \times 0.983 = 590316kJ/h(164kW)$$

式中　T_1——设计持续时间，按 $T_1 = 3h$。

4）集成机组选型

拟按表 17-3 选两台 JCR-1.5 燃气集成机组。

单台机组额定功率即设计小时供热量为 88.2kW（317520kJ/h），贮热水容积 1500L。复核单台机组在 3h 持续设计小时用水量时段内的设计小时供热量 Q_g' 为：

$$Q_g' = Q_{机组} + Q_{贮罐} = 317520 + \frac{1500 \times (60-5)}{3} \times 4.187 \times 0.983$$

$$= 317520 + 112996 = 430516kJ/h$$

$$Q_g' = 430516kJ/h > Q_h = \frac{760094}{2} = 380047kJ/h$$

4.11.3　热水管网的计算实例

1. 热水供水管网水力计算

某 5 层疗养院建筑，设有 280 张床位，70 套病房卫生间，每套卫生间的浴盆和洗脸盆设热水供应。水加热设备采用半容积式水加热器，以蒸汽为热媒。管网采用上行下给式干、立管循环，干、立管均采用泡沫橡塑制品保温（$\eta = 0.7$），室内气温为 20℃，各管段长度及所负担的卫生器具种类和数量见表 4.11-8。系统冷水供水压力为 30mH$_2$O，管网布置如图 4.11-14 所示。

计算：

热水供水管的水力计算公式同冷水管，采用热水管网水力计算表，其计算数据见表 4.11-8。

热水供水管的水头损失为：

$$H = 1.3h_2 = 1.3 \times 3.733 = 4.853 \text{mH}_2\text{O}$$

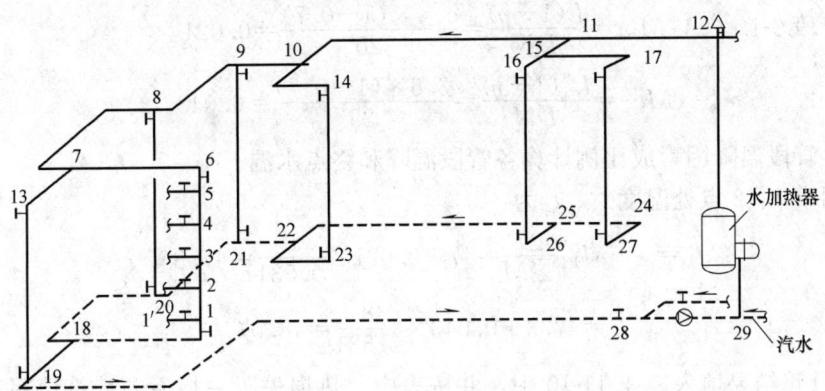

图 4.11-14　管网布置系统图

热水管网水力计算　　　　　　　　　　表 4.11-8

管段编号	管段长度 (m)	用具数量		当量总数	流量 (L/s)	管径 (mm)	流速 (m/s)	沿程水头损失	
		洗脸盆 $N=0.5$	浴盆 $N=1.0$					每米损失 (mmH$_2$O)	管段损失 (mmH$_2$O)
1′-1	1.4	1	1	1.5	0.300 ①	20	1.1	214.2	300
1-2	3.6	1	1	1.5	0.300	25	0.6	51.9	187
2-3	3.6	2	2	3	0.600 ①	32	0.7	41.1	148
3-4	3.6	3	3	4.5	0.849	32	1.0	82.6	297
4-5	3.6	4	4	6	0.980	32	1.1	109.8	395
5-7	8	5	5	7.5	1.095	40	0.9	63.6	509
7-8	14	10	10	15	1.549	50	0.8	31.6	442
8-9	4	15	15	22.5	1.897	50	1.0	47.5	190
9-10	3	20	20	30	2.191	50	1.1	63.1	189
10-11	12	25	25	37.5	2.449	50	1.2	79.0	948
11-12	6	35	35	52.5	2.898	70	0.9	27.5	165
12-水	18	70	70	105	4.099	70	1.2	55.0	990

① 计算秒流量公式采用 $q = 0.2a\sqrt{N} = 0.4\sqrt{N}$，当 $N \leqslant 4$ 时，按卫生器具 100% 同时给水计算。

注：1. 最不利管路 1′~5~7~8~9~10~11~12~水 的沿程水头损失 $h_2 = 3.733 \text{mH}_2\text{O}$。

　　2. 局部水头损失按沿程水头损失的 30% 计算。

2. 热水循环管网计算

（1）热水配水管网的热损失

1）确定回水管管径

回水管管径可按表 4.11-9 确定。

热水回水管管径　　　　　　　　　　表 4.11-9

热水供水管管径(mm)	20~25	32	40	50	65	80	100	125	150	200
热水回水管管径(mm)	20	20	25	32	40	40	50	65	80	100

2）计算各管段终点水温

水加热器出口水温 $t_{r1} = 55℃$，最不利配水点（即图 4.11-14 中 "0" 点处）水温 $t_{r2} = 47℃$，温降 $\Delta t_r = 55 - 47 = 8℃$。

求出各管段的温降因素 M 值，填入表 4.11-10 中第 6、7 栏内。

例：管段 0-1 $M_{0-1}=\dfrac{L(1-\eta)}{DN}=\dfrac{1.4\times(1-0.7)}{20}=0.021$

管段 1-2 $M_{1-2}=\dfrac{L(1-\eta)}{DN}=\dfrac{3.6\times(1-0.7)}{25}=0.043$

按与各管段温降因素成比例计算各管段温降和终点水温。

例：图中 1、2 点处温度 t_1、t_2 为：

$$t_1=t_0+M_{0-1}\frac{\Delta t}{\sum M}=47+0.021\times\frac{8}{0.531}=47.3℃$$

$$t_2=47.3+0.043\times\frac{8}{0.531}=48.0℃$$

3）将计算结果填入表 4.11-10 中，并按表中"热损失"一栏逐项计算填写正向、侧向及累计 W 数值。

配水管网损失计算   表 4.11-10

节点编号	管段编号	管段长度 (m)	管径 DN (mm)	保温系数 η	温降因素 M		水温 t_z (℃)	管段平均水温 t_m (℃)	气温 t_k (℃)	温差 Δt (℃)	热损失 (kJ/h)				循环流量 q (L/h)	节点水温 t'_L (℃)
					正向	偏向					每米 ΔW	正向 W	侧向 W'	累计 $\sum W$		
1	2	3	4	5	6	7	8	9	10	11	12	13	14	15	16	17
0							47.0									
1	0-1	1.4	20	0.7	0.021		47.3	47.2	20	27.2	29.90	42		41.9	51.2	46.71
2	1-2	3.6	25	0.7	0.043		48.0	47.6	20	27.6	34.20	123		165.0	51.2	46.91
3	2-3	3.6	32	0.7	0.034		48.5	48.2	20	28.2	39.60	143		307.6	51.2	47.48
4	3-4	3.6	32	0.7	0.034		49.0	48.7	20	28.7	39.60	143		450.2	51.2	48.14
5	4-5	3.6	32	0.7	0.034		49.5	49.2	20	29.2	39.60	143		592.8	51.2	48.81
6	5-6	2.2	40	0.7	0.017		49.8	49.6	20	29.6	43.60	96		688.7	51.2	49.47
7	6-7	6.2	40	0.7	0.047		50.5	50.1	20	30.1	43.60	270		959.0	51.2	49.92
19	19-13	18	40	0.7		0.135	47.8	48.9	20	28.9			688.6	688.6	49.3	45.45
13	13-7	5	40	0.7		0.038	49.9	50.2	20	30.2	43.60	235		923.6	49.3	48.78
8	7-8	14	50	0.7	0.084		51.7	51.1	20	31.1	51.50	721		2603.6	100.6	51.18
20	20-8	18	40	0.7		0.135	49.7	50.7	20	30.7			688.6	688.6	26.6	45.00
9	8-9	4	50	0.7	0.024		52.1	51.9	20	31.9	51.50	206		3498.2	127.2	52.89
21	21-9	18	40	0.7		0.135	50.0	51.1	20	31.7			688.6	688.6	25.0	46.32
10	9-10	3	50	0.7	0.018		52.4	52.2	20	32.2	51.50	155		4341.7	152.2	53.28
23	23-14	18	40	0.7		0.135	49.8	49.8	20	29.8			688.6	688.6	31.8	46.47
14	14-10	5	40	0.7		0.038	51.8	52.1	20	32.1	43.60	218		906.6	31.8	51.64
11	10-11	12	50	0.7	0.072		53.4	53.0	20	33.0	51.50	618		5866.3	184.0	54.08
26	26-16	18	40	0.7		0.135	51.3	52.3	20	32.3			688.6	688.6	22.3	46.20
16	16-15	0.5	40	0.7		0.004	53.3	53.3	20	33.3	43.60	22		710.4	22.3	53.58
27	27-17	18	40	0.7		0.135	51.1	52.1	20	32.1			688.6	688.6	24.3	46.20
17	17-15	2	40	0.7		0.015	53.1	53.2	20	33.2	43.60	87		775.8	24.3	52.96
15	15-11	1	50	0.7		0.006	53.3	53.4	20	33.4	51.50	52		1486.2	46.6	53.82
12	11-12	6	70	0.7	0.026		53.8	54.4	20	34.4	61.90	372		7724.0	230.6	54.46
	右环	184.7											7724.0		230.6	
水	12-水	18	70	0.7	0.077		55.0	54.3	20	34.3	61.90	1114		16562.2	494.5	55.00
	合计				0.531										494.5	

注：表中热损失（kJ/(m·h)）按表中平均温差≈30℃时的下表选值（见表 4.11-11）。

泡沫橡塑制品保温时的管道热损失
（介质温度—气温＝30℃）
表 4.11-11

管径(mm)	热损失		绝热层厚(mm)
	(W/m)	(kJ/(m·h))	
15	8.2	29.5	15
20	8.3	29.9	20
25	9.5	34.2	20
32	11.0	39.6	20
40	12.1	43.6	20
50	14.3	51.5	20
70	17.2	61.9	20
80	19.5	70.2	20
100	24.0	86.4	20
150	27.4	98.6	20
200	32.0	115.2	25

（2）计算循环流量

总循环流量为：

$$q_{12-水}=\frac{\sum W}{c\Delta t_r}=\frac{16562.2}{4.187\times 8}=494.5 \text{L/h}$$

各管段的循环流量：

例：
$$q_{11-12}=q_{水-12}\frac{7724}{\sum W}=494.5\times\frac{7724}{16562.2}=230.6 \text{L/h}$$

$$q_{10-11}=q_{11-12}\frac{\sum W_{10-11}}{\sum W_{10-11}+\sum W_{11-15}}=230.6\times\frac{5866.3}{5866.3+1486.2}=184.0 \text{L/h}$$

将其计算结果填入表 4.11-10 中。

（3）复算终点计算水温

例：
$$t'_{12}=t'_{水}=-\frac{W_{水-12}}{cq_{水-12}}=55-\frac{1114}{4.187\times 494.5}=54.46℃$$

$$t'_{11}=t'_{12}-\frac{W_{11-12}}{cq_{11-12}}=544.46-\frac{372}{4.187\times 230.6}=54.08℃$$

将其计算结果填入表 4.11-10 中。

（4）确定循环泵流量

在工程设计中，由于循环流量计算繁琐，且因其值太小难以选到合适的循环泵，因此《建筑给水排水设计规范》GB 50015 中规定："配水管道的热损失 Q_s(kJ/h)，经计算确定，可按单体建筑：（2%～4%）Q_h；小区：（3%～5%）Q''_h；"配水管道的热水温度差 Δt_s（℃），按系统大小确定，可按单体建筑 5～10℃；小区 6～12℃"。

$$q_x = \frac{Q_s}{c\rho_r\Delta t} = \frac{(2\% \sim 4\%)q_{rh} \times (t_r - t_L)c\rho_r}{c\rho_r\Delta t}$$

$$= \frac{(2\% \sim 4\%) \times (40 \sim 50)q_{rh}}{(5 \sim 10)} = (16\% \sim 20\%)q_{rh}$$

可按 $q_x = (20\% \sim 25\%)q_{rh}$ 取值。

因此，本例题中：

$$q_{rh} = K_h\frac{mq_r}{24} = 2.3 \times \frac{280 \times 150}{24} = 4025\text{L/h}$$

$$q_x = 25\% q_{rh} = 1006\text{L/h}$$

设计循环流量为计算值的 $\frac{1006}{494.5} = 2.03$ 倍。

注：该系统管路布置为近似同程，因此 q_x 取大值。

（5）循环水头损失计算

循环管网的沿程水头损失见表 4.11-12。

总水头损失 H_x 为：

$$H_x = H_{沿程} + H_{局部} = (1 + 0.3)H_{沿程} = 1.3 \times 14.1 = 18.33\text{mmH}_2\text{O}$$

循环管网水头损失计算 表 4.11-12

管段编号		管长 L (m)	管径 DN (mm)	循环流量 q_x(L/h)	流速 v (m/s)	沿程水头损失 (mmH$_2$O)		备注
						每米	管段	
配水管	水-12	18	70	608	0.065	0.057	1.027	
	12-11	6	70	284	0.033	0.014	0.083	
	11-15	1	40	57	0.024	0.011	0.011	
		10	40					
	15-26	11.8	32	27	0.030	0.008	0.099	因每米损失值太小取平均值
		3.6	25					
		1.4	20					
回水管	26-24	3	20	27	0.050	0.080	0.240	
	24-22	16	40	57	0.033	0.011	0.174	
	22-21	3	40	96	0.056	0.029	0.086	
	21-20	4	40	127	0.078	0.048	0.191	
	20-18	14	40	160	0.097	0.073	1.025	
	18-19	5	40	223	0.133	0.136	0.678	
	19-28	43	40	283	0.168	0.212	9.103	
	28-泵	2	40	348	0.330	0.310	0.621	
	泵-水	2.5	40	348	0.330	0.310	0.776	
							Σ 14.1	

（6）选择循环泵

循环泵的流量为 $q_x = 1006\text{L/h}$

循环泵的扬程为 $H_x = h_p + h_x + h_e + (1000 \sim 2000)$

$$= 18.33 + 2000 + 300 = 2318.33 mmH_2O$$

注：1. h_e 为水加热设备的水头损失，因本项目采用半容积式水加热器，则 $h_e \approx 0.3m$。

2. 《建筑给水排水设计规范》GB 50015 中水泵的扬程 $H_h = h_p + h_x$，本计算中，其后附加了 $1000 \sim 2000mmH_2O$，理由是实际计算的 $h_p + h_x$ 值太小，难以选到合适的泵，另外还考虑了水泵长期运行磨损的因素。但切忌选择扬程 H 过大的泵，否则将造成耗能高，且影响系统冷热水压力的平衡。

3. 本项目最高层为 5 层，循环泵壳体应能承受 0.6MPa 的工作压力。

第 5 章 建 筑 饮 水

5.1 建筑与小区管道直饮水

5.1.1 直饮水定额

最高日直饮水定额因建筑物性质和地区的条件不同而异，见表 5.1-1。

最高日直饮水定额   表 5.1-1

用水场所	单位	最高日直饮水定额
住宅楼、公寓	L/(人·d)	2.0~2.5
办公楼	L/(人·班)	1.0~2.0
教学楼	L/(人·d)	1.0~2.0
旅馆	L/(床·d)	2.0~3.0
医院	L/(床·d)	2.0~3.0
体育场馆	L/(观众·场)	0.2
会展中心(博物馆、展览馆)	L/(人·d)	0.4
航站楼、火车站、客运站	L/(人·d)	0.2~0.4

表中所列数据仅为饮用水量，其中住宅楼直饮水定额包含居民饮用、煮饭烹饪用水量；经济发达地区的住宅楼直饮水定额可提高至4~5L/(人·d)；最高日直饮水定额亦可根据用户要求确定。

5.1.2 水质标准

管道直饮水系统用户端的水质应符合国家现行标准《饮用净水水质标准》CJ 94 的规定，具体指标见表 5.1-2。

饮用净水水质标准（CJ 94—2005）   表 5.1-2

项　目		限　值
感官性状	色	5 度
	浑浊度	0.5NTU
	臭和味	无异臭异味
	肉眼可见物	无
一般化学指标	pH	6.0~8.5
	总硬度(以 $CaCO_3$ 计)	300mg/L
	铁	0.20mg/L
	锰	0.05mg/L

续表

项 目		限 值
一般化学指标	铜	1.0mg/L
	锌	1.0mg/L
	铝	0.20mg/L
	挥发性酚类(以苯酚计)	0.002mg/L
	阴离子合成洗涤剂	0.20mg/L
	硫酸盐	100mg/L
	氯化物	100mg/L
	溶解性总固体	500mg/L
	耗氧量(COD_{Mn},以 O_2 计)	2.0mg/L
毒理学指标	氟化物	1.0mg/L
	硝酸盐氮(以 N 计)	10mg/L
	砷	0.01mg/L
	硒	0.01mg/L
	汞	0.001mg/L
	镉	0.003mg/L
	铬(六价)	0.05mg/L
	铅	0.01mg/L
	银(采用载银活性炭时测定)	0.05mg/L
	氯仿	0.03mg/L
	四氯化碳	0.002mg/L
	亚氯酸盐(采用 ClO_2 消毒时测定)	0.70mg/L
	氯酸盐(采用 ClO_2 消毒时测定)	0.70mg/L
	溴酸盐(采用 O_3 消毒时测定)	0.01mg/L
	甲醛(采用 O_3 消毒时测定)	0.90mg/L
细菌学指标	细菌总数	50CFU/mL
	总大肠菌群	每 100mL 水样中不得检出
	粪大肠菌群	每 100mL 水样中不得检出
	余氯	0.01mg/L(管网末梢水)*
	臭氧(采用 O_3 消毒时测定)	0.01mg/L(管网末梢水)*
	二氧化氯(采用 ClO_2 消毒时测定)	0.01mg/L(管网末梢水)* 或余氯 0.01mg/L(管网末梢水)*

注：表中带"＊"的限值为该项目的检出限，实测浓度应不小于检出限。

该标准适用于以符合生活饮用水水质标准的自来水或水源水为原水，经再净化后可供给用户直接饮用的管道直饮水。

《饮用净水水质标准》CJ 94—2005 已于 2017 年完成修订，并上报上级主管部门审批。《饮用净水水质标准》CJ 94（报批稿）中水质指标及其限值见表 5.1-3，供读者参考。

饮用净水水质标准 (CJ 94 报批稿)   表 5.1-3

项　目		限　值
感官性状指标	色度(铂钴色度单位)	≤5
	浑浊度(散射浑浊度单位)(NTU)	≤0.3
	臭和味	无异臭异味
	肉眼可见物	无
一般化学指标	pH	6.5～8.5 (当采用反渗透工艺时 6.0～8.5)
	总硬度(以 $CaCO_3$ 计)(mg/L)	≤200
	铁(mg/L)	≤0.20
	锰(mg/L)	≤0.05
	铜(mg/L)	≤1.0
	锌(mg/L)	≤1.0
	铝(mg/L)	≤0.05
	阴离子合成洗涤剂(mg/L)	≤0.20
	硫酸盐(mg/L)	≤100
	氯化物(mg/L)	≤100
	溶解性总固体(mg/L)	≤300
	总有机碳(TOC)(mg/L)	≤1.0
	耗氧量(COD_{Mn},以 O_2 计)(mg/L)	≤2.0
毒理指标	氟化物(mg/L)	≤1.0
	硝酸盐(以 N 计)(mg/L)	≤10
	砷(mg/L)	≤0.01
	硒(mg/L)	≤0.01
	汞(mg/L)	≤0.001
	镉(mg/L)	≤0.003
	铬(六价)(mg/L)	≤0.05
	铅(mg/L)	≤0.01
	银(采用载银活性炭时测定)(mg/L)	≤0.05
	三氯甲烷(mg/L)	≤0.03
	四氯化碳(mg/L)	≤0.002
	亚氯酸盐(采用 ClO_2 消毒时测定)(mg/L)	≤0.70
	氯酸盐(采用复合 ClO_2 消毒时测定)(mg/L)	≤0.70
	溴酸盐(采用 O_3 消毒时测定)(mg/L)	≤0.01
	甲醛(采用 O_3 消毒时测定)(mg/L)	≤0.9
微生物指标	菌落总数(CFU/mL)	≤50
	异养菌数 * (CFU/mL)	≤100
	总大肠菌群(MPN/100mL 或 CFU/100mL)	不得检出

项　目		限　值
微生物指标	耐热大肠菌群(MPN/100mL 或 CFU/100mL)	不得检出
	大肠埃希氏菌(MPN/100mL 或 CFU/100mL)	不得检出

注：1. ＊为试行标准。

2. 总有机碳（TOC）与耗氧量（COD$_{Mn}$，以 O$_2$ 计）两项指标可选测一项。

3. 当水样检出总大肠菌群时，应进一步检测大肠埃希氏菌或耐热大肠菌群；水样未检出总大肠菌群，不必检验大肠埃希氏菌或耐热大肠菌群。

5.1.3　水压要求

1. 直饮水专用水嘴

(1) 最低工作压力：不宜小于 0.03MPa。

(2) 额定流量：直饮水专用水嘴不同，其压力和流量的特性曲线也不同，设计时根据所选用产品的特性曲线及最低工作压力确定专用水嘴的额定流量，当产品的特性曲线资料缺乏时额定流量取 0.04~0.06L/s（工作压力为 0.03~0.05MPa）。

2. 分区压力

(1) 住宅各分区最低饮水嘴处的静水压力：不宜大于 0.35MPa。

(2) 办公楼各分区最低饮水嘴处的静水压力：不宜大于 0.40MPa。

(3) 各分区最不利水嘴的水压，应满足用水压力的要求。

高层建筑的管道直饮水供水系统根据各楼层水嘴的流量差异越小越好的原则确定各分区最低水嘴处的静水压力，当楼层的静水压力超过规定值时，设计中应采取可靠的减压措施。

其他类建筑的分区静水压力控制值可根据建筑性质、高度、供水范围等因素，参考住宅、办公楼的分区压力要求确定。

5.1.4　深度净化处理

1. 选取原则

(1) 确定工艺流程前，应进行原水水质的收集和校对，原水水质分析资料是确定直饮水制备工艺流程的一项重要资料。应视原水水质情况和用户对水质的要求，考虑到水质安全性和对人体健康的潜在危险，应有针对性地选择工艺流程，以满足直饮水卫生安全的要求。

(2) 不同水源经常规处理工艺的水厂出水水质又不相同，所以居住小区和建筑管道直饮水处理工艺流程的选择，一定要根据原水的水质情况来确定。不同的处理技术有不同的水质适用条件，而且造价、能耗、水的利用率、运行管理的要求等亦不相同。

(3) 选择合理的工艺，经济高效地去除不同污染物是工艺选择的目的。处理后的管道直饮水水质除需符合饮用净水水质标准外，还需满足健康的要求，既要去除水中的有害物质，亦应保留对人体有益的成分和微量元素。

2. 处理方法

管道直饮水系统因水量小、水质要求高，通常使用膜分离法。目前膜处理技术分类如下：

(1) 微滤（MF）：微滤膜的结构为筛网型，孔径范围在 $0.1 \sim 1\mu m$，因而微滤过程满足筛分机理，可去除 $0.1 \sim 10\mu m$ 的物质及尺寸大小相近的其他杂质，如悬浮物（浑浊度）、细菌、藻类等。操作压力一般小于 0.3MPa，典型操作压力为 $0.01 \sim 0.2$MPa。

(2) 超滤（UF）：超滤介于微滤与纳滤之间，且三者之间无明显的分界线。一般来说，超滤膜的截留分子量在 $500 \sim 1000000$D，而相应的孔径在 $0.01 \sim 0.1\mu m$ 之间，这时的渗透压很小，可以忽略。因而超滤膜的操作压力较小，一般为 $0.2 \sim 0.4$MPa，主要用于截留去除水中的悬浮物、胶体、微粒、细菌和病毒等大分子物质。超滤过程除了物理筛分作用以外，还应考虑这些物质与膜材料之间的相互作用所产生的物化影响。

(3) 纳滤（NF）：纳滤膜是 20 世纪 80 年代末发展起来的新型膜技术。通常，纳滤的特性包括以下 6 个方面：

1) 介于反渗透与超滤之间；

2) 孔径在 1nm 左右，一般为 $1 \sim 2$nm；

3) 截留分子量在 $200 \sim 1000$D；

4) 膜材料可采用多种材质，如醋酸纤维素、醋酸-三醋酸纤维素、磺化聚砜、磺化聚醚砜、芳香聚酰胺复合材料和无机材料等；

5) 一般膜表面带负电；

6) 对氯化钠的截留率小于 90%。

(4) 反渗透（RO）：反渗透膜孔径＜1nm，具有高脱盐率（对 NaCl 的去除率达 $95\% \sim 99.9\%$）和对低分子量有机物的较高去除，使出水 Ames 致突活性试验呈阴性。目前膜工业上把反渗透过程分成三类：高压反渗透（$5.6 \sim 10.5$MPa，如海水淡化）、低压反渗透（$1.4 \sim 4.2$MPa，如苦咸水脱盐）和超低压反渗透（$0.5 \sim 1.4$MPa，如自来水脱盐）。反渗透膜用作饮用水净化的缺点是将水中有益于健康的无机离子全部去除，工作压力高、能耗大，水的回收率较低。因此，对于反渗透技术，除了海水淡化、苦咸水脱盐和工程需要之外，一般不推荐用于饮用水净化。

有关膜分离法的适用范围见图 5.1-1。

其他新型的水处理技术如电吸附（EST）处理、卡提斯（CARTIS）水处理设备（核心技术为碳化银）以及活性炭分子筛等，其应用应视原水水质情况，在满足饮用净水水质标准的前提下，经技术经济分析后，合理选择优化组合工艺。

3. 处理工艺流程

处理工艺需根据原水水质特点和出水水质要求，有针对性地优化组合预处理、膜处理和后处理。

(1) 预处理

目的是为了减轻后续膜的结垢、堵塞和污染，将不同的原水处理成符合膜进水要求的水，以免膜在短期内损坏，保证膜工艺系统的长期稳定运行。主要方法包括：

1) 过滤：可采用多介质过滤、活性炭过滤、精密过滤、钠离子交换器、微滤、KDF处理（高纯度铜、锌合金滤料，与水接触后通过电化学氧化-还原反应，能有效地减少或去除水中的氯和重金属，并抑制水中微生物的生长繁殖）等方法。

2) 软化：主要采用钠离子交换器。

水处理膜分类(RO、NF、UF、MF的分类与用途)

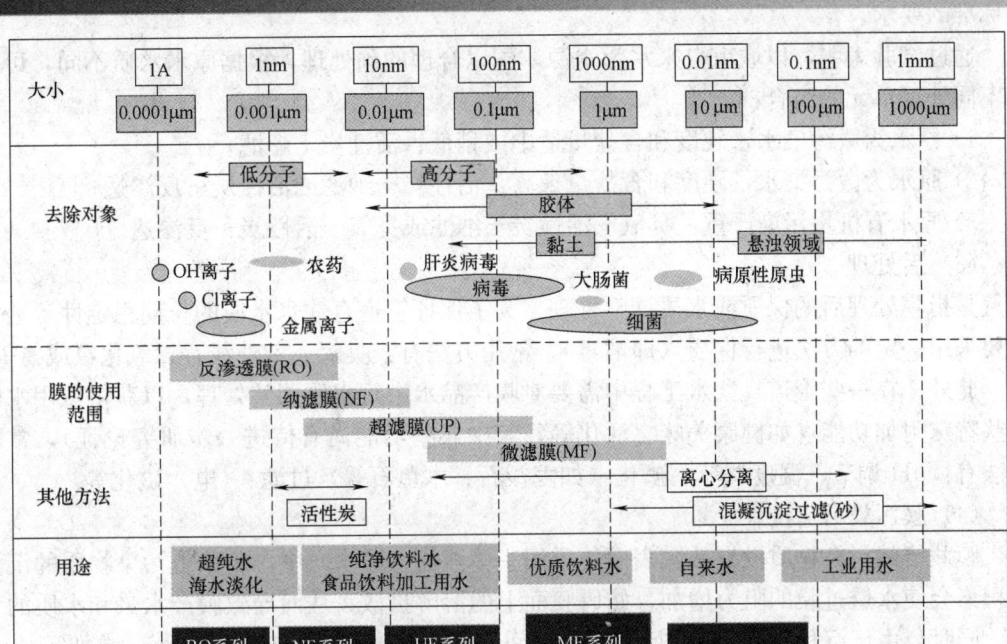

图 5.1-1 膜分离法的适用范围

3) 化学处理：最常见的方法如 pH 调节、投加阻垢剂、氧化等。

其中，反渗透膜和纳滤膜对进水水质的要求见表 5.1-4。

反渗透膜和纳滤膜对进水水质的要求 　　　　　　　表 5.1-4

项目	卷式醋酸纤维素膜	卷式复合膜	中空纤维聚酰胺膜
SDI15	<4(4)	<4(5)	<3(3)
浊度(NTU)	<0.2(1)	<0.2(1)	<0.2(0.5)
铁(mg/L)	<0.1(0.1)	<0.1(0.1)	<0.1(0.1)
游离氯(mg/L)	0.2~1(1)	0(0.1)	0(0.1)
水温(℃)	25(40)	25(45)	25(40)
操作压力(MPa)	2.5~3.0(4.1)	1.3~1.6(4.1)	2.4~2.8(2.8)
pH	5~6(6.5)	2~11(11)	4~11(11)

注：括号内为最大值。

(2) 膜处理

对于以城市自来水为水源的直饮水深度处理工艺，本着经济、实用的原则采用臭氧活性炭或活性炭再辅以超滤过滤和消毒工艺，充分发挥各自的处理优势，是完全可以满足优质直饮水水质要求的。

只有在某些城市水源污染较严重、含盐量较高、水中低分子极性有机物较多的自来水深度净化中，才考虑采用纳滤。至于反渗透技术用于直饮水深度净化，除要求达到纯净水水质外，一般宜少用。反渗透出水的 pH 一般均小于 6，需调节 pH 后才能满足直饮水水质标准的要求。

通过试验表明，以城市自来水为水源，配以合理的预处理，根据原水水质不同，可采用不同处理单元的组合：

1) 原水为微污染水，硬度和含盐量适中或稍低：活性炭＋超滤；

2) 原水为微污染水，硬度和含盐量偏高：活性炭＋纳滤或活性炭＋反渗透；

3) 原水有机物污染严重：臭氧＋活性炭＋纳滤或臭氧＋活性炭＋反渗透。

（3）后处理

是指膜处理后的保质或水质调整处理。为了保证管道直饮水水质的长期稳定性，通常需要采用一定的方法进行保质（即消毒），常用方法有：臭氧、紫外线、二氧化氯或氯等。

此外，在一些管道直饮水工程中需要对膜产品水进行水质调整处理，以获得饮用水的某些特殊附加功能（如健康美味、活化等，其中某些功能尚有待进一步研究论证），常用方法有：pH 调节、温度调节、矿化（如麦饭石、木鱼石等）过滤、（电）磁化等。

（4）膜污染与清洗

膜截留的污染物质没有从膜表面传质回主体液流（进水）中，膜面上污染物质的沉淀与积累会使水透过膜的阻力增加，妨碍膜面上的溶解扩散，从而导致膜产水量和水质的下降。同时，由于沉积物占据了盐水通道空间，限制了组件中的水流流动，增加了水头损失。

膜的污染物可分为 6 类：1) 悬浮固体或颗粒；2) 胶体；3) 难溶性盐；4) 金属氧化物；5) 生物污染物；6) 有机污染物。

这些沉积物可通过清洗去除，因而膜产水量是可恢复的。膜的清洗包括物理清洗（如冲洗、反冲洗等）和化学清洗，可根据不同的膜形式及膜污染类型进行系统配套设计。

常用的化学清洗剂见表 5.1-5。

典型的化学清洗剂   表 5.1-5

化学药剂	污染物类型					
	碳酸盐垢	SiO_2	硫酸盐垢	金属胶体	有机物	微生物
0.2％HCl(pH=2.0)[①]	×			×		
2％柠檬酸＋氨水(pH=4.0)	×		×	×		
2％柠檬酸＋氨水(pH=8.0)		×				
1.5％Na_2EDTA＋NaOH(pH=7～8) 或 1.5％Na_4EDTA＋HCl(pH=7～8)		×				
1.0％$Na_2S_2O_4$			×	×		
NaOH(pH=11.9)[①]		×		×	×	
0.1％EDTA＋NaOH (pH=11.9)		×		×	×	×
0.5％十二烷基硫酸酯钠＋NaOH(pH=11.0)[①]		×		×	×	
三磷酸钠,磷酸三钠和 EDTA					×	×

① 不能用于醋酸纤维素膜的清洗。

注："×"表示清洗效果良好。

通常，纳滤膜和反渗透膜一般用化学清洗；对于超滤和微滤系统，一般为中空纤维膜，所以多用水反冲洗或气水反冲洗，因此有关膜的特性以及诸如清洗方法、药剂选择、膜污染判断、清洗设备和系统以及清洗有关注意事项、清洗效果评价和膜停机保护等，均可向膜公司或专业清洗公司咨询。

(5) 净水工艺适用条件

根据原水水质和类型，目前在工程中常采用的净水工艺及适用条件见表5.1-6。

净水工艺适用条件   表 5.1-6

工程原水水质状况	净水工艺
不符合《生活饮用水卫生标准》GB 5749，存在有机物污染	臭氧→活性炭过滤器→纳滤膜 臭氧→活性炭过滤器→反渗透膜
不符合《生活饮用水卫生标准》GB 5749	活性炭过滤器→纳滤膜 活性炭过滤器→反渗透膜
不符合《生活饮用水卫生标准》GB 5749，硬度和含盐量高	活性炭过滤器→离子交换器→纳滤膜 活性炭过滤器→离子交换器→反渗透膜
除耗氧量外，其他指标符合《饮用净水水质标准》CJ 94	(臭氧→)活性炭过滤器→超滤膜

(6) 典型工艺流程

通过工程实践，国内取得较好效果的直饮水工程及其工艺流程有：

1) 深圳某管道直饮水系统工艺，见图5.1-2。

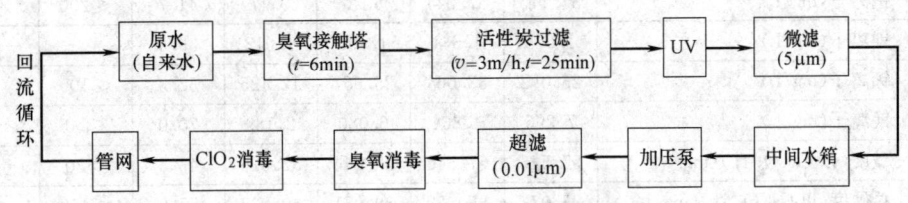

图 5.1-2   深圳某管道直饮水系统工艺流程图

经臭氧—生物活性炭与膜组合工艺处理，将自来水浊度从 0.3～0.8NTU 降至 0.1NTU 以下，高锰酸钾指数由 1.5～4mg/L 降至 0.5～1.5mg/L，去除率达 68.0%；UV_{254} 由 0.07～0.12cm^{-1} 降为 0.009～0.023cm^{-1}，去除率为 83%；TOC 由 2400～2900μg/L 降为 700～1600μg/L；Ames 试验由阳性转变为阴性；将 0.1～0.45mg/L 的亚硝酸盐氮和 0.03～0.35mg/L 的氨氮降至检测限以下，同时出水硝酸盐浓度≤10mg/L，说明该系统具有安全的运行效能。但本流程无脱盐工艺，因此仅适用于含盐量、硬度等金属离子含量小于饮用净水水质要求的原水的处理。

2) 东北某市管网有机污染水处理流程，见图5.1-3。

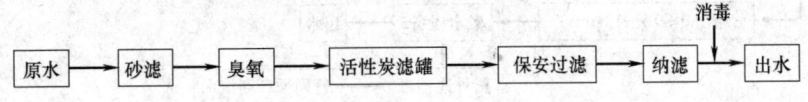

图 5.1-3   东北某市管网有机污染水处理流程图

处理效果见表 5.1-7。

该项目通过工艺试验选定适用于饮用水的纳滤膜（出水中有益健康的离子含量要高），试验证明：臭氧活性炭、纳滤处理工艺对微污染水的处理是行之有效的，完全可以达到优质饮用水的水质目标。

直饮水纳滤膜净化效果   表 5.1-7

序号	检测项目	原水	砂滤出水	活性炭出水	纳滤出水	去除(%)	国家标准	
							88 项指标	饮用净水水质标准
1	色度(度)	12	5	5	5		≤15	≤5
2	浊度(NTU)	4.5	1.0	0.2	0.2	95.5	≤3	≤1
3	pH	7.72	7.91	7.87	7.73		6.5～8.5	6.0～8.5
4	三氯甲烷($\mu g/L$)	48.5	40.3	0.5	0.3	99.4	≤60	≤30
5	四氯化碳($\mu g/L$)	0.02	0.02	0.005	0.004	80.0	≤3	≤2
6	1,1,2-三氯乙烷($\mu g/L$)	36.6	35.2	未检出	未检出	100	总量≤1	
7	耗氧量(mg/L)	1.7	1.7	0.8	0.6	64.7	≤5	≤2
8	总有机碳(mg/L)	4.30	4.02	3.91	0.60	86.0		≤4
9	钒(mg/L)	0.004	0.002	<0.002	<0.002		≤0.1	
10	油(mg/L)	0.05	0.08	0.03	<0.03		≤0.01	
11	铁离子(mg/L)	0.12	0.05	0.05	0.05	58.3	≤0.3	≤0.2
12	钠离子(mg/L)	35.115	37.244	35.200	20.477	41.7	≤200	
13	钾离子(mg/L)	1.675	1.641	1.700	1.012	39.6		
14	钙离子(mg/L)	26.052	32.064	25.651	12.425	52.3	≤100	
15	镁离子(mg/L)	7.296	4.864	6.080	2.189	70.0	≤50	
16	碱度(以 $CaCO_3$ 计)(mg/L)	57.546	57.546	55.044	32.526	43.5	>30	
17	总硬度(以 $CaCO_3$ 计)(mg/L)	95.076	85.068	89.071	40.032	57.9	≤450	≤300
18	电导率($\mu S/cm$)	316	316	316	146	53.8	≤400	
19	氯化物(mg/L)			15.143	12.891	14.9	≤250	
20	硫酸盐(mg/L)			6.393	3.120	51.2	≤250	
21	可吸附有机卤素($\mu g/L$)	198.075	199.087	54.407	24.243	87.8		
22	HCO_3^- (mg/L)			73.224	57.969	20.8		

3) 宁波某小区直饮水工艺流程，见图 5.1-4。

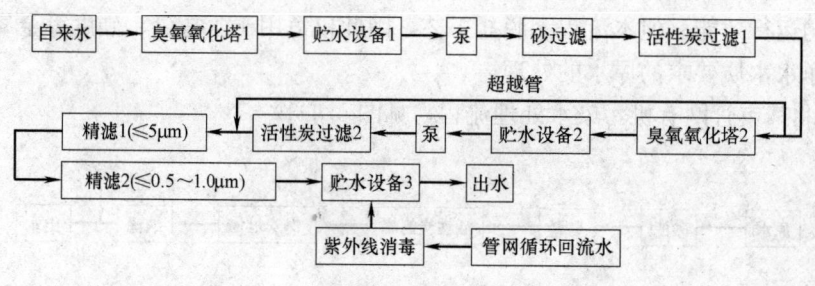

图 5.1-4 宁波某小区直饮水工艺流程图

水源水质好的经超越管进入精滤处理，水源水质差（水厂水源≥3级地面水，即三类以上水体）的经全工艺过程处理，处理后的水质完全符合和优于《饮用净水水质标准》CJ 94，水样经 Ames 试验，出水均为阴性。该系统采用二级活性炭过滤，适用于取自多水源的水厂出厂水（自来水）饮用净水工程借鉴。

4）上海某星级饭店饮用净水系统，见图 5.1-5。

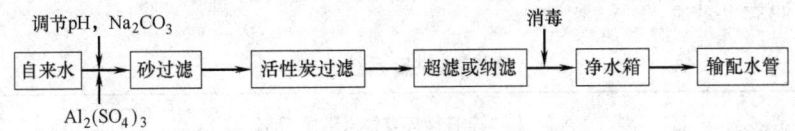

图 5.1-5 上海某星级饭店饮用净水系统工艺流程图

供用户生饮这种经深度处理后的管道直饮水，保留了水中对人体有益的钙、镁、钠等元素。该系统的出水经医学卫生检测和监督等有关单位跟踪采样检测及评审以超滤膜为主的组合工艺，达到了欧盟水质要求和原建设部城市供水 2000 年一类水司的水质目标。

5）北京（广州）地区常用的纯净水处理工艺，见图 5.1-6。

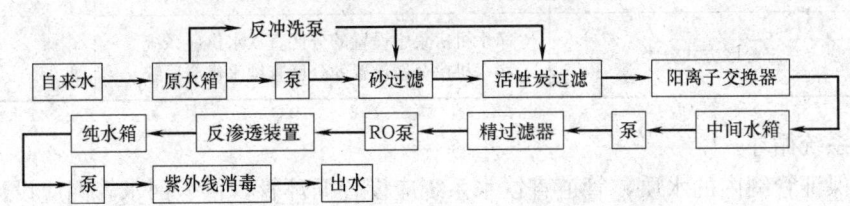

图 5.1-6 北京（广州）地区常用纯净水处理工艺流程图
注：广州地区自来水水质属软水，未设阳离子交换器。

处理工艺系统实际上由 3 个部分组成。第一部分预处理，由砂过滤和活性炭过滤组成，对纯净水来说属预处理，对自来水来说属深度处理。第二部分（中间）由阳离子交换器、中间水箱、精过滤器组成，阳离子树脂可以是 RNa 型，一般采用 RNa（钠型）较多。主要去除水中的 Ca^{2+}、Mg^{2+}，使水软化。软化后大大减轻 RO 装置的负担，同时不使 Ca^{2+}、Mg^{2+} 在 RO 膜面结垢。第三部分由反渗透（RO）装置及后续装置组成，RO 装置用于去除水中所有阳离子和阴离子，使出水成为纯净水。"精过滤器"主要起"保安"作用，滤去前置的破碎活性炭和破碎的离子交换树脂。

从反渗透和超滤两种不同工艺来看，二者的最大差别就是对水中离子的处理效果不同。反渗透几乎去除了水中全部的离子，电导率测定值在 $12\mu S/cm$ 左右，而超滤出水的电导率基本不变，与原水保持一致，一般在 $200\mu S/cm$ 左右。从各种离子的检测结果也可以看出，经过反渗透工艺后，离子浓度大幅度下降，接近于零。采用超滤工艺深圳某净水站出水中，各种离子的浓度基本保持不变，尤其是对人体健康有益的离子，如钾、钙、硅等。反渗透工艺去除了几乎全部的离子成分，而超滤出水保留了水中的绝大部分离子。对水中的重金属指标，二者都有很好的去除效果。经反渗透工艺的 TOC 几乎全部去除。二者均能去除 COD_{Mn}，反渗透工艺效果稍好于超滤工艺。

5.1.5 直饮水供应系统选择与计算

1. 直饮水供应系统选择

(1) 直饮水供应系统分类

直饮水供应系统，根据建设规模、分期建设、建筑类型、楼层高度和供水方式等分成各种类型，如表 5.1-8 所示。

直饮水供应系统分类

表 5.1-8

按直饮水管网循环控制分类	全日循环直饮水供应系统 定时循环直饮水供应系统	
按直饮水管网布置图式分类	下供上回式直饮水供应系统 上供下回式直饮水供应系统	基本形式
按小区直饮水供应系统建筑高度分类	多层建筑直饮水供应系统 多、高层建筑直饮水供应系统	
按直饮水供应系统供水方式分类	加压式直饮水供应系统 重力式直饮水供应系统	组合形式
按直饮水供水系统分区方式分类	净水机房集中设置的分区直饮水供应系统 净水机房分散设置的分区直饮水供应系统	

(2) 系统循环

为了保证管网内的水质，管道直饮水系统应设置循环管，供、回水管网应设计为同程式。管道直饮水重力式供水系统建议采用定时循环，并设置循环水泵；管道直饮水加压式供水系统（供水泵兼作循环水泵）可采用定时循环，也可采用全日循环，并设置循环流量控制装置。建筑小区内各建筑循环管可接至小区循环管上，此时应采取安装流量平衡阀等限流或保证同阻的措施。

为保证循环效果，建议建筑物内高、低区供水管网的回水分别回流至净水机房；因受条件限制，回水管需连接至同一循环回水干管时，高区回水管上应设置减压稳压阀，使高、低区回水管的压力平衡，以保证系统正常循环。

小区管道直饮水系统回水可回流至净水箱或原水箱，单栋建筑可回流至净水箱。回流到净水箱时，应加强消毒，或设置精密过滤器与消毒。净水机房内循环回水管末端的压力控制应考虑下列因素：进入原水箱或净水箱时，应控制回水进水管的出水压力；根据工程情况，可设置调压装置（即减压阀）；进入净水箱时，还应满足消毒装置和过滤器的工作压力。

直饮水在供、回水系统管网中的停留时间不应超过 12h。定时循环系统可采用时间控制器控制循环水泵在系统用水量少时运行，每天至少循环 2 次。

(3) 循环流量控制装置

按系统管网循环控制分类有定时和全日两类共计 5 种，其中定时循环流量控制装置按循环流量控制精度分为两类合计 4 种装置，循环流量控制装置的组成、优缺点及设计要求见表 5.1-9。

循环流量控制装置的组成、优缺点及设计要求　　　　表 5.1-9

控制分类	编号	装置组成	优缺点	设计要求
定时循环	1		造价低，循环流量控制不精确	系统管网应按当量长度同程设计，需进行阻力平衡计算
	2		造价低，循环流量控制不精确	系统管网应按当量长度同程设计，需进行阻力平衡计算；可自动工作
	3		造价高、结构复杂，循环流量控制精确	装置上游系统回水管网应按同程设计，装置下游回水汇集管可不按同程设计，需经水力计算确定减压阀后压力及持压阀动作压力
	4		造价高、结构复杂，循环流量控制精确	装置上游系统回水管网应按同程设计，装置下游回水汇集管可不按同程设计，需经水力计算确定减压阀后压力及持压阀动作压力；可自动工作
全日循环	5		造价高、结构复杂，循环流量控制精确	装置上游系统回水管网应按同程设计，装置下游回水汇集管可不按同程设计，需经水力计算确定动态流量平衡阀后压力

注：1. 循环流量控制装置组成图示中的箭头为水流方向。
　　2. 循环流量控制装置组成中：1 为截止阀；2 为电磁阀；3 为时间控制器；4 为减压阀；5 为流量控制阀；6 为持压阀。
　　3. 循环流量控制装置 3 至装置 5 目前在工程中较少采用，应酌情选用。

对于定时循环系统，该装置应设置在净水机房内循环回水管的末端；对于全日循环系统，该装置应设置在循环回水管的起端，并在净水机房内循环回水管的末端设置持压装置（见表 5.1-10）。定时循环系统的循环流量控制装置可在净水机房内就地手动操作，也可在净水设备控制盘电动操作；设有智能化系统的建筑或小区，可在中控室远程操作。

对于定时循环系统，表 5.1-9 中装置 3、4 的流量控制阀可采用静态流量平衡阀，也可采用动态流量平衡阀；对于全日循环系统，表 5.1-9 中装置 5 的流量控制阀应采用动态流量平衡阀。其中装置 3、4 的流量控制阀是利用其前、后压差来控制循环流量，为保持阀后压力应在阀后设置持压阀，该装置适用于小区定时循环系统。该装置中减压阀及持压阀的动作压力经水力计算确定，并满足静态或动态流量平衡阀的选用要求。装置 5 的流量控制阀是利用其前、后压差来控制循环流量，为保持阀后压力应在阀后设置持压阀。该装置中持压阀的动作压力经水力计算确定，并满足动态流量平衡阀的选用要求。采用全日循环流量控制装置的管道直饮水系统，高峰用水时停止循环。

持压装置的组成　　　　表 5.1-10

装置 1	装置 2	备　注
		1. 持压装置组成图示中的箭头为水流方向； 2. 持压装置组成中：1 为截止阀；2 为持压阀；3 为电磁阀；4 为压力控制阀；5 为电控装置

对于全日循环系统，全日循环流量控制装置及回水管末端的持压装置宜设置旁通管，以保证上述装置检修时，系统正常循环。

（4）各类直饮水供应系统的评价
各类直饮水供应系统的评价，见表 5.1-11。

各类直饮水供应系统的评价

表 5.1-11

名称	图示	优缺点	适用条件
下供上回式直饮水供应系统(1)	 消毒　净水箱　供水泵	1. 供水管路短，管材用量少，工程投资省； 2. 供水立管形成单立管，布置安装较易； 3. 供水干管和回水干管上下分散布置，增加建筑对管道装饰要求； 4. 系统中需设排气阀	1. 供水干管有条件布置在底层或地下室，回水干管布置在顶层的建筑； 2. 供水立管较多的建筑
下供上回式直饮水供应系统(2)	 消毒　净水箱　供水泵	1. 供水干管和回水干管集中敷设； 2. 回水管路长，管材用量多； 3. 系统中需设排气阀；	供回水干管只能布置在地下室的建筑，如高档的单元式住宅

续表

名称	图示	优缺点	适用条件
上供下回式直饮水供水系统(1)	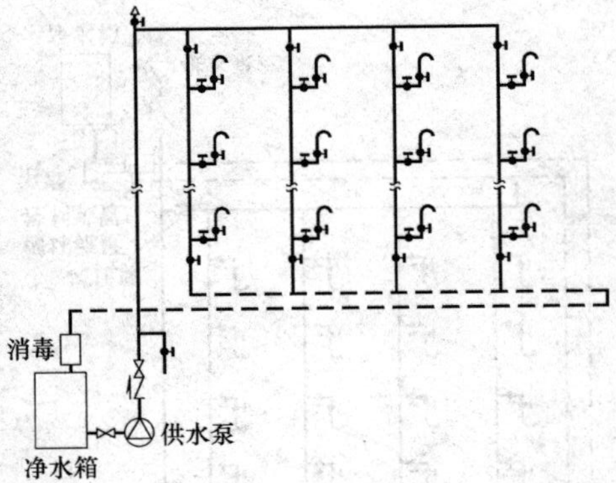 消毒　净水箱　供水泵	1. 供水立管形成单立管，布置安装较易； 2. 供水管路长，管材用量多； 3. 供水干管和回水干管上下分散布置，增加建筑对管道装饰要求； 4. 系统中需设排气阀	1. 供水干管有条件布置在顶层，回水干管有条件布置在底层或地下室的建筑； 2. 供水立管较多的建筑
上供下回式直饮水供水系统(2)	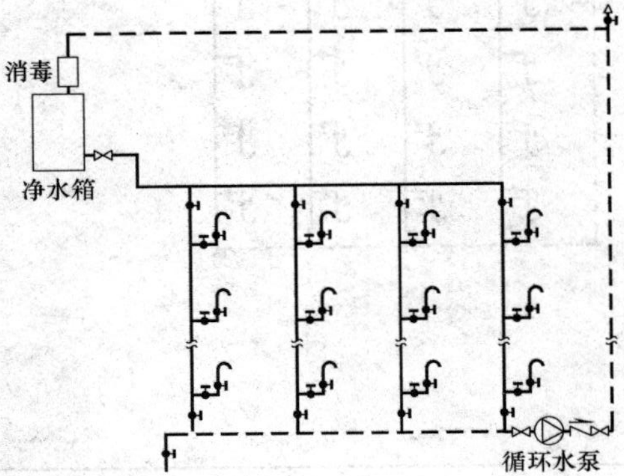 消毒　净水箱　循环水泵	1. 重力供水，压力稳定，节省加压设备投资、能耗； 2. 供水立管形成单立管，布置安装较易； 3. 供水干管和回水干管上下分散布置，增加建筑对管道装饰要求； 4. 必须设置循环水泵，循环控制简单	1. 屋顶有条件设置净水机房的建筑； 2. 供水干管有条件布置在底层或地下室的建筑

续表

名称	图示	优缺点	适用条件
加压式直饮水供应系统	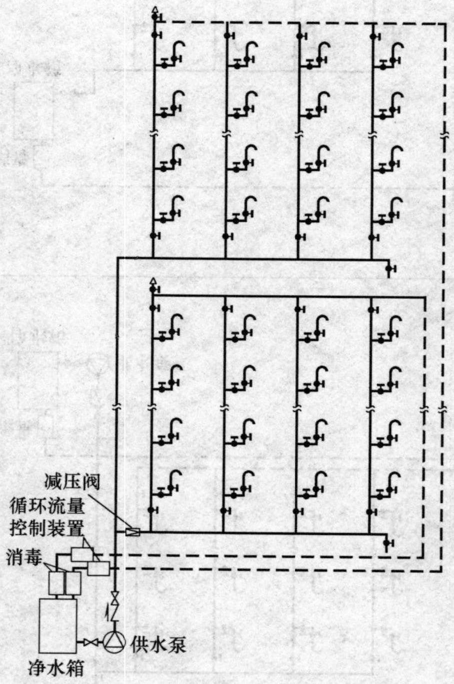	1. 加压方式采用变频泵供水,避免因设置屋顶设置屋顶水箱造成的二次污染; 2. 各分区供、回水管路同程布置,各环路阻力损失接近,可防止循环路短路现象; 3. 高、低区回水分别回流至净水机房,保证各区循环; 4. 采用定时循环量控制装置,当采用表 5. 1-9 中装置 3、4 时,采用循环量控制装置,对产品质量要求高	一般用于高层建筑

续表

名称	图示	优缺点	适用条件
重力式直饮水供应系统	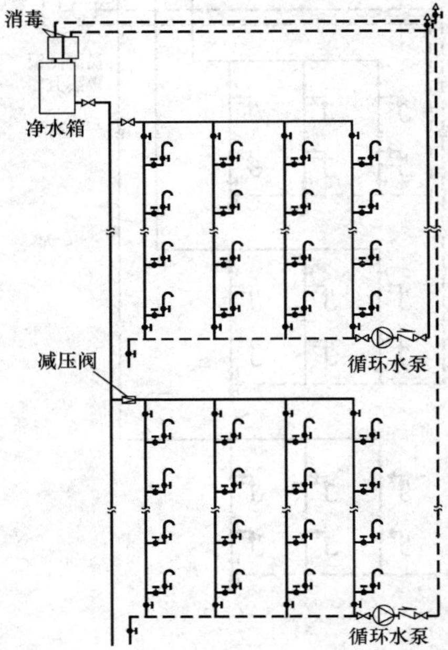	1. 重力供水,压力稳定,节省加压设备投资; 2. 各分区供水,回水管路同程布置,各环路阻力损失接近,可防止循环短路现象; 3. 高、低区分别设置回水管,管材用量多; 4. 各区必须设置循环水泵	一般用于高层建筑

续表

名称	图示	优缺点	适用条件
净水机房集中设置的分区直饮水供应系统	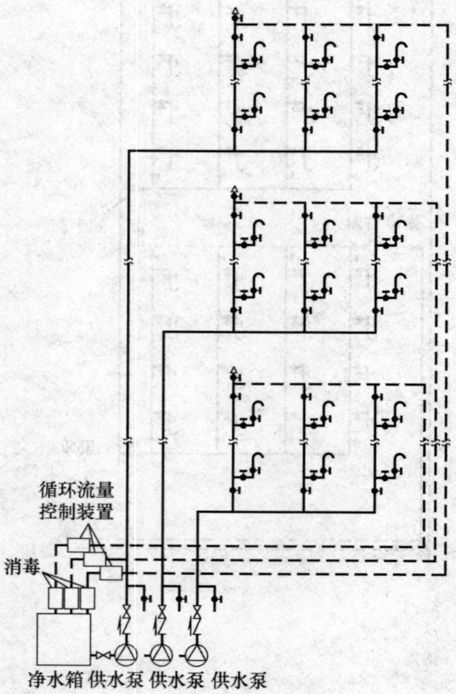 循环流量控制装置　消毒　净水箱　供水泵　供水泵　供水泵	1. 加压方式采用变频泵供水,避免因设置屋顶水箱造成的二次污染; 2. 分区加压泵集中设置在净水机房,维护、管理方便; 3. 净水机房设在地下至一层,噪声影响小; 4. 高区供、回水干管长,管材用量多; 5. 高区加压扬程要高,对阀器件的产品质量要求高; 6. 采用定时循环装置,当采用表 5.1-9 中装置 3、4 时,阀器件循环流量较多,对产品质量要求高	一般适用于高度不大于 100m 的高层建筑

续表

名称	图示	优缺点	适用条件
净水机房分散设置的分区直饮水供应系统	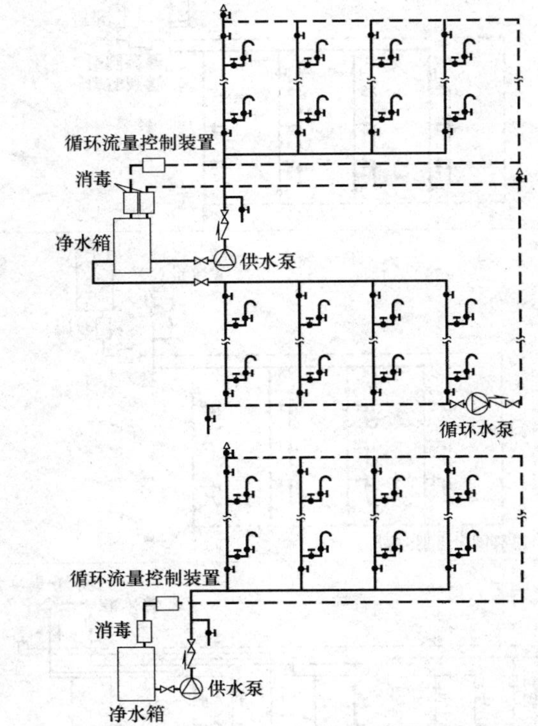 循环流量控制装置　消毒　净水箱　供水泵　循环水泵	1. 加压方式采用变频泵供水，避免因设置屋顶水箱造成的二次污染； 2. 各区供水干管的长度短； 3. 加压泵扬程不高； 4. 净水机房、加压泵分散设置，维护、管理不便； 5. 净水机房、加压泵、循环水泵设在楼层，防噪声要求高； 6. 采用定时循环流量控制装置，当采用表5.1-9中装置3、4时，阀器件较多，对产品质量要求高	适用于高度100m以上的高层建筑
多层建筑直饮水供应系统	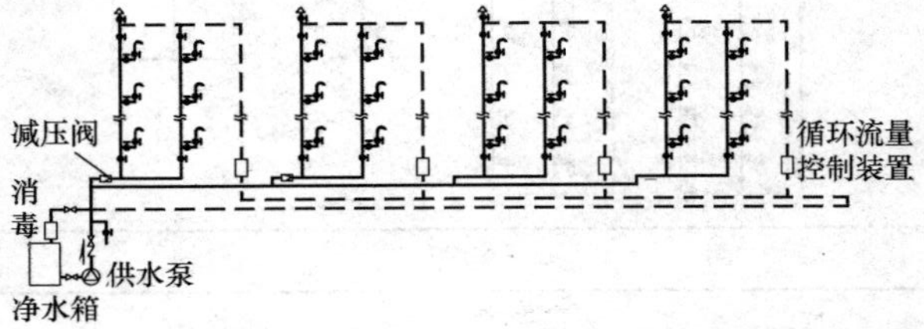 循环流量控制装置　减压阀　消毒　净水箱　供水泵	1. 加压方式采用变频泵供水，避免因设置屋顶水箱造成的二次污染； 2. 各建筑供、回水管路同程近，可防止循环短路现象； 3. 各建筑回水设置定时循环流量控制装置，保证各建筑下游装置的回水，当采用表5.1-9中装置3、4时，各建筑回水汇集管可不按同程设计； 4. 回水控制复杂，设置的阀器件较多，对产品质量要求高	一般适用于供应范围内各建筑高度接近的小区

续表

名称	图示	优缺点	适用条件
多高层建筑直饮水供应系统	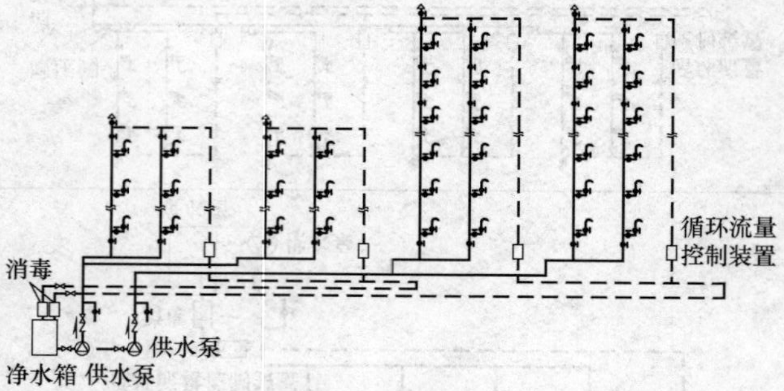	1. 根据建筑高度不同采用不同扬程的变频供水泵,避免因设置屋顶水箱造成的二次污染; 2. 多层建筑与高层建筑分别设置回水管,供、回水管同程布置,可防止循环短路现象; 3. 各建筑回水设置定时循环或全日循环,当采用表 5.1-9 中装置 5.1 中装置 3、4 时,装置下游的回水汇集管可不按同程设计; 4. 回水控制复杂,设置的阀器件较多,对产品质量要求高	一般适用于供应范围内各组团建筑高度不同的多、高层建筑小区、用人数超过 15000 人的小区建筑净水机房应分别设置
全日循环直饮水供应系统	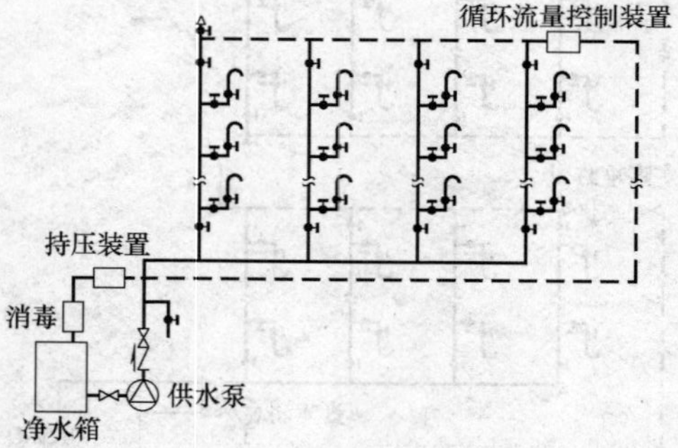	1. 供水管路短,管材用量少,工程投资省; 2. 供水立管形成单立管,布置安装较易; 3. 供水干管和回水干管上下分散布置,增加建筑对管道装修要求; 4. 系统中需设排气阀; 5. 在直饮水供应时间内,管网中任何时刻都保持水质	1. 供水干管有条件布置在底层或地下室、回水干管布置在顶层的建筑; 2. 供水立管较多的建筑
定时循环直饮水供应系统	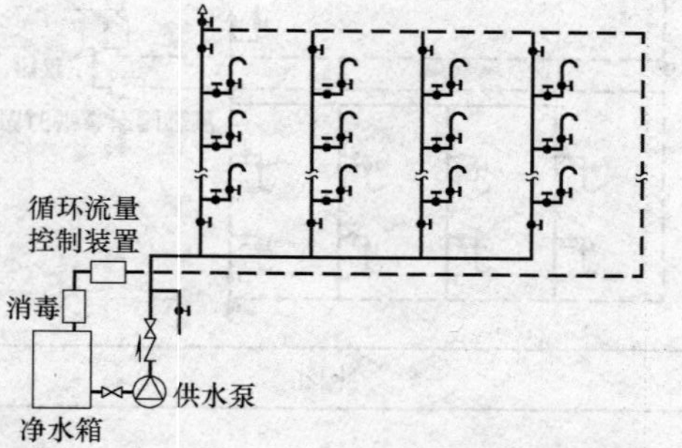	1. 供水管路短,管材用量少,工程投资省; 2. 供水立管形成单立管,布置安装较易; 3. 供水干管和回水干管上下分散布置,增加建筑对管道装饰要求; 4. 系统中需设排气阀	1. 供水干管有条件布置在底层或地下室、回水干管布置在顶层的建筑; 2. 供水立管较多的建筑

在实际工程中，根据具体情况将表 5.1-11 中各种基本直饮水供应系统进行优化组合，设计成综合的方案。

据有关文献报导或通过试验得知，经消毒的水，保持一定的消毒剂残余量，持续杀菌时间≥48h，即保证 2d 之内水不会变质；也有文章报导了饮用净水在封闭管网中的保质期为≤12h，因此，直饮水在供配水系统中的停留时间不应超过 12h。

循环水可回流到原水箱，也可回流到净水箱，应根据直饮水系统的规模、直饮水在管网中的停留时间及循环效果确定。进净水箱前应对循环水进行消毒处理，以保证水质。

2. 直饮水供应系统计算

直饮水供应系统的用水器具单一，为同一种水嘴，且用水时间相对集中，各水嘴放水规律之间的差异较小，很适宜用概率理论计算瞬时高峰用水量。

系统计算采用概率法，概率法公式的关键参数是水嘴的用水概率（一般用频率替代），它是指在水嘴用水最繁忙的时段，连续两次放水的时间间隔中放水时间所占的比例，这个数据需要实地观测得到。

根据直饮水供应系统的水嘴数量及最高日直饮水量，计算出水嘴同时使用的概率，确定计算管段同时使用水嘴数量，最终计算出该管段的瞬时高峰用水量。

（1）瞬时高峰用水时水嘴使用数量应按公式（5.1-1）计算：

$$P_n = \sum_{k=0}^{m} \binom{n}{k} p^k (1-p)^{n-k} \geqslant 0.99 \qquad (5.1-1)$$

式中　P_n——不多于 m 个水嘴同时用水的概率；

　　　m——瞬时高峰用水时水嘴使用数量；

　　　p——水嘴使用概率；

　　　k——中间变量。

公式（5.1-1）表述的含义是：对于有 n 个水嘴（使用概率为 p）的管段或管网，不超过 m 个水嘴同时用水这一事件发生的概率 P_n 大于等于 99%。通过该公式，可计算出管段或系统同时用水的水嘴数量 m。该公式为概率计算的基本公式，计算较麻烦，可通过下面的方法简化计算。

（2）水嘴使用概率应按公式（5.1-2）计算：

$$p = \frac{\alpha Q_d}{1800 n q_0} \qquad (5.1-2)$$

式中　Q_d——系统最高日直饮水量（L/d），按公式（5.1-7）计算；

　　　q_0——水嘴额定流量（L/s）；

　　　α——经验系数，住宅楼、公寓取 0.22，办公楼、会展中心、航站楼、火车站、客运站取 0.27，教学楼、体育场馆取 0.45，旅馆、医院取 0.15；

　　　n——水嘴数量。

公式（5.1-2）中的参数关系符合用水规律。当水嘴数量 n 和额定流量 q_0 一定时，服务的人数越多，或用水定额越大，则 Q_d 越大，从而水嘴使用概率 p 越大；当服务的人数和用水定额一定的，水嘴数量越多，额定流量越大，则水嘴使用概率 p 越小。

公式（5.1-2）中的经验系数办公楼、学校和旅馆分别取 0.27、0.45 和 0.15，系主要根据工程经验所得。其意义是，日用水量的 27%、45% 和 15% 将在最高峰用水的半小时内耗用。

（3）瞬时高峰用水时水嘴使用数量 m 的计算

1）当水嘴数量 $n \leqslant 12$ 个时，应按表 5.1-12 选取。

水嘴数量不大于 12 个时瞬时高峰用水水嘴使用数量　　　表 5.1-12

水嘴数量 n(个)	1	2	3~8	9~12
使用数量 m(个)	1	2	3	4

水嘴数量较少时，概率法计算不准确，应按表 5.1-12 中的经验值确定 m。

2）当水嘴数量 $n > 12$ 个时，可按表 5.1-13 选取。

水嘴数量大于 12 个时瞬时高峰用水水嘴使用数量 m（个）　　　表 5.1-13

n	\multicolumn{19}{c}{ρ}
	0.010	0.015	0.020	0.025	0.030	0.035	0.040	0.045	0.050	0.055	0.060	0.065	0.070	0.075	0.080	0.085	0.090	0.095	0.10
25	—	—	—	—	4	4	4	4	5	5	5	5	5	6	6	6	6	6	6
50	—	—	4	4	5	5	6	6	7	7	7	8	8	9	9	9	10	10	10
75	—	4	5	6	6	7	8	8	9	10	10	11	11	12	13	13	14	14	14
100	4	5	6	7	8	8	9	10	11	11	12	13	13	14	15	16	16	17	18
125	4	6	7	8	9	10	11	12	13	13	14	15	16	17	18	18	19	20	21
150	5	6	8	9	10	11	12	13	14	15	16	17	18	19	20	21	22	23	24
175	5	8	10	11	12	14	15	16	17	18	20	21	22	23	24	25	26	26	27
200	6	8	9	11	12	14	15	16	18	20	22	23	24	25	27	28	29	30	30
225	6	8	10	12	13	15	16	18	20	22	24	25	27	28	29	31	32	33	34
250	7	9	11	13	14	16	18	19	21	23	24	26	27	29	31	32	34	35	37
275	7	9	12	13	15	17	19	21	23	25	26	28	30	31	33	35	36	38	40
300	8	10	12	14	16	18	21	22	24	26	28	30	32	34	36	37	39	41	43
325	8	11	13	15	18	20	22	24	26	28	30	32	34	36	38	40	42	44	46
350	8	11	14	16	19	21	23	25	28	30	32	34	36	38	40	42	45	47	49
375	9	12	14	17	20	22	24	27	29	32	34	36	38	41	43	45	47	49	52
400	9	12	15	18	21	23	26	28	31	33	36	38	40	43	45	48	50	52	55
425	10	13	16	19	22	24	27	30	32	35	37	40	43	45	48	50	53	55	57
450	10	13	17	20	23	25	28	31	34	37	39	42	45	47	50	53	55	58	60
475	10	14	17	20	24	27	30	33	35	38	41	44	47	50	52	55	58	61	63
500	11	14	18	21	25	28	31	34	37	40	43	46	49	52	55	58	60	63	66

注：用内差法求得 m。

根据计算的概率值，通过查表 5.1-13 得出的 m 若小于按表 5.1-12 选定的 m 值时，应以大者作为该计算管段的 m 值。

3）当 $np \geqslant 5$ 并且满足 $n(1-p) \geqslant 5$ 时，可按公式（5.1-3）简化计算：

$$m = np + 2.33 \sqrt{np(1-p)} \tag{5.1-3}$$

管段负荷的水嘴数量很多时，概率二项式分布趋近于正态分布，可用公式（5.1-3）简化计算 m，计算出的小数保留，不取整。

举例说明：假设直饮水系统的使用概率经计算为 $p=0.03$，$n=200$，此时 $np=200\times0.03=6>5$，$n(1-p)=200\times(1-0.03)=194>5$，$m$ 值按公式（5.1-3）计算：

$$m=np+2.33\sqrt{np(1-p)}=200\times0.03+2.33\sqrt{200\times0.03(1-0.03)}=11.62$$

假设直饮水系统的使用概率经计算为 $p=0.03$，$n=150$，此时 $np=150\times0.03=4.5<5$，$n(1-p)=150\times(1-0.03)=145.5>5$，$m$ 值应查表 5.1-13 为 10。

（4）瞬时高峰用水量应按公式（5.1-4）计算：

$$q_s=mq_0 \tag{5.1-4}$$

式中　q_s——瞬时高峰用水量（L/s）。

（5）循环流量按公式（5.1-5）计算：

$$q_x=\frac{V}{T_1} \tag{5.1-5}$$

式中　q_x——循环流量（L/h）；

　　　V——闭式循环回路上供回水系统的总容积（L），包括供回水管网和净水箱容积；

　　　T_1——循环时间（h），自动循环时不应超过 12h，定时循环时不宜超过 4h。

（6）水嘴数量折算

流出节点的管道有多个且水嘴使用概率不一致时，则按其中的一个值计算，其他概率值不同的管道，其负担的水嘴数量需经过折算再计入节点上游管段负担的水嘴数量之和。折算数量应按公式（5.1-6）计算：

$$n_e=\frac{np}{p_e} \tag{5.1-6}$$

式中　n_e——水嘴折算数量；

　　　p_e——新的计算概率值。

小区直饮水系统的输水管，当取瞬时高峰流量计算时，往往会出现相汇合管段所负担的水嘴使用概率 p 不相等，使上游管段水嘴使用数量 m 的计算出现困难。使用概率不相同可由下列因素引起：住宅每户设计人数不同或者住宅档次有高有低、要求用水量标准不同或不同性质建筑物的组合。因为这些因素的变化使得单位水嘴负担的用水量出现差异，为解决此困难，提出在相

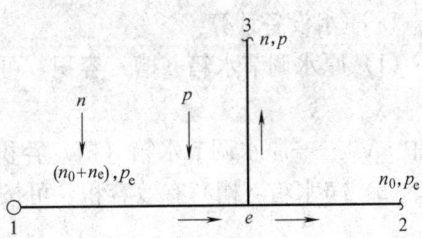

图 5.1-7　汇流管段概率计算示意图

汇合管道的各 p 值中取主管路的值作为上游管段的计算值。根据此值，用公式（5.1-6）折算出支管的相当水嘴总数量 n_e，参与到上游管段的计算中。水嘴数量与概率的乘积较大者为主管路。

如图 5.1-7 所示，节点 e 有两路支管汇合，一路 $e-3$ 支管负担 n 个水嘴，概率为 p；一路 $e-2$ 支管负担 n_0 个水嘴，概率为 p_e。在计算 e 点上游的管段 $e-1$ 时，只能取两路支管的其中一路的概率为计算值，设定取 p_e。这样把 e 点下游的所有水嘴（包括 n 个水嘴）的概率都用 p_e 替代。但其中 n 个水嘴的概率实际上是 p，这就出现了偏差。为了纠正此偏差，对水嘴个数 n 进行调整，即把 n 调整为 n_e，$n_e=np/p_e$。这样，e 点（上游管段）负担的水嘴个数就变成了 n_0+n_e 个，而不是 n_0+n 个。相应地，水嘴概率都统一成

了 p_e。如此，便可以对 e 点上游管段进行流量计算了。

举例说明：假设管路 $e-2$ 的 $n_0=200$，$p_e=0.05$，管路 $e-3$ 的 $n=180$，$p=0.04$，因 $n_0 p_e=10$，$np=7.2$，可以确定管路 $e-2$ 为主管路，上述两管路的上游管路 $e-1$：$n=200+180\times0.04/0.05=344$，$p=0.05$。

5.1.6 用水量、处理水量计算

1. 直饮水用水量按公式（5.1-7）计算：

$$Q_d=Nq_d \tag{5.1-7}$$

式中 Q_d——系统最高日直饮水量（L/d）；

N——系统服务的人数；

q_d——最高日直饮水定额（L/(d·人)），见表 5.1-1。

2. 净水设备处理水量按公式（5.1-8）计算：

$$Q_j=\frac{1.2Q_d}{T_2} \tag{5.1-8}$$

式中 Q_j——净水设备处理水量（L/h）；

T_2——最高日设计净水设备累计工作时间，可取 10～16h。

根据目前净水设备供应商的经验，设备容量按最高日直饮水量 Q_d 的 1/10～1/16 选取，即每日运行 10～16h。此设备不按最大时间用水量选取，主要是考虑净水设备昂贵，所以要尽量缩小其规模。另外，直饮水供应系统的供水管网也存在一定的调节容量，两者容量之和是能够满足最大饮水量的。

5.1.7 深度净化处理设备、构筑物及药剂等的设计计算

1. 净水设备计算

（1）原水调节水箱（槽）容积，可按公式（5.1-9）计算：

$$V_y=0.2Q_d \tag{5.1-9}$$

式中 V_y——原水调节水箱（槽）容积（L）。

（2）净水箱（槽）有效容积，可按公式（5.1-10）计算：

$$V_j=k_jQ_d \tag{5.1-10}$$

式中 V_j——净水箱（槽）有效容积（L）；

k_j——容积经验系数，一般取 0.3～0.4。

2. 变频调速供水系统水泵计算

（1）水泵设计流量，应按公式（5.1-11）计算：

$$Q_b=q_s \tag{5.1-11}$$

式中 Q_b——水泵设计流量（L/s）。

（2）水泵设计扬程，应按公式（5.1-12）计算：

$$H_b=h_0+Z+\sum h \tag{5.1-12}$$

式中 H_b——水泵设计扬程（m）；

h_0——最低工作压力（m）；

Z——最不利水嘴与净水箱（槽）最低水位的几何高差（m）；

Σh——最不利水嘴到净水箱（槽）的管路总水头损失（m）。

3. 循环泵计算

(1) 循环泵设计流量，应按公式 (5.1-13) 计算：

$$Q_b = q_x \qquad (5.1\text{-}13)$$

式中　Q_b——循环泵设计流量（L/s）。

(2) 循环泵设计扬程，应按公式 (5.1-14) 计算：

$$H_b = h_{0x} + Z_x + \Sigma h \qquad (5.1\text{-}14)$$

式中　H_b——循环泵设计扬程（m）；

　　　h_{0x}——出流水头（m），一般取 2m；

　　　Z_x——最高回水干管与净水箱最低水位的几何高差（m）；

　　　Σh——循环流量通过供、回水管网及附件等的总水头损失（m）。

4. 循环流量控制装置计算

(1) 静态流量平衡阀压力

1) 静态流量平衡阀阀前压力 P_1，应按公式 (5.1-15) 计算：

$$P_1 = P_0 - \frac{Z + \Sigma h}{102} \qquad (5.1\text{-}15)$$

式中　P_1——静态流量平衡阀阀前压力（MPa）；

　　　P_0——变频调速供水泵恒压值（MPa），根据水力计算确定；

　　　Z——静态流量平衡阀与变频调速供水泵恒压装置的几何高差（m）；

　　　Σh——循环流量通过供、回水管网及附件等的总水头损失（m）。

2) 静态流量平衡阀阀后压力 P_2，根据回水回流至净水箱或原水箱的压力要求以及满足产品性能要求设计确定。

(2) 动态流量平衡阀压力

1) 动态流量平衡阀阀前压力 P_1，应按公式 (5.1-16) 计算：

$$P_1 = P_0 - \frac{Z + \Sigma h_p}{102} \qquad (5.1\text{-}16)$$

式中　P_1——动态流量平衡阀阀前压力（MPa）；

　　　P_0——变频调速供水泵恒压值（MPa），根据水力计算确定；

　　　Z——动态流量平衡阀与变频调速供水泵恒压装置的几何高差（m）；

　　　Σh_p——循环流量（2 倍）通过供水管的水头损失（m），按公式 (5.1-17) 计算。

$$\Sigma h_p = 4 S_p q_x^2 \qquad (5.1\text{-}17)$$

式中　S_p——供水管路的摩阻（m·s²/L），可通过最不利水嘴至净水箱的管路总水头损失与设计秒流量平方之比计算；

　　　q_x——循环流量（L/s）。

当 Σh_p 小于 2m 时，Σh_p 取 2m，并重新计算 P_1。

2) 动态流量平衡阀阀后压力 P_2，应按公式 (5.1-18) 计算：

$$P_2 = P_1 - \Delta P \qquad (5.1\text{-}18)$$

式中　P_2——动态流量平衡阀阀后压力（MPa）；

　　　ΔP——循环流量通过动态流量平衡阀的压差（MPa），根据产品要求由设计人员计算确定。

全日循环流量控制装置中动态流量平衡阀后持压阀的动作压力按动态流量平衡阀阀后压力 P_2 确定。

(3) 全日循环系统循环回水管末端的持压装置组成见表 5.1-10，其动作压力应按公式 (5.1-19) 计算：

$$P=\frac{Z-\Sigma h_x}{102} \tag{5.1-19}$$

式中 P——持压装置的动作压力（MPa）；

Z——全日循环流量控制装置与持压装置的几何高差（m）；

Σh_x——循环流量通过回水管网及附件等的水头损失（m）。

5. 消毒药剂计算

管道直饮水在进行深度处理过程中，投加的药剂主要为消毒剂，包括臭氧（O_3）、二氧化氯（ClO_2）、氯（Cl_2），还有采用紫外线消毒和光催化氧化技术等。目前在工程中使用较多的消毒技术为紫外线、二氧化氯（ClO_2）和臭氧（O_3），氯（Cl_2）消毒几乎很少使用。

消毒药剂的选择，应根据直饮水深度处理所采用的净水工艺、供回水管网规模及回水管消毒药剂残余浓度，经技术经济比较后确定。

消毒药剂投加量应保证直饮水供水管网末梢处，剩余浓度不低于《饮用净水水质标准》CJ 94 的规定。

(1) 二氧化氯（ClO_2）投加量计算

1）二氧化氯（ClO_2）投加量，应按公式 (5.1-20) 计算：

$$C=R_F+C_1+C_2 \tag{5.1-20}$$

式中 C——二氧化氯（ClO_2）投加量（mg/L）；

R_F——净水站出水的二氧化氯（ClO_2）残余量（mg/L）；

C_1——杀灭（或灭活）微生物及还原性物质的消耗量（mg/L）；

C_2——水直接接触的给水设施的消耗量（mg/L）。

杀灭（或灭活）微生物及还原性物质的消耗量（C_1）以及与二氧化氯接触的给水设施的消耗量（C_2）的总和，取决于实际应用的具体情况，一般需经必要的试验确定。对于规模较小的管道直饮水系统，此消耗量可以不加考虑。

2）二氧化氯（ClO_2）残余量，应按公式 (5.1-21) 计算：

$$R_F=\frac{R_E}{1-\eta} \tag{5.1-21}$$

式中 R_E——管网末梢的二氧化氯（ClO_2）残余量（mg/L），不应小于 0.01mg/L；

η——二氧化氯（ClO_2）从净水站到管网末梢的降低百分数，一般取 70%～85%。

3）感官角度上对二氧化氯（ClO_2）浓度的要求

从感官性能要求，二氧化氯（ClO_2）浓度要小于 0.4mg/L（味阈），而亚氯酸盐的指标值为 0.2mg/L，按一般实践中人体的感觉反映，水中二氧化氯（ClO_2）的最大浓度在

0.4～0.45mg/L 以下时对水没有异臭味的影响。

4）使用二氧化氯（ClO₂）消毒应注意的问题

影响二氧化氯（ClO₂）消毒效果的主要因素有环境条件和二氧化氯（ClO₂）消毒条件，前者包括 pH、水温、悬浮物含量等，后者包括二氧化氯投加量及接触时间等。

一般二氧化氯对病毒和孢子等多数微生物的灭活效果受 pH 的影响较小；一般二氧化氯对微生物的灭活效率随水温的上升而提高；除饮水口感对投加量有要求外，其消毒副产物亚氯酸盐的控制指标也限定了二氧化氯投加量在合理范围内。

此外，二氧化氯的制备方法同样影响消毒效果。

（2）臭氧（O₃）投加量计算

1）臭氧（O₃）投加量

在工程设计及运行中，可参照二氧化氯（ClO₂）投加量的计算方法，计算公式及参数取值需结合臭氧（O₃）技术确定。

根据有关直饮水采用臭氧（O₃）消毒的试验（处理水量为 $2m^3/h$，处理工艺为反渗透膜）结果，投加量为 1.5mg/L 时细菌去除率为 91.1%，投加量为 2.0mg/L 时细菌去除率为 94.0%，在 1.5mg/L 投加量的基础上追加投加量消毒效果提高不大，因此，直饮水中臭氧最佳投加量在 1.5mg/L 左右。

2）使用臭氧（O₃）消毒应注意的问题

影响臭氧（O₃）消毒效果的主要因素包括：水质，如色度、浊度等；处理水的流量及变化情况。

在设计阶段需确定和提出的设计参数包括：所处理水的一般性质，如温度、浊度、有关各项水质指标、流量，以及它们的变化规律；消毒参数，如投加量、接触时间、剩余臭氧浓度水平等；气源条件；气源处理设计参数，包括气源预处理系统的设计参数、数量和备用方案；臭氧生产系统设计参数，包括臭氧发生器、接触设备、尾气处理系统的设备参数、数量和备用方案；监测参数，有关气体和液体的流量、压力、温度、浓度、露点、电压、电流等。

其中，投加量、水中臭氧的剩余浓度、接触时间对消毒效果及副产物溴酸盐的浓度有较大影响，特别是溴酸盐，被国际癌研究机构列为致癌物，当饮用水中溴酸盐的浓度大于 $0.05\mu g/L$ 时，即对人体有潜在的致癌作用。因此，世界卫生组织及我国《饮用净水水质标准》CJ 94 中规定溴酸盐的浓度小于 0.01mg/L。

（3）紫外线消毒剂量

根据现行国家标准《城市给排水紫外线消毒设备》GB/T 19837 有关饮用净水消毒的规定，紫外线有效剂量不应低于 $40mJ/cm^2$。紫外线消毒设备应符合该标准的规定。

据研究，杀灭 90% 的细菌的紫外光辐射剂量（在 253.7nm 波长下测定，下同）为 $5mJ/cm^2$，杀灭 99% 的细菌的紫外光辐射剂量为 $15mJ/cm^2$，对于大部分微生物采用 $40mJ/cm^2$ 的辐射剂量可获得 99.9% 的杀灭效果。

在选用各种紫外线辐射装置时，要考虑整个处理系统的处理要求。例如对于纯水（反渗透工艺）制造设备，常要求水通过紫外线消毒器后的电阻率的降低量低于 0.5MΩ·cm（25℃）。

根据《饮用净水水质标准》CJ 94 对供水管网末梢消毒剂残余浓度的规定，因紫外线不具备持续灭菌能力，当采用紫外线消毒时还应在净水机房出水中投加一定的其他消毒剂（如二氧化氯）。

（4）光催化氧化技术

光催化氧化技术利用特定光源激发光催化材料，产生具有极强氧化性能的羟基自由基，羟基自由基可夺取细菌、病毒、微生物等组织中的氢，直接破坏并摧毁其细胞组织，将水中的细菌、病毒、微生物、有机物等迅速分解成 CO_2 和 H_2O，使微生物细胞失去复活、繁殖的物质基础，从而达到彻底分解水中细菌、病毒、微生物、有机物等的新型高级氧化技术。此技术在杀菌消毒过程中无需添加任何化学药剂，无副产物，无有害残留物。

采用光催化氧化技术作为消毒手段时，应确保设备能产生羟基自由基。因光催化氧化技术不具备持续灭菌能力，当采用光催化氧化技术时还应在净水机房出水中投加一定的其他消毒剂（如二氧化氯）。

（5）各类直饮水消毒技术的评价，见表 5.1-14。

各类直饮水消毒技术的评价　　表 5.1-14

作　用	消毒技术					
	Cl_2	ClO_2	O_3	紫外线	O_3＋紫外线	光催化氧化
消毒效果	好	很好	极好	极好	极好	极好
除臭味	无	好	很好	好	很好	好
THMs	极明显	无	无	无	无	无
致变物生成	明显	不明显	不明显	无	不明显	无
毒性物质生成	明显	不明显	不明显	无	不明显	无
除铁锰	不明显	极好	较好	无	较好	无
去氨作用	极好	无	无	无	无	无

（6）为保证消毒效果，控制对直饮水口感的影响，可根据季节变化组合使用消毒方法，如臭氧＋紫外线，同时要求消毒设备应安全可靠、投加量精准，并应有报警功能。

5.1.8　管网水力计算、循环计算

1. 管网水力计算

直饮水供水管道计算要点如下：

（1）直饮水供应系统最高日用水量按公式（5.1-7）计算。

（2）直饮水供应系统水嘴使用概率按公式（5.1-2）计算。

（3）直饮水供水管道的瞬时高峰用水量按公式（5.1-4）计算，瞬时高峰用水时水嘴使用数量按表 5.1-12、表 5.1-13 及公式（5.1-3）计算。

（4）管道水力计算按"直饮水管道水力计算表"计算，表中应包括管段编号、管段长度、水嘴使用数量及水嘴额定流量、管段流量、管径、流速、管段容积、比阻、管段沿程水头损失等内容。

（5）直饮水管道中的流速按表 5.1-15 确定。

供回水管道内的水流速度 表 5.1-15

管道公称直径(mm)	水流速度(m/s)
≥32	1.0~1.5
<32	0.6~1.0

注：循环回水管道内的流速宜取高限。

（6）直饮水管道沿程与局部水头损失的计算，应符合所选用管材的管道工程技术规程的规定。

2. 循环计算

（1）循环流量按公式（5.1-5）计算。

（2）自动循环系统：由于该系统不设循环泵，采用将回水压力释放掉的方式形成循环，为避免循环影响正常用水，需在回水管上设置限流阀控制回水管流量不超过循环流量计算值，此外，限流阀的另一作用是通过控制各区循环计算流量保证各区回水均能实现。

（3）定时循环系统：由于该系统设有循环泵，要做到自动循环，循环泵的启停控制项目实现难度较大，无论是流量控制还是压力控制，因循环流量小需选用灵敏度高的控制装置，所以，定时控制较易实现，既可人工控制，也可通过时间继电器控制。

（4）循环流量对瞬时高峰用水量的影响：无论是自动循环还是定时循环，均存在用水时进行管网循环，会存在抢水现象，为保证正常用水，当循环流量与瞬时高峰用水量的比值大于 0.1 时，系统供水量应附加循环流量，即 $q_s = mq_0 + q_x$。

5.1.9 设备机房设计

1. 净水机房的位置及布置要求

（1）小区中净水机房可在室外单独设置，也可设置在某一建筑的地下室；单独设置的室外净水机房位置尽量做到与各个用水建筑距离相近，并应注意建筑荫蔽、隔离和环境美化，有单独的进出口和道路，便于设备搬运。

（2）单栋建筑的净水机房可设置在其地下室或附近，机房上方不应设置卫生间、浴室、盥洗室、厨房、污水处理间等。除生活饮用水以外的其他管道不得进入净水机房。

（3）净水机房的面积按深度处理工艺需要确定并预留发展位置。

（4）净水机房除有设置处理设备的房间外，还应设置化验室，并应配备水质检验设备或在制水设备上安装在线实时检测仪表；宜设置更衣室，室内宜设有衣帽柜、鞋柜等更衣设施及洗手盆。

（5）处理间应考虑净水设备的安装和维修要求以及进出设备和药剂的方便。净水设备间距不应小于 0.7m，主要通道不应小于 1.0m。

（6）净水工艺中采用的化学药剂、消毒剂等可能产生的直接危害及二次危害，必须妥善处理，采取必要的安全防护措施。饮用净水化学处理剂应符合现行国家标准《饮用水化学处理剂卫生安全性评价》GB 17218 的规定。当采用臭氧消毒时，净水机房内空气的臭氧浓度应符合现行国家标准《室内空气质量标准》GB/T 18883 的规定。

2. 净水机房的卫生、降噪及其他措施

（1）净水机房应满足生产工艺的卫生要求；应有更换材料的清洗、消毒设施和场所；地面、墙壁、天花板应采用防水、防腐、防霉、易消毒、易清洗的材料铺设；地面应设间接排水设施；门窗应采用不变形、耐腐蚀材料制成，应有锁闭装置，并设有防蚊蝇、防尘、防鼠等措施。

（2）净水机房应配备空气消毒装置。当采用紫外线空气消毒时，紫外线灯应按 $1.5W/m^2$ 吊装设置，距地面宜为2m。

（3）净水机房的隔振防噪设计，应符合现行国家标准《民用建筑隔声设计规范》GB 50118 的规定。

（4）净水机房应保证通风良好，通风换气次数不应少于8次/h，进风口应加装空气净化器，空气净化器附近不得有污染源。

（5）净水机房应有良好的采光及照明，工作面混合照度不应小于200lx，检验工作场所照度不应小于540lx，其他场所照度不应小于100lx。

（6）当采用臭氧消毒时应设置臭氧尾气处理装置。

5.1.10　卫生安全与控制

1. 卫生安全

直饮水的水质指标是衡量直饮水系统安全性的重要标志。除了确保直饮水在卫生学方面的安全性外，直饮水系统的故障、管网的二次污染等亦关系到供水的安全性。因此，根据直饮水系统的特点，在设计中必须采取必要的安全防护措施。

（1）为了卫生安全和防止污染，管道直饮水系统必须独立设置，不得与市政或建筑供水系统直接相连。

（2）室内直饮水管道系统的设计，力求简明清晰的管道布置方式。每个分区的循环管道应采用同程布置的方式，各分区、各建筑的循环管道应采用同程、同阻布置的方式，以保证每个供水管路的直饮水水质符合水质标准的规定。

居住小区集中供水系统中每幢建筑的循环回水管接至室外回水管之前宜采用安装流量平衡阀等措施。

（3）为使直饮水管网正常运行和易于维护管理，配水管网循环立管上端和下端应设阀门，供水管网应设检修阀门；在管网最低端应设排水阀，管道最高处应设排气阀。排气阀处应有滤菌、防尘装置。排水阀设置处不得有死水存留现象，排水口应有防污染措施。

（4）各用户从立管上接出的不循环支管长度不宜大于6m。

（5）管道直饮水系统供水末端为3个及以上水嘴串联供水时，宜采用局部环状管路，双向供水。

（6）管道不应靠近热源敷设。除敷设在建筑垫层内的管道外均应做隔热保温处理。

（7）室内直饮水管道与热水管上下平行敷设时应在热水管下方。

（8）埋地金属管道应做防腐处理。

（9）建筑物内埋地敷设的直饮水管道与排水管之间平行埋设时净距不应小于0.5m；交叉埋设时净距不应小于0.15m，且直饮水管道应在排水管的上方。室外管道敷设要求同室外给水管。

（10）净水处理设备排水应采取间接排水方式，不应与下水道直接连接，出口处应设防护网罩。产品水罐（箱）不应设置溢流管。产品水罐（箱）应设置空气呼吸器。

2. 控制

为保证直饮水系统的正常运行和安全使用，对净水处理设备进行监测、控制是必要的。

（1）管道直饮水制水和供水系统宜设手动和自动化控制系统。控制系统应运行安全可靠，应设置故障停机、故障报警装置，并宜实现无人值守、自动运行。

（2）水处理系统应配备有水量、水压、液位等实时检测仪表；根据水处理工艺流程的特点，宜配置 pH、余氯、余臭氧、余二氧化氯、水温等检测仪表；同时宜设有 SDI 仪测量口和 SDI 仪。

（3）宜选择配置水质在线监测系统，并监测浑浊度、pH、总有机碳、余氯、二氧化氯、重金属等指标。

（4）净水机房监控系统中应有各设备运行状态和系统运行状态指示或显示，应依照工艺要求按设定的程序进行自动运行。

（5）监控系统宜能显示各运行参数，并宜设水质实时检测网络分析系统。

（6）净水机房电控系统中应对缺水、过压、过流、过热、不合格水排放等问题有保护功能，并应根据反馈信号进行相应控制，协调系统的运行。

3. 管理与维护

净水设备的施工安装质量、设备本身的可靠性、深度处理的安全性、管理维护水平与直饮水系统的正常运行和安全使用有着密切的关系，是使用中不可忽视的问题。

（1）应定期巡视室外埋地管网线路，管网沿线地面应无异常情况，应及时消除影响输水安全的因素。

（2）当发生埋地管网爆管情况时，应迅速停止供水并关断所有楼栋供回水阀门，从室外管网泄水口将水排空，然后进行维修。维修完毕后，应对室外管道进行试压、冲洗和消毒，符合水质标准的规定后，才能继续供水。

（3）应定期检查室内管网，供水立管、上下环管不得有漏水或渗水现象，发现问题应及时处理。

（4）室内管道、阀门、水表和水嘴等，严禁遭受高温或污染，避免碰撞和坚硬物品的撞击。

（5）应根据原水水质、环境温度、湿度等实际情况，经常调整消毒设备参数。在保证细菌学指标的前提下，宜降低消毒剂投加量。

（6）当采用定时循环工艺时，循环时间宜设置在用水量低峰时段。

（7）净水站应制定管理制度，岗位操作人员应具备健康证明，并应具有一定的专业技能，经专业培训合格后才能上岗。化验人员应了解直饮水系统的水处理工艺，熟悉水质指标要求和水质项目化验方法。

（8）水质检测应有检测记录，主要内容宜包括：日检记录、周检记录和年检记录等。

5.1.11 管材、附配件

1. 管材

管材是直饮水系统的重要组成部分之一，对水质卫生、系统安全运行起着重要的作用。在工程设计中应选用优质、耐腐蚀、抑制细菌繁殖、连接牢固可靠的管材。

（1）管材选用应符合现行国家标准的规定。管道、管件的工作压力不得大于产品标准的允许工作压力。

（2）管材应选用不锈钢管、铜管等符合食品级卫生要求的优质管材。

（3）系统中宜采用与管道同种材质的管件。

（4）选用不锈钢管时，应注意选用型号的耐水中氯离子浓度的能力，以免造成腐蚀，条件许可时，材质宜采用 0Cr17Ni12Mo2(316) 或 00Cr17Ni14Mo2(316L)。

（5）当采用反渗透膜工艺时，因出水 pH 可能小于 6，会对铜管造成腐蚀。另外，从直饮水管道系统考虑，管网和管道中要求有较高流速，则铜管内流速应限制在允许范围之内。

（6）无论是不锈钢管还是铜管，均应达到《生活饮用水输配水设备及防护材料的安全性评价标准》GB/T 17219 的要求。

2. 附配件

管道直饮水系统的附配件包括：直饮水专用水嘴、直饮水表、自动排气阀、流量平衡阀、限流阀、持压阀、空气呼吸器、减压阀、截止阀、闸阀等。材质宜与管道材质一致，并应达到《生活饮用水输配水设备及防护材料的安全性评价标准》GB/T 17219 的要求。

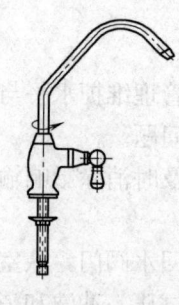

图 5.1-8   直饮水专用水嘴

（1）直饮水专用水嘴：如图 5.1-8 所示，材质为不锈钢，额定流量宜为 0.04～0.06L/s，工作压力不小于 0.03MPa，规格为 DN10。

直饮水专用水嘴根据操作形式分为普通型（见图 5.1-18）、拨动型及监测型（进口产品）三类产品。

（2）直饮水表：材质为不锈钢，计量精度按最小流量和分界流量分为 C、D 两个等级，水平安装为 D 级、非水平安装不低于 C 级，内部带有防止回流装置，并应符合国家现行标准《饮用净水水表》CJ/T 241 的相关规定。规格为 DN8～40，可采用普通、远传或 IC 卡直饮水表。

（3）自动排气阀：对于设有直饮水表的工程，为保证计量准确，应在系统及各分区最高点设置自动排气阀，排气阀处应有滤菌、防尘装置，避免直饮水遭受污染。

（4）流量控制阀：也称作流量平衡阀，在暖通专业的采暖和空调系统中使用，目的是保证系统各环路循环，消除因系统管网不合理导致的循环短路现象。暖通专业的系统均为闭式系统，利用流量控制阀前、后压差和阀门开度控制流量，该阀是针对闭式系统开发的。管道直饮水系统属于开式、闭式交替运行的系统，用水时为开式、不用水时为闭式，使用流量控制阀必须根据其种类和工作原理，通过在其前、后增加其他阀门实现控制循环流量的目的。

流量控制阀有静态流量平衡阀和动态流量平衡阀两种，所谓静态、动态是针对阀前、后压力变化导致流量变化与否而言的。对于闭式系统来说，阀前、后压力不变，流量不变，属于静态；对于开式系统来说，随着系统用水量的变化，阀前、后压力随之改变，控制流量不变，属于动态。

1）静态流量平衡阀

工作原理：通过改变阀芯与阀座的间隙（即开度），改变流体流经阀门的流通阻力，达到调节流量的目的。该阀相当于一个局部阻力可以改变的节流元件，对于不可压缩流体，由流量方程式可知：

$$Q = \frac{F}{\sqrt{\xi}}\sqrt{\frac{P_1 - P_2}{\rho}}$$

（5.1-22）

式中　Q——流经平衡阀的流量；

　　　ξ——平衡阀的阻力系数；

　P_1——阀前压力；

　P_2——阀后压力；

　F——平衡阀接管截面积；

　ρ——流体的密度。

由公式（5.1-22）可以看出，当 F 一定（对某一型号的平衡阀），且阀前、后压差 P_1-P_2 一定时，流量 Q 仅受平衡阀阻力系数影响。ξ 增大（阀门关小时），Q 减小，反之，ξ 减小（阀门开大时），Q 增大。平衡阀就是以改变阀芯的开度来改变阻力系数，达到调节流量的目的。

令 $K_V=\dfrac{F}{\sqrt{\xi}}\sqrt{\dfrac{2}{\rho}}$，当流体为水时，则：

$$Q=K_V\sqrt{\Delta P} \tag{5.1-23}$$

K_V 为平衡阀的阀门系数，其定义是：当平衡阀前、后压差为 1bar(0.1MPa) 时，流经平衡阀的流量值（m^3/h）。平衡阀全开时的阀门系数相当于普通阀门的流通能力。如果平衡阀开度不变，则阀门系数 K_V 不变，因此阀门系数 K_V 由开度决定。通过实测获得不同开度下的阀门系数，平衡阀就可作为定量调节流量的节流元件。

在进行管网平衡调试时，将被调试平衡阀与专用仪表连接，流经阀门的流量及压差均在仪表显示，输入平衡阀处设计循环流量后，仪表通过计算、分析，得出管路系统达到水力平衡时该阀的开度值，并由此设定平衡阀的开度。

在进行工程设计时，设计人员可根据静态流量平衡阀产品选用图（图 5.1-9 为国内某产品及选用图）和该阀所在位置的压力，为保证通过平衡阀的流量为设计循环流量，需要在阀后设置持压阀保持阀后压力，使平衡阀的前后压差符合产品选用图中压差范围。

阀后设置持压阀是由于管道直饮水循环回水回流至净水箱（或原水箱），循环放水时，若不设置持压阀，平衡阀后与大气相通，阀后压力为零，无法满足平衡阀的使用要求，因此通过在阀后设置持压阀保持设计的阀后压力，形成闭式管路。平衡阀前设置减压阀目的有两个，一是调压，二是降低平衡阀的工作压力。

从上述内容可以看出，静态流量平衡阀只能用于定时循环系统，因为循环是在系统不用水或用水量极少时进行，系统此时可看作是闭式系统。

材质为铜，规格为 $DN15\sim DN40$。

2）动态流量平衡阀（见图 5.1-10）

动态流量平衡阀是一种运用动态调节元件的特殊阀门，能保证在很大的压差范围内流量恒定。其核心部分是一个可往复运行的活塞，水流可通过活塞中间的圆孔和两侧不规则几何形的切口，水流对活塞的压力与螺旋弹簧的张力成正比。动态流量平衡阀的工作状态分为三个阶段。

工作范围之下（见图 5.1-11）：此时活塞处于静止状态，弹簧没有被压缩，水流通道最大（水流从中间的圆孔和两侧几何形的通道流过）。活塞如同一个固定的调节装置，这时通过平衡阀的流量随压差的增大而增大。

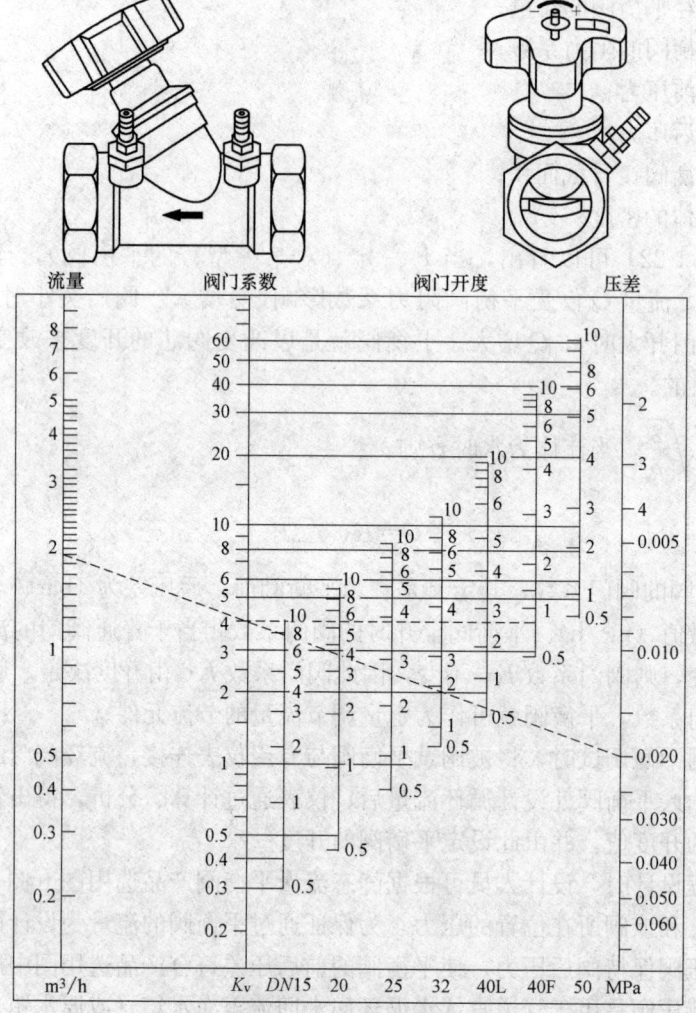

图 5.1-9　国内其静态流量平衡阀产品及选用图

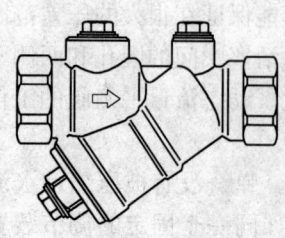

图 5.1-10　动态流量平衡阀示意图

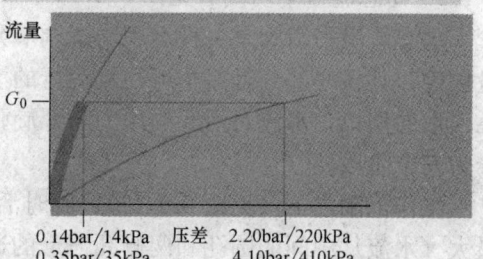

图 5.1-11　动态流量平衡阀处于工作范围之下

工作范围之内（见图 5.1-12）：此时活塞开始压缩弹簧，进入工作状态，水流从活塞中间的圆孔和两侧几何形的通道流过，由于活塞随压差变化往复运动，两侧几何形的通道也随之变化，这时活塞不再是静止的调节，而是处于动态调节，通过平衡阀的流量不随压差的变化而变化。

工作范围之上（见图 5.1-13）：此时活塞完全压缩弹簧，水流只从活塞中间的圆孔流过，活塞又成为固定的调节装置，这时流量与压差成正比，随压差的增大而增大。

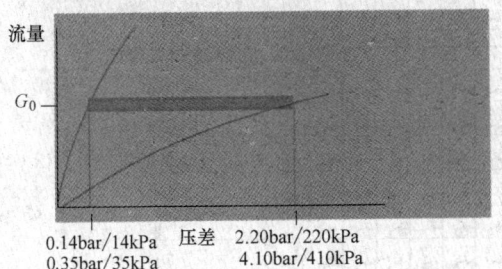

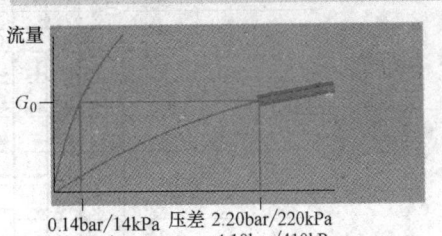

图 5.1-12　动态流量平衡阀处于工作范围之内　　　图 5.1-13　动态流量平衡阀
处于工作范围之上

全日循环流量控制采用动态流量平衡阀，就是通过控制阀前、后压差，使平衡阀处于工作范围之下（见图 5.1-11）和之内（见图 5.1-12）两种工作状态，达到控制循环流量不超过设计值的目的，避免在系统用水时循环流量失控发生抢水的现象。

将全日循环流量控制装置设置在回水管的起端，是为了使按水流方向设置在动态流量平衡阀后的持压阀的动作压力值受变频调速供水泵因压力波动造成的干扰小一些，持压阀动作更及时。在回水回流至净水箱（或原水箱）前回水管上设置持压装置，是为了保证装置下游的回水管在循环停止时不形成空管，避免造成金属管材的腐蚀。

材质为铜，规格为 $DN15 \sim DN40$。

（5）持压阀：该阀的作用是当阀前压力大于设定压力值时，阀门开启，达到使直饮水系统实现循环的目的。材质为铜，规格为 $DN15 \sim DN40$。

（6）空气呼吸器：为保证净水罐（箱）及直饮水高位水箱的自由水面，使系统正常供水，在上述水罐（箱）上需设置空气呼吸器，空气呼吸器内填充 $0.2\mu m$ 的膜，对进入的空气进行过滤，避免污染水质。材质为不锈钢。

（7）减压阀：分区供水时可采用减压阀，高低区回水共用一根回水管时，需将高区回水管做减压处理，支管超压时等均需安装减压阀，材质为铜，规格为 $DN15 \sim DN50$，一般为可调试减压阀，阀前设置检修阀门。

（8）截止阀、闸阀：起方便管网、附配件检修的作用，材质宜与管道材质一致。

5.1.12　工程计算设计实例

【例 5.1-1】 经济发达地区某塔式住宅楼，每层 10 户，地上 14 层，地下 1 层，层高 2.8m，净水机房设在地下室，每户厨房设置直饮水水嘴 1 个。对直饮水系统进行计算与设计，系统分高、低两个区，采用全日循环（全日循环流量控制装置）方式，具体见图 5.1-14。

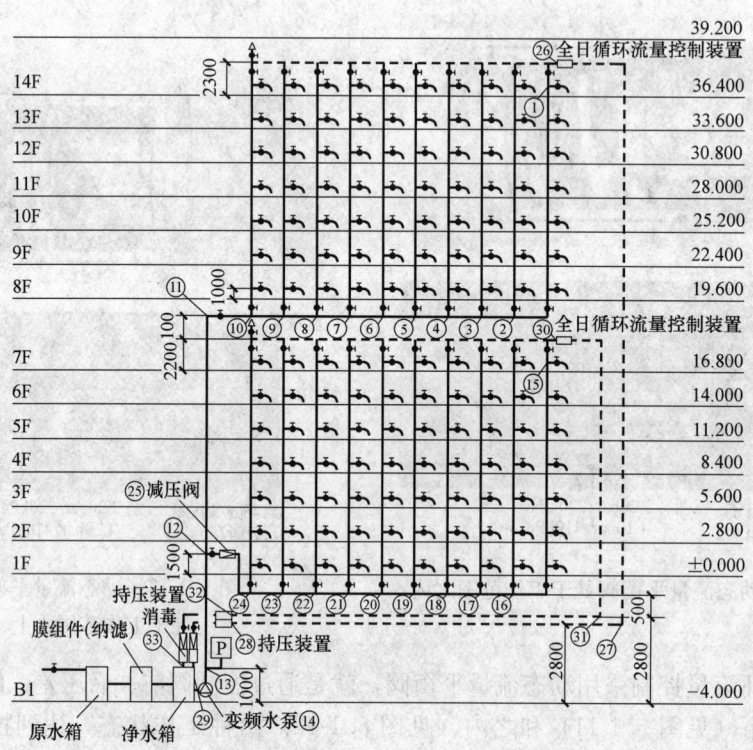

图 5.1-14　某住宅楼直饮水系统示意图

1. 基本参数确定

每户按 3.5 人计，系统服务人数 $N = 3.5 \times 140 = 490$ 人，$\alpha = 0.22$，最高日直饮水定额 $q_d = 4.5 \text{L}/(\text{d} \cdot \text{人})$，水嘴额定流量 $q_0 = 0.05 \text{L/s}$，根据所选用直饮水嘴的流量曲线，确定水嘴最低工作压力 $h_0 = 0.045 \text{MPa}$。管材选用薄壁不锈钢管。

2. 系统最高日直饮水量计算

$$Q_d = N q_d = 490 \times 4.5 = 2205 \text{L/d}$$

3. 系统的水嘴使用概率计算

$$p = \frac{\alpha Q_d}{1800 n q_0} = \frac{0.22 \times 2205}{1800 \times 140 \times 0.05} = 0.039，\text{取 } p = 0.04$$

4. 直饮水供水管网水力计算

高区（最不利点）见表 5.1-16，低区见表 5.1-17。

直饮水供水管网水力计算表（高区）　　　　表 5.1-16

管段编号	管段长度(m)	n(个)	m(个)	管段流量(L/s)	管径(mm)	流速(m/s)	管段容积(L)	比阻(mm/m)	管段沿程水头损失(mm)
1-2	34.96	7	3①	0.15	15	0.746	7.03	60.5	2115.1
2-3	1.58	14	4	0.20	20	0.663	0.48	38.4	60.7
3-4	4.31	21	4	0.20	20	0.663	1.31	38.4	165.5
4-5	25.10	28	5	0.25	20	0.829	7.63	58.0	1455.8
5-6	0.20	35	5	0.25	20	0.829	0.06	58.0	11.6
6-7	3.56	42	6	0.30	20	0.995	1.07	81.2	289.1
7-8	4.28	49	6	0.30	20	0.995	1.29	81.2	347.5
8-9	7.61	56	7	0.35	25	0.680	3.92	29.4	223.7
9-10	3.90	63	7	0.35	25	0.680	2.01	29.4	114.7
10-11	4.15	70	8	0.40	25	0.778	2.14	37.7	156.5
11-12	17.60	70	8	0.40	25	0.778	9.08	37.7	663.5
12-13	25.86	140	11②	0.55	25	1.069	13.34	67.9	1755.9
13-14	1.00	140	11②	0.55	25	1.069	0.52	67.9	67.9
合计							82.98③		7427.5

① 根据该管段 $n=7$，不超过 12 个，查表 5.1-12 得出 $m=3$。

② 该计算管段由于 $np=140\times0.04=5.6>5$，$n(1-p)=140(1-0.04)=134.4>5$，所以 $m=np+2.33\sqrt{np(1-p)}=140\times0.04+2.33\sqrt{140\times0.04(1-0.04)}=11$。

③ 为 1~14 管段容积 49.88L 与高区其他 9 根立管（DN15）的容积 33.1L 之和，管道容积按管道计算内径计算。

直饮水供水管网水力计算表（低区）　　　　表 5.1-17

管段编号	管段长度(m)	n(个)	m(个)	管段流量(L/s)	管径(mm)	流速(m/s)	管段容积(L)	比阻(mm/m)	管段沿程水头损失(mm)
15-16	35.16	7	3	0.15	15	0.746	7.07	60.5	2127.2
16-17	1.58	14	4	0.20	20	0.663	0.48	38.4	60.7
17-18	4.31	21	4	0.20	20	0.663	1.31	38.4	165.5
18-19	25.10	28	5	0.25	20	0.829	7.63	58.0	1455.8
19-20	0.20	35	5	0.25	20	0.829	0.06	58.0	11.6
20-21	3.56	42	6	0.30	20	0.995	1.07	81.2	289.1
21-22	4.28	49	6	0.30	20	0.995	1.29	81.2	347.5
22-23	7.61	56	7	0.35	25	0.680	3.92	29.4	223.7
23-24	3.90	63	7	0.35	25	0.68	2.01	29.4	114.7
24-25	4.35	70	8	0.40	25	0.778	2.24	37.7	164.0
25-12	2.00	70	8	0.40	25	0.778	1.03	37.7	75.4
合计							61.57①		5035.2

① 为 15~12 管段容积 28.11L 与低区其他 9 根立管（DN15）的容积 33.46L 之和。

5. 处理水量、净化设备构筑物计算

（1）处理水量计算：

$$Q_j = \frac{1.2Q_d}{T_2} = \frac{1.2 \times 2205}{10} = 0.3 m^3/h, \text{ 取 } 0.5 m^3/h$$

（2）原水箱容积计算：

$$V_y = 0.2Q_d = 0.2 \times 2205 = 441L, \text{ 取 } 500L$$

（3）净水箱容积计算：

$$V_j = k_j Q_d = 0.4 \times 2205 = 882L, \text{ 取 } 1000L$$

6. 供水设备计算

（1）流量：$Q_b = q_s = mq_0 = 11 \times 0.05 = 0.55 L/s = 1.98 m^3/h$

（2）扬程：$H_b = h_0 + Z + \Sigma h$

其中：$h_0 = 0.045 MPa = 4.59 m$，$Z = 37.4 - (-4) = 41.4 m$，$\Sigma h = 1.3 \times 7427.5/1000 = 9.66 m$（局部水头损失取沿程水头损失的 30%）。

$$H_b = 4.59 + 41.4 + 9.66 = 55.65 m$$

（3）变频供水泵恒压值：$P_0 = h_0 + Z_{1 \sim 13} + \Sigma h_{1 \sim 13} = 4.59 + 37.4 - (-3) + 1.3 \times 7359.6/1000 = 54.56 m = 0.535 MPa$

（4）低区供水压力计算：减压阀前、后压力计算

1）阀前压力：$P_1 = h_0 + Z + \Sigma h_{1 \sim 12} = 4.59 + 37.4 - 1.5 + 1.3 \times 5603.7/1000 = 47.77 m = 0.468 MPa$

2）阀后压力：$P_2 = h_0 + Z + \Sigma h_{15 \sim 12} = 4.59 + 17.8 - 1.5 + 1.3 \times 5035.2/1000 = 27.44 m = 0.269 MPa$

3）压差：$\Delta P = P_1 - P_2 = 0.468 = -0.269 = 0.199 MPa$

7. 循环流量计算

根据表 5.1-16、表 5.1-17 的计算结果，加压泵出水管管径为 $DN25$，先假定整个系统的回水管管径为 $DN15$，计算回水管容积，将直饮水供、回水系统的管道容积与净水箱容积取和，计算整个循环流量，再将循环流量依据高、低区管网容积（管段 12～14 容积除外）的比例分配得到各区的循环流量，最后校核各区的回水管径是否符合规定。

（1）回水管段容积：

高区：$V_{1 \sim 29} = L_{1 \sim 29} \times 0.2 = 101.47 \times 0.2 = 20.29 L$，其他回水管容积 $(1.3 \times 9 + 67.2) \times 0.2 = 15.78 L$，合计：$20.29 + 15.78 = 36.07 L$

低区：$V_{15 \sim 33} = L_{15 \sim 33} \times 0.2 = 81.47 \times 0.2 = 16.29 L$，其他回水管容积 $(1.2 \times 9 + 67.2) \times 0.2 = 15.6 L$，合计：$16.29 + 15.6 = 31.89 L$

（2）整个系统容积：

$$V = 82.98 + 61.57 + 36.07 + 31.89 + 1000 = 1212.51 L$$

（3）循环流量计算：

$q_x = \frac{V}{T_1} = \frac{1212.51}{2} = 606.26 L/h = 0.168 L/s$，校核回水管管径为 $DN15$ 时，$v = 0.836 m/s$，符合表 5.1-15 的规定。

（4）循环流量分配：

高区 $V_{1 \sim 12} = 82.98 - 0.52 - 13.34 + 36.07 = 105.19 L$

低区 $V_{15 \sim 12} = 61.57 + 31.89 L = 93.46 L$

高区循环流量 $q_{xg}=0.168\times\dfrac{105.19}{105.19+93.46}=0.089\text{L/s}$

低区循环流量 $q_{xd}=0.168-0.089=0.079\text{L/s}$

8. 全日循环流量控制装置计算

（1）高区

1）供水管路摩阻：

$$S_P=\frac{\varSigma h_{1\sim12}}{q_S^2}=\frac{1.3\times5603.7/1000}{0.4^2}=45.53\text{m}\cdot\text{s}^2/\text{L}^2$$

2）循环流量（2倍）通过供水管的水头损失：

$$\varSigma h_p=4S_Pq_x^2=4\times45.53\times0.0892=1.44\text{m}（因小于2\text{m}，取2\text{m}）$$

3）动态流量平衡阀阀前压力：

$$P_1=P_0-\frac{Z+\varSigma h_p}{102}=0.535-\frac{38.5-(-3)+2}{102}=0.109\text{MPa}$$

4）动态流量平衡阀阀后压力：根据采用的产品确定，压差取 0.059MPa（见图5.1-11、图 5.1-12），$P_2=0.109-0.059=0.05\text{MPa}$，即动态流量平衡阀后持压阀的启动压力为 0.05MPa。

5）回水管末端持压装置的启动压力：

$$P=\frac{Z-\varSigma h_x}{102}=\frac{38.7-(-1.2)-1.3\times88.11\times23.5/1000}{102}=\frac{39.9-2.69}{102}=0.365\text{MPa}$$

（2）低区

1）供水管路摩阻：

$$S_P=\frac{\varSigma h_{15\sim12}}{q_S^2}=\frac{1.3\times5035.2/1000}{0.4^2}=40.91\text{m}\cdot\text{s}^2/\text{L}^2$$

2）循环流量（2倍）通过供水管的水头损失：

$$\varSigma h_p=4S_Pq_x^2=4\times40.91\times0.079=1.02\text{m}（因小于2\text{m}，取2\text{m}）$$

3）动态流量平衡阀阀前压力

$$P_1=P_0-\frac{Z+\varSigma h_p}{102}=0.269-\frac{17.8-1.5+2}{102}=0.09\text{MPa}$$

4）动态流量平衡阀阀后压力：根据采用的产品确定，压差取 0.04MPa（见图5.1-11、图 5.1-12），$P_2=0.09-0.04=0.05\text{MPa}$，即动态流量平衡阀后持压阀的启动压力为 0.05MPa。

5）回水管末端持压装置的启动压力：

$$P=\frac{Z-\varSigma h_x}{102}=\frac{19-(-1.2)-1.3\times68.11\times18.9/1000}{102}=\frac{20.2-1.67}{102}=0.182\text{MPa}$$

9. 净水箱入口减压阀计算

系统回水在进入净水箱前采用紫外线消毒器消毒，其水头损失仅为 0.005MPa，回水出流水头损失为 0.02MPa，合计阀后水头损失为 0.025MPa，高区回水管减压阀压差为 0.365-0.025=0.34MPa，低区回水管减压阀压差为 0.182-0.025=0.157MPa。

5.2　饮用水

5.2.1　饮水定额

饮水定额及小时变化系数因建筑物性质（或劳动性质）和地区条件而异，见表5.2-1。

饮水定额及小时变化系数　　　　　　　　　　　　　表 5.2-1

建筑物名称	单位	饮水定额 q(L)	小时变化系数 K
招待所、旅馆	每客人每日	2～3	1.5
办公楼	每人每班	1～2	1.5
集体宿舍	每人每日	1～2	1.5
教学楼	每学生每日	1～2	2.0
医院	每病床每日	2～3	1.5
影剧院	每观众每场	0.2	1.0
体育馆（场）	每观众每日	0.2	1.0
热车间	每人每班	3～5	1.5
一般车间	每人每班	2～4	1.5
工厂生活间	每人每班	1～2	1.5

注：小时变化系数系指饮水供应时间内的变化系数。

表中所列数据既适用于开水、温水、饮用自来水（生水），也适用于冷饮水供应，但饮水量未包括制备冷饮水时冷凝器的冷却用水量。

5.2.2　水质要求

饮水水质应满足《生活饮用水卫生标准》GB 5749 的要求，水质常规指标及限值见表5.2-2、饮用水中消毒剂常规指标及要求见表5.2-3。

水质常规指标及限值　　　　　　　　　　　　　表 5.2-2

指　　标	限　　值
1. 微生物指标[a]	
总大肠菌群（MPN/100mL 或 CFU/100mL）	不得检出
耐热大肠菌群（MPN/100mL 或 CFU/100 mL）	不得检出
大肠埃希氏菌（MPN/100mL 或 CFU/100 mL）	不得检出
菌落总数（CFU/100 mL）	100
2. 毒理指标	
砷（mg/L）	0.01
镉（mg/L）	0.005
铬（六价）（mg/L）	0.05
铅（mg/L）	0.01

续表

指 标	限 值
汞(mg/L)	0.001
硒(mg/L)	0.01
氰化物(mg/L)	0.05
氟化物(mg/L)	1.0
硝酸盐(以 N 计)(mg/L)	10 地下水源限值时为 20
三氯甲烷(mg/L)	0.06
四氯化碳(mg/L)	0.002
溴酸盐(使用臭氧时)(mg/L)	0.01
甲醛(使用臭氧时)(mg/L)	0.9
亚氯酸盐(使用二氧化氯消毒时)(mg/L)	0.7
氯酸盐(使用复合二氧化氯消毒时)(mg/L)	0.7
3. 感官性状和一般化学指标	
色度(铂钴色度单位)	15
浑浊度(散射浑浊度单位)(NTU)	1 水源与净水技术条件限制时为 3
臭和味	无异臭、异味
肉眼可见物	无
pH	不小于 6.5 且不大于 8.5
铝(mg/L)	0.2
铁(mg/L)	0.3
锰(mg/L)	0.1
铜(mg/L)	1.0
锌(mg/L)	1.0
氯化物(mg/L)	250
硫酸盐(mg/L)	250
溶解性总固体(mg/L)	1000
总硬度(以 $CaCO_3$ 计)(mg/L)	450
耗氧量(COD_{Mn}法,以 O_2 计)(mg/L)	3 水源限制,原水耗氧量＞6mg/L 时为 5
挥发酚类(以苯酚计)(mg/L)	0.002
阴离子合成洗涤剂(mg/L)	0.3
4. 放射性指标[b]	**指导值**
总 α 放射性(Bq/L)	0.5
总 β 放射性(Bq/L)	1

　　a　MPN 表示最可能数;CFU 表示菌落形成单位。当水样检出总大肠菌群时,应进一步检查大肠埃希氏菌或耐热大肠菌群;水样未检出总大肠菌群,不必检验大肠埃希氏菌或耐热大肠菌群。

　　b　放射性指标超过指导值,应进行核素分析和评价,判断能否饮用。

　　注:本表摘自《生活饮用水卫生标准》GB 5749—2006。

饮用水中消毒剂常规指标及要求   表 5.2-3

消毒剂名称	与水接触时间 （min）	出厂水中限值 （mg/L）	出厂水中余量 （mg/L）	管网末梢水中余量 （mg/L）
氯气及游离氯制剂 （游离氯）	≥30	4	≥0.3	≥0.05
一氯胺（总氯）	≥120	3	≥0.5	≥0.05
臭氧（O_3）	≥12	0.3	—	0.02 如加氯，总氯≥0.05
二氧化氯（ClO_2）	≥30	0.8	≥0.1	≥0.02

对于作为饮用水的温水、生水和冷饮水，除满足《生活饮用水卫生标准》GB 5749 的要求外，为防止贮存、运输过程中的再污染和进一步提高饮用水水质，在进入饮水装置前，还应进行必要的过滤或消毒处理。

5.2.3 饮水温度

1. 开水：为满足卫生标准的要求，应将水加热至 100℃并持续 3min，计算温度采用100℃。饮用开水是目前我国旅馆、饭店、办公楼、机关、学校、家庭采用较多的饮水方式。

2. 温水：计算温度可采用 50～55℃，目前我国采用较少。

3. 生水：随地区不同、水源种类（河水、地下水、湖水等）不同而异，水温一般为10～30℃。国外饮用较多，国内一些饭店、宾馆的饮用水系统也供应这种水。

4. 冷饮水：随人的生活习惯、气候条件、工作（或劳动）性质和建筑物标准而异。一般可参照下述温度采用。

高温环境重体力劳动   14～18℃

重体力劳动   10～14℃

轻体力劳动   7～10℃

一般地区   7～10℃

高级饭店、餐馆、冷饮店   4.5～7℃

国外在饭店、餐馆、冷饮店及工厂企业采用较多，国内除工厂企业夏季劳保供应和某些高级饭店外较少采用。饭店、宾馆大多采用供应冰块或客用冰箱内贮放瓶装矿泉水等办法解决冷饮水要求。

5.2.4 饮水制备及供应

1. 开水的制备：开水通过开水炉将生水烧开制得。开水炉的热源是多种多样的，如煤、蒸汽（分直接加热和间接加热）、煤气（或天然气）、电等。开水炉除式加热方法（由于其效率低已很少采用）外，其他方式在制备开水过程中均要承压，因此，开水炉是受压容器，必须采用经压力容器主管部门审批和监制的定型产品，不得自行设计、制造。

各种开水炉的优缺点比较见表 5.2-4。

各种开水炉的优缺点比较　　　　　　　　表 5.2-4

热源	优　点	缺　点	备　注
煤	设备简单、投资省、维护管理方便,热效高,运行成本低	易造成环境污染,操作条件差,需经常清理烟尘,开水炉易受腐蚀	应根据当地环境保护政策及煤种选用开水炉
蒸汽(间接加热)	蒸汽凝结水可以回收,开水水质不受蒸汽品质影响,噪声小	效率低,投资大	适用于有蒸汽源或自备蒸汽的建筑
煤气天然气	热效高,维护管理简单,占地少,运行成本低	对安全防护要求较高,使用中火焰熄火易发生安全事故	适用于有安全保证的开水供应点
电	热效高,清洁卫生,使用方便,占地少,维护管理简单	耗电量较大,运行费用高	广泛采用

2. 开水的供应

(1) 集中制备分装供应:在锅炉房或开水间集中制备开水,然后用保温容器灌装后发送至各饮用点。见图 5.2-1、图 5.2-2。

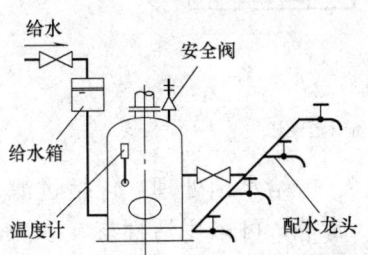

图 5.2-1　单设开水炉的开式系统

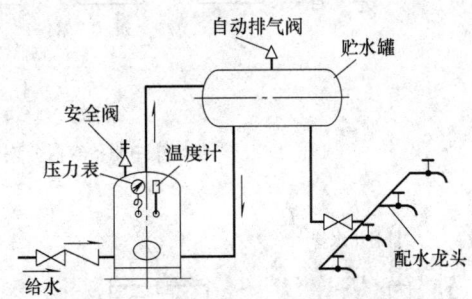

图 5.2-2　开水炉与贮水罐合用的闭式系统

(2) 集中制备管道输送供应:在锅炉房或开水间集中制备开水,然后用管道输送至各饮用点。开水的供应可采用定时制,也可采用连续供应制。

为保证饮用点取用开水的温度,除管道应采用保温等措施外,还应采用循环管道系统,见图 5.2-3。

(3) 热源送至各制备点分散制备分散供应:将蒸汽、天然气或煤气、电等热源送至各制备点,在各制备点(开水间)制备开水,供应各分区(或楼层)的需要。

在开水间设置的开水炉除应装设温度计外还应装设沸水笛或安全阀等安全防爆设施,同时,要求将排汽管接至室外,以免水沸腾时排出的大量蒸汽弥漫房间,造成不良影响。

当采用天然气或煤气作为热源的开水炉时,开水间应有良好的通风设施,以免天然气或煤气火焰突然熄灭时造成中毒事件。

3. 冷饮水及温水的制备

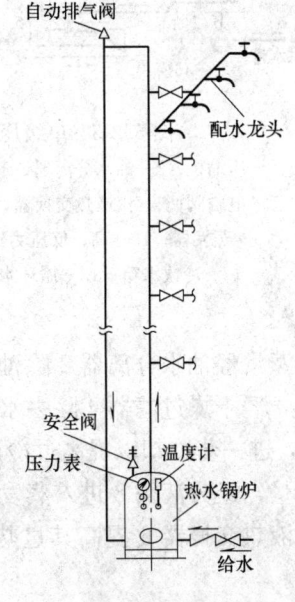

图 5.2-3　集中制备循环管道系统

温水的制备可采用两种方式：

（1）自来水经过滤、消毒后加热至要求的温度供给。

（2）自来水加热成开水然后冷却至要求的温度供给。

冷饮水的制备包括生水的过滤、消毒（预处理）、冷冻贮存和运输，见图 5.2-4。对于饭店、餐馆一般均采用成套定型产品，设备紧凑、占地面积小、效率高。对于工业企业等夏季劳保冷饮水（清凉饮料）的制备，除上述内容外，一般还应加入调味剂。

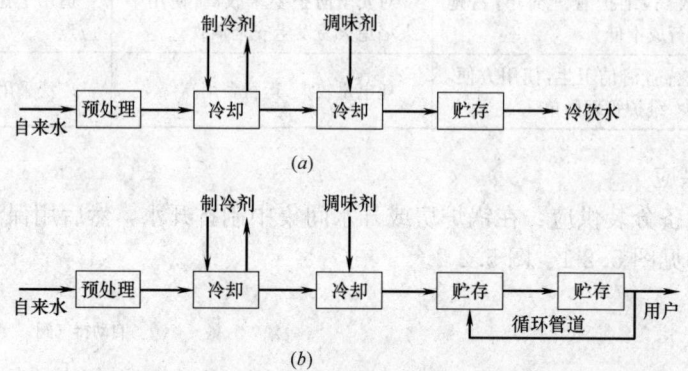

图 5.2-4　冷饮水的制备

（a）集中制备容器分装；（b）集中制备管道输送

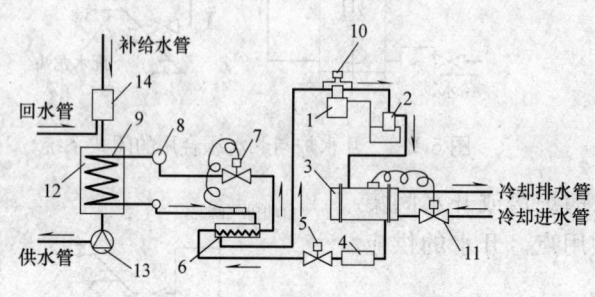

图 5.2-5　单级压缩机制冷系统

1—压缩机；2—油水分离器；3—冷凝器；4—干燥过滤器；

5—电磁阀；6—汽液热交换器；7—热膨胀阀；8—分液头；

9—蒸发器；10—高、低压力继电器；11—流量调节阀；

12—冷饮水箱；13—循环泵；14—给水处理装置

给水预处理：包括过滤、消毒等，可采用活性炭、砂滤、电渗析、紫外线、加氯、臭氧等处理方法。各种处理方法详见第 10 章。

冷冻：将预处理后的自来水冷冻到要求的温度，对小型或分散供应系统来说，可采用成品冷饮水机，用量较大的集中系统则采用制冷机制冷系统，如图 5.2-5 所示。

其制冷过程如下：压缩机 1 将制冷剂蒸汽压缩，被压缩的制冷剂蒸汽经油水分离器 2 除油，进入冷凝器 3（图示为水冷式，也有风冷式），被冷凝成液体，经干燥过滤器 4 除去水分，以免结冰堵塞和减少腐蚀，经电磁阀 5 进入汽液热交换器 6，进一步冷却以提高过冷度和运行效率，经热膨胀阀 7 减压并调节进入蒸发器的制冷剂流量，经分液头 8 进入蒸发器 9，吸收冷饮水的热量而汽化，同时冷饮水被冷冻降温，经汽液热交换器 6 提高其过热度，以防压缩机"走潮车"重新被压缩机吸入，如此循环往复。

调味：调味剂由甜味料、酸味料、香料、防腐剂等组成，有时还充入二氧化碳。对于重体力劳动和高温场所的清凉饮料还应加入一定量的食盐，以补充由于出汗过多而造成体内失去的盐分。各种调味剂（即所谓的母液）有专门生产供应，用户只需购买后加入一定比例的水调和即可，经济方便可靠。

4. 冷饮水及温水的供应

冷饮水及温水的供应方法基本与开水供应相同，也有集中制备分装供应和集中制备管道输送供应等方式，只是制备冷饮水和温水的方式不同而已。

5. 饮用生水的制备及供应

饮用生水的制备只需将自来水经过过滤、消毒处理后即可直接供给用户使用。供应方式可以采用将自来水全系统经过滤、消毒处理，用户可通过任一给水龙头取用。也可以采用设置饮用生水专用管道，经过滤、消毒处理的自来水通过专用饮水龙头取用。前者处理水量较大、系统简单，但要增加经常费用。后者需要设置专用饮水系统，需要增加建设费用，但处理费用较低，可根据经济比较选用。

一些工程建设中，往往将饮用生水系统和冷饮水系统合为一个系统，在夏季或需要冷饮水时开动冷冻机冷凝系统，使供水温度降至要求的温度，反之，则停止冷冻系统使之按常温水供给。

5.2.5 系统计算

1. 开水系统的计算

（1）饮水量按公式（5.2-1）计算：

$$Q_h = \frac{nqK}{T} \tag{5.2-1}$$

式中　Q_h——开水饮水量（L/h）；

　　　n——设计饮水人数（人）；

　　　q——饮水定额（L/(人·d) 或 L/(人·场)、L/(人·班)），见表5.2-1；

　　　K——小时变化系数，见表5.2-1；

　　　T——每日（场、班）开水供应时间（h）。

（2）设计小时耗热量按公式（5.2-2）计算：

$$W_h = \alpha \Delta t Q_h \tag{5.2-2}$$

式中　W_h——设计小时耗热量（W）；

　　　a——开水制备过程中的热损失系数，对于无管道输送系统为 1.05~1.10，对于有管道输送系统为 1.10~1.20；

　　　Δt——冷水与开水的计算温度差（℃）。

（3）开水管道：开水供应系统如采用集中制备开水管道供应各用户时，其管道计算可参照热水供应管道计算方法进行，但应考虑开水温度高，管内产生汽化及结垢等因素，因此，其管道管径应比计算管径适当放大。

2. 冷饮水设备及管道的计算

（1）制冷量按公式（5.2-3）计算：

$$W = (W_1 + W_2 + W_3)(1 + \alpha_L) \tag{5.2-3}$$

式中　W——制冷系统冷冻机制冷量（W）；

W_1——冷饮水（补给水）冷负荷（W）；

W_2——输送管道冷损失负荷（W）；

W_3——冷水箱冷损失负荷（W）；

a_L——安全系数，可取值 0.1～0.2。

各项冷负荷可按如下计算：

1）冷饮水（补给水）冷负荷按公式（5.2-4）计算：

$$W_1 = Q_h C(t_C - t_Z) \tag{5.2-4}$$

式中　Q_h——冷饮水（补给水）流量（L/h），按公式（5.2-1）计算；

C——冷饮水的热容量（kJ/(kg·℃)），可近似按 1.0 计算；

t_C——冷饮水的初温（℃），即被冷却水最热月的平均温度；

t_Z——冷饮水的终温（℃），即使用要求的冷饮水温度。

2）输送管道冷损失负荷按公式（5.2-5）计算：

$$W_2 = \sum \frac{2(t_0 - t_Z)\pi}{\dfrac{2}{\alpha_d d_1} + \dfrac{1}{\lambda}\lg\left(\dfrac{d_1}{d_0}\right)} L \tag{5.2-5}$$

式中　t_0——管道周围空气温度（℃）；

L——某管径输送管道长度（m），输送管道长度包括阀门、三通、弯头等配件的局部冷损失当量长度，其长度总和与直管总长度的比值，在管道较长时为0.2～0.3，较短时为 0.4～0.6；

a_d——管道保温表面放热系数（W/(m·K)），一般按 10 计算；

d_1——保温层外径（m）；

d_0——管道外径（m）；

λ——保温材料放热系数（W/(m·K)）。

3）冷水箱冷损失负荷按公式（5.2-6）计算：

$$W_3 = \frac{(t_0 - t_Z)M}{\dfrac{1}{\alpha_X} + \dfrac{X}{\lambda}} \tag{5.2-6}$$

式中　a_X——冷水箱保温表面放热系数（W/(m²·K)），一般按 10 计算；

M——冷水箱保温层外表面积（m²）；

X——保温层厚度（m）。

由公式（5.2-5）和公式（5.2-6）可知，输送管道和冷水箱冷的损失与管道保温层厚度和保温材料的放热系数有关，保温层厚度大则冷损失小。同时，保温层厚度还应考虑防止结露，一般情况下，输送管道和冷水箱的冷损失可按表 5.2-5 计算。

输送管道和冷水箱的冷损失

表 5.2-5

管径(mm)	15	20	25	32	40	50	65	80	100	125	150
钢管冷损失负荷(W/(m·K))	0.18	0.20	0.23	0.24	0.26	0.28	0.33	0.37	0.44	0.51	0.59
冷水箱冷损失负荷(W/(m²·K))						0.74					

注：上表 $\lambda = 0.04$ W/(m·K)，a_d、$a_X = 10$（W/(m·K)），保温层厚度：管道管径 15～32mm 为 30mm，管径40～150mm 为 40mm，冷水箱为 50mm。

（2）冷饮水箱的计算

冷饮水箱既作为冷饮水冷冻之用，也作为冷饮水贮存之用，其容积可按冷饮水小时流量的 0.5 计算。

冷饮水箱冷却盘管面积按公式（5.2-7）计算：

$$F=\frac{W}{K\Delta t_\mathrm{m}}\qquad(5.2-7)$$

式中　F——冷饮水箱冷却盘管面积（$\mathrm{m^2}$）；

K——传热系数（$\mathrm{W/(m^2 \cdot K)}$），根据不同温度差和流速确定，$K=500\sim600\mathrm{W/}$（$\mathrm{m^2 \cdot K}$）；

Δt_m——平均对数温度差（℃）。

平均对数温度差按公式（5.2-8）计算：

$$\Delta t_\mathrm{m}=\frac{\Delta t_\mathrm{max}-\Delta t_\mathrm{min}}{\ln\dfrac{\Delta t_\mathrm{max}}{\Delta t_\mathrm{min}}}\qquad(5.2-8)$$

式中　Δt_max——冷媒和被冷却水在冷饮水箱中的最大温度差（℃）；

Δt_min——冷媒和被冷却水在冷饮水箱中的最小温度差（℃），其值应不低于 $5\sim6$℃。

（3）循环水泵的选择

水泵流量和扬程与水泵设置位置有关，不同位置要求的流量和扬程不同，有时可能相差很大。

水泵循环流量计算：

水泵设置在回水管上：

$$Q_\mathrm{b}=\frac{W-W_1}{t_2-t_1}\qquad(5.2-9)$$

式中　Q_b——循环水泵的流量（$\mathrm{L/h}$）；

t_2——冷饮水的供水温度（℃）；

t_1——冷饮水的回水温度（℃），一般比供水温度高 3℃左右。

水泵设置在供水管上：

水泵设置在供水管上则水泵不仅要通过冷损失的循环流量，而且还要通过最大冷饮水流量。

$$Q_\mathrm{b}=\frac{W-W_1}{t_2-t_1}+Q_\mathrm{h}\qquad(5.2-10)$$

水泵扬程计算：应按最不利供、回水管段阻力之和确定。供、回水管道流速宜控制在 $1.0\mathrm{m/s}$ 以下，平均单位水头损失不宜大于 $100\mathrm{mmH_2O/m}$（$1\mathrm{mmH_2O}=9.80665\mathrm{Pa}$）。

5.2.6　饮用矿泉水

1. 饮用矿泉水的定义

饮用矿泉水是一种矿产资源，是来自地下深部循环的天然露头或经人工揭露的地下水，以含有一定量的矿物盐或微量元素，或二氧化碳气体为特征，在通常情况下其化学成分、流量、温度等应相对稳定。根据现行国家标准《饮用天然矿泉水》GB 8537 的规定，饮用天然矿泉水的技术要求为：

（1）饮用天然矿泉水的界限指标见表 5.2-6。

饮用天然矿泉水的界限指标   表 5.2-6

项　　目		要求
锂(mg/L)	≥	0.20
锶(mg/L)	≥	0.20(含量在 0.20～0.40mg/L 时,水源水水温应在 25℃以上)
锌(mg/L)	≥	0.20
碘化物(mg/L)	≥	0.20
偏硅酸(mg/L)	≥	25.0(含量在 25.0～30.0mg/L 时,水源水水温应在 25℃以上)
硒(mg/L)	≥	0.01
游离二氧化碳(mg/L)	≥	250
溶解性总固体(mg/L)	≥	1000

注：本表摘自《饮用天然矿泉水》GB 8537—2008。

（2）感官要求

1）色度：小于等于 15 度（不得呈现其他异色）。

2）浑浊度：小于等于 5NTU。

3）臭和味：具有矿泉水特征性口味，不得有异臭、异味。

4）肉眼可见物：允许有极少量的天然矿物盐沉淀，但不得含其他异物。

（3）某些元素和组分的限量指标见表 5.2-7。

元素和组分的限量指标   表 5.2-7

项　　目		要　　求
硒(mg/L)	<	0.05
锑(mg/L)	<	0.005
砷(mg/L)	<	0.01
铜(mg/L)	<	1.0
钡(mg/L)	<	0.7
镉(mg/L)	<	0.003
铬(mg/L)	<	0.05
铅(mg/L)	<	0.01
汞(mg/L)	<	0.001
锰(mg/L)	<	0.4
镍(mg/L)	<	0.02
银(mg/L)	<	0.05
溴酸盐(mg/L)	<	0.01
硼酸盐(以 B 计)(mg/L)	<	5
硝酸盐(以 NO_3^- 计)(mg/L)	<	45
氟化物(以 F^- 计)(mg/L)	<	1.5
耗氧量(以 O_2 计)(mg/L)	<	3.0
^{226}镭放射物(Bq/L)	<	1.1

注：本表摘自《饮用天然矿泉水》GB 8537—2008。

（4）污染物指标见表5.2-8。

污染物指标　　　　　　　　　　　　　　　　　　表 5.2-8

项　　目		要　　求
挥发酚（以苯酚计）（mg/L）	＜	0.002
氰化物（以 CN^- 计）（mg/L）	＜	0.010
阴离子合成洗涤剂（mg/L）	＜	0.3
矿物油（mg/L）	＜	0.05
亚硝酸盐（以 NO_2^- 计）/（mg/L）	＜	0.1
总 β 放射性（Bq/L）	＜	1.50

注：本表摘自《饮用天然矿泉水》GB 8537—2008。

（5）微生物指标见表5.2-9。

微生物指标　　　　　　　　　　　　　　　　　　表 5.2-9

项　　目	要　　求
大肠菌群（MPN/100mL）	0
粪链球菌（CFU/250mL）	0
铜绿假单胞菌（CFU/250mL）	0
产气荚膜梭菌（CFU/250mL）	0

注1. 取样 1×250mL（产气荚膜梭菌 1×50mL）进行第一次检验，符合本表要求，报告为合格。

2. 检测结果大于等于 1 并小于 2 时，应按《饮用天然矿泉水》GB 8537 要求进行第二次检验。

3. 检测结果大于等于 2 时，报告为不合格。

注：本表摘自《饮用天然矿泉水》GB 8537—2008。

2. 饮用矿泉水的分类

各国对饮用矿泉水有不同的分类方法，我国习惯采用如下的分类方法：

（1）可溶性固体大于 1000mg/L 的盐类矿泉水：

盐类矿泉水按盐类主要阴离子成分命名为：重碳酸盐类矿泉水、硫酸盐类矿泉水、氯化物（食盐）矿泉水。

（2）淡矿泉水：

可溶性固体小于 1000mg/L，但水中含有表 5.2-10 中所列的一种以上含量达到规定标准的特殊化学成分的矿泉水称之为淡矿泉水。

表 5.2-10

序号	化学组成	单位	命名标准	序号	化学组成	单位	命名标准
1	游离二氧化碳	mg/L	1000	5	偏硅酸	mg/L	＞50
2	锂	mg/L	＞1	6	碘	mg/L	＞1
3	锶	mg/L	＞5	7	硒	mg/L	＞0.01
4	溴	mg/L	＞5	8	锌	mg/L	＞5

（3）特殊成分饮用矿泉水：

当饮用矿泉水中某种特殊成分达到下列命名标准值时可称之为该成分饮用矿泉水。

1）碳酸水：游离二氧化碳大于 1000mg/L 时；

2）硅酸水：硅酸含量大于 50mg/L 时。

3. 饮用矿泉水的制备

当通过较长期的水文地质、化学分析和医疗特征研究证实该泉水实为具有医疗保健价值的饮用矿泉水后，就可进行饮用矿泉水的开发。饮用矿泉水的制备较为简单，只需消毒、装瓶后即可外售。在饮用矿泉水的开发、制备过程中应注意：

（1）饮用矿泉水水源必须做好环境保护、防止污染，否则将引起严重的后果。

（2）尽可能利用矿泉压力自流涌出地面，如必须使用泵抽取则其采水量应低于水源的最大可取水量，否则将会对矿泉的流量和组成产生不可逆的影响。

（3）水泵、输水管和贮罐等均采用与矿泉水不起反应的材质（如不锈钢等）制成。水泵宜采用齿轮泵或活塞泵，离心泵容易引起水中二氧化碳的损失，因此不宜采用。

（4）矿泉水的杀菌一般采用无菌过滤、加氯、紫外线和臭氧等方法。近年来国外有采用银离子消毒方法的，即在矿泉水中加入硫酸银，使银离子浓度达 $0.05 \sim 0.2$ mg/L，保持 2h，以完全杀灭病原微生物。

4. 人工矿泉水

人工矿泉水的制备包括净化、矿化和消毒三个部分。首先，通过净化装置将原水中的有害物质去除，使原水变得无臭、无味，清澈透明。然后，进入矿化装置，这种装置按照事先设计好的要求，放置经过处理的矿石，水通过矿化装置使之矿化，成为含有人体所需的钙、镁、钾、硒、氡等多种微量元素和矿物质的矿化水。最后，将其通过消毒装置进行消毒处理，就成为合乎要求的饮用矿泉水了。

近年来，我国不少地方已研制、生产了各种人工矿泉水设备（包括公用和家用）和矿泉水来满足人们的需要。

第6章 建筑消防

6.1 概述及消防设施的设置

6.1.1 概述

1. 本章编写以国家现行规范为依据,其内容涉及的灭火系统及相应的标准见表6.1-1。

灭火系统及设计规范一览表 表6.1-1

序号	灭火系统	规范名称及编号	备注
1	室内外消火栓系统	《建筑设计防火规范》GB 50016 《消防给水及消火栓系统技术规范》GB 50974 《汽车库、修车库、停车场设计防火规范》GB 50067	简称《建规》 简称《消规》 简称《车规》
2	自动喷水灭火系统	《自动喷水灭火系统设计规范》GB 50084	简称《喷规》
3	大空间智能型主动喷水灭火系统	《大空间智能型主动喷水灭火系统技术规程》CECS 263	中国工程建设协会标准
4	水喷雾灭火系统	《水喷雾灭火系统技术规范》GB 50219	
5	细水雾灭火系统	《细水雾灭火系统技术规范》GB 50898	
6	固定消防炮灭火系统	《固定消防炮灭火系统设计规范》GB 50338	
7	泡沫灭火系统	《泡沫灭火系统设计规范》GB 50151	
8	气体灭火系统	《气体灭火系统设计规范》GB 50370	
9	建筑灭火器	《建筑灭火器配置设计规范(送审稿)》GB 50140	
10	厨房灭火系统	《厨房设备细水雾灭火系统设计、施工及验收规范》DB51/T 592	四川省标准
11	自动跟踪定位射流灭火系统	《自动跟踪定位射流灭火系统设计规范(报批稿)》GB 50×××	

注：1. 表6.1-1中列出了《建规》所有提及的灭火系统,近10余年来,大空间智能型主动灭火系统应用较多,也一并列入。

2. 本手册编制过程中,《建筑灭火器配置设计规范》GB 50140和《自动跟踪定位射流灭火系统设计规范》尚在报批准备中,编制按最新内容撰写,此两规范正式实施后,应以公布实施的版本为准。

3. 厨房灭火系统暂时按四川省地方标准编写。

2. 灭火系统的设计依据主要为表6.1-1中所列相关规范,同时应遵照住房和城乡建设部颁布的《建筑工程设计文件编制深度规定》编制设计文件。

设计规范具有法律效力,必须遵守,特别是强制性条文,不得违犯。技术规程是指引类规定,根据需要选择使用,一旦作为设计依据,便具有法律效力。

设计手册、技术指南、技术措施等为参考书籍,不应在设计文件中列为设计依据。

3. 规范是最低要求，设计时不得降低规范中规定的相关标准。鉴于消防设计的终身负责制，设计应可靠、清晰、有效。规范之间、规范条文之间、条文和条文说明之间如果发生理解方面的歧义，应按最可靠的无争议的方式设计，避免产生漏洞，以应对发生火灾事故时可能导致的法律责任，设计人应懂得保护自己，不建议设计主动或在外界压力下打擦边球。

4. 规范是对过往工程经验的总结，难以全面覆盖其后的工程及技术发展，鉴于我国现行规范的编制体制，其自身的缺陷也是难以避免的，设计人应以开放的心态认识这一事实，在执行现行规范的前提下，在工程设计中不断进行技术创新和设计创新，为规范的提高完善及调整提供工程案例。

5.《建规》是通用规范，其他为专用规范，在何种场所何种条件下设置何种灭火系统由《建规》规定，各系统如何设置则由系统的专用规范规定。

专用规范也有两类，一类是各灭火系统的规范，另一类是某种场所的规范，如《车规》。因建筑内多设有车库，车库与建筑本身有不可分割的关系，故本章涵盖《车规》的灭火设计，其他特定场所的灭火设计不予涉及，设计人可依据其他专用规范设计。

6. 规范执行原则：

(1) 通用规范高于专用规范；

(2) 时间近的优先于时间远的；

(3) 条文优先于条文说明；

(4) 当出现规范间多重冲撞，设计无法确定时，由消防管理部门按程序解决。

7. 应服从公安部消防局应急管理部及属地消防管理部门的管理及相关要求。

8. 消防评审

《建规》第 1.0.6 条规定：建筑高度大于 250m 的建筑，除应符合本规范的要求外，尚应结合实际情况采取更加严格的防火措施，其防火设计应提交国家消防主管部门组织专题研究、论证。

根据本条规定，国内高度超过 250m 的建筑由公安部消防局应急管理部组织专家评审会（以前称为论证会），评审会形成的意见作为属地消防部门审查的依据，也作为设计依据，具有法律效力。

当现行规范规定难以涵盖某种建筑的防火设计时，也应由评审会解决。

设计方应了解评审程序，当设计出现按现行规范难以操作的情况时，应提出相应的解决方案。由业主方报属地消防管理部门。属地消防管理部门根据问题性质，可组织消防专项审查。涉及规范难以覆盖的情况时，则应上报至省级消防管理部门组织评审。设计方则应积极配合业主通过评审后再行设计。

高度超过 250m 的建筑，由应急管理部指定专家及属地专家组成专家组进行消防评审。

6.1.2　消防设施的设置

灭火系统选择的依据是《建规》，《建规》规定了何种场合何种条件下设置何种灭火系统。

1. 建筑分类

在设计一个工程项目之前，首先要进行工程分类，以便确定设计依据。

如果该工程是《建规》第1.0.2条中规定的7类（厂房，仓库，民用建筑，甲乙丙类液体储罐（区），可燃、助燃气体储罐（区），可燃材料堆场，城市交通隧道），则依据《建规》设计，如果该工程不包括在《建规》的适用范围内，则要依据该工程所属行业专用规范设计。

在确定工程项目适用于《建规》涵盖的范围后，应由建筑专业确定工程项目的建筑分类。

对于厂房和仓库，应由工艺和建筑专业确定生产或储存的火灾危险性分类。

厂房生产的火灾危险性根据《建规》表3.1.1分类。

仓库储存物品的火灾危险性根据《建规》表3.1.3分类。

民用建筑则根据《建规》表5.1.1进行分类。

对工程项目进行建筑分类后，才能正确地进行灭火系统的选择及设计。

2. 灭火系统选择

《建规》规定了各种灭火系统设置的场所，见表6.1-2～表6.1-4。

《车规》规定了汽车库、修车库、停车场需设置的灭火系统，见表6.1-5。

《建规》8.1节中规定的消防设施　　　　　　　　表6.1-2

序号	消防设置	条文号	设置场所	备注
1	市政消火栓	8.1.2	城镇(包括居住区、商业区、工业区、开发区等)应沿可通行消防车的街道设置	
2	室外消火栓	8.1.2	1. 民用建筑、厂房、仓库、储罐(区)和堆场周围应设置； 2. 用于消防救援和消防车停靠的屋面上应设置	
3	水泵接合器	8.1.3	1. 自动喷水灭火系统、水喷雾灭火系统、泡沫灭火系统和固定消防炮灭火系统均应设置； 2. 设室内消火栓给水系统的下列建筑应设置： (1)超过5层的公共建筑； (2)超过4层的厂房和仓库； (3)其他高层建筑； (4)超过2层或建筑面积大于10000m² 的地下建筑(室)	
4	建筑灭火器	8.1.10	高层住宅建筑的公共部位和公共建筑内应设置；其他住宅建筑的公共部位宜设置；厂房、仓库、储罐(区)和堆场应设置	

室内消火栓系统设置场所　　　　　　　　表6.1-3

序号	灭火系统	条文号	设置场所	备注
1	室内消火栓系统	5.3.6 5.5.23 7.4.2 8.2.1	1. 建筑占地面积大于300m² 的厂房和仓库； 2. 高层公共建筑和建筑高度大于21m的住宅建筑； 　注：建筑高度不大于27m的住宅建筑，设置室内消火栓系统确有困难时，可只设置干式消防竖管和不带消火栓箱的 DN65 的室内消火栓。	

续表

序号	灭火系统	条文号	设置场所	备注
1	室内消火栓系统	5.3.6 5.5.23 7.4.2 8.2.1	3. 体积大于5000m³的车站、码头、机场的候车（船、机）建筑、展览建筑、商店建筑、旅馆建筑、医疗建筑、老年人照料设施和图书馆建筑等单、多层建筑； 4. 特等、甲等剧场，超过800个座位的其他等级的剧场和电影院等以及超过1200个座位的礼堂、体育馆等单、多层建筑； 5. 建筑高度大于15m或体积大于10000m³的办公建筑、教学建筑和其他单、多层民用建筑； 6. 步行街两侧建筑的商铺处应每隔30m设置DN65消火栓，并应配备消防软管卷盘或消防水龙； 7. 避难层应设置消火栓和消防软管卷盘； 8. 停机坪的适当位置	

自动灭火系统设置场所 表 6.1-4

序号	灭火系统	条文号	设置场所	备注
1	自动喷水灭火系统	8.3.1	1. 不小于50000纱绽的棉纺厂的开包、清花车间，不小于5000锭的麻纺厂的分级、梳麻车间，火柴厂的烤梗、筛选部位； 2. 占地面积大于1500m²或总建筑面积大于3000m²的单、多层制鞋、制衣、玩具及电子等类似生产的厂房； 3. 占地面积大于1500m²的木器厂房； 4. 泡沫塑料厂的预发、成型、切片、压花部位； 5. 高层乙、丙类厂房； 6. 建筑面积大于500m²的地下或半地下丙类厂房	8.3.1条规定了生产厂房自动喷水灭火系统的设置
		8.3.2	1. 每座占地面积大于1000m²的棉、毛、丝、麻、化纤、毛皮及其制品的仓库； 注：单层占地面积不大于2000m²的棉花库房，可不设置自动喷水灭火系统。 2. 每座占地面积大于600m²的火柴仓库； 3. 邮政建筑内建筑面积大于500m²的空邮袋库； 4. 可燃、难燃物品的高架仓库和高层仓库； 5. 设计温度高于0℃的高架冷库，设计温度高于0℃且每个防火分区建筑面积大于1500m²的非高架冷库； 6. 总建筑面积大于500m²的可燃物品地下仓库； 7. 每座占地面积大于1500m²或总建筑面积大于3000m²的其他单层或多层丙类物品仓库	8.3.2条规定了仓库自动喷水灭火系统的设置
		8.3.3	1. 一类高层公共建筑（除游泳池、溜冰场外）及其地下、半地下室； 2. 二类高层公共建筑及其地下、半地下室的公共活动用房、走道、办公室和旅馆的客房、可燃物品库房、自动扶梯底部； 3. 高层民用建筑内的歌舞娱乐放映游艺场所； 4. 建筑高度大于100m的住宅建筑	

序号	灭火系统	条文号	设置场所	备注
1	自动喷水灭火系统	8.3.4	1. 特等、甲等剧场，超过 1500 个座位的其他等级的剧场，超过 2000 个座位的会堂或礼堂，超过 3000 个座位的体育馆，超过 5000 人的体育场的室内人员休息室与器材间等； 2. 任一层建筑面积大于 1500m² 或总建筑面积大于 3000m² 的展览、商店、餐饮和旅馆建筑以及医院中同样建筑规模的病房楼、门诊楼和手术部； 3. 设置送回风道(管)的集中空气调节系统且总建筑面积大于 3000m² 的办公建筑等； 4. 藏书量超过 50 万册的图书馆； 5. 大、中型幼儿园，老年人照料设施； 6. 总建筑面积大于 500m² 的地下或半地下商店； 7. 设置在地下或半地下或地上四层及以上楼层的歌舞娱乐放映游艺场所(除游泳场所外)，设置在首层、二层和三层且任一层建筑面积大于 300m² 的地上歌舞娱乐放映游艺场所(除游泳场所外)	
		5.3.2 第 1 款 第 2 款	1. 建筑专业采用耐火完整性不低于 1h 的非隔热性防火玻璃墙进行防火分隔时； 2. 高层建筑内的中庭回廊	
		5.3.6 第 4 款 第 8 款	1. 建筑专业采用耐火完整性不低于 1h 的非隔热防火玻璃墙(包括门、窗)进行防火分隔时； 2. 有顶棚的步行街每层回廊	
		5.4.7 第 5 款	设置在高层建筑内的剧场、电影院、礼堂	
		5.4.8 第 3 款	设置在高层建筑内的会议厅、多功能厅等人员密集的场所	
		5.4.12 第 8 款	设置在建筑内的燃油或燃气锅炉、油浸变压器、充有可燃油的高压电容器和多油开关等，当该建筑的其他部位设置自动喷水灭火系统时	
		5.4.13 第 6 款	布置在民用建筑内的柴油发电机房，当建筑内其他部位设置自动喷水灭火系统时	
2	固定消防炮灭火系统	8.3.5	难以设置自动喷水灭火系统的展览厅、观众厅等人员密集的场所和丙类生产车间、库房等高大空间场所	
3	水幕系统	8.3.6	1. 特等、甲等剧场，超过 1500 个座位的其他等级的剧场，超过 2000 个座位的会堂或礼堂和高层民用建筑内超过 800 个座位的剧场或礼堂的舞台口及上述场所内与舞台相连的侧台、后台的洞口； 2. 应设置防火墙等防火分隔物而无法设置的局部开口部位； 3. 需要防护冷却的防火卷帘或防火幕的上部。 注：舞台口也可采用防火幕进行分隔，侧台、后台的较小洞口宜设置乙级防火门、窗	

续表

序号	灭火系统	条文号	设置场所	备注
4	雨淋自动喷水灭火系统	8.3.7	1. 火柴厂的氯酸钾压碾厂房,建筑面积大于100m²且生产或使用硝化棉、喷漆棉、火胶棉、赛璐珞胶片、硝化纤维的厂房; 2. 乒乓球厂的轧坯、切片、磨球、分球检验部位; 3. 建筑面积大于60m²或储存量大于2t的硝化棉、喷漆棉、火胶棉、赛璐珞胶片、硝化纤维的仓库; 4. 日装瓶数量大于3000瓶的液化石油气储配站的灌瓶间、实瓶库; 5. 特等、甲等剧场,超过1500个座位的其他等级的剧场和超过2000个座位的会堂或礼堂的舞台葡萄架下部; 6. 建筑面积不小于400m²的演播室,建筑面积不小于500m²的电影摄影棚	
5	水喷雾灭火系统	8.3.8	1. 单台容量在40MV·A及以上的厂矿企业油浸变压器,单台容量在90MV·A及以上的电厂油浸变压器,单台容量在125MV·A及以上的独立变电站油浸变压器; 2. 飞机发动机试验台的试车部位; 3. 充可燃油并设置在高层民用建筑内的高压电容器和多油开关室。 注:设置在室内的油浸变压器、充可燃油的高压电容器和多油开关等,可采用细水雾灭火系统	
6	气体灭火系统	8.3.9	1. 国家、省级或人口超过100万的城市广播电视发射塔内的微波机房、分米波机房、米波机房、变配电室和不间断电源(UPS)室; 2. 国际电信局、大区中心、省中心和一万路以上的地区中心内的长途程控交换机房、控制室和信令转接点室; 3. 两万线以上的市话汇接局和六万门以上的市话端局内的程控交换机房、控制室和信令转接点室; 4. 中央及省级公安、防灾和网局级及以上的电力等调度指挥中心内的通信机房和控制室; 5. A、B级电子信息系统机房内的主机房和基本工作间的已记录磁(纸)介质库; 6. 中央和省级广播电视中心内建筑面积不小于120m²的音像制品库房; 7. 国家、省级或藏书量超过100万册的图书馆内的特藏库;中央和省级档案馆内的珍藏库和非纸质档案库;大、中型博物馆内的珍品库房;一级纸绢质文物的陈列室; 8. 其他特殊重要设备室。 注:1. 本条第1、4、5、8款规定的部位,可采用细水雾灭火系统。 2. 当有备用主机和备用已记录磁(纸)介质,且设置在不同建筑内或同一建筑内的不同防火分区内时,本条第5款规定的部位可采用预作用自动喷水灭火系统	
7	细水雾灭火系统	8.3.8注 8.3.9注1、注2	在8.3.8条注和8.3.9条注1、注2中规定了可设置细水雾灭火系统的场所	

续表

序号	灭火系统	条文号	设置场所	备注
8	泡沫灭火系统	8.3.10	甲、乙、丙类液体储罐的灭火系统设置应符合下列规定： 1. 单罐容量大于 1000m³ 的固定顶罐应设置固定式泡沫灭火系统； 2. 罐壁高度小于 7m 或容量不大于 200m³ 的储罐可采用移动式泡沫灭火系统； 3. 其他储罐宜采用半固定式泡沫灭火系统； 4. 石油库、石油化工、石油天然气工程中甲、乙、丙类液体储罐的灭火系统设置，应符合现行国家标准《石油库设计规范》GB 50074 等标准的规定	
9	餐馆或食堂自动灭火装置	8.3.11	餐厅建筑面积大于 1000m² 的餐馆或食堂，其烹饪操作间的排油烟罩及烹饪部位应设置自动灭火装置，并应在燃气或燃油管道上设置与自动灭火装置联动的自动切断装置。 食品工业加工场所内有明火作业或高温实用油的食品加工部位宜设置自动灭火装置	
10	自动跟踪定位射流灭火系统	5.3.6 第四款	步行街内宜设置自动跟踪定位射流灭火系统	

汽车库、修车库、停车场需设置的灭火系统　　表 6.1-5

序号	灭火系统	条文号	设置条件及场所	备注
1	室外消火栓系统	7.1.6 7.1.2 第 3 款	沿停车场周边设置，且距离最近一排汽车不宜小于 7m，距加油站或油库不宜小于 15m。 停车数量不大于 5 辆的停车场可不设置	
2	室内消火栓系统	7.1.8 7.1.2 第 1、2 款	除 7.1.2 第 1、2 款规定之外的汽车库、修车库内不大于 5 辆的汽车库和修车库可不设置	
3	自动灭火系统	7.2.1	1. Ⅰ、Ⅱ、Ⅲ类地上汽车库； 2. 停车数大于 10 辆的地下、半地下汽车库； 3. 机械式汽车库； 4. 采用汽车专用升降机作汽车疏散出口的汽车库； 5. Ⅰ类修车库	
	(1)泡沫—水喷淋系统	7.2.3	1. Ⅰ类地下、半地下汽车库； 2. Ⅰ类修车库； 3. 停车数大于 100 辆的室内无车道且无人员停留的机械式汽车库	
	(2)高倍数泡沫灭火系统	7.2.4	地下、半地下汽车库(可采用)	
	(3)二氧化碳等气体灭火系统	7.2.4	停车数不大于 50 辆的室内无车道且无人员停留的机械式停车库	
	(4)自动喷水灭火系统	7.2.2	除 7.2.3 条、7.2.4 条规定的场所外，符合 7.2.1 条规定的均应设置	
4	灭火器	7.2.7	除室内无车道且无人员停留的机械式汽车库外，汽车库、修车库、停车场应配置	

3. 消防排水

消防排水设置参见本手册第 2.12.4 节。

6.2　消防给水及消火栓系统

消防给水系统的设置场所详见本手册表 6.1-2～表 6.1-4。

6.2.1　消防用水量、消防水源和消防水池

1. 消防用水量

（1）消防用水量计算方法

消防用水量应为室外消防用水量和室内消防用水量之和。消防用水量按公式（6.2-1）计算：

$$Q=(q_1h_1+q_2h_2+\cdots+q_nh_n)\times3.6 \tag{6.2-1}$$

式中　　　　Q——消防用水量（m^3）；

q_1、$q_2\cdots\cdots q_n$——同时开启的灭火系统的消防用水量（L/s）；

h_1、$h_2\cdots\cdots h_n$——同时开启的灭火系统的延续时间（h），不同场所各种消防给水系统延续时间见表 6.2-2。

室外消防用水量应为民用建筑、厂房、仓库、储罐（区）、堆场等，室外设置的消火栓、水喷雾、泡沫等灭火、冷却系统需要同时开启的用水量之和。

室内消防用水量应为民用建筑、厂房、仓库等，室内设置的消火栓、自动喷水、泡沫等灭火系统需要同时开启的用水量之和。

在计算消防用水量时，应注意关键词"同时开启"，应分析在扑救火灾时，一个防护区、一个建筑同时开启的消防给水系统。

当一个消防给水系统防护多个建筑或构筑物时，应以各建筑或构筑物为单位，分别计算消防用水量（室外消防用水量和室内消防用水量之和），取其中的最大者为消防系统的用水量。

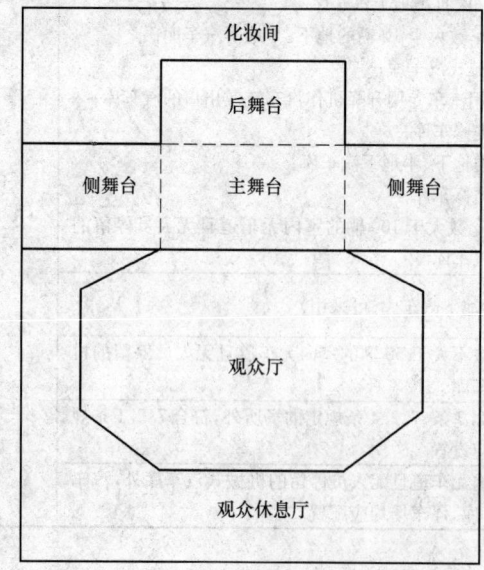

图 6.2-1　某大型剧场平面示意图

室内一个防护对象或防护区的消防用水量，应为消火栓用水、自动灭火用水、防火分隔或冷却用水之和。当室内有多个防护对象或防护区时，应以各防护对象或防护区为单位，分别计算室内消防用水量，取其中的最大者为建筑物的室内消防用水量。

自动灭火系统包括自动喷水灭火、水喷雾灭火、自动消防水炮灭火等系统，一个防护对象或防护区的自动灭火系统的用水量按其中用水量最大的一个系统确定。

【例 6.2-1】　某大型剧场，有 1600座位，平面如图 6.2-1 所示。共分为 4 个防火分区，防火分区 1 为化妆间，防火

分区 2 为主舞台、侧舞台和后舞台，防火分区 3 为观众厅，防火分区 4 为观众休息厅。主要消防系统设置和设计用水量见表 6.2-1。当舞台发生火灾时，消防用水量最大，同时启用的消防系统包括室外消火栓、室内消火栓、水幕系统和雨淋系统，消防用水量为（1）＋（2）＋（5）＋（6）＝1433m³。

某大型剧场主要消防系统设置和设计用水量　　　　表 6.2-1

消防系统	设置部位	设计用水量（L/s）	使用时间（h）	消防用水量（m³）
（1）室外消火栓	室外	40	3	432
（2）室内消火栓	全部	40	3	432
（3）自动喷水灭火系统	观众厅、观众休息厅、化妆间	30	1	108
（4）大空间水炮灭火系统	观众厅	45	1	162
（5）水幕系统	舞台台口	18	3	65
（6）雨淋系统	主舞台、侧舞台、后舞台	140	1	504

（2）火灾延续时间

不同场所火灾延续时间见表 6.2-2。

不同场所火灾延续时间　　　　表 6.2-2

建（构）筑物类别	场所名称、火灾危险性		火灾延续时间（h）
仓库	甲、乙、丙类仓库		3.0
	丁、戊类仓库		2.0
厂房	甲、乙、丙类厂房		3.0
	丁、戊类厂房		2.0
民用建筑	公共建筑	1. 高层建筑中的商业楼、展览楼、综合楼； 2. 建筑高度大于 50m 的财贸金融楼、图书馆、书库、重要的档案楼、科研楼； 3. 高级宾馆	3.0
		其他公共建筑	2.0
	住宅		2.0
	地下建筑、地铁车站		2.0
人防工程	建筑面积小于 3000m²		1.0
	建筑面积大于或等于 3000m²		2.0
煤、天然气、石油及其产品的工艺装置	—		2.0
甲、乙、丙类可燃液体储罐	1. 直径大于 20m 的固定顶罐； 2. 直径大于 20m 浮盘用易熔材料制作的内浮顶罐		6.0
	其他储罐		4.0
	覆土储罐		
液化石油气储罐，沸点低于 45℃甲类液体、液氨储罐			6.0

续表

建(构)筑物类别	场所名称、火灾危险性	火灾延续时间 (h)
空分站,可燃液体、液化烃的火车和汽车装卸栈台		3.0
变电站		2.0
装卸油品码头	甲、乙类可燃液体油品一级码头	6.0
	1. 甲、乙类可燃液体油品二、三级码头; 2. 丙类可燃液体油品码头	
	海港油品码头	6.0
	河港油品码头	4.0
	码头装卸区	2.0
装卸液化石油气船码头		6.0
液化石油气加气站	地上储气罐加气站	3.0
	埋地储气罐加气站	
	加油和液化石油气加气合建站	1.0
易燃、可燃材料露天、半露天堆场,可燃气体罐区	粮食土圆囤、席穴囤	6.0
	棉、麻、毛、化纤百货	
	稻草、麦秸、芦苇等	
	木材等	
	露天或半露天堆放煤和焦炭	
	可燃气体储罐	3.0

自动喷水灭火系统火灾延续时间详见本手册第 6.3 节。

2. 消防水源

消防用水通常采用市政给水、天然水源或消防水池作为消防水源。

不建议其他水源作为消防水源,当只能选择雨水清水池、中水清水池、水景和游泳池作为消防水源时,应做到:应有保证在任何情况下均能满足消防给水系统所需的水量和水质的技术措施。应考虑游泳池使用的季节性及换水时的间断性,应采取相应的措施保证游泳池停用及换水时的消防用水。北方地区室外景观水体兼作消防水池时,应考虑冰冻对消防用水的影响。消防给水系统在一般情况下不能影响上述设施的正常使用。消防给水系统不应影响水景和游泳池水质,不应影响安全使用。

(1) 市政给水

在城市规划和建设区域范围内,市政给水管网是较为可靠、方便的消防水源,应优先采用。当市政给水管网连续供水,且能满足消防水压和消防流量时,在供水管理部门许可时,消防给水系统可采用市政给水管网直接供水。

不同区域的市政给水形式多种多样,设计时应确定市政供水的条件,同时符合下列条件的市政给水管网才满足两路供水的要求:

1) 市政给水厂应至少有两条输水干管向市政给水管网输水;

2) 市政给水管网应为环状管网;

3) 应至少有两条不同的市政给水干管上有不少于两条引入管向消防给水系统供水。

如图 6.2-2 所示。

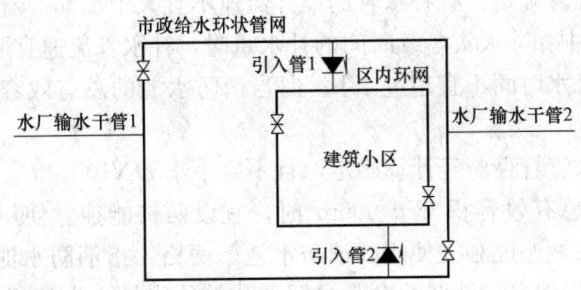

图 6.2-2 市政两路供水

（2）天然水源

天然水源一般是指海洋、河流、湖泊、水库等自然形成的水体以及水井。

当利用天然水源作为消防水源时，应收集相关的水文及气象资料。应注意以下要点：

1）应考虑设计枯水流量保证率。天然水源的设计枯水流量保证率应根据城乡规模和工业项目的重要性、火灾危险性和经济合理性等因素综合确定，宜为 90%～97%。城市、工业区、重要公共建筑的设计枯水流量保证率宜取上限，村镇的室外消防水源的设计枯水流量保证率可根据当地水源情况适当降低。

2）应考虑冰冻对消防用水的影响。

3）应考虑水源水质（如浊度、污染状况、pH 等）对消防的影响。应采取防止冰凌、漂浮物、悬浮物等物质堵塞消防水泵的技术措施。

4）当采用地表水作为室外消防水源时，消防车取水的最大吸水高度不应超过 6.0m。应设置消防车到取水口的消防车道和消防车回车场或回车道。

5）当采用井水作为消防水源时，应设置探测井水水位的水位测试装置。

（3）消防水池

符合下列规定之一时，应设置消防水池：

1）当生产、生活用水量达到最大时，市政给水管网或入户引入管不能满足室内、室外消防给水设计流量；

2）采用一路消防供水或只有一条入户引入管，且室外消火栓设计流量大于 20L/s 或建筑高度大于 50m；

3）市政消防给水设计流量小于建筑室内、外消防给水设计流量。

3. 消防水池

（1）当室外给水管网能保证室外消防用水量时，消防水池的有效容量应满足在火灾延续时间内室内消防用水量的要求。当室外给水管网不能保证室外消防用水量时，消防水池的有效容量应满足在火灾延续时间内室内消防用水量与室外消防用水量不足部分之和的要求。

（2）《建筑给水排水设计规范》GB 50015—2003（2009 年版）第 3.2.8 条规定："生活饮用水池（箱）应与其他用水的水池（箱）分开设置"。故建筑内的消防水池应与生活水池分开设置。

（3）当市政给水管网能够连续供水，市政引入管符合两路进水的要求，并且消防水池进水采用两路进水时，消防水池的容量可减去火灾延续时间内补充的水量。

1）补水量应经计算确定，且补水管的设计流速不宜大于 2.5m/s。为安全起见，计算从消防水池有效容积中扣除火灾延续时间的补水量时，补水管流速宜取 1.00m/s 左右。

2）消防水池的补水时间不宜超过 48h；但当消防水池的总有效容积大于 2000m³ 时，不应大于 96h。

3）消防水池进水管管径应经计算确定，且不应小于 DN100。

（4）消防水池的总有效容积大于 500m³ 时，宜设两格能独立使用的消防水池；当大于 1000m³ 时，应设置两座能独立使用的消防水池。两格，指消防水池可以共用池壁；两座，指消防水池不共用池壁，池壁的净距参照《建筑给水排水设计规范》GB 50015 的要求，无管道的侧面，净距不宜小于 0.7m；有管道的侧面，净距不宜小于 1.0m，且管道外壁与建筑本体墙面之间的通道宽度不宜小于 0.6m。

（5）供消防车取水的消防水池应设置取水口或取水井，且吸水高度不应大于 6.0m。每个取水口取水量按照 10~15L/s 计算，取水口或取水井与建筑物（消防水泵房除外）的距离不宜小于 15m。

（6）供消防车取水的消防水池，其保护半径不应大于 150m。

（7）消防用水与生产、生活用水合并的水池，应采取确保消防用水不作他用的技术措施。

（8）严寒和寒冷地区的消防水池应采取防冻保护措施。

6.2.2　消防水泵和消防给水系统控制

1. 消防水泵

（1）消防水泵的选用

消防水泵宜根据可靠性、安装场所、消防水源、消防给水设计流量和扬程等综合因素确定水泵的形式。消防水泵选用的主要控制参数为泵的额定流量、额定压力。消防水泵的流量、扬程不应低于设计要求值。单台消防水泵的最小额定流量不应小于 10L/s，最大额定流量不宜大于 320L/s。此外，消防水泵运行性能应满足《消规》第 5.1.6 条的规定：

1）消防水泵的性能应满足消防给水系统所需流量和压力的要求；

2）消防水泵所配驱动器的功率应满足所选水泵流量扬程性能曲线上任何一点运行所需功率的要求；

3）当采用电动机驱动的消防水泵时，应选择电动机干式安装的消防水泵；

4）流量扬程性能曲线应为无驼峰、无拐点的光滑曲线，零流量时的压力不应大于设计工作压力的 140%，且宜大于设计工作压力的 120%；

5）当出流量为设计流量的 150% 时，其出口压力不应低于设计工作压力的 65%；

6）泵轴的密封方式和材料应满足消防水泵在低流量时运转的要求；

7）消防给水同一泵组的消防水泵型号宜一致，且工作泵不宜超过 3 台；

8）多台消防水泵并联时，应校核流量叠加对消防水泵出口压力的影响。

综上，符合规定的消防水泵特性曲线如图 6.2-3 所示。

在实际项目中，应首先确定项目所需消防流量（设计消防流量）和所需消防压力（设计消防压力），然后对照消防水泵特性曲线，找出满足图 6.2-3 要求的消防水泵。当需采

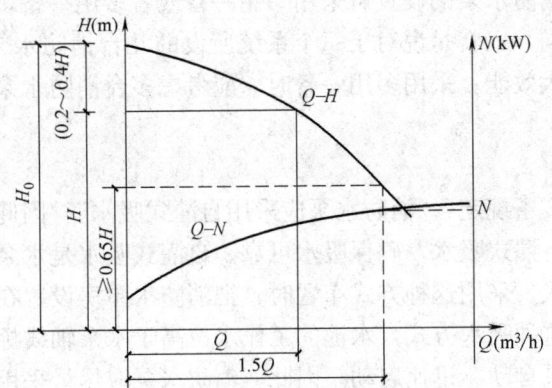

图 6.2-3　消防水泵特性曲线要求

Q—设计消防流量，H—设计消防流量时的水泵扬程；H_0—零流量时的水泵扬程；N—功率

用多台消防水泵并联工作时，消防水泵型号宜一致，且工作泵不宜超过 3 台，并应校核流量叠加对消防水泵出口压力的影响。多台水泵并联特性曲线见图 6.2-4，选泵可按照下述方法进行：

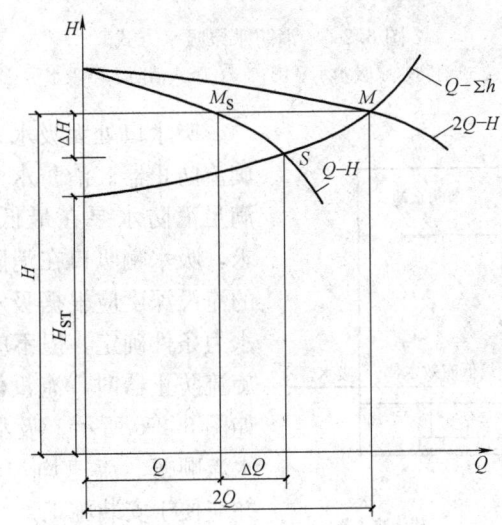

图 6.2-4　多台水泵并联特性曲线

Q—单台设计流量；H—设计扬程；H_{ST}—供水几何高度；

Σh—管道水头损失之总和；M—泵组设计工况点；M_S—单泵实际工况点

1）按系统的设计消防流量计算 M 点的扬程 H，并按扬程 H 选择水泵。

2）2 台水泵并联时按设计消防流量的 1/2 选泵；3 台水泵并联时按设计消防流量的 1/3 选泵。

3）并联运行时单台泵的工况点是 M_S 点，只有一台泵运行时的工况点是 S 点。可不计算单台泵 S 点的扬程或流量，但单台泵的配置功率应满足 S 点工况。

（2）备用泵

《消规》第 5.1.10 条规定："消防水泵应设置备用泵，其性能应与工作泵性能一致"。

因此，消防给水系统消防水泵的设置可采用一用一备或者多用一备，且备用泵的流量和压力应该和工作泵的相同，也就是说对于每个系统所设的几台消防水泵流量和压力要相同，使每台泵都能发挥最大效能。采用多用一备时，应考虑多台消防水泵并联工作时，对系统流量和压力的影响。

（3）吸水方式

《消规》第5.1.12条规定："消防水泵应采用自灌式吸水"。因此，在消防水泵的吸水方式上，应尽量采用自灌式吸水，确保吸水可靠。自灌式吸水是水泵轴线标高低于水池工作水位高度的吸水方式。采用这种方式布置时，把消防水泵房设置在地下，水池设置在地下消防水泵房旁边。这种吸水方式，水池的工作水位高于水泵轴线标高，使吸水管内一直都充满水，能保证水泵自动、迅速启动。因此，消防水泵应尽量采用自灌式吸水方式。

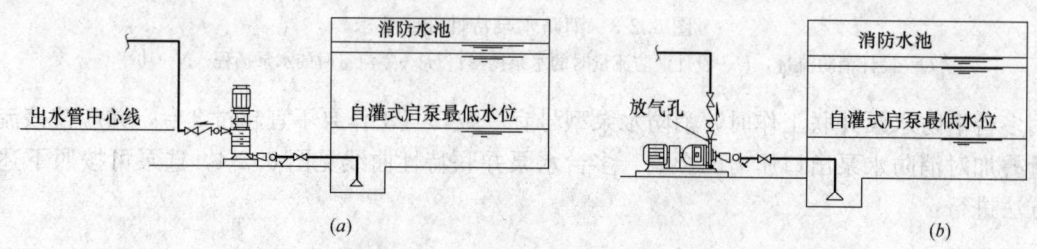

图6.2-5　消防水泵吸水方式

（a）立式消防水泵吸水示意图；（b）卧式消防水泵吸水示意图

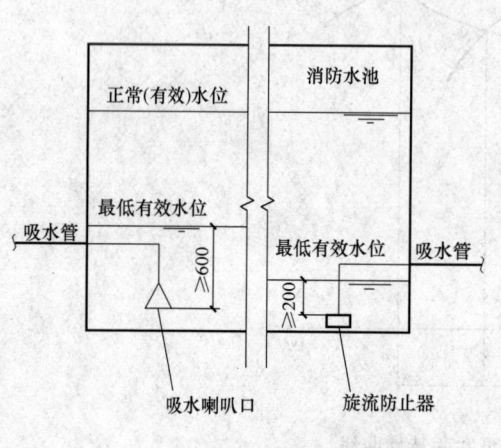

图6.2-6　消防水泵吸水口设置

吸水口处无吸水井时，吸水口处应设置旋流防止器。消防水泵吸水口的淹没深度应满足消防水泵在最低水位运行时的安全要求，吸水喇叭口在消防水池最低有效水位下的淹没深度应根据吸水喇叭口的水流速度和水力条件确定，但不应小于600mm，当采用旋流防止器时，淹没深度不应小于200mm。如图6.2-6所示。吸水井的布置应满足井内水流顺畅、流速均匀、不产生涡漩的要求，并应便于安装施工。

（4）管道布置

1）消防水泵吸水管

消防水泵在吸水管的布置方面，可以采用单泵单吸方式，也可以采用多台泵共用吸水管的方式。单泵单吸方式：每台泵单独吸水，互不影响，即使一台泵的吸水管出现故障也不会影响其他泵的吸水。多台泵共用吸水管方式：一组（可以是一个系统，也可以是多个系统）消防水泵共用吸水管，每台消防水泵通过吸水干管从水池吸水，进入水池的吸水管必须不少于两条，保证在一条吸水管关闭、检修或损坏时，不影响消防水泵的正常吸水。吸水管及输水干管的管径要用需通过的消防给水设计流量来校核，如图6.2-7所示。

消防水泵的吸水管上应设置明杆闸阀或带自锁装置的蝶阀，但当设置暗杆阀门时应设有开启刻度和标志；当管径超过 $DN300$ 时，宜设置电动阀门。如图 6.2-8 所示。消防水泵吸水管的直径小于 $DN250$ 时，其流速宜为 1.0～1.2m/s；直径大于 $DN250$ 时，其流速宜为 1.2～1.6m/s。

2）消防水泵出水管

每个系统的消防水泵的出水管可以直接与系统管网相连接，也可以合并后再以不少于两条的出水管与系统管网相连接，以保证在其中一条出水管关闭、检修或故障时，系统能正常运行。出水管的管径要以系统全部用水量来校核。消防水泵的出水管上应设止回阀、明杆闸阀；当采用蝶阀时，应带有自锁装置；当管径大于 $DN300$ 时，宜设置电动阀门。如图 6.2-8 所示。消防水泵出水管的直径小于 $DN250$ 时，其流速宜为 1.5～2.0m/s；直径大于 $DN250$ 时，其流速宜为 2.0～2.5m/s。

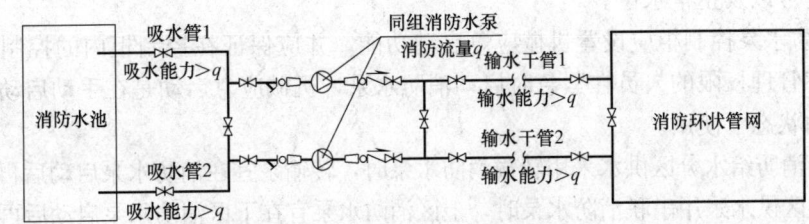

图 6.2-7　吸水管、输水干管要求示意图

注：q——消防流量。

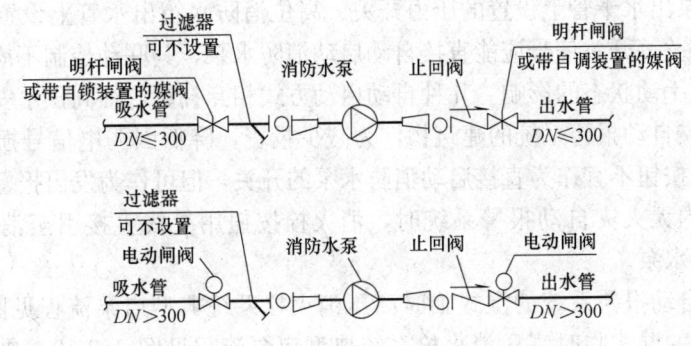

图 6.2-8　消防水泵吸水管及出水管阀门设置

2. 消防给水系统控制

（1）消防水泵控制

1）消防水泵启动分为手动启动、自动启动和机械应急启动三种方式。

2）消防水泵应能手动启停和自动启动。

3）消防水泵控制柜应设置在消防水泵房或专用消防控制室内，消防水泵控制柜在平时应使消防水泵处于自动启动状态。通过消防水泵房或消防控制室内的水泵控制柜实现手动启动消防水泵，避免火灾扑救延误或失败。

4）消防水泵不应设置自动停泵的控制功能，停泵应由具有管理权限的工作人员根据火灾扑救情况确定。

5）消防水泵控制柜的控制装置不应采用变频启动方式。火灾时消防水泵应工频运行，消防水泵应工频直接启泵；当消防水泵功率较大时，宜采用星三角和自耦降压变压器启动，不宜采用有源器件启动。

6）稳压泵应由消防给水管网或气压水罐上设置的稳压泵自动启停泵压力开关或压力变送器控制。

7）消防水泵、稳压泵应设置就地强制启停泵按钮，并应有保护装置，便于维修时控制和应急启动消防水泵。

8）为保证消防控制室内的值班人员发现火情后及时手动启动消防水泵，消防控制室或值班室应具有下列控制和显示功能：

① 消防水泵控制柜或控制盘应设置专用线路连接的手动直接启泵按钮；

② 消防水泵控制柜或控制盘应能显示消防水泵和稳压泵的运行状态；

③ 消防水泵控制柜或控制盘应能显示消防水池、高位消防水箱等水源的高水位、低水位报警信号以及正常水位。

9）消防水泵控制柜应设置机械应急启动功能，并应保证在控制柜内的控制线路发生故障时由有管理权限的人员在紧急时启动消防水泵，机械应急启动是在手动启动和自动启动均失灵的状态下使用。

10）当消防给水分区供水采用转输消防水泵时，转输泵宜在消防水泵启动后再启动；当消防给水分区供水采用串联消防水泵时，上区消防水泵宜在下区消防水泵启动后再启动。

11）消防水泵应确保从接到启泵信号到水泵正常运转的自动启动时间不大于 2min。

（2）消火栓系统控制

1）消防水泵出水干管上设置的压力开关、高位消防水箱出水管上设置的流量开关或报警阀组压力开关等开关信号应能直接自动启动消防水泵，其联动控制不应受消防联动控制器处于自动或手动状态的影响。几种自动启动方式相互补充，提高供水安全可靠性。

2）设置火灾自动报警系统的建筑物，为减少投资，降低因弱电信号损耗而影响系统可靠性，消火栓按钮不宜作为直接启动消防水泵的开关，但可作为发出报警信号的开关。

3）建筑物内无火灾自动报警系统时，消火栓按钮用导线直接引至消防水泵控制箱（柜），启动消防水泵。

4）设火灾自动报警系统的湿式临时高压消火栓系统典型启泵流程见图 6.2-9，无火灾自动报警系统的湿式临时高压消火栓系统典型启泵流程见图 6.2-10，典型湿式临时高压消火栓系统联动控制见图 6.2-11。

（3）自动喷水灭火系统控制

1）湿式系统、干式系统应由消防水泵出水干管上设置的压力开关、高位消防水箱出水管上设置的流量开关或报警阀组压力开关直接自动启动消防水泵。该自动启泵方式不应受消防联动控制器处于自动或手动状态的影响。

2）湿式系统、干式系统应将自动喷水消防水泵控制柜的启动、停止按钮用专用线路直接接至设置在消防控制室内的消防联动控制器的手动控制盘上，实现手动控制自动喷水消防水泵的启动和停止。

3）预作用装置的自动控制方式可采用仅由火灾自动报警系统直接控制，或由火灾自动报警系统和充气管道上设置的压力开关控制，并应符合下列要求：

① 处于准工作状态时严禁误喷的场所，宜采用仅由火灾自动报警系统直接控制的预作用系统；

　　② 处于准工作状态时严禁管道充水的场所和用于替代干式系统的场所，宜采用由火灾自动报警系统和充气管道上设置的压力开关控制的预作用系统。

　　4）预作用系统应由火灾自动报警系统、消防水泵出水干管上设置的压力开关、高位消防水箱出水管上设置的流量开关或报警阀组压力开关直接自动启动消防水泵。

　　5）预作用系统应将自动喷水消防水泵控制柜的启动和停止按钮、预作用阀组和快速排气阀入口前的电动阀的启动和停止按钮用专用线路直接接至设置在消防控制室内的消防联动控制器的手动控制盘上，实现手动控制喷淋泵的启动、停止及预作用阀组和电磁阀的

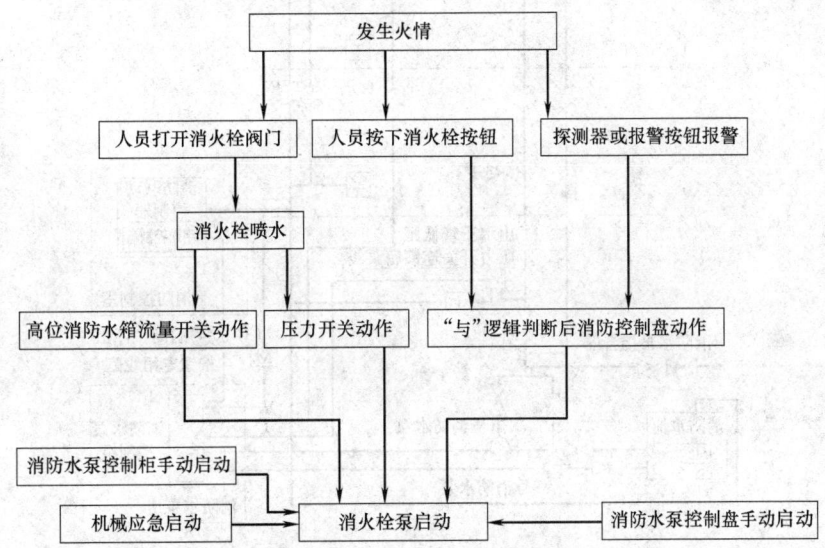

图 6.2-9　设火灾自动报警系统的湿式临时高压消火栓系统典型启泵流程图

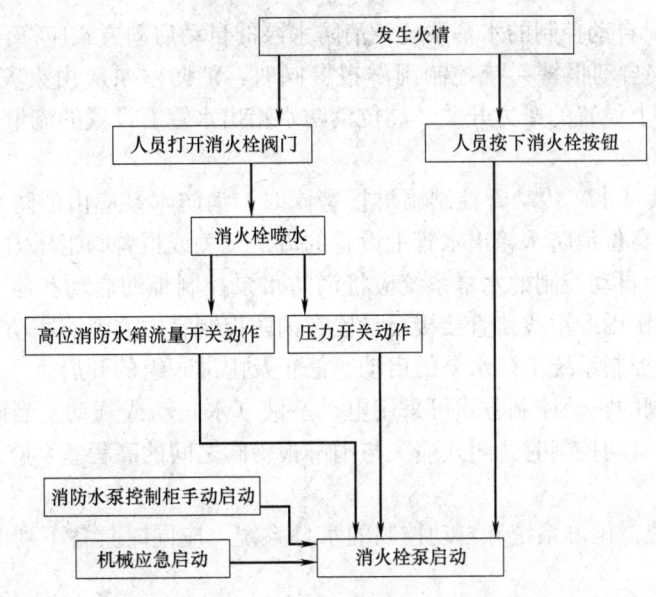

图 6.2-10　无火灾自动报警系统的湿式临时高压消火栓系统典型启泵流程

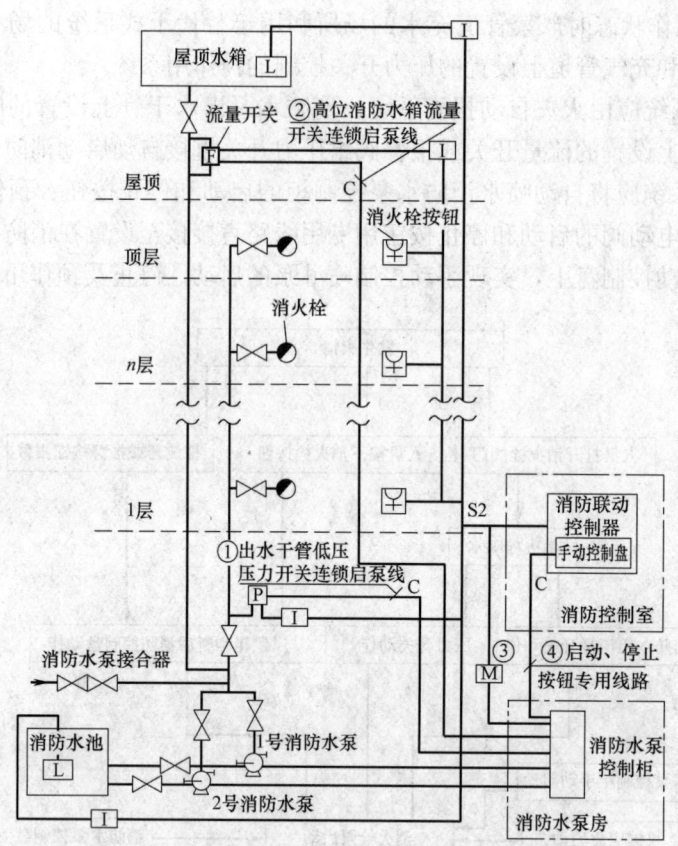

图 6.2-11   典型湿式临时高压消火栓系统联动控制示意

开启。

6）雨淋系统、自动控制的水幕系统，消防水泵的自动启动方式应符合下列要求：

① 当采用火灾自动报警系统控制雨淋报警阀时，消防水泵应由火灾自动报警系统、消防水泵出水干管上设置的压力开关、高位消防水箱出水管上设置的流量开关或报警阀组压力开关直接启动；

② 当采用充液（水）传动管控制雨淋报警阀时，消防水泵应由消防水泵出水干管上设置的压力开关、高位消防水箱出水管上设置的流量开关或报警阀组压力开关直接启动。

7）雨淋系统、自动控制的水幕系统应将消防水泵控制柜的启动和停止按钮、雨淋阀组的启动和停止按钮用专用线路直接接至设置在消防控制室内的消防联动控制器的手动控制盘上，实现手动控制系统消防水泵的启动、停止及雨淋阀组的开启。

8）雨淋报警阀的自动控制方式可采用电动、液（水）动或气动。当雨淋报警阀采用充液（水）传动管自动控制时，闭式喷头与雨淋报警阀之间的高程差，应根据雨淋报警阀的性能确定。

9）预作用系统、雨淋系统和自动控制的水幕系统，应同时具备下列 3 种开启雨淋阀组的控制方式：

① 自动控制；

② 消防控制室（盘）远程控制；

③ 预作用装置或雨淋报警阀现场手动应急操作。

10）当建筑物整体采用湿式系统，局部场所采用预作用系统保护且预作用系统串联接入湿式系统时，除应符合 1）的规定外，预作用系统的控制方式还应符合9）的规定。

11）快速排气阀入口前的电动阀应在启动消防水泵的同时开启。

12）自动喷水灭火系统的水流指示器、信号阀、压力开关、电磁阀及消防水泵的启动和停止动作信号应反馈至消防联动控制器。

13）典型湿式自动喷水灭火系统启泵流程见图 6.2-12，典型湿式自动喷水灭火系统联动控制见图 6.2-13。

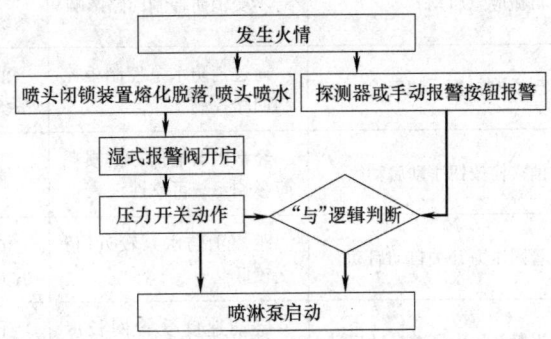

图 6.2-12　典型湿式自动喷水灭火系统启泵流程

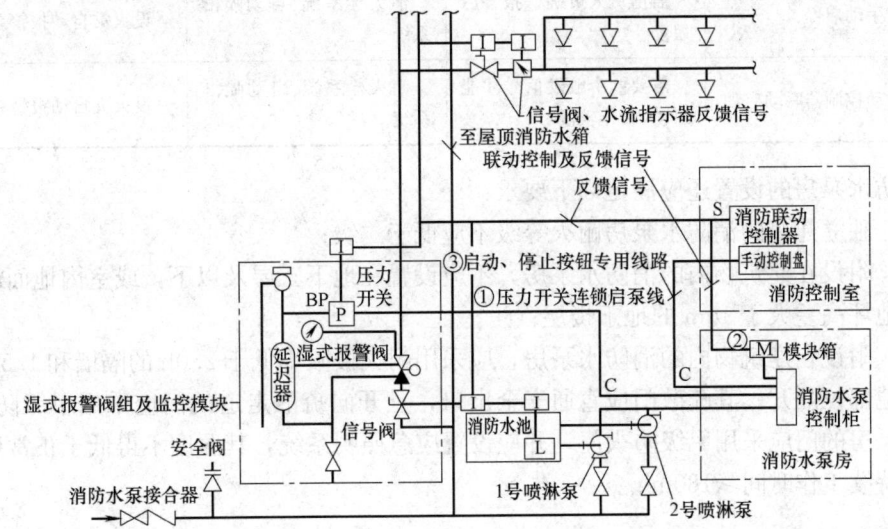

图 6.2-13　典型湿式自动喷水灭火系统联动控制示意图

注：1. 湿式和干式系统喷淋泵有 3 种远程启泵方式：压力开关直接连锁启泵、消防联动控制器联动控制启泵、手动控制盘直接启泵。其中第二种启泵方式是作为第一种启泵方式的后备，在压力开关动作信号反馈给消防联动控制器之后，消防联动控制器在"与"逻辑判断后通过输出模块控制启泵。

2. 压力开关应有两副触点，一副用于直接连锁启泵，另一副用于通过输入模块向消防联动控制器反馈动作信号。

（4）消防水泵启动方式配置

消防水泵启动方式配置可参考表 6.2-3。

3. 消防水泵房

大部分建筑的消防水泵房都设置在地下层，其主要目的是为了保证消防水泵的可靠吸水，再者就是设置在地下层时很少影响建筑的美观度。

消防水泵启动方式配置   表 6.2-3

配置方式	特点	设置系统	备注
机械应急启动	不受消防控制回路影响	消火栓系统、自动喷淋系统	必须设置
现场控制柜手动启停	通过消防水泵控制柜控制回路控制	消火栓系统、自动喷淋系统	必须设置
消火栓按钮手动启动	经常因弱电信号的损耗而影响系统可靠性	消火栓系统	设于无火灾自动报警系统
管网压力开关自动启动	距离消防水泵较近,精度较低	消火栓系统、自动喷淋系统	
报警阀压力开关自动启动	启动速度受管网长度影响	干式消火栓系统、自动喷淋系统	
流量开关连锁自动启动	精度较高,启泵迅速	消火栓系统、自动喷淋系统	设高位水箱的系统
控制室手动启停	需值班人员确认报警后启动	消火栓系统、自动喷淋系统	设火灾自动报警系统
消防联动控制器联动启动	需要两个触发信号才能启动,动作较慢	消火栓系统、自动喷淋系统	设火灾自动报警系统

消防水泵房的设置还应满足以下要求:

(1) 独立建造的消防水泵房耐火等级不应低于二级;

(2) 附设在建筑物内的消防水泵房,不应设置在地下三层及以下,或室内地面与室外出入口地坪高差大于 10m 的地下楼层;

(3) 附设在建筑物内的消防水泵房,应采用耐火极限不低于 2.0h 的隔墙和 1.5h 的楼板与其他部位隔开,其疏散门应直通安全出口,且开向疏散走道的门应采用甲级防火门。消防水泵房的门应采用甲级防火门,并应设置应急照明系统,其照度不得低于正常照明的照度,持续工作时间≥180min。

6.2.3 消防供水管网及室外消火栓系统

1. 消防供水管网

消防供水管网的供水形式及适用条件见表 6.2-4。

消防供水管网的供水形式及适用条件   表 6.2-4

序号	供水形式简述	适用条件
1	室内外消防给水系统和生产、生活给水系统合并,由室外给水管网直接供室内外消防用水。	室外给水管网可同时满足室内外消防用水及生产、生活用水的水量及水压要求,为常高压系统,一般为低(多)层建筑采用
2	室外消防给水系统和生产、生活给水系统合并,室内消防给水设消防水池,由加压设备供给室内消防用水	室外消防为低压(室外消火栓栓口处水压从室外设计地面算起不小于 0.1MPa)制,室外给水管网可满足室外消防用水要求,但不能满足室内消防用水要求。适用于单体高(多)层建筑

序号	供水型式简述	适用条件
3	室外消防给水系统和生产、生活给水系统合并，并设独立的消防水泵房及消防管网，供给小区各单体室内消防用水	室外消防为低压制，室外给水管网可满足室外消防用水要求，但不能满足室内消防用水要求。适用于小区内高（多）层建筑，为区域消防给水系统
4	小区内设置独立的消防水泵房及消防管网，统一供给室外消防用水及各单体室内消防用水	室外生产、生活给水管网不能满足室内外消防用水的小区建筑，为区域消防给水系统

合并的给水管道系统，当生产、生活用水达到最大小时用水量时（淋浴用水量可按15%计算，浇洒及洗刷用水量可不计算在内），仍应保证全部消防用水量。如不引起生产事故，生产用水可作为消防用水，但生产用水转为消防用水的阀门不应超过 2 个。该阀门应设置在易于操作的场所，并应有明显标志。

设计人员在设计时应根据水源和工程的具体情况决定消防供水管网的形式。

2. 室外消火栓用水量

应按照同一时间内的火灾起数和一起火灾灭火设计流量，经计算确定室外消火栓用水量。

（1）城镇室外消火栓设计流量

城镇的市政消防给水设计流量，应根据人数，按照同一时间内的火灾起数和一起火灾灭火设计流量，经计算确定。城镇同一时间内的火灾起数和一起火灾灭火设计流量不应小于表 6.2-5 的规定。

城镇同一时间内的火灾起数和一起火灾灭火设计流量   表 6.2-5

人数 N（万人）	同一时间内的火灾起数（起）	一起火灾灭火设计流量（L/s）
$N \leqslant 1.0$	1	15
$1.0 < N \leqslant 2.5$		20
$2.5 < N \leqslant 5.0$		30
$5.0 < N \leqslant 10.0$		35
$10.0 < N \leqslant 20.0$	2	45
$20.0 < N \leqslant 30.0$		60
$30.0 < N \leqslant 40.0$		75
$40.0 < N \leqslant 50.0$		75
$50.0 < N \leqslant 70.0$	3	90
$N > 70.0$		100

（2）建筑物室外消火栓设计流量

1）设计流量计算方法

① 建筑物室外消火栓设计流量，应根据建筑物的用途、功能、体积、耐火等级、火灾危险性等因素综合分析确定。

② 厂房、仓库和民用建筑等建筑物，同一时间内的火灾起数应按 1 起确定。

③ 建筑物体积为建筑围合表面内的总体积，包括地下室的体积。成组布置的建筑物，由于防火间距变小，其中一座发生火灾时可能会波及相邻建筑，应按照消火栓设计流量较

大的相邻两座建筑物的体积之和确定建筑物体积。

④ 单座建筑的总建筑面积大于 $500000m^2$ 时，建筑物室外消火栓设计流量应按照表 6.2-6、表 6.2-7 规定的最大值增加一倍。

⑤ 火车站、码头和机场的中转库房，应按照相应耐火等级的丙类物品库确定室外消火栓设计流量。

⑥ 宿舍、公寓等非住宅类居住建筑，应按照公共建筑确定室外消火栓设计流量。

2）厂房、仓库室外消火栓设计流量

厂房、仓库室外消火栓设计流量应根据耐火等级、建筑物类别、火灾危险类别、建筑物体积等确定，见表 6.2-6。

厂房、仓库室外消火栓设计流量（L/s）　　　　　　表 6.2-6

耐火等级	建筑物类别		建筑物体积 $V(m^3)$					
			$V \leqslant 1500$	$1500 < V \leqslant 3000$	$3000 < V \leqslant 5000$	$5000 < V \leqslant 20000$	$20000 < V \leqslant 50000$	$V > 50000$
一、二级	厂房	甲、乙类	15	15	20	25	30	35
		丙类	15	15	20	25	30	40
		丁、戊类	15	15	15	15	15	20
	仓库	甲、乙类	15	15	25	25	—	—
		丙类	15	15	25	25	35	45
		丁、戊类	15	15	15	15	15	20
三级	厂房、仓库	乙、丙类	15	20	30	40	45	—
		丁、戊类	15	15	15	20	25	35
四级	丁、戊类厂房（仓库）		15	15	20	25	—	—

3）民用建筑室外消火栓设计流量

① 住宅、公共建筑

住宅、公共建筑的室外消火栓设计流量应根据耐火等级、建筑物类别、建筑物体积等确定，见表 6.2-7。

a. 住宅与其他使用功能（除商业服务网点外）的建筑合建时，室外消防给水系统设置应根据该建筑的总高度和建筑规模要求，按照公共建筑的要求确定。

b. 宿舍、公寓等，属于非住宅类居住建筑，消防给水系统设置应按照公共建筑的要求确定。

住宅、公共建筑室外消火栓设计流量（L/s）　　　　　　表 6.2-7

耐火等级	建筑物类别		建筑物体积 $V(m^3)$					
			$V \leqslant 1500$	$1500 < V \leqslant 3000$	$3000 < V \leqslant 5000$	$5000 < V \leqslant 20000$	$20000 < V \leqslant 50000$	$V > 50000$
一、二级	住宅		15	15	15	15	15	15
	公共建筑	单层、多层	15	15	15	25	30	40
		高层	—	—	—	25	30	40
	地下建筑（包括地铁）平战结合人防工程		15	15	15	20	25	30

续表

耐火等级	建筑物类别	建筑物体积 V(m³)					
		V≤1500	1500<V ≤3000	3000<V ≤5000	5000<V ≤20000	20000<V ≤50000	V>50000
三级	单层、多层民用建筑（包括国家级文物保护单位的重点砖木、木结构建筑物）	15	15	20	25	30	—
四级	单层、多层民用建筑	15	15	20	25	—	—

② 汽车库、修车库和停车场的室外消火栓设计流量应根据类别确定，见表6.2-8。

汽车库、修车库、停车场室外消火栓设计流量　　　表 6.2-8

类　别	室外消火栓设计流量(L/s)
Ⅰ、Ⅱ类汽车库、修车库、停车场	20
Ⅲ类汽车库、修车库、停车场	15
Ⅳ类汽车库、修车库、停车场	10

（3）构筑物消防用水量

1）甲、乙、丙类可燃液体储罐

甲、乙、丙类可燃液体储罐的消防给水设计流量，应按泡沫灭火系统设计流量、固定冷却水系统设计流量与室外消火栓设计流量三者之和确定。

① 泡沫灭火系统设计流量：应按系统扑救储罐区一起火灾的固定式、半固定式或移动式泡沫混合液量及泡沫液混合比经计算确定，并应符合现行国家标准《泡沫灭火系统设计规范》GB 50151 的有关规定。

② 固定冷却水系统设计流量：应按着火罐与邻近罐最大设计流量经计算确定，见表6.2-9 和表6.2-10。

地上立式储罐冷却水系统的保护范围和喷水强度　　　表 6.2-9

项目	储罐形式		保护范围	喷水强度
移动式冷却	着火罐	固定顶罐	罐周全长	0.80L/(s·m)
		浮顶罐、内浮顶罐	罐周全长	0.60L/(s·m)
	邻近罐		罐周半长	0.70L/(s·m)
固定式冷却	着火罐	固定顶罐	罐壁表面积	2.5L/(min·m²)
		浮顶罐、内浮顶罐	罐壁表面积	2.0L/(min·m²)
	邻近罐		不应小于罐壁表面积的1/2	

注：1. 当浮顶罐、内浮顶罐的浮盘采用易熔材料制作时，内浮顶罐的喷水强度应按固定顶罐计算。
　　2. 当浮顶罐、内浮顶罐的浮盘为浅盘式时，内浮顶罐的喷水强度应按固定顶罐计算。
　　3. 固定冷却水系统邻近罐应按实际冷却面积计算，但不应小于罐壁表面积的1/2。
　　4. 距着火罐罐壁1.5倍着火罐直径范围内的邻近罐应设置冷却水系统，当邻近罐超过3个时，冷却水系统可按3个罐的设计流量计算。
　　5. 除浮盘采用易熔材料制作的储罐以外，当着火罐为浮顶罐、内浮顶罐时，距着火罐罐壁的净距离大于等于0.4D的邻近罐可不设冷却水系统，D为着火罐与邻近罐两者中较大罐的直径；距着火罐罐壁的净距离小于0.4D范围内的邻近罐受火焰辐射热影响比较大的局部应设置冷却水系统，且所有邻近罐的冷却水系统设计流量之和不应小于45L/s。
　　6. 移动式冷却宜为室外消火栓或消防炮。

卧式储罐、无覆土地下及半地下立式储罐冷却水系统的保护范围和喷水强度　表 6.2-10

项目	储罐	保护范围	喷水强度
移动式冷却	着火罐	罐壁表面积	0.10L/(s·m²)
	邻近罐	罐壁表面积的 1/2	0.10L/(s·m²)
固定式冷却	着火罐	罐壁表面积	6.0 L/(min·m²)
	邻近罐	罐壁表面积的 1/2	6.0L/(min·m²)

注：1. 当计算出的着火罐冷却水系统设计流量小于 15L/s 时，应采用 15L/s。

2. 着火罐直径与长度之和的一半范围内的邻近卧式储罐应进行冷却；着火罐直径 1.5 倍范围内的邻近地下、半地下立式储罐应进行冷却。

3. 当邻近罐超过 4 个时，冷却水系统可按 4 个罐的设计流量计算。

4. 当邻近罐采用不燃材料作为绝热层时，其冷却水系统喷水强度可按本表减少 50%，但设计流量不应小于 7.5L/s。

5. 无覆土半地下、地下卧式储罐冷却水系统的保护范围和喷水强度应按本表地上卧式储罐确定。

③ 室外消火栓设计流量：当储罐采用固定式冷却水系统时室外消火栓设计流量不应小于表 6.2-11 的规定，当采用移动式冷却水系统时室外消火栓设计流量应按表 6.2-9 或表 6.2-10 规定的设计参数经计算确定，且不应小于 15L/s。

覆土油罐的室外消火栓设计流量应按最大单罐周长和喷水强度计算确定，喷水强度不应小于 0.30L/(s·m)；当计算设计流量小于 15L/s 时，应采用 15L/s。

甲、乙、丙类可燃液体地上立式储罐区的室外消火栓设计流量　表 6.2-11

单罐储存容积(m³)	室外消火栓设计流量(L/s)
W≤5000	15
5000＜W≤30000	30
30000＜W≤100000	45
W＞100000	60

2）液化烃罐区

液化烃罐区的消防给水设计流量，应按固定冷却水系统设计流量与室外消火栓设计流量之和确定。

① 液化烃罐区固定冷却水系统设计流量见表 6.2-12。

② 液化烃罐区室外消火栓设计流量见表 6.2-13。

3）沸点低于 45℃甲类液体压力球罐

沸点低于 45℃甲类液体压力球罐的消防给水设计流量，应按照液化烃罐区中的全压力式储罐的要求经计算确定。

4）全压力式、半冷冻式和全冷冻式液氨储罐

全压力式、半冷冻式和全冷冻式液氨储罐的消防给水设计流量，应按照液化烃罐区中的全压力式储罐的要求经计算确定，但喷水强度应按不小于 6.0L/(min·m²) 计算，全冷冻式液氨储罐的冷却水系统设计流量应按全冷冻式液化烃储罐外壁为钢制单防罐的要求计算。

5）空分站，可燃液体、液化烃的火车和汽车装卸栈台

空分站，可燃液体、液化烃的火车和汽车装卸栈台等室外消火栓设计流量不应小于表 6.2-14 的规定。

液化烃罐区固定冷却水系统设计流量   表 6.2-12

项目	储罐形式		保护范围	喷水强度(L/(min · m²))
全冷冻式	着火罐	单防罐外壁为钢制	罐壁表面积	2.5
			罐顶表面积	4.0
		双防罐、全防罐外壁为钢筋混凝土结构	—	—
	邻近罐		罐壁表面积的 1/2	2.5
全压力式及半冷冻式	着火罐		罐体表面积	9.0
	邻近罐		罐体表面积的 1/2	9.0

注：1. 固定冷却水系统当采用水喷雾系统冷却时喷水强度应符合本表的要求，且系统设置应符合现行国家标准《水喷雾灭火系统技术规范》GB 50219 的有关规定。

2. 全冷冻式液化烃储罐，当双防罐、全防罐外壁为钢筋混凝土结构时，罐顶和罐壁的冷却水量可不计；管道进出口等局部危险处应设置水喷雾系统冷却，供水强度不应小于 20.0L/(min · m²)。

3. 距着火罐罐壁 1.5 倍着火罐直径范围内的邻近罐应计算冷却水系统，当邻近罐超过 3 个时，冷却水系统可按 3 个罐的设计流量计算。

4. 当储罐采用固定消防水炮作为固定冷却设施时，其设计流量不宜小于水喷雾系统计算流量的 1.3 倍。

液化烃罐区室外消火栓设计流量   表 6.2-13

单罐储存容积(m³)	室外消火栓设计流量(L/s)
W≤100	15
100<W≤400	30
400<W≤650	45
650<W≤1000	60
W>1000	80

注：1. 罐区的室外消火栓设计流量应按罐组内最大单罐计。

2. 当储罐区四周设固定消防水炮作为辅助冷却设施时，辅助冷却水设计流量不应小于室外消火栓设计流量。

空分站，可燃液体、液化烃的火车和汽车装卸栈台室外消火栓设计流量   表 6.2-14

名　称		室外消火栓设计流量(L/s)
空分站产氧气能力（Nm³/h）	3000<Q≤10000	15
	10000<Q≤30000	30
	30000<Q≤50000	45
	Q>50000	60
专用可燃液体、液化烃的火车和汽车装卸栈台		60

6）变电站

变电站室外消火栓设计流量不应小于表 6.2-15 的规定。

当室外变压器采用水喷雾灭火系统全保护时，其室外消火栓给水设计流量可按表 6.2-15 规定值的 50% 计算，但不应小于 15L/s。

7）液化石油气加气站

液化石油气加气站的消防给水设计流量，应按固定冷却水系统设计流量与室外消火栓设计流量之和确定。

① 液化石油气加气站固定冷却水系统设计流量应按表 6.2-16 规定的设计参数经计算

确定。

变电站室外消火栓设计流量　　　　　　　　表 6.2-15

变电站单台油浸变压器含油量(t)	室外消火栓设计流量(L/s)
5＜W≤10	15
10＜W≤50	20
W＞50	30

液化石油气加气站地上储罐冷却系统保护范围和喷水强度　　　　表 6.2-16

项目	储罐	保护范围	喷水强度
移动式冷却	着火罐	罐壁表面积	0.15 L/(s·m²)
	邻近罐	罐壁表面积的 1/2	0.15 L/(s·m²)
固定式冷却	着火罐	罐壁表面积	9.0 L/(min·m²)
	邻近罐	罐壁表面积的 1/2	9.0 L/(min·m²)

注：着火罐的直径与长度之和 0.75 倍范围内的邻近地上储罐应进行冷却。

② 液化石油气加气站室外消火栓设计流量不应小于表 6.2-17 的规定。

当仅采用移动式冷却水系统时，室外消火栓设计流量应按表 6.2-16 规定的设计参数计算，且不应小于 15L/s。

液化石油气加气站室外消火栓设计流量　　　　　　表 6.2-17

名称	室外消火栓设计流量(L/s)
地上储罐加气站	20
埋地储罐加气站	15
加油和液化石油气加气合建站	15

8）易燃、可燃材料露天、半露天堆场及可燃气体罐区

易燃、可燃材料露天、半露天堆场及可燃气体罐区的室外消火栓设计流量不应小于表 6.2-18 的规定。

易燃、可燃材料露天、半露天堆场及可燃气体罐区的室外消火栓设计流量　表 6.2-18

名　　称		总储量或总容量	室外消火栓设计流量(L/s)
粮食(t)	土圆囤	30＜W≤500	15
		500＜W≤5000	25
		5000＜W≤20000	40
		W＞20000	45
	席穴囤	30＜W≤500	20
		500＜W≤5000	35
		5000＜W≤20000	50
棉、麻、毛、化纤百货(t)		10＜W≤500	20
		500＜W≤1000	35
		1000＜W≤5000	50

续表

名　　称	总储量或总容量	室外消火栓设计流量(L/s)
稻草、麦秸、芦苇等易燃材料(t)	$50<W\leqslant500$	20
	$500<W\leqslant5000$	35
	$5000<W\leqslant10000$	50
	$W>10000$	60
木材等可燃材料(m³)	$50<V\leqslant1000$	20
	$1000<V\leqslant5000$	30
	$5000<V\leqslant10000$	45
	$V>10000$	55
煤和焦炭(t) 露天或半露天堆放	$100<W\leqslant5000$	15
	$W>5000$	20
可燃气体储罐或储罐区(m³)	$500<V\leqslant10000$	15
	$10000<V\leqslant50000$	20
	$50000<V\leqslant100000$	25
	$100000<V\leqslant200000$	30
	$V>200000$	35

注：1. 固定容积的可燃气体储罐的总容积按其几何容积（m³）和设计工作压力（绝对压力，10^5Pa）的乘积计算。

2. 当稻草、麦秸、芦苇等易燃材料堆垛单垛质量大于5000t或总质量大于50000t、木材等可燃材料堆垛单垛容量大于5000m³或总容量大于50000m³时，室外消火栓设计流量应按本表规定的最大值增加一倍。

9）城市交通隧道

城市交通隧道洞口外室外消火栓设计流量不应小于表6.2-19的规定。

城市交通隧道洞口外室外消火栓设计流量　　　　　　表6.2-19

名称	类别	长度(m)	室外消火栓设计流量(L/s)
可通行危险化学品等机动车	一、二	$L>500$	30
	三	$L\leqslant500$	20
仅限通行非危险化学品等机动车	一、二、三	$L\geqslant1000$	30
	三	$L<1000$	20

（4）工业园区室外消火栓设计流量

工业园区是包括工厂、仓储、办公、居住以及配套设施等在内的多种功能产业社区。

由于工业区和办公、居住区的火灾特点、消防用水量有很大差异，建议分别设置消防给水系统。当合用消防给水系统时，应按照同一时间内的火灾起数和一起火灾灭火所需的室外消防用水量确定室外消火栓设计流量。

1）按照工业园区占地面积和附有居住区的人数，确定同一时间内的火灾起数，见表6.2-20。

2）按照表6.2-6分别计算工业园区内厂房、仓库建筑物的室外消火栓用水量，按照《消规》计算储罐、堆场构筑物的室外消火栓用水量，取大值。

3）按照表 6.2-5 城镇室外消火栓设计流量和表 6.2-6、表 6.2-7 建筑物室外消火栓设计流量，分别计算居住区的室外消火栓用水量，取大值。

工业园区同一时间内的火灾起数　　　　　　　表 6.2-20

名称	占地面积(hm²)	附有居住区人数(万人)	同一时间内的火灾起数(起)	说明
工业园区	≤100	≤1.5	1	分别计算厂房、仓储的室外消火栓用水量和居住区的室外消火栓用水量，取大值
		>1.5	2	1. 居住区计 1 起，厂房、仓储计 1 起； 2. 分别计算厂房、仓储的室外消火栓用水量和居住区的室外消火栓用水量，取两者之和
	>100	—	2	按照工业园区内需水量最大的两座建筑物或者构筑物各计 1 起，取各自室外消火栓用水量的大值

（5）商务区、居住区、校园室外消火栓设计流量

1）应按照城镇的人数确定同一时间内的火灾起数。

2）按照表 6.2-5 城镇室外消火栓设计流量和表 6.2-7 建筑物室外消火栓设计流量，分别计算居住区的室外消火栓用水量，取大值。

3. 室外消火栓系统设计

（1）室外消防给水管道设计

室外消火栓可以采用高压、临时高压或低压给水系统。

高压给水系统，一般采用高位消防水池，不需要设置消防水泵，始终能够满足灭火所需的工作压力和流量。临时高压给水系统，一般采用低位消防水池，火灾时需要启动消防水泵才能满足灭火所需的工作压力和流量。市政给水管网一般为低压给水系统。

当采用室外消火栓和室内消火栓合用系统时，系统供水压力既要满足室外消火栓工作压力要求，还要满足室内消火栓工作压力要求。当采用独立的室外消火栓给水系统时，消防给水管网平时运行工作压力不应小于 0.14MPa，火灾时水力条件最不利室外消火栓的出流量不应小于 15L/s，且供水压力从地面算起不应小于 0.10MPa。

室外消防给水管道设计应注意以下几点：

1）城镇设有市政消火栓的市政给水管网宜为环状管网，但当城镇人口小于 2.5 万人时，可为枝状管网。

2）工业园区、商务区和居住区宜采用两路消防供水，应采用环状供水管网，当其中一条引入管发生故障时，其余引入管在保证满足 70%生产和生活给水的最大小时设计流量条件下，应仍能满足规范规定的消防给水设计流量。

3）建筑物室外消防给水采用低压消防给水系统时，应由市政给水管网直接供水。建筑高度超过 54m 的住宅，以及室外消火栓设计流量大于 20L/s 的其他建筑物，应采用两路消防供水。建筑高度小于等于 54m 的住宅，以及室外消火栓设计流量小于等于 20L/s

的其他建筑物，可采用一路消防供水。

4）室外消给水采用两路消防供水时应采用环状管网，采用一路消防供水时可采用枝状管网。

5）向室外环状消防给水管网供水的输水干管不应少于两条，当其中一条发生故障时，其余的输水干管应仍能满足消防给水设计流量。

6）管道的直径应根据流量、流速和压力要求经计算确定，但不应小于 $DN100$，设计流速不宜大于 2.5m/s。

7）消防给水管道应采用阀门分成若干独立段，每段内室外消火栓的数量不宜超过 5 个。

（2）室外消火栓布置

1）室外消火栓宜采用地上式室外消火栓。在严寒、寒冷等冬季结冰地区宜采用干式地上式室外消火栓，严寒地区宜增设消防水鹤。当采用地下式室外消火栓时，地下消火栓井的直径不宜小于 1.5m，当取水口在冰冻线以上时，应采取保温措施。地下式室外消火栓应有明显的永久性标志。

地上式室外消火栓应有一个直径为 150mm 或 100mm 和两个直径为 65mm 的栓口，地下式室外消火栓应有直径为 100mm 和 65mm 的栓口各一个。室外消火栓的 150mm 或 100mm 栓口用于消防车取水，65mm 栓口用于直接连接消防水带、水枪灭火。

2）室外消火栓宜设置在道路的一侧，并宜靠近十字路口，但当市政道路宽度超过 60m 时，应在道路的两侧交叉错落设置。

3）室外消火栓的保护半径不应超过 150m，间距不应大于 120m。

4）室外消火栓应布置在消防车易于接近的人行道和绿地等地点，且不应妨碍交通，并应符合下列规定：

① 室外消火栓距路边不宜小于 0.5m，并不应大于 2.0m；

② 室外消火栓距建筑外墙或外墙边缘不宜小于 5.0m；

③ 室外消火栓应避免设置在机械易撞击的地点，确有困难时，应采取防撞措施。

5）建筑室外消火栓的数量应根据室外消火栓设计流量和保护半径经计算确定，保护半径不应大于 150.0m，每个室外消火栓的出流量宜按 10~15L/s 计算。

6）按照规范不设置水泵接合器时，距建筑外缘 5~150m 的市政消火栓可以计入建筑室外消火栓的数量。当设置水泵接合器时，距建筑外缘 5~40m 的市政消火栓可以计入建筑室外消火栓的数量。

当市政给水管网为环状时，符合本条上述内容的市政消火栓出流量宜计入建筑室外消火栓设计流量；但当市政给水管网为枝状时，计入建筑的室外消火栓设计流量不宜超过一个市政消火栓的出流量。

7）室外消火栓宜沿建筑周围均匀布置，且不宜集中布置在建筑一侧；建筑消防扑救面一侧的室外消火栓数量不宜少于 2 个。

8）对于低压消防给水系统，当市政给水引入管设置倒流防止器时，应按照消防设计流量计算倒流防止器的水头损失，复核水力条件最不利室外消火栓的流量和压力。如果不能满足低压消防给水系统的流量和压力要求，则应在倒流防止器前设置一个室外消火栓，并采用高压或者临时高压消防给水系统。

9）人防工程、地下工程等建筑，应在出入口附近设置室外消火栓，且距出入口的距离不宜小于 5m，并不宜大于 40m。

10）停车场的室外消火栓宜沿停车场周边设置，且与最近一排汽车的距离不宜小于 7m，距加油站或油库不宜小于 15m。

6.2.4　室内消火栓给水系统

1. 室内消火栓用水量

（1）厂房、仓库室内消火栓设计流量

厂房、仓库室内消火栓设计流量，应根据其高度、体积、火灾危险性等因素综合确定，见表 6.2-21。

厂房、仓库室内消火栓设计流量　　　　表 6.2-21

名称	高度 h(m)、体积 V(m³)、火灾危险性		室内消火栓设计流量(L/s)	同时使用水枪数（支）	每根竖管最小流量(L/s)
厂房	$h{\leqslant}24$	甲、乙、丁、戊	10	2	10
		丙　$V{\leqslant}5000$	10	2	10
		丙　$V{>}5000$	20	4	15
	$24{<}h{\leqslant}50$	乙、丁、戊	25	5	15
		丙	30	6	15
	$h{>}50$	乙、丁、戊	30	6	15
		丙	40	8	15
仓库	$h{\leqslant}24$	甲、乙、丁、戊	10	2	10
		丙　$V{\leqslant}5000$	15	3	15
		丙　$V{>}5000$	25	5	15
	$h{>}24$	丁、戊	30	6	15
		丙	40	8	15

（2）建筑室内消火栓设计流量

1）建筑室内消火栓设计流量应根据建筑类别、高度、体积、座位数确定。设计流量不应小于表 6.2-22～表 6.2-24 的规定。

2）当同一建筑内，可能会存在多种用途的房间或场所时，为同一功能服务的配套用房，属于同一使用功能。例如，办公建筑内设置有为办公服务的会议室、餐厅、锅炉房、水泵房等配套用房，该建筑物名称仍为办公建筑；宾馆内设置有为宾馆服务的会议室、餐厅、锅炉房、水泵房、小卖部、库房等配套用房，该建筑物名称仍为宾馆建筑。

3）当一座多层建筑有多种使用功能时，应根据多层建筑的总体积，按照表中的不同使用功能，分别计算室内消火栓设计流量，取最大值。例如，某艺术中心为多层建筑，总体积为 35000m³，内设有展览馆、剧院、办公等，根据总体积、使用功能分别计算室内消火栓设计流量，35000m³ 展览馆室内消火栓设计流量为 15L/s，35000m³ 剧院室内消火栓设计流量为 30L/s，1000 座剧院室内消火栓设计流量为 10L/s，35000m³ 办公室内消火栓设计流量为 15L/s，取大值为 30L/s。

4）高层宿舍、公寓等非住宅类居住建筑，室内消火栓设计流量应按照高层公共建筑确定。

建筑室内消火栓设计流量 表 6.2-22

建筑物名称		高度 h(m)、体积 V(m³)、座位数 n (个)	室内消火栓设计流量(L/s)	同时使用水枪数(支)	每根竖管最小流量(L/s)
单层、多层	科研楼、试验楼	V≤10000	10	2	10
		V>10000	15	3	10
	车站、码头、机场的候车(船、机)楼和展览建筑(包括博物馆)等	5000<V≤25000	10	2	10
		25000<V≤50000	15	3	10
		V>50000	20	4	15
	剧院、电影院、会堂、礼堂、体育馆等	800<n≤1200	10	2	10
		1200<n≤5000	15	3	10
		5000<n≤10000	20	4	10
		n>10000	30	6	15
	旅馆	5000<V≤10000	10	2	10
		10000<V≤25000	15	3	10
		V>25000	20	4	15
	商店、图书馆、档案楼等	5000<V≤10000	10	2	10
		10000<V≤25000	25	5	15
		V>25000	40	5	15
	病房楼、门诊楼等	5000<V≤25000	10	2	5
		V>25000	15	3	10
	办公楼、教学楼、公寓、宿舍等其他建筑	h>15 或 V>10000	15	3	10
	住宅	21<h≤27	5	2	5
高层	住宅	27<h≤54	10	2	10
		h>54	20	4	10
	二类公共建筑	h≤50	20	4	10
	一类公共建筑	h≤50	30	6	15
		h>50	40	8	15
国家级文物保护单位的重点砖木或木结构的古建筑		V≤10000	20	4	10
		V>10000	25	5	15
地下建筑		V≤5000	10	2	10
		5000<V≤10000	20	4	15
		10000<V≤25000	30	6	15
		V>25000	40	8	20

5) 当住宅建筑(不包括设置商业服务网点的住宅建筑)与其他使用功能的建筑合建时,可以根据各自的建筑高度分别计算室内消火栓设计流量。其中,住宅部分的高度,为可供住宅部分的人员疏散和满足消防车停靠与灭火救援的室外设计地面(包括屋面、平台)至住宅部分屋面面层的高度;其他使用功能部分的高度,为室外设计地面至其最上一

层顶板或屋面面层的高度。

6）消防软管卷盘、轻便消防水龙及多层住宅楼梯间的干式消防竖管，其消防用水量可以不计入室内消火栓设计流量。

汽车库、修车库室内消火栓设计流量　　　　　　表 6.2-23

类别	室内消火栓设计流量 （L/s）	同时使用水枪数 （支）	每根竖管最小流量 （L/s）
Ⅰ、Ⅱ、Ⅲ类汽车库 Ⅰ、Ⅱ类修车库	10	2	10
Ⅳ类汽车库 Ⅲ、Ⅳ类修车库	5	1	5

（3）人防工程室内消火栓设计流量

人防工程室内消火栓设计流量不应小于表 6.2-24 的规定。

人防工程室内消火栓设计流量　　　　　　表 6.2-24

名称	体积 $V(m^3)$		室内消火栓设计 流量(L/s)	同时使用水枪数 （支）	每根竖管最小 流量(L/s)
人防工程	展览厅、影院、剧场、礼 堂、健身体育场所等	$V \leqslant 1000$	5	1	5
		$1000 < V \leqslant 2500$	10	2	10
		$V > 2500$	15	3	10
	商场、餐厅、旅馆、医院等	$V \leqslant 5000$	5	1	5
		$5000 < V \leqslant 10000$	10	2	10
		$10000 < V \leqslant 25000$	15	3	10
		$V > 25000$	20	4	10
	丙、丁、戊类生产车间、自 行车库	$V \leqslant 2500$	5	1	5
		$V > 2500$	10	2	10
	丙、丁、戊类物品库房、图 书资料档案库	$V \leqslant 3000$	5	1	5
		$V > 3000$	10	2	10

（4）城市交通隧道内室内消火栓设计流量

城市交通隧道内室内消火栓设计流量不应小于表 6.2-25 的规定。

城市交通隧道内室内消火栓设计流量　　　　　　表 6.2-25

名称	类别	长度(m)	室内消火栓设计流量(L/s)
可通行危险化学品等 机动车	一、二	$L > 500$	20
	三	$L \leqslant 500$	10
仅限通行非危险化学品等机动车	一、二、三	$L \geqslant 1000$	20
	三	$L < 1000$	10

（5）地铁地下车站室内消火栓设计流量不应小于 20L/s，区间隧道不应小于 10L/s。

2. 室内消火栓给水系统

（1）系统组成

室内消火栓给水系统一般由水源（消防水池及消防给水加压设备）、室内消火栓给水管网（给水干管、立管、横干管、支管等）、室内消火栓（普通单出口消火栓、双出口消火栓、减压稳压消火栓、特殊功能消火栓等）、系统附件（一般阀门、减压阀、泄压阀、多功能水泵控制阀、排气阀、水泵接合器、压力表等）、屋顶水箱及稳压设备组成。

具体组成应根据设计规范的系统确定，例如，在某种情况下，可以不设置高位消防水箱、稳压设备等。

室内消火栓公称压力为 1.6MPa。国家标准图集的水泵接合器的公称压力只有 1.6MPa，国家标准的水泵接合器的公称压力包括 1.6MPa、2.5MPa 和 4.0MPa。管道、阀门、水泵等有多种压力等级可供选择。

（2）系统分类及形式

1）系统分类

室内消火栓给水系统应采用高压或者临时高压消防给水系统，且不应与生产、生活给水系统合用。当仅设有消防软管卷盘或轻便消防水龙时，可与生产、生活给水系统合用。

① 高压消防给水系统

又称为常高压消防给水系统，是指能始终保持满足水灭火设施所需的工作压力和流量，火灾时无须消防水泵直接加压的系统。

② 临时高压消防给水系统

临时高压消防给水系统，是指平时不能满足水灭火设施所需的工作压力和流量，火灾时自动启动消防水泵以满足水灭火设施所需的工作压力和流量的供水系统。

③ 区域集中消防给水系统

区域集中消防给水系统，是指建筑群共用消防给水系统，可以采用高压或者临时高压消防给水系统。当建筑群采用临时高压消防给水系统时，应符合下列规定：

a. 工矿企业消防供水的最大保护半径不宜超过 1200m，且占地面积不宜大于 200hm²；

b. 居住小区消防供水的最大保护建筑面积不宜超过 500000m²；公共建筑宜为同一产权或物业管理单位。

2）系统形式

室内消火栓给水系统形式多种多样，应根据建筑特点，按照安全可靠、经济合理的原则，选择适合的给水形式。常见室内消火栓给水系统基本形式见表 6.2-26。

常见室内消火栓给水系统基本形式 表 6.2-26

系统给水形式		图示	说明	适用范围
高压系统	市政直接给水		不设置消防水池和消防水泵。供水可靠，系统简单，投资少，安装维护简单。要点：(1)市政给水管网能够满足室内消防给水的工作压力和流量要求；(2)室内消火栓采用环状管网时，引入管不应少于两条	市政供水压力和能力较强地区的单层和多层建筑

续表

系统给水形式		图示	说明	适用范围
高压系统	高位消防水池给水	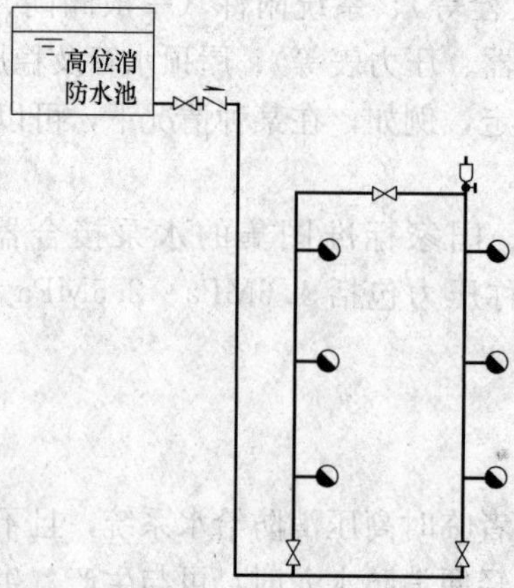	高位消防水池贮存一次灭火的全部水量,不设置消防水泵。供水可靠,系统简单,投资少,安装维护简单。 　　要点:高位消防水池的高度应能满足最不利点室内消火栓工作压力要求	有可供利用的地形设置高位消防水池,适用于单层、多层建筑
	高压与临时高压结合	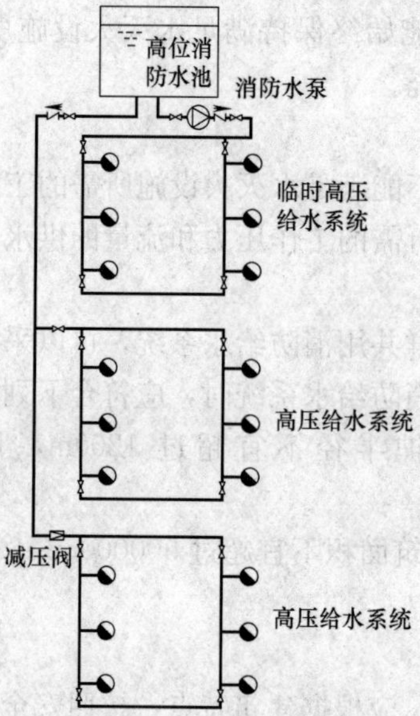	高位消防水池贮存一次灭火的全部水量。高位消防水池的高度一般不能满足高区室内消火栓水压要求,需要设置消防水泵增压。高区为临时高压给水系统,低区为高压给水系统。供水可靠,系统较为简单。 　　要点:高位消防水池增加结构荷载,占用屋顶面积	允许设置高位消防水池的高层、超高层建筑
临时高压系统	竖向不分区	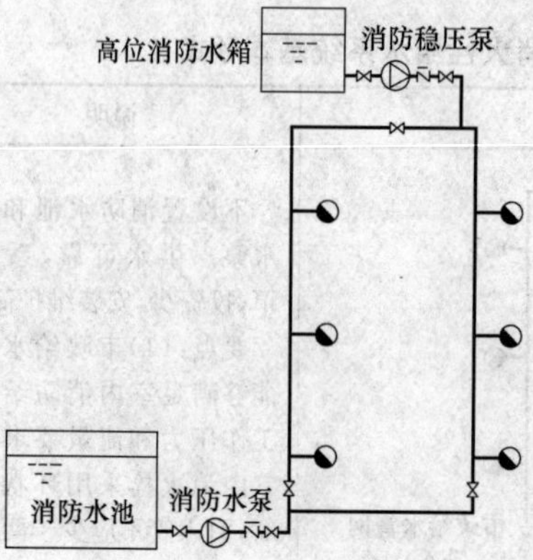	设置一组消防水泵,供水较可靠,系统较简单	多层、高层建筑

续表

系统给水形式		图示	说明	适用范围
临时高压系统	减压阀分区	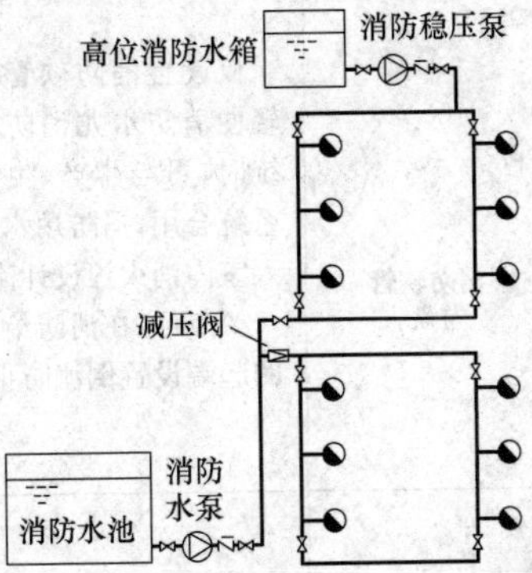 高位消防水箱 消防稳压泵 减压阀 消防水池 消防水泵	设置一组消防水泵,供水较可靠,系统较简单	高层建筑
	消防水泵并联分区	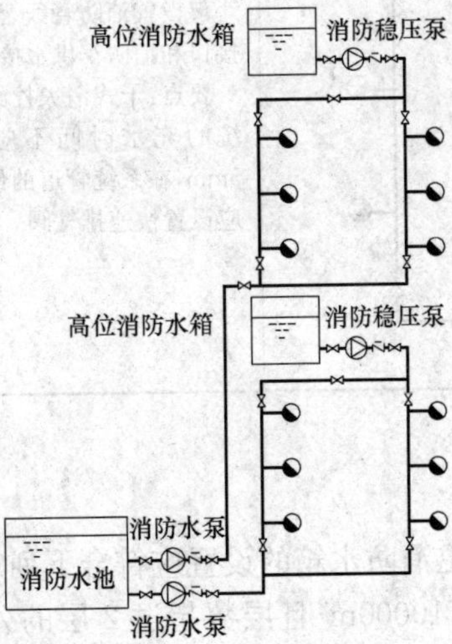 高位消防水箱 消防稳压泵 高位消防水箱 消防稳压泵 消防水池 消防水泵 消防水泵	分区设置消防水泵,供水较为可靠。消防水泵集中布置在下部,不占用上部楼层面积,便于管理维护。消防水泵型号多,配电功率大,控制较复杂。 要点:分区交界楼层发生火灾时,可能同时启动两组水泵,供配电系统应满足两组水泵同时启动的要求	高层建筑
	消防水泵串联分区	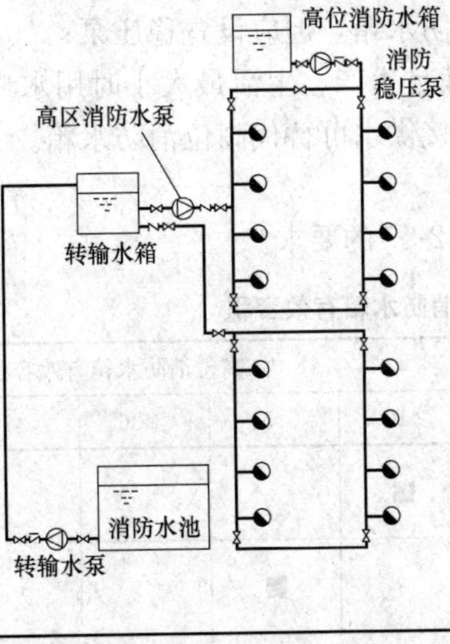 高位消防水箱 消防稳压泵 高区消防水泵 转输水箱 消防水池 转输水泵	在避难层设置转输水箱和消防水泵,占用避难层面积,增加结构荷载。消防水泵调试、巡检时有噪声和振动,串联系统供水可靠性比较低,控制复杂。 要点:需要充分考虑消防水泵调试、巡检时的噪声和振动对上层和下层的影响	通常适用于超高层公共建筑

续表

系统给水形式	图示	说明	适用范围
消防软管 卷盘系统	 生活用水　消防软管卷盘 市政给水管网 倒流防止器	仅设置消防软管卷盘或轻便消防水龙消防给水系统时,可与生产、生活给水系统合用,消防用水量不计入室内消火栓设计流量。 要点:应在消防给水管道的起端设置倒流防止器	防火规范允许仅设置消防软管卷盘或轻便消防水龙的小型单层、多层建筑
干式给水系统	 水泵接合器 泄水阀	仅设置消防管线、消火栓接口和消防车供水接口。 要点:干式消火栓给水系统的充水时间不应大于5min,在系统管道的最高处应设置快速排气阀	建筑高度不大于27m的多层住宅建筑,设置室内湿式消火栓系统确有困难时; 严寒、寒冷等冬季结冰地区城市隧道及其他构筑物的消火栓系统

（3）高位消防水箱

1）设置要求

采用临时高压消防给水系统时,高位消防水箱的设置应符合下列规定:

① 高层民用建筑、总建筑面积大于 10000m² 且层数超过 2 层的公共建筑和其他重要建筑,必须设置高位消防水箱;

② 其他建筑应设置高位消防水箱,但当设置高位消防水箱确有困难,且采用安全可靠的消防给水形式时,可不设置高位消防水箱,但应设置稳压泵;

③ 当市政供水管网的供水能力在满足生产、生活最大小时用水量后,仍能满足初期火灾所需的消防流量和压力时,市政直接供水可替代高位消防水箱。

2）水箱容积

高位消防水箱有效容积应满足表 6.2-27 的要求。

高位消防水箱有效容积　　　　　　　　　　表 6.2-27

建筑类别		高位消防水箱有效容积（m³）					
		≥100	≥50	≥36	≥18	≥12	≥6
公共建筑	一类高层公共建筑 h>150m	■					
	一类高层公共建筑 100<h≤150m		■				

续表

建筑类别		高位消防水箱有效容积(m³)					
		≥100	≥50	≥36	≥18	≥12	≥6
公共建筑	一类高层公共建筑 h≤100m			■			
	二类高层公共建筑				■		
	多层公共建筑				■		
	商店建筑 总建筑面积大于10000m² 且小于30000m²			■			
	商店建筑 总建筑面积大于30000m²		■				
住宅	一类高层住宅 h>100m			■			
	一类高层住宅 54m≤h≤100m				■		
	二类高层住宅					■	
	多层住宅 h>21m						■
工业建筑	室内消防给水 设计流量>25L/s				■		
	室内消防给水 设计流量≤25L/s					■	

3）设置高度

高位消防水箱的设置位置应高于其所服务的水灭火设施，应使消防管网处于充满水状态。

当高位消防水箱的最低有效水位满足水灭火设施最不利点处的静水压力时，可以不设置稳压泵，否则应设置稳压泵。

不同建筑最不利点处的静水压力应按下列规定确定：

① 一类高层公共建筑，不应低于 0.10MPa，但当建筑高度超过 100m 时，不应低于 0.15MPa；

② 高层住宅、二类高层公共建筑、多层公共建筑，不应低于 0.07MPa，多层住宅不宜低于 0.07MPa；

③ 工业建筑不应低于 0.10MPa，当建筑体积小于 20000m³时，不宜低于 0.07MPa；

④ 自动喷水灭火系统等自动水灭火系统应根据喷头灭火需求压力确定，但最小不应小于 0.10MPa。

（4）水泵接合器设置

下列场所的室内消火栓给水系统应设置水泵接合器：

1）高层民用建筑；

2）设有消防给水的住宅、超过 5 层的其他多层民用建筑；

3）超过 2 层或建筑面积大于 10000m² 的地下或半地下建筑（室）；

4）室内消防设计总量大于 10L/s 的平战结合人防工程；

5）高层工业建筑和超过 4 层的多层工业建筑；

6）4 层以上多层汽车库、高层汽车库、地下汽车库；

7）城市交通隧道。

（5）竖向分区和减压设施

1）系统工作压力

消防给水系统的系统工作压力（规范术语应为"设计压力"）按照下列情况确定：

① 高位消防水池、水塔供水的高压消防给水系统的系统工作压力，应为高位消防水池、水塔最大静压；

② 市政给水管网直接供水的高压消防给水系统的系统工作压力，应根据市政给水管网的工作压力确定；

③ 不设置稳压泵，采用高位消防水箱稳压的临时高压消防给水系统的系统工作压力，应为消防水泵零流量时的压力与消防水泵吸水口最大静水压力之和；

④ 设置稳压泵稳压的临时高压消防给水系统的系统工作压力，应取消防水泵零流量时的压力、消防水泵吸水口最大静水压力二者之和与稳压泵维持系统压力时两者其中的较大值。

2）分区压力和分区形式

考虑到消防给水系统的安全可靠性、系统组件的承压能力和系统的经济合理性，当消防给水系统符合下列条件之一时，应竖向分区供水：

① 系统工作压力大于 2.40MPa 时；室内消火栓栓口处静压大于 1.0MPa 时。

② 分区供水可以采用消防水泵并联或者串联方式，当室内消火栓栓口处静压大于 1.0MPa 时，还需要采用减压水箱或者减压阀减压等分区形式。对于超高层建筑，需要根据建设项目的实际情况，采取多种分区形式混合供水，如图 6.2-14 和图 6.2-15 所示。

3）减压阀分区

采用减压阀减压分区不占用楼层面积，系统控制简单，但是对减压阀的可靠性要求较高，减压阀设置应满足以下要求：

① 减压阀本身的水头损失很大，为保证火灾时能满足消防给水的要求，减压阀应根据消防给水设计流量和压力选择，且设计流量应在减压阀流量压力特性曲线的有效段内，并校核在 150% 设计流量时，减压阀的出口动压不应小于设计值的 65%。

② 减压阀减压分区可采用比例式减压阀和可调式减压阀，当超过 1.20MPa 时，宜采用先导式减压阀。

③ 减压阀仅应设置在单向流动的供水管上，不应设置在有双向流动的输水干管、环状管道上。

④ 每一供水分区应设不少于两组减压阀组，每组减压阀组宜设置备用减压阀，减压阀前应设过滤器，阀前、后均应设置压力表。

⑤ 可调式减压阀前后最大压差不应大于 0.40MPa；比例式减压阀的减压比不宜大于 3∶1。当一级减压阀减压不能满足要求时，可采用减压阀串联减压，但串联减压不应大于两级，第二级减压阀宜采用先导式减压阀，阀前后压力差不宜超过 0.40MPa。

⑥ 减压阀后应设置安全阀，安全阀的开启压力应能满足系统安全，且不应影响系统的供水安全性。

⑦ 应校核减压阀失效情况下阀后最大压力，其压力不应大于系统组件的公称压力，否则应调整减压分区或采用减压阀串联使用，当减压阀串联使用时，按其中一个失效情况下，计算阀后最大压力。

4）减压水箱分区

减压水箱通过释放高位消防水池势能减压，不会产生系统串压，对于控制系统分区压力来说，比减压阀分区安全可靠。减压水箱分区适用于设置有避难层的高层、超高层建筑。

采用减压水箱减压分区供水时应符合下列要求：

① 减压水箱的有效容积不应小于 $18m^3$。

考虑到减压水箱上游进水管阀门从关闭状态到完全打开需要一定的时间，且减压水箱也应具有一定的安全贮水量，避免下游用水时出现瞬间断流，建议减压水箱有效容积不宜小于 10min 消防系统水量。

对于工业建筑中的高层试验塔、高层垂直生产线、超高层建筑综合体以及包含有非仓库类的高大空间场所和舞台、书库、仓库等一些特殊功能的建筑，减压水箱的有效容积应按建筑内同时作用的消防系统水量计算，并应视建筑功能的复杂性和火灾危险性，增加贮水量，建议减压水箱有效容积不宜小于 20min 消防系统水量。

广州珠江新城西塔项目，减压水箱按照室内消火栓用水量 40L/s 和自动喷水灭火用水量 30L/s 之和的 10min 计算，有效容积为 $42m^3$。

② 减压水箱是消防串联供水系统中的重要环节，减压水箱应分成能够独立使用的两格，其出水、排水、水位和设置场所等，应符合消防水池的有关规定。

③ 减压水箱应有两条进水管、出水管，且每条进水管、出水管均应满足消防给水系统所需消防用水量的要求。

④ 减压水箱进水管应设置防冲击和溢水的技术措施，并宜在进水管上设置紧急关闭阀门，溢流水宜回流到消防水池。

5）转输水箱

转输水箱是指当消防供水系统竖向超过一定高度而不能一次提升到顶时，在设备层（或避难层）设置的水箱。其功能是既作为下一级消防水泵出水管的接纳水池，又作为上一级消防水泵的吸水池。串联转输系统适用于超高层建筑，为控制系统工作压力，设置多级转输系统。

转输水箱应符合下列要求：

① 超高层建筑的消防转输系统，可以采用室内消火栓和自动喷水灭火系统合用形式，即转输流量应为室内消火栓和自动喷水灭火系统的设计流量之和。室内消火栓设计流量一般为 40L/s，自动喷水灭火系统设计流量（考虑存在非仓库类高大空间的中庭）一般为 35~40L/s，合并流量为 75~80L/s。

② 转输水箱的有效贮水容积不应小于 $60m^3$，转输水箱可作为高位消防水箱。

③ 在高压消防给水系统中，高位水池已贮存了室内一次火灾的消防水量，发生火灾时，不需要启动转输水泵即可满足消防用水要求，转输系统可视为第二水源，是辅助灭火

系统。转输水箱的有效容积应不小于转输水泵 10min 的流量,对于室内消火栓与自动喷水灭火系统合用转输系统,转输水箱的有效容积约为 45～48m³。按照规范,转输水箱的有效贮水容积不应小于 60m³。见图 6.2-14。

④ 在临时高压消防给水系统中,室内一次火灾的消防水量贮存在低位消防水池中,发生火灾时,需要启动转输水泵向消防给水系统供水进行灭火,转输系统是主要灭火系统。转输水箱既是本区消防水泵的吸水池,也是下区的高位水箱或者高位消防水池,应通过分析计算确定转输水箱的有效贮水容积,并不应小于 60m³。见图 6.2-15。

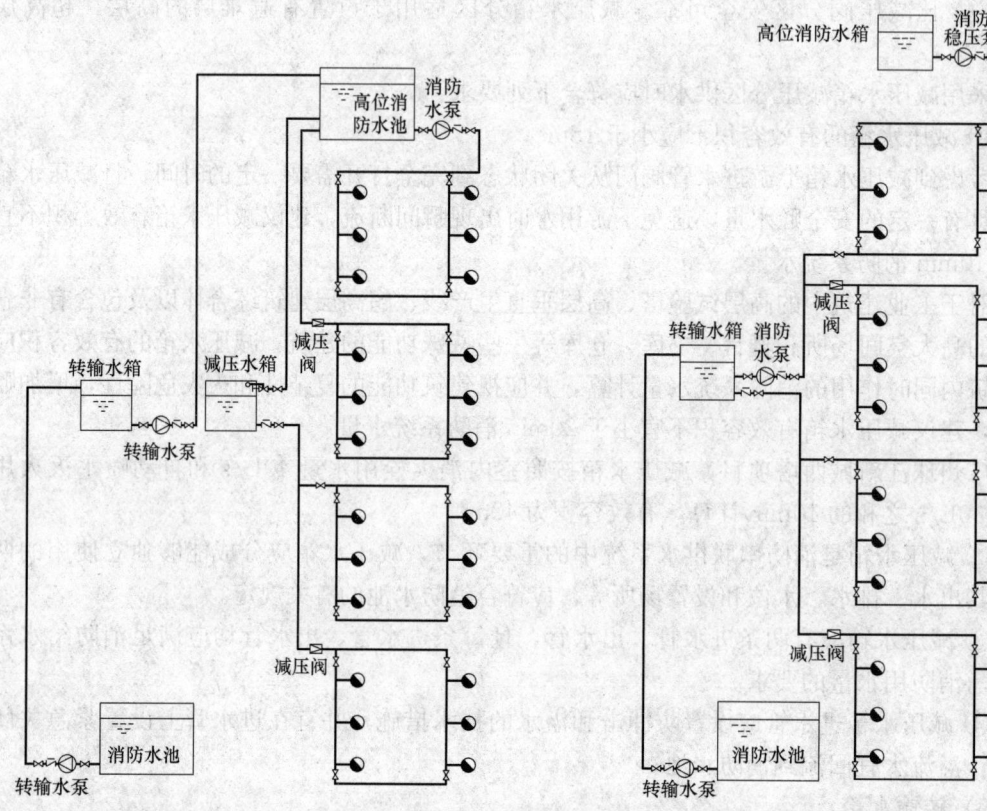

图 6.2-14 高压消防给水转输系统   图 6.2-15 临时高压消防给水转输系统

⑤ 建议设置独立转输系统,不主张转输水箱与减压水箱合用。其他要求见减压水箱。

(6)管道布置、阀门设置

1)管道布置

① 室内消火栓系统管网应布置成环状,当室外消火栓设计流量不大于 20L/s,且室内消火栓不超过 10 个时,可布置成枝状。

下列消防给水应采用环状给水管网:向两栋或两座及以上建筑供水时;向两种及以上水灭火系统供水时;当室外消火栓设计流量大于 20L/s,且室内消火栓超过 10 个时。

② 向室内环状消防给水管网供水的输水干管不应少于两条,其中一条发生故障时,其余输水干管应仍能满足消防给水系统设计流量。

③ 室内消防管道管径应根据系统设计流量、流速和压力等计算确定,但竖管管径不应小于 DN100。

④ 消防给水管道的流速不宜大于 2.5m/s，特殊情况下不得超过 5m/s。

⑤ 室内消火栓给水管网宜与自动喷水等其他水灭火系统的管网分开设置；当合用消防水泵时，供水管路沿水流方向应在报警阀前分开设置。

2）阀门设置

① 民用建筑、厂房和仓库：室内消火栓环状给水管道检修时应符合下列规定：

a. 室内消火栓竖管应保证检修管道时关闭停用的竖管不超过 1 根，当竖管超过 4 根时，可关闭不相邻的 2 根；

b. 每根竖管与供水横干管相接处应设置阀门。

② 汽车库、修车库、人防：室内消火栓环状给水管道检修时应符合下列规定：

a. 室内消防管道应采用阀门分段，如某段损坏时，停止使用的消火栓在同一层内不应超过 5 个；

b. 高层汽车库内管道阀门的布置，应保证检修管道时关闭的竖管不超过 1 根，当竖管超过 4 根时，可关闭不相邻的 2 根。

（7）室内消火栓布置

室内消火栓，用于扑救建筑物内火灾，主要供消防专业人员使用。消防软管卷盘和轻便消防水龙，主要供非专业人员灭火使用。

1）室内消火栓的配置应符合下列要求：

① 应采用 DN65 室内消火栓，并可与消防软管卷盘或轻便消防水龙设置在同一箱体内。

② 室内消火栓：应配置公称直径 65mm 有内衬里的消防水带，长度不宜超过 25.0m，应配置当量喷嘴直径 16mm 或 19mm 的消防水枪。当消火栓设计流量为 2.5L/s 时，宜配置当量喷嘴直径 11mm 或 13mm 的消防水枪。

③ 消防软管卷盘：额定工作压力为 0.8MPa，可以连接在室内消火栓给水系统，也可以连接在生活给水系统。应配置内径不小于 19mm 的消防软管，其长度宜为 30.0m，应配置当量喷嘴直径 6mm 的消防水枪。

④ 轻便消防水龙：额定工作压力为 0.25MPa，只能连接在生活给水系统。应配置公称直径 25mm 有内衬里的消防水带，长度宜为 30.0m，应配置当量喷嘴直径 6mm 的消防水枪。

2）室内消火栓设置

① 设置室内消火栓的建筑，包括设备层在内的各层均应设置消火栓。

② 室内消火栓的布置原则是同一平面 2 支水枪的 2 股充实水柱同时达到任何部位。

对于建筑高度小于或等于 24.0m 且体积小于或等于 5000m³ 的多层仓库、建筑高度小于或等于 54m 且每单元设置一部疏散楼梯的住宅，以及规范规定可采用 1 支消防水枪的场所，可采用 1 支消防水枪的 1 股充实水柱到达室内任何部位。

③ 消防电梯前室应设室内消火栓，应计入布置范围内的消火栓使用数量。

消防电梯是消防队员扑救火灾的主要垂直运输工具，一直以来，防火规范都要求在消防电梯前室设置消火栓箱。

④ 设有屋顶直升机停机坪的公共建筑，应在停机坪出入口处或非电器设备机房处设置消火栓，且距停机坪的距离不应小于 5.00m。

⑤ 设有室内消火栓的建筑，应在屋顶设一个装有压力显示装置的试验和检查用消火栓，采暖地区可设在顶层出口处或水箱间内。

⑥ 室内消火栓应设置在楼梯间及其休息平台和前室、走道等明显且易于取用以及便于火灾扑救的位置，见图6.2-16。

楼梯间是建筑内部人员唯一的垂直疏散通道，也是消防队员扑救火灾的垂直通道。前室可以阻挡烟气直接进入防烟楼梯间或消防电梯井，是消防队员到达着火层进行扑救工作的起始点和安全区，也是着火时的人员临时避难场所。

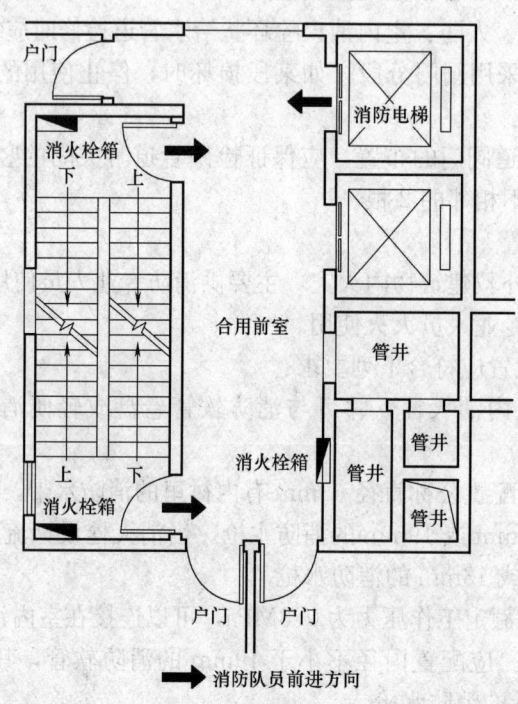

图6.2-16 消火栓箱布置在楼梯间、消防电梯前室

⑦ 住宅的室内消火栓宜设置在楼梯间及其休息平台。

⑧ 汽车库内消火栓的设置不应影响汽车的通行和车位的设置，并应确保消火栓的开启。

⑨同一楼梯间及其附近不同层设置的消火栓，其平面位置宜相同。

⑩ 冷库的室内消火栓应设置在常温穿堂或楼梯间内。

（8）水枪充实水柱长度、栓口压力计算

1）水枪充实水柱要求

高层建筑、厂房、库房和室内净空高度超过8m的民用建筑等场所，消火栓栓口动压不应小于0.35MPa，且消防水枪充实水柱应按13m计算。

其他场所，消火栓栓口动压不应小于0.25MPa，且消防水枪充实水柱应按10m计算。

2）水枪充实水柱长度计算

为使消防水枪射出的充实水柱能射及火源和防止火焰热辐射烤伤消防人员，充实水柱应有一定长度。在火场扑灭火灾，水枪的上倾角一般不宜超过 45°，在最不利情况下，也不能超过 60°。若上倾角太大，着火物下落时会伤及灭火人员，如图 6.2-17 所示。

$$S_k = \frac{H_1 - H_2}{\sin\alpha} \qquad (6.2-2)$$

通过数据分析得知，垂直射程小于倾角射程，但是比较接近。因此，在计算时，用垂直射流充实水柱高度 H_m 代替倾角射流充实水柱长度 S_k 也偏于安全。

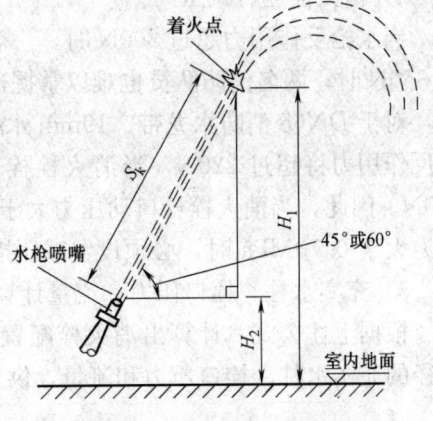

图 6.2-17 倾斜射流的 S_k

① 水枪喷嘴水压 H_q 按公式（6.2-3）计算：

$$H_q = \alpha_f H_m / (1 - \phi\alpha_f H_m) \qquad (6.2-3)$$

式中 H_m——水枪充实水柱高度（m）；

       H_q——水枪喷嘴水压（m）；

       α_f——实验系数，$\alpha_f = 1.19 + 80(0.01H_m)^4$；

       ϕ——与消防水枪喷嘴有关的系数，$\phi = 0.25/[d + (0.1d)^3]$。

② 水枪射流量 q_{xh} 按公式（6.2-4）计算：

$$q_{xh} = (BH_q)^{1/2} \qquad (6.2-4)$$

式中 q_{xh}——水枪射流量（L/s）；

       B——不同水枪喷嘴口径的水流特性系数，见表 6.2-28。

不同水枪喷嘴口径水流特性系数 B 值   表 6.2-28

喷嘴口径(mm)	9	13	16	19	22	25
B 值	0.079	0.346	0.793	1.577	2.834	4.727

3）消火栓栓口压力

消火栓栓口处所需水压，应按公式（6.2-5）、公式（6.2-6）计算：

$$H_{xh} = h_d + H_q + H_k \qquad (6.2-5)$$

$$h_d = A_d L_d q_{xh}^2 \qquad (6.2-6)$$

式中 H_{xh}——消火栓栓口处所需水压（mH_2O）；

       h_d——消防水带的水头损失（mH_2O）；

       A_d——消防水带的比阻，见表 6.2-29；

       L_d——消防水带的长度（m）；

       H_k——消火栓栓口水头损失（mH_2O），一般为 $2mH_2O$。

消防水带比阻 A_d 值   表 6.2-29

消防水带口径 (mm)	A_d 值	
	帆布的、麻织的消防水带	衬胶的消防水带
50	0.01501	0.00677
65	0.00430	0.00172

4）消火栓栓口减压

当水枪反作用力超过 200N 时，一名消防队员难以掌握进行灭火。当水枪反作用力大于 350N 时，两名消防队员也难以掌握进行灭火。

对于 DN65 消防水龙带、19mm 水枪喷嘴，当消火栓栓口压力大于 0.50MPa 时，水枪反作用力将超过 220N，当消火栓栓口压力大于 0.70MPa 时，水枪反作用力将超过 350N。因此，当消火栓栓口动压力大于 0.50MPa 时，应采取减压措施，当消火栓栓口动压力大于 0.70MPa 时，必须设置减压措施。建议采用减压稳压消火栓。

5）充实水柱、栓口压力和流量计算表

根据上述公式，计算出消火栓配置公称直径 65mm、长度 25m 衬胶水带，不同喷嘴口径的充实水柱、栓口压力和流量，供参考。见表 6.2-30。

长度 25m 衬胶水带的充实水柱、栓口压力和流量计算表　　　　表 6.2-30

充实水柱 H_m (m)	喷嘴口径(mm)					
	13		16		19	
	栓口压力 H_{xh} (mH_2O)	流量 q_{xh} (L/s)	栓口压力 H_{xh} (mH_2O)	流量 q_{xh} (L/s)	栓口压力 H_{xh} (mH_2O)	流量 q_{xh} (L/s)
10	17.1	2.3	16.6	3.3	16.5	4.6
11	19.1	2.4	18.4	3.5	18.2	4.9
12	21.3	2.6	20.3	3.7	20.0	5.2
13	23.6	2.7	22.3	3.9	21.9	5.4
14	26.1	2.9	24.5	4.1	23.9	5.7
15	28.9	3.0	26.8	4.4	26.0	6.0
16	32.0	3.2	29.3	4.6	28.3	6.2
17	35.4	3.4	32.1	4.8	30.8	6.5
18	39.4	3.6	35.2	5.0	33.5	6.8
19	43.9	3.8	38.6	5.3	36.5	7.1
20	49.2	4.0	42.6	5.6	40.0	7.5
21	55.6	4.3	47.1	5.9	43.5	7.8
22			52.3	6.2	47.8	8.2
22.5					50.0	8.4

（9）消火栓箱间距计算

1）消火栓的保护半径

消火栓的保护半径可按公式（6.2-7）计算：

$$R = L_d + L_s \tag{6.2-7}$$

式中　R——消火栓保护半径（m）；

L_d——消防水带敷设长度（m），考虑到消防水带的转弯曲折，应乘以折减系数 0.8；

L_s——水枪充实水柱在平面上的投影长度（m）。

水枪的上倾角一般按 45° 计算，则：

$$L_s = 0.71 S_k \tag{6.2-8}$$

2）消火栓箱的间距要求

室内消火栓宜按直线距离计算其布置间距，并应符合下列规定：

① 消火栓按 2 支消防水枪的 2 股充实水柱布置的建筑物，消火栓的布置间距不应大于 30.0m；

②消火栓按 1 支消防水枪的 1 股充实水柱布置的建筑物，消火栓的布置间距不应大于 50.0m。

虽然规范给出了 30m、50m 两个限值，但是布置间距还应根据建筑物的具体情况由计算确定。

3）消火栓箱间距计算

① 当室内只有一排消火栓，且要求有 1 股水柱达到室内任何部位时，消火栓的间距按公式（6.2-9）计算：

$$S_1 = 2\sqrt{R^2 - b^2} \qquad (6.2\text{-}9)$$

式中　S_1——1 股水柱时的消火栓间距（m）；

　　　R——消火栓的保护半径（m）；

　　　b——消火栓的最大保护宽度（m）。

如图 6.2-18 所示。

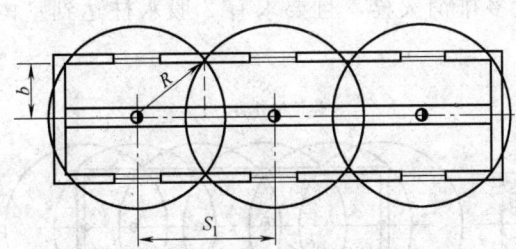

图 6.2-18　1 股水柱时的消火栓布置间距

② 当室内只有一排消火栓，且要求有 2 股水柱同时达到室内任何部位时，消火栓的间距按公式（6.2-10）计算：

$$S_2 = \sqrt{R^2 - b^2} \qquad (6.2\text{-}10)$$

式中　S_2——2 股水柱时的消火栓间距（m）；

　　　R——消火栓的保护半径（m）；

　　　b——消火栓的最大保护宽度（m）。

如图 6.2-19 所示。

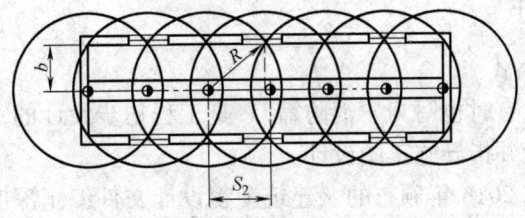

图 6.2-19　2 股水柱时的消火栓布置间距

③ 当房间宽度较宽，需要布置多排消火栓，且要求有 1 股水柱达到室内任何部位时，消火栓的间距可按公式（6.2-11）计算：

$$S_n = \sqrt{2}R = 1.41R \tag{6.2-11}$$

式中　S_n——多排消火栓 1 股水柱时的消火栓间距（m）；

　　　R——消火栓的保护半径（m）。

如图 6.2-20 所示。

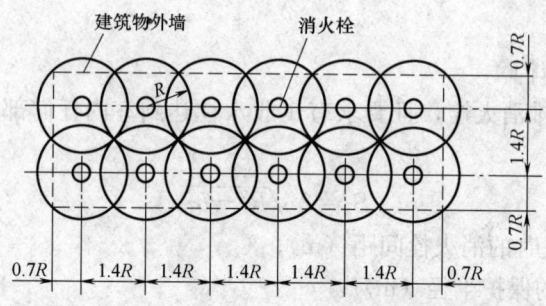

图 6.2-20　多排消火栓 1 股水柱时的消火栓布置间距

④ 当室内需要布置多排消火栓，且要求有 2 股水柱达到室内任何部位时，可按图 6.2-21 布置。

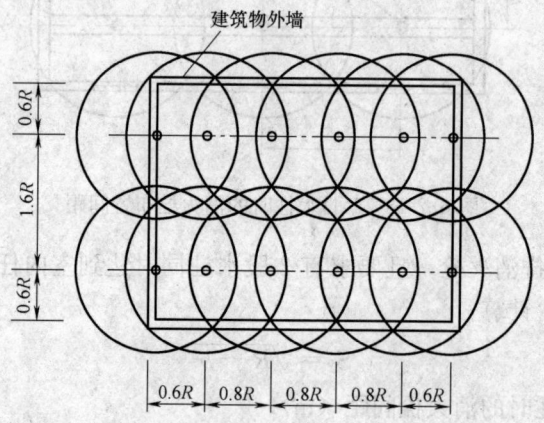

图 6.2-21　多排消火栓 2 股水柱时的消火栓布置间距

6.2.5　消防设计说明书

1. 说明书内容和格式

消防设计说明书（有时也写为"消防篇"）是工程初步设计的重要组成部分，用于政府消防监督部门的审批并指导施工图设计。

住房和城乡建设部 2016 年颁布的《建筑工程设计文件编制深度规定》对消防系统的说明规定如下：

"遵照各类防火设计规范的有关规定要求，分别对各类消防系统（如消火栓、自动喷水、水幕、雨淋喷水、水喷雾、细水雾、泡沫、消防炮、气体灭火等）的设计原则和依据，计算标准、设计参数、系统组成、控制方式；消防水池和水箱的容量、设置位置；建筑灭火器的配置；其他灭火系统如气体灭火系统的设置范围、灭火剂选择、设计储量以及主要设备选择等予以叙述"。

根据上述规定，同时为了满足审批需要，消防设计说明书应包括下列内容：

（1）设计依据及设计范围

列出本项目设计采用的所有国家及地方防火规范及规程；给出设计范围内的各消防系统。若为合作设计，则应划分不同设计单位的工作范围。

（2）工程概况

工程概况应对建筑物的名称、项目位置、功能、建筑面积、建筑高度、层数、场地标高（绝对标高）、室内外高差、室外给水及消防管网现状、水压等予以描述。

（注：有时该部分内容在给水排水初步设计说明的开头部分，为便于审批，在单独报消防部门审批的时候，建议将该部分内容引入。）

（3）消防水源及水量

描述消防水源概况，包括何种水源，应包括接口数量、位置、管径、流量、水压（相对于绝对标高）等。

统计各系统的消防用水量，以同时作用的系统为依据，计算出一次消防用水量，并由此计算消防水池和高位消防水箱容积。

必要时对各系统设计参数取值予以说明。

（4）消防水泵房

对项目设置的消防水泵房进行描述，应包括消防水泵房的平面位置、地面标高（相对于绝对标高）、水泵设置情况（分系统说明）、水泵及备用泵台数、流量、供水压力等。

说明稳压设备的设置情况。

如设有转输泵房、转输水箱及减压水箱时也应一并说明。

（5）室外消火栓系统

说明设置场所、系统流量、火灾延续时间、一次消防用水量。

对消防水源、场地现有或设计的室外消火栓系统给予说明，说明高低压制、室外消火栓设置个数、系统控制、管材选用及接口方式等。

（6）室内消火栓系统

说明设置场所、系统流量、火灾延续时间、一次消防用水量。

对消防水源、室内消火栓系统给予说明，说明系统竖向分区及减压措施、系统控制、水泵接合器、管材选用及接口方式等。

说明消火栓布置间距、水枪充实水柱长度、扑救水柱股数、消火栓箱选用及配置等。

（7）自动喷水灭火系统

说明设置场所、系统流量、火灾延续时间、一次消防用水量。

说明自动喷水灭火系统设置场所，采用的火灾危险等级及相关设计参数，系统竖向分区及减压措施、系统控制、管材选用及接口方式等。

说明喷头选用、针对防火分区设置的信号阀及水流指示器、湿式报警阀、水泵接合器等。

若同时采用大空间智能型主动灭火系统或雨淋系统等，则应一并说明。

（8）气体灭火系统

说明设置场所、灭火气体类型、设计参数、系统设置形式及分配等。

说明系统控制、泄压口设置、管材选用及接口方式等。

（9）建筑灭火器配置

说明设置场所、火灾危险等级及火灾类别，计算灭火器配置基准，选用灭火器种类及型号。

（10）采用的其他灭火系统

（11）消防排水

（12）其他需要说明的问题

（13）主要设备表

2. 说明书实例

引用中国（海南）南海博物馆消防说明书：

（1）设计依据及设计范围

1）设计依据

本工程的有关批文（见总说明）。

本设计采用的国家规范及地方标准如下：

《城镇给水排水技术规范》GB 50788—2012；

《建筑给水排水设计规范》GB 50015—2003（2009 年版）；

《室外给水设计规范》GB 50013—2006；

《博物馆建筑设计规范》JGJ 66—2015；

《建筑设计防火规范》GB 50016—2014；

《消防给水及消火栓系统技术规范》GB 50974—2014；

《自动喷水灭火系统设计规范》GB 50084—2001（2005 年版）；

《细水雾灭火系统技术规范》GB 50898—2013；

《气体灭火系统设计规范》GB 50370—2005；

《建筑灭火器配置设计规范》GB 50140—2005；

《汽车库、修车库、停车场设计防火规范》GB 50067—2014；

《大空间智能型主动喷水灭火系统技术规程》CECS 263：2009；

《建筑机电工程抗震设计规范》GB 50981—2014。

其他与本工程有关的国家和地方标准。

建筑、空调及电气等专业提供的设计资料。

甲方提供的市政资料。

《建筑工程设计文件编制深度规定》（2008 年版）。

2）设计范围

本工程的室内、外消防系统包括以下系统：

室外消火栓给水系统、室内消火栓给水系统、自动喷水灭火系统（湿式系统、预作用系统）、大空间智能型主动喷水灭火系统、细水雾灭火系统、气体灭火系统、建筑灭火器配置。

(2) 工程概况

本工程为中国（海南）南海博物馆，项目地点：海南省琼海市潭门中心渔港片区 E-01-01 地块。中国（海南）南海博物馆总建筑面积（含地下一层）70593m²，包括展陈、业务保障、科研教育、科技服务以及服务于一带一路的会议展览交流平台等功能。地上建筑面积 57671m²，地下建筑面积 12922m²，建筑高度 24m＜H＜50m（坡屋顶建筑高度取屋面平均高度，为 36.15m，建筑最高点 48.45m），地上 5 层，地下 1 层。

建筑类型：公共建筑；建筑工程等级：特级；建筑防火分类：一类高层建筑；本工程位于 7 度抗震设防区；耐火等级：一级；人防工程防护等级：核六常六。

地下室功能：设备房、车库等；地上功能：会议展览中心功能为报告厅一座、展厅一座，博物馆功能为展厅、库房、附属办公。

使用人数：1）地下室：车库面积 6500m²；2）会议展览中心：会议厅（包括多功能厅、学术报告厅）共 1500 座，展厅面积 2500m²，办公人员 200 人，餐饮 860 人，后勤人员 110 人；3）博物馆：展厅面积 30000m²，办公人员 350 人，后勤人员 200 人。

本工程室内设置中央空调，按绿色建筑一星级要求设计。

本工程±0.00m 相对于国家 85 高程 5.5m。

市政给水条件：项目西侧市政道路上敷设有自来水管 DN300，供水压力 0.20MPa（相对国家 85 高程 3.5m）。本项目可从会议展览中心、博物馆分别引入一根 DN200 的给水管。

(3) 消防水源及水量

消防水源为市政给水管网，项目西侧市政道路上敷设有自来水管 DN300，供水压力 0.20MPa（相对国家 85 高程 3.5m）。

本项目从会议展览中心、博物馆分别引入一根 DN200 的给水管，总进水表后分设消防（DN150）、生活（DN150）水表各一块，总进水管设低阻力倒流防止器，防止对市政给水管网造成二次污染。

1）室外消防水源

因本项目仅有西面与市政道路相邻，无法满足两路市政进水要求，室外消火栓用水在地下室内设置消防水池和加压水泵供水。水泵加压后供水到室外消火栓给水环管，室外消火栓系统的消防水池设置 3 个取水口，可供消防车取水用，消防水池有效水深不低于-6.0m（相对室外消防车道吸水的路面），提高供水的安全性。

室外消火栓用水量设置消防水池贮存，消防水池设置在地下一层，消防水池有效容积为 432.0m³。

2）室内消防水源

室内消防用水量设置消防水池贮存，消防水池设置在地下一层，消防水池有效容积为 833.0m³，贮存室内一起火灾的消防用水量。

屋面设置消防水箱（有效容积 36.0m³），以满足本工程室内消火栓系统及自动喷水灭火系统初期消防用水的要求。

3）消防用水量

消防用水量见表 6.2-31。

消防用水量统计表   表 6.2-31

序号	名　　称	用水定额 (L/s)	火灾延 续时间(h)	一次消防 用水量(m³)	备　　注
1	室外消火栓系统	40	3	432.0	
2	室内消火栓系统	40	3	432.0	
3	自动喷水灭火系统				
3.1	自动系统1	21	1	75.6	普通场所
3.2	自动系统2	30	1	108.0	地下车库
3.3	自动系统3	60	1	216.0	博物馆高大空间,按喷水强度12L/ (min·m²),作用面积300m²计算
3.4	自动系统4	40	2	288.0	博物馆库房,按堆垛储物仓库危险 级Ⅱ级(储物高度3.5~4.5m),喷水 强度12L/(min·m²),作用面积 200.0m²计算
3.5	细水雾灭火系统	385L/min	0.5	11.6	单独设置有效容积12m³水箱
4	大空间智能型主 动喷水灭火系统	30	1	108.0	
5	一次火灾消防用水量(室内) 按第(2)、(3.3)、(4)项计			756.0	"库房"和"大空间"不同时使用
6	一次火灾消防用水量(室内、外) 按第(1)、(5)项计			1188.0	

（4）消防水泵房

1）室外消火栓消防水泵房

地下一层设置有"室外消火栓消防水泵房"一座,耐火等级为一级。消防水泵配置如下：

主泵：Q=40L/s,H=0.40MPa,N=30kW/台（2台,1用1备）

稳压泵：Q=2.2L/s,H=0.40MPa,N=3kW/台（2台,1用1备）

立式隔膜式气压罐：ϕ1000×2474,PN1.6（1座）

2）室内消防水泵房

地下一层设置有"室内消防水泵房"一座,耐火等级为一级。消防水泵配置如下：

室内消火栓主泵：Q=40L/s,H=0.80MPa,N=45kW/台（2台,1用1备）

自喷主泵：Q=30L/s,H=0.80MPa,N=37kW/台（3台,2用1备）

空气压缩机（预作用系统用,在库房区设有预作用系统）：供气量5m³/min,压力1.0MPa,功率15kW/台,1用1备。

大空间主泵：Q=30L/s,H=1.20MPa,N=55kW/台（2台,1用1备）

3）屋面消防稳压泵房

在会议展览中心屋面夹层设置有"屋面消防稳压泵房"一座,耐火等级为一级。消防稳压泵配置如下：

室内消火栓稳压泵：Q=2.2L/s,H=0.30MPa,N=2.2kW/台（2台,1用1备）

立式隔膜式气压罐：ϕ1000×2474,PN1.6（1座）

自喷稳压泵：Q=1.3L/s,H=0.30MPa,N=1.5kW/台（2台,1用1备）

立式隔膜式气压罐：$\phi1000\times2474$，$PN1.6$（1 座）

大空间稳压泵：$Q=2.2\text{L/s}$，$H=0.30\text{MPa}$，$N=2.2\text{kW/台}$（2 台，1 用 1 备）

立式隔膜式气压罐：$\phi1000\times2474$，$PN1.6$（1 座）

（5）室外消火栓系统

1）设置场所

室外沿消防车道边设置室外消火栓。

2）消防用水量

室外消火栓系统用水量 40L/s，火灾延续时间 3h，一次火灾用水量为 432.0m³。

3）消防水源

室外消火栓用水由消防水池、消防主泵加压供给。

4）系统设计

室外消防给水管绕建筑呈环状敷设，每隔 80m 设置一个室外消火栓供火灾时消防车取水。

5）系统控制

消火栓主泵的开启由水泵出水干管上的压力开关控制（也可人工就地开停泵，消防中心可开泵，也可停泵）。

消防稳压泵的启停由出水管上的压力信号开关控制。

6）管材选用及接口方式

室外埋地消防给水管采用钢丝网骨架增强复合塑料给水管，电热熔连接。管道覆土 1.0m 敷设。

阀门采用弹性座封球墨铸铁闸阀。管道、管件及阀门的工作压力为 1.0MPa。

阀门井均采用钢筋混凝土结构。井盖采用球墨铸铁井盖和盖座，位于行车道上为重型；位于非行车道上为轻型。

（6）室内消火栓系统

1）设置场所

室内所有场所均设置室内消火栓。

2）消防用水量

室内消火栓系统用水量 40L/s，火灾延续时间 3h，一次火灾用水量为 432.0m³。

3）消防水源

室内消火栓用水由消防水池、消防主泵供给。平时稳压由"屋面消防水箱和稳压设备"维持，为临时高压消防给水系统。

4）系统设计

室内消火栓给水系统竖向不分区，管网呈环状布置，环状管网干管管径 $DN150$。

室内消火栓设置在楼梯前室、走道、出入口等明显且易于取用的地点，消火栓的设置应保证同层有两支水枪的充实水柱同时达到被保护范围内的任何部位，消火栓栓口动压不小于 0.35MPa，水枪充实水柱不小于 13m。

采用带灭火器组合式消火栓箱（《室内消火栓安装》15S202 第 20 页）（型号 SG24D65Z-J），内置 $DN65$ 消火栓、$\phi19$ 水枪、25m 衬胶水带、消防软管卷盘各 1 个，位于大厅的消火栓箱设置两条消防水带。

消火栓箱内配置建筑灭火器（配置见灭火器部分）。

栓口处供水压力大于 0.50MPa 的楼层采用减压稳压型消火栓。

5）系统控制

消火栓主泵的开启由水泵出水干管上的压力开关、高位消防水箱出水管上的流量开关控制，任一条件满足就连锁直接启动水泵（也可人工就地开停泵，消防中心可开泵，也可停泵）。

消防稳压泵的启停由出水管上的压力信号开关控制。

6）水泵接合器

会议展览中心和博物馆分别设置水泵接合器，各设置 3 套。

7）管材选用及接口方式

室内消火栓给水管采用热浸镀锌钢管，当 $DN \leqslant 80mm$ 时采用丝扣连接，当 $DN > 80mm$ 时采用沟槽式卡箍连接，埋地管道采用法兰连接，并设三油两布加强防腐，管道覆土 1.2m 敷设。

阀门采用金属软密封明杆闸阀。管道、管件及阀门的工作压力为 1.6MPa。

（7）自动喷水灭火系统（湿式系统、预作用系统）

1）设置场所

除不宜直接用水扑救的电气用房、文物库房等之外，均设置自动喷水灭火系统。

2）消防用水量

室内自动喷水灭火系统用水量 60L/s（按博物馆展厅 8～12m 高大净空选值，喷水强度 12L/(min·m^2)，作用面积 300.0m^2，设计流量为 60L/s），火灾延续时间 1h，一次火灾用水量为 216.0m^3。

博物馆库房按堆垛储物仓库危险级 II 级（储物高度 3.5～4.5m），喷水强度 12L/(min·m^2)，作用面积 200.0m^2，设计流量为 40L/s，火灾延续时间 2h，一次火灾用水量为 288.0m^3。

除非仓库类高大空间外，地下一层按中危 II 级设计，地上部分按中危 I 级设计。

3）消防水源

室内自动喷水灭火系统用水由消防水池、消防主泵供给。平时稳压由"屋面消防水箱和稳压设备"维持，为临时高压消防给水系统。

4）系统设计

除设置气体灭火系统、细水雾灭火系统的文物库房之外，其他文物库房采用预作用灭火系统，办公、车库等部位采用湿式自动喷水灭火系统。

室内自动喷水灭火系统竖向不分区，报警阀前供水管网呈环状布置，干管管径 $DN150$。

每层每个防火分区设置水流指示器和信号阀各一套，报警阀按控制的喷头数目不超过 800 个进行设置，报警阀组的最不利喷头处设末端试水装置一套，其他部位设置试水阀。

配水管入口压力大于 0.40MPa 的楼层设置不锈钢减压孔板减压，孔板后压力为 0.30～0.35MPa。

5）系统控制

消防主泵由出水干管上的压力开关、报警阀压力开关直接联动启动水泵（也可人工就地开停泵，消防中心可开泵，也可停泵）。水流指示器同时把火灾信号传到消防控制中心。

消防稳压泵的启停由出水管上的压力信号开关控制。

6）喷头选用

设置密闭吊顶时，采用吊顶型喷头（$K=80$），动作温度为68℃；其他场所有吊顶（当采用网格类通透性吊顶时）部位及无吊顶部位均采用直立型玻璃球喷头（$K=80$），动作温度为68℃；闷顶部位及停车库采用直立型玻璃球喷头（$K=80$），动作温度为79℃；厨房内采用高温玻璃球喷头（$K=80$），动作温度为93℃。

7）水泵接合器

会议展览中心和博物馆分别设置水泵接合器，会议展览中心设置3套，博物馆设置4套。

8）管材选用及接口方式

室内自动喷灭火系统采用热浸镀锌钢管，当$DN\leqslant80$mm时采用丝扣连接，当$DN>80$mm时采用沟槽式卡箍连接，埋地管道采用法兰连接，并设三油两布加强防腐，管道覆土1.2m敷设。

阀门采用金属软密封明杆闸阀。管道、管件及阀门的工作压力为1.6MPa。

(8) 大空间智能型主动喷水灭火系统

1）设置场所

入口大厅、展厅等室内净空高度大于12.0m的空间，设置大空间智能型主动喷水灭火系统。

2）消防用水量

大空间智能型主动喷水灭火系统用水量30L/s，火灾延续时间1h，一次火灾用水量为108.0m³。

3）消防水源

室内大空间智能型主动喷水灭火系统用水由消防水池、消防主泵供给。平时稳压由"屋面消防水箱和稳压设备"维持，为临时高压消防给水系统。

4）系统设计

室内净空高度大于12.0m的空间，设置大空间智能型主动喷水灭火系统，选用标准型自动扫描射水高空水炮灭火装置。

系统最不利情况有6只水炮同时启动，每只水炮流量为5L/s，最不利点喷头工作压力不小于0.60MPa，标准圆形保护半径为20m。

本系统由消防水泵、智能高空水炮装置、电磁阀、水流指示器、信号闸阀、模拟末端试水装置和红外线探测组件等组成，全天候自动监视保护范围内的一切火情。

5）系统控制

发生火灾时，红外线探测组件向消防控制中心的火灾报警控制器发出火警信号，启动声光报警装置报警，报告发生火灾的准确位置，并能将灭火装置对准火源，启动消防主泵和打开电磁阀，喷水扑灭火灾。火灾扑灭后，系统可以自动关闭消防主泵和电磁阀停止喷水。系统同时具有手动控制、自动控制和应急操作功能。

6）水泵接合器

会议展览中心和博物馆分别设置水泵接合器，各设置2套。

7）管材选用及接口方式

室内大空间智能型主动喷水灭火系统采用热浸镀锌钢管，当 $DN \leqslant 80mm$ 时采用丝扣连接，当 $DN > 80mm$ 时采用沟槽式卡箍连接。

阀门采用金属软密封明杆闸阀。管道、管件及阀门的工作压力为 1.6MPa。

8）其他说明

施工图阶段，大空间智能型主动喷水灭火系统需由具有相关资质的专业公司深化设计及施工，本设计负责与相关专业技术接口及深化图纸的审核确认。

（9）细水雾灭火系统

1）设置场所

博物馆内木构件库、动植物标本库、陶瓷库等库房设置细水雾灭火系统保护。

2）消防用水量

细水雾灭火系统用水量 385L/min，火灾延续时间 0.5h，一次火灾用水量为 11.6m³。

3）消防水源

细水雾灭火系统用水由"细水雾消防加压专用设备"提供，设备包括消防水箱、消防主泵等，为临时高压消防给水系统。

细水雾灭火系统用水由首层细水雾贮水箱（SUS304 不锈钢装配式，3m×2m×2.5m）加压供给。

细水雾灭火系统加压水泵配置：

主泵：$Q = 100L/min$，$H = 14MPa$，$N = 30kW/台$（5 台，4 用 1 备）

增压泵：$Q = 20m^3/h$，$H = 0.35MPa$，$N = 4.0kW/台$（2 台，1 用 1 备）

稳压泵：$Q = 11.8L/min$，$H = 1.4MPa$，$N = 0.55kW/台$（2 台，1 用 1 备）

4）系统设计

博物馆内木构件库、动植物标本库、陶瓷库等库房设置细水雾灭火系统保护。

本系统最大设计流量防护区为"外借文物专用库"，设置有 35 只开式喷头，设计流量为同时开启 35 只喷头流量之和的 1.1 倍。设计流量为 385L/min。

系统持续喷雾时间为 30min，开式系统的响应时间不大于 30s，最不利点喷头工作压力不小于 10MPa。

5）喷头选用

保护区均采用开式喷头（$K = 1.0$，$q = 10L/min$），喷头间距按不大于 3.0m、不小于 1.5m 设计。

6）系统控制

当发生火灾时，开式系统具备三种控制方式：自动控制、手动控制和应急操作。

自动控制：细水雾灭火系统报警主机接收到灭火分区内一路探测器报警后，联动开启消防警铃；接收到两路探测器报警后，联动开启声光报警器，输出确认火灾信号，联动打开对应的区域控制阀和主泵，喷放细水雾灭火。区域阀组内的压力开关反馈系统喷放信号，灭火报警主机联动开启对应的喷雾指示灯。

手动控制：当现场人员确认火灾且自动控制还没动作，可按下对应区域控制阀的手动启动按钮，打开区域控制阀，管网降压自动启动主泵，喷放细水雾灭火；或者按下对应手动报警按钮，联动打开对应的区域控制阀和主泵，喷放细水雾灭火。

应急操作：当自动控制与手动控制失效时，手动操作区域控制阀的应急手柄，打开对应的区域控制阀，管网降压自动启动主泵。

7）管材选用及接口方式

室内细水雾灭火系统采用满足系统工作压力要求的无缝不锈钢管 316L，采用氩弧焊接或满足系统压力要求的其他连接方式。

阀门采用金属软密封明杆闸阀。管道、管件及阀门的工作压力为 16MPa。

8）其他说明

施工图阶段，细水雾灭火系统需由具有相关资质的专业公司深化设计及施工，本设计负责与相关专业技术接口及深化图纸的审核确认。

（10）气体灭火系统

1）设置场所

本工程不能直接用水扑救的书画古籍类库房、丝织品和棉纺织品库房、档案室、网络中心、变配电房等设置气体灭火系统保护。

2）系统设计

气体灭火系统设计按《气体灭火系统设计规范》GB 50370—2005 执行，每个防护区应设置泄压口，泄压口应位于防护区净高的 2/3 之上。

设计浓度：图书、档案、票据和文物等资料库房为 10%；变配电房、强电间为 9%；弱电间、计算机房、服务器机房为 8%。

喷放时间：弱电间、计算机房、服务器机房为 8s；其他防护区均为 10s。

3）系统控制

管网灭火系统设自动控制、手动控制和机械应急操作三种启动方式。预制灭火系统设自动控制和手动控制两种启动方式。

自动控制：自动状态下，若某防护区出现烟雾（或温度上升），该防护区的感烟（或感温）火灾探测器动作并向气体灭火控制器送入一个火警信号，气体灭火控制器即进入单一火警状态，同时驱动电动警铃发出单一火灾报警信号，此时不会发出启动灭火系统的控制信号。随着该防护区火灾的蔓延，温度持续上升（或烟雾增大），另一回路的感温（或感烟）火灾探测器动作并向气体灭火控制器送入另一个火警信号，气体灭火控制器立即确认发生火灾，同时发出复合火灾报警信号及联动信号（关闭空调、送排风装置和防火阀、防火门、防火卷帘等）。经过设定时间的延时，气体灭火控制器输出信号启动灭火系统，灭火剂施放到该防护区实施灭火。气体灭火控制器接收到压力信号器的反馈信号后显亮放气指示灯，避免人员误入。

手动控制：气体灭火控制器在火灾发生时只发出火灾报警信号而不产生联动。

自动或手动状态下，在值班人员确认火警后，按下报警控制器面板上的或现场的"紧急启动"按钮可马上启动灭火系统。在喷放控制信号输出前，按下报警控制器面板上或现场的"紧急停止"按钮，系统将不会输出喷放信号。

机械应急操作：当自动启动、手动（紧急按钮）启动均失效时，可进入气瓶间实施机械应急操作启动灭火系统。

4）管材选用及接口方式

管网灭火系统采用无缝钢管，采用氩弧焊接或满足系统压力要求的其他连接方式。

阀门采用金属软密封明杆闸阀。管道、管件及阀门的工作压力为 6MPa。

5) 其他说明

施工图阶段，气体灭火系统需由具有相关资质的专业公司深化设计及施工，本设计负责与相关专业技术接口及深化图纸的审核确认。

（11）灭火器的配置

1) 设置场所

室内所有场所均设置建筑灭火器保护。

2) 灭火器配置

本工程火灾危险等级为严重危险级。主要火灾种类为 A 类火灾，电气设备用房为带电类火灾。按《建筑灭火器配置设计规范》GB 50140—2005 的要求，在本工程的公共场所、走道、机电设备用房等处均设置手提式磷酸铵盐干粉灭火器 MF/ABC5。在主配电房增设推车式磷酸铵盐干粉灭火器 MFT/ABC20。

（12）消防排水

在消防电梯基坑旁设标高低于基坑的集水井，集水井有效尺寸为 1.5m×1.5m×1.5m，集水井内设 2 台排水泵（1 用 1 备，最不利情况下可以同时作用），参数为 $Q = 40\text{m}^3/\text{h}$，$H = 15\text{m}$，$N = 3\text{kW}/$台。地下室集水井排水泵均采用消防电源。

（13）隔振措施

水泵采用低转速、优质水泵，每台泵设隔振基础。

水泵进水管、出水管设置金属波纹管，给水管采用抗震吊、支架，减少噪声及振动传递。

水泵出水管采用多功能水泵控制阀，减少噪声和防止水锤。

所有管道采用抗震支架。

压力管穿越伸缩缝处设一不锈钢波纹管，避免管道变形及减少振动传递。

（14）机电抗震设计

1) 设计依据

本工程所在地的抗震设防烈度为 7 度，根据《建筑机电工程抗震设计规范》GB 50981—2014 的要求，给水排水工程应进行抗震设计。

2) 设计要求

室内给水、热水及消防管道管径大于或等于 DN65 的水平管道，当采用吊架、支架或托架固定时，应按《建筑机电工程抗震设计规范》GB 50981—2014 的要求设置抗震支撑；对于重力小于 1.8kN 的设备或吊杆长度小于 300mm 的悬吊管道可不进行抗震设计。

管道穿过内墙或楼板时，应设置套管；套管与管道间的缝隙，应采用柔性防火涂料封堵。

给水水箱等设备、设施应与主体结构牢固连接，与其连接的管道应采用金属管道。

给水、排水、消防管道及设备的支、吊架应具有足够的刚度和承载力，支、吊架与建筑结构应有可靠的连接和锚固。抗震支、吊架与钢筋混凝土结构应采用锚栓连接，与钢结构应采用焊接或螺栓连接。已设置隔振基础的设备，如水泵、热泵等，需加设限位器，以防止设备在地震时产生过量的移动而扭坏管道，甚至倾覆。未设置隔振基础的设备，如拼装水箱、压力罐、换热器等，必须与主体结构牢固连接，以防止地震时设备在地面上滑动或倾覆。

抗震支、吊架应能承受任意方向的地震作用；组成抗震支、吊架的所有构件应采用成品构件，连接紧固件的构造应便于安装；抗震支、吊架宜采用电镀防腐，有特殊要求时可采用热浸镀锌，当有绝缘要求时，应采用喷塑工艺。

抗震支、吊架应根据其承受的荷载进行抗震验算；水平地震力综合系数当计算值不足0.5时取0.5，超过0.5时按实际计算值。抗震支、吊架间距要求：刚性管道（金属管道）侧向间距不得超过12m，纵向间距不得超过24m；柔性管道（非金属管道）侧向间距不得超过6m，纵向间距不得超过12m。

管道及设备抗震设计应由具有相应资质的专业公司设计、安装。

（15）消防给水系统主要设备及材料

消防给水系统主要设备及材料见表6.2-32。

消防给水系统主要设备及材料　　　　　　　　表 6.2-32

序号	设备名称	性能与规格	单位	数量	备注
1	室外消火栓系统	主泵：$Q=40$L/s，$H=0.40$MPa，$N=30$kW/台(2台,1用1备) 稳压泵：$Q=2.2$L/s，$H=0.40$MPa，$N=3$kW/台(2台,1用1备) 立式隔膜式气压罐：$\phi1000\times2474$，$PN1.6$(1座)	套	1	
2	室内消火栓系统	主泵：$Q=40$L/s，$H=0.80$MPa，$N=45$kW/台(2台,1用1备) 稳压泵：$Q=2.2$L/s，$H=0.30$MPa，$N=2.2$kW/台(2台,1用1备) 立式隔膜式气压罐：$\phi1000\times2474$，$PN1.6$(1座)	套	1	
3	自动喷水灭火系统	主泵：$Q=30$L/s，$H=0.80$MPa，$N=37$kW/台(3台,2用1备) 稳压泵：$Q=1.3$L/s，$H=0.30$MPa，$N=1.5$kW/台(2台,1用1备) 立式隔膜式气压罐：$\phi1000\times2474$，$PN1.6$(1座)	套	1	
4	大空间智能型主动喷水灭火系统	主泵：$Q=30$L/s，$H=1.20$MPa，$N=55$kW/台(2台,1用1备) 稳压泵：$Q=2.2$L/s，$H=0.30$MPa，$N=2.2$kW/台(2台,1用1备) 立式隔膜式气压罐：$\phi1000\times2474$，$PN1.6$(1座)	套	1	
5	细水雾灭火系统	主泵：$Q=100$L/min，$H=14$MPa，$N=30$kW/台(5台,4用1备) 增压泵：$Q=20$m³/h，$H=0.35$MPa，$N=4.0$kW/台(2台,1用1备) 稳压泵：$Q=11.8$L/min，$H=1.4$MPa，$N=0.55$kW/台(2台,1用1备)	套	1	
6	空气压缩机	供气量 5m³/min，压力 1.0MPa，功率 15kW/台,1用1备	套	1	

续表

序号	设备名称	性能与规格	单位	数量	备注
7	消火栓箱	DN65 消火栓,25m 衬胶水带,φ19 水枪,25m 消防软管卷盘,消防报警按钮各 1 个	套	若干	
8	自动扫描射水高空水炮灭火装置	$Q=5L/s,R=25m$,带雾化功能	套	65	
9	末端模拟试水装置		套	14	
10	室外消火栓	$DN150,PN1.0$	套	17	
11	湿式报警阀	$DN150,PN1.6$	个	4	
12	雨淋阀	$DN150,PN1.6$	个	2	
13	水流指示器	$DN150,PN1.6$	个	若干	
14	末端试水装置	$DN25$	个	若干	
15	试水阀	$DN25$	个	若干	
16	68℃隐蔽型玻璃球喷头	$DN25$	个	若干	
	79℃直立型玻璃球喷头	$DN25$	个	若干	
	93℃玻璃球喷头	$DN25$	个	若干	
17	水喷雾专用喷头		个	若干	
18	细水雾专用喷头		个	若干	
19	水泵接合器	$DN150,PN1.6$	个	17	
20	止回阀	$DN150,PN1.6$	个	若干	
21	软密封明杆闸阀	$DN150,PN1.6$	个	若干	
22	弹性座封球墨铸铁闸阀	$DN150,PN1.6$	个	若干	
23	液位控制阀	$DN100,PN1.0$	个	3	
24	自动排气阀	铜质,$DN25,PN1.6$	套	若干	
25	快速排气阀	铜质,$DN50,PN1.6$	批	1	
26	热浸镀锌钢管	$DN25\sim200$	批	1	
27	磷酸铵盐干粉灭火器	MF/ABC5	批	1	
28	推车式磷酸铵盐灭火器	MFT/ABC20	批	1	
29	气体消防系统1	柜式无管网气体消防装置,七氟丙烷介质。总用量:146kg	套	1	
30	气体消防系统2	管网气体消防装置,七氟丙烷介质。总用量:3587kg	套	1	
31	消防水池1	钢筋混凝土,有效容积 445.0m³	座	1	室外消防用
32	消防水池2	钢筋混凝土,有效容积 833.0m³	座	1	室内消防用
33	消防水箱	不锈钢装配式,SUS304,有效容积 36.0m³	座	1	
34	细水雾贮水箱	不锈钢装配式,SUS304,有效容积 12.0m³	座	1	

6.2.6　工程实例

1. 竖向不分区的常高压给水系统

图 6.2-22 为浙江大学紫金港校区教学楼群 A 区室内消火栓系统图。

该校区由消防水泵房统一供各单体室内消火栓和自动喷水灭火系统用水,校区最高建

筑屋顶设 $18m^3$ 高位消防水箱，故对各单体而言，可视为常高压给水系统，单体建筑不设加压水泵及高位消防水箱。

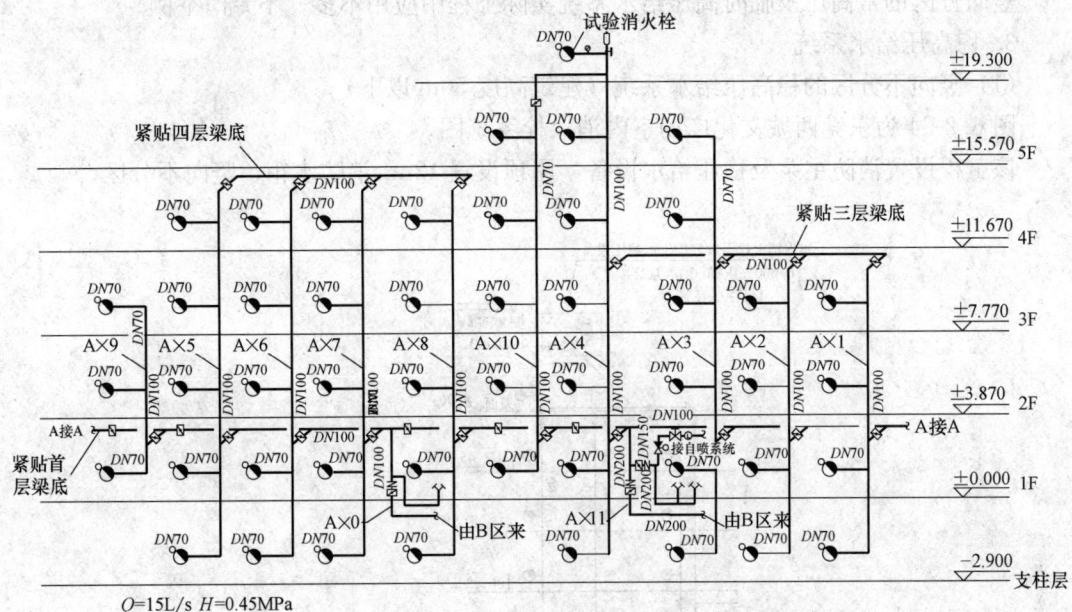

图 6.2-22　浙江大学紫金港校区教学楼群 A 区室内消火栓系统图

当然，典型的常高压给水系统为高位消防水池保证供给消火栓系统的用水及水压。

2. 竖向不分区的临时高压给水系统

图 6.2-23 为广州体育学院后勤管理大楼室内消火栓系统图。

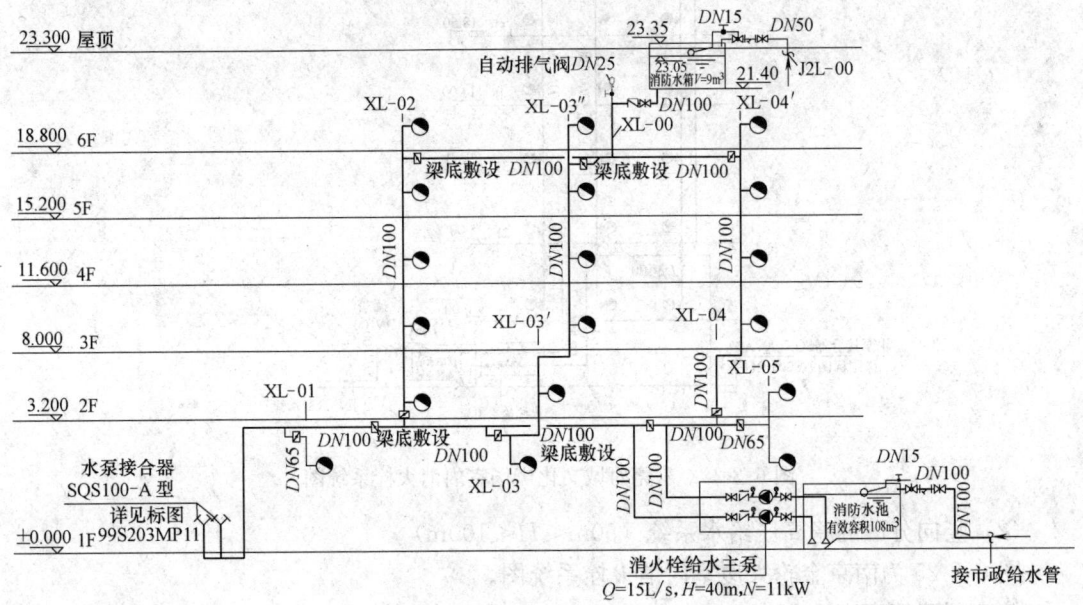

图 6.2-23　广州体育学院后勤管理大楼室内消火栓系统图

该工程屋顶消防水箱贮存10min水量，发生火灾时由启泵按钮启动消防水泵供室内消火栓用水，该系统为典型的临时高压给水系统。

竖向分区的常高压及临时高压给水系统实际工程中应用不多，不专门举例。

3. 稳高压给水系统

（1）竖向不分区的稳高压给水系统（建筑高度50m以下）

图6.2-24为东莞西城文化广场室内消火栓系统图。

该工程设置消防主泵及稳压给水设备，屋顶设置12m³消防水箱，竖向不分区。

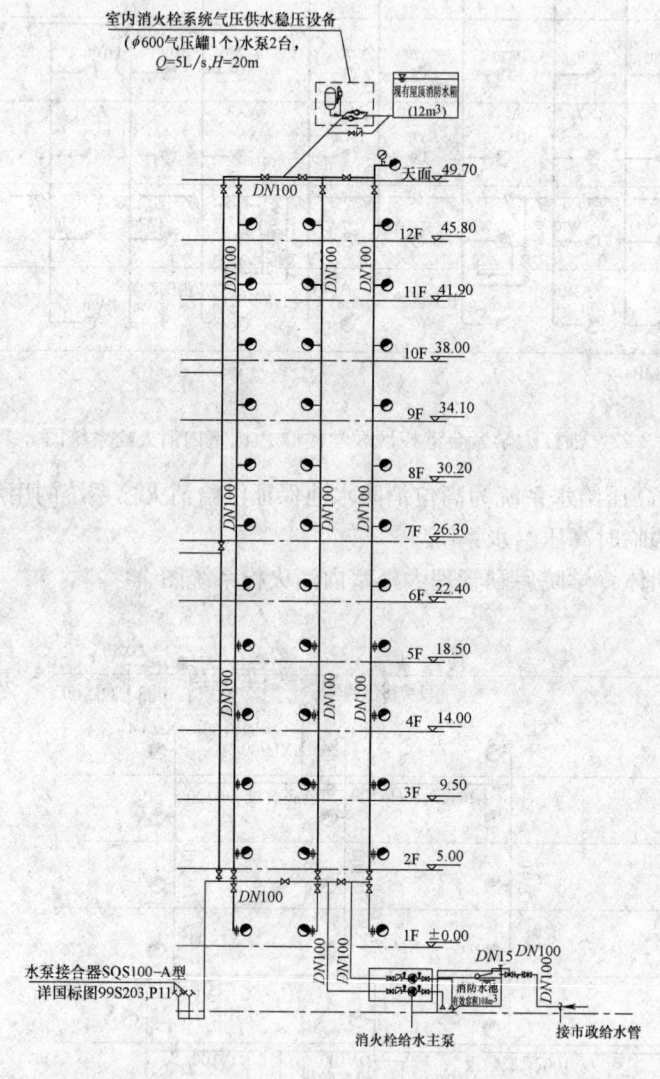

图6.2-24 东莞西城文化广场室内消火栓系统图

（2）竖向分区的稳高压给水系统（50m＜H＜100m）

图6.2-25为南京金轮大厦室内消火栓系统图。

该工程建筑高度79.7m，竖向分为3个区，设置消防主泵及稳压给水设备，屋顶设置18m³消防水箱。

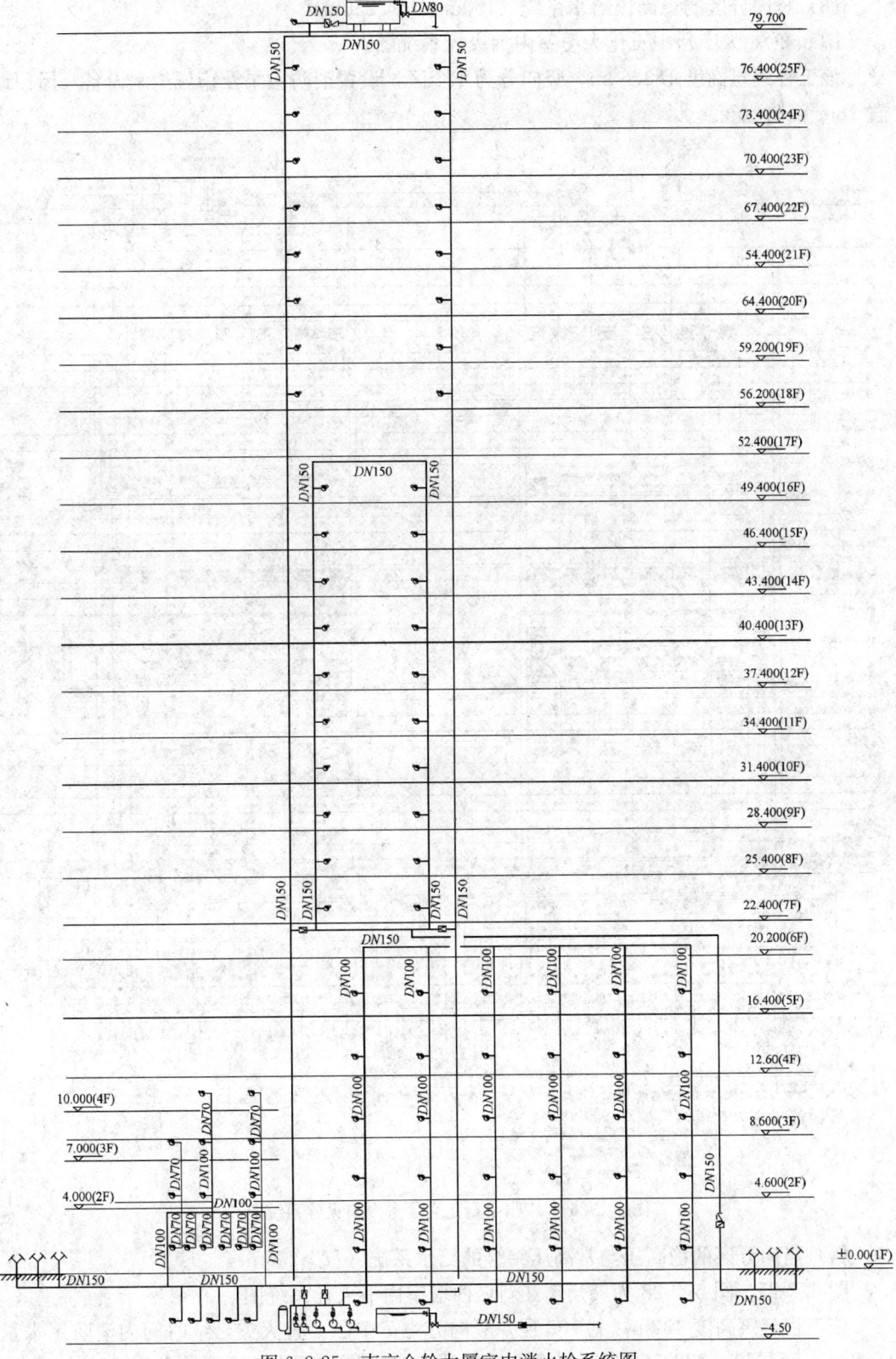

图 6.2-25　南京金轮大厦室内消火栓系统图

（3）竖向分区的稳高压给水系统（100m＜*H*＜250m）

图6.2-26为广州中石化大厦室内消火栓系统图。

该工程建筑高度183.60m，竖向分为4个区，设置消防主泵及稳压给水设备，屋顶设置18m³消防水箱。

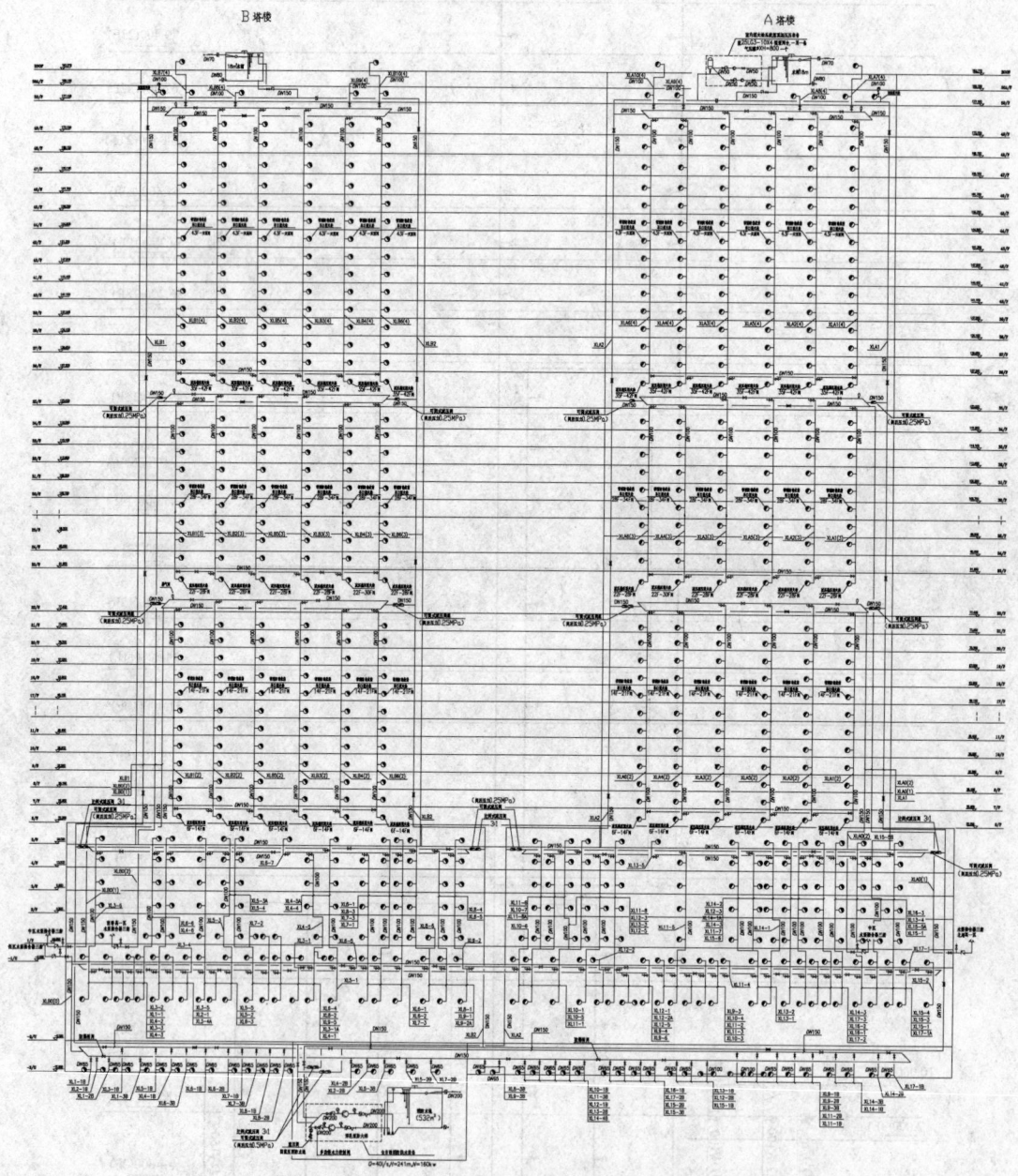

图6.2-26　广州中石化大厦室内消火栓系统图

（4）竖向分区的稳高压与常高压结合的给水系统（*H*＞250m）

图6.2-27、图6.2-28为广州珠江新城西塔室内消火栓系统图。

该工程建筑高度432m，共103层，竖向分为7个区。置火灾延续时间内消防用水量（600m³）于屋顶，82～103层为稳高压给水系统，82层以下为常高压给水系统。

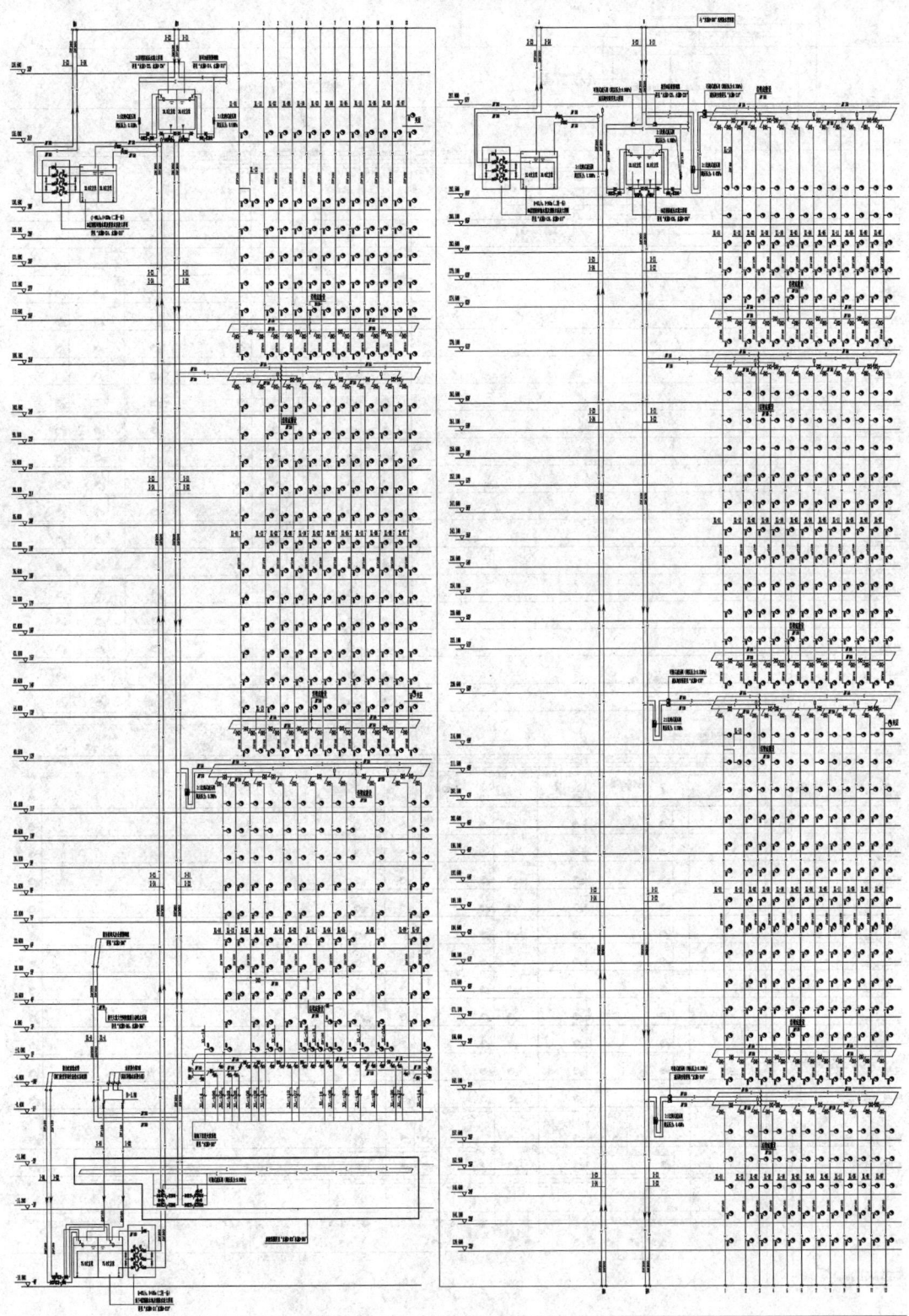

图 6.2-27 广州珠江新城西塔室内消火栓系统图（一）

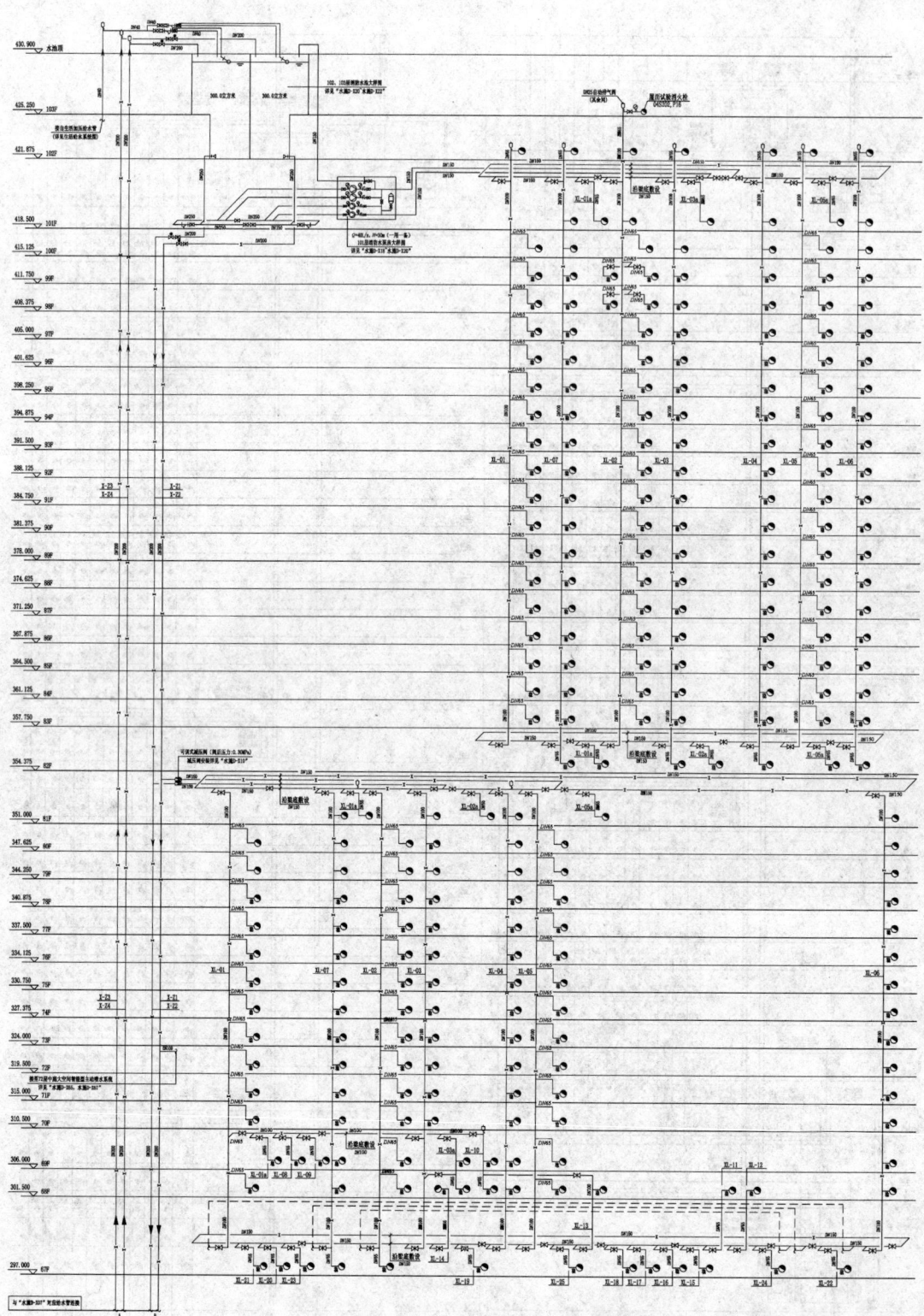

图 6.2-28　广州珠江新城西塔室内消火栓系统图（二）

公安部消防局制定的《建筑高度大于250m民用建筑防火设计加强性技术要求（试行）》第十四条：室内消防给水系统应采用高位消防水池和地面（地下）消防水池供水。高位消防水池、地面（地下）消防水池的有效容积应分别满足火灾延续时间内的全部消防用水量。高位消防水池与减压水箱之间及减压水箱之间的高差不应大于200m。

对于建筑高度大于250m的民用建筑，手册给出对应的系统图示以供参考，图6.2-29为建筑高度大于250m民用建筑消防给水系统图示。

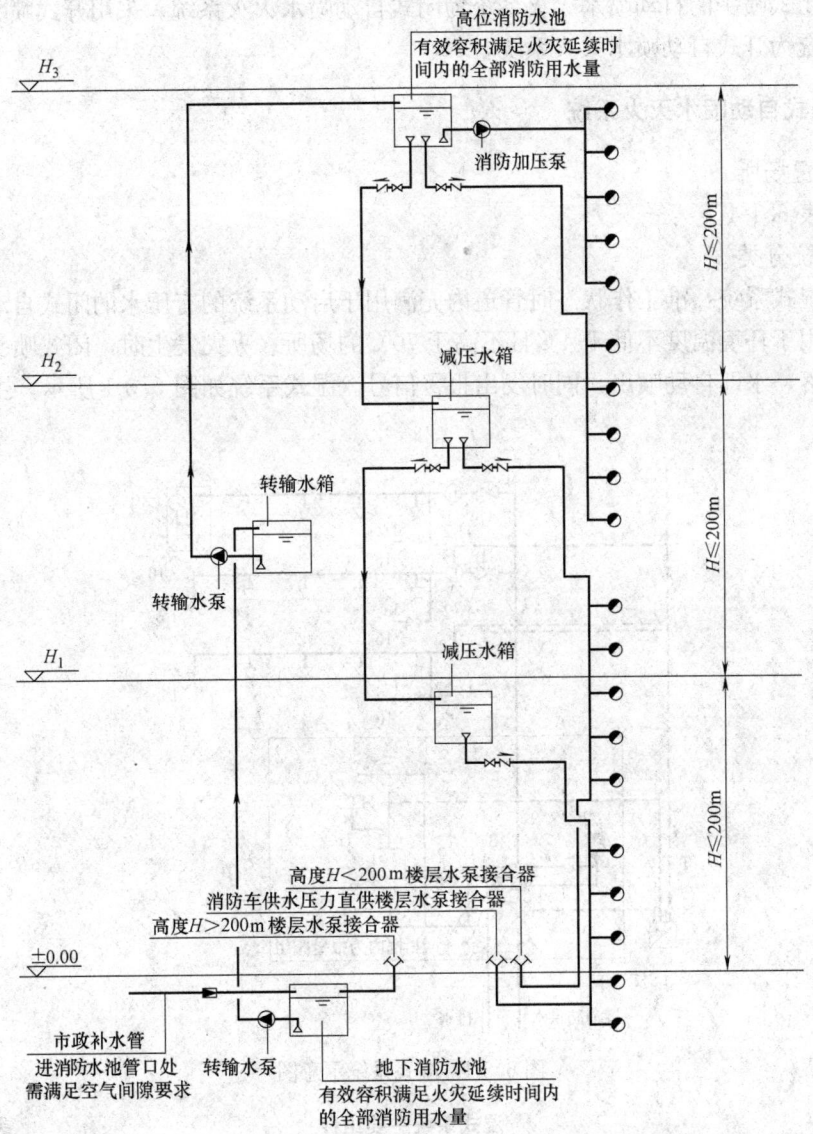

图6.2-29 建筑高度大于250m民用建筑消防给水系统图示

该消防给水系统图示，高位消防水池和地下消防水池均按贮存火灾延续时间内的全部消防用水量设计；高位消防水池与减压水箱之间及减压水箱之间的高差不大于200m；低区消防水泵接合器直接接入系统，建筑高度不大于200m的分区，水泵接合器通过接力泵接入系统，建筑高度大于200m的分区，水泵接合器补水到地下消防水池，再利用转输水泵接入系统。

6.3 自动喷水灭火系统

自动喷水灭火系统是由洒水喷头、报警阀组、水流报警装置（水流指示器或压力开关）等组件以及管道、供水设施组成，并能在发生火灾时自动喷水的灭火系统。

采用闭式喷头的自动喷水灭火系统为闭式自动喷水灭火系统。采用开式喷头的自动喷水灭火系统为开式自动喷水灭火系统。

6.3.1 闭式自动喷水灭火系统

1. 设置场所

详见表6.1-4。

2. 系统分类

（1）湿式系统：准工作状态时管道内充满用于启动系统的有压水的闭式自动喷水灭火系统。适用于环境温度不低于4℃且不高于70℃的场所。火灾发生时，闭式喷头的闭锁装置熔化脱落，水即自动喷出，同时发出报警信号。湿式系统如图6.3-1所示，主要组件见表6.3-1。

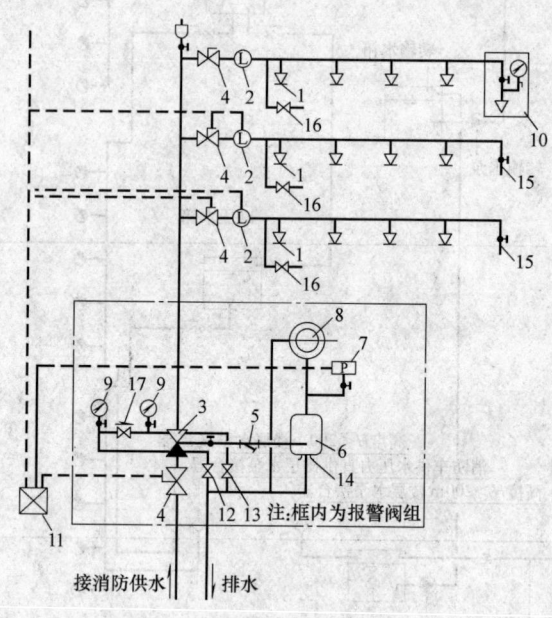

图6.3-1 湿式系统示意图

湿式系统主要组件   表6.3-1

编号	名 称	用 途
1	闭式喷头	感知火灾,出水灭火
2	水流指示器	输出电信号,指示火灾区域
3	湿式报警阀	系统控制阀,输出报警水流信号
4	信号阀	供水控制阀,关闭时输出电信号

编号	名 称	用 途
5	过滤器	过滤水中杂质
6	延迟器	延迟报警时间,克服水压波动引起的误报警
7	压力开关	报警阀开启时,输出电信号
8	水力警铃	报警阀开启时,发出音响信号
9	压力表	指示报警阀前、后的水压
10	末端试水装置	试验系统末端水压及联动功能
11	火灾报警控制器	接收报警信号并发出控制指令
12	泄空阀	系统检修时排空放水
13	试验阀	试验报警阀功能及警铃报警功能
14	节流管	节流排水,与延迟器共同工作
15	试水阀	分区放水试验及试验系统联动功能
16	泄水阀	配水管道检修放水
17	止回阀	单向补水,防止压力变化引起报警阀误动作

(2) 干式系统:准工作状态时管道内充满用于启动系统的有压气体的闭式自动喷水灭火系统。适用于环境温度低于4℃或高于70℃的场所。其喷头应向上安装。干式系统如图6.3-2所示,主要组件见表6.3-2。

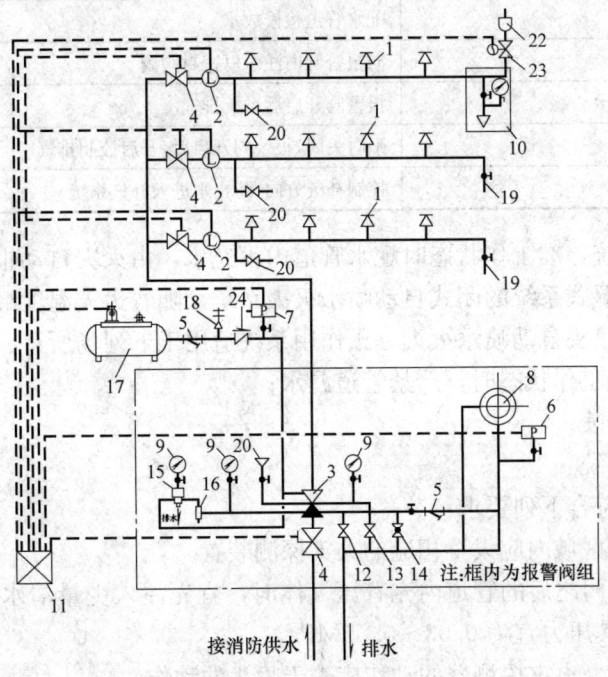

图 6.3-2 干式系统示意图

干式系统主要组件　　　　　　　　　　　　表 6.3-2

编号	名　称	用　途
1	闭式喷头	感知火灾，出水灭火
2	水流指示器	输出电信号，指示火灾区域
3	干式报警阀	系统报警阀，输出报警水流信号
4	信号阀	供水控制阀，关闭时输出电信号
5	过滤器	过滤水中杂质
6	压力开关	报警阀开启时，输出电信号
7	压力开关	上限控制系统补气，下限控制系统排气进水
8	水力警铃	报警阀开启时，发出音响信号
9	压力表	显示水压或气压
10	末端试水装置	试验系统末端水压及联动功能
11	火灾报警控制器	接收报警信号并发出控制指令
12	泄空阀	系统检修时排空放水
13	试验阀	试验报警阀功能及警铃报警功能
14	自动滴水球阀	排除系统微渗的水，接通大气密封干式阀阀瓣
15	加速器	加速开启干式报警阀
16	抗洪装置	防止报警阀开启时水进入加速器
17	空压机	供给系统压缩空气
18	安全阀	防止系统超压
19	试水阀	分区放水试验及试验系统联动功能
20	泄水阀	配水管道检修放水
21	注水口	向报警阀内注水以密封阀瓣
22	快速排气阀	报警阀开启后系统排气
23	电动阀	平时关闭，报警阀开启后，开启控制排气
24	止回阀	控制补气方向，防止水进入补气系统

（3）预作用系统：准工作状态时配水管道内不充水，由火灾自动报警系统自动开启雨淋报警阀后，转为湿式系统的闭式自动喷水灭火系统。随着火灾温度继续升高，闭式喷头的闭锁装置脱落，喷头自动喷水灭火。预作用系统适用于下列场所：

1）系统处于准工作状态时，严禁管道漏水；

2）严禁系统误喷；

3）替代干式系统。

预作用系统应符合下列要求：

1）在同一保护区域内应设置相应的火灾探测装置。

2）在预作用阀门之后的管道内充有压气体时，宜先注入少量清水封闭阀口，再充入压缩空气或氮气，其压力宜为 0.03～0.05MPa。

3）发生火灾时，火灾探测器的动作应先于喷头的动作。

4）当火灾探测系统发生故障时，应采取保证自动喷水灭火系统正常工作的措施。

5）系统应设有手动操作装置。

6）预作用系统管道的充水时间不宜大于 2min。

预作用系统如图 6.3-3 所示，主要组件见表 6.3-3。

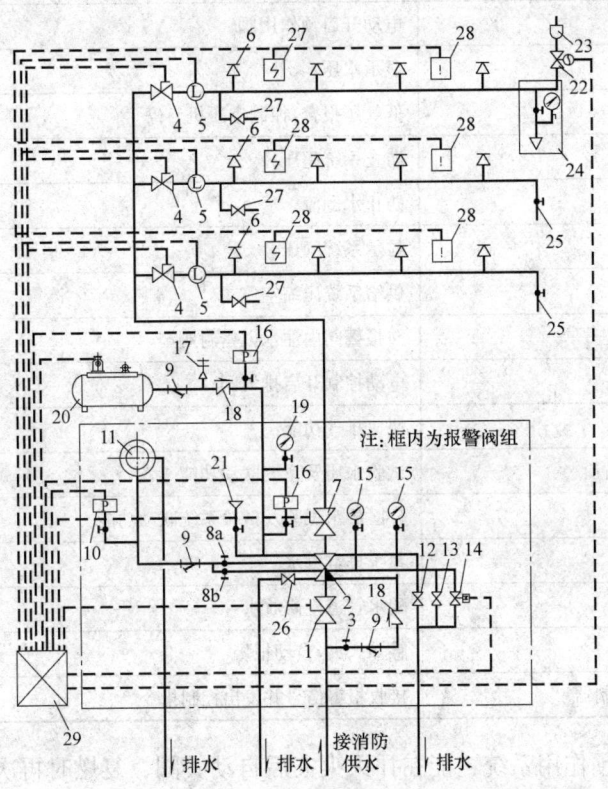

图 6.3-3 预作用系统示意图

预作用系统主要组件   表 6.3-3

编号	名　称	用　途
1	信号阀	供水控制阀，关闭时输出电信号
2	预作用报警阀	控制系统进水，开启时可输出报警水流信号
3	控制腔供水阀	平时常开，关闭时切断控制腔供水
4	信号阀	区域检修控制阀，关闭时输出电信号
5	水流指示器	水流动作时，输出电信号，指示火灾区域
6	闭式喷头	火灾发生时，开启出水灭火
7	试验信号阀	检修调试用阀，平时常开，关闭时输出电信号
8a	水力警铃控制阀	切断水力警铃声，平时常开
8b	水力警铃测试阀	手动打开后，可在雨淋阀关闭状态下试验警铃
9	过滤器	过滤水中或气体中的杂质
10	压力开关	报警阀开启时，输出电信号
11	水力警铃	报警阀开启时，发出音响信号
12	试验放水阀	系统调试或功能试验时打开

续表

编号	名称	用途
13	手动开启阀	手动开启预作用阀
14	电磁阀	电动开启预作用阀
15	压力表	显示水压
16	压力开关	低气压报警,控制空压机启停
17	安全阀	防止系统超压
18	止回阀	防止水倒流
19	压力表	显示系统气压
20	空压机	供给系统压缩空气
21	注水口	向报警阀内注水以密封阀瓣
22	电动阀	电动控制开启排气阀
23	自动排气阀	快速排气功能
24	末端试水装置	试验水压及系统联动功能
25	试水阀	分区放水试验及试验系统联动功能
26	泄空阀	系统排空放水
27	泄水阀	配水管道检修放水
28	火灾探测器	感知火灾,自动报警
29	火灾报警控制器	接收报警信号并发出控制指令

（4）重复启闭预作用系统：能在扑灭火灾后自动关阀、复燃时再次开阀喷水的预作用系统。重复启闭预作用系统适用于灭火后必须及时停止喷水，要求减少不必要水渍损失的场所，如计算机房、棉花仓库及烟草仓库等。

目前的重复启闭预作用系统主要有两种形式：一种是喷头具有自动重复启闭的功能，另一种是系统通过烟感（温感）探测器控制系统的控制阀来实现系统的重复启闭功能。

（5）干湿式系统：用于年采暖期少于240d的不采暖房间。冬季闭式喷头管网中充满有压气体，而在温暖季节则改为充水，其喷头应向上安装。

3. 系统的主要组件及选型

（1）闭式喷头

1）闭式喷头分类

① 从热敏元件上分为：玻璃球喷头和易熔金属元件喷头（见图6.3-4）。作用方式：当达到公称作用温度时，玻璃球内液体受热膨胀，玻璃球爆裂，喷头动作洒水。

② 从响应时间上分为：标准响应喷头和快速响应喷头（见表6.3-6）。

③ 从产品安装方式上分为：普通型喷头、下垂型喷头、直立型喷头、边墙型喷头、吊顶隐蔽型喷头（见图6.3-5）。

④ 从保护范围上分为：标准覆盖面积喷头和扩大覆盖面积喷头（见图6.3-6）。

⑤ 从适用场所上分为：家用喷头、早期抑制快速响应喷头和特殊应用喷头（见图6.3-7）。

　　闭式喷头的规格及性能见表 6.3-4；闭式喷头动作温度及色标见表 6.3-5；闭式喷头响应速度参数见表 6.3-6。

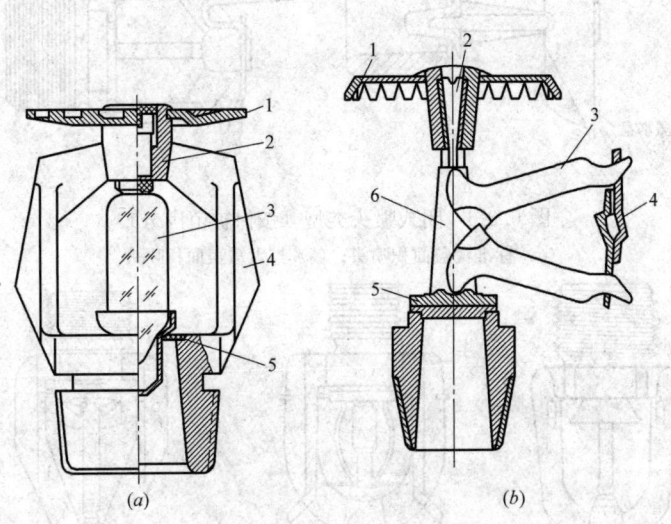

图 6.3-4　玻璃球和易熔金属元件喷头构造

(a) 玻璃球喷头；(b) 易熔金属元件喷头

1— 溅水盘；2—调整螺丝；3—玻璃球；　　　1—溅水盘；2—调整螺丝；3—悬臂支撑；

4—轭臂架；5—轭壁座　　　　　　　　　　4—感温元件；5—密封垫；6—轭臂

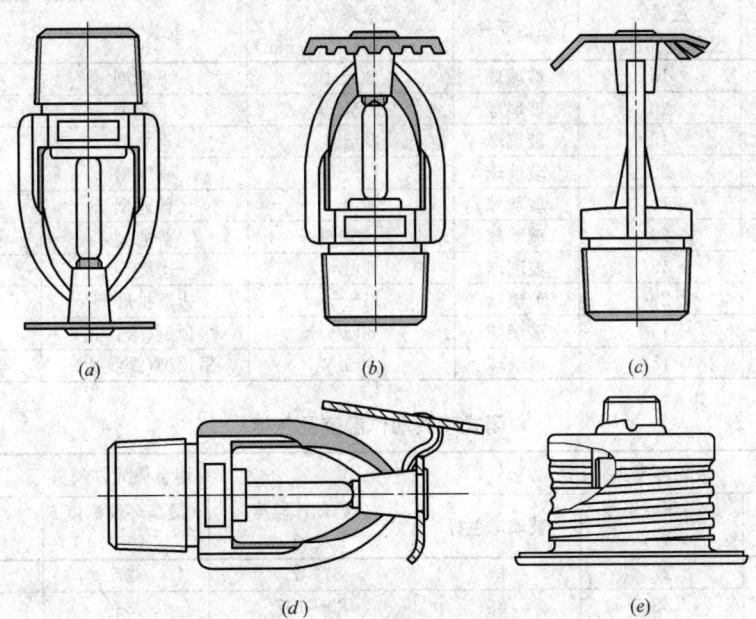

图 6.3-5　闭式喷头类型（按安装方式分）

(a) 下垂型喷头；(b) 直立型喷头；(c) 直立式边墙型喷头；

(d) 水平式边墙型喷头；(e) 吊顶隐蔽型喷头

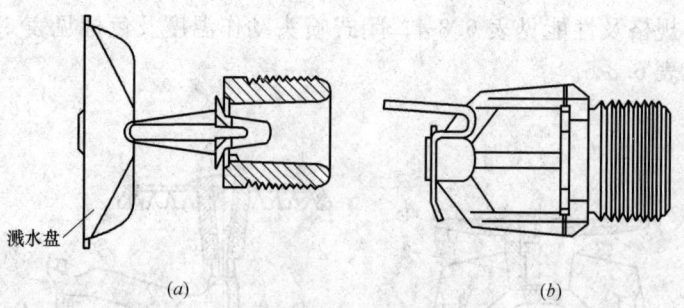

图 6.3-6 闭式喷头类型（按保护范围分）

(a) 标准覆盖面积喷头；(b) 扩大覆盖面积喷头

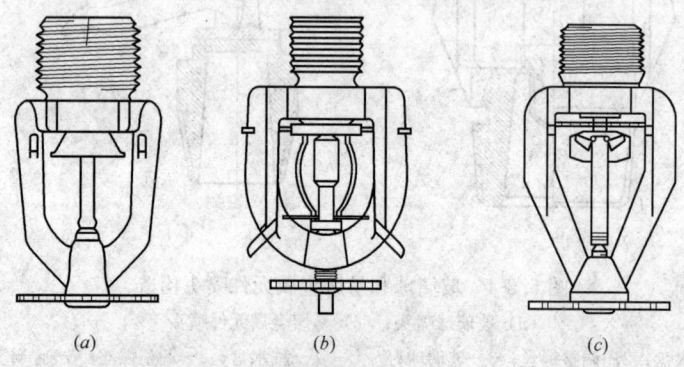

图 6.3-7 闭式喷头类型（按适用场所分）

(a) 家用喷头；(b) 特殊应用喷头；(c) 早期抑制快速响应喷头

闭式喷头的规格及性能　　　　　　　　　　　　表 6.3-4

型号	连接管公称直径(mm)	热敏元件	流量系数 K (L·(MPa)$^{-1/2}$/min)	安装方式	连接形式
ZSTX-15	15	玻璃球	80±4	下垂型	螺纹
ZSTX-20	20	玻璃球	115±9	下垂型	螺纹
ZSTZ-15	15	玻璃球	80±4	直立型	螺纹
ZSTZ-20	20	玻璃球	115±9	直立型	螺纹
ZSTP-15	15	玻璃球	80±4	普通型	螺纹
ZSTP-20	20	玻璃球	115±9	普通型	螺纹
ZSTB-15	15	玻璃球	80±4	边墙型	螺纹
ZSTB-20	20	玻璃球	115±9	边墙扩展型	螺纹
ZSTD-15	15	玻璃球	80±4	吊顶型（卡口式）	螺纹
ZSTDA-15	15	玻璃球	80±4	吊顶型（螺纹式）	螺纹

闭式喷头动作温度及色标　　　　　　　　　　表 6.3-5

玻璃球喷头			易熔金属元件喷头		
公称动作温度(℃)	最高环境温度(℃)	玻璃球色标	公称动作温度(℃)	最高环境温度(℃)	玻璃球色标
57	27	橙	57～77	27	本色
68	38	红	80～107	38	白
79	49	黄	121～149	49	蓝
93	63	绿	163～191	63	红
141	111	蓝	204～246	111	绿
182	152	紫红	260～302	152	橙

闭式喷头响应速度参数　　　　　　　　表 6.3-6

喷头类型	响应时间指数 RTI$((m \cdot s)^{0.5})$
快速响应喷头	RTI$\leqslant$50
特殊响应喷头	50<RTI$\leqslant$80
标准响应喷头	80<RTI$\leqslant$350

2）闭式喷头选用原则

① 对于湿式灭火系统，在吊顶下布置闭式喷头时，应采用下垂型或吊顶隐蔽型喷头；顶板为水平面的轻危险级、中危险级 I 级住宅建筑、宿舍、旅馆建筑客房、医疗建筑病房和办公室，可采用边墙型喷头；易受碰撞的部位，应采用带保护罩的喷头或吊顶隐蔽型喷头；在不设吊顶的场所内设置闭式喷头，当配水支管布置在梁下时，应采用直立型喷头。

② 对于干式系统和预作用系统，应采用直立型喷头或干式下垂型喷头。

③ 对于公共娱乐场所，中庭环廊，医院、疗养院的病房及治疗区域，老年、少儿、残疾人的集体活动场所，地下的商业及仓储用房，宜采用快速响应喷头。

④ 闭式自动喷水灭火系统的喷头，其公称动作温度宜高于环境最高温度 30℃。

（2）报警阀组

自动喷水灭火系统应设置报警阀组，具体分为湿式报警阀组、干式报警阀组和预作用报警阀组。

1）湿式报警阀组

湿式报警阀组（充水式报警阀组）适用于在湿式灭火系统立管上安装。主要由报警阀、水力警铃、压力开关、延迟器、控制阀等组成。

① 报警阀的主要结构原理为单向阀，其结构形式有导孔阀型（见图 6.3-8）和隔板座圈型（见图 6.3-9）两种。ZSZ 系列湿式报警阀最大工作压力不超过 1.2MPa；ZSS 系列湿式报警阀最大工作压力不超过 1.6MPa。

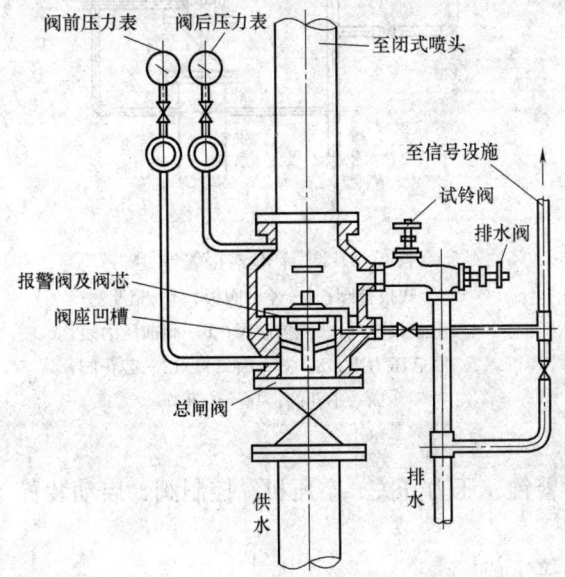

图 6.3-8　导孔阀型湿式报警阀

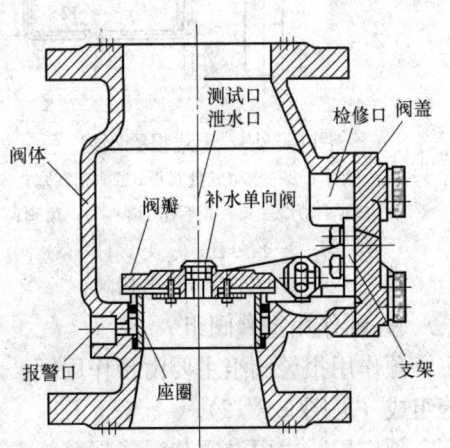

图 6.3-9　隔板座圈型湿式报警阀

②水力警铃是靠水力驱动的机械警铃，安装于报警阀组的报警管路上，系统动作后，水流会使水力警铃声响报警。水力警铃的工作压力不应小于 0.05MPa，应设置在有人值班的地点附近，与报警阀连接的管道，其管径应为 20mm，总长不宜大于 20m。

③压力开关是一种压力型水流探测开关，安装在延迟器和水力警铃之间的报警管路上。报警阀开启后，压力开关在水压的作用下接通电触点，发出电信号。

④延迟器安装于报警阀和压力开关之间，用以消除因水源压力波动而引起的误报警。

⑤控制阀是具有明显开闭标志的阀门或专用于消防的信号阀，安装于报警阀的入口处，控制阀应保持常开状态。

2) 干式报警阀组

干式报警阀组（充气式报警阀组）适用于在干式灭火系统立管上安装。主要由报警阀、水力警铃、压力开关、空压机、安全阀、控制阀等组成（见图 6.3-10）。

Z 系列干式报警阀最大工作压力不超过 1.2MPa。

3) 干湿式报警阀组

干湿式报警阀组（充气充水式报警阀组）适用于在干湿式系统立管上安装。主要由干式报警阀、湿式报警阀、控制阀、压力表等组成（见图 6.3-11）。

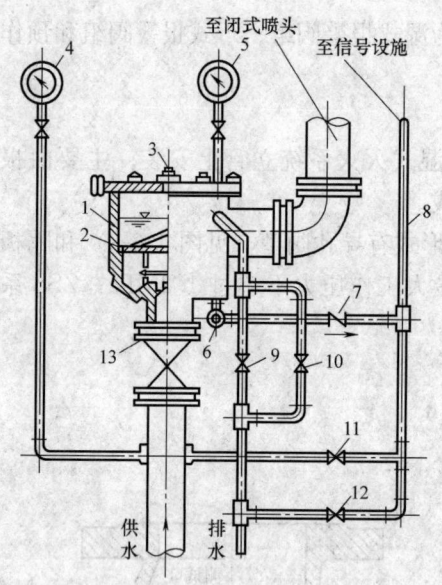

图 6.3-10　干式报警阀组

1—阀体；2—差动双盘阀板；3—充气塞；

4—阀前压力表；5—阀后压力表；6—角阀；

7—止回阀；8—信号管；9、10、11—截止阀；

12—小孔阀；13—控制阀

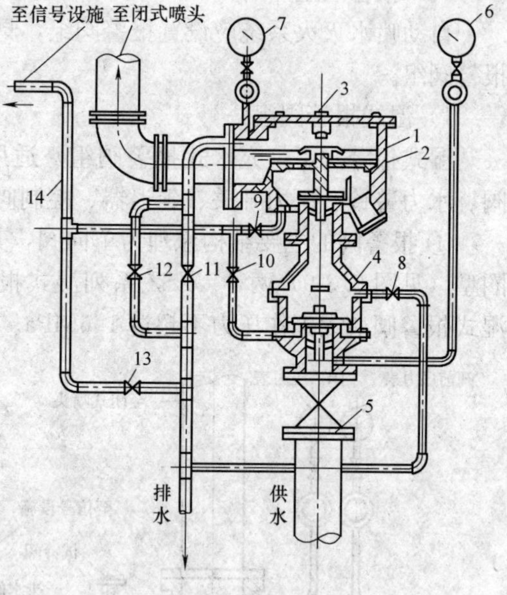

图 6.3-11　干湿式报警阀组

1—干式报警阀；2—差动阀板；3—充气塞；

4—湿式报警阀；5—控制阀；6—阀前压力表；

7—阀后压力表；8、9、10、11、12—截止阀；

13—小孔阀；14—信号管

4) 预作用报警阀组

预作用报警阀组主要由预作用阀、水力警铃、压力开关、空压机、控制阀、启动装置等组成（见图 6.3-12）。

预作用阀由雨淋阀和湿式报警阀上下串接组成。

(3) 水流指示器

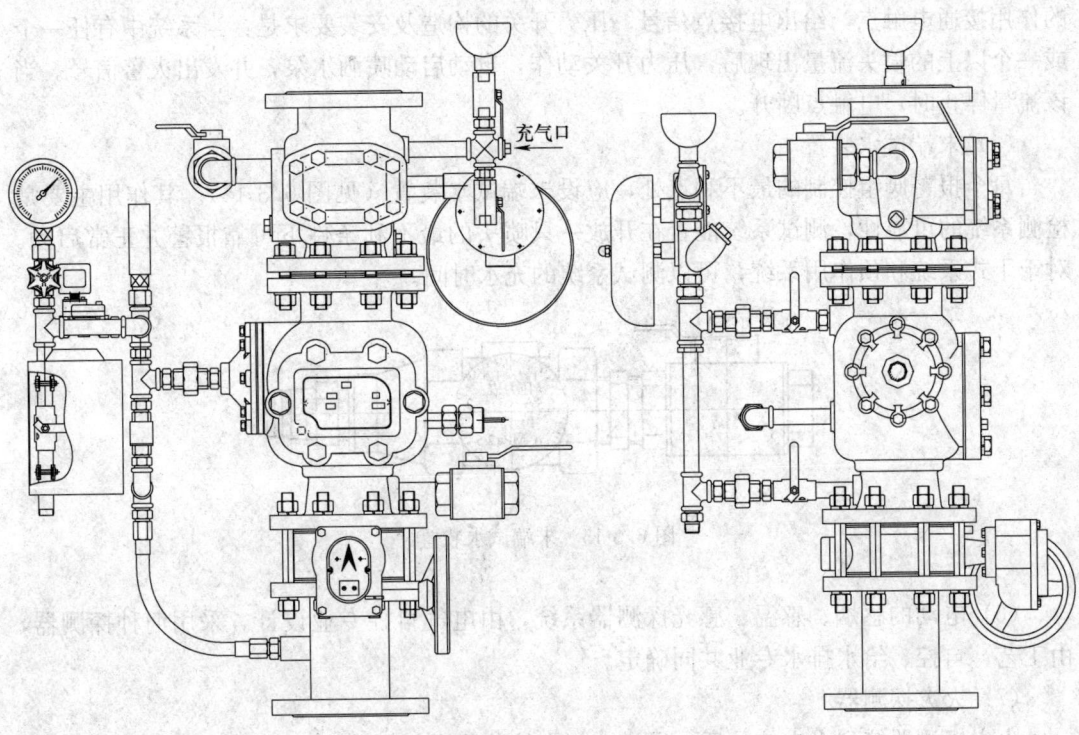

充气口

图 6.3-12 预作用报警阀组

　　水流指示器是用于自动喷水灭火系统中将水流信号转换成电信号的一种报警装置（见图 6.3-13）。作用原理主要是在发生火灾时，闭式喷头破裂喷水，管道中的水流动，冲击叶片向水流方向偏移倾斜，动作杆挤压超小型开关，延时电路接通，延时器开始计时，达到设定时间时，叶片仍向水流方向偏转无法回位，则电触点闭合，给出电接点信号；当水流停止时，叶片和动作杆复位，超小型开关触电断开，电接点信号消除。

　　水流指示器的最大工作压力为 1.2MPa。

（4）压力开关

　　压力开关是一种压力型水流探测开关（见图 6.3-14），安装在延迟器和水力警铃之间的报警管路上。当报警阀开启后，报警管路中充水，并流向水力警铃。压力开关受到水压

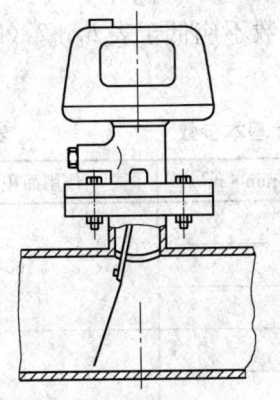

图 6.3-13　水流指示器

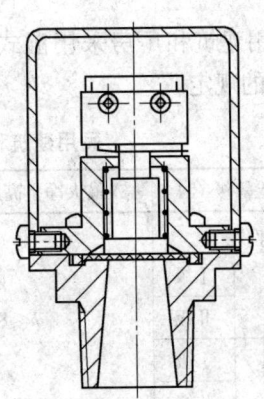

图 6.3-14　压力开关

的作用接通电触点，给出电接点信号。压力开关的构造及安装要求是：当系统中有任一个或一个以上的喷头流量出现后，压力开关动作，自动启动喷洒水泵，并发出火警信号。当该流量停止时，电触点断开。

（5）末端试水装置

每个报警阀组控制的最不利点处，应设末端试水装置（见图6.3-15）。其作用主要是检测系统的可靠性，测试系统能否在开放一只喷头的最不利条件下可靠报警并正常启动。对于干式系统和预作用系统，可以测试系统的充水时间。

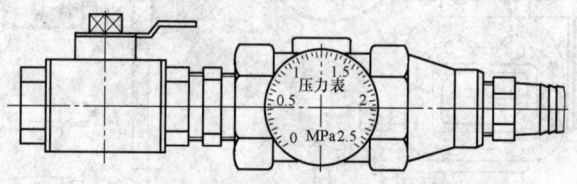

图6.3-15　末端试水装置

（6）电动的感烟、感温、感光探测器系统，由电气自控专业设计。采用何种探测器，由工艺、自控、给水排水专业共同确定。

（7）火灾探测器

火灾探测器接到火灾信号后，通过电气自控装置进行报警或启动消防设备。火灾探测器的类型分为：

1）感烟式火灾探测器分为离子感烟式和光电感烟式两种。

2）感温式火灾探测器分为定温式、差温式、差定温式三种。

3）火焰探测器分为紫外火焰探测器和红外火焰探测器两种。

4）可燃气体探测器。

火灾探测器系统由电气自控专业设计。

4. 系统的设计与计算

（1）基本设计数据

闭式自动喷水灭火系统的设计，应保证被保护建筑物的最不利点喷头有足够的喷水强度。

1）民用建筑和厂房采用湿式系统时的设计基本参数不应低于表6.3-7（即《喷规》表5.0.1）的规定。

民用建筑和厂房采用湿式系统的设计基本参数　　　　　　　　　　表6.3-7

火灾危险等级		最大净空高度 h(m)	喷水强度(L/(min·m²))	作用面积(m²)
轻危险级		h≤8	4	160
中危险级	Ⅰ级		6	160
	Ⅱ级		8	160
严重危险级	Ⅰ级		12	260
	Ⅱ级		16	260

注：系统最不利点处洒水喷头的工作压力不应低于0.05MPa。

2）民用建筑和厂房高大空间场所采用湿式系统的设计基本参数不应低于表 6.3-8（即《喷规》表 5.0.2）的规定。

民用建筑和厂房高大空间场所采用湿式系统的设计基本参数　表 6.3-8

适用场所		净空高度 h(m)	喷水强度 $(L/(min \cdot m^2))$	作用面积 (m^2)	喷头间距 S(m)
民用建筑	中庭、体育馆、航站楼等	$8<h\leqslant12$	12	160	$1.8\leqslant S\leqslant3.0$
		$12<h\leqslant18$	15		
	影剧院、音乐厅、会展中心等	$8<h\leqslant12$	15		
		$12<h\leqslant18$	20		
厂房	制衣制鞋、玩具、木器、电子生产车间等	$8<h\leqslant12$	15		
	棉纺厂、麻纺厂、泡沫塑料生产车间等		20		

注：1. 表中未列入的场所，应根据本表规定场所的火灾危险性类比确定。
　　2. 当民用建筑高大空间场所的最大净空高度为 $12m<h\leqslant18m$ 时，应采用非仓库型特殊应用喷头。

3）最大净空高度超过 8m 的超级市场采用湿式系统的设计基本参数应按《喷规》第 5.0.4 条和第 5.0.5 条的规定执行。

4）仓库及类似场所采用湿式系统的设计基本参数应符合下列要求：

① 当设置场所的火灾危险等级为仓库危险级Ⅰ～Ⅲ级时，系统设计基本参数不应低于表 6.3-9～表 6.3-12（即《喷规》表 5.0.4-1～表 5.0.4-4）的规定；

② 当仓库危险级Ⅰ级、仓库危险级Ⅱ级场所中混杂储存仓库危险级Ⅲ级物品时，系统设计基本参数不应低于表 6.3-13（即《喷规》表 5.0.4-5）的规定。

仓库危险级Ⅰ级场所的系统设计基本参数　表 6.3-9

储存方式	最大净空高度 h(m)	最大储物高度 h_s(m)	喷水强度 $(L/(min \cdot m^2))$	作用面积 (m^2)	持续喷水时间(h)
堆垛、托盘	9.0	$h_s\leqslant3.5$	8.0	160	1.0
		$3.5<h_s\leqslant6.0$	10.0	200	
		$6.0<h_s\leqslant7.5$	14.0		
单、双、多排货架		$h_s\leqslant3.0$	6.0	160	1.5
		$3.0<h_s\leqslant3.5$	8.0		
		$3.5<h_s\leqslant6.0$	18.0	200	
单、双排货架		$6.0<h_s\leqslant7.5$	14.0+1J		
		$3.5<h_s\leqslant4.5$	12.0		
		$4.5<h_s\leqslant6.0$	18.0		
多排货架		$6.0<h_s\leqslant7.5$	18.0+1J		

注：1. 货架储物高度大于 7.5m 时，应设置货架内置洒水喷头。顶板下洒水喷头的喷水强度不应低于18L/(min·m²)，作用面积不应小于200m²，持续喷水时间不应小于2h。
　　2. 本表及表 6.3-10、表 6.3-11 中字母"J"表示货架内置洒水喷头，"J"前的数字表示货架内置洒水喷头的层数。

仓库危险级Ⅱ级场所的系统设计基本参数   表 6.3-10

储存方式	最大净空高度 h(m)	最大储物高度 h_s(m)	喷水强度 (L/(min·m²))	作用面积(m²)	持续喷水时间(h)
堆垛、托盘		$h_s \leqslant 3.5$	8.0	160	1.5
		$3.5 < h_s \leqslant 6.0$	16.0	200	2.0
		$6.0 < h_s \leqslant 7.5$	22.0		
单、双、多排货架	9.0	$h_s \leqslant 3.0$	8.0	160	1.5
		$3.0 < h_s \leqslant 3.5$	12.0	200	
单、双排货架		$3.5 < h_s \leqslant 6.0$	24.0	280	
		$6.0 < h_s \leqslant 7.5$	22.0+1J		
多排货架		$3.5 < h_s \leqslant 4.5$	18.0	200	2.0
		$4.5 < h_s \leqslant 6.0$	18.0+1J		
		$6.0 < h_s \leqslant 7.5$	18.0+2J		

注：货架储物高度大于 7.5m 时，应设置货架内置洒水喷头。顶板下洒水喷头的喷水强度不应低于 20L/(min·m²)，作用面积不应小于 200m²，持续喷水时间不应小于 2h。

货架储存时仓库危险级Ⅲ级场所的系统设计基本参数   表 6.3-11

序号	最大净空高度 h(m)	最大储物高度 h_s(m)	货架类型	喷水强度 (L/(min·m²))	货架内置洒水喷头		
					层数	高度 (m)	流量系数 K
1	4.5	$1.5 < h_s \leqslant 3.0$	单、双、多	12.0	—	—	—
2	6.0	$1.5 < h_s \leqslant 3.0$	单、双、多	18.0	—	—	—
3	7.5	$3.0 < h_s \leqslant 4.5$	单、双、多	24.5	—	—	—
4	7.5	$3.0 < h_s \leqslant 4.5$	单、双、多	12.0	1	3.0	80
5	7.5	$4.5 < h_s \leqslant 6.0$	单、双	24.5	—	—	—
6	7.5	$4.5 < h_s \leqslant 6.0$	单、双、多	12.0	1	4.5	115
7	9.0	$4.5 < h_s \leqslant 6.0$	单、双、多	18.0	1	3.0	80
8	8.0	$4.5 < h_s \leqslant 6.0$	单、双	24.5	—	—	—
9	9.0	$6.0 < h_s \leqslant 7.5$	单、双、多	18.5	1	4.5	115
10	9.0	$6.0 < h_s \leqslant 7.5$	单、双、多	32.5	—	—	—
11	9.0	$6.0 < h_s \leqslant 7.5$	单、双、多	12.0	2	3.0、6.0	80

注：1. 作用面积不应小于 200m²，持续喷水时间不应小于 2h。
    2. 序号 4、6、7、11：货架内设置一排货架内置洒水喷头时，喷头的间距不应大于 3.0m；设置两排或多排货架内置洒水喷头时，喷头的间距不应大于 3.0×2.4 (m)。
    3. 序号 9：货架内设置一排货架内置洒水喷头时，喷头的间距不应大于 2.4m，设置两排或多排货架内置洒水喷头时，喷头的间距不应大于 2.4×2.4 (m)。
    4. 序号 8：应采用流量系数 K 等于 161、202、242、363 的洒水喷头。
    5. 序号 10：应采用流量系数 K 等于 242、363 的洒水喷头。
    6. 货架储物高度大于 7.5m 时，应设置货架内置洒水喷头，顶板下洒水喷头的喷水强度不应低于 22.0 L/(min·m²)，作用面积不应小于 200m²，持续喷水时间不应小于 2h。

堆垛储存时仓库危险级Ⅲ级场所的系统设计基本参数 表 6.3-12

最大净空高度 h(m)	最大储物高度 h_s(m)	喷水强度(L/(min·m²))			
		A	B	C	D
7.5	1.5	8.0			
4.5		16.0	16.0	12.0	12.0
6.0	3.5	24.5	22.0	20.5	16.5
9.0		32.5	28.5	24.5	18.5
6.0	4.5	24.5	22.0	20.5	16.5
7.5	6.0	32.5	28.5	24.5	18.5
9.0	7.5	36.5	34.5	28.5	22.5

注：1. A—袋装与无包装的发泡塑料橡胶；B—箱装的发泡塑料橡胶；
　　C—袋装与无包装的不发泡塑料橡胶；D—箱装的不发泡塑料橡胶。
　　2. 作用面积不应小于 240m²，持续喷水时间不应小于 2h。

仓库危险级Ⅰ级、Ⅱ级场所中混杂储存仓库
危险级Ⅲ级场所物品时的系统设计基本参数 表 6.3-13

储物类别	储存方式	最大净空高度 h(m)	最大储物高度 h_s (m)	喷水强度 (L/(min·m²))	作用面积 (m²)	持续喷水时间 (h)
储物中包括沥青制品或箱装 A 组塑料橡胶	堆垛与货架	9.0	$h_s \leqslant 1.5$	8	160	1.5
		4.5	$1.5 < h_s \leqslant 3.0$	12	240	2.0
		6.0	$1.5 < h_s \leqslant 3.0$	16	240	2.0
		5.0	$3.0 < h_s \leqslant 3.5$			
	堆垛	8.0	$3.0 < h_s \leqslant 3.5$	16	240	2.0
	货架	9.0	$1.5 < h_s \leqslant 3.5$	8+1J	160	2.0
储物中包括袋装 A 组塑料橡胶	堆垛与货架	9.0	$h_s \leqslant 1.5$	8	160	1.5
		4.5	$1.5 < h_s \leqslant 3.0$	16	240	2.0
		5.0	$3.0 < h_s \leqslant 3.5$			
	堆垛	9.0	$1.5 < h_s \leqslant 2.5$	16	240	2.0
储物中包括袋装不发泡 A 组塑料橡胶	堆垛与货架	6.0	$1.5 < h_s \leqslant 3.0$	16	240	2.0
储物中包括袋装发泡 A 组塑料橡胶	货架	6.0	$1.5 < h_s \leqslant 3.0$	8+1J	160	2.0
储物中包括轮胎或纸卷	堆垛与货架	9.0	$1.5 < h_s \leqslant 3.5$	12	240	2.0

注：1. 无包装的塑料橡胶视同纸袋、塑料袋包装。
　　2. 货架内置洒水喷头应采用与顶板下洒水喷头相同的喷水强度，用水量应按开放 6 只洒水喷头确定。

　　5）仓库及类似场所采用早期抑制快速响应喷头时，系统的设计基本参数不应低于表 6.3-14（即《喷规》表 5.0.5）的规定。

采用早期抑制快速响应喷头的系统设计基本参数   表 6.3-14

储物类别	最大净空高度(m)	最大储物高度(m)	喷头流量系数 K	喷头设置方式	喷头最低工作压力(MPa)	喷头最大间距(m)	喷头最小间距(m)	作用面积内开放的喷头数
Ⅰ级、Ⅱ级、沥青制品、箱装不发泡塑料	9.0	7.5	202	直立型	0.35	3.7	2.4	12
				下垂型				
			242	直立型	0.25			
				下垂型				
			320	下垂型	0.20			
			363	下垂型	0.15			
	10.5	9.0	202	直立型	0.50	3.0		
				下垂型				
			242	直立型	0.35			
				下垂型				
			320	下垂型	0.25			
			363	下垂型	0.20			
	12.0	10.5	202	下垂型	0.50			
			242	下垂型	0.35			
			363	下垂型	0.30			
	13.5	12.0	363	下垂型	0.35			
袋装不发泡塑料	9.0	7.5	202	下垂型	0.50	3.7		
			242	下垂型	0.35			
			363	下垂型	0.25			
	10.5	9.0	363	下垂型	0.35	3.0		
	12.0	10.5	363	下垂型	0.40			
箱装发泡塑料	9.0	7.5	202	直立型	0.35	3.7		
				下垂型				
			242	直立型	0.25			
				下垂型				
			320	下垂型	0.25			
			363	下垂型	0.15			
	12.0	10.5	363	下垂型	0.40	3.0		
袋装发泡塑料	7.5	6.0	202	下垂型	0.50	3.7		
			242	下垂型	0.35			
			363	下垂型	0.20			
	9.0	7.5	202	下垂型	0.70			
			242	下垂型	0.50			
			363	下垂型	0.30			
	12.0	10.5	363	下垂型	0.50	3.0		20

6）仓库及类似场所采用仓库型特殊应用喷头时，湿式系统的设计基本参数不应低于表 6.3-15（即《喷规》表 5.0.6）的规定。

采用仓库型特殊应用喷头的湿式系统设计基本参数   表 6.3-15

储物类别	最大净空高度（m）	最大储物高度（m）	喷头流量系数 K	喷头设置方式	喷头最低工作压力（MPa）	喷头最大间距（m）	喷头最小间距（m）	作用面积内开放的喷头数	持续喷水时间（h）
Ⅰ级、Ⅱ级	7.5	6.0	161	直立型	0.20	3.7	2.4	15	1.0
				下垂型					
			200	下垂型	0.15				
			242	直立型	0.10				
			363	下垂型	0.07			12	
				直立型	0.15				
	9.0	7.5	161	直立型	0.35			20	
				下垂型					
			200	下垂型	0.25				
			242	直立型	0.15				
			363	直立型	0.15			12	
				下垂型	0.07				
	12.0	10.5	363	直立型	0.10	3.0		24	
				下垂型	0.20			12	
箱装不发泡塑料	7.5	6.0	161	直立型	0.35	3.7		15	
				下垂型					
			200	下垂型	0.25				
			242	直立型	0.15				
			363	直立型	0.15				
				下垂型	0.07				
	9.0	7.5	363	直立型	0.15			12	
				下垂型	0.07				
	12.0	10.5	363	下垂型	0.20	3.0			
箱装发泡塑料	7.5	6.0	161	直立型	0.35	3.7		15	
				下垂型					
			200	下垂型	0.25				
			242	直立型	0.15				
			363	直立型	0.07				
				下垂型					

（2）喷头的选用及布置

1）喷头选用

① 设置闭式自动喷水灭火系统的场所，洒水喷头类型和场所的最大净空高度应符合

表 6.3-16（即《喷规》表 6.1.1）的规定；仅用于保护室内钢屋架等建筑构件的洒水喷头和设置货架内置洒水喷头的场所，可不受此表规定的限制。

洒水喷头类型和场所净空高度　　　　　　　　　　　表 6.3-16

设置场所		喷 头 类 型			场所净空高度 h(m)
		一只喷头的保护面积	响应时间性能	流量系数 K	
民用建筑	普通场所	标准覆盖面积洒水喷头	快速响应喷头 特殊响应喷头 标准响应喷头	$K\geqslant 80$	$h\leqslant 8$
		扩大覆盖面积洒水喷头	快速响应喷头	$K\geqslant 80$	
	高大空间场所	标准覆盖面积洒水喷头	快速响应喷头	$K\geqslant 115$	$8<h\leqslant 12$
		非仓库型特殊应用喷头			
		非仓库型特殊应用喷头			$12<h\leqslant 18$
厂房		标准覆盖面积洒水喷头	特殊响应喷头 标准响应喷头	$K\geqslant 80$	$h\leqslant 8$
		扩大覆盖面积洒水喷头	标准响应喷头	$K\geqslant 80$	
		标准覆盖面积洒水喷头	特殊响应喷头 标准响应喷头	$K\geqslant 115$	$8<h\leqslant 12$
		非仓库型特殊应用喷头			
仓库		标准覆盖面积洒水喷头	特殊响应喷头 标准响应喷头	$K\geqslant 80$	$h\leqslant 9$
		仓库型特殊应用喷头			$h\leqslant 12$
		早期抑制快速响应喷头			$h\leqslant 13.5$

② 闭式自动喷水灭火系统的洒水喷头，其公称动作温度宜高于环境最高温度 30℃。

③ 湿式系统的洒水喷头选型应符合下列规定：

a. 不做吊顶的场所，当配水支管布置在梁下时，应采用直立型洒水喷头；

b. 吊顶下布置的洒水喷头，应采用下垂型洒水喷头或吊顶型洒水喷头；

c. 顶板为水平面的轻危险级、中危险级Ⅰ级住宅建筑、宿舍、旅馆建筑客房、医疗建筑病房和办公室，可采用边墙型洒水喷头；

d. 易受碰撞的部位，应采用带保护罩的洒水喷头或吊顶型洒水喷头；

e. 顶板为水平面，且无梁、通风管道等障碍物影响喷头洒水的场所，可采用扩大覆盖面积洒水喷头；

f. 住宅建筑和宿舍、公寓等非住宅类居住建筑宜采用家用喷头；

g. 不宜选用隐蔽式洒水喷头；确需采用时，应仅适用于轻危险级和中危险级Ⅰ级场所。

④ 干式系统、预作用系统应采用直立型洒水喷头或干式下垂型洒水喷头。

⑤ 自动喷水防护冷却系统可采用边墙型洒水喷头。

⑥ 下列场所宜采用快速响应洒水喷头。当采用快速响应洒水喷头时，系统应为湿式系统。

a. 公共娱乐场所、中庭环廊；

b. 医院、疗养院的病房及治疗区域，老年、少儿、残疾人的集体活动场所；

c. 超出消防水泵接合器供水高度的楼层；

d. 地下商业场所。

⑦ 同一隔间内应采用相同热敏性能的洒水喷头。

2）特殊应用喷头（大水滴粒径喷头）

① 定义

a. 特殊应用喷头定义

流量系数 $K \geqslant 161$，具有较大水滴粒径，在通过标准试验验证后，可用于民用建筑和厂房高大空间场所以及仓库的标准覆盖面积洒水喷头，包括非仓库型特殊应用喷头和仓库型特殊应用喷头。

b. 旋转型喷头定义

利用水力学环流推动和空气动力学原理，旋转分布大水滴并能形成下压强风的喷头。

② 分类

a. 特殊应用喷头按应用场所分为非仓库型特殊应用喷头和仓库型特殊应用喷头；按喷头有无感应部件分为闭式喷头、开式喷头；按喷头的安装方式分为下垂型喷头、直立型喷头。

b. 旋转型喷头除上述喷头外，按响应时间指数还分为快速响应喷头、标准响应喷头。

③ 设置场所

a. 特殊应用喷头的设置场所

非仓库型特殊应用喷头适用于净空高度大于 8m、小于等于 18m 的民用建筑的高大净空场所和净空高度大于 8m、小于等于 12m 的厂房。

仓库型特殊应用喷头适用于净空高度小于等于 12m 的仓库。

b. 旋转型喷头的设置场所

净空高度大于 8m、小于等于 18m 的民用建筑和厂房。

净空高度不大于 13.5m 的堆垛仓库。

在井字、十字或其他梁范围内布置喷头有一定难度的车库、仓库等。

平面尺寸大、管道布置困难、需简化管道布置的场所。

④ 基本参数

a. 民用建筑高大空间场所的最大净空高度为 $8m < h \leqslant 18m$ 时，采用非仓库型特殊应用喷头的湿式系统设计基本参数见表 6.3-8。

b. 采用仓库型特殊应用喷头的湿式系统设计基本参数见表 6.3-15。

c. 旋转型喷头的设计基本参数见表 6.3-17。

旋转型喷头的设计基本参数　　　　　表 6.3-17

| DN (mm) | K | n | P=0.10MPa | | P=0.25MPa | | P=0.90MPa | | 最大安装高度(m) |
			R (m)	q (L/s)	R (m)	q (L/s)	R (m)	q (L/s)	
15	90	0.46	5.0	1.50	5.5	2.29	5.5	4.12	13
20	142	0.46	6.0	2.37	6.5	3.61	7.0	6.50	15
25	242	0.43	6.5	4.03	7.0	5.98	7.5	10.4	18

续表

DN (mm)	K	n	P=0.10MPa		P=0.25MPa		P=0.90MPa		最大安装高度(m)
			R (m)	q (L/s)	R (m)	q (L/s)	R (m)	q (L/s)	
32	281	0.42	7.0	4.68	7.5	6.88	7.5	11.8	18
40	310	0.42	7.0	5.17	8.0	7.59	9.0	13.0	18
40	360	0.42	7.0	6.00	8.0	8.82	9.0	15.1	18

注: 1. K—喷头流量系数。

2. n—幂指数, n=0.42～0.46。

3. P—喷头设计工作压力 (MPa), 宜取 0.10～0.90MPa。

4. R—喷头保护半径 (m)。

5. q—喷头流量 (L/s)。

⑤ 喷头布置

a. 特殊应用喷头的布置应符合《喷规》第7.1.2条的规定, 还应符合表 6.3-18 的规定。

喷头溅水盘与顶板的距离及与保护对象的最小垂直距离 (mm)　　表 6.3-18

喷头类型	喷头溅水盘与顶板的距离	喷头溅水盘与保护对象的最小垂直距离
特殊应用喷头	150～200	900

b. 直立型、下垂型和扩展覆盖面旋转型喷头的布置, 包括一只喷头最大保护面积及同一根配水支管上喷头的间距和相邻配水支管的间距, 应根据系统的喷水强度、喷头的流量系数和工作压力确定, 并应符合表 6.3-19 的规定。

同一根配水支管上直立、下垂旋转型喷头的间距　　表 6.3-19

喷头工作压力 P (MPa)	喷头公称直径 DN (mm)	流量系数 K	喷水强度 I (L/(min·m²))	正方形布置的边长 S(m)	矩形布置长边边长 C(m)	一只喷头最大保护面积 A (m²)	喷头与端墙的最大距离(m)	
							正方形布置边长 S/2	矩形布置长边边长 C/2
0.25	15	90	4	5.8	7.0	34	2.9	3.5
0.25	20	142	6	6.0	7.2	36	3.0	3.6
0.25	20	142	8	5.2	6.2	27	2.6	3.1
0.25	25	242	12	5.4	6.6	30	2.7	3.3
0.25	25	242	16	4.7	5.6	22	2.3	2.8
0.25	32	281	18	4.8	5.7	23	2.4	2.8
0.25	32	281	22	4.3	5.2	19	2.1	2.6
0.25	40	310	24	4.3	5.2	19	2.1	2.6
0.25	40	360	40	3.6	4.4	13	1.8	2.2
0.30	40	360	40	3.8	4.5	14	1.9	2.2
0.40	40	360	40	4.0	4.8	16	2.0	2.4
0.50	40	360	40	4.2	5.0	18	2.1	2.5
0.60	40	360	40	4.4	5.2	19	2.2	2.6

注: 1. 一只喷头最大保护面积 A 与其 P、K 和喷水强度 I 有关。

2. 当 P≠0.25MPa 时, 按 A=60q/I (q 以 L/s 计) 换算, 若 A>36m², 取 36m²。

3. 旋转型喷头流量 q 查《旋转型喷头自动喷水灭火系统技术规程》CECS 213: 2012 表 3.1.4, 或按公式 (5.3.1) 计算值除以 60。

4. 若 I≤24L/(min·m²), 表中 A、C、S 仅为 P=0.25MPa 的特定控制值, 设计 P>0.25MPa 时, A、C、S 值可相应扩大。下垂型≥12 的 I 可乘以 67% 并调整各参数。

5. 表中 C 值宜控制在表中 S 值的 1.2 倍以内, 但当矩形布置设计短边边长 D 小于 S 的 0.7 倍时, 设计 C 值可适当加大至表中 S 值的 1.3 倍以内。

6. 下垂型喷头小部分洒水可兼向上喷至调节螺丝以上>1.5m 的高度。

c. 旋转型喷头的布置还应满足《旋转型喷头自动喷水灭火系统技术规程》CECS 213 的相关规定。

3）喷头布置

① 一般规定

a. 喷头应布置在顶板或吊顶下易于接触到火灾热气流并有利于均匀布水的位置。当喷头附近有障碍物时，应符合《喷规》第 7.2 节的规定或增设补偿喷水强度的喷头。

b. 直立型、下垂型标准覆盖面积洒水喷头的布置，包括同一根配水支管上喷头的间距及相邻配水支管的间距，应根据设置场所的火灾危险等级、洒水喷头类型和工作压力确定，并不应大于表 6.3-20（即《喷规》表 7.1.2）的规定，且不应小于 1.8m。

直立型、下垂型标准覆盖面积洒水喷头的布置　　　　表 6.3-20

火灾危险等级	正方形布置的边长（m）	矩形或平行四边形布置的长边边长（m）	一只喷头的最大保护面积（m²）	喷头与端墙的距离（m）	
				最大	最小
轻危险级	4.4	4.5	20.0	2.2	
中危险级 Ⅰ 级	3.6	4.0	12.5	1.8	
中危险级 Ⅱ 级	3.4	3.6	11.5	1.7	0.1
严重危险级、仓库危险级	3.0	3.6	9.0	1.5	

注：1. 设置单排洒水喷头的闭式自动喷水灭火系统，其洒水喷头间距应按地面不留漏喷空白点确定。
　　2. 严重危险级或仓库危险级场所宜采用流量系数大于 80 的洒水喷头。

c. 边墙型标准覆盖面积洒水喷头的最大保护跨度与间距，应符合表 6.3-21（即《喷规》表 7.1.3）的规定。

边墙型标准覆盖面积洒水喷头的最大保护跨度与间距（m）　　　　表 6.3-21

火灾危险等级	配水支管上喷头的最大间距	单排喷头的最大保护跨度	两排相对喷头的最大保护跨度
轻危险级	3.6	3.6	7.2
中危险级 Ⅰ 级	3.0	3.0	6.0

注：1. 两排相对洒水喷头应交错布置。
　　2. 室内跨度大于两排相对喷头的最大保护跨度时，应在两排相对喷头中间增设一排喷头。

d. 直立型、下垂型扩大覆盖面积洒水喷头应采用正方形布置，其布置间距不应大于表 6.3-22（即《喷规》表 7.1.4）的规定，且不应小于 2.4m。

直立型、下垂型扩大覆盖面积洒水喷头的布置间距　　　　表 6.3-22

火灾危险等级	正方形布置的边长（m）	一只喷头的最大保护面积（m²）	喷头与端墙的距离（m）	
			最大	最小
轻危险级	5.4	29.0	2.7	
中危险级 Ⅰ 级	4.8	23.0	2.4	
中危险级 Ⅱ 级	4.2	17.5	2.1	0.1
严重危险级	3.6	13.0	1.8	

e. 边墙型扩大覆盖面积洒水喷头的最大保护跨度和配水支管上的洒水喷头间距，应

按洒水喷头工作压力下能够喷湿对面墙和邻近端墙距溅水盘 1.2m 高度以下的墙面确定，且保护面积内的喷水强度应符合《喷规》表 5.0.1 的规定。

f. 除吊顶型洒水喷头及吊顶下设置的洒水喷头外，直立型、下垂型标准覆盖面积洒水喷头和扩大覆盖面积洒水喷头溅水盘与顶板的距离应为 75～150mm，并应符合下列规定：

（a）当在梁或其他障碍物底面下方的平面上布置洒水喷头时，溅水盘与顶板的距离不应大于 300mm，同时溅水盘与梁等障碍物底面的垂直距离应为 25～100mm。

（b）当在梁间布置洒水喷头时，洒水喷头与梁的距离应符合《喷规》第 7.2.1 条的规定。确有困难时，溅水盘与顶板的距离不应大于 550mm。梁间布置的洒水喷头，溅水盘与顶板距离达到 550mm 仍不能符合《喷规》第 7.2.1 条的规定时，应在梁底面的下方增设洒水喷头。

（c）密肋梁板下方的洒水喷头，溅水盘与密肋梁板底面的垂直距离应为 25～100mm。

（d）无吊顶的梁间洒水喷头布置可采用不等距方式，但喷水强度仍应符合《喷规》表 5.0.1、表 5.0.2 和表 5.0.4-1～表 5.0.4-5 的要求。

g. 除吊顶型洒水喷头及吊顶下设置的洒水喷头外，直立型、下垂型早期抑制快速响应喷头、特殊应用喷头和家用喷头溅水盘与顶板的距离应符合表 6.3-23（即《喷规》表 7.1.7）的规定。

<table>
<tr><td colspan="2">**喷头溅水盘与顶板的距离**</td><td>**表 6.3-23**</td></tr>
<tr><td colspan="2">喷头类型</td><td>喷头溅水盘与顶板的距离 S_L(mm)</td></tr>
<tr><td rowspan="2">早期抑制快速响应喷头</td><td>直立型</td><td>$100 \leqslant S_L \leqslant 150$</td></tr>
<tr><td>下垂型</td><td>$150 \leqslant S_L \leqslant 360$</td></tr>
<tr><td colspan="2">特殊应用喷头</td><td>$150 \leqslant S_L \leqslant 200$</td></tr>
<tr><td colspan="2">家用喷头</td><td>$25 \leqslant S_L \leqslant 100$</td></tr>
</table>

h. 图书馆、档案馆、商场、仓库中的通道上方宜设有喷头。喷头与被保护对象的水平距离不应小于 0.30m，喷头溅水盘与保护对象的最小垂直距离不应小于表 6.3-24（即《喷规》表 7.1.8）的规定。

<table>
<tr><td colspan="2">**喷头溅水盘与保护对象的最小垂直距离**</td><td>**表 6.3-24**</td></tr>
<tr><td colspan="2">喷类类型</td><td>最小垂直距离(mm)</td></tr>
<tr><td colspan="2">标准覆盖面积洒水喷头、扩大覆盖面积洒水喷头</td><td>450</td></tr>
<tr><td colspan="2">特殊应用喷头、早期抑制快速响应喷头</td><td>900</td></tr>
</table>

i. 货架内置洒水喷头宜与顶板下洒水喷头交错布置，其溅水盘与上方层板的距离应符合《喷规》第 7.1.6 条的规定，与其下部储物顶面的垂直距离不应小于 150mm。

j. 挡水板应为正方形或圆形金属板，其平面面积不宜小于 0.12m²，周围弯边的下沿宜与洒水喷头的溅水盘平齐。除下列情况和相关规范另有规定外，其他场所或部位不应采用挡水板。

（a）设置货架内置洒水喷头的仓库，当货架内置洒水喷头上方有孔洞、缝隙时，可在洒水喷头的上方设置挡水板；

（b）宽度大于《喷规》第 7.2.3 条规定的障碍物，增设的洒水喷头上方有孔洞、缝隙时，可在洒水喷头的上方设置挡水板。

k. 净空高度大于 800mm 的闷顶和技术夹层内应设置洒水喷头，当同时满足下列情况时，可不设置洒水喷头：

(a) 闷顶内敷设的配电线路采用不燃材料套管或封闭式金属线槽保护；

(b) 风管保温材料等采用不燃、难燃材料制作；

(c) 无其他可燃物。

l. 当局部场所设置自动喷水灭火系统时，局部场所与相邻不设自动喷水灭火系统场所连通的走道和连通门窗的外侧，应设洒水喷头。

m. 装设网格、栅板类通透性吊顶的场所，当通透面积占吊顶总面积的比例大于 70% 时，喷头应设置在吊顶上方，并应符合下列规定：

(a) 通透性吊顶开口部位的净宽度不应小于 10mm，且开口部位的厚度不应大于开口的最小宽度；

(b) 喷头间距及溅水盘与吊顶上表面的距离应符合表 6.3-25（即《喷规》表 7.1.13）的规定。

通透性吊顶场所喷头布置要求   表 6.3-25

火灾危险等级	喷头间距 S(m)	喷头溅水盘与吊顶上表面的最小距离(mm)
轻危险级、中危险级Ⅰ级	$S \leqslant 3.0$	450
	$3.0 < S \leqslant 3.6$	600
	$S > 3.6$	900
中危险级Ⅱ级	$S \leqslant 3.0$	600
	$S > 3.0$	900

n. 顶板或吊顶为斜面时，喷头的布置应符合下列要求：

(a) 喷头应垂直于斜面，并应按斜面距离确定喷头间距；

(b) 坡屋顶的屋脊处应设一排喷头，当屋顶坡度不小于 1/3 时，喷头溅水盘至屋脊的垂直距离不应大于 800mm；当屋顶坡度小于 1/3 时，喷头溅水盘至屋脊的垂直距离不应大于 600mm。

o. 边墙型洒水喷头溅水盘与顶板和背墙的距离应符合表 6.3-26（即《喷规》表 7.1.15）的规定。

边墙型洒水喷头溅水盘与顶板和背墙的距离   表 6.3-26

喷头类型		喷头溅水盘与顶板的距离 s_L(mm)	喷头溅水盘与背墙的距离 S_W(mm)
边墙型标准覆盖面积洒水喷头	直立式	$100 \leqslant S \leqslant 150$	$50 \leqslant S_W \leqslant 100$
	水平式	$150 \leqslant S \leqslant 300$	—
边墙型扩大覆盖面积洒水喷头	直立式	$100 \leqslant S \leqslant 150$	$100 \leqslant S_W \leqslant 150$
	水平式	$150 \leqslant S \leqslant 300$	—
边墙型家用喷头		$100 \leqslant S \leqslant 150$	

② 喷头与障碍物的距离

a. 直立型、下垂型喷头与梁、通风管道等障碍物的距离（见图 6.3-16）宜符合表

6.3-27（即《喷规》表 7.2.1）的规定。

喷头与梁、通风管道等障碍物的距离（mm）   表 6.3-27

喷头与梁、通风管道的水平距离 a	喷头溅水盘与梁或通风管道的底面的垂直距离 b		
	标准覆盖面积洒水喷头	扩大覆盖面积洒水喷头、家用喷头	早期抑制快速响应喷头、特殊应用喷头
$a<300$	0	0	0
$300{\leqslant}a<600$	$b{\leqslant}60$	0	$b{\leqslant}40$
$600{\leqslant}a<900$	$b{\leqslant}140$	$b{\leqslant}30$	$b{\leqslant}140$
$900{\leqslant}a<1200$	$b{\leqslant}240$	$b{\leqslant}80$	$b{\leqslant}250$
$1200{\leqslant}a<1500$	$b{\leqslant}350$	$b{\leqslant}130$	$b{\leqslant}380$
$1500{\leqslant}a<1800$	$b{\leqslant}450$	$b{\leqslant}180$	$b{\leqslant}550$
$1800{\leqslant}a<2100$	$b{\leqslant}600$	$b{\leqslant}230$	$b{\leqslant}780$
$a{\geqslant}2100$	$b{\leqslant}880$	$b{\leqslant}350$	$b{\leqslant}780$

b. 特殊应用喷头溅水盘以下 900mm 范围内，其他类型喷头溅水盘以下 450mm 范围内，当有屋架等间断障碍物或管道时，喷头与邻近障碍物的最小水平距离（见图 6.3-17）应符合表 6.3-28（即《喷规》表 7.2.2）的规定。

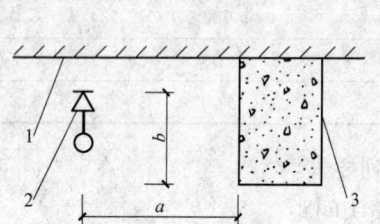

图 6.3-16 喷头与梁、通风管
道等障碍物的距离

1—顶板；2—直立型喷头；
3—梁（或通风管道）

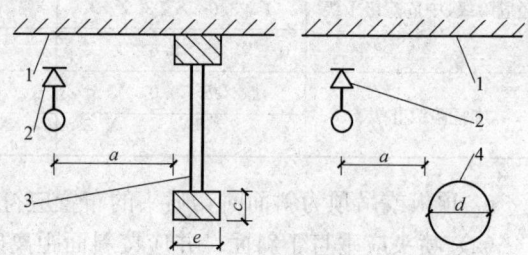

图 6.3-17 喷头与邻近障碍物的
最小水平距离

1—顶板；2—直立型喷头；3—屋架等
间断障碍物；4—管道

喷头与邻近障碍物的最小水平距离（mm）   表 6.3-28

喷头类型	喷头与邻近障碍物的最小水平距离 a	
标准覆盖面积洒水喷头、特殊应用喷头	c、e 或 $d{\leqslant}200$	$3c$ 或 $3e$（c 与 e 取大值）或 $3d$
	c、e 或 $d>200$	600
扩大覆盖面积洒水喷头、家用喷头	c、e 或 $d{\leqslant}225$	$4c$ 或 $4e$（c 与 e 取大值）或 $4d$
	c、e 或 $d>225$	900

c. 当梁、通风管道、成排布置的管道、桥架等障碍物的宽度大于 1.2m 时，其下方应增设喷头（见图 6.3-18）；采用早期抑制快速响应喷头和特殊应用喷头的场所，当障碍物宽度大于 0.6m 时，其下方应增设喷头。

d. 标准覆盖面积洒水喷头、扩大覆盖面积洒水喷头和家用喷头与不到顶隔墙的水平距离和垂直距离（见图 6.3-19）应符合表 6.3-29（即《喷规》表 7.2.4）的规定。

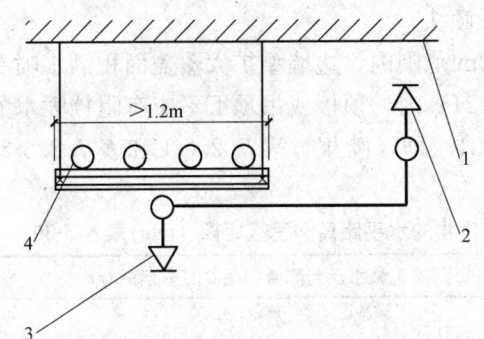

图 6.3-18　障碍物下方增设喷头

1—顶板；2—直立型喷头；3—下垂型喷头；

4—成排布置的管道（或梁、通风管道、桥架等）

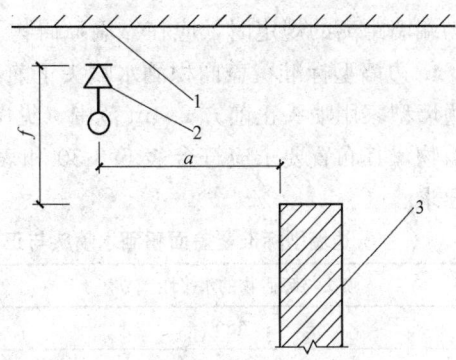

图 6.3-19　喷头与不到顶隔墙的

水平距离和垂直距离

1—顶板；2—喷头；3—不到顶隔墙

喷头与不到顶隔墙的水平距离和垂直距离（mm）　　　　　表 6.3-29

喷头与不到顶隔墙的水平距离 a	喷头溅水盘与不到顶隔墙的垂直距离 f
$a < 150$	$f \geqslant 80$
$150 \leqslant a < 300$	$f \geqslant 150$
$300 \leqslant a < 450$	$f \geqslant 240$
$450 \leqslant a < 600$	$f \geqslant 310$
$600 \leqslant a < 750$	$f \geqslant 390$
$a \geqslant 750$	$f \geqslant 450$

e. 直立型、下垂型喷头与靠墙障碍物的距离（见图 6.3-20）应符合下列规定：

（a）障碍物横截面边长小于 750mm 时，喷头与障碍物的距离应按公式（6.3-1）确定：

$$a \geqslant (e - 200) + b \tag{6.3-1}$$

式中　a——喷头与障碍物的水平距离（mm）；

b——喷头溅水盘与障碍物底面的垂直距离（mm）；

e——障碍物横截面的边长（mm），$e < 750$mm。

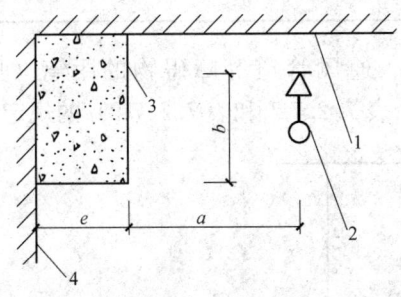

图 6.3-20　喷头与靠墙障碍物的距离

1—顶板；2—直立型喷头；3—靠墙障

碍物；4—墙面

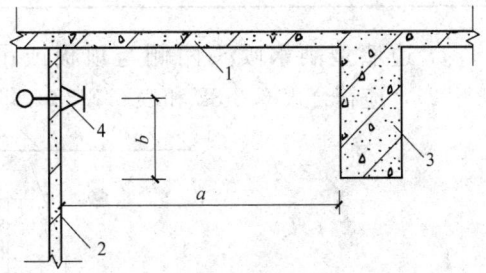

图 6.3-21　边墙型洒水喷头与正前方障

碍物的距离

1—顶板；2—背墙；3—梁（或通风管道）；

4—边墙型洒水喷头

（b）障碍物横截面边长等于或大于750mm或a的计算值大于《喷规》表7.1.2中喷头与端墙距离的规定时，应在靠墙障碍物下增设喷头。

f. 边墙型标准覆盖面积洒水喷头正前方1.2m范围内，边墙型扩大覆盖面积洒水喷头和边墙型家用喷头正前方2.4m范围（见图6.3-21）内，顶板或吊顶下不应有阻挡喷水的障碍物，其布置要求应符合表6.3-30和表6.3-31（即《喷规》表7.2.6-1和表7.2.6-2）的要求。

边墙型标准覆盖面积洒水喷头与正前方障碍物的水平距离和垂直距离（mm）表6.3-30

喷头与障碍物的水平距离 a	喷头溅水盘与障碍物底面的垂直距离 b
$a<1200$	不允许
$1200≤a<1500$	$b≤25$
$1500≤a<1800$	$b≤50$
$1800≤a<2100$	$b≤100$
$2100≤a<2400$	$b≤175$
$a≥2400$	$b≤280$

边墙型扩大覆盖面积洒水喷头和边墙型家用喷头与正前方障碍物的水平距离和垂直距离（mm）
表6.3-31

喷头与障碍物的水平距离 a	喷头溅水盘与障碍物底面的垂直距离 b
$a<2400$	不允许
$2400≤a<3000$	$b≤25$
$3000≤a<3300$	$b≤50$
$3300≤a<3600$	$b≤75$
$3600≤a<3900$	$b≤100$
$3900≤a<4200$	$b≤150$
$4200≤a<4500$	$b≤175$
$4500≤a<4800$	$b≤225$
$4800≤a<5100$	$b≤280$
$≥5100$	$b≤350$

g. 边墙型洒水喷头两侧与顶板或吊顶下梁、通风管道等障碍物的距离（见图6.3-22），应符合表6.3-32和表6.3-33（即《喷规》表7.2.7-1和表7.2.7-2）的规定。

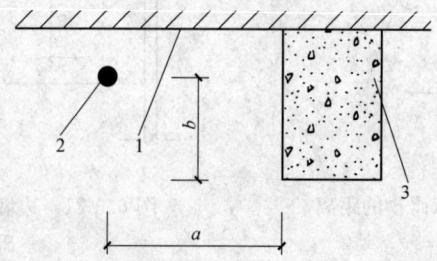

图6.3-22 边墙型洒水喷头与沿墙障碍物的距离
1—顶板；2—边墙型洒水喷头；3—梁（或通风管道）

边墙型标准覆盖面积洒水喷头与沿墙障碍物的水平距离和垂直距离（mm）　表 6.3-32

喷头与沿墙障碍物的水平距离 a	喷头溅水盘与沿墙障碍物底面的垂直距离 b
$a<300$	$b\leqslant25$
$300\leqslant a<600$	$b\leqslant75$
$600\leqslant a<900$	$b\leqslant140$
$900\leqslant a<1200$	$b\leqslant200$
$1200\leqslant a<1500$	$b\leqslant250$
$1500\leqslant a<1800$	$b\leqslant320$
$1800\leqslant a<2100$	$b\leqslant380$
$2100\leqslant a<2250$	$b\leqslant440$

边墙型扩大覆盖面积洒水喷头和边墙型家用喷头与沿墙障碍物的水平距离和垂直距离（mm）

表 6.3-33

喷头与沿墙障碍物的水平距离 a	喷头溅水盘与沿墙障碍物底面的垂直距离 b
$a\leqslant450$	0
$450<a\leqslant900$	$b\leqslant25$
$900<a\leqslant1200$	$b\leqslant75$
$1200<a\leqslant1350$	$b\leqslant125$
$1350<a\leqslant1800$	$b\leqslant175$
$1800<a\leqslant1950$	$b\leqslant225$
$1950<a\leqslant2100$	$b\leqslant275$
$2100<a\leqslant2250$	$b\leqslant350$

（3）管道与报警阀的布置

1）供水管道与报警阀

① 建筑物内的供水干管一般宜布置成环状，进水管不宜少于两条。当一条进水管发生故障时，另一条进水管仍能保证全部用水量和水压。自动喷水灭火系统管网上应设置水泵接合器，其数量应根据该系统的设计流量计算确定，但不宜少于 2 个，每个水泵接合器的流量宜按 $10\sim15L/s$ 计算。自动喷水灭火系统的消防水泵接合器应设置与消火栓系统的消防水泵接合器区别的永久性固定标志，并有分区标志。

环状供水干管应设分隔阀门。阀门的布置应保证某段供水管检修或发生事故时，关闭报警阀的数量不超过 3 个，分隔阀门应设在便于维修、易于接近的地点。分隔阀门应经常处于开启状态，且应有明显的启闭标志。

② 室内消火栓给水管网与闭式自动喷水灭火设备报警阀后的管网，应分开独立设置。报警阀后的配水管上不应设置阀门。

③ 报警阀组安装的位置应符合设计要求；当设计无要求时，报警阀组应安装在便于操作的明显位置，距室内地面高度宜为 1.2m；两侧与墙的距离不应小于 0.5m；正面与墙的距离不应小于 1.2m；报警阀组凸出部位之间的距离不应小于 0.5m。

④ 当自动喷水灭火系统中设有 2 个及以上报警阀组时，报警阀组前的供水管网应布置成环状。环状供水管道上设置的控制阀应采用信号阀；当不采用信号阀时，应设锁定阀

位的锁具。

⑤ 闭式自动喷水灭火系统应设有控制阀、报警阀、水力警铃和系统试验装置,并应设置延迟器等防止误报警的设施。进水控制阀应设有开、关指示装置。在报警阀前后和系统试验装置上,应装设校验用的仪表。水力警铃应设在有人值班的地点附近或公共通道的外墙,应靠近报警阀,水力警铃的工作压力不应小于 0.05MPa。连接管道应采用热镀锌钢管,当热镀锌钢管的公称直径为 DN20 时,总长度不应超过 20m。每个自动喷水灭火系统,应设水流指示器、信号阀、压力开关等辅助电动报警装置,但电动报警装置不得代替水力警铃。安装后的水力警铃启动时,3m 远处警铃声强度应不小于 70dB。

⑥ 报警阀应设在没有冰冻危险、管理维护方便的房间内,距地面高度宜为 1.2m。安装报警阀的部位地面应设有排水设施。设在生产车间中的报警阀、闸阀及其附属设备,应有保护装置,以防止冲击损坏和误动作。

⑦ 一个报警阀组控制的喷头数量:湿式系统、预作用系统不宜超过 800 个;干式系统不宜超过 500 个。

⑧ 配水管道的工作压力不应大于 1.20MPa,并不应设置其他用水设施。每个报警阀组供水的最高与最低位置喷头,其高程差不宜大于 50m。

⑨ 连接报警阀进出口的控制阀应采用信号阀。当不采用信号阀时,控制阀应设锁定阀位的锁具。

2)喷水管网

管段名称如图 6.3-23 所示。

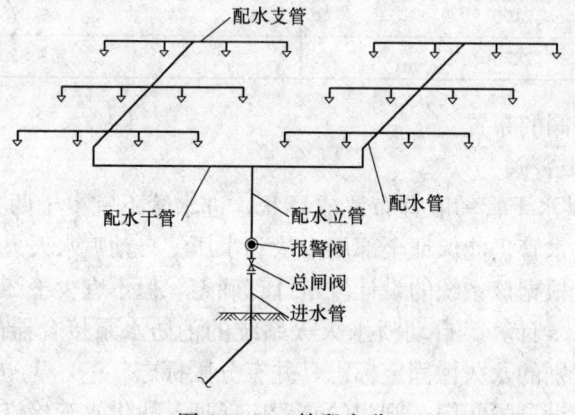

图 6.3-23　管段名称

① 配水立管:宜设在配水干管的中央。

② 配水支管:宜在配水管两侧均匀分布。

③ 配水管:宜在配水干管两侧均匀分布。

④ 布置时应考虑管件施工与维护方便。

3)管道负荷

① 每根配水支管或配水管的直径均不应小于 25mm。

② 每根配水支管设置的标准喷头数应符合下列要求:

a. 轻危险级、中危险级场所不应超过 8 只;同时在吊顶上下安装喷头的配水支管,上下侧均不应超过 8 只。

b. 严重危险级和仓库危险级场所均不应超过 6 只。

c. 轻危险级、中危险级场所中配水支管、配水管控制的标准喷头数，不应超过表 6.3-34 的规定。

轻危险级、中危险级场所中配水支管、配水管控制的标准喷头数 表 6.3-34

公称管径(mm)	控制的标准喷头数(只)	
	轻危险级	中危险级
25	1	1
32	3	3
40	5	4
50	10	8
65	18	12
80	48	32
100	—	64

4）管道排水

① 水平安装的管道宜有坡度，并应坡向泄水阀，以便泄空。充水管道的坡度不宜小于 2‰，准工作状态的不充水管道的坡度不宜小于 4‰。

② 在寒冷地区引至外墙的排水管，其排水阀后的管段至少应有 1.2m 的长度留在室内，以防阀门受冻。

③ 如充水系统的管道有局部下弯，则当下弯管段内喷头数少于 5 个时，可在管道上设置丝堵的排水口。当喷头数在 5～20 个时，宜设置排水阀排水口；当喷头数多于 20 个时，宜设置带有排水阀的排水管，并接至排水管道。排水阀和排水管管径，见表 6.3-35。

排水阀和排水管管径（mm） 表 6.3-35

给水立管管径	排水管管径	辅助排水管管径
≥100	50	25
65～80	32	25
50	32	20

（4）管材及安装

1）管材：自动喷水灭火系统报警阀前的管道，明装时可采用内外壁热镀锌钢管或焊接钢管，埋地时应采用球墨给水铸铁管或防腐焊接钢管；报警阀后的埋地管道应采用内外壁热镀锌钢管、铜管、不锈钢管或符合现行国家及行业标准的涂覆其他防腐材料的钢管。配水管道可采用内外壁热镀锌钢管、涂覆钢管、铜管、不锈钢管和氯化聚氯乙烯（PVC-C）管。

当报警阀入口前管道采用不防腐的钢管时，应在该段管道的末端设过滤器。

自动喷水灭火系统采用的管材、管件安装前应进行现场外观检查，应符合设计要求和国家现行有关标准的规定，并应具有出厂合格证和质量认证书。

自动喷水灭火系统采用氯化聚氯乙烯（PVC-C）管材及管件时，设置场所的火灾危险等级应为轻危险级或中危险级Ⅰ级，系统应为湿式系统，并采用快速响应喷头，且氯化聚氯乙烯（PVC-C）管材及管件应符合下列要求：

① 应符合现行国家标准《自动喷水灭火系统　第19部分：塑料管道及管件》GB/T 5135.19的规定。

② 应用于公称直径不超过DN80的配水管及配水支管，且不应穿越防火分区。

③ 当设置在有吊顶的场所时，吊顶内应无其他可燃物，吊顶材料应为不燃或难燃装修材料。

④ 当设置在无吊顶场所时，该场所应为轻危险级场所，顶板应为水平、光滑顶板，且喷头溅水盘与顶板的距离不应超过100mm。

⑤ 消防洒水软管：洒水喷头与配水管道采用消防洒水软管连接时，应符合下列规定：

a. 消防洒水软管仅适用于轻危险级或中危险级Ⅰ级场所，且系统应为湿式系统；

b. 消防洒水软管应隐蔽设置在吊顶内；

c. 消防洒水软管的长度不应超过1.8m。

2）管道连接：镀锌钢管、涂覆钢管可采用沟槽式连接、丝扣连接或法兰连接；不防腐钢管可采用焊接连接。

3）试验压力：当系统的设计工作压力≤1.0MPa时，水压强度试验压力应为设计工作压力的1.5倍，并不低于1.4MPa；当系统的设计工作压力>1.0MPa时，水压强度试验压力应为该设计工作压力加0.4MPa。达到试验压力后，稳压30min，目测管网应无泄漏和变形，且压力降不应大于0.05MPa。

4）系统水压严密性试验应在水压强度试验和管网冲洗合格后进行。试验压力应为设计工作压力，稳压24h，应无泄漏。

5）气压试验的介质宜采用空气或氮气，气压严密性试验的试验压力应为0.28MPa，稳压24h，压力降不应大于0.01MPa。

6）管道支、吊架与防晃支架

① 支、吊架的位置不应妨碍喷头的喷水效果。支、吊架与喷头之间的距离不宜小于0.3m，与末端喷头之间的距离不宜大于0.75m。

② 管道支、吊架的间距不应大于表6.3-36的规定。沟槽连接管道最大支承间距应满足表6.3-37的规定。

管道支、吊架的最大间距（m）　　　　　　　　　　　　　表6.3-36

公称管径(mm)	钢管	不锈钢水平管	不锈钢立管	铜管水平管	铜管立管	PVC-C管
25	3.5	1.8	2.2	1.8	2.4	1.8
32	4.0	2.0	2.5	2.4	3.0	2.0
40	4.5	2.2	2.8	2.4	3.0	2.1
50	5.0	2.5	3.0	2.4	3.0	2.4
65	6.0	2.5	3.0	3.0	3.5	2.7
80	6.0	2.5	3.0	3.0	3.5	3.0
100	6.5	2.5	3.0	3.0	3.5	—
125	7.0	—	—	3.0	3.5	—
150	8.0	3.5	4.0	3.5	4.5	—
200	9.5	3.5	4.0	3.5	4.0	—
250	11.0	3.5	4.0	4.0	4.5	—
300	12.0	3.5	4.0	4.0	4.5	—

沟槽连接管道最大支承间距　　　　　　　　　　　　　　表6.3-37

公称管径(mm)	65~100	125~200	250~315
最大支承间距(m)	3.5	4.2	5.0

③ 每米钢管和水的质量，见表6.3-38。

每米钢管和水的质量　　　　　　　　　　　　　　表6.3-38

公称管径(mm)	每米钢管和水的质量(kg)	公称管径(mm)	每米钢管和水的质量(kg)
20	1.88	65	9.72
25	2.98	80	13.09
32	4.10	100	19.04
40	5.16	125	27.95
50	7.04	150	36.45

④ 配水支管上每一直管段、相邻两喷头之间的管段设置的吊架均不宜少于1个；但吊架的间距不宜大于3.6m，见图6.3-24。

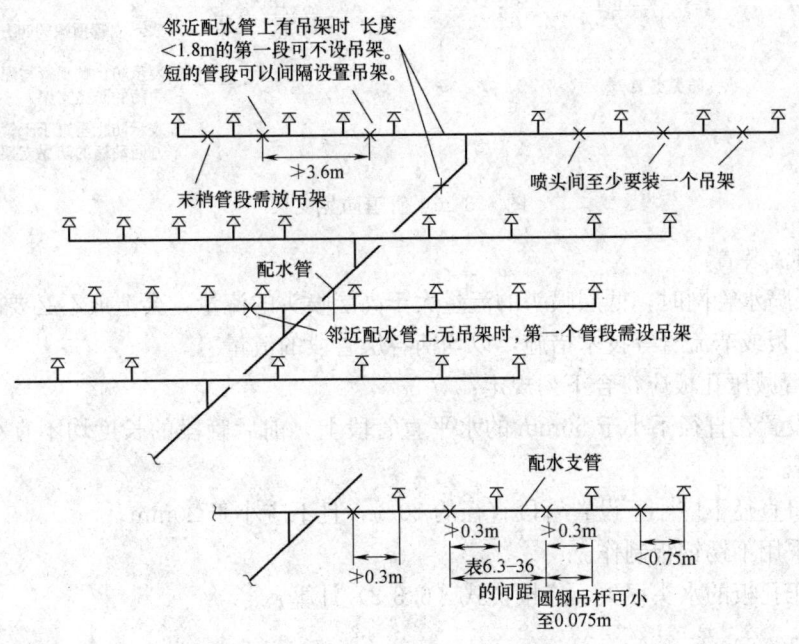

图 6.3-24　配水支管管段上吊架布置

⑤ 配水支管的末梢管段和相邻配水管上没有吊架的配水支管，其第一个管段不论长度如何，均应设置吊架，见图6.3-24。

⑥ 在坡度大的屋面下安装的配水支管，如用短立管与配水管相连，则该配水支管应采取止滑措施，以防短立管与配水管受扭折推力，见图6.3-25。

⑦ 为防止喷头喷水时，管道产生大幅度的晃动，配水干管与配水支管上应再附加防晃支架。如管道支架为长度小于150mm的单杆吊卡，则可不考虑防晃措施，见图6.3-26。

⑧ 除了管线过长或管道改变方向外，一般每条配水

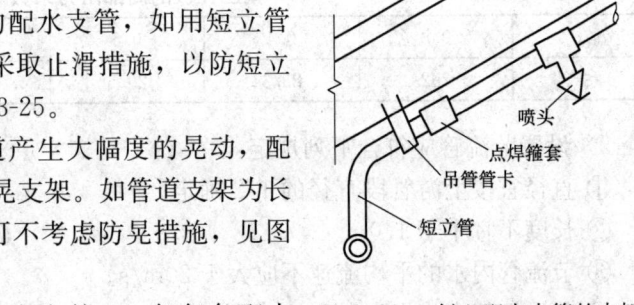

图 6.3-25　斜立配水支管的支架

干管或配水管，只需设置一个防止沿管线方向晃动的支架（*DN*50 以下的管道可不设置）。

⑨ 防晃支架应能承受管道、管子零件、阀门及管内水的总质量和 50% 水平方向推动力而不损坏或产生永久变形，其形式见图 6.3-26。

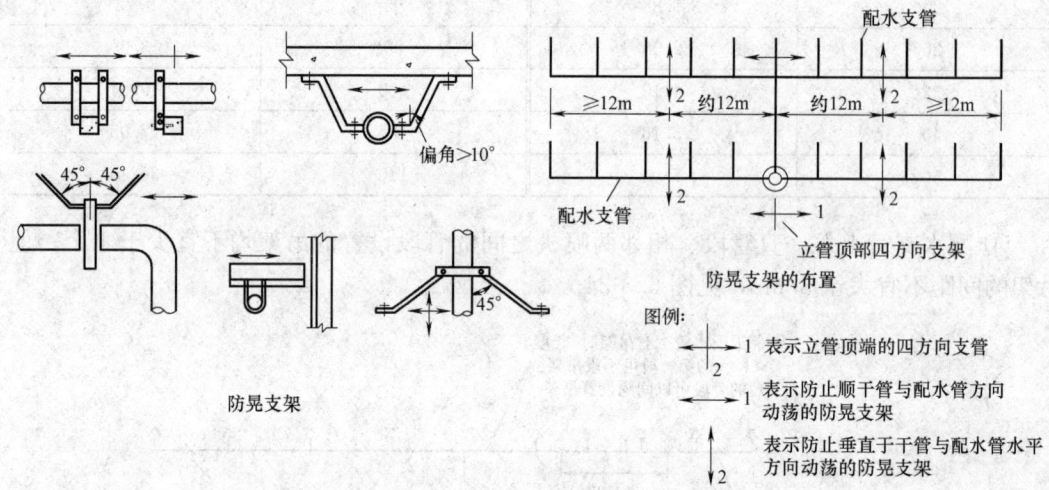

图 6.3-26　管道防晃支架

（5）节流装置

有多层喷水管网时，低层喷头的流量大于高层喷头的流量，会造成不必要的浪费，应采用减压孔板或节流管等技术措施，以均衡各层管段的流量。

1）设置减压孔板应符合下列规定：

① 应设置在直径不小于 50mm 的水平直管段上，前后管段的长度均不宜小于该管段直径的 5 倍。

② 孔口直径不应小于设置管段直径的 30%，且不应小于 20mm。

③ 应采用不锈钢板制作。

④ 减压孔板的水头损失，应按公式（6.3-2）计算：

$$H_k = \xi \frac{v_k^2}{2g} \tag{6.3-2}$$

式中　H_k——减压孔板的水头损失（10^{-2}MPa）；

　　　v_k——减压孔板后管道内水的平均流速（m/s）；

　　　ξ——减压孔板的局部阻力系数，取值应按表 6.3-39 确定。

减压孔板的局部阻力系数　　　　　　　　　　　　表 6.3-39

d_k/d_j	0.3	0.4	0.5	0.6	0.7	0.8
ξ	292	83.3	29.5	11.7	4.75	1.83

2）设置节流管应符合下列规定：

① 直径宜按上游管段直径的 1/2 确定。

② 长度不宜小于 1.0m。

③ 节流管内水的平均流速不应大于 20m/s。

④ 节流管的水头损失，应按公式（6.3-3）计算：

$$H_g = \xi \frac{v_g^2}{2g} + 0.00107L \frac{v_g^2}{d_g^{1.3}} \qquad (6.3\text{-}3)$$

式中　H_g——节流管的水头损失（10^{-2}MPa）；

　　　ξ——节流管中渐缩管与渐扩管的局部阻力系数之和，取值0.7；

　　　v_g——节流管内水的平均流速（m/s）；

　　　d_g——节流管的计算内径（m），取值应按节流管内径减1mm确定；

　　　L——节流管的长度（m）。

3）设置减压阀应符合下列规定：

① 应设在报警阀组入口前；

② 入口前应设过滤器，且便于排污；

③ 当连接2个及以上报警阀组时，应设置备用减压阀；

④ 垂直设置的减压阀，水流方向宜向下；

⑤ 比例式减压阀宜垂直设置，可调式减压阀宜水平设置；

⑥ 减压阀前后应设控制阀和压力表，当减压阀主阀体自身带有压力表时，可不设压力表；

⑦ 减压阀及其前后的阀门宜有保护或锁定调节配件的装置。

（6）管道充气和排气

干式系统及干湿式系统的配水管道充水时间不宜大于1min；预作用系统及雨淋系统的配水管道充水时间不宜大于2min。

对于干式系统及干湿式系统的管道，可用空气压缩机充气，其给气量应不小于0.15m³/min。当空气压缩站能保证不间断供气时，也允许由空气压缩站供应。

在配水管的顶端，宜设自动排气阀。

（7）监测装置

自动喷水灭火系统的下列部位应予监测：

1）系统控制阀的开启状态。

2）消防水泵电源供应和工作情况。

3）水池、水箱的消防水位。

4）可靠控制雨淋报警阀、电磁阀、电动阀的开启并显示反馈信号。

5）可靠控制补气装置并显示气压。

6）水流指示器、压力开关的动作和复位状态。

（8）消防给水

1）消防给水水源要求

自动喷水灭火系统用水应无污染、无腐蚀、无悬浮物，并应能确保系统持续喷水时间内的用水量。当用天然水源作为自动喷水灭火系统水源时，应考虑水中的悬浮物、杂质不致堵塞喷头出口。被油污染或含其他易燃、可燃液体的天然水源不得用作消防给水水源。

2）消防水池

① 自动喷水灭火系统的建筑物，下列情况应设消防水池：

a. 给水管道和天然水源不能满足消防用水量时。

b. 给水管道为枝状或只有一条进水管道时（二类居住建筑除外）。

② 消防水池有效容积的确定

当室外给水管网能够保证室外消防用水量时，消防水池的有效容积应满足火灾延续时间内室内消防用水量；火灾延续时间按 1h 计算。当设有 2 路及以上供水管且在发生火灾情况下能保证连续补水时，消防水池的容量可减去其中最小管径在火灾延续时间内补充的水量。当室外给水管网不能保证室外消防用水量时，消防水池的有效容积应满足火灾延续时间内室外、室内一次消防用水量之和。

消防用水与其他用水合用水池时，应有确保消防用水不被他用的技术措施。

3）高位消防水箱

① 当水源能够保证系统长期处于高压状态，且能够满足系统的用水量和水压要求时，自动喷水灭火系统可不设高位消防水箱。

② 当自动喷水灭火系统采用临时高压给水系统时，应设置高位消防水箱，其贮水量应按 10min 的室内消防用水量计算，但可不超过 18m³（严重危险级除外）。

③ 不设高位消防水箱的建筑，系统应设置气压供水设备。气压供水设备的有效容积，应按系统最不利处 4 只喷头在最低工作压力下的 5min 用水量确定。

干式系统、预作用系统设置的气压供水设备，应同时满足配水管道的充水要求。

④ 高位消防水箱的出水管上应设置止回阀，并应与报警阀入口前的管道连接。轻危险级、中危险级场所的系统，管径不应小于 80mm，严重危险级和仓库危险级不应小于 100mm。

4）消防水泵

① 采用临时高压给水系统的自动喷水灭火系统，宜设置独立的消防水泵，并应按 1 用 1 备或 2 用 1 备及最大一台消防水泵的工作性能设置备用泵。当与消火栓系统合用消防水泵时，系统管道应在报警阀前分开。自动喷水灭火系统应设置独立的供水泵，并应按 1 用 1 备或 2 用 1 备来设置备用泵。

② 每组供水泵的吸水管不应少于 2 根。报警阀入口前设置环状管道的系统，每组供水泵的出水管不应少于 2 根。消防水泵的吸水管应设控制阀和压力表；出水管应设控制阀、止回阀和压力表，出水管上还应设置流量和压力检测装置或预留可供连接流量和压力检测装置的接口。必要时应采取控制供水泵出口压力的措施。安装压力表时还应加设缓冲装置，压力表和缓冲装置之间应安装旋塞，压力表量程应为系统工作压力的 2～2.5 倍。

③ 系统的供水泵、稳压泵应采用自灌式吸水方式。

5）自动喷水灭火系统中的稳压设施

① 当建筑中的自动喷水灭火系统中没有设置高位消防水箱或所设置的高位消防水箱不能满足最不利点喷头水压要求时，系统要设置稳压泵加气压罐的稳压设施。

② 稳压泵流量为 1L/s，气压罐有效容积为 150L。

6）水泵接合器

自动喷水灭火系统应设置水泵接合器，其数量应按自动喷水灭火系统的消防用水量与水泵接合器规格型号和允许的流速计算确定，但不应少于 2 个，每个水泵接合器的流量宜按 10～15L/s 计算。水泵接合器应设在便于同消防车连接的地方，其周围 15～40m 内应设室外消火栓或消防水池。墙壁式水泵接合器不应安装在玻璃幕墙下方。

(9) 水力计算

1) 消防用水流量

① 各危险等级的系统自动喷水灭火用水量，应符合表 6.3-7～表 6.3-13 的规定。

② 设置自动喷水灭火系统的建筑物，同时应设置室内消火栓。室内消火栓和自动喷水灭火系统的用水总流量应按同时使用计算。

③ 当建筑物内同时设有水幕、雨淋、水喷雾等水消防系统时，消防用水流量应按各系统是否同时动作来确定。

④ 消防用水量通常按两种情况进行计算，即平时供水和加压供水。前者指火灾发生至消防水泵开动时的 10min 内的供水情况，一般由高位消防水箱、水塔、气压贮罐等贮水设备供给；后者指消防水泵开动后的供水情况。

2) 喷头出水量

玻璃球喷头出水量（喷头直径为 15mm 时）按公式（6.3-4）计算：

$$q = K\sqrt{10P} \qquad (6.3\text{-}4)$$

式中 q——喷头出水量（L/min）；

P——喷头处水压（MPa）；

K——喷头流量特性系数，当喷头公称直径为 15mm，$K=80$ 时，可根据喷头处水压查图 6.3-27 得出喷头流量。

玻璃球喷头在各种水压下的出水量见表 6.3-40。

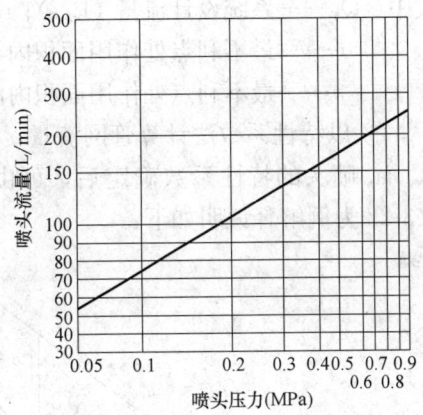

图 6.3-27　$K=80$ 喷头压力-流量曲线

玻璃球喷头在各种水压下的出水量（$DN15$，$K=80$）　　　表 6.3-40

喷头工作压力(MPa)	0.04	0.05	0.06	0.07	0.08	0.09	0.10	0.11	0.12	0.13
喷头出水量(L/min)	50.60	56.57	61.97	66.93	71.55	75.89	80.00	83.90	87.64	91.21
喷头工作压力(MPa)	0.14	0.15	0.16	0.17	0.18	0.19	0.20	0.21	0.22	0.23
喷头出水量(L/min)	94.66	97.98	101.1	104.3	107.3	110.3	113.1	115.9	118.6	121.3

3) 管道流量计算

① 自动喷水灭火系统的设计流量计算，宜符合下列规定：

a. 自动喷水灭火系统流量宜按系统最不利点处作用面积和喷水强度计算。最不利点处作用面积宜为矩形，其长边应平行于配水支管，其长度不宜小于作用面积平方根的 1.2 倍。

b. 应保证任意作用面积内的平均喷水强度不低于表 6.3-7～表 6.3-13 的规定值。最不利点处作用面积内任意 4 只喷头围合范围内的平均喷水强度，轻危险级、中危险级不应低于表 6.3-7 规定值的 85％；严重危险级和仓库危险级不应低于表 6.3-7 和表 6.3-9～表 6.3-13 的规定值。

c. 设置货架内置喷头的仓库，顶板下与货架内喷头应分别计算设计流量，并应按其设计流量之和确定系统的设计流量。

d. 建筑内设有不同类型的系统或有不同危险等级的场所时，系统的设计流量，应按其设计流量的最大值确定。

　　e. 当建筑物内同时设有自动喷水灭火系统和水幕系统时，系统的设计流量，应按同时启用的自动喷水灭火系统和水幕系统的用水量计算，并取二者之和的最大值确定。

　　f. 当原有系统延伸管道、扩展保护范围时，应对增设喷头后的系统重新进行水力计算。

　　② 自动喷水灭火系统的设计流量，应按最不利点处作用面积内喷头同时喷水的总流量确定：

$$Q_{\mathrm{s}} = \frac{1}{60}\sum_{i=1}^{n}q_i \tag{6.3-5}$$

式中　Q_{s}——系统设计流量（L/s）；

　　　　q_i——最不利点处作用面积内各喷头节点的流量（L/min）；

　　　　n——最不利点处作用面积内的喷头数。

　　③ 以特性系数法计算管网流量

　　a. 喷头的特性系数确定后，可由喷头处管网的水压值求得喷头的出流量。现以图6.3-28为例解释说明如下：

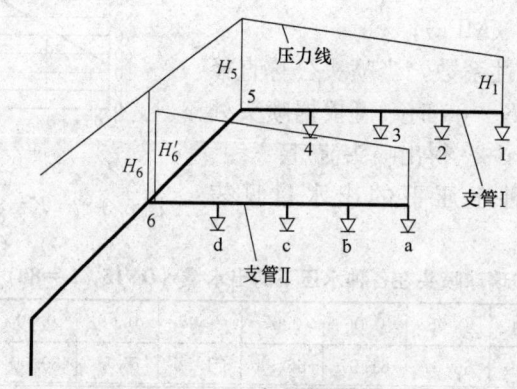

图 6.3-28　计算原理图

　　（a）支管 I 近端的喷头 1 为整个管系的最不利点，在规定的工作水头 H_1 作用下，其出流量为：

$$q_1 = K\sqrt{H_1}$$

　　（b）喷头 2 的出流量为：

$$q_2 = K\sqrt{(H_1 + h_{1-2})} = K\sqrt{H_2}$$

　　（c）喷头 3、4 的出流量，同理为：

$$q_3 = K\sqrt{(H_2 + h_{2-3})} = K\sqrt{H_3}$$
$$q_4 = K\sqrt{(H_3 + h_{3-4})} = K\sqrt{H_4}$$
$$H_5 = H_4 + h_{4-5}$$
$$Q_{4-5} = q_1 + q_2 + q_3 + q_4$$

　　（d）h_{1-2}、h_{2-3}、h_{3-4} 相应为 $Q_{1-2}(=q_1)$、$Q_{2-3}(=q_1+q_2)$、$Q_{3-4}(=q_2+q_3)$ 通过各该段所造成的水头损失。

(e) 同样，若以支管Ⅱ近端的喷头 a 为最不利点，H_1' 为规定的喷头工作压力，可对支管Ⅱ进行计算，得到 H_6' 及 Q_{d-6} 之值。

b. 管系特性系数 B_g：管系特性系数可由管系流量总输出处（点）及该处（点）所应具有的水压值求得：

$$B_g = \frac{Q_{(n-1)\sim n}}{\sqrt{H_n}} \tag{6.3-6}$$

式中　B_g——管系特性系数；

　　$Q_{(n-1)\sim n}$——$(n-1)\sim n$ 管段流量（L/s）；

　　　H_n——节点 n 水压（m）。

B_g 值表明管系的输水性能。当管系在另一水压（H_n''）作用下时，即可由已知的 B_g 值求出此时管系的流量为：

$$Q_{(n-1)\sim n}'' = B_g \sqrt{H_n''}$$

仍以图 6.3-28 为例，说明管系特性系数的应用。

(a) 计算点 5 处无出流的流量，也即为支管Ⅰ的管系流量 Q_{4-5}。

(b) 在计算点 6 处，水压为 $H_6 = H_5 + h_{5-6}$，通过管段 5-6 的流量为 $Q_{5-6} = Q_{4-5}$。

(c) 支管Ⅱ的管系特性系数为

$$B_{gⅡ} = \frac{Q_{d-6}}{\sqrt{H_6'}}$$

(d) 由于计算点 6 接出支管Ⅱ，故在水压 H_6 下，通过该点应输出流量为：

$$q_6 = Q_{5-6} + B_{gⅡ} \sqrt{H_6}$$

(e) 将以上两式合并整理得：

$$q_6 = Q_{5-6} + Q_{d-6}\sqrt{\frac{H_6}{H_6'}}$$

此式是指通过计算点 6 所供给的流量由两股组成，其中供给支管Ⅱ的流量由于实际水压非 H_6' 而是 H_6，所以必须进行修正，该修正系数为 $\sqrt{\dfrac{H_6}{H_6'}}$。

(f) 在图 6.3-28 中，由于支管Ⅰ、Ⅱ的水压情况完全相同（喷头构造、数量、管段、长度、管径、标高等）。因此，$Q_{d-6} = Q_{4-5} = Q_{5-6}$，$H_6' = H_5$，也即 $B_{gⅠ} = B_{gⅡ}$。若将此关系代入上式，即得：

$$q_6 = Q_{5-6} + Q_{5-6}\sqrt{\frac{H_6}{H_5}}$$

$$= Q_{5-6}\left[1 + \sqrt{\frac{H_6}{H_5}}\right]$$

(g) 其后各段流量，再分别依次进行计算。

4) 水压和流速的规定

① 水压：对于闭式自动喷水灭火系统，最不利点处喷头的工作水头，一般为 0.1MPa，最小不应小于 0.05MPa。

② 流速：管道内的水流速度宜采用经济流速，必要时可以超过 5m/s，但不应大于 10m/s。

为计算简便，可用表6.3-41流速系数值直接乘以流量，校核流速是否超过允许值，表达式为：

$$v = K_c Q \tag{6.3-7}$$

式中 v——管道流速（m/s）；

K_c——流速系数（m/L）；

Q——流量（L/s）。

流速系数 K_c 值   表 6.3-41

钢管管径(mm)	15	20	25	32	40	50	70
K_c(m/L)	5.850	3.105	1.883	1.050	0.800	0.470	0.283
钢管管径(mm)	80	100	125	150	200	250	
K_c(m/L)	0.204	0.115	0.075	0.053			
铸铁管管径(mm)		100	125	150	200	250	
K_c(m/L)		0.1273	0.0814	0.0566	0.0318	0.0210	

5）管道的沿程水头损失

每米管道的水头损失，应按公式（6.3-8）计算：

$$i = 6.05\left(\frac{q_g^{1.85}}{C_h^{1.85} d_j^{4.87}}\right)\times 10^7 \tag{6.3-8}$$

式中 i——管道单位长度的水头损失（kPa/m）；

d_j——管道的计算内径（mm），取值应按管道的内径减1mm确定；

q_g——管道设计流量（L/min）；

C_h——海澄-威廉系数，见表6.3-42。

不同类型管道的海澄-威廉系数   表 6.3-42

管道类型	C_h值
镀锌钢管	120
铜管、不锈钢管	130
涂覆钢管、氯化聚氯乙烯(PVC-C)管	140

6）管道的局部水头损失

管道的局部水头损失宜采用当量长度法计算，当量长度见表6.3-43。

当量长度（m）   表 6.3-43

管件名称	管件直径(mm)								
	25	32	40	50	70	80	100	125	150
45°弯头	0.3	0.3	0.6	0.6	0.9	0.9	1.2	1.5	2.1
90°弯头	0.6	0.9	1.2	1.5	1.8	2.1	3.1	3.7	4.3
90°长弯头	0.6	0.6	0.6	0.9	1.2	1.5	1.8	2.4	2.7

续表

管件名称	管件直径(mm)								
	25	32	40	50	70	80	100	125	150
三通或四通	1.5	1.8	2.4	3.1	3.7	4.6	6.1	7.6	9.2
蝶阀	—	—	—	1.8	2.1	3.1	3.7	3.1	3.1
闸阀	—	—	—	0.3	0.3	0.3	0.6	0.6	0.9
止回阀	1.5	2.1	2.7	3.4	4.3	4.9	6.7	8.3	9.8
异径接头	32 25	40 32	50 40	70 50	80 70	100 80	125 100	150 125	200 150
	0.2	0.3	0.3	0.5	0.6	0.8	1.1	1.3	1.6

注：1. 过滤器当量长度的取值，由生产厂提供。

2. 当异径接头的出口直径不变而入口直径提高一级时，其当量长度应增大0.5倍；提高2级或2级以上时，其当量长度应增大1.0倍。

3. 当采用铜管或不锈钢管时，当量长度应乘以系数1.16；当采用涂覆钢管、氯化聚氯乙烯（PVC-C）管时，当量长度应乘以系数1.33。

7）水泵扬程或系统入口的供水压力应按公式（6.3-9）计算：

$$H_b = (1.20 \sim 1.40)\sum P_p + P_0 + Z - h_c \tag{6.3-9}$$

式中　H_b——水泵扬程或系统入口的供水压力（mH_2O）；

P_0——最不利点处喷头的工作压力（mH_2O）；

Z——最不利点处喷头与消防水池的最低水位或系统入口管中心线之间的几何高差；当系统入口管中心线或消防水池的最低水位高于最不利点处喷头时，Z应取负值（mH_2O）；

$\sum P_p$——管道沿程水头损失和局部水头损失的累计值（MPa），报警阀的局部水头损失应按照产品样本或检测数据确定，当无上述数据时，湿式报警阀取值 $4mH_2O$、干式报警阀取值 $2mH_2O$、预作用装置取值 $8mH_2O$、雨淋报警阀取值 $7mH_2O$、水流指示器取值 $2mH_2O$；

h_c——从市政管网直接抽水时市政管网的最低水压（MPa）；当从消防水池吸水时，h_c 取0。

自动喷水灭火系统管网的工作压力不应大于1.2MPa。

8）计算步骤及例题

① 计算步骤

a. 绘制管路透视图。

b. 从最不利区（点）开始，编定节点号码（以开放喷水的喷头处、管径变更处、管道分支连接处节点）。

c. 按作用面积法进行水力计算，管系流量从最不利点开始，逐段增加到系统规定的设计秒流量为止，计算该流量下管系的水头损失。

d. 校核各管段的流速，超过规定值时予以调整。

e. 总计管系所需流量及水头，对供水设备进行计算。

② 计算例题

【例6.3-1】　按作用面积法进行系统设计流量计算。某一类重要高层办公楼，最高层至地面高度为 60m，选用吊顶型喷头，其特性系数为 80，喷头处压力为 0.1MPa，设计喷水强度为 $6L/(min \cdot m^2)$，作用面积为 $160m^2$，选定为长方形，长边 $L = \sqrt{160 \times 1.2} \approx 15m$，短边长为 11m。喷头按每只保护面积为 $11m^2$ 左右，布置其计算简图。实际作用面积为 $165m^2$，共布置 20 个喷头。

【解】

按简图（见图 6.3-29）计算结果如下：

a. 每个喷头的计算流量为 $Q = K\sqrt{10P} = 80L/min$，即 $Q = 1.33L/s$。

b. 作用面积内的设计秒流量为：

$$Q = 20 \times 1.33 = 26.6L/s$$

理论秒流量为：

$$Q_1 = \frac{165 \times 6}{60} = 16.5L/s$$

设计秒流量为理论秒流量的 1.61 倍。

c. 作用面积内的计算平均喷水强度为：

$$q = \frac{80 \times 250}{165} = 9.70L/(min \cdot m^2)$$

此值大于规定要求 $6L/(min \cdot m^2)$。

d. 在作用面积内，根据建筑顶棚布置要求，喷头间距不等，所组成不等的任意 4 个喷头所保护的面积，分别为 $9.90m^2$ 和 $9.60m^2$，其喷水强度为 $\frac{80}{9.90} = 8.08L/(min \cdot m^2)$ 及 $\frac{80}{9.60} = 8.33(L/min \cdot m^2)$。

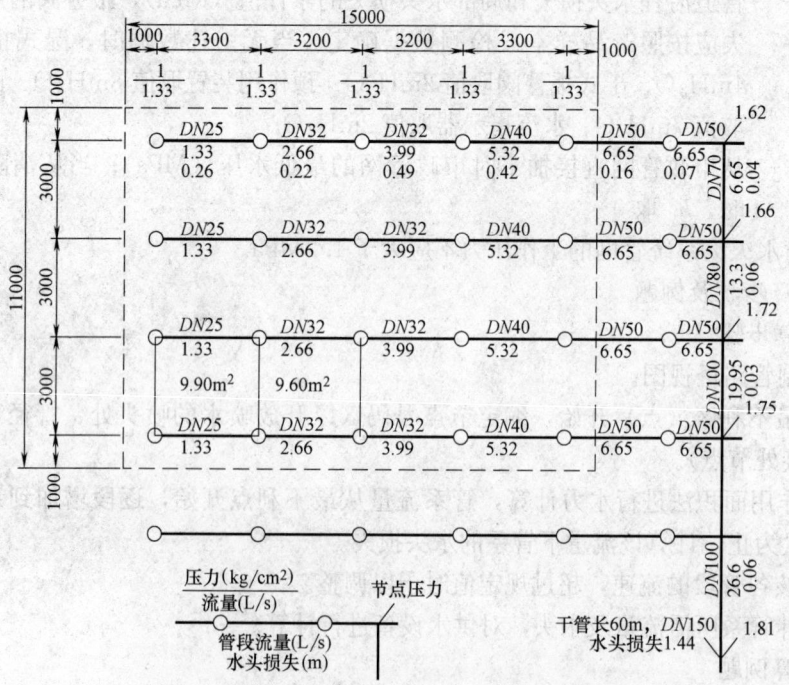

图 6.3-29　自动喷水灭火系统管道水力计算简图

e. 管段的沿程水头损失为：

$$H=2.6+2.2+4.9+4.2+1.6+0.7+0.4+0.6+0.3+0.6=18.1 \text{m} \cdot H_2O$$

【**例 6.3-2**】　自动喷水灭火系统枝状管道水力计算（按加压供水情况）。管道透视图见图 6.3-30，假定计算流量为 30L/s，列表计算见表 6.3-44。

计算结果，在立管与埋地管交点⑭处需 $H=0.383$MPa（未计局部水头损失及报警阀水头损失）。但在进行流速校核后，需将管段⑨-⑩管径进行放大，修改计算。

修改后，⑭点所需总水头为：

$$H_b=(1.2\sim1.4)\sum P_p+P_0+Z-h_c$$
$$=1.2\times(4+15.89)+10+6.93$$
$$=40.8\text{m}H_2O$$

供水加压设备计算从略。

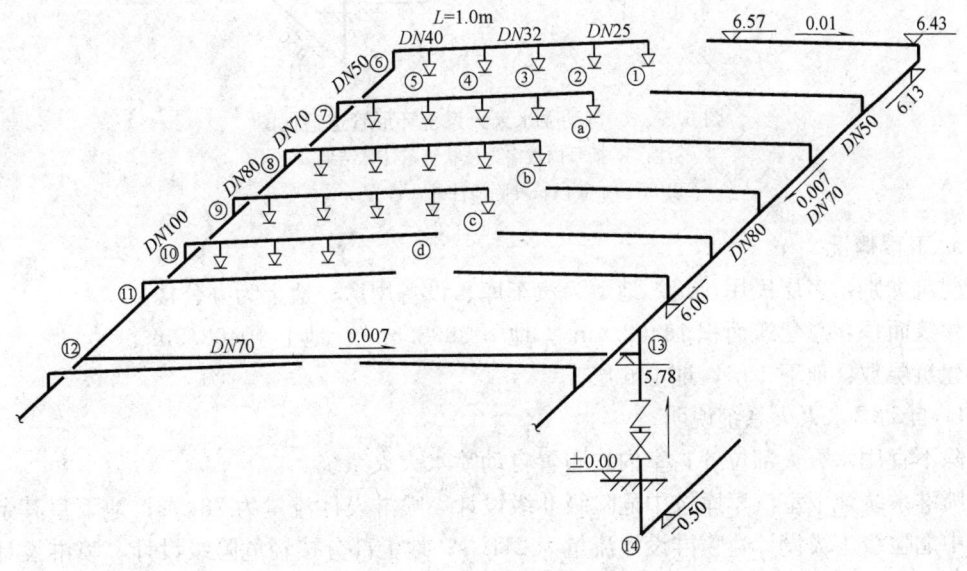

图 6.3-30　自动喷水灭火系统枝状管道透视图

注：图中管段长度除所注外，皆为 3m。

【**例 6.3-3**】　自动喷水灭火系统环形管网水力计算（按加压供水情况）。管道透视图见图 6.3-31，假定计算流量为 30L/s，列表计算见表 6.3-45。

计算结果，环内水头损失闭合差：

$$\Delta h=\frac{19.12-18.23}{(18.23+19.12)/2}=4.8\%<5\%$$

此闭合差值在允许范围内，不需再调整计算，可见 25 点所需总水头为：

$$H_b=(1.2\sim1.4)\sum P_p+P_0+Z-h_c$$
$$=1.2\times(4+18.25)+10+7.05$$
$$=43.75\text{m}H_2O$$

供水加压设备计算从略。

9）工程案例

① 某办公楼自动喷水灭火系统图

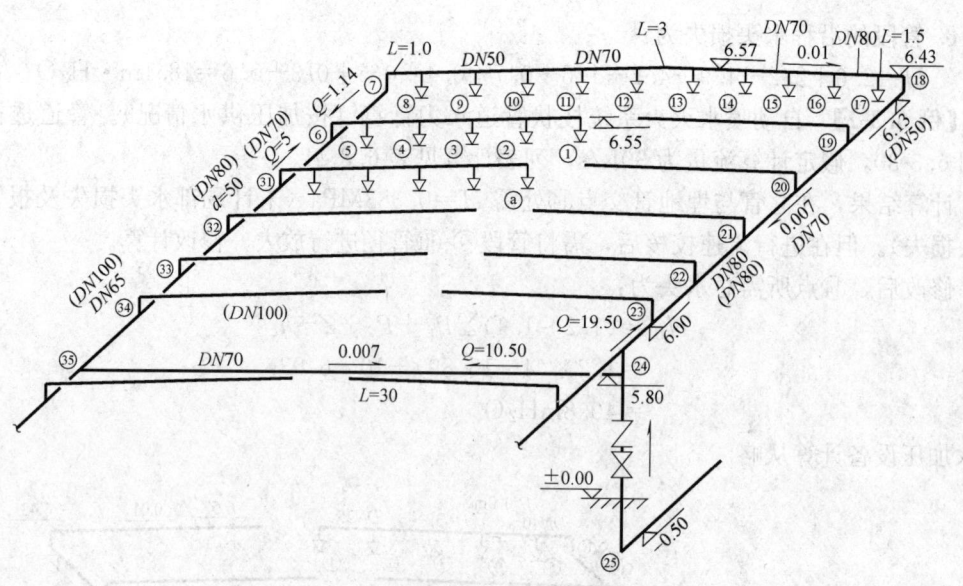

图 6.3-31　自动喷水灭火系统环形管道透视图

注：1. 括号内数字为枝状管道计算结果。

2. 图中管段长度除所注外，皆为 3m。

a. 工程概况

建筑类别：多层民用建筑。地下为汽车库、设备用房；地上为办公楼。

建筑面积：总建筑面积 14402.4m²。地下 3998.5m²，地上 10403.9m²。

建筑层数：地下 1 层，地上 6 层。

b. 自动喷水灭火系统说明

除不宜用水灭火部位外，室内均布置自动喷水灭火系统。

喷淋系统地下室汽车库按中危险级 Ⅱ 级设计，喷淋设计流量为 28L/s；地下室其余场所按中危险级 Ⅰ 级设计，喷淋设计流量为 21L/s；地上部分按轻危险级设计，喷淋设计流量为 16L/s。

系统配备 2 台喷淋泵（1 用 1 备），设置在地下室消防水泵房内。屋顶设置 1 套喷淋稳压设施，在屋顶设置消防水箱。在地下室设置 2 套湿式报警阀，每层每个防火分区均设置水流指示器及信号蝶阀。喷淋系统在室外设有 2 套 DN150 地上式水泵接合器。

喷头均采用玻璃球喷头。喷头的公称动作温度：厨房为 93℃，其余为 68℃。

办公楼自动喷水灭火系统图见图 6.3-32。

② 某烟厂成品高架库预作用系统

某烟厂有成品高架库一座、片烟高架库一座。成品及片烟高架库火灾危险等级属于仓库 Ⅰ 级（双排库），喷水强度 $q=18L/(min \cdot m^2)$，作用面积为 200m²，火灾延续时间为 2h，货架自地面起每 3m 高度设置一层货架内置喷头。

高架库采用预作用系统，其屋顶下的闭式喷头采用早期抑制快速响应喷头，流量系数 $K=200$，公称动作温度为 68℃；货架内的喷头采用直立型玻璃球喷头，流量系数 $K=115$，公称动作温度为 68℃。

各高架库按规范要求设有预作用系统。该系统配水管网内平时充有 0.03～0.05MPa

压缩空气监测管网的严密性，由空气压缩机向管网内充气，当管网内气压为 0.03MPa 时，空气压缩机启动，当管网内气压为 0.05MPa 时，空气压缩机停止运行。当管网内气压低于 0.025MPa 时，向消防控制中心发出报警信号。空气压缩机的运行状态在消防控制中心显示。预作用阀 Y-1、Y-2 负责片烟高架库货架内自动喷水，Y-6a、Y-6b 负责片烟高架库顶板下自动喷水；Y-3、Y-4 负责成品高架库货架内自动喷水，Y-5a、Y-5b 负责成品高架库顶板下自动喷水。

发生火灾时，高架库内的火灾探测器动作，自动打开相应的预作用阀上的电磁阀及系统上的快速排气阀前的电动阀，同时关闭空气压缩机，预作用阀启动，预作用系统管网充水，预作用报警阀组上的压力开关动作，自动启动自动喷水消防泵（自动喷水消防泵为 3 用 1 备），同时向消防控制中心发出报警信号。随着火灾现场温度升高，相应的预作用系统上的感温玻璃球喷头的感温玻璃球破裂，喷头开始喷水灭火，相应的预作用系统中的水流指示器也向消防控制中心发出报警信号。

各高架库的预作用系统亦设置了手动装置，紧急情况下，可以在现场手动打开相应的预作用系统的手动开关，使预作用报警阀组开启，启动相应的预作用系统及自动喷水消防泵。

预作用系统中的预作用阀前及水流指示器前的信号阀的开、关状态在消防控制中心显示。预作用系统按规范要求设置水泵接合器。

高架库平剖面图见图 6.3-33～图 6.3-35。

③ 某地下室干式系统

北方某办公楼地下室为人防地下室，战时为二等人员掩蔽所，平时为机动车库。车库内无采暖，其余部位均有采暖。地下室喷淋系统采用干式系统，汽车库按中危险级Ⅱ级设计，其余场所按中危险级Ⅰ级设计。系统配备 2 台喷淋泵（1 用 1 备），型号为 XBD6/30-125D/3-W，$Q=30L/s$，$H=60m$，$N=30kW$，设置在地下室消防水泵房内。屋顶设置 1 套喷淋稳压设施，地下室设置 1 套干式报警阀及空压机，每个防火分区均设置水流指示器及信号蝶阀。喷淋系统在室外设有 2 套 DN150 地上式水泵接合器，详见平面图。喷头均采用玻璃球喷头，喷头的公称动作温度为 68℃。

地下室干式系统平面布置及系统原理图见图 6.3-36～图 6.3-38。

5. 系统的操作与控制

(1) 湿式系统、干式系统

系统在开放一只喷头后可自动启动，且报警阀组上的压力开关直接连锁自动启动消防水泵，且压力开关动作信号应传至消防控制中心。

高位消防水箱出水管上的流量开关动作时，消防水泵出水干管上的压力开关直接自动启动消防水泵。

(2) 预作用系统

预作用系统应在火灾报警系统报警后，立即自动向配水管道供水。同时应具备自动控制、消防控制室手动远程控制、水泵房现场应急操作三种控制形式。

自动启动控制方式又可分为 5 种形式：

1) 电探测启动与气压启动的双连锁控制：系统中雨淋阀隔膜室的压力同时受相互串连的电磁阀和气动阀的控制。当烟感或温感探测器发出火灾信号、闭式喷头破裂、管网压力迅速降低时，电磁阀和气动阀同时打开，使隔膜室泄压，雨淋阀开启。

表 6.3-44

自动喷水灭火系统枝状管道水力计算

节点	管段	特性系数 B, B_g	节点水压 H (10^{-2} MPa)	流量 节点 q (L/min)	流量 管段 Q (L/min)	管径 DN (mm)	管道比阻 I (10^{-2} MPa/m)	管段长度 L (m)	水头损失 h (10^{-2} MPa)	流速 v (m/s)	标高差 h_b (m)	计 算 式
1	2	3	4	5	6	7	8	9	10	11	12	13
①		80	10.00	80.00								$q_① = K\sqrt{10\times H_①} = 80\sqrt{10\times0.1} = 80.00$
	①-②				80.00	25	0.3673	3	1.1019	2.51	0.03	$h_{①-②} = L\times I = L\times6.05\times\left(\dfrac{q_①^{1.85}}{C_h^{1.85}d_j^{4.87}}\right)\times10^7 = 3\times6.05\times\left(\dfrac{80^{1.85}}{120^{1.85}\times26^{4.87}}\right)\times10^7 = 1.1019$ $v_{①-②} = q_{①-②}\div A = 21.17\times80\div26^2 = 2.51$
②		80	11.13	84.40								$H_② = H_① + h_{①-②} + h_{b①-②} = 10.00 + 1.1019 + 0.03 = 11.13$ $q_② = K\sqrt{10H_②} = 80\sqrt{10\times0.1113} = 84.40$
	②-③				164.40	32	0.3414	3	1.0242	2.90	0.03	$q_{②-③} = q_{①-②} + q_② = 80.00 + 84.40 = 164.40$ $h_{②-③} = 0.3414\times3 = 1.0242$
③		80	12.18	88.29								$H_③ = 11.13 + 1.0242 + 0.03 = 12.18$ $q_③ = 80\sqrt{10\times0.1218} = 88.29$
	③-④				252.69	32	0.7562	3	2.2686	4.46	0.03	$q_{③-④} = 164.40 + 88.29 = 252.69$ $h_{③-④} = 0.7562\times3 = 2.2686$
④		80	14.48	96.27								$H_④ = 12.18 + 2.2686 + 0.03 = 14.48$ $q_④ = 80\sqrt{10\times0.1448} = 96.27$
	④-⑤				348.96	40	0.6877	3	2.0631	4.63	0.03	$Q_{④-⑤} = 252.69 + 96.27 = 348.96$ $h_{④-⑤} = 0.6877\times3 = 2.0631$
⑤		80	16.57	102.98								$H_⑤ = 14.48 + 2.0631 + 0.03 = 16.57$ $q_⑤ = 80\sqrt{10\times0.1657} = 102.98$

续表

节点	管段	特性系数 B,B_g	节点水压 H (10^{-2}MPa)	节点 q (L/min)	管段 Q (L/min)	管径 DN (mm)	管道比阻 I (10^{-2}MPa/m)	管段长度 L(m)	水头损失 h (10^{-2}MPa)	流速 v (m/s)	标高差 h_b (m)	计 算 式
	⑤-⑥				451.94	50	0.3093	1	0.3093	3.55	0.32	$q_{⑤-⑥}=102.98+348.96=451.94$ $h_{⑤-⑥}=0.3093×1=0.3093$
⑥		344.6	17.20	102.98								$H_⑥=16.57+0.3092+0.32=17.20$ $B_{⑤-⑥}=\dfrac{q_{⑤-⑥}}{\sqrt{H_⑥}}=\dfrac{451.94}{\sqrt{1.72}}=344.6$
	⑥-⑦				451.94	50	0.3093	3	0.9279	3.55	0.02	⑥点无出流 $h_{⑥-⑦}=0.3093×3=0.9279$
⑦			18.15	916.19								$H_⑦=17.20+0.9279+0.02=18.15$ $q_{⑥-⑦}=Q_{⑥-⑦}+Q_{a-⑦}=451.94+464.25=916.19$
	侧支管 a-⑦	344.6			464.25	50				3.65		因 $B_{g⑥-⑦}=B_{g⑦}$ 故 $Q_{a-⑦}=K\sqrt{10×H_⑦}=344.6\sqrt{1.815}=464.25$
	⑦-⑧				916.19	65	0.3327	3	0.9981	4.33	0.02	$q_{⑦-⑧}=q_⑦=916.19$ $h_{⑦-⑧}=0.3327×3=0.9981$
⑧			19.17	1393.31								$H_⑧=18.15+0.9981+0.02=19.17$ $q_{b-⑧}=q_{⑦-⑧}+q_{b-⑧}=916.19+477.12=1393.31$
	侧支管 b-⑧	344.6			477.12	50				3.75		$q_{b-⑧}=K\sqrt{10×H_⑧}=344.6\sqrt{1.917}=477.12$
	⑧-⑨				1393.31	80	0.3140	3	0.9420	4.68	0.02	$q_{⑧-⑨}=q_⑧=1393.31$ $h_{⑧-⑨}=0.3140×3=0.9420$

续表

节点	管段	特性系数 B,B_g	节点水压 H (10^{-2} MPa)	流量 节点 q (L/min)	流量 管段 Q (L/min)	管径 DN (mm)	管道比阻 I (10^{-2} MPa/m)	管段长度 L(m)	水头损失 h (10^{-2} MPa)	流速 v (m/s)	标高差 h_b (m)	计 算 式
⑨			20.13	1882.23								$H_⑨=19.17+0.9420+0.02=20.13$ $q_⑨=q_{⑧-⑨}+q_{c-⑨}=1393.31+488.92=1882.23$
	侧支管 c-⑨	344.6			488.92							$q_{c-⑨}=344.6\sqrt{2.013}=488.92$
	⑨-⑩				1882.23	80	0.1433	3	0.4299	6.32		$q_{⑨-⑩}=q_⑨=1882.23$ 流速 $v=6.32$m/s，超过经济流速，修正管径为DN100，重新计算沿程水头损失
修正	⑨-⑩				1882.23	100	0.1413	3	0.4239	3.62		
⑩	⑩-⑭						0.1413	41.29	5.83		6.43	计算到节点⑩以后，管段 $Q_{⑨-⑩}$ 即为作用面积内所有喷头流量之和为 $Q_{⑨-⑩}$，即为系统的计算流量，此流量应满足要求
⑭									∑16.32		∑6.93	$H_⑭=1.2×(4+16.32)+10+6.93=41.3$

自动喷水灭火系统环状管道水力计算

表 6.3-45

节点	管段	特性系数 B,B_g	节点水压 H (10^{-2} MPa)	流量 节点 q (L/min)	流量 管段 Q(L/min)	管径 DN (mm)	管道比阻 I (10^{-2} MPa/m)	管段长度 L(m)	水头损失 h (10^{-2} MPa)	流速 v (m/s)	标高差 h_b (m)	计 算 式
1	2	3	4	5	6	7	8	9	10	11	12	13
⑤		80	16.58									
	①-⑤								∑6.46		∑0.12	同表 6.3-44 中①-⑤ $H_⑤=10+6.46+0.12=16.58$
	⑤-⑥				451.94	50	0.3093	1	0.31	3.55	0.32	$h_{⑤-⑥}=0.3093×1=0.31$

续表

节点	管段	特性系数 B, B_g	节点水压 H $(10^{-2}$ MPa)	流量 节点 q (L/min)	流量 管段 Q (L/min)	管径 DN (mm)	管道比阻 i $(10^{-2}$ MPa/m)	管段长度 L (m)	水头损失 h $(10^{-2}$ MPa)	流速 v (m/s)	标高差 h_b (m)	计算式
⑥		344.6	17.21	451.94					Σ6.77		Σ0.44	$H_⑥=16.58+0.31+0.32=17.21$　$B_{①-⑥}=\dfrac{q_⑥}{\sqrt{H_⑥}}=\dfrac{451.94}{\sqrt{1.721}}=344.6$
	⑥-⑦-⑫-⑱-⑳右半环											
	⑥-⑦				48.00	50	0.0067	3	0.02	0.45	−0.02	$h_{⑥-⑦}=0.0067×3=0.02$（限定由右半环输配给⑥点流量为0.95，进行试算）
⑦		80	17.18	104.87								$H_⑦=17.20+0.02-0.02=17.18$
	⑦-⑧				161.87	50	0.0463	1	0.05	1.27	−0.32	$h_{⑦-⑧}=0.0463×1=0.05$
⑧		80	16.91	104.03								$H_⑧=17.18+0.05-0.32=16.91$　$q_⑧=K\sqrt{10×H_⑧}=80\sqrt{1.691}=104.03$
	⑧-⑨				265.90	50	0.1159	3	0.35	2.09	−0.03	$Q_{⑧-⑨}=161.87+104.03=265.90$　$h_{⑧-⑨}=0.1159×3=0.35$
⑨		80	17.23	105.01								$H_⑨=16.91+0.35-0.03=17.23$　$q_⑨=K\sqrt{10×H_⑨}=80\sqrt{1.723}=105.01$
	⑨-⑩				370.91	50	0.2145	3	0.64	2.91	−0.03	$q_{⑨-⑩}=265.90+105.01=370.91$　$h_{⑨-⑩}=0.2145×3=0.64$
⑩		80	17.84	106.85								$H_⑩=17.23+0.64-0.03=17.84$　$Q_⑩=K\sqrt{10×H_⑩}=80\sqrt{1.784}=106.85$
	⑩-⑪				477.76	50	0.3427	3	1.03		−0.03	$Q_{⑩-⑪}=370.91+106.85=477.76$　$h_{⑩-⑪}=0.3427×3=1.03$

续表

节点	管段	特性系数 B,B_g	节点水压 H (10^{-2} MPa)	节点流量 q (L/min)	管段流量 Q (L/min)	管径 DN (mm)	管道比阻 I (10^{-2} MPa/m)	管段长度 L (m)	水头损失 h (10^{-2} MPa)	流速 v (m/s)	标高差 h_b (m)	计 算 式
⑪		80	18.84	109.81								$H_⑪=17.84+1.03-0.03=18.84$ $Q_{⑪-⑭}=109.81$
	⑪-⑭				587.57	65	0.1462	3	0.44		-0.03	$Q_{⑪-⑭}=477.76+109.81=587.57$ $h_{⑪-⑭}=0.1462\times3=0.44$
⑫		80	19.25	110.99								$H_⑫=18.84+0.44-0.03=19.25$ $Q_⑫=110.99$
	⑫-⑬				698.57	65	0.2014	3	0.60	3.30	0	$Q_{⑫-⑬}=587.57+111.00=698.57$ $h_{⑫-⑬}=0.2014\times3=0.60$
⑬		80	19.85	112.71								$H_⑬=19.25+0.60=19.85$ $Q_⑬=112.71$
	⑬-⑭				811.28	65	0.2656	3	0.80	3.84	0.03	$Q_{⑬-⑭}=698.57+112.71=811.28$ $h_{⑬-⑭}=0.2656\times3=0.80$
⑭		80	20.68	115.04								$H_⑭=19.85+0.80+0.03=20.68$ $Q_⑭=115.04$
	⑭-⑮				926.32	80	0.1476	3	0.44	3.11	0.03	$Q_{⑭-⑮}=811.28+115.04=926.32$ $h_{⑭-⑮}=0.1476\times3=0.44$
⑮		80	21.15	116.34								$H_⑮=20.68+0.44+0.03=21.15$ $Q_⑮=116.34$
	⑮-⑯				1042.66	80	0.1837	3	0.55	3.50	0.03	$Q_{⑮-⑯}=926.32+116.34=1042.66$ $h_{⑮-⑯}=0.1837\times3=0.55$
⑯		80	21.73	117.93								$H_⑯=21.15+0.55+0.03=21.73$ $Q_⑯=117.93$

续表

节点	管段	特性系数 B,B_g	节点水压 H (10^-2 MPa)	流量 节点 q (L/min)	流量 管段 Q(L/min)	管径 DN (mm)	管道比阻 I (10^-2 MPa/m)	管段长度 L(m)	水头损失 h (10^-2 MPa)	流速 v (m/s)	标高高差 h_b (m)	计算式
	⑯-⑰				1160.59	80	0.2239	3	0.67	3.90	0.03	$Q_{⑯-⑰}=1042.66+117.93=1160.59$ $h_{⑯-⑰}=0.2239×3=0.67$
⑰		80	22.43	119.81								$H_{⑰}=21.73+0.67+0.03=22.43$ $Q_{⑰}=80\sqrt{2.243}=119.81$
	⑰-⑱				1280.40	80	0.2686	1	0.27	4.30	0.32	$Q_{⑰-⑱}=1160.59+119.81=1280.40$ $h_{⑰-⑱}=0.2686×1=0.27$
⑱			23.02									$H_{⑱}=22.43+0.27+0.32=23.02$
	⑱-⑲				1280.40	80	0.2686	3	0.81	4.30	0.02	$h_{⑱-⑲}=0.2686×3=0.81$ ⑲点无出流 $Q_{⑱-⑲}=1280.40$
⑲			23.85									$H_{⑲}=23.02+0.81+0.02=23.85$
	⑲-㉕				1280.40	80	0.2686	21.28	5.72	4.30	6.61	$h_{⑲-㉕}=0.2686×21.28=5.72,21.28=3×5+6.28,$ $6.61=0.11+0.22+6.28$
㉕			∑36.18						∑19.16		∑7.05	$H_{㉕}=23.85+5.72+6.61=36.18$
⑥-㉛-㉝-㉕ 左半环												
	⑥-㉛				394.96	50	0.2410	3	0.72	3.10	0.04	$h_{⑥-㉛}=0.011×3×25=0.83,$左半环配给⑥点的流量为 $Q_{⑤-⑥}-Q_{⑤-⑦}=6.14-1.14=5$
㉛			17.94									$H_{㉛}=17.18+0.72+0.04=17.94$
	ⓐ-㉛				244.61							为使设计流量 $Q=1800$,设分配给侧支管ⓐ流量 为 $Q_{ⓐ-㉛}=1800-Q_{⑤-⑥}-Q_{㉛-㉝}=1920-1280.40-394.96=244.64$
	㉛-㉝				639.60	50	0.5878	6	3.53	5.02	0.04	$Q_{㉛-㉝}=394.96+244.64=639.60$ $h_{㉛-㉝}=0.5878×6=3.53$
㉝			21.51									$H_{㉝}=17.94+3.53+0.04=21.51$
	㉝-㉕				639.60	65	0.1711	42.28	7.23	3.02	6.53	$h_{㉝-㉕}=0.1711×42.28=7.23,42.28=6+30+6.28,$ $6.53=0.04+0.21+6.28$
㉕			∑35.28	639.57					∑18.23		∑7.05	$H_{㉕}=22.49+13.55+6.53=42.57$

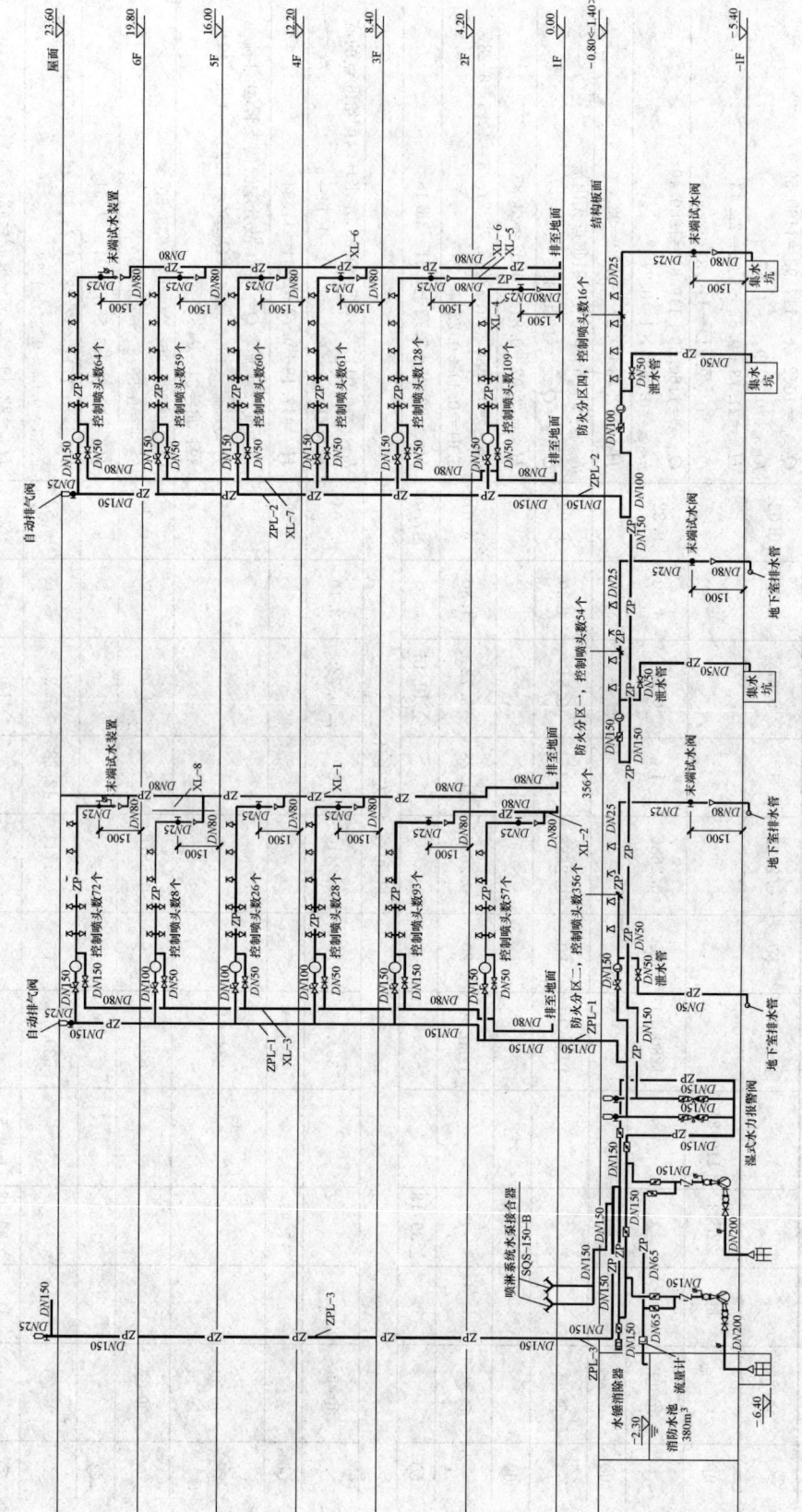

图 6.3-32 办公楼自动喷水灭火系统图

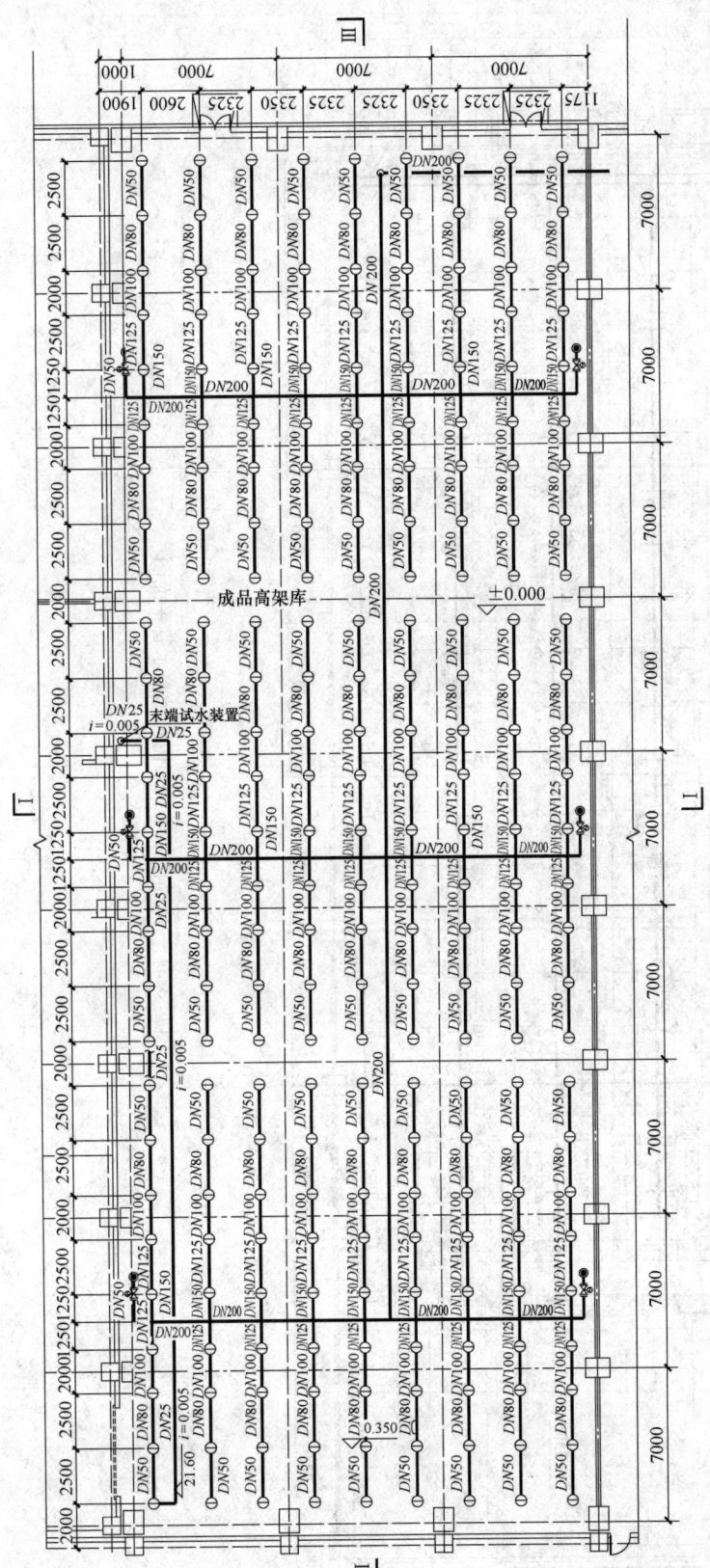

图 6.3-33 成品高架库屋面板下自动喷水管平面图

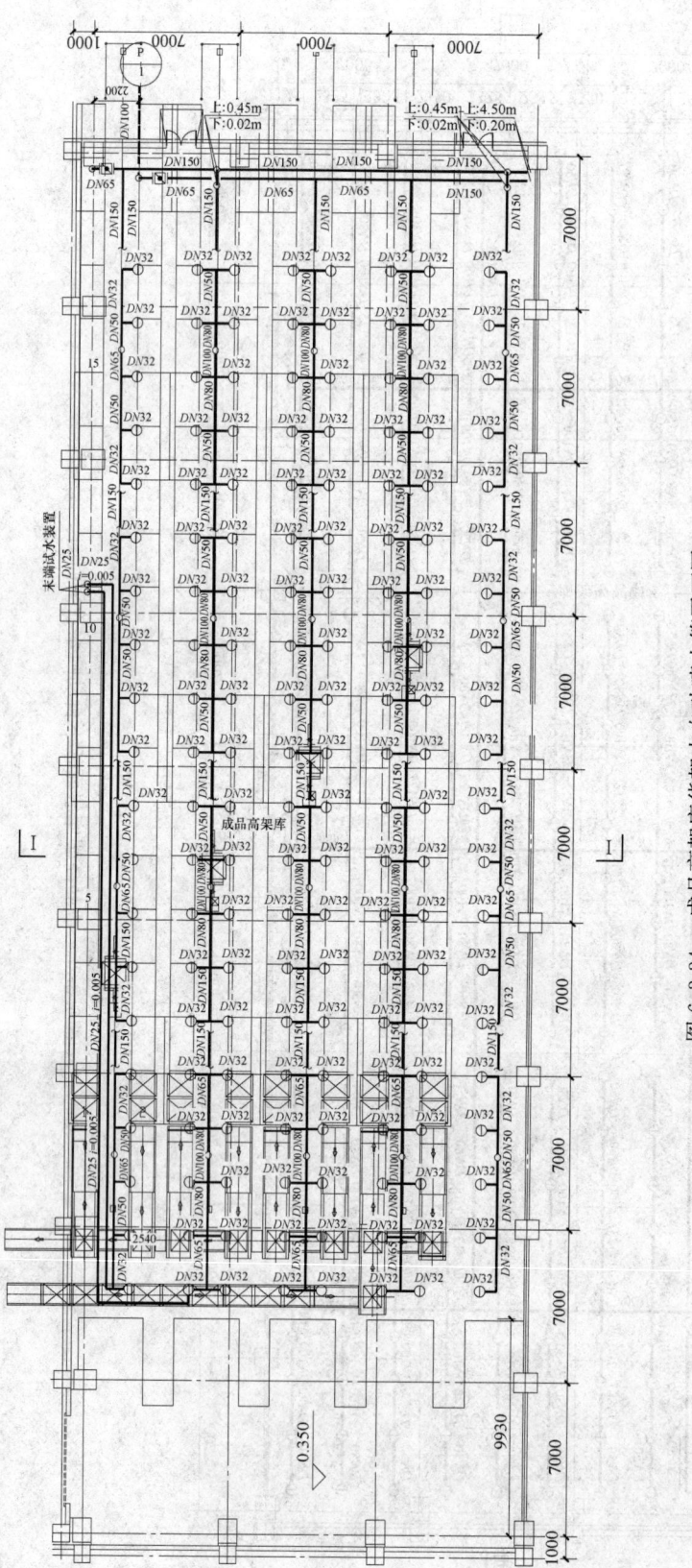

图 6.3-34　成品高架库货架内自动喷水管平面图

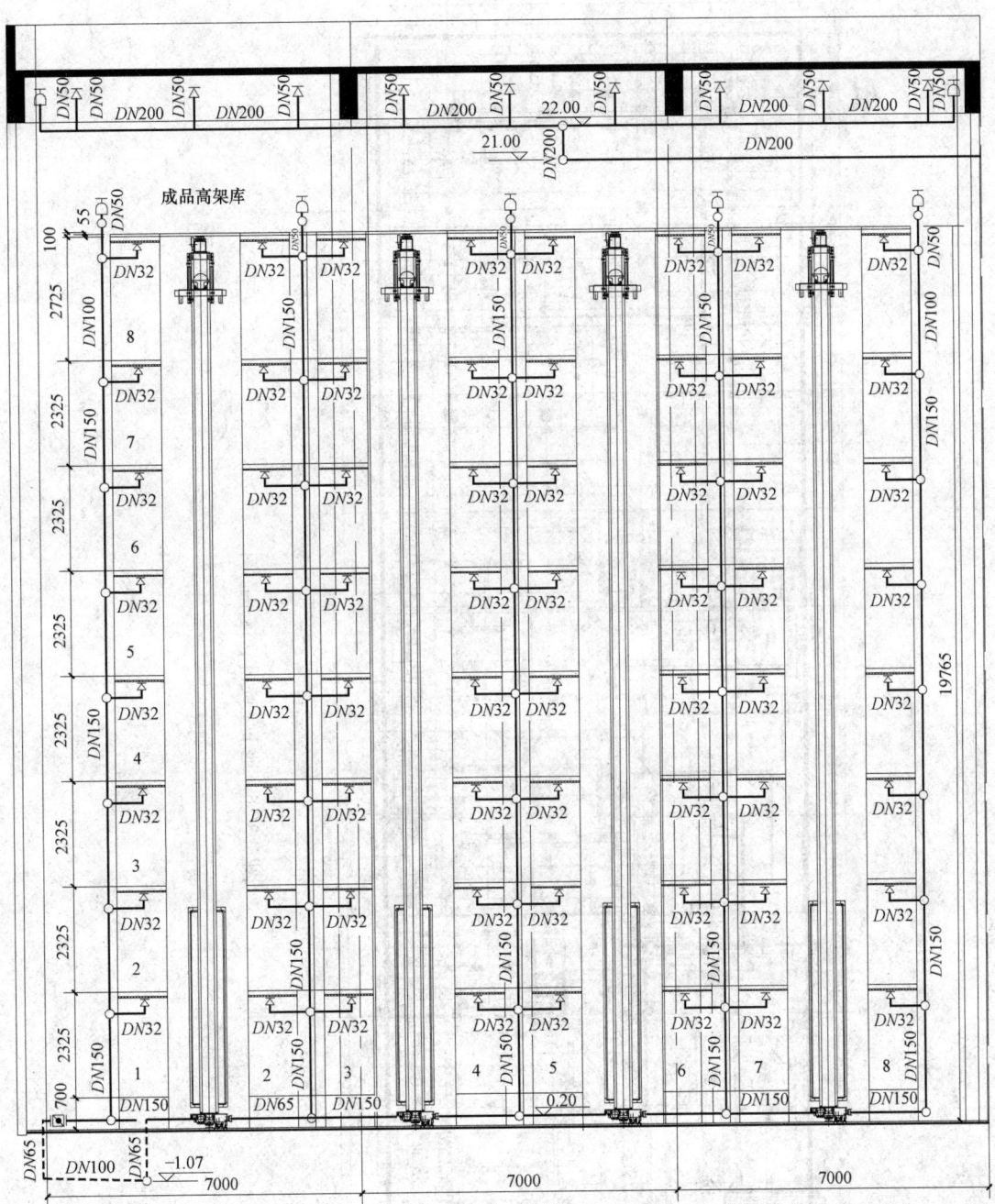

图 6.3-35　成品高架库剖面图

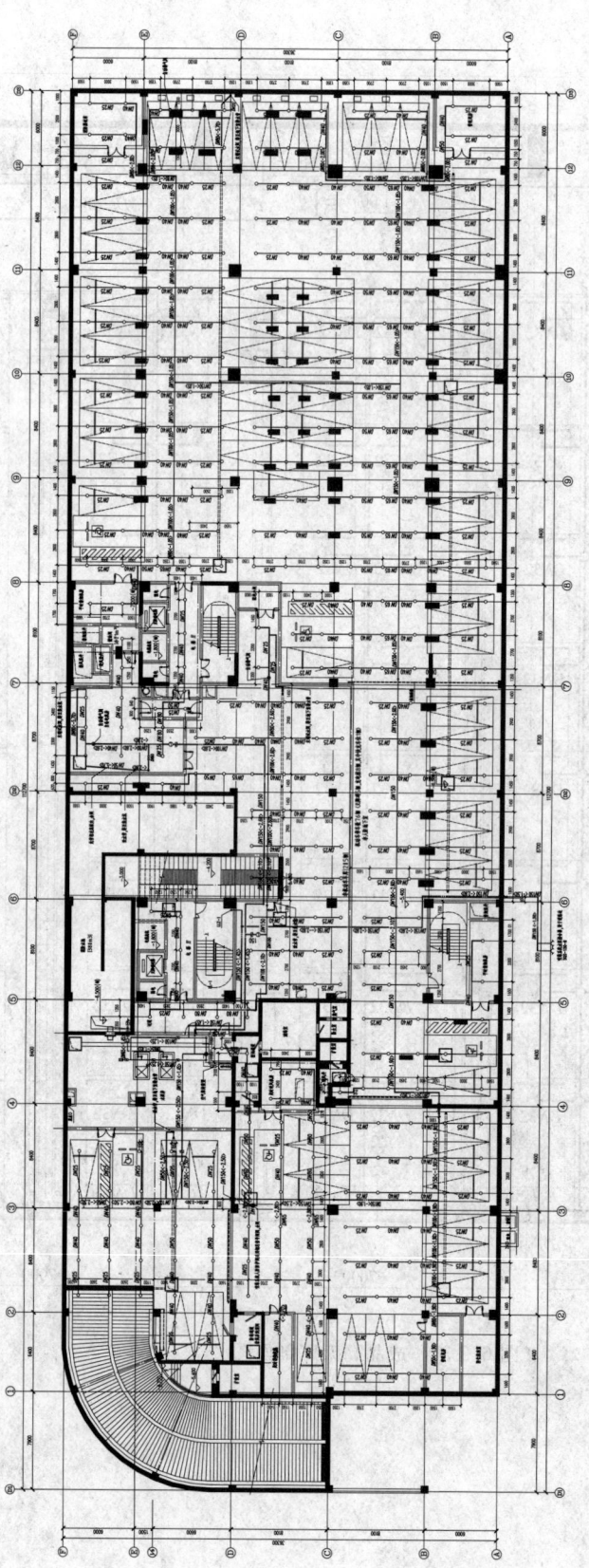

图 6.3-36　地下室喷淋管道平面图

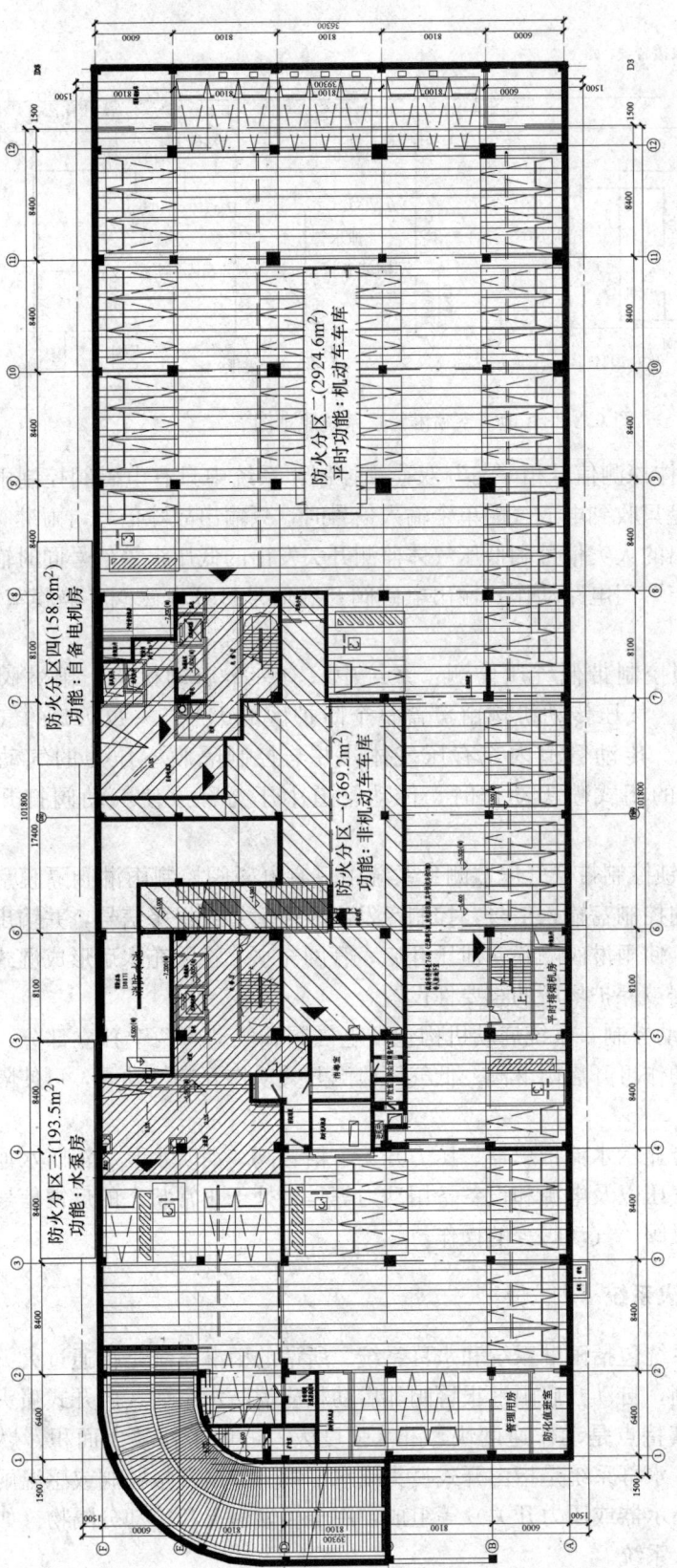

图 6.3-37 地下室防火分区

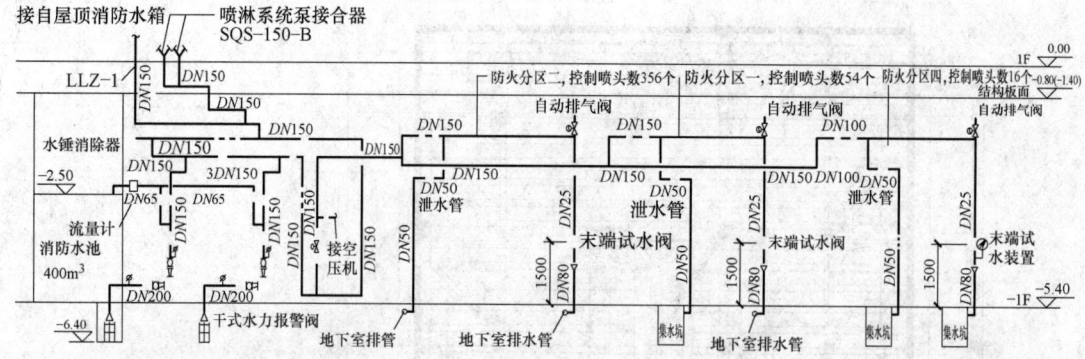

图 6.3-38　地下室喷淋管道系统原理图

2）电探测信号和气体探测信号相"与"双连锁控制：系统中只有电磁阀控制雨淋阀隔膜室的压力，当控制盘只收到电或气的单个输入信号时，只输出故障信号，雨淋阀不开通。只有当电探测器发出的火灾信号和低压气体监测开关发出的低压报警信号同时输入到控制盘时，控制盘的"与"门电路动作，输出电磁阀开启信号打开电磁阀，隔膜室泄压，雨淋阀开通。

3）气压启动单连锁控制带低气压监测：系统中只有一个启动机构，雨淋阀隔膜室的压力由气动阀控制。气压传动机构由覆盖整个防护区的 $DN15\sim DN25$ 的气压传动管道和闭式喷头组成。传动管道内充有压气体，并与控制隔膜室压力的气动阀连接。当气压传动系统中的闭式喷头动作时，传动管道中压力释放使气动阀打开，隔膜室泄压，雨淋阀开通。

4）电探测启动单连锁控制带低气压监测：系统中只有电磁阀控制雨淋阀隔膜室的压力，电探测器动作后，向控制盘输入信号，控制盘发出故障信号或报警信号，并输出电磁阀开启信号打开电磁阀，使雨淋阀隔膜室泄压开启，管网充水。管网充水后形成湿式系统状态。低气压监测可根据被保护场所的重要性设置。

5）无连锁电探测启动控制：系统启动机构包括电磁阀和气动阀两个独立部分，相互无连锁关系。电探测器动作可开启雨淋阀；低气压监测开关动作开启气动阀，可使隔膜室泄压，雨淋阀开通。

（3）消防控制室应能显示水流指示器、压力开关、信号阀、消防水泵、消防水池及水箱水位、有压气体管道气压以及电源和设备备用动力等是否处于正常状态的反馈信号，并应能控制消防水泵、电磁阀、气动阀等的操作。

6.3.2　开式自动喷水灭火系统

开式自动喷水灭火系统包括雨淋系统和水幕系统。所谓的雨淋系统是指通过火灾自动报警系统或传动管网控制，自动开启雨淋报警阀和启动相应消防水泵后，向开式喷头供水的自动喷水灭火系统。其特点是动作速度快、淋水强度大，适用于扑救大面积、燃烧猛烈、蔓延速度快的火灾。水幕系统是指由开式喷头或水幕喷头、雨淋报警阀或感温雨淋阀及水流报警装置（水流指示器或压力开关）等组成，用于挡烟阻火和冷却分隔物（如防火卷帘门）的自动喷水灭火系统。

1. 设置场所

详见表 6.1-4。

2. 系统启动

开式自动喷水灭火系统按淋水管网的充水状态可区分为以下两类：

（1）湿式雨淋系统：该系统淋水管网内处于长期充满水的状态，湿式雨淋系统一般适用于工业尤其是化工企业易燃易爆的危险场所，雨淋阀后的雨淋管网中充满水，雨淋喷头向上方安装。要求快速动作，高速灭火。

（2）干式雨淋系统：该系统在雨淋阀动作前淋水管网内处于无水状态，干式雨淋系统一般适用于民用建筑中需要设置雨淋消防系统的一般火灾危险的场所，干式雨淋系统的雨淋阀后的管网内为常态空气，雨淋喷头一般向下方安装。

当设置有开式自动喷水灭火系统的区域或部位发生火灾时，火灾探测装置或火灾感应装置接收到火灾信号后，通过自动控制系统启动雨淋阀，快速向淋水管网充水或补水，从而使消防系统同时喷水。雨淋系统不仅可以扑灭火源处的火灾，还可以自动覆盖整个保护面积，从而防止火灾蔓延。

3. 系统组成

开式自动喷水灭火系统一般由以下三部分组成：（1）火灾感应自动控制传动系统（传动管网）；（2）自动控制雨淋阀系统；（3）带开式喷头的自动喷水灭火系统。系统图示见图 6.3-39。特殊情况下也可采用电动雨淋系统。系统组件及功能说明见表 6.3-46。

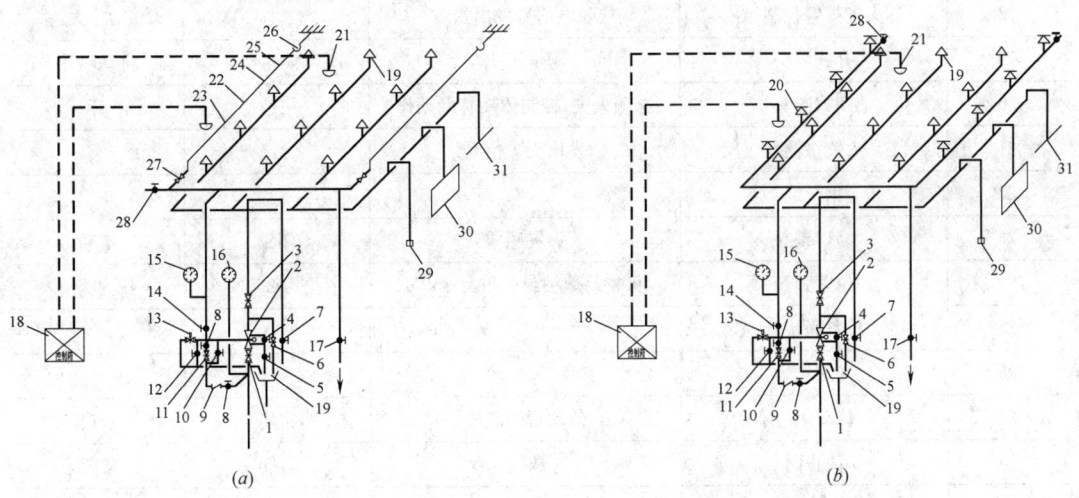

图 6.3-39　开式自动喷水灭火系统图示

（a）易熔锁封控制雨淋系统；（b）感温喷头控制雨淋系统

开式自动喷水灭火系统组件及功能说明　　　　　　　　　　表 6.3-46

编号	名　称	用　途	工　作　状　态	
			非消防时	消防时
1	总进水闸阀	系统总进水阀	常开	开
2	雨淋阀	自动控制系统供水	常开	自动开启
3	检修闸阀	系统检修用	常开	开

续表

编号	名 称	用 途	工作状态	
			非消防时	消防时
4	截止阀	雨淋管网充水	微开	微开
5	截止阀	系统放水	常闭	闭
6	试水闸阀	系统试水	常闭	闭
7	截止阀	系统溢水	微开	微开
8	截止阀	检修	常开	开
9	止回阀	传动管网稳压	开	开
10	截止阀	传动管网注水	常闭	闭
11	带 φ3 小孔闸阀	传动管网补水	阀闭孔开	阀闭孔开
12	截止阀	试水	常闭	常闭
13	电磁阀	电动控制系统动作	常闭	开
14	截止阀	传动管网检修	常开	开
15	传动管网压力表	监测传动管网水压	两表相等	水压降低
16	雨淋管网压力表	监测雨淋管网水压	两表相等	水压提高
17	手动旋塞	人工控制泄压	常闭	人工开启
18	火灾报警控制箱	接收电信号发出指令		
19	开式喷头	雨淋灭火	不出水	自动喷水
20	闭式喷头	探测火灾，控制传动管网动作	闭	开
21	火灾探测器	发出火灾信号		
22	钢丝绳			
23	易熔锁封	火灾感应	闭锁	熔断
24	拉紧弹簧	保持易熔锁封收拉力 250N	拉力 250N	拉力为 0
25	拉紧联接器			
26	固定挂钩			
27	传动阀门	传动管网泄压	常闭	开启
28	截止阀	放气	常闭	常闭
29	淋水器	局部灭火	不出水	自动喷水
30	淋水环	阻火隔火	不出水	自动喷水
31	水幕管	阻火隔火	不出水	自动喷水

4. 主要组件

（1）雨淋阀

雨淋阀是自动喷水灭火系统的核心组件，不仅应用在雨淋系统，在一些闭式自动喷水灭火系统也有应用。常用的是隔膜式雨淋阀，也有采用膜片式和弹簧式雨淋阀的，其开启一般采用压差驱动的方式，也可采用电动、气动和手动等启动方式。

1）隔膜式雨淋阀

隔膜式雨淋阀构造见图 6.3-40，主要技术参数见表 6.3-47，该类雨淋阀在国内雨淋系统使用最普遍，相关技术参数和性能较为详尽。该类阀门启动灭火后，可以借水压自动复位。

2）ZSFG 型雨淋阀

ZSFG 型雨淋阀构造见图 6.3-41，主要构造说明见表 6.3-48。该类阀门启动后，可通过外部复位器进行复位。该雨淋阀有两种型号，其口径分别为 $DN100$、$DN150$，最大工作压力为 1.6MPa。

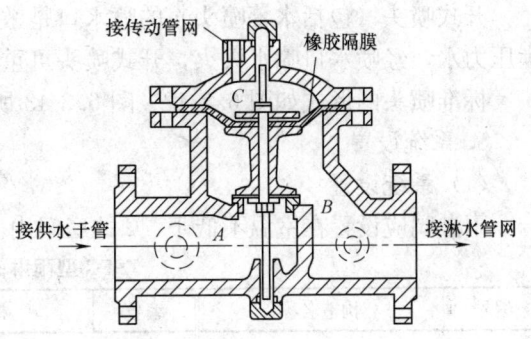

图 6.3-40　隔膜式雨淋阀

项　　目		阀门规格(mm)		
		DN65	DN100	DN150
启动速度(ms)	水压 0.138MPa	301	221	236
	水压 0.50MPa	132	108	148
自动复位速度(s)	水压 0.138MPa	7.68		
	水压 0.50MPa	5.52	20.60	51.94
局部阻力系数 ξ		8.01	8.04	7.49
夹布橡胶隔膜厚度(mm)		2	3	4
隔膜爆破压力(MPa)		3.5	2.0	2.2
隔膜的行程(mm)		36	44	52

隔膜式雨淋阀主要技术参数　　　　　　　　　　　　　　表 6.3-47

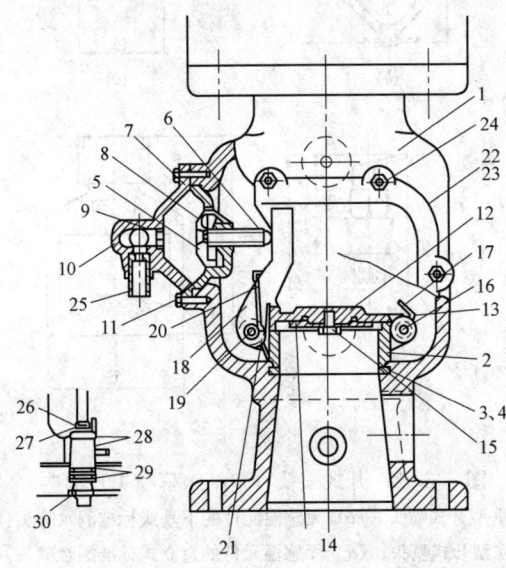

图 6.3-41　ZSFG 型雨淋阀

（2）开式喷头（包括各类喷水器）

开式喷头（包括水幕喷头）的喷水口是敞开的，管路中为自由空气。灭火时管路中充满压力水，经喷水口喷水灭火，开式喷头可重复使用。

标准喷头的形式如图6.3-42、图6.3-43所示，其参数见表6.3-49。

5. 系统设置

（1）系统设置

雨淋阀应设置在室温不低于4℃的房间内。

ZSFG 型雨淋阀构造说明　　　　　　　　　　　　　　　　表 6.3-48

编号	构造名称	编号	构造名称	编号	构造名称
1	阀体	11	隔膜室盖螺栓	21	螺栓
2	阀座	12	阀瓣	22	垫片
3	O型密封圈	13	阀瓣密封垫	23	阀盖
4	润滑脂	14	固定板	24	阀盖螺栓
5	活塞	15	螺栓	25	节流器
6	顶杆	16	销轴	26	复位器
7	支架	17	阀瓣弹簧	27	螺栓
8	隔膜	18	转臂	28	复位组件
9	过滤网	19	转臂销	29	O型圈
10	隔膜室盖	20	转臂弹簧	30	挡圈

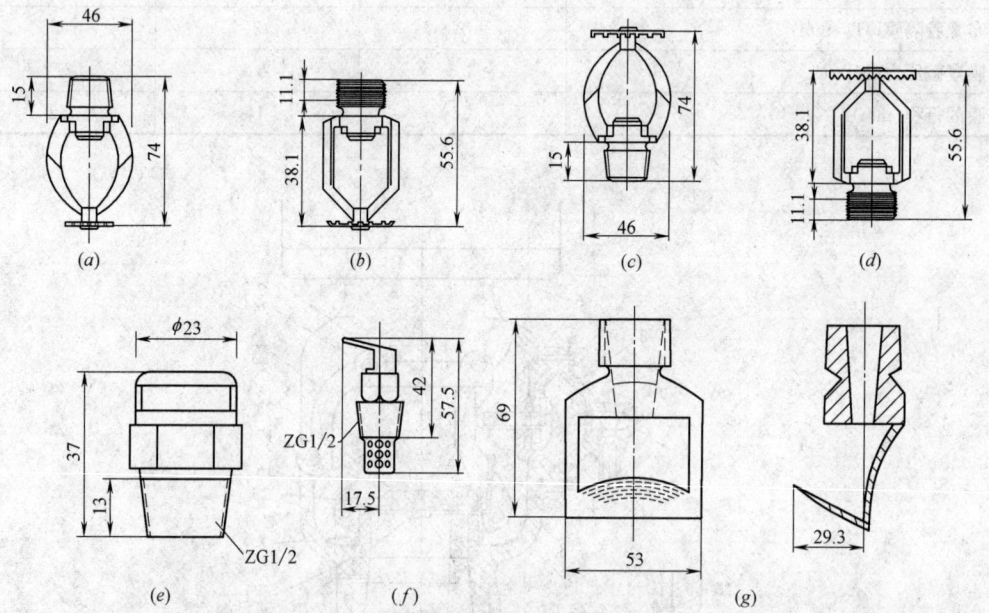

图6.3-42　开式喷头（包括水幕喷头）构造

(a) 双臂下垂型开式喷头；(b) 无感温元件的下垂式标准洒水喷头（$K=80$）；

(c) 双臂直立型开式喷头；(d) 无感温元件的直立式标准洒水喷头（$K=80$）；

(e) ZSTM-15水幕喷头；(f) ZSTM6/ZSTM10水幕喷头；(g) 檐口水幕喷头

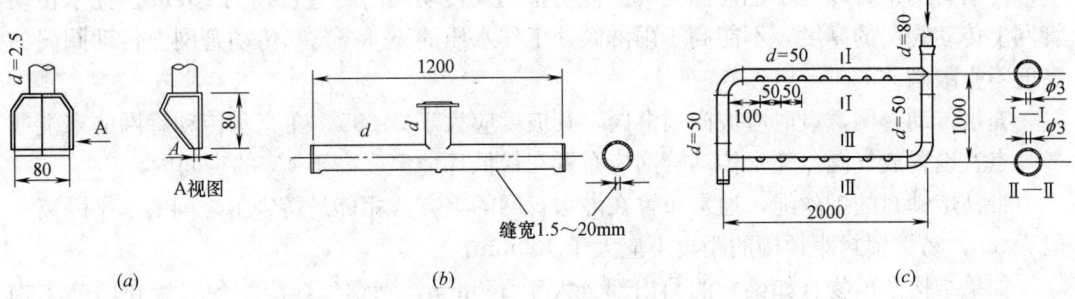

图 6.3-43 各种喷水器

(a) 鸭嘴形淋水器；(b) 水幕管（DN=50～100）；(c) 淋水环

开式喷头主要技术参数　　　　　　　　　表 6.3-49

型号名称	通水口径(mm)	公称直径(mm)	接管螺纹(in)
无感温元件下垂型喷头	φ11.1	15	1/2
无感温元件直立型喷头	φ11.1	15	1/2
ZSTK-15 双臂下垂型喷头	φ11	15	1/2
ZSTK-15 双臂直立型喷头	φ11	15	1/2

当一套雨淋阀的供水量不能满足一组雨淋系统的消防水量要求时，应设置 2 套及以上雨淋阀并联供水，如图 6.3-44、图 6.3-45 所示。

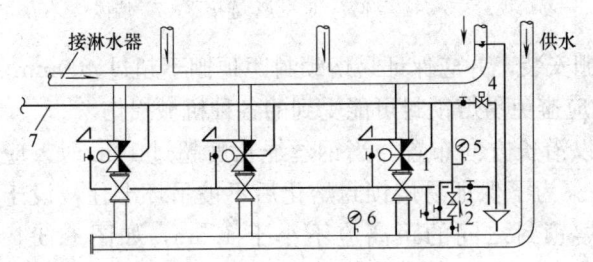

图 6.3-44　雨淋阀并联示例（一）

1—雨淋阀；2—止回阀；3—小孔闸阀；4—电磁阀；
5、6—压力表；7—传动管网

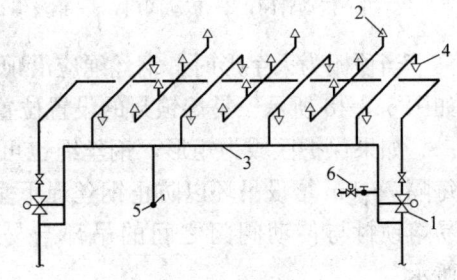

图 6.3-45　雨淋阀并联示例（二）

1—雨淋阀；2—开式喷头；3—传动管网；
4—闭式喷头；5—手动开关；6—电磁阀

（2）传动管网控制系统

1）采用带易熔锁封的钢丝绳传动控制系统

传动管网是开式自动喷水灭火系统的重要组成部分之一，是自动喷水灭火系统的火灾探测、感应部分，常用传动管网有采用带易熔锁封的钢丝绳传动控制系统（见图 6.3-46）和采用闭式喷头的传动控制系统等。易熔锁封的公称动作温度，应根据房间内在操作条件下可能达到的最高气温选用。见表 6.3-50。

易熔锁封选用温度　　　　　　　　　表 6.3-50

公称动作温度(℃)	适用环境温度(℃)	公称动作温度(℃)	适用环境温度(℃)
72	顶棚下不超过38	100	顶棚下不超过65
141	顶棚下不超过107		

传动管网中可以充水也可以充气。传动管网及传动阀门的直径均为 25mm。充水传动管网上传动阀门的高度,不能高于雨淋阀处工作水压的 1/4。充气传动管网上传动阀门的高度不受限制。

充水传动管网敷设时应坡向雨淋阀,其坡度应大于 0.005。在充水传动管网的末端或最高点宜设置放气阀。充水传动管网应布置在最低环境温度高于 4℃ 的房间内。

带易熔锁封的钢丝绳,通常布置在淋水管网的上方。相邻易熔锁封之间的水平距离一般为 3m,易熔锁封距顶棚的距离不应大于 400mm。

如果结构凸出物(如梁)的凸出部分大于 350mm,则钢丝绳应均匀布置在两凸出物之间,如图 6.3-47 所示。

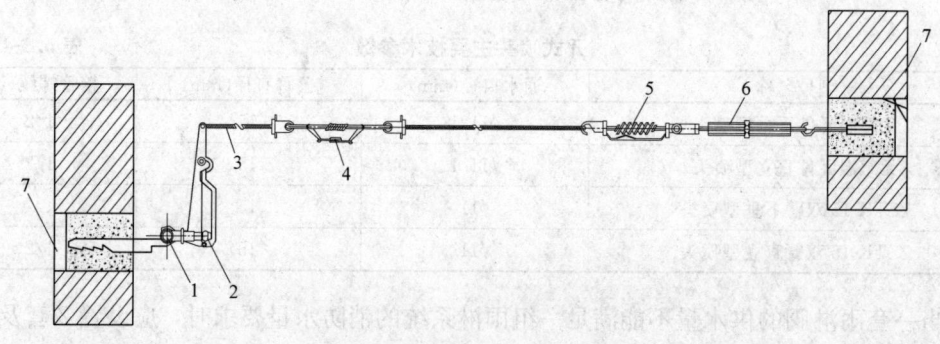

图 6.3-46   易熔锁封传动装置

1—传动管网;2—传动阀门;3—钢丝绳;4—易熔锁封;5—拉紧弹簧;6—拉紧连接器;7—墙体

当顶棚为人字形时,钢丝绳应沿顶棚安装,并应保证易熔锁封距顶棚不超过 400mm,如图 6.3-48 所示。易熔锁封的设置位置应避免易熔锁封可能受到的各种机械损伤。

如果保护区域为矩形,钢丝绳也可以沿长方向布置,当钢丝绳长度超过 10m 时,应每隔 7~8m 增设吊环以防止钢丝绳下垂。为了保证易熔锁封熔化后不被吊环卡住,设于易熔锁封与传动阀门之间的吊环与易熔锁封之间的距离应不小于 1.5m,如图 6.3-49 所示。

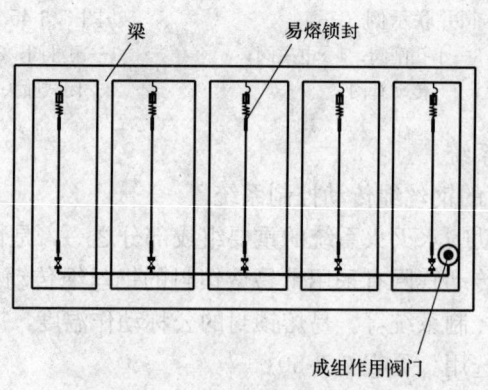

图 6.3-47   易熔锁封按跨度布置

2)采用闭式喷头的传动控制系统

用配置易熔元件的闭式喷头或感温玻璃球的闭式喷头作为开式自动喷水灭火系统探测

火灾的感温元件，是一种较为理想的传动装置，如图 6.3-50 所示。

闭式喷头公称动作温度的选用同闭式自动喷水灭火系统。闭式喷头的水平距离一般采用 3m，距顶棚的距离不大于 150mm。

装置闭式喷头的传动管网的管径：当传动管网充水时为 25mm，当传动管网充气时为 15mm。传动管网应有不小于 0.005 的坡度坡向雨淋阀。

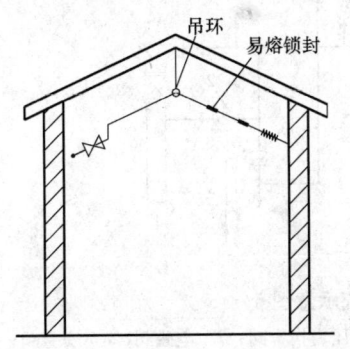

图 6.3-48 易熔锁封的人字形布置

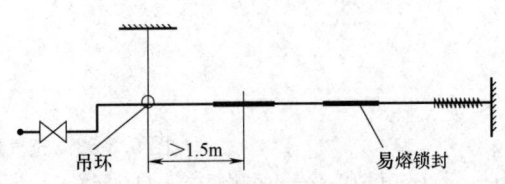

图 6.3-49 钢丝绳吊环的布置

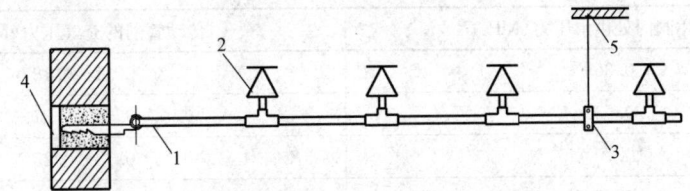

图 6.3-50 闭式喷头传动管网

1—传动管网；2—闭式喷头；3—管道吊架；4—墙体；5—顶棚

3）感光、感烟、感温火灾探测器电动控制系统

常用的火灾探测系统有感光、感烟、感温等，采用何种火灾探测系统应根据消防系统保护区域的特性来确定，在同一场所一般不设置两种以上火灾探测系统。具体见国家标准《火灾自动报警系统设计规范》GB 50116 的规定。

4）手动控制方式

传动管网应设置手动泄水阀，泄水阀采用旋塞阀，旋塞阀应设置在建筑物出入口处易于发现且易于启动的场所。将手动旋塞开关引至建筑物外墙的称为长柄手动开关，用于冬季环境气温低于 0℃ 的场所，长柄手动开关可从建筑物外部手动启动雨淋系统。如图 6.3-51 所示。

5）充气传动管网的气压设计

充气传动管网的充气压力与供水压力之间的关系见表 6.3-51，充气传动管网系统如图 6.3-52 所示。

（3）喷头与管网的设置

在一组雨淋系统装置中，雨淋阀的数量如超过 1 套时，雨淋阀前的供水干管应设置为环状管网。环状管网上应设置

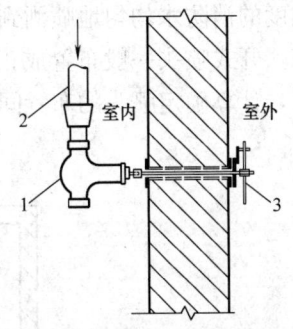

图 6.3-51 长柄手动开关

1—旋塞 DN20；2—传动管网 DN25；3—长柄手动开关室外操作装置

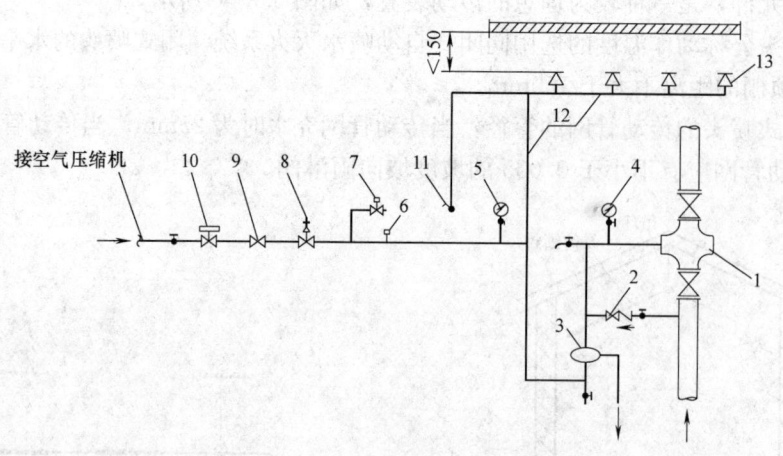

图 6.3-52　充气传动管网系统示意图

1—雨淋阀；2—小孔闸阀；3—启动开关；4、5—压力表；6—压力报警阀；7—电磁阀；8—安全阀；

9—小孔闸阀；10—压力调节器；11—手动开关旋塞；12—充气传动管网；13—闭式喷头

充气压力与供水压力的关系	表 6.3-51

成组作用阀门处供水压力(MPa)	传动管网的充气压力(MPa)
0.35	0.11~0.18
0.53	0.14~0.21
0.70	0.18~0.25
0.88	0.21~0.32
1.05	0.25~0.35

检修阀门，检修阀门的设置应保证雨淋系统检修时所关闭的雨淋阀数量不超过 1 套。

1）喷头的平面布置

开式自动喷水灭火系统中最不利点喷头的供水压力应经计算确定，但不应小于 0.05MPa。同时应保证系统保护区域内单位面积上的喷水强度，喷头的布置应保证将一定强度的消防水均匀地喷洒到整个被保护的面积上。

开式喷头一般布置成正方形，见图 6.3-53。根据每个喷头的保护面积和区域喷水强度，计算确定喷头的布置间距。

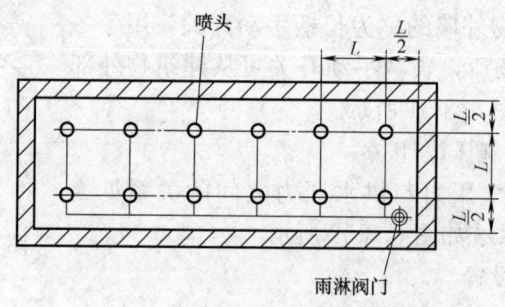

图 6.3-53　开式喷头的平面布置

2）干、支管的平面布置

为保证系统淋水的均匀性，每根配水支管上所布置的开式喷头数量不宜超过 6 个，每根配水干管的单侧所负担的配水支管数量不应多于 6 根。干、支管的平面布置见图6.3-54。

3）喷头与配水支管的立面布置

在进行配水支管及喷头的立面布置设计时，应充分考虑到建筑物屋顶或楼板的结构特点，一般都安装在屋顶或楼板凸出部分（如梁）的下方，而且湿式淋水管网的喷头都应安装在同一标高上，喷头均向上安装，以保证管网中平时充满水。当喷头直接安装在梁的下方时，喷头的溅水板顶与梁底或其他结构凸出物之间的距离一般不应小于 0.08m，见图6.3-55。

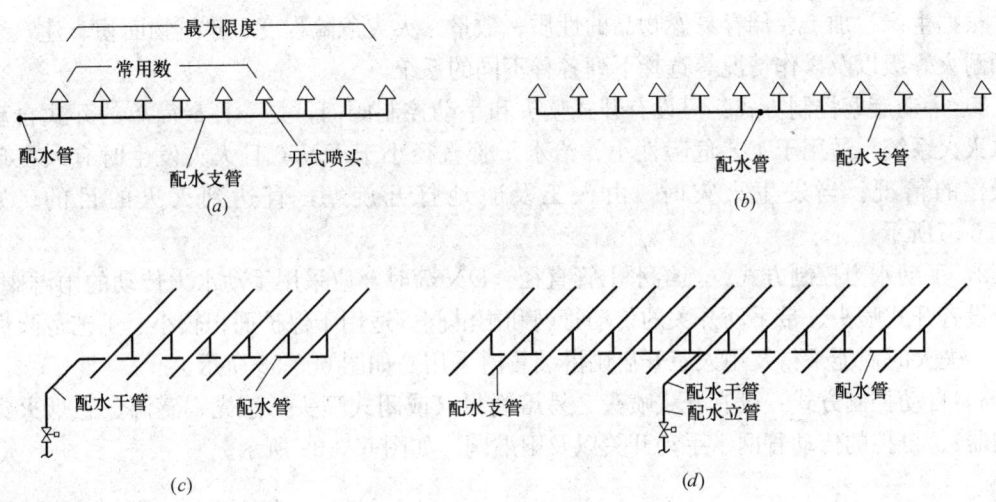

图 6.3-54　喷头与干、支管的平面布置

（a）当喷头数为 6～9 个时的布置形式；（b）当喷头数为 6～12 个时的布置形式；
（c）当配水支管≤6 条时的布置形式；（d）当配水支管为 6～12 条时的布置形式

当喷头必须高于梁底布置时，喷头与梁边的水平距离与喷头溅水盘高出梁底的距离有关，见表 6.3-52 和图 6.3-56。

当喷头管下面有较大平台、风管、设备等时，应在平台、风管、设备下增设喷头，例如当方形风管宽度大于 0.8m 时，圆形风管直径大于 1m 时，应在风管下增设喷头。

喷头与梁边的水平距离　　　　　　　　　　表 6.3-52

喷头与梁边的水平距离 L(mm)	喷头溅水盘高出梁底的距离 h(m)	喷头与梁边的水平距离 L(mm)	喷头溅水盘高出梁底的距离 h(m)
0～0.30	0	1.05～1.20	0.150
0.30～0.60	0.025	1.20～1.35	0.175
0.60～0.75	0.050	1.35～1.50	0.225
0.75～0.90	0.075	1.50～1.65	0.275
0.90～1.05	0.100	1.65～1.80	0.350

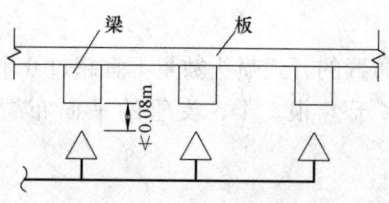

图 6.3-55 喷头的竖向布置

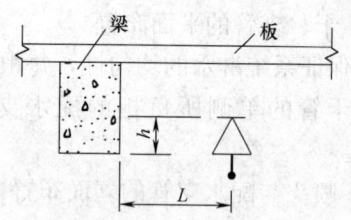

图 6.3-56 喷头高出梁底时的布置

4）当雨淋阀处的供水压力不能满足传动管网水平管高度的 4 倍要求时，可将传动管网充压缩空气以代替充水。充气传动管网的充气压力与供水压力之间的关系见表 6.3-51，充气传动管网系统如图 6.3-52 所示。

（4）系统控制方式的分类及选用

根据生产、加工、储存易燃物品的性质、数量、火灾危险程度、建筑物面积、建筑结构的耐火等级以及操作情况等选择下列各种不同的系统。

1）手动旋塞控制方式：只设有开式喷头和手动控制阀门，是一种最简单的开式自动喷水灭火系统。适用于工艺危险性小、给水干管直径小于 DN50 且火灾发生时有人在现场操作的情况。当发生火灾时，由人工及时地打开旋塞，直达到灭火的目的。如图 6.3-57所示。

2）手动水力控制方式：当给水干管直径≥DN65 时，应采用手动水力传动的雨淋阀。系统设有开式喷头、带手动开关的传动管网和雨淋阀。适用于保护面积较小、工艺危险性较小、失火时尚能来得及用人工开启雨淋装置时采用。如图 6.3-58 所示。

3）自动控制方式：设有开式喷头、易熔锁封（或闭式喷头，感光、感温、感烟火灾探测器）、自控的传动管网、手动开关以及雨淋阀。如图 6.3-39 所示。

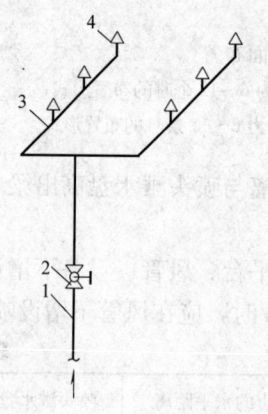

图 6.3-57 手动旋塞控制方式

1—供水管；2—手动旋塞；3—小孔闸阀；
4—开式喷头

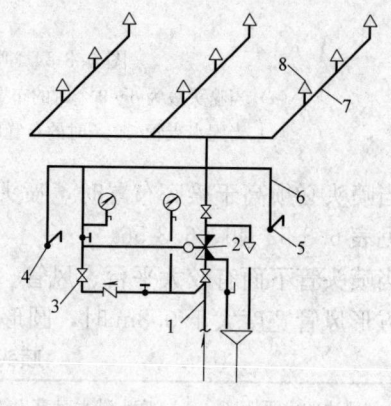

图 6.3-58 手动水力控制方式

1—供水管；2—雨淋阀；3—小孔闸阀；4、5—手动开关；
6—传动管网；7—配水管网；8—开式喷头

6. 水幕系统的设置

水幕系统可采用自动或手动开启装置。水幕喷头应均匀布置，并应符合下列要求：

（1）水幕作为保护使用时，喷头成单排布置，并喷向被保护对象；

（2）舞台口和面积大于 3m² 的洞口部位布置双排水幕喷头；

（3）每组水幕系统安装的喷头数不宜超过 72 个；

（4）在同一配水支管上应布置相同口径的水幕喷头。

窗口水幕喷头用于保护立面或斜面（如墙、窗、门、防火卷帘等）。窗口水幕喷头应设在窗口顶下 50mm 处，当保护多层建筑物时，中间层和底层窗口水幕喷头与窗口玻璃的距离应符合图 6.3-59 的要求。各层窗口水幕喷头的口径可按表 6.3-53 选择。

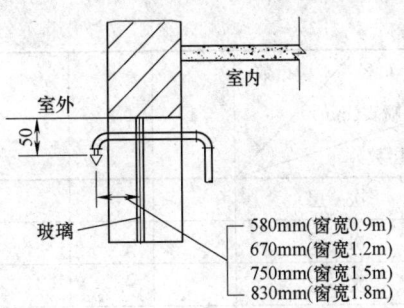

图 6.3-59 窗口水幕喷头与玻璃面的距离

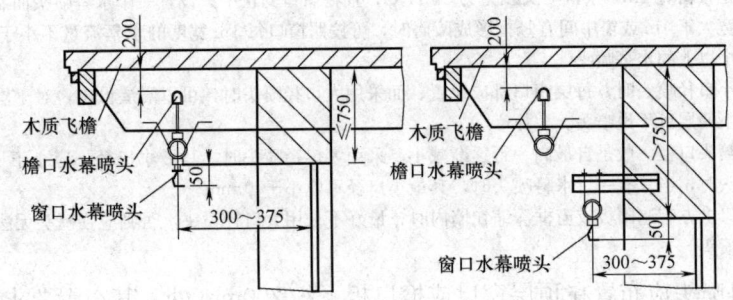

图 6.3-60 檐口水幕喷头布置

各层窗口水幕喷头口径的选择　　　　　　　　　　　　　　表 6.3-53

小口径喷头(mm) 行数 层数	1	2	3	4	5	6	7	8	9	10
最高一层	10	10	10	10	10	10	10	10	10	10
次一层		8	8	10	10	10	10	10	10	10
次一层			6	8	8	8	10	10	10	10
次一层				8	8	8	8	8	8	10
次一层					6	6	6	6	8	8
次一层						6	6	6	8	8
次一层							6	6	6	6
次一层								6	6	6
次一层									6	6
次一层										6
最高一层	12.7	12.7	16	12.7	16	12.7	16	12.7	16	12.7
次一层		—	—	—	—	—	—	—	—	—
次一层			—	12.7	12.7	12.7	12.7	12.7	12.7	12.7

续表

小口径喷头(mm) \ 行数 \ 层数	1	2	3	4	5	6	7	8	9	10
次一层						—	—	—	—	—
次一层					—	12.7	12.7	12.7	12.7	12.7
次一层						—				
次一层							—	12.7	12.7	12.7
次一层										
次一层										12.7
次一层										
次一层										—

注：1. 本表是按窗宽 1m，水幕喷头压力为 5mH₂O，且在窗口的正中只设置一个水幕喷头而制定的。

2. 当窗宽大于 1m 或窗中间有竖框形成障碍时，可按照窗口每 1m 宽度的水幕流量不小于 0.5L/s，安装 2 个或 2 个以上的水幕喷头。

3. 采用小口径喷头时，每层窗口都应设置；而采用大口径喷头时，可以隔层设施；对于层数为奇数的建筑物其最下两层可不设喷头。

4. 水幕喷头口径一般是自最高一行逐渐减小。采用大口径喷头时，其最小口径不应小于 12.7mm，采用小口径喷头时，当只有一行水幕喷头时，其最小口径不应小于 10mm。

5. 当窗口上方有遮阳板或窗框深缩在墙内时，最好不采用大口径喷头，否则应在喷头无法覆盖的部分增设小口径喷头。

檐口水幕喷头应布置在顶层窗口或檐口板下约 200mm 处，其布置要求见图 6.3-60。

檐口水幕喷头应根据檐口下挑檐梁的间距，选择不同的口径，所需水幕喷头的口径和数量应符合表 6.3-54 的要求。

檐口下挑梁间水幕喷头的布置   表 6.3-54

檐口下挑檐梁间距(m)	檐口水幕喷头口径(mm)	水幕喷头数量(个)
2.5	12.7	1
2.5~3.5	16	1
>3.5	12.7	每 2.5m 一个
	16	每 3.5m 一个

注：檐口下挑梁间宜采用大口径喷头。如果供水困难，采用小口径喷头时，应保证檐口下挑梁间每米宽度的水幕流量不小于 0.5 L/s。

建筑物转角处的阀门和止回阀的布置，应符合图 6.3-61 的要求，即在建筑物的某一侧开启水幕喷头时相邻侧的邻近一排窗口水幕喷头也应同时开启。

水幕管道负荷水幕喷头最大数可按表 6.3-55 采用。

两层淋水管的设置：如淋水管是充水式的，为保证两层淋水管的水平管段在平时都充满水，则第二层的给水干管上应装设止回阀或把给水管做成水封状，见图 6.3-62。

7. 开式自动喷水灭火系统的设计与计算

开式自动喷水灭火系统的水力计算，应按照一组中所有开式喷头或水幕喷头同时作用进行计算。

当建筑物内设有多组雨淋系统时，应按最大一组雨淋系统来计算水压和水量。以此作为设计消防水箱、消防水泵等的设计依据。

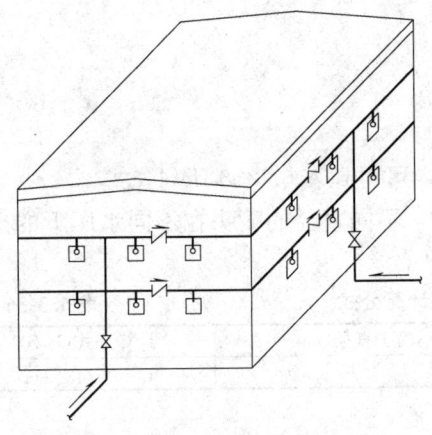

图 6.3-61　建筑物转角处阀门的布置

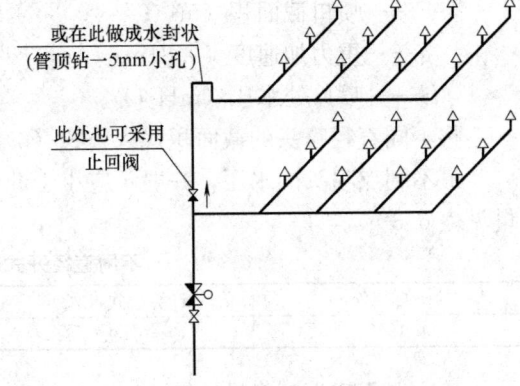

图 6.3-62　两层淋水管充水措施

水幕管道负荷水幕喷头最大数（个）　　　　　　　　　　表 6.3-55

水幕喷头口径 (mm)	管道公称直径(mm)									
	20	25	32	40	50	70	80	100	125	150
6	1	3	5	6						
8	1	2	4	5						
10	1	2	3	4						
12.7	1	2	2	3	8(10)	14(20)	21(36)	36(72)		
16		1	2	4	7	12	22(26)	34(45)	50(72)	
19			1	3	6	9	16(18)	24(32)	35(52)	

注：1. 本表是按喷头压力为 5mH₂O 时，流速不大于 5m/s 的条件计算的。

　　2. 括号中的数据系按管道流速不大于 10m/s 计算的。

　　开式自动喷水灭火系统的自动来水处可为屋顶水箱、室外水塔和高地水池等（贮存火灾初期 10min 的消防水量）。当室外管网的流量和水压能满足室内最不利点灭火用水量和水压要求时，也可不设屋顶水箱等贮水设施。

　　开式自动喷水灭火系统的工作时间应根据现行国家标准《自动喷水灭火系统设计规范》GB 50084 的相关要求确定。

　　起火 10min 后 50min 内的消防用水量来自基本来水处。具有足够流量和压力的室外管网以及具有足够容积的高位贮水池和用消防水泵加压的低位贮水池等，均可作为基本来水处。

　　基本来水处和自动来水处可以分开也可以合并，应当根据具体情况经过技术经济比较后确定。

　　（1）传动管网管径的确定

　　传动管网不用进行水力计算，充水的传动管网一律采用 DN25 的管道。当利用闭式喷头作传动控制时，如果传动管网是充气的，则可采用 DN15 的管道。

　　（2）开式喷头出流量计算

　　各种不同直径的开式喷头，在不同压力下，具有不同的出流量，可按公式（6.3-10）进行计算：

$$Q = \mu F \sqrt{2gH} \tag{6.3-10}$$

式中　　Q——喷头出流量（m³/s）；

μ——喷头流量系数，采用 0.7；

F——喷口截面积（m^2）；

g——重力加速度（9.81m/s^2）；

H——喷口处水压（mH_2O）。

将不同直径喷头的截面积代入公式（6.3-10），可得到表 6.3-56 所列公式。

最不利点喷头的水压，一般不应小于 5mH_2O，不同直径的喷头在不同水压下的出水量见表 6.3-57。

不同直径开式喷头的计算公式   表 6.3-56

喷头直径(mm)	计算公式(L/S)	喷头直径(mm)	计算公式(L/S)
12.7	$Q=0.392\sqrt{H}$	10	$Q=0.243\sqrt{H}$

（3）水幕喷头出流量计算

水幕喷头出流量按公式（6.3-11）计算：

$$q=\sqrt{BH} \tag{6.3-11}$$

式中　q——喷头出流量（L/s）；

　　　H——喷头处水压（mH_2O）；

　　　B——喷头特征系数（见表 6.3-58），由公式（6.3-12）求出：

$$\sqrt{B}=\mu\frac{\pi}{4}d^2\sqrt{2g}\times\frac{1}{1000} \tag{6.3-12}$$

式中　μ——喷头流量系数；

　　　d——喷头出口直径（mm）；

　　　g——重力加速度（9.81m/s^2）。

最不利点水幕喷头的压力一般应不小于 5mH_2O。水幕喷头的出流量见表 6.3-59。

（4）淋水管直径估算

根据开式喷头数量可初步确定淋水管直径，见表 6.3-60。

（5）淋水管网的水力计算

1）计算管段单位长度的沿程水头损失按公式（6.3-8）计算。

2）管道的局部水头损失宜采用当量长度法计算，且应符合表 6.3-43 的规定。

（6）雨淋阀的局部水头损失采用表 6.3-61 所列公式计算。

（7）淋水管网上的手动控制旋塞、控制闸阀、止回阀等的局部水头损失可采用公式（6.3-13）计算

$$h_0=\xi\frac{v^2}{2g} \tag{6.3-13}$$

式中　h_0——局部水头损失（mH_2O）；

　　　ζ——阻力系数；

　　　v——通过阀门处的流速（m/s）；

　　　g——重力加速度（9.81m/s^2）。

（8）水力计算的步骤

1）首先设定最不利点喷头处要求的压力为 0.05MPa，喷头口径为 10mm，求该喷头的出流量，以此流量求喷头①-②之间管段的水头损失。

开式喷头流量估算表   表 6.3-57

$\phi 12.7$

喷头处水压力 H(mH$_2$O)	喷头出流量 Q(L/s)	喷头处水压力 H(mH$_2$O)	喷头出流量 Q(L/s)
3.00~3.03	0.68	7.90~8.04	1.11
3.04~3.12	0.69	8.05~8.18	1.12
3.13~3.21	0.70	8.19~8.33	1.13
3.22~3.30	0.71	8.34~8.48	1.14
3.31~3.39	0.72	8.49~8.62	1.15
3.40~3.49	0.73	8.63~8.77	1.16
3.50~3.58	0.74	8.78~8.93	1.17
3.59~3.68	0.75	8.94~9.08	1.18
3.69~3.78	0.76	9.09~9.23	1.19
3.79~3.88	0.77	9.24~9.39	1.20
3.89~3.98	0.78	9.40~9.55	1.21
3.99~4.08	0.79	9.56~9.70	1.22
4.09~4.19	0.80	9.71~9.86	1.23
4.20~4.29	0.81	9.87~10.02	1.24
4.30~4.40	0.82	10.03~10.18	1.25
4.41~4.50	0.83	10.19~10.35	1.26
4.51~4.61	0.84	10.36~10.51	1.27
4.62~4.72	0.85	10.52~10.68	1.28
4.73~4.83	0.86	10.69~10.84	1.29
4.84~4.95	0.87	10.85~11.01	1.30
4.96~5.06	0.88	11.02~11.18	1.31
5.07~5.18	0.89	11.19~11.35	1.32
5.19~5.29	0.90	11.36~11.53	1.33
5.30~5.41	0.91	11.54~11.70	1.34
5.42~5.53	0.92	11.71~11.87	1.35
5.54~5.65	0.93	11.88~12.05	1.36
5.66~5.77	0.94	12.06~12.23	1.37
5.78~5.89	0.95	12.24~12.41	1.38
5.90~6.02	0.96	12.42~12.59	1.39
6.03~6.14	0.97	12.60~12.77	1.40
6.15~6.27	0.98	12.78~12.95	1.41
6.28~6.40	0.99	12.96~13.13	1.42
6.41~6.53	1.00	13.14~13.32	1.43
6.54~6.66	1.01	13.33~13.50	1.44
6.67~6.79	1.02	13.51~13.69	1.45
6.80~6.92	1.03	13.70~13.88	1.46
6.93~7.06	1.04	13.89~14.07	1.47
7.07~7.19	1.05	14.08~14.26	1.48
7.20~7.33	1.06	14.27~14.46	1.49
7.34~7.47	1.07	14.47~14.65	1.50
7.48~7.61	1.08	14.66~14.85	1.51
7.62~7.75	1.09	14.86~15.00	1.52
7.76~7.89	1.10		

续表

φ10

喷头处水压力 H(mH₂O)	喷头出流量 Q(L/s)	喷头处水压力 H(mH₂O)	喷头出流量 Q(L/s)
3.00~3.02	0.42	7.87~8.10	0.69
3.03~3.17	0.43	8.11~8.33	0.70
3.18~3.31	0.44	8.34~8.57	0.71
3.32~3.46	0.45	8.58~8.81	0.72
3.47~3.62	0.46	8.82~9.06	0.73
3.63~3.78	0.47	9.07~9.31	0.74
3.79~3.94	0.48	9.32~9.56	0.75
3.95~4.10	0.49	9.57~9.81	0.76
4.11~4.27	0.50	9.82~10.07	0.77
4.28~4.44	0.51	10.08~10.33	0.78
4.45~4.62	0.52	10.34~10.60	0.79
4.63~4.79	0.53	10.61~10.87	0.80
4.80~4.97	0.54	10.88~11.14	0.81
4.98~5.16	0.55	11.15~11.41	0.82
5.17~5.35	0.56	11.42~11.69	0.83
5.36~5.54	0.57	11.70~11.97	0.84
5.55~5.73	0.58	11.98~12.26	0.85
5.74~5.93	0.59	12.27~12.55	0.86
5.94~6.13	0.60	12.56~12.84	0.87
6.14~6.34	0.61	12.85~13.14	0.88
6.35~6.55	0.62	13.15~13.43	0.89
6.56~6.76	0.63	13.44~13.74	0.90
6.77~6.97	0.64	13.75~14.04	0.91
6.98~7.19	0.65	14.05~14.35	0.92
7.20~7.41	0.66	14.36~14.66	0.93
7.42~7.64	0.67	14.67~14.98	0.94
7.65~7.86	0.68	14.99~15.28	0.95

采用去除感温元件的标准闭式喷头 $K=80$

喷头处水压力 H(mH₂O)	喷头出流量 Q(L/s)	喷头处水压力 H(mH₂O)	喷头出流量 Q(L/s)
3.00~3.01	0.73	3.44~3.52	0.79
3.02~3.09	0.74	3.53~3.61	0.80
3.10~3.17	0.75	3.62~3.70	0.81
3.18~3.26	0.76	3.71~3.79	0.82
3.27~3.34	0.77	3.80~3.88	0.83
3.35~3.43	0.78	3.89~3.97	0.84

采用去除感温元件的标准闭式喷头 $K=80$			
喷头处水压力 H(mH$_2$O)	喷头出流量 Q(L/s)	喷头处水压力 H(mH$_2$O)	喷头出流量 Q(L/s)
3.98~4.07	0.85	7.94~8.06	1.20
4.08~4.16	0.86	8.07~8.19	1.21
4.17~4.26	0.87	8.20~8.33	1.22
4.27~4.36	0.88	8.34~8.47	1.23
4.37~4.46	0.89	8.48~8.60	1.24
4.47~4.55	0.90	8.61~8.74	1.25
4.56~4.66	0.91	8.75~8.88	1.26
4.67~4.76	0.92	8.89~9.02	1.27
4.77~4.86	0.93	9.03~9.16	1.28
4.87~4.97	0.94	9.17~9.31	1.29
4.98~5.07	0.95	9.32~9.45	1.30
5.08~5.18	0.96	9.46~9.59	1.31
5.19~5.28	0.97	9.60~9.74	1.32
5.29~5.39	0.98	9.75~9.89	1.33
5.40~5.50	0.99	9.90~10.04	1.34
5.51~5.61	1.00	10.05~10.19	1.35
5.62~5.73	1.01	10.20~10.34	1.36
5.74~5.84	1.02	10.35~10.49	1.37
5.85~5.95	1.03	10.50~10.64	1.38
5.96~6.07	1.04	10.65~10.79	1.39
6.08~6.18	1.05	10.80~10.95	1.4
6.19~6.30	1.06	10.96~11.11	1.41
6.31~6.42	1.07	11.12~11.26	1.42
6.43~6.54	1.08	11.27~11.42	1.43
6.55~6.66	1.09	11.43~11.58	1.44
6.67~6.78	1.10	11.59~11.74	1.45
6.79~6.90	1.11	11.75~11.90	1.46
6.91~7.03	1.12	11.91~12.06	1.47
7.04~7.15	1.13	12.07~12.23	1.48
7.16~7.28	1.14	12.24~12.39	1.49
7.29~7.41	1.15	12.40~12.56	1.5
7.42~7.54	1.16	12.57~12.73	1.51
7.55~7.67	1.17	12.74~12.89	1.52
7.68~7.80	1.18	12.90~13.06	1.53
7.81~7.93	1.19	13.07~12.23	1.54

采用去除感温元件的标准闭式喷头 $K=80$

喷头处水压力 H(mH₂O)	喷头出流量 Q(L/s)	喷头处水压力 H(mH₂O)	喷头出流量 Q(L/s)
13.24～13.42	1.55	14.47～14.64	1.62
13.43～13.58	1.56	14.65～14.82	1.63
13.59～13.75	1.57	14.83～15.00	1.64
13.76～13.93	1.58	15.01～15.18	1.65
13.94～14.10	1.59	15.19～15.36	1.66
14.11～14.28	1.60	15.37～15.55	1.67
14.29～14.46	1.61		

水幕喷头的特征系数　　　　　　　表 6.3-58

名称	喷头直径(mm)	μ	B(L²/(s²·m))	$\sqrt{B}$(L/(s·m^{1/2}))
水幕喷头	6	0.95	0.0142	0.119
水幕喷头	8	0.95	0.0440	0.210
水幕喷头	10	0.95	0.1082	0.329
水幕喷头	12.7	0.95	0.2860	0.535
水幕喷头	16	0.95	0.7170	0.847
水幕喷头	19	0.95	1.4180	1.190

水幕喷头的出流量　　　　　　　表 6.3-59

喷头直径(mm)	6	8	10	12.7	16	19	喷头处水压力 (mH₂O)
喷头出口断面	0.25	0.45	0.70	1.30	2.00	2.70	
	0.21	0.36	0.57	0.93	1.47	2.06	3
	0.24	0.42	0.66	1.08	1.70	2.37	4
	0.27	0.47	0.74	1.20	1.90	2.66	5
出流量(L/s)	0.29	0.51	0.81	1.32	2.08	2.91	6
	0.32	0.56	0.87	1.42	2.25	3.15	7
	0.34	0.59	0.93	1.52	2.40	3.36	8
	0.36	0.63	0.99	1.61	2.55	3.56	9
	0.38	0.66	1.04	1.70	2.69	3.75	10

根据开式喷头的数量估算淋水管直径　　　　　　　表 6.3-60

开式喷头数量(个) ╲ 管道直径(mm) ╱ 喷头直径(mm)	25	32	40	50	70	80	100	150
12.7	2	3	5	10	20	26	40	>40
10	3	4	9	18	30	46	80	>80

表 6.3-61

雨淋阀的局部水头损失计算公式

阀门直径(mm)	双圆盘阀	隔膜阀
65	$h=0.048Q^2$	$h=0.0371Q^2$
100	$h=0.00634Q^2$	$h=0.00664Q^2$
150	$h=0.0014Q^2$	$h=0.00122Q^2$

2）以第一个喷头处所需压力加喷头①—②之间管段的水头损失作为第二个喷头处的压力，以求第二个喷头的流量。以两个喷头流量之和作为喷头②—③之间管段的流量，以求该管段中的水头损失。依此类推，计算所有喷头及管道的流量和压力。

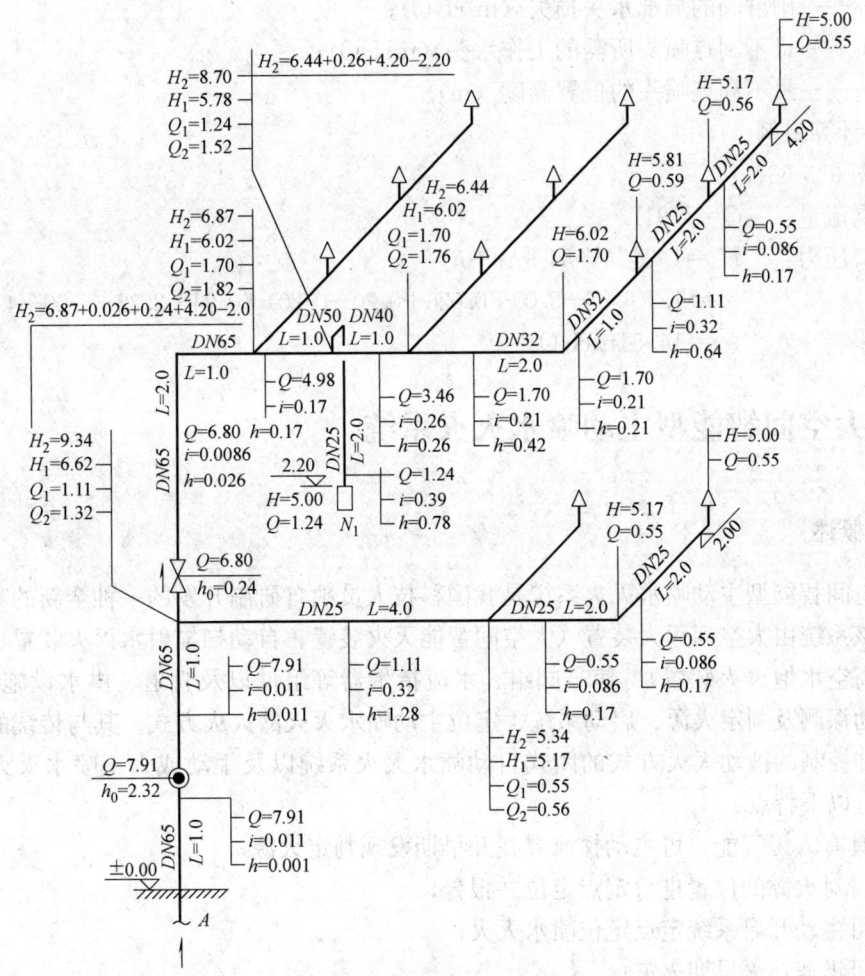

图 6.3-63　计算简图

3）当自不同方向计算至同一点出现不同压力时，则低压力方向管段的总流量应按公式（6.3-14）进行修正：

$$\frac{H_1}{H_2}=\frac{Q_1^2}{Q_2^2} \qquad Q_2=Q_1\sqrt{\frac{H_2}{H_1}} \qquad (6.3\text{-}14)$$

式中　H_1——低压方向管段的计算压力（mH_2O）；

　　　Q_1——低压方向管段的计算流量（L/s）；

　　　H_2——高压方向管段的计算压力（mH_2O）；

　　　Q_2——所求低压方向管段的修正流量（L/s）。

4）开式自动喷水灭火系统入口处所需水压按公式（6.3-15）计算：

$$H=1.2\sum h+h_0+h_1+h_2 \tag{6.3-15}$$

式中　H——雨淋阀处所需水压（mH_2O）；

　　　1.2——管道局部阻力系数；

　　　$\sum h$——至最不利点的管道沿程水头损失（mH_2O）；

　　　h_0——雨淋阀的局部水头损失（$m\,H_2O$）；

　　　h_1——最不利点喷头所需的工作水头（mH_2O）；

　　　h_2——最不利点喷头的位置高度（m）。

5）计算举例

见图 6.3-63。

管网流量：　$Q=7.91$L/s

入口压力：　$H =1.2\sum h+h_0+h_1+h_2$

　　　　　　　$=1.2(6.87-5.00+0.026+0.20+0.20)+0.24+2.32+5.00+4.20$

　　　　　　　$=14.51mH_2O$

6.4　大空间智能型主动喷水灭火系统

6.4.1　概述

大空间智能型主动喷水灭火系统是我国科技人员独自研制开发的一种全新的喷水灭火系统。该系统由大空间灭火装置（大空间智能灭火装置、自动扫描射水灭火装置、自动扫描射水高空水炮灭火装置）、信号阀组、水流指示器等组件以及管道、供水设施等组成，采用自动探测及判定火源、启动系统、定位主动喷水灭火的灭火方式。其与传统的采用由感温元件控制的被动灭火方式的闭式自动喷水灭火系统以及手动或人工喷水灭火系统相比，具有以下特点：

1. 具有人工智能，可主动探测寻找并早期发现判定火源；

2. 可对火源的位置进行定点定位并报警；

3. 可主动开启系统定点定位喷水灭火；

4. 可迅速扑灭早期火灾；

5. 可持续喷水、主动停止喷水并可多次重复启闭；

6. 适用空间高度范围广；

7. 安装方式灵活，不需贴顶安装，不需设置集热板及挡水板；

8. 射水型灭火装置（自动扫描射水灭火装置及自动扫描射水高空水炮灭火装置）的射水量集中，扑灭早期火灾效果好；

9. 洒水型灭火装置（大空间智能灭火装置）的喷头洒水水滴颗粒大、对火场穿透能力强、不易雾化等；

10. 可对保护区域实施全方位连续监视。

该系统尤其适合于空间高度高、容积大、火场温度升温较慢，难以设置传统闭式自动喷水灭火系统的高大空间场所，如大剧院、音乐厅、会展中心、候机楼、体育馆、宾馆、写字楼、博物馆、大卖场、图书馆、科技馆、车站等。

该系统与利用各种探测装置控制自动启动的开式雨淋系统相比，具有以下优点：

1. 探测定位范围更小、更准确，可以根据火场火源的蔓延情况分别或成组地开启灭火装置喷水，既可达到雨淋系统的灭火效果，又不必像雨淋系统一样一开一片。在有效扑灭火灾的同时，可减少由水灾造成的损失。

2. 当多个（组）喷头（高空水炮）的临界保护区域发生火灾时，只会引起周边几个（组）喷头（高空水炮）同时开启，喷水量不会超过设计流量，不会出现雨淋系统两个或几个区域同时开启导致喷水量成倍增加而超过设计流量的情况。

6.4.2 大空间灭火装置分类及适用条件

1. 大空间灭火装置分类

（1）大空间智能灭火装置

灭火喷水面为一个圆形面，能主动探测着火部位并开启喷头喷水灭火的智能型自动喷水灭火装置，由智能型探测组件、大空间大流量喷头（见图6.4-1）、电磁阀组三部分组成。其中智能型探测组件与大空间大流量喷头及电磁阀组均为独立设置。

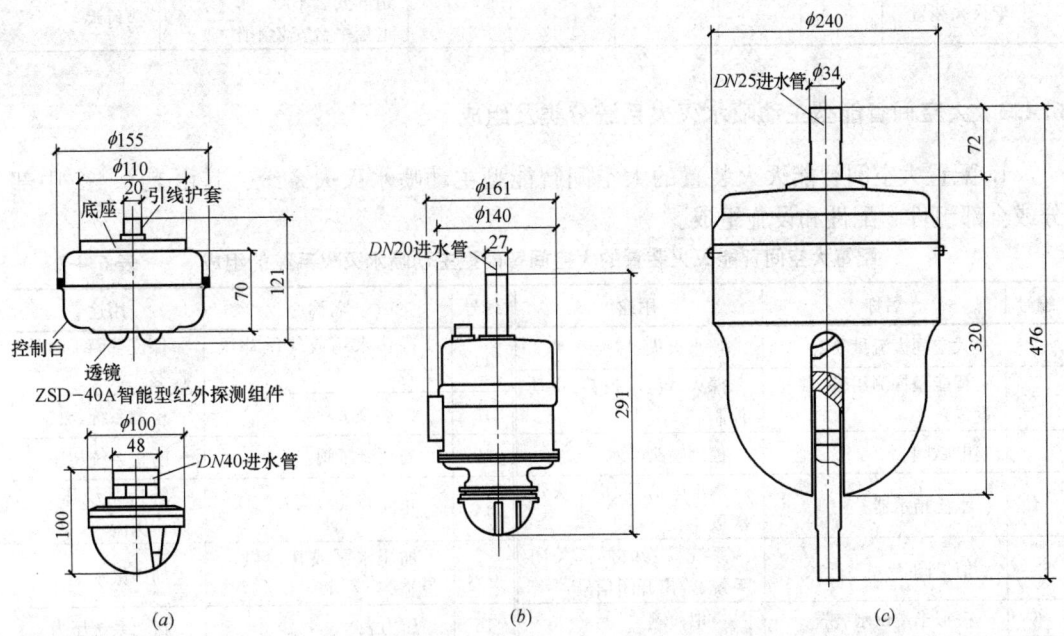

图 6.4-1　三种大空间灭火装置外形示意图

（a）ZSD-40A 大空间智能灭火装置；（b）ZSS-20 自动扫描灭火装置；（c）ZSS-25 自动扫描射水高空水炮灭火装置

（2）自动扫描射水灭火装置

灭火射水面为一个扇形面的智能型自动扫描射水灭火装置，由智能型探测组件、扫描射水喷头、机械传动装置、电磁阀组四大部分组成。其中智能型探测组件、扫描射水喷头和机械传动装置为一体化设置（见图 6.4-1）。

（3）自动扫描射水高空水炮灭火装置

灭火射水面为一个矩形面的智能型自动扫描射水高空水炮灭火装置，由智能型探测组件、自动扫描射水高空水炮（简称高空水炮）、机械传动装置、电磁阀组四大部分组成。其中智能型探测组件、自动扫描射水高空水炮和机械传动装置为一体化设置（见图6.4-1）。

2. 适用条件

不同类型标准型大空间灭火装置的适用条件见表 6.4-1。

不同类型标准型大空间灭火装置的适用条件　　　　　　表 6.4-1

序号	灭火装置的名称	型号规格	喷头接口直径（mm）	单个喷头标准喷水流量（L/s）	单个喷头标准保护半径（m）	喷头安装高度 h(m)	设置场所最大净空高度（m）	喷水方式
1	大空间智能灭火装置	标准型	40	5	≤6	6≤h≤25	顶部安装 ≤25 架空安装 不限	着火点及周边圆形区域均匀洒水
2	自动扫描射水灭火装置	标准型	20	2	≤6	2.5≤h≤6	顶部安装 ≤6 架空安装不限 边墙安装不限 退层平台安装不限	着火点及周边扇形区域扫描射水
3	自动扫描射水高空水炮灭火装置	标准型	25	5	≤20	6≤h≤20	顶部安装 ≤20 架空安装不限 边墙安装不限 退层平台安装不限	着火点及周边矩形区域扫描射水

6.4.3　大空间智能型主动喷水灭火系统分类及组成

1. 配置大空间智能灭火装置的大空间智能型主动喷水灭火系统：其由表 6.4-2 中部分或全部组件、配件和设施组成。

配置大空间智能灭火装置的大空间智能型主动喷水灭火系统的组成　　表 6.4-2

编号	名称	用途	编号	名称	用途
1	大空间大流量喷头	喷水灭火、控火	11	高位水箱或气压补压装置	保证管网平时处在湿式状态
2	智能型探测组件（独立设置）	探火、定位、报警、主动控制	12	试水放水阀	检测系统、放空
3	电磁阀	控制喷头喷水	13	安全泄压阀	防止系统超压
4	水流指示器	输出电信号、指示火灾区域	14	止回阀	维持系统压力、防止倒流
5	信号阀	系统检修时局部关闭系统、输出开闭信号	15	加压水泵或其他供水设施	加压供水
6	模拟末端试水装置	模拟检测	16	压力表	指示系统压力
7	配水支管	输水	17	消防水池	贮存消防用水
8	配水管	输水	18	水泵控制箱	控制水泵运行
9	配水干管	输水	19	智能灭火装置控制器	接收电信号、发出指令
10	手动闸阀	喷头及电磁阀检修更换时局部关闭			

编号	名称	用途	编号	名称	用途
20	声光报警器	发出声光报警	22	电源装置	供电
21	监视模块	监视信号	23	水泵接合器	外部供水引入

　　配置大空间智能灭火装置的大空间智能型主动喷水灭火系统基本组成示意图见图 6.4-2。

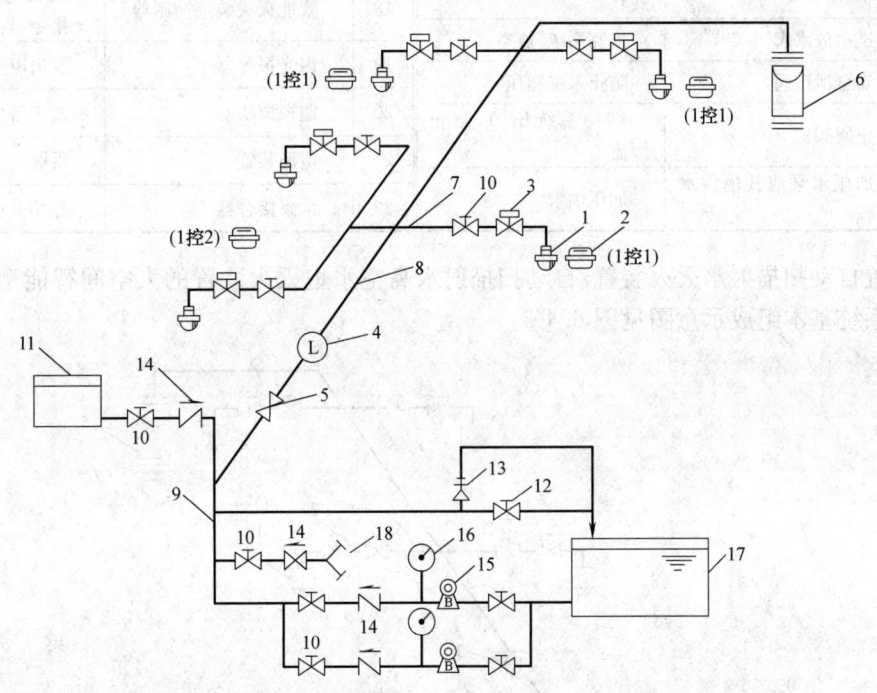

图 6.4-2　配置大空间智能灭火装置的大空间智能型主动喷水灭火系统基本组成示意图

1—大空间大流量喷头；2—智能型红外探测组件；3—电磁阀；4—水流指示器；5—信号阀；6—模拟末端试水装置；7—配水支管；8—配水管；9—配水干管；10—手动闸阀；11—高位水箱；12—试水放水阀；13—安全泄压阀；14—止回阀；15—加压水泵；16—压力表；17—消防水池；18—水泵接合器

　　2. 配置自动扫描射水灭火装置的大空间智能型主动喷水灭火系统：其由表 6.4-3 中部分或全部组件、配件和设施组成。

　　3. 配置自动扫描射水高空水炮灭火装置的大空间智能型主动喷水灭火系统：其由表 6.4-3 中部分或全部组件、配件和设施组成。

配置自动扫描射水灭火装置/自动扫描射水高空水炮灭火装置的大空间智能型主动喷水灭火系统组成　　表 6.4-3

编号	名称	用途	编号	名称	用途
1	自动扫描射水灭火装置/自动扫描射水高空水炮灭火装置（与智能型探测组件一体式）	探火、定位、报警、主动控制喷水灭火	4	信号阀	系统检修时局部关闭系统、输出开闭信号
			5	模拟末端试水装置	模拟检测
2	电磁阀	控制喷头喷水	6	配水支管	输水
3	水流指示器	输出电信号、指示火灾区域	7	配水管	输水

续表

编号	名称	用途	编号	名称	用途
8	配水干管	输水	15	压力表	指示系统压力
9	手动闸阀	喷头及电磁阀检修更换时局部关闭	16	消防水池	贮存消防用水
10	高位水箱或气压补压装置	保证管网平时处在湿式状态	17	水泵控制箱	控制水泵运行
			18	智能灭火装置控制器	接收电信号、发出指令
11	试水放水阀	检测系统、放空	19	声光报警器	发出声光报警
12	安全泄压阀	防止系统超压	20	监视模块	监视信号
13	止回阀	维持系统压力，防止倒流	21	电源装置	供电
14	加压水泵或其他供水设施	加压供水	22	水泵接合器	外部供水引入

配置自动扫描射水灭火装置/自动扫描射水高空水炮灭火装置的大空间智能型主动喷水灭火系统基本组成示意图见图 6.4-3。

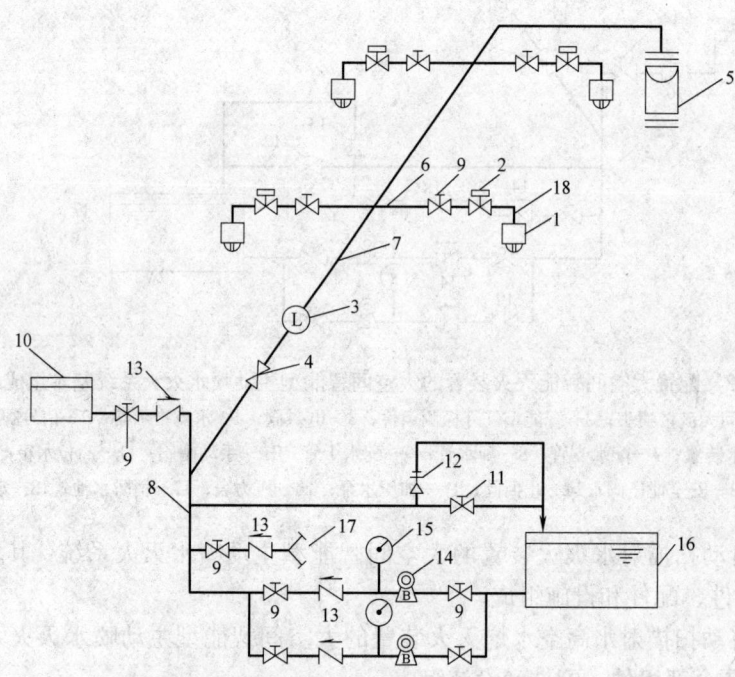

图 6.4-3　配置自动扫描射水灭火装置/自动扫描射水高空水炮灭火装置
的大空间智能型主动喷水灭火系统基本组成示意图

1—扫描射水喷头（水炮）智能型探测组件；2—电磁阀；3—水流指示器；4—信号阀；5—模拟末端试水装置；
6—配水支管；7—配水管；8—配水干管；9—手动闸阀；10—高位水箱；11—试水放水阀；12—安全泄压阀；
13—止回阀；14—加压水泵；15—压力表；16—消防水池；17—水泵接合器；18—短立管

6.4.4　大空间智能型主动喷水灭火系统的设置场所

1. 凡按照国家有关消防设计规范的要求应设置自动喷水灭火系统，火灾类别为 A 类

（A类火灾是指含碳固体可燃物质的火灾，如木材、棉、毛、麻、纸张等），但由于空间高度较高，采用其他自动喷水灭火系统难以有效探测、扑灭及控制火灾的大空间场所可设置大空间智能型主动喷水灭火系统。

2. 设置大空间智能型主动喷水灭火系统的场所环境温度应不低于 4℃，且不高于 55℃。

3. A类火灾的大空间场所举例见表 6.4-4。

A类火灾的大空间场所举例　　　　　　　　　　表 6.4-4

序号	建筑类型	设置场所
1	会展中心、展览馆、交易会等展览建筑	大空间门厅、展厅、中庭等场所
2	商场、超级市场、购物中心、百货大楼、室内商业街等商业建筑	大空间门厅、中庭、室内步行街等场所
3	办公楼、写字楼、综合楼、邮政楼、金融大楼、电信楼、指挥调度楼、广播电视楼(塔)、商务大厦等行政办公建筑	大空间门厅、中庭、会议厅、多功能厅等场所
4	医院、疗养院、康复中心等医院康复建筑	大空间门厅、中庭等场所
5	飞机场、火车站、汽车站、码头等客运站场的旅客候机(车、船)楼	大空间门厅、中庭、旅客候机(车、船)大厅、售票大厅等场所
6	购书中心、书市、图书馆、文化中心、博物馆、档案馆、美术馆、艺术馆、市民中心、科技中心、观光塔、儿童活动中心等文化建筑	大空间门厅、中庭、会议厅、演讲厅、展示厅、阅读室等场所
7	歌剧院、舞剧院、音乐厅、电影院、礼堂、纪念堂、剧团的排演场等演艺排演建筑	大空间门厅、中庭、观众厅等场所
8	体育比赛场馆、训练场馆等体育建筑	大空间门厅、中庭、看台、比赛训练场地、器材库等场所
9	旅馆、宾馆、酒店、会议中心	大空间门厅、中庭、会议厅、宴会厅等场所
10	生产储存A类物品的建筑	大空间厂房、堆垛仓库、高架仓库的通道等场所
11	其他适合用水灭火的大空间民用与工业建筑	各种大空间场所

4. 大空间智能型主动喷水灭火系统不适用于以下场所：

（1）在正常情况下采用明火生产的场所；

（2）火灾类别为 B、C、D 类火灾的场所；

（3）存在较多遇水发生爆炸或加速燃烧的物品的场所；

（4）存在较多遇水发生剧烈化学反应或产生有毒有害物质的物品的场所；

（5）存在较多因洒水而导致喷溅或沸溢的液体的场所；

（6）存放遇水将受到严重损坏的贵重物品的场所，如档案库、贵重资料库、博物馆珍藏室等；

（7）严禁管道漏水的场所；

（8）因高空水炮的高压水柱冲击造成重大财产损失的场所；

（9）其他不宜采用大空间智能型主动喷水灭火系统的场所。

6.4.5　大空间智能型主动喷水灭火系统的选择

大空间智能型主动喷水灭火系统的选择可依表 6.4-5 进行。

大空间智能型主动喷水灭火系统的选择   表 6.4-5

序号	应用场所或安装条件	采用的系统
1	中危险级或轻危险级的场所	可采用配置各种类型大空间灭火装置的系统
2	严重危险级的场所	宜采用配置大空间智能灭火装置的系统
3	边墙式安装时	宜采用配置自动扫描射水灭火装置或自动扫描射水高空水炮灭火装置的系统
4	灭火后需及时停止喷水的场所	应采用具有重复启闭功能的大空间智能型主动喷水灭火系统

6.4.6 基本设计参数

1. 标准型大空间智能灭火装置的基本设计参数见表 6.4-6。

单个标准型大空间智能灭火装置的基本设计参数   表 6.4-6

内容		单位	参数值
标准喷水流量		L/s	5
标准喷水强度		L/(min·m²)	2.5
接管口径		mm	40
喷头及探头最大安装高度		m	25
喷头及探头最低安装高度		m	6
标准工作压力		MPa	0.25
标准圆形保护半径		m	6
标准圆形保护面积		m²	113.04
标准矩形保护范围及面积	轻危险级	$a(m) \times b(m) = S(m^2)$	8.4×8.4=70.56 8×8.8=70.4 7×9.6=67.2 6×10.4=62.4 5×10.8=54 4×11.2=44.8 3×11.6=34.8
	中危险级 Ⅰ级		7×7=49 6×8.2=49.2 5×10=50 4×11.3=45.2 3×11.6=34.8
	中危险级 Ⅱ级		6×6=36 5×7.5=37.5 4×9.2=36.8 3×11.6=34.8
	严重危险级 Ⅰ级		5×5=25 4×6.2=24.8 3×8.2=24.6
	严重危险级 Ⅱ级		4.2×4.2=17.64 3×6.2=18.6

2. 标准型自动扫描射水灭火装置的基本设计参数见表 6.4-7。

单个标准型自动扫描射水灭火装置的基本设计参数　表 6.4-7

内容	单位		参数值
标准喷水流量	L/s		2
标准喷水强度	L/(min·m²)	轻危险级	4(扫射角度:90°)
		中危险级Ⅰ级	6(扫射角度:60°)
		中危险级Ⅱ级	8(扫射角度:45°)
接口直径	mm		20
喷头及探头最大安装高度	m		6
喷头及探头最低安装高度	m		2.5
标准工作压力	MPa		0.15
最大扇形保护角度	(°)		360
标准圆形保护半径	m		6
标准圆形保护面积	m²		113.04
标准矩形保护范围及面积	$a(m) \times b(m) = S(m^2)$		8.4×8.4=70.56 8×8.8=70.4 7×9.6=67.2 6×10.4=62.4 5×10.8=54 4×11.2=44.8 3×11.6=34.8

3. 标准型自动扫描射水高空水炮灭火装置的基本设计参数见表 6.4-8。

单个标准型自动扫描射水高空水炮灭火装置的基本设计参数　表 6.4-8

内容	单位		参数值
标准喷水流量	L/s		5
接口直径	mm		25
喷头及探头最大安装高度	m		20
喷头及探头最低安装高度	m		6
标准工作压力	MPa		0.6
标准圆形保护半径	m		20
标准圆形保护面积	m²		1256
标准矩形保护范围及面积	轻危险级 中危险级Ⅰ级 中危险级Ⅱ级	$a(m) \times b(m) = S(m^2)$	28.2×28.2=795.24 25×31=775 20×34=680 15×37=555 10×38=380

4. 配置各种标准型大空间灭火装置的大空间智能型主动喷水灭火系统的设计流量应按表 6.4-9～表 6.4-11 确定。

(1) 配置标准型大空间智能灭火装置的大空间智能型主动喷水灭火系统的设计流量见表 6.4-9。

配置标准型大空间智能灭火装置的大空间智能型主动喷水灭火系统设计流量 表 6.4-9

喷头设置方式	列数	喷头布置（个）	设置同时开启喷头数（个）	系统设计流量（L/s）
1行布置时	1	1	1	5
	2	2	2	10
	3	3	3	15
	≥4	≥4	4	20
2行布置时	1	2	2	10
	2	4	4	20
	3	6	6	30
	≥4	≥8	8	40
3行布置时	1	3	3	15
	2	6	6	30
	3	9	9	45
	≥4	≥12	12	60
4行布置时	1	4	4	20
	2	8	8	40
	3	12	12	60
	≥4	≥16	16	80
超过4行×4列布置		≥16	16	80

注：火灾危险等级为轻危险级或中危险级的设置场所，当一个智能型探测组件控制1个喷头时，最大设计流量可按45L/s确定。

（2）配置标准型自动扫描射水灭火装置的大空间智能型主动喷水灭火系统的设计流量见表6.4-10。

配置标准型自动扫描射水灭火装置的大空间智能型主动喷水灭火系统设计流量

表 6.4-10

喷头设置方式	列数	喷头布置（个）	设置同时开启喷头数（个）	系统设计流量（L/s）
1行布置时	1	1	1	2
	2	2	2	4
	3	3	3	6
	≥4	≥4	4	8
2行布置时	1	2	2	4
	2	4	4	8
	3	6	6	12
	≥4	≥8	8	16
3行布置时	1	3	3	6
	2	6	6	12
	3	9	9	18
	≥4	≥12	12	24

续表

喷头设置方式	列数	喷头布置（个）	设置同时开启喷头数（个）	系统设计流量（L/s）
4行布置时	1	4	4	8
	2	8	8	16
	3	12	12	24
	≥4	≥16	16	32
超过4行×4列布置		≥16	16	32

（3）配置标准型自动扫描射水高空水炮灭火装置的大空间智能型主动喷水灭火系统的设计流量见表6.4-11。

配置标准型自动扫描射水高空水炮灭火装置的大空间智能型主动喷水灭火系统设计流量　　表 6.4-11

喷头设置方式	列数	喷头布置（个）	设置同时开启喷头数（个）	系统设计流量（L/s）
1行布置时	1	1	1	5
	2	2	2	10
	≥3	≥3	3	15
2行布置时	1	2	2	10
	2	4	4	20
	≥3	≥6	6	30
3行布置时	1	3	3	15
	2	6	6	30
	≥3	≥9	9	45
超过3行×3列布置		≥9	9	45

6.4.7 系统组件

1. 喷头及高空水炮

（1）设置大空间智能型主动喷水灭火系统的场所，当喷头或高空水炮为平行顶棚或梁底吊顶设置时，设置场所地面至顶棚或梁底的最大净空高度不应大于表6.4-12的规定。

采用大空间智能型主动喷水灭火系统场所的最大净空高度　　表 6.4-12

灭火装置喷头名称	型　号	地面至顶棚或梁底的最大净空高度(m)
大空间大流量喷头	标准型	25
扫描射水喷头	标准型	6
高空水炮	标准型	20

（2）设置大空间智能型主动喷水灭火系统的场所，当喷头或高空水炮为边墙式或悬空式安装，且喷头及高空水炮以上空间无可燃物时，设置场所的净空高度可不受限制。

（3）各种喷头和高空水炮应下垂式安装。

（4）同一个隔间内宜采用同一种喷头或高空水炮，如要混合采用多种喷头或高空水炮，且合用一组供水设施时，应在供水管路的水流指示器前，将供水管道分开设置，并根据不同喷头的工作压力要求、安装高度及管道水头损失来考虑是否设置减压装置。

2. 智能型探测组件

（1）大空间智能灭火装置的智能型探测组件与大空间大流量喷头为分体式设置，其安装应符合下列规定：

1）安装高度应与喷头安装高度相同；

2）一个智能型探测组件最多可覆盖 4 个喷头（喷头为矩形布置时）的保护区；

3）设在舞台上方时一个智能型探测组件控制 1 个喷头；设在其他场所时一个智能型探测组件可控制 1~4 个喷头；

4）一个智能型探测组件控制 1 个喷头时，智能型探测组件与喷头的水平安装距离不应大于 600mm；

5）一个智能型探测组件控制 2~4 个喷头时，智能型探测组件距各喷头布置平面的中心位置的水平安装距离不应大于 600mm。

（2）自动扫描射水灭火装置和自动扫描射水高空水炮灭火装置的智能型探测组件与扫描射水喷头（高空水炮）为一体设置，智能型探测组件的安装应符合下列规定：

1）安装高度与喷头（高空水炮）安装高度相同；

2）一个智能型探测组件的探测区域应覆盖 1 个喷头（高空水炮）的保护区域；

3）一个智能型探测组件只控制 1 个喷头（高空水炮）。

（3）智能型探测组件应平行或低于顶棚、梁底、屋架底和风管底设置。

3. 电磁阀

（1）大空间智能型主动喷水灭火系统灭火装置配套的电磁阀是整个系统能否正常运行的关键组件，所以对系统配套的电磁阀有一定的要求：

1）阀体应采用不锈钢或铜质材料，内件应采用不生锈、不结垢、耐腐蚀材料，以保证阀门在长期不动作条件下仍能随时开启；

2）阀芯应具备启闭快、不生锈、不结垢、不堵塞、密封性能好、使用寿命长等优点；

3）复位弹簧应设置于水介质以外，避免因长期浸泡于水中而锈蚀，导致电磁阀失灵；

4）电磁阀在不通电条件下应处于关闭状态，以防在突然停电情况下阀门开启、喷头误喷；

5）电磁阀的开启压力不应大于 0.04MPa；

6）电磁阀的公称压力不应小于 1.6MPa。

（2）电磁阀宜靠近智能型灭火装置设置。严重危险级场所如舞台等，电磁阀边上宜并列设置一个与电磁阀相同口径的手动旁通闸阀，并宜将电磁阀及手动旁通闸阀集中设置于场所附近便于人员直接操作的房间或管井内。

（3）若电磁阀设置在吊顶内，宜设置在便于检查维修的位置，在电磁阀的位置应预留检修孔洞。

（4）各种灭火装置配套的电磁阀的基本参数见表 6.4-13。

4. 水流指示器及信号阀

（1）水流指示器的性能应符合《自动喷水灭火系统 第 7 部分：水流指示器》GB 5135.7 的要求。

各种灭火装置配套的电磁阀的基本参数　　　　　　　　　　表 6.4-13

灭火装置 名称	安装方式	安装高度	控制喷头 （高空水炮）数	电磁阀口径 （mm）
大空间智能灭火装置	与喷头分设安装	不受限制	控制 1 个 控制 2 个 控制 3 个 控制 4 个	50 80 100 125～150
自动扫描射水灭火装置	与喷头分设安装	不受限制	控制 1 个	40
自动扫描射水高空 水炮灭火装置	与高空水炮分设安装	不受限制	控制 1 个	50

（2）每个防火分区或每个楼层均应设置水流指示器及信号阀。

（3）大空间智能型主动喷水灭火系统与其他自动喷水灭火系统合用一套供水系统时，应独立设置水流指示器及信号阀，且应在其他自动喷水灭火系统湿式报警阀或雨淋阀前将管道分开。

（4）水流指示器及信号阀应安装在配水管上。

（5）水流指示器应安装在信号阀出口之后。

（6）水流指示器及信号阀的公称压力不应小于系统的工作压力。

（7）水流指示器及信号阀应安装在便于检修的位置，如安装在吊顶内，吊顶应预留检修孔洞。

（8）信号阀正常情况下应处于开启位置。

（9）信号阀的公称直径应与配水管管径相同。

5. 模拟末端试水装置

（1）每个压力分区的水平管网末端最不利点处应设模拟末端试水装置，但在满足以下条件时，可不设模拟末端试水装置，但应设直径为 50mm 的试水阀：

1）每个水流指示器控制的保护范围内允许进行试水，且试水不会对建筑、装修及物品造成损坏的场地；

2）试水场地地面应有完善的排水措施。

（2）模拟末端试水装置应由压力表、试水阀、电磁阀、智能型探测组件、模拟喷头（高空水炮）及排水管组成（见图 6.4-4）。

（3）模拟末端试水装置的智能型探测组件的性能及技术要求应与各种灭火装置的智能型探测组件相同，与模拟喷头为分体式安装。

（4）模拟末端试水装置的电

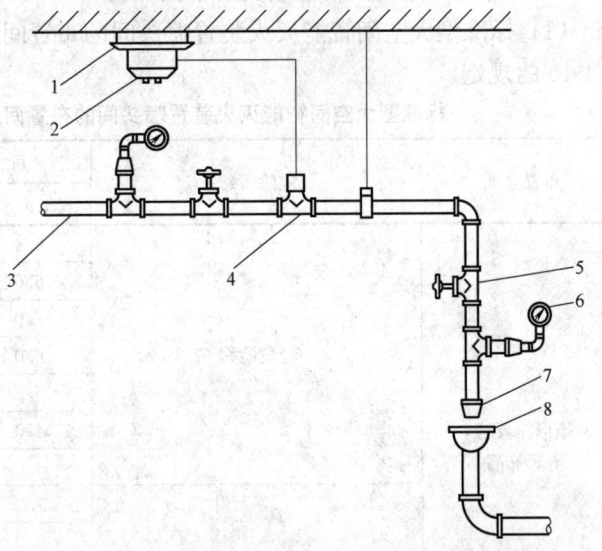

图 6.4-4　模拟末端试水装置示意图

1—安装底座；2—智能型探测组件；3—最不利点水管；4—电磁阀；
5—截止阀；6—压力表；7—模拟喷头；8—排水漏斗

磁阀的性能及技术要求与各种灭火装置的电磁阀相同。

（5）模拟喷头（高空水炮）为固定式喷头（高空水炮），模拟喷头（高空水炮）的流量系数应与对应的灭火装置上的喷头（高空水炮）相同。

（6）模拟末端试水装置的出水应采取间接排水方式排入排水管道。

（7）模拟末端试水装置宜安装在卫生间、楼梯间等便于进行操作测试的地方。

（8）模拟末端试水装置的技术要求见表 6.4-14。

模拟末端试水装置的技术要求   表 6.4-14

采用的灭火装置名称	模拟末端试水装置				
	压力表	试水阀	电磁阀	智能型探测组件	模拟喷头（高空水炮）的流量系数
标准型大空间智能灭火装置	精度不应低于1.5级，量程为试验压力的1.5倍	口径：50mm 公称压力：≥1.6MPa	口径：50mm 公称压力：≥1.6MPa	分体设置	$K=190$
标准型自动扫描射水灭火装置	精度不应低于1.5级，量程为试验压力的1.5倍	口径：40mm 公称压力：≥1.6MPa	口径：40mm 公称压力：≥1.6MPa	分体设置	$K=97$
标准型自动扫描射水高空水炮灭火装置	精度不应低于1.5级，量程为试验压力的1.5倍	口径：50mm 公称压力：≥1.6MPa	口径：50mm 公称压力：≥1.6MPa	分体设置	$K=122$

6.4.8   喷头及高空水炮的布置

1. 大空间智能灭火装置喷头的平面布置

（1）标准型大空间智能灭火装置喷头间的布置间距及喷头与边墙间的距离不应超过表 6.4-15 的规定。

标准型大空间智能灭火装置喷头间的布置间距及喷头与边墙间的距离   表 6.4-15

布置方式	危险等级		喷头间距（m）		喷头与边墙的间距（m）	
			a	b	$a/2$	$b/2$
矩形布置或方形布置	轻危险级		8.4	8.4	4.2	4.2
			8.0	8.8	4.0	4.4
			7.0	9.6	3.5	4.8
			6.0	10.4	3.0	5.2
			5.0	10.8	2.5	5.4
			4.0	11.2	2.0	5.6
			3.0	11.6	1.5	5.8
	中危险级	Ⅰ级	7.0	7.0	3.5	3.5
			6.0	8.2	3.0	4.1
			5.0	10.0	2.5	5.0
			4.0	11.3	2.0	5.65
			3.0	11.6	1.5	5.8

续表

布置方式	危险等级		喷头间距(m)		喷头与边墙的间距(m)	
			a	b	$a/2$	$b/2$
矩形布置或 方形布置	中危险级	Ⅱ级	6.0	6.0	3.0	3.0
			5.0	7.5	2.5	3.75
			4.0	9.2	2.0	4.6
			3.0	11.6	1.5	5.8
	严重危险级	Ⅰ级	5.0	5.0	2.5	2.5
			4.0	6.2	2.0	3.1
			3.0	8.2	1.5	4.1
	严重危险级	Ⅱ级	4.2	4.2	2.1	2.1
			3.0	6.2	1.5	3.1

（2）标准型大空间智能灭火装置喷头间的布置间距不宜小于2.5m。

（3）喷头应平行或低于顶棚、梁底、屋架底和风管底设置。

2. 自动扫描射水灭火装置喷头的平面布置

（1）标准型自动扫描射水灭火装置喷头间的布置间距及喷头与边墙的距离不应超过表6.4-16的规定。

标准型自动扫描射水灭火装置喷头间的布置间距及喷头与边墙的距离　　表 6.4-16

布置方式	喷头间距(m)		喷头与边墙的距离(m)	
	a	b	$a/2$	$b/2$
矩形布置或 方形布置	8.4	8.4	4.2	4.2
	8.0	8.8	4.0	4.4
	7.0	9.6	3.5	4.8
	6.0	10.4	3.0	5.2
	5.0	10.8	2.5	5.4
	4.0	11.2	2.0	5.6
	3.0	11.6	1.5	5.8

（2）标准型自动扫描射水灭火装置喷头间的布置间距不宜小于3m。

（3）喷头应平行或低于顶棚、梁底、屋架底和风管底设置。

3. 自动扫描射水高空水炮灭火装置高空水炮的平面布置

（1）标准型自动扫描射水高空水炮灭火装置高空水炮间的布置间距及高空水炮与边墙间的距离不应超过表6.4-17的规定。

（2）标准型自动扫描射水高空水炮灭火装置高空水炮间的布置间距不宜小于10m。

（3）高空水炮应平行或低于顶棚、梁底、屋架底和风管底设置。

6.4.9 管道

1. 配水管的工作压力不应大于1.2MPa，并不应设置其他用水设施。

标准型自动扫描射水高空水炮灭火装置高空水炮间布置间距及高空水炮与边墙的距离

表 6.4-17

布置方式	高空水炮间距(m)		高空水炮与边墙的距离(m)	
	a	b	$a/2$	$b/2$
矩形布置或方形布置	28.2	28.2	14.1	14.1
	25.0	31.0	12.5	15.5
	20.0	34.0	10.0	17.0
	15.0	37.0	7.5	18.5
	10.0	38.0	5.0	19.0

2. 室内管道应采用内外壁热镀锌钢管，或符合现行国家或行业标准并经国家认定的检测机构检测合格的涂覆其他防腐材料的钢管，以及铜管、不锈钢管。不得采用普通焊接钢管、铸铁管及各种塑料管。

3. 室外埋地管道应采用内外壁热镀锌钢管，或符合现行国家或行业标准的内衬不锈钢热镀锌钢管、涂塑钢管、球墨铸铁管、塑料管和钢塑复合管，不得采用普通焊接钢管、普通铸铁管。

4. 室内管道的直径不宜大于 200mm，当管道的直径大于 200mm 时宜采用环状管双向供水。

5. 室内管道系统中镀锌钢管、涂覆钢管的连接，应采用沟槽式连接件（卡箍）或丝扣、法兰连接。室外埋地塑料管道应采用承插、热熔或胶粘方式连接。铜管、不锈钢管应采用配套的支架、吊架。

6. 系统中室内外直径等于或大于 100mm 的架空安装的管道，应分段采用法兰或沟槽式连接件（卡箍）连接。水平管道上法兰（卡箍）间的管道长度不宜大于 20m；立管上法兰（卡箍）间的管道长度，不应跨越 3 个及以上楼层。净空高度大于 8m 的场所内，立管应采用法兰或沟槽式连接件（卡箍）连接。

7. 管道的直径应根据水力计算的规定计算确定。配水管的布置应使配水管入口的压力接近均衡。各种配置不同灭火装置系统的配水管水平管道入口处的压力上限值见表 6.4-18。

各种配置不同灭火装置系统的配水管水平管道入口处的压力上限值   表 6.4-18

灭火装置	型号	喷头处的标准工作压力(MPa)	配水管水平管道入口处的压力上限值(MPa)
大空间智能灭火装置	标准型	0.25	0.6
自动扫描射水灭火装置	标准型	0.15	0.5
自动扫描射水高空水炮灭火装置	标准型	0.60	1.0

8. 配水管水平管道入口处的压力超过表 6.4-18 的限定值时，应设置减压装置，或采取其他减压措施。

9. 室外埋地金属管或金属复合管应考虑采取适当的外防腐措施。

6.4.10　供水

1. 水源

（1）水源可由市政生活给水管道、消防给水管道供给，也可由消防水池供给。

（2）大空间智能型主动喷水灭火系统的水源，应确保持续喷水时间内系统用水量的要求。

（3）如采用市政自来水直接供水，应符合以下规定：

1）应从两条市政给水管道引入，当其中一条给水管发生故障时，其余给水管应仍能保证全部用水量；

2）市政给水管道的水量及水压应能满足整个系统的水量及水压要求；

3）市政给水管道与系统管道的连接处应设置检修阀门及倒流防止器。

（4）如采用屋顶水池、高位水池直接供水时可不再另设高位水箱，但应符合以下规定：

1）有效容量应满足在火灾延续时间内系统用水量的要求；

2）应与生活水池分开设置；

3）设置高度应能满足整个系统的压力要求；

4）补水时间不宜超过48h。

（5）消防水池应符合下列要求：

1）有效容量应满足在火灾延续时间内系统用水量的要求；

2）在火灾情况下能保证连续补水时，消防水池的容量可减去火灾延续时间内补充的水量；

3）消防水池的补水时间不宜超过48h；

4）消防用水与其他用水共用水池时，应有确保消防用水不作他用的技术设施。

（6）寒冷地区，对消防水池、屋顶水池、高位水池及系统中易受冰冻影响的部分，应采取防冻措施。

2. 水泵

（1）当给水水源的水压及水量不能同时保证系统的水压及水量要求时，应设置独立的供水泵组。供水泵组可与其他自动喷水灭火系统合用，此时供水泵组的供水能力应按两个系统中最大者选取。

（2）应按1用1备或2用1备的比例设置工作主泵及备用泵，备用泵的供水能力应不低于一台主泵。

（3）系统的供水泵、稳压泵应采用自灌式吸水方式。

（4）每组供水泵的吸水管不应少于2根。

（5）供水泵的吸水管应设控制阀；出水管应设控制阀、止回阀、压力表和直径不小于65mm的试水阀。必要时，应安装防止系统超压的安全泄压阀。

3. 高位水箱或气压稳压装置

（1）非常高压给水系统应设置高位水箱或气压稳压装置。

（2）高位水箱底的安装高度应大于最高一个灭火装置的安装高度1m。

（3）高位水箱的容积应不小于 $1m^3$。

（4）高位水箱可以与自动喷水灭火系统或消火栓系统的高位水箱合用，但应满足以下要求：

1）当与自动喷水灭火系统合用一套供水系统时，高位水箱出水管可以合用；

2）当与自动喷水灭火系统分开设置供水系统时，高位水箱出水管应独立设置；

3）消火栓系统的高位水箱出水管应独立设置；

4）出水管上应设置止回阀及检修阀。

（5）高位水箱应与生活水箱分开设置。

（6）高位水箱应设补水管、溢流管及放空管。

（7）高位水箱宜采用钢筋混凝土、不锈钢、玻璃钢等耐腐蚀材料建造。

（8）高位水箱应定期清扫，水箱人孔、溢流管处应有防止蚊虫进入的措施。

（9）寒冷地区，可能遭受冰冻的水箱，应采取防冻措施。

（10）水箱出水管的管径不应小于50mm。

（11）无条件设置高位水箱或水箱高度不能满足规定时，应设置隔膜式气压稳压装置。稳压泵流量宜为1个喷头（高空水炮）标准喷水流量，压力应保证最不利一个灭火装置处的最低工作压力要求。气压罐的有效调节容积不应小于150L。

4. 水泵接合器

（1）系统应设水泵接合器，其数量应按系统的设计流量确定，每个水泵接合器的流量宜按10~15L/s计算。

（2）当水泵接合器的供水能力不能满足系统的压力要求时，应采取增压措施。

6.4.11　水力计算

1. 系统的设计流量

（1）大空间智能型主动喷水灭火系统的设计流量应根据喷头（高空水炮）的设置方式、喷头（高空水炮）布置的行数及列数、喷头（高空水炮）的设计同时开启数分别按表6.4-9~表6.4-11来确定。

（2）系统的设计流量也可按公式（6.4-1）计算：

$$Q_s = \frac{1}{60}\sum_{i=1}^{n} q_i \tag{6.4-1}$$

式中　Q_s——系统的设计流量（L/s）；

q_i——系统中最不利点处最大一组同时开启喷头（高空水炮）中各喷头（高空水炮）节点的流量（L/min）；

n——系统中最不利点处最大一组同时开启喷头（高空水炮）的个数。

2. 喷头的设计流量

（1）喷头（高空水炮）在标准工作压力时的标准设计流量根据表6.4-19确定。

喷头（高空水炮）在标准工作压力时的标准设计流量　　　　表6.4-19

喷头形式	型号	标准设计流量（L/s）	标准工作压力（MPa）	配水支管管径（mm）	短立管管径/喷头（高空水炮）接口管径(mm)
大空间大流量喷头	标准型	5	0.25	50	50/40
扫描射水喷头	标准型	2	0.15	40	40/20
高空水炮	标准型	5	0.60	50	50/25

（2）喷头（高空水炮）在其他工作压力下的流量按公式（6.4-2）计算：

$$q = K\sqrt{10P} \cdot 1/60 \tag{6.4-2}$$

式中　q——喷头（高空水炮）流量（L/s）；

　　　P——喷头（高空水炮）工作压力（MPa）；

　　　K——喷头（高空水炮）流量系数（按表 6.4-20 确定）。

喷头（高空水炮）的流量系数　　　　　　　表 6.4-20

喷头形式	型号	流量系数 K 值
大空间大流量喷头	标准型	190
扫描射水喷头	标准型	97
高空水炮	标准型	122

3. 管段的设计流量

（1）配水支管的设计流量等同于其所接喷头（高空水炮）的设计流量，可根据表 6.4-19 或根据公式（6.4-2）计算确定。

（2）配水管及配水干管的设计流量可根据该管段所负荷的喷头（高空水炮）的设置方式、喷头（高空水炮）布置的行数及列数、喷头（高空水炮）的设计同时开启数按表 6.4-9～表 6.4-11 直接确定。

（3）配水管和配水干管管段的设计流量也可根据公式（6.4-3）确定：

$$Q_{\mathrm{p}} = \frac{1}{60} \sum_{i=1}^{n} q_i \qquad (6.4-3)$$

式中　Q_{p}——管段的设计流量（L/s）；

　　　q_i——与该管段所连接的后续管道中最不利点处最大一组同时开启喷头（高空水炮）中各喷头（高空水炮）节点的流量（L/min）；

　　　n——与该管段所连接的后续管道中最不利点的最大一组同时开启喷头（高空水炮）的个数。

（4）配置大空间智能灭火装置的大空间智能型主动喷水灭火系统的配水管和配水干管管段的管径可根据表 6.4-21 确定。

配置大空间智能灭火装置的大空间智能型主动喷水灭火系统
的配水管和配水干管管段的设计流量及配管管径　　　　　表 6.4-21

管段负荷的最大同时开启喷头数(个)	管段的设计流量(L/s)	配管公称管径(mm)	配管的根数(根)
1	5	50	1
2	10	80	1
3	15	100	1
4	20	125～150	1
5	25	125～150	1
6	30	150	1
7	35	150	1
8	40	150	1
9～15	45～75	150	2
≥16	80	150	2

（5）配置自动扫描射水灭火装置的大空间智能型主动喷水灭火系统的配水管和配水干管管段的设计流量及配管管径可根据表 6.4-22 确定。

配置自动扫描射水灭火装置的大空间智能型主动喷水灭火系统的
配水管和配水干管管段的设计流量及配管管径　　　表 6.4-22

管段负荷的最大同时开启喷头数（个）	管段的设计流量（L/s）	配管公称管径（mm）	配管的根数（根）
1	2	40	1
2	4	50	1
3	6	65	1
4	8	80	1
5	10	100	1
6	12	100	1
7	14	100	1
8	16	125~150	1
9	18	125~150	1
10~15	20~30	150	1
≥16	32	150	1

（6）配置自动扫描射水高空水炮灭火装置的大空间智能型主动喷水灭火系统的配水管和配水干管管段的设计流量及配管管径可根据表 6.4-23 确定。

配置自动扫描射水高空水炮灭火装置的大空间智能型主动喷水灭火
系统的配水管和配水干管管段的设计流量及配管管径　　　表 6.4-23

管段负荷的最大同时开启喷头数（个）	管段的设计流量（L/s）	配管公称管径（mm）	配管的根数（根）
1	5	50	1
2	10	80	1
3	15	100	1
4	20	125~150	1
5	25	150	1
6	30	150	1
7~8	35~40	150	1
≥9	45	150	2

4. 管道的水力计算

（1）配水支管、配水管、配水干管内水的平均流速应按公式（6.4-4）计算：

$$v = 0.004 \cdot \frac{Q}{\pi d_j^2} \tag{6.4-4}$$

式中　v——管道内水的平均流速（m/s）；

　　　Q——管道的设计流量（L/s）；

　　　π——圆周率；

　　　d_j——管道的计算内径（m），取值应按管道的内径减 1mm 确定（管道公称直径根据表 6.4-19、表 6.4-21~表 6.4-23 确定）。

（2）采用镀锌钢管时每米管道的水头损失应按公式（6.4-5）计算：

$$i = 0.0000107 \cdot \frac{v^2}{d_j^{1.3}}$$

(6.4-5)

式中　i——每米管道的水头损失（MPa/m）；

　　　v——管道内水的平均流速（m/s）；

　　　d_j——管道的计算内径（m），取值应按管道的内径减 1mm 确定。

注：采用其他类型的管道时，每米管道的水头损失可按照其各自有关的设计规范、规程中的计算公式计算。

（3）管道的沿程水头损失应按公式（6.4-6）计算：

$$h = iL$$

(6.4-6)

式中　h——管道的沿程水头损失（MPa）；

　　　i——每米管道的水头损失（管道沿程阻力系数）（MPa/m）；

　　　L——管道长度（m）。

（4）管道的局部水头损失

管道的局部水头损失宜采用当量长度法计算。

各种管件和阀门的当量长度见表 6.4-24，当采用新材料和新阀门等能产生局部水头损失的部件时，应根据产品的要求确定管件的当量长度。

各种管件和阀门的当量长度（m）　　　　　　　　表 6.4-24

管件名称	管件直径(mm)											
	25	32	40	50	70	80	100	125	150	200	250	300
45°弯头	0.3	0.3	0.6	0.9	0.9	1.2	1.5	2.1	2.7	3.3	4.0	
90°弯头	0.6	0.9	1.2	1.5	1.8	2.1	3.1	3.7	4.3	5.5	5.5	8.2
三通四通	1.5	1.8	2.4	3.1	3.7	4.6	6.1	7.6	9.2	10.7	15.3	18.3
蝶阀及信号蝶阀				1.8	2.1	3.1	3.7	2.7	3.1	3.7	5.8	6.4
闸阀及信号闸阀				0.3	0.3	0.3	0.6	0.6	0.9	1.2	1.5	1.8
止回阀	1.5	2.1	2.7	3.4	4.3	4.9	6.7	8.3	9.8	13.7	16.8	19.8
异径接头	32 25	40 32	50 40	70 50	80 70	100 80	125 100	150 125	200 150			
	0.2	0.3	0.3	0.5	0.5	1.1	1.3	1.6				
U 型过滤器	12.3	15.4	18.5	24.5	30.8	36.8	49.0	61.2	73.5	98.0	122.5	
Y 型过滤器	11.2	14.0	16.8	22.4	28.0	33.6	46.2	57.4	68.6	91.0	113.4	

注：当异径接头的出口直径不变而入口直径提高 1 级时，其当量长度应增加 0.5 倍；提高 2 级或 2 级以上时，其当量长度应增加 1.0 倍。

（5）水泵扬程或系统入口的供水压力应按公式（6.4-7）计算：

$$H = \sum h + P_0 + Z$$

(6.4-7)

式中　H——水泵扬程或系统入口的供水压力（MPa）；

　　　$\sum h$——管道沿程水头损失和局部水头损失的累计值（MPa），水流指示器取值 0.02MPa

（注：马鞍型水流指示器的取值由生产厂提供）；

P_0——最不利点处喷头的工作压力（MPa）；

Z——最不利点处喷头与消防水池的最低水位或系统入口管水平中心线之间的高程差，当系统入口管或消防水池最低水位高于最不利点处喷头时，Z 应取负值（MPa）。

5. 减压措施

（1）减压孔板应符合下列规定：

1）应设在直径不小于 50mm 的水平直管段上，前后管段的长度均不宜小于该管段直径的 5 倍；

2）孔口直径不应小于设置管段直径的 30%，且不应小于 20mm；

3）应采用不锈钢板材制作。

（2）节流管应符合下列规定：

1）直径宜按上游管段直径的 1/2 确定；

2）长度不宜小于 1m；

3）节流管内水的平均流速不应大于 20m/s。

（3）减压孔板的水头损失应按公式（6.4-8）计算：

$$H_k = \xi \frac{v_k^2}{2g} \tag{6.4-8}$$

式中 H_k——减压孔板的水头损失（10^{-2}MPa）；

v_k——减压孔板后管道内水的平均流速（m/s）；

ξ——减压孔板的局部阻力系数，取值应按公式（6.4-9）计算，或按表 6-3-39 确定。

$$\xi = \left[1.75 \frac{d_j^2}{d_k^2} \cdot \frac{1.1 - \frac{d_k^2}{d_j^2}}{1.175 - \frac{d_k^2}{d_j^2}} - 1 \right]^2 \tag{6.4-9}$$

式中 d_k——减压孔板的孔口直径（m）。

（4）节流管的水头损失应按公式（6.4-10）计算：

$$H_g = \zeta \frac{v_g^2}{2g} + 0.00107L \frac{v_g^2}{d_g^{1.3}} \tag{6.4-10}$$

式中 H_g——节流管的水头损失（10^{-2}MPa）；

ζ——节流管中渐缩管与渐扩管的局部阻力系数之和，取值 0.7；

v_g——节流管内水的平均流速（m/s）；

d_g——节流管的计算内径（m），取值应按节流管内径减 1mm 确定；

L——节流管长度（m）。

（5）减压阀应符合下列规定：

1）应设在电磁阀前的信号阀入口前；

2）减压阀的公称直径应与管道管径相一致；

3）应设备用减压阀；

4）减压阀节点处的前后应装设压力表。

6.4.12 工程举例

【例 6.4-1】 某会展中心共有 4 个相同的大空间展厅，为 A 类火灾中危险级Ⅰ级场所，展厅高度 23m，单个展厅内净空尺寸为 28m×56m，试给这些大空间展厅设计一套大空间智能型主动喷水灭火系统，并确定系统管段的设计流量及管段的管径。

【解】

展厅屋顶高度为 23m，为 A 类火灾大空间场所，按表 6.4-5 及表 6.4-6，确定采用配置标准型大空间智能灭火装置的大空间智能型主动喷水灭火系统。

查表 6.4-6 得出单个标准型大空间智能灭火装置的标准喷水流量为 5L/s，标准喷水强度为 2.5L/(min·m²)，接管口径为 40mm，喷头及探头最大安装高度为 25m，标准工作压力为 0.25MPa，中危险级Ⅰ级场所采用 7m×7m 布置时的保护面积为 49m²。

方案一：

喷头采用 1 控 4 布置，系统平面布置如图 6.4-5 所示。

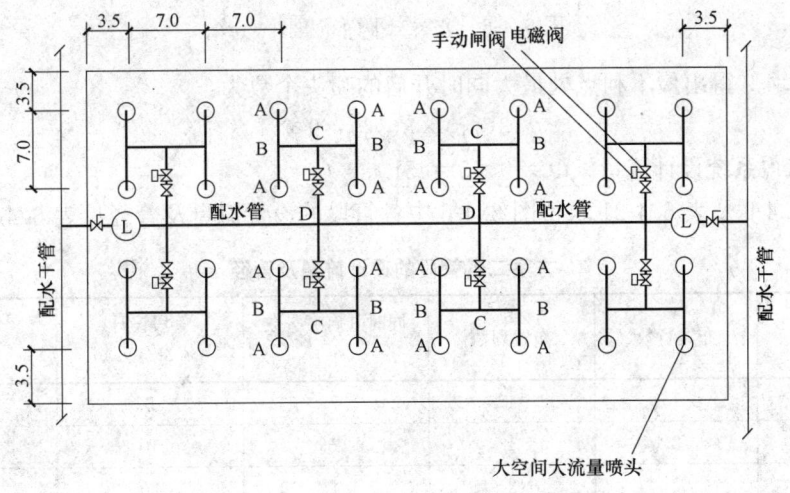

图 6.4-5　方案一平面布置图（m）

查表 6.4-9 得出最不利点处最大同时开启喷头的个数为：

$$4(行) \times 4(列) = 16 个$$

故：求得系统设计流量—$Q_s = 16 \times 5 = 80$L/s。

查表 6.4-9 及表 6.4-21 求得图 6.4-5 中各管段的设计流量及管径（见表 6.4-25）。

方案一各管段的设计流量及管径　　　　　　　表 6.4-25

管段编号	布置行数	布置列数	同时开启喷头数（个）	管段设计流量（L/s）	管径（mm）
A-B	1	1	1	5	50
B-C	2	1	2	10	80
C-D	2	2	4	20	125
配水管	4	4	16	80	150×2(条)

方案二：

喷头采用1控1布置，系统平面布置如图6.4-6所示。

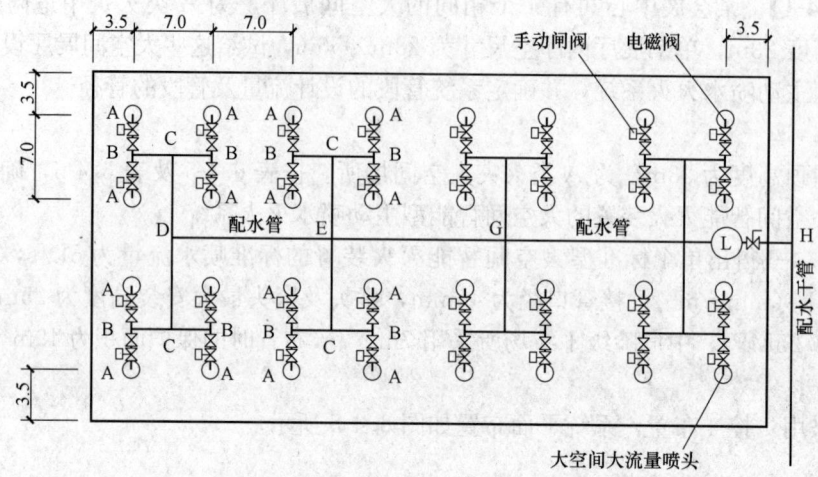

图6.4-6　方案二平面布置图（m）

查表6.4-9得出最不利点处最大同时开启的喷头个数为：

$$3（行）×3（列）=9 个$$

故：求得系统设计流量　$Q_s=9×5=45L/s$。

查表6.4-9及表6.4-21求得图6.4-6中各管段的设计流量及管径见表6.4-26。

方案二各管段的设计流量及管径　　　　　　　表6.4-26

管段编号	布置行数	布置列数	同时开启喷头数（个）	管段设计流量（L/s）	管径（mm）
A-B	1	1	1	5	50
B-C	2	1	2	10	80
C-D	2	2	4	20	125
D-E	4	2	8	40	150
E-G	4	4	9 *	45 *	150
G-H	4	>4	9 *	45 *	150

＊ 上表中E-G、G-H管段按表6.4-9确定同时开启喷头数应为16个，系统设计流量为80L/s，因该方案采用1控1的喷头布置方式，且为中危险级Ⅰ级场所，根据表6.4-9"注"，最大设计流量按45L/s确定。

6.5　水喷雾及细水雾灭火系统

6.5.1　水喷雾灭火系统

水喷雾系统是由水雾喷嘴、雨淋阀、管网、供水装置及控制系统所构成的，可用于实现自动扑灭火灾、控制燃烧、暴露防护等防火性能目标的固定装置。《建规》第8.3.8条规定了该系统的设置场所，见表6.1-4。

1. 基本要求

(1) 应用范围

1) 可燃气体和闪点高于 60℃的可燃液体火灾；

2) 甲、乙、丙类液体生产、储存装置的防护冷却；

3) 电气火灾，如变压器、断油开关、电机等；

4) 固体可燃物火灾，如纸张、木材和纺织品等。

(2) 使用限制

1) 应根据被保护物的物理和化学特性，确定在水喷雾作用下不会产生不安全因素。被保护液体的闪点、密度、黏度、混合性或可溶性，水喷雾的温度及被保护物的温度等都是需要考虑的因素。

2) 应考虑在高温状态下水喷雾释放时容器内物质产生泡沫或溢出的可能性。对酒精等水溶性物质需要特别注意，在没有可靠数据支持的情况下，每种可溶解物都需要在实际使用条件下测试，以确定水喷雾的应用参数。

3) 水喷雾不得用于遇水会发生化学反应的物质，如活泼金属锂、钠等以及液化天然气等低温液化气体。在有这些物质存在的地方，如有特殊保护措施，水喷雾可用于保护建筑的结构、设备或人员。喷雾时应考虑对保护设备的损害，如在高温状态下运行设备的变形或失灵问题。

4) 对于非密闭、无绝缘的电气设备，水雾喷嘴或管道与该设备的最小间距应符合表6.5-1 的规定。

水雾喷嘴、管道与带电无绝缘电气设备的最小间距 (m)　　　表 6.5-1

额定电压(kV)	最高电压(kV)	设计基本绝缘电压(kV)	最小距离(mm)
<13.8	14.5	110	178
23	24.3	150	254
34.5	36.5	200	330
46	48.5	250	432
69	72.5	350	635
115	121	550	1067
138	145	650	1270
161	169	750	1473
230	242	900	1930
		1050	2134
345	362	1050	2134
		1300	2642
500	550	1500	3150
		1800	3658
765	800	2050	4242

注：1. 表中数据摘自 2001 版 NFPA 14。

　　2. 基本绝缘电压（Basic Insulation Level，BIL）是电气设备所能承受的峰值脉冲电压。如果 BIL 值没有列入表中，间距数值可以采用内插法求得。

　　3. 表中的数据是海拔 1000m 以下的数值，当海拔在 1000m 以上时，每升高 100m，表中的数值应增加 1.0%。

(3) 设计防火性能目标

根据不同需求，水喷雾系统可用于实现如下防火性能目标：

1）扑灭火灾

通过水喷雾的冷却作用、水蒸气的窒息作用、与某些液体的乳化作用以及某些情况下的稀释作用，以实现快速彻底地扑灭火灾的目的。

2）控制燃烧

以水喷雾作用于可燃物上，但火焰不会被彻底扑灭，或者扑灭火灾不是其主要目的的防火措施。

3）暴露防护

以水喷雾直接喷射到受火灾威胁的结构或设备上，以减少火焰的辐射热向其传递的防火措施。

4）预防火灾

是以溶解、稀释、驱散或冷却可燃蒸汽、燃气或有害物质为目的的防火措施。

2. 灭火机理

（1）表面冷却

当以表面冷却为灭火手段时，设计时应考虑被保护物的全部表面能被水喷雾所覆盖。表面冷却对于气体状态的物质和闪点低于喷射水水温的液体没有效果，一般不适合闪点低于 60℃ 的液体。

在某种程度上，冷却作用导致水雾（滴）吸收热量，并大部分地转化为蒸汽，此时 0.45kg、16℃ 的水会吸收 290kcal 的热量。当燃烧物表面冷却到燃点以下温度时，该火焰就会熄灭。

（2）水蒸气窒息

当考虑水蒸气的窒息作用时，预期火焰燃烧的强度应足以使所喷射的水雾转化为充足的水蒸气，而且各种（环境）条件有利于达到窒息的效果。当水雾吸收火焰热量并转化为水蒸气后，其体积膨胀约 1640 倍，水蒸气产生后，会包围着火区域，排除氧气，局部形成缺氧窒息作用。当被保护物会产生氧气时，不宜考虑窒息作用。

（3）乳化作用

水雾撞击到某些液体表面，通过与油或不溶于水的液体搅动，使两种物质互相渗透，致使该液体表面不溶于水。只有不溶于水的液体才可以考虑乳化作用。

水喷雾宜覆盖全部可燃液体表面。对于低黏性液体，覆盖宜均匀，应该满足最低喷水强度及喷嘴的最低工作压力；对于高黏性液体，要求全部覆盖，但不要求很均匀，某些部位的喷水强度可以比较低。对于低黏性液体，其乳化作用是短暂的，只存在于水雾喷射期间；对于高黏性液体，其乳化作用持续的时间较长，且能防止复燃。

（4）稀释作用

当以稀释作为水喷雾的灭火机理时，被保护液体必须能溶于水。对于一定体积的可燃液体，水喷雾应能在规定时间内达到扑灭火灾的流量，且稀释的百分比应能达到其不能燃烧的数值，并不应小于控制和冷却所需要的浓度。由于稀释用水量过高，一般情况下，稀释作用是灭火的次要因素。

3. 系统组件

水喷雾系统主要由水雾喷嘴、雨淋阀、管道、探测控制系统及加压供水装置组成。

（1）水雾喷嘴

水雾喷嘴一般可分为中速水雾喷嘴和高速水雾喷嘴两大类。由于构造不同，喷嘴的水力特性和应用范围也有很大差别，所以应根据其特性和保护对象选择喷嘴。

1）中速水雾喷嘴

工作原理：水流与特殊构造的溅水盘发生撞击作用而产生水雾。该喷嘴主要用于轻质油类（如柴油等）火灾或化学容器的防护冷却。可用于室外或室内，当用于室外或多尘场所时应配备防尘帽。为防止喷嘴堵塞，在供水干管上应安装过滤器。该喷嘴的工作压力较低，如 D3 型喷嘴为 0.14~0.41MPa。该喷嘴的外形如图 6.5-1 所示。

2）高速水雾喷嘴

工作原理：水流在喷嘴内部发生撞击作用而产生高速、均匀、方向性很强的水雾。该喷嘴具有较好的雾化效果，可用于扑救闪点高于 60℃ 的液体、油浸电力变压器、电气设备、柴油发电机等火灾。喷嘴入口处带过滤器，多用于室内。高速水雾喷嘴的工作压力较高，如 ZSTWB 型喷嘴为 0.34~1.2MPa。该喷嘴的外形如图 6.5-2 所示。

3）水雾喷嘴的主要技术参数

流量系数、喷雾角度、喷嘴水平安装时的保护距离和最佳工作压力（范围）、材质、接口尺寸等。关于水雾喷嘴的设计参数、安装要求及应用场所等可查阅制造商的产品技术手册。

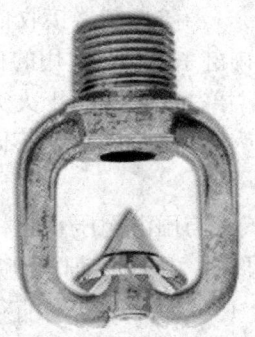

图 6.5-1　中速水雾喷嘴

图 6.5-2　高速水雾喷嘴

（2）雨淋阀

雨淋阀是实现水喷雾系统自动、远程或就地手动控制，且具有报警功能的阀组。该阀组还是用于构成预作用系统、水幕系统和自动喷水-泡沫联用系统的关键组件。

1）工作原理

阀腔被膜片或阀瓣分成前后两部分——压水腔和供水腔。在准工作状态下，膜片或阀瓣在两个腔的受水面面积不同（压水腔大于供水腔）而实现自动关闭；当发生火警时，火灾探测器发出信号，开启雨淋阀上的电磁阀（或其他方式），使压水腔的水快速排出、泄压。由此导致压水腔或膜片腔内压力迅速下降，使膜片或阀瓣保持在关闭位置的差压力减小，当低于阀门脱扣点时，膜片或阀瓣迅速开启，使水流进入管网，喷水灭火。另有一路水流入水力报警管路，驱动水力警铃报警；同时，压力开关的触点闭合，向中央控制器发出信号，启动消防泵。

图 6.5-3 为 769 型杠杆式雨淋阀，为阀瓣式结构，只能直立安装，不能水平安装。图 6.5-4 为 DV-5 型隔膜式雨淋阀，为隔膜式结构，可直立或水平安装。

2）安装

宜安装在距保护区较近、在紧急情况下可以操作的位置，但又不应受到火灾的威胁。阀组集中还是分散布置，应经过技术经济比较和现场实际情况确定。当防护区彼此相距较远时，宜分散布置，以加快系统的响应速度，否则宜集中布置。

图 6.5-3　杠杆式雨淋阀

图 6.5-4　隔膜式雨淋阀

3）启动方式

① 电传动水喷雾系统原理：火灾探测器发出火警信号，消防控制器接收信号后开启电磁阀，致使系统侧的压力腔泄压，雨淋阀开启。电传动雨淋系统是最常用的自动启动方式，其系统构成参见图 6.5-5。火灾探测信号一般有两个，第一个信号用于火灾报警，第二个信号用于启动系统。除非有特殊需要，火灾探测器宜为同一种类，采用不同类别火灾探测器的组合会延迟系统的启动时间。

② 湿式传动水喷雾系统原理：闭式水喷淋头通过湿式管与雨淋阀压水腔相连，喷头感温破裂后，传动管内水压下降，雨淋阀的阀瓣或膜片开启，雨淋阀动作。喷头应为 $K=80$ 快速响应喷头，阀组和喷头安装环境的温度不宜低于 4℃，传动管公称直径不应小于 15mm，在水力最不利点处应设流量系数 $K=80$ 的末端试水阀。

③ 干式传动水喷雾系统原理：闭式水喷淋头通过干式管与雨淋阀压水腔相连，在准工作状态下，空气或氮气自动供给系统维持干式管内的气压；当喷头感温破裂后，传动管内的气压下降，雨淋阀的阀瓣或膜片开启，雨淋阀动作。喷头应为 $K=80$ 快速响应喷头，传动管公称直径不应小于 15mm，在水力最不利点处应设流量系数 $K=80$ 的末端试水阀。干式传动管上宜增设压力监控开关和自动调节压力的空气稳压装置。

（3）管道

在选择水喷雾系统管道时，应考虑其耐压等级、刚度、耐腐蚀性、连接性能以及在无水的情况下承受温度变化的性能。根据需要，可采用内外涂环氧钢塑管、热镀锌钢管或薄壁不锈钢管。

管道的耐压等级应大于系统的最大工作压力，且不低于 1.2MPa。橡胶类密封材料不应用于直接暴露在火灾中的场所，但用于必要的防震或防爆用途时可以使用。

管道吊（支）架的材质应为铁质材料，其设置间距可参见水喷淋系统。

每个管道系统的配水管末端宜设置冲洗阀及接口。系统冲洗流速不宜小于 3.0m/s。

（4）过滤器

1) 过水通径尺寸小于 9.5mm 的喷嘴应设过滤器,以减少水中沉淀物、沙粒或锈渣等固体颗粒堵塞喷嘴的可能性。

2) 过滤器网孔尺寸应符合水雾喷嘴产品技术手册的要求,其网孔尺寸一般不大于 3.2mm。过滤器不应明显地增加管道系统的水力损失。过滤器通常设在消防水泵与雨淋阀之间的干管上。

(5) 供水

供水水源应安全、可靠,且应自动供给,补水阀门或补水泵不得手动开启。可供选择的水源有市政给水管网、重力水箱(包括特殊情况下使用气压罐)或有充足水源的消防水泵。

水源的水质不宜含有可能堵塞喷嘴的固体物质,且应采取必要的过滤措施。

当采用区域分配系统保护大型保护区时,供水系统的供水量应按着火区域再加上同时启动相邻两个区域的水量计算,且系统的最大水量应根据各种组合中最大一组的数据来确定。

供水系统如果与其他水消防系统(水喷淋、水幕、消火栓等)合用一套管网,还应考虑满足各个系统同时工作时的总用水量要求。

系统的设计工作时间参见现行国家标准《水喷雾灭火系统技术规范》GB 50219。

除没有消防车的边远地区,或消防车流量无法满足系统的流量的情况外,系统应设置水泵结合器。

(6) 报警与控制

火灾报警系统应根据保护场所(物质)的特点合理地进行选择和设置。

每个水喷雾系统都应有就地报警信号,如水力警铃或声、光报警。中央控制室或物业管理部门还应设置集中报警装置。

水喷雾系统应自动启动,并配备手动启动装置作为辅助手段。只有在下列情况下才可以只设手动启动:自动启动时对人员有危险,或者只有独立的一个系统,且由专职人员全天候职守。

为防止系统误动作,水喷雾系统应设两级火灾报警,第一个信号用于火灾报警,并联动关闭空调等设备,第二级信号用于启动系统。

在火灾危险性小,且安装了火灾自动报警装置,系统一旦失灵时损失也不严重的情况下,可选用手动明杆闸阀(OS&Y)或小型快开阀。

手动启动装置应能通过机械、气动或电动方式实现。出于安全考虑,手动控制时,要求拉力不应大于 178N,移动距离不大于 356mm。手动启动按钮应安装在防护区以外,避免因火灾威胁而不能操作。

4. 设计要求

(1) 基本要求

1) 喷嘴的布置宜符合产品认证及设计规范的要求。

2) 水喷雾系统的设计,需要精确的水力计算和合理地布置喷嘴。

3) 为保证良好的喷雾形状,喷嘴的工作压力不应低于 140kPa。

4) 喷嘴安装在室外时,为适应中等强度的风力,其工作压力不宜小于 220kPa。

5) 对于室内类似于柴油的液体火灾,喷嘴的工作压力应为 210～690kPa。

6) 喷嘴的最大布置间距不宜大于 3.0m。

(2) 基本参数

水喷雾系统的设计，应根据设计防火目标及保护对象确定其喷水强度、系统设计灭火时间及喷嘴工作压力。设计防火目标分为灭火和防护冷却。其具体参数可参照《水喷雾灭火系统技术规范》GB 50219—2014 表 3.1.2。

关于喷嘴工作压力，《水喷雾灭火系统技术规范》GB 50219—2014 第 3.1.3 条规定：当用于灭火时，不应小于 0.35MPa；当用于防护冷却时，对于甲、乙、丙类液体储罐，不应小于 0.15MPa，其他不应小于 0.2MPa。

关于系统的设计喷水强度，对于灭火系统，可参阅表 6.5-2。当设计国外项目时，系统的设计参数可参阅 NFPA 15 2001 版。下文所提供的参数，均摘自 NFPA 15（2001 版）。

系统的设计喷水强度、持续供给时间   表 6.5-2

防护目标	保护对象		设计喷水强度 （L/min·m²）	持续供给时间 （min）
扑灭火灾	固体表面火灾		15	60
	传送带		10	60
	液体火灾	闪点 60～120℃	20	30
		闪点高于 120℃	13	
		饮料酒	20	
	电气火灾	油浸电力变压器、油断路器	20	24
		油浸电力变压器的集油坑	12	
		电缆	13	

注：关于可燃液体储罐的防护冷却系统参数，可查阅《水喷雾灭火系统技术规范》GB 50219—2014 表 3.1.2。

(3) 扑灭火灾

1) 基本要求

扑灭火灾是表面冷却、乳化、稀释或各种灭火机理综合作用的结果。水喷雾系统的设计，应在合理的时间内将火灾扑灭，使被保护物的表面充分冷却，并防止系统关闭后复燃。

对于可燃固体，应该考虑水雾的穿透能力、可燃物的分布及其状态；对于易燃或可燃液体，基本的喷水强度取决于其蒸汽压、闪点、黏滞性、对水的可溶性和密度。

对于黏性强、加热后有可能飞溅或溢出（如沥青）以及遇水可发生化学反应的物质应仔细研究。

对于以彻底扑灭火灾为防火目标的水喷雾系统，喷嘴相对于燃烧物表面的位置必须以该喷嘴的技术要求、可获得供水压力、喷嘴的喷雾特性为依据。对于尺寸小或尺寸大而速度很低的水雾，风速和火焰飘移会影响喷嘴与被保护物表面之间的距离。

扑灭火灾的设计喷水强度应以实验数据或类似场景已实际安装的经验数据为依据。对于绝大多数可燃固体或可燃液体，其设计喷水强度应为 8.1～20.4L/(min·m²)。

2) 液体容器

适用于保护开口容器内的柴油类可燃液体和闪点高于 60℃的液体。

为使水喷雾能穿透火焰和上升气流并达到液体表面,但又不明显地扰动液面,喷嘴要能喷射出足够的水量,而水雾还应具有充足的速度。

为防止过热油引起火灾的扩散,当油温达到 100℃ 或以上时,应将喷嘴距储油箱(池)的保护距离加大到 3.0～6.0m。

3)电缆桥架

对于有绝缘层的电线、电缆、电缆桥架(具有容易引起燃烧或火灾扩散的绝缘层或管道)等可燃物,水喷雾系统应按扑灭火灾设计。水雾应直接喷射到每个电缆桥架或电线、电缆上,在水平或垂直平面上,其喷水强度应为 $6.1L/(min \cdot m^2)$。

自动探测装置应具有足够的灵敏度,以便迅速探测出闷燃或慢速发展的火焰。因为暴露在火灾下的电缆绝缘层会迅速损坏,手动操作的水喷雾系统不能起到有效的保护作用,必须是自动启动。

当考虑可燃液体或熔化物质的溢流会使电缆、非金属管道和桥架支撑暴露在危险之中时,还应按照推荐的暴露防护要求设计。

(4)控制火灾

控制火灾是在可燃物没有被彻底烧毁之前,水喷雾系统就充分地发挥作用。此时应采取的步骤是首先切断正在泄漏可燃物的供给,并以人工扑救残余的可燃物等。用于这类功能的水喷雾系统可能需要工作数小时。

喷溅火灾会转移或累积,喷嘴的安装位置应能喷射到火焰的表面。在可能溢流的表面上,系统的设计喷水强度不应小于 $20.4L/(min \cdot m^2)$。

输送可燃液体或气体的供给泵或其他装置的轴承、密封填料、接头和其他关键部件等,应直接处在水喷雾的包围之中,其设计喷水强度不应小于 $20.4L/(min \cdot m^2)$。

(5)防护冷却

水喷雾系统应能在暴露于火灾期间有效地工作,时间的长短应根据该可燃烧物的性质和数量确定。当作为防护的目标时,水喷雾系统可能需要工作数小时。

水喷雾系统应该在被保护物表面炭化层形成以前,或在因温度升高而导致储存可燃液体或气体的容器可能破损前启动。因此,水喷雾系统应在探测系统启动后 30s 内全部喷水。

水喷雾系统用于暴露防护时,应该考虑的漏失水量不应少于 $2.0L/(min \cdot m^2)$。

1)容器

做暴露防护设计时,应能在紧急情况下释放容器内的压力。容器暴露表面的最大吸热量约为 $18930W/m^2$。如不具备泄压能力,在设计喷水强度下所吸收的热量应能使被保护设备处于安全状态。

喷嘴喷射到垂直或倾斜且无绝热层的容器表面上的喷水强度不应小于 $10.22L/(min \cdot m^2)$。

在球形或水平圆柱表面中线(赤道线)下,除非有相关的设计数据,否则不应认为上部流下的水可以湿润该表面。

凸出物(检修孔法兰、管道法兰、支架等)会阻碍水雾的覆盖效果,应在其周围安装补偿喷嘴,以避免被严重地阻挡而不能湿润。尤其应注意泄压阀及供给管线和阀门连接的凸出部位周围水雾的分布。

在暴露的垂直、无绝热容器的底部和顶部,被直接喷射的水雾应以 $10.22L/(min \cdot$

m²）的喷水强度彻底覆盖。除底部表面外，应该考虑水的流淌，至少应该保证水平最远点的喷雾。对于无绝热容器的裙板，在暴露于火灾的侧面（内侧或外侧）时，应以 4.0L/（min·m²）的喷水强度保护。

2）钢结构

采用水喷雾保护水平（主要）承压的结构钢梁时，喷嘴间距不得超过 3.04m（最好在两侧交替布置）。在这种布置情况下，在被喷湿的梁表面上，喷水强度不应小于 4.1L/（min·m²）。

采用水喷雾保护垂直承压的结构钢梁时，喷嘴间距不得超过 3.04m（最好在两侧交错布置）。在这种布置情况下，被喷湿的梁表面上的喷水强度不应小于 10.2L/（min·m²）。

3）电缆和电缆桥架

对于开敞式托盘上的电缆，为防止其暴露于火灾或热辐射之中，应以水喷雾保护。在敷设电缆的水平或垂直面上，其基本的喷水强度应为 12.2L/（min·m²）。在能满足该喷水强度的前提下，水雾应能喷到电缆桥架的底部和上部，或者前面和后面，以及托架和支撑上。

在电缆的底部安装等效于 1.6mm 厚钢板的防火挡板时，电缆桥架上部的水喷雾强度可减小到 6.1L/（min·m²）。阻火钢板或等效挡火板的宽度应超出该桥架侧面护栏 12.7mm，以便反射电缆桥架下部的火焰或热量。

其他喷嘴的布置应实现扑灭、控制或冷却暴露的液体表面，在电缆桥架的表面、侧面或底部上的喷水强度应为 6.1L/（min·m²）。

为避免可燃或熔化液体溢流所产生热辐射的威胁，用于保护电缆桥架或支撑的水喷雾系统应设计成自动启动。

关于水喷雾系统保护电缆桥架的设计，参见《自动喷水与水喷雾灭火设施安装》04S206。

4）传送带

水喷雾系统保护传送带的驱动轴、拉紧轴、动力装置和液压供油装置时，其喷水强度应为 10.2L/（min·m²）。喷嘴的安装应对准上层传送带的表面，以扑灭液压油、传送带或传送带上输送的物质。水喷雾应能保护传送装置的结构部件不受热辐射或火焰的破坏。

水喷雾应保护上层传送带（输送）、所输送的物质和下层传送带（返回）。水喷雾应能覆盖传送带的上下表面、结构部件和支撑传送带的托轴，其喷水强度应为 10.2L/（min·m²）。系统的保护范围应延伸至转输传送带、转输设备、转输建筑。

传送带消防系统的有效性，取决于探测系统的灵敏度和探测系统与机械装置连锁的合理性。保护传送带的水喷雾系统应自动连锁保护其下游设备。

关于水喷雾系统保护传送带的设计，参见《自动喷水与水喷雾灭火设施安装》04S206。

5）变压器

除水平喷雾可以保护的底部以外，水喷雾应彻底覆盖变压器的其他表面。在变压器及其附件所构成的矩形外框上，喷水强度应为 10.2L/（min·m²），不吸水地面的喷水强度不应小于 6.1L/(min·m²)。油枕、油泵等需要特殊布置喷嘴，散热器间距大于 305mm 时，应个别地保护变压器。

管道不应横跨变压器箱体顶部，与带电部件的最小间距应符合表 6.5-1 的规定。

对于带电的进线套管或避雷器，除非得到制造商或业主的授权，不得对其直接喷射水雾并形成包围。

除水喷雾系统供水量外，还应包含 950L/min 的消火栓水量。

关于水喷雾系统保护变压器的设计，参见《自动喷水与水喷雾灭火设施安装》04S206。

6）爆炸防护

水喷雾系统能够有效地稀释、溶解、驱散或冷却可燃或危险性物质，防止或控制可燃气体的燃烧或爆炸，系统的喷水量应以与该物质有关的经验或实验数据为基础。当水喷雾系统主要用于驱散可燃气体（防止燃烧或爆炸）时，设计中应考虑下列因素：

① 喷嘴的尺寸及类型，应能迅速地喷射出密集的水雾以稀释可燃气体，使其浓度在有可燃气体泄漏的区域低于其爆炸的最低浓度。

② 一些实验数据显示，在有大量可燃气体泄漏并聚集的区域，喷嘴的最小喷雾强度应为 24.4L/(min·m²)。

③ 喷嘴安装的位置，应能覆盖可能泄漏的部位，如法兰柔性连接、水泵、阀门、储罐等。

5. 系统设计

水喷雾系统属于雨淋系统，某一套雨淋阀组一旦开启，阀后的所有喷嘴都同时喷水。所以系统的总供水量，应为同时工作喷嘴的流量之和。

水力计算应从水力最不利点开始，通常是最高、最远处的喷嘴。管道沿程水头损失应采用"海澄-威廉"（Hazen-Williams）公式计算。

（1）海澄-威廉公式：

$$p = 6.05 \frac{Q^{1.85}}{C^{1.85} d^{4.87}} \times 10^7 \tag{6.5-1}$$

式中　p——单位长度管道的水头损失（kPa/m）；

Q——管道的流量（L/min）；

d——管道的实际内径（mm）；

C——管道的"海澄-威廉"系数，见表 6.5-3。

"海澄-威廉"系数 C 值　　　　　　　　表 6.5-3

管　　材	C 值
无内衬铸铁管或球墨铸铁管、焊接钢管	100
镀锌钢管	120
内衬硅酸盐水泥球墨铸铁管	140
不锈钢管、铜管、塑料管	150

钢管管件及阀门的当量长度（m）　　　　　　　　表 6.5-4

管件及阀门名称	公称直径(mm)										
	15	20	25	32	40	50	65	80	100	125	150
45°弯头	—	0.3	0.3	0.3	0.6	0.6	1.34	1.1	1.4	2.0	2.2
90°弯头	0.3	0.7	0.6	1.0	1.2	1.6	2.7	2.5	3.7	4.9	4.6
三通或四通	0.9	1.3	1.6	2.0	2.4	3.1	5.5	5.4	7.3	10.1	9.8
蝶阀	—	—	—	—	—	1.9	3.1	3.6	4.4	3.7	3.3
闸阀	—	—	—	—	—	—	0.3	0.5	0.4	0.7	0.8	1.0
旋启式止回阀	—	—	1.6	2.3	2.7	3.6	6.4	5.7	8.0	10.8	10.1

注：1. 表中管件及阀门的当量长度数值系摘自 NFPA 13 表 23.4.3.11.1。

　　2. 表中管件及阀门的当量长度是相对于"海澄-威廉"（C）为 120 的钢管的数据；如果设计选用的是其他管材，即 C 值不等于 120 时，表中的当量长度数值应乘以表 6.5-5 中的修正系数。

　　3. 表中止回阀的构造为旋启式，如为消声止回阀，则其当量长度应查阅该产品的技术资料。

当量长度修正系数　　　　　　　　表 6.5-5

C 值	100	120	130	140	150
当量长度修正系数	0.713	1.00	1.16	1.33	1.51

铜质管件及阀门的当量长度（m）　　　　　　　　表 6.5-6

管件及阀门名称	公称直径(mm)						
	15	20	25	32	40	50	65
90°弯头	0.33	0.36	0.48	0.55	0.99	1.15	1.84
45°弯头	—	0.12	0.20	0.19	0.37	0.41	0.66
三通或四通	0.99	0.72	0.84	1.01	1.72	1.86	3.18
蝶阀	—	—	—	—	—	1.56	2.65
闸阀	—	—	—	—	—	0.10	0.13
球阀	—	—	—	0.09	0.12	0.10	—
止回阀	—	0.72	0.86	1.01	1.60	1.86	3.05

注：1. 本表中阀门、管件的当量长度系摘自 NFPA 750 表 9.3.6.1。

　　2. 表中数据是相对于摩阻系数（C）为 150 的管道的数据。

低压流体输送用焊接钢管规格表（GB/T 3091—2015）　　　　　　　　表 6.5-7

公称直径(mm)	20	25	32	40	50	65	80	100	125	150
外径(mm)	26.8	33.5	42.3	48.0	60.0	75.5	88.5	114.0	140.0	165
壁厚(mm)	2.75	3.25	3.25	3.50	3.50	3.75	4.0	4.0	4.0	4.5
内径(mm)	21.3	21.3	35.8	41.0	53.0	68.0	80.5	106	136	156

（2）喷嘴流量计算公式：

$$q = K\sqrt{P} \tag{6.5-2}$$

式中　q——喷嘴流量（L/min）；

　　　K——喷嘴流量系数（L/(min·kPa$^{1/2}$) 或 L/(min·bar$^{1/2}$)，1.0L/(min·bar$^{1/2}$) = 0.1L/(min·kPa$^{1/2}$))；

P——喷嘴工作压力（kPa 或 bar）。

（3）系统原理图

图 6.5-5 为典型的电传动水喷雾系统原理图。

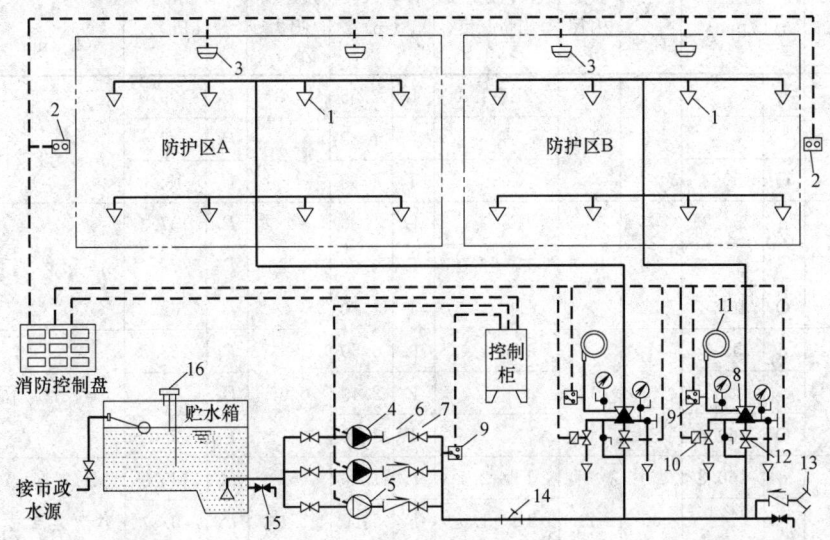

图 6.5-5　水喷雾系统原理图

1—水雾喷嘴；2—手动按钮；3—探测器；4—消防水泵；5—稳压泵；6—截止阀；7—控制阀；8—雨淋阀；

9—压力开关；10—电磁阀；11—水力警铃；12—信号阀；

13—水泵接合器；14—过滤器；15—泄水阀；16—液位传感器

（4）计算例题

【例 6.5-1】 某工程油浸变压器采用水喷雾系统保护。水喷雾系统如图 6.5-6 所示。

水喷雾系统水力计算要点如下：

1）设计拟选用的水雾喷嘴的流量系数 K 为 4.32L/(min·kPa$^{1/2}$)（43.2L/(min·bar$^{1/2}$)），根据厂家技术资料，该喷嘴的最低工作压力为 13.9kPa。

2）管件、阀门的当量长度参见表 6.5-4。$DN65$ 雨淋阀组的当量长度按 2 倍的止回阀当量长度计算。

3）系统管材为普通钢管，管道的壁厚及外径参见表 6.5-7。

4）管段 BL-3 和 BL-4 汇入节点③时，其流量应根据管段综合流量系数 K 计算。本案例计算数值为 24.3。

5）经过计算，参考点④处的供水压力 $P=$ 307.7kPa，总流量 $Q=646.6$L/min。

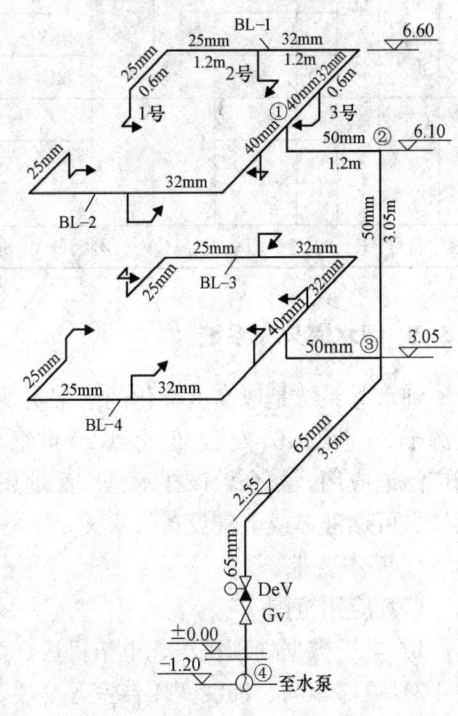

图 6.5-6　水喷雾系统

水喷雾系统水力计算过程及结果见表 6.5-8。

水喷雾系统水力计算过程及结果   表 6.5-8

序号	喷嘴编号及节点位置		流量(L/min)	管道公称直径	管道内径	管件数量及当量长度		计算长度(m)	单位长度水头损失(kPa/m)		压力汇总(kPa)	备注 $K=4.32$ $(L/(min \cdot kPa^{0.5}))$
1	BL-1 1号	q		25	21.3	2E=1.8	L	2.55	$C=120$ 4.21	P_t	139.0	$q=K\sqrt{P}$ $q=4.32\sqrt{139}=50.9$
							F	1.80		P_e		
		Q	50.9				T	4.35		P_f	18.3	
2	2号	q	54.2	32	35.8	1E=1.0	L	1.80	1.28	P_t	157.3	$q=4.32\sqrt{157.3}=54.2$
						1T=2.0	F	3.00		P_e		
		Q	105.1				T	4.80		P_f	6.2	
3	3号	q	55.2	40	41	1T=2.4	L	0.60	0.66	P_t	163.5	$q=4.32\sqrt{163.5}=55.2$
							F	2.40		P_e		
		Q	160.3				T	3.00		P_f	2.0	
4	BL-2 汇入 ①~②	q	160.3	50	53	1T=2.4	L	1.70	1.49	P_t	165.4	$K=\dfrac{Q}{\sqrt{P}}=\dfrac{320.7}{\sqrt{176.8}}=24.1$
						1E=1.6	F	5.60		P_e	0.5	
		Q	320.7				T	7.30		P_f	10.9	
5	②~③	q		50	53	1E=1.6	L	3.05	1.49	P_t	176.8	
							F	1.60		P_e	3.1	
		Q	320.7				T	4.65		P_f	6.9	
6	BL-3 BL-4 汇入 ③~④	q	329.4	65	68	1Dev=12.8	L	3.80	1.64	P_t	186.8	$q=24.1\sqrt{186.1}=329.4$
						1GV=0.5	F	67.30		P_e	4.3	
		Q	650.1			2E=5.4	T	71.10		P_f	116.6	
										P_t	307.7	
										P_e		
										P_f		

表中符号：E—90°弯头；T—三通；GV—闸阀；DeV—雨淋阀；P_t—总压力；P_e—高程差；P_f—沿程阻力损失。

6.5.2 细水雾灭火系统

细水雾系统是以高度雾化的水来实现控制、抑制或扑灭火灾的自动消防技术。该技术起源于 20 世纪 40 年代，但直到 20 世纪 90 年代才作为哈龙气体的主要替代技术而逐步得到广泛地应用。如今，该技术已广泛地用于工业和民用的各个领域，尤其是用于扑救可燃固体、可燃液体或电气设备火灾。

1. 基本要求

（1）应用范围

1）电子数据处理机房、电信机房、配电室、电缆隧道等电气设备机房；

2）喷漆车间、油浸变压器室等易燃、可燃液体的应用场所；

3）博物馆、图书馆、档案库等对水渍损失敏感的场所；

4）燃气轮机等可燃气体的使用场所。

《建规》8.3.8 条注，8.3.9 条注 1、注 2 给出了可采用细水雾灭火系统的场所，见表 6.1-4。

（2）使用限制

细水雾的使用限制与水喷雾类似，但两者还有一定的区别。相比之下，细水雾系统的用水量更少，更适用于需要避免水渍损失的场所。有关细水雾的使用限制，可参见 6.5.1 条的有关内容。

（3）灭火机理

细水雾的灭火机理主要是高效冷却和窒息。通常情况下，高压细水雾的雾滴直径（$D_{v0.99}$）可达 $100\mu m$ 以下。根据物理学原理，将 1.0L 水分割成 $1000\mu m$ 直径的水滴，其总表面积约为 $2.0 m^2$；如分割成 $100\mu m$ 直径的水滴，则其总表面积将增大到 $200 m^2$。水滴总表面积的增大，有利于快速吸收火场的热能，提高其冷却的效率。

另一方面，水汽化后还会产生窒息作用。水变为蒸汽时，单位体积水的体积增加约 1650 倍，其所形成的水雾屏障，阻挡了外部空气的进入，而内部的氧气又随着燃烧而逐步消耗；当氧气浓度低于 18% 时，燃烧将无法持续。

2．基本概念

（1）细水雾的定义

根据《细水雾灭火系统技术规范》GB 50898，细水雾系指水在最小系统工作压力下，经过喷头喷出并在喷头轴线下方 1.0m 处的平面上形成的直径 $D_{v0.50}$ 小于 $200\mu m$，$D_{v0.99}$ 小于 $400\mu m$ 的水雾滴。

（2）体积分布直径

细水雾的雾滴大小通常以体积分布直径（D_{vf}）来表示。D_{vf} 为累计体积分布直径，f 表示从 0 至某一尺寸雾滴累计体积分布的比例。如 $D_{v0.99}=100\mu m$，表示占总体积 99% 的雾滴直径小于 $100\mu m$，1% 的雾滴直径大于 $100\mu m$。

（3）系统分类

根据不同的标准，细水雾系统可分为如下类别：泵组式系统和瓶组式系统；低压系统（$P\leq1.21MPa$）、中压系统（$1.21MPa<P<3.45MPa$）和高压系统（$P\geq3.45MPa$）；全淹没系统（亦称为全空间应用系统）、局部应用系统和区域应用系统；开式系统和闭式系统；双流体系统和单流体系统；预制系统和非预制系统。

3．系统组件

（1）细水雾喷嘴

细水雾喷嘴有多种类型，可分为单孔喷嘴和多孔喷嘴，后者又可分为微孔型喷嘴和集簇式喷嘴。集簇式喷嘴多由 4~7 个微型喷嘴构成，喷嘴的流量系数取决于单个微型喷嘴的流量系数和微型喷嘴的数量，该喷嘴的应用最为广泛。该喷嘴的工作压力多在 8.0MPa 以上，可产生 $100\mu m$ 左右的水雾。根据工作原理的不同，该喷嘴又可分为闭式细水雾喷嘴和开式细水雾喷嘴两大类。

1）闭式细水雾喷嘴

亦称为自动细水雾喷嘴。该喷嘴集成直径为 2.0mm 的感温玻璃球，其响应时间指数为 22 $(ms)^{0.5}$，为快速响应或超快速响应。图 6.5-7 为典型的闭式细水雾喷嘴。该喷嘴的

图 6.5-7　闭式细水
雾喷嘴

常用流量系数为 0.12、0.17、0.22、0.27L/$(\min \cdot kPa^{1/2})$。

闭式细水雾喷嘴额定温度等级的选择类似于传统水喷淋头，宜高于最高顶棚处环境温度 30℃，通常选择 68℃。

闭式细水雾喷嘴主要用于构成湿式系统，也可构成预作用系统，其工作方式也与传统的水喷淋系统相似。该喷嘴可用于保护重要的设备机房、图书馆、档案馆、博物馆、数据机房等。

2）开式细水雾喷嘴

亦称为非自动细水雾喷嘴。与闭式细水雾喷嘴相比，该喷嘴少了一个感温玻璃球。图 6.5-8 为典型的开式细水雾喷嘴。该喷嘴的常用流量系数为 0.07、0.12、0.18、0.20、0.25、0.31L/$(\min \cdot kPa)^{1/2}$。

开式细水雾喷嘴可用于全淹没系统、局部应用系统或区域应用系统，其工作需要与火灾探测器联动，以实现系统的自动控制。该喷嘴多用于易燃、可燃液体火灾的扑救，如油浸电力变压器等。

（2）细水雾喷嘴布置

细水雾喷嘴的布置应以相关的火灾试验数据为基础，且应与细水雾喷嘴厂商技术手册的要求一致。开式细水雾喷嘴，布置间距宜为 2.5～3.0m，高度一般不宜超过 6.0m。闭式细水雾喷嘴应布置在顶板或吊顶下，感温元件与顶板的距离宜为 0.75～0.15m。喷嘴之间的距离宜为 3.0～4.0m，安装高度不宜大于 12m。

图 6.5-8　开式细水雾喷嘴

喷嘴的布置还应考虑下列参数：火灾类型；喷嘴的种类、特性、流量，阻挡物或开口部位补偿喷嘴的设置要求，喷嘴与保护物的最小距离以及喷嘴的安装角度等。

（3）细水雾水喉及喷枪

细水雾喷枪、高压软管、控制阀、管道、泵组等构成细水雾消防卷盘系统。该喷枪脉冲式具有 2～3 种喷雾模式，流量为 7～25L/min；高压软管长度为 30m 或 50m。图 6.5-9 为典型的细水雾消防喷枪、水喉及箱体。

该系统可用于替代普通消防水喉系统，用于超高层建筑、档案库、图书馆、博物馆、电子厂房等场所。

（4）系统供水

1）消防水泵

应根据细水雾系统工作压力选择消防水泵，中压、低压细水雾系统可选择多级离心泵，高压细水雾系统应采用柱塞泵。柱塞泵的特点：小流量、高扬程；压力及流量以正弦波方式随着活塞的每个冲程变化；每组柱塞泵必须配备泄压阀；柱塞泵的流量与泵的速度成比例关系，与泵后压力无关。图 6.5-10 为柱塞泵组。不同于离心泵，柱塞泵对于吸上水头损失（阻力）更敏感，必须仔细设计吸水管路，以保证泵的入水口处于正压状态。

2）蓄水箱

蓄水箱的大小取决于泵组的流量、供水水源的可靠性及系统工作时间。如果供水水源有保证，水箱可作为调节之用，具体容量由制造商推荐；如果供水水源没有保证，应贮存工作期间的全部水量，即为系统设计流量与灭火时间的乘积。

图 6.5-9　细水雾消防水喉

图 6.5-10　高压细水雾柱塞泵组

蓄水箱材质应为不锈钢或同等级耐腐蚀性材料（如 PE）。不宜采用透明塑料等易滋生藻类的材料。液位传感器显示蓄水箱水位，并将数值送至水泵控制箱，经 PLC 将测量值与设定值进行比较，根据比较结果来控制蓄水箱进水（电磁）阀的开与关。

3）集流管

高压集流管用于汇集所有水泵的出水，通常包括以下部件：高压集流管、单向阀、连接软管、压力传感器、水流传感器（只限于闭式系统）、压力表、卸压阀、测试阀、系统总控制阀。

压力传感器的作用是记录系统的压力，并通过控制盘来执行各种控制程序（如另一台水泵的投入）。卸压阀的作用是为系统提供过压保护，其工作压力应为系统工作压力的 1.15 倍，当超过该压力时，水就经由卸压阀及回水管流回到蓄水箱内。测试阀的作用是模拟系统运行压力下降至一定程度时另一台水泵能否自动投入运行。

4）稳压泵

对于闭式细水雾系统，在准工作状态下，需要设置稳压泵，用于补偿系统泄漏而损失的水量，维持管网的压力，并发出主泵启动的信号。稳压泵的工作由集水管上的压力开关自动控制，其工作压力的范围随系统的不同而变化，高压细水雾系统的工作压力一般为 1.0～2.0MPa，高压细水雾系统的流量一般为 1.0～2.0L/min。开式细水雾系统的选择阀分散布置在各个被保护区时，为满足系统响应时间的需要，此时宜设置稳压泵。

5）瓶组

瓶组式系统分为多种类型，有中压瓶组系统、双流体瓶组系统和高压瓶组系统。高压瓶组系统还可分为分装式瓶组系统和一体式瓶组系统。

① 分装式瓶组系统

分装式瓶组由贮水瓶和贮气瓶构成，贮水瓶内充装常压水，贮气瓶内充装 20MPa 的氮气。所有的瓶组都可由同一种启动阀启动，启动阀只需放置在一个主瓶上，主瓶启动后就可启动副瓶。图 6.5-11 为分装式高压细水雾瓶组。

② 一体式瓶组系统

驱动气体为高压氮气，与水处于同一个钢瓶内，每个瓶内充装 2/3 的水，1/3 的氮气，由氮气将瓶内加压到 15～20MPa。若一个瓶组就能够满足使用要求，则无需集流管就可直接与管网连接。

图 6.5-11　分装式高压
细水雾瓶组

6）水质

细水雾系统用水的悬浮固体等理化指标不应低于饮用水水质标准，泵组系统不宜含有自由氯原子，瓶组系统宜采用纯净水或去离子水。当水箱贮存全部消防用水时，长期贮存可能会滋生藻类等微生物，而该物质会堵塞喷嘴，应采取必要的防藻类措施。

（5）控制阀

1）选择阀

选择阀实际上是一只电磁阀，用于开式细水雾系统，实现选择防火区域的功能。在保护空间内发生火警时，火灾探测器的报警信号传给报警控制器，经确认并远距离启动选择阀。选择阀配备水流传感器，当水流通过阀门时，可发出信号至报警控制器，以显示该区域的水流状态。该阀平时处于常闭状态，亦可手动开启。

2）区域阀

闭式细水雾系统应在每个楼层或保护区域设一组区域阀。该阀在动作时，可将水流信号反馈至消防控制室。区域阀为手动操作，平时处于常开状态。

3）过滤器

每个喷嘴都应配备过滤网或过滤器。若该喷嘴具有多个微型喷嘴，且其最小过水通径大于 $800\mu m$ 时，则不必在每个喷嘴上加过滤器。过滤器或过滤网的网孔尺寸不应大于喷嘴过水通径的 80%。每个补水管在进蓄水箱的入口处应安装过滤器，过滤器的精度与喷嘴的特性有关，一般不大于 $150\mu m$，且应由水雾喷嘴制造商配套。过滤器安装的位置应便于检查、维修和清理。

（6）管道及支架

细水雾系统的管道应采用冷拔无缝不锈钢管、焊接不锈钢管或无缝紫铜管。冷拔无缝不锈钢管应符合《流体输送用不锈钢无缝钢管》GB/T 14976 的规定，焊接不锈钢管应符合《流体输送用不锈钢焊接钢管》GB/T 12771 的规定，无缝紫铜管应符合《铜及铜合金拉制管》GB/T 1527 的规定。

管道壁厚应根据系统的设计工作压力进行选择。表 6.5-9 为欧洲某制造商制造的不锈钢焊接钢管的规格表。其技术参数为：材质：S316L；工作压力：$\phi8\sim\phi20$ 为 20MPa，$\phi25\sim\phi60.3$ 为 14MPa；维氏硬度（HRB）：72-82/HV；检测工艺：100% 涡流探伤；公差符合 EN 10217-7；D4/T3；热处理工艺：退火；交货状态：内部清洁，两端封闭；管道清洁：内部盐浸或清洁，无残留颗粒物；木箱包装；制造商标识；管道制造工艺符合 EN 13480-3：2002/第 3 部分；焊缝：$Z=1.0$；弯曲半径 R/D：$\geqslant2.5$；材料认证：EN 10204。

不锈钢焊接钢管规格   表 6.5-9

外径(mm)	8	12	16	20	25	30	38	60.3
壁厚(mm)	1.0	1.2	1.5	2.0	2.0	2.5	3.0	3.91

支架宜采用成品件，不宜现场加工制作。铁质支架不应与不锈钢管道直接接触，以防止其发生电化学腐蚀。低压细水雾系统管道支（吊）架的设置间距宜参考水喷淋系统；中、高压细水雾系统管道支（吊）架的设置间距宜参照表 6.5-10；末端喷嘴距支架不宜超过 0.3m。

中、高压细水雾系统管道支（吊）架间距   表 6.5-10

管道外径(mm)	≤16	20	24	28	32	40	48	60	76
最大间距(m)	1.5	1.8	2.0	2.2	2.5	2.8	2.8	3.2	3.8

4. 系统设计

由于细水雾系统与水喷淋、水喷雾系统不同，迄今还没有统一的产品标准，也没有通用的设计方法，任何系统的设计都应以相关的火灾试验为基础。在设计时，首先是选择合理的系统，然后是确定设计参数、绘制系统原理图及水力计算。

理论上讲，开式喷嘴及闭式喷嘴的安装高度、最大布置间距及设计工作压力，均应以依据相关火灾试验模型所做的实体火灾试验所取得的数据作为设计参数。根据《细水雾灭火系统技术规范》GB 50898；在压力不低于 10MPa 时，亦可参照该规范表 3.4.2 或表3.4.4 所提供的参数。

(1) 系统选择

细水雾系统的选择，应根据防火性能目标、火灾种类、喷雾特性、保护空间几何尺寸等因素综合确定。多数情况下，系统选择不是绝对的。

喷漆线、燃气轮机、油浸变压器等喷射火或立体火应采用开式系统；图书馆、档案库、博物馆等对水渍损失敏感的场所应采用闭式系统；电缆隧道、变配电房等电气或机械设备机房宜采用闭式系统，亦可采用开式系统。

(2) 设计参数

1) 系统设计工作时间

用于保护电子数据处理机房、通信机房、配电室等电子、电气设备间，图书馆、资料库、档案库、文物库、电缆隧道和电缆夹层等场所时，系统的设计持续喷雾时间宜为30min；用于保护油浸变压器室、涡轮机室、柴油发电机室、液压站、润滑油站、燃油锅炉房等含有可燃液体的机械设备间时，系统的设计持续喷雾时间宜为 20min。

2) 喷嘴的应用参数

开式系统用于保护机械设备机房时，试验模型可参照火灾试验模型，有欧盟《细水雾系统设计与安装规范》CEN/TS 14972 附录 A.1 或美国 FM 公司《细水雾系统认证规范》(class 5560)。

闭式系统用于保护轻危险级或中危险级场所时，试验模型可参照国际海事组织《船舱、服务区水喷淋替代系统》IMO Res. A800 (19) 或欧盟《细水雾系统设计与安装规范》CEN/TS 14972 附录 A.3。闭式系统的设计流量应根据系统水力最不利点处作用面积内的喷嘴来计算。作用面积的大小不宜小于 140m^2。

(3) 水力计算公式

喷嘴流量计算公式，参见公式 (6.5-2)。管道尺寸大于等于 20mm 的中、低压系统，或流速小于 7.6m/s 的高压系统的水力计算，可选用"海澄-威廉"(Hazen-Williams) 公式 (见公式 (6.5-1))。高压系统的水力计算，应采用"达西-魏茨"(Darcy-Weisbach)公式。

达西-魏茨公式：

$$P_f = 225.2f\frac{L\rho Q^2}{d^5} \tag{6.5-3}$$

$$Re = 21.22\frac{Q\rho}{d\mu} \tag{6.5-4}$$

$$\Delta = \frac{\varepsilon}{d} \tag{6.5-5}$$

式中　P_f——管道水力损失（bar）（1bar＝0.1MPa）；

　　　L——管道长度（m）；

　　　f——摩阻系数，查莫迪图（见图 6.5-12）；

　　　Q——流量（L/min）；

　　　d——管道内径（mm）；

　　　Re——雷诺数；

　　　ρ——流体密度（kg/m³），见表 6.5-11；

　　　μ——动力黏滞系数（kg/(m·s)），见表 6.5-11；

　　　ε——粗糙度（mm），铜管，0.0015mm；拉拔不锈钢管，0.0009mm；非拉拔不锈钢管，0.0451mm；

　　　$\triangle$——相对粗糙度。

　　采用达西-魏茨公式进行水力计算时，应根据雷诺数（Re）和相对粗糙度（$\triangle$）查莫迪图 6.5-12，得到摩阻系数（f），再根据公式（6.5-3）计算管道的水力损失。

水的密度及动力黏滞系数

表 6.5-11

温度(℃)	水密度 ρ (kg/m³)	动力黏滞系数 μ (kg/(m·s))	温度(℃)	水密度 ρ (kg/m³)	动力黏滞系数 μ (kg/(m·s))
4.4	999.9	1.50	26.7	996.6	0.85
10.0	999.7	1.30	32.2	995.4	0.74
15.6	998.7	1.10	37.8	993.6	0.66
21.1	998.0	0.95			

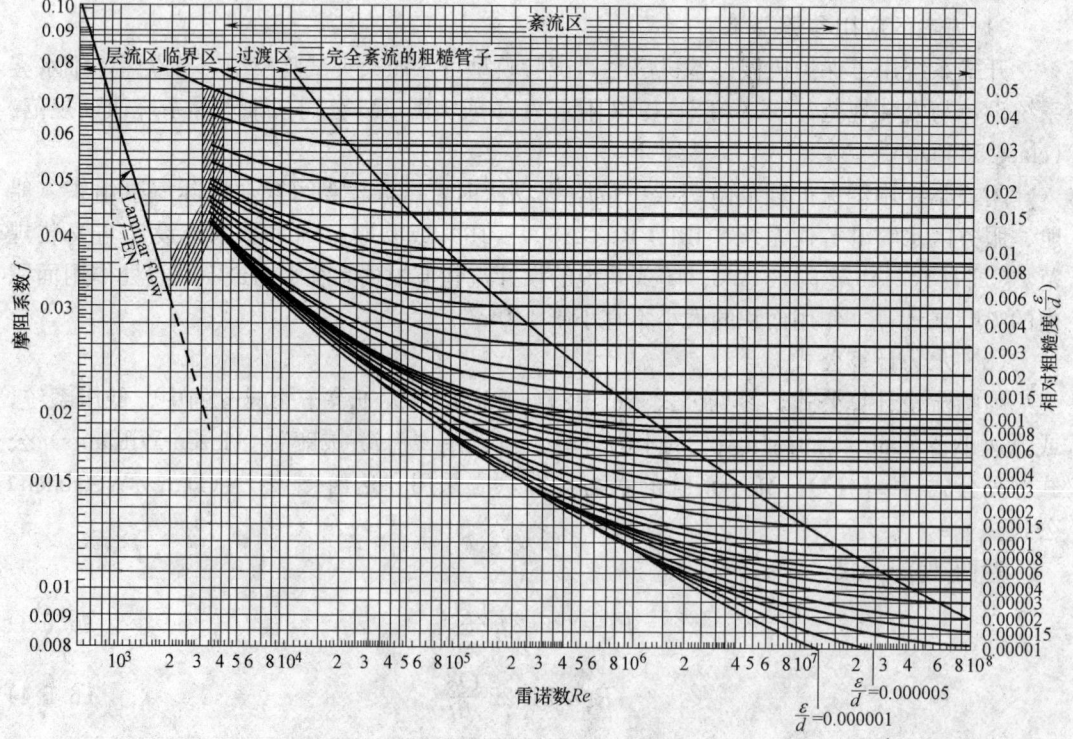

图 6.5-12　莫迪图（Moody Diagram）

（4）系统原理图

1）闭式细水雾系统原理图见图 6.5-13。

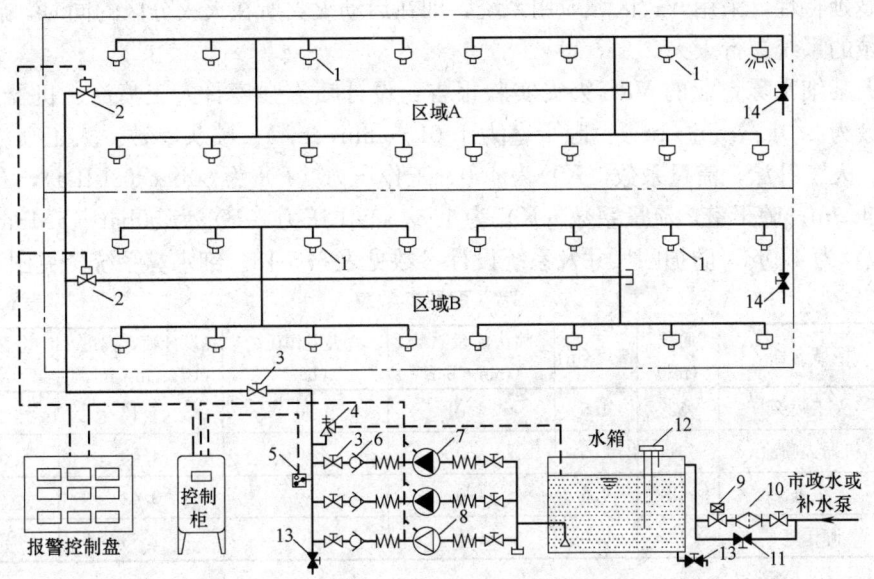

图 6.5-13　闭式细水雾系统原理图

1—闭式细水雾喷嘴；2—区域阀；3—控制阀；4—泄压阀；5—压力开关；6—止回阀；7—消防水泵；
8—稳压泵；9—电磁阀；10—精密过滤器；11—应急补水阀；12—液位传感器；13—泄水阀；14—试验阀

2）开式细水雾系统原理图见图 6.5-14。

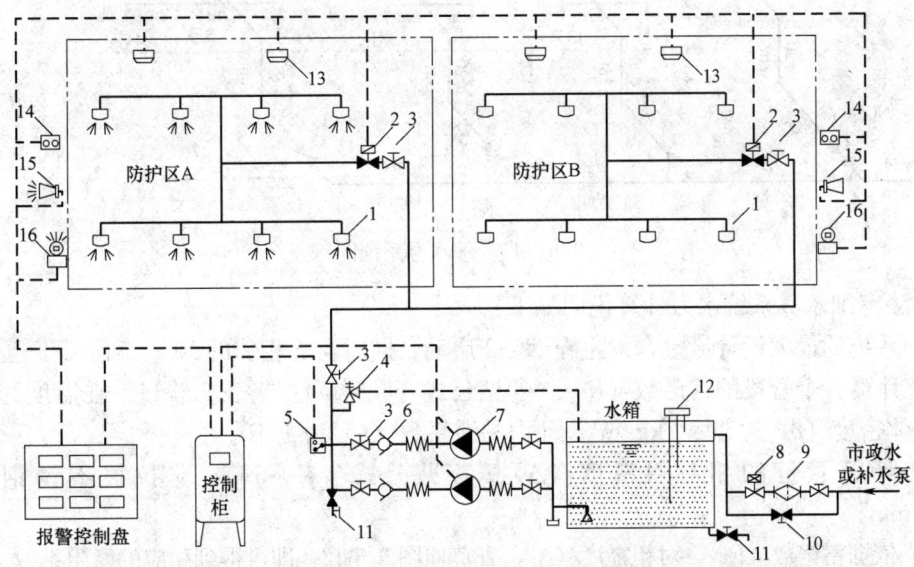

图 6.5-14　开式细水雾系统原理图

1—开式细水雾喷嘴；2—选择阀；3—控制阀；4—泄压阀；5—压力开关；6—止回阀；7—消防水泵；
8—电磁阀；9—精密过滤器；10—应急补水阀；11—泄水阀；12—液位传感器；13—火灾探测器；
14—手动按钮；15—警示灯；16—报警喇叭

（5）计算例题

【例 6.5-2】 某汽车涂装车间拟采用高压细水雾系统设计保护。依据喷漆室环境特点及火灾蔓延特性，采用开式区域应用系统，即在启动火灾所在灭火分区的同时，启动相邻两个区域的系统进行灭火。

欧洲某细水雾企业的 VdS 火灾实验报告：设计喷雾强度：人工喷涂、机器人喷涂、人工补涂为 2.9L/(min·m²)；晾干室为 1.0L/(min·m²)。喷头参数：人工喷涂、机器人喷涂、人工补涂，流量系数（K）为 4.0，工作压力（P）为 80bar（8MPa），布置间距（d）为 4.0m；晾干室，流量系数（K）为 1.5，工作压力（P）为 50bar（5MPa），布置间距（d）为 4.0m。防护区尺寸及系统设计参数见表 6.5-13。细水雾系统图见图 6.5-15。

喷头配置参数表　　　　　　　　　　　　　　　　　表 6.5-12

序号	区域名称	面积（m²）	高度（m）	喷头流量系数（L/(min·bar^{1/2})）	喷头工作压力（bar）	设计喷雾强度（L/(min·m²)）	分区控制阀编号
1	人工喷涂	52	4.5	4.0	80	4.13	NC-1
2	机器人喷涂	31	4.5	4.0	80	4.59	NC-2
3	人工补涂	42	4.5	4.0	80	3.44	NC-3
4	晾干室	48	3.0	1.5	50	1.33	NC-4

注：1bar＝0.1MPa。

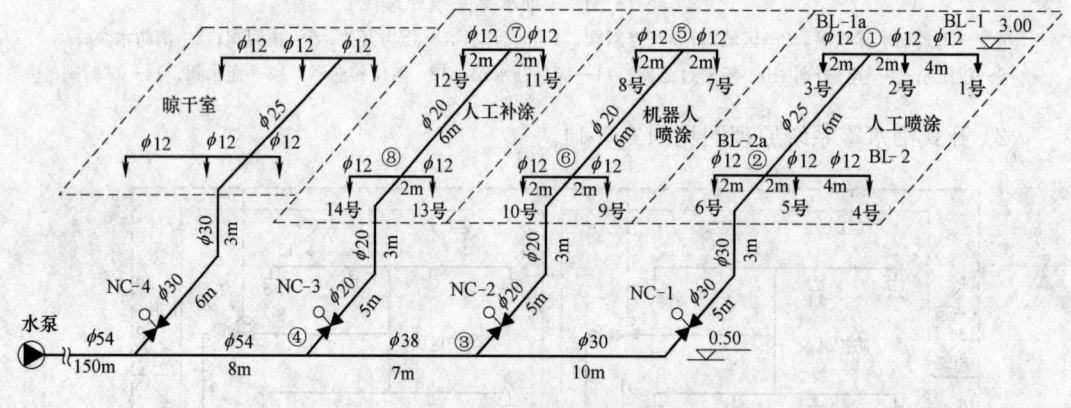

图 6.5-15　细水雾系统图

喷漆室细水雾系统水力计算说明如下：

1）系统的最大设计流量，发生在 NC-2 启动，同时与之相邻的 NC-1 和 NC-3 也启动。

2）计算各个管段的雷诺数（Re）（参见公式（6.5-4））；查表 6.5-11，在温度为 15℃时，流体密度（ρ）为 998.7kg/m³；动力黏滞系数（μ）为 1.10。

3）计算管道的相对粗糙度（Δ）（参见公式（6.5-5）），非拉拔不锈钢管为 0.0451mm。

4）依据雷诺数（Re）、对粗糙度（Δ），查莫迪图 6.5-12，即可得到相应的摩阻系数（f）。

5）在取得摩阻系数（f）的基础上，依据"达西-魏茨"公式（参见公式（6.5-3）），计算管道单位长度水力损失（ρ）。并以该计算数值为基础，计算管段的沿程水头损失。

6）由于管道是不锈钢管道，其摩阻系数（C）为 150，故阀门及管道的当量长度应查阅表 6.5-6。

　　7）喷嘴流量计算公式，参见公式（6.5-2），计算公式的量纲为，喷嘴流量系数（K）为 L/（min·bar$^{1/2}$），压力（P）为 bar（kg/cm^2）。

　　8）系统水力计算表 6.5-13 中，$P_t = P_e + P_f$，其中，P_t 为总水头损失，P_e 为高程差，P_f 为沿程水头损失。

　　9）序号 4、7、11 所对应备注栏中，K 值为管段的综合流量系数。

　　10）计算结果：系统的设计流量（Q）为 512.6L/min，系统总水头损失（P）为 102bar（10.2MPa）。

细水雾系统水力计算表　　　　　　　　表 6.5-13

序号	喷嘴编号及节点位置	流量(L/min)	管道外径(mm)	流速(m/s)	雷诺数	摩阻系数	管件阀门当量长度(m)	计算长度(m)		单位长度水头损失(bar/m)	压力汇总(bar)		备注 $K=4.0$
1	BL-1 1号	q / $Q=35.8$	12	8.2	71838	0.02	1E=0.33	L / F / T	4.0 / 0.3 / 4.3	$C=150$ 0.69	P_t / P_e / P_r	80.0 / — / 3.0	$q=K\sqrt{P}$ $q=4\sqrt{80}=35.8$
2	BL-1 2号	$q=36.4$ / $Q=72.2$	12	16.6	145015	0.02	1T=0.99	L / F / T	2.0 / 1.0 / 3.0	2.55	P_t / P_e / P_f	83.0 / — / 7.6	$q=4\sqrt{83}=36.4$
3												90.6	
4	BL-1a 3号	q / $Q=35.8$	12	8.2	71838	0.02	1E=0.33	L / F / T	2.0 / 0.3 / 2.3	0.69	P_t / P_e / P_f	80.0 / — / 1.6	$K=\dfrac{Q}{\sqrt{P}}=\dfrac{35.8}{81.6}$ $=3.96$
5												81.6	
6	BL-1a ①—② 汇入	$q=36.3$ / $Q=108.5$	25	5.2	99569	0.02	2T=1.88	L / F / T	6.0 / 1.7 / 7.7	0.12	P_t / P_e / P_f	90.6 / — / 0.9	$q=3.96\sqrt{90.6}$ $=36.3$
7	BL-2、BL-2a ②—③ 汇入	$q=109.1$ / $Q=217.6$	30	6.8	161312	0.02	2E=1.10 1GlV=0.09	L / F / T	18.0 / 1.2 / 19.2	0.15	P_t / P_e / P_f	91.6 / 0.3 / 2.9	$K=\dfrac{Q}{\sqrt{P}}=\dfrac{108.6}{90.6}$ $=11.4$ $q=11.4\sqrt{109.1}$ $=109.1$
8												94.8	
9	7号	q / $Q=35.8$	12	8.2	71838	0.02	1E=0.33	L / F / T	2.0 / 0.3 / 2.3	0.69	P_t / P_e / P_f	80.0 / — / 1.6	$q=4\sqrt{80}$ $=35.8$
10	⑤—⑥	$q=35.8$ / $Q=71.6$	20	5.9	86206	0.02	1T=0.72	L / F / T	8.0 / 0.7 / 8.7	0.21	P_t / P_e / P_f	81.6 / — / 1.8	
11	⑥—③	$q=72.3$ / $Q=143.8$	20	11.9	173253	0.02	2E=0.72 1GlV=0.09	L / F / T	8.0 / 0.8 / 8.8	0.76	P_t / P_e / P_f	83.4 / 0.3 / 6.7	$K=\dfrac{Q}{\sqrt{P}}=\dfrac{143.8}{90.4}$ $=15.1$

续表

序号	喷嘴编号及节点位置	流量 (L/min)	管道外径 (mm)	流速 (m/s)	雷诺数	摩阻系数	管件阀门当量长度 (m)		计算长度 (m)	单位长度水头损失 (bar/m)	压力汇总 (bar)		备注 K=4.0
12												90.4	90.4<94.8
13	③—④	$q=147.0$	38	7.6	219633	0.02	1T=1.72	L	7.0	0.15	P_t	94.8	$q=15.1\sqrt{94.8}$ =147
								F	1.7		P_e		
		$Q=364.6$						T	8.7		P_f	1.3	
14	④—水泵	$q=148.0$	54	4.7	205861	0.02	2T=3.72	L	158	0.04	P_t	96.1	
								F	1.9		P_e		
		$Q=512.6$						T	159.9		P_f	6.1	
15												102	

注：1. E—90°弯头；T—三通；GV—闸阀；DeV—雨淋阀；GIV—球阀。
2. 1bar=0.1MPa。

6.6 固定消防炮灭火系统

6.6.1 适用范围及设置场所

1. 适用范围

我国消防炮标准对消防炮的定义是：水、泡沫混合液流量大于16L/s，或干粉喷射率大于7kg/s，以射流形式喷射灭火剂的装置。消防炮按其喷射介质的不同可分为：消防水炮、消防泡沫炮、消防干粉炮；按照安装形式的不同可分为：固定式消防炮、移动式消防炮等；按照控制方式的不同可分为：手动消防炮、电控消防炮、液控消防炮等。

消防炮因其流量大（16~1333L/s）、射程远（50~230m），主要用于扑救石油化工企业、炼油厂、储油罐区、飞机库、油轮、油码头、海上钻井平台和储油平台等可燃易燃液体集中、火灾危险性大、消防人员不易接近的场所的火灾。

同时，当工业与民用建筑某些高大空间、人员密集场所无法采用自动喷水灭火系统时，亦可设置固定消防炮等灭火系统。

固定消防炮的设计按现行国家标准《固定消防炮灭火系统设计规范》GB 50338执行。本节不讨论移动式消防炮。

2. 设置场所

（1）《建规》规定：

根据本规范要求难以设置自动喷水灭火系统的展览厅、观众厅等人员密集的场所和丙类生产车间、库房等高大空间场所，应设置其他自动灭火系统，并宜采用固定消防炮等灭火系统。

（2）《固定消防炮灭火系统设计规范》GB 50338规定：

系统选用的灭火剂应和保护对象相适应，并应符合下列规定：

1）泡沫炮系统适用于甲、乙、丙类液体、固体可燃物火灾场所；

2）干粉炮系统适用于液化石油气、天然气等可燃气体火灾场所；

3）水炮系统适用于一般固体可燃物火灾场所；

4）水炮系统和泡沫炮系统不得用于扑救遇水发生化学反应而引起燃烧、爆炸等物质的火灾。

设置在下列场所的固定消防炮灭火系统宜选用远控炮系统：

1）有爆炸危险性的场所；

2）有大量有毒气体产生的场所；

3）燃烧猛烈、产生强烈辐射热的场所；

4）火灾蔓延面积较大，且损失严重的场所；

5）高度超过 8m，且火灾危险性较大的室内场所；

6）发生火灾时，灭火人员难以及时接近或撤离固定消防炮位的场所。

6.6.2 消防水炮灭火系统

消防水炮灭火系统是以水作为灭火介质，以消防水炮作为喷射设备的灭火系统，工作介质包括清水、海水、江河水等，适用于一般固体可燃物火灾的扑救，在石化企业、展馆仓库、大型体育场馆、输油码头、飞机维修库、船舶等火灾重点保护场所有着广泛的应用。

1. 系统组成与分类

消防水炮灭火系统由消防水炮、管路及支架、消防泵组、控制装置等组成。

（1）消防水炮灭火系统原理如图 6.6-1 所示。

（2）消防水炮灭火系统主要部件外形

1）消防水炮。有手控式、电控式、电-液控式、电-气控式等多种形式。部分产品外形如图 6.6-2、图 6.6-3 所示。

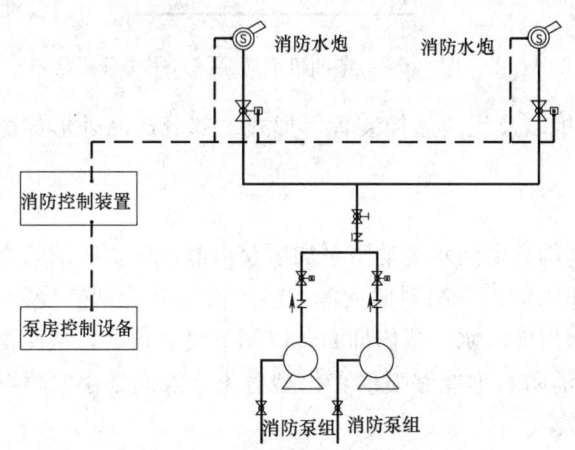

图 6.6-1 消防水炮灭火系统原理图

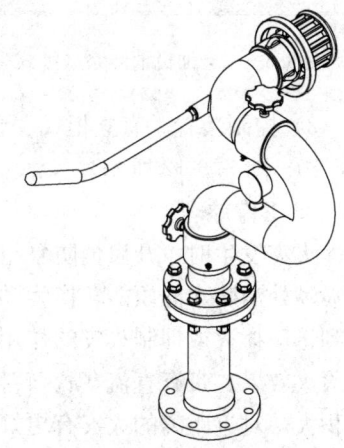

图 6.6-2 手控式消防水炮

2）消防泵（组）。有电动机或柴油机驱动的水平中开式、节段多级式、端吸式、立式管道式、立式长轴式等各种不同泵结构形式的消防泵组。部分产品外形如图 6.6-4～图 6.6-9 所示。

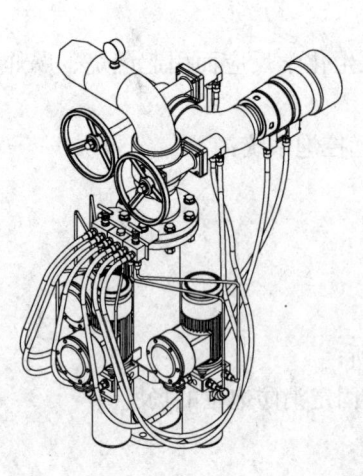

图 6.6-3   液控式消防直流/喷雾水炮

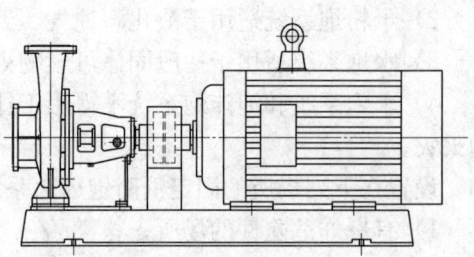

图 6.6-4   电动机消防泵（单级端吸式泵）

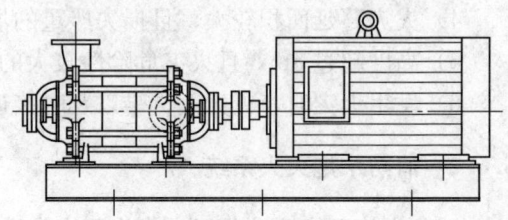

图 6.6-5   电动机消防泵（卧式多级式泵）

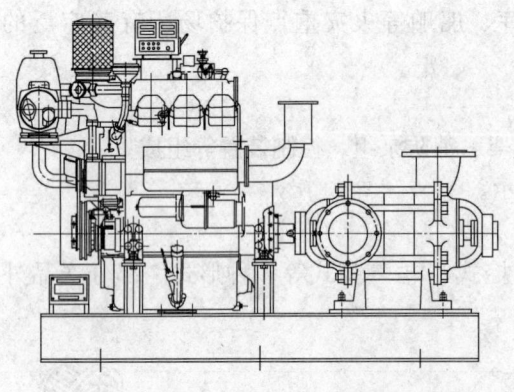

图 6.6-6   柴油机消防泵（卧式多级式泵）

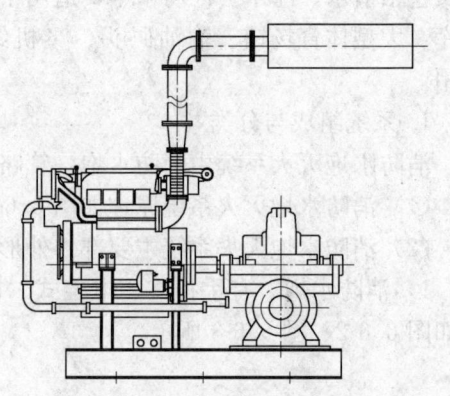

图 6.6-7   柴油机消防泵（水平中开式泵）

3）控制装置。有立柜式、台式控制柜以及无线遥控装置等形式。部分产品外形如图 6.6-10～图 6.6-12 所示。

2. 工作原理

火灾发生时，开启消防泵组及管路阀门，消防水经消防泵加压获得静压能，在消防水炮喷嘴处消防水静压能转换为动能，高速水流由喷嘴射向火源，隔绝空气并冷却燃烧物，起到迅速扑灭或抑制火灾的作用。消防水炮能够水平或俯仰回转以调节喷射角度，从而提高灭火效果。带有直流/喷雾转换功能的消防水炮能够喷射雾化型射流，液滴细小、喷射面积大，对近距离的火灾有更好的扑救效果。

3. 系统组件

（1）消防水炮

按照控制方式的不同，消防水炮可分为手动消防水炮、电控消防水炮、电-液控消防水炮、电-气控消防水炮等。

手动消防水炮是一种由操作人员直接手动控制消防水炮射流姿态，包括水平回转角度、俯仰回转角度、直流/喷雾转换的消防水炮。具有结构简单、操作简便、投资省等优点。

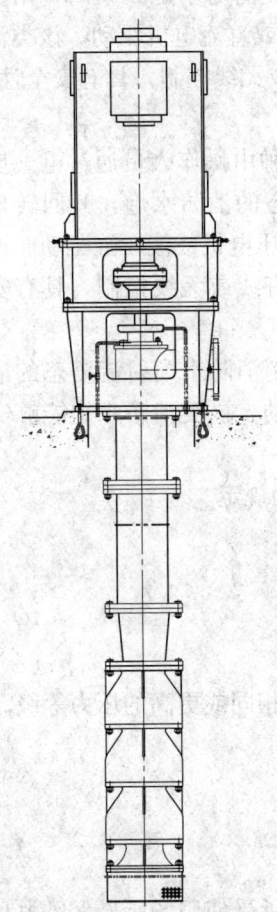

图 6.6-8 电动机消
防泵（立式长轴泵）

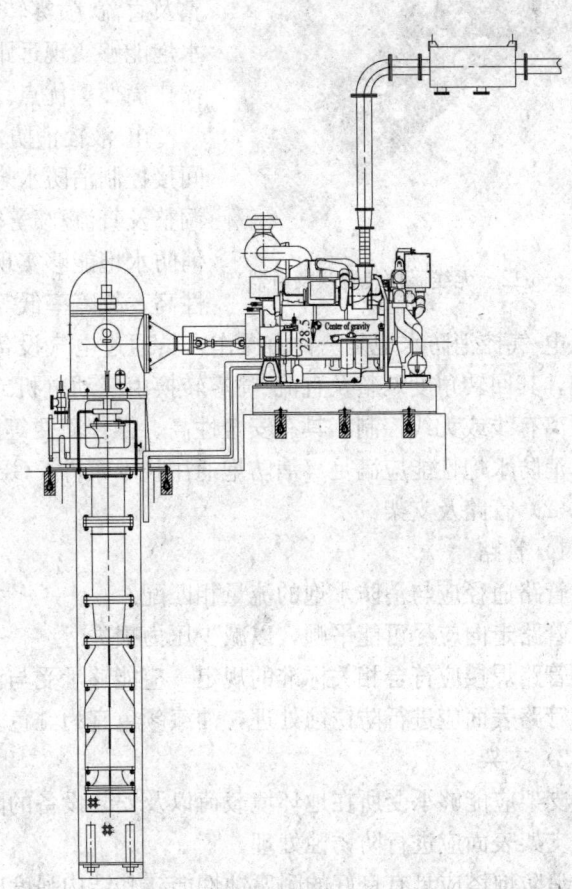

图 6.6-9 柴油机消防泵（立式长轴泵）

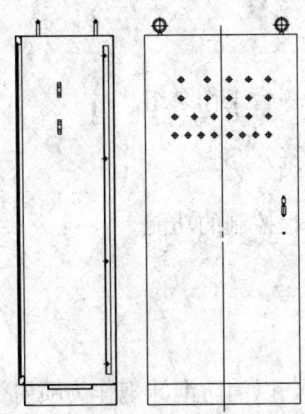

图 6.6-10 立柜式消防水炮
灭火系统控制装置

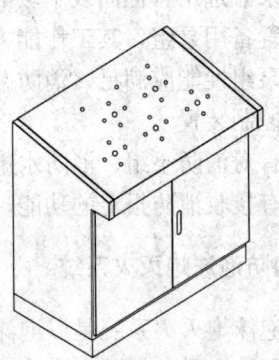

图 6.6-11 台式消防水炮
灭火系统控制装置

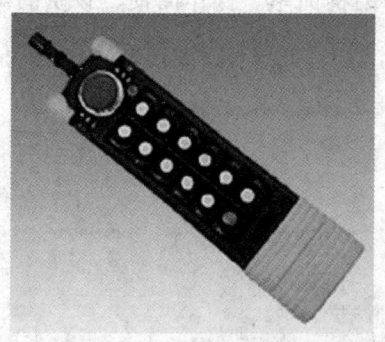

图 6.6-12　无线遥控装置（发射器）

电控消防水炮是一种由操作人员通过电气设备间接控制消防水炮射流姿态的消防水炮，其回转角度调整及直流/喷雾转换由交流或直流电机驱动。该类消防水炮能够实现远距离有线或无线控制，具有安全性高、操作简便等优点。

电-液控消防水炮是一种由操作人员通过电气设备间接控制消防水炮射流姿态的消防水炮，其回转角度调整及直流/喷雾转换由液压电机或液压缸驱动。该类消防水炮能够实现远距离有线或无线控制，具有安全性高、故障率低等优点。

电-气控消防水炮是一种由操作人员通过电气设备间接控制消防水炮射流姿态的消防水炮，其回转角度调整及直流/喷雾转换由气动电机或气缸驱动。该类消防水炮能够实现远距离有线或无线控制，具有安全性高、操作简便等优点。

消防水炮性能应满足《消防炮通用技术条件》GB 19156 的规定。

（2）管路及支架

1）管路

管路通径应与消防水炮的流量相匹配。

管路走向应尽可能平顺，以减少压力损失。

管路焊接应符合相关标准的规定，应能够承受与消防水炮相同或更高的压力等级。

管路表面应进行防锈蚀处理，油漆颜色宜为红色。

2）支架

支架应能够承受所在地环境载荷以及安装设备的附加载荷。

支架表面应进行防锈蚀处理。

消防炮塔应具有良好的耐腐蚀性能，其结构强度应能同时承受使用场所最大风力和消防水炮喷射反力。消防炮塔的结构设计应能满足消防水炮正常操作使用的要求。

消防炮塔应设有避雷装置、防护栏杆和保护水幕。

（3）消防泵组

消防泵宜选用特性曲线平缓的离心泵。

应设置备用泵组，其工作能力不应小于其中最大的一台工作泵组。

消防泵组性能应满足《消防泵》GB 6245 的规定。

（4）控制装置

应具有对消防泵组、消防水炮及相关设备等进行远程控制的功能。

宜具有接收消防报警的功能，并采用联动控制方式。

6.6.3　消防泡沫炮灭火系统

消防泡沫炮灭火系统是以泡沫混合液作为灭火介质，以消防泡沫炮作为喷射设备的灭火系统，工作介质包括蛋白泡沫液、水成膜泡沫液等，适用于甲、乙、丙类液体、固体可燃物火灾的扑救，在石化企业、展馆仓库、输油码头、飞机库、船舶等火灾重点保护场所有着广泛的应用。

1. 系统组成与分类

消防泡沫炮灭火系统由消防泡沫炮、管路及支架、消防泵组、泡沫液贮罐、泡沫液比例混合装置、控制装置等组成。按照消防泡沫炮控制方式的不同分为：手动消防泡沫炮系统、电控消防泡沫炮系统、电-液控消防泡沫炮系统、电-气控消防泡沫炮系统；按照泡沫液混合形式的不同分为：预混式消防泡沫炮系统（如管线负压式系统、环泵负压式系统、贮罐压力式系统、泵入平衡压力式系统、计量注入式系统）、自吸式消防泡沫炮系统。

（1）消防泡沫炮灭火系统原理如图 6.6-13 所示。

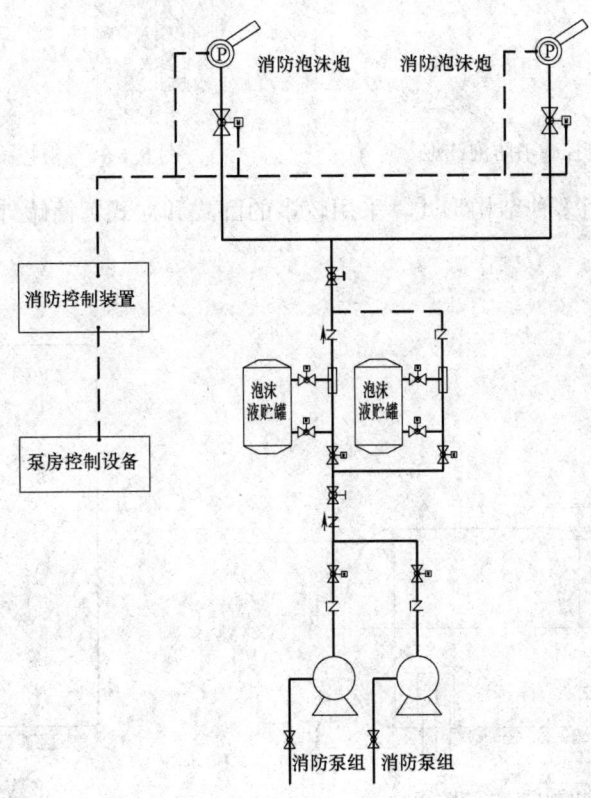

图 6.6-13 消防泡沫炮灭火系统原理图

（2）消防泡沫炮灭火系统主要部件外形

消防泡沫炮灭火系统中的消防泵（组）、控制装置与消防水炮灭火系统中的设备基本一致，其外形图也基本相同。

1）消防泡沫炮。有手控式、电控式、电-液控式、电-气控式等多种形式。部分产品外形如图 6.6-14、图 6.6-15 所示。

2）泡沫液贮罐

泡沫液贮罐按工作时罐体内是否承受压力分为压力式贮罐和常压贮罐两种。压力式贮罐通常在罐体上配上泡沫比例混合器及管路、阀门等组成贮罐压力式泡沫比例混合装置，同时具有贮液和泡沫比例混合功能。常压贮罐仅用来贮存泡沫液，工作时罐体内与大气相通，不承受压力，可供平衡式比例混合装置、负压式比例混合装置、环泵式比例混合装置等作为贮液之用。

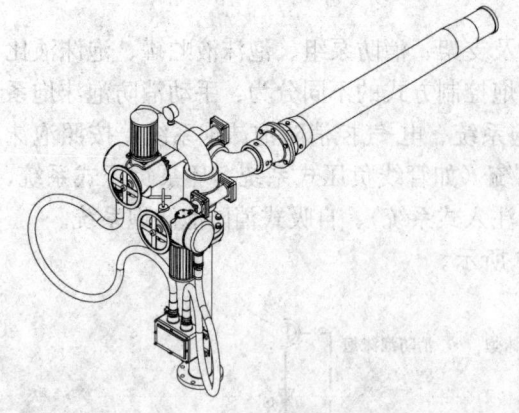

图 6.6-14　电控式消防泡沫炮

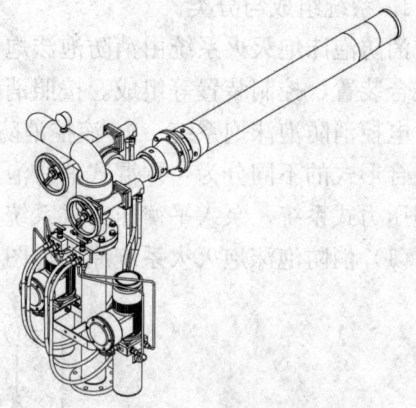

图 6.6-15　液控式消防泡沫炮

常压贮罐可采用多种结构形式，采用较多的卧式和立式圆筒罐外形如图 6.6-16、图 6.6-17 所示。

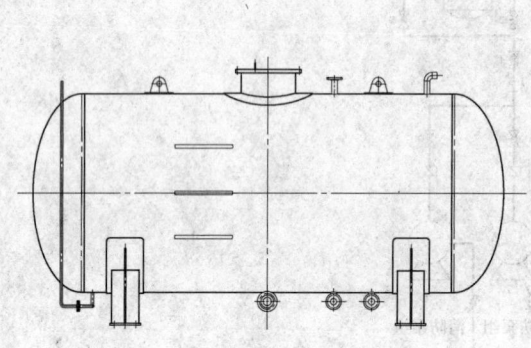

图 6.6-16　卧式常压泡沫液贮罐

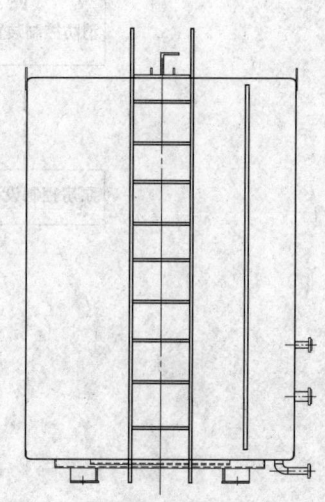

图 6.6-17　立式常压泡沫液贮罐

3）泡沫液比例混合装置。目前工程中使用最多的贮罐压力式泡沫比例混合装置和平衡压力式泡沫比例混合装置外形如图 6.6-18、图 6.6-19 所示。

2. 工作原理

（1）预混式消防泡沫炮系统

火灾发生时，开启消防泵组及管路阀门，消防压力水流经泡沫液比例混合装置时按照一定比例与泡沫原液混合，形成泡沫混合液，在消防泡沫炮喷嘴处，泡沫混合液高速射流喷出。泡沫混合液射流在消防泡沫炮喷嘴处以及在空中卷吸入空气，与空气混合、发泡形成空气泡沫液。空气泡沫液被投射到火源，覆盖在燃烧物表面形成泡沫层，起到隔氧窒息、辐射热阻隔、吸热冷却，迅速扑灭或抑制火灾的作用。消防泡沫炮能够做水平或俯仰回转以调节喷射角度，从而提高灭火效果。

（2）自吸式消防泡沫炮系统

火灾发生时，开启消防泵组及管路阀门，消防压力水在消防泡沫炮喷嘴处高速射流喷出，抽吸泡沫原液与空气形成空气泡沫液并被抛射至空中，空气泡沫液在空中完成发泡。空气泡沫液被投射到火源，起到迅速扑灭或抑制火灾的作用。

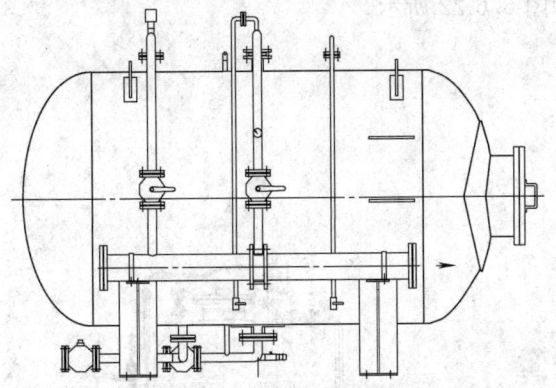

图 6.6-18　贮罐压力式泡沫比例混合装置

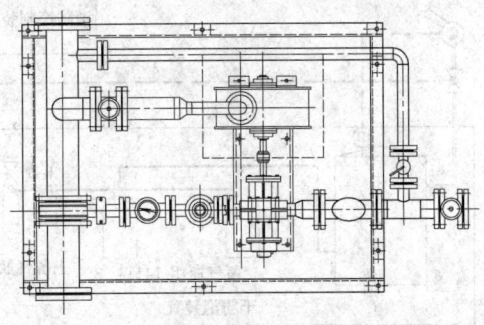

图 6.6-19　平衡压力式泡沫比例混合装置

3. 系统组件

（1）消防泡沫炮

按照控制方式不同，消防泡沫炮可分为手动消防泡沫炮、电控消防泡沫炮、电-液控消防泡沫炮、电-气控消防泡沫炮。消防泡沫炮各种控制方式所具有的特点与消防水炮是一致的。

消防泡沫炮性能应满足《消防炮通用技术条件》GB 19156 的规定。

（2）泡沫液贮罐

宜采用耐腐蚀材料制作；当采用钢制罐时，其内壁应作防腐蚀处理。与泡沫液直接接触的内壁或防腐层对泡沫液的性能不得产生不利影响。外表面应进行防锈蚀处理，涂漆颜色宜为红色。

泡沫液贮罐应设有维护、检修、换液等装置。

（3）泡沫液比例混合装置

产生的泡沫混合液的混合比应精确、平稳。

应具有在规定压力、流量范围内自动控制混合比的功能。

此外，系统其他组件（包括消防泵组、管路、支架、控制装置等）的要求与消防水炮灭火系统是一致的。

6.6.4　消防干粉炮灭火系统

消防干粉炮灭火系统是以干粉作为灭火介质，以消防干粉炮作为喷射设备的灭火系统，适用于液化石油气、天然气等可燃气体火灾的扑救，在石化企业、油船油库、输油码头、机场机库等火灾重点保护场所有着广泛的应用。

1. 系统组成与分类

消防干粉炮灭火系统由消防干粉炮、管路及支架、干粉贮罐、干粉产生装置、控制装置等组成。

（1）消防干粉炮灭火系统原理如图 6.6-20 所示。

（2）消防干粉炮灭火系统主要部件外形

1）消防干粉炮。手控式消防干粉炮外形如图 6.6-21 所示。

2）干粉贮罐及干粉产生装置。其外形如图 6.6-22 所示。

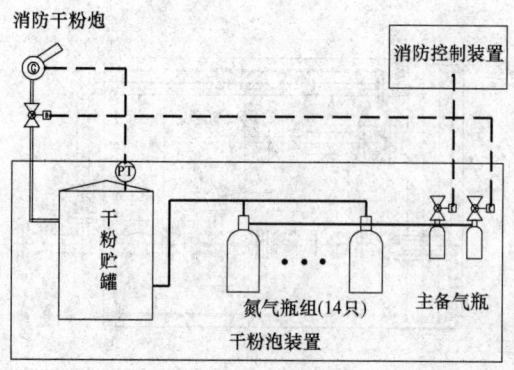

图 6.6-20　消防干粉炮灭火系统原理图

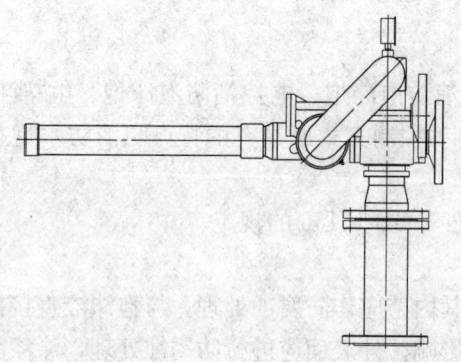

图 6.6-21　手控式消防干粉炮

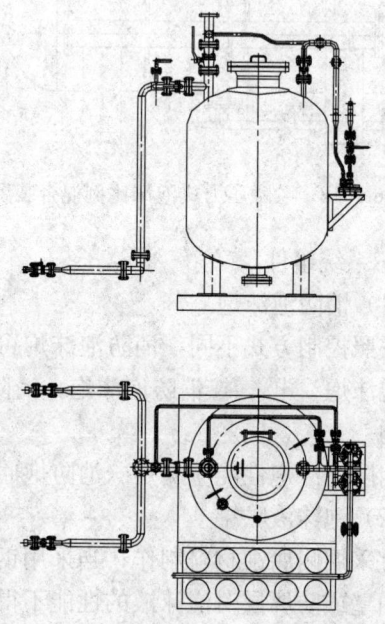

图 6.6-22　干粉贮罐及干粉产生装置

3）控制装置。消防干粉炮灭火系统中的控制装置与消防水炮灭火系统中的控制装置基本一致，其外形图也基本相同。

2. 工作原理

火灾发生时，开启氮气瓶组。氮气瓶组内的高压氮气经过减压阀减压后进入干粉贮罐。其中，部分氮气被送入干粉贮罐顶部与干粉灭火剂混合，另一部分氮气被送入干粉贮罐底部对干粉灭火剂进行松散。随着系统压力的建立，混合有高压气体的干粉灭火剂积聚在消防干粉炮阀门处。当管路压力达到一定值时，开启消防干粉炮阀门，固气两相的干粉灭火剂高速射流被射向火源，切割火焰、破坏燃烧链，从而起到迅速扑灭或抑制火灾的作用。消防干粉炮能够做水平或俯仰回转以调节喷射角度，从而提高灭火效果。

3. 系统组件

（1）消防干粉炮

按照控制方式不同，消防干粉炮可分为手动消防干粉炮、电控消防干粉炮、电-液控消防干粉炮、电-气控消防干粉炮。消防干粉炮各种控制方式所具有的特点与消防水炮和消防泡沫炮是一致的。

消防干粉炮性能应满足《消防炮通用技术条件》GB 19156 的规定。

（2）干粉贮罐

干粉贮罐必须选用压力贮罐。

干粉贮罐宜采用耐腐蚀材料制作，外表面应进行防锈蚀处理，尤其颜色宜为红色。

干粉贮罐应设有维护、检修、换粉装置。

（3）干粉产生装置

干粉驱动装置应采用高压氮气瓶组，氮气瓶的性能应符合国家相关标准的要求。

此外，系统其他组件（包括管路、支架、控制装置等）的要求与消防水炮灭火系统和消防泡沫炮灭火系统是一致的。

6.6.5 系统设计与计算

1. 一般规定

（1）管路

供水管道应与生产、生活用水管道分开。

供水管道不宜与泡沫混合液的供给管道合用。寒冷地区的湿式供水管道应设防冻保护措施，干式供水管道应设排除管道内积水和空气的设施。管道设计应满足设计流量、压力和启动至喷射的时间等要求。

（2）水源与供水设备

消防水源的容量不应小于规定灭火时间和冷却时间内需要同时使用的消防水炮、消防泡沫炮、保护水幕喷头等用水量及供水管网内充水量之和。该容量可减去规定灭火时间和冷却时间内可补充的水量。

消防水泵的供水压力应能满足系统中消防水炮、消防泡沫炮喷射压力的要求。

（3）消防水炮灭火系统

消防水炮灭火系统从启动至炮口喷射水的时间不应大于 5min。

应根据易燃品种类选择消防水供给强度及连续供给时间，选择应当依据国家现行相关标准进行。

（4）消防泡沫炮灭火系统

消防泡沫炮灭火系统从启动至炮口喷射泡沫的时间不应大于 5min。

应根据易燃品种类选择泡沫混合液供给强度及连续供给时间，选择应当依据国家现行相关标准进行。

泡沫原液总贮量除按规定的泡沫混合液供给强度、消防泡沫炮数量、连续供给时间计算外，尚应增加充满管道的需求。

（5）消防干粉炮灭火系统

消防干粉炮灭火系统从启动至炮口喷射干粉的时间不应大于 2min。

当保护区或保护对象有可燃气体、易燃可燃液体供应源时，启动消防干粉炮灭火系统之前或同时，必须切断气体、液体的供应源。

可燃气体、易燃可燃液体、可熔化固体火灾宜采用碳酸氢钠干粉灭火剂；可燃固体表面火灾应采用磷酸铵盐干粉灭火剂。

组合分配系统的灭火剂贮存量不应小于所需贮存量最多的一个防护区或保护对象的贮存量。

（6）其他规定

灭火剂及加压气体的补给时间均不宜大于 48h。否则，应设有备用设备，备用设备与主设备应能自动切换。

2. 消防炮布置

（1）室内消防炮灭火系统

室内消防炮的布置数量不应少于两门，其布置高度应保证消防炮的射流不受上部建筑构件的影响，并应能使两门消防炮的射流同时到达被保护区域的任一部位。

室内消防炮灭火系统应采用湿式给水系统，消防炮位处应设置消防泵组启动按钮。

设置消防炮平台时，其结构强度应能满足消防炮喷射反力的要求，结构设计应能满足消防炮正常使用及维护保养的要求。

（2）室外消防炮灭火系统

室外消防炮的布置应能使消防炮的射流完全覆盖被保护场所及被保护物，同时应满足灭火强度及冷却强度的要求。

消防炮应设置在被保护场所常年主导风向的上风方向。

当被保护对象高度较高、面积较大时，或消防炮的射流受到高大障碍物的阻挡时，应设置消防炮塔。

消防炮宜布置在储罐区防护堤外。如布置在防护堤内时，消防炮及消防炮塔应采取有效的防爆和隔热保护措施。

液化石油气、天然气装卸码头和甲、乙、丙类液体、油品装卸码头的消防炮布置数量不应少于 2 门。消防泡沫炮的射程应满足覆盖设计船型的油气舱范围，消防水炮的射程应满足覆盖设计船型的全船范围。

3. 消防水炮灭火系统

消防水炮灭火系统的设计分为：确定保护对象危险等级、确定灭火剂供给强度、计算保护区域面积、计算灭火剂流量、初选消防水炮型号及数量、布置消防水炮位、校核消防水炮射程射高、选定消防水炮型号及数量、水力计算、系统组件选择、系统设计等步骤。

具体设计步骤可以按照《固定消防炮灭火系统设计规范》GB 50338 进行。

4. 消防泡沫炮灭火系统

消防泡沫炮灭火系统的设计分为：确定保护对象危险等级、确定灭火剂种类和供给强度、计算保护区域面积、计算灭火剂流量、初选消防泡沫炮型号及数量、布置消防泡沫炮位、校核消防泡沫炮射程射高、选定消防泡沫炮型号及数量、水力计算、系统组件选择、系统设计等步骤。

具体设计步骤可以按照《固定消防炮灭火系统设计规范》GB 50338 进行。

5. 消防干粉炮灭火系统

消防干粉炮灭火系统的设计分为：确定保护范围、选定消防干粉炮型号及数量、布置消防干粉炮位、计算灭火剂贮量、校核消防干粉炮射程射高、系统组件选择、系统设计等步骤。

具体设计步骤可以按照《固定消防炮灭火系统设计规范》GB 50338 进行。

6. 电气控制

固定消防炮灭火系统的电气控制设计分为：确定安装地点的危险等级、消防设备的控制数量、系统联动控制要求、系统组件选择、系统设计等步骤。

设计完成后，生成系统联动控制逻辑框图、电气设备原理图、接线端子图、设备电缆规格表及系统联动控制程序。

7. 水力计算

消防水炮灭火系统及消防泡沫炮灭火系统水力计算：

(1) 系统的供水设计总流量按照公式 (6.6-1) 计算：

$$Q = \sum N_p \times Q_p + \sum N_s \times Q_s + \sum N_m \times Q_m \tag{6.6-1}$$

式中 Q——系统供水设计总流量（L/s）；

     N_p——系统中需要同时开启的消防泡沫炮的数量（门）；

     N_s——系统中需要同时开启的消防水炮的数量（门）；

     N_m——系统中需要同时开启的保护水幕喷头的数量（只）；

     Q_p——消防泡沫炮的设计流量（L/s）；

     Q_s——消防水炮的设计流量（L/s）；

     Q_m——保护水幕喷头的设计流量（L/s）。

(2) 管路的总水头损失按照公式 (6.6-2) 计算：

$$\sum h = h_1 + h_2 \tag{6.6-2}$$

式中 $\sum h$——消防泵组出口至最不利点消防炮进口管路总水头损失（MPa）；

     h_1——沿程水头损失（MPa）；

     h_2——局部水头损失（MPa）。

沿程水头损失按照公式 (6.6-3) 计算：

$$h_1 = i \times L_1 \tag{6.6-3}$$

式中 i——单位管长沿程水头损失（MPa/m），按公式 (6.6-4) 计算；

     L_1——计算管路长度（m）。

$$i = 0.0000107 \frac{v^2}{d^{1.3}} \tag{6.6-4}$$

式中 v——设计流速（m/s）；

     d——管道内径（m）。

局部水头损失按照公式 (6.6-5) 计算：

$$h_2 = 0.01 \sum \zeta \frac{v^2}{2g} \tag{6.6-5}$$

式中 ζ——局部阻力系数；

     v——设计流速（m/s）。

(3) 系统中的消防泵组供水压力按照公式 (6.6-6) 计算：

$$P = 0.01Z + \sum h + P_e \tag{6.6-6}$$

式中 P——消防泵组供水压力（MPa）；

     Z——最低引水位至最高位消防炮进口的垂直高度（m）；

     $\sum h$——消防泵组出口至最不利点消防炮进口管路总水头损失（MPa）；

     P_e——消防炮的设计工作压力（MPa）。

6.6.6　系统工程设计实例

1. 固定消防水炮系统——展览中心

（1）工况条件

现有某市的贸易展览中心，主要承办各类会议、展览等活动，其火灾类型以固体火灾为主，根据《固定消防炮灭火系统设计规范》GB 50338 可选用远控消防水炮系统作为消防设备。

（2）设计依据

该类消防水炮系统的设计依据包括：《建筑设计防火规范》GB 50016、《固定消防炮灭火系统设计规范》GB 50338、《消防给水及消火栓系统技术规范》GB 50974、《自动喷水灭火系统设计规范》GB 50084、《消防炮通用技术条件》GB 19156、《远控消防炮系统通用技术条件》GB 19157 等。

根据展馆的工况特点，其远控消防水炮系统包括：消防水炮、管路系统、消防泵组、消防水炮控制系统、消防水池等。

远控消防水炮系统需要达到的要求包括：远控消防水炮系统确保有两股独立的射流可以到达展厅的任意位置，同时喷射的灭火剂流量满足灭火剂供给强度要求。

由于场馆类室内建筑常有柱、台等阻隔物，所以在消防水炮系统设计中应注意死角位置，如果确实超过消防水炮保护范围则应配置移动式消防炮进行辅助保护。

（3）计算步骤

1）基本工况

保护对象：展览馆、展厅。

保护对象几何尺寸：1 号展厅 64m×65m（长×宽）；2 号展厅 60m×65m（长×宽）。两个展厅的净空高度都是 15m。

保护对象为典型的民用高大净空间场所。

2）消防水炮设计计算

《固定消防炮灭火系统设计规范》GB 50338—2003 第 4.2.1 条：室内消防炮的布置数量不应少于两门，其布置高度应保证消防炮的射流不受上部建筑构件的影响，并应能使两门水炮的水射流同时到达被保护区域的任一部位。第 4.3.4 条：水炮系统灭火及冷却用水的供给强度应符合下列规定：扑救室内一般固体物质火灾的供给强度应符合国家有关标准的规定，其用水量应按两门水炮的水射流同时到达防护区任一部位的要求计算。民用建筑的用水量不应小于 40L/s，工业建筑的用水量不应小于 60L/s。

① 1 号展厅：尺寸 64m×65m（长×宽）

根据展厅建筑结构及使用功能，本展厅为一个防火分区。

经查某主流厂商消防水炮性能参数见表 6.6-1。

40L/s 消防水炮性能参数　　　　　　　　　　　　　　　表 6.6-1

额定工作压力 （MPa）	额定流量（L/s） /（L/min）	消防介质	水平射程 （m）
0.8	40/2400	清水	≥52

设计考虑采用 4 门 40L/s 的电控消防水炮，型号为 PSKD40，布置如图 6.6-23 所示。

可以保证展厅内任一点都至少有两门水炮的射流能够达到。

消防水炮系统的设计流量 $Q_总 = 40 \times 2 = 80L/s$。

根据《自动喷水灭火系统设计规范》GB 50084—2017 第 5.0.2 条之规定，净空高度为 $12 \sim 18m$ 的民用建筑高大净空场所的喷水强度为 $40L/(min \cdot m^2)$，作用面积为 $120m^2$，其设计用水流量为 $40 \times 120/60 = 80L/s$。

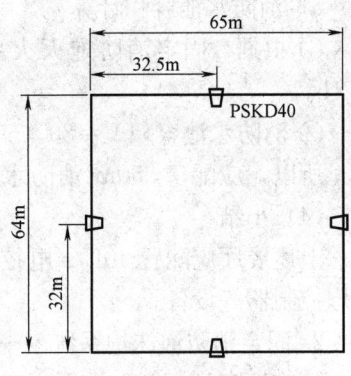

图 6.6-23　1 号展厅消防水炮布置示意图

本案例中消防水炮系统设计流量符合规范要求。

值得注意的是，《固定消防炮灭火系统设计规范》GB 50338 中要求扑救室内一般固体物质火灾的供给强度应符合国家有关标准的规定，比如本案例适合采用《自动喷水灭火系统设计规范》GB 50084 规定的喷水强度。但消防水炮系统设计流量应为设计同时开启的消防水炮的流量之和，对于本案例为 2 门，而并非指喷水强度乘以整个保护面积。

② 2 号展厅：尺寸 60m×65m（长×宽）

参照 1 号展厅，设计采用 4 门 40L/s 的电控消防水炮，型号为 PSKD40，以同样方式布置。

3）消防水炮垂直架高

为保证展厅内的美观，根据展厅空间情况，建议消防水炮架高 $10 \sim 15m$ 安装。

4）消防泵组设计计算

① 消防泵组主参数计算

消防泵组额定流量：$Q_泵 = 80L/s$

消防泵组额定扬程：$H_总 = H_炮 + H_阻 = 0.8 + 0.1 + 0.2 = 1.1MPa$

式中　$H_炮$——消防水炮额定工作压力；

$\qquad H_阻$——沿程水头损失，包括消防管网水头损失（假设为 0.2MPa）和消防水炮架高水头损失（根据设定为 0.1MPa）。

② 建议消防泵组性能参数

流量：80L/s；扬程：110m。

建议消防主泵组为电动机消防泵组，备用泵组为柴油机消防泵组。

5）确定消防水炮的控制方式

控制方式采用电控方式。

根据现场情况，消防水炮控制系统单独设置，共 2 套。

根据以上计算，每个展厅远控消防水炮系统包括 4 门电控消防水炮，所以消防水炮控制系统应能控制 4 门消防水炮的俯仰及水平回转动作。

同时，该系统至少应配置以下阀门：消防水炮供水管路阀门（4 个）、消防泵组进出口主管路阀门（2 个），所以消防水炮控制系统应能控制 6 个阀门的动作。

消防水炮控制系统应注意其他系统的联动以及被控制设备的故障反馈等问题。

6）消防水池容积计算

① 根据《固定消防炮灭火系统设计规范》GB 50338，消防水炮用水连续供给时间为1h。

② 消防水池容积 $V=80×60×60×1.2=345.6m^3$

所以，应配建350m^3消防水池1座。

（4）小结

上述展厅应配置40L/s电控消防水炮、流量80L/s且扬程为110m的消防泵组、消防水炮控制器等设备。

2. 固定消防泡沫炮系统——飞机维修库

（1）机库尺寸（m）

1）机库：70×70×25（长×宽×高）

2）飞机停放和维修区：30×30（长×宽）

（2）消防炮配置

根据《飞机库设计防火规范》GB 50284的规定，选用电控消防泡沫炮，灭火介质选用水成膜泡沫液。

（3）流量确定

根据《飞机库设计防火规范》GB 50284及保护面积，计算如下：

泡沫混合液最小供给速率=(6.5×30×30)/60=97.5L/s

参照消防泡沫炮流量系列，选用2门PPKD48型电控消防泡沫炮。

（4）射程复核

1）PPKD48型电控消防泡沫炮射程≥60m，水平回转角度±90°，俯仰回转角度-60°~+15°。

2）消防泡沫炮为居中对称布置（如图6.6-24中星号所指），垂直离地8m。

故：以上所选消防泡沫炮符合《飞机库设计防火规范》GB 50284—2008第9.5.5条的规定。

（5）室内消火栓配置

根据《消防给水及消火栓系统技术规范》GB 50974—2014第7.4.10条规定"甲类厂房消火栓间距不得大于30m"，故如图6.6-25安排消火栓。

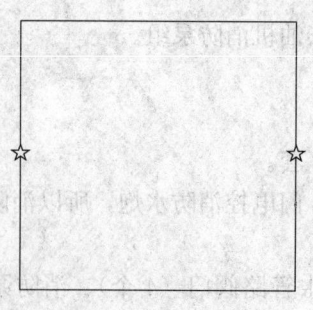

图 6.6-24　飞机维修库消防
泡沫炮布置示意图

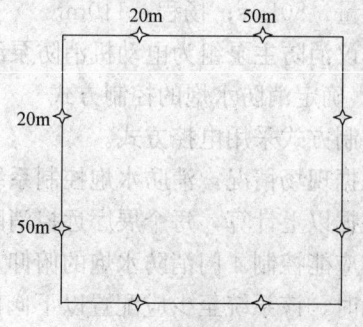

图 6.6-25　飞机维修库室
内消火栓布置示意图

（6）固定式泡沫灭火系统配置

根据《飞机库设计防火规范》GB 50284—2008 第 9.6.1、9.6.2 及 9.6.3 条的规定，选用 8 台 ZPX350 型固定式泡沫灭火装置。

固定式泡沫灭火装置射程复核：

1）固定式泡沫灭火装置安置于消火栓旁，置于地上。

2）固定式泡沫灭火装置配有 DN65 消防水带 2 盘（25m），QP8 消防泡沫管枪 1 支（射程≥22m）。

故：以上所选消火栓及固定式泡沫灭火装置符合相应规范要求。

（7）消防泵组配置

1）工况：消防用水设备共包括 2 门 48L/s 消防泡沫炮和 8 门 8L/s 消火栓。

最大用水情况为：2 门消防泡沫炮和其中 2 门消火栓同时工作。

2）消防泵组参数确定

用水量：$(48×2)×(1-6\%)+8×2=106.2L/s$。

所需供水压力：0.8（消防泡沫炮工作压力）+0.1（炮台高度）+0.4（供水管路阀门、弯头水头损失以及沿程水头损失）+0.1（泡沫混合装置水头损失）=1.4MPa。

消防泵型号、数量：

主泵：XBD14/60-PD 电动机消防泵组，2 台。流量 60L/s，扬程 140m。配用电动机 160kW，1480r/min，380V。

备用泵：XBC14/60-PD 柴油机消防泵组，2 台。流量 60L/s，扬程 140m。配用柴油机 161kW，1500r/min。

稳压泵：XBD12/3 电动机泵组，2 台（1 用 1 备）。流量 3L/s，扬程 120m。配用电动机 7.5kW，2900r/min，380V。

（8）贮罐压力式泡沫比例混合装置配置

根据《飞机库设计防火规范》GB 50284—2008 第 9.5.4 条及第 9.8 节的规定：

$$48×2×60×10×1.2=69120L$$

参照泡沫比例混合装置，选用 1 台 PHZY160/100 型泡沫比例混合装置。

（9）消防水池配置

根据《飞机库设计防火规范》GB 50284—2008 第 9.5.4 条及第 9.6.3 条的规定：

$$(48×2×60×30+8×2×60×20)×1.2=230400L$$

同时，根据《飞机库设计防火规范》GB 50284—2008 第 9.1.1 条的规定，建议配建容积 250m³ 的地上式消防水池。

（10）电气设备配置

1）控制消防泡沫炮系统及消防泡沫炮供水阀门，配置 DP2-FD2（W）消防泡沫炮阀电控柜 1 台。

2）控制泡沫比例混合装置进出液阀门及稳压泵系统，配置 BQC-FD2 消防泵联动控制柜 1 台。

3）控制电动机消防泵组系统，配置 JJ1F 降压控制启动柜 2 台。

4）控制柴油机消防泵组系统，配置 XBC 柴油机控制柜 2 台。

3. 固定消防干粉炮系统——液化气船

（1）设计依据

1)《干粉灭火系统设计规范》GB 50347；

2)《干粉灭火系统及部件通用技术条件》GB 16668；

3)《干粉灭火剂》GB 4066；

4)《火灾自动报警系统设计规范》GB 50116；

5)《固定消防炮灭火系统设计规范》GB 50338。

（2）设计计算

1) 局部喷射干粉灭火剂设计用量的计算

$$m = N \times Q_i \times t$$

其中　m——干粉灭火剂需要量（kg）；

N——喷头数量（个）；

Q_i——单个喷射元件的干粉输送速率（kg/s）；

t——喷射元件的喷射时间（s）。

喷射元件的布置应使喷射的干粉完全覆盖对象。

2) 根据设备平面图（见图 6.6-26），每个罐区需要保护的表面积（包括货物装卸总管区域）约为：

罐体长度平面投影 $L = 28.855\text{m}$

罐体截面投影 $B = 14.4\text{m}$

被保护面积为 $A_c = L \times B = 415.5\text{m}^2$

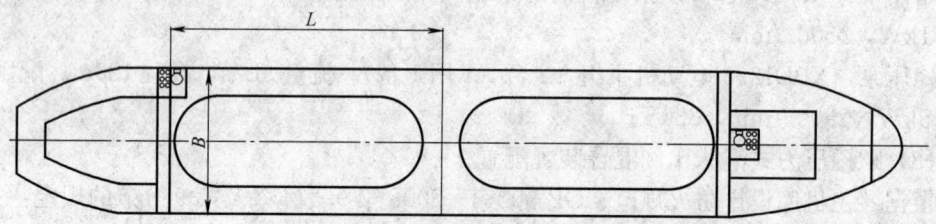

图 6.6-26　设备平面图

（3）干粉卷盘布置（见图 6.6-27）

任何暴露的罐体平面都必须至少被两个卷盘干粉枪覆盖到。

干粉枪喷射率 $Q_1 = 5\text{kg/s}$

卷盘软管长度：25m

干粉枪射程：12m

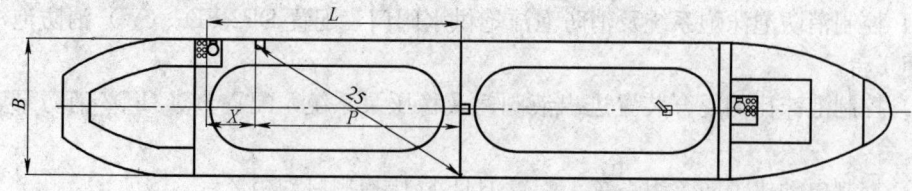

图 6.6-27　干粉卷盘布置示意图

根据相关标准的规定，干粉输送管道的最大水平距离须≤8m。

1）卷盘布置距离 P 计算

$$P=\sqrt{25^2-B^2}=\sqrt{25^2-14.4^2}=20.44\text{m}$$

2）卷盘数量 N 计算

$$N=\left(\frac{L-X}{P}\right)+1$$

$$X\leqslant 8\text{m}$$

$$N=(20.855/20.44)+1=2.02\approx 2\text{台}$$

3）卷盘布置

根据相关标准的规定，干粉输送管道的最大水平距离须≤8m。

卷盘建议以保护罐体水平中心对称布置，间隔≤8m。

数量：2台/罐。

（4）干粉炮布置（见图6.6-28）

干粉炮的布置，必须能实现对需保护对象裸露表面以及干粉设备的保护。

根据相关标准的规定，干粉输送管道的最大水平距离须≤8m。

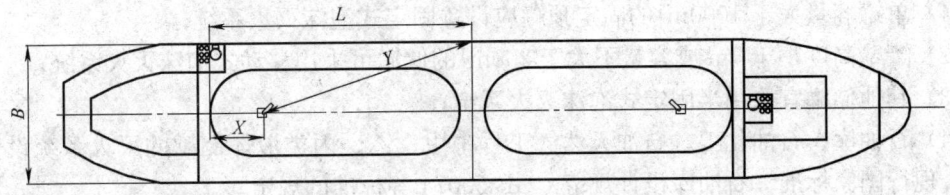

图6.6-28　干粉炮布置示意图

$$X=8\text{m}$$

$$Y=\sqrt{(L-X)^2+(B/2)^2}=\sqrt{(28.855-8)^2+(14.4/2)^2}=22.06\text{m}$$

需要干粉炮的射程：22m

干粉炮数量：1台/罐

实际选用干粉炮：射程25m，对应喷射率20kg/s。

（5）干粉系统的操作时间

根据相关标准条款，对于局部灭火，干粉的贮存量须满足所有喷射元件喷射45s。

（6）干粉贮存量计算

根据公式：$m=N\times Q_i\times t$

每个罐区干粉枪的干粉需求量 $m_1=2\times 5\times 45=450\text{kg}$

每个罐区干粉炮的干粉需求量 $m_2=1\times 20\times 45=900\text{kg}$

每个罐区的干粉需求量 $m=m_1+m_2=450+900=1350\text{kg}$

单个罐区的干粉总量：

$$M=m\times 1.1=1485\text{kg}$$

注：考虑到剩粉率及管道因素，干粉的设计总量为计算总量的 1.1～1.2 倍。

（7）干粉系统设计

对于每个罐区，拟采用 1 套 ZFP1500 固定式干粉灭火系统，干粉充装量 1485kg，附件配有 2 台卷盘，1 台射程为 25m 的干粉炮。

轮船上设计有两个保护区，即需要 2 套 ZFP1500 固定式干粉灭火系统。

6.7　泡沫灭火系统

6.7.1　泡沫灭火剂灭火原理

泡沫灭火系统以采用空气泡沫灭火剂为主，本节主要介绍此类泡沫灭火系统。

空气泡沫灭火的原理：把泡沫液与水通过特制的泡沫比例混合器混合成泡沫混合液，经泡沫发生器与空气混合产生泡沫，再通过不同的方式覆盖在燃烧物质的表面或者充满发生火灾的整个空间形成泡沫层，由于泡沫的隔绝氧气、抑制燃料蒸发及冷却等作用而使火灾熄灭。

6.7.2　设置场所

1.《建规》第 8.3.10 条：甲、乙、丙类液体储罐的灭火系统设置应符合下列规定：

（1）单罐容量大于 1000m³ 的固定顶罐应设置固定式泡沫灭火系统；

（2）罐壁高度小于 7m 或容量不大于 200m³ 的储罐可采用移动式泡沫灭火系统；

（3）其他储罐宜采用半固定式泡沫灭火系统；

（4）石油库、石油化工、石油天然气工程中甲、乙、丙类液体储罐的灭火系统设置，应符合现行国家标准《石油库设计规范》GB 50074 等标准的规定。

2.《车规》第 7.2.3 条：下列汽车库、修车库宜采用泡沫-水喷淋系统，泡沫-水喷淋系统的设计应符合现行国家标准《泡沫灭火系统设计规范》GB 50151 的有关规定：

（1）Ⅰ类地下、半地下汽车库；

（2）Ⅰ类修车库；

（3）停车数大于 100 辆的室内无车道且无人员停留的机械式汽车库。

第 7.2.4 条：地下、半地下汽车库可采用高倍数泡沫灭火系统。高倍数泡沫灭火系统的设计应符合现行国家标准《泡沫灭火系统设计规范》GB 50151 的有关规定。

由上述规定可知，民用建筑中大、中型地下汽车库宜采用泡沫-喷淋灭火系统，地下、半地下汽车库也可采用高倍数泡沫灭火系统。泡沫-喷淋灭火系统和高倍数泡沫灭火系统的设计应按《泡沫灭火系统设计规范》GB 50151 的规定执行。

6.7.3　系统分类及泡沫液

1. 系统分类

泡沫灭火系统的分类见图 6.7-1。

在民用建筑消防中应用的泡沫灭火系统主要有：低倍数闭式泡沫-水喷淋系统和全淹没高倍数泡沫灭火系统。

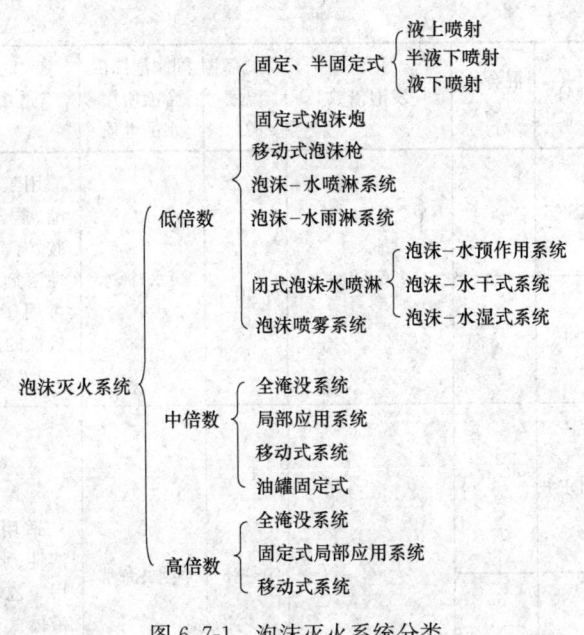

图 6.7-1　泡沫灭火系统分类

2. 泡沫液

在泡沫灭火系统中，泡沫液与水按一定混合比均匀混合而成泡沫混合液，混合比是指泡沫液在泡沫混合液中所占的体积分数。按泡沫混合液的发泡倍数可分为低倍数泡沫、中倍数泡沫、高倍数泡沫。发泡倍数是指形成的泡沫与泡沫混合液的体积之比值，发泡倍数低于 20 的称为低倍数泡沫，发泡倍数为 20～200 的称为中倍数泡沫；发泡倍数高于 200 的称为高倍数泡沫。

（1）低倍数泡沫液

常用低倍数泡沫液的种类、性能及适用范围见表 6.7-1。

低倍数泡沫液种类、性能及适用范围　　　　　　　表 6.7-1

类别	名称	型号	混合比（％）	发泡倍数	贮存温度（℃）	配制泡沫混合液所用水的性质	适用范围	备注
蛋白泡沫液	6％植物蛋白泡沫液 6％动物蛋白泡沫液	YE-6	6	7～9	−5～40	淡水、海水	非水溶性甲、乙、丙类液体	用于液上喷射及喷淋
	3％动物蛋白泡沫液	YE-3	3					
氟蛋白泡沫液		YEF-6	6	8.5	−5～40	淡水、海水	非水溶性甲、乙、丙类液体	用于液下、液上喷射及喷淋
		YEF-3	3	8.6				
水成膜泡沫液		AFFF	1、3、6	液上喷射：6～10 液下喷射：2～4 喷淋：6～10	0～40	淡水、海水	非水溶性甲、乙、丙类液体	用于液上、液下喷射及喷淋
		FFFP	3、6					

续表

类别	名称	型号	混合比(%)	发泡倍数	贮存温度(℃)	配制泡沫混合液所用水的性质	适用范围	备注
抗溶性泡沫液	凝胶型抗溶泡沫液	YESK6	6	6~8	−4.5~40	淡水、海水	用于扑救醇、酯、酮、醛、醚、胺、有机酸等极性溶剂火灾,并可用于扑救非极性的烃类(油品)火灾	液上喷射,可配用环泵式、平衡式、管线式比例混合器,也能用带隔膜的压力比例混合器
		YESK3	3					
	抗溶氟蛋白泡沫液	YEDF-6	6	6	0~45	淡水、海水	适用于非水溶性、水溶性的甲、乙、丙类液体	液上喷射(用于扑救非水溶性液体火灾时也可采用液下喷射),可配用各种比例混合器。若罐区内既有油罐又有醇类罐时选用它最合适
		YEDF-3	3					
	抗溶性水成膜泡沫液	AFFF/AR	3	5	−5~40	淡水、海水	适用于非水溶性、水溶性的甲、乙、丙类液体	用于液下喷射
			6					

（2）中倍数泡沫液

中倍数泡沫液有 YEZ8A、YEZ8B 型两种，主要用于扑救地下坑道、飞机库、煤矿、地下车库、油库、船舶、地下有限空间以及大面积非水溶性可燃、易燃流淌液体火灾。配制泡沫混合液的水温宜为5~40℃。

（3）高倍数泡沫液

高倍数泡沫液的基料是合成表面活性剂，所以又称合成泡沫灭火剂，适用201~1000的发泡倍数。

高倍数泡沫液按其配制混合液时使用水的类型，分为淡水型和海水型两种。淡水型高倍数泡沫液有 YEGZ3A、YEGZ6A、YEGD6 和 YEGD3 四种型号。海水型高倍数泡沫液剂有 YEGZ3D、YEGZ6D 和 YEGH6 三种型号。贮存的环境温度为0~40℃，成品应存放在阴凉、干燥的库房内，防止曝晒。高倍数泡沫液主要性能见表 6.7-2。

高倍数泡沫液主要性能　　　　　　　　　　　　表 6.7-2

产品型号		YEGZ3A	YEGZ6A	YEGD6	YEGD3	YEGZ3D	YEGZ6D	YEGH6[①]
相对密度(20℃时)		1.050	1.030	1.030	1.031	1.000~1.050	1.029	—
pH(20℃时)		7.0~7.5	7.0~7.5	7.5	7.5	6.5~8.0	6.5~8.0	7.5
流动点(℃)	普通型	≤−7.5	≤−7.5	—	≤−7.5	≤−7.5	≤−7.5	≤−7.5
	耐寒型	≤−12.5	—	≤−12.5	—	—	—	—

续表

产品型号		YEGZ3A	YEGZ6A	YEGD6	YEGD3	YEGZ3D	YEGZ6D	YEGH6①
黏度 (10^{-3}Pa·s)	20℃时	≤15	≤10	14.5	≤20	≤15	14	18.5
	0℃时	—	—	—	≤35	≤30	—	—
	使用温度下限	≤60	≤50	108	≤60	≤50	70	67.5
腐蚀率(mg/(d·20cm²))		≤3	≤3	0.87	1.09	≤1	≤1.5	1.14
闪点(℃)				≥80	≥80	≥62	≥62	>80
混合比(%)		3	6	6	3	3	6	6
发泡倍数		400~750		665	660	510	590~770	670~880
20%析液时间(min)		≥3	≥6	7.0	5.5	14.5	14.0	6.6

① 海水型高倍数泡沫液,既适用于海水,也适用于淡水。

6.7.4　系统选型、泡沫液的选择、贮存

《泡沫灭火系统设计规范》GB 50151规定了高、中、低倍数泡沫灭火系统的系统选型及泡沫液的选择、贮存要求等。

泡沫灭火系统种类及形式较多,且发展较快,本手册不一一介绍,仅就民用建筑中大型汽车库运用泡沫-水喷淋系统和高倍数泡沫灭火系统作重点介绍。

6.7.5　泡沫-水喷淋系统

泡沫-水喷淋系统是在自动喷水灭火系统基础上发展而来,通过在自动喷水灭火系统上配置可供给泡沫混合液的设备,组成既可喷水又可喷泡沫的固定灭火系统。泡沫-水喷淋系统具有三种功能:一是灭火功能;二是预防作用,在有B类易燃液体火灾时,可以预防因易燃液体的沸溢或溢流而把火灾引到邻近区域;三是控制和暴露防护,在不能扑灭火灾时,控制火灾燃烧,减少热量的传递,使暴露在火灾中的其他物质不致受损。该系统作为一种新的消防技术,以比自动喷水灭火系统更可靠、更优越,提高了灭火性能,节约用水量,灭火后难以复燃等优点越来越引起人们的关注。

1. 系统分类

(1) 按照系统组成分类

1) 泡沫-水喷淋系统:在原有的湿式系统上增加泡沫供给装置。

2) 泡沫-水雨淋系统:在原有的雨淋系统上增加泡沫供给装置。

3) 泡沫-水干式系统:在原有的干式系统上增加泡沫供给装置。

4) 泡沫喷雾系统:在原有的水喷雾系统上增加泡沫供给装置。

5) 泡沫-水预作用系统:在原有的预作用系统上增加泡沫供给装置。

(2) 按照喷水先后顺序可分为两种类型,一种是前期喷泡沫灭火,后期喷水冷却防止复燃;另一种是前期喷水灭火,后期喷泡沫强化灭火效果。

(3) 按照系统的开放形式可分为开式系统和闭式系统。泡沫-水喷淋系统、泡沫-水干式系统、泡沫-水预作用系统为闭式系统;泡沫-水雨淋系统和泡沫喷雾系统为开式系统。

2. 应用范围

由于泡沫-水喷淋系统既可扑灭固体火灾，又可扑灭 B 类易燃液体火灾，当某些水溶性液体火灾在用泡沫灭火以后，为了防止其复燃，还可用水进一步冷却，扩大了普通水灭火系统的扑救范围。因此将泡沫-水喷淋系统用于地下停车库，其效果比普通自动喷水灭火系统好，又比固定式泡沫灭火系统简单、经济。该系统还可应用于柴油发电机房、锅炉房和仓库等场所。

《泡沫灭火系统设计规范》GB 50151 第 7.1.1 条：泡沫-水喷淋系统可用于下列场所：

(1) 具有非水溶性液体泄漏火灾危险的室内场所；

(2) 存放量不超过 25L/m² 或超过 25L/m² 但有缓冲物的水溶性液体室内场所。

第 7.1.2 条：泡沫喷雾系统可用于保护独立变电站的油浸电力变压器、面积不大于 200m² 的非水溶性液体室内场所。

《车规》第 7.2.3 条：下列汽车库、修车库宜采用泡沫-水喷淋系统：(1) Ⅰ类地下、半地下汽车库；(2) Ⅰ类修车库；(3) 停车数大于 100 辆的室内无车道且无人员停留的机械式汽车库。

3. 系统组成及工作原理

泡沫-水喷淋系统主要由湿式系统、干式系统或雨淋系统及泡沫液贮罐、泡沫比例混合器、泡沫控制阀组成。以下以闭式泡沫-水喷淋系统为例，对系统、组件、设计及计算进行介绍，其余系统参照进行设计。

闭式泡沫-水喷淋系统一般由水池、水泵、泡沫液贮罐、泡沫比例混合器、湿式报警阀、水流指示器、管道、闭式喷头及末端试水装置等组成，组成及控制原理见图 6.7-2、表 6.7-3 及图 6.7-3。

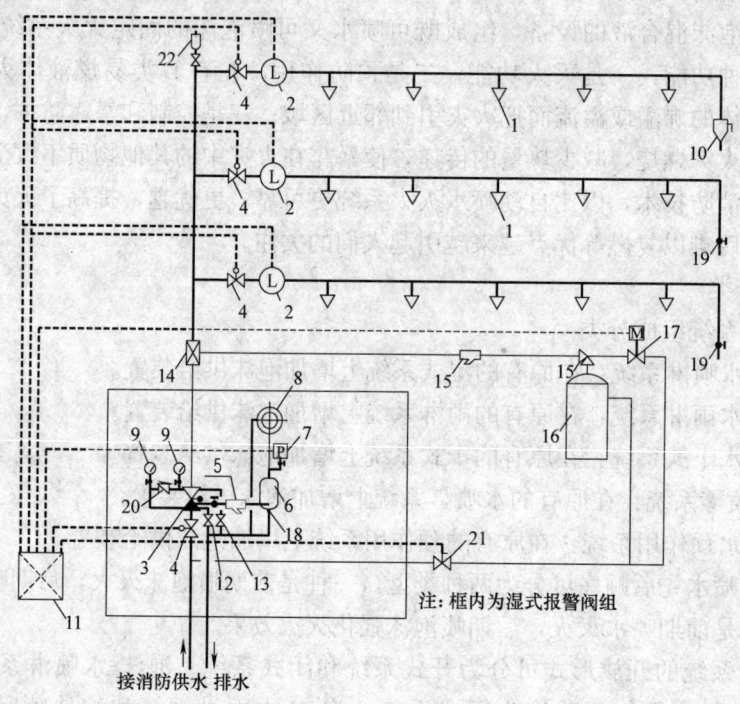

图 6.7-2　闭式泡沫-水喷淋系统示意图

闭式泡沫-水喷淋系统主要部件　　　表 6.7-3

编号	名　称	用　途
1	闭式喷头	火灾发生时,出水灭火
2	水流指示器	水流动作时,输出电信号,指示火灾区域
3	湿式报警阀	系统控制阀,开启时可输出报警水流信号
4	信号阀	供水控制阀,阀门关闭时有电信号输出
5	过滤器	过滤水中的杂质防止堵塞
6	延迟器	延迟信号输出,克服水压变化引起的误报警
7	压力开关	报警阀开启时,发出电信号
8	水力警铃	报警阀开启时,发出音响信号
9	压力表	显示水压
10	末端试水装置	试验末端水压及系统联动功能
11	火灾报警控制器	接收报警信号并发出控制指令
12	泄水阀	系统检验排水
13	试验阀	试验报警阀功能
14	泡沫比例混合器	按比例混合水与浓缩泡沫液
15	泡沫液控制阀	控制泡沫液供给
16	泡沫液贮罐	贮存浓缩泡沫液
17	电磁阀	控制泡沫液供给
18	节流器	节流排水,与延迟器共同工作
19	试水阀	分区放水及试验系统联动功能
20	止回阀	单向补水,防止压力变化引起报警阀误动作
21	泡沫液贮罐供水信号阀	控制泡沫液贮罐供水,关闭时有电信号输出
22	自动排气阀	防止系统积气

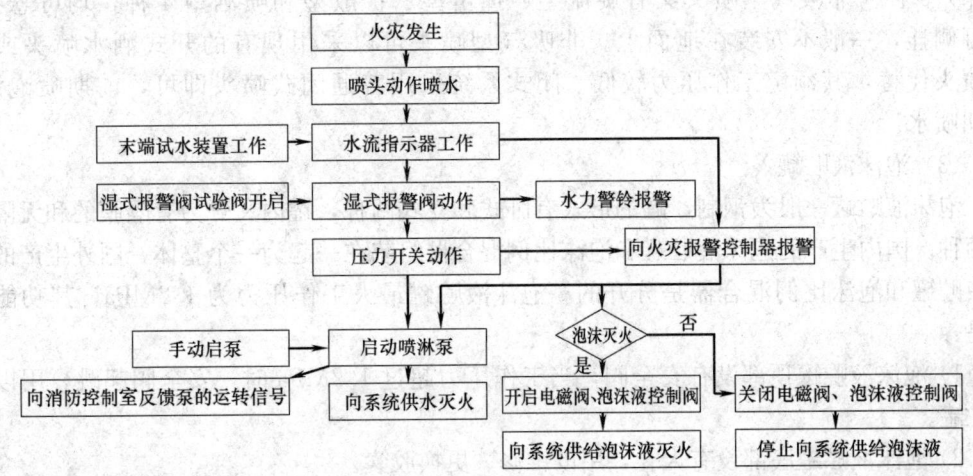

图 6.7-3　闭式泡沫-水喷淋系统工作原理图

4. 设备与组件

（1）泡沫灭火剂

泡沫-水喷淋系统的泡沫灭火剂采用低倍数泡沫灭火剂（发泡倍数低于 20 倍），低倍数泡沫灭火剂应是小泡沫稳定、密度低于水和油并能坚韧地水平覆盖其表面的聚合物。常见的低倍数泡沫灭火剂有：蛋白泡沫灭火剂、氟蛋白泡沫灭火剂、成膜氟蛋白泡沫灭火剂、水成膜泡沫灭火剂以及抗溶性泡沫灭火剂。具体参见本手册 6.7.3 条有关内容。

对于泡沫-水喷淋系统，喷头为非吸气型喷头，因此泡沫灭火剂应选用水成膜泡沫灭火剂或成膜氟蛋白泡沫灭火剂。对于汽油、柴油等非水溶性液体火灾，可以选用水成膜泡沫灭火剂，设计选用较成熟的水成膜泡沫灭火剂有氟化物泡沫灭火剂 AFFF（Aqueous Film Forming Foam），其灭火机理是：泡沫灭火剂与水（淡水、海水均可）混合形成均匀且稳定的泡沫层以隔绝空气，泡沫中的水分能降低油类的温度，同时在泡沫层以下可形成一层密封且快速扩散的水成层薄膜，而此水成层薄膜可迅速地在燃烧油面扩散及密封空气，因此可隔绝及防止受热油类产生易燃气化物；对于含乙醇汽油等水溶性液体火灾，这类液体对普通泡沫有较强的脱水性，可使泡沫破裂而失去灭火功效，因此在汽油中添加醚、醇等含氧添加剂的车用燃料，如果其含氧添加剂体积分数大于 10%，必须选用抗溶性泡沫灭火剂（AFFF/AR），在扑灭水溶性液体火灾时，该类灭火剂在燃液表面上能形成一层高分子胶膜，保护上面的泡沫免受水溶性液体的脱水而破坏，从而实现灭火。当选用水成膜泡沫灭火剂时，其抗烧水平不应低于现行国家标准《泡沫灭火剂》GB 15308 规定的 C 级。

（2）喷头

泡沫-水喷淋系统分为开式系统及闭式系统。开式系统采用的喷头形式有吸气型和非吸气型两大类。吸气型喷头是一种专用的泡沫喷头，其额定工作压力较高，一般为 0.30MPa。吸气型喷头根据泡沫喷洒方向的不同，可分为顶喷式（从上往下喷洒泡沫）、水平式（水平喷洒泡沫）和弹射式（放置在地面上，垂直向上和水平喷洒泡沫）3 种。非吸气型喷头又有旋流型、撞击型、扩散型和喷洒型 4 种，均可悬挂，也可侧挂，一般不安装在地面上。非吸气型喷头可以采用现有的开式洒水喷头或水雾喷头代替，其额定工作压力较低。闭式系统采用普通闭式喷头即可，前期喷泡沫，后期喷水。

（3）泡沫液贮罐

泡沫液贮罐一般为钢制，罐的形式有卧式和立式两种，罐内又分为有隔膜的和无隔膜的两种。国内生产的泡沫液贮罐和泡沫比例混合器组装在一起为一个整体，国外生产的泡沫液贮罐和泡沫比例混合器是分开的。泡沫液贮罐最大工作压力为 1.2MPa，其功能特点是：

1）泡沫液贮罐顶部设有安全阀，当工作压力超过 1.2MPa 时，安全阀起跳，用以保护贮罐。

2）泡沫液贮罐底部设有人孔，用以维修、更换胶囊。

3）泡沫液贮罐设有进料孔、排渣孔、排气孔等，用以清洗贮罐、胶囊等。

泡沫液贮罐外形见图 6.7-4，尺寸参数见表 6.7-4。

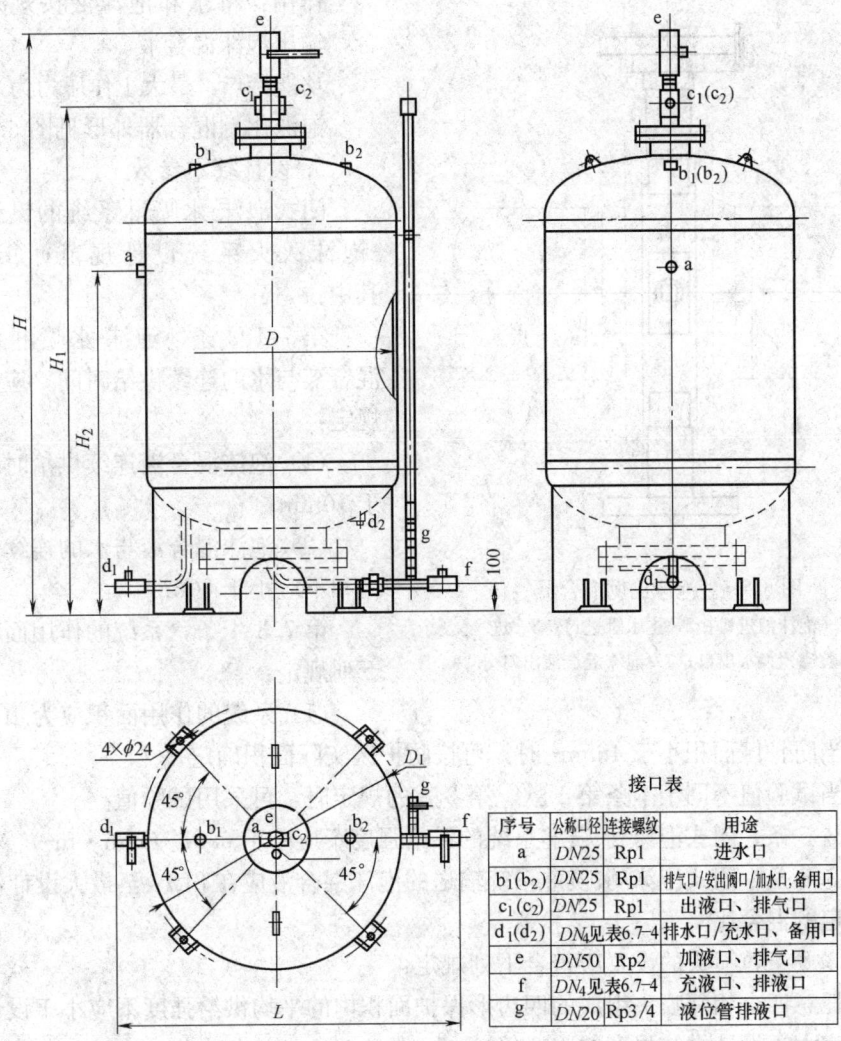

序号	公称口径	连接螺纹	用途
a	$DN25$	Rp1	进水口
$b_1(b_2)$	$DN25$	Rp1	排气口/安出阀口/加水口/备用口
$c_1(c_2)$	$DN25$	Rp1	出液口、排气口
$d_1(d_2)$	DN_4见表6.7-4		排水口/充水口、备用口
e	$DN50$	Rp2	加液口、排气口
f	DN_4见表6.7-4		充液口、排液口
g	$DN20$	Rp3/4	液位管排液口

接口表

图 6.7-4　泡沫液贮罐外形图

泡沫液贮罐外形尺寸　　　　　　　　　　　　　　　表 6.7-4

贮罐型号	外形尺寸(mm)						DN (mm)	贮罐自重 (t)
	D	H	L	H_1	H_2	D_1		
PGNL700	900	2200	1300	1860	1200	1060	25	0.8
PGNL1000	1000	2400	1400	2100	1300	1140	25	1.0
PGNL1500	1100	2800	1500	2600	2000	1300	25	1.3
PGNL2000	1200	2950	1600	2650	1900	1400	50	1.6
PGNL3000	1400	3400	1800	3100	2100	1600	50	2.0

（4）泡沫比例混合器

泡沫比例混合器直径有 75mm、100mm、150mm、200mm 4 种，混合比 3%或 6%，泡沫混合液流量 4～100L/s。

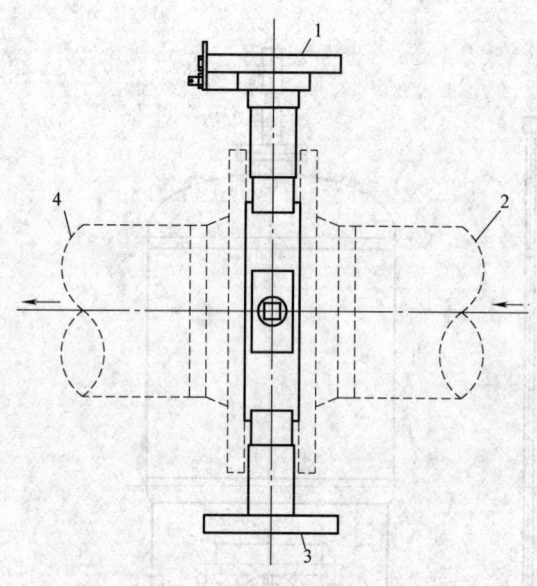

图 6.7-5 泡沫比例混合器

1—泡沫液进口；2—主水管进口；3—进
贮罐置换水出口；4—泡沫混合液出口

作用：将水和泡沫液按规定比例混合，输出泡沫混合液。

功能特点：最大工作压力为 1.2MPa。

泡沫比例混合器外形见图 6.7-5。

5. 设计基本参数

闭式泡沫-水喷淋系统的设计应执行《泡沫灭火系统设计规范》GB 50151，其中：

第 7.1.3 条，泡沫-水喷淋系统泡沫混合液与水的连续供给时间，应符合下列规定：

（1）泡沫混合液连续供给时间不应小于 10min；

（2）泡沫混合液与水的连续供给时间之和不应小于 60min。

第 7.3.4 条，系统的作用面积应符合下列规定：

（1）系统的作用面积应为 465m²；

（2）当防护区面积小于 465m² 时，可按防护区实际面积确定；

（3）当试验值不同于本条第 1 款、第 2 款的规定时，可采用试验值。

第 7.3.5 条，闭式泡沫-水喷淋系统的供给强度不应小于 6.5L/(min·m²)。

第 7.3.6 条，闭式泡沫-水喷淋系统输送的泡沫混合液应在 8L/s 至最大设计流量范围内达到额定的混合比。

第 7.3.8 条，喷头的设置应符合下列规定：

（1）任意四个相邻喷头组成的四边形保护面积内的平均供给强度不应小于设计供给强度，且不宜大于设计供给强度的 1.2 倍；

（2）喷头周围不应有影响泡沫喷洒的障碍物；

（3）每个喷头的保护面积不应大于 12m²；

（4）同一支管上两个相邻喷头的水平间距、两条相邻平行支管的水平间距，均不应大于 3.6m。

第 7.3.9 条，泡沫-水喷淋系统的设置应符合下列规定：

（1）当系统管道充注泡沫预混液时，其管道及管件应耐泡沫预混液腐蚀，且不应影响泡沫预混液的性能；

（2）充注泡沫预混液系统的环境温度宜为 5～40℃；

（3）当系统管道充水时，在 8L/s 的流量下，自系统启动至喷泡沫的时间不应大于 2min；

（4）充水系统的环境温度应为 4～70℃。

6. 设计计算

（1）喷头数量的确定

1）首先根据保护区域平面尺寸布置标准直立型喷头，喷头间距不大于《喷规》表 7.1.2 及《泡沫灭火系统设计规范》GB 50151 第 7.3.8 条的规定，具体布置同湿式系统。如采用泡沫喷头，同时应参照其样本规定。

2）水力计算选定最不利点处作用面积，按照《喷规》表 5.0.1 的规定，一般为矩形，其长边平行于配水支管，其长度不小于作用面积平方根的 1.2 倍。

$$L=1.2\times\sqrt{S} \tag{6.7-1}$$

式中　L——作用面积长边长度（m）；

　　　S——作用面积（m^2）。

$$B=S/L \tag{6.7-2}$$

式中　B——作用面积短边长度（m）。

3）按照《泡沫灭火系统设计规范》GB 50151—2010 第 7.3.4 的规定，作用面积不小于 $465m^2$。按照作用面积得出计算喷头数，同时核算实际作用面积应大于 $465m^2$。

4）校核泡沫比例混合器至最不利喷头的容积不大于 960L。

《泡沫灭火系统设计规范》GB 50151—2010 第 7.3.9 条第 3 款规定，当系统管道充水时，在 8L/s 的流量下，自系统启动至喷泡沫的时间不应大于 2min。本条规定为保证系统由喷头动作到开始喷泡沫时间尽量的短，为了满足该条规定，泡沫比例混合器至最不利喷头的容积不宜太大（$V\geqslant8\times2\times60=960L$），即泡沫比例混合器至最不利喷头处距离不宜太远。通常设计中地下车库一个防火分区 $4000m^2$ 设一个水流指示器，而为了控制泡沫比例混合器后系统容积不大于 960L，可能需要多个泡沫液贮罐以及泡沫比例混合器，并将泡沫液贮罐以及泡沫比例混合器设于系统中心部位，以减少泡沫液贮罐及泡沫比例混合器

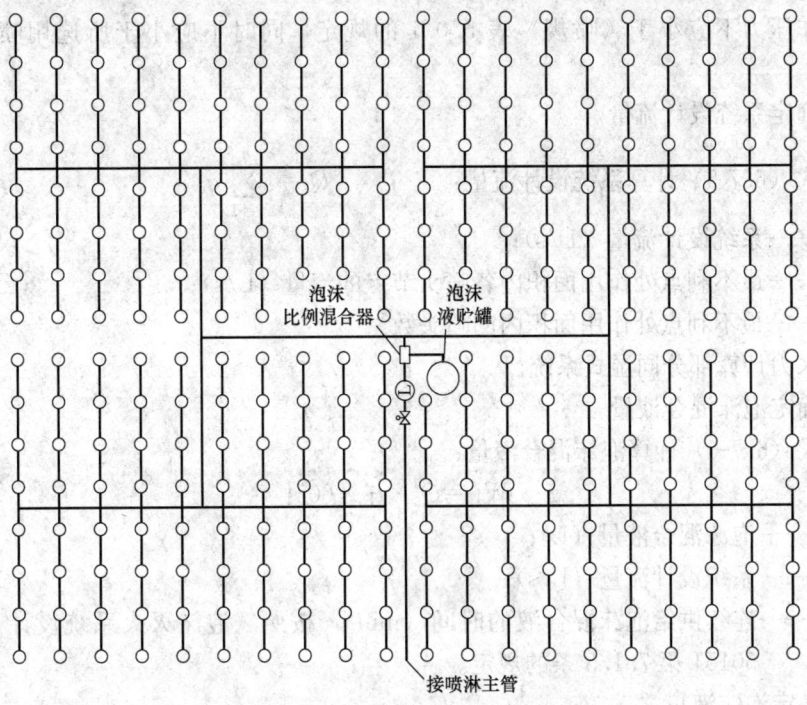

图 6.7-6　理想的自喷平面布置图

的个数，图 6.7-6 为理想的自喷平面布置图。

系统水容积可按表 6.7-5 计算。

表 6.7-5

公称直径(mm)	计算内径(mm)	每米容积(L/m)	公称直径(mm)	计算内径(mm)	每米容积(L/m)
25	26.00	0.53	80	79.50	4.96
32	34.75	0.95	100	105.00	8.66
40	40.00	1.26	125	130.00	13.27
50	52.00	2.12	150	155.00	18.87
70	67.00	3.53			

（2）确定喷头流量

1）按照喷头实际保护面积确定喷头最小流量，见公式（6.7-3）：

$$q_1 = I \times S_1 / 60 \tag{6.7-3}$$

式中　q_1——喷头出流量（L/s）；

　　　I——喷水强度（L/(min·m²)）；

　　　S_1——喷头实际保护面积（m²）。

2）按公式（6.7-4）确定最不利点喷头工作压力：

$$P_1 = (60 \times q_1 / K)^2 / 10 \tag{6.7-4}$$

式中　P_1——最不利点喷头工作压力（MPa）；

　　　q_1——喷头出流量（L/s）；

　　　K——喷头流量系数，标准喷头 $K = 80$。

该工作压力不应小于《喷规》表 5.0.1 的规定，同时不应小于所选用喷头样本的规定。

（3）确定系统设计流量

按公式（6.7-5）计算系统设计流量：

$$Q_s = \sum_{i=1}^{n} q_i \tag{6.7-5}$$

式中　Q_s——系统设计流量（L/s）；

　　　q_i——最不利点处作用面积内各喷头节点的流量（L/s）；

　　　n——最不利点处作用面积内的喷头数。

管道水力计算部分同湿式系统。

（4）确定泡沫混合液量

按公式（6.7-6）计算泡沫混合液量：

$$W_L = Q_s \times t_L \times 60 \tag{6.7-6}$$

式中　W_L——泡沫混合液量（L）；

　　　Q_s——系统设计流量（L/s）；

　　　t_L——连续供给泡沫混合液的时间（min），按照《泡沫灭火系统设计规范》GB 50151 第 7.1.3 条的规定。

（5）确定泡沫液量

按公式（6.7-7）计算泡沫液量：

$$W_P = W_L \times b\%$$ (6.7-7)

式中　W_P——泡沫液量（L）；

　　　W_L——泡沫混合液量（L）；

　　　$b\%$——采用的泡沫混合比，在泡沫喷淋系统中有 3% 和 6% 两种，汽车库火灾可取 6%。

（6）选定泡沫液贮罐和泡沫比例混合器

泡沫液贮罐的有效容积应不小于 $1.15W_P$。根据计算得到的系统设计流量 Q_s，查泡沫比例混合器的产品样本，确定型号和个数。因为泡沫喷淋系统火灾时开放喷头数变化较大，可能 1～2 个，也可能 10～20 个。而对于泡沫喷淋系统，不论流量和压力如何变化，都要求有一个精确的混合比，因此，在泡沫喷淋系统中，宜采用压力式大范围泡沫比例混合器。

（7）选定泡沫喷淋泵

泵的流量不小于系统设计流量 Q_s。

泵的计算扬程：　　　$H = (1.2 \sim 1.4)P_1 + \sum h + 0.01Z$ (6.7-8)

式中　H——泵的计算扬程（MPa）；

　　　P_1——最不利点喷头工作压力（MPa）；

　　　$\sum h$——管道沿程水头损失和局部水头损失的累计值（MPa），湿式报警阀取值 0.04MPa 或按检测数据确定，水流指示器取值 0.02MPa，雨淋阀取值 0.07MPa；

　　　Z——最不利点喷头与消防水池最低有效水位或系统入口管道水平中心线之间的高程差（m）。

7. 工程设计实例

【例 6.7-1】 某高层地下汽车库，停车数 500 辆，总面积为 20000m²，消防水池、消防水泵房设于同层，采用闭式泡沫-水喷淋系统，试进行设计计算。

注：喷头布置忽略梁的影响，计算中忽略短支管的影响，1 点与 13 点高差以 5m 计。

【解】

喷头布置同湿式系统，见图 6.7-6。

（1）确定保护区作用面积内喷头数

按照《泡沫灭火系统设计规范》GB 50151 的规定，喷水强度为 6.5L/(min·m²)，作用面积为 465m²。

$L = 1.2 \times \sqrt{465} = 25.88m$，取 27m。

$B = 465/27 = 17.2m$，取 18m，见图 6.7-7，所选范围内共 52 个喷头。

每个喷头保护面积 3×3＝9m²，总保护面积 52×9＝468m²＞465m²。

（2）确定喷头流量

$q_1 = 6.5 \times 9/60 = 0.975$L/s

$P_1 = (58.5/80)^2/10 = 0.053$MPa＞0.05MPa，满足规范要求。

（3）确定系统设计流量

水头损失按照海曾-威廉公式计算：

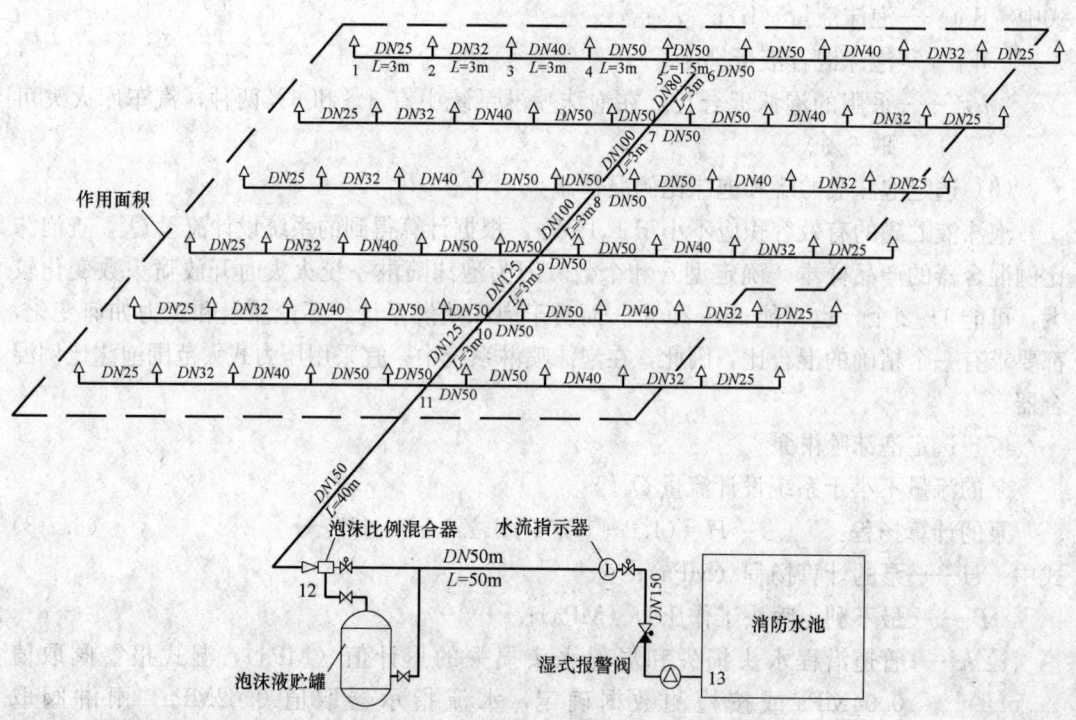

图 6.7-7 闭式泡沫-水喷淋系统计算图

$$i = 6.05 \times \frac{Q^{1.85}}{C^{1.85} d^{4.87}} \times 10^5 \qquad (6.7\text{-}9)$$

式中 i——每米管道水头损失（0.1MPa/m）；

Q——管道的水流量（L/min）；

d——管道的计算内径（mm）；

C——管道的摩阻系数，铸铁管 $C=100$，钢管 $C=120$。

管道局部水头损失按照当量长度法计算，见表 6.7-6。

闭式泡沫-小喷淋系统管道水力计算表   表 6.7-6

管段	起点压力 (m)	喷头流量 (L/s)	管段流量 (L/s)	公称直径 (mm)	计算管径 (mm)	流速 (m/s)	水力坡降 (m/m)	管道长度 (m)	管件当量长度 (m)	水头损失 (m)
1-2	5.40	0.98	0.98	25	26.00	1.84	0.207	3.0	0.8	0.79
2-3	6.19	1.05	2.02	32	34.75	2.13	0.193	3.0	2.1	0.99
3-4	7.17	1.13	3.15	40	40.00	2.51	0.221	3.0	2.7	1.26
4-5	8.43	1.22	5.32	50	52.00	2.51	0.163	3.0	3.6	1.07
5-6	9.51	1.30	6.62	50	52.00	3.12	0.243	1.5	3.7	1.27
6-7	10.77	10.36	10.36	80	79.50	2.09	0.071	3.0	5.4	0.59
7-8	11.36	10.64	21.00	100	105.00	2.42	0.067	3.0	6.1	0.61
8-9	11.98	10.92	31.92	100	105.00	3.69	0.146	3.0	7.2	1.49
9-10	13.47	11.58	43.50	125	130.00	3.28	0.091	3.0	7.6	0.97
10-11	14.43	10.78	54.28	125	130.00	4.09	0.138	3.0	8.9	1.64
11-12	16.07	11.38	65.66	150	155.00	3.48	0.083	90.0	33.2	10.24

系统设计流量 $Q_s = 65.66$ L/s

总水头损失 $\sum h = 16.07 - 5.40 + 10.24 + 2 + 4 + 8 = 34.91$m（湿式报警阀取值 0.04MPa、水流指示器取值 0.02MPa、泡沫比例混合器取值 0.08MPa）

最不利 4 个喷头围合面积为 9m²，喷头流量为 1.03L/s。

平均喷水强度为 $1.03 \times 60/9 = 6.9$ L/(min·m²) > 6.5 L/(min·m²)，满足要求。

（4）校核泡沫比例混合器后系统容积

泡沫比例混合器后管道共计 $DN25$ 3m；$DN32$ 3m；$DN40$ 3m；$DN50$ 4.5m；$DN80$ 3m；$DN100$ 6m；$DN125$ 6m；$DN150$ 40m。则：$V = 0.53 \times 3 + 0.95 \times 3 + 1.26 \times 3 + 2.12 \times 4.5 + 4.96 \times 3 + 8.66 \times 6 + 13.27 \times 6 + 18.87 \times 40 = 919$L < 960L，满足要求。

（5）确定泡沫混合液量

$W_L = 65.66 \times 10 \times 60 = 39396$L

（6）确定泡沫液量

$W_P = 39396 \times 6\% = 2364$L

（7）选定泡沫液贮罐和泡沫比例混合器

泡沫液贮罐容量 $V = 1.15 \times 2364 = 2718$L

选用 ZPS32/3000 型，工作压力 0.14～1.2MPa，贮罐容量 3000L，混合液流量范围 4～32L/s，混合比 6%，进出口压差 < 0.2MPa。

（8）选定泡沫喷淋泵

选用 XBD70-50 型专用消防泵，流量 $Q = 70$L/s > 设计流量 $Q_s = 65.66$L/s；扬程 $H = 55$m > 计算扬程 $1.2 \times 34.92 + 5 + 5.4 = 52.3$m；功率 $N = 55$kW。

【讨论】按照《泡沫灭火系统设计规范》GB 50151 第 7.3.9 条第 3 款的规定，当系统管道充水时，在 8L/s 的流量下，自系统启动至喷泡沫的时间不应大于 2min，即泡沫比例混合器后管道容积不应大于 $8 \times 2 \times 60 = 960$L。原湿式系统一个防火分区可以只设一个水流指示器，而采用闭式泡沫-水喷淋系统由于受到上述要求的限制，一个防火分区可能要设两个或多个闭式泡沫-水喷淋系统。按照本设计，一套泡沫液贮罐和泡沫比例混合器保护距离约为 $40 + 15 = 55$m，那么对于面积较大的防火分区或狭长的防火分区，每 100m 左右需要设置一套泡沫液贮罐和泡沫比例混合器，对于一个较大的地下汽车库可能需要设置多套泡沫液贮罐和泡沫比例混合器，需要占用较多车位。目前有厂家推出机械泵入式闭式泡沫-水喷淋系统，工作原理见图 6.7-8，泡沫液贮罐集中设置，当报警阀打开后，主管道内消防水流动，驱动水力电机运行，进而带动计量泵工作，同时通过火灾信号联动，打开对应的泡沫液注入口电动阀，使泡沫液注入消防水管道，形成泡沫混合液。该系统通过计量泵将泡沫液用管道泵入各处系统，系统设置灵活，对于较大的地下汽车库自动喷水-泡沫联用系统可以减少泡沫液贮罐对车位的影响。

6.7.6 高倍数泡沫灭火系统

1. 系统分类

高倍数泡沫是一种机械空气泡沫，它是将水和高倍数泡沫灭火剂通过一定的方式按设定的容积比例均匀混合，然后利用发生器鼓入大量空气发泡而成。因此它不仅与泡沫发生器的驱动方式、发泡倍数以及泡沫比例混合器的混合比等设备性能、参数有关，还与高倍

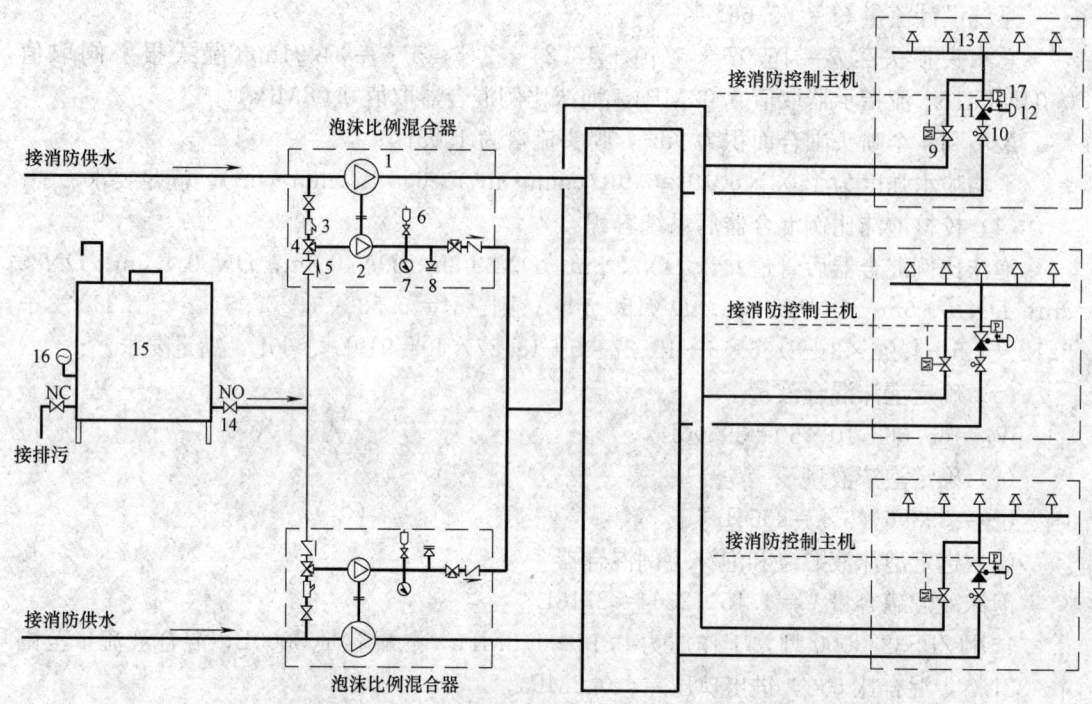

图 6.7-8　机械泵入式闭式泡沫-水喷淋系统流程图

1—水泵；2—计量泵；3—过滤器；4—三通阀；5—止回阀；6—排气阀；7—压力表；
8—安全阀；9—电动阀；10—信号蝶阀；11—湿式报警阀；12—水力警铃；13—喷头；
14—手动球阀；15—泡沫液贮罐；16—液位计；17—压力开关

数泡沫灭火剂的特性有关。

按照国际标准和国家标准《泡沫灭火系统设计规范》GB 50151 所述，高倍数泡沫灭火系统可划分为 3 类。

（1）全淹没系统

该系统由供水泵、泡沫液泵、贮水设备、泡沫液贮罐、高倍数泡沫发生器、泡沫比例混合器、压力开关、管道过滤器、电气控制箱、管道、阀门及其他附件组成。主要适用于封闭空间以及设有阻止泡沫流失的固定围墙或其他围挡设施的场所、阀门及其他附件。

（2）固定式局部应用系统

固定式局部应用系统组件同全淹没系统。该系统主要适用于四周不完全封闭的 A 类火灾与 B 类火灾场所、天然气液化站与接收站的集液池或储罐围堰区场所。

（3）移动式系统

该系统由高倍数泡沫发生器、负压式泡沫比例混合器、泡沫液桶、水带及水罐消防车、手抬机动消防泵或有压水源等组成。主要适用于发生火灾的部位难以确定或援救人员难以接近的火灾场所、流淌的 B 类（易燃液体）火灾场所以及在发生火灾时需要排烟、降温或排除有害气体的封闭空间。

2. 工作原理

（1）灭火原理

空气泡沫灭火的原理是将泡沫液与水通过特制的泡沫比例混合器混合成泡沫混合液，经泡沫发生器与空气混合产生泡沫，再通过不同的方式覆盖在燃烧物质的表面或者充满发生火灾的整个空间形成泡沫层，泡沫层的冷却、隔绝氧气和抑制燃料蒸发等作用而使火灾熄火。

（2）冷却效应

燃烧物附近的高倍数泡沫破裂后的水溶液汇集滴落到该燃烧物燥热的表面上，因这种水溶液的表面张力相当低，使它对燃烧物的冷却深度远远超过同等体积水的作用，把燃烧物表面温度降低到自燃点或闪点以下，不再放出维持燃烧的气体或蒸气，达到灭火的目的。

（3）蒸汽效应

火焰的辐射热使到达其表面的高倍数泡沫中的水分蒸发为水蒸气，不仅大量吸收火场的燃烧热量，而且使蒸汽与空气混合体中的含氧量降低到 7.5％左右。该数值大大低于维持燃烧所需氧的含量，起到一定的窒息作用，燃烧即可停止。

（4）封闭效应

将可燃物与氧气隔离开来，燃烧反应就会中止。大量的高倍数泡沫以密集状态封闭了火灾区域，阻止新鲜空气流入，使可燃物与空气隔离，火焰失去了燃料和氧气来源，就会熄灭。

应该指出，灭火是个复杂的过程，上述三种效应往往是重叠起作用的，必须用整体动态的观点来分析和研究。

3. 使用特点

（1）发泡量大

高倍数泡沫的气泡直径一般在 10mm 以上，发泡倍数一般在 400～800 倍之间。凭借发泡量大这一优势，尽管高倍数泡沫的热稳定性稍差，泡沫易遭火焰破坏和受室外自然风的影响，但单位时间内泡沫生成量远远大于泡沫破坏量，从而可以迅速充满燃烧空间，将火焰扑灭。

（2）易于输送

由于高倍数泡沫密度小，又有很好的流动性，因而在产生泡沫的气流作用下，通过泡沫输送带（筒）或有利地形，可以把泡沫输送到地上的一定高度、地下的一定深度或地表上较远的地方去灭火。

（3）有良好的隔热作用

灭火时，大量的泡沫不仅会把燃烧物与空气隔开，而且也会淹没火场中处于火焰威胁下的人员和设备，使之免受火焰热辐射的危险。因为泡沫中含有大量的空气，泡沫本身又是无毒的，所以不会造成被淹人员的窒息或其他伤害。

（4）水渍损失小

高倍数泡沫中水的含量约为 $1～5kg/m^3$，比低倍数泡沫少得多，因而灭火后的水渍损失小，残留于火场中的水量少，便于迅速消除。

（5）易于清除

高倍数泡沫灭火后极易清除，人工清除时可用排风扇、开花水枪等人力直接消泡。当时间允许时，也可采用自然消泡的方式，开启门窗及通风孔，泡沫自行消除的速度约为 0.7m/h，且消后不留痕迹。

4. 适用范围及设置场所

高倍数泡沫主要适用于扑救 A 类火灾和 B 类火灾中的非水溶性液体火灾。如：

(1) 汽油、煤油、柴油、苯、石油等 B 类火灾；

(2) 木材、纸张、橡胶、塑料、纺织品等 A 类火灾；

(3) 设有封闭的带电设备的场所火灾；

(4) 控制液化石油气、液化天然气的流淌火灾。

高倍数泡沫特别适用于扑救有限空间内的火灾，如汽车库、飞机库、采油厂（油泵站、计量站）、油库、油锅炉房、石油码头、石油液化气站、油轮、货轮、仓库、工业厂房、输变电站、图书馆、金融营业大厅、矿井、隧道及其他地下、半地下室建筑等场所的火灾。对于这些场合，高倍数泡沫既可以灭火，又有助于排烟和置换驱除有毒气体。

高倍数泡沫不得用于下列物质火灾的扑救：

(1) 硝化纤维、炸药等在无空气的条件下仍能迅速氧化的物质；

(2) 钾、钠、镁、钛、锆和五氧化二磷等活泼性金属和化学物质；

(3) 未封闭的带电设备。

建筑消防中应用全淹没高倍数泡沫灭火系统的主要有：汽车库、飞机库、仓库、工业厂房、输变电站、图书馆、金融营业大厅及其他地下、半地下室建筑等场所的火灾。

5. 系统组件

高倍数泡沫灭火系统由供水泵、泡沫液泵、贮水设备、泡沫液贮罐、泡沫比例混合器、控制箱、高倍数泡沫发生器、阀门、导泡筒、管道及其附件等组成。全淹没高倍数泡沫灭火系统示意图见图 6.7-9；全淹没高倍数泡沫灭火系统工作原理见图 6.7-10。

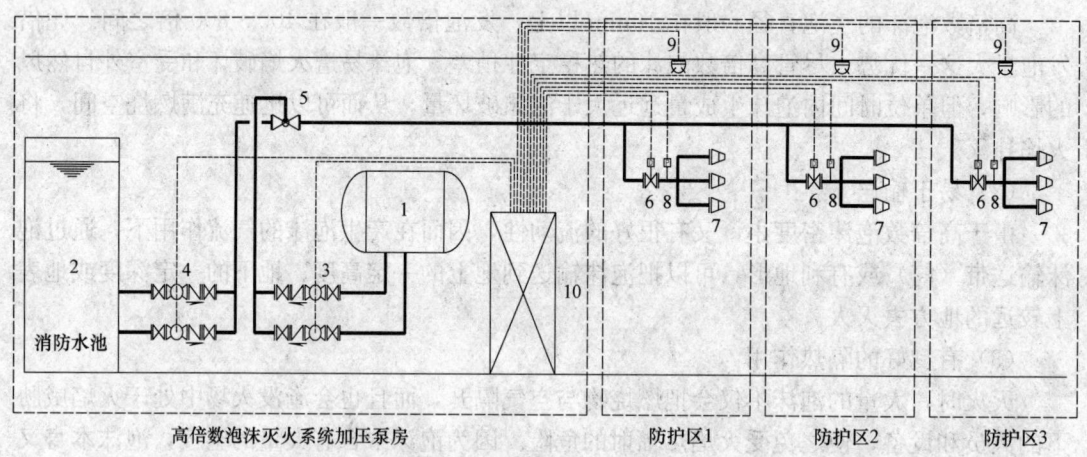

图 6.7-9 全淹没高倍数泡沫灭火系统示意图

1—泡沫液贮罐；2—消防水池；3—泡沫液泵；4—供水泵；5—泡沫比例混合器；
6—电磁阀；7—高倍数泡沫发生器；8—压力开关；9—火灾报警器；10—自动控制箱

(1) 泡沫液泵和供水泵

当泡沫比例混合器采用压力式、平衡压力式时，高倍数泡沫灭火系统的泡沫液采用泡沫液泵供给，水采用供水泵供给。泡沫液泵、供水泵宜选用特性曲线平缓的离心泵。

(2) 贮水设备

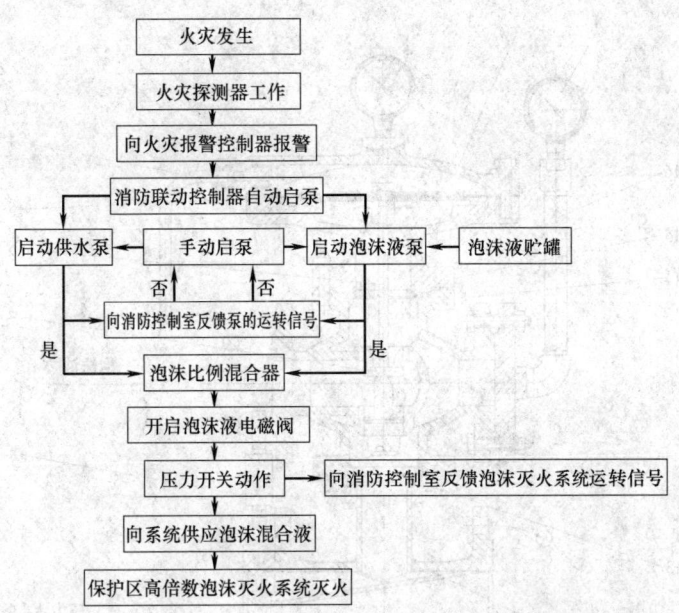

图 6.7-10 全淹没高倍数泡沫灭火系统工作原理图

高倍数泡沫灭火系统必须贮存系统所需的全部水量，该水量可贮存在单独的贮水设备内如水箱等，也可以贮存在消防水池内。当贮存在贮水设备内时，贮水设备的有效容积应不小于该灭火系统计算用水贮备量的 1.15 倍，且应设水位显示装置。

（3）泡沫液贮罐

固定式常压泡沫液贮罐应设置液面计、排渣孔、出液孔、取样孔、吸气阀及人孔或手孔等，并应标明泡沫液的名称及型号。高倍数泡沫液贮罐宜采用耐腐蚀材料制作，且与泡沫液直接接触的内壁衬里不应对泡沫液的性能产生不利影响，如采用不锈钢、聚四氟乙烯等材料。

（4）泡沫比例混合器

全淹没高倍数泡沫灭火系统的泡沫比例混合器（装置）的进口工作压力与流量，应在标定的工作压力与流量范围内。

全淹没高倍数泡沫灭火系统或局部应用高倍数泡沫灭火系统，当采用集中控制方式保护多个防护区时，应选用平衡压力式泡沫比例混合器或囊式压力泡沫比例混合装置；当保护一个防护区时，宜选用平衡压力式泡沫比例混合器或囊式压力泡沫比例混合装置。如图 6.7-11、图 6.7-12 所示。

当采用平衡压力式泡沫比例混合器时，应符合下列规定：

1）平衡阀的泡沫液进口压力应大于水进口压力，且其压差应满足产品的使用要求；

2）泡沫比例混合器的泡沫液进口管道上应设置单向阀；

3）泡沫液管道上应设置冲洗及放空设施。

平衡压力式泡沫比例混合器的工作原理：压力水的主流从泡沫比例混合器的喷嘴 9 处流入，由于截面变小，水流速增高，高速水流进入扩散管 11，在孔板 13 下部形成低压区。压力水的支流经导水管入口端 8 流至调压室阀片 5 的上腔。泡沫液以大于水的压力进

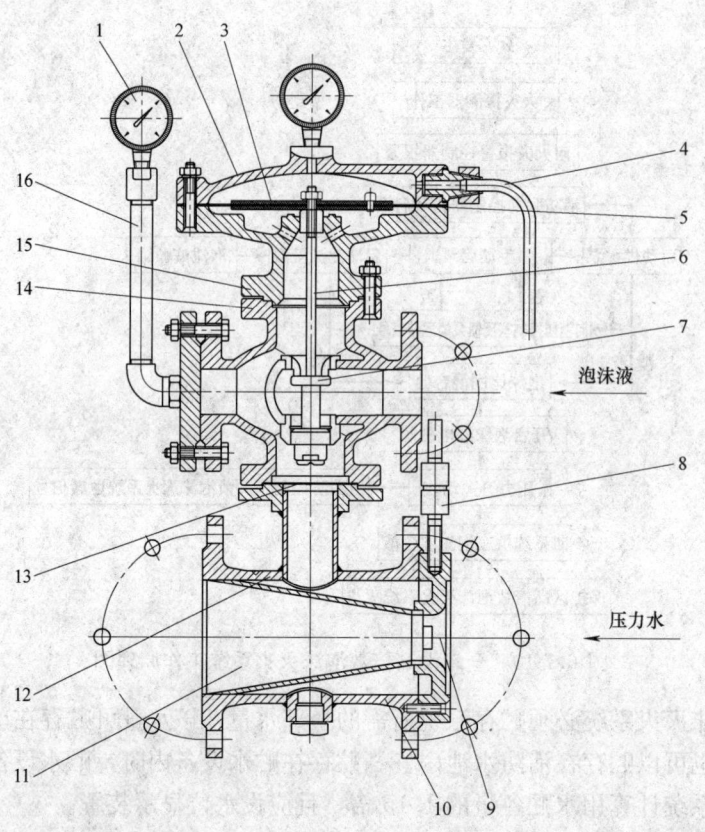

图 6.7-11　平衡压力式泡沫比例混合器

1—压力表；2—调压室盖；3—阀片夹板；4—传输管；5—阀片；6—阀杆；
7—阀芯；8—导水管；9—喷嘴；10—泡沫比例混合器；11—扩散管；
12—扩散管套管；13—孔板；14—阀座；15—调压室下座；16—压力表接管

入双阀座 14，通过阀芯 7 与双阀座 14 之间的空隙后，泡沫液主流由孔板 13 进入扩散管 11 的外腔，泡沫液经过喷嘴 9 与扩散管 11 之间的空隙与高速水流混合流入扩散管 11。泡沫液的另一小部分经调压室下座 15 的两个小孔进入调压室阀片 5 的下腔。当调压室阀片 5 上、下腔的水压与泡沫液压力不相同时，阀杆 6 上下移动，改变泡沫液进入调压室阀片 5 下腔的流量和压力。当调压室阀片 5 上、下腔的水压与泡沫液压力相等时，阀杆 6 停止动作，处于平衡状态，两只压力表的压力指示相同。这时泡沫液与水在相同的压力下分别流过孔板 13 和喷嘴 9，即孔板 13 前泡沫液压力与水进口压力相等。当水流量增加时，泡沫液流量亦增加，当水流量减少时，泡沫液流量亦减少，这样就可以在很大的流量范围内自动保持所要求的混合比。

（5）高倍数泡沫发生器

防护区内固定设置高倍数泡沫发生器时，必须采用不锈钢材料制作的发泡网。高倍数泡沫发生器见图 6.7-13 及图 6.7-14。

6. 系统设计

（1）淹没体积应按公式（6.7-10）计算：

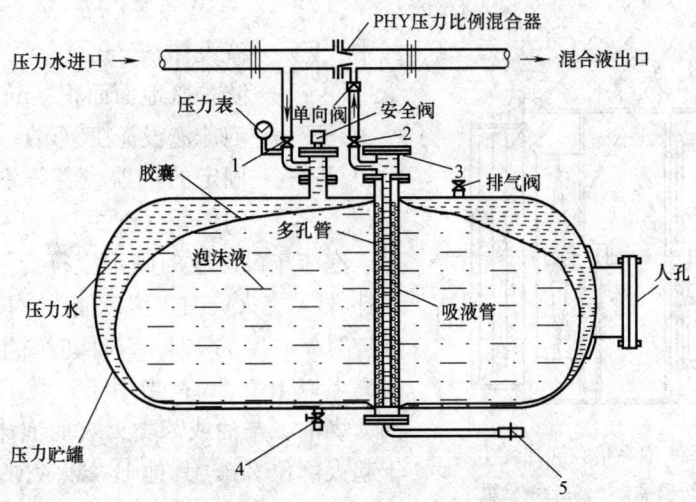

图 6.7-12　囊式压力泡沫比例混合装置
1—进水阀；2—出液阀；3—加液口；4—排水阀；5—排液阀（取样孔）

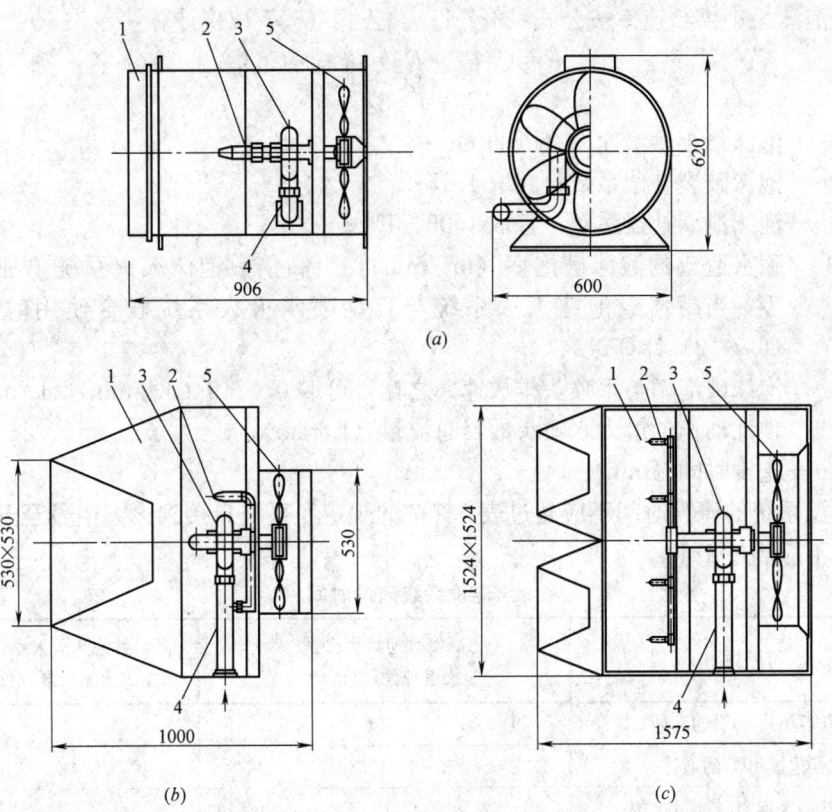

(a)

(b)　　　　　　　　　　　　(c)

图 6.7-13　PFS 型高倍数泡沫发生器
(a) PFS3 型；(b) PFS4 型；(c) PFS10 型
1—产泡网；2—喷嘴；3—水轮机；4—进液管；5—叶轮

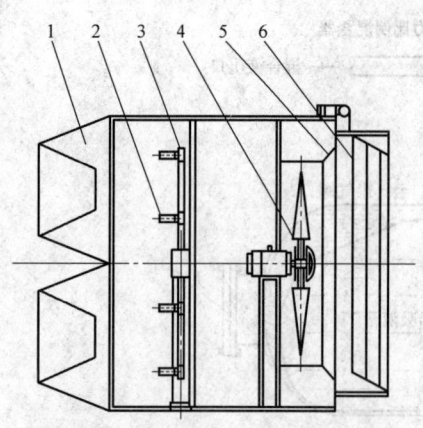

图 6.7-14　PF20 型高倍数泡沫发生器
1—产泡网；2—喷嘴；3—混合液管组；
4—叶轮组；5—导风筒；6—多叶调节阀

$$V = S \cdot H - V_g \qquad (6.7\text{-}10)$$

式中　V——淹没体积（m^3）；

$\quad\quad S$——防护区地面面积（m^2）；

$\quad\quad H$——泡沫淹没深度（m）；

$\quad\quad V_g$——固定的机器设备等不燃烧物体所占的体积（m^3）。

泡沫淹没深度的确定应符合下列规定：当用于扑救 A 类火灾时，泡沫淹没深度不应小于最高保护对象高度的 1.1 倍，且应高于最高保护对象最高点以上 0.6m；当用于扑救 B 类火灾时，汽油、煤油、柴油或苯类火灾的泡沫淹没深度应高于起火部位 2m，其他 B 类火灾的泡沫淹没深度应由试验确定。

（2）泡沫最小供给速率

扑救 A 类（普通固体可燃物）火灾和 B 类（油脂及可燃液体）火灾的高倍数泡沫灭火系统，泡沫最小供给速率按公式（6.7-11）、公式（6.7-12）计算：

$$R = (V/T + R_S) \cdot C_N \cdot C_L \qquad (6.7\text{-}11)$$
$$R_S = L_S \times Q_Y \qquad (6.7\text{-}12)$$

式中　R——泡沫最小供给速率（m^3/min）；

$\quad C_N$——泡沫破裂补偿系数；宜取 1.15；

$\quad C_L$——泡沫泄漏补偿系数，宜取 1.05～1.2；

$\quad R_S$——喷水造成的泡沫破泡率（m^3/min），当高倍数泡沫灭火系统单独使用时取零，当高倍数泡沫灭火系统与自动喷水灭火系统联合使用时可按公式（6.7-12）计算；

$\quad L_S$——泡沫破泡率与水喷头排放速率之比，可取 0.0748（m^3/min）/（L/min）；

$\quad Q_Y$——预计动作的最大水喷头数目总流量（L/min）；

$\quad T$——淹没时间（min）。

全淹没系统的淹没时间不应超过表 6.7-7 的规定。系统自接到火灾信号至开始喷放泡沫的时间不应超过 1min。

全淹没系统淹没时间　　　　　　　　　　　　表 6.7-7

可燃物	高倍数泡沫灭火系统单独使用(min)	高倍数泡沫灭火系统与自动喷水灭火系统联合使用(min)
闪点不超过 40℃ 的液体	2	3
闪点超过 40℃ 的液体	3	4
发泡橡胶、发泡塑料、成卷的织物或皱纹纸等低密度可燃物	3	4
成卷的纸、压制牛皮纸、涂料纸、纸板箱、纤维圆筒、橡胶轮胎等高密度可燃物	5	7

注：水溶性液体的淹没时间应由试验确定。

（3）防护区高倍数泡沫发生器的设置数量不得小于公式（6.7-13）计算的数量：

$$N = R/r \qquad (6.7\text{-}13)$$

式中 N——防护区高倍数泡沫发生器设置的计算数量（台）；

r——每台高倍数泡沫发生器在设定的平均进口压力下的发泡量（m^3/min）。

（4）防护区的泡沫混合液流量应按公式（6.7-14）计算：

$$Q_h = N \cdot q_h \qquad (6.7\text{-}14)$$

式中 Q_h——防护区的泡沫混合液流量（L/min）；

q_h——每台高倍数泡沫发生器在设定的平均进口压力下的泡沫混合液流量（L/min）。

（5）防护区发泡用泡沫液流量应按公式（6.7-15）计算：

$$Q_P = K \cdot Q_h \qquad (6.7\text{-}15)$$

式中 Q_P——防护区发泡用泡沫液流量（L/min）；

K——混合比，当系统选用混合比为 3% 型泡沫液时，应取 0.03；当系统选用混合比为 6% 型泡沫液时，应取 0.06。

（6）防护区发泡用泡沫液贮备量应按公式（6.7-16）计算：

$$W_P = Q_h \cdot t \qquad (6.7\text{-}16)$$

式中 W_P——防护区发泡用泡沫液贮备量（L）；

t——系统泡沫液和水的连续供应时间（min）。

全淹没系统：当用于扑救 A 类火灾时，系统泡沫液和水的连续供应时间应不小于 25min；当用于扑救 B 类火灾时，系统泡沫液和水的连续供应时间应不小于 15min。

当系统以集中控制方式保护两个或两个以上的防护区时，其中一个防护区发生火灾不应危及其他防护区；泡沫液和水的贮备量应按最大一个防护区的用量确定。

（7）防护区发泡用水流量应按公式（6.7-17）计算：

$$Q_s = (1-K)Q_h \qquad (6.7\text{-}17)$$

式中 Q_s——防护区发泡用水流量（L/min）。

（8）防护区发泡用水贮备量应按公式（6.7-18）计算：

$$W_s = Q_s \cdot t \qquad (6.7\text{-}18)$$

式中 W_s——防护区发泡用水贮备量（L）；

t——系统泡沫液和水的连续供应时间（min）。

（9）高倍数泡沫灭火系统水力计算

泡沫液及泡沫混合液在管道内的水头损失，一般可按清水来计算。

7. 工程设计实例

【例 6.7-2】 某大型地下停车库，该停车库停放小型车辆，其平面尺寸为 100m×150m，层高 3.90m。该停车库拟采用全淹没高倍数泡沫灭火系统，试设计此灭火系统。

【解】

该停车库共停放 450 辆汽车，按规范要求需设计低倍数泡沫喷淋联动系统，考虑高倍数泡沫比低倍数泡沫具有用水量少、发泡量大、淹没速度快、灭火能力强的特点，灭火的成本大大降低，因此该停车库拟采用全淹没高倍数泡沫灭火系统。

高倍数泡沫灭火技术在发达国家之所以能普遍推广，其灭火成本低廉是一个重要因素。在灭火时，因发泡倍数高，发泡量大，充满同等容积保护区所需的混合液量比低倍数泡沫少得多，且常用的混合比为 3%，即高倍数泡沫灭火剂占混合液的 3%（体积比），因而高倍数泡沫灭火剂消耗量就更少了。200m³ 容积的泡沫，往往只需数千克高倍数泡沫灭火剂。另外，高倍数泡沫灭火系统的装置和灭火剂已全部实现国产化，质优价廉，降低了工程造价和灭火成本。

该停车库建筑面积为 15000m²，根据《车规》第 5.1.1 条及第 5.1.2 条的规定，设有自动灭火系统时，其防火分区的最大允许建筑面积为 4000m²。本例防火分区分为 5 个，按最大的防火分区 3125m² 来设计。其工作原理见图 6.7-15。

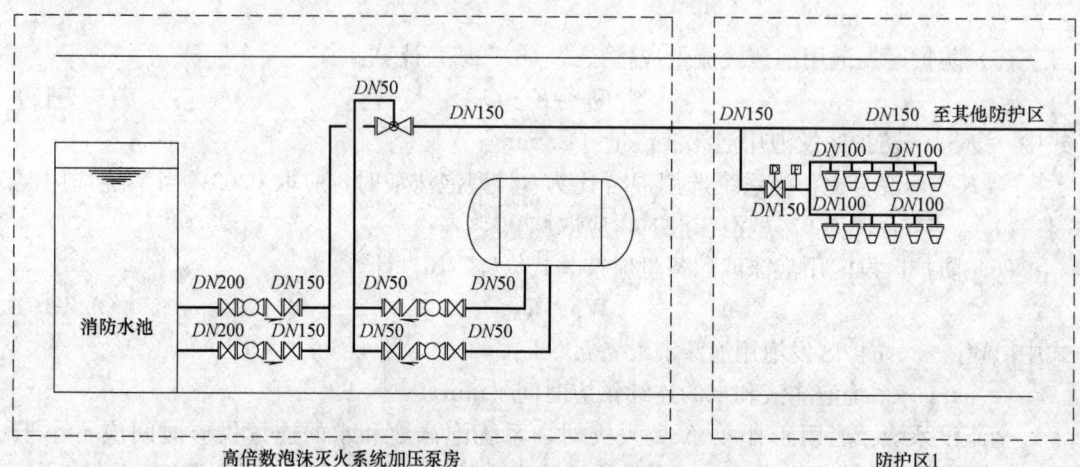

图 6.7-15　全淹没高倍数泡沫灭火系统原理图

（1）淹没体积计算

泡沫淹没深度不应小于最高保护对象高度的 1.1 倍，且应高于最高保护对象最高点以上 0.6m，即 $H=2.60$m。不燃烧物体所占的体积 V_g 按 20%V 来计算，则：

$$淹没体积 V=S \cdot H-V_g=3125 \times 2.60 \times (1-20\%)=6500m³$$

（2）泡沫最小供给速率计算

参照本手册表 6.7-7 中"成卷的纸、压制牛皮纸、涂料纸、纸板箱、纤维圆筒、橡胶轮胎等高密度可燃物"其淹没时间为 5min，取淹没时间 T＝5min；喷水造成的泡沫破泡率 $R_S=0$，泡沫破裂补偿系数 $C_N=1.15$，泡沫泄漏补偿系数 $C_L=1.12$，代入公式（6.7-11）后得：

$$R=(6500/5+0) \times 1.15 \times 1.12=1675m³/min$$

（3）确定高倍数泡沫发生器型号及数量

选用 PFS4 型水轮驱动式高倍数泡沫发生器。当泡沫混合液进液压力为 0.5MPa 时，产泡量为 150m³/min，泡沫混合液流量为 189L/min，发泡倍数为 794 倍。

高倍数泡沫发生器数量：$N=R/r=1675/150=11.2 \approx 12$ 台

高倍数泡沫发生器安装在保护区的上空，安装高度为底标高－1.10m，高倍数泡沫发生器均匀布置在整个保护区内。

（4）泡沫混合液流量计算

$$Q_h=N \cdot q_h=12 \times 189=2268L/min$$

（5）发泡用泡沫液流量计算

$$Q_P = K \cdot Q_h = 0.03 \times 2268 = 68.04 \text{L/min}$$

（6）泡沫液贮备量计算

系统泡沫液和水的连续供应时间 $t = 15\text{min}$

$$W_P = Q_h \cdot t = 68.04 \times 15 = 1020.6 \text{L} \approx 1100\text{L}$$

高倍数泡沫灭火剂选用 YEGZ3D 型号，共 1100L。

（7）发泡用水流量计算

$$Q_S = (1-K)Q_h = (1-0.03) \times 2268 = 2199.96 \text{L/min} \approx 2200\text{L/min}$$

（8）水贮备量计算

系统泡沫液和水的连续供应时间 $t = 15\text{min}$

$$W_s = Q_s \cdot t = 2200 \times 15 = 33000\text{L} = 33\text{m}^3$$

消防水池贮存 33m^3 消防水量。

（9）泡沫比例混合器选择

泡沫比例混合器选择压力式泡沫比例混合器 ZPHY-150/50 型。

（10）加压泵、管道及附件

1）泡沫液系统

泡沫液流量为 $Q_P = 68.04\text{L/min}$

泡沫液加压泵的扬程为 $H_p = 0.8\text{MPa}$

泡沫灭火系统泡沫液加压泵选用 40DL-7 型。

泡沫液系统管道采用 $DN40$ 不锈钢管。

2）水系统

水流量为 $Q_s = 2200\text{L/min}$

供水泵的扬程为 $H_s = 0.7\text{MPa}$

泡沫灭火系统供水泵选用 100DL-5 型。

水系统管道在泡沫比例混合器前采用 $DN150$ 镀锌钢管；在泡沫比例混合器后采用 $DN150$ 不锈钢管。

（11）充满管道时间验算

高倍数泡沫灭火系统原理图参见图 6.7-15，最不利防护区到泡沫消防泵的管道 $DN150$ 约有 50m，连接高倍数泡沫发生器的管道 $DN100$ 约有 80m。

泡沫管道容积 $V = 3.14 \times 0.15^2 \times 50/4 + 3.14 \times 0.10^2 \times 80/4 = 1.511\text{m}^3$

充满管道时间 $t = 1.511 \times 1000/2200 = 0.687\text{min} < 1\text{min}$

满足系统自接到火灾信号至开始喷放泡沫的时间不应超过 1min。

（12）泡沫淹没体积的保持时间

按照《泡沫灭火系统设计规范》GB 50151—2010 中第 6.2.8 条：对于 A 类火灾，单独使用高倍数泡沫灭火系统时，其泡沫淹没体积的保持时间应大于 60min。高倍数泡沫灭火系统喷放泡沫后，泡沫体积的高度为 2.60m，泡沫自行消除的速度约为 0.7m/h，60min 后泡沫体积的高度为 1.90m，仍大于被保护对象小型客车的车高，满足规范的要求。

6.8　气体灭火系统

6.8.1　总体要求

1. 气体灭火系统设置部位

《建规》规定了何种场合何种条件下设置何种自动灭火系统，见表 6.1-4。气体灭火系统属于自动灭火系统的一种。

（1）根据《建规》第 8.3.9 条规定：下列场所应设置自动灭火系统，并宜采用气体灭火系统：

1）国家、省级或人口超过 100 万的城市广播电视发射塔内的微波机房、分米波机房、米波机房、变配电室和不间断电源（UPS）室；

2）国际电信局、大区中心、省中心和一万路以上的地区中心内的长途程控交换机房、控制室和信令转接点室；

3）两万线以上的市话汇接局和六万门以上的市话端局内的程控交换机房、控制室和信令转接点室；

4）中央及省级公安、防灾和网局级及以上的电力等调度指挥中心内的通信机房和控制室；

5）A、B 级电子信息系统机房内的主机房和基本工作间的已记录磁（纸）介质库；

6）中央和省级广播电视中心内建筑面积不小于 120m² 的音像制品库房；

7）国家、省级或藏书量超过 100 万册的图书馆内的特藏库；中央和省级档案馆内的珍藏库和非纸质档案库；大、中型博物馆内的珍品库房；一级纸绢质文物的陈列室；

8）其他特殊重要设备室。

注：1.1）、4）、5）、8）款规定的部位，可采用细水雾灭火系统。

2. 当有备用主机和备用已记录磁（纸）介质，且设置在不同建筑内或同一建筑内的不同防火分区内时，第 5）款规定的部位可采用预作用自动喷水灭火系统。

3. 特殊重要设备，主要指设置在重要部位和场所中，发生火灾后将严重影响生产和生活的关键设备。如化工厂中的中央控制室和单台容量 300MW 机组及以上容量的发电厂的电子设备间、控制室、计算机房及继电器室等。高层民用建筑内火灾危险性大，发生火灾后对生产、生活产生严重影响的配电室等。

（2）根据《人民防空工程设计防火规范》GB 50098，人防工程中的下列场所应设置气体灭火系统：

1）图书、资料、档案等特藏库房；

2）重要通信机房和电子计算机房；

3）变配电室和其他特殊重要的设备房间。

注：以上人防部位，也可采用细水雾灭火系统。

（3）除了以上要求的部位外，业主要求特殊保护的部位也是设置气体灭火系统的重要依据。

2. 气体灭火系统可扑救的火灾：电气火灾；液体火灾；可熔化的固体火灾和固体表面火灾；灭火前可切断气源的气体火灾。

3. 气体灭火系统不可扑救的火灾：硝化纤维、硝酸钠等氧化剂或含氧化剂的化学制品火灾；钾、钠、镁、钛、镉、铀等活泼金属火灾；氢化钾、氢化钠等金属氢化物火灾；

过氧化氢、联胺等能自行分解的化学物质火灾；可燃固体物质深位火灾。

　　注：二氧化碳灭火系统可扑救棉毛、织物、纸张等部分固体深位火灾。

　　4. 随着 1301 和 1211 卤代烷灭火剂逐渐被淘汰，各种洁净的灭火剂相继出现，而二氧化碳作为传统的灭火剂，由于高效、价廉，还一直在广泛使用；有些替代物灭火剂由于在国内没有成熟的应用经验，尚未完全推广。究竟选择哪种灭火剂，设计者应根据工程实际情况，经过调查研究，综合比较并征得当地消防部门意见再作抉择。本手册仅推荐惰性气体混合物（IG541）、氮气（IG100）、七氟丙烷（HFC-227ea）、三氟甲烷（HFC-23）和二氧化碳（CO_2）气体灭火系统及探火管灭火装置。七氟丙烷灭火剂由于其高效而安全的灭火效能，在气体灭火应用中占有较大的市场份额，但由于其会增加大气层的温室效应，在 2016 年 10 月的蒙特利尔协议中约定，从 2024 年起，中国不再增加七氟丙烷灭火剂的生产和使用。

　　5. 探火管灭火装置，又称火探管式自动探火灭火装置，适用于容积较小的空间或空间较大场所里相对密闭、容积较小的设备。

6.8.2　气体灭火系统的基本构成、分类及适用条件

　　1. 基本构成

　　（1）气体灭火系统的基本构成及原理

　　气体灭火系统主要由灭火剂贮瓶、喷头（嘴）、驱动瓶组、启动器、选择阀、单向阀、低压泄漏阀、压力开关、集流管、高压软管、安全泄压阀、管路系统、控制系统组成。基本构成原理图见图 6.8-1、图 6.8-2，动作程序图见图 6.8-3。

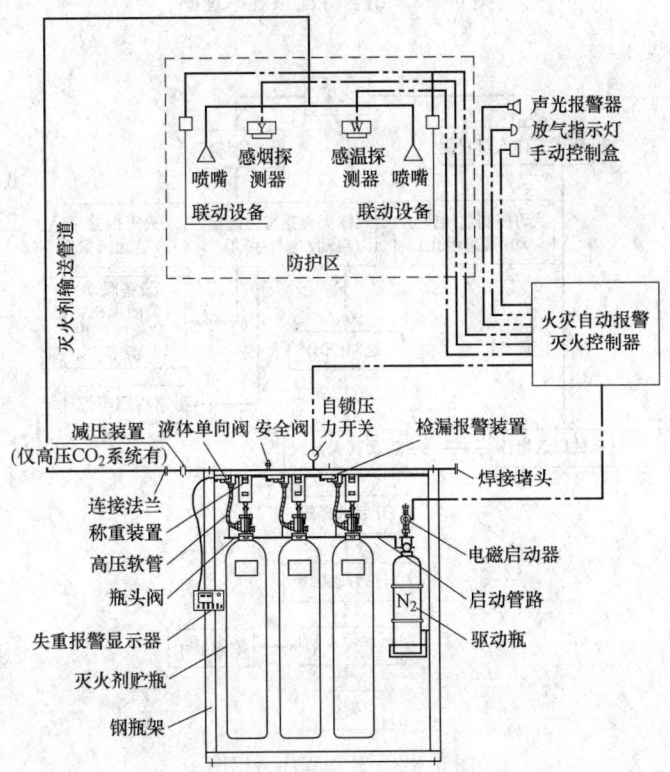

图 6.8-1　单元独立系统原理图

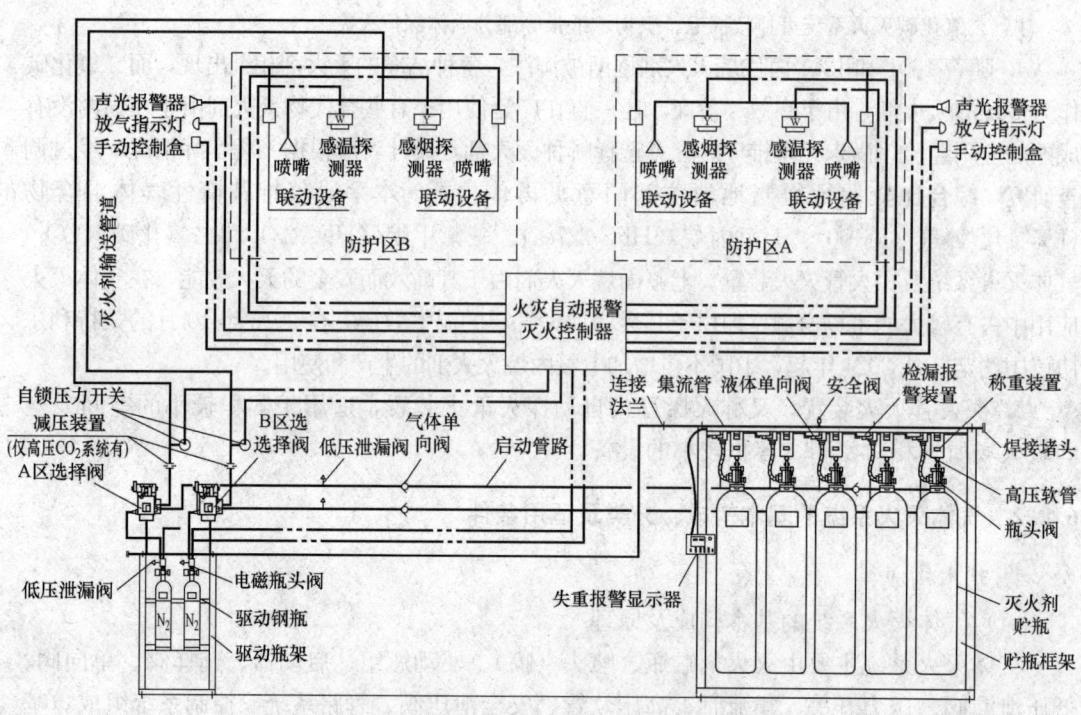

图 6.8-2　组合分配系统原理图

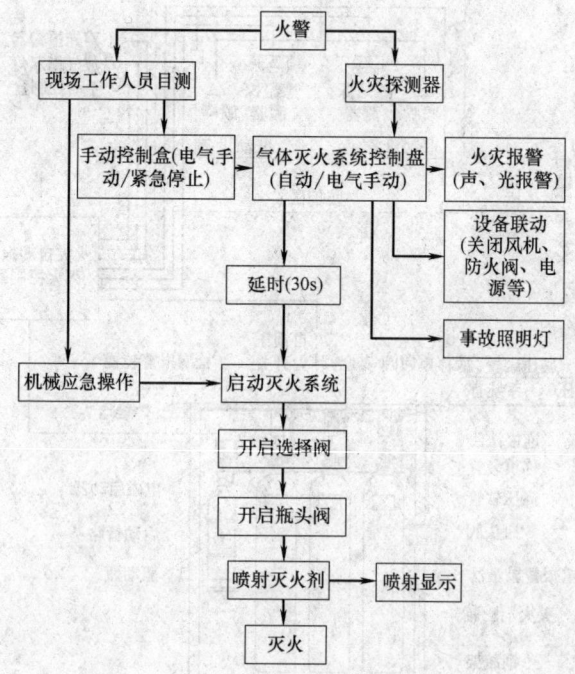

图 6.8-3　动作程序方框图

（2）探火管灭火装置的基本构成及原理

感温自启动灭火装置根据释放方式不同可分为直接式和间接式两种。

1）直接式感温自启动灭火装置

① 结构示意：见图 6.8-4。

② 工作原理：探火管通过球阀（常开）、瓶头阀与灭火剂贮瓶连通，布置在防护区中，探火管末端压力表用来显示探火管中的压力。发生火情后，探火管受热，在最先达到熔点处发生破裂，灭火剂从破裂的孔口中释放出来，实施灭火。

2）间接式感温自启动灭火装置

① 结构示意：见图 6.8-5。

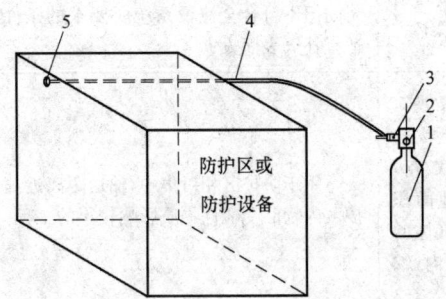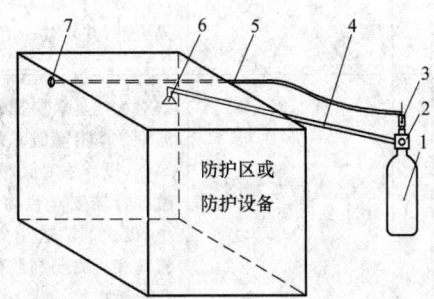

图 6.8-4　直接式感温自启动灭火装置示意图

1—灭火剂贮瓶；2—瓶头阀；3—球阀；

4—探火管；5—压力表

图 6.8-5　间接式感温自启动灭火装置示意图

1—灭火剂贮瓶；2—瓶头阀；3—球阀；

4—释放管；5—探火管；6—喷嘴；7—压力表

② 工作原理：间接式感温自启动灭火装置是通过探火管探测火情并控制瓶头阀的启闭，通过释放管及喷嘴喷射灭火剂实施灭火的装置。探火管通过球阀与瓶头阀控制口相连，释放管与瓶头阀出口相连，发生火情后，探火管受热破裂，瓶头阀打开，灭火剂经过释放管从喷嘴喷出，实施灭火。

2. 分类及适用条件

气体灭火系统的分类及适用条件见表 6.8-1；探火管灭火装置的分类及适用条件见表 6.8-2。

气体灭火系统的分类及适用条件　　　　　　　　　　表 6.8-1

分　类		主要特征	适用条件
按固定方式分	半固定式气体灭火装置（预制灭火系统）	无固定的输送气体管道。由药剂瓶、喷嘴和启动装置组成的成套装置	1. 适用于防护区少且分散； 2. 保护面积不宜大于 500m²，且容积不宜大于 1600m³ 的防护区
	固定式气体灭火系统（管网灭火系统）	由贮存容器、各种组件、供气管道、喷嘴及控制部分组成的灭火系统	1. 适用于防护区多且相对集中； 2. 每个防护区保护面积不宜大于 800m²，且容积不宜大于 3600m³
按管网布置形式分	均衡管网系统	从贮存容器到每个喷嘴的管道长度和等效长度① 大于最长管道长度和等效长度的 90%；每个喷嘴的平均质量流量相等	适用于贮存压力低、设计灭火浓度小的系统
	非均衡管网系统	不具备均衡管网系统的条件	适用于能使灭火剂迅速均化，各部分空间能同时达到设计浓度的高压系统

续表

分类		主要特征	适用条件
按系统组成分	单元独立灭火系统	用一套灭火剂贮存装置单独保护一个防护区或防护对象的灭火系统	适用于防护区少而又有条件设置多个钢瓶间的工程
	组合分配灭火系统	用一套灭火剂贮存装置保护2个及以上防护区或防护对象的灭火系统	适用于防护区多而又没有条件设置多个钢瓶间,且每个防护区不同时着火的工程
按应用方式分	全淹没灭火系统	在规定的时间内,向防护区喷射一定浓度的灭火剂,并使其均匀地充满整个防护区的灭火系统	适用于开孔率不超过3%的封闭空间,防护区内除泄压口外,其余均能在灭火剂喷放前自动关闭
	局部应用灭火系统	向防护对象以设计喷射率直接喷射灭火剂,并持续一定时间的灭火系统	防护区在灭火过程中不能封闭,或虽能封闭但不符合全淹没系统所要求的条件。适宜扑灭表面火灾
按气体种类分	氢氟烃类 贮压式七氟丙烷灭火系统	对大气臭氧层损耗潜能值ODP=0,温室效应潜能值GWP=2050。灭火效率高,设计浓度低,灭火剂以液体贮存,贮存容器安全性好,药剂瓶占地面积小,灭火剂输送距离较短,驱动气体的氮气和灭火药剂贮存在同一钢瓶内,综合价较高	适用于防护区相对集中,输送距离近,防护区内物品受酸性物质影响较小的工程
	备压式七氟丙烷灭火系统	与贮压式七氟丙烷灭火系统不同的是驱动气体的氮气和灭火药剂贮存在不同的钢瓶内。在系统启动时,氮气经减压注入药剂瓶内推动药剂向喷嘴输送,使得灭火剂输送距离大大加长	适用于能用七氟丙烷灭火且防护区相对较多,输送距离较远的场所
	三氟甲烷灭火系统	对大气臭氧层损耗潜能值ODP=0,灭火效率高,绝缘性好,设计浓度适中,灭火剂以液体贮存,贮存容器安全性好,蒸气压高,不需氮气增压,药剂瓶占地面积小	1. 因为绝缘性能良好,最适合电气火灾; 2. 在低温下的贮藏压力高,适合寒冷地区; 3. 其气体密度小,适合高空间场所
	惰性气体类 混合气体灭火系统(IG541)	是一种氮气、氩气、二氧化碳混合而成的完全环保的灭火剂,ODP=0,GWP=0。对人体和设备没有任何危害。灭火效率高,设计浓度较高。灭火剂以气态贮存,高压贮存对容器的安全性要求较高,药剂瓶占地面积大,灭火剂输送距离长,综合价高	1. 适用于防护区数量较多且楼层跨度大,又没有条件设置多个钢瓶间的工程; 2. 防护区经常有人的场所
	氮气灭火系统(IG100)	是从大气层中提取的纯氮气,是一种非常容易制成的完全环保型灭火剂,ODP=0,GWP=0。对人体和设备没有任何危害。灭火效率高,设计浓度较高。灭火剂以气态贮存,高压贮存对容器的安全性要求较高,药剂瓶占地面积大	1. 适用于防护区数量较多且楼层跨度大,又没有条件设置多个钢瓶间的工程; 2. 防护区经常有人的场所

续表

分 类		主要特征	适用条件
按气体种类分	其他	高压二氧化碳（CO_2）灭火系统	是一种技术成熟且价廉的灭火剂，$ODP=0$，$GWP<1$。灭火效率高。灭火剂以液态贮存。 高压 CO_2 以常温方式贮存，贮存压力 15MPa，高压系统有较长的输送距离，但增加管网成本和施工难度。CO_2 本身具有低毒性，浓度达到 20% 会对人致死	主要用于仓库等无人经常停留的场所
		低压二氧化碳（CO_2）灭火系统	与高压 CO_2 不同的是低压 CO_2 采用制冷系统将灭火剂的贮存压力降低到 2.0MPa，$-18\sim20℃$ 才能液化，要求极高的可靠性。灭火剂在释放的过程中，由于固态 CO_2（干冰）存在，使防护区的温度急剧下降，会对精密仪器、设备有一定影响。且管道易发生冷脆现象。灭火剂贮存空间比高压 CO_2 小	1. 主要用于仓库等无人经常停留的场所； 2. 高层建筑内一般不选用低压 CO_2 系统

① 管道等效长度＝实管长＋管件的当量长度。

探火管灭火装置的分类及适用条件

表 6.8-2

分 类		主要特征	适用条件
按应用方式分	局部应用灭火装置	向防护对象以设计喷射率直接喷射灭火剂，并持续一定的灭火时间	防护区在灭火过程中不能封闭，或虽能封闭但不符合全淹没系统所要求的条件，适宜扑灭表面火灾
	全淹没灭火装置	在规定的时间内，向防护区喷射一定浓度的灭火剂，并使其均匀地充满整个防护区的灭火系统	适用于开孔率极小（1%）的封闭空间，防护区内除泄压口外，其余均能在灭火剂喷放前自动关闭
按介质气体分	七氟丙烷探火管灭火装置	装置工作压力相对较小，探火管最大安装长度较短，须设检漏设备	1. 可燃气体火灾； 2. 甲、乙、丙类液体火灾； 3. 固体表面火灾； 4. 电气火灾
	二氧化碳探火管灭火装置	装置工作压力较大，探火管最大安装长度较长，须设检漏设备及泄漏报警装置	1. 灭火前可切断气源的可燃气体火灾； 2. 甲、乙、丙类液体火灾或石蜡、沥青等可熔化的固体火灾； 3. 固体表面火灾及棉毛、织物、纸张等部分固体深位火灾； 4. 电气火灾
按探火释放形式分	直接式火探管自动探火灭火装置	由贮存灭火剂的容器、开启容器的容器阀及自动探火及输送、喷射灭火剂的探火管三大部分组成的火探管式自动探火灭火装置。其探火管直接连接到灭火剂贮存容器上，遇火时探火管在受热温度最高处自动爆破，通过探火管的爆破孔释放灭火剂灭火的装置	七氟丙烷探火管灭火装置防护区的最大单体容积不应大于 $6m^3$，二氧化碳探火管灭火装置防护区的最大单体容积不应大于 $3m^3$

续表

分　类	主要特征	适用条件
按探火释放形式分 间接式火探管自动探火灭火装置	由贮存灭火剂的容器、开启容器的容器阀、自动探火的探火管、输送灭火剂的释放管及喷嘴五大部分组成的火探管式自动探火灭火装置。其探火管通过容器阀连接到灭火剂贮存容器上，遇火时探火管在受热温度最高处自动爆破，利用探火管中的压力下降，打开容器阀，灭火剂通过释放管从喷嘴释放的装置	探火管灭火装置防护区的最大单体容积不应大于 60m³

6.8.3　各种灭火剂的主要技术性能及参数

各种灭火剂的主要技术性能及参数见表 6.8-3。

各种灭火剂的主要技术性能及参数　　　　　　　　　表 6.8-3

类别	氢氟烃类		惰性气体类		其他
灭火剂名称	三氟甲烷	七氟丙烷	氮气	IG541	二氧化碳
化学名称	HFC-23	HFC-227ea	N_2	$N_2 + Ar + CO_2$	CO_2
商品名称	FE-13	FM200	IG100	烟烙尽	
灭火原理	物理降温＋化学断链	物理降温＋化学断链	物理稀释	物理稀释	窒息、冷却
灭火浓度（A类表面火）(%,V/V)	12.6	5.8	30.0	28.1	20.0
最小设计浓度（A类表面火）(%,V/V)	15.6	7.5	36.0	36.5	34.0
灭火剂用量	0.52kg/m³	0.63kg/m³	0.52m³/m³	0.47m³/m³	0.8kg/m³
设计上限浓度（%,V/V）	23.8	9.5	52	52	—
ODP	0	0	0	0	0
GWP	9000	2050	0	0	1
NOAEL(%,V/V)	50	9	43	43	浓度＞20%对人致死
LOAEL(%,V/V)	＞50	10.5	52	52	
LC50(%,V/V)	＞65	＞80	—	—	
ALT(a)	280	31～42	0	0	120
容器贮存压力(MPa)（20℃时）	4.2	2.5/4.2/5.6	15/20	15/20	15(高压)/2.5（低压）
喷放时间(s)	≤10	≤10	≤60	≤60	≤60
贮存状态	液体	液体	气体	气体	液体
喷嘴最小工作压力（MPa,绝对压力）	0.9	0.6	1.0	2.0	1.4(高压)/1.0（低压）

　　注：1. 设计上限浓度：此值是灭火剂的设计浓度最高值，设计时不能超出此浓度。
　　　　2. ODP：破坏臭氧层潜能值；GWP：温室效应潜能值；NOAEL：无毒性反应的最高浓度；LOAEL：有毒性反应的最低浓度；LC50：近似致死浓度；ALT：大气中存活寿命。

6.8.4 各种灭火剂的灭火浓度、最小设计灭火浓度、惰化浓度、最小设计惰化浓度

设计浓度是气体灭火系统的重要设计参数，各种灭火剂对不同可燃物有不同的灭火浓度，合理的取值是保证防护区能快速灭火，又不使药剂浓度超过人体可接受的程度。当防护区内存在多种可燃物时，灭火剂的设计浓度应按其中最大的灭火浓度确定或经过试验确定。

1. IG541

(1) 灭火浓度和最小设计灭火浓度：固体表面火灾的 IG541 灭火浓度为 28.1%，其他部分可燃物火灾的 IG541 灭火浓度和最小设计灭火浓度见表 6.8-4。

部分可燃物火灾的 IG541 灭火浓度和最小设计灭火浓度   表 6.8-4

可燃物名称	灭火浓度(%)	最小设计灭火浓度(%)	可燃物名称	灭火浓度(%)	最小设计灭火浓度(%)
丙酮	30.3	39.4	甲烷	15.4	20.0
乙腈	26.7	34.7	甲醇	44.2	57.5
100 号航空汽油	29.5	38.4	丁酮	35.8	46.5
Avtur(JetA)	36.2	47.1	甲基异丁基酮	32.3	42.0
1-丁醇	37.2	48.4	辛烷	35.8	46.5
环己酮	42.1	54.7	戊烷	37.2	48.4
柴油 2 号	35.8	46.5	石油醚	35.0	45.5
二乙醚	34.9	45.4	丙烷	32.3	42.0
乙烷	29.5	38.4	普通汽油	35.8	46.5
乙醇	35.0	45.5	甲苯	25.0	32.5
醋酸乙酯	32.7	42.5	醋酸乙烯酯	34.4	44.7
乙烯	42.1	54.7	真空泵油	32.0	41.6
己烷	31.1	40.4	庚烷	33.8	43.9
异丙醇	28.3	36.8	可燃固体（表面火）	28.1	36.5

(2) 部分可燃物烷的 IG541 惰化浓度和最小设计惰化浓度见表 6.8-5。

部分可燃物火灾的 IG541 惰化浓度和最小设计惰化浓度   表 6.8-5

可燃物名称	惰化浓度(%)	最小设计惰化浓度(%)
甲烷	43.0	47.3
丙烷	49.0	53.9

2. 氮气 (IG100)

(1) 灭火浓度和最小设计灭火浓度：用于扑救 A、B、C、E 类火灾的 IG100 气体灭火系统，其灭火浓度和最小设计灭火浓度见表 6.8-6。

A、B、C、E 类火灾的 IG100 灭火浓度和最小设计灭火浓度   表 6.8-6

可燃物类别	灭火浓度(%)	最小设计灭火浓度(%)
A 类表面火灾	30.0	36.0
B 类火灾	33.6	43.7
C 类火灾	33.6	43.7
E 类火灾	31.9	38.3

(2) 部分可燃物火灾的 IG100 灭火浓度和最小设计灭火浓度见表 6.8-7。

部分可燃物火灾的 IG100 灭火浓度和最小设计灭火浓度
表 6.8-7

可燃物名称	灭火浓度(%)	最小设计灭火浓度(%)	可燃物名称	灭火浓度(%)	最小设计灭火浓度(%)
丙酮	29.9	38.9	异丙基醇	31.3	40.7
乙腈	26.7	34.7	甲烷	30.0	39.0
100 号航空汽油	35.8	46.5	甲醇	41.2	53.6
航空涡轮用煤油	36.2	47.1	丁酮	35.8	46.5
1-丁醇	37.2	48.4	甲基异丁酮	32.3	42.0
环己酮	42.1	54.7	辛烷	35.8	46.5
2 号柴油	35.8	46.5	戊烷	32.4	42.1
二乙醚	33.8	43.9	石油醚	35.0	45.5
乙烷	29.5	38.4	丙烷	32.3	42.0
乙醇	34.5	44.9	标准汽油	35.8	46.5
乙基醋酸脂	32.7	42.5	甲苯	28.0	36.4
己烷	34.4	44.7	聚乙烯醋酸盐	34.4	44.7
己烯	42.1	54.7	真空管道油	32.4	42.1

（3）部分可燃物火灾的 IG100 惰化浓度和最小设计惰化浓度见表 6.8-8。

部分可燃物火灾的 IG100 惰化浓度和最小设计惰化浓度
表 6.8-8

可燃物名称	惰化浓度(%)	最小设计惰化浓度(%)
甲烷	43.0	47.3
丙烷	49.0	53.9

3. 七氟丙烷

（1）建筑内部分防护区的七氟丙烷灭火浓度和最小设计灭火浓度见表 6.8-9。防护区实际应用的浓度不应大于设计灭火浓度的 1.1 倍。

部分防护区的七氟丙烷灭火浓度和最小设计灭火浓度
表 6.8-9

防护区名称	灭火浓度(%)	最小设计灭火浓度(%)
图书、档案、票据和文物资料库等	7.6	10.0
油浸变压器、带油开关的配电室和自备发电机房等	6.9	9.0
通信机房和电子计算机房等	6.1	8.0

（2）部分可燃物火灾的七氟丙烷灭火浓度和最小设计灭火浓度见表 6.8-10。

部分可燃物火灾的七氟丙烷灭火浓度和最小设计灭火浓度
表 6.8-10

可燃物名称	灭火浓度(%)	最小设计灭火浓度(%)	可燃物名称	灭火浓度(%)	最小设计灭火浓度(%)
可燃固体(表面火)	5.8	7.5	异丙醇	7.3	9.5
甲烷	6.2	8.1	丙酮	6.5	8.5
乙烷	7.5	9.8	甲乙酮	6.7	8.7
丙烷	6.3	8.2	甲苯	5.1	6.6
庚烷	5.8	7.6	二甲苯	5.3	6.9
正庚烷	6.5	8.5	汽油(无铅，7.8%乙醇)	6.5	8.5
硝基甲烷	10.1	13.2	2 号柴油	6.7	8.7
甲醇	9.9	12.9	喷气式发动机燃料	6.6	8.6
乙醇	7.6	9.9	航空燃料汽油	6.7	8.7
乙二醇	7.8	10.1	变压器油	6.9	9.0
丁醇	7.1	9.3			

（3）部分可燃物火灾的七氟丙烷惰化浓度和最小设计惰化浓度见表 6.8-11。

部分可燃物火灾的七氟丙烷惰化浓度和最小设计惰化浓度　　　表 6.8-11

可燃物名称	惰化浓度(%)	最小设计惰化计浓度(%)	可燃物名称	惰化浓度(%)	最小设计惰化计浓度(%)
甲烷	8.0	8.8	丙烷	11.6	12.8
二氯甲烷	3.5	3.9	1-丁烷	11.3	12.5
1,1-二氟乙烷	8.6	9.5	戊烷	11.6	12.8
1-氯-1,1-二氟乙烷	2.6	2.9	乙烯氧化物	13.6	15.0

4. 三氟甲烷

（1）建筑内部分防护区的三氟甲烷灭火浓度和最小设计灭火浓度见表 6.8-12。

部分防护区的三氟甲烷灭火浓度和最小设计灭火浓度　　　表 6.8-12

防护区名称	灭火浓度(%)	最小设计灭火浓度(%)
图书、档案、票据和文物资料库等	15.0	19.5
油浸变压器、带油开关的配电室、自备发电机房和电力控制室等	12.4	16.2
通信机房、电子计算机房、电话局交换室和 UPS 室等	12.4	16.2

（2）部分可燃物火灾的三氟甲烷灭火浓度和最小设计灭火浓度见表 6.8-13。

部分可燃物火灾的三氟甲烷灭火浓度和最小设计灭火浓度　　　表 6.8-13

可燃物名称	灭火浓度(%)	最小设计灭火浓度(%)	可燃物名称	灭火浓度(%)	最小设计灭火浓度(%)
可燃固体（表面火）	15.0	19.5	甲苯	9.2	12.0
庚烷	12.0	15.6	甲烷	17.0	22.2
丙酮	12.0	15.6	丙烷	17.0	22.2
甲醇	16.3	21.2			

（3）部分可燃物火灾的三氟甲烷惰化浓度和最小设计惰化浓度见表 6.8-14。

部分可燃物火灾的三氟甲烷惰化浓度和最小设计惰化浓度　　　表 6.8-14

可燃物名称	惰化浓度(%)	最小设计惰化浓度(%)
甲烷	20.2	22.3
丙烷	20.2	22.3

5. 二氧化碳

（1）二氧化碳设计浓度不应小于灭火浓度的 1.7 倍，并不得低于 34%。部分可燃物的二氧化碳设计浓度按表 6.8-15 的规定采用。

部分可燃物的二氧化碳设计浓度和抑制时间　　　表 6.8-15

可燃物名称	物质系数 K_b[①]	设计浓度(%)	抑制时间(min)[②]
丙酮	1.00	34	—
乙炔	2.57	66	—
航空燃料 115 号/145 号	1.05	36	—
粗苯(安息油、偏苏油)、苯	1.10	37	—

续表

可燃物名称	物质系数 K_b[①]	设计浓度(%)	抑制时间(min)[②]
丁二烯	1.26	41	—
丁烷	1.00	34	—
丁烯-1	1.10	37	—
二硫化碳	3.03	72	—
一氧化碳	2.43	64	—
煤气或天然气	1.10	37	—
环丙烷	1.10	37	—
柴油	1.00	34	—
二乙基醚	1.22	40	—
二甲醚	1.22	40	—
二苯与其氧化物的混合物	1.47	46	—
乙烷	1.22	40	—
乙醇(酒精)	1.34	43	—
乙醚	1.47	46	—
乙烯	1.60	49	—
二氯乙烯	1.00	34	—
环氧乙烷	1.80	53	—
汽油	1.00	34	—
己烷	1.03	35	—
正庚烷	1.03	35	—
正辛烷	1.03	35	—
氢	3.30	75	—
硫化氢	1.06	36	—
异丁烷	1.06	36	—
异丁烯	1.00	34	—
甲酸异丁酯	1.00	34	—
航空煤油 JP-4	1.06	36	—
煤油	1.00	34	—
甲烷	1.00	34	—
醋酸甲酯	1.03	35	—
甲醇	1.22	40	—
甲基丁烯-1	1.06	36	—
甲基乙基酮(丁酮)	1.22	40	—
甲酸甲酯	1.18	39	—
戊烷	1.03	35	—
石脑油	1.00	34	—
丙烷	1.06	36	—
丙烯	1.06	36	—

续表

可燃物名称	物质系数 K_b[①]	设计浓度(%)	抑制时间(min)[②]
淬火油(灭弧油)、润滑油	1.00	34	—
纤维材料	2.25	62	20
棉花	2.00	58	20
纸张	2.25	62	20
塑料(颗粒)	2.00	58	20
聚苯乙烯	1.00	34	—
聚氨基甲酸甲酯(硬)	1.00	34	—
电缆间和电缆沟	1.50	47	10
数据储存间	2.25	62	20
电子计算机房	1.50	47	10
电气开关和配电室	1.20	40	10
带冷却系统的发电机	2.00	58	至停转止
油浸变压器	2.00	58	
数据打印设备间	2.25	62	20
油漆间和干燥设备	1.20	40	
纺织机	2.00	58	
电气绝缘材料	1.50	47	10
皮毛储存间	3.30	75	20
吸尘装置	3.30	75	20

① 可燃物的二氧化碳设计浓度对 34% 的二氧化碳浓度的折算系数。
② 维持设计规定的二氧化碳浓度使深位火灾完全熄灭所需的时间。

（2）当防护区内存有两种以上可燃物时，防护区的二氧化碳设计浓度应采用可燃物中最大的二氧化碳设计浓度。

6.8.5 气体灭火系统的设计

1. 一般规定

在实际设计工作中，由于设备生产厂家所生产的设备的差异，导致各个厂家所提供的设计参数（例如，容器阀及组合分配阀的当量长度）存在较大差异。国外产品更是由于知识产权的保护，只将计算软件的使用权交给分销商，而并未公开软件所使用的核心参数及计算公式。使得除厂家及其销售商之外的气体灭火设计者只能涉及外围的、简单的系统设计和管路估算，具体的管道水力计算、喷头孔口及减压设备孔口等数据只能通过厂家及销售商完成。在给水排水专业的设计中，气体灭火系统属于二次深化设计的范畴，给水排水专业的施工图设计只为二次深化设计预留条件，一般情况下设计说明较详细地提出了各种要求，作为设备招标的技术条件。以下内容基本能使设计院的初步设计工作及施工图阶段的专业配合工作得以顺利进行。

2. 气体灭火系统的设计要点

（1）在进行气体灭火系统设计时，首先，将防护区与整个建筑物的其他消防系统一并考虑，根据具体情况，合理地确定气体灭火防护区和系统方案。气体灭火系统只能扑救建筑物内部火灾，而建筑物自身的火灾，宜采用其他灭火系统进行扑救。然后，根据防护区的具体情况（如：防护区的位置、大小、几何形状、开口和通风等情况；防护区内可燃物的种类、性质、数量和分布等情况；可能发生火灾的类型、起火源、易着火部位及防护区内人员分布情况等）合理地选择气体灭火系统的灭火剂和系统形式，进而确定灭火剂用量、系统组件的布置、系统的操作控制形式等，在保证消防安全的前提下做到经济合理。

（2）根据不同的工程特点，选用气体灭火剂时应遵循下列原则：

1）灭火效率高，具有良好的灭火性能；

2）环境指标：ODP 小或为 0；GWP 小或为 0；ALT 短；

3）安全性能：长期贮存稳定性；化学物质及燃烧和分解产物的低度性；对设备的腐蚀小；对人体的伤害小；

4）实用性：良好的电绝缘性；快速的分解速度；灭火剂残留物少或为 0；

5）经济性：经济合理，可接受的市场价格。

（3）防护区的分析确定

对需要保护的防护区进行分析，以确定系统形式是采用组合分配系统还是单元独立系统。在确定所有防护区不会同时着火时，可采用组合分配系统，该系统能用于保护多个防护区，药剂贮存量应按最大防护区的需要量确定。防护区宜以固定的单个封闭空间划分。当同一区间的吊顶和地板下需要同时保护时，宜合为一个防护区。各种气体灭火系统对防护区的要求见表 6.8-16。

各种气体灭火系统对防护区的要求　　　　　　　　　　　　表 6.8-16

要求内容		灭火系统				
		惰性气体混合物（IG541）	氮气（IG100）	七氟丙烷（HFC-227ea）	三氟甲烷（HFC-23）	二氧化碳（CO$_2$）
组合分配系统	一套系统最多能保护的防护区数量（个）	8	8	8	8	4[②]
	最大防护区面积（m²）/体积（m³）	800/3600	1000/4500	800/3600	500/2000	500/2000
预制灭火系统[①]	最大防护区面积（m²）/体积（m³）	500/1600	100/400	500/1600	200/600	100/300
防护区的环境温度（℃）		0～50	0～50	0～50	−10～50	0～49
泄压口[③]		需要			需要[④]泄压口底边位于防护区净高的 2/3 以上	
防护区围护结构的最小压强（Pa）	高层建筑	1200				
	一般建筑	2400				
	地下建筑	4800				
防护区耐火极限（h）	围护结构及门窗	0.5				
	吊顶	0.25				

① 一个防护区设置的预制灭火系统，其装置数量不宜超过 10 台。

② 保护 5 个及以上的防护区时，应按最大防护区所需二氧化碳贮存量，设 100% 备用量的钢瓶。备用量的贮存容器应与系统管网连接，应能与主贮存容器切换使用。

③ 防护区有外墙的，应设在外墙上；防护区不存在外墙的，可设在与走廊相隔的内墙上。

④ 局部应用二氧化碳系统和防护区设有防爆泄压孔的二氧化碳系统，可不设泄压口。

（4）对药剂瓶贮存间（钢瓶间）的要求

气体灭火系统的药剂瓶和各种阀件应设置在防护区外且靠近防护区的专用钢瓶间内

（预制灭火装置除外）；钢瓶间的耐火等级不应低于二级，楼板承载能力应能满足贮存容器和其他设备的贮存要求，钢瓶间的门应向外开启，应有直接通向室外或疏散走道的出口。钢瓶间的室内温度宜为－10～50℃，应设应急照明，并应有良好的通风，避免阳光直接照射。钢瓶间内不应穿过可燃液体、可燃气体管道。

（5）对各专业的要求

1）对建筑专业的要求

确定了需设置气体灭火系统的防护区后，根据防护区的保护体积及选用的气体，估算出钢瓶间的面积并向建筑专业提出，初步配合可参照表 6.8-17 选用，也可按 2m²/钢瓶估算。

各种气体灭火系统的钢瓶间面积（m²）　　　　表 6.8-17

防护区体积（m³）	灭火系统				
	惰性气体混合物（IG541）	氮气（IG100）	七氟丙烷①（HFC-227ea）	三氟甲烷（HFC-23）	二氧化碳②（CO₂）
0～150	3	4	3	2	3.5
150～300	6	7	4	3	5
300～550	11	7	4	3	5
550～800	17	12	6	5	9
800～900	18	12	6	5	9
900～1200	24	17	8	7	12
1200～1500	30	19	8.5	8	14
1500～1800	36	24	11	10	17.5
1800～2100	42	29	13	12	21

① 表中数值为贮压式七氟丙烷系统，备压式七氟丙烷系统的钢瓶间面积可按贮压式七氟丙烷系统所需钢瓶间面积乘以 0.7 估算。

② 指高压二氧化碳系统，低压二氧化碳系统按此列数值乘以 0.8 估算。

① 钢瓶间应为设在防护区外的一个独立的房间，围护结构的耐火等级不应低于二级，层高不宜小于 3m，净高不宜小于 2.2m，且尽量靠近防护区，并应有直接通向疏散走道的出口，门应为甲级防火门且向疏散通道开启。

② 防护区围护结构的耐火极限不应低于 0.5h；吊顶的耐火极限不应低于 0.25h。围护结构能承受的压强不宜低于 1200Pa。防护区的门窗应朝外开并能够自动关闭。

③ 防护区应设泄压口，泄压口宜设在外墙或屋顶上，并应位于防护区净高的 2/3 以上。泄压口的防护结构承受内压的允许压强必须低于 1200Pa。当防护区的围护结构为一次结构时，施工图阶段就应考虑泄压口的预留；当防护区的围护结构为二次结构时，可由二次深化设计承包商提出泄压口的面积要求。泄压口的面积应根据所选用的灭火剂种类，按公式（6.8-1）经计算得出。初步配合可参照表 6.8-19 选用。

$$A_f = \frac{KQ}{P_f^{1/2}}\tag{6.8-1}$$

式中　A_f——泄压口面积（m²）；

　　　K——泄压口面积系数，该系数可按表 6.8-18 采用；

　　　Q——灭火剂在防护区内的喷放速率，单位及计算方法可按表 6.8-18 采用；

　　　P_f——围护结构承受内压的允许压强（Pa），可按表 6.8-16 采用。

泄压口面积计算参数 表 6.8-18

灭火剂名称	泄压口面积系数 K	灭火剂喷放速率 Q	
		计算公式	单位
惰性气体混合物（IG541）	1.1	$Q=W/t$	kg/s
	0.0135	$Q=2.7M/t$	m^3/min
氮气（IG100）	0.991	$Q=W/t$	kg/s
七氟丙烷（HFC-227ea）	0.15	$Q=W/t$	kg/s
三氟甲烷（HFC-23）	0.1872	$Q=W/t$	kg/s
二氧化碳（CO₂）	0.0076	$Q=W/t$	kg/min

注：1. M、W 为灭火剂的设计用量，M 的单位为 m^3，W 的单位为 kg。

　　2. t 为灭火剂的喷射时间，IG541、CO_2 的单位为 min，其他为 s。

　　3. IG541 有两种单位的计算方法。

各种气体灭火系统的泄压口面积（m²） 表 6.8-19

防护区体积（m³）	灭火系统												
	惰性气体混合物（IG541）			氮气（IG100）			七氟丙烷（HFC-227ea）			三氟甲烷（HFC-23）			二氧化碳①（CO₂）
	防护区围护结构承受内压的允许压强 P_f(Pa)												
	1200	2400	4800	1200	2400	4800	1200	2400	4800	1200	2400	4800	
0～150	0.15	0.10	0.075	0.03	0.03	0.02	0.04	0.03	0.02	0.02	0.02	0.01	
150～300	0.30	0.20	0.15	0.06	0.06	0.04	0.08	0.06	0.04	0.04	0.03	0.02	
300～480	0.48	0.34	0.24	0.10	0.09	0.05	0.12	0.09	0.05	0.07	0.05	0.04	
480～540	0.54	0.38	0.27	0.11	0.10	0.06	0.14	0.10	0.06	0.08	0.05	0.04	
540～600	0.60	0.42	0.30	0.12	0.11	0.07	0.16	0.11	0.07	0.09	0.06	0.04	
600～660	0.66	0.46	0.33	0.13	0.12	0.07	0.17	0.12	0.09	0.09	0.06	0.04	
660～840	0.84	0.59	0.42	0.17	0.15	0.11	0.22	0.15	0.11	0.12	0.08	0.06	
840～900	0.90	0.63	0.45	0.18	0.16	0.11	0.23	0.16	0.12	0.13	0.09	0.06	
900～960	0.96	0.67	0.48	0.19	0.17	0.12	0.25	0.17	0.12	0.13	0.09	0.06	
960～1080	1.08	0.76	0.54	0.22	0.19	0.13	0.28	0.19	0.13	0.14	0.10	0.07	
1080～1200	1.20	0.84	0.60	0.24	0.22	0.16	0.31	0.22	0.16	0.17	0.12	0.09	
1200～1260	1.26	0.88	0.63	0.25	0.23	0.17	0.33	0.23	0.17	0.18	0.12	0.09	
1260～1440	1.44	1.01	0.72	0.29	0.26	0.19	0.37	0.26	0.19	0.20	0.14	0.10	
1440～1500	1.50	1.05	0.75	0.30	0.27	0.20	0.39	0.27	0.20	0.21	0.15	0.11	
1500～1560	1.56	1.09	0.78	0.31	0.28	0.20	0.41	0.28	0.20	0.21	0.15	0.11	
1560～1680	1.68	1.18	0.84	0.34	0.30	0.22	0.44	0.30	0.22	0.23	0.16	0.11	
1680～1740	1.74	1.22	0.87	0.35	0.31	0.22	0.45	0.31	0.22	0.24	0.17	0.12	
1740～1800	1.80	1.26	0.90	0.36	0.32	0.23	0.47	0.32	0.23	0.24	0.17	0.12	
1800～1920	1.92	1.34	0.96	0.38	0.35	0.25	0.50	0.35	0.25	0.26	0.19	0.14	
1920～2100	2.10	1.47	1.05	0.42	0.38	0.28	0.55	0.38	0.28	0.30	0.20	0.14	
计算条件②	防护区环境温度 20℃，设计浓度 37.5%，喷射时间 60s			防护区环境温度 20℃，设计浓度 36%，喷射时间 60s			防护区环境温度 20℃，设计浓度 7.5%，喷射时间 10s			防护区环境温度 20℃，设计浓度 15.6%，喷射时间 10s			

① 由于二氧化碳的设计用量与防护区体积和内表面积均有关，无法找到简单的系数关系，所以，泄压口面积应根据防护区的实际形状计算所得。

② 如所保护的防护区设计浓度与本表计算条件不同，则应根据表 6.8-18 重新计算。

防护区的泄压口应设泄压装置，其泄压压力应低于围护构件最低耐压强度的作用力。而不应采用门、窗缝隙，也不应在防护区墙上直接开设洞口作为泄压口或在泄压口中设置百叶窗结构，因为这些措施都属于泄压口常开状态，没有考虑到灭火时需要保证防护区内灭火剂浓度的要求。

应在防护墙上设置能根据防护区内的压力自动打开的泄压阀。泄压阀的工作原理为：根据防护区的结构要求，设定泄压阀动作的压力值，测压装置实时检测防护区的压力，当发生火灾时，气体灭火系统启动，防护区内压力升高，当压力达到设定值时，测压装置发出动作信号给执行机构，执行机构带动叶片动作；叶片迅速从关闭状态到达开启位置，防护区内压力降低至预先设定值以下时，测压装置再次给执行机构发出信号，执行机构复位；同时带动叶片动作，叶片迅速从开启位置恢复到关闭状态，以保证防护区内灭火剂的灭火浓度。

防护区的泄压口开口面积和数量根据防护区的体积按表 6.8-19 泄压口所需面积和表 6.8-20 不同型号泄压阀的泄压面积确定。

自动消防泄压阀主要技术参数　　　表 6.8-20

技术参数	型号	
	根据不同厂家产品选定	根据不同厂家产品选定
电源	AC 220V、0.6A	AC 220V、0.6A
动作压力(Pa)	1000～1100	1000～1100
动作精度(Pa)	±50	±50
外形尺寸(mm)	610×302×206	850×458×206
墙体开洞尺寸(mm)	580×280	825×438
泄压面积(m²)	0.0768	0.21
质量（kg）	20.5	32.5

2）对结构专业的要求

钢瓶间的楼面承载能力应满足贮存容器和其他设备的贮存要求。初步估算时，楼板荷载按 500kg/m² 考虑，钢瓶间的总荷载不超过 6000kg；施工图计算时应由生产厂家配合提出精确的荷载。

3）对电气专业的要求

① 将气体灭火系统的防护区、钢瓶间的分布图提供给电气专业；

② 钢瓶间应设置消防通信设备和应急照明灯；

③ 气体灭火系统的控制。

a. 对灭火设备的控制：

（a）气体灭火系统控制盘应设有手动/自动转换装置，可远程控制气体灭火设备的启停。控制盘还应设有备用电源，备用电使用时间不小于 24h；

（b）气体喷放的延迟时间 0～30s 可调；

（c）系统状态的所有信号都可以传输到当地的气体灭火控制盘和消防控制中心；

（d）系统喷放气体后，连接在管路系统上的喷气压力开关传输返回信号到消防控制中心。

b. 对系统的控制方式：

管网式灭火系统的控制设有自动（气启动和电启动）、手动和机械应急操作三种启动方式；预制式灭火系统的控制设有自动和手动两种启动方式。有人工作或值班时，采用电气手动控制方式，无人值班的情况下，采用自动控制方式。自动、手动控制方式的转换，可在灭火控制盘上实现（在防护区的门外设置手动控制盒，手动控制盒内设有紧急停止和紧急启动按钮）。

（a）自动启动：自动探测报警，发出火警信号，自动启动灭火系统进行灭火。有两种自动控制方式可供选择：第一种是气启动。用安装在容器阀上的气动阀门启动器来实现气启动。压力由氮气小钢瓶来提供，由小钢瓶内的氮气压力启动器打开容器阀。单个或多个钢瓶系统需要一个气启动器和一个气动阀。其余的钢瓶将由启动钢瓶的压力来启动。第二种是电启动。用安装在容器阀上的电磁阀启动器和一个控制系统来实现电启动。

每个防护区内都设有双探测回路，当某一个回路报警时，系统进入报警状态，警铃鸣响；当两个回路都报警时，设在该防护区内外的蜂鸣器及闪灯将动作，通知防护区内人员疏散，关闭空调系统、通风管道上的防火阀和防护区的门窗；经过30s延时或根据需要不延时，控制盘将启动气体钢瓶组上容器阀的电磁阀启动器和对应防护区的选择阀，或启动对应氮气小钢瓶的电磁瓶头阀和对应防护区的选择阀。气体释放后，设在管道上的压力开关将灭火剂已经释放的信号送回控制盘或消防控制中心的火灾报警系统。而防护区门外的蜂鸣器及闪灯，在灭火期间一直工作，警告所有人员不能进入防护区，直至确认火灾已经扑灭。打开通风系统，向灭火作用区送入新鲜的空气，废气排除干净后，指示灯显示，才允许人员进入。

（b）手动启动：发现火警时，经电气手动启动灭火系统进行灭火。不论灭火控制按钮处于哪一种工况，当人为发出火警时，都可以使用该火警区的手动控制盒，电气手动启动灭火系统进行灭火。手动控制盒的另一项功能是可以在灭火系统动作前，撤销灭火控制盘发出的本区域的指令，以防止不需要由灭火系统进行灭火时启动灭火系统。

（c）机械应急操作启动：当自动控制和电气手动控制均失灵，不能执行灭火指令时，可通过操作设在钢瓶间中钢瓶容器阀上的手动启动器和设在区域选择阀上的手动启动器，来开启整个气体灭火系统，执行灭火功能。但务必在提前关闭影响灭火效果的设备，通知并确认人员已经撤离后方可实施。

c. 对火灾报警系统的要求：

气体灭火系统作为一个相对独立的系统，配置了自动控制所需的火灾探测器，可以独立完成整个灭火过程。火灾时，火灾自动报警系统能接收每个防护区的气体灭火系统控制盘送出的火警信号和气体释放后的动作信号，同时也能接收每个防护区的气体灭火系统控制盘送出的系统故障信号。火灾自动报警系统在每一个钢瓶间中设置能接收上述信号的模块。

在气体释放前，切断防护区内一切与消防电源无关的设备。

4）对暖通专业的要求

① 将气体灭火系统的防护区、钢瓶间的分布图提供给暖通专业。

② 所有防护区中设置的送排风系统的风管（支管或总管）上，应设有在接收到气体

灭火系统送出的信号后，可自动关闭的防火阀，使防护区内外的送排风管隔绝。同时，每个防护区设置的送排风系统的电气控制箱，也应具有在接收到气体灭火系统送出的信号后，能自动关闭送排风机的功能。

③ 在灭火以后，防护区和钢瓶间应通风换气，及时将残留气体及烟气排走，可以是自然通风，也可以采用机械通风。地下、半地下或无窗、固定窗扇的地上防护区和钢瓶间应设置机械排风装置，排风口设在下部，并应直通室外。

④ 灭火后的机械排风装置和平时的机械排风装置宜为两套独立的系统。当设置专门的机械排风装置有困难时，可利用该防护区的消防排烟系统作为机械排风装置。

⑤ 防护区的通风换气次数，每小时换气 5 次以上。

⑥ 钢瓶间和防护区的室内温度按表 6.8-16 采用。

(6) 管材和管道敷设安装要求

1) 灭火剂输送管道应采用国家标准《输送流体用无缝钢管》GB/T 8163、《高压锅炉用无缝钢管》GB/T 5310 规定的无缝钢管，管道内外表面应作镀锌防腐处理或符合环保要求的其他防腐处理。镀锌层的质量可参照国家标准《低压流体输送用焊接钢管》GB/T 3091 的规定执行。

2) 在易腐蚀镀锌层的环境，管道应采用不锈钢管或其他抗腐蚀材料。不锈钢管应符合现行国家标准《流体输送用不锈钢无缝钢管》GB/T 14976 的规定。

3) 输送启动气体的管道，宜采用铜管，其质量应符合现行国家标准《铜及铜合金拉制管》GB/T 1527 的规定。

4) 灭火剂输送管道的连接可采用螺纹连接、法兰连接或焊接方式。$DN \leqslant 80mm$ 的管道宜采用螺纹连接，并应符合现行国家标准《60°密封管螺纹》GB/T 12716 的有关规定；$DN > 80mm$ 的管道宜采用法兰连接，并应符合现行国家标准《对焊钢制管法兰》JB/T 82 的有关规定，法兰垫片采用金属齿形垫片，管道与选择阀采用法兰连接时，法兰的密封面形式和压力等级应与选择阀本身的技术要求相符；管道采用焊接连接时，应符合现行国家标准《现场设备、工业管道焊接工程施工规范》GB 50236、《工业金属管道工程施工规范》GB 50235 的有关规定。

5) 灭火剂输送管道不应设置在露天场合；不应穿越沉降缝、变形缝，当必须穿越时应采取可靠的抗沉降和变形措施。

6) 灭火剂输送管道应设固定支架固定，固定支架的最大间距应符合表 6.8-21 的规定。管道末端喷嘴处应采用支架固定，支架与喷嘴间的管道长度不应大于 500mm；$DN \geqslant 50mm$ 的管道，垂直方向和水平方向应各设置一个防晃支架；当穿过建筑物楼层时，每层应设置一个防晃支架；当水平管道改变方向时，应设置防晃支架。

7) 管道穿过墙壁、楼板处应安装套管。穿墙套管的长度应和墙厚相同，穿过楼板的套管应高出楼面 50mm。管道与套管间的空隙应用柔性不燃烧材料填实。

8) 钢瓶组应牢固固定在结构楼板上，并考虑其荷载对结构楼板的影响。

9) 钢瓶间的门洞大小应考虑钢瓶组的最大组件的进出方便，可适当预留能直接吊装的吊装孔，或就近利用其他设备的吊装孔，但应在二次墙体未砌筑以前将钢瓶组就位。

10) 选择阀、集流管、启动系统的安装按产品厂家设计手册、产品标准的相关要求进行。

11）还须按照现行国家标准《气体灭火系统施工及验收规范》GB 50263 的有关条款执行。

灭火剂输送管道固定支架的最大间距　　　　　表 6.8-21

管道公称直径(mm)	15	20	25	32	40	50	65	80	100	150
最大间距(m)	1.5	1.8	2.1	2.4	2.7	3.4	3.5	3.7	4.3	5.2

3. 探火管灭火装置的设计要点

各种探火管灭火装置的典型设计参数可参照表 6.8-22。

火探管式自动探火灭火装置的设计参数　　　　　表 6.8-22

火探管式自动探火灭火装置类型	最大工作压力（MPa）	灭火剂的最小量（kg/m³）	探火管最大长度（m）	释放管最大长度（m）
二氧化碳直接式火探管式自动探火灭火装置	15	1.5	50	—
二氧化碳间接式火探管式自动探火灭火装置	15	1.5	50	12
七氟丙烷直接式火探管式自动探火灭火装置	2.5	0.7	30	—
七氟丙烷间接式火探管式自动探火灭火装置	4.2	0.7	30	12

（1）全淹没灭火工程设计应按现行国家标准《气体灭火系统设计规范》GB 50370、《二氧化碳灭火系统设计规范》GB 50193 的规定执行。

（2）防护区的规定

1）各种灭火装置的防护区最大单体容积应符合 6.8-2 的规定。

2）防护区应有实际的底面，且不能关闭的开口面积不应大于总内表面积的 1%。

（3）防护对象的规定

1）防护对象周围的空气流速不宜大于 2m/s。空气流速过大时应采取挡风措施。

2）防护对象为易燃或可燃液体时，液面至容器边缘口的距离不应小于 150mm。

（4）局部应用灭火工程设计应符合下列规定：

1）探火管与保护对象之间不应有遮挡物。

2）直接式探火管灭火装置设计应采用体积法，间接式探火管灭火装置设计可采用体积法或者面积法。

3）采用体积法设计时直接式探火管灭火装置防护对象应有实际围护结构（应有实际底面），且任一面距防护对象的最大距离不应大于 1.0m，围护结构不能关闭开口面积不应大于总内表面积的 5%。计算体积取实际围护结构的体积。间接式探火管灭火装置的计算体积应采用假定的封闭罩的体积，封闭罩的底应该是防护对象的实际底面。体积法的防护对象应满足注册条件，其喷射强度应取 1.3 倍注册数据。

4）采用面积法设计时，喷头布置应遵循使计算面积内不留空白原则；选择局部应用喷头应基于制造商注册数据。

5）喷射时间不应小于 1.5 倍灭火时间注册数据。

（5）直接式探火管灭火装置保护的防护区或防护对象不宜大于 6 个；1 个防护区设置的间接式探火管灭火装置不应超过 4 套，并应能同时启动，其动作响应时差不应大于 2s。

（6）探火管灭火装置应在喷放后 48h 内恢复至准工作状态。

（7）探火管应布置在防护区内且宜布置在防护对象的正上方且距离不应大于 600mm，

当布置在防护对象侧方或下方时其距离不应大于 160mm。探火管的弯曲半径不宜小于其外径的 15 倍，探火管之间的距离不应大于 1.0m。

（8）装置组件规定

1）探火管式自动探火灭火装置应设置永久性的铭牌，其内容应符合产品标准的要求；灭火剂贮存容器的容器阀应满足工作压力的要求，贮存容器应靠近防护区，方便检查和维护，并避免阳光直射。

2）二氧化碳火探管式自动探火灭火装置的灭火剂贮存容器应采用钢质无缝气瓶，并符合现行国家标准《钢质无缝气瓶》GB 5099 的规定。

3）七氟丙烷火探管式自动探火灭火装置的灭火剂贮存容器可采用钢制焊接气瓶，并符合现行国家标准《钢质焊接气瓶》GB 5100 的规定。

4）七氟丙烷火探管式自动探火灭火装置均应设压力表作为检漏设备；二氧化碳火探管式自动探火灭火装置应设检漏装置和泄漏极限报警装置，当贮存容器中充装的二氧化碳损失量达到初始充装量的 10% 时，应能发出声光报警信号以便及时补充。

5）组件应设备用量，探火管按总长的 10% 设备用量，且不应小于 25m；探火管专用接头按总量的 10% 设备用量，且不应小于 2 个。

6.8.6　各种气体灭火系统的计算

气体灭火系统的管网流体计算宜采用专用的计算机软件辅助计算。产品供应商应对计算结果负责。计算机辅助设计软件和系统计算方法应经国家有关消防评估机构认证。管网流体计算可采用 20℃ 作为防护区的环境温度。

1. IG541 气体灭火系统

根据系统压力值的大小，分为以下两类：

一级充压系统，贮存容器的充压为 15.0MPa；

二级充压系统，贮存容器的充压为 20.0MPa。

（1）设计灭火剂用量

1）采用淹没系数法计算设计灭火剂用量，见公式（6.8-2）：

$$M = XV \tag{6.8-2}$$

式中　M——IG541 的设计灭火用量（m^3）；

　　　V——防护区净容积（m^3）；

　　　X——淹没系数，可由公式（6.8-3）计算，也可根据表 6.8-24 确定。

$$X = \frac{V_s}{S \cdot \ln\left(\frac{100}{100-C}\right)} \tag{6.8-3}$$

式中　V_s——20℃时灭火剂的比容积，取 $0.706 m^3/kg$；

　　　C——灭火剂设计灭火浓度（%，V/V）；

　　　S——IG541 的过热蒸气比容（m^3/kg），应按公式（6.8-4）计算。

$$S = 0.65799 + 0.00239T \tag{6.8-4}$$

式中　T——防护区的环境温度（℃）。

2）采用海拔高度修正系数法计算设计灭火剂用量，见公式（6.8-5）

$$W=K \cdot \frac{V}{S} \cdot \ln\left(\frac{100}{100-C}\right) \qquad (6.8\text{-}5)$$

式中　W——IG541 的设计灭火用量（kg）；

　　　　K——海拔高度修正系数，可按表 6.8-25 的规定取值。

　　3）系统灭火剂贮存量，应为防护区灭火设计用量及系统灭火剂剩余量之和，系统灭火剂剩余量按公式（6.8-6）计算：

$$W_s \geqslant 2.7V_0 + 2.0V_p \qquad (6.8\text{-}6)$$

式中　W_s——系统灭火剂剩余量（kg）；

　　　　V_0——系统全部贮存容器的总容积（m^3）；

　　　　V_p——管网的管道内容积（m^3）。

　　4）根据各生产厂家的钢瓶容量（实际最小充装量）按公式（6.8-7）计算所需钢瓶数：

$$n=M/W_1 \qquad (6.8\text{-}7)$$

式中　n——所需相应钢瓶规格的钢瓶数；

　　　　W_1——相应钢瓶规格的充装量（m^3），按表 6.8-23 取值。

IG541 灭火剂钢瓶规格（主要应用于一级充压系统）　　　　表 6.8-23

钢瓶规格(L)	充装量(m^3)	充装质量(kg)
120	19	25
90	14	19
80	12	16
70	11	14

　　同时，贮压容器的充装量应符合以下规定：一级充压系统充装量不应大于 $211.15kg/m^3$，二级充压系统充装量不应大于 $281.06kg/m^3$。

　　（2）防护区内灭火剂的浸渍时间应符合下列规定：

　　1）木材、纸张、织物等固体表面火灾，宜为 20min；

　　2）通信机房、电子计算机房内的电气设备火灾，宜为 10min；

　　3）其他固体表面火灾，宜为 10min。

　　（3）系统管网设计要求及规定

　　1）系统管网流体计算结果应符合下列规定：

　　① 集流管中减压设施的孔径与其连接管道直径之比不应超过 13%～55%；

　　② 喷嘴孔径与其连接管道直径之比不应超过 11.5%～70%；

　　③ 喷嘴出口前的压力：对 15MPa 的系统，不宜小于 20MPa；对 2.0MPa 的系统，不宜小于 2.1MPa；

　　④ 喷嘴孔径应满足灭火剂喷放量的要求。

　　2）IG541 的喷射时间应保证在 48～60s 之内达到设计浓度的 95%。

　　3）凡经过或设置在有爆炸危险场所的管网系统，应设置导消静电的接地装置。

　　4）管道的最大输送长度不宜超过 150m。

　　5）管网流体计算应采用气体单相流体模型。

　　6）喷嘴的数量应满足最大保护半径的要求。

　　7）管道分流应采用三通管件水平分流。对于直流三通，其旁路出口必须为两路分流中的较小部分。

表 6.8-24

IG541灭火剂淹没系数 X 值

防护区温度(℃)	设计灭火浓度(%)															
	37.5	38	38.5	39	39.5	40	40.5	41	41.5	42	42.8	44	46	48	50	52
−40	0.593	0.604	0.614	0.624	0.634	0.645	0.655	0.666	0.677	0.688	0.705	0.732	0.778	0.825	0.875	0.926
−34	0.579	0.590	0.599	0.609	0.620	0.630	0.640	0.651	0.661	0.672	0.689	0.715	0.760	0.806	0.854	0.905
−29	0.566	0.576	0.586	0.596	0.606	0.616	0.626	0.636	0.646	0.657	0.673	0.699	0.743	0.788	0.835	0.884
−23	0.554	0.563	0.573	0.582	0.592	0.602	0.612	0.622	0.632	0.642	0.658	0.683	0.726	0.770	0.817	0.865
−18	0.542	0.551	0.560	0.570	0.579	0.589	0.598	0.608	0.618	0.628	0.644	0.668	0.710	0.754	0.799	0.846
−12	0.530	0.539	0.548	0.558	0.567	0.576	0.586	0.595	0.605	0.615	0.630	0.654	0.695	0.738	0.782	0.828
−7	0.519	0.528	0.537	0.546	0.555	0.564	0.574	0.583	0.592	0.602	0.617	0.640	0.681	0.722	0.766	0.811
−1	0.509	0.517	0.526	0.535	0.544	0.553	0.562	0.571	0.580	0.590	0.604	0.627	0.667	0.708	0.750	0.794
4	0.499	0.507	0.516	0.524	0.533	0.542	0.551	0.560	0.569	0.578	0.592	0.615	0.653	0.693	0.735	0.778
10	0.489	0.497	0.506	0.514	0.523	0.531	0.540	0.549	0.558	0.566	0.581	0.603	0.641	0.680	0.721	0.763
16	0.479	0.487	0.496	0.504	0.513	0.521	0.530	0.538	0.547	0.555	0.570	0.591	0.628	0.667	0.707	0.748
21	0.470	0.478	0.486	0.495	0.503	0.511	0.520	0.528	0.537	0.545	0.559	0.580	0.616	0.654	0.694	0.734
27	0.462	0.469	0.477	0.486	0.494	0.502	0.510	0.518	0.527	0.535	0.549	0.569	0.605	0.642	0.681	0.721
32	0.453	0.461	0.469	0.477	0.485	0.493	0.501	0.509	0.517	0.525	0.539	0.559	0.594	0.631	0.668	0.708
38	0.445	0.453	0.460	0.468	0.476	0.484	0.492	0.500	0.508	0.516	0.529	0.549	0.583	0.619	0.656	0.695
43	0.437	0.445	0.452	0.460	0.468	0.475	0.483	0.491	0.499	0.507	0.520	0.539	0.573	0.608	0.645	0.683
49	0.430	0.437	0.445	0.452	0.460	0.467	0.475	0.483	0.490	0.498	0.511	0.530	0.563	0.598	0.634	0.671
54	0.423	0.430	0.437	0.444	0.452	0.459	0.467	0.474	0.482	0.489	0.502	0.521	0.554	0.588	0.623	0.660
60	0.416	0.422	0.430	0.437	0.444	0.452	0.459	0.467	0.474	0.481	0.494	0.513	0.544	0.578	0.613	0.649
66	0.409	0.415	0.423	0.430	0.437	0.444	0.452	0.459	0.466	0.473	0.486	0.504	0.535	0.569	0.603	0.638
71	0.402	0.409	0.416	0.423	0.430	0.437	0.444	0.451	0.459	0.466	0.478	0.496	0.527	0.559	0.593	0.628
77	0.396	0.402	0.409	0.416	0.423	0.430	0.437	0.444	0.452	0.458	0.470	0.488	0.518	0.551	0.584	0.618
82	0.390	0.396	0.403	0.410	0.417	0.423	0.430	0.437	0.444	0.451	0.463	0.481	0.510	0.542	0.575	0.608
88	0.384	0.390	0.397	0.403	0.410	0.417	0.424	0.431	0.438	0.444	0.456	0.473	0.502	0.534	0.566	0.599
93	0.378	0.384	0.391	0.397	0.404	0.411	0.417	0.424	0.431	0.437	0.449	0.466	0.495	0.526	0.557	0.590

【例 6.8-1】 某计算机房包含两个防护区——计算机房和地板夹层，要求采用 IG541 全淹没系统进行保护，防护区海拔高度 1219m。计算机房长×宽×高为 6m×3m×3m，地板夹层长×宽×高为 6m×3m×0.3m，有两根 0.7m×0.6m 的结构柱垂直贯穿于两个防护区，计算机房中有一个实体可移动的物体 0.9m×0.6m×1.8m（注：该机房最大设计灭火浓度不应大于 42.8%）。

【解】

步骤 1：确定防护区容积。

计算机房：$6×3×3=54m^3$；

地板夹层：$6×3×0.3=5.4m^3$。

步骤 2：确定固体、永久性结构或设备的体积。

计算机房：每根柱子的体积为 $0.7×0.6×3=1.26m^3$，计算机房内有两根柱子，因此体积为 $1.26×2=2.52m^3$。

地板夹层：每根柱子的体积为 $0.7×0.6×0.3=0.126m^3$，地板夹层内有两根柱子，因此体积为 $0.126×2=0.252m^3$。

步骤 3：计算防护区净容积。

计算机房防护区净容积为：$V_1=54-2.52=51.48m^3$；

地板夹层防护区净容积为：$V_2=5.4-0.252=5.148m^3$。

步骤 4：如果实体可移动物体的总体积达到或超过净容积的 25%，需确定最终净容积。

如果实体可移动物体的总体积小于净容积的 25%，则不会对灭火浓度有很大影响，不用从净容积中减去这些物体的体积。

在本例中实体可移动物体的体积为 $0.9×0.6×1.8=0.972m^3$。实体可移动物体体积对于净容积的百分比为 $0.972/51.48×100\%=1.9\%$，此物体体积仅为净容积的 1.9%，因此不必从净容积中减去该物体的体积。

在本例中地板夹层内无可移动物体，因此不需要计算最终净容积。

步骤 5：确定最小设计灭火浓度和最低预期温度。

计算机房内的火灾为 A 类火灾，确定设计灭火浓度为 37.5%，最低预期温度为 16℃。

步骤 6：确定需要的最小 IG541 药剂量。

利用上述两个变量，确定 IG541 药剂量：

本例中设计灭火浓度为 37.5%，查表 6.8-24，得淹没系数为 $X=0.479$。下一步确定 IG541 药剂量，按下式计算。

计算机房：计算机房净容积为 51.48m³，初始 IG541 药剂量：$M_1=XV_1=0.479×51.48=24.6m^3$；

地板夹层：地板夹层净容积为 5.148m³，初始 IG541 药剂量：$M_2=XV_2=0.479×5.148=2.5m^3$。

实际设计的 IG541 药剂量不能少于上述数量。

步骤 7：海拔高度修正。

本例中，防护区的海拔高度为 1219m，查表 6.8-25，得海拔高度修正系数为 $\beta=$

0.86。海拔高度修正后的 IG541 药剂量按下式计算：

计算机房的 IG541 药剂量：$M_1' = \beta M_1 = 0.86 \times 24.6 = 21.2 \text{m}^3$；

地板夹层的 IG541 药剂量：$M_2' = \beta M_2 = 0.86 \times 2.5 = 2.2 \text{m}^3$。

步骤 8：确定整个系统所需的 IG541 药剂量。

把所有防护区的药剂量加起来，以确定整个系统所需的最终药剂量：

$M = M_1' + M_2' = 21.2 + 2.2 = 23.4 \text{m}^3$。

步骤 9：确定所需 IG541 钢瓶数。

本例中整个系统需要 23.4m³ 的 IG541，以该值除以 IG541 一级充压系统常用的 80L 钢瓶实际充装容积 12m³（实际最小充装量）得：

$n = M/W_1 = 23.4/12 = 1.95$（个），因此需要 2 个钢瓶。

步骤 10：计算实际提供的 IG541 药剂量，按下式计算：

实际 IG541 药剂量：$M_{实际} = nW = 2 \times 12 = 24 \text{m}^3$。

步骤 11：计算每个防护区内实际释放的 IG541 药剂量，按下式计算：

计算机房：$M_{1实际} = M_{实际} \times M_1'/M = 24 \times 21.2/23.4 = 21.7 \text{m}^3$；

地板夹层：$M_{2实际} = M_{实际} \times M_2'/M = 24 \times 2.2/23.4 = 2.3 \text{m}^3$。

步骤 12：确定实际的 IG541 淹没系数，按下式计算：

计算机房：$X_{1实际} = M_{1实际}/(\beta V_1) = 21.7/(0.86 \times 51.48) = 0.490 \text{m}^3/\text{m}^3$；

地板夹层：$X_{2实际} = M_{2实际}/(\beta V_2) = 2.3/(0.86 \times 5.148) = 0.519 \text{m}^3/\text{m}^3$。

步骤 13：验证实际的 IG541 药剂浓度是否处于 37.5%～42.8% 范围内。

本例中计算机房和地板夹层的最高预期温度为 27℃。根据步骤 12 计算的淹没系数分别查表 6.8-24，内插后得浓度大约为 40.5%，该值处于上述可接受的范围内。

步骤 14：确定 90% 系统喷放时间。

如步骤 13 那样的过程来确定 21℃ 环境温度下的浓度，本例中用内插法可确定浓度大约为 38.6%，该浓度处于 37.5%～42.8% 的范围内，符合要求。

查表 6.8-26，在接近 21℃ 环境温度下，实际设计浓度为 38.6% 时，其喷放时间为 0.65min（内插法）。

步骤 15：确定喷嘴数量 N。

把防护区的长度除以 9.8m，然后取整加一，来确定喷嘴数量，再用防护区的宽度除以 9.8m 取整加一。把以上两个结果相乘得到总的喷嘴数量。

计算机房：长度 (6)/9.8 = 0.61，取整加一则为 1；宽度 (3)/9.8 = 0.31，取整加一则为 1。把两个结果相乘，1×1 = 1，因此计算机房内需要 1 个喷嘴。

地板夹层：长度 (6)/9.8 = 0.61，取整加一则为 1；宽度 (3)/9.8 = 0.31，取整加一则为 1。把两个结果相乘，1×1 = 1，因此地板夹层内需要 1 个喷嘴。

步骤 16：估算系统流量，按下式计算：

$Q = M_{实际} \times 90\%/t = 24 \times 0.9/0.65 = 33.2 \text{m}^3/\text{min}$。

步骤 17：确定每个防护区的喷嘴流量，按下式计算：

计算机房：$Q_{喷嘴} = Q_1/N_1 = M_{1实际} \times 90\%/(tN_1) = 21.7 \times 0.9/(0.65 \times 1) = 30.0 \text{m}^3/\text{min}$；

地板夹层：$Q_{喷嘴} = Q_2/N_2 = M_{2实际} \times 90\%/(tN_2) = 2.3 \times 0.9/(0.65 \times 1) = 3.2 \text{m}^3/\text{min}$。

步骤 18：估算所需的孔板尺寸。

本例中系统的总流量为 $33.2\text{m}^3/\text{min}$，查表 6.8-27，得需要使用 $DN25$ 管道，因此孔板尺寸也应是 $DN25$。

步骤 19：确定喷嘴位置和管网设计。

在图纸上精确地定位喷嘴和钢瓶。设计集流管。对所有的管网节点、集流管标志符和喷嘴进行编号。

步骤 20：对每个防护区估算管道尺寸。

从喷嘴往回计算确定每段管道流量，利用表 6.8-27 来估算每段管道和喷嘴的尺寸。

本例中管道为短管道（约 6m），计算机房的流量为 $30.0\text{m}^3/\text{min}$，因此喷嘴和管道为 $DN20$。地板夹层的流量为 $3.2\text{m}^3/\text{min}$，因此喷嘴和管道为 $DN8$。

步骤 21：确定在喷放时所需要的泄压口面积。

在本例中防护区的结构为一般的建筑结构，$P_\text{f}=2400\text{Pa}$。根据下式计算所需的泄压口面积：

计算机房：$A_\text{f}=\dfrac{0.0135Q}{\sqrt{P_\text{f}}}=\dfrac{0.0135\times30.0}{\sqrt{2400}}=0.008\text{m}^2$；

地板夹层：$A_\text{f}=\dfrac{0.0135Q}{\sqrt{P_\text{f}}}=\dfrac{0.0135\times3.2}{\sqrt{2400}}=0.00088\text{m}^2$。

步骤 22：进行水力计算。

以下内容由专业公司用计算机进行精确计算。

步骤 23：修改计算表。

对每个防护区重做计算表，从输入"每个防护区实际释放的 IG541 药剂量"开始，到"系统喷放时间"结束。用水力计算程序的"喷嘴性能"部分所确定的药剂量来替换"每个防护区释放的实际 IG541 药剂量"。

步骤 24：核算实际的系统性能。

检查修改的计算表时，需核算以下项目：

① 最高预期温度时的药剂浓度应处于允许范围之内（在有人的场所为 37.5% ～ 42.8%）；

② 药剂量应高于需要的初始 IG541 药剂量；

③ 水力计算所得的喷放时间等于或小于在计算表中各个防护区所列出的喷放时间。

IG541 灭火系统防护区海拔高度修正系数　　　　　　表 6.8-25

海拔高度 (m(km))	压力 (mmHg)	气压修正系数	海拔高度(m(km))	压力 (mmHg)	气压修正系数
−914(−0.91)	840	1.11	1219(1.22)	650	0.86
−610(−0.61)	812	1.07	1524(1.52)	622	0.82
−305(−0.30)	787	1.04	1829(1.83)	596	0.78
0(0.00)	760	1.00	2134(2.13)	570	0.75
305(0.30)	733	0.96	2438(2.44)	550	0.72
610(0.61)	705	0.93	2743(2.74)	528	0.69
914(0.91)	678	0.89	3048(3.05)	505	0.66

IG541 灭火剂喷射时间　　　　　　　　　　　表 6.8-26

浓度(%)	时间(s)	浓度(%)	时间(s)
37.5	30.0	40.8	57.5
37.8	32.5	41.1	60.0
38.1	35.0	41.4	62.5
38.4	37.5	41.7	65.0
38.7	40.0	42.0	67.5
39.0	42.5	42.3	70.0
39.3	45.0	42.6	72.5
39.6	47.5	42.8	75.0
39.9	50.0	43.1	77.5
40.2	52.5	43.4	80.0
40.5	55.0		

IG541 灭火系统管道估算表　　　　　　　　　表 6.8-27

管道直径 (mm)	短管道(约6m) 的最大流量 (m³/min)	长管道(约30m) 的最大流量 (m³/min)	管道直径 (mm)	短管道(约6m) 的最大流量 (m³/min)	长管道(约30m) 的最大流量 (m³/min)
8	5.1	1.1	50	249.2	43.9
10	8.5	1.7	65	368.1	65.1
15	15.8	2.8	80	594.7	105.3
20	31.1	5.7	100	1104.4	193.4
25	53.8	9.6	125	1840.6	321.7
32	99.1	17.8	150	2775.0	488.7
40	141.5	25.2	200	5238.6	920.3

2. 氮气 (IG100) 气体灭火系统

(1) 设计灭火剂用量

1) 根据防护区可燃物相应的设计灭火浓度或设计惰化浓度与防护区净容积, 经计算确定氮气设计用量。

2) 防护区氮气设计用量或惰化设计用量应按公式 (6.8-8) 计算:

$$M=K \cdot \frac{2.303V}{S} \cdot \lg\left(\frac{100}{100-C}\right) \tag{6.8-8}$$

式中　M——全淹没灭火设计用量或惰化设计用量 (kg);

　　　K——防护区海拔高度修正系数, 按表 6.8-28 选用;

　　　V——防护区净容积 (m³);

　　　C——防护区设计灭火浓度或设计惰化浓度 (%), 可按表 6.8-6~表 6.8-8 选用 (对有爆炸危险的防护区应采用惰化浓度, 物质的最小设计惰化浓度不应小于该物质惰化浓度的 1.1 倍);

S——压力为101.3kPa时，对应防护区最低预期温度时氮气的蒸气比容（m^3/kg），应按公式（6.8-9）计算。

$$S=0.799678+0.00293T \tag{6.8-9}$$

式中 T——防护区最低预期温度（℃）。

氮气（IG100）灭火系统防护区海拔高度修正系数 K 值　　表 6.8-28

海拔高度(m)	修正系数 K 值
−1000	1.110
0	1.000
1000	0.890
1500	0.835
2000	0.780
2500	0.725
3000	0.670
3500	0.615
4000	0.560
4500	0.505

3）估算时可按公式（6.8-10）计算：

$$M=XV/S \tag{6.8-10}$$

式中 M——氮气的设计灭火用量（kg）；

　　　V——防护区净容积（m^3）；

　　　X——淹没系数，可根据表6.8-29确定；

　　　S——氮气的蒸气比容（m^3/kg）。

氮气的淹没系数 X 值　　表 6.8-29

温度 t (℃)	蒸汽比容 S (m^3/kg)	设计灭火浓度 (%)							
		36	38.3	42	46	50	54	58	62
−20	0.7411	0.518	0.561	0.631	0.714	0.803	0.899	1.005	1.121
−10	0.7704	0.498	0.540	0.607	0.686	0.772	0.865	0.966	1.078
0	0.7997	0.480	0.520	0.585	0.661	0.744	0.833	0.931	1.038
10	0.8290	0.463	0.502	0.640	0.638	0.718	0.804	0.898	1.002
20	0.8583	0.447	0.485	0.564	0.616	0.693	0.777	0.868	0.968
30	0.8876	0.432	0.468	0.545	0.596	0.670	0.751	0.839	0.936
40	0.9169	0.418	0.453	0.510	0.577	0.649	0.727	0.812	0.906
50	0.9462	0.406	0.440	0.494	0.559	0.629	0.704	0.787	0.878
60	0.9755	0.394	0.427	0.479	0.542	0.610	0.683	0.763	0.851
70	1.0048	0.382	0.414	0.465	0.526	0.592	0.663	0.741	0.827
80	1.0341	0.371	0.402	0.452	0.511	0.575	0.645	0.720	0.803
90	1.0634	0.361	0.391	0.440	0.497	0.559	0.627	0.700	0.781
100	1.0927	0.351	0.381	0.428	0.484	0.544	0.610	0.681	0.760

4）系统的贮存量应为防护区设计灭火用量或设计惰化用量与系统中喷放后的剩余量之和。喷放后的剩余量宜按实际工程管网情况确定。一般可按设计用量的 2% 估算。

5）根据各生产厂家的钢瓶容量（实际最小充装量）按公式（6.8-11）计算所需钢瓶数：

$$n = M/W_1 \tag{6.8-11}$$

式中 n——所需相应钢瓶规格的钢瓶数；

W_1——相应钢瓶规格的充装量（kg），按表 6.8-30 取值。

IG100 灭火剂钢瓶规格 表 6.8-30

钢瓶规格(L)	80	90
充装量(kg)	15	16.8

注：表中数据来自上海瑞泰消防设备制造有限公司。

（2）防护区内灭火剂的抑制时间，不应小于 10min。

（3）系统管网设计

1）喷嘴的设计数量，由单个喷嘴的保护面积和防护区面积确定。单个喷嘴保护面积不应大于 30m²，单层喷嘴地板以上的最大喷嘴高度为 5m，当防护区高度大于 5m 时应另加一层喷嘴。喷嘴布置的间距应按生产厂商提供的数据确定。

2）喷嘴的射流方向不应对准液体表面。

3）管道分流应采用三通，三通分流的最小流量不小于总流量的 5%，不应采用四通进行管道分流。

4）管网计算时各管段中氮气的流量，宜采用平均设计流量。

5）灭火剂释放时，管网应进行减压。减压装置宜采用减压孔板。减压孔板宜设在系统的源头或干管入口处。

6）喷嘴入口压力的计算值不应小于 1.0MPa（绝对压力）。

7）氮气的喷射时间不应超过 60s。

3. 七氟丙烷（FHC-227ea）气体灭火系统

七氟丙烷灭火系统根据贮存容器的增压压力宜分为以下三级：

一级：(2.5+0.1)MPa；

二级：(4.2+0.1)MPa；

三级：(5.6+0.1)MPa。

注：以上各级压力值均指表压；预制式灭火系统一般为一级，管网式灭火系统采用二级、三级。

（1）设计灭火剂用量

1）七氟丙烷的设计灭火用量可按公式（6.8-12）计算：

$$W = K \frac{V}{S_v} \left(\frac{C}{100-C} \right) \tag{6.8-12}$$

式中 W——七氟丙烷的设计灭火用量（kg）；

C——七氟丙烷的设计灭火浓度（%，V/V），按表 6.8-9、表 6.8-10 选用；

V——防护区净容积（m³）；

K——海拔高度修正系数，按表 6.8-37 取值；

S_v——七氟丙烷过热蒸气在 101.3kPa 和防护区最低环境温度下的比容（m^3/kg），应按公式（6.8-13）计算。

$$S_v = 0.1269 + 0.000513T \tag{6.8-13}$$

式中　T——防护区的最低环境温度（℃）。

2）系统灭火剂贮存量应按公式（6.8-14）计算：

$$W_0 = W + \Delta W_1 + \Delta W_2 \tag{6.8-14}$$

式中　W_0——系统灭火剂贮存量（kg）；

ΔW_1——贮存容器内的灭火剂剩余量（kg），可按贮存容器内引升管管口以下的容器容积量换算；

ΔW_2——管道内的灭火剂剩余量（kg），均衡管网和只含一个封闭空间的非均衡管网，其管网内的灭火剂剩余量均可不计。

3）计算所需钢瓶数，可根据生产厂家的钢瓶容量按公式（6.8-15）估算，同时按照规范规定值复核。

$$n = W_0/W_1 \tag{6.8-15}$$

式中　n——所需相应钢瓶规格的钢瓶数；

W_1——相应钢瓶规格的充装量（kg），按表 6.8-31～表 6.8-33 取值。

国产七氟丙烷灭火剂钢瓶规格　　　　　　　　　表 6.8-31

钢瓶规格(L)	一级增压最大充装量(kg)	二级增压最大充装量(kg)	三级增压最大充装量(kg)
40	46	36	42
70	75	56	75
90	96	72	90
120	128	96	120
150	160	120	150
180	190	144	180

注：本表依据南京消防器材厂、上海金盾消防安全技术有限公司提供的资料编写。

进口七氟丙烷灭火剂钢瓶规格　　　　　　　　　表 6.8-32

钢瓶规格(L)	4.7	8.1	16.2	28.3	50.6	81	142	243
充装量(kg)	5	9	18	32	57	91	159	272

注：本表依据北京阿科普机电工程有限公司提供的资料编写。

备压式七氟丙烷灭火剂钢瓶规格　　　　　　　　表 6.8-33

钢瓶规格(L)	90	180
充装量(kg)	114	227

注：本表依据北京阿科普机电工程有限公司提供的资料编写。

4）采用不同钢瓶材质时，单位容积的充装量应符合表 6.8-34 的要求。

各级系统的单位充装量要求　　　　　　　　　　表 6.8-34

系统级别	钢瓶结构形式	最大单位充装量(kg/m³)
一级		1120
二级	焊接	950
	无缝钢	1120
三级		1080

注：施工图阶段，建议初选单位充值量为 800～900kg/m³。

（2）防护区内灭火剂的浸渍时间应符合下列规定：

1）扑救木材、纸张、织物类等固体火灾时，不宜小于 20min；

2）扑救通信机房、电子计算机房等防护区火灾时，不宜小于 5min；

3）扑救其他固体火灾时，不宜小于 10min；

4）扑救气体和液体火灾时，不宜小于 1min。

（3）系统管网设计计算

1）设计计算

管网计算采用经认证的专业商业软件进行，在施工图阶段，未招标之前，可按以下方法进行估算。

① 管网中主干管的设计流量应按公式（6.8-16）计算：

$$Q_w = \frac{W}{t} \tag{6.8-16}$$

式中　Q_w——主干管平均设计流量（kg/s）。

② 管网中支管的设计流量应按公式（6.8-17）计算：

$$Q_g = \sum_1^{N_g} Q_c \tag{6.8-17}$$

式中　N_g——安装在计算支管流程下游的喷头数量；

　　　Q_c——单个喷头的设计流量（kg/s）。

③ 初选管径

$$Q \leqslant 6kg, \quad D = (12 \sim 20)\sqrt{Q} \tag{6.8-18}$$

$$6kg < Q < 160kg, D = (8 \sim 16)\sqrt{Q} \tag{6.8-19}$$

式中　D——管道内径（mm）；

　　　Q——管道的设计流量（kg/s）。

④ 过程中点压力计算

$$P_m = \frac{P_0 \cdot V_0}{V_0 + \dfrac{W}{2\gamma} + V_p} \tag{6.8-20}$$

$$V_0 = nV_b\left(1 - \frac{\eta}{\gamma}\right) \tag{6.8-21}$$

式中　P_m——过程中点时贮存容器内压力（MPa，绝对压力）；

　　　P_0——灭火剂贮存容器增压压力（MPa，绝对压力）；

　　　V_0——喷放前，全部贮存容器内的气相总容积（m³）；

　　　γ——七氟丙烷的液体密度（kg/m³）；

　　　V_p——管网的管道内容积（m³）；

　　　n——贮存容器的数量；

　　　V_b——贮存容器的容量（m³）；

　　　η——充装量（kg/m³）。

⑤ 管网的阻力损失计算

阻力损失应根据管道种类确定，例如镀锌钢管的阻力损失可按公式（6.8-22）计算：

$$\Delta P = L \cdot \frac{5.75 \times 10^5 Q^2}{\left(1.74 + 2 \times \lg \dfrac{D}{0.12}\right)^2 \cdot D^5} \tag{6.8-22}$$

式中 ΔP——计算管段阻力损失（MPa）；

　　L——管道计算长度，含沿程长度与局部损失当量长度（m），可参考表 6.8-43；

　　Q——管道设计流量（kg/s）；

　　D——管道内径（mm）。

⑥ 喷头入口处的工作压力，按公式（6.8-23）计算：

$$P_c = P_m - \sum_1^{N_d} \Delta P \pm P_h \tag{6.8-23}$$

式中 P_c——喷头入口处工作压力（MPa，绝对压力）；

$\sum\limits_1^{N_d} \Delta P$——系统流程总阻力损失（MPa）；

　　N_d——流程中计算管段的数量；

　　P_h——高程压头（MPa）。

高程压头可按公式（6.8-24）计算：

$$P_h = 10^{-6} \gamma H g \tag{6.8-24}$$

式中 H——过程中点时，喷头高度相对贮存容器内液面的高差（m）；

　　g——重力加速度（m/s²）。

⑦ 根据等效孔口面积确定喷头规格

根据《气体灭火系统设计规范》GB 50370 附录 D 确定喷头规格，喷头等效孔口面积按公式（6.8-25）计算：

$$F_c = \frac{Q_c}{q_c} \tag{6.8-25}$$

式中 F_c——喷头等效孔口面积（cm²）；

　　q_c——等效孔口面积喷射率（kg/(s·cm²)），可由《气体灭火系统设计规范》GB 50370 附录 C 查得。

2）管网设计规定及要求

① 七氟丙烷灭火剂的喷射时间，对于通信机房和电子计算机房等防护区不宜大于 8s；其他防护区不应大于 10s；

② 管道的最大输送长度，当采用气液两相流体模型计算时不宜超过 100m，系统中最不利点的喷嘴工作压力不应小于喷放"过程中点"贮存容器内压力的二分之一（MPa，绝对压力）；当采用液体单相流体模型计算时不宜超过 30m；

③ 管网宜布置为均衡系统，管网中各个喷嘴的设计质量流量应相等；管网中从第 1 分流点至各喷嘴的管道计算阻力损失，其相互间的最大差值不应大于 20%；

④ 系统管网的管道总容积不应大于该系统七氟丙烷充装量体积的 80%；

⑤ 管网分流应采用三通管件，其分流出口应水平布置。

【例 6.8-2】 某计算机房，海拔高度为 0m，房间大小为长×宽×高＝18.2m×15.0m×

3.6m（轴距），吊顶内高度为 1.0m，吊顶以下高度为 2.6m。设置两层气体灭火喷头进行保护。被保护对象为电子数据处理设备及数据电缆等，设计灭火浓度不低于 8%。保护区为独立的、封闭的防护区，门窗缝隙未封堵。最低环境温度为 15℃，最高环境温度为 35℃。

【解】

步骤 1：分析防护区

① 首先对防护区的密封性、完整性进行确定。确认该防护区与其他相邻防护区被完全隔离开来，吊顶内及地板下的相通处应使用防火阻燃材料封填。如果无法完全隔断，则需要通过计算增加药剂量，以弥补开口所流失的灭火药剂。

② 确认该防护区中的或经过该防护区的通风及空调等设备的管路在进出防护区时有快速关断的装置。

步骤 2：计算出防护区的净体积，可以减去永久占用体积，如梁、柱的体积，但不可以减去家具及设备、容器的体积（本计算减去墙厚，不减去梁、柱、地板及吊顶所占的体积）。

吊顶内容积 $V_1 = 18.0 \times 14.8 \times 1.0 = 266.4 \text{m}^3$

吊顶下容积 $V_2 = 18.0 \times 14.8 \times 2.6 = 692.6 \text{m}^3$

防护区总体积 $V = V_1 + V_2 = 266.4 + 692.6 = 959 \text{m}^3$

步骤 3：计算灭火剂用量

以最低环境温度状态为基准，计算药剂用量。因环境温度越低，气体灭火剂体积越小。最低环境温度为 $T = 15℃$；

灭火剂在该温度、常压下的蒸气比容为 $S_V = 0.1269 + 0.000513T = 0.1346 \text{m}^3/\text{kg}$

灭火剂用量　$W = \dfrac{V}{S_v}\left(\dfrac{C}{100-C}\right) = \dfrac{959}{0.1346}\left(\dfrac{8}{100-8}\right) = 619.5 \text{kg}$

还可以直接查表 6.8-36，全淹没系数 $X_{min} = 0.6457 \text{kg/m}^3$

得出灭火剂用量为 $W = X_{min}V = 959 \times 0.6457 = 619.2 \text{kg}$，取 619.5kg，其中吊顶内用量 $W_1 = 172.1 \text{kg}$，吊顶下用量 $W_2 = 447.4 \text{kg}$

总药剂量计算还应考虑工程所在地海拔高度修正系数（见表 6.8-37）。

步骤 4：再以最高环境温度时，该药剂用量下的体积比浓度是否超出安全限度为标准，对以上数据进行校验。

最高环境温度为 35℃，直接查表 6.8-36，该温度时全淹没系数 $X_{max} = 0.5996 \text{kg/m}^3$

$C_{max} = CX_{min}/X_{max} = 8\% \times 0.6457/0.5996 = 8.6\% < 9.0\%$（NOAEL-无影响最高值）

经验证，该环境温度变化下灭火剂设计用量小于 NOAEL 值，可以适用于有人常驻的空间。

步骤 5：计算泄压口面积

按照有关规定进行泄压口的设置和计算（略）。

步骤 6：钢瓶选型

由于各个厂家的药剂贮存容器在规格上差异较大，在此，暂以某厂家常用钢瓶容积为 120L 的钢瓶（管网式灭火系统钢瓶最大充装量 96kg）为例进行配置。配置如下：药剂钢瓶数量 $n = W/W_1 = 619.5/96 = 6.45$，故需 7 个 120L 的钢瓶。

步骤 7：管网初步布置见图 6.8-6、图 6.8-7。

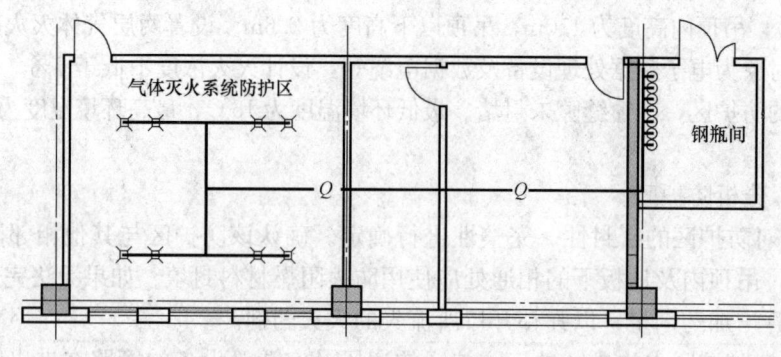

图 6.8-6   平面布置简图

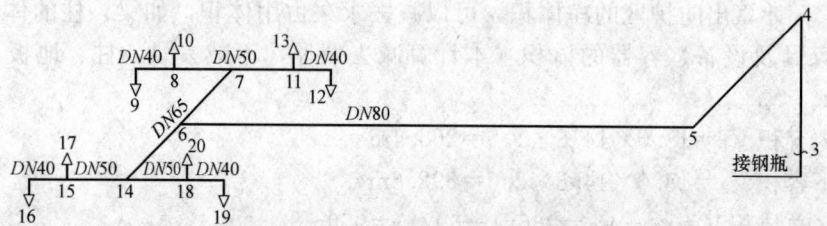

图 6.8-7   系统计算简图

步骤 8：进行管网布置后，按平均流量（喷射时间 8s）查表 6.8-38，得出以下管径
（见表 6.8-35）。

各管段管径   表 6.8-35

管段节点	平均流量（kg/s）	估算管径（mm）
3-6	77.57	80
6-7(6-14)	38.79	65
7-8(7-11,14-15,14-18)	19.39	50 或 40
8-9(11-12,15-16,18-19)	14.00	40
8-10(11-13,15-17,18-20)	5.39	520 或 25

由以上步骤，可以比较准确地计算出灭火剂的用量、选定钢瓶的型号、确定钢瓶的数
量、布置管网、估算管道直径。有了这些数据，基本可以完成初步设计，满足正式施工图
之前的一般要求了。

步骤 9：施工图阶段主干管及支管设计流量及管径初算

均衡管网中视系统的平均设计流量为主干管设计流量，支管的设计流量同样采用均
分法计算，非均衡管网采用流量累加法。得知各级管道流量后按公式（6.8-18）或公式
（6.8-19）计算各级管径。

步骤 10：按公式（6.8-22）计算管网的阻力损失。

步骤 11：计算喷头入口处压力，确定喷头规格。

计算喷头入口处的工作压力，查《气体灭火系统设计规范》GB 50370 附录 C2，再根
据喷头等效孔口面积喷射率与喷头等效孔口面积的关系计算得到喷头等效孔口面积 F_c。

步骤 12：校核喷头的工作压力

根据《气体灭火系统设计规范》GB 50370 中对各级系统喷头的工作压力 P_c 的规定及其与过程中点时容器内压力 P_m 的关系校核喷头的工作压力。

在进行更加准确的施工图设计时，需要借助设备厂家或设备供应商的计算软件，对管路尺寸进行详细核算。即使使用电脑计算，以上所有初算数据及管网布置图也是必须具备的条件；将以上数据及管路输入计算程序，再规定减压设备及喷头的孔口尺寸，计算程序利用当前数据模拟该状况下灭火剂的实际流动情况，从而得出当前条件下的系统喷射时间、喷口压力等参数。软件使用者只需对所输入的数据反复进行调整，就可得出最符合现场条件及规范要求的最终设计方案。

在程序中，规定了各个喷头的喷射结束时间差异不得大于 1s，如计算结果显示喷射结束时间的差异超过 1s，则需要设计者重新进行管网布置。尽量将管网中药剂剩余量降低到很少的程度。

七氟丙烷灭火剂淹没系数 X 值　　　　　　　　　　　表 6.8-36

防护区温度(℃)	设计灭火浓度(%)									
	6	7	8	9	10	11	12	13	14	15
0	0.5034	0.5936	0.6858	0.7800	0.8763	0.9748	1.0755	1.1785	1.2839	1.3918
5	0.4932	0.5816	0.6719	0.7642	0.8586	0.9550	1.0537	1.1546	1.2579	1.3636
10	0.4834	0.5700	0.6585	0.7490	0.8414	0.9360	1.0327	1.1316	1.2328	1.3364
15	0.4740	0.5589	0.6457	0.7344	0.8251	0.9178	1.0126	1.1096	1.2089	1.3105
20	0.4650	0.5483	0.6335	0.7205	0.8094	0.9004	0.9934	1.0886	1.1859	1.2856
25	0.4564	0.5382	0.6217	0.7071	0.7944	0.8837	0.9750	1.0684	1.1640	1.2618
30	0.4481	0.5284	0.6104	0.6943	0.7800	0.8676	0.9573	1.0490	1.1428	1.2388
35	0.4401	0.5190	0.5996	0.6819	0.7661	0.8522	0.9402	1.0303	1.1224	1.2168
40	0.4324	0.5099	0.5891	0.6701	0.7528	0.8374	0.9230	1.0124	1.1029	1.1956
45	0.4250	0.5012	0.5790	0.6586	0.7399	0.8230	0.9000	0.9950	1.0840	1.1751
50	0.4180	0.4929	0.5694	0.6476	0.7276	0.8093	0.8929	0.9784	1.0660	1.1555
55	0.4111	0.4847	0.5600	0.6369	0.7156	0.7960	0.8782	0.9623	1.0484	1.1365
60	0.4045	0.4770	0.5510	0.6267	0.7041	0.7821	0.8504	0.9469	1.0316	1.1183
65	0.3980	0.4694	0.5412	0.6167	0.6929	0.7707	0.8410	0.9318	1.0152	1.1005
70	0.3919	0.4621	0.5338	0.6072	0.6821	0.7588	0.8371	0.9173	0.9994	1.0834
75	0.3859	0.4550	0.5257	0.5979	0.6717	0.7471	0.8243	0.9033	0.9841	1.0668
80	0.3801	0.4482	0.5178	0.5890	0.6617	0.7360	0.8120	0.8898	0.9694	1.0509
85	0.3745	0.4416	0.5102	0.5803	0.6519	0.7251	0.8000	0.8767	0.9551	1.0354
90	0.3690	0.4351	0.5027	0.5717	0.6423	0.7145	0.7883	0.8638	0.9411	1.0202

七氟丙烷灭火系统防护区海拔高度修正系数　　　　　　表 6.8-37

海拔高度(m)	压力(cmHg)	修正系数
-920	84.0	1.11
-610	81.2	1.07
-300	78.7	1.04

续表

海拔高度(m)	压力(cmHg)	修正系数
0	76.0	1.00
300	73.3	0.96
610	70.5	0.93
920	67.8	0.89
1210	65.0	0.86
1520	62.2	0.82
1830	59.6	0.78
2130	57.0	0.75
2440	55.0	0.72
2740	52.8	0.69
3050	50.5	0.66

七氟丙烷灭火系统管径估算表　　　　表6.8-38

管径(mm)	流量(kg/s)	
	最小值	额定最大值
15	1.60	3.90
20	2.70	5.70
25	4.10	9.00
32	6.30	13.60
40	9.10	25.00
50	13.60	40.90
65	16.50	66.00
80	25.00	100.00
100	39.10	156.30
150	87.90	160.00

4. 三氟甲烷（FHC-23）气体灭火系统

（1）设计灭火剂用量

1）设计灭火剂用量应按公式（6.8-26）计算：

$$W = K \frac{V}{S_v} \left(\frac{C}{100-C} \right) + 3.9A \qquad (6.8-26)$$

式中　W——三氟甲烷设计灭火用量（kg）；

　　　V——防护区的净容积（m³）；

　　　A——防护区不能关闭的开口面积（m²）；

　　　K——海拔高度修正系数；

　　　C——三氟甲烷设计灭火浓度（%），按表6.8-12、表6.8-13选取；

　　　S_v——三氟甲烷过热蒸气在101.3kPa和防护区最低环境温度下的比容（m³/kg），

应按公式（6.8-27）计算。

$$S_v = 0.3164 + 0.0012T \tag{6.8-27}$$

式中　T——防护区的环境温度（℃）。

2）根据各生产厂家的钢瓶容量（实际最小充装量）按公式（6.8-28）计算所需钢瓶数：

$$n = W/W_1 \tag{6.8-28}$$

式中　n——所需相应钢瓶规格的钢瓶数；

　　　W_1——相应钢瓶规格的充装量（kg），按表6.8-39取值。

三氟甲烷灭火剂钢瓶规格　　　　　　　　　表 6.8-39

钢瓶规格(L)	40	70	90
充装量(kg)	32	56	72

（2）防护区内三氟甲烷灭火剂的浸渍时间应符合下列规定：

1）木材、纸张、织物等固体表面火灾，不应小于20min；

2）通信机房、电子计算机房等防护区火灾，不应小于3min；

3）其他可燃固体表面火灾，不应小于10min；

4）可燃气体或可燃液体火灾，不应小于1min。

（3）系统管网设计

1）三氟甲烷灭火剂的喷射时间不应大于10s；

2）管道的最大输送长度不宜超过60m；

3）管网流体计算应采用两相流体模型；

4）管网中最不利点喷嘴出口前的压力不应低于0.75MPa；

5）三氟甲烷灭火系统贮存容器中三氟甲烷的充装密度不应大于860kg/m³；

6）管网宜布置为均衡系统，管网中各个喷嘴的设计质量流量应相等；管网中从第1分流点至各喷嘴的管道计算阻力损失，其相互间的最大差值不应大于10%；

7）系统管网的管道总容积不宜大于该系统三氟甲烷充装量体积的80%；

8）管网分流应采用三通管件，其分流出口应水平布置。

5. 二氧化碳（CO_2）气体灭火系统

二氧化碳灭火系统有全淹没和局部应用两种系统。

（1）全淹没灭火系统的设计计算

1）二氧化碳的设计用量应按公式（6.8-29）～公式（6.8-31）计算：

$$W = K_b(K_1 A + K_2 V) \tag{6.8-29}$$

$$A = A_v + 30A_0 \tag{6.8-30}$$

$$V = V_v + V_g \tag{6.8-31}$$

式中　W——二氧化碳设计用量（kg）；

　　　K_b——物质系数，按表6.8-15选用；

　　　K_1——面积系数（kg/m²），取0.2kg/m²；

　　　K_2——体积系数（kg/m³），取0.2kg/m³；

　　　A——折算面积（m²）；

A_v——防护区内侧面、底面、顶面（包括其中的开口）的总面积（m²）；

A_0——开口总面积（m²）；

V——防护区的净容积（m³）；

V_v——防护区容积（m³）；

V_g——防护区内非燃烧体和难燃烧体的总容积（m³）。

2）当防护区的环境温度超过 100℃时，二氧化碳的设计用量应在公式（6.8-29）计算值的基础上每超过 5℃增加 2%。

3）当防护区的环境温度低于-20℃时，二氧化碳的设计用量应在公式（6.8-29）计算值的基础上每低于 1℃增加 2%。

4）二氧化碳的贮存量应为设计用量与残余量之和。残余量可按设计用量的 8%计算。组合分配系统的二氧化碳贮存量，不应小于所需贮存量最大的一个防护区的贮存量。

5）根据各生产厂家的钢瓶容量（实际最小充装量）按公式（6.8-32）计算所需钢瓶数：

$$n=W/W_1 \qquad\qquad (6.8\text{-}32)$$

式中　n——所需相应钢瓶规格的钢瓶数；

W_1——相应钢瓶规格的充装量（kg），按表 6.8-40 取值。

高压二氧化碳灭火剂钢瓶规格　　　　　　表 6.8-40

钢瓶规格(L)	40	70
充装量(kg)	24	42

（2）局部应用灭火系统的设计计算

1）局部应用灭火系统的设计可采用面积法或体积法。当防护对象的着火部位是比较平直的表面时，宜采用面积法；当着火对象为不规则物体时，应采用体积法。

2）局部应用灭火系统的二氧化碳喷射时间不应小于 0.5min。对于燃点温度低于沸点温度的液体和可熔化固体的火灾，二氧化碳的喷射时间不应小于 1.5min。

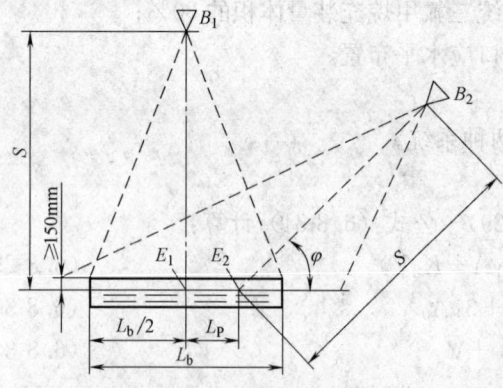

图 6.8-8　架空型喷头布置
B_1、B_2—喷头布置位置；E_1、E_2—喷头瞄准点；
S—喷头出口至瞄准点的距离（m）；
L_b—单个喷头正方形保护面积的边长（m）；
L_p—瞄准点偏离喷头保护面积中心的距离（m）；
φ—喷头安装角（°）

3）当采用面积法设计时，应符合下列规定：

① 防护对象计算面积应取被保护表面整体的垂直投影面积。

② 架空型喷头应以喷头的出口至防护对象表面的距离确定设计流量和相应的正方形保护面积；槽边型喷头保护面积应由设计选定的喷头设计流量确定。

③ 架空型喷头的布置宜垂直于防护对象的表面，其瞄准点应是喷头保护面积的中心。当确定非垂直布置时，喷头的安装角不应小于 45°，其瞄准点应偏向喷头安装位置的一方（见图 6.8-8），喷头偏离保护面积中心的距离可按表 6.8-41 确定。

④ 喷头非垂直布置时的设计流量和保护面积应与垂直布置时相同。

⑤ 喷头宜等距布置，以喷头正方形保护面积组合排列，并应完全覆盖保护对象。

⑥ 采用面积法设计的二氧化碳设计用量应按公式（6.8-33）计算：

$$W = N \cdot Q_i \cdot t \tag{6.8-33}$$

式中　W——二氧化碳设计用量（kg）；

　　　N——喷头数量；

　　　Q_i——单个喷头的设计流量（kg/min）；

　　　t——喷射时间（min）。

喷头偏离保护面积中心的距离   表 6.8-41

喷头安装角（°）	喷头偏离保护面积中心的距离(m)
45~60	$0.25 L_b$
60~75	$0.25 L_b \sim 0.125 L_b$
75~90	$0.125 L_b \sim 0$

注：L_b 为单个喷头正方形保护面积的边长。

4）当采用体积法设计时，应符合下列规定：

① 防护对象的计算体积应采用假定的封闭罩的体积。封闭罩的底应是防护对象的实际底面；封闭罩的侧面及顶部当无实际围护结构时，它们至保护对象外缘的距离不应小于 0.6m。

② 二氧化碳单位体积的喷射率应按公式（6.8-34）计算：

$$q_v = K_b \left(16 - \frac{12 A_p}{A_t} \right) \tag{6.8-34}$$

式中　q_v——单位体积的喷射率（kg/(min·m³)）；

　　　A_t——在假定的封闭罩侧面围封面面积（m²）；

　　　A_p——在假定的封闭罩中存在的实体墙等实际围封面面积（m²）。

③ 采用体积法设计的二氧化碳设计用量应按公式（6.8-35）计算：

$$W = V_1 \cdot q_v t \tag{6.8-35}$$

式中　V_1——保护对象的计算体积（m³）。

④ 喷头的布置与数量应使喷射的二氧化碳分布均匀，并满足单位体积的喷射率和设计用量的要求。

5）二氧化碳贮存量，应取设计用量的 1.4 倍与管道蒸发量之和。组合分配系统的二氧化碳贮存量，不应小于所需贮存量最大的一个保护对象的贮存量。

（3）系统管网设计（全淹没系统）

管网计算应采用经认证的专业商业软件进行，在未招标之前，可按以下方法进行粗算。

1）管网中干管的设计流量应按公式（6.8-36）计算：

$$Q = \frac{W}{t} \tag{6.8-36}$$

式中　Q——干管的设计流量（kg/min）。

2）管网中支管的设计流量应按公式（6.8-37）计算：

$$Q = \sum_{1}^{N_g} Q_i \tag{6.8-37}$$

式中 N_g——安装在计算支管流程下游的喷头数量；

Q_i——单个喷头的设计流量（kg/min）。

3）管道内径可按公式（6.8-38）计算：

$$D = K_d \sqrt{Q} \tag{6.8-38}$$

式中 D——管道内径（mm）；

K_d——管径系数，取值范围 1.41～3.78。

4）管道压力降可按公式（6.8-39）计算或按图 6.8-9 采用。

$$Q^2 = \frac{0.8725 \times 10^{-4} D^{5.25} Y}{L + 0.04319 D^{1.25} Z} \tag{6.8-39}$$

式中 D——管道内径（mm）；

L——管段计算长度（m）；

Y——压力系数（MPa·kg/m³），应按表 6.8-42 采用；

Z——密度系数，应按表 6.8-42 采用。

二氧化碳的压力系数和密度系数   表 6.8-42

压力(MPa)	$Y(MPa \cdot kg/m^3)$	Z
5.17	0	0
5.10	55.4	0.0035
5.05	97.2	0.0600
5.00	132.5	0.0825
4.75	303.7	0.210
4.50	461.6	0.330
4.25	612.9	0.427
4.00	725.6	0.570
3.75	828.3	0.700
3.50	927.7	0.830
3.25	1005.0	0.950
3.00	1082.3	1.086
2.75	1150.7	1.240
2.50	1219.3	1.430
2.25	1250.2	1.620
2.00	1285.5	1.840
1.75	1318.7	2.140
1.40	1340.8	2.590

5）管段的计算长度应为管道的实际长度与管道附件的当量长度之和。管道附件的当

量长度可按表 6.8-43 采用。

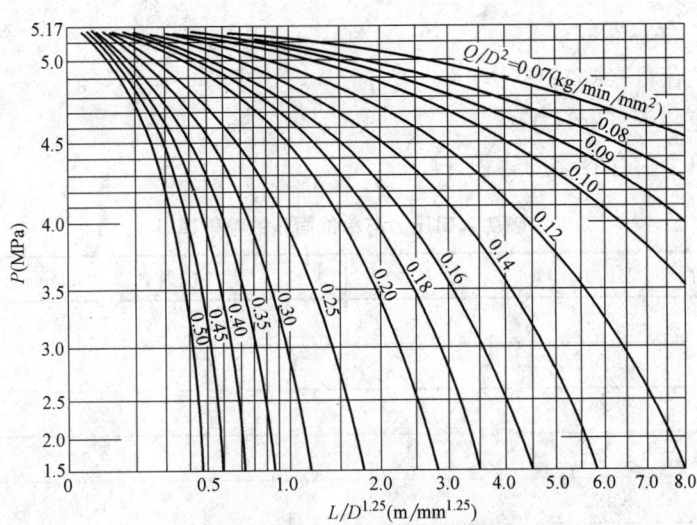

图 6.8-9　管道压力降

注：管网起始压力取设计额定贮存压力（5.17MPa），后段管道的起点压力取前段管道的终点压力。

管道附件的当量长度（m）　　　　　　　　表 6.8-43

管道公称直径 (mm)	螺纹连接			焊接		
	90°弯头	三通的直通部分	三通的侧通部分	90°弯头	三通的直通部分	三通的侧通部分
15	0.52	0.30	1.04	0.24	0.21	0.64
20	0.67	0.43	1.37	0.33	0.27	0.85
25	0.85	0.55	1.74	0.43	0.34	1.07
32	1.13	0.70	2.29	0.55	0.46	1.40
40	1.31	0.82	2.65	0.64	0.52	1.65
50	1.68	1.07	3.42	0.85	0.67	2.10
65	2.01	1.25	4.09	1.01	0.82	2.50
80	2.50	1.56	5.06	1.25	1.01	3.11
100	—	—	—	1.65	1.34	4.09
125	—	—	—	2.04	1.68	5.12
150	—	—	—	2.47	2.01	6.16

6）喷头入口压力计算值不应小于 1.4MPa（绝对压力）。

7）喷头等效孔口面积应按公式（6.8-40）计算：

$$F = \frac{Q_i}{q_0} \tag{6.8-40}$$

式中　F——喷头等效孔口面积（mm^2）；

　　　q_0——等效孔口面积的喷射率（$kg/(min \cdot mm^2)$），按表 6.8-44 选取。

8）喷头规格应根据等效孔口面积确定。

9）贮存容器的数量可按公式（6.8-41）计算：

$$N_p = \frac{M_c}{\alpha V_0} \tag{6.8-41}$$

式中　N_p——贮存容器数；

　　　M_c——贮存量（kg）；

　　　α——充装率（kg/L）；

　　　V_0——单个贮存容器的容积（L）。

喷头入口压力与单位面积的喷射率　　　　　　表 6.8-44

喷头入口压力(MPa)	喷射率(kg/(min·mm²))
5.17	3.255
5.00	2.703
4.83	2.401
4.65	2.172
4.48	1.993
4.31	1.839
4.14	1.705
3.96	1.589
3.79	1.487
3.62	1.396
3.45	1.308
3.28	1.223
3.10	1.139
2.93	1.062
2.76	0.9843
2.59	0.9070
2.41	0.8296
2.24	0.7593
2.07	0.6890
1.72	0.5484
1.40	0.4833

6. 探火管灭火装置设计计算

探火管灭火装置的设计计算主要是灭火剂设计用量的计算。全淹没灭火方式灭火剂设计用量，按照现行国家标准《气体灭火系统设计规范》GB 50370、《二氧化碳灭火系统设计规范》GB 50193 的规定执行。

（1）局部应用体积法灭火剂设计用量应按公式（6.8-42）计算：

$$M = V_L \cdot q \cdot t \tag{6.8-42}$$

式中　M——火探管式自动探火灭火装置的灭火剂设计用量（kg）；

V_L——防护对象的计算体积（m³）；

q——喷射强度（kg/(s·m³)），取注册强度的 1.3 倍；

t——喷射时间（s），不小于 1.5 倍灭火时间注册数据。

注：注册数据是指法定机构出具的检验数据。

2）局部应用面积法灭火剂设计用量应按公式（6.8-43）计算：

$$M = t \cdot \sum_{i=1}^{N} Q_i \qquad (6.8\text{-}43)$$

式中　M——火探管式自动探火灭火装置的灭火剂设计用量（kg）；

N——喷头数量；

Q_i——单个喷头的灭火剂质量流量（kg/s），取制造商注册数据。

6.8.7 气体灭火系统施工图设计的深度范例

1. 图纸部分

（1）对于小型的气体灭火系统，且从钢瓶间到防护区的气体管道只需穿过二次砌筑墙。只需配合建筑专业预留出钢瓶间的位置，并向其他专业提出相关的要求。图中可不画出管道，只标明气体灭火系统的区域，见图 6.8-10。

（2）钢瓶间到防护区的气体管道需穿过一次结构墙时，不论系统大小，均需画出从钢瓶间到防护区的气体管道，并向结构专业提出留洞位置和标高。防护区内的管道和喷头布置由二次深化设计承包人负责设计。见图 6.8-11。

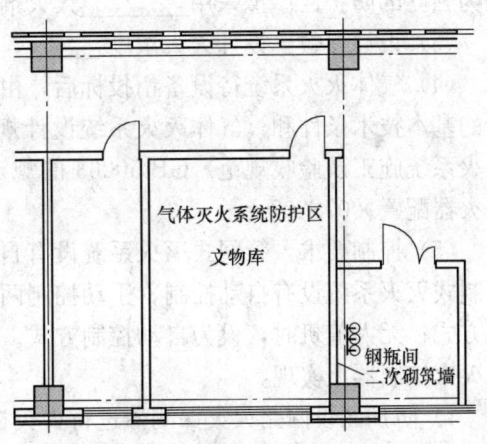

图 6.8-10　气体灭火系统平面示意图（穿过二次砌筑墙时）

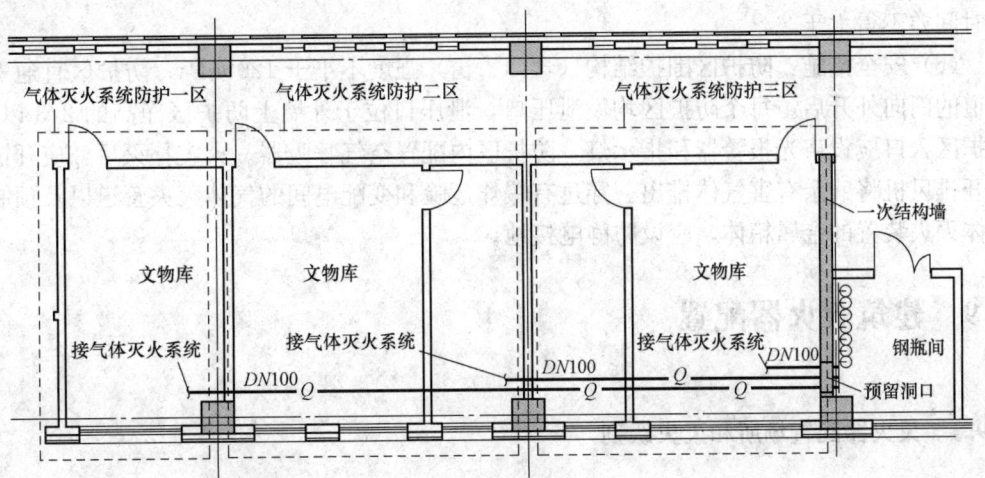

图 6.8-11　气体灭火系统平面示意图（穿过一次结构墙时）

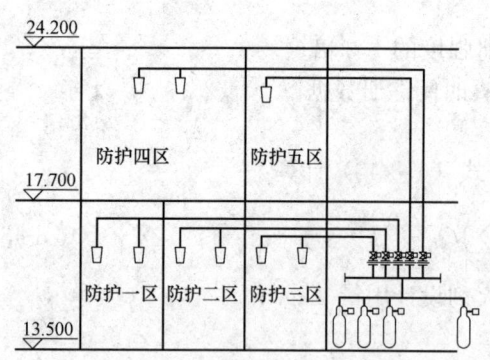

图 6.8-12　气体灭火系统示意图

（3）对于大型的气体灭火系统，且水平和竖向均分布较多的防护区，不但要画出平面干管走向，还要画出系统示意图，见图 6.8-12。

2. 设计说明部分

设计说明是气体灭火系统招标技术条件的重要部分，一般包含但不限于以下内容。

（1）气体灭火系统的设置部位：_____。

（2）系统形式：_____为组合分配系统，_____个防护区；_____为单元独立系统；_____采用预制式装置。每个房间为独立的防护区。拟采用_____灭火剂。

（3）设计参数：设计灭火浓度_____，设计喷放时间_____，灭火浸渍时间_____。

（4）气体灭火系统待设备招投标后，由中标人负责深化设计。深化设计严格按照本设计的基本技术条件和《气体灭火系统设计规范》GB 50370 进行。施工安装应符合《气体灭火系统施工及验收规范》GB 50263 的规定，并参见《气体消防系统选用、安装与建筑灭火器配置》07S207。

（5）控制要求：管网式灭火系统设有自动控制、手动控制、应急操作三种控制方式；预制式灭火系统设有自动控制、手动控制两种控制方式。有人工作或值班时，设为手动控制方式；无人值班时，设为自动控制方式。自动、手动控制方式的转换，在防护区内、外的灭火控制器上实现。

1）防护区设两路火灾探测器进行火灾探测；只有在两路火灾探测器同时报警时，系统才能自动动作。

2）自动控制具有灭火时自动关闭门窗、关断空调管道防火阀、开启泄压口等联动功能。

3）在同一防护区内的预制式灭火系统装置多于 1 台时，必须能同时启动，其动作响应时间差不得大于 2s。

（6）安全措施：防护区围护结构（含门、窗）强度不小于 1200kPa，防护区直通安全通道的门向外开启。每个防护区均设泄压口，泄压口位于外墙上防护区净高的 2/3 以上。防护区入口应设声光报警器和指示灯，防护区内配置空气呼吸器。火灾扑灭后，应开窗或打开排风机将残余有害气体排出。穿过有爆炸危险和变配电间的气体灭火管道以及预制式气体灭火装置的金属箱体，应设防静电接地。

6.9　建筑灭火器配置

6.9.1　灭火器配置场所和灭火级别

1. 灭火器配置场所

建筑灭火器配置范围见表 6.1-2《〈建规〉8.1 节中规定的消防设施》、表 6.1-5《汽车库、修车库、停车场需设置的灭火系统》）。

灭火器配置场所系指存在气体、液体、固体物质的一种或数种，有可能发生火灾，需要配置灭火器的各种场所。灭火器配置场所，可以是民用建筑内的一个房间，如办公室、会议室、阅览室、资料室、客房、多功能厅、歌舞厅、舞台、实验室、厨房、餐厅、配电室、更衣室、计算机房、网吧间等；可以是厂房、仓库内的一块区域；也可以是堆场或储罐区所占区域，如露天可燃物堆场、油罐区等。

汽车、火车、轮船、飞机等交通工具或军用装备的灭火器配置，按照有关行业标准执行。当缺乏有关资料时，可参照国家标准《建筑灭火器配置设计规范》GB 50140 的有关规定执行。

本节所述之建筑灭火器，系指各种不同类型及规格的手提式灭火器和推车式灭火器。

2. 灭火器配置场所的火灾种类

（1）火灾分类

1）A 类火灾：固体物质火灾。这种固体物质通常具有有机物的性质，在燃烧时一般能产生灼热的余烬；

2）B 类火灾：液体火灾或可熔化固体物质火灾；

3）C 类火灾：气体火灾；

4）D 类火灾：金属火灾；

5）E 类火灾：物体带电燃烧时的火灾，也可表述为带电设备火灾；

6）F 类火灾：烹饪器具内的烹饪物（如动、植物油脂）火灾。

国家标准《建筑灭火器配置设计规范》GB 50140—2005 的火灾分类中，还没有 F 类火灾。本次规范修订（2014～2018 年），为配合现行国家标准《火灾分类》GB/T 4968—2008，并与国际标准《火灾分类》（ISO 3941：2007）保持一致，增加了 F 类火灾。

注：因本次规范修订尚未形成正式的报批稿，故本手册暂以 2016 年 11 月召开的规范送审会后的内部修改初稿作为编写依据。若相关内容与正式实施版本有所出入，应以正式实施版本为准。

美国的火灾分类比较特殊，在其标准《移动式灭火器标准》NFPA10 中，将火灾分为五类：A、B、C、D、K 类。其中，A、D 类火灾与我国一致；但 B 类火灾相当于我国的"B+C"类火灾，C 类火灾相当于我国的 E 类火灾；K 类火灾相当于我国的 F 类火灾。

（2）火灾场所

1）A 类火灾场所：固体物质，如木材、棉、毛、麻、纸张及其制品等燃烧时的火灾场所；

2）B 类火灾场所：液体（如汽油、煤油、柴油、原油、甲醇、乙醇等）或可熔化固体物质（如沥青、石蜡等）燃烧时的火灾场所；

3）C 类火灾场所：气体，如煤气、天然气、甲烷、乙烷、丙烷、氢气等燃烧时的火灾场所；

4）D 类火灾场所：可燃金属，如钾、钠、镁、钛、锆、锂及铝镁合金等燃烧时的火灾场所；

5）E 类火灾场所：燃烧时仍处于带电状态的物体，如发电机、变压器、配电盘、电气开关柜、电子计算机等火灾场所。

6）F 类火灾场所：由烹饪时所使用的动、植物油脂所引起火灾的场所，如家庭厨房或商业厨房内烹饪器具处。

3. 灭火器配置场所的危险等级

（1）工业建筑

工业建筑灭火器配置场所的危险等级，应根据其生产或使用的物质、储存物品的火灾危险性及其数量，火灾蔓延速度，扑救难易程度等因素，划分为三级：

1）高危险级：火灾危险性为甲、乙类的场所，火灾危险性为丙类中的部分场所，以及火灾危险性大，起火后蔓延迅速，扑救困难，容易造成重大人员伤亡和财产损失的场所；

2）中危险级：火灾危险性为非高危险级的丙类场所，火灾危险性为丁、戊类中的部分场所，以及火灾危险性较大，起火后蔓延较迅速，扑救较困难的场所；

3）低危险级：火灾危险性为非中危险级的丁、戊类场所，以及火灾危险性小，起火后蔓延缓慢，扑救容易的场所。

"高危险级"、"中危险级"和"低危险级"的新提法，是为了与国际标准《消防—手提式与推车式灭火器第 1 部分：选择与配置》ISO 11602-1：2000（E）、ISO/TS 11602-1：2010（E）保持一致。

而之前的国家标准《建筑灭火器配置设计规范》GBJ 140—90 和 GB 50140—2005 中"严重危险级"、"中危险级"和"轻危险级"的提法来自于美国标准《移动式灭火器标准》NFPA10。

工业建筑灭火器配置场所中，生产或使用的物质、储存物品的火灾危险性及其数量是划分危险等级的主要因素。

国家标准《建筑灭火器配置设计规范》GB 50140—2005 中，将甲、乙类生产场所（厂房）和甲、乙类储存物品场所（仓库）定为严重危险级，将丙类生产场所（厂房）和丙类储存物品场所（仓库）定为中危险级，将丁、戊类生产场所（厂房）和丁、戊类储存物品场所（仓库）定为轻危险级。

本次规范修订进行了局部调整。原则上将火灾危险性相对较大的丙类生产场所（厂房）和丙类储存物品场所（仓库）上调至高危险级，同时，仍将其它丙类生产场所（厂房）和丙类储存物品场所（仓库）划分为中危险级；将火灾危险性相对较大的丁、戊类生产场所（厂房）和丁、戊类储存物品场所（仓库）上调至中危险级，同时，仍将其他丁、戊类生产场所（厂房）和丁、戊类储存物品场所（仓库）划分为低危险级。

现行国家标准《建筑设计防火规范》GB 50016—2014 将建筑划分为七类，分为：1 厂房，2 仓库，3 民用建筑，4 甲、乙、丙类液体储罐（区），5 可燃、助燃气体储罐（区），6 可燃材料堆场，7 城市交通隧道。本次规范修订中，为保持本规范术语的延续性和一致性，仍将建筑分为"工业建筑"和"民用建筑"两大类，但"工业建筑"包括"1 厂房，2 仓库，4 甲、乙、丙类液体储罐（区），5 可燃、助燃气体储罐（区），6 可燃材料堆场"，共五类；"民用建筑"包括"3 民用建筑，7 城市交通隧道"，共两类。

工业建筑灭火器配置场所的危险等级举例详见表 6.9-1。

工业建筑灭火器配置场所的危险等级举例   表 6.9-1

危险等级	厂 房	仓库 (包括:甲、乙、丙类液体,可燃、助燃气体储罐 (区)和可燃材料堆场)
高危险级	1. 甲、乙类生产火灾危险性场所* 2. 其他火灾危险性大,起火后蔓延迅速,扑救困难,容易造成重大人员伤亡和财产损失的厂房内场所: 　(1)闪点不大于 120℃的可燃液体厂房 　(2)生产车间员工不小于 100 人的服装、鞋帽、玩具等劳动密集型企业 　(3)工厂的总控制室(集中控制室)、分控制室 　(4)贵重(精密)设备、装备间(室) 　(5)采用气体灭火系统的场所 　(6)国家级、省级重点工程(厂房)的施工现场	1. 甲、乙类储存物品火灾危险性场所* 2. 其他火灾危险性大,起火后蔓延迅速,扑救困难,容易造成重大人员伤亡和财产损失的仓库内场所: 　(1)闪点不大于 120℃的可燃液体仓库 　(2)丙类高架仓库、高层仓库 　(3)储存可燃液体,棉、麻、丝、毛及其他纺织品,泡沫塑料等物品的丙类物流仓库 　(4)国家储备粮库、总储量不小于 10000t 的其他粮库 　(5)总储量不小于 500t 的棉库 　(6)秸秆、芦苇、打包废纸等可燃材料露天、半露天堆场 　(7)总储量不小于 10000m³的木材露天、半露天堆场 　(8)总储存价值不小于 2000 万元的可燃物品仓库、堆场 　(9)其他化学危险品堆场 　(10)装卸甲、乙类物品的专用车站、码头 　(11)国家级、省级重点工程(仓库)的施工现场
中危险级	1. 不属于高危险级的其他丙类生产火灾危险性场所*: 　(1)可燃固体 　(2)闪点大于 120℃的可燃液体 2. 其他火灾危险性较大的厂房内场所: 　(1)丙类分拣、加工作业等功能的物流建筑 　(2)木结构丁、戊类厂房 　(3)生产车间员工小于 100 人的服装、鞋帽、玩具等劳动密集型企业 　(4)电缆廊道 　(5)地市级及以下的重点工程(厂房)的施工现场	1. 不属于高危险级的其他丙类储存物品火灾危险性场所*: 　(1)可燃固体 　(2)闪点大于 120℃的可燃液体 2. 其他火灾危险性较大的仓库内场所: 　(1)丁类高架仓库、高层仓库 　(2)储存除可燃液体,棉、麻、丝、毛及其他纺织品,泡沫塑料等物品外的丙类物流仓库 　(3)木结构丁、戊类仓库 　(4)总储量小于 10000t 的非国家储备粮库 　(5)总储量小于 500t 的棉库 　(6)火柴、香烟、糖、茶叶、食品仓库 　(7)电脑及家用电器仓库 　(8)粮食席穴囤、土圆仓,棉、麻、毛、化纤、百货,煤和焦炭等可燃材料露天、半露天堆场 　(9)总储量小于 10000m³的木材露天、半露天堆场 　(10)工业车辆成品库,停车库、停车场 　(11)地市级及以下的重点工程(仓库)的施工现场
低危险级	1. 不属于中危险级的丁、戊类生产火灾危险性场所* 2. 其他火灾危险性小,起火后蔓延缓慢,扑救容易的厂房内场所: 　(1)丁类分拣、加工作业等功能的物流建筑 　(2)戊类分拣、加工作业等功能的物流建筑	1. 不属于中危险级的丁、戊类储存物品火灾危险性场所* 2. 其他火灾危险性小,起火后蔓延缓慢,扑救容易的仓库内场所: 　(1)戊类高架仓库、高层仓库 　(2)丁、戊类物流仓库 　(3)难燃烧或非燃烧的建筑装饰材料仓库,露天、半露天堆场 　(4)原木仓库及露天、半露天堆场

注:1. *表中所指"甲、乙、丙、丁、戊生产火灾危险性和储存物品火灾危险性场所举例"详见现行国家标准《建筑设计防火规范》GB 50016—2014(列于表 6.9-2 中);

2. 服务于工业建筑的汽车库的危险等级举例,参考类比民用建筑灭火器配置场所的危险等级举例;

3. 工业管廊、地沟的危险等级举例,参考类比民用建筑灭火器配置场所的危险等级举例。

国家标准《建筑设计防火规范》GB 50016—2014
火灾危险性分类举例   表 6.9-2

火灾危险性类别	火灾危险性分类举例	
	生产的火灾危险性分类举例	储存物品的火灾危险性分类举例
甲类	1. 闪点小于28℃的液体： 闪点小于28℃的油品和有机溶剂的提炼、回收或洗涤部位及其泵房，橡胶制品的涂胶和胶浆部位，二硫化碳的粗馏、精馏工段及其应用部位，青霉素提炼部位，原料药厂的非纳西汀车间的烃化、回收及电感精馏部位，皂素车间的抽提、结晶及过滤部位，冰片精制部位，农药乐果厂房，敌敌畏的合成厂房，磺化法糖精厂房，氯乙醇厂房，环氧乙烷、环氧丙烷工段，苯酚厂房的磺化、蒸馏部位，焦化厂吡啶工段，胶片厂片基厂房，汽油加铅室，甲醇、乙醇、丙酮、丁酮异丙醇、醋酸乙酯、苯等的合成或精制厂房，集成电路工厂的化学清洗间(使用闪点小于28℃的液体)，植物油加工厂的浸出车间；白酒液态法酿酒车间，酒精蒸馏塔，酒精度为38度及以上的勾兑车间、灌装车间、酒泵房；白兰地蒸馏车间、勾兑车间、灌装车间、酒泵房	1. 闪点小于28℃的液体： 己烷，戊烷，环戊烷，石脑油，二硫化碳，苯、甲苯，甲醇、乙醇、乙醚，蚁酸甲酯、醋酸甲酯、硝酸乙酯，汽油，丙酮，丙烯，酒精度为38度及以上的白酒
	2. 爆炸下限小于10%的气体： 乙炔站，氢气站，石油气体分馏(或分离)厂房，氯乙烯厂房，乙烯聚合厂房，天然气、石油伴生气、矿井气、水煤气或焦炉煤气的净化(如脱硫)厂房压缩机室及鼓风机室，液化石油气灌瓶间，丁二烯及其聚合厂房，醋酸乙烯厂房，电解水或电解食盐厂房，环己酮厂房，乙基苯和苯乙烯厂房，化肥厂的氢氮气压缩厂房，半导体材料厂使用氢气的拉晶间，硅烷热分解室	2. 爆炸下限小于10%的气体，受到水或空气中水蒸气的作用能产生爆炸下限小于10%气体的固体物质： 乙炔，氢，甲烷，环氧乙烷，水煤气，液化石油气，乙烯、丙烯、丁二烯，硫化氢，氯乙烯，电石，碳化铝
	3. 常温下能自行分解或在空气中氧化能导致迅速自燃或爆炸的物质： 硝化棉厂房及其应用部位，赛璐珞厂房，黄磷制备厂房及其应用部位，三乙基铝厂房，染化厂某些能自行分解的重氮化合物生产，甲胺厂房，丙烯腈厂房	3. 常温下能自行分解或在空气中氧化能导致迅速自燃或爆炸的物质： 硝化棉，硝化纤维胶片，喷漆棉，火胶棉，赛璐珞棉，黄磷
	4. 常温下受到水或空气中水蒸气的作用，能产生可燃气体并引起燃烧或爆炸的物质： 金属钠、钾加工厂房及其应用部位，聚乙烯厂房的一氧二乙基铝部位，三氯化磷厂房，多晶硅车间三氯氢硅部位，五氧化二磷厂房	4. 常温下受到水或空气中水蒸汽的作用，能产生可燃气体并引起燃烧或爆炸的物质： 金属钾、钠、锂、钙、锶，氢化锂、氢化钠，四氢化锂铝
	5. 遇酸、受热、撞击、摩擦、催化以及遇有机物或硫磺等易燃的无机物，极易引起燃烧或爆炸的强氧化剂： 氯酸钠、氯酸钾厂房及其应用部位，过氧化氢厂房，过氧化钠、过氧化钾厂房，次氯酸钙厂房	5. 遇酸、受热、撞击、摩擦以及遇有机物或硫磺等易燃的无机物，极易引起燃烧或爆炸的强氧化剂： 氯酸钾、氯酸钠，过氧化钾、过氧化钠，硝酸铵
	6. 受撞击、摩擦或与氧化剂、有机物接触时能引起燃烧或爆炸的物质： 赤磷制备厂房及其应用部位，五硫化二磷厂房及其应用部位	6. 受撞击、摩擦或与氧化剂、有机物接触时能引起燃烧或爆炸的物质： 赤磷，五硫化二磷，三硫化二磷
	7. 在密闭设备内操作温度不小于物质本身自燃点的生产： 洗涤剂厂房石蜡裂解部位，冰醋酸裂解厂房	—

续表

火灾危险性类别	火灾危险性分类举例	
	生产的火灾危险性分类举例	储存物品的火灾危险性分类举例
乙类	1. 闪点不小于28℃，但小于60℃的液体： 闪点大于或等于28℃至小于60℃的油品和有机溶剂的提炼、回收、洗涤部位及其泵房，松节油或松香蒸馏厂房及其应用部位，醋酸酐精馏厂房，己内酰胺厂房，甲酚厂房，氯丙醇厂房，樟脑油提取部位，环氧氯丙烷厂房，松针油精制部位，煤油灌桶间	1. 闪点不小于28℃，但小于60℃的液体： 煤油，松节油，丁烯醇，异戊醇，丁醚，醋酸丁酯，硝酸戊酯，乙酰丙酮，环己胺，溶剂油，冰醋酸，樟脑油，蚁酸
	2. 爆炸下限不小于10%的气体： 一氧化碳压缩机室及净化部位，发生炉煤气或鼓风炉煤气净化部位，氨压缩机房	2. 爆炸下限不小于10%的气体： 氨气，一氧化碳
	3. 不属于甲类的氧化剂： 发烟硫酸或发烟硝酸浓缩部位，高锰酸钾厂房，重铬酸钠(红钒钠)厂房	3. 不属于甲类的氧化剂： 硝酸铜，铬酸，亚硝酸钾，重铬酸钠，铬酸钾，硝酸，硝酸汞，硝酸钴，发烟硫酸，漂白粉
	4. 不属于甲类的易燃固体： 樟脑或松香提炼厂房，硫黄回收厂房，焦化厂精萘厂房	4. 不属于甲类的易燃固体： 硫黄，镁粉，铝粉，赛璐珞板(片)，樟脑，萘，生松香，硝化纤维漆布，硝化纤维色片
	5. 助燃气体： 氧气站，空分厂房	5. 助燃气体： 氧气，氟气，液氯
	6. 能与空气形成爆炸性混合物的浮游状态的粉尘、纤维、闪点不小于60℃的液体雾滴： 铝粉或镁粉厂房，金属制品抛光部位，煤粉厂房、面粉厂的碾磨部位，活性炭制造及再生厂房，谷物筒仓的工作塔，亚麻厂的除尘器和过滤器室	6. 常温下与空气接触能缓慢氧化，积热不散引起自燃的物品： 漆布及其制品，油布及其制品，油纸及其制品，油绸及其制品
丙类	1. 闪点不小于60℃的液体： 闪点大于或等于60℃的油品和有机液体的提炼、回收工段及其抽送泵房，香料厂的松油醇部位和乙酸松油脂部位，苯甲酸厂房，苯乙酮厂房，焦化厂焦油厂房，甘油、桐油的制备厂房，油浸变压器室，机器油或变压器油灌桶间，润滑油再生部位，配电室(每台装油量大于60kg的设备)，沥青加工厂房，植物油加工厂的精炼部位	1. 闪点不小于60℃的液体： 动物油，植物油，沥青，蜡，润滑油，机油，重油，闪点大于等于60℃的柴油，糖醛，白兰地成品库
	2. 可燃固体： 煤、焦炭、油母页岩的筛分、转运工段和栈桥或储仓，木工厂房，竹、藤加工厂房，橡胶制品的压延、成型和硫化厂房，针织品厂房，纺织、印染、化纤生产的干燥部位，服装加工厂房，棉花加工和打包厂房，造纸厂备料、干燥车间，印染厂成品厂房，麻纺厂粗加工车间，谷物加工房，卷烟厂的切丝、卷制、包装车间，印刷厂的印刷车间，毛涤厂选毛车间，电视机、收音机装配厂房，显像管厂装配工段烧枪间，磁带装配厂房，集成电路工厂的氧化扩散间、光刻间，泡沫塑料厂的发泡、成型、印片压花部位，饲料加工厂房，畜(禽)屠宰、分割及加工车间，鱼加工车间	2. 可燃固体： 化学、人造纤维及其织物，纸张，棉、毛、丝、麻及其织物，谷物，面粉，粒径大于等于2mm的工业成型硫黄，天然橡胶及其制品，竹、木及其制品，中药材，电视机、收录机等电子产品，计算机房已录数据的磁盘储存间，冷库中的鱼、肉间

续表

火灾危险性类别	火灾危险性分类举例	
	生产的火灾危险性分类举例	储存物品的火灾危险性分类举例
丁类	1. 对不燃烧物质进行加工，并在高温或熔化状态下经常产生强辐射热、火花或火焰的生产： 金属冶炼、锻造、铆焊、热轧、铸造、热处理厂房	难燃烧物品： 自熄性塑料及其制品，酚醛泡沫塑料及其制品，水泥刨花板
	2. 利用气体、液体、固体作为燃料或将气体、液体进行燃烧作其他用的各种生产： 锅炉房，玻璃原料熔化厂房，灯丝烧拉部位，保温瓶胆厂房，陶瓷制品的烘干、烧成厂房，蒸汽机车库，石灰焙烧厂房，电石炉部位，耐火材料烧成部位，转炉厂房，硫酸车间焙烧部位，电极煅烧工段，配电室（每台装油量小于等于60kg的设备）	—
	3. 常温下使用或加工难燃烧物质的生产： 难燃铝塑料材料的加工厂房，酚醛泡沫塑料的加工厂房，印染厂的漂炼部位，化纤厂后加工润湿部位	—
戊类	常温下使用或加工不燃烧物质的生产： 制砖车间，石棉加工车间，卷扬机室，不燃液体的泵房和阀门室，不燃液体的净化处理工段，除镁合金外的金属冷加工车间，电动车库，钙镁磷肥车间（熔烧炉除外），造纸厂或化学纤维厂的浆粕蒸煮工段，仪表、器械或车辆装配车间，氟里昂厂房，水泥厂的轮窑厂房，加气混凝土厂的材料准备、构件制作厂房	不燃烧物品： 钢材、铝材、玻璃及其制品，搪瓷制品、陶瓷制品，不燃气体，玻璃棉、岩棉，陶瓷棉、硅酸铝纤维、矿棉，石膏及其无纸制品，水泥、石、膨胀珍珠岩

（2）民用建筑

民用建筑灭火器配置场所的危险等级，应根据其使用性质、人员密集程度、用电用火情况、可燃物数量、火灾蔓延速度、扑救难易程度等因素，划分为三级：

1）高危险级：高层公共建筑、地下公共建筑内场所，单、多层公共建筑中的大型人员密集场所，以及其他使用性质重要、人员密集、用电用火多、可燃物多、起火后蔓延迅速、扑救困难、容易造成重大人员伤亡和财产损失的场所；

2）中危险级：其他单、多层公共建筑、木结构建筑、居住建筑内场所，商业服务网点，以及其他使用性质较重要、人员较密集、用电用火较多、可燃物较多、起火后蔓延较迅速、扑救较困难的场所；

3）低危险级：使用性质一般、人员不密集、用电用火少、可燃物少、起火后蔓延缓慢、扑救容易的场所。

以上规定可简要地概括为表6.9-3。

民用建筑灭火器配置场所危险等级与危险因素对应关系　　　表6.9-3

危险因素 危险等级	使用性质	人员密集程度	用电用火情况	可燃物数量	火灾蔓延速度	扑救难易程度
高危险级	重要	密集	多	多	迅速	困难
中危险级	较重要	较密集	较多	较多	较迅速	较困难
低危险级	一般	不密集	少	少	缓慢	容易

民用建筑灭火器配置场所的危险等级举例详见表 6.9-4。

民用建筑灭火器配置场所的危险等级举例　　　　表 6.9-4

危险等级	公共建筑	居住建筑 （包括住宅、别墅，宿舍、公寓）
高危险级	1. 高层公共建筑、地下公共建筑（含人防工程、地铁工程）内场所： 　公共活动场所、办公室、客房、走道 2. 单、多层公共建筑的大型人员密集场所： 　(1)建筑总面积大于 20000m² 的体育场馆、会堂，公共展览馆、博物馆的展示厅 　(2)建筑总面积大于 15000m² 的民用机场航站楼、客运车站候车室、客运码头候船厅 　(3)建筑总面积大于 10000m² 的宾馆、饭店，商场、市场 　(4)建筑总面积大于 2500m² 的影剧院，公共图书馆的阅览室，营业性室内健身、休闲场馆，医院的门诊楼，大学的教学楼、图书馆、食堂，寺庙、教堂 　(5)建筑总面积大于 1000m² 的托儿所、幼儿园的儿童用房，儿童游乐厅等室内儿童活动场所，养老院、福利院，医院、疗养院的病房楼，中小学校的教学楼、图书馆、食堂 　(6)建筑总面积大于 500m² 的歌舞厅、录像厅、放映厅、卡拉OK厅、夜总会、游艺厅、桑拿浴室、网吧、酒吧，具有娱乐功能的餐馆、茶馆、咖啡厅 3. 其他使用性质重要，人员密集，用电用火多，可燃物多，起火后蔓延迅速，扑救困难，易造成重大人员伤亡和财产损失的场所： 　(1)舞台葡萄架下部区域 　(2)演播室、电影摄影棚 　(3)贵重(精密)设备、装备间(室)，贵重器材间(室) 　(4)配备有贵重(精密)设备，可燃物或化学危险品多的实验室 　(5)采用气体灭火系统的场所 　(6)避难层、避难间 　(7)直升机停机坪 　(8)设有甲、乙类液体和可燃气体管道的设备层 　(9)使用相对密度不小于 0.75 的可燃气体的民用锅炉房(间) 　(10)甲、乙类液体、气体的充装站、供应站、调压站 　(11)甲、乙类化学物品商店 　(12)汽车加油站、加气站、加油加气合建站 　(13)国家级、省级文物保护单位 　(14)地市级及以下文物保护单位的砖木或木结构古建筑 　(15)高层汽车库，地下、半地下汽车库，甲、乙类物品运输车的汽车库 　(16)Ⅰ类汽车库、停车场 　(17)修车库 　(18)一类、二类城市交通隧道 　(19)城市观光隧道 　(20)城市综合管廊的甲、乙类液体管道舱和可燃气体管道舱 　(21)国家级、省级重点工程(公共建筑)的施工现场	建筑总面积大于 1000m² 的学校的集体宿舍、劳动密集型企业的员工集体宿舍

续表

危险等级	公共建筑	居住建筑 （包括住宅、别墅、宿舍、公寓）
中危险级	1. 木结构公共建筑内场所	1. 木结构居住建筑内场所
	2. 其他单、多层公共建筑内场所： 公共活动场所、办公室、客房、走道	2. 居住建筑内场所
	3. 其他使用性质较重要，人员较密集，用电用火较多，可燃物较多，起火后蔓延较迅速，扑救较困难的场所： 　(1)可燃物品附属库房 　(2)普通设备、装备、器材间(室) 　(3)配备有普通设备或可燃物少的实验室 　(4)中庭 　(5)疏散楼梯间、避难走道、防火隔间 　(6)消防控制室 　(7)消防水泵房(间)、灭火设备室 　(8)防烟机房、排烟机房 　(9)民用燃油、燃气锅炉房(间) 　(10)柴油发电机房 　(11)油浸变压器室，充有可燃油的高压电容器室、多油开关室，丙类火灾危险性的高、低压配电室 　(12)储存丙类液体燃料的中间罐室 　(13)设有丙类液体管道的设备层 　(14)通过有顶棚的步行街连接的餐饮、商店等建筑 　(15)地市级及以下文物保护单位的、除砖木和木结构之外的古建筑 　(16)多层汽车库，丙类物品运输车的汽车库 　(17)Ⅱ、Ⅲ类汽车库、停车场 　(18)三类城市交通隧道 　(19)城市综合管廊的丙类液体管道舱和电力舱、通信舱、给排水通信舱 　(20)地市级及以下的重点工程(公共建筑)的施工现场	3. 商业服务网点 4. 附设在居住建筑内的机动车库 5. 居住建筑的施工现场
低危险级	使用性质一般，人员不密集，用电用火少，可燃物少，起火后蔓延缓慢，扑救容易的场所： 　(1)难燃、不燃物品附属库房 　(2)非消防用途的水泵房(间) 　(3)水箱间、气压罐间 　(4)通风、空调机房 　(5)民用燃煤锅炉房 　(6)非油浸变压器室，丁类火灾危险性的高、低压配电室 　(7)设有丁、戊类液体管道的设备层 　(8)单层汽车库，丁、戊类物品运输车的汽车库 　(9)Ⅳ类汽车库、停车场 　(10)非机动车的停车库、停车场 　(11)四类城市交通隧道 　(12)城市综合管廊的非甲、乙、丙类液体管道舱和非可燃气体管道舱	

注：1. 人员密集场所的范围根据现行国家法律《中华人民共和国消防法》(自 2009 年 5 月 1 日起施行)确定；
　　2. 大型人员密集场所的范围根据现行国家行政法规《建设工程消防监督管理规定》(公安部令第 119 号)(自 2012 年 11 月 1 日起施行)第十三条确定。

在灭火器配置设计中，存在着"歌舞娱乐放映游艺场所"、"公共娱乐场所"、"公众聚集场所"、"人员密集场所"、"重要公共建筑"等概念。其中，"歌舞娱乐放映游艺场所"包括歌舞厅、录像厅、夜总会、卡拉 OK 厅（含具有卡拉 OK 功能的餐厅）、游艺厅（含电子游艺厅）、桑拿浴室（不含洗浴部分）、网吧等场所，不含剧场、电影院。

"公共娱乐场所"包括"歌舞娱乐放映游艺场所"、影剧院、礼堂等演出、放映场所（不含录像厅）、游乐场所、保龄球馆、旱冰场等营业性健身、休闲场所（不含桑拿浴室）等。可见，"歌舞娱乐放映游艺场所"是属于"公共娱乐场所"的一部分。

"公众聚集场所"包括"公共娱乐场所"、宾馆、饭店、商场、集贸市场、客运车站候车室、客运码头候船厅、民用机场航站楼、体育场馆、会堂等。可见，"公共娱乐场所"是属于"公众聚集场所"的一部分。

"人员密集场所"包括"公众聚集场所"，医院的门诊楼、病房楼，学校的教学楼、图书馆、食堂和集体宿舍，养老院，福利院，托儿所，幼儿园，公共图书馆的阅览室，公共展览馆、博物馆的展示厅，劳动密集型企业的生产加工车间和员工集体宿舍，旅游、宗教活动场所等。可见，"公众聚集场所"是属于"人员密集场所"的一部分。

简言之，"歌舞娱乐放映游艺场所"的外延最小，"公共娱乐场所"的外延较大，"公众聚集场所"的外延更大，"人员密集场所"的外延最大。

"人员密集场所"又分为"大型人员密集场所"与"非大型人员密集场所"。

"重要公共建筑"是指发生火灾时可能造成重大人员伤亡、财产损失和严重社会影响的公共建筑。一般包括人员密集的大型公共建筑或集会场所，较大规模的中小学校教学楼、宿舍楼，医院等。可见，"重要公共建筑"与"人员密集场所"两概念是有所交叉与重叠的。

而"大型人员密集场所"大多属于发生火灾时可能造成重大人员伤亡和严重社会影响的公共建筑，且与"重要公共建筑"的上述若干举例相吻合；因此，可认为"大型人员密集场所"不少属于"重要公共建筑"，而"重要公共建筑"＝部分的"大型人员密集场所"＋"其他重要公共建筑"。

4. 灭火器基本型号代码和图例

（1）灭火器基本型号代码

各种类型及规格灭火器型号代码举例，如表 6.9-5 所示。

灭火器型号代码举例   表 6.9-5

型号代码	灭火器类型及规格说明
MSZ/1A	手提贮压式水基型灭火器,灭火级别为 1A
MSZ/55B	手提贮压式水基型灭火器,灭火级别为 55B
MSZ/55B(AR)	手提贮压式抗溶性水基型灭火器,灭火级别为 55B(AR)
MSZ/1A;55B	手提贮压式水基型灭火器,灭火级别为 1A;55B
MSZ/1A;55B(AR)	手提贮压式抗溶性水基型灭火器,灭火级别为 1A;55B(AR)
MSZ/5F	手提贮压式水基型灭火器,灭火级别为 5F
MSZ/1A;5F	手提贮压式水基型灭火器,灭火级别为 1A;5F
MSZ/55B;5F	手提贮压式水基型灭火器,灭火级别为 55B;5F

型号代码	灭火器类型及规格说明
MSZ/1A;55B;5F	手提贮压式水基型灭火器,灭火级别为 1A;55B;5F
MSZ/55B(AR);5F	手提贮压式抗溶性水基型灭火器,灭火级别为 55B(AR);5F
MSZ/1A;55B(AR);5F	手提贮压式抗溶性水基型灭火器,灭火级别为 1A;55B(AR);5F
MFZ/2A;34B;C	手提贮压式磷酸铵盐干粉灭火器,灭火级别为 2A;34B;C
MFZ/34B;C	手提贮压式碳酸氢钠干粉灭火器,灭火级别为 34B;C
MFZ/D	手提贮压式专用干粉灭火器,灭火级别为 D 级
MT/34B	手提式二氧化碳灭火器,灭火级别为 34B
MJ/1A	手提式洁净气体灭火器,灭火级别为 1A
MJ/34B	手提式洁净气体灭火器,灭火级别为 34B
MJ/1A;34B	手提式洁净气体灭火器,灭火级别为 1A;34B
MTSZ/4A	推车贮压式水基型灭火器,灭火级别为 4A
MTSZ/183B	推车贮压式水基型灭火器,灭火级别为 183B
MTSZ/183B(AR)	推车贮压式抗溶性水基型灭火器,灭火级别为 183B(AR)
MTSZ/4A;183B	推车贮压式水基型灭火器,灭火级别为 4A;183B
MTSZ/4A;183B(AR)	推车贮压式抗溶性水基型灭火器,灭火级别为 4A;183B(AR)
MTFZ/6A;183B;C	推车贮压式磷酸铵盐干粉灭火器,灭火级别为 6A;183B;C
MTFZ/183B;C	推车贮压式碳酸氢钠干粉灭火器,灭火级别为 183B;C
MTFZ/D	推车贮压式专用干粉灭火器,灭火级别为 D 级
MTT/55B	推车式二氧化碳灭火器,灭火级别为 55B
MTJ/4A	推车式洁净气体灭火器,灭火级别为 4A
MTJ/55B	推车式洁净气体灭火器,灭火级别为 55B
MTJ/4A;55B	推车式洁净气体灭火器,灭火级别为 4A;55B
MSZ/1A;E	适用于 E 类火灾的手提贮压式水基型灭火器,灭火级别为 1A;E
MFZ/2A;34B;C;E	适用于 E 类火灾的手提贮压式磷酸铵盐干粉灭火器,灭火级别为 2A;34B;C;E
MFZ/34B;C;E	适用于 E 类火灾的手提贮压式碳酸氢钠干粉灭火器,灭火级别为 34B;C;E
MT/34B;E	适用于 E 类火灾的手提式二氧化碳灭火器,灭火级别为 34B;E
MJ/1A;E	适用于 E 类火灾的手提式洁净气体灭火器,灭火级别为 1A;E
MTSZ/4A;E	适用于 E 类火灾的推车贮压式水基型灭火器,灭火级别为 4A;E
MTFZ/6A;183B;C;E	适用于 E 类火灾的推车贮压式磷酸铵盐干粉灭火器,灭火级别为 6A;183B;C;E
MTFZ/183B;C;E	适用于 E 类火灾的推车贮压式碳酸氢钠干粉灭火器,灭火级别为 183B;C;E
MTT/55B;E	适用于 E 类火灾的推车式二氧化碳灭火器,灭火级别为 55B;E
MTJ/4A;E	适用于 E 类火灾的推车式洁净气体灭火器,灭火级别为 4A;E

注:AR 表示抗溶性,即具有扑灭水溶性液体燃料火灾的能力。是英文"AlcoholResistent"的缩写。

根据现行国家标准《手提式灭火器 第1部分：性能和结构要求》GB 4351.1—2005 和《推车式灭火器》GB 8109—2005，我国手提式与推车式灭火器分为水基型灭火器（标准上无统一代号，暂以 MS、MTS 表示）、干粉灭火器（MF、MTF）、二氧化碳灭火器（MT、MTT）和洁净气体灭火器（MJ、MTJ）。

水基型灭火器包括由清水、含有添加剂的水、泡沫等作为灭火剂的灭火器。

注：美国标准《移动式灭火器标准》NFPA 10—2013、英国标准《室内灭火装置与设备——第八部分：手提式灭火器选择与配置——实施规范》BS5306-8：2012 中，水基型灭火剂还包括湿化学物质（wet chemical）。关于湿化学物质的有关情况，可参考美国标准 NFPA 17A—2017。

添加剂包括湿润剂、增稠剂、阻燃剂及发泡剂等，但对发泡倍数及 25％析液时间等技术指标不做要求。

泡沫灭火剂包括蛋白泡沫（P）、氟蛋白泡沫（FP）、合成泡沫（S）、水成膜泡沫（AFFF）、氟蛋白成膜泡沫（FFFP）等种类；根据其抗溶性（AR），又可分为抗溶性泡沫和非抗溶性泡沫两大类。根据现行国家标准《手提式灭火器 第1部分：性能和结构要求》GB 4351.1—2005 和《推车式灭火器》GB 8109—2005，泡沫灭火剂对发泡倍数及 25％析液时间等技术指标是做要求的。根据国家标准《泡沫灭火剂》GB 15308—2006 及第1号修改单（2009 年版），灭火器用泡沫灭火剂的物理、化学性能应符合该标准中表1《低倍泡沫液和泡沫溶液的物理、化学、泡沫性能》的相应要求（其中含"发泡倍数、25％析液时间"技术指标）（即灭火器所采用的泡沫灭火剂为低倍数泡沫）；但在灭火器用泡沫灭火剂的出厂检验项目中，已将"发泡倍数、25％析液时间"更替为"灭火性能"。该灭火性能表征一种泡沫灭火剂可否用于灭火器的最低判别基准。即当使用 6L 的 P、P/AR、FP、FP/AR、S、S/AR、AFFF、AFFF/AR、FFFR、FFFR/AR 泡沫灭火剂可扑灭至少 55B 的油盘火（燃料为橡胶工业用溶剂油）时，或使用 6L 的 P/AR、FP/AR、S/AR、AFFF/AR、FFFR/AR 泡沫灭火剂可扑灭至少 21B 的油盘火（燃料为 99％丙酮）时；或使用 6L 的 P、P/AR、FP、FP/AR、S、S/AR、AFFF、AFFF/AR、FFFR、FFFR/AR 泡沫灭火剂可扑灭至少 1A 的木垛火时，则证明此种性质的具有一定配比的泡沫灭火剂具有最低有效灭火能力，可用于灭火器中。

在国际标准《消防—手提式与推车式灭火器 第1部分：选择与配置》ISO/TS 11602-1：2010（E）、美国标准《移动式灭火器标准》NFPA 10—2013 中，灭火器所采用的泡沫灭火剂一般为成膜泡沫灭火剂（AFFF、FFFR），属于化学泡沫灭火剂，具有 A、B 类灭火级别，可用于低于 4℃的环境。俄罗斯标准《消防工程——灭火器——使用要求》НПБ166-97 第 4.4 条规定：（灭火器所产生的）空气泡沫分为低倍数（发泡倍数：5～20）与中倍数泡沫（发泡倍数：20～200）两种。

另外，我国水基型灭火器也经常采用水系灭火剂。根据国家标准《水系灭火剂》GB17835—2008，水系灭火剂（waterbasedextinguishingagent）是指由水、渗透剂、阻燃剂及其他添加剂组成，以液滴或以液滴与泡沫相混合的方式进行灭火的液体灭火剂。分为非抗醇性水系灭火剂（S）和抗醇性水系灭火剂（S/AR）两种（抗醇性即抗溶性）。对水系灭火剂，一般不做发泡倍数及 25％析液时间的技术要求；在每组产品的出厂检测项目中包括"灭火性能"。该灭火性能表征一种水系灭火剂可否用于灭火器的最低判别基准。即当使用 6L 的非抗溶性和抗溶性水系灭火剂可扑灭至少 55B 的油盘火（燃料为橡胶工业用溶剂油）时，或使用 6L 的抗溶性水系灭火剂可扑灭至少 34B 的油盘火（燃料为 99％丙酮）时；或使用 6L 的非抗溶性和抗溶性水系灭火剂可扑灭至少 1A 的木垛火时，则证明此种性质的具有一定配比的水系灭火剂具有最低有效灭火能力，可用于灭火器中。

对灭火剂为清水、含有添加剂的水的水基型灭火器，代号为 MS、MTS；对泡沫灭火器，代号为 MP、MTP（过去曾为 MPT）。即泡沫灭火器是属于水基型灭火器的一种。由于泡沫灭火器中的泡沫灭火剂与其他水基型灭火器中的水系灭火剂均可按灭火性能指标来考量，因此，可将泡沫灭火剂与含有添加剂的水按同一大类灭火剂对待。如果是这样，以后可能会取消泡沫灭火器的具体分类，则水基型灭火器变为清水和"含有添加剂（包括泡沫浓缩液）的水"的两大类灭火器。水基型灭火器可统一用 MS 或 MTS 表示。

干粉灭火器分为磷酸铵盐干粉灭火器、碳酸氢钠干粉灭火器及扑救 D 类火灾的专用干粉灭火器。磷酸铵盐干粉灭火器（过去以 MF/ABC、MFT/ABC 表示），即通用型干粉灭火器，能同时扑救 A、B、C、E 类火灾；碳酸氢钠干粉灭火器（过去以 MF/（缺省）、MFT/（缺省）表示，但一般不以 MF/BC、MFT/BC 表示），具有 B、C、E 类灭火级别，但不能扑救 A 类火灾。

根据国家标准《手提式灭火器　第 1 部分：性能和结构要求》GB 4351.1—2005 与《推车式灭火器》GB 8109—2005 的有关规定，洁净气体（cleanagent）是指非导电的气体（除 CO_2）或汽化液体的灭火剂。这种灭火剂能蒸发，不留残余物。洁净气体的生产和使用需受蒙特利尔国际协定和我国有关法律、法规的严格控制。

洁净气体包括卤代烷（烃）类气体灭火剂、惰性气体灭火剂等。其中，卤代烷（烃）类气体灭火剂主要指卤代烷 1211 和六氟丙烷等。过去曾广泛使用的卤代烷 1211 灭火器，现在因受到严格限制，只能用于少量必要场所。目前，在我国符合环保要求的、替代卤代烷 1211 灭火器的主要为六氟丙烷灭火器。

注：在美国标准《移动式灭火器标准》NFPA 10—2013 中，用 Halogenated (Clean) Agents 表示卤代烷（烃）类气体灭火剂，包含 Halons 和 Halocarbons 两类灭火剂。其中，Halons 表示卤代烷 1211、1301 等哈龙灭火剂；Halocarbons 表示 HCFC、HFC、PFC、FIC 等哈龙替代品灭火剂，如六氟丙烷等。

水基型灭火器和干粉灭火器，一般分为贮压式和储气瓶式。贮压式以"Z"表示，储气瓶式以缺省形式表示。现在市场上这两类灭火器主要以贮压式产品为主，储气瓶式产品份额较低。洁净气体灭火器一般为贮压式，二氧化碳灭火器一般为自喷射式。

在国家标准《手提式灭火器第 1 部分：性能和结构要求》GB 4351.1—2005 和《推车式灭火器》GB 8109—2005 中，水基型灭火器未按出流型态进行明确的分类。仅在 GB 4351.1—2005 第 6.6.4 条中，出现了"水基型的喷雾灭火器"的提法。俄罗斯标准《消防工程——灭火器——使用要求》HПБ 166-97 第 4.3 条规定：水型（含清水和有添加剂的水，不含泡沫）灭火器分为充实水柱型、水喷雾型（水滴平均直径大于 $100\mu m$）和细水雾型（水滴平均直径小于 $100\mu m$）三种。美国标准《移动式灭火器标准》NFPA 10—2013 中有细水雾灭火器，可灭 A、E 类火。

（2）灭火器配置设计计算符号

建筑灭火器配置设计计算符号可参见表 6.9-6。

建筑灭火器配置设计计算符号　　　　　　　　　　　表 6.9-6

符　号	含　义	单　位
M	计算单元灭火器最小配置数量	具
S	计算单元的保护面积	m^2
U	A 类或 B 类火灾场所 单位灭火级别的最大保护面积	m^2/A 或 m^2/B
R	A 类或 B 类火灾场所 单具灭火器的最小配置灭火级别	A/具或 B/具

（3）灭火器图例

建筑灭火器配置设计中，灭火器相关图例可参见表 6.9-7～表 6.9-9。

手提式、推车式灭火器图例　　　　　　　　　表 6.9-7

序号	图　例	名　称
1		手提式灭火器 portable fire extinguisher
2		推车式灭火器 wheeled fire extinguisher

灭火剂图例　　　　　　　　　　　　　表 6.9-8

序号	图　例	名　称
1		水 water
2		泡沫 foam
3		含有添加剂的水 water with additive
4		BC 干粉 BC powder
5		ABC 干粉 ABC powder

续表

序号	图 例	名 称
6		卤代烷 Halon
7		二氧化碳（CO$_2$） carbon dioxide(CO$_2$)
8		非卤代烷和二氧化碳的 气体灭火剂 extinguishing gas other than Halon or CO$_2$

灭火器组合图例举例   表 6.9-9

序号	图 例	名 称
1		手提式清水灭火器 water portable extinguisher
2		手提式 ABC 干粉灭火器 ABC powder portable extinguisher
3		手提式二氧化碳灭火器 carbon dioxide portable extinguisher
4		推车式 BC 干粉灭火器 wheeled BC powder extinguisher

　　表 6.9-7～表 6.9-9 中的灭火器相关图例，均来源于现行国家标准《消防技术文件用消防设备图形符号》GB/T 4327—2008。其中，表 6.9-7 出自 GB/T 4327—2008 第 3 章《基本符号》，表 6.9-8 出自 GB/T 4327—2008 第 4 章《辅助符号》，表 6.9-9 出自 GB/T 4327—2008 第 6 章《组合图形符号举例》。GB/T 4327—2008 修改采用自国际标准《消防技术文件用消防设备图形符号》（ISO 6790：1986）。

　　根据国家标准《消防技术文件用消防设备图形符号》GB/T 4327—2008 的规定，上述图例中凡有阴影线的区域，均可用打点或涂黑的方式替代。即 ABC 干粉灭火器、二氧化碳灭火器、以泡沫为灭火剂的水基型灭火器和以含有添加剂的水为灭火剂的水基型灭火器，均有三种等效表示方式。

　　表 6.9-7～表 6.9-9 中的各种灭火器图例，与国家标准《建筑灭火器配置设计规范》

GB 50140—2005 附录 B 中的图例完全一致。本次规范修订中，根据送审会上专家审查意见——"GB 50140 不再重复表述 GB/T 4327—2008 的规定"，删除了附录 B。

此外，国家标准《消防技术文件用消防设备图形符号》GB/T 4327—2008 中还存在一个灭火剂图例"□"，表示"非 ABC 和 BC 的干粉"；可用于表示 D 类火灾专用干粉等。

鉴于国家标准《消防技术文件用消防设备图形符号》GB/T 4327—2008 中没有水基型灭火器的图例，可暂用一个新图例"¤"来统一表示水基型灭火剂，再用"¤"与表 6.9-7 中的图例组合而成各种手提式水基型灭火器和推车式水基型灭火器的图例。

5. 灭火器的灭火级别

根据国家标准《建筑灭火器配置设计规范》GBJ 140、GB 50140）的一贯要求，灭火器配置时需进行相关灭火级别的计算。

灭火级别表征灭火器扑灭火灾的能力，灭火级别由表示灭火能力的数字和灭火种类的字母组成。

下面对灭火级别举例予以说明。

型号为 MSZ/4A：55B 的手提贮压式水基型灭火器，其灭火级别为 4A、55B。

在灭火级别中，字母 A 表示该灭火器扑灭 A 类火灾的单位级别值，亦即该灭火器扑灭 A 类火灾的基本能力单位。数字与字母组合"4A"表示该灭火器所能扑灭的 A 类标准火试模型火的定量等级相当于 4。

字母 B 表示该灭火器扑灭 B 类火灾的单位级别值，亦即该灭火器扑灭 B 类火灾的基本能力单位。数字与字母组合"55B"表示该灭火器所能扑灭的 B 类标准火试模型火的定量等级相当于 55（即火试模型圆形盘中油与水的总体积为 55L，其中油占 2/3）。

我国灭火器的可定量灭火级别，同世界上大多数国家一样，目前只有 A、B、F 三个系列。其中，我国的 A 系列灭火级别与国际标准《消防—手提式与推车式灭火器第 1 部分：选择与配置》ISO 11602-1、美国标准《移动式灭火器标准》NFPA10、澳大利亚标准《手提式灭火器和灭火毯标准》AS2444 的当量基本一致，与英国的当量不一致。例如，中国的 1A≈ISO 的 1A≈美国的 1A≈澳大利亚的 1A≠英国的 1A。中国的 1A 的灭火能力大于英国的 1A。

我国的 B 系列灭火级别与国际标准《消防—手提式与推车式灭火 器第 1 部分：选择与配置》ISO11602-1、英国标准《室内灭火装置与设备——第八部分：手提式灭火器选择与配置——实施规范》BS 5306-8 的当量基本一致，与美国、澳大利亚、日本的当量不一致。例如，中国的 1B≈ISO 的 1B≈英国的 1B≠美国的 1B≠澳大利亚的 1B≠日本的 1B。中国的 1B 的灭火能力小于美国、澳大利亚、日本的 1B。

我国的 F 系列灭火级别与国际标准《消防—手提式与推车式灭火器 第 1 部分：选择与配置》ISO11602-1、英国标准《室内灭火装置与设备——第八部分：手提式灭火器选择与配置——实施规范》BS 5306-8 的当量基本一致，与澳大利亚的当量不一致。例如，中国的 1F≈ISO 的 1F≈英国的 1F≠澳大利亚的 1F。美国标准《移动式灭火器标准》（NFPA10）中，仅用"K"定性地予以表示，未予定量。

（1）手提式灭火器的灭火级别

手提式灭火器的灭火级别详见表 6.9-10。

手提式灭火器的类型、基本型号和灭火级别基本参数 表 6.9-10

灭火器类型		灭火器基本型号	基本型号说明	灭火级别选择范围
手提式（M）	水基型灭火器（MS）	MS/A	适用于 A 类火灾的手提式水基型灭火器；或适用于 A、E 类火灾的手提式水基型灭火器	1A、2A、3A、4A、6A
		MS/B	适用于 B 类(不含水溶性可燃液体)火灾的手提式水基型灭火器；或适用于 B(不含水溶性可燃液体)、E 类火灾的手提式水基型灭火器	55B、89B、144B、183B
		MS/AB	适用于 A、B(不含水溶性可燃液体)类火灾的手提式水基型灭火器；或适用于 A、B(不含水溶性可燃液体)、E 类火灾的手提式水基型灭火器	1A；55B、1A；89B、1A；144B、1A；183B
				2A；55B、2A；89B、2A；144B、2A；183B
				3A；55B、3A；89B、3A；144B、3A；183B
				4A；55B、4A；89B、4A；144B、4A；183B
				6A；55B、6A；89B、6A；144B、6A；183B
		MS/ABAR	适用于 A、B(含水溶性可燃液体)类火灾的手提式水基型灭火器；或适用于 A、B(含水溶性可燃液体)、E 类火灾的手提式水基型灭火器	1A；55B、1A；89B、1A；144B、1A；183B
				2A；55B、2A；89B、2A；144B、2A；183B
				3A；55B、3A；89B、3A；144B、3A；183B
				4A；55B、4A；89B、4A；144B、4A；183B
				6A；55B、6A；89B、6A；144B、6A；183B
		MS/BAR	适用于 B 类(含水溶性可燃液体)火灾的手提式水基型灭火器；或适用于 B(含水溶性可燃液体)、E 类火灾的手提式水基型灭火器	55B、89B、144B、183B
		MS/F	适用于 F 类火灾的手提式水基型灭火器；或适用于 F、E 类火灾的手提式水基型灭火器	5F、15F、25F、40F、75F
		MS/AF	适用于 A、F 类火灾的手提式水基型灭火器；或适用于 A、F、E 类火灾的手提式水基型灭火器	1A；5F、1A；15F、1A；25F、1A；40F、1A；75F
				2A；5F、2A；15F、2A；25F、2A；40F、2A；75F
				3A；5F、3A；15F、3A；25F、3A；40F、3A；75F
				4A；5F、4A；15F、4A；25F、4A；40F、4A；75F
				6A；5F、6A；15F、6A；25F、6A；40F、6A；75F
		MS/BF	适用于 B(不含水溶性可燃液体)、F 类火灾的手提式水基型灭火器；或适用于 B(不含水溶性可燃液体)、F、E 类火灾的手提式水基型灭火器	55B；5F、55B；15F、55B；25F、55B；40F、55B；75F
				89B；5F、89B；15F、89B；25F、89B；40F、89B；75F
				144B；5F、144B；15F、144B；25F、144B；40F、144B；75F
				183B；5F、183B；15F、183B；25F、183B；40F、183B；75F

续表

灭火器类型		灭火器基本型号	基本型号说明	灭火级别选择范围
手提式（M）	水基型灭火器（MS）	MS/ABF	适用于 A、B(不含水溶性可燃液体)、F 类火灾的手提式水基型灭火器；或适用于 A、B(不包含水溶性可燃液体)、F、E 类火灾的手提式水基型灭火器	1A;55B;5F,1A;89B;5F,1A;144B;5F,1A;183B;5F
				1A;55B;15F,1A;89B;15F,1A;144B;15F,1A;183B;15F
				1A;55B;25F,1A;89B;25F,1A;144B;25F,1A;183B;25F
				1A;55B;40F,1A;89B;40F,1A;144B;40F,1A;183B;40F
				1A;55B;75F,1A;89B;75F,1A;144B;75F,1A;183B;75F
				2A;55B;5F,2A;89B;5F,2A;144B;5F,2A;183B;5F
				2A;55B;15F,2A;89B;15F,2A;144B;15F,2A;183B;15F
				2A;55B;25F,2A;89B;25F,2A;144B;25F,2A;183B;25F
				2A;55B;40F,2A;89B;40F,2A;144B;40F,2A;183B;40F
				2A;55B;75F,2A;89B;75F,2A;144B;75F,2A;183B;75F
				3A;55B;5F,3A;89B;5F,3A;144B;5F,3A;183B;5F
				3A;55B;15F,3A;89B;15F,3A;144B;15F,3A;183B;15F
				3A;55B;25F,3A;89B;25F,3A;144B;25F,3A;183B;25F
				3A;55B;40F,3A;89B;40F,3A;144B;40F,3A;183B;40F
				3A;55B;75F,3A;89B;75F,3A;144B;75F,3A;183B;75F
				4A;55B;5F,4A;89B;5F,4A;144B;5F,4A;183B;5F
				4A;55B;15F,4A;89B;15F,4A;144B;15F,4A;183B;15F
				4A;55B;25F,4A;89B;25F,4A;144B;25F,4A;183B;25F
				4A;55B;40F,4A;89B;40F,4A;144B;40F,4A;183B;40F
				4A;55B;75F,4A;89B;75F,4A;144B;75F,4A;183B;75F
				6A;55B;5F,6A;89B;5F,6A;144B;5F,6A;183B;5F
				6A;55B;15F,6A;89B;15F,6A;144B;15F,6A;183B;15F
				6A;55B;25F,6A;89B;25F,6A;144B;25F,6A;183B;25F
				6A;55B;40F,6A;89B;40F,6A;144B;40F,6A;183B;40F
				6A;55B;75F,6A;89B;75F,6A;144B;75F,6A;183B;75F
		MS/ABARF	适用于 A、B(含水溶性可燃液体)、F 类火灾的手提式水基型灭火器；或适用于 A、B(含水溶性可燃液体)、F、E 类火灾的手提式水基型灭火器	1A;55B;5F,1A;89B;5F,1A;144B;5F,1A;183B;5F
				1A;55B;15F,1A;89B;15F,1A;144B;15F,1A;183B;15F
				1A;55B;25F,1A;89B;25F,1A;144B;25F,1A;183B;25F
				1A;55B;40F,1A;89B;40F,1A;144B;40F,1A;183B;40F
				1A;55B;75F,1A;89B;75F,1A;144B;75F,1A;183B;75F
				2A;55B;5F,2A;89B;5F,2A;144B;5F,2A;183B;5F
				2A;55B;15F,2A;89B;15F,2A;144B;15F,2A;183B;15F
				2A;55B;25F,2A;89B;25F,2A;144B;25F,2A;183B;25F
				2A;55B;40F,2A;89B;40F,2A;144B;40F,2A;183B;40F
				2A;55B;75F,2A;89B;75F,2A;144B;75F,2A;183B;75F
				3A;55B;5F,3A;89B;5F,3A;144B;5F,3A;183B;5F
				3A;55B;15F,3A;89B;15F,3A;144B;15F,3A;183B;15F
				3A;55B;25F,3A;89B;25F,3A;144B;25F,3A;183B;25F
				3A;55B;40F,3A;89B;40F,3A;144B;40F,3A;183B;40F
				3A;55B;75F,3A;89B;75F,3A;144B;75F,3A;183B;75F

续表

灭火器类型		灭火器基本型号	基本型号说明	灭火级别选择范围
手提式（M）	水基型灭火器（MS）	MS/ABARF	适用于 A、B（含水溶性可燃液体）、F 类火灾的手提式水基型灭火器； 或适用于 A、B（含水溶性可燃液体）、F、E 类火灾的手提式水基型灭火器	4A；55B；5F，4A；89B；5F，4A；144B；5F，4A；183B；5F
				4A；55B；15F，4A；89B；15F，4A；144B；15F，4A；183B；15F
				4A；55B；25F，4A；89B；25F，4A；144B；25F，4A；183B；25F
				4A；55B；40F，4A；89B；40F，4A；144B；40F，4A；183B；40F
				4A；55B；75F，4A；89B；75F，4A；144B；75F，4A；183B；75F
				6A；55B；5F，6A；89B；5F，6A；144B；5F，6A；183B；5F
				6A；55B；15F，6A；89B；15F，6A；144B；15F，6A；183B；15F
				6A；55B；25F，6A；89B；25F，6A；144B；25F，6A；183B；25F
				6A；55B；40F，6A；89B；40F，6A；144B；40F，6A；183B；40F
				6A；55B；75F，6A；89B；75F，6A；144B；75F，6A；183B；75F
		MS/BARF	适用于 B（含水溶性可燃液体）、F 类火灾的手提式水基型灭火器； 或适用于 B（含水溶性可燃液体）、F、E 类火灾的手提式水基型灭火器	55B；5F，55B；15F，55B；25F，55B；40F，55B；75F
				89B；5F，89B；15F，89B；25F，89B；40F，89B；75F
				144B；5F，144B；15F，144B；25F，144B；40F，144B；75F
				183B；5F，183B；15F，183B；25F，183B；40F，183B；75F
	干粉灭火器（MF）	MF/BC	适用于 B、C 类火灾的手提式干粉灭火器； 或适用于 B、C、E 类火灾的手提式干粉灭火器	34B；C、55B；C、89B；C、144B；C、183B；C
		MF/ABC	适用于 A、B、C 类火灾的手提式干粉灭火器； 或适用于 A、B、C、E 类火灾的手提式干粉灭火器	2A；34B；C，2A；55B；C，2A；89B；C，2A；144B；C，2A；183B；C
				3A；34B；C，3A；55B；C，3A；89B；C，3A；144B；C，3A；183B；C
				4A；34B；C，4A；55B；C，4A；89B；C，4A；144B；C，4A；183B；C
				6A；34B；C，6A；55B；C，6A；89B；C，6A；144B；C，6A；183B；C
		MF/D	适用于 D 类火灾的手提式干粉灭火器	D
	二氧化碳灭火器（MT）	MT/B	适用于 B 类火灾的手提式二氧化碳灭火器； 或适用于 B、E 类火灾的手提式二氧化碳灭火器	34B、55B、70B
	洁净气体灭火器（MJ）	MJ/A	适用于 A 类火灾的手提式洁净气体灭火器； 或适用于 A、E 类火灾的手提式洁净气体灭火器	1A、2A
		MJ/B	适用于 B 类火灾的手提式洁净气体灭火器； 或适用于 B、E 类火灾的手提式洁净气体灭火器	34B、55B、70B
		MJ/AB	适用于 A、B 类火灾的手提式洁净气体灭火器； 或适用于 A、B、E 类火灾的手提式洁净气体灭火器	1A；34B，1A；55B，1A；70B
				2A；34B，2A；55B，2A；70B

注：对于同时适用于 E 类火灾的手提式灭火器，在其灭火级别最后添加"；E"，如"1A；34B；E"。

（2）推车式灭火器的灭火级别

推车式灭火器的灭火级别详见表 6.9-11。

推车式灭火器的类型、基本型号和灭火级别基本参数　　表 6.9-11

灭火器类型	灭火器基本型号	基本型号说明	灭火级别选择范围
推车式（MT） 水基型灭火器（MTS）	MTS/A	适用于 A 类火灾的推车式水基型灭火器；或适用于 A、E 类火灾的推车式水基型灭火器	4A、6A、10A、15A、20A
	MTS/B	适用于 B 类(不含水溶性可燃液体)火灾的推车式水基型灭火器；或适用于 B(不含水溶性可燃液体)、E 类火灾的推车式水基型灭火器	183B、233B、297B
	MTS/AB	适用于 A、B(不含水溶性可燃液体)类火灾的推车式水基型灭火器；或适用于 A、B(不含水溶性可燃液体)、E 类火灾的推车式水基型灭火器	4A；183B、4A；233B、4A；297B 6A；183B、6A；233B、6A；297B 10A；183B、10A；233B、10A；297B 15A；183B、15A；233B、15A；297B 20A；183B、20A；233B、20A；297B
	MTS/ABAR	适用于 A、B(含水溶性可燃液体)类火灾的推车式水基型灭火器；或适用于 A、B(含水溶性可燃液体)、E 类火灾的推车式水基型灭火器	4A；183B、4A；233B、4A；297B 6A；183B、6A；233B、6A；297B 10A；183B、10A；233B、10A；297B 15A；183B、15A；233B、15A；297B 20A；183B、20A；233B、20A；297B
	MTS/BAR	适用于 B 类(含水溶性可燃液体)火灾的推车式水基型灭火器；或适用于 B(含水溶性可燃液体)、E 类火灾的推车式水基型灭火器	183B、233B、297B
干粉灭火器（MTF）	MTF/BC	适用于 B、C 类火灾的推车式干粉灭火器；或适用于 B、C、E 类火灾的推车式干粉灭火器	183B；C、233B；C、297B；C
	MTF/ABC	适用于 A、B、C 类火灾的推车式干粉灭火器；或适用于 A、B、C、E 类火灾的推车式干粉灭火器	6A；183B；C、6A；233B；C、6A；297B；C 10A；183B；C、10A；233B；C、10A；297B；C 15A；183B；C、15A；233B；C、15A；297B；C 20A；183B；C、20A；233B；C、20A；297B；C
	MTF/D	适用于 D 类火灾的推车式干粉灭火器	D

续表

灭火器类型		灭火器基本型号	基本型号说明	灭火级别选择范围
推车式 (MT)	二氧化碳灭火器 (MTT)	MTT/B	适用于 B 类火灾的推车式二氧化碳灭火器; 或适用于 B、E 类火灾的推车式二氧化碳灭火器	55B、70B、89B
	洁净气体灭火器 (MTJ)	MTJ/A	适用于 A 类火灾的推车式洁净气体灭火器; 或适用于 A、E 类火灾的推车式洁净气体灭火器	4A、6A、10A
		MTJ/B	适用于 B 类火灾的推车式洁净气体灭火器; 或适用于 B、E 类火灾的推车式洁净气体灭火器	55B、70B、89B
		MTJ/AB	适用于 A、B 类火灾的推车式洁净气体灭火器 或适用于 A、B、E 类火灾的推车式洁净气体灭火器	4A，55B、4A，70B、4A，89B 6A，55B、6A，70B、6A，89B 10A，55B、10A，70B、10A，89B

注：对于同时适用于 E 类火灾的推车式灭火器，在其灭火级别最后添加 "：E"，如 "4A：55B：E"。

表 6.9-10 和表 6.9-11 中，灭火器的灭火级别不再直接与灭火器充装量（kg 或 L）发生关系。

在国家标准《建筑灭火器配置设计规范》GB 50140—2005 附录 A 中，灭火器的灭火级别是与灭火器充装量（kg 或 L）成一一对应关系的。需要说明的是，附录 A 中，实际上给出的是灭火器任一充装量所对应的最大灭火级别值。这意味着：既使灭火实验证实某一规格的灭火剂充装量能达到更大的灭火级别，也只能采用附录 A 中所规定的数值。例如，附录 A 中，灭火剂充装量为 4kg 的手提贮压式磷酸铵盐干粉灭火器（原型号为 MFZ/ABC4）的灭火级别规定为 2A、55B。这意味着：无论对于哪个厂家的这个产品，灭火级别的最大值只能是 2A、55B，不能超过 2A 或 55B。

本次规范修订中，从鼓励技术进步的角度出发，并基于相关验证性灭火实验，不再规定某一固定充装量（kg 或 L）灭火器的灭火级别的上限值；而是认为：对某一充装量（kg 或 L）的灭火器，只要能达到扑灭某一 A 类或 B 类标准火试模型火的能力并符合有关实验程序及实验判定条件，即达到某一 A 类或 B 类标准火试模型所对应的灭火级别。也就是说，既使是同一规格（充装量）的灭火器，对不同厂家的产品，可能会在同一国家消防检测中心得出不同的灭火级别检测结果。

设计人员在今后的设计图纸中，重点是标注出灭火器的灭火级别这个核心控制参数。对于其充装量，可不做具体要求。尽管灭火器在某一充装量上存在灭火级别可能不一的现象；但灭火级别的提高与充装量的加大，在总体趋势上还是一致的。因此，设计人员最好对所选用的灭火器产品事先有比较充分的了解，对其灭火级别与所对应的充装量的大致范围有一定的基本判断，以便做到心中有数，这样可以更全面地运用好灭火级别这个比较抽象的控制参数。

6.9.2 灭火器的选型原则

1. 灭火器配置设计要素

（1）灭火器配置场所的火灾种类

确定灭火器配置场所的火灾种类，以选择适用的灭火器类型。

（2）灭火器配置场所的危险等级

根据灭火器配置场所的火灾危险性等因素确定其危险等级，可参见第 6.9.1 条之"3 灭火器配置场所的危险等级"。

（3）灭火器的灭火效能

灭火器的灭火效能包括灭火能力即灭火级别的大小，扑灭同一灭火级别所对应火试模型的灭火剂用量的多少，灭火速度的快慢等因素。

对于同一灭火器配置场所，可能有若干类型的灭火器均适用，但不同类型的灭火器在灭火效能方面却存在一定的差异。例如，对于灭火级别为 55B 的标准油盘火灾，可能最多需用 7kg 的二氧化碳灭火器，而且速度较慢；但若改用最多 4kg 的磷酸铵盐（或碳酸氢钠）干粉灭火器，不但能成功灭火，而且其灭火时间较短。

因此，适用于扑救同一种类火灾的不同类型灭火器，在灭火剂用量和灭火速度上存在一定的差异，即在灭火效能上存在一定的差异。

（4）灭火器的通用性

在同一灭火器配置场所，一般选用操作方法相同的灭火器。当同一灭火器配置场所存在不同种类火灾时，如果其他条件均满足，可选择通用性灭火器，即具备同时扑救不同种类火灾能力的灭火器。

（5）灭火器的互补性

对存在 A 类火灾的配置场所，一般宜同时选用水基型和干粉灭火器。水基型和干粉灭火器各有优势，也各有弱点。两者最好结合使用（即混配），以发挥各自长处，弥补各自弱点，更好地提高灭火效果。混配亦可采用其他组合形式，比如水基型和二氧化碳灭火器。

但对一些特定场所，应具体情况具体分析。比如在商场等人员密集场所，干粉的使用可能会影响人员疏散，甚至引起人员恐慌，故应慎重选用干粉灭火器。

关于在 A 类火灾场所中水基型和干粉灭火器的对比，总体上不存在孰优孰劣、哪一种应取代哪一种的问题；只是在具体场合存在哪一种比较合适的问题。

近些年来，磷酸铵盐干粉灭火器似乎有"哪儿都能用"的感觉，这种"过分普遍适用"的现象需要进行适当的改变，以便形成"百花齐放、万紫千红"的局面。

2016 年期间，规范修订组进行了有关水基型灭火器与干粉灭火器的相容性实验。水基型灭火器分别选取了灭火剂为 3% 的 AFFF 泡沫和 S-3-AB 水系灭火剂的灭火器，干粉灭火器分别选取了灭火剂为碳酸氢钠（含量：83%）的 BC 类干粉与磷酸铵盐（其中，磷酸二氢铵：50%，硫酸铵：25%）的 ABC 类干粉的灭火器。实验表明：在所选两种类型灭火器同时喷射或先后喷射期间，对于 A、B 类火灾，水基型灭火器与干粉灭火器基本上不发生相互干扰或先行喷射之灭火剂影响后续喷射之灭火剂的灭火能力的现象，可以认为两者是相容的。

注意：蛋白泡沫与碳酸氢钠、碳酸氢钾干粉是不相容的灭火剂。

（6）灭火器的环境温度

环境温度对灭火器的喷射性能和安全性能均有影响。若环境温度过低，灭火器的喷射性能会显著降低；若环境温度过高，灭火器的内压会剧增，则灭火器会有爆炸伤人的危险。因此，灭火器配置点的环境温度应限制在其使用温度范围之内。灭火器的使用温度范围应符合现行国家标准《手提式灭火器第1部分：性能和结构要求》GB 4351.1—2005 和《推车式灭火器》GB 8109—2005 的有关规定。根据国家标准《手提式灭火器 第1部分：性能和结构要求》GB 4351.1—2005 第6.4.1条和《推车式灭火器》GB 8109—2005 第6.1节的规定，手提式、推车式灭火器的使用温度范围应取"5～55℃、0（—5）～55℃、—10～55℃、—20～55℃、—30～55℃、—40～55℃、—55～55℃"七个系列中的某一范围值。

常用灭火器使用温度范围举例，如表 6.9-12 所示。

常用灭火器使用温度范围举例   表 6.9-12

灭火器类型		使用温度范围（℃）
水基型灭火器	不加防冻剂	5～55
	添加防冻剂	—10～55
干粉灭火器	二氧化碳驱动	—10～55
	氮气驱动	—20～55
二氧化碳灭火器		—10～55
洁净气体灭火器		—20～55

（7）灭火器对保护物品的污损程度

为保护贵重物品与设备免受不必要的污渍损害，选择灭火器时应考虑其对所保护对象的污损情况。例如，在大型电子计算机，精密仪器、仪表间，若考虑所保护对象在灭火之后仍能完全正常工作，则宜选用气体灭火器。

（8）灭火器使用者的体能

灭火器是通过人来操作的，因此，灭火器的配置应考虑现场灭火器实际使用者的体能等身体素质情况。如在医院病房、中小学校、幼儿园等场合，针对使用者中女护士、女教师的比例较大的情况，应优先选择和配置规格（重量）较小的手提式灭火器。

2. 灭火器的选型原则

（1）A 类火灾场所

A 类火灾场所应选择适用于 A 类火灾的水基型灭火器、干粉灭火器、洁净气体灭火器。其中，干粉灭火器应选用 ABC 干粉（磷酸铵盐）灭火器，不能选用 BC 干粉（碳酸氢钠）灭火器。

A 类火灾场所至少宜配置有水基型灭火器。因水基型灭火器较之干粉灭火器至少具有比较良好的抗复燃能力。

（2）B 类火灾场所

B 类火灾场所应选择适用于 B 类火灾的水基型灭火器、干粉灭火器、二氧化碳灭火器、洁净气体灭火器。其中，干粉灭火器可选用 ABC 干粉（磷酸铵盐）灭火器或 BC 干粉（碳酸氢钠）灭火器。

存在水溶性可燃液体的 B 类火灾场所，当选择灭 B 类火灾的水基型灭火器时，应选用抗溶性的。（注："水溶性可燃液体"也可用"极性溶剂"表述。）

此外，干粉灭火剂是对付 B 类流淌火最有效的灭火剂（自英国标准《室内灭火装置与设备——第八部分：手提式灭火器选择与配置——实施规范》BS 5306-8：2012 第8.3.1条）。

注意：磷酸铵盐干粉与碳酸氢钠、碳酸氢钾干粉是不相容的灭火剂，不能同时使用。

（3）C 类火灾场所

C 类火灾场所应选择适用于 C 类火灾的干粉灭火器。

可选用 ABC 干粉（磷酸铵盐）灭火器或 BC 干粉（碳酸氢钠）灭火器。

在国家标准《建筑灭火器配置设计规范》GB 50140—2005 中，C 类火灾场所除选择干粉灭火器外，还可选择二氧化碳灭火器或卤代烷灭火器。

根据国际标准《消防——手提式与推车式灭火器 第 1 部分：选择与配置》（ISO/TS11602-1：2010（E））第 6.3.4 条与英国标准《室内灭火装置与设备——第八部分：手提式灭火器选择与配置——实施规范》（BS 5306-8：2012）第 8.4.2 条的规定，气体火灾只能用干粉灭火器扑救。因此，本次规范修订中，仅保留了干粉灭火器的选项，删除了各种气体灭火器的选项。

根据俄罗斯标准《消防工程——灭火器——使用要求》НПБ 166-97 表 1《基于火灾类型与所充装灭火剂的灭火器之应用实效》，对于气体火灾的扑救，认为干粉灭火器是最好的，卤代烷灭火器是不足的，水型、空气泡沫与二氧化碳灭火器是不适合的。

（4）D 类火灾场所

D 类火灾场所应根据金属的种类、物态及其特性，选择适用于该金属的专用灭火器。

俄罗斯标准《消防工程——灭火器——使用要求》НПБ 166-97 第 4.10 条规定，D 类火灾专用灭火剂的主要成分为氯化钾干粉、石墨等。当缺乏有关资料时，可做设计参考。

（5）E 类火灾场所

E 类火灾场所应选择适用于 E 类火灾的水基型灭火器、干粉灭火器、二氧化碳灭火器、洁净气体灭火器。其中，干粉灭火器可选用 ABC 干粉（磷酸铵盐）灭火器或 BC 干粉（碳酸氢钠）灭火器。

选择二氧化碳灭火器时，不得选用装有金属喇叭喷筒的二氧化碳灭火器。

对比国家标准《建筑灭火器配置设计规范》GB 50140—2005，本次规范修订中，增加了"适用于 E 类火灾的水基型灭火器"的选项。

对（带电设备）电压超过 1kV 的 E 类火灾场所，禁止使用灭火器进行带电扑救。（这一规定部分源自英国标准《室内灭火装置与设备——第八部分：手提式灭火器选择与配置——实施规范》BS 5306-8：2012 第 9.2 节。）

（6）F 类火灾场所

F 类火灾场所应选择适用于 F 类火灾的水基型灭火器。

（7）卤代烷灭火器必要配置场所与非必要配置场所

所谓"卤代烷灭火器必要配置场所"，即仍允许配置卤代烷灭火器（一般具体指卤代烷 1211 灭火器）的场所，涉及航空、航天、军事设施等重要场所，具体界定标准由相关主管部门确定。"卤代烷灭火器必要配置场所"所占比例很小。

所谓"卤代烷灭火器非必要配置场所",即不允许配置卤代烷灭火器的场所,所占比例很大。除"卤代烷灭火器必要配置场所"外,其余均为"卤代烷灭火器非必要配置场所"。

"卤代烷灭火器非必要配置场所"的举例,详见表6.9-13和表6.9-14。

民用建筑类非必要配置卤代烷灭火器的场所举例

表6.9-13

序号	名　　称
1	电影院、剧院、会堂、礼堂、体育馆的观众厅
2	医院门诊部、住院部
3	学校教学楼、幼儿园与托儿所的活动室
4	办公楼
5	车站、码头、机场的候车、候船、候机厅
6	旅馆的公共场所、走廊、客房
7	商店
8	百货楼、营业厅、综合商场
9	图书馆一般书库
10	展览厅
11	住宅
12	民用燃油、燃气锅炉房

工业建筑类非必要配置卤代烷灭火器的场所举例

表6.9-14

序号	名　　称
1	橡胶制品的涂胶和胶浆部位、压延成型和硫化厂房
2	橡胶、塑料及其制品仓库
3	植物油加工厂的浸出厂房、植物油加工精炼部位
4	黄磷、赤磷制备厂房及其应用部位
5	樟脑或松香提炼厂房、焦化厂精萘厂房
6	煤粉厂房和面粉厂房的碾磨部位
7	谷物筒仓工作塔、亚麻厂的除尘器和过滤器室
8	散装棉花堆场
9	稻草、芦苇、麦秸等堆场
10	谷物加工厂房
11	饲料加工厂房
12	粮食、食品仓库及粮食堆场
13	高锰酸钾、重铬酸钠厂房
14	过氧化钠、过氧化钾、次氯酸钙厂房
15	可燃材料工棚
16	可燃液体贮罐、桶装仓库或堆场

续表

序号	名　　称
17	柴油、机器油或变压器油灌桶间
18	润滑油再生部位或沥青加工厂房
19	泡沫塑料厂的发泡、成型、印片、压花部位
20	化学、人造纤维及其织物和棉、毛、丝、麻及其织物的仓库
21	酚醛泡沫塑料的加工厂房
22	化纤厂后加工润湿部位、印染厂的漂炼部位
23	木工厂房和竹、藤加工厂房
24	纸张、竹、木及其制品的仓库、堆场
25	造纸厂或化纤厂的浆粕蒸煮工段
26	玻璃原料熔化厂房
27	陶瓷制品的烘干、烧成厂房
28	金属(镁合金除外)冷加工车间
29	钢材仓库、堆场
30	水泥仓库
31	搪瓷、陶瓷制品仓库
32	难燃烧或非燃烧的建筑装饰材料仓库
33	原木堆场

表 6.9-13 和表 6.9-14 分别同国家标准《建筑灭火器配置设计规范》GB 50140—2005 附录 F 的表 F.0.1"民用建筑类非必要配置卤代烷灭火器的场所举例"与表 F.0.2"工业建筑类非必要配置卤代烷灭火器的场所举例"。(注：表 6.9-14 中将"库房"改为了"仓库"，以便与国家标准《建筑设计防火规范》GB 50016—2014）的提法保持一致。

(8) 灭火器的适用性

灭火器的适用性见表 6.9-15 和表 6.9-16。

当作为建筑灭火器选型参考时，表 6.9-15 可简化为表 6.9-16。

6.9.3　灭火器的设置

建筑灭火器的设置，主要包括灭火器的设置要求和灭火器的最大保护距离，以及根据这两个方面的要求确定灭火器具体设置点等内容。

灭火器的位置，设计一旦确定，不得随意改变。当灭火器配置场所的使用性质发生变化，或其平面布局发生变化，导致灭火器原先的位置不再合适时，应再次通过设计确定灭火器的位置。

1. 灭火器的设置要求

(1) 设置位置

灭火器应设置在位置明显和便于取用的地点，且不得影响安全疏散。

对有视线障碍的灭火器设置点，应设置指示其位置的醒目标志。

表 6.9-15

灭火器的适用性（续表）

灭火器类型 / 火灾场所	水基型灭火器				干粉灭火器		二氧化碳灭火器	洁净气体灭火器
	清水	含灭B类火的添加剂	机械泡沫	抗溶泡沫	ABC干粉（磷酸铵盐）	BC干粉（碳酸氢钠）		
A类（固体物质）火灾场所	适用（除不具备 A 类灭火级别的）水可冷却并穿透火焰和固体可燃物质而灭火，并可有效地防止复燃		可冷却和覆盖可燃物表面并使其与空气隔绝		适用 磷酸铵盐干粉可附着在固体可燃物的表面，起到窒息火焰的作用	不适用 碳酸氢钠干粉对固体可燃物无粘附作用，只能控火，不能灭火	不适用 灭火器喷出的二氧化碳无液滴，全是气体，对扑灭 A 类火基本无效	适用 具有扑灭 A 类火灾的效能
B类（液体或可熔化固体物质）火灾场所	不适用 水射流直接冲击油面，会激溅油火，致使火势蔓延，造成灭火困难	适用于扑救非极性溶剂的 B 类火 因添加剂能灭 B 类火及灭火器的雾化功能	适用于扑救非极性溶剂的 B 类火 可覆盖可燃物表面，使其与空气隔绝	适用于扑救极性溶剂的 B 类火 具有抗溶性能	适用 干粉灭火剂可快速窒息火焰，具有中断燃烧过程中链式反应的化学活性		适用 二氧化碳气体通过堆积在可燃物表面，稀释并隔绝空气而灭火	适用 洁净气体灭火剂可快速窒息火焰，抑制燃烧链式反应，从而中止燃烧过程
C类（气体物质）火灾场所	不适用 灭火器喷出的细小水流对扑灭气体火灾作用很小，基本无效 泡沫对可燃气体火的扑救基本无效				适用 干粉灭火剂可快速扑灭气体火焰，具有中断燃烧过程中链式反应的化学活性		不适用 二氧化碳可燃气体火的扑救基本无效	不适用 洁净气体对可燃气体火的扑救基本无效

续表

灭火器类型 火灾场所	水基型灭火器			干粉灭火器		二氧化碳灭火器	洁净气体灭火器
	清水	机械泡沫 含灭 B 类火的添加剂	抗溶泡沫	ABC 干粉 (磷酸铵盐)	BC 干粉 (碳酸氢钠)		
D 类 (金属物质) 火灾场所	不适用			应选择扑救金属火灾的专用灭火器。由于我国目前尚无此类灭火器的定型产品,因此,扑救 D 类火的灭火器,可由设计单位和当地消防监督管理部门协商解决。可采用进口灭火器。主要有粉状石墨灭火器和灭金属火的专用干粉灭火器。有困难时,可以干砂或铸铁屑末替代			
E 类 (电气设备) 火灾场所	除适用于 E 类火灾的之外,其他均不适用 含水灭火剂导电,其击穿电压和绝缘电阻等性能指标均不符合带电灭火的安全要求,存在电击伤人等危险			干粉、二氧化碳、洁净气体灭火剂的电绝缘性能合格,带电灭火安全			
				适用于扑救带电的 A,B,C 类火	适用于扑救带电的 B,C 类火	适用于扑救带电的 B 类火,但不得选用装有金属喇叭喷筒的二氧化碳灭火器	适用于扑救带电的 A,B 类火
F 类 (烹饪物) 火灾场所	除适用于 F 类火灾的之外,其他均不适用			不适用	不适用	不适用	不适用

注：
1. 化学泡沫灭火剂(除成膜泡沫灭火剂外)已淘汰。
2. 国外干粉灭火器的类型,除磷酸铵盐和碳酸氢钠(小苏打)干粉外,还有其他类型。如：国外还有碳酸氢钾(紫钾)BC 干粉、氯化钾(紫钾)BC 干粉、泡沫兼容型 BC 干粉、尿素基的碳酸氢钾(超钾)BC 干粉、硫酸钾、氯化钾(超钾)BC 干粉、尿素基钾(超钾)BC 干粉在内的若干种干粉灭火剂(整理自美国国标准《移动式灭火器标准》NFPA10—2013 表 H.2、俄罗斯标准《消防工程》НТБ166-97 第 4.10 条)。
3. 美国《消防工程——第八部分使用水基型灭火剂——灭火器——使用要求》НТБ166-97 第 4.10 条。美国、英国仅使用水基型灭火剂中的湿化学物质(wetchemical)灭 F 类火(见美国国标准《移动式灭火器标准》NFPA10—2013 表 H.2,英国标准《室内灭火剂》BS 5306-8:2012 第 8.7 条),而澳大利亚允许使用包括湿化学物质在内的若干种化学物质灭 F 类火(见澳大利亚标准《手提式灭火器选择与配置——实施规范》AS2444-2001 表 B1)。

灭火器的适用性（简表）　　　　　　　　　　　　　表 6.9-16

火灾场所 ＼ 灭火器类型	水基型灭火器				干粉灭火器		二氧化碳灭火器	洁净气体灭火器
	清水	含灭B类火的添加剂	机械泡沫	抗溶泡沫	ABC干粉（磷酸铵盐）	BC干粉（碳酸氢钠）		
A类（固体物质）火灾场所	适用（除无A类灭火级别的）				适用	不适用	不适用	适用
B类（液体或可熔化固体物质）火灾场所	不适用	适用于扑救非极性溶剂的B类火	适用于扑救非极性溶剂的B类火	适用于扑救极性溶剂的B类火	适用		适用	适用
C类（气体物质）火灾场所	不适用				适用		不适用	不适用
D类（金属物质）火灾场所	除适用于D类火灾的专用干粉灭火器外,其他均不适用							
E类（电气设备）火灾场所	除适用于E类火灾的之外,其他均不适用				适用于扑救带电的A、B、C类火	适用于扑救带电的B、C类火	适用于扑救带电的B类火	适用于扑救带电的A、B类火
F类（烹饪物）火灾场所	除适用于F类火灾的之外,其他均不适用				不适用		不适用	不适用

在建筑内，通常应在经常有人经过的走道，楼梯间、电梯间和出入口等处设置灭火器，且不应被遮挡。灭火器的挂钩、托架不能减少疏散通道的有效宽度。既使在灭火器箱门完全打开时，也不能影响正常疏散。如果因条件所限，灭火器不得不设在不易发现或难以发现的位置时，应采取必要的措施便于其迅速被发现和找到。对设置在光线昏暗处的灭火器筒体和灭火器箱体，在其正面也可粘贴自发光指示标志。

（2）设置方式

手提式灭火器可设置在托架、挂钩上，或直接设置在地面（地板）上，或放置在灭火器箱内。要求灭火器的摆放应稳固，其铭牌（包括：所扑救的火灾种类、操作方式、警告标记等内容）应朝外并清晰可见。灭火器箱不得上锁。

（3）设置高度

手提式灭火器顶部距离地面不应大于 1.50m，一般在 1.00~1.50m 之间。本次规范修订中，对手提式灭火器底部与地面（地板）的距离不再做具体要求。对卫生环境条件较好的场所，如比较高档的宾馆、酒店，专用电子计算机房，洁净室等，可将灭火器直接放置在干净的地面上。

（4）设置环境

灭火器设置环境对灭火器的安全使用及报废期限有较大的影响。

1）防潮

在潮湿的地点一般不宜设置灭火器。因为，如果灭火器长期设置在潮湿的地点，会因锈蚀而严重影响灭火器的使用性能和安全性能。

当必须设置时，应有相应的防潮措施。

2）防腐

灭火器不宜设置在腐蚀性强或有可能与腐蚀性液体接触的地点。

当必须设置时，应有相应的防腐措施。

3）室外环境

在实际应用中，推车式灭火器大多设置在室外，手提式灭火器也存在设置在室外的可能性。当灭火器设置在室外时，应有相应的保温、防水、防潮、防腐等措施加以有效保护。如对室外的推车式灭火器，应至少采取遮阳挡雨等保护措施。

4）环境温度

灭火器不得设置在可能超出其使用温度范围的地点。

但在我国东北及其他寒冷、严寒地区，确实存在着个别在低于灭火器使用温度下限的环境中设置灭火器的现象。对于这种情况，可参考或借鉴国外一些规定或做法。

俄罗斯标准《消防工程——灭火器——使用要求》НПБ 166-97 第 5.38 条要求在空气泡沫灭火器使用规程中注明："在零下的温度里，灭火器内工作溶液冻结的可能性及冬季里将灭火器转移到采暖房间中的必要性。"其第 6.10 条规定："设置在室外或不采暖房间内的且不打算在零下温度里使用的水和泡沫灭火器，在一年中的寒冷时期（气温低于1℃时）应转移。在这种情况下，在灭火器设置点或其防火托架上，应标有灭火器在指定期内的（新）位置点和最毗邻灭火器位置点的信息。"

2. 灭火器的最大保护距离

灭火器的保护距离（traveldistance）是指灭火器配置场所内，灭火器设置点到保护点的直线行走距离。

灭火器的最大保护距离，是指灭火器配置场所内，灭火器设置点到最不利保护点的直线行走距离。它与灭火器配置场所的火灾种类、危险等级和灭火器类型有关。

独立计算单元中，灭火器的最大保护距离，系指由灭火器设置点到最不利点（距灭火器设置点最远的点）的直线行走距离。虽然独立计算单元只是一个灭火器配置场所，比如一个配电室，但受里面配电柜的影响，其中的行走线路可能是变线的（由不止一段直线组成）。

组合计算单元中，灭火器的最大保护距离，需要考虑隔墙及房间内物品布置的影响。

如果灭火器设在一间大会议室内，而其中布置有比较大的环形会议桌，则灭火器设置点至房门中点的保护距离应按沿环形会议桌的最短行走路线确定，即"直线行走距离"是由数段折线组成的。如果在一个房间内，仅有小桌椅、冰箱等小型家具或家电时，可忽略这些物品对保护距离的影响，即"直线行走距离"就是由灭火器设置点至房门中点的单段直线距离。

在有隔墙阻挡的情况下，"直线行走距离"可按从灭火器设置点出发，通过房门中点到达最不利着火点的行走路线中的各段折线长度之和计算。

例如，灭火器设置在内走道中，而最不利着火点在某一房间内，则"直线行走距离"由两部分组成，一部分为灭火器设置点至房门中点的"直线行走距离"，另一部分为房门中点至房间内最不利着火点的"直线行走距离"。

根据由日本消防设备安全中心于2001年编纂的《消防预防小六法》中日本法令《消防法施行规则》第六条第六项之〈解说〉，"（灭火器的）步行距离"指依据人员步行场合

中的通常行走路线实际所测之距离。可见，日本法规中的"步行距离"即我国的保护距离。

美国标准《移动式灭火器标准》（NFPA 10—2013）附录 E.1.4 条规定："行走距离是灭火器使用者需要步行的实际距离。因此，行走距离将受到隔墙、门道位置、走道、材料储存堆、机器等的影响。"美国标准的"行走距离"即我国的保护距离。

可见，美日等国对保护距离的规定与看法，与我国基本一致，并无大的差异。

关于灭火器保护距离的规定，分为以下几种情况：

（1）A 类火灾场所

设置在 A 类火灾场所的灭火器，其最大保护距离应符合表 6.9-17 的规定。

A 类火灾场所灭火器最大保护距离（m）　　　　　　表 6.9-17

危险等级	灭火器型式	
	手提式灭火器	推车式灭火器
高危险级	15	30
中危险级	20	40
低危险级	25	50

（2）B、C 类火灾场所

设置在 B、C 类火灾场所的灭火器，其最大保护距离应符合表 6.9-18 的规定。

B、C 类火灾场所灭火器最大保护距离（m）　　　　　　表 6.9-18

危险等级	灭火器型式	
	手提式灭火器	推车式灭火器
高危险级	15	30
中危险级	15	30
低危险级	15	30

注：B、C 类火灾场所手提式灭火器最大保护距离，参考国际标准《消防—手提式与推车式灭火器第 1 部分：选择与配置》（ISO/T S11602-1：2010（E））第 7.3.1 条制定。推车式灭火器最大保护距离是手提式灭火器的 2 倍，是沿袭国家标准《建筑灭火器配置设计规范》自第一版（1990 年版）以来的数据。

（3）D 类火灾场所

由于国内至今尚无 D 类灭火器的定型产品，因此，D 类火灾场所灭火器的最大保护距离应根据具体情况研究确定。

（4）E 类火灾场所

由于 E 类火灾通常是伴随着 A 类或 B 类火灾而同时存在的，因此，E 类火灾场所灭火器的最大保护距离不应大于对应 A 类或 B 类火灾场所的最大保护距离规定值。

（5）F 类火灾场所

F 类火灾场所灭火器的最大保护距离不应大于 10m。

（6）多种类火灾场所

对于存在多种火灾种类的场所，除特定保护用灭火器可单独设置外，灭火器的最大保护距离应取对应于各类火灾场所灭火器最大保护距离中的最小值。

3. 灭火器设置点的数量与定位

灭火器设置点的数量与位置，应根据被保护对象的需求和灭火器的最大保护距离确定，并应保证最不利点至少在一具灭火器的保护范围内。

(1) 灭火器设置点的确定原则

灭火器设置点选择与定位时，需遵守以下几项原则：

1) 灭火器设置点应均布。既不要过于集中，也不要过于分散。

2) 灭火器设置点应在位置明显和便于取用的地点，且不得影响安全疏散。

通常情况下，灭火器设置点应避开不宜接近或不易发现的工艺设备等处；也不应设在窗台上，以免妨碍其开启。

当灭火器设置点位于走廊、楼梯间和某些房间内时，一般选在走廊、楼梯间的墙壁或楼板上，房门附近或房间内可接近的墙壁处。

灭火器不应设置在楼梯间休息平台上，因为这不能满足灭火器的正常使用要求（可参阅美国标准《移动式灭火器标准》NFPA 10—2013 附录 F. I. No：84-2 之内容。其中规定，在灭火器行走距离（保护距离）的计算中，禁止包括楼梯段的长度）。

对于工厂车间，灭火器设置点可选择在正常走道边的墙壁或柱子上，不宜设在检修道边。

3) 对于独立计算单元或组合计算单元，灭火器设置点均应位于计算单元内；灭火器的最大保护距离仅在计算单元范围内有效。

例如，某独立计算单元仅由一个房间组成，则灭火器设置点需在此房间内，不应在此房间外。灭火器最大保护距离仅限于此房间内。

对于组合计算单元，灭火器的最大保护距离在该计算单元范围内的各个房间、走廊和楼梯间等处均有效。

(2) 灭火器设置点的设计方法

确定灭火器设置点的位置和数量的设计方法，主要有保护圆设计法和折线测算设计法两种。

对于简单情况，一般使用保护圆设计法。如果遇到门、墙等的阻隔而使保护圆设计法不适用时，才采用折线测量设计法。在实际设计中，往往可将这两种设计方法结合起来使用。

1) 保护圆设计法

保护圆是指以灭火器设置点为圆心，以灭火器的最大保护距离为半径所形成的保护范围。

① 以选定的灭火器设置点为圆心，以灭火器的最大保护距离为半径，画保护圆。如果计算单元的区域完全被此圆所覆盖，则此选定的灭火器设置点符合要求。结束并进入③；否则，进入②。

例如，如果一个房间面积较小，选一个灭火器设置点即可满足房间内所有部位均可被保护的要求，则允许此房间的灭火器设置点数目为1。

② 另增加一个灭火器设置点，按①的要求，再画一个保护圆。如果计算单元的区域完全被这两个圆所覆盖，则所选的两个灭火器设置点符合要求，结束并进入③；否则，继续重复②。

③ 如果同时存在若干种均能合理满足要求的灭火器设置点方案，一般采用灭火器设

置点数量相对较多的方案。当其他条件相同时，相对分散优于相对集中。

④ 保护圆的三种典型情况：

独立计算单元的灭火器设置点的保护圆存在如下三种情况：

a. 当有可能将灭火器设置点定于计算单元中央部位某点时，例如，在某些工厂的厂房（车间）的中间内柱上悬挂灭火器等，则此灭火器设置点的保护范围（面积）是以该点为圆心，以最大保护距离（r）为半径的全圆。这时，该内柱不作为障碍物看待，只视为一个点。见图 6.9-1、图 6.9-2。

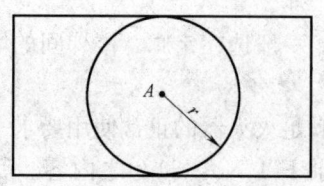

图 6.9-1　设置在内柱上的单具灭火器
　　　　　保护圆示意图（一）

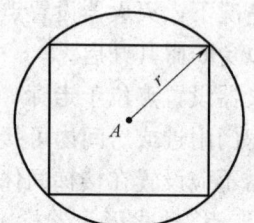

图 6.9-2　设置在内柱上的单具灭火器
　　　　　保护圆示意图（二）

b. 当灭火器设置在边墙时，其保护范围为半圆。见图 6.9-3、图 6.9-4。

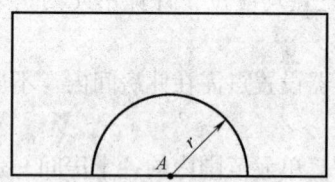

图 6.9-3　设置在边墙上的单具灭火器
　　　　　保护圆示意图（一）

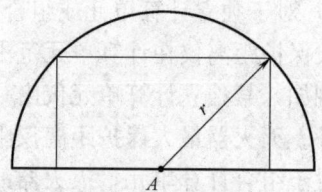

图 6.9-4　设置在边墙上的单具灭火器
　　　　　保护圆示意图（二）

c. 当灭火器设置在室内墙角时，其保护范围为 1/4 圆。见图 6.9-5、图 6.9-6。

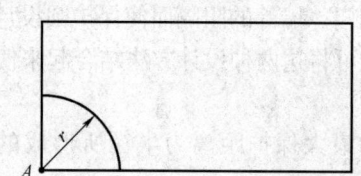

图 6.9-5　设置在室内墙角的单具灭火器
　　　　　保护圆示意图（一）

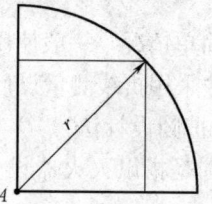

图 6.9-6　设置在室内墙角的单具灭火器
　　　　　保护圆示意图（二）

⑤ 独立计算单元和组合计算单元内，保护圆均不得穿墙过门。

采用保护圆设计法时，如果保护圆不能将计算单元的配置场所完全包括进去，则需增加灭火器设置点；否则，不必增加灭火器设置点。

2）折线测算设计法

在建筑设计平面图上，测量任一点（通常取若干相对远点或不利点）与其最毗邻的灭火器设置点的距离，判断其是否均在最大保护距离之内。若不能满足，则需调整或增加灭火器设置点。

必要时，校核一些不利点（如附近有障碍物的点）至灭火器设置点的保护距离是否超过规范规定值。如果超过，还需增加灭火器配置点。

如果同时存在若干种均能合理满足要求的灭火器设置点方案，建议采用灭火器设置点数量相对较多的方案。

例如，在图 6.9-7 所示的楼层，均为 A 类中危险级配置场所，可按一个组合计算单元对该楼层进行灭火器的配置。该计算单元的灭火器最大保护距离为 20m。

根据对灭火器设置点的要求，初选 A、B 两点作为灭火器设置点。该楼层内的①、②、③、④、⑤点对于 A 或 B 点，都有可能是最不利点。

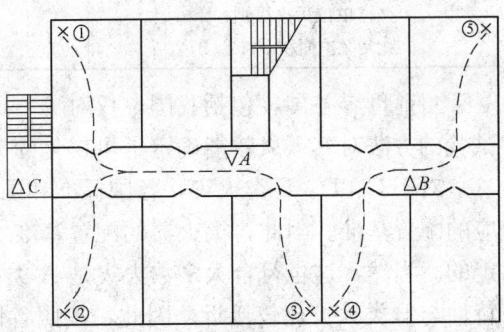

图 6.9-7　折线测算设计法示意图

经实测，如果①、②、③、④、⑤点均在 A 点或 B 点的最大保护距离（20m）之内，即均可满足规范要求。如果减少一个灭火器设置点（A 点或 B 点），则上述五个点中有一个或两个点会超出最大保护距离，所以不能减少灭火器设置点数目。如果增加一个灭火器设置点 C，则可更好地满足最大保护距离的要求。由于相对分散优于相对集中，所以，可优先选择 A、B、C 三点的灭火器设置点方案。不过，选择 A、B 两点的灭火器设置点方案也是符合要求的。

如果②点离 A 点的距离大于 20m，则需调整灭火器设置点的位置，将 A 点向左移至满足要求的某一点，且同时使①、②、③点均在其最大保护距离之内。如果不改变 A 点的位置，则可根据有关设置要求，选择楼梯间内的 C 点作为一个灭火器设置点，使②点位于 C 点的最大保护距离内。

6.9.4　灭火器的最低配置基准

1. 灭火器的最低配置基准

灭火器的最低配置基准包括：单位灭火级别最大保护面积、单具灭火器最小配置灭火级别等内容。

（1）单位灭火级别最大保护面积

对于不同火灾种类和不同危险等级的灭火器配置场所，单位灭火级别最大保护面积是不同的。可分为以下几种情况：

1）A 类火灾场所

A 类火灾场所的单位灭火级别最大保护面积应符合表 6.9-19 的规定。

A 类火灾场所的单位灭火级别最大保护面积　　　　　　　表 6.9-19

危险等级	高危险级	中危险级	低危险级
单位灭火级别 最大保护面积 U（m²/A）	40	60	100

2）B、C 类火灾场所

B、C 类火灾场所的单位灭火级别最大保护面积应符合表 6.9-20 的规定。

B、C类火灾场所的单位灭火级别最大保护面积　　　　　　表 6.9-20

危险等级	高危险级	中危险级	低危险级
单位灭火级别 最大保护面积 $U(\mathrm{m}^2/\mathrm{B})$	0.5	1.0	1.5

目前世界各国，包括我国，仅对 A、B、F 类火灾建立了灭火器火试模型，通过灭火试验的方法对其灭火效能确定了可量化的灭火级别值，并制定了配置基准。

对于 C、D、E 类火灾，各国标准和国际标准均无可量化的灭火级别值，也未制定相应的配置基准。因此，灭火器的配置基准实际上是以 A 类和 B 类灭火级别值为基础而制定的。当然，这也符合大多数火灾是 A 类火灾和 B 类火灾的客观事实。由于 C 类火灾的特性与 B 类火灾比较接近，因此，按照各国的惯例及国际惯例，将 C 类火灾场所的最低配置基准比照 B 类火灾场所的最低配置基准制定。

3）D 类火灾场所

由于目前各国标准和国际标准对适用于 D 类火灾的灭火器均未规定其火试模型和灭火级别，所以，D 类火灾场所灭火器的最低配置基准应根据金属的种类、物态和特性以及灭火器制造商提供的技术参数确定。

4）E 类火灾场所

由于 E 类火灾通常伴随着 A 类或 B 类火灾而同时发生，因此，E 类火灾场所灭火器的最低配置基准不应低于同一火灾场所内 A 类或 B 类火灾的最低配置基准。

5）F 类火灾场所

F 类火灾场所的单具或两具灭火器最大保护面积应符合表 6.9-21 的规定。

F 类火灾场所的单具或两具灭火器最大保护面积　　　　　表 6.9-21

灭火器最小配置数量	最大保护面积 $S(\mathrm{m}^2)$
1具(5F)	$S \leqslant 0.03$
2具(5F)或1具(15F)	$0.03 < S \leqslant 0.05$
2具(15F)或1具(25F)	$0.05 < S \leqslant 0.08$
2具(25F)或1具(40F)	$0.08 < S \leqslant 0.12$
2具(40F)或1具(75F)	$0.12 < S \leqslant 0.25$
2具(75F)	$0.25 < S \leqslant 0.40$

F 类灭火器不适用于保护面积超过 $0.40\mathrm{m}^2$ 以上的 F 类火灾场所。

6）多种类火灾场所

对于存在多种火灾种类的配置场所，灭火器的最低配置基准不应低于同一配置场所内各类火灾的最低配置基准。

（2）单具灭火器最小配置灭火级别

1）A 类火灾场所

A 类火灾场所单具灭火器最小配置灭火级别应符合表 6.9-22 的规定。

A 类火灾场所单具灭火器最小配置灭火级别　　　　　表 6.9-22

危险等级	高危险级	中危险级	低危险级
单具灭火器 最小配置灭火级别	4A	3A	2A

高危险级场所中，单具 4A 灭火级别的灭火器可由 2 具配置在一起的 2A 水基型灭火器替代。

中危险级场所中，单具 3A 灭火级别的灭火器可由 2 具配置在一起的 2A 水基型灭火器替代。

低危险级场所中，单具 2A 灭火级别的灭火器可由 2 具配置在一起的 1A 水基型灭火器替代。

需要配置洁净气体灭火器的场所，单具灭火器的最小配置灭火级别可为 1A。

2）B、C 类火灾场所

B、C 类火灾场所单具灭火器最小配置灭火级别应符合表 6.9-23 的规定。

表 6.9-23

B、C 类火灾场所单具灭火器最小配置灭火级别

危险等级	高危险级	中危险级	低危险级
单具灭火器 最小配置灭火级别	144B	89B	34B

3）D 类火灾场所

D 类火灾场所灭火器的最小配置灭火能力，应根据金属的种类、物态及其特性等因素，经研究确定。

4）E 类火灾场所

由于 E 类火灾通常伴随着 A 类或 B 类火灾而同时发生，因此，E 类火灾场所单具灭火器最小配置灭火级别，可按 A 类或 B 类火灾场所单具灭火器最小配置灭火级别来确定。

5）F 类火灾场所

F 类火灾场所灭火器最小配置灭火级别应符合表 6.9-24 的规定。

表 6.9-24

F 类火灾场所灭火器最小配置灭火级别

灭火器最小配置灭火级别	最大保护面积 S(m²)
5F（1 具时）	$S \leqslant 0.03$
5F（2 具时）或 15F（1 具时）	$0.03 < S \leqslant 0.05$
15F（2 具时）或 25F（1 具时）	$0.05 < S \leqslant 0.08$
25F（2 具时）或 40F（1 具时）	$0.08 < S \leqslant 0.12$
40F（2 具时）或 75F（1 具时）	$0.12 < S \leqslant 0.25$
75F（2 具时）	$0.25 < S \leqslant 0.40$

（3）灭火器配置数量的基本规定

1）计算单元

计算单元是指灭火器配置的计算区域。

一个计算单元内配置的灭火器数量，应经计算确定且不得少于 2 具。这是考虑到在火灾发生时，若能同时使用两具灭火器一起灭火，则对迅速、有效地扑灭初起火灾非常有利。此外，两具灭火器还可起到相互备用的作用，既使其中一具失效，另一具仍可正常使用。

需要注意的是，不是每个灭火器配置场所均至少需要配置 2 具灭火器。在国家标准《建筑灭火器配置设计规范》GB 50140—2005 的实施过程中，曾有过此误解。原因是国家标准《建筑灭火器配置设计规范》第一版（1990 年版）曾有过此规定。但在 2005 年版中，已做了修改，将"配置场所"更换为"计算单元"。

如果某一个房间内只有一个灭火器设置点，而这个房间本身就是一个独立计算单元；则因每个计算单元至少应配置 2 具灭火器的规定，故这个设置点应设置 2 具灭火器。

2）设置点

灭火器设置点是指在灭火器配置场所内具体放置灭火器的地点或位置。

每个灭火器设置点的灭火器数量不宜多于 5 具。这样的规定，主要是从消防实战出发而制定的。也就是说，如果灭火器过多地放置在某一灭火器设置点，在失火后，可能会有不少人同时来此取灭火器，然后携灭火器同时奔向同一着火点去灭火。这样往往因相互干扰而影响灭火；甚至因异常混乱而贻误灭火良机。况且同一灭火器设置点中的灭火器数量过多，会造成灭火器托架、挂钩或灭火器箱等的尺寸过大，占用的空间亦相对较大，对正常的生产、生活和工作均可能产生不良影响。

每个灭火器设置点允许最少配置一具灭火器。过去在国家标准《建筑灭火器配置设计规范》实施过程中，曾有过"每个灭火器设置点至少应配置 2 具灭火器"的误传与误解，应予以澄清。

3）住宅建筑公共部位

对住宅建筑每层的公共部位，应按每 100m² 的建筑面积配置 2 具 2A 且同时具备扑救 E 类火灾能力的手提式水基型灭火器；建筑面积不足 100m² 者，按 100m² 计。

2. 灭火器减配系数

国家标准《建筑灭火器配置设计规范》GB 50140—2005 规定：对于歌舞娱乐放映游艺场所、网吧、商场及寺庙，地下建筑等配置场所，灭火器的增配系数为 1.3。本次规范修订中予以取消。

同时，国家标准《建筑灭火器配置设计规范》GB 50140—2005 规定：对未设置室内消火栓系统和灭火系统的配置场所，灭火器的减配系数为 1.0；对设有室内消火栓系统的配置场所，灭火器的减配系数为 0.9；对设有灭火系统的配置场所，灭火器的减配系数为 0.7；对设有室内消火栓系统和灭火系统的配置场所，灭火器的减配系数为 0.5。本次规范修订中予以取消。因灭火器是与扑救初起火灾相关的，与室内消火栓（DN65）系统或固定灭火系统没有必然的协同灭火关系；室内消火栓（DN65）系统或固定灭火系统与灭火器共同扑救初起火灾的可能性很小，故对灭火器配置数量不予减配。

但对甲、乙、丙类液体储罐区，可燃、助燃气体储罐区，可燃材料堆场等配置场所，本次规范修订中，仍维持国家标准《建筑灭火器配置设计规范》GB 50140—2005 的有关规定，即维持其灭火器的减配系数为 0.3。

6.9.5 灭火器配置设计计算

建筑灭火器配置的设计计算应按计算单元进行。每个灭火器设置点所配置的灭火器的类型，原则上不超过两种。

在设计计算过程中，灭火器最小需配数量和最小需配灭火级别总和，应取整数。如有小数点后数字，则应进位成整数。这是为了保证维持灭火器扑灭初起火灾的最小能力。

计算单元中，各灭火器设置点的灭火级别之和不应小于计算单元保护面积与单位灭火级别最大保护面积的比值。

1. 建筑灭火器配置设计计算程序

建筑灭火器配置的设计计算可按下述八个步骤进行：

1）确定各灭火器配置场所的火灾种类和危险等级；

2）划分计算单元，计算各计算单元的保护面积；

3）根据各计算单元的火灾种类和危险等级，确定灭火器的类型、单具灭火器的最小配置灭火级别和单位灭火级别的最大保护面积；

4）分别计算各计算单元中 A、B、C、E 类火灾最少需配灭火器的数量，取其最大值。对 D、F 类火灾，根据其保护要求，单独确定所需灭火器的规格（或灭火级别）和配置数量。灭火器配置数量的计算值应进位取整；

5）根据灭火器的最大保护距离，确定各计算单元中灭火器设置点的位置与数量；

6）根据各计算单元内的可燃物分布情况，确定每个灭火器设置点的灭火器配置数量；

7）确定每具灭火器的设置方式及相关要求；

8）在施工图上，用图例表示出灭火器设置点的位置与灭火器种类（类型）。用符号及字母数字表示出灭火器的型号（规格）、灭火级别与数量。

2. 计算单元的划分

灭火器配置设计的计算单元应按下列规定划分：

1）当一个楼层或一个水平防火分区内各配置场所的危险等级与火灾种类相同时，可将其划为一个计算单元；

2）当一个楼层或一个水平防火分区内各配置场所的危险等级与火灾种类不相同时，应将其划为不同的计算单元；

3）同一计算单元不得跨越防火分区和楼层；

同一计算单元内的各配置场所应是彼此连通的，否则不能作为一个计算单元对待。

4）对 D、F 类火灾场所，应根据同时存在的 A 类或 B（C）类火灾区域划分计算单元。

因为 D、F 类灭火器是分别针对 D 类或 F 类火灾部位进行特定保护而进行配置的，其所在配置场所的火灾种类属性仍应以同时存在的 A 类或 B（C）类火灾为主，故应以 A 类或 B（C）类火灾场所的类别为依据划分计算单元。

5）对住宅建筑，每家住户宜作为一个计算单元，每层的公共部位宜作为一个计算单元。

根据现行国家标准《建筑设计防火规范》GB 50016—2014 第 8.1.10 条的规定，高层住宅建筑的公共部位应设置灭火器，其他住宅建筑的公共部位宜设置灭火器。当住宅建筑的公共部位配置灭火器时，可将每个楼层的公共部位，包括走廊、通道、楼梯间、电梯候梯厅等，统一作为一个计算单元对待。

如果住户自己需要在家中配置灭火器时，可将自家作为一个计算单元单独对待。

（1）独立计算单元

如果一个计算单元只包含一个灭火器配置场所，则这个计算单元可称之为独立计算单元。

例如，一办公楼内的某楼层中有一间专用的计算机房和若干间相邻办公室。由于这间专用计算机房的危险等级与其他的办公室不相同，所以，这间专用计算机房与其他办公室分属于不同的计算单元。而这间专用计算机房本身只是一个灭火器配置场所，因此，计算机房这个计算单元就是一个独立计算单元。

(2) 组合计算单元

当一个计算单元包含两个及以上灭火器配置场所时，则可称之为组合计算单元。

例如，上例中的若干间相邻办公室，其每间办公室均是一个灭火器配置场所，且危险等级和火灾种类均相同。由于是相邻布置，因此，可将这些配置场所组合起来，作为一个计算单元来对待。这个计算单元即是组合计算单元。

3. 计算单元的保护面积

计算单元保护面积的确定应符合下列规定：

(1) 房屋建筑

房屋建筑计算单元保护面积，应按其建筑面积确定。

例如，某建筑内的一个组合计算单元，为 A、E 类中危险级火灾场所。建筑面积为 $880 \mathrm{m}^2$，故保护面积：$S=880 \mathrm{m}^2$。

(2) 甲、乙、丙类液体储罐区，可燃、助燃气体储罐区，可燃材料堆场

甲、乙、丙类液体储罐区，可燃、助燃气体储罐区，可燃材料堆场计算单元保护面积，应按储罐区、堆场的占地面积确定。

(3) 烹饪器具

烹饪器具计算单元保护面积，应按单个最大烹饪器具开口面积确定。

4. 单具灭火器的最小配置灭火级别和单位灭火级别的最大保护面积的确定

根据计算单元（配置场所）的危险等级与火灾种类，确定单具灭火器的最小配置灭火级别（见表 6.9-22～表 6.9-24）和单位灭火级别的最大保护面积（见表 6.9-19～表 6.9-21）。

配置设计中，实际选定的单具灭火器的最小配置灭火级别不应小于表 6.9-22～表 6.9-24 中的值，实际选定的单位灭火级别的最大保护面积不应大于表 6.9-19～表 6.9-21 中的值。

例如，在上例中，由于计算单元的危险等级是中危险级，火灾种类是 A、E 类；因此，根据表 6.9-22，单具灭火器的最小配置灭火级别不应少于 3A，设计中实取 $R=3A$。另根据表 6.9-19，单位灭火级别的最大保护面积不应大于 $60 \mathrm{m}^2/A$，设计中实取 $U=60 \mathrm{m}^2/A$。

因手提式灭火器即可满足 3A：E 灭火级别的要求，故选择手提式灭火器。

5. 计算单元灭火器最小配置数量的计算

(1) A、B 类火灾场所计算单元

A、B 类火灾场所计算单元灭火器最小配置数量应按公式 (6.9-1) 计算：

$$M=\frac{S}{UR} \tag{6.9-1}$$

式中　M——计算单元灭火器最小配置数量（具）；

　　　S——计算单元的保护面积（m^2）；

　　　U——A、B 类单位灭火级别最大保护面积（m^2/A、m^2/B）；

　　　R——A、B 类火灾场所单具灭火器最小配置灭火级别（A/具、B/具）。

注：如果一具灭火器同时具有 A、B 类灭火级别，当设置在 A、B 类火灾同时存在的场所时，可同时考虑（兼顾）此具灭火器的 A 类与 B 类灭火级别，即推荐采用"兼量式"

灭火器配置数量计算法（both quantitative mode calculation method）。例如，某一中危险级计算单元，经计算，需配置灭火级别总量分别为 12A 和 335B 的灭火器。首先选择使用单具灭火级别为 3A：89B 的灭火器。再按 A 类火灾考虑，计算出需要 4 具灭火器。然后，验算这 4 具灭火器能否满足对 B 类火灾的要求。因 89×4＝356（B）＞335B，故满足要求。（否则，需增加灭火器数量以满足对 B 类火灾的要求。）最终配置结果是 4 具 3A：89B 灭火器。也可先按 B 类火灾，再按 A 类火灾，重复上述计算步骤。

英国标准，自 1980 年版的《室内灭火装置与设备实施规范——第三部分：手提式灭火器》（BS 5306 part 3-80）、1985 年版（BS 5306 part 3-85）、2000 年版（BS 5306-8：2000）至 2012 年版的《室内灭火装置与设备——第八部分：手提式灭火器选择与配置——实施规范》（BS 5306-8：2012），虽未给出专用术语，但一直采用"兼量式"灭火器配置数量计算法。

国家标准《建筑灭火器配置设计规范》2005 年版及之前的 1997 年版、1990 年版实施期间，当一具灭火器同时具有 A、B 类灭火级别时，出于安全方面的保守性考虑，仅采用其某一类灭火级别（A 或 B），即采用"单一级别式"灭火器配置数量计算法（single fire rating mode calculation method）。

还有一种"半剂量分配级别法（half dose fire rating assignment mode calculation method）"，因不合理，故从未被国家标准《建筑灭火器配置设计规范》所认可。

（2）甲、乙、丙类液体储罐区，可燃、助燃气体储罐区，可燃材料堆场等计算单元

甲、乙、丙类液体储罐区，可燃、助燃气体储罐区，可燃材料堆场等计算单元灭火器最小配置数量可按公式（6.9-2）计算：

$$M=0.3\times\frac{S}{UR} \tag{6.9-2}$$

式中字母含义同公式（6.9-1）。

计算单元灭火器最小配置数量的实际选定值，应不小于计算值。

例如，在上例中，将 $S=880\text{m}^2$、$R=3A$ 和 $U=60\text{m}^2/A$ 代入公式（6.9-1），则 $M=4.9$，圆整成 $M=5$（具）。即计算单元需配手提式灭火器共 5 具。实配了 5 具，不小于计算值。

6. 灭火器设置点位置与数量的确定

根据对灭火器设置点的要求并同时满足灭火器最大保护距离等要求，确定计算单元内灭火器设置点的具体位置与数目。

例如，在上例中，根据"灭火器应设置在位置明显和便于取用的地点，且不得影响安全疏散"、"A 类中危险级火灾场所中，手提式灭火器最大保护距离不超过 20m（见表 6.9-17）"、"计算单元内任一点至少在一具灭火器的保护范围内"等要求，选定灭火器设置点共四个。

7. 每个灭火器设置点的灭火器数量的确定

根据计算单元需配灭火器的总数和灭火器设置点的数目，确定每个灭火器设置点的灭火器数量。计算单元中各灭火器设置点灭火器配置数量的实际选定值之和，不应小于计算值。

例如，在上例中，在火灾荷载相对较大的一个点设置 2 具灭火器，在火灾荷载相对较小

的三个点各设置 1 具灭火器。即在计算单元全部四个灭火器设置点中共配置了 5 具（2×1＋1×3＝5）灭火器，与计算值（5 具）相等。

如果出现灭火器设置点数量多于灭火器数量计算值的情况，则需追加灭火器的数量。

假设某计算单元中，经计算需要灭火器 5 具，而灭火器设置点需要 7 个，则实际配置的灭火器数量至少为 7 具。

8. 灭火器类型、型号（规格）的确定

根据计算单元（配置场所）的火灾种类，确定所适用灭火器的类型以及型号（规格）。

例如，在上例中，由于火灾种类是 A、E 类，设计中选择了两种类型的灭火器，一种是同时具有 A、E 灭火级别的水基型灭火器，共 3 具；一种是同时具有 A、E 灭火级别的磷酸铵盐干粉灭火器，共 2 具。

水基型灭火器的基本型号是 MS/AE，具体型号（规格）是 MSZ/3A：E；磷酸铵盐干粉灭火器的基本型号是 MF/ABCE，具体型号（规格）是 MFZ/3A：34B：C：E。

另外，一具型号（规格）为 MSZ/3A：E 的水基型灭火器也可由两具紧挨在一起设置的型号（规格）为 MSZ/2A：E 的水基型灭火器所替代。

9. 确定灭火器的设置方式和相关要求

在工程设计施工图说明中明确灭火器的设置方式、设置高度及相关要求。

例如，在上例中，手提式灭火器的设置方式为挂装，安装高度为 1.40m（自灭火器顶部至地面），铭牌应朝外设置等。

10. 平面图上完成灭火器配置设计

在工程施工图的平面图上，应使用灭火器图例具体体现出灭火器的平面布置，包括每个灭火器设置点的准确定位。同时，每个灭火器图例旁应标注出灭火器的型号（规格）和数量。

例如，在上例中，在其中一个灭火器设置点中，同时设有手提式水基型灭火器和手提式磷酸铵盐干粉灭火器各一具。手提式水基型灭火器的型号（规格）为 MSZ/3A：E，数量为 1 具，可如图 6.9-8 表示：

手提式磷酸铵盐干粉灭火器的型号（规格）为 MFZ/3A：34B：C：E，数量为 1 具，可如图 6.9-9 表示：

MSZ/3A：E×1

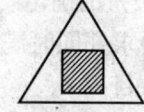
MFZ/3A：34B：C：E×1

图 6.9-8　平面图上手提式水基型　　　　　图 6.9-9　平面图上手提式磷酸铵盐
　　　　灭火器的表示方法　　　　　　　　　　　干粉灭火器的表示方法

11. 计算单元需配灭火级别的计算

计算单元最小需配灭火级别应按公式（6.9-3）计算：

$$Q=k\frac{S}{U} \tag{6.9-3}$$

式中　Q——计算单元最小需配灭火级别（A 或 B）；

　　　k——修正系数。对 A、B 类火灾场所计算单元，$k=1.0$；对甲、乙、丙类液体储罐区，可燃、助燃气体储罐区，可燃材料堆场等计算单元，$k=0.3$。

　　计算单元中各灭火器设置点实际配置的灭火级别之和，不应小于按公式（6.9-3）的计算值。这属于校核性步骤，是对灭火器配置计算结果的再检查。

　　例如，在上例中，计算单元最小需配灭火级别值，按公式（6.9-3）计算，为 $Q=14.7A$。设计布置有四个灭火器设置点，共配置 5 具灭火器，其灭火级别之和为 15A，大于最小需配灭火级别值 14.7A，符合规范要求。

6.9.6　典型工程设计举例

　　1. 电子计算机房

　　某市一幢民用建筑的第 7 层有一间专用电子计算机房，其边墙的轴线尺寸如图 6.9-10 所示。其长边为 30m，宽边为 15m，机房内设有电子计算机等设备。为保证初期消防安全，用户委托设计单位为该电子计算机房按国家设计规范配置灭火器。

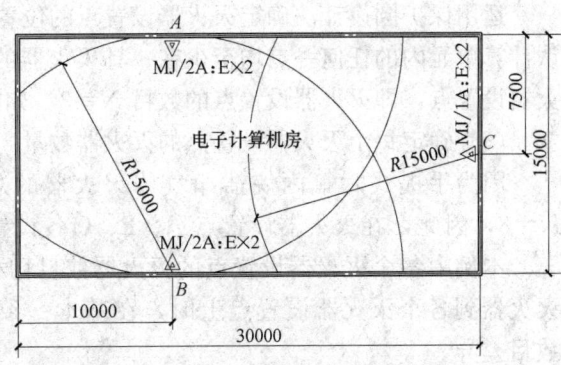

图 6.9-10　～～电子计算机房灭火器配置平面图

　　建筑灭火器配置设计计算步骤如下：

　　（1）确定灭火器配置场所的火灾种类和危险等级

　　由于计算机主机等设备属于电气设备，一旦失火，可能不允许或来不及切断电源，故可确认该机房存在 E 类火灾危险。另外，根据该机房中通常使用的物品多为计算机（内含电子电器元件）、磁盘、光盘、电线、电缆、纸张等固体可燃物，因此可以确定该机房同时有可能发生的火灾为 A 类火灾。

　　根据有关规定，该专用电子计算机房属于高危险级配置场所。

　　（2）划分计算单元并计算各计算单元的保护面积

　　因该机房与毗邻区域的危险等级与火灾种类不同，因此，可将该机房作为一个独立计算单元进行灭火器配置的设计计算。

　　该计算单元的保护面积即建筑面积为：

$$S=30×15=450m^2$$

　　（3）灭火器最低配置基准的确定

　　根据表 6.9-22，高危险级 A 类火灾场所中，单具灭火器最小配置灭火级别为 4A。但对于需要配置洁净气体灭火器的场所，单具灭火器的最小配置灭火级别可为 1A。经综合考虑，选用单具灭火级别为 $R=2A$ 的手提式六氟丙烷洁净气体灭火器。其单位灭火级别最大保护面积为 $U=40m^2/A$，即单具手提式六氟丙烷洁净气体灭火器的最大保护面积为：$UR=80m^2$。

　　（4）计算各计算单元最小需配灭火器数量

　　根据公式（6.9-1），计算单元灭火器最小配置数量：

$$M=\frac{S}{UR}=\frac{450}{40×2}=5.625$$

　　经圆整，$M=6$（具）。即实际需要 6 具灭火级别 $R=2A$ 的手提式六氟丙烷洁净气体灭火器。

需要说明的是，房屋建筑中计算单元灭火器最小配置数量，与计算单元中是否设置有室内消火栓（SN65）系统或固定灭火系统无关。

（5）确定各计算单元中灭火器设置点的位置和数量

对同时存在 A、E 类火灾的计算单元，灭火器最大保护距离按 A 类火灾场所确定。在 A 类高危险级火灾场所中，手提式灭火器的最大保护距离为 15m。

运用保护圆设计法确定灭火器设置点的位置。经过逐步调整保护圆覆盖范围并观察确认计算单元内的任何一点均至少在一具灭火器的保护之下，最终确定了 A、B、C 三个灭火器设置点，即灭火器设置点的数目 $N=3$。如图 6.9-10 所示。

（6）确定每个灭火器设置点的灭火器数量

因为手提式六氟丙烷洁净气体灭火器的总数 $M=6$（具），灭火器设置点的数目 $N=3$，因此，在灭火器设置点 A、B、C 各设置 2 具手提式六氟丙烷洁净气体灭火器。

本例中各个灭火器设置点的灭火器数目均相等，只是一个巧合。在分配计算单元的灭火器到各个灭火器设置点上时，在基本一致的前提下，允许个别灭火器设置点存在数目差异。

（7）确定灭火器类型、型号（规格）

1）灭火器的类型选择

根据电子计算机房的特点和防火要求，选用手提式六氟丙烷洁净气体灭火器。

因本例的配置场所属于卤代烷非必要配置场所，故不能配置手提式 1211 灭火器。手提式磷酸铵盐干粉灭火器虽然具备 A、E 灭火级别，但使用后，因会有部分干粉颗粒进入到电子设备内部而无法清理干净，对电子设备产生潜在的不利影响，故未予考虑。

灭火器选择理由可参阅表 6.9-25。

灭火器类型选择表　　　　　　　　　　　　　　　　　　表 6.9-25

选择因素	灭火器类型				
	水基型灭火器	磷酸铵盐干粉灭火器	碳酸氢钠干粉灭火器	二氧化碳灭火器	洁净气体灭火器
灭 A 类火灾	√	√	×	×	√
灭 E 类火灾	√	√	√	√	√
不产生污损	×	×	×	√	√
灭火速度	×	√	√	×	√
价格	√	√	√	√	√
灭火级别与重量、尺寸	√	√	×	×	√

注：1. 此表仅是针对电子计算机房的一种选型思路。

　　2. √表示可选，×表示在此场合不合适，但并不代表在其他场合不可用。

2）灭火器的型号（规格）选择

手提式六氟丙烷洁净气体灭火器的基本型号是 MJ/AE，具体型号（规格）是 MJ/2A：E。

（8）确定每具灭火器的设置方式和要求

由于电子计算机房地面比较洁净，因此选择灭火器落地安装的方式。本次规范修订中，允许灭火器底部与地面（楼板面）直接接触。

手提式六氟丙烷洁净气体灭火器摆放应稳固，其铭牌应朝外。

(9) 平面图上完成灭火器配置设计

图 6.9-11　平面图上手提式六氟丙烷洁净气体灭火器的表示方法

在工程设计施工图的平面图上，用手提式六氟丙烷洁净气体灭火器图例及定位尺寸表示出灭火器的位置，用字母及数字在图例旁标明灭火器的型号（规格）及数量。如图 6.9-11 所示。

MJ/2A：E×2 表示 2 具手提式六氟丙烷洁净气体灭火器，其单具灭火级别为 2A、E。

其中，M：灭火器；J：洁净气体；X2：2 具。带 "T" 时表示推车式灭火器，不带 "T" 时表示手提式灭火器。

该计算单元的建筑灭火器配置清单（材料表）如表 6.9-26 所示。

2. 办公楼

某机关办公楼第三层平面设计图，如图 6.9-12 所示。该楼层沿内走廊两侧的房间均为办公室，内设有集中空调、台式电脑、复印机等设备。

某电子计算机房建筑灭火器配置清单表　　　　表 6.9-26

计算单元种类	独立计算单元		计算单元名称	电子计算机房	
楼层	第 7 层		灭火器设置点数量(个)	$N=3$	
计算单元保护面积	$S=450m^2$		计算单元最小需配灭火器数量(具)	$M=6$	
灭火器设置点代号	灭火器设置点定位	灭火器		安装	
		型号（规格）	数量(具)	安装方式	安装高度
A	如图 6.9-10 所示	MJ/2A；E	2	落地安装	—
B	如图 6.9-10 所示	MJ/2A；E	2	落地安装	—
C	如图 6.9-10 所示	MJ/2A；E	2	落地安装	—
计算单元总计	—	—	6	—	—

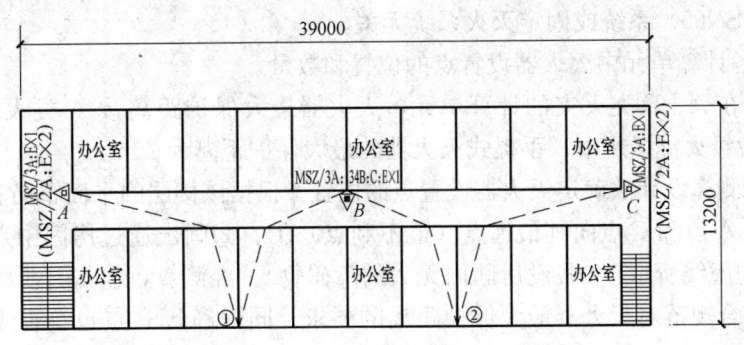

图 6.9-12　～～办公楼三层灭火器配置平面图

注：　1. A、B、C 点均设置落地式灭火器箱；

2. 灭火器亦可设置在走廊墙壁的挂钩上或（墙壁）嵌入式灭火器箱内；

3. 图中尺寸单位以 mm 计。

根据现行国家标准《建筑设计防火规范》GB 50016—2014 第 8.1.10 条的规定，公共建筑内应设置灭火器。因此，设计单位应进行灭火器的配置设计，以建立扑救初起火灾的力量。

建筑灭火器配置设计计算步骤如下：

1）确定各灭火器配置场所的火灾种类和危险等级

根据该楼层各办公室内所设置的办公桌椅、柜子、窗帘等物品均属固体可燃物，因此判断有可能发生 A 类火灾。另外，室内设有电脑和复印机以及电缆、电线等，意味着该楼层有可能同时存在 E 类火灾。

该层包括办公室、走廊和楼梯间，属于中危险级配置场所。

2）划分计算单元并计算各计算单元的保护面积

由于该层各灭火器配置场所，包括各办公室、楼梯间及走廊等的火灾种类和危险等级均相同，因此，可将该楼层作为一个组合计算单元来进行建筑灭火器配置设计。

建筑物内计算单元的保护面积应按其建筑面积确定；因此，该计算单元的保护面积为：

$$S=39\times13.2=514.8m^2$$

3）灭火器最低配置基准的确定

根据表 6.9-22，中危险级 A 类火灾场所中，单具灭火器最小配置灭火级别为 3A，单位灭火级别最大保护面积为 $U=60m^2/A$。

选定单具手提式灭火器的 $R=3A$，$U=60m^2/A$；则单具手提式灭火器的最大保护面积为：$UR=180m^2$。

4）计算各计算单元最小需配灭火器数量

根据公式（6.9-1），计算单元灭火器最小配置数量：

$$M=\frac{S}{UR}=\frac{514.8}{60\times3}=2.86$$

经圆整，$M=3$（具）。即实际需要 3 具灭火级别 $R=3A$ 的手提式灭火器。这符合一个计算单元内配置的灭火器数量不得少于 2 具的规定。

需要说明的是，房屋建筑中计算单元灭火器最小配置数量，与计算单元中是否设置有室内消火栓（SN65）系统或固定灭火系统无关。

5）确定各计算单元中灭火器设置点的位置和数量

对同时存在 A、E 类火灾的计算单元，灭火器最大保护距离按 A 类火灾场所确定。在 A 类中危险级火灾场所中，手提式灭火器的最大保护距离为 20m。

运用折线测算设计法确定灭火器设置点的位置。根据该楼层的平面布局和内走廊长向尺寸，分别从 A 点和 C 点向其最远点（最不利点）①、②画出通过房门中点的折线（如图 6.9-12 中的虚线所示）（假设房间内无大的障碍物）。经测算，得知其折线距离之和均小于 20m，符合规范对灭火器最大保护距离的要求。同样确认 B 点也符合规范对灭火器最大保护距离的要求。在确认计算单元内的任何一点均至少在一具灭火器的保护之下的前提下，最终确定了 A、B、C 三个灭火器设置点，即灭火器设置点的数目 $N=3$。如图 6.9-12 所示。A、C 点位于内走廊两侧，B 点位于内走廊中间。

6）确定每个灭火器设置点的灭火器数量

因为手提式灭火器的总数 $M=3$（具），灭火器设置点的数目 $N=3$，因此，在灭火器设置点 A、B、C 各设置 1 具手提式灭火器。

本例中各个灭火器设置点的灭火器数目均相等，只是一个巧合。在分配计算单元的灭火器到各个灭火器设置点上时，在基本一致的前提下，允许个别灭火器设置点存在数目差异。

7）确定灭火器类型、型号（规格）

经综合考虑，选用两种灭火器：水基型灭火器和磷酸铵盐干粉灭火器。

在灭火器设置点 A、C 各配置 1 具水基型灭火器，型号（规格）是 MSZ/3A：E。

注：一具型号（规格）为 MSZ/3A：E 的水基型灭火器也可由两具紧挨在一起设置的型号（规格）为 MSZ/2A：E 的水基型灭火器所替代。

在灭火器设置点 B 配置 1 具磷酸铵盐干粉灭火器，型号（规格）是 MFZ/3A：34B：C：E。

这同时符合每个灭火器设置点的灭火器数量不多于 5 具的规定。

水基型灭火器设计采用水系灭火剂 S-3-AB（−1℃），其中，S 表示水系灭火剂，3 表示混合比为 3%，AB 表示可扑救 A、B 类火灾。−1℃表示最低使用温度。

磷酸铵盐灭火剂中，磷酸二氢铵占 50%，硫酸铵占 25%。

8）确定每具灭火器的设置方式和要求

办公环境可选择落地式灭火器箱的设置方式，但不能上锁。对灭火器的设置要求应在施工图说明中予以明确。

在落地式灭火器箱的墙壁上方目视高度处，宜设有灭火器位置指示标识（见国家标准《消防安全标志　第 1 部分：标志》（GB 13495.1—2015）中"手提式灭火器"标志与"方位"辅助标志的组合使用标志），以方便使用。

9）平面图上完成灭火器配置设计

在工程设计施工图的平面图上，用手提式水基型、干粉灭火器图例及定位尺寸表示出灭火器的位置，用字母及数字在图例旁标明灭火器的型号（规格）及数量。如图 6.9-8、图 6.9-9 所示。

MSZ/3A：E1 表示 1 具手提式水基型灭火器，其单具灭火级别分别为 3A、E。

其中，M：灭火器；S：水基型；Z：贮压式；×1：1 具。带"T"时表示推车式灭火器，不带"T"时表示手提式灭火器。

MFZ/3A：34B：C：E×1 表示 1 具手提式磷酸铵盐干粉灭火器，其单具灭火级别分别为 3A、34B、C、E。其中，F：干粉；其余符号同上。

该计算单元的建筑灭火器配置清单（材料表）如表 6.9-27 所示。

某办公楼三层建筑灭火器配置清单表   表 6.9-27

计算单元种类	组合计算单元		计算单元名称	办公层	
楼层	第三层		灭火器设置点数量（个）	N=3	
计算单元保护面积	S=514.8m²		计算单元最小需配灭火器数量（具）	M=3(5)	
灭火器设置点代号	灭火器设置点定位	灭火器		安装	
		型号（规格）	数量（具）	安装方式	安装高度
A	如图 6.9-12 所示	MSZ/3A：E (MSZ/2A：E)	1 (2)	落地灭火器箱	—
B	如图 6.9-12 所示	MFZ/3A：34B；C；E	1	落地灭火器箱	—
C	如图 6.9-12 所示	MSZ/3A：E (MSZ/2A：E)	1 (2)	落地灭火器箱	—
计算单元总计			3 (5)		

6.10　厨房设备自动灭火装置

6.10.1　设置场所

1.《建规》第8.3.11条规定：

餐厅建筑面积大于1000m² 的餐馆或食堂，其烹饪操作间的排油烟罩及烹饪部位应设置自动灭火装置，并应在燃气或燃油管道上设置与自动灭火装置联动的自动切断装置。

食品工业加工场所内有明火作业或高温食用油的食品加工部位宜设置自动灭火装置。

2. 厨房设备自动灭火装置设置场所，见表6.1-4。

3. 厨房设备自动灭火装置的技术标准现状：

（1）目前，我国尚未颁布厨房设备自动灭火装置的设计、施工、验收和运营维护的国家标准。

（2）公安部颁布的现行国家行业标准《厨房设备灭火装置》GA 498 中，对厨房设备灭火装置产品的分类、型号编制、技术指标、试验方法和检验原则等进行了规定，但无相关的设计、施工、验收和维护管理要求。

（3）四川省地方标准《厨房设备细水雾灭火系统设计、施工及验收规范》DB51/T 592，对厨房设备细水雾灭火装置的设计、施工、验收和运营维护等方面提出了系统性的技术要求，为贯彻执行《建筑设计防火规范》GB 50016 提供了技术支撑。

（4）中国工程建设标准化协会标准《厨房设备灭火装置技术规程》CECS 233 对采用专用灭火剂的厨房设备灭火装置提出了要求。目前采用专用灭火剂的厨房设备自动灭火装置种类较多，不同产品之间的性能差异很大，专用灭火剂产品涉及企业专利，一般按产品的企业标准进行设计、施工和运营维护。

（5）在厨房设备自动灭火装置国家标准颁布前，本手册暂按四川省地方标准《厨房设备细水雾灭火系统设计、施工及验收规范》DB51/T 592 和现行国家相关标准的规定，进行编写。

6.10.2　厨房设备火灾的特点和分类

1. 厨房设备火灾发生的原因

（1）烹饪期间，食用油在锅内持续加热达到其闪点，自燃后燃烧，引发火灾；

（2）厨房灶台的燃料泄漏引发火灾；

（3）焦油烟罩、排油烟管道内积累的油烟垢遇明火，引发火灾。

2. 厨房设备火灾的特点

（1）常用食用油的闪点范围为160～282℃，自燃温度范围为315～445℃，食用油的平均燃烧速度比其他燃油高；

（2）具有节能技术的厨房烹饪设备采用保温措施以降低燃料成本，火灾发生时则会产生负面作用，阻碍食用油的散热；

（3）在烹饪加热期间，食用油的成分也会有所变化，从而形成新的自燃温度，它可能比原始自燃温度低28℃；除非把食用油冷却到成分变化后新的自燃温度以下，否则火被扑灭后又会发生复燃，这也是用灭火器扑灭了油锅火灾后又重新燃烧的重要原因。

3. 厨房设备火灾的分类

（1）由于食用油火灾具有与其他易燃液体火灾不同的特性，厨房火灾是一种很复杂的火灾，不能用 A、B、C、D 类火灾来标定。

（2）国际上把烹饪器具内的烹饪物（如动植物油脂）火灾定义为 F 类系（类国定义为 K 类（Kitchen）火灾。

6.10.3　厨房设备自动灭火装置的技术标准

1. 四川省地方标准的技术要求

（1）四川省地方标准《厨房设备细水雾灭火系统设计、施工及验收规范》DB51/T 592 设计喷雾强度、持续喷雾时间和冷却水供给强度，见表 6.10-1。

设计喷雾强度、持续喷雾时间和冷却水供给强度　　表 6.10-1

保护对象	设计喷雾强度 (L/(min·m²))	持续喷雾时间 (s)	冷却水供给强度 (L/(min·m²))	冷却水持续喷放时间 (min)
深炸锅	≥2.5	15~60	>1	≥15
炒菜锅	≥2.0			
排油烟管道	≥1.5			
集油烟罩	≥1.5			

（2）厨房设备细水雾灭火系统最不利点处喷头的最低工作压力不应小于 0.40MPa。

（3）冷却水供水时厨房设备细水雾灭火系统最不利点处喷头的最低工作压力不应小于 0.10MPa。

2.《细水雾灭火系统技术规范》GB 50898 规定：

用于扑救厨房内烹饪设备及其集油烟罩和排油烟管道部位的火灾时，系统的设计持续喷雾时间不应小于 15s，设计冷却时间不应小于 15min。

3. 其他相关标准

（1）《厨房设备灭火装置技术规程》CECS 233 中设计基本参数，见表 6.10-2。

厨房设备灭火装置设计基本参数　　表 6.10-2

灭火剂名称	设计喷射强度(L/(s·m²))			灭火剂持续喷射时间 (s)	喷嘴最小工作压力 (MPa)	冷却水喷嘴最小工作压力(MPa)	冷却水持续喷洒时间 (min)
	烹饪设备	集油烟罩	排油烟管道				
厨房设备专用灭火剂	0.40	0.020	0.020	10	0.1	0.05	5
细水雾	0.04	0.025	0.025	15~60	0.4	0.10	15

（2）对比以上技术标准，可见采用厨房设备细水雾灭火系统时，《细水雾灭火系统技术规范》GB 50898 和《厨房设备灭火装置技术规程》CECS 233 的技术要求，除个别参数的单位外，其技术指标与四川省地方标准《厨房设备细水雾灭火系统设计、施工及验收规范》DB51/T 592 相同。

6.10.4　厨房设备自动灭火装置的产品标准

1. 产品检验标准

（1）《厨房设备灭火装置》CA 498；

（2）《强制性产品认证实施规则　灭火设备产品》CNCA-C18-03；

（3）《强制性产品认证实施细则　灭火设备产品　泡沫灭火设备产品》CCCF-MHSB-02。

2. 厨房设备灭火装置的分类

（1）按灭火剂类别分为食用油专用灭火剂和其他灭火剂（主要指细水雾）；

（2）按灭火剂贮存形式分为贮压式和贮气瓶驱动式；

（3）按启动方式分为电启动式和机械启动式；

（4）按灭火剂贮存容器数量分为单容器式和多容器式；

（5）按是否喷射冷却水分为喷射灭火剂后自动切换喷射冷却水（有水冷却）和仅喷射灭火剂（无水冷却）；

（6）按启动方式分为自动式、机械启动式和手动式。

3. 型号编制和产品选用

（1）产品分类代号及其含义，见表 6.10-3。

厨房设备灭火装置分类代号　　　　　　　　表 6.10-3

灭火剂类别		贮存形式		启动方式		水冷却功能	
专用灭火剂	其他灭火剂	贮压式	贮气瓶驱动式	电启动	机械启动	有水冷却	无水冷却
不标注	Q	Z	不标注	D	J	S	不标注

（2）厨房设备灭火装置的型号编制：

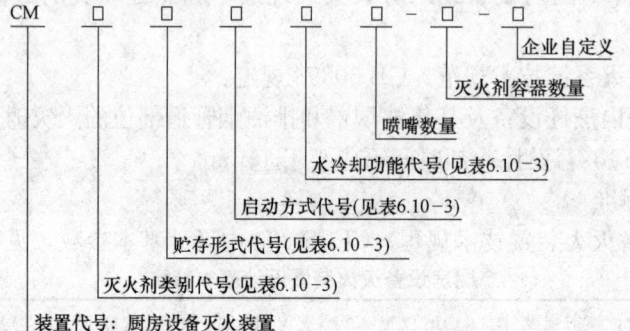

（3）餐馆或食堂烹饪操作间的集油烟罩及烹饪部位，一般选用电启动的厨房设备自动灭火装置。当采用细水雾灭火剂时，又称为厨房设备细水雾灭火装置；采用专用灭火剂时，不作标注。

（4）四川省地方标准《厨房设备细水雾灭火系统设计、施工及验收规范》DB51/T 592—2006 是针对采用了细水雾灭火剂的厨房设备自动灭火装置的地方标准。选用专用灭火剂的厨房设备自动灭火装置，其技术参数的项目类系别可参考"CMDS10-1 型产品"。

6.10.5　厨房设备细水雾灭火装置灭火系统

1. 工作原理

（1）国内外研究表明，泡沫、干粉、细水雾和专用灭火剂等都能有效扑灭食用油表面燃烧的火焰，针对食用油火灾的特点还要进一步将其冷却到自燃温度以下防止复燃。

（2）厨房设备细水雾灭火装置动作后，通过雾化喷头将气液两相灭火剂雾化喷射到防护对象上，由于细水雾雾滴直径很小，相对同样体积的水，其表面积剧增，从而加强了热交换的效能，起到了非常好的降温效果。细水雾吸收热量后迅速被汽化，使得体积急剧膨胀，从而降低了空气中氧气浓度，抑制了燃烧中氧化反应的速度，起到了窒息作用。由此可见细水雾的灭火机理：一是降温效能，吸收热量；二是窒息作用，阻断氧化反应。此外，细水雾具有非常优越的阻断热辐射传递的效能，能有效地阻断强烈的热辐射。

（3）防止食用油复燃是依靠继续喷放冷却水，使油温降至新的自燃点温度之下，从而达到目的。

2. 技术参数

以厨房设备细水雾灭火装置（CMQDS10-1 型）为例，其技术参数见表 6.10-4。

厨房设备细水雾灭火装置（CMQDS10-1 型）技术参数　　　　表 6.10-4

项目	参数	项目	参数
装置最大工作压力(55℃)	5.9MPa	系统启动方式	自动、手动、应急操作
工作环境温度	4～55℃	系统电磁启动电流	1.5A
系统工作电源	AC220V、50Hz	系统驱动气体压力	5.3MPa
可调动作温度	0～500℃	系统手动操作力	≤50N
冷却水喷洒时间	15min	系统贮存容器容积	35L
灭火剂类型	自来水或纯净水	喷头数量	6～10 只

3. 系统组成

厨房设备细水雾灭火装置由火灾探测系统、管网系统、灭火装置三部分组成，见图6.10-1。各部分组成如下：

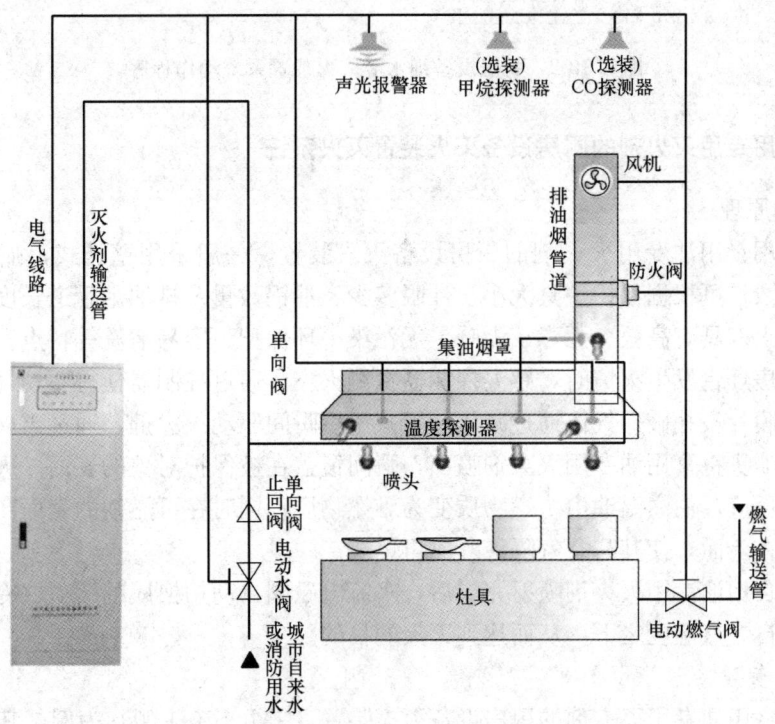

图 6.10-1　厨房设备细水雾灭火装置组成示意图

（1）火灾探测系统由温度探测器、甲烷探测器（选装）、一氧化碳探测器（选装）、探测线路等组成；

（2）管网系统由灭火剂输送管网、喷头及喷罩等组成；

（3）灭火装置由灭火剂瓶组、驱动气体瓶组、声光报警器、控制器、应急启动按钮等部分组成。

4. 操作控制

厨房设备细水雾灭火装置的系统动作程序，见图6.10-2。

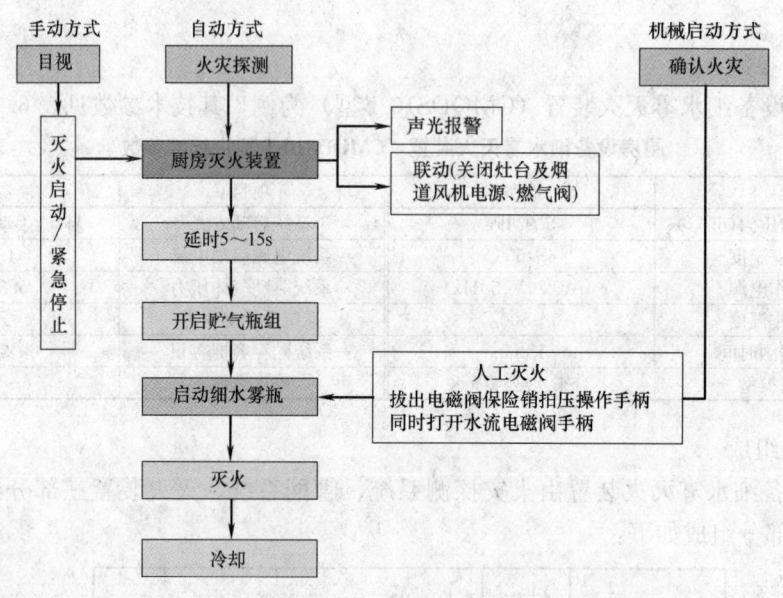

图 6.10-2　厨房设备细水雾灭火装置系统动作程序

6.10.6　采用专用灭火剂的厨房设备灭火装置灭火系统

1. 工作原理

（1）采用食用油专用灭火剂的厨房设备灭火装置，一般采用壁挂式，喷嘴为特制喷头，喷嘴的数量可根据保护炉具大小、灶眼多少、油锅数量及排油烟管道长度等确定。食用油专用灭火剂具有高效、无毒、无味、无污染、环保型、容易清洗等特点。

（2）厨房灶台发生火情时，感温探测器探测火灾，通过控制器使得驱动气瓶电磁铁启动。贮气瓶膜片被扎破，气体通过减压装置减压后瞬间驱动灭火剂，通过灭火剂输送管网和厨房专用喷头将食用油专用灭火剂喷出，瞬间覆盖在被保护对象的表面。灭火剂与高温油发生化学反应，使高温油由可燃物质变为难燃物质，同时在可燃油的表面产生一层厚厚的泡沫覆盖在上面，使其与空气隔绝，不再燃烧。

（3）待食用油专用灭火剂喷射完成后，水流电磁阀自动切换成继续喷放冷却水，使油温降至新的自燃点温度之下，从而达到灭火的目的。

2. 技术参数

以采用食用油专用灭火剂的厨房设备灭火装置（CMDS10-1型）为例，其技术参数见表 6.10-5。

采用专用灭火剂的厨房设备灭火装置（CMDS10-1 型）技术参数　　表 6.10-5

项　　目	参　　数	项　　目	参　　数
工作环境温度	4～55℃	工作电源	AC220V、50Hz
工作压力	0.8MPa	冷却水喷洒时间	≥5min
感温探测器动作温度	(135±5)℃	灭火剂类型	食用油专用灭火剂
装置喷射时间	≥10s	启动方式	自动、手动、机械应急
装置延迟喷射时间	3s	电磁启动电流	1.5A
自动切换冷却水时间	3～5s	驱动气体贮存压力	6.0MPa(20℃)
冷却水喷嘴工作压力	≥0.05MPa	手动操作力	≤150N
灭火时间	3～8s	药剂瓶容积	15L
		喷头数量	6～10 只

3. 系统组成

采用专用灭火剂的厨房设备灭火装置（壁挂式）由火灾探测系统、管网系统、灭火装置及控制器四部分组成，见图 6.10-3。各部分组成如下：

（1）火灾探测系统由感温探测器、探测线路等组成。

（2）管网系统由灭火剂输送管网、喷头、喷罩和冷却水管网等组成。

（3）灭火装置由箱体、灭火器瓶组、驱动气体瓶组、减压阀、水流电磁阀及单向阀等组成。

（4）控制器由驱动板、控制面板、蓄电池（含复冲）、声光报警器、应急启动按钮等组成。

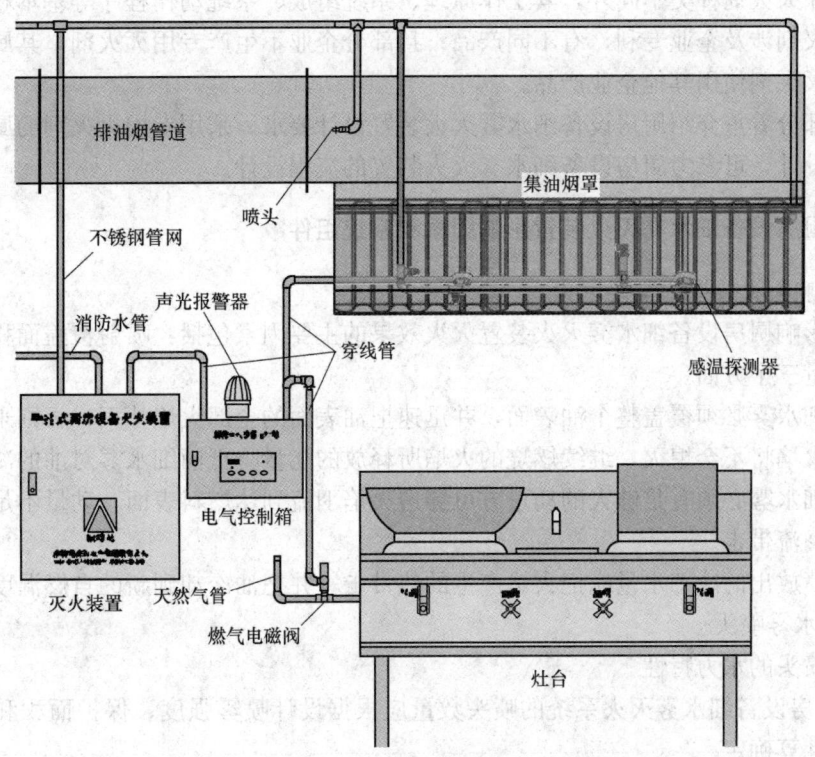

图 6.10-3　采用专用灭火剂的厨房设备灭火装置组成示意图

4. 操作控制

采用专用灭火剂的厨房设备灭火装置的系统动作程序，见图6.10-4。

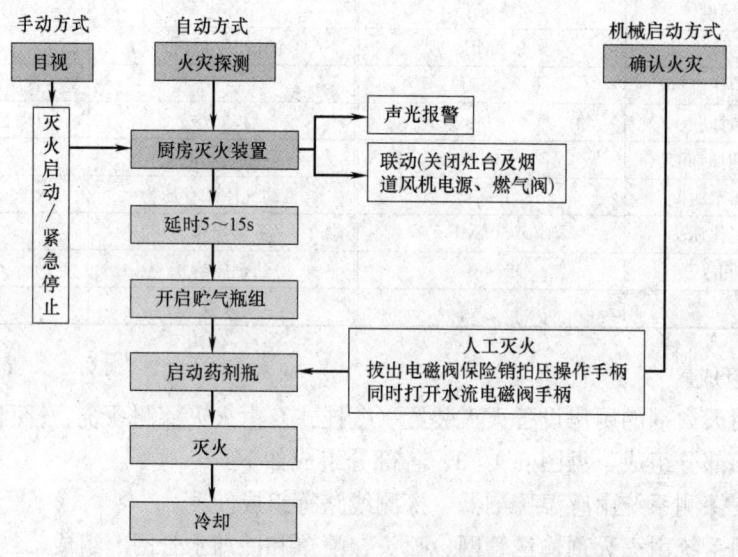

图6.10-4　采用专用灭火剂的厨房设备灭火装置系统动作程序

5. 两种常用厨房设备自动灭火装置比较

对比采用厨房设备细水雾灭火装置和采用食用油专用灭火剂的厨房设备灭火装置的系统，可见除灭火剂种类不同外，其工作原理、系统组成、系统动作程序等基本相同。食用油专用灭火剂涉及企业专利，有不同产品；且部分企业不生产专用灭火剂，其厨房设备灭火装置的灭火剂使用其他企业产品。

以下部分着重介绍厨房设备细水雾灭火装置设计要求。采用专用灭火剂的厨房设备灭火装置的设计，可参考厨房设备细水雾灭火装置的流程设计。

6.10.7　厨房设备细水雾灭火装置影响因素和系统组件

1. 影响灭火效果的主要因素

(1) 影响厨房设备细水雾灭火装置灭火效果的主要因素包括：喷射覆盖面积、水流量和喷射动量三个方面。

(2) 细水雾必须覆盖整个油表面，并迅速把油表面的全部火焰扑灭，否则未受到细水雾冲击的火焰将不会熄灭，继续燃烧的火焰所释放的能量将抵消细水雾对油的冷却效果。

(3) 细水雾必须有足够大的动量方可穿透火焰羽流到达燃料表面，动量不足时细水雾将被火焰羽流带走。

(4) 喷放出的冷却水量应把火焰产生的热带走，并把油冷却到新的自燃温度以下。

2. 细水雾喷头

(1) 喷头的水力特性

1) 厨房设备细水雾灭火系统的喷头数量应根据设计喷雾强度、保护面积和喷头水力特性进行计算确定。

2) 细水雾喷头应符合《细水雾灭火系统及部件通用技术条件》GB/T 26785的有关

规定。反映喷头水力特性的主要指标是雾滴直径、有效喷射距离和雾化角等。

3）细水雾喷头喷射出的雾滴直径是认证喷头的主要条件，也是能否快速、有效灭火的主要特性。在细水雾喷头的有效射程内，雾滴粒径小而均匀，灭火效率高，超出有效射程后喷雾性能明显下降，且可能出现漂移现象。因此，细水雾喷头与保护对象之间的距离要在喷头的有效射程之内。根据设计的喷雾距离和喷头的雾化角即可计算出单只喷头的有效覆盖圆面积。

（2）喷头布置

喷头布置应遵循对保护对象全面覆盖、不留空白的原则，保护烹饪设备的喷头宜布置在集油烟罩的前端沿，喷射方向应朝向烹饪设备的中心。保护集油烟罩的喷头布置在集油烟罩前端上部，喷射方向应有效覆盖集油烟罩易燃部位。保护排油烟管道的喷头设置在排油烟管道内防火阀前端的排油烟管道入口处，喷射方向朝向防火阀。若防火阀前的排油烟管道设有转角，应在转角处设置 1 只喷头，喷射方向亦朝向防火阀。

（3）喷头防护装置

烹饪过程中，食用油受热形成油蒸气挥发，接触喷头后遇冷凝结形成油垢，为防止堵塞喷头影响使用，喷头必须有防护装置（常用防护罩）。喷放灭火剂时，防护罩应能自动脱落或打开，不能影响细水雾喷射灭火效果。

（4）防止油品飞溅

1）高温状态下的食用油遇水会造成油滴飞溅，细水雾喷射灭火时如果有高温或燃烧中的油滴飞溅出来，会造成人身伤害，或引燃附近的可燃物致使灭火失败，其原因与喷头的喷射压力过高、雾滴直径偏大等因素有关，合理地确定细水雾喷头水力特性是防止油品飞溅的重要措施。

2）《厨房设备灭火装置》GA 498 提出了防止油品飞溅的检测规定：油品在烹调温度时，飞溅实验不得有直径大于 4.8mm 的油点飞溅出来，在灭火剂喷放过程中不得有燃烧的油液飞溅出来，在烹调器皿外不得有燃烧的油点存在。

3. 贮存装置和管道系统

（1）贮存装置

1）厨房设备细水雾灭火系统有瓶组式和泵组式之分，用于厨房烹饪设备灭火的细水雾灭火系统大多数为瓶组式，并为低压细水雾灭火系统，受到贮瓶容积和输送介质压力的限制，一个防护区可有 1 套厨房设备细水雾灭火系统保护，或有多套厨房设备细水雾灭火系统分段保护。

2）贮存装置由灭火剂贮存容器组件、驱动气体贮存容器组件、雾化器和阀门驱动装置等组成。灭火剂在常压或低压下贮存，其贮瓶应符合现行国家标准《固定式压力容器安全技术监察规程》TSG 21 的相关规定。驱动气体应采用氮气或其他惰性气体，不宜采用压缩空气，充装压力不宜大于 6MPa，且不应大于 12MPa，应符合国家现行标准《气瓶安全技术监察规程》TSG R0006 的相关规定。

（2）系统管道

1）厨房设备细水雾灭火系统按照液体输送管道分为单流体系统或双流体系统。前者采用一根管道向每只喷头供给气水混合的灭火介质，然后在喷头处利用离心或撞击作用进一步将水流分解成均匀的微小水滴；后者是将水和雾化介质各用一根管道输送，在喷头处混合并形成细水雾。

2）冷却措施要求：当食用油表面火灾被扑灭，细水雾灭火剂喷放完毕后，应在喷放细水雾后 5s 内迅速开启冷却水供给阀门，通过系统管道和喷头同时喷放冷却水继续降温，烹饪设备内的油脂温度降至油脂本身自燃点下 33℃就不会发生复燃。冷却水源可由消火栓给水系统或生活给水系统供给，如果供水压力不能满足系统要求，应设置管道泵进行增压。采用生活饮用水作为冷却水源时，应有防止污染生活饮用水的措施。

3）厨房设备细水雾灭火系统管道及附件应能承受最高温度下的工作压力，并应符合下列规定：

① 贮存装置外的细水雾灭火剂输送管宜采用不锈钢管，其质量应符合现行国家标准《流体输送用不锈钢无缝钢管》GB/T 14976 的规定；不应使用碳钢管和复合管；

② 驱动气体输送管道应采用铜管或高压软管，采用铜管时，其质量应符合现行国家标准《铜及铜合金拉制管》GB/T 1527 的规定；

③ 管道变径时应使用异径管。

4. 排油烟管道防火阀及灭火设施

（1）厨房烹饪设备的排油烟管道常常积有油垢，烹饪设备发生火灾极易蔓延到排油烟管道中去，加之烟囱效应的影响，垂直燃烧速度极快，排油烟管道内发生燃烧，小火时不意被发现，具有一定的隐蔽性，一旦察觉已经形成火灾。为阻断排油烟管道起火应设置动作温度为 150℃的防火阀，并应符合现行国家标准《建筑通风和排烟系统用防火阀门》GB 15930 的有关规定。

（2）排油烟管道内设置开式洒水喷头进行灭火，由于厨房排油烟管道的断面积不大，采用流量系数 $K=80$、工作压力≥0.05MPa 的开式洒水喷头即可，如排油烟管道垂直高度较大，可每隔 10～15m 设置 1 只喷头。供水与厨房设备细水雾灭火系统冷却水一样，可采用消火栓给水系统或生活给水系统供给，接出的管道上设置消防电磁阀，由细水雾灭火系统控制装置输出开关量信号开启电磁阀，也可设置普通阀门在需要扑灭排油烟管道内火灾时手动开启。

（3）排油烟管道内的喷头需设防护罩，喷水时自动打开或脱落。喷头应设置在平常维护清洗排油烟管道时可一并清洗维护的地方。

5. 火灾探测器

（1）厨房烹饪设备火灾应采用隔爆型热电偶作为火灾探测器的触发装置。这种感温组件是铠装芯体，具有耐高温、精度好、抗震动、耐湿热等特点，适用于存在易燃、易爆气体、油烟及蒸气的工作环境。

（2）热电偶变送器输出 4～20mA 的标准电信号，温度测量范围在 10～450℃。当采用隔爆型热电偶有困难时，也可采用易熔合金丝作为火灾探测器的触发装置。易熔合金丝结构简单、安装方便、触发动作准确，其熔断温度可由实际工况确定，动作触发形式为无源开关量信号。

（3）火灾探测器应布置在烹饪设备发生火灾时易于接触到火焰热气流的位置；感温器的安装应便于检修和清洗；感温器应固定牢固，易熔合金等机械启动感温器的拉索与感温连接机构应可靠压接。

（4）安装在烹饪设备上部的感温器，应固定在集油烟罩上；安装在排油烟管道内的感温器，宜固定在排油烟管道壁或排油烟管道外墙上，感温器的热感应部位应伸入排油烟管道内。

6. 系统控制装置的基本功能

(1) 在 AC220V、50Hz 条件下应能可靠地工作。

(2) 当需要配置备用电源时，其容量应满足在正常监视状态下连续工作 24h，此期间应能保证厨房设备细水雾灭火系统可靠启动工作。

(3) 应具有自动和手动启动功能，自动和手动状态应有明显标志，并可互相转换。

(4) 应能有效确认火灾信息发出声光报警信号并能将火警信号送往消防控制中心。

(5) 应具有厨房设备细水雾灭火系统启动时关闭燃料供给阀，并在灭火剂喷放完毕后自动切换到喷放冷却水状态的联动控制功能。

(6) 应具有厨房设备细水雾灭火系统启动时切断厨房烹饪设备电源、关闭排油烟管道内的防火阀的联动控制功能。

(7) 厨房设备细水雾灭火系统应具备机械应急启动控制功能。

6.10.8　厨房设备细水雾灭火装置设计计算

1. 系统保护面积（S）计算

厨房烹饪设备的布置按照餐饮类别（中餐、西餐、快餐、公共食堂等）、规模和厨师操作习惯而有所不同，设计时应将一组烹饪设备及所对应的集油烟罩和排油烟管道进口至排油烟管道防火阀处共同组成保护区域。细水雾灭火时，要求对保护对象全面覆盖，故设计保护面积应按其表面积确定，计算原则如下：

(1) 深炸锅、炒菜锅应按其最大投影面积计算。当有平炉设置于灶台时，可按平炉占有的灶台面积计算。

(2) 集油烟罩的保护面积应按其内表面积计算。

(3) 排油烟管道的保护面积应以防火阀前的排油烟管道内表面积计算。

2. 确定喷头数量（N）

(1) 根据烹饪设备、集油烟罩位置和防火阀前排油烟管道设置情况初步布置细水雾喷头。根据喷头的有效喷射距离和喷头雾化角计算出单个喷头有效覆盖圆面积半径，按照细水雾喷射应全面覆盖、不留空白的原则调整喷头布置，初步确定喷头数量（N_1）。

(2) 布置连接细水雾喷头的管道，应采用三通进行管道分流，不宜用四通分流，分流处应使管道两边连接的喷头和水利条件相接近。

(3) 根据设计所选用的细水雾喷头型号，以喷头的流量系数和喷头的工作压力（最不利点处喷头）计算出单只喷头的流量（q）。

(4) 根据防护对象保护面积（S）和表 6.10-1 给出的设计喷雾强度（W），按照 $N_2 = SW/q$ 计算出防护对象的喷头数量。若 $N_2 < N_1$，则设计喷头数量 $N = N_1$；若 $N_2 > N_1$，则 $N = N_2$，重新调整喷头布置和连接管道。

3. 系统的计算流量

厨房设备细水雾灭火系统的计算流量应是系统启动后同时喷放的细水雾喷头流量之和，不可按防护对象保护面积和设计喷雾强度的乘积确定。换言之，计算时从最不利点细水雾喷头开始，沿程向系统供水点推进，按各个喷头的实际工作压力逐个计算细水雾喷头流量，以同时喷放的全部细水雾喷头流量之和确定系统的计算流量。计算时应包括管道、阀门、过滤器和所有管道零件的总水头损失，同时考虑标高改变等因素对流量的影响。

4. 设计流量、灭火剂和驱动气体贮瓶容积

（1）为了保证喷雾强度和持续喷雾时间，考虑到灭火剂贮存容器和系统管道残留等因素的影响，系统设计流量应在计算流量的基础上适当增加一定的富余量，即乘以 1.05～1.10 的安全系数。

（2）灭火剂贮瓶的容积不应小于系统设计流量和持续喷雾时间的乘积。

（3）驱动气体贮瓶容积按灭火剂贮瓶容积的 0.6～1.0 倍确定。

（4）按灭火剂和驱动气体贮瓶容积和控制要求等条件选择贮存装置（柜）的型号。

5. 冷却水设计流量

（1）冷却水喷放在细水雾喷放完毕后进行，目的是防止食用油复燃，只要不关闭供水阀，冷却水就可以不断地供给，直到确认再也不能够复燃为止。

（2）冷却水设计流量可采用最不利点喷头与最有利点喷头的给水流量平均值与喷头数的乘积求得。由于平均给水流量不等于实际给水流量，故需乘以安全系数 1.15～1.30，以此作为冷却水设计流量。

6.10.9 厨房设备自动灭火装置的维护和保养

1. 基本要求

（1）厨房设备自动灭火装置投入使用后，应进行日常维护和保养。

（2）厨房设备自动灭火装置应由经专门培训的专业人员定期进行维护和检查，并做好记录。

（3）为确保系统的工作状态，应保持 24h 不间断 AC220V、50Hz 电源以及备用电源。

2. 日常维护保养

日常维护保养的主要项目，见表 6.10-6。

日常维护保养   表 6.10-6

维护项目		工作内容及要求	维护保养周期		
			每日	每周	每月
标识牌警示牌	驱动气体瓶组	标识牌、警示牌是否清晰完整	★	—	—
控制部分	控制器	部件固定牢靠、外观完好	★	—	—
		擦拭，保持部件清洁	★	—	—
		显示功能正常	★	—	—
		显示状态是否正常，应无报警显示	★	—	—
	驱动气体瓶组	氮气压力表指针应在绿区范围内	—	—	★
	启动管路	管路应无变形、裂痕	—	—	★
		接头应完好，无松动	—	—	★
管网	灭火剂输送管网	管路及管件应无变形、裂痕	—	★	—
喷头	喷头帽	喷头帽应保持在喷头上，无脱落	—	★	—

3. 定期维护保养

定期维护保养的主要项目，见表 6.10-7。

定期维护保养

表 6.10-7

维护项目		工作内容及要求	维护保养周期		
			每季	每年	每3年
装置部分	贮气瓶	按《气瓶安全监察规程》的规定进行外部检查	—	★	—
		按《气瓶安全监察规程》的规定进行内外部检验	—	—	★
	驱动气体瓶组	氮气压力表指针应在绿区范围内	★	—	—
	系统功能测试	自动、手动、应急启动等联动测试	—	★	—
控制部分	控制器	检查主电源是否为独立和不间断	★	—	—
		检查备用电源供电是否正常	★	—	—
		蓄电池更新	—	★	—
		各键功能是否正常	—	★	—
		接线应无松动	—	★	—
		联动火灾报警控制器模拟喷放试验,功能是否正常	—	★	—
管网	灭火剂输送管网	检查管网各连接部位是否牢靠	—	★	—
		检查管网是否堵塞	—	★	—
		按《在用工业管道定期检验规程》的规定进行检验	—	★	—
	支架、吊架	是否牢靠,有无松动现象	—	★	—
喷头		喷头与管网的连接是否牢靠	—	★	—
		喷头是否堵塞	—	★	—

6.11　自动跟踪定位射流灭火系统

6.11.1　适用范围及设置场所

1. 适用范围

自动跟踪定位射流灭火系统是近年来由我国自主研发的一种全新的自动灭火系统。该系统以水为喷射介质，利用红外、紫外、数字图像或其他火灾探测装置对烟、温度、火焰等的探测进行早期火灾的自动跟踪定位，并运用自动控制方式实施射流灭火。自动跟踪定位射流灭火系统全天候实时监测保护场所，对现场的火灾信号进行采集和分析。当有疑似火灾发生时，探测装置捕获相关信息并对信息进行处理，如果发现火源，则对火源进行自动跟踪定位，准备定点（或定区域）射流（或喷洒）灭火，同时发出声光警报和联动控制命令，自动启动消防水泵、开启相应的控制阀门，对应的灭火装置射流灭火。该系统是将红外、紫外传感技术、烟雾传感技术、计算机技术、机电一体化技术有机融合，实现火灾监控和自动灭火为一体的固定消防系统，尤其适合于空间高度高、容积大、火场温升较慢、难以设置闭式自动喷水灭火系统的高大空间场所。

近年来，自动跟踪定位射流灭火系统在我国的众多体育场馆、展览厅、剧院、机场与火车站的候车厅、带有大型中庭的商业建筑、家具城、工业厂房等各类重要场所已得到广泛应用。本系统采用的灭火装置包括了额定流量大于16L/s的自动消防炮，以及额定流量不大于16L/s的喷射型和喷洒型自动射流灭火装置，这些灭火装置的设计和应用均是为了解决高大空间场所火灾防控难的问题。事实上，根据自动跟踪定位射流灭火系统的工作原理和特性，该系统也适用于部分常规空间高度的场所。

2. 设置场所

见表6.1-4。

6.11.2　系统分类与组成

1. 系统分类

自动跟踪定位射流灭火系统由灭火装置、探测装置、控制装置和消防供液部分等组成。根据灭火装置射流方式和流量分为自动消防炮灭火系统、喷射型自动射流灭火系统和喷洒型自动射流灭火系统，具体如下：

（1）自动消防炮灭火系统

灭火装置的流量大于16L/s的自动跟踪定位射流灭火系统。

（2）喷射型自动射流灭火系统

灭火装置的流量不大于16L/s且不小于5L/s、射流方式为喷射型的自动跟踪定位射流灭火系统。

（3）喷洒型自动射流灭火系统

灭火装置的流量不大于16L/s且不小于2L/s、射流方式为喷洒型的自动跟踪定位射流灭火系统。

2. 系统组成

（1）自动跟踪定位射流灭火系统的设备组成见表6.11-1。

自动跟踪定位射流灭火系统的设备组成 表6.11-1

系统组件	自动消防炮灭火系统	喷射型自动射流灭火系统	喷洒型自动射流灭火系统
自动消防炮	√	×	×
喷射型自动射流灭火装置	×	√	×
喷洒型自动射流灭火装置	×	×	√
探测装置	√	√	√
控制装置	√	√	√
消防泵组和消防泵站	√	√	√
阀门和管道	√	√	√
高位消防水箱或气压稳压装置	√	√	√
水流指示器		√	√
模拟末端试水装置	√	√	√
消防水泵接合器		√	√

注：√为必配项，×为不配项。

（2）自动跟踪定位射流灭火系统基本组成示意图如图 6.11-1、图 6.11-2 所示。

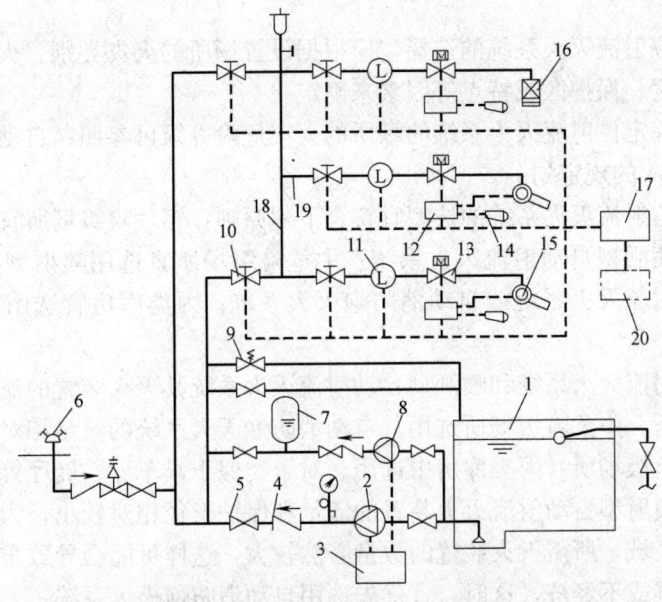

图 6.11-1　自动消防炮灭火系统/喷射型自动射流灭火系统基本组成示意图

1—消防水池；2—消防水泵；3—消防水泵/稳压泵控制柜；4—止回阀；5—手动阀；6—水泵接合器；

7—气压罐；8—稳压泵；9—泄压阀；10—检修阀（信号阀）；11—水流指示器；12—控制模块箱；

13—自动控制阀（电磁阀或电动阀）；14—探测装置；15—灭火装置；16—模拟末端试水装置；

17—控制装置（控制主机、现场手动控制盘等）；18—供水管网；19—供水支管；

20—联动控制器（或自动报警系统主机）

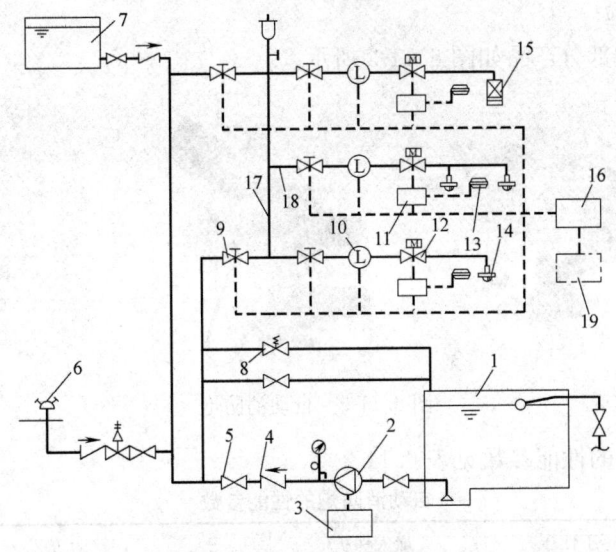

图 6.11-2　喷洒型自动射流灭火系统基本组成示意图

1—消防水池；2—消防水泵；3—消防水泵控制柜；4—止回阀；5—手动阀；6—水泵接合器；7—高位消防水箱；

8—泄压阀；9—检修阀（信号阀）；10—水流指示器；11—控制模块箱；12—自动控制阀（电磁阀或电动阀）；

13—探测装置；14—灭火装置；15—模拟末端试水装置；16—控制装置（控制主机、现场手动控制盘等）；

17—供水管网；18—供水支管；19—联动控制器（或自动报警系统主机）

6.11.3 系统选型

自动跟踪定位射流灭火系统的选择，应根据设置场所的火灾类别、火灾危险等级、环境条件、空间高度、保护区域特点等因素来确定。

设置自动跟踪定位射流灭火系统的场所的火灾危险等级可参照《自动喷水灭火系统设计规范》GB 50084 的规定划分。

自动跟踪定位射流灭火系统的选型宜符合下列原则：轻危险级场所宜选用喷射型自动射流灭火系统或喷洒型自动射流灭火系统；中危险级场所宜选用喷射型自动射流灭火系统、喷洒型自动射流灭火系统或自动消防炮灭火系统；丙类库房宜选用自动消防炮灭火系统。

喷射型自动射流灭火系统和喷洒型自动射流灭火系统其灭火装置的流量相对较小，推荐在轻危险级场所、中危险级场所选用。自动消防炮灭火系统的流量相对较大、灭火能力更强，可在中危险级场所、丙类库房中选用。对于类似于候车厅、展厅等空间较大的中危险级场所，由于喷射型自动射流灭火装置的流量和保护半径相对较小，为了满足探测及射流覆盖所有保护区域，所需灭火装置的数量必然较大，这样可能会导致布置喷射型自动射流灭火装置有困难或不经济，这时，宜优先选用自动消防炮灭火系统。

6.11.4 系统组件

1. 灭火装置

自动跟踪定位射流灭火系统的灭火装置包括三种：自动消防炮、喷射型自动射流灭火装置、喷洒型射流灭火装置。

（1）自动消防炮

1）自动消防炮部分产品如图 6.11-3 所示。

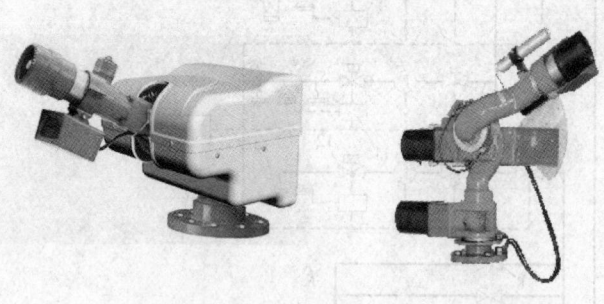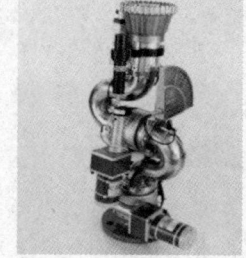

图 6.11-3 自动消防炮

2）自动消防炮的性能参数见表 6.11-2。

自动消防炮的性能参数 表 6.11-2

额定流量 （L/s）	额定工作压力 上限（MPa）	最大保护 半径（m）	定位时间（s）	最小安装 高度（m）	最大安装 高度（m）
20		42			
30	1.0	50	≤60	8	35
40		52			
50		55			

（2）喷射型自动射流灭火装置

1）喷射型自动射流灭火装置部分产品如图 6.11-4 所示。

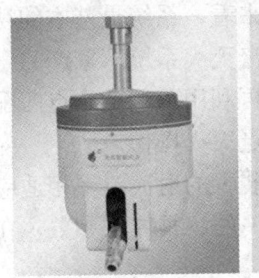

图 6.11-4　喷射型自动射流灭火装置

2）喷射型自动射流灭火装置的性能参数见表 6.11-3。

喷射型自动射流灭火装置的性能参数　　　　表 6.11-3

额定流量 （L/s）	额定工作压力 上限（MPa）	最大保护 半径（m）	定位时间（s）	最小安装 高度（m）	最大安装 高度（m）
5	0.8	20	30	6	20
10		28			25

（3）喷洒型自动射流灭火装置

1）喷洒型自动射流灭火装置部分产品如图 6.11-5 所示。

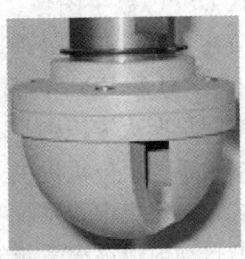

图 6.11-5　喷洒型自动射流灭火装置

2）喷洒型自动射流灭火装置的性能参数见表 6.11-4。

喷洒型自动射流灭火装置的性能参数　　　　表 6.11-4

额定流量 （L/s）	额定工作压力 上限（MPa）	最大保护 半径（m）	定位时间（s）	最小安装 高度（m）	最大安装 高度（m）
2	0.6	6	≤30	2.5	6
5					25
10		7		6	

2. 探测装置

自动跟踪定位射流灭火系统的探测装置可选用多种火灾探测器，如感温、光敏、图像、复合式等火灾探测器作为探测装置的主要构成部件。探测装置应能有效探测和判定保护区域内的火源。探测装置的监控半径应与对应的灭火装置的保护半径或保护范围相匹配。探测装置采用复合探测方式,如感烟和图像复合、红外和紫外复合、红外和图像复合、红外双波段或红外多波段复合等,使火灾探测更加可靠,防止误喷的发生。

但从自动跟踪定位射流灭火系统的特性来看,系统最基本的功能是探测火源和定点灭火功能。综合目前国内多个自动跟踪定位射流灭火系统厂家产品,目前选用的火灾探测器主要类型为图像型和光敏型,探测火源后,再利用图像中心点匹配法或多级扫描辐射最高强度阈值判定法,通过系统控制装置进行定点灭火操作。

探测装置的探测范围应与相对应的灭火装置的射流范围相适应。由于目前各厂家采用的探测装置探测方式种类较多,难以给出统一的、具体的参数,在设计中应根据具体情况进行选型配置。

(1) 自动消防炮系统的探测定位方式

1) 图像型火灾探测定位

采用图像方式,对早期火灾的火焰和烟气进行探测,实现火灾可视化报警,利用图像中心点匹配法对火源进行跟踪定位并自动灭火。

2) 红紫外光敏探测与多级扫描定位

探测装置包括设置在保护现场的第一级火灾探测器(如复眼多波段火灾探测器)、设置在消防炮本体上的第二、三级扫描定位红外线火灾探测器。第一级探测器发现火灾并初步定位火灾区域,启动相应消防炮红外线探测器作横向与纵向扫描,再次探测确认火灾并定位火源自动灭火。

3) 嵌入式视频火灾识别与定位

利用嵌入式 DSP、数字图像、自动控制等技术实现对大空间早期火灾检测与定位,火灾识别与定位在各节点就地处理。

利用 DSP、ARM 和 FPGA 等微处理器芯片为智能节点,结合数字图像、自动控制等技术实现对大空间早期火灾识别与定位。嵌入式视频早期火灾识别与定位工作为智能节点就地处理,直接为系统上位机提供火灾发生确认、火灾位置、现场视频等信息。该方式为分布式处理模式,对比集中式系统上位机处理模式,大幅减少上位机工作量和轮询时间。

(2) 喷射型自动射流灭火系统的探测定位方式

相比自动消防炮,喷射型自动射流灭火装置的流量较小、压力较低,保护半径也较小,目前现有的产品所采用的探测定位装置,大多为红外线探测器多级复合扫描定位方式,也可紫外和红外探测器多级复合探测。

(3) 喷洒型自动射流灭火系统的探测定位方式

通常采用将探测装置与喷洒型自动射流灭火装置分开设置的方式,在系统布置时通常采用一带一(一个探测器对应一个灭火装置)、一带二、一带四等几种方式。当火灾发生时,发现火灾的探测器所对应的灭火装置自动开启射流灭火。该系统具有定位火灾区域自动灭火的功能。

(4) 探测装置部分产品如图 6.11-6 所示。

3. 控制装置

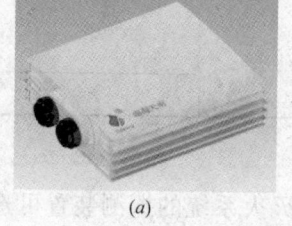
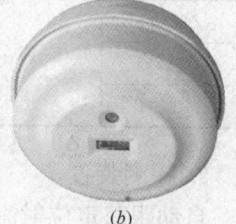

(a)   (b)

图 6.11-6 探测装置

(a) 双波段图像火灾探测器;(b) 红外线火灾探测器

(1) 控制装置是系统的控制和信息处理组件，能够接收并及时处理火灾探测信号，发出控制和报警信息，驱动灭火装置定点灭火，接收反馈信号，同时完成相应的显示、记录、并向火灾报警控制器或消防联动控制器传送信号等功能。

(2) 控制装置包括：控制主机（远程控制盘、视频信息存储器、显示器、主机电源、UPS 电源、警报装置、打印机）、信号处理器（火灾信号处理单元、驱动信号处理单元、反馈信号处理单元、解码器）、区域控制箱、现场控制盘等。

(3) 自动跟踪定位射流灭火系统的控制装置除了发现火灾时快速发出多种形式的报警信息外，还应具有与其他火灾自动报警系统、灭火系统和安防系统设备联动或对接的功能，以达到信息共享，提高灭火救灾效率。设置自动跟踪定位射流灭火系统的场所，其所在的建筑物常常还设有火灾自动报警和其他各种消防联动控制设备。这些场所的自动跟踪定位射流灭火系统应作为建筑物火灾自动报警系统的一个子系统，兼有火灾控制和灭火功能，同时将火灾报警信号及其他相关信号送至建筑物消防控制中心，火灾自动报警系统控制器报警，并联动控制相关区域的消防设备。

(4) 控制装置应能控制消防泵的启、停，控制自动消防炮或喷射型射流灭火装置的俯仰、水平回转和相关阀门的动作，控制灭火装置的射流状态，控制多台灭火装置进行联动工作。控制装置的控制功能除应控制灭火装置外，还应能控制控制灭火装置射流状态以及控制阀门的启、闭等。手动控制有控制室手动控制和现场手动控制两种方式，手动控制相对于自动控制具有优先权。控制室手动控制是通过设置在消防控制室内的控制主机的操作面板进行人工操作的控制方式，现场手动控制是通过人工操作现场控制盘的控制方式。控制室手动控制和现场手动控制具有同等优先权。现场控制盘是用专用线路直接连接至设置在消防控制室内的控制主机的手动控制盘，应能手动控制灭火装置瞄准火源，消防泵启、停，以及灭火装置的射流状态，现场控制盘宜设置在手动操作人员的视距内。

(5) 控制装置部分产品如图 6.11-7 所示。

图 6.11-7　控制装置（控制主机、信号处理、现场控制盘等）

4. 消防泵组和消防泵站

(1) 消防泵组应按 1 用 1 备、2 用 1 备的比例设置备用泵。备用泵的工作能力不应小于其中工作能力最大的一台工作泵。

(2) 按二级负荷供电的建筑，宜采用柴油机泵组作备用泵。

(3) 柴油机消防泵房应设置进气和排气的通风装置，室内环境应符合柴油机的使用要求。

(4) 系统的消防泵和稳压泵应采用自灌式吸水方式。

(5) 每台消防泵宜设独立的吸水管从消防水池吸水。当每台消防泵单独从消防水池吸水有困难时，可采取单独从吸水总管上吸水。吸水总管伸入消防水池的引水管不应少于 2 根，当其中 1 根关闭时，其余的引水管应能通过全部的用水量。

(6) 消防泵站应有不少于 2 根的出水管直接与系统供水干管连接。当其中 1 根出水管关闭时，其余的出水管应仍能通过全部用水量。

(7) 消防泵吸水管上应设置过滤器、真空压力表和控制阀，控制阀宜采用闸阀。

(8) 消防泵出水管上应设止回阀、控制阀、压力表和公称直径不小于 65mm 的试水阀，压力表量程应为消防泵额定工作压力的 2~2.5 倍。必要时，消防泵出水管上应采取防止系统超压的措施。

(9) 消防泵站内的电气设备应采取有效的防水、防潮和防腐蚀等措施。

(10) 消防泵站内应设置排水设施。

5. 阀门和管道

(1) 自动消防炮灭火系统和喷射型自动射流灭火系统每台灭火装置、喷洒型自动射流灭火系统每组灭火装置之前的供水管路应布置成环状管网。环状管网的管道管径应按对应的设计流量确定。

(2) 系统的环状供水管网上应设置具有信号反馈的检修阀，检修阀的设置应确保在管路检修时，受影响的供水支管不大 5 根。

(3) 每台自动消防炮或喷射型自动射流灭火装置、每组喷洒型灭火装置的供水支管上应设置自动控制阀和具有信号反馈的手动控制阀，自动控制阀应设置在靠近灭火装置进口的部位。

(4) 信号阀、自动控制阀的启、闭信号应传至消防控制室。

(5) 室内、室外架空管道宜采用热浸锌镀锌钢管等金属管材。架空管道的连接宜采用沟槽连接件（卡箍）、螺纹、法兰、卡压等方式，不宜采用焊接连接。

(6) 埋地管道宜采用球墨铸铁管、钢丝网骨架塑料复合管和加强防腐的钢管等管材。埋地金属管道应采取可靠的防腐措施。

(7) 阀门应密封可靠，并应有明显的启、闭标志。

(8) 在系统供水管道上应设泄水阀或泄水口，并应在可能滞留空气的管段顶端设自动排气阀。

(9) 水平安装的管道宜有不小于 1‰ 的坡度，并应坡向泄水阀。

(10) 当管道穿越建筑变形缝时，应采取吸收变形的补偿措施。

(11) 当管道穿越承重墙时，应设金属套管；当穿越地下室外墙时，还应采取防水措施。

6. 高位消防水箱和气压稳压装置

(1) 采用临时高压给水系统的自动跟踪定位射流灭火系统，应设高位消防水箱。自动跟踪定位射流灭火系统可与消火栓系统或自动喷水灭火系统合用高位消防水箱。

(2) 高位消防水箱的设置位置高度应高于其所服务的灭火设施，且最低有效水位高度应满足最不利点灭火装置的工作压力，其有效储水量应符合现行国家标准《消防给水及消火栓系统技术规范》GB 50974 的有关规定。

(3) 当高位消防水箱的设置高度不能满足系统最不利点灭火装置的工作压力时，系统应设气压稳压装置。气压稳压装置的设置应符合下列规定：供水压力应保证系统最不利点灭火装置的设计工作压力；稳压泵流量宜为 1～5L/s，并小于一个最小流量灭火装置工作时的流量；稳压泵应设备用泵；气压稳压装置的气压罐宜采用隔膜式气压罐，其调节水容积应根据稳压泵启动次数不大于 15 次/h 计算确定，且不宜小于 150L。

7. 水流指示器

(1) 每台自动消防炮及喷射型自动射流灭火装置、每组喷洒型灭火装置的供水支管上应设置水流指示器，且应安装在手动控制阀的出口之后。

(2) 水流指示器的公称压力不应小于系统工作压力的 1.2 倍。

(3) 水流指示器应安装在便于检修的位置，当安装在吊顶内时，吊顶应预留检修孔。

(4) 水流指示器的公称直径应与供水支管的管径相同。

8. 模拟末端试水装置

(1) 每个防火分区的管网最不利点处应设模拟末端试水装置。

(2) 模拟末端试水装置应由探测部件、试水阀、压力表、试水接头及排水管组成，并应符合下列规定：探测部件应与系统所采用的型号规格一致；试水阀的公称直径应与灭火装置前的供水支管相同；试水接头的流量系数（K 值）应与灭火装置相同。

(3) 模拟末端试水装置的出水，应采取孔口出流的方式排入排水管道。排水立管宜设伸顶通气管，管径应经计算确定，且不应小于 75mm。

(4) 模拟末端试水装置宜安装在便于进行操作测试的地方。

(5) 模拟末端试水装置应设置明显的标识，试水阀距地面的高度宜为 1.5m，并应采取不被他用的措施。

9. 消防水泵接合器

(1) 系统应设消防水泵接合器，其数量应根据系统的设计流量计算确定，每个消防水泵接合器的流量宜按 10～15L/s 计算。

(2) 消防水泵接合器应设置在便于消防车接近的人行道或非机动车行驶地段，距室外消火栓或消防水池取水口的距离宜为 15～40m。

6.11.5 系统设计

1. 系统供水

(1) 消防水源、消防水泵、消防水泵房、水泵接合器的设计应符合现行国家标准《消防给水给水及消火栓系统技术规范》GB 50974 的有关规定。

(2) 自动消防炮灭火系统应设置独立的消防水泵和供水管网，喷射型射流灭火系统和喷洒型射流灭火系统宜设置独立的消防水泵和供水管网。

(3) 当喷射型自动射流灭火系统或喷洒型自动射流灭火系统与自动喷水灭火系统共用消防水泵及供水管网时，应符合下列规定：

1) 两个系统同时工作时，系统设计水量、水压及一次灭火用水量应满足两个系统同时使用的要求；

2) 两个系统不同时工作时，系统设计水量、水压及一次灭火用水量应满足较大一个系统使用的要求；

3) 两个系统应能正常运行，互不影响。

（4）自动跟踪定位射流灭火系统的供水管路在自动控制阀前应采用湿式管路；

2. 系统设计与布置

（1）根据设置场所的净空高度、平面布局等建筑条件，合理布置灭火装置。同一防火分区内宜采用相同规格型号的灭火装置。如需混合采用多种灭火装置时，应采取措施保证各灭火装置的设计工作压力和流量。

（2）自动消防炮灭火系统和喷射型自动射流灭火系统应保证至少两台灭火装置的射流到达被保护区域的任一部位。

（3）自动消防炮灭火系统用于扑救民用建筑内火灾时，单台炮的流量不应小于 20L/s；用于扑救工业建筑内火灾时，单台炮的流量不应小于 30L/s。

（4）喷射型自动射流灭火系统用于扑救轻危险级场所火灾时，单台灭火装置的流量不应小于 5L/s；用于扑救中危险级场所火灾时，单台灭火装置的流量不应小于 10L/s。

（5）喷洒型自动射流灭火系统的灭火装置布置应能使射流完全覆盖被保护场所及被保护物。系统的设计参数应不低于表 6.11-5 的规定。

喷洒型射流灭火系统的设计参数   表 6.11-5

保护场所的火灾危险等级		保护场所的净空高度（m）	喷水强度（L/(min·m²)）	作用面积（m²）
轻危险等级			4	
中危险等级	I 级	≤20	6	300
	II 级		8	

喷洒型自动射流灭火系统在灭火作用方式上类似于自动喷水灭火系统的雨淋系统。它是通过探测装置探测到着火点，并自动开启对应区域的灭火装置进行局部喷洒灭火的雨淋系统，具有准确定位快速灭火和抑制火灾的作用，并具有水渍损失小的特点。

表 6.11-5 规定了对于喷洒型自动射流灭火系统应用场所的净空高度为不大于 20m，其喷水强度按《自动喷水灭火系统设计规范》GB 50084 规定的对应危险等级场所的要求选取，作用面积为 300m²。以目前喷洒型灭火装置产品的主要流量规格 5L/s 为例，其标准保护半径为 6m，对于火灾轻微险级场所，按 4L/(min·m²) 的喷水强度，灭火装置正方形布置，两个相邻灭火装置的间距为 8.4m，如图 6.11-8 所示，$a = b = 8.4m$。考虑在四个灭火装置的交叉覆盖点着火，这时四个灭火装置会同时打开射流灭火，其保护面积为 $16.8 \times 16.8 \approx 282m²$，为便于计算，取整数 300m²。对于其他危险级，喷水强度加大，喷头布置更密，数量对应增加，但 300m² 不变。喷洒型自动射流灭火系统对应火灾轻危险级、中危险 I 级、中危险 II 级的设计流量分别为 20L/s、30L/s、40L/s，稍大于自动喷水灭火系统的设计流量。但是，值得注意的是，对于本系统，设计流量考虑的是在灭火装置的交叉覆

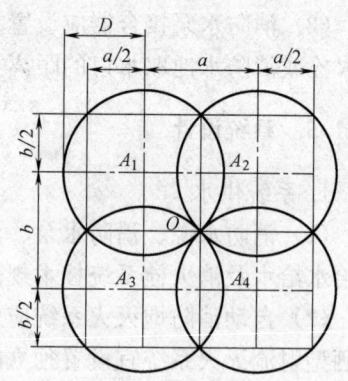

图 6.11-8 灭火装置布置示意图

a——灭火装置与灭火装置间的纵向水平间距（m）；

b——灭火装置与灭火装置间的横向水平间距（m）。

盖区域着火的不利情况下系统所需要的流量，在实际灭火情况下，更多的可能是实际用水流量小于设计流量。

(6) 自动跟踪定位射流灭火系统中，灭火装置的设计同时开启数量应按下列原则确定：

1) 自动消防炮系统和喷射型自动射流灭火系统，数量为两台。

2) 喷洒型自动射流灭火系统，为表 6.11-5 中规定的作用面积内所包含的灭火装置的数量。若最大的一个防火分区面积不大于 300m²，则按其实际面积所包含的灭火装置数量。

对于喷洒型自动射流灭火系统，以流量规格为 5L/s 的灭火装置为例，火灾轻危险级、中危险Ⅰ级、中危险Ⅱ级的灭火装置设计开启数量分别为 4 个、6 个、8 个。根据目前的产品和工程设计实际情况，喷洒型自动射流灭火系统中的探测装置和灭火装置多为分体式安装，一个探测装置对应一组灭火装置，一组灭火装置可以是 1 台、2 台或 4 台。若某个探测装置探测到火情，则对应的一组灭火装置同时喷洒灭火。因为要保证探测和射流全覆盖保护区域，则不可避免会出现交叉覆盖区域。在探测装置的交叉覆盖区域出现火情时，对应的两组或两组以上灭火装置会同时启动射流灭火。需要强调的是，设计中应做到，探测装置的有效探测交叉区域内发生初期火灾（设火源为圆形，直径为 570mm）时，不应有大于设计开启数量的灭火装置开启。如果 1 个探测装置对应 4 个灭火装置可行，那么可以设计使用，如果 1 个探测装置对应 4 个灭火装置不可行，那么只能采取 1 个探测装置对应 2 个灭火装置或者 1 个探测装置对应 1 个灭火装置。否则，如果仅仅为了使系统管路设计简单和节约成本，而简单采取 1 个探测装置对应 4 个灭火装置的设计方案，将可能导致在探测装置的有效探测交叉区域着火时，实际开启的灭火装置数量远远大于设计同时开启数量，喷洒区域增大，喷洒强度降低，达不到灭火和控火的目的。

(7) 自动跟踪定位射流灭火系统的设计流量应为设计同时开启的灭火装置流量之和，且应不小于 10L/s。

(8) 自动跟踪定位射流灭火系统的持续喷水时间，应按不小于 1h 确定。

(9) 灭火装置的选型设计应符合下列规定：

1) 灭火装置的最大保护半径应按产品的指标值确定。

2) 灭火装置的设计工作压力与产品额定工作压力不同时，应在产品规定的工作压力范围内选用。

(10) 灭火装置的设计最大保护半径应符合下列规定：

1) 自动消防炮和喷射型自动射流灭火装置按公式（6.11-1）计算：

$$D = D_0 \cdot \sqrt{\frac{P_e}{P_0}} \qquad (6.11\text{-}1)$$

式中 D——灭火装置的设计最大保护半径（m）；

D_0——灭火装置在额定工作压力时的最大保护半径（m）；

P_e——灭火装置的设计工作压力（MPa）；

P_0——灭火装置的额定工作压力（MPa）。

2) 喷洒型自动射流灭火装置按产品性能确定。

(11) 灭火装置与端墙之间的距离不宜超过灭火装置同向布置间距的一半。

(12) 灭火装置的安装位置应满足灭火装置正常使用和安装维护的要求。

(13) 灭火装置固定支架或安装平台应能满足灭火装置喷射、喷洒反作用力的要求，结构设计应能满足灭火装置正常使用的要求。

（14）现场手动控制装置应设置在灭火装置的附近，并能观察到灭火装置动作，且靠近出口处或便于疏散的地方。

（15）探测装置的布置应保证保护区域内无探测盲区。

3. 水力计算

（1）灭火装置的设计流量按公式（6.11-2）计算：

$$q = q_0 \cdot \sqrt{\frac{P_e}{P_0}} \qquad (6.11\text{-}2)$$

式中　q——灭火装置的设计流量（L/s）；

　　　q_0——灭火装置的额定流量（L/s）。

（2）系统供液设计总流量按公式（6.11-3）计算：

$$Q = \sum_{n=1}^{N} q_n \qquad (6.11\text{-}3)$$

式中　Q——系统供液设计总流量（L/s）；

　　　N——系统中需要同时开启的灭火装置的数量（个）；

　　　q_n——第 n 个灭火装置的设计流量（L/s）。

（3）管道总水头损失按公式（6.11-4）～公式（6.11-6）计算：

$$\sum h = h_1 + h_2 \qquad (6.11\text{-}4)$$
$$h_1 = 0.001 i \cdot L \qquad (6.11\text{-}5)$$
$$h_2 = 0.01 \sum \zeta \frac{v^2}{2g} \qquad (6.11\text{-}6)$$

式中　$\sum h$——水泵出口至最不利点灭火装置进口管道水头总损失（MPa）；

　　　h_1——沿程水头损失（MPa）；

　　　h_2——局部水头损失（MPa）；

　　　i——单位长度管道的水头损失（kPa/m）；

　　　L——计算管道长度（m）；

　　　ζ——局部阻力系数；

　　　v——管道内的平均流速（m/s）。

（4）管道内的平均流速按公式（6.11-7）计算：

$$v = 0.004 \cdot \frac{Q_g}{\pi \cdot d_j^2} \qquad (6.11\text{-}7)$$

式中　v——设计流速（m/s）；

　　　Q_g——管道内的设计流量（L/s）；

　　　π——圆周率；

　　　d_j——管道的计算内径（m），取值按管道内径减 1mm 确定。

（5）单位长度管道的水头损失按公式（6.11-8）计算：

$$i = 105 \frac{Q_g^{1.85}}{C_h^{1.85} d_j^{4.87}} \qquad (6.11\text{-}8)$$

式中　i——单位长度管道的水头损失（kPa/m）；

Q_g——管道内的设计流量（m^3/s）;

d_j——管道计算内径（m）,取值按管道的内径减 1mm 确定;

C_h——海澄-威廉系数,见表 6.11-6。

常见管道的海澄-威廉系数　表 6.11-6

名称	海澄-威廉系数 C_h	名称	海澄-威廉系数 C_h
塑料管、内衬(涂)塑管	140	衬水泥、树脂的铸铁管	130
铜管、不锈钢管	130	普通钢管、铸铁管	120

（6）消防泵的供水压力按公式（6.11-9）计算：

$$P=0.01\times Z+\sum h+P_e \tag{6.3-9}$$

式中　P——消防泵供水压力（MPa）;

　　　Z——最不利点处灭火装置进口与消防水池最低水位之间的高程差（m）;

　　　$\sum h$——水泵出口至最不利点灭火装置进口管道水头总损失（MPa）;

　　　P_e——灭火装置的设计工作压力（MPa）。

（7）系统的局部水头损失也可采用当量长度法进行计算。

（8）管道内的流速宜采用经济流速,必要时可以大于 5m/s,但不应大于 10m/s。

4. 电源及配电

（1）系统的供电电源的设计应符合《建筑设计防火规范》GB 50016、《供配电系统设计规范》GB 50052 等国家标准的相关规定。

（2）系统的供电电源应采用消防电源,并应设电涌保护器。

（3）系统的供电电源的保护开关不应采用漏电保护开关,但可采用具有漏电报警功能的保护装置。

5. 布线

（1）系统的布线设计应符合现行国家标准《火灾自动报警系统设计规范》GB 50116 的要求。

（2）系统的供电电缆敷设应符合国家标准《低压配电设计规范》GB 50054—95 和《爆炸和火灾危险性环境电力装置设计规范》GB 50058 的规定。

（3）供电电缆和控制线缆应采用耐火电线电缆,系统报警信号线缆应采用阻燃型电线电缆。

（4）视频信号传输应采用视频同轴电缆或者光缆传输。当采用视频同轴电缆传输时,电缆中间不宜有接头。

（5）探测和控制信号传输距离较远时,宜采用光缆传输。

6. 消防控制室

（1）消防控制室的设计应符合现行国家标准《建筑设计防火规范》GB 50016、《火灾自动报警系统设计规范》GB 50116、《消防控制室通用技术要求》GB 25506 中的相关规定。

（2）消防控制室应能对消防泵组、灭火装置等系统组件进行自动和手动操作,并应有下列控制和显示功能：

1）消防泵组的运行、停止;

2）自动控制阀的开启、关闭;

3）灭火装置的工作状态和报警信号；

4）水流指示器和手动检修阀的启闭信号；

5）当接到报警信号后，应能发出声、光警报；

6）具有无线控制功能时，应显示无线控制器的工作状态；

7）其他需要控制和显示的设备。

6.11.6　系统操作与控制

1. 系统操作和控制要求

（1）系统应具有自动控制、控制室手动控制和现场手动控制三种控制方式，且手动控制相对于自动控制应具有优先权。

（2）自动消防炮灭火系统和喷射型自动射流灭火系统探测到火源后，应至少有两台灭火装置对火源扫描定位，并应有一台或两台灭火装置射流灭火。

对于自动消防炮和喷射型自动射流灭火系统，当被保护区域内发生火灾时，应有至少两台灭火装置同时启动，搜索火源位置，以便实施射流灭火。自动消防炮和喷射型自动射流灭火系统的灭火装置设计同时开启数量为两台，由于灭火装置的初始状态是随机的，与火源的相对位置是任意的，在实际射流灭火时可能有以下三种情况：①至少有两台灭火装置同时启动、同时定位火源、其中的两台灭火装置同时射流灭火，其他的灭火装置即使探测到并定位了火源，也不应开阀喷射；②至少有两台灭火装置同时启动，但由于灭火装置与火源的相对位置不同，其中一台先定位到火源，实施射流灭火，另一台后定位到火源，再参与射流灭火，投入射流灭火的灭火装置也是两台，不再开启第三台喷射；③至少有两台灭火装置同时启动，由于灭火装置与火源的相对位置不同，其中一台先定位到火源，实施射流灭火，在其他灭火装置还没有探测或定位到火源前，火灾已经被扑灭，那么其他的灭火装置就既没有探测或定位到火源，也没有喷射灭火，实际启动射流灭火的灭火装置数量是一台。以上三种情况都属于系统正常工作状态。此外，还有一点需要保证，就是系统应能自动测定，成功探测并定位到火源的灭火装置距火源的距离应在其有效射程范围内，才可以启动喷射。

（3）喷洒型自动射流灭火系统探测到火源后，发现火源的探测装置对应的灭火装置应射流灭火。正常情况下，喷洒型自动射流灭火系统灭火装置实际开启数量应不大于设计同时开启数量。但如果火灾发生迅猛，系统未能及时有效灭火或控制火灾而使火灾扩大，这时，探测到火灾的探测装置对应的灭火装置可能会大于设计同时开启数量，根据系统特性，这些灭火装置同样会启动并射流灭火，虽然其出水压力和流量会减小，但仍能在一定程度上发挥灭火控火的作用。为了保证灭火装置的有效工作压力和流量，同时避免系统在扑救初起火灾中产生过大的水渍损失，在系统设计中应做到，当一点着火时，探测到火源并开启射流的灭火装置数量应不大于设计同时开启数量。

（4）系统在自动控制状态下，控制主机在接到火警信号，确认火灾发生后，应能自动启动消防水泵、打开自动控制阀、启动系统射流灭火，并应同时启动声、光警报器和其他联动设备。系统在手动控制状态下，应人工确认火灾后手动启动系统射流灭火。

（5）系统自动启动后应能连续射流灭火。当系统探测不到火源时，对于自动消防炮灭火系统和喷射型自动射流灭火系统应连续喷射不小于 5min 后可停止喷射，对于喷洒型自动射流灭火系统应连续喷射不小于 10min 后可停止喷射。系统停止喷射后再次探测到火源时，应能再次启动射流灭火。

（6）消防水泵的操作和控制应符合现行国家标准《消防给水给水及消火栓系统技术规范》GB 50974 的有关规定。

（7）稳压泵的启动、停止应由压力开关控制。气压稳压装置的最低稳压压力设置，应满足系统最不利点灭火装置的设计工作压力。

2. 系统控制流程

（1）自动消防炮系统、喷射型自动跟踪定位射流灭火系统操作与控制流程如图 6.11-9 所示。

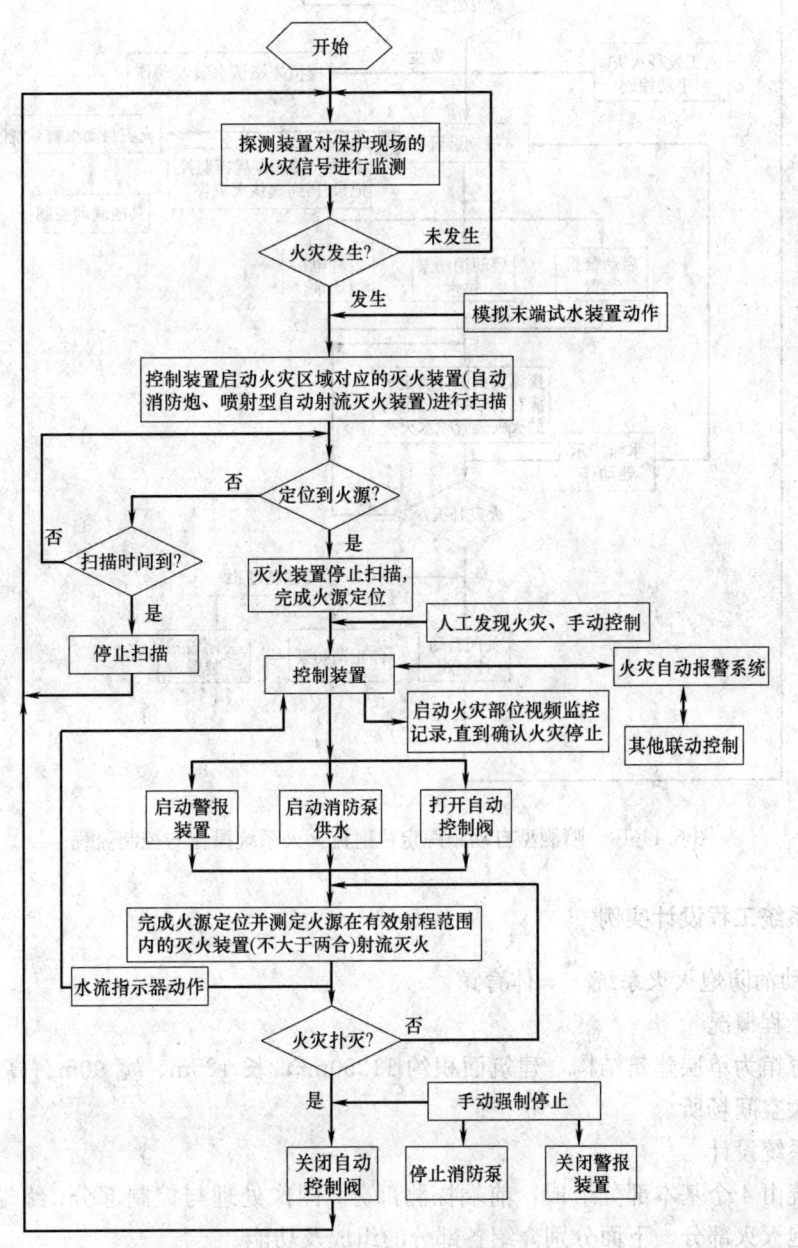

图 6.11-9　自动消防炮系统、喷射型自动跟踪定位射流灭火系统操作与控制流程

（2）喷洒型自动跟踪定位射流灭火系统操作与控制流程如图 6.11-10 所示。

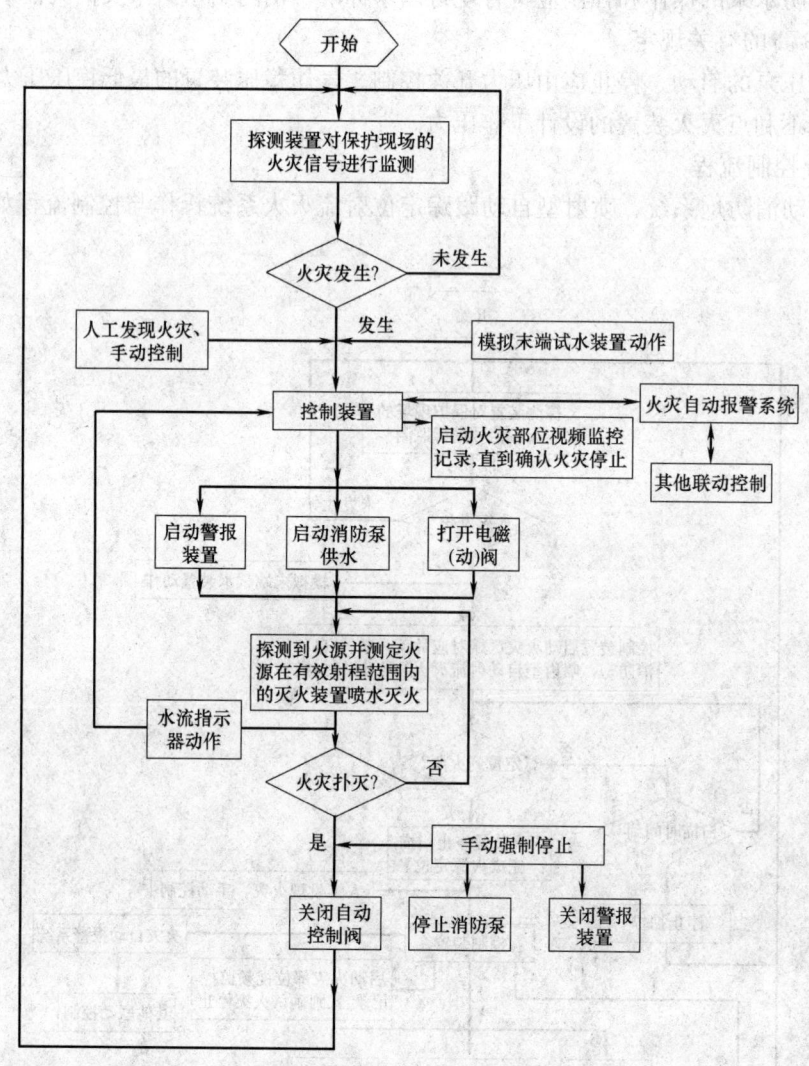

图 6.11-10　喷洒型自动跟踪定位射流灭火系统操作与控制流程

6.11.7　系统工程设计实例

1. 自动消防炮灭火系统——体育馆

（1）工程概况

该体育馆为单层建筑结构，建筑面积约 $11250m^2$，长 125m、宽 90m、高约 20m，属于典型的大空间场所。

（2）系统设计

本系统由 4 个基本部分组成：前端探测部分；图像处理与控制部分；终端显示部分；自动消防炮灭火部分。下面分别介绍各部分的组成及功能。

1）前端探测部分

根据体育馆的具体情况，共设 12 个探测点。具体分布见表 6.11-7。

体育馆内探测器分布情况　　　　　　　　　　　表 6.11-7

安装地点	探测器类型	数量（套）	高度（m）	说　　明
体育馆内四周	双波段火灾探测器	6	10	对火焰进行有效探测
	光截面图像感烟火灾探测器	6	10	红外与发射和接收装置（共 24 只）配合，对烟雾进行有效探测
	自动消防炮	6	8	对体育馆进行全方位防火保护

2）图像处理与控制部分

图像处理与控制部分选用立安信息处理主机，型号为 LIAN-CPM100。

通过两种探测器对现场进行实时防火监控，及时准确地判断现场状况；同时显示各监控区域图像供操作人员查看；系统操作简单，现场图像可记录。

3）终端显示部分

终端设备（CRT）能显示报警现场画面。采用了高性能、高稳定、高清晰度的监视器设备。

4）自动消防炮灭火部分

当前端探测设备报警后，自动消防炮进行喷水灭火。

自动状态：当前端探测设备报警后，主机向自动消防炮发出灭火指令，自动消防炮首先通过消防炮定位器自动进行扫描直至搜索到着火点并锁定着火点；然后自动打开电动阀和消防泵进行喷水灭火。

手动状态：当前端探测设备报警后，主机发出报警信号，消防值班人员通过强制切换的彩色画面再次确认火灾发生后，通过操作键盘驱动自动消防炮瞄准着火点，开启电动阀和消防泵进行灭火。

现场应急控制：当现场工作人员发现火灾后，直接通过现场消防炮现场控制盘操作自动消防炮对准着火点，开启电动阀和消防泵进行灭火。

手动状态和现场应急控制具有优先权。

（3）系统功能

1）集成控制

系统集一般监控、火灾监控、防盗监控及联动控制等多种功能于一体；根据各设防点的具体情况进行自由选取，可以手动或自动控制。

2）图像监控

由矩阵切换器自动进行多通道分组循环切换，现场图像分时显示在控制室的监视器上，也可由操作人员任意设置（编程）选定其图像显示。

3）综合智能防火

系统采用计算机视觉技术，通过火灾趋势识别模式的综合判据和其他设备辅助预警进行火情监测。

4）自动通信

系统发现火情后，自动拨打预先设定的电话号码（值班人员、消防部门、保卫部门及有关领导），报告火情信息。

5）自动记录

系统发现火情后，可通过录像机和计算机自动记录现场图像及发生的时间，并在监视器上显示现场画面。

6）智能空间定位及自动启动灭火系统

联动灭火系统采用自动消防炮。系统能够探测着火点位置，并提供火源坐标，可联动自动消防炮对准火源进行自动扑救，也可手动控制自动消防炮灭火。

（4）设备配置清单

体育馆自动消防炮灭火系统设备配置清单见表 6.11-8。

体育馆自动消防炮灭火系统设备配置清单　　　　　表 6.11-8

序号	名称		型号	单位	数量	备注
一、大空间火灾探测设备部分						
1	光截面图像感烟探测器	接收器	LIAN-GMR100	只	6	
		发射器	LIAN-GMT100	只	24	
2	双波段图像火灾探测器		LIAN-DC1020	只	6	
3	支架		LIAN-PB1	只	6	
			LIAN-PB2	只	6	
4	防火并行处理器		LIAN-PFCD16	台	1	
5	双波段防火探测模块		LIAN-DMF02	块	6	
6	光截面防火探测模块		LIAN-DMS02	块	6	
7	信息处理主机		LIAN-CPM100	套	1	
8	立安控制器		LIAN-CCON16	台	1	
9	视频切换器		LIAN-VP3201	台	1	
10	矩阵切换器			台	1	
11	长延时录像机			台	1	
12	监视器			台	3	
13	电源箱		LIAN-PS	台	2	
14	不间断电源		2K/2H	台	1	
15	报警电话		Tiger-911	只	1	
16	警铃			台	1	
17	操作台		LIAN-CTV	套	1	
18	屏幕墙		LIAN-TVW	套	1	
二、消防联动扑救部分						
1	自动消防炮		PSDZ20W-LA552	台	6	
2	自动消防炮解码器		LIAN-PJM103	台	6	
3	消防炮集中控制盘		LIAN-PJK	台	1	
4	消防炮现场控制盘		LIAN-PXK	台	6	
5	消防炮控制器		LIAN-PKQ	台	1	
6	消防泵控制盘		LIAN-BKP	台	1	
7	电动阀		DN50	只	6	
8	水流指示器		DN50	只	6	
9	压力继电器		带反馈信号	只	1	

（5）附图

1）火灾安全监控及自动消防炮灭火系统控制原理图如图 6.11-11 所示。

2）体育馆消防设备平面布置图如图 6.11-12 所示。

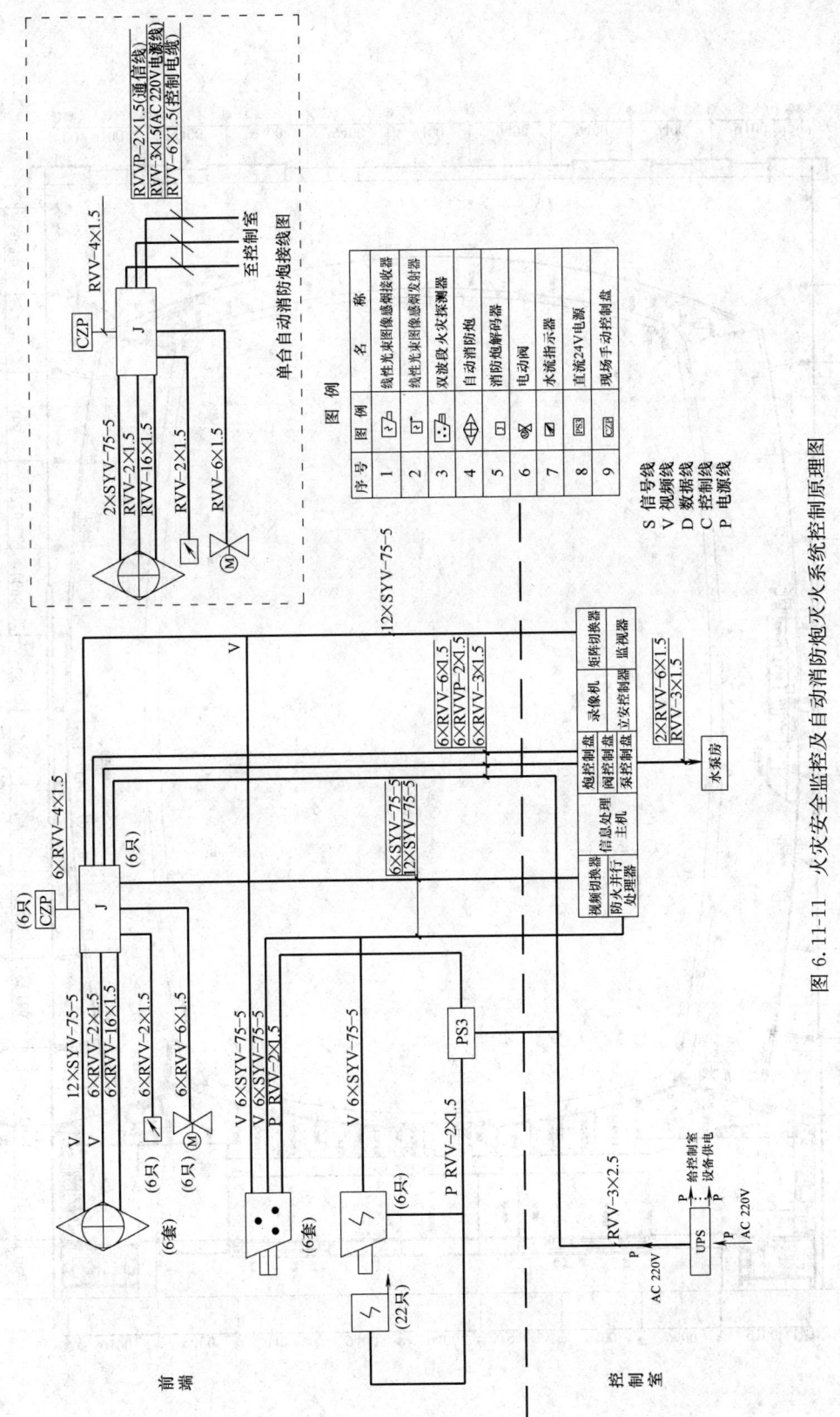

图 6.11-11　火灾安全监控及自动消防炮灭火系统控制原理图

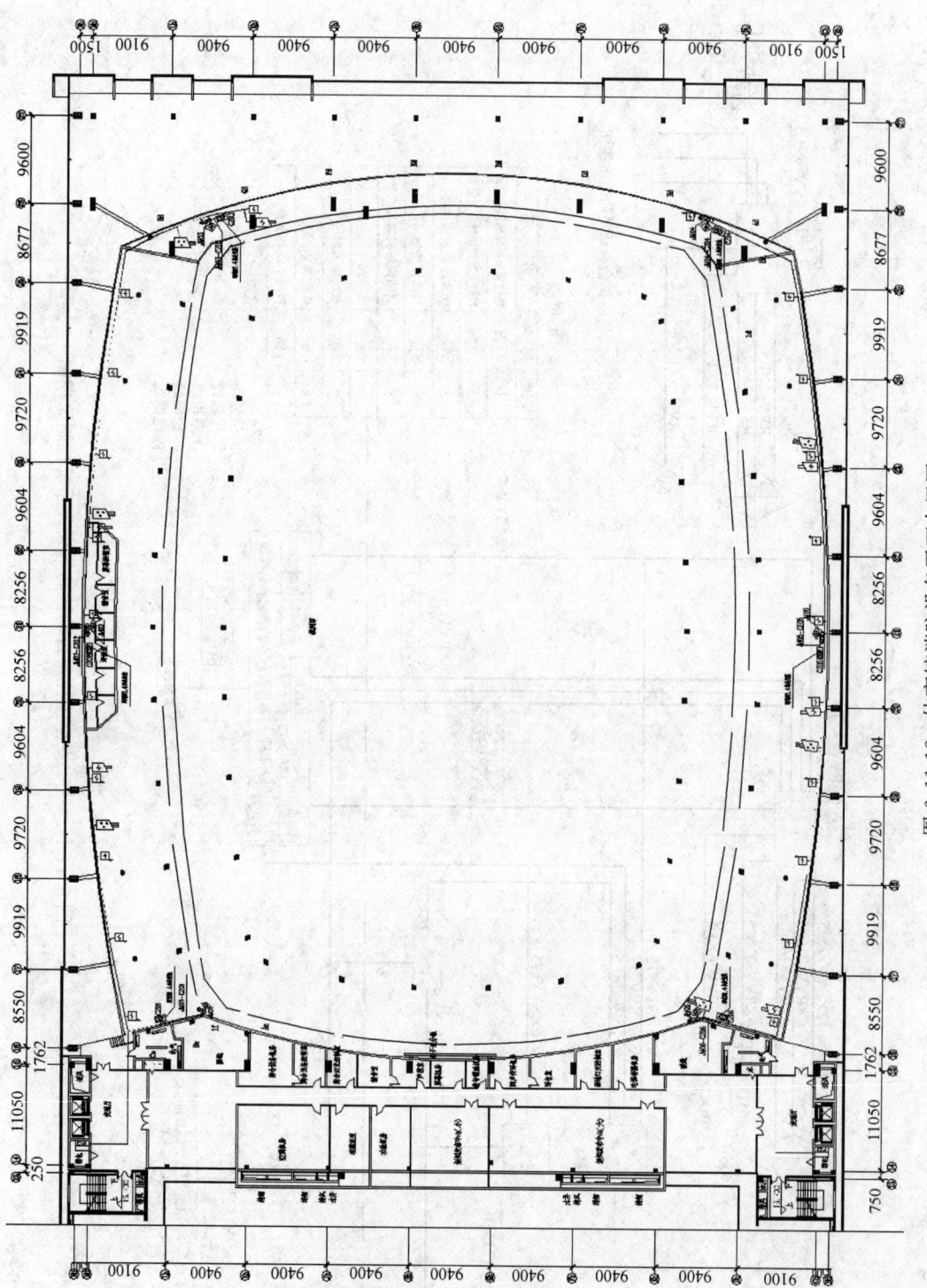

图 6.11-12 体育馆消防设备平面布置图

2. 自动消防炮灭火系统——动车整备库

（1）工程概况

该动车整备库长 570m，宽 21m。该库为框架结构，净空高度超过 12m，上部钢架众多，并且整备库上部设置有高压电网。从承重、棚顶结构复杂度以及高压电网等多方面的因素考虑，该库不适宜安装自动喷淋系统。

（2）系统选择

1）本系统设计采用自动消防炮系统，采用 ZDMS0.9/30S（TII）型自动消防炮。

2）自动跟踪定位射流灭火装置（自动消防炮）技术参数如下：

射水流量：30L/s；

工作压力：0.9MPa；

保护半径：60m；

安装高度：6～22m。

3）系统设计流量 60L/s，消防泵供水压力 1.2MPa。

4）系统配电及接地

本系统配电引用消防专用电源，联动控制柜由消防专用电源引来，区域控制箱由联动控制柜集中供电，自动跟踪定位射流灭火装置电源控制器由区域控制箱集中供电。交流用电设备的金属外壳应可靠接地，采用共用接地方式，接地电阻不大于 1Ω，接地线采用铜芯电缆，线径为 4mm²。

（3）系统功能

本系统具有自动、手动、无线遥控、火灾图像探测视频监控、状态指示等功能，通过联动控制柜、现场手动盘可以方便实现上述功能。

1）自动控制功能：若保护区域发生火情，消控中心动作报警，灭火装置自动扫描定位，打开阀门，启泵系统动作喷水灭火，火灾熄灭后自动停止，重新恢复为监控状态。

2）手动控制功能：当系统处于手动状态时，此工作状态下若发生火情，报警信息传到消控中心，值班人员通过视频图像了解火情，当发生火情，手动控制消防水泵、电磁阀的启闭。若灭火装置未定位可通过联动控制盘调整灭火装置进行定位，使灭火装置对准着火点喷水灭火，火灾熄灭后手动停止系统。

3）火灾现场视频监控：智能图像火灾探测器实时监控保护区域的火情信息，将现场情况以图像形式传输到消控中心，实现对保护区域的视频监控，当发生火情值班人员将第一时间了解到火警信息。

4）状态指示：电源状态、工作状态、火警状态在联动控制柜上都以指示灯的形式显示，方便对系统的操作和管理。

5）无线遥控：通过手持遥控器，可对现场灭火装置进行启、停的控制，左、右、上、下喷水角度的调整，实现人工操作灭火。

（4）附图

1）自动消防炮灭火系统电气原理图如图 6.11-13 所示。

2）自动消防炮灭火系统原理图如图 6.11-14 所示。

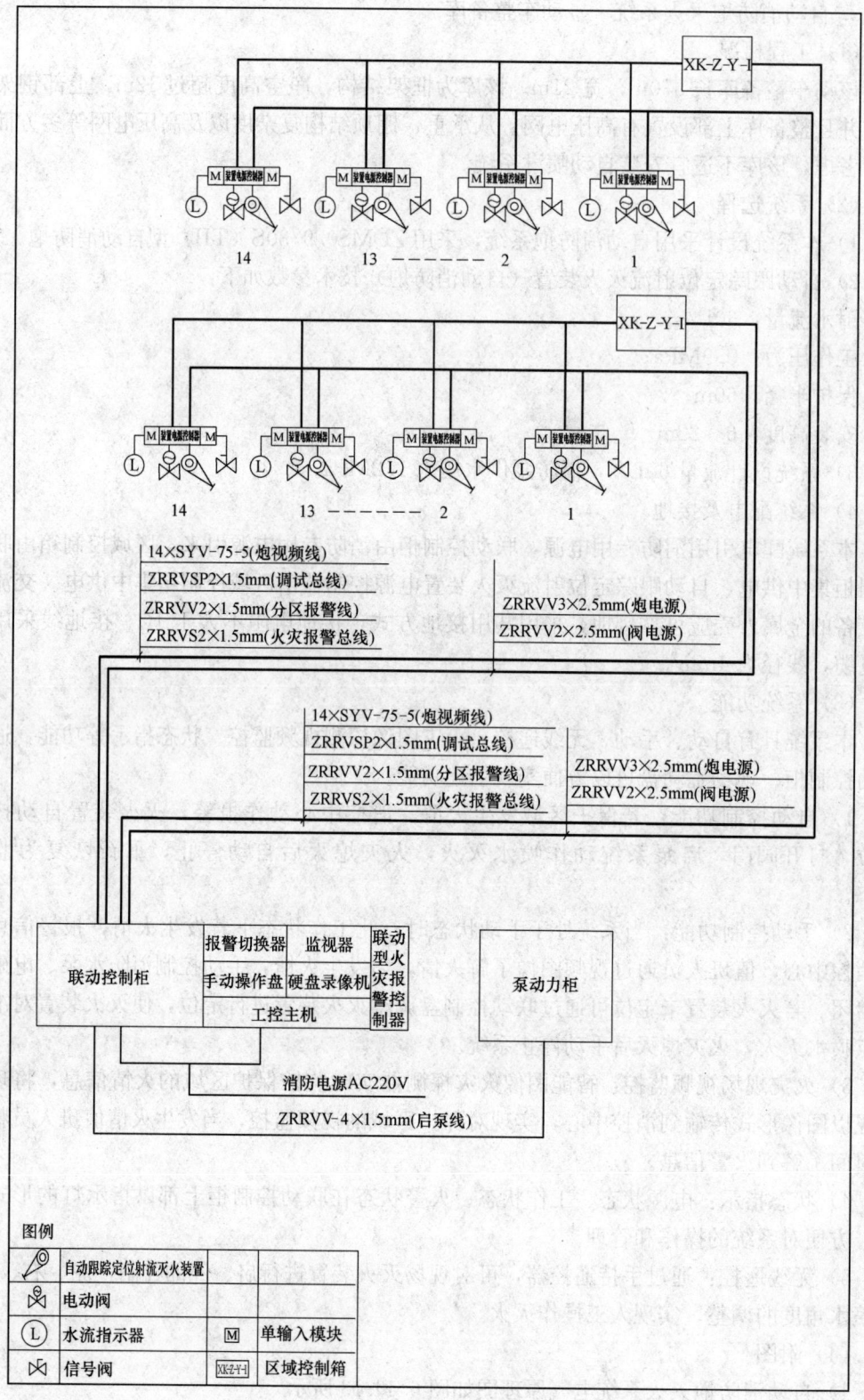

图 6.11-13 自动消防炮灭火系统电气系统原理图

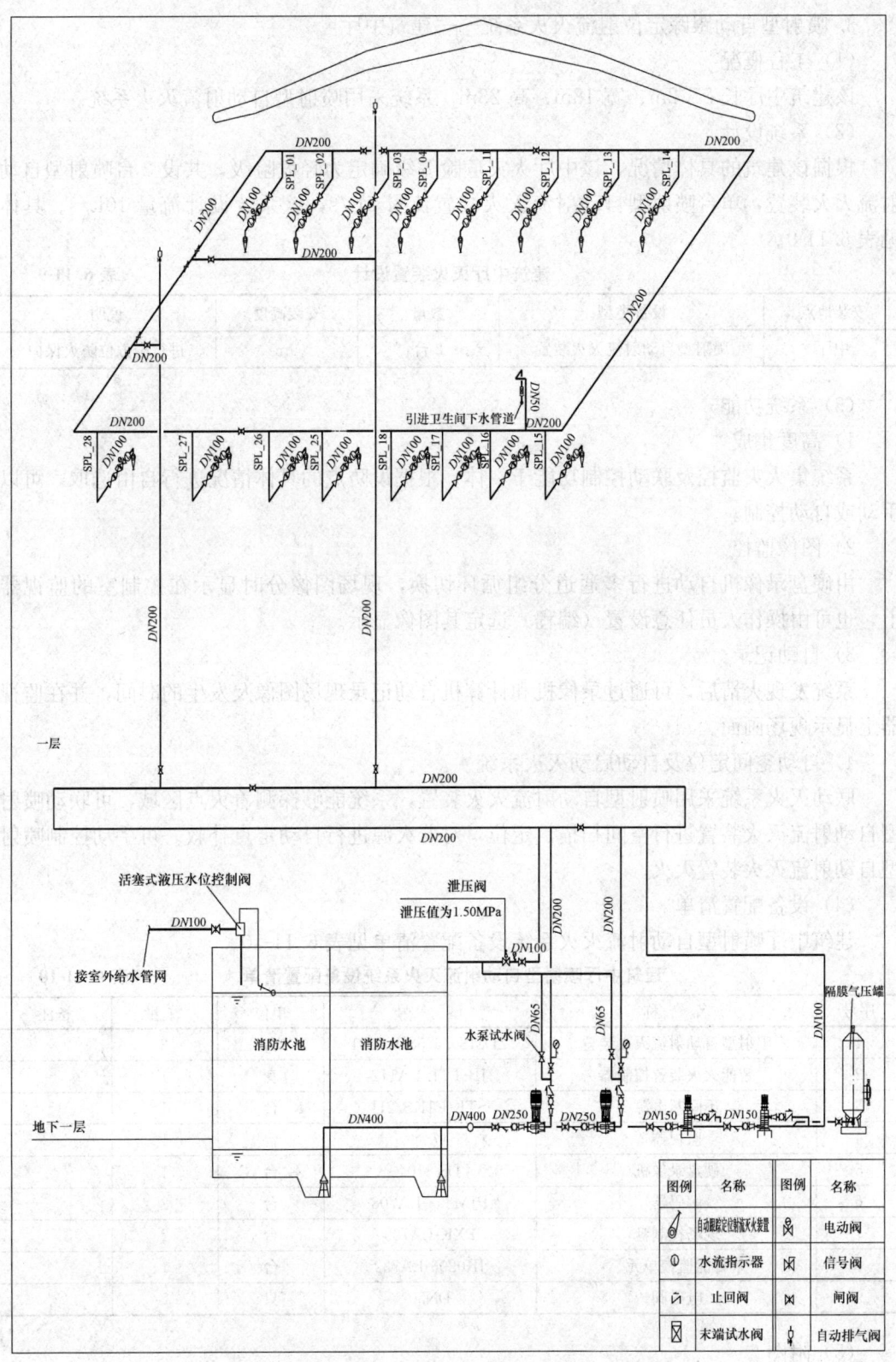

图 6.11-14　自动消防炮灭火系统原理图

3. 喷射型自动跟踪定位射流灭火系统——建筑中厅

（1）工程概况

该建筑中厅长 25.2m、宽 18m、高 23m，系统采用喷射型自动射流灭火系统。

（2）系统设计

根据该建筑的具体情况，该中厅火灾危险等级确定为轻危险级，共设 2 台喷射型自动射流灭火装置，单台喷射型自动射流灭火装置流量 5L/s，该系统设计流量 10L/s。具体见表 6.11-9。

建筑中厅灭火装置设计　　　　　　　　　　表 6.11-9

安装地点	设备类型	数量	安装高度	说明
中厅	喷射型自动射流灭火装置	2 台	9m	进行全方位防火保护

（3）系统功能

1）高度集成

系统集火灾监控及联动控制功能于一体；根据设防点的具体情况进行自由选取，可以手动或自动控制。

2）图像监控

由硬盘录像机自动进行多通道分组循环切换，现场图像分时显示在控制室的监视器上，也可由操作人员任意设置（编程）选定其图像显示。

3）自动记录

系统发现火情后，可通过录像机和计算机自动记录现场图像及发生的时间，并在监视器上显示现场画面。

4）自动空间定位及自动启动灭火系统

联动灭火系统采用喷射型自动射流灭火装置，系统能够探测着火点区域，可联动喷射型自动射流灭火装置进行空间扫描、定位，对着火源进行自动定点扑救。可手动控制喷射型自动射流灭火装置灭火。

（4）设备配置清单

建筑中厅喷射型自动射流灭火系统设备配置清单见表 6.11-10。

建筑中厅喷射型自动射流灭火系统设备配置清单　　　　　　表 6.11-10

序号	名　称	型　号	单位	数量	备注
1	喷射型自动射流灭火装置	ZDMS0.6/5S-LA231	台	2	
2	智能灭火装置控制器	JB-TTL-LA112	套	1	
3	不间断电源	STK-C1KS/2H	台	1	
4	监视器	17 寸	台	1	
5	硬盘录像机	DS-8104	台	1	
6	解码器	PJM203-LA708	台	1	
7	现场控制盘	PXK-LA709	台	2	
8	智能监控单元	JK0206-LA732	台	1	
9	电磁阀	DN50	只	2	

（5）附图

建筑中厅喷射型自动射流灭火系统设计原理如图 6.11-15 所示。

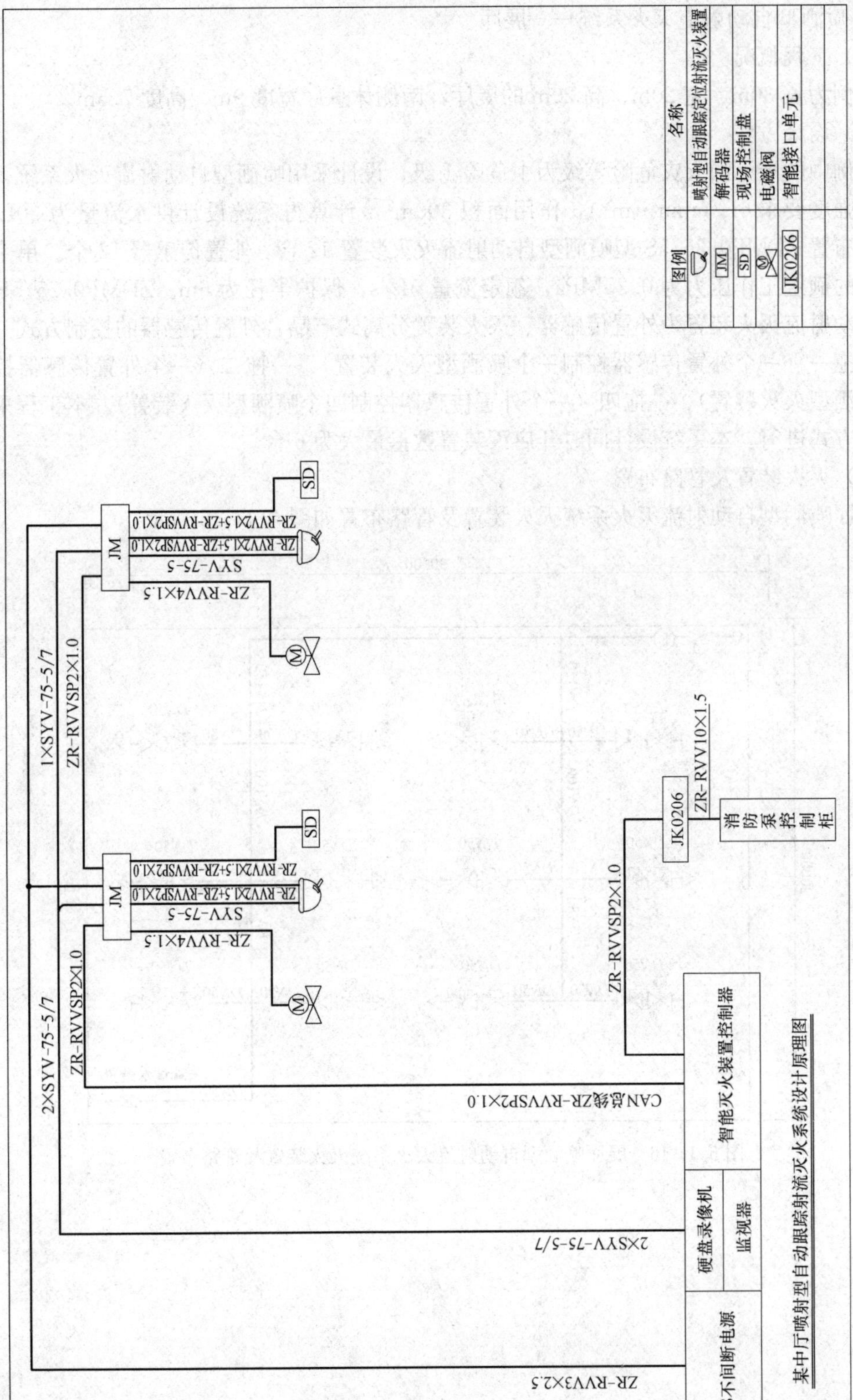

图例	名称
▽	喷射型自动跟踪定位射流灭火装置
JM	解码器
SD	现场控制盘
⊠	电磁阀
JK0206	智能接口单元

图 6.11-15　建筑中厅喷射型自动射流灭火系统设计原理图

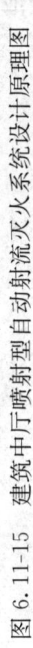

4. 喷洒型自动射流灭火系统——展厅

（1）工程概况

本例为长 30m、宽 20m、高 20m 的展厅，南侧休息厅宽度 9m、高度 7.5m。

（2）设计方案

本例中的展厅的火灾危险等级为中危险Ⅰ级，设计采用喷洒型自动射流灭火系统，根据喷洒强度要求 6L/(min·m²)，作用面积 300m²，计算得系统设计供水流量为 30L/s。展厅内布置 ZDMP0.25/5S 型喷洒型自动射流灭火装置 12 台，外置传感器 12 个。单个灭火装置的额定工作压力为 0.25MPa，额定流量 5L/s，保护半径为 6m。ZDMP0.25/5S 喷洒型自动射流灭火装置为外置传感器、灭火装置分离式产品，外置传感器的控制方式一般可为一拖一（一个外置传感器控制一个喷洒型灭火装置）、一拖二（一个外置传感器控制二个喷洒型灭火装置）、一拖四（一个外置传感器控制四个喷洒型灭火装置）。本工程采用一拖一方式进行。本系统设计同时开启灭装置数量最大为 6 台。

（3）灭火装置及管路布置

展厅喷洒型自动射流灭火系统灭火装置及管路布置如图 6.11-16 所示。

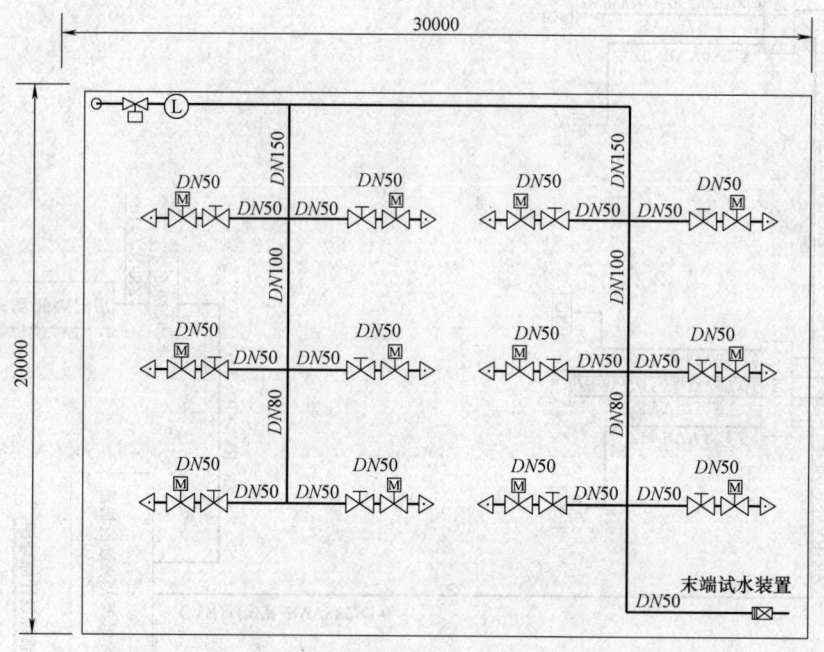

图 6.11-16　展厅喷洒型自动射流灭火系统灭火装置及管路布置

第 7 章 建 筑 中 水

7.1 建筑中水的基本概念

我国是一个水资源贫乏的国家，同时又是一个水污染严重的国家，要解决就得从源头抓起，建筑物和建筑小区是生活用水的终端用户，又是点污染、面污染的源头，比起工农业用水大户，小而分散，但总量很大。因此在工程建设时，应首先考虑各种资源的配置和利用，对建筑和建筑小区的污、废水资源进行充分利用，这也是节水优先、治污为本原则的具体体现。

中水是将各种排水经过适当处理，达到规定的水质标准后，可在生活、市政、环境等范围内杂用的非饮用水，从地域上可分为城市中水、区域中水、建筑小区中水和建筑物中水。建筑中水是建筑物中水和建筑小区中水的总称。建筑中水的用途主要包括绿化用水、冲厕、街道清扫、车辆冲洗、建筑施工、消防以及景观环境用水等范围。中水利用是污水资源化的一个重要方面，由于具有明显的社会效益和经济效益，已受到世界各国的重视，因此，在缺水城市和地区，应积极推广和应用。

7.2 设计条件和原则

7.2.1 中水工程设计条件

1. 应按照当地政府或政府主管部门的有关规定（含条例、规程等），配套建设中水设施。

国家和一些省市对中水设施建设作出了明确规定和要求。《水污染防治行动计划》（国发〔2015〕17 号）明确要求自 2018 年起，单体建筑面积超过 2 万 m^2 的新建公共建筑，北京市 2 万 m^2、天津市 5 万 m^2、河北省 10 万 m^2 以上集中新建的保障性住房，应安装建筑中水设施；积极推动其他新建住房安装建筑中水设施；到 2020 年，缺水城市再生水利用率达到 20% 以上，京津冀区域达到 30% 以上。

北京市政府规定，凡在本市行政区域内新建下列工程，应按规定配套建设中水设施：

(1) 建筑面积 2 万 m^2 以上的旅馆、饭店、公寓等；

(2) 建筑面积 3 万 m^2 以上的机关、科研单位，大专院校和大型文化体育等建筑；

(3) 建筑面积 5 万 m^2 以上或可回收水量大于 150m^3/d 的居住区和集中建筑区等。

现有建筑属上述（1）、（2）项规定范围内的应根据条件逐步配套建设中水设施。应配套建设中水设施的建设项目，如中水来源水量或中水回用水量过小（小于 50m^3/d），必须设计安装中水管道系统。

2. 缺水城市和缺水地区，经技术经济比较合理时，在征得建设方的同意后，应建设中水设施。

3. 中水设施的建设应符合当地政府主管部门的要求或规定，工程设计应符合《建筑中水设计标准》GB 50336 的规定。

7.2.2   中水工程设计原则

1. 中水工程的设计应符合本节 7.2.1 条设计条件的要求。

2. 缺水城市和地区在各类建筑或建筑小区总体规划设计时，应包括污水、废水、雨水资源的综合利用和中水设施建设的内容。

3. 中水设施必须与主体工程同时设计，同时施工，同时使用。

4. 中水工程设计应根据可利用原水的水质、水量和中水用途，进行水量平衡和技术经济分析，合理确定中水水源、系统形式、处理工艺和规模。中水工程设计应做到安全可靠、经济适用、技术先进。

5. 采取合理、有效的技术措施，确保中水系统的功能和效益。鼓励采用国内外成熟的先进工艺。

6. 中水工程设计必须采取确保使用、维修的安全措施，严禁中水直接或间接进入生活饮用水给水系统及可能产生的误接、误用。

7.3   中水原水及水量计算

7.3.1   建筑物中水原水

1. 建筑物中水原水可取自建筑的生活排水和其他可利用的水源。

2. 医疗污水、放射性废水、生物污染废水、重金属及其他有毒有害物质超标的排水，不得作为中水原水。

注：本条规定的各类原水同样适用于建筑小区中水原水。

3. 职工食堂和营业餐厅的厨房排水不宜作为建筑物中水原水。

4. 建筑物中水原水的确定应按照水量平衡需要，可选择的种类和选取顺序为：

（1）卫生间、公共浴室的盆浴和淋浴等的排水；

（2）盥洗排水；

（3）空调循环冷却水系统排水；

（4）冷凝水；

（5）游泳池排水；

（6）洗衣排水；

（7）厨房排水；

（8）冲厕排水。

5. 建筑物中水原水一般不是单一水源，通常有三种组合方式：

（1）盥洗排水和沐浴排水（有时也包括冷却水排水）组合，通常称为优质杂排水，应优先选用；

（2）冲厕排水以外的生活排水的组合，通常称为杂排水；

（3）生活污水，即所有生活排水之总称，这种水质最差。

7.3.2 建筑小区中水原水

1. 建筑小区中水原水的选择要根据水量平衡和技术比较确定，并优先选用水量充裕、稳定、污染物浓度低、水质处理难度小，安全且居民易接受的中水水源，如小区内冲厕排水以外的生活排水，即小区杂排水。

2. 建筑小区中水可选择的原水有：

（1）小区内建筑物杂排水，以居民洗浴水为优先水源；

（2）小区或城镇污水处理厂（站）出水；

（3）小区附近相对洁净的工业排水，水质、水量必须稳定，并有较高的使用安全性；

（4）小区生活污水。

7.3.3 中水原水水质

1. 建筑中水原水水质

中水原水主要来自建筑物的排水，原水的水质随着建筑物所在区域及使用性质的不同，其污染成分和浓度各不相同，各类建筑各种排水水质，设计时可根据实测水质调查分析确定。在无实测资料时，可参照表 7.3-1 选定。选用表中数值时应注意，建筑排水的污染浓度与用水量有关，用水量越大，其污染浓度越低，反之则越高。

2. 建筑小区中水原水水质

当采用生活排水作为建筑小区中水水源且无实测资料时，各种排水的污染浓度同建筑中水原水水质，参照表 7.3-1 确定；当采用城市污水处理厂出水为水源时，可按污水处理厂实测出水水质取值，或根据污水处理厂执行的排放标准，按照《城镇污水处理厂污染物排放标准》GB 18918 中城镇污水处理厂水污染物排放基本控制项目最高允许排放浓度（日均值）取值，详见表 7.3-2。

各类建筑各种排水污染浓度（mg/L）   表 7.3-1

类别	住宅			宾馆、饭店			办公楼、教学楼			公共浴室			职工及学生食堂		
	BOD_5	COD_{Cr}	SS	BOD_5	COD_{Cr}	SS	BOD_5	COD_{Cr}	SS	BOD_5	COD_{Cr}	SS	BOD_5	COD_{Cr}	SS
冲厕	300~450	800~1100	350~450	250~300	700~1000	300~400	260~340	350~450	260~340	260~340	350~450	260~340	260~340	350~450	260~340
厨房	500~650	900~1200	220~280	400~550	800~1100	180~220	—	—	—	—	—	—	500~600	900~1100	250~280
沐浴	50~60	120~135	40~60	40~50	100~110	30~50	—	—	—	45~55	110~120	35~55	—	—	—
盥洗	60~70	90~120	100~150	50~60	80~100	80~100	90~110	100~140	90~110	—	—	—	—	—	—
洗衣	220~250	310~390	60~70	180~220	270~330	50~60	—	—	—	—	—	—	—	—	—
综合	230~300	455~600	155~180	140~175	295~380	95~120	195~260	260~340	195~260	50~65	115~135	40~65	490~590	890~1075	255~285

注：综合是对包括以上 5 项生活排水的统称。

水污染物排放基本控制项目最高允许排放浓度（日均值）（mg/L）   表 7.3-2

序号	基本控制项目		一级标准		二级标准	三级标准
			A 标准	B 标准		
1	化学需氧量(COD)		50	60	100	120①
2	生化需氧量(BOD₅)		10	20	30	60①
3	悬浮物(SS)		10	20	30	50
4	动植物油		1	3	5	20
5	石油类		1	3	5	15
6	阴离子表面活性剂		0.5	1	2	5
7	总氮(以 N 计)		15	20	—	—
8	氨氮(以 N 计)②		5(8)	8(12)	25(30)	—
9	总磷 (以 P 计)	2005 年 12 月 31 日前建设的	1	1.5	3	5
		2006 年 1 月 1 日起建设的	0.5	1	3	5
10	色度(稀释倍数)		30	30	40	50
11	pH		6～9			
12	粪大肠菌群数(个/L)		10³	10⁴	10⁴	—

① 下列情况下按去除率指标执行：当进水 COD 大于 350mg/L 时，去除率应大于 60%；BOD 大于 160mg/L 时，去除率应大于 50%。

② 括号外数值为水温＞12℃时的控制指标，括号内数值为水温≤12℃时的控制指标。

7.3.4 水量计算

中水用水量一般按建筑各种用水量占总用水量的比例确定，中水原水收集项目的排水量占整个排水量的比例同给水。

1. 中水用水量计算

（1）用水量及比例

建筑给水的用水量按各类建筑的用水定额和用水单位数经计算确定，详见本手册给水章节。建筑内各种用水（如冲厕、沐浴、盥洗、洗衣等）占用水量的比例应根据实测资料确定，无实测资料时，可参照表 7.3-3 选取。

部分建筑物分项给水百分率（%）   表 7.3-3

项目	住宅	宾馆、饭店	办公楼、教学楼	公共浴室	职工及学生食堂	宿舍
冲厕	21.3～21	10～14	60～66	2～5	6.7～5	30
厨房	20～19	12.5～14	—	—	93.3～95	—
沐浴	29.3～32	50～40	—	98～95	—	40～42
盥洗	6.7～6.0	12.5～14	40～34	—	—	12.5～14
洗衣	22.7～22	15～18	—	—	—	17.5～14
总计	100	100	100	100	100	100

注：沐浴包括盆浴和淋浴。

（2）中水用水量计算

1）冲厕用水量计算

中水冲厕用水量同生活给水冲厕用水量，可按表7.3-3中冲厕用水占生活用水量的百分率，采用公式（7.3-1）计算确定。

$$Q_c = 1.1 \cdot Q_d \cdot b \tag{7.3-1}$$

式中　Q_c——冲洗厕所中水用水量（m^3/d）；

　　1.1——考虑漏损的附加系数；

　　b——冲洗厕所占日用水量的百分比（%），见表7.3-3；

　　Q_d——建筑生活给水量（m^3/d）。

表7.3-4列出了各类建筑的冲厕用水资料，在计算冲厕用水中水量时可作为校核参考。

建筑物冲厕用水量定额及小时变化系数　　　　表7.3-4

类别	建筑种类	冲厕用水量（L/(人·d))	使用时间（h/d)	小时变化系数	备注
1	别墅住宅	40~50	24	2.3~1.8	—
	单元住宅	20~40	24	2.5~2.0	
	单身公寓	30~50	16	3.0~2.5	
2	综合医院	20~40	24	2.0~1.5	有住宿
3	宾馆	20~40	24	2.5~2.0	客房部
4	办公	20~30	8~10	1.5~1.2	
5	营业性餐饮、酒吧场所	5~10	12	1.5~1.2	工作人员按办公楼设计
6	商场	1~3	12	1.5~1.2	工作人员按办公楼设计
7	小学、中学	15~20	8~9	1.5~1.2	非住宿类学校
8	普通高校	30~40	8~9	1.5~1.2	住宿类学校，包括大中专及类似院校
9	剧院、电影院	3~5	3	1.5~1.2	工作人员按办公楼设计
10	展览馆、博物馆	1~2	8~16	1.5~1.2	工作人员按办公楼设计
11	车站、码头、机场	1~2	8~16	1.5~1.2	工作人员按办公楼设计
12	图书馆	2~3	8~10	1.5~1.2	工作人员按办公楼设计
13	体育馆类	1~2	4	1.5~1.2	工作人员按办公楼设计

注：表中未涉及的建筑物冲厕用水量按实测数值或相关资料确定。

2）浇洒、绿化、道路保洁用水量计算

同给水，详见本手册给水章节。也可按公式（7.3-2）、公式（7.3-3）计算确定。

① 按洒水强度计算：

$$Q_s = 0.001 \cdot h \cdot s \cdot n \tag{7.3-2}$$

式中　Q_s——浇洒道路或绿化用水量（m^3/d）；

　　h——洒水强度（mm），水泥路面 $h=1~5mm$，土路面 $h=3~10mm$，绿化 $h=10~50mm$；

　　s——道路或绿化面积（m^2）；

　　n——每日浇洒次数，浇洒道路 $n=2~3$，绿化 $n=1~2$。

② 按洒水喷水数计算：

$$Q_s = 3.6 \cdot q \cdot n \cdot T \tag{7.3-3}$$

式中 q——洒水栓或喷水头出流量（L/s）；

n——洒水栓或喷水头个数；

T——洒水历时（h/d）。

3）中水作供暖系统补充水量可按循环水量的 2%～3% 计。

4）汽车冲洗、空调冷却水补水等中水用水量计算按照本手册有关章节规定的用水量计算方法进行。

5）中水日用水量即为最大日中水用水量，可按公式（7.3-4）计算确定：

$$Q_Z = \sum Q_{Zi} \tag{7.3-4}$$

式中 Q_Z——最大日中水用水量（m³/d）；

Q_{Zi}——各项中水日用水量（m³/d）。

2. 中水原水量计算

中水原水量即为收集利用的建筑各项排水量的总和，根据《建筑中水设计标准》GB 50336 规定，其值应为平均日排水量的总和，各项排水占整个生活排水的比值同生活给水。中水原水量按公式（7.3-5）计算确定：

$$Q_Y = \sum \beta \cdot Q_{PJ} \cdot b \tag{7.3-5}$$

式中 Q_Y——中水原水量（m³/d）；

β——建筑物按给水量计算排水量的折减系数，一般取 0.85～0.95；

Q_{PJ}——建筑物平均日生活给水量，按《民用建筑节水设计标准》GB 50555 中的节水用水定额计算确定（m³/d）；

b——建筑物分项给水百分率。建筑物的分项给水百分率应以实测资料为准，在无实测资料时，可按表 7.3-3 选取。

中水原水量一般为中水用水量的 110%～115%，以保证中水处理设备的安全运转。

7.4 中水利用及水质标准

7.4.1 中水利用

1. 建筑中水设计应合理确定中水用户，充分提高中水设施的中水利用率。建筑中水利用率可按公式（7.4-1）计算：

$$\eta_1 = \frac{Q_{Za}}{Q_{Ja}} \times 100\% \tag{7.4-1}$$

式中 η_1——建筑中水利用率；

Q_{Za}——项目建筑中水年总供水量（m³/年）；

Q_{Ja}——项目年总用水量（m³/年）。

2. 中水利用归属于城市污水再生利用。城市污水再生利用按用途分类包括农林牧渔用水、城市杂用水、工业用水、景观环境用水、补充水源水等。详见表 7.4-1。

城市污水再生利用分类 表 7.4-1

序号	分类	范围	示例
1	农、林、牧、渔业用水	农田灌溉	种籽与育种、粮食与饲料作物、经济作物
		造林育苗	种籽、苗木、苗圃、观赏植物
		畜牧养殖	畜牧、家畜、家禽
		水产养殖	淡水养殖
2	城市杂用水	城市绿化	公共绿地、住宅小区绿化
		冲厕	厕所便器冲洗
		道路清扫	城市道路的冲洗及喷洒
		车辆冲洗	各种车辆冲洗
		建筑施工	施工场地清扫、浇洒、灰尘抑制、混凝土制备与养护、施工中的混凝土构件和建筑物冲洗
		消防	消火栓、消防水炮
3	工业用水	冷却用水	直流式、循环式
		洗涤用水	冲渣、冲灰、消烟除尘、清洗
		锅炉用水	中压、低压锅炉
		工艺用水	溶料、水浴、蒸煮、漂洗、水力开采、水力输送、增湿、稀释、搅拌、选矿、油田回注
		产品用水	浆料、化工制剂、涂料
4	环境用水	娱乐性景观环境用水	娱乐性景观河道、景观湖泊及水景
		观赏性景观环境用水	观赏性景观河道、景观湖泊及水景
		湿地环境用水	恢复自然湿地、营造人工湿地
5	补充水源水	补充地表水	河流、湖泊
		补充地下水	水源补给、防止海水入侵、防止地面沉降

注：本表引自国家标准《城市污水再生利用 分类》GB/T 18919。

3. 中水用途主要是城市杂用水，如冲厕、浇洒道路、绿化用水、消防、车辆冲洗、建筑施工、冷却用水等。

4. 中水利用除满足水量外，还应符合下列要求：

(1) 用于不同的用途，选用不同的水质标准；

(2) 卫生上应安全可靠，卫生指标如大肠菌群数等必须达标；

(3) 中水还应符合人们的感官要求，即无不快感觉，以解决人们使用中水的心理障碍，主要指标有浊度、色度、嗅、LAS 等；

(4) 中水回用的水质不应引起设备和管道的腐蚀和结垢，主要指标有 pH 值、硬度、蒸发残渣、TDS 等。

5. 建筑物或建筑小区附近有可利用的市政再生水管道时，可直接接入使用。

7.4.2 中水水质标准

1. 中水用作建筑杂用水和城市杂用水，如冲厕、道路清扫、消防、绿化、车辆冲洗、建筑施工等，其水质应符合现行国家标准《城市污水再生利用 城市杂用水水质》GB/T 18920 的规定。参见表 7.4-2。

2. 中水用于景观环境用水，其水质应符合现行国家标准《城市污水再生利用 景观环境用水水质》GB/T 18921 的规定。参见表 7.4-3。

3. 中水用于供暖、空调系统补充水时，其水质应符合现行国家标准《采暖空调系统水质》GB/T 29044 的规定。参见表 7.4-4～表 7.4-8。

4. 中水用于冷却、洗涤、锅炉补给等工业用水时，其水质应符合现行国家标准《城市污水再生利用 工业用水水质》GB/T 19923 的规定。参见表 7.4-9。

5. 中水用于食用作物、蔬菜浇灌用水时，其水质应符合现行国家标准《城市污水再生利用 农田灌溉用水水质》GB 20922 的规定。参见表 7.4-10、表 7.4-11。

6. 中水用于多种用途时，应按不同用途水质标准进行分质处理；当中水同时用于多种用途时，其水质应按最高水质标准确定。

城市杂用水水质标准   表 7.4-2

序号	指标 \ 项目		冲厕	道路清扫、消防	城市绿化	车辆冲洗	建筑施工
1	pH		6.0～9.0				
2	色(度)	≤	30				
3	嗅		无不快感				
4	浊度(NTU)	≤	5	10	10	5	20
5	溶解性总固体(mg/L)	≤	1500	1500	1000	1000	—
6	5日生化需氧量 BOD_5 (mg/L)	≤	10	15	20	10	15
7	氨氮(mg/L)	≤	10	10	20	10	20
8	阴离子表面活性剂(mg/L)	≤	1.0	1.0	1.0	0.5	1.0
9	铁(mg/L)	≤	0.3	—	—	0.3	—
10	锰(mg/L)	≤	0.1	—	—	0.1	—
11	溶解氧(mg/L)	≥	1.0				
12	总余氯(mg/L)		接触30min后≥1.0,管网末端≥0.2				
13	总大肠菌群(个/L)	≤	3				

注：1. 混凝土拌合用水还应符合《混凝土用水标准》JGJ 63 的有关规定
　　2. 本表引自国家标准《城市污水再生利用 城市杂用水水质》GB/T 18920。

景观环境用水的再生水水质指标（mg/L）   表 7.4-3

序号	项目		观赏性景观环境用水			娱乐性景观环境用水		
			河道类	湖泊类	水景类	河道类	湖泊类	水景类
1	基本要求		无漂浮物，无令人不愉快的嗅和味					
2	pH(无量纲)		6～9					
3	5日生化需氧量(BOD₅)	≤	10	6		6		
4	悬浮物(SS)	≤	20	10		—a		
5	浊度(NTU)	≤	—a			5.0		
6	溶解氧	≥	1.5			2.0		

续表

序号	项 目		观赏性景观环境用水			娱乐性景观环境用水		
			河道类	湖泊类	水景类	河道类	湖泊类	水景类
7	总磷（以 P 计）	≤	1.0	0.5		1.0	0.5	
8	总氮	≤	15					
9	氨氮（以 N 计）	≤	5					
10	粪大肠菌群（个/L）	≤	10000	2000		500		不得检出
11	余氯[b]	≥	0.05					
12	色度（度）	≤	30					
13	石油类	≤	1.0					
14	阴离子表面活性剂	≤	0.5					

注：1. 对于需要通过管道输送再生水的非现场回用情况必须加氯消毒；而对于现场回用情况不限制消毒方式。
2. 若使用未经过除磷脱氮的再生水作为景观环境用水，鼓励使用本标准的各方在回用地点积极探索通过人工培养具有观赏价值水生植物的方法，使景观水的氮满足表中的要求，使再生水中的水生植物有经济合理的出路。

a：—表示对此项无要求。

b：氯接触时间不应低于 30 分钟的余氯。对于非加氯方式无此项要求。

注：本表引自国家标准《城市污水再生利用 景观环境用水水质》GB/T 18921。

集中空调间接供冷开式循环冷却水系统水质要求 表 7.4-4

检测项	单位	补充水	循环水
pH(25℃)		6.5～8.5	7.5～9.5
浊度	NTU	≤10	≤20 ≤10 （当换热设备为板式、翅片管式、螺旋板式）
电导率(25℃)	uS/cm	≤600	≤2300
钙硬度(以 CaCO₃ 计)	mg/L	≤120	—
总硬度(以 CaCO₃ 计)	mg/L	≤200	≤600
钙硬度＋总碱度(以 CaCO₃ 计)	mg/L	—	≤1100
Cl⁻	mg/L	≤100	≤500
总铁	mg/L	≤0.3	≤1.0
NH₃-N[a]	mg/L	≤5	≤10
游离氯	mg/L	0.05～0.2(管网末梢)	0.05～1.0(循环水总管处)
COD_Cr	mg/L	≤30	≤100
异养菌总数	个/mL	—	≤1×10⁵
有机磷(以 P 计)	mg/L	—	≤0.5

a 当补充水水源为地表水、地下水或再生水回用时，应对本指标项进行检测与控制

注：本表引自国家标准《采暖空调系统水质》GB/T 29044。

集中空调循环冷却水系统水质要求　　表 7.4-5

检测项	单位	补充水	循环水
pH(25℃)		7.5～9.5	7.5～10
浊度	NTU	≤5	≤10
电导率(25℃)	uS/cm	≤600	≤2000
钙硬度(以 CaCO₃ 计)	mg/L	≤300	≤300
总碱度(以 CaCO₃ 计)	mg/L	≤200	≤500
Cl⁻	mg/L	≤250	≤250
总铁	mg/L	≤0.3	≤1.0
溶解氧	mg/L	—	≤0.1
有机磷(以 P 计)	mg/L	—	≤0.5

注：本表引自国家标准《采暖空调系统水质》GB/T 29044。

蒸发式循环冷却水系统水质要求　　表 7.4-6

检测项	单位	直接蒸发式		间接蒸发式	
		补充水	循环水	补充水	循环水
pH(25℃)		6.5～8.5	7.0～9.5	6.5～8.5	7.0～9.5
浊度	NTU	≤3	≤3	≤3	≤3
电导率(25℃)	uS/cm	≤400	≤800	≤400	≤800
钙硬度(以 CaCO₃ 计)	mg/L	≤80	≤160	≤100	≤200
总碱度(以 CaCO₃ 计)	mg/L	≤150	≤300	≤200	≤400
Cl⁻	mg/L	≤100	≤200	≤150	≤300
总铁	mg/L	≤0.3	≤1.0	≤0.3	≤1.0
硫酸根离子(以 SO₄²⁻ 计)	mg/L	≤250	≤500	≤250	≤500
NH₃-N[a]	mg/L	≤0.5	≤1.0	≤5	≤10
COD[a]_{Cr}	mg/L	≤3	≤5	≤30	≤60
菌落总数	CFU/mL	≤100	≤100	—	—
异养菌总数	个/mL	—	—	—	≤1×10⁵
有机磷(以 P 计)	mg/L	—	—	—	≤0.5

[a]　当补充水水源为地表水、地下水或再生水回用时，应对本指标项进行检测与控制

注：本表引自国家标准《采暖空调系统水质》GB/T 29044。

采用散热器的集中供暖系统水质要求　　表 7.4-7

检测项	单位	补充水	循环水	
pH(25℃)		7.0～12.0	钢制散热器	9.5～12.0
		8.0～10.0	铜制散热器	8.0～10.0
		6.5～8.5	铝制散热器	6.5～8.5
浊度	NTU	≤3	≤10	
电导率(25℃)	uS/cm	≤600	≤800	

续表

检测项	单位	补充水	循环水	
Cl⁻	mg/L	≤250	钢制散热器	≤250
		≤80(≤40ᵃ)	AISI 304 不锈钢散热器	≤80(≤40ᵃ)
		≤250	AISI 316 不锈钢散热器	≤250
		≤100	铜制散热器	≤100
		≤30	铝制散热器	≤30
总铁	mg/L	≤0.3	≤1.0	
总铜	mg/L	—	≤0.1	
钙硬度(以 CaCO₃ 计)	mg/L	≤80	≤80	
溶解氧	mg/L		≤0.1(钢制散热器)	
有机磷(以 P 计)	mg/L		≤0.5	

当水温大于 80℃时,AISI 304 不锈钢材质散热器系统的循环水及补充水氯离子浓度不宜大于 40mg/L

注:本表引自国家标准《采暖空调系统水质》GB/T 29044。

采用风机盘管的集中供暖水质要求　　　　　　　　　　　　　　　表 7.4-8

检测项	单位	补充水	循环水
pH(25℃)		7.5~9.5	7.5~10
浊度	NTU	≤5	≤10
电导率(25℃)	uS/cm	≤600	≤2000
Cl⁻	mg/L	≤250	≤250
总铁	mg/L	≤0.3	≤1.0
钙硬度(以 CaCO₃ 计)	mg/L	≤80	≤80
钙硬度(以 CaCO₃ 计)	mg/L	≤300	≤300
总碱度(以 CaCO₃ 计)	mg/L	≤200	≤500
溶解氧	mg/L		≤0.1
有机磷(以 P 计)	mg/L	—	≤0.5

注:本表引自国家标准《采暖空调系统水质》GB/T 29044。

工业循环冷却水水质标准　　　　　　　　　　　　　　　　表 7.4-9

控制项目	pH	SS (mg/L)	浊度 (NTU)	色度	COD$_{Cr}$	BOD₅
循环冷却水补充水	6.5~8.5	—	≤5	≤30	≤60	≤10
直流冷却水	6.5~9.0	≤30	—	≤30	—	≤30

注:本表引自国家标准《城市污水再生利用 工业用水水质》GB/T 19923。

再生水用于农田灌溉用水基本控制项目及水质指标最大限值（mg/L）　　表 7.4-10

序号	基本控制项目	灌溉作物类型			
		纤维作物	旱地作物 油料作物	水田谷物	露地蔬菜
1	生化需氧量（BOD$_5$）	100	80	60	40
2	化学需氧量（COD$_{Cr}$）	200	180	150	100
3	悬浮物（SS）	100	90	80	60
4	溶解氧（DO）≥	0.5			
5	pH（无量纲）	5.5～8.5			
6	溶解性总固体（TDS）	非盐碱地区 1000，盐碱地区 2000			1000
7	氯化物	350			
8	硫化物	1.0			
9	余氯	1.5		1.0	
10	石油类	10		5.0	1.0
11	挥发酚	1.0			
12	阴离子表面活性剂（LAS）	8.0		5.0	
13	汞	0.001			
14	镉	0.01			
15	砷	0.1		0.05	
16	铬（六价）	0.1			
17	铅	0.2			
18	粪大肠菌群数（个/L）	40000			20000
19	蛔虫卵数（个/L）	2			

注：本表引自国家标准《城市污水再生利用　农田灌溉用水水质》GB 20922。

再生水用于农田灌溉用水选择控制项目及水质指标最大限值（mg/L）　　表 7.4-11

序号	选择控制项目	限值	序号	选择控制项目	限值
1	铍	0.002	10	锌	2.0
2	钴	1.0	11	硼	1.0
3	铜	1.0	12	钒	0.1
4	氟化物	2.0	13	氰化物	0.5
5	铁	1.5	14	三氯乙醛	0.5
6	锰	0.3	15	丙烯醛	0.5
7	钼	0.5	16	甲醛	1.0
8	镍	0.1	17	苯	2.5
9	硒	0.02			

注：本表引自国家标准《城市污水再生利用　农田灌溉用水水质》GB 20922。

7.5 中水系统

7.5.1 中水系统形式

1. 单体建筑中水宜采用原水污、废分流，中水专供的完全分流系统。

完全分流系统是指中水原水的收集系统和建筑的其他排水系统是完全分开的，即排水系统采用污废分流形式，而建筑的生活给水与中水供水也是完全分开的系统，也就是通常所说的"双下水、双上水"。

完全分流系统具有以下特点：

(1) 水量易于平衡。一般情况，有洗浴设备的建筑的优质杂排水或杂排水的水量，经处理后可满足冲厕等杂用水水量要求。

(2) 处理流程可以简化。由于原水水质较好，可减轻中水处理系统的负荷，减少占地面积，降低造价。

(3) 减少污泥处理困难以及产生臭气对建筑环境的影响。

(4) 中水处理系统容易实现设备化，管理方便。

(5) 中水用户容易接受。

2. 建筑小区中水可采用下列系统形式：

(1) 完全分流系统

全部完全分流系统是指原水分流管系和中水供水管系覆盖全区所有建筑物的系统，即建筑小区内全部采用两套排水管和两套供水管的系统。

该种系统形式管线比较复杂，设计施工难度较大，管线投资较高，但具有水量易于平衡、处理流程简化、用户容易接受等优点。这种形式可用于水价较高的地区，尤其用在中水建设处于起步阶段的地区。

(2) 半完全分流系统

半完全分流系统就是无原水分流管系（原水为综合污水或外接水源），只有中水供水管系或只有污废水分流管系而无中水供水管，处理后用于河道景观、绿化等室外杂用的系统，也就是通常所说的"单下水、双上水"或"双下水、单上水"。

该种系统形式管线比较简单，设计施工难度较小，管线投资较少，可用于大多数工程。

(3) 无分流简化系统

无分流简化系统是指建筑物内无污废水分流管系和中水供水管系的系统。

该种系统形式的中水不进入建筑物内，中水只用在小区绿化、浇洒道路、水景观和人工河湖补水、地下车库地面冲洗和汽车清洗等用途，中水原水采用生活污水或是外接水源。这种系统形式建筑物内部管路设计简单，管线投资比较低，适用于已建小区的增建中水工程。

3. 系统形式的选择

中水系统形式的选择，应根据工程的实际情况、原水和中水用量的平衡和稳定、系统的技术经济合理性等因素综合考虑确定。

系统形式选择的步骤：

（1）基础资料收集

1）水资源情况：当地的水资源紧缺程度，供水部门供水可能性，或地下水自行采集的可能性，以及建筑物或楼群所需水量及其保障程度等需水和供水的有关情况。

2）经济资料：供水的水价，各种中水处理设备的市场价格，以及各种中水管路系统建设可能所需费用的估算，所建楼宇或住宅的价位。

3）政策规定情况：当地政府的相关规定和政策。

4）环境资料：环境部门对楼宇和楼群的污水处理和外排的要求，周边河湖和市政下水道及城市污水处理厂的规范建设和运行情况。

5）用户状况：生活习惯和水平、文化程度以及对中水可能的接受程度等。

（2）形成不同方案

根据建筑物或楼群建筑布局的实际情况和环境条件，确定中水系统形式可能设置的几种方案，即可选择的几种水源，可回用的几种场所和回用水量，可考虑的几种管路布置方案，可采用的几种处理工艺流程等。在水量平衡的基础上，对上述水源、管路布置、处理工艺和用水点进行系统形式的设计和组合，形成不同的方案。

（3）技术经济分析

对每一种组合方案进行技术可行性分析和经济性分析，列出技术合理性、可行性要点和各项经济指标。

（4）确定系统形式

对每一种组合方案的技术经济进行比较，权衡利弊，确定较为合理的系统形式。

7.5.2　中水原水收集系统

中水原水收集系统分为合流系统和分流系统两种类型。

1. 合流系统

将生活污水和废水用一套排水管道排出的系统。合流系统的集水干管可根据中水处理站位置要求设置在室内或室外。这种集水系统具有管道布置设计简单、水量充足稳定等优点，但是由于该系统将生活污废水合并，即系统中的水为综合污水，因此它同时还具有原水水质差、中水处理工艺复杂、用户对中水接受程度差等缺点，同时处理站容易对周围环境造成污染。

合流系统的管道设计要求和计算同建筑排水设计，见本手册建筑排水章节。

2. 分流系统

将生活污水和废水根据其水质情况的不同分别排出的系统，即污废分流系统。排水分流后，将水质较好的排水作为中水原水，水质较差的排水则进入污水处理构筑物或直接排入下水道。

（1）分流系统的特点

1）中水原水水质较好。分流出来的废水一般不包括粪便污水和厨房的油污排水，有机物污染较轻，BOD_5、COD_{Cr} 均小于 200mg/L，优质杂排水可小于 100mg/L，中水处理流程简单，处理设施投资较低。

2）中水水质保障性好，符合人们的习惯和心理要求，用户容易接受。

3）中水处理站对周围环境造成的不利影响较小。

缺点是原水水量受限制，并且需要增设一套分流管道，增加了管道系统的费用，同时增加管路设计和施工的难度。

（2）分流系统适用条件

1）有洗浴设备且和厕所分开布置的住宅、公寓等；

2）有集中盥洗设备的办公楼和写字楼、旅馆和招待所、集体宿舍等；

3）公共浴室、洗衣房；

4）大型宾馆、饭店的客房和职工浴室。

以上建筑自然形成立管分流，只要把排放洗浴、洗涤废水的立管集中起来，即形成分流系统。

（3）分流系统设计要点

1）在管道间内设置专用废水立管，无管道间时宜在不同的墙角设置废水立管；

2）便器与洗浴设备宜分设或分侧布置，为接管提供方便；

3）废水支管应尽量避免与污水支管交叉；

4）集水干管设在室内外均可，应根据原水池的位置来确定。

3. 中水原水收集系统设计要点

（1）原水管道系统宜按重力流设计，当重力流管道因埋深太深而不经济时，可采取局部提升等措施。

（2）原水系统应计算原水收集率，收集至中水处理站的原水总量不应低于回收排水项目给水总量的75%。

（3）室内外原水管道及附属构筑物均应采取防渗、防漏措施，并应有防止不符合水质要求的排水接入的措施，井盖应做"中水"标志。

（4）原水系统应设分流、溢流设施和超越管，宜在流入中水处理站之前能满足重力排放要求。

（5）当有厨房排水进入原水系统时，应先经过隔油处理后，方可进入原水收集系统。

（6）原水应计量，宜设置瞬时和累计流量的计量装置，如设置超声波流量计和沟槽流量计等。当采用调节池容量法计量时应安装水位计。

7.5.3 中水供水系统

1. 中水供水系统形式

中水供水系统与给水系统相似，主要有水泵水箱供水系统、气压供水系统和变频调速供水系统等形式，高层建筑中水供水系统的竖向分区要求与给水系统相同，详见本设计手册有关章节。

2. 中水供水系统设计要点

（1）中水供水系统必须独立设置，中水管与生活给水管严禁有任何方式的接通。

（2）中水系统供水量按照《建筑给水排水设计规范》GB 50015中的用水定额及表7.3-3中规定的百分率计算确定。

（3）中水供水泵按中水最大时用水量和供水最不利点所需总水头选择，中水供水系统的设计秒流量和管道水力计算等参照本设计手册第1章给水部分的有关内容。

（4）中水管道一般采用塑料管、衬塑复合管或其他给水管材，由于中水具有轻微腐蚀性，因此中水管不得采用非镀锌钢管。

（5）中水管道在室内可明装或暗装，标识为浅绿色。

（6）中水贮存池（箱）宜采用耐腐蚀、不易清垢的材料制作，钢板池（箱）内、外壁及其附配件均应采取防腐蚀处理。

（7）中水管道上不得装设水龙头。当装有取水口时，必须采取严格的防误饮、误用的防护措施。如带锁龙头、明显标示不得饮用等。

（8）绿化、浇洒、汽车冲洗宜采用有防护功能的壁式或地下式给水栓，并在附近设置"不得饮用"标识。

（9）中水供水系统上，应根据使用要求安装计量装置。

7.6   中水水量平衡

7.6.1   水量平衡的基本概念

水量平衡是指对原水、处理量与中水用量和自来水补水量进行计算、调整，使其达到与用水平衡和一致。它是保证中水系统设施设计合理经济、安全运行、保证供给的重要依据，是中水系统设计中不可缺少的重要组成部分。

水量平衡不仅要保持总量的一致，还要保持在时间延续上的协调一致。为保证处理设施能够连续和均匀地运行，须将不均匀的原排水进行调节，并应将中水量和使用量调整平衡。水量平衡设计主要包括水量平衡计算及调整、绘制水量平衡图、采取相应技术措施等内容。

7.6.2   水量平衡计算及调整

1. 中水原水量和中水用水量平衡计算及调整。

（1）确定中水使用范围和中水原水收集范围。

中水使用范围：包括用水项目（如冲厕、绿化、洗车、供暖系统补水等）及其用水点分布情况（如集中区域、分散点、高度等）。

中水原水收集范围：包括收集项目（如优质杂排水、杂排水或生活排水）及其收集点分布情况。

（2）按本章 7.3.4 节中水用水量计算方法，计算各项用水量和总用水量。用水量计算应包括中水处理站自身消耗用水量，此值一般取各项用水量之和的 5%～15%。

（3）按本章 7.3.4 节中水原水量计算方法计算，计算各项原水量和原水总量。

（4）比较原水量和中水用水量的平衡关系。使原水总量不小于总用水量。

（5）若原水总量大于中水总用水量，则应扩大中水用水范围或缩小原水收集范围；若原水总量小于中水总用水量，则应扩大原水收集范围或缩小中水用水范围，使其相匹配。

（6）对于距中水处理站较远的分散收集点和用水点，原水收集和中水供给需增加较大投资，或收集量和用水量较少或供水系统扬程较高而造成不够经济合理时，对于这部分原水或中水，可不进行收集或供给。

（7）中水单位处理成本随处理水量的提高而降低，节水效益随着处理规模的增大而增强，所以在水量调整时，应注意将可收集的原水尽量收集起来，进行处理回用，在中水用量不多时，应考虑分期从更大的范围去拓展中水用户，在高效益、低成本的前提下调节水量平衡。

（8）水量平衡图

为使中水系统水量平衡规划更明显直观，应绘制水量平衡图。该图是用图线和数字表示出中水原水的收集、贮存、处理、使用之间量的关系。主要内容应包括如下要素：

1）中水原水收集项目和部位及原水量，建筑的排水量、排放量。

2）中水处理量及处理消耗量。

3）中水各用水点的用水量及总用水量。

4）自来水用水量，对中水系统的补给量。

5）规划范围内的污水排放量、回用量、给水量及其所占比率。

计算并表示出以上各量之间的关系，不仅可以借此协调水量平衡，还可明显看出节水效果。

水量平衡例图见图 7.6-1。

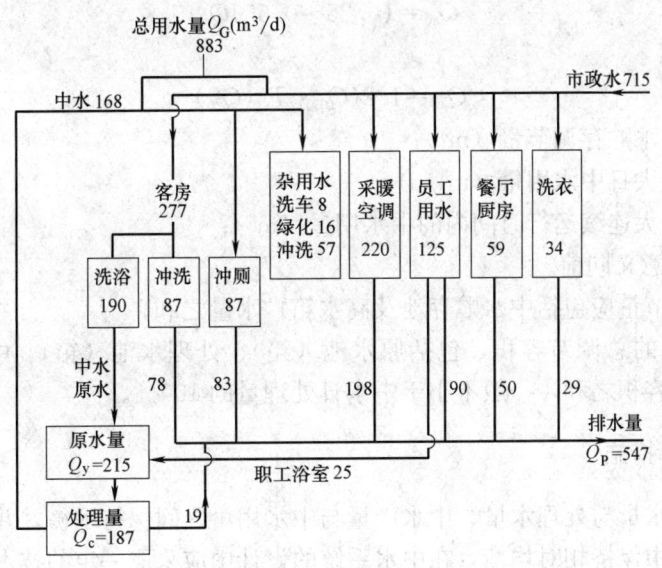

图 7.6-1　某宾馆水量平衡图

2. 中水原水量和处理量的平衡计算及调整。

由于收集中水原水的水量与处理构筑物的处理量不能同步，应设原水调节池进行贮存调节。

（1）中水设计处理能力按公式（7.6-1）计算：

$$Q_q = (1+n)Q_z/T \qquad (7.6\text{-}1)$$

式中　Q_q——中水设施处理能力（m^3/h）；

　　　Q_z——最大中水用量（m^3/d）；

　　　T——中水设施每日设计运行时间（h/d）；

n——设施自耗水系数，一般取值为 5%～10%。

（2）原水调节池调节容积可按公式（7.6-2）、公式（7.6-3）计算：

连续运行时：

$$Q_{yc}=(0.35\sim0.50)Q_c \tag{7.6-2}$$

间歇运行时：

$$Q_{yc}=1.2Q_q \cdot T \tag{7.6-3}$$

式中　Q_{yc}——原水调贮量（m³）；

Q_c——中水日处理量（m³/d）；

Q_q——中水设施处理能力（m³/h）；

T——设备最大连续运行时间（h）。

当采用批量处理法时，原水调贮量应按需要确定。

3. 中水处理出水量和中水用量的平衡计算及调整。

中水处理构筑物连续处理的水量和中水供应量之间的不平衡，需设中水贮存池进行调节。中水贮存池容积可按公式（7.6-4）、公式（7.6-5）计算：

连续运行时：

$$Q_{zc}=(0.25\sim0.35)Q_z \tag{7.6-4}$$

间歇运行时：

$$Q_{zc}=1.2(Q_q \cdot T-Q_{zt}) \tag{7.6-5}$$

式中　Q_{zc}——中水贮存调节量（m³）；

Q_z——最大日中水用量（m³/d）；

Q_{zt}——最大连续运行时间内的中水用量（m³）；

Q_q、T 符号意义同前。

中水贮存调节量应包括中水贮存池及高水箱贮水量之和。

4. 中水系统的总调节容积，包括原水池（箱）、处理水池（箱）、中水贮存池（箱）及高水箱等调节容积之和，一般不小于中水日处理量的 100%。

7.6.3　水量平衡措施

为使中水原水量与处理水量、中水产量与中水用量之间保持平衡，并使中水用量在一年各季节的变化中保持相对均衡，在中水系统的设计中应采取一定的技术措施。水量平衡主要采取以下技术措施：

1. 贮存调节

前处理单元的原水调节池和后处理单元的中水池是水量平衡系统主要组成部分，足够容积的调节池和中水池是确保中水处理率和利用率的重要前提。设置原水调节池、中水调节池、中水高位水箱等构筑物进行水量调节，以实现原水量、处理水量、用水量之间的平衡。

（1）原水调节池的调节容积应按中水原水量及处理量的逐时变化曲线求得，当缺少资料时可按下列方法计算：连续运行时，可按日处理水量的 35%～50%计算；间歇运行时，调节池的调节容积应为处理设备一个运行周期的处理量。

（2）中水调节池的调节容积应按处理量与中水用量的逐时变化曲线求得。当缺乏资料时可按下列要求计算：连续运行时，可按中水系统日用水量的 25％～35％ 计算；间歇运行时，可按处理设备运行周期计算。

（3）当中水供水采用水泵—水箱联合供水时，其高位水箱的调节容积不得小于中水系统最大小时用水量的 50％。

2. 运行调节

利用水位信号控制处理设备自动运行，并合理调整确定控制的水位和运行班次，主要是对原水水泵运行的控制，分为双控和单控。

（1）单控，原水水泵启动以调节池内的水位控制方式进行，采取一定的技术措施，尽量减小中水池的自来水补水空间。一般情况下，采用单控方式比较简单有效。

（2）双控，即原水泵的启动由中水池内水位和调节池内水位共同控制，采用双水位控制时，原水泵启动水位应设在自来水补水控制水位之上。

3. 中水使用调节

中水用水量较大时，应扩大原水收集范围，如将不能直接接入的杂排水，可采取局部提升的方式引入；中水原水量较大时，应充分开辟中水使用范围，如浇洒道路、绿化、冷却水补水、供暖系统补水等，以调节季节性不平衡。

4. 应急补充

中水贮水池或中水高位水箱上应设自来水补水管，作应急使用，从而保障中水供水的平衡和安全。但应避免中水补水作为长期补水用，如果有这种情况，应缩小中水供水范围，部分用水点直接用自来水供给，以免自来水压力损失和对自来水的二次提升。

另外，中水池的自来水补水能力是按中水系统的最大时用水量设计的，比中水处理设备的产水能力要大。为了控制中水池的容积尽可能多地容纳中水，而不被自来水补水占用，补水管的自动开启控制水位应设在中水池下方水量的 1/3 处；自动关闭的控制水位应在下方水量的 1/2 处。这样，可确保中水池上方 1/2 以上的池容积用于存放中水。

5. 分流、溢流和超越

在中水系统中设置分流、溢流和超越等设施，用来应对原水量出现瞬时高峰、设备故障检修或用水短时间中断等紧急情况，是实现系统水量平衡的重要手段，同时也是保证中水处理设施安全的一个重要措施。

7.7 中水处理工艺

7.7.1 确定处理工艺的原则

中水处理工艺流程应根据中水原水的水质、水量和中水的水质、水量及使用要求等因素，经技术经济比较后确定。

1. 确定处理工艺的依据

确定中水处理工艺主要需要考虑以下因素：

（1）原水的水量、水质；

（2）中水的水量、水质；

（3）当地的自然环境条件（如气候等）；

（4）运行管理水平；

（5）经济性。

2. 确定处理工艺的原则

选用中水处理工艺应当符合以下原则：

（1）技术先进，安全可靠，处理后出水能够达到回用目标的水质标准；

（2）经济适用，在保证中水水质的前提下，尽可能节省投资、运行费用和占地面积；

（3）处理过程中，噪声、气味和其他因素对环境不造成严重影响；

（4）应有经过一定时间的运行实践，已达实用化的处理工艺流程。

7.7.2　处理工艺流程

1. 主要处理工艺流程

《建筑中水设计标准》GB 50336 根据不同的原水情况，列举了 10 种中水处理工艺流程。

（1）当以盥洗排水、污水处理厂（站）二级处理出水或其他较为清洁的排水作为中水原水时，可采用以物化处理为主的工艺流程。

1）絮凝沉淀或气浮工艺流程

原水→格栅→调节池→絮凝沉淀或气浮→过滤→消毒→中水

2）微絮凝过滤工艺流程

原水→格栅→调节池→微絮凝过滤→消毒→中水

3）膜分离工艺流程

原水→格栅→调节池→预处理→膜分离→消毒→中水

（2）当以含有洗浴排水的优质杂排水、杂排水或生活排水作为中水原水时，宜采用以生物处理为主的工艺流程，在有可供利用的土地和适宜的场地条件时，也可以采用生物处理与生态处理相结合或者以生态处理为主的工艺流程。

1）生物处理和物化处理相结合的工艺流程

① 原水→格栅→调节池→生物接触氧化→沉淀→过滤→消毒→中水

② 原水→格栅→调节池→曝气生物滤池→过滤→消毒→中水

③ 原水→格栅→调节池→CASS 池→混凝沉淀→过滤→消毒→中水

④ 原水→格栅→调节池→流离生化池→过滤→消毒→中水

2）膜生物反应器（MBR）工艺流程

原水→格栅→调节池→膜生物反应器→消毒→中水

3）生物处理与生态处理相结合的工艺流程

原水→格栅→调节池→生物处理→生态处理→消毒→中水

4）以生态处理为主的工艺流程

原水→格栅→调节池→预处理→生态处理→消毒→中水

2. 选择流程应注意的问题

（1）根据实际情况确定流程，切忌不顾条件生搬硬套。

确定流程时必须掌握中水原水的水量、水质和中水的使用要求。由于中水原水收取范围不同而使水质不同，中水用途不同而对水质要求不同，以及各地各种建筑的具体条件的不同，其处理流程也不尽相同，选择流程时应避免不顾条件生搬硬套。切忌将常规的污水处理厂缩小后，搬入建筑或建筑群内。

（2）由于建筑物排水的污染主要为有机物，因此绝大部分处理流程时以生物处理为主，生物处理中又多以接触氧化的生物膜法为常用。

（3）当以优质杂排水或杂排水为中水水源时，一般采用以物化处理为主的工艺流程或采用一般生化处理辅以物化处理的工艺流程。当以生活污水为中水水源时，一般采用二段生化处理或生化、物化相结合的处理流程。

（4）中水用于冷却用水、供暖系统补水等其他用途时，如采用的处理工艺达不到相应的水质标准，为增加水质稳定性，应增加深度处理设施，如活性炭、臭氧氧化、离子交换处理等。

（5）为了使用安全，必须保障中水的消毒工艺。

（6）应充分注意中水处理给建筑环境带来的臭味、噪声等危害和影响。

（7）选用定型设备尤其是一体化设备时，应注意其功能和技术指标，确保出水水质。

（8）采用新的工艺流程，必须经过试验或实践检验，并能提供相应的评审、鉴定、验收意见和该工艺处理效果、效率、水质检验报告资料。

7.7.3 处理工艺选用要点

对于工程中经常采用处理工艺，我们从工艺的技术特点、适用范围、设计要点等方面介绍如下，供大家设计中参考。

1. 絮凝沉淀或气浮工艺流程

原水→格栅→调节池→絮凝沉淀或气浮→过滤→消毒→中水

（1）技术特点

物化处理方法，无需生物培养，具有设备体积小、占地省、可间歇运行、管理维护方便等特点。

（2）适用范围

原水的有机物浓度较低（$COD_{Cr} \leqslant 100mg/L$，$BOD_5 \leqslant 50mg/L$ 和 $LAS \leqslant 4mg/L$），住房率浮动较大或间歇性使用的建筑物，特别适用于高档公寓、宾馆的洗浴废水。

（3）设计要点

1）工程中一般采用气浮工艺，而不是絮凝沉淀，絮凝气浮可以设备化，占地小，适用于层高较小的地下室等。

2）气浮和过滤对悬浮物去除效果较好，对溶解性有机物的去除效果较差，但对洗涤剂有一定的去除效果。设计中应对原水有机物浓度指标严格控制。

3）为了保证水质处理的效果，最好在气浮和过滤后，增加活性炭吸附装置，并在设计中明确，根据实际水质情况，半年至1年更换活性炭。

2. 生物接触氧化处理工艺流程

原水→格栅→调节池→生物接触氧化→沉淀→过滤→消毒→中水

（1）技术特点

生物接触氧化是一种成熟实用的处理工艺。它对原水适应性强，经济实用，运行管理方便，对操作管理水平的要求较低。

（2）适用范围

该工艺适用范围较广，对于杂排水、生活污水和二级出水均适用。

（3）设计要点

1）接触氧化池的曝气应尽量做到布气均匀。

2）填料上生物膜的更新是保证生物膜法有效工作的重要条件。因此，生物接触氧化法在单位面积上要有足够的曝气强度，曝气量宜按 BOD_5 的去除负荷，即进出水 BOD_5 的差值计算，根据工程实际情况取值 $40\sim80m^3/kgBOD_5$，也可参考一些工程实例进行设计。球形填料曝气强度要求比固定填料小，因为其本身的漂移运动有利生物膜的脱落。

3）当接触氧化池面积过大时，接触氧化池的供气量设计，应依据曝气强度的需要进行设计，满足池体搅动强度的需要。一般情况下，最低曝气强度不小于 $20m^3/(m^2 \cdot h)$。

4）生物接触氧化池内建议采用弹性立体填料，使用寿命长，价格便宜。也可采用安装和维修较为方便的球形填料。

5）接触氧化池宜连续运行，当采用间歇运行时，在停止进水时要考虑采用间断曝气的方法来维持生物活性。

3. 曝气生物滤池（BAF）处理工艺流程

原水→格栅→调节池→曝气生物滤池→过滤→消毒→中水

（1）技术特点

曝气生物滤池是集生物降解和截留悬浮物为一体的生物膜法工艺，对水质、水量有较高的抗冲击负荷能力，具有容积负荷大、水力停留时间短、占地较省、调试时间短、投入运行快等特点。

（2）适用范围

主要应用于以杂排水和生活污水为原水的中水系统。

（3）设计要点

1）BAF 池体的设计主要根据水质和水量要求，综合水力停留时间、水力负荷、容积负荷等因素，选择最佳的设计参数。

2）为确保滤池布气布水均匀效果，滤板的平整度要求在 ±5mm 以内，宜设计成整浇滤板。

3）为确保曝气均匀效果，宜采用"丰"字形曝气方式设计，曝气器的布置按 $36\sim45$ 个/m^2，不得小于 36 个/m^2。

4）反洗清水池容积应满足一次反冲洗用水量，反洗废水池容积应满足一次反冲洗排水量的 1.5 倍。

4. 流离生化处理工艺流程

原水→格栅→调节池→流离生化池→过滤→消毒→中水

（1）技术特点

流离生化技术是一种水体通过流离球填料形成好氧、兼氧、厌氧多变环境而实现降解有机污染物同时脱氮除磷的处理工艺。填料为碎石球的集合体（流离球），不需设初沉池和二沉池，基本上不产生污泥，具有流程简单、耐冲击负荷、出水水质稳定、运行管理简便等特点。

（2）适用范围

该工艺适用范围较广，对以优质杂排水、杂排水、生活污水等为原水的中水工程均适用。

（3）设计要点

1）流离生化池宜采用矩形，包括进水区、反应区和出水区，池底铺设穿孔管进行曝气。为提高配水均匀性，一般在反应区进出水端设穿孔墙。

2）流离生化池应根据原水水质情况和出水水质要求确定水力停留时间，处理杂排水或生活排水时一般不宜小于 6h。原水在流离生化池中流动距离不小于 9m，流离池深度不宜大于 5.0m，气水比一般不低于 25：1。

3）流离球应具有耐腐蚀性、较好机械强度和韧性，直径一般为 10~12cm，孔隙率约为 0.6。

5. 膜生物反应器（MBR）处理工艺流程

原水→调节池→预处理→膜生物反应器→消毒→中水

（1）技术特点

膜生物反应器是在活性污泥法的曝气池中设置微滤膜，用微滤膜替代二沉池和后续的过滤装置，将生化与物化处理在同一池内完成，并对原水中的细菌和病毒具有一定的阻隔作用。该工艺具有耐冲击负荷能力强、有机污染物及悬浮物去除效率高、出水水质好、结构紧凑占地少、污泥产量少、自动化管理程度高等优点。

（2）适用范围

膜生物反应器主要应用在以生活污水和有机物浓度较高的杂排水为原水的中水系统。

（3）设计要点

1）膜组件的寿命是影响中水工程投资、设备运行管理和运行成本的主要问题，应根据膜材质、组件结构形式等因素，尽量采用质量好、寿命长的膜。

2）膜生物反应器具有对水中细菌和病毒的阻隔功能，但工艺流程中不可缺少消毒环节。

3）采用抽吸出水的办法降低动力消耗，增加产水量。

4）宜设置自动计量、在线监测等设备，提高自动化管理水平。

6. 毛管渗滤土地处理工艺流程

原水→格栅→厌氧调节池→毛管渗滤土地处理→消毒→中水

（1）技术特点

系统运行稳定可靠，抗冲击负荷能力强；无需建设复杂的构筑物，综合投资和运行费用低；运行管理简单，便于维护。

（2）适用范围

分散的居民点、休假村、疗养院、机关和学校等小规模的污水处理地点，并与绿化相结合。对于杂排水和生活污水均适用。

（3）设计要点

1）布置在草坪、绿地、花园等之下的土壤中，日处理 $1m^3$ 生活污水大约需占用 $8m^2$ 土地。

2）根据建筑小区内建筑物的位置，处理装置可集中设置，也可分散设置，就地回用。

3）根据地形地势，利用自然地形，宜采用重力流布置。

4）处理装置应设置在冻土层之下。

5）当毛管渗滤处理装置设置在硬质地面（如道路、广场等）之下时，硬质地面的面积不得超过装置占地总面积的 50％。

7.8　中水处理设施

7.8.1　处理设施（设备）处理能力的确定

中水处理设施的处理能力按式（7.8-1）计算：

$$q=\frac{Q_{py}}{t} \tag{7.8-1}$$

式中　q——设施处理能力（m^3/h）；

Q_{py}——经过水量平衡计算后的原水水量（m^3/d）；

t——中水设施每日设计运行时间（h）。

7.8.2　处理设施（设备）技术参数

1. 附属处理设施（设备）

（1）化粪池

以生活污水为原水的中水处理工程，宜在建筑物粪便排水系统中设置化粪池，化粪池容积按污水在池内停留时间不小于 12h 计算。

（2）格栅

1）格栅形式宜选用机械格栅。

2）格栅设置要求及技术参数：

① 当原水为杂排水时，可设置一道格栅，栅条空隙宽度小于 10mm；

② 当原水为生活污水时，可设置两道格栅，第一道为粗格栅，栅条空隙宽度为 10～20mm，第二道为细格栅，栅条空隙宽度取 2.5mm。

③ 格栅流速宜取 0.6～1.0m/s。

④ 设在格栅井内时，其倾角不小于 60°。格栅井应设置工作台，其位置应高出格栅前设计最高水位 0.5m，其宽度不宜小于 0.7m，格栅井应设置活动盖板。

（3）毛发聚集器

1）以洗浴（涤）排水为原水的中水系统，污水泵吸水管上应设置毛发聚集器。

2）毛发聚集器应按下列规定设计：

① 过滤筒（网）的有效过水面积应大于连接管截面积的 2 倍。

② 过滤筒（网）的孔径宜采用 3mm。

③ 具有反洗功能和便于清污的快开结构。

④ 过滤筒（网）应采用耐腐蚀材料制造。

2. 原水调节池

（1）调节池宜设置预曝气管，曝气量不宜小于 0.6m³/（m³·h）。

（2）调节池底部应设有集水坑和泄水管，池底应有不小于 0.02 坡度坡向集水坑，池壁应设置爬梯和溢水管。当采用地埋式时，顶部应设置人孔和直通地面的排气管。

（3）中、小型工程调节池可兼作提升泵的集水井。

3. 沉淀池

（1）初次沉淀池的设置应根据原水水质和处理工艺等因素确定。

1）原水为优质杂排水或杂排水时，设置调节池后可不再设置初次沉淀池。

2）原水为生活污水时，对于规模较大的中水处理站，可根据处理工艺要求设置初次沉淀池。

（2）二次沉淀池规模较小时，宜采用斜板（管）沉淀池或竖流式沉淀池。规模较大时，应按《室外排水设计规范》GB 50014 中有关部分设计。

（3）斜板（管）沉淀池设计参数

1）沉淀池宜采用矩形。

2）表面负荷宜采用 $1\sim3m^3/(m^2\cdot h)$。

3）斜板（管）间距（孔径）宜大于 80mm，板（管）斜长宜取 1000mm，倾角宜为 $60°$。

4）斜板（管）上部清水深度不宜小于 0.5m，下部缓冲层高度不宜小于 0.8m。

5）停留时间宜为 $30\sim60min$。

6）进水采用穿孔板（墙）布水，集水应设出水堰，出水最大负荷不应大于 $1.70L/(s\cdot m)$。

7）宜采用静水压力排泥，静水压力不应小于 1.5m，排泥管直径不小于 80mm。

（4）竖流式沉淀池设计参数

1）表面水力负荷宜采用 $0.8\sim1.2m^3/(m^2\cdot h)$。

2）中心管流速不宜大于 30mm/s。

3）中心管下部应设喇叭口和反射板，板底面距泥面不宜小于 0.3m；排泥斗坡度应大于 $45°$（一般宜为 $55°\sim60°$）。

4）池体直径或正方形的边长与有效水深比值不宜大于 3。

5）沉淀时间宜为 $1.0\sim2.0h$。

6）沉淀池宜采用静水压力排泥，静水压力不应小于 1.5m，排泥管直径不小于 80mm。

7）沉淀池集水应设出水堰，其出水最大负荷不应大于 $1.70L/(s\cdot m)$。

4. 气浮池

（1）气浮池一般采用溶气泵或微气泡发生器溶气。

（2）气浮池设计参数

1）接触室水流上升流速一般为 $10\sim20mm/s$。

2）气浮池有效水深一般为 $2.0\sim2.5m$。

3）气浮池水力停留时间一般取 $15\sim30min$，表面水力负荷取 $2\sim5m^3/(m^2\cdot h)$。

4）溶气水回流比取处理水量的 $10\%\sim30\%$。

5）气浮池上部设集沫槽，可采用水冲溢流排渣或刮渣机排渣。

（3）混凝剂投加

1）混凝剂一般采用硫酸铝或聚合氯化铝。

2）投药点在原水泵吸水管上。

3）按处理水量定比投加，并充分混合。采用聚合氯化铝时，混凝剂投加量一般为 5～10mg/L。

5. 生物接触氧化池

（1）生物接触氧化池由池体、填料、布水装置和曝气系统等部分组成。

（2）供气方式宜采用低噪声的鼓风机加布气装置、潜水曝气机或其他曝气设备。布气装置的布置应使布气均匀，一段处理流程气水比一般为（3～6）：1；二段处理流程气水比一般为（8～15）：1。

（3）接触氧化池处理洗浴废水时，水力停留时间不应小于 2h；处理杂排水或生活排水时，应根据原水水质情况和出水水质要求确定水力停留时间，但不宜小于 3h。

（4）接触氧化池宜采用易挂膜、耐用、比表面积较大、维护方便的固定填料或悬浮填料。填料的体积可按填料容积负荷和平均日污水量计算，容积负荷宜为 $1000\sim1800gBOD_5/(m^3 \cdot d)$，当采用悬浮填料时，装填体积不应小于有效池容积的 25％。

（5）填料的体积可按填料容积负荷和平均日污水量计算，容积负荷一般为 $1000\sim1800kgBOD_5/(m^3 \cdot d)$，计算后按水力负荷或接触时间校核。

（6）接触氧化池曝气量可按 BOD_5 的去除负荷计算，宜为 $40\sim80m^3/kgBOD_5$，杂排水取低值，生活污水取高值。

6. 流离生化池

（1）流离生化池处理优质杂排水时，水力停留时间不应小于 3h；处理杂排水或生活排水时，应根据原水水质情况和出水水质要求确定水力停留时间，但不宜小于 6h。原水在流离生化池中流动距离不小于 9m。

（2）流离生化池曝气量可按 BOD_5 的去除负荷计算，宜为 $40\sim80m^3/kgBOD_5$。

（3）流离生化池内流离生化球的安装高度不小于 2.0m，且不大于 5.0m。

7. 膜生物反应器（MBR）池

（1）处理优质杂排水时，水力停留时间不应小于 2h；处理杂排水或生活排水时，应根据原水水质情况和出水水质要求确定水力停留时间，但不宜小于 3h。

（2）MBR 池容积负荷取值宜为 $0.2\sim0.8kgBOD_5/(m^3 \cdot d)$。

（3）MBR 池污泥负荷取值宜为 $0.05\sim0.1kgBOD_5/(kgMLSS \cdot d)$。

（4）污泥浓度一般为 5～8g/L。

（5）膜分离装置的总有效膜面积应根据处理系统设计处理能力和膜制造商建议的膜通量计算确定。

1）当采用中空纤维膜或平板膜时，设计膜通量不宜超过 $30L/(m^2 \cdot h)$；

2）当采用管式膜时，设计膜通量不宜超过 $50L/(m^2 \cdot h)$。

（6）中水处理站内应设置膜清洗装置，膜清洗装置应同时具备对膜组件实施反向化学清洗和浸泡化学清洗的功能，并宜实现在线清洗。

8. 过滤

（1）中水过滤宜采用过滤池或过滤器，当采用新型滤器、滤料和新工艺时，可按实际试验资料设计。

（2）采用压力过滤器时，滤料可选用单层或双层滤料，滤料常用石英砂、无烟煤，常用过滤设备的技术参数见表 7.8-1。

常用过滤设备的技术参数　　　　　　　　　表 7.8-1

设备类型	滤速 (m³/h)	反冲洗强度 (L/(m²·s))	反洗时间 (min)	最大运行阻力 (m)	滤料级配	
					粒径(mm)	厚度(mm)
石英砂压力 过滤器	8～12	12～15	5～7	≥9	石英砂 0.5～1.0	600～800
					承托层 3～25	250～350
双层滤料压力 过滤器	12	10～12.5	8～15	≥8	上层无烟煤 下层石英砂	500 250
					承托层 3～25	250～350

9. 活性炭吸附

(1) 活性炭吸附过滤是中水深度处理单元，主要用于去除常规处理方法难于降解和难于氧化的物质，以及除臭、除色、去除合成洗涤剂、有毒物质等。

(2) 活性炭吸附过滤一般采用人工更换炭的固定床，比较常用的是压力滤器形式。滤器数目一般不少于 2 个，以便换炭维修。

(3) 过滤器炭层高度应根据出水水质和工作周期决定：

1) 不宜小于 3m，常用炭层高度 4.5～6m，串联进行；

2) 过滤器中炭层高和过滤器直径比一般为 1：1 或 2：1。

(4) 接触时间应根据出水水质要求决定：

1) 当出水 COD_{Cr} 要求为 10～20mg/L 时，采用 10～20min；

2) 当出水 COD_{Cr} 要求为 5～10mg/L 时，采用 20～30min；

3) 对于物化处理一般采用 30min。

(5) 炭的 COD_{Cr} 负荷能力为 0.3～0.8kgCOD_{Cr}/kg 炭。

(6) 滤速一般为 6～10m/h。

(7) 反洗强度一般为 12～15L/(s·m²)。

(8) 过滤器应进行防腐处理。

(9) 滤器应装有冲洗、排污、取样等管道及必要仪表。

10. 消毒

(1) 中水处理必须设有消毒设施。

(2) 消毒设计要求：

1) 消毒剂宜采用次氯酸钠、二氧化氯、二氯异氰尿酸钠或其他消毒剂；

2) 消毒剂宜采用自动定比投加方式，应与被消毒水充分混合接触；

3) 采用氯消毒时，加氯量宜为有效氯 5～8mg/L，消毒接触时间应大于 30min。当中水原水为生活污水时，应适当增加加氯量。

(3) 当处理站规模较大并采取严格的安全措施时，可采用液氯作为消毒剂，但必须使用加氯机。

(4) 选用次氯酸钠消毒剂时应注意：

1) 投加量按有效氯量计算，一般商品次氯酸钠溶液含有有效氯为 10%～12%；

2）投加方式：商品溶液采用溶液投加设备定比投加；次氯酸钠发生器制取后直接
投加。

（5）接触消毒池宜单独设置，其容积可计算包括在中水池之中。

11. 污泥处理设计，按《室外排水设计规范》GB 50014 中的有关要求执行。

7.9　中水处理站

7.9.1　处理站位置确定

中水处理站设置位置应根据建筑的总体规划、中水原水收集点和中水用水供应点的位置、水量、环境卫生和管理维护要求等因素确定。

1. 建筑内处理站

（1）单体建筑的中水处理站宜设在建筑物的最底层，或主要排水汇水管道的设备层。建筑群（组团）的中水处理站宜设在其中心建筑的地下室或裙房内。

（2）中水处理站应独立设置。

（3）应避开建筑的主立面、主要通道入口和重要场所，选择靠近辅助入口方向的边角，并与室外结合方便的地方。

（4）高程上应满足原水的自流引入和事故时重力排入污水管道。

2. 建筑小区处理站

（1）应按规划要求独立设置，处理构筑物宜为地下式或封闭式。

（2）应设置在靠近主要集水和用水地点，应有车辆通道。

（3）处理站应与环境绿化结合，应尽量做到隐蔽、隔离和避免影响生活用房的环境要求，其地上建筑宜与建筑小品相结合。

（4）以生活排水水为原水的地面处理站与公共建筑和住宅的距离不宜小于 15m。

7.9.2　处理站设计要求

1. 处理站的大小，可按处理流程和使用要求确定。处理构筑物、设备应布置合理、紧凑，满足构筑物的施工、设备安装、管道敷设及维护管理的要求。构筑物、设备一般可按工艺流程顺序排列，简化管路布置，并留有发展及设备更换的余地。

2. 水处理间应有满足最大设备的进出口。药剂贮存和制备用房应满足药剂、设备的运输要求。

3. 中水处理站宜设有值班、化验、药剂储存等房间。对于采用现场制备二氧化氯、次氯酸钠等消毒剂的中水处理站，加药间应与其他房间隔开，并有直接通向室外的门。

4. 处理站设计，应满足主要处理环节运行观察、水量计量、水质取样化验监（检）测和进行中水处理成本核算的条件。如设通行梯道、采样孔口等。

5. 中水处理站内各处理构筑物的个（格）数不宜少于 2 个（格），并按并联方式设计。

6. 设于建筑物内部的中水处理站的层高不宜小于 4.5m，各处理构筑物上部人员活动区域的净空不宜小于 1.2m。

7. 中水处理构筑物上面的通道，应设置安全防护栏杆，地面应有防滑措施。

8. 建筑物内中水处理站的盛水构筑物（不包括为中水处理站设置的集水井），应采用独立的结构形式，不得利用建筑物的本体结构作为各池体的壁板、底板及顶盖。

9. 在北方寒冷地区，中水处理站应有防冻措施。当供暖时，值班室、化验室和加药间等有人员操作的房间室内温度可按 18℃ 设计，处理间内温度应满足处理工艺要求，一般可按 5℃ 设计。

10. 中水处理站应有良好的通风设施。当中水处理站设在建筑物内部或室外地下空间时，处理设施房间应设机械通风系统，并应符合下列要求：

（1）处理构筑物为敞开式时，每小时换气次数不宜小于 12 次。

（2）处理构筑物为有盖板时，每小时换气次数不宜小于 8 次。

（3）排气口宜与建筑物结合设置，设在建筑物的顶部。

11. 处理系统的供电等级应与中水用水设备的用水要求相适应。照明应满足运行管理要求，在需要观测的主要设备处，应设照明灯，灯具应采用防潮型，并应设应急灯。当有可能产生易爆气体时，配电应采取防爆措施。

12. 处理站设计中，应尽量避免采用产生有毒、有害气体或易损害人员健康的处理方法和设备，否则应采取有效的防护措施，确保安全。

13. 处理站应具备污泥、渣等清除、存放和外运的条件。

7.9.3　技术措施

1. 隔音降噪

中水处理站设置在建筑内部时，必须与主体建筑及相邻房间严密隔开，并应做建筑隔音处理以防空气传声，如采用隔音门或隔音前室等。当设有空压机、鼓风机时，其房间的墙壁和顶棚宜采用隔音材料进行处理。机电设备的基础应采取隔振措施，管道应采用可曲挠橡胶接头隔振，并采用隔振支、吊架等，以防固体传声。中水处理站产生的噪声值应符合现行国家标准《声环境质量标准》GB 3096 的规定。

2. 除臭措施

对中水处理中散发出的臭气应采取有效的防护措施，以防止对环境造成危害。设计中尽量选择产生臭气较少的工艺和封闭性较好的处理设备，并对产生臭气的处理构筑物和设备加做密封盖板，从而尽可能少地产生和逸散臭气，对于不可避免产生的臭气，工程中一般采用下列方法进行处置：

（1）稀释法：属于物理方法，把收集的臭气高空排放，在大气中稀释。设计时要注意对周围环境的影响。

（2）天然植物提取液法：将天然植物提取液雾化，让雾化后的分子均匀地分散在空气中，吸附并与异味分子发生分解、聚合、取代、置换和加成等的化学反应，促使异味分子改变其原有的分子结构而失去臭味。反应的最后产物为无害的分子，如水、氧、氮等。

另外，还有活性炭吸附法、化学洗涤法、化学吸附法、燃烧法、催化法等除臭措施，设计中可根据具体情况采用不同的方法。

7.10　安全防护和监（检）测控制

7.10.1　安全防护

在中水处理回用的整个过程中，中水系统的供水可能产生供水中断、管道腐蚀及中水与自来水系统误接误用等不安全因素，设计中应根据中水工程的特点，采取必要的安全防护措施：

1. 严禁中水管道与自来水管道有任何形式的连接。

2. 中水管网中所有组件和附属设施的显著位置应配置"中水"耐久标识，中水管道应涂浅绿色，埋地、暗敷中水管道应设置连续耐久标志带，以区别于其他管道。

3. 中水管道取水接口应配置"中水禁止饮用"的耐久标识，公共场所及绿化、道路喷洒等杂用的中水用水口应设带锁装置。

4. 室外中水管道与生活饮用水给水管道、排水管道平行埋设时，其水平净距不得小于 0.5m；交叉埋设时，中水管道应位于生活饮用水给水管道下面，排水管道的上面，其净距均不得小于 0.15m。

5. 为保证不间断向各中水用水点供水，应设有应急供应自动补水的技术措施，以防止中水处理站发生突然故障或检修时，不至于中断中水系统的供水。补水的水质应满足中水供水系统的水质要求并采取最低报警水位控制的自动补给方式。自动补水管的补水能力应满足中水中断时系统的用水量要求，并按空气隔断的要求采取防污染措施，其补水管应从水箱上部或顶部接入，补水管口最低点高出溢流边缘的空气间隙不应小于 150mm。

6. 原排水集水干管在进入中水处理站之前应设有分流井和跨越管道。

7. 中水贮存池（箱）设置的溢流管、泄水管，均应采用间接排水方式排出。溢流管应设隔网，溢流管管径比补水管大一号。

8. 严格控制中水的消毒过程，均匀投配，保证消毒剂与中水的接触时间，确保管网末端的余氯量。

9. 中水管道的供水管材及管件一般采用塑料管、镀锌钢管或其他耐腐蚀的复合管材，不得使用非镀锌的钢管。

10. 采用电解法现场制备二氧化氯，或处理工艺可能产生有害气体的中水处理站，应设置事故通风系统。事故通风量应根据放散物的种类、安全及卫生浓度要求，按全面排风计算确定，且每小时换气次数不应小于 12 次。

11. 中水处理站应具备应对公共卫生突发事件或其他特殊情况的应急处置条件，对调节池污水应能够直接进行消毒和应急检测。

12. 中水处理站应具备日常维护、保养与检修、突发性故障时的应急处理能力。

7.10.2　监（检）测控制

为保障中水系统的正常运行和安全使用，做到中水水质稳定可靠，应对中水系统进行必要的监测控制和维护管理。

1. 当中水处理采用连续运行方式时，其处理系统和供水系统均应采用自动控制，以减少夜间管理的工作量。

2. 当中水处理采用间隙运行方式时，其供水系统应采用自动控制，处理系统也应部分采用自动控制。

3. 对于处理系统的数据监测方式，可根据处理站的处理规模进行划分：

(1) 对于处理水量≤200m³/d 的小型处理站，可安装就地指示的检测仪表，由人工进行就地操作，以加强管理来保证出水水质。

(2) 对于处理水量>200m³/d 且≤1000m³/d 的处理站，可配置必要的自动记录仪表（如流量、压力、pH、浊度等仪表），就地显示或在值班室集中显示。

(3) 对于处理水量>1000m³/d 的处理站，才考虑水质检测的自动系统，当自动连续检测水质不合格时，应发出报警。

4. 中水水质监测周期，如浊度、色度、pH、余氯等项目要经常进行，一般每日一次；SS、BOD、COD、大肠菌群等必须每月测定一次，其他项目也应定期进行监测。

5. 设有臭氧装置或氯瓶消毒装置时，应考虑自动控制臭氧发生及氯气量，防止过量臭氧及氯气泄漏。

6. 中水处理站宜设置远程监控设施或预留实现这些功能的条件，实现无人值守，提高管理效率和水平。

7. 要求操作管理人员必须经过专门培训，具备水处理常识，掌握一般操作技能，严格岗位责任制度，确保中水水质符合要求。

7.11 模块化户内中水集成系统

7.11.1 基本概述

模块化户内中水集成系统是将卫生间排水横支管集成为一体的户内循环水利用集成的箱型整体装置，与用水器具同层敷设，洗衣、淋浴、盥洗等排水排入装置内，经过自动收集、存储、过滤、消毒等处理达标后进行回用冲厕。

1. 适用条件

(1) 设有淋浴或浴盆、洗脸盆、大便器的住宅、公寓、宾馆客房卫生间；

(2) 设有洗衣机、淋浴或浴盆、洗脸盆、大便器的居住建筑卫生间。

2. 系统分类与选型

模块化户内中水集成系统模块分为下沉式和侧立式。

(1) 卫生间地板为降板式，选用下沉式模块化户内中水集成系统；

(2) 卫生间地板不降板时，选用侧立式模块化户内中水集成系统。

3. 处理流程与户内中水水质标准

(1) 水处理流程：

排水→即时消毒→一级过滤→二级过滤→三级过滤→定时消毒→便器水箱

(2) 户内中水水质标准：处理后的水质应满足《模块化户内中水集成系统技术规程》JGJ/T 409—2017 中对户内中水水质要求。参见表 7.11-1。

户内中水水质标准　　　　　　　　　　　表 7.11-1

序号	检测项目	户内中水冲厕标准	检测依据
1	pH	6.0～9.0	《生活饮用水卫生标准检验方法 感官性状和物理指标》GB/T 5750.4
2	色(度)	≤30	
3	嗅	无不快感	
4	浊度(NTU)	≤5	
5	溶解性总固体(mg/L)	≤1500	
6	总余氯(mg/L)	接触30min 后≥1.0, 管网末端≥0.2	《生活饮用水标准检验方法　消毒剂指标》GB/T 5750.11
7	总大肠杆菌(个/L)	≤3	《生活饮用水标准检验方法　微生物指标》GB/T 5750.12

注：本表引自国家标准《模块化户内中水集成系统技术规程》JGJ/T 409—2017。

4. 防倒流污染措施

模块化户内中水系统的户内中水系统可能因为原水不足、停电或检修等原因造成户内中水系统无法正常工作，为保证大便器的正常使用，户内中水系统中应设置自来水补水管道。户内中水和自来水补水管道分别采用上出水配件，大便器水箱内的自来水出水口设置应具有安全距离的空气隔断，防止淹没出流。

大便器水箱下部进水如图 7.11-1 所示，大便器水箱侧边进水如图 7.11-2 所示。

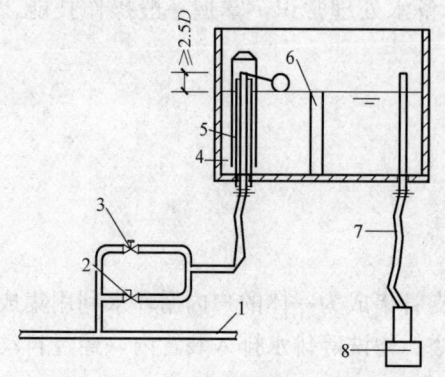 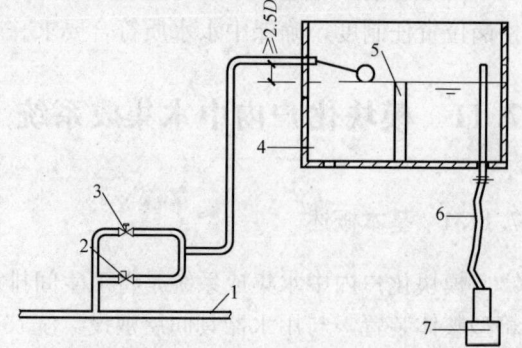

图 7.11-1　大便器水箱下部进水示意　　　　图 7.11-2　大便器水箱侧边进水示意
1—自来水管道；2—手动阀门；3—电磁阀；　　　1—自来水管道；2—手动阀门；3—电磁阀；
4—大便器水箱；5—保护套管；6—水箱溢　　　　4—大便器水箱；5—水箱溢流管；
流管；7—户内中水管道；8—潜水泵　　　　　　6—户内中水管道；7—潜水泵

7.11.2　下沉式模块化户内中水集成系统

1. 系统组成

下沉式模块化户内中水集成系统由下沉式中水模块、立管穿楼板专用件、附属模块、污水立管、专用通气管和大便器水箱自来水补水管道组成。其中中水模块、附属模块、立管穿楼板专用件均为系统专用成品部件，由模块化户内中水系统厂家提供。其余部件依据工程实际选择。

下沉式模块化户内中水系统原理如图 7.11-3 所示。

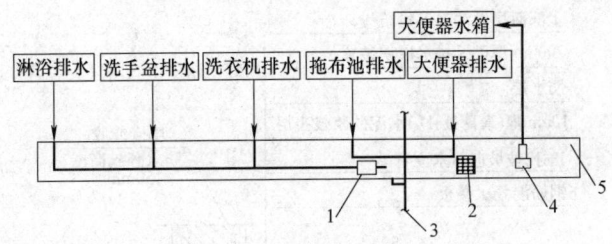

图 7.11-3 下沉式模块化户内中水系统原理

1—过滤模块；2—消毒模块；3—排水立管；4—提升泵；5—下沉式中水模块

下沉式模块化户内中水系统构成如图 7.11-4 所示。

2. 系统设计

下沉式户内中水模块外形尺寸：500mm×200mm×1600mm～1800mm（$B×H×L$），储水量：80～120L；最大充水重量：200kg。下沉式户内中水模块敷设在沉降结构楼板上，依据单体卫生间器具和立管位置，中水模块上设计预留卫生器具接口，采用 PVC-U 整体成型，可设置成单立管或双立管排水系统。

（1）采用下沉式户内中水模块的卫生间，应采用下排水大便器，出水口中心与墙面净距离不宜大于 300mm。

（2）卫生间大便器水箱配置应符合下列要求：

1）冲洗用水由户内中水模块处理后的中水供给，并应设自来水补水；

2）应设置双进水孔；

3）水箱内给水、排水配件应采用非金属件。

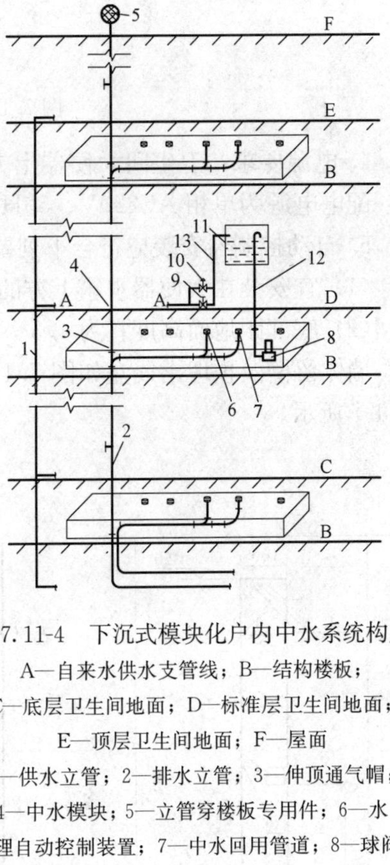

3. 下沉式户内中水模块卫生间结构设计应符合下列要求：

（1）卫生间可采用全降板或局部降板方式（图 7.11-5），结构板顶距装饰完成地面的净深度不应小于 300mm。

（2）采用局部降板时，降板宽度不宜小于 600mm，抹灰后安装净尺寸不应小于 550mm。

（3）排水立管设置在卫生间内的，应预留排水立管穿楼板洞口，单立管洞口尺寸不宜小于

图 7.11-4 下沉式模块化户内中水系统构成

A—自来水供水支管线；B—结构楼板；

C—底层卫生间地面；D—标准层卫生间地面；

E—顶层卫生间地面；F—屋面

1—供水立管；2—排水立管；3—伸顶通气帽；

4—中水模块；5—立管穿楼板专用件；6—水

处理自动控制装置；7—中水回用管道；8—球阀；

9—电磁阀；10—大便器水箱；11—自来水

供水管道；12—淋浴地漏；13—洗衣机接口；

14—大便器排水插入孔；15—直通地漏；

16—洗脸盆接口；17—潜水泵

400mm×450mm，双立管洞口尺寸不宜小于 400mm×500mm，应与结构专业配合。

（4）排水立管设置在管道井内时，侧面排出管穿墙留洞尺寸不宜小于 500mm（W）×180mm（H）。

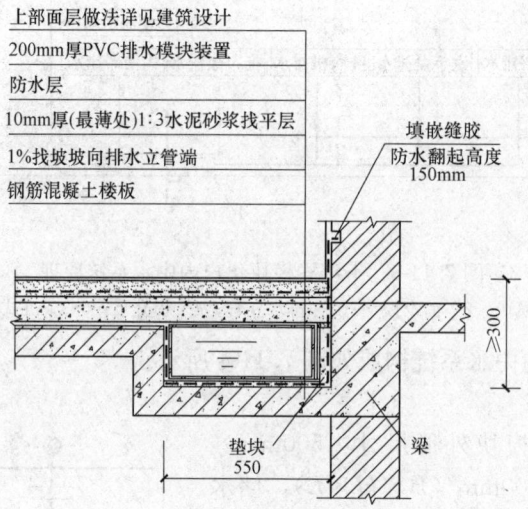

上部面层做法详见建筑设计

200mm厚PVC排水模块装置

防水层

10mm厚(最薄处)1:3水泥砂浆找平层

1%找坡坡向排水立管端

钢筋混凝土楼板

填嵌缝胶

防水翻起高度150mm

≥300

垫块550

梁

图 7.11-5　卫生间局部降板做法

4. 电源要求：卫生间大便器上方距离地面 1.5m 高处，应预留自动控制器的配电线路，配电电源为单相 AC220V、50Hz，供电线路采用截面不小于 1.5mm² 的铜芯导线。

5. 自动控制器安装应符合下列要求：

（1）宜安装在大便器水箱上方的墙内或靠近大便器的侧面隔墙；

（2）底部距地面高度宜为 1.3～1.5m。

墙体留槽及预埋出线盒如图 7.11-6 所示，自控系统安装预埋管及自控器保护盒如图 7.11-7 所示。

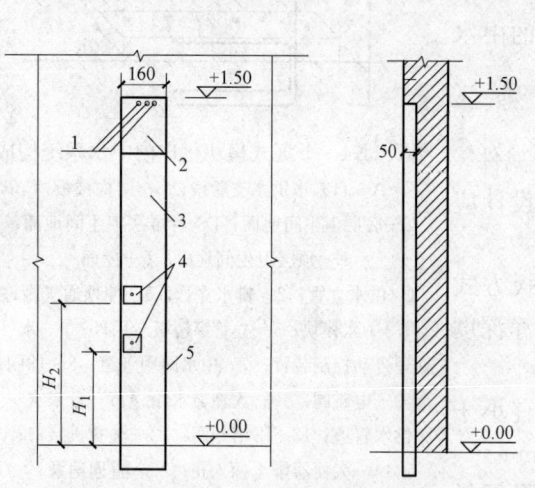

图 7.11-6　墙体留槽及预埋出线盒示意

1—预留电源接头；2—自控器槽；3—安装管槽；

4—预埋出线盒；5—大便器安装中心线；

H_1，H_2—预留出线盒高度

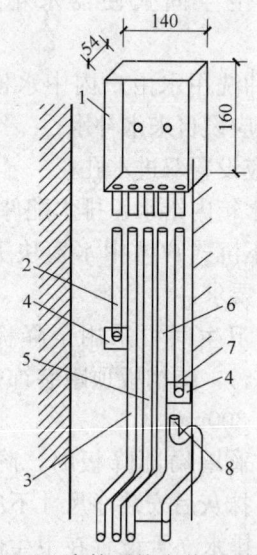

图 7.11-7　自控系统安装预埋管及自控器保护盒示意

1—自控器保护盒；2—大便器探头线穿管；

3—模块装置探头穿线管；4—预埋出线盒；

5—上水功能接线穿管；6—排空功能接线穿管；

7—电磁阀穿线；8—接大便器水箱软管

7.11.3　侧立式模块化户内中水集成系统

1. 系统组成

侧立式模块化户内中水集成系统由侧立式户内中水模块、核心模块、同排模块、污水立管、专用通气管和大便器水箱自来水补水管道、首层混接器、顶层混接器组成。其中核心模块、同排模块、中水模块、首层混接器、顶层混接器均为系统专用成品部件，由模块化户内中水系统厂家提供。其余部件依据工程实际选择。侧立式模块化户内中水系统构成如图 7.11-8 所示。

2. 系统设计

当卫生间不降板或老旧小区卫生间改造不能降板时，采用侧立式模块化户内中水集成系统。模块荷载应按每个模块充满水最大重量为 2kN 取值；对既有建筑卫生间进行改造时，应对结构楼板的开洞、荷载进行核算。

侧立式中水模块尺寸为 180mm × 600mm × 1200mm（$B×L×H$）设置在坐便器后方，代替原坐便器水箱的位置。同排模块（断面尺寸 45mm × 110mm）敷设在建筑面层内，收集废水排至核心模块内，核心模块内设置集中水封，水封深度 51mm，卫生器具不需再单独设置水封；核心模块设置在立管位置，排水立管和通气立管插入核心模块上的立管插口，排水立管和通气立管在核心模块内实现通气，两个立管不需再设 H 型通气管。坐便器排污通过同排模块（排污管）直接排入排水立管内。

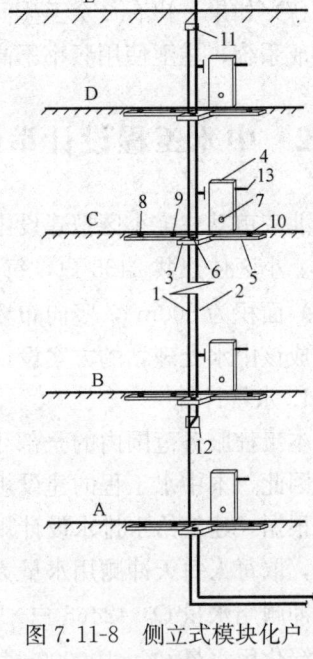

图 7.11-8　侧立式模块化户内中水系统构成

A—首层卫生间地面；B—二层卫生间地面；C—标准层卫生间地面；D—顶层卫生间地面；E—屋顶
1—专用通气立管；2—污水立管；3—核心模块（成品）；4—侧立式中水模块（成品）；5—同排模块（成品）；6—检修口（成品）；7—大便器排水接口；8—洗衣机地漏；9—洗脸盆接口；10—淋浴地漏；11—顶层混接器（成品）；12—底层混接器（成品）；13—通气帽

3. 其他要求：

(1) 建筑卫生间面层厚度不小于 110mm（含饰面层）。

(2) 侧立式中水模块设置在坐便器后，立管与坐便器一字布置。

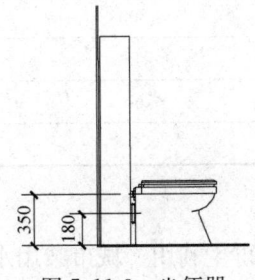

图 7.11-9　坐便器接管高度

(3) 坐便器应采用无水箱，后排水后进水式，排污口中心距离地面高度为 180mm，冲水进水口中心距离地面高度为 350mm，见图 7.11-9。

(4) 立管穿楼板处核心模块预留洞，洞口尺寸：400mm×400mm。

(5) 户内中水系统排水立管宜采用加强型内螺旋管，其设计应符合相关标准的规定。户内中水系统排水立管也可采用铸铁管等其他排水管材，设计应符合现行国家标准《建筑给水排水设计规范》GB 50015 有关规定。

(6) 在距离地面 1.14m 的高度处，预留中水模块的电源，

220V 电源线；卫生间给水系统需要预留中水模块补水管，管径 $DN15$，埋地。

（7）如果一户有 2 个卫生间，根据使用频率，建议经常使用的客卫设置模块化户内中水集成系统，主卫使用频率不高时，建议只设置模块化同层排水系统。

7.12　中水工程设计举例

北京市某住宅小区拟建设中水处理站 1 座，原水为区内化粪池出水，中水用于冲厕和绿化。小区住户共 2465 户，每户平均为 2.8 人，绿地面积约 10 万 m^2，预留用地（室外空地）面积为 $300m^2$，竖向布置无特殊要求，中水处理工艺采用膜生物反应器（MBR），请完成该中水处理站的方案设计。

1. 水量计算

本工程服务范围内的全部生活污水均可作为中水水源，中水原水量远大于中水用水量，因此，本中水工程的建设规模由中水用水量所确定。

根据《建筑给水排水设计规范》GB 50015 和《建筑中水设计标准》GB 50336 中相关规定，取每人每天冲厕用水量为 40L/（人·d），绿化用水量为 2L/（m^2·d），则

冲厕用水量 Q_c = 2465 户 × 2.8 人/户 × 40L/（人·d） = 276m^3/d

绿化用水量 Q_s = 100000m^2 × 2L/（m^2·d） = 200m^3/d

中水总用水量 Q_z = 276m^3/d + 200m^3/d = 476m^3/d

取中水处理站自耗水系数为 1.05

本中水工程设计处理规模为 Q = 500m^3/d = 20.83m^3/h

2. 水质要求

（1）设计原水水质

原水主要来自小区内的生活排水，根据相关规范和同类工程经验，确定设计原水主要水质指标见表 7.12-1。

原水主要水质指标　　　　　　　　　　　　　　表 7.12-1

序号	项　　目	波动范围	设计取值
1	pH	6~9	6~9
2	悬浮物 SS(mg/L)	150~200	≤200
3	化学需氧量 COD_{Cr}(mg/L)	350~500	≤500
4	五日生化需氧量 BOD_5(mg/L)	150~300	≤300
5	氨氮(mg/L)	20~45	≤45
6	总氮(mg/L)	30~60	≤60
7	总磷(mg/L)	2~5	≤5

（2）设计出水水质

根据使用要求，设计出水水质应符合现行国家标准《城市污水再生利用　城市杂用水水质》GB 18920 中"冲厕"和"城市绿化"项目用水水质的规定，设计出水主要水质控制指标见表 7.12-2。

设计出水主要水质指标 表 7.12-2

序号	项 目	城市杂用水水质标准		设计出水水质
		冲厕	城市绿化	
1	pH	6.0～9.0	6.0～9.0	6.0～9.0
2	色度(度)	≤30	≤30	≤30
3	浊度(NTU)	≤5	≤10	<1
4	BOD_5(mg/L)	≤10	≤20	<5
5	氨氮(以 N 计)(mg/L)	≤10	≤20	<1.0
6	阴离子表面活性剂 (mg/L)	≤1.0	≤1.0	<0.2
7	总大肠菌群(个/L)	≤3	≤3	未检出

3. 站址选择

根据中水处理站位置选择要求和本小区总体规划，中水处理站设于小区内的室外空地，与周边建筑物最小距离为 30m。

4. 处理工艺流程

设计工艺流程如图 7.12-1 所示。

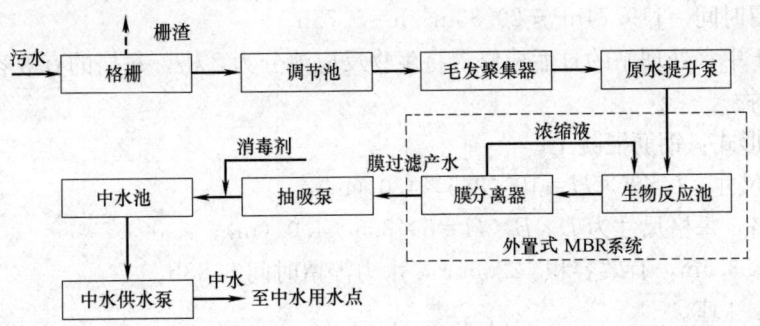

图 7.12-1 工艺流程

5. 主要构筑物及工艺设备选择

(1) 格栅间

1) 设计计算

总变化系数取 1.8，则格栅的过流能力应为 $20.83 \times 1.8 = 37.49 m^3/h$。

根据膜分离器制造商提供的技术条件，格栅栅隙不应大于 2mm。

2) 建筑物

① 结构形式：钢筋混凝土。

② 设计尺寸：$L \times W = 4.0 \times 2.0$ (m)（净空高 3m）。

③ 数量：1 座。

3) 格栅

① 设备类型：回转式格栅除污机。

② 设备规格：过流能力 $Q = 40 m^3/h$，栅隙 2mm，有效栅宽 400mm，功率 0.37kW。

③ 设备数量：1 台。

(2) 调节池

1) 设计计算

本小区为新建小区，暂无中水原水量逐时变化数据，根据《建筑中水设计标准》GB 50336，调节池有效容积取日处理水量的 46%，即 $500 \times 46\% = 230 m^3$。

调节池有效水深取 3.5m，则调节池面积为 $230 m^3 \div 3.5 m = 65.71 m^2$。

调节池设高液位保护，保护高度 0.5m。

2）调节池

① 结构形式：钢筋混凝土。

② 设计尺寸：$L \times W \times H = 16.5 \times 4.0 \times 4.0$（m）。

有效水深 3.5m，有效容积 $231 m^3$，水力停留时间 11h。

③ 数量：1 座。

（3）MBR 生物反应池（生化池）

1）设计计算

设计流量为 $Q = 20.83 m^3/h$，进、出水 COD 分别取为 500mg/L 和 45mg/L，根据相关设计规范以及类似 MBR 实际工程相关数据，本 MBR 系统 COD 容积负荷取为 $1.9 kg/(m^3 \cdot d)$，则生物反应池：

有效容积 $= 500 m^3/d \times (500 - 45) \times 10^{-3} kg/m^3 \div 1.9 kg/(m^3 \cdot d) = 119.74 m^3$。

水力停留时间 $= 119.74 m^3 \div 20.83 m^3/h = 5.75h$。

为了便于中水处理站的日后检修，将生物反应池分为 2 格，每格的有效容积为 $60 m^3$。

2）构筑物

① 结构形式：钢筋混凝土。

② 设计尺寸：$L \times B \times H = 10 \times 3.5 \times 4.0$（m）；

分为 2 格，每格尺寸为 $L \times B \times H = 5 \times 3.5 \times 4.0$（m）；

有效水深 3.5m，有效容积 $122.5 m^3$，水力停留时间 5.88h。

③ 数量：1 座。

3）曝气器

① 设备类型：盘式微孔曝气器。

② 设备规格：通风量 $1.5 \sim 4.5 m^3/h$，服务面积 $0.5 \sim 0.8 m^2/$套，氧转移效率大于 20%。

③ 设备数量：72 套（每格生物反应池 36 套）。

（4）中水池

1）设计计算

本小区为新建小区，暂无中水用水量逐时变化数据，根据《建筑中水设计标准》GB 50336 和同类工程经验，中水池有效容积取日处理水量的 25%，即中水池有效容积为 $500 \times 25\% = 125 m^3$。

中水池有效水深取 6m，则中水池面积为 $125 m^3 \div 6m = 20.83 m^2$。

中水池设高液位保护，保护高度 0.5m。

中水池内进水端设独立的接触消毒区，接触消毒区的水力停留时间至少为 0.5h，则其有效容积至少为 $20.83 m^3/h \times 0.5h = 10.42 m^3$。

2）构筑物

① 结构形式：钢筋混凝土。

② 设计尺寸：$L \times B \times H = 6 \times 3.5 \times 6.5$（m），

有效水深 6.0m，有效容积 126m³，水力停留时间 6.05h；

其中接触消毒区尺寸为 $L×B×H=0.8×3.5×6.5$（m），

有效水深 6.0m，有效容积 16.8m³，水力停留时间 0.8h。

③ 数量：1座。

（5）鼓风机房

1）设计计算

为了便于对鼓风机运转时产生的噪声进行控制，将全部鼓风机集中设置于独立的鼓风机房内部。

根据膜分离器制造商提供的技术条件，鼓风机分为 2 组，其中 1 组为生物反应池供气，另 1 组为膜分离器供气，这样更便于生物反应池与膜分离器各自独立调控曝气量。

根据相关设计规范以及膜分离器制造商提供的技术条件，生物反应池所需曝气量约为处理水量的 7 倍，则生物反应池曝气量为 20.83m³/h×7＝145.81m³/h。若取生化池鼓风机的数量为 3 台，2 用 1 备，则每台生化池鼓风机的风量为 145.81m³/h÷2＝72.91m³/h＝1.22m³/min。

根据膜分离器制造商提供的技术条件，膜分离器空气擦洗所需曝气量约为处理水量的 8 倍，则膜分离器曝气量为 20.83m³/h×8＝166.64m³/h。若取膜组器鼓风机的数量为 3 台，2 用 1 备，则每台膜组器鼓风机的风量为 166.64m³/h÷2＝83.32m³/h＝1.39m³/min。

2）建筑物

① 结构形式：钢筋混凝土。

② 设计尺寸：4.24m×4.0m

③ 数量：1座。

3）工艺设备

① 生化池鼓风机

a. 设备类型：回转式鼓风机。

b. 设备规格：$Q=1.36$ m³/min，$\Delta P=40$kPa，$N=2.2$kW。

c. 设备数量：3台（2用1备），每格生物反应池对应1台。

② 膜分离器鼓风机

a. 设备类型：回转式鼓风机。

b. 设备规格：$Q=1.77$ m³/min，$\Delta P=40$kPa，$N=2.2$kW。

c. 设备数量：3台（2用1备），每个膜分离器对应1台。

（6）设备间

1）设计计算

为了便于对中水处理站内主要工艺设备进行巡视和检修，将毛发聚集器、原水提升泵、膜分离器、出水抽吸泵、膜清洗器、消毒装置、中水供水泵等均集中设置于设备间内。在设备间内适当位置设集水坑，将调节池、生物反应池、中水池溢流、泄空或其他情况的排水通过地沟引至集水坑，集水坑内设置排污泵，将集水坑内的污水提升排至调节池或邻近市政污水管道。

根据生物反应池分组设计的要求，本工程所选用的膜分离器至少为 2 套，根据膜分离器制造商提供的技术条件，单套产水能力为 12m³/h。为了便于膜分离器的日后维护，选用与其配套的膜清洗器，共选用1套，可以对2套膜分离器轮换进行在线化学清洗。

根据相关设计规范，本工程采用氯化消毒，消毒剂为商品次氯酸钠溶液（有效氯为10%），投加方式为计量泵定比例投加，消毒剂投加量为有效氯5mg/L，投加点位于出水抽吸泵出水口至中水池之间的管道上，投加点所在管段设管道混合器。

2）建筑物

① 结构形式：钢筋混凝土。

② 设计尺寸：16.6m×4.5m

③ 数量：1座。

3）工艺设备

① 毛发聚集器

a. 设备类型：快开式

b. 设备规格：过流能力20m³/h，$\phi300$

c. 设备数量：3台（2用1备），每台原水提升泵对应1台。

② 原水提升泵

a. 设备类型：自吸排污泵

b. 设备规格：$Q=12m^3/h$，$H=12m$，$N=1.1kW$

c. 设备数量：3台（2用1备），每格生物反应池对应1台。

③ 膜分离器

a. 设备类型：外置式安装，错流式过滤，外压式产水。

b. 设备规格：单套产水能力12m³/h，内置中空纤维帘式膜组件，平均膜孔径0.1μm，膜材质PVDF。

c. 设备数量：2套，每格生物反应池对应1套。

④ 出水抽吸泵

a. 设备类型：自吸离心泵。

b. 设备规格：$Q=12m^3/h$，$H=18m$，$H_s=8m$，$N=3.0kW$。

c. 设备数量：4台（2用2备），每套膜分离器对应2台。

⑤ 膜清洗器

a. 设备类型：非标。

b. 设备规格：单次可对产水能力为12m³/h的膜分离器进行在线化学清洗。

c. 设备数量：1套，2套膜分离器共用。

⑥ 消毒装置

a. 设备类型：计量泵定比例投加次氯酸钠溶液。

b. 设备规格：计量泵（1台）：$Q=3.8L/h$，$H=7.6$ bar，$N=24W$。

计量桶（1个）：$V_e=200L$，PE材质。

c. 设备数量：1套。

⑦ 中水供水泵

a. 设备类型：立式多级离心泵。

b. 设备规格：$Q=18m^3/h$，$H=60m$，$N=5.5kW$。

c. 设备数量：3台（2用1备）。

⑧ 集水坑排污泵

a. 设备类型：潜水排污泵。

b. 设备规格：$Q=40m^3/h$，$H=10m$，$N=3kW$。

c. 设备数量：2台（1用1备）。

本工程主要建（构）筑物、主要工艺设备、主要自控设备及仪表分别见表7.12-3~表7.12-5。

主要建（构）筑物一览表

表7.12-3

序号	名称	尺寸(m)	有效水深(m) 建筑面积(m²)	有效容积 (m³)	单位	数量	备注
1	格栅间	4.0×2.0	$S=8.0$		座	1	混凝土结构
2	调节池	16.6×4.5×4.0	$He=3.5$	261.45	座	1	混凝土结构
3	生物反应池	10.0×3.6×4.0	$He=3.5$	126	座	1	混凝土结构,2格
4	中水池	6.0×3.7×6.5	$He=6.0$	133.2	座	1	混凝土结构
5	鼓风机房	4.24×4.0	$S=16.96$		座	1	混凝土结构
6	设备间	16.6×4.5	$S=74.7$		座	1	混凝土结构
7	配电室	2.4×4.0	$S=9.6$		座	1	混凝土结构
8	值班控制室	3.0×4.0	$S=12.0$		座	1	混凝土结构
9	化验室	4.0×4.0	$S=16.0$		座	1	混凝土结构
10	卫生间	2.0×1.5	$S=3.0$		座	1	混凝土结构

主要工艺设备一览表

表7.12-4

序号	设备名称	设备类型	规格参数	单位	数量	备注
1. 格栅间						
1.1	格栅	回转式格栅除污机	$B=400mm$, $b=2mm$, $N=0.37kW$	台	1	
2. 生物反应池						
2.1	曝气器	盘式微孔曝气器	$Q=1.5~4.5m^3/h$,服务面积 0.5~0.8m²/套,氧转移效率大于20%	个	72	每格生化池36个
3. 鼓风机房						
3.1	生化池鼓风机	回转式鼓风机	$Q=1.36m^3/min$, $\Delta P=40kPa$, $N=2.2kW$	台	3	2用1备
3.2	膜分离器鼓风机	回转式鼓风机	$Q=1.77m^3/min$, $\Delta P=40kPa$, $N=2.2kW$	台	3	2用1备
4. 设备间						
4.1	毛发聚集器	快开式	过流能力20m³/h,φ300	台	3	2用1备
4.2	原水提升泵	自吸排污泵	$Q=12m^3/h$, $H=12m$, $N=1.1kW$	台	3	2用1备
4.3	膜分离器	外置式安装、错流式过滤、外压式产水	单套产水能力12m³/h,内置中空纤维帘式膜组件,平均膜孔径 $0.1\mu m$,膜材质 PVDF	套	2	每格生化池对应1套
4.4	出水抽吸泵	自吸离心泵	$Q=12m^3/h$, $H=18m$, $H_s=8m$, $N=3.0kW$	台	4	2用2备
4.5	膜清洗器	非标	单次可对产水能力为12m³/h的膜分离器进行在线化学清洗	套	1	2套膜分离器共用
4.6	消毒装置	非标	计量泵(1台):$Q=3.8L/h$, $H=7.6bar$, $N=24W$;计量桶(1个):$V_e=200L$,PE材质。	套	1	
4.7	中水供水泵	立式多级离心泵	$Q=18m^3/h$, $H=60m$, $N=5.5kW$	台	3	2用1备
4.8	集水坑排污泵	潜水排污泵	$Q=40m^3/h$, $H=10m$, $N=3kW$	台	2	1用1备

主要电气设备、自控设备及仪表一览表　　　　　　　　　表 7.12-5

序号	设备名称	设备类型	规格参数	单位	数量	备注
1. 调节池						
1.1	液位计	超声波液位计	量程:0~4m,精度:±1.0%	套	1	
2. 生物反应池						
2.1	液位计	超声波液位计	量程:0~4m,精度:±1.0%	套	2	每格生化池1个
3. 中水池						
3.1	液位计	超声波液位计	量程:0~6m,精度:±1.0%	套	1	
4. 鼓风机房						
4.1	鼓风机配电箱		600(宽)×300(深)×600(高)	套	1	
4.2	生化池曝气流量计	转子流量计	量程:16~160m³/h,精度:±2.5%	套	2	每格生化池对应1个
5. 设备间						
5.1	膜分离器曝气流量计	转子流量计	量程:16~160m³/h,精度:±2.5%	套	2	每套膜分离器对应1个
5.2	产水流量计	电磁流量计	量程:0.5~10m/s,精度:±1.0%	套	2	每套膜分离器对应1个
5.3	压力计	压力变送器	量程:-0.1~0.15MPa,精度:±0.2%	套	2	每套膜分离器对应1个
5.4	浊度测定仪	浊度在线测定仪	量程:0.001~100NTU,精度:0~40NTU时,读数的±2%或±0.015;40~100NTU时,读数的±5%	套	1	中水供水泵出水总管
5.5	余氯分析仪	余氯在线分析仪	量程:0~5mg/L,精度:±5%或±0.35mg/L,最低检测限:0.35mg/L	套	1	中水供水泵出水总管
6. 配电室						
6.1	总配电柜		800(宽)×700(深)×1800(高)	套	1	
6.2	PLC控制柜		800(宽)×700(深)×1800(高)	套	1	内含PLC
6.3	变频控制柜		800(宽)×700(深)×1800(高)	套	1	内含变频器
7. 值班控制室						
7.1	照明配电箱		600(宽)×300(深)×500(高)	套	1	
7.2	工业控制机及显示器		19″LCD	台	1	内置管理软件
7.3	打印机		A4	台	1	
8. 化验室						
8.1	化验室配电箱		600(宽)×300(深)×500(高)	个	1	

6. 中水处理站设计

(1) 平面布置

平面布置如图 7.12-2、图 7.12-3 所示。

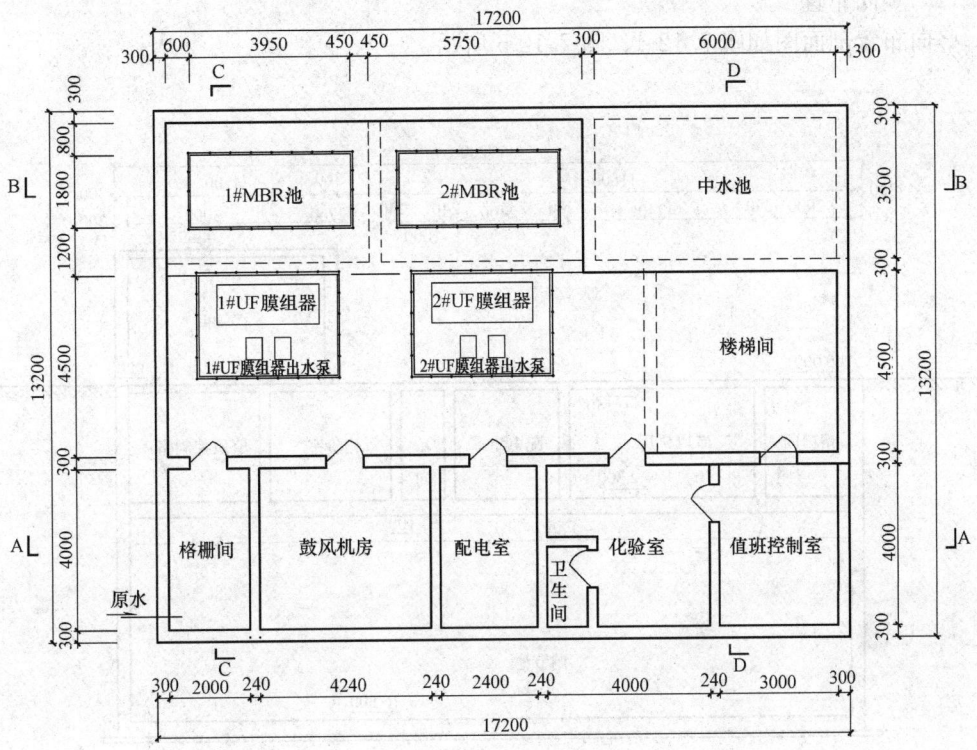

图 7.12-2 平面布置图

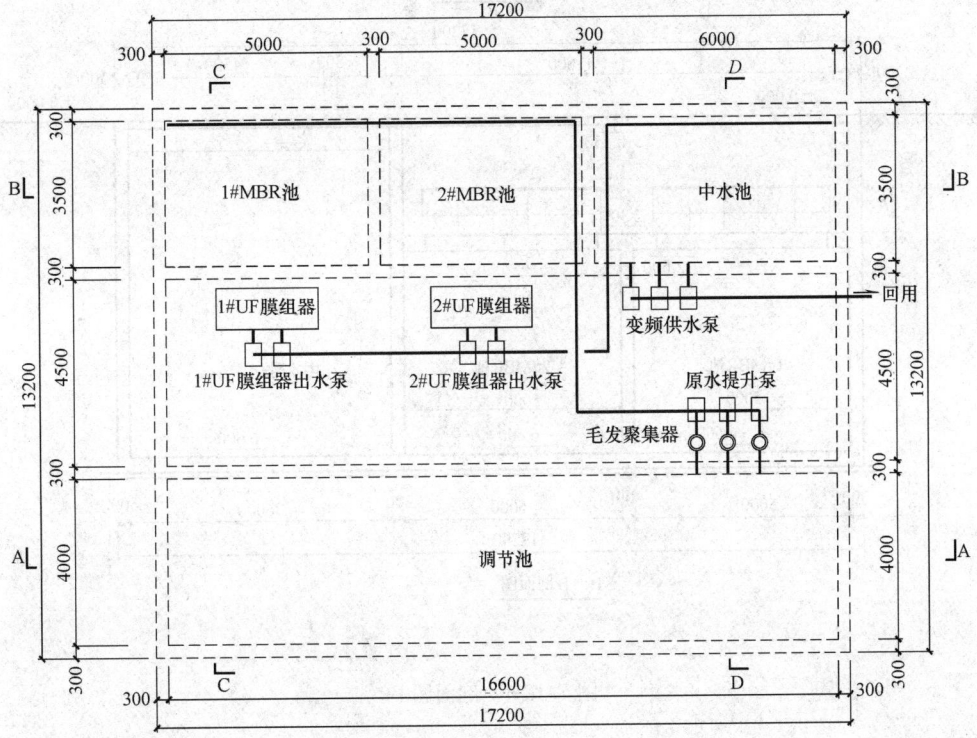

图 7.12-3 地下一层平面图

（2）竖向布置

竖向布置剖面图如图7.12-4、图7.12-5所示。

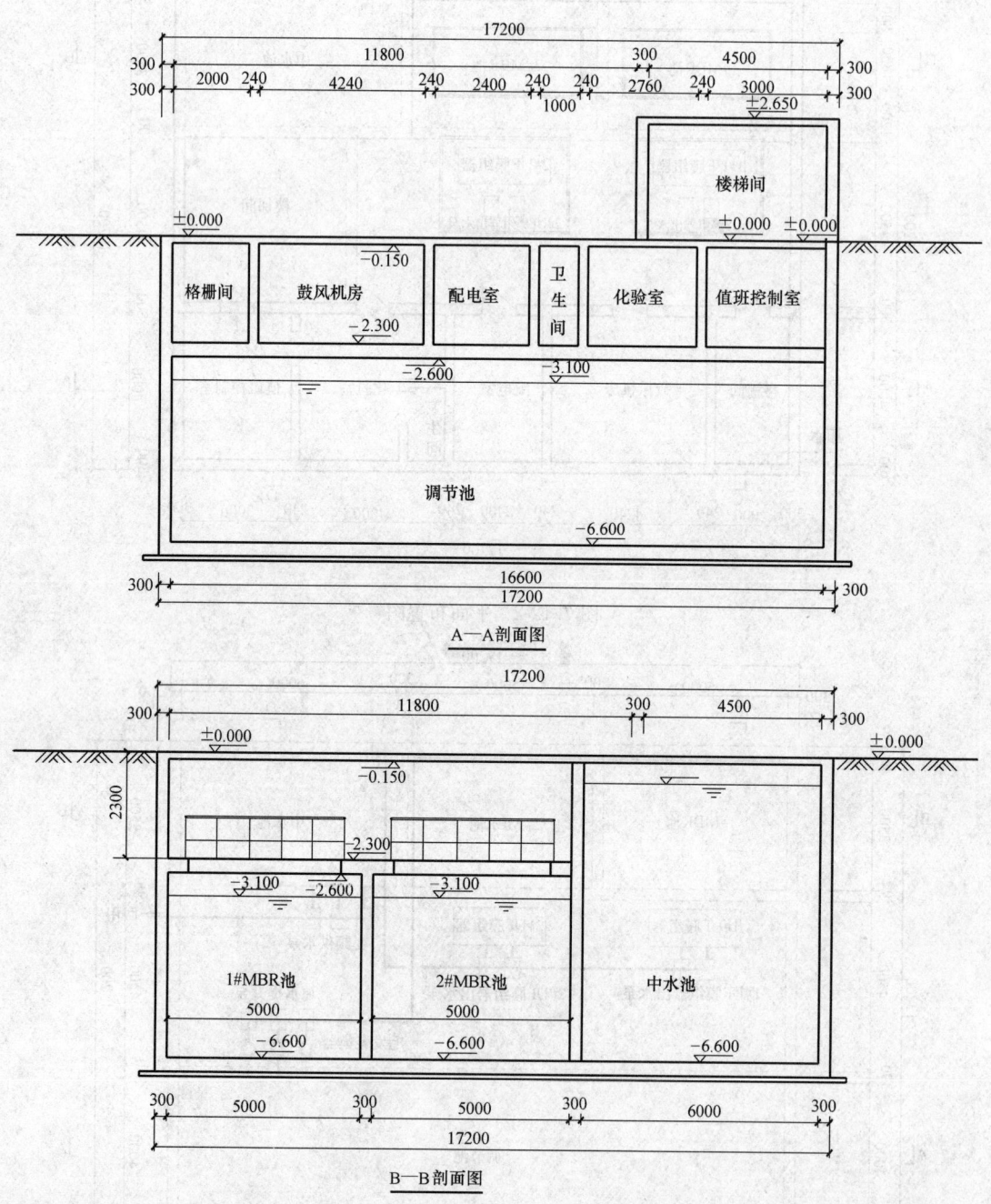

A—A剖面图

B—B剖面图

图 7.12-4　剖面图一

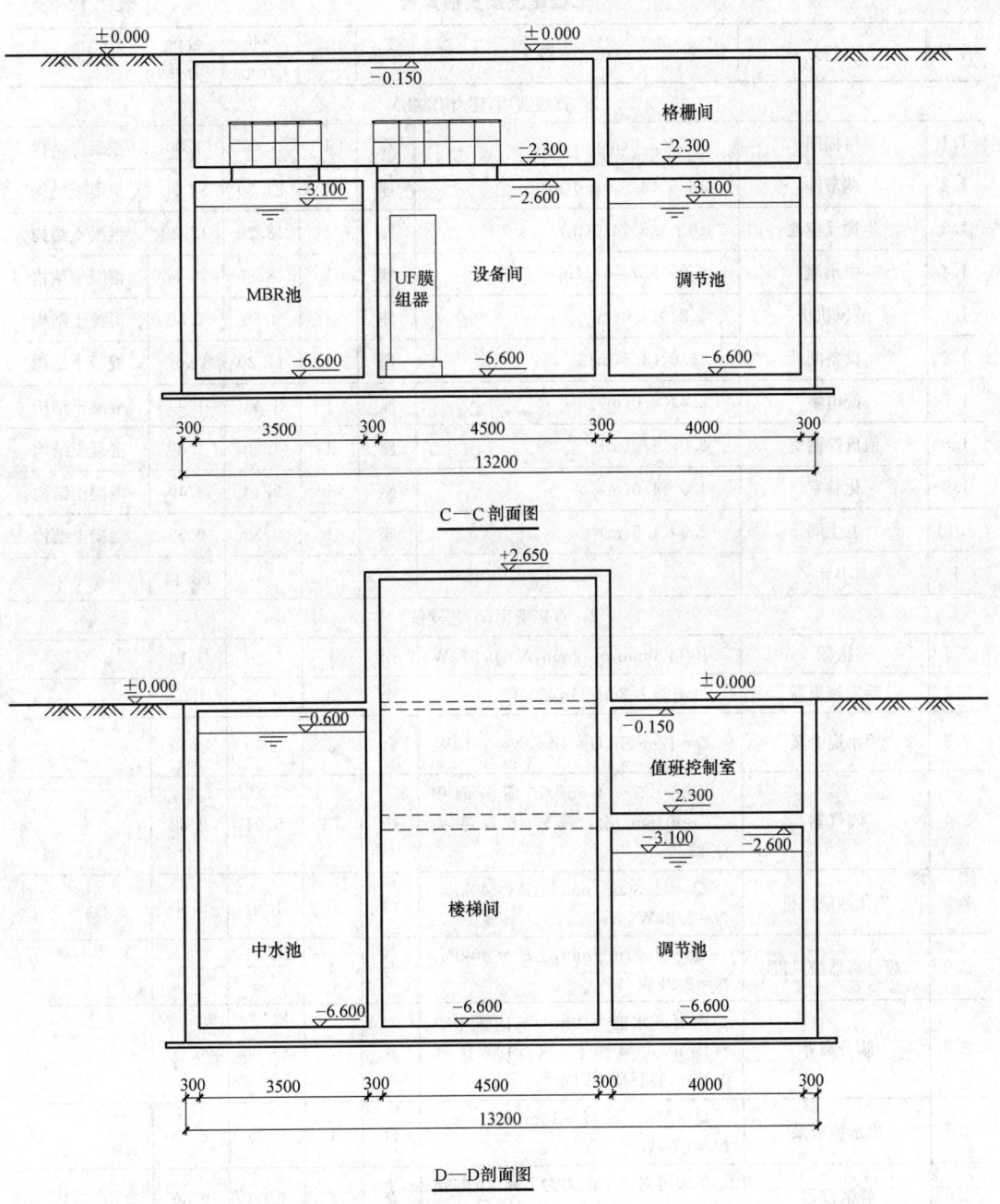

图 7.12-5 剖面图二

7. 工程经济分析

(1) 工程投资估算

根据本方案的工艺设计，本工程建设投资估算见表 7.12-6。

工程建设投资估算表   表 7.12-6

序号	名称	规 格	单位	数量	单价 (万元)	合价 (万元)	备注
1 直接费用(建/构筑物)							
1.1	格栅间	4.0×2.0(m)	座	1	1.00	1.00	混凝土结构
1.2	调节池	16.5×4.0×4.0(m)	座	1	34.30	34.30	混凝土结构
1.3	生物反应池	10×3.5×4.0(m)	座	1	18.20	18.20	混凝土结构
1.4	中水池	6.0×3.7×6.5(m)	座	1	18.80	18.80	混凝土结构
1.5	鼓风机房	4.24×4.0(m)	座	1	2.50	2.50	混凝土结构
1.6	设备间	16.6×4.5(m)	座	1	11.20	11.20	混凝土结构
1.7	配电室	2.4×4.0(m)	座	1	1.44	1.44	混凝土结构
1.8	值班控制室	3.0×4.0(m)	座	1	1.80	1.80	混凝土结构
1.9	化验室	4.0×4.0(m)	座	1	2.40	2.40	混凝土结构
1.10	卫生间	2.0×1.5(m)	座	1	0.50	0.50	混凝土结构
1	小计					92.14	
2 直接费用(工艺设备)							
2.1	格栅	$B=400mm, b=2mm, N=0.37kW$	个	1	5.10	5.10	
2.2	毛发聚集器	过流能力 20m³/h, ϕ300	个	3	0.35	1.05	
2.3	原水提升泵	$Q=12m^3/h, H=12m, N=1.1kW$	台	3	0.50	1.50	
2.4	曝气器	$Q=1.5\sim4.5m^3/h$, 服务面积 0.5~0.8m²/套, 氧转移效率大于 20%	个	72	0.04	2.88	
2.5	生化池鼓风机	$Q=1.36m^3/min, \Delta P=40kPa, N=2.2kW$	台	3	1.10	3.30	
2.6	膜分离器鼓风机	$Q=1.77m^3/min, \Delta P=40kPa, N=2.2kW$	台	3	1.30	3.90	
2.7	膜分离器	单套产水能力 12m³/h, 内置中空纤维帘式膜组件, 平均膜孔径 0.1μm, 膜材质 PVDF	套	2	45.00	90.00	
2.8	出水抽吸泵	$Q=12m^3/h, H=18m, H_s=8m, N=3.0kW$	台	4	0.55	2.20	
2.9	膜清洗器	单次可对产水能力为 12m³/h 的膜分离器进行在线化学清洗	套	1	2.00	2.00	
2.10	消毒装置	计量泵(1台): $Q=3.8L/h, H=7.6bar, N=24W$; 计量桶(1个): $V_e=200L$, PE 材质	套	1	0.25	0.25	
2.11	中水供水泵	$Q=18m^3/h, H=60m, N=5.5kW$	台	3	0.60	1.80	
2.12	集水坑排污泵	$Q=40m^3/h, H=10m, N=3kW$	台	2	0.55	1.10	
2.13	管材管件及阀门		套	1	6.50	6.50	不包括站外管线
2	小计					121.58	

续表

序号	名称	规　格	单位	数量	单价 （万元）	合价 （万元）	备注
		3　直接费用（电气及自控设备）					
3.1	总电源柜	800（宽）×700（深）×1800（高）	套	1	2.50	2.50	
3.2	PLC控制柜	800（宽）×700（深）×1800（高）	套	1	3.00	3.00	
3.3	变频控制柜	800（宽）×700（深）×1800（高）	套	1	2.20	2.20	
3.4	照明配电箱	600（宽）×300（深）×500（高）	套	1	0.45	0.45	
3.5	鼓风机房配电箱	600（宽）×300（深）×600（高）	套	1	0.60	0.60	
3.6	化验室配电箱	600（宽）×300（深）×500（高）	套	1	0.40	0.40	
3.7	工控机及显示器	19″LCD	套	1	1.65	1.65	
3.8	打印机	A4	台	1	0.40	0.40	
3.9	动力线缆		套	1	2.60	2.60	不包括站外线缆
3	小计					13.80	
		4　直接费用（仪表）					
4.1	超声波液位计	量程：0~4(6)m，精度：±1.0%	套	4	0.80	3.20	
4.2	电磁流量计	量程：0.5~10m/s，精度：±1.0%	套	2	1.10	2.20	
4.3	压力变送器	量程：-0.1~0.15MPa，精度：±0.2%	套	2	0.55	1.10	
4.4	转子流量计	量程：16~160m³/h，精度：±2.5%	套	4	0.10	0.40	
4.5	浊度在线测定仪	量程：0.001~100NTU，精度：0~40NTU时，读数的±2%或±0.015；40~100NTU时，读数的±5%	套	1	2.60	2.60	
4.6	余氯分析仪	量程：0~5mg/L，精度：±5%或±0.35mg/L，最低检测限：0.35mg/L	套	1	5.20	5.20	
4.7	信号线缆		套	1	0.60	0.60	不包括站外线缆
4	小计					15.30	
		5　间接费用					
5.1	设计费	{[1]+[2]+[3]+[4]}×5%	项	1		12.14	
5.2	运输费	{[2]+[3]+[4]}×2%	项	1		3.01	
5.3	安装费	{[2]+[3]+[4]}×10%	项	1		15.07	
5.4	调试费	{[2]+[3]+[4]}×2%	项	1		3.01	
5.5	企业管理费	{[1]+[2]+[3]+[4]}×4%	项	1		9.71	
5	小计					42.95	
6	利润	{[1]+[2]+[3]+[4]+[5]}×7%	项	1		20.00	
7	税金	{[1]+[2]+[3]+[4]+[5]+[6]}×6%	项	1		18.35	
8	总计	[1]+[2]+[3]+[4]+[5]+[6]+[7]				324.12	

（2）运行成本估算

1）电费

本系统制备每吨中水的电耗约为 0.80kWh（未计入中水供水泵的电耗），若平均电价以 0.5 元/kWh 计，则

$$电费＝0.80kWh/t×0.5 元/kWh≈0.400 元/t$$

2）药剂费

本系统每吨水消毒药剂使用量为 0.008kg，消毒药剂价格为 1.5 元/kg，则

$$药剂费＝0.008kg/t×1.5 元/kg＝0.012 元/t$$

3）人工费

中水处理站平时主要是全自动无人值守运行，只需设置 3 名兼职操作人员，若操作人员的月工资以 3000 元计，则

$$人工费＝3000 元/（月·人）×1 人÷（500t/d×30d/月）＝0.200 元/t$$

4）维修费

本中水处理站每年的维修费预计为 10000 元，则

$$维修费＝10000 元/年÷（500t/d×300d/年）≈0.067 元/t$$

综上，本中水处理站运行成本总计为

$$总运行成本＝0.400＋0.012＋0.067＋0.067＝0.636 元/t$$

上述运行成本估算汇总情况见表 7.12-7。

运行成本估算表　　　　　　　表 7.12-7

序号	项目	吨水运行费用（元/t）	年运行费用（万元/年）	备　注
1	电费	0.400	6.00	平均电价以 0.5 元/kWh 计
2	药剂费	0.012	0.18	
3	人工费	0.200	3.60	设 3 名兼职操作人员，月工资以 3000 元/月计
4	维修费	0.067	1.00	每年维修费预计为 10000 元
5	合计	0.679	10.78	不含折旧费

注：每日处理水量以 500m³ 计，每年总运行天数以 300d 计。

（3）经济效益分析

本工程经济效益分析情况见表 7.12-8。

工程经济效益分析表　　　　　　　表 7.12-8

序号	项目	费用（万元/年）	说　明
1	运行费	10.78	不包括折旧费
2	节约自来水费	60.00	自来水费按 4.00 元/m³ 计算
3	年直接经济效益	49.22	节约自来水费－运行费
4	静态投资回收期	6.59	工程总投资÷年直接经济效益

注：每日处理水量以 500m³/d 计，每年总运行天数以 300d 计。

第 8 章　特殊建筑给水排水

8.1　游泳池

8.1.1　游泳池分类

1. 按供用性质分

(1) 竞赛用游泳池：用于公认的各类竞技游泳、跳水、花样游泳和水球的比赛。该类游泳池规格尺寸均应符合国际游泳联合会（FINA）及中国游泳运动协会颁布的《游泳比赛规则》的规定。对给水排水专业讲应配置有完善的保证池水水质的池水净化处理系统。非比赛期间对社会游泳爱好者开放使用。

(2) 公共游泳池：对社会游泳爱好者开放使用。游泳池的平面尺寸与竞赛用游泳池相同，但水深较浅。此类游泳池包括社区游泳池、学校游泳池、旅馆社会兼用游泳池、度假村游泳池等。但池水净化处理系统的设备配置因游泳人数不同，则有较大的差别。

(3) 多用途游泳池：除用于游泳之外，还可进行水球、花样游泳、甚至跳水之用，这类游泳池的规格尺寸是按其中较大尺寸要求者进行建造，一般各省市的游泳馆，除跳水池单建外都采用这种方式，有较完善的池水净化系统。

(4) 多功能游泳池：设有可以改变池内水深的可调式的升降池底和可以改变游泳池长度的移动池岸。这类游泳池的活动池底及池岸要求开有足够的孔口以满足池水的均匀循环流动，不产生死水区，游泳池的规格尺寸与竞赛用游泳池相同，有完善的池水净化处理系统。

(5) 专用游泳池：指用于专业教学、专业游泳和潜水训练、社团内部游泳、航天员浮力练习和私人游泳之用，不对社会公众开放使用的游泳池。这类游泳池除航天员浮力练习和私人游泳池外，其平面尺寸与竞赛用游泳池基本相同，但其水深因使用目的和游泳者的游泳技术不同而有所不同，池水净化处理系统完善。

(6) 休闲游泳池：指水上游乐池，它的种类繁多，如造浪池、滑道跌落池、环流河、气泡池、水力按摩池、成人戏水池、儿童池、幼儿戏水池、探险池等。这类游泳池根据使用功能不仅有较完善的池水净化处理系统，还有功能供水系统，设计时应与专业公司配合合作进行。

(7) 医疗用游泳池：包括医用物理治疗的各类游泳池、温泉游泳池、海水游泳池。这类游泳池因对池子的规格和水质均有特殊要求，设计时应与医疗工艺要求密切配合，不得搬用一般游泳池的池水净化处理系统。

2. 按经营方式分

(1) 专用游泳池：不对社会游泳爱好者开放，仅供专业运动员训练、体育院校教学、特殊人员（如潜水员、安全救护员）训练和家庭等之用，此类游泳池一般按标准游泳池要求建造，必要时也可进行游泳比赛。

（2）商业游泳池：在旅馆、社会团体和社区及住宅区内修建的游泳池。该类游泳池对游泳者均进行收费。平面形状一般为矩形，平面尺寸多采用 50m×25m（21m）和 25m×16m，水深与训练游泳池相近。泳池设施较齐全。

3. 按建造方法分

（1）人工游泳池：用钢筋混凝土或砖、石修建或用钢板拼装成一定规格的游泳池，其设施比较齐全。它是根据使用要求确定其规格的。

（2）天然游泳池：在符合卫生要求的湖、海滨或地热水等充沛的天然水域内，划定一定面积的安全水域供游泳者进行游泳，它一般在夏季开放。

4. 按有无屋盖分

（1）室内游泳池：游泳池建造在建筑物内，一般均设有完善的池水净化、加热、消毒设施及辅助建筑。它是按《游泳比赛规则》的规定修建，一般可进行正式游泳比赛，并能全年开放使用的全天候游泳池。

（2）露天游泳池：游泳池修建在建筑物之外，它的开放使用受季节控制，只能在夏季开放使用。一般设有池水净化和消毒设施，池水温度靠太阳辐射进行加温，受风、雨气候干扰较严重。

（3）半露天游泳池：该类游泳池建造在室外，为了防止太阳辐射使池水温度过高而仅设有覆盖池子的顶盖。

5. 按游泳池构造分

（1）齐沿游泳池：游泳池的水表面与游泳池周边的池沿相平，可以使污染较严重的表面池水经过池沿尽快进入溢流回水沟并送去均衡水池。竞赛游泳池均应采用这种形式。

（2）高沿游泳池：游泳池的水表面低于游泳池周边的池沿。一般水上游乐池采用这种形式。

8.1.2 水上游乐池分类

1. 戏水池

戏水池平面可为矩形、圆形或其他不规则几何形状。池子构造应圆滑，不得出现有棱角的凸出物。

池底应基本呈水平底；池子应设置供游泳者进入池内和出池外的踏步；池边应设练习浮水用的扶杆。

水深：儿童游泳池为 0.6m，幼儿戏水池为 0.3～0.4m，两部分合建在一起时应采用栏杆将不同年龄段所用池子分隔开；成人戏水池为 1.0m。

池内宜附设必要的水滑梯、水伞、水蘑菇及卡通动物喷水等戏水和水景设施。

如设有水滑梯、应设置滑梯润滑用水的装置。

2. 造浪池

根据建设业主关于波浪形式、波浪高度、波浪种类及波浪长度等要求，由专业设计公司按生产厂商提供的产品的技术参数选择造浪机型。

造浪方式有机械推板式、气压式和真空式等形式，可根据需要按产品性能和技术参数选用。

造浪池池形宜为梯形或扇形，池子配水及回水管的设计应与工艺设计密切结合。

用于休闲戏水用途的造浪池尺寸宜按表 8.1-1 选定。

造浪池的基本尺寸 表 8.1-1

序号	池长(m)	池宽(m)	水深(m)		池底坡度(%)	备注
			深水端	浅水端		
1	34~36	12.50	1.8~2.0	0(有踏步部分不超过 0.3)	6~8(不大于 10)	
2	36~45	16.66				
3	45~50	21.00				
4	50~60	25.00				

注：1. 各段池坡由工艺设计决定。
　　2. 最小池长为 33.0m。

造浪池窄面深水处的直边长宜为池长的 1/3，可以一面或两面扩展至最大 15° 形成波浪区。浅水端宜设带有卵石滤料的消浪回水沟。

造浪机房应设在造浪池的深水端。

造浪池的水循环宜设计为池底均匀进水。池子浅端设排水沟。水面低于池岸的部分，在池岸内设溢流回水沟槽和溢流回水口。

造浪池的水深可通过平衡水池（或均衡水池）的排水及进水调整。池内所有部分应不断地流过经水处理消毒混合后的水。进水时间较长时，平衡水池水中游离氯的浓度应不低于造浪池中的数值。

造浪池制浪时，应采取措施防止浪水回流到造浪机房。

造浪池最大人数负荷宜按每人 2.5m² 计算，池水循环周期宜小于 2h。

3. 滑道跌落池

滑道形式和类型较多，有直线型单一坡度滑道、直线型多坡度滑道、螺旋滑道等形式。螺旋滑道又有敞开式、封闭式等形式之分，应根据建设业主要求由专业设计公司按照厂商提供的产品选用。

滑道跌落池的大小、水池及滑道安全尺寸、坡度、滑道质量等要求应遵照国家标准《水上游乐设施通用技术条件》GB/T 18168 的有关规定，或以专业公司提供的设备技术资料为准。

滑道润滑水允许使用滑道跌落池中经过净化过滤和消毒处理后的水。滑道润滑水系统应为独立的供水系统，而且开放使用期间不允许间断。

提升润滑水的水泵的扬程应根据滑道平台的实际高程和管道阻力损失计算确定。水泵宜选多台，便于流量调节和维护管理。

公共游泳池附加滑道时，应增加循环水水量，其增加的水量不应小于 35m³/h。

滑道跌落池宜采用顺流式循环水净化系统。

池壁可调给水口与池底回水口的布置，应保证水流均匀，不出现漩涡及极端的偏流。

4. 环流河

流水呈环状的游乐池，池周长度、池宽和水深由工艺设计决定或根据场地具体布置情况和下列原则确定：

（1）河流长度不宜小于 200m；

（2）河流宽度不宜小于 4.0m；

（3）河流表面水流速不应小于 1.0m/s；

（4）池子的最大负荷人数为 4.0m²/人。

为使池水按规定的速度向前流动，应设推流水泵。并根据河道水的容积和池子环流形状，由游乐专业公司确定推流水泵房的数量、位置和水泵规格。

推流水泵吸水口处的流速应在 0.5m/s 以下；出水口处的流速应在 3.0m/s 以上，且进出口处应设格栅。推流水泵出水口应避免设置在戏水人员出入手扶梯的附近。

推流水泵宜设在环流河侧壁外的地下小室内。小室内应设排水和通风装置。

供游乐者进出河内的手扶梯装置应凹入河道壁，以免造成对漂流游乐者的伤害和影响漂流者的正常漂流。

8.1.3　规模和规格

1. 游泳池的规模

（1）竞赛用游泳池：根据举办运动会的等级确定观众席座位的数量。

（2）公共游泳池：根据所在地区社会、经济、人口数量等因素确定游泳池的类型和数量。

1）游泳人数可参考下列规定确定：

① 设计游泳总人数按该地区总人口数的 10% 计。

② 最高日最大设计游泳人数，按设计游泳总人数的 68% 计。

③ 入场最大瞬时游泳人数，按最高日最大设计游泳人数的 40% 计。

④ 水中最大瞬时游泳人数，按入场最大瞬时游泳人数的 33% 计。

2）水中人数按下述规定计算：

① 在深水区活动的人为技术熟练者，按在水中人数的 1/4 计。

② 在浅水区活动的人数，按在水中人数的 3/4 计。

（3）游泳池的设计游泳负荷应根据池水面积、水深、舒适程度、使用性质、安全卫生净化系统运行状况和当地条件等因素，按表 8.1-2 计算确定。

每位游泳者最小游泳水面面积定额　　　　　　　　表 8.1-2

游泳池水深(m)	<1.0	1.0~1.5	1.5~2.0	>2.0
人均游泳池面积 （m²/人）	2.0	2.5	3.5	4.0

注：本表数据不适用于跳水池。

2. 水上游乐池的规模

水上游乐池的内容和种类根据其游乐设施的形式要求和设施的完善程度确定。

我国尚无此类规定，据国外资料介绍，一般按下列原则计算：

（1）每日最高容纳人数按 2.2m²/人估算，其中面积为池水水面面积与陆上地面面积（包括休息通道、平台等）的总和；

（2）每日设计人数按每日最高容纳人数的 70% 计；

（3）设计瞬时人数按每日设计人数的 65% 计。

（4）水上游乐池人数负荷：

1）不同游乐池的人数负荷，参照表 8.1-3。

水上游乐池人均最小水面面积定额　　　　　　表 8.1-3

水上游乐池类型	造浪池	环流河	健身池	按摩池	滑道跌落池
人均水面面积 （m²/人）	4.0	4.0	3.0	2.5	按滑道高度、 坡度计算确定

注：1. 对于比赛用游泳池、跳水用游泳池等所附设的准备池、放松池，一般不计入水面面积指标内。

　　2. 游泳人数负荷超过规定，则池水的水质卫生难以保证。同时，人数过多，游泳者在池内的活动会受到干扰，达不到健身的目的，只会给救生人员判别有无溺水现象带来困难。

2）滑道人数负荷按工艺设计确定。

3）我国《水上游乐设施通用技术条件》GB/T 18168 中规定为 2m²/人。但没有区分游乐池的类型。

3. 规格

（1）游泳池的规格

标准游泳池为矩形平面，比赛和训练用游泳池应按此要求建造。跳水用游泳池可为正方形。其他类型的游泳池可为不规则形状。

（2）游泳池的平面尺寸

1）竞赛用游泳池的长度应为 25m 和 50m 两种，该长度指游泳池的两端壁电子触板之间的距离。

2）竞赛用游泳池的宽度由泳道的数量确定。每条泳道的宽度为 2.5m。国际比赛用游泳池泳道宽度为 2.5m，且不少于 10 条，总宽度为 25m。

3）中小学校用游泳池的泳道宽度可采用 1.8m。成人用游泳池的泳道宽度不应小于 2m。游泳池两侧的边泳道的宽度，至少应另增加 0.25～0.5m。

4）标准的比赛和训练用游泳池，长度为 50m，允许误差为 +0.03m；宽度为 21m（8条泳道）或 25m（10 条泳道）；池水深度为 2.0m。如兼作花样游泳时，水深为 3.0m。跳水用游泳池为 21m×25m 或 25m×25m，水深为 5.5～6.0m。

5）非专业比赛用游泳池的池水深度不小于 1.35m。

各类游泳池的平面尺寸和水深，根据用途和使用对象参照表 8.1-4 确定。

（3）游泳池长向断面，见图 8.1-1。其中（a）水深不变；（b）适合沿长边方向进行池水循环；（c）适用于游泳；（d）适用于游泳或游泳、跳水。

4. 游泳池池底坡度

池底纵向坡度一般根据游泳池水深可按下列要求确定：

（1）水深小于 1.4m 时，采用 2.5%～6%；

（2）水深大于 1.4m（含）时，可采用 5%～10%。

池底横向一般可不设坡度。

8.1.4　池水特性

1. 基本要求

游泳池的主体是水。池水的水质卫生是保证游泳者、戏水者身体健康、安全的最基本的要求，也是池水循环净化设计的基本依据，所以它的作用至关重要，它不仅要对游泳者

游泳池平面尺寸及水深　　　　　　　　表 8.1-4

游泳池类别		水深(m)		池长度(m)	池宽度(m)	备　注
		最浅端	最深端			
比赛用游泳池		2.0	2.0~2.2	50,25	25,21	
水球游泳池		2.0	2.0			可与比赛用游泳池合建
花样游泳池		≮3.0	≮3.0			可与比赛用游泳池合建
跳水用游泳池		跳板(台)高度	水深			
		0.5	≥1.8	12	12	
		1.0	≥3.0	17	17	
		3.0	≥3.5	21	21	
		5.0	≥3.8	21	21	
		7.5	≥4.5~5.0	25	21,25	
		10.0	≥5.0~6.0	25	21,25	
训练用游泳池	运动员用	1.4~1.6	1.6~1.8	50	21,25	含大学生
	成人用	1.2~1.4	1.4~1.6	50	21,25	
	中学生用	≤1.2	≤1.4	50	21,25	
公共游泳池		1.4	1.6	50,25	25,21	
儿童游泳池		0.6~0.8	1.0~1.2	平面形状和尺寸视具体情况由设计定		含小学生
幼儿游泳池		0.3~0.4	0.4~0.6			

注：设计中应与体育工艺部门密切配合，以确定游泳池既符合使用要求，又符合卫生要求。

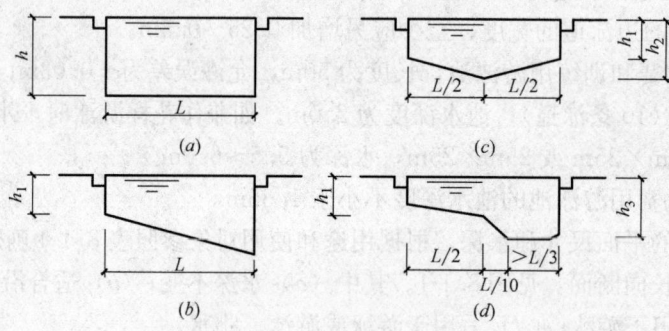

图 8.1-1　游泳池纵剖面图
h_1—浅端水深；h_2—深端水深；h_3—跳水池水深；L—游泳池长度

的健康负责，还要为游泳运动员创造良好的竞技状态的水环境。故池水的卫生健康、舒适安全、符合竞技要求是确定池水水质卫生标准应该考虑的因素。其具体含义如下：

（1）卫生健康：控制各种有害物质和微生物在对人无害的范围内。

（2）舒适安全：控制池水为清洁透明、感官良好、水温恰当，有利于游泳者的心态调整，不发生安全事故。

（3）符合竞技要求：控制池水的浑浊度，使池水清澈透明，不影响游泳者的视线和能有效观察游泳者泳姿的正确与否，以及公共游泳池安全救护员能准确判断游泳者有无溺水征兆。

2. 水质卫生要求

游泳池初次充水（含游泳池池水泄空后重新充水）、正常使用过程中的补充水，均应符合现行国家标准《生活饮用水卫生标准》GB 5749 的规定。

游泳池如采用温泉水，其水质应与卫生防疫部门、游泳联合会协商确定。

游泳池池水的水质，应符合现行行业标准《游泳池水质标准》CJ/T 244 的规定。详见表 8.1-5、表 8.1-6。

游泳池池水水质常规检验项目及限值 　　　　　　　　　表 8.1-5

序号	项 目	限 值
1	浑浊度（散射浊度计单位）（NTU）	≤0.5
2	pH	7.2～7.8
3	尿素（mg/L）	≤3.5
4	菌落总数（CFU/mL）	≤100
5	总大肠菌群（MPN/100mL 或 CFU/100mL）	不得检出
6	水温（℃）	23～30
7	游离性余氯（mg/L）	0.3～1.0
8	化合性余氯（mg/L）	<0.4
9	氰脲酸 $C_3H_3N_3O_3$（使用含氰脲酸的氯化合物消毒时）（mg/L）	<30（室内池） <100（室外池和紫外消毒）
10	臭氧（采用臭氧消毒时）（mg/m³）	<0.2（水面上 20cm 空气中） <0.05mg/L（池水中）
11	过氧化氢（mg/L）	60～100
12	氧化还原电位（mV）	≥700（采用氯和臭氧消毒时） 200～300（采用过氧化氢消毒时）

注：第 7～12 项为根据所使用的消毒剂确定的检测项目及限值。

游泳池池水水质非常规检验项目及限值 　　　　　　　　　表 8.1-6

序号	项 目	限 值
1	三氯甲烷（μg/L）	≤100
2	贾第鞭毛虫（个/10L）	不得检出
3	隐孢子虫（个/10L）	不得检出
4	三氯化氮（加氯消毒时测定）（mg/m³）	<0.5（水面上 30cm 空气中）
5	异养菌（CFU/mL）	≤200
6	嗜肺军团菌（CFU/200mL）	不得检出
7	总碱度（以 $CaCO_3$ 计）（mg/L）	60～180
8	钙硬度（以 $CaCO_3$ 计）（mg/L）	<450
9	溶解性总固体（mg/L）	与原水相比,增量不大于 1000

池水的水质卫生标准首先必须保证安全、卫生健康。人们在与池水接触的过程中，其皮肤的吸收远远大于从人们嘴中吸入的量，这一点应引起设计的重视。其次，随着人们生活质量的提高，除了卫生之外，人们对池水的舒适度提出了较高的要求。为此，我国城镇

建设行业标准《游泳池水质标准》CJ/T 244 中增加了常规及非常规检验项目和限值。

3. 池水水质卫生标准是确定池水净化处理工艺的基本依据

(1) 保持池水水质卫生的方法

1) 换水法：将使用过的被弄脏了的池水全部泄空，再换上符合卫生要求的新鲜水质后再开放使用。此方法水温、水质不易保证。一般需 2～3d 才能将水温利用太阳光照晒升到要求水温，不能连续开放，而且经常换水浪费水资源，不推荐采用。

2) 溢流稀释法：连续不断地将用过的池水按一定比例排放掉，再按该排放比例向池内补充符合卫生要求的新鲜水，以满足池水水质卫生标准的要求。该方法浪费水资源，不推荐使用。

3) 直流净化稀释法：将江河水经过净化处理后连续不断地送入池内，再将池内同样量的较脏的水连续不断地排出池外。达到池内水质卫生标准符合要求。此种方法的应用条件为：①水源充沛；②排入天然水系时应符合当地水体规定的排放标准要求。

4) 循环净化稀释法：将一定比例的水从池内抽出，经过净化处理、杀菌后，再送入池内重复使用。以满足池水水质持续满足卫生要求。这种方法既能保证池水卫生要求，又节省用水资源和能源，是目前各国都推荐的方法。

(2) 稀释法是池水循环净化处理的理论基础。

从保持池水卫生的方法中可以看出，其中的溢流稀释法、直流净化稀释法、循环净化稀释法都是采用稀释的方法。也就是说将一定比例的符合卫生要求的水送入池内，替代更新出被弄脏了的池水，使池内的水质永远保持在"卫生标准"规定的限度内。

清除掉入池中的污染杂质数量等于游泳者游泳过程或加药过程所增加的污染量。这种清除方法是经过多次循环净化处理达到的。

稀释的效果取决于游泳人数负荷、池水体积、循环周期、循环水量、循环配水方式和净化处理设备的效率。

4. 池水温度

池水温度应根据游泳池的性质、使用对象和实际用途确定。竞赛用游泳池应根据《游泳比赛规则》确定。

设计时应根据游泳池的使用性质和有无屋盖等情况，参照表 8.1-7 确定。

8.1.5 池水给水系统

1. 系统选择

游泳池的给水系统可分为直流给水系统、定期换水给水系统和循环过滤净化给水系统。

(1) 直流给水系统：连续不断地向游泳池内供给符合卫生要求的水，又连续不断地将被弄脏了的池水排出的方式。但只有具备下列情况时方可采用：有充沛的天然水源（如温泉水、地热井水），且水质符合《游泳池水质标准》CJ/T 244 的要求。

给水直流净化设施比循环净化设施的净化成本低，但只有在接近水源且水源充沛的地区才能采用。以往在夏季使用的露天游泳池采用较多。为使水质不会变成疾病传播媒介，儿童和幼儿用游泳嬉水池的池水，应能经常保持清新状态。从环保角度不推荐使用。

(2) 定期换水给水系统：就是每隔 1～3d 将使用过而被污染的水全部排除，再重新向

室内游泳池池水设计温度　　　　　　　　　　　　　　表 8.1-7

序号	游泳池的用途及类型		池水设计温度(℃)	备注
1	竞赛类	竞赛用游泳池	26~28	
		花样游泳池		
		热身池、水球池		
		跳水池	27~29	
		放松池	36~40	
2	专用类	教学池	26~28	
		训练池		
		潜水池		
		冷水池	≤16	室内冬泳池
		社团池	27~28	
		文艺演出池	30~32	以文艺演出要求定
3	公共游泳池	成人池	27~28	
		儿童池	28~29	
		残疾人池	28~30	
4	水上游乐池	成人戏水池	26~30	
		儿童戏水池	28~30	
		造浪池		
		环流河	26~30	
		滑道跌落池		
		幼儿戏水池	30	
5	其他类	多用途池	26~30	
		多功能池		
		私人游泳池		

注：1. 表中的冷水池、放松池及文艺演出池的水温不受《游泳池水质标准》CJ/T 244 规定限制。
　　2. 奥林匹克及世界级游泳竞赛各类水池水温，应以国际游泳联合会规定为准。

游泳池内充满新鲜水，以供使用。它虽节约投资、维护管理简单，但水质污染太严重，易发生疾病的传播，不符合卫生要求，且每换一次水需要停止使用几天，故不宜采用。

（3）循环过滤净化给水系统：将使用过的游泳池池水，经过滤净化、消毒符合游泳池水质标准要求后再送入游泳池重复使用的给水系统。这是目前普遍采用的给水系统。

对于水源贫乏地区、室内游泳池和正式比赛用的游泳池，具有节约水资源和能源的重要意义。

2. 初次充水

（1）充水时间根据供水条件和使用要求确定，一般按 24~48h 计。

（2）充水应尽量通过补水水箱或平衡水池间接进行，以防回流污染水源。

3. 补充水量

（1）补充水量由池水水面蒸发的水量、过滤设备冲洗水量（用池水反冲洗时）、游泳池排污水量、溢流水量、游泳者身体带走的水量等部分组成。

（2）补充水量应根据当地卫生防疫部门规定的全部池水更换一次所需时间计算确定。

设计时不同用途游泳池的补充水量，可参照表 8.1-8 选用。

游泳池每天的补水量　　　　　　　　　　　　　　表 8.1-8

序号	游泳池类型	游泳池环境	补充水量（%，占游泳池水容积的百分数）
1	竞赛用游泳池 专用游泳池 文艺演出池	室内	3～5
		室外	5～10
2	公共游泳池 水上游乐池	室内	5～10
		室外	10～15
3	儿童游泳池 幼儿戏水池	室内	不小于 15
		室外	不小于 20
4	私人游泳池	室内	3
		室外	5
5	放松池	室内	3～5

（3）直流给水系统的游泳池，每小时的补充水量，不得小于游泳池水容积的 15%。

4. 补水方式

（1）水源为城市自来水时，应设置补水水箱或利用平衡水池间接补水；游泳池专用水源时，可以直接补水，但应在水加热设备处接管。

（2）补水水箱容积（兼作回收游泳池及水上游乐池的溢流回水）：公共游泳池按每平方米水面面积 20L 计算。单独作为补水水箱时，不宜小于池子的小时补充水量，且不得小于 2.0m³。

5. 补水水箱的设计要求

（1）水箱分别设置补水进水管及初次充水进水管，管径按各自流量计算确定；

（2）补水管和充水管宜设计节水表；

（3）水箱进水管口应设浮球阀，且其进水口应高出最高水位 0.1m 以上，以达到自动控制水位和防止回流污染水源的要求；

（4）水箱出水管阀门和止回阀，管径按补水量计算确定；

（5）水箱应设人孔、溢流管、泄水管及水位标尺；

（6）水箱应采用不污染水质、不透水和耐腐蚀材料制造。

8.1.6　池水循环

1. 基本要求

（1）不同游泳池应分别设置各自独立的池水循环系统；

（2）游泳池给水口和回水口的布置应保证池内水流分布均匀，无死水区、涡流和急流水域，从而消除细菌和藻类繁殖等水质隐患；

（3）有利于池内被用过的池水及时更新，防止水面漂浮和池底沉积污物；池内不产生短流和各泳道水流速度不一致等现象，从而保证不同水深和各部位的水温均匀、余氯量一致；

（4）方便施工安装、维护管理和水质卫生的保持。

2. 循环方式

游泳池、水上游乐池等池水循环有如下 3 种方式：

（1）顺流式循环：全部循环水量由游泳池的两端壁或两侧壁的上部进水，由池底部回水的方式。底部的回水口可与泄水排污口合用。该方式能满足配水均匀的要求。但池底易沉积污物，设计时应注意回水口位置的确定，以防短流。这种循环方式的效果较为满意。公共游泳池、露天游泳池和水上游乐池，可采用这种循环方式，以节约投资。

（2）逆流式循环：全部循环水量由池底送入池内，由游泳池周边或两侧边的上缘溢流回水的方式。给水口在池底沿泳道标志线均匀布置，故配水均匀，池底不积污，有利于池水表面污物及时排除。竞赛用游泳池宾馆和会所内游泳池、训练池应采用这种循环方式。它是国际泳联推荐的循环方式。

（3）混合式循环：它是上述两种方式的组合，但给水应全部由池底送入池内，水上游乐池因池形不规则、水深不一致，一般宜采用这种循环方式。池表面溢流回水量不得少于循环水量的 60%；池底的回水量不得超过循环水量的 40%。

3. 循环周期

（1）循环周期可分为两种情况：1）池水净化的循环周期；2）功能循环水的循环周期。

（2）决定池水净化循环周期的因素包括：1）游泳池的使用性质；2）游泳人数；3）游泳池容积和水面面积；4）游泳池开放时间；5）水净化设备运行方式和时间；6）环境状况。

（3）池水净化循环周期按公式（8.1-1）计算：

$$T = \frac{24}{n} \tag{8.1-1}$$

式中　T——游泳池池水的循环周期（h）；

　　　n——每天循环次数，可参照表 8.1-9 采用。

（4）功能循环水的循环周期，由于水源为经过净化处理后的池内水，故目前尚未明确的规定。它属于水景类和安全类两种情况，但后者是开放期间全程开放。

4. 循环流量

（1）池水净化系统的循环流量应按公式（8.1-2）计算：

$$q_{xu} = (1.05 \sim 1.1) \frac{n \cdot V}{24} \tag{8.1-2}$$

式中　q_{xu}——循环水流量（m³/h）；

　　　n——每天循环次数，按表 8.1-9 采用；

　　　V——游泳池的水容积（m³）。

（2）功能循环水系统的循环流量，应按设置功能（瀑布、水幕、水帘、喷泉、水蘑菇、水刺猬、卡通动物等），根据所选定的产品参数和数量计算确定。但安全类的功能循环水，如滑道（含滑梯）润滑水量和环流河的推流水量等，应根据滑道形式、推流水流速、数量，由专业设计公司提供。但在公共游泳池内附加滑道时，应对游泳池另外增加滑道润滑水量不小于 35m³/h。

游泳池和水上游乐池池水的循环周期   表 8.1-9

序号	游泳池的用途及类型		池水深度(m)	循环次数(次/d)	循环周期(h)
1	竞赛类	竞赛用游泳池	2.0	8～6	3～4
		花样游泳池	3.0	4～3	6～8
		水球池	1.8～2.0	8～6	3～4
		跳水池	5.5～6.0	4～3	6～8
2	专用类	教学池	1.4～2.0	6～4	4～6
		训练池			
		热身池			
		残疾人池	1.35～2.0		
		冷水池	1.8～2.0	6～4	4～6
3	公共游泳池	社团池	1.35～1.6	6～4	4～6
		成人游泳池	1.35～2.0	6～4	4～6
		大学校池			
		成人初学池	1.2～1.6	6～4	4～6
		中学校池			
		儿童池	0.6～1.0	24～12	1～2
4	水上游乐池	成人戏水池	1.0～1.2	6	4
		幼儿戏水池	0.3～0.4	>24	<1
		造浪池	2.0～0	12	2
		环流河	0.9～1.0	12～6	2～4
		滑道跌落池	1.0	4	6
		放松池	36～38℃	80～48	0.3～0.5
5	多用途池		2.0～3.0	6～4.5	4～5
6	多功能池		2.0～3.0	6～4.5	4～5
7	私人游泳池		1.2～1.4	4～3	6～8
8	文艺演出池		8～12	6	4

注：1. 池水的循环次数可按每日使用时间与循环周期的比值确定。

2. 多功能池宜按最小水深确定池水循环周期，也可按不同水深分别计算确定。

5. 循环水泵

（1）不同用途的游泳池、水上游乐池、水景、水力按摩池，其池水循环水泵应分开设置。在我国一般宜采用耐腐蚀、高效节能、低噪声的游泳池专用变频调速水泵及变速离心清水泵；功能循环水泵一般采用恒速水泵。

（2）水泵流量按公式（8.1-2）计算选定；水泵扬程按循环管道、净化设备、加热设备阻力和水泵与水位高差计算确定。每个循环水系统宜按 2 台以上水泵同时运行选定。

（3）冲洗过滤器的水泵可与循环水泵合用，但应以冲洗过滤器的工况校核循环水泵的工况。

水泵应靠近游泳池，并设计成自灌式，且应与平衡水池或均衡水池、净化设备、加热加药装置设在同一房间。

（4）循环水泵进、出水管上应分别装设压力真空表和压力表。

滑道润滑用水的水泵选用恒速水泵，并应根据专业公司提供的资料选定，滑道润滑水系统的循环水泵必须设置备用泵。水泵出水管上宜设流量调节阀，以方便滑道润滑水量的调节。

（5）环流河的推流水泵房不宜少于 2 处。且每处泵房内应设备用水泵。水泵容量根据专业设计公司所提供的资料确定。

6. 循环管道

（1）水泵吸水管流速应为 1.0～1.2m/s；出水管流速一般采用 1.5～2.0m/s。

（2）循环给水管流速不宜超过 2.5m/s；循环回水管流速宜采用 0.7～1.0m/s。

（3）管道采用给水塑料管、铜管、不锈钢管，如采用钢管，则内壁应涂防腐漆（如聚乙烯、环氧无毒树脂）或内衬防腐材料（如聚乙烯塑料等）。

（4）管道宜敷设在沿游泳池周边设置的管廊或管沟内。如设管廊和管沟有困难时，可埋地敷设，但应有可靠的防腐措施。管廊、管沟应设人孔及吊装孔，并有较好的照明和通风。

（5）管道上的阀门，应采用明杆闸阀或蝶阀。

（6）金属管道应进行保温，非金属管道无须采用保温隔热措施。

8.1.7　平衡水池、均衡水池和补水水箱

1. 平衡水池

（1）对于顺流式循环方式的游泳池，循环水泵从游泳池、水上游乐池池底直接吸水时，吸水管道较长，且沿程水头损失大，影响循环水泵的吸水高度。且又无条件设计成自灌式时，应设置平衡水池。

（2）平衡水池的容积，应按循环水系统的管道和设备（过滤器、反应罐、加热器等）内的水容积之和确定，但不应小于循环水泵 5min 的出水量。

（3）平衡水池的设计，应符合以下要求：1）因该池与游泳池及水上游乐池有连接管，故应考虑两者水面平衡；2）游泳池和水上游乐池的初次充水管及补充水管应接入此池，且进水管口应高出水面 100mm；3）该池应设人孔、溢水管、泄水管和水泵吸水坑；4）该池内底表面应至少低于回水管管底 400mm；5）该池应采用耐腐蚀、不变形和不二次污染水质的材料建造；6）该池基本尺寸除满足容积要求外，尚应满足水泵吸水口安装要求。

2. 均衡水池

逆流式和混合式循环方式的游泳池及水上游乐池，应设置均衡水池，以调节游泳池及水上游乐池人数负荷不均匀而带来的溢流回水量的浮动。达到节约能源、水资源及保证循环水泵有效运行的目的。

（1）均衡水池的有效容积，可按公式（8.1-3）、公式（8.1-4）计算：

$$V_j = V_g + V_s + V_y + V_a \tag{8.1-3}$$

$$V_y = A \cdot H_y \tag{8.1-4}$$

式中　V_j——均衡水池的有效容积（m³）；

　　　　V_g——循环系统管道的水容积和过滤器反冲洗用水量（m³）；

　　V_s——循环系统设备（如过滤器、毛发捕集器、加热器、混合器等）内的水容积（m³）；

　　V_y——系统运行所需的水容积（m³）；

　　A——游泳池或水上游乐池的水面面积（m²）；

　　H_y——溢流回水时的溢流水层厚度（m），一般取 $H_y = 0.005 \sim 0.010$m；

　　V_a——游泳者入池所排出的水量（m³），每位游泳者按 $0.05 \sim 0.06$m³计。

　　（2）均衡水池的几种简易计算容积的方法：

　　1）按每 100m² 水面面积需要 $4.0 \sim 5.0$m³ 水量计算。

　　2）按不小于循环水泵 5min 出水量进行计算。且不应小于池水净化处理系统的管道、过滤设备（含臭氧反应罐、臭氧吸收过滤器等）、加热设备和过滤器反冲洗水等体积之和。

　　3）英国《游泳池水处理和质量标准》一书介绍：均衡水池容积粗略计算时，可按池子每小时循环流量的 10%～20% 确定其最小容积。

　　上述方法仅供参考。

　　（3）均衡水池的设计，应符合下列要求：

　　1）均衡水池内的最高水表面应低于溢流回水管底 300～600mm；

　　2）游泳池的补充水管控制阀门出水口应高于池内溢流水面至少 100mm；

　　3）均衡水池应设人孔、溢水管、泄水管和水泵吸水坑；

　　4）均衡水池应采用不变形和不透水材料建造，池内壁应涂刷或内衬不污染水质的防腐涂料或材料。

　　3. 补水水箱

　　（1）顺流式池水循环无平衡（均衡）水池时应设补水水箱，其容积应符合下列规定：

　　1）仅作补水用时，应按小时补水量计算确定，但最小容积不应小于 2.0m³；

　　2）兼作溢流水回收用途时，应按小时补水量及池水循环回水量的 10%～15% 之和计算确定。

　　（2）补水水箱接管

　　1）进水管管底应高出箱内最高水位 0.15m，且应设计量水表、控制阀门；

　　2）补水水箱兼作池内初次和再次充水隔断水箱时，其进水管与出水管应与正常使用时的补水进水管分开设置，管径按充水时间计算确定；

　　3）补水出水管管径按池内小时补水量计算确定，且出水管上应装设流量调节阀及控制阀；

　　4）补水水箱的最高水位低于游泳池、水上游乐池等池内水面时，出水管上还应装设防止池水倒流至水箱内的止回阀；

　　5）补水水箱应设通气管、溢流管、泄水管及水位计。

　　（3）补水水箱应设人孔。

　　（4）补水水箱箱内有效水深大于 1.5m 时，应设箱内及箱外出入用扶梯。

　　（5）补水水箱的材质应为不污染水质、不变形、高强度、耐腐蚀、易清洗材料。

　　4. 露天游泳池、水上游乐池溢流回水沟、溢流水沟应有下列防暴雨流入措施：

　　（1）沟内回水至平衡（均衡）水池及补水水箱的回水管上应设置防雨水倒灌紧急关闭阀门。

　　（2）溢流水沟的溢水不回收时，应与小区雨水管道连接。

8.1.8　池水净化

1. 池水的污染来源

池水的水源虽满足《生活饮用水卫生标准》GB 5749 的要求，但在使用的过程中池水会不断地受到污染。这些污染来自如下几个方面：

（1）游泳者自身的污染，这是池水的主要污染来源：1）游泳者身体的分泌物，如汗液、唾液、鼻涕、泪液、呕吐物及尿液等；2）游泳者的脱落物，如毛发、皮肤屑、化妆品、游泳衣服的脱色、脱落的纤维及人体分泌的油脂类等；3）游泳者携带的物品，如耳环、隐形眼镜、戒指及游泳镜等。

（2）化学药品残余的污染：这也是不可忽视的污染来源。池水处理设备的管理操作者，为了保证池水的卫生健康、洁净透明，向池水中投入符合要求的絮凝剂、消毒剂、pH 调整剂和除藻剂等化学药品。它们会与池水中的某些粒子产生一些新的污染物质。

（3）环境的污染：如裸露地面的沙尘、雨水、植物落叶、昆虫及其他脱落物质（管道锈蚀、池体锈蚀、水垢等），前者在露天游泳池中会经常出现。

2. 池水净化处理工艺流程

（1）池水净化处理的几种工艺流程：

1）换水式净化：将被弄脏了的水全部排除，再重新换入新鲜水的方式。因它是在池水较脏时才更换，故不能经常保证池水的透明和卫生要求，有可能成为疾病传播的途径之一，且经常换水浪费水资源。又需 2～3d 的太阳照射才能使水温满足要求，影响使用，故不推荐这种净化方法。

2）溢流式净化：连续不断地向游泳池内供给符合《生活饮用水卫生标准》GB 5749 的河水、自流井水或温泉水，并将被弄脏了的池水连续不断地排至排水管道，使池水符合《游泳池水质标准》CJ/T 244 的方式。该方法不符合节约用水和保护环境的要求，故此法也不推荐。

3）循环过滤式净化：将被弄脏了的池水按一定的流量连续不断地送入过滤设备，除去池水中的污物，使水得到澄清，并投加消毒剂杀菌后，再送入游泳池使用的方式。这种方法符合节约用水、节约能源和环保原则，故应予以推广使用。

（2）池水净化处理工艺流程应根据游泳池的用途、设置环境、使用化学药品种类等因素经经济技术比较后确定。一般有下列几种工艺流程可供选用：

1）竞赛用游泳池应采用如图 8.1-2 所示的全流量臭氧消毒且为砂过滤器的池水净化工艺流程。

2）旅馆、会所、俱乐部、社团、学校用游泳池及原有游泳池改造等，可采用如图

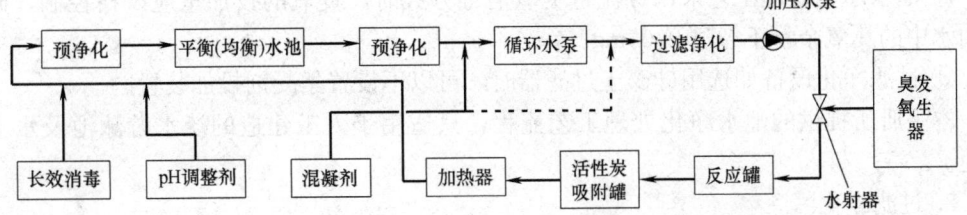

图 8.1-2　石英砂过滤全流量臭氧消毒工艺流程图

8.1-3 所示的分流量臭氧消毒且为砂过滤器的池水净化工艺流程。

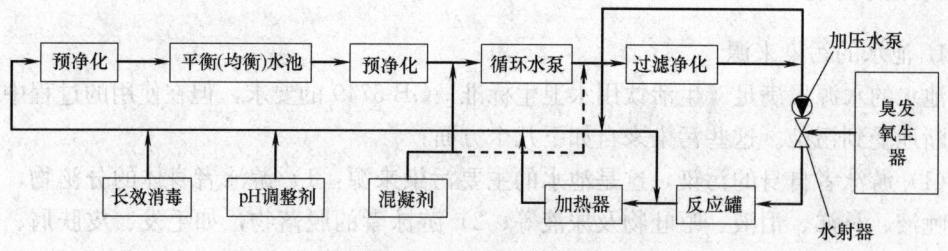

图 8.1-3 石英砂过滤分流量臭氧消毒工艺流程图 (一)

3) 露天游泳池及公共游泳池、水上游乐池,可采用如图 8.1-4 所示的氯及氯制品消毒且为砂过滤器的池水净化工艺流程。

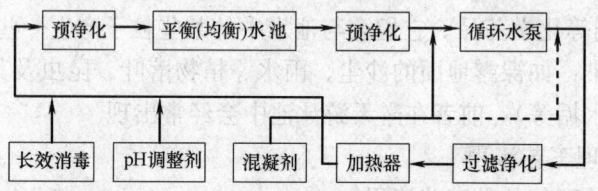

图 8.1-4 石英砂过滤长效消毒工艺流程图

4) 对氯及氯制品消毒剂有特别限制的游泳池,可采用如图 8.1-5 所示的分流量臭氧消毒且为砂过滤器的池水净化工艺流程。为防止突发事故,设计仍应配备氯或氯制品消毒装置。

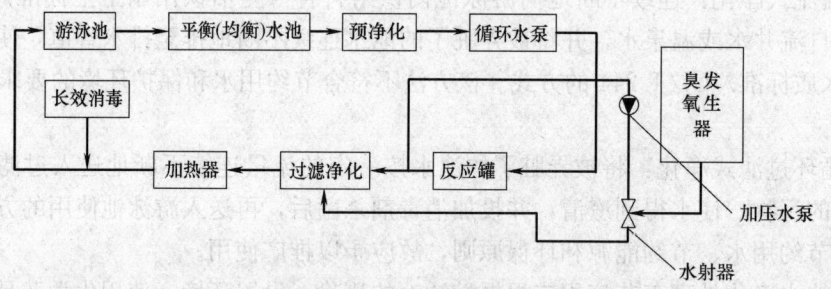

图 8.1-5 石英砂过滤分流量臭氧消毒工艺流程图 (二)

5) 注意事项

① 如游泳池采用直接从池底回水口吸水的顺流式循环方式,则可不设置平衡 (均衡) 水池。

② 池水净化处理工艺采用分流量臭氧消毒方式时,臭氧的投加量应严格控制,确保池内水中的臭氧余量不超过 0.05mg/L。

③ 过滤净化设备如选用硅藻土过滤器时,可以不设置絮凝剂投加装置。

本手册所提供的池水净化处理工艺流程,只适用于人工建造的淡水游泳池及水上游乐池。

3. 过滤净化

(1) 毛发聚集器:去除池水中较大颗粒固体杂质、毛发、纤维和树叶。保护水泵不被损坏和过滤层不被堵塞。

1) 毛发聚集器应满足：①水流阻力小；②构造简单、方便拆卸、易于清洗；③外壳耐正压不渗水，耐负压不漏气；④过滤筒孔眼直径宜为 3mm，如为过滤网，则网眼为 10～15 目；孔眼面积总和不得小于进水管断面积的 2 倍，材质应为铜或不锈钢等耐腐蚀材料；⑤外壳宜采用耐腐蚀材料，如铸铁或钢质材料，并采取防腐措施等。

2) 毛发聚集器的设置应符合下列要求：①装设在循环水泵的吸水管上；②过滤筒（网）应经常清洗或更换；③如为两台循环水泵，则应交替运行，以便对过滤筒（网）进行交替清洗或更换。

(2) 过滤净化：游泳池池水浑浊度不高且稳定，一般宜采用接触过滤进行池水净化。过滤设备根据过滤效率、管理水平、运行时间和建设费用等情况确定。并应符合下列要求：①体积小，效率高，功能稳定，消耗小，保证出水水质；②操作简单、安装方便、管理费用低；③有利于池水循环水净化系统的自动控制。一般宜采用压力式过滤器。实践证明，压力石英砂过滤器截留污浊物质的能力达 80%～90%，滤除细菌的效率可达 80%～95%。

1) 压力式颗粒过滤器

① 滤料应符合以下要求：比表面积大、孔隙率高、截污能力强、使用周期长；不含杂物和污泥，不含有毒和有害物质；化学稳定性好；机械强度高，耐磨损，抗压性能好。

② 压力式颗粒过滤器过滤速度的等级划分：过滤速度在 7.5～10m/h 时，称低速过滤；过滤速度在 11～30m/h 时，称中速过滤；过滤速度在 31～40m/h 时，称高速过滤。

③ 过滤速度的选用应符合：低速过滤宜为重力式过滤器；中、高速过滤应为压力式过滤器。

④ 压力式颗粒过滤器的滤料厚度、滤料粒径和级配、承托层以及过滤速度的确定原则：根据池水水质要求确定；经实验后确定；有困难时，可参照表 8.1-10 选用，并在系统调试和运行中提出较可行的数据。

近年来均质滤料的压力式颗粒过滤器开始大量采用三层滤料的压力式颗粒过滤器，但都缺乏设计数据，对推广使用带来困难。如在工程中使用，则应与设备供应商进行充分合作和技术探讨。

⑤ 压力式颗粒过滤器的设置

数量应根据循环水量、运行维护条件经技术经济比较确定，但每个循环系统不宜少于 2 台，可不设置备用。但要符合下列要求：不同用途的游泳池和水上游乐池，应各自分开设置；压力式颗粒过滤器宜采用立式，但直径大于等于 2.6m 时，应采用卧式；压力式颗粒过滤器宜按 24h 连续运行设计。

⑥ 压力式颗粒过滤器应设置下列附件：

a. 布水均匀的布水装置和集水（反冲洗配水）均匀的集水装置；

b. 检修孔、进水管、出水管、泄水管、放气管、差压管、取样管、流量计、观察孔及各类切换阀门；

c. 必要时，还应设置空气反冲洗和表面冲洗装置；

d. 反冲洗排水管应设可观察冲洗排水清澈度的可视透明短管或其他有效可视装置。

⑦ 压力式颗粒过滤器的反冲洗要求如下：

压力式颗粒过滤器的滤料组成和过滤速度　　　　表 8.1-10

序号	过滤种类		滤料组成			过滤速度 (m/h)
			粒径(mm)	不均匀系数 k	厚度(mm)	
1	单层滤料	级配石英砂	$D_{min}=0.50$ $D_{max}=1.00$	<2.0	≥700	15~25
		均质石英砂	$D_{min}=0.60$ $D_{max}=0.80$	<1.4	≥700	15~25
			$D_{min}=0.50$ $D_{max}=0.70$			
2	双层滤料	无烟煤	$D_{min}=0.80$ $D_{max}=1.60$	<2.0	300~400	4~18
		石英砂	$D_{min}=0.60$ $D_{max}=1.20$		300~400	
3	多层滤料	沸石	$D_{min}=0.80$ $D_{max}=1.60$	<1.7	350	20~30
		活性炭	$D_{min}=0.80$ $D_{max}=1.60$	<1.7	600	
		石英砂	$D_{min}=0.80$ $D_{max}=1.60$	<1.7	400	

注：1. 其他滤料如纤维球、树脂、纸芯等，按生产厂商提供并经有关部门认证的数据选用。

2. 滤料的相对密实度：石英砂 2.6~2.65；无烟煤 1.4~1.6；重质矿石 4.7~5.0。

3. 压力式颗粒过滤器的承托层厚度和卵石粒径，根据配水形式按生产厂商提供并经有关部门认证的资料确定。

a. 宜采用气—水反冲洗方式。如有困难时，可采用水反冲洗方式。

b. 用水反冲洗时宜采用池水进行反冲洗，它可增加补充水量，稀释池水盐类浓度，有利于水质平衡；若用城市生活饮用水反冲洗时，应设置防止回流污染城市生活饮用水水质的隔断水箱或倒流防止器等。

c. 反冲洗强度和反冲洗历时，应以试验数据为依据，并在实际工程运行中不断摸索和完善。

d. 压力式颗粒过滤器设计时可按表 8.1-11 选用。

压力式颗粒过滤器的反冲洗强度和反冲洗时间　　　　表 8.1-11

序号	滤料类别	反冲洗强度(L/(m²·s))	膨胀率(%)	反冲洗时间(min)	备注
1	单层石英砂	12~15	40~45	7~5	
2	双层滤料	13~16	45~50	8~6	
3	三层滤料	16~17	50~55	7~5	

注：1. 设有表面冲洗装置时，取下限值。

2. 采用自来水反冲洗时，应根据水温变化，适当调整反冲洗强度。

3. 膨胀率数值仅作设计计算之用。

⑧ 压力式颗粒过滤器的反冲洗周期要求如下：

a. 滤料为石英砂、无烟煤及沸石的压力式颗粒过滤器，滤前滤后的水头压差为 0.06MPa。

　　b. 滤前滤后的水头压差未超过前款规定，但使用时间超过 5d。

　　c. 游泳池或水上游乐池，计划停止时间超过 5d。

　　d. 游泳池或水上游乐池更换池水泄空停用前。

　　注：过滤器反冲洗完成并且要停用时，应泄空过滤器内的存水。

　　e. 压力式颗粒过滤器，应逐一单台进行反冲洗，不得 2 台或者 2 台以上同时反冲洗。

　　f. 压力式颗粒过滤器的反冲洗排水管，不得与其他排水管直接连接，如有困难时，应设置防止污水或雨水倒流污染压力式颗粒过滤器的装置。

　　2) 硅藻土过滤器

　　硅藻土过滤技术在我国以往主要用于食品和医疗领域，而在游泳池池水处理领域应用极少。从 20 世纪 80 年代开始试用，20 世纪 90 年代正式在游泳池循环水净化处理中开始应用，其处理效果良好。它不仅可滤除粒径达 $2\mu m$ 的颗粒，而且还可滤除细菌和部分病毒。据介绍，硅藻土过滤技术可滤除细菌 99.5%，滤除病毒 85%。当然，这都需要用硅藻土预涂膜层的一定厚度来保证。

　　① 硅藻土过滤器的形式有如下 3 种：

　　a. 真空式硅藻土过滤器

　　真空式硅藻土过滤器是由过滤板按照水量大小，采用一组或多组过滤板自由组合后放在一个水池内，通过管道与水泵吸水口连接，利用水泵吸水改造成的负压，将硅藻土吸附在滤板上，待池水变清之后，即可进入过滤阶段，这种过滤器在美国应用较多，我国无应用实例。

　　b. 烛式压力硅藻土过滤器

　　烛式压力硅藻土过滤器是在一个类似于砂过滤器的容器内，安装很多一根一根的烛状筒形的滤元。水泵出水管接入该过滤器内，通过网筒上的预涂膜层过滤，将杂物阻留在预涂膜层上，这种过滤器在南非应用较多，我国已大量使用，并取得了很好的效果。

　　c. 可逆式板框状压力硅藻土过滤器

　　可逆式板框状压力硅藻土过滤器过滤元可视水量由一个一个板框网组合拼接而成。水泵出水带硅藻土涂在板框网一侧，形成滤膜过滤循环水，反冲洗时从另一侧进水将污染的硅藻土冲走，同时也可将新硅藻土送入，形成新的滤膜，该设备在我国亦有使用，并取得了良好的使用效果。如首都体育师范大学和海军总部等大型游泳馆水处理就使用的这种形式的过滤器。

　　② 硅藻土过滤器具有过滤精度高，出水浊度低于 0.2NTU；能阻留藻类、大肠菌等细菌约 99% 以上；使用化学药品少，不需混凝剂；机房面积和空间小；反冲洗水量小等优点。具有广阔的应用空间，但它也存在缺点：对操作管理人员素质要求高；反冲洗水中的硅藻土回收处理还需进一步探讨。

　　a. 硅藻土过滤器的反冲洗，应符合下列要求：

　　(a) 反冲洗强度为 $2\sim4L/(m^2 \cdot s)$；

　　(b) 反冲洗历时为 $2\sim3min$；

　　(c) 反冲洗周期以过滤器进水及出水压差达到 0.05MPa 计。

　　b. 硅藻土过滤器进入及出水的压差虽未达到上款规定，但需停止工作时，应在反冲洗完成后再停用。

c. 反冲洗排水不应直接排入城市污水管道，应经沉淀后再进行排放。

3）重力式颗粒过滤器

① 在 20 世纪 70 年代，重力式颗粒过滤器如快滤池、水力澄清池等，在我国南方水源比较充沛的地区采用。但都是用于季节性游泳池，即夏季炎热期的室外露天游泳池。其特点是不循环使用，而是直接排放。我们将其称为直流净化式池水净化系统。

② 20 世纪 80 年代之后，有将无阀滤池用于游泳池循环水净化处理中的。但大部分都用于室外季节性露天游泳池，少数用于室内游泳池。因其效率较低，占地面积及空间大，热损失大，不能适应泳池人员负荷变化波动较大的特点，故其适用范围比较受限制。

③ 重力式颗粒过滤器用于游泳池循环水净化系统时，应有防止因停电带来安全事故的有效措施。

4）负压颗粒过滤器

① 滤料为石英砂。

② 技术参数：滤料层厚度不应小于 500mm；不均匀系数 k_{80} 应不大于 1.4；过滤速度不宜超过 20m/h；滤料层表面被过滤水的水层厚度不应小于 350mm；负压颗粒过滤器进水管应高出被过滤水水层表面 200mm，且流速不应大于 0.8m/s，并设整流装置，确保配水均匀。

③ 负压颗粒过滤器采用中阻力集配水系统，滤料层下设承托层与单层颗粒过滤相同。

④ 负压颗粒过滤器所配置循环水泵的吸水高度不宜小于 0.06MPa。

⑤ 负压颗粒过滤器的阻力损失大于及等于 0.03MPa 时进行反冲洗：应采用气—水混合脉冲式反冲洗；气洗强度为 10 ～12L/(m^2·s)，反冲洗历时为 5min；水洗强度为 6～8L/(m^2·s)，反冲洗历时为 5min。

⑥ 负压颗粒过滤器的材质：外壳应采用牌号不低于 S30408 的奥氏体不锈钢。

5）过滤器材质的选用

① 过滤器应采用耐腐蚀、不污染水质、不透水和不变形的材料制造。

② 压力式颗粒过滤器选用金属材质时：

a. 如选用不锈钢或玻璃钢壳体时，应为耐氯离子及臭氧腐蚀材质；

b. 如选用碳钢壳体时，其内表面应内衬或涂刷无毒材料及涂料；

c. 压力式颗粒过滤器和臭氧吸附过滤器的壳体的工作压力，应按系统循环水泵扬程的 2 倍确定。

③ 重力式颗粒过滤器的壳体的工作压力，应由设计者或设备制造商计算确定，并确保安全可靠。

8.1.9　池水有机物降解

1. 在投入使用后的游泳池中，由于使用了化学药品，它们会产生一些副产品，如氯胺、三氯甲烷等；游泳者也会产生大量的汗液，这些溶解性的有机物，过滤器是无法去除的，而且会有不良气味出现。为了解决这一问题，北京工业大学、北京建筑大学和北京恒动环境技术有限公司合作，在国家游泳中心水立方于夏季游泳旺季通过试验研究出一种有机物降解设备——有机物降解器，可用于消除池水中的有机物和尿素。

2. 有机物降解尿素过滤器采用活性炭-石英砂组合过滤层：（1）活性炭以木质净水用活性炭为佳，其厚度不宜小于1000mm，石英砂层厚度不应小于150mm；（2）池水在过滤器中的停留时间不应少于3min；（3）水流过滤速度应控制在5～10m/h范围内；（4）采用水进行反冲洗，反冲洗周期以90d为宜，反冲洗强度与石英砂过滤器相同，反冲洗持续时间3～5min。

3. 有机物降解器设计

（1）按旁流量设计。旁流量根据游泳池负荷情况取值：1）公共游泳池、儿童游泳池宜按池水容积的5%～10%计；2）专用游泳池宜按池水容积的2%～5%计。有机物降解器的构造和材质，应与压力式颗粒过滤器相同。

（2）设置位置见图8.1-6。

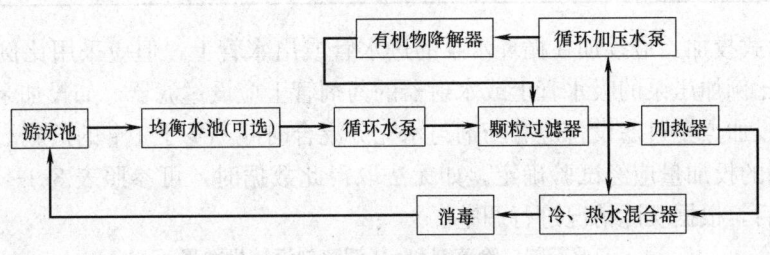

图 8.1-6　有机物降解器设置位置

8.1.10　池水加药和水质平衡

1. 池水加药

（1）加药的作用

1）游泳池池水的浊度不高而且较稳定。采用石英砂直接过滤时，砂滤层难以完全除掉污物。据国外资料介绍，砂滤层的间隙为100～200μm。因此，就需要向循环水中连续加入一定数量的硫酸铝或氯化铝等混凝剂。池水浊度较低时，加入少量助凝剂，如海藻酸钠（$NaC_6H_7O_6$），将水中的微小污物吸附集聚在铝盐的絮凝体上，使其形成较大的块状物体，从而被过滤器的滤料层截留，使游泳池的池水得到澄清。

2）硅藻土过滤器由于是精细过滤，一般不需要向循环水中投入混凝剂。

3）游泳池的池水过滤净化设备停止运行时，特别在阴天及雨天，水藻在水中分裂繁衍很快，就会变成黄绿色或深绿色，使水的透明度明显降低。这是池水中滋生了浮游生物和藻类所致。因此，需要定期向池水中投加硫酸铜溶液，以消除和防止藻类滋生。

4）游泳池池水长时间循环使用过程中，由于连续向池水中投加混凝剂，使池水的pH降低，不仅对游泳者的头发有损害，而且还影响水的混凝效果和消毒效果。为此，应定期向池水中投加纯碱或碳酸盐，以调节池水的pH，使其保持在7.2～7.8之间。

（2）加药装置的组成

加药装置的组成见表8.1-12。

（3）基本要求

1）采用湿投法。投加量易控制，且有利于自动化控制和监测。

2）重力式投加：投加位置应选在循环水泵的吸水管上。通过水泵叶轮能使药剂溶液与池水充分混合，有利于药剂与水的反应，但难以控制投加量的变化。

加药装置的组成 表 8.1-12

序号	组成内容	技术要求	序号	组成内容	技术要求
1	药品库	1. 混凝剂、pH 调整剂、除藻剂等药瓶应分类贮存； 2. 可共用一个房间，但应有分隔通道	3	投药装置	1. 重力式投加时，采用比例投加器； 2. 压力式投加时，采用比例式加药计量泵自动投加
2	溶药池 药液池	1. 不同药品应分别设置； 2. 溶药池及药液池分开或合并设置，按投加方式定	4	自动调整监测和控制	1. pH 传感器、变送器； 2. 各种药剂量报警器； 3. 巡回监测信号：循环水流量、药剂计量、温度及浓度等现场数据采集及显示

3）压力式投加：应投加在循环水泵的进水管或出水管上，但应采用比例加压泵或水射器投加，比例加压泵的吸水管上或水射器的药剂管上应设过滤器。如投加泵出水管上加混合器，则投加点至过滤设备应有药剂与水充分混合时间不少于 10s 的措施。

4）药剂的投加量应经试验确定。如无法取得此数据时，可参照表 8.1-13 进行设计，待投入运行后，根据实际情况进行调整。

混凝剂、除藻剂和 pH 调整剂设计投加量 表 8.1-13

分类	药剂名称	特征	设计投加量（mg/L）	投加要求
混凝剂	硫酸铝（精制、粗制）$Al_2(SO_4)_3 \cdot 18H_2O$	1. 水解作用缓慢； 2. 精制品含无水硫酸铝 50%~52%； 3. 粗制品含无水硫酸铝 20%~25%； 4. 适用水温：20~40℃	5~10	1. 配制溶液浓度不宜大于 10%； 2. 应连续投加； 3. 宜由探测器反馈自动调整投加量
	硫酸铝钾 $Al_2(SO_4)_3 \cdot K_2SO_4 \cdot 24H_2O$			
	硫酸亚铁（绿矾）$FeSO_4 \cdot 7H_2O$	1. 腐蚀性较强； 2. 矾花形成快，切块大； 3. 适用于高浊度、高碱度的水	5~10	1. 配制溶液浓度不宜大于 10%； 2. 应连续投加； 3. 宜由探测器反馈自动调整投加量
	碱式氯化铝（简写 PAC）$Al_n(OH)_mCl_{3n-m}$	1. 效果好、出水过滤性能好、色度低； 2. 固体含氧化铝 40%~50%； 3. 温度适应性广； 4. 腐蚀性弱	3~10	1. 配制溶液浓度不宜大于 10%； 2. 应连续投加； 3. 宜由探测器反馈自动调整投加量
除藻剂	硫酸铜（蓝矾）$CuSO_4 \cdot 5H_2O$	1. 易溶于水； 2. 使水呈蓝色，提高池水观感及透明度； 3. 能抑制水藻生长，具有杀菌能力； 4. 有一定毒性	不大于 1	1. 可以干投； 2. 湿投溶液浓度不大于 10%； 3. 间歇性投加，间隔时间由水质状况定，一般 10~20d 投加一次

续表

分类	药剂名称	特征	设计投加量 (mg/L)	投加要求
pH 调整剂	纯碱(NaHCO₃) 苏打(Na₂CO₃)	1. 无毒、无腐蚀性; 2. 易溶于水; 3. 有安全要求	3～5	1. 湿式投加; 2. 配制溶液浓度不大于 10%; 3. 投加量及时间由 pH 探测器反馈,自动调整投加量; 4. 手动投加由水质化验定
	烧碱(NaOH)	1. 有腐蚀性; 2. 溶于水时放出大量的热	3～5	1. 湿式投加; 2. 配制溶液浓度不大于 10%; 3. 投加量及时间由 pH 探测器反馈,自动调整投加量; 4. 手动投加由水质化验定

5) 加药装置系统的设备、器材和管道,应采用耐压不透水、耐腐蚀材料制造。

2. 池水水质平衡

(1) 为防止池水被污染,提高池水舒适度,延长游泳池设施、设备、管道等使用寿命,应使池水物理和化学成分保持在既不析出沉淀水垢和溶解水垢,又不腐蚀设备、设施及管道的稳定水平上。为此要求:1) 池水的 pH 符合本手册表 8.1-5 之要求;2) 池水的总碱度(以 CaCO₃ 计)不低于 60mg/L 及不高于 200mg/L;3) 池水的钙硬度(以 CaCO₃ 计)不低于 200mg/L 及不高于 450mg/L;4) 池水的溶解性总固体与原水相比增量不大于 1000mg/L。

(2) 如不符合上述要求,则应对池水进行平衡处理设计。其平衡的方法是向池中投加化学药品,但应符合下列要求:

pH 低于 7.2 时,应向循环水中投加碳酸钠提高 pH;pH 超过 7.8 时,应向循环水中投加盐酸或碳酸氢钠降低 pH。

总碱度低于 60mg/L 时,应向循环水中投加碳酸氢钠提高池水的总碱度;总碱度超过 200mg/L 时,应采取增加新鲜水补充量以稀释的方式降低其总碱度。

钙硬度低于 200mg/L 时,应向循环水中投加氯化钙提高池水的钙硬度;钙硬度高于 450mg/L 时,应采取增加新鲜水补充量以稀释的方式降低其钙硬度。

溶解性总固体低于 150mg/L 时,应向循环水中投加次氯酸钠;溶解性总固体超过 1500mg/L 时,应采取增加新鲜水补充量以稀释的方式降低其溶解性总固体。

水质平衡处理所需各种药剂的投加方式,应与本条第 1 款池水加药综合考虑。

水质平衡处理,应保证游泳池或水上游乐池的池水水质符合本手册表 8.1-5 及表 8.1-6 的规定。

8.1.11 池水消毒

1. 消毒的重要性

消毒的目的是杀灭池水中的致病微生物，保护游泳者的健康。因为游泳者身体与池水直接接触，池水会进入人嘴里，如果池水不卫生，会引起眼、耳、鼻、喉、皮肤和消化器官等疾病。严重者会引起伤寒、霍乱、梅毒、赤痢等病的传染。同时池水还会受到游泳者自身所带细菌的污染，故必须设置池水消毒杀菌装置。

2. 消毒剂的基本要求

（1）杀菌能力强（有效杀菌、控制藻类生长、氧化有机污染物）并有持续杀菌功能；

（2）不造成对池水和环境的二次污染，不改变池水水质，特别是不破坏温泉水中对人体有益的微量矿物和化学元素；

（3）对人体无刺激或刺激性微小；

（4）对建筑结构、设备和管道无腐蚀或腐蚀轻微；

（5）费用低廉，且能就地取材。

3. 消毒设备的基本要求

（1）设备简单、安全可靠、操作和维修简便。

（2）计量装置计算准确，且灵活可靠。

（3）投加系统易于自动控制，且安全可靠。

（4）建设投资和经营运行费用低。

4. 氯系消毒剂

（1）氯系消毒剂包括氯气、液氯及氯制品（次氯酸钠、次氯酸钙、氯片等），是比较有效的传统消毒剂。消毒效果都较好。游泳者带入池内的大多数污染物质都会被氧化。氯的投加量与游泳人数有密切关系。除了氧化池内的污染物质，还应考虑有一定浓度的余氯来防止新的污染，当然氯与有机物反应会产生一些不好的化合物，如三氯甲烷，它是致癌物质。

（2）氯系消毒剂的消毒效果与池水的 pH 有关。pH 低效果好，pH 高会降低消毒效果。由于氯气会使池水 pH 降低，次氯酸盐会使池水 pH 增高，故应投加碳酸钠及稀盐酸对池水的 pH 进行调整，使其保持在 7.2~7.8 之间。

（3）次氯酸钠比液氯安全，且有成品供应，有效含氯量为 8%~12%，但易分解失效，不易贮存，一般贮存不应超过 5d，故设计时应注意。本手册推荐在现场制备次氯酸钠对池水进行消毒。三氯异氰尿酸有粉状和片状，有效氯含量达 65%。它在阳光下具有稳定游离氯的作用，所以在露天游泳池应用较有利。氯片（次氯酸钙）有效氯含量在 65%左右，使用时宜采用能随水流量变化而定量溶出的容器装置，一般用于中小型游泳池。

（4）氯制品作为消毒剂适用于各类游泳池的池水消毒。

（5）氯系消毒剂应采用湿式投加方式，而且应对消毒剂的投加和 pH 的调整实行自动控制，使其能够自行调整到最佳结果。投加量可按 1~5mg/L（以有效氯计）设计。

（6）采用氯气、液氯消毒时，应采用负压投加。加氯设备不应少于 2 台，以保证系统运行过程中不间断地加氯。投加系统应与循环水泵连锁。氯气消毒效果好，但对管理、安全及设置位置有严格要求，而游泳池机房设在地下层或楼层内，很难满足它对设备的要求，故本手册不推荐氯气消毒。

5. 臭氧消毒

（1）臭氧是一种有刺激性气味的有毒气体，是氧的同素异形体，它由 3 个氧原子组成，分子式为 O_3。臭氧在气体阶段极不稳定，在常温下会自动分解成氧。据资料介绍，它的半衰期为 20～40min，故无法贮存，如果使用就必须在现场制备。纯臭氧是蓝色的，但在大气压下与空气混合后就成为无色了。

（2）臭氧具有极强的氧化能力，适宜对水进行消毒杀菌。它具有除色、除味、净化空气的功能，也有助凝作用，可提高过滤器的过滤效果。它不仅能杀灭细菌，而且对有机物及尿素有分解作用，还能防止水垢、油脂等沉积在池壁上。

（3）臭氧不易溶解于水，所以用于池水消毒时，应采取使臭氧与被消毒水能够充分混合、接触、溶解的措施。一般应采取负压投加，并设混合装置及接触反应装置。臭氧的浓度越高其溶解能力越强。

（4）臭氧的浓度根据制备方法的不同而不同。一般紫外线制备臭氧时，其浓度仅达0.1％；自然空气放电法制备臭氧时，其浓度为 1％～3％；氧气放电法制备臭氧时，其浓度为 4％～6％。以上均为质量比浓度。

（5）臭氧消毒在游泳池池水中的应用

1）消毒方法

① 全流量消毒就是向全部循环水流量中投加臭氧。

② 分流量消毒仅向循环水流量中的一部分池水中投加臭氧，经混合反应后再与未投加臭氧的那一部分循环水流量混合。循环水分流量的取值，一般不小于循环水流量的 25％。

③ 臭氧投加量根据池水水温确定，水温不超过 28℃ 时，全流量消毒时采用0.8mg/L，分流量消毒时可采用 0.4～0.6mg/L。臭氧一般应投加在过滤器之后的循环水中。

2）臭氧应采用水射器负压投加，经静态混合器与池水混合后，送入反应罐进行接触反应，反应时间不少于 2min。反应罐顶部应设置尾气自动释放阀及与其配套的臭氧尾气消除装置。

3）全流量臭氧消毒系统在池水进入游泳池前，应将水中多余的臭氧除掉，方法是设活性炭吸附过滤器除去多余臭氧，确保进入游泳池的水中臭氧余量不超过 0.05mg/L。

4）由于臭氧无持续消毒功能，故还应辅以长效消毒。长效消毒剂宜采用氯制品，氯的投加量可按池水氯消毒时投加量的 50％计。

5）活性炭吸附过滤器用于全流量臭氧消毒系统。一般采用单级吸附即可满足要求。

活性炭以采用水处理用果壳类颗粒状活性炭为佳：粒径为 0.9～1.6mm，比表面积应不小于 1000cm²/g，充填厚度不得小于 500mm。

活性炭吸附过滤器的过滤速度不应大于 35m/h 和不低于 30m/h，滤速低时易滋生细菌。

活性炭吸附过滤器的反冲洗宜采用气、水组合反冲洗。反冲洗强度和反冲洗时间见表8.1-14。

活性炭吸附过滤器反冲洗强度和反冲洗时间　　　　　表 8.1-14

反冲洗强度(L/(m²·s))		反冲洗时间(min)		膨胀率(%)	备注
气	水	气	水		
14~16	4~6	3~5	2~3	40~45	

注：为了保证活性炭的吸附能力，宜每年更换 1/3 总厚度的表层活性炭滤料。

6）臭氧尾气处理器用于分流量臭氧消毒系统。该装置为与臭氧反应罐相配套的成品配套产品。

7）配管及辅助装置材质

① 臭氧反应罐应选用耐腐蚀材质：如牌号不低于 S31603 的不锈钢、玻璃钢，内壁衬聚乙烯或涂特普龙等耐腐蚀材质的碳钢。

② 管道、阀门、附件等应选用牌号不低于 S31603 的不锈钢。

③ 所有辅助设备及管道、附件、阀门等均应具有承受较高压力与负压的足够强度。

8）臭氧制备、投加系统均应为编程自动控制系统，确保系统安全运行。

（6）消毒要求

1）正常情况下应该为连续式消毒。

2）消毒剂的投加应与循环水泵连锁。

6. 紫外线消毒

（1）游泳池、水上游乐池、公共浴池等以氯消毒剂作为长效消毒剂时，应采用全流量中压紫外线消毒：1）室内池的紫外线剂量不应小于 60mJ/cm²，室外池的紫外线剂量不应小于 40mJ/cm²；2）温泉水浴池宜采用低压紫外线消毒；3）紫外线消毒器应设在池水过滤器之后，且灯管宜与水流方向平行；4）多个紫外线消毒器应并联连接；5）池水温度超过 25℃时应有一定富余量。

（2）紫外线消毒器的要求：1）过水腔内壁应光洁，确保紫外线反射率不小于 85%；2）紫外线灯管的石英玻璃套管应确保：①透光率不低于 90%；②耐压不低于 0.6MPa；3）应配有自动监控紫外线强度、灯管照射率与水质、自动清洗等安全措施和连锁功能。

（3）紫外线消毒器的设置应符合下列要求：1）出水口安装过滤器；2）应设旁通管；3）应有一定的安装和维修空间。

7. 盐氯发生器制备氯消毒剂

（1）它是将不含碘的高浓度的工业盐投加到池内，使得池水的含盐浓度处于 2000~4000mg/L 范围内，再将池水按不小于循环流量的 1~2m³/h 用泵抽送到盐氯发生器，通过电解水中的盐产生游离氯对池水进行杀菌消毒。

（2）盐氯发生器氯产生量超过 50g/h 时，应安装水的流量探头，确保设备的正常运行。

（3）盐氯发生器应设置在池水过滤器之后，并配置 pH 和 ORP 探头、pH 调整剂。

8. 无氯消毒剂

（1）无氯消毒剂是通过过氧化氢（H_2O_2）与臭氧（O_3）混合产生强氧化性能的羟基（·OH）对池水进行消毒，可以使池水内不含氯，这样就不会产生危害人体的衍生物，如氯胺、三氯甲烷等副产物。实践证明，使用这种消毒剂给有过敏症状和哮喘的游泳者、戏水者带来了福音。

（2）无氯消毒器设备由增压泵、臭氧发生器和过氧化氢投加装置组成。它设置在循环水泵之后，过滤器之前。

（3）技术参数：1）过氧化氢消耗量按每 50m³ 池水每小时 20～30g 且浓度不低于 35％ 计算确定；2）池水中的过氧化氢浓度应维持在 60～150mg/L 范围内；3）臭氧消耗量按每 50m³ 池水每小时 1g 且池水中剩余臭氧浓度不超过 0.02mg/L 计算确定；4）池水的氧化还原电位应控制在 200～300mV 范围内。

8.1.12　池水加热

1. 加热原则

（1）池水温度与环境温度有关，如室内游泳池因有完善的采暖空调设施，池水温度 25℃ 左右即可；如气温较低，池水温度以 27℃ 以上为宜。

（2）以温泉水或地热水为水源且水温在 25～40℃ 时，可不进行加热。

（3）露天游泳池的池水，一般不进行加热。如有特殊要求，冬季池水温度以不低于 30℃ 为宜。

2. 耗热量计算

（1）池水水面蒸发损失的热量按公式（8.1-5）计算：

$$Q_z = 4.187r(0.0174v_f + 0.0229)(P_b - P_q)F760/B \tag{8.1-5}$$

式中　Q_z——池水水面蒸发损失的热量（kJ/h）；

r——与池水温度相等时，水的蒸发汽化潜能（kcal/kg，1kcal/kg＝4.1868kJ/kg），按表 8.1-15 采用；

v_f——池水水面上的风速（m/s），按下列规定采用：

室内游泳池：　　　　　　　$v_f = 0.2～0.5$m/s；

露天游泳池：　　　　　　　$v_f = 2～3$m/s；

P_b——与池水温度相等时的饱和空气的水蒸气分压（mmHg，1mmHg＝133.322Pa），按表 8.1-15 采用；

P_q——空气的水蒸气分压（mmHg），按表 8.1-16 采用；

F——游泳池水面面积（m²）；

B——当地的大气压力（mmHg）。

水的蒸发潜热和饱和蒸汽分压　　　　　　　　　　　　　表 8.1-15

水温(℃)	蒸发潜热 r (kcal/kg)	饱和蒸汽分压 P_b(mmHg)	水温(℃)	蒸发潜热 r (kcal/kg)	饱和蒸汽分压 P_b(mmHg)
18	587.1	15.5	25	583.1	23.8
19	586.6	16.5	26	582.5	25.2
20	586.0	17.5	27	581.9	26.7
21	585.4	18.7	28	581.4	28.3
22	584.9	19.8	29	580.8	30.0
23	584.3	21.1	30	580.4	31.8
24	583.6	22.4	—	—	—

（2）池水水面传导损失的热量按公式（8.1-6）计算：

$$Q_{ch}=4.187aF(t_s-t_q) \tag{8.1-6}$$

式中　Q_{ch}——池水水面传导损失的热量（kJ/h）；

　　　a——水面传热系数，可近似采用 8kcal/(m² · h · ℃)（1kcal/(m² · h · ℃)＝
　　　　　1.163W/(m² · K)）；

　　　t_s——池水温度（℃），按表 8.1-15 采用；

　　　t_q——游泳池处的空气温度（℃）。

气温与相应的蒸汽分压　　　　　　　　　表 8.1-16

气温(℃)	相对湿度(%)	蒸汽分压 P_q(mmHg)	水温(℃)	相对湿度(%)	蒸汽分压 P_q(mmHg)
	50	9.3		50	12.5
21	55	10.2	26	55	13.8
	60	11.1		60	15.2
	50	9.9		50	13.3
22	55	10.9	27	55	14.7
	60	11.9		60	16.0
	50	10.5		50	14.3
23	55	11.5	28	55	15.6
	60	12.6		60	17.0
	50	11.1		50	15.1
24	55	12.3	29	55	16.5
	60	13.4		60	18.0
	50	11.9		50	16.0
25	55	13.0	30	55	17.5
	60	14.2		60	19.1

（3）池底和池壁传导损失的热量按公式（8.1-7）计算：

$$Q_{db}=4.187\Sigma KF_{db}(t_s-t_t) \tag{8.1-7}$$

式中　Q_{db}——池底和池壁传导损失的热量（kJ/h）；

　　　K——池底和池壁的传热系数（kcal/(m² · h · ℃)），按下列数据采用：

　　　　　与土壤接触时：$K=1$kcal/(m² · h · ℃)；

　　　　　与空气接触时：$K=2\sim5$kcal/(m² · h · ℃)；

　　　　　池壁较厚时取较小值，反之取较大值；

　　　F_{db}——池底或池壁的外表面积（m²）；

　　　t_s——池水温度（℃），按表 8.1-15 采用；

　　　t_t——土壤或空气的温度（℃）。

（4）管道和设备损失的热量，按本手册第 4.10 节热水循环管道热损失的计算方法
计算。

（5）补充水加热所需的热量按公式（8.1-8）计算：

$$Q_b=c\rho q_b(t_s-t_b)/t \tag{8.1-8}$$

式中 Q_b——补充水加热所需的热量（kJ/h）；

    q_b——每天补充水水量（m³）；

    t_s——池水温度（℃），按表 8.1-15 采用；

    t_b——补充水温度（℃），按冬季最不利水温计算；

    t——每天加热时间（h），按下列规定确定：

        利用补水水箱或平衡水池自动补水时，$t=24h$；

        其他补水方式按具体情况确定；

    ρ——水的密度（kg/L）；

    c——水的比热容，$c=4.187\text{kJ}/(\text{kg}\cdot℃)$。

（6）总热量：应为以上 5 项热量的总和。

（7）简化计算

1）按池水每天自然温降计算 1~4 项损失的热量：

$$Q_{1\sim4}=c\rho\Delta tV/24 \tag{8.1-9}$$

式中 $Q_{1\sim4}$——前 4 项损失的热量之和（kJ/h）；

    Δt——池水每天自然温降值（℃），按下列规定确定：

        室内游泳池：夏季：$\Delta t=0.1\sim0.5℃$；冬季：$\Delta t=1\sim2.5℃$；

        露天游泳池：夏季：$\Delta t=0.2\sim1.0℃$；冬季：$\Delta t=1.5\sim3.5℃$；

    ρ——水的密度（kg/L）；

    V——游泳池的水容积（m³）；

    c——水的比热容，$c=4.187\text{kJ}/(\text{kg}\cdot℃)$。

2）前述 2~4 项损失的热量之和，可按第 1 项游泳池水面蒸发损失热量的 10%~20%计算。

3）方案设计时，前述 1~4 项损失的热量之和，可按表 8.1-17 采用。

游泳池每平方米水面面积平均热损失概略值（kJ/h）　　　　表 8.1-17

气温（℃）	露天游泳池	室内游泳池
5	4522	2345
10	4157	2177
15	3852	2010
20	3433	1842
25	2931	1507
26	2847	1465
27	2721	1382
28	2596	1340
29	2470	1256
30	2302	1172

注：表中数值按下列条件计算：水温：27℃；空气相对湿度：50%；风速：室内 0.5m/s，室外 2m/s。

3. 加热方式和设备

（1）游泳池池水应尽量采用间接加热方式，如有条件采用太阳能进行加热，将会节约能源。

(2) 加热设备：如为间接式可采用汽—水或水—水快速换热器；如为直接式可采用汽水混合器及燃气或燃煤的热水锅炉。亦可采用容器式加热器，总之，应视热源条件选定。

(3) 加热设备宜选用两台，以适应游泳池池水初次加热及使用中的补充加热的情况。

(4) 加热设备应装设温度自动调节装置。

(5) 加热器的计算和布置，参照本手册第4.5节的加热设备的计算。

4. 加热时间及加热设备进出口水温差

(1) 加热时间

实际加热时间按公式（8.1-10）计算：

$$T_s = c\rho V(t_s - t_b)/Q_j \tag{8.1-10}$$

式中　T_s——实际加热时间（h）；

　　　V——游泳池的水容积（m³）；

　　　t_s——池水温度（℃）；

　　　t_b——补充水温度（℃），按冬季最不利水温计算；

　　　Q_j——加热设备的实际加热能力（kJ/h）；

　　　c——水的比热容，$c = 4.187kJ/(kg \cdot ℃)$；

　　　ρ——水的密度（kg/L）。

(2) 加热设备进出口水温差

1) 无补充水时按公式（8.1-11）计算：

$$\Delta t = \frac{Q_z + Q_c + Q_{ab} + Q_g}{c\rho q} \tag{8.1-11}$$

式中　Δt——加热设备进出口水温差（℃）；

　　　Q_z——池水水面蒸发损失的热量（kJ/h）；

　　　Q_c——池水水面传导损失的热量（kJ/h）；

　　　Q_{ab}——池底和池壁传导损失的热量（kJ/h）；

　　　Q_g——管道和设备损失的热量（kJ/h）；

　　　q——游泳池的循环流量（m³/h）；

c、ρ 意义同前。

2) 有补充水时按公式（8.1-12）计算：

$$\Delta t = \frac{Q_z + Q_c + Q_{ab} + Q_g + Q_b}{c\rho q} \tag{8.1-12}$$

式中　Q_b——补充水加热所需的热量（kJ/h）；

其他符号意义同前。

8.1.13　附属配件

1. 游泳池等池水给水口

(1) 给水口应采用出水流量可调节形式。为方便实际工程的调试，其出水流量调节范围不宜过大，一般宜按表8.1-18的要求选用。

(2) 给水口的设置，应符合下列要求：

1) 数量应满足循环水量的要求；

给水口出水流量调节范围 表 8.1-18

序号	给水口管径(mm)	出水流量调节范围(m³/h)	备注
1	40	1.0～5.0	宜用于 25m 长短池池底给水
2	50	6.0～9.0	宜用于 50m 标准池池底给水
3	70	10.0～13.0	宜用于 25m 长短池侧、端壁给水
4	80	14.0～20.0	宜用于 50m 标准池侧、端壁给水

2）设置位置应保证池水水流均匀循环，不出现短流、涡流、急流和死水区；

3）逆流式池水循环，应采用池底型给水口；顺流式池水循环，应采用池壁型给水口；

4）池底型给水口和配水管，如采用埋入池底板上预留的垫层内敷设方式时，垫层厚度根据配水管管径和布水口大小确定，一般宜为 300～500mm；如穿池底敷设时，应在池底预留套管，池底架空高度应满足施工安装及维修需要。

（3）池底型给水口的布置，应符合下列要求：

1）标准游泳池应均匀布置在每条泳道分隔拉线于池底的水平投影线上，其纵向间距宜为 3.0m，距游泳池两端壁的距离不小于 1.5m；

2）非标准游泳池和水上游乐池，应按每个给水口的服务面积为 7.6～8.0m² 均匀布置在池底上；

3）标准游泳池的池底给水口位置误差，不宜大于 ±10mm。

（4）池壁型给水口的布置，应符合下列要求：

1）标准游泳池应布置在池子两端壁每条泳道分隔拉线于挂钩下端壁的垂直投影线上，并设在池水水面以下 0.5～1.0m 处；

2）跳水池和水深超过 2.5m 的游泳池、水上游乐池，应至少设置多层给水口，且上、下层的给水口应错开布置，最低一层的给水口应高出池底内表面 0.5m；

3）非标准游泳池在两侧壁布置给水口时，其间距不宜超过 3.0m；但在池子拐角处距端壁或另一池壁的距离，不得超过 1.5m；

4）在同一游泳池或水上游乐池内，其给水口在池壁的位置，同层给水口应在同一水平线上。

（5）给水口的构造和材料，应符合下列要求：

1）形状应为喇叭形，喇叭口面积不得小于连接管截面面积的 2 倍；

2）应设有出水流量调节装置；

3）喇叭口应设格栅护盖，且格栅孔隙不应大于 8mm；

4）格栅孔隙的水流速度不宜大于 1.0m/s，给水口位于入池台阶处时，其孔隙的水流速度不应大于 0.5m/s；

5）应采用铜、不锈钢和 PVC－C 塑料等耐腐蚀、不变形和不污染水质的材料制造。

2. 游泳池等池水回水口

（1）回水口的设置，应符合下列要求：

1）数量以每只回水口的流量进行计算。

2）顺流式池水循环时，回水口的设置应符合下列要求：

① 池底回水口的数量，应按淹没流计算确定，但不得少于 2 个，以防止出现安全事

故和当一个被堵塞时而不影响池内回水的要求;

② 池底回水口应采用并联连接,以使每个回水口的流量基本相同,达到回水均匀、余氯基本一致;

③ 回水口的位置,应根据池子纵向断面形状确定,一般宜设在池底的最低处,并保证回水水量均匀、不短流,回水口宜做成坑槽式;

④ 池底回水口的格栅板和格栅板座,应固定牢靠,不得松动,且上表面应与池底内表面相平。

3) 逆流式池水循环时,回水口的设置应符合下列要求:

① 回水口应设在溢流回水槽内;

② 回水口的数量,宜按孔口出流计算确定,但实际安装数量应为计算值的 1.2 倍,以保证个别回水口发生故障时仍能满足循环水量的要求,且回水口接管直径不宜小于 DN75。

(2) 回水口的构造,应符合下列要求:

1) 池底回水口格栅孔隙面积之和,不得小于连接管截面面积的 6 倍;单个回水口流量以生产厂数据为准,且应采用防漩涡、防吸附型;

2) 溢流回水沟及溢流沟的回水口应为防噪声型;

3) 回水口格栅孔隙的水流速度:

①池底回水口,为防止表面产生漩涡及虹吸力,其回水口格栅孔隙的水流速度不应超过 0.20m/s;

②溢流回水槽内回水口,不应超过 0.50m/s。

(3) 池底回水口格栅板的格栅孔隙宽度:

1) 成人游泳池,不得超过 8mm;

2) 儿童游泳池,不得超过 6mm。

(4) 格栅盖板及盖座,应采用铜、不锈钢及 PVC-C 塑料等耐腐蚀、不变形材料制造。

3. 游泳池等池水泄水口

(1) 泄水口的数量,宜按 4h 排空全部池水计算确定。

(2) 泄水口应设在池底的最低处,顺流式池水循环时,回水口可兼作泄水口。泄水口的安装要求,应符合本条第 2 款的要求。

(3) 重力式泄水时,泄水管不得与污水排水管道直接连接;如与雨水管道连接时,应设置防止雨水倒流至游泳池的隔断装置或倒流防止器。

(4) 泄水口的构造和材质,应符合本条第 2 款的要求。

4. 游泳池等池水溢流水槽

(1) 顺流式池水循环系统,应沿池壁两侧或四周边设置齐岸外溢式溢流水槽。

(2) 溢流水槽的截面尺寸,宜按池水循环水量的 10%～15% 计算确定。但槽的最小宽度应为 200mm。

(3) 槽内壁应贴瓷砖,槽上口应设置可拆卸组合式塑料格栅板,格栅板孔隙应为 8mm。

(4) 槽内应设排水口,排水口可采用成品溢水口,数量应按不小于溢流水量的 1.2 倍的流量计算确定。排水口应均匀布置在槽内。

（5）槽底应有 1‰的坡度坡向排水口。

（6）排水口宜采用 PVC-C 塑料或其他高强度不污染水质和耐腐蚀材料制造。

5. 游泳池等池水溢流回水槽

（1）溢流式池水循环系统，应沿池子两侧壁设置齐岸外溢式溢流回水槽。

（2）溢流回水槽的截面尺寸，应按下列规定确定：

1）池水为逆流式循环时，溢流回水量按全部循环流量计算确定；

2）池水为混合式循环时，溢流回水量按不小于全部循环流量的 60%计算确定，池底回水量按不超过全部循环流量的 40%计算确定；

3）溢流回水槽的最小截面不得小于 250mm×250mm，以方便施工和清洗。

（3）槽内的溢流回水口数量，应按循环水量计算结果确定，但设有安全气垫的跳水池，回水口的数量按计算结果的 1.5 倍设置。回水口接管直径不宜小于 DN75，且应均匀布置在槽内。

（4）溢流回水槽的溢流堰应水平，其误差不得超过±2mm，以确保溢流均匀、不出现短流。设有溢流堰侧的沟壁应有向沟内倾斜 10°～12°的斜坡，确保水流不产生跌落噪声。

（5）溢流回水槽顶面应设组合式塑料格栅板，内壁应砌瓷砖或衬其他光滑材料。

（6）槽内回水口与回水管，应采用等程连接或多分路回水管分别接入均衡水池，以防止短流或不均匀流出现。

（7）槽内回水口的构造，应符合本条第 2 款（2）的要求。

8.1.14 洗净设施

1. 内容组成

（1）洗净设施包括：1）浸脚消毒池；2）强制淋浴器；3）浸腰消毒池。

（2）它是保证池水不被污染和防止疾病传播的不可缺少的组成部分。

2. 流程确定

（1）应按顺序布置，强制游泳者——通过而不能绕行和跳跃通过，以保证每位游泳者进入游泳池之前对身体或脚部、腰部进行洗净和消毒。

（2）流程按下列规定选择设置：

1）浸脚消毒池→强制淋浴器→浸腰消毒池→游泳池岸边；

2）强制淋浴器→浸腰消毒池→强制淋浴器→游泳池岸边；

3）强制淋浴器→游泳池岸边。

3. 浸脚消毒池

（1）平面尺寸：宽度应与游泳者出入通道相同；长度不得小于 2.0m；深度不小于 0.2～0.3m，有效深度应在 150mm 以上，见图 8.1-7。

（2）前后地面应以不小于 0.01 的坡度坡向浸脚消毒池。

（3）配管及池子应为耐腐蚀不透水材料，池底应有防滑措施。

（4）消毒液配制及供应

1）消毒液宜为流动式，且水的流动方向与游泳者的入池方向相反，使其不断更新。如为间断更换消毒液，其间隔时间尽量采用 2h，不得超过 4h。

2）消毒液浓度：水中有效氯的含量应保持在 0.3‰～0.6‰范围内。

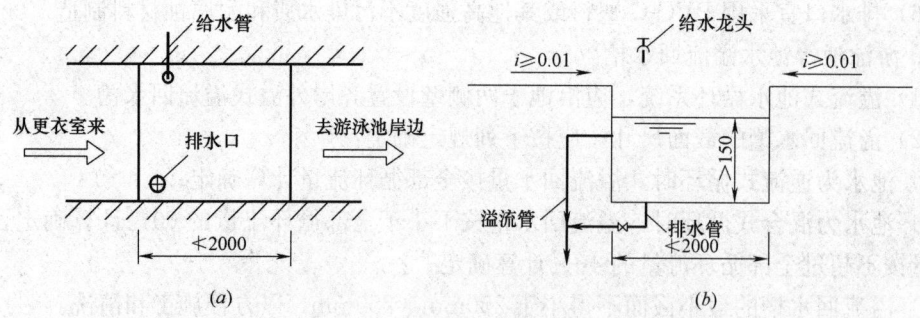

图 8.1-7　浸脚消毒池形式
(a) 平面图；(b) 剖面图

4. 浸腰消毒池

（1）对每位游泳者的腰部及下身进行消毒。故它的深度应保证每位游泳者的腰部被消毒液全淹没，一般成人要求溶液深度为 800～1000mm；儿童为 400～600mm。浸腰消毒池在我国尚无使用实例。

（2）消毒液配制浓度

1）如设在强制淋浴之前时：余氯 50mg/L；

2）如设在强制淋浴之后时：余氯 5～10mg/L。

（3）池子应为耐腐蚀不透水材料，池底设防滑措施，两侧设扶手。

（4）浸腰消毒池的形式分为阶梯式和坡道式，见图 8.1-8。

（5）是否推广普及，尚需进一步研究。

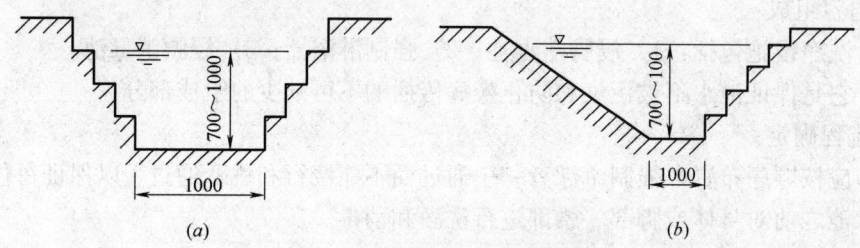

图 8.1-8　浸腰消毒池形式
(a) 阶梯式；(b) 坡道式

5. 强制淋浴器

（1）公共游泳池及水上游乐池，一般宜设强制淋浴器，其作用：1）游泳者入池之前洗净身体；2）防止入池后身体突然变冷发生事故。我国部分游泳池、水上游乐池设有此设施，但经使用常被拆除或停用。原因是浪费水、维修不力，或认为作用不大。

（2）水温宜为 38～40℃，但夏季可以采用冷水。用水量按每人每场 50L 计。

8.1.15　辅助设施

1. 设施内容

更衣室、厕所、游泳后淋浴设施、休息室及器材库等都是游泳池的组成部分。均应给予周密的考虑。

2. 卫生洁具的设置定额

一般按游泳池水面总面积确定。表 8.1-19 是我国一些游泳池的实际统计数据。表 8.1-20 是国外数据。

游泳池卫生洁具设置个数（个/1000m² 水面）　　　　表 8.1-19

卫生洁具名称	室内游泳池		露天游泳池	
	男	女	男	女
淋浴器	20～30	30～40	3	3
大便器	2～3	6～3	2	4
小便器	4～6	—	4	—

每个卫生器具服务的人数　　　　表 8.1-20

卫生器具名称		德国		美国	日本
		露天游泳池	室内游泳池		
厕所间	大便器（男）	100	20～25	60	100
	大便器（女）	50	40～50	40	50
	小便器	100	40～50	60	50
	洗脸盆	大便的 5 倍	大便器的 3 倍	60	大便器的 2 倍
	污水池	每个厕所 1 个	每个厕所 1 个	每个厕所 1 个	每个厕所 1 个
淋浴间	淋浴器	70～100	8～10	40	50
	冲脚喷头	70～100	50～60	—	每间 1 个
更衣室	洗脸盆	100	60	数个	50
游泳池大厅	痰盂	1～2	1～2	—	至少 1 个
	饮水器	1～2	1～2	—	至少 1 个

注：痰盂和饮水器栏内数值为设备数量。

3. 用水量定额

辅助设施用水量定额见表 8.1-21。

辅助设施用水量定额　　　　表 8.1-21

项　目	单　位	用水量定额	小时变化系数
强制淋浴	L/(人·场)	50	2.0
运动员淋浴	L/(人·场)	60	2.0
入场前淋浴	L/(人·场)	20	2.0
运动员饮水	L/(人·场)	5	2.0
工作人员用水	L/(人·d)	40	2.0
观众饮水	L/(人·场)	3	2.0
大便器冲洗用水	L/(人·h)	30	2.0
小便器冲洗用水	L/(人·h)	1.8	2.0
绿化和地面洒水	L/(人·d)	1.5	2.0
池岸和更衣室地面冲洗	L/(人·d)	1.0～5.0	2.0
消防用水		按消防规范	

4. 游泳池辅助设施的使用流程

游泳池辅助设施的使用流程见图 8.1-9。

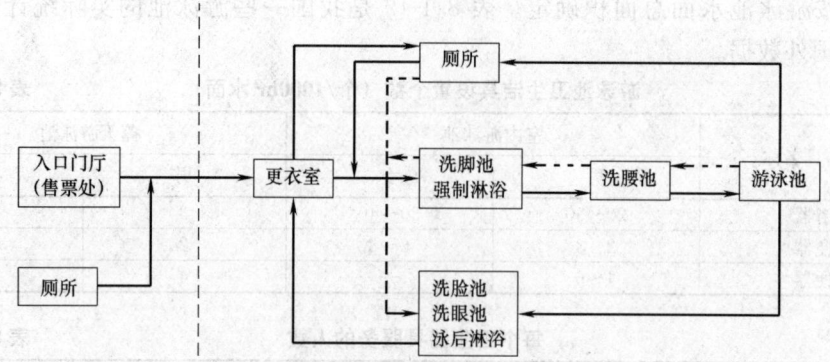

图 8.1-9 游泳池辅助设施使用流程图

8.1.16 跳水池制波

1. 制波作用

为防止跳水池水表面产生眩光，使跳水运动员从跳台或跳板下跳时，在空中完成各动作的过程中，能准确地识别水面位置，保证不发生安全事故，而在池水表面用人工的方法制造出符合一定要求的水波浪。

2. 池水表面波浪的基本要求

(1) 池水表面波浪应为均匀的波纹小浪，不得出现翻滚的大浪；

(2) 池水表面波纹小浪的浪高，宜为 25～40mm；

(3) 池水表面波浪气泡多、范围广，并分布均匀。

3. 制波方法

(1) 空气制波

1) 空气应洁净、无油污、无色和无异味。如有条件时，可经活性炭吸附过滤，确保空气质量达到前述要求。

2) 空气压力宜为 0.1～0.2MPa。

3) 空气贮存罐应不二次污染空气。

4) 空气用量应根据喷嘴同时使用数量计算确定。如喷嘴喷气孔直径为 1.5～3.0mm 时，每个喷嘴的喷气量宜按 0.019～0.024m³/(mm²·min) 计。

5) 空气喷嘴布置

喷嘴在池底成组布置时，应以跳台和跳板在池底面上的水平投影的正前方 1.5m 处为中心，以 1.5m 为半径的位置处分组布置。

喷嘴在池底满天星布置时，应以 3.0m×3.0m 的方格形式均匀布置。

喷嘴在池岸上布置时，应布置在跳台和跳板侧的岸上，且喷嘴应为水力升降型。

6) 喷嘴和供气、供水管道的安装敷设

敷设在沟槽内，该沟槽宜与跳水池的池底回水槽合用。

埋设在池底结构底板与瓷砖面层之间的垫层内，但喷气嘴、喷水嘴应与池底表面相平，并宜有可拆卸的喷气嘴、喷水嘴盖帽。

喷气嘴、喷水嘴和供气、供水的管道，应采用铜、不锈钢等耐腐蚀材料。

（2）喷水制波

1）水源应为跳水池池水。

2）喷水管道应为独立的管道系统。

3）喷水嘴应设在有跳板及跳台一侧的池岸上跳台、跳板之下的适当位置。向池内喷水。

4）它是空气制波的辅助制波方式。

（3）即时安全气垫

1）在跳水池水表面上人工制造出一个泡沫空气垫。形成一个气泡式的"干草堆"，以防止运动员因动作失误而发生安全事故。

2）3m、5m、7.5m 和 10m 跳板、跳台设置此装置，该装置的位置应在跳板、跳台在池底水平投影正前方的两侧。

3）气泡的持续时间一般为 7～15s。

4）采用的压缩空气应洁净、无色、无异味、无油污且不二次污染池水。为此，压缩空气宜通过活性炭吸附过滤。

5）安全气垫与空气制波可合并设置。

6）安全气垫的开启和使用由跳水教练员在岸上操作，自动控制。

8.1.17 设备机房

1. 游泳池、水上游乐池池水净化系统的设备机房

（1）靠近游泳池和大型水上游乐池的周边，以缩短管道长度和方便维修管理，小型水上游乐池可以共用设备机房，并宜靠近负荷中心位置。

（2）靠近热源、排水干管和道路的一侧，方便设备、化学药品的运输和缩短管道长度。

（3）功能用水系统的设备机房，宜与池水净化系统的设备机房合设在同一个机房内。如有困难时，可根据功能用水量大小、用水位置，分散就近设置。

（4）设备机房的面积、高度应满足设备布置、安装、操作和检修的要求。

（5）地面设备机房，应有设备运输的出入口；地下式设备机房，应留有设备运输的出入吊装孔的通道。而且应与其他用房有明确的分隔，并远离病房、客房、卧室、教室和办公场所等对噪声和振动有严格要求的房间。

（6）设备机房内，应有良好的通风、照明、隔声和地面排水设施，以及通向管廊、管沟的出入口。管廊应有照明，设备机房的温度不应低于 5℃ 和不高于 35℃，混合照度不应低于 200lx。

（7）加药间、化学药品库、消毒设备间、臭氧发生器间等房间的换气次数不宜少于 12 次/h，其他房间换气次数不应少于 8 次/h。

（8）符合现行的有关防火、环保及卫生的要求。

2. 循环水泵区

（1）池水净化循环水泵机组，应靠近平衡水池或均衡水池、游泳池回水口处，其中平

衡（均衡）水池的顶板距机房建筑结构最低点的净空高度不应小于 0.8m。

（2）功能用水循环水泵机组，应靠近功能用水点（如瀑布、滑道润滑水、环流河推流水泵及水景等）。

（3）循环水泵应设计成自灌式，如位于建筑地面以上楼层时应设隔振降噪措施。

（4）水泵的布置，应符合现行国家标准《建筑给水排水设计规范》GB 50015 的相关规定。

3. 池水过滤设备区

（1）过滤设备距墙面的净距，不宜小于 0.7m。

（2）过滤设备之间的净距，不宜小于 0.8m。

（3）过滤设备的运输、检修通道宽度，不得小于最大设备的直径。

（4）过滤设备顶端距建筑结构最低点的净距，应满足安装、检修要求，但不得小于 0.8m。

（5）重力式过滤设备设在池子水面以下时，应有防止因停电而产生的溢流水淹没机房的装置。

4. 加药设备间

（1）加药设备间与化学药品贮存间，宜为毗邻的各自独立的房间，并靠近循环水泵间。

（2）化学药品贮存间的面积，宜按不小于 15d 的储备和周转量计算确定。

（3）房间应有良好的通风和排水条件，保持房间干燥、整洁。其房间的地面和墙面，应采用防腐蚀材料。

（4）化学药品的存放要求如下：

1）化学药品应堆放在平台或垫板上，不得堆放在地面上。液体化学药品不应倒置存放，且不应存放在固体化学药品之上。

2）不同品种的化学药品，应分开存放，严禁混放，以防止不同化学药品相互作用，产生危险的气体或发生自燃。不同化学药品堆之间，应留出不小于 0.6m 的通道。

3）不同品种的化学药品堆处，应设有明显的标志、标签、密封容器。

5. 消毒设备间

（1）应为单独的房间，房间应保持干燥、清洁，室温要经常保持在 15～35℃ 范围内。

（2）房间应设有防毒、防爆、防有毒气体泄漏和防火等检测和报警装置。

（3）房间的地面、墙面、门窗、设备和管道，均应采用耐腐蚀材料。

（4）采用臭氧消毒时，还应符合下列要求：

1）臭氧发生器应布置在房间内通风良好的地方。

2）臭氧投加系统的加压泵、喷射装置，宜靠近臭氧发生器。

3）混合器、发生罐和多余臭氧吸附过滤器，宜与过滤器间相邻。

4）房间应留有维修或更换设备的通道。

6. 加热器间

（1）加热器间应远离加药设备间和消毒设备间。

（2）房间应有良好的通风和照明。

（3）如采用燃气或燃油加热机组，应为独立的房间，并应符合有关部门的消防和安全规定。

（4）加热器的布置，应符合现行国家标准《建筑给水排水设计规范》GB 50015 的要求。

8.1.18 节能、节水及环保

1. 清洁能源和再生能源

游泳池、水上游乐池及文艺演出池应积极采用清洁能源和再生能源，其目的是为了降低池水循环净化处理系统日常运行的能耗，以降低经营成本，也是贯彻绿色经济发展、降低污染、环境保护理念的具体措施和行动。

采用清洁能源和再生能源涉及的专业比较多，在具体工程中各专业应相互协作、密切配合，才能做到技术先进、经济实用、生态平衡。

2. 太阳能加热系统

（1）利用太阳能时应符合下列要求：1）太阳年日照小时数不应少于 1400h；2）太阳年辐射量不应小于 4200MJ/(m² · 年)。

（2）太阳能集热面积应按下列要求计算：1）集热器的集热效率以实际产品测量数据计，但不应小于 50%；2）太阳能的保证率不宜低于 50%；3）太阳能辐射量应以春、秋两个季节的平均太阳能辐射量为依据；4）设有集热水箱时，其热水温度应按不低于 50℃计；5）太阳能加热系统的热损失宜按 20% 计。

（3）用于游泳池的太阳能集热器有两种材质：1）光滑材质热水器，如全玻璃真空管、金属玻璃管、热管、平板等形式；2）非光滑材质热水器，如聚丙烯（PP）塑料管、塑胶管等形式。

（4）池水采用太阳能加热时还应有辅助热源。

3. 空气源热泵加热系统

（1）应用条件：1）普通型空气源热泵的应用环境温度为 0～43℃；2）低温型空气源热泵的应用环境温度为 -7～38℃；3）最冷月平均温度低于 0℃ 时还应设置辅助热源。

（2）空气源热泵的能效比（COP）值不应低于现行行业标准《游泳池用空气源热泵热水机》JB/T 11969 的规定。

4. 除温热泵

（1）除温热泵是集除湿、恒温和池水加热三种功能于一体的一种高效节能设备。

（2）除湿量应按《游泳池给水排水工程技术规程》CJJ 122 的规定进行计算。

5. 游泳池等下列排水应回收作为建筑中水及水景的原水

（1）池岸冲洗排水。

（2）顺流式池水循环系统的池水溢流水。

（3）过滤器反冲洗排水和过滤器初滤排水。

（4）强制淋浴排水、跳水池放松池排水和池岸淋浴排水。

6. 臭氧发生器的冷却排水宜作为游泳池补充水。

7. 游泳池泄水管不能与建筑内和建筑小区内污水管道、雨水管道直接连接，且池水的水质指标应符合环境质量要求。

8.2   公共浴池

随着社会经济的发展、人民生活水平的不断提高，人们对自身健康的认识也在不断加强。人们已经认识到为清洁而沐浴与为健康养生而沐浴是两个完全不同的沐浴。其中水疗按摩池是以养生、养颜、放松疲劳、恢复体力和辅助医疗为目的的公共浴池，是追求生活品质不可缺少的一种新的沐浴形式。

8.2.1   分类

1. 按沐浴品种分

（1）水疗按摩池：以城镇自来水为原水，经加热注入池内，并配以各种水疗器械，如按摩喷头、气泡床、池岸上的冲击水疗器械等，供人们进行人体不同部位的按摩浴池。

（2）温泉泡池：以温泉水为原水，经降温或加热注入池内，供人们在池中浸泡、渗透的一种养生、医疗某些疾病的浴池。

（3）桑拿浴：在独立的设有坐板的特殊木制房间内，由入浴者自行取水，浇至电加热桑拿炉上的高温桑拿石上，立即产生高温高湿的水蒸气，供入浴者进行湿蒸沐浴，以排除体内毒素、恢复体力，称为桑拿浴。

（4）蒸汽浴：在独立的设有坐板的特殊木制房间内，由设在该木屋外的蒸汽机制备一定压力的水蒸气，通过管道送至木屋内的蒸汽喷头向木屋内喷出，供入浴者进行湿蒸沐浴，以排除体内毒素、恢复体力，称为蒸汽浴。

（5）药物泡池：以城镇自来水为原水，在水中加入各种有益于人体养生、养颜的中草药、香草、花瓣、酒类、盐类等，供人们在药物水中浸泡的浴池。

2. 按池体材质分

（1）土建型浴池：由钢筋混凝土或钢板拼装而成，池内设有坐台及各种水汽冲击的座椅、躺床、池岸设有各种冲击水疗器械，池内壁及坐台面镶贴易清洗、对人体不产生伤害的瓷砖、胶膜或不锈钢板的浴池。

（2）成品型浴池：由坡璃钢树脂、亚克力等非金属材料压注成符合人体功能学的不同形状、不同功能的多座位一体式浴池。

（3）土建型浴池和成品型浴池均可以在地面上、半地下和全地面下设置。全地面下设置时，其浴池上沿应高出地面至少 150mm，以防地面排水流入池内。

3. 按使用性质分

浴池的设置应根据温泉水的供应量和服务对象确定。因为不同的消费群体进入浴池的目的不同，要求也不尽一致，一般可以分为如下几类：

（1）以养生为目的的群体：他们都具有一定的养生知识，对生活品质要求较高，其消费能力也比较高。

（2）以聚会为目的的群体：这个群体包括家庭成员、亲属成员、同学和朋友的不定时聚会，其目的和要求不完全相同，他们的消费习惯也因人而异，有的出于新鲜好奇，有的喜欢刺激，有的则热爱放松恬静。

（3）以旅游为目的的群体：他们是对当地旅游的延伸，他们的消费以温泉养生体验为目的。

(4) 以商务会晤为目的的群体：他们把温泉洗浴、养生当成商务接待和洽谈商务的场所。故对硬件设施、环境格调、服务水平和消费档次以及私密空间有比较高的要求。

(5) 以度假休闲为目的的群体：他们的消费要求和档次、消费的频率都是即兴的、随机的，所以存在着相当的不确定性。

4. 健身池

(1) 在池水中安装各种水中健身器械，供人们在水中进行健身运动，如：

1) 水中划桨机：可以屈臂屈膝进行运动。能有效锻炼腿部、腰部、腹部、脚部和手臂的肌肉，具有增强心肺功能的作用。

2) 水中摇摆机：可以锻炼腰部、腹部和腿部的肌肉和按摩脚底，在保健身体的同时，还可以达到减腹瘦腰和塑造优美身材的效果。

3) 水中行走机：可以有效锻炼腿部、腰部、腹部、臀部的肌肉，具有提高人体有氧运动能力和身体的协调能力以及促进心肺功能的作用。

4) 水中健腹机：可以锻炼手臂、腰部、腹部、腿部肌肉，在保健身体的同时，还可以达到减腹瘦身和塑造优美身材的效果。

(2) 池体材质

1) 钢筋混凝土且池内壁镶贴易清洗、耐腐蚀、表面平整的胶膜或瓷砖等。

2) 玻璃钢或钢板拼装池体，内表面滚贴易清洗、耐腐蚀、表面平整的胶膜等材料。

8.2.2 浴池设施

1. 浴池布置

由专业公司根据建筑平面和业主要求，按第 8.2.1 条的定位、分类进行不同类别的分区规划。

(1) 确定不同分区的面积、浴池的种类和数量、浴池的形状和尺寸等布置图。

(2) 确定池水净化处理机房位置和卫生间、更衣间等配套设施位置。

(3) 明确应由建筑专业配合的内容和要求。

(4) 明确各浴池的行走路由通道图。

(5) 商务会晤区应为独立的分区。

2. 浴池技术要求

(1) 浴池均应采用设有坐台或按摩设施的高堰浴池。

(2) 浴池的有效水深：

1) 设有坐台的浴池总有效水深应使人浴者坐在坐台、坐或躺在不同按摩床上时，水深可以淹没在胸部或脖子处为基准，总水深以 0.9m 为宜；设有坐台时，坐台面以上的水深以 0.4~0.45m 为宜。

2) 总水深超过 1.2m 时，应取得安全部门的认可。

3. 公共浴池设施配置

(1) 按摩浴池

1) 土建型浴池

① 池内可配置对人体不同部位进行按摩的喷嘴、水力按摩躺床和坐床、气泡按摩坐

和躺床、维淇浴、涌泉浴、足部按摩垫、水蘑菇等功能浴器械。

② 池壁可配置水幕冲击浴、弧形冲击浴、万向强力冲击浴、枪林弹雨冲击浴、水锤冲击浴、各种动物冲击浴等功能浴器械。

③ 不同浴池应分别设池水循环净化处理系统和功能循环水系统。

④ 功能浴应根据水量、水压等要求分组设置循环水系统。相应水疗器械应设置池岸控制装置。

2）成品型浴池

① 该型浴池为人体坐姿、躺姿型浴池，设有人体背部、腰部、腿部、脚部等不同部位的水力或水气混合按摩喷嘴。

② 该型浴池为成套配置池水净化处理系统和相应按摩装置的循环供水系统或供气系统。

（2）地上式浴池的出入口处，应设带扶手的上、下台阶。

（3）半地下式浴池出入口处，应设带扶手的上、下台阶。

（4）地下式浴池不仅应在出入口处设带扶手的上、下台阶，而且浴池上沿应高出地面不小于 150mm，以确保地面排水不会流入池内。

（5）浴池出入口处台阶

1）宜采用防滑凸出池内壁的直立式金属台阶。

2）地上式浴池可采用坡度式木制或金属材质的台阶。

（6）浴池容积

1）单座最小浴池容积不应小于 1.6m³，确保入浴者不发生肢体碰撞。

2）单座最大浴池容积不宜超过 100m³，确保换水时间不应过长。

（7）浴池形状及面积

1）平面形状应为正方形或矩形、圆形、异形。

2）平面面积应按每位入浴者所占水面面积不小于 0.92m² 计算确定。

8.2.3 水质、水温及用水量

1. 水质

（1）原水为非温泉水浴池的初次充水、泄空后重新充水和正常使用过程的补充水，其水质应符合现行国家标准《生活饮用水卫生标准》GB 5749 的规定。

（2）非温泉水公共浴池的池内水质应符合现行行业标准《公共浴池水质标准》CJ/T 325 的规定。为方便设计人员应用，本手册将其予以引用，详见表 8.2-1。

热水浴池水质检验项目及限值   表 8.2-1

序号	项　目	限值
1	浑浊度（NTU）	≤1
2	pH	6.8～8.0
3	游离性余氯（mg/L）（使用氯类消毒剂时测定）	0.4～1.0
4	化合性余氯（mg/L）（使用氯类消毒剂时测定）	≤0.5
5	总溴（mg/L）（使用溴类消毒剂时测定）	1.3～3.0

续表

序号	项　目		限值
6	氰尿酸(mg/L)(使用二氯或三氯消毒时测定)		≤100
7	二甲基海因(mg/L)(使用溴氯海因时测定)		≤200
8	臭氧(mg/L)(使用臭氧消毒时测定)	水中	≤0.05
		水面上	≤0.2
9	总碱度(mg/L)		80～120
10	钙硬度(以 $CaCO_3$ 计)(mg/L)		150～200
11	溶解性总固体(TDS)(mg/L)		≤原水 TDS+1500
12	氧化还原电位(ORP)(mV)		≥650
13	菌落总数((36±1)℃,48h)(CFU/mL)		≤100
14	总大肠菌群((36±1)℃,24h)(MPN/100mL 或 CFU/mL)		不得检出
15	嗜肺军团菌(CFU/200mL)		不得检出
16	铜绿假单胞菌(MPN/100mL 或 CFU/100mL)		不得检出

注：序号 3～8 按不同消毒剂计。

(3) 温泉水因其泉质的不同，其效用会有所差异，本手册对温泉水的利用是以人们提供浸泡而确定其水质。由于泡池的水温较高，为防止交叉感染，现行行业标准《公共浴池水质标准》CJ/T 325 从卫生管理方面对温泉水浸泡浴池的卫生指标作出了规定，详见表 8.2-2。

温泉水浴池水质检验项目及限值　　　　　　　　　　表 8.2-2

序号	项　目	限值
1	浑浊度(NTU)	≤1,原水与处理条件限制时为≤5
2	耗氧量(以高锰酸钾计)(mg/L)	≤25
3	总大肠菌群((36±1)℃,24h)(MPN/100mL 或 CFU/mL)	不得检出
4	铜绿假单胞菌(MPN/100mL 或 CFU/100mL)	不得检出
5	嗜肺军团菌(CFU/200mL)	不得检出

注：温泉水浴池水采用化学消毒剂时，应按所采用的消毒剂种类，按表 8.2-1 的规定检验其剩余消毒剂的限值。

2. 水温

(1) 淋浴用水和各种水疗浴池的使用水温，应按表 8.2-3 的规定确定。

浴池用水水温　　　　　　　　　　表 8.2-3

序号	用水名称	用水温度(℃)	序号	用水名称	用水温度(℃)
1	成人淋浴器	37～40	7	药物水浴池	36～38
2	运动员淋浴器	35	8	烫脚池	45～50
3	幼儿、儿童淋浴器	35	9	洗脸(手)盆	35～37
4	热水及温泉水浴池	40～42	10	温泉贮水池	60
5	温水浴池	35～38	11	温泉调温池	40～45
6	冷水浴池	7～13			

注：浴池的补充水水温应与浴池的使用水温相一致。

（2）配套淋浴用水管道系统应按下列规定确定：

1）配水点最低水温应为 50℃。

2）制备热水设备的出水温度应根据被加热水的水质确定，但不宜低于 60℃。

（3）热水原水被加热前是否需要进行软化，应根据原水水质、热水用水量和使用水温等因素经经济技术比较确定。

（4）被加热水加热前需要进行处理时，处理方法可按本手册第 4.2 节的相关建议选定。

3. 用水量

（1）淋浴器热水（按 60℃计）最高用水定额，按表 8.2-4 确定。

淋浴器热水用水量　　　　　　　　　　表 8.2-4

序号	使用对象		单位	最高用水定额 （L）	使用水温 （℃）
1	公共淋浴室	淋浴器	每人每次	100～150	37～40
		洗脸盆		5～10	35
2	健身洗浴水疗中心	淋浴器	每人每次	40～60	37～40
		洗脸盆		5～10	35
3	体育场馆	淋浴器	每人每次	30	37～40
		洗脸盆		3～5	35
4	剧场演员集中淋浴	淋浴器	每人每次	60	37～40
		洗脸盆		5～10	35
5	医疗建筑员工淋浴室	淋浴器	每人每次	60～100	37～40
		洗脸盆		5	35
		手术室洗手盆		10～15	35
6	旅馆员工淋浴室	淋浴器	每人每次	70～100	37～40
		洗脸盆		3～5	35
7	餐饮业淋浴	淋浴器	每人每次	40～60	37～40
		洗脸盆		3	35
8	幼儿园	淋浴器	每人每次	30	35
		洗脸盆		2～3	35
9	托儿所	淋浴器	每人每次	15～20	35
		洗脸盆		3～5	30
10	厂矿一般车间	淋浴器	每人每次	40	37～40
		洗脸盆		1～3	35
11	厂矿污染车间	淋浴器	每人每次	60	37～40
		洗脸盆		3～5	35

注：1. 军队营房士兵淋浴按公共淋浴室确定。

　　2. 表中"一般车间"指《工业企业设计卫生标准》GBZ 1 中规定的 3、4 级卫生特征的车间；"污染车间"指《工业企业设计卫生标准》GBZ 1 中规定的 1、2 级卫生特征的车间。

（2）公共浴场冲洗水量按下列规定确定：

1）地面、墙面、浴池内表面等用水量，宜按 5L/m² 计算确定。

2）淋浴室、更衣室、卫生间、水疗浴池间等应每日冲洗一次。

3）水疗浴池内表面应每 7d 冲洗消毒一次。

8.2.4 浴池系统

1. 浴池系统类别

（1）循环式浴池系统

为节约水资源、能源，确保浴池的水温、水质，浴池设有循环水泵、水过滤设备、水加热设备和消毒装置，按一定循环水量对浴池水进行净化处理后，再送入浴池内供入浴者使用。这种系统能确保浴池水的卫生健康和适宜的水温。

由于蒸发、入浴者出池带出水，会使浴池水量减少，应另设补水管道，并采取防回流污染措施。

（2）溢流式浴池系统

按照热平衡原理不断向浴池内提供合适温度和流量的温热水，以保持浴池水的水质和温度的给水系统。该种系统会因浴池内下部的水温较低，池水温度不均匀，使入浴者感到不舒适，而且容易产生卫生问题。故浴池应设池底部不断向外排水的装置，排水管应设流量控制阀，以确保进水和排水的平衡。

（3）功能循环应另设水力按摩水泵或气泵，从池内取水供给相应按摩喷嘴。

2. 浴池系统基本要求

（1）浴池的池水净化处理系统与功能循环给水及供气系统应分开设置。

1）由于浴池的池水净化处理系统与功能循环给水或给气系统的水压、水量、设备等的要求各不相同，因此应分开设置。

2）为了管理、检修方便、防止误操作，不同管道系统的设备、管道应设置明显的标牌、色标和流体方向指示。

（2）浴池的初次充水及泄空后的再次充水时间应根据浴池容积和原水供水条件，按表 8.2-5 确定。

公共浴池充水时间、泄空时间和充水温度　　　　　表 8.2-5

浴池容积（m³）	充水时间（h）	泄空时间（h）	充水温度（℃）
≤10	0.5～1.0	0.5	≯42
10～50	1.0～2.0	1.0	
50～100	2.0～3.0	2.0	

（3）浴池应优先选用顺流式池水循环净化处理系统，以节约水资源，特别是温泉水的节约和保护。

（4）由于温泉浴池已由保健、医疗用途开始向游乐用途发展，池体体积不断增大，已难以限制在 100m³ 以内，本手册对温泉水浴池的循环周期提出如表 8.2-6 的建议。

温泉水浴池池水循环周期　　　　　表 8.2-6

浴池水容积（m³）	≤5	5～10	10～20	20～100	>100
循环周期（h）	0.3	0.5	1.0	2.0	3.0～4.0

（5）浴池循环水系统应由浴池、浴池进水口和回水口、毛发聚集器、循环水泵、过滤设备、加热设备、消毒装置以及与这些设备、装置相连接的管道、附件等组成。

（6）浴池间设有多座温泉水浴池时，应符合下列要求：

1）各个温泉水浴池不应设连通管相互连接；

2）温泉水浴池不应设置气或水喷射管道系统。

（7）为了确保温泉水浴池的水质不产生泡沫、油脂和溶解性固体的积累等弊病，即使在设有完全消毒、过滤的条件下，也应每 7d 泄空池水，对系统和浴池本身进行清洗、消毒后，重新注入新的温泉水。

3. 温泉水浴池应设置贮热水箱和调温水箱

（1）贮热水箱

1）贮热水箱的有效容积应根据温泉井的日供水量与温泉水浴池的日用水量之差的 20% 确定，以满足温泉井供水量与温泉水浴池用水量的不均衡。

2）贮热水箱的数量不应少于 2 座，确保贮热水箱可以交替使用，以满足定期对水箱内积聚的黏附物、沉淀物进行清洁、消毒，防止军团菌膜的形成和确保对水箱进行清洁、消毒时不影响温泉浴池的正常对外开放营业。

3）为了使贮热水箱内不产生军团菌的滋生繁殖，贮热水箱应设置箱内水的加热设备，以确保贮热水箱内水温维持在 60℃ 以上。

4）贮热水箱应在其上部和下部设置温度计，以确保箱内各部位的水温不低于 55℃。

5）贮热水箱的材质应为耐腐蚀、易清洁的高强度材料。

6）贮热水箱的构造与生活给水水箱一致，可参见《矩形给水箱》12S101。

7）为减少贮热水箱的热损失，应对其进行保温。

8）贮热水箱应设置在靠近浴池和便于维护管理的区域地面上。

（2）调温水箱

1）设置目的是为了将温泉水水温调节到需要的温度可供给浴池直接使用。

2）调温水箱的有效容积不应小于浴场内最大浴池的容积。其目的是为了防止将高温温泉水或低温温泉水直接送入浴池发生烫伤或降低浴池水温而给入浴者带来伤害。

3）调温水箱内的温泉水水温不应高于 45℃，以满足将调温后的温泉水送至各个温泉水浴池的水温不高于 42℃ 的浴池水温要求。

4）由于 45℃ 的水温是滋生细菌的最佳温度，所以调温水箱应设置箱内水循环消毒装置。

5）调节水温的方式：①采用换热器；②采用热泵；③加冷水，本手册不推荐该方法，因为这种方式可降低温泉水的成分。

6）降温后的温泉水在调温水箱与浴池之间的管道内仍利于军团菌的滋生繁殖，因此设计时应尽量缩短管道长度，以降低军团菌繁殖的危险。

4. 非温泉水浴池的水疗设施配置

（1）水疗设施的设置原则

1）按摩喷头沿浴池池壁坐台以上布置，水疗坐床、躺床、涌泉浴、足浴等设施应沿浴池池壁或池底布置。

2）面积小于 4.0m² 的正方形和矩形浴池，按摩喷头不应相对布置。

3）各种冲击浴装置宜布置在池岸或池水中。

4）各种水疗器械的用水量、水压、气量、气压等由专业公司提供。

（2）供水管道系统

1）水力按摩喷头宜采用环状管道布置方式，以保证水压均衡。

2）气泡喷头应采用水、气双管道系统。

3）气-水合用按摩喷头采用负压进气管供气时，负压进气管管径应与按摩喷头数量相匹配，负压进气管管口应高出浴池最高水位线不小于 0.10m，进气管管口应设置防止尘埃和杂物堵塞的进气帽。

4）采用气泵供气时，气泵位置应高出浴池水面 0.45m；当气泵位置低于浴池水面时，应在浴池与气泵之间的空气管道上设置防止浴池水倒流至气泵的虹吸破坏装置。

5）负压供气管和气泵供气管应有不小于 2% 的坡度坡向泄水装置。

6）负压进气口、气泵设置位置应确保进入浴池的气体洁净、卫生和无污染杂质。

5. 各浴池的水疗器械的供水管、供气管应独立设置，并应采取防倒流污染措施。

6. 温泉水浴池循环水管道系统

（1）循环回水管的敷设应无起伏现象，并应坡向循环水泵或过滤设备，确保管内无水滞留。

（2）温泉水浴池的补水管应按下列要求设置：

1）补水管不允许直接连接在浴池的循环管上；

2）补水管管口应高出浴池最高水面不小于 100mm，并确保出水不产生水雾飞散现象。

（3）循环水系统的设备、管道、阀门、附件、计量装置等材质应能耐各种化学品的腐蚀和不对循环水产生二次污染。管道、设备应进行保温。

（4）浴池进水口、回水口及其布置，应符合下列要求：

1）进水口格栅孔隙面积应不小于进水管断面面积的 2 倍；

2）回水口格栅盖板格栅孔隙的水流速度应控制在 0.2～0.5m/s 范围内；

3）回水口应为防虹吸型，且每座浴池不应少于 2 个，两者间距不应小于 1.0m；

4）为了防止池内壁和池底生物膜的生成，进水口与回水口的位置应满足池内水流有序流动，不出现短流和滞留现象。

7. 公共浴池的循环水管道应进行保温，以减少管道的热损失。

8. 浴池应按下列要求设置安全防护装置及措施：

（1）浴池循环水系统应在循环水泵吸水管上设置安全真空释放阀，以确保入浴者不被吸附住。

（2）浴池回水口应采用防旋流防吸附回水口，防止如下危害发生：

1）防止吸入头发缠绕在回水口，堵塞回水口；

2）防止入浴者肢体如手指、脚趾被吸住，造成肢体伤害；

3）防止入浴者身体被吸住，造成人身伤亡；

4）防止入浴者内脏、肛肠被吸出，造成人体伤害；

5）防止泳衣、首饰、发夹等被吸住，堵塞回水口。

（3）每座浴池的回水口不应少于 2 个，当小型浴池设置 2 个回水口且其间距不能满足

1.0m 时，应将其中 1 个回水口设置在池壁底部池壁上。

（4）设在池岸上的水疗器械控制开关应按下列要求设置：

1）应有明显的识别标志；

2）应有喷水、喷气延时设定功能；

3）应使用 12V 电压；

4）防护等级不应低于 IP68。

（5）每座浴池应在距离浴池不超过 1.5m 处的隔墙上设置池水循环系统和供气、供水功能系统紧急停止运行的电气关闭按钮。

（6）每座浴池应配置浴池内水位检测和自动调节装置，以满足当实际运行水位低于设计水位 50mm 时，自动打开电磁补水阀向池内补水；当池内水位达到设计水位后，自动关闭电磁补水阀，停止向池内补水。

（7）温泉水浴池的温泉水补水管应直接注入温泉水浴池内，且补水管管口应高出浴池水面 150mm 以上，并应标注"温泉水不适宜饮用"。

8.2.5　特殊浴设施

特殊浴包括：桑拿浴、蒸汽浴、光波浴、冰蒸浴、盐雾浴和药物浴 6 种。

1. 桑拿浴

（1）在特制的木质房内设有坐台木板、温度计、桑拿钟、木桶、木勺、桑拿灯、水龙头、时控器电加热桑拿石的桑拿炉等，由入浴者自行取水向炉内高温的桑拿石上浇水产生蒸汽，一般称此方式为干蒸。桑拿炉根据房内座位数和房内空间确定电功率为3～9kW。

（2）每间桑拿房内应设 DN20 的取水龙头，其供水水质应符合现行国家标准《生活饮用水卫生标准》GB 5749 的规定。

（3）每间桑拿房还应设置密闭型排水地漏，地漏的直径不应小于 DN50。

2. 蒸汽浴

（1）蒸汽浴一般称湿蒸，它是由设在蒸汽浴房外的专用蒸汽机产生的蒸汽通过管道送至蒸汽浴房的蒸汽喷嘴扩散到整个房间内，蒸汽浴房一般为多座位。蒸汽浴房体一般为亚克力材质。

（2）蒸汽机房

1）蒸汽机应设在距蒸汽浴房不超过 3.0m 的地方，并应有足够的操作和易于检修的空间；蒸汽机功率一般为 4～21kW 可供选用。

2）每台蒸汽机应设有下列附件：

① 外控器、电磁阀、探头、喷头、调温器、压力表、缺水自动停机装置。

② 给水管上应安装过滤器、信号阀及安全排气阀。安全排气阀的排水应引至无人逗留处。

③ 蒸汽机的给水管、蒸汽管应采用耐腐蚀的铜管或不锈钢管。

④ 蒸汽管应在高出室内地面不小于 0.30m 的位置水平设置，且蒸汽管上不应设置阀门。

⑤ 蒸汽机给水水质和水温不应低于现行国家标准《生活饮用水卫生标准》GB 5749 规定的热水。

3）蒸汽浴房应根据房间座位多少设置1个或多个密闭型地面排水地漏。

4）桑拿浴和蒸汽浴应设置下列配套设施：

① 冷水及温水淋浴喷头；

② 按下列要求设置冷水池、温水池和热水池等浴池；

a. 3个浴池分别设置各自独立的循环水净化处理系统和按摩系统；

b. 浴池的水容积和池水循环周期按表8.2-6的要求确定；

c. 3个浴池、淋浴喷头应邻近桑拿浴房和蒸汽浴房。

3. 药物浴

（1）种类

1）向以城镇自来水为水源的浴池水中加入对人体有益的中草药、香草、花瓣、芦荟等物质。

2）向以城镇自来水为水源的浴池水中加入红酒、啤酒、盐类等物质。

（2）各种药物、酒类及盐的浓度

1）药物种类、池水中的浓度，应取得卫生部门的认可，确保安全。

2）使用中应在浴池明显位置标示出药物种类对人体的康复作用和不适用人群。

（3）药物浴池系统

1）不同药物、酒类品种的浴池应分别设置各自独立的池水循环系统。

2）药物浴池的循环水系统应由循环水泵、加热设备、浴池给水口和回水口以及连接它们的管道、阀门、附件、消毒设施和控制装置组成。

3）药物浴池的池水循环周期不应超过1.0h，池水温度不应超过42℃。

4）药物浴池的给水口、回水口的设置，详见本手册第8.1.3条的相关要求。

5）药物浴池的换水周期不应超过24h。

（4）药物浴池泄空排水应采用间接排水方式。

4. 光波浴

（1）光波浴是根据远红外线对人体健康的重要特征研制的一种集日光浴与桑拿浴优点为一体的新型沐浴设施，光波浴房体采用优质原木设计制造，房内配有音响系统。

（2）光波能量场中以$5.6\sim15\mu m$的远红外线为主的能量被人体吸收，深入皮肤40mm与人体深层细胞膜产生共振、活化细胞，使细胞足氧呼吸，加速体内新陈代谢，加速血液循环。

5. 冰蒸浴

（1）人身置于挂满真冰的房间，寒冷的气温使毛细血管收缩，刺激神经，可以促进人身的微循环，提高免疫力。

（2）冰蒸浴与热水浴交替使用，能起到强身健身的功效，效果更好。

（3）冰蒸浴在房外配有专用制冷机。

6. 盐雾浴

（1）在水雾中含有适量的盐，通过设在专制房内顶部的盐雾喷头向房内喷出水雾，形成一种烟雾朦胧的环境，造成人体视觉及感官上的愉悦感。

（2）盐雾浴具有舒缓工作压力、消除疲劳和达到爽洁肌肤的功效。

8.2.6　浴池水消毒

1. 浴池水消毒是浴池循环水系统不可缺少的一个工序。

（1）入浴者浸泡在池内的水中，利用水疗器械如按摩喷头或冲击水疗装置，以较高压力的水柱对人体不同部位进行按摩、冲击，以达到缓解疲劳、恢复体力的目的。由于池内水温一般维持在 35℃～42℃ 之间，不仅使人体的汗液、油脂、皮屑不断分泌污染池水，而且此温度范围是各种细菌、军团菌等最适宜滋生的温度。为了防止交叉感染，应向池水中投加消毒剂，消除健康隐患。

（2）按摩浴池应每 7d 对池体循环水系统进行一次高浓度化学消毒剂或高温 60℃ 以上的热水冲击消毒处理。

2. 消毒剂的分类

世界卫生组织（WHO）将消毒剂分为以下 5 类，见表 8.2-7。

消毒剂的分类   表 8.2-7

第一类	第二类	第三类	第四类	第五类
氯类	二氧化氯	溴类	臭氧/紫外线	其他
氯气 次氯酸钠 次氯酸钙 电解产生氯 三氯异氰酸 二氯异氰酸	二氧化氯	溴气 次溴酸钠 溴氯海因	臭氧 紫外线	铜、银离子 阳离子
氧化性 有残余性	氧化性 短残余性	氧化性 有残余性	氧化性 无残余性	非氧化性 有残余性

注：1. 化验时以池中任何一点的水面下 5～30cm 处为取水样点。
　　2. 氯、溴消毒剂的化验方法以 DPD 取代 OTD。
　　3. 氧化性消毒剂的氧化还原电位 ORP 不应低于 720mV（氧化银电极）或 680mV（甘汞电极）。

3. 消毒剂的选用

（1）以城镇自来水为原水的公共浴池可以选用化学消毒剂，品种、投加量、使用注意事项等，均与游泳池要求相同，详见本手册第 8.1.11 条。

（2）公共浴池严禁采用液态氯和液态溴等消毒剂。

液态氯和液态溴虽然都具有较好的消毒效果，但对设置环境、操作技术、维护管理要求严格，加之它们都具有较强的腐蚀性，且危险性高，一旦发生泄漏将会带来严重的安全事故，处理起来也较困难。所以对于人员较为密集的公共浴池，为确保入浴者的安全和减少经营管理单位的损失，这两种消毒剂应严格禁止使用。

（3）温泉水浴池为了不破坏温泉水的特性，对氯消毒的限制条件较多。从世界卫生组织（WHO）对消毒剂的分类来看，温泉水消毒应选用第五类非氧化性消毒剂。

4. 非氧化性消毒剂类型和特性

（1）紫外线消毒

1）紫外线消毒是一种物理消毒，它能有效杀灭浴池水中的细菌，特别是对隐孢子虫、贾第鞭毛虫的杀灭极为有效，而且不会改变池水的性质，对于入浴者和环境无副作用，使用中不产生中间有害物质。对温泉水浴池、药物浴池特别适用。

2）温泉水浴池采用紫外线消毒时，要根据池水温度、紫外线穿透率、剂量等因素选用。一般宜选用波长在 254nm 的照射剂量不低于 $5mJ/m^2$ 的低压高强紫外线消毒器。紫外线消毒器出水口应设置安全过滤网，防止灯管破裂后碎片进入浴池对入浴者造成伤害。

3）为了保证紫外线的消毒效果，温泉水水质应符合下列要求：

① 温泉水的浑浊度不应超过 5NTU；

② 温泉水中铁、锰等重金属离子的含量不应超过 0.2mg/L。

4）紫外线无持续消毒功能，如用于以城镇自来水为原水的浴池应与长效化学消毒剂组合使用。

5）紫外线消毒器的质量及相关要求，详见本手册第 8.1.11 条第 6 款的要求。

（2）银离子消毒

1）具有杀菌功能，对人体无刺激，不破坏水的还原性，对药物浴池更能发挥杀菌作用。但要采用自动投加装置，将其离子控制在有效范围内。

2）要定期监测离子的浓度。

3）易受水中高 pH、矿物质、有机质等影响消毒效果，并有残余性。

4）银离子消毒适用于 pH≤5 的酸性温泉水。

5）含有硫化氢的温泉水不适用。

（3）阳离子消毒

1）不影响温泉水的性质，可以用于不同成分的温泉水消毒。

2）适用于碱性温泉水的消毒杀菌。

3）投加方式简单，但杀菌时间较长，且有残余性。

4）成本较高，而且需要定期用氯或过氧化氢液体清洗池体和管道系统，以防止油脂积累及生物膜的生长。

（4）光催化消毒

1）光催化消毒是利用特殊的光催化材料在紫外线光的照射下的光催化作用，将水中的细菌、微生物、藻类等杀灭或分解，而不改变水的物理化学性质，是温泉水的一种消毒方法。亦称光触媒消毒。

2）光催化消毒设备是在紫外线灯管外包覆的二氧化钛（TiO_2）网表面再包覆一层具有极大表面积的泡沫净化材料而组成。

3）二氧化碳网表面的包覆材料如果被杂质覆盖，清洗起来比较困难，因此该设备前的池水过滤净化应予以特别关注，确保过滤后的出水水质满足以下要求：

① 水的浑浊度不应大于 5NTU；

② 悬浮固体不应超过 10mg/L；

③ 总碱度和总硬度之和不应超过 500mg/L；

④ 水的温度不宜超过 40℃。

4）为了保证光催化消毒的效果，其设置位置应满足下列要求：

① 应无阳光直射和水淋之处；

② 周围应无强电磁和振动干扰之处。

5）光催化消毒设备应具有自动冲洗的自清洁功能。

5. 氧化性消毒剂

（1）氯系消毒剂用于温泉水消毒的注意事项：

1）pH≤5 的酸性温泉水采用氯系消毒剂时，不仅严重腐蚀设备、管道，而且会产生有毒气体。

2）pH＞8 的碱性温泉水采用氯系消毒剂时，杀菌效率迅速下降，需加大投加量，从而增加成本。

3）温泉水中含有大量碳酸气体时，采用氯系消毒剂时，会使温泉水的 pH 升高较多。

4）温泉水中硫化氢等还原性物质含量较高时，氯的消耗量较大，且无法控制氯含量，同时还破坏了温泉水的还原性。

5）温泉水中铁、锰等重金属离子含量较高时，会造成温泉水变色和产生沉淀。

6）温泉水中含有较多腐殖酸、氨氮等有机物时，会使温泉水产生氯臭味，还会降低杀菌效率。

（2）臭氧用于温泉水消毒的注意事项：

1）对温泉水的成分、杀菌能力应进行预先验证；

2）温泉水浴池中的臭氧浓度不应超过 0.1mg/L；

3）温泉水浴池水表面上方空气中的臭氧浓度不应超过 0.05mg/L；

4）适用于人员负荷较高的多座位温泉水浴池。

8.2.7 浴池水加热

1. 公共浴池需热量

（1）总需热量应为浴池内所有单座浴池全部需热量的总和。

（2）单座浴池的需热量应按现行行业标准《游泳池给水排水工程技术规程》CJJ 122 中关于游泳池需热量的计算方法计算确定。

2. 温泉水温度低于 60℃时，应对温泉水贮热水箱内的温泉水进行加热，并确保贮热水箱内的温泉水温度不低于 60℃，所需热量按公式（8.2-1）计算：

$$Q_J = V_W \cdot c \cdot (t_{WT} - t_W) \cdot \rho_W \qquad (8.2\text{-}1)$$

式中 Q_J——温泉水加热所需热量（kJ/h）；

V_W——贮热水箱的有效容积（L）；

c——温泉水的比热（kJ/(kg·℃)），取 c=4.187kJ/(kg·℃)；

t_{WT}——贮热水箱温泉水的要求温度（℃），取 t_{WT}=60℃；

t_W——温泉水进入贮热水箱的原水温度（℃）；

ρ_W——温泉水的密度（kg/L），取 ρ_W=0.98kg/L。

3. 温泉水管道按设计秒流量进行水力计算确定。

8.2.8 浴池用设备及装置

1. 贮热水箱

（1）有效容积应根据温泉井的日供水量与浴池的日用水量按下列规定确定：

1）温泉井日供水量大于浴池日用水量时，宜按浴池日用水量确定。

2）温泉井日供水量小于浴池日用水量时，应按浴池日用水量的 120％计算确定。

（2）贮热水箱的数量不应少于 2 座，其目的是 2 座水箱交换使用，以满足其中一座水箱定期泄空对箱体内积聚的黏附物、沉淀物进行清洁、消毒时，另外一座水箱仍能确保浴池正常对外营业开放。

（3）贮热水箱应设加热设备，对箱内温泉水进行循环加热：

1）确保箱内水温维持在 60℃ 范围内，防止军团菌的滋生；

2）确保箱内上部与下部或局部水温不低于 55℃。

（4）贮热水箱的材质应根据温泉水的成分确定：

1）优先选用高强度、耐腐蚀、耐高温、易清洗的非金属材质制造，如玻璃钢、钢筋混凝土内衬不锈钢或树脂胶膜等。

2）其次可选用金属材质，如按泉水成分选用不锈钢（S30408、S30503、S31608、S31603）或碳钢内衬树脂等。

（5）贮热水箱应进行保温，以减少热损失。

（6）贮热水箱应设置人孔、爬梯、进水管、出水管、泄水管、温度计、加热循环进水管和出水管。

（7）贮热水箱的位置

1）应尽量靠近浴池场的中心。

2）应在地面上设置，并有方便检修、管理的必要空间。

2. 调温水箱

（1）调温水箱就是将贮热水箱中 60℃ 的温泉水调节到各温泉水浴池能够使用的水温，以防止直接将贮热水箱中 60℃ 的温泉水配送到浴池发生烫伤事故。该水箱亦称为温泉水分配水箱。

（2）调温水箱的有效容积不应小于浴场内最大浴池的容积。

（3）调温水箱内温泉水的温度不应超过 45℃，以保证将调温后的温泉水送至最不利位置浴池时，泉水温度不高于 42℃。

（4）由于 45℃ 的水温是滋生军团菌及其他细菌、微生物的适宜温度，所以调温水箱应设箱内泉水循环消毒装置。

（5）调温水箱调节水温的方法：

1）设置循环水泵和换热器调温方法：将回收的热量用于淋浴水的加热。

2）设置水源热泵调温方法：同样将回收的热量用于淋浴水的加热。

3）加水调温方法：这种方法简便，但它会降低温泉水的品质，不推荐采用。

4）自然调温方法：这种方法不需要设备，但需要一定面积的场地，不仅浪费了热能资源，而且对环境极为不利。

5）自然曝气调温方法：就是在浴池场设计不同形式的跌水景观，占地面积比自然调温方法小，方法也简单。但有硫磺气味的扩散，且有结垢弊病。

（6）调温水箱的位置应靠近温泉水贮热水箱，该水箱的材质、构造、辅助装置等与贮热水箱相同。

（7）调温水箱的配水应按浴池分区分别设置配水加压泵和管道系统，配水管道一般以枝状布置。

3. 公共浴池的循环水泵

（1）温泉水的成分差异较大，选用循环水泵时要仔细分析对比，针对不同的温泉水成分，建议参照表 8.2-8 和表 8.2-9 选用。

按温泉水的 pH 选用循环水泵   表 8.2-8

pH	温泉类型	适宜的水泵材质
<2	强酸性温泉	钛、衬橡胶、塑料
2～4	酸性温泉	不锈钢(S31608、S31603)、全铜
4～6	弱酸性温泉	不锈钢(S30403、S31608)、全铜、矽铸铁
6～7.5	中性温泉	全铜，必要部分为铜
7.5～8.5	弱碱性温泉	全铸铁，必要部分为铜
>8.5	碱性、强碱性温泉	全铸铁、不锈钢(S30408)

注：本表引自李文昌《温泉管理实务》。

按温泉水的成分选用循环水泵   表 8.2-9

温泉类型	适宜的水泵材质
钠-氯化物温泉	全铜、不锈钢(S31608、S31603)、钛、矽铸铁
单纯温泉	铸铁、全铜
单纯硫温泉(含硫化氢型)	矽铸铁、钛、全铜
硫酸盐温泉	全铜、不锈钢(S31608)、矽铸铁
铁(Ⅱ)-硫酸盐温泉	不锈钢(S30408、S31608)、钛、矽铸铁
钙(镁)-碳酸氢盐温泉	铸铁、不锈钢(S30408、S31608)、钛
钠-碳酸氢盐温泉	铸铁、不锈钢(S30408、S31608)、钛

注：本表引自李文昌《温泉管理实务》。

(2) 循环水泵应按下列要求选用和配置：

1) 循环水泵流量应不小于浴池的循环水流量；

2) 循环水泵扬程应按输水高度、管道系统总阻力、出水口流出压力等计算确定。

3) 循环水泵宜按 2 台或 2 台以上同时工作配置，以确保系统正常运行。此情况下可不设备用水泵。

4) 循环水泵应选用变频水泵，以适应浴池负荷的变化。

5) 循环水泵宜兼作过滤器反冲洗水泵。可按 2 台水泵并联运行工况校核过滤器的反冲洗要求。

6) 循环水泵应设计为自灌式，并应符合下列要求：

① 吸水管流速宜为 0.8～1.2m/s；出水管流速不应超过 2.0m/s。

② 每台水泵吸水管上应设置毛发聚集器、减振软接管、阀门及真空压力表，出水管上应安装压力表、止回阀、阀门、减振软接管等。

③ 水泵机组应设置减振基础。

(3) 浴池功能循环水泵

1) 按摩水泵和水疗喷水泵的容量应由专业公司根据按摩喷嘴的形式、喷水水疗器械的形式、数量等计算确定。

2) 按摩水泵、水疗喷水泵等吸水管的流速不应超过 1.8m/s，出水管的流速不应超过 3.0m/s。

3）材质应与池水循环净化处理系统要求相同。

（4）浴池功能循环气泵

1）气泵的供气量、供气压力等，应由专业公司根据浴池中喷嘴、喷气床、池底气泡箱等形式、数量计算确定。

2）气泵的吸气口端部应设置空气过滤装置、出气口端部应设置消声装置。

3）气泵供气量应可调，供气压力应稳定。气泵运行时应效率高、噪声低、耐腐蚀、安全可靠。

（5）毛发聚集器

1）毛发聚集器应安装在浴池循环水净化处理系统中循环水泵的吸水管上，并应符合下列要求：

① 当循环水泵为带毛发聚集器的一体式水泵时，可不另外安装。

② 毛发聚集器内过滤筒（网）开孔直径或网眼孔径不应大于 2mm，且总开孔（网眼）面积不应小于连接管截面面积的 2.0 倍。

2）毛发聚集器的材质和构造要求应符合现行行业标准《游泳池给水排水工程技术规程》CJJ 122 的规定。

4. 池水过滤器

（1）基本要求

1）浴池用过滤器与游泳池用过滤器的不同点为：①池水成分不同；②过滤介质的适应性不同。温泉水不以澄清度为选择的唯一标准。在某种情况下可能还要保留其浑浊度的要求。

2）过滤介质分离杂质的效果取决于过滤介质表面的大小、介质粒径和介质的厚度。所以，它是衡量过滤器过滤效果的标准。这就要求过滤介质有足够大的吸附表面积以及良好的水流穿透性，还要对应温泉水的还原性及结垢、腐蚀的特点。

（2）石英砂过滤器

1）石英砂能适应水质变化大的要求，而且操作简单，过滤后的出水水质比较稳定，但应注意如下问题：

① 由于水温较高，水中含人体油脂，是导致石英砂产生板结的原因，故要采用气水混合的反冲洗方法。

② 酸性温泉水会溶解石英砂，运行过程中会使石英砂的颗粒缩小，从而降低石英砂粒的表面积；如遇到钙型硫酸盐温泉水，则短期内会使石英砂产生板结现象，致使过滤失效。遇到此种温泉水不宜选用石英砂过滤器。

2）选用

石英砂粒径宜为 0.4~0.6mm，不均匀系数 k_{80} 不应大于 1.6，过滤速度宜为 20m/h，若不改变温泉水浑浊度可采用 30m/h 左右。

（3）沸石过滤器

1）沸石是一种新型材料。据资料介绍目前沸石滤料有两种：①天然斜发沸石滤料；②活化沸石滤料。

2）活化沸石滤料不仅能去除水中的浊度、色度、异味、各种微污杂物、人体有害物质，如三氮、氨氮、酚、磷酸根离子等，而且耐腐蚀性能很好。所以针对温泉水来讲，它是一种理想的新型水过滤滤料。其性能见表 8.2-10。

活化沸石滤料性能   表 8.2-10

序号	项目	限值	序号	项目	限值
1	密度(g/m³)	1.8~2.2	6	磨损率(%)	<0.5
2	孔隙率(%)	≥50	7	破碎率(%)	<1.0
3	比表面积(m²/g)	500~800	8	含泥量(%)	≤1.0
4	盐酸可溶率(%)	≤0.1	9	全交换工作容量(mg/g)	2.2~2.5
5	滤速 m/h	4~12			

（4）硅藻土过滤器

1）过滤速度应控制在 3~5m/h 范围内。

2）预涂膜厚度不应小于 2mm，且应均匀一致，单位面积硅藻土用量应控制在 0.5~1.0kg/m² 范围内。

3）硅藻土宜采用 600 号的硅藻土助凝剂，其卫生和化学特征应符合现行国家标准《食品安全国家标准硅藻土》GB 14936 和现行行业标准《食品工业用助滤剂硅藻土》QB/T 2088 的规定。

4）硅藻土过滤器应用时的注意事项：

① 过滤精度高，在高温水的条件下，因浴池水带有人体分泌的油脂，会使过滤效果下降。

② 遇有高碱度的水时，部分乳化脂容易穿透介质层。

③ 本手册不推荐在温泉水浴池和热水浴池中选用。

（5）纸芯过滤器

1）流率小于 122L/(min·m²)。

2）强度差，在高温和矿化度较高的温泉水的冲击下易变形。

3）由于是多皱褶不能反冲洗，需取出在外部冲洗，而且清洗较困难。

4）本手册不推荐在温泉水浴池和热水浴池中选用

（6）筒式过滤器

1）用人造纤维缠绕在筒形外壁。

2）流率较小，约为 122L/(min·m²)。

3）清洗时应取出，在外部用清水冲洗。

（7）过滤器的材质和构造

1）壳体为不锈钢时，应选用抗氯离子等化学品腐蚀的牌号不低于 S30408 的不锈钢。

2）壳体为碳钢时，其壳体内壁应喷涂或衬贴耐腐蚀的食品级树脂或树脂胶膜。

3）壳体为增强玻璃纤维和塑料材质时，应采取耐高温、耐化学品腐蚀措施。

4）过滤器内部配（集）水部件应采用耐腐蚀、耐高温和不产生二次污染的塑料材质。

5）过滤器的构造应符合现行行业标准《游泳池用压力式过滤器》CJ/T 405 的规定。

（8）过滤器的设置

1）每座浴池应设置自身独用的过滤器。

2）当同一座浴池的循环水量等于及大于 20m³/h 时，宜按 2 台过滤器同时工作设置。

此情况下可不设置备用过滤器。

3）过滤器的设置位置应低于浴池底面，以利于附属配管能顺利排空和防止军团菌、生物膜的生成。

4）金属过滤器外壳应进行保温，以减少热损失。保温材料可由设计人员根据当地材料供应情况选定。

5.池水加热及降温设备

（1）选用原则

1）材质耐腐蚀、热效率高、节能、体积小。

2）性能稳定、动作灵敏、安全可靠。

3）构造简单、水流顺畅且死角少，维护保养方便。

（2）设备形式

1）温泉水贮热水箱、调温水箱的维温降温设备，宜选用板式换热器或热泵。

2）单座浴池的维温设备可选用电加热器。

3）每台加热设备应该配置温度自动控制装置，确保出水温度符合下列要求：

①贮热水箱水温不低于 60℃；

②调温水箱水温不超过 45℃；

③浴池水温不高于 42℃；

④控制水温精度不大于±0.1℃。

（3）设置要求

1）每座温泉水贮热水箱、调温水箱的维温设备或降温设备应各自独立设置。

2）每座浴池的维温设备或降温设备应独立设置。

3）冷水浴池初次降温时间不应超过 2h。

4）宜每 90d 对加热设备、降温设备的内部矿物质、水垢进行清除。

6.消毒设备

（1）投药泵的容量

1）投药泵的容量应按浴池系统冲击杀菌消毒用量确定，并具有投加量可调功能。

2）投药泵的工作压力应能满足池水循环净化处理系统最大水压时所需投加量的压力要求。

（2）投药泵形式

1）投药泵应选用高强度、耐腐蚀材质。

2）投药泵应选用电驱动隔膜式计量泵。

（3）紫外线消毒器

1）紫外线消毒器的过流量不应小于浴池、贮热水箱及调温水箱的循环水量。

①紫外线消毒器的过流腔不应出现水流短流、滞留等现象。

②紫外线灯管套管应满足下列要求：

a.用于贮热水箱、调温水箱杀菌消毒时，耐热温度不应低于温泉原水温度。

b.用于浴池水杀菌消毒时，耐热温度不应低于 45℃。

c.石英套管应为高纯度，透光率不应低于 90%。

2）过流腔材质应为牌号不低于 S31603 的不锈钢。

3）紫外线无持续消毒功能，宜与长效化学消毒剂组合使用。

（4）臭氧发生器

1）臭氧产量应满足系统臭氧消毒投加量。

2）性能稳定、效率高、寿命长，且臭氧产量具有可调功能。

3）具有防泄漏、防漏电、无臭氧报警等全自动控制的完善的安全保护措施。

8.2.9　浴池用管材及附配件

1. 由于温泉水的温度较高、pH 变化较大，管道内壁粗糙时易生成生物膜，所以管材、附件应选用耐压、耐腐蚀、耐高温、耐久且内壁光滑不易生成生物膜、不对水质产生二次污染的材料。

2. 由于温泉水浴池每 7d 要进行一次高浓度氯的冲击消毒，所以管材、管件及附件的材质应互相兼容、匹配，确保连接处的垫片耐高温、耐腐蚀和可靠、严密不渗漏，而且与疏松的温泉水水质相兼容。

3. 管道管材应以 1.5 倍浴池系统输送介质工作压力选定管道的耐压等级。如为非金属管材和管件还应以输送介质温度与管道耐压降低关系作为最终确定管道耐压等级的条件。

4. 温泉水为中性时，宜选用下列塑料管：（1）无规共聚聚丙烯（PP-R）管，其特点是无毒、卫生、耐热（使用温度为 70℃），且具有良好的保温性；（2）聚丁烯（PB）管，其特点是耐热性能好（使用温度可达到 90℃）、抗压抗蠕变性能强、耐冲击力好、抗腐蚀性好、无毒，但属易燃材料，使用时应采用防火措施；（3）氯化聚氯乙烯（PVC-C）管，其特点是耐腐蚀能力强、阻燃性能强、保温性能好、抗老化抗紫外线性能好、抗振性能好；（4）交联乙烯（PEX）和耐热聚乙烯（PE-RT）管，其特点是耐高温性好、柔韧性好、耐压性好等。

5. 温泉水温度等于及高于 40℃ 时，不应选用硬聚氯乙烯（PVC-U）和聚乙烯（PE）管。

6. 臭氧输送管应选用牌号不低于 S31603 的奥氏体不锈钢管。

7. 化学消毒剂溶液输送管，应根据消毒剂特性、液体浓度、温度等因素选用相适应材质的塑料管和管件。

8.2.10　浴池系统控制

1. 浴池的设备运行和池水水质，均应设置自动控制和检测系统，以确保系统设备的稳定运行和水质的卫生、健康和安全。

2. 池水水质只检测水质卫生指标，不对温泉水的成分进行检测。

水质卫生检测的项目为：（1）酸碱度（pH）；（2）余氯；（3）水温；（4）浑浊度；（5）氧化还原电位；（6）臭氧浓度等。

3. 在线检测控制要求：（1）显示参数状态；（2）按设计参数上、下限值自动调节运行；（3）超限值报警（自动停机和声光报警）；（4）消毒剂投加设备与池水净化处理循环水泵连锁运行（水泵开启后加药系统再运行，水泵与加药系统同时停止）；（5）人工现场控制。

4. 人工检测要求：配套人工检测套装。

5. 检测仪表量程和精度

(1) 游离氯仪表量程：0~5mg/L，精度不应超过 0.05mg/L；

(2) 总溴仪表量程：0~10mg/L，精度不应超过 0.1mg/L；

(3) pH 仪表量程：0~14，精度不应超过 0.2；

(4) 水温仪表量程：0~100℃，精度不应超过 0.5℃；

(5) 臭氧仪表量程：0~10mg/L，精度不应超过 0.01mg/L；

(6) 氧化还原电位仪表量程：-900~1000mV，精度不应超过 20mV。

6. 检测仪表要求

(1) 高温、高湿环境条件下能高效、稳定、准确运行；

(2) 材料应耐腐蚀、防护等级不应低于 IP65；

(3) 操作及维护保养方便。

8.2.11 设备机房

1. 位置

(1) 应为独立的房间，并靠近浴池负荷中心。房间应有满足防火、环保要求的良好隔声措施。

(2) 根据浴池服务分区，允许按浴池分区（男区、女区、专用区等）分散设置。

(3) 不区分浴池分区，统一设置。

(4) 设备机房应有独立的出入口，并邻近建筑内的通道。

2. 设计

(1) 原则要求

1) 配电和控制间、化学药品库、维修备品间、水质化验间等应集中设置，但应分隔为独立的房间。

2) 不同分区的浴池池水循环净化处理系统、功能循环水系统，应分区按其工艺流程顺序进行设备布置，以方便进行操作和维修管理。

3) 设备机房内应设有不小于 1.2 倍最大设备尺寸的设备运行、安装、操作及维修通道。

4) 设备机房位于地下层或地面以上楼层时，应设置靠近安全运输通道的设备、化学药品等吊装孔。

5) 设备机房高度应确保最高最大设备顶部（不可拆卸部件）距建筑结构最低部位（如结构梁、上层降板等）的净空距离不小于 0.2m，以方便运输、安装。

6) 设备机房地面标高应确保浴池回水管高于池水过滤设备顶部，且设备机房内所有设备、水箱、容器等均应设置在高出机房地面不小于 0.1m 的混凝土基础上。

(2) 环境要求

1) 设备机房的供电量和电压应满足全部转动设备同时运行的需要。

2) 设备机房内应有电话和事故照明装置。

3) 设备机房内应有每小时通风换气次数不少于 4 次的通风设施，但消毒剂配制、加药间及化学药品库等应设独立的通风换气系统，且每小时换气次数不应少于 8 次。

4）设备机房内的最低温度不应低于 5℃，最高温度不应高于 35℃。

5）设备机房内应设有不间断的生活给水和顺畅的排水设施。

6）设备机房内的各种管道应排列整齐，确保水流顺畅，并在最低部位设置泄水装置。

7）设备机房内所有转动设备及转动设备连接的管道均应设置隔振和降噪措施。

（3）室外浴池应设置暴雨时防止雨水灌入设备机房的措施。

8.2.12 节能、节水及环保

1. 节能

（1）温泉水温度低于 60℃时，温泉水贮热水箱宜采用空气热泵对箱内温泉水进行维温加热。

（2）调温水箱宜采用水源热泵对贮热水箱内的温泉水进行降温，以维持调温水箱的水温不高于 45℃，降温回收的热量可作为淋浴水的辅助热源予以利用。

（3）浴池的溢流排水和泄空排水，宜进行热回收降温后作为建筑中水的原水予以利用，回收的热量可作为温泉水贮热水箱维温或淋浴水的辅助热源予以利用。

2. 节水

（1）温泉水贮热水箱、调温水箱及浴池泄空排水、清洗排水应回收作为建筑中水的原水。

（2）浴池间、更衣间等冲洗地面、墙面的废水应回收作为建筑中水的原水。

3. 环保

（1）浴池排水、地面及墙面冲洗排水应与生活污水和屋面雨水分流排出。

（2）浴池间、更衣间宜采用排水沟排除地面废水，排水沟应设格栅式盖板，排水沟坡度不应小于 1‰，且末端应采用网筐式排水地漏与建筑内废水管连接。排水管管径应经计算确定，但不应小于 DN100。

（3）浴池间宜采用除湿热泵回收房间内的热量。

8.3 公共浴室

8.3.1 分类

1. 按使用性质分

（1）以卫生洗净为目的的浴室：主要为在校学生、军营士兵、社团内部职工、城镇居民服务。前三种为定时、定时段开放；最后一种为全日开放。

（2）以劳动保护为目的的浴室：主要为工矿企业从事脏污、危险化学品及防辐射等工作的工作人员服务。一般为定时、定时段开放。

（3）以洁净工作为目的的浴室：主要为从事洁净生产、科研及医疗救护工作的工作人员服务。

（4）以配套冲洗为目的的浴室：主要为体育竞赛、健身、文艺演出及温泉养生等人员服务。

2. 按营业性质分

（1）营业性浴室：为宿舍、住宅未设置淋浴设施的学生、社团内部职工、城镇居民、营房士兵提供有偿服务的浴室。

（2）非营业性浴室：为从事脏污工作的工矿企业、洁净科研及制造业、医疗手术、运动员、文艺演出演艺人员及餐饮业员工提供服务的浴室。

8.3.2 浴室组成及设施

1. 为城镇居民、社团内部职工服务的浴室，由淋浴间、浴盆间、洗脸间等组成，男女分设洗浴间及配套设置更衣室、卫生间，饮水间、理发室、脚病治疗室、热水制备间及管理室等为男女共用。

2. 以劳动保护、配套冲洗和卫生洗净为目的的浴室，一般不设饮水间、理发室、脚病治疗室。

3. 洗浴设施负荷能力可按表 8.3-1 确定。

洗浴设施负荷能力　　　　　　　　　　　　　表 8.3-1

序号	洗浴设施	设置方式		负荷能力 （人/(个·h))	备注
1	淋浴器	设在淋浴间内	有淋浴小间	1	
			有淋浴隔板	2～3	
			无淋浴隔板	3～4	
2	浴盆	浴盆、淋浴、洗脸盆、休息床		1	
3	洗脸盆	单独洗脸盆		8～12	
		设在淋浴间或更衣室			

4. 洗浴设施配置数量应按建筑专业的设计图样中的数量确定。当建筑专业无此数据规定时，宜按下列规定确定。

（1）淋浴器的数量可按公式（8.3-1）计算确定：

$$n_c = \frac{N}{T_h C_c} \tag{8.3-1}$$

式中　n_c——淋浴器数量（个）；

　　　N——每日淋浴人数（人）；

　　　T_h——淋浴室每日开放时间（h），可按下列原则确定：

　　　　　　居民区公共浴室，宜按 8～16h 计；

　　　　　　社团内部职工、学员、战士公共浴室，宜按 4～6h 计；

　　　　　　体育竞赛、文艺演出等公共浴室，宜按 3～4h 计；

　　　　　　工业企业劳动保护公共浴室，宜按 1h 计；

　　　　　　洁净、医疗救护等公共浴室，宜按 8h 计；

　　　C_c——每个淋浴器的负荷能力（人/(个·h)），按表 8.3-1 确定。

（2）浴盆、洗脸盆的数量，可按表 8.3-1 确定。

5. 配套设施

（1）配套设施应包括：管理室、寄存室（可选）、男女更衣室、男女卫生间、开水间、理发室（可选）、消毒间、热水制备间、贮存间等。

（2）营业性浴室还应包括脚病治疗室、按摩间、洗衣机间及消毒间、票务室、维修间及急救室等。

8.3.3　洗浴用水特性

1. 水质

（1）原水水质应符合现行国家标准《生活饮用水卫生标准》GB 5749 的规定。

（2）热水水质应符合现行行业标准《生活热水水质标准》CJ/T 521 的规定。

2. 水温

（1）热水温度的确定应遵循舒适、安全、节能的原则。

（2）制备热水设备的出水温度应控制在 60~70℃ 范围内。

（3）洗浴热水的使用温度应按表 8.2-3 确定。

3. 用水量

（1）应根据当地气候条件、使用目的、使用方式及使用习惯等因素确定。

（2）公共淋浴场所不同用水器具的用水量标准，宜按表 8.2-4 确定。

4. 温泉水的应用应符合下列要求：

（1）作为淋浴用水时，应取得当地地热温泉水主管部门的批准。

（2）不应作为卫生洁具冲洗及洗衣用水，以节约具有辅助医疗功能的水资源。

8.3.4　公共浴室冲洗地面、墙面用水量

1. 冲洗水水质应符合现行国家标准《生活饮用水卫生标准》GB 5749 的规定。

2. 冲洗水量：$5L/m^2$。

3. 冲洗部位：淋浴间、更衣室、卫生间等部位的地面及墙面。

4. 冲洗频率：每日结业后应进行一次冲洗。

8.3.5　热量和热水量计算

1. 公共浴室需热量、设计小时需热量，应按本手册第 4.4.1 条和第 4.4.2 条的规定计算确定。

2. 公共浴室日热水用水量、设计小时热水量，应按本手册第 4.4.3 条和第 4.4.4 条的规定计算确定。

3. 公共浴室给水管道和热水管道的设计秒流量，应按本手册第 1.6.10 条和第 4.10.1 条、第 4.10.2 条的规定计算确定。

8.3.6　热水供应系统

1. 热水供应系统可分为开式系统和闭式系统，各自的优缺点见表 8.3-2。

2. 管道系统设计

（1）淋浴供水管道应与其他用水设备的管道分开设置，并符合下列要求：

1）应采用机械循环供水系统，确保淋浴器阀门打开后 5s 内达到规定的使用水温，不浪费水资源。

开式与闭式热水系统的比较   表 8.3-2

序号	系统形式	优点	缺点	备注
1	开式系统	1. 配水点冷、热水供水压力稳定； 2. 运行安全可靠、管理方便； 3. 节约能源	1. 需配置高位水箱，占用建筑面积； 2. 适用于小型浴室； 3. 水质易受到污染	
2	闭式系统	1. 热水水质有保证； 2. 适用于各类规模的淋浴室； 3. 设备较简单	1. 为保证配水点压力平衡稳定，造成管路复杂； 2. 需配置热水贮水罐及安全阀等装置； 3. 维护管理检修要求高	

2) 同一建筑内不同楼层、不同分区的淋浴室应各自设置独立的机械式循环管道系统。

3) 男、女淋浴室的管道应分开设置，以方便管理。

（2）同一淋浴室应根据水力平衡原则，采用分组团式淋浴器及同程式管道布置方式，并应采取下列稳定配水点出水水温的措施：

1) 冷、热水供水应用同一压力供水水源，且淋浴器的数量超过 3 个时，应采用环状管道布置。

2) 按下列要求控制热水管道的沿程水头损失：

① 淋浴器数量少于或等于 6 个时，其配水管的水头损失不应大于 0.03MPa；

② 淋浴器数量超过 6 个时，其配水管的水头损失不应大于 0.035 MPa。

3) 按下列要求控制最小配水管管径：

①淋浴器配水支管最小管径不应小于 $DN25$；

②淋浴器双管系统供水，且采用脚踏开关时，其配水管的最小管径不应小于 $DN32$；管道流速应按表 8.3-3 的要求进行控制。

淋浴管道的流速   表 8.3-3

公称管径(mm)	15～20	25～40	≥50
流速(m/s)	≤0.8	≤1.0	≤1.2

3. 幼儿园、养老院、精神病院等特殊场所的热水供应管道应采取防烫伤措施。

4. 热水系统的回水管和冷水补水管应接入换热器（加热设备）的进水管上。

8.3.7 热水循环系统循环水泵

1. 循环流量

（1）定时热水供应系统按公式（8.3-2）计算：

$$q_x = (2 \sim 4)V \qquad\qquad (8.3-2)$$

式中 q_x——定时热水供应系统循环流量（L/s）；

     2～4——热水循环系统管网水容积在 1h 内循环的次数；

     V——热水供水管与回水管的总水容积（L）。

（2）全日热水供应系统按公式（8.3-3）计算：

$$q_x = \frac{Q_s}{c \cdot \rho_r \cdot \Delta t} \qquad\qquad (8.3-3)$$

式中　q_x——全日热水供应系统循环流量（L/s）；

　　　Q_s——管道热损失（kJ/h），按下列规定取值：

　　　　　　单体建筑按小时需热量的 $3\%\sim5\%$ 计；

　　　　　　建筑小区按小时需热量的 $4\%\sim6\%$ 计；

　　　c——水的比热，取 $c=4.187\text{kJ}/(\text{kg}\cdot\text{℃})$；

　　　ρ_r——热水的密度（kg/L），取 $\rho_r=0.985\text{kg/L}$；

　　　Δt——热水管道系统计算温度差（℃），按下列规定取值：

　　　　　　单体建筑：$\Delta t=5\sim10$℃；

　　　　　　同一热水系统多个淋浴室：$\Delta t=6\sim12$℃。

2. 循环水泵扬程按公式（8.3-4）计算：

$$H_b=h_{xb}+h_{xh} \tag{8.3-4}$$

式中　H_b——循环水泵所需扬程（kPa）；

　　　h_{xb}——循环水量通过配水管道的沿程水头损失和局部水头损失（kPa）；

　　　h_{xh}——循环水量通过回水管道的沿程水头损失和局部水头损失（kPa）。

3. 循环水泵选用

（1）应为高效、节能、低噪声、耐腐蚀和耐高温的热水水泵；

（2）水泵壳体耐压应为水泵扬程与水泵所承受净水压力之和；

（3）应设备用泵，并应定时交替使用。

4. 循环水泵应设在热水系统的回水管道上，并应符合下列要求：

（1）全日热水供应系统，循环水泵应根据泵前回水管道上的温度计设置参数开启和关闭；

（2）定时热水供应系统，循环水泵应根据定时器设置参数或人工按时开启和关闭。

8.3.8　热水供水及管道、附件

1. 淋浴器采用冷、热水双管供水时，淋浴器开启处的热水温度不应低于50℃且不应高于55℃。

2. 淋浴器采用单管供应热水时，应符合下列要求：

（1）恒温混水器前热水温度不应低于50℃；

（2）恒温混水器后热水温度不应低于42℃；

（3）每个混水器负担的淋浴器数量，见国家标准图集《卫生设备安装》09S304。

3. 管道及附件

（1）材质、系统中阀门、附件、仪表等的设置和选用应符合现行国家标准《建筑给水排水设计规范》GB 50015 的规定。

（2）单个淋浴器的开启方式，应根据服务对象、经营方式、使用要求，按现行国家标准图集《卫生设备安装》09S304 选用。

8.3.9　加热和贮热设备

1. 加热设备应以节约能源、换（加）热效果好、热效率高及阻力小为原则。根据热源种类和条件、供热能力、热水系统设计小时需热量、设计秒流量需热量及使用要求等因素按下列要求选用：

（1）热源为城镇热网或区域、建筑内的高温热水或高温蒸汽时，应按现行国家标准图集《水加热器选用及安装》16S122 的要求选用。

（2）无城镇热网或区域、建筑内无热源时，应自设锅炉房，按燃料供应条件确定。

2. 水加热器的贮热量，不应小于表 8.3-4 的规定。

水加热器的贮热量　　　　　　　　　　表 8.3-4

序号	水加热器形式	热媒为蒸汽和95℃以上热水		热媒为95℃以下热水	
		工业企业淋浴	其他建筑淋浴	工业企业淋浴	其他建筑淋浴
1	导流型容积式水加热器	$20minQ_h$	$30minQ_h$	$30minQ_h$	$40minQ_h$
2	半容积式水加热器	$15minQ_h$	$15minQ_h$	$15minQ_h$	$20minQ_h$

注：1. 表中 Q_h 为设计小时耗热量（kJ/h）。
2. 快速水加热器、热水锅炉应附设贮热水罐（箱）。

8.3.10　浴室排水

1. 洗浴废水应与生产污水、生活污水及室内屋面雨水等分流排出。

2. 浴室排水管道的水力计算、管道坡度和充满度及管材等均应按现行国家标准《建筑给水排水设计规范》GB 50015 的规定进行计算和选用。

3. 淋浴室宜采用排水沟排水方式，并应满足下列要求：

（1）排水沟不应设在进出人流通道上，宜沿安装淋浴器墙布置，排水沟宽度不应小于150mm，排水沟起点有效水深不应小于 20mm。

（2）排水沟沟底坡度不应小于 1‰，排水沟应设具有收水功能的格栅盖板。格栅盖板板面应光洁（无毛刺），且收水缝隙宽度不应超过 8mm。

（3）排水沟末端应设集水坑，并应符合下列要求：

1）集水坑设在室内时，应采用水封深度不小于 50mm 的网框式排水地漏，其管径应经计算确定。

2）集水坑设在室外时应为水封井，其井内的有效水封水深不应小于250mm，并设有聚集毛发的网框。

4. 淋浴室采用地漏排水方式时，应符合下列要求：

（1）排水地漏的直径宜按表 8.3-5 选用。

公共淋浴室排水地漏直径选用表　　　　　　表 8.3-5

序号	淋浴器数量（个）	排水地漏公称直径 DN(mm)	适用条件
1	1~2	50	无排水沟
2	3	75	
3	4~5	100	
4	8	100	有排水沟
5	>8	以水力计算确定	有排水沟

（2）应选用网框地漏，且具有有效水深不小于 50mm 的水封。

（3）设置位置宜靠近淋浴器侧下方地面处。

（4）淋浴室地面应以不小于 0.5‰ 的坡度坡向地漏，地漏收水箅盖顶面应光洁且应与设置地面相平。

5. 更衣室应设置可开启密闭式地漏。数量宜按每 20m² 地面设置一个 DN100 地漏确定。该地漏作为冲洗、消毒地面时使用。

8.3.11　节能、节水及环保

1. 热源应按下列顺序选用：

（1）工业余热、废热、太阳能、热泵；

（2）城镇热网；

（3）建筑小区、建筑物锅炉房热网；

（4）不具备上述条件时，可自设燃气、电力热水机组或锅炉。

2. 换热或加热设备应设置自动恒温装置，严格控制热水出水温度。

3. 热水供水干管和热水回水干管应采取保温措施。

4. 淋浴器宜按下列要求选用：

（1）营业性淋浴室宜选用刷卡式淋浴器及单柄调温液压脚踏开关淋浴器。

（2）工业企业、营房、体育场馆、剧院等场所的浴室宜选用光电感应调温式淋浴器。

（3）对淋浴器出水温度有严格要求的冷、热水双管供水场所，宜采用恒温型淋浴器。

5. 单管供水淋浴系统应分组设置恒温混水阀，并应符合下列要求：

（1）当供水压力为 0.2MPa 时，每个恒温阀负担的淋浴器不宜超过 15 个。

（2）热水供水温度不应低于 50℃，淋浴器出水温度根据使用要求调节。

（3）淋浴器开关根据使用要求，可采用脚踏式开关、液压脚踏式开关或感应式淋浴阀、刷卡式淋浴器。

8.4　水景工程

8.4.1　水景工程的作用

水景工程的作用可归纳如下：

1. 美化环境

（1）水景工程本身可以构成一个景区的主体，成为景观的中心。广场中心的水景工程、景观河或人工湖中的水景工程、水景音乐茶座和水景舞场中的水景等都是其实例。

（2）水景工程也可以装点、衬托其他景观。静止的景物配以灵动的水景，可以达到静动结合，使之更加生动活泼、丰富多彩；配以静止的水景，可使景物更加宁静平稳，映衬互补，避免平淡单调；根据景物艺术特征和特定环境要求，选择适当的水流形态加以陪衬，可使其艺术气氛更加浓郁，功能更加完美。

（3）多个景点可利用水景联系贯穿形成一个有机的景区，从而起到引导游客览胜的作用。还可利用水景将一个景区进行分隔，形成多个既独立又相互联系和呼应的景点，从而起到提高观赏价值和趣味性的作用。

2. 改善小区气候

水景工程可起到类似大海、森林、草原和河湖等净化空气的作用，使景区的空气更加清洁、新鲜、润湿，使游客心情舒畅、精神振奋、消除烦躁，这是由于：

（1）水景工程可增加附近空气的湿度，尤其是在炎热干燥的地区其作用更加明显。

（2）水景工程可增加附近空气的负氧离子浓度，减少悬浮细菌数量，改善空气的卫生条件。

（3）水景工程可大大减少空气中的含尘量，使空气清新洁净。

（4）水景工程可使局部空气产生对流，降低周边环境温度。

3. 其他作用

在进行水景工程的设计时，除充分发挥前述作用外，还应统揽全局、综合考虑、合理布局，尽可能发挥以下作用：

（1）利用各种喷头的喷水降温作用，使水景工程兼作循环冷却水的喷水冷却池。

（2）利用水池容积较大，水流能起充氧作用，防止水质腐败，使之兼作消防贮水池或绿化贮水池。

（3）利用水流的充氧作用，使水池兼作养鱼塘。

（4）利用水景工程水流的特殊形态和变化，适合儿童好动、好胜、亲水的特点，使水池兼作儿童戏水池。

（5）利用水景工程可以吸引大批游客的特点，为公园、商场、展览馆、游乐场、舞厅、咖啡馆等招揽顾客和进行广告宣传。

（6）水景工程本身也可以成为经营项目，进行各种水景表演可以取得一定的经济效益。

8.4.2 水流的基本形态

水景是由各种形态的水流构成的，基本水流形态可按表 8.4-1 进行分类。这些水流形态都是利用各种特殊装置模拟自然水流形态构成的。只要我们掌握了各种水流形态的特点，设计得法，应用得当，就可获得取自自然、酷似自然、胜于自然的艺术效果，进而还可以利用人们丰富的想象能力和技术手段，设计创造出在自然界难以看到的奇特水流形态，使设计的水景工程更加新颖奇特，多姿多彩。

构成水景的基本水流形态　　　　　表 8.4-1

类型	特征	形态	特　点
池水	水面开阔且基本不流动的水体	镜池	具有开阔而平静的水面
		浪池	具有开阔而波动的水面
流水	沿水平方向流动的水流	溪流	蜿蜒曲折的潺潺流水
		渠流	规整有序的水流
		漫流	四处漫溢的水流
		旋流	绕同心作圆周流动的水流
跌水	突然跌落的水流	叠流	落差不大的跌落水流
		瀑布	自落差较大的悬岩上飞流而下的水流
		水幕（水帘）	自高处垂落的宽阔水膜或水线

类型	特征	形态	特　点
跌水	突然跌落的水流	壁流	附着陡壁流下的水流
		孔流	自孔口或管嘴内重力流出的水流
喷水（射流）	在水压或气压作用下自特制喷头中喷射出的水流	纯射流	自直流喷头中喷出的光滑透明水柱
		泡沫射流	通过气水混合后喷射出白色泡沫状水流
		水膜射流	自成膜喷头中喷出的透明膜状水流
		雾状射流	自成雾喷头中喷出的雾状水流
涌水	自水面下向上涌起的水流	涌泉	自水下涌出水面的水流
		珠泉	自水底涌出的气泡水流

8.4.3　水景造型

水流基本形态是多种多样的，由这些基本水流形态组合构成的水景造型也就无穷无尽。下面列举一些常用的水景造型供设计参考。

1. 以池水为主的水景造型

镜池的水面宽阔平静，可将水榭、山石、树木、花草等映入水中形成倒影，因而可增加景物的层次和美感。水面若有细微涟漪，可使倒影更加生动活泼、变化多姿。池内若配置山石、曲桥，养殖水草、游鱼，更可增添雅趣生机。由于镜池结构简单，造价低廉，水量和能量消耗少，运行费用低，无噪声，维护管理简单，所以实际应用较多。如图 8.4-1 所示。

图 8.4-1　镜池

浪池的波浪可为粼纹细浪，也可为惊涛骇浪，既可让浪花沿缓坡沙滩涌来退去，也可使巨涛拍击陡壁礁崖。浪池常与儿童戏水池、水族馆的大型鱼类养殖池等结合建造，既能增加真实感和趣味性，又能加强池水的充氧作用，防止水质腐败。

2. 以流水为主的水景造型

流水并不一定要很大的流量、很宽的水面和很深的河床，重要的是需因地制宜，灵活巧妙地利用地形地物，将溪流、漫流、叠流等有机的配合应用，并使山石、小桥、亭台、花木等恰当地穿插其间，使水流时急时缓、时平时跃、时曲时直、时隐时现，从而使整个水系水流淙淙、水花闪烁、欢快活跃、变化多端。一般流水的水量和能量消耗不大，且流水不腐，有一定的自净能力，还可借用水深流缓的区段繁养鱼蟹，给游人增添游乐的兴趣。图 8.4-2 为流水的一段。

图 8.4-2　流水的一段

3. 以跌水为主的水景造型

天然地形有断岩峭壁、高坎陡坡等可资利用时或可人工构筑假山、陡崖时，则可构成飞流瀑布，形成洪流跌落、雪浪滚翻、水雾腾涌、彩虹当空的壮美景观，如图 8.4-3 所示。也可构成凌空飘垂的水幕，形成一道晶莹透明的帷幕或屏幕，还可构成水层沿陡壁流下的壁流，或水花四溅，或水膜闪烁。

孔流的水柱一般纤细透明、自然柔和、轻盈妩媚，可构成多姿多态、活泼可爱的造型，恰当地与雕塑、跌水等相配合可显出强烈的艺术效果。如图 8.4-4 所示。

图 8.4-3　跌水造型　　　　　　图 8.4-4　孔流造型

4. 以喷水为主的水景造型

喷水是借助水压和各种喷头构成的，所以有更大的自由度，可创造出千姿百态的水流形态，组成更加丰富多彩的水景造型。

（1）纯射流水柱组成的造型

纯射流水柱可以喷的很高、很远，且角度可以任意设置和调节，同时使用的喷头结构也较简单，所以是常用的造景手段。图 8.4-5 所示为射流水柱组成的部分水景造型示意。

（2）水膜射流造型

水膜射流的特点是新颖奇特、玲珑剔透、活泼可爱，同时具有噪声较低、充氧能力较

图 8.4-5　射流水柱组成的水景造型

图 8.4-6　水膜射流造型

强的优点和易受风的干扰、照明效果较差的缺点，所以常在室内和不经常刮风的地方采用，如图 8.4-6 所示。

（3）泡沫射流造型

利用特殊构造的喷头和水压作用造成高速水流，形成负压吸入大量空气与水混合，呈现泡沫状水流，因泡沫的漫反射作用使水流呈现雪白的颜色，大大改善了照明和着色效果，同时也使水的充氧和冷却作用加强，使空气的加湿和除尘作用提高，并能以较少的水量达到较大的外观体量。这种水流较为壮观、明显、浑厚，是水景工程常用的形态。但这种水流要求水压和流量比较大，能量消耗较大，与其他水流相比，其噪声也比较大，如图 8.4-7 所示。

（4）雾状射流造型

水雾是一种特殊的水流形态，是利用特制喷头喷出的雾状水流。可将少量的水喷洒到

图 8.4-7　泡沫射流造型

很大的范围内,形成水气腾腾、云雾濛濛的环境,若有白光灯或阳光照射,还可呈现出彩虹映空的景象。它对水的冷却、充氧作用和对空气的加湿、除尘作用都很明显。这种水流常与其他水流配合应用,起烘托气氛的作用,如图 8.4-8 所示。

图 8.4-8　水雾射流造型

5. 以涌水为主的水景造型

在宁静幽深的环境里,不适合配置喧闹的水流,也不宜流量过大和形态、色彩变化较多。这时设置以涌水为主的水流造型比较适宜。它可将环境衬托得更加清新淡雅,野趣横生,从而显得更加清幽静谧。

清澈的泉水自水下涌起,向四周漫溢,将水面激起层层柔细的波纹,即所谓的涌泉,也称趵突泉。清澈的池水内,有串串闪亮的气泡自池底涌出,即所谓的珠泉,也称珍珠泉。池底珍珠进涌,池面鳞纹细碎,可给环境增添诗情画意。如图 8.4-9 所示。

6. 组合水景造型

实际水景工程,尤其是大中型水景工程,通常是将各种水流形态进行组合搭配,所以其造型多得无穷无尽。将各种喷头进行恰当搭配编组,按一定的程序使其依次喷水,并以彩色灯光配合变换,即可构成程控彩色喷泉。若再利用音乐声响控制其喷水的高低、角度变换等,即构成彩色音乐喷泉。如图 8.4-10 所示。

8.4.4　水景工程的基本形式

水景工程并没有一定的形式必须遵守,而应该根据规模、环境、艺术和功能要求灵活

图 8.4-9　涌泉造型　　　　　　　　　　图 8.4-10　组合水景造型

设计。常见的水景工程的基本形式大致有以下几种：

1. 固定式水景工程

固定式水景工程是指构成水景工程的主要组成部分，如喷头、管道、配水箱、水泵、水池、电气设备等都固定设置，不能随意移动。这是大中型水景工程常用的形式之一，小型水景工程也可采用这种形式。根据承受水流的构筑物（受水池）的形式不同，有以下几种：

（1）水池式喷泉

这是最常见的形式，即将喷头、管道、阀门、水泵和灯具等固定设在水池内，而电气设备等设在附近固定的控制室内，也可将水泵集中放置于水池外的水泵房内。一般水池还设有固定的给水井、补水井、溢水口、集水坑、排水井、过滤设施及电缆井等。水池起贮水和承受水流的作用。

这种水景工程便于维护管理，水泵等设备容易选择，但土建工程量较大，工程造价较高，一次充水量大，冰冻期防冻有一定困难，人们只能在水池周围观赏，不能充分满足人们的亲水欲望，因而参与性不强。这种形式适合大型水景工程采用，尤其是设在大型广场、建筑物前的水景工程。如图 8.4-11 所示。

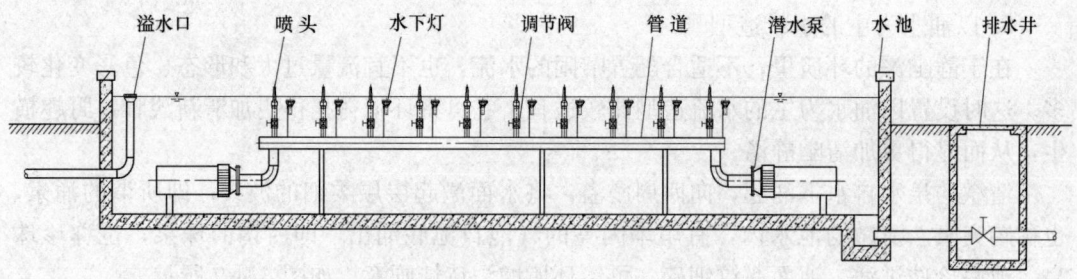

图 8.4-11　水池式喷泉工程示意图

为改善水面观瞻，满足人们对水面环境的更高要求，也可采用喷泉设备升降机构，在喷泉不喷水时，将喷头降到水面以下，喷水时，将喷头升出水面，进行喷泉表演。

（2）浅碟式喷泉

将水池深度尽量减小设计成浅碟式，在水泵处设一集水井，满足水泵吸水要求。浅碟内布置一些不同形状的踏石、假山、水草等，管道和喷头用卵石等掩盖起来。喷水后，人们不仅可在四周围观，还可在水柱间穿行戏耍，因而大大增加了人们的游乐兴趣和亲水情趣。如图 8.4-12 所示。

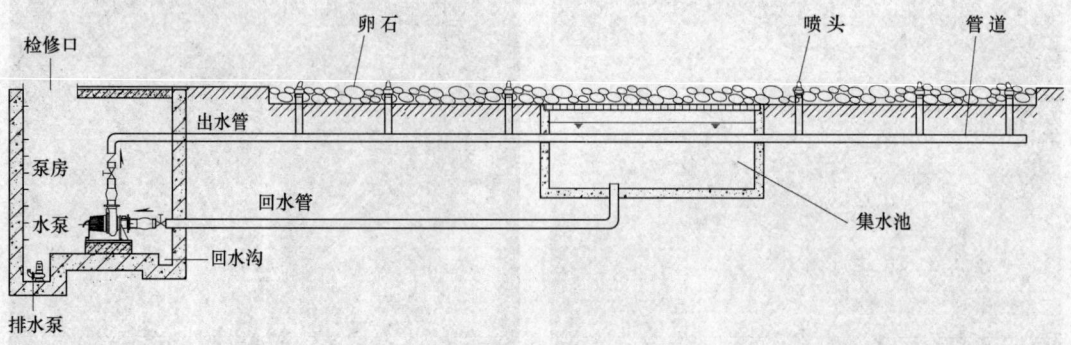

图 8.4-12　浅碟式喷泉工程示意图

（3）旱地式喷泉

将喷头、管道、阀门和灯具等隐蔽于地面下的暗沟或暗水池中，水泵根据场地的安全要求安放在暗水池内或安装在独立的泵房中，在喷头和灯具位置预留适当的孔洞用以喷水、照明及回水。喷水时游人可进入玩耍，不喷水时旱地可作为活动场所，因此适合在游乐园和广场等采用，可增加游乐的兴致和欢快气氛。如图 8.4-13 所示。

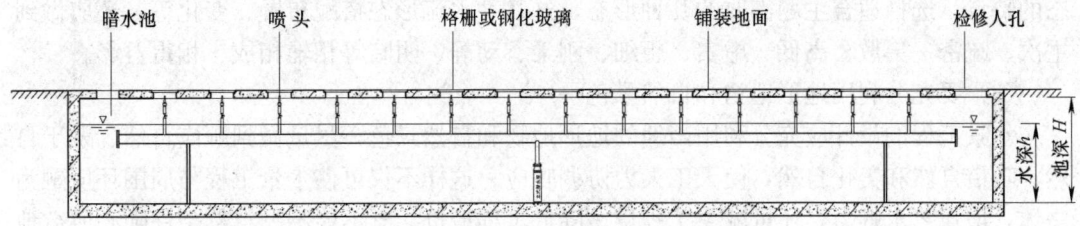

图 8.4-13　旱地喷泉工程示意图

（4）河湖式喷泉

将喷头、管道、阀门、水泵和灯具等直接设置在江河湖海中，也有将水泵集中设置在岸边水泵房内。由于水面一般较为开阔，要求水柱粗壮并有一定的高度，因此耗能较大。由于江河湖海的自然条件复杂，需考虑洪枯水位、水流速度、杂草、水质、航道和气候等对喷泉的影响，设计难度大，施工困难。为便于设备检修，一般需设计特殊基础平台。

2. 半移动式水景工程

半移动式水景工程是指水景工程的主要设备可以随意移动，而水池等土建结构固定不变。通常是将喷头、配水器、管道、潜水泵和水下灯等组装在一起，使之定型化，便于工厂成套生产。使用时将成套设备置于水池内或池塘内，接通电源即可喷出预定的水姿造型。还可将几套设备适当配合布置，组成更复杂的造型。若再按一定的程序控制各套的开停，则可编出很多变化组合。设备的配置方式还可经常变动，达到常变常新的效果。

3. 全移动式水景工程

全移动式水景工程就是所有的水景设备（包括水池在内）全部组合在一起，使之设备化、定型化，可以任意整体搬动。这种成套设备可设在大厅、庭园内，对于更小型的甚至可摆在桌子上、柜台上、橱窗内等。移动式水景可设计成很多种形式，水流可为固定姿态，也可程序或声响控制使之变化。水池内的贮水可为普通自来水，也可为染成各种颜色的彩色水。设备可为敞开式的，为防止水的溅出也可为封闭式的，即在水流外设封闭式的透明罩。

8.4.5　水景工程设计

1. 水景工程设计的原则要求

水景工程既是一门工程技术又是一门造型艺术，没有固定的形式必须遵守，也不应该照搬他人的模式，而应该根据置景的环境、艺术和功能要求，选择适当的水流形态、水景形式和运行方式。但以下基本原则是普遍适用的：

（1）要遵循总体规划的原则要求

有时水景工程是整个景区的景观中心，水景工程是景区内的主体构筑物。但在另外情况下，水景工程可能仅是景区内的附属景观，甚至是某一景点的陪衬、装饰、点缀和背景。后者情况下，水景应服务于主景，服从主景的需要，满足主景的功能和艺术要求，切不可盲目设计自身，追求自身的形式和规模，以致造成主次倒置、喧宾夺主。

（2）要突出景观的主题

当水景工程为景区的中心景观时，选择的水流形态应突出景区或景点的主题思想，防止将各种水流形态盲目拼凑，无主题、无主次、无层次、杂乱无章。而应根据各种水流形态的特点，选择适合主题需要的几种形态，这几种水流形态搭配布置、变化等，还应做到主次、疏密、集散、高低、虚实、粗细、刚柔、动静、明暗等相辅相成、相得益彰。

（3）要充分利用地形地物和自然景色

水景工程的设计应充分利用当地的地形地物和自然景色，尽量做到顺应自然、融于自然、巧借自然和美化自然，使天工人力协调呼应。这样不仅可使水景工程与周围环境融为一体，增强艺术魅力，还可减少工程量、降低工程造价。既不能不顾自然条件随心所欲地设计，也不能绝对受自然条件的制约，而应根据具体情况周密设计、灵活处理。

（4）水流密度要适当

水景的水流密度应根据景观的主题要求确定，该密则密，该疏则疏。幽静淡雅的主题，水流宜适当稀疏一些；雄伟壮观的主题，水流宜适当丰满粗壮一些；活泼欢快的主题，宜适当增多水柱数量并多一些变化。但是不论什么主题和场合，都应力求以最小的能量消耗达到尽可能大的观瞻和艺术效果。

（5）要留意水景工程与周围环境的相互影响

设计水景工程要考虑其运行后对周围环境的影响和周围环境对水景工程的影响。比如水柱射程过高是否会有水滴溅出，影响人们的观赏甚至对周围建筑物造成危害；出现冰冻时，管道、阀门、水池、水盘等是否会被损坏；水流噪声是否会影响周围功能要求；向水池供水的给水管道在事故检修等情况下是否会造成负压发生倒流污染；秋天落叶时节是否会有大量树叶将水池堵塞……设计时应考虑周到一些，以免工程建成后给维护管理造成困难，甚至被迫返修、改建。

（6）要避免形式雷同

水景工程的造型构思本身就是艺术创作过程，要切忌形式雷同，造成千景一貌，毫无新意，令游人扫兴。相反，即使是一处很小的水景，只要艺术处理得当，独具匠心，富有新意，也会招人喜欢，让人留恋，就像一件成功的尺方盆景能被人誉为"立体的画、凝固的诗"一样显出特有的艺术魅力。要达到此目的，设计者需要具备一定的艺术修养和丰富的想象能力，才能在既定的条件下创作出独具匠心、新颖奇特的艺术形象。

（7）要注意发挥水景工程的多功能作用

在可能和合理的条件下，应充分发挥水景工程的综合效益，如第 8.4.1 条所述。发挥工程的综合效益，就等于降低了工程投资，提高了经济效益、社会效益和环境效益。

（8）要注意发挥多工种的协调作用

既然水景工程是一门造型艺术，就应由艺术设计统领整个工程设计、施工过程，参与设计、施工的各工种都应为一个艺术总构思服务，不能各自为政。水景工程又是一门综合性工程技术，需要多种技术专业协同发挥作用，才能使艺术总构思变成现实。对于一个大型现代水景工程，建筑、结构、园林、给水排水、机械、电气、自动控制及音乐等专业是不可缺少的。一个成功的大型水景工程应是这些专业技术人员共同创造的结果。

2. 水景工程的设计要求

一个典型水景工程，是由若干独立喷水造型组合在一起构成的完整喷水景观，其设备部分由喷头、整流器、管道、阀门、水泵、摇摆机构、照明灯具、供配电装置、自动控制装置等组成，其土建部分由水泵房、水池、管沟、阀门井、电缆井、电缆通道和控制室等构成。如图8.4-14所示。现将各部分的设计要求简述于后。

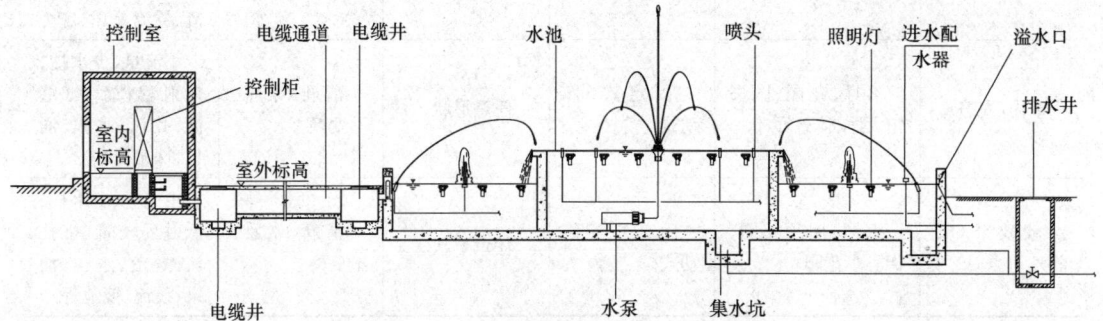

图 8.4-14　典型水景工程的组成

（1）水景工程的造型、形式选择

应按照水景工程的功能、艺术和环境要求选定其造型、水流形态和基本形式。表8.4-2所列建议可供设计参考。

水景造型、形式选择　　　　　　　　　　表 8.4-2

环境条件	环境举例	水景造型、形式			
		形式	池形	照明	水流形态
开阔、热烈、欢快	游乐场、儿童公园、博览会场等昼夜观赏的场合	固定式、半移动式	圆形、类圆形、分层、可四周观赏	色彩华丽、多变换	大流量、多水柱、高射程、多变换（射流、冰塔、冰柱、水膜、瀑布、水雾等）
开阔、热烈	公园、广场等夜间较少观赏的场合	固定式、半移动式	圆形、类圆形、分层、可四周观赏	色彩较简单	大流量、多水柱、高射程、多变换（射流、冰塔、冰柱、水膜、瀑布、水雾、孔流、叠流、涌流等）
开阔、庄重	政治性广场、政府大厦前、大会堂前	固定式、半移动式	方形、圆形、分层、可四周观赏	色彩简单、少变换	大流量、多水柱、少变换（冰塔、冰柱等）
较开阔（西式）	旅游地、宾馆门前	固定式、半移动式	圆形、类圆形、多矩形、多边形	色彩华丽、多变换	大流量、多水柱、高射程（射流、冰塔、冰柱、水膜、瀑布、水雾等）
较开阔（中式）	古园林、寺院、民族形式旅游地、宾馆	固定式、半移动式	不规则形状	淡雅、少变换	较小流量、较少水柱（镜池、溪流、叠流、瀑布、孔流、涌泉、珠泉等）

续表

环境条件	环境举例	水景造型、形式			
		形式	池形	照明	水流形态
室内（热烈）	舞厅、酒吧、宴会厅、商店、游艺厅	固定式、移动式	任意形状	稍华丽、有变换	小流量、少水柱、低射程、较简单（壁流、射流、水膜、孔流、叠流等）
室内（安静）	客厅、花园、图书馆大厅、休息厅	固定式、移动式	任意形状	清新、素雅、不变换	小流量、少水柱、低射程、简单（壁流、孔流、水膜、涌泉、珠泉等）
较狭窄（安静）	庭园、屋顶花园、街心小花园	固定式、半移动式	任意形状	清新、素雅、不变换	小流量、少水柱、低射程较简单（孔流、叠流、水膜、涌泉、溪流、镜池等）

（2）喷泉设备及器材的选择

1）喷头选择

① 喷头应喷出理想的水流形态、能耗低、噪声低、外形美观，还应能在运行环境下长期使用，不锈蚀、不变形、不老化，材质还应便于加工。

② 用于室外时常采用铜、不锈钢等材质，个别情况下也有采用陶瓷和玻璃的，用于室内时也可采用工程塑料和尼龙等材质。

③ 我国现行行业标准《喷泉喷头》CJ/T 209 对喷头的术语、分类、技术要求、实验方法等作了具体规定。

2）整流器选择

① 喷头前的直线管段长度小于 20 倍喷嘴口径时，应装设整流器。

② 一般整流器只能削弱横向涡流，减少水流阻力，并不能使不均匀的纵向水流得到改善，所以整流器前与形成纵向涡流的配件（弯头、阀门等）的距离应大于 2 倍喷管管径，一般距离采用 3~4 倍喷管管径。

③ 整流器后面应为等径或收缩管段，其长度应不小于喷管管径。

④ 整流器要有一定的长度，一般不小于 2 倍喷管管径。

⑤ 装设整流器后的过流面积，应尽可能和喷管的过流面积相近，所以常采用薄板或薄壁管制作，也可采用塑料制品。

⑥ 常用整流器的断面形式如图 8.4-15 所示。

⑦ 目前有些厂家将整流器设置在喷头中，也有一定的整流效果，但不是很理想。

  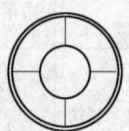  

图 8.4-15　常用整流器断面形式

3）管材选择

① 一般水景工程中当管径小于或等于 80mm 时，可采用热镀锌钢管丝扣连接，当管径大于或等于 100mm 时可采用焊接钢管。无论管径大小，若采用焊接加工，焊后均须进行整体热镀锌。

② 要求较高的喷泉工程或喷泉管道检修较困难时，可选用不锈钢（常用 0Cr18Ni9、1Cr18Ni9Ti）管或铜管，壁厚不得小于 2mm。

③ 对于室内工程和小型移动式水景除采用热镀锌管、不锈钢管和铜管外，也可采用塑料管。

④ 管道支、吊架可参照《室内管道支架及吊架》03S402 选用加工。

⑤ 喷泉水池内的管道一般不需进行水压试验，但水池以外较长的管段，应按《建筑给水排水及采暖工程施工质量验收规范》GB 50242 的要求进行水压试验。超高喷泉的配水箱、整流罐等按相应压力容器要求进行密封和强度试验。

4）阀门选择

① 连接喷头的支管上的调节阀，对于热镀锌管可选用铜球阀，对于不锈钢管可选用不锈钢球阀。当支管上不装调节阀时，应在每台水泵的出水管上或干管上装调节阀，一般可选用与管道材质相当的蝶阀。

② 两台以上水泵并联时，每台水泵出水管上应装止回阀，一般选用与管道材质相当的蝶式止回阀，不宜选用旋启式止回阀。

③ 对于程控、音控等水景工程，自动控制阀门是关键装置之一，对它的基本要求是能够实时控制，保证水流形态的变化与程控信号和音频信号同步，保证长时间反复动作无故障，尽量使阀门的开启度与通过的流量成线性关系。目前国内使用较多的自动控制阀有水下电磁阀、比例调节阀、电动调节阀、液压调节阀等。水下电磁阀一般只能控制水流的启闭，不能调节流量；比例调节阀的开启度可与喷水水柱高低成线性变化，很好地满足了音控水景的要求，但其价格较为昂贵；电动调节阀的动作时间滞后较大，且不适合连续频繁动作，仅适用于对实时要求不高的水形之间的切换。

5）水泵选择

① 潜水泵

a. 目前常用国产潜水泵型号有 QS、QY、QX、QJ、QRJ、QKSG 及其改进型等，国外潜水泵型号有 SPA、SP（丹麦格兰富）、BS（瑞典飞力）、SD、SDS（意大利科沛达）和 UPS（德国欧亚瑟）等。

b. 潜水泵原设计一般为垂直立式安装，若要求倾斜或卧式安装应向生产厂说明，以便采取相应措施。

c. 对 QJ、QRJ、QKSG、SPA、SP 等型号的潜水泵，原则上应外装导流筒以利电机散热。若工程仅为短时间内间断运行，也可省略导流筒，但应征得生产厂同意。

d. 若所选喷头的喷嘴口径和整流器内间隙小于潜水泵进水滤网的孔径，则应在水泵进水口外增设细滤网，细滤网应采用不锈钢材料，网眼直径一般不大于 5mm。对于细雾喷头则应按产品要求确定。

e. 潜水泵的具体型号选择可根据流量及水压要求确定。

② 陆用水泵

水景工程有时设专用泵房，此时需采用陆用水泵，其规格和品种较潜水泵多样、齐全，常用型号有 IS、ISG、SH、SA、GD、BG 和 SG 等，可按照一般给水工程要求选用。

（3）照明灯具选用

水景工程可采用水上和水下照明。对于喷高较高的水形和反射效果较好的水流形态（冰塔、冰柱等夹气水流），采用水上照明，着色效果较好，照度较强，也易于安装、控制和检修。但灯具布置不当会使观众感到眩光，所以应注意避免灯光直接照到观众的眼睛。对于喷高较低的水形和透明水流形态（射流等），宜采用水下照明。常用水下照明灯具有白炽灯和气体放电灯。前者因发热量大，在相同照度下耗电量较大，容易炸裂，只适合在水下使用，但其启动速度快，适合自动控制的频繁启动。这种灯具有聚光型和散光型两种，或在同一盏灯具内可调节发光点，既可用作聚光也可用作散光。在要求照射距离较远时宜采用聚光型，要求照射范围较大时宜采用散光型。气体放电灯发热量较小、耗电少，水下陆上均可使用，但有些产品启动时间较长，不适合频繁启动。

随着科技的发展，新的光源不断出现，用于水景照明的灯具有了更多的选择。近年来，高亮度 LED 水下灯在水景照明中得到了广泛应用，由于 LED 水下灯使用寿命长、耗能低、色彩纯正，逐步取代了传统水下灯。在个别地方，也有采用光导纤维灯照明、激光照明、各种远射投光灯照明和其他特种照明的水景工程。

3. 水景构筑物——水池设计

（1）水池的平面尺寸

水池的平面形状和尺寸一般由总体设计确定，但水池的平面尺寸应满足喷头、管道、水泵、进水口、泄水口、溢水口、吸水坑等的布置要求，同时还应防止水的飞溅。在设计风速下应保证水滴不致大量被吹失池外，回落到水面的水流应避免大量溅至池外，水滴在风力作用下漂移的距离可按公式（8.4-1）计算：

$$L = \frac{3\Phi\gamma Hv^2}{4dg} = 0.0296\frac{Hv^2}{d}$$ (8.4-1)

式中 L——水滴在空气中因风吹漂移的距离（m）；

  Φ——与水滴形状和直径有关的系数，一般近似将水滴看成球形，在直径为 0.25～10mm 时，Φ 可近似取为 0.3；

  γ——空气的密度（kg/m³），常温下一个大气压时可取为 1.293 kg/m³；

  H——水滴最大降落高度（m）；

  v——设计平均风速（m/s）

  d——水滴计算直径（mm），水滴直径与喷头的形式有关，参见表 8.4-3；

  g——重力加速度（m/s²）。

水滴直径   表 8.4-3

喷头形式	水滴直径(mm)
螺旋式	0.25～0.50
碰撞式	0.25～0.50
直流式	3.0～5.0

水池的平面尺寸每边应比计算值大 0.5～1.0m，以减少溅水。当水池的大小不能满足

收水距离时，可将池岸设坡向水池的坡度且进行防水处理。

（2）水池的深度和底坡

水深应按管道、设备的布置要求确定。设有潜水泵时，还应保证吸水口的淹没深度不小于 0.5m。设有水泵吸水口时，应保证吸水喇叭口的淹没深度不小于 0.5m，如图 8.4-16所示。一般情况下水池水深不小于 700mm，同时水池的有效容积（即水泵吸水口以上的总水容积）应不小于 5～10min 的最大循环流量，当水流回流路程较远时采用较大值，当水流直接回落到水池内时采用最小值。若水池容积过小，使供水位波动太大，则会影响喷水造型和正常运行。

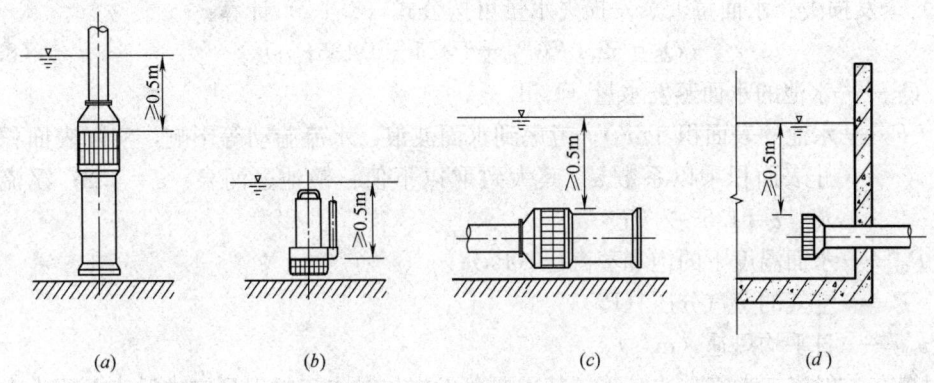

图 8.4-16 吸水口的安装要求
（a）上吸口立式潜水泵；（b）下吸口立式潜水泵；（c）卧式潜水泵；（d）吸水管

为减小水深可采取以下措施：

将潜水泵设在集水坑内，但这样增加了结构和施工的麻烦，坑内还易积污，给维护管理增加麻烦。

在吸水口上设挡水板，以降低挡水板边沿的流速，防止产生漩涡。如图 8.4-17 所示。

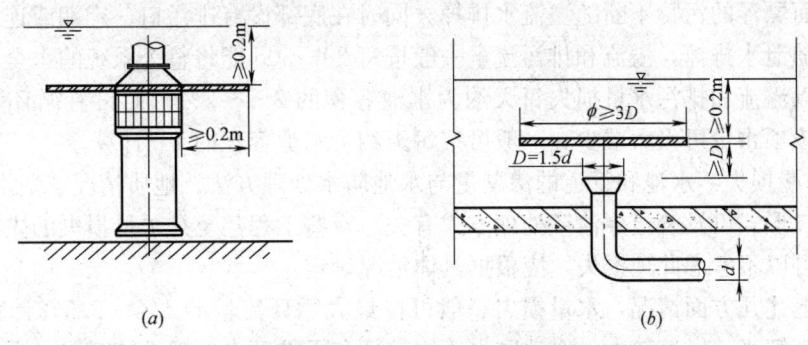

图 8.4-17 吸水口上设挡板
（a）潜水泵设挡板；（b）吸水管口设挡板

最好是降低吸水口的高度，如采用卧式潜水泵、下吸水式潜水泵等。

水池的干舷高度一般采用 0.2～0.3m，也有为改善观瞻、增加亲水作用而减小干舷高度的做法。

水池兼作其他用途时，水深还应满足其他用途的要求。浅碟式水池最小深度不宜小于 0.05m。

不论何种形式，当池底面积较大时都应有不小于 0.5% 的坡度坡向集水沟、泄水口或集水坑。

（3）进水口

为向水池充水和在运行时不断补充损失水量，大、中型水景工程应设有自动补水的进水口，以便维持水池中的水位稳定。小型和特小型水景工程可设手动补水的进水口，间断式补水。进水口的大小应按水池充满时间为 12～48h 计算，补水进水口的大小一般可按水池损失水量计算，水池损失水量有以下几方面：

1）蒸发损失：水面每天蒸发损失水量可按公式（8.4-2）计算：

$$Q_S = 52.0F(P_m - P)(1 + 0.135v_{md}) \tag{8.4-2}$$

式中　Q_S——水池的水面蒸发水量（L/d）；

　　　F——水池的表面积（m^2）；考虑到水面波浪、水流湍动等影响，实际表面积为静止表面积乘以系数 α，其大致取以下值：镜池、涌泉：$\alpha = 1.2$；溪流、跌流：$\alpha = 1.5 \sim 2.0$；

　　　P_m——水面温度下的饱和蒸汽压（Pa）；

　　　P——空气的蒸汽分压（Pa）；

　　　v_{md}——日平均风速（m/s）。

对瀑布、射流、水雾、冰塔等，其主要蒸发损失是水流喷射到空中后表面积大大增加而引起的，其数值很难用公式计算，一般根据经验按循环流量的 0.2%～0.8% 考虑。

2）风吹损失：风吹的水量损失大小与风速大小、水流形态（即水滴大小）及喷水高度有关，一般对射流、冰塔、孔流、水膜等，其值按循环流量的 0.5%～1.5% 计算；对瀑布、水幕、叠流等，其值按循环流量的 0.3%～1.2% 计算；对水雾其值按循环流量的 1.5%～3.5% 计算。

3）溢流和排污损失：为保持水景水体的洁净，一般水景系统中都设有表面溢流口，使水体表面漂浮的污物不断随溢流水排掉，同时在底部设有排污口，定期或连续将底部沉积的污物随泄水排掉，溢流和排污流量一般按每 20～50d 能将整个系统的水全部更换一次考虑，所以溢流和排污水量损失每天约为水池容积的 2%～5%。对设有循环水处理系统的水池，该项水量可大大减少，一般可按每天约为水池容积的 1% 计算。

4）渗漏损失：水池和管道的渗漏量与水池防水处理方法、地质情况、地下水位高低、管材及接口形式以及管道穿池壁处理方式有关，有些工程甚至是水量损失的主要内容，也有些工程可以不考虑此项损失，应根据具体情况确定。

综合上述几方面情况，水量损失一般可按最大循环流量的 1%～2.5% 计算（喷水高度高、水滴细小、风速较大、水池防水等级较低和无循环水处理系统时取上限值）。

当利用自来水作为补给水水源时，进水口应设有防止回流污染给水管网的措施，如设置浮球阀、倒流防止器等。进水口与水池水面也可保持一定的空气隔断间隙防止回流污染。安装倒流防止器的场地应有排水措施，不得被水淹。

为了美观，尽量利用水池构造隐蔽进水口。常用的进水口形式如图 8.4-18 所示。

（4）溢水口

水池设置溢水口的目的在于维持一定的水位和进行表面排污、保持水面清洁。

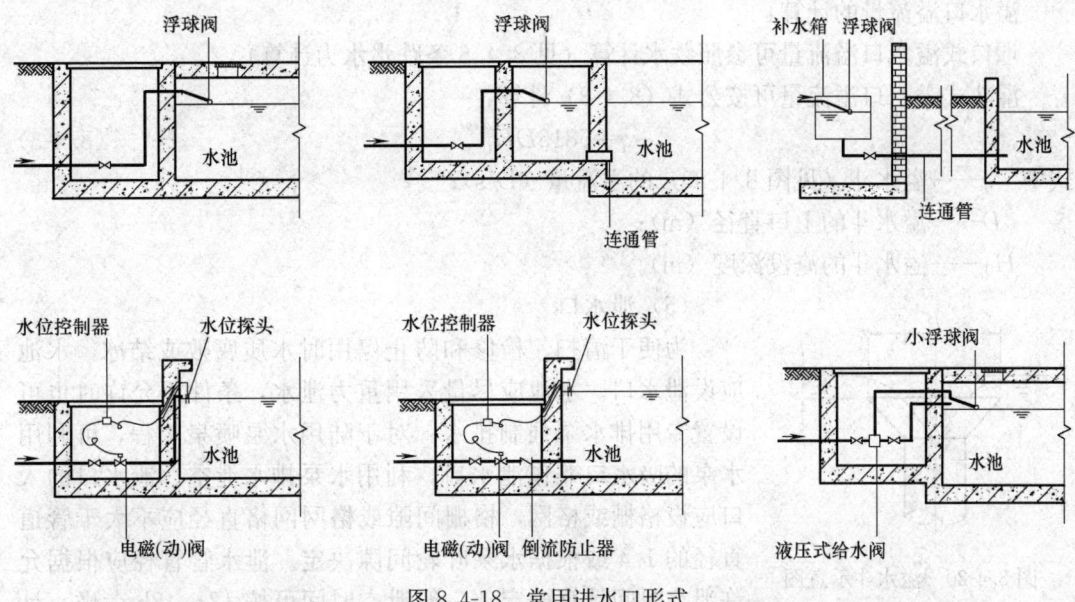

图 8.4-18 常用进水口形式

　　常用溢水口形式有堰口式、漏斗式、孔口式、连通管式等，可根据具体情况选择，如图 8.4-19 所示。

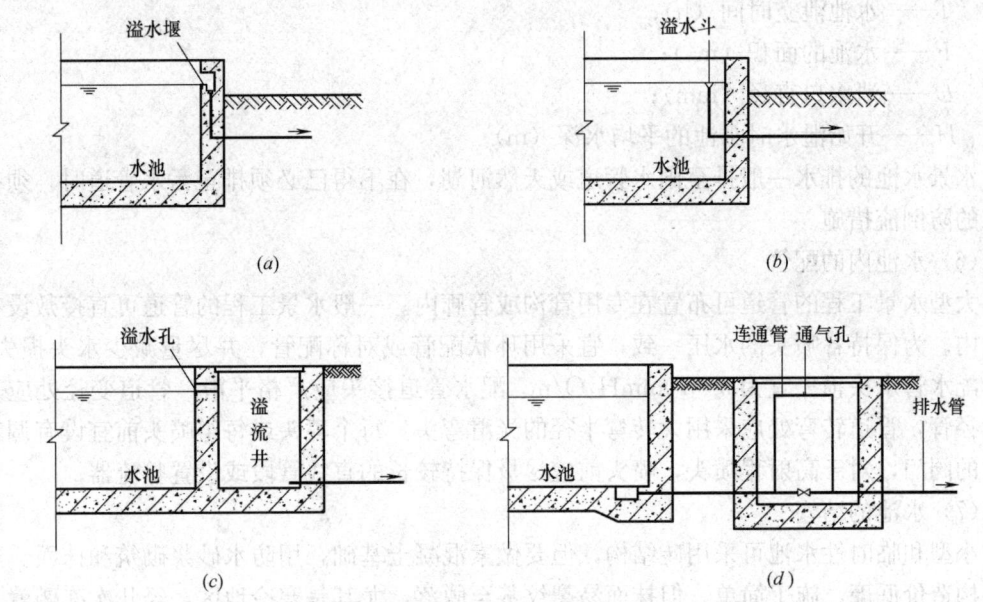

图 8.4-19 溢水口形式

(a) 堰口式；(b) 漏斗式；(c) 孔口式；(d) 连通管式

　　大型水池仅设一个溢水口不能满足要求时，可设若干个，但应均匀布置在水池周边。溢水口的位置应不影响水池美观，且应便于清除积污和疏通管道。溢水口应设格栅或格网，以防止较大漂浮物堵塞管道，格栅间隙或格网网格直径应不大于管道直径的 1/4。

　　溢水口大小可按每天溢流量计算确定，重要水景工程和不允许暴雨时水位升高或溢出池外时，溢水堰宽度应根据暴雨流量和堰流计算确定，一般溢水堰宽度不宜小于 300mm。

溢水口溢流量的计算：

堰口式溢水口溢流量可参照跌水计算（见 8.4.6 条跌水水力计算）。

漏斗式溢水口溢流量可按公式（8.4-3）计算：

$$q=6815DH_0^{3/2} \qquad\qquad (8.4\text{-}3)$$

式中　q——溢水斗（见图 8.4-20）的溢流量（L/s）；

　　　D——溢水斗的上口直径（m）；

　　　H_0——溢水斗的淹没深度（m）。

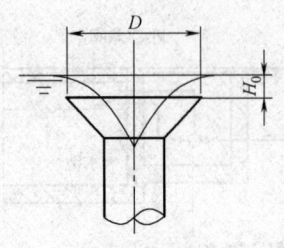

图 8.4-20　溢水斗示意图

（5）泄水口

为便于清扫、检修和防止停用时水质腐败或结冰，水池应设泄水口。水池应尽量采用重力泄水，条件不允许时也可设置专用排水泵强制排水；对于陆用水泵喷泉工程，可利用水泵的吸水口兼作泄水口，利用水泵排水泄空。泄水口的入口应设格栅或格网，格栅间隙或格网网格直径应不大于管道直径的 1/4 或根据水泵叶轮间隙决定。泄水管管径应根据允许泄空时间计算确定。一般泄空时间可按 12～48h 考虑，计算公式如下：

$$T=258F\sqrt{H}/D^2 \qquad\qquad (8.4\text{-}4)$$

式中　T——水池泄空时间（h）；

　　　F——水池的面积（m^2）；

　　　D——泄水口直径（mm）；

　　　H——开始泄水时水池的平均水深（m）。

水景水池的排水一般排至雨水管道或天然河湖，在不得已必须排至污水管道时，须有可靠的防倒流措施。

（6）水池内的配管

大型水景工程的管道可布置在专用管沟或管廊内。一般水景工程的管道可直接敷设在水池内。为保持各喷头的水压一致，宜采用环状配管或对称配管，并尽量减少水头损失，一般配水管水头损失宜为 5～10mmH_2O/m。配水管道接头应严格平滑，管道变径处应采用异径管，管道转弯处应采用大转弯半径的光滑弯头。每个喷头或每组喷头前宜设有调节水压的阀门，对于高射程喷头，喷头前应尽量保持较长的直线管段或设置整流器。

（7）水池的结构

小型和临时性水池可采用砖结构，但要做素混凝土基础，用防水砂浆砌筑和抹面。这种结构造价低廉、施工简单，但抹面易裂纹甚至脱落，尤其是寒冷地区，经几次冻融就会出现漏水。为防止漏水，可在池内再浇一层防水混凝土，然后用水泥砂浆找平。进一步提高要求可在砖壁和防水混凝土之间设一层柔性防水层。

对于大中型水池，最常采用的是现浇混凝土结构。为保证不漏水，宜采用防水混凝土，为防止裂缝应适当配置钢筋，如图 8.4-21 所示。大型水池还应考虑伸缩缝和沉降缝，这些构造缝应设止水带或用柔性防漏材料填塞。

水池与管沟、水泵房等相连接处，也宜设沉降缝并同样进行防漏处理。

水池的池壁也可采用花岗岩等石料砌筑，但要采用防水砂浆和防水抹面。

管道穿池底和外壁时，应采取防漏措施，一般宜设防水套管。可能产生振动的地方应设柔性防水套管或柔性减振接头，只有在无振动且不准备拆装检修时才在管道上设止水环直接浇筑在混凝土内。如图 8.4-22 所示。

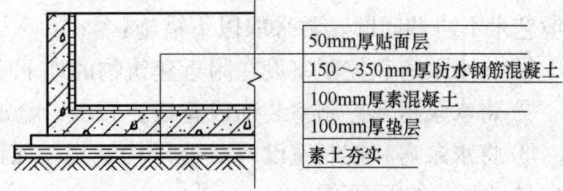

50mm厚贴面层
150～350mm厚防水钢筋混凝土
100mm厚素混凝土
100mm厚垫层
素土夯实

图 8.4-21　混凝土水池

（8）水池的安全措施

水池的水深大于 0.5m 时，水池外围应设围护措施（池壁、台阶、护栏、警戒线等）；

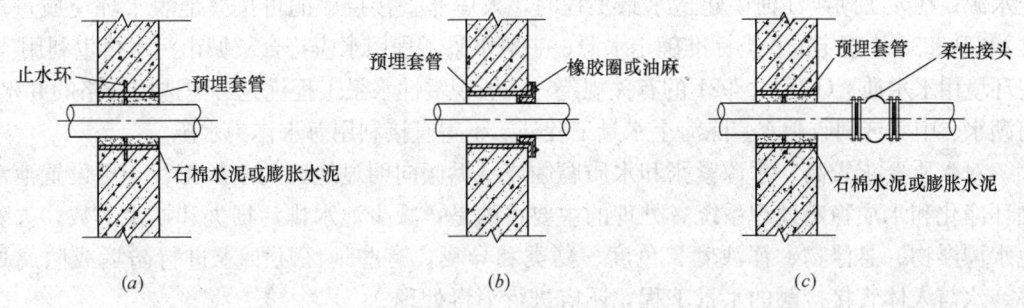

止水环　预埋套管　　石棉水泥或膨胀水泥

预埋套管　橡胶圈或油麻

预埋套管　柔性接头　　石棉水泥或膨胀水泥

(a)　　　　　　　　(b)　　　　　　　　(c)

图 8.4-22　管道穿池壁

(a) 钢性套管；(b) 柔性套管；(c) 柔性管接头

水池的水深大于 0.7m 时，池内岸边宜作缓冲台阶或缓坡等；旱泉地面或供儿童涉水部分的池底应采取防滑措施；水池设在坡道下方时，水池与坡道之间至少应有 3m 的平坦缓冲段；水池与城市道路的间距不应小于 5m。

1）管沟、管廊及电缆通道

大型水景工程中由于管道较多，为便于维护检修宜设专用管沟和管廊。管沟和管廊一般设在水池周围和水池与水泵房之间。当管道很多时，宜设半通行管沟或可通行管廊。管沟和管廊的地面应有不小于 0.5% 的坡度，一般坡向水泵或集水坑。集水坑内宜设水位信号计，以便及时发现管道的漏水。管沟和管廊的结构要求与水池相近。

由于一般水景工程中水池与控制室有一定的距离，需设电缆通道用以敷设它们之间的电缆，电缆通道常采用以下几种方式：

① 预埋套管的方式，此方式敷设简单，需每隔 30m 左右或在拐弯处设电缆井；

② 电缆沟的方式，适用于电缆数量较多且电缆检修量较少的工程；

③ 电缆隧道的方式，适用于电缆数量大且电缆检修量大的工程。

2）水泵房和控制室

水泵房多采用地下式或半地下式，应考虑地面排水，地面应有不小于 0.5% 的坡度，坡向集水坑或排水沟。集水坑宜设水位信号计和自动排水泵。

水泵房宜设机械通风装置，尤其是当电气与自控设备设在水泵房内时，更应加强通风，炎热高湿地区最好设空调设备。

控制室应尽量设在离水景较近的地方，根据环境要求可采用地上式、半地下式或地下式。

水泵房和控制室的建筑艺术处理是个重要问题。为解决半地下式或地上式建筑造型与环境艺术不协调问题，常采取以下措施：

① 将水泵房和控制室设在附近建筑物的地下室内。

② 将水泵房和控制室装饰成花坛、假山、雕塑或壁画的基座、观赏或演出平台等。

③ 将水泵房和控制室设计成造景构筑物，如设计成亭台水榭、装饰成跌水陡坎、隐蔽在悬崖瀑布的下面等。

4. 水景工程水质选择

人体可直接接触或与戏水池相接合的水景工程可按《生活饮用水卫生标准》GB 5749 确定水源；在人工湖或江河中建造水景工程时，人体非直接接触的可按《地表水环境质量标准》GB 3838 中规定的Ⅳ类标准确定水源；一般水景工程用水应符合《城市污水再生利用 景观环境用水水质》GB/T 18921 的有关规定；一般观赏性水景工程优先考虑选用合格的井水、河湖水、中水或回收雨水。除海上水景工程外，不得直接利用海水作为水源。

对水质要求较高、水源紧张和水质腐蚀或结垢倾向明显地区的水景工程，可设置池水循环净化和水质稳定处理系统。处理的主要目的是：减少池水排污损失和换水次数，去除池水漂浮物、悬浮物、浑浊度、色度、藻类和异臭，有些地区还要求进行防垢或防腐处理。水与人体直接接触的水景工程，还应进行消毒处理。

池水常用循环处理方法有：格栅、滤网和滤料过滤，投加水质稳定剂（除藻剂、阻垢剂、防腐剂等），物理法水质稳定处理（安装电子处理器、静电处理器、离子处理器、磁水处理器等）。可参照游泳池水质处理。

5. 水景工程的防冻

在我国北方地区，水景工程的设计需考虑冬季防冻问题。水景工程的防冻常有以下措施：

（1）冰冻期停止运行水景，将池内的水泄空；水景工程中所有的管道和设备均应将剩余其中的水排空。

（2）若水域面积较大，水池无法排空时，也可采用升降措施，将设备降置冰冻层以下。

（3）冰冻期需运行的水景工程，可采用池水加热措施（池水循环加热、池底池壁采暖、安装水池散热器等）。对于小型、特小型水景工程，也可采用池水中投加防冻剂措施。

（4）河湖上的水景工程，水面以上管道可采用放空措施。当冰冻层较薄时，冰冻层内的管道、喷头可采用电伴热措施；当冰冻层较厚时，应避免在冰冻层内设置喷头、阀门、水泵、灯具等。

（5）冰冻地区的室外水景工程，不宜采用带有塑料、橡胶等易老化、脆化、变形、变质材料的管道、阀门、喷头、灯具和其他配件。

6. 水景工程的运行控制

水景工程的水流姿态、照明色彩和照度的变化，是改善水景观赏效果的重要手段之一。对于大型水景工程，要达到丰富多彩的变化并使水姿、照明能随着音乐的旋律、节奏协调同步变化，需要采取复杂的自动控制措施，随着控制技术的发展，还会有更新的技术不断涌现。

（1）常用的控制方式

1）手动控制

即将喷头和照明灯具分成若干组，每组分别设置控制阀门（或专用水泵）和开关。根据需要可手动开启其中一组、几组或全部。每组喷头还可设置流量、压力调节阀，可人工调节其喷水流量、喷水高度和射程等。这是最简单的运行控制方式。

2）程序控制

将喷头按照喷水造型要求进行分组，每组分别设置专用水泵或控制电动阀（或气动阀、电磁阀等）。利用时间继电器、可编程序控制器或单片机，按照预先输入的程序，使各组喷头和灯具按照程序运行。因为现代可编程序控制器具有很大的内存容量，又有很多触点可以接出，同时每对触点还允许相当的电流容量，所以为组编丰富多彩、变化多端的水流造型和照明灯具的色彩变化创造了有利条件。

3）音乐控制

① 简单音乐控制

是对音乐的节奏、节拍、高低等简单元素进行实时跟踪采集、分解处理并转换成模拟量或数字量信号，用以控制水形的高低变化、色彩变换和运行组合。简单音乐控制需要一定的处理速度以适应多种迅速变化的要求，一般采用计算机和音频处理器实现，音频处理器负责实现音频到控制信号的转换，然后由计算机进行音频数字量采集处理，输出到控制设备，工作方框图如图 8.4-23 所示。这种控制方式不必对音乐光盘预先进行编辑处理，所以对任何新版光盘甚至现场即兴演奏都可响应。

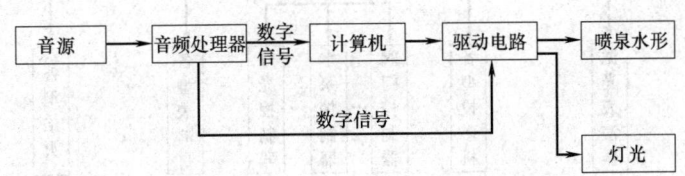

图 8.4-23 简单音乐控制工作方框图

② 预编辑音乐控制

对特定音乐经过分析、推敲将其分成若干部分，选择最能表达其音乐内涵的一种或几种水形及灯光控制信号，按序存储在控制器内，并受音乐开始信号而启动。工作时，控制器编辑的每部分音乐的时间，传送给水形组合电路，把预编辑的水形命令发送给驱动电路，使音乐与喷泉既保证同步又按指定水形组合表演。

③ 多媒体音乐控制

应用多媒体计算机把音源、水形、图像、灯光、激光和焰火等多个不同系统的管理集成于一体，它是目前水景的最高表现形式。由于多媒体音乐控制系统的复杂性再加上对其他表演媒体的控制，可能需要多台工业计算机联网同步运行。以喷泉为主体的多媒体音乐控制方框图如图 8.4-24 所示。

随着其他表演系统重要性的提高，为了使多个系统同步工作和系统管理，有时增加一台总控计算机来实现多系统的整合，使其他表演系统不再附属于喷泉系统而独立起来。总控系统通过网络（以太网）与各分系统连接起来，总控软件设计是以时间为主线的多轨控制，随时间的发展向各系统发送表演控制指令，通过网络采用远程管理软件可远程管理各

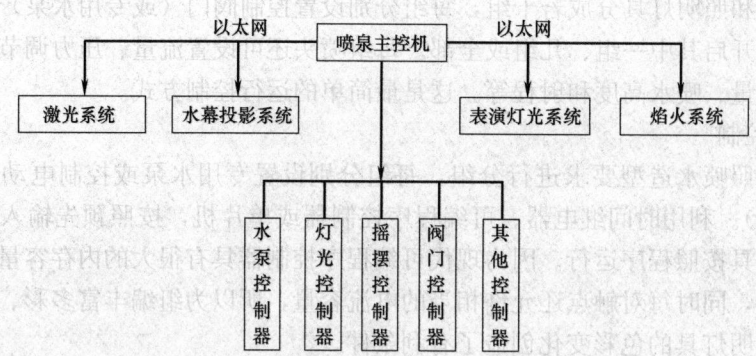

图 8.4-24　以喷泉为主体的多媒体音乐控制方框图

系统计算机，控制系统方框图如图 8.4-25 所示。

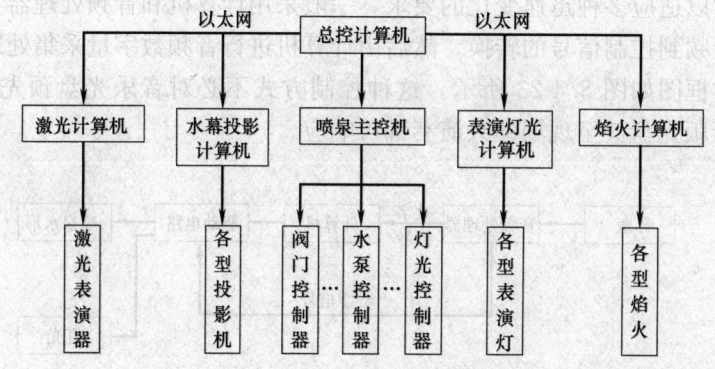

图 8.4-25　独立总控的多媒体音乐控制方框图

多媒体音乐控制软件方框图如图 8.4-26 所示。

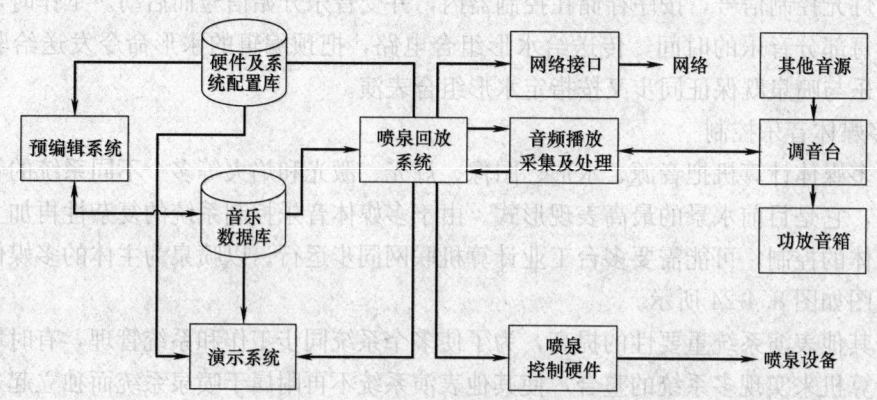

图 8.4-26　多媒体音乐控制软件方框图

（2）控制系统分类

控制系统可分为集中式控制系统、分布式控制系统、现场总线控制系统、网络控制系统等，应根据喷泉系统的实际情况和成本核算，采用其中一种或多种控制方式。

1）集中式控制系统是由一台主控机实现控制的运算和信号输出，即所有的控制线路都由一台主控机引出，发出执行指令。优点是便于系统的组织和管理，缺点是线路集中可靠性差，当主控机发生故障时，整个系统将无法工作，适合设备布置较集中、控制距离不远的系统采用。

2）分布式控制系统是以多个现场专用控制设备为基础，通过某种网络方式连接成一个系统。现在已开发出现场阀门控制器、现场灯光控制器、现场变频控制器等专用控制设备，这些设备可分布在喷泉工作的现场，通过通信线路把这些控制器连接到控制主机上。适合多处喷泉景点分散布置且相距较远的工程采用。

3）现场总线控制系统是采用现有的标准现场总线系统实现对设备的控制，如 Profi-Bus、INTERBus、CANBus 等，总线上可连接各种 IO、DA、AD 等模块，也可连接上面提到的现场专用喷泉控制设备。现场总线控制系统可靠性较高，设备成熟，适合各种大型水景工程的控制。

4）网络控制系统是以以太网为基础的控制系统，偏向于控制管理和数据应用，实时性差，在喷泉控制中主要用来管理多个系统间的事务管理、数据交换、操作管理等，一般与其他控制系统互补应用，形成更强大、更易于管理的系统。

8.4.6 水景工程计算

1. 喷头的水力计算

（1）基本计算公式见公式（8.4-5）～公式（8.4-8）：

$$v=\phi\sqrt{2gH} \tag{8.4-5}$$

$$H=H_0+\frac{v_0^2}{2g} \tag{8.4-6}$$

$$q=\mu f\sqrt{2gH}\times10^{-3} \tag{8.4-7}$$

$$\mu=\phi\varepsilon \tag{8.4-8}$$

式中　v——喷头出口处水流速度（m/s）；

ϕ——流速系数，与喷嘴形式有关；

g——重力加速度（m/s²）；

H——喷头入口处水压（mH₂O）；

H_0——喷头入口处水静压（mH₂O）；

v_0——喷头入口处水流速度（m/s）；

q——喷头出流量（L/s）；

μ——喷头流量系数；

f——喷嘴断面面积（mm²）；

ε——水流断面收缩系数，与喷嘴形式有关。

对于圆形喷嘴，出流量公式可写成如下形式：

$$q=3.479\mu d^2\sqrt{H}\times10^{-3}=K\mu\sqrt{H} \tag{8.4-9}$$

式中　d——喷嘴内径（mm）；

　　　K——系数，与喷嘴直径有关，其值可查表 8.4-4。

系数 K 值 表 8.4-4

d(mm)	K	d(mm)	K	d(mm)	K	d(mm)	K
1	0.0035	21	1.5342	42	6.1370	82	23.3928
2	0.0139	22	1.6838	44	6.7353	84	24.5478
3	0.0313	23	1.8404	46	7.3616	86	25.7307
4	0.0557	24	2.0039	48	8.0156	88	26.9414
5	0.0870	25	2.1744	50	8.6975	90	28.1799
6	0.1252	26	2.3518	52	9.4072	92	29.4463
7	0.1705	27	2.5362	54	10.1448	94	30.7404
8	0.2227	28	2.7275	56	10.9101	96	32.0625
9	0.2818	29	2.9258	58	11.7034	98	33.4123
10	0.3479	30	3.1311	60	12.5244	100	34.7900
11	0.4210	31	3.3433	62	13.3733	110	42.0959
12	0.5010	32	3.5625	64	14.2500	120	50.0976
13	0.5880	33	3.7886	66	15.1545	130	58.7951
14	0.6819	34	4.0217	68	16.0869	140	68.1884
15	0.7828	35	4.2618	70	17.0471	150	78.2775
16	0.8906	36	4.5088	72	18.0351	160	89.0624
17	1.0054	37	4.7628	74	19.0510	170	100.5431
18	1.1272	38	5.0237	76	20.0947	180	112.7196
19	1.2559	39	5.2916	78	21.1662	190	125.5919
20	1.3916	40	5.5664	80	22.2656	200	139.1600

（2）直流喷头计算公式（$\phi=\varepsilon=\mu=1$）见公式（8.4-10）～公式（8.4-18）：

$$v=4.43\sqrt{H} \tag{8.4-10}$$

$$q=3.479d^2\sqrt{H}\times10^{-3}=K\sqrt{H} \tag{8.4-11}$$

$$S_B=H/(1+\alpha H) \tag{8.4-12}$$

$$\alpha=\frac{0.25}{d+(0.1d)^3} \tag{8.4-13}$$

$$\beta=S_B/S_K=1.19+80(0.01S_B/\beta)^4 \tag{8.4-14}$$

$$l_1=\left[\frac{1}{2}\sin2\theta+\cos^2\theta\ln\left(\frac{1+\sin\theta}{\cos\theta}\right)\right]H=B_1H \tag{8.4-15}$$

$$l_2=2\cos\theta\sqrt{\frac{2(1-\cos^3\theta)}{3}}H=B_2H \tag{8.4-16}$$

$$L=l_1+l_2=B_1H+B_2H=B_0H \tag{8.4-17}$$

$$h=\frac{2}{3}(1-\cos^3\theta)H=B_3H \tag{8.4-18}$$

式中　　S_B——垂直射流时射流总高度（m）；

α——系数，与喷嘴直径有关，可由表8.4-5查出；

S_K——垂直射流时密实射流高度（m）；

β——垂直射流时射流总高度与密实射流高度的比值，可由表8.4-6查出；

l_1——倾斜射流时射流轨迹升弧段水平投影长度（m），见图8.4-27；

l_2——倾斜射流时射流轨迹降弧段水平投影长度（m）；

L——倾斜射流时水平射程（m）；

h——倾斜射流时射流轨迹最大高度（m）；

θ——倾斜射流时喷嘴的仰角（°）；

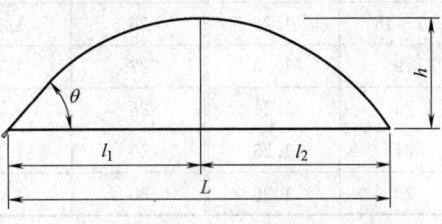

图8.4-27　倾斜射流轨迹

B_0、B_1、B_2、B_3——系数，与仰角 θ 有关，可由表8.4-7查出，表中数值是在 $H \leqslant 20m$ 时由试验得出的，且未考虑喷嘴直径的影响，在为其他水压和直径时，应乘以表8.4-8所列的修正系数。

系数 α 值　　　　　　表8.4-5

d(mm)	α	d(mm)	α	d(mm)	α	d(mm)	α
1	0.2498	21	0.0083	42	0.0022	82	0.0004
2	0.1245	22	0.0077	44	0.0019	84	0.0004
3	0.0826	23	0.0071	46	0.0017	86	0.0003
4	0.0615	24	0.0066	48	0.0016	88	0.0003
5	0.0488	25	0.0062	50	0.0014	90	0.0003
6	0.0402	26	0.0057	52	0.0013	92	0.0003
7	0.0340	27	0.0054	54	0.0012	94	0.0003
8	0.0294	28	0.0050	56	0.0011	96	0.0003
9	0.0257	29	0.0047	58	0.0010	98	0.0002
10	0.0227	30	0.0044	60	0.0009	100	0.0002
11	0.0203	31	0.0041	62	0.0008	110	0.0002
12	0.0182	32	0.0039	64	0.0008	120	0.00014
13	0.0165	33	0.0036	66	0.0007	130	0.00011
14	0.0149	34	0.0034	68	0.0007	140	0.00009
15	0.0136	35	0.0032	70	0.0006	150	0.00007
16	0.0124	36	0.0030	72	0.0006	160	0.00006
17	0.0114	37	0.0029	74	0.0005	170	0.00005
18	0.0105	38	0.0027	76	0.0005	180	0.00004
19	0.0097	39	0.0025	78	0.0005	190	0.00004
20	0.0089	40	0.0024	80	0.0004	200	0.00003

β 值　　　　　　　　　　　　　　　　　　　　　表 8.4-6

$S_B(m)$	β	$S_B(m)$	β	$S_B(m)$	β	$S_B(m)$	β
≤10	1.19	23	1.27	31	1.39	39	1.53
11~13	1.20	24	1.28	32	1.40	40	1.55
14~16	1.21	25	1.30	33	1.42	41	1.57
17~18	1.22	26	1.31	34	1.44	42	1.59
19	1.23	27	1.33	35	1.46	43	1.61
20	1.24	28	1.34	36	1.47	44	1.63
21	1.25	29	1.36	37	1.49	45	1.65
22	1.26	30	1.37	38	1.51		

系数 B 值　　　　　　　　　　　　　　　　　　　　表 8.4-7

$\theta(°)$	B_0	B_1	B_2	B_3	$\theta(°)$	B_0	B_1	B_2	B_3
10	0.680	0.339	0.341	0.030	55	1.532	0.688	0.844	0.540
15	0.985	0.489	0.496	0.066	60	1.362	0.598	0.764	0.583
20	1.250	0.617	0.633	0.113	65	1.161	0.497	0.664	0.616
25	1.467	0.719	0.748	0.170	70	0.938	0.391	0.547	0.640
30	1.633	0.796	0.837	0.234	75	0.704	0.285	0.419	0.655
35	1.727	0.829	0.898	0.300	80	0.468	0.185	0.283	0.663
40	1.763	0.835	0.928	0.367	85	0.229	0.089	0.142	0.666
45	1.740	0.812	0.928	0.431	90	0.000	0.000	0.000	0.667
50	1.661	0.761	0.900	0.489					

修正系数　　　　　　　　　　　　　　　　　　　　表 8.4-8

H(m)	$d(mm)$			
	20	30	37	48.5
10	1.00	1.00	1.00	1.00
20	0.94	0.97	0.98	1.00
30	0.81	0.90	0.95	0.99
40	0.68	0.83	0.92	0.99
50	0.62	0.78	0.86	0.95
60	0.56	0.72	0.82	0.91

（3）缝隙喷头计算公式

环形缝隙时（见图 8.4-28）按公式（8.4-19）计算：

$$q = 3.48(D_1^2 - D_2^2)\sqrt{H} \times 10^{-3} \qquad (8.4-19)$$

管壁横向缝隙时（见图 8.4-29）按公式（8.4-20）、公式（8.4-21）计算：

$$q = 2.7D\theta b\sqrt{H} \times 10^{-5} \qquad (8.4-20)$$

$$\theta = (0.7 \sim 0.9)\theta' \qquad (8.2-21)$$

管壁纵向缝隙时（见图 8.4-30）按公式（8.4-22）计算：

$$q=5.4R\theta b \sqrt{H}\times 10^{-5} \tag{8.4-22}$$

式中　D——喷管内径（mm）；

　　θ——喷出的水膜夹角（°），一般要比喷头缝隙夹角小一些，且夹角越小相差越大；

　　θ'——喷头缝隙夹角（°），一般采用 $60°\sim 120°$；

　　b——缝隙的宽度（mm），一般采用 $5\sim 10mm$；

　　R——管壁纵向缝隙的曲率半径（mm）。

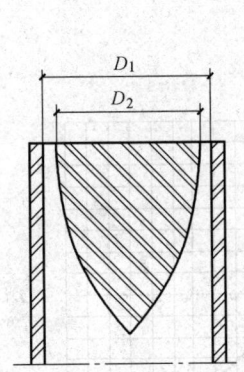

图 8.4-28　环行缝隙喷头

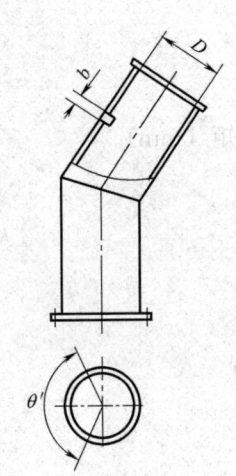

图 8.4-29　管壁横向缝隙喷头

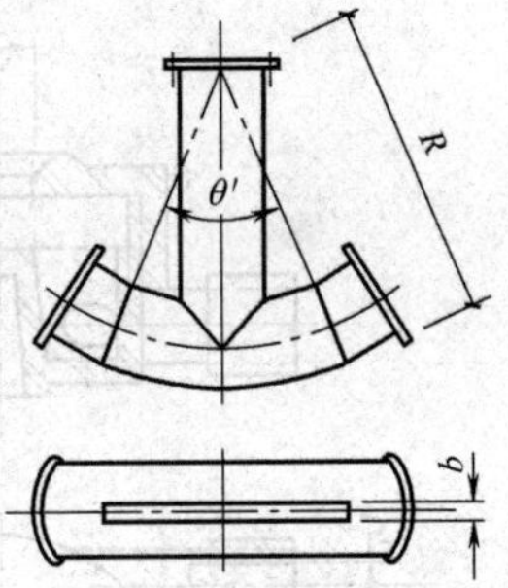

图 8.4-30　管壁纵向缝隙喷头

（4）折射喷头计算公式

环向折射时（见图 8.4-31）按公式（8.4-23）计算：

$$q=(2.78\sim 3.13)(D_1^2-D_2^2)\sqrt{H}\times 10^{-3} \tag{8.4-23}$$

单向折射时（见图 8.4-32）按公式（8.4-24）计算：

$$q=1.74d^2\sqrt{H}\times 10^{-3} \tag{8.4-24}$$

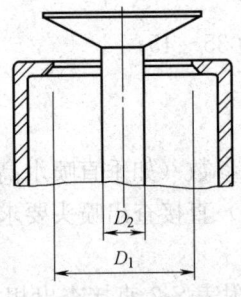

图 8.4-31　环向折射喷头

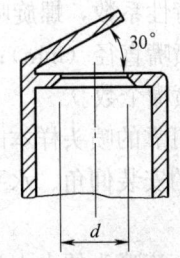

图 8.4-32　单向折射喷头

在 $200<\dfrac{H}{d}<2000$ 范围内，单向折射喷头的射程按公式（8.4-25）计算：

$$L=H/(0.43+0.0014H/d) \tag{8.4-25}$$

式中　D_1——环向折射喷头出口直径（mm）；

D_2——环向折射喷头导杆直径（mm）；

d——单向折射喷头出口直径（mm）。

（5）离心喷头（见图 8.4-33）按公式（8.4-26）、公式（8.4-27）计算：

$$q=Kr_c^2\sqrt{H}\times10^{-3} \tag{8.4-26}$$

$$A=Lr_c/r_0^2 \tag{8.4-27}$$

式中　K——特性系数，根据 A 值可由图 8.4-34 中查出；

A——结构系数；

r_c——喷嘴半径（mm）；

r_0——进水口半径（mm）；

L——进水口与出水口中心矩（mm）。

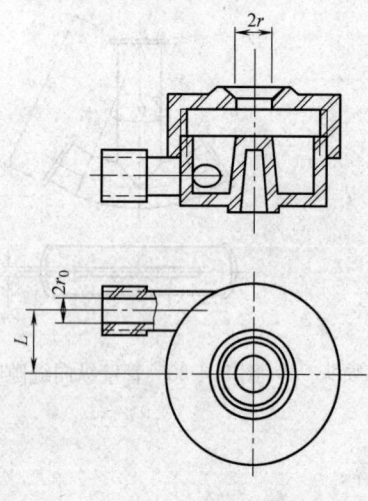

图 8.4-33　离心喷头

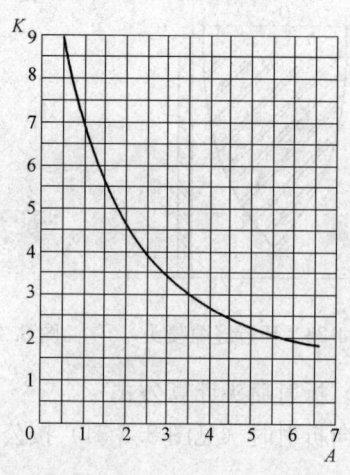

图 8.4-34　特性系数 K 值

（6）水雾喷头（见图 8.4-35、图 8.4-36）按公式（8.4-28）计算：

$$q=2.28mKd\sqrt{H}\times10^{-3} \tag{8.4-28}$$

式中　K——特性系数，螺旋喷头为 40～50，碰撞喷头为 35～45；

d——喷嘴直径（mm）；

m——喷嘴个数。

（7）当有可靠的喷头样本时，一般均可由喷水的设计参数（如垂直喷水高度、最大喷水高度、喷头的安装仰角、水平射程、喷头出水口直径等）直接查出喷头要求的水压和出水量。

（8）对于直流喷头的水力计算，也可参照附表 S-1、附表 S-2 直接查出相关参数。

2. 水景管道的水力计算

（1）一般水景管道较短（尤其是采用潜水泵时）且多设在水下对噪声要求不严，其许用流速可以较室内给水管道适当提高，见表 8.4-9。

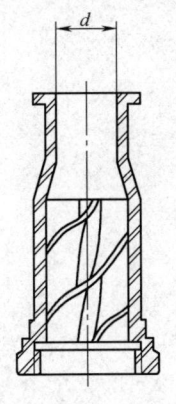

图 8.4-35 螺旋喷头

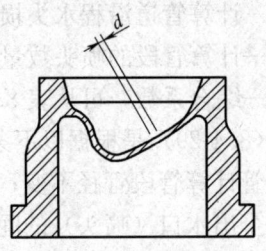

图 8.4-36 碰撞喷头

水景管道许用流速 表 8.4-9

管径 DN(mm)	许用流速(m/s)
≤25	≤1.5
32～50	≤2.0
65～100	≤2.5
>100	≤3.0

（2）水景管道水力计算方法与一般给水管道相同，可参考给水排水设计手册进行计算。

（3）对于向一组喷头配水，要求喷水高度相同且喷头前不设调节装置的多口出流配水管（见图 8.4-37），其许用流速应严格限制。可根据最远喷头的间距和允许喷水高度差，算出许用 $1000i$ 值，再从管道水力计算表中查出符合该条件的管径和流速。许用 $1000i$ 可按公式（8.4-29）计算：

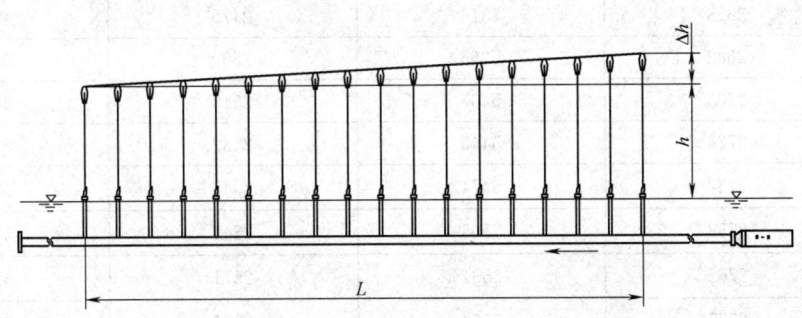

图 8.4-37 多口出流单向供水配水系统

$$1000i = \frac{1000\alpha}{\dfrac{1}{m+1} + \dfrac{1}{2N} + \dfrac{\sqrt{m-1}}{6N^2}} \frac{\Delta h}{L} = K\frac{\Delta h}{L} \tag{8.4-29}$$

式中 i——管道的水力坡降；

Δh——允许最大喷水高度差（m）；

L——相距最远两喷头间的管段长度（m）；

α——供水方式系数，单向供水时 $\alpha=1$，双向供水时 $\alpha=2$；

m——计算管道沿程水头损失时，公式中的流量指数；

N——计算管段的喷头数量；

K——综合系数，可从表 8.4-10 中查出。

公式（8.4-29）是根据以下条件推导出来的：

1）干管计算管段管径不变；

2）每个出水口（喷头）的间距和流量相等；

3）干管供水流量全部从沿途出水口（喷头）流出；

4）若为双向供水，两侧供水流量相等；

5）流量指数 m 值对于钢管为 2，对于塑料管为 1.77。

综合系数 K 值

表 8.4-10

N	钢管		塑料管	
	单向供水	双向供水	单向供水	双向供水
2	1600	3200	1543	3086
3	1929	3857	1838	3637
4	2134	4267	2020	4040
5	2273	4545	2141	4283
6	2374	4748	2232	4464
7	2450	4900	2299	4598
8	2510	5020	2353	4706
9	2558	5115	2392	4785
10	2597	5195	2421	4843
11	2630	5260	2457	4914
12	2658	5316	2475	4950
13	2682	5365	2500	5000
14	2703	5407	2519	5038
15	2723	5445	2532	5063
16	2737	5474	2545	5089
17	2753	5505	2546	5128
18	2765	5531	2571	5141
19	2777	5554	2577	5155
20	2788	5576	2584	5168
22	2807	5613	2604	5208
24	2820	5640	2616	5231
26	2835	5671	2632	5263

续表

N	钢管		塑料管	
	单向供水	双向供水	单向供水	双向供水
28	2846	5692	2639	5277
30	2864	5727	2646	5291
32	2865	5729	2655	5309
34	2873	5745	2661	5322
36	2879	5759	2667	5333
38	2885	5770	2672	5343
40	2891	5782	2677	5353
42	2896	5792	2681	5362
44	2900	5800	2685	5369
46	2904	5809	2688	5376
48	2909	5817	2692	5384
50	2912	5824	2695	5391

3. 水景构筑物的水力计算

(1) 孔口和管嘴的水力计算

孔口和管嘴的流速和流量，可按喷头的基本计算公式（8.4-5）和公式（8.4-7）进行计算，其中系数 ϕ、μ 和 ε 可根据孔口或管嘴形式按照表 8.4-11 选取。

水平出流轨迹（见图 8.4-38）计算见公式（8.4-30）：

$$L = 2\phi \sqrt{Hh} \tag{8.4-30}$$

倾斜出流轨迹（见图 8.4-39）计算见公式（8.4-31）：

$$h = [L^2/(4\phi^2 H\cos\theta)] + L\tan\theta \tag{8.4-31}$$

式中 L——水平射程（m）；

ϕ——流速系数，如表 8.4-11 所列；

H——工作水头（mH$_2$O）；

h——孔口或管嘴安装高度（m）；

θ——孔口或管嘴的轴线与水平线夹角（°）。

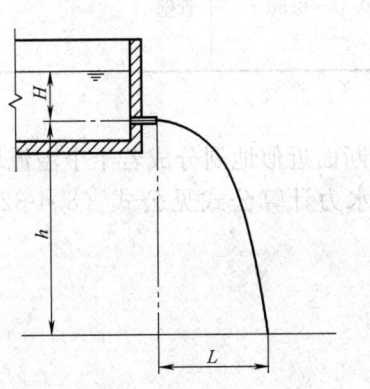

图 8.4-38 水平出流轨迹

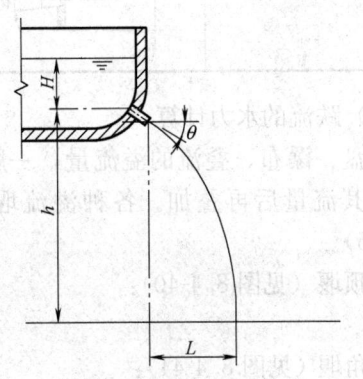

图 8.4-39 倾斜出流轨迹

孔口或管嘴的出流系数

表 8.4-11

名称	示意图	系数	说　明
薄壁直边小孔口 （圆形或方形）		$\phi=0.97$ $\varepsilon=0.64$ $\mu=0.62$	$s\leqslant0.2d,H>10d$ $H>2\mathrm{m}$ 时，$\mu=0.60\sim0.61$ $s>0.2d$，与外管嘴相同
外管嘴		$\phi=0.82$ $\varepsilon=1.00$ $\mu=0.82$	$L=(2\sim5)d$ $H\leqslant9.3\mathrm{m}$
		$\phi=0.61$ $\varepsilon=1.00$ $\mu=0.61$	$L<2d$ $H\leqslant9.3\mathrm{m}$
内管嘴		$\phi=0.97$ $\varepsilon=0.53$ $\mu=0.51$	$L<3d$ $H\leqslant9.3\mathrm{m}$
		$\phi=0.71$ $\varepsilon=1.00$ $\mu=0.71$	$L>3d$ $H\leqslant9.3\mathrm{m}$
流线型外管嘴		$\phi=0.98$ $\varepsilon=1.00$ $\mu=0.98$	
收缩锥形管嘴		$\phi=0.96$ $\varepsilon=0.98$ $\mu=0.94$	$\theta=12°\sim15°$
扩张锥形管嘴		$\phi=0.45\sim0.50$ $\varepsilon=1.00$ $\mu=0.45\sim0.50$	$\theta=5°\sim7°$ 当 $\theta>10°$ 时，水流可能脱离 管壁

（2）跌流的水力计算

水盘、瀑布、叠流的溢流量，一般是将溢水断面近似地划分成若干个溢流堰口，分别计算其流量后再叠加。各种溢流堰口的近似水力计算公式见公式（8.4-32）～公式（8.4-36）。

宽顶堰（见图 8.4-40）：

$$q=mbH^{3/2} \tag{8.4-32}$$

三角堰（见图 8.4-41）：

$$q=AH_0^{5/2} \tag{8.4-33}$$

半圆堰（见图 8.4-42）：

$$q = BD^{5/2} \tag{8.4-34}$$

矩形堰（见图 8.4-43）：

$$q = CH_0^{3/2} \tag{8.4-35}$$

梯形堰（见图 8.4-44）：

$$q = A_1 H_0^{3/2} + A_2 H^{5/2} \tag{8.4-36}$$

式中　m——宽顶堰流量系数，取决于堰的进口形式，见表 8.4-12；

　　　b——堰口水面宽度（m）；

　　　H——堰前动水头（mH$_2$O），按公式（8.4-37）计算；

$$H = H_0 + \frac{v_0^2}{2g} \tag{8.4-37}$$

　　　H_0——堰前静水头（mH$_2$O）；

　　　v_0——堰前水流速度（m/s）；

　　　A——三角堰流量系数，与堰底夹角 θ 有关，见表 8.4-13；

　　　B——半圆堰流量系数，与堰前静水头 H_0 和半圆堰直径 D 的比值有关，其值见表 8.4-14；

　　　C——矩形堰流量系数，与堰口宽度 b 有关，见表 8.4-15；

　　　A_1——梯形堰流量系数，与堰口宽度 e 有关，见表 8.4-16；

　　　A_2——梯形堰流量系数，与堰侧边夹角 θ 有关，见表 8.4-17。

宽顶堰流量系数 m 值　　　　　　　　表 8.4-12

堰的进口形式	示　意　图	m
直角		1420
45°斜角		1600
圆角		1600
斜坡 $\theta = 80° \sim 20°$		1510～1630

注：表列系数均指水流进入堰口时无侧向收缩的情况，在有侧向收缩时，应需收缩系数 ε，一般可取 $\varepsilon = 0.95$。

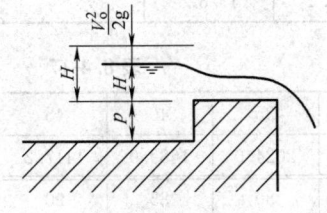

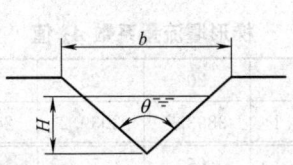

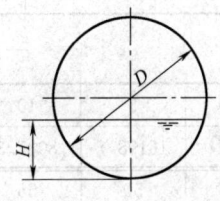

图 8.4-40　宽顶堰　　　　　图 8.4-41　三角堰　　　　　图 8.4-42　半圆堰

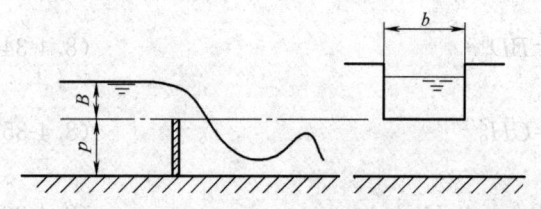

图 8.4-43   矩形堰

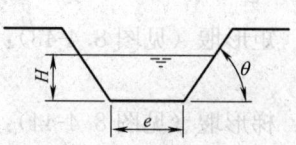

图 8.4-44   梯形堰

三角堰流量系数 A 值   表 8.4-13

$\theta(°)$	30	40	45	50	60	70	80	90
A	380	516	587	661	818	992	1189	1417
$\theta(°)$	100	110	120	130	140	150	160	170
A	1689	2024	2455	3039	3894	5289	8037	16198

半圆堰流量系数 B 值   表 8.4-14

H_0/D	0.05	0.10	0.15	0.20	0.25	0.30	0.35
B	0.020	0.070	0.148	0.254	0.386	0.547	0.720
H_0/D	0.40	0.45	0.50	0.60	0.70	0.80	0.90
B	0.926	1.15	1.40	2.00	2.49	3.22	3.87

矩形堰流量系数 C 值   表 8.2-15

$b(m)$	0.05	0.10	0.15	0.20	0.25	0.30	0.35
C	99.6	199.3	298.9	398.6	498.2	597.0	697.5
$b(m)$	0.40	0.45	0.50	0.55	0.60	0.65	0.70
C	797.2	896.8	996.5	1096.1	1195.7	1295.4	1395.0
$b(m)$	0.75	0.80	0.85	0.90	0.95	1.00	
C	1494.7	1594.3	1694.0	1793.6	1893.3	1992.9	

梯形堰流量系数 A_1 值   表 8.2-16

$e(m)$	0.05	0.10	0.15	0.20	0.25	0.30	0.35
A_1	66.4	132.9	199.3	265.7	332.2	398.6	465.0
$e(m)$	0.40	0.45	0.50	0.55	0.60	0.65	0.70
A_1	530.4	597.9	664.3	730.7	797.2	863.6	930.0
$e(m)$	0.75	0.80	0.85	0.90	0.95	1.00	
A_1	996.5	1062.9	1129.3	1195.7	1262.2	1328.6	

梯形堰流量系数 A_2 值   表 8.4-17

$\theta(°)$	5	10	15	20	25	30	35	40	45
A_2	16198.7	8037.3	5289.1	3893.7	3039.2	2454.7	2024.0	1689.0	1417.2
$\theta(°)$	50	55	60	65	70	75	80	85	90
A_2	1189.2	992.3	818.2	660.9	515.8	379.7	249.9	124.0	0.0

8.4.7 水景工程实例

1. 北京燕翔饭店喷泉工程

(1) 造型选择

北京燕翔饭店是位于首都机场附近的涉外旅游宾馆，喷泉工程建在其大门前的小广场上。饭店的门厅较矮，但通过玻璃大门可看到宽阔的内厅。门厅外设有停车凉棚，两边有车道相通，正前面为花岗岩台阶。大门距街道较近，视野不够开阔。

根据上述置景条件，不宜选择太大的水池和太高的水柱。水池设计成直径 14m 的类似马蹄形，内池直径 8m，池壁用花岗岩砌筑。在内池的正中间交错布置 3 排冰塔水柱，最大高度 2.90m，沿圆周设有 83 个纯射流水柱，喷向池中心。落入池内的水流沿内池池壁溢至外池，在池壁上形成一周壁流。这样的造型体量与周围的建筑相协调，便于在室内外观赏。同时成排的水柱在宾馆大门口既形成一道屏幕，又不完全遮蔽大门，随着水柱的起落变化，使宽敞的门厅时隐时现。门厅的玻璃大门还可映出水景的影像，更增加了景观的层次。

为防止外池的水流溅出池外弄湿水池两边的主要通道，外池内布置了不易溅水的喇叭形和涌泉形水柱。

为增加在大厅内观赏水景的层次，在内池后边，内外池之间增设了一矩形小水池，内设涌泉水柱。

为适应宾馆傍晚活动较多的特点，在水池内设有三色彩灯。水姿和彩灯均利用可编程序控制器进行程序控制。如图 8.4-45 所示。

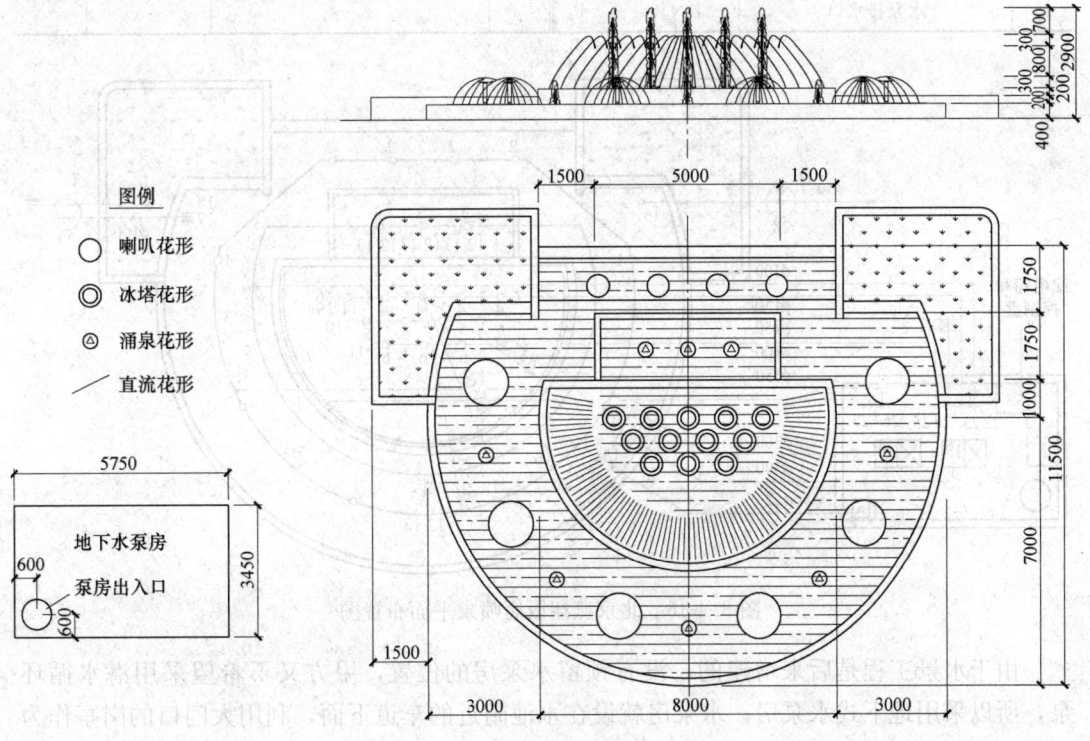

图 8.4-45　北京燕翔饭店喷泉效果图

（2）主要工艺设备

根据水景工程的造型设计要求，选用了如表 8.4-18 所列的主要喷头和设备。喷头总数 113 个，水下彩灯 37 盏，卧式循环水泵 2 台，泵房排水潜污泵 1 台，电动蝶阀 6 个。循环总流量 300L/s，耗电总功率 65kW。管道、设备的平面布置图如图 8.4-46 所示。

北京燕翔饭店喷泉工程主要工艺设备   表 8.4-18

编号	名　称	规格	数量	编号	名称	规格	数量
1	喇叭花喷头	ϕ50	6	16	水泵吸水口		2
2	喇叭花喷头	ϕ40	4	17	水池泄水口	ϕ100	1
3	涌泉喷头	ϕ25	8	18	水池溢水口	ϕ100	1
4	冰塔喷头	ϕ75	5	19	水泵	10SH-19	1
5	冰塔喷头	ϕ50	2	20	水泵	10SH-19A	1
6	冰塔喷头	ϕ40	3	21	潜污泵		1
7	纯射流喷头	ϕ15	83	22	电动蝶阀	ϕ100	1
8	水下彩灯(黄)	200W	6	23	电动蝶阀	ϕ150	1
9	水下彩灯(绿)	200W	6	24	电动蝶阀	ϕ150	1
10	水下彩灯(黄)	200W	5	25	电动蝶阀	ϕ100	1
11	水下彩灯(绿)	200W	4	26	电动蝶阀	ϕ150	1
12	水下彩灯(红)	200W	8	27	电动蝶阀	ϕ150	1
13	水下彩灯(黄)	200W	8	28	闸阀	ϕ50	1
14	浮球阀	DN50	1	29	闸阀	ϕ100	1
15	水泵排水口	DN32	1				

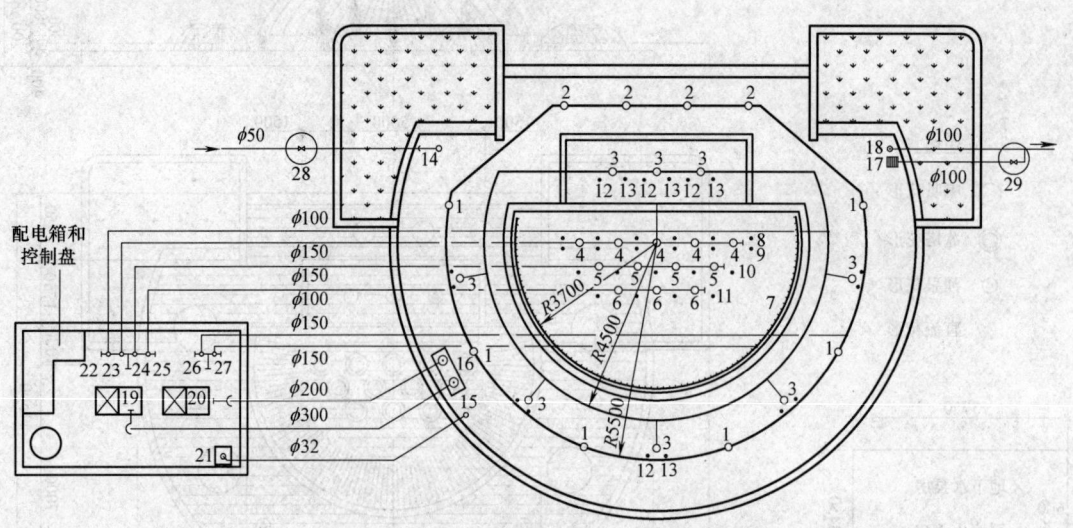

图 8.4-46　北京燕翔饭店喷泉平面布置图

由于水景工程是后来增建的，没有预留水泵房的位置，甲方又不希望采用潜水循环泵，所以采用地下式水泵房，水泵房就设在水池附近的车道下面，利用大门口的岗亭作为水泵房的进出口。

根据水流变换要求和所需的水压要求，将所有喷头分成6组，每组有专用管道供水，分别用6个电动蝶阀控制水流，每个电动蝶阀只有开关两个工位，利用可编程序控制器控制开关变化。随着水流的变换，水下彩灯也相应开关变化，使喷泉的水姿和照明按照预先输入的程序变换。控制程序见图8.4-47。

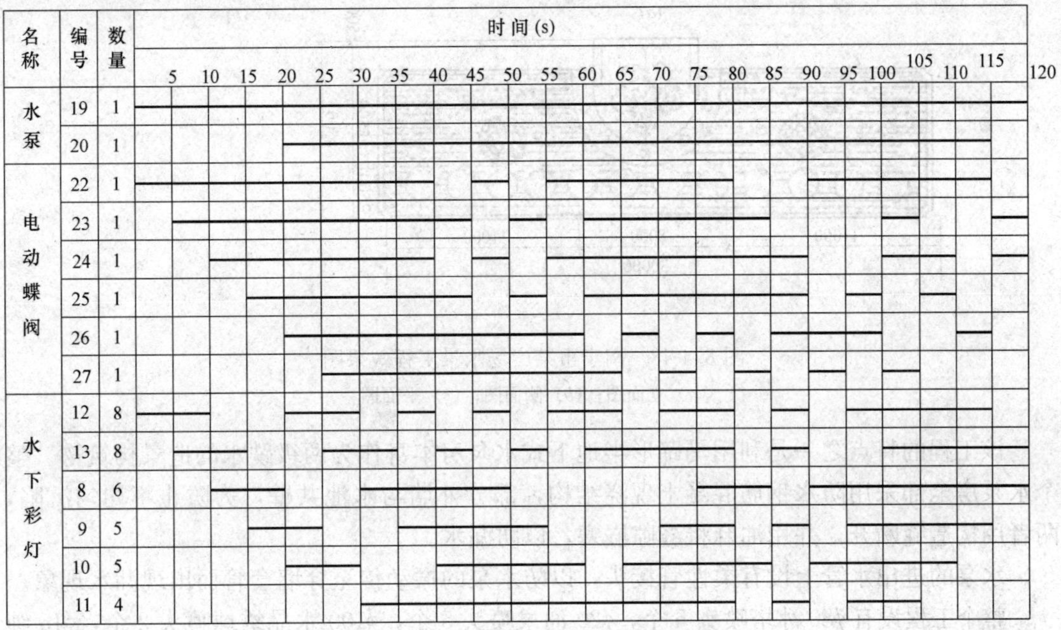
名称
编号
数量
时间(s)
5 10 15 20 25 30 35 40 45 50 55 60 65 70 75 80 85 90 95 100 105 110 115 120
水泵
19 1
20 1
电动蝶阀
22 1
23 1
24 1
25 1
26 1
27 1
水下彩灯
12 8
13 8
8 6
9 5
10 5
11 4

图8.4-47 北京燕翔饭店喷泉控制程序

水泵泄漏的积水，利用设在集水坑内的潜污泵排除，潜污泵由水位信号计自动控制运行，同时将运行信号反馈到值班室内。因为配电和控制设备均设在水泵房内，为防止潮湿和夏季降温，水泵房设有进、排风装置。

由于水下彩灯数量较少，晚间喷泉表演时，灯光偏暗。

2. 广西南宁市某广场水景工程

(1) 造型选择

该广场位于南宁市中心区，这里将建成人们休憩的小型广场。广场东西、南北各长约60m。北边为茂密的高大乔木林，其他三面均为街道。拟在广场北侧靠近树林处修建水景工程。甲方要求，要既壮观又新颖活泼，因投资限制不考虑水姿的变化，但要考虑将来建设彩色照明的可能。

根据上述情况，水池设计成矩形，长30m，宽8m。水泵房设计成半地下式，马蹄形，将其大半镶嵌在水池内，门窗留在水池外面。将水泵房用作造景构筑物之一，屋顶做成小水池，内设5个大冰塔，落下的水流从屋顶经两级跌落流入大水池。由于第二级跌水盘的溢水口较宽，为保证跌流水膜连续，在水盘上设有5个涌泉水柱，以便增加跌流水量。在大水池的前缘布置一排钟罩形水姿，共12个。在水泵房两侧各布置一个直径2.5m的水晶绣球，高4.5m。水晶绣球后面沿弧形各布置一排纯射流水柱，最大喷射高度6.4m。其造型效果见图8.4-48。

(2) 构筑物设计和设备选择

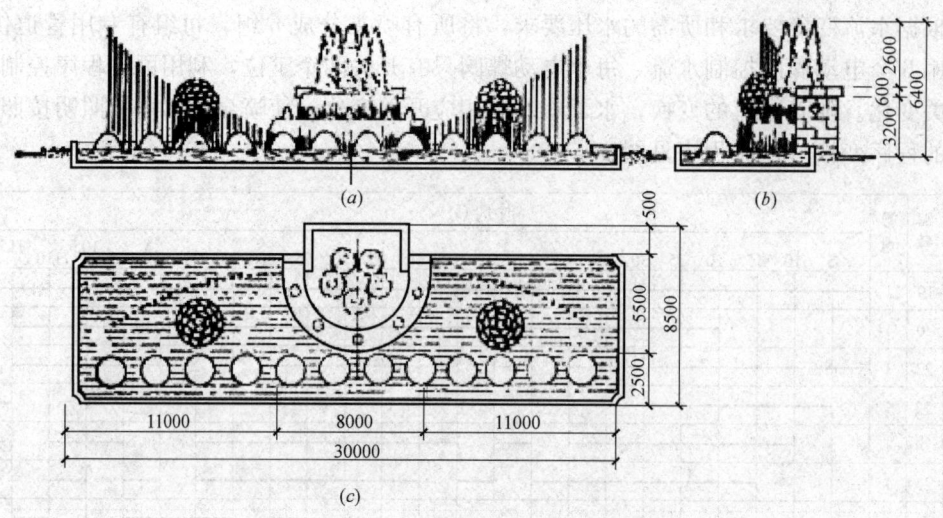

图 8.4-48   南宁市某广场水景工程效果图

(a) 立面图；(b) 侧面图；(c) 平面图

该工程的特点之一是利用马蹄形半地下式水泵房本身作为两级跌水的造景构筑物。整个水泵房全部采用防水钢筋混凝土现浇结构，部分外墙与水池共壁，为防止不均匀沉陷，两者用构造缝断开，并用油麻将缝隙嵌塞，以防漏水。

水泵的进出水管上设有柔性管接头，以防水泵的振动传至穿墙套管而出现漏水现象。

整个工程设有 φ80 冰塔喷头 5 个，φ20 涌泉喷头 5 个，φ100 水晶绣球喷头 2 个，φ15 纯射流喷头 90 个，φ50 钟罩喷头 12 个。合计 114 个。设 IS200-150-200A 和 IS200-150-250 水泵各 1 台，循环流量约 730m³/h，耗电总功率约 46kW。管道和设备布置见图 8.4-49。

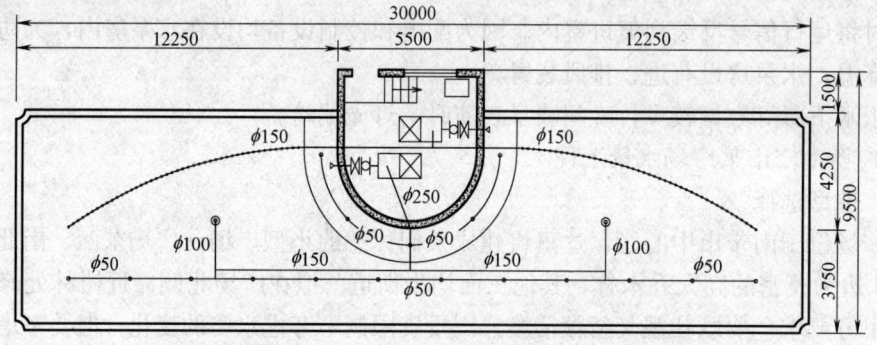

图 8.4-49   南宁市某广场水景工程管路设备布置图

3. 天津某大学综合楼水景工程

(1) 造型选择

该水景工程位于综合楼入口广场中心，入口广场东西长约 60m，南北宽约 45m。甲方要求：水形要简洁，变化丰富，整体效果需和校园文化相融合，同时水景不能影响广场人群疏散需要。

根据上述情况，水景水池设计成正方形，边长 16m，采用旱地喷泉形式，喷头为 φ14 纯射流喷头，布置成 14×14 矩阵，喷头间距为 1m，最大喷高 8m。每个喷头下设有电磁阀控制，为了增加喷泉的变化，水泵还采用变频器控制，水柱高度能随音乐变化；灯光采用 LED

水下灯照明,每个喷头周围布4盏,颜色分别为红、黄、蓝、绿,可单独控制。喷泉通过纯射流水柱的排列组合,形成多种图案变化,同时辅以灯光色彩烘托,变化更是丰富多彩。当喷泉不喷水时,人们可在水池上方行走,满足广场人群疏散的需要,如图8.4-50所示。

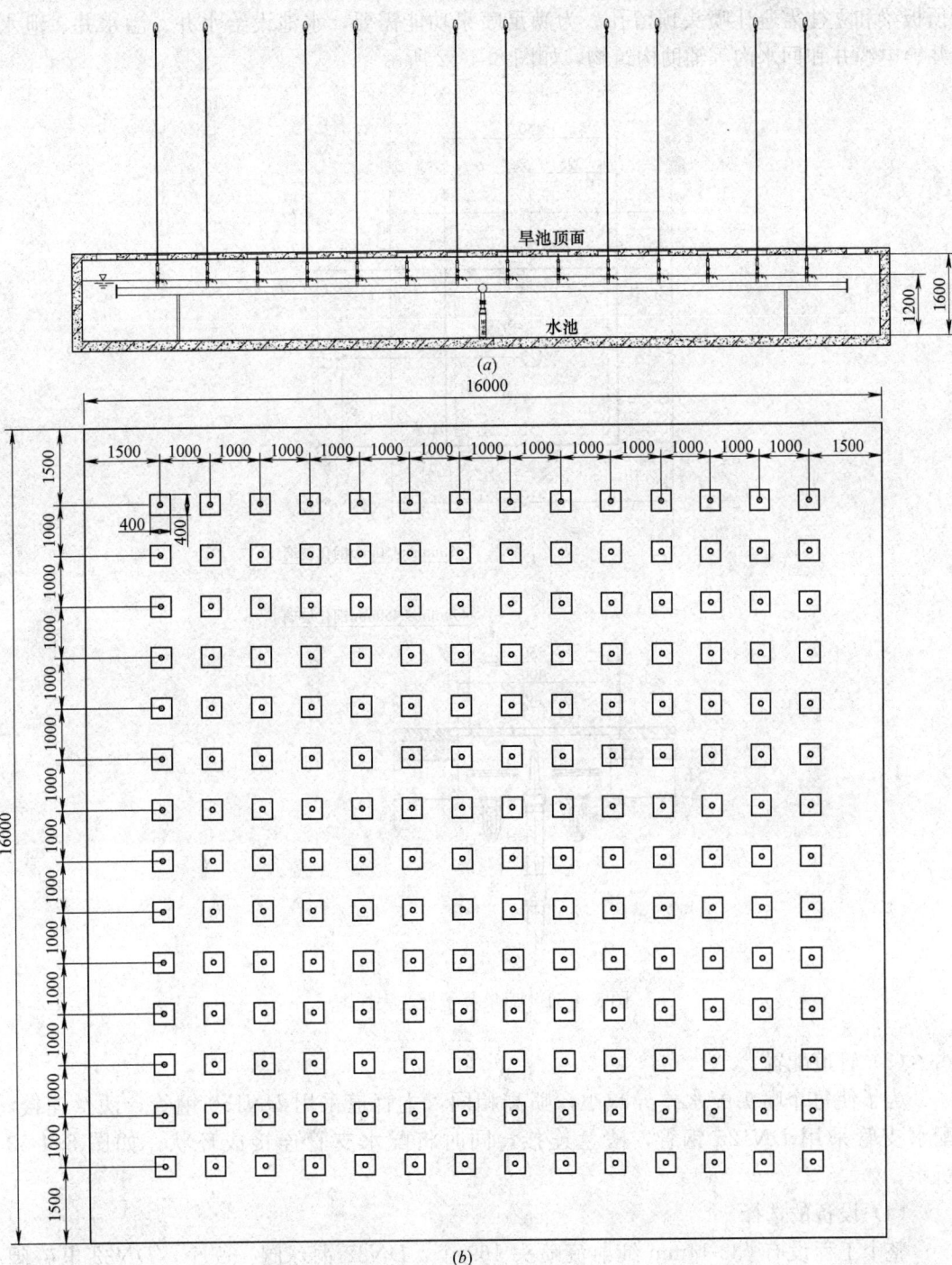

图 8.4-50 喷泉平面布置及立面图

(a) 立面图;(b) 平面图

（2）构筑物设计

该工程采用旱地喷泉形式，水池隐于地面下，池顶与附近地面标高相同，在喷头位置，池顶预留 400mm×400mm 的方孔，用带开孔的钢化玻璃覆盖，见图 8.4-51，水池的顶板梁和立柱需避让喷头预留孔。为满足喷泉功能需要，水池设给水井、溢水井、泄水井、电缆井和回水沟等辅助构筑物，如图 8.4-52 所示。

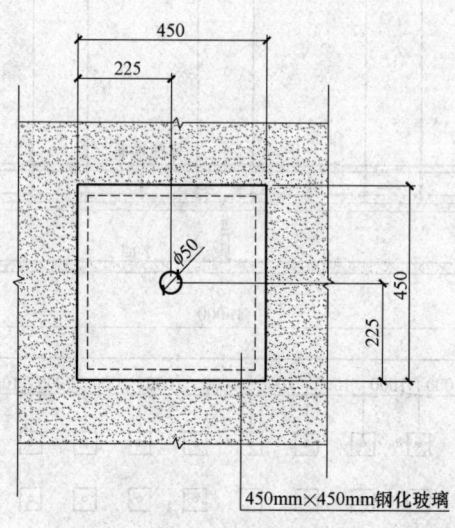

450mm×450mm钢化玻璃

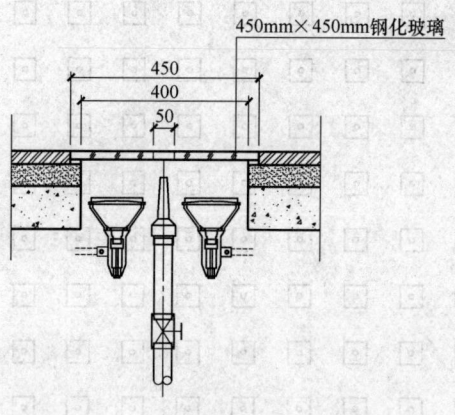

图 8.4-51　喷泉算子做法大样图

（3）管道配置

为了使每个喷头配水差异减小，喷高相同，主管道采用 DN150 钢管，法兰连接，配水支管采用 DN125 钢管，法兰连接，同时将配水支管连接成环状，如图 8.4-53 所示。

（4）设备的选择

整个工程设有 ϕ32-14mm 纯射流喷头 169 个，DN32 铜球阀 169 个，DN32 电磁阀 169 个，设计流量为 100m³/h、扬程为 15m、电机功率为 7.5kW 的潜水泵 14 台，5W 的 LED 水下灯 676 盏，耗电总功率约 101kW。

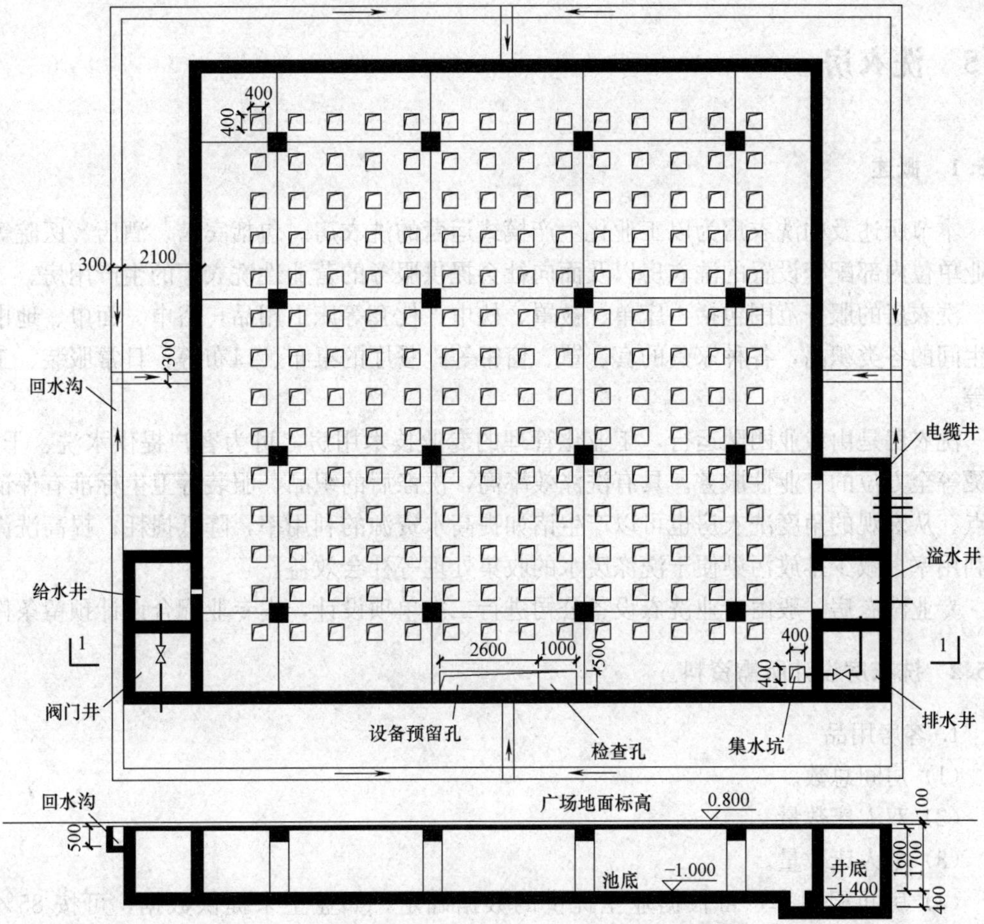

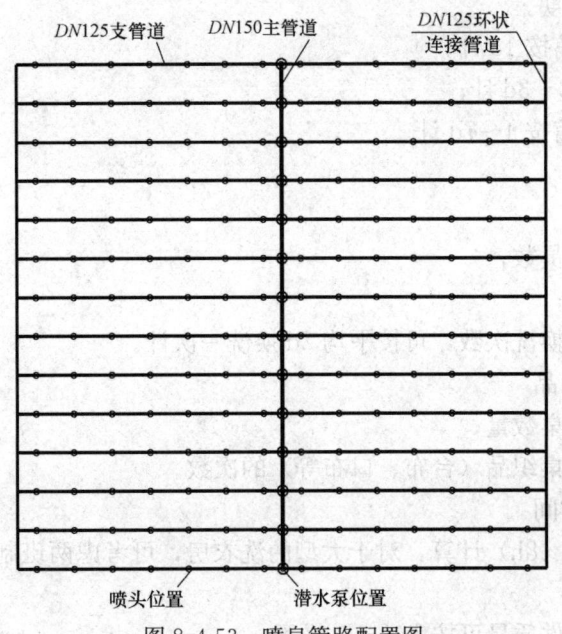

图 8.4-52　喷泉水池结构形式

图 8.4-53　喷泉管路配置图

8.5　洗衣房

8.5.1　概述

本节所述及的洗衣房为以工业化生产模式运营的洗衣房。包括宾馆、酒店、医院等企事业单位内部配套设置的洗衣房以及面向社会提供服务的营业性洗衣厂的生产用房。

洗衣房的服务范围包括：床单、被罩、枕巾、枕套等床上用品，浴巾、面巾、地巾等卫生间的各类织品，各种家具的套、罩、窗帘等；餐厅的桌布、口布等；日常服装、工作服等。

洗衣房是由专业团队运行，工业化管理的专业技术用房，可为客户提供水洗、干洗、熨烫等全方位的专业性服务。具有洗涤效率高，洗涤后的织品、服装等卫生标准有保证等特点。从宏观的角度洗衣房也可以产生诸如提高水资源的利用率，降低损耗；提高洗涤剂的利用率，减少排放污染便于洗涤废水的收集处理等社会效益。

专业洗衣房一般由专业洗衣设备公司进行二次单项设计，本专业配合设计预留条件。

8.5.2　洗衣房设计所需资料

1. 客房用品

(1) 房间总数。

(2) 双人床数量。

(3) 单人床数量。

(4) 房间租用率，可根据业主提供的数据确定，如业主未提供数据，可按85%～90%考虑。

(5) 织品更换周期。

1) 四、五级旅馆按1d计；

2) 三级旅馆按2～3d计；

3) 一、二级旅馆按4～7d计。

2. 职工用品

(1) 职工总数；

(2) 每日工作人员数；

(3) 值班人员数；

(4) 职工工作服换洗次数，可按平均2d换洗一次计。

3. 餐厅和饮室用品

(1) 各类餐厅餐桌数量；

(2) 每日更换餐桌织品（台布、口布等）的次数。

4. 洗衣房工作时间

每天宜按一班制（8h）计算，对于大型的洗衣房，可考虑两班制（16h）。

5. 织品质量资料

各种干织品的单件质量可按表8.5-1采用。

干织品单件质量

表 8.5-1

织品名称	规格	单位	干织品质量（kg）	备注
床单	200cm×235cm	条	0.8～1.0	
床单	167cm×200cm	条	0.75	
床单	133cm×200cm	条	0.50	
被套	200cm×235cm	件	0.9～1.2	
罩单	215cm×300cm	件	2.0～2.15	
枕套	80cm×50cm	只	0.14	
枕巾	85cm×55cm	条	0.30	
枕巾	60cm×45cm	条	0.25	
毛巾	55cm×35cm	条	0.08～0.1	
擦手巾		条	0.23	
面巾		条	0.03～0.04	
浴巾	160cm×80cm	条	0.2～0.3	
地巾		条	0.3～0.6	
毛巾被	200cm×235cm	条	1.5	
毛巾被	133cm×200cm	条	0.9～1.0	
线毯	133cm×200cm	条	0.9～1.4	
桌布	135cm×135cm	件	0.3～0.45	
桌布	165cm×165cm	件	0.5～0.65	
桌布	185cm×185cm	件	0.7～0.85	
桌布	230cm×230cm	件	0.9～1.4	
餐巾	50cm×50cm	件	0.05～0.06	
餐巾	56cm×56cm	件	0.07～0.08	
小方巾	28cm×28cm	件	0.02	
家具套		件	0.5～1.2	平均值
沙发套	三人	件	1.5～2.5	
沙发套	双人	件	1.0～2.0	
沙发套	单人	件	0.5～1.2	
擦布		条	0.02～0.08	平均值
男上衣		件	0.2～0.4	
男下衣		件	0.2～0.3	
女罩衣		件	0.2～0.4	
睡衣		套	0.3～0.6	
裙子		条	0.3～0.5	
汗衫		件	0.2～0.4	
衬裤		件	0.1～0.3	
绒衣、绒裤		件	0.75～0.85	

续表

织品名称	规格	单位	干织品质量(kg)	备注
短裤		件	0.1~0.3	
围裙		条	0.1~0.2	
针织外衣裤		件	0.3~0.6	
西服上衣		件	0.8~1.0	
西服背心		件	0.3~0.4	
西服裤		条	0.5~0.7	
西服短裤		条	0.3~0.4	
西服裙		条	0.6	
中山装上衣		件	0.8~1.0	
中山装裤		件	0.7	
外衣		件	2.0	
夹大衣		件	1.5	
呢大衣		件	3.0~3.5	
雨衣		件	1.0	
毛衣、毛线衣		件	0.4	
制服上衣		件	0.25	
短上衣(女)		件	0.30	
毛针织线衣		套	0.80	
工作服		套	0.90	
围巾、头巾、手套		件	0.10	
领带		条	0.05	
帽子		顶	0.15	
小毛衣		件	0.10	
毛毯		条	3.0	
毛皮大衣		件	1.5	
皮大衣		件	1.5	
毛皮		件	3.0	
窗帘		件	1.5	
床罩		件	2.0	

8.5.3 洗衣房的分类

1. 社会洗衣房：针对广大人民群众个人服务，其中包括为一些社会团体服务。
2. 社团内部洗衣房：一般仅对单位内部服务，不对社会服务。

8.5.4 社团内部洗衣房位置选择

1. 洗衣房位置选择

社团内部洗衣房一般设在地下室的附属用房内，若占地较大亦可设在室外。确定洗衣房的设置位置时宜遵循以下原则：

（1）由于洗衣房所耗动力较大，因此距离锅炉房、变电室、水泵房等动力设施不宜过远。

（2）洗衣机械体量较大，运转时会有振动并产生噪声，在选定位置时应尽量远离对安静要求较高的用房，避免影响其他部门。

（3）尽可能靠近织品收集和发送都方便的地方。

2. 洗衣房的组成

（1）准备工作：检查，分类，编号，停放运送衣物的小车用地，也有在楼房内设有运送脏织品的滑道等。

（2）生产用房：洗涤、脱水、烘干、烫平、压平、干洗、折叠、整理以及消毒等场所。

（3）辅助用房：脏衣存放、清洗缝补、洁衣收发、洗涤剂库、锅炉房或加热间、配电室、空压机室、办公室、水处理间等。

（4）生活用房：休息室、更衣室、淋浴室、卫生间、开水间等。

8.5.5　洗衣房的工作流程

洗衣房的工作流程包括织品的收发和织品的洗涤两部分。

1. 织品的收发流程

洗衣房织品的收发包括收集、运输、分拣、贮存、分发等环节。其主要流程如图8.5-1 所示。

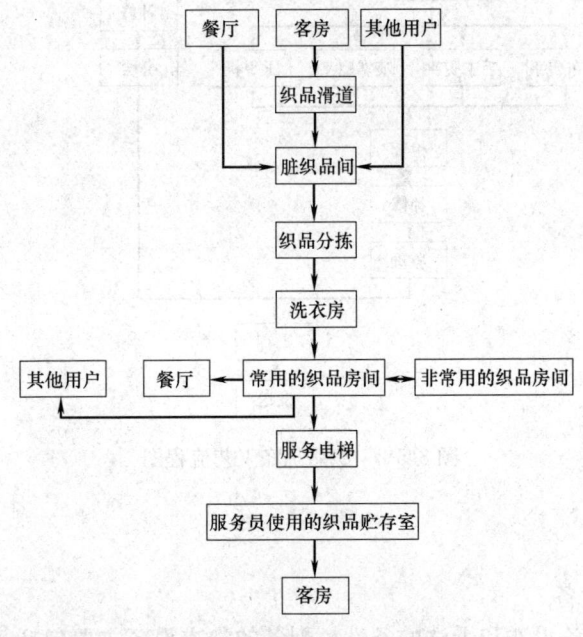

图 8.5-1　织品的收发流程图

2. 织品洗涤工艺流程

　　织品的洗涤工艺一般分为水洗和干洗两种。水洗工艺是在水中使用肥皂、洗衣粉和洗涤剂等对织物进行洗涤，其主要洗涤对象包括床单、被单、毛巾、桌布、工作服、衬衫、衬裤、浴衣等棉、麻织品或这类的混纺织品；干洗工艺是在密闭的机械中利用挥发性溶剂的作用对织物进行清洗，其主要洗涤对象包括西服、大衣、毛织物、毛衣等毛、绸、化纤或这类的混纺织品。织品洗涤工艺流程如图 8.5-2 所示。

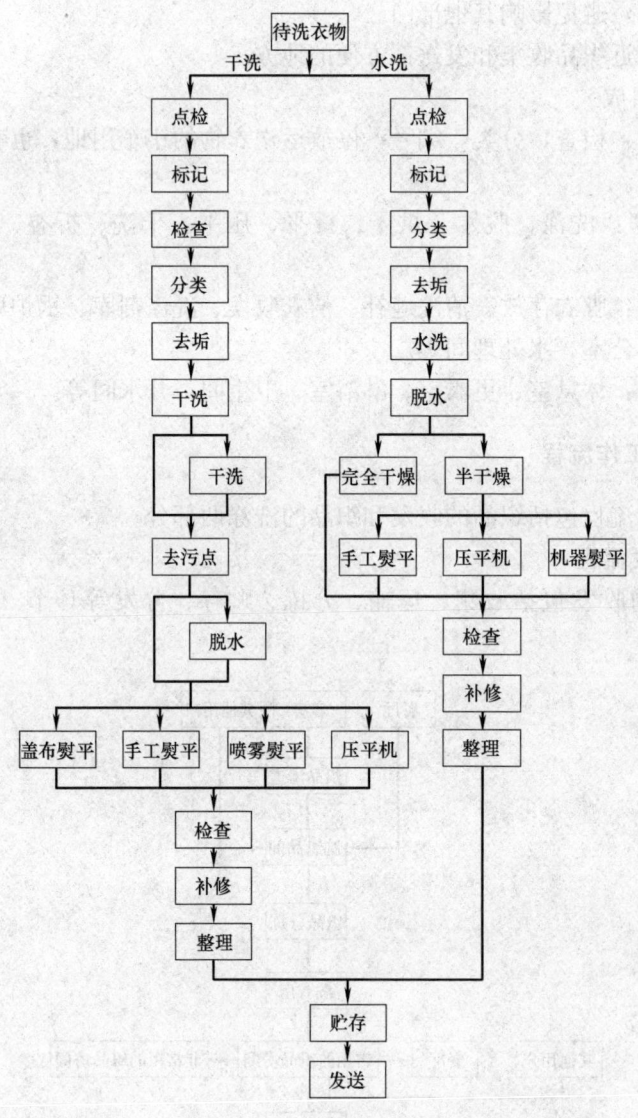

图 8.5-2　织品洗涤工艺流程图

8.5.6　洗衣房设计

1. 洗衣房常用设备

通常洗衣房均具备水洗和干洗的条件。配备的洗衣设备主要包括：洗涤脱水机、烘干机、烫平机、干洗机、熨平机、人像精整机、带蒸汽-电两用熨斗的熨衣台、化学去污工作台及其他辅助设备。

(1) 洗涤脱水机

洗涤脱水机是洗衣设备中的主要机器之一，水洗，可将织品和衣物的污渍去除干净，它是通过电器控制使滚筒时而正转，时而反转，使织品在筒内翻动和互相搓擦，同时经肥皂水的充分浸泡，将污渍擦落达到清洁的目的。根据织品污浊的程度、织品的多少来确定洗涤剂的用量和洗涤时间。织品洗涤后将肥皂水放净，放入清水进行漂洗，重复数次（一般为 2～3 次）漂净为止。漂净后放空清水，进行脱水，脱水转速约 800r/min 以上，脱水后的含水率为 50%～55%。

设备需求：冷水、热水、排水、蒸汽、压缩空气、电。

(2) 烘干机

烘干机是洗衣设备中的主要设备之一。用来烘干经洗涤并脱水后的织物。可以减少大面积晒场，不受气候的限制。烘干机主要用于烘干毛巾（面巾、手巾）、浴巾、枕巾、地巾以及工作服等。床单、枕套、被单等床上用品一般情况下不经烘干机。烘干机的工作主要是通过滚筒的正反运转，使织品在筒内不断翻动、挑松，通过散热排管所散发的热流，经滚筒由抽风机把筒体内的湿气排出达到干燥的目的。

设备需求：蒸汽、凝结水收集（排放）、电。

(3) 烫平机

烫平机是洗衣设备中的主要设备之一，主要用于熨平洗涤并脱水后的织品（如床单、被单、枕套、桌布、窗帘等）。可不经晾晒带有部分水分直接烫平。

设备需求：蒸汽、凝结水收集（排放）、电。

(4) 干洗机

干洗机是洗衣设备中的主要设备之一，主要用于洗涤棉毛、呢绒、丝绸、化纤及皮毛等高级织品，其洗涤剂多用无色、透明、易挥发、不燃烧、具有优良溶解性的"过氯乙烯"、"全氯乙烯"等。

1) 干洗机的工作原理

① 洗涤剂的循环

通过循环完成洗涤和净化工序。洗涤剂从清洁液箱进入滚筒，通过洗甩后洗涤剂从滚筒进入箱底，再由立式泵把较脏的洗涤剂从底箱抽出送入蒸馏箱，经蒸馏变成气体，进入冷凝器，经冷凝变成清洁的洗涤剂注入清洁液箱再次使用。

洗涤剂由气体变为液体所流动的路线：滚筒→棉绒捕集器→风机→冷凝器→分水器→底箱。

② 热气的循环

热气循环的作用是完成烘干工序，其烘干温度为 30～85℃，主要经过加热器→滚筒→棉绒捕集器→风机→冷凝器→加热器。

织品在洗涤剂热气循环作用下完成烘干工序达到干洗织品的目的，其干洗特点为去污渍、不损料、不收缩、无皱纹、不褪色、不易虫蛀。

2) 设备需求：电。

(5) 熨平机

又称整熨机、夹熨机、压平机。主要用于熨平各类衣服，根据不同的功能其形式多种多样，一般用于水洗衣服的有万能熨平机、熨袖机、圆头熨平机（熨肩用）、裙腰压平机等。

设备需求：蒸汽、凝结水收集（排放）、压缩空气、电。

（6）人像精整机

人像精整机最适合宾馆、洗染店用以精整干洗或水洗后的各种高档上衣（如外套、西服、两用衫、呢制服等），精整后的服装笔挺，无反光、无压熨痕迹，可获较好的感观效果。

人像精整机能让使用者像穿衣似的进行工作，采用蒸汽雾化加热，蒸汽气动内涨熨烫。人体胎架可 360°旋转，使用方便，工作效率高，劳动强度低，一般上衣只花 1min 左右即可整理完毕。

人像精整机装有精确的定时器，确保蒸汽、热风联合自动操作，既安全又方便。

设备需求：蒸汽、凝结水收集（排放）、电。

（7）带蒸汽-电两用熨斗的熨衣台

它是手工熨衣用的主要设备，主要用于熨平客衣。

设备需求：电。

2. 设备选型原则

（1）织物的洗涤、烘干、烫平等应采用技术成熟先进、节水节能、维护管理方便的设备。并宜采用自动化、智能化程度高，能减轻劳动强度，改善劳动条件的设备。设备宜按每个工作周期洗衣量计算结果选型。

（2）洗衣设备一般不考虑备用。一个洗衣房内宜搭配选用大小容量不同的洗涤脱水机、烘干机等设备，每种设备一般不宜少于两台，以便适应织品的不同品种和数量，可灵活运用。

3. 洗衣房的洗涤量计算

（1）水洗量

1）水洗量可以使用单位提供的数量为依据。若使用单位提供洗衣数量有困难时，可根据建筑物性质，参照表 8.5-2 确定。

不同性质建筑物的洗衣量　　　　　　　　　　　　表 8.5-2

序号	建筑物名称		计算单位	干织品质量(kg)	备注
1	旅馆、招待所：				旅馆等级见《旅馆建筑设计规范》JGJ 62
		一、二级	每床位每月	15～30	
		三级	每床位每月	45～75	
		四、五级	每床位每月	120～180	
2	集体宿舍		每床位每月	8.0	参考值
3	公共食堂、饭馆		每 100 席位每日	15～20	
4	公共浴室		每 100 床位每日	7.5～15	
5	医院：				括号内为每日数量
		内科和神经科	每床位每月（每日）	40(1.6)	
		外科、妇科、儿科	每床位每月（每日）	60(2.4)	
		妇产科	每床位每月（每日）	80(3.2)	
		100 病床以下的综合医院	每床位每月	50	

续表

序号	建筑物名称	计算单位	干织品质量(kg)	备注
6	疗养院	每人每月	30(1.2)	括号内为每日数量
7	休养所	每人每月	20(0.8)	括号内为每日数量
8	托儿所	每小孩每月	40	
9	幼儿园	每小孩每月	30	
10	理发室	每技师每月	40	
11	居民	每人每月	6.0	

注：1. 表中干织品质量为综合指标，包括各类工作人员和公用设施的衣物数量在内。

2. 大、中型综合医院可按分科数量累计计算。

3. 宾馆客房水洗织品的数量可按一、二级旅馆 4.5～5.5kg/(d·间) 计算。

2) 旅馆、公寓等建筑的干洗织品的数量，可按 0.25kg/(d·床) 计算。

3) 国际标准旅馆洗涤量

① 一流高标准旅馆，每间房洗涤量为 5.44kg/d。

② 中上等标准旅馆，每间房洗涤量为 4.5kg/d。

③ 一般标准旅馆，每间房洗涤量为 3.6kg/d。

4) 每日洗涤量可按公式 (8.5-1) 计算：

$$G_r = \Sigma(G_{yi} \cdot n_i) \cdot 1/d_y \qquad (8.5-1)$$

式中 G_r——每日洗涤量（kg/d）；

G_{yi}——每个计算单位每月洗涤量（kg/(人·月) 或 kg/(床·月)）；

n_i——计算单位（人数或床位数）；

d_y——每月洗衣房工作日数，一般可按 25d 计。

5) 洗涤设备每个工作周期洗衣量，可按公式 (8.5-2) 计算：

$$G = G_r/T \qquad (8.5-2)$$

式中 G——洗涤设备每个工作周期洗衣量（kg/工作周期），每个工作周期按 0.75h 考虑；

T——每日洗涤工作周期数，一般为 6～10 个。

(2) 干洗织品量

干洗织品尚无一定单位指标数字，只能按经验估计。一般按旅馆规模其干洗量约为 40～60kg/h 或按每个床位每日 0.25 kg 计算。

(3) 洗衣房其他几项工艺设备工作量的比例

烘干占 30%～25%（浴巾、面巾、地巾等）；

烫平占 65%～70%（被单、枕套、床单、桌布、餐巾等）；

熨平占 5%（客衣、工作服等）。

4. 工艺及设备布置原则

(1) 洗衣房工艺布置应在保证洗衣质量的前提下，力求缩短流程线路，工序完善而又不互相干扰，占地面积少。工艺流程的布置宜参照以下原则：

1) 织品的处理应按接收、编号、脏衣存放、洗涤、脱水、烘干或熨平、整理折叠、洁衣发放的流程顺序进行。

2）未洗织品与已洗织品应分开，不得混杂交叉。但应有必要的联系和运输通道。

3）沾有有毒物质或传染病菌的织品，应严格分开，并在洗涤前进行消毒处理。

4）应考虑停放运送衣物的小车位置。

（2）洗衣房内的设备、设施应根据工艺流程合理布置。使得洗衣工艺流程通畅、便于设备运行、便于人员操作及设备维护。

1）洗涤脱水机的布置一般应距分类台近一些，以减少运输距离。距墙的距离一般为 800～1500mm，操作面前保持 1500～2500mm。

2）烘干机应靠近洗涤脱水机。距墙一般为 800～1000mm。

3）烫平机占地面积比较大，且两端需要一定的工作面积，烫平机一般布置在房子中间，机前进衣处的宽度应不小于 2.5m，以放置手推车和方便工作人员操作。出衣的一端应有不小于 2.5～2.8m 的宽度，以放置平板车和方便工作人员折叠衣物。两侧与其他设备间距一般为 1500mm，以便手推车的通过。烫平机后接折叠机，在烫平机两端一般设有工作台。

4）压平机及人像精整机，通常距墙为 300～500mm。另需在压平机和人像精整机旁沿墙设置自动折叠工作台、人工烫平台等。

8.5.7 洗衣房给水排水设计

洗衣房的冷、热水消耗量和排水量都很大，在设计时必须详细了解洗衣房所要承担的洗衣数量，并应适当考虑发展的需要。

1. 用水量

洗衣房用水量包括干衣洗涤用水量、员工用水量等。洗涤用水定额为 40～80L/kg 干衣，员工用水定额为 40～60L/（人·班），每班工作时间 8h，小时变化系数 1.5～1.2，洗涤用水定额中包含有热水用水；洗涤用热水（60℃）用水定额为 15～30L/kg 干衣。

（1）洗衣房每日干衣洗涤用水量可按公式（8.5-3）计算：

$$Q_{d1} = G_r \cdot q_1 \tag{8.5-3}$$

式中　Q_{d1}——洗衣房每日干衣洗涤用水量（L/d）；

　　　G_r——洗衣房每日干衣洗涤量（kg/d）；

　　　q_1——干衣洗涤用水定额（L/kg）。

（2）洗衣房每日员工用水量可按公式（8.5-4）计算：

$$Q_{d2} = m \cdot q_2 \tag{8.5-4}$$

式中　Q_{d2}——洗衣房每日员工用水量（L/d）；

　　　m——洗衣房员工数量（人）；

　　　q_2——洗衣房员工最高日生活用水定额（L/（人·d））。

（3）洗衣房每日总用水量可按公式（8.5-5）计算：

$$Q_d = Q_{d1} + Q_{d2} \tag{8.5-5}$$

2. 供水水质

洗衣房供水水质应符合现行国家标准《生活饮用水卫生标准》GB 5749 的要求。因为硬度每增加 1 德国度，每吨水将多用肥皂 120～150g，所以在设计中应考虑洗衣房用水硬度。

国外有关资料介绍洗衣房用水水质标准如下：

硬度 不大于 50mg/L （以 $CaCO_3$ 计）

不大于 2.8 德国度 （以 CaO 计）

含铁量 不大于 0.2mg/L （以 Fe 计）

含锰量 不大于 0.2mg/L （以 Mn 计）

我国现行《建筑给水排水设计规范》GB 50015 中规定"当洗衣房日用热水量（60℃）大于或等于 $10m^3$ 且原水总硬度（以 $CaCO_3$ 计）大于 300mg/L 时，应进行水质软化处理；原水总硬度（以 $CaCO_3$ 计）为（150~300）mg/L 时，宜进行水质软化处理，经软化处理后的水质总硬度（以 $CaCO_3$ 计）宜为 50~100mg/L"。

在工程设计中，除满足规范的要求外，还应满足业主提出的水质要求。

3. 给水

洗衣房给水管宜从室外干管单独接入，并宜在引入管上设水表计量用水量。洗衣房内管道采用明装敷设，其管径按 1min 内充满洗衣机内容积槽体积所需水量计算，也可按洗衣机额定容量每千克干衣的给水流量为 6 L/min 来进行计算，但不小于洗衣机接管管径。在接入洗衣机的冷热水管上均应装设倒流防止器以防洗涤水倒流。

4. 排水

(1) 洗衣机的排水多为脚踏开关，放水阀打开洗衣机内的污水在 30s 内全部泄出，约等于给水量的 2 倍，即每千克干衣排水量为 12L/min，一般在洗衣机放水阀的下端均设有带隔栅铸铁盖板的排水沟，排水沟宜布置在设备操面的相反方向。其尺寸为 600mm×400mm。排水管管径不小于 100mm。

(2) 烘干机或烫平机的蒸汽凝结水，应设凝结水管回流至凝结水箱。

(3) 人像精整机等有凝结水排除需求的设备，应在其附近设地漏或直接排入排水沟。

(4) 系统应考虑洗涤剂回收利用的可能。

(5) 水温超过 40℃或排水中含有有毒或有害物质时，应按有关规范要求进行降温或无害化处理后，再排入室外排水管道。

(6) 输送温度超过 40℃排水的管道宜采用柔性接口铸铁管。

5. 消防

洗衣房应根据建设规模、设置位置等因素，根据现行《建筑设计防火规范》GB 50016 的要求进行消防灭火设计。

8.5.8 洗衣房对各专业的设计要求

1. 建筑专业

(1) 洗衣房为高温、高湿车间，机械排风量和设备振动量较大，尽量不设在主楼地下室，最好设在楼外冷冻站、锅炉房、变电所等动力区内且便于织品收发和运输的地方。由于洗涤设备运转时会产生较大的噪声，故洗衣房应远离对卫生和安静程度要求严格的房间。

(2) 洗衣房宜设在辅助用房的底层房间，建筑层高不小于 4.2m，对能散发出大量热值的洗衣机和熨平机房间宜设天窗或高侧窗。墙面要求光滑，应全部贴瓷砖或刷油漆，地面采用地砖或水磨石，生产用房应有良好的自然采光条件，采光面积大于 1/4。为便于织品运输，生产用房工作门应选用 1.2m 自由门。办公、休息间宜设置开水炉。

（3）为提高洗衣质量，对于较脏的织品（如医院中的血衣）和易褪色的织品必须在进入洗衣机前先在洗涤池中浸泡 10～30min，水池尺寸为 1000mm×800mm×400mm，设 2～3 个洗涤池，墙裙宜贴瓷砖，其高度不小于 1500mm。

（4）洗衣房所需建筑面积取决于服务对象、洗涤设备机械化程度及要求织品洗涤质量（水洗、干洗、熨平、折叠等）。一般可按每间客房需要洗衣房面积为 0.5～1.0m² 来考虑。

（5）由于烫平机在运行过程中将衣物所含水分部分或大部分散发在房间里，近年来有的厂家生产的烫平机附设排气装置，但有的不够理想，因此烫平机上方宜设置天窗。烫平机房间的屋顶和墙面要有防止结露的措施并避免屋顶内表面产生凝结水流到烫平机和衣物上。

2. 结构专业

（1）洗涤设备型号较多，一般均无基础，仅洗涤脱水机和干洗机有设备基础，可由厂方提供资料进行施工。

（2）由于洗涤设备尺寸较大，最好利用土建门窗上的过梁作为设备安装出入之用。

（3）当洗涤设备布置在地下室时，应在底层楼板面上留有设备吊装孔洞。

3. 采暖通风专业

（1）洗衣房为高温、高湿车间，在运行中消耗电量和蒸汽量较大，散发出大量热值，应尽量采用自然通风与局部机械排风的通风装置。

（2）洗衣房的通风换气量是根据设备大小及布置情况，按其散热、散湿量计算来确定。当计算有困难时可按下列换气次数估计：生产用房换气次数采用 20 次/h（当采用全自动洗衣机时，因有专用通道，洗衣间通风次数可减为 5 次/h），辅助用房为 15 次/h，生活用房按有关规范的规定执行。

（3）熨平机在运行中会产生较多雾气，宜设局部排风罩机械排风。洗涤脱水机及烘干机根据产品排风量设专用排风管接至室外。干洗机的排风管也应单独排放，因为其洗涤液四氯乙烯是具有刺激性的微毒液体。

（4）生产用房采暖温度为 12～16℃，辅助用房及生活用房按有关规范的规定执行。

（5）设在地下室且标准要求较高的大型洗衣房，其生产用房均应设置空调降温设施。

（6）洗衣房通风的气流组织应使空气由取衣部分向接收衣服部分流动，工作区内的气流速度不应大于 0.5m/s。

（7）洗涤间的相对湿度，不宜超过 70%；其他生产用房的相对湿度，不宜超过 60%。

4. 动力专业

（1）所需蒸汽压力应以设备产品说明书为准。在无产品资料时，也可参照表 8.5-3 选用。

洗衣设备所需蒸汽压力

表 8.5-3

设备名称	洗涤脱水机	烫平机、熨平机、人像精整机	烘干机	煮沸消毒器
蒸汽压力（MPa，表压）	0.15～0.2	0.4～0.6	0.5～0.7	0.5～0.8

（2）蒸汽用量应按设备产品说明书要求提供，也可按 1.0kg/(h·kg 干衣) 的蒸汽量

估算；在无热水供应时，可按 2.5～3.5kg/（h·kg 干衣）的蒸汽量估算。

医院洗衣房的蒸汽用量，可按 2.3～2.7kg/（h·kg 干衣）估算。

其中：用于煮沸消毒为 0.5～0.8kg/（h·kg 干衣）。

用于洗衣为 0.4～0.5kg/（h·kg 干衣）。

用于干燥衣物为 0.7kg/（h·kg 干衣）。

用于熨平衣物为 0.7kg/（h·kg 干衣）。

（3）由于全自动洗涤脱水机和干洗机是在高温、高湿环境下运行，为使其不受温度和湿度影响，其操作采用气动阀门设计，通过控制箱的信号，经电磁阀转换成气动信号来启动阀门。

压缩空气消耗量及要求压力由产品说明书提供，也可按 0.1～0.6m³/min 用气量来选定，要求压力为 0.4～1.0MPa。空气压缩机应选用移动式无润滑油型。

5. 电气专业

（1）洗涤、脱水及烘干生产用房，其照度为 200～300lx。

（2）烫平机、熨平机操作面的照度为 300～400lx，手工熨平台可设局部照明装置。

（3）其他辅助用房及生活用房，照度为 100～150lx。洗衣机宜采用日光灯为光源，其中洗涤、脱水、烫平等生产用房应采用防水型日光灯。

（4）设备动力用电量，按产品说明书的要求提供，也可按每设置 1kg 洗衣机容量用电量估算。但在没有蒸汽供应而用电来烘干、烫平、压平时，用电量按 0.5～1.0kW/kg 干衣估算。干洗机可按 0.25～0.45kW/kg 干衣估算。

（5）人工熨烫及缝补间的墙壁四周应设 2～3 个单相二孔及三孔插座。人像精整机、夹熨机及熨衣台附近应有 380V 插座。

（6）由于室内湿度较大，电气配线宜采用暗配铜线穿钢管。

（7）办公休息室须配有电话。

6. 洗衣设备与各种管道连接的要求

（1）洗衣房内各种管道与设备之间的连接，应采用软管连接。

（2）洗衣设备的给水管、热水管和蒸汽管上，应装设过滤器和阀门。

（3）在接入洗衣设备前的给水管和热水管上，应设置倒流防止器，以防止水质被污染。

（4）各种洗衣设备上的蒸汽管、压缩空气管、洗涤液管宜采用铜管。

8.5.9 洗衣房工艺设计的几项补充意见

1. 对宾馆洗衣房设计的特殊要求

（1）除水洗设备外，还须设置干洗设备，其设备选型可根据干洗织品洗衣量计算确定。

（2）对于高级宾馆、洗染部门要有设备较全的洗衣房，干洗间还应设置有熨烫西服上衣的人像精整机，熨烫西服裤用的夹烫机以及熨烫领子、袖子的压平机，干洗前经去渍台清理。

（3）大型高级宾馆床位多，当洗衣房设在地下室时，脏衣运送可在每层服务员间设 φ800 不锈钢滑道直接送入洗衣间的入口处以减少脏衣织品水平运输的工作量。

（4）洗衣房要配备足够的运送小车，以便运输脏衣和洗后的织品。洗衣房内要有存放小车的地方。在洗涤量较大的洗衣房亦可设置悬吊轨道式输送带，以减少地面运输。

2. 对医院洗衣房设计的特殊要求

（1）医院患者衣服一般用人工熨平，故熨烫间面积要大一些，其墙四周须设置插座及工作台。

（2）医院患者衣服折旧率较大，故应设置缝补间。

（3）传染病医院、结核病医院或综合医院传染病房的脏衣，送入洗衣房之后，首先要进行消毒，先将衣物进行浸泡，随即进行煮沸。有的用消毒药水浸泡灭菌消毒。

（4）带有传染病的病号衣服要与一般病号衣服严加区别清洗，不得混杂，其洗涤设备与洗涤流程要自成独立清洗系统，加强高温消毒，必须符合防疫卫生的要求。

3. 洗涤剂的回收利用

洗衣房是一个独立生产部门，应考虑经济成本核算，当考虑洗涤剂回收时，可在洗衣机旁设置碱槽地坑，其容积要大于洗衣机内筒体体积，洗涤剂用后可排入地下碱槽内，再用耐酸泵打入洗衣机或人工加入，重复使用。

4. 人员编制

洗衣房工作时间一般为一班制（当大型洗衣房建筑面积较紧时可考虑两班制）。其操作工人是在高温、高湿条件下工作，劳动强度大，繁重的工作有洗涤、脱水、烘干、熨烫、折叠、缝补、成型等。在建筑设计时应充分考虑有较完善的辅助用房及生活用房，特别是医院的病号衣服及工作服均需人工熨烫，工作量较大。

一般500床位的医院洗衣房需操作工人8～12人，其分配为洗衣工4人，烘干及熨烫工各2人，电工及班长各一人。宾馆洗衣房由于工作服熨烫及缝补工作量较小，其操作工人可适当减少。

5. 洗衣房主要指标估算参数汇总

在方案设计阶段和初步设计阶段洗衣房各主要指标的估算参数可根据洗衣房的工艺需要从表8.5-4中选用。

洗衣房各项指标估算参数　　　　　表8.5-4

序号	内容	参数
1	建筑面积	$0.5\sim1.0\,m^2$/客房
2	用水量	$40\sim80$L/kg 干衣
3	采暖温度	$12\sim16℃$
4	换气次数	$15\sim20$ 次/h
5	蒸汽量	$1.0\sim3.5$kg/(h·kg 干衣)
6	蒸汽压力	$0.2\sim0.8$MPa
7	压缩空气量	$0.1\sim0.6\,m^3$/min
8	压缩空气压力	$0.4\sim1.0$MPa
9	用电量	$0.13\sim1.0$kW/kg 干衣
10	照度	$200\sim400$lx

注：蒸汽量及用电量为所选洗涤脱水机额定容量为1.0kg干衣时所消耗用量，压缩空气量为洗涤设备启动阀门所采用固定消耗量。

8.5.10 例题

【例 8.5-1】 以 1000 床位高级宾馆（四级）洗衣房为例设计其设备选型及平面布置（仅考虑客房洗涤量）。

【解】

1. 通过计算每个工作周期洗衣量对各洗衣设备进行选型

（1）根据公式（8.5-1）计算每日水洗织物的洗衣量

$$G_r = \sum (G_{yi} \cdot n_i) \cdot 1/d_y$$

查表 8.5-2 得 $G_{y1}=120\mathrm{kg}/(\text{床·月})$，$n_1=1000$ 床，$d_y=25\mathrm{d}$。

由于仅考虑客房洗衣，即：

$$G_r = G_{y1} \cdot n_1 \cdot 1/d_y = 120 \times 1000 \times \frac{1}{25} = 4800 \mathrm{kg/d}$$

（2）根据公式（8.5-2）计算每个工作周期水洗织物的洗衣量

$$G = G_r / T$$

T 按两班制考虑，取 16 个工作周期。

即：

$$G = 4800/16 = 300 \mathrm{kg}/\text{工作周期}$$

（3）按每床位每天 0.25kg 计算每个工作周期干洗织物的洗衣量

每个工作周期干洗织物的洗衣量 $=(0.25 \times 1000)/16 = 15.625 \mathrm{kg}/\text{工作周期}$

（4）设备选型

1）洗涤脱水机按每个工作周期洗衣量选型，即洗涤脱水机的总容量不小于 300kg，选用额定容量 100kg 及 60kg 的洗涤脱水机各 2 台。

2）烘干机按每个工作周期洗衣量的 30% 选型，即烘干机的总容量不小于 300×30%＝90kg，选用额定容量 50kg 的烘干机 2 台。

3）烫平机按每个工作周期洗衣量的 65% 选型，即烫平机每个工作周期处理能力不小于 300×65%＝195kg。按尺寸 215cm×300cm、质量 2kg 的罩单折算，（195÷2×300）/100＝292.5m，即为宽度 2.15m、总长 292.5m 的罩单。每个工作周期为 0.75h，则烫平机烫平速度不应小于 292.5÷0.75＝390m/h＝6.5m/min，选用最大烫平宽度 2.5m、烫平速度 0～7m/h 的烫平机一台。

4）干洗机总容量不小于 16kg，选用容量 10kg 的干洗机 2 台。

5）选用熨平机（整熨机、夹熨机、压平机）、折叠机、人像精整机和去渍机各一台，压平机 2 台。

2. 用水量

（1）由于仅考虑客房洗衣用水，根据公式（8.5-3）计算洗衣房每日洗衣用水量

$$Q_{d1} = G_r \cdot q_1$$

q_1 取 80L/kg 干衣。

即：

$$Q_{d1} = 4800 \times 80 = 384000 \mathrm{L/d} = 384 \mathrm{m^3/d}$$

每日洗衣用水量 384m³/d。

（2）最大时洗衣用水量

$$Q_{h1} = k_h \cdot \frac{Q_{d1}}{t}$$

取 $k_h = 1.5$；按两班计，每班 8h，共 16h。

即：

$$Q_{h1} = 1.5 \times \frac{384}{16} = 36 m^3/h$$

最大时洗衣用水量 $36 m^3/h$。

3. 洗衣房平面布置见图 8.5-3。

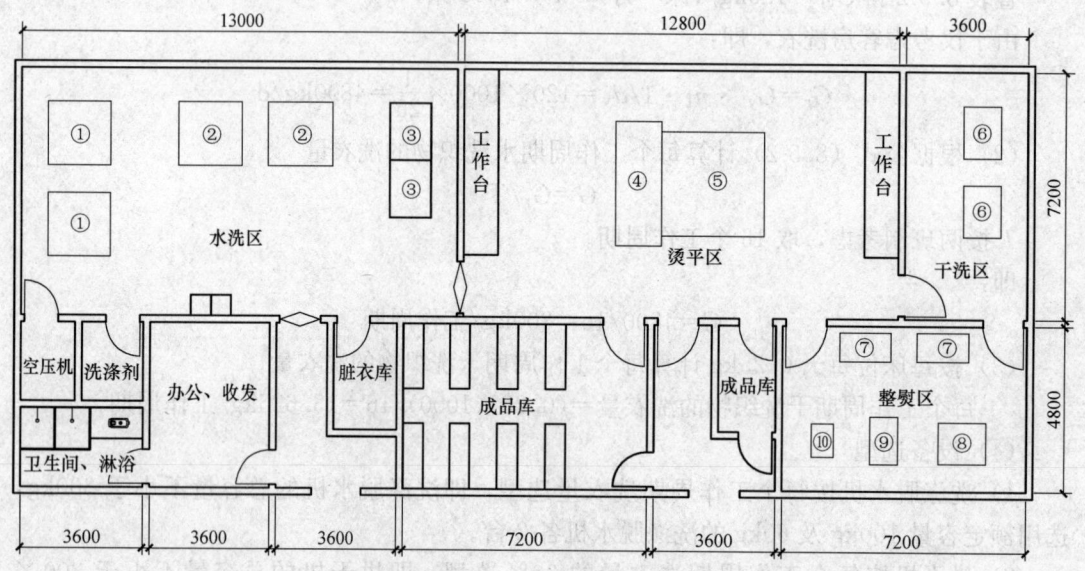

图 8.5-3 洗衣房平面布置图

①—容量 100kg 洗涤脱水机；②—容量 60kg 洗涤脱水机；③—容量 50kg 烘干机；④—烫平机；⑤—折叠机；
⑥—容量 10kg 干洗机；⑦—压平机；⑧—夹熨机；⑨—人像精整机；⑩—去渍机

8.6 厨房设备设计

8.6.1 厨房

厨房是大家非常熟悉的地方，根据使用要求的不同，厨房内容真是千差万别，各不相同，在设计时往往被作为二次设计的内容，这样有可能会造成给水排水设计中留下难以弥补的缺陷，最好在设计初期充分考虑有关内容。如有厨房专业人员和管理人员参加则更佳，使厨房建设更为完善和实用。

选择厨房的位置时，要考虑到副食和饭菜、食具的运送方便，要设置在距给水、排水、供气、供电较近的地方。并要考虑厨房排放烟尘、垃圾处理及噪声不会对附近居民生产、生活或单位内部工作人员产生重大环境影响。噪声控制在 40dB 左右。

1. 厨房的分类

（1）按经营方式、饮食制作方式及服务特点划分：对社会公众服务的餐馆、快餐店、饮品店及为单位内部服务的食堂四类。

（2）按建筑规模可分为：特大型、大型、中型、小型，且应符合表 8.6-1 及表 8.6-2 的规定。

餐馆、快餐店、饮品店的建筑规模　　　　表 8.6-1

建筑规模	建筑面积(m²)或用餐区域座位数
特大型	面积>3000 或座位数>1000
大型	500<面积≤3000 或 250<座位数≤1000
中型	150<面积≤500 或 75<座位数≤250
小型	面积≤150 或座位数≤75

注：表中建筑面积指与食品制作供应直接或间接相关区域的建筑面积，包括用餐区域、厨房区域和辅助区域。

食堂的建筑规模　　　　表 8.6-2

建筑规模	小型	中型	大型	特大型
食堂服务的人数(人)	人数≤100	100<人数≤1000	1000<人数≤5000	人数>5000

注：食堂按服务的人数划分规模。食堂服务的人数指就餐时段内食堂供餐的全部就餐人数。

2. 厨房的组成

厨房由以下几部分组成：（1）粗、细加工区；（2）主食、副食操作制作区；（3）冷品制作区；（4）库房；（5）冷库；（6）餐具清洗区；（7）工作人员服务区等。

3. 厨房区域和食品库房面积之和与用餐区域面积之比宜符合表 8.6-3 的规定。

厨房区域和食品库房面积之和与用餐区域面积之比　　　　表 8.6-3

分类	建筑规模	厨房区域和食品库房面积之和与用餐区域面积之比
餐馆	小型	≥1：2.0
	中型	≥1：2.2
	大型	≥1：2.5
	特大型	≥1：3.0
快餐店、饮品店	小型	≥1：2.5
	中型及中型以上	≥1：3.0
食堂	小型	厨房区域和食品库房面积之和不小于 30m²
	中型	厨房区域和食品库房面积之和在 30m² 的基础上按照服务 100 人以上每增加 1 人增加 0.3m²
	大型及特大型	厨房区域和食品库房面积之和在 300m² 的基础上按照服务 1000 人以上每增加 1 人增加 0.2m²

注：1. 表中所示面积为使用面积。

2. 使用半成品加工的饮食建筑以及单纯经营火锅、烧烤等的餐馆，厨房区域和食品库房面积之和与用餐区域面积之比可根据实际需要确定。

3. 建筑物的厕所、卫生间、盥洗室、浴室等有水房间不应布置在厨房区域的正上方，并应避免布置在用餐区域的正上层。确有困难布置在用餐区域正上方时，应采取同层排水和严格的防水措施。

4. 厨房墙面宜采用易清洗的瓷砖，地面铺地砖等材料。

8.6.2　厨房给水排水及蒸汽供应

1. 厨房是用水量和排水量较大的地方。给水压力一般在 0.1MPa 以上，但不宜过高。

2. 厨房的用水量应按《建筑给水排水设计规范》GB 50015 的规定选用。

（1）中餐酒楼：40～60L 每顾客每次；快餐店、职工及学生食堂：20～25L 每顾客每次；酒吧、咖啡厅、茶座及卡拉 OK 房：5～15L 每顾客每次。

（2）其中热水量：中餐酒楼：15～20L 每顾客每次；快餐店、职工及学生食堂：7～10L 每顾客每次；酒吧、咖啡厅、茶座及卡拉 OK 房：3～8L 每顾客每次。

3. 酒店厨房用蒸汽量 0.5～1.0kg/（h·人·餐），蒸汽压力为 0.2～0.3MPa。

4. 厨房的主要用水点：灶台用水（冷水或冷热混合水）、泡冻肉池、洗菜池、洗菜机、洗米机、洗涤池、洗碗机，另外还有冲洗地面、冲洗排水沟等。

5. 厨房排水

（1）厨房排水宜采用排水沟方式，一般情况下不宜使用地漏。

（2）若厨房设在二层或更高层，为了做排水沟可考虑采用局部楼板下降的措施。

（3）排水沟内阴角宜采用圆弧形，排水沟与排水管道连接处应设置格栅或带网框地漏，并应设水封装置。

（4）管道排水时管径要比计算管径大一级，且干管管径不得小于 100mm，支管管径不得小于 75mm。

6. 厨房含油废水应进行隔油处理，隔油处理设施宜采用成品隔油装置。

7. 厨房地面、墙面应定期冲洗，为了排除积水，地面宜有 1% 的坡度坡向排水沟，并应设置专用的清洗工具。

8. 厨房设备用水的进水管宜装设过滤器，以防水中杂质进入食品中。冷饮用水应采用纯水。

9. 厨房排水中常携带很多油污，为了避免油污阻塞管道，宜在油污较集中的地方设置隔油器防止更多的油污进入排水管，除油器可设在洗碗机（池）处、排水沟的排水口处。

10. 厨房排水管内油污附在内壁上使管道断面缩小，最好采用通入高压蒸汽溶解的办法去除。即从管道尾端通入高压蒸汽，使油脂逐渐溶解，随水流入隔油池。定期将隔油池的油脂取出，可作肥皂的原料。利用高压蒸汽清洗排水沟也是一个好方法。

8.6.3　厨房设备选型

1. 厨房设备，是指放置在厨房或者供烹饪用的设备、工具的统称。

厨房设备通常包括：

（1）烹饪加热设备，如炉具类：燃气炉、蒸柜、电磁炉、微波炉或电烤箱。

（2）处理加工类：和面机、馒头机、压面机、切菜机、绞肉机、榨（压）汁机等。

（3）消毒和清洗加工类器具：清洗工作台、不锈钢盆台、洗菜机、洗碗槽或洗碗机、消毒碗柜。

（4）用于食物原料、器具和半成品的常温和低温储存设备：平板货架、米面柜、冰箱、冰柜、冷库等。

（5）常用的厨房的配套设备包括：通风设备如排烟系统的排烟罩、风管、风柜，处理废气废水的油烟净化器、隔油池等。

2. 厨房设备种类繁多，品种发展很快，此处不可能列举齐全。厨房设备采用的能源多为燃气或高压蒸汽，现列举几种主要设备如下：

（1）鼓风灶

相较于传统的燃气灶，鼓风灶能效更高，燃烧更充分，大大提高了热效率，节能减排效果十分明显，既省钱，还省时。

鼓风灶灶台与支架之间采用 20mm 厚纤维毯做隔热绝缘，台面向前倾斜，前端有集水槽，并配有过滤箅子。炉外结构选用不锈钢板，上设摇摆水龙头。其外形及构造见图 8.6-1，其规格性能见表 8.6-4。

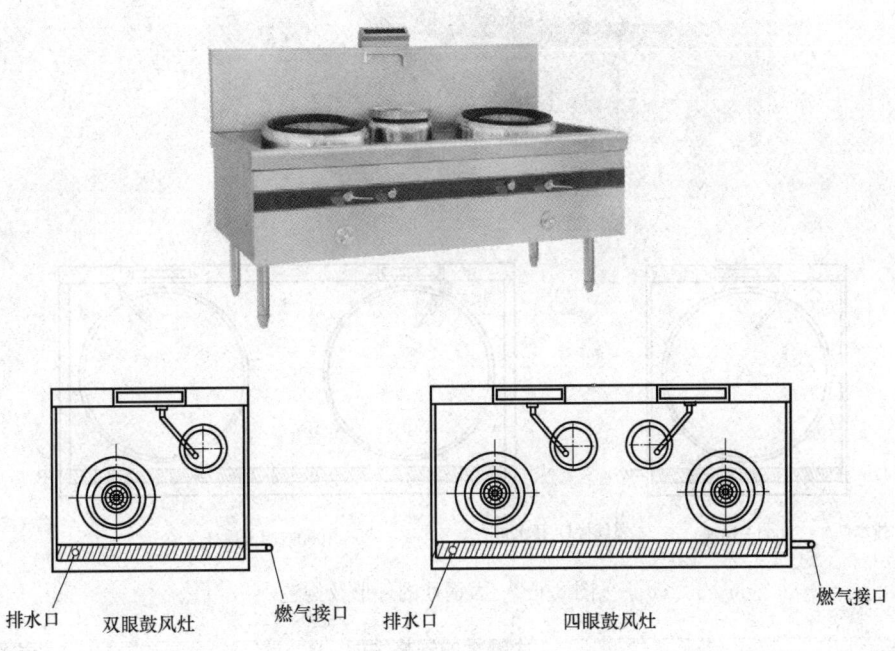

图 8.6-1 鼓风灶的外形及构造

鼓风灶的规格性能　　　　　　　　　　　　　　　　　　　　表 8.6-4

产品名称	外形尺寸(mm) 长×宽×高	给水	排水	燃气接口	耗气量		功率 (kW)	电压 (V)
双眼鼓风灶	1200×1150×800 (1200)	DN20	DN50	DN25	4.8(T)	1.9(Y)	0.55	220
三眼鼓风灶	1800×1150×800 (1200)	DN20	DN50	DN40	9.7(T)	3.9(Y)	0.55	220
四眼鼓风灶	2200×1150×800 (1200)	DN20	DN50	DN40	9.7(T)	3.9(Y)	0.55	220

注：表中 T 代表天然气，Y 代表液化气（下同）。

（2）大锅灶

大锅灶坚固耐用；打破以往的燃烧方式，使火苗在炉膛内向四周传递，火力均匀、节能、高效；设计合理、造型美观、无污染。大型食堂、饭店通常使用直径 80cm 以上的大锅灶，用于炒、烧大锅菜。

灶体由耐热、耐磨不锈钢弯曲成型，经表面处理后组装而成。锅与灶台间有 50mm 厚隔热砖，有给水排水设备。其外形及构造见图 8.6-2，其规格性能见表 8.6-5。

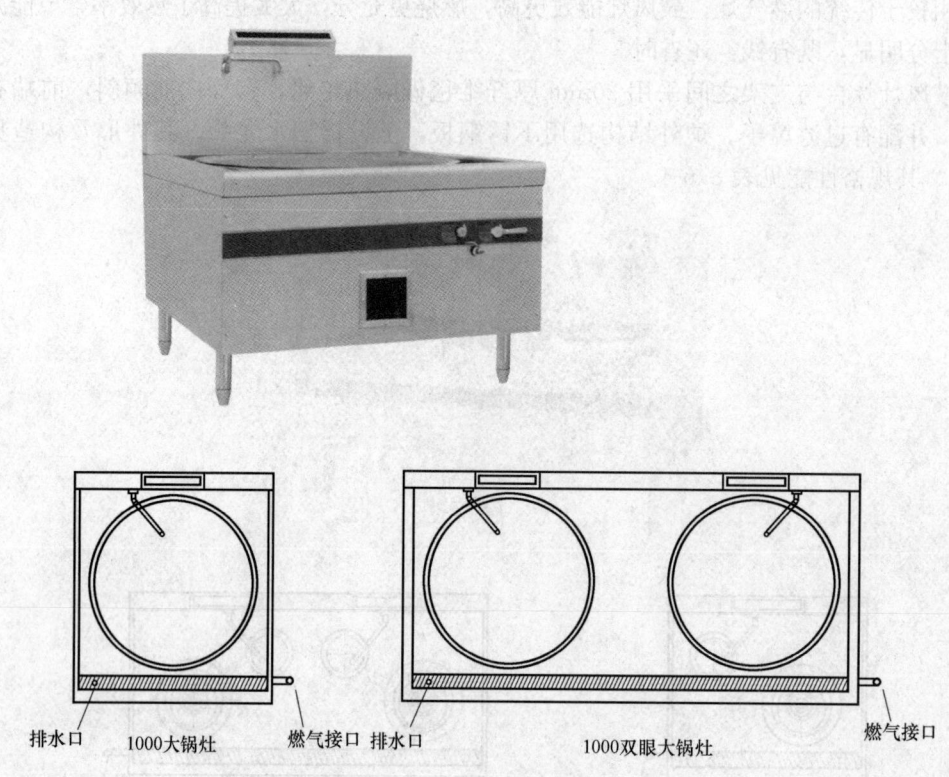

图 8.6-2 大锅灶的外形及构造

大锅灶的规格性能   表 8.6-5

产品名称	外形尺寸(mm) 长×宽×高	给水	排水	燃气接口	耗气量		功率 (kW)	电压 (V)
650 中餐大锅灶	1000×1000×800(1200)	DN20	DN50	DN25	2.6(T)	0.8(Y)		
800 中餐大锅灶	1100×1200×800(1200)	DN20	DN50	DN40	3.4(T)	1.3(Y)		
1000 中餐大锅灶	1350×1400×800(1200)	DN20	DN50	DN40	4.2(T)	1.7(Y)		
800 鼓风大锅灶	1100×1200×800(1200)	DN20	DN50	DN40	4.6(T)	1.8(Y)	0.55	220
1000 鼓风大锅灶	1350×1400×800(1200)	DN20	DN50	DN40	4.6(T)	1.8(Y)	0.55	220

（3）中餐灶

火力威猛，升温快速，能实现高效供菜，附有摇摆水龙头、排水槽等设备。有单眼、双眼、三眼、四眼 4 种型号，适合于大、中、小餐厅使用。其外形及构造见图 8.6-3，其规格性能见表 8.6-6。

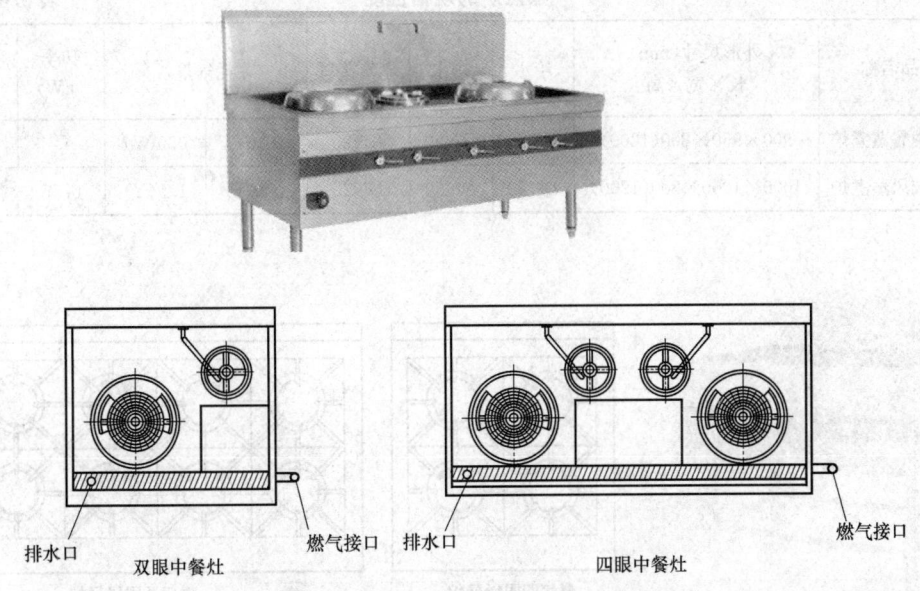

排水口　双眼中餐灶　燃气接口　排水口　四眼中餐灶　燃气接口

图 8.6-3　中餐灶的外形及构造

中餐灶的规格性能　　　　　　　　　　　　　　　　　　表 8.6-6

产品名称	外形尺寸(mm) 长×宽×高	给水	排水	燃气接口	耗气量	
单眼中餐灶	800×800×800(1200)	DN20	DN50	DN25	3.0(T)	0.9(Y)
双眼中餐灶	1600×900×800(1200)	DN20	DN50	DN40	4.3(T)	1.7(Y)
三眼中餐灶	1800×900×800(1200)	DN20	DN50	DN40	7.5(T)	3.0(Y)
四眼中餐灶	2000×900×800(1200)	DN20	DN50	DN40	8.4(T)	3.3(Y)

（4）蒸煮炉

蒸煮炉具有高效、节能、安全、方便等优点，是企事业单位食堂、餐厅及饭店、宾馆理想的厨房设备，适用于蒸煮包子、馒头及各类菜式等。

炉台面与支架之间采用 20mm 厚纤维毯做隔热绝缘，台面向前倾斜，前端有集水槽，并配有过滤箅子。集水槽左端配有排水接口。炉外结构选用不锈钢板，上设摇摆水龙头。其外形见图 8.6-4，其规格性能见表 8.6-7。

（5）燃气煲仔炉

燃气煲仔炉具有火力强劲、燃烧噪声小、无油烟、无污染等优点。集节能、环保、自动

图 8.6-4　蒸煮炉的外形

化、可调控数控为一体，操作简单，煲、煮、焗、焖、烩俱兼并用。炉面板采用不锈钢板，独立低压电打火机装置。其外形及构造见图 8.6-5，其规格性能见表 8.6-8。

蒸煮炉的规格性能   表 8.6-7

产品名称	外形尺寸(mm) 长×宽×高	给水	排水	燃气接口	耗气量		功率 (kW)	电压 (V)
单头中餐蒸煮炉	900×950×800(1200)	DN20	DN50	DN25	3.0(T)	0.9(Y)		
单头鼓风蒸煮炉	1000×1000×800(1200)	DN20	DN50	DN25	4.8(T)	1.9(Y)	0.55	220

  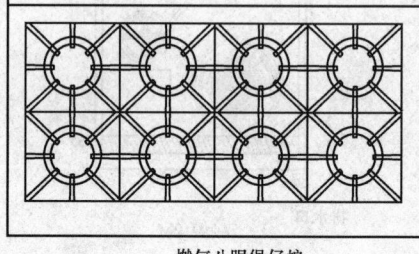

燃气四眼煲仔炉　　　　　　　　燃气八眼煲仔炉

图 8.6-5　燃气煲仔炉的外形及构造

燃气煲仔炉的规格性能   表 8.6-8

产品名称	外形尺寸(mm) 长×宽×高	耗气量	
燃气四眼煲仔炉	700×750×800	2.24(T)	0.9(Y)
燃气六眼煲仔炉	1000×750×800	3.36(T)	1.35(Y)
燃气八眼煲仔炉	1400×750×800	4.26(T)	1.71(Y)

（6）低汤灶

低汤灶属中餐灶的一种，主要用于餐饮行业熬汤、火锅行业熬料、小吃店煮面食等。通常为平面灶。炉面板采用不锈钢板，独立低压电打火机装置，带熄火安全保护装置。其外形及构造见图 8.6-6，其规格性能见表 8.6-9。

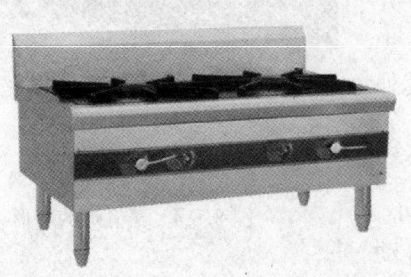 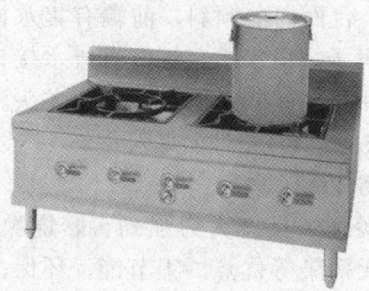

图 8.6-6　低汤灶的外形及构造（一）

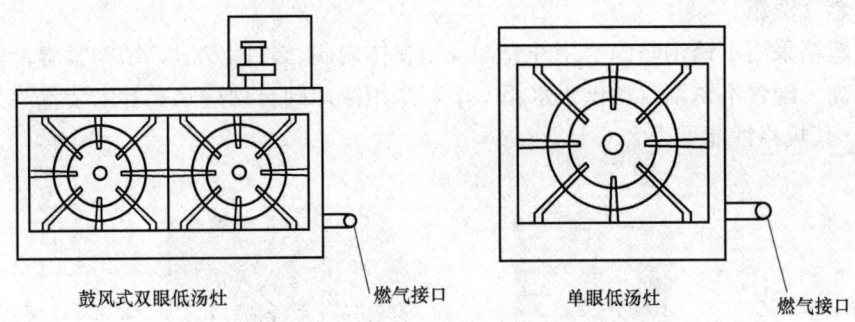

鼓风式双眼低汤灶　　　　燃气接口　　　　单眼低汤灶　　　　　燃气接口

图 8.6-6　低汤灶的外形及构造（二）

低汤灶的规格性能　　　　　　　　　　　　　　　表 8.6-9

产品名称	外形尺寸(mm) 长×宽×高	给水	排水	耗气量		功率 (kW)	电压 (V)
单眼低汤灶	600×650×500(950)	DN25	DN50	1.9(T)	0.7(Y)		
双眼低汤灶	1200×650×500(950)	DN25	DN50	3.8(T)	1.5(Y)		
鼓风式单眼低汤灶	600×650×500(950)	DN25	DN50	4.8(T)	1.9(Y)	0.55	220

（7）燃气三门海鲜蒸柜

　　燃气三门海鲜蒸柜采用不锈钢坚固耐用外壳，采用整体内胆、外围发泡，结构紧凑、保温性能好、效率高。搭配组合其他商用灶具，烹制数量较大的菜肴。配置不锈钢自动供水水箱一个，采用浮球阀自动进水、补水装置。其外形见图 8.6-7，其规格性能见表8.6-10。

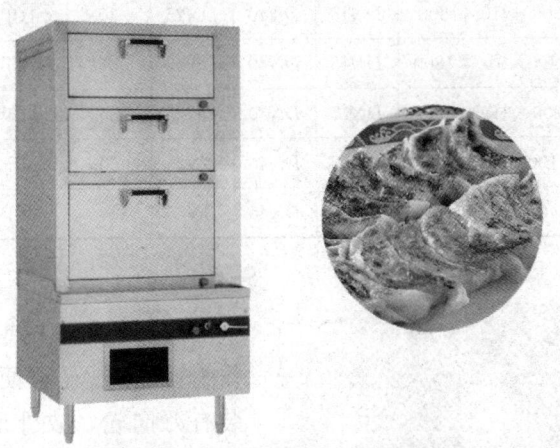

图 8.6-7　燃气三门海鲜蒸柜的外形

燃气三门海鲜蒸柜的规格性能　　　　　　　　　　　表 8.6-10

产品名称	外形尺寸(mm) 长×宽×高	给水	排水	燃气接口	耗气量		功率 (kW)	电压 (V)
中式三门蒸柜	910×910×1800	DN20	DN50	DN25	5.2(T)	2.0(Y)	0.55	220
鼓风式三门蒸柜	910(1300)×910×1800	DN20	DN50	DN40	5.2(T)	2.0(Y)	0.55	220

（8）燃气蒸箱

燃气蒸箱采用不锈钢坚固耐用外壳，采用整体内胆、外围发泡，结构紧凑、保温性能好、效率高。配置不锈钢自动供水水箱一个，采用浮球阀自动进水、补水装置。其外形见图 8.6-8，其规格性能见表 8.6-11。

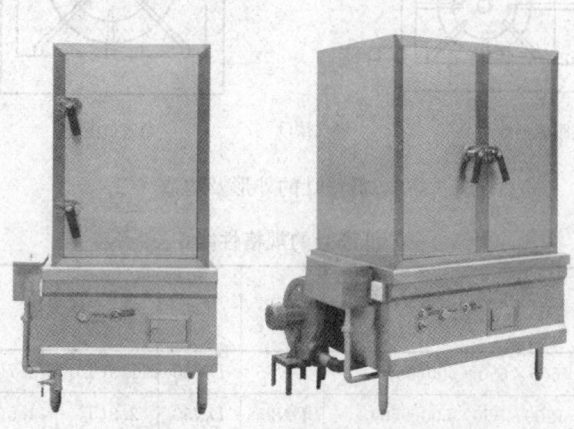

图 8.6-8 燃气蒸箱的外形

燃气蒸箱的规格性能   表 8.6-11

产品名称	外形尺寸(mm) 长×宽×高	给水	排水	燃气接口	热负荷(kW)	耗气量		功率(kW)	电压(V)
25kg 燃气蒸箱	800×910×1600	DN15	DN50	DN25	26	2.8(T)	0.8(Y)		
50kg 燃气蒸箱	800×910×1800	DN15	DN40	DN25	30	5.1(T)	0.9(Y)		
75kg 燃气蒸箱	1100×910×1800	DN15	DN40	DN25	52	5.9(T)	1.6(Y)		
50kg 鼓风式燃气蒸箱	900×910×1600	DN15	DN40	DN25	35	3.5(T)	1.1(Y)	0.55	220
75kg 鼓风式燃气蒸箱	1100×910×1800	DN15	DN40	DN25	50	5.0(T)	1.5(Y)	0.55	220
100kg 鼓风式燃气蒸箱	1400×910×1800	DN15	DN40	DN25	50	5.0(T)	1.5(Y)	0.55	220

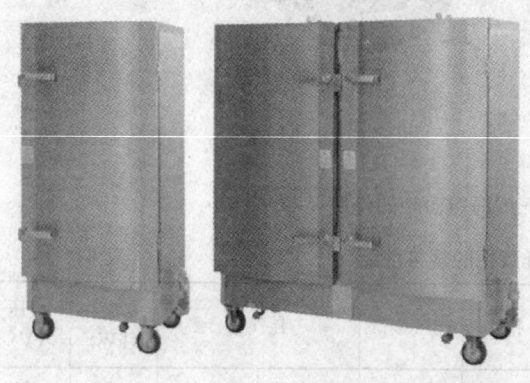

图 8.6-9 蒸饭车的外形

（9）蒸饭车

内部采用不锈钢蒸盘（不锈钢方盘）作为容器，为了方便移动，在设备下方安装有万向轮，故外形似车。车身为柜体状，材质为不锈钢，一般多用 304 不锈钢制造。蒸饭车多用于酒店、部队、学校、工厂等大型食堂。蒸饭车除了用来蒸米饭、馒头、包子以外，还可蒸猪肉、鸡鸭等肉食。其外形见图 8.6-9，其规格性能见表 8.6-12。

蒸饭车（电、汽两用）的规格性能   表 8.6-12

产品名称	型号	电压 (V)	功率 (kW)	输入蒸汽压力 最大值(MPa)	外形尺寸(mm) 长×宽×高
单门 6 盆	RC-6	380	9	0.02	770×700×1055
单门 8 盆	RC-8	380	9	0.02	770×700×1225
单门 10 盆	RC-10	380	12	0.02	770×700×1395
单门 12 盆	RC-12	380	12	0.02	770×700×1565
单门 24 盆	RC-24	380	12＋12	0.02	1540×700×1565

（10）燃气摇锅

燃气摇锅的外形见图 8.6-10，其规格性能见表 8.6-13。

图 8.6-10　燃气摇锅的外形

燃气摇锅的规格性能   表 8.6-13

产品名称	外形尺寸(mm) 长×宽×高	燃气接口	热负荷 (kW)	耗气量		锅口直径 (mm)	倾斜角度
燃气摇锅	1300×1130×1150	DN40	30	3.0(T)	0.9(Y)	800	60°

（11）洗碗机

洗碗机的外形及性能见图 8.6-11。

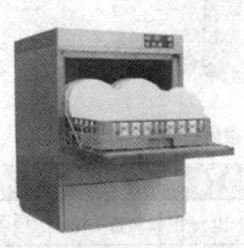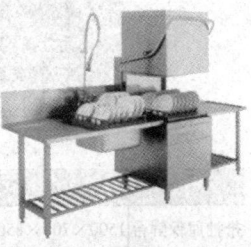

台式洗碗机	推拉式洗碗机	自动篮传送式洗碗机
E430F型：460-550-700mm	DV80T型：633-746-1420mm	STR155型：1300-800-1420mm
洗涤能力：40筐/h 220V/3.2kW	洗涤能力：60筐/h 380V/11kW	洗涤能力：100~155筐/h 380V/36kW

图 8.6-11　洗碗机的外形及性能（一）

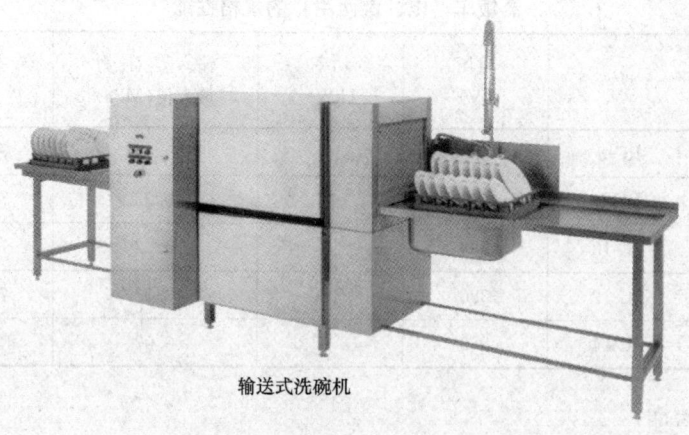

输送式洗碗机

图 8.6-11　洗碗机的外形及性能（二）

（12）制冷设备

制冷设备外形及性能参数见图 8.6-12。

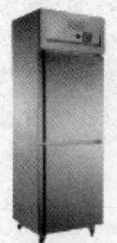

二门冰箱　　　　　　　　　四门冰箱　　　　　　　　　　六门冰箱

名称	外形尺寸(mm)	箱内温度(℃)		电压/功率
		冷藏	冷冻	
三门冰箱	770×650×1020	−15～5	−15～−6	220V/0.3kW
	770×650×1020	−15～5	−15～−6	220V/0.3kW
	770×650×1020	−15～5	−15～−6	220V/0.3kW

注：冰箱分单机单温和双机双温两种

保鲜工作台　　　　　　　　　　　　带抽屉保鲜台

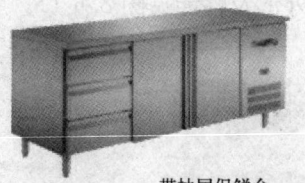

名称	外形尺寸(mm)	箱内温度(℃)	电压/功率	名称	外形尺寸(mm)	箱内温度(℃)	电压/功率	备注
保鲜工作台	1200×600/800×800	−12～5	220V/0.3kW	带抽屉保鲜台	1500×700×850	−10～0	220V/0.5kW	一门三抽屉门屉
保鲜工作台	1500×600/800×800	−12～5	220V/0.3kW	带抽屉保鲜台	1900×700×850	−10～0	220V/0.5kW	二门二抽屉
保鲜工作台	1800×600/800×800	−12～5	220V/0.3kW	带抽屉保鲜台	1900×700×850	−10～0	220V/0.5kW	九抽屉

图 8.6-12　制冷设备外形及性能参数（一）

沙拉保鲜台　　　　　　　　　　　　　　　　　　　　卧室冷柜

名称	外形尺寸(mm)	箱内温度(℃)	电压/功率	备注
沙拉保鲜台	1200×700×800	上箱 -10~2	220V/0.3kW	带盒1/2×8
沙拉保鲜台	1500×700×800	下箱 -5~5	220V/0.3kW	带盒1/2×8
沙拉保鲜台	1800×700×800		220V/0.3kW	带盒1/2×8

名称	外形尺寸(mm)	容量(L)	电压/功率
卧室冷柜	676×524×829	100	220V/0.3kW
卧室冷柜	930×540×865	186	220V/0.4kW
卧室冷柜	1256×670×908	358	220V/0.8kW

图 8.6-12　制冷设备外形及性能参数（二）

（13）冷库

冷库外形见图 8.6-13。

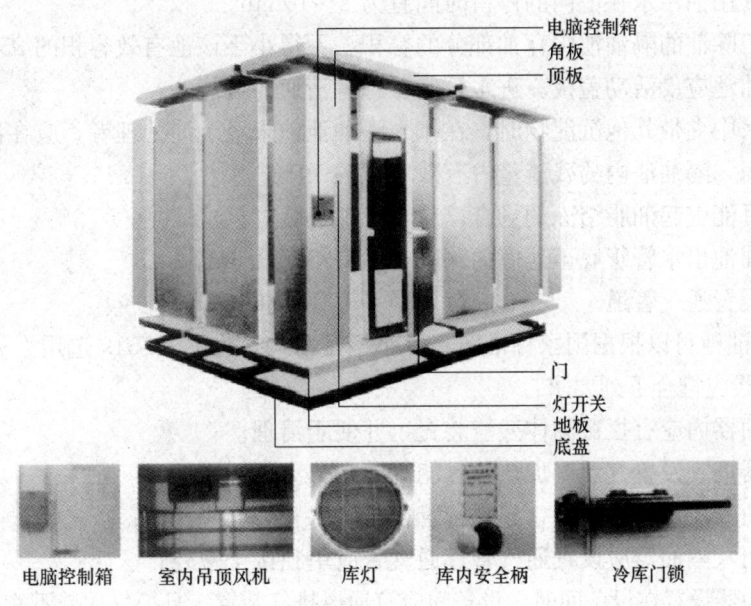

图 8.6-13　冷库外形

（14）运水烟罩

厨房运水烟罩系统是一种新型的环保的除烟尘系统，它的工作原理是：抽油烟机将油烟向下排放，经过水雾除尘冷却后再排放到大气中的一个过程。经过除尘、降温再排放进入大气已经是清洁的气体了，达到了环保的目的。其外形见图 8.6-14。

8.6.4　厨房隔油设施

1. 职工食堂和营业性餐厅的含油污水，应经除油装置后方许排入市政污水管道。

2. 隔油池设计应符合下列规定：

（1）污水流量应按设计秒流量计算。

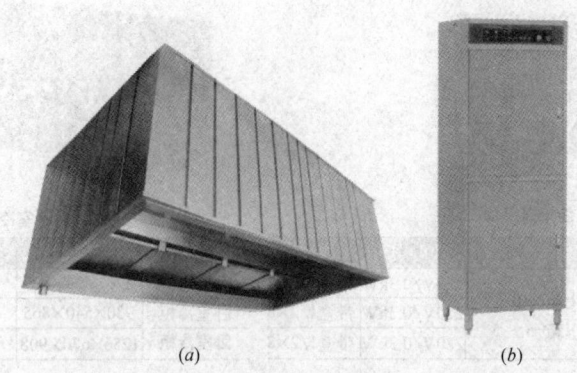

图 8.6-14 运水烟罩外形

(a) 环保型运水烟罩; (b) 运水烟罩控制箱

(2) 含食用油污水在池内的流速不得大于 0.005m/s。

(3) 含食用油污水在池内的停留时间宜为 2～10min。

(4) 人工除油的隔油池内存油部分的容积,不得小于该池有效容积的 25%。

(5) 隔油池应设活动盖板。进水管应考虑有清通的可能。

(6) 污水中夹带其他沉淀物时,在排入隔油池前未经沉淀处理者,应在池内另附加沉淀部分的容积,隔油池内的残渣量占有效容积的 10%。

(7) 对可能引起油脂结冻的场合,应考虑加热装置。

(8) 隔油池出水管管底至池底的深度,不得小于 0.6m。

(9) 应设置通气管道。

(10) 隔油池可以根据国家标准图集《小型排水构筑物》04S519 选用。

3. 隔油器应符合下列要求:

(1) 隔油器内应有拦截固体残渣装置,并便于清理;

(2) 容器内宜设置气浮、加热、过滤等油水分离装置;

(3) 隔油器应设置超越管,超越管管径与进水管管径应相同;

(4) 密闭式隔油器应设置通气管,通气管应单独接至室外;

(5) 隔油器设置在设备间时,设备间应有通风排气装置,且换气次数不宜少于 15 次/h;

(6) 经隔油器处理后的出水水质应符合《污水排入城镇下水道水质标准》GB/T 31962 中油脂浓度不大于 100mg/L,悬浮物浓度不大于 300mg/L 的规定。

4. 成套厨房污水油脂分离及污水提升设备

(1) 油脂分离及污水提升应为成套全封闭无任何泄漏的配套设备;

(2) 设备应在 40℃环境条件下长期稳定运行,要安全、故障率低和便于检修;

(3) 污水提升泵应为大通道、无阻塞叶轮、带切割及冲洗功能等,确保不被杂物缠绕,且应具有良好的耐腐、耐磨、过流表面平滑及减振措施;

(4) 材质宜为不锈钢材质;

(5) 设备应能在 0～45℃温度、5%～90%相对湿度下稳定运行;

(6) 隔油器与污水提升泵应具有自成系统的自动控制,能在故障情况下发出报警信号。

5. 隔油器处理水量计算

（1）已知用餐人数及用餐类型时，按公式（8.6-1）计算：

$$Q_{h1} = \frac{Nq_0K_hK_s\gamma}{1000t} \tag{8.6-1}$$

（2）已知餐厅面积及用餐类型时，按公式（8.6-2）计算：

$$Q_{h2} = \frac{Sq_0K_hK_s\gamma}{S_s1000t} \tag{8.6-2}$$

式中　Q_{h1}、Q_{h2}——小时处理水量（m^3/h）；

　　　　N——餐厅的用餐人数（人）；

　　　　t——用餐历时（h）；

　　　　S——餐厅、饮食厅的使用面积（m^2）；

　　　　S_s——餐厅、饮食厅每个座位最小使用面积（m^2）；

其他符号的定义及参数见表 8.6-14 和表 8.6-15。

表 8.6-14

餐饮业涉及水量计算参数

序号	用水项目名称	最高日生活用水定额 q_0(L/(人·餐))	用水量南北地区差异系数 γ	用餐历时 t(h)	小时变化系数 (k_h)	秒时变化系数 (k_s)
1	中餐酒楼	40~60	1.0~1.2	4	1.5~1.2	1.5~1.1
2	快餐店、职工及学生食堂	20~25	1.0~1.2	4	1.5~1.2	1.5~1.1
3	酒吧、咖啡馆、茶座、卡拉OK房	5~15	1.0~1.2	4	1.5~1.2	1.5~1.1

表 8.6-15

用餐区域每个座位最小使用面积（m^2）

分类	餐馆	快餐店	饮品店	食堂
指标	1.3	1.0	1.5	1.0

注：快餐店每个座位最小使用面积可以根据实际需要适当减少。

6. 隔油器的结构形式

目前市场上成品隔油器形式和类型较多，构造、材质各有不同，应根据厨房特点选用。

（1）产品型号以"餐饮"和"隔油器"的汉语拼音首字母，辅以隔油器额定处理水量、外形结构代号组成，表示形式如下：

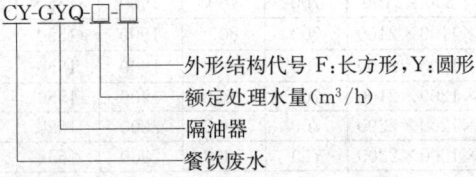

示例：CY-GYQ-8-F 表示额定处理水量为 $8m^3/h$ 的长方形的餐饮废水隔油器。

（2）长方形隔油器的基本结构形式及参数

1）基本结构形式见图 8.6-15。

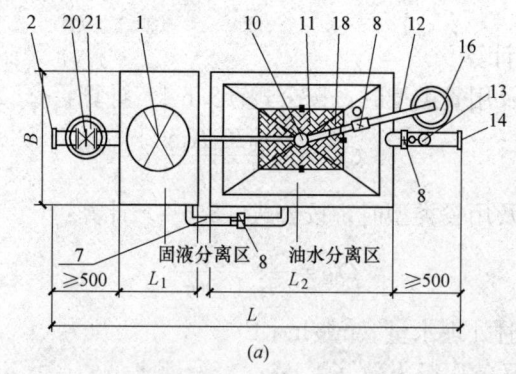

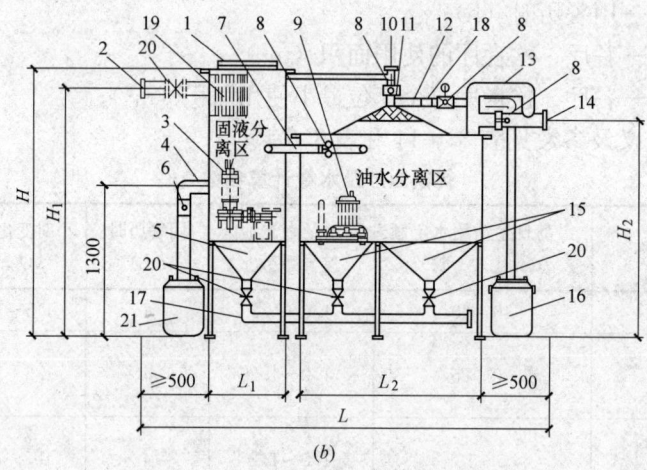

图 8.6-15 长方形隔油器基本结构形式

(a) 平面图；(b) 立面图

1—检修口；2—进水管；3—无堵塞泵（内/外置）；4—排渣管；5——级沉砂斗；6—手动蝶阀；7—连通管；
8—电动蝶阀；9—微气泡发生器（内/外置）；10—通气管；11—加热装置；12—排油管；13—溢流管；
14—出水管；15—二级沉砂斗；16—集油桶；17—放空管；18—透明管；19—格栅；20—闸阀；21—排渣桶

2）参数见表 8.6-16。

长方形隔油器参数   表 8.6-16

序号	型号	额定处理水量 (m³/h)	外形尺寸(mm) (L×B×H)	安装尺寸(mm)				进水管、出水管、溢流管管径 (mm)	通气管管径 (mm)	放空管管径 (mm)	排渣管管径 (mm)
				固液分离区	油水分离区	进水管高度 (管中心)	出水管高度 (管中心)				
				L_1	L_2	H_1	H_2				
1	CY-GYQ-1-F	1	2500×800×2100	700	700	1900	1550	80	50	100	100
2	CY-GYQ-2-F	2	2600×1100×2100	700	800	1900	1550	80	50	100	100
3	CY-GYQ-3-F	3	2800×1100×2100	700	1000	1900	1550	80	50	100	100
4	CY-GYQ-5-F	5	3000×1200×2100	700	1200	1900	1550	80	50	100	100
5	CY-GYQ-6-F	6	3100×1200×2200	700	1300	2000	1650	100	50	100	100
6	CY-GYQ-8-F	8	3100×1200×2200	700	1300	2000	1650	100	50	100	100
7	CY-GYQ-10-F	10	3200×1200×2200	700	1400	2000	1650	100	50	100	100
8	CY-GYQ-15-F	15	3300×1400×2300	700	1500	2100	1750	100	50	100	100
9	CY-GYQ-20-F	20	3300×1600×2300	700	1500	2100	1750	100	50	100	100
10	CY-GYQ-25-F	25	3600×1600×2300	700	1800	2100	1750	100	50	100	100

续表

序号	型号	额定处理水量 (m³/h)	外形尺寸(mm) (L×B×H)	安装尺寸(mm)				进水管、出水管、溢流管管径 (mm)	通气管管径 (mm)	放空管管径 (mm)	排渣管管径 (mm)
				固液分离区	油水分离区	进水管高度(管中心)	出水管高度(管中心)				
				L_1	L_2	H_1	H_2				
11	CY-GYQ-30-F	30	3800×1600×2300	700	2000	2100	1750	100	50	100	100
12	CY-GYQ-35-F	35	4000×1600×2300	700	2200	2100	1750	150	50	100	100
13	CY-GYQ-40-F	40	4000×1600×2400	700	2200	2200	1850	150	50	100	100
14	CY-GYQ-45-F	45	4200×1600×2400	700	2400	2200	1850	150	50	100	100
15	CY-GYQ-50-F	50	4400×1600×2400	700	2600	2200	1850	150	50	100	100
16	CY-GYQ-54-F	54	4600×1600×2400	700	2800	2200	1850	150	50	100	100

（3）圆形隔油器的基本结构形式及参数

1）基本结构形式见图 8.6-16。

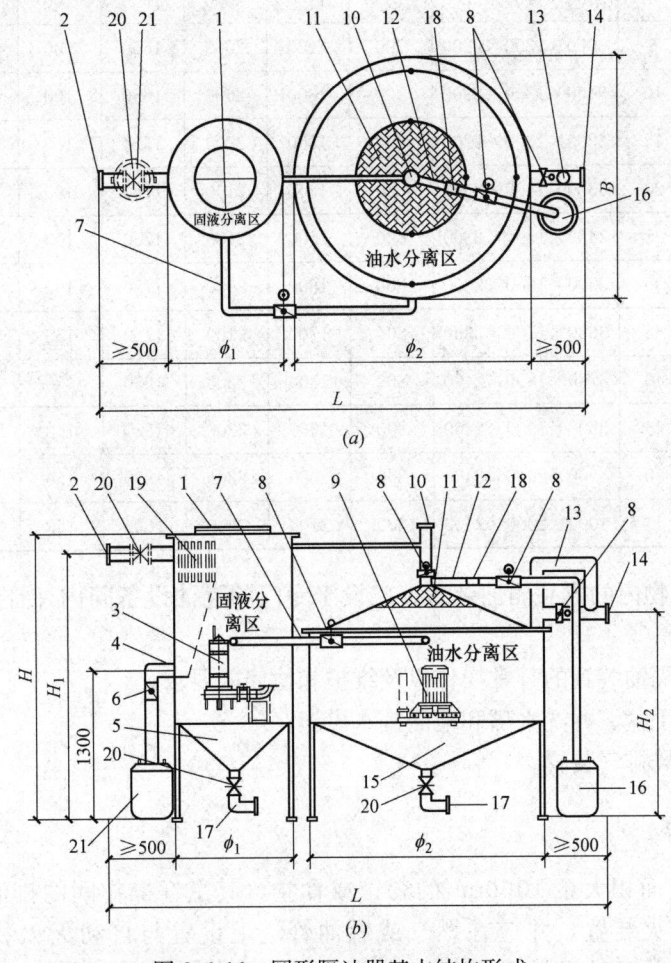

图 8.6-16　圆形隔油器基本结构形式

(a) 平面图；(b) 立面图

1—检修口；2—进水管；3—无堵塞泵（内/外置）；4—排渣管；5—一级沉砂斗；6—手动蝶阀；7—连通管；
8—电动蝶阀；9—微气泡发生器（内/外置）；10—通气管；11—加热装置；12—排油管；13—溢流管；
14—出水管；15—二级沉砂斗；16—集油桶；17—放空管；18—透明管；19—格栅；20—闸阀；21—排渣桶

2）参数见表 8.6-17。

圆形隔油器参数   表 8.6-17

| 序号 | 型号 | 额定处理水量（m³/h） | 外形尺寸(mm)（L×B×H） | 安装尺寸(mm) | | | | 进水管、出水管、溢流管管径（mm） | 通气管管径（mm） | 放空管管径（mm） | 排渣管管径（mm） |
				直径 ϕ_1	直径 ϕ_2	进水管高度（管中心）H_1	出水管高度（管中心）H_2				
1	CY-GYQ-1-Y	1	2500×700×2100	700	700	1900	1550	80	50	100	100
2	CY-GYQ-2-Y	2	2600×800×2100	700	800	1900	1550	80	50	100	100
3	CY-GYQ-3-Y	3	2700×900×2100	700	900	1900	1550	80	50	100	100
4	CY-GYQ-5-Y	5	2800×1000×2200	700	1000	2000	1650	80	50	100	100
5	CY-GYQ-6-Y	6	2900×1100×2200	700	1100	2000	1650	100	50	100	100
6	CY-GYQ-8-Y	8	3000×1200×2200	700	1200	2000	1650	100	50	100	100
7	CY-GYQ-10-Y	10	3100×1300×2200	700	1300	2000	1650	100	50	100	100
8	CY-GYQ-15-Y	15	3200×1300×2200	800	1300	2000	1650	100	50	100	100
9	CY-GYQ-20-Y	20	3300×1400×2300	800	1400	2100	1750	100	50	100	100
10	CY-GYQ-25-Y	25	3400×1500×2300	800	1500	2100	1750	100	50	100	100
11	CY-GYQ-30-Y	30	3500×1600×2300	800	1600	2100	1750	100	50	100	100
12	CY-GYQ-35-Y	35	3600×1700×2300	800	1700	2100	1750	150	50	100	100
13	CY-GYQ-40-Y	40	3700×1800×2400	800	1800	2200	1850	150	50	100	100
14	CY-GYQ-45-Y	45	3800×1900×2400	800	1900	2200	1850	150	50	100	100
15	CY-GYQ-50-Y	50	3900×2000×2400	800	2000	2200	1850	150	50	100	100
16	CY-GYQ-54-Y	54	4000×2000×2400	800	2100	2200	1850	150	50	100	100

7. 位于建筑物内的成品隔油装置，应设于专门的隔油设备间内，且隔油设备间应符合下列要求：

（1）应满足隔油装置的日常操作以及维护和检修的要求；

（2）应设洗手盆、冲洗水嘴和地面排水设施；

（3）应有通风排气装置。

8.6.5 消防设施

1. 餐厅建筑面积大于 1000m² 的餐馆或食堂，其烹饪操作间的排油烟罩及烹饪部位应设置自动灭火装置，并应在燃气或燃油管道上设置与自动灭火装置联动的自动切断装置。有关装置的设计、安装可执行《厨房设备灭火装置技术规程》CECS 233 的规定。

2. 其他部位按有关规范要求配置灭火设施。

3. 厨房灭火装置举例如图 8.6-17 所示。

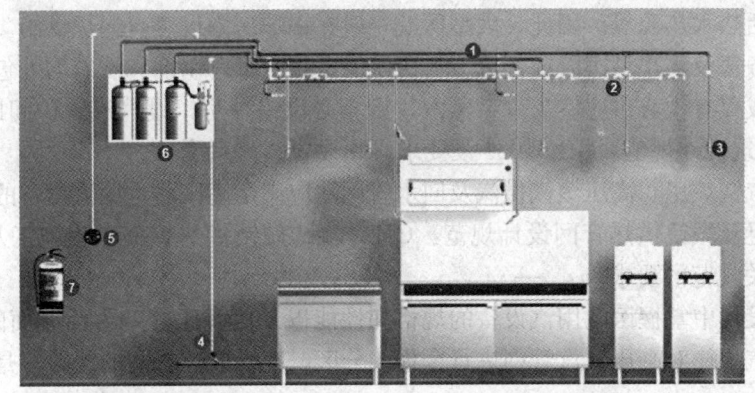

图 8.6-17　典型的厨房自动灭火系统示意图

1—药剂释放管路；2—感温探测元件；3—药剂释放喷嘴；4—燃气关断阀；5—远程手拉启动器；
6—控制释放箱，含启动装置、药剂罐、驱动瓶、阀门、软管等；7—手提式灭火器

8.6.6　辅助设施

1. 辅助部分主要由各类库房、办公用房、工作人员更衣室、厕所及淋浴室等组成，应根据不同等级饮食建筑的实际需要，选择设置。

2. 饮食建筑宜设置冷藏设施。设置冷藏库时应符合现行国家标准《冷库设计规范》GB 50072 的规定。

3. 各类库房应符合《饮食建筑设计标准》JGJ 64 第 4.4.3 条的规定。天然采光时，窗洞口面积不宜小于地面面积的 1/10；自然通风时，通风开口面积不应小于地面面积的 1/20。

4. 需要设置化验室时，面积不宜小于 12㎡，其顶棚、墙面及地面应便于清洁并设有给水排水设施。

5. 更衣室宜按全部工作人员男女分设，每人一格更衣柜，其尺寸为 0.5m×0.5m×0.5m。

6. 淋浴室宜按炊事及服务人员最大班人数设置，每 25 人设一个淋浴器，设 2 个及 2以上淋浴器时男女应分设，每个淋浴室均应设一个洗手盆。

7. 淋浴热水的加热设备，当采用燃气加热器时，不得设在淋浴室内，并设可靠的通气排气设备。

8. 厕所应按全部工作人员最大班人数设置，30 人以下者可设一处，超过 30 人者男女应分设，并均为水冲式厕所。男厕每 50 人设一个大便器和一个小便器，女厕每 25 人设一个大便器，男女厕所的前室各设一个洗手盆，所有水龙头不宜采用手动式开关。厕所前室门不应朝向各加工间和餐厅。生活粪便污水应经化粪池处理后再排入市政排水管网。

9. 应设开水供应点。

8.7　医疗用高压蒸汽

医院的高压蒸汽用途较多：消毒、蒸馏水；蒸煮饭；洗衣、烫平、烘干、污洗；空气

加湿以及生活热水热源等。因此，大型医院一般在锅炉房内设蒸汽锅炉供给。近年来，随着社会化服务普及，小型医院或部分专科医院的医疗消毒、制剂和洗衣均外包，不需要设蒸汽系统，或仅有中心供应室需少量蒸汽，则不必设锅炉房，设蒸汽锅炉间即可。因此，《综合医院建筑设计规范》GB 51039 没要求必须设置蒸汽系统。

高压蒸汽锅炉房、高压蒸汽供汽及回水管网除应满足高压蒸汽用汽设备的要求外，其设计还应满足《城镇供热管网设计规范》CJJ 34、《城镇供热管网工程施工及验收规范》CJJ 28 等相关规范的要求。

在医院设计中掌握医院用汽设备的规格和性能以及医院医疗和生活方面的用汽规律，以便根据用汽规律对高压蒸汽管网进行合理的分区、正确设计管网的线路等是一件十分重要的工作。

1. 相关设计标准

《综合医院建筑设计规范》GB 51039；

《医药工艺用水系统设计规范》GB 50913；

《锅炉房设计规范》GB 50041；

《城镇供热管网设计规范》CJJ 34。

2. 专业术语

(1) 蒸汽　steam

过热蒸汽：压力 0.7MPa，温度 160℃。高压灭菌蒸汽（医疗）：下排式压力蒸汽灭菌器：压力 0.1034MPa，温度 121.3℃；脉动真空压力蒸汽灭菌器：压力 0.2058MPa，温度 132℃。

(2) 直埋蒸汽管道　directly buried steam pipe

直接埋设于土层中输送蒸汽的预制保温管道。由工作管、外护管和防腐层组成。

(3) 固定支座　inside and outside fixed support

保证工作管、外护管和固定墩三者间不发生相对位移的管路附件。

(4) 辐射隔热层　radiation heat inslation layer

在带有空气层的保温结构中，在空气层壁面设置抛光金属铝箔层，利用其表面低发射率和高反射率的特性，减少表面辐射换热而提高绝热效果的结构。

(5) 纯蒸汽　pure steam

用纯化水或注射用水经蒸汽发生器或多效蒸馏水机制得的蒸汽。

(6) 凝结水　condensate

蒸汽冷凝形成的水。

(7) 凝结水回收率　condensate recovery ratio

实际回收的凝结水量与可回收的凝结水量的百分比。

(8) 疏水器　liquid collecting pocket（drip leg）

在气体或蒸汽管道的低位点设置收集冷凝水的装置。

(9) 凝结水箱　condensate tank

凝结水回收系统中用于汇集和贮存凝结水的水箱。

8.7.1　高压蒸汽系统的设计原则

1. 设计人员应与医疗工艺和专业厂商沟通，了解各主要用汽部门，包括厨房、洗衣房、中心供应、手术室、病房等的用汽设备、用汽时间、蒸汽压力以及用汽量。并根据各部门的用汽量、用汽时间绘制锅炉负荷曲线，结合最高用汽压力等作为管网设计和选定锅炉的依据。

2. 计算需要的锅炉蒸发量时，应该尽量考虑各主要用汽部门之间的协调。例如厨房与洗衣房之间、病房与中心供应之间等的供汽时间的交错，可以减少锅炉设备的台数。由于医院的锅炉房是全年运转的，并且每日运转 10h 以上，所以应有适当的备用锅炉。

3. 不同压力的蒸汽管道应分系统设置，各主要用汽部门的高压蒸汽管道也尽量分开设置，以便于管理。

4. 一般情况下，不论用于消毒或加热食物，只用蒸汽间接加热，间接加热冷凝水应收集并采用凝结水管道接回锅炉房。其凝结水回收率应大于 80%。凝结水回收系统宜闭式回收，并应充分利用凝结水余热。如必须直接用于消毒或直接对有毒有害物质加热时，其凝结水不得回入总凝结水池。当消毒供应、空气加湿采用蒸汽时，应在使用点前的管道上设置过滤除污装置。中心（消毒）供应室蒸汽凝结水宜集中回收处理后排至城市污水管道。

5. 门诊、理疗等处高压蒸汽用汽设备的设计，应尽可能地使建筑物各层和各房间的用汽设备靠近一根立管。避免供汽管道过长或倒坡装设。设置在医院门诊、病房、理疗等处的高压蒸汽管道及设备，在设计中应考虑降低噪声。除厨房及洗衣房外，禁止使用蒸汽喷射加热的办法。

6. 蒸汽管道的设置应满足现行行业标准《城镇供热管网设计规范》CJJ 34 的要求，所有高压供汽管道及回水管道均应考虑由于温度变化所造成的伸缩问题。一般情况下，管道应该保持不小于 3‰ 的坡度。坡向应与水流或汽流方向相同。供汽管的尾端、接设备处、管道最低处等均应装设疏水器。

7. 蒸汽管道、蒸汽凝结水管道一般采用无缝钢管，焊接连接，壁厚不应小于表 8.7-1 的规定。

无缝钢管壁厚（mm，工作压力 1.0MPa）　　表 8.7-1

公称直径 DN	规格	公称直径 DN	规格
50	D60×3.5	250	D273×8.0
70	D76×4.0	300	D325×9.0
80	D89×4.0	350	D377×9.0
100	D108×4.0	400	D426×10.0
125	D133×4.0	450	D480×12.0
150	D159×5.0	500	D530×12.0
200	D219×7.0	600	D631×14.0

8. 蒸汽管道、蒸汽凝结水管道及设备应采取保温措施。有关设备、管道和附件的保温计算、材料选择及结构要求，可按现行国家标准《设备及管道绝热技术通则》GB/T 4272、《设备及管道绝热设计导则》GB/T 8175 和《工业设备及管道绝热工程设计规范》GB 50264 的有关规定执行。蒸汽管道阀门的密封等级应符合现行国家标准《工业阀门 压力试验》GB/T 13927 规定的 A 级要求。

9. 蒸汽管道应按用汽设备要求以最近原则设置。由于蒸汽易对管道产生内外腐蚀，维修可能性大，所以蒸汽管道宜明装敷设，并应考虑维修和拆改的空间。蒸汽管道应避免设置在洁净、标准较高和人员密集处。高压供汽管道及回水管道穿过楼板时，应加装铁套管。在地面有可能积水的房间，套管应高出地面20mm。供热管道套管敷设时，套管内不应采用填充式保温，管道保温层与套管间应留有不小于50mm的空隙；套管内的管道及其他钢部件应采取加强防腐措施。采用钢套管时，套管内、外表面均应作防腐处理。

10. 室外敷设时一般设置管沟，宜采用通行管沟敷设，穿越不允许开挖检修的地段时，应采用通行管沟敷设。当采用通行管沟有困难时，可采用半通行管沟敷设。也可以和其他管线共沟或设计成综合管廊。凡装设有高压蒸汽管道的半通行管沟，均应有足够的检修空间。一般情况下，其宽度不小于700mm，高度不小于1000mm。管子根数超过7根或管沟位于重要建筑物内或马路主要干线之下时，应设置通行管沟。通行管沟的高度不小于1800mm。不论设置于任何管沟内的高压供汽管道及回水管道，均应设置于靠近检修通道的一侧，以便于检修。凡设有高压蒸汽管道的管沟，应设置通气孔，凡地下水位超过管沟底的处所，应设置积水井，以便定期排水。（注：当给水、排水管道或电缆交叉穿入热力网管沟时，必须加套管或采用厚度不小于100mm的混凝土防护层与管沟隔开，同时不得妨碍供热管道的检修和管沟的排水，套管伸出管沟外的长度不应小于1m。）

11. 当采用直埋敷设时，应按现行行业标准《城镇供热直埋热水管道技术规程》CJJ/T 81执行，应采用保温性能良好、防水性能可靠、保护管耐腐蚀的预制保温管直埋敷设，其设计寿命不应低于25年。做法参见现行标准图集《R4（四）：动力专业标准图集——蒸汽系统附件》。

12. 在病房、门诊、理疗或中心供应的高压蒸汽管道，都宜明管敷设。在任何情况下，不允许装设在墙壁、地面或吊顶内。

13. 高压供汽管道及回水管道，不允许与给水、排水及氧气等管道合包在一个管井或设在一个管沟（舱）内。

14. 蒸汽管道的低点和垂直升高的管段前应设疏水器。同一坡向的管段，顺坡情况下每隔400~500m、逆坡情况下每隔200~300m应设疏水器。疏水器与管道连接处应设聚集凝结水的短管，短管直径应为管道直径的1/3~1/2。疏水器应连接在短管侧面，其排出的凝结水宜排入凝结水管道。当不能排入凝结水管道时，应降温后排放。

15. 管道活动支座应采用滑动支座或刚性吊架。当管道敷设于高支架、悬臂支架或通行管沟内时，宜采用滚动支座或使用减摩材料的滑动支座。当管道运行时有垂直位移且对邻近支座的荷载影响较大时，应采用弹簧支座或弹簧吊架。

16. 埋地敷设的管道安装套筒补偿器、波纹管补偿器、阀门、放水和除污装置等设备附件时，应设检查室。

8.7.2 高压蒸汽锅炉负荷估算

在医院的锅炉房里，有温水采暖锅炉和高压蒸汽锅炉分别设置和混合设置两种办法。一般情况下，采用混合设置的办法会由于暖气增设热交换器而提高基建投资，但是在运转和管理上却可以得到很大的便利。例如采暖锅炉与高压蒸汽锅炉合并时，某台锅炉一旦出现故障，可以在维修期间，保证重点供汽，不会影响医务工作。另一方面，司炉工人可以根据室外温度变化情况和医院用汽情况，调节锅炉运转的台数，使供汽更加灵活。

影响锅炉负荷的因素除了用汽设备的数量以及操作情况外，控制用汽时间也是一个十分重要的因素。例如洗衣房和病人、职工厨房的用汽时间完全不同，如果每天都是按最不利的工作情况供汽，浪费将是十分惊人的。因此，正确计算医院的蒸汽消耗量将是一项复杂和重要的工作。

在采暖负荷方面，以北京地区为例，门诊、病房、理疗和中心供应按 $240\sim320kJ/(h\cdot m^2)$ 来估算将不会有很大的误差。其他附属房间如洗衣房、厨房，由于多半系一层建筑物，其采暖负荷将增至 $320\sim360\ kJ/(h\cdot m^2)$。

高压蒸汽的用汽量则与高压蒸汽用汽设备有直接的关系。以下重点讨论的问题，不包括医院采暖负荷的高压蒸汽量。高压蒸汽用汽设备的种类，在医院各部门大体配置如下：

1. 门诊：干消毒器、湿消毒器、开水罐、生活热水。
2. 理疗：蜡疗室化蜡锅、开水罐、生活热水、水疗局部加热。
3. 中心供应：蒸馏锅、干消毒器、湿消毒器、生活热水。
4. 病房：湿消毒器、配餐室保温、开水罐、倒便器、生活热水。
5. 厨房：蒸饭箱、煮饭锅、汤锅、洗碗机局部加热、开水罐、湿消毒器、配餐室保温案及保温送饭车。
6. 洗衣房：干消毒器、衣物煮沸、洗衣机、烫平机、烘干机、熨平机。

关于蒸汽用量《综合医院建筑设计规范》GB 51039 给出的参数如下：

中心（消毒）供应室消耗的蒸汽量宜按 $2\sim2.5kg/(h\cdot 床)$ 计算，其他的蒸汽用量应根据具体情况确定。

蒸汽供应压力应符合表 8.7-2 的规定。

蒸汽供应压力　　　　　　　　　　　　　　　表 8.7-2

蒸汽供应压力(MPa)	使用场所
0.3～0.8	中心(消毒)供应室、厨房、洗衣房、配餐间、污洗间等
0.3	空气加湿等

注：本表摘自《综合医院建筑设计规范》GB 51039。

北京宣武医院、朝阳医院、阜外医院及某医院用汽设备数量及耗汽量计算见表 8.7-3～表 8.7-6。此项统计资料为 20 世纪六七十年代所做，但仍可作为病房和门诊耗汽量的参考资料。

北京宣武医院用汽设备及耗汽量计算表　　　　　表 8.7-3

项目	门诊、理疗及中心供应 (2000 人次/d)					病房(400 床)					厨房			洗衣房			
	干消毒器	湿消毒器	开水罐	蒸馏锅	生活热水	干消毒器	湿消毒器	开水罐	倒便器	生活热水	煮饭锅	蒸饭箱	汤锅	煮沸	洗衣	烘干	烫平
设备数量(台)	2	21	4	10万CC 1台	250 人次/h	1	55	11	10	400 床	2	2	1				
每台设备耗汽量 (kg/(h·台))	30	25	30		0.637 kg/人次	30	25	30	14	1.82	45	41	32				

项目	门诊、理疗及中心供应 (2000人次/d)					病房(400床)					厨房			洗衣房			
	干消毒器	湿消毒器	开水罐	蒸馏锅	生活热水	干消毒器	湿消毒器	开水罐	倒便器	生活热水	煮饭锅	蒸饭箱	汤锅	煮沸	洗衣	烘干	烫平
同时使用率 (%)	80	50	75			100	50	65	65		100	100	100				
实际耗汽量 (kg/h)	48	262.5	90	121	159.3	30	687.5	214.5	91	728	90	82	32	95	60	84	84
总耗汽量 (kg/h)	680.8					1751					204			323			
病房每床耗汽量 (kg/(h·床))	折合1.70					4.38					折合0.51			折合0.81			
总计耗汽量 (kg/h)	2958.8(折合7.40kg/(h·床))																

注：门诊生活热水的耗汽量系根据每人次热水耗量为8L计算而来。

北京朝阳医院用汽设备及耗汽量计算表　　　　表8.7-4

项目	门诊、理疗及中心供应 (2000人次/d)					病房(400床)					厨房			洗衣房			
	干消毒器	湿消毒器	开水罐	蒸馏锅	生活热水	干消毒器	湿消毒器	开水罐	倒便器	生活热水	煮饭锅	蒸饭箱	汤锅	煮沸	洗衣	烘干	烫平
设备数量(台)	2	19	2	10万CC 1台	250人次/h	1	55	5	7	400床	2	2	1				
每台设备耗汽量 (kg/(h·台))	30	25	30		0.637 kg/人次	30	25	30	14	1.82	45	41	32				
同时使用率 (%)	80	50	80			100	50	85	70		100	100	100				
实际耗汽量 (kg/h)	48	237.5	48	121	159.3	30	687.5	127.5	68.6	728	90	82	32	95	60	84	84
总耗汽量 (kg/h)	613.8					1641.6					204			323			
门诊每人耗汽量 (kg/(h·人))	2.455																
病房每床耗汽量 (kg/(h·床))	折合1.53					4.10					折合0.51			折合0.81			
总计耗汽量 (kg/h)	2782.4(折合6.95kg/(h·床))																

北京阜外医院用汽设备及耗汽量计算表　　表 8.7-5

项目	门诊、理疗及中心供应 (1600人次/d)					病房(300床)					厨房			洗衣房			
	蒸馏锅	湿消毒器	开水罐	干消毒器	生活热水	干消毒器	湿消毒器	开水罐	倒便器	生活热水	煮饭锅	蒸饭箱	汤锅	煮沸	洗衣	烘干	烫平
设备数量(台)	10万CC 1台	2	14	2	200人次/h	—	14	10	10	300床	1	2	1				
每台设备耗汽量 (kg/(h·台))		28	25	30	0.637 kg/人次		25	30	14	1.82	45	41	32				
同时使用率(%)		80	50	100			60	65	65		100	100	100				
实际耗汽量 (kg/h)	121	44.8	175	60	127.4	—	210	195	91	546	45	82	32	95	60	84	84
总耗汽量 (kg/h)	528.2					1042					159			323			
门诊每人耗汽量 (kg/(h·人))	2.641																
病房每床耗汽量 (kg/(h·床))	折合1.76					3.47					0.53			1.08			
总计耗汽量 (kg/h)	2052.2(折合 6.84kg/(h·床))																

北京某医院用汽设备及耗汽量计算表　　表 8.7-6

项目	门诊、理疗及中心供应 (1600人次/d)					病房(400床)					厨房			洗衣房			
	干消毒器	湿消毒器	开水罐	蒸馏锅	生活热水	干消毒器	湿消毒器	开水罐	倒便器	生活热水	煮饭锅	蒸饭箱	汤锅	煮沸	洗衣	烘干	烫平
设备数量(台)	2	8	6	10万CC 1台	187人次/h	2	28	5	7	400床	2	2					
每台设备耗汽量 (kg/(h·台))	30	25	30		0.637 kg/人次	30	25	30	14	1.82	45	41	32				
同时使用率(%)	80	70	70			80	50	75	70		100	100	100				
实际耗汽量 (kg/h)	48	140	126	121	119	48	350	112.5	68.6	728	90	82	32	95	60	84	84
总耗汽量 (kg/h)	554					1307.1					204			323			

续表

项目	门诊、理疗及中心供应 (1600 人次/d)					病房(400 床)					厨房			洗衣房			
	干消毒器	湿消毒器	开水罐	蒸馏锅	生活热水	干消毒器	湿消毒器	开水罐	倒便器	生活热水	煮饭锅	蒸饭箱	汤锅	煮沸	洗衣	烘干	烫平
门诊每人耗汽量 (kg/(h·人))	2.963																
病房每床耗汽量 (kg/(h·床))	折合 1.39					3.27					0.51			0.81			
总计耗汽量 (kg/h)	2388.1(折合 5.98kg/(h·床))																

从表 8.7-3～表 8.7-6 可以看出，门诊病人的耗汽量约为 2.5～2.9kg/(h·人)，折合每床为 1.5～1.7kg/(h·床)。病房的耗汽量约为 3.5～4.5kg/(h·床)，用于厨房做饭的耗汽量约为 0.50～0.70kg/(h·床)，用于洗衣房的耗汽量约为 0.9kg/(h·床)，职工食堂耗汽量约为 0.5～0.6kg/(h·床)。折合每张病床的总耗汽量约为 5.4～6.7kg/(h·床)。如果连门诊在内，当每日门诊量为 2000 人次时，则每张病床的耗汽量共为 6.9～8.4kg/(h·床)。由于洗衣房的耗汽量往往达到 1.0 kg/(h·床)，在设计医院时，对医院设备耗汽量的估算采取 8～9 kg/(h·床) 是适宜的。

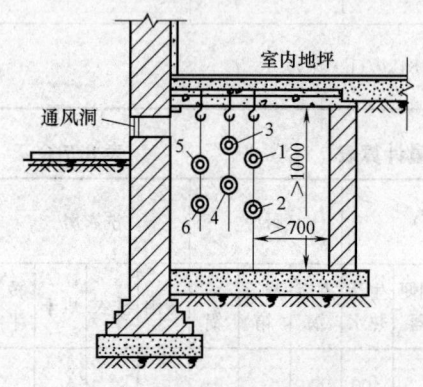

图 8.7-1　管沟中管道的布置
1—高压蒸汽供给管；2—高压蒸汽回水管；3—温水暖气供给管；
4—温水暖气回水管；5—生活热水供水管；6—生活热水回水管

8.7.3　高压蒸汽管道系统

由于高压蒸汽管道系统的附件较多，如疏水器、阀门、活接头等，容易跑汽漏水，再加上管道介质温度高，又容易产生腐蚀，因此管道系统应尽可能地采用下行上给式，即将高压蒸汽的干管设置在管沟或地下附属房间内明装，既便于检修，管道出现跑汽漏水现象时，也不会影响工作。此外，高压蒸汽采用下行上给式时，工程造价较高。管沟内高压蒸汽管道与其他管道的布置见图 8.7-1。由于高压蒸汽管道容易腐蚀和疏水器需要定时检修，因此，供汽管道及回水管道均应该设置在管沟检修通道的一侧。

在高压蒸汽立管布置方面，设计时应该尽可能地将高压蒸汽用汽设备组织在高压蒸汽立管的附近。上下层也应该相互照应，尤其对于门诊部或理疗部的设计应该特别注意。但是当设备实在无法集中布置时，宁可增设一根立管也不要使供汽管和回水支管过长。在任何情况下，都不应该将高压供汽管道或回水管道埋设在焦磁垫层或无法检修的小沟里。

不论高压蒸汽供汽管或回水管、干管或支管，都应该有保温层，外部再做保护壳，如果管道明装在房间里，还应该在保温层保护壳的外面缠包玻璃布并涂刷与墙壁颜色相同的油漆。

高压蒸汽管网，应该根据各部门不同的使用情况进行分环。在可能的条件下，分环应该尽量小一些。各部门使用高压蒸汽的房间有：

1. 病房：处置室、污物处理室、配餐室、开水间；

2. 门诊：处置室、急诊室、小手术室、开水间；

3. 中心供应：制剂室、中心供应室、蜡疗室、蒸馏水室、开水间；

4. 洗衣房：洗衣机、消毒器、烘干机、烫平机、熨平机；

5. 厨房：蒸饭箱、煮饭锅、洗碗机、开水器。

各部门使用蒸汽压力见表 8.7-7。

各部门使用蒸汽压力 　　　　　　　　　　　表 8.7-7

蒸汽压力（MPa）	使用部门
高压（0.5）	洗衣机、烘干机、烫平机 大型消毒器
中压（0.2～0.4）	厨房设备、消毒室、中心供应 处置室的各种消毒器、分娩室、手术室和各种消毒器 蒸馏器、开水设备 热水交换器
低压（0.03～0.1）	空调装置、加热器、加湿器 采暖

在各医院锅炉房的实际运行中，锅炉供给压力一般为 0.4～0.5MPa。空气加湿可以使用减压阀将蒸汽压力降至 0.1MPa。

高压蒸汽的分环可以根据使用情况不同，分成以下各环：

1. 病房系统：6：00—12：00 及 14：00—20：00 供汽；

2. 门诊系统：8：00—12：00 及 14：00—18：00 供汽；

3. 中心供应：8：00—12：00 及 14：00—18.：00 供汽；

4. 洗衣房：8：00—11：30 及 14：00—17：30 供汽；

5. 厨房：4：00—8：00、10：00—14：00 及 16：00—18：00 供气；

6. 连续工作系统：入院处、急诊室、手术室、分娩室。

某医院高压蒸汽管网分区见图 8.7-2。

高压蒸汽系统及用汽设备，在设计时应该设法消除噪声产生的可能性，例如在病房、手术室及分娩室等处，生活热水的加热不宜使用蒸汽喷射器。管道内的蒸汽流速不宜过大，在一般情况下，更不允许管道逆坡敷设。

8.7.4　高压蒸汽用汽设备

门诊、病房、中心供应、手术室以及洗衣房、厨房等处的高压蒸汽用汽设备种类繁多。

在病房，有设置在配餐室的煮沸消毒器（即湿消毒器）、开水器及用于饭菜保温的蒸汽式加热台等；有设置在污水室的便盆消毒器、倒便器、杯的洗涤消毒设施等；有设置在

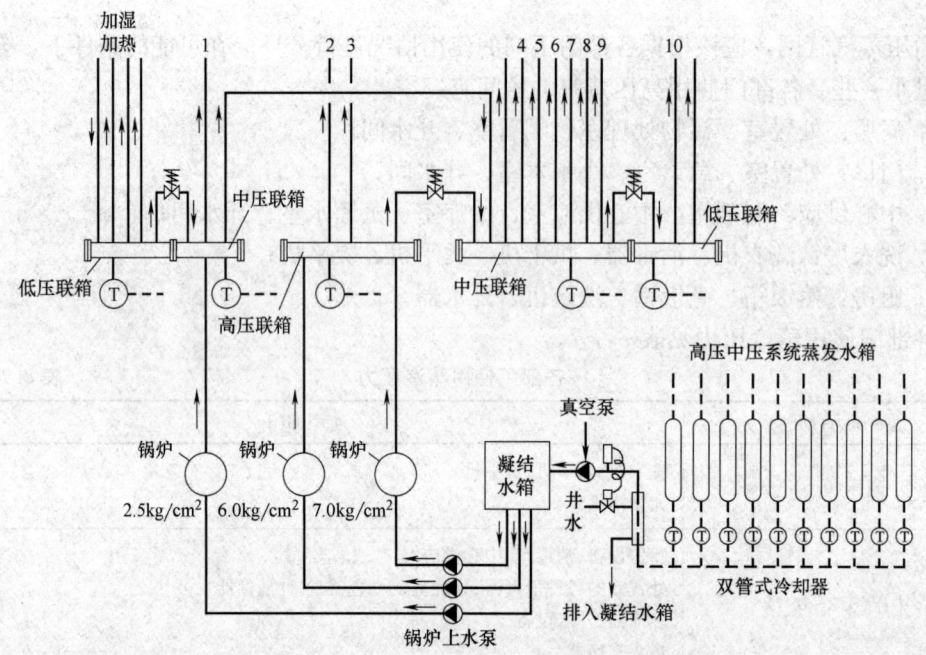

图 8.7-2　某医院高压蒸汽管网分区示意图

1—恒温室热交换器；2—医院洗衣房；3—医院高压消毒；4—研究楼消毒热水；
5—医院热水；6—医院中压消毒；7—热交换器；8—医院门诊；9—医院厨房；10—加湿系统

处置室的煮沸消毒器等。在门诊部，有设置在急诊室的煮沸消毒器以及候诊大厅的开水罐等。在中心供应室，有干消毒器、蒸馏锅以及用于蜡疗的大型熔蜡锅等。在洗衣房，有洗衣机、烫平机、熨平机、烘干机以及干消毒器、溶碱缸等。在厨房，则有蒸饭箱、煮饭锅、洗碗机、保温案、开水罐以及水射式热水加热器等。

这些用汽设备的设置，在类别和数量上都必须能够满足医疗或工作上的功能要求，否则将会给工作造成极大的不便。

截至目前，我国的高压蒸汽用汽设备的规格尚未统一，有的产品种类单一，规格性能陈旧，甚至有的用料质量低劣，都给设计、施工和使用造成困难。在医院里一般蒸汽用汽设备有以下几种：

1. 煮沸消毒器（湿消毒器）

又称为湿消毒器，广泛地设置在医院的各个部门。可作为医疗器械、大便器以及餐具消毒之用。目前国内常见的规格有：360mm×200mm×240mm、450mm×360mm×300mm、560mm×400mm×350mm、610mm×430mm×430mm 等。箱体应该用铜或不锈钢板制成。

煮沸消毒器的箱底装有紫铜盘管，通过高压蒸汽后，使箱内水沸腾，以达到消毒的目的。煮沸消毒器的外形见图 8.7-3，其规格见表 8.7-8。在蜡疗室化蜡用的煮沸消毒器容水量也比较大。

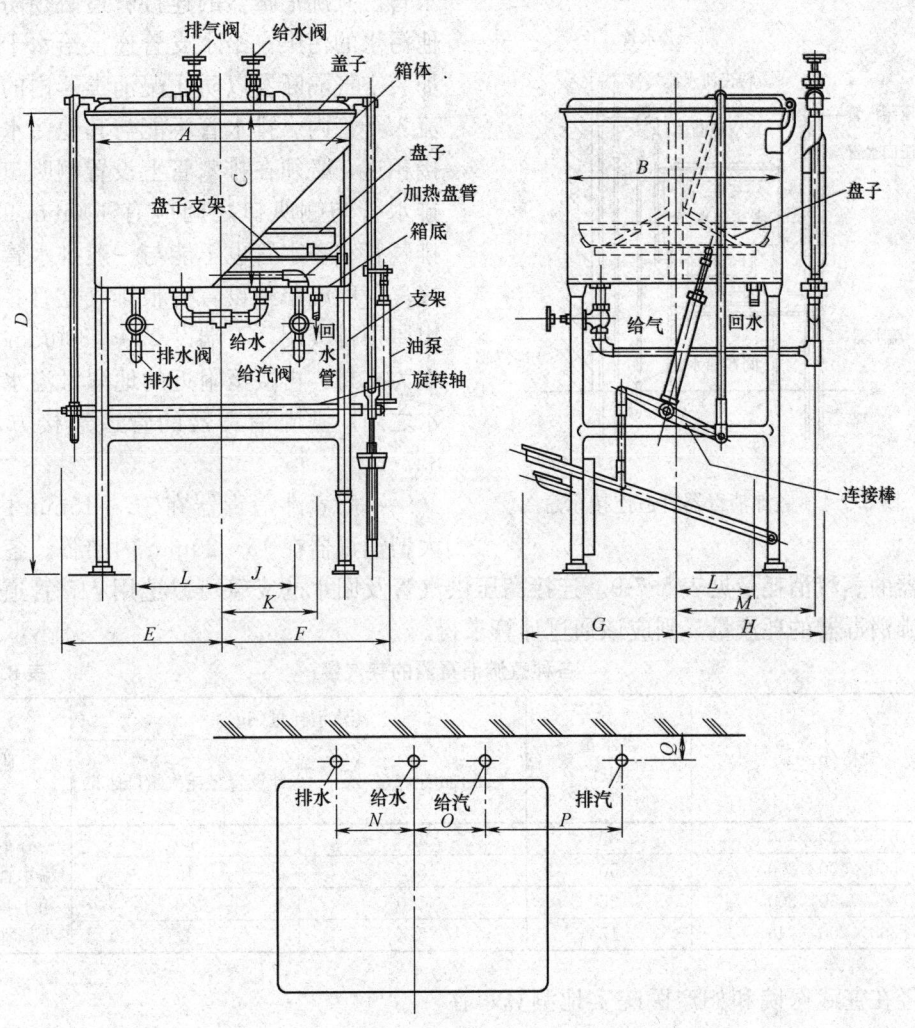

图 8.7-3 煮沸消毒器外形

煮沸消毒器规格 (mm)   表 8.7-8

项目	BA-1S	BA-2S	BA-3S	项目	BA-1S	BA-2S	BA-3S
A	360	450	560	L	60	130	140
B	200	360	400	M	150	230	250
C	240	300	350	N	150	135	135
D	820	820	820	O	60	135	135
E	240	285	335	P	300	300	300
F	260	305	355	Q	60	60	60
G	195	270	290	箱体板厚	0.8	1.0	1.2
H	180	260	280	盖子板厚	1.0	1.0	1.2
J	105	135	135	底板厚	1.0	1.0	1.2
K	135	155	200				

　　由于湿消毒器的容量不同，蒸汽的消耗量也有差异，在设计及计算中应特别注意大型湿消毒器的蒸汽消耗量。煮沸消毒器附有高压蒸汽管、高压回水管、给水管、排水管及溢

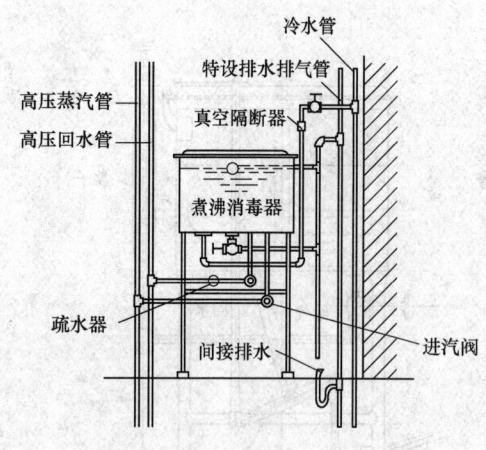

图 8.7-4 煮沸消毒器管道连接示意图

水管。煮沸消毒器的连接管道必须防止受其他污水的污染。给水支管连接给水干管之间加装空气隔断器以防止湿消毒器内的污水倒流入干管内。排水管不能与其他污水管道直接相连，必须在排水管上设置喇叭口，并且排水管与喇叭口之间应有 100mm 的间距。排气管和溢水管也不能与一般排水管道相连接。一般应单独设置一根排气立管。上端直出屋顶排气用，下端设 250～300mm 的弯管作为水封，再接至附近的地漏做溢水管的排水之用。煮沸消毒器的管道连接方法见图 8.7-4。

一般煮沸消毒器在 12～15min 内沸腾，大型消毒器在 15～20min 内沸腾。各种煮沸消毒器的蒸汽消耗量见表 8.7-9。连接高压供汽管及回水的支管可以选用 $\phi15$ 管道。特大型煮沸消毒器的耗汽量，则应该通过计算求得。

各种煮沸消毒器的耗汽量 表 8.7-9

规格(mm)	容水量(L)	蒸汽消耗量(kg)		附注
		20min 耗汽量(kg)	计算管径耗汽量(kg/h)	
610×430×430	89	14.5	25	容水量系以溢水管中心距箱上皮 90mm 为标准
560×400×350	50	8.7	15	
450×360×300	25	4.0	10	
360×200×240	15	2.4	5	

经在宣武医院和妇产医院实地测算，在正常供汽的情况下，其沸腾时间和耗汽量均相差不大，但当盘管外部结垢过厚时，沸腾时间必定延长，其耗汽量也显著增多。煮沸消毒器在消毒过程中，消毒器内温度和蒸汽消耗量的变化情况见图 8.7-5。从图中可以看出，如果需要煮沸消毒的时间为 15min，则蒸汽总消耗量为 8kg/h。如果每小时使用 2 次，则耗汽量为 16kg/h。测定的煮沸消毒器容积为 610mm×430mm×285mm。溢水管中心距消毒器上皮 85mm。煮沸消毒器的容积为：

$$V=0.61×0.43×(0.285-0.085)=0.0525m^3(相当于 52.5kg 的水容积)$$

其理论蒸汽量为：

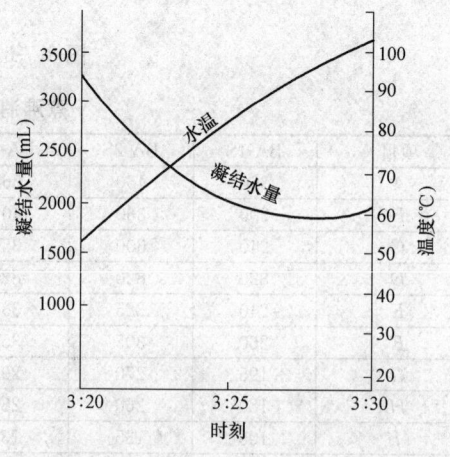

图 8.7-5 煮沸消毒器内温度和蒸汽消耗量的变化

$$G_{汽} = \frac{q(t_1 - t_2)C}{i - \left(\frac{t_1 + t_2}{2}\right)C} = \frac{52.5 \times (100 - 17) \times 4.187}{2504} = 7.29 \text{kg/15min} \qquad (8.7\text{-}1)$$

式中 $G_{汽}$——蒸汽消耗量（kg/15min 折算成 kg/h）；

      q——被加热水的质量（kg）；

      t_1——水的沸腾温度（℃）；

      t_2——自来水的温度（℃）；

      i——蒸汽的热焓＝2749kJ/kg（蒸汽压力 P＝0.4MPa）。

    从对煮沸消毒器蒸汽消耗量的计算结果来看，与实测资料基本相同。因此，如果在设计中无法确定煮沸消毒器的规格，则每台煮沸消毒器按 25kg/h 的蒸汽量来计算高压蒸汽供汽管的管径是适宜的。

    但是应该特别提出的是，在北京市所调查的一些医院里，有的医院为了使煮沸消毒器尽快达到沸腾，将箱内的盘管钻了小孔，使蒸汽喷入水中直接加热。这样不但增加了高压供汽管道的蒸汽负荷量，而且会使全部凝结水受到污染。调查发现有一个医院在消毒工作完成以后不久，在凝结水管压力降低时，整个消毒箱内的污水随循环凝结水回流到了总凝结水池中去。如果厨房蒸煮饭也是用喷射蒸汽的办法，这些被污染了的凝结水又将会污染食物。因此，不但煮沸消毒器不能将盘管穿孔采用直接加热的办法，厨房蒸饭箱也必须将生米装在容器内间接加热，煮饭锅必须采用双底以便使蒸汽不能与食物接触。

    2. 三用倒便器

    三用倒便器装设于病房的污物室，它能将病人所用的便盆同时进行倒便、冲洗和消毒。据医疗单位反映，这种倒便器确实给护理人员带来很大的便利。其构造见图 8.7-6。

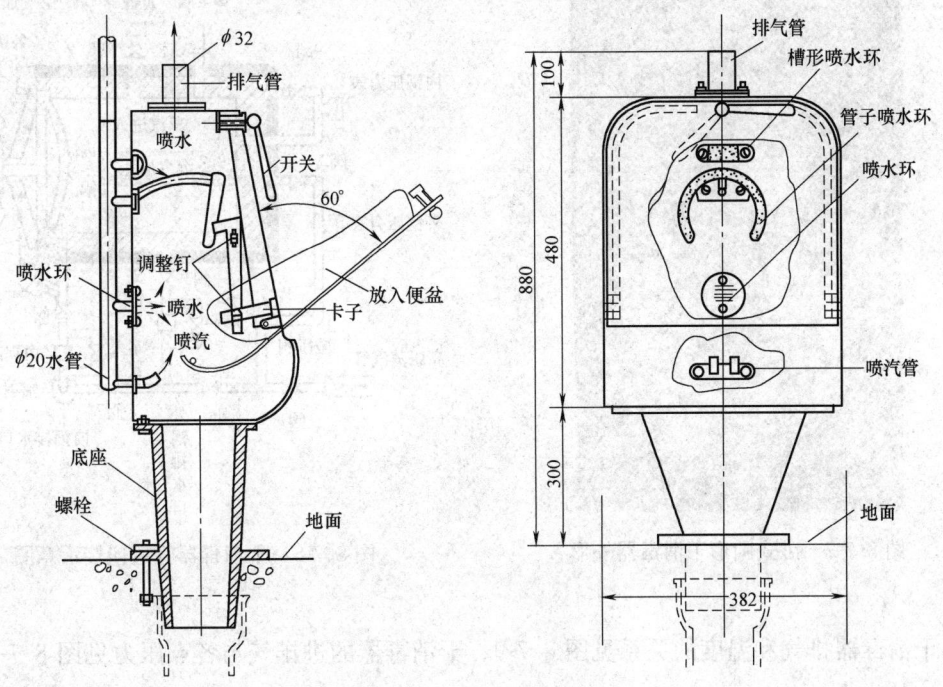

图 8.7-6 三用倒便器构造

三用倒便器下部设有 φ100 排水管，接至排水横管的存水弯上，后侧附有 φ25 的冷水管及 φ6 的高压蒸汽管。φ32 排水管应接入单独的排汽管，以免蒸汽废气进入其他设备之内。

必须指出的是，倒便器的冷水管不能直接接入，中间须加空气隔断器，以免污染水源。另一方面，由于下水管存水弯的高度不大，蒸汽压力稍高时，又会进入排水管道，因此，三用倒便器的消毒，最好由另设的大型煮沸消毒器来解决。三用倒便器的蒸汽消耗量约为 14kg/h。三用倒便器更容易腐蚀损坏，应该采用铜或不锈钢制成，使用年限较长。

3. 干消毒器

干消毒器设于手术室、中心供应站等处，作为消毒医院器械、敷料以及衣物之用。在传染病医院、结核病医院的洗衣房也必须装设此项设备。干消毒器的种类很多，有卧式和立式之分，在卧式中又有圆形和方形之别。除此之外，有采用蒸汽的，也有汽电两用的。方形干消毒器有 910mm×910mm×1270mm、610mm×610mm×680mm 等多种，卧式圆形干消毒器有 φ506mm×760mm 等，立式圆形干消毒器有 φ300mm×405mm。卧式圆形干消毒器的外形见图 8.7-7。干消毒器有单层和双层两种。单层消毒锅只作消毒用，双层消毒锅除了消毒之外，还可以对被消毒的手术器械、敷料等进行烘干。使用这种消毒器必须特别注意安全。因此干消毒器必须装设有安全阀及压力表，并应定期对安全阀和压力表进行检查。

干消毒器必须十分注意进气管和排气管的装接。只有排气管将干消毒器内的冷空气排除，才能保证其消毒效果，否则，干消毒器内的温度无法达到消毒的要求。干消毒器的高压蒸汽管、回水管及排水管的装接方法见图 8.7-8。

图 8.7-7 卧式圆形干消毒器外形

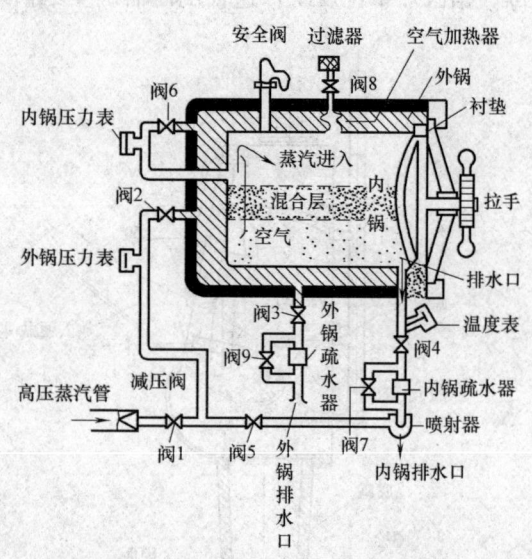

图 8.7-8 干消毒器管道连接示意图

干消毒器排气和温度的关系见图 8.7-9、干消毒器的进排气与各点压力见图 8.7-10 及表 8.7-10。

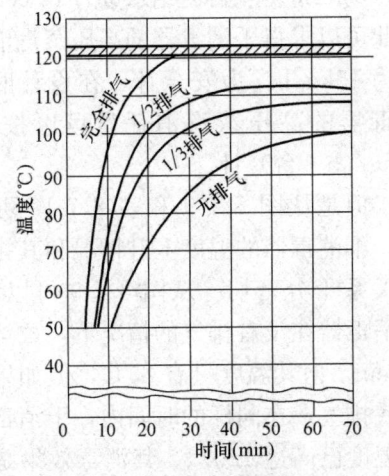

图 8.7-9　干消毒器排气和温度的关系

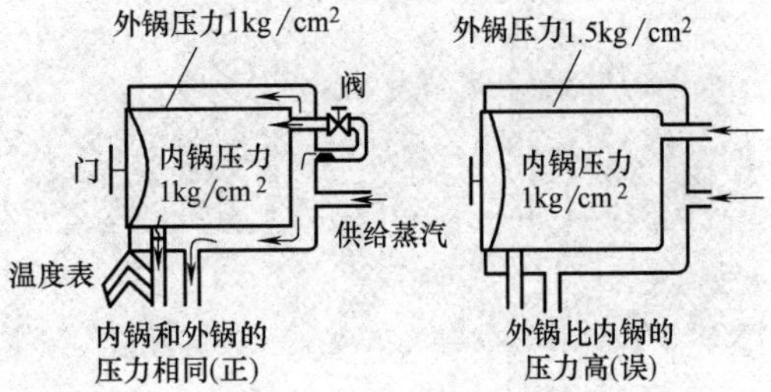

图 8.7-10　干消毒器进排气与各点压力

干消毒器蒸汽压力及排气与温度上升关系表　　　　　表 8.7-10

表压力 (kg/cm²)	干消毒器内温度(℃)				
	饱和蒸汽完全排气	2/3 排气	1/2 排气	1/3 排气	无排气
0.35	109	100	94	90	72
0.70	115	109	105	100	90
1.00	121	115	112	109	100
1.40	126	121	118	115	109
1.70	130	126	124	121	115
2.10	135	130	128	126	121

　　由于干消毒器散热量大，消毒完毕以后打开锅门时，又会由锅内散发出大量的蒸汽，因此，凡设有干消毒器的房间，尤其是集中消毒站，应有良好的通风设备。北京广安门医院的手术室集中消毒站见图 8.7-11。国外很多医院将全部干消毒器封闭起来，这样可以减少干消毒器向室内散发热量和蒸汽，也便于保持室内整洁，在集中消毒站里这种设计方法是可取的，见图 8.7-12。没有干消毒器的房间里温度高、湿度大，为了避免结露，除了墙面及屋顶必须注意保温以外，采暖设备应尽可能地靠外墙装设，以提高其内表面温度。

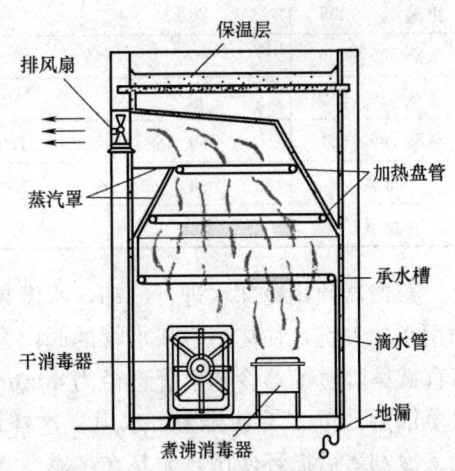

图 8.7-11　广安门医院集中消毒站

　　干消毒器的消毒时间一般为 30min，烘干时间为 20～25min，其蒸汽消耗量国内外资料颇不一致。根据实测，一个 $\phi700\text{mm}\times1200\text{mm}$ 的圆形干消毒器每分钟凝结水量为 120mL 左右。每小时凝结水量则为 7200mL，敷料及其他被消毒物料吸收水分 4000mL，蒸发水

图 8.7-12 干消毒器封闭安装图

分 3000mL，则实际凝结水量为 14200mL/h。因此可以求得干消毒器的高压蒸汽消耗量约为 15kg/h。为安全计，在设计时，干消毒器的高压蒸汽消耗量可以按 25～30kg/(h·台) 计。

但是从图 8.7-9 和表 8.7-10 可以看出，干消毒器的温度上升情况和其排气程度关系十分密切。从图 8.7-9 可以看出，干消毒器在没有排气的情况下，虽然消毒 30min，但其温度只有 85℃，但如果进行彻底排气，在同样的时间内，干消毒器内的温度已高达 120℃。其消毒效果是很明显的。干消毒器的凝结水一般不回收，可就地排放。

4. 蒸馏器

蒸馏器可分为单蒸和双蒸两种类型。每种蒸馏器均附有供汽、给水及排水 3 种管道，有的还附有高压回水管道。给水、排水是作为冷却水用的。国产蒸馏器的规格及耗汽量、耗水量见表 8.7-11。

国产蒸馏器的规格及耗汽量耗水量   表 8.7-11

规格		高压蒸汽			冷却水	
外形(mm)	产水量(L/h)	耗汽量(kg/h)	压力(kg/cm²)		耗水量(L/h)	压力(MPa)
重蒸 355×355	5	8	3		100	2
重蒸 400×360	10	15	3		200	2
重蒸 455×455	20	30	3		400	2
重蒸 506×506	40	60	3		800	2
重蒸 610×610	60	90	3		1200	2
重蒸 785×681	80	120	3		1600	2
重蒸	100	150	3		2000	2
重蒸	200	300	3		3800	2

蒸馏器须用冷却水进行冷却，水温越低，产水量越大，很多单位的工作人员不了解节约用水的关键，往往将自来水管的阀门全部开启，使大量冷水通过冷凝器后排掉。例如北京宣武医院蒸馏器冷却水管直径为 40mm，工作时压力为 0.2MPa，冷却水原为 17℃，通过蒸馏后升至 22℃便排至下水道。这样每日耗水量高达数十吨，如果将蒸馏器的冷却水加入冷却塔后循环使用，尤其在冬季及春、秋两季绝对能保证冷却效果。即使在夏季，只要有充足的循环水量，也能够满足使用要求。

由于某些地区自来水的硬度大，蒸馏器会发生结垢现象，导致其效率逐步降低，为了改变这种现象，最根本的办法是将自来水软化后作为蒸馏器的给水水源。

由于蒸馏器散发的热量较大，房间内必须设有机械排风设备，有条件时，还应在工作人员的工作地点送些冷风，以保证工作人员有良好的工作条件。蒸馏器的外形见图 8.7-13。我们调查的其他医院如同仁医院、朝阳医院等，冷却水量虽然较小，但也都是直接排入下水道内，有的医院将冷却水温度提高到 30℃，有的更高些，这样产水量虽然有所降低，但消耗水量却可以减少很多。当然，最彻底的办法仍然是采用冷却塔进行冷却回用。

设置蒸馏器的房间地面要做防水层，应有良好的排水设置，由于房间内温度高、湿度大，屋顶及墙面应采用保温性能较好和防水的材料，以防止墙面和屋面结露。

5. 其他用汽设备

洗衣机、烘干机、烫平机、熨平机等，详见洗衣房部分。煮饭锅、蒸饭箱、汤锅、保温案、洗碗机等详见厨房设备设计部分。

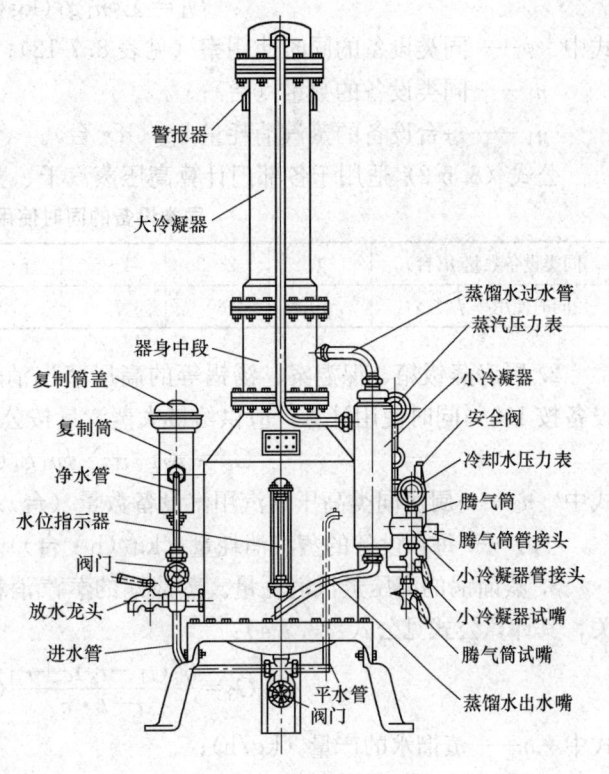

警报器
大冷凝器
器身中段
复制筒盖
复制筒
净水管
水位指示器
阀门
放水龙头
进水管
平水管阀门
蒸馏水过水管
蒸汽压力表
小冷凝器
安全阀
冷却水压力表
腾气筒
腾气筒管接头
小冷凝器管接头
小冷凝器试嘴
腾气筒试嘴
蒸馏水出水嘴

图 8.7-13　蒸馏器的外形

8.7.5　高压蒸汽量的计算

在设计医院建筑设备工程中，高压蒸汽量的计算是一项比较复杂的工作。由于设备的种类多、数量大，如果不加任何控制随意使用，则高压蒸汽的负荷曲线必定增高；但是如果管理部门对各科室的用汽时间和用汽量稍加控制，则负荷曲线必定会降低。因此，要使设计及计算准确无误，除了必须详细了解高压蒸汽用汽设备的规格、性能以外，还必须进一步掌握各科室对高压蒸汽用汽设备的使用情况。

经对北京宣武医院、朝阳医院、阜外医院等医院的高压蒸汽用汽设备的统计、测定以及设备小时耗用蒸汽量的计算，得出以下结果，供设计时参考：

1. 门诊、理疗用于消毒、开水、生活热水等的高压蒸汽消耗量为 2.5～2.9kg/人次；

2. 病房用于消毒、开水、生活热水等的高压蒸汽消耗量为 3.5～4.5kg/(h·床)；

3. 病人厨房用于蒸煮饭、消毒、保温的高压蒸汽消耗量为 0.42～0.55kg/(h·床)；

4. 洗衣房用于洗衣、消毒、烘干等的高压蒸汽消耗量为 0.60～0.85kg/(h·床)；

5. 职工厨房用于蒸煮饭、消毒、保温的高压蒸汽消耗量为 0.50～0.60kg/(h·床)。

但在施工图设计阶段，必须将各部门的高压蒸汽用汽设备数量、规格及使用情况确定下来，以便详细计算高压蒸汽的消耗量。

各种高压蒸汽用汽设备的蒸汽消耗量可按下列公式进行计算：

1. 各种消毒设备、开水罐等耗用的蒸汽量按公式（8.7-2）计算：

$$G_1 = \sum \phi n_1 g_1 \, (\mathrm{kg/h}) \qquad (8.7\text{-}2)$$

式中 ϕ——同类设备的同时使用率（见表 8.7-12）；

n_1——同类设备的数量（台）；

g_1——每台设备的蒸汽消耗量 $\mathrm{kg/(h \cdot 台)}$。

公式（8.5-2）适用于各部门计算高压蒸汽干、立、支管的管径。

同类设备的同时使用率 表 8.7-12

同类设备数量 n(台)	1	2~3	4~5	6~8	9~11	12~20	21 以上
同时使用率 ϕ(%)	10	80	75	70	65	60	50

2. 厨房蒸饭箱、保温案、汤锅等的高压蒸汽消耗量。一般蒸饭箱、汤锅、保温案等设备按 100% 同时使用计算。应供给最大蒸汽量按公式（8.5-3）计算：

$$G_2 = n_2 g_2 + \sum \phi n_1 g_1 \, (\mathrm{kg/h}) \qquad (8.7\text{-}3)$$

式中 n_2——厨房同类高压蒸汽用汽设备数量（台）；

g_2——每台设备的蒸汽消耗量（$\mathrm{kg/(h \cdot 台)}$）。

3. 蒸馏锅的高压蒸汽消耗量。蒸馏锅的蒸汽消耗量与蒸馏水的产量及凝结水温度有关，其计算公式见公式（8.7-4）：

$$G_3 = \frac{q\left[(t_1 - t_2)c + r\right]}{i - t \cdot c} \, (\mathrm{kg/h}) \qquad (8.7\text{-}4)$$

式中 q——蒸馏水的产量（$\mathrm{kg/h}$）；

t_1——蒸馏水的温度（℃）；

t_2——水的初温（℃）；

t——凝结水的温度（℃）；

r——汽化热（$\mathrm{kJ/kg}$），见表 8.7-13；

c——水的比热，$c = 4.187\mathrm{kJ/(kg \cdot ℃)}$；

i——蒸汽热焓（$\mathrm{kJ/kg}$）。

饱和水蒸气性质 表 8.7-13

绝对压力 （MPa）	饱和水蒸气温度 （℃）	热焓(kJ/kg)		水蒸气的汽化热 （kJ/kg）
		液体	蒸汽	
0.1	100	419	2679	2260
0.2	119.6	502	2707	2205
0.3	132.9	559	2726	2167
0.4	142.9	601	2738	2137
0.5	151.1	637	2749	2112
0.6	158.1	667	2757	2090
0.7	164.2	694	2767	2073
0.8	169.6	718	2773	2055
0.9	174.5	719	2777	2038

4. 洗衣房用于洗衣、烘干及烫平衣物等的高压蒸汽消耗量。影响洗衣房蒸汽消耗量的因素比较复杂，如污衣量（与医院的类别有关）、工作日数、每日工作时数等均对其有很大的影响。其计算公式见公式（8.7-5）：

$$G_4 = \frac{N \cdot x}{b \cdot T} (\text{kg/h}) \qquad (8.7\text{-}5)$$

式中　N——医院的病床数（床）；

x——每病床每月污衣量（kg）；

b——洗衣房每月的工作日数（d）；

T——洗衣房每日的工作时数（h）。

1kg 污衣的蒸汽消耗量为 2.3～2.7kg，其中包括洗衣、烘干、烫平及熨平等。确定了洗衣房每小时的污衣量以后，便可以很快求出每小时的蒸汽消耗量。

但这只是求出了洗衣房的蒸汽总消耗量，可以作为确定锅炉容量的依据，计算洗衣房的高压蒸汽干、支、立管时，还必须根据洗衣房的设备数量及蒸汽消耗量来确定。如前所述，洗衣房内高压蒸汽用汽设备的蒸汽消耗量可按以下数字进行估算：

洗衣机（每千克干衣总计蒸汽消耗量为 2.5kg）　　　　　40kg/(h·台)。

烘干机　　　　　　　　　　　　　　　　　　　　　　30～50 kg/(h·台)。

烫平机　　　　　　　　　　　　　　　　　　　　　　50kg/(h·台)。

压平机　　　　　　　　　　　　　　　　　　　　　　14kg/(h·台)。

5. 生活热水的高压蒸汽消耗量。经调查，一般医院的病房、手术室及理疗，总耗水量为 750L/(d·床) 左右，门诊部分 25L/人次。其中热水约占 1/3。即病房、手术室及理疗为 250L/(d·床)，门诊部为 8L/人次。高压蒸汽消耗量的计算公式见公式（8.7-6）：

$$G_5 = \frac{\left(\dfrac{N_{门} \cdot q_{门}}{T} \cdot K_1 + \dfrac{N_{床} \cdot q_{床}}{24} \cdot K_2 \right) \cdot (t_1 - t_2) \times c}{i - t_1 c} (\text{kg/h}) \qquad (8.7\text{-}6)$$

式中　$N_{门}$——每日门诊人次；

T——门诊部工作时数，一般可按 8h 计算；

K_1——门诊用水的小时变化系数，一般为 2～2.5；

$q_{门}$——每一门诊人次的热水耗量，一般为 8L/人次；

$N_{床}$——医院病床总数（床）；

$q_{床}$——每一病床的热水耗量，一般为 250L/(d·床)；

K_2——病房用水的小时变化系数，一般为 2～2.5；

t_2——冷水供水温度（℃）；

t_1——热水温度，一般为 65℃；

i——蒸汽热焓（kJ/kg）。

【例 8.7-1】　某综合医院总计 400 张病床，2000 人次/d 门诊。职工 550 人，病人与职工分为两个食堂。求高压蒸汽用汽设备的总耗汽量。

【解】

全医院内门诊、理疗、病房、洗衣房、厨房及锅炉房的高压蒸汽用汽设备见表 8.7-14。

全医院高压蒸汽用汽设备   表8.7-14

部门	设备名称及规格	设备数量 (台)	每台设备的耗汽量 (kg/(h·台))	附注
门诊、病房、理疗	各种类型煮沸消毒器	76	25	
	各种类型干消毒器	3	30	
	开水罐	13	30	
	三用倒便器	9	14	
	10万mL蒸馏锅	1	120	
厨房	容量50kg蒸锅	2	40	如果无洗碗机时 此蒸汽量可以不计
	容量60kg煮锅	2	84	
	容量60kg汤锅	2	32	
	1-LR洗碗机	1	88	
洗衣房	洗衣机(干衣40kg/次)	2	40	规格1000mm× 1500mm生产能力 为562m²/h
	干衣45kg烘干机	1	45	
	φ785×2440烫平机	1	50	
	压平机	1	14	
锅炉房	生活热水交换器	3	315.5	三台共947kg/h

各种高压蒸汽用汽设备总耗汽量的计算举例如下:

1. 煮沸消毒器 $G_1 = \phi \cdot n \cdot g = 76 \times 25 \times 50\% = 950 \text{kg/h}$

2. 干消毒器 $G_2 = \phi \cdot n \cdot g = 3 \times 30 \times 80\% = 72 \text{kg/h}$

3. 开水罐 $G_3 = \phi \cdot n \cdot g = 13 \times 30 \times 60\% = 234 \text{kg/h}$

4. 三用倒便器 $G_4 = \phi \cdot n \cdot g = 9 \times 14 \times 65\% = 82 \text{kg/h}$

5. 50kg蒸锅 $G_5 = n \cdot g = 2 \times 40 = 80 \text{kg/h}$

6. 60kg煮锅 $G_6 = n \cdot g = 2 \times 84 = 168 \text{kg/h}$

7. 60kg汤锅 $G_7 = n \cdot g = 2 \times 32 = 64 \text{kg/h}$

8. 1-LR洗碗机 $G_8 = n \cdot g = 1 \times 88 = 88 \text{kg/h}$

9. 洗衣机 $G_9 = n \cdot g = 2 \times 40 = 80 \text{kg/h}$

10. 烘干机 $G_{10} = n \cdot g = 1 \times 45 = 45 \text{kg/h}$

11. 烫平机 $G_{11} = n \cdot g = 1 \times 50 = 50 \text{kg/h}$

12. 压平机 $G_{12} = n \cdot g = 1 \times 14 = 14 \text{kg/h}$

13. 10万mL的蒸馏锅耗汽量:

$$G_{13} = \frac{q[(t_1-t_2)c+r]}{1000(i-t \cdot c)} = \frac{100000[(100-17) \times 4.187 + 2260]}{1000 \times (2679 - 4.187 \times 43)} = 104 \text{kg/h}$$

14. 生活热水交换器的耗汽量:回水为40℃

$$G_{14} = \frac{\left(\dfrac{N_门 \cdot q_门}{T} \cdot K_1 + \dfrac{N_床 \cdot q_床}{24} \cdot K_2\right) \cdot (t_1-t_2) \cdot c}{i - t_1 c}$$

$$= \frac{\left(\dfrac{2000 \times 8}{8} \times 1.8 + \dfrac{400 \times 250}{24} \times 1.8\right) \times (65-17) \times 4.187}{2749 - 40 \times 4.187}$$

$$=846kg/h$$

全医院总耗汽量为：

$$G = G_1 + G_2 + G_3 + G_4 + G_5 + G_6 + G_7 + G_8 + G_9 + G_{10} + G_{11} + G_{12} + G_{13} + G_{14}$$
$$= 950 + 72 + 234 + 82 + 80 + 168 + 64 + 88 + 80 + 45 + 50 + 14 + 104 + 864$$
$$= 2895kg/h$$

如果按门诊、病房的蒸汽消耗量估算时，可按8.7.2条的方法进行，大型医院取上限值。

门诊 $G'_1 = 2000/8 \times (2.5 \sim 2.9) = 625 \sim 725kg/h$

病房 $G'_2 = 400 \times (3.5 \sim 4.5) = 1400 \sim 1800kg/h$

病人厨房 $G'_3 = 400 \times (0.5 \sim 0.7) = 200 \sim 280kg/h$

洗衣房 $G'_4 = 400 \times 0.9 = 360kg/h$

总计 G'（厨房无洗碗机）$= 2585 \sim 3165kg/h$

按以上两种办法计算，一个400病床、2000人次/d门诊的综合医院蒸汽消耗量为2895kg/h及2585～3165kg/h，两者十分相近。但在实际应用时应附加系数20%作为未预见项目。

如果职工厨房也由医院锅炉房供给蒸汽时，在全医院总蒸汽消耗量中，尚应加入按职工人数和每人耗汽0.5～0.6kg/h的蒸汽量。

8.8 医疗用气系统及设备

8.8.1 概述

近年来，医疗技术飞跃发展，因此，对于各种医疗用气系统及设备的要求越来越广泛。医疗用气系统包括氧气（O_2）、笑气（N_2O）、压缩空气、氮气（N_2）以及真空吸引等系统。系统广泛应用于抢救危重病人和保证手术的质量。医用气体的系统一般由以下部分组成：机房及贮藏室；输气管道；输出口。

氧气、一氧化二氮、氮气以及混合气体的系统及构造大致相同，其系统见图8.8-1。

1. 医用气体的种类及其主要用途

(1) 氧气（O_2，oxygen）

分子量：32

相对密度：1.153（对0℃的空气而言）

密度（气体）：1.429g/L（0℃，760mmHg）

密度（液体）：1.14kg/L（－183℃）

临界温度：－118.4℃

临界压力：5.28MPa

氧是无色、无嗅、无刺激性的气体。因为是活泼元素，故能与大部分元素相化合。氧为助燃性气体，不燃爆，但是如果与其他气体混合以后，却很容易燃烧爆炸。

生物体内如果缺氧，则会给生物带来各种障碍和危险，因而在必要时有对患者进行人工补充的必要。但是对生物体内供氧时，其浓度不能过高，否则将会出现脑障害、肺气肿

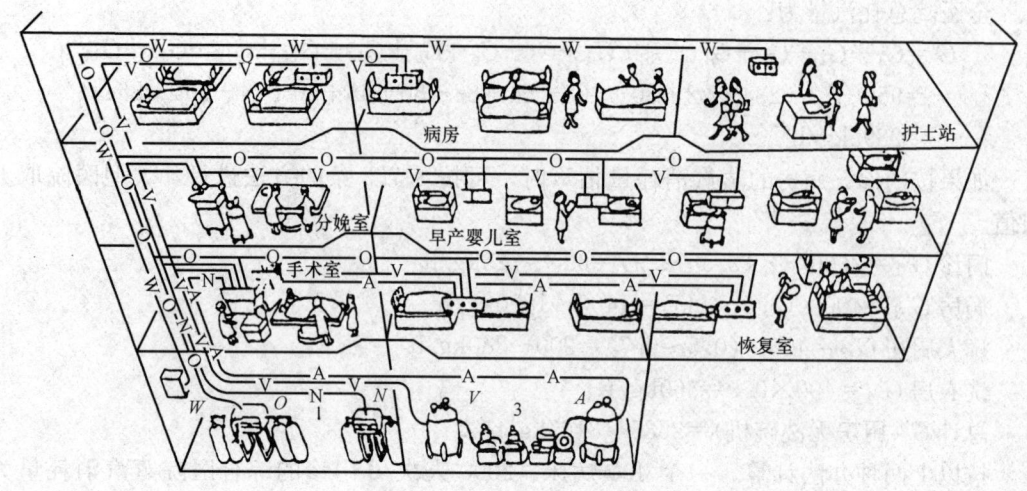

图 8.8-1　医用气体系统图

O—氧气；N—笑气；V—真空吸引；A—压缩空气；W—混合气体

1—汇流排室；氧气笑气汇流排；2—机房：压缩空气吸引装置

等中毒症状。氧对生物体无害的限度为 19%，一般把混合气体中氧的分压力定为 $P_{O_2}=0.2MPa$，作为安全界线。如果把氧按一定的比例混入 N_2O，则可供全身麻醉和病人吸入用。

（2）一氧化二氮（N_2O，nitrous oxide）

分子量：44.02

相对密度：1.35（空气为 1.0）

密度：1.938g/L

临界温度：26.5℃

临界压力：7.26MPa

一氧化二氮亦称笑气，属于不活泼性无色、无毒气体，稍带有芳香味，为易溶于水和酒精的安全性气体。无引火性，但在高温下即分解为氮和氧，使 O_2 游离而具有助燃性。一氧化二氮在一定压力下作为液体可灌装于容器中，经蒸发作为气体使用。

一氧化二氮是一种最安全、可持续较长时间的牙科和外科上的麻醉剂。在血液中运行时具有物理性扩散，因其扩散速度很大，故吸收排泄很快，容易使人麻醉，也容易使人觉醒，并且副作用很小。

灌装于容器内的 N_2O，其压力由温度决定。不同温度时的蒸汽压力见表 8.8-1。

（3）氮气（N_2，nitrogen）

分子量：28

相对密度：0.967（空气为 10℃，760mmHg）

密度：1.2505g/L

蒸发热：199.5kJ/kg

临界压力：3.46MPa

临界密度：0.311g/L

氮常存在于空气中，无色、无嗅、不燃，是化学性能极为稳定的气体。在脑外科、整形外科和口腔科中作为驱动气钻之用，液体氮也可以作为低温手术之用，还可以作为管路气密性试验之用。一定浓度以下，对人体也无害。

一氧化二氮温度与蒸汽压力的关系 表 8.8-1

温度(℃)	容积(L)	蒸汽压力(MPa)
0	510	3.3
10	520	4.2
20	540	5.3
30	650	6.6
26.5(临界点)	—	7.26(临界压力)

（4）混合气体

按照使用的目的，可以制造出数种混合气体。在医疗上被用作吸入疗法。

1）碳酸气（CO_2）+氧气（O_2），人体吸入后，增加动脉血中的张力，用以刺激呼吸中枢神经，使其换气量增大，其混合比为碳酸气 5%、氧气 95%，适用于治疗小儿嗝气、碳酸气中毒（促进碳酸气和血红蛋白的解离）以及用于脑血管的扩张等。

2）氦气（He）+氧气（O_2），氦是非常轻的气体，通常按氦气 80%、氧气 20% 的混合比例来应用。混合气体的质量约为同容积空气的 1/3。氦气的密度为氧气的 1/7。因为这种混合气体极易扩张，可利用其性质进行氦气疗法。适用于支气管喘息、支气管痉挛和支气管收缩等症。

3）一氧化二氮（N_2O）+氧气（O_2），用麻醉器等把两种气体混合，可以简便地得到使用。如一氧化二氮 50%、氧气 50% 或一氧化二氮 30%、氧气 70% 的混合气体，用轻微的麻醉就可以得到无痛的效果。适用于无痛分娩、牙科麻醉、手术后止痛以及心脏病发作时辅助呼吸等。

（5）压缩空气（compresed air）

空气为无色、无味、无臭的不燃性气体，压缩空气用于医疗尤其用于呼吸系统时，必须保证十分洁净。压缩空气可以作为治疗呼吸系统疾病患者使用喷雾疗法的介质；也可以作为早产婴儿保温箱人工呼吸器等氧气浓度调整的介质；还可以作为循环机器及牙科设备机组的动力。除此之外，还可以作为吹除污物及驱动牙科气钻之用。

压缩空气的品质应符合下列指标：

相对湿度：20% 左右

含油量：<1.0mg/m^3

细菌总数：0.3μm 以上的细菌数<35 个/m^3

CO_2 的含量：<1000mL/m^3

CO 的含量：<10mL/m^3

（6）真空吸引（medical vacuum）

真空吸引设备可用于重症病人的急救吸痰、吸脓及在手术过程中作为吸引液态废弃物之用。近年来还被广泛用于人工流产。真空吸引设备在清洁度和安全性方面的要求也与压缩空气的要求相同。真空吸引设备由真空泵和贮气罐等装置组成。真空泵的容量应按实际耗气量来选择，贮气罐经常保持 300～500mmHg 的真空度，并且以自动控制的方式运转。即当贮气罐的压力降至－300mmHg 时，真空泵即开始工作；当贮气罐的压力降至－500mmHg 时，真空泵即停止运行。这种自动控制装置，一般可以通过压力继电器实现。

2. 相关术语

（1）医用气体　medical gas

由医用管道系统集中供应，用于病人治疗、诊断、预防或驱动外科手术工具的单一或混合成分气体。在应用中也包括医用真空。

（2）医用气体管道系统　medical gas pipeline system

包含气源系统、监测和报警系统，设置有阀门和终端组件等末端设施的完整管道系统，用于供应医用气体。

（3）医用空气（压缩空气）　medical purpose air

在医疗卫生机构中用于医疗用途的空气，包括医疗空气、器械空气、医用合成空气、牙科空气等。

（4）医疗空气　medical air

经压缩、净化限定了污染物浓度的空气，由医用管道系统供应作用于病人。

（5）器械空气　instrument air

经压缩、净化限定了污染物浓度的空气，由医用管道系统供应为外科工具提供动力。

（6）医用合成空气　synthetic air

由医用氧气、医用氮气按氧含量为 21% 的比例混合而成。由医用管道系统集中供应，作为医用空气的一种使用。

（7）牙科空气　dental air

经压缩、净化限定了污染物浓度的空气，由医用管道系统供应为牙科工具提供动力。

（8）医用真空（真空吸引）　medical vacuum

为排除病人体液、污物和治疗用液体而设置的用于医疗用途的真空，由管道系统集中提供。

（9）医用氮气　medical ni trogen

主要成分是氮，作为外科工具的动力载体或与其他气体混合用于医疗用途的气体。

（10）医用混合气体　medical mixture gases

由不少于两种医用气体按医疗卫生需求的比例混合而成，作用于病人或医疗器械的混合成分气体。

（11）麻醉废气排放系统　waste anaesthetic gas disposal system（WAGD）

将麻醉废气接收系统呼出的多余麻醉废气排放到建筑物外安全处的系统，由动力提供、管道系统、终端组件和监测报警装置等部分组成。

（12）单一故障状态　single-fault condition

设备内只有一个安全防护措施发生故障，或只出现一种外部异常情况的状态。

（13）生命支持区域　life support area

病人进行创伤性手术或需要通过在线监护治疗的特定区域，该区域内的病人需要一定时间的病情稳定后才能离开。如手术室、复苏室、抢救室、重症监护室、产房等。

（14）终端组件（输出口） terminal unit

医用气体供应系统中的输出口或真空吸入口组件，需由操作者连接或断开，并具有特定气体的唯一专用性。

（15）医用氧舱 medical hyperbaric chamber

在高于环境大气压力下利用医用氧进行治疗的一种载人压力容器设备。

（16）气体汇流排 gas manifold

将数个气体钢瓶分组汇合并减压，通过管道输送气体至使用末端的装置。

3. 相关标准

《医用气体工程技术规范》GB 50751；

《综合医院建筑设计规范》GB 51039；

《传染病医院建筑设计规范》GB 50849；

《医院洁净手术部建筑技术规范》GB 50333。

4. 一般规定

（1）医用气体系统应根据医疗需求设置。医用气体管道布置应合理。系统设置应符合现行国家标准《医用气体工程技术规范》GB 50751 的要求。

（2）医院应设置氧气、压缩空气和负压吸引系统，可根据需要设置氧化亚氮、氮气、二氧化碳、氩气以及麻醉废气排放等系统。气源应满足终端处气体参数要求。

（3）气源站房的设计应纳入医院总体规划设计中，应保证采集的气源符合标准要求，排放的医用废气不应对医院及周边环境产生影响。

（4）压缩空气的品质应符合下列规定：

1）部分压缩空气的品质要求应符合表 8.8-2 的规定。

部分压缩空气的品质要求　　　　　　　表 8.8-2

气体种类	油 (mg/Nm³)	水 (mg/Nm³)	CO(×10⁻⁶, V/V)	CO₂(×10⁻⁶, V/V)	NO 和 NO₂(×10⁻⁶,V/V)	SO₂(×10⁻⁶, V/V)	颗粒物(GB/T 13277.1)*	气味
医疗空气	≤0.1	≤575	≤5	≤500	≤2	≤1	2级	无
器械空气	≤0.1	≤50	—	—	—	—	2级	无
牙科空气	≤0.1	≤780(	≤5	≤500	≤2	≤1	3级	无

* 《压缩空气 第1部分：污染物净化等级》GB/T 13277.1—2008。

2）用于外科工具驱动的医用氮气应符合现行国家标准《纯氮、高纯氮和超纯氮》GB/T 8979 中有关纯氮的品质要求。

（5）医用氧气、笑气及混合气等品质应满足相关标准的规定。

（6）医用气体系统的施工验收应按照《医用气体工程技术规范》GB 50751 的要求执行。

8.8.2 医用气体供给设备及贮气室

医用气体与病人的生命有直接关系，而机房或贮气室则是供给气源的心脏，因此在机房中应设置双路电源。由于某些医用气体会发生爆炸，机房的位置应符合国家有关安全法规的要求；还应考虑机器运转时产生的噪声对环境的影响。如由气瓶供给时，还应该考虑运送气瓶的便利条件。

1. 氧气、氮气、氦气等供给设备

高压氧气及其他气体供给设备包括容器、汇流排、切换装置与警报装置等。把氧气以15MPa的高压充入容器中，通过汇流排上的压力调节器将气压减至 0.4～0.5MPa 输送到配管中去接至输出口。

高压氧气、氮气供给设备或贮气室装置见图 8.8-2。

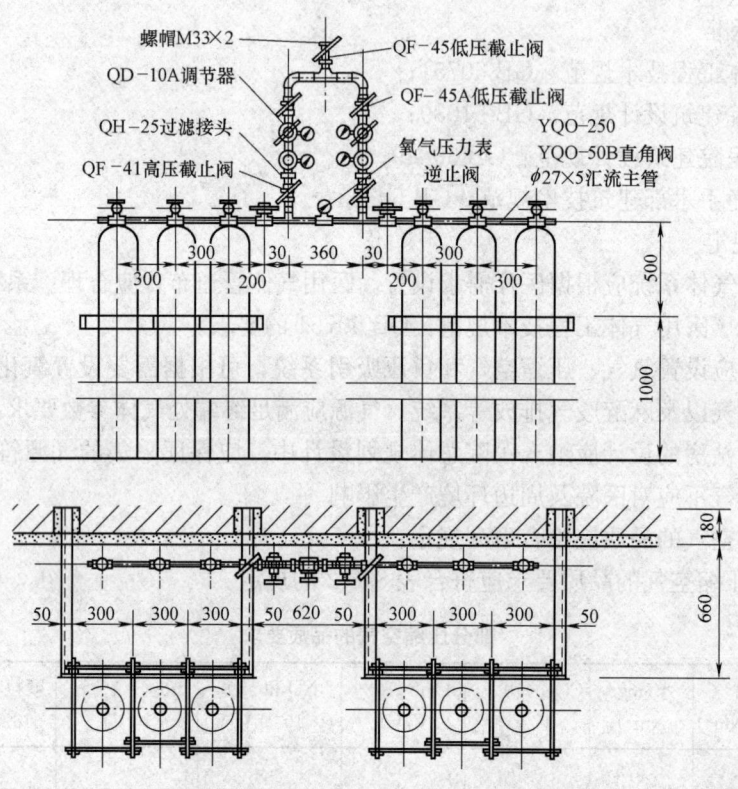

图 8.8-2　高压氧气、氮气供给设备示意图

医用氧气、氮气的充装一般采用 47L 的容器。当温度为 35℃、压力为 15MPa 时，氧气的容量约为 7m^3。笑气则以 40L 的容器充装，充装 30kg 的液态 N_2O，气体体积约为 15m^3。

高压氧气、氮气、笑气设备的各种装置功能如下：

汇流排：为了使医用气体不致中断，氧气、一氧化二氮、氮气等的气源系将两组容器分左右两部设置，每组容器的个数应根据医院用气量决定。汇流排有自动和手动两种转换形式。

自动转换汇流排，系将各个容器用高压导管连在一起，接至自动转换器中。工作时，由左或右的一组供气，而将另一组容器作为备用。当供气部分的容器贮气殆尽，压力降至一定数值时，则汇流排就自动从使用的一组转到备用的一组，并立刻供气。如有必要，还可以在系统中装设警铃，即在自动转换汇流排的同时发出警报，以便工作人员注意，并及时补换高压容器，做下一步自动转换的准备。

自动转换汇流排的每组容器导管上，须设置逆止阀、压力表和用以转换供气管路的高压调整器。除此之外，还必须设置低压调整器，使由高压调整器供给的气体调整到系统使用的压力。

自动转换汇流排系统中，还须设置执行机构压力开关、中低压安全阀等。自动转换汇流排系统见图 8.8-3。

用于小型医院或用气量小的地方，可以采用手动转换汇流排。其系统见图 8.8-4。

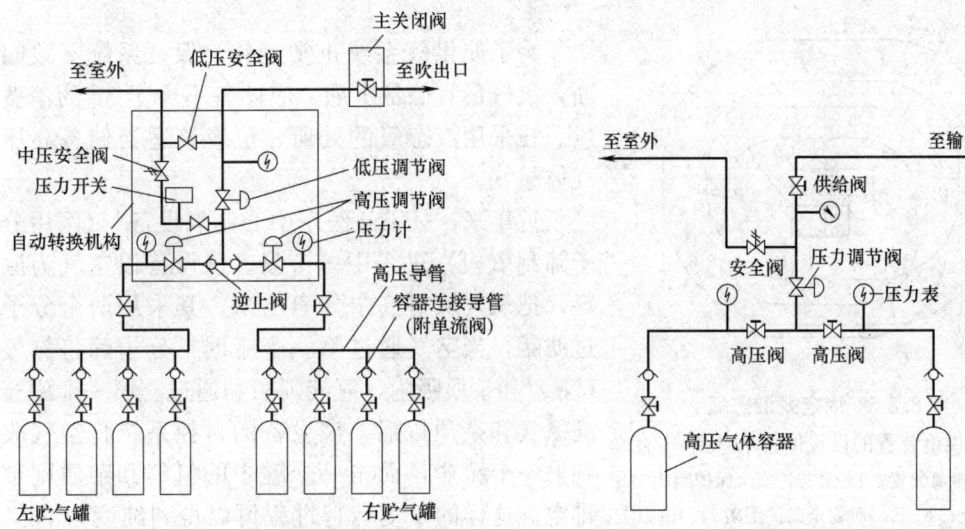

图 8.8-3　自动转换汇流排系统示意图　　　　图 8.8-4　手动转换汇流排系统示意图

手动转换汇流排的容器配备与自动转换汇流排基本相同。但供气容器的转换系通过手动来实现。即当供气部分的容器贮气殆尽，压力降至一定数值时，通过压力传感器和报警器通知工作人员用手控制高压阀门，使从供气侧转到备用侧。采用手动转换汇流排时，要求工作人员必须经常密切监视供气设备及仪表的工况，并随时进行必要的检查。

在大型医院或氧气消耗量每周大于 $100m^3$ 的医院，可以采用移动式或固定式液态氧供给装置。氧气站氧气容量及设置设备的规格详见表 8.8-3。

氧气站氧气容量及设置设备的规格　　　　　　　　　　表 8.8-3

病床数	100	200	300	400	500
氧气站氧气的容量及设置设备的规格	氧气瓶 6 只×2 组	氧气瓶 8 只×2 组	可搬式液态氧容器 2 只	可搬式液态氧容器 4 只	固定式液态氧容器 2500L 以上

移动式或固定式液态氧供给装置的容器均为高真空隔热容器。1 只液态氧容器的容量与 19 只同体积高压氧气瓶的容量相同。更由于液态氧在容器内的压力低，因此，不但氧气站的占地面积很小，并且运转安全。

固定式液态氧供给装置主要由以下设备组成：

低压气化器（CE）：为具有真空隔热性能的贮存罐，罐内贮存 −183℃ 的液态氧。

蒸发器：使液态氧蒸发汽化成为常温气态氧的装置。

减压装置：与蒸发器出口相连接，使系统供气压力降到 $0.4\sim0.5MPa$ 的设备。

警报装置：为带有电接点的液位计。对贮存罐的存氧量进行监测，并根据原定条件，随时通知管理人员。

移动式液态氧供给装置主要由贮液罐、蒸发器、减压装置等组成。左右两侧分别为工作和备用两套贮液罐。一般依靠自动切换的汇流排相连接，其构造与高压气体氧气基本相同。

固定式液态氧供给装置的设置位置与其他建筑物之间，应该有必要的安全距离；与明火或危险品仓库之间，更应充分考虑安全条件。固定式液态氧供给装置的设置位置见图8.8-5。

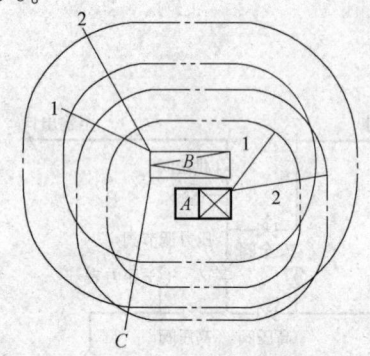

图 8.8-5   固定式液态氧
供给装置的设置位置示意图

A—液氧装置；1—第二种安全保护距离
7.6m 以上；2—每一种安全保护距离 11.4m 以上；

B—液氧槽车；1—第二种安全保护距离
10m 以上；2—第一种安全保护距离 15m 以上；

C—其他设备距离；

马路 8m 以上；烟火 15m 以上；

危险品仓库 20m 以上

为了使供氧系统正常运转，保证系统不致间断，氧气量宜储备 1 周、应储备不少于 3d 的消费量。在采用液态氧的处所，也应该适当储备高压气体氧气。

近年来，"PTSI 医用中心制氧设备"（医用分子筛制氧机）进入中国市场。该设备以空气为原料，把氧气从空气中分离出来，其采用两个分子过滤罐，当空气通过第一个罐时，分子筛将氮气（N_2）和杂质吸附，氧气则顺利通过。第一个罐充满氮气和杂质以后，该设备的自控系统将空气改到另一个罐中，而第一个罐中的氮气和杂质则被排空。这样的重复运行过程可以得到纯度为 93％的氧气。由于分子筛是可以再生的，所以这套系统在正常维修的条件下可以运行 10～15 年。全套"PTSI 医用中心制氧设备"（医用分子筛制氧机）可以自动控制运行，不需要专人值守。该设备运行安全、管理方便、供氧稳定、成本低廉，绝无液氧的管理复杂和存在安全隐患以及瓶装氧气成本昂贵和难以保证稳定供氧效果的缺点。

"PTSI 医用中心制氧设备"（医用分子筛制氧机）由制氧机、空气压缩机、空气冷却干燥器、除菌过滤器、空气平衡罐、氧气平衡罐、氧气纯度监测仪等组成。其外形见图8.8-6。其功能见表 8.8-4。

图 8.8-6   PTSI 医用中心制氧设备（医用分子筛制氧机）外形

PTSI 医用中心制氧设备（医用分子筛制氧机）功能　　　　表 8.8-4

型号配置	输出压力(可调)	适用范围	型号配置	输出压力(可调)	适用范围
NewLife 精华制氧机	6~8psig	适用于≤6L/min 的门诊、急诊、疗养病房、家庭等	PTSI-400Plus	3.5~4.5kg	400~800 瓶/月
			PTSI-600	3.5~4.5kg	600 瓶/月
PTSI-RELIANT	3.5~4.5kg	50 瓶/月	PTSI-600Plus	3.5~4.5kg	600~1200 瓶/月
PTSI-50Plus	3.5~4.5kg	50~100 瓶/月	PTSI-600Plus[+]	3.5~4.5kg	600~1800 瓶/月
PTSI-50Plus[+]	3.5~4.5kg	80~160 瓶/月	PTSI-1000	3.5~4.5kg	1100 瓶/月
PTSI-100Plus	3.5~4.5kg	110~230 瓶/月	PTSI-1000Plus	3.5~4.5kg	1100~2200 瓶/月
PTSI-150Plus	3.5~4.5kg	130~320 瓶/月	PTSI-1200	3.5~4.5kg	1200 瓶/月
PTSI-250	3.5~4.5kg	200 瓶/月	PTSI-1200Plus	3.5~4.5kg	1200~2400 瓶/月
PTSI-250Plus	3.5~4.5kg	200~400 瓶/月	PTSI-2000	3.5~4.5kg	2500 瓶/月
PTSI-250Plus[+]	3.5~4.5kg	200~600 瓶/月	PTSI-2000Plus	3.5~4.5kg	2500~5000 瓶/月
PTSI-400	3.5~4.5kg	400 瓶/月	PTSI-2500	3.5~4.5kg	2500 瓶/月

NewLife 精华制氧机为小型制氧机组，最大流量为 5~6L/min，适用于急诊、疗养病房或家庭等使用。其外形见图 8.8-7。

功率：350W；

氧气输出压力：6~8psig（1psig≈6.89kPa）；

噪声：48dB；

流量：AS005 型 5L/min，AS006 型 6L/min；

体积：724mm×400mm×368mm（$H×W×D$）；

质量：24.5kg；

纯度：92%左右。

2. 压缩空气供给装置

医院使用的压缩空气要求含水率低，并且为不能含有灰尘和细菌的清洁空气。在特殊情况下，可以用氧气和氮气相混合的方式来取得，并通过气体混合器按比例自动供给。两种气体的混合比例为氧气 21%、氮气 79%。但一般情况下，系用空气压缩机来供给。压缩空气供给系统见图 8.8-8。

图 8.8-7　NewLife 精华制氧机外形

空气压缩机一般为无油式，根据贮气罐上的压力开关启闭，一般保持压力为 0.4~0.7MPa。

贮气罐内贮存一定的空气量，以保证空气压缩机能间歇运行。贮气罐的容积应根据小时耗气量来选定。其规格尺寸见图 8.8-9 及表 8.8-5。

后冷却器是将空气进行冷却并把水分分离出来，保证空气干燥的装置。后冷却器有水冷式和风冷式两种。

空气干燥器为采用冷冻机式的除湿装置，该装置能进一步去除由后冷却器供给的压缩空气中的水分，以防止在管路中可能出现凝结水的现象。

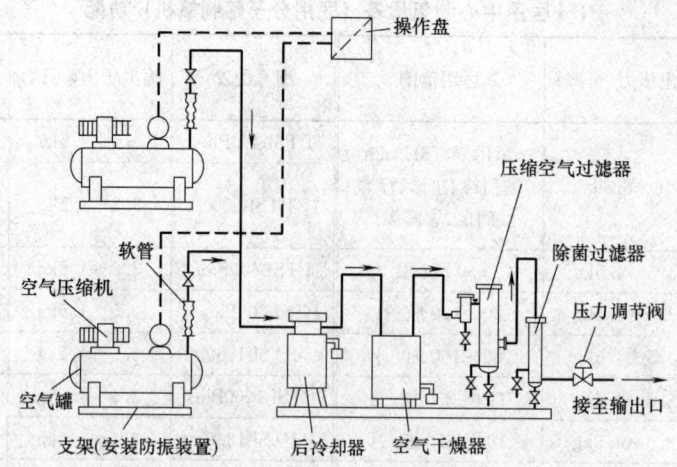

图 8.8-8 压缩空气供给系统示意图

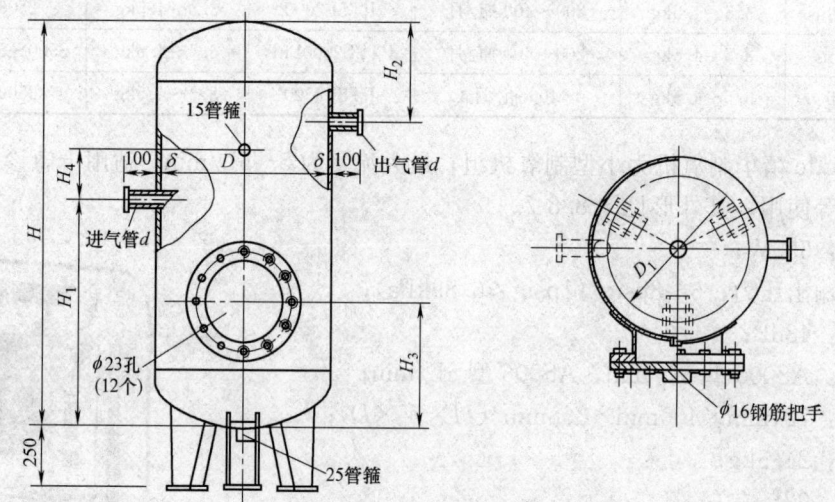

图 8.8-9 贮气罐规格尺寸

压缩空气过滤器是用以分离空气中的油、水分、灰尘的装置。

除菌过滤器是用以捕集空气中的微粒子、杂菌等的装置，除菌过滤器须每周用蒸汽或药剂进行杀菌，因此必须在除菌过滤器附近设置高压蒸汽管路。

压力调节阀系用以保持管路系统中具有一定压力。

贮气罐规格尺寸 表 8.8-5

| 型号 | 尺寸 | | | | | | | | | 容积(m³) |
	D	D_1	H	H_1	H_2	H_3	H_4	δ	d	
1	500	410	1600	900	400	500	200	6	50	0.28
2	600	480	1600	900	400	500	200	6	50	0.40
3	700	550	1600	900	400	500	200	6	50	0.55
4	700	550	1900	1000	500	600	300	6	65	0.65
5	800	620	2200	1000	600	650	300	7	80	1.30
6	900	690	2200	1000	600	650	300	7	80	1.30
7	1000	760	2200	1000	600	650	300	7	100	1.60

3. 吸引装置

系由真空（吸引）泵及真空罐所组成。真空罐一般保持真空度为 300～500mmHg，系通过压力继电器自动控制。由于吸引装置是抽吸病人的污染物质，设备的排气已经受到污染，因此在排气管上必须设置除菌过滤器或灭菌设备。又由于真空泵的噪声较大，因此必须注意不使其噪声对附近造成干扰。在任何情况下，真空泵的排气口不得设置在给水贮水箱、空气调节设备的新鲜空气入口、厨房、制剂室以及病房的附近，以免对上列房间造成污染和干扰。真空罐的构造与压缩空气罐相同。真空罐负荷的吸引总空气量和规格性能见表 8.8-6。

真空罐负荷的吸引总空气量和规格性能　　　　表 8.8-6

编号	直径(mm)	高度(mm)	容积(m³)	吸引总空气量 (m³/h)	总管管径 (mm)
1	500	1600	0.28	34	40
2	600	1600	0.40	35～40	50
3	700	1600	0.55	41～55	50
4	700	1900	0.65	56～65	65
5	800	1900	0.85	66～85	75
6	900	2200	1.30	86～130	75
7	1000	2200	1.60	131～160	100

8.8.3 医用气体源的相关要求

1. 氧气源

（1）医用氧气供应源应由医用氧气气源、止回阀、过滤器、减压装置以及高、低压力监视报警装置组成。

医用氧气气源应包括主气源、备用气源和应急备用气源。备用气源应能自动投入使用，应急备用气源应设置自动或手动切换装置。

医用氧气主气源宜设置或储备一周及以上用氧量，不得低于 3d 用氧量；备用气源应设置或储备 24h 以上用氧量；应急备用气源应保证生命支持区域 4h 以上用氧量。应急备用气源的医用氧气不得由医用分子筛制氧系统或医用液氧系统供应。

高压气瓶以及液态贮罐供应的医用气体，应按日用量计算，并应储备不少于 3d 的备用气量。采用制气机组供气时，应设置备用机组；采用分子筛制氧机组时，还应设置高压氧气汇流排。当最大机组发生故障时，其他机组的供气能力应能满足系统设计最大负荷。

医用氧气汇流排应采用工厂制成品。输送氧气含量超过 23.5% 的汇流排，并应符合下列规定：

1）医用氧气汇流排的高、中压段应使用铜或铜合金材料；

2）医用氧气汇流排的高、中压段阀门不应采用快开阀门；

3）医用氧气汇流排应使用安全低压电源。

（2）手术部、监护病房、急救室、抢救室供氧管道应单独从氧气站接出。当有专供手术部使用的中心站时，该站应设于邻近洁净手术部的非洁净区域。中心站气源应设两组，应1用1备，并应具备人工和自自动切换及警报功能。

2. 压缩空气源

(1) 医疗空气（压缩空气）供应源应由进气消音装置、空气压缩机、后冷却器、贮气罐、空气干燥器、空气过滤器、减压装置、止回阀等组成，并应符合下列规定：

1) 在单一故障状态下，应能连续供气；

2) 应设置备用空气压缩机，当最大流量的单台空气压缩机故障时，其余空气压缩机应仍能满足设计流量；

3) 宜采用同一机型的空气压缩机，并宜选用无油润滑的类型；

4) 供应源应设置防倒流装置；

5) 后冷却器作为独立部件时应至少配置两台，当最大流量的单台后冷却器故障时，其余后冷却器应仍能满足设计流量；

6) 应设置备用空气干燥器，备用空气干燥器应能满足系统设计流量；

7) 贮气罐组应使用耐腐蚀材料或进行耐腐蚀处理。

(2) 空气压缩机进气装置应符合下列规定：

1) 进气口应设置在远离医疗空气限定的污染物散发出的场所；

2) 进气口设于室外时，应高于地面5m，且与建筑物的门、窗、进排气口或其他开口的距离不应小于3m，进气口应使用耐腐蚀材料，并应采取进气防护措施；

3) 进气口设于室内时，医疗空气供应源不得与医用真空汇、牙科专用真空汇以及麻醉废气排放系统设置在同一房间内；进气口不应设置在电机风扇或传送皮带的附近，且室内空气质量应等同或优于室外，并应能连续供应；

4) 进气管应采用耐腐蚀材料，并应配备进气过滤器；多台空气压缩机合用进气管时，每台空气压缩机进气端应采取隔离措施。

(3) 空气过滤器应符合下列规定：

1) 空气过滤器应安装在减压装置的进气侧；

2) 应设置不少于两级的空气过滤器，每级空气过滤器均应设置备用；空气过滤器的过滤精度不应低于1μm，且过滤效率应大于99.9%；

3) 空气压缩机不是全无油压缩机时，应设置活性炭过滤器；

4) 空气过滤器的末级可设置细菌过滤器；

5) 空气过滤器处应设置滤芯性能监视措施。

(4) 医疗空气的设备、管道、阀门及附件的设置与连接，应符合下列规定：

1) 空气压缩机、后冷却器、贮气罐、空气干燥器、空气过滤器等设备之间宜设置阀门；贮气罐应设备用或安装旁通管；

2) 空气压缩机进、排气管的连接宜采用柔性连接；

3) 贮气罐等设备的冷凝水排放应设置自动和手动排水阀门；

4) 气源出口应设置气体取样口。

3. 医用氮气、医用二氧化碳、医用氧化亚氮、医用混合气体

采用汇流排装置：将数个气瓶分组汇合后进行减压，再通过主管道输送至使用终端的系统设备。

(1) 医疗卫生机构应根据医疗需求及医用氮气、医用二氧化碳、医用氧化亚氮、医用

混合气体的供应情况设置气体的供应源，并宜设置满足一周及以上，且不低于 3d 的用气或储备量。

(2) 医用氮气、医用二氧化碳、医用氧化亚氮、医用混合气体的汇流排容量，应根据医疗卫生机构的最大用气量及操作人员班次确定。

(3) 医用氮气、医用二氧化碳、医用氧化亚氮、医用混合气体的供应源，应符合下列规定：

1) 气体汇流排供应源的医用气瓶宜设置为数量相同的两组，并应能自动切换使用，每组气瓶均应满足最大用气量；

2) 气体供应源过滤器应安装在减压装置之前，过滤精度应为 $100\mu m$；

3) 汇流排与医用气体钢瓶的连接应采取防错接措施。

(4) 各种医用气体汇流排在电力中断或控制电路故障时，应能持续供气。医用二氧化碳、医用氧化亚氮气体供应源汇流排，不得出现气体供应结冰情况。

(5) 医用氮气、医用二氧化碳、医用氧化亚氮、医用混合气体供应源，均应设置排气放散管，且应引出至室外安全处。

(6) 医用气体汇流排应采用工厂制成品。

(7) 医用氮气、医用二氧化碳、医用氧化亚氮、医用混合气体供应源，应设置监测报警系统。

4. 医用气体气源应设超压排放安全阀，其开启压力应高于最高工作压力 0.02MPa，关闭压力应低于最高工作压力 0.05MPa，安全阀排放口必须设在室外安全地点。

5. 真空吸引

(1) 医用真空汇

1) 医用真空汇应符合下列规定：

① 医用真空不得用于三级、四级生物安全实验室及放射性污染场所；

② 独立传染病科医疗建筑物的医用真空系统宜独立设置；

③ 实验室用真空汇与医用真空汇共用时，真空罐与实验室总汇集管之间应设置独立的阀门及真空除污罐；

④ 医用真空汇在单一故障状态下，应能连续工作。

2) 医用真空机组宜由真空泵、真空罐、止回阀等组成，并应符合下列规定：

① 真空泵宜为同一种类型；

② 医用真空汇应设置备用真空泵，当最大流量的单台真空泵故障时，其余真空泵应仍能满足设计流量；

③ 真空机组应设置防倒流装置。

3) 医用真空汇宜设置细菌过滤器或采取其他灭菌消毒措施。

4) 医用真空机组排气应符合下列规定：

① 多台真空泵合用排气管时，每台真空泵排气应采取隔离措施；

② 排气管口应使用耐腐蚀材料，并应采取排气防护措施，排气管道的最低部位应设置排污阀；

③ 真空泵的排气应符合医院环境卫生标准要求，排气口应设置有害气体警示标识；

④ 排气口应位于室外，不应与医用空气进气口位于同一高度，且与建筑物的门、窗、

其他开口的距离不应少于 3m；

⑤ 排气口气体的发散不应受季风、附近建筑、地形及其他因素的影响，排出的气体不应转移至其他人员工作或生活区域。

5）医用真空汇的设备、管道连接、阀门及附件的设置，应符合下列规定：

① 每台真空泵、真空罐、过滤器间均应设置阀门或止回阀，真空罐应设置备用或安装旁通管；

② 真空罐应设置排污阀，其进气口之前宜设置真空除污罐，并应符合现行国家规范标准《医用气体工程技术规范》GB 50751 的相关规定；

③ 真空泵与进气管、排气管的连接宜采用柔性连接。

6）液环式真空泵的排水应经污水处理合格后排放，且应符合现行国家标准《医疗机构水污染物排放标准》GB 18466 的有关规定。

（2）牙科专用真空汇

1）牙科专用真空汇应独立设置，并应设置汞合金分离装置。

2）牙科专用真空汇应符合下列规定：

① 牙科专用真空汇应由真空泵、真空罐、止回阀等组成，也可采用粗真空风机机组形式；

② 牙科专用真空汇使用液环式真空泵时，应设置水循环系统；

③ 牙科专用真空系统不得对牙科设备的供水造成交叉污染。

3）牙科过滤系统应符合下列规定：

① 进气口应设置过滤网，应能滤除粒径大于 1mm 的颗粒；

② 系统设置细菌过滤器时，应符合《医用气体工程技术规范》GB 50751 的相关规定；湿式牙科专用真空系统的细菌过滤器应设置在真空泵的排气口。

4）牙科专用真空汇排气要求与医用真空汇相同。

5）牙科专用真空汇控制系统要求与医用真空汇相同。

6. 麻醉或呼吸废气排放系统

麻醉及呼吸废气排放系统装置：

（1）真空负压排气系统装置组成：口径大于 φ30mm 以上终端、管路系统、真空泵、废气收集罐、过滤器。

（2）射流式排气系统装置组成：射流式排气装置、管路系统、正压动力源（0.5MPa 压缩空气）、过滤器。

1）麻醉或呼吸废气排放系统应保证每个末端的设计流量，以及终端组件应用端允许的真空压力损失。

2）麻醉废气排放系统及使用的润滑剂、密封剂，应采用与氧气、氧化亚氮、卤化麻醉剂不发生化学反应的材料。

3）麻醉或呼吸废气排放机组应符合下列规定：

① 机组在单一故障状态下，系统应能连续工作；

② 机组的真空泵或风机宜为同一种类型；

③ 机组应设置备用真空泵或风机，当最大流量的单台真空泵或风机故障时，机组其余部分应仍能满足设计流量；

④ 机组应设置防倒流装置。

4）麻醉或呼吸废气排放机组中设备、管道连接、阀门及附件的设置，应符合下列规定：

① 每台麻醉或呼吸废气排放真空泵应设置阀门或止回阀；

② 麻醉或呼吸废气排放机组的进气管及排气管宜采用柔性连接；

③ 麻醉或呼吸废气排放机组进气口应设置阀门。

5）粗真空风机排放机组中风机的设计运行真空压力宜高于 17.3kPa，且机组不应再用作其他用途。

6）麻醉或呼吸废气真空机组排气要求与医用真空汇相同。

7）大于 0.75kW 的麻醉或呼吸废气真空泵或风机，宜设置在独立的机房内。

8）引射式排放系统采用医疗空气驱动引射器时，其流量不得对本区域的其余设备正常使用医疗空气产生干扰。

a）用于引射式排放的独立压缩空气系统，应设置备用压缩机，当最大流量的单台压缩机故障时，其余压缩机应仍能满足设计流量。

b）用于引射式排放的独立压缩空气系统，在单一故障状态下应能连续工作。

7. 医用氧舱（高压氧舱）气体供应

医用氧舱舱内气体供应参数，应符合现行国家标准《医用氧气加压舱》GB/T 19284 和《医用空气加压氧舱》GB/T 12130 的有关规定。

（1）医用空气供应

医用空气加压氧舱的医用空气气源与管道系统，均应独立于医疗卫生机构集中供应的医用气体系统。

医用空气加压氧舱的医用空气气源应符合压缩空气源的规定，但可不设备用空气压缩机与备用后处理系统。多人医用空气加压氧舱的空气压缩机配置不应少于 2 台。

（2）医用氧气供应

医用氧舱与其他医疗用氧共用氧气源时，氧气源应能同时保证医疗用氧的供应参数。

除液氧供应方式外，医用氧舱氧气源减压装置、供应管道，均应独立于医疗卫生机构集中供应的医用气体系统；医用氧气加压舱与其他医疗用氧共用液氧气源时，应设置专用的汽化器。

医用空气加压氧舱的供氧压力应高于工作舱压力 0.4～0.7MPa，当舱内满员且同时吸氧时，供氧压降不应大于 0.1MPa。

医用氧舱供氧主管道的医用氧气阀门不应使用快开式阀门。

医用氧舱排氧管道应接至室外，排氧口应高于地面 3m 以上并远离明火或火花散发处。

8.8.4 气源站房设计要求

1. 医用气体气源站房的布置应在医疗卫生机构总体设计中统一规划，其噪声和排放的废气、废水不应对医疗卫生机构及周边环境造成污染。负压吸引机房应单独设置，其排放的气体应经过处理后排入大气。

传染病院压缩空气站宜布置在医院的洁净区，并应布置在院区上风向，负压吸引站应布置在医院污染区内，防护要求与传染病区的防护等级一致。

2. 医用空气供应源站房、医用真空汇泵房、牙科专用真空汇泵房、麻醉废气排放泵房设计，应符合下列规定：

（1）机组四周应留有不小于1m的维修通道；

（2）每台压缩机、干燥机、真空泵、真空风机应根据设备或安装位置的要求采取隔振措施，机房及外部噪声应符合现行国家标准《声环境质量标准》GB 3096以及医疗工艺对噪声与振动的规定；

（3）站房内应采取通风或空调措施，站房内环境温度不应超过相关设备的允许温度。

3. 医用液氧贮罐站的设计应符合下列规定：

（1）大于500L的液氧贮罐应放在室外。室外液氧贮罐与办公室、病房、公共场所及繁华道路的距离应大于7.50m。

（2）医用液氧贮罐和输送设备的液体接口下方周围5m范围内地面应为不燃材料，机动输送设备下方的不燃材料地面不应小于车辆的全长。

（3）氧气贮罐及医用液氧贮罐本体应设置标识和警示标志，周围应设置安全标识。

（4）医用液氧贮罐与建筑物、构筑物的防火间距，应符合下列规定：

1）医用液氧贮罐与医疗卫生机构外建筑之间的防火间距，应符合现行国家标准《建筑设计防火规范》GB 50016的有关规定；

2）医疗卫生机构液氧贮罐处的实体围墙高度不应低于2.5m；当围墙外为道路或开阔地时，贮罐与实体围墙的间距不应小于1m；当围墙外为建筑物、构筑物时，贮罐与实体围墙的间距不应小于5m；

3）医用液氧贮罐与医疗卫生机构内部建筑物、构筑物之间的防火间距，不应小于表8.8-7的规定。

医用液氧贮罐与医疗卫生机构内部建筑物、构筑物之间的防火间距   表8.8-7

建筑物、构筑物	防火间距（m）
医院内道路	3.0
一、二级建筑物墙壁或凸出部分	10.0
三、四级建筑物墙壁或凸出部分	15.0
医院变电站	12.0
独立车库、地下车库出入口、排水沟	15.0
公共集会场所、生命支持区域	15.0
燃煤锅炉房	30.0
一般架空电力线	≥1.5倍电杆高度

注：本表摘自《医用气体工程技术规范》GB 50751—2012。

4. 医用分子筛制氧站应布置为独立单层建筑物，其耐火等级不应低于二级，建筑围护结构上的门窗应向外开启，并不得采用木质、塑钢等可燃材料制作。与其他建筑毗连时，其毗连的墙应为耐火极限不低于3.0h且无门、窗、洞的防火墙，站房应至少设置一个直通室外的门。同时满足：

（1）氧气汇流排间与机器间的隔墙耐火极限不应低于1.5h，氧气汇流排间与机器间之间的联络门应采用甲级防火门；

（2）氧气贮罐与机器间的隔墙耐火极限不应低于1.5h，氧气贮罐与机器间之间的联络门应采用甲级防火门；

（3）医用分子筛制氧站、医用气体储存库除满足《医用气体工程技术规范》GB 50751 的规定外，尚应符合现行国家标准《建筑设计防火规范》GB 50016 的有关规定。

5. 医用气体汇流排间不应与医用空气压缩机、真空汇或医用分子筛制氧机设置在同一房间内。输送氧气含量超过 23.5% 的医用气体汇流排间，当供气量不超过 60m³/h 时，可设置在耐火等级不低于三级的建筑内，但应靠外墙布置，并应采用耐火极限不低于 2.0h 的墙和甲级防火门与建筑物的其他部分隔开。

6. 除医用空气供应源、医用真空汇外，医用气体供应源均不应设置在地下空间或半地下空间。

7. 医用气体的储存应设置专用库房，并应符合下列规定：

（1）储存库内不得有地沟、暗道，库房内应设置良好的通风、干燥措施；

（2）库内气瓶应按品种各自分实瓶区、空瓶区布置，并应设置明显的区域标记和防倾倒措施；

（3）瓶库内应防止阳光直射，严禁明火。

8. 输送氧气含量超过 23.5% 的医用气体供应源的给水排水、采暖通风、照明、电气的要求，均应符合现行国家标准《氧气站设计规拖》GB 50030 的有关规定，并应符合下列规定：

1）汇流排间内气体贮量不宜超过 24h 用气量；

2）汇流排间应防止阳光直射，地坪应平整、耐磨、防滑、受撞击不产生火花，并应有防止瓶倒的设施。

9. 其他

（1）电气设计

1）医用空气供应源、医用真空汇、医用分子筛制氧源，应设置独立的配电柜。

2）氧化性医用气体储存间的电气设计，应符合现行国家标准《爆炸危险环境电力装置设计规范》GB 50058 的有关规定。

3）医用气源站内管道应按现行行业标准《民用建筑电气设计规范》JGJ 16 的有关规定进行接地，接地电阻应小于 10Ω。

4）医用气源站、医用气体储存库的防雷，应符合现行国家标准《建筑物防雷设计规范》GB 50057 的有关规定。医用液氧贮罐站应设置防雷接地，冲击接地电阻值不应大于 30Ω。

5）医用空气供应源控制系统、监测与报警应符合下列规定：

① 每台压缩机、真空泵应设置独立的电源开关及控制回路；

② 机组中的每台压缩机、真空泵应能自动逐台投入运行，断电恢复后压缩机应能自动启动；

③ 机组的自动切换控制应使得每台压缩机、真空泵均匀分配运行时间；

④ 机组的控制面板应显示每台压缩机、真空泵的运行状态，机组内应有每台压缩机、真空泵运行时间指示；

⑤ 医用空气供应源、医用真空汇应设置应急备用电源。

（2）采暖通风

医用气体气源站、医用气体储存库的房间内宜设置相应气体浓度报警装置。房间换气次数不应少于 8 次/h，或平时换气次数不应少于 3 次/h，事故状况时不应少于 12 次/h。

8.8.5 监控系统

1. 医用气体系统报警

（1）医用气体系统报警应满足：

1）除设置在医用气源设备上的就地报警外，每一个监测采样点均应有独立的报警显示，并应持续直至故障解除；

2）报警器应具有报警指示灯故障测试功能及断电恢复自动启动功能，报警传感器回路断路时应能报警；

3）气源报警及区域报警的供电电源应设置应急备用电源。

（2）气源报警应具备下列功能：

1）医用液体贮罐中气体供应量低时应启动报警；

2）汇流排钢瓶切换时应启动报警；

3）医用气体供应源或汇切换至应急备用气源时应启动报警；

4）应急备用气源储备量低时应启动报警；

5）医用气体供气源压力超出允许压力上限和额定压力欠压 15% 时，应启动超压、欠压报警；真空汇压力低于 48kPa 时，应启动欠压报警。

（3）气源报警的设置应符合下列规定：

1）应设置在可 24h 监控的区域，位于不同区域的气源设备应设置各自独立的气源报警器；

2）同一气源报警的多个报警器均应各自单独连接到监测采样点，其报警信号需要通过继电器连接时，继电器的控制电源不应与气源报警装置共用电源；

3）气源报警采用计算机系统时，系统应有信号接口部件的故障显示功能，计算机应能连续不间断工作，且不得用于其他用途。所有传感器信号均应直接连接至计算机系统。

（4）区域报警用于监测某病人区域医用气体管路系统的压力时，应符合下列规定：

1）应设置医用气体工作压力超出额定压力±20% 时的超压、欠压报警以及真空系统压力低于 37kPa 时的欠压报警；

2）区域报警器宜设置医用气体压力显示，每间手术室宜设置视觉报警；

3）区域报警器应设置在护士站或有其他人员监视的区域。

（5）就地报警应具备下列功能：

1）当医用空气供应源、医用真空汇、麻醉废气排放真空机组中的主供应压缩机、真空泵故障停机时，应启动故障报警；当备用压缩机、真空泵投入运行时，应启动备用运行报警；

2）医疗空气供应源应设置一氧化碳浓度报警，当一氧化碳浓度超标时应启动报警；

3）液环式压缩机应具有内部水分离器高水位报警功能；采用液环式或水冷式压缩机的空气系统中，贮气罐应设置内部液位高位置报警；

4）当医疗空气常压露点达到−20℃、器械空气常压露点超过 30℃，且牙科空气常压露点超过−18.2℃时，应启动报警；

5）医用分子筛制氧机的空气压缩机、分子筛吸附塔，应分别设置故障停机报警；

6）医用分子筛制氧机应设置一氧化碳浓度超限报警，氧气浓度低于规定值时，应启动氧气浓度低限报警及应急备用气源运行报警。

2. 医用气体计量

（1）医疗卫生机构应根据自身的需求，在必要时设置医用气体计量仪表。

（2）医用气体计量仪表应具有实时、累计计量功能，并宜具有数据传输功能。

3. 医用气体系统集中监控系统

（1）医用气体系统宜设置集中监测与报警系统。

（2）医用气体系统集中监测与报警的内容，应包括本条第1款、第2款的内容。

（3）监测系统的电路和接口设计应具有高可靠性、通用性、兼容性和可扩展性。关键部件或设备应有冗余。

（4）监测系统软件应设置系统自身诊断及数据冗余功能。

（5）中央监测管理系统应能与现场测量仪表以相同的精度同步记录各子系统连续运行的参数、设备状态等。

（6）监测系统的应用软件宜配备实时瞬态模拟软件，可进行存量分析和用气量预测等。

集中监测管理系统应有参数超限报警、事故报警及报警记录功能，宜有系统或设备故障诊断功能。

（7）集中监测管理系统应能以不同方式显示各子系统运行参数和设备状态的当前值与历史值，并应能连续记录储存不少于一年的运行参数。中央监测管理系统宜兼有信息管理（MIS）功能。

（8）监测及数据采集系统的主机应设置不间断电源。

4. 医用气体传感器

（1）气源报警压力传感器应安装在管路总阀门的使用侧。

（2）区域报警传感器应设置维修阀门，区域报警传感器不宜使用电接点压力表。除手术室、麻醉室外，区域报警传感器应设置在区域阀门使用侧的管道上。

（3）独立供电的传感器应设置应急备用电源。

8.8.6 终端组件（输出口）

医用气体的输出口根据医疗需要分别设于手术室、恢复病房、分娩室、ICU、CCU、急诊室、重病房、婴儿室以及其他房间。在医院工程设计开始时，就应该确定各房间需用各类医用气体输出口的个数及安装位置。为了发展的需要，一些重要处所的供气管道应该留有增加设备的余地。在设计时，应尽可能地把上下左右房间里的输出口组织在一个位置上。

由于每个房间使用医用气体的情况不同，因此，不论是输出口的设置位置、设置高度、设置种类都不一样。一般要求将氧气、压缩空气和吸引器等的输出口组合在一个盘面上。见图8.8-10。

各种气体有各自规格的输出口，并且在盘上做出明显的标志。输出口采用特制的开关，只要用气设备管头一插入，气体就可供应。相反，管头一拔开，特制的开关即行关

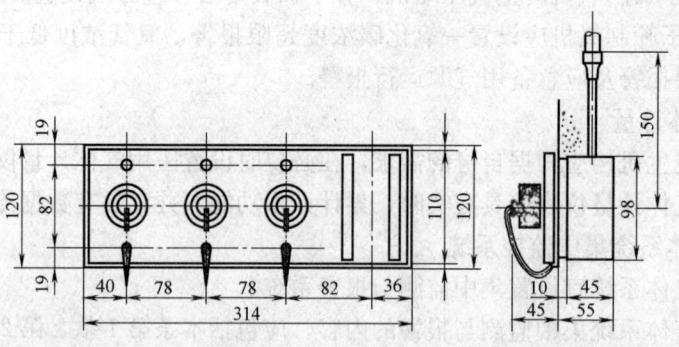

图 8.8-10　各种医用气体输出口组合装置示意图

闭，立刻停止供气。有的旧工程采用煤气嘴来代替，这种煤气嘴是转心的，使用时间稍长便会发生漏气的现象，因此这种代用品不宜使用。否则，不但会造成浪费，而且还可能造成事故。

医院各部门设置医用气体种类及输出口的个数见表 8.8-8。

每床每套终端接头最少配置数量（个）　　　　表 8.8-8

部门	单元	氧气	真空	压缩空气	氧化亚氮/氧气混合气	氧化亚氮	麻醉或呼吸废气	氮气/器械空气	二氧化碳	氮/氧混合气
手术部	内窥镜/膀胱镜	1	3	1	—	1	1	1	1a	—
	主手术室（医用气体工程技术规范）	2	3	2	—	2	1	1	1a	—
	副手术室（医用气体工程技术规范）	2	2	1	—	1	1	—	1a	—
	手术室（医院洁净手术部建筑技术规范）	2	2	2	—	—	—	—	—	—
	骨科/神经科手术室（医用气体工程技术规范）	2	4	2	—	1	1	2	1a	—
	骨科/神经科/耳鼻喉科手术室（医院洁净手术部建筑技术规范）	2	2	2	—	—	—	2	—	—
	腹腔/心外科手术室	2	2	2	—	—	—	—	1	—
	预麻室	1	1	1	—	1a	—	—	—	—
	麻醉室	1	1	1	—	1	1	—	—	—
	恢复室（医用气体工程技术规范）	2	2	1	—	—	—	—	—	—
	恢复室（医院洁净手术部建筑技术规范）	1	1	1	—	—	—	—	—	—
	门诊手术室	2	2	1	—	—	—	—	—	—

续表

部门	单元	氧气	真空	压缩空气	氧化亚氮/氧气混合气	氧化亚氮	麻醉或呼吸废气	氮气/器械空气	二氧化碳	氦/氧混合气
妇产科	待产室	1	1	1	1	—	—	—	—	—
	分娩室	2	2	1	1	—	—	—	—	—
	产后恢复	1	2	1	1	—	—	—	—	—
	婴儿室	1	1	1	—	—	—	—	—	—
儿科	新生儿重症监护	2	2	2	—	—	—	—	—	—
	儿科重症监护	2	2	2	—	—	—	—	—	—
	育婴室	1	1	1	—	—	—	—	—	—
	儿科病房	1	1	—	—	—	—	—	—	—
诊断学	脑电图、心电图、肌电图	1	1							
	数字减影血管造影室(DSA)	2	2	2	—	1a	1a	—	—	—
	MRI	1	1							
	CAT室	1	1	1						
	眼耳鼻喉科 EENT	—	1	1						
	超声波	1	1	—						
	内窥镜检查	1	1	1						
	尿路造影	1	1	—						
	直线加速器	1	1	1						
病房及其他	病房	1	1a	1a						
	精神病房	—	—							
	烧伤病房	2	2	2	1a	1a	1a			
	ICU	2	2	2	—	—	1a	—	—	1a
	CCU	2	2	2	—	—	1a			
	抢救室	2	2	2	—	—	—	—	—	—
	透析	1	1	1						
	外伤治疗室	1	2	1						
	检查/治疗/处置	1	1	—						
	石膏室	1	1	1a	—	—	—	1a		
	动物研究	1	2	1	—	1a	1a	1a		
	尸体解剖	1	1	—	—	—	—	1a		
	心导管检查	2	2	2						
	消毒室	1	1	×	—					
	普通门诊	1	1							

注：1. 本表为常规的最少设置方案。其中 a 表示可能需要的设置，× 为禁止使用。

2. 本表摘自《医用气体工程技术规范》GB 50751—2012。

牙科、口腔外科医用气体的设置要求见表8.8-9。

牙科、口腔外科医用气体的设置要求　　　　　　　　　　　　　　表8.8-9

气体种类	牙科空气	牙科专用真空	医用氧气	医用氧化亚氮/氧气混合气体
接口或终端组件数量(个)	1	1	1a	1a

注：1. 本表为治疗室或诊室每床（椅）常规的最少设置方案。其中a表示可能需要的设置。

　　2. 本表摘自《医用气体工程技术规范》GB 507510—2012。

1. 输出口装设的位置和形状，一般可以分为以下几种：

(1) 墙壁式输出口。多装设于病房、重病房或急诊室等处。有装设于地面踢脚板以上或距地面1.2m床头上两种。由于病床旁多半为床头柜，使用时需要移动设备，操作比较困难，因此多半使用图8.8-10的组合盘面的办法。这种组合盘面将各种气体输出口、床头灯、呼叫铃都组合在一起，使用起来十分方便。采用这种氧气输出口，必须设置末端装置。末端装置又称为氧气湿润器，其外形见图8.8-11。某XH-101型湿润器与快速密封插座固定装置配套使用，具有调节报警装置，其功能为：

1) 为氧气加湿：氧气较干燥，在病人吸入肺部之前，通过缓冲瓶进行加湿，以有利于呼吸器官。

2) 氧气过滤：氧气经过缓冲瓶内水的洗涤，起到过滤作用，使杂质沉至瓶底。

3) 观察给氧量：给氧时，通过缓冲瓶内水的波动情况，医护人员可以判断出给氧量的大小。

(2) 顶棚吊下型输出口。各种医用气体共同组装在一根管道内，适用于手术室或分娩室等处。这种输出口的连接软管可以上下前后移动。

(3) 顶棚立柱型输出口。这种输出口系将各种医用气体组装在方形立柱内，适用于手术室。由于全部管道系由位于顶棚下的立柱接至房间中央手术台，因此不像墙壁式输出口那样需要在地面上敷设很多临时供气管道，从而不会影响交通。这种形式是比较理想的做法，其外形见图8.8-12。

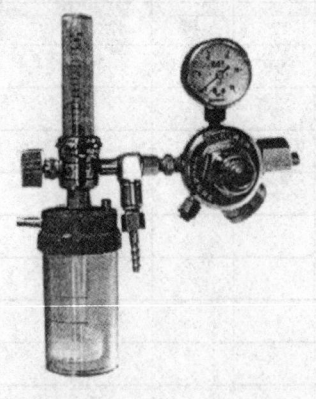

图8.8-11　氧气湿润器外形

图8.8-12　顶棚立柱型输出口外形

不论采用什么样的输出口，都必须十分注意截止阀的质量。为了操作方便最好采取快速接头的办法。

2. 医用气体输出口的要求

(1) 医用气体的终端组件、低压软管组件和供应装置的安全性能，应符合现行行业标准《医用气体管道系统终端 第1部分：用于压缩医用气体和真空的终端》YY 0801.1、《医用气体管道系统终端 第2部分：用于麻醉气体净化系统的终端》YY 0801.2 、《医用气体低压软管组件》YY /T 0799 以及现行国家标准《医用气体工程技术规范》GB 50751 的要求。

（2）医疗建筑内气体终端应采用国际单位制标准，并采用同一制式规格的医用气体终端组件。不同种类气体终端接头不得有互换性。气体终端接头应选用插拔式自封快速接头，接头应耐腐蚀、无毒、不燃、安全可靠、使用方便，寿命不少于 20000 次。

（3）医用气体终端组件的安装高度距地面应为 900～1600mm。条带形式的医用供应装置中心线的安装高度距地面宜为 1350～1450mm。悬梁形式的医用供应装置底面的安装高度距地面宜为 1600～2000mm。终端组件中心与侧墙或隔断的距离不应小于 200mm。横排布置的终端组件，宜按相邻的中心距为 80～150mm 等距离布置。

（4）医用供应装置及附件应符合下列规定：

1）装置内不可活动的气体供应部件与医用气体管道的连接宜采用无缝钢管，且不得使用软管及低压软管组件；

2）装置的外部电气部件不应采用带开关的电源插座，也不应安装能触及的主控开关或熔断器；

3）装置上的等电位接地端子应通过导线单独连接到病房的辅助等电位接地端子上；

4）装置安装后不得存在可能造成人员伤害或设备损伤的粗糙表面、尖角或锐边；

5）医用供应装置应能在环境温度为 100～400℃、相对湿度为 30%～75%、大气压力为 70～ 106kPa 、额定电压为 220V±10% 的条件下正常运行。

（5）洁净手术部医用气体终端可选用悬吊式和暗装壁式各一套。洁净手术室壁上气体终端装置应与墙面平齐，缝隙密封，部位宜邻近麻醉师工作位置。终端面板与墙面应齐平严密，装置底边距地 1.0～1.2m，终端装置内部应干净且密封。

（6）横排布置的真空终端组件邻近处的真空瓶支架，宜设置在真空终端组件离病人较远的一侧。

8.8.7 医用气体输配管与附件

医用气体供给设备的机房及贮气室至末端引出口之间，由配管、阀门等部件组成。氧气（O$_2$）、一氧化二氮（N$_2$O）、氮气（N$_2$）、混合气体的管道，一般采用紫铜管或不锈钢管。负压吸引和手术室废气排放输送管可采用镀锌钢管。管道、阀门和仪表附件安装前应进行脱脂处理。

各种医用气体的供给压力及管材见表 8.8-10。

1. 为了确保管路的正常送气，管道敷设及安装时，必须遵守以下原则：

（1）敷设压缩医用气体管道的场所，其环境温度应始终高于管道内气体的露点温度 5℃以上，因寒冷气候可能使医用气体析出凝结水的管道部分应采取保温措施。含湿的氧气、氮气和压缩空气管道的坡度不应小于 2‰，在管道最低处应设置排水装置。医用真空管道以及附件不应穿越医护人员的洁净区，应坡向总管和缓冲罐，坡度不应小于 3‰。

（2）医用氧气、氮气、二氧化碳、氧化亚氮及其混合气体管道的敷设处应通风良好，且管道不宜穿过医护人员的生活区、办公区，必须穿越的部位，管道上不应设置法兰或阀门。

各种医用气体的供给压力及管材　　　　　　　　表 8.8-10

气体种类	供给压力(MPa)	用途	管材
氧气	0.40～0.45	吸入	铜管、不锈钢管
医用真空	—0.03～—0.07	治疗	镀锌钢管
医疗空气	0.40～0.45	治疗	铜管、不锈钢管
器械空气	0.90～0.95	手术	铜管、不锈钢管
氮气	0.80～1.10	手术	铜管、不锈钢管
氧化亚氮	0.40～0.45	麻醉	铜管、不锈钢管
氩气	0.35～0.40	治疗	铜管、不锈钢管
二氧化碳	0.35～0.40	治疗	铜管、不锈钢管

室内医用气体管道宜明敷，表面应有保护措施。局部需要暗敷时应设置在专用槽板或沟槽内，沟槽的底部应与医用供应装置或大气相通。

（3）建筑物内的医用气体管道宜敷设在专用管井内，且不应与可燃、腐蚀性的气体或液体、蒸汽、电气、空调风管等共用管井或同沟敷设。敷设有供氧管道的管道井，宜有良好通风。

（4）氧气管道架空敷设时，可与各种气体、液体（包括燃气、燃油）管道共架敷设。共架时，氧气管道宜布置在其他管道外侧，并宜布置在燃油管道上面。架空敷设的医用气体管道之间的距离应符合下列规定：

1）医用气体管道之间、管道与附件外缘之间的距离，不应小于 25mm，且应满足维护要求。

2）医用气体管道与其他管道之间的最小间距应符合表 8.8-11 规定。无法满足时应采取适当的隔离措施。

3）供应洁净手术部的医用气体管道应单独设支吊架。

架空医用气体管道与其他管道之间的最小间距（m）　　　　表 8.8-11

名称	与氧气管道净距		与其他医用气体管道净距	
	并行	交叉	并行	交叉
给水管、排水管、不燃气体管	0.15	0.10	0.15	0.10
保温热力管	0.25	0.10	0.15	0.10
燃气管、燃油管	0.50	0.15	0.15	0.10
裸导线	1.50	1.00	1.50	1.00
绝缘导线或电缆	0.50	0.30	0.50	0.30
穿有导线的电缆管	0.50	0.10	0.50	0.10

注：本表摘自《医用气体工程技术规范》GB 50751—2012。

（5）除氧气管道专用的导电线外，其他导电线不应与氧气管道敷设在同一支架上。
内部的氧气干管上，应设置手动紧急切断气源的装置。

（6）穿过墙壁、楼板的氧气管道应敷设在套管内，并应用石棉或其他不燃材料将套管间隙填实。氧气管道不宜穿过不使用氧气的房间，必须通过时，在房间内的管道上不应有法兰或螺纹连接接口。

（7）医用气体管道应作导静电接地装置。医用气体管道与支吊架接触处，应作防静电腐蚀绝缘处理。

（8）医疗房间内的医用气体管道应作等电位接地；医用气体的汇流排、切换装置、各减压出口、安全放散口和输送管道，均应作防静电接地；医用气体管道接地间距不应超过80m，且不应少于一处，室外埋地医用气体管道两端应有接地点；除采用等电位接地外宜为独立接地，其接地电阻不应大于10Ω。

（9）埋地敷设的医用气体管道与建筑物、构筑物等及其地下管线之间的最小间距，均应符合现行国家标准《氧气站设计规范》GB 50030有关地下敷设氧气管道的间距规定。

（10）埋地或地沟内的医用气体管道不得采用法兰或螺纹连接，并应作加强绝缘防腐处理。

（11）埋地敷设的医用气体管道深度不应小于当地冻土层厚度，且管顶距地面不宜小于0.7m。当埋地管道穿越道路或其他情况时，应加设防护套管。

（12）医院洁净手术部还需满足以下要求：

气体在输送导管中的流速不应大于10m/s。

气体配管的连接方式应按现行国家标准《洁净室施工及验收规范》GB 50591的要求执行。

负压吸引气流入口处应有安全调压装置。手术过程中使用的负压吸引装置应有防止污液倒流装置。

2. 医用气体阀门、附件的设置应符合下列规定：

（1）不论是氧气、氮气、压缩空气或吸引器，都必须根据医疗功能分区设置阀门，一般为带防护盒的截止阀（见图8.8-13）。阀门的设置应满足：

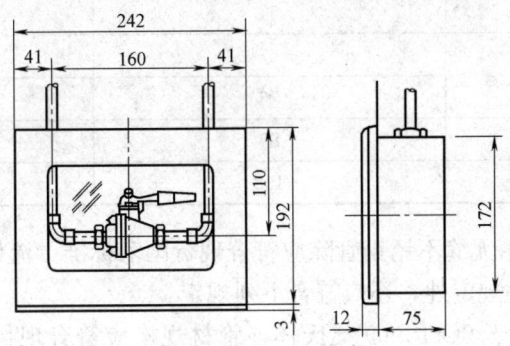

图8.8-13　截止阀外形

　　1）生命支持区域的每间手术室、麻醉诱导和复苏室，以及每个重症监护区域外的每种医用气体管道上，应设置区域阀门；

　　2）医用气体主干管道上不得采用电动或气动阀门，大于DN25的医用氧气管道阀门不得采用快开阀门；除区域阀门外的所有阀门，应设置在专门管理区域或采用带锁柄的阀门；

　　3）医用气体管道系统预留端应设置阀门并封堵管道末端。

（2）医用气体区域阀门的设置应符合下列规定：

1）区域阀门与其控制的医用气体末端设施应在同一楼层，并应有防火墙或防火隔断隔离；

2）区域阀门使用侧宜设置压力表且安装在带保护的阀门箱内，并应能满足紧急情况下操作阀门的需要；

3）在各个病区及洁净手术部内的医用气体干管上应设置切断气源的装置。

（3）医用真空除污罐应设置在医用真空管段的最低点或缓冲罐入口侧，并应有旁路或备用。传染病医院真空吸引系统的中间集污罐应设在医院的污染区内。

（4）除牙科的湿式系统外，医用气体细菌过滤器不应设置在真空泵排气端。

3. 管材与附件要求

（1）输送医用气体用无缝铜管材料与规格，应符合现行行业标准《医用气体和真空用无缝铜管》YS/T 650 的有关规定。管材适合毛细焊接、铜焊、硬钎焊或进行机械加工成套管装备。铜管的规格尺寸见表 8.8-12。

铜管的规格尺寸（mm）   表 8.8-12

公称直径 DN	外 径	壁 厚
10	12	0.8
15	15	1.0
	18	1.0
20	22	1.2
25	28	1.2
32	35	1.5
40	42	1.5
50	54	2.0
65	67	2.0
	76	2.0
80	89	2.0
100	108	2.5

（2）输送医用气体用无缝不锈钢管除应符合现行国家标准《流体输送用不锈钢无缝钢管》GB/T 14976 的有关规定外，还应符合下列规定：

1）材质性能不应低于 0Cr18Ni9 奥氏体，管材规格应符合现行国家标准《无缝钢管尺寸、外形、重量及允许偏差》GB/T 17395 的有关规定。

2）无缝不锈钢管壁厚应经强度与寿命计算确定，且最小壁厚应符合表 8.8-13 的规定。

医用气体用无缝不锈钢管的最小壁厚（mm）   表 8.8-13

公称直径 DN	8～10	15～25	32～50	65～125	150～200
管材最小壁厚	1.5	2.0	2.5	3.0	3.5

注：本表摘自《医用气体工程技术规范分》GB 50751—2012。

压缩空气管道的连接，除与设备、阀门等采用法兰或螺纹连接外，其他部位宜采用焊接。

3）医用气体系统用铜管件应符合现行国家标准《铜管接头 第1部分：钎焊式管件》GB/T 11618.1的有关规定；不锈钢管件应符合现行国家标准《钢制对焊管件 类型与参数》GB/T 12459的有关规定。

4）医用气体管材及附件的脱脂应符合下列规定：

① 所有压缩医用气体管材及附件均应严格进行脱脂；

② 无缝铜管、铜管件脱脂标准与方法，应符合现行行业标准《医用气体和真空用无缝铜管》YS/T 650的有关规定；

③ 无缝不锈钢管、管件和医用气体低压软管洁净度应达到内表面碳的残留量不超过20mg/m²，并应无毒性残留；

④ 管材应在交货前完成脱脂清洗及惰性气体吹扫后封墙的工序；

⑤ 医用真空管材及附件宜进行脱脂处理。

5）医用真空除污罐的设计压力应取100kPa。除污罐应有液位指示，并应能通过简单操作排除内部积液。

6）医用气体细菌过滤器应符合下列规定：

① 过滤精度应为0.01～0.2μm，效率应达到99.995%；

② 应设置备用细菌过滤器，每组细菌过滤器均应能满足设计流量要求；

③ 医用气体细菌过滤器处应采取滤芯性能监视措施。

7）压缩医用气体阀门、终端组件等管道附件应经过脱脂处理，医用气体通过的有效内表面洁净度应符合下列规定：

① 颗粒物的大小不应超过50μm；

② 工作压力不高于3MPa的管道附件碳氢化合物含量不应超过550mg/m²，工作压力高于3MPa的管道附件碳氢化合物含量不应超过220mg/m²。

8）碳素钢管中氧气的流速，不应超过表8.8-14的规定。

碳素钢管中氧气的最大流速 　　　　　　　　　　　　　表8.8-14

氧气工作压力(MPa)	≤1	6～10	16～30	≥100
氧气最大流速(m/s)	20	10	8	4

9）颜色和标识

医用气体管道、终端组件、软管组件、压力指示仪表等附件，均应有耐久、清晰、易识别的标识。医用气体管道及附件标识的方法应为金属标记、模版印刷、盖印或黏着性标志。

医用气体管道及附件的颜色和标识代号应符合表8.8-15的规定。

医用气体管道及附件的颜色和标识代号 　　　　　　　表8.8-15

医用气体名称	代　号		颜色规定	颜色编号
	中文	英文		
医疗空气	医疗空气	Med Air	黑色-白色	
器械空气	器械空气	Air 800	黑色-白色	
牙科空气	牙科空气	Dent Air	黑色-白色	
医用合成空气	合成空气	Syn Air	黑色-白色	

医用气体名称	代　号		颜色规定	颜色编号
	中文	英文		
医用真空	医用真空	Vac	黄色	Y07
牙科专用真空	牙科真空	Dent Vac	黄色	Y07
医用氧气	医用氧气	O_2	白色	
医用氮气	氮气	N_2	黑色	PB11
医用二氧化碳	二氧化碳	CO_2	灰色	B03
医用氧化亚氮	氧化亚氮	N_2O	蓝色	PB06
医用氧气/氧化亚氮混合气体	氧/氧化亚氮	O_2/N_2O	白色-蓝色	—PB06
医用氧气/二氧化碳混合气体	氧/二氧化碳	O_2/CO_2	白色-灰色	—B03
医用氦气/氧气混合气体	氦气/氧气	He/O_2	棕色—白色	YR05
麻醉废弃排放	麻醉废气	AGSS	朱紫色	R02
呼吸废弃排放	呼吸废弃	AGSS	朱紫色	R02

注：本表摘自《医用气体工程技术规范》GB 50751—2012。

8.8.8　系统设计及计算

医用气体的设计及计算是一项比较复杂的工作，不同类型的医院相差较大，如前所述，在医院工程设计时，必须与基建负责人约请有关的主管医师确定医院各部门各种医用气体种类、输出个数及安装位置并与相关规范对比，参照执行。在可能的情况下，应在管路计算上适当的留有余地。

由于医用气体直接与病人的生命相关，因此，必须考虑设备的可靠性和供给的安全性。例如在机房内设置双路电源，并尽可能地设置备用设备，对于一些重要的部门，如手术室、分娩室、ICU、CCU等处所的管道设计，应按100%的耗气量进行计算。因为在这些部门里，很有可能在每个输出口同时使用各种医用气体。

不论是确定医用气体的机械设备、贮气罐的容积还是管道系统，首先都要计算总耗气量，在计算各分段的管径时，还应该计算每个分段的耗气量。但是每个输出口单位时间的耗气量，却由于使用情况不同而会出现差异。例如，手术室和一般病房的耗气量就不一样；而在一般病房里设置输出口数目众多的场合和设置输出口数目少的场合同时使用率也有所不同，因此耗气量也就不一样。

1. 气体流量

医用气体系统气源的计算流量可按公式（8.8-1）计算：

$$Q = \sum [Q_a + Q_b(n-1)\eta] \tag{8.8-1}$$

式中　Q——气源计算流量（L/min）；

　　Q_a——终端处额定流量（L/min），按表8.8-16表8.8-22取值；

　　Q_b——终端处计算平均流量（L/min），按表8.8-16～表8.8-22取值；

　　n——输出口数；

　　η——同时使用系数，按表8.8-16～8.8-22取值。

（1）医疗空气、医用真空、医用氧气系统气源的计算流量中的有关参数，可按表

8.8-16 取值。

医疗空气、医用真空与医用氧气流量计算参数　　表 8.8-16

使用科室		医疗空气			医用真空			医用氧气		
		Q_a	Q_b	η	Q_a	Q_b	η	Q_a(L/min)	Q_b(L/min)	η
手术室	麻醉诱导	40	40	10%	40	30	25%	100	6	25%
	重大手术室、整形、神经外科	40	20	100%	80	40	100%	100	10	75%
	小手术室	60	20	75%	80	40	50%	100	10	50%
	术后恢复、苏醒	60	25	50%	40	30	25%	10	6	100%
重症监护	ICU、CCU	60	30	75%	40	40	75%	10	6	100%
	新生儿 NICU	40	40	75%	40	20	25%	10	4	100%
妇产科	分娩	20	15	100%	40	40	50%	10	10	25%
	待产或家化产房	40	25	50%	40	40	50%	10	6	25%
	产后恢复	20	15	25%	40	40	25%	10	6	25%
	新生儿	20	15	50%	40	40	25%	10	3	50%
其他	急诊、抢救室	60	20	20%	40	40	50%	100	6	15%
	普通病房	60	15	5%	40	20	10%	10	6	15%
	呼吸治疗室	40	25	50%	40	40	25%	—	—	—
	创伤室	20	15	25%	60	60	100%	—	—	—
	实验室	40	40	25%	40	40	25%	—	—	—
	增加的呼吸机	80	40	75%	—	—	—	—	—	—
	CPAP 呼吸机	—	—	—	—	—	—	75	75	75%
	门诊	20	15	10%	—	—	—	10	6	15%

(2) 氮气或器械空气系统气源的计算流量中的有关参数，可按表 8.8-17 取值。

氮气或器械空气流量计算参数　　表 8.8-17

使用科室	Q_a(L/min)	Q_b(L/min)	η
手术室	350	350	50%(<4 间的部分)
			25%(≥4 间的部分)
石膏室、其他科室	350	—	—
射流式麻醉废气排放(共用)	20	20	见表 8.8-22
气动门等非医用场所	按实际用量另计		

(3) 牙科空气与真空系统气源的计算流量中的有关参数，可按表 8.8-18 取值。

牙科空气与真空流量计算参数　　表 8.8-18

气体种类	Q_a(L/min)	Q_b(L/min)	η
牙科空气	50	50	80%(<10 张牙椅的部分)
牙科真空	300	300	60%(≥10 张牙椅的部分)

注：Q_a、Q_b 的数值与牙椅具体型号有关，数值有差别。

（4）医用氧化亚氮系统气源的计算流量中的有关参数，可按表 8.8-19 取值。

医用氧化亚氮流量计算参数   表 8.8-19

使用科室	Q_a(L/min)	Q_b(L/min)	η
抢救室	10	6	25%
手术室	15	6	100%
妇产科	15	6	100%
放射诊断（麻醉室）	10	6	25%
重症监护	10	6	25%
口腔、骨科诊疗室	10	6	25%
其他部门	10	—	—

（5）医用氧化亚氮与医用氧气混合气体系统气源的计算流量中的有关参数，可按表 8.8-20 取值。

医用氧化亚氮与医用氧气混合气体流量计算参数   表 8.8-20

使用科室	Q_a(L/min)	Q_b(L/min)	η
待产/分娩/恢复/产后（<12 间）	275	6	50%
待产/分娩/恢复/产后（≥12 间）	550	6	50%
其他区域	10	6	25%

（6）医用二氧化碳气体系统气源的计算流量中的有关参数，可按表 8.8-21 取值。

医用二氧化碳流量计算参数   表 8.8-21

使用科室	Q_a(L/min)	Q_b(L/min)	η
终端使用设备	20	6	100%
其他专用设备	另计		

（7）麻醉或呼吸废气排放系统真空汇的计算流量中的有关参数，可按表 8.8-22 取值。

麻醉或呼吸废气排放流量计算参数   表 8.8-22

使用科室	η	Q_a 与 Q_b(L/min)
抢救室	25%	
手术室	100%	
妇产科	100%	80（高流量排放方式）
放射诊断（麻醉室）	25%	50（低流量排放方式）
口腔、骨科诊疗室	25%	
其他麻醉科室	15%	

表 8.8-16～表 8.8-22 均摘自《医用气体工程技术规范》GB 50751—2012。

2. 医用空气气源设备、医用真空、麻醉废气排放系统设备选型时，应进行进气及海拔高度修正。

3. 医用氧舱的耗氧量可按表 8.8-23 的规定计算。

医用氧舱的耗氧量   表 8.8-23

含氧空气与循环	完整治疗所需最长 时间(h)	完整治疗时间耗氧量 (L)	治疗时间外耗氧量 (L/min)
开环系统	2	30000	250
循环系统	2	7250	40
通过呼吸面罩供氧	2	1200	10
通过内置呼吸罩供氧	2	7250	60

注：本表摘自《医用气体工程技术规范》GB 50751—2012。

医用氧气加压舱的氧气供应系统，应能以 30kPa/min 的升压速率加压氧舱至最高工作压力连续至少两次。

医用空气加压氧舱的医疗空气供应系统，应满足氧舱各舱室 10kPa/min 的升压速率需求。

4. 气体管道系统计算应满足表 8.8-24 的规定。

医用气体管路系统在末端设计压力、流量下的压力损失（kPa）   表 8.8-24

气体种类	设计流量下的末 端压力	气源或中间压力控制 装置出口压力	设计允许压力损失
医用氧气、医疗空气、 氧化亚氮、二氧化碳	400～500	400～500	50
与医用氧气在使用处 混合的医用气体	310～390	360～450	50
器械空气、氮气	700～1000	750～1000	50～200
医用真空	40～87(真空压力)	60～87(真空压力)	13～20(真空压力)

注：本表摘自《医用气体工程技术规范》GB 50751—2012。

5. 计算例题

（1）氧气的设备及配管系统的计算

氧气的输出口一般设置在手术室、恢复病房、ICU、CCU、分娩室、重病房、一般病房和急诊室等部门。从表 8.8-16 中可以看出，手术室、恢复病房及 ICU、CCU、分娩室均系重要部门，不但每个输出口的耗气量大，并且同时使用系数也大，手术室等部门的同时使用系数为 100%，即不论在任何时间，都必须保证每个输出口正常供给氧气。一般病房管网系统的耗气量则需由输出口个数、同时使用率计算得出。按此计算出来的病房总耗氧量比按表 8.8-16 确定的同时使用率计算出来的总耗氧量和所得到的管径会更合理。

【例 8.8-1】 氧气管网总长度 200m，总压降 0.03MPa，如病房氧气输出口共 50 个，手术部麻醉室氧气输出口为 1 个，重大手术室氧气输出口为 2 个，小手术室氧气输出口为 2 个，术后恢复室氧气输出口为 2 个，求氧气总耗气量及管径。设管网零件损耗为管道损耗的 50%。

【解】

求氧气总耗气量 Q：

$$Q = Q_1 + Q_2 + Q_3 + Q_4 + Q_5$$
$$= [Q_{a1} + Q_{b1}(n-1)\eta] +$$
$$[Q_{a2} + Q_{b2}(n-1)\eta] +$$

$$[Q_{a3}+Q_{b3}(n-1)\eta]+$$
$$[Q_{a4}+Q_{b4}(n-1)\eta]+$$
$$[Q_{a5}+Q_{b5}(n-1)\eta]$$
$$=[10+6\times(50-1)\times15\%]+[100+6\times(1-1)\times25\%]+[100+10\times(2-1)\times75\%]+$$
$$[100+10\times(2-1)\times50\%]+[10+6\times(2-1)\times100\%]=382.6L/min$$

求管网平均损耗 R：

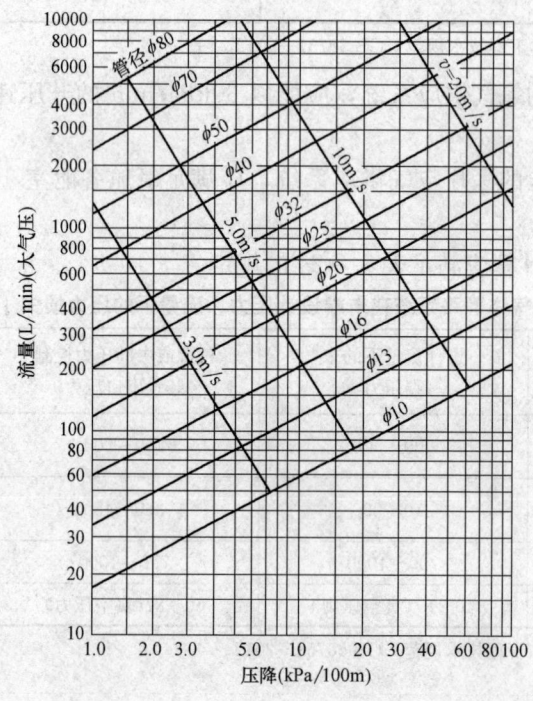

图 8.8-14　氧气 0.3MPa 通过铜管的计算

$$\frac{0.03}{200\times1.5}=10kPa/100m$$

图 8.8-14 是氧气 0.3MPa 通过铜管的计算图，根据 $Q=382.6L/min$，$R=10.0kPa/100m$，从图中可查出管径为 $\phi20$，实际 $R=5.0kPa/100m$，速度 $v=4.5m/s$。

可根据表 8.8-25 的技术条件选择汇流排的规格型号。

有时需要计算 1d 的全部耗氧量，作为布置机房或储备氧气瓶的参考。白天的氧气使用时间为 8h，如手术室、CCU、一般病房等。ICU、早产婴儿室则为全天使用。其同时使用系数则根据表 8.8-16 确定。

以一个 400 张病床的医院为例，氧气消耗量见表 8.8-26。

如果是采用 47L 的氧气瓶，当温度为 35℃，压力为 15MPa，氧气容量为 7.0m³ 时，则每天需要氧气瓶数 n 为：

$$n=\frac{459678}{7000}=66\ 只/d$$

如果选用液氧，选定容器容积必须考虑以下原则：

1）液氧的充填周期为 7d。

氧气汇流排技术规格 表 8.8-25

型号	瓶数（只）	工作压力(0.1MPa)		流量	形式	外形尺寸(mm)			质量(kg)
		进口高压	出口低压			高	宽	长	
YQ$_5$S150/H	5	15	0.01～0.1	60	→	980	620	2080	38
YQ$_5$S150/15-1	5	15	0.1～1.5	100	⇉→	980	620	2080	38
YQ$_5$S150/15-2	5	15	0.1～1.5	100	→→	980	620	2080	38
YQ$_{10}$S150/15-1	10	15	0.1～1.5	2×100	⊓→	980	620	3420	65
YQ$_{10}$S150/15-2	10	15	0.1～1.5	2×100	⊓↗	980	620	3420	65
YQ$_{10}$S150/15-3	10	15	0.1～1.5	2×100	⊓↗	980	620	3420	65
YQ$_{20}$S150/15-1	20	15	0.1～1.5	2×100	⊓→	980	620	6420	115

400 张病床医院氧气消耗量 表 8.8-26

部门	终端处额定流量(L/min)	终端处计算平均流量(L/min)	输出口总数(个)	同时使用系数(%)	总氧气耗量(L/min)	每日使用时间(min)	1d 全部耗氧量(L/d)
麻醉室	100	6	4	25	104.5	480	50160
大手术室	100	10	6	75	137.5	480	66000
小手术室	100	10	5	50	120	480	57600
术后恢复	10	6	5	100	34	480	16320
ICU	10	6	10	100	64	1440	92160
CCU	10	6	4	100	28	480	13440
早产婴儿室	10	4	8	100	38	1440	54720
新生婴儿室	10	3	6	50	17.5	480	8400
分娩室	10	10	4	25	17.5	180	3150
产后恢复室	10	6	4	25	14.5	480	6960
一般病房	10	6	200	15	189.1	480	90768
总计							459678

2）充填液氧时，须有 1/10 的剩余量。

3）1L 液氧的气化量，在 20℃ 及 0.1MPa 时为 0.856m^3/L。

4）如每周总耗氧量在 1000m^3 以内时，宜选用可搬式液氧容器（LGC）；如每周总耗氧量超过 1000m^3 时，则应该选用固定式液氧容器（CE）。

可搬式液氧容器的氧气量为 132m^3，相当于 19 只 47L 的高压氧气瓶的容积。

根据表 8.8-26 所示，1d 全部耗氧量为 459678L（≈460m³）。

7d 总耗氧量为：$V = 7 \times 460m³ = 3220m³$

采用液氧时，在 20℃ 及 0.1MPa，1L 液氧可气化氧气 0.856m³。则一周的液氧贮槽容 V 为：

$$V = \frac{3220}{0.9 \times 0.856} = 4179.64L$$

因每周液氧耗量超过 1000L，故应选用固定式液氧装置。考虑到液氧装置需要检修，故必须另备 1d 量的高压氧气瓶作为备用。

氧化亚氮、混合气体、氮气也可以用以上的方法计算其贮气量。由于氮气的可利用压力较高，把贮气瓶的剩余压力定为 3.0MPa 的 20% 作为切换的条件。

如果作为估算，各种医用气体设备容量可参考表 8.8-27 选用。

（2）真空吸引设备及配管系统计算

真空吸引装置包括真空泵、真空罐及真空管道和吸引嘴 4 部分。真空泵一般应设置两台，其容量为总空气量的 75%～100%。由于真空系统启动频繁故应采用自动控制系统。即真空罐的压力自控范围可采用 -500～-300mmHg。由于真空吸引系统主要用于吸引带有病菌、病毒的痰、脓和血，并且真空泵的噪声会由排气管传出来。因此，其排气口必须设置在对卫生条件和噪声要求不高的处所。也是由于这些原因，真空泵的机房绝对不允许设置在给水贮水箱、空气调节机房、病房、ICU、CCU 等类处所。真空泵机房墙壁、地面及门窗均应有隔声减振设施。各种医用气体设备容量估算见表 8.8-27。

各种医用气体设备容量估算表　　　　　　　　　　　　　表 8.8-27

医用气体种类	50 床	100 床	200 床	400 床	600 床
氧气	氧气瓶 2×4 只	氧气瓶 2×6 只 可搬式液氧×1	可搬式液氧×2 固定式液氧 1000L	制氧机组或 固定式液氧 2000L	制氧机组或 固定式液氧 3000L
笑气	1×气瓶	2×气瓶	3×气瓶	4×气瓶	4×气瓶
氮气	2×气瓶	2×气瓶	4×气瓶	6×气瓶	8×气瓶
压缩空气	1.5kW	2.2kW	3.7kW	5.5kW	7.5kW
吸引	0.75kW	1.5～2.2kW	2.2～3.7kW	3.7～5.5kW	5.5～7.0kW

真空泵机房应有较为良好的通风及采光条件。机器侧面与墙面之间的距离应不小于 1000mm，机器与机器之间的距离应不小于 700mm。一般真空泵为水环式，故在真空泵附近应有 20～25mm 的给水管。但给水管与真空之间应有隔断措施，以免污染水源。为了经常清洗地面，真空泵机房应装设水嘴及 φ50 的地漏各一个。

真空泵与真空罐之间必须设置隔断装置。即当真空泵停止运转时，隔断装置即刻关闭，否则会使空气迅速流入真空罐内，供真空系统失效。使真空泵与真空罐管路连接见图 8.8-15。

吸引管道一般采用镀锌管，施工时应保证管道装接严密。否则管道漏气将会增加真空泵的运转时间而浪费能源。为了便于检修，可在管道的适当位置设置活接头。在可能的条件下，主要管道应设置在地下室或管沟内，以便发生故障时可及时抢修。吸引管道应根据气流方向有不小于 2‰ 的坡度。为了处理管道内的污物和改变管道的标高，可在干管 25～

30m 处设置集污罐一个。集污罐的做法详见图 8.8-16。

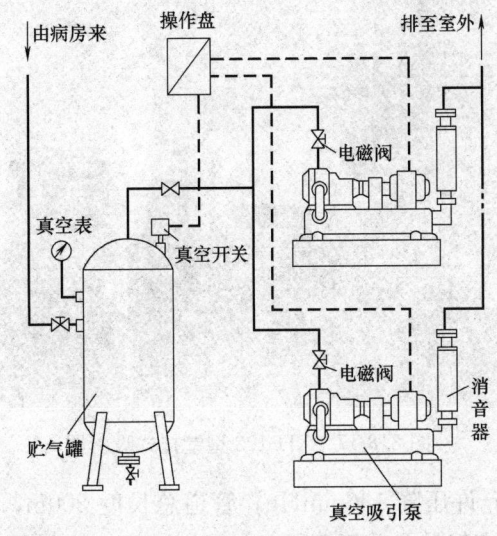

图 8.8-15 真空泵与真空罐管路连接示意图

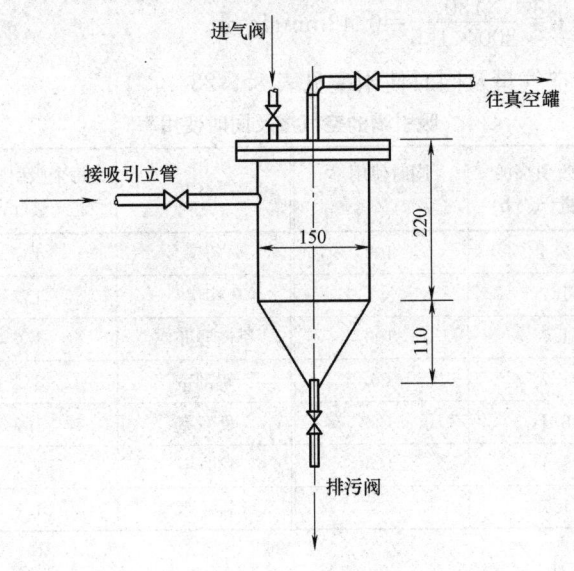

图 8.8-16 集污罐做法

图 8.8-17 为 XH-102 型壁挂式吸引器。壁挂式吸引器多装设在病房、ICU、CCU 等处所，落地式吸引器则多设于手术室或分娩室中。这些吸引器由吸引瓶、真空表和调节手轮、吸引插头等组成。吸引插头直接插在固定的插座上，使用安全方便。

在任何情况下，吸引嘴不得用软管直接与病人伤口连接，因为这样会使污物直接进入吸引管道内而造成管路系统的堵塞。一般情况下，吸引嘴与病人伤口之间应设置缓冲瓶，这样不但可以避免污物堵塞管路，而且缓冲瓶中的污物可以取出作为试样以便进行化验。

【例 8.8-2】 手术室内设吸引嘴 8 个，病房内设吸引嘴 50 个，候产室及分娩室分别设

图 8.8-17　XH-102 型壁挂式吸引器

吸引嘴 2 个。管路系统允许压降 130mmHg，管道总长度 200m，管网零件损耗为管道损耗的 50％时，求总吸引空气量及总管管径。

【解】

管道的平均损耗 $R=\dfrac{130}{200\times1.5}=0.43\text{mmHg/m}$

医院内吸引嘴的空气量及同时使用率见表 8.8-28。

吸引嘴的空气量及同时使用率　　　　　　　　　　　　表 8.8-28

部门	每个吸引嘴的空气量（m³/h）	同时使用率（%）	部门	每个吸引嘴的空气量（m³/h）	同时使用率（%）
手术室	3.4	100	药房	1.7	40
化验室	1.7	40	病房	1.7	20
恢复病房	1.7	100	早产婴儿室	1.7	40
候产室	1.7	20	解剖室	3.4	100
急诊室	3.4	100	处置室	1.7	20
分娩室	3.4	100	检查室	1.7	20
耳鼻喉科	1.7	20	牙科手术室	1.7	20

总吸引空气量 V 为：

$V=3.4\times(8+2)\times100\%+1.7\times(50+2)\times20\%=51.68\text{m}^3/\text{h}$

真空吸引管道的计算图见图 8.8-18。

根据 $R=0.43\text{mm/m}$，$V=51.68\text{m}^3/\text{h}$ 可从图 8.8-18 中查出总管管径为 $\phi50$，实际 $R=0.24\text{mmHg/m}$　$v=14\text{m/h}$。

由表 8.8-6 中选用 3 号真空罐，容积为 0.55m³。

为了保证安全，真空泵的选用应不少于两台，一台运转，另一台备用。

目前，国内真空泵的生产尚未系列化，有的质量也不高，常见的 2X 型旋片式真空泵的规格性能见表 8.8-29。

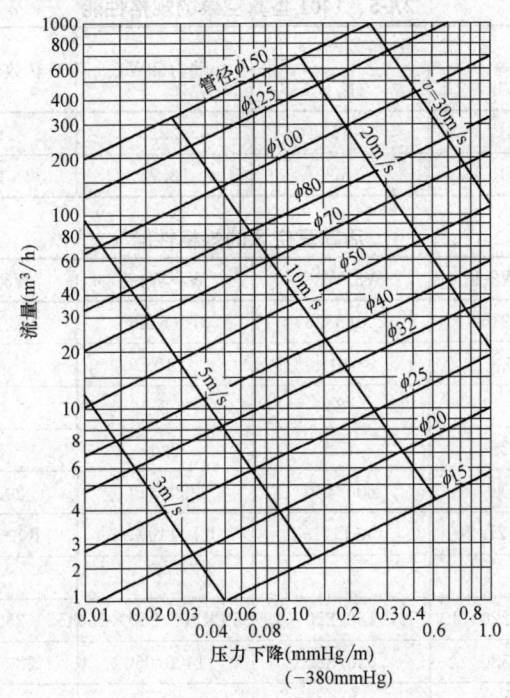

图 8.8-18 真空吸引管道的计算图

2X-5、1401 型真空泵的规格性能见表 8.8-30。

活塞真空泵的规格性能见表 8.8-31。

（3）压缩空气设备及配管系统计算

2X 型旋片式真空泵的规格性能 表 8.8-29

项　目		2X-0.5	2X-1	2X-2	2X-4	2X-8	2X-15	2X-30	2X-70
抽气速率（L/s）		0.5	1	2	4	8	15	30	70
极限真空（托）		$\leqslant 5 \times 10^{-4}$							
转速（r/min）		500	500	450	450	320	320	316	345
电机功率（kW）		0.18	0.25	0.37	0.55	1.1	2.2	4	7.5
电机型号		AI-5634	AI-7114	AI-7124	AI-7134	JO₃-90S-6	JO₃-100L-6	JO₃-112L-6	JO₃-132M-6
进气口径（mm）		12	12	18	25	36	36	55	66
冷却水管管径（mm）								15	15
泵油温升（℃）		35							
用油量（L）		0.25	0.45	0.7	1.0	2.0	2.8	4.2	5.2
外形尺寸 （mm）	长	410	410	560	560	790	790	940	1080
	宽	230	270	310	340	430	530	650	710
	高	280	310	390	370	540	540	650	770
质量（kg）		26	38	58	66	165	190	396	520
参考价格（元/台）		270	290	314	378	630	730	2500	4000

2X-5、1401 型真空泵的规格性能　　　　　　表 8.8-30

型号	流量		动力(kW)	转数(r/min)	附　注
	m³/h	L/s			
2X-5 型	54	15	2.2	960	
1401 型	180	50	3.7	385	

活塞真空泵的规格性能　　　　　　表 8.8-31

项　目	W2/W2-1	W3/W3-1	W4/W4-1	W5/W5-1	W6-1
抽气速率(m³/h)	115(1916)	200(3333)	370(6166)	770(12833)	1500(25000)
极限真空(托)	10	10	10	10	10
进气管管径(in)	2	2	3	5	180mm
出气管管径(in)	1/2	1/2	3/4	3/4	3/4
转速(r/min)	300	300/450	200/530	200/430	390
配用电机	JO₃-112L-2	JO₃-112L-4	JO₃-140M-4	JO₃-180M-6	JO₃-225S-6
电机功率(kW)	4	5.5	11	22	40
缸径×行程(mm)	220×130/220×130	250×150/220×130	350×200/250×150	455×250/350×200	455×250
质量(kg)	380/380	650/380	1400/650	2800/1400	2800
外形尺寸 (mm) 长	1205/1270	1402/1165	1773/1480	2328/1840	2340
宽	500/452	615/452	800/515	1015/655	670
高	640/482	640/482	491/537	1162/587	800
约计价格(元/台)	1335	1570	2525	4720	8500

注：抽气速率括号内的数字单位为 L/min。

　　压缩空气输出口装设于化验室、药房以及耳鼻喉科的治疗室等。但在一般医院里装设的不多。空气压缩机的供给压力为 0.45～0.55MPa。空气压缩机的排气量应根据压缩空气输出口数量和空气压力来决定。

　　为了使工作不致间断，空气压缩机站内应设有两台同型号的空气压缩机，每台空气压缩机的排气量应不小于系统的全负荷。为了使管网系统的压力稳定和设备能够间歇运行以节约动力，空气压缩机房内应设置贮气罐。贮气罐的规格及做法与真空罐相同。

　　设计及计算压缩空气管路时，可根据下列原则进行：

　　1）压缩空气输出口的压力一般为 0.1MPa 左右。

　　2）每个压缩空气输出口的排气量一般为 2.0m³/h。

　　3）管网零件损耗为管道损耗的 50%。

　　4）系统的总压降以不超过 0.3MPa 为宜。

　　5）化验室、药房的同时使用系数为 50%，用于医疗时，同时使用系数为 100%。压缩空气管道计算图（0.5MPa）见图 8.8-19。

　　【例 8.8-3】　压缩空气管网总长度为 200m，用于医疗的输出口总计 80 个，求总排气量及总管管径。

　　【解】

　　管道平均损耗　　　　　　　$R = \dfrac{0.3}{200 \times 1.5} = 0.1$MPa/100m

总排气量 $V=80×2.0×100\%=160m^3/h$

查图 8.8-19 可得压缩空气总管管径为 $\phi25$，实际 $R=0.065MPa/100m$，$v=12m/s$。

查表 8.8-6，选用 7 号贮气罐，直径为 1000mm，高度为 2200mm，容积为 $1.6m^3$。

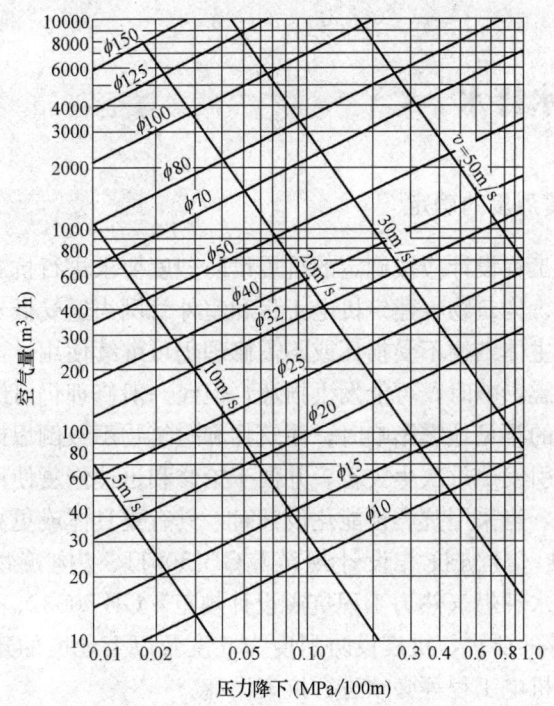

图 8.8-19 压缩空气管道计算图

必须注意的是，在贮气罐的总出口处，应设置气体过滤器。

目前我国尚无医疗用气系统及设备的设计及安装规范，现将美国国家防火协会的 NF-PA-99 标准摘要节录如下：该标准中所指"供气和真空系统"即"医疗用气系统及设备"。

第9章 特殊地区给水排水

9.1 地震区给水排水

9.1.1 抗震设计地震烈度的确定

地震区给水排水工程设计应按确定的抗震设防烈度要求进行抗震设计。抗震设计的给水排水工程、建筑物、构筑物、建筑机电工程和室外管网当遭受低于本地区抗震设防烈度的多遇地震影响时，主体结构不受损坏或不需修理仍可继续使用；当遭受相当于本地区抗震设防烈度的设防地震影响时，可能发生损坏，但经一般修理仍可继续使用；当遭受高于本地区抗震设防烈度的罕见地震影响时，建筑物和构筑物不致倒塌或发生危及生命的严重破坏；管网震害不致引发严重次生灾害，并便于抢修和迅速恢复使用。使用功能或其他方面有专门要求的建筑，当采用抗震性能化设计时，具有更具体或更高的抗震设防目标。

按现行国家标准《建筑抗震设计规范》GB 50011、《构筑物抗震设计规范》GB 50191、《室外给水排水和燃气热力工程抗震设计规范》GB 50032、《建筑机电工程抗震设计规范》GB 50981 等的要求，抗震设防烈度为 6 度及以上地区的建筑物、构筑物和室外给水排水工程、建筑机电工程等必须进行抗震设计。

现行国家标准适用于抗震设防烈度为 6～9 度地区的抗震设计。抗震设防烈度大于 9 度地区的建筑及行业有特殊抗震要求的工业建筑，其抗震设计应按有关专门的规定执行。

抗震设防烈度是指按国家规定的权限批准作为一个地区抗震设防依据的地震烈度。一般情况，取 50 年超越概率 10% 的地震烈度。

地震加速度值是指地震时地面运动的加速度，可以作为确定烈度的依据，在以烈度为基础作出抗震设防标准时，往往对相应的烈度给出相应的峰值加速度。

设计基本地震加速是指 50 年设计基准期超越概率 10% 的地震加速度的设计取值。其中 7 度取值 $0.10g$，8 度取值 $0.20g$，9 度取值 $0.40g$。

设计地震分组实际上是用来表征地震震级及震中距影响的一个参量，用来代替老规范中的"设计近震和远震"，它是一个与场地特征周期与峰值加速度有关的参量。我国主要城镇抗震设防烈度、设计基本地震加速度和设计地震分组详见《建筑抗震设计规范》GB 50011 附录 A。

本手册所介绍的内容适用于抗震设防烈度为 6～9 度地区的抗震设计技术要求。工程设计时应遵守下列现行抗震设计规范和标准：

1. 《中国地震动参数区划图》GB 18306；
2. 《建筑工程抗震设防分类标准》GB 50223；
3. 《建筑抗震设计规范》GB 50011；
4. 《室外给水排水和燃气热力工程抗震设计规范》GB 50032；

5. 《构筑物抗震设计规范》GB 50191；

6. 《水电工程水工建筑物抗震设计规范》NB 35047；

7. 《建筑机电工程抗震设计规范》GB 50981；

8. 《建筑机电设备抗震支吊架通用技术条件》CJ/T 476；

9. 《铁路工程抗震设计规范》GB 50111；

10. 《城市抗震防灾规划标准》GB 50413。

一般情况下，建筑物（包括其内的建筑设备）、构筑物、室外给水排水工程及建筑机电工程的抗震设防烈度可采用现行的中国地震动参数区划图的地震基本烈度（或设计基本地震加速度对应的烈度值）进行抗震设计。对已编制抗震设防区划的地区或厂站，可按经批准的抗震设防区划确认的抗震设防烈度或抗震设计地震动参数进行抗震设防。

室外给水排水工程设施，如《室外给水排水和燃气热力工程抗震设计规范》GB 50032 中无特别规定要求时，抗震措施应按 7 度设防的有关要求采用。

室外给水排水工程中的房屋建筑的抗震设计按《建筑抗震设计规范》GB 50011 执行；水工建筑物的抗震设计按《水电工程水工建筑物抗震设计规范》NB 35047 执行；建筑机电工程的抗震设计按《建筑机电工程抗震设计规范》GB 50981 执行；对于《室外给水排水和燃气热力工程抗震设计规范》GB 50032 未列入的构筑物的抗震设计按《构筑物抗震设计规范》GB 50191 执行。

对室外给水排水工程系统中的下列建（构）筑物（修复困难或导致严重次生灾害的建（构）筑物），宜按地区抗震设防烈度提高一度采取抗震措施（不作提高一度抗震计算），当抗震设防烈度为 9 度时，可适当加强抗震措施。

1. 给水工程中的取水构筑物和输水管道，水质净化处理厂内的主要水处理构筑物和变电站、配水井、送水泵房、氯库等。

2. 排水工程中的道路立交处的雨水泵房，污水处理厂的主要水处理构筑物和变电站、进水泵房、沼气发电站等。

9.1.2 抗震设防分类

抗震设防分类是根据建筑遭遇地震破坏后，可能造成的人员伤亡、直接和间接经济损失、社会影响的程度及其在抗震救灾中的作用等因素，对各类建筑所做的设防类别划分。

1. 建筑抗震设防类别划分，应根据下列因素的综合分析确定：

（1）建筑破坏造成的人员伤亡、直接和间接经济损失及社会影响的大小。

（2）城镇的大小、行业的特点、工矿企业的规模。

（3）建筑使用功能失效后，对全局的影响范围大小、抗震救灾影响及恢复的难易程度。

（4）建筑各区段的重要性有显著不同时，可按区段划分抗震设防类别。下部区段的类别不应低于上部区段。

（5）不同行业的相同建筑，当所处地位及地震破坏所产生的后果和影响不同时，其抗震设防类别可不相同。

注：区段指由防震缝分开的结构单元、平面内使用功能不同的部分或上下使用功能不同的部分。

2. 建筑工程抗震设防类别

（1）特殊设防类：指使用上有特殊设施，涉及国家公共安全的重大建筑工程和地震时可能发生严重次生灾害等特别重大灾害后果，需要进行特殊设防的建筑。简称甲类。

（2）重点设防类：指地震时使用功能不能中断或需尽快恢复的生命线相关建筑，以及地震时可能导致大量人员伤亡等重大灾害后果，需要提高设防标准的建筑。简称乙类。

（3）标准设防类：指大量的除（1）、（2）、（4）款以外按标准要求进行设防的建筑。简称丙类。

（4）适度设防类：指使用上人员稀少且震损不致产生次生灾害，允许在一定条件下适度降低要求的建筑。简称丁类。

3. 不同抗震设防类别建筑的抗震设防标准

（1）标准设防类，应按本地区抗震设防烈度确定其抗震措施和地震作用，达到在遭遇高于当地抗震设防烈度的预估罕遇地震影响时不致倒塌或发生危及生命安全的严重破坏的抗震设防目标。

（2）重点设防类，应按高于本地区抗震设防烈度一度的要求加强其抗震措施；但抗震设防烈度为9度时应按比9度更高的要求采取抗震措施；地基基础的抗震措施，应符合有关规定。同时，应按本地区抗震设防烈度确定其地震作用。

（3）特殊设防类，应按高于本地区抗震设防烈度提高一度的要求加强其抗震措施；但抗震设防烈度为9度时应按比9度更高的要求采取抗震措施。同时，应按批准的地震安全性评价的结果且高于本地区抗震设防烈度的要求确定其地震作用。

（4）适度设防类，允许比本地区抗震设防烈度的要求适当降低其抗震措施，但抗震设防烈度为6度时不应降低。一般情况下，仍应按本地区抗震设防烈度确定其地震作用。

注：对于划为重点设防类而规模很小的工业建筑，当改用抗震性能较好的材料且符合抗震设计规范对结构体系的要求时，允许按标准设防类设防。

4. 城镇和工矿企业的给水排水，应根据其使用功能、规模、修复难易程度和社会影响等划分抗震设防类别。其配套的供电建筑，应与主要建筑的抗震设防类别相同。

（1）给水建筑工程中，20万人口以上城镇、抗震设防烈度为7度及以上的县及县级市的主要取水设施和输水管线，水质净化处理厂的主要水处理建（构）筑物、配水井、送水泵房、中控室、化验室等，抗震设防类别应划为重点设防类。

（2）排水建筑工程中，20万人口以上城镇、抗震设防烈度为7度及以上的县及县级市的污水干管（含合流），主要污水处理厂的主要水处理建（构）筑物、进水泵房、中控室、化验室，以及城市排涝泵站、城镇主干道立交处的雨水泵房，抗震设防类别应划为重点设防类。

9.1.3 抗震设防设计的一般规定

通过对地震灾害调查表明：对给水排水工程的建筑物、构筑物和管网的震害影响最大的是地基状态；其次是建（构）筑物用料、结构形式，管网中的管材、接口、基础以及管道固定情况等。

1. 工程地址选择

场地指工程群体所在地，具有相同的反应谱特征。其范围相当于厂区、居民小区和自然村或不小于 $10km^2$ 的平面面积。

选择建筑场地时，应根据工程需要，掌握地震活动情况、工程地质和地震地质的有关资料，对抗震有利、不利和危险地段作出综合评价。对不利地段，应提出避开要求；当无法避开时应采取有效措施；严禁在危险地段建造甲、乙类建筑，不应建造丙类建筑。

（1）建筑场地为Ⅰ类时，对甲、乙类的建筑应允许仍按本地区抗震设防烈度的要求采取抗震构造措施；对丙类的建筑应允许按本地区抗震设防烈度降低一度的要求采取抗震构造措施，但抗震设防烈度为6度时仍按本地区抗震设防烈度的要求采取抗震构造措施。

（2）有利建设场地是坚硬土或开阔、平坦、密实、均匀的中硬土地段。不利建设场地是软弱土、液化土、非岩质的陡坡、条状突出的山嘴、高耸孤立的山丘、河岸边缘、断层破碎地带、故河道及暗埋的塘浜沟谷地段。危险建设场地是地震时可能发生滑坡、崩塌、地陷、地裂、泥石流等及发震断裂带上可能发生地表错位的地段。

（3）工程地址的选择宜选择有利地段，应尽量避开不利地段；当无法避开时，应采取有效的抗震措施；不应选择危险地段。具体地说，工程地址应尽量避免设置在河、湖、坑、沟（包括故河道、暗藏坑、沟等）的边缘带。

选择建筑场地时，应按表9.1-1进行建筑抗震有利、一般、不利和危险地段的划分。

建筑抗震有利、一般、不利和危险地段的划分 表9.1-1

地段类别	地质、地形、地貌
有利地段	稳定基岩，坚硬土或开阔、平坦、密实、均匀的中硬土等
一般地段	不属于有利、不利和危险的地段
不利地段	软弱土，液化土，条状突出的山嘴，高耸孤立的山丘，陡坡，陡坎，河岸和边坡的边缘，平面分布上成因、岩性、状态明显不均匀的土层（如故河道、疏松的断层破碎带、暗埋的塘浜沟谷和半填半挖地基），高含水量的可塑黄土，地表存在结构性裂缝等
危险地段	地震时可能发生滑坡、崩塌、地陷、地裂、泥石流等及发震断裂带上可能发生地表位错的地段

（4）对于建（构）筑物和室外管网具体设置场地的类别，应根据土层等效剪切波速和场地覆盖层厚度按表9.1-2划分为四类，其中Ⅰ类分为I_0、I_1两个亚类。当有可靠的剪切波速和覆盖层厚度且其值处于表9.1-2所列场地类别的分界线附近时，应允许安插值方法确定地震作用计算所用的设计特征周期。

场地类别划分 表9.1-2

岩石的剪切波速或土层的等效剪切波速(m/s)	场地类别				
	I_0	I_1	Ⅱ	Ⅲ	Ⅳ
	覆盖层厚度(m)				
$v_s > 800$	0				
$800 \geqslant v_s > 500$		0			
$500 \geqslant v_{se} > 250$			<5	≥5	
$250 \geqslant v_{se} > 150$			<3	3~50	>50
$v_{se} \leqslant 150$			<3	3~15	15~80	>80

注：表中 v_s 系岩石的剪切波速；v_{se} 系土层的等效剪切波速。

2. 抗震结构体系选择原则

（1）应根据建筑物、构筑物和管网的使用功能、材质、建设场地、地基地质、施工条件和抗震设防要求等因素，经技术经济综合比较后确定。

（2）构筑物的平面、竖向布置宜规则、对称，质量分布和刚度变化宜均匀；相邻各部分刚度不宜突变。

（3）对体形复杂的构筑物，宜设置防震缝将结构分成规则的结构单元；当设置防震缝有困难时，应对整体进行抗震计算，针对薄弱部位，采用有效的抗震措施。

（4）管道与构筑物、设备的连接处（含一定距离内），应配置柔性构造措施。

（5）各种设备的支座、支架和连接，应满足相应烈度的抗震要求。

（6）毗连构筑物及与构筑物连接的管道，当坐落在回填土上时，回填土应严格分层夯实，其压实密度应达到该回填土最大压实密度的 95%～97%。

3. 管道结构抗震验算要求

（1）埋地管道应计算地震时剪切波作用下产生的变形或应变。

（2）架空管道可对支承结构作为单质点体系进行抗震验算。

（3）埋地管道承插式连接或预制拼装结构（如盾构、顶管等），应进行抗震变位验算。

（4）抗震设防烈度 6 度管道结构可不进行截面抗震验算，应符合相应设防烈度的抗震措施要求。

（5）除（3）、（4）款以外的管道结构均应进行截面抗震强度或应变量验算。

4. 埋地管道的抗震验算

埋地管道应计算在水平地震作用下，剪切波所引起管道的变位或应变。

埋地管道的地震作用，一般情况下仅考虑剪切波行进时对不同材质管道产生的变位或应变；可不计算地震作用引起管道内的动水压力。

（1）承插式接头的埋地圆形管道，在地震作用下应满足公式（9.1-1）的要求：

$$\gamma_{EHP} \Delta_{pl,k} \leqslant \lambda_c \sum_{i=1}^{n} [u_a]_i \qquad (9.1\text{-}1)$$

式中　$\Delta_{pl,k}$——剪切波行进中引起半个视波长范围内管道沿管轴向的位移量标准值；

　　　γ_{EHP}——计算埋地管道的水平向地震作用分项系数，可取 1.20；

　　　$[u_a]_i$——管道 i 种接头方式的单个接头设计允许位移量；

　　　λ_c——半个视波长范围内管道接头协同工作系数，可取 0.64；

　　　n——半个视波长范围内管道的接头总数。

管道各种接头方式的单个接头设计允许位移量 $[\mu_a]$ 见表 9.1-3。

管道各种接头方式的单个接头设计允许位移量　　　　表 9.1-3

管道材质	接头填料	$[\mu_a]$(mm)
铸铁管（含球墨铸铁管）	橡胶圈	10
铸铁管、石棉水泥管	石棉水泥	0.2
钢筋混凝土管	水泥砂浆	0.4
PCCP（预应力钢筒混凝土管）	橡胶圈	15
PVC 管、FRP 管、PE 管	橡胶圈	10

（2）整体连接（如焊接连接）的埋地管道，在地震作用下的作用效应基本组合应按公式（9.1-2）确定：

$$S = \gamma_G S_G + \gamma_{EHP} S_{EK} + \phi_t \gamma_t C_t \Delta_{tk} \tag{9.1-2}$$

式中　ϕ_t——温度作用组合系数，可取 0.65；

　　　γ_t——温度作用分项系数，可取 1.4；

　　　C_t——温度作用效应系数，可按弹性理论结构力学方法确定；

　　　Δ_{tk}——温度作用标准值。

（3）整体连接的埋地管道，其结构截面抗震验算应符合公式（9.1-3）的要求：

$$S \leqslant \frac{|\varepsilon_{ak}|}{\gamma_{PRE}} \tag{9.1-3}$$

式中　$|\varepsilon_{ak}|$——不同材质管道的允许应变量标准值；

　　　γ_{PRE}——埋地管道抗震调整系数，可取 0.9。

5. 符合下列条件的管道可不进行抗震验算：

（1）各种材质的埋地预制圆形管，其连接口均为柔性构造，且每个接口的允许轴向拉、压变位不小于 10mm。

（2）抗震设防烈度为 6 度、7 度，符合 7 度抗震构造要求的埋地雨、污水管道。

（3）抗震设防烈度为 6 度、7 度或 8 度 Ⅰ、Ⅱ 类场地的焊接钢管和自承式架空平管。

（4）管道上的阀门井、检查井等附属构筑物。

（5）天然地基上的埋地管道。

9.1.4　抗震设计的构造措施

根据地震工作以预防为主的方针，地震区的给水排水工程设计除进行必要的结构抗震验算外，还应采取必要的构造措施来抵御不可预见的地震作用力的破坏。

1. 抗震设计的基本要求

（1）给水水源设置宜不少于两个，并设在不同方位。

（2）排水系统宜分区设置，就近处理和分散出口。

（3）给水管网应敷设成环状。

（4）排水系统内的干线与干线之间，宜设置连通管。

（5）位于 Ⅰ 类场地上的构筑物，可按本地区抗震设防烈度降低一度采取抗震构造措施，但设计基本地震加速度为 0.15g 和 0.3g 地区不降；计算地震作用时不降；抗震设防烈度为 6 度时不降。

（6）管道穿过建（构）筑物的墙体或基础时，应符合下列要求：

1）在穿管的墙体或基础上应设置套管，穿管与套管间的缝隙内应填充柔性材料；

2）当穿越的管道与墙体或基础嵌固时，应在穿越的管道上就近设置柔性连接。

（7）当抗震设防烈度为 7 度、8 度且地基土为可液化土地段或抗震设防烈度为 9 度时，管道上的阀门井、检查井等构筑物不宜采用砌体结构。如采用砌体结构时，砖不应低于 MU10，块石不应低于 MU20，砂浆不应低于 M10，并应在砌体内配置水平封闭钢筋，每 500mm 高度内不应少于 2φ6。

2. 给水排水工程的构筑物和管网的抗震设防，应符合下列要求：

（1）对厂站的厂址和管网的线路，应由工程设计的工艺专业会同结构专业通过可行性研究或初步设计论证确定。首先应依据岩土工程勘察报告做好场地的选择，尽量避开不利地段，选择有利地段，不应在危险地段建设。

（2）当管道、厂站内构筑物不能避免在液化地段建造时，应对液化土层进行抗震处理。液化土层的抗震处理，应根据构筑物、管道的使用功能和土层液化等级，按国家标准《室外给水排水和燃气热力工程抗震设计规范》GB 50032 的规定，区别对待提供处理措施。

（3）当管道线路不可避免需要靠近或通过发震断裂建造时（指已评价为不可忽视的必震断裂影响），应符合下列要求：

1）当靠近发震断裂建造时，应避开一定的距离；避开的最小距离，不应小于规范规定的要求；

2）当管道不可避免通过发震断裂时，应尽量与断裂带正交；管道应采用钢管或聚乙烯（PE）管（无压、中低压管道）；管道应敷设在套管内，周围填充砂料；断裂带两侧的管道上应设置紧急关断阀（宜采用振动控制的速闭阀门），以及时控制震害。

（4）当管道和厂站内构筑物靠近河、湖、塘边坡建造时，如地基内存在液化土或软土时，应通过对边坡的抗震滑动稳定验算，做好边坡加固处理。

（5）对管网应根据其运行功能，分区、分段设置阀门，以便按需切断，控制震害；阀门处应设置阀门井。

（6）对于中、小城镇由于条件限制，仅具备一个水源时，应适当增加净水厂中清水池的有效容积；增加容量不少于最高日运行量的 10%。

（7）管网中管道结构的抗震设防，应符合下列要求：

1）采用承插连接的圆形管道，其接口内应为柔性连接构造；当采用刚性接口圆形管道或钢筋混凝土矩形管道（含共同沟）时，应按国家标准《室外给水排水和燃气热力工程抗震设计规范》GB 50032 的规定做抗震计算，依据计算结果配置必要的柔性接口或变形缝；

2）采用钢管时，应具备可靠的管内、外及管件的防腐措施；

3）采用 PE 管时，应根据 PE 管不同结构形式的特点按规范规定进行抗震计算，同时在计算中不宜计入管土共同作用（即位移传递系数取 1.0）；

4）采用钢管或刚性连接口管道时，在与设备连接处应设置可靠的抗震措施，防止在地震行波作用下管道呈现拉、压（瞬时交替作用）导致损坏设备。

9.1.5　小区给水排水管网抗震设计

1. 小区给水管网设计

（1）线路选择与布置

1）生活给水、消防给水管道的布置与敷设宜采用埋地敷设或管沟敷设；管道应避免敷设在高坎、深坑、崩塌、滑坡地段；给水干管应布置成环状，并应在环管上合理设置阀门井。

2）采用市政供水管网供水的建筑、建筑小区宜采用两路供水，不能断水的重要建筑应采用两路供水，或设两条引入管。

3）热水管道的布置与敷设宜采用直埋敷设或管沟敷设，抗震设防烈度为 9 度的地区宜采用管沟敷设；管道应避免敷设在高坎、深坑、崩塌、滑坡地段；管道应结合防止热水管道的伸缩变形采取抗震变形措施，保温材料应具有良好的柔性。

4) 管道布置应尽量避免水平向或竖向的急剧转弯，有条件时采用埋地敷设。

5) 如因实际需要，干管敷设成枝状时，宜增设连通管，如图 9.1-1 所示。连通管管径可根据两端管径，择其大者。

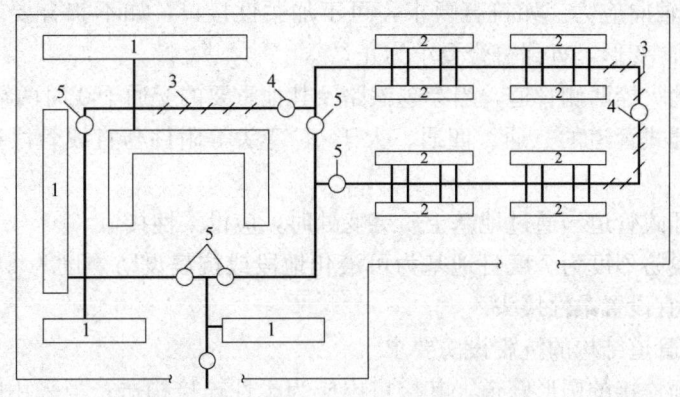

图 9.1-1 枝状给水干管增设连通管
1—厂房；2—住宅；3—连通管；4—连通管控制阀门；5—管道控制阀门

6) 当输水等埋地管道不能避开活动断裂带时，应采取下列措施：

① 管道宜尽量与断裂带正交；

② 管道应敷设在套筒内，周围填充砂料；

③ 管道与套筒应采用钢管；

④ 断裂带两侧的管道上（距离断裂带有一定距离）应设置紧急关断阀门。

（2）管材选择

1) 生活给水管宜采用球墨铸铁管、双面防腐钢管、塑料和金属复合管、PE 管等具有延性的管道。

2) 热水管宜采用不锈钢管、双面防腐钢管、塑料和金属复合管。

3) 消防给水管宜采用球墨铸铁管、焊接钢管、热浸镀锌钢管。

4) 过河的倒虹管或架空管道应采用钢管，并在两端设置关断阀门。

5) 穿越铁路或其他交通干线以及位于地基土为液化土地段的管道，宜采用钢管。

6) 通过地震断裂带的输水管道或配水管网的主干管道，宜采用钢管，并在两端增设阀门。如图 9.1-2 所示。

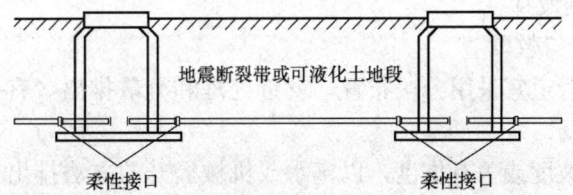

图 9.1-2 通过地震断裂带或可液化土地段的管道敷设

（3）管道接口方式

管道接口的构造是管道改善抗震性能的关键，采用柔性接口是管道抗震最有效的措施。柔性接口中，胶圈接口的抗震性能较好。

柔性接口的敷设位置如下：

1）地下直埋钢管、刚性接口的管道和砌体管道的直线管段，须计算其在地震剪切波作用下所产生的轴向应力。如符合要求，可不加柔性接口，如不符合要求，则加柔性接口，并计算其轴向变形，直到符合要求为止。

2）阀门、消火栓两侧管道，当穿越铁路及其他重要的交通干线时两端应设柔性接口。

3）埋地承插式管道的三通、四通、大于 45°弯头等附件与直线管段连接处，应设柔性接口。

4）埋地承插式管道当通过地基土质突变处时，应设柔性接口。

5）当抗震设防烈度为 7 度且地基为可液化地段或抗震设防烈度为 8 度、9 度时，泵的进、出水管上宜设置柔性接头。

（4）管网中管道结构的抗震设防要求

1）采用承插连接的圆形管道，其接口内应为柔性连接构造；当采用刚性接口圆形管道或钢筋混凝土矩形管道（含共同沟）时，应按国家标准《室外给水排水和燃气热力工程抗震设计规范》GB 50032 的规定做抗震计算，依据计算结果配置必要的柔性接口或变形缝。

2）采用钢管时，应具备可靠的管内、外壁及管件的防腐措施。

3）采用 PE 管时，应根据 PE 管不同结构形式的特点按规范规定进行抗震计算，同时在计算中不宜计入管土共同作用（即位移传递系数取 1.0）。

4）采用钢管或刚性连接口管道时，在与设备连接处应设置可靠的抗震措施，防止在地震行波作用下管道呈现拉、压（瞬时交替作用）导致损坏设备。

（5）其他设计要求

1）抗震设防烈度为 7 度、8 度且地基土为可液化地段或抗震设防烈度为 9 度的地区，室外埋地给水管道不得采用塑料管。

2）给水管网内的干线和支线主要连接处应设阀门，埋地管道上的阀门应设置阀门井，不得采用阀门套筒。

3）消火栓及阀门，应设置在便于应急使用的部位，例如道路边、开阔地等，不得设在危险建筑物附近。

4）管网上的阀门井等附属构筑物不宜采用砖砌体结构和塑料制品。

注：危险建筑指缺乏抗震能力，又无加固价值的建筑物。

2. 小区排水管网设计

（1）管道的布置与敷设

1）小区的排水管道宜采用分段布置，就近处理和分散排出，有条件时应适当增设连通管，如图 9.1-3 所示。

2）连通管不设坡度或稍有坡度，以壅水或机械提升的方法排出被震坏的排水系统中的污废水。连通管的管径，可在排入管与排出管管径间根据情况确定。

3）排水管道应尽量选择良好的地基，避免敷设在高坎、深坑、崩塌、滑坡地段。

4）污水干管应设置事故排出口。

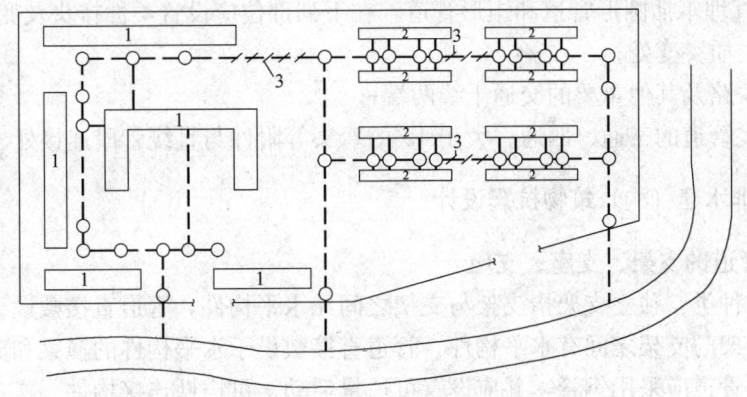

图 9.1-3　排水干管增设连通管
1—厂房；2—住宅；3—连通管

5）接入城市市政排水管网时宜设有一定防止水流倒灌的跌水高度。

（2）管材、接口和基础

1）排水管材宜采用 PVC 和 PE 双壁波纹管、钢筋混凝土管、预应力钢筋混凝土管、承插球墨铸铁管或其他类型的化学管材，不得采用陶土管、石棉水泥管。

2）抗震设防烈度为 7 度、8 度且地基土为可液化地段或抗震设防烈度为 9 度的地区，室外埋地排水管道不得采用塑料管。管网上的检查井等附属构筑物不宜采用砖砌体结构和塑料制品。

3）管道接口应根据管道材质和地质条件确定，可采用刚性接口或柔性接口，污水及合流管道宜选用柔性接口，抗震设防烈度为 8 度的Ⅲ、Ⅳ类场地或抗震设防烈度为 9 度的地区，管材应采用承插式连接，其接口处填料应采用柔性材料。

4）地下直埋圆形排水管道应符合下列要求：

① 当采用钢筋混凝土平口管，抗震设防烈度为 8 度以下及 8 度Ⅰ、Ⅱ类场地时，应设置混凝土管基，并应沿管线每隔 26～30m 设置变形缝，缝宽不小于 20mm，缝内填柔性材料，8 度Ⅲ、Ⅳ类场地或 9 度地区，不应采用平口连接管；

② 当穿过可液化地段的钢筋混凝土管道采用预制平口接头时，应对该管道做钢筋混凝土满包，纵向总配筋率不宜小于 0.3%；并应沿线加密设置变形缝（构造同上），缝距一般不宜大于 10m；

③ 8 度Ⅲ、Ⅳ类场地或 9 度地区，应采用承插式管或企口管，其接口处填料应采用柔性材料。

5）混合结构的矩形管道，应符合下列要求：

① 砌体采用级砖不应低于 MU10，块石不应低于 MU20，砌筑砂浆不应低于 M10；

② 钢筋混凝土盖板与侧墙应有可靠连接，抗震设防烈度为 7 度或 8 度且属Ⅲ、Ⅳ类场地时，预制装配顶盖不得采用梁板系统结构（不含钢筋混凝土槽形板结构）；

③ 基础应采用整体底板，当抗震设防烈度为 8 度且场地为Ⅲ、Ⅳ类时，底板应为钢筋混凝土结构；

④ 当抗震设防烈度为 9 度或场地为可液化地段时，矩形管道应采用钢筋混凝土结构，并适量加设变形缝，缝宽不宜小于 20mm，缝距一般不宜大于 15m。

6）地下直埋承插圆形管道和矩形管道，在下列部位应设置柔性接头及变形缝：

① 地基土质突变处；

② 穿越铁路及其他重要的交通干线两端；

③ 承插式管道的三通、四通、大于45°的弯头等附件与直线管段连接处。

9.1.6　给水排水建（构）筑物抗震设计

1. 架空管道的支架、支座、支墩

支架种类：独立支架指支架与支架之间无水平构件，管道直接敷设于支架上；管廊式支架指支架与支架之间有水平构件，管道直接敷设于水平构件的横梁和支架上。

（1）架空管道应采用钢管，并应设置可适量活动、可挠性连接构件。

（2）架空管道的支架应采用钢筋混凝土结构或钢结构，不得采用各种脆性材料作支承结构。

（3）钢筋混凝土固定支架宜采用现浇结构，活动支架可采用装配式结构，但梁和柱应整体预制，支柱与各结构的连接应加强，使之能承担地震剪力。

（4）架空管道的活动支架上应设置侧向挡板，如图9.1-4所示。

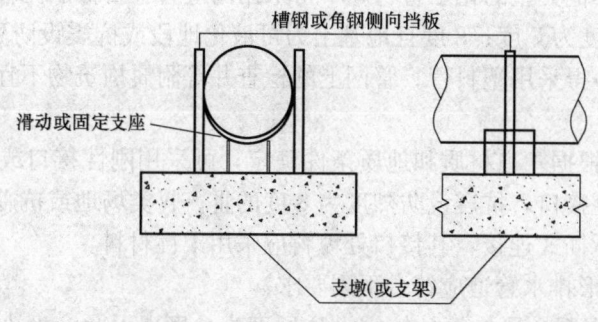

图9.1-4　支架上设置侧向挡板

（5）架空管道不得架设在设防标准低于其设计地震烈度的建筑物上。

（6）管道的支墩或支座位于非岩石地基上时，应埋入坚硬土层，并适当加大断面，以减少管道在地震时的附加沉陷。在支墩的应力集中处应增设钢筋。

2. 阀门井、检查井等附属构筑物

对于抗震设防烈度为7度、8度且地基土为可液化地段，以及抗震设防烈度为9度的地区，地下管网的阀门井、检查井等附属构筑物的砖砌体，应采用不低于MU10的砖和M10砂浆砌筑并应配置环向水平封闭钢筋。每50cm高度内不宜少于2根ϕ6钢筋。其余可按非地震区设计。

3. 取水构筑物和泵房

（1）对于抗震设防烈度为6度、7度和抗震设防烈度为8度且泵房地下部分高度与地面以上高度之比大于1的地下水取水井室（泵房）、各种功能泵房的地下部分结构均可不进行抗震验算，但均应符合相应烈度（含需要提高一度设防）的抗震措施要求。

（2）地下水取水井室的结构构造，当抗震设防烈度为7度、8度时，砌体砂浆不应低于M7.5；门宽不宜大于1.0m；窗宽不宜大于0.6m。

（3）泵房内的管道应有牢靠的侧向支撑。沿墙敷设的管道应设支架和托架。支撑可结合竖管安置情况设置，间距不宜大于 4m。竖管底部应与支墩有铁件连接，水泵的出水管应设置良好的柔性连接。

（4）非自灌式水泵的吸水管宜采用钢管。若采用铸铁管时，弯头处及直线管段上应设一定数量的柔性接口或全线采用胶圈石棉水泥填料的半柔性接口。吸水管穿越泵房墙壁处宜嵌固并应在墙外设柔性接口。穿越吸水井墙壁处宜设置套管，吸水管与套管之间应填柔性填料。

（5）泵房内的水泵及配管的抗震措施见"9.1.8 室内管道抗震支吊架设计"。

（6）取地下水的水源井，井管应采用钢管；当地基内存在液化土层时，井管内径与泵体外径间的空隙不宜少于 50mm；对运转中可能出砂的管井，应设置补充滤料设施。

（7）管井的设计构造，应符合下列要求：

1）除抗震设防烈度为 6 度或 7 度的 I、II 类场地外，管井不宜采用非金属材料；

2）当采用深井泵时，井管内径与泵体外径间的空隙不宜少于 50mm；

3）当管井必须设置在可液化地段时，井管应采用钢管，并宜采用潜水泵；水泵的出水管应设有良好的柔性连接；

4）对运转中可能出砂的管井，应设置补充滤料设施。

4. 盛水构筑物（水池）

（1）当抗震设防烈度为 8 度、9 度时，盛水构筑物不应采用砌体结构，应采用钢筋混凝土结构。

（2）当有抗震设防烈度要求时，宜利用地形，设置高位水池，尽量不建水塔。

（3）盛水构筑物应尽量采用地下式，结构的平面形状宜采用圆形或方形。

（4）盛水构筑物采用砌体结构时，砖砌体强度等级不应低于 MU10，块石砌体强度等级不应低于 MU20，砌筑砂浆应采用水泥砂浆，其强度等级不应低于 M7.5。当采用钢筋混凝土水池时，混凝土强度不应低于 C25。

（5）盛水构筑物宜有单独的进水管和出水管。管材宜采用双面防腐钢管，进、出水管道上应设置控制阀门。

（6）所有水池配管，宜预埋柔性防水套管，在外壁应设置柔性接口。

5. 水塔

水塔一般为普通类型、功能单一的独立水塔，水柜一般采用钢筋混凝土结构。水柜的支承结构应根据水塔建设场地的抗震设防烈度、场地类别及水柜容量确定其形式。

（1）抗震设防烈度 6 度、7 度地区且场地为 I、II 类，水柜容积不大于 20m³ 时，可采用砖柱支承。

（2）抗震设防烈度 6 度、7 度或 8 度 I、II 类场地，水柜容积不大于 50m³ 时，可采用砖筒支承。

（3）抗震设防烈度 9 度或 8 度且场地为 III、IV 类时，应采用钢筋混凝土结构支承。

（4）水柜可不进行抗震验算，但应符合相应构造措施要求。

（5）水柜支承结构当符合下列条件时，可不进行抗震验算，但应符合相应构造措施要求。

1）抗震设防烈度 7 度且场地为 I、II 类的钢筋混凝土支承结构；水柜容积不大于

$50m^3$ 且高度不超过 20m 的砖筒支承结构；水塔容积不大于 $20m^3$ 且高度不超过 7m 的砖柱支承结构。

2）抗震设防烈度 7 度或 8 度且场地为 Ⅰ、Ⅱ类，水柜的钢筋混凝土砖筒支承结构。

（6）水塔的抗震验算应考虑水塔满水和泄空两种工况；抗震设防烈度 9 度地区的水塔应考虑竖向地震作用。

（7）当抗震设防烈度为 8 度或 9 度时，水塔的明装管道应采用钢管。埋地管道可采用铸铁管，但在弯头、三通、阀门等附件前后应设柔性接口。

（8）水塔距其他建筑物的距离不应小于水塔高度的 1.5 倍。

6. 生活垃圾处理工程

（1）垃圾焚烧厂内的主要设施：进料车间、焚烧厂房、发电机房、变配电间、烟气处理车间、控制室等，应符合现行国家标准《建筑抗震设计规范》GB 50011 的规定；锅炉房、油库等应符合现行国家标准《构筑物抗震设计规范》GB 50191 的规定；污水处理站的构筑物应符合现行国家标准《室外给水排水和燃气热力工程抗震设计规范》GB 50032 的规定。

（2）垃圾卫生填埋场内的主要设施：污水调节池、污水处理站等应符合现行国家标准《室外给水排水和燃气热力工程抗震设计规范》GB 50032 的规定；垃圾填埋库区及运输道路的边坡抗震稳定性、垃圾坝的抗震设计及抗震措施，应符合国家现行标准《水电工程水工建筑物抗震设计规范》NB 35047 的规定（应注意荷载、工况等不同条件）。

（3）垃圾堆肥厂内的主要设施：进料车间、分拣车间、堆肥车间、变配电间、污水处理站等，抗震设防要求同（1）。

9.1.7　室内给水排水及设备、设施的抗震设计

抗震设防烈度 6 度及 6 度以上地区的建筑机电工程必须进行抗震设计。对位于抗震设防烈度为 6 度地区且除甲类建筑外的建筑机电工程，可不进行地震作用计算。

1. 室内给水排水抗震设计

（1）给水排水管道种类

生活给水管道（生活饮用水管道、生活热水供回水管道、直饮水管道及生产给水管道）、中水给水管道、雨水回用水管道、循环水管道（冷却塔循环给水及回水管道、建筑各种水处理给水及回水管道）、消防给水管道（消火栓给水、自动喷水灭火给水、雨淋灭火给水、水幕防火给水、大空间灭火给水、水喷雾灭火给水及细水雾灭火给水等管道）、非连续非满水流管道（生活污水排水管、生活废水排水管、屋面雨水排水管）、非连续满流管道（气体灭火供气管道、预作用自动喷水灭火管道、雨淋喷水灭火管道、防火水幕和分隔水幕喷水管道及虹吸屋面雨水管道）等。

（2）管道选用

1）生活给水管、热水管的选用

① 抗震设防烈度 8 度及 8 度以下地区的多层建筑应按现行国家标准《建筑给水排水设计规范》GB 50015 规定的材质选用，一般可采用薄壁不锈钢管、铜管、塑料与金属复合管及塑料给水管等。

② 高层建筑及抗震设防烈度 9 度地区建筑的干管、立管应选用铜管、不锈钢管、金

属复合管等高强度且具有较好延性的管道，连接方式可采用管件连接或焊接。

③ 高层建筑及抗震设防烈度9度地区建筑的入户管阀门之后应设软接头。

④ 消防给水管、气体灭火供气管道的管材及连接方式应根据系统工作压力按国家现行消防标准规定选用。一般采用内外壁热浸镀锌钢管、无缝钢管或焊接钢管，法兰接口、螺纹接口或焊接连接等。

2) 重力流排水的污、废水管的选用

① 抗震设防烈度8度及8度以下地区的多层建筑应按现行国家标准《建筑给水排水设计规范》GB 50015 规定的材质选用，一般采用塑料排水管、柔性接口机制排水铸铁管等。

② 高层建筑及抗震设防烈度9度地区建筑宜采用柔性接口机制排水铸铁管。

(3) 管道布置与敷设

1) 抗震设防烈度8度、9度地区的高层建筑的给水、排水立管直线长度大于50m时，宜采取抗震措施；直线长度大于100m时，应采取抗震措施。

2) 抗震设防烈度8度、9度地区的高层建筑的生活给水系统，不宜采用同一给水立管串联两组或多组减压阀分区供水方式。

3) 需要设防的室内给水、热水以及消防管道中管径大于或等于 DN65 的水平管道，当其采用吊架、支架或托架固定时，应设置抗震支撑。室内自动喷水灭火系统和气体灭火系统等消防系统还应按相关施工及验收规范的要求设置防晃支架；管段设置抗震支架与防晃支架重合处，可只设抗震支撑。

4) 管道不应穿越防震缝。当给水管道必须穿越防震缝时宜靠近建筑物的下部穿越，且应在防震缝两边各装一个柔性管接头或在通过防震缝处安装门型弯头或设置伸缩节。

5) 管道穿越内墙或楼板时，应设置套管；套管与管道间的缝隙，应采用柔性防火材料封堵。

6) 当抗震设防烈度8度、9度地区建筑物给水引入管和排水出户管穿越地下室外墙时，应设防水套管。穿越基础时，基础与管道间应留有一定空隙，并宜在管道穿越地下室外墙或基础处的室外部位设置波纹管伸缩节。

2. 给水排水设备、设施抗震

建筑机电工程设备、设施指为建筑使用功能服务的附属机械、电气构件、部件和系统。包括电梯、照明系统、通信设备、暖通空调系统、管道系统、消防系统和共用天线等。

(1) 一般规定

1) 生活、消防用金属水箱、玻璃钢水箱宜采用应力分布均匀的圆形或方形水箱；

2) 建筑物内的生活用低位水箱（池）、消防水池及相应的低区给水泵房、高区转输泵房、低区热交换间等宜布置在建筑结构地震反应较小的地下室或底层；

3) 高层建筑的中间水箱（池）、高位水箱（池）应靠近建筑物中心位置，水泵房、热交换间等宜靠近建筑物中心部位布置；

4) 应保证设备、设施、构筑物有足够的检修空间；

5) 运行时不产生振动的给水水箱、水加热器、太阳能集热设备、冷却塔、开水炉等设备、设施应与主体结构牢固连接，与其连接的管道应采用金属管道；

6）抗震设防烈度 8 度、9 度地区建筑物的生活、消防水箱（池）的配水管、水泵吸水管应设软管接头；

7）抗震设防烈度 8 度、9 度地区建筑物中水泵等设备应设防震基础，且应在基础四周设限位器固定，限位器应经计算确定。

（2）设备、设施内容

1）静止设备、设施指金属制品水箱、玻璃钢及塑料制品水箱（容器）、金属水加热器、金属换热器、各种形式太阳能集热设施、冷却塔、金属及玻璃钢和塑料制水处理设施设备、开水器（炉）、压力水罐等。

2）旋转设备、设施指各种类型水泵（生活泵、中水泵、消防泵、稳压泵等）、空气源热泵、水（地）源热泵、除湿热泵、消毒设备总成等。

（3）设备、设施应设置下列抗震限位固定装置：

抗震设防烈度为 8 度和 9 度的地区采用下列抗震限位固定装置，以便将地震作用全部传递到建筑主体结构上。

1）静止设备、设施

① 设备、设施本体或设备基础应与结构基础采用 L 形抗震防滑钢件予以固定；

② 隔震基础的混凝土惰性块厚度应经计算确定，但不小于 100mm，强度不低于 C30；

③ 基础位于楼层楼板上时，基础与楼板或底板采用钢筋连接；

④ 设备顶部设置的抗震支撑不应设置在非承重墙体上。

2）旋转设备、设施

① 基础应为抗震基础；

② 防震基础周围应采用直角 Z 形和 Z 形抗震防滑钢件与楼板或底板予以固定；

③ 设备、设施的接管按本手册 9.1.8 条的要求设置抗震支吊架，减少地震动通过管道对设备的影响。

3）抗震设防烈度为 6 度和 7 度的地区，静止设备和旋转设备均按以上要求设置相应的抗震防滑钢件及连接钢筋。

（4）设备、设施的抗震限位固定装置抗震计算

1）机电工程设施和支吊架计算

① 机电工程设施的地震作用效应（包括自身重力产生的效应、支座相对位移产生的效应及其他荷载效应的基本组合），按公式（9.1-4）计算：

$$S = \gamma_G S_{GE} + \gamma_{Eh} S_{Ehk} \qquad (9.1\text{-}4)$$

式中　S——机电工程设施或构件内力组合的设计值，包括组合的弯矩、轴向力、剪力设计值；

γ_G——重力荷载分项系数，一般取 1.2；

γ_{Eh}——水平地震作用分项系数，一般取 1.3；

S_{GE}——重力荷载代表值的效应；

S_{Ehk}——水平地震作用标准值的效应。

② 机电工程设施或构件抗震验算时，摩擦力不得作为抵抗地震作用的抗力；承载力抗震系数可采用 1.0，并应满足公式（9.1-5）的要求：

$$S \leqslant R \qquad (9.1\text{-}5)$$

式中　R——构件承载力设计值。

③ 室内高位水箱应与所在结构工程有可靠连接,如抗震设防烈度为 8 度及 8 度以上时,结构工程设计应考虑高位水箱对结构工程体系产生的附加地震作用效应。

④ 地震作用下需要连续工作的机电工程设施,其支吊架应能保证设施的正常工作,相关部位的结构构件应采取相应的加强措施。

⑤ 机电工程设施的设防承受的不同方向地震作用应由不同方向的抗震支撑来承担,水平方向的地震作用应由两个不同方向的抗震支撑来承担。

⑥ 设备底部固定在结构楼板上时,应根据所承受的拉力和剪力计算地脚螺栓的规格尺寸。计算简图见图 9.1-5。

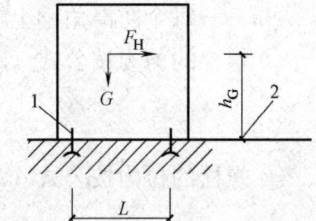

2)地脚螺栓的拉力,按公式(9.1-6)计算:

$$N_t = \frac{(\gamma_{Eh} \cdot F_H \cdot h_G) - 0.5G \cdot L}{n_t \cdot L} \leqslant N_{tb} \quad (9.1\text{-}6)$$

式中　N_t——地脚螺栓的拉力(N);

　　　F_H——水平地震作用标准(N);

　　　h_G——设备重心高度(mm);

　　　G——非结构构件的重力(N);

图 9.1-5　设备顶部无连接构件
支撑加固的地脚螺栓计算简图
1—地脚螺栓;2—设备基础表面

　　　L——地脚螺栓间距(mm);

　　　n_t——设备倾倒时,承受拉力一侧的地脚螺栓总数;

　　　N_{tb}——每个地脚螺栓的承载力设计值(N/mm²)。

3)地脚螺栓的剪力,按公式(9.1-7)计算:

$$N_V = \frac{F_H}{n} \quad\quad\quad\quad\quad\quad (9.1\text{-}7)$$

式中　N_V——地脚螺栓的剪力(N);

　　　n——地脚螺栓的数量。

4)设备无法用地脚螺栓与楼板(地)面连接时,应采用 L 形抗震防滑角钢进行限位,并按下列规定进行计算:

① 计算简图见图 9.1-6。

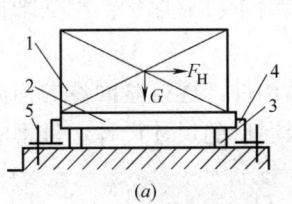
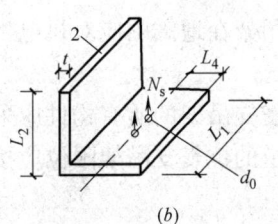

(a)　　　　　　　　　　(b)

图 9.1-6　L 形抗震防滑角钢计算简图
(a) 防滑角钢正视图;(b) 防滑角钢轴测图
1—设备;2—设备基础;3—基础隔震装置
4—L 形抗震防滑角钢;5—螺栓

② 防滑角钢的钢板厚度按公式(9.1-8)计算:

$$t = \sqrt{\frac{6\gamma_{Eh} \cdot F_H \cdot L_2}{f(L_1 - m \cdot d_0) \cdot N_s}}$$ (9.1-8)

式中 t——防滑角钢的厚度（mm）；

L_1——防滑角钢的长度（mm）；

L_2——防滑角钢受力点到底板的高度（mm）；

d_0——螺丝孔直径（mm）；

N_s——设备一侧的防滑角钢数量；

f——钢材的抗弯强度设计值（N/mm²）；

m——每个防滑角钢上螺栓的数量。

③ 螺栓的剪力按公式（9.1-9）计算：

$$N_V = \frac{\gamma_{Eh} \cdot F_H}{m \cdot N_S}$$ (9.1-9)

④ 螺栓的拉力按公式（9.1-10）计算：

$$N_t = \frac{\gamma_{Eh} \cdot F_H \cdot L_2}{L_4 \cdot m \cdot N_S}$$ (9.1-10)

式中 L_4——防滑角钢螺丝孔中心至外边缘的距离（mm）。

⑤ 公式（9.1-9）、公式（9.1-10）计算的 N_v 与 N_t 值，应满足公式（9.1-11）～公式（9.1-13）的要求：

$$N_V \leqslant N_{Vb})$$ (9.1-11)

$$N_V \leqslant N_{Cb}$$ (9.1-12)

$$\sqrt{\left(\frac{N_V}{N_{Vb}}\right)^2 + \left(\frac{N_t}{N_{tb}}\right)^2} \leqslant 1$$ (9.1-13)

式中 N_{Vb}——每个螺栓的受剪承载力设计值（N/mm²）；

N_{Cb}——每个螺栓的承压承载力设计值（N/mm²）。

（5）水泵、水箱、水罐抗震限位安装示例，见图9.1-7～图9.1-14。

9.1.8 室内管道抗震支吊架设计

1. 一般规定

（1）抗震支吊架在地震中应对机电工程设施给予可靠保护，承受来自任意水平的地震作用。

（2）组成抗震支吊架的所有构件应采用成品构件，连接紧固件的构造应便于安装。

（3）保温管道的抗震支吊架限位应按管道保温后的尺寸设计，且不应限制管线热胀冷缩产生的位移。

（4）抗震支吊架应根据其承受的荷载进行抗震验算。

2. 设置范围

（1）抗震设防烈度为6～9度地区的民用建筑内的给水排水管道工程。

（2）建筑物内管径 $DN65$～$DN500$ 的下列给水排水管道工程：

1）管道为连续满水流和非连续满水流的各种管道。

2）每12.0m长度管道的自重大于1.8kN的非连续满水流的特殊管道。

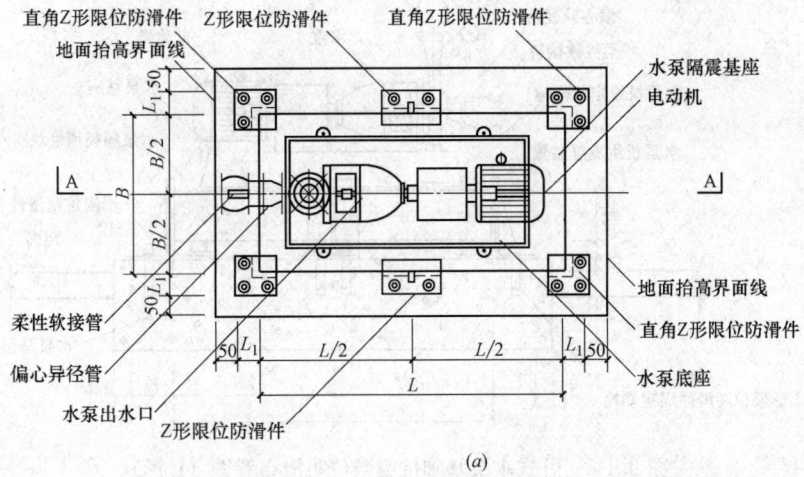

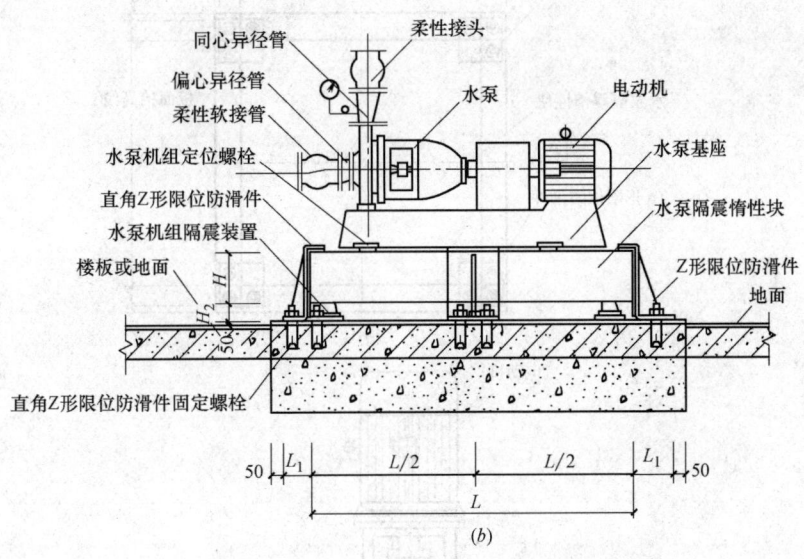

图 9.1-7　卧式水泵基础抗震限位防滑布置图（Z形）

（a）水泵基础限位防滑件平面布置图；（b）A视图

　　（3）管道输送介质温度不高于 90℃ 和管道保温（隔热）层厚度不超过 60mm 的给水排水管道工程。

　　（4）管道所处环境温度不低于 −20℃。

　　3. 给水排水设备、设施

　　（1）静止设备、设施：金属和非金属成品或组装型水箱、压力容器（换热器、气压水罐、水过滤器等）。

　　（2）旋转设备、设施：各种形式和类型的水泵、压缩机、风泵等。

　　4. 管道抗震支吊架技术要求

　　（1）抗震支吊架的技术要求

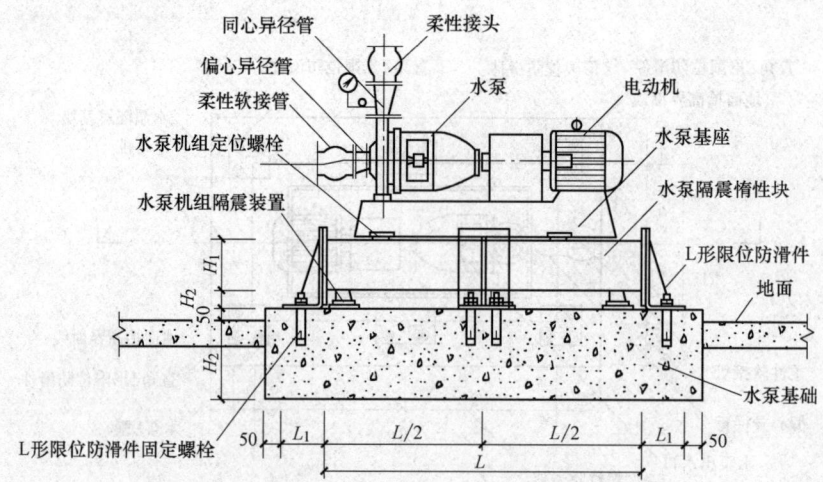

同心异径管　柔性接头
偏心异径管
柔性软接管
水泵机组定位螺栓
水泵机组隔震装置
水泵　电动机
水泵基座
水泵隔震惰性块
L形限位防滑件
地面
水泵基础
L形限位防滑件固定螺栓
H_1　H_2　50　H_2
50　L_1　$L/2$　$L/2$　L_1　50
L

图 9.1-8　卧式水泵基础抗震限位防滑布置图（L形）

直角Z形限位防滑件
水泵隔震惰性块
A形限位防滑件
板面抬高线
50　A　50
50　A　50
(a)

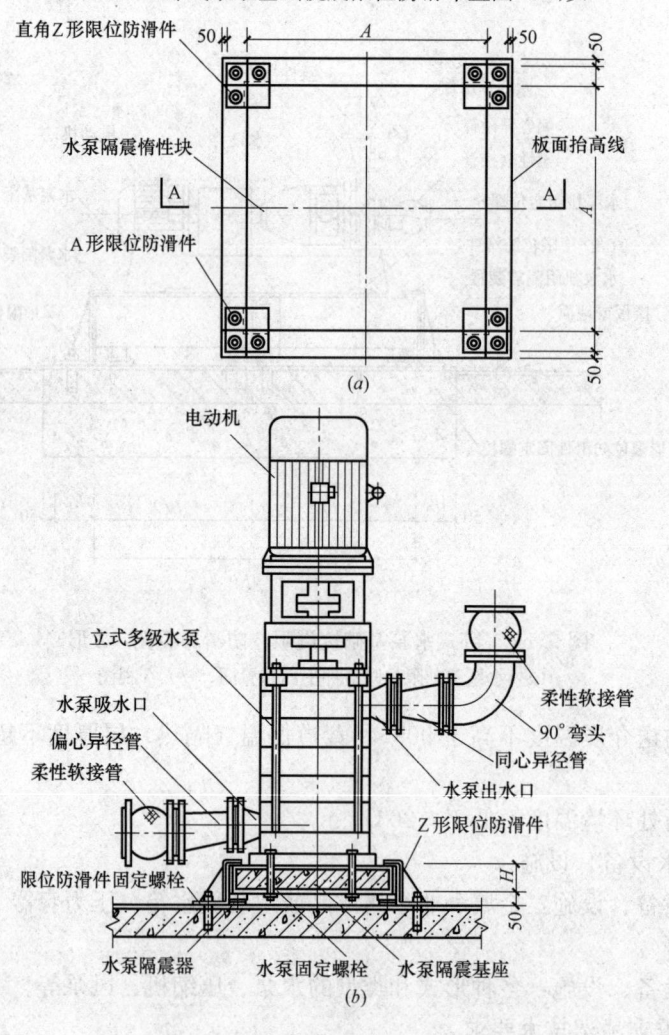

电动机
立式多级水泵
水泵吸水口
偏心异径管
柔性软接管
柔性软接管
90°弯头
同心异径管
水泵出水口
Z形限位防滑件
限位防滑件固定螺栓
H
50
水泵隔震器　水泵固定螺栓　水泵隔震基座
(b)

图 9.1-9　立式水泵基础抗震限位防滑布置图
(a) 水泵基础限位防滑件平面布置图；(b) A 视图

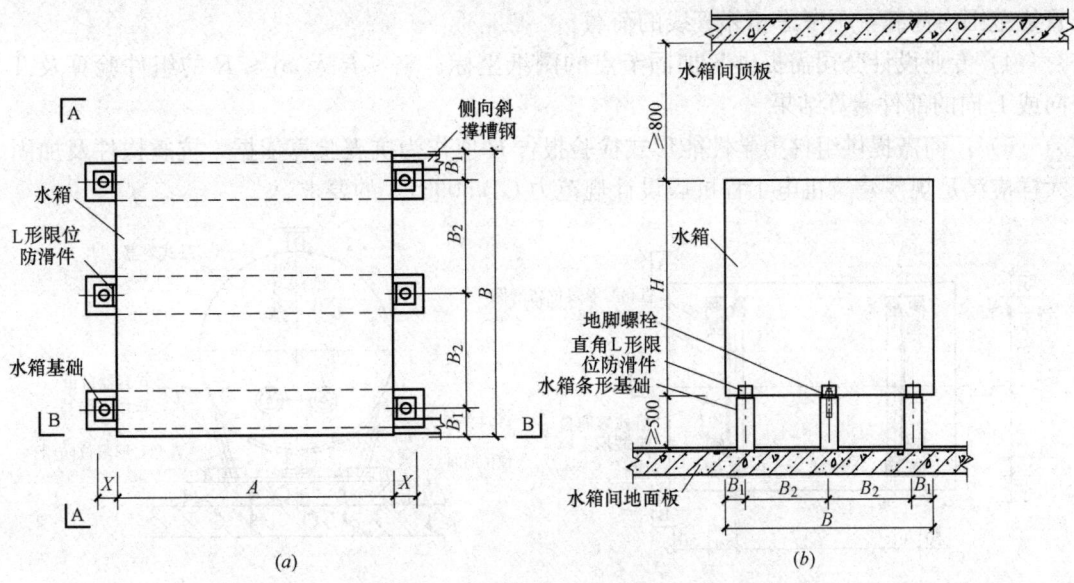

图 9.1-10　楼层水箱抗震限位加固图
(a) 水箱限位防滑件平面布置图；(b) A 视图

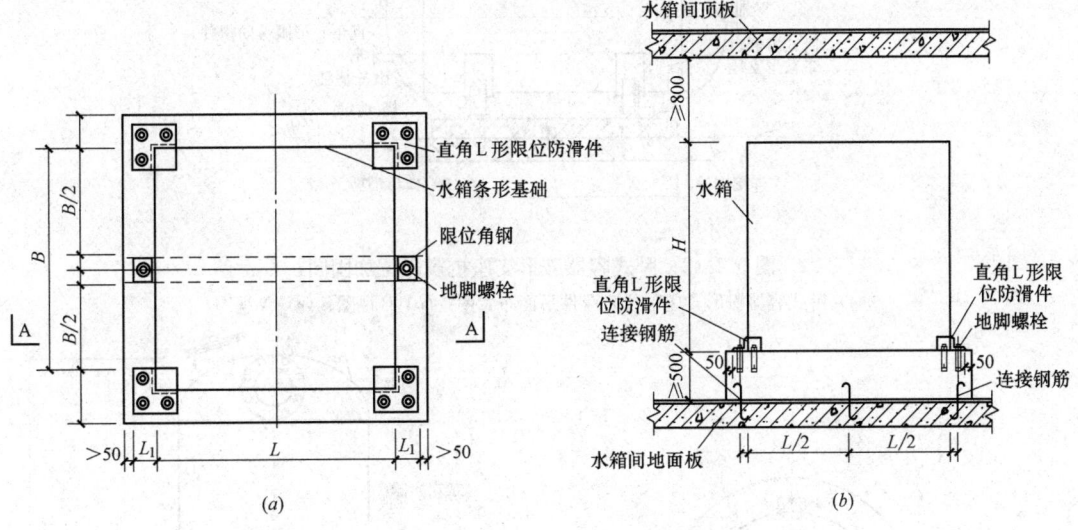

图 9.1-11　地面层水箱抗震限位加固图
(a) 水箱限位防滑件平面布置图；(b) A 视图

1）90°交叉管线的最大截面处必须设立 1 个 T＋L 或两个垂直相邻的 T（即双作用 TL），其另一方向的下一个 T＋L 位置为该管线侧向及纵向最大间距和的一半处 600mm 范围内。其 T 向支撑验算需计算本管线 T 向荷载及另一方向管线的纵向荷载，而 L 向支撑验算需计算本管线 L 向荷载及另一方向管线的 T 向荷载。

2）90°转弯管线处应设置一个 T＋L 或两个相邻 T（即双作用加固点 TL），其距离下一个 T＋L 节点的间距要求及抗震验算要求同 1）。

3）非 90°转弯处分别于各自管线上 600mm 范围内设置一个 T＋L，验算时仅计算本管线范围内荷载，不考虑相邻管线的荷载。

4）专业设计公司需提供各加固节点的图纸坐标、$S_T \leqslant R$ 及 $S_L \leqslant R$ 的组件验算及 T 向或 L 向的部件验算结果。

5）厂商需提供组件力学性能形式检验报告 R 值作为抗震验算依据，抗震构件及加固大样应满足规《建筑机电工程抗震设计规范力 GB 50981》的要求。

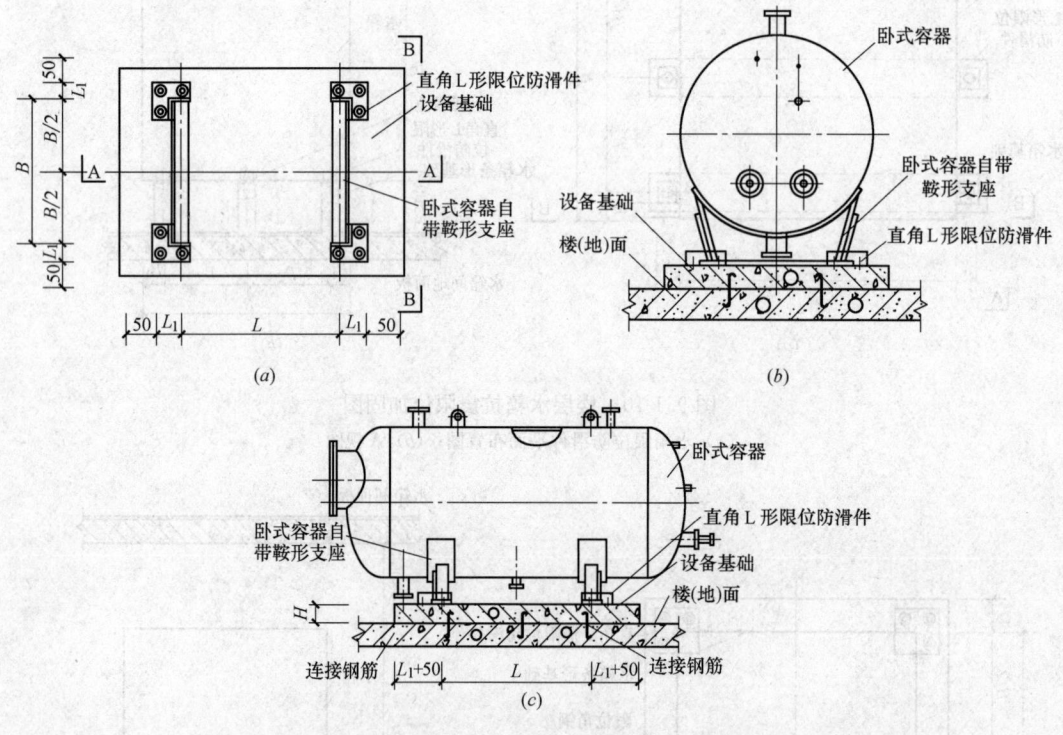

图 9.1-12 卧式容器鞍形支座抗震限位加固图

（a）卧式容器鞍形支座限位防滑件平面布置图；（b）B 视图；（c）A 视图

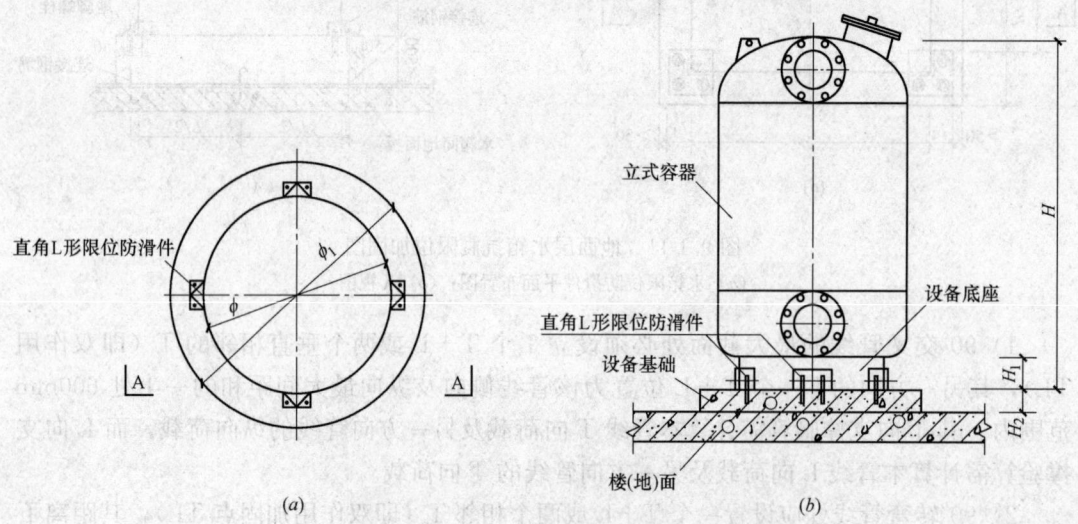

图 9.1-13 立式容器圆形底座抗震限位加固图

（a）立式容器圆形底座限位防滑件平面布置图；（b）A 视图

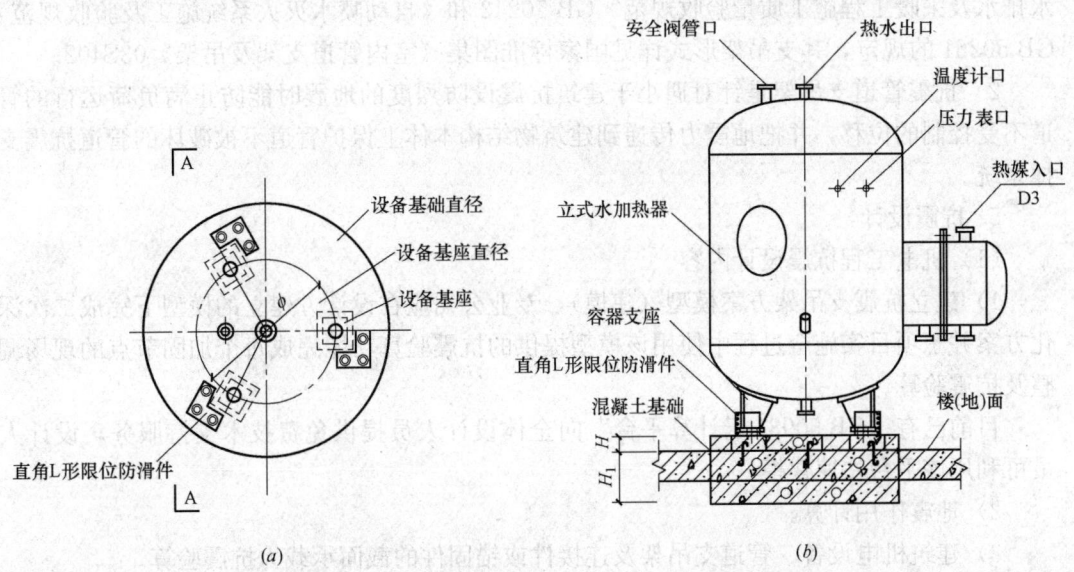

图 9.1-14 立式容器三支座抗震限位加固图

(a) 立式容器三支座限位防滑件平面布置图；(b) A 视图

6）抗震构件需按成品提供，不得现场焊接组装，表面应进行电镀锌防腐处理。

（2）抗震支吊架的设计要求

1）建筑管道抗震支吊架是以削减和消除地震力为主要目的的建筑管道的支撑设施。

2）建筑物受到建筑抗震设防烈度的地震作用后，能将地震力作用全部传递到建筑物的结构体上，使管道免受地震力作用而破坏。

3）建筑物受到建筑抗震设防烈度的地震影响后，能尽快使建筑管道系统恢复正常运行，达到尽快恢复建筑物使用功能的目的。

（3）抗震支吊架和设施的基本要求

1）当发生地震时，给水排水设备、管道、装置等的抗震支撑、措施，应将所承受的地震作用全部传递到建筑结构上；给水排水设备和管道有轻微损伤，经维修应能恢复继续运行。

2）当发生地震时，固定设备、管道等的预埋件、锚固件和支撑应有足够的刚度和承载力，并与建筑结构的连接和锚固应牢固可靠，连接方法应与结构材质相协调。

3）当发生地震时，强烈震动不应破坏与主体结构连接的连接件、抗震设施并防止设备和建筑结构发生谐振。

4）当发生地震时，建筑结构体的震动所产生的相对位移不应对各种支撑、装置造成损伤。

5）当发生的地震高于当地抗震设防烈度的罕见地震时，给水排水设备和管道不发生严重损坏和危及生命安全。

（4）抗震支吊架与承重支吊架的区别

1）承重管道支吊架是将管道输送介质满负荷运行时的重力荷载通过固定在建筑物上的管道支吊架传递到建筑物上的管道固定支撑系统。支吊架的间距和形式应符合《建筑给水排水及采暖工程施工质量验收规范》GB 50242 和《自动喷水灭火系统施工及验收规范》GB 50261 的规定，其支吊架形式详见国家标准图集《室内管道支架及吊架》03S402。

2）抗震管道支吊架是针对遇小于建筑抗震设防烈度的地震时能防止满负荷运行的管道不受控制的位移，并把地震力传递到建筑物结构本体上保护管道不被破坏的管道抗震支撑系统。

5. 抗震设计

（1）机电工程抗震设计内容

1）建立抗震支吊架方案模型（建模），专业公司应在设计方建立的模型下完成二次深化方案并于项目实施全过程中使用该模型提供的抗震验算功能完成每个加固节点的现场调整及抗震验算。

目前已有"GB 50981 云计算平台"向全体设计人员提供免费技术支持服务，设计人员可利用该平台快速建模。

2）地震作用计算。

3）建筑机电设备、管道支吊架及连接件或锚固件的截面承载力抗震验算。

4）确定管道抗震支吊架的间距、形式、构造及建筑结构的连接。

5）规范要求的相应抗震措施。

（2）明确各楼层管道排列布置形式（单管、多管并列、多管多层排列等）和输送介质名称、温度及工作压力。

（3）明确不同管道名称、不同管道材质、保温（隔热）管道所用保温（隔热）材质和厚度。

6. 管道及设备抗震支吊架的分类

（1）按支撑原理分

1）侧向抗震支吊架：与管道轴线垂直并与铅垂方向有一定夹角，保持管道不发生侧向位移的支撑。

2）纵向抗震支吊架：与管道轴线平行但又有一定夹角，保护管道在纵向（管道轴线平行方向）不发生位移的支撑。

3）双向抗震支吊架：在设有管道支吊架处有侧向抗震支撑和纵向抗震支撑，保护管道在该点不发生任何方向位移的支撑。

（2）按支撑方式分

1）单管（杆）悬吊抗震支吊架。

2）门型抗震支吊架：单管门型支吊架；多管门型支吊架。

3）组合型抗震支吊架：全部机电管道、风管、电气管道共用综合型抗震支吊架。

（3）按支撑性质分

1）刚性抗震支吊架：全部支撑部件由槽钢、螺杆或钢管、螺杆紧固件、抗震连接构件组成，能承受拉伸和压缩负荷。

2）柔性抗震支吊架：部分支撑部件由钢丝绳、钢缆组成，仅承受拉伸负荷。适用于管道吊挂高度超过 1.5m 的地方。

（4）按支撑材料分

1）碳钢支吊架：全部抗震支吊架的各种部件均采用碳钢。

2) 不锈钢支吊架：全部抗震支吊架的各种部件均采用不锈钢。

7. 管道及设备抗震支吊架的组成

(1) 刚性抗震支吊架：由根部锚固件、全螺纹吊杆和紧固槽钢、抗震斜撑槽钢、水平承重横向槽钢和相应抗震连接件组成，其形式详见国家标准图集《室内管道抗震支吊架选用与安装》17S413。

(2) 复合型抗震支吊架：由根部锚固件、竖向吊杆和槽钢或钢缆、水平承重横向槽钢和抗震连接件组成，其形式详见国家标准图集《室内管道抗震支吊架选用与安装》17S413。

(3) 柔性抗震支吊架：由根部锚固件、竖向吊杆和槽钢或钢缆、钢丝绳、水平承重横向槽钢和抗震连接件组成，其形式详见国家标准图集《室内管道抗震支吊架选用与安装》17S413。

(4) 刚性与柔性抗震支吊架的比较，见表 9.1-4。

刚性与柔性抗震支吊架的比较　　　　　　　表 9.1-4

刚性抗震支吊架	柔性抗震支吊架
只靠上结构的一侧，节约空间	绳缆安装，长度无要求
斜撑能抵抗压缩和拉伸荷载，从而限制了斜撑长度	绳缆只承受拉伸负荷，不对吊杆产生附加的拉伸荷载
单个刚性支吊架设计用来抵抗压缩荷载，吊杆连接处会受到张力影响，加上已有的重力荷载，可能会超过连接处负荷能力。尤其是普通支吊架与抗震支吊架同时存在时	绳缆可以消减到合适的长度，安装过程中调整起来较为方便
	绳缆抗震支吊架，绳缆需要成对安装，对空间要求高

8. 管道抗震支吊架计算

(1) 基本要求

1) 在地震中应承受来自任意水平方向的地震作用，并能可靠地保护机电工程设施不受损坏。

2) 保温管道的抗震支吊架限位应按管道保温后的尺寸设计，且不能限制管道热胀冷缩产生的位移。

3) 抗震支吊架应根据其所承受的荷载进行抗震验算。

4) 水平地震力应按额定负荷时的重力荷载计算。

5) 干管的侧向抗震支撑应计入未设抗震支撑的支管道的纵向水平地震力。

(2) 计算要求

1) 水平地震力综合系数按公式 (9.1-14) 计算：

$$\alpha_{EK}=\gamma \cdot \eta \cdot \xi_1 \cdot \xi_2 \cdot \alpha_{max} \tag{9.1-14}$$

式中　α_{EK}——水平地震力综合系数，如计算值小于 1.0 时按 1.0 取值；

　　　γ——非结构构件功能系数，按表 9.1-5 的规定取值；

　　　η——非结构构件类别系数，按表 9.1-5 的规定取值；

　　　ξ_1——状态系数，按下列规定取值：对支承点低于质心的任何设备和柔性体系宜取 2.0，其余情况可取 1.0；

　　　ξ_2——位置系数，按下列规定取值：建筑的顶点宜取 2.0；底部宜取 1.0，沿高度线性分布；对结构要求采用时程分析法补充计算的建筑，应按其计算结果

　　　　　调整；

　　$\alpha_{\max}$——地震影响系数最大值，可按表 9.1-6 中多遇地震规定取值。

建筑机电设备构件的类别系数和功能系数　　　　　　　　　　　表 9.1-5

序号	构件、部件所属系统	类别系数 η	功能系数 γ		
			甲类建筑	乙类建筑	丙类建筑
1	消防系统及其他气体系统	1.0	2.0	1.4	1.4
2	给水排水管	0.9	1.4	1.0	0.6
3	柜式设备支座	0.6	1.4	1.0	0.6
4	水箱、冷却塔支座	1.2	1.4	1.0	1.0
5	压力容器支座、锅炉	1.0	1.4	1.0	1.0

注：本表引自《建筑机电工程抗震技术规范》GB 50981—2014。

水平地震影响系数最大值　　　　　　　　　　　表 9.1-6

序号	地震影响	6 度	7 度	8 度	9 度
1	多遇地震	0.04	0.08(0.12)	0.16(0.24)	0.32
2	罕遇地震	0.28	0.50(0.72)	0.90(1.20)	1.40

注：表中括号内数值分别用于设计基本地震加速度为 $0.15g$ 和 $0.30g$ 的地区。

　　2）水平地震作用标注值采用等效侧力法，按式（9.1-15）计算：

$$F = \gamma \cdot \eta \cdot \xi_1 \cdot \xi_2 \cdot \alpha_{\max} \cdot G \tag{9.1-15}$$

式中　F——沿最不利方向施加于机电工程设施重心处的水平地震作用标准值；

　　　　G——非结构构件的重力，应包括运行时有关的人员、容器和管道中的介质及储物柜中物品的重力。

　　3）采用楼板反应谱法计算时，按式（9.1-16）计算：

$$F = \gamma \cdot \eta \cdot \beta_S \cdot G \tag{9.1-16}$$

式中　β_S——机电工程设施或构件的楼面反应谱值。

　　4）水平管道（横管）侧向及纵向抗震支吊架间距按公式（9.1-17）计算：

$$L = \frac{L_0}{\alpha_{EK} \cdot k} \tag{9.1-17}$$

式中　L——水平管道侧向及纵向抗震支吊架间距（m）；

　　　　L_0——管道抗震支吊架的最大间距（m），按表 9.1-7 的规定确定；

　　　　α_{EK}——水平地震力综合系数，如计算值小于 1.0 时按 1.0 取值；

　　　　k——抗震斜撑角度调整系数，按下列规定确定：斜撑垂直长度与水平长度比为 1.0 时，k 取 1.0；斜撑垂直长度与水平长度比小于或等于 1.5 时，k 取 1.67；斜撑垂直长度与水平长度比小于或等于 2.0 时，k 取 2.33。

　　5）非结构构件的重力

　　① 非结构构件的重力系指管道本体重量以及管道上连接的设备（管道系）、各类阀门和附件的重量。

　　② 金属（含涂塑及衬塑）管材应按下列现行国家及行业标准计算管重：

　　a. 按《低压流体输送用焊接钢管》GB/T 3091 中的最小壁厚的管重计算。

　　b. 按《输送流体用无缝钢管》GB/T 8163 及《无缝钢管尺寸、外形、重量及允许偏差》GB/T 17395 中的最小壁厚的管重计算。

c. 按《流体输送用不锈钢焊接钢管》GB/T 12771、《不锈钢卡压式管件组件　第 2 部分：连接用薄壁不锈钢管》GB/T 19228.2、《不锈钢卡压式管件组件　第 1 部分：卡压式管件》GB/T 19228.1、《薄壁不锈钢管》CJ/T 151、《薄壁不锈钢卡压式和沟槽式管件》CJ/T 152 的规定计算管重。

d. 按《无缝铜水管和铜气管》GB/T 18033、《铜管接头　第 1 部分：钎焊式管件》GB/T 11618.1、《铜管接头　第 2 部分：卡压式管件》GB/T 11618.2、《建筑用铜管管件（承插式）》CJ/T 117、《塑覆铜管》YS/T 451 的规定计算管重。

e. 按《排水用柔性接口铸铁管、管件及附件》GB/T 12772、《建筑排水用卡箍式铸铁管及管件》CJ/T 177、《建筑排水用柔性接口承插式铸铁管及管件》CJ/T 178 的规定计算管重。

③ 非金属管材应按下列标准计算管重：

a.《给水用聚乙烯（PE）管道系统　第 2 部分：管材》GB/T 13663.2、《冷热水用耐热聚乙烯（PE-RT）管道系统》CJ/T 175。

b.《冷热水用聚丙烯管道系统　第 2 部分：管材》GB/T 18742.2、《冷热水用聚丙烯管道系统　第 3 部分：管件》GB/T 18742.3。

c.《给水用硬聚氯乙烯（PVC-U）管材》GB/T 10002.1、　《给水用硬聚氯乙烯（PVC-U）管件》GB/T 10002.2。

d.《铝塑复合压力管（搭接焊）》CJ/T 108、《铝塑复合压力管（对接焊）》CJ/T 159、《不锈钢衬塑复合管材与管件》CJ/T 184。

6）节点地震作用和其他荷载效应组合值按公式（9.1-4）计算。

7）节点计算结果还应满足公式（9.1-5）的要求。

9. 管道抗震支吊架的设置

（1）设置原则

1）抗震支吊架不能替代其他设计规范要求管道应该设置的承重支吊架、防晃支吊架。抗震支吊架与承重支吊架、防晃支吊架重合的支点处，可以设抗震支吊架替代承重支吊架。

2）所有抗震支吊架至少应由竖向加强吊杆、一个侧向斜撑和管卡组成。

3）当抗震支吊架的长细比大于 100、斜向杆件的长细比大于 200 时，应采取加强措施。

4）所有抗震支吊架应可靠地固定在建筑结构的主体结构上，且侧向、纵向斜撑和竖向加强吊杆不允许固定到建筑结构的不同部位（如变形缝的不同侧）。

5）沿墙敷设的管道，当设有嵌入墙的托架、支架，且管卡能紧固管道的四周时，可将其作为一个侧向抗震支撑。

6）非连续非满水流的管道，应按本条本款"（5）非连续水流的管道，水平横管直管段抗震支撑的设置原则"中的要求设置抗震支吊架。

（2）横向水平敷设的直管管道的抗震支吊架间距应经计算确定。但其最大间距不应超过表 9.1-7 的规定。

（3）门型抗震支吊架允许非满流排水管道与其他满流管道共架。各种管道的水平间距和垂直间距应以设计需求确定。

管道抗震支吊架的最大间距 表 9.1-7

序号	管道种类	管道材料	管道连接方式	抗震支吊架的最大间距(m)	
				侧向支吊架	纵向支吊架
1	生活给水、生活热水、消防给水、中水给水、循环给水及回水	金属管道	刚性	12.0	24.0
2	生活给水、生活热水、消防给水、中水给水、循环给水及回水	金属管道	柔性	6.0	12.0
3	高温热水	金属管道	—	6.0	12.0

注:1. 改建、扩建管道工程按表中数值的一半确定抗震支吊架间距。
    2. 本表引自《建筑机电工程抗震设计规范》GB 50981—2014。

（4）水平横向敷设的直管抗震支吊架应按下列规定设置：

1）每段单根的水平横管的直管，应在该管段两端转弯末端处按图 9.1-15 所示位置设置侧向抗震支吊架。管道转弯方向可同向也可不同向。

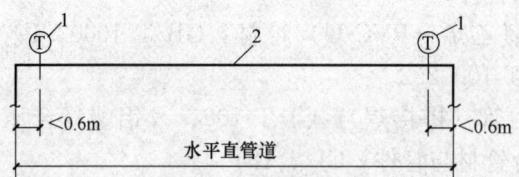

图 9.1-15 水平横管直管段抗震支吊架设置位置
1—侧向抗震支吊架；2—水平横管直管段

2）当每段水平向刚性连接的金属管道直管段两端转弯（同向或者不同向）处的两个侧向抗震支吊架的间距超过表 9.1-7 规定的最大间距时，应按图 9.1-16 所示，在直管段中间依次增设侧向抗震支吊架。括号内数据适用于非金属材质的管道。

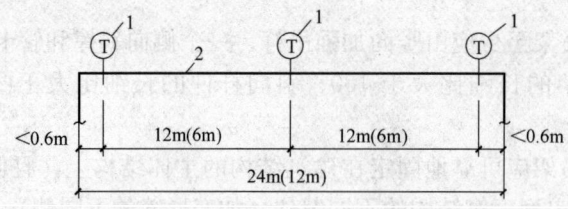

图 9.1-16 水平横管直管段中部增设抗震支吊架设置位置
1—侧向抗震支吊架；2—水平横管直管段

3）每段满水流横向直管道应至少设一个纵向抗震支吊架，当两个纵向抗震支吊架的距离超过表 9.1-7 规定的最大间距（如管长为 36m 时），宜按图 9.1-17 所示，在直管段中间依次增设侧向斜撑及侧向与纵向抗震支吊架。

4）管道抗震支吊架的侧向斜撑与垂直吊架分开设置时，二者的距离不应大于 0.10m。

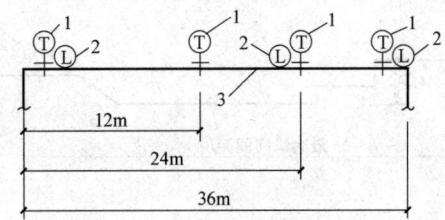

图 9.1-17　横向管道直管段侧向和纵向抗震支吊架设置位置
1—侧向抗震支吊架；2—纵向抗震支吊架；3—水平横管直管段

5）水平直管段应在管道水平转弯（同向或者不同向）处 0.6m 范围内按图 9.1-18 所示位置设置双向抗震支吊架。若斜撑直接作用于管道上时，可作为另一侧管道的纵向抗震支吊架。且距下一个纵向抗震支吊架的间距，应按公式（9.1-18）计算：

$$L=\frac{(L_1+L_2)}{2}+0.6 \qquad (9.1\text{-}18)$$

式中　L——距下一个纵向抗震支吊架的间距（m）；
　　　L_1——纵向抗震支吊架间距（m）；
　　　L_2——侧向抗震支吊架间距（m）。

注：如纵向抗震支吊架最大间距为 24m，侧向抗震支吊架最大间距为 12m，则双向抗震支吊架距下一个纵向抗震支吊架的间距为：（24+12）/2+0.6=18.6m。

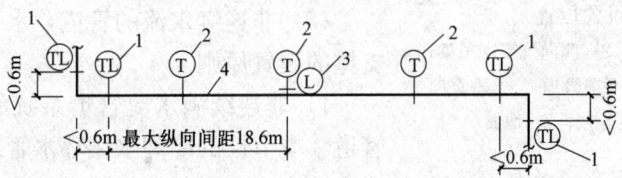

图 9.1-18　双向抗震支吊架设置位置
1—双向抗震支吊架；2—侧向抗震支吊架；3—纵向抗震支吊架；4—水平横管直管段

6）在两个侧向抗震支吊架之间的水平向的刚性连接的直管段上允许有一个管道纵向偏置（见图 9.1-19）或多个管道纵向偏置（见图 9.1-20），其偏置总量不得超过侧向抗震支吊架最大间距的 1/16。

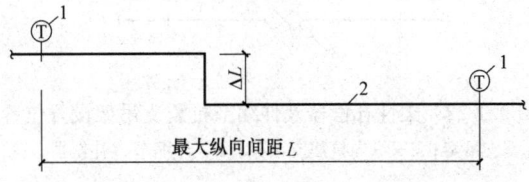

图 9.1-19　刚性连接水平向管道一个偏置示意图
1—侧向抗震支吊架；2—水平横管直管段

7）水平向管道通过垂直管道与地面设备连接时，管道与设备之间采用柔性连接，水平向管道在距垂直管道 0.6m 的范围内，按图 9.1-21 所示位置设置双向抗震支吊架。在

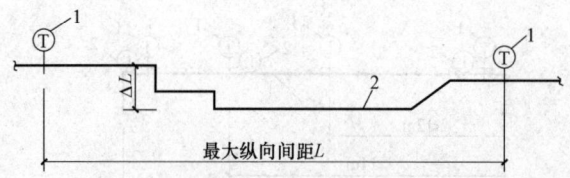

图 9.1-20　刚性连接水平向管道多个偏置示意图

1—侧向抗震支吊架；2—水平横管直管段

垂直管道底部距离地面高度大于 0.15m 处的垂直管道与设备连接的横管上应设置侧向抗震支吊架。

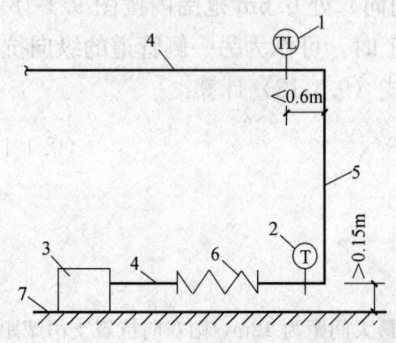

图 9.1-21　管道与设备接管
支吊架设置位置

1—双向抗震支吊架；2—侧向抗震支吊架；
3—地面设备；4—水平向管道；5—垂直向
管道；6—柔性连接；7—地面

8）水平管道上的附件自身质量大于 25kg 且与管道采用刚性连接时，或附件自身质量为 9～25kg 且与管道采用柔性连接时，应在管段两端按图 9.1-22 所示位置设置侧向及纵向抗震支吊架。

9）除下列情况外，对于重力不大于 1.8kN 的设备或吊杆计算长度不大于 300mm 的吊杆悬吊管道（见图 9.1-23），可不进行设防。

① 吊杆直径大于 10mm，没有采用铰接；

② 支架的晃动影响其他支架。

（5）非连续水流的管道，水平横管直管段抗震支撑的设置原则

1）非连续满水流管道系统的虹吸式雨水排水管道、季节性的冷却水循环水管道、预作用自动喷水灭火系统管道、舞台雨淋灭火系统管道和防火水幕保护系统管道及建筑分隔防火水幕系统管道等，按本条本款（1）～（3）的要求设置抗震支吊架。

2）非连续非满水流管道的污水管、废水管、雨水管，如每 12m 管长的重力超过 1.8kN 时，宜设置抗震支吊架。

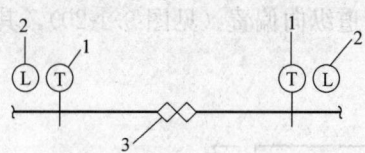

图 9.1-22　柔性补偿器及伸缩节抗震支吊架设置位置

1—侧向抗震支吊架；2—纵向抗震支吊架；3—伸缩节、补偿器、阀门等附件

3）非金属连续满水流的管道，应设置抗震支吊架。

（6）垂直立管

1）立管的长度大于 1.8m 时应在其顶部和底部设置四向抗震支吊架，如图 9.1-24 所示。当立管长度大于 7.6m，楼层层高超过 8.0m 时，还应在立管中点部位设置一个侧向抗震支吊架，如图 9.1-25 所示。

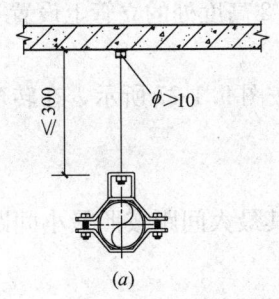 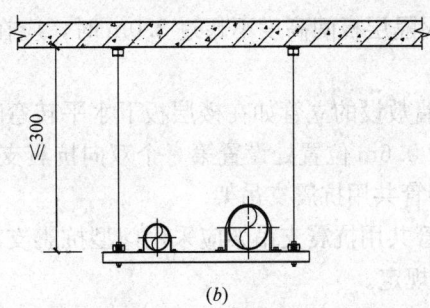

图 9.1-23 不进行设防的吊杆悬吊管道设置示意图

(a) 单管;(b) 多管

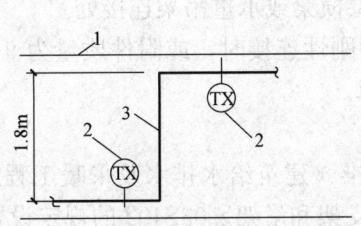 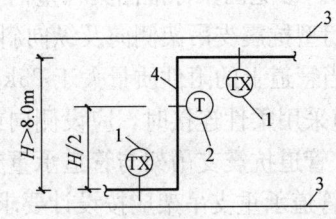

图 9.1-24 立管长度超过 1.8m 抗震支
吊架设置位置

1—楼板;2—四向抗震支吊架;
3—立管

图 9.1-25 层高超过 8.0m 抗震支吊架
设置位置

1—四向抗震支吊架;2—侧向抗震支吊架;
3—地(板)面;4—立管

2) 与立管连接的水平管道应按图 9.1-26 所示,在靠近立管 0.6m 范围内设置第一个双向抗震支吊架,并对其悬吊螺杆进行加固。

3) 管道竖井内的立管,当防火隔层板之间的高度超过下列规定时,抗震支吊架的设置应符合下列规定:

① 防火隔层板间高度不超过 4.0m 时,可不设置抗震支吊架,但立管至少应设置一个柔性管接口。

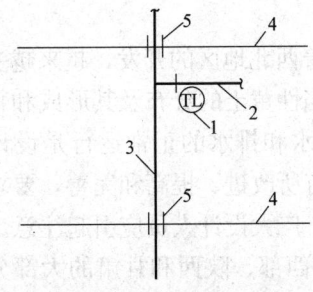 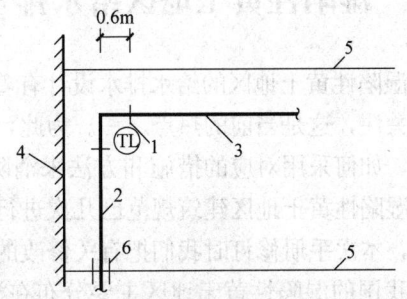

图 9.1-26 立管接支管抗震
支吊架设置位置

1—双向抗震支吊架;2—水平支管;
3—立管;4—楼板;5—穿楼板套管

图 9.1-27 沿墙立管转弯后水平管抗
震支吊架设置位置

1—双向抗震支吊架;2—立管;3—转弯水平管;
4—建筑墙;5—楼板;6—穿楼板套管

② 防火隔层板间高度不超过 8.0m 时，应在层间 1/2 高度处的立管上设置一个侧向抗震支吊架。

4）沿墙敷设的立管如在楼层板下水平转弯时，应按图 9.1-27 所示，在转弯后的水平管靠近立管 0.6m 位置处设置第一个双向抗震支吊架。

（7）多管共用抗震支吊架

1）多管共用抗震支吊架应采用门型抗震支吊架，其最大间距按照最小间距不应超过表 9.1-7 的规定。

2）门型抗震支吊架应符合下列规定：

① 门型抗震支吊架至少应设一个侧向抗震支撑或两个纵向抗震支撑。

② 同一承重吊架悬挂多层门型抗震支吊架时，应对承重吊架分别独立加固，并设置抗震斜撑。参见国家标准图集《室内管道抗震支吊架选用与安装》17S413。

③ 门型抗震支吊架侧向及纵向斜撑应安装在上层横梁或承重吊架连接处。

④ 当管道上的附件质量大于 25kg 且与管道采用刚性连接时，或附件质量为 9～25kg 且与管道采用柔性连接时，应设侧向或纵向抗震支撑。

（8）管道抗震支吊架与管道承重支吊架

1）管道承重支吊架应按设计要求及现行国家标准《建筑给水排水及采暖工程施工质量验收规范》GB 50242 和国家标准图集《室内管道支架和吊架》03S402 的规定设置。

2）管道承重支吊架原则上不能代替抗震支吊架。但沿墙敷设的管道当有入墙的托架、支架，且管卡能紧固管道四周时，可作为一个侧向抗震支吊架。

3）室内自动喷水灭火系统、气体灭火系统的管道防晃支架位置与抗震支吊架位置重合时，可只设抗震支吊架。

（9）抗震支吊架的其他要求

1）侧向和纵向抗震支吊架与垂直吊架的夹角宜为 45°，但不应小于 30°和不应大于 60°。

2）所有抗震支吊架应与建筑主体结构可靠连接。当管道穿越建筑沉降缝时，应考虑不均匀沉降的影响。

9.2   湿陷性黄土地区给水排水

湿陷性黄土地区的给水排水设计有着特殊要求，随着西北地区的开发，越来越受到设计者的关注，这是当前的热点之一。为此，必须对我国湿陷性黄土的分布及其形成和特征有所了解，如何采用对应的措施和方法来消除隐患、保障给水和排水的正常运行是设计者的责任。湿陷性黄土地区建筑规范已几次进行修改，每次都有所改进、提高和完善，要求也越来越严，本次手册修订时我们把有关修改的内容编入其中，广大设计人员应引起注意。

我国的湿陷性黄土地区主要分布在河南西部、山西西部、陕西和甘肃的大部分；其次是宁夏、青海、河北的部分地区；此外，在新疆维吾尔自治区、山东、辽宁、内蒙古等省、区有呈零星状的局部分布。总面积约为 38 万 km^2，占我国黄土分布总面积的 60% 左右。1959 年中国科学院地质研究所会同北京大学地理系编制了"中国黄土分布图"，从而划清了我国黄土的分布区域。表 9.2-1 是我国黄土和黄土状土的分布面积。

随着西部大开发步伐的加速,东部和沿海地区的设计单位和投资者不断涌进西部,他们对于湿陷性黄土的形成、特殊性缺乏了解,没有深刻认识到湿陷性黄土对于建筑物有着重大影响,如果处理不当会造成严重破坏,带来极其危险的后果和巨大的经济损失。因此,了解湿陷性黄土的形成、特殊性以及如何消除它的湿陷性和采取相应的防护措施是非常重要的。

9.2.1 部分规范术语的引用

湿陷性黄土——在一定压力下受水浸湿,土结构迅速破坏,并产生显著附加下沉的黄土。

非湿陷性黄土——在一定压力下受水浸湿,无显著附加下沉的黄土。

自重湿陷性黄土——在上覆土的自重压力下受水浸湿,产生显著附加下沉的湿陷性黄土。

非自重湿陷性黄土——在上覆土的饱和自重压力下受水浸湿,不产生显著附加下沉的湿陷性黄土。

保护距离——防止建筑物地基受管道、水池等渗漏影响的最小距离。

防护范围——建筑物周围防护距离以内的区域。

湿陷性黄土场地——天然地面(当挖、填方厚度和面积较大时,应按设计场地面积)以下含有湿陷性黄土的场地,分自重湿陷性黄土场地和非自重湿陷性黄土场地。

中国黄土及黄土状土的分布　　　　　　　　　　　　　表 9.2-1

分布区域		黄土分布面积 (km²)	黄土状土分布面积 (km²)	分布区域简述
松江平原		11800	81000	长白山以西,小兴安岭以南,大兴安岭以东的松辽平原及其周围山界的内侧
黄河流域	黄河下游	26000	3880	三门峡以东,包括太行山东麓、中条山南麓、冀北山地南麓以及河北北部山地和山东丘陵区
	黄河中游	275600	2400	乌鞘岭以东,三门峡以西,长城以南,秦岭以北
	青海高原	16000	8800	刘家峡、高堂峡以西地区,包括黄河上游湟水流域和青海湖附近
甘肃河西走廊		1200	15520	乌鞘岭以西,玉门以东,北山以南,祁连山以北的走廊地带
新疆	准噶尔盆地	15840	91840	天山以北地区
	塔里木盆地	34400	51000	天山以南地区
总计		380840	254440	

注:黄土,系指典型黄土,其湿陷性大而且厚度较厚;黄土状土,系指典型黄土再次搬运所形成的黄土,一般湿陷性不大且厚度较薄,也称次生黄土。

9.2.2　湿陷性黄土的形成与特性

湿陷性黄土的形成过程是漫长的，因当地气候干燥，其降雨量远远小于土中水分的不断蒸发量，水中所含的碳酸钙、硫酸钙等盐就从土粒表面上析出沉淀下来，形成胶状物以及由于土壤颗粒间的分子引力和由薄膜水与毛细水所形成的水膜联结。所有这些胶结就使得颗粒之间具有抵抗移动的能力，阻止土的骨架在上覆土自重应力的作用下可能发生的压密，从而形成肉眼可见的大孔结构（此外，植物残留的根孔也能形成大孔。由于这些大孔的存在，所以也曾称大孔土）和多孔性，并使其处于欠固结状态，黄土被水浸湿后，水分子楔入颗粒之间，破坏联结薄膜，并逐渐溶解其盐类，随着水浸湿过程的加强，土的抗剪强度就会显著降低，在土自重应力或土自重应力和附加应力的作用下，土的结构遭到破坏，颗粒向大孔中滑动，骨架挤紧，从而发生湿陷。也就是说湿陷性黄土的大孔性和多孔性是它的湿陷内在根据，而水和压力则是产生湿陷的外界条件，并通过前者起作用。

我国的湿陷性黄土主要产生于晚更新世和全新世这两个时期形成的黄土。晚更新世黄土孔隙比较大，有肉眼可见的大孔，具有湿陷性，容易有陷穴、天然桥等自然现象。全新世黄土一般土质疏松，由于形成年代短，成岩作用差，往往压缩性大、强度低，具有湿陷性。图 9.2-1 为湿陷性黄土结构示意图。

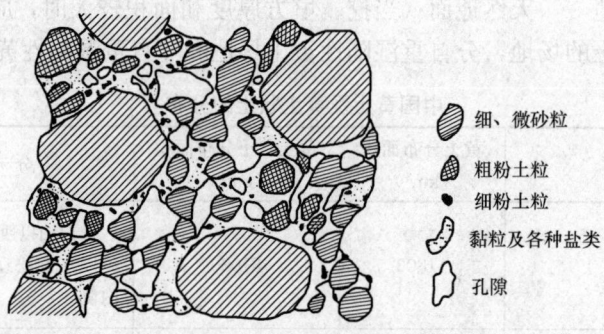

细、微砂粒

粗粉土粒

细粉土粒

黏粒及各种盐类

孔隙

图 9.2-1　湿陷性黄土结构示意图

黄土的湿陷性与碳酸钙、石膏以及易溶盐（氯化物、碳酸盐和重碳酸盐等）的含量和状态以及土的酸碱度（即 pH）等有关。一般而言，黄土中碳酸钙的含量越小并以碎屑状分布时，石膏及易溶盐含量越大，pH 越大，则黄土的湿陷性越强。

影响黄土湿陷性的主要物理指标为天然孔隙比和天然含水量。当其他条件相同时，黄土的天然孔隙比越大，则其湿陷性越强。同样，黄土的天然孔隙比越小，则其湿陷性越弱。

9.2.3　我国黄土分布的地区特征

由于湿陷性黄土的形成年代不同，所处的自然气候和环境不同，因而湿陷性黄土在各个地区有所差异，其黄土层厚度不一样，表 9.2-2 为 5 个地区湿陷性黄土厚度的统计表。在这些地区进行建筑工程设计时可对照该数据作为宏观控制，具体实施时应作细部勘探。

水是黄土发生湿陷性的外界主导因素，了解水在黄土地基中的扩散和移动情况，估计有可能因渗水而影响的范围，从而采取相应的处理措施，对于确保建筑物的安全具有十分重要的意义。根据对不同地区的浸水实验表明，水在黄土地基中的扩散亦不相同。图

9.2-2是西安、兰州、太原3个地区的实测结果，从图中可以看出在非饱和地基中，试坑浸水所得到的浸湿土体，呈一系列增大的椭圆球体，在西安和太原其横向和竖向长度之比约为3：4，而在兰州则约为5：4。了解这些对于给水排水设计中考虑其距离建筑物的安全距离有着重要的作用。

5个地区湿陷性黄土厚度（m）　　　　　　　　　表9.2-2

陇西			陕北			关中			河南西部			山西		
陇西高原	二级冲积阶地	一级冲积阶地	陕北高原	二级冲积阶地	一级冲积阶地	渭北高原	二级冲积阶地	一级冲积阶地	山前高地	二级冲积阶地	一级冲积阶地	山西高原	二级冲积阶地	一级冲积阶地
9~27	8~16	2~5	9~20	6~15	3~5	8~14	5~10	2~3	7~12	4~10	—	10~17	6~8	—

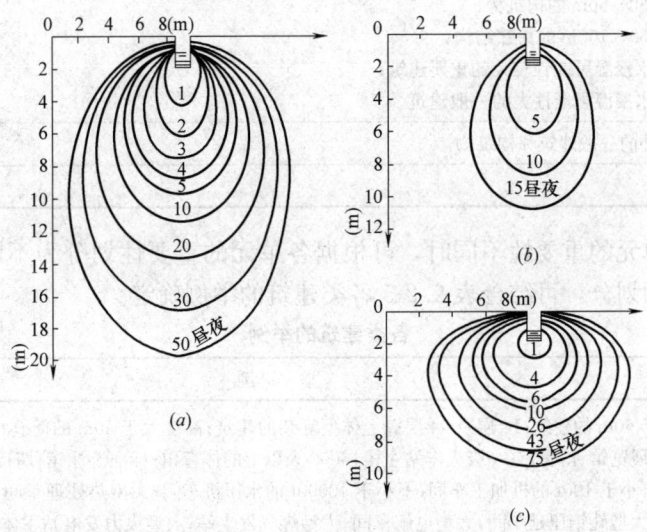

图9.2-2　水在黄土地基中的扩散
(a) 西安；(b) 太原；(c) 兰州

9.2.4　湿陷性黄土地基湿陷等级的划分

湿陷性黄土地基的湿陷等级，应根据基底下各黄土层累计的总湿陷量 Δs 和计算自重湿陷量 Δ_{zs} 等因素按表9.2-3判定。湿陷性黄土地基的湿陷等级越高，地基浸水后的总湿陷量和自重湿陷量越大，其对建筑的危害性也越大，相应设计措施的要求也应越高。

湿陷性黄土场地的湿陷类型与地基湿陷等级　　　　表9.2-3

场地湿陷类型	Δ_{zs}(mm)	Δ_S(mm)	地基湿陷等级
非自重湿陷性场地	$\Delta_{zs} \leqslant 70$		Ⅰ（轻微）
自重湿陷性场地	$70 < \Delta_{zs} \leqslant 350$（一般）	$0 < \Delta_S \leqslant 150$	Ⅰ（轻微）
	$\Delta_{zs} > 350$（强烈）		Ⅱ（中等）

9.2.5　建筑物的分类及其防护措施

凡是拟建在湿陷性黄土地区的建筑物，根据其建筑性质的重要性区别、地基受水浸湿的可能性大小和使用上对不均匀沉降的严格程度，分别定为甲、乙、丙、丁 4 类建筑。见表 9.2-4 的规定。

建筑物分类　　　　　　　　　　　　　　　　　　　　　　　表 9.2-4

建筑类别	各类建筑的划分
甲	1. 高度大于 60m 和 14 层以上体型复杂的建筑； 2. 高度大于 50m 的构筑物； 3. 高度大于 100m 的高耸结构； 4. 特别重要的建筑； 5. 地基受水浸湿可能性大的重要建筑； 6. 对不均匀沉降有严格限制的建筑
乙	1. 高度为 24～60m 的建筑； 2. 高度为 30～50m 的构筑物； 3. 高度为 50～100m 的高耸结构； 4. 地基受水浸湿可能性较大的重要建筑； 5. 地基受水浸湿可能性大的一般建筑
丙	除乙类以外的一般建筑和构筑物
丁	次要建筑

当建筑物各单元的重要性不同时，可根据各单元的重要性划分为不同类型。甲、乙、丙、丁 4 类建筑的划分，可结合表 9.2-5 各类建筑的举例确定。

各类建筑的举例　　　　　　　　　　　　　　　　　　　　　表 9.2-5

建筑类别	举　例
甲	高度大于 60m 的建筑；14 层及 14 层以上体型复杂的建筑；高度大于 50m 的筒仓；高度大于 100m 的电视塔；大型展览馆、博物馆；一级火车站主楼；6000 人以上的体育馆；标准游泳馆；跨度不小于 36m、吊车额定起重量不小于 100t 的机加工车间；不小于 10000t 的水压机车间；大型热处理车间；大型电镀车间；大型炼钢车间；大型轧钢压延车间，大型电解车间；大型煤气发生站；大型火力发电站主体建筑；大型选矿、选煤车间；煤矿主井多绳提升井塔；大型水厂；大型污水处理厂；大型游泳池；大型漂、染车间；大型屠宰车间；10000t 以上的冷库；净化工房；有剧毒、强传染性病毒或有放射污染的建筑
乙	高度为 24～60m 的建筑；高度为 30～50m 的筒仓；高度为 50～100m 的烟囱；省（市）级影剧院、图书馆、文化馆、展览馆、档案馆；省级会展中心；大型多层商业建筑；民航机场指挥及候机楼、铁路信号、通信楼、铁路机务洗修库；省级电子信息中心；高校试验楼；跨度等于或大于 24m，小于 36m 和吊车额定起重量等于或大于 30t，小于 100t 的机加工车间；小于 10000t 的水压机车间；中型轧钢车间；中型选矿车间；中型火力发电厂主体建筑；中型水厂；中型污水处理厂；中型漂、染车间；大中型浴室；中型屠宰车间；特高压输电杆塔
丙	7 层及 7 层以下的多层建筑；单层中小学教学楼、校舍、食堂；单层幼儿园；高度不超过 30m 的筒仓；高度不超过 50m 的烟囱；跨度小于 24m，吊车额定起重量小于 30t 的机加工车间；单台小于 10t 的锅炉房；一般浴室、食堂、县（区）影剧院、理化试验室；一般的工具、机修、木工车间、成品库；浸水可能性小的超高压、高压输电杆塔
丁	1～2 层的简易房屋；小型车间；小型库房；无用水设施的单层且总高度小于 5m 的门房；浸水可能性小的光伏电站

建筑物防护范围的大小是根据建筑物的重要性和所在地的地基湿陷等级而综合确定的，同一类建筑位于不同地基湿陷等级时，它的防护范围大小则不同，与地基湿陷等级的大小成正比。位于建筑物防护范围内的埋地管道、排水沟、雨水明沟和水池等的防护距离，应不小于表 9.2-6 规定的数值。当不能满足该规定数值要求时，应采取与建筑物相应

的防水措施。

埋地管道、排水沟、雨水明沟和水池等与建筑物之间的防护距离（m）　　表 9.2-6

建筑类别	地基湿陷等级			
	Ⅰ	Ⅱ	Ⅲ	Ⅳ
甲	—	—	8～9	11～12
乙	5	6～7	8～9	10～12
丙	4	5	6～7	8～9
丁		5	6	7

注：1. 陇西地区和陇东—陕北—晋西地区，当湿陷性黄土层的厚度大于 12m 时，压力管道与各类建筑的防护距离，不宜小于湿陷性黄土层的厚度。

　　2. 当湿陷性黄土层内有碎石土、砂土夹层时，防护距离可大于表中数值。

　　3. 采用基本防水措施的建筑，其防护距离不得小于一般地区的规定。

防护距离的计算，对建筑物，应从其外墙轴线算起；对高耸结构，应从其基础外缘算起；对水池，应从池壁边缘（喷水池等应从回水坡边缘）算起；对管道、排水沟，应从其外壁算起。

9.2.6　建筑工程的设计措施

建筑工程的设计措施可分为以下 3 种：

1. 地基处理措施

消除地基的全部或部分湿陷量，或采用桩基础穿透全部湿陷性黄土层，或将基础设置在非湿陷性黄土层上。

2. 防水措施

（1）基本防水措施：在建筑物布置、场地排水、屋面排水、地面排水、散水、排水沟、管道敷设、管道材料和接口等方面，应采取措施防止雨水或生产、生活用水的渗漏。

（2）检漏防水措施：在基本防水措施的基础上，对防护范围内的地下管道，应增设检漏管沟和检漏井。

（3）严格防水措施：在检漏防水措施的基础上，应提高防水地面、排水沟、检漏管沟和检漏井等设施的材料标准，如增设可靠的防水层、采取钢筋混凝土排水沟等。

3. 结构措施

减少或调整建筑物的不均匀沉降，或使结构适应地基的变形。

9.2.7　给水排水管道

1. 室内给水排水管道

（1）室内地面（标高±0.000）以上的管道：位于普通建筑物内的管道宜明装，重要或高层建筑内的管道因要求较高，立管宜敷设在管道井内，支管可明装亦可暗装，暗装管道必须设置便于检修的设施。

（2）室内给水管道应本着便于及时截断漏水管和便于检修的原则，在干管或支管上适当增设阀门。

（3）室内地面以下的管道原则上应敷设在检漏管沟内，若管道较多时可采用综合管沟的方案，并遵守管道布置原则防止污染的规定，给水（含饮用水）、热水、热水回水管道可采用同沟或分沟敷设。原则上排水管道宜单独接至室外，尽量在户内与给水管道不同沟敷设。根据近年来的工程实践，随着对建筑地基的处理方法不断增多，对于地基处理后的建筑物，地基的湿陷等级按处理后的地基重新评定。当大开挖的回填土的压实系数达到设计规定要求，或通过强夯法、挤密法后其湿陷性已完全消除时，在此情况下室内地面以下的管道可直埋，有严格要求者压力管道可敷设在检漏管沟内；当地基湿陷性仅局部消除或仅降低了湿陷等级时，在这种情况下建议管道敷设在检漏管沟内。当管沟穿越基础时，管沟与管道间的净空高度在Ⅰ、Ⅱ级湿陷性黄土地基上不应小于20cm，在Ⅲ、Ⅳ级湿陷性黄土地基上不应小于30cm。

（4）屋面雨水排水在有条件的情况下首先采用有组织的外排水，直接排至室外散水坡汇集到室外雨水明沟或雨水口，避免漫流。确因建筑物本身要求不能设置外排水时，雨水管道在室内采用明装或设在管井内，避免设在钢筋混凝土柱内（容易造成堵塞，不易清除，同时会影响钢筋混凝土柱的强度），采用贴柱敷设后建筑装饰上做些处理即可。落水管末端距散水坡面不应大于30cm，并不得设置在沉降缝处。

（5）位于地下室的给水排水管道尽量明装，地下室的排水点宜尽量减少，一般在地下室不设卫生间。需要设卫生间时，其粪便污水应采取隔离措施单独提升排除。其余生产、生活废水可采用排水沟汇集至集水坑内经提升排至室外检查井内。

2. 室外给水排水管道

（1）距建筑物的距离小于表9.2-6规定值的室外给水排水管道应设在防漏管沟内。

（2）建筑物外墙上不得装设洒水栓。场地绿化用水点应尽量远离建筑物。

（3）室外雨水管道、雨水明沟设计时应充分考虑能使雨水迅速排至场外，防止地面积水，室外散水坡的坡度不应小于0.05，宽度应按下列规定采用：

1）当屋面为无组织排水时，檐口高度在8m以内宜为1.50m；檐口高度超过8m时，每增高4m宜增宽25cm，但最宽不宜大于2.50m。

2）当屋面为有组织排水时，在非自重湿陷性黄土场地不得小于1.00m，在自重湿陷性黄土场地不得小于1.50m。

3）水池的散水宽度宜为1~3m，散水外缘超出水池基底边缘不应小于20cm，喷水池等的回水坡或散水宽度宜为3~5m。

4）高耸结构的散水边缘宜超出基础底边缘1m，并不得小于5m。散水做法应按规范规定进行。

3. 管道材料

在湿陷性黄土地区，给水排水管道材料应经久耐用，管道质量应高于一般地区的要求，其接口不得渗漏。

（1）压力管道

室内压力管道，作为生活饮用水管道时应选择衬塑钢管、铝塑复合管、PP-R管、PE-RT管、PVC-U管、PEX管、PB管，有条件时也可采用铜管、薄壁不锈钢管等，应根据建筑物的性质不同而区别对待，特别是用于热水系统的管道应持慎重态度进行选用。

室外压力管道宜采用球墨铸铁给水管、PVC-U管、PE冷水管（含钢丝网缠绕PE管）、预应力钢筋混凝土管等。

（2）自流管道

室内自流管道宜采用 PVC-U 管、机制铸铁排水管，地下室的压力排水管可采用焊接钢管。

室外自流管道宜采用 PVC-U 管、PE 双壁波纹管，当管径≤$DN200$ 时亦可采用排水铸铁管，当管径≥$DN600$ 时也可采用钢筋混凝土管。双面上釉的陶土管和普通陶土管在湿陷性黄土地区不宜采用，因为管段短，接口多，本身材质易碎，容易渗漏。

（3）管道接口

湿陷性黄土地区的管道接口要求比一般地区的管道接口要求要高，要求应严格不漏水，并具有柔性。凡是有条件采用承插式连接的均采用橡胶圈接口，室内管道接口按不同管材各自的连接方式进行连接。室外敷设在检漏管沟内的管道连接方式与室内管道相同。

（4）管道基础

室外给水排水管道位于建筑物防护范围以外时可不做防漏管沟，但须对管道基础进行处理，处理方法应根据水文、地质、地面荷载、施工条件、设计管径、管道埋深及管道材料等综合确定。具体处理方法可按《湿陷性黄土地区给水排水管道基础及接口》04S531-1进行选用。

在非自重湿陷性黄土地区，埋地金属管道的基础，一般进行原土夯实即可。非金属管道则在素土夯实后，在接口处再设混凝土支墩垫块。

在自重湿陷性黄土地区，埋地管道的基础，应设 15～30cm 厚的土垫层，土垫层上再设 30cm 厚的灰土基础。非金属管道除按上述要求处理外，在接口处再增设混凝土支墩垫块，其间距一般以 3.0m 为宜。有严格要求时一般均设混凝土条形基础。

9.2.8 检漏设施

检漏设施由两部分组成，即检漏管沟和检漏井。检漏管沟又称防漏管沟，主要作用是一旦敷设在检漏管沟内的给水排水管道漏水，水可沿管沟流至检漏井内，供给维护检修人员提供信息，便于及时发现进行检修。

1. 检漏管沟分一般检漏管沟和严格防水管沟两类，选用何种管沟应根据建筑物所在地的地基湿陷等级、建筑物的类别来确定。检漏管沟的型号特征见表 9.2-7，检漏管沟的具体做法按《湿陷性黄土地区给水排水检漏管沟》04S531-2 进行选用。室外检漏管沟型号选用参考见表 9.2-8。

设计检漏管沟应符合下列规定：

（1）对检漏防水措施，应采用砖壁混凝土槽形底板检漏管沟或砖壁钢筋混凝土槽形底板检漏管沟。

检漏管沟的型号特征 表 9.2-7

管沟种类	管沟型号	构造特征	适用范围
一般检漏管沟	B1 型	砖壁，防水混凝土槽形底板，防水砂浆抹面	非自重湿陷性Ⅰ级
	B2 型	砖壁，防水混凝土槽形底板，防水砂浆抹面	非自重湿陷性Ⅱ级
严格防水管沟	C 型	防水钢筋混凝土，合成高分子防水涂膜	自重湿陷性Ⅱ、Ⅲ、Ⅳ级

室外检漏管沟型号选用参考

表 9.2-8

建筑类别	非自重湿陷性		自重湿陷性		
	Ⅰ级	Ⅱ级	Ⅱ级	Ⅲ级	Ⅳ级
甲	B2	B2	C	C	C
乙	B1	B2	C	C	C
丙	不设	B2	C	C	C
丁	不设	不设	C	C	C

（2）对严格防水措施，应采用钢筋混凝土检漏管沟。在非自重湿陷性黄土场地可适当降低标准；在自重湿陷性黄土场地，对地基受水浸湿可能性大的建筑，宜增设可靠的防水层。防水层应做保护层。

（3）对高层建筑或重要建筑，当有成熟经验时，可采用其他形式的检漏管沟或有电信检漏系统的直埋管中管设施。

对直径较小的管道，当采用检漏管沟确有困难时，可采用金属或钢筋混凝土套管。

（4）检漏管沟的盖板不宜明设。当明设时或在人孔处，应采取防止地面水流入沟内的措施。

（5）检漏管沟的沟底应设坡度，并应坡向检漏井。进、出户管的检漏管沟，当只有给水管道时，沟底坡度宜大于 0.02；当有排水管道时，沟底坡度应与排水管道坡度一致。

（6）检漏管沟的截面，应根据管道安装与检修的要求确定。在使用和构造上需保持地面完整或地下管道较多并需集中设置时，宜采用半通行或通行管沟。

（7）不得利用建筑物和设备基础作为沟壁或井壁。

（8）检漏管沟在穿过建筑物基础或墙处不得断开，并应加强其刚度。检漏管沟穿出外墙的施工缝，宜设在室外检漏井处或超过基础 3m 处。

（9）对甲类建筑和自重湿陷性黄土场地上乙类中的重要建筑，室内地下管线宜敷设在地下室或半地下室的设备层内。穿出外墙的进、出户管段，宜集中设置在半通行管沟内。

2. 检漏井又称视漏井，它的作用是检查防漏管沟内的管道是否渗漏，当检漏井内有水时，维护人员应立即对检漏管沟内的管道进行检查维修。以往有的设计单位在检漏井内设有自动报警装置，但因投资和管理上的一些具体问题一时难以解决而停止了进一步的工作。目前一般靠维护人员进行定期检查。检漏井的具体做法和选用按《湿陷性黄土地区给水排水检漏井》04S531-3 进行。检漏井可分为矩形、圆形两种，根据工程设计可形成双联井或三联井两种形式（一个检漏井与一个检查井共壁连体的叫双联井，两个检漏井与一个检查井共壁连体的叫三联井）。检漏井不得兼作检查井、阀门井、水表井、消火栓井、洒水栓井等，必须单独设置。检漏井不得与排水系统接通，以防倒灌。本次新编《湿陷性黄土地区室外给水排水管道工程构筑物》04S531 中，砖砌检漏井适用于圆形和矩形，而所有钢筋混凝土检漏井均为矩形。

设计检漏井应符合下列规定：

（1）检漏井应设置在管沟末端和管沟沿线分段检漏处。

（2）检漏井内宜设集水坑，其深度不得小于 30cm。

3. 给水阀门井、排水检查井等具体做法按《湿陷性黄土地区给水阀门井》04S531-4 和《湿陷性黄土地区排水检查井》04S531-5 进行选用。

9.2.9　给水排水构筑物

1. 水池类构筑物

水池类构筑物一般包括蓄水池、喷水池、游泳池等构筑物。

（1）水池与建筑物的距离应不小于 12m，采用钢筋混凝土结构。

（2）对地基应进行勘探并做相应处理。

（3）要求严格的水池或水池所在地地基差、湿陷等级大时可作双层池体，以便排除池体渗漏水。

（4）所有穿越池壁的管道均设柔性防水套管并预埋。

（5）水池溢水管、泄水管应接入排水系统，不得就地排放。

（6）位于水池周围防护距离以内的管道，均应敷设在严格防水管沟内。

2. 水塔

（1）与其他建筑物的距离除满足湿陷性黄土规范所规定的最小值外还应满足抗震要求。

（2）对地基应进行勘探并做相应处理。

（3）水塔周围地面应做不透水散水坡，不得积水，宽度不小于 2m，坡度不小于 0.05。

（4）水塔的溢水管、泄水管应接入排水系统，不得接至散水坡上就地排放。

（5）位于水塔周围防护距离以内的管道，均应敷设在严格防水管沟内。

3. 水泵房

（1）按乙类建筑物的规定确定防护距离和有关措施。

（2）当设于半地下室或地下室时，应采取严格的防水措施，防止地下水和室外渗水进入室内。

（3）室内管道应尽量明装，排水宜设排水明沟坡向集水坑，经管道自流或提升排至室外排水系统。

（4）位于水泵房周围防护距离以内的管道，均应敷设在严格防水管沟内。

（5）水泵房周围应做不透水散水坡，坡度不小于 0.05，宽度应大于 1.5m。

9.2.10　管道和水池的施工

湿陷性黄土地区的管道和水池的施工比一般地区的施工更加严格，要求更高。

1. 施工管道及其附属构筑物的地基与基础时，应将其槽底夯实不少于 3 遍，并应采取快速分段流水作业，迅速完成各分段的全部工序。管道敷设完毕后，应及时回填。

2. 敷设管道时，管道应与管基（或支架）密合，管道接口应严密不漏水。金属管道的接口焊缝不得低于Ⅲ级，新、旧管道连接时，应先做好排水设施。当昼夜温差大或在负温度条件下施工时，管道敷设后，宜及时保温。

3. 施工水池、检漏管沟、检漏井和检查井等时，必须确保砌体砂浆饱满、混凝土浇捣密实、防水层严密不漏水。穿过池（或井、沟）壁的管道和预埋件，应预先设置，不得打洞。铺设盖板前，应将池（或井、沟）底清理干净。池（或井、沟）壁与其槽间应用素土或灰土分层回填夯实，其压实系数不应小于 0.95。

4. 管道和水池等施工完毕后，必须进行水压试验。不合格的应返修或加固，重做水压试验，直至合格。

清洗管道用水、水池用水和试验用水，应将其引至排水系统，不得任意排放。

5. 埋地压力管道的水压试验，应符合下列规定：

(1) 管道试压应逐段进行，每段长度不宜超过 400m，在场地外空旷地区不得超过 1000m。分段试压合格后，两段道连接处的接口，应通水检查，不漏水后方可回填。

(2) 在非自重湿陷性黄土地区，管基经检查合格，沟槽间回填至管顶上方 0.50m 后（接口处暂不回填），应进行 1 次强度和严密性试验。

(3) 在自重湿陷性黄土地区，非金属管道的管基经检查合格后，应进行 2 次强度和严密性试验：沟槽回填前，应分段进行强度和严密性的预先试验；沟槽回填后，应进行强度和严密性的最后试验。对金属管道，应进行 1 次强度和严密性试验。

6. 对城镇和建筑群（小区）的室外埋地压力管道，试验压力应符合表 9.2-9 所规定的数值。

管道水压试验压力 （MPa）

表 9.2-9

管材种类	工作压力 P	试验压力
钢管及不锈钢管	P	$P+0.50$ 且不应小于 0.90
铸铁管及球墨铸铁管	$\leqslant 0.50$	$2P$
	>0.50	$P+0.50$
预应力钢筋混凝土管及 预应力钢筒混凝土管	$\leqslant 0.60$	$1.5P$
	>0.60	$P+0.30$

压力管道强度和严密性试验的方法与质量标准，应符合现行国家标准《给水排水管道工程施工及验收规范》GB 50268 的有关规定。

7. 建筑物内埋地压力管道的试验压力不应小于 0.60MPa；生活饮用水和生产、消防合用管道的试验压力应为工作压力的 1.5 倍。

强度试验，应先加压至试验压力，保持恒压 10min，检查接口、管道和管道附件无破损及无漏水现象时，管道强度试验为合格。

严密性试验应在强度试验合格后进行。对管道进行严密性试验时，宜将试验压力降至工作压力加 0.10MPa，金属管道恒压 2h 不漏水，非金属管道恒压 4h 不漏水，可认为合格，并记录为保持试验压力所补充的水量。

在严密性的最后试验中，为保持试验压力所补充的水量，不应超过预先试验时各分段补充水量及阀件等渗水量的总和。

工业厂房内埋地压力管道的试验压力，应按有关专门规定执行。

8. 埋地无压管道（包括检查井、雨水管）的水压试验，应符合下列规定：

(1) 水压试验采用闭水法进行。

(2) 试验应分段进行，宜以相邻两座检查井间的管段为一分段。对每一分段，均应进行 2 次严密性试验：沟槽回填前进行预先试验；沟槽回填至管顶上方 0.50m 以后，再进行复查试验。

9. 室外埋地无压管道闭水试验的方法，应符合现行国家标准《给水排水管道工程施工及验收规范》GB 50268 的有关规定。

10. 室内埋地无压管道闭水试验的水头应为一层楼的高度，并不应超过 8m；室内雨水管道闭水试验的水头，应为注满立管上部雨水斗的水位高度。

按上述试验水头进行闭水试验，经24h不漏水，可认为合格，并记录在试验时间内为保持试验水头所补充的水量。

复查试验时，为保持试验水头所补充的水量不应超过预先试验的数值。

11. 水池应按设计水位进行满水试验，其方法与质量标准应符合现行国家标准《给水排水构筑物工程施工及验收规范》GB 50141 的有关规定。

对埋地管道的沟槽，应分层夯实。在管道外缘上方0.50m范围内应仔细回填，回填土的压实系数不得小于0.90，其他部位回填土的压实系数不得小于0.93。

12. 成品化粪池施工时，应根据黄土场地的湿陷性类型采取相应的防护措施。自重湿陷性黄土场地宜将成品化粪池放在钢筋混凝土基槽内；非自重湿陷性黄土场地成品化粪池施工按素土或灰土分层回填夯实，回填土的压实系数不应小于0.95，按《湿陷性黄土地区给水排水管道基础及接口》04S531-1 施工。根据湿陷性黄土建筑规范的规定，给水或消防采用一体化地埋式泵站或海绵城市模块水箱应按成品化粪池的相关规定执行，设计人员在采用以上设施时应严格执行。

9.2.11 维护管理

湿陷性黄土地区的给水排水管道及其附属构筑物在投入使用后还应加强维护管理，维护管理不好同样会造成难以估量的损失和危害，因此必须按规定进行维护管理。

1. 在使用期间，给水、排水和供热管道系统（包括有水或有汽的所有管道、检查井、检漏井、阀门井等）应保持畅通，遇有漏水或故障时，应立即断绝水源、汽源，故障排除后方可继续使用。

每隔3～5年，宜对埋地压力管道进行工作压力下的泄压检查，对埋地自流管道进行常压泄漏检查。发现泄漏，应及时检修。

2. 必须定期检查检漏设施。对采用严格防水措施的建筑，宜每周检查1次；其他建筑，宜每半个月检查1次。发现有积水或堵塞物，应及时修复和清除，并作记录。

对化粪池和检查井，每半年应清理1次。

3. 对防护范围内的防水地面、排水沟和雨水明沟，应经常检查，发现裂缝及时修补。每年应全面检修1次。

对散水的伸缩缝和散水与外墙交接处的填塞材料，应经常检查和填补。如散水发生倒坡时，必须及时修补和调整，并应保持原设计坡度。

建筑场地应经常保持原设计的排水坡度，发现积水地段，应及时用土填平夯实。

建筑物周围6m以内的地面应保持排水畅通，不得堆放阻碍排水的物品和垃圾，严禁大量浇水。

4. 每年雨季前和每次暴雨后，对防洪沟、缓洪调节池、排水沟、雨水明沟及雨水集水口等，应进行详细检查，清除淤积物，整理沟堤，保证排水畅通。

5. 每年入冬以前，应对可能冻裂的水管采取保温措施，供暖前必须对供热管道进行系统检查（特别是过门管沟处）。

6. 当发现建筑物突然下沉，墙、梁、柱或楼板、地面出现裂缝时，应立即检查附近的供热管道、水管和水池等。如有漏水（汽），必须迅速切断水（汽）源，观测建筑物的沉降和裂缝及其发展情况，记录其部位和时间，并会同有关部门研究处理。

第 10 章　建筑给水局部处理

10.1　概述

天然水源在自来水厂经过给水处理构筑物处理及消毒后，水质达到生活饮用水标准，再经过给水泵站，将饮用水输送至市政给水管网，供居住区、工厂等生活、生产及消防用水。

建筑给水局部处理指在建筑物内对市政自来水水质进行进一步处理以及自备井水除铁除锰处理的工艺。

10.1.1　处理目的

1. 市政自来水在输送过程中受到不同程度的污染，水质降低，需进一步处理，使水质达到生活饮用水标准。

2. 为满足某些用水的特殊要求，需要进一步处理，去除某些物质，以提高供水水质。如高级宾馆、高级住宅、涉外旅游服务网点、小型餐饮店等用水和有特殊要求的场所如化验用水、生活热水、饮用水、洗衣房用水、洗碗机用水、咖啡机用水、锅炉给水、采暖空调系统补水等，也需要对用水作局部深度处理。自备水井含砂量较大时，需进行除砂处理；铁、锰超标时，需进行除铁除锰的处理。

3. 建筑物内部的热水供应要求进行的防垢处理等。

4. 对于二次供水系统，为保证二次供水水质，需要进行消毒处理。

有关生活热水水质处理详见第 4 章，管道直饮水系统处理见第 5 章，游泳池、洗衣房水处理见第 8 章，循环冷却水补充水处理见第 12 章。

10.1.2　水质标准

我国生活饮用水卫生标准包含微生物指标、毒理指标、感官性状和一般化学指标、放射性指标及消毒剂常规指标等，详见表 10.1-1。

饮用水水质标准　　　　　　　　　　　　　　　　　　　　表 10.1-1

指　标	限　值
1. 微生物指标	
总大肠菌群(MPN/100mL 或 CFU/100mL)	不得检出
耐热大肠菌群(MPN/100mL 或 CFU/100mL)	不得检出
大肠埃希氏菌(MPN/100mL 或 CFU/100mL)	不得检出
菌落总数(CFU/mL)	100
2. 毒理指标	
砷(mg/L)	0.01

续表

指　　标	限　　值
镉(mg/L)	0.005
铬(六价)(mg/L)	0.05
铅(mg/L)	0.01
汞(mg/L)	0.001
硒(mg/L)	0.01
氰化物(mg/L)	0.05
氟化物(mg/L)	1.0
硝酸盐(以 N 计)(mg/L)	10 地下水源限制时 20
三氯甲烷(mg/L)	0.06
四氯化碳(mg/L)	0.002
溴酸盐(使用臭氧时)(mg/L)	0.01
甲醛(使用臭氧时)(mg/L)	0.9
亚氯酸盐(使用二氧化氯消毒时)(mg/L)	0.7
氯酸盐(使用复合二氧化氯消毒时)(mg/L)	0.7
3. 感官性状和一般化学指标	
色度(铂钴色度单位)	15
浑浊度(散射浑浊度单位)(NTU)	1 水源与净水技术条件限制时为 3
臭和味	无异臭、异味
肉眼可见物	无
pH	不小于 6.5 且不大于 8.5
铝(mg/L)	0.2
铁(mg/L)	0.3
锰(mg/L)	0.1
铜(mg/L)	1.0
锌(mg/L)	1.0
氯化物(mg/L)	250
硫酸盐(mg/L)	250
溶解性总固体(mg/L)	1000
总硬度(以 $CaCO_3$ 计)(mg/L)	450
耗氧量(COD_{Mn}法,以 O_2 计)(mg/L)	3 水源限制,原水耗氧量＞6mg/L 时为 5
挥发酚类(以苯酚计)(mg/L)	0.002
阴离子合成洗涤剂(mg/L)	0.3
4. 放射性指标	
总 α 放射性(Bq/L)	0.5

续表

指　标	限　值
总 β 放射性(Bq/L)	1
5. 消毒剂常规指标	
氯气及游离氯制剂(游离氯) (加氯时与水接触时间不小于 30min),(mg/L)	出厂水中余量≥0.3
	管网末梢水中余量≥0.05
臭氧(mg/L)	管网末梢水中余量 0.02
二氧化氯(ClO₂)(mg/L)	出厂水中余量≥0.1
	管网末梢水中余量≥0.02

注：本表摘自《生活饮用水卫生标准》GB 5749—2006。

10.1.3　处理对象

根据用水要求，确定处理对象，以达到我国《生活饮用水卫生标准》GB 5749 或特殊用水水质要求。

1. 除浊度：去除水中的悬浮物，提高水的透明度。
2. 除异味：去除水中由于输送过程中受污染所产生的异味及加氯杀菌所产生的异味。
3. 灭菌：对建筑的二次生活供水进行灭菌处理。
4. 防垢：防止设备、管道结垢。
5. 降低硬度：去除水中的钙、镁离子。
6. 除铁除锰：去除自备井水中的铁、锰含量。

10.1.4　建筑给水局部处理特点

建筑给水局部处理根据需要采用单一方法或多种方法组合，主要特点如下：

1. 处理规模比较小，处理设施兼容性强，并且多采用成套定型的设备。
2. 维护管理简便易行，自动化程度较高。
3. 对场地、环境要求不高，无须设置独立处理机房，多设在主体建筑物内部专用房间中。

10.2　工艺流程及处理设备的选择

10.2.1　选择原则

建筑给水局部处理工艺流程应根据原水水质状况、处理内容和出水水质要求进行选择。处理设备选择应符合技术先进、运行可靠、维护管理简单、经济合理的原则。

10.2.2　二次供水防细菌超标

消毒是专门用于去除致病微生物的工艺，可通过物理或化学方法实现。本章仅介绍建筑给水局部处理中常用设备。消毒工艺的确定、消毒剂的选用及投加方式与原水水质、出水水质要求、消毒剂的来源有关。

1. 工艺流程

自来水→水箱→消毒设备→增压供水设备→用户

2. 消毒设备的选择

(1) 紫外线消毒器

紫外线消毒器由紫外线灯管、石英套管、不锈钢筒体及配电部分组成。按灯管工作时灯管内的汞蒸气压力，分为低压、低压高强和中压灯，用于建筑给水的紫外线消毒器采用低压灯系统。饮用水经过辐射波长 253.7nm 的紫外线照射，水中病原微生物的细胞发生化学变化和结构变异，改变和破坏其 DNA 结构，导致细胞不再分裂繁殖，达到消毒杀菌的目的。

紫外线消毒器杀菌快，不改变水的化学、物理性质，不产生气味和副产品，安装简单，使用维修方便，但不具有持续杀菌作用。

紫外线消毒器适用条件：自来水浊度≤5NTU，总含铁量≤0.3mg/L，色度≤15 度，总大肠菌数≤1000 个/L，菌数总数≤2000 个/mL，环境温度≥5℃，空气最大相对湿度≤90%（(20±5)℃）。

紫外线灯管辐照强度（30W 新灯管）≥90μW/cm^2，出厂时总辐照剂量≥12000μW·s/cm^2。

有些紫外线消毒器具有自动清洗功能，可根据不同的水质情况，输入清洗的时间、频率，实现对石英套管的不停机清洗，提高杀菌效果。同时具有对整机运行情况的自动监控功能。

(2) 二氧化氯消毒器

二氧化氯是世界卫生组织和世界粮食组织推荐的 AI 级广谱、安全和高效的消毒剂。二氧化氯对细菌的细胞壁有较强的吸附和穿透能力，可以有效地破坏细菌内含巯基的酶，从而快速抑制微生物蛋白质的合成来破坏微生物。当 pH=8.5 时，杀菌能力比液氯高 3 倍，氧化能力为液氯的 2 倍，能氧化溶解于水中的铁、锰，并且可以去除水中的色、臭、味。

二氧化氯易挥发，在空气中浓度大于 10% 或水中浓度大于 30% 时，容易发生爆炸。由于二氧化氯危险性较大，不易储运，一般均现场制取和使用。目前国内也有稳定性二氧化氯产品，可以运输和储存，可在现场加入活化剂后使用。

现场制取二氧化氯的方法有很多，主要分为化学法和电化学法两类，化学法有还原法和氧化法，电化学法即电解法。本节仅介绍适合局部水处理的最常用的制取方法。

1) 电解法制备二氧化氯

电解法二氧化氯发生器由电解槽（包括电极、隔膜）、直流电源、溶盐箱、水射器、控制系统等组成。在电解槽中电解氯化钠溶液，生成 ClO_2、O_3、Cl_2、H_2O_2 等强氧化性混合气体，通过水射器形成二氧化氯水溶液用于水消毒。

发生器的电极和隔膜采用耐酸碱、耐氧化、稳定性好的材料制成，在无检修及不清洗电极的状态下，保证累计正常运转时间不小于 1000h。要求发生器具备良好的密封性，产生的二氧化氯和氯气不应泄漏到环境中引起人体感官的刺激。

电解法二氧化氯发生器一般设有手动、自动控制方式，自动化程度较高的设备可以根据余氯测量仪测得的余氯量或流量计测得的流量自动调整消毒剂发生量。

电解法的设备较简单，适用于小规模的一体化系统。发生器的规格按设备的有效氯产量（g/h）分为 10、20、50、100、200、300、400、600、800、1000、2000、3000、4000、5000。

2）化学法制备二氧化氯

化学法二氧化氯制取设备由氯酸钠（亚氯酸钠）储罐、盐酸储罐、水射器、二氧化氯发生器、计量泵和控制器等组成。

化学法制备二氧化氯采用盐酸、氯酸钠、亚氯酸钠作为原料。当处理水量大时，采用盐酸和氯酸钠，可获得含 ClO_2 和 Cl_2 的复合型消毒液；当处理水量小时，采用盐酸和亚氯酸钠，可获纯 ClO_2 消毒液。

反应方程式：
$$2NaClO_3 + 4HCl = 2NaCl + 2ClO_2 + Cl_2 + 2H_2O$$
$$5NaClO_2 + 4HCl = 5NaCl + 4ClO_2 + 2H_2O$$

发生器产生的消毒液中，二氧化氯（以有效氯计）占总有效氯的质量分数不小于 95%。主要原料如亚氯酸钠的转化率不低于 80%。

制备二氧化氯消毒剂的原料严禁相互接触，须分别储存在分类库房内，储放槽需设置隔离墙。盐酸库房应有酸泄漏收集措施，氯酸钠、亚氯酸钠库房应设置洗眼器、淋浴器等快速冲洗设施。

二氧化氯制备间，应设置通风设施，通风换气次数为 8～12 次/h；应配备二氧化氯泄漏检测仪和报警设施及稀释泄漏溶液的快速水冲洗设施。

二氧化氯的投加量应保证管网末梢水中余量大于等于 0.02mg/L，其计算参见第 5 章相关内容。

（3）臭氧发生器

臭氧具有很强的氧化性，比氯和其他常用氧化剂强。臭氧的氧化还原电位 $E_V = -2.07V$，氯的氧化还原电位 $E_V = -1.36V$。常温、常压下是蓝色气体，不稳定，可自行分解为氧气，有强烈的刺激性气味。国家标准《室内空气中臭氧卫生标准》GB/T 18202 规定 1h 平均最高容许浓度为 0.1mg/m³。

臭氧用于生活饮用水杀菌、灭活病毒，可去除水中的色、臭、味及水中可溶的铁、锰，分解水中的有机物。臭氧的杀菌效果和氧化能力效果较好，生成的消毒副产物较少。

臭氧发生器包括气源系统、臭氧发生装置及电源装置，组成成套设备，适用于小型水处理系统。气源通常有空气、氧气两种。空气是最常用的气源，电耗最高，占地最大，综合成本最低，适合较小规模的臭氧生产系统；制氧机供氧电耗为其次，成本较高，适合较大规模的臭氧生产系统；液氧气源电耗最低，适合中等规模的臭氧生产系统。

臭氧发生器应设置在室内，室内温度应满足发生器要求。臭氧发生器间应设置通风设备、臭氧泄漏检测及报警设施，用电设备须采用防爆型。必须设置臭氧尾气消除装置。以氧气为气源的臭氧处理设施中的尾气不应采用活性炭消除方式。

臭氧的投加量应保证管网末梢水中余量为 0.02mg/L，其计算参见第 5 章相关内容。

10.2.3 建筑给水除浊度、异味、色、有机物

对水质要求较高的一些建筑如酒店等，要求对自来水进行过滤处理，进一步去除水中

的杂质、铁锈、细菌、有机物质（消毒副产品三卤甲烷）等。

1. 处理流程：

（1）自来水→过滤器→活性炭吸附→消毒设备→用户

　　　　　　　↑

　　　　　加药

（2）自来水→膜过滤系统→用户

2. 过滤器

（1）机械过滤器

一般有 Y 形、Z 形、P 形及滤网式过滤器。过滤器的滤网采用不锈钢筛网，滤网规格一般为 10～120 目/in（1in＝25.4mm），水流阻力损失小于 1.5mH$_2$O，常用压力等级为 0.60MPa、1.00MPa、1.60MPa。Y 形、Z 形过滤器构造简图见图 10.2-1。

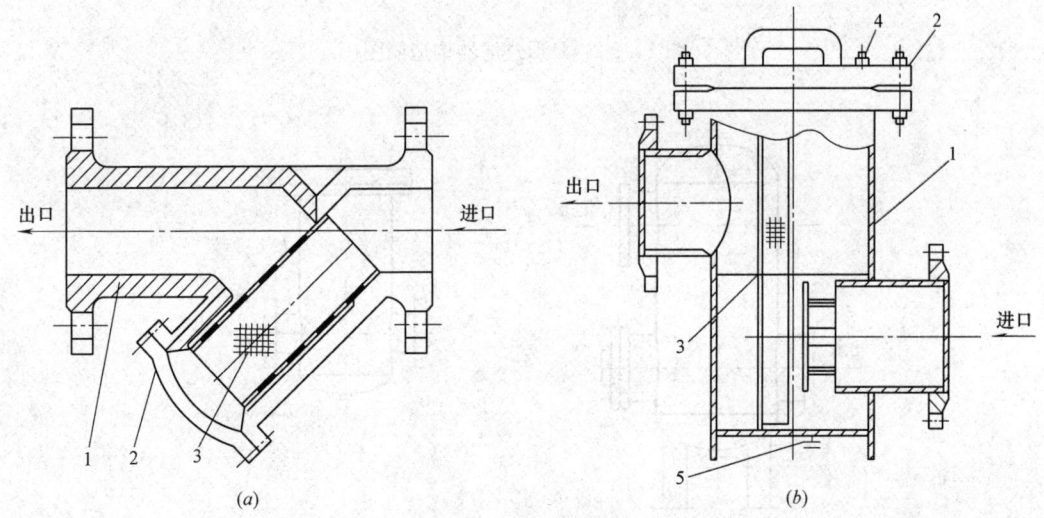

图 10.2-1　Y 形、Z 形过滤器构造简图

（a）Y 形过滤器；（b）Z 形过滤器

1—过滤体；2—盖板；3—过滤组件；4—放气口；5—排污阀

Y 形、Z 形过滤器清洗时需停止使用，对不能停水的系统应设旁通管路；P 形过滤器清洗时不必停机，不设旁通管路。P 形过滤器构造简图见图 10.2-2。

滤网式过滤器是自洁式排气过滤器，具有自动排气功能，清洗时不必停机，不设旁通管路，适合热水系统。自洁式排气过滤器构造简图见图 10.2-3。

手摇式及全自动过滤器自带不锈钢网清洗橡胶刷，可用于热水系统，固体清除率要求更高，运行更方便，自动化程度更高。

（2）压力过滤器

常用的压力过滤器有石英砂过滤器、无烟煤过滤器、双层滤料过滤器、高效纤维过滤器、聚苯乙烯塑料珠过滤器、微孔过滤器等。石英砂是最常用的滤料，为白色颗粒，可去除水中的悬浮物、机械杂质；无烟煤为黑色颗粒，作用与石英砂相同，与石英砂共同作用可以得到更好的效果；陶瓷滤料为灰白色固体，直径 0.3～2.0mm，是一种新型滤料，能

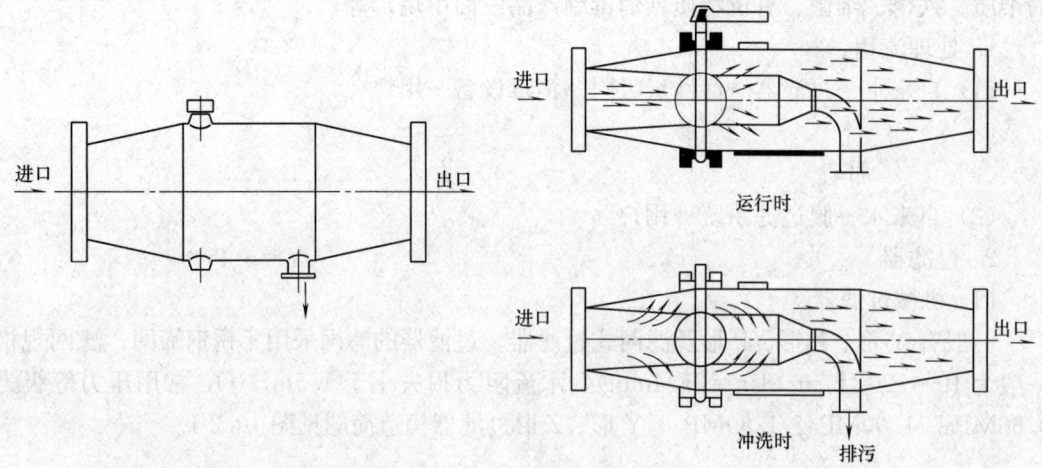

图 10.2-2   P形过滤器构造简图

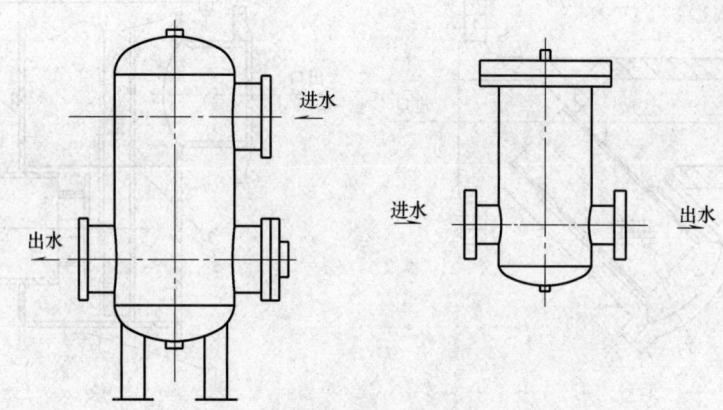

图 10.2-3   自洁式排气过滤器构造简图

去除水中的悬浮物，降低浊度。其表面多孔、密度小，自用水量少、反冲洗干净，节约占地。

1）石英砂过滤器、无烟煤过滤器、双层滤料过滤器的结构形式均一样，主要差别为滤料不同。

此类过滤器过滤效率较高，纳污能力较大，通过反冲洗松动滤料层，可以方便地去除滤料层中所截留的物质，恢复过滤性能。

过滤器由过滤工况转为反冲洗工况，一般依据进、出水阻力增加值确定，该值一般为0.05～0.06MPa，有时可达0.1MPa。

① 压力过滤器构造简图见图10.2-4。

② 压力过滤器技术数据（仅指单流式）

工作压力≤0.60MPa，工作温度5～40℃，过滤速度8～12m/h，反冲洗强度8～15L/(m² · S)。

滤料级配见表10.2-1，反冲洗参数见表10.2-2。

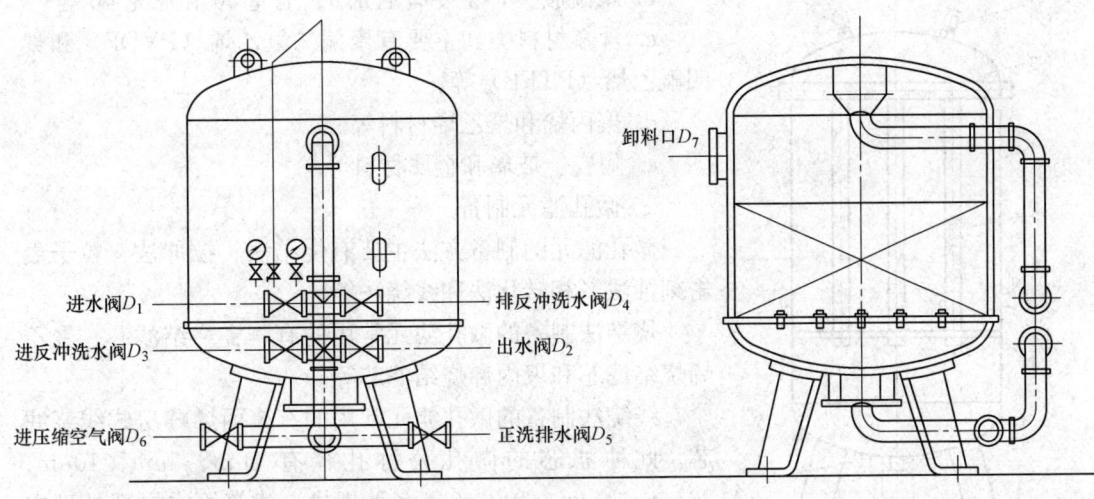

图 10.2-4 压力过滤器构造简图

滤料级配 表 10.2-1

形式	滤料	粒径 (mm)	不均匀系数 k_{80}	滤料密度 (t/m³)	表观密度 (t/m³)	层高 (mm)
单层滤料	石英砂	0.5~1.2	<2	2.65	1.70	1200
	无烟煤	0.5~1.2	<1.7	1.60	0.90	1200
双层滤料	无烟煤（上层）	1.2~2.5		1.60	0.80	400
	石英砂（下层）	0.5~1.2		2.65	1.70	800

反冲洗参数 表 10.2-2

形式	反冲洗强度(L/(m²·s))	膨胀率(%)	反冲洗时间(min)
单层石英砂	8~15	≈45	5~7
单层无烟煤	10~12	≈45	6~8
双层（无烟煤/石英砂）	13~16	≈50	6~8

2）微孔过滤器

① 概述

微孔过滤也称为细过滤、精密过滤，常用的微孔孔径一般为 $1\sim100\mu m$，工作压力为 $0.10\sim0.60MPa$。微孔过滤属于筛分型精密过滤，主要通过在介质表面截留微粒、污染物，达到净化目的。在建筑给水局部处理中通常作为保安过滤设备而广泛使用，可以滤除砂过滤不能滤除的微粒或破碎的活性炭粉末。

微孔过滤器由外壳和微孔滤元两部分组成，其构造简图见图 10.2-5。

② 微孔滤元材料

微孔滤元材料主要有以下几类：

a. 纤维素酯类，主要是二醋酸纤维素（CA）、三醋酸纤维素（CTA）、硝化纤维素（CN）和混合纤维素（CN-CA）等。其中混合纤维素（CN-CA）是一种常用的过滤材料。

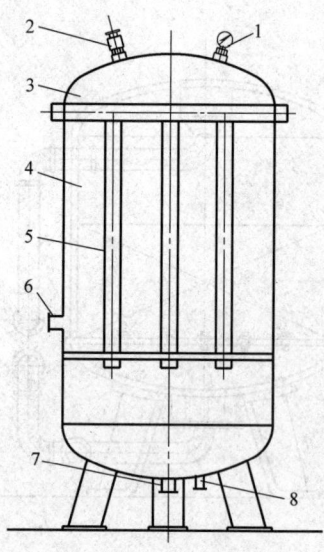

图 10.2-5 微孔过滤器构造简图
1—压力表；2—排气阀；3—上盖；
4—筒体；5—微孔滤元；6—进水口；
7—出水口；8—排污口

b. 聚酰胺类，主要有尼龙 6、尼龙 66 和尼龙 46 等。

c. 含氟材料类，主要有聚偏二氟乙烯（PVDF）和聚四氟乙烯（PTFE）等。

d. 聚丙烯和聚乙烯材料等。

e. 陶瓷、玻璃和金属材料等。

③ 微孔滤元制备

微孔滤元的制备方法主要有烧结法、拉伸法、粒子轰击刻蚀法、相转化法和线绕法等。

烧结法制备的微孔滤元常用的有陶瓷烧结滤芯、聚乙烯烧结滤芯和聚丙烯烧结滤芯等。

线绕法制备的微孔滤元常用的有聚丙烯蜂房式线绕滤芯。此种滤芯的微孔公称孔径有 $1\mu m$、$5\mu m$、$10\mu m$、$20\mu m$、$50\mu m$、$100\mu m$ 等多种规格，建筑给水局部处理中常用 $10\sim20\mu m$。

常用滤芯的长度有 250mm、500mm、750mm、1000mm 等。在选择微孔过滤滤芯数量时，应考虑留有 $2\sim3$ 倍的余量，以减少反冲洗或更换滤芯的次数。

（3）活性炭过滤器

1）活性炭吸附包括物理吸附及化学吸附。

活性炭过滤器以活性炭为滤料，可去除水中的有机物、异味、胶体硅及表面活性官能团，催化氧化部分重金属离子，去除游离氯、氯胺、氯酚及输送过程中的污染物。活性炭的吸附能力与活性炭的生产原料和制造方法有关，与被吸附物质的物理、化学性质也有很大的关系。所以，对于不同的处理目的，宜通过吸附试验来选择合适的活性炭。《室外给水设计规范》GB 50013 对煤质颗粒活性炭的基本要求见表 10.2-3。

煤质颗粒活性炭粒径组成、特性参数   表 10.2-3

组成			
粒径范围(mm)	≥2.5	2.5~1.25	1.25~1.0	<1.0
粒径分布(%)	≤2	≥83	≤14	≤1

吸附、物理、化学特性					
碘吸附值 (mg/g)	亚甲蓝吸附值 (mg/g)	苯酚吸附值 (mg/g)	pH	强度(%)	孔容积(cm³/g)
≥900	≥150	≥140	6~10	≥85	≥0.65
比表面积(m²/g)	装填密度(g/L)	水分(%)	灰分(%)	漂浮率(%)	
≥900	450~520	≤5	11~15	≤2	

2）过滤速度一般为 $6\sim12m/h$，工作压力 0.60MPa，工作温度 5~40℃，反冲洗强度可采用 $15\sim20L/（m^2 \cdot s）$，反冲洗时间取 $4\sim10min$，反冲洗膨胀率 50%左右。

活性炭过滤器构造简图见图 10.2-6。

（4）膜过滤系统

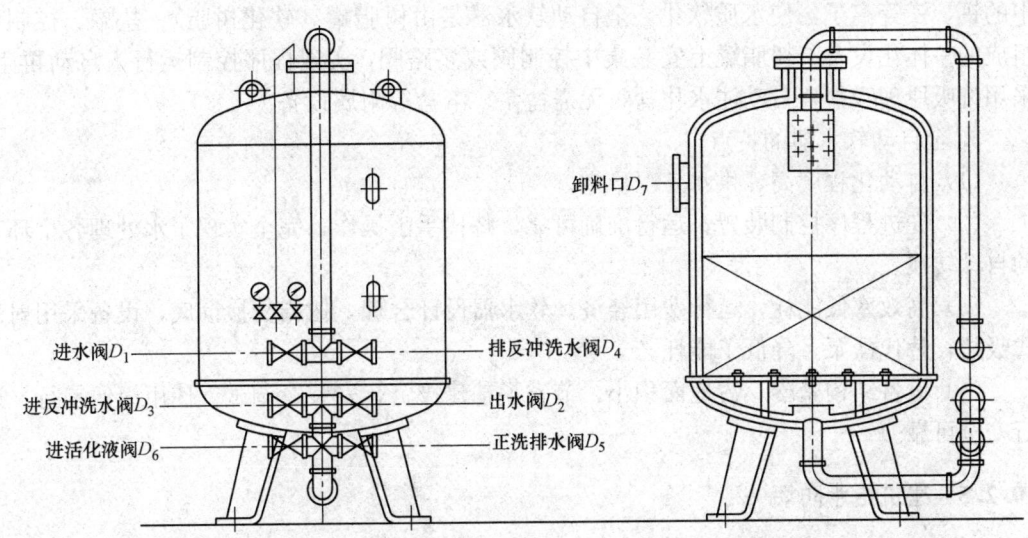

进水阀D_1

进反冲洗水阀D_3

进活化液阀D_6

排反冲洗水阀D_4

出水阀D_2

正洗排水阀D_5

卸料口D_7

图 10.2-6   活性炭过滤器构造简图

膜技术是饮用水处理工程中重要的处理工艺,处理能力强,处理成本具有竞争力。

目前有些成套设备,通过预过滤、膜过滤器及末端温水开水机,提供不同水温的饮用水,能够去除杂质、铁锈、细菌、有害物质并提高口感,可用于饮料配制、咖啡烹制、制冰、餐饮场所等用途。一般适合用水量较少、使用人数不多的办公场所、咖啡店、制冰饮品店等。处理水量一般为 $2\sim12m^3/h$。

预过滤:聚丙烯纤维滤芯,拦截颗粒杂质;过滤精度:$5\mu m$;最大流量:$170L/min$。

膜能够有效拦截各类细小颗粒及微生物污染物,过滤精度达 $0.2\mu m$,可有效过滤水中超过 99.99% 的致病细菌、孢子孢囊微生物,保证更洁净的饮水。

10.2.4   建筑给水降低硬度

根据用户对水质硬度的不同要求,采用全部用水或部分用水软化的方法。水质软化可分为药剂法和离子交换法。软化后的水是否需进一步处理(例如消毒)则应根据软化水的用途来确定。由于建筑工程的特点、条件,药剂法一般采用石灰、硫酸铝等金属混凝剂提高处理效率,用于水厂预处理工艺。

常用的离子交换软化水系统有单级钠离子交换系统、石灰-钠离子交换系统、电渗析-钠离子交换系统等。建筑给水局部处理一般采用离子交换法。

除锅炉补水、生活热水、洗衣房热水及一些工程的循环冷却水补水对水的硬度有要求外,一些酒店建筑对其他生活用水、洗碗机、咖啡机用水也有相应的要求,如某酒店管理公司要求洗碗机、咖啡机用水硬度不超过 $5mg/L$,其他生活用水硬度不超过 $100mg/L$。

1. 处理流程

自来水→全自动软水器→混合→用户

└─旁流─┘

2. 处理设备

目前,建筑给水局部处理一般采用全自动软水器,软水器应用离子交换原理,去除水中的钙、镁等离子，使水质软化。全自动软水器是由树脂罐（软化树脂）、盐罐、控制器组成的一体化设备。树脂罐上安装集中控制阀或多路阀，实现程序控制运行，自动再生；采用虹吸原理吸盐，自动注水化盐，无需盐泵、溶盐等附属设备。

3. 全自动软水器的特点

(1) 自动化程度高，供水工况稳定。

(2) 先进程序控制装置，运行准确可靠，替代手工操作，完全实现了水处理各个环节的自动转换。

(3) 高效率低能耗，运行费用经济。软水器设计合理，树脂交换彻底，设备采用射流式吸盐，替代盐泵，降低了能耗。

(4) 设备结构紧凑，占地面积小，节省了基建投资，安装、调试、使用简便易行，运行安全可靠。

10.2.5　建筑给水防垢

除采取降低硬度的方法外，建筑给水如电开水器、饮水机等可采用安装物理防垢设备防垢，处理流程：

自来水→物理防垢（电子除垢仪）→用水设备

10.2.6　地下水除铁除锰

国家标准《生活饮用水卫生标准》GB 5749 要求水中铁含量≤0.3mg/L，锰含量≤0.1mg/L。原水中铁和锰的含量高于此标准时，会给生活及工业用水带来不利影响，因此，需要经除铁除锰处理。地下水除铁除锰的常用方法见表 10.2-4。在采用自然氧化法和接触氧化法时，根据原水的不同水质，可采用表 10.2-5 的处理工艺流程。

地下水除铁除锰的常用方法　　　　　　　　　　　　表 10.2-4

项目	自然氧化法（曝气氧化法）	接触氧化法	药剂法	
			氯氧化法	高锰酸钾氧化法
原理简述	原水在没有催化剂，即活性"滤膜"的情况下，利用空气中的氧通过曝气将水中的 Fe^{2+} 转化成 Fe^{3+}，然后经过反应、沉淀、过滤工序达到除铁除锰的目的	原水经过曝气溶氧，然后通过滤料表面长有"铁质或锰质活性滤膜"的过滤罐或过滤池过滤，大大加快铁和锰的氧化速度，进而被滤料除去	氯是比氧更强的氧化剂，能迅速将 Fe^{2+} 氧化成 Fe^{3+}。氯投入水中后，迅速与水混合，经过 15～20min 的氧化反应和絮凝，最后经砂滤罐（池）过滤，以去除水中生成的氢氧化铁絮凝物	高锰酸钾是比氧和氯更强烈的氧化剂，能迅速将 Fe^{2+} 氧化成 Fe^{3+}，将 Mn^{2+} 氧化成 Mn^{4+}，并生成密实的絮凝体，易于砂滤罐（池）截留
滤料	石英砂、天然锰砂、人工锰砂等		石英砂、无烟煤	石英砂、无烟煤、锰沸石
曝气方式	水射器、跌水曝气、压缩空气曝气、叶轮表面曝气、莲蓬头曝气			
应用情况	需设反应、沉淀工序，处理时间稍长，沉淀效果有时欠佳，建筑给水处理较少采用	流程简单，在国内得到普遍应用，特别适于建筑给水处理	设施和运行费较大，管理较复杂，实际应用不多	高锰酸钾价格昂贵，实际应用很少

地下水除铁除锰工艺流程介绍 表 10.2-5

水质情况	工艺流程	处理方法	适用水质	备注
原水只含铁不含锰	空气 ↓ 含铁原水→曝气装置→除铁滤池→除铁出水	接触氧化法(单级滤池)	原水含铁量较低时	可在滤池前设射流曝气、跌水曝气、压缩空气曝气或在滤池上方设穿孔管、莲蓬头等喷淋曝气
	含铁原水→曝气装置→反应池→除铁滤池→除铁出水	接触氧化法(二级处理构造物)	处理水量较大、原水含铁量较高时	采用喷淋式曝气装置或叶轮式表面曝气装置
原水铁锰共存	含铁含锰原水→曝气装置→反应池→除铁除锰滤池→除铁除锰出水	接触氧化法(单级滤池)	原水含铁量<5mg/L、含锰量<1.5mg/L	可将曝气装置、反应池与滤池同建一体
	含铁含锰原水→曝气装置→(反应池)→一级除铁过滤→二级除锰过滤→除铁除锰出水	接触氧化法(两级滤池)	原水含铁量<5mg/L、含锰量>1.5mg/L	一级过滤主要除铁、二级过滤主要除锰
	含铁含锰原水→曝气装置→一级除铁过滤→曝气装置→二级除锰过滤→除铁除锰出水	接触氧化法(两级滤池)	原水含铁量<5mg/L、含锰量>1.5mg/L，且可溶性 SiO_2 含量较高，而碱度较低(<1~2mmol/L)	一级过滤前采用射流、压缩空气、跌水等简单曝气，二级过滤前采用强烈曝气
	含铁含锰原水→曝气装置→反应池→除铁除锰双层压力滤池(罐)→除铁除锰出水	接触氧化法(双层滤池)	原水含铁量 5~10mg/L、含锰量 1~3mg/L	采用除铁除锰双层压力滤池(罐)

　　地下水除铁除锰除以上方法外，还有离子交换法、化学沉淀法等。近年，一种采用接触氧化/超滤除铁除锰的组合工艺即曝气—砂滤—超滤工艺，已经通过试验验证并在个别除铁除锰改造工程中得到了应用，该工艺有效地控制了膜污染，取得了稳定的出水水质，并达到了《生活饮用水卫生标准》GB 5749 的要求。

　　在曝气装置中，水射器一般为自吸式射流曝气器，见图 10.2-7。压力水水压为 0.15~0.2MPa。喷嘴直径有 10mm、14mm、20mm、25mm、27.5mm、30mm、42mm、49.5mm、69mm、72mm 等规格。跌水曝气装置一般采用 1~3 级跌水，每级跌水高度为 0.5~1.0m，跌水堰流量为 20~50m³/(h·m²)，见图 10.2-8。莲蓬头曝气装置适用于含铁量<10mg/L 的水质，使用时一般都设置在开敞式除铁滤池的水面上方 1.5~2.5m，见图 10.2-9，每 1~1.5m² 滤池面积安装一个莲蓬头，头上孔口直径 4~8mm，开孔率 10%~20%，孔口流速 2~3m/s。

　　过滤装置有重力式与压力式之分，建筑给水局部处理中多采用压力式除铁除锰装置。图 10.2-10 为压力式除铁除锰装置构造简图，其规格、尺寸见表 10.2-6。

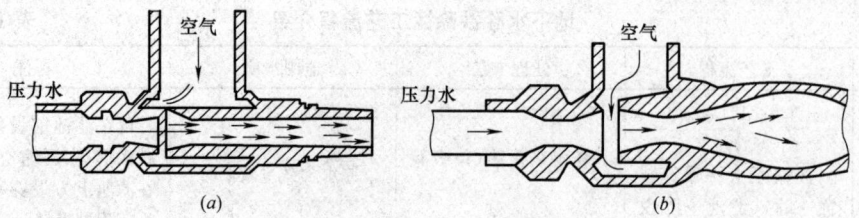

图 10.2-7 自吸式射流曝气器

(a) Ⅰ型；(b) Ⅱ型

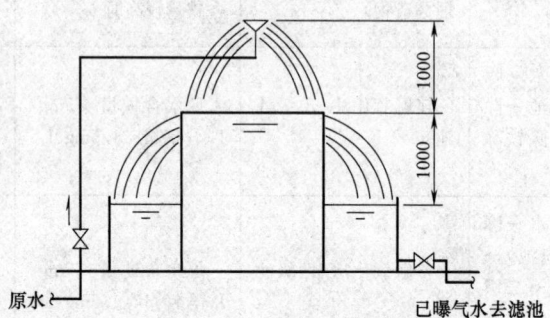

图 10.2-8 两级跌水曝气

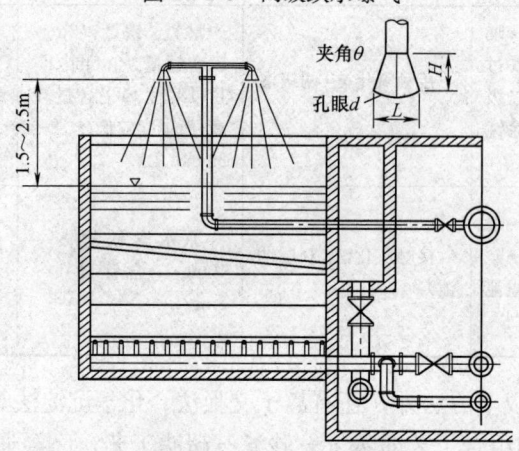

图 10.2-9 莲蓬头曝气装置

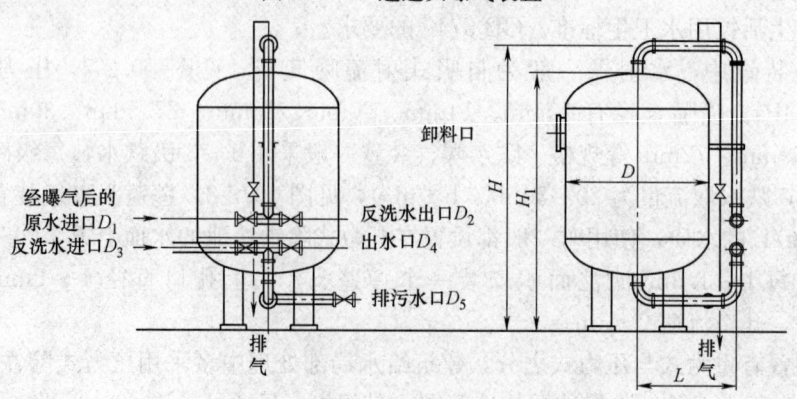

图 10.2-10 压力式除铁除锰装置构造简图

压力式除铁除锰装置规格、尺寸 表 10.2-6

设备内径 (mm)	最大产水量 (m³/h)	滤速 (m/h)	滤层厚度 (mm)	最大外形尺寸 $D \times H_1$(mm)	L (mm)	H (mm)	接管公称直径(mm)				
							D_1	D_2	D_3	D_4	D_5
800	4.0			810×2460	600	2630	80	80	80	80	50
1000	6.3			1010×2580	700	2780	100	100	100	100	50
1200	9.0			1212×2764	800	2964	100	150	150	100	50
1600	16.0	6~8	1000	1616×3174	1000	3421	150	200	200	150	100
1800	20.4			1816×3336	1100	3586	150	200	200	150	100
2000	25.1			2016×3446	1200	3696	150	200	200	150	100
2400	36.2			2420×3810	1400	4110	200	250	250	200	100
2600	42.5			2620×3930	1500	4230	200	250	250	200	100

10.3 锅炉房给水处理

10.3.1 水质标准

民用锅炉给水、补水、锅水的水质，应符合现行国家标准《工业锅炉水质》GB 1576 的规定。表 10.3-1～表 10.3-6 为《工业锅炉水质》GB 1516—2008 对锅炉水质的要求。

采用锅外水处理的自然循环蒸汽锅炉和汽水两用锅炉水质 表 10.3-1

项目	额定蒸汽压力(MPa)	$p \leqslant 1.0$		$1.0 < p \leqslant 1.6$		$1.6 < p \leqslant 2.5$		$2.5 < p < 3.8$	
	补给水类型	软化水	除盐水	软化水	除盐水	软化水	除盐水	软化水	除盐水
给水	浊度(FTU)	≤5.0	≤2.0	≤5.0	≤2.0	≤5.0	≤2.0	≤5.0	≤2.0
	硬度(mmol/L)	≤0.030	≤0.030	≤0.030	≤0.030	≤0.030	≤0.030	≤0.005	≤0.005
	pH(25℃)	7.0~9.0	8.0~9.5	7.0~9.0	8.0~9.5	7.0~9.0	8.0~9.5	7.5~9.0	8.0~9.5
	溶解氧[a](mg/L)	≤0.10	≤0.10	≤0.10	≤0.050	≤0.050	≤0.050	≤0.050	≤0.050
	油(mg/L)	≤2.0	≤2.0	≤2.0	≤2.0	≤2.0	≤2.0	≤2.0	≤2.0
	全铁(mg/L)	≤0.30	≤0.30	≤0.30	≤0.30	≤0.30	≤0.30	≤0.10	≤0.10
	电导率(25℃)(μS/cm)	—	—	≤550	≤110	≤500	≤100	≤350	≤80
锅水	全碱度[b] 无过热器 (mmol/L)	6.0~26.0	≤10.0	6.0~24.0	≤10.0	6.0~16.0	≤8.0	≤12.0	≤4.0
	有过热器	—	≤14.0		≤10.0		≤12.0	≤8.0	≤12.0	≤4.0
	酚酞碱度 无过热器 (mmol/L)	4.0~18.0	≤6.0	4.0~16.0	≤6.0	4.0~12.0	≤6.0	≤10.0	≤3.0
	有过热器	—	≤10.0		≤6.0		≤8.0	≤5.0	≤10.0	≤3.0
	pH(25℃)	10.0~12.0	10.0~12.0	10.0~12.0	10.0~12.0	10.0~12.0	10.0~12.0	9.0~12.0	9.0~11.0
	溶解固形物 无过热器 (mg/L)	≤4000	≤4000	≤3500	≤3500	≤3000	≤3000	≤2500	≤2500
	有过热器	—	—	≤3000	≤3000	≤2500	≤2500	≤2000	≤2000

续表

项目	额定蒸汽压力(MPa)	$p \leqslant 1.0$		$1.0 < p \leqslant 1.6$		$1.6 < p \leqslant 2.5$		$2.5 < p \leqslant 3.8$	
	补给水类型	软化水	除盐水	软化水	除盐水	软化水	除盐水	软化水	除盐水
锅水	磷酸根c(mg/L)	—	—	10.0~30.0	10.0~30.0	10.0~30.0	10.0~30.0	5.0~20.0	5.0~20.0
	亚硫酸根d(mg/L)	—	—	10.0~30.0	10.0~30.0	10.0~30.0	10.0~30.0	5.0~10.0	5.0~10.0
	相对碱度e	<0.20	<0.20	<0.20	<0.20	<0.20	<0.20	<0.20	<0.20

a 溶解氧控制值适用于经过除氧装置处理后的给水。额定蒸发量大于或等于 10t/h 的锅炉,给水应除氧。额定蒸发量小于 10t/h 的锅炉如果发现局部氧腐蚀,也应采取除氧措施。对于供汽轮机用汽的锅炉,给水含氧量应小于或等于 0.050mg/L。

b 对蒸汽质量要求不高,并且无过热器的锅炉,锅水全碱度上限值可适当放宽,但放宽后锅水的 pH(25℃)不应超过上限。

c 适用于锅内加磷酸盐阻垢剂。采用其他阻垢剂时,阻垢剂残余量应符合药剂生产厂规定的指标。

d 适用于给水加亚硫酸盐除氧剂。采用其他除氧剂时,除氧剂残余量应符合药剂生产厂规定的指标。

e 全焊接结构锅炉,可不控制相对碱度。

注:1. 对于供汽轮机用汽的锅炉,蒸汽质量应执行《火力发电机组及蒸汽动力设备水汽质量》GB/T 12145 规定的额定蒸汽压力 3.8~5.8MPa 汽包炉标准。

2. 硬度、碱度的计量单位为一价基本单元物质的量浓度。

3. 停(备)用锅炉启动时,锅水的浓缩倍率达到正常后,锅水的水质应达到本标准的要求。

单纯采用锅内加药处理的自然循环蒸汽锅炉和汽水两用锅炉水质 表 10.3-2

水样	项目	标准值
给水	浊度(FTU)	≤20.0
	硬度(mmol/L)	≤4.0
	pH(25℃)	7.0~10.0
	油(mg/L)	≤2.0
锅水	全碱度(mmol/L)	8.0~26.0
	酚酞碱度(mmol/L)	6.0~18.0
	pH(25℃)	10.0~12.0
	溶解固形物(mg/L)	≤5000
	磷酸根(mg/L)	10.0~50.0

a 适用于锅内加磷酸盐阻垢剂。采用其他阻垢剂时,阻垢剂残余量应符合药剂生产厂规定的指标。

注:1. 单纯采用锅内加药处理,锅炉受热面平均结垢速率不得大于 0.5mm/年。

2. 额定蒸发量小于或等于 4t/h,并且额定蒸汽压力小于或等于 1.3MPa 的蒸汽锅炉和汽水两用锅炉同时采用锅外水处理和锅内加药处理时,给水和锅水水质可参照本表的规定。

3. 硬度、碱度的计量单位为一价基本单元物质的量浓度。

采用锅外水处理的热水锅炉水质 表 10.3-3

水样	项目	标准值
给水	浊度(FTU)	≤5.0
	硬度(mmol/L)	≤0.60
	pH(25℃)	7.0~11.0
	溶解氧(mg/L)	≤0.10

续表

水样	项目	标准值
给水	油(mg/L)	≤2.0
	全铁(mg/L)	≤0.30
锅水	pH[b](25℃)	9.0～11.0
	磷酸根[c](mg/L)	5.0～50.0

a 溶解氧控制值适用于经过除氧装置处理后的给水。额定功率大于或等于7.0MW的承压热水锅炉给水应除氧；额定功率小于7.0MW的承压热水锅炉如果发现局部氧腐蚀，也应采取除氧措施。

b 通过补加药剂使锅水 pH（25℃）控制在9.0～11.0。

c 适用于锅内加磷酸盐阻垢剂。采用其他阻垢剂时，阻垢剂残余量应符合药剂生产厂规定的指标。

注：硬度的计量单位为一价基本单元物质的量浓度。

单纯采用锅内加药处理的热水锅炉水质　　　　　　表 10.3-4

水样	项目	标准值
给水	浊度(FTU)	≤20.0
	硬度[a](mmol/L)	≤6.0
	pH(25℃)	7.0～11.0
	油(mg/L)	≤2.0
锅水	pH(25℃)	9.0～11.0
	磷酸根[b](mg/L)	10.0～50.0

a 使用与结垢物质作用后不生成固体不溶物的阻垢剂，给水硬度可放宽至小于或等于8.0mmol/L。

b 适用于锅内加磷酸盐阻垢剂。采用其他阻垢剂时，阻垢剂残余量应符合药剂生产厂规定的指标。

注：1. 对于额定功率小于或等于4.2MW水管式和锅壳式的承压热水锅炉和常压热水锅炉，同时采用锅外水处理和锅内加药处理时，给水和锅水水质也可参照本表的规定。

2. 硬度的计量单位为一价基本单元物质的量浓度。

贯流锅炉、直流锅炉水质　　　　　　表 10.3-5

项目	锅炉类型	贯流锅炉			直流锅炉		
	额定蒸汽压力(MPa)	$p \leq 1.0$	$1.0 < p \leq 2.5$	$2.5 < p < 3.8$	$p \leq 1.0$	$1.0 < p \leq 2.5$	$2.5 < p < 3.8$
给水	浊度(FTU)	≤5.0	≤5.0	≤5.0	—	—	—
	硬度(mmol/L)	≤0.030	≤0.030	≤0.005	≤0.030	≤0.030	≤0.005
	pH(25℃)	7.0～9.0	7.0～9.0	7.0～9.0	10.0～12.0	10.0～12.0	10.0～12.0
	溶解氧(mg/L)	≤0.10	≤0.050	≤0.050	≤0.10	≤0.050	≤0.050
	油(mg/L)	≤2.0	≤2.0	≤2.0	≤2.0	≤2.0	≤2.0
	全铁(mg/L)	≤0.30	≤0.30	≤0.10	—	—	—
	全碱度[a](mmol/L)	—	—	—	6.0～16.0	6.0～12.0	≤12.0
	酚酞碱度(mmol/L)	—	—	—	4.0～12.0	4.0～10.0	≤10.0
	溶解固形物(mg/L)	—	—	≤3500	≤3500	≤3000	≤2500

续表

项目	锅炉类型 额定蒸汽压力 （MPa）	贯流锅炉			直流锅炉		
		$p\leqslant1.0$	$1.0<p\leqslant2.5$	$2.5<p\leqslant3.8$	$p\leqslant1.0$	$1.0<p\leqslant2.5$	$2.5<p<3.8$
给水	磷酸根 （mg/L）	—	—	—	10.0～50.0	10.0～50.0	5.0～30.0
	亚硫酸根 （mg/L）	—	—	—	10.0～50.0	10.0～30.0	10.0～20.0
锅水	全碱度ᵃ （mmol/L）	2.0～16.0	2.0～12.0	≤12.0	—	—	—
	酚酞碱度 （mmol/L）	1.6～12.0	1.6～10.0	≤10.0	—	—	—
	pH(25℃)	10.0～12.0	10.0～12.0	10.0～12.0	—	—	—
	溶解固形物 （mg/L）	≤3000	≤2500	≤2000	—	—	—
	磷酸根ᵇ （mg/L）	10.0～50.0	10.0～50.0	10.0～20.0	—	—	—
	亚硫酸根ᶜ （mg/L）	10.0～50.0	10.0～30.0	10.0～20.0	—	—	—

a 对蒸汽质量要求不高，并且无过热器的锅炉，锅水全碱度上限值可适当放宽，但放宽后锅水的 pH（25℃）不应超过上限。

b 适用于锅内加磷酸盐阻垢剂。采用其他阻垢剂时，阻垢剂残余量应符合药剂生产厂规定的指标。

c 适用于给水加亚硫酸盐除氧剂。采用其他除氧剂时，除氧剂残余量应符合药剂生产厂规定的指标

注：1. 贯流锅炉汽水分离器中返回到下集箱的疏水量，应保证锅水符合本标准。

　　2. 直流锅炉汽水分离器中返回到除氧热水箱的疏水量，应保证给水符合本标准。

　　3. 直流锅炉给水取样点可设定在除氧热水箱出口处。

　　4. 硬度、碱度的计量单位为一价基本单元物质的量浓度。

回水水质 表 10.3-6

硬度(mmol/L)		全铁(mg/L)		油(mg/L)
标准值	期望值	标准值	期望值	标准值
≤0.060	≤0.030	≤0.60	≤0.30	≤2.0

10.3.2　锅炉给水、补水的防垢软化及酸碱度处理

1. 锅炉水处理方式应符合下列要求

（1）民用锅炉房的给水一般采用自来水，悬浮物一般已达标；宜尽量选择系统简单、操作方便的水处理方式，应根据原水水质和锅炉给水、锅水标准，凝结水的回收量及锅炉排污率及投资建设方的具体情况确定水处理方式。

（2）处理后的锅炉给水，不应使锅炉产生的蒸汽对生产或生活使用造成有害影响。

（3）当原水水压不能满足水处理工艺要求时，应设置原水加压措施；当原水所含悬浮物过大时，应进行过滤预处理。

（4）原水预处理方式的选择可按下列原则确定：

1）原水悬浮物含量≤50mg/L 时，宜采用过滤或接触混凝、过滤处理。

2）原水悬浮物含量＞50mg/L 时，宜采用混凝、澄清、过滤处理。

3）当原水含盐量较高时，经技术经济比较后，可采用预脱盐处理。

4）地下水含砂、含铁量较高，地表水有机物含量高时，均应采取去除措施。当原水胶体含量高，经核算锅炉蒸汽品质不能满足要求时，应采取相应的处理措施。

（5）采用锅炉内加药水处理时，应符合下列要求：

1）给水悬浮物含量不应大于 20mg/L；

2）蒸汽锅炉给水总硬度不应大于 4mmol/L，热水锅炉给水总硬度不应大于 6mmol/L；

3）应设置自动加药设施；

4）应设有锅炉排泥渣和清洗的设施。

（6）采用压力式机械过滤器过滤原水时，宜符合下列要求：

1）机械过滤器不宜少于 2 台，其中 1 台备用；

2）每台每昼夜反冲洗次数可按 1～2 次设计；

3）可采用反冲洗水箱的水进行反冲洗或采用压缩空气和水进行混合反冲洗；

4）原水经混凝、澄清后用石英砂或无烟煤作单层过滤滤料，或用无烟煤和石英砂作双层过滤滤料。

2. 化学水处理设备宜选用组装成套设计的定型产品，选择时应考虑下列原则要求：

（1）锅炉房化学水处理设备的出力应能满足用户最大用量的要求，可按公式（10.3-1）计算：

$$D=K(D_1+D_2+D_3+D_4+D_5+D_6+D_7)\qquad(10.3\text{-}1)$$

式中　D——水处理设备出力（t/h）；

D_1——蒸汽用户凝结水损失（t/h）；

D_2——锅炉房自用蒸汽凝结水损失（t/h）；

D_3——锅炉连续排污损失（t/h）；

D_4——室外蒸汽管道和凝结水管道的漏损（t/h）；

D_5——采暖热水系统的补给水量（t/h）；

D_6——水处理系统的化学自用水量（t/h）；

D_7——其他用途的化学水消耗量（t/h）；

K——富余系数，取 $K=1.1～1.2$。

（2）固定床离子交换器的设置不宜少于 2 台，其中 1 台为再生备用，每台每昼夜再生次数宜按 1～2 次设计。当软化水的消耗量较小时，也可设置 1 台，但其设计出力应满足离子交换器运行和再生时的软化水消耗量，且应设置足够容积的软化水箱。

（3）化学软化水设备的类型可按下列原则选择：

1）原水总硬度小于等于 6.5mmol/L 时，宜采用固定床逆流再生离子交换器；原水总硬度小于 2mmol/L 时，可采用固定床顺流再生离子交换器。

2）原水总硬度小于 4mmol/L、水质稳定、软化水消耗量变化不大且设备能连续不间断运行时，可采用浮动床、流动床或移动离子交换器。

3）固定床离子交换器的设置不宜少于 2 台，其中 1 台为再生备用，每台再生周期宜按 12～24h 设计。当软化水的消耗量较小时，可设置 1 台，但其设计出力应满足离子交换器运行和再生时的软化水消耗量的需要。

出力小于 10t/h 的固定床离子交换器，宜选用全自动软水装置，其再生周期宜为 6～8h。

4）原水总硬度大于 6.5mmol/L，当一级钠离子交换器出水达不到水质标准时，可采用两级串联的钠离子交换系统。

5）原水碳酸盐硬度较高，且允许软化水残留碱度为 1.0～1.4mmol/L 时，可采用钠离子交换后加酸处理。加酸处理后的软化水应经除二氧化碳器脱气，软化水的 pH 应能进行连续监测。

6）原水碳酸盐硬度较高，且允许软化水残留碱度为 0.35～0.5mmol/L 时，可采用弱酸性阳离子交换树脂或不足量酸再生氢离子交换剂的氢-钠离子串联系统处理。氢离子交换器应采用固定床顺流再生；氢离子交换器出水应经除二氧化碳器脱气。氢离子交换器及其出水、排水管道应防腐。

7）除二氧化碳器的填料层高度，应根据填料的品种和尺寸、进出水中 CO_2 的含量、水温和所选定淋水密度下的实际解析系数等因素确定。除二氧化碳器风机的通风量，可按每立方米水耗用 15～20m³ 空气计算。

（4）钠离子交换再生用的食盐可采用干法或湿法储存，其储量应根据运输条件确定。当采用湿法储存时，应符合下列要求：

1）浓盐液池和稀盐液池宜各设 1 个，且宜采用混凝土建造，内壁贴防腐材料内衬；

2）浓盐液池的有效容积宜为 5～10d 食盐消耗量，其底部应设置慢滤层或设置过滤器；

3）稀盐液池的有效容积不应小于最大 1 台钠离子交换器 1 次再生盐液的消耗量；

4）宜设装卸平台和起吊设备。

（5）酸、碱再生系统的设计，应符合下列要求：

1）酸、碱槽的储量应按酸、碱液每昼夜的消耗量、交通运输条件和供应情况等因素确定，宜按储存 15～30d 的消耗量设计；

2）酸、碱计量箱的有效容积，不应小于最大 1 台离子交换器 1 次再生酸、碱液的消耗量；

3）输酸、碱泵宜各设 1 台，并应选用耐酸、碱腐蚀泵；卸酸、碱宜利用自流或采用输酸、碱泵抽吸；

4）输送并稀释再生用酸、碱液宜采用酸、碱喷射器；

5）储存和输送酸、碱液的设备、管道、阀门及其附件，应采取防腐和防护措施；

6）酸、碱储存设备布置应靠近水处理间；储存罐地上布置时，其周围应设有能容纳最大储存罐 110％容积的围堰，当围堰有排放设施时，其容积可适当减小；

7）酸储存罐和计量箱应采用液面密封设施，排气应接入酸雾吸收器；

8）酸、碱储存区内应设操作人员安全冲洗设施。

（6）凝结水箱、软化或除盐水箱和中间水箱的设置和有效容量，应符合下列要求：

1）凝结水箱宜设 1 个；当锅炉房常年不间断供热时，宜设 2 个或 1 个中间带隔板分为 2 格的凝结水箱。水箱的总有效容量宜按 20～40min 的凝结水回收量确定。

2）软化或除盐水箱的总有效容量，应根据水处理设备的设计出力和运行方式确定。

当设有再生备用设备时，软化或除盐水箱的总有效容量应按 30～60min 的软化或除盐水消耗量确定。

3）中间水箱总有效容量宜按水处理设备设计出力 15～30min 的水量确定。中间水箱的内壁应采取防腐蚀措施。

（7）凝结水泵、软化或除盐水泵以及中间水泵的选择，应符合下列要求：

1）应有 1 台备用，当其中 1 台停止运行时，其余的总流量应满足系统水量要求；

2）有条件时，凝结水泵和软化或除盐水泵可合用 1 台备用泵；

3）中间水泵应选用耐腐蚀泵。

（8）当化学软化水处理不能满足锅炉给水水质要求时，应采用离子交换、反渗透或电渗析等方式的除盐水处理系统。

除盐水处理系统排出的清洗水宜回收利用；酸、碱废水应经中和处理达标后排放。

（9）锅炉的汽包与锅炉管束为胀管连接时，所选择的化学水处理系统应能维持炉水的相对碱度小于 20%。当达不到要求时，应向锅水中加入缓蚀剂，缓蚀剂可采用 Na_2HPO_4。

10.3.3　锅炉给水除氧

1. 锅炉给水溶解氧含量应符合现行国家标准《工业锅炉水质》GB 1576 的规定。

（1）锅炉给水的除氧宜采用大气式喷雾热力除氧器。除氧水箱下部宜装设再沸腾蒸汽加热管。

（2）当要求除氧后的水温不高于 60℃时，可采用真空除氧、解析除氧或其他低温除氧系统。

（3）热水系统补给水的除氧，可采用真空除氧、解析除氧或化学除氧。当采用亚硫酸钠加药除氧时，应监测锅水中亚硫酸根的含量。

2. 采用热力除氧应注意下列要求：

（1）热力除氧负荷调节有效范围一般在除氧器设计额定出力的 30%～120%。

（2）除氧器的进气管上应装设自动调压装置。调压器的调节信号应取自除氧器。运行时保证除氧器内蒸汽压力在 0.02～0.03MPa（水温约 104℃）。

（3）除氧器进水管上应装流量调节装置，保持连续均匀给水，并保持除氧水箱内具有一定水位。

（4）除氧水箱底部沿长度方向应布置再沸腾蒸汽加热管。

（5）几台除氧器并联运行时，在除氧水箱之间应设置汽连通管和水平衡管。

（6）除氧水箱的布置高度，应保证锅炉给水泵在运行中不致产生气蚀。除氧水箱应配置便于操作、维修的平台、扶梯。设备上方应设置起吊装置。

3. 采用还原铁过滤除氧方式应注意下列要求：

（1）采用还原铁过滤除氧方式，应选用配备有还原铁除氧器和树脂除铁器的定型产品或具有上述两个功能的组合装置，保证进入锅炉的除氧水不含铁离子。

（2）还原铁应选用含铁量高、强度较大、不易粉化、不易板结的多孔性海绵铁粒（其堆积密度约为 $1.4t/m^3$）。

（3）除铁器内宜充装 Na 型强酸阳树脂滤料。

（4）系统设计时，应合理控制流经过滤层的水流压力和流速，当设备制造厂未提供运行要求时，一般可控制流经海绵铁层的流速为 15m/h 左右，流经树脂过滤层的流速为 25m/h 左右。

（5）反冲洗水泵的流量一般可按通过还原铁粒层的反冲洗强度为 18～20L/(m² · s) 考虑，其扬程可按 10～15m 考虑。

4. 采用真空除氧方式应注意下列要求：

（1）真空除氧器内应保持足够的真空度和水温，使真空除氧器内的水处于饱和沸腾状态是保证除氧效果的关键。

（2）真空除氧器的进水管上应配备流量调节装置；除氧水箱应有液位自动调节装置，保持水箱内的水位在一定范围。

（3）真空除氧器应配备根据进水温度调节真空度，或根据真空度调节进水温度的自动调节装置。

（4）保证真空除氧器内真空度的要点是：

1）根据喷射器的设计要求，保证足够的喷射水（或蒸汽）流量和压力。

2）在喷射水管上设置过滤器，防止喷射器堵塞。

3）在除氧器抽气管上装常闭电磁阀，并和喷射泵连锁，停泵时立即关闭电磁阀。

4）除氧器及其除氧水箱的布置高度，应保证给水泵有足够的灌注头。除氧设施应设置便于运行维护的平台、扶梯。其上方宜设置起吊设施。

5）真空除氧系统的设备和管道应保持高度的气密性，管道连接应采用焊接，尽量减少螺纹连接件。

5. 采用解析除氧方式应注意下列要求：

（1）喷射器的进口水压应满足喷射器的设计要求，一般不得低于 0.4MPa。当水温超过 50℃时，在解析器的气体出口管道上应加装冷凝器，防止水蒸气进入反应器。

（2）除氧系统及其后的设备和管道应保持高度的严密性，管道系统除必须采用法兰或螺纹连接外，还应采用焊接连接，除氧水箱应为密闭式水箱。

6. 采用化学药剂除氧应符合下列要求：

（1）化学除氧方式只宜用于 ≤4t/h（2.8MW）的小型锅炉或作为辅助除氧方式。常用药剂有亚硫酸钠（Na_2SO_3）和二硫四氯化钠。采用 Na_2SO_3 除氧时，应监测水中的硫酸根含量。

（2）药剂配制输送系统的设备和管道必须严密防止空气渗入。

（3）采用亚硫酸钠除氧时，配制液浓度一般为 5%～10%（质量分数），溶液箱容积宜不小于一昼夜的药液用量，压力式加药罐容积宜不小于 8h 的药液用量。

10.3.4　排污

排污分连续排污和定期排污两种。连续排污也叫表面排污，这种排污方法是连续不断地从汽包锅水表面层将浓度最大的锅水排出。它的作用是降低锅水中的含盐量和碱度，防止锅水浓度过高而影响蒸汽品质。定期排污又叫间断排污或底部排污，其作用是排除积聚在锅炉下部的水渣和磷酸盐处理后所形成的软质沉淀物。定期排污持续时间很短，但排除锅内沉淀物的能力很强。

1. 锅筒（锅壳）、立式锅炉的下脚圈、每组水冷壁下集箱的最低处、省煤器下联箱等应设定期排污装置和排污管道。蒸汽锅炉应根据锅炉本体的设计情况配置连续排污装置和排污管道。定期排污和连续排污的锅水应在排污降温池降温至 40℃ 以下后，才可排入室外管沟或下水道。

2. 锅炉房连续排污及其设施

(1) 蒸汽锅炉连续排污率应根据给水和锅水中的碱度及溶解固形物分别计算，取其中较大值为排污率。连续排污率按公式（10.3-2）、公式（10.3-3）计算：

$$P=\frac{\rho A_0}{A-\rho A_0}\times100\%\qquad(10.3\text{-}2)$$

$$\text{或 } P=\frac{\rho S_0}{S-\rho S_0}\times100\%\qquad(10.3\text{-}3)$$

连续排污量为： $D_{LP}=P\cdot D$ (10.3-4)

式中 P——连续排污率（%），取公式（10.3-2）和公式（10.3-3）中较大的计算值；

　A_0——锅炉给水的碱度（mmol/L）；

　S_0——锅炉给水的溶解固形物含量（mg/L）；

　S——锅水所允许的溶解固形物指标（mg/L）；其值见表10.3-1和表10.3-2；

　A——锅水允许碱度指标（mmol/L）；

　ρ——锅炉补水率（或凝结水损失率），以小数表示；

D_{LP}——锅炉连续排污量（kg/h）；

　D——锅炉蒸发量（kg/h）。

(2) 采用锅外化学水处理时，蒸汽锅炉的排污率应符合下列要求：

1) 蒸汽压力小于等于 2.5MPa（表压）时，排污率不宜大于 10%；蒸汽压力大于 2.5MPa（表压）时，排污率不宜大于 5%。

2) 锅炉产生的蒸汽供供热式汽轮发电机组使用，且采用化学软化水为补给水时，排污率不宜大于 5%；采用化学除盐水为补给水时，排污率不宜大于 2%。

3. 蒸汽锅炉连续排污水的热量应合理利用。锅炉房宜根据总的连续排污量设置连续排污膨胀器和排污水换热器。连续排污扩容器的容积按公式（10.3-5）计算确定：

$$V_{LP}=\frac{kD_2v}{W}\qquad(10.3\text{-}5)$$

式中 V_{LP}——连续排污扩容器容积（m³）；

　k——富裕系数，取 $k=1.3\sim1.5$；

　v——二次蒸汽比容（m³/kg）；

　W——扩容器分离强度，一般取 $W=800$m³/(m³·h)；

　D_2——二次蒸汽蒸发量（kg/h）；按公式（10.3-6）计算：

$$D_2=\frac{D_{LP}(i\eta-i_1)}{(i_2-i_1)x}\qquad(10.3\text{-}6)$$

式中 D_{LP}——连续排污量（kg/h）；

i——锅炉饱和水比焓（kJ/kg）；

i_1——扩容器出水比焓（kJ/kg）；

i_2——二次蒸汽的比焓（kJ/kg）；

η——排污管热损失系数，取 $\eta=0.98$；

x——二次蒸汽的干度，取 $x=0.97$。

4. 锅炉定期排污

(1) 采用炉外水处理时，每次排污量按上锅筒水位变化控制，按公式（10.3-7）计算：

$$G_d=n \cdot D \cdot h \cdot L \qquad (10.3\text{-}7)$$

式中　G_d——每台锅炉一次定期排污量（m³/次）；

n——每台锅炉上锅筒个数（个）；

D——上锅筒直径（m）；

L——上锅筒长度（m）；

h——上锅筒排污前后水位高差，一般取 $h=0.1m$。

(2) 采用锅内加药水处理时，排污量按公式（10.3-8）计算：

$$G_d=\frac{G(g_1+g_2)}{g-(g_1+g_2)} \qquad (10.3\text{-}8)$$

式中　G_d——每台锅炉一次定期排污量（m³/次）；

g_1——给水溶解固形物的含量（mg/L）；

g_2——加药量（mg/L）；

G——排污间隔时间内的给水量（m³）；

g——锅炉最大允许溶解固形物含量（mg/L）；见表 10.3-1、表 10.3-2。

5. 锅炉排污系统的两种方式

(1) 污水→排污膨胀器→换热器（小型锅炉房不设）→排污降温池（兑自来水降温至40℃以下）→排入市政排水管网。这是传统的排污做法，系统复杂，不利于节能。

(2) 污水→排污除氧水箱（软水箱与热力除氧水箱一体，间接换热降温至40℃以下）→排入市政排水管网。这种方式系统简单，排污热量全部回收，不用兑自来水降温，节约水源，有利于节能减排。

6. 锅炉排污管道系统的设计应符合下列要求：

(1) 锅炉机组排污管道及其配备的阀门，按锅炉制造厂成套供货的产品进行布置安装。如锅炉制造厂成套配置的产品不符合《锅炉安全技术监察规程》TSG G0001 的规定时，应按该规程的要求进行配置。

(2) 锅炉上的排污管和排污阀不允许采用螺纹连接，排污管不应高出锅筒或联箱的相应排污口的高度。

(3) 每台锅炉宜采用独立的定期排污管道，并分别接至排污膨胀器或排污降温池；当几台锅炉合用排污母管时，在每台锅炉接至排污母管的干管上必须装设切断阀，在切断阀前尚宜装设止回阀。

(4) 每台蒸汽锅炉的连续排污管道，应分别接至连续排污膨胀器。在锅炉出口的连续排污管道上，应装设节流阀。在锅炉出口和连续排污膨胀器进口处，应各设 1 个切断阀。

2～4 台锅炉宜合设 1 台连续排污膨胀器。连续排污膨胀器上应装设安全阀。

（5）锅炉的排污阀及其排污管道不应采用螺纹连接。锅炉排污管道应减少弯头，保证排污畅通。

10.3.5　水处理设备的布置和化验室

1. 水处理设备应根据工艺流程和同类设备尽量集中的原则进行布置，并应便于操作、维修和减少主操作区的噪声。水处理间主要操作通道的净宽不应小于 1.5m，辅助设备操作通道的净距不宜小于 0.8m。所有通道均应适应检修的需要。

2. 锅炉房应设置化验室，化验设备配置应考虑下述要求（一般化验设备见表 10.3-7）：

化验室常用设备　　　　　　　　表 10.3-7

类别	序号	设备名称	说明	单位	数量	用途	备注
汽水品质分析用设备	1	分析天平	称量 200mg，感量 0.1mg	台	1		
	2	工业天平	称量 200mg，感量 1mg	台	1		
	3	电热恒温干燥箱	350mm×400mm×400mm，温度 50～200℃	台	1	烘干仪表、药品试样	
	4	普通电炉	1kW	台	1		
	5	酸度计		只	1	用于测 pH	
	6	水浴锅	4 孔式	个	1	配制试剂测定溶解固形物	
	7	溶解氧测定仪		台	1	测定溶解氧	
	8	干燥箱		台	1	干燥药品	
	9	比重计	1.0～1.2	支	5	测溶液密度	
煤、灰渣、烟气成分分析用设备	10	分析天平	称量 200mg，感量 0.1mg	台	1		
	11	高温电炉	1000℃	台	1	测灰分、挥发分、固定碳	
	12	电热恒温干燥箱	50～200℃，350mm×400mm×400mm	台	1	测水分	
	13	气体分析仪	奥氏气体分析仪	台	1	烟气分析	
	14	氧弹热量计		台	1	测煤发热值	
	15	袖珍计算器		个	1		
	16	带磨口玻璃瓶	φ40×25	个	2	测水分	
	17	挥发分坩埚		个	2	测挥发分、固定碳	
	18	秒表		块	1		
	19	烟气含氧量分析器					
	20	SO_2 测试仪					
	21	NO_x 测试仪					
	22	可燃气含量分析仪					

（1）蒸汽锅炉房应配备测定悬浮物、总硬度、总碱度、pH、溶解氧、溶解固形物、硫酸根（SO_4^{2-}）、氯化物、含铁量、含油量等项目的设备和药品。当采用磷酸盐锅内水处理时，尚应设置测定亚硫酸根（SO_3^{2-}）含量的设备。蒸汽压力＞2.5MPa 且供汽轮机用汽的锅炉房，宜设置测定二氧化硅及电导率的设备。

（2）热水锅炉房应设置测定悬浮物、总硬度、pH、含油量等的仪表设备。采用锅外化学水处理时，尚应配备测定溶解氧的设备。

（3）总蒸发量＞20t/h 或总出力＞14MW 的锅炉房，以煤为燃料时，化验室宜具备测定燃料水分、挥发分、固定碳和飞灰、炉渣可燃物含量的设备；以油为燃料时，宜配备分析油的黏度和闪点的仪表设备。

（4）总蒸发量≥60t/h 或总出力≥42MW 的锅炉房，化验室还宜能测定燃料的发热值。

（5）化验室宜配备测定烟气中含氧量和 CO、NO_x、SO_2 等含量的设备。燃油燃气锅炉房还宜配备测定烟气中氢、碳氢化合物等可燃物含量的仪表设备。

3. 化验取样设备及取样方式应符合下列要求：

（1）额定蒸发量≥1t/h 的蒸汽锅炉和额定热功率≥0.7MW 的热水锅炉应设锅水取样装置。

（2）汽水系统中应装设必要的取样点。汽水取样冷却器宜相对集中布置。汽水取样头的形式、引出点和管材，应满足样品具有代表性和不受污染的要求。汽水样品的温度宜小于 30℃。

（3）除氧水、给水的取样管道，应采用不锈钢管。

（4）高温除氧水、锅炉给水、锅水及疏水的取样系统必须设冷却器，水样温度应在 30～40℃之间，水样流量为 500～700mL/min。

（5）测定溶解氧和除氧水的取样阀的盘根和管道，应严密不漏气。

10.4 采暖水系统、空调冷热水系统水处理

10.4.1 水质标准

采暖水系统、空调冷热水系统水质参考《采暖空调系统水质》GB/T 29044。该标准适用于集中空调循环冷却水和循环冷水系统、直接蒸发式和间接蒸发式冷却水系统，以及水温不超过 95℃的集中供暖循环热水系统。各系统水质标准详见表 10.4-1～表 10.4-6。

1. 集中空调间接供冷开式循环冷却水系统的水质要求见表 10.4-1。

集中空调间接供冷开式循环冷却水系统的水质要求   表 10.4-1

检测项	单位	补充水	循环水
pH(25℃)		6.5～8.5	7.5～9.5
浊度	NTU	≤10	≤20 ≤10（当换热设备为板式、翅片管式、螺旋板式）

检测项	单位	补充水	循环水
电导率(25℃)	μS/cm	≤600	≤2300
钙硬度(以 CaCO₃计)	mg/L	≤120	—
总碱度(以 CaCO₃计)	mg/L	≤200	≤600
钙硬度+总碱度(以 CaCO₃计)	mg/L	—	≤1100
Cl⁻	mg/L	≤100	≤500
总铁	mg/L	≤0.3	≤1.0
NH₃-N	mg/L	≤5	≤10
游离氯	mg/L	0.05~0.12(管网末梢)	0.05~1.0(循环回水总管处)
COD_{Cr}	mg/L	≤30	≤100
异养菌总数	个/mL		≤1×10⁵
有机磷(以 P 计)	mg/L		≤0.5

注：1. 补充水水质超过本表要求时，补充水应作相应的水质处理。
   2. 集中空调间接供冷开式循环冷却水系统应设置相应的循环水水质控制装置。

2. 集中空调循环冷水系统的水质要求见表 10.4-2。

集中空调循环冷水系统的水质要求 表 10.4-2

检测项	单位	补充水	循环水
pH(25℃)		7.0~9.5	7.5~10.0
浊度	NTU	≤5	≤10
电导率(25℃)	μS/cm	≤600	≤2000
Cl⁻	mg/L	≤250	≤250
总铁	mg/L	≤0.3	≤1.0
钙硬度(以 CaCO₃计)	mg/L	≤300	≤300
总碱度(以 CaCO₃计)	mg/L	≤200	≤500
溶解氧	mg/L		≤0.1
有机磷(以 P 计)	mg/L	—	≤0.5

注：1. 当补充水水质超过本表要求时，补充水应作相应的水质处理。
   2. 集中空调循环冷水系统应设置相应的循环水水质控制装置。

3. 集中空调间接供冷闭式循环冷却水系统的水质要求见表 10.4-3。

集中空调间接供冷闭式循环冷却水系统的水质要求 表 10.4-3

检测项	单位	补充水	循环水
pH(25℃)		7.0~9.5	7.5~10.0
浊度	NTU	≤5	≤10
电导率(25℃)	μS/cm	≤600	≤2000
Cl⁻	mg/L	≤250	≤250
总铁	mg/L	≤0.3	≤1.0
钙硬度(以 CaCO₃计)	mg/L	≤300	≤300

续表

检测项	单位	补充水	循环水
总碱度(以 CaCO₃ 计)	mg/L	≤200	≤500
溶解氧	mg/L	—	≤0.1
有机磷(以 P 计)	mg/L	—	≤0.5

注：1. 当补充水水质超过本表要求时，补充水应作相应的水质处理。

2. 集中空调间接供冷闭式循环冷却水系统应设置相应的循环水水质控制装置。

4. 蒸发式循环冷却水系统的水质要求见表 10.4-4。

蒸发式循环冷却水系统的水质要求　　　　表 10.4-4

检测项	单位	直接蒸发式		间接蒸发式	
		补充水	循环水	补充水	循环水
pH(25℃)		6.5~8.5	7.0~9.5	6.5~8.5	7.0~9.5
浊度	NTU	≤3	≤3	≤3	≤5
电导率(25℃)	μS/cm	≤400	≤800	≤400	≤800
钙硬度(以 CaCO₃ 计)	mg/L	≤80	≤160	≤100	≤200
总碱度(以 CaCO₃ 计)	mg/L	≤150	≤300	≤200	≤400
Cl⁻	mg/L	≤100	≤200	≤150	≤300
总铁	mg/L	≤0.3	≤1.0	≤0.3	≤1.0
硫酸根离子(以 SO₄²⁻ 计)	mg/L	≤250	≤500	≤250	≤500
NH₃-N[a]	mg/L	≤0.5	≤1.0	≤5	≤10
COD_Cr[a]	mg/L	≤3	≤5	≤30	≤60
菌落总数	CFU/mL	≤100	≤100	—	—
异养菌总数	个/mL	—	—	—	≤1×10⁵
有机磷(以 P 计)	mg/L	—	—	—	≤0.5

a　当补充水水源为地表水、地下水或再生水回用时应对本指标项进行检测与控制。

注：1. 当补充水水质超过本表要求时，补充水应作相应的水质处理。

2. 蒸发式循坏冷却水系统应设置相应的循环水水质控制装置。

5. 集中式间接供暖系统水质要求

集中式间接供暖系统分为采用散热器的集中供暖系统和采用风机盘管的集中供暖系统，其水质要求见表 10.4-5、表 10.4-6。

采用散热器的集中供暖系统的水质要求　　　　表 10.4-5

检测项	单位	补充水	循环水	
pH(25℃)		7.0~12.0	钢制散热管	9.5~12.0
		8.0~10.0	铜制散热管	8.5~10.0
		6.5~8.5	铝制散热管	6.5~8.5
浊度	NTU	≤3	≤10	
电导率(25℃)	μS/cm	≤600	≤800	

续表

检 测 项	单位	补充水	循 环 水	
		≤250	钢制散热器	≤250
		≤80(≤40ᵃ)	AISI 304 不锈钢散热器	≤80(≤40ᵃ)
Cl⁻	mg/L	≤250	AISI 316 不锈钢散热器	≤250
		≤100	铜制散热器	≤100
		≤30	铝制散热器	≤30
总铁	mg/L	≤0.3	≤1.0	
总铜	mg/L	—	≤0.1	
钙硬度(以 CaCO₃ 计)	mg/L	≤80	≤80	
溶解氧	mg/L	—	≤0.1(钢制散热器)	
有机磷(以 P 计)	mg/L	—	≤0.5	

a 当水温大于 80℃时，AISI 304 不锈钢材质散热器系统的循环水及补充水的氯离子浓度不宜大于 40mg/L。

注：1. 当补充水水质超过本表要求时，补充水应作相应的水质处理。

2. 采用散热器的集中供暖系统应设置相应的循环水水质控制装置。

采用风机盘管的集中供暖系统的水质要求 表 10.4-6

检测项	单位	补充水	循环水
pH(25℃)		7.5~9.5	7.5~10.0
浊度	NTU	≤5	≤10
电导率(25℃)	μS/cm	≤600	≤2000
Cl⁻	mg/L	≤250	≤250
总铁	mg/L	≤0.3	≤1.0
钙硬度(以 CaCO₃ 计)	mg/L	≤80	≤80
钙硬度(以 CaCO₃ 计)	mg/L	≤300	≤300
总碱度(以 CaCO₃ 计)	mg/L	≤200	≤500
溶解氧	mg/L	—	≤0.1
有机磷(以 P 计)	mg/L	—	≤0.5

注：1. 当补充水水质超过本表要求时，补充水应作相应的水质处理。

2. 采用风机盘管的集中供暖系统应设置相应的循环水水质控制装置。

6. 集中式直接供暖系统水质要求

集中式直接供暖系统的循环水水质应符合《工业锅炉水质》GB/T 1576 的要求，补充水水质应符合《城填供热管网设计规范》CJJ 34 的要求。

当补充水水质超过《城镇供热管网设计规范》CJJ 34 的要求时，补充水应作相应的水质处理。集中式直接供暖系统应设置相应的循环水水质控制装置。

10.4.2 设计方法

根据《采暖空调系统水质》GB/T 29044 的要求，运用 SYSCW 设计方法，对补充水、循环水、运营、监测进行系统性设计。SYSCW 设计法包括三部分：补充水处理

（MW）、循环水处理（CW）、系统水质监测（OM）。

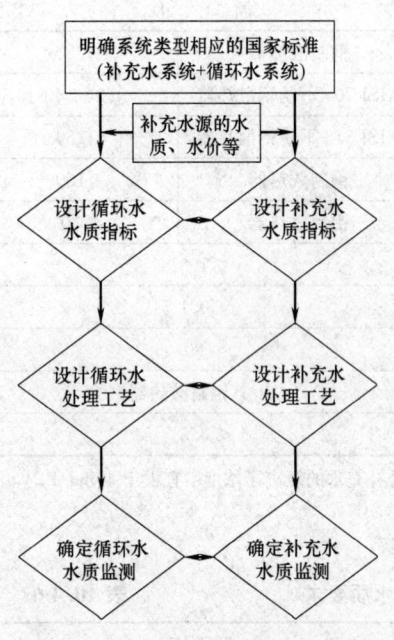

图 10.4-1　采暖空调系统 SYSCW 设计法

采暖空调系统 SYSCW 设计法如图 10.4-1 所示。

采暖空调系统 SYSCW 设计法共分五步进行：

第一步：设计循环水的水质指标

参考循环水系统的国家水质标准，结合系统的运行参数、材质、结构、运行工况等，同时参考补充水水源的水质及水价，设计在保证系统安全运行条件下的经济水质指标。

第二步：设计补充水的水质指标

参考补充水系统的国家水质标准，根据设计的循环水水质指标，再根据补充水水源的实际水质参数和水价，设计在保证循环水运行水质基础上经济合理的水质指标，作为补充水的水质指标。

第三步：设计补充水的处理工艺

根据设计的补充水水质指标，同时结合设计水质与原水水质的差异，采取相应的过滤、软化、水质调节等措施，实现最低程度的处理原水最经济的运行成本。

第四步：设计循环水的处理工艺

根据设计的循环水水质指标，结合系统运行工况下存在的腐蚀、结垢、菌藻、水质等问题，采取物化法处理。同时配置 pH、腐蚀率、电导率、溶解氧等监测、监控仪表，实现可视、可控、全自动化的水处理方案。

第五步：设计循环水系统的运营管理要求

依据补充水和循环水的处理方案及相关的水质指标，设计补充水和循环水系统的水质监测要求等。

10.4.3　补充水水质参数设计及处理工艺选择

1. 设计方法

参考补充水系统的国家水质标准，根据设计的循环水水质指标，再根据补充水水源的实际水质参数和水价，设计在保证循环水运行水质基础上经济合理的水质指标，作为补充水的水质指标。

根据设计的补充水水质指标，同时结合设计水质与原水水质的差异，采取相应的过滤、软化、水质调节等措施，综合考虑各处理工艺的处理成本、运行成本，核算性价比最优的处理工艺，最后选择相应的水处理设备。

2. 补充水处理工艺

补充水处理方法主要有：机械过滤、水质软化、水质调节、pH 调节处理和水质监控处理，其处理工艺流程见图 10.4-2。

由于补充水的水质不同，同时系统对补充水的水质要求不同，所以补充水处理工艺也需进行针对性地设计。请参考表 10.4-7 进行补充水处理工艺的设计。

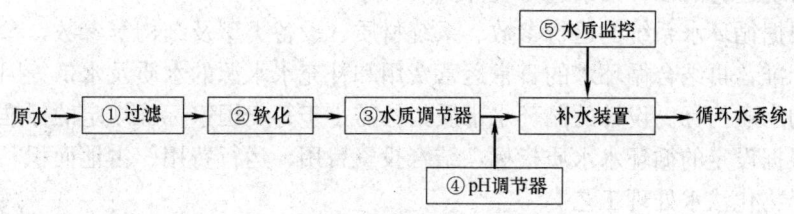

图 10.4-2　补充水处理工艺流程图

补充水处理工艺选择　　　　　　　　　　　　　　　　表 10.4-7

编号	补充水的设计要求	处理工艺
1	总硬度≤3mg/L	过滤+软化
2	0.03mmol/L≤总硬度≤原水总硬度	过滤+软化+水质硬度调节
3	0.03mmol/L≤总硬度≤原水总硬度且 pH 超标需要调节	过滤+软化+水质硬度调节+pH 调节
4	补充水的铁、锰超标	增加除铁除锰装置
5	补充水的氯含量超标	增加除氯装置
6	补充水的碱度超标	增加除碱装置
7	补充水采用再生水源	增加消毒及杀菌灭藻装置

3. 补充水处理设备选型

　　根据补充水水源的水质和系统对补充水的水质要求，确定水处理工艺，再选择水处理设备（见表 10.4-8）。

补充水处理设备选型　　　　　　　　　　　　　　　　表 10.4-8

编号	补充水的设计要求	处理工艺	补充水处理成套设备
1	设计部硬度≤3mg/L	过滤+软化	过滤器+全自动钠离子交换软水器
2	3mg/L≤设计总硬度≤补充水水源总硬度；实现水质在线监测	过滤+软化+水质硬度调节+在线监测	水质软化调节一体机
3	3mg/L≤设计总硬度≤补充水水源总硬度；实现水质在线监测；补充水水源 pH 不满足设计 pH 要求	过滤+软化+水质硬度调节+pH 调节+在线监测	水质软化调节一体机+多功能水质在线监控一体机
4	补充水的铁、锰超标	增加除铁除锰装置	
3	补充水的氯含量超标	增加除氯装置	
4	补充水的碱度超标	增加除碱装置	
5	补充水采用再生水源	增加预处理及消毒装置	

10.4.4　循环水水质参数设计及处理工艺选择

1. 设计方法

　　循环水系统设计需要从系统的安全性、合理性、节能性、经济性、环保性出发，同时综合影响系统运行的多种因素进行设计。

（1）根据循环水系统的运行参数、系统材质、设备类型及结构等参数，参考循环水的国家水质标准，再结合循环水的日常运营费用和补充水水源的水质及水价等因素，设计循环水系统的水质指标。设计的循环水水质指标需小于等于国家标准规定的标准值。

（2）根据设定的循环水水质指标，结合投资费用、运行费用、占地面积、日常操作等因素，选择物化法水处理工艺。

（3）根据设计的循环水水质指标，结合系统循环水量，选择全滤和旁滤的物化法水处理设备。然后根据设备间的空间大小，尽量选择落地式物化法设备，如果设备间空间有限，也可选择管道式物化法设备。

2. 循环水处理工艺

采暖空调循环水采用物化法处理工艺。物化法处理工艺由三部分组成：物理法处理设备、化学法处理设备和水质监测设备。

3. 循环水处理设备选型

从循环水系统的安全性、合理性、节能性、经济性、环保性出发，将物理法处理设备、化学法处理设备和水质监测设备进行集成设计，在循环水系统中安装循环水处理一体式设备——物化法综合处理一体机。物化法综合处理一体机由三部分组成：物理法处理设备、化学法处理设备和水质监测设备。

当循环水主管管径＜600mm 时，建议采用全滤处理方式（循环水 100％过滤），安装在系统主管道上，采用旁通式安装。当循环水主管管径≥600mm 时，建议采用旁滤处理方式（旁滤水量占总循环水量的 3％～5％），安装在旁通管道上。

在进行设备选型时，用户可根据机房空间大小选择一体式设备或分体式设备。循环水处理设备种类见表 10.4-9。

循环水处理设备种类　　　　　　　　　　　　　表 10.4-9

设备类型	组　成	设　备　种　类
一体式	物理法处理设备＋化学法处理设备＋水质监测设备	物化法综合处理一体机
分体式 （Ⅰ型）	物理法处理设备	多相全程处理器、内刷全程处理器、射频全程处理器
	化学法处理设备	循环水加药设备、多功能加药监测设备
	水质监测设备	多功能水质在线监测仪
分体式 （Ⅱ型）	物化法处理设备	物化法水处理器、智能旁流处理器
	水质监测设备	多功能水质在线监测仪

4. 以中水为水源时中水深度处理工艺选择

中水即为再生水，是指工业废水或城市污水经过二级处理和深度处理后供作回用的水。中水的水质根据用途的不同而有不同的要求。用作冷却水的水质，应执行《采暖空调系统水质》GB/T 20944 的规定。

城镇污水处理厂处理工艺一般不能去除污水的 Cl^- 和含盐量，这些物质可能造成循环冷却水系统设施腐蚀和结垢，降低凝汽器的传热效果。根据城镇污水处理厂排放标准和循环冷却水补充水水质指标，污水处理厂出水不能满足循环冷却水系统对水质的要求，需进行深度处理。目前，中水深度处理工艺主要采用石灰混凝澄清过滤法、膜处理法和 MBR。

（1）石灰混凝澄清过滤法

石灰处理是目前应用最为广泛的一种方式。石灰法具有运行费用低、操作简单、降低硬度、不污染自然水体等优点。石灰法的基本工艺见图 10.4-3。

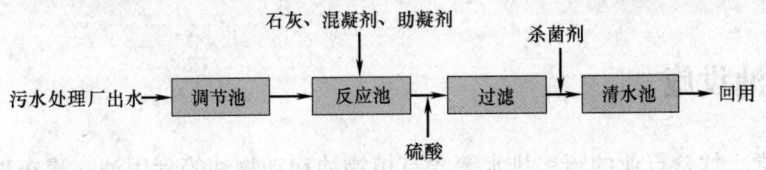

图 10.4-3　石灰法的基本工艺

（2）膜处理法

中水的膜处理技术主要有连续微滤处理法和超滤＋反渗透处理法两种。

1）连续微滤处理法。可以从原水中去除细菌、微生物以及粒径大于 $0.2\mu m$ 的颗粒悬浮物，净化后的水清澈透明，浊度近于零。其基本工艺见图 10.4-4。

2）超滤＋反渗透处理法。此工艺中，超滤、微滤预处理可以过滤掉原水中的各种悬浮物、胶体以及有机污染物，反渗透处理可进一步去除 98％的无机离子、硅、有机物。超滤＋反渗透工艺是一种比较彻底的水处理方案，为中水作为循环冷却水补充水奠定了良好的基础。工艺流程上主要包括预过滤、超滤、反渗透。

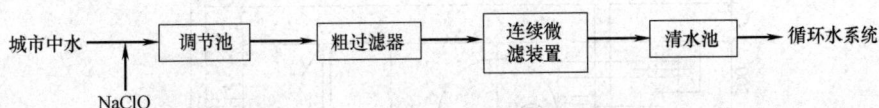

图 10.4-4　连续微滤处理法的基本工艺

（3）MBR

MBR，即生物膜法。它可以高效地进行固液分离，处理后的水质稳定，能够有效地去除氨氮。出水悬浮物和浊度接近于零，出水中细菌和病毒大部分被去除。

第11章　建筑排水局部处理

11.1　隔油设施

公共食堂、饮食行业的厨房排水等含有植物油和动物油等食用油；汽车洗车台、汽车库及其他类似场所排放的污水中含有汽油、煤油、柴油等矿物油。含油污水在排入城市排水管网前，应去除污水中的可浮油。通常采用隔油池或隔油器除油。

11.1.1　隔油设施的形式、处理工艺及适用场所

1. 隔油池

隔油池利用油水密度差，在池内设置隔板，含油污水进入隔油池后，过水断面增大，水平流速减小，污水中密度小的可浮油自然上浮至水面，隔板将浮在水面上的油拦截，收集后去除。隔油池设置于含油生活污水排出室外的排水管道上，其平面、剖面如图11.1-1、图11.1-2所示。

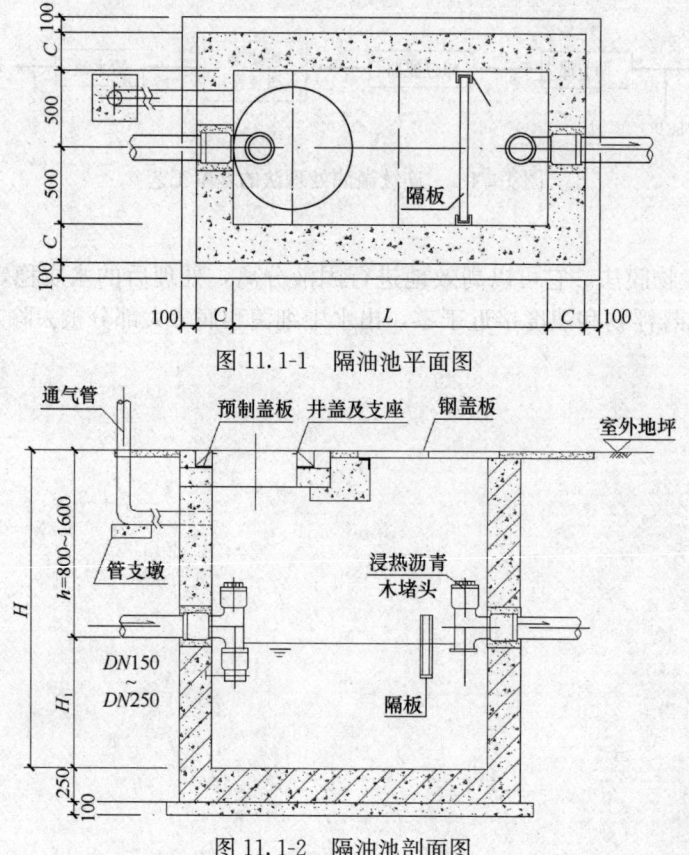

图 11.1-1　隔油池平面图

图 11.1-2　隔油池剖面图

2. 隔油器

(1) 简易隔油器:公共食堂、饮食行业的厨房排放的污水中含有植物油和动物油,厨房洗涤水中含油约 750mg/L,在水温下降的情况下会凝结成油脂,油脂粘附在排水管道管壁上,使管道过水断面减小并产生堵塞。为防止排水管道被油污堵塞,公共食堂、饮食行业的厨房含油污水排水,应经小型器具隔油器(排水量不大于 $10.8m^3/h$,直接安装在用水器具的排水管上)预处理,再排入污水管道。

(2) 隔油器:在传统隔油池处理工艺的基础上,增加了气浮、加热、过滤和排渣功能。提高了油脂、固体污染物的分离效率,有利于浮油、固体污物的收集与利用。隔油器可设置于设备间内,其处理工艺如图 11.1-3 所示。

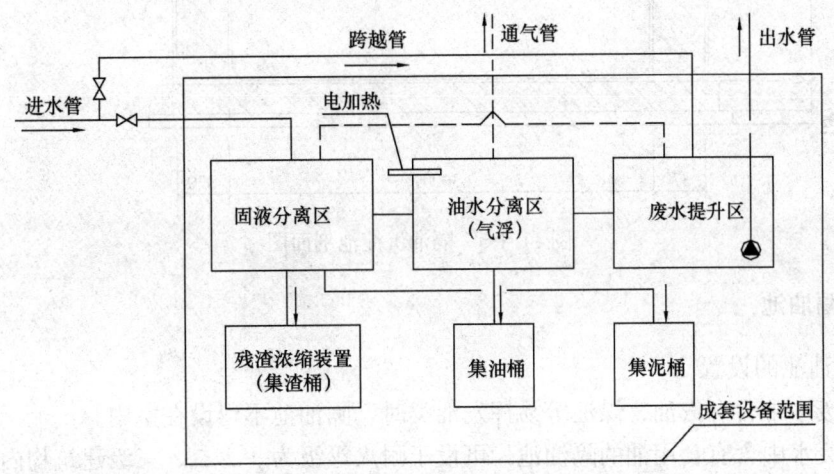

图 11.1-3 隔油器处理工艺

3. 隔油沉淀池

汽车洗车台、汽车库及其他类似场所排放的污水中,含有汽油、煤油、柴油等矿物油且含有大量的泥沙,为防止泥沙阻塞和淤积管道,在污水排入城市排水管网前除隔油处理外还应进行沉淀处理,通常采用隔油沉淀池(隔油池内设沉淀部分容积),如图 11.1-4、图 11.1-5 所示。

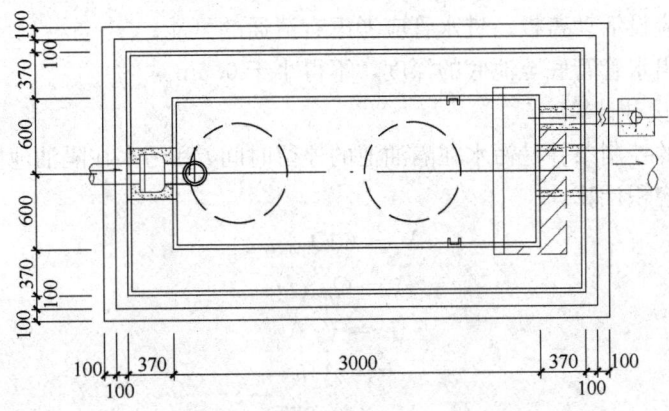

图 11.1-4 隔油沉淀池平面图

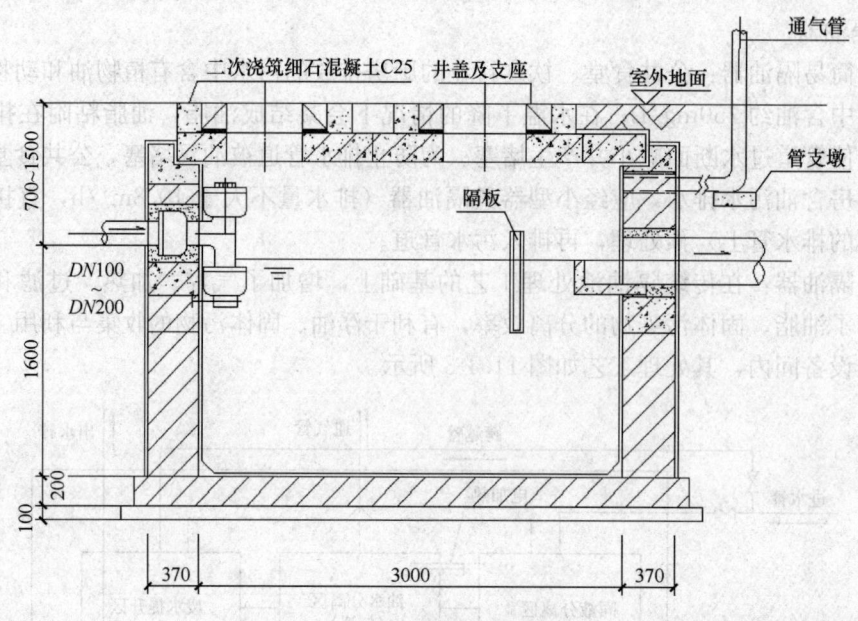

图 11.1-5　隔油沉淀池剖面图

11.1.2　隔油池

1. 隔油池的设置

（1）废水中含有汽油、煤油等易挥发油类时，隔油池不得设在室内。

（2）废水中含有食用油的隔油池，可设于耐火等级为一、二、三级建筑物内，但应设在地下，人孔盖板应密封处理。

（3）生活粪便污水不得排入隔油池内。

2. 隔油池的设计原则：

（1）污水流量应按设计秒流量计算；

（2）含食用油污水在池内的流速不得大于 0.005m/s；

（3）含食用油污水在池内停留时间宜为 2～10min；

（4）人工除油的隔油池内存有部分的容积，不得小于该池有效容积的 25%；

（5）隔油池应设活动盖板；进水管应考虑有清通的可能；

（6）隔油池出水管管底至池底的深度，不得小于 0.6m。

3. 隔油池的设计计算

隔油池设计的控制条件是污水在隔油池的停留时间 t 和污水在隔油池内的水平流速 v。

隔油池有效容积计算：

$$V = 60Q_{\max}t \qquad (11.1\text{-}1)$$
$$A = Q_{\max}/v$$
$$L = V/A$$
$$b = A/h$$
$$V_1 \geqslant 0.25V$$

式中　V——隔油池有效容积（m³）；

Q_{max}——含油污水设计流量（m³/s），按设计秒流量计；

    t——污水在隔油池中的停留时间（min），含食用油污水在池内停留时间为 2～10min；含矿物油污水在池内停留时间为 10min；

    v——污水在隔油池中水平流速（m/s），不得大于 0.005m/s；

    A——隔油池中过水断面积（m²）；

    b——隔油池宽（m）；

    h——隔油池有效水深（m），即隔油池出水至管底的高度，取大于 0.6m；

    V_1——储油部分容积（m³），是指出水挡板的下端至水面油水分离室的容积。

11.1.3　隔油器

1. 隔油器设计应符合下列要求：

(1) 隔油器内应由拦截固体残渣装置，并便于清理；

(2) 容器内设置气浮、加热、过滤等油水分离装置；

(3) 隔油器应设置超越管，超越管径与进水管管径应相同；

(4) 密闭式隔油器应设通气管，通气管应单独接至室外；

(5) 隔油器设置在设备间时，设备间应有通风排气装置，且换气次数不宜小于 15 次/h。

2. 餐饮废水隔油设备

建筑中饭店、公共食堂、餐饮业等餐饮废水隔油、提升可选用一体化成品设备。现有国产设备单台产品处理水量不大于 70m³/h。

(1) 成品隔油设备处理餐饮废水的原水水质需满足下列要求：

1) 餐饮废水所含动植物油品密度为 0.9～0.95g/cm³；

2) 油脂含量小于等于 500mg/L；

3) SS（悬浮物）浓度小于等于 600mg/L；

4) 餐饮废水水温为 5～40℃；

5) 环境温度为 5～40℃。

(2) 隔油设备处理水量计算按设计秒流量进行计算（m³/h）。

(3) 安装要求

1) 除简易隔油器外，隔油设备宜单独设置在独立房间内，注意运输通道（含门宽）和检修空间。

2) 隔油设备安装时，箱体可一侧靠墙，其余三面距墙面不小于 0.6m；箱体上方净空不小于 0.6m。

3) 满足隔油设备承重荷载要求。简易隔油器可直接放在地面上，其他系列的设备宜采用刚性混凝土基础。基础顶面应平整规则，设备底座应与基础充分锚固。

4) 当基础设在底板或楼板上时，基础应直接落在承重板上。当基础设在地面上时，地基承载力标准值不低于 120kPa，达不到要求时，应进行地基处理。基础底面下设砂石垫层或灰土垫层，其厚度不小于 200mm，并充分夯实。主体结构专业设计人员应根据所选设的荷载参数进行底板、楼板及设备基础的结构设计。

5) 除简易隔油器外，应提供与隔油设备相配套的三相五线制动力电源及普通照明。

6) 除简易隔油器外，隔油设备进、出水管之间应设超越管，分支管宜设在立管处。

超越管上应设闸阀，闸阀尽量靠近立管。

　　7）隔油设备附近宜设置清洗用水龙头及排水设施（地漏、地沟或集水坑）。

　　8）除简易隔油器外，为避免紊流情况的发生并防止管道堵塞，隔油设备进水管道的安装应满足下列要求：

　　①竖向立管应以 2 个 45°弯头，中间配以长度最小为 250mm 的短管，连接至隔油设备；

　　②接至隔油设备的排水横管长度应不小于 10 倍的管道直径；

　　③隔油设备的进水横管应设有连续坡度，其坡度最小为 1%。

　　9）当有抗震设计要求时应符合《建筑机电工程抗震设计规范》GB 50981 的有关规定。

　　10）餐饮废水隔油设备的选用可详见《餐饮废水隔油设备选用与安装》16S708。

11.1.4　隔油沉淀池

　　1. 隔油沉淀池可利用油水、水砂的密度差，同时去除汽车洗车台、汽车库及其他类似场所排放的污水中矿物油及泥沙，通常洗车污水沉淀所需有效容积大于隔油所需有效容积。隔油沉淀池有效容积可按小型沉淀池有效容积计算。

　　2. 小型沉淀池有效容积计算

　　小型沉淀池有效容积包括污水和污泥两部分容积，应根据车库存车数、冲洗水量和设计参数确定。

　　沉淀池有效容积按公式（11.1-2）计算：

$$V = V_1 + V_2 \tag{11.1-2}$$

式中　V——沉淀池有效容积（m³）；

　　　V_1——污水部分容积（m³）；

　　　V_2——污泥部分容积（m³）；

　　（1）污水停留时间 V_1，按公式（11.1-3）计算：

$$V_1 = q n_1 t_2 / 1000 t_1 \text{（m³）} \tag{11.1-3}$$

式中　q——汽车每辆每次冲洗水量（L），见表 11.1-1；

汽车冲洗水量（L/（辆·次））　　　　　　　　　　表 11.1-1

冲洗方式 车辆类型	软管冲洗	高压水枪冲洗
轿车	200～300	40～60
公共汽车、载重汽车	400～500	80～120

　　n_1——同时洗车数，当存车数小于 25 辆时，n_1 取 1；当存车数在 25～50 辆时，设两个洗车台 n_1 取 2；

　　t_1——冲洗一台汽车所用时间（min），取 10min；

　　t_2——沉淀池中污水停留时间（min），取 10min。

　　（2）污泥停留时间 V_2，按公式（11.1-4）计算：

$$V_2 = q n_2 t_3 k / 1000 \text{（m³）} \tag{11.1-4}$$

式中　n_2——每天冲洗汽车数量；

　　　t_3——污泥清除周期（d），一般取 10～15d；

　　　k——污泥容积系数，是指污泥体积占冲洗水量的百分数，按车辆的大小取 2%～4%。

11.2 排污降温池

11.2.1 降温池的作用

为了保证锅炉的水质，需采取连续排污或定期排污，温度高于 40℃的污（废）水，在排入市政排水管网前，应采取降温措施。一般设置降温池，通过二次蒸发、水面散热、添加冷却水来降低高温排水的温度，达到排放要求。

11.2.2 设置原则及要求

1. 对于高温排水应首先考虑所含热量的回收利用，当回收不可行时，需降温处理后排放。

2. 对于超过 100℃的高温水，应考虑将降温过程中二次蒸发所产生的饱和蒸汽导出池外，减少冷却水用量。

3. 温度高于 40℃的污（废）水，在排入市政排水管网前应降温处理。

4. 冷却水应首选低温废水、其次考虑非传统水源，根据所需的冷却水量、可供给条件、施工条件等因素，在进行技术经济分析比较后，酌情选用经济、合理可行的冷却水水源。

5. 如需采用自来水作冷却水水源时，应采取防止回流污染措施。

6. 为了保证降温效果，应使冷却水与高温水排水充分混合，冷却水宜采用穿孔管喷洒的方式供给。

7. 有压高温污水进水管口宜采取消音措施，有两次蒸发时，管口应露出水面向上并应采取防止烫伤人的措施；无两次蒸发时，管口宜插进水中深度 200mm 以上。

8. 降温池虹吸排水管管口应设在水池底部。

9. 降温池一般设在室外。当受条件限制需设在室内时，水池应作密闭处理，并应设置人孔和通向室外的通气管。通气管的设置不应对交通、安全及周围环境造成影响。

10. 根据工程现场情况，二次蒸发筒附近应设防护栏杆及警示牌，以防人员烫伤。

11.2.3 降温池的基本构造

降温池基本构造如图 11.2-1 所示。

11.2.4 降温池计算

1. 二次蒸发带走的水量 q，按公式（11.2-1）计算：

$$q = Q(i_1 - i_2)/(i - i_2) = Q(t_1 - t_2)/\gamma \qquad (11.2-1)$$

式中 q——二次蒸发带走的水量（kg）；

Q——锅炉最大一次排污量（kg），一般按锅炉总蒸发量的 6.5%计；

i_1、t_1——锅炉工作压力下排污水的热焓（kJ/kg）和温度（℃）；

i_2、t_2——大气压力下排污水的热焓（kJ/kg）和温度（℃）（一般按 100℃采用）；

i、γ——大气压力下干饱和蒸汽的热焓和汽化热（kJ/kg）。

二次蒸发水量也可按图 11.2-2 查出：

2. 进入降温池的热水量 V_1，按公式（11.2-2）计算：

$$V_1 = (Q - Kq)/\gamma (\text{m}^3) \qquad (11.2-2)$$

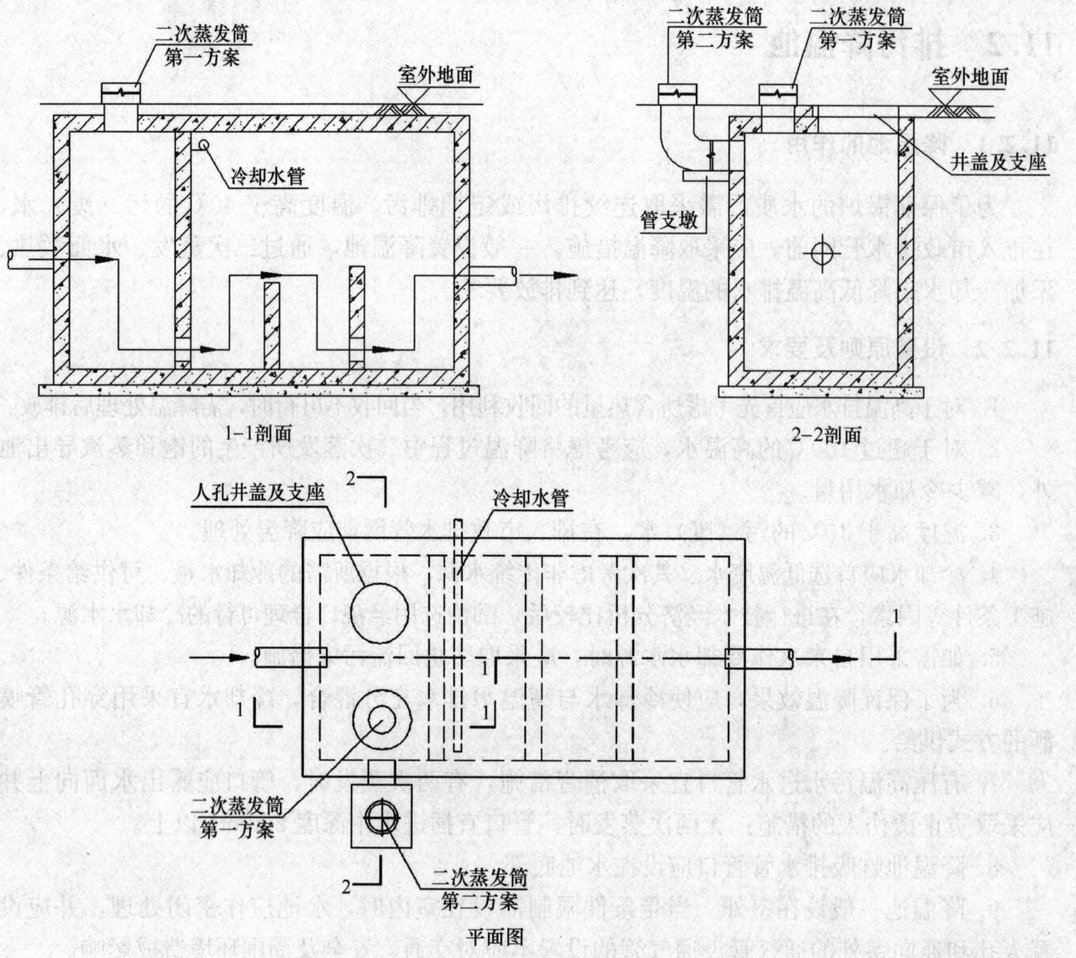

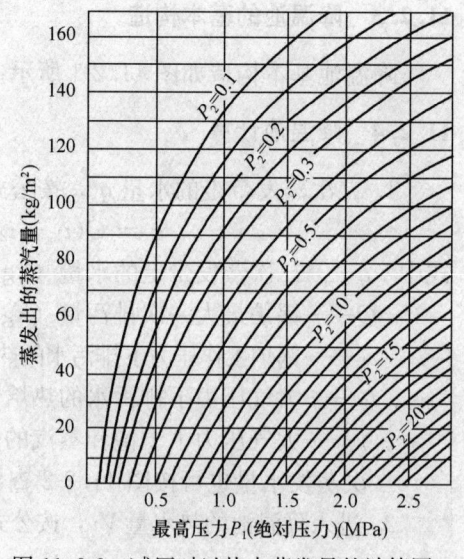

1-1 剖面

2-2 剖面

平面图

图 11.2-1　降温池基本构造图

式中　V_1——进入降温池的热水量（m³）；

　　　K——安全系数（0.8）；

　　Q、q、γ 含义同前。

3. 进入降温池的冷水量 V_2，按公式(11.2-3)计算：

$$V_2 = (t_2 - t_y)V_1 K_1 / (t_y - t_e) \text{（m}^3\text{）} \quad (11.2\text{-}3)$$

式中　V_2——进入降温池的冷水量（m³）；

　　　t_y——允许降温池排出的水温（40℃）；

　　　t_e——加入池内的冷却水温度（30℃），利用生产废水作为冷却水时；

　　　K_1——混合不均匀系数（1.5）；

　　V_1、V_2——含义同前。

4. 降温池的有效容积 V，按公式 (11.2-4) 计算：

$$V = V_1 + V_2 \text{（m}^3\text{）} \quad (11.2\text{-}4)$$

式中　V——降温池的有效容积（m³）；

图 11.2-2　减压时过热水蒸发量的计算图

V_1、V_2——含义同前。

5. 锅炉定期排污的降温池，其有效容积应按最大一次排污量和所需冷却水量总和计算；锅炉连续排污时，冷却水量应另行计算，降温池有效容积应保证与冷却水充分混合的需要。

6. 所需冷却水量按热平衡公式（11.2-5）计算：

$$Q_L \geqslant Q_P(t_P - 40)/(40 - t_L) \tag{11.2-5}$$

式中　Q_L——所需冷却水量；

　　　Q_P——锅炉的排水量；

　　　t_P——锅炉的排水温度；

　　　t_L——冷却水温度。

11.2.5　降温池具体构造及选用

1. 降温池设置根据地质情况分为有地下水和无地下水两类，同时还应考虑池顶地面是否过汽车。

2. 降温池的具体构造及选用详见现行国家标准《小型排水构筑物》S519 相关部分。

3. 同时应严格执行《建筑给水排水设计规范》GB 50015 的有关规定。

11.3　化粪池设置

11.3.1　适用范围

化粪池是一种利用沉淀和厌氧发酵的原理，去除生活污水中悬浮性有机物的处理设施，属于初级的过渡性生活污水处理构筑物。适用于一般工业与民用建筑卫生间生活污水局部处理。

11.3.2　设置原则

1. 对于严格分流地区且收集管网完善的市政排水系统，原则上可不设化粪池。但当城镇没有污水处理厂或污水处理厂尚未建成投入运行时，粪便污水应经化粪池、生化池等生活污水处理设施处理后方可排入市政排水管网。

2. 当大、中城市设有污水处理厂，但排水管网管线较长，为了防止管道内淤积，粪便污水应经化粪池预处理后再排入市政排水管网。

3. 市政排水管网为合流制系统时，粪便污水应经化粪池处理后再排入市政合流制排水管网。

4. 医疗卫生区域排出的粪便污水须先经化粪池预处理，污水在化粪池内停留时间不宜小于 36h。

5. 当市政排水管网对于排水水质有一定要求时，粪便污水须经化粪池预处理，处理后的水质仍达不到排放标准时，应进一步采用生活污水处理措施。

11.3.3　选用技术条件

1. 根据建筑内粪便污水与生活废水合流或粪便污水单独排放、不同类型建筑物、不同用水量标准、不同清掏周期确定化粪池设计总人数。

2. 应考虑工程地质情况和地下水位深度；无地下水指地下水位在池底以下，有地下水指地下水位在池底以上，最高达设计地面以下 0.5m 处。

3. 应考虑池顶地面是否过汽车。

4. 化粪池分无覆土和有覆土两种。在寒冷地区，当供暖计算温度低于－10℃时，必须采用覆土化粪池。

5. 化粪池均应设通气管，及时排出有害气体，通气管的设置不应对交通及周围环境造成影响；有条件时应考虑化粪池通气管与室内污水系统通气管相连。

11.3.4 化粪池的基本构造

1. 双格化粪池（图 11.3-1）

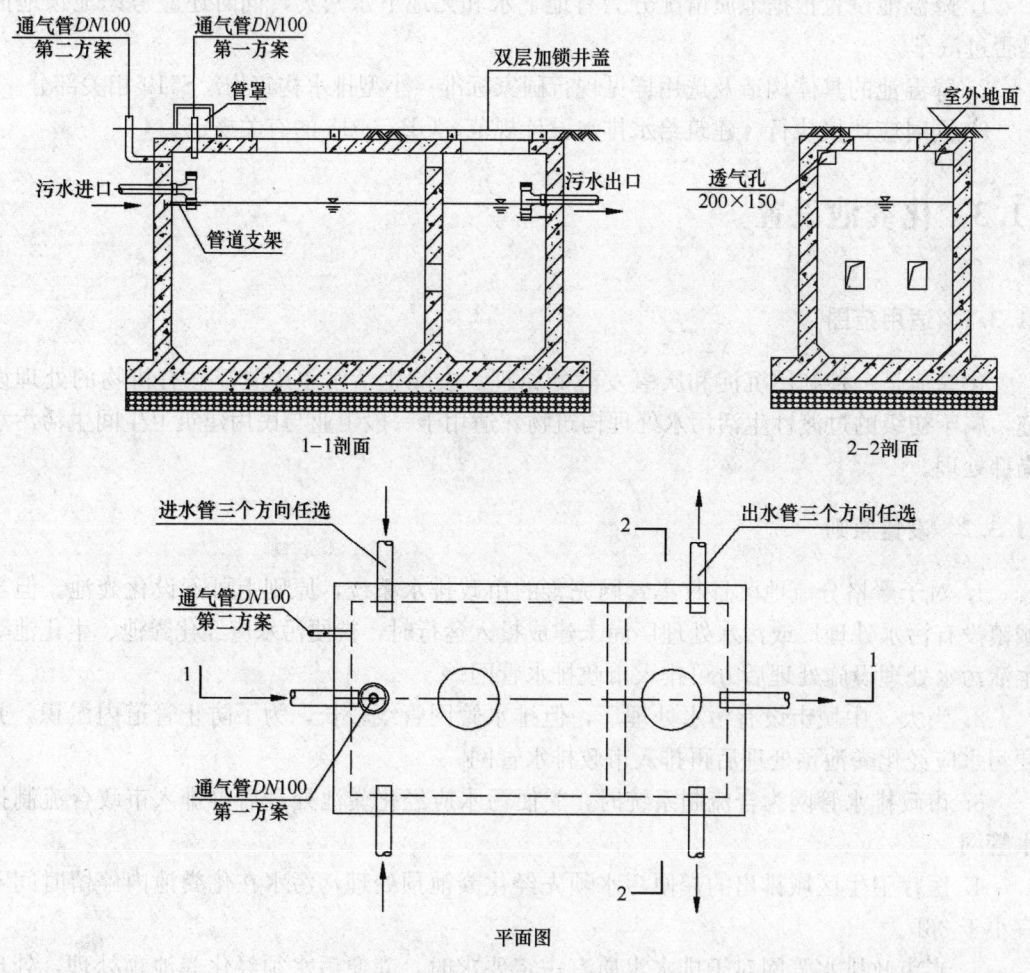

图 11.3-1 双格化粪池基本构造图

2. 三格化粪池（图 11.3-2）

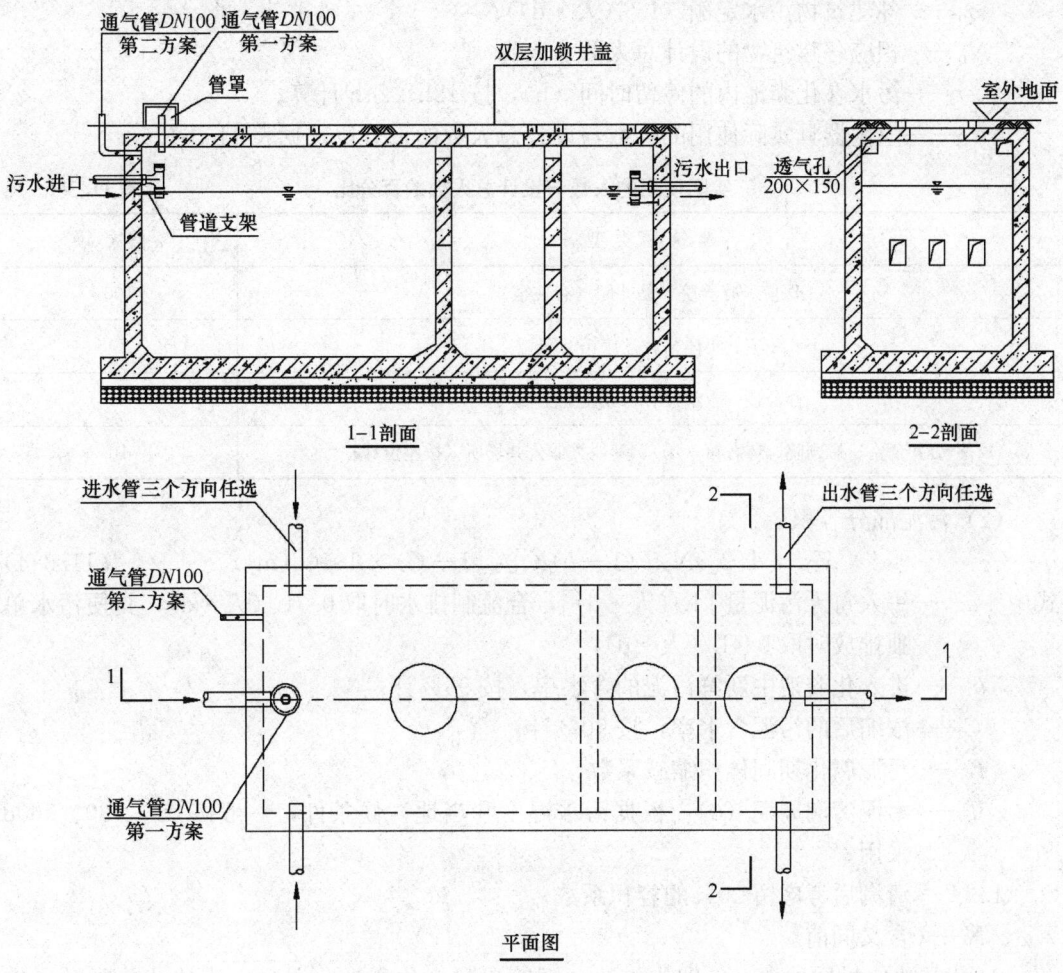

图 11.3-2　三格化粪池基本构造图

11.3.5　型号的确定

1. 化粪池有效容积计算

$$V = V_1 + V_2 (\text{m}^3) \tag{11.3-1}$$

式中　V——化粪池的有效容积（m^3）；

　　　V_1——化粪池污水部分容积（m^3）；

　　　V_2——化粪池污泥部分容积（m^3）。

（1）污水部分容积：

$$V_1 = Nqt/(24 \times 1000)(\text{m}^3) \tag{11.3-2}$$

式中　N——化粪池设计总人数（人）；

　　　q——每人每天污水量(L/(人·d))：生活污水与生活废水合流排出时与用水量相同，生活污水单独排出时取 15~40L/（人·d）；当不同污水量定额的建筑物和用一个化粪池时，q 值可按公式（11.3-3）计算；

$$q = \sum(q_n N_n \alpha)/\sum N_n \alpha \ (\text{L/（人·d）}) \tag{11.3-3}$$

q_n——各建筑物污水定额（L/（人·d））；

N_n——相应各建筑物的设计总人数（人）；

t——污水在化粪池内的停留时间（h），按 12h、24h 计算；

α——卫生器具实际使用的人数与设计总人数的百分比，见表 11.3-1。

实际使用的人数与设计总人数的百分比　　　　　　　　表 11.3-1

建 筑 物 类 型	α 值（%）
医院、疗养院、幼儿园（有住宿）	100
住宅、集体宿舍、旅馆、宾馆	70
办公楼、教学楼、工业企业生活间	40
公共食堂、影剧院、体育馆（场）、其他类似公共场所（按座位计）	10

（2）污泥部分容积

$$V_2 = 1.2[aN\alpha T(1-b)K]/[(1-C) \times 1000] (m^3) \qquad (11.3\text{-}4)$$

式中　a——每人每天污泥量 [L/（人·d）]，合流制排水时取 0.7L/（人·d），粪便污水单独排放时取 0.4L/（人·d）；

b——进入化粪池中新鲜污泥的含水率，按 95% 计；

C——浓缩后的污泥含水率，按 90% 计；

K——污泥腐化期间体积缩减系数；

T——污泥清淘周期（d），根据污水温度和当地气候条件，一般按 90、180、360d 采用；

1.2——清淘后考虑留 20% 的容积系数；

α、N——含义同前。

2. 化粪池的材质种类：砖砌化粪池、钢筋混凝土化粪池、混凝土模块式化粪池、玻璃钢化粪池。

3. 化粪池具体构造及选用

各类化粪池的构造及选用分别详见以下国家标准图现行有效版本：《砖砌化粪池》S701、《钢筋混凝土化粪池》S702、《混凝土模块式化粪池》SS704、《玻璃钢化粪池的选用与埋设》SS706。

4. 设计采用化粪池材质种类，应根据实际工程地质情况、施工条件、建设方要求等综合因素进行技术经济比较后确定。

5. 同时应严格执行《建筑给水排水设计规范》GB 50015 的有关规定。

11.3.6　设置要求

1. 化粪池距离地下取水构筑物不得小于 30m；池外壁距建筑物外墙不宜小于 5m，且不得影响建筑物基础。

2. 化粪池的埋置深度根据化粪池进水管的标高确定。

3. 应根据建筑小区的总体规划布局、污水排放量、地形、排水条件等因素综合考虑化粪池集中设置或分散设置。

4. 化粪池应设在远离人们经常活动处、小区的下风向，且便于机动车清淘的位置。

5. 医疗区内的化粪池应设在消毒池之前，且污水在化粪池内停留时间不宜小于 36h。

6. 公共厨房含油污水（包括经隔油池处理过的出水）、有毒有害实验室污废水等均不得进入化粪池，以免影响腐化发酵效果。

7. 当施工场地狭窄，不便开挖或开挖会影响邻近建筑物基础安全时，可选用沉井式化粪池。

8. 化粪池的人孔不分气候条件均应采用双层人孔盖，确保人行、车行安全。

11.3.7　运行管理

1. 按设计清掏周期及时清掏、防止堵塞。

2. 防止渗漏，避免对地下水及土壤造成污染。

3. 加强日常管理工作，避免沼气中毒、爆炸等安全事故发生。

11.4　建筑生活污水处理设施

当建筑生活污水排水水质，不能达到城镇排水管道或接纳水体的排放标准时，应设置生活污水处理设施进行水质处理，使排水水质达到排放标准。

11.4.1　生活污水污染浓度及处理后排放或回用水水质标准

1. 生活污水排水水质应以实测资料为准，在无实测资料时，各类建筑物各种污水的污染浓度可参照表 11.4-1 确定。

各类建筑物各种排水污染浓度（mg/L）　　　　　　　表 11.4-1

类别	住宅			宾馆、饭店			办公室、教学楼			公共浴室			餐饮业、营业餐厅		
	BOD_5	COD_{Cr}	SS	BOD_3	COD_{Cr}	SS	BOD_3	COD_{Cr}	SS	BOD_5	COD_{Cr}	SS	BOD_5	COD_{Cr}	SS
冲厕	300~450	800~1100	350~450	250~300	700~1000	300~400	260~340	350~450	260~340	260~340	350~450	260~340	260~340	350~450	260~340
厨房	500~650	900~1200	220~280	400~450	800~1100	180~220							500~600	900~1100	250~280
沐浴	50~60	120~135	40~60	40~50	100~110	30~50				45~55	110~120	35~55			
盥洗	60~70	90~120	100~150	50~60	80~100	80~100	90~110	90~110	90~110						

续表

类别	住宅			宾馆、饭店			办公室、教学楼			公共浴室			餐饮业、营业餐厅		
	BOD_5	COD_{Cr}	SS	BOD_3	COD_{Cr}	SS	BOD_3	COD_{Cr}	SS	BOD_5	COD_{Cr}	SS	BOD_5	COD_{Cr}	SS
洗衣	220～250	310～390	60～70	180～220	270～330	50～60									
综合	230～300	455～600	155～180	140～175	295～380	95～120	195～260	260～340	195～260	50～65	115～135	40～65	490～590	890～1075	255～285

各类建筑物的分项给水百分率应以实测资料为准，在无实测资料时，可参照表11.4-2确定。

各类建筑物分项给水百分率（%）   表 11.4-2

项目	住宅	宾馆、饭店	办公楼、教学楼	公共浴室	餐饮业、营业餐厅
冲厕	21.3～21	10～14	60～66	2～5	6.7～5
厨房	20～19	21.5～14	—	—	93.3～95
沐浴	29.3～32	50～40	—	98～95	—
盥洗	6.7～6.0	12.5～14	40～34	—	—
洗衣	22.7～22	15～18	—	—	—
总计	100	100	100	100	100

注：沐浴包括盆浴与淋浴。

2. 生活污水经处理后排放或回用水质标准

建筑污水经处理后，根据排放或回用要求，其水质应满足相应的水质标准。当回用水需要同时满足多种用途时，应按最高水质标准确定。

（1）现行国家标准《地表水环境质量标准》GB 3838 中规定的Ⅰ、Ⅱ类水域和Ⅲ类水域饮用水保护区和游泳区。

（2）现行国家标准《海水水质标准》GB 3097 中规定的一、二类海域。

（3）当排入娱乐和体育用水水体、渔业用水水体时，还应符合国家现行有关标准要求。

（4）居民小区和工业企业内独立的生活污水处理设施污染物排放，执行现行国家标准《城镇污水处理厂污染物排放标准》GB 18918。

（5）处理后用于建筑杂用水和城市杂用水，如冲厕、道路清扫、消防、城市绿化、车辆冲洗、建筑施工等，其水质应符合现行国家标准《城市污水再生利用 城市杂用水水质》GB/T 18920 的规定。

（6）处理后用于景观环境用水，其水质应符合现行国家标准《城市污水再生利用 景观环境用水水质》GB/T 18921 的规定。

（7）处理后用于农田灌溉，其水质应符合现行国家标准《城市污水再生利用 农田灌溉用水水质》GB 20922 规定。

(8) 城市污水再生水为水源，在各级地下水饮用水源保护区外，以非饮用为目的，采用地表回灌和井灌的方式进行地下水回灌，其水质应符合现行国家标准《城市污水再生利用 地下水回灌水质》GB/T 19772 规定。

(9) 工程所在地如有地方性标准，应按地方标准执行。例如：北京市行政区域内的城镇污水污染物排放，应执行《北京市城镇污水处理厂水污染物排放标准》DB 11 890—2012。

11.4.2 生活污水处理设施的设置原则

1. 设置位置

(1) 宜靠近接入市政污水管道的排放点；

(2) 建筑小区处理站的位置宜设在常年最小频率的上风向，且应用绿化带与建筑物隔开；

(3) 处理站宜设置在停车坪及室外空地地下；

(4) 处理站布置在建筑地下室时，应有专用隔间；

(5) 处理站与给水泵站及清水池水平距离不得小于 10m。

2. 设置生活污水处理设施的房间或地下室应有良好的通风系统。当处理构筑物为敞开式时，每小时换气次数不宜小于 15 次，当处理设施有盖板时，每小时换气次数不宜小于 5 次。

3. 生活污水处理设施应设超越管。

4. 生活污水处理应设置排臭系统，其排放口位置应避免对周围人、畜、植物造成危害和影响。

5. 生活污水处理构筑物机械运行噪声不得超过现行国家标准《声环境质量标准》GB 3096 和《民用建筑隔声设计规范》GB 50018 的有关要求。对建筑物内运行噪声较大的机械应设独立隔间。

11.4.3 生活污水生化处理系统设计

建筑生活污水含厨房、冲厕、淋浴、盥洗等排水。职工食堂和营业餐厅、厨房的含油污水经隔油池；建筑冲厕污水经化粪池预处理后，排至建筑生活污水处理站处理。

1. 生活污水生化处理的作用

生活污水中含有大量的有机物，为防止生活有机污水污染环境，常采用厌氧和好氧的生化处理，厌氧生化处理使污水中的有机大分子变成小分子，好氧生化处理使有机物变成无机物，降低 BOD_5 和 COD 浓度。

2. 生活污水生化处理设施

厌氧处理一般采用厌氧池；好氧处理常采用曝气池、生物接触氧化池等。对生活污水处理中产生的污泥应进行消化处理和浓缩干燥。

3. 处理工艺

生活污水处理设施的工艺流程应根据污水水质、回用或排放要求确定。

(1) 排放至地表水水体通常采用的工艺流程如图 11.4-1 所示；

(2) 处理后用于建筑杂用水和城市杂用水，如冲厕、道路清扫、消防、城市绿化、车

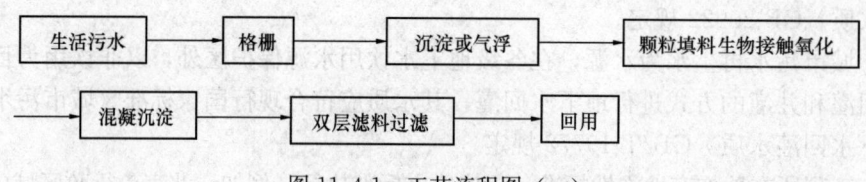

图 11.4-1   工艺流程图（一）

辆冲洗、建筑施工等用水时，通常采用的工艺流程如图 11.4-2、图 11.4-3 所示：

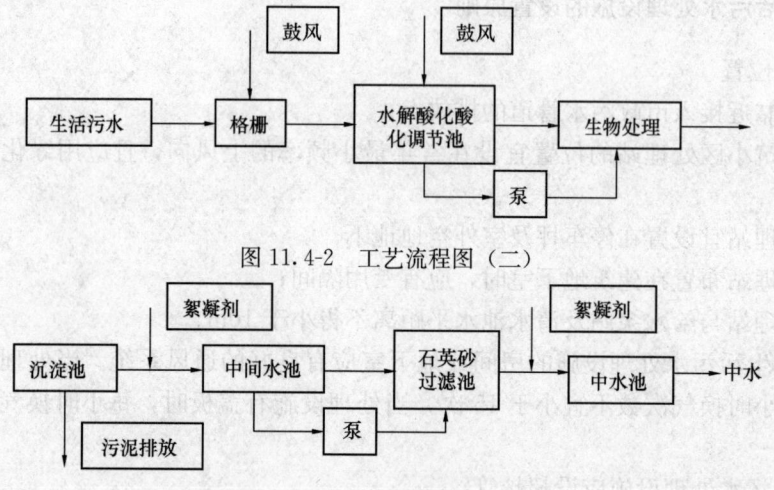

图 11.4-2   工艺流程图（二）

图 11.4-3   工艺流程图（三）

（3）处理后用于景观环境用水时通常采用的工艺流程如图 11.4-4 所示：

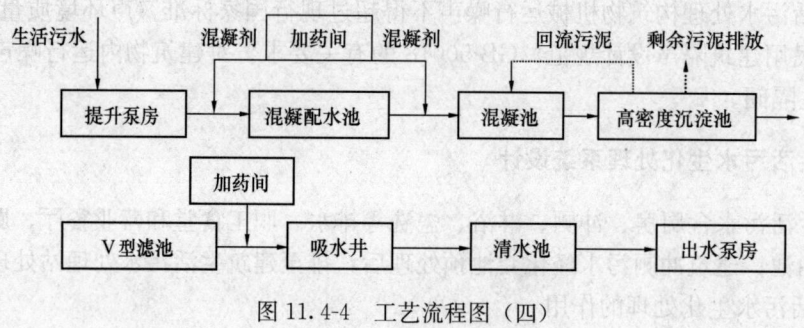

图 11.4-4   工艺流程图（四）

（4）处理后作为农田灌溉用水时通常采用的工艺流程如图 11.4-5 所示：

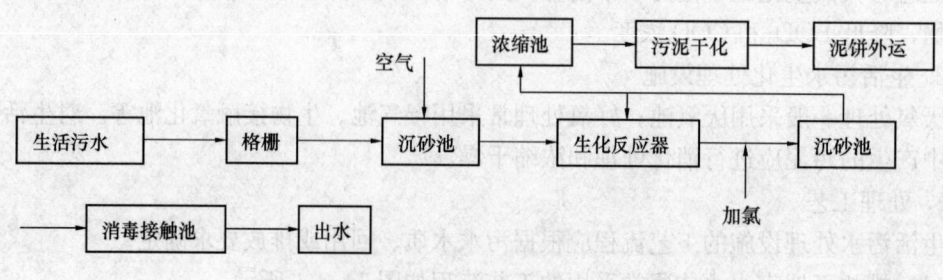

图 11.4-5   工艺流程图（五）

（5）处理后用于地表回灌和井灌的方式进行地下水回灌用水时通常采用的工艺流程如图 11.4-6 所示：

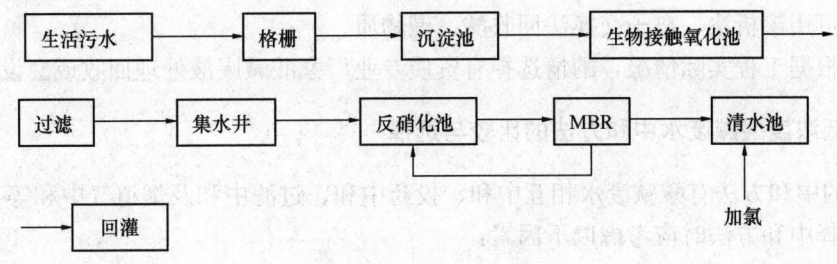

图 11.4-6　工艺流程图（六）

11.5　酸碱废水（液）回收与中和处理

11.5.1　总则

含酸废水和含碱废水是两种常见的工业废液。酸碱废水具有较强的腐蚀性，如不加治理直接排出，会腐蚀管渠和构筑物；排入水体，会改变水体的 pH 值，干扰并影响水生生物的生长和渔业生产；排入农田，会改变土壤的性质，使土壤酸化或盐碱化，危害农作物；同时酸碱原料流失造成资源浪费。

11.5.2　设置原则

1. 一般而言，酸性废水浓度大于 4％、碱性废水浓度大于 2％ 的高浓度酸碱废液，应根据水质、水量和不同工艺要求，进行厂区或地区性调度，尽量重复使用；如重复使用不可行时，可采用浓缩等方法回收利用。

2. 低浓度的酸碱废水，如酸洗槽的清洗水、碱洗槽的漂洗水等，在排入城镇排水系统前应进行中和处理，使 pH 值达到排放标准才能排入水体。

11.5.3　高浓度酸碱废水回收利用方法

1. 浸没燃烧高温结晶法：将煤气燃烧所产生的高温气体直接喷入待蒸发的废液，去除废液中的水分，浓缩并回收酸碱类物质。采用此法需注意防止产生酸（碱）雾等二次污染问题。

2. 浓缩和自然结晶法

（1）浓缩法分为真空、高温和低温浓缩

真空浓缩法适用于杂质含量较少的酸碱废液，是利用真空减压法降低含酸（碱）废水的沸点，以蒸发水分，浓缩并回收酸（碱）类物质。

高温浓缩法是加热酸碱废液，使其中的有机物发生氧化、聚合等反应，转化为胶状物或悬浮物后去除，达到去除杂质和浓缩的目的，高温浓缩法会产生强酸碱雾，对人体和设备的危害较大，操作复杂。采用此法需注意防止产生酸（碱）雾等二次污染问题。

低温浓缩法是将酸碱废水（液）用耐腐泵打入循环浓缩塔浓缩，然后经换热器加热后进入造雾器和扩散器强迫雾化并进一步强迫气化，分离后的气体经除雾后进入气体净化器,净化后排放。分离后的酸碱再度回到循环浓缩塔,经多次循环浓缩蒸馏后回用。

(2) 自然结晶法主要是利用含酸废水制取硫酸亚铁、硫酸铵等化工原料和化学肥料。

3. 还可用渗析法、离子交换法回收酸、碱物质。

4. 可根据工程实际情况,酌情选择有资质专业厂家酸碱废液处理回收成套设备。

11.5.4 低浓度酸碱废水中和方法的比较与选择

常用的中和方法有酸碱废水相互中和、投药中和、过滤中和及烟道气中和等。

1. 选择中和方法时应考虑以下因素:

(1) 酸碱性废水的来源、性质、浓度、水量及变化规律,了解和分析酸碱废水中主要成分,尤其要注意是否含有铅、铬、镉、汞等重金属离子。

(2) 应首先考虑以废治废的原则,采用能就地取材的酸(碱)性废料,并尽可能地加以利用。

(3) 本地中和药剂或材料的供应情况。

(4) 接纳废水的水体性质和下水管道容纳废水的条件。

2. 酸性废水中和处理方法比较,见表 11.5-1。

酸性废水中和处理方法比较   表 11.5-1

处理方法	适用条件	主要优点	主要缺点	附注
1. 利用碱性废水相互中和	(1) 各种酸性废水; (2) 废水中酸碱当量基本平衡时	(1) 节省中和药剂; (2) 当酸碱当量基本平衡时,设施可以简化,管理简单	(1) 当两种废水流量、浓度波动大时,需均化处理; (2) 当酸碱当量不平衡时,需投酸碱中和剂	当碱性废水含硫化物时,需防止产生 H_2S 二次污染
2. 加药中和	(1) 各种酸性废水; (2) 酸性废水中重金属离子及杂质较多时	(1) 出水水质有保证; (2) 适应性强,兼可去除水中重金属离子及杂质	(1) 用石灰等中和剂时,产生固体废渣较多; (2) 设备多,管理复杂,经常费用高	(1) 除重金属时pH 值须为 8~9; (2) 投加 NaOH、Na_2CO_3 时,厂内如有相应的副产品可采用较为经济
3. 普通过滤中和	(1) 适用于盐酸、硝酸废水; (2) 水质需较清洁,不含大量悬浮物油脂、重金属盐等	(1) 设备简单; (2) 管理较方便; (3) 产渣量少	(1) 含大量悬浮物、油脂的废水需预处理; (2) 不适合硫酸废水; (3) 出水 pH 值偏低,不利于重金属离子沉淀	
4. 升流式膨胀过滤中和(恒速和变滤速两种)	(1) 适用于盐酸、硝酸废水; (2) 水质需较清洁,不含大量悬浮物油脂、重金属盐等; (3) 还可以用于浓度小于 2g/L 的硫酸废水	(1) 设备简单,占地少; (2) 管理较方便; (3) 产渣量少	(1) 含大量悬浮物、油脂的废水需预处理; (2) 出水 pH 值偏低,不利于重金属离子沉淀; (3) 对滤料粒径要求较高	变滤速为改进型

处理方法	适用条件	主要优点	主要缺点	附注
5. 滚筒式中和过滤	（1）适用于盐酸、硝酸、硫酸废水； （2）水质需较清洁，不含大量悬浮物油脂、重金属盐等	（1）设备简单，占地少； （2）管理较方便； （3）产渣量少； （4）对滤料粒径无严格要求	（1）装置较复杂，须防腐； （2）耗动力，噪声大	

3. 碱性废水中和处理方法比较，见表 11.5-2。

碱性废水中和处理方法比较 表 11.5-2

处理方法	适用条件	主要优点	主要缺点	附注
1. 利用酸性废水相互中和	（1）各种碱性废水； （2）废水中酸碱当量基本平衡	（1）节省中和药剂； （2）当酸碱当量基本平衡时，设施可以简化，管理简单	（1）当两种废水流量、浓度波动大时，需均化处理； （2）当酸碱当量不平衡时，需投酸碱中和剂	当碱性废水含硫化物时，需防止产生 H_2S 二次污染
2. 加酸中和	用工业酸或废酸	用副产品中和剂时较经济	用工业酸时成本较高	
3. 烟道气中和	（1）要求有大量能满足需处理碱性废水水量的烟道气，且能连续供给； （2）当碱性废水间断而烟道气连续时，应有备用除尘水源	（1）废水为烟道气除尘脱硫，烟道气中酸性气体使废水 pH 值降至 6～7； （2）节省除尘用水及中和剂	（1）碱性废水经烟道气中和后，水温、色度、耗氧量、硫化物等指标均会升高； （2）需进一步处理，使之达到排放标准	水量小时，在特定情况下可用压缩 CO_2 处理，操作简单，出水水质亦不致变坏，但费用高

4. 酸碱废水常用中和处理剂，见表 11.5-3。

中和处理常用药剂 表 11.5-3

酸或碱	化学式	溶解度（g/100g 水）	备 注
氢氧化钠 碳酸钠	NaOH Na_2CO_3	42（20℃） 7.1（0℃），21.60（30℃）	溶解度和反应速度都大，供给容易，处理方便，但价格较高
生石灰 消石灰 电石残渣	CaO $Ca(OH)_2$ $Ca(OH)_2$	0.185（0℃）	因溶解度小，以浆状加入，反应速度小，多数情况下反应生成物溶解度极小，但脱水性好，价格便宜
石灰石 水泥灰尘 白云石	$CaCO_3$ CaO $CaCO_3-MgCO_3$	0.014（25℃） 0.032（18℃）	主要用于处理强酸性废水，但为了使处理水达到或接近中性，还需添加消石灰
硫酸 盐酸	H_2SO_4 HCl		溶解度大，反应速度大，虽容易控制，但处理不完全
烟道气	SO_2 CO_2		易于吸收，但处理后常含较多量的硫化物

5. 酸碱废水（或溶液）中和可根据当量定律按式（11.5-1）定量计算：

$$N_s V_s = N_j V_j \tag{11.5-1}$$

式中 N_s——酸性废水（或溶液）的当量浓度（当量/L）；

   V_s——酸性废水（或溶液）的体积（L）；

   N_j——碱性废水（或溶液）当量浓度（当量/L）；

   V_j——碱性废水（或溶液）的体积（L）。

此外，酸性废水还可以根据排出情况及含酸浓度，对中和方法进行选择，见表 11.5-4。

酸性废水中和方法的选择表　　　　　　　　　　表 11.5-4

酸类名称	污水排出情况	废水含酸浓度（g/L）	碱性废水中和	投药中和		过滤中和		
				石灰	碳酸钙	石灰石	白云石	白垩滤料
硫酸	均匀排出	<1.2	+	+	0	—	+	+
		>1.2	+	+	—	—	—	—
	不均匀排出	<1.2	+	0	0	—	—	—
		>1.2	+	0	—	—	—	—
盐酸硝酸	均匀排出	不限	+	+	+	+	+	+
	不均匀排出	≤20	+	0	0	+	+	+
弱酸	均匀排出		+	+	—	—	—	—
	不均匀排出		+	0	—	—	—	—

注：1. 表中"+"为建议采用，"0"为可以采用，"—"为不宜采用。

2. 对升流膨胀石灰石中和滤池，中和硫酸废水时，含酸浓度不宜大于 2g/L。

中和过程中，酸碱的当量数恰好相等时称为中和反应的等当点。强酸、强碱的中和达到等当点时，由于所生成的强酸强碱盐不发生水解，因此等当点即中性点，溶液的 pH 值等于 7。但中和的一方若为弱酸或弱碱，由于中和过程中所生成的盐在水中进行水解，因此，尽管达到等当点，但溶液并非中性，而根据生成盐的水解可能呈现酸性或碱性，pH 值的大小由所生成盐的水解度决定。

11.5.5 酸性废水中和处理

1. 酸碱废水相互中和法

（1）当酸性废水水质水量变化较小或废水缓冲能力较大，或后续构筑物对 pH 值要求范围较宽时，可不单设中和池，而在集水井（或管道或折板混合槽）内，进行连续式混合反应。

（2）当水质水量变化不大，废水也有一定缓冲能力，但为使出水更有保障，可单设连续流的中和池。中和池有效容积可按公式（11.5-2）计算：

$$V = (Q_j + Q_s)t \ (L) \qquad (11.5\text{-}2)$$

式中　V——中和池有效容积（L）；

　　　Q_j——碱性废水的流量（L/h）；

　　　Q_s——酸性废水的流量（L/h）；

　　　t——中和反应时间（h），视水质水量变化情况及废水缓冲能力酌情选取，一般采用 2h 以内。

（3）当水质变化较大且水量较小时，连续流无法保证出水 pH 要求，或出水水质要求较高，或废水中还含有其他杂质或重金属离子时，较稳妥可靠的做法是采取间歇流的中和池。每池的有效容积可按废水排放周期（如一班或一昼夜）中的废水量计算。中和池一般至少须设两座（格），以便交替使用。间歇式中和池的优越性就是可在同一池内完成混合、反应、沉淀、排水及排渣等工序，且出水的水质较有保障。在有中和沉渣产生的情况下，首先要考虑综合利用（如作为石膏），使沉渣有稳定的利用出路，否则，必须进行沉渣的有效处理；对于含有某些重金属离子的沉渣为危险废物，须按有关规定妥善处置。

（4）间歇中和不宜用于大水量。

2. 投药中和法

投药中和法是应用广泛的一种方法。最常用的碱性药剂是石灰，有时也选用苛性钠、碳酸钠、石灰石或白云石等。选择碱性药剂时，不仅要考虑它本身的溶解性、反应速度、成本、二次污染及使用方法等因素，而且还要考虑中和产物的性状、数量及处理费用等因素。

（1）中和曲线

在用投药剂中和法处理酸碱废水之前，首先应作出中和曲线，以便掌握药剂不断加入时废水 pH 值的变化规律，同时有助于控制药剂的投加量。成分单一的酸或碱的中和曲线可按酸碱平衡关系进行计算。曲线的具体形式与酸碱的性质和浓度有关。

酸性废水中，往往含有重金属离子，如 Al^{3+}、Cu^{2+}、Fe^{3+}，在用碱进行中和时，由于生成不溶的金属氢氧化物，而消耗部分碱性药剂，使中和曲线发生偏移。因此建议采用实际酸性废水水样和中和药剂进行试验得出的中和曲线（因为实际工程中，碱的需要量要比按废酸的 pH 值进行理论计算得出的碱的需要量大很多）。

（2）中和反应的药剂用量

碱性中和剂用量 Ga（kg/d）可按公式（11.5-3）计算：

$$Ga = (k/a)(QC_1\alpha_1 + QC_2\alpha_2) \ (\text{kg/d}) \qquad (11.5\text{-}3)$$

式中　Q——酸性废水流量（m^3/d）；

　　　C_1——废水含酸量（kg/m^3）；

　　　C_2——废水中需中和的酸性盐量（kg/m^3）；

　　　α_1——中和剂比耗量，即中和 1kg 酸所需碱性药剂量（kg），见表 11.5-5；

　　　α_2——中和剂比耗量，即中和 1kg 酸性盐类所需碱性药剂量（kg），见表 11.5-5；

　　　k——反应不均匀系数，一般采用 1.1～1.2。但以石灰法中和硫酸时，可取 1.05～1.10（湿投）或 1.4～1.5（干投）；中和盐酸和硝酸时，可取 1.05；

　　　a——中和剂纯度（％），无资料时，可按表 11.5-6 数据采用。

碱性中和剂理论比耗量（α_1、α_2）

表 11.5-5

酸 或 盐	碱性中和剂					
	CaO	Ca(OH)$_2$	CaCO$_3$	Na$_2$CO$_3$	NaOH	CaMg(CO$_3$)$_2$
H$_2$SO$_4$	0.570	0.755	1.020	1.080	0.816	0.940
H$_2$SO$_3$	0.680	0.900	1.220	1.292	0.975	1.122
HNO$_3$	0.445	0.590	0.795	0.840	0.635	0.732
HCl	0.770	1.010	1.370	1.450	1.100	1.290
CO$_2$	1.220	1.680	2.270	2.410	1.820	2.090
H$_3$PO$_4$	0.860	1.130	1.530	1.620	1.220	1.410
CH$_3$COOH	0.466	0.616	0.830	0.880	0.666	1.530
H$_2$SiF$_6$	0.380	0.510	0.690	0.730	0.556	0.630
FeSO$_4$	0.370	0.487	0.658	0.700	0.526	0.605
CuSO$_4$	0.376	0.463	0.626	0.664	0.551	0.576
FeCl$_2$	0.440	0.580	0.790	0.835	0.630	0.725

注：表中酸、盐、中和剂均系按 100% 纯度计算，实际需量需试验确定。

碱性中和剂纯度（a）

表 11.5-6

碱性中和剂名称	碱性中和剂有效含量（%）	碱性中和剂名称	碱性中和剂有效含量（%）
生石灰	含 CaO　60～80	熟石灰	含 Ca (OH)$_2$ 65～75
电石渣	含 CaO　60～80	石灰石	含 CaCO$_3$　90～95
白云石	含 CaCO$_3$　45～50		

（3）中和沉渣量计算：

$$G = Ga(B+e) + Q(S-C-d)(\text{kg/h}) \tag{11.5-4}$$

式中　Ga——总耗药量（kg/h）；

　　　Q——废水量（m^3/h）；

　　　B——消耗单位药剂所产生的盐量，见表 11.5-7；

　　　e——单位药剂中杂质含量；

　　　S——中和前废水中悬浮物含量（kg/m^3）；

　　　C——中和后溶于废水中的盐量（kg/m^3）；

　　　d——中和后废水带走的悬浮物含量（kg/m^3）。

化学药剂中和产生的盐量

表 11.5-7

酸或盐	药剂	中和单位酸量所产生的盐量（B）											
		CaSO$_4$	Na$_2$SO$_4$	MgSO$_4$	NaNO$_3$	Ca(NO$_3$)$_2$	CaCl$_2$	NaCl	MgCl$_2$	Mg(NO$_3$)$_2$	CO$_2$	Fe(OH)$_2$	FeCl$_2$
H$_2$SO$_4$	Ca(OH)$_2$	1.39	—	—	—	—	—	—	—	—	—	—	—
	CaCO$_3$	1.39	—	—	—	—	—	—	—	—	0.45	—	—
	NaOH	—	1.45	—	—	—	—	—	—	—	—	—	—
	NaHCO$_3$	—	1.45	—	—	—	—	—	—	—	0.90	—	—
	CaMg(CO$_3$)$_2$	0.695	—	0.612	—	—	—	—	—	—	0.44	—	—

续表

酸或盐	药剂	中和单位酸量所产生的盐量(B)											
		$CaSO_4$	Na_2SO_4	$MgSO_4$	$NaNO_3$	$Ca(NO_3)_2$	$CaCl_2$	$NaCl$	$MgCl_2$	$Mg(NO_3)_2$	CO_2	$Fe(OH)_2$	$FeCl_2$
HNO₃	$Ca(OH)_2$	—	—	—	—	1.30	—	—	—	—	—	—	—
	$CaCO_3$	—	—	—	—	1.30	—	—	—	—	0.35	—	—
	$NaOH$	—	—	—	1.35	—	—	—	—	—	—	—	—
	$NaHCO_3$	—	—	—	1.35	—	—	—	—	—	0.70	—	—
	$CaMg(CO_3)_2$	—	—	—	—	0.65	—	—	—	0.588	0.35	—	—
HCl	$Ca(OH)_2$	—	—	—	—	—	1.53	—	—	—	—	—	—
	$CaCO_3$	—	—	—	—	—	1.53	—	—	—	0.61	—	—
	$NaOH$	—	—	—	—	—	—	1.61	—	—	—	—	—
	$NaHCO_3$	—	—	—	—	—	—	1.61	—	—	1.21	—	—
	$CaMg(CO_3)_2$	—	—	—	—	—	0.773	—	0.662	—	0.62	—	—
$FeSO_4$	$Ca(OH)_2$	1.36	—	—	—	—	—	—	—	—	—	0.90	—
$FeCl_2$	$Ca(OH)_2$	—	—	—	—	—	0.94	—	—	—	—	0.71	—

以上计算所得为干基质量。根据沉淀后排泥的含水量，可计算出沉淀池排泥重量（及体积）；如需机械脱水或干化，可根据脱水后含水量（试验或经验）推算出脱水沉渣重量。并根据其容重算出其体积。

（4）投药中和处理流程

当水量少时（每小时几吨到十几吨）采用间歇式处理。间歇处理时，必须设置 2～3 个池，交替工作。水量较大时，采用连续式处理。为获得稳定可靠的中和效果，采用多级式自动控制系统。目前采用较多的是二级或三级，分别为粗调、终调和粗调、中调、终调。投药量由设在出口处的 pH 值监测仪控制，一般粗调时可将 pH 值调至 4～5。投药中和处理流程及二级自动控制中和池如图 11.5-1、图 11.5-2 所示。

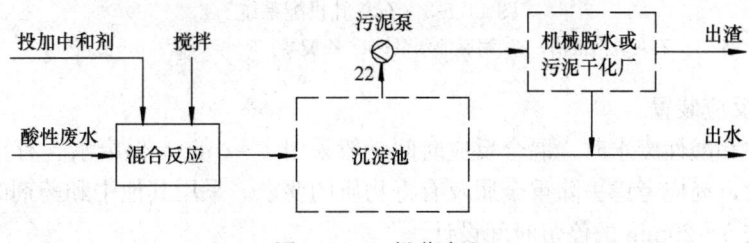

图 11.5-1 投药中和

（5）中和设施

1）中和剂投加装置

酸性废水处理中和剂投加方式有干投、湿投两种。以石灰为例，一般采用湿投。当石灰投量在 1t/d 以下时，消化槽可用人工搅拌，制成 40%～50%的乳液。消化槽的有效容积 V_x 按式（11.5-5）计算：

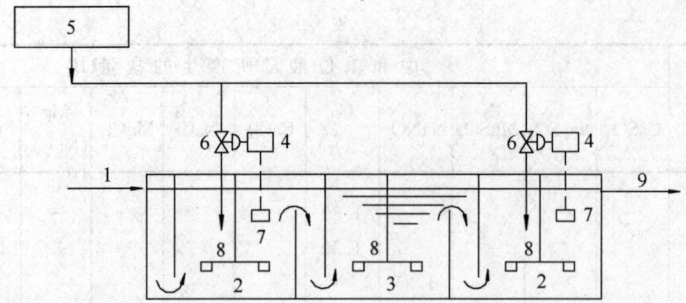

图 11.5-2　二级自动控制中和池

1—进水管；2—中和池；3—均和池；4—pH 值控制器；5—中和剂储槽；

6—电磁阀；7—电极；8—搅拌器；9—出水管

$$V_x = kV_1 \,(\mathrm{m}^3) \tag{11.5-5}$$

式中　k——容积系数，一般采用 2~5；

　　V_1——一次配置药量（m^3）。

石灰投量在 1t/d 以上时，应用机械方法消化。消化后的石灰乳流入溶液槽。配成 5%~15% 的石灰乳。溶液槽至少设两个，交替使用。槽中应有搅拌装置，搅拌机转速一般为 20~40r/min；也可用水泵循环搅拌。用投配器控制石灰乳投加量。

石灰库应单独设立，储量应根据供应和运输情况确定，一般按 10d 左右考虑。

石灰湿投系统如图 11.5-3 所示：

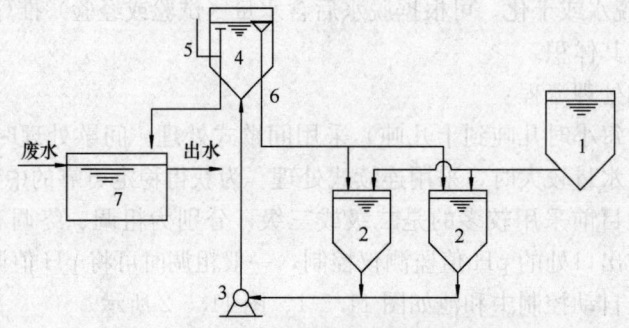

图 11.5-3　石灰乳投配系统

1—消化槽；2—石灰乳溶液槽；3—耐腐蚀水泵；4—投配器；5—空气管；6—溢流管；7—混合池

2）混合反应装置

用石灰中和酸性废水时，混合反应时间一般采用 1~2min，但废水含有重金属盐或其他有毒物质时，尚应考虑去除重金属及有毒物质的要求。采用其他中和药剂时，反应设施的容积通常按 5~20min 的停留时间设计。

当废水水量和浓度较小且不产生大量沉渣时，中和剂可投加在水泵集水井中，在管道中反应，可不设混合反应设施，但应满足混合反应时间要求。

当废水量大时，一般要设单独的混合设施，参见图 11.5-4。

混合反应可在同一设施内进行，中和剂应在进水口投入，当采用池底部进水、顶部出水时，要求连续搅拌，充分混合反应，并防止沉渣。

pH 值的控制应按重金属氢氧化物的等电点考虑，一般为 7~9。

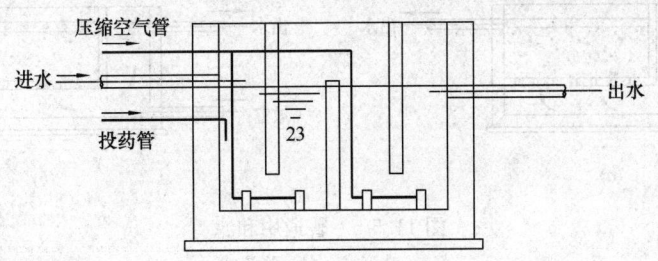

图 11.5-4 四室隔板混合池

混合反应池的容积 V_H 按式（11.5-6）计算：

$$V_H = Qt/60 (m^3)$$ (11.5-6)

式中 Q——废水设计流量（m^3/h）；

t——混合、反应时间（min）。

3）沉淀装置

以石灰中和主要含硫酸的混合酸性废水为例，一般沉淀时间为 $1 \sim 2h$，污泥体积约为处理废水体积的 $10\% \sim 15\%$，污泥含水率为 95%。沉淀装置计算公式参照竖流式沉淀池或平流式沉淀池的计算公式。

4）污泥脱水装置

根据泥渣处置的要求（综合利用或填埋），可用机械脱水或干化床脱水。

3. 过滤中和法

一般适用于含酸浓度较低（硫酸$<2g/L$；盐酸、硝酸$<20g/L$）的少量酸性废水，对含有大量悬浮物、油、重金属盐类和其他毒物的酸性废水不适用。

滤料可用石灰石或白云石。石灰石滤料反应速度比白云石快，但进水中硫酸允许浓度则较白云石滤料低。中和盐酸、硝酸废水，两者均可采用。中和含硫酸废水，采用白云石为宜。

滤料消耗量按式（11.5-7）计算：

$$M = \alpha QB (kg/d)$$ (11.5-7)

式中 α——中和剂比耗量（kg/kg），见表 11.5-5；

Q——废水流量（m^3/d）；

B——废水中酸的浓度（kg/m^3）。

滤料理论工作周期 T 按式（11.5-8）计算：

$$T = P/M_s (d)$$ (11.5-8)

式中 P——滤料装载量（kg）；

M_s——滤料实际消耗量，对石灰石 $M_s = M$，对白云石 $M_s = 1.5M$。

（1）普通中和滤池

一般采用石灰石作滤料。

普通中和滤池为固定床，水的流向有平流和竖流两种，目前多采用竖流，其中又分升流式和降流式两种，如图 11.5-5 所示。

滤料粒径一般为 $30 \sim 50mm$，不得混有粉料杂质，当水中含有可能堵塞滤料的物质时，应进行预处理。过滤速度为 $1 \sim 1.5m/h$，不大于 $5m/h$；接触时间不少于 10min；滤床厚度一般为 $1 \sim 1.5m$。

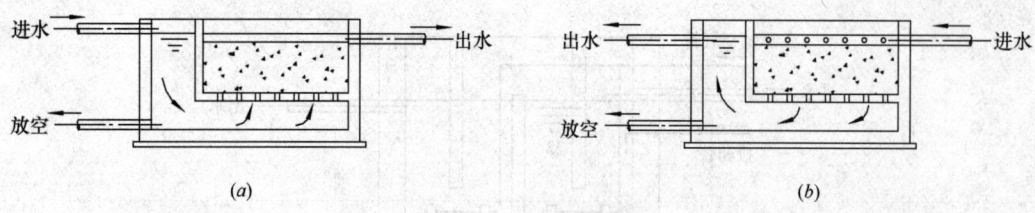

图 11.5-5　普通中和滤
(a) 升流式；(b) 降流式

（2）升流式膨胀过滤中和

1）滤料一般为石灰石；

2）当滤柱横截面固定不变时，为恒滤速过滤，常采用滤速为 $50\sim70m/h$，滤料粒径一般为 $0.5\sim3mm$；

3）滤柱横截面下部小上部大，为变滤速过滤，下部滤速达 $130\sim150m/h$，上部滤速为 $40\sim60m/h$，滤料最小粒径可达 $0.25mm$。对于硫酸废水，变滤速膨胀中和滤池的限制浓度可进一步提高至 $2500mg/L$ 以上。

4）滤池出水产生的 CO_2 气体经过曝气处理，可使出水 pH 达到 $6\sim6.5$。

（3）滚筒式过滤中和

滚筒为钢板制作，内衬防腐层，筒为卧式。直径 $1m$ 或更大，长度约为直径的 $6\sim7$ 倍。滚筒线速度采用 $0.3\sim0.5m/s$，或转速为 $10\sim20r/min$，旋转轴向出水方向倾斜 $0.5°$ $\sim1°$。滤料的粒径较大（达十几毫米），装料体积约占转筒体积的一半。筒内壁焊有数条纵向挡板，带动滤料不断翻滚，为了避免滤料被水带走，滚筒出水端设置有穿孔滤板。出水也需脱 CO_2，这种装置的最大优点是进水的硫酸浓度可以超过极限值数倍，而滤料滤径却不必破碎到很小程度，滤料也怕堵塞，但负荷率低（约为 $36m^3/(m^2 \cdot h)$），构造复杂，动力费用较高，运转时设备噪声较大。

11.5.6　碱性废水中和处理

碱性废水中和剂通常采用盐酸和硫酸。硫酸作中和剂有生成沉淀反应而沉渣量较大的缺点；但如生成溶解性固体，会使废水中的总固体超标；纯 CO_2 作中和剂因费用昂贵，不常采用。

1. 酸碱废水相互中和法，详见 11.5.5 节有关部分。

2. 加酸中和

（1）中和碱性废水的酸性中和剂的单位耗量见表 11.5-8。

酸性中和剂比耗量　　　　　　　　　　　　　表 11.5-8

碱	酸性中和剂							
	H_2SO_4		HCl		HNO_3		CO_2	SO_3
	100%	98%	100%	36%	100%	65%		
NaOH	1.22	1.24	0.91	2.53	1.37	2.42	0.55	0.80
KOH	0.88	0.90	0.65	1.80	1.13	1.74	0.39	0.57
Ca (OH)$_2$	1.32	1.35	0.99	2.74	1.70	2.62	0.59	0.86
NH_3	2.88	2.93	2.12	5.90	3.71	5.70	1.29	1.88

　　(2) 相关内容可参照 11.5.5 节酸性废水加药中和部分。

　　(3) 中和剂制备设施

　　硫酸或盐酸储罐一般采用硬聚氯乙烯或聚丙烯材质，采用耐酸计量泵或其他计量装置。硫酸或盐酸一般稀释到一定浓度投加，在稀释时应考虑放热对储罐的影响。当在室内配置时，应考虑通风措施。

　　(4) 沉淀装置

　　沉淀时间根据废水中和后生成沉淀物的性质通过试验确定，一般沉淀时间为 1～2h，污泥体积可通过中和沉渣量计算或试验确定，污泥体积一般为处理废水体积的 10%～15%，污泥含水率为 95%～98%。沉淀装置计算公式参照竖流式沉淀池或平流式沉淀池的计算公式。

　　3. 利用烟道气中和法

　　使碱性废水与任何含酸性氧化物的气体喷淋接触，都能使废水中和。例如利用烟道气中的 CO_2、SO_2、SO_3 等酸性气体成分中和碱性废水，实际应用时在湿法除尘设施（如水膜除尘器）中采用碱性废水代替除尘水喷淋，既可除尘脱硫，又可中和碱性废水，是一种以废治废的好方法。根据国内某厂经验，碱性废水出水 pH 值可由 10～12 下降至近于中性，脱硫效率可达 70%～80%，还可节约喷淋净水。但出水烟尘量大而沉渣量亦大，同时出水中硫化物、色度、COD、温度等指标均有升高，须妥善处理。

11.5.7　碱性废水中和处理应用举例

　　某化工厂排放碱性废水水量 25～50m³/h，pH 值 10～14，为了不影响总厂生化处理设施的正常运行，要求该碱性废水 pH 值控制在 6～9 范围内，厂内有副产物盐酸可用作中和剂。考虑废水量和 pH 值波动范围较大，人工加酸难以保证效果，且工作量较大，采用 pH 自控系统装置投加盐酸。中和反应池由现有排水沟改建成折板式反应池，投酸泵为防腐离心泵，采用变频控制，通过控制泵的转速来控制加酸量。

　　处理工艺流程如图 11.5-6 所示：

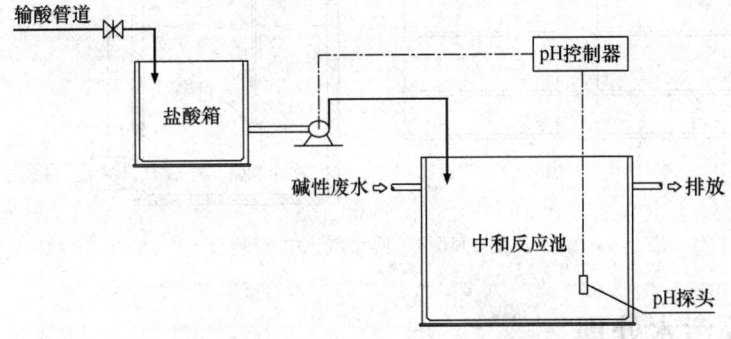

图 11.5-6　碱性废水处理工艺流程

　　pH 自动控制系统装置由 pH 探头、pH 控制器、信号放大器（备选件）、酸碱液计量泵和酸碱液箱组成。

　　性能特点：pH 控制范围：0～14，分辨率：0.01pH 单位，高低 pH 设置点可自由设定，对 ΔpH 有可控反应速度（带报警）；工作温度：0～45℃，电源：230VAC，50Hz。

系统装置的关键部件控制器是一个具有背景照明和触摸式按钮的微控制器，设置简易，可独立编程，以开/关式或比例式两种方式控制酸泵或碱泵的投加量。两个独立的报警器启动高、低 pH 值报警信号。控制器可单/双点 pH 标定；可进行运行、延时的定时设定；"高级菜单"可设置某些特定值，使酸、碱泵更精确地控制投加量以实现精调 pH 的功能；同时具有连续不丢失存储功能。

安装方式有在线式和浸入式两种，如图 11.5-7 和图 11.5-8 所示。

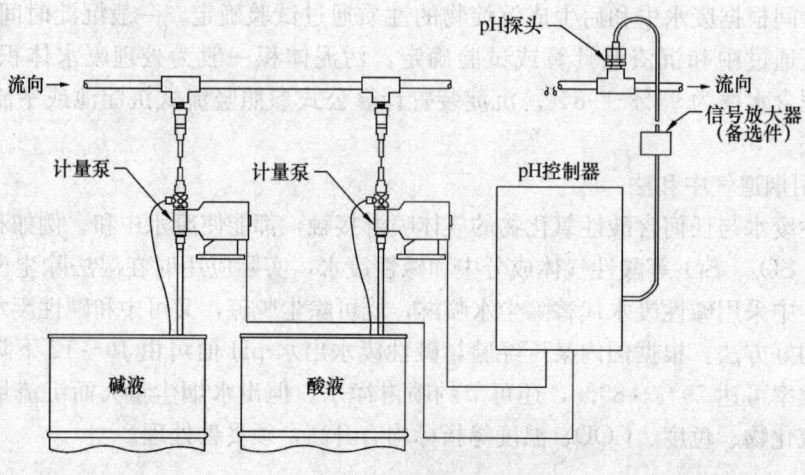

图 11.5-7　典型在线安装

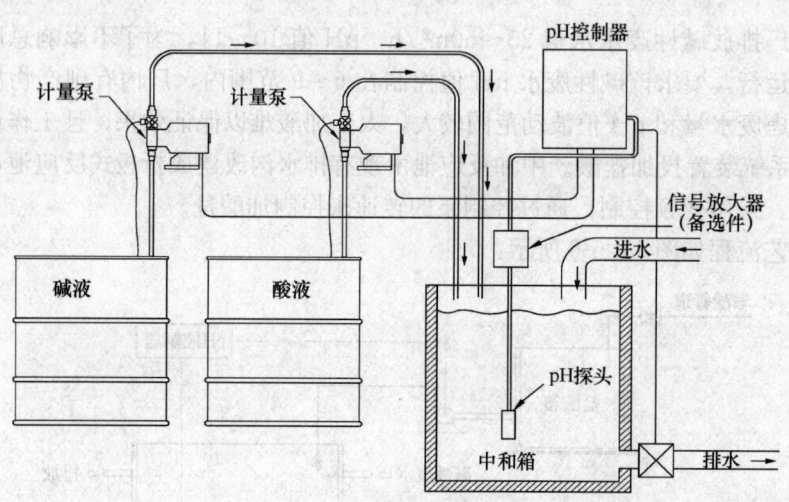

图 11.5-8　典型浸入式安装

11.6　医院污水处理

11.6.1　总则

1. 医院污水处理工程必须依据《医院污水处理工程技术规范》HJ 2029 以及《医疗机构水污染物排放标准》GB 18466 等相关规范、标准要求进行设计和施工。还应符合

《建筑给水排水设计规范》GB 50015 的要求。

2. 医院新建、扩建和改建时应对医院院区范围内的污水处理工程与给水、排水、消防统一规划设计。

3. 现有、新建、改建的各类医院以及其他医疗卫生机构被病菌、病毒所污染的污水、污泥都必须进行消毒处理。严禁将医院的污水和污物随意弃置排入下水道。

4. 含放射性物质、重金属及其他有毒、有害物质的污水，不符合排放标准时，须进行单独处理后，方可排入医院污水处理站或城市下水道。

5. 医院污水处理设施应具有处理效果好、管理方便、占地面积小、造价低廉、运行安全等优点，并应避免对周围环境造成污染。

6. 经处理后的医院污水，其出水水质必须符合《污水综合排放标准》GB 8978、《医疗机构水污染物排放标准》GB 18466 等国家现行的有关标准规定的要求。

7. 医疗污水不得作为中水水源。

11.6.2 医院污水概况

1. 医院污水

(1) 医院污水指医院门诊、病房、手术室、各类检验室、病理解剖室、放射室、洗衣房、太平间等处排出的诊疗、生活及粪便污水。当办公、食堂、宿舍等排水与上述污水混合排出时亦视为医院污水。按医院性质可分为传染病医院污水和综合医院污水；按污水成分可分为有放射性医院污水、废弃药物医院污水、含重金属离子医院污水 。

(2) 传染病医院污水 (infectious hospital sewage)，指传染性疾病专科医院及综合医院传染病房排放的诊疗、生活及粪便污水。

(3) 非传染病医院污水 (non infectious hospital sewage)，指各类非传染病专科医院以及综合医院除传染病房外排放的诊疗、生活及粪便污水。

(4) 特殊性质医院污水 (special hospital sewage)，指医院检验、分析、治疗过程产生的少量特殊性质污水，主要包括酸性污水、含氰污水、含重金属污水、洗印污水、放射性污水等。特殊性医院污水分布：化验室、动物房、X 光照像洗印、同位素治疗诊断、手术室等排水如重金属废水、含油废水、洗印废水、放射性废水等。而且不同性质医院产生的污水也有很大不同。

医院医疗污水中含有酸、碱、悬浮固体、BOD、COD 和动植物油等有毒、有害物质。牙科治疗、洗印和化验等过程产生污水含有重金属、消毒剂、有机溶剂等。

同位素治疗和诊断产生放射性污水。放射性同位素在衰变过程中产生 α-、β- 和 γ-放射性。

2. 医院污水处理

医院污水处理主要是杀灭污水中的致病微生物 。为了提高消毒效果，在消毒前可对污水进行预处理，包括一级处理和二级处理。医院污水进处理设施前一般应设化粪池。

(1) 一级处理 (primary treatment)，采用机械方法对污水进行的初级处理过程，又称机械处理。系由格栅、格网、沉砂池、调节池、一次沉淀池和污泥处理设施等组成，主要去除污水中的漂浮物和悬浮物，可作为其他处理（如消毒、生物化学处理等）的预处理 。

(2) 二级处理 (secondary treatment)，由一级处理和生物化学或化学处理组成的污水处理过程。除一级处理中包括的处理设施外，通常还包括生物化学处理设施（如活性污泥曝气池、接触曝气池、生物滤池等)、二次沉淀池和消毒系统等。

(3) 三级处理 (tertiary treatment),由二级处理后加深度处理设施如：砂滤、活性炭过滤、臭氧消毒和离子交换、反渗透、电渗析等。

11.6.3　一般规定

1. 医院污水处理原则

(1) 全过程控制原则：对医院污水产生、处理、排放的全过程进行控制。严禁将医院的污水和污物随意弃置排入下水道。

(2) 减量化原则：在污水和污物发生源处进行严格控制和分离，医院内普通生活污水与病区污水应分别收集，带传染病房的综合医疗机构应将传染病房污水与非传染病房污水分开。传染病房的污水、粪便经过消毒后方可与其他污水合并处理。

(3) 就地处理原则：为防止医院污水输送过程中的污染与危害，在医院必须就地处理。

(4) 生态安全原则：有效去除污水中有毒有害物质，减少处理过程中消毒副产物产生和控制出水中过高余氯，保护生态环境安全。

2. 医疗卫生区域排出的粪便污水应先经过化粪池后再进行其他处理，污水在化粪池中的停留时间不宜少于 36h。

3. 医院污水处理的流程应根据医院的类型、接纳方排放标准的要求确定。县级以下或 20 张床位以下的综合医疗机构和其他医疗机构污水应消毒处理后排放。县级及县级以上或 20 张床位及以上的综合医疗机构和其他医疗机构污水按下列原则确定：

(1) 经处理后的医院污水排入有污水处理厂的市政排水系统时，应符合现行国家标准《污水综合排放标准》GB 8978 规定的三级标准和现行国家标准《医疗机构水污染物排放标准》GB 18466 的规定。

(2) 排入未设置污水处理厂的市政排水系统、地面水域时，应根据污水受纳水体对生物学指标和有关理化指标的要求，符合现行国家标准《污水综合排放标准》GB 8978 规定的一级或二级标准的要求。

(3) 传染病医院污水处理后的水质，应符合现行国家标准《医疗机构水污染物排放标准》GB 18466 的规定。

(4) 放射性污水的排放，应符合现行国家标准《电离辐射防护与辐射源安全基本标准》GB 18871 的有关规定。

(5) 禁止向《地表水环境质量标准》GB 3838 Ⅰ、Ⅱ类水域和Ⅲ类水域的饮用水保护区和游泳区，《海水水质标准》GB 3097 一、二类海域直接排放医疗机构污水。

4. 医院污水处理流程及构筑物应尽量利用地形，采用重力排放。必要时可设排水泵站。

5. 医院污水处理构筑物应按两组并联设计。处理构筑物应考虑排空设施。

6. 医院污水处理设施应有防腐蚀、防渗漏及防冻等措施。各种构筑物均应加盖，密闭时应有透气装置。

7. 医院污水处理工程污染物排放应满足《医疗机构水污染物排放标准》GB 18466 和地方污染物排放标准的有关要求。

8. 医院污水处理过程产生的污泥、废渣的堆放应符合《医疗废物集中焚烧处置工程建设技术规范》HJ/T 177 及《医疗废物高温蒸汽集中处理工程技术规范》HJ/T 276 的有关规定。渗出液、沥下液应收集并返回调节池。

9. 医院污水的收集

(1) 医院病区与非病区污水应分流，严格医院内部卫生安全管理体系，严格控制和分离医院污水和污物，不得将医院产生污物随意弃置排入污水系统。新建、改建和扩建的医院，在设计时应将可能受传染病病原体污染的污水与其他污水分开，现有医院应尽可能将受传染病病原体污染的污水与其他污水分别收集。

(2) 传染病医院（含带传染病房综合医院）应设专用化粪池。被传染病病原体污染的传染性污染物，如含粪便等排泄物，必须按我国卫生防疫的有关规定进行严格消毒。消毒后的粪便等排泄物应单独处置或排入专用化粪池，其上清液进入医院污水处理系统。不设化粪池的医院应将经过消毒的排泄物按医疗废物处理。

(3) 医院的各种特殊排水，如含重金属废水、含油废水、洗印废水等应单独收集，分别采取不同的预处理措施后排入医院污水处理系统。

(4) 同位素治疗和诊断产生的放射性废水，必须单独收集处理。

11.6.4 设计水量和排放量

1. 设计水量

(1) 按用水量确定污水处理设计水量

新建医院污水处理工程设计水量可按照医院用水总量的 85%～95% 确定。医院用水总量可根据《建筑给水排水设计规范》GB 50015 中医院分项生活用水定额和小时变化系数确定。医院污水处理工程设计水量计算公式如下：

$$Q = (0.85 \sim 0.95)\frac{q_1 N_1 K_{Z1} + q_2 N_2 K_{Z2}}{86400} + \frac{q_3}{1000} \tag{11.6-1}$$

式中　Q——医院最高日污水量（m³/s）；

　　　q_1——住院部最高日用水定额(L/(人·d))；

　　　q_2——门诊部最高日用水定额(L/(人·d))；

　　　q_3——未预见水量（L/s）；

N_1、N_2——住院部、门诊部设计人数（人）；

K_{Z1}、K_{Z2}——小时变化系数。

(2) 按日均污水量和变化系数确定污水处理设计水量

新建医院污水处理系统设计水量亦可按日均污水量和日变化系数经验数据计算，计算公式如下：

$$Q = \frac{qN}{86400}K_d$$

式中　q——医院日均单位病床污水排放量(L/(床·d))；

　　　N——医院编制床位数；

　　　K_d——污水日变化系数，取值根据床位数确定：

1) $N \geqslant 500$ 床的设备齐全的大型医院，$q = 400 \sim 600$L/(床·d)，$K_d = 2.0 \sim 2.2$；

2) 100 床$< N \leqslant 499$ 床的一般设备的中型医院，$q = 300 \sim 400$L/(床·d)，$K_d = 2.2 \sim 2.5$；

3) $N < 100$ 床的小型医院，$q = 250 \sim 300$L/(床·d)，$K_d = 2.5$。

（3）现有医院应采取实测数据进行设计。

医院污水处理工程设计水量应在实测或计算量基础上留有设计裕量，设计裕量宜取实测值或计算值的 10%～20%。

2. 医院污水水质

医院污水处理工程设计应采取实际检测的方法确定医院污水的污染负荷。医院污水排放量和水质取样检测应符合《地表水和污水监测技术规范》HJ/T 91 的技术要求。

无实测数据时，医院污水处理工程设计水量和设计水质可类比现有同等规模和性质医院的排放数据，也可根据经验方法或数据进行计算获得。

（1）新建医院

每张病床污染物的排污量可按下列数值选用：BOD_5：40～60g/（床·d），COD_{Cr}：100～150g/（床·d），悬浮物：50～100g/（床·d）；可根据每张病床污染物的排出量和水量计算新建医院的设计水质。

（2）现有医院

1）污水水质应以实测数据为准；

2）在无实测资料时可参考表 11.6-1。

医院污水水质指标参考数据（单位：mg/L）   表 11.6-1

指　　标	COD_{Cr}	BOD_5	SS	$NH-N_3$	类大肠杆菌（个/L）
污染物浓度范围	150～300	80～150	40～120	10～50	$1.0\times10^6\sim3.0\times10^8$
平均值	250	100	80	30	1.6×10^8

有特殊用水需求的医院，污水排放量可根据特殊用水需求情况适当增大。

11.6.5　处理流程及构筑物

1. 医疗污水常用处理工艺

（1）工艺选择原则

传染病医院必须采用二级处理，并需进行预消毒处理。

处理出水排入自然水体的县及县以上医院必须采用二级处理。

处理出水排入城市下水道（下游设有污水处理厂）的综合医院推荐采用二级处理，对要用一级处理工艺的必须加强处理效果。

对于经济不发达地区的小型综合医院，条件不具备时可采用简易生化处理作为过渡处理措施，之后逐步实现二级处理或加强处理效果的一级处理。

不同生物处理工艺的综合比较见表 11.6-2。

不同生物处理工艺的综合比较   表 11.6-2

工艺类型	优　点	缺　点	适　用　范　围	基建投资
活性污泥法	对不同性质的污水适应性强	运行稳定性差，易发生污泥膨胀和污泥流失，分离效果不够理想	800床以上的水量较大的医院污水处理工程；800床以下医院采用SBR法	较低

工艺类型	优　点	缺　点	适 用 范 围	基建投资
生物接触氧化工艺	抗冲击负荷能力高，运行稳定；容积负荷高，占地面积小；污泥产量较低；无需污泥回流，运行管理简单	部分脱落生物膜造成出水中的悬浮固体浓度稍高	500床以下的中小规模医院污水处理工程；适用于场地小、水量小、水质波动较大和微生物不易培养等情况	中
膜-生物反应器	抗冲击负荷能力强，出水水质优质稳定，有效去除SS和病原体；占地面积小；剩余污泥产量低甚至无	气水比高，膜需进行反洗，能耗及运行费用高	300床以下小规模医院污水处理工程；医院面积小，水质要求高等情况	高
曝气生物滤池	出水水质好；运行可靠性高，抗冲击负荷能力强；无污泥膨胀问题；容积负荷高且省去二沉池和污泥回流，占地面积小	需反冲洗，运行方式比较复杂；反冲水量较大	300床以下小规模医院污水处理工程	较高
简易生化处理工艺	造价低，动力消耗低，管理简单	出水COD、BOD等理化指标不能保证达标	作为对于边远山区、经济欠发达地区医院污水处理的过渡措施，逐步实现二级处理或加强处理效果的一级处理	低

（2）污水处理工艺流程：

1）一级处理工艺流程

①出水排入城市污水管网（终端已建有正常运行的二级污水处理厂）的非传染病医院污水，可采用一级强化处理工艺，工艺流程如图11.6-1、图11.6-2所示。

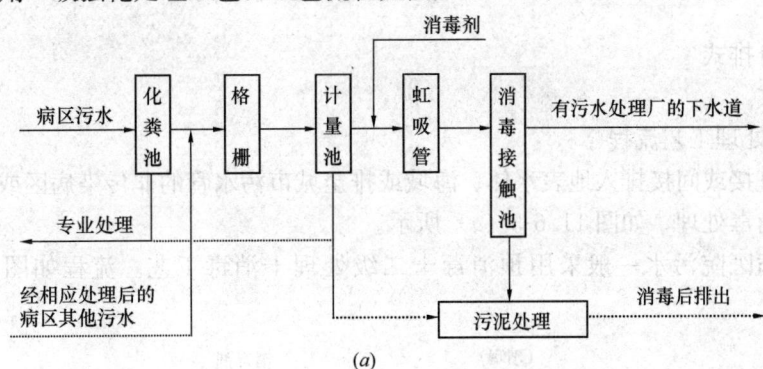

(a)

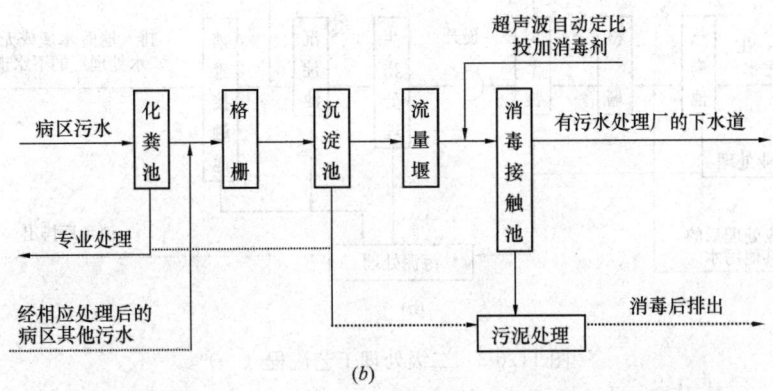

(b)

图11.6-1　一级处理工艺流程（重力自排式）

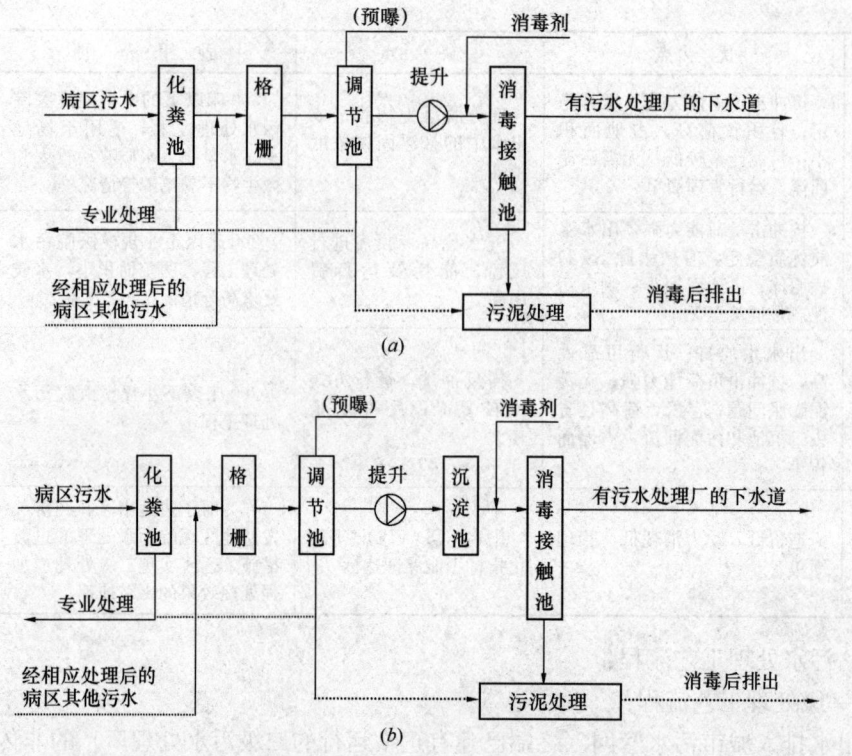

图 11.6-2 一级处理工艺流程（提升式）

②重力自排式

③提升式

2）二级处理工艺流程：

①出水直接或间接排入地表水体、海域或排至城市污水管的非传染病区或混合污水可采取二级加消毒处理，如图 11.6-3（a）所示。

②传染病医院污水一般采用预消毒＋二级处理＋消毒工艺。流程如图 11.6-3（b）所示。

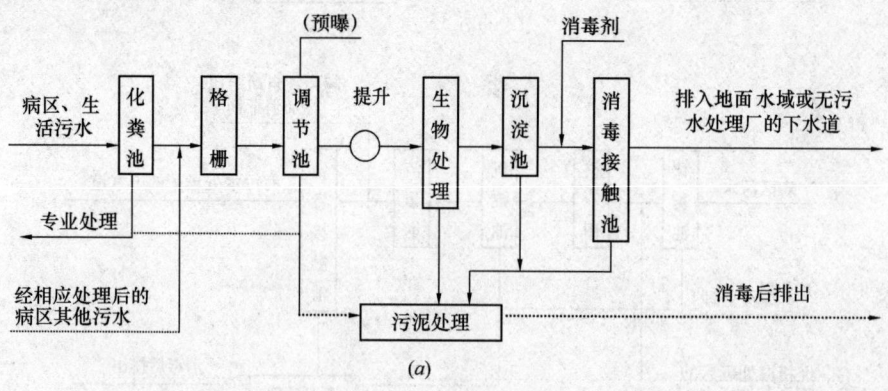

图 11.6-3 二级处理工艺流程（一）

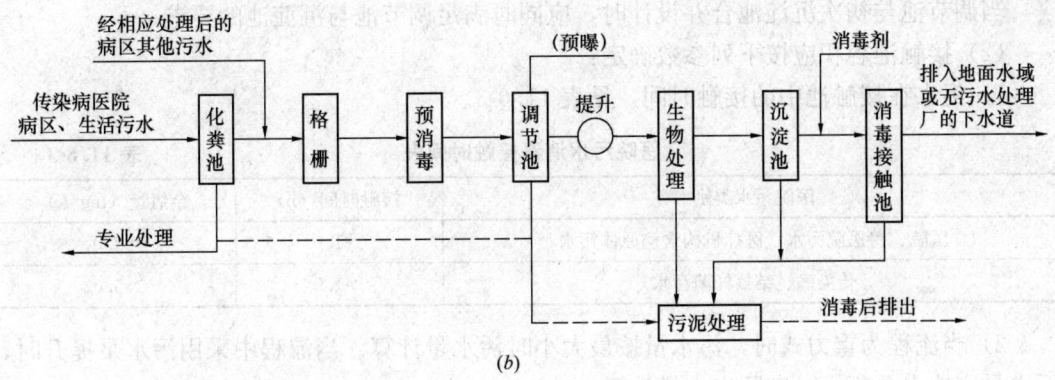

图 11.6-3　二级处理工艺流程（二）

3）深度（三级）处理工艺流程：

①出水排至水域的非传染病区或混合污水可采取三级处理如图 11.6-4（a）所示。

②传染病医院污水一般采用预消毒＋二级处理＋深度处理＋消毒工艺。工艺流程如图 11.6-4（b）所示。

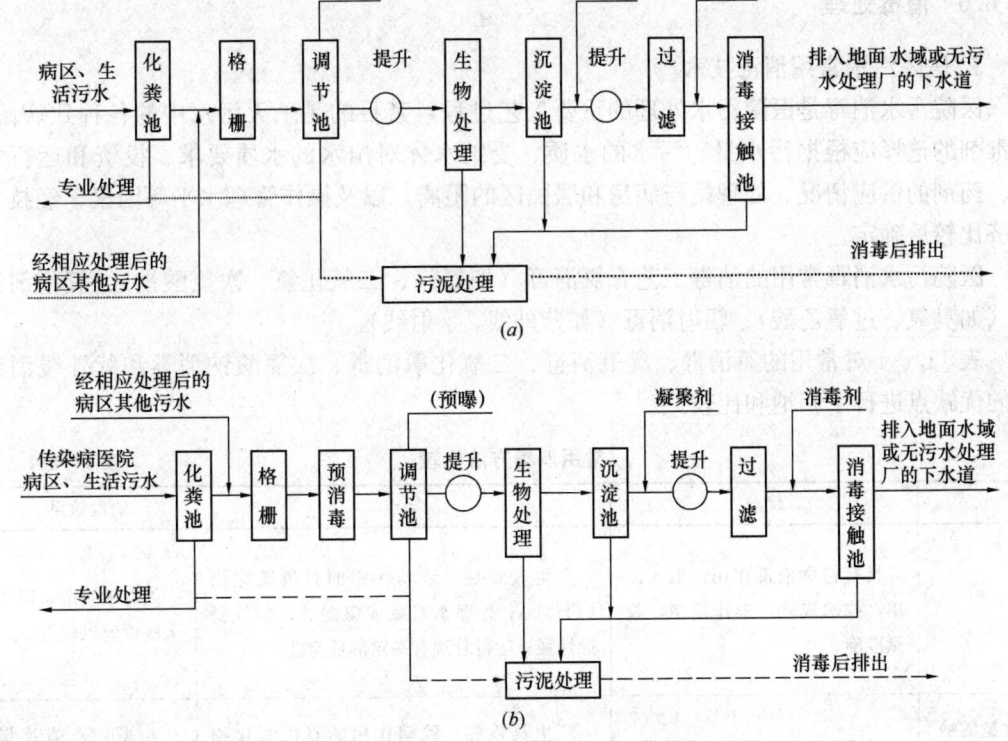

图 11.6-4　深度（三级）处理工艺流程

2. 主要构筑物

（1）医院污水处理应设调节池，其有效容积应按工作班次或消毒次数计算确定。宜为 5～6h 的污水平均流量。

当调节池与初次沉淀池合并设计时，应同时满足调节池与沉淀池的要求。

（2）接触池容积应按下列参数确定：

1）污水在接触池中的接触时间，见表11.6-3。

医院污水消毒接触时间表 表11.6-3

医院污水类别	接触时间（h）	余氯量（mg/L）
医院、兽医院污水、医疗机构含病原体污水	>1.0	>2.0
传染病、结核杆菌污水	>1.5	>5.0

2）当流程为重力式时，污水量按最大小时污水量计算。当流程中采用污水泵提升时，污水量应按水泵每小时实际出水量计算。

（3）以氯为消毒剂的消毒接触池的构造，应按下列要求设计：

1）接触池应加设导流板，避免短流。

2）消毒接触池的水流槽宽度和高度比不宜大于1∶1.2，接触池的水流槽长度和宽度比不宜小于20∶1。

3）出口处应设取样口。

11.6.6 消毒处理

1. 医院污水常用消毒技术

医院污水消毒是医院污水处理的重要工艺过程，其目的是杀灭污水中的各种致病菌。消毒剂的选择应根据污水量、污水的水质、受纳水体对出水的水质要求、投资和运行费用、药剂的供应情况、处理站与病房和居民区的距离，以及操作管理水平等因素，经技术经济比较后确定。

医院污水消毒常用的消毒工艺有氯消毒（如氯气、二氧化氯、次氯酸钠）、氧化剂消毒（如臭氧、过氧乙酸）、辐射消毒（如紫外线、γ射线）。

表11.6-4对常用的氯消毒、臭氧消毒、二氧化氯消毒、次氯酸钠消毒和紫外线消毒法的优缺点进行了归纳和比较。

常用消毒方法比较 表11.6-4

	优点	缺点	消毒效果
氯 Cl_2	具有持续消毒作用；工艺简单，技术成熟；操作简单，投量准确	产生具致癌、致畸作用的有机氯化物（THMs）；处理水有氯或氯酚味；氯气腐蚀性强；运行管理有一定的危险性	能有效杀菌，但杀灭病毒效果较差
次氯酸钠 NaOCl	无毒，运行、管理无危险性	产生具致癌、致畸作用的有机氯化物（THMs）；使水的pH值升高	与 Cl_2 杀菌效果相同
二氧化氯 ClO_2	具有强烈的氧化作用，不产生有机氯化物（THMs）；投放简单方便；不受pH影响	ClO_2 运行、管理有一定的危险性；只能就地生产，就地使用；制取设备复杂；操作管理要求高	较 Cl_2 杀菌效果好

续表

	优点	缺点	消毒效果
臭氧 O₃	有强氧化能力，接触时间短；不产生有机氯化物；不受 pH 影响；能增加水中溶解氧	臭氧运行、管理有一定的危险性；操作复杂；制取臭氧的产率低；电能消耗大；基建投资较大；运行成本高	杀菌和杀灭病毒的效果均很好
紫外线	无有害的残余物质；无臭味；操作简单，易实现自动化；运行管理和维修费用低	电耗大；紫外灯管与石英套管需定期更换；对处理水的水质要求较高；无后续杀菌作用	效果好，但对悬浮物浓度有要求

注：摘自《医院污水处理工程技术规范》HJ 2029。

2. 采用含氯消毒剂进行消毒的医疗机构污水，若直接排入地表水体和海域，应进行脱氯处理，使总余氯小于 0.5mg/L。

3. 当污水采用氯化法消毒时，其设计加氯量可按下列数据定比投加：

(1) 一级处理出水的设计加氯量一般为 30～50mg/L。

(2) 二级处理出水的设计加氯量一般为 15～25mg/L。

4. 当用液氯消毒时，必须采用真空加氯机，加氯机宜设置两套，其中一套备用。

一般情况下，宜采用容积为 40L 小容量的氯瓶。氯瓶一次使用周期不大于 3 个月。

加氯系统的管道材料应按下列规定选择：

(1) 输送氯气的管道应使用紫铜管、无缝钢管，严禁使用聚氯乙烯管。

(2) 输送氯溶液的管道宜采用硬质聚氯乙烯管、ABS 管，严禁使用铜铁等不耐氯溶液腐蚀的金属管。

(3) 加氯系统的管道宜明装，埋地管道应设在管沟内，管道应有良好的支撑和足够的坡度。

5. 当采用现场制造的次氯酸钠消毒时，应选用电流效率高，水耗、盐耗与电耗低，运行寿命长，操作方便和安全可靠的次氯酸钠发生器。并应满足：

(1) 盐溶液进入次氯酸钠发生器前，应经沉淀、过滤处理。

(2) 接触次氯酸钠溶液的容器、管道、设备和配件应使用耐腐蚀的材料。

6. 当采用化学法二氧化氯发生器时，设备工艺应符合国家统一规定并须保证设备构造合理，二氧化氯含量不得低于 50% 并须注意安全运行、定比投配等问题。并应注意：

(1) 各种原料分别堆放，由专人严格管理不得丢失，应由厂家提供安全注意事项。

(2) 二氧化氯发生器须具有一定的安全报警、计量、投配、监测等项设施。

(3) 机房内要有机械排风装置，保证室内二氧化氯容积含量不大于 10%。

11.6.7 污泥处理

医院内化粪池和水处理产生的污泥任何个人或单位不得随意掏取，所有污泥必须经过有效的消毒处理。经消毒处理后的污泥不得随意弃置，也不得用于根块作物的施肥。污泥的处理与处置方法，应根据投资与运行费用、操作管理和综合利用的可能性等因素综合考虑。

1. 污泥的分类和泥量

（1）污泥根据工艺分为化粪池污泥、初沉污泥、剩余污泥、化学（混凝）沉淀污泥、消化污泥等。

（2）医院污水处理过程产生的泥量与原水的悬浮固体及处理工艺有关。医院污水处理构筑物产生的污泥量见表11.6-5。

污泥量平均值　　　　　　　　　　　表11.6-5

污泥来源	总固体 (g/(人·d))	含水率 (%)	污泥体积	
			(L/(人·d))	(L/(人·年))
初沉池	54	92~95	0.68~1.08	249~395
二沉池	31	97~98.5	1.04~2.07	380~755
混凝沉淀	66~75	93~97	1.07~2.20	390~840

注：摘自《医院污水处理技术指南》。

（3）化粪池污泥来自医院医务人员及患者的粪便，污泥量取决于化粪池的清掏周期和每人每日的粪便量。每人每日的粪便量约为150g。

（4）处理放射性污水的化粪池或处理池每半年清掏一次，清掏前应监测其放射性达标方可处置。

2. 医院污泥处理工艺流程

污泥处理工艺以污泥消毒和污泥脱水为主。水处理工艺产生的剩余污泥在污泥消毒池内，投加石灰或漂白粉作为消毒剂进行消毒。若污泥量很小，则消毒污泥可排入化粪池进行贮存；污泥量大，则消毒污泥需经脱水后封装外运，作为危险废物进行焚烧处理。

3. 污泥消毒

（1）污泥首先在消毒池或储泥池中进行消毒，消毒池或储泥池池容不小于处理系统24h产泥量，但不宜小于 $1m^3$。储泥池内需采取搅拌措施，以利于污泥加药消毒。

（2）每天湿污泥产量小于 $2m^3$ 的医院污水处理系统，污泥可在消毒后排入化粪池，此时化粪池的容积应考虑到此部分的污泥量。每天湿污泥产量大于 $2m^3$ 的医院污水处理系统，污泥可在消毒后进行脱水。

（3）污泥消毒的最主要目的是杀灭致病菌，避免二次污染，可以通过化学消毒的方式实现。化学消毒法常使用石灰和漂白粉。

1）石灰投量每升污泥约为15g，使污泥 pH 达 11~12，充分搅拌均匀后保持接触30~60min，并存放 7d 以上。

2）漂白粉投加量约为泥量的 10%~15%。

3）有条件的地区可采用紫外线辐照消毒。

（4）当污泥采用氯化法消毒时，加氯量应通过试验确定。当无资料时，可按单位体积污泥中有效氯投加量为 2.5g/L 设计。消毒时应充分搅拌混合均匀。并保证有不小于 2h 的接触时间。

（5）在有废热可以利用的场合可采用加热法消毒，但应采取防止臭气扩散污染环境的措施。

4. 污泥脱水

（1）污泥脱水的目的是降低污泥含水率，脱水过程必须考虑密封和气体处理。

（2）污泥脱水宜采用离心脱水机。离心分离前的污泥调质一般采用有机或无机药剂进行化学调质。

（3）脱水后的污泥应密闭封装、运输。

5. 污泥的最终处置

污泥根据国家环境保护总局危险废物分类，属于危险废物的范畴，必须按医疗废物处理要求进行集中（焚烧）处置。

11.6.8　放射性污水处理

医院中产生的低放射性污水，如排入医院内的排水管道，其放射性浓度不应超过露天水源中限制浓度的 100 倍；医院总排出水中的放射性物质含量高于露天水源中的限制浓度时，必须进行处理。

1. 放射性废水来源

放射性废水主要来自诊断、治疗过程中患者服用或注射放射性同位素后所产生的排泄物，分装同位素的容器、杯皿和实验室的清洗水，标记化合物等排放的放射性废水。

2. 放射性废水的水质水量和排放标准

（1）放射性废水浓度范围为 $3.7 \times 10^2 \sim 3.7 \times 10^5 \, Bq/L$。

（2）废水量为 $100 \sim 200 L/$（床・d）。

（3）医院放射性废水排放执行新制定的《医疗机构水污染物排放标准》GB 18466 规定：在放射性污水处理设施排放口监测其总 $\alpha < 1 Bq/L$，总 $\beta < 10 Bq/L$。

3. 放射性废水系统及衰变池设计

（1）放射性废水应设置单独的收集系统，含放射性的生活污水和试验冲洗废水应分开收集，收集放射性废水的管道应采用耐腐蚀的特种管道，一般为不锈钢管道或塑料管。

（2）放射性试验冲洗废水可直接排入衰变池，粪便生活污水应经过化粪池或污水处理池净化后再排入衰变池。

（3）衰变池根据床位和水量设计或选用。

（4）衰变池按使用的同位素种类和强度设计，衰变池可采用间歇式或连续式。

（5）间歇式衰变池采用多格式间歇排放；连续式衰变池，池内设导流墙，推流式排放。衰变池的容积按最长半衰期同位素的 10 个半衰期计算，或按同位素的衰变公式计算。

（6）衰变池应防渗防腐。

（7）当污水中含有几种不同的放射性物质时，污水在衰变池中的停留时间应根据各种物质分别计算确定，取其中最大值，并考虑一定的安全系数。

11.6.9　主要工艺设备和材料

1. 医院污水处理工程应采用成熟可靠的技术、工艺和设备。

2. 医院污水处理工程采用低噪声设备和采取隔音为主的控制措施，辅以消声、隔振、吸音等综合噪声治理措施。医院污水处理工程场界噪声应符合《声环境质量标准》GB 3096 和《工业企业厂界环境噪声排放标准》GB 12348 的规定，建筑物内部设施噪声源控制应符合《工业企业噪声控制设计规范》GB/T 50087 中的有关规定。

3. 医院污水处理工程的关键设备和材料主要包括：格栅除污机、污水泵、污泥泵、鼓风机、曝气机械、自动加药装置、污泥浓缩脱水机械、消毒装置等。

4. 传染病医院污水处理工程应选用自动机械格栅除污机。非传染病医院污水处理系统宜选用自动机械格栅，小规模污水处理可根据实际情况采用手动格栅。

5. 污水泵、污泥泵应选用节能型产品，泵效率应大于80％。污水泵应根据工艺要求选用潜水泵或干式泵。

6. 鼓风机应选用低噪声、高效低耗产品，出口风压应稳定，宜选用罗茨鼓风机。

7. 表面曝气机的理论动力效率应大于 $3.5kgO_2/kWh$，鼓风曝气器的理论动力效率应大于 $4.5kgO_2/kWh$。在满足工艺要求的前提下应优先选用竖轴式表面曝气机和鼓风式射流曝气器。

8. 加药装置应实现自动化运行控制。自动加药装置的计量精度应不小于1‰。

9. 消毒装置应选用高效低耗、操作简单、安全性和运行稳定性良好的产品。

10. 曝气设备应符合《环境保护产品技术要求 中、微孔曝气器》HJT 252、《环境保护产品技术要求 射流曝气器》HJ/T 263、《环境保护产品技术要求 散流式曝气器》HJ/T 281 等的规定；鼓风机应选用符合国家或行业标准规定的产品，并应符合《环境保护产品技术要求 罗茨鼓风机》HJ/T 251 的规定；格栅除污机应符合《环境保护产品技术要求 格栅除污机》HJ/T 262 的规定；加药设备应符合《环境保护产品技术要求 水处理用加药装置》HJ/T 369 的规定；潜水泵应符合《环境保护产品技术要求 潜水排污泵》HJ/T 336 的规定、填料应符合《环境保护产品技术要求 悬挂式填料》HJ/T 245、《环境保护产品技术要求 悬浮填料》HJ/T 246 等的规定，其他机械、设备、材料应符合国家或行业标准的规定。

11. 污水泵、污泥泵、鼓风机、表面曝气机等首次无故障时间应不小于 10000h，使用寿命应不小于 10 年；格栅除污机、污泥脱水机等首次无故障时间应不小于 4000h，使用寿命应不小于 15 年；曝气装置、生物膜填料、自动加药装置、水质在线监测仪的首次无故障时间应不小于 6000h，使用寿命应不小于 5 年。

11.6.10 自动监控

鉴于医院污水的传染性，为减少运行人员对现场的接触，降低传染机会，在传染病医院污水处理工程中应采用较高水平的自动化设备控制。

1. 在线测量仪表的配置原则

在线仪表的配置应根据资金限制及工艺需要综合考虑。

（1）医院污水处理站应在出口处配置在线余氯测定仪和流量计。

（2）采用液氯消毒，应设置液位控制仪对消毒污水液位和氯溶液液位指示、报警和控制；同时应设置氯气泄漏报警装置。

（3）流量计宜选用超声波流量计或电磁流量计。

（4）根据医院规模，400 床以下的医院污水处理工程可只设置液位控制仪表，液位控制仪表可采用浮球式、超声波式或电容式液位信号开关；400 床以上的医院污水处理工程除液位控制仪表外，宜加设液位测量仪，液位测量仪可选用超声波式或电容式液位测量仪。

（5）有条件的采用二级处理工艺的医院亦可设置溶解氧测定仪、pH 测定仪等仪表。

2. 自动控制内容及方式

应根据工艺流程、工程规模及管理水平确定自动控制水平，主要自动控制内容如下：

（1）水位自动控制和消毒剂投加自动控制是自动控制的重要内容。消毒剂的投加量应根据在线余氯测定仪的测定结果自动控制调整。

（2）电动格栅除污机和好氧曝气自动控制；可根据工艺运行要求，采用定时方式自动启/停。

应当根据工程规模大小、资金额度及传染性差异来确定不同的监控方式。以下几种不同监控方式，供工程设计时参考选用。

1）就地控制方式（A）：在电控箱及现场按钮箱上控制，不设在线测量仪表，只设水位信号开关，利用水位信号开关自动开/停水泵。

2）常规集中监控方式（B）：分为两种方式。

① 在总电控柜上集中监控，不另设独立的集中监控柜（B-1）。

② 设独立的集中监控柜（台）（B-2）。

3. PLC 监控方式（C），分为两种方式。

（1）在总电控柜内设 PLC 控制器（C-1），PLC 控制器用于工艺设备的自动控制，各种设置在总电控柜上集中控制。

（2）设独立的集中监控柜（C-2）。

4. 计算机监控方式（D）。采用小型 PLC 控制器及微型计算机集中监控。该种方式只适用于个别较大型、工艺较复杂、有维护管理条件的工程采用（表 11.6-6）。

监控方式的选择　　　　　　　　表 11.6-6

工程规模	工艺流程	监控方式	备 注
200 床位及以下	物化处理工艺	监控方式 A	
	生化处理工艺	监控方式 A 或 B-1	
	有传染病污水	监控方式 B-1	
250～400 床位	物化处理工艺	监控方式 B-2 或 C-1	
	生化处理工艺	监控方式 C-1 或 C-2	
500～800 床位	物化处理工艺	监控方式 C-2	
	生化处理工艺	监控方式 C-2	
	有生化处理工艺的传染病医院	监控方式 C-2 或 D	

5. 控制室设计要求

（1）较大规模工艺较复杂的医院污水处理工程宜设独立的集中控制室，或采用与总电控柜房间（配电室）共用。

（2）独立的控制室面积一般控制在 12～20m²。若为计算机监控的控制室，面积应在 15～20m²，设防静电地板，室内做适当装修。

（3）传染病医院的控制室应与处理装置现场分离，减少操作人员与现场的接触。

11.6.11 建筑设计

1. 工程构成

医院污水处理工程一般由主体工程、配套及辅助工程组成。

主体工程主要包括医院污水处理系统、污泥处理系统、废气处理系统等。医院污水处理系统主要包括预处理、一级处理、二级处理、深度处理和消毒处理等单元。

配套及辅助工程主要包括电气与自控、给水排水、消防、供暖通风、道路与绿化等。

2. 选址及总平面布置

（1）医院污水处理工程的选址及总平面布置应根据医院总体规划、污水排放口位置、环境卫生要求、风向、工程地质及维护管理和运输等因素来确定。

（2）医院污水处理构筑物的位置宜设在医院主体建筑物当地夏季主导风向的下风向。

（3）在医院污水处理工程的设计中，应根据总体规划适当预留余地，以利扩建、施工、运行和维护。

（4）医院污水处理工程应有便利的交通、运输和水电条件，便于污水排放和污泥贮运。

（5）传染病医院污水处理工程，其生产管理建筑物和生活设施宜集中布置，位置和朝向应力求合理，且应与污水处理构、建筑物严格隔离。

（6）医院污水处理站应独立设置，与病房、居民区建筑物的距离不宜小于 10m ，并设置隔离带；当无法满足上述条件时，应采取有效安全隔离措施；不得将污水处理站设于门诊或病房等建筑物的地下室 。

3. 站房设计

根据医院的规模和具体条件，处理站宜设加氯、化验、值班、修理、储藏、厕所及淋浴等房间。

（1）加氯间和液氯贮藏室不得设于地下室及电梯间，并应按《室外排水设计规范》GB 50014 中有关章节设计。加氯间和液氯贮藏室应设机械排风系统，换气次数宜为 8～12 次/h 。加氯间和液氯贮藏室应与其他工作间隔开，并应有直接通向室外和向外开的门。

（2）采用发生器制备的次氯酸钠作为消毒剂时，发生器必须设置排氯管。为了保证安全，还必须在发生器间屋顶设置排气管。排气管底与顶棚相平，其直径根据发生器的规格确定。一般为 $\phi 300 \sim 500mm$ 。

（3）当采用化学法制备的二氧化氯作为消毒剂时，各种原料应分开贮备并有保证不与易燃、易爆物接触的措施，严防原料丢失。二氧化氯发生器应具有一定的安全、计量、投配、监测和自动控制等设施 。机房内应有机械排风装置，室内二氧化氯的容积含量不得大于 7% 。

（4）医院污水处理管理人员必须接受培训，执证上岗。污水处理站内不准工作人员以外闲杂人员进入和停留。更不准外人借用处理站的工具和原材料，更不准外人在处理站内留宿。

（5）污水处理站的电气开关均应设置在室外，并应有防爆措施。

（6）在寒冷地区，处理构筑物应有防冻措施。当供暖时，处理构筑物室内温度可按

5℃设计；加药间、检验室和值班室等的室内温度可按 15℃设计。

（7）高架处理构筑物应设置适用的栏杆、防滑梯和避雷针等安全措施。

11.6.12 医院污水处理站费用分析

按医院污水处理站采用的处理工艺计算基建费用，依据处理站的能源消耗、药剂消耗、操作工人工资福利费、修理维护费及其他费用计算运行费用。

1. 基建费用

根据医院所在地区、建筑形式、排放去向、规模、工艺流程的不同，参考控制指标，计算医院污水处理各工艺的基建费用。

各种工艺基建费用见表 11.6-7。

各种工艺基建费用   表 11.6-7

	基建费用（元/m³）
加强处理效果的一级处理：	900～1500
二级生化处理：活性污泥法	1200～2000
接触氧化法	1200～2000
曝气生物滤池	2000～2500
小型沼气净化池	1000～1500

注：摘自《医院污水处理技术指南》。

说明：基建费用计算中主要工艺：加强处理效果的一级处理包括调节、混凝沉淀、消毒。二级生化处理包括调节、生化处理、消毒。小型沼气净化池包括沼气净化池和消毒。

2. 运行费用

按新建医院计算其成本，依据处理厂的投资、能源消耗、药剂消耗、操作工人工资福利费、修理维护费及其他费用，并参照已有处理厂的数据计算。

各种工艺运行费用见表 11.6-8。

各种工艺运行费用   表 11.6-8

	运行费用（元/m³）
加强处理效果的一级处理	0.5～1.0
二级生化处理	
活性污泥法（SBR）	1.0～1.5
接触氧化法	1.0～1.5
曝气生物滤池	1.2～1.8
生物膜法	1.5～2.0
沼气净化池	0.2～0.5

注：摘自《医院污水处理技术指南》。

第 12 章 循环冷却水与冷却塔

12.1 循环冷却水系统的分类和形式

12.1.1 系统分类

循环冷却水通常分为密闭式（干式）循环冷却水系统和敞开式（湿式）循环冷却水系统。密闭式循环冷却水系统中，水是密闭循环的，水的冷却不与空气接触（闭式冷却塔），其冷却极限为空气的干球温度。敞开式循环冷却水系统，水的冷却需要与空气直接接触，其冷却极限为空气的湿球温度；根据水与空气接触方式的不同，可分为水面冷却（水库、湖泊、河道）、喷水冷却池冷却和冷却塔（自然通风冷却塔与机械通风冷却塔）冷却等。建筑给水排水所用的冷却构筑物绝大多数为中小型机械通风湿式冷却塔。

12.1.2 系统组成

1. 循环冷却水系统一般由制冷机、冷却塔、集水设施（冷却塔集水盘或集水池）、循环水泵、循环水处理装置（加药装置、旁滤等）、循环管道、放空装置、补水装置、控制阀门和温度计等组成。

2. 对于水温、水质、运行等要求差别较大的设备，循环冷却水系统宜分开设置。

3. 设备和管道设计时应能使循环水系统余压充分利用。

4. 冷却水的热量宜回收利用。

5. 当建筑物内有需要全年供冷的区域时，在冬季气候条件适宜时宜利用冷却塔作为冷源提供空调用冷水。

6. 间歇运行的循环冷却水系统应考虑冷却塔、集水设施和循环管道的冲洗条件。

12.1.3 系统形式

1. 按循环水泵在系统中相对制冷机的位置可分为：前置水泵式（见图 12.1-1）和后置水泵式（见图 12.1-2），两种形式的比较见表 12.1-1。

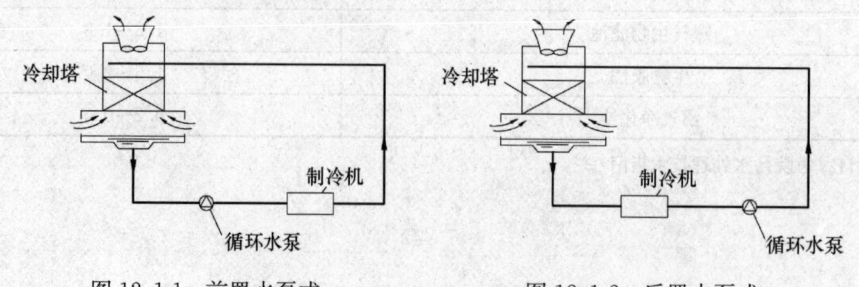

图 12.1-1 前置水泵式　　　　　　　图 12.1-2 后置水泵式

系统形式比较　　　　　　　　　　表 12.1-1

系统形式	优　点	缺　点
前置水泵式	使用较普遍，冷却塔位置不受限制，可设在屋面或地面上	系统运行压力大，且不稳定
后置水泵式	制冷机进水压力比较稳定	冷却塔只能设在高处，且位差能满足制冷机及其连接管的水头损失要求的建筑

2. 按冷却塔和制冷机的对应关系可分为：单元制（见图 12.1-3）和干管制（见图 12.1-4）。

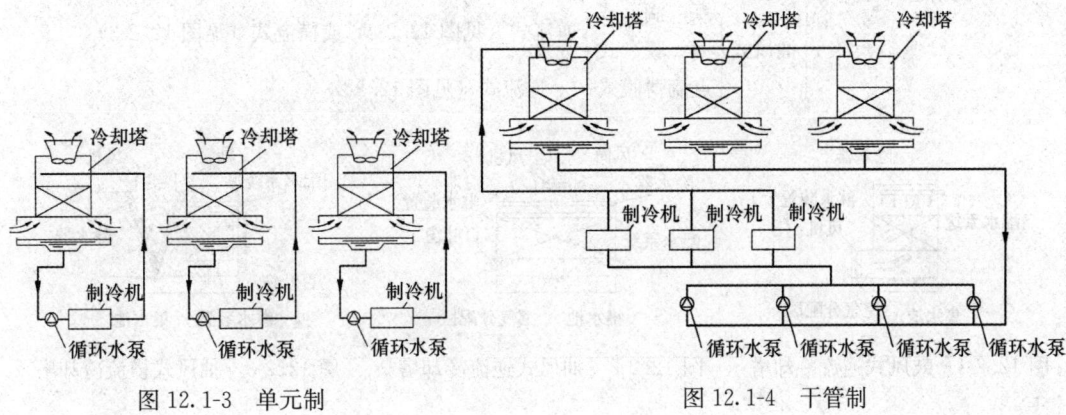

图 12.1-3　单元制　　　　　　　　　　图 12.1-4　干管制

单元制和干管制各有优缺点，单元制制冷机与所配套的循环水泵、冷却塔及附件自成系统，各系统独立运行，互不干扰。此形式具有管道简洁、操作方便等优点，缺点主要是管路较多、占用空间较大、不能互为备用。干管制 2 台或 2 台以上制冷机的循环水泵、冷却塔并联在一起，冷却水进出管合并。此形式的主要优点是循环水泵、冷却塔及管路互为备用，提高了系统运行的可靠性，管路占用空间较小；缺点是运行操作较复杂。

选用何种形式，应与空调专业协调一致。

由于空调一般为集中冷源，循环冷却水系统常用多台并联，运行时负荷是可调的；民用建筑设备用房、管井及空间都较紧张，多台并联形式占用空间相对较小；空调使用时间较短（一般 3~4 个月），对系统有较高的可靠性要求，因此，民用建筑空调循环冷却水系统宜选用干管制，但并联机组不宜超过 3 台。当需要多台机组并联时，应考虑一台循环水泵工作时，电动机过载的可能。

12.1.4　系统特点

1. 循环冷却水系统宜采用敞开式，冷却设备通常采用机械通风冷却塔。经论证及技术经济比较，也可采用喷射式等新型冷却塔。

2. 设备选型均采用配套的系列定型产品，冷却塔一般可不作热力、风阻和填料选型等计算。

3. 维护管理方便。

4. 当建筑物设置建筑设备自动化系统（BA）时，循环冷却水系统应纳入自动控制范围。

12.2 冷却塔的分类和组成

12.2.1 冷却塔的分类

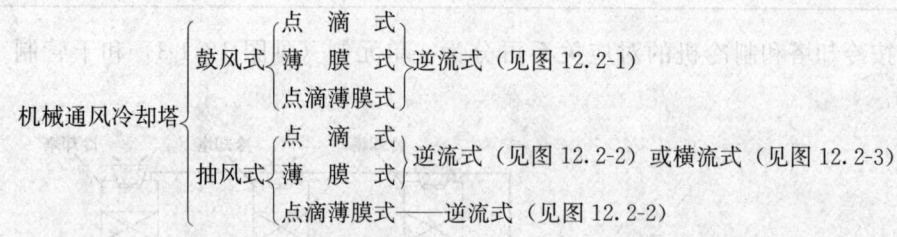

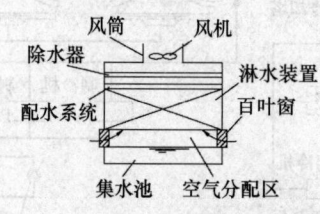
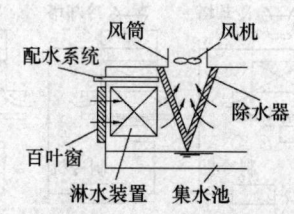

图 12.2-1 鼓风式逆流冷却塔　　图 12.2-2 抽风式逆流冷却塔　　图 12.2-3 抽风式横流冷却塔

12.2.2 冷却塔的组成

冷却塔的组成及各部分的作用见表 12.2-1。

冷却塔组成部分及其作用　　　　　　　　　表 12.2-1

编号	名称	作　用	备　注
1	淋水装置	将热水溅散成水滴或形成水膜，增加水与空气接触的面积和时间，促进水与空气的热交换，使水冷却	分为点滴式和薄膜式两种，或称填料
2	配水系统	由管路和喷头组成，将热水均匀地分配到整个淋水装置上，分布是否均匀，直接影响冷却效果与飘水	分为固定式、池式、旋转布水系统等
3	通风设备	机械通风冷却塔由电机、传动轴、风机组成，产生设计要求的空气流量，保证要求的冷却效果	
4	空气分配装置	由进风口、百叶窗、导风板等组成，引导空气均匀分布在冷却塔整个截面上	
5	通风筒	创造良好的空气动力条件，减少通风阻力，并把塔内的湿热空气送往高空，减少湿热空气回流	机械通风冷却塔又称出风筒
6	除水器	把要排出去的湿热空气中的水滴与空气分离，减少逸出水量损失和对周围环境的影响	又称收水器
7	塔体	外部围护结构。机械通风与风筒式的塔体是封闭的。起支撑、围护和组合气流的功能	开放式的塔体沿塔高做成敞开式，以便自然风进入塔内

续表

编号	名称	作 用	备 注
8	集水池	位于塔下部或另设汇集经淋水装置冷却的水，如集水池还起调节流量的作用，则应有一定的储备容积	
9	输水系统	进水管把热水送往配水系统，进水管上设阀门，调节进塔水量，出水管把冷水送往用水设备或循环水泵，必要时多台塔之间可设连通管	集水池设补充水管、排污管、放空管等
10	其他设施	检修门、检修梯、走道、照明灯、电气控制、避雷装置及测试需要的测试部件等	

12.3 循环冷却水系统设计的基础资料

12.3.1 气象参数

民用建筑循环冷却水系统所选用的冷却塔 90％以上为机械通风冷却塔，其散热过程以蒸发、传导散热为主。在夏季南方地区，蒸发散热占总散热量的95％。从蒸发散热的原理可知，空气干球温度、湿球温度及相对湿度是影响冷却塔热工性能的关键数据，也是设计中正确选择冷却塔的主要依据。

1. 基本气象参数应包括空气干球温度 θ（℃）、空气湿球温度 τ（℃）、大气压力 P（10^4Pa）、夏季主导风向、风速或风压、冬季最低气温等。

2. 冷却塔计算所选用的空气干球温度和湿球温度应采用历年平均不保证50h 的干球温度和湿球温度，并应与所服务的空调系统的设计空气干球温度和湿球温度相一致。

3. 在选用气象参数时，应考虑因冷却塔排出的湿热空气回流和干扰对冷却效果的影响，必要时应对设计干球温度、湿球温度进行修正。

4. 冷却塔所在位置风压是很关键的一个气象参数，设计时应对冷却塔制造厂样本中给出的风压值与工程所在地设计风压值进行比较，必要时要对冷却塔的结构进行校核。

5. 一般民用建筑工程设计中，很难提供完整的气象资料，多数参照国家有关部门已统计的全国大中城市温度统计表选用，或采用就近城市的气象资料。全国主要城市的气象统计资料见表 12.3-1。

主要城市气象统计资料　　　　　　　　　　　　表 12.3-1

城市	海拔 (m)	大气压力（kPa）		干球温度 (℃)	湿球温度 (℃)	冬季最低气温 (℃)	风速 (m/s)	夏季主导风向
		冬季	夏季					
北京	31.2	102.04	99.86	33.2	26.4	−12	1.9	N
天津	3.3	102.66	100.48	33.4	26.9	−9	2.6	SE
石家庄	80.5	101.69	99.56	35.1	26.6	−11	1.5	SE
太原	777.9	93.29	91.92	31.2	23.4	−15	2.1	NNW
呼和浩特	1063.0	90.09	88.94	29.9	20.8	−22	1.5	SSW
沈阳	41.6	102.08	100.07	31.4	25.4	−22	2.9	S

续表

城市	海拔 (m)	大气压力 (kPa)		干球温度 (℃)	湿球温度 (℃)	冬季最低气温 (℃)	风速 (m/s)	夏季主导风向
		冬季	夏季					
大连	92.8	101.38	99.47	28.4	25.0	−14	4.3	SE
长春	236.8	99.40	97.79	30.5	24.2	−26	3.5	SW
哈尔滨	171.7	100.15	98.51	30.3	23.4	−29	3.5	S
上海	4.5	102.51	100.53	34.0	28.2	−4	3.2	ESE
南京	8.9	102.52	100.40	35.0	28.3	−6	2.6	SE
杭州	41.7	102.09	100.05	35.7	28.5	−4	2.2	SSW
合肥	29.8	102.23	100.09	35.0	28.2	−7	2.6	S
福州	84.0	101.26	99.64	35.2	28.0	4	2.9	SE
南昌	46.7	101.88	99.91	35.6	27.9	−3	2.7	SW
济南	51.5	102.02	99.85	34.8	26.7	−10	2.8	SSW
郑州	110.4	101.28	99.17	35.6	27.4	−7	2.6	S
武汉	23.3	102.33	100.17	35.2	28.2	−5	2.6	NNE
长沙	44.9	101.99	99.94	35.8	27.7	−3	2.6	S
广州	6.6	101.95	100.45	33.5	27.7	5	1.8	SE
海口	14.1	101.60	100.24	34.5	27.9	10	2.8	SSE
南宁	72.2	101.14	99.60	34.2	27.5	5	1.6	E
成都	505.9	96.32	94.77	31.6	26.7	1	1.1	NNE
重庆	259.1	99.12	97.32	36.5	27.3	2	1.4	N
贵阳	1071.2	89.75	88.75	30.0	23.0	−3	2.0	S
昆明	1891.4	81.15	80.80	25.8	19.9	1	1.8	SW
拉萨	3658.0	65.00	65.23	22.8	13.5	−8	1.8	ESE
西安	396.9	97.87	95.92	35.2	26.0	−8	2.2	NE
兰州	1517.2	85.14	84.31	30.5	20.2	−13	1.3	E
西宁	2261.2	77.51	77.35	25.9	16.4	−15	1.9	SE
银川	1111.5	89.57	88.35	30.6	22.0	−18	1.7	S
乌鲁木齐	917.9	91.99	90.67	34.1	18.5	−27	3.1	NW

注：1. 表中气象资料的统计年份为 1951—1980 年。

　　2. 冬季最低气温采用历年不保证 1d 的日平均温度。

12.3.2　冷却用水资料

1. 基本参数应包括循环冷却水量 Q（m³/h）、冷却塔进水温度 t_1（℃）、冷却塔出水温度 t_2（℃）、制冷机组冷凝器阻力（MPa）、循环冷却水水质要求等。

2. 循环冷却水量

(1) 循环冷却水量应按照空调专业所选制冷机组的要求确定。

(2) 在设计方案阶段，可按下列方法估算，如能初估出制冷量（美 RT，$1RT=$

3.516kW)，则可初步确定循环冷却水量 Q（m^3/h）。

1）机械式制冷：对于离心式、螺杆式、往复式制冷机而言，$Q=0.8RT$；

2）热力式制冷：对于单、双效溴化锂吸收式制冷机而言，$Q=（1\sim1.1）RT$；

3）按耗热量计算循环冷却水量，见表12.3-2。

按耗热量计算循环冷却水量   表12.3-2

制冷机类型	冷凝热量 Q_c	冷却水温升 Δt	循环冷却水量 Q
离心式、螺杆式、往复式	$1.3Q_e$	5	$Q=\dfrac{Q_c}{1.163\Delta t}$ Q_c——制冷机冷凝热量（kW）;
单效溴化锂吸收式	$2.5Q_e$	$6.5\sim8$	Q_e——制冷机设计参数下的制冷量（kW）; Q——制冷机循环冷却水量（m^3/h）;
双效溴化锂吸收式	$2.0Q_e$	$5.5\sim6$	Δt——冷却水温升（℃）

3. 冷却塔进、出水温度

（1）冷却塔进、出水温度应按照空调专业所选制冷机组的要求确定。

（2）在设计方案阶段，冷却塔进、出水温差 Δt 值见表12.3-2。冷却塔进水温度最高允许值见表12.3-3。

制冷机冷却水进水温度最高允许值   表12.3-3

设备名称	进水温度（℃）	设备名称	进水温度（℃）
R22、R717 压缩机气缸	32	溴化锂吸收式制冷机的冷凝器	37
卧式、套管式、组合式冷凝器	32	溴化锂吸收式制冷机的吸收器	32
立式、淋激式冷凝器	33	蒸汽喷射式制冷机组混合冷凝器	33

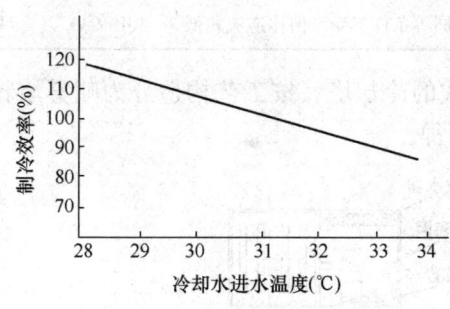

图 12.3-1 冷却水进水温度与制冷效率的关系

（3）制冷机冷却水进水温度一般都要求不大于 32℃，设计时应尽量满足。但冷却水水温亦不可太低，否则影响效率。图 12.3-1 为制冷机冷却水在额定流量时进水温度与制冷效率的关系。

对于溴化锂吸收式制冷机，冷凝温度过低就会造成"冷剂水的污染"，另外还可能造成溶液浓度较高，从而引起"溶液结晶"现象发生。对于离心式冷水机组，冷凝温度过低就有可能造成压缩机"液击"现象。而对于螺杆式冷水机组，冷凝温度过低就会引起压缩机"失油"和蒸发器"蒸发温度过低"而停机。

4. 冷凝器阻力值，可按样本中要求确定，一般夹套式为 0.05MPa，套管式为 0.15MPa。

5. 循环冷却水水质应按所选制冷机组的要求确定。

12.3.3 水源条件

1. 系统补充水水质资料的收集要求和所需的水质分析项目应符合所选制冷机组的

要求。

2. 系统补水水质宜符合《生活饮用水卫生标准》GB 5749 的要求。

3. 当采用非生活饮用水时，其水质应符合《采暖空调系统水质》GB/T 29044 的要求。

12.4 冷却塔的选型和布置

12.4.1 冷却塔的选型

1. 机械通风冷却塔：分为逆流式和横流式，逆流式又有圆形和方形，见图 12.2-1～图 12.2-3。逆流式和横流式的性能比较见表 12.4-1。设计时应根据外形、环境条件、占地面积、管线布置、造价和噪声要求等因素，因地制宜，合理选用。

逆流式和横流式性能比较　　　　　　　　　　　　　　表 12.4-1

塔型	性　能　比　较
逆流式	1. 冷却水与空气逆流接触，热交换效率高，当循环水量和容积散质系数 β_{xv} 相同时，填料容积比横流式要少约 15%～20%； 2. 当循环水量和热工性能相同时，造价比横流式低约 20%～30%； 3. 成组布置时，湿热空气回流影响比横流式小； 4. 因淋水填料面积基本同塔体面积，故占地面积要比横流式小约 20%～30%
横流式	1. 塔内有进入空间，采用池式布水，维修比逆流式方便； 2. 高度比逆流式低，结构稳定性好，并有利于建筑物立面布置和外观要求； 3. 风阻比逆流式小，风机节电约 20%～30%； 4. 配水系统需要水压比逆流式低，循环水泵节电约 15%～20%； 5. 风机功率低，填料底部为塔底，滴水声小，同等条件下噪声值比逆流式低 3～4dB（A）

2. 喷射式冷却塔：是湿式冷却塔中另一种形式的冷却塔。按工艺构造分为喷雾填料型（见图 12.4-1）和喷雾通风型（见图 12.4-2）两种。

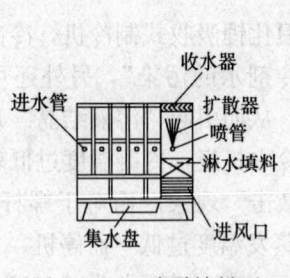

图 12.4-1 喷雾填料型

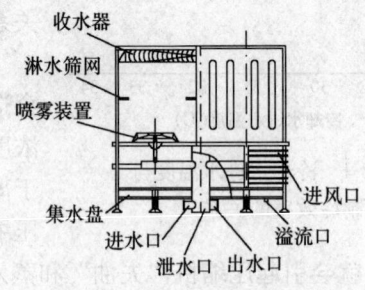

图 12.4-2 喷雾通风型

喷射式冷却塔具有无电力风机、无振动、噪声相对较低、结构简单等特点，但供水压力和水质要求较高，与机械通风冷却塔相比，在节能、售价和运行管理方面无明显的综合优势，且喷雾通风型冷却塔还存在占地面积大、塔体偏高、喷雾通风装置上旋转部件有出现生锈卡死不转现象。因此，该塔可作为工程设计选用的一种塔型。

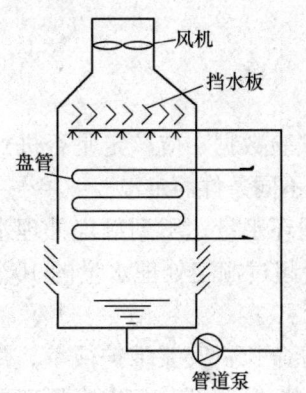

图 12.4-3　封闭式冷却塔

3. 封闭式冷却塔是一种新型的冷却设备，冷却水始终在冷却盘管内流动放热，与空气不接触，与冷却水的污染源隔离，能保持冷却水水质；此外，还具有节能、节水、适应性强、可用于冷却高温水、噪声低等优势，其工作原理见图12.4-3。与敞开式水冷系统相比较，该系统具有以下主要优点：热交换盘管置于冷却塔之中，省掉了热交换器的"外壳"；原配管系统被简化为一个由冷却塔集水槽至盘管之间的喷水循环回路。封闭式冷却塔最常见的民用空调应用是水源式热泵系统。

4. 根据进、出水温的不同，冷却塔又分为普通型、中温型、高温型，可根据冷冻机对进、出水温的要求选用。根据冷却塔运转过程中所产生的噪声大小，塔型又有普通型、低噪声型、超低噪声型，近年来又开发出了静音型、无飘水型。冷却塔底部收水装置构造上的区别，使塔型又分为集水型、非集水型，应根据循环冷却水系统中是否单独设循环水池的条件来选型。

12.4.2　冷却塔的位置选择

1. 气流应通畅，湿热空气回流影响小，且应布置在建筑物的最小频率风向的上风侧。

2. 冷却塔不应布置在热源、废气和烟气排放口附近，不宜布置在高大建筑物中间的狭长地带上。

3. 冷却塔与相邻建筑物之间的距离，除满足建筑物的通风要求外，还应考虑噪声、飘水等对建筑物的影响。

4. 有裙房的高层建筑，当机房在裙房地下室时，宜将冷却塔设在靠近机房的裙房屋面上。

5. 冷却塔如布置在主体建筑屋面上时，应避开建筑物主立面和主要出入口处，以减少其外观和水雾对周围的影响。

12.4.3　冷却塔的布置

1. 冷却塔宜单排布置。当需要多排布置时，长轴位于同一直线上的相邻塔排净距不小于4.0m，长轴相互平行布置的塔排净距不小于冷却塔进风口高度的4倍。每排的长度与宽度之比不宜大于5∶1。

2. 单侧进风塔的进风面宜面向夏季主导风向，双侧进风塔的进风面宜平行夏季主导风向。

3. 根据冷却塔的通风要求，塔的进风口侧与障碍物的净距不宜小于冷却塔进风口高度的2倍。

4. 周围进风的塔间净距不宜小于冷却塔进风口高度的4倍。

5. 冷却塔周边与塔顶应留有检修通道和管道安装位置，通道净宽不宜小于1.0m。

6. 冷却塔应设置在专用基础上，不得直接设置在屋面上。当一个系统内有不同规格的冷却塔组合布置时，各塔基础高度应保证集水盘内水位在同一水平面上。

7. 相连的成组冷却塔布置，塔与塔之间的分隔板的位置应保证相互之间不会产生气流短路，以防止降低冷却效果。

12.4.4　冷却塔选用要求

1. 生产厂家所提供的热力特性曲线，如采用模拟塔上的试验数据，应核定是否进行过修正，一般修正系数可取 0.8～1.0，视模拟塔和设计塔具体不同条件而定。

2. 设计循环水量不宜超过成品塔的额定处理水量，设计循环水量达不到额定处理水量的 80% 时，应对冷却塔的配水系统进行校核；设计循环水量超过额定处理水量的 10% 时，应对冷却塔的热力、风阻等性能进行校核。

3. 冷却塔应冷效高、节能、噪声低、质量轻、体积小、寿命长、安装维护简单、飘水少。选用的冷却塔应符合国家标准《玻璃纤维增强塑料冷却塔 第 1 部分：中小型玻璃纤维增强塑料冷却塔》GB/T 7190.1 的规定。

4. 材料应为阻燃型，并符合防火要求，应在订货合同中明确。

5. 如设计工况与成品低温塔的标准工况（$t_1 = 37℃$，$t_2 = 32℃$，$\tau = 28℃$，$\theta = 31.5℃$，$P = 9.94 \times 10^4 Pa$）差距较大时，应根据产品样本中提供的热力特性曲线选定，或由设备厂家的选型软件计算确定，设计人员复核。

6. 冷却塔的数量宜与冷冻机组的数量、控制运行相匹配。当单台水量超过 500m³/h 时，因电机质量、噪声较大，安装、维修都不方便，宜采用多台并联或组合式冷却塔。

7. 冷却塔布置在高层建筑屋面上时，高处往往风荷载较大，应验证冷却塔的结构强度，如固定风筒的螺栓、规格、数量等。

12.4.5　冷却塔的噪声

1.《声环境质量标准》GB 3096 中对民用建筑噪声控制有严格规定，见表 12.4-2。

民用建筑噪声控制标准　　　　　　　　　　　　表 12.4-2

类　别	噪声标准 dB（A）		类　别	噪声标准 dB（A）	
	白天	夜晚		白天	夜晚
疗养院、高级别墅、高级宾馆	50	40	工业区	65	55
居住区、文教区	55	45	城市交通干道两侧、内河航道两侧、铁路两侧	70	55
居住、商业、工业混杂区	60	50			

2.《玻璃纤维增强塑料冷却塔 第 1 部分：中小型玻璃纤维增强塑料冷却塔》GB/T 7190.1 中对不同循环水量与型号的产品规定了噪声最高限值，见表 12.4-3。

冷却塔的噪声指标 dB（A）　　　　　　　　　　表 12.4-3

名义冷却水量（m³/h）	普通型	低噪声型	超低噪声型	工业型
100	69.0	63.0	58.0	75.0
150	70.0	63.0	58.0	75.0
200	71.0	65.0	60.0	75.0
300	72.0	66.0	61.0	75.0

名义冷却水量 （m³/h）	普通型	低噪声型	超低噪声型	工业型
400	72.0	66.0	62.0	75.0
500	73.0	68.0	62.0	78.0
700	73.0	69.0	64.0	78.0
800	74.0	70.0	67.0	78.0
900	75.0	71.0	68.0	78.0
1000	75.0	71.0	68.0	78.0

3. 噪声的空间衰减，可按距离每增加1倍，噪声衰减6dB（A）计算。圆形冷却塔提供的噪声级为进风口方向离塔壁水平距离1倍塔体直径，高度为1.5m处的噪声值；矩形冷却塔提供的噪声级为进风口方向离塔壁水平距离$1.13\sqrt{LB}$（L为冷却塔的长度，B为冷却塔的宽度），高度为1.5m处的噪声值。

4. 多台型号相同的冷却塔声源的合成声压级应按公式（12.4-1）计算：

$$L_n = L + \log n \qquad (12.4\text{-}1)$$

式中　L_n——多台冷却塔噪声合成的总声压级（dB（A））；

L——1台冷却塔噪声传到所要求的建筑物的声压级（dB（A））；

n——冷却塔台数。

5. 经计算衰减后的噪声仍不能满足表12.4-2中控制指标时，可采取以下措施：

(1) 冷却塔位置宜远离对噪声敏感的区域；

(2) 应选用低噪声或超低噪声型冷却塔；

(3) 选用变速或双速电机，以满足夜间环境对噪声的要求；

(4) 增加风筒高度，筒壁和出口采取消声措施；

(5) 在冷却塔底盘设消声栅，降低淋水噪声；

(6) 冷却塔基础设隔振装置；

(7) 进水管、出水管、补水管应设置隔振防噪装置；

(8) 建筑上采取隔声、消声屏障。

12.4.6　冷却塔防冻措施

北方地区冷却塔冬季运行时，应视具体情况，宜采取以下防冻措施：

1. 设旁路水管：在冷却塔进水管上接旁路水管通入集水池。旁路水量占冬季运行循环水量的大部或全部。

2. 冷却塔风机倒转：防止冷却塔的进风口结冰，风机倒转时间一次不超过30min，以防风机损坏和影响冷却。

3. 有多台冷却塔时，可将部分冷却塔停运，将热负荷集中到少数冷却塔上，或停运风机，提高冷却后水温防止结冰。

4. 对冬季使用的冷却塔，不宜将自来水直接向冷却塔补水，以免补水管冻结。

5. 冷却塔进、出水管和补水管上应设泄水管，以便冬季停运时将室外敷设的管道内的水放空。

12.5　集水设施

12.5.1　类型

1. 冷却塔出水集水设施分为两种：集水型塔盘和专用集水池（或冷却水箱）。

2. 无论采用何种形式，均应保证足够的容积和满足水泵吸水口的淹没深度，以防水泵启动时缺水气蚀及停泵时出现溢水现象。

3. 对于单塔系统可选用非标准型直接吸水型冷却塔底盘（即集水型塔盘），不需另设专用集水池。

4. 多塔并联（干管制）系统，水泵逐台启动条件下，可采用塔盘直接吸水型。

5. 若允许冷却塔安装高度适度增加，则多塔系统宜采用专用集水池。专用集水池可直接设在冷却塔下面，也可设在冷却塔旁等。

6. 冬季运行的制冷系统及使用多台冷却塔的大型循环冷却水系统，宜设置专用集水池。

12.5.2　集水型塔盘

1. 集水型塔盘有效容积应按公式（12.5-1）计算并满足下列要求：

$$V = V_1 + hA \tag{12.5-1}$$

式中　V——集水型塔盘有效容积（m^3）；

　　V_1——布水装置和淋水装置附着水量（m^3）；

　　h——最小淹没深度（m）；

　　A——集水型塔盘面积（m^2）。

（1）布水装置和淋水装置附着水量，宜按循环水量的 1.2%～1.5%确定；

（2）水泵吸水口所需最小淹没深度 h，应根据吸水管内流速 v 确定，即 $v \leqslant 0.6 m/s$ 时，$h = 0.3 m$，$v = 1.2 m/s$ 时，$h = 0.6 m$。图 12.5-1 反映了吸水管流速与最小淹没深度的关系。

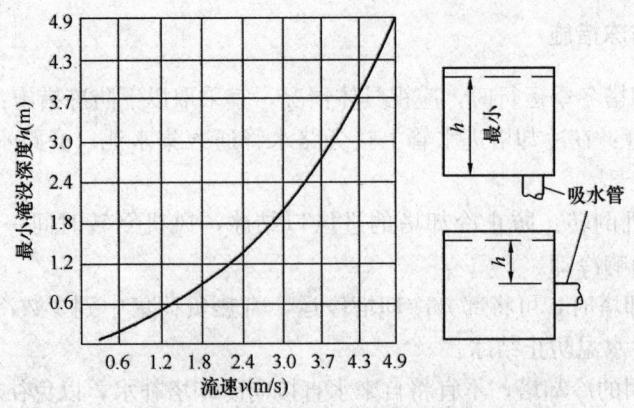

图 12.5-1　吸水管流速与最小淹没深度的关系

2. 选用成品冷却塔时，应按上述规定，对其集水盘容积进行核算，如不满足要求时，应加高集水盘深度。

3. 不设集水池的多塔并联使用时，各塔的集水盘应另设连通管，连通管的管径宜比冷却塔的总回水管管径放大一级；也可不另设连通管，而是放大一级总回水管的管径，总回水管与各塔出水管的连接应为管顶平接。

4. 不设集水池时，每台（组）冷却塔应分别设置补水管、泄水管和溢流管。

12.5.3 专用集水池

1. 集水池有效容积应满足下列要求：
(1) 集水型塔盘所需的有效容积；
(2) 集水底盘至集水池间管道的容积。

2. 冷却塔设置在多层或高层建筑屋面上时，集水池不应设置在底层，以免有效水压的损失会增加循环水泵的扬程。

3. 当多台冷却塔共用集水池时可设置一套补水管、泄水管和溢流管等。

4. 当冷却塔出水管管径较大、管道较长时，可减少集水池容积，但应采取在停机时不使管道内存水泄漏的措施，如管道末端加设电动阀门，使停泵时自动关闭。

12.5.4 补水管设计

补水管设计应符合下列要求：

1. 集水池或集水型塔盘内应设自动补水管和手动补水管（紧急补水管），自动补水宜采用浮球阀或补充水箱。

2. 自动补水管管径按平均补水量计算，手动补水管管径比自动补水管管径大2级。

3. 补水管上应设有阀门，有条件时其阀门宜设于机房内溢流信号管出口附近，以利于观察是否溢水。

4. 补水管应设置在集水池或集水型塔盘最高水位以上，但自动补水管浮球阀应控制最低水位（即保证吸水口淹没深度的水位）。

5. 当用生活饮用水（如城市自来水）作为冷却塔补水水源时，补水管或浮球阀出口必须高出集水池（盘）溢流口边缘2.5倍管径，以防止回流污染。

12.6 循环水泵与循环管

12.6.1 循环水泵选型

1. 循环水泵台数宜与冷冻机组相匹配，如为多泵并联干管制，则宜设备用泵，如为单元制，则可不设备用泵。

2. 水泵选型应本着安全可靠、高效节能的宗旨来选择，确定流量、计算扬程是正确选择水泵的关键。

3. 确定流量
(1) 水泵的流量应按循环冷却水量确定；

（2）水泵高效区流量宜与制冷机冷却水量允许调节范围相一致。各种形式的制冷机对冷却水水量要求不一样，一般溴化锂制冷机冷却水水量要求较多。

4. 计算扬程

扬程应按公式（12.6-1）计算并满足下列要求：

$$H = H_1 + h_1 + h_2 + H_2 + H_3 \qquad (12.6\text{-}1)$$

式中　H——水泵扬程（m）；

　　　H_1——制冷设备水头损失（m），由空调专业提供；

　　　h_1——循环管沿程水头损失（m）；

　　　h_2——循环管局部水头损失（m）；

　　　H_2——冷却塔配水管所需压力（m），根据产品确定；

　　　H_3——冷却塔配水管与冷却塔集水池（盘）水面的几何高差（m）。

（1）水泵扬程应按设备和管网循环水压要求确定；

（2）水泵扬程应详细计算，并考虑 1.1 的安全系数；

（3）当冷却塔布置在高层建筑屋面上时，应复核所选水泵的泵壳承压能力；

（4）若设计循环水量大于冷凝器额定水量，则应复核冷凝器的阻力损失。

5. 水泵并联

（1）每台泵出水管上应设止回阀，并宜采用流量控制阀，自动稳定流量，以保证系统正常运行；

（2）水泵并联应注意流量衰减，同时考虑单台水泵运行时，电机过载现象。

12.6.2　循环管

1. 采用多塔并联（干管制）系统时，配管方式有冷却塔合流进水（见图 12.6-1）和冷却塔分流进水（见图 12.6-2）两种方式。

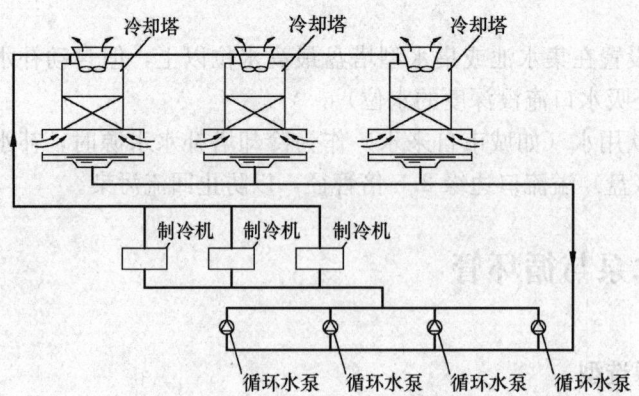

图 12.6-1　冷却塔合流进水

合流进水使用较多，优点是配管简单，占用空间小，缺点是各台冷却塔流量分配不宜均匀，并应在每台冷却塔进水管上设电动阀门控制。

分流进水仅在冷却塔与冷冻机位置相对较近，具有一定布置空间时采用，可克服合流进水的缺点。

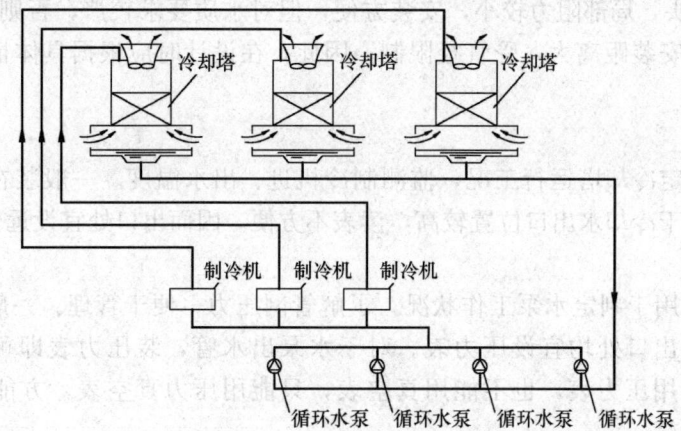

图 12.6-2　冷却塔分流进水

2. 循环管的流速宜采用下列数值：

（1）循环干管管径小于等于 250mm 时，流速为 1.0～2.0m/s；管径大于 250mm、小于 500mm 时，流速为 2.0～2.5m/s；管径大于 500mm 时，流速为 2.5～3.0m/s；

（2）当循环水泵从冷却塔集水池中吸水时，吸水管的流速宜采用 1.0～1.2m/s；

（3）当循环水泵直接从循环干管上吸水时，吸水管管径小于等于 250mm 时，流速为 1.0～1.5m/s，吸水管管径大于 250mm 时，流速为 1.5～2.0m/s；

（4）循环水泵出水管管径小于 250mm 时，流速为 1.0～1.2m/s，管径大于 250mm 时，流速为 1.2～1.5m/s；

（5）上述流速数据，一般管径小时宜取下限流速；管径大时宜取上限流速。

3. 每台冷却塔进、出水管上宜设温度计、放空管等。

4. 沿屋面明设的循环水管宜采取隔热和防冻保温措施，室内循环水管宜采用隔热保温措施，保温材料可选用具有抗水汽渗透能力的橡塑、聚乙烯发泡材料等。

5. 冷却塔的进水管上应设置管道过滤器，根据工程情况亦可设置在出水管上。

6. 冷却塔回水总管上应设置自动排气阀，当冷却塔与循环水泵吸水管之间高差大于 20m 或管线较长时，可设置一根专用通气管，设自动排气阀，以解决管道内气阻问题。

7. 冷却塔高于循环水泵时，吸水管不应弯上弯下，距循环水泵吸入口宜有 5 倍管径长度的直线管段。

8. 选用管材时，应考虑循环水是否具有腐蚀性、阳光照射以及安装等要求。

12.6.3　附件

循环冷却水系统主要有温度计、流量计、压力表及管道过滤器等附件，这些附件是判断系统运行状态、检测设备性能及保证系统正常运行必不可少的辅助装置。

1. 流量计

循环冷却水系统宜设流量计，便于调试和了解系统运行状态，流量计主要有流量孔板、插入式涡轮流量计、电磁流量计、水表等。流量孔板局部阻力大，安装要求条件较高；电磁流量计要求介质具有导电性，安装方便；插入式涡轮流量计因有一个直径约

30mm 的蜗轮探头，局部阻力较小，安装方便，但对水质要求较严，否则极易缠绕蜗轮；水表主要缺点是安装距离大，受管径限制。因此，在设计时应根据具体情况合理选用流量计。

2. 温度计

主要用于判定冷却塔运行工况，监测制冷机进、出水温度。一般装在制冷机冷却水进、出口处，由于冷却水出口位置较高，读表不方便，因而出口处宜设远传温度计。

3. 压力表

压力表主要用于判定水泵工作状况，了解管网压力，便于管理。一般水泵进、出水处，制冷机进、出口处均宜设压力表。对于水泵出水管，装压力表即可，而对于水泵吸水管，既不可用压力表，也不能用真空表，只能用压力真空表，方能正确反映管中压力。

4. 过滤器

循环冷却水经过一段时间运行，水中存有悬浮物、生物黏泥等杂质，易堵塞管道及配件，为保证系统正常运行，水质过滤是一项必不可少的环节。对于民用建筑循环冷却水系统，管道过滤器是一种简单而且行之有效的方式。为了更有效地保证水质，最好在冷却塔出口处设过滤网，以免太大的杂质进入循环冷却水系统。但对于较大流量的系统，应设旁滤装置，如各种过滤器及滤池。

5. 旁通管

由于过滤器、流量计、电子除垢器等附件需要经常清洗和维修，因而在这些部位应设旁通管，以保证系统的不间断运行。

12.7　系统补充水

12.7.1　补充水量计算

1. 冷却塔的水量损失应根据蒸发、风吹和排污等各项损失水量确定。

2. 冷却塔补充水量可按公式（12.7-1）计算：

$$q_{bc} = q_z \frac{N_n}{N_n - 1} \qquad (12.7\text{-}1)$$

式中　q_{bc}——补充水量（m^3/h）；

$\quad\quad q_z$——冷却塔蒸发损失水量（m^3/h）；

$\quad\quad N_n$——浓缩倍数，设计浓缩倍数不宜小于 3.0。

3. 对于建筑物空调、冷冻设备的补充水量，应按循环冷却水量的 1%～2% 确定。

12.7.2　补充水水质要求

1. 补充水水源一般采用城市自来水，也可采用复用水、处理后的雨水和再生水（如中水）。

2. 补充水的水质要求应根据循环冷却水水质要求和浓缩倍数确定。如水源的水质不符合要求时，应对补充水进行处理。

12.7.3 补充水供水

1. 补水管上应设水表计量。

2. 当采用城市自来水作为补充水，且供水压力满足补水压力要求时，可直接补水。

3. 当采用城市自来水作为补充水，且供水压力不能满足补水压力要求时，可采用加压补水，补水系统由补水箱、变频调速泵组、补水管组成，宜单独设置；补水箱宜与消防水池合用，防止消防水水质恶化。

4. 当采用雨水或中水作为补充水时，补水系统由清水池、变频调速泵组、补水管组成，或由清水池、加压泵、高位水箱、补水管组成，补水系统宜单独设置。

12.8 冷却水温度调节

1. 对冷却塔出水温度进行调节，不仅能使制冷机保持稳定运行，而且能起到明显的节能效果，具体方案和数据选择应与空调专业一起进行综合分析确定。

2. 冷却塔出水温度最低控制值，应根据所选用的制冷机的性能和参数曲线以及当地气象条件确定，一般为 24～26℃。

3. 冷却水温度调节，可采用以下方法：

(1) 一般可采用冷却塔出水温度控制风机的启闭，见图 12.8-1，控制风机开、停的温度一般为 29℃及 24℃，具体在实际运行中确定。

(2) 在冷却塔进水管上安装两通电动调节阀，旁路部分冷却水量，保证供制冷机的冷却水混合温度，同时又控制风机的启闭，见图 12.8-2。

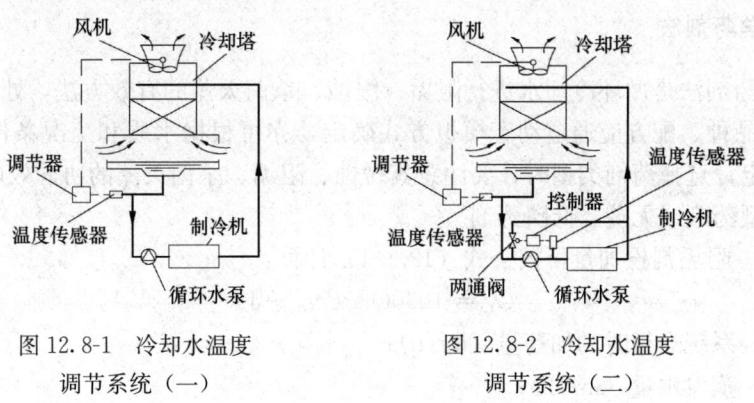

图 12.8-1 冷却水温度
调节系统（一）   图 12.8-2 冷却水温度
调节系统（二）

12.9 循环冷却水处理

在循环冷却水系统中，由于循环冷却水长时间使用，冷却水吸收热量后，在冷却塔中与空气充分接触、二氧化碳逸散、溶解氧和浊度增加、水中溶解盐类浓度增加以及工艺介质的泄漏等，使循环冷却水水质恶化，给系统带来结垢腐蚀、污泥和菌藻等问题，而这些问题主要通过水质处理来解决。

12.9.1　一般要求

1. 为了控制循环冷却水系统内由水质引起的结垢、污垢、菌藻和腐蚀，保证制冷机组的换热效率和使用年限，应对循环冷却水进行水质处理。

循环冷却水处理系统设计需要从系统的安全性、合理性、节能性、经济性、环保性出发，同时综合影响系统运行的多种因素进行设计。

（1）根据循环冷却水系统的运行参数、系统材质、设备类型及结构等参数，参考循环水的国家标准，再结合循环水的日常运营费用和补充水水源的水质及水价等因素，设计循环冷却水系统的水质指标。设计的循环冷却水水质指标需小于等于国家标准规定的标准值。

（2）根据设定的循环冷却水水质指标，结合投资费用、运行费用、占地面积、日常操作等因素，选择物化法水处理工艺。

（3）根据设计的循环冷却水水质指标，结合系统循环水量，选择全滤和旁滤的物化法水处理设备。然后根据设备间的空间大小，尽量选择落地式物化法水处理设备，如果设备间空间有限，也可选择管道式物化法水处理设备。

2. 当冷却水循环水量大于 $1000m^3/h$ 时，宜设置水质稳定处理、杀菌灭藻和旁流处理等装置。

3. 循环冷却水的水质应满足被冷却设备的水质要求。

4. 循环冷却水的浓缩倍数不宜小于 2.5，当补充水水质属严重腐蚀性时，浓缩倍数可取高些，但不宜大于 4。

5. 循环冷却水处理方法有化学药剂法和物理水处理法两种，应结合水质条件、循环水量大小和浓缩倍数等因素，合理选择处理方法和设备。

12.9.2　化学药剂法

1. 化学药剂法是循环冷却水进行阻垢、缓蚀、杀菌灭藻的有效方法，处理效果稳定。

2. 药剂品种、配方应通过动态模拟方式确定，亦可根据水质和工况条件相似的系统运行经验确定；选择药剂类型时，要注意其缓蚀、阻垢、杀菌灭藻的协同效应，同时要注意选择环保型药剂或无磷、低磷药剂。

3. 缓蚀、阻垢剂投加量可按公式（12.9-1）计算：

$$G_r = 1000Q_1g(N_n - 1) \tag{12.9-1}$$

式中　G_r——系统运行时的加药量（kg/h）；

　　　Q_1——蒸发水量（m^3/h）；

　　　N_n——浓缩倍数；

　　　g——单位循环冷却水的加药量（mg/L）。

4. 杀菌灭藻剂投加量可按公式（12.9-2）计算：

$$G_c = \frac{Qg_c}{1000} \tag{12.9-2}$$

式中　G_c——加氯量（kg/h）；

　　　Q——循环冷却水量（m^3/h）；

　　　g_c——单位循环冷却水的加氯量（mg/L），宜采用 $2\sim4mg/L$。

5. 药剂投加方式

(1) 小型循环冷却水系统，可由专业水处理公司承包，配制好液体药剂，定期直接投加、检测。

(2) 大、中型循环冷却水系统，宜设置带搅拌配置槽和计量泵的自动投药装置，药剂可在集水池出水口处投加；也可在水泵吸水管段适当位置投加，计量泵应与循环水泵进行连锁控制。

(3) 加氯处理宜采用定期投加，每天 1~3 次，余氯量控制在 0.5~1.0mg/L，每次加氯时间宜采用 3~4h。

(4) 当加氯方法达不到处理效果时，宜采用非氧化型杀菌剂配合使用，每月投加 1~2 次，每次加药量可按公式（12.9-3）计算：

$$G_n = \frac{Vg}{1000} \tag{12.9-3}$$

式中 G_n——加药量（kg）；

V——系统容积（m³）。

6. 清洗和预膜处理

(1) 系统投入运行前，管道应采用自来水冲洗，冷凝器应采用药剂清洗。

(2) 预膜时常以 3 倍的正常投药量加入系统中，以便迅速在金属管道内表面形成保护膜，以减少系统腐蚀。预膜时间为 24~48h。

7. 药剂品种、配方、投加量、清洗和预膜处理等可由业主请当地专业水处理公司提供化验配方、供货一体化服务，也可请当地专业水处理公司提供系统运行管理服务。

12.9.3 物理水处理法

1. 处理设备类型

(1) 静电水处理器：利用高压静电场进行水处理；

(2) 电子水处理器：利用低压静电场进行水处理；

(3) 内磁水处理器：利用磁场进行水处理。

2. 适用条件

物理水处理法具有除垢、杀菌灭藻功能以及便于安装、管理、运行费用低等特点。与化学药剂法相比，存在缓蚀、阻垢效果不明显，处理效果不够稳定，一次投资较大等缺点。因此，该法可在小水量、水质以结垢型为主、浓缩倍数小的条件下采用，并应严格控制其适用条件，见表 12.9-1。

各种水处理器适用条件 表 12.9-1

参 数	电子水处理器	静电水处理器	内磁水处理器
水温（℃）	≤105	≤80	≤80
流速（m/s）	—	—	1.5~3.5
适用水质	总硬度 <550mg/L（以 CaCO₃ 计）	总硬度 <700mg/L（以 CaCO₃ 计）	含盐量<3000mg/L， pH 为 7.5~11

注：1. 上述 3 种水处理器用于除垢时，主要适用于结垢成分呈碳酸盐型水，当水中含有硫酸盐时要慎用，水中主要结垢成分呈磷酸盐、硅酸盐时则不宜使用。

2. 内磁水处理器选用前，宜先做除垢效果试验。

3. 选用与安装要求

各种水处理器的选用与安装要求见表 12.9-2。

各种水处理器的选用与安装要求　　　　　表 12.9-2

水处理器类型	选用与安装要求
电子水处理器、静电水处理器	1. 垂直安装； 2. 设备周围应留有一定的检修空间； 3. 设备至较大容量电器（>20kW）的最小间距为 5～6m，如无法满足时，则应在中间设置屏蔽和接地装置； 4. 设备可装在系统总干管上，宜靠近冷冻机组，应设旁通管； 5. 设备应与系统同步运行； 6. 重视排污，排污量为循环水量的 0.5%～1.0%，当处理水量为中等以上时，应设旁滤水处理； 7. 合理选择电子水处理器的高频值； 8. 定期清洗电极； 9. 系统运行浓缩倍数宜小于 3； 10. 选用的产品应符合《电子式水处理器技术条件》HG/T 3133 的相关规定
内磁水处理器	1. 可水平或垂直安装，但不应设在系统总干管上，以防在系统减少流量时设备内流速降低而影响处理效果； 2. 磁化器前应设置过滤器； 3. 定期排污，宜连续排污，排污量为循环水量的 0.5%； 4. 隔 1～2 年要检查磁场强度，当降至设计强度的 40% 左右时，应调换永久磁铁后再使用； 5. 磁水器应避免振动，以免磁化效应减弱； 6. 磁水器安装在金属管道上时，应接跨越导线，以免杂散电流干扰磁场； 7. 安装位置应避免靠近其他磁场设备（如电机），间距小于 1.0m 时，应对设备进行屏蔽处理； 8. 选用的产品应符合国家现行的产品标准

12.9.4　旁滤水处理

1. 为保证循环冷却水中悬浮物控制在要求范围内，应设置旁滤设施，当采用过滤去除悬浮物时，过滤水量宜为循环冷却水量的 1%～5%。

2. 大、中型循环冷却水系统宜用无阀滤池等砂滤池进行旁滤水处理，小型循环冷却水系统可采用蜂房滤芯过滤器或全自动水力清洗过滤器等进行过滤。

3. 当循环水主管管径 <600mm 时，建议采用全滤处理方式（循环水 100% 过滤），安装在系统主管道上，采用旁通式安装。当循环水主管管径 ≥600mm 时，建议采用旁滤处理方式（旁滤水量占总循环水量的 3%～5%），安装在旁通管道上。

12.9.5　全程水处理器

1. 全程水处理器是采用物理法来解决给水系统中腐蚀、结垢、菌藻、水质恶化的一种新开发的综合性水处理设备，可在小型循环冷却水系统中使用。

2. 选用与安装要求

(1) 垂直安装；

(2) 设备可装在系统总干管上；

(3) 设备以旁通形式与管道连接，以便在不停机的状态下排污与维修；

(4) 禁止在无水状态下长时间开启设备；

(5) 当设备进、出口压力表显示压力差大于 0.03～0.06MPa（或根据系统选择压力差）时，即应停机反冲洗排污。

12.9.6 设备选型

从循环冷却水系统的安全性、合理性、节能性、经济性、环保性出发，将物理法处理设备、化学法处理设备和水质监测设备进行集成设计，在循环冷却水系统中安装循环冷却水处理一体式设备——物化法综合处理一体机。物化法综合处理一体机由三部分组成：物理法处理设备、化学法处理设备和水质监测设备。

在设备选型时，用户可根据机房空间大小选择一体式设备或分体式设备。循环冷却水处理设备种类见表 12.9-3。

循环冷却水处理设备种类 表 12.9-3

设备类型	组　成	设备种类
一体式	物理法处理设备＋化学法处理设备＋水质监测设备	物化法综合处理一体机
分体式（Ⅰ型）	物理法处理设备	多相全程处理器、内刷全程处理器、射频全程处理器
	化学法处理设备	循环水加药设备、多功能加药监测设备
	水质监测设备	多功能水质在线监测仪
分体式（Ⅱ型）	物化法处理设备	物化法水处理器、智能旁流处理器
	水质监测设备	多功能水质在线监测仪

12.9.7 其他循环冷却水处理

1. 闭式冷却塔、地源热泵地埋管冷却水系统

(1) 闭式冷却塔、地源热泵地埋管冷却水系统可采用物化法综合处理一体机串联安装在冷却水主干管上，并加设旁通管，可解决过滤、防垢、防腐问题。

(2) 闭式冷却塔、地源热泵地埋管冷却水系统也可采用循环水化学加药一体机（阻垢剂、缓蚀剂），可解决防垢、防腐问题。冷却水系统还应安装过滤装置，过滤装置可采用 Y 形过滤器，可安装在主干管上，也可安装在循环水泵入口支管上。

2. 江水源热泵冷却水系统

江水源热泵冷却水系统水源为江水，其主要问题是水的浊度问题。当江水浊度基本符合冷却水水质要求时，冷却水系统可采用物化法综合处理一体机，串联安装在冷却水主干管上，并加设旁通管，可同时解决过滤、防垢、防腐、杀菌灭藻问题。当江水浊度不满足冷却水水质要求时，可对江水做预处理。处理原则如下：

（1）原水悬浮物含量≤50mg/L 时，宜采用过滤或接触混凝、过滤处理。

（2）原水悬浮物含量＞50mg/L 时，宜采用混凝、澄清、过滤处理。

（3）当原水含盐量较高时，经技术经济比较后，可采用预脱盐处理。

江水经过预处理后，再经 F 型综合水处理器处理，解决过滤、防垢、防腐、杀菌灭藻问题。

3. 海水源热泵冷却水系统

海水源热泵冷却水系统水源为海水，其主要问题是盐腐蚀问题。一般处理过程为：过滤后经间接钛板换热器换热，换热后二次水作为冷却水。二次水处理参照闭式冷却塔冷却水系统。

4. 乙二醇冷冻、冷却水系统

由于乙二醇溶液冰点低，所以常作为冷冻、冷却水工质。乙二醇溶液冰点与浓度及密度的关系见表 12.9-4。

乙二醇溶液冰点与浓度及密度的关系　　　　表 12.9-4

冰点（℃）	浓度（%）	密度（20℃，mg/mL）
−10	28.4	1.0340
−15	32.8	1.0426
−20	38.5	1.0506
−25	45.3	1.0586
−30	48.8	1.0627
−35	50	1.0671
−40	54	1.0713
−45	57	1.0746
−50	59	1.0786
−45	80	1.0958
−30	85	1.1001
−13	100	1.1130

乙二醇为无色、无味液体，挥发性低，腐蚀性弱，膨胀系数大于水，从 0℃上升到 50℃时，其膨胀量比水约大 30%，沸点为 197.4℃。乙二醇溶液在使用中易产生酸性物质，对金属有腐蚀。因此，应加入适量的磷酸氢二钠等以防腐蚀。乙二醇有毒，但由于其沸点高，不会产生蒸汽被人吸入体内而引起中毒。乙二醇的吸水性强，贮存容器应密封，以防吸水后膨胀溢出。乙二醇市场价在 10000 元/t，在满足使用要求的情况下，乙二醇溶液浓度应尽可能降低，以使系统投资经济。

5. 再生水热泵冷却水系统

再生水是城市污水经过污水处理厂处理过的达到市政排放标准的排放水，其水温适合于热泵系统。再生水中含有大量污泥、毛发、泥沙等杂质，不能直接进入热泵冷却水系统，利用再生水作为冷却水水源时，常规流程有两种：

（1）再生水→自清洗过滤器→间接板换→热泵冷却水系统

由于再生水中杂质较多，直接进入板换很快就会堵塞，因此应首先进入自清洗过滤器。自清洗过滤器具有自动反冲洗功能，当过滤器被杂质堵塞压力超过设定压力时，过滤器会自动反冲洗，冲掉杂质排放至排水系统，压力减小至正常值时，系统正常运行。

再生水中的杂质有少部分会结成硬垢不易被反冲洗掉。因此，需定时加药（弱酸）以酥松水垢反冲洗后排出。

（2）再生水→Y形过滤器→疏导式换热器→热泵冷却水系统

疏导式换热器可以从根本上解决悬浮物堵塞滞留和杂质沉积及腐蚀问题，是再生水换热的优选设备。

6. 污水源水源热泵冷却水系统

城市污水水温适合热泵系统，当城市污水不做处理直接排至市政排水系统时，城市污水可以作为热泵冷却水水源。当城市污水需要进入污水处理厂处理成再生水排放时，城市污水不宜作为热泵系统冷却水水源。

当采用城市污水作为热泵冷却水水源时，工程做法有以下两种：

（1）采用进口的特殊换热设备沉降在污水池中，设备内部盘管内冷却水强迫对流换热、盘管外污水自然对流换热得热。设计时需经过传热计算确定盘管换热面积和污水池的大小，选择合适的换热设备。设计污水池时注意检修时池内通风，防止检修人员中毒。

（2）采用国产疏导式换热器可以从根本上解决悬浮物堵塞滞留和杂质沉积及腐蚀问题，是污水换热的优选设备。

12.10 自动控制与电气

12.10.1 自控要求

1. 制冷机、循环水泵和风机的启闭应连锁，开启程序为循环水泵、风机和制冷机，停止程序相反。对多台制冷机并联管路（干管制）系统应逐台启动。

2. 冷却塔进、出水管上设有电动阀门时应与循环水泵连锁，开启水泵时先开启该阀门，停止程序相反。

3. 系统控制范围包括风机、循环水泵、除垢器、加药装置等的就地控制，遥控操作与楼宇自动化连锁和工况显示等。

4. 风机宜采用自动控制、控制室手动控制和现场控制3种方式。当采用现场控制方式时，必须具备自动切断自控线路的功能，并在控制室内有报警显示，以确保维修人员安全。

5. 对于重要建筑的循环冷却水系统，宜在冷却塔进、出水管上设置电接点自动记录温度仪表。

6. 集水池必要时可设液位显示和报警（高、低和溢流液位等）装置。

7. 对大型冷却塔系统宜设风机安全监控器，其具有风机油位、油温、振动集中监测指示记录报警和自动控制故障风机停机等多种功能。

12.10.2 电气控制和防雷接地

1. 塔顶的避雷保护装置和指示灯、冷却塔周围的照明应由设计单位统一考虑。

2. 安装于建筑物屋面的冷却塔，应根据建筑物防雷分类，分别进行保护，冷却塔上电气设备的外露可导电部分应可靠接地。

3. 设计采用风机倒转作为防冻措施时，电气设计时应加设磁力启动器，并应通知制造厂家确认。

12.11　系统节能

民用建筑中循环冷却水系统的能耗约占空调系统总能耗的 15%～20%，为降低循环冷却水系统的能耗应采取以下措施：

1. 系统设计应满足制冷机的进水温度。

2. 系统管路上除必要的阀门外，其他阀门均应去除，必设的阀门应选择密封性好、阻力小的产品。

3. 循环水泵的选型应选择在性能工作曲线的高效段，流量宜与循环水量相一致。

4. 需设置集水池的系统尽可能将其设置在屋面，以降低循环水泵的扬程。

5. 冷却塔进、出水管上的电动阀门，在冷却塔、制冷机停运时一同关闭，可在制冷机房的控制室远程控制。

6. 在过渡季运行的冷却塔，为防止冷却水温度降得过低，可以关闭部分风机。

7. 宜对冷却塔的出水温度进行监测与调节。

8. 冷却塔选型时宜采用变速或双速风机，在降低噪声的同时，满足节能的要求。